Ihr Partner für alle Probleme bezüglich

UMWELTTECHNIK GMBH

ein Unternehmen der
RWE Entsorgung AG

Industriereinigung

Kesselreinigung

Massenreststoffe

Reinigung von
- Kolonnen in chemischen Fabriken • Großtankanlagen • Siloanlagen und Behältern
- Wärmetauschern • Rohrleitungssystemen • Kanalsystemen • Sand- und Schlammfängen • Öl- und Benzinabscheidern • Großflächen • Klärbecken • Teichanlagen
- Flußläufen • Filter- und Kesselanlagen öffentlicher und industrieller Kraftwerke (Trocken- und Naßverfahren) • U-Bahn-Tunneln und -Schächten

Durchführung von
- Be- und Entkiesung von Dächern • Asbestsanierung (z. B. Kühltürme, Turbinen, Kesselanlagen)
- Trocken- und Naßsandstrahlen • Entgummierung von REA-Anlagen • Betonsanierung (z. B. Kühltürme, Fassaden) • Erkennen und Dokumentieren von Schäden an Kanalsystemen (Kanalaltlasten) • Fachgerechte Entsorgung der anfallenden Reststoffe/Abfälle • Bergungsarbeiten im Rahmen von Altlastensanierungen und Havarien • Be- und Entstiftungsarbeiten
- Absaugen von Toträumen in Kraftwerkskesseln • Sanierung von Spiel- und Sportplätzen
- Absaugen und Umfüllen von Siloanlagen • Saugen und Blasfördern von Pflanzsubstrat
- Wasserschneiden

Verwertung von
- Steinkohlenkesselgranulat • Steinkohlenflugaschen • Steinkohlenrostaschen • Braunkohleaschen • REA-Gipse (inkl. Kalklieferungen) • RAA-/RRA-Schlämme • KZA/BRK-Schlämme • Klärschlämme • Gießereialtsande • Hüttensande • Papierschlämme
- Müllverbrennungsaschen • Klärschlammverbrennungsaschen • weitere Stoffe auf Anfrage

Fragen Sie uns

URT Umwelttechnik GmbH
Siemensstraße 1 a
5030 Hürth
Tel. 02233/7994-0
Fax 02233/7994-111

MIDI
Mischke Dienstleistungen
GmbH & Co
Münchener Straße 1
3014 Laatzen
Tel. 0511/861020
Fax 0511/861070

IRUS
Industriereinigung
UK Schmitz GmbH
Weidenstraße 38
5206 Neunkirchen
Tel. 02247/2032
Fax 02247/8333

MAS Blotenberg GmbH
Max-Planck-Straße 10-12
5014 Kerpen
Tel. 02237/4151
Fax 02237/53913

BSL Umweltdienste GmbH
Finsterwalder Straße
O-7812 Lauchhammer-West
Tel. 025/7285
Fax 025/52654

Senges Gesellschaft für
Kraftwerk- und Industriereinigung mbH
Konrad-Adenauer-Straße 140 b
5190 Stolberg-Büsbach
Tel. 02402/5363
Fax 02402/4349

Einen Schritt voraus
Panzermatic®-M3

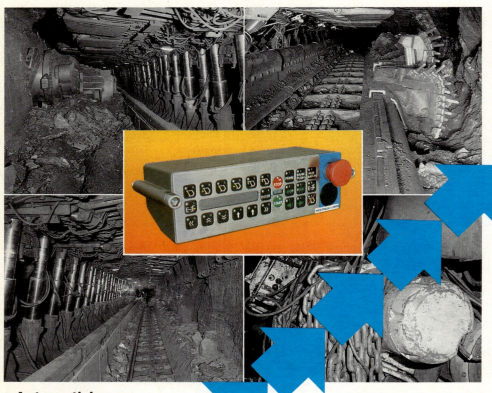

- Automatisierung
- Fernsteuerung
- Überwachung
  mit der
  Panzermatic®-M3

- Funktionen des Schreitausbaus werden ausgelöst durch Walze oder Hobel.
- Kontrolliertes stufenweises Rücken und automatisches Begradigen des Förderers.
- Steuerung des Überlastschutzes der Förderer- und Hobelgetriebe.
- Überwachung des Betriebszustandes von Maschinen und des Stempeldrucks in den Schilden.

WESTFALIA BECORIT
Industrietechnik GmbH

Postfach 1409 · D-4670 Lünen
Telefon (02306) 578-0 · Telefax (02306) 578123 · Telex 8229711 wb d

W 1/IS

Jahrbuch 1993

Bergbau
Erdöl und Erdgas
Petrochemie
Elektrizität
Umweltschutz

100. Jahrgang

Herausgegeben von
Dr.-Ing. E. h. Dipl.-Ing. Christoph Brecht
Dipl.-Berging. Hans-Georg Goethe
Bergassessor Dipl.-Kfm. Achim Middelschulte
Dr. jur. Heinz Reintges
Rechtsanwalt Heinz Sondermann

Verlag Glückauf GmbH
Essen

Redaktionelle Mitarbeiter: Luis *Aramburu Delgado*, Unidad Eléctrica, S.A., Madrid · Assessor des Bergfachs Justus *Eggers-Becker*, DMT-Deutsche Montan Technologie für Forschung und Prüfung mbH, Bochum · Dr. Andreas *Grossen*, Verband der Schweizerischen Gasindustrie, Zürich · Bergassessor Friedrich *Kindermann*, Kommission der Europäischen Gemeinschaften, Brüssel · Dipl.-Kfm. Dr. rer. pol. Rolf *Kranüchel*, Ruhrkohle AG, Essen · Dr. Johannes *Leiner*, Wirtschaftsverband Erdöl- und Erdgasgewinnung, Hannover · Bergassessor a. D. Otto *Lenz*, Kaliverein eV, Hannover · Dr. rer. pol. Karlheinz *Pohmer*, Saarbergwerke AG, Saarbrücken · Dr. Hansjörg *Renk*, Europäische Freihandelsassoziation (Efta), Genf · Dr. Peter *Schlüter*, Mineralölwirtschaftsverband eV, Hamburg · Dipl.-Ing. Artur *Schnug*, Deutsche Verbundgesellschaft eV, Heidelberg · Dipl.-Ing. Hubertus *Schöneich*, Niedersächsisches Landesamt für Bodenforschung, Hannover · Dipl.-Volksw. Gerhard *Semrau*, Statistik der Kohlenwirtschaft eV, Essen · Dr. Wolfgang *Weber*, Verband der Chemischen Industrie e. V., Frankfurt (Main) · Ministerialrat Dipl.-Ing. Mag. iur. Alfred *Weiß*, Bundesministerium für wirtschaftliche Angelegenheiten, Wien.

Jahrbuch 1993 (100. Jahrgang)
Gegründet 1893 von Geh. Bergrat Dr. jur. Dr.-Ing. E. h. Dr. med. h. c. Victor Weidtman

Verlag Glückauf GmbH, D-4300 Essen 1, Postfach 10 39 45, Franz-Fischer-Weg 61, ☏ (0201) 172-05, ✆ 8 579 545, Telefax (0201) 29 36 30.
Redaktion: Dr.-Ing. Walter *Jackisch*, Hattingen (verantwortlich); Margret *Naumann*, Ratingen. ☏ (0201) 172-1-532.
Anzeigen: Gerhard *Linke*, Tönisvorst (verantwortlich); Dipl.-Ing. Helmut *Hentschel*, Essen. ☏ (0201) 172-1-060.

© Copyright 1992 by Verlag Glückauf GmbH

Die Beiträge des Jahrbuches sind nach den Angaben der jeweiligen Unternehmen, Behörden und Organisationen zusammengestellt. Ein Anspruch auf Eintragung in das Jahrbuch besteht nicht. Für etwaige Irrtümer übernehmen Herausgeber und Verlag keine Haftung. Korrekturen können erst im folgenden Jahrgang berücksichtigt werden.

Alle Rechte liegen beim Verlag. Jede Wiedergabe, photomechanisch oder im Auszug, ohne genaue Quellenangabe, sowie die Übernahme der Informationen auf Datenträger aller Art ist untersagt. Das gewerbsmäßige Ausschreiben von Anschriften, Personalien und Statistiken für den Weiterverkauf ist verboten und wird gerichtlich verfolgt.

Redaktionsschluß: 30. September 1992.

Printed in Germany · Satz und Druck: Graphische Betriebe F. W. Rubens GmbH & Co. KG, Unna
Einband: Hunke & Schröder, Iserlohn
ISBN 3-7739-0584-X

Dem 100. Jahrgang zum Geleit

Als vor einem Jahrhundert das »Jahrbuch für den Oberbergamtsbezirk Dortmund«, aus dem sich das Jahrbuch für Bergbau, Erdöl und Erdgas, Petrochemie, Elektrizität, Umweltschutz entwickelt hat, erschien, geschah dies unter ausdrücklichem Hinweis auf die „Benutzung amtlicher Unterlagen". Dem Prinzip, nur verläßliche Informationen von Behörden, Unternehmen und Verbänden zu verwenden, ist die Jahrbuch-Redaktion bis heute treu geblieben.

Im Laufe der Zeit erheblich gewandelt haben sich allerdings Inhalt und Umfang des Buches. Herausgeber und Verlag haben auf wirtschaftspolitische und strukturelle Veränderungen in der Industrie schnell reagiert und das Jahrbuch jeweils den neuen Entwicklungen unverzüglich angepaßt. Es enthält derzeit Angaben über die Energie- und Rohstoffwirtschaft aller Mitgliedstaaten der Europäischen Gemeinschaft und der EFTA, unterlegt und erläutert in zahlreichen Tabellen und wirtschaftsgeographischen Karten. Damit ist das bewährte Jahrbuch zu einem umfassenden Wirtschaftshandbuch und — wie ich meine — wichtigen Nachschlagewerk für den künftigen europäischen Wirtschaftsraum geworden. Mit der Darstellung aller wesentlichen Angaben für die Bereiche Kohle, Erdöl, Erdgas und Kernenergie demonstriert es übrigens einen Energiemix, der auch der längerfristigen Energiepolitik der Bundesregierung entspricht.

Es ist sehr zu begrüßen, daß im Jubiläumsband mit der Einfügung eines neuen Kapitels »Umweltschutz in der Energie- und Rohstoffwirtschaft« Aufgaben aufgegriffen werden, die diese Industriezweige in

den nächsten Jahren im europäischen Rahmen zunehmend beschäftigen werden.

Ich gratuliere Herausgebern und Verlag zum 100. Jubiläum des Jahrbuchs für Bergbau, Erdöl und Erdgas, Petrochemie, Elektrizität, Umweltschutz und bin sicher, daß es auch künftig für einen großen Benutzerkreis ein verläßlicher Begleiter sein wird — auch auf dem Wege, der gegangen werden muß, um zu einem europäischen Energiekonsens zu gelangen.

Bonn, im September 1992

Jürgen W. Möllemann
Bundesminister für Wirtschaft

Takraf-Lauchhammer GmbH

Für jedes Problem im Tagebau bietet die Takraf-Lauchhammer GmbH die perfekte Lösung.

Takraf-
Lauchhammer
GmbH
Seeburgstr. 14-20
O-7010 Leipzig
Bundesrepublik
Deutschland
Telefon:
03 41 / 7 96 80
Telefax:
03 41 / 7 96 82 97

Takraf-
Lauchhammer GmbH
Hüttenstr. 1
O-7812 Lauchhammer
Bundesrepublik
Deutschland
Telefon:
0 35 74 / 60
Telefax:
0 35 74 / 6 28 50

TAKRAF-Hydraulik
Schaufelradbagger
SRs (H) - 401 und
Bandwagen
BRs 1400.37/50
im Tagebau
Bükkabrany/Ungarn

Als führendes Unternehmen sind wir Ihr kompetenter Partner für:

- **Tagebauausrüstungen**
- **Schüttgutförderanlagen**
- **Stückgutförderanlagen**

Wir konzentrieren die Verantwortung für den gesamten Liefer- und Leistungsumfang in einer Hand.

TAKRAF verfügt über langjährige Erfahrungen als Generalauftragnehmer für komplette Anlagen.

Eigene Vertretungen weltweit sichern die Kontakte zu unseren Kunden.

Vorwort zum 100. Jahrgang

Das Jahrbuch erscheint in diesem Jahre mit seinem 100. Jahrgang. Der Jubiläumsband ist Herausgebern und Verlag ein willkommener Anlaß, dieses Wirtschaftshandbuch und Nachschlagewerk sowohl noch informativer, transparenter zu gestalten als auch inhaltlich zu erweitern.

Wichtigste Neuerung ist Kapitel 5 »Umweltschutz in der Energie- und Rohstoffwirtschaft«. Der Entwicklung in der Industrie folgend, sind in diesem Kapitel – zunächst für Deutschland – rund 200 Firmen und Verbände zusammengetragen, gegliedert in die Abschnitte »Consulting«, »Entsorgung von Kraftwerken« und »Organisationen«, mit ihren Anschriften und wichtigsten Informationen, wie Management, Eigentümer und Zweck. Dieser Erweiterung wegen haben wir auch den Titel des Jahrbuches angepaßt.

Im Kapitel 2 »Erdöl- und Erdgaswirtschaft« sind die früheren Kapitel 2 und 3 zusammengefaßt und damit die genetisch und wirtschaftlich zusammengehörenden Energieträger Erdöl und Erdgas vereint. Die wirtschaftsgeographischen Karten »Erdgas-Verbundsysteme in Europa« und »Erdöl und Erdgas in der Nordsee« wurden neu gefaßt und der politischen und wirtschaftlichen Entwicklung entsprechend aktualisiert. Ebenfalls aktualisiert wurde die Karte »Elektrizitäts-Verbundsysteme in Europa«.

Im Kapitel 1 »Bergbau« sind vor allem die Abschnitte »Irland« und »Italien« erweitert und mit Karten der wichtigsten Gruben und Lagerstätten bereichert worden. Im Kapitel 7 »Behörden« sind Informationen über die Ministerien, die Bergbehörden und die Geologischen Landesämter in den neuen Bundesländern weiter vervollständigt worden.

Dr. h. c. Tyll Necker, Präsident des Bundesverbandes der Deutschen Industrie (BDI), umreißt eingangs in seinem Wirtschaftsartikel »Industrie in einem vereinten Europa« die historische Chance, die sich mit Errichtung des Gemeinsamen Binnenmarktes, im Jahre 1993, Wirtschaft und Industrie bietet. Alle Mitgliedstaaten, im besonderen Deutschland, und da vor allem die neuen Bundesländer, werden vom europäischen Integrationsprozeß profitieren. Der 100. Jahrgang des Jahrbuchs spiegelt in Text, Karten und Statistiken die Integration der europäischen Energie- und Rohstoffwirtschaft wider.

Der weiteren Entwicklung in Deutschland und Europa zu folgen und für die Leser im Jahrbuch zuverlässige Informationen anzubieten, wird auch weiterhin das Bestreben von Herausgebern und Verlag sein. Dafür begrüßen wir dankbar Anregungen und Verbesserungsvorschläge.

Essen, den 30. September 1992

Herausgeber und Verlag

Inhaltsverzeichnis

Möllemann: Dem 100. Jahrgang zum Geleit ... 5
Vorwort zum 100. Jahrgang ... 7
Wirtschaftsartikel · Industrie in einem vereinten Europa ... I bis XXVI

1 Bergbau ... 23

Deutschland
 Steinkohle · Braunkohle · Kali und Steinsalz · Erz · Sonstige Rohstoffe · Spezialgesellschaften · Organisationen

Europa
 Unternehmen und Organisationen in den Ländern der EG und der Efta

Internationale Organisationen

2 Erdöl- und Erdgaswirtschaft ... 287

Deutschland
 Erdöl- und Erdgasgewinnung · Gaswirtschaft · Ferngaswirtschaft · Regionale Gasversorgung · Untertage-Gasspeicher, Gastransport · Mineralölverarbeitung, Kavernen und Transport · Organisationen

Europa
 Unternehmen und Organisationen

Internationale Organisationen

3 Petrochemie ... 585

Deutschland
 Unternehmen · Organisationen

Europa
 Internationale Organisationen

4 Elektrizitätswirtschaft ... 617

Deutschland
 Verbundunternehmen und Großkraftwerke · Regionale und kommunale Elektrizitätsversorgungsunternehmen · Kraftwerkstabellen · Fernwärme · Organisationen

Europa im Elektrizitätsverbund
 Unternehmen und Organisationen

Internationale Organisationen

5 Umweltschutz in der Energie- und Rohstoffwirtschaft ... 795

 Consulting · Entsorgung von Kraftwerken · Organisationen

6 Handel ... 837

Deutschland
 Handel mit Brennstoffen und mit mineralischen Rohstoffen · Organisationen

Europa
 Verkaufsgesellschaften und Organisationen

Internationale Organisationen

7 Behörden — 879

Deutschland
> Ausschüsse des Deutschen Bundestages · Bundesbehörden · Länderausschüsse · Landesbehörden

Europa
> Europäische Gemeinschaften · Europäische Freihandelsassoziation (Efta) · Behörden europäischer Staaten

Internationale Behörden und Organisationen

8 Lehre und Forschung — 983

> Universitäten und andere Ausbildungsstätten · Energie- und Rohstoffforschung

9 Branchenübergreifende Organisationen — 1013

> Überwachung und Versicherung · Wasserwirtschaftsverbände · Arbeitgeber-, Arbeitnehmer- und berufsständische Organisationen

10 Statistik — 1039

> Umrechnungstabellen · Primärenergie · Bergbau: Steinkohle, Braunkohle, Salz, Erz, Sonstige Rohstoffe · Erdöl und Erdgas · Petrochemie · Elektrizitätswirtschaft · Umweltschutz

11 Einkaufsführer: Industrieausrüstungen und Dienstleistungen — 1133

Internationale gesellschaftsrechtliche Bezeichnungen	14
Abkürzungen	16
Wirtschaftsgeographische Karten	
Die nutzbaren Lagerstätten in Deutschland	28
Erdöl- und Erdgaslagerstätten in Deutschland	290
Erdölraffinerien · Leitungen · Petrochemie in Deutschland	350/354//355
Die Mineralölversorgung Europas	402
Erdöl und Erdgas in der Nordsee	446
Das Gasversorgungsnetz in Deutschland (Ausschnitt)	334
Erdgas-Verbundsysteme in Europa	490
Das Elektrizitäts-Verbundsystem in Deutschland	642/643
Elektrizitäts-Verbundsysteme in Europa	717/718
Register der Unternehmen, Behörden und Organisationen	**1195**
Personenregister	**1269**
Inserentenregister	**1343**

Yearbook · Mining · Oil and Gas · Petrochemistry · Electricity · Environmental Protection

Table of Contents

Möllemann: Foreword remembering the 100th year of publication — 5

Preface — 7

Economic Article · Industry in a unified Europe — I bis XXVI

1 Mining — 23

Germany
Hard Coal · Lignite · Potash and Rock Salt · Ore · Other Minerals · Specialized Companies · Organisations

Europe
Companies and Organisations in the countries of the European Community and the European Free Trade Association

International Organisations

2 Oil and Gas Industry — 287

Germany
Oil and Natural Gas Extraction · Gas Industry · Long Distance Gas Supply · Regional Gas Supply · Underground Gas Storage, Gas Transport · Oil Processing, Underground Caverns and Transport

Europe
Companies and Organisations

International Organisations

3 Petrochemistry — 585

Germany
Companies and Organisations

Europe
International Organisations

4 Electricity Industry — 617

Germany
Combined Companies and Large Power Stations · Regional and Municipal Electricity Supply Companies · Power Station Tables · District Heating · Organisations

European Electricity Grid
Companies and Organisations

International Organisations

5 Environmental Protection in the Energy and Raw Materials Industries — 795

Consultancy · Power Station Waste Disposal · Organisations

6 Trade — 837

Germany
Trade in fuels and minerals · Organisations

Europe
Sales Companies and Organisations

International Organisations

7 Authorities 879

Germany
    Committees of the Federal Parliament · Federal Authorities · District Committees · District Authorities

Europe
    European Communities · European Free Trade Association (Efta) · Authorities of European Nations

International Authorities and Organisations

8 Training and Research 983

Universities and other Training Centres · Technical and Economic Energy Research

9 Organisations Serving Several Sectors 1013

Supervisory Agencies and Insurance Companies · Water Resources Organisations · Employer and Employee Organisations

10 Statistics 1039

Conversions · Primary Energy · Mining: Hardcoal, Lignite, Salt, Ore, Other Raw Materials · Oil and Natural Gas · Petrochemistry · Electricity · Environmental Protection

11 Purchasing Guide: Industrial Equipment and Services 1133

Terms relating to International Company Law	14
Abbreviations	17

Economo-Geographic Maps

Exploitable deposits in Germany	28
Oil and natural gas deposits in Germany	290
Oil refineries · Pipelines · Petrochemistry in Germany	350/354/355
Mineral oil supply in Europe	402
Oil and natural gas in the North Sea	446
The gas supply network in Germany	334
The interconnected natural gas transmission system in Europe	490
The interconnected electricity transmission system in Germany	642/643
The interconnected electricity transmission systems in Europe	717/718

Index of Enterprises, Authorities and Organisations	1195
Index of Persons	1269
Index of Advertisers	1343

Verlag Glückauf · Jahrbuch 1993

Annuaire · Industrie minière · Pétrol et Gaz · Pétrochimie · Electricité · Protection de l'environnement

Table des Matières

Möllemann: Préface à l'occasion du centenaire de la publication — 5

Avant-propos — 7

Article économique · L'industrie dans une Europe unifiée — I bis XXVI

1 L'industrie minière — 23

Allemagne
 Charbon · Lignite · Potasse et sel gemme · Minerai · Autres matières premières · Compagnies spécialisées · Organisations

Europe
 Entreprises et organisations dans les pays de la CE et de la Efta

Organisations internationales

2 L'industrie de pétrol et de gaz — 287

Allemagne
 Extraction de pétrole et de gaz naturel · L'industrie de gaz distribution de gaz à distance · Approvisionnement régional en gaz · Silos de gaz souterrains, Transport de gaz · Traitement de pétrole, cavernes et transport

Europe
 Entreprises et organisations

Organisations internationales

3 Pétrochimie — 585

Allemagne
 Entreprises et organisations

Europe
 Organisations internationales

4 L'industrie de l'énergie électrique et nucléaire — 617

Allemagne
 Entreprises intégrées et centrales puissantes · Entreprises de distribution d'électricité régionales et communales · Tableaux des centrales électriques · Chauffage interurbain · Organisations

Europe et sa distribution d'électricité intégrée
 Entreprises et organisations

Organisations internationales

5 La protection de l'environnement dans les industries energétique et des matières premières — 795

 Consultation · Evacuation des centrales électriques · Organisations

6 Le commerce — 837

Allemagne
 L'échange de combustibles et de matières premières minérales · Organisations

Europe
 Compagnies de vente et organisations

Organisations internationales

7 Les autorités 879

Allemagne
Comités du parlement fédéral · Autorités fédérales · Comités des Länder · Autorités des Länder

Europe
Communautés Européennes · Efta · Organismes des pays européens

Autorités et organisations internationales

8 Formation et recherche 983

Universités et autres centres de formation · Recherche technique et économique de l'énergie

9 Organisations interprofessionnelles 1013

Contrôle et assurance · Associations de l'économie des eaux · Organisations syndicales des entreprises, employeurs et travailleurs

10 Statistiques 1039

Conversions · Energie primaire · Industrie minière: charbon, lignite, sel gemme, minerai, autres matières premières · Pétrole et gaz naturel · Pétrochimie · Production et distribution d'électricité · Protection de l'environnement

11 Guide d'achat: Equipements industriels et services 1133

Dénominations internationales en matière de droit des sociétés	14
Abréviations	18
Cartes sur la géographie économique	
Les gisements exploitables dans la Allemagne	28
Gisements de pétrole et de gaz naturel dans la Allemagne	290
Raffineries de pétrole · Pipelines · Pétrochimie dans la Allemagne	350/354/355
L'approvisionnement d'Europe en pétrole	402
Le pétrole et le gaz naturel dans la Mer du Nord	446
Le réseau d'approvisionnement en gaz naturel dans la Allemagne	334
Le système de distribution intégré de gaz naturel en Europe	490
Le système de distribution d'électricité intégré dans la Allemagne	642/643
Le système de distribution d'électricité intégré en Europe	717/718
Index des entreprises, des organismes et des organisations	1195
Index des personnes	1269
Index des annonceurs	1343

Internationale gesellschaftsrechtliche Bezeichnungen
International terms of company law
Termes internationaux du droit des sociétés

Aktiengesellschaft	**Public Limited Company**	**Société Anonyme**
Mitglied des Vorstandes	Member of the Board of Management	Membre du Directoire
Stellv. Mitglied des Vorstandes	Deputy Member of the Board of Management	Membre Suppléant du Directoire
Vorsitzender des Vorstandes	Chairman of the Board of Management	Président du Directoire
Stellv. Vorsitzender des Vorstandes	Deputy Chairman of the Board of Management	Vice-Président du Directoire
Sprecher des Vorstandes	Chairman of the Board of Management	Président du Directoire
Mitglied des Aufsichtsrates	Member of the Supervisory Board	Membre du Conseil de Surveillance
Vorsitzender des Aufsichtsrates	Chairman of the Supervisory Board	Président du Conseil de Surveillance
Stellv. Vorsitzender des Aufsichtsrates	Deputy Chairman of the Supervisory Board	Vice-Président du Conseil de Surveillance
Generalbevollmächtigter	Executive Manager	Directeur Général
Arbeitsdirektor	Director of Labour Relations	Directeur des Affaires Sociales
Prokurist	Officer with statutory authority	Fondé de Pouvoir Supérieur
Handlungsbevollmächtigter	Assistant Manager	Fondé de Pouvoir
Aufsichtsrat	Supervisory Board	Conseil de Surveillance
Verwaltungsrat	Administrative Board	Conseil d'Administration
Vorsitzender des Verwaltungsrates	Chairman of the Administrative Board	Président Directeur Général
Beirat	Advisory Board	Comité Consultant
Hauptversammlung	Shareholders' Meeting	Assemblée Générale des Actionnaires

GmbH	**Private Limited Company**	**Société à responsabilité limitée**
Geschäftsführung	Management	Gestion
Geschäftsführer	Managing Director	Gérant
Vorsitzender der Geschäftsführung	Chairman of the Board of Management	Président Directeur Général
Prokurist	Officer with statutory authority	Fondé de Pouvoir Supérieur
Handlungsbevollmächtigter	Assistant Manager	Fondé de Pouvoir
Aufsichtsrat	Supervisory Board	Conseil de Surveillance
Beirat	Advisory Board	Comité Consultant
Gesellschafterversammlung	Shareholders' Meeting	Assemblée Générale des Associés
Gesellschafter	Shareholder/Member	Associé

OHG	**Partnership**	**Société en nom collectif**
Gesellschafter	Partner	Associé
Geschäftsführender Gesellschafter	Managing Partner	Associé Gérant
Prokurist	Officer with statutory authority	Fondé de Pouvoir Supérieur

Kommanditgesellschaft	**Limited Partnership**	**Société en commandite simple**
Komplementär	General Partner	Commandité
Persönlich haftender Gesellschafter	General Partner	Commandité
Kommanditist	Limited Partner	Commanditaire
Geschäftsführender Gesellschafter	Managing Partner	Associé Gérant
GmbH & Co. KG	**Limited Partnership with Limited Company as General Partner**	**Société à responsabilité Limitée et Co. Société en commandite**
Einzelkaufmann	Sole Proprietor	Etablissement
Geschäftsinhaber	Proprietor	Propriétaire exploitant
Geschäftsteilhaber	Co-owner	Co-Propriétaire
Alleininhaber	Sole Proprietor	Propriétaire
Prokurist	Officer with statutory authority	Fondé de Pouvoir
Verband	**Association**	**Association**
Geschäftsführer	Managing Director	Directeur
Hauptgeschäftsführer	General Executive Manager	Secrétaire Général
Präsident	President	Président
Vorstand/Präsidium	Board of Directors	Conseil d'Administration
Ehrenvorsitzender	Honorary Chairman of the Board of Directors	Président d'Honneur
Vorsitzender	Chairman of the Board of Directors	Président du Conseil d'Administration
Hauptausschuß	Executive Committee	Comité Exécutif
Sonstige Titel	**Other Titles**	**Autres Titres**
Präsident	President	Président
Ehrenpräsident	Honorary President	Président d'Honneur
Generaldirektor	General Manager	Directeur Général
Stellv. Generaldirektor	Assistant General Manager	Directeur Général Adjoint
Generalbevollmächtigter	Executive Manager	Directeur Général
Direktor	Director/Manager	Directeur
Stellv. Direktor	Deputy Director/Assistant Manager	Directeur Adjoint
Abteilungsdirektor	Division Manager	Chef de Division/Département
Prokurist	Officer with statutory authority	Fondé de Pouvoir Supérieur
Handlungsbevollmächtigter	Assistant Manager	Fondé de Pouvoir
Bevollmächtigter	Authorised Representative	Mandataire
Leiter der Rechtsabteilung	Head of the Legal Department	Chef du Département Juridique
Leiter der Personalabteilung	Head of the Personnel Department/Personnel Director	Chef du Personnel/Directeur du Personnel
Betriebsdirektor	Production Director	Directeur Technique
Werksleiter	Plant Manager	Directeur d'Usine
Hauptabteilungsleiter	Division Head	Directeur de Division
Bereichsleiter	Department Head	Directeur de Département
Betriebsleiter	Production Manager	Chef de Production

Quelle: Handelsblatt.

Abkürzungen

Abschn.	Abschnitt	OBA	Oberbergamt
AKP	Afrika, Karibik, Pazifik	Opf.	Oberpfalz
AKP-Staaten	Die der EWG assoziierten Staaten in Afrika, in der Karibik und im Pazifischen Raum	OT	Ortsteil
		s.	siehe
		S.	Seite
BA	Bergamt	St	Station für Stückgut
GA	Gewerbeaufsichtsamt	u. T.	unter Tage
GbR	Gesellschaft bürgerlichen Rechts	ü. T.	über Tage
Gebr.	Gebrüder	vgl.	vergleiche
HA	Hafenanschluß	WL	Station für Wagenladungen
Kap.	Kapitel	Telefax	Fernkopierer
Kr.	Kreis	☏	Telefon
LBA	Landesbergamt	⚡	Telex
Lkr.	Landkreis	⌨	Telegrammadresse
LOBA	Landesoberbergamt	0	Weniger als die Hälfte von 1 in der letzten besetzten Stelle, jedoch mehr als nichts
m.d.W.d.G.b.	Mit der Wahrnehmung der Geschäfte beauftragt		
Ndrh.	Niederrhein	—	Nichts vorhanden
NN	Normalnull	.	Zahlenwert unbekannt oder geheimzuhalten
N.N.	nomen nescio (Position zur Zeit nicht besetzt)		

Maßeinheiten

°API	Spezifisches Gewicht für Rohöl nach dem American Petroleum Institute	PJ	Petajoule (10^{15} Joule)
		RÖE	Roböleinheit
		SKE	Steinkohleneinheit
BE	Brennelement	t	Tonne
bcf	billion cubic feet	t/a	Tonne je Jahr
Bill.	Billion	t/d	Tonne je Tag
bl, bbl	Barrel (1 bl = 159 l)	t/h	Tonne je Stunde
GJ	Gigajoule (10^9 Joule)	t = t-Rechnung	Absatzfähiges Erzeugnis in Gewichtstonnen (auch t = t-Förderung oder Nettoförderung)
GW	Gigawatt (10^9 Watt)		
h	Stunde		
H_o	oberer Heizwert	t v.F.	Tonne verwertbare Fördermenge: ergibt sich aus der t = t-Rechnung abzüglich des Ballastgehaltes (Wasser- und Aschegehalt)
kW	Kilowatt		
m³/a	Kubikmeter je Jahr		
m³/d	Kubikmeter je Tag	TJ	Terajoule (10^{12} Joule)
Mill.	Million	TWh	Terawattstunde (10^{12} Wattstunden)
mcf	million cubic feet	V_n	Volumen normal
MW	Megawatt (10^6 Watt)		
MS	Mannschicht		

Umrechnungstabelle für Maßeinheiten siehe Anfang Kapitel 10.

Abbreviations

Abschn.	section
AKP	Africa, Carribean, Pacific
AKP-Staaten	countries associated with the EEC in Africa, the Carribean and the Pacific area
BA	mines inspectorate
GA	trade board
GbR	company (civil law registration)
Gebr.	Bros.
HA	port access
Kap.	chapter
Kr.	admin. region
LBA	land mines inspectorate
Lkr.	land admin. region
LOBA	land chief mines inspectorate
m.d.W.d.G.b.	empowered to conduct business
Ndrh.	Lower Rhine
NN	mean sea level
N.N.	post vacant at present
OBA	chief mines inspectorate
Opf.	Upper Palatinate
OT	local district
s.	see
S.	page
St	bulk product station
u. T.	underground
ü. T.	on the surface
vgl.	cf.
WL	wagon loading station
Telefax	telecopier
☏	telephone
⌇	telex
⌁	telegraphic address
0	less than half of one on the last of digits occupied, however, more than nothing
—	nothing on hand
.	figure either unknown on confidential

Units of Measurement

°API	specific gravity of crude oil according to the American Petroleum Institute
BE	fuel element
bcf	billion cubic feet
Bill.	billion
bl, bbl	barrel (1 bl = 159 l)
GJ	Gigajoule (10^9 Joule)
GW	Gigawatt (10^9 watt)
h	hour
H_o	upper calorific value
kW	kilowatt
m^3/a	cubicmeter per annum
m^3/d	cubicmeter per day
Mill.	million
mcf	million cubic feet
MW	Megawatt (10^6 watt)
MS	manshift
PJ	Petajoule (10^{15} Joule)
RÖE	oil equivalent (oe)
SKE	coal equivalent (ce)
t	tonne
t/a	tonnes per annum
t/d	tonnes per day
t/h	tonnes per hour
t = t	disposable product in weight tonnes (also t = t production or net production)
t v.F.	tonne saleable output: obtained from t = t less ballast content (water and ash content)
TJ	Terajoule (10^{12} Joule)
TWh	Terawatt hour (10^{12} watt hours)
V_n	volume normal

Conversion table for units of measurement at the beginning of chapter 10.

Abbréviations

Abschn.	Alinéa	NN	Niveau normal de la mer
AKP	Afrique, Caraïbes, Pacifique	N.N.	nomen nescio (poste temporairement vacant)
AKP-Staaten	Les états de l'Afrique, des Caraïbes et de la Région Pacifique qui sont associés à la Communauté Economique Européenne	OBA	Service des mines (instance supérieure)
		Opf.	Haut Palatinat
BA	Service des mines	OT	Section de commune
GA	Inspection des entreprises	s.	voir
GbR	Société de droit civil	S.	page
Gebr.	Frères	St	Station pour la livraison de petites marchandises
HA	Raccordement portuaire		
Kap.	Chapitre	u. T.	au souterrain
Kr.	Collectivité territoriale autonome	ü. T.	à la surface
LBA	Service régional des mines	vgl.	voir aussi
Lkr.	Subdivision administrative territoriale	WL	Station de déchargement des camions
LOBA	Autorité régionale des mines	Telefax	Télécopieur (téléfax)
m.d.W.d.G.b.	Chargé de la gestion des affaires	☏	Téléphone
Ndrh.	Bas-Rhin	⌇	Télex
		⌇	Adresse télégraphique
		0	Moins que la moitié de la valeur 1 au dernier
		—	chiffre, cependant, plus que rien
		.	Pas d'indication sous main, ou confidentiel

Mesures

°API	Poids spécifique du pétrole d'après American Petroleum Institute	PJ	Petajoule (10^{15} Joule)
		RÖE	Unité de pétrole
BE	Elément combustible	SKE	Unité de houille
bcf	milliard pied cube	t	tonne
Bill.	milliard	t/a	tonne par an
bl, bbl	barrel (1 bl = 159 l)	t/d	tonne par jour
GJ	gigajoule (10^9 Joule)	t/h	tonne par heure
GW	gigawatt (10^9 watt)	t = t-Rechnung	Produit commerçant, en tonnes (aussi: t = production en tonnes ou production nette)
h	heure		
H_o	Pouvoir calorifique supérieur		
kW	kilowatt	t v.F.	Tonne de produit commerçant, résultant de la t = t-Rechnung moins inertes (teneurs en eau et en cendres)
m^3/a	mètre cube par an		
m^3/d	mètre cube par jour		
Mill.	million	TJ	Terajoule (10^{12} Joule)
mcf	million pied cube	TWh	Terawatt-heure (10^{12} Watt-heures)
MW	mégawatt (10^6 watt)	V_n	Volume normal
MS	par poste et homme		

Tableau de conversion pour les unités de mesure: voir début du chapitre no 10.

Europäische Gemeinschaft

Über eine halbe Million westeuropäischer Aktionäre halten mit der VEBA-Aktie einen international begehrten ‚Blue Chip' mit Substanz und Ertragskraft.

VEBA arbeitet in den Bereichen Strom, Chemie, Öl, Handel, Verkehr und Dienstleistungen. Das anspruchsvolle Investitionsprogramm bereitet auf den europäischen Binnenmarkt vor und baut Marktpositionen in Ostdeutschland aus. Auch zum Vorteil der VEBA-Aktionäre.

Weitere Informationen halten wir für Sie bereit: VEBA AG, Bennigsenplatz 1, 4000 Düsseldorf 30.

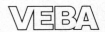

Innovative Saarländische Bergtechnik

Abbautechnik komplette Schrämwalzenlader, Schildausbau mit Zubehör (z.B. Gebirgsschlagventile, hydraulische Einzelstempel), Strebförderer komplett mit Soft-Anlauf-System, Strebsignal- und -steueranlagen, Staub-Berieselungsanlagen
Streckentechnik Schneidköpfe und Meißel für Teilschnittmaschinen, starrer und nachgiebiger Streckenausbau mit Verzug und Verbolzung sowie entsprechende Satz- und Raubvorrichtungen, Ausbau für Streckenkreuzungen und -abzweigungen, leistungsfähige Förderanlagen und Transporteinrichtungen für Material und Personen, hydraulische Antriebsaggregate und elektronische Steuerung der Anlagen
Bohrungen, Schächte Tiefbohrungen, Wasserlösungs- und Entgasungsbohrungen, Schachtteufen konventionell und maschinell
Hydraulik und Pneumatik Zylinder aller Größen und Ausführungen, Steuerungs- und Regelkomponenten, Hydropumpen und -antriebe, Filteranlagen, Ölkühlaggregate, Hydrospeicher und -dämpfer, Hydrowerkzeuge, Schmiertechnik
Elektronik Mikroprozessor-Steuerungen, Schreitausbau-Steuerungen, Grubenwarten, digitale Regel- und Störmeldesysteme, Proportional- und Schaltmagnete
Ingenieurtechnik und Industrieanlagen Bergbauberatung und Planung, Aufbereitungsanlagen, Kokereien, Hydrieranlagen, Kraftwerke und Fernwärmeversorgungssysteme, wasserwirtschaftliche Anlagen, Zementwerke, Ziegeleien u.a.
Umwelttechnik Abfallverwertungsanlagen, Abwasserkläranlagen, Schlammbehandlung (Schlammtrocknung und -verbrennung), Abgasreinigung, Müllverbrennung, Altlastsanierung

Das Tüpfelchen auf dem i
Innovativer Saarländischer Bergtechnik liefert die ISB, die Interessengemeinschaft Saarländischer Bergbau-Zulieferer. Mit der ISB haben Sie die direkte Verbindung zum jeweils richtigen Ansprechpartner.
Sie bieten Ihnen:
■ Informationen
■ Initiativen
■ Innovationen
Das Tüpfelchen
auf dem i für Sie:
ISB, Interessengemeinschaft Saarländischer Bergbau-Zulieferer.

Malstatter Markt 13
Postfach 73
D-6600 Saarbrücken
Telefon 06 81 / 40 08-237
Telex 4 421 216 sbipd
Telefax 06 81 / 4 00 82 98

Interessengemeinschaft
Saarländischer
Bergbauzulieferer

Industrie in einem vereinten Europa

Von Dr. h.c. Tyll Necker
Präsident des Bundesverbandes der Deutschen Industrie e.V.

Inhalt

I. Industrie für Weiterentwicklung Europas: Historische Chance nutzen .... *V*

II. Vorbereitungen auf den EG-Binnenmarkt: Strategien und Forderungen von Wirtschaft/Industrie
    1. Impulse und Veränderungen .... *VII*
    2. Defizite und Verzögerungen .... *VIII*

III. Forderungen der Industrie an die europäische Wirtschaftspolitik nach Maastricht
    1. Parallelität EWWU/EPU .... *IX*
    2. Konvergenz in wirtschaftlichen und monetären Schlüsselgrößen .... *X*
    3. Konsolidierung des EG-Haushalts — Delors-II-Paket .... *XI*
    4. EG: Einheit in Vielfalt — Verwirklichung des Subsidiaritätsprinzips .... *XI*
    5. Deregulierung statt Regulierung: Beispiel europäische Energiepolitik .... *XII*
    6. Keine interventionistische Industriepolitik für Europa .... *XIV*
    7. Liberale Außenpolitik .... *XIV*
    8. Verantwortung der EG für die internationale Handelsordnung .... *XV*
    9. Erweiterung der EG .... *XVI*
    10. Exkurs: Ratifizierung des Maastricht-Vertrages in Deutschland — Ergänzungen des Grundgesetzes .... *XVII*

IV. Standort Deutschland in Europa: Probleme der deutschen Industrie
    1. Standort: Neue Bundesländer .... *XVIII*
    2. Auswirkungen der gesellschaftspolitischen Einstellungen auf die Qualität des Standortes .... *XX*
    3. Umweltschutz als Qualitätsmerkmal des Standortes Deutschland .... *XXI*

V. Zusammenfassung und Ausblick .... *XXIII*

I. Industrie für Weiterentwicklung Europas: Historische Chance nutzen

Die 80er Jahre gaben dem europäischen Integrationsprozeß eine neue Qualität. Die Errichtung eines Gemeinsamen Binnenmarktes bis 1993 stellte sich bald nur als Etappenziel heraus. Es wurde von der Überlegung überrundet, durch eine Europäische Politische Union und eine einheitliche europäische Währung, die Zusammenarbeit in Wirtschaft und Politik zu vertiefen.

Die Erfolgsgeschichte Europas überzeugte auch das skeptische Ausland. Schlagworte, wie „Eurosklerose" oder die Befürchtung einer „Festung Europa", traten zunehmend in den Hintergrund. Statt dessen suchen immer mehr Länder die EG-Mitgliedschaft oder zumindest eine engere Beziehung zur EG.

Mit den ersten Schritten zur Politischen Union und der vorgesehenen Einführung einer einheitlichen Währung im Vertrag von Maastricht ist die nächste Etappe des angestrebten engeren Zusammenschlusses der Länder der Gemeinschaft konkretisiert worden. Die EG nimmt sich selbst in die Pflicht und macht Erfolg und Mißerfolg ihrer Integrationsvorhaben über den Binnenmarkt hinaus überprüfbar. Mit der erforderlichen Ratifizierung des Vertrages in den Mitgliedsländern kommt es zum Schwur: Worten müssen Taten folgen. Zudem wird, indem der Vertrag in einigen Mitgliedsländern der Bevölkerung zur Billigung vorgelegt wird, die Bürgernähe des Vertrages getestet.

Mit der Ablehnung des Maastricht-Vertrages durch die dänische Bevölkerung am 2. Juni 1992 bekam die europäische Euphorie zum ersten Mal seit Jahren einen Dämpfer. Der negative Volksentscheid der Dänen machte deutlich, daß zwischen den politischen Zielen der Europapolitiker und der Bereitschaft der Bevölkerung, sie zu akzeptieren, eine Kluft existiert. Als François Mitterand entschied, auch in Frankreich die Verträge von Maastricht einem Volksentscheid auszusetzen, war er von einem starken Ja überzeugt. Europa sollte mit dem Bekenntnis der Franzosen zur europäischen Integration ein neuer Schub verliehen werden. Doch das Ergebnis stand bis zum Ende auf Messers Schneide. Unter dem Strich ist es ein Ja.

Skepsis gegenüber den Maastrichter Verträgen ist in einigen Mitgliedsländern zu beobachten. In Dänemark wird es voraussichtlich im Laufe des Jahres 1993 zu einem erneuten Referendum kommen. Spanien macht die Ratifizierung von der Zustimmung der EG-Mitgliedsländer zum Delors-II-Paket abhängig. Die Entscheidung darüber ist auf dem nächsten EG-Gipfel im Dezember 1992 in Edinburgh zu erwarten.

Diese Entwicklung ist jedoch kein Indiz dafür, daß die EG als solche auf dem Prüfstand steht. Unterschiedlich gewachsene Traditionen sind nicht von heute auf morgen auf einen gemeinsamen Nenner zu bringen. Der alte Kontinent Europa erhält international seinen „Charme" und seine Lebenskraft aus der Vielzahl seiner kulturellen Identitäten. Mit stärker werdenden, verbindlichen Integrationsschritten wachsen innerhalb der EG zwangsläufig auch Widerstände. Zwischen dem Bekenntnis zu mehr Gemeinsamkeiten und deren Umsetzung liegt naturgemäß mehr als eine politische Absichtserklärung. In diesem Stadium befindet sich die Europäische Gemeinschaft. Es muß nun darum gehen, die weitere Umsetzung des Integrationsvorhabens für alle Mitgliedsländer und ihre Bürger vertretbar zu gestalten.

Dies ist zum einen eine Aufgabe für die Politik und erfordert ein hohes Maß an diplomatischem Verhandlungsgeschick. Zum anderen geht es darum, bei den Bürgern der EG ein besseres Verständnis für die europäische Entwicklung zu schaffen. Hier muß ein großes Informationsloch gefüllt werden. Nicht die Ziele sind falsch, sondern vielfach ihr Marketing. Europäische Politik muß — wie jeder andere Politikbereich auch — zunächst Dienstleistung für den Bürger sein. Sie muß für ihn transparent sein. Die Weiterentwicklung der EG ist kein Selbstzweck. Das wirtschaftliche Wachstum, das sich beispielsweise die Industrie von einem einheitlichen Europa verspricht, bedeutet zugleich einen Wohlstandsgewinn für alle Bürger. Dies sollte auch herausgestellt werden. Die europäische Integrationspolitik muß von der Ebene der abstrakten politischen Entscheidungsprozesse auf die der konkret nachvollziehbaren Ergebnisse für den Bürger gebracht werden.

Die ängstliche Reaktion der deutschen Bundesbürger auf einen drohenden Verlust der DM durch die gemeinsame Europäische Währung ist auch ein Zeichen für die unzureichende Information der Bevölkerung. Der Angst vor zusätzlichen EG-Steuern und damit einer stärkeren Belastung der privaten Haushalte, der Befürchtung noch vollerer Straßen durch die Offenheit der Binnengrenzen oder der Sorge vor einer alles überwuchernden Bürokratie muß durch gezielte Aufklärung entgegengewirkt werden. Zu wenig ist bekannt, daß die Wohlstandsgewinne der letzten Jahre in allen Ländern der EG zu einem guten Teil bereits den Wirkungen des großen europäischen Marktes zu verdanken sind.

Europa muß weiterentwickelt werden. Diese historische Chance darf nicht verspielt werden. Ein Rückschritt in nationale Alleingänge würde die Wohlstands- und Wirtschaftsentwicklung in Europa um Jahre zurückwerfen, während unsere größten internationalen Konkurrenten, allen voran der asiatisch-pazifische Raum, weiter voranschreiten. Gegensätze und Unstimmigkeiten sind überwindbar. Sie sind nicht Ausdruck eines um sich greifenden Euro-Pessimismus, sondern in hohem Maße Ergebnis eines vernachlässigten Euro-Marketings und einer Tendenz zur Entfremdung der Europapolitik von den Belangen und Interessen der Bürger.

Die deutsche Industrie hat sich von Anfang an zum Fürsprecher der europäischen Entwicklung gemacht. Sie hat stets den Zusammenhang zwischen europäischer Integration als Antwort auf die internationalen Aufgaben und die positiven Wirkungen dieser Entwicklung für die Bürger betont. Ihre Kritik — schon vor Maastricht — war und ist konstruktiv auf Beseitigung der wirtschaftlichen Schwächen gerichtet. In diesem Sinne hat sie Meßlatten für die Politik eingezogen. Aber auch sie ist aufgefordert, die Signale nach Maastricht ernstzunehmen, indem sie zum einen die Politik zu mehr Bürgernähe auffordert, zum anderen aber auch ihre eigenen Positionen verstärkt ins Licht der Vorteile für die Menschen in der Gemeinschaft rückt.

II. Vorbereitungen auf den EG-Binnenmarkt: Strategien und Forderungen von Wirtschaft/Industrie

Die Errichtung eines EG-Binnenmarktes mit freiem Verkehr von Personen, Waren, Kapital und Dienstleistungen war die konsequente Anpassungsstrategie der Europäischen Gemeinschaft an den gewachsenen internationalen Wettbewerb. Unter anderem macht die technologische Dynamik höhere und aufwendigere Arbeiten im Bereich von Forschung und Entwicklung sowie ihre schnellere Umsetzung erforderlich. Größere Unternehmenseinheiten sind notwendig, um aufgrund dieser Entwicklung kostentragend und innovativ wirken zu können.

1. Impulse und Veränderungen

Der Europäische Binnenmarkt hat bereits im Vorfeld seiner Vollendung wichtige Impulse gegeben.

▷ Innerhalb der EG führen der ungehinderte Austausch von Waren, Dienstleistungen sowie der freie Arbeitsmarkt bereits heute zu einem verstärkten Wettbewerb auf angestammten Märkten. Die Industrie erwartet, daß der Binnenmarkt mittelfristig einen Wachstumsschub hervorbringen und Strukturveränderungen beschleunigen wird. Besitzstände, traditionelle Verhaltensweisen, verkrustete Märkte und Institutionen werden aufgebrochen und das Innovationstempo erhöht.

▷ Die EG-Kommission weist für das Jahr 1990 nach, daß sich die Zahl der Unternehmenszusammenschlüsse deutlich erhöht hat. Die Bildung größerer Unternehmenseinheiten darf aber nicht mit einer Verringerung von Wettbewerb gleichgesetzt werden. Oft sind Zusammenschlüsse der einzige Weg, um Unternehmenseinheiten zu bilden, die es im internationalen Wettbewerb mit der Konkurrenz aus den USA oder Japan aufnehmen können. Sie sorgen damit im Ergebnis für mehr Wettbewerb. Mit der europäischen Fusionskontrolle verfügt die Gemeinschaft darüber hinaus über ein wirksames Instrumentarium, mit dem sie verhindern kann, daß durch Zusammenschlüsse im gemeinsamen Markt marktbeherrschende Stellungen entstehen oder verstärkt werden. Dabei ist es aus der Sicht der Industrie allerdings besonders wichtig, nicht die Augen davor zu verschließen, daß die relevanten Märkte immer größer werden und daß man in vielen Branchen heute bereits von einem weltweiten Markt ausgehen muß.

▷ Die zunehmende Investitons- und Handelsverflechtung der EG-Staaten untereindander verdeutlicht, daß die Unternehmen der unterschiedlichsten Branchen den gemeinsamen europäischen Markt — mit einer Bevölkerung von 340 Mill. — bereits in ihre Strategien einbezogen haben: So gehen beispielsweise 55% der deutschen Exporte inzwischen in das Europa der Zwölf. Zwei Drittel der deutschen Auslandsinvestitionen der letzten Jahre wurden im EG-Raum getätigt.

▷ Die Anpassungsstrategien der Unternehmen an den gemeinsamen Markt reichen von Produktinnovationen und Rationalisierungsinvestitionen über den Ausbau ihrer Vertriebssysteme bis zur Gründung eigener Niederlassungen und Produktionsverlagerungen ins Ausland. Zwischen 1986 und 1992 haben deutsche Unternehmen mehr als 1,5 Bill. DM in die Modernisierung der Produktionsprozesse und Produkte investiert. Hinter diesen gewaltigen Summen steht auch Qualität: Der Kapitalstock der westdeutschen Industrie hat sich in den vergangenen sechs Jahren in einem Tempo verjüngt wie nie zuvor in unserer Wirtschaftsgeschichte. Daneben werden wegen der überdurchschnittlichen Kostenbelastung in Deutschland zunehmend andere europäische Standorte in die strategischen Überlegungen der Unternehmen mit einbezogen. Diese Entwicklung wird durch den Binnenmarkt verstärkt. Neben Unternehmenszusammenschlüssen, die vornehmlich für größere Unternehmen in Frage kommen, gewinnt das weite Feld der Unternehmenskooperationen eine immer größere Bedeutung.

II. Vorbereitungen auf den EG-Binnenmarkt

▷ Eine Umfrage im Maschinenbau hat ergeben, daß die Mehrzahl der befragten Firmen die Auswirkungen des Binnenmarktes für sich selbst positiv sieht. Priorität in der unternehmerischen Vorbereitung auf den größeren Markt hat die Optimierung des Vertriebs in den EG-Partnerländern. An zweiter Stelle werden verstärkte Inlandsinvestitionen und Produktinnovationen genannt. An dritter Stelle steht die verstärkte Kooperation mit EG-Partnern.

2. Defizite und Verzögerungen

Der Bundesverband der Deutschen Industrie (BDI) geht davon aus, daß die im Weißbuch-Programm von 1985 enthaltenen Maßnahmen zur Vollendung des Binnenmarktes zum Jahresende weitgehend auf europäischer Ebene beschlossen und auch — soweit erforderlich — großenteils in nationales Recht umgesetzt sein werden. Soweit in einzelnen Mitgliedstaaten Verzögerungen entstehen, dürfen sie nicht Anlaß sein, Grenzkontrollen weiterhin aufrecht zu erhalten.

Dringlich aus Sicht der deutschen Industrie sind die noch ausstehenden Entscheidungen im Bereich der indirekten Steuern und eine EG-einheitliche Umsetzung der für vier Jahre vorgesehenen Übergangsregelung für die Umsatzsteuer. Da sich die Mitgliedstaaten zunächst nicht auf die für den Abbau der steuerlichen Binnengrenzen erforderliche Harmonisierung der indirekten Steuern haben einigen können, muß ein auf vier Jahre befristetes Übergangsregime in Kraft gesetzt werden. Es stellt für die Unternehmen lediglich einen Scheinbinnenmarkt her, denn der steuerliche Grenzausgleich wird nunmehr in die Unternehmen verlagert und steigert den Verwaltungsaufwand für die Wirtschaft. Der BDI fordert deshalb, gemeinsam mit den übrigen Spitzenverbänden der deutschen Wirtschaft, eine verbindliche Befristung der neuen Vorschriften bis Ende 1996.

Die angestrebte Beseitigung der Grenzkontrollen hängt jedoch nicht allein von der rechtzeitigen Verabschiedung des Weißbuch-Programms ab. Für die Beseitigung der Warenkontrollen an den innergemeinschaftlichen Grenzen bedarf es zusätzlich noch der Änderung zahlreicher einzelstaatlicher Vorschriften, die Grenzkontrollen begründen, zum Beispiel in den Bereichen Veterinär- und Pflanzenschutz, der Sicherheits- und Gesundheitskontrollen sowie der Agrarpolitik. Auch die Exportkontrollen bei Dual-use-Gütern gehören hierher. Langfristig muß das Ziel die Vereinheitlichung der Politik zur Exportkontrolle sein; kurzfristig müssen jedoch schon mit der Verwirklichung des Binnenmarktes gemeinsame Regeln für die Kontrolle der Ausfuhr dieser Güter in Drittländer gefunden werden.

Auch wenn bis zum Jahresende das Weißbuch-Programm weitgehend abgearbeitet ist und die innergemeinschaftlichen Grenzkontrollen entfallen, wird der europäische Binnenmarkt noch unvollkommen sein. Die Verwirklichung des Binnenmarktes ist ein dynamischer Prozeß, der zu einem immer engeren Zusammenwachsen der Märkte und zu Gemeinschaftslösungen in den flankierenden Politiken führen muß.

Die deutsche Industrie begleitet das umfangreiche Rechtssetzungsprogramm zur Verwirklichung des Binnenmarktes seit Jahren konstruktiv. Sie hat sich darauf eingestellt, daß schon heute die Rahmenbedingungen für unternehmerisches Handeln mindestens ebenso stark von europäischem wie von nationalem Recht bestimmt werden. Dieses Verhältnis wird sich in den nächsten Jahren noch stärker zu Gunsten der Gemeinschaft verschieben. Als Hauptbetroffene der Maßnahmen der Gemeinschaft legt die Wirtschaft Wert darauf, bei der Willens- und Entscheidungsfindung der Gemeinschaft gehört zu werden. Hier fehlt es jedoch noch an Transparenz und verläßlichen Verfahren. Die EG-Kommission hat sich bis heute keine Geschäftsordnung gegeben.

Ebenso wird in der deutschen Wirtschaft immer dringlicher die Frage gestellt, an welchen Grundsätzen und Prioritäten die Gemeinschaft ihre Politik ausrichtet und welche Wirtschaftspolitik nach innen und nach außen in Zukunft verfolgt wird. Diese Frage kann zur Zeit noch nicht eindeutig beantwortet werden.

III. Forderungen der Industrie an die europäische Wirtschaftspolitik nach Maastricht

Nach Inkrafttreten des Maastricht-Vertrages werden wirtschaftspolitische Entscheidungen und Maßnahmen der Gemeinschaft noch stärker als bisher das Umfeld für unternehmerisches Handeln bestimmen.

Die wichtigsten Ergänzungen im Kernbereich der Europäischen Gemeinschaft, das heißt im wirtschaftlichen Teil des Vertrages, betreffen die Schaffung einer Wirtschafts- und Währungsunion, neue Kompetenzzuweisungen in den Bereichen Industrie- und Verbraucherpolitik, die Schaffung eines Kohäsionsfonds für die ärmeren Mitgliedstaaten, mehr Mitentscheidungsrechte für das Europäische Parlament, die Schaffung eines beratenden Regionalausschusses und Festschreibung des Subsidiaritätsprinzips. Die Neuregelungen im Bereich der Sozialpolitik haben bekanntlich nur elf Mitgliedstaaten vereinbart.

Die Vertragsergänzungen von Maastricht haben jedoch keine Klarheit über die künftige politische und wirtschaftspolitische Verfassung der Europäischen Gemeinschaft gebracht. Der BDI hat deshalb unmittelbar nach dem Gipfel von Maastricht auf die Unvollkommenheit der Ergebnisse im Hinblick auf die von der Politik selbst gesetzten Ziele hingewiesen. Anzuerkennen ist der Erfolg der Teileinigung im wirtschaftlichen Bereich, die in Zeiten des Umbruchs in Europa ein wichtiges Signal nach innen und außen setzt. Berechtigte Kritik an dem, was in Richtung Politische Union noch fehlt, darf jedoch nicht in eine Verweigerungshaltung anläßlich der notwendigen Ratifizierung des Unionsvertrages umschlagen. Vielmehr kommt es nun darauf an, im weiteren europäischen Einigungsprozeß die unbedingt notwendigen Nachbesserungen an dem in Maastricht verabschiedeten Vertragswerk und dem dazugehörigen Fahrplan zu verwirklichen.

1. Parallelität EWWU/EPU

Die Kritik des BDI bezieht sich vor allem auf das eklatante Ungleichgewicht zwischen Währungsunion (EWWU) und Politischer Union (EPU). Während für die Währungsunion ein fester Fahrplan verbindlich festgelegt wurde, ist eine politische Vertiefung der Gemeinschaft nur in Ansätzen gelungen. Auch besteht die Gefahr, daß die marktwirtschaftliche Fundierung der Währungsunion zu kurz kommt, zugunsten einer mehr interventionistischen Ausrichtung der Wirtschaftspolitik. Schließlich enthalten die Vertragsbestimmungen einen bedenklichen zeitlichen Automatismus für den Eintritt in die Endstufe der Wirtschafts- und Währungsunion.

Eine wichtigere Entscheidung ist eigentlich für kein Land denkbar als die volle Übertragung seiner Währungssouveränität auf eine europäische Zentralbank. Es ist deshalb schwer zu vermitteln, daß diese Entscheidung keinem internen Meinungsbildungs- und Entscheidungsprozeß mehr zugänglich sein soll. Lediglich die Staats- und Regierungschefs werden zu gegebener Zeit mit qualifizierter Mehrheit bestätigen, welche Mitgliedstaaten die Kriterien erfüllen und damit in die dritte und endgültige Stufe der Währungsunion eintreten. Alles hängt letzlich vom Stabilitätsbewußtsein der politischen Entscheidungsträger zum gegebenen Zeitpunkt ab. Diese Bestimmungen des Vertrages sollten im Zuge der vorgesehenen institutionellen Reformen der Gemeinschaft Mitte der 90er Jahre revidiert werden. Der Eintritt in die Währungsunion darf nur erfolgen, wenn die Voraussetzungen für die Stabilitätsgemeinschaft erfüllt sind.

Der eindeutige Stabilitätsauftrag und die Klarstellung der formalen Unabhängigkeit der Europäischen Zentralbank im Vertrag von Maastricht sind dagegen ausdrücklich zu begrüßen. Allerdings kommt es nun darauf an, wie diese in die Praxis umgesetzt wird. Wenngleich de jure keine

III. Forderungen der Industrie an die europäische Wirtschaftspolitik nach Maastricht

Weisungsrechte bestehen, so könnte doch durch die Regelungen zur Wechselkurspolitik, durch das Wirken des künftigen Wirtschafts- und Finanzausschusses sowie ein nicht begrenztes Anhörungsrecht der zuständigen Ausschüsse des Euopäischen Parlaments, der geldpolitische Handlungsspielraum faktisch eingeschränkt werden. Die vertraglich festgeschriebene Unabhängigkeit der Europäischen Zentralbank bedarf darüber hinaus der vorzeitigen „Einübung" durch die Mitgliedstaaten. Bislang sind jedoch nur wenige Anzeichen erkennbar, den jeweiligen Notenbanken einen wirklichen Autonomiestatus — ähnlich dem der Bundesbank — zuzuerkennen.

Ausführungen des französischen Staatspräsidenten Mitterand in dem Tenor, die währungspolitischen Rahmenentscheidungen würden von den Staats- und Regierungschefs, im Europäischen Rat, getroffen, der Zentralbank hingegen obliege als „technischem" Organ lediglich die Umsetzung der gefaßten Grundbeschlüsse, weisen in eine andere Richtung und lassen einen tiefen Dissens ahnen. Sie stehen im Gegensatz zu Wort und Geist der Maastrichter Verträge. Der vordergründige Schluß, eine Notenbankautonomie à la Bundesbank sei angesichts der unterschiedlichen Interessenlage in der EG ohnehin illusorisch und müsse im Lichte „höherer Ziele" weniger puristisch gesehen werden, verkennt ihren Stellenwert im Rahmen einer funktionierenden Währungsunion.

Die Zentralbank wird auf Dauer ihrer Aufgabe, eine erfolgreiche Stabilitätspolitik zu betreiben, nur gerecht, wenn sie über entsprechende Handlungsfreiheiten verfügt. Von den Vertragsbestimmungen geht jedenfalls nur ein begrenzter Druck aus. Die Frage der Notenbankautonomie wird gewissermaßen zum „Testfall" für die Entschlossenheit der Partnerländer, in einer Währungsunion den Erfordernissen der Stabilität voll Rechnung zu tragen.

2. Konvergenz in wirtschaftlichen und monetären Schlüsselgrößen

Wesentliche Voraussetzungen für den Erfolg der Europäischen Wirtschafts- und Währungsunion sind eine weitgehende und dauerhafte Annäherung der wichtigsten wirtschaftlichen und monetären Schlüsselgrößen sowie die Übereinstimmung in den wirtschaftspolitischen Zielprioritäten der Mitgliedstaaten. Der erreichte Konvergenzgrad, vor allem mit Blick auf die Preisentwicklung und öffentlichen Haushalte, läßt jedoch noch einiges zu wünschen übrig. Das aus heutiger Sicht gravierendste Problem besteht in der Notwendigkeit einer Konsolidierung der Staatsfinanzen. Auf diesem Feld haben fast alle Mitgliedstaaten noch einen erheblichen Nachholbedarf.

Der Eintritt in die Endstufe der Währungsunion ist an die Erfüllung strenger Stabilitäts- und Konvergenzkriterien gebunden. Diese betreffen ein hohes Maß an Preisstabilität, solide öffentliche Finanzen, die Annäherung der Zinssätze sowie die Währungsstabilität im EWS. Es muß unbedingt vermieden werden, daß die vereinbarten Stabilitäts- und Konvergenzkriterien unter dem Druck politischer Vorgaben wieder aufgeweicht werden. Dies würde Kompromißlösungen begünstigen, die letztlich vom Ziel der anzustrebenden Stabilitätsgemeinschaft wegführen.

Nicht nur mit Blick auf die EWS-Turbulenzen im Herbst 1992 müssen die zeitlichen Perspektiven der geplanten Währungsunion noch einmal überdacht werden. Die veränderten Wechselkursparitäten sollten als „Rückkehr zur Normalität" interpretiert werden. Zugleich sind sie ein weiteres Indiz dafür, daß das politisch bestimmte Integrationstempo nicht mit den ökonomischen Realitäten übereinstimmt. Das EWS kann seiner Rolle als zentrales Element der währungspolitischen Kooperation in der EG nur gerecht werden, wenn alle Teilnehmer die Spielregeln einhalten. Das realwirtschaftliche Element wurde aus politischen Gründen lange Zeit vernachlässigt. Es zeigt sich jetzt, daß die Voraussetzungen für das Funktionieren einer weitergehenden währungspolitischen Integration weitgehend noch geschaffen werden müssen. Dafür jedoch ist mehr als guter Wille notwendig. Die Entwicklung im EWS zeigt die Dringlichkeit konsequenter wirtschafts-, einkommens-, geld- und finanzpolitischer Kurskorrekturen. Ein zeitlicher „Automatismus", der diese Restriktionen ignoriert, würde der Integration Europas mehr schaden als nützen. Sollte eine strikte Anwendung der Konvergenzkriterien nicht sichergestellt werden können, muß der Eintritt in die Endstufe hinausgeschoben werden.

3. Konsolidierung des EG-Haushalts — Delors-II-Paket

Strikte Haushaltsdisziplin muß nicht nur von den Mitgliedstaaten gefordert und praktiziert, sondern auch auf Gemeinschaftsebene beachtet werden. Auch wenn die Notwendigkeit außer Frage steht, der Gemeinschaft die für ihre Aufgaben notwendigen Mittel zur Verfügung zu stellen, so darf dies doch nicht zu einer ungezügelten Ausweitung der EG-Finanzen führen.

Das Delors-II-Paket der EG-Kommission sieht eine jährliche Steigerungsrate des Gemeinschaftshaushalts von real 5,6%, nominal sogar von über 10% vor. Ein EG-Etatzuwachs in dieser Größe sprengt nach Auffassung der deutschen Wirtschaft alle Maßstäbe für eine baldige Konsolidierung der öffentlichen Finanzen in der Gemeinschaft. Bei einem gleichbleibenden deutschen Finanzierungsanteil von etwa 28% würde dies bedeuten, daß die deutschen Einzahlungen von heute 38 Mrd. DM bis 1997 auf 62 Mrd. DM ansteigen würden. Kumulativ über den Zeitraum von 1993 bis 1997 würde das Delors-II-Paket die Bundesrepublik Deutschland mit 60 Mrd. bis 70 Mrd. DM belasten. Die damit auf den Bundeshaushalt zukommenden Kosten wären ohne eine weitere erhebliche Inanspruchnahme des deutschen Kapitalmarktes bzw. ohne Steuererhöhungen nicht zu finanzieren.

Die Mittel sollen unter anderem in einen neuen Kohäsionsfonds (1994) zugunsten von Griechenland, Irland, Portugal und Spanien fließen sowie die bestehenden Strukturfonds aufstocken. Die deutsche Wirtschaft stellt das Kohäsionsziel nicht in Frage und hat auch Verständnis dafür, daß die Mitteltransfers an die ärmeren Länder der Gemeinschaft erhöht werden. Um dies zu erreichen, bedarf es allerdings keiner derartigen Steigerung des gesamten EG-Budgets, wie von der EG-Kommission vorgeschlagen. Wer neue Einnahmen in dieser Diskussion fordert, muß vorher die gesamten Ausgaben der Gemeinschaft kritisch unter die Lupe nehmen und nach Einsparmöglichkeiten suchen. Darin besteht Nachholbedarf. Darüber hinaus sind auch die Empfängerländer aufgefordert, durch Verbesserung der Standortattraktivität der wirtschaftlichen Rahmenbedingungen in eigener Verantwortung für die regionale Entwicklung gerecht zu werden.

4. EG: Einheit in Vielfalt — Verwirklichung des Subsidiaritätsprinzips

Die Verwirklichung des Binnenmarktprogramms war nur dadurch möglich, daß grundsätzlich der Liberalisierung Vorrang vor der Harmonisierung aller Rechtsbereiche eingeräumt wurde, das heißt: Harmonisierung nur wo unbedingt notwendig, gegenseitige Anerkennung von nationalen Vorschriften und Regeln wo immer möglich. Dieser Ansatz entspricht den Vorstellungen der Industrie von einem Europa der Vielfalt, in dem weitgehend der Wettbewerb für die Angleichung von Systemen und Strukturen sorgt. Deshalb hat sich die deutsche Wirtschaft auch gemeinsam mit der Bundesregierung für die Verankerung des Subsidiaritätsbegriffs im neuen Unionsvertrag eingesetzt. Damit ist im Grundsatz festgehalten, daß sich Europa dezentral organisiert und daß die Gemeinschaft ihre Befugnisse restriktiv auszulegen hat. Leider kommt es jedoch in zu vielen Bereichen zu gemeinschaftsweiten Detailregelungen, die die Wirtschaft oft mit einem Übermaß an Regulierungen überziehen.

III. Forderungen der Industrie an die europäische Wirtschaftspolitik nach Maastricht

Europa muß eine politisch handlungsfähige Einheit sein. Auf Gemeinschaftsebene müssen die großen Linien und die gemeinsamen Regeln festgelegt werden, nach denen sich die Politik der Mitgliedstaaten ausrichtet, etwa in der Umweltpolitik. Das Umsetzen ins Detail muß den Mitgliedstaaten überlassen bleiben. Dann braucht Europa auch keine alles überwuchernde zentrale Bürokratie.

Dem Entstehen einer „Megabürokratie" in Europa muß rechtzeitig begegnet werden. Auch für die europäische Verwaltung sind Wirtschaftlichkeit und Kostendisziplin Orientierungsmaßstäbe. Der Aufbau neuer Verwaltungseinheiten in Brüssel muß einer strengen Begründung unterliegen und zugleich vom Abbau entsprechender Aufgabenbereiche auf nationaler Ebene begleitet werden. So wie es Unternehmen gewohnt sind, Entscheidungen dort zu fällen, wo Probleme auftreten, nämlich möglichst dezentral, so sollte auch die Arbeitsteilung zwischen den verschiedenen Verwaltungsebenen von den Kommunen bis einschließlich hin zur Europäischen Gemeinschaft verlaufen.

5. Deregulierung statt Regulierung: Beispiel europäische Energiepolitik

Im Zusammenhang mit den Regierungsverhandlungen über die Europäische Politische Union stellte sich die grundsätzliche Frage nach der Rolle der Energiepolitik und damit nach einem Energiekapitel im EWG-Vertrag. Der BDI hat sich gegen einen besonderen Energietitel ausgesprochen. Energiepolitik sollte als Teil der Wirtschaftspolitik verstanden werden. Das bedeutet Vorrang für die Steuerung der Energieversorgung über Markt und Wettbewerb. Lenkende Staatseingriffe sollten nur als sorgfältig begründete Ausnahme mit restriktiver Tendenz zugelassen werden.

Anders als das Energiekapitel, das im Zuge der Verhandlungen wieder gestrichen wurde, hat das Kapitel über die „Transeuropäischen Netze" Eingang in den EWG-Vertrag gefunden. Das Kapitel ist auf vorwiegend staatliche Infrastrukturen zugeschnitten. Es umfaßt so unterschiedliche Bereiche wie Verkehr, Telekommunikation und Energie. Diese Zusammenfassung ist nicht sachgerecht. Grundsätzlich ist die Planung, Finanzierung und der Betrieb der transeuropäischen Energienetze eine Aufgabe der damit befaßten Unternehmen. Der Zugang zu den Energienetzen sollte sich nach kommerziellen Grundsätzen richten. Etwaige mißbräuchliche Verhaltensweisen unterliegen dabei den wettbewerbsrechtlichen Regeln des EWG-Vertrags.

Als erste Stufe zur Neuordnung der europäischen Strom- und Gasmärkte hat der Ministerrat die Richtlinien über den Strom-Transit und den Gas-Transit beschlossen. Beim Strom-Transit geht es um die stromwirtschaftliche Zusammenarbeit und insbesondere um Durchleitungsmöglichkeiten zwischen den großen Verbundunternehmen. Das Ergebnis ist von der deutschen und der europäischen Industrie begrüßt worden. Unternehmerische Lösungen haben Vorrang vor Eingriffen von EG-Institutionen, die Interessen der Stromverbraucher im Gebiet des zum Transit verpflichteten Versorgungsunternehmens haben Vorrang vor den Interessen der Transit Begehrenden.

Für den Gas-Transit ist eine entsprechende Regelung beschlossen worden. Die deutsche und die europäische Industrie hatten sich ebenso wie die Bundesregierung gegen die undifferenzierte Gleichbehandlung von Strom und Gas gewandt, bei der die unterschiedlichen Wettbewerbsverhältnisse bei Strom und Gas keine Berücksichtigung finden. Problematisch an dieser Entscheidung ist insbesondere, daß sie staatmonopolistisch organisierten Gaswirtschaften, zum Beispiel der Gaz de France, Vorteile gegenüber pluralistisch geordneten Gaswirtschaften verschafft, wie sie zum Beispiel in Deutschland mit seiner Vielzahl von Ferngasgesellschaften existiert.

5. Deregulierung statt Regulierung: Beispiel europäische Energiepolitik

Bei der zweiten Stufe zur Neuordnung der europäischen Strom- und Gasmärkte geht es um die zentrale ordnungspolitische Frage, wie die vielfältig regulierten nationalen Märkte für Strom und Gas liberalisiert und für den Wettbewerb geöffnet werden können. Der BDI hat sich mit seiner Positionsbestimmung zur Ordnung des europäischen Elektrizitätsmarktes vom Dezember 1991 für eine offene und liberale Wettbewerbsordnung ausgesprochen, die mit möglichst wenig staatlicher Regulierung auskommt. Als Alternative zu den Überlegungen der EG-Kommission, den Versorgungsunternehmen bestimmte Verhaltensweisen detailliert vorzuschreiben, spricht sich der BDI für den Bereich der Stromwirtschaft dafür aus, alle staatlichen Regelungen zu beseitigen, die derzeit den Versorgungsunternehmen Monopolpositionen sichern oder auf Wettbewerb angelegte Investitionen erschweren. Die Rolle des Staates soll sich auf die Wahrnehmung der kartellrechtlichen Mißbrauchsaufsicht beschränken.

Die EG-Kommission hat im Januar 1992 Richtlinienvorschläge für Strom und Gas verabschiedet. Die darin angesprochenen Ziele — freier Verkehr für Stom und Gas, erhöhte Versorgungssicherheit, gesteigerte Wettbewerbsfähigkeit — sollen durch Deregulierung, Marktöffnung und Wettbewerb erreicht werden. Versorgungsunternehmen sollen nach kommerziellen Grundsätzen betrieben und hinsichtlich der Rechte und Pflichten in der EG gleichbehandelt werden. Dieser Deregulierungsansatz wird aber nicht durchgehalten und insbesondere zugunsten der Einführung eines allgemeinen Anspruchs auf Zugang Dritter zum Netz (Third Party Access - TPA) und des sogenannten Unbundling aufgegeben. Der Text des EG-Richtlinienvorschlags macht deutlich, daß TPA und Unbundling offenbar nur mit umfangreicher Detailregulierung und staatlicher Kontrolle durchgeführt werden können, also das genaue Gegenteil von Liberalisierung darstellen. Außerdem wird den nationalen Regierungen die Möglichkeit eingeräumt, den Bau konkurrierender Leitungen zu untersagen. Dadurch wird das Leitungsmonopol gestärkt und das Gegenteil einer wettbewerblichen Auflockerung erreicht.

Insgesamt enthalten die Richtlinien-Entwürfe eine Fülle von Regulierungen einschließlich staatlicher Genehmigungs- und Überwachungsvorschriften, die weit über das hinausgehen, was bislang in Deutschland nach dem Energiewirtschaftsgesetz und dem Gesetz gegen Wettbewerbsbeschränkung (GWB) geregelt ist. Außerdem geben die Richtlinien-Vorschläge im Sinne einer falsch verstandenen Subsidiarität den Mitgliedstaaten weitgehende Rechte, die nationalen Strom- und Gasmärkte wie bisher nach ihren Vorstellungen zu ordnen. Ausdrücklich wird den Mitgliedstaaten die Möglichkeit eingeräumt, ausschließlich Versorgungsrechte zu erteilen. Dies beschwört die Gefahr herauf, daß die als wettbewerbliche Harmonisierung gedachten Richtlinien dieses Ziel verfehlen und sich in den einzelnen Mitgliedstaaten höchst unterschiedliche Wettbewerbsintensitäten ergeben.

Im Ergebnis muß damit gerechnet werden, daß von der mit den Richtlinien angestrebten Offenheit und Flexibilität des Wettbewerbs nicht mehr viel übrigbleibt. Zu befürchten sind Marktspaltung sowie wettbewerbsverfälschende und ungleichgewichtige Entwicklungen insbesondere im Verhältnis zwischen staatsmonopolistisch und pluralistisch geordneten Strom- und Gaswirtschaften.

Der BDI spricht sich nicht gegen Durchleitung/TPA aus. Er bejaht vielmehr Durchleitungsverträge als das Ergebnis eines offenen Marktes und als Alternative zur Möglichkeit des generell freien Leitungsbaus. Auch bei einer wettbewerblichen Ordnung wird es wahrscheinlich in Teilen des Elektrizitätsmarktes bei faktischen marktbeherrschenden Stellungen bleiben. Wird in einem solchen Fall Durchleitung mißbräuchlich verweigert, ist es Aufgabe der kartellrechtlichen Mißbrauchsaufsicht, Abhilfe zu schaffen. In gleicher Weise liegt es in der Verantwortung der kartellrechtlichen Mißbrauchsaufsicht, den etwaigen Mißbrauch einer marktbeherrschenden Stellung bei der „normalen" Stromversorgung zu verhindern.

6. Keine interventionistische Industriepolitik für Europa

Die wirtschaftspolitischen Auffassungen der Mitgliedstaaten gehen in vielen Fragen noch auseinander. Die Bereitschaft, sich dem weltweiten Wettbewerb zu stellen, ist unterschiedlich ausgeprägt. Vor diesem Hintergrund gibt die Aufnahme eines Kapitels „Industriepolitik" in dem Vertrag von Maastricht Anlaß zur Sorge. Der Gemeinschaft wird darin ausdrücklich die Aufgabe zugewiesen, die Wettbewerbsfähigkeit der Industrie der Gemeinschaft zu stärken. Dieses Ziel kann unterstützt werden, so lange sich Industriepolitik darauf beschränkt, ein günstiges Umfeld für Wachstum und Wettbewerb zu schaffen. Dazu genügen allerdings die vorhandenen wirtschaftspolitischen Instrumente der Gemeinschaft und der Mitgliedstaaten. Verhindert werden sollte jedoch, daß der Sonderstatus der Industriepolitik dem Staat eine lenkende Strukturpolitik ermöglicht. In einigen Mitgliedstaaten gibt es durchaus eine Tendenz zu interventionistischen und protektionistischen Maßnahmen. Es bleibt zu hoffen, daß die vorgeschriebene Einstimmigkeit bei der Beschlußfassung für industriepolitische Maßnahmen ausreichen wird, auch in Zukunft eine marktwirtschaftliche und weltoffene Politik der Gemeinschaft sicherzustellen.

7. Liberale Außenpolitik

Die vertragliche Verpflichtung der Gemeinschaft auf Marktwirtschaft und freien Wettbewerb darf keine leere Formel bleiben. Dies gilt auch für die künftige Außenwirtschaftspolitik der Gemeinschaft. Für deutsche Unternehmen ist es entscheidend, daß sich die Gemeinschaft nach außen nicht abschließt, sondern weltweit ein System offener Märkte praktiziert. Mehr als jedes andere Land wäre gerade die Bundesrepublik von den negativen Folgewirkungen einer solchen Entwicklung betroffen:

▷ Rund ein Drittel seines Volkseinkommens erzielt Deutschland durch den Export (einschließlich des Intra-EG-Handels). Dieser Satz liegt wesentlich über dem seiner wichtigsten Konkurrenten;

▷ jeder dritte deutsche Arbeitsplatz ist vom Export abhängig.

Die Forderung nach einer liberalen Außenwirtschaftspolitik liegt jedoch auch im Interesse der gesamten Wirtschaft der Europäischen Gemeinschaft. Mit einem Anteil am Welthandel von über 40% ist die EG die bedeutendste Handelsregion der Welt. Auch relativ betrachtet, das heißt im Verhältnis zum Bruttosozialprodukt, liegt die Exportquote mit knapp 30% fast dreimal so hoch wie bei den wichtigsten Konkurrenten USA und Japan.

Die erfolgreiche Deregulierungs- und Liberalisierungspolitik der Gemeinschaft nach innen muß deshalb durch eine ebenso konsequente Öffnung zum Weltmarkt ergänzt werden. Nur er liefert sichere und richtige Signale, nach denen sich Unternehmen richten müssen, um auch für die Zukunft wettbewerbsfähig zu bleiben. Das Bestreben einzelner Industriezweige, sich durch Handelsabsprachen vor ausländischer Konkurrenz zu schützen, weist in die falsche Richtung. Bei der Lösung des Problems der Einfuhrbeschränkungen japanischer Automobile haben sich die Europäer zunächst einmal auf eine defensive Vorgehensweise verständigt. Es wird jetzt darauf ankommen, diese Atempause zu nutzen und bis zum Ende des Jahrzehnts bestehende Produktivitätsnachteile aufzuholen.

Das rauher gewordene Klima auf den Weltmärkten darf darüber hinaus nicht dazu führen, daß die europäische Wirtschaft sich noch stärker auf Europa konzentriert. 70% der deutschen Exporte fließen gegenwärtig in den EG- und EFTA-Raum. Wichtige Wettbewerber gerade im

Hochtechnologiebereich kommen jedoch aus Ländern außerhalb Europas. Auf diesen Märkten muß die Präsenz weiter ausgebaut werden. Es stimmt bedenklich, daß bisher nur 5% der deutschen Exporte nach Ostasien fließen; in eine Region, die in der letzten Dekade immerhin ein durchschnittliches jährliches Wachstum von 10% aufzuweisen hatte.

8. Verantwortung der EG für die internationale Handelsordnung

Das wirtschaftliche und politische Gewicht, das die EG schon heute hat, schließt ihre Verantwortung für die internationale Handelspolitik ein. Jede Beschränkung des freien Welthandels führt zu Wohlstandseinbußen und zu falschen Signalen für unternehmerische Entscheidungen. Die EG hat mit der Realisierung des Binnenmarktprojektes eine Vorreiterrolle übernommen bei der Integration von Wirtschaftsräumen.

Länder in allen Regionen der Welt sind diesem Beispiel gefolgt; zuletzt USA, Kanada und Mexiko mit der Unterzeichnung des NAFTA-Vertrages. Diese Entwicklung ist grundsätzlich zu begrüßen. Sie bedeutet den Abbau von Handelsschranken in einzelnen Regionen, der im multilateralen Rahmen nicht so schnell erreichbar wäre. Intergrationsräume können somit wesentlich zu einer Intensivierung der Arbeitsteilung beitragen.

Wichtig ist jedoch, daß diese Handelsregionen auch gegnüber Drittländern offen bleiben. Eine Abschottung der Handelsblöcke wäre zum Schaden aller. Die Integrationsräume sollten vielmehr so zusammenwachsen, daß am Ende ein großer liberaler Weltmarkt entsteht.

Garant der arbeitsteiligen Weltwirtschaft ist das GATT, das 1947 gegründet wurde. Es ist eines der erfolgreichsten internationalen Vertragswerke überhaupt. In den letzten 40 Jahren hat es durch weltweite Liberalisierungen, wie die Reduzierung der Zölle von durchschnittlich 40% auf 3 bis 5%, entscheidend zu Wirtschaftswachstum und Wohlstand beigetragen. Der Aufschwung der japanischen und der deutschen Industrie nach dem Zweiten Weltkrieg wäre ohne die Liberalisierungserfolge des GATT nicht möglich gewesen.

Die großen Erfolge des Liberalisierungsabkommens sind jedoch in Gefahr. Die meisten OECD-Länder sind heute protektionistischer als vor 10 Jahren. Auch nach UN-Schätzungen wird nur ein geringer Teil des Welthandels ungehindert gemäß den GATT-Regeln abgewickelt. Hierzu hat auch der Vertrauensverlust beigetragen, der durch die endlosen Verhandlungen der Uruguay-Runde entstanden ist. Es ist schwer zu verstehen, daß die Probleme von vorgestern – nämlich die Agrarkonflikte – notwendige Reformen in wichtigen Bereichen des Welthandels blockieren. Die GATT-Uruguay-Runde muß möglichst schnell abgeschlossen werden, um den protektionistischen Entwicklungen Einhalt zu gebieten. Das heißt zum einen Rückführung der Grauzonenmaßnahmen, aber auch die Einbeziehung des Dienstleistungssektors und der industriellen Kooperation in die GATT-Regelwerke sowie ein verbesserter Schutz für das geistige Eigentum. Wichtig ist darüber hinaus die Anpassung des GATT an neue internationale Wettbewerbsformen, die zunehmend den internationalen Handel belasten und zu Verzerrungen führen.

Das GATT muß nach Abschluß der Uruguay-Runde weiter entwickelt werden. Es müssen objektive und justitiable Sanktionsmechanismen für Regelverstöße, seien sie direkt oder mittelbar, gefunden werden. Künftig sollte es möglich sein, den problematischen neomerkantilistischen Wettbewerbspraktiken, wie sie einige asiatische Staaten praktizieren, durch ein internationales Gremium und nach objektiven Kriterien beggnen zu können.

Ein wichtiger Schritt in diese Richtung ist die im Rahmen der Uruguay-Runde vorgesehene Schaffung einer „Multilateral Trade Organization". Der Gemeinschaft kommt – auch im eige-

III. Forderungen der Industrie an die europäische Wirtschaftspolitik nach Maastricht

nen Interesse – eine besondere Verantwortung zu, die Wege des internationalen Waren- und Leistungsaustauschs zu sichern. Nur so kann die euopäische Wettbewerbsfähigkeit und damit die internationale Wohlstandsentwicklung auf Dauer gesichert werden.

9. Erweiterung der EG

Trotz mancher interner Schwierigkeiten und Unvollkommenheiten war die Europäische Gemeinschaft bisher so erfolgreich, daß sie eine zunehmende Anziehungskraft auf andere europäische Staaten ausübt. Immer mehr Länder der europäischen Freihandelszone streben einen Beitritt an. Mit dem Abschluß des Vertrages über den Europäischen Wirtschaftsraum war der erste Schritt getan. Mittlerweile liegen konkrete Beitrittsanträge von Österreich, Schweden, Finnland und der Schweiz auf dem Tisch. Norwegen will noch 1992 folgen.

Die deutsche Industrie spricht sich für einen raschen Beitritt der dazu bereiten EFTA-Staaten aus, zu denen seit jeher die engsten Handels- und Investitonsverpflichtungen bestehen. Die Staaten sind zur Übernahme des bisherigen Gemeinschaftsrechts bereit und bejahen die Ziele eines immer engeren europäischen Zusammenschlusses. Sie werden wirtschaftlich und politisch zur Stärkung der EG beitragen. Die Beitrittsverhandlungen mit ihnen sollen so rechtzeitig abgeschlossen sein, daß die neuen Mitglieder bereits an der für spätestens 1996 vorgesehenen Regierungskonferenz für die nächste Vertragsrevision beteiligt sind.

Neben den EFTA-Staaten sehen auch die Länder des ehemaligen Ostblocks in der EG ihre Zukunftsperspektive. Auch sie streben langfristig die Mitgliedschaft zur Gemeinschaft an. Hier empfiehlt sich ein abgestuftes Verfahren, so wie es auch von der Kommission vorgeschlagen wird. Eine Erweiterung der EG um neue Mitglieder muß dort ihre Grenze finden, wo der innere Zusammenhalt und die Handlungsfähigkeit der Gemeinschaft selbst gefährdet wären. Die osteuropäischen Volkswirtschaften sind weder politisch noch wirtschaftlich derzeit in der Lage, die Voraussetzungen zum Beitritt zu erfüllen. Der mit dem Beitritt verbundene Härtetest für die Wirtschaft sollte den mittel- und osteuropäischen Reformstaaten derzeit nicht auferlegt werden. Andere vertragliche Beziehungen, die eine Anbindung an die Gemeinschaft sichern, stehen zur Alternative. Die unterschiedlichen Formen von Assoziierungen und Freihandelszonen ermöglichen eine enge politische Kooperation und können im übrigen die notwendige Annäherung der wirtschaftlichen und rechtlichen Verhältnisse in den Staaten des ehemaligen Ostblocks an den Standard der Gemeinschaft beschleunigen. Diesen Weg der schrittweisen Annäherung an die Gemeinschaft haben bereits die östlichen Reformländer Polen, CSFR und Ungarn eingeschlagen, mit denen Assoziierungsabkommen abgeschlossen wurden. Andere Länder werden mit ähnlichen Abkommen folgen.

Auch die Beziehungen zwischen der Gemeinschaft und den Nachfolgestaaten der UdSSR bedürfen des weiteren Ausbaus. Über Art und Intensität der künftigen Beziehungen läßt sich heute noch wenig sagen. Die Zusammenarbeit mit den GUS-Staaten erfolgt im Rahmen des TACIS-Programms, mit den baltischen Staaten erfolgt sie im Rahmen des Phare-Programms. Möglichkeiten regionaler wirtschaftlicher Kooperationen im Ostseeraum nehmen Gestalt an.

Ein Beispiel für eine gesamteuropäische Zusammenarbeit ist die gesamteuropäische Energie-Charta. Mit ihrer Unterzeichnung im Dezember 1991 haben die inzwischen rund fünfzig Teilnehmerstaaten die Absicht bekundet, die komplementären Interessen West- und Osteuropas auf dem Engergiegebiet in einer langfristigen Zusammenarbeit zu organisieren und zu institutionalisieren. Der BDI hat die Charta positiv beurteilt, denn neben der grundsätzlichen Zielsetzung, den Welthandel zum Vorteil aller Beteiligten auszuweiten, kann die geplante Zusammenarbeit einen Beitrag zur Stabilisierung der internationalen Energiemärkte leisten. Auch die angestrebte

Kooperation bei der kerntechnischen Sicherheit ist für beide Seiten von hohem Interesse. Allerdings müssen die Unternehmen des Westens, die über das nötige Know-how und Kapital verfügen, die Hauptlast des Engagements tragen, das zur Erreichung der Ziele der Charta erforderlich ist. Diesen risikoreichen Weg können private Firmen jedoch nur einschlagen, wenn ein sicheres und langfristig verläßliches Umfeld etabliert wird. Deshalb begrüßt der BDI insbesondere die marktwirtschaftliche Ausrichtung der Charta. Es kommt jetzt darauf an, daß diese auch Einzug in die noch auszuarbeitenden Protokolle mit den Rahmenbedingungen für die unternehmerische Betätigung hält.

10. Exkurs: Ratifizierung des Maastricht-Vertrages in Deutschland — Ergänzungen des Grundgesetzes

Bei aller Kritik in Einzelpunkten befürwortet die deutsche Industrie die Ratifizierung des neuen Unionsvertrages. Die Einleitung des deutschen Zustimmungsverfahrens durch das Bundeskabinett noch vor der Sommerpause 1992 ist zu begrüßen.

Voraussetzung für die Ratifizierung des Maastricht-Vertrages in unserem Land sind Änderungen des Grundgesetzes. Auch das Zustimmungsgesetz bedarf einer verfassungsändernden Zweidrittelmehrheit in Bundestag und Bundesrat.

Zu ändern sind vor allem Artikel 28, Kommunalwahlrecht, Artikel 88, Europäische Zentralbank, sowie die Artikel 23, 24, womit es dem Bund ermöglicht wird, durch Gesetz Hoheitsrechte auf zwischenstaatliche Einrichtungen zu übertragen. Dies soll für Fragen der Europapolitik in einem eigenen Europaartikel geregelt werden, der auch eine stärkere Beteiligung der Bundesländer an der europäischen Gesetzgebung vorsieht. Auf den Wortlaut dieses Europaartikels haben sich Bund und Länder weitgehend verständigt.

In der Wirtschaft bestehen allerdings Zweifel, ob sich der Artikel in der politischen Praxis bewähren wird. Er ist unklar gefaßt und kann deshalb Quelle ständigen Streites sein. Die Befugnisse der Bundesländer im europäischen Prozeß sollen nämlich davon abhängen, ob ihre Interessen „im Schwerpunkt betroffen" sind. Die Bundesregierung muß dann das Votum der Länder „maßgeblich berücksichtigen", allerdings im Lichte ihrer gesamtstaatlichen Verantwortung. Was dies im konkreten Fall heißen wird, weiß heute niemand vorauszusagen.

Die Wirtschaft hielte es für falsch, wenn dadurch die Handlungsfähigkeit der Bundesregierung in Europa geschwächt würde. Trotz Fortschreiten der Integration werden auf absehbare Zeit die Nationalstaaten in der Gemeinschaft noch den Ton angeben. Der Ministerrat bleibt das Organ der letzten Entscheidung. Dort muß sich Deutschland gegenüber seinen Partnern behaupten, auch gegenüber zentralistisch verfaßten Staaten. Es wäre fatal, wenn Streitigkeiten mit den Ländern über die europäischen Befugnisse des Bundes die Wahrung deutscher Interessen in Europa behinderten.

Diese Skepsis ist jedoch nicht grundsätzlicher Natur. Die Vorteile der Grundgesetzergänzungen sind aus Sicht der Wirtschaft offenkundig: Zum einen muß es als wichtiges politisches Signal an die Außenwelt gewertet werden, daß das vereinte Europa, das demokratischen, rechtstaatlichen und föderativen Grundsätzen verpflichtet ist, als Staatszielbestimmung in das Grundgesetz eingefügt wird. Zum anderen kann die verstärkte Mitwirkung der Länder an den europäischen Entscheidungsprozessen der Tendenz zum Brüsseler Zentralismus entgegenwirken.

IV. Standort Deutschland in Europa: Probleme der deutschen Industrie

Der einheitliche europäische Markt verstärkt nicht nur den Wettbewerb zwischen Unternehmen, die Offenheit der Grenzen bewirkt auch einen Wettbewerb der nationalen Standortbedingungen. Die Wirtschafts-, Finanz- und Sozialpolitiken der Mitgliedstaaten der Gemeinschaft beeinflussen in starkem Maße die Investitions- und Produktionskosten der jeweiligen Standorte. Unternehmen sind nunmehr in der Lage, sich ungünstigen Bedingungen durch Auswanderungen zu entziehen bzw. künftige Investitionsentscheidungen an den günstigsten Bedingungen zu orientieren. Zum normalen Leistungswettbewerb zwischen Unternehmen tritt auf dem großen europäischen Markt nunmehr der Standortwettbewerb zwischen Mitgliedstaaten und Regionen der Gemeinschaft.

Auf diesem Gebiet werden in den nächsten Jahren die größten Probleme der deutschen Wirtschaft liegen. Denn Deutschland ist innerhalb der Gemeinschaft ein ausgesprochenes Hochkostenland mit den kürzesten Arbeitszeiten, der längsten Freizeit, dem längsten Urlaub, den höchsten Unternehmenssteuern, hohen Lohnnebenkosten und hohen Umwelt- und Energiekosten. Es zeichnet sich schon seit Jahren ab, daß Deutschland wegen der überdurchschnittlich hohen Kostenbelastung zunehmend von ausländischen Investoren gemieden, dagegen europäische Standorte immer stärker in die strategische Überlegungen der deutschen Unternehmen einbezogen werden.

Diese Entwicklung darf sich nicht verfestigen. Sonst wäre der Industriestandort Deutschland zunehmend gefährdet. Hier liegt die eigentliche Herausforderung des Binnenmarktes. Soweit der Staat wesentliche Standortbedingungen setzt, muß er in seinen künftigen Entscheidungen das europäische Umfeld berücksichtigen. Der BDI hat vor der relativen Standortverschlechterung Deutschlands im internationalen Umfeld bereits frühzeitig gewarnt. Die deutschen Politiker müssen erkennen, daß unter Binnenmarktverhältnissen keine isolierte Wirtschafts- und Sozialpolitik mehr betrieben werden kann. In dem Maße, wie Unternehmen sich schon seit Jahren intensiv auf den Binnenmarkt einstellen und ihr Verhalten entsprechend ändern, muß auch in der Wirtschaftspolitik ein entsprechender Bewußtseinswandel vollzogen werden.

1. Standort: Neue Bundesländer

Dieses Umdenken bekommt vor dem Hintergrund des wirtschaftlichen Aufbaus in den neuen Bundesländern ein besonderes Gewicht. Mit dem Beitritt der neuen Länder zur Bundesrepublik Deutschland sind diese zugleich Teil der Europäischen Gemeinschaft geworden. Der politische Glücksfall, daß das wiedervereinigte Deutschland von vornherein in die gesamteuropäische Solidarität eingebunden war, mußte mit einer wirtschaftlichen Schocktherapie bezahlt werden. Das heißt: Die jahrzehntelang abgeschirmte, veraltete und unproduktive Wirtschaft Ostdeutschlands wurde mit einem Schlag Teil eines hochentwickelten und leistungsfähigen europäischen Marktes mit weltweitem Wettbewerb.

Die ostdeutschen Betriebe waren auf die einst unbegrenzt aufnahmefähigen Märkte des ehemaligen Ostblocks orientiert, auf denen die Regeln des Marktes und des Wettbewerbs nicht galten. Mit dem Systemwechsel im Osten und mit der sich verschärfenden Wirtschaftskrise in Rußland und in übrigen Nachfolgerepubliken der Sowjetunion fielen diese Absatzgebiete schlagartig fort. Gleichzeitig mußten neue Märkte im Westen erst mühsam aufgebaut und die ostdeutschen Betriebe mit Hilfen vielfältigster Art auf die Gegebenheiten in der Europäischen Gemeinschaft vorbereitet werden.

1. Standort: Neue Bundesländer

Eine wesentliche Hilfestellung ist das Investitionsengagement der westdeutschen Wirtschaft in Ostdeutschland. Bis 1995 planen deutsche und ausländische Unternehmen über 130 Mrd. DM in den neuen Bundesländern zu investieren. Viele Unternehmer handeln hier auch deshalb, weil sie ihre politische Verantwortung erkennen – bei ungewissem ökonomischen Ausgang. Denn für die Industrie sind die neuen Bundesländer noch keineswegs optimale Investitionsstandorte. Trotz historisch einmaliger Förderkulisse der Bundesregierung und Hilfen der EG-Kommission bleiben die Risiken für Investitionen nicht unbeträchtlich. Der Verwaltungsaufbau ist nicht vollendet. Bürokratische Hürden verzögern oftmals Investitionen um Monate. Wie weit diese Investitionshemmnisse reichen, verdeutlicht das Beispiel Energiewirtschaft als Standortfaktor der neuen Bundesländer.

Eine funktionierende Energieversorgung ist eine der wichtigsten Voraussetzungen für die rasche wirtschaftliche Entwicklung. Eine rationelle Energieerzeugung mit hohen Wirkungsgraden ist zur Erreichung der umweltpolitischen Ziele unabdingbar. Das in den neuen Bundesländern vorhandene veraltete Energieversorgungssystem an die modernen ökonomischen und ökologischen Anforderungen anzupassen, ist eine gewaltige Aufgabe. Nach Schätzungen beträgt das Investitionsvolumen in den Bereichen der Bereitstellung der Energie über 100 Mrd. DM in den nächsten 10 Jahren. Nicht eingerechnet sind die Investitionen auf der Seite des Energieverbrauchs.

Inzwischen wird in allen Energiesektoren und auf allen Ebenen mit dem Einsatz von sehr viel privaten und öffentlichen Mitteln intensiv gearbeitet. Die in der Öffentlichkeit oft pauschal geäußerte Kritik an der zu geringen Investitionstätigkeit in den neuen Ländern trifft für den Energiebereich so generell nicht zu. Als durchweg positive Beispiele können die Entwicklungen in der Öl- und Gasversorgung gesehen werden.

Der Aufbau der Mineralölversorgung kommt gut voran, wenngleich es auch hier örtlich bei Planung und Genehmigung Probleme gibt. Die Entwicklungen am Heizölmarkt haben die Erwartungen übertroffen. Der Ausbau des Tankstellennetzes nach modernstem Stand der Technik schreitet zügig weiter. Um die Wettbewerbsfähigkeit der Raffinerien in den neuen Ländern zu erhöhen und die Umweltanforderungen zu erfüllen, sind Umstrukturierungsmaßnahmen gewaltigen Ausmaßes erforderlich. Erste Schritte sind getan. Für die großen Raffineriekomplexe Schwedt und Leuna/Zeitz sind Investoren gefunden.

Schon bald ist eine Einbindung der neuen Bundesländer in das westeuropäische Strom- und Erdgas-Verbundsystem vorgesehen. Beim Mineralöl werden neue Pipeline-Anbindugen an den Westen nicht mehr lange auf sich warten lassen. Auch im Gasbereich sind die Entwicklungen durchweg positiv. Der Leitungsbau wird mit Hochdruck vorangetrieben. Auch auf örtlicher Ebene geht die Durchdringung des Marktes mit Erdgas zügig voran. Im übrigen sind die geschilderten Investitionen meist mit beträchtlichen Aufträgen auch an die örtliche Bauwirtschaft und das Handwerk verbunden.

Diese positive Bewertungen könnten noch übertroffen werden, gäbe es nicht auch im Energiebereich verzögernde Hemmnisse. Ein gravierendes politisches Hemmnis liegt in der Unklarheit über die künftige Stellung der Braunkohle. Zwar besteht Einvernehmen, Braunkohle in Zukunft weiter in der Grundlast-Stromerzeugung einzusetzen. Voraussetzung dafür ist aber, daß die notwendigen politischen Entscheidungen getroffen werden, um insbesondere die Altlastenfrage ohne zusätzliche Belastung der Braunkohlenunternehmen zu lösen und weitere Kosten durch eine CO_2- bzw. Energiesteuer zu vermeiden.

Unsicherheiten resultieren auch aus der Verfassungsbeschwerde zahlreicher ostdeutscher Gemeinden gegen die gesetzlich getroffenen Eigentumsregelungen. Die für Mitte 1991 vereinbarte Übernahme von Anteilen an der Erzeugungsgesellschaft VEAG und an den Regionalunternehmen durch westdeutsche Stromversorger ist bis zum Urteilsspruch zurückgestellt worden. Trotz dieser offenen Rechtsfrage wurde die Erneuerung der Elektrizitätsversorgung soweit wie möglich vorangetrieben. So sind zum Beispiel Nachrüstungen an acht Braunkohlenkraftwerken, insbesondere auch aus Umweltschutzgründen, bereits beschlossen und zum Teil schon in Auftrag gegeben. Verzögerungen bei wichtigen Investitionen, etwa an den geplanten 3200 MW neuer Kraftwerke auf Braunkohlenbasis, können allerdings nicht gänzlich ausgeschlossen werden. Es ist deshalb zu hoffen, daß die Klärung durch das Verfassungsgericht bald erfolgt. Unabhängig vom Ausgang des Verfassungsstreites befürwortet der BDI pragmatische Lösungen zum Beispiel auf der Basis der von der Treuhandanstalt ausgearbeiteten „Grundsatzverständigung" vom Februar 1991, damit dringende Investitionen nicht weiter verzögert werden.

Grundsätzlich muß den Kommunalisierungsbestrebungen der Gemeinden und Städte in den neuen aber auch in den alten Bundesländern mit Zurückhaltung begegnet werden. Erfahrungsgemäß räumen die Kommunen nur zu leicht ihren fiskalischen und sonstigen politischen Interessen Vorrang vor dem Ziel einer preisgünstigen Energieversorgung ein. Für die energiewirtschaftliche Betätigung von Gemeinden sollte deshalb ein strenges Subsidiaritätsprinzip gelten. In diesem Sinne hat der BDI auch gegenüber dem Bundesverfassungsgericht Stellung genommen.

Es sollte alles getan werden, um möglichst rasch die notwendigen Investitionen im Verkehrs-, Telekommunikations- und Umweltbereich voranzubringen und damit die Bedingungen für private Investitionen zu verbessern.

2. Auswirkungen der gesellschaftspolitischen Einstellungen auf die Qualität des Standortes

Verbesserungen des Standortes Ostdeutschland und Sicherung der internationalen Wettbewerbsfähigkeit Westdeutschlands bedeutet jedoch mehr als nur die richtige wirtschaftspolitische Entscheidung um Kosten, Investitionshilfen und Abgaben. Sie reichen weit in die gesellschaftspolitischen Belange hinein. Konkret geht es darum, in der Bevölkerung erneut das Bewußtsein dafür zu schaffen, daß unsere Ansprüche mit dem wirtschaftlich Machbaren korrespondieren müssen. Diese Zusammenhänge scheinen zunehmend aus den Augen verloren gegangen zu sein. Ein Blick auf die Tarifverhandlungen der vergangenen beiden Jahre verdeutlicht das. Nach Schätzungen sind im vergangenen Jahr die Lohnstückkosten in Ostdeutschland um 70% gestiegen. Bei einer derartigen Lohnpolitik in Ostdeutschland, die sich ausschließlich am Westniveau orientiert, werden nicht nur Verkäufe und Gründungen von Unternehmen erschwert. Darüber hinaus kommt es auch zu einem weiteren Verlust von Arbeitsplätzen.

Deutschland wird dauerhaft unübersehbaren Schaden nehmen, wenn die Deindustrialisierung in Ostdeutschland nicht gestoppt werden kann. 1991 erreichte die Industrie in den neuen Ländern einen Umsatz je Beschäftigten von 24% des Westniveaus. Ohne Stopp der Deindustrialisierung wird es keinen Aufschwung Ost geben. Die fortschreitende Deindustrialisierung bleibt nicht ohne Konsequenzen für den Arbeitsmarkt. Am massivsten ist der Beschäftigungseinbruch in der Industrie. 1989 waren hier noch über 3 Mill. Arbeitnehmer beschäftigt, Mitte 1992 waren es nur noch 900.000.

Wer sich reicher glaubt als er ist, ist ständig in Gefahr, über seine Verhältnisse zu leben. Wir müssen aufhören, die neuen wirtschaftlichen Realitäten zu verdrängen, wenn wir die großen Chancen der Einheit wahrnehmen wollen. Die wichtigste und dringlichste Aufgabe für alle Führungskräfte in Politik, Wirtschaft und Gesellschaft besteht darin, der Öffentlichkeit die völlig veränderten ökonomischen Voraussetzungen für unsere gesamtdeutsche Existenz zu verdeutlichen. Ein gespaltenes Denken führt zu schizophrenen Entscheidungen.

Die Gewerkschaften beispielsweise müssen durch eine ökonomische realitätsorientierte Politik dazu beitragen, möglichst viele Arbeitsplätze in der Industrie zu erhalten. Wenn die Industrielöhne wie bisher etwa fünfmal schneller steigen als die Arbeitsproduktivität, werden viele Betriebe nicht überleben können. Jedes westliche Unternehmen wäre mit solchen Tarifsprüngen überfordert. Eine an der wirtschaftlichen Leistungsfähigkeit ausgerichtete Tarifpolitik wird mithin maßgeblich darüber entscheiden, ob es gelingt, in Ostdeutschland mit neuen und verstärkten Investitionen den drastischen Produktivitätsrückstand gegenüber Westdeutschland und der Europäischen Gemeinschaft insgesamt abzubauen. Dies kann allerdings nicht in kurzer Zeit erwartet werden. Die Geschwindigkeit, mit der die Lücke geschlossen wird, hängt davon ab, ob die West/Osttransfers überwiegend konsumtiv oder investiv genutzt werden.

3. Umweltschutz als Qualitätsmerkmal des Standortes Deutschland

Die Auswirkungen unserer gesellschaftlichen Einstellungen auf die Wettbewerbsfähigkeit unseres Wirtschaftsstandortes macht sich jedoch auch in anderen Bereichen deutlich; so zum Beispiel im Umweltschutz. Eine OECD-Untersuchung hat ergeben, daß die Bundesrepublik Deutschland mit den gesamtwirtschaftlichen Umweltschutzausgaben nach Österreich an der Spitze aller Länder liegt. 1990 flossen 1,62% des gesamten Bruttosozialprodukts in Deutschland in den Umweltschutz. In Frankreich und Großbritannien zum Beispiel liegen die Ausgaben für denselben Zeitraum nur bei 0,95 bzw. 0,94% des Bruttosozialprodukts. Noch deutlicher wird der Vergleich, zieht man die Anteile der Industrie an den gesamten Umweltschutzausgaben in Betracht. Diese betragen in Deutschland 59%, in Frankreich 37,6% und in Großbritannien 52,4%. Eine weitere Kostenerhöhung durch nationale CO_2- oder Abfallabgaben würde die deutschen Unternehmen vor große Probleme stellen. In Verbindung mit den ohnehin bereits hohen Energiekosten und anderen Standortnachteilen in Deutschland wären Konsequenzen für den Erhalt des Industriestandortes nicht ausgeschlossen.

Dabei erkennt und nutzt die Industrie die Chance des Umweltschutzes, indem sie sie seit langem zum Bestandteil einer offensiven Wettbewerbsstrategie macht. Umweltschutz ist nicht Wachstumsgrenze, sondern Wachstumsvoraussetzung. Die Erfolge zum Beispiel in der Luftreinhaltung und im Gewässerschutz in Deutschland sind Ausdruck unternehmerischen Engagements. Umweltschutz ist zu einem Qualitätsmerkmal einer modernen Industriegesellschaft geworden. „Made in Germany" bedeutet bereits heute: Hergestellt unter Berücksichtigung höchster Umweltschutzanforderungen.

Die umweltpolitische Vorreiterrolle in Deutschland birgt jedoch dann Gefahren in sich, wenn die ausländischen Wettbewerber, beispielsweise die EG-Partnerländer hier nicht mitziehen. Das Prinzip der gegenseitigen Anerkennung nationaler Regelungen bei der Harmonisierung der Mindeststandards innerhalb der EG kann in dem Land mit den strengsten Vorschriften zur Inländerdiskriminierung führen. Die deutsche Industrie ist davon wegen der besonders strengen Anforderungen des deutschen Rechts auf vielen Gebieten betroffen. Für den Umweltschutz sind allein die im Vergleich zur EG ergeizigen Ziele zur CO_2-Minderung oder die beabsichtigte Einführung einer Abfallabgabe zu nennen.

Umweltschutz ist jedoch weder ökologisch noch ökonomisch teilbar, insbesondere dann, wenn CO_2-Emissionen oder der Abbau der Ozonschicht grenzüberschreitenden Charakter haben. Deshalb darf es in einem Europa ohne Grenzen keine unterschiedlichen Definitionen für die Umweltverträglichkeit wirtschaftlicher Tätigkeiten geben. Eine funktionierende Europäische Gemeinschaft muß auch im Umweltschutz zu einem Konsens über Prioritäten und Maßstäbe kommen und die entsprechenden Maßnahmen für Sicherheit, Gesundheit und Umweltschutz im Gleichschritt umsetzen.

Es ist jedoch zu vermuten, daß eine wirksame Harmonisierung noch einige Zeit auf sich warten läßt. Möglicherweise wird es sogar mittelfristig eine Politik der zwei Geschwindigkeiten in der nationalen und europäischen Umweltschutzgesetzgebung geben. Selbst ohne Differenzen zwischen den EG-Mitgliedstaaten würde die erforderliche Angleichung von Gesetzen wegen des bürokratischen Ablaufs einige Zeit in Anspruch nehmen. Rasche Fortschritte sind daher also eher unwahrscheinlich.

Positiv zu bewerten ist jedoch die Schwerpunktverlagerung der EG-Umweltschutzpolitik hin zu freiwilligen Vereinbarungen mit der Industrie und wirtschaftlichen Steuerungsinstrumenten. Die deutsche Wirtschaft hat sich frühzeitig dafür stark gemacht, wirtschaftliche Dynamik und Umweltschutz miteinander zu verbinden. Umweltpolitik darf sich nicht auf Umweltsteuer und Abgaben reduzieren. Wenn ökonomische Anreizsysteme hinzukommen, in denen zum Beispiel über Kennzeichnung, Benutzervorteile oder Steuervergünstigungen die positiven Umwelteigenschaften belohnt werden, erhalten Innovation und technischer Fortschritt für den Umweltschutz zusätzliche Impulse.

Beispielhaft ist hier die von der deutschen Wirtschaft angebotene freiwillige Selbstverpflichtung zur Klimavorsorge. Es handelt sich hier um Zusagen einzelner Branchenunternehmen zur Reduzierung klimarelevanter Spurengase bzw. zur Steigerung der Energieeffizienz. Im Gegenzug wird erwartet, daß von der Einführung einer CO_2-Energiesteuer bzw. Wärmenutzungsverordnung abgesehen wird.

V. Zusammenfassung und Ausblick

Für Wirtschaft und Industrie ist das vereinte Europa eine politische Notwendigkeit. Globales Handeln und Präsenz auf allen Weltmärkten, technologische Konkurrenzfähigkeit sind für die europäische Industrie schon heute selbstverständlich. Die Wettbewerbsfähigkeit der deutschen Industrieunternehmen kann nur international gesichert werden.

Die Wirtschaft der Mitgliedstaaten – so in besonderem Maße die deutsche Wirtschaft – profitieren vom Integrationsprozeß: Ärmere Länder bekommen Entwicklungsmöglichkeiten, aber auch bei den reicheren Nationen liegen die Vorteile auf der Hand. Deutschland beispielsweise erwirtschaftet 20% seines BIP im Handel innerhalb der EG. Der endgültige Abbau der Grenzkontrollen kann dieser Entwicklung einen weiteren Schub geben.

In Wirtschaft und Industrie wird sich kein Euro-Pessimismus durchsetzen. Industrielle Kritik an der europäischen Entwicklung, so zu den Maastrichter Verträgen, zielt immer auf Verbesserung des Integrationsprozesses, nie auf seine Verhinderung. Es gibt aus Sicht der Wirtschaft hierzu keine wirkliche Alternative. Eine Rückkehr zu nationalen Lösungen wäre nicht nur politisch gefährlich, sondern auch wirtschaftlich unrentabel.

Die europäische Idee findet in Frankreich wie überall in der Gemeinschaft nach wie vor eine breite Mehrheit. Wir sollten nicht der Versuchung erliegen, mit zweierlei Maß zu messen. Das negative Votum Dänemarks zu den Verträgen von Maastricht war im Endergebnis knapper als das Ja Frankreichs. Und vergessen wir nicht: viele Franzosen stimmten aus überwiegend innenpolitischen Gründen mit Nein. Es kommt jetzt darauf an, den Impuls von Maastricht für eine immer engere Zusammenarbeit der europäischen Völker in Wirtschaft und Politik zu nutzen. Nationalistische Tendenzen dürfen die Einigung Westeuropas nicht gefährden.

Dennoch: Die Rüge, die die Bevölkerung in Dänemark, aber auch in anderen europäischen Mitgliedstaaten den Europapolitikern erteilt hat, muß ernstgenommen werden. Es wird heute verstärkt darüber nachgedacht, wie die Regierungen und die Europäische Gemeinschaft den Bürgern die Vorzüge Europas und des Vertrages von Maastricht stärker ins Bewußtsein bringen können. Eins ist klar: Politik für Europa muß Politik für die Bürger sein. Sie kann nicht auf Dauer über die Köpfe der Bevölkerung hinweg geschehen. Entscheidungen der Gemeinschaftsorgane müssen für die Bürger nachvollziehbar sein. Der Beschluß des Europäischen Rates von Lissabon, die Tätigkeit der Gemeinschaft in Zukunft stärker am Subsidiaritätsprinzip auszurichten, muß Eingang finden in die tägliche Praxis. Bis zum Jahresende sollen konkrete Verfahrensvorschläge vorgelegt werden. Der BDI hat eine erste Übersicht zusammengestellt, welche Politikbereiche auf Gemeinschaftsebene und welche national geregelt werden sollten. Es ist gut, daß seit Maastricht der Prozeß der europäischen Einigung wieder in der Öffentlichkeit diskutiert wird.

Um Europa im Bewußtsein der Bürger stärker zu verankern, muß eine alles überwuchernde europäische „Mega-Bürokratie" verhindert werden, zugunsten bürgernaher, dezentraler Entscheidungsstrukturen. Die größere geographische Distanz Brüssels darf nicht zu einer Entfremdung der Politik von den Bedürfnissen der Menschen führen. Europäische Politik muß für den Bürger nachvollziehbar und demokratisch legitimiert sein. Die gesellschaftspolitische Akzeptanz der EG-Entscheidungen ist ein nicht zu unterschätzender Faktor für eine erfolgreiche EG-Entwicklung. Deutschland kann hier Vorbild sein. Es lohnt sich, auf europäischer Ebene für unsere Föderalen Entscheidungsstrukturen zu werben.

Ein wichtiger Faktor für die Wirtschaft ist die stärkere politische Gemeinsamkeit und Handlungsfähigkeit der Gemeinschaft. Die Unfähigkeit zur Konfliktlösung im ehemaligen Jugoslawien führt in erschreckender Weise vor Augen, daß die EG außen- und sicherheitspolitisch noch nicht handlungsfähig ist. Zwar kann man es als ersten Erfolg der Zusammenarbeit werten, daß die EG-Mitglieder hier außenpolitisch nicht unabhängig voneinander agieren. Das ist historisch

V. Zusammenfassung und Ausblick

betrachtet keine Selbstverständlichkeit, reicht jedoch nicht aus. Der Druck, hier über Gespräche auch zu gemeinsamen Handlungen zu gelangen, wächst.

Ein Problem, das nur europäisch gelöst werden kann, ist die derzeit bedrohlich wachsende Wanderungswelle. Offene Grenzen in der Gemeinschaft, insbesondere die Einführung der vollständigen Freizügigkeit im Personenverkehr zwischen den Unterzeichnern des Schengener Abkommens, machen es notwendig, nach Lösungen zu suchen, die dieser Tatsache Rechnung tragen. Die Entwicklung bei uns und in anderen Staaten hat gezeigt, daß ein Land nur in der Lage ist, einen bestimmten Anteil an Fremden zu verkraften. Dies gilt vor allem für Situationen, die als wirtschaftlich angespannt empfunden werden. Die Akzeptanz der eigenen Bevölkerung stößt dann sehr schnell an Grenzen. Der Vertrag von Maastricht enthält einen entsprechenden Programmsatz, wonach bis Anfang 1993 eine gemeinsame Aktion zur Harmonisierung der Aspekte der Asylpolitik beschlossen werden sollen. Allein hierzu ist eine Anpassung des deutschen Grundgesetzes unabdingbar.

Für den wirtschaftlichen Aufbau in den neuen Bundesländern ist es von großem Vorteil, daß die Wiedervereinigung Deutschlands parallel zum europäischen Einigungsprozeß verläuft. Damit ist Ostdeutschland unmittelbar integriert ins europäische Gefüge und profitiert von Mitteln der EG-Kommission.

Auch aus politischer Sicht bedeutet die Parallelität eine historische Sternstunde. Deutschland ist mit der Wiedervereinigung und den Umbrüchen in Mittel- und Osteuropa erneut in eine geographische Mittellage in Europa gerückt. Das könnte die Sorge vor neuen nationalstaatlichen Alleingängen oder gar einer dominierenden Rolle Deutschlands in Europa wecken. Soweit es derartig geschichtlich begründete Befürchtungen des Auslandes gab oder gibt, möglicherweise zusätzlich genährt durch die Größe und wirtschaftliche Stärke unseres Landes, können sie nur durch eine tatkräftige und überzeugende Politik zur Beschleunigung des europäischen Einigungsprozesses ausgeräumt werden. Die deutsche Industrie pocht nicht zuletzt deswegen auf europäisch abgestimmte Lösungen in allen wirtschaftlich relevanten Fragen, auch der Außenpolitik.

Die Aufnahme eines Europaartikels in das Grundgesetz muß zudem als wichtiges politisches Signal an die Außenwelt gewertet werden: Damit ist das vereinte Europa, das demokratischen, rechtsstaatlichen und föderativen Grundsätzen verpflichtet ist, als Staatsziel deutscher Politik definitiv festgeschrieben worden. Dies entspricht dem eindeutigen Bekenntnis aller relevanten gesellschaftlichen Gruppen unseres Landes zu einem politisch wie wirtschaftlich handlungsfähigen und erfolgreichen Europa. Die Industrie wird auch in Zukunft ihren Beitrag dazu leisten.

Verzeichnis der Jahrbuch-Wirtschaftsartikel seit 1975

1975 **Bergbau und Rohstoffe — Schlüssel zum Fortschritt**
Perspektiven der Rohstoffversorgung der Bundesrepublik Deutschland nach der Energiekrise 1973/74
Von Dr.-Ing. E. h. Günther Saßmannshausen

1976/77 **Weltenergie-Evolution**
Energie, größter Konjunkturträger auch in Zukunft
Von Erich Schieweck

1977/78 **Uran**
Produktion und Gewinnung, Brennstoffkreislauf und möglicher Beitrag zur Energieversorgung
Von Dr.-Ing. E. h. Erwin Gärtner

1978/79 **Die Zukunft der Kohle im Gesamtenergiebild aus der Sicht der Mineralölindustrie**
Von Johannes C. Welbergen

1979/80 **Erdöl, Erdgas und Kohle als Grundstoffe der Chemischen Industrie**
Von Professor Dr. rer. nat. Matthias Seefelder

1980/81 **Die Energieversorgung der Bundesrepublik Deutschland in den achtziger Jahren**
Von Dr.-Ing. Dr. rer. pol. Karlheinz Bund

1981/82 **Rationelle Energieverwendung**
Nationale Maßnahmen und Ergebnisse sowie internationale Aspekte
Von Dr. jur. Otto Graf Lambsdorff

1982/83 **Der internationale Erdgashandel und die Bedeutung des Erdgases für ein ressourcenarmes Land**
Von Dr. jur. Klaus Liesen

1983/84	**Auf den Spuren der Ölkrise**
	Eine Weltindustrie verändert ihre Strukturen
	Von Dr. rer. pol. Klaus Marquardt
1984/85	**Wachstum ohne Wandel?**
	Zu den Perspektiven der Wirtschaftsentwicklung in der Bundesrepublik Deutschland
	Von Rudolf v. Bennigsen-Foerder
1985/86	**Die Elektrizitätswirtschaft in den 80er und 90er Jahren**
	Trends, Aufgaben und Erfordernisse
	Von Dr.-Ing. Günther Klätte
1986/87	**Spaniens und Portugals Beitrag zur Europäischen Gemeinschaft**
	Rohstoff- und energiewirtschaftliche Aspekte
	Von Professor Dr. phil. Gerhard Bischoff und Dr. rer. pol. Friedhelm Kerstan
1987/88	**Bergbau und Rohstoffwirtschaft in der Republik Österreich**
	Von Sektionschef Senator h. c. Dipl.-Ing. Dr. iur. Georg Sterk und Ministerialrat Honorarprofessor Dipl.-Ing. Dr. iur. Kurt Mock
1988/89	**Maschinen für den Bergbau**
	Die Bedeutung der Bergwerksmaschinen-Hersteller der Bundesrepublik Deutschland für Bergbau und Volkswirtschaft
	Von Dipl. rer. pol. (techn.) Heinz-Dieter Korfmann
1989/90	**Die Umweltverträglichkeitsprüfung von Projekten des Steinkohlenbergbaus und der Energiewirtschaft – Chancen und Risiken**
	Von Bergwerksdirektor Dipl.-Ing. Herbert Kleinherne und Dr. jur. Guido Schmidt
1991	**Deutscher Auslandsbergbau – unternehmerische Aktivitäten und verbandliche Gemeinschaftsaufgaben**
	Von Professor Dr. rer. nat. habil. Gerd Anger
1992	**Die Energiewirtschaft im vereinten Deutschland zieht Bilanz**
	Bericht zur Lage der einzelnen Energiezweige
	Von Heinz Horn, Hans-Joachim Leuschner, Klaus Liesen, Horst Magerl und Hans-Georg Pohl

Partner für Bergbau
Tunnelbau
Steine- und Erden
Bauindustrie
Spezialtiefbau

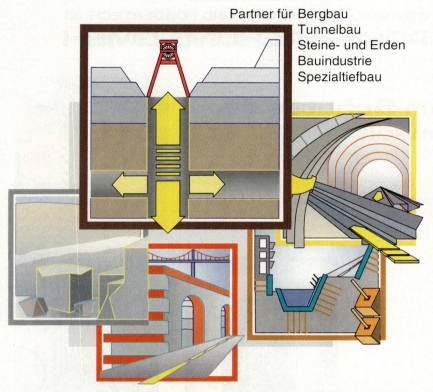

Druckluftbohrhämmer- und Abbauhämmer, Hydraulikbohrhämmer. Vortriebs-, Ankerbohr- und -setzgeräte. Lader. Profilmeßgeräte. Staubabsaugungssysteme. Sprenglochbohrwagen. Ankerbohrwagen für den Spezialtiefbau. Bohrausrüstung für den Spezialtiefbau. Bohrausrüstungen für die Werksteinindustrie. Bohrausrüstungen zum Aufbau auf Lader, Raupen, Bühnen und sonstige Trägergeräte. Bohrstangen, Bohrkronen, Muffen, Bohrrohre, Imlochbohrhämmer für Sprenglochbohrungen und Bohrausrüstungen für Ankerbohrungen. Beratung, Service, Training.

Interoc
Vertriebsgesellschaft für Bau- und Bergbaumaschinen mbH
Güterstr. 21, D-4300 Essen 18, Postfach 18 54 29
Tel. (02054) 107-08, Fax (02054) 107-272, Telex 8 579 183 interoc

Interoc, ein Gemeinschaftsunternehmen der Firmengruppen

Deilmann-Haniel

SIG Schweizerische
Industrie-Gesellschaft

BERGBAU-, TRANSPORT- UND FÖRDERTECHNIK
POHLE + REHLING GMBH

Zum Schutze der Umwelt!

Mobile Lager- und Betankungsanlagen im Baukastensystem.

Allzweck- und Spezialbehälter für die Ver- und Entsorgung im Über- und Untertagebereich.

Werkstraße 1 · 4353 Oer-Erkenschwick · Telefon (0 23 68) 5 80 11
Telefax (0 23 68) 5 67 14

1 Bergbau

Deutschland

1. **Steinkohle** (Gesellschaften des Steinkohlenbergbaus · Hüttenkokereien) _____ 26
   Tabelle: Produktion und Beschäftigte _____ 27
   Karte: Die nutzbaren Lagerstätten wichtiger mineralischer Rohstoffe in der Bundesrepublik Deutschland 28
   Karte: Steinkohlenreviere und Steinkohlenbergwerke _____ 33
   Karte: Steinkohlenbetriebe und Bergbehörden im Ruhrrevier _ 34
   Tabelle: Hüttenkokereien _____ 83
2. **Braunkohle** _____ 86
   Tabelle: Produktion und Beschäftigte _____ 86
   Karte: Braunkohlenreviere und Braunkohlentagebaue _____ 87
   Karte: Das Rheinische Braunkohlenrevier _____ 90
   Karte: Das Lausitzer Braunkohlenrevier _____ 94
   Karte: Das Braunkohlenrevier Bitterfeld _____ 102
3. **Kali und Steinsalz** _____ 112
   Karte: Kali- und Steinsalzbergwerke und Salinen _____ 113
4. **Erz** (Fördernde Gesellschaften · Verarbeitende Gesellschaften) _____ 122
5. **Sonstige Rohstoffe** _____ 142
6. **Spezialgesellschaften** (Mitglieder der VBS · Sonstige Spezialgesellschaften · Consulting-Gesellschaften) _____ 154
7. **Organisationen** (Wirtschafts- und Berufsverbände · Technisch-wissenschaftliche Organisationen) _____ 170

Europa

8. **Belgien** _____ 205
9. **Finnland** _____ 207
   Karte: Die Erzbergwerke Finnlands _____ 208
10. **Frankreich** _____ 210
11. **Griechenland** _____ 218
12. **Großbritannien** _____ 220
    Karte: Die Reviere der British Coal Corporation _____ 221
13. **Irland** _____ 226
    Karte: Die wichtigsten Kohlen- und Erzvorkommen Irlands _____ 228
14. **Italien** _____ 234
    Karte: Die wichtigsten Kohlen-, Salz- und Erzbergwerke Italiens _ 235
15. **Luxemburg** _____ 239
16. **Norwegen** _____ 239
17. **Österreich** _____ 241
    Karte: Die wichtigsten Bergbaubetriebe _____ 000
18. **Portugal** _____ 263
    Karte: Der Bergbau Portugals _ 264
19. **Schweden** _____ 269
    Karte: Die Erzbergwerke Schwedens _____ 270
20. **Spanien** _____ 271
    Karte: Kohlenreviere _____ 273
    Karte: Erzlagerstätten _____ 276

Internationale Organisationen _____ 280

Übersichtskarten der Oberbergamtsbezirke sind im Kapitel 7 »Behörden« enthalten.
Das Kapitel 10 »Statistik« enthält Tabellen zu Fördermengen und Absatz mineralischer Rohstoffe.

1 BERGBAU

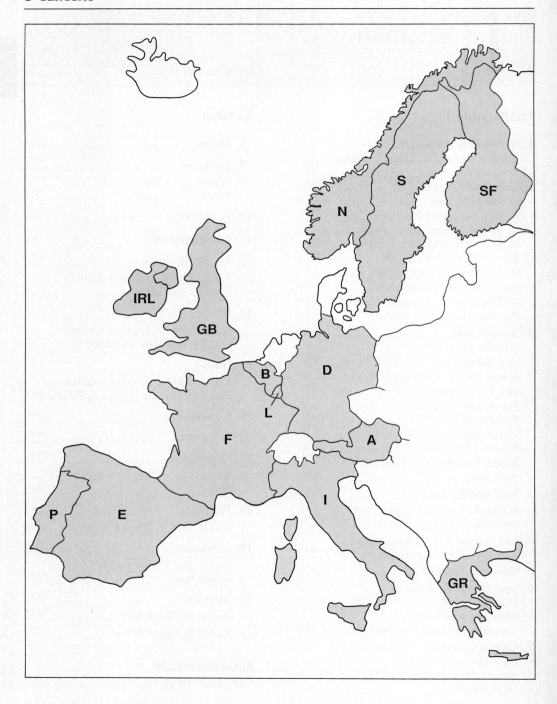

Das Kapitel 1 informiert über den Bergbau in den Ländern der Europäischen Gemeinschaft und der Europäischen Freihandelsassoziation.

1 Mining

Germany
1. Hard Coal _____ 26
2. Lignite _____ 86
3. Potash and Rock Salt _____ 112
4. Ore _____ 122
5. Other Minerals _____ 142
6. Specialized Companies _____ 154
7. Organisations _____ 170

Europe
8. Belgium _____ 205
9. Finland _____ 207
10. France _____ 210
11. Greece _____ 218
12. Great-Britain _____ 220
13. Ireland _____ 226
14. Italy _____ 234
15. Luxembourg _____ 239
16. Norway _____ 239
17. Austria _____ 241
18. Portugal _____ 263
19. Sweden _____ 269
20. Spain _____ 271

International Organisations _____ 280

Maps of the Chief Mines Inspectorate areas are included in chapter 7 »Authorities«.
Chapter 10 »Statistics« contains tables giving the output and sales quantities of minerals.

1 L'industrie minière

Allemagne
1. Charbon _____ 26
2. Lignite _____ 86
3. Potasse et sel gemme _____ 112
4. Minerai _____ 122
5. Autres matières premières _____ 142
6. Compagnies spécialisées _____ 154
7. Organisations _____ 170

Europe
8. Belgique _____ 205
9. Finlande _____ 207
10. France _____ 210
11. Grèce _____ 218
12. Grande-Bretagne _____ 220
13. Irlande _____ 226
14. Italie _____ 234
15. Luxembourg _____ 239
16. Norvège _____ 239
17. Autriche _____ 241
18. Portugal _____ 263
19. Suède _____ 269
20. Espagne _____ 271

Organisations Internationales _____ 280

Les mappes des rayons des Arrondissements Minéralogiques sont comprises dans le chapitre No. 7 »Autorités«.
Le chapitre 10 »Statistiques« contient des tableaux concernant les quantités de production et de vente en matières premières minérales.

1 BERGBAU

DEUTSCHLAND

1. Steinkohle

Gesellschaften des Steinkohlenbergbaus: Produktion und Beschäftigte im Jahr 1991

Revier/Gesellschaft	Fördermenge[1]		Koks-erzeugung[2]		Brikett-herstellung	
	t	%	t	%	t	%
Ruhrrevier						
Ruhrkohle Niederrhein AG	23 034 677	44,79	7 004 366	100,00	409 080	100,00
Ruhrkohle Westfalen AG	23 287 938	45,29	—	—	—	—
Ruhrkohle AG insgesamt	46 322 615	90,08	7 004 366	100,00	409 080	100,00
Gewerkschaft Auguste Victoria	2 813 647	5,47	—	—	—	—
Eschweiler Bergwerks-Verein AG	2 289 000	4,45	—	—	—	—
Steag AG	—	—	—	—	—	—
Gesamt	51 425 262	100,00	7 004 366	100,00	409 080	100,00
Saarrevier						
Saarbergwerke AG	9 367 384	100,00	855 018[b]	100,00		
Aachener Revier						
Eschweiler Bergwerks-Verein AG	1 636 484	49,90	811 357	100,00	—	—
Sophia-Jacoba GmbH	1 642 800	50,10	—	—	451 305	100,00
Gesamt	3 279 284	100,00	811 357	100,00	451 305	100,00
Ibbenbürener Revier						
Preussag Anthrazit GmbH	2 000 618	100,00	—	—	—	—
Ruhrrevier	51 425 262	77,83	7 004 366	80,78	409 080	47,55
Saarrevier	9 367 384	14,18	855 018[b]	9,86	—	—
Aachener Revier	3 279 284	4,96	811 357	9,36	451 305	52,45
Ibbenbürener Revier	2 000 618	3,03	—	—	—	—
Bundesrepublik Deutschland	66 072 548	100,00	8 670 741	100,00	860 385	100,00

[1] Verwertbare Fördermenge, außer Saar t = t-Rechnung. [2] Einschließlich Spezialkoks. [3] H_o = 9,7692 kWh/m³. [4] Ende des Jahres.
Quelle: Statistik der Kohlenwirtschaft eV.

1. STEINKOHLE

Koksofen-gasgewin-nung 1000 m³	Gasaufkommen[3]			Stromerzeugung		Arbeiter	Beschäftigte[4]		
	Erzeu-gung u. Bezug v. sonst. Gasen 1000 m³	Insgesamt					Ange-stellte	Insgesamt	
		1000 m³	%	MWh	%				%
1 714 364	161 220	1 875 584	100,00	—	—	32 102	6 454	38 556	41,43
—	—	—	—	79 396	0,53	36 224	8 195	44 419	47,73
1 714 364	161 220	1 875 584	100,00	79 396	0,53	68 488[a]	16 220[a]	84 708[a]	91,02
—	—	—	—	—	—	4 091	995	5 086	5,47
—	—	—	—	—	—	2 750	520	3 270	3,51
—	—	—	—	14 773 361	99,47	—	—	—	—
1 714 364	161 220	1 875 584	100,00	14 852 757	100,00	75 329	17 735	93 064	100,00
246 840	204 753	451 593	100,00	5 978 494	100,00	14 848	3 955	18 803	100,00
184 274	11 613	195 887	100,00	880 828	100,00	2 657	837	3 494	47,62
—	—	—	—	—	—	3 074	770	3 844	52,38
184 274	11 613	195 887	100,00	880 828	100,00	5 731	1 607	7 338	100,00
—	58 652	58 652	100,00	137 737	100,00	2 946	720	3 666	100,00
1 714 364	161 220	1 875 584	72,65	14 852 757	67,98	75 329	17 735	93 064	75,74
246 840	204 753	451 593	17,49	5 978 494	27,36	14 848	3 955	18 803	15,30
184 274	11 613	195 887	7,59	880 828	4,03	5 731	1 607	7 338	5,97
—	58 652	58 652	2,27	137 737	0,63	2 946	720	3 666	2,99
2 145 478	436 238	2 581 716	100,00	21 849 816	100,00	98 854	24 017	122 871	100,00

[a] Einschließlich Hauptverwaltung Ruhrkohle AG. [b] Einschließlich 144 880 t Lohnverkokung für Hütten.

1 BERGBAU

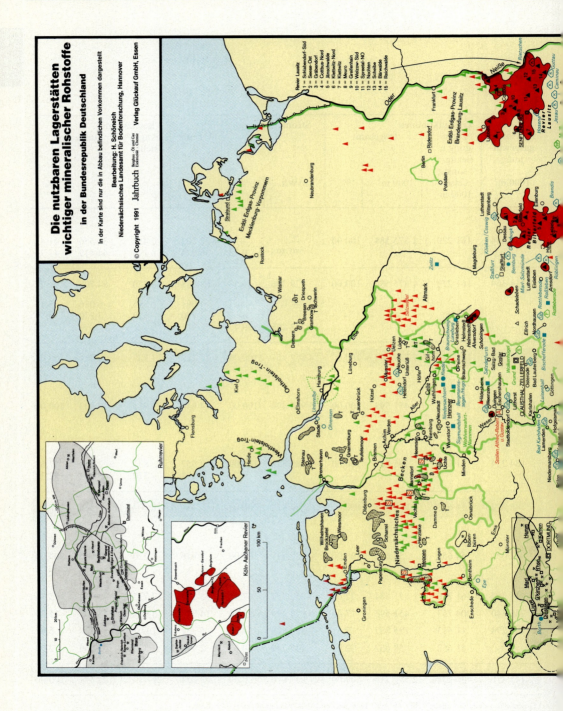

STEINKOHLE

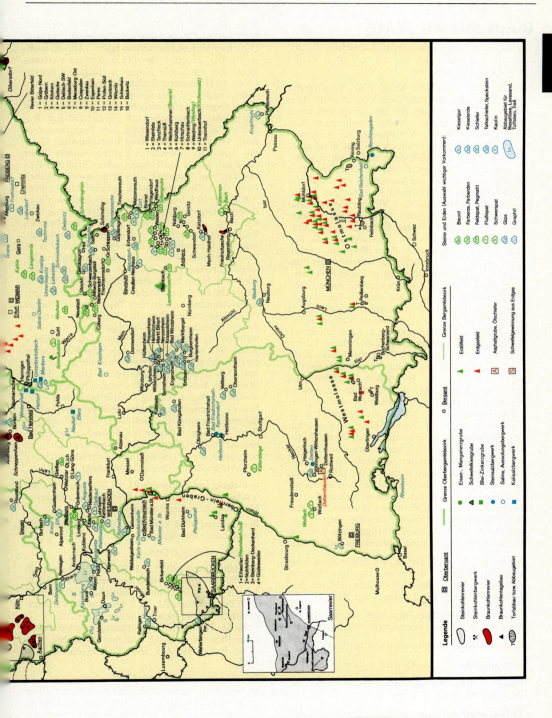

Diese Karte ist auch als Wandkarte lieferbar.

1 BERGBAU

Ruhrkohle AG (RAG)

4300 Essen 1, Rellinghauser Str. 1, Postfach 103262, ☏ (0201) 177-1, ✄ 857651 rag d, Telefax (0201) 177-3475, ⌘ Ruhrkohle.

Aufsichtsrat: Dipl.-Kfm. Klaus *Piltz,* Vorsitzender des Vorstandes der Veba AG, Vorsitzender; Hans *Berger,* 1. Vorsitzender der Industriegewerkschaft Bergbau und Energie, 1. stellv. Vorsitzender; Hermann *Blatnik,* Hauer, Vorsitzender der Arbeitsgemeinschaft der Gesamtbetriebsräte der Bergbaugesellschaften in der Ruhrkohle AG, weiterer stellv. Vorsitzender; Professor Dr.-Ing. Dr.-Ing. E. h. Klaus *Knizia,* Vorsitzender des Vorstandes der Vereinigte Elektrizitätswerke Westfalen AG, weiterer stellv. Vorsitzender; Fritz *Kollorz,* 2. Vorsitzender der Industriegewerkschaft Bergbau und Energie, weiterer stellv. Vorsitzender; Dr.-Ing. Ekkehard *Schulz,* Vorsitzender des Vorstandes der Thyssen Stahl AG, weiterer stellv. Vorsitzender; Peter *Beermann,* Abteilungssteiger, stellv. Betriebsratsvorsitzender des Bergwerks Osterfeld; Dr. rer. pol. Günter *Flohr,* Mitglied des Vorstandes der Hoesch AG; Anke *Fuchs,* MdB; Dipl.-Ökonom Alfred *Geißler,* Industriegewerkschaft Bergbau und Energie; Dr.-Ing. Heinz *Gentz,* Mitglied des Vorstandes der Veba AG; Dr. jur. Alfred *Härtl,* Präsident der Landeszentralbank in Hessen i. R.; Dr.-Ing. Hans-Dieter *Harig,* Vorsitzender des Vorstandes der Veba Kraftwerke Ruhr AG; Udo *Klingenburg,* Hauer, Vorsitzender des Gesamtbetriebsrates der Ruhrkohle Westfalen AG; Professor Dr. rer. nat. Hans Joachim *Langmann,* Vorsitzender des Gesellschafterrates und der Geschäftsleitung der E. Merck; Staatssekretär a. D. Friedhelm *Ost,* MdB; Heinz *Plückelmann,* Ausbilder, Vorsitzender des Gesamtbetriebsrates der Ruhrkohle Niederrhein AG; Oberbürgermeister Günter *Samtlebe,* Vorsitzender des Aufsichtsrates der Vereinigte Elektrizitätswerke Westfalen AG; Dr. rer. pol. Werner *Tegtmeier,* Staatssekretär im Bundesministerium für Arbeit und Sozialordnung; Helmut *Teitzel,* Mitglied des Geschäftsführenden Bundesvorstandes des Deutschen Gewerkschaftsbundes; Regierungspräsident a. D. Fritz *Ziegler,* Mitglied des Vorstandes der Vereinigte Elektrizitätswerke Westfalen AG.

Vorstand: Dipl.-Kfm. Dr. rer. pol. Heinz *Horn,* Vorsitzender; Wilhelm *Beermann;* Dr.-Ing. Heinrich *Heiermann;* Dipl.-Kfm. Dipl.-Volksw. Dr. rer. pol. Jens *Jenßen;* Dipl.-Ing. Dr.-Ing. Peter *Rohde.*

Generalbevollmächtigte: Dipl.-Kfm. Günter *Meyhöfer;* Dipl.-Ing. Walter *Ostermann.*

Rechtsabteilung: Rechtsanwalt Diether E. *Kraus.*

Vorstandsbüro: Dr. jur. Thomas *Nöcker.*

Volks- und Energiewirtschaft/Kommunikation: Rechtsanwalt Wilfried *Beimann.*

Prokuristen: Rechtsanwalt Wilfried *Beimann* (Volks- und Energiewirtschaft/Kommunikation); Dipl.-Kfm. Dr. rer. pol. Klaus-Peter *Böhm* (Verkauf: Kraftwerke); Dr. jur. Heinrich *Bönnemann* (Verkauf: Hüttenwerke/Kokereien/Gaswerke Gas/Kohlenwertstoffe); Dr. jur. Hans-Udo *Borgaes* (Arbeitsrecht); Dr. jur. Carlo *Borggreve* (Steuern); Günter *Christoph* (Finanzen); Rechtsanwalt Erhard *Demuth* (Vorstandsbüro/Führungskräfte); Dipl.-Ing. Karl-Heinz *Dransfeld* (Untertagebetriebe); Hermann *Felten* (Wohnungswirtschaft); Professor Dr.-Ing. Rudolf *von der Gathen* (Technik über Tage/Investitionen); Ass. d. Bergf. Horst *Giel* (Koordinierung Material- und Lagerwirtschaft); Dr.-Ing. Hubert *Guder* (Deutsche Kohle Marketing GmbH); Professor Dr.-Ing. Gerhard *Hansel* (Markscheidewesen); Dietrich *Hesse* (Ruhrkohle Berufsbildungsgesellschaft mbH); Ass. d. Bergf. Edmund *Hotzel* (Revision); Bernhard *Klemme* (Organisation und Datenverarbeitung); Betriebswirt Georg *Kowalczyk* (Personalwesen); Rechtsanwalt Diether E. *Kraus* (Recht/Versicherungen); Rechtsanwalt Bernd *Krieger* (Recht); Ass. d. Bergf. Friedrich-Wilhelm *Lieneke* (Planung und Erfolgskontrolle); Peter *Gelhorn* (Sozialwesen); Betriebswirt Hans Peter *Mause* (Allgemeine Verwaltung); Dr. rer. pol. Gerhard *Meyer* (Verkauf: Disposition/Abrechnung/Verkehr); Dipl.-Ökonom Rainer *Platzek* (Betriebswirtschaft); Dipl.-Kfm. Heribert *Protzek* (Bilanz- und Rechnungswesen); Rechtsanwalt Dr.-Ing. Ernst *Salewski* (Montan-Grundstücksgesellschaft mbH); Rechtsanwalt Peter Karl *Savelsberg* (Führungskräfte; Personalabteilung); Dr. rer. pol. Udo *Scheffel* (Beteiligungen); Dr. jur. Hans-Wolfgang *Schulte* (Umweltschutz); Dr.-Ing. Klaus *Stockhaus* (Berufsbildung / Arbeitssicherheit / Arbeitswissenschaften); Rechtsanwalt Edwin *Trinkaus* (Montan-Grundstücksgesellschaft mbH); Ass. d. Bergf. Dr.-Ing. Rüdiger *von Velsen-Zerweck* (Arbeitsschutz/Sicherheitswesen); Dipl.-Ing. Dr. rer. pol. Jürgen *Welter* (Einkauf und Materialwirtschaft); Karl-Heinz *Ziegler* (Personalabteilung).

Gründung: Die Ruhrkohle AG (RAG) ist am 27. November 1968 errichtet und am 24. Februar 1969 in das Handelsregister eingetragen worden.

Berechtsame: 3044 km^2 (unter Einschluß von 50% Miteigentum Thyssenberg).

Kapital: 534502800 DM.

Aktionäre: Veba AG 37,1; BGE Beteiligungs-Gesellschaft für Energieunternehmen mbH (100 % VEW AG) 21,85; Société Nouvelle Sidéchar (100 % BGE) 8,35; Thyssen Stahl AG 12,7; Montan-Verwaltungsgesellschaft mbH (davon: Hoesch Stahl AG 79 %, Veba AG 21 %) 10,0; Verwaltungsgesellschaft Ruhrkohle-Beteiligung mbH 10,0 (davon Arbed S.A. 65%, Ruhrkohle AG über Tochtergesellschaften 35%).

Zweck: 1. Gegenstand des Unternehmens sind: a) der Steinkohlenbergbau, die Gewinnung anderer fester Mineralien sowie die Gewinnung sonstiger im Zusammenhang mit dem Steinkohlenbergbau gewinnbarer Bodenschätze,

Ein leuchtendes Beispiel für Bergbautechnik.

RAG — das ist eine Großstadt unter Tage. Mit 17 Stadtteilen, den Bergwerken der RAG. Mit einem Verkehrsnetz von über 2.000 km Länge. Mit einer Computer-Technik, die im internationalen Bergbau führend ist. Flexible Steuerungssysteme mit Prozeßrechnern und Mikroprozessoren werden eingesetzt. Zum Beispiel für die Steuerung des Kohleabbaus und für den automatischen Lokomotivverkehr. Hochleistungsmaschinen unter Tage werden über Tage gesteuert. Der deutsche Bergbau kann stolz sein: Sicherheit, Umweltfreundlichkeit und Produktivität haben international einen hervorragenden Ruf. **RAG DIE RUHRKOHLE.**

1 BERGBAU

b) die Weiterverarbeitung, Veredelung und Umwandlung solcher Erzeugnisse sowie die Erzeugung von Energie,

c) der Handel mit vorstehenden und anderen im weitesten Sinne einschlägigen Erzeugnissen und ihr Transport,

d) Dienstleistungen, die sich aus der genannten Betätigung ergeben oder zur Sicherung von Arbeitsplätzen notwendig sind.

2. Die Gesellschaft ist zu allen Geschäften und Maßnahmen berechtigt, die im Zusammenhang mit dem Gesellschaftszweck stehen. Hierzu gehören auch die Bergbauforschung, die Errichtung von Zweigniederlassungen, die Beteiligung an anderen Unternehmen und der Abschluß von Unternehmensverträgen.

3. Der Unternehmenszweck kann auch durch Beteiligungen verfolgt werden.

Unternehmensgruppe RAG

	1990	1991
Außenumsatz .... Mrd. DM	22,9	24,7
Umsatz RAG .... Mrd. DM	13,7	13,7
Kohle und Koks		
Bergwerke	17	17
Steinkohlenfördermenge .. t	49 396 030	46 322 615
Schichtleistung u. T. . kg/MS	4 946	5 002
Mechanisierungsgrad		
in der Gewinnung ...... %	100,0	100,0
im Strebausbau .... %	100,0	100,0
Kokereien	6	4
Brikettherstellung ...... t	360 553	409 080
Kokserzeugung .... t	8 425 638	7 004 366
Gas und Kohlenwertstoffe		
Koksofengas ..... 1000 m³	3 948 926	3 347 448
Rohbenzol (Vorerzeugnis) . t	101 675	87 512
Rohteer (wf) .... t	320 150	279 427
Stickstoff (N) .... t	15 939	13 381
Schwefelsäure (66° Be) ... t	61 685	59 347
Strom und Fernwärme		
Steag-Kraftwerke	9	9
Steag-Energie-Erzeugung		
.... TWh	27,6	29,3
Beschäftigte (Jahresende)		
Konzern	119 457	122 469
Ruhrkohle AG	89 774	84 708
davon Bergbaugesellschaften		
Arbeiter u. T.	49 403	46 391
Arbeiter insgesamt	72 983	68 326
Angestellte insgesamt	15 050	14 649
Insgesamt	88 033	82 975

Tochtergesellschaften und Beteiligungen

Bergbau

Kohle Inland

Die Ruhrkohle AG (RAG) hat die Betriebsführung für ihre Bergbauaktivitäten den beiden Bergbau-Tochtergesellschaften

Ruhrkohle Niederrhein AG, 100%
Ruhrkohle Westfalen AG, 100%

übertragen, mit denen Betriebs- und Geschäftsführungsverträge sowie Beherrschungs- und Ergebnisübernahmeverträge abgeschlossen sind.

Gegenstand der Bergbaugesellschaften ist gleichlautend:

1. Im Namen und für Rechnung der RAG

a) die Betriebs- und Geschäftsführung von im Eigentum der RAG stehenden Bergwerksanlagen und Anlagen zur Weiterverarbeitung, Veredelung und Umwandlung der Bergbauerzeugnisse einschließlich aller damit zusammenhängenden Neben- und Hilfsbetriebe,

b) der Vertrieb der Erzeugnisse aus den Anlagen zu a), soweit von der RAG übertragen,

2. die Vornahme von eigenen Geschäften aller Art, die der Ausführung der unter 1. genannten Tätigkeiten dienen.

Der Verkauf und Vertrieb der Erzeugnisse aus den Anlagen der RAG erfolgt über Ruhrkohle-Verkauf GmbH, Essen, 100%, ebenfalls im Namen und für Rechnung der RAG.

Eschweiler Bergwerks-Verein AG, Herzogenrath-Kohlscheid, über 75%.
Sophia-Jacoba GmbH, Hückelhoven, über 75%.
Gewerkschaft Auguste Victoria, Marl, 99%.

Kohle Ausland

Ruhrkohle International GmbH, Essen, 100%.
Ruhrkohle Australia Pty. Ltd., Sydney, Australien, 100%.

Weiterverarbeitung

Kokereiwirtschaft

Die Ruhrkohle AG (RAG) hat die Betriebsführung den Bergbau-Tochtergesellschaften

Ruhrkohle Niederrhein AG, 100%
Ruhrkohle Westfalen AG, 100%

übertragen.

Der Verkauf und Vertrieb der Erzeugnisse erfolgt über Ruhrkohle-Verkauf GmbH, Essen, 100%, ebenfalls im Namen und für Rechnung der RAG.

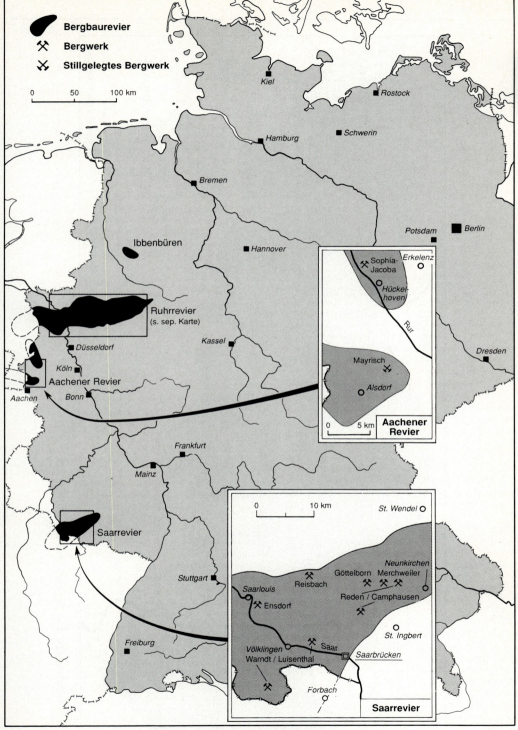

Steinkohlenreviere und Steinkohlenbergwerke in Deutschland.

1 BERGBAU

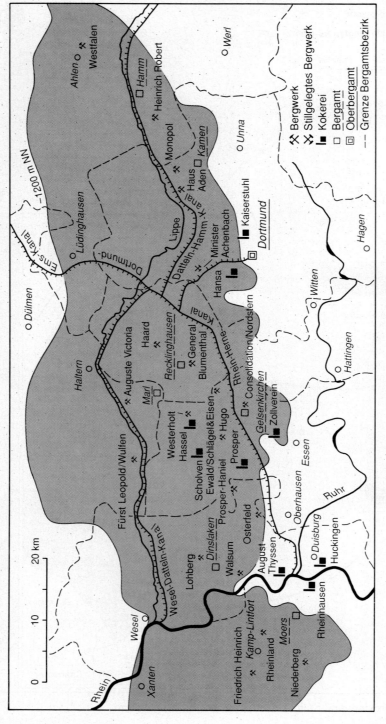

Steinkohlenbetriebe und Bergbehörden im Ruhrrevier.

Europäisches Entwicklungszentrum für Kokereitechnik GmbH, Essen, 86%.

Strom und Fernwärme

Steag AG, Essen, über 70%.

Kohlegas, Kohleöl, Kohlechemie

Bergemann GmbH, Essen, über 50%.
Ruhrgas AG, Essen, 18% (über Bergemann GmbH).
Rütgerswerke AG, Frankfurt (Main), über 75%.
Ruhrkohle Oel und Gas GmbH, Essen, 100%.
Ruhr-Schwefelsäure GmbH & Co KG, unter 25%.
Kohleöl-Anlage Bottrop GmbH, Bottrop, 50%.
Synthesegasanlage Ruhr GmbH, Oberhausen, 50%.

Handel

Ruhrkohle Handel GmbH, Essen, 100%.
Rhein-Ruhr Brenn- und Baustoffhandel GmbH, Duisburg, 100%.
Europäische Brennstoffhandelsgesellschaft mbH, Essen, 100%.
Ruhrkohle Handel Inter GmbH, Essen, 100%.
Ruhrkohle Handel Leipzig GmbH, 100%.
Sophia-Jacoba Handelsgesellschaft mbH, Hückelhoven, 100%.
Ruhrkohle Trading Corporation, New York, USA, 100%.
Ruhrkohle Trading Pacific Pty. Ltd., Sydney, Australien, 100%.
Ruhrkohle Umschlags- und Speditionsgesellschaft mbH, Duisburg, 100%.
Transport- en Handelsmaatschappij Steenkolen Utrecht BV, Niederlande, Rotterdam, 25%.
Nederlandsche Rijnvaartvereeniging BV, Niederlande, Rotterdam, über 25%.
Ruhrkohle Handel Brennstoffe GmbH, Essen, 100%.
Bayerische Brennstoffhandel GmbH & Co. KG, München, 18,21%.
Ruhrkohle Handel Süd GmbH & Co. KG, Düsseldorf, 100%.
Michel Handel GmbH, Düsseldorf, 100%.
Michel Mineralölhandel GmbH, Düsseldorf, 100%.
Ruhrkohle Handel Thüringen GmbH, Erfurt, 100%.
Ruhrkohle Handel Sachsen GmbH, Leipzig, 100%.
Ruhrkohle Brennstoffhandel Berlin GmbH, Berlin, 100%.
Technische Gebäudeausstattung Leipzig GmbH, Leipzig, 100%.
Knipping Fenster-Technik GmbH, Hamminkeln/Brünen, 100%.

Umwelt

Ruhrkohle Umwelt GmbH, Essen, 100%.
Ruhrkohle Montalith GmbH, Essen, 100%.
Ruhrkohle-Umwelttechnik GmbH (RUT), Essen, 40% (weitere Beteiligung über Rütgerswerke AG).
Ruhr-Carbo Handelsgesellschaft mbH, Essen, 100%.
Richard Buchen GmbH, Köln, über 25%.
Weber Umwelttechnik GmbH, Salach, über 25%.
M & B Transportgesellschaft mbH, 100%.
Centrans Haldenverwertungs- und Transportgesellschaft mbH, 100%.
Montana Handels- und Transportgesellschaft mbH, Lünen, 100%.
Köppen Transport GmbH, Köln, 100%.
Spedition Robert Schmidt GmbH, Essen, 80%.
MSI-Mülhausen Spedition International GmbH, Mülhausen, 70%.
Lausitzer Umwelt GmbH, Schwarze Pumpe, 50%.
Umwelt-Zentrum Dortmund GmbH, Dortmund, 20%.
UTR Umwelt-Technologie und Recycling GmbH, Gladbeck, 25%.
Ruess KG, Wolfschlugen, 55%.
STEG Steinkühler Entsorgungs-Gesellschaft mbH, Bielefeld, 100%.
Umweltschutz Nord GmbH & Co. KG, Ganderkesee, über 25%.

Technik · Engineering · Dienstleistungen

Montan-Consulting GmbH, Essen, 100%.
Deilmann-Haniel GmbH, Dortmund, unter 25%.
Deutsche Kohle Marketing GmbH, Essen, 100%.
Meuwsen & Brockhausen GmbH, Kamp-Lintfort, 100%.
Meuwsen & Brockhausen Data GmbH, Kamp-Lintfort, 100%.
MBK Hydraulik, Meuwsen & Brockhausen GmbH & Co. KG, Kamp-Lintfort, über 75%.
Ruhrkohle Berufsbildungsgesellschaft mbH, Essen, 100%.
RAG Technik AG, Essen, 100%.
Wilhelm Steinhoff Nachf. GmbH, Duisburg, 75,1%.
IVS-Informationsverarbeitung und Service GmbH, Essen, 100%.
MB-Data Research Gesellschaft für Informationstechnologie mbH, Essen, 51%.
Automations- u. Bandanlagentechnik GmbH, Kempen, 75%.
GFM Gesellschaft für Anlagentechnik mbH, Zell i. Wiesental, 85%.
Georg Schlangen GmbH, Kamp-Lintfort, 90%.
Garmhausen & Partner Gesellschaft für Softwareentwicklung und Vertrieb mbH, Bonn, 60%.
MBA Meuwsen & Brockhausen Anlagentechnik GmbH, Dortmund, 100%.
Protech Automation GmbH, Köln, 90%.
Technologiepark Eurotec Rheinpreussen GmbH, Moers, 56%.
Institut für Mechatronik IMECH GmbH, Moers, 12,4%.
Ruhrkohle Versicherungs-Dienst GmbH, Essen, 50,5%.

Energieforschung

DMT Deutsche Montan Technologie für Rohstoff, Energie, Umwelt e. V., Essen/Bochum.
Studiengesellschaft Kohle mbH, Mülheim, über 25 % (weitere Beteiligung über Rütgerswerke AG).
GET Gesellschaft für Energietechnik mbH, Essen, 100 %.
Ruhr Analytik Laboratorium für Kohle und Umwelt GmbH, Essen, 100 %.

Grundstückswesen · Wohnungswirtschaft

Friedrich Heinrich Verwaltungs-AG, Essen, fast 100 %.
Heinrich Robert Verwaltungs-AG, Essen, 100 %.
Montan-Grundstücksgesellschaft mbH, Essen, 100 %.
MGE Montan-Grundstücksentwicklungsgesellschaft mbH, Essen, 50 %.
Wohnungsbaugesellschaft mbH Glückauf, Duisburg-Homberg, über 75 %.
Rhein-Lippe Wohnstättengesellschaft mbH, Duisburg, über 75 %.
Hoesch Wohnungsgesellschaft mbH, Dortmund, über 25 %.
GSB Gesellschaft zur Sicherung von Bergmannswohnungen mbH, Essen, über 25 %.
Riemker Grundstücksverwaltungsgesellschaft und Vermögensverwaltungsgesellschaft mbH, Bochum, 40 %.

Sonstige Beteiligungen

Notgemeinschaft Deutscher Kohlenbergbau GmbH, Essen, über 75 %.
Verwaltungsgesellschaft Ruhrkohle-Beteiligung mbH, Essen, über 25 %.
Kesting Massivhaus GmbH, Lünen, 50 %.

Ruhrkohle Niederrhein AG

4100 Duisburg 17, Postfach 170154, ☏ (0 2136) 25-0, ✄ 8 55 561 ragn d, Telefax (0 2136) 25-25 33, und 4690 Herne 1, Shamrockring 1, Postfach 1145, ☏ (0 23 23) 15-0, ✄ 8 229 845 rag d, Telefax (0 23 23) 15-20 20.

Aufsichtsrat: Dipl.-Kfm. Dr. rer. pol. Heinz *Horn*, Mitglied des Vorstandes der Ruhrkohle AG, Vorsitzender; Wilfried *Woller*, Bezirksleiter der Industriegewerkschaft Bergbau und Energie Niederrhein, stellv. Vorsitzender; Ass. Alfred H. *Berson*, Mitglied des Vorstandes der Veba AG; Dieter *Bovens*, Techniker unter Tage; Bergass. a. D. Dr.-Ing. E. h. Friedrich Carl *Erasmus*, Dipl.-Ing. Pierre *Everard*, Mitglied der Generaldirektion der Arbed SA; Peter *Hampel*, Elektrovorarbeiter; Dr.-Ing. Jürgen *Harnisch*, Vorsitzender des Vorstandes der Krupp Stahl AG; Lothar *Hegemann*, Versicherungskaufmann; Dr.-Ing. Heinrich *Heiermann*, Mitglied des Vorstandes der Ruhrkohle AG; Dr.-Ing. Werner *Hlubek*, Mitglied des Vorstandes der Rheinisch-Westfälischen Elektrizitätswerk AG; Heinz-Adolf *Hörsken*, Hauptgeschäftsführer Sozialausschüsse der Christlich-Demokratischen Arbeitnehmerschaft; Dipl.-Kfm. Dipl.-Volksw. Dr. rer. pol. Jens *Jenßen*, Mitglied des Vorstandes der Ruhrkohle AG; Jürgen *Kohl*, Strebmeister; Heinz *Lenßen*, Abteilungsleiter der Industriegewerkschaft Bergbau und Energie; Dr.-Ing. Wulf D. *Liestmann*, Generalbevollmächtigter der Mannesmann AG; Bodo *Pilz*, stellv. Bezirksleiter der Industriegewerkschaft Bergbau und Energie Ruhr-Ost; Dr. jur. Herbert *Schnoor*, Innenminister des Landes Nordrhein-Westfalen; Jürgen *Schüring*, Elektrohauer; Peter *Seideneck*, Leiter Europareferat Internat. Abteilung DGB-Bundesvorstand; Helmut *Wilps*, Mitglied des Vorstandes der Thyssen Stahl AG.

Vorstand: Dr. rer. nat. Hans-Wolfgang *Arauner*, Sprecher; Dr.-Ing. Wolfgang *Fritz*; Dipl.-Kfm. Friedrich-Wilhelm *Krämer*; Dipl.-Kfm. Hans *Messerschmidt*; Ass. d. Bergf. Dr.-Ing. Raimund *Utsch*; Volkswirt (grad.) Wolfgang *Wieder*.

Prokuristen: Dr.-Ing. Wolfgang *Bethe* (Übertagebetriebe); Dr. rer. nat. Heribert *Bertling* (Werksdirektion Kokereien); Dipl.-Volksw. Bernhard *von Bronk* (Personalwesen I); Dr.-Ing. Hans-Jürgen *Czwalinna* (Forschung und Entwicklung); Ass. d. Markscheidefachs Dr.-Ing. Klaus-Peter *Gilles* (Markscheidewesen/Bergschäden); Fredy *Götte* (Sozialwesen I); Dr.-Ing. Arno *Guntau* (Arbeitsschutz/Sicherheitswesen); Helmut Heinrich *Hilger* (Allgemeine Verwaltung); Dr. rer. nat. Karl Friedrich *Jakob* (Bergwerk Walsum); Ass. d. Bergf. Hanns *Ketteler* (Bergwerk Prosper-Haniel); Dieter *Knappmann* (Gesundheitsschutz und Ergonomie); Dipl.-Kfm. Wolfgang *Knüpfer* (Betriebswirtschaft); Rechtsanwalt Heinz *Koch* (Recht); Dr. rer. oec. Rainer *Konietzka* (Rechnungswesen); Ind.-Kfm. Karl-Heinz *Koormann* (Personalwesen II); Dipl.-Ing. Franz *Kopyczynski* (Betriebsüberwachung); Dr.-Ing. Henning *Kublun* (Technik unter Tage); Friedrich Heinrich *Kühlwein* (Sozialwesen II); Dipl.-Ing. Jürgen *Lange* (Bergwerk Friedrich Heinrich); Bergass. Wilhelm *Lensing-Hebben* (Bergwerk Rheinland); Bergass. Siegfried *Mader* (Berufsbildung); Ass. d. Bergf. Rudolf *Sander* (Bergwerk Niederberg); Dr. rer. nat. Horst *Schröder* (Bergwerk Fürst Leopold/Wulfen); Dr. jur. Hans-Wolfgang *Schulte* (Umweltschutz); Ass. d. Bergf. Hermann *Schwarz* (Bergwerk Lohberg/Osterfeld); Dipl.-Ing. Reinhard *Seliger* (Materialwirtschaft); Dr. rer. pol. Jörg *Terrahe* (Vorstandsbüro); Ass. d. Bergf. Dr.-Ing. Klemens *Timmer* (Zentralstab Koordinierung und Gesamtplanung); Dipl.-Ing. Klaus-Eckart *Wehner* (Bergwerk Westerholt); Dr. rer. pol. Jürgen *Welter* (Einkauf); Ass. d. Markscheidefachs Dr.-Ing. Manfred *Wittkopf* (Markscheidewesen/Raumordnung).

Kapital: 51 Mill. DM.

Gesellschafter: Ruhrkohle AG (RAG), Essen, 100 %.

Ventilations- und Meßtechnik, Abbauhämmer, hydraulische
Schneidwerkzeuge, Großloch- und Gasbohrmaschinen,
Bohrlochverrohrungen, Gasbohrwagen,
Steinschrämmaschinen für Natursteingewinnung

Maschinenfabrik Korfmann GmbH
Dortmunder Straße 36 · 5810 Witten
Telefon: (0 23 02) 17 02-0 · Telex: 8 229 033 · Fax: (0 23 02) 17 02 56

Service*
rund um's Förderband!

Förderbandvulkanisation, Förderbandverbindungen, Förderbandreparaturen, Förderband-Montagen/-Demontagen über und unter Tage, verschleißtechnische Anwendung von Spezialgummi.

* im Industriegebiet Rhein-Ruhr, in den Niederlanden, in Liberia.

D-4300 Essen 1 · Postfach 10 38 51 · Manderscheidtstraße 14
Telefon (02 01) 89 16-6 · Telex 17 201 462 · Teletex 201 462 · Telefax (02 01) 89 16-737

1 BERGBAU

Bergwerk Friedrich Heinrich

4132 Kamp-Lintfort; Postanschrift: Postfach 170154, 4100 Duisburg 17, ☏ (02842) 57-1, St u. WL: Rheinkamp (Strecke Duisburg-Kleve), HA: Rheinpreussen, BA Moers.

Werksleitung: Bergwerksdirektor: Dipl.-Ing. Jürgen *Lange;* Betriebsdirektor für Produktion: Dr.-Ing. Heinz-Norbert *Schächter;* Betriebsdirektor für Personal- und Sozialfragen: Paul *Schommer;* Leiter der Stabsstelle: Dipl.-Ing. Ludger *Heitfeld;* Leiter des Untertagebetriebes: Dipl.-Ing. Jürgen *Eikhoff;* Grubenbetriebsführer: Dipl.-Ing. Karl-Heinz *Stenmans;* Dipl.-Ing. Manfred *Stratenhoff;* Dipl.-Ing. Johannes *Schraven;* Dipl.-Ing. Johannes *Tegethoff;* Leiter des Übertagebetriebes: Dipl.-Ing. Klaus *Schöne;* Markscheider: Ass. d. Markscheidef. Norbert *Ballhaus;* Betriebsarzt: Dr. Hans-Joachim *Kühne,* Udo *Langowski.*

Lagerstätte: *Kohlenart:* Gas-, Fett-, Eß- und Magerkohle; mittlere gebaute *Flözmächtigkeit:* 178/151 cm; gebautes *Einfallen:* 0 − 20 gon = 100%.

Untertagebetrieb: Teufe der Hauptfördersohle 885 m; *Schacht 1:* Förderschacht, 4-Seil-Gefäßförderung; *Schacht 2:* Seilfahrt- und Materialschacht, Gestellförderung; *Schacht 3 (Norddeutschland):* Wetter-, Seilfahrt und Bergeschacht, Gestellförderung; *Schacht 4 (Hoerstgen):* Wetter-, Seilfahrt- und Materialschacht, 4-Seil-Gestellförderung mit Gegengewicht, Hilfsförderung für Not-Seilfahrt und Schachtbefahrung, Gestell mit Gegengewicht.

Aufbereitung: Durchsatz 1 050 t/h.

Landabsatz: Kamp-Lintfort, Kattenstraße (TOR 3); montags bis freitags von 7 bis 15 Uhr.

	1990	1991
Steinkohlenfördermenge ... t/d	9 973	9 396
... t/a	2 463 303	2 236 329
Beschäftigte .... (Jahresende)	3 646	3 542

Bergwerk Niederberg

4133 Neukirchen-Vluyn; Postanschrift: Postfach 170154, 4100 Duisburg 17, ☏ (02845) 201-1, St u. WL: Dickscheheide, HA: Orsoy, BA Moers.

Werksleitung: Bergwerksdirektor: Ass. d. Bergf. Rudolf *Sander;* Betriebsdirektor für Produktion: Dr.-Ing. Dieter *Patzke;* Betriebsdirektor für Personal- und Sozialfragen: Peter *Wermke;* Leiter der Stabsstelle: Dipl.-Ing. Rolf *Friedrich;* Leiter des Untertagebetriebes: Paul *Janßen;* Grubenbetriebsführer: Ing. (grad.) Georg *Seidel;* Leiter des Übertagebetriebes: Dipl.-Ing. Gerhard *Münch;* Markscheider: Ass. d. Markscheidef. Michael *Meisen;* Betriebsärzte: Dr. med. Karl Josef *Knoblich;* Dr. med. Karsten *Hoffmann.*

Lagerstätte: *Kohlenart:* Anthrazit und Magerkohle; mittlere gebaute *Flözmächtigkeit* 102/90 cm; gebautes *Einfallen:* 0 bis 20 gon = 87,4%, 20 bis 40 gon = 12,6%.

Untertagebetrieb: Teufe der Hauptfördersohlen 780 m. *Schacht 1:* Seilfahrt- u. Materialschacht; *Schacht 2:* Bergeschacht; *Schacht 5:* Förderschacht, 4-Seil-Gestellförderung; *Schacht 3 (Kapellen):* Seilfahrt- und Wetterschacht; *Schacht 4 (Tönisberg):* Wetterschacht.

Aufbereitung: Durchsatz 1 000 t/h.

Brikettfabrik: Leistung 160 t/h.

Landabsatz: Neukirchen-Vluyn, Fritz-Baum-Allee (Bhf. Dickscheheide); montags bis freitags von 6 bis 13.30 Uhr.

	1990	1991
Steinkohlenfördermenge ... t/d	10 363	11 520
... t/a	2 559 721	2 845 541
Briketttherstellung .... t/a	360 553	409 080
Beschäftigte .... (Jahresende)	3 616	3 394

Bergwerk Rheinland

4130 Moers 3 (Repelen), Pattbergstraße; Postanschrift: Postfach 170154, 4100 Duisburg 17, ☏ (02841) 79-0, Telefax (02841) 79-4625, St: Moers und Rheinberg, WL: Moers, Rheinkamp und Rheinberg, HA: Rheinpreussen, BA Moers.

Das Bergwerk Rheinpreussen wurde am 28. 3. 1990 stillgelegt.

Werksleitung: Bergwerksdirektor: Bergass. Wilhelm *Lensing-Hebben;* Betriebsdirektor für Produktion: Dr.-Ing. Klaus-Dieter *Beck;* Betriebsdirektor für Personal- und Sozialfragen: Peter *Noruschat;* Leiter der Stabsstelle: Dipl.-Ing. Ulrich *Techmer;* Leiter des Untertagebetriebes: Dipl.-Ing. Mesut *Teomann;* Grubenbetriebsführer: Ing. (grad.) Kurt *Aldinger;* Hans-Peter *van Ingen;* Dipl.-Ing. Heinz *Maas;* Dipl.-Ing. Gregor *Weinand,* Dr.-Ing. Klaus *Allekotte,* Dipl.-Ing. Alfred *Amthauer;* Leiter des Gesamtübertagebetriebes: Ing. (grad.) Heinz-Dieter *Holzum;* Markscheider: Ass. d. Markscheidef. Joachim *Junge;* Betriebsärzte: Dr. med. Klaus *Gaßmann* (Pattberg); Dr. med. Hans-Jürgen *Hartmann* (Rossenray).

Lagerstätte: *Kohlenart:* Fettkohle; mittlere gebaute *Flözmächtigkeit:* 150/125 cm; gebautes *Einfallen:* 0 bis 20 gon = 100%.

Untertagebetrieb: Teufen der Hauptfördersohle 885 m. *Schacht 1 Pattberg:* Förder- und Frischwetterschacht; *Schacht 2 Pattberg:* Seilfahrt-, Material- und Abwetterschacht; *Schacht 1 Rossenray:* Abwetterschacht; *Schacht 2 Rossenray:* Seilfahrt- und Frischwetterschacht; *Schacht 9:* Frischwetterschacht; *Schacht Rheinberg:* im Teufen, geplanter Abwetterschacht.

Aufbereitung: Pattberg: Durchsatz 1 100 t/h.

Tradition und Innovation.
Wir haben beides.

Bergbau über und unter Tage ist Schwerindustrie im wörtlichen Sinn: Schweres Gerät, schwierige Arbeitsbedingungen. AEG sorgt hier schon seit 90 Jahren durch Entwicklung und Einsatz elektrischer Maschinen und Ausrüstungen für ein Höchstmaß an Sicherheit, Zuverlässigkeit und Verfügbarkeit von Produktionsmitteln. Das ist auch heute im Zeitalter der Elektronik und Automatisierung nicht anders.

Mit unserem Arbeitsgebiet Bergbau decken wir ein breites Bedarfsfeld ab: von der Lieferung ganz spezifischer, einzelner Komponenten wie Motoren, Transformatoren, Schaltgeräten und eigensicheren Steuerungen bis zur Planung kompletter, schlüsselfertiger Gesamtanlagen – immer unter dem Aspekt der wirtschaftlichsten Lösung bei höchster Sicherheit.

Mit moderner Elektronik können Teilanlagen ferngesteuert und Arbeitsabläufe optimiert werden. Extrem ungünstige Umweltbedingungen unter Tage und weitverzweigte Betriebsmittel beim Tagebau erfordern dabei absolut verläßliche Produkte.

Hoher Bedienkomfort durch einfache Projektierung, Flexibilität und

zukunftssichere Ausbaumöglichkeiten sind weitere Forderungen, die mit unseren normierten Bausteinen und Systemen realisiert werden.

Lassen Sie sich ausführlich über Möglichkeiten und Leistungen dieser Systeme unterrichten. Auf Kosten unserer Erfahrung – zugunsten Ihrer Betriebsergebnisse. In unserem Fachbereich Grundstoffindustrie stehen Ihnen rund 500 Spezialisten immer mit Rat und Tat zur Verfügung.

Coupon

Bitte senden Sie mir detaillierte Unterlagen über Ihr Leistungs- und Lieferprogramm im Bergbau.

Name _____

Firma _____

Adresse _____

AEG Aktiengesellschaft · Grundstoffindustrie
Hohenzollerndamm 150 · D-1000 Berlin 33

A82. debis 1821

1 BERGBAU

Sonstige Tagesbetriebe: Hafen Rheinpreussen, Eisenbahnbetrieb.

	1990	1991
Steinkohlenfördermenge ... t/d	13 815	12 662
... t/a	3 412 187	3 013 571
Beschäftigte .... (Jahresende)	5 515	4 895

Bergwerk Walsum

4100 Duisburg 18 (Walsum), Dr.-Wilhelm-Roelen-Str. 129; Postanschrift: Postfach 170154, 4100 Duisburg 17, ☏ (0203) 484-0, St u. WL: Walsum, HA: Werkshafen Walsum Nord, BA Dinslaken.

Werksleitung: Bergwerksdirektor: Ass. d. Bergf. Dr. rer. nat. Karl Friedrich *Jakob;* Betriebsdirektor für Produktion: Ass. d. Bergf. Bertold *Maucher;* Betriebsdirektor für Personal- und Sozialfragen: Hilmar *Krannich;* Leiter der Stabsstelle: Dr.-Ing. Hubert *Weustenfeld;* Leiter des Untertagebetriebes: Dipl.-Ing. Klaus *Braick;* Grubenbetriebsführer: Dipl.-Ing. Wolfgang *Adamski;* Dipl.-Ing. Werner *Wondrak;* Dipl.-Ing. Hartmut *Bernecker;* Dipl.-Ing. Peter *Schneider;* Ingo *Buchhofer;* Leiter des Übertagebetriebes: Dipl.-Ing. Willi *Gürtzgen;* Markscheider: Ass. d. Markscheidef. Heinz-Peter *Reinartz;* Betriebsärzte: Hugo *Vautrin;* Heinz-Johannes *Bicker.*

Lagerstätte: *Kohlenart:* Gaskohle; mittlere gebaute *Flözmächtigkeit:* 187/148 cm; gebautes *Einfallen:* 0 bis 20 gon = 99,1 %, 20 bis 40 gon = 0,9 %.

Untertagebetrieb: Teufe der Hauptfördersohlen 913 und 800 m. *Schacht Franz:* Seilfahrt-, Förder- und Materialschacht, Gestellförderung; *Schacht Wilhelm:* Förder- und Wetterschacht, Gefäßförderung; *Schacht Voerde:* Seilfahrtschacht und Langmaterial.

Aufbereitung: Durchsatz 1 200 t/h.

Sonstige Tagesbetriebe: Hafen Walsum.

	1990	1991
Steinkohlenfördermenge ... t/d	11 941	12 303
... t/a	2 949 339	3 038 813
Beschäftigte .... (Jahresende)	4 424	4 245

Bergwerk Lohberg/Osterfeld

4220 Dinslaken-Lohberg, Hünxer Straße 368; Postanschrift: Postfach 170154, 4100 Duisburg 17, ☏ (02134) 61-1, St: Duisburg-Neumühl, WL: Oberhausen West und Dinslaken, HA: Hafen Schwelgern, BA Dinslaken.

4200 Oberhausen 11 (Sterkrade), Von-Trotha-Straße, ☏ (0208) 6904-0, St: Oberhausen 11, WL: Oberhausen Hütte bzw. Oberhausen-Sterkrade, Anschlußgleis, HA: Südhafen Walsum, BA Dinslaken.

Werksleitung: Bergwerksdirektor: Ass. d. Bergf. Hermann *Schwarz;* Betriebsdirektor für Produktion: Dipl.-Ing. Elmar *Ulrich* (Lohberg/Osterfeld); Betriebsdirektor für Personal- und Sozialfragen: Edmund Heinrich *Werner* (Lohberg/Osterfeld); Leiter der Stabsstelle: Dipl.-Ing. Norbert *Steffan* (Lohberg/Osterfeld); Leiter des Untertagebetriebes: Ass. d. Bergf. Claus-Peter *Weber* (Lohberg); Leiter des Untertagebetriebes: Ing. (grad.) Karl *ten Have* (Osterfeld); Grubenbetriebsführer: Dipl.-Ing. Jürgen *Holobar,* Dipl.-Ing. Manfred *Saalmann,* Dipl.-Ing. Wolf Rüdiger *Bennewitz* (Osterfeld); Leiter des Tagesbetriebes: Ing. (grad.) Hans *Kaspari* (Lohberg); Ing. (grad.) Wilhelm *Tegethoff* (Osterfeld); Markscheider: Ass. d. Markscheidef. Peter *Fischer* (Lohberg/Osterfeld); Betriebsärzte: Dr. med. Peter *Schmidt* (Lohberg); Hans Georg *Urselmann* (Osterfeld).

Lohberg

Lagerstätte: *Kohlenart:* Gasflamm- und Gaskohle; mittlere gebaute *Flözmächtigkeit:* 193/136 cm, gebautes *Einfallen:* 0 bis 20 gon = 100 %.

Untertagebetrieb: Teufe der Hauptfördersohle 854 m. *Schacht 1:* Seilfahrt-, Material- und Bergeschacht, Gestellförderung; *Schacht 2:* Förder- und Wetterschacht, Gefäßförderung; *Schächte 3 und 4:* Wetterschächte.

Aufbereitung: Durchsatz 1 350 t/h.

	1990	1991
Steinkohlenfördermenge ... t/d	11 730	10 189
... t/a	2 897 250	2 394 317
Beschäftigte .... (Jahresende)	3 633	3 485

Osterfeld

Lagerstätte: *Kohlenart:* Gasflamm-, Gas- und Fettkohle; mittlere gebaute *Flözmächtigkeit:* 165/133 cm; gebautes *Einfallen:* 0 bis 20 gon = 100 %.

Untertagebetrieb: Teufe der Hauptfördersohle 1 250 m; *Schacht 1:* Förderschacht, 4-Seil-Gefäßförderung; *Schacht 3 (Paul-Reusch-Schacht):* Seilfahrtschacht, Gefäßförderung; *Schacht 4:* ausziehender Wetterschacht; *Schächte 1 und 2 (Sterkrade):* Seilfahrt-, Material- und ausziehende Wetterschächte, Gestellförderung; *Schacht Hugo Haniel:* einziehender Wetterschacht; *Nordschacht:* Seilfahrtschacht, Gestellförderung.

Aufbereitung: Durchsatz 1 050 t/h.

	1990	1991
Steinkohlenfördermenge ... t/d	8 583	9 158
... t/a	2 119 952	2 152 151
Beschäftigte .... (Jahresende)	3 217	3 043

WASSERHYDRAULIK
Ventile · Steuerungen · Systeme · Anlagen

Für komplette wasserhydraulische Anlagen projektiert und liefert Hauhinco anwendungsbezogene Systeme und Steuerungen.

Neben der Sitzventil-Technik fertigt Hauhinco auch Schieberbauarten mit genormten Anschlußmaßen.

- Medien:
  HF-Flüssigkeiten, ungefettetes Wasser

- Betriebsdrücke: 160, 320, 630 bar

- Durchflußströme: bis 30 000 l/min

- Ventil-Bauarten:
  direktgesteuerte Magnetventile; intern und extern gesteuerte Ventile; Absperr- und Drosselventile; Sperrventile; Kugelsitzventile; Kegelsitz- und Schieberventile

- Ventilfunktionen:
  2/2-, 3/2-, 3/3-, 4/2-, 4/3-Wege- und Proportionalventile

- Betätigungsarten:
  elektromagnetisch, hydraulisch, pneumatisch, manuell, druckabhängig und membranbetätigt

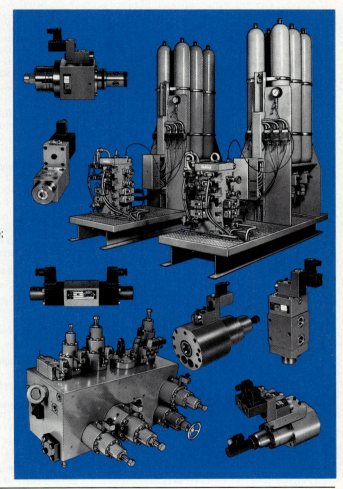

Hauhinco Maschinenfabrik G. Hausherr, Jochums GmbH & Co. KG
Beisenbruchstraße 10 • Postfach 91 13 20 • D-4322 Sprockhövel 1
Tel. 0 23 24/705-0 • Telefax 0 23 24/705-222 • Ttx (17) 2324308 hinco

Hauhinco - Nutzen aus Erfahrung

1 BERGBAU

Bergwerk Prosper-Haniel

4250 Bottrop, Fernewaldstraße; Postanschrift: Postfach 170154, 4100 Duisburg 17, ☏ Prosper II/ (02041) 12-1, Prosper IV/10 (02041) 59-0, St: Bottrop Hbf und Oberhausen-Sterkrade, WL: Bottrop Süd und Oberhausen-Sterkrade, Anschlußgleis, HA: Zentralhafen Bottrop am Rhein-Herne-Kanal, BA Gelsenkirchen.

Werksleitung: Bergwerksdirektor: Ass. d. Bergf. Hanns *Ketteler;* Betriebsdirektor für Produktion: Dr.-Ing. Michael *Eisenmenger;* Betriebsdirektor für Personal- und Sozialfragen: Dipl.-Ing. Heinz *Vorrath;* Leiter der Stabsstelle: Dipl.-Ing. Rüdiger *Schewe;* Leiter des Untertagebetriebes: Ing. (grad.) Helmut *Schmidt;* Leiter des Baufeldes Prosper-Haniel Süd: Dipl.-Ing. Karl-Hans *Rademann;* Leiter des Baufeldes Schacht 9: Dipl.-Ing. Bernhard *Heeck;* Leiter des Baufeldes Schacht 10: Dipl.-Ing. Gerhard *Vogel;* Leiter des Übertagebetriebes: Joachim *Schulte auf'm Hofe;* Markscheider: Ass. d. Markscheidef. Michael *Hegemann;* Betriebsärzte: Dr. med. Brigitte *Schmedding;* Dr. med. Carl-Peter *Mohr.*

Lagerstätte: *Kohlenart:* Baufeld Prosper Nord: Gasflamm- und Gaskohle; Baufeld Haniel Nord: Gasflamm- und Gaskohle; mittlere gebaute *Flözmächtigkeit* 178/142 cm; gebautes *Einfallen:* 0 − 20 gon = 100%.

Baufeld Prosper-Haniel Süd: Teufe der Hauptfördersohle 1 000 m. Abförderung der Rohkohle von der 1000-m-Sohle über eine Bandanlage nach über Tage. 1. Bandberg von der 1 000-m-Sohle zur 786-m-Sohle: 1250 m lang, 9,5 gon Ansteigen, 1 300 kW Antriebsleistung.
2. Förderberg Prosper von der 786-m-Sohle zur Tagesanlage Prosper II: 3 745 m lang, 13,7 gon Ansteigen, 6 200 kW Antriebsleistung. Leistung: Rohkohle 1 800 t/h nach über Tage, Berge 1 000 t/h in die Grube. *Schacht Haniel 1:* Wetterschacht bis zur 570-m-Sohle.
Schacht Haniel 2: Gestellförderung für Seilfahrt und Material bis zur 1 000-m-Sohle, Gefäßförderanlage zur Bergeförderung von der 786-m-Sohle.

Baufeld Prosper Schacht 9: Teufe der Hauptfördersohle 1 000 m. *Schacht Prosper 9:* Seilfahrt- und Wetterschacht, Gestellförderung.

Baufeld Prosper Schacht 10: Teufe der Hauptfördersohle 1 000 m. *Schacht Prosper 10:* Seilfahrt- und Materialschacht, Gestellförderung.

Aufbereitung: Prosper II: Durchsatz 1 300 t/h.

Materialplätze: Haniel und Schacht Prosper 10; Zentraler Holzplatz und Zentral-Magazin: Haniel.

		1990	1991
Steinkohlenfördermenge	. . . t/d	12 881	13 342
	. . . t/a	3 181 639	3 135 399
Beschäftigte	. . . . (Jahresende)	4 318	4 252

Bergwerk Fürst Leopold/Wulfen

4270 Dorsten 1 (Hervest-Dorsten), Halterner Straße 105, und Dorsten 11 (Wulfen), Dülmener Straße 170, ☏ (02362) 792-0; Postanschrift: Postfach 170154, 4100 Duisburg 17, ☏ (02362) 792-0, St: Hervest-Dorsten, WL: Hervest-Dorsten, Anschlußgleis, HA: Fürst Leopold am Wesel-Datteln-Kanal, BA Marl.

Werksleitung: Bergwerksdirektor: Dr. rer. nat. Horst *Schröder;* Betriebsdirektor für Produktion: Ass. d. Bergf. Klaus *Otto;* Betriebsdirektor für Personal- und Sozialfragen: Frank *Bandow;* Leiter der Stabsstelle: Dr.-Ing. Ulrich *Tekathen;* Leitung des Untertagebetriebes: Dipl.-Ing. Roland *Pitzschler;* Grubenbetriebsführer Dipl.-Ing. Heinz-Werner *Voß;* Leitung des Übertagebetriebes: Dipl.-Ing. Harald *Latsch;* Markscheider: Ass. d. Markscheidef. Michael *Kuschke;* Betriebsarzt: Dr. med. Franz *Morkramer.*

Lagerstätte: *Kohlenart:* Flamm-, Gasflamm-, Gaskohle; mittlere gebaute *Flözmächtigkeit:* 163/131 cm; gebautes *Einfallen:* 0 bis 20 gon = 97,6%, 20 − 40 gon = 2,4%.

Fürst Leopold: Teufe der Hauptfördersohle 872 m. *Schacht 1:* Förderschacht, Gefäßförderung; *Schacht 2:* Seilfahrt- und Materialschacht, Gestellförderung; *Schacht Baldur:* Wetterschacht.

Wulfen: Außenanlage mit Schacht 1, Material- und Seilfahrtschacht, Gestellförderung; Schacht 2, Material- und Seilfahrtschacht, Gestellförderung; Teufe der untersten Sohle 1 037 m.

Aufbereitung: Fürst Leopold: Durchsatz 1 030 t/h.

Sonstige Tagesbetriebe: Hafen Fürst Leopold am Wesel-Datteln-Kanal.

		1990	1991
Steinkohlenfördermenge	. . . t/d	8 574	8 569
	. . . t/a	2 117 843	2 013 647
Beschäftigte	. . . . (Jahresende)	3 052	2 969

Bergwerk Westerholt

4650 Gelsenkirchen-Buer, Egonstraße 4; Postanschrift: Postfach 170154, 4100 Duisburg 17, ☏ (0209) 602-1, St: Wanne-Eickel WL: Westerholt, HA: siehe Zechenbahn- und Hafenbetriebe Ruhr-Mitte in Gladbeck, BA Marl.

Werksleitung: Bergwerksdirektor: Dipl.-Ing. Klaus-Eckart *Wehner;* Betriebsdirektor für Produktion: Bergass. Herbert *Tilmann;* Betriebsdirektor für Personal- und Sozialfragen: Dipl.-Ing. Dietmar *Burgstaller;* Leiter der Stabsstelle: Dipl.-Ing. Harald *Rudolf;* Leiter des Untertagebetriebes: Dipl.-Ing. Peter *Eichholtz;* Grubenbetriebsführer: Dipl.-Ing. Hans *Böttner;* Dipl.-Ing. Manfred *Rose;* Leitung Übertagebetrieb: Dipl.-Ing. Theo *Vienken;* Markscheider: Ass. d. Markscheidef. Hans Georg *Maier;* Betriebsarzt: Dr. med. Johannes *Grabka.*

Optimale Lösungen für den Streckenausbau.

Bergbaustahl bietet für den unbeschränkt nachgiebigen Streckenausbau ein komplettes Programm an bewährten technischen und wirtschaftlichen Lösungen. Zur Verfügung stehen sieben Glockenprofile mit den Gewichten 26, 28, 30, 32, 34, 36 und 42 kg/m.
Bergbaustahl konstruiert und liefert:
- Streckenausbauformen in genormten und Sonderquerschnitten
- Ausbau für Streckenübergänge, Streckenabzweigungen und Streckenkreuze
- Ausbau für Füllörter und andere Großräume
- Ausbau für Haupt- und Blindschachtanschläge
- Ausbau-Elemente als Stütz- und Abfangkonstruktionen
- Ausbau-Zubehör

Bergbaustahl-Techniker beraten und entwickeln gemeinsam mit den Bergbauunternehmen die jeweils beste bergtechnische Lösung.

Bergbaustahl – ein Begriff für den Ausbau unter Tage.

Bergbaustahl GmbH

Postfach 369, Spiekerstraße 7, D-5800 Hagen 1, Telefon (02331) 488278/79, Telefax (02331) 488281

Ein Unternehmen der Hoesch AG

1 BERGBAU

Lagerstätte: *Kohlenart:* Flamm-, Gasflamm-, Gas-, Fett- und Eßkohle; mittlere gebaute *Flözmächtigkeit:* 159/119 cm; gebautes *Einfallen:* 0 – 20 gon = 91,6 %, 20 – 40 gon = 7,2 %, 40 – 60 gon = 1,2 %.

Westerholt: Teufe der Hauptfördersohle 906 m. *Schacht 1:* Seilfahrtschacht, Gestellförderung; *Schacht 2:* Seilfahrt- und Wetterschacht, Gestellförderung; *Schacht 3:* Zentralförderschacht, Gestellförderung.

Polsum: Teufe der Fördersohle 875 m. *Schacht 1:* Seilfahrtschacht, Gestellförderung, Selbstfahr-Seilfahrtanlage; *Schacht 2:* Wetterschacht mit Befahrungsanlage. *Schacht Altendorf:* Befahreinrichtung.

Aufbereitung: System II: Durchsatz 650 t/h, System I: Durchsatz 750 t/h.

	1990	1991
Steinkohlenfördermenge ... t/d	10 014	9 383
... t/a	2 473 523	2 204 909
Beschäftigte .... (Jahresende)	3 647	3 557

Werksdirektion Kokereien

4650 Gelsenkirchen-Buer-Hassel, Marler Straße; Postanschrift: Postfach 170154, 4100 Duisburg 17, ℡ (0208) 6904-0.

Werksleitung: Werksdirektor: Dr. rer. nat. Heribert *Bertling;* Betriebsdirektor für Produktion: Dr.-Ing. Felix *Schönmuth;* Betriebsdirektor für Personal- und Sozialfragen: Willi *Storch;* Leiter der Stabsstelle: Dipl.-Ing. Hartmut *Baer;* Betriebsärzte: Dr. med. Josef *Pohlplatz,* Dr. med. Brigitte *Schmeddig,* Dr. med. Carl-Peter *Mohr,* Dr. med. Jürgen *Ambrosy.*

Kokerei Hassel

4650 Gelsenkirchen-Buer-Hassel, Marler Straße, ℡ (0209) 602-1, St: Gladbeck-West, WL: Westerholt, HA: siehe RAG-Bahn- und Hafenbetriebe in Gladbeck, BA Marl.

Betriebsleitung: Kokereileiter: Dr. rer. nat. Gerd *Louis;* Betriebsführer Dr. rer. nat. Ernst *Langer.*

Anlagen: 3 Batterien mit 140 Zwillingszug-Unterbrenner-Öfen, Starkgas, 3 Batterien mit 90 Kreisstrom-Seitenbrenner-Öfen, Starkgas, 1 Batterie mit 30 kombinationsbeheizten Unterbrenner-Öfen, Starkgas, mit einer täglichen Kapazität von insgesamt 5168 t Kohle naß. Gewinnungsanlagen für Rohteer, schwefelsaures Ammoniak, Rohbenzol, Naphthalin, Phenol, Gas, Schwefelsäure; Gasabgabe an Ruhr Oel GmbH, Veba-Kraftwerke Ruhr AG, Ferngasnetz u. a.

	1990	1991
Kokserzeugung .... t/d	2 594	2 521
.... t/a	946 762	920 191
Beschäftigte .... (Jahresende)	579	659

Kokerei Prosper

4250 Bottrop, Prosperstraße; Postanschrift: Postfach 170154, 4100 Duisburg 17, ℡ (02041) 12-1, St: Bottrop Hbf, WL: Bottrop Süd, HA: Zentralhafen am Rhein-Herne-Kanal, BA Gelsenkirchen.

Betriebsleitung: Kokereileiter Dr. rer. nat. Gerd *Louis;* Betriebsführer: Dipl.-Ing. Dieter *Hinz* (Betriebsbereich Kohle/Koks); Dr. rer. nat. Reinhold *Peek* (Betriebsbereich Kohlenwertstoffe/Gaswirtschaft).

Anlagen: 3 Batterien mit 146 Großraumöfen mit einer Kapazität von 7 417 t/d Kohle. Gewinnungsanlagen für Rohteer, Rohbenzol, Ammoniumsulfat, Ammonium-Rhodanid, Schwefelsäure, Phenol, Wasserstoff aus Koksofengas im Druckwechselverfahren und Gas, Gasabgabe ins Ruhrgas-Netz.

	1990	1991
Kokserzeugung .... t/d	5 188	4 799
.... t/a	1 893 800	1 751 700
Beschäftigte .... (Jahresende)	638	680

Kokerei Scholven

4650 Gelsenkirchen-Buer-Scholven, Heidestraße, ℡ (0209) 602-1, St und WL: Gladbeck-West, HA: siehe RAG-Bahn- und Hafenbetriebe in Gladbeck, BA Gelsenkirchen.

Betriebsleitung: Kokereileiter: Dr. rer. nat. Gerd *Louis.*

Anlagen: Die Kokerei wurde am 25. 4. 1991 stillgelegt.

	1990	1991
Kokserzeugung .... t/d	3 768	924
.... t/a	1 375 300	337 126
Beschäftigte .... (Jahresende)	530	42

Kokerei Zollverein

4300 Essen-Stoppenberg, Großwesterkamp, ℡ (0201) 365-1, St und WL: Essen-Altenessen, HA: siehe RAG-Bahn- und Hafenbetriebe, BA Gelsenkirchen.

Betriebsleitung: Kokereileiter: Dipl.-Ing. Wolfgang *Becker;* Betriebsführer: Dipl.-Ing. Dieter *Hokamp* (Betriebsbereich Kohle/Koks); Ing. (grad.) Johannes *Schmeinck* (Betriebsbereich Kohlenwertstoffe/Gaswirtschaft).

Anlagen: 8 Batterien mit 256 Starkgasöfen, halbgeteilt, Seitenbrenner, 2 Batterien mit 48 Kreisstrom-Seitenbrenner-Öfen, Starkgas, mit einer täglichen Kapazität von insgesamt 11 390 t Kohle naß. Gewinnungsanlagen für Rohteer, Schwefelsäure mit NH_3-Verbrennung, Schwefelsäure, Rohbenzol, Ammoniumrhodanid, Phenol, Ammoniak-Spaltgas und Gas, Gasabgabe an Ruhrgas.

KOMOTZKI

- HM-Werkzeuge bewährt im Tief- und Tunnelbau
- Fertigung in eigener Produktion
- Entwicklung jeder Sonderausführung durch eigenes Ingenieur-Büro
- Service und fachmännische Beratung an der Baustelle
- Partner von Herstellern und Betreibern von TSM, VSM und Bohrwerkzeugen

- Reparaturdienst für Längs- und Querschneidköpfe aller Hersteller von TSM
- Entwicklung von Neukonstruktionen
- Genaues Schnittlinienbild durch elektronische Vermessung der Schneidgeometrie
- Termingerechte Ausführung aller Aufträge

KOMOTZKI BERGBAUBEDARF GMBH

Rückertstraße 18 a/b
5870 Hemer-Westig
Tel. 02372/912120
Fax 02372/75481
Telex 827477 leha

1 BERGBAU

Landabsatz: Koks und Kohle. Bochum-Wattenscheid, Lohrheidestr. 1 (Holland): 7 bis 15 Uhr; Essen-Altenessen, Gladbecker Straße 553 (Emil): 6 bis 14.00 Uhr.

	1990	1991
Kokserzeugung .... t/d	5 844	5 802
.... t/a	2 133 050	2 117 750
Beschäftigte .... (Jahresende)	1 082	1 136

Kokerei Gneisenau

Die Kokerei wurde am 30. 9. 1989 stillgelegt.

	1990	1991
Kokserzeugung .... t/d	–	–
.... t/a	–	–
Beschäftigte .... (Jahresende)	3	1

Kokerei Hansa

4600 Dortmund-Huckarde, Mengeder Straße 111, ☏ (0231) 31831, St: Dortmund-Hbf, WL: Dortmund Vbf, BA Kamen.

Betriebsleitung: Kokereileiter Dr. rer. nat. Harald *Stoppa;* Betriebsführer Dr.-Ing. Joachim *Strunk.*

Anlagen: 1 Batterie mit 30 Kreisstrom-Starkgasöfen, 4 Batterien mit 284 Kreisstrom-Verbundöfen mit einer täglichen Kapazität von 7721 t Kohle naß. Gasabgabe an Ferngasnetz und Gichtgas-Koksgas-Verbund mit der Hoesch AG Hüttenwerke, Teergewinnung, Ammoniumsulfat- und Rohbenzolgewinnung, Kreislaufwäsche, HD-Feinreinigung, Entnaphthalinung und Tiefkühlanlage, Entphenolungsanlage, Schwefelsäuregewinnung, Gas-Großbehälter (175000 m³).

Landabsatz: Dortmund-Ellinghausen, Ellinghauser Straße, montags bis freitags von 6 bis 14 Uhr.

	1990	1991
Kokserzeugung .... t/d	2 995	2 622
.... t/a	1 093 224	957 091
Beschäftigte .... (Jahresende)	872	765

Kokerei Kaiserstuhl

4600 Dortmund, Dechenstraße 22, ☏ (0231) 8596-1, St: Dortmund-Eving, WL: Dortmund-Eving, Anschlußgleis, BA Kamen.

Betriebsleitung: Kokereileiter Dr. rer. nat. Harald *Stoppa.*

Außerbetriebnahme Kokerei Kaiserstuhl II am 17. 12. 1991.

	1990	1991
Kokserzeugung .... t/d	2 695	2 522
.... t/a	983 502	920 508
Beschäftigte .... (Jahresende)	453	415

Ruhrkohle Westfalen AG

4600 Dortmund 1, Postfach 105031, Silberstraße 22, ☏ (0231) 188-1, ✆ 8227374 ragw d.
4690 Herne 1, Postfach 1145, Shamrockring 1, ☏ (02323) 15-0, ✆ 8229845 ragl d, Telefax (02323) 15-2020.

Aufsichtsrat: Dipl.-Kfm. Dr. rer. pol. Heinz *Horn,* Vorsitzender des Vorstandes der Ruhrkohle AG, Vorsitzender; Helmut *Heith,* Bezirksleiter Ruhr-Mitte der Industriegewerkschaft Bergbau und Energie, stellv. Vorsitzender; Heinz *Beckmann,* Betriebsratsvorsitzender der Hauptverwaltung der Ruhrkohle Westfalen AG; Wilhelm *Beermann,* Mitglied des Vorstandes der Ruhrkohle AG; Alfred *Bendlin,* Betriebsratsvorsitzender der Zentralwerkstatt Prosper/Math. Stinnes; Walter *Fischer,* Studioleiter des Westdeutschen Rundfunks; Dipl.-Kfm. Arnold *Franke,* Mitglied des Vorstandes der Veba Kraftwerke Ruhr AG; Dr.-Ing. Hans-Wilhelm *Graßhoff,* Vorsitzender des Vorstandes der Hoesch Stahl AG; Dr.-Ing. Heinrich *Heiermann,* Mitglied des Vorstandes der Ruhrkohle AG; Dr. rer. pol. Dieter *Hockel,* Referatsleiter beim DGB-Bundesvorstand; Bodo *Hombach,* Landesgeschäftsführer SPD-Landesverband Nordrhein-Westfalen; Hans-Diether *Imhoff,* Mitglied des Vorstandes der Vereinigte Elektrizitätswerke Westfalen AG; Dr. rer. oec. Jürgen *Kolb,* Mitglied des Vorstandes der Stahlwerke Peine-Salzgitter AG; Heinz *Kulcke,* Bezirksleiter Ruhr-Ost der Industriegewerkschaft Bergbau und Energie; Klaus *Lentes,* Abteilungsleiter der Industriegewerkschaft Bergbau und Energie; Wolfgang *Neuhaus,* Betriebsratsvorsitzender des Bergwerk Hugo; Dr.-Ing. Peter *Rohde,* Mitglied des Vorstandes der Ruhrkohle AG; Dipl.-Kfm. Karl *Sinkovic,* Mitglied des Vorstandes der Klöckner-Werke AG; Dr. jur. Wilm *Tegethoff,* Sprecher des Vorstandes der Berliner Kraft- und Licht-AG; Dr. Rüdiger *Wirth,* Erster Direktor und Vorsitzender der Geschäftsführung der Bundesknappschaft Bochum.

Vorstand: Dr. rer. nat. Hans-Wolfgang *Arauner,* Sprecher; Dr.-Ing. Wolfgang *Fritz;* Dipl.-Kfm. Friedrich-Wilhelm *Krämer;* Dipl.-Kfm. Hans *Messerschmidt;* Ass. d. Bergf. Dr.-Ing. Raimund *Utsch;* Wolfgang *Wieder.*

Prokuristen: Dr.-Ing. Wolfgang *Bethe* (Übertagebetriebe); Dipl.-Volkswirt Bernhard *von Bronk* (Personalwesen I); Dr.-Ing. Hans-Jürgen *Czwalinna* (Forschung und Entwicklung); Dr.-Ing. Günter *Euteneuer* (Werksdirektion RAG-Zentralwerkstätten); Berging. (grad.) Udo *Freisewinkel* (Arbeitsschutz/Sicherheitswesen); Dipl.-Ing. Karl-Hans *Gärtner* (Bergwerk General Blumenthal); Ass. d. Markscheidef. Dr.-Ing. Klaus-Peter *Gilles* (Markscheidewesen/Bergschäden); Fredy *Götte* (Sozialwesen I); Ass. d. Bergf. Karl-Richard *Haarmann* (Bergwerk Haus Aden); Helmut Heinrich *Hilger* (Allgemeine Verwaltung); Dipl.-Ing. Herbert *Howe* (Bergwerk Consolidation/Nordstern); Dieter *Knappmann* (Gesund-

walter becker
Personenbeförderung
mit
Schienenflurbahnen

Schienenflurbahn Haus Aden

- hohe Personenzahl je Fahrspiel
- hohe Fahrgeschwindigkeit
- sicher und komfortabel

────────── Walter Becker GmbH ──────────

Barbarastraße 12, 6605 Friedrichsthal, Telefon: 06897/8570, Telex: 4429321, Telefax: 06897/857188
Von-Braun-Straße 25, 4250 Bottrop 2, Telefon 02045/89040, Telefax: 02045/890433

1 BERGBAU

heitsschutz und Ergonomie); Dipl.-Kfm. Wolfgang *Knüpfer* (Betriebswirtschaft); Rechtsanwalt Heinz *Koch* (Recht); Dr. rer. oec. Rainer *Konietzka* (Rechnungswesen); Karl-Heinz *Koormann* (Personalwesen II); Dipl.-Ing. Franz *Kopyczynski* (Betriebsüberwachung); Dr.-Ing. Henning *Kublun* (Technik unter Tage); Friedrich Heinrich *Kühlwein* (Sozialwesen II); Bergass. Siegfried *Mader* (Berufsbildung); Dipl.-Ing. Karl-Heinz *Müller* (Bergwerk Westfalen); Ass. d. Bergf. Engelbert *Pospich* (Bergwerk Hugo); Dipl.-Ing. Bernhard *Rauß* (Bergwerk Heinrich Robert); Dr. jur. Hans-Wolfgang *Schulte* (Umweltschutz); Dipl.-Ing. Reinhard *Seliger* (Materialwirtschaft); Ass. d. Bergf. Dieter *Siepmann* (Bergwerk Monopol); Dipl.-Berging. Rolf *Stallberg* (Bergwerk Ewald/ Schlägel & Eisen); Dipl.-Ing. Anton *Stark* (Bergwerk Haard); Dr. rer. pol. Jörg *Terrahe* (Vorstandsbüro); Ass. d. Bergf. Dr.-Ing. Klemens *Timmer* (Zentralstab Koordinierung und Gesamtplanung); Dr. rer. pol. Jürgen *Welter* (Einkauf); Ass. d. Markscheidef. Dr.-Ing. Manfred *Wittkopf* (Markscheidewesen/Raumordnung); Dr.-Ing. Rolf *Zeppenfeld* (Bergwerk Minister Achenbach); Dipl.-Ing. Christoph *Zillessen* (Werksdirektion RAG-Technische Dienste/Werksdirektion RAG-Bahn- und Hafenbetriebe).

Kapital: 51 Mill. DM.

Gesellschafter: Ruhrkohle AG (RAG), Essen, 100%.

Bergwerk Consolidation/Nordstern

4650 Gelsenkirchen, Gewerkenstr. 38; Postanschrift: Postfach 105031, 4600 Dortmund 1, ☎ (0209) 406-0, St u. WL: Gelsenkirchen-Schalke, HA: Hafen Grimberg (Rhein-Herne-Kanal), BA Gelsenkirchen.

Werksleitung: Bergwerksdirektor: Dipl.-Ing. Herbert *Howe;* Betriebsdirektor für Produktion: Dipl.-Ing. Andreas *Minke;* Betriebsdirektor für Personal- und Sozialfragen: Ing. (grad.) Karl-Heinz *Kurz;* Leiter der Stabsstelle: Dipl.-Ing. Hans-Dieter *Kollecker;* Leiter der Untertagebetriebe: Dipl.-Ing. Rudolf *Osterholzer;* Grubenbetriebsführer: Dipl.-Ing. Jürgen *Skirde,* Dipl.-Ing. Heiner *Langhoff;* Leiter der Übertagebetriebe: Dipl.-Ing. Dieter *Schnarre;* Markscheider: Ass. d. Markscheidef. Stefan *Stocks.* Betriebsärzte: Dr. med. Rudolf *Derwall,* Dr. med. Relja *Starovic*.

Lagerstätte: *Kohlenart:* Gas- und Fettkohle; mittlere gebaute *Flözmächtigkeit:* 219/187 cm; gebautes *Einfallen:* 0 bis 55 gon.

Untertagebetrieb: Baufeld Consolidation: Teufe der Hauptfördersohle 1 060 m NN. *Schacht Consolidation 3:* Zentralförderschacht, Gefäßförderung; *Schächte Consolidation 4 und 9:* Seilfahrt- und Bergeschächte, Gestellförderung; *Schacht Consolidation 6:* Materialschacht; *Schacht Unser Fritz 4:* Seilfahrt- und Wetterschacht; *Schächte Consolidation 7, Pluto 3:* Wetterschächte.

Baufeld Nordstern: *Schacht 1:* Seilfahrtschacht; *Schacht 4:* Wetterschacht.

Aufbereitung: Consolidation 3/4/9: Durchsatz 1 200 t/h.

		1990	1991
Steinkohlenfördermenge	. . t/d	9 786	10 004
	. . t/a	2 417 106	2 381 030
Beschäftigte	. . . . (Jahresende)	4 272	3 884

Bergwerk Hugo

4650 Gelsenkirchen-Buer, Brößweg 34; Postanschrift: Postfach 105031, 4600 Dortmund 1, ☎ (0209) 383-0; St: Wanne-Eickel Hbf., WL: Hugo, Anschlußgleis; HA: Hafen Hugo am Rhein-Herne-Kanal, BA Gelsenkirchen.

Werksleitung: Bergwerksdirektor: Ass. d. Bergf. Engelbert *Pospich;* Betriebsdirektor für Produktion: Dr.-Ing. Joachim *Geisler;* Betriebsdirektor für Personal- und Sozialfragen: Ing. (grad.) Lothar *Leuthold;* Leiter der Stabsstelle: Ass. d. Bergf. Jürgen *Hußmann;* Leiter der Untertagebetriebe: Ing. (grad.) Robert *Koslowski;* Grubenbetriebsführer: Ing. (grad.) Gerd *Schober;* Ing. (grad.) Peter *Kafka;* Ing. (grad.) Wolfgang *Marga;* Ing. (grad.) Theodor *Mengede;* Ing. (grad.) Peter *Oryan;* Dipl.-Ing. Rudolf *Schumachers;* Leiter des Übertagebetriebes: Ing. (grad.) Rudolf *Deckart;* Markscheider: Ass. d. Markscheidef. Karl *Kleineberg.* Betriebsärzte: Lothar *Schöbel,* Bernhard *Kalkowsky*.

Lagerstätte: *Kohlenart:* Fett- und Gaskohle; mittlere gebaute *Flözmächtigkeit:* 220/168 cm; gebautes *Einfallen:* < 20 gon.

Untertagebetrieb: Teufen der Fördersohlen: 7. Sohle 940 m, 9. Sohle 1 180 m (Südfeld). *Schacht 2:* Förderschacht, Gefäßförderung; *Schacht 8:* Förder- und Seilfahrtschacht, Gestellförderung; *Schacht 5:* Material- und Seilfahrtschacht; *Schacht 1, Schacht 4, Schacht Nord und Schacht Emschermulde 2:* Wetterschächte; *Schacht Ost:* Wetter-, Seilfahrt- und Materialschacht; *Schacht 9:* Frischwetterschacht.

Aufbereitung: Durchsatz 1 200 t/h.

		1990	1991
Steinkohlenfördermenge	. . t/d	12 890	11 213
	. . t/a	3 183 724	2 668 619
Beschäftigte	. . . . (Jahresende)	4 575	4 287

Bergwerk Ewald/Schlägel & Eisen

4352 Herten, Ewaldstr. 261, Postanschrift: Postfach 105031, Silberstr. 22, 4600 Dortmund 1 ☎ (02366) 89-0, St: Wanne-Eickel, WL: Recklinghausen-Süd, HA: Hafen Wanne West (Rhein-Herne-Kanal). BA Recklinghausen.

UNSER SERVICE:
Verwertung · Vermarktung · Entsorgung von Reststoffen und Bergematerial

- Wir verwerten das Nebengestein der Steinkohle als Massenschüttgut und veredeln es zu normgerechten Baurohstoffen
- Reststoffe der Steinkohlenkraftwerke und Rauchgasreinigungsanlagen verarbeiten wir zu hochwertigen Trockenmörteln

- Wir verwerten industrielle Reststoffe als Versatz und zur Abdichtung untertägiger Abbauhohlräume
- Abgeworfene Grubenräume nutzen wir zur umweltschonenden Ablagerung von Industrieabfällen

- Wir liefern:
  – Wasch- und Grubenberge
  – Straßenbau-Mineralstoffe
  – Betonzuschlagstoffe

  – Pflastersteine/Betonwaren
  – Kalksandsteine

  – Dammbaustoffe
  – Hinterfüllmörtel
  – Konsolidierungsmörtel
  – Schachtverfüllbaustoffe
  – Spezialmörtel

Montalith

Ruhrkohle Montalith GmbH · Gleiwitzer Platz 3 · 4250 Bottrop 1 · Tel. (0 20 41) 12-1 · Fax (0 20 41) 12-43 43

1 BERGBAU

Werksleitung: Bergwerksdirektor: Dipl.-Berging. Rolf *Stallberg;* Betriebsdirektor für Produktion: Dr.-Ing. Christoph *Dauber;* Betriebsdirektor für Personal- und Sozialfragen: Dipl.-Ing. Dieter *Steffan;* Leiter der Stabsstelle: Dipl.-Berging. Klaus *Rawert;* Leiter des Untertagebetriebes: Ing. (grad.) Werner *Suttka;* Leiter des Übertagebetriebes: Dr.-Ing. Gerhard *Hartfeld;* Markscheider: Ass. d. Markscheidef. Wilfried *Mehlmann;* Betriebsärzte: Dr. med. Vladeta *Alabanda,* Dr. med. Marina *Starovic.*

Bereichsleiter im Untertagebetrieb: Abbau: Dipl.-Ing. Werner *Esser;* Dipl.-Ing. Horst *Klein;* Zentrale Dienste: Dipl.-Ing. Werner *Laser;* Dipl.-Berging. Jörg *Korte;* Maschinenbetrieb: Dipl.-Ing. Klaus *Wahl;* Elektrobetrieb: Dipl.-Ing. Otmar *Weirich.*

Lagerstätte: *Kohlenart:* Fett-, Gas- und Gasflammkohle; mittlere gebaute *Flözmächtigkeit:* 215/158 cm; gebautes *Einfallen:* 0 bis 15 gon.

Untertagebetrieb: Teufe der Hauptfördersohle 950 m. *Schacht Ewald 7:* Hauptförderschacht mit Gefäßförderung; Hauptseilfahrtschächte: *Ewald 2, Ewald 4, Schlägel & Eisen 7, Schlägel & Eisen 2;* Hauptmaterialschächte: *Ewald 2* und *Schlägel & Eisen 7.*

Aufbereitung: Standort Ewald 1/2/7; Durchsatz 1 100 t/h.

		1990	1991
Steinkohlenfördermenge*	. . t/d	17 527	15 869
	. . t/a	4 329 053	3 776 902
Beschäftigte*	. . . . (Jahresende)	5 305	5 039

* Kenndaten zusammengefaßt für die Bergwerke Ewald und Schlägel & Eisen; Untertageverbund ab Mitte 1990.

Bergwerk General Blumenthal

4350 Recklinghausen, Herner Straße 85; Postanschrift: Postfach 105031, 4600 Dortmund 1, ☏ (02361) 52-1; St: Recklinghausen Hbf, WL: Recklinghausen Ost, HA: siehe Zechenbahn- und Hafenbetriebe Ruhr-Mitte in Gladbeck, BA Recklinghausen.

Werksleitung: Bergwerksdirektor: Dipl.-Ing. Karl-Hans *Gärtner;* Betriebsdirektor für Produktion: Dipl.-Ing. Hein *Müllensiefen;* Betriebsdirektor für Personal- und Sozialfragen: Dipl.-Ing. Horst *Schurian;* Leiter der Stabsstelle: Dipl.-Ing. Rolf *Zimmermann;* Leiter des Untertagebetriebes: Dipl.-Ing. Ass. d. Bergf. Wilhelm *Baumgärtel;* Leitung des Übertagebetriebes: Dipl.-Ing. Michael *Kaptur;* Markscheider: Ass. d. Markscheidef. Helmut *Frisch.* Betriebsarzt: Dr. med. Ulf *Bengtsson;* Dr. med. Ingrid *Nielsen.*

Lagerstätte: *Kohlenart:* Gas- und Fettkohle; mittlere gebaute *Flözmächtigkeit:* 164/135 cm; gebautes *Einfallen:* 0 bis 30 gon.

Untertagebetrieb: Teufe der Hauptfördersohle Altfeld 772 m; Haltern 1103 m. *Schacht 2:* Seilfahrtschacht, Gestellförderung; *Schacht 3:* Seilfahrtschacht, Gestellförderung; *Schacht 4:* Wetterschacht, Kübelförderung; *Schacht 6:* Materialschacht, Gestellförderung; *Schacht 7:* Seilfahrt- und Wetterschacht, Gestellförderung; *Schacht 8:* Wetterschacht, Gefäßförderung; *Schacht 11:* Förderschacht, Gestellförderung; *Schacht Haltern 1:* Seilfahrtschacht, Gestellförderung; *Schacht Haltern 2:* Wetterschacht, Seilfahrtschacht.

Aufbereitung: Durchsatz 1 100 t/h.

Landabsatz: Bochum-Wattenscheid, Lohrheidestr. 1 (Holland), 7.00 bis 15.00 Uhr; Essen-Altenessen, Gladbecker Str. 553 (Emil), montags bis freitags 6.00 bis 14.00 Uhr.

		1990	1991
Steinkohlenfördermenge	. . . t/d	9 626	9 916
	. . . t/a	2 377 615	2 360 057
Beschäftigte	. . . . (Jahresende)	4 046	3 868

Bergwerk Haard

4353 Oer-Erkenschwick, Ewaldstraße 15; Postanschrift: Postfach 105031, 4600 Dortmund 1, ☏ (02368) 50-0, St: Recklinghausen-Süd, WL: Recklinghausen-Suderwich, HA: Hafen König Ludwig (Rhein-Herne-Kanal), BA Recklinghausen.

Werksleitung: Bergwerksdirektor: Dipl.-Ing. Anton *Stark;* Betriebsdirektor für Produktion: Dr.-Ing. Reinhard *Bassier;* Betriebsdirektor für Personal- und Sozialfragen: Ing. (grad.) Manfred *Köppler;* Leiter der Stabsstelle: Ass. d. Bergf. Hans-Bertram *Baar;* Leitung des Untertagebetriebes: Dipl.-Ing. Ulrich *Krüger;* Leitung des Übertagebetriebes: Dipl.-Ing. Kurt *Scholten;* Markscheider: Ass. d. Markscheidef. Ulrich *Sauerhoff.* Betriebsarzt: Dr. med. Norbert *Brosch.*

Lagerstätte: *Kohlenart:* Gas-, Fett- und Eßkohle; mittlere gebaute *Flözmächtigkeit:* 207/291 cm; gebautes *Einfallen:* 9 gon.

Untertagebetrieb: Teufe der Hauptfördersohle 950 m. *Schacht 1:* Förderschacht, Gefäßförderung; *Schacht 2:* Seilfahrt- und Materialschacht, Gestellförderung; *Schacht 3:* Seilfahrt- und Materialschacht, Gestellförderung; *Schacht 4:* Ausziehschacht, Befahrungsanlage; *Schacht 5:* Einzieschacht; *Schacht An der Haard 1:* Seilfahrt- und Materialschacht.

Platz- und Energiebetriebe: 4353 Oer-Erkenschwick, Ewaldstraße.

		1990	1991
Steinkohlenfördermenge	. . . t/d	6 341	6 385
	. . . t/a	1 566 107	1 519 606
Beschäftigte	. . . . (Jahresende)	2 366	2 393

INTEGRIERTE AUSBAU- UND GEWINNUNGSSYSTEME
FÜR DEN STREBBAU ·
HYDRAULISCHER SCHILD- UND BOCKAUSBAU
EINSCHLIESSLICH DER STEUERUNGEN HETRONIC® ·
FAHRHILFEN FÜR GERINGMÄCHTIGE STREBBETRIEBE ·
ENTWICKLUNG UND FERTIGUNG VON
FREIPROGRAMMIERBAREN STEUERUNGEN ·

HEMSCHEIDT H

GERÄTE ZUR STEUERUNG UND ÜBERWACHUNG
VON GEWINNUNGSMASCHINEN ·
EIGENSICHERE STROMVERSORGUNG ·
SENSORIK, Z. B. DRUCK- UND WEGAUFNEHMER,
NÄHERUNGSSCHALTER ·
SOFTWARE-MODULE FÜR STEUER-, ÜBERWACHUNGS- UND
ÜBERTRAGUNGSEINRICHTUNGEN

Anker- und Injektionstechnik

Berg- und Industrietechnik GmbH **BWZ**

Ausbauanker, Abfanganker, Spreizanker, Bohrlochverschlüsse, Injektionsanker, Ankerzubehör, Ankerbohr- und Setzgerät (ABS), usw.

Berg- und Industrietechnik GmbH
Am Kruppwald 10 · 4250 Bottrop
Tel. (0 20 41) 6 60 45 / 68 75 76

1 BERGBAU

Bergwerk Minister Achenbach*

4670 Lünen-Brambauer, Zechenstraße 51; Postanschrift: Postfach 105031, 4600 Dortmund 1, ☏ (0231) 8782-1, St und WL: Dortmund-Mengede, HA: Dortmund-Ems-Kanal und Datteln-Hamm-Kanal, BA Kamen.

Werksleitung: Bergwerksdirektor: Ass. d. Bergf. Dr.-Ing. Rolf *Zeppenfeld;* Betriebsdirektor für Produktion: Ass. d. Bergf. Wolfgang *Rose;* Betriebsdirektor für Personal- und Sozialfragen: Heinrich *Müller;* Leiter der Stabsstelle: Ass. d. Bergf. Jochen *Oesterlink;* Leiter der Grubenbetriebe: Dipl.-Ing. Wilhelm *Konze;* Leiter der Übertagebetriebe: Dipl.-Ing. Ferdinand *Riepe;* Markscheider: Ass. d. Markscheidef. Uwe *Süselbeck;* Betriebsarzt: Bernd *Boldino.*

Lagerstätte: *Kohlenart:* Fettkohle; mittlere gebaute *Flözmächtigkeit:* 179/160 cm; gebautes *Einfallen:* 0 bis 35 gon.

Untertagebetrieb: Teufe der Hauptfördersohle: 1000 m (5. Sohle); *Schacht 1:* Seilfahrt-, Materialschacht, Gestellförderung; *Schacht 2:* Förder- und Seilfahrtschacht, Gefäßförderung; *Schacht 7:* Wetterschacht; *Schacht Ickern 3:* Seilfahrt- und Materialschacht, Gestellförderung.

Aufbereitung: Durchsatz: 850 t/h.

Sonstige Tagesbetriebe: Hafen Minister Achenbach, Eisenbahnbetriebe Minister Achenbach.

Landabsatz: Lünen-Brambauer, Zechenstraße, montags bis freitags von 6 bis 13.30 Uhr.

	1990	1991
Steinkohlenfördermenge ... t/d	7 567	7 947
... t/a	1 869 163	2 891 347
Beschäftigte .... (Jahresende)	3 173	2 544

* Einstellung des Abbaus und der Förderung am 30. Juni 1992.

Bergwerk Haus Aden

4709 Bergkamen-Oberaden; Postanschrift: Postfach 105031, 4600 Dortmund 1, ☏ (02306) 26-1, St: Lünen-Nord, WL: Oberaden, HA: Anlegehafen Haus Aden (Datteln-Hamm-Kanal), BA Kamen.

Werksleitung: Bergwerksdirektor: Ass. d. Bergf. Karl-Richard *Haarmann;* Betriebsdirektor für Produktion: Ass. d. Bergf. Ernst *Rühl;* Betriebsdirektor für Personal- und Sozialfragen: Ing. (grad.) Walter *Kimmel;* Leiter der Stabsstelle: Dr.-Ing. Rolf *Seidel;* Leiter der Untertagebetriebe: Ing. (grad.) Rudolf *Kuppig;* Leiter der Abbaubetriebe: Ing. (grad.) Reiner *Gilenberg* (Nordfeld/Victoria), Ing. (grad.) Willi *Pudlik* (Grimberg 3/4); Leiter der Übertagebetriebe: Ing. (grad.) Heinz-Friedrich *Kieninger;* Markscheider: Ass. d. Markscheidef. Franz-Josef *Kirsch;* Betriebsärzte: Dr. med. Wilhelm *Kniefeld* (Haus Aden); Dr. med. Hans-Joachim *Finke* (Grimberg 3/4).

Lagerstätte: *Kohlenart:* Fettkohle; mittlere gebaute *Flözmächtigkeit:* 222/171 cm; gebautes *Einfallen:* 0 bis 45 gon.

Haus Aden: Teufe der Hauptfördersohle 1003 m. *Schacht 1:* Förderschacht, Gefäßförderung; *Schacht 2:* Seilfahrt-, Material- und Bergeschacht, Gestell- und Gefäßförderung; *Schacht 5:* Wetterschacht, Befahrungsanlage; *Schacht 6:* Wetterschacht, Befahrungsanlage; *Schacht 7:* Seilfahrtschacht.

Grimberg 3/4: Teufe der Hauptfördersohle 1003 m. *Schacht 3:* Seilfahrt- und Materialschacht, Gestellförderung; *Schacht 4:* Seilfahrt- und Wetterschacht, Gestellförderung.

Victoria: Teufe der Hauptfördersohle: 1250 m, Förderberg zur Hauptfördersohle Haus Aden. *Schacht 1:* Seilfahrt-, Material- und Bergeschacht, Gestellförderung; *Schacht 2:* Wetterschacht, Befahrungsanlage.

Kurl: *Schacht 3:* Frischwetter- und Seilfahrtschacht, Gestellförderung.

Aufbereitung: Durchsatz: 1200 t/h.

Sonstige Tagesbetriebe: Hafen Haus Aden, Eisenbahnbetrieb.

	1990	1991
Steinkohlenfördermenge ... t/d	14 091	13 227
... t/a	3 480 509	3 147 939
Beschäftigte .... (Jahresende)	5 895	5 249

Bergwerk Monopol

4709 Bergkamen, Erich-Ollenhauer-Straße; Postanschrift: Postfach 105031, 4600 Dortmund 1, ☏ (02307) 81-1, St u. WL: Bergkamen, Anschlußgleis, BA Kamen.

Werksleitung: Bergwerksdirektor: Ass. d. Bergf. Dieter *Siepmann;* Betriebsdirektor für Produktion: Dipl.-Ing. Wolfram *Zilligen;* Betriebsdirektor für Personal- und Sozialfragen: Horst *Kaiser;* Leiter der Stabsstelle: Ass. d. Bergf. Wilfried *Sudhoff;* Leiter des Untertagebetriebes: Dipl.-Ing. Jürgen *Schwarze;* Leiter des Übertagebetriebes: Ing. (grad.) Manfred *Joppien;* Markscheider: Dr.-Ing. Heinrich Eberhard *Stolte.* Betriebsarzt: Dr. med. Werner *Kirschmeyer.*

Lagerstätte: *Kohlenart:* Eß- und Gasflammkohle; mittlere gebaute *Flözmächtigkeit:* 201/155 cm; gebautes *Einfallen:* 0 bis 10 gon.

Untertagebetrieb: Teufe der Hauptfördersohle 1030 m: *Schacht Grimberg 1:* Seilfahrtschacht, Gestellförderung; *Schacht Grimberg 2:* Förder-, Material-, Seilfahrt- und Wetterschacht, Gefäß- und Gestellförderung; *Schacht Grillo 1:* Wetterschacht, Gestellförderung; *Schacht Grillo 4:* Wetter- und Seilfahrtschacht, Gestellförderung; *Schacht Werne 3:* Wetterschacht, Befahrungsanlage.

Asea Brown Boveri

Sicherheit durch automatisierte Schachtförderung

Sechsseil-Flurfördermaschine mit direktumrichtergespeistem Synchronmotor.
4200 kW bei 46 min^{-1}
Saarbergwerke AG, Bergwerk Ensdorf/Nordschacht

ABB Antriebstechnik GmbH
Teilbereich Antriebssysteme
Bergbau

Telefon (0621) 381 3592
Telefax (0621) 381 2102
Telex 4 62 411 123 ab d
Postfach 10 03 51
D-6800 Mannheim 1

1 BERGBAU

Aufbereitung: Durchsatz: 1 000 t/h.

Sonstige Tagesbetriebe: Eisenbahnbetrieb.

	1990	1991
Steinkohlenfördermenge ...t/d	10 361	10 215
...t/a	2 559 169	2 400 606
Beschäftigte .... (Jahresende)	3 938	3 719

Bergwerk Heinrich Robert

4700 Hamm 3 (Herringen); Postanschrift: Postfach 105031, 4600 Dortmund 1, ☏ (02381) 468-1, St. Pelkum, WL: Pelkum, Heinrich Robert, HA: Hafen Heinrich Robert in Hamm, BA Hamm und Kamen.

Werksleitung: Bergwerksdirektor: Dipl.-Ing. Bernhard *Rauß;* Betriebsdirektor für Produktion: Dipl.-Ing. Lothar *Scheidat;* Betriebsdirektor für Personal- und Sozialfragen: Wolfgang *Steinert;* Leiter der Stabsstelle: Dipl.-Ing. Norbert *Franzen;* Leiter der Untertagebetriebe: Dipl.-Ing. Bernd *Tönjes;* Leiter des Grubenbetriebes: Dipl.-Ing. Walter *Melsheimer;* Leiter der Übertagebetriebe: Dipl.-Ing. Heinz *Cottmann;* Markscheider: Ass. d. Markscheidef. Wilhelm *Busch.* Betriebsärzte: Dr. med. Paul *Minnerup,* Dr. med. Andreas *Kösters.*

Lagerstätte: *Kohlenart:* Fettkohle; mittlere gebaute *Flözmächtigkeit:* 170/154 cm, gebautes *Einfallen:* 0 bis 30 gon.

Untertagebetrieb: Teufe der Hauptfördersohle 1038 m; *Schacht Heinrich,* westl. und östl. Förderung: Seilfahrt-, Material- und Bergeschacht, Gestellförderung; *Schacht Robert,* westl. und östl. Förderung: Förderschacht, Wetterschacht, 2 Gefäßförderungen; *Schacht Franz:* nördl. und südl. Förderung: Seilfahrt-, Material- und Bergeschacht, Gestellförderung; *Schacht Humbert:* Wetterschacht, Gestellförderung; *Schacht Sandbochum:* Einziehschacht; *Schacht Lerche:* Wetterschacht.

Aufbereitung: Durchsatz: 1000 t/h.

Sonstige Tagesbetriebe: Eisenbahnbetriebe; Hafen.

	1990	1991
Steinkohlenfördermenge ...t/d	13 510	13 201
...t/a	3 336 924	3 141 832
Beschäftigte .... (Jahresende)	5 396	5 170

Werksdirektion RAG-Zentralwerkstätten

4600 Dortmund-Derne, Derner Str. 540; Postanschrift: Postfach 105031, 4600 Dortmund 1, ☏ (0231) 8931-1, ✄ 8227859 ragw d, Telefax (0231) 8931-2007.

Werksleitung: Bergwerksdirektor Dr.-Ing. Günter *Euteneuer;* Betriebsdirektor für Produktion: Dipl.-Ing. Franz-Josef *Heiermann;* Betriebsdirektor für Personal- und Sozialfragen: Ing. (grad.) Günther *Pelzer;* Leiter der Stabsstelle: Dipl.-Ing. Eduard *Nitsche;* Leiter der kaufm. Verwaltung: Hans-Ulrich *Lissi.*

	1990	1991
Beschäftigte .... (Jahresende)	3 220	3 140

Zentralwerkstatt Fürst Hardenberg

4600 Dortmund-Lindenhorst, Lindner Straße 23, ☏ (0231) 805-1, Telefax (0231) 805-2000.

Leitung: Dipl.-Ing. Rainer *Voß.*

	1990	1991
Beschäftigte .... (Jahresende)	457	429

Zentralwerkstatt Prosper

4250 Bottrop, Prosperstraße 350, ☏ (02041) 12-1, Telefax (02041) 12-6222.

Leitung: Dipl.-Ing. Eberhard *Schmidt.*

	1990	1991
Beschäftigte .... (Jahresende)	526	537

Zentralwerkstatt Zollverein 4/11

4300 Essen-Katernberg, Katernberger Straße 107, ☏ (0201) 378-0, Telefax (0201) 378-4817.

Leitung: Dipl.-Ing. Hans Werner *Hubert.*

	1990	1991
Beschäftigte .... (Jahresende)	211	213

Zentralwerkstatt Lünen

4670 Lünen, Westfaliastraße 101, ☏ (02306) 26-1, Telefax (02306) 26-6310.

Leitung: Ing. Rainer *Herges.*

	1990	1991
Beschäftigte .... (Jahresende)	535	435

Zentralelektrobetrieb Mathias Stinnes

4390 Gladbeck-Brauck, Rossheidestraße 113, ☏ (02043) 372-1, Telefax (02043) 372-229.

Leitung: Dipl.-Ing. Wilfried *Schumacher.*

	1990	1991
Beschäftigte .... (Jahresende)	249	270

Zentralwerkstattbereich Maschinen- und Stahlbau

4600 Dortmund-Derne, Derner Straße 499, ☏ (0231) 8931-2030, Telefax (0231) 8931-2912.

STEINKOHLE

Zentralwerkstatt Derne
Zentralwerkstatt König Ludwig
Zentrale Montage
Technisches Büro Derne

Leitung: Dipl.-Ing. Wilhelm *Sandfort*.

	1990	1991
Beschäftigte .... (Jahresende)	654	707

Zentrale Baubetriebe

4600 Dortmund-Derne, Derner Straße 499, ☏ (0231) 8931-1, Telefax (0231) 8931-2083.

Baubereiche 1 — 4
Zentrale Holzverarbeitung Derne
Baubetrieb Werne
Zentrale Wald- und Landschaftspflege

Leitung: Dipl.-Ing. Dieter *Kroh*.

	1990	1991
Beschäftigte .... (Jahresende)	118	108
nur fachlich der RAG-ZW unterstellt	75	60

Betriebsabteilung Zentrales Betriebsmittellager (ZBL)

4712 Werne, Kamener Straße 33, ☏ (02389) 796-1, Telefax (02389) 796-407.

Ausbau-Lager
Maschinen-Lager
Elektro-Lager

Leitung: Wilhelm *Zurstraßen*.

	1990	1991
Beschäftigte .... (Jahresende)	71	79

Werksdirektion RAG-Technische Dienste

4352 Herten, Westerholter Straße 690; Postanschrift: Postfach 105031, 4600 Dortmund 1, ☏ (02366) 59-0.

Werksleitung: Werksdirektor: Dipl.-Ing. Christoph *Zillessen*; Vertreter: Dipl.-Ing. Jürgen *Greshake*; Betriebsdirektor für Personal- und Sozialfragen: Günter *Jung*; Betriebswirtschaft: Günter *Lieberum*; Koordinierung und Umweltschutz: Dipl.-Ing. Helmut *Weißenberg*; Betriebsarzt: Dr. med. Ulla *Manke*, Dr. med. Relja *Stavovic*.

Zentrale Wasserhaltung

4630 Bochum-Hamme, Karolinenstraße 90 (Zeche Carolinenglück), ☏ (0234) 5291-0.

Leitung: Bergass. Ivo *Holdefleiss*; Ass. d. Bergf. Lothar *Semrau*, stellv.

Zentralwasserhaltungsanlagen: Concordia, Sälzer-Amalie, Heinrich, Friedlicher Nachbar, Carolinenglück, Robert Müser, Scholven, Hansa, Waltrop, Gneisenau, Zollverein, Mathias Stinnes. Durchführung von Wasserhaltungsmaßnahmen im Rahmen der Auftragsverwaltung für den Gesamtbereich der Ruhrkohle AG.

	1990	1991
Beschäftigte .... (Jahresende)	333	323

Technischer Sonderdienst

4690 Herne 2 (Wanne-Eickel), Wilhelmstr. 98, ☏ (0209) 406-0.

Leitung: Dipl.-Ing. Jürgen *Greshake*; Stellv.: Bereich Bergtechnik: Dipl.-Ing. Ernst Theo *Ritterswürden*; Bereich Meß- und Regeltechnik: Hans *Köster*.

Zentrale Technische Dienstleistungen, Zentrale Grubenwehr, Meß- und Regeltechnik.

	1990	1991
Beschäftigte .... (Jahresende)	338	334

Zentrales Prüfwesen

4650 Gelsenkirchen 2, Bergmannsglückstr. ☏ (0209) 602-1.

Leitung: Dr. Mahmud *Telfah*; Dipl.-Ing. Heinrich *Winkler*, stellv.

	1990	1991
Beschäftigte .... (Jahresende)	147	80

Zentraler Fuhrpark

4712 Werne, Kamener Straße (Werne 1/2) ☏ (02389) 796-535.

Leitung: Dettmar *Schilling*; Reinhard *Wycisk*, stellv.

	1990	1991
Beschäftigte .... (Jahresende)	257	249

Zentraler Fernmeldebetrieb

4352 Herten, Westerholter Straße 690, ☏ (02366) 59-0.

Leitung: Dipl.-Ing. Hans *Haas*; Dipl.-Ing. Klaus *Dattenberg*, stellv.

	1990	1991
Beschäftigte .... (Jahresende)	182	184

1 BERGBAU

Technischer Anpassungsstab/ Betriebe ohne Produktion

4352 Herten, Westerholter Straße 690, ☏ (02366) 59-0.

Leitung: Ass. d. Markscheidef. Wolfgang *Koch*, Ass. d. Markscheidef. Hans-Peter *Spettmann*, stellv.

Werksdirektion RAG-Bahn- und Hafenbetriebe

4390 Gladbeck, Talstr. 7; Postanschrift: Postfach 105031, 4600 Dortmund 1, ☏ (02043) 501-1, St u. WL: Gladbeck West, BA Gelsenkirchen, Marl, Recklinghausen, Kamen, Hamm, Moers, Dinslaken.

Leitung: Werksdirektor: Dipl.-Ing. Christoph *Zillessen*; Betriebsdirektor für Personal- und Sozialfragen: Gerhard *Braun*; Eisenbahnbetriebsleiter: Dipl.-Ing. Dieter *Stamm*; Betrieb Eisenbahn: Dipl.-Ing. Rainer *Schmidt*; Betrieb Häfen und Läger: Dipl.-Ing. Wolfgang *Schilling*; Gleis- und Tiefbau: Dipl.-Ing. Norbert *Buttgereit*; Elektro- und Maschinentechnik: Dipl.-Ing. Otto *Hufer*; Technische Stabsstelle: Dipl.-Ing. Norbert *Rüsel*; Kaufmännische Verwaltung: Betriebswirt Werner *Drees*; Betriebsärztin: Dr. med. Ulla *Manke*.

Anlagen: Die RAG-Bahn- und Hafenbetriebe (BuH) sind ein Dienstleistungsbetrieb der Ruhrkohle AG (RAG) und werden von der Ruhrkohle Westfalen AG verwaltet. Zu den BuH gehören die Eisenbahnen und Häfen der RAG im gesamten Ruhrgebiet. Außerdem werden zentrale Koks- und Kohleläger, Landabsätze sowie eine Kohlen-Mischanlage betrieben.

Ferner sind 53 private Nebenanschließer an das Netz angebunden.

Transport und Umschlag		1990	1991
Transportvolumen	Mill. t	75,7	71,2
Beförderungsleistung	Mill. tkm	426,0	412,4
Hafenumschlag	Mill. t	5,6	5,6
Landabsätze	Mill. t	0,325	0,353
Beschäftigte	(Jahresende)	1 752	1 707

RAG-Zentrallaboratorium

4690 Herne 2 (Wanne-Eickel), Wilhelmstraße 98; Postanschrift: Postfach 105031, 4600 Dortmund 1, ☏ (0209) 406-0.

Leitung: Dipl.-Chemiker Dr.-Ing. Gerhard *Röbke*; Dipl.-Chemiker Walter *Radmacher*, stellv.

	1990	1991
Beschäftigte .... (Jahresende)	298	313

Betriebsdirektion Umwelttechnik

4600 Dortmund-Eving, Deutsche Straße 11; Postanschrift: Postfach 105031, 4600 Dortmund 1, ☏ (0231) 805-1; St: Dortmund-Lindenhorst, WL: Dortmund-Obereving, HA: Hafen Hardenberg, Dortmund-Ems-Kanal, BA Kamen, Recklinghausen.

Leitung: Betriebsdirektor Ass. d. Bergf. Gerhard *Lehmann*; Betriebsführung: Ing. (grad.) Hans-Jürgen *Becker*.

Betriebe: zahlreiche Umweltschutz- und Sanierungsaufgaben, Stillstandsbereiche Emscher-Lippe, Gneisenau, Hansa, Adolf von Hansemann, Königsborn, Minister Achenbach, Minister Stein, Victor-Ickern, Waltrop.

Bergwerk Westfalen

4730 Ahlen, Westf., ☏ (02382) 79-1, Telefax (02381) 32185; St u. WL: Ahlen, Westf., Anschlußgleis, HA: Hafen Westfalen, Haaren (Datteln-Hamm-Kanal), BA Hamm, LOBA Nordrhein-Westfalen, Dortmund.

Die Betriebsführung des Bergwerks Westfalen liegt aufgrund des Betriebsführungsvertrages zwischen der Eschweiler Bergwerks-Verein AG als Eigentümerin der Zeche und der Ruhrkohle AG ab 1. 1. 1989 bei der Ruhrkohle Westfalen AG (vgl. 76).

Saarbergwerke AG

6600 Saarbrücken, Trierer Str. 1, Postfach 1030, ☏ (0681) 405-1, ✂ 4421240 sbw d, Telefax (0681) 405-4205, ⌘ Saarberg Saarbrücken.

Aufsichtsrat: Dr. Werner *Lamby*, Bonn, Vorsitzender; Ministerialdirektor Dr. Eckart John *von Freyend*, Bundesministerium der Finanzen, Bonn, stellv. Vorsitzender; Manfred *Kopke*, Mitglied des Geschäftsführenden Vorstandes der IG Bergbau und Energie, Bochum, stellv. Vorsitzender; Ministerialdirektor Dr. Elmar *Becker*, Bundesministerium für Wirtschaft, Bonn; Dr.-Ing. Rolf *Bierhoff*, Vorstandsmitglied der RWE Energie AG, Essen; Luitwin Gisbert *von Boch*, Vorstandsvorsitzender der Villeroy & Boch, Keramische Werke AG, Mettlach; Otto *Gassert*, Vorsitzender des Gesamtbetriebsrates, Ottweiler; Rudolf *Hell*, stellv. Vorsitzender des Gesamtbetriebsrates, Saarbrücken; Dr. Dieter *Hiss*, Präsident der Landeszentralbank, Berlin; Bruno *Köbele*, Bundesvorsitzender IG Bau, Steine, Erden, Frankfurt; Reinhold *Kopp*, Minister für Wirtschaft, Saarbrükken; Ministerialdirigent Dr. Lothar *Kramm*, Saarbrücken; Hans-Detlev *Küller*, Bundesvorstand Deutscher Gewerkschaftsbund, Düsseldorf; Jean *Lang*, Aufsichtsratsvorsitzender der AG der Dillinger Hüt-

tenwerke, Dillingen; Adolf *Loris,* Vorsitzender des Betriebsrates des Bergwerks Ensdorf, Ensdorf; Karlheinz *Raubuch,* Betriebsratsvorsitzender des Bergwerks Luisenthal, Altenkessel; Günther *Schacht,* MdL, Minister a. D., Altenkessel; Dr. Manfred *Schäfer,* Saarbrücken; Dr. Alfons Friedrich *Titzrath,* Vorstandsmitglied der Dresdner Bank AG, Düsseldorf; Friedrich Wilhelm *Vöbel,* Sprecher des Vorstandes der Bank für Sparanlagen und Vermögensbildung AG, Frankfurt; Gerd *Zibell,* Bezirksleiter der IG Bergbau u. Energie, Saarbrücken.

Vorstand: Bergwerksdirektor Dipl.-Ing. Dipl.-Kfm. Hans-Reiner *Biehl,* Vorsitzender; Bergwerksdirektor Dipl.-Ing. Werner *Externbrink* (Technisches Ressort); Dipl.-Kfm. Michael G. *Ziesler* (kaufm. Ressort); Arbeitsdirektor Klaus *Hüls* (Arbeits- und Sozialwesen).

Generalbevollmächtigte: Direktor der Saarbergwerke AG Dipl.-Kfm. Arthur *Plankar,* Direktor der Saarbergwerke AG Ministerialrat a. D. Dr. Dr. jur. Dietrich *Reinhardt.*

Prokuristen: Bergwerksdirektor Dipl.-Ing. Helmut *Annel;* Ass. d. Markscheidefachs Michael *Billig;* Bergwerksdirektor Dipl.-Ing. Friedhelm *Dohrmann;* Direktor Dr.-Ing. Claus W. *Ebel;* Direktor Ass. d. Bergf. Wolfgang *John;* Bergwerksdirektor Dipl.-Ing. Harald *Jurecka;* Direktor Dipl.-Ing. Dipl.-Wirtsch.-Ing. Eckehardt *Keller;* Direktor Dipl.-Ing. Dipl.-Oek. Wolfgang *Ney;* Direktor Ass. d. Bergfachs Wolfgang *Rüffler;* Direktor Dipl.-Kfm. Dieter *Schmidt;* Bergwerksdirektor Dipl.-Ing. Heinrich *Stopp;* Direktor Dr. rer. pol. Burckhardt *Wenzel.*

Öffentlichkeitsarbeit: Professor Dr. rer. pol. Karlheinz *Pohmer.*

Gründung und Statut: Die Saarbergwerke Aktiengesellschaft ist am 30. 9. 1957 in Saarbrücken gegründet worden. Gegenstand des Unternehmens ist der Kohlenbergbau und die Weiterverarbeitung seiner Erzeugnisse, die Veredlung und Umwandlung der Kohle und der Kohlenwertstoffe, die Gewinnung, Verarbeitung und Umwandlung von anderen Energieträgern, die Herstellung, Verarbeitung und Verwertung von sonstigen industriellen Erzeugnissen, vor allem auf dem Holz-, Gummi- und Kunststoffsektor, sowie der Handel und die Erbringung von Dienstleistungen auf diesen und ähnlichen Gebieten.

Berechtsame: 1 913,14 km².

Kapital: 580 Mill. DM.

Gesellschafter: Bundesrepublik Deutschland 74 % und Saarland 26 %.

Tochter- und Beteiligungsgesellschaften

Saarländische Kraftwerksgesellschaft mbH, Quierschied, 100 %.
Modellkraftwerk Völklingen GmbH, Völklingen, 70 %.
Kraftwerk Bexbach Verwaltungsgesellschaft mbH, Bexbach, 33,33 %.
Saarberg-Fernwärme GmbH, Saarbrücken, 100 %.
GfK Gesellschaft für Kohleverflüssigung mbH, Saarbrücken, 100 %.
Zentralkokerei Saar GmbH, Dillingen, 49 %.
Kokereigesellschaft Saar mbH, Dillingen, 48,8 %.
Saar Ferngas Aktiengesellschaft, Saarbrücken, 25,1 %.
Oxysaar Hüttensauerstoff GmbH, Völklingen, 25 %.
Studiengesellschaft Kohle mbH, Mülheim, 1,0 %.
Saar-Gummiwerk GmbH, Wadern-Büschfeld, 100 %.
Saarberg Handel GmbH, Saarbrücken, 100 %.
Unisped Spedition und Transportgesellschaft mbH, Saarbrücken, 100 %.
Kohlbecher & Co GmbH, Völklingen, 100 %.
Saarlor Saar-Lothringische Kohlenunion, deutsch-französische Gesellschaft auf Aktien, Saarbrücken und Straßburg, 50 %.
Konsortium Allemand des Pétroles S. A. Konsalp, El Hammadia (Alger), 7,37 %.
Manufrance BV, Rotterdam, 7,08 %.
Industrie-Ring Sach- und Versicherungs-Vermittlungsgesellschaft mbH, Saarbrücken, 100 %.
Saarberg-Interplan Gesellschaft für Rohstoff-, Energie- und Ingenieurtechnik mbH, Saarbrücken, 100 %.
Abrechnungsstelle des Steinkohlenbergbaus GmbH, Essen, 25 %.
Notgemeinschaft Deutscher Kohlenbergbau GmbH, Essen, 2,8 %.
LEG Saar, Landesentwicklungsgesellschaft Saarland mbH, Saarbrücken, 4,17 %.
TÜB Gesellschaft für technische Überwachung im Bergbau mbH, Saarbrücken, 100 %.
Saarberg Oekotechnik GmbH, Saarbrücken, 100 %.
Ashland Coal, Inc., Huntington/West Virginia (USA), 13,8 %.
KWS Kommunal-Wasserversorgung Saar GmbH, Saarbrücken, 50 %.

Verkaufsorganisationen: Für das Gebiet der Bundesrepublik Deutschland: Saarlor Saar-Lothringische Kohlenunion, deutsch-französische Gesellschaft auf Aktien, Saarbrücken — Straßburg.
Direktverkauf an saarländische Elektrizitäts- und Hüttenwerke, nach Frankreich sowie in das übrige Ausland.

Produktion und Beschäftigte

Produktion	1990	1991
Steinkohlenfördermenge ... t	9 718 651	9 367 384
Schichtleistung u. T. ... kg/MS	6 108	6 125
Koks .... t	1 069 071	855 018
darunter Lohnverkokung ... t	248 975	144 880
Rohbenzol .... t	18 878	16 355
Rohteer .... t	59 776	51 062
Stickstoff (N) .... t	2 612	2 539

1 BERGBAU

Produktion	1990	1991
Gas		
(H_0 = 5,001 kWh/m³) 1000 m³	549 879	482 200
Methangas (abges. verkäufliche Menge)		
(H_0 = 5,001 kWh/m³) 1000 m³	331 756	384 129
Strom (netto) .... MWh	3 021 852	2 899 757
Strom (brutto) .... MWh	3 374 525	3 233 514
Beschäftigte (Jahresende)		
Arbeiter u. T.	8 897	8 570
Arbeiter insgesamt	15 536	14 848
Angestellte insgesamt	4 073	3 955
Beschäftigte insgesamt	19 609	18 803

Ressort des Vorsitzenden des Vorstandes

Vorstandsvorsitzender: Bergwerksdirektor Dipl.-Ing. Dipl.-Kfm. Hans-Reiner *Biehl*.

Hauptabteilung Zentrale Unternehmensplanung und -organisation

Leitung: Direktor Ass. d. Bergf. Wolfgang *John*.

Abteilungen:

Planung und Erfolgskontrolle AG: Abteilungsleiter Dipl.-Kfm. Heinz Joachim *Meyer*.

Planung und Erfolgskontrolle Beteiligungen: Abteilungsleiter Dipl.-Kfm. Claus *Osterberg*.

Allgemeine Organisation: Abteilungsdirektor Dipl.-Ing. Hermann *André*.

Organisation und EDV-Anwendungsentwicklung: Abteilungsleiter Dipl.-Ing. Peter H. *Rosar*.

Rechenzentrum: Abteilungsleiter Dipl.-Betriebswirt Rudolf *Bermann*.

Hauptabteilung Rechtswesen und Allgemeine Dienste

Leitung: Direktor der Saarbergwerke AG und Generalbevollmächtigter Ministerialrat a. D. Dr. jur. Dietrich *Reinhardt*.

Abteilungen:

Recht, Versicherungen und Führungskräfte (1. Ebene): Abteilungsdirektor Rechtsanwalt Herbert *Scheller*.

Liegenschaften: Abteilungsleiter Dipl.-Kfm. Michael *Fischer*.

Konzernrevision: Abteilungsleiter Dipl.-Kfm. Karl *Leiendecker*.

Öffentlichkeitsarbeit und Mitarbeiterinformation: Professor Dr. rer. pol. Karlheinz *Pohmer*.

Ressort Arbeits- und Sozialwesen

Ressortleiter: Arbeitsdirektor Klaus *Hüls*, Mitglied des Vorstandes.

Hauptabteilung Personal- und Sozialwesen:

Leitung: Direktor Dr. rer. pol. Burckhardt *Wenzel*.

Abteilungen:

Arbeiter: Abteilungsleiter Dipl.-Kfm. Theo *Bilsdorfer*.

Tarifangestellte: Abteilungsleiter Lothar *Thome*.

AT-Angestellte: Abteilungsleiter Dipl.-Ing. Reiner *Zeschky*.

Sozialfragen: Abteilungsleiter Dipl.-Kfm. Hans *Brengel*.

Wohnungswirtschaft und Hausverwaltung: Abteilungsleiter Dipl.-Volksw. Erwin *Meiser*.

Hauptabteilung Ausbildung, Arbeits- und Umweltschutz, Arbeitsmedizin

Leitung: Direktor Dipl.-Ing., Dipl.-Wirtsch.-Ing. Eckehardt *Keller*.

Abteilungen:

Berufsausbildung: Abteilungsleiter Dipl.-Ing. Erhard *Schneider*.

Fachhochschule für Bergbau: Abteilungsleiter Dr.-Ing. Jürgen *Leonhardt*.

Arbeitsschutz: Abteilungsleiter Dr.-Ing. Mathias *Bauer*.

Arbeitsmedizin: Abteilungsdirektor Dr. med. Konrad *Lampert*.

Umweltschutz und Zentrallabor: Abteilungsleiter Oberbergrat a. D. Manfred *Jungbluth*.

Kaufmännisches Ressort

Ressortleiter: Dipl.-Kfm. Michael G. *Ziesler*, Mitglied des Vorstandes.

Abteilungen:

Transport: Abteilungsleiter Dipl.-Ing. Wolfgang *Thein*.

Beauftragter für Auslandsaktivitäten Kohle: Abteilungsdirektor Dipl.-Ing. Hubert *Schäfer*.

Hauptabteilung Finanzwesen

Leitung: Direktor der Saarbergwerke AG und Generalbevollmächtigter Dipl.-Kfm. Arthur *Plankar*.

Abteilungen:

Finanzierung und Finanzverkehr: Abteilungsdirektor Dipl.-Kfm. Dipl.-Ing. Siegfried *Gföller*.

Steuern: Abteilungsleiter Dipl.-Kfm. Ortwin *Dennerlein*.

Hauptabteilung Rechnungswesen

Leitung: Direktor Dipl.-Kfm. Dieter *Schmidt*.

Fördertechnik im Bergbau

Ein bewährtes Lieferprogramm für den Bergbau

Gesamtanlagen
- Gefäß- und Gestellförderanlagen für Haupt- und Blindschächte
- Schrägförderanlagen für Tagebaubetriebe und Schrägschächte
- Anlagen für die hydromechanische Gewinnung und hydraulische Förderung von Kohle

Schachtfördereinrichtungen
- Fördermaschinen, Förderhäspel und Seilscheiben
- Fördergerüste und Fördertürme
- Fördergefäße und Förderkörbe mit Zubehör
- Schachteinbauten, Schachtstühle und Schachtschleusen
- Wipperanlagen und Wagenumlaufeinrichtungen

Fordern Sie bitte unser ausführliches Informationsmaterial an — lassen Sie sich von unseren Fachingenieuren beraten.

SIEMAG TRANSPLAN GMBH
D 5902 NETPHEN 1 · POSTFACH 1451 / 1452 · TELEFON (0 27 38) 21-1 · TELEX 08 72 740
TELETEX 2 73 830 · TELEFAX 0 27 38 / 21 - 297

1 BERGBAU

Abteilungen:
Geschäftsbuchhaltung, Bilanzwesen: Abteilungsleiter Dipl.-Volkswirt Rudolf *Schulze*.
Betriebsbuchhaltung und Rechnungsprüfung: Abteilungsleiter Dr. rer. oec. Richard *Müllendorff*.

Hauptabteilung Vertrieb Kohle und Koks

6600 Saarbrücken, Postfach 1030, ☏ (0681) 405-1, ⌥ 4421240 sbw d, Telefax (0681) 405-3641, Teletex 6817595 SBWHK.

Leitung: Direktor Ass. d. Bergfachs Wolfgang *Rüffler*.

Abteilungen:
Absatz: Abteilungsleiter Dipl.-Ing. Dankward *Mücke*.
Versanddisposition und Lagerwirtschaft: Abteilungsleiter Dipl.-Ing. Benno *Schmitt*.
Anwendungstechnik und Qualitätsfragen: Abteilungsleiter Dipl.-Ing. Klaus *Rübel*.
Fakturierung: Abteilungsleiter Dipl.-Kfm. Bernd *Gärtner*.

Hauptabteilung Materialwirtschaft

6600 Saarbrücken, Postfach 1030, ☏ (0681) 405-1, ⌥ 4421261 sbwxd, Telefax (0681) 405-3255.

Leitung: Direktor Dipl.-Ing. Dipl.-Oek. Wolfgang *Ney*.

Abteilungen:
Einkauf A: Abteilungsleiter Dipl.-Kfm. Rüdiger *Mehlem*.
Einkauf B: Abteilungsleiter Dipl.-Kfm. Alfred *Barth*.
Lagerwirtschaft und Materialdisposition: Abteilungsleiter Dipl.-Ing. Johannes *Kleer*.

Technisches Ressort

Ressortleiter: Bergwerksdirektor Dipl.-Ing. Werner *Externbrink*, Mitglied des Vorstandes.

Stabsfachabteilung: Betriebsüberwachung: Fachabteilungsleiter Dipl.-Ing. Michael *Ganster*.

Produktbereiche:
Zentrale Dienste: Bergwerksdirektor Dipl.-Ing. Harald *Jurecka*.
Kraftwerke u. Kokerei: Direktor Dr.-Ing. Claus W. *Ebel*.

Bergwerke:
Göttelborn/Reden: Bergwerksdirektor Dipl.-Ing. Heinrich *Stopp*.
Ensdorf: Bergwerksdirektor Dipl.-Ing. Friedhelm *Dohrmann*.
Warndt/Luisenthal: Bergwerksdirektor Dipl.-Ing. Helmut *Annel*.

Abteilung:
Personal- und Sozialfragen: Betriebsdirektor Dipl.-Ing. Hans *Kriencke;* Personalverwaltung: Fachabteilungsleiter Dipl.-Kfm. Wolfgang *Pick;* Arbeitswirtschaft und Sozialwesen: Fachabteilungsleiter Lothar *Schneider*.

Produktbereich Zentrale Dienste

6600 Saarbrücken, Postfach 1030, ☏ (06897) 503-500, Telefax (06897) 503-503.

Leitung: Bergwerksdirektor Dipl.-Ing. Harald *Jurecka*.

Fachabteilung Wirtschaftliche Planung: Dipl.-Ing. Bruno *Haxter*.

Betriebe/Abteilungen:
Elektrische Anlagen und Betriebsmittel: Betriebsleiter Dipl.-Ing. Reinhard *Gröne*.
Mechanische Anlagen u. Betriebsmittel: Dipl.-Ing. Dieter *Geßner*.
Wasserwirtschaft u. Methangasbetrieb: Betriebsleiter Dr. Wolfgang *Dörrenbächer*.
Sicherheit: Betriebsinspektor Bergass. Max *Rolshoven*.
Markscheidewesen, Bergschäden u. Bauwesen: Obermarkscheider Ass. d. Markscheidefachs Michael *Billig*.

Betrieb Elektrische Anlagen und Betriebsmittel

6600 Saarbrücken, Postfach 1030, ☏ (06897) 503-600, BA Saarbrücken, OBA Saarbrücken.

Werkstätten für Sch- und Ex-geschützte Geräte: 6600 Saarbrücken, Postfach 1030, ☏ (06897) 503-270.

Leitung: Betriebsleiter Dipl.-Ing. Reinhard *Gröne*.

Betriebsumfang: Beschaffung und Projektierung elektr. Betriebsmittel und Anlagen unter Tage. Projektierung elektr. Neubauten und Umbauten, Montage und Instandhaltung von Umspannern, Schaltanlagen, elektr. Antrieben und Netzschutzeinrichtungen. Werkstätten für elektr. Maschinen, Transformatoren, Hoch- und Niederspannungsschaltgeräte, Steuer-, Signal- und Fernmeldeanlagen. Zugelassene Werkstatt für schlagwetter-, explosionsgeschützte und eigensichere Betriebsmittel. Planung und Projektierung des innerbetrieblichen Fernsprech- und Fernmeldenetzes einschl. der zugehörigen Zentralen, der Signal-, Fernwerk- und Funkanlagen sowie der meß- und regeltechnischen Anlagen über Tage. Montage, Überwachung, Wartung und Instandhaltung aller schwachstromtechnischen Anlagen unter und über Tage.

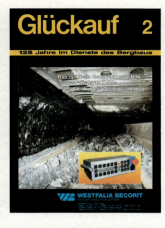

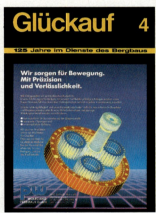
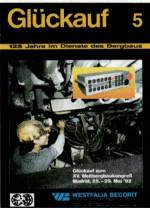
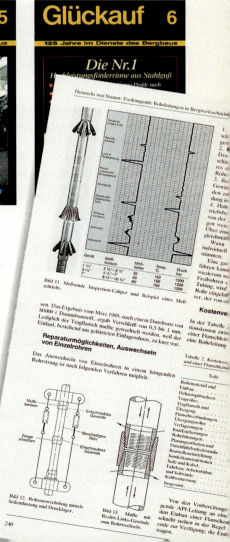

Die führende Fachzeitschrift im Bergbau der Welt

Kostenlose Probehefte liegen für Sie bereit!

Verlag Glückauf GmbH
4300 Essen 1 · Postfach 10 39 45

1 BERGBAU

Betrieb Mechanische Anlagen und Betriebsmittel

6600 Saarbrücken, Postfach 1030, ☏ (06897) 503-200, St. u. WL: Anschlußgleis Bahnhof Dudweiler. BA Saarbrücken, OBA Saarbrücken.

Leitung: Betriebsleiter Dipl.-Ing. Dieter *Geßner*.

Betriebsumfang: Projektierung, Fertigung und Montage von Stahlbaukonstruktionen mit großem Schweißnachweis, allgemeine Maschinenbauarbeiten, Anlagenbau der Förder- und Transporttechnik, Instandhaltung von maschinellen Einrichtungen, Kunststoff- und Holzverarbeitung, rollendes Bahnmaterial (PAW), Materialprüfstelle, Montage u. Revision von Großanlagen.
Wartung und Instandhaltung von Kraftfahrzeugen und Arbeitsmaschinen, Durchführung von Transporten im Werksverkehr, Disposition und Versorgung der Grubenbetriebe mit Betriebsmitteln, Einsatzüberwachung, Schadensanalyse sowie technische Vorbereitung und Neubeschaffung neuer Techniken für die Bereiche Gewinnung, Strebausbau, Vortrieb, Infrastruktur, Aufbereitung sowie Schmierungs- und Wartungstechnik. Durchführung zentraler Konstruktions- und Normungsarbeiten.

Betrieb Wasserwirtschaft und Methangas

6600 Saarbrücken, Postfach 1030, ☏ (0681) 405-1, Telefax (0681) 405-3715.

Leitung: Betriebsleiter Dr. Wolfgang *Dörrenbächer*.

Betriebsumfang Wasserwirtschaft: Trinkwasserförderung und -verteilung, 5 Wasserwerke mit einer Kapazität von 100 000 m^3/Tag, 8 Hochbehälter, 330 km Rohrleitungsnetz.

		1990	1991
Wassergewinnung .... 1000 m^3		13 878	14 790
Abgabe an Fremde .... 1000 m^3		5 415	5 970
an Betriebe der Saarbergwerke AG .. 1000 m^3		7 427	7 496

Betriebsumfang Methangasbetrieb: Absaugung des auf den Schachtanlagen anfallenden Grubenmethans; 10 Sauganlagen; 12 teilweise damit kombinierte Verdichteranlagen leiten das Grubenmethan zu den einzelnen Abnehmern.

	1990	1991
Grubenmethanmengen (bezogen auf Gas mit H$_0$ = 5001 kWh/m^3)		
Absaugmengen ...... 1000 m^3	397 908	415 370
Abgabe an Fremde .... 1000 m^3 an Kokerei der	160 039	170 590
Saarbergwerke AG .. 1000 m^3 an andere Betriebe der	64 334	99 357
Saarbergwerke AG .. 1000 m^3	99 296	111 069

Abteilung Sicherheit

6600 Saarbrücken, Postfach 1030, ☏ (06897) 858-0, Telefax (06897) 858-207.

Leitung: Betriebsinspektor Bergassessor Max *Rolshoven*.

Aufgaben: Unterhaltung der Hauptstelle für das Grubenrettungswesen mit einer hauptberuflichen Grubenwehr-Bereitschaftsmannschaft (Hauptrettungsstelle), Brandschutz, Explosionsschutz, Grubenbewetterung, Ausgasung, Fachstelle für CO-Meßgeräte und rechnergestützte Sicherheitstechnik, Fachstelle für Wettermeßgeräte.

Abteilung Markscheidewesen, Bergschäden und Bauwesen

6600 Saarbrücken, Postfach 1030, ☏ (0681) 405-3268, Telefax (0681) 405-3278.

Leitung: Obermarkscheider Ass. d. Markscheidefachs Michael *Billig*.

Aufgaben: Erkundung und Bewertung der Lagerstätte, Fortschreibung der Lagerstättendaten, Kohlenvorratsermittlung. Koordination und Durchführung aller Maßnahmen zu Raumordnungsangelegenheiten. Anfertigung und Nachtragung von übergeordneten Riß- und Kartenwerken. Bearbeitung markscheiderischer Aufgaben im Bereich der EDV, Vorausberechnung von Bodenbewegungen. Prüfung von Abbauanträgen im Bereich von Eisenbahnen, Durchführung von Vermessungsarbeiten. Bearbeitung von Erblastenangelegenheiten. Bearbeitung von Schadensersatzansprüchen und Bergschadensregulierungen an Gebäuden und Verkehrs- und Versorgungsanlagen, Schadensbeseitigung im Soforteinsatz, Planung und Kontrolle von Sicherungsmaßnahmen, Finanzplanung der Bergschadenskosten. Planung und Überwachung von Projekten im Bereich Hochbau, Tiefbau, Werkserhaltung und technischer Ausbau.

Produktbereich Kraftwerke und Kokerei

6600 Saarbrücken, Postfach 1030, ☏ (0681) 405-1, Telefax (0681) 405-4469.

Leitung: Direktor Dr.-Ing. Claus W. *Ebel*.

Stabsstellen: Koordination der Betriebe, Arbeitssicherheit, Umweltschutz.

Energiewirtschaft: Abteilungsleiter Dipl.-Wirtschaftsing. Josef *Palm*.

Zentrale Kraftwerkstechnik: Abteilungsleiter Dipl.-Ing. Thomas *Billotet*.

Kraftwerksbetriebe: Völklingen-Fenne, Weiher und Bexbach.

Kokerei: Fürstenhausen.

ERBÖ-Maschinenbau

Komplette Gummibandanlagen mit Ein- oder Doppeltrommelantrieben.

Fertigung von Förderband-Laufrollen nach DIN, RAG Norm und in Sonderausführungen.

Tragrollen mit korrosions- und verschleißfester Oberfläche.

Spann- und Speicher-Bandschleifen, Umkehrstationen.

Bandtraggerüste in schraubloser Ausführung, nach RAG Norm sowie nach Angaben oder Zeichnungen.

Seil-Tragrollen und Seil-Umlenkrollen nach Muster oder Zeichnung.

ERBÖ-Maschinenbau
ERLEY & BÖNNINGER
4322 Sprockhövel 2 – Haßlinghausen
Telefon (02339) 7050-51-52-53 · Telex 8239126
Telefax (02339) 5096

RUD–Ketten–Systeme
Spitzenqualität »Made in Germany«

RUD-Kettenfabrik
Rieger & Dietz GmbH u. Co.
Postfach 1650
7080 Aalen-Unterkochen
Telefon 07361/5040
Telefax 07361/504-450
Telex 713837-0

1 BERGBAU

	1990	1991
Stromerzeugung ...... GWh	9 923	10 300
Kokserzeugung .... t	1 169 000*)	1 010 000*)
Beschäftigte gesamt .... (Jahresende)	2 356	2 367

*) Einschl. Lohnverkokung: 1990: 349 000 t. 1991: 300 000 t.

Kraftwerk Bexbach

6600 Saarbrücken, Postfach 1030, ☏ (06826) 525-0, Telefax (06826) 5806. St u. WL: Bexbach.

Leitung: Betriebsdirektor Dipl.-Ing. Josef *Eckel;* Produktion: Betriebsführer Ing. (grad.) Georg *Koch;* Instandhaltung Maschinen und Kessel: Betriebsführer Ing. (grad.) Engelbert *Nauerz;* Elektro-Anlagen und Leittechnik: Dipl.-Ing. Heiner *Thölking.*

Kraftwerk Bexbach: 1 Block — Bruttoleistung 772 MW.

Kraftwerk Völklingen-Fenne

6600 Saarbrücken, Postfach 1030, ☏ (06898) 38-0, Telefax (06898) 38-3408, St u. WL: Fürstenhausen.

Leitung: Betriebsdirektor Dipl.-Ing. Hans-Karl *Petzel;* Produktion: Betriebsführer Ing. (grad.) Lothar *Echternach;* Instandhaltung Maschinen und Kessel: Betriebsführer Ing. (grad.) Wolfgang *Reinert;* Elektro-Anlagen und Leittechnik: Betriebsführer Dipl.-Ing. Adolf *Lau.*

Kraftwerke:
Fenne III: 1 Block, Bruttoleistung 163 MW.
Modellkraftwerk Völklingen: 1 Kombiblock mit 1 Turbogenerator 195 MW und 1 Gasturbinengenerator 35 MW, Fernwärmeleistung 150 MW.
Heizkraftwerk Völklingen: 1 Heizkraftwerksblock, Bruttoleistung 230 MW, Fernwärmeleistung 185 MW.

Kraftwerk Weiher

6600 Saarbrücken, Postfach 1030, ☏ (06897) 679-1, Telefax (06897) 679-295. St u. WL: Göttelborn.

Leitung: Betriebsdirektor Dipl.-Ing. Horst *Eckel;* Produktion: Betriebsführer Ing. (grad.) Hans *Schlikker;* Instandhaltung Maschinen und Kessel: Betriebsführer Ing. (grad.) Alfred *Becking;* Elektro-Anlagen und Leittechnik: Betriebsführer Ing. (grad.) Klaus *Blug;* Chemiebetrieb: Betriebsführer Dr. rer. nat. Peter *Küffner.*

Kraftwerke: Weiher II: 2 Blöcke mit je 150 MW.
Weiher III: 1 Block — Bruttoleistung 707 MW.

Kokerei Fürstenhausen

6620 Völklingen-Fürstenhausen, ☏ (06898) 38-0, Telefax (06898) 38-4287.

Betriebsleitung: Betriebsdirektor Dr. rer. nat. Jürgen *Riedinger;* Betriebsführer: Ing. (grad.) Rudolf *Blatt* (Produktion); Dipl.-Ing. Gerd *Veit* (Kohlenwertstoffe); Ing. (grad.) Georg *Lehmann* (Technische Dienstleistungen). Werksärzte: Dr. med. Klaus *Lottner* (Werksarzt), Dr. med. Mario *Mang* (nebenberuflich).

Kokerei: Stampfbetrieb, 256 Regenerativ-Verbundöfen, Kapazität 4000 t/d Koks (Hochofen-, Gießerei- und Reduktionskoks), Kohlenmisch- und -mahlanlage; Koksgrustrocknungs- und -mahlanlage, Kohlenwertstoffanlage zur Gewinnung von Rohteer, schwefelsaurem Ammoniak (halbdirektes Verfahren), Rohbenzol und Rohphenol, Pottasche-Entschwefelung für Unterfeuerungsgas und Stadtgas, Schwefelsäureerzeugung.

Ferngasanlage: Ferngas-Kompressorenanlage, Kapazität 1 350 000 m³/d.

Landabsatz: Kokerei Fürstenhausen, Koksabgabe bis 1 000 t arbeitstäglich von 6 bis 12 Uhr außer am letzten Arbeitstag im Monat.

Kraftnetze

6600 Saarbrücken, Postfach 1030, ☏ (0681) 405-1; St: Hauptgüterbahnhof Saarbrücken, WL: Güterbahnhof Saarbrücken-Malstatt, Anschlußgleis Hafen.

Leitung: Betriebsdirektor Dipl.-Ing. Ulrich *Müller;* Lastverteilung: Dr. rer. nat. Peter *Frank.*

Bergwerk Göttelborn/Reden

6607 Quierschied, ☏ (06825) 70-1, Telefax (06825) 70-250, St u. WL: Göttelborn, BA Saarbrücken-Ost, OBA Saarbrücken.

6685 Schiffweiler, Am Bergwerk Reden, ☏ (06821) 66-1, Telefax (06821) 66-3209, St u. WL: Landsweiler-Reden, BA Saarbrücken, OBA Saarbrücken.

Leitung: Bergwerksdirektor Dipl.-Ing. Heinrich *Stopp.*

Grube Göttelborn: Betriebsdirektor Dr.-Ing. Karl Matthias *Heck;* Personal- und Sozialfragen: Betriebsdirektor Werner *Felten;* Personalverwaltung: Fachabteilungsleiter Jürgen *Kausch;* Arbeitswirtschaft und Sozialwesen: Fachabteilungsleiter Günter *Biehl.* Technische und wirtschaftliche Planung: Betriebsinspektor Dipl.-Ing. Peter *Plitzko;* Technische

Kontinuierliche Druckfiltration hat sich bewährt!

Betriebserfahrung mit Großanlagen in der Aufbereitung von Steinkohle seit 1985. Kontinuierliches Entwässern von feinstkörnigen Massengütern in der Grundstoff-Industrie, Filtrationsverfahren oder Waschfiltration in der Chemischen Industrie, Druckfilter von Humboldt Wedag sind die neue, wirtschaftliche Lösung. Fordern Sie den Beweis, wir senden Unterlagen oder zeigen Ihnen Referenzanlagen.

KHD Humboldt Wedag AG
Postfach 91 04 57, D-5000 Köln 91
Telefon (02 21) 8 22-0, Telex 8 812-0, Telefax (02 21) 8 22-18 99

KHD HUMBOLDT WEDAG

1 BERGBAU

Planung: Fachabteilungsleiter Dipl.-Ing. Manfred *Zell;* Wirtschaftliche Planung: Fachabteilungsleiter Dipl.-Ing. Thomas *Neu;* Markscheidewesen: Fachabteilungsleiter Werksmarkscheider Axel *Schäfer.*

Grube Reden: Betriebsdirektor Dr.-Ing. Manfred *Schmauck;* Personal- und Sozialfragen: Betriebsdirektor Siegfried *Christiani;* Personalverwaltung: Fachabteilungsleiter Walter *Fuss;* Arbeitswirtschaft und Sozialwesen: Fachabteilungsleiter Reinhard *Marian.* Technische und wirtschaftliche Planung: Betriebsinspektor Dipl.-Ing. Peter *Plitzko;* Technische Planung: Fachabteilungsleiter Dipl.-Ing. Manfred *Zell;* Wirtschaftliche Planung: Fachabteilungsleiter Dipl.-Ing. Edmund *Holzer;* Markscheidewesen: Fachabteilungsleiter Werksmarkscheider Wolfgang *Bintz.*

Grube Göttelborn

Leitung: Betriebsdirektor Dr.-Ing. Karl Matthias *Heck;* Bergmännischer Betrieb: Betriebsführer Edmund *Bohlen;* Elektro- und Maschinenbetrieb unter Tage: Betriebsführer Karl-Heinz *Raber;* Sicherheitsdienst: Betriebsführer Dipl.-Ing. Stefan *Schneider;* Tagesbetrieb: Betriebsführer Helmut *Busse.* Werksärzte (alle nebenamtlich): Dr. med. Ulrich *Geising,* Dr. med. Markus *Gießelmann.*

Lagerstätte: *Kohlenart:* Edelflammkohle; mittlere gebaute *Flözmächtigkeit:* 231/158 cm; Anzahl der gebauten Flöze: 5; gebautes *Einfallen:* 5 — 26 gon.

Grubenbetrieb: *5 Schächte,* davon 2 Förderschächte; 1 Gestellförderung, 1 Gefäßförderung. Hauptfördersohle 765 m (− 400 m NN); Wettersohle 765 m (−400 m NN); streichende Länge des Baufeldes 10 000 m; querschlägige Ausdehnung 7 000 m.

Aufbereitung: Siebеrei 1 000 t/h, Wäsche 850 t/h Nennleistung.

Landabsatz: Grube Göttelborn, Verkauf bis zu 800 t täglich von 6 bis 13 Uhr, außer am letzten Fördertag eines jeden Monats.

	1990	1991
Steinkohlenfördermenge ... t/d	6 123	8 015
... t/a	1 493 934	1 955 609
Schichtleistung u. T. ... kg/MS	5 823	6 981
Beschäftigte (Grube)		
.... (Jahresende)	2 471	2 473

Grube Reden

Leitung: Betriebsdirektor Dr.-Ing. Manfred *Schmauck;* Bergmännischer Betrieb: Betriebsführer Klaus-Dieter *Groß;* Elektro- und Maschinenbetrieb unter Tage: Betriebsführer Martin *Schmid;* Sicherheitsdienst: Betriebsführer Dipl.-Ing. Lothar *Hesidenz;* Tagesbetrieb: Betriebsführer Ing. (grad.) Harald *Sauer;* Werksärzte (nebenamtlich): Dr. med. Helge *Lenthe,* Dr. med. Klaus *Grebe,* Dr. med. Bruno *Knittel.*

Lagerstätte: *Kohlenart:* Fettkohle und Flammkohle; mittlere gebaute *Flözmächtigkeit:* 228/139 cm; Anzahl der gebauten Flöze: Flammkohle 3, Fettkohle 2; gebautes *Einfallen:* 1 bis 22 gon.

Grubenbetrieb: *13* (davon 3 Camphausen) *Schächte,* davon 1 Förderschacht mit 2 Gefäßförderungen. Hauptfördersohle 900 m (− 600 m NN); Wettersohle 600 m (− 300 m NN). Streichende Länge des Baufeldes 7 000 m; querschlägige Ausdehnung 3 500 m.

Aufbereitung: Bergevorabscheidung 1 150 t/h, Wäsche 1 000 t/h Nennleistung.

Landabsatz: Grube Reden, Koksabgabe bis 800 t arbeitstäglich von 6 bis 13 Uhr, außer am letzten Arbeitstag im Monat.

	1990	1991
Steinkohlenfördermenge ... t/d	5 306	4 942
... t/a	1 294 737	1 205 740
Schichtleistung u. T. ... kg/MS	4 518	4 440
Beschäftigte (Grube)		
.... (Jahresende)	2 333	2 382

Bergwerk Ensdorf

6631 Ensdorf, Provinzialstr. 1, ☏ (06831) 440-1 und (06881) 57-0 (Anlage Nordschacht), Telefax (06831) 440-290 und (06881) 57-290, St: Ensdorf mit Abzweig nach Grubenbahnhof Duhamel, BA Saarbrücken, OBA Saarbrücken.

Leitung: Bergwerksdirektor Dipl.-Ing. Friedhelm *Dohrmann;* Grube Ensdorf: Betriebsdirektor Dipl.-Ing. Hans-Walter *Bronder;* Personal- und Sozialfragen: Betriebsdirektor Günther *Braick;* Personalverwaltung: Fachabteilungsleiter Horst *Saar;* Arbeitswirtschaft und Sozialwesen: Fachabteilungsleiter Norbert *Peitz;* Technische und wirtschaftliche Planung: Betriebsinspektor Dipl.-Ing. Alfred *Meyer;* Technische Planung: Fachabteilungsleiter Dipl.-Ing. Rolf *Kröner;* Wirtschaftliche Planung: Fachabteilungsleiter Dipl.-Ing. Uwe *Penth;* Markscheidewesen: Fachabteilungsleiter Werksmarkscheider Otto *Uhl.*

Grube Ensdorf

Leitung: Betriebsdirektor Dipl.-Ing. Hans-Walter *Bronder;* Bergmännischer Betrieb: Betriebsführer Josef *Biehl;* Elektro- und Maschinenbetrieb: Betriebsführer Dipl.-Ing. Peter *Schmit;* Sicherheitsdienst: Betriebsführer Dipl.-Ing. Gerd *Schäfer;* Tagesbetrieb: Betriebsführer Peter *Kaiser.* Werksärzte: Dr. med. Dieter *Hager,* Dr. med. Günter *Schmidt* (alle nebenamtlich).

BOHRSTANGEN
für alle Systeme, alle Längen, alle Durchmesser

vom Spezialisten für Spezialisten

zum Sprenglochbohren, Großlochbohren, Tieflochhammerbohren, Entspannungsbohren, Ankerbohren, Brunnenbohren, Untersuchungsbohrungen und Vorfelderkundung mit Luft- oder Wasserspülung für alle Bohrmaschinen, dazu Spülköpfe, Bohrkronen und Übergangsstücke.

Schmidt, Kranz & Co. GmbH
D-5620 VELBERT 11 · Tel. (0 20 52) 8 88-0 · FS 8 516 665

Unterlagen anfordern!

SÄNGER + LANNINGER
GmbH Betontechnik

DORTMUND
BADEN-BADEN

**Berg-, Stollen-, Tunnel- und Schachtbau
Spritzbeton, Nachriß, Erweiterung, Aufwältigung
Gebirgsankerungen, Abdämmen**

1 BERGBAU

Lagerstätte: *Kohlenart:* Edelflammkohle; mittlere gebaute *Flözmächtigkeit:* 300/250 cm; Anzahl der gebauten Flöze: 2; *Einfallen:* bis 18 gon.

Grubenbetrieb: *4 Schächte und Schrägschacht Barbara-Stollen* mit Bandförderanlage, Hauptfördersohle 608 m (−416 m NN); streichende Länge des Grubenfeldes 13 000 m; querschlägige Ausdehnung 8 000 m.

Aufbereitung: Vorbehandlung Aufbereitung 1200 t/h Nennleistung.

Landabsatz: Grube Ensdorf, Verkauf bis zu 400 t fördertäglich von 6 bis 12 Uhr außer am letzten Fördertag eines jeden Monats.

		1990	1991
Steinkohlenfördermenge	. . . t/d	12 221	12 450
	. . . t/a	2 981 855	3 037 678
Schichtleistung u. T.	. . kg/MS	9 831	9 878
Beschäftigte (Bergwerk)			
. . . .	(Jahresende)	2 644	2 588

Bergwerk Warndt/Luisenthal

6624 Großrosseln-Karlsbrunn, ☏ (0 68 09) 605-1, Telefax (068 09) 6 05-2 53; St: Völklingen, WL: Warndt-Grube, BA Saarbrücken, OBA Saarbrücken.

6623 Völklingen-Luisenthal, Parkstraße 7, ☏ (06898) 89-0, Telefax (06898) 89-21 03, St u. WL: Luisenthal-Bahnhof, Anschluß Grube, HA: Saarbrücken-Malstatt, BA Saarbrücken-West, OBA Saarbrücken.

Leitung: Bergwerksdirektor Dipl.-Ing. Helmut *Annel*.

Grube Warndt: Betriebsdirektor Dipl.-Ing. Friedrich *Breinig*; Personal- und Sozialfragen: Betriebsdirektor Hans *Ambos*; Personalverwaltung: Fachabteilungsleiter Karl-Heinz *Motsch*; Arbeitswirtschaft und Sozialwesen: Fachabteilungsleiter Vinzenz *Gerhard*. Technische und wirtschaftliche Planung: Betriebsinspektor Dipl.-Ing. Peter *Clarner*; Technische Planung: Fachabteilungsleiter Dipl.-Ing. Michael *Ditzler*; Wirtschaftliche Planung: Fachabteilungsleiter Dipl.-Ing. Thomas *Gießelmann*; Markscheidewesen: Fachabteilungsleiter Werksmarkscheider Volker *Hagelstein*.

Grube Luisenthal: Betriebsdirektor Dipl.-Ing. Gerhard *Bronder*; Personal- und Sozialfragen: Betriebsdirektor Klaus *Busch*; Personalverwaltung: Fachabteilungsleiter Edgar *Wiesen*; Arbeitswirtschaft und Sozialwesen: Fachabteilungsleiter Peter *Scherer*. Technische und wirtschaftliche Planung: Betriebsinspektor Dipl.-Ing. Peter *Clarner*; Technische Planung: Fachabteilungsleiter Dipl.-Ing. Hans *Bermann*; Wirtschaftliche Planung: Fachabteilungsleiter Dipl.-Ing. Thomas *Gießelmann*; Markscheidewesen: Fachabteilungsleiter Werksmarkscheider Helmut *Schneider*.

Grube Warndt

Leitung: Betriebsdirektor Dipl.-Ing. Friedrich *Breinig*; Bergmännischer Betrieb: Betriebsführer Manfred *Blatt*; Elektro- und Maschinenbetrieb unter Tage: Betriebsführer Werner *Meyer*; Sicherheitsdienst: Betriebsführer Dipl.-Ing. Armin *Monz*; Tagesbetrieb: Betriebsführer Wolfgang *Höhn*. Werksärzte (alle nebenamtlich): Dr. med. Elmar *Lamberty* und Dr. med. Antun *Krivosic*.

Lagerstätte: *Kohlenart:* Fettkohle; mittlere gebaute *Flözmächtigkeit:* 294/219 cm; Anzahl der gebauten Flöze: 9; gebautes *Einfallen:* 15 bis 45 gon.

Grubenbetrieb: *4 Schächte,* davon 1 Förderschacht: 1 Gefäßförderung, 1 Gestellförderung. Fördersohle: 1 110 m (−850 m NN); Frischwettersohlen: 680 m (−420 m NN) und 1 110 m (−850 m NN); Abwettersohle: 860 m (−600 m NN); streichende Länge des Baufeldes 8 300 m, querschlägige Ausdehnung 5 500 m.

Aufbereitung: Durchsatz 800 t/h.

		1990	1991
Steinkohlenfördermenge	. . . t/d	8 140	7 111
	. . . t/a	1 986 221	1 735 090
Schichtleistung u. T.	. . kg/MS	6 114	4 943
Beschäftigte	. . . . (Jahresende)	2 777	2 825

Grube Luisenthal

Leitung: Betriebsdirektor Dipl.-Ing. Gerhard *Bronder*; Bergmännischer Betrieb: Betriebsführer Anton *Maas*; Elektro- und Maschinenbetrieb unter Tage: Betriebsführer Hermann *Hell*; Sicherheitsdienst: Betriebsführer Dipl.-Ing. Markus *Scherne*; Tagesbetrieb: Betriebsführer Rudolf *Maurer*. Werksärzte (alle nebenamtlich): Dr. med. Klaus *Micka*; Dr. med. Walter *Lang*.

Lagerstätte: *Kohlenart:* Fettkohle; mittlere gebaute *Flözmächtigkeit:* 285/206 cm; Anzahl der gebauten Flöze 5; gebautes *Einfallen:* 0 bis 28 gon.

Grubenbetrieb: *7 Schächte,* davon 1 Förderschacht; 1 Gefäßförderung, Fördersohlen: 667 m (−461 m NN), 856 m (− 650 m NN); 1056 m (− 850 m NN), Wettersohle 535 m (−330 m NN); streichende Länge des Baufeldes 3 800 m, querschlägige Ausdehnung 4 500 m.

Aufbereitung: Durchsatz 800 t/h.

		1990	1991
Steinkohlenfördermenge	. . . t/d	5 282	5 874
	. . . t/a	1 288 740	1 433 267
Schichtleistung u. T.	. . kg/MS	4 534	5 172
Beschäftigte	. . . . (Jahresende)	2 269	2 385

Lesen, merken, sicher sein!

Sicherheit für Sie und für Ihre Bergleute

- Praktischer Ratgeber für Arbeitsschutz, Sicherheit und Gesundheit

  Herausgegeben

- vom Landesoberbergamt Nordrhein-Westfalen
- unter Mitwirkung der Bergbehörden
- und der Bergbau-Berufsgenossenschaft

AS informiert Sie und Ihre Bergleute
über Unfallverhütung am Arbeitsplatz, über sicheres Bedienen von Bergbaumaschinen, über Arbeitsschutzausrüstungen, über Vorsorge gegen Krankheiten und deren Heilung, über Unfallverhütung im Büro und auf dem Wege zur Arbeit.

AS informiert Sie und Ihre Bergleute
über Unfälle und deren Lehren, über Unfallverhütung in Streb und Strecke, in Förderung und Transport sowie in den Tagesbetrieben, über Sicherheitswerbung der Bergwerke und über Sicherheitsausrüstungen der Bergbauzulieferer.

Bitte fordern Sie Ihr Probeheft an.

VERLAG GLÜCKAUF GMBH · Postfach 10 39 45 · D-4300 Essen 1 · Telefax (0201) 29 36 30

1 BERGBAU

Lehranstalten der Saarbergwerke AG

(Vgl. Beitrag der Saarbergwerke AG in Kap. 8 Abschn. 1)

Gesamtleitung: Direktor Dipl.-Ing. Dipl.-Wirtsch.-Ing. Eckehardt *Keller*.

TÜB Gesellschaft für technische Überwachung im Bergbau mbH

6600 Saarbrücken, St. Johanner Str. 101, Postfach 1030, ☏ (0681) 405-3395, Telefax (0681) 405-3416.

Beirat: Ministerialrat Dipl.-Ing. Joachim *Redeker*, Ministerium für Wirtschaft des Saarlandes, Vorsitzender; Ass. d. Bergf. Wolfgang *John*, Direktor der Saarbergwerke AG, stellv. Vorsitzender; Dipl.-Ing. Horst Ludwig *Holve*, Leiter des Materialprüfamtes des Saarlandes; Felix *Pink*, stellv. Bezirksleiter a. D. der IG Bergbau und Energie, Bezirk Saar; Ltd. Bergdirektor Dipl.-Ing. Winfried *Powollik*, Oberbergamt für das Saarland und das Land Rheinland-Pfalz.

Geschäftsführung: Dipl.-Ing. Heinz *Röhlinger*.

Prokuristen: Dipl.-Ing. Klaus-Jürgen *Hoffmann*, Dipl.-Ing. Theo *Schäfer*.

Abteilungen
Druckanlagen und Werkstofftechnik: Dipl.-Ing. Theo *Schäfer*.
Elektrische Einrichtungen: Dipl.-Ing. Klaus-Jürgen *Hoffmann*.
Fördertechnik und Baustatik: Dipl.-Ing. Heinz *Röhlinger*.

Kapital: 50 000 DM.

Alleiniger Gesellschafter: Saarbergwerke AG.

Zweck: Die Durchführung von Prüfungen und Abnahmen (insbes. nach § 65 Bundesberggesetz) sowie von hiermit in Zusammenhang stehenden Forschungsaufgaben und die Beratung auf dem Gebiet der Sicherheit im saarländischen Bergbau, seinen Veredelungsbetrieben und in sonstigen Betrieben.

Eschweiler Bergwerks-Verein AG

5120 Herzogenrath, Roermonder Str. 63, ☏ (02407) 51-01, ✆ 8329513, Telefax (02407) 8455, ⚒ Bergwerksverein Herzogenrath.

Aufsichtsrat: Dr. rer. pol. Dipl.-Kfm. Heinz *Horn*, Mülheim an der Ruhr, Vorsitzender des Vorstandes der Ruhrkohle AG, Vorsitzender; Wolfgang *Bujak*, Kamp-Lintfort, Abteilungsleiter der Abteilung Betriebsräte/Mitbestimmung der IG Bergbau und Energie, stellv. Vorsitzender; Wolf-Dieter *Baumgartl*, Aachen, Vorsitzender des Vorstandes der AMB Aachener und Münchener Beteiligungs-Aktiengesellschaft; Wilhelm *Beermann*, Bochum-Wattenscheid, Mitglied des Vorstandes der Ruhrkohle AG; Hans-Peter *Bosten*, Herzogenrath, Kaufm. Angestellter; Ilse *Brusis*, Bochum, Ministerin für Bauen und Wohnen des Landes Nordrhein-Westfalen; Walter *Erasmy*, Kerpen-Sindorf, Journalist; Dr. jur. Georges *Faber*, Luxemburg, Präsident des Verwaltungsrates der Arbed S. A.; Hans *Gerkens*, Jülich-Barmen, Elektriker; Staatsminister a. D. Professor Dr. jur. Friedrich *Halstenberg*, Düsseldorf; Dr.-Ing. Heinrich *Heiermann*, Dinslaken-Eppinghoven, Mitglied des Vorstandes der Ruhrkohle AG; Matthias *Priem*, Würselen, Hauer; Norbert *Römer*, Castrop-Rauxel, Gewerkschaftssekretär; Dr. jur. Adolf Freiherr *Spies von Büllesheim*, Hückelhoven; Ernst *Wunderlich*, Grünwald, Mitglied des Vorstandes der Allianz Aktiengesellschaft.

Vorstand: Dipl.-Kfm. Günter *Meyhöfer*, Vorsitzender, Verkauf und Einkauf; Karl-Heinz *Mross*, Arbeitsdirektor, Personal; Ministerialrat a. D. Dipl.-Volksw. Dr. rer. nat. Hans-Winfried *Lauffs*, Finanzen.

Generalbevollmächtigter: Dipl.-Kfm. Erich *Klein*.

Prokuristen: Direktor Wilhelm *Bayartz*, Finanzen und Steuern; Direktor Dipl.-Ing. Rainer *Benning*, Vorstandsbüro und Internationale Kohleaktivitäten; Direktor Heinz *Dassen*, Personal- und Sozialabteilung; Bergwerksdirektor Dipl.-Ing. Johannes *Klute*, Bergwerksdirektion Mayrisch; Direktor Wilhelm *Klinkenberg*, Materialwirtschaft; Dipl.-Ing. Hermann-Josef *Mauß*, Rechnungswesen; Dipl.-Kfm. Artur *Müller*, Buchhaltung, Rechnungsprüfung; Bergwerksdirektor Dr.-Ing. Walter *Schmidt*, Bergbauzentraldirektion; Dr.-Ing. Bodo *Varnhagen*, Bergschäden.

Handlungsbevollmächtigte: Willi *Derichs*, Einkauf; Ass. d. Bergf. Dieter *Holhorst*, Umwelt/Raumordnung/Immissionsschutz; Wilhelm *Pontzen*, Geschäftsbuchhaltung; August *Reul*, Sozialabteilung; Dipl.-Ing. Peter *Richter*, Bergschäden; Edgar *Schmidt*, Rechnungswesen; Dipl.-Ing. Peter *Skazik*, Maschinentechnik über Tage; Edwin *Steinbusch*, Zahlungsverkehr; Rechtsanwalt Werner *Tillmann*, Personal (AT).

Gründung: 1838.

Berechtsame: 594 Mill. m^2.

Gezeichnetes Kapital: 150 Mill. DM.

Mehrheitsaktionär: Ruhrkohle AG, Essen, 98,15%.

Beteiligungen

Aachener Kohlen-Verkauf GmbH, Aachen, 100%.
  Deutsches Kohlen-Depot Handelsgesellschaft mbH, Dortmund, 100%.

DAMS Maschinenfabrik
... für den Steinkohlenbergbau erfolgreich tätig

Druckbegrenzungsventile – Gebirgsschlagventile
95 – 1000 l/min, 30 – 600 bar

Unser Fertigungsprogramm:
Hydraulische Steuerungen für den Schreitausbau, Druckbegrenzungsventile, Einzelstempelventile, Setzpistolen, Nachsetzsteuerungen, Bedüsungsventile, Rückschlagventile, Wechselventile, Umschaltventile, Bremsventile, Drosselventile, Sonderventile auf Anfrage, sowie alle anfallenden Reparaturen

DAMS Maschinenfabrik

D-4320 Hattingen
An der Becke 34 – 36

☏ (02324) 31017 + 31047
Telefax (02324) 33697
Telex 8220009 dams d

Wir entwickeln, konstruieren und fertigen:

- Sprenglochbohrwagen, Ankerbohrwagen, Großlochbohrwagen und Ladetransportfahrzeuge für den Bergbau
- Umwelttechnik
- Recyclinganlagen
- Anbaugeräte für Radlader/Gabelstapler
- Stahlbau, allgemein

Bergwerksmaschinen Dietlas GmbH
Lengsfelder Straße 23 · O-6201 Dietlas/Rhön
Telefon (03 69 63) 13 80 - 13 83
Telex 3 38 941 · Telefax (03 69 63) 12 06

1 BERGBAU

C. Flüggen Kohlenhansa GmbH, Aachen, 100%.
Laurweg Aufbereitungs- und Handelsgesellschaft mbH, Aachen, 100%.
Auxiliaire Minière S.A., Lüttich, 100%.
Beteiligungsgesellschaft Aachener Region mbH, Herzogenrath, 100%.
Harzer Graugußwerke GmbH, Zorge, 75%.
Balo-Motortex GmbH, Castrop-Rauxel, 100%.
MEC Maschinenbau Entwicklung Consulting GmbH, Alsdorf, 85,2%.
Industrietechnik Alsdorf GmbH, Alsdorf, 100%.
Deutsche Fibercast GmbH, Eschweiler, 100%.
Justus Arnold GmbH, Dortmund, 100%.
Bau-Wolff Baustoffe und Fliesen GmbH, Köln, 100%.
Kalkwerke Rheine GmbH, Rheine, 100%.
Kalkwerke Rheine-Wettringen GmbH, Rheine, 50%.
Anker Kalkzandsteenfabriek B.V., Kloosterhaar, Niederlande, 100%.
Norbert Metz Wohnungsbauges. mbH, Herzogenrath, 100%.
Gewerkschaft Lothringen IV, Herzogenrath, 100%.
Eisen-Aktiengesellschaft Lothringen, Herzogenrath, 100%.
Heinrich Schäfermeyer GmbH, Baesweiler, 100%.
EBV-Fernwärme GmbH, Herzogenrath, 100%.
EBV-Holz GmbH, Alsdorf, 100%.
Pfleiderer Holzschutztechnik GmbH & Co. KG, Herzogenrath/Neumarkt, 25,1%.
Ruhrkohle Versicherungs-Dienst GmbH, Essen, 49%.
EBV-Controlling GmbH, Herzogenrath, 100%.
Gewerkschaft Norbert Metz GmbH, Herzogenrath, 75%.
MK Fördertechnik GmbH, Hückelhoven, 33 1/3 %.
Laser Bearbeitungs- und Beratungszentrum NRW GmbH, Aachen, 25,5%.

Sonstige Beteiligungen

CoalArbed Inc., Wilmington/Delaware (USA), 36,4%.
Rheinisch-Westfälische Grubenholzeinkaufsgesellschaft mbH, Alsdorf, 70%.
Bauverein Glückauf GmbH, Ahlen, 82,4%.
Heinrich Schäfermeyer GmbH & Co. oHG, Baesweiler.
Notgemeinschaft Deutscher Kohlenbergbau GmbH, Essen, 8,6%.
Abrechnungsstelle des Steinkohlenbergbaus GmbH, Essen, 25%.
Studiengesellschaft Kohle mbH, Mülheim, 2%.

Verkaufsorganisation: Aachener Kohlen-Verkauf GmbH (AKV), Aachen.

Produktion und Beschäftigte

Produktion		1990	1991
Steinkohlenfördermenge	...t	4 092 726	3 925 484
Schichtleistung u. T.	..kg/MS	4 496	4 798
Koks	...t	1 350 108	1 342 505
Strom	...MWh	853 710	880 828
Gas	...1000 m³	334 932	359 977

Beschäftigte (Jahresende)

	1990	1991
Beschäftigte u. T.	4 713	4 086
Beschäftigte ü. T.	2 977	2 817
Beschäftigte insgesamt	7 690	6 903

Bereich Bergbau

Bergbauzentraldirektion

Leitung: Bergwerksdirektor Dr.-Ing. Walter *Schmidt*.

Abteilung Bergschäden: Dr.-Ing. Bodo *Varnhagen*.

Abteilung Umwelt/Raumordnung/Immissionsschutz: Ass. d. Bergf. Dieter *Holhorst*.

	1990	1991
Stromerzeugung ...MWh	853 910	880 828
Beschäftigte ....(Jahresende)	223	221

Gas-Dampf-Turbinenkraftwerk

5110 Alsdorf, ☏ (02464) 54-0, St: Aachen-West, WL: Alsdorf.

Betriebsanlagen: 2 Blöcke zu je 33 MW; Einwellenanlagen Gasturbine-Generator-Kond.-Dampfturbine; Brennstoff: Kokereigas. Netzanschluß über 100-kV-Umspannstation Alsdorf an Bergbau-Elektrizitäts-Verbundgemeinschaft.

Stillegung: 30. 9. 1992.

Kraftwerk Siersdorf

5173 Aldenhoven, ☏ (02464) 1081, St: Aachen-West, WL: Siersdorf, Anschl. EM.

Betriebsanlagen: 170-MW-Blockkraftwerk mit 2 Kesseln, 210 bar, 525/525°C und je 265 t/h; 1 Turbogenerator mit 170 MW installierter Leistung. Netzanschlüsse an 110-kV- und 35-kV-EBV-Netz und 110-kV-RWE-Netz.

Bergwerksdirektion Mayrisch

5173 Aldenhoven, ☏ (02464) 54-0, St: Aachen-West, WL: Siersdorf, Anschluß Emil Mayrisch, BA Aachen, LOBA Nordrhein-Westfalen, Dortmund.

Bewährt in der
Grubenpraxis
der Welt

VERTRETUNG

KUNDENDIENST-
WERKSTATT

OSZILLOGR.
PRÜFUNG

Fr. **SOBBE** GmbH

Fabrik elektr. Zünder
Zündleitungen und
Verlängerungsdrähte

Dortmund-Derne
Tel. (02 31) 23 05 60
Telefax (02 31) 23 84 88

Verlangen Sie bitte Prospekte,
Angebote, Vorführungen.

Wir planen, konstruieren und fertigen Förderanlagen für Schüttgüter jeder Art.

- Rohrförderer
- Bunkerabzugsförderer
- Förderbandanlagen
- Getriebe für alle Bereiche
- Spezialförderer

Nutzen Sie unsere langjährigen Erfahrungen in Konstruktion und Fertigung von Förderanlagen im Bergbau und der Steine- und Erdenindustrie.
Wir garantieren robuste, bewährte Einzel- und Serienfertigung.

Ein Unternehmen der Gruppe Westfalia Beconit

Untertage Maschinenfabrik Dudweiler GmbH
Im Tierbachtal 28-36 · 6602 Dudweiler/Saar
Postfach 1380 · Telefon (0 68 97) 7 96-0
Fax (0 68 97) 7 96 222

1 BERGBAU

Leitung: Bergwerksdirektor: Dipl.-Ing. Johannes *Klute;* Betriebsdirektion Personal- und Sozialwesen: Betriebsdirektor Heinz *Wirth;* Markscheider: Dipl.-Ing. Wolfgang *Dirks.*

Grube Emil Mayrisch

5173 Aldenhoven, ☏ (02464) 54-0, St: Aachen-West, WL: Siersdorf, Anschluß Emil Mayrisch, BA Aachen, LOBA Nordrhein-Westfalen, Dortmund.

Lagerstätte: *Kohlenart:* Fett-, Eß- und Magerkohle; Anzahl der gebauten Flöze: 6; mittlere gebaute *Flözmächtigkeit:* 151/113 cm; *Einfallen:* 0 bis 20 gon (93,8 %). Das Grubenfeld umfaßt rd. 152 Mill. m².

Untertagebetrieb: *Schacht 1:* Seilfahrt- und Materialförderschacht mit Gestellförderung, *Schacht 2:* Förder- und Seilfahrtschacht mit 1 Gestell- und 1 Gefäßförderung, 1 Seilfahrtschacht mit Gestellförderung, 5 Wetterschächte mit Gestellförderung. Teufe der Fördersohlen 710 und 860 m, Teufe der Hauptwettersohlen 530, 610 und 710 m.

Aufbereitung: Sieberei und Wäsche je 1 000 t/h Nennleistung.

Landabsatz: Ausgabe Anna, Alsdorf, bis zu 1200 t arbeitstäglich von 6 bis 12.30 Uhr. Verkauf durch AKV.

		1990	1991
Steinkohlenfördermenge	.... t	1 843 114	1 636 484
Beschäftigte	.... (Jahresende)	3 022	2 479

Einstellung der Kohlegewinnung: 18. 12. 1992.

Kokerei Anna

5110 Alsdorf, ☏ (02464) 54-0; St: Aachen-West, WL: Alsdorf, BA Aachen, LOBA Nordrhein-Westfalen, Dortmund.

Betriebsführung: Hans *Consten.*

Kokerei und Kohlenwertstoffanlagen: 132 Öfen mit einer Kapazität von 2900 t/d (Kohlendurchsatz). Gewinnungsanlagen für Rohbenzol, Rohteer, Ammoniumsulfat, Gas.

Landabsatz: Ausgabe bis zu 400 t arbeitstäglich von 6 bis 12.30 Uhr. Verkauf durch AKV.

		1990	1991
Brookserzeugung	.... t	813 969	811 357
Beschäftigte	.... (Jahresende)	477	465

Produktionseinstellung: 30. 9. 1992.

Bergwerksdirektion Westfalen

4730 Ahlen, Westf., ☏ (02382) 79-1, Telefax: (02381) 32185; St u. WL: Ahlen, Westf., Anschlußgleis, HA: Hafen Westfalen, Haaren (Datteln-Hamm-Kanal), BA Hamm, LOBA Nordrhein-Westfalen, Dortmund.

Betriebsführung durch Ruhrkohle AG im Namen und für Rechnung Eschweiler Bergwerks-Verein AG.

Leitung: Bergwerksdirektor: Dipl.-Ing. Karl Heinz *Müller.* Produktion: Betriebsdirektor Dipl.-Ing. Peter *Schweinberger;* Personal- und Sozialfragen: Betriebsdirektor Rolf *Flehmig;* Leiter der Stabsstelle: Ass. d. Bergf. Jürgen *Dübbers;* Markscheider: Assessor des Markscheidefaches Peter Konrad *Müller.* Werksarzt: Dr. med. Gert *Schweda.*

Lagerstätte: *Kohlenart:* Fettkohle; Anzahl der gebauten Flöze: 4; mittlere gebaute *Flözmächtigkeit:* 322/274 cm; *Einfallen:* 0 bis 20 gon (92,6 %). Das Grubenfeld umfaßt rd. 133 Mill. m².

		1990	1991
Steinkohlenfördermenge	.. t/d	2 229 612	2 289 000
Beschäftigte	.... (Jahresende)	3 406	3 270

Untertagebetrieb: *Schacht 1:* Förder- und Seilfahrtschacht mit 2 Gefäßförderungen, *Schacht 3:* Förder-, Seilfahrt- und Wetterschacht mit 2 Gestellförderungen; *Schacht 4:* Wetterschacht, 1 elektrische Turmförderung; *Schacht 7:* Seilfahrtschacht mit 1 Gestell- und 1 Hilfsförderung; Teufe der Hauptfördersohle 1 035 m, der Förder- und Hauptwettersohle 945 m, der Wettersohle 3/4 855 m, der Fördersohle 7: 1260 m.

Aufbereitung: Sieberei und Wäsche 650 t/h Nennleistung.

Gewerkschaft Auguste Victoria

4370 Marl, Victoriastr. 43, ☏ (02365) 40-0, ✆ 829886, Telefax (02365) 402204, Teletex 2627-236537 = Gew AV, ⌂ Auguste Victoria Marl.

Aufsichtsrat: Dr. rer. pol. Heinz *Horn,* Vorsitzender; Gabriele *Glaubrecht,* stellv. Vorsitzende; Wilhelm Hans *Beermann;* Stellv. Gesamtbetriebsratsvorsitzender Klaus *Bösing;* Dipl.-Volksw. Anke *Brunn;* Dr. rer. pol. Hartmut *Görgens;* Dr.-Ing. Heinrich *Heiermann;* Professor Dr.-Ing. Dr.-Ing. E. h. Klaus *Knizia;* Peter W. *Reuschenbach,* MdB; Alfred Wilhelm *Weber;* Gesamtbetriebsratsvorsitzender Lothar *Zimmermann.*

Grubenvorstand: Bergwerksdirektor Dr. rer. oec. Dipl.-Kfm. Hartmut *Mielsch,* Vorsitzender; Bergwerksdirektor Dr.-Ing. Josef *Kantor;* Bergwerksdirektor Dipl.-Volksw. Willy *Müller.*

Prokuristen: Direktor Rechtsanwalt Thomas *Gayk* (Recht, AT-Personalwesen), Direktor Dipl.-Volkswirt Lothar *Kalka* (Verkauf), Direktor Rechtsanwalt Jochem *Lahmer* (Personalwesen/Tarifbereich), Betriebsdirektor Dr.-Ing. Frank *Leschhorn* (Grubenbetriebe), Direktor Dipl.-Kfm. Hans-Gerd *Pappert* (Finanzen, Verwaltungsdienste), Bergwerksdirektor

Bohrgeräte und Pumpen Über- und Untertage

- **Vollschnitt-Tunnelbohrmaschinen**
- **Schachtbohrmaschinen**
- **Großlochbohrmaschinen**
- **Pumpen**

- **Vollhydraulische Bohrgeräte** für Aufschlußbohrungen nach Mineralien, Erz, Kohle, Salz, Brunnenbohrungen, Injektionsbohrungen, Förder- und Rettungsbohrungen

Bohrgeräte-Technik seit 1895

Maschinen- und Bohrgeräte-Fabrik GmbH · 5140 Erkelenz 1
Postfach 1327/1329 · Tel. (02431) 830 · Telex 8329860

Ass. d. Bergf. Gerhard *Ribbeck* (Produktion), Direktor Dipl.-Kfm. Hermann Heinz *Rowald* (Logistik über Tage).

Handlungsbevollmächtigte: Bernhard *Balster,* Oberingenieur Helmut *Bruns,* Herbert *Cramer,* Heinz-Dieter *Heßeling,* Hermann *Ikemann,* Dieter *Jakubiak,* Helmut *Kurzawa,* Bernhard *Lange,* Dipl.-Kfm. Eberhard *Lauer,* Werner *Luther,* Alois *Matena,* Dipl.-Kfm. Bernhard *Radke,* Dieter *Reckmann,* Ruth *Schafmann,* Dipl.-Ing. Wolfgang *Schlüter,* Kurt *Seliger,* Heribert *Spittler,* Dipl.-Kfm. Udo *Wessel,* Dipl.-Ing. Ulrich *Wilke,* Dipl.-Kfm. Remmer *Willms,* Obermarkscheider Bergvermessungsoberrat a. D. Dipl.-Ing. Wolfgang *Winkler.*

Betriebsärzte (hauptamtlich): Dr. med. Klaus Theodor *Gorschlüter,* Johannes Gerhard *Lewerich.*

Öffentlichkeitsarbeit: Rolf *Sonderkamp.*

Gründung und Statut: Gründung 1899. Zweck des Unternehmens sind gemäß Statut vom 9. 7. 1953 die Ausbeutung der ihm gehörigen Grubenfelder, der Erwerb und die Ausbeutung sonstiger bergbaulicher Unternehmungen und Berechtsamen sowie die Verwertung usw. der gewonnenen Erzeugnisse und Vornahme aller damit zusammenhängenden Rechtsgeschäfte. — Geschichtliches siehe G. Gebhardt: *Ruhrbergbau.* Essen: Verlag Glückauf, 1956.

Berechtsame: 40,8 km^2 Steinkohle, 4,4 km^2 Bleizinkerz und 2,2 km^2 Sole im Gebiet des Kreises Recklinghausen.

Gewerkenkapital: 30 Mill. DM.

Inhaber der Kuxe: Ruhrkohle AG (99), Sophia-Jacoba GmbH (l).

Verkaufsorganisation: Eigenvertrieb der festen Brennstoffe an Endverbraucher sowie Händler und Vertrieb über die Kohlen-Handelsgesellschaft Auguste Victoria OHG, Marl.

Beteiligungsgesellschaften
Kohlen-Handelsgesellschaft Auguste Victoria oHG, Marl, 50%.
Carbomarl Kohlenaufbereitungs- und Handels GmbH, Marl, 50%.
Auguste Victoria-Grundstücks oHG, Marl, 99%.

Produktion und Beschäftigte

Produktion		1990	1991
Steinkohlenfördermenge	t	2 930 114	2 813 647
Schichtleistung u. T.	kg/MS	4 749	4 729
Beschäftigte (Jahresende)			
Arbeiter u. T.		3 006	2 838
Arbeiter insgesamt		4 261	4 091
Angestellte insgesamt		988	995
Beschäftigte insgesamt		5 249	5 886

Steinkohlenbergwerk Auguste Victoria

4370 Marl, ☏ (02365) 40-0, St: Marl-Sinsen, WL: Marl-Sinsen, Anschlußgleis, HA: Hafen Auguste Victoria, Sickingmühle am Wesel-Datteln-Kanal, BA Marl.

Bergbaubetriebe

Leitung: Bergwerksdirektor Ass. d. Bergf. Gerhard *Ribbeck;* Betriebsdirektor für Produktion Dr.-Ing. Frank *Leschhorn;* Südfeld: Grubeninspektor Ass. d. Bergf. Michael *Ripkens;* Grubenbetriebsführer Dipl.-Ing. Horst *Sablotny;* Nordfeld: Grubeninspektor Heinz *Gebke;* Grubenbetriebsführer Dipl.-Ing. Wolfgang *Quecke;* Zentrale Dienste: Betriebsführer Alfred *Ernst;* Bergtechnik und Planung: Dipl.-Ing. Stefan *Brückner;* Maschinentechnik: Obering. Helmut *Bruns;* Elektrotechnik: Dipl.-Ing. Jürgen *Reeck.* Tagesbetriebe einschl. Grubenanschlußbahn, Hafen und Steinwerk: Betriebsführer Dipl.-Ing. Hans-Joachim *Bischof.*

Lagerstätte: *Kohlenart:* Gasflammkohle, Gaskohle, Fettkohle; mittlere gebaute *Flözmächtigkeit:* 170/138 cm (1991); gebautes *Einfallen:* 0 bis 20 gon; das Grubenfeld umfaßt 40 787 529 m^2.

Untertagebetriebe: Teufe der Frischwettersohle 885 m, der Hauptfördersohle 1035 m. *Schacht 3:* (einziehend) Seilfahrt- und Materialschacht, 2 Gestellförderungen; *Schacht 7:* (ausziehend) Förderschacht, 2 Gefäßförderungen; *Schacht 6:* (einziehend) Seilfahrt- und Materialschacht, 1 Gestellförderung, 1 Hilfsförderung; *Schacht 8:* (einziehend) Seilfahrt- und Materialschacht, 1 Gestellförderung, 1 Befahrungsanlage; *Schacht 1:* (ausziehend) 2 Hilfsförderanlagen; *Schacht 2:* (ausziehend) 1 Hilfsförderanlage; *Schacht 4:* (einziehend) 1 Hilfsförderanlage; *Schacht 9:* (ausziehend) 1 Befahrungsanlage.

Aufbereitung: Wäsche 1 450 t/h Nenn-Leistung; Rohkohlenmischlager 2 x 30 000 t.

Sonstige Betriebe

Steinwerk: Erzeugnisse: Kalksandsteine; Betriebsleiter: Jürgen *Herrmann.*

Preussag Anthrazit GmbH

4530 Ibbenbüren 1, Osnabrücker Straße 112, Postfach 14 64, ☏ (05451) 51-0, ✆ 94510, Telefax (05451) 51 32-00, St: Ibbenbüren, WL: Esch (Westf.), HA: Mittellandkanal 4 km, BA Hamm.

Kraftwerkspartner mit Energie für Baustoffe mit Energie

SAFAMENT® Betonzusatzstoff nach DIN 1045

SAFABIT® Füller für bituminöse Baustoffe nach TL MIN und ZTV bit StB

SAFATRAG® Tragschichtbaustoff für den Straßenbau

SAFAMOLITH® Leichtzuschlagstoff entsprechend DIN 4226 T2

SAFAFLOR® Erd- und Grundbaustoff

SAFAINJEKT® Injektionsmörtel und Versatzbaustoff

SAFATHERM® Wärmedämm-Mauermörtel mit Zulassungsbescheid nach DIN 1053

SAFA Saarfilterasche-Vertriebs-GmbH & Co. KG
Römerstr. 1 · D-7570 Baden-Baden 24
Telefon (07221) 61021 · Fax (07221) 61080
Telex 781 168 safa d

1 BERGBAU

Aufsichtsrat: Dipl.-Geologe Dr.-Ing. E. h. Günther *Saßmannshausen*, Hannover (Vorsitzender); Josef *Windisch*, Mitglied des geschäftsführenden Vorstandes der IG Bergbau und Energie, Bochum (stv. Vorsitzender); Heinz *Günther*, Hannover; Hermann *Heinemann*, Minister für Arbeit, Gesundheit und Soziales des Landes Nordrhein-Westfalen, Düsseldorf; Rechtsanwalt und Notar Detlef *Kleinert*, MdB, Hannover; Jürgen *Knibutat*, Betriebsratsvorsitzender der Preussag Anthrazit GmbH, Ibbenbüren; Dipl.-Ing. Edgar *Prochnow*, Geschäftsführer der Energiewerke Nord GmbH, Greifswald; Dr. Heinz *Reinermann*, Mitglied des Vorstandes der Preussag AG, Hannover; Heinz-Josef *Schrameyer*, Angestelltenvertreter Betriebsrat der Preussag Anthrazit GmbH, Ibbenbüren; Dr. Manfred *Schüler*, Mitglied des Vorstandes der Kreditanstalt für Wiederaufbau, Frankfurt; Dr. Helmut *Stodieck*, Generalbevollmächtigter der Preussag AG, Hannover.

Geschäftsführung: Bergwerksdirektor Ass. d. Bergf. Günter *Krallmann*, Vorsitzender; Direktor Dipl.-Kfm. Jochen *Plumhoff;* Arbeitsdirektor Horst *Wekkelmann*.

Prokuristen: Direktor Dr.-Ing. Gerhard *Ackmann* (Technische Dienste/Energiebetriebe); Direktor Dipl.-Kfm. Rainer *Drodofsky* (Belegschaftswesen); Direktor Dipl.-Kfm. Herbert *Köper* (Kaufm. Verwaltung); Rechtsanwalt Lothar *Westhoff* (Recht/Versicherungen).

Kaufm. Verwaltung: Direktor Dipl.-Kfm. Herbert *Köper* (Leitung); Abteilungsdirektor Wilfried *Raneberg* (Finanz- und Rechnungswesen); Ludger *Brandebusemeyer* (Datenverarbeitung); Walter *Ernst* (Einkauf/Magazin).

Vertrieb: Direktor Dipl.-Kfm. Jochen *Plumhoff* (Leitung); Direktor Dr. Rolf *Bäßler* (Verkauf und Marketing); Abteilungsdirektor Hans-Joachim *Ellerbrock* (Verkaufsabwicklung); Abteilungsdirektor Dipl.-Ing. Heinz-Hermann *Hoffmeyer* (Technischer Kundendienst).

Belegschaftswesen: Direktor Dipl.-Kfm. Rainer *Drodofsky* (Leitung); Alfred *Prinz* (Sozialwesen); Studiendirektor i. E. Dipl.-Ing. Alfred *Esch* (Ausbildung); Gabriele *Paske-Ber*, Ärztin für Betriebsmedizin und Arbeitsmedizin (Betriebsärztlicher Dienst).

Zentralbereich: Rechtsanwalt Lothar *Westhoff* (Recht/Versicherungen); Abteilungsdirektor Dipl.-Ing. Hans Ulrich *Höppe* (Zentrale Planung, Koordination/Organisation); Dipl.-Kfm. Rainer *Wettig* (Öffentlichkeitsarbeit).

Sicherheitsdienst: Dipl.-Ing. Herbert *Ziwitza*.

Gründung und Statut: die Gesellschaft wurde durch Ausgründung der früheren Preussag AG Kohle am 21. 6. 89 mit Wirkung zum 1. 1. 1989 gegründet. Gegenstand des Unternehmens sind die Gewinnung von und der Handel mit Steinkohle sowie damit im Zusammenhang stehende Dienstleistungen. Die Gesellschaft darf auch sonstige Geschäfte betreiben, sofern diese dem Gesellschaftszweck dienlich sind. Sie darf sich ferner an Unternehmen mit gleichem oder ähnlichem Gesellschaftszweck beteiligen.

Stammkapital: 200 Mill. DM.

Gesellschafter: Preussag AG, Berlin und Hannover, 100%.

Verkaufsorganisation: Eigenvertrieb der festen Brennstoffe an Großverbraucher und den Großhandel, auch über die Niedersächsische Kohlenverkauf GmbH, Ibbenbüren.

Berechtsame: 92,8 km², derzeitiges Betriebsfeld 19,5 km².

Produktion		1990	1991
Steinkohlenfördermenge	t/d	8 277	8 100
	t/a	2 044 367	2 000 618
Schichtleistung u. T.	kg/MS	4 652	4 651
Strom*	MWh	107 648	137 737

* Ohne 770-MW-Steinkohlenblock.

Beschäftigte (Jahresende)

	1990	1991
Arbeiter u. T.		1 898
Arbeiter insgesamt	3 113	2 946
Angestellte insgesamt	720	720
Beschäftigte insgesamt	3 833	3 666

Steinkohlenbergwerk Ostfeld

Bergwerksdirektion: Bergwerksdirektor Ass. d. Bergfachs Florian *Bärtling* (Leitung); Obermarkscheider Dr.-Ing. Manfred *Hädicke* (Markscheiderei); Ass. d. Markscheidefachs Thomas *Anlauf* (Stabsstelle Gasausbruchs- und Gebirgsschlagverhütung).

Grubenbetrieb u. T.: Betriebsdirektor Dipl.-Ing. Laszlo-Zoltan *Szigeti* (Leitung); Betriebsführer Werner *Nospickel* (Abbau/Aus- und Vorrichtung); Betriebsinspektor Dipl.-Ing. Peter *Muth* (Wettertechnik/Gasausbruchs- u. Gebirgsschlagverhütung/Logistik); Betriebsführer Dipl.-Ing. Reinhold *Donnermeyer* (Maschinen-/Elektrobetrieb).

Techn. Planung u. T.: Betriebsdirektor Dipl.-Ing. Dietrich *Haecker* (Leitung); Dipl.-Ing. Jürgen *Voskuhl* (Bergwirtschaft); Dipl.-Ing. Franz *Winnemöller* (Bergmännische Planung), Dipl.-Ing. Kurt *Brinkhues* (Arbeitswirtschaft); Dipl.-Ing. Walter *Suchy* (Masch.-/Elektrotechn. Planung, Werkssachverständiger).

Grubenbetrieb ü. T.: Betriebsdirektor Dr.-Ing. Helmut *Kröner* (Leitung); Betriebsleiter Dipl.-Ing. Heinrich *Schlierenkämper* (Aufbereitung).

Lagerstätte: Kohlenart: Anthrazit; mittlere gebaute Flözmächtigkeit: 127/119 cm; gebautes Einfallen: 0 bis 10 gon.

Untertagebetrieb: Teufe der Hauptfördersohle 1.436 m; *von Oeynhausenschacht 3:* 2 Gefäßförderanlagen mit Seilfahrt (einziehend); *von Oeynhausenschacht 1:*

Durch die Erfahrung wächst der Erfolg

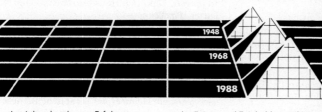

Aus jahrzehntelanger Erfahrung entstanden die Vorteile, die heute die KRUMMENAUER GLOBOID-WALZE® mit Ejektor-Bedüsung auszeichnen:

- wesentlich bessere Ladeeigenschaften gegenüber herkömmlichen Schrämwalzen-Konstruktionen
- mit dieser Globoid-Walze können Schrämmaschinen höhere Marschgeschwindigkeiten fahren
- die Stromaufnahme ist geringer

- der Feinst- und Feinkohleanteil ist reduziert und damit vermindert sich auch die Staubentstehung
- durch die Ejektor-Bedüsung entsteht ein Wassernebel, wodurch mit weniger Wasser eine bessere Staubbekämpfung möglich wird.

Vorteile der KRUMMENAUER GLOBOIDWALZE®, die aus Erfahrung entstanden.

Für Ihren Erfolg:

KRUMMENAUER hat die größte Schrämwalze fertiggestellt, die bisher in der BRD für die Gewinnung von Steinkohle gebaut wurde.

KRUMMENAUER

Wellesweilerstr. 95, D-6680 Neunkirchen / Saar, Tel. 0 68 21 / 105-0, Fax 0 68 21 / 105 106, Tx 444 834

PLEIGER liefert für BERGBAU und INDUSTRIE

Armaturen für Anschluß, Verbindung, Absperrung und Regelung von 8 bis 500 mm Ø

Rohr- und Schlauchkupplungen Parker-Bördel-Verschraubungen

Rohrformstücke · Flansche Bunde · Einschalt- und konische Ringe

Schrauben, Muttern und Befestigungsteile

Mini-Hebekissen zum Heben schwerster Lasten

Pumpen · Mischer und Verpreßeinheiten

Trocken-Pumpsystem für trockene, feinkörnige, selbst stark verdichtete Medien wie Dammbaustoffe, Gesteinsstäube usw.

Feuerlöscheinrichtungen

 Paul Pleiger Handelsgesellschaft mbH · Postfach 1333 · 4322 Sprockhövel 1
Fritz-Lehmhaus-Weg 4 · ☎ (02324) 398-302 und 383 · Fax (02324) 398-360

1 BERGBAU

Materialschacht, Gestellförderung (einziehend); *Nordschacht:* Seilfahrt- und Materialschacht, Gestellförderung (einziehend); *Bockradener Schacht* (ausziehend) und *Theodorschacht* (ausziehend): Wetterschächte; *von Oeynhausenschacht 2:* Wasserhaltungsschacht.

Aufbereitung: Durchsatz 900 t/h.

Landabsatz: Ausgabe arbeitstäglich von 6.00 bis 18.00 Uhr außer sonnabends. Verkauf durch den NKV.

Techn. Dienste/Energiebetriebe: Direktor Dr.-Ing. Gerhard *Ackmann* (Leitung); Dipl.-Ing. Jörn *Borup* (Umweltschutzbeauftragter).

Zentrale Dienste: Dipl.-Ing. Martin *Wegmann* (Leitung).

Techn. Planung ü. T.: Dr.-Ing. Eduard *Piesbergen* (Leitung).

Kraftwerke: 27-MW-Grubengaskraftwerk, 770-MW-Steinkohlenblock (24% Preussag-Anteil).

Wasserwerk Dörenthe: Leistung 14.500 m³/d Reinwasser.

Fernheizwerk Ibbenbüren: Leistung 109 GJ/h Fernwärme.

Bergberufsschule und Ausbildungswesen

(Vgl. Beitrag der Preussag Anthrazit GmbH in Kap. 8 Abschn. 1)

4530 Ibbenbüren, Osnabrücker Str. 112, Postfach 1464, ☏ (05451) 51-0.

Sophia-Jacoba GmbH

5142 Hückelhoven 1, Postfach 13 20, ☏ (02433) 88-01, ⌕ 8329850, Telefax (02433) 883395.

Aufsichtsrat: Dr. rer. pol. Heinz *Horn*, Essen, Vorsitzender des Vorstandes der Ruhrkohle AG, Vorsitzender; Friedhelm *Georgi*, Alsdorf, Bezirksleiter Rheinland der Industriegewerkschaft Bergbau und Energie, stellv. Vorsitzender; Wilhelm Hans *Beermann*, Essen, Mitglied des Vorstandes der Ruhrkohle AG; Hanns-Ludwig *Brauser*, Monheim; Ass. d. Bergf. Friedrich H. *Esser*, Essen, Vorsitzender des Vorstandes der Steag AG; Dr.-Ing. Heinrich *Heiermann*, Essen, Mitglied des Vorstandes der Ruhrkohle AG; Dr. Klaus Dieter *Leister*, Düsseldorf, Mitglied des Vorstandes der Westdeutschen Landesbank; Franz-Josef *Sonnen*, Hückelhoven, Aufsichtshauer; Dr. jur. Dipl.-Ing. agr. *Spies von Büllesheim*, Hückelhoven, Rechtsanwalt; Detlef *Stab*, Hückelhoven, 1. Maschinensteiger; Dr. Christoph *Zöpel*, MdB, Bochum, Staatsminister a. D.

Geschäftsführung: Dipl.-Kfm. Günter *Meyhöfer*, Vorsitzer; Assessor Dr. jur. Wolfgang *Seidel*; Arbeitsdirektor Heinz *Preuß*.

Generalbevollmächtiger: Bergwerksdirektor Dipl.-Ing. Hans-Georg *Rieß*.

Prokuristen: Dipl.-Betriebswirt Wilhelm *Bayartz*, Dipl.-Ing. Gerd *Heidersdorf*, Dr.-Ing. Karl-Ernst *Hermanns*, Dipl.-Ing. Hans-Georg *Rieß*, Dipl.-Kfm. Dieter *Windelschmidt*.

Handlungsbevollmächtigte: Bauabteilung: Dipl.-Ing. Josef *Frenken*; Unternehmens- und Verstromungsrechnung: Dipl.-Kfm. Eberhard *Ingenhamm*; Stabsstelle unter Tage: Dr.-Ing. Wolfgang *Jägersberg*; EDV-Abteilung: Alfred *Janßen*; Technische Betriebe über Tage: Dr.-Ing. Hermann-Josef *Knappe*; Vertrieb/Versand: Heinz *Molz*; Technische Betriebe unter Tage: Dipl.-Ing. Werner *Schaub*; Wohnungs- und Sozialwesen: Heinz-Wilhelm *Schorn*; Personalverwaltung: Horst *Stangier*; Energiewirtschaft: Abteilungsdirektor Dr. Günter *Wüster*; Einkauf: Roland *Zschenderlein*.

Berechtsame: 148 Mill. m², derzeitiges Betriebsfeld 27 Mill. m².

Stammkapital: 25 Mill. DM.

Gesellschafter: Ruhrkohle AG, Essen; Eschweiler Bergwerksverein AG, Herzogenrath-Kohlscheid.

Verkaufsorganisation: Sophia-Jacoba Handelsgesellschaft mbH, Hückelhoven.

Bergwerk Sophia-Jacoba

5142 Hückelhoven, ☏ (02433) 88-01, St: Erkelenz, WL: Ratheim; BA Aachen.

Betriebsleitung: Bergwerksdirektion: Bergwerksdirektor Dipl.-Ing. Hans-Georg *Rieß*; Technische Betriebe über und unter Tage: Direktor Dr.-Ing. Karl-Ernst *Hermanns*; Technische Betriebe unter Tage: Dipl.-Ing. Werner *Schaub*; Stabsstelle unter Tage: Dr.-Ing. Wolfgang *Jägersberg*; Maschinenbetrieb: Betriebsführer Dipl.-Ing. Elmar *Hennes*; Aus- und Vorrichtung: Betriebsführer Dipl.-Ing. Hans-Josef *Küppers*; Abbau und Herrichtung, Logistik: Betriebsführer Ass. d. Bergf. Thomas *Matusche*; Elektrobetrieb: Betriebsführer Dipl.-Ing. Otto *Schablitzky*; Technische Betriebe über Tage: Dr.-Ing. Hermann-Josef *Knappe*; Labor: Dipl.-Ing. Bernhard *Michalowski*; Zentrale Dienste über Tage: Peter *Püsche*; Tagesbetriebe: Betriebsführer Dipl.-Ing. Hans-Dieter *Redmann*; Leiter Energiebetriebe: Abteilungsdirektor Dr.-Ing. Günter *Wüster*; Markscheider: Dipl.-Ing. Gerd *Wallrafen*; Leiter der Sicherheitsabteilung: Dipl.-Ing. Dietrich *Kohse*; Werkssachverständiger: Dipl.-Ing. Rolf *Hinze*; Betriebsärzte: Dr. med. Hellmut *Lenaerts-Langanke*, Thomas *Möller*; Ausbildungsleiter: Studiendirektor i. E. Dipl.-Ing. Lothar *Wilczek*.

Lagerstätte: *Kohlenart:* Anthrazit; Anzahl der gebauten Flöze 5; mittlere gebaute *Flözmächtigkeit:* 116/84 cm; gebautes *Einfallen:* 0 bis 16 gon.

BERGBAU 1

Schachtanlage 1/3 in Hückelhoven: *Schacht 2:* Wetterschacht; *Schacht 3:* Seilfahrt- und Materialschacht, Gestellförderung; *Schacht 8 in Golkrath:* Frischwetterschacht.

Zentralschachtanlage in Ratheim: Teufe der Hauptfördersohle 600 m; Teufe der Frischwettersohle 400 m. *Schacht 4:* Seilfahrt-, Förder- und Wetterschacht, Gestellförderung. *Schacht HK:* Seilfahrt- und Förderschacht, Gestellförderung.

Schachtanlage 5/7 in Birgelen: *Schacht 5:* Seilfahrt-, Material- und Wetterschacht, Gestellförderung; *Schacht 7:* Frischwetterschacht.

Voraufbereitung Ratheim: Durchsatzleistung 1 500 t/h.

Aufbereitung Ratheim: Durchsatzleistung 1 000 t/h.

Brikettfabriken: 1 Fabrik für raucharme Nußbriketts und Eiformbriketts, 1 Fabrik für rauchlose Formkohle »Extrazit«; Gesamtleistung 180 t/h.

Landabsatz: Ausgabe arbeitstäglich von 6 bis 14 Uhr, außer sonnabends.

Produktion	1990	1991
Steinkohlenfördermenge tvF/d	6 506	6 678
tvF/a	1 600 411	1 642 800
Briketts .... t/d	1 608	1 835
.. t/a	395 470	451 300
Beschäftigte .... (Jahresende)	3 988	3 844

Dr. Arnold Schäfer GmbH

6632 Saarwellingen 3, Hilgenbacher Höhe, ☏ (06806) 605-0.

Kohlenart: Obere Flammkohle.

Grube Reisbach

	1990	1991
Steinkohlenfördermenge ... t/a	249 449	253 648
Beschäftigte .... (Jahresende)	120	121

Bergwerksgesellschaft Merchweiler mbH

6607 Quierschied 3, Heusweilerstraße, ☏ (06897) 61045, Telefax (06897) 65216.

Lagerstätte: Flöz Kallenberg; *Kohlenart:* Flammkohle.

Grube Fischbach

	1990	1991
Steinkohlenfördermenge ... t/a	146 800	152 000
Beschäftigte .... (Jahresende)	98	97

Gewerkschaft Röchling GmbH

4370 Marl, Victoriastraße 43, ☏ (02365) 40-2431.

Geschäftsführung: Rechtsanwalt Werner *Neuroth*, Stv. Abteilungsdirektor Hubert *Schüßler*.

Gesellschafter: BASF Aktiengesellschaft.

Zweck: Die Ausbeutung des Bergwerks Röchling zu Werne i. W., der Erwerb weiterer Bergwerksfelder und die Beteiligung an anderen Bergwerken.

Hüttenkokereien

Hüttenkokereien: Produktion und Beschäftigte

Hüttenkokerei	Betreiber	Koks 1990 t	Koks 1991 t	Produktion Rohteer 1990 t	Produktion Rohteer 1991 t	Gas 1990 1000 m³	Gas 1991 1000 m³	Beschäftigte 1990	Beschäftigte 1991
Kokerei Rheinhausen	Krupp Stahl AG	448 880	266 020	18 041	10 733	212 697	126 133	130	109
Kokerei Huckingen	Krupp Mannesmann GmbH	1 145 609	1 141 501	39 403	39 663	561 187	545 808	167	169
Kokerei Ilsede	Stahlwerke Peine-Salzgitter AG	433 140	446 235	15 125	14 209	175 915	171 858	128	128
Kokerei Salzgitter	Stahlwerke Peine-Salzgitter AG	1 331 870	1 329 653	48 319	46 335	661 187	642 488	216	209
Kokerei August Thyssen	Thyssen Stahl Aktiengesellschaft	2 404 951	2 366 774	104 304	105 763	628 099	606 998	868	838
ZKS – Zentralkokerei Saar GmbH	Saarbergwerke AG, Saarstahl Völklingen GmbH, AG der Dillinger Hüttenwerke	1 409 058	1 418 822	65 626	67 329	641 620	652 797	333	333

1 BERGBAU

Erzgebirgische Steinkohlen-Energiegesellschaft mbH – Esteg

O-9540 Zwickau, Äußere Schneeberger Straße 100, PSF 50, ☏ 8290, ✆ 78746, Telefax 829263.

Geschäftsführung: Dipl.-Ing. Helmut *Kröner*.

Produktionskapazität: Fernwärme, Elektroenergie, Maschinen- u. Stahlbau.

Betriebsanlagen: Heizkraftwerk Karl Marx, Heizwerke Martin Hoop und August Bebel Zentralwerkstätten.

Hüttenwerke Krupp Mannesmann GmbH

4100 Duisburg 25, Postfach 251167, ☏ (0203) 999-01, St. u. WL: Duisburg-Huckingen.

Kokerei Huckingen

Betriebsleitung: Obering. Dr. Reinhold *Beckmann*.

Anlagen: Eine Batterie mit 70 Regelstrom-Verbundöfen, Kapazität 4350 t/d Kokskohle naß. Kokskohle von den Zechen Consolidation und Hugo. Kohlenwertstoffanlagen für Teer, Rohbenzol, Gas, Entphenolung, Schwefelsäure.

Produktion	1990	1991
Koks .... t	1 145 609	1 141 501
Rohteer .... t	39 403	39 663
Rohbenzol .... t	10 636	11 525
Koksofengas ...... 1000 m³	561 187	545 808
Beschäftigte	172	169

Kokereigesellschaft Saar mbH

6638 Dillingen, Postfach 1880, ☏ (06831) 70 39 26/27, ✆ 443711 a dilg d.

Beirat: Dipl.-Ing. Bergwerksdirektor Werner *Externbrink*, Saarbrücken; Dipl.-Ing. Hans-Günter *Herfurth*, Völklingen; Siegfried *Pillong* (Prokurist), Michael G. *Ziesler*, Saarbrücken.

Geschäftsführung: Dr.-Ing. Jürgen *Echterhoff;* Dr. rer. pol. Norbert *Reis*.

Stammkapital: 50 000 DM.

Gesellschafter: Saarstahl AG, Völklingen, 24,4 %, Saarbergwerke AG, Saarbrücken, 48,8 %; AG der Dillinger Hüttenwerke, Dillingen, 24,4 %; Halbergerhütte GmbH, Brebach, 2,4 %.

Zweck: Eine Koordinierung des Betriebs der saarländischen Kokereien mit dem Ziel, die Kokskosten durch Rationalisierungsmaßnahmen zu senken und die Versorgung der Saarhütten mit Kokereiprodukten und Reduktionsmitteln sicherzustellen.

Krupp Stahl AG

(Hauptbeitrag der Krupp Stahl AG in Abschn. 4 in diesem Kapitel)

Werk Rheinhausen

4100 Duisburg 14, ☏ (02065) 791, ✆ 855481 fkhr d, St u. WL: Rheinhausen, HA: Privathafen Werk Rheinhausen.

Kokerei Rheinhausen

Betriebsleitung: Dipl.-Ing. Werner *Krafft*.

Koksöfen: 2 Batterien mit je 48 Regelstrom-Öfen mit je 750 t/d Kokserzeugung.

Gasabgabe an eigene Hüttenbetriebe für metallurgische Zwecke.

Kohlenwertstoffanlagen zur Gewinnung von Rohteer, flüssigem Schwefel und Zersetzung von Ammoniak.

Produktion	1990	1991
Koks .... t	448 880	266 020
Rohteer .... t	18 041	10 733
Gas .... 1000 m³	212 697	126 133
Beschäftigte .... (Jahresende)	130	109

Preussag Stahl AG

(Hauptbeitrag der Preussag Stahl AG in Abschn. 4 in diesem Kapitel.)

3320 Salzgitter 41, Postfach 41 11 80, ☏ (05341) 211, ✆ 954481 sgt d, Telefax (05341) 21 27 27.

Kokerei Ilsede

3150 Peine, Postfach 1740, ☏ (05171) 501, ✆ 92665 spspe d, Telefax (05171) 82 50, St u. WL: Ilsede, HA: Hafen Peine (Mittellandkanal).

Kokereileitung: Dipl.-Ing. Wolfhard *Dresler*.

Koksöfen: 79 Kreisstrom-Verbundöfen, 1300 t/d Koks.

Gasabgabe an eigene Betriebe.

Kohlenwertstoffanlagen zur Gewinnung von Rohteer, Rohbenzol und Schwefel (Peroxverfahren).

Produktion	1990	1991
Koks .... t	433 140	426 235
Rohbenzol .... t	4 294	4 954
Rohteer .... t	15 125	14 209
Schwefel .... t	571	572
Gas .... 1000 m³	175 915	171 858
Beschäftigte .... (Jahresende)	128	128

STEINKOHLE

Kokerei Salzgitter

3320 Salzgitter 41, Postfach 41 11 80, ☏ (0 53 41) 2 11, ✆ 9 54481 sgt d, Telefax (0 53 41) 21 29 43, St u. WL: Salzgitter Hütte Nord, HA: Werkshafen Salzgitter-Beddingen (Mittellandkanal).

Kokereileitung: Dipl.-Ing. Lotar *Escher*.

Koksöfen: 2 Batterien mit je 54 Öfen, je Batterie 1900 t/d Koks; Kapazität: 3 800 t/d Koks.

Gasabgabe an eigene Betriebe.

Kohlenwertstoffanlagen zur Gewinnung von Rohteer, Rohbenzol und Schwefelsäure.

Produktion	1990	1991
Koks .... t	1 331 870	1 329 653
Rohbenzol .... t	9 031	13 508
Rohteer .... t	48 319	46 335
Gas .... 1000 m³	661 139	642 488
Beschäftigte .... (Jahresende)	216	209

Thyssen Stahl Aktiengesellschaft

(Hauptbeitrag der Thyssen Stahl Aktiengesellschaft in Abschn. 4 in diesem Kapitel.)

4100 Duisburg 11, Kaiser-Wilhelm-Str. 100, ☏ (02 03) 52-1, ✆ 8 55 483 tst d.

Kokerei August Thyssen

4100 Duisburg 11, Kaiser-Wilhelm-Str. 39, ☏ (02 03) 52-1, ✆ 8 55 483 tst d, St: Duisburg-Hamborn, WL: Oberhausen West I, HA: Hafen Schwelgern.

Betriebsleitung: Betriebsdirektor Dr.-Ing. Klaus *Hofherr;* Betr.-Chef Volker *Zündorf*.

Koksöfen: 190 Kreisstrom-Verbundöfen mit einer Kapazität von 3 270 t/d Koks. 104 Regenerativ-Verbundöfen mit einer Kapazität von 3 860 t/d und 60 Regenerativ-Verbundöfen mit einer Kapazität von 1 100 t/d Koks. 2 Kokstrockenkühlanlagen mit einem Durchsatz von je 70 t/h.

Gasabgabe: Eigennetz.

Anlagen zur Gasbehandlung und zur Kohlenwertstoffgewinnung, zur Gewinnung von Rohteer, Rohbenzol, Ammoniak, Phenol und Ammoniumrhodanid sowie zur Ammoniak(NH_3)-Verbrennung und Schwefelsäure(H_2SO_4)-Erzeugung.

Produktion	1990	1991
Koks .... t	2 404 951	2 366 774
Rohbenzol .... t	16 838	6 546
Rohteer .... t	104 304	105 763
Gas (H_0 = 8400 kcal) . 1000 m³	628 099	606 998
Beschäftigte .... (Jahresende)	868	838

ZKS – Zentralkokerei Saar GmbH

6638 Dillingen, Postfach 1880, ☏ (0 68 31) 47-31 59.

Vorsitzender des Aufsichtsrates: Dipl.-Ing. Hans-Günter *Herfurth*.

Geschäftsführung: Dr.-Ing. Jürgen *Echterhoff;* Rudolf *Maringer*.

Stammkapital: 1 Mill. DM.

Gesellschafter: Saarbergwerke AG, 49%; AG der Dillinger Hüttenwerke, 25,5%; Saarstahl AG, 25,5%.

Kokerei

Betriebsleitung: Dipl.-Ing. Hans Jürgen *Killich*.

Anlagen: 90 Gruppenzug-Regelstrom-Verbundöfen, Kohlendurchsatz 5 450 t/d im Stampfverfahren; Mischbetten, Koksgrustrocknungs- und -mahlanlage, Kohlenmisch- und -mahlanlage; Kohlenwertstoffanlage zur Gewinnung von Rohteer, Rohbenzol und Clausschwefel, NH_3-Zersetzung.

Gasabgabe an AG der Dillinger Hüttenwerke, Saarstahl AG, Fernwärme-Verbund Saar GmbH.

Produktion	1990	1991
Koks .... t	1 409 058	1 418 822
Rohbenzol .... t	19 066	18 913
Rohteer .... t	65 626	67 329
Schwefel .... t	3 204	2 995
Gas (H_0 = 4300 kcal) . 1000 m³	641 620	652 797
Beschäftigte .... (Jahresende)	333	333

Qualität im Pumpenbau

Seit über 40 Jahren Pumpenbau, der sich ausgezeichnet hat durch:

- Qualität
- Zweckmäßige Konstruktion
- Zuverlässigkeit im Betrieb
- Betriebssicherheit
- guten und schnellen Service

WELLER
Pumpen GmbH

Postfach 15 60 · 4708 Kamen/Westf.
Telefon (0 23 07) 78 66 · Telex 820 501
Telefax (0 23 07) 7 20 92

1 BERGBAU

2. Braunkohle

Gesellschaften des Braunkohlenbergbaus: Produktion und Beschäftigte im Jahr 1991

	Fördermenge		Brikett-herstellung Granulat	Staub, Trockenkohlen, Wirbelschichtkohle	Braunkohlenkokserzeugung	Beschäftigte			
						Arbeiter	Angestellte	Insgesamt	% der Gesamt-Belegschaft
	t	%	t	t	t				
Rheinland									
Rheinbraun AG	106 360 750	38,07	2 909 858	3 000 202	196 796	10 807	4 611	15 418	15,87
Maria Theresia Bergbaugesellschaft mbH	–	–	–	–	–	–	1	1	0,00
Revier Rheinland	106 360 750	38,07	2 909 858	3 000 202	196 796	10 807	4 612	15 419	15,87
Helmstedt									
Braunschweigische Kohlen-Bergwerke AG	4 535 977	1,62	–	–	–	1 219	402	1 621	1,67
Revier Helmstedt	4 535 977	1,62	–	–	–	1 219	402	1 621	1,67
Hessen									
PreussenElektra Aktiengesellschaft .	553 171	0,20	–	–	–	184	57	241	0,25
Zeche Hirschberg GmbH	225 681	0,08	–	–	–	85	9	94	0,09
Revier Hessen	778 852	0,28	–	–	–	269	66	335	0,34
Bayern									
Oberpfälzische Schamotte- und Tonwerke GmbH Ponholz	38 702	0,01	–	–	–	2	–	2	0,00
Ziegel- und Tonwerk Schirnding GmbH	19 950	0,01	–	–	–	2	1	3	0,00
Revier Bayern	58 652	0,02	–	–	–	4	1	5	0,01
Alte Bundesländer	**111 734 231**	**39,99**	**2 909 858**	**3 000 202**	**196 796**	**12 299**	**5 081**	**17 380**	**17,89**
Lausitz									
Lausitzer Braunkohle AG	116 783 591	41,80	5 794 312	210 461	–	28 665	10 286	38 951	40,09
Energiewerke Schwarze Pumpe AG .	–	–	4 423 752	45 704	428 998	7 135	3 195	10 330	10,63
Braunkohlenveredlung Lauchhammer	–	–	2 014 816	–	236 160	2 242	666	2 908	3,00
Revier Lausitz	116 783 591	41,80	12 232 880	256 165	665 158	38 042	14 147	52 189	53,72
Mitteldeutschland									
Vereinigte Mitteldeutsche Braunkohlenwerke AG	50 885 019	18,21	5 860 052	1 384 412	–	21 336	6 160	27 496	28,30
Brikettfabrik Völpke GmbH	–	–	105 300	–	–	79	13	92	0,09
Revier Mitteldeutschland	50 885 019	18,21	5 965 352	1 384 412	–	21 415	6 173	27 588	28,39
Neue Bundesländer	**167 668 610**	**60,01**	**18 198 232**	**1 640 577**	**665 158**	**59 457**	**20 320**	**79 777**	**82,11**
Deutschland	**279 402 841**	**100,00**	**21 108 090**	**4 640 779**	**861 954**	**71 756**	**25 401**	**97 157**	**100,00**

Quelle: Statistik der Kohlenwirtschaft eV.

BRAUNKOHLE

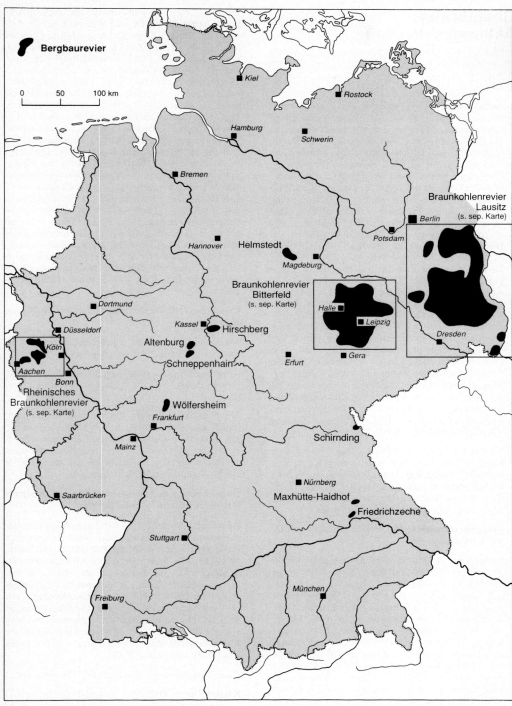

Braunkohlenreviere in Deutschland.

Rheinbraun Aktiengesellschaft

5000 Köln 41, Stüttgenweg 2; Außenstelle: 5000 Köln 41, Max-Wallraf-Str. 2−4, ☎ (0221) 480-1, ✆ (17) 221521, Teletex 221521 = Rheinbr, Telefax 480-3333.

Aufsichtsrat: Dr. jur. Friedhelm *Gieske*, Vorsitzender des Vorstands der RWE AG, Essen, Vorsitzender; Klaus-Dieter *Südhofer*, Zweiter Vorsitzender des Hauptvorstands der IGBE, Bochum, stellv. Vorsitzender; Dr. jur. Ulrich *Büdenbender*, Mitglied des Vorstands der RWE AG, Essen; Norbert *Burger*, Oberbürgermeister, Köln; Wolfgang *Clement*, Minister, Chef der Staatskanzlei des Landes Nordrhein-Westfalen, Bonn; Manfred *Dickmeis*, Eschweiler; Wilhelm *Giesen*, Frechen; Wilhelm *Göbbels*, Bedburg; Dr. jur. Horst *Griese*, Oberkreisdirektor, Wesel; Walter *Haas*, stellv. Landesvorsitzender des DGB, Hilden; Professor Dr.-Ing. Werner *Hlubek*, Vorstandsmitglied der RWE AG, Essen; Dr.-Ing. Dr.-Ing. E. h. Günther *Klätte*, Heiligenhaus; Hans-Ferdi *Koch*, Bedburg; Dr. sc. pol. h. c. Herbert *Krämer*, Vorstandsmitglied der RWE AG, Düsseldorf; Hans-Detlef *Loosz*, stellv. Bezirksleiter des Bezirks Rheinland der IGBE, Alsdorf; Alfons *Müller*, Bürgermeister, Wesseling; Dr. rer. pol. Wilhelm *Nölling*, Präsident der Landeszentralbank der Freien und Hansestadt Hamburg, Hamburg; Alfred *Freiherr von Oppenheim*, persönlich haftender Gesellschafter des Bankhauses Sal. Oppenheim jr. & Cie, Köln; Dipl.-Volksw. Botho *Riegert*, Referatsleiter Energiepolitik der Abteilung Strukturpolitik beim Bundesvorstand des DGB, Ratingen; Franz Josef *Schmitt*, Vorstandsmitglied der RWE AG, Essen; Wolfgang *Ziemann*, Vorstandsmitglied der RWE AG, Essen.

Vorstand: Bergwerksdirektor Dr.-Ing. Dr.-Ing. E. h. Hans-Joachim *Leuschner*, Vorsitzender, Köln; Bergwerksdirektor Dr.-Ing. Dietrich *Böcker*, Brühl; Bergwerksdirektor Dr. rer. pol. Horst J. *Köhler*, Brühl; Bergwerksdirektor Dr.-Ing. Bernhard *Thole*, Bergheim; Bergwerksdirektor Jan *Zilius*, Köln.

Generalbevollmächtigter: Direktor Rechtsanwalt Dr. jur. Kurt *Justen*.

Prokuristen: Direktor Paul *Albers* (Personal- und Bildungswesen Tarif-Mitarbeiter); Dipl.-Kfm. Hans-Dieter *Bertram* (Steuern und Abgaben); Dr. med. Ulrich *Blankenstein* (Arbeitsmedizin); Dr.-Ing. Johannes *Lambertz* (Kohlenverarbeitung); Dr.-Ing. Burkhard *Boehm* (Wasserwirtschaft); Dipl.-Phys. Dr. rer. nat. Heinrich *Bußmann* (Einkauf und Materialwirtschaft); Direktor Rechtsanwalt Eckehardt *Coenen* (Allgemeine Verwaltung, Personal- und Bildungswesen AT-Mitarbeiter); Professor Dr.-Ing. Ernst *Dermietzel* (Datenverarbeitung); Ass. d. Forstdienstes Dipl.-Forstwirt Ludger *Dilla* (Land- und Forstwirtschaft); Dipl.-Ing. Jürgen *Eickemeier* (Bergbaumaschinen und Instandhaltung); Direktor Dipl.-Phys. Dr.-Ing. Jürgen *Engelhard* (Forschung und Entwicklung); Rechtsanwalt Dr. jur. Wolfgang *Gerigk* (Öffentliches Recht, Berg- u. Europarecht); Direktor Dipl.-Kfm. Helmut *Gersch* (Kaufmännische Planung u. Kontrolle); Direktor Ass. d. Bergf. Dipl.-Ing. Helmut *Goedecke* (Tagebaue); Dipl.-Ing. Johannes *Heitkemper* (Bauwesen); Dipl.-Volksw. Ellen *Heinecke* (Rechnungswesen); Direktor Bergass. Dr. rer. nat. Peter *Kausch* (Rohstoffe und Auslandsbergbau); Dipl.-Kfm. Georg K. *Lambertz* (Finanzwesen); Direktor Dr.-Ing. Christian *Lögters* (Liegenschaften, Umsiedlungen und Bergschäden); Rechtsanwalt Ulrich *Pieper* (Bergschäden); Markscheider Dipl.-Ing. Klaus *Reichenbach* (Markscheidewesen und Photogrammetrie); Dr. phil. Wolfgang *Rönnebeck* (Presse- und Öffentlichkeitsarbeit); Gruppendirektor Dipl.-Ing. Hans-Jürgen *Schultze* (Gruppe West und Süd); Ing. (grad.) Rolf *Starke* (Tagebau-Planung); Gruppendirektor Dr.-Ing. Hans-Jürgen *Thiede* (Gruppe Nord); Wilhelm *Töller* (Angewandte Arbeitswissenschaft); Heinz-Joseph *Welter* (Sozialwesen); Direktor Dipl.-Volksw. Dr. rer. pol. Rolf *Zimmermann* (Unternehmensentwicklung, Organisation und Revision); Dipl.-Ing. Karl *Zimmermann* (Elektrotechnik).

Presse- und Öffentlichkeitsarbeit: Dr. phil. Wolfgang *Rönnebeck*.

Markscheidewesen und Photogrammetrie: Markscheider Dipl.-Ing. Klaus *Reichenbach*.

Arbeitsmedizinische Abteilung: 5000 Köln 40, Wickratherhofweg 27, ☎ (0221) 480-1, ✆ (17) 221521 = Rheinbr.

Dr. med. Ulrich *Blankenstein*, leitender Betriebsarzt; Eva Maria *Dahl*, Dr. med. Matthias *Franzkowiak*, Dr. med. Hans-Dieter *Kaufmann*, Dr. med. Franz-Josef *Kuntz*, Dr. med. Lothar *Lueg*, Dr. med. Hans-Joachim *Majunke*, Karin *Ratjen*, Dr. med. Georg *Zerlett*, hauptamtliche Betriebsärzte.

Übergeordnetes Berichtswesen und Energiewirtschaft: Dr. rer. pol. Hans-Wilhelm *Schiffer*.

Gründung: Am 28. 12. 1959 wurden im Wege der Verschmelzung die Braunkohlen- und Brikettwerke Roddergrube AG, Brühl, die Braunkohlen Industrie AG »Zukunft«, Weisweiler, von der Rheinischen Aktiengesellschaft für Braunkohlenbergbau und Brikettfabrikation, Köln, aufgenommen. Außerdem wurde am 23. 12. 1959 das Braunkohlenbergwerk Neurath AG, Düsseldorf, auf die Gesellschaft umgewandelt. Durch Beschluß der Hauptversammlung vom 11. Dezember 1989 führt die Gesellschaft die Firmenbezeichnung »Rheinbraun Aktiengesellschaft« mit dem Sitz in Köln.

Geschichtliches: siehe Jahrbuch 1977/78, Seite 188.

Kapital: 1 Mrd. DM.

Alleinaktionär: RWE Aktiengesellschaft, Essen.

BRAUNKOHLE

Beteiligungen

Consol Energy Inc., Wilmington/Delaware (USA), 50% (davon 10% indirekt).
Rheinbraun US GmbH, Köln, 30%.
Rheinbraun Verkaufsgesellschaft mbH, Köln, 100%.
Maria Theresia Bergbaugesellschaft mbH, Köln, 100%.
Uranerzbergbau-GmbH, Wesseling, 50%.
Rheinbraun Australia Pty. Ltd., Sydney, 100%.
Rheinbraun Engineering und Wasser GmbH, Köln, 100% (davon 25% indirekt).
Hürtherberg Steine und Erden GmbH, Köln, 100%.
Gesellschaft für Wohnungsbau und -verwaltung im Rheinischen Braunkohlenrevier mbH, Köln, 100%.
KAZ Bildmess GmbH, Leipzig, 100%.
Rheinbraun Haustechnik GmbH, Köln, 100%.
Carl Scholl KG, Köln, 100%.
Braunkohle-Benzin Aktiengesellschaft, Köln, rd. 47,7%.
Unterstützungseinrichtung »Rheinbraun« GmbH, Köln, 100%.

Produktion		1990	1991
Abraumbewegung	m³	433 485 006	476 209 824
Braunkohlenfördermenge	t	102 180 920	106 360 750
Briketts	t	2 397 375	2 851 258
Granulat	t	58 878	58 600
Kohlenstaub	t	2 481 742	2 481 188
Wirbelschichtbraunkohle	t	265 173	345 875
Trockenkohle	t	157 756	173 139
Braunkohlenkoks	t	173 937	196 796
Strom	MWh	1 458 279	1 763 222

Rekultivierungsleistung (Jahresende)

		1990	1991
Betriebsflächen	ha	8 733	8 812
Wiedernutzbarmachung	ha	14 757	14 998

Beschäftigte (Jahresende)

	1990	1991
Arbeiter	10 727	10 807
Angestellte	4 588	4 611
Beschäftigte insgesamt	15 315	15 418

I. Gruppe Nord

5010 Bergheim, Auenheimer Str., ☎ (02271) 59-1,
✈ 888721 rbw fd, BA Köln, Telefax (02271) 595019.
LOBA Nordrhein-Westfalen, Dortmund.

Gruppendirektion: Gruppendirektor Dr.-Ing. Hans-Jürgen *Thiede;* Vertreter: Betriebsdirektor Dipl.-Ing. Dietmar *Emmrich.*

Kaufmännische Verwaltung: Kaufm. Direktor Dipl.-Kfm. Dr. rer. pol. Rolf *Bongardt.*

Betriebsdirektionen: Tagebau Garzweiler, Tagebau Fortuna/Bergheim, Fabrik Fortuna-Nord, Bohrbetrieb und Wasserwirtschaft.

Beschäftigte der Gruppe Nord

(Jahresende)	1990	1991
Arbeiter	5 117	5 047
Angestellte	1 270	1 264
Beschäftigte insgesamt	6 387	6 311

Tagebau Garzweiler

Versandanschrift: St: Gustorf, WL: Anschlußgleis.

Leitung: Betriebsdirektor Dipl.-Ing. Helmut *Beißner.*

Oberingenieure: Dipl.-Ing. Rolf *Milbach* (Elektrotechnische Abteilung); Dipl.-Ing. Reinhold *Deindl* (Maschinentechnische Abteilung); Dipl.-Ing. Matthias *Hartung* (Stabsabteilung); Dipl.-Ing. Werner *Sieger* (Bergbau); Ass. d. Markscheidefachs Dipl.-Ing. Werner *Schaefer* (Markscheiderei).

Produktion		1990	1991
Abraumbewegung	m³	101 706 152	114 983 486
Braunkohlenfördermenge	t	34 092 754	32 688 264
Verhältnis Abraum/Kohle		2,98:1	3,52:1

Tagebau Fortuna/Bergheim

Versandanschrift: St u. WL: Niederaußem über Bergheim, Anschlußgleis.

Leitung: Betriebsdirektor Dipl.-Wirtsch.-Ing. Dr.-Ing. Kurt *Häge.*

Oberingenieure: Ass. d. Bergf. Dipl.-Ing. Franz Cornel *Cremer* (Bergbau); Markscheider Dipl.-Ing. Herbert *Duddek* (Markscheiderei); Dipl.-Ing. Wolfgang *Eger* (Bergbau); Dipl.-Ing. Erich *Fechner* (Maschinentechnische Abteilung); Dipl.-Ing. Detlef *Neuhaus* (Stabsabteilung); Dipl.-Ing. Hans-Joachim *Schulze* (Eisenbahnabteilung); Dipl.-Ing. Klaus Jürgen *Wollenberg* (Elektrotechnische Abteilung).

Produktion		1990	1991
Abraumbewegung	m³	56 934 588	46 117 689
Braunkohlenfördermenge	t	18 951 539	22 893 479
Verhältnis Abraum/Kohle		3,00:1	2,01:1

Veredlungsbetrieb Fortuna-Nord

Versandanschrift: St u. WL: Niederaußem über Bergheim, Anschlußgleis.

Leitung: Betriebsdirektor Dr.-Ing. Peter *Jüssen.*

Oberingenieur: Dr.-Ing. Hubert *Gerdes* (Produktion); Dr.-Ing. Gereon *Thomas* (Technik).

Produktion		1990	1991
Briketts	t	307 588	170 894
Granulat	t	58 878	58 528
Kohlenstaub	t	846 196	896 231
Wirbelschichtbraunkohle	t	263 920	345 073
Trockenkohle	t	14 718	11 616
Braunkohlenkoks	t	173 937	196 796
Strom	MWh	586 454	607 216

1 BERGBAU

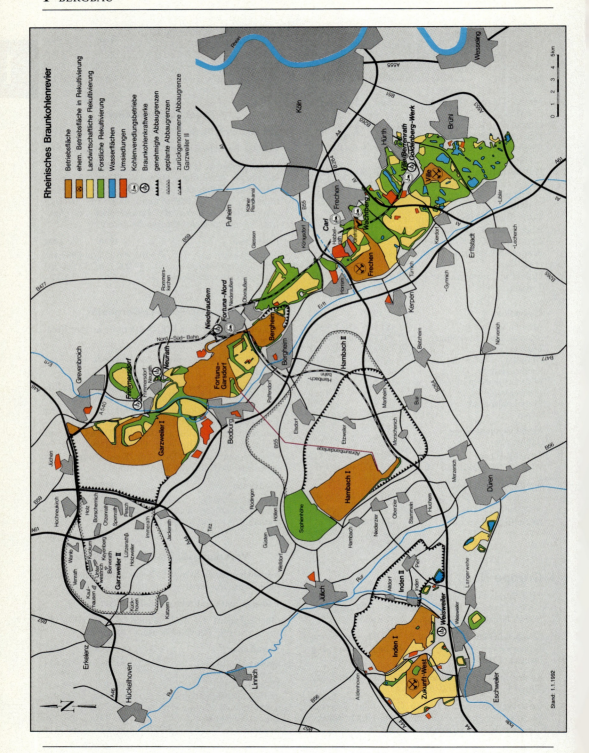

BRAUNKOHLE

Bohrbetrieb und Wasserwirtschaft

5010 Bergheim, Auenheimer Str., ☏ (02271) 59-1, Telefax (02271) 595748, ⌕ 888729, St u. WL: Niederaußem über Bergheim, Anschlußgleis.

Leitung: Betriebsdirektor Dipl.-Ing. Dietmar *Emrich.*

Oberingenieure: Dr.-Ing. Ernst-Peter *Fröhling* (Stabsabteilung); Ass. d. Bergf. Dipl.-Ing. Jan *Kayser.*

II. Gruppe Süd

5030 Hürth, Bertrams-Jagd-Weg, ☏ (02233) 491-1, Telefax (02233) 491205, BA Köln. LOBA Nordrhein-Westfalen, Dortmund.

Gruppendirektion: Gruppendirektor Dipl.-Ing. Hans-Jürgen *Schultze;* Vertreter: Betriebsdirektor Dr.-Ing. Roman *Kurtz.*

Betriebsdirektionen: Veredlungsbetrieb Frechen, Veredlungsbetrieb Ville/Berrenrath, Hauptwerkstatt Grefrath.

Kaufmännische Verwaltung: Dipl.-Wirtsch.-Ing. Friedhelm *Wirth.*

Beschäftigte der Gruppe Süd (Jahresende)	1990	1991
Arbeiter	2 655	2 671
Angestellte	788	788
Beschäftigte insgesamt	3 443	3 459

Veredlungsbetrieb Ville/Berrenrath

5030 Hürth, ☏ (02233) 491-1, St u. WL: Frechen.

Leitung: Betriebsdirektor Dr.-Ing. Roman *Kurtz.*

Oberingenieure: Dr. rer. nat. Hans-Günter *Ritter* (Technik); Dipl.-Ing. Hans-Joachim *Scharf* (Produktion).

Produktion		1990	1991
Briketts	t	784 074	861 300
Kohlenstaub	t	901 383	888 458
Trockenkohle	t	143 038	161 523
Strom	MWh	331 994	449 096
Granulat	t	–	72

Veredlungsbetrieb Frechen

5030 Hürth, ☏ (02234) 5081, St u. WL: Frechen.

Leitung: Betriebsdirektor Dipl.-Ing. Gerhard *Becker.*

Oberingenieur: Dr.-Ing. Surwolf *Husmann* (Technik); Dipl.-Ing. Martin *Achtelik* (Produktion).

Brikettfabrik Wachtberg

Produktion		1990	1991
Briketts	t	1 080 368	1 320 870
Kohlenstaub	t	734 163	696 499
Wirbelschichtbraunkohle	t	1 253	802
Strom	MWh	526 070	670 818

Brikettfabrik Carl

Produktion		1990	1991
Briketts	t	225 345	498 194
Strom	MWh	13 761	36 092

Hauptwerkstatt Grefrath

5030 Hürth, ☏ (02234) 5041, ⌕ 889121 rbw g, St u. WL: Frechen.

Leitung: Betriebsdirektor Dr.-Ing. Bernd *Schweins.*

Oberingenieure: Dr.-Ing. Bruno *van den Heuvel* (Versuchsabteilung); Dipl.-Ing. Horst *Martens* (Maschinentechnisches Zentralbüro); Dr.-Ing. Jürgen *Sannemann.*

III. Gruppe West

5180 Eschweiler, Peter-Paul-Str. 1, ☏ (02403) 72-1, ⌕ 832191 rbw m, BA Köln, Telefax (02403) 721322. LOBA Nordrhein-Westfalen, Dortmund.

Gruppendirektion: Gruppendirektor Dipl.-Ing. Hans-Jürgen *Schultze;* Vertreter: Betriebsdirektor Dipl.-Ing. Wolfgang *Schulz.*

Kaufmännische Verwaltung: Kaufm. Direktor Dipl.-Kfm. Dr. rer. pol. Rolf *Bongardt.*

Betriebsdirektionen: Tagebau Zukunft/Inden, Tagebau Hambach.

Beschäftigte der Gruppe West (Jahresende)	1990	1991
Arbeiter	2 668	2 798
Angestellte	750	771
Beschäftigte insgesamt	3 418	3 569

Tagebau Zukunft/Inden

5180 Eschweiler, ☏ (02403) 72-1.

Leitung: Betriebsdirektor Dipl.-Ing. Paul Werner *Rickes.*

Oberingenieure: Dipl.-Ing. Rudolf *Maassen* (Maschinentechn. Abteilung); Ass. d. Markscheidefachs Dipl.-Ing. Karl *Lüttecke* (Markscheiderei); Dipl.-Ing. Karl-Günther *Sans* (Bergbau); Dipl.-Ing. Hubert *Woepke* (Stabsabteilung).

1 BERGBAU

Produktion		1990	1991
Abraumbewegung	m³	92 174 042	88 004 455
Braunkohlenfördermenge	t	21 227 844	23 238 500
Verhältnis Abraum/Kohle		4,34:1	3,79:1

Tagebau Hambach

5161 Niederzier, ☏ (0 24 28) 45-1, ✂ 08 33 754 rbw th.

Leitung: Betriebsdirektor Dipl.-Ing. Wolfgang *Schulz*.

Oberingenieure: Dipl.-Ing. Winfried *Hübner* (Elektrotechnische Abteilung); Dipl.-Ing. Wolfgang *Becker* (Maschinentechnische Abteilung); Dr.-Ing. Ulrich *Jobs* (Bergbau); Dipl.-Ing. Martin *Krug* (Stabsabteilung); Ass. d. Markscheidef. Professor Dr.-Ing. Jochen *Steudel* (Markscheiderei).

Produktion		1990	1991
Abraumbewegung	m³	182 670 224	227 104 194
Braunkohlenfördermenge	t	27 908 783	27 540 507
Verhältnis Abraum/Kohle		6,55:1	8,25:1

Maria Theresia Bergbaugesellschaft mbH

5000 Köln 41, Stüttgenweg 2, ☏ (0221) 480-1, ✂ (17) 221 521.

Geschäftsführung: Dipl.-Kfm. Helmut P. *Gersch;* Bergass. Dipl.-Ing. Dr. rer. nat. Peter *Kausch*.

Gesellschafter: Rheinbraun Aktiengesellschaft, Köln, 100 %.

Zweck: Aufsuchung, Gewinnung und Weiterverarbeitung von Kohle und sonstigen Bodenschätzen sowie die Errichtung und der Betrieb aller dazu erforderlichen Anlagen und Einrichtungen, der Erwerb von entsprechenden Lagerstätten sowie die Gründung und die Beteiligung an Unternehmen gleicher oder verwandter Art.

Lausitzer Braunkohle Aktiengesellschaft (Laubag)

O-7840 Senftenberg, Knappenstraße 1, ☏ Senftenberg 780, ✂ 3 79 210 Senftenberg-Buchwalde, Telefax 78 24 24.

Aufsichtsrat: Bundesminister a. D. Dr. Hans *Apel*, Hamburg, Vorsitzender; Klaus-Dieter *Südhofer*, 2. Vorsitzender der IG Bergbau und Energie Bochum, Recklinghausen, stellv. Vorsitzender; Ministerialdirigent Bernhard *Braubach*, Bundesministerium für Wirtschaft Bonn, Köln; Günter *Dick*, Großräschen; Herbert *Ertelt*, Senftenberg; Wolfgang *Flesch*, Vorsitzender der Stadtsparkasse Oberhausen, Oberhausen; Ulrich *Freese*, Bezirksleiter der IG Bergbau und Energie Cottbus, Herten; Alfred *Geißler*, Leiter der Abt. Wirtschaftspolitik der IG Bergbau und Energie Bochum, Marl; Professor Dr. Dr. h. c. Reimut *Jochimsen*, Präsident der Landeszentralbank Nordrhein-Westfalen, Bonn; Dipl.-Ing. Ulrich *Klinkert*, Mitglied des Bundestages, Wittichenau; Reiner *Krahl*, Zeißig; Karl-Heinz *Kretschmer*, Mitglied des Landtages Brandenburg, Cottbus; Dr.-Ing. Reiner *Kühn*, Wesseling-Urfeld; Joachim *Paulick*, Görlitz; Dr. Uwe *Pautz*, Spreegas GmbH, Geschäftsführer, Berlin; Dr. Hubert *Schmid*, Mitglied des Vorstandes der Bayerischen Landesbank i. R., München; Dipl.-Ing. Jürgen *Schneider*, Mitglied des Vorstandes der Energiewerke Schwarze Pumpe AG, Hoyerswerda; Dr. Klaus *Stockhaus*, Hauptabteilungsleiter Ruhrkohle AG, Essen; Dipl.-Ing. Jürgen *Stotz*, Mitglied des Vorstandes der Veag, Barsinghausen; Erich *Wolff*, ehemaliger Bezirksleiter der IG Bergbau und Energie, Alsdorf; Dr. Harald *Zacher*, Frechen-Königsdorf.

Vorstand: Bergwerksdirektor Dr.-Ing. Dieter *Henning*, Vorsitzender des Vorstandes und Ressort Bergbau; Bergwerksdirektor Dipl.-Volkswirt Gerhard *Höhn*, Ressort Personal; Bergwerksdirektor Dipl.-Ing. Wolfgang *Jung*, Ressort Veredlung; Bergwerksdirektor Dr. Günther *Krämer*, Kaufmännisches Ressort.

Prokuristen: Dipl.-Ing. Johannes *Baumann* (Liegenschaften, Umsiedlungen, Bergschäden); Dipl.-Ing. Dietmar *Beutler* (Tagebaue); Dipl.-Ing. Reiner *Dähnert* (Werkbereich Senftenberg); Dr. jur. Jürgen *Drath* (Rechtswesen); Dipl.-Ing. Werner *Faltin* (Werkbereich Welzow); Ing. Peter *Flechsig* (Bergmaschinen, Instandhaltung); Ing. Friedrich *Knauth* (Veredlung); Dipl.-Ing. Siegfried *Körber* (Werkbereich Glückauf/Oberlausitz); Dipl.-Ing. Henry *Koziol;* Finanzökonom Ulrich *Krause* (Rechnungswesen); Dipl.-Ing. oec. Michael *Meyer* (Einkauf); Dr. Wilfried *Müller* (Personal- und Bildungswesen); Dr. Karl-Heinz *Nitsche* (Finanzwesen); Dipl.-Ing. Gerd *Rückert* (Werkbereich Cottbus); Dr. jur. Helmut *Tenner* (Rechtswesen); Dipl.-Ing. Heinz *Weber* (Verkauf); Dr. Werner *Ziegenhardt* (Geotechnik).

Presse- und Öffentlichkeitsarbeit: Ing. Dieter *Baumann*.

Arbeitsmedizinisches Zentrum: Dr. med. J. *Förster*, Leitender Werksarzt.

Markscheidewesen: Markscheider Dipl.-Ing. Frank *Roy*.

Gründung und Aufgaben der Gesellschaft: Am 29. 6. 1990 erfolgte die Umwandlung des Volkseigenen Braunkohlenkombinates Senftenberg in die Lausitzer Braunkohle Aktiengesellschaft (Laubag). Sie wurde am 18. September 1990 in das Handelsregister beim Kreisgericht Cottbus-Stadt eingetragen.

1 BERGBAU

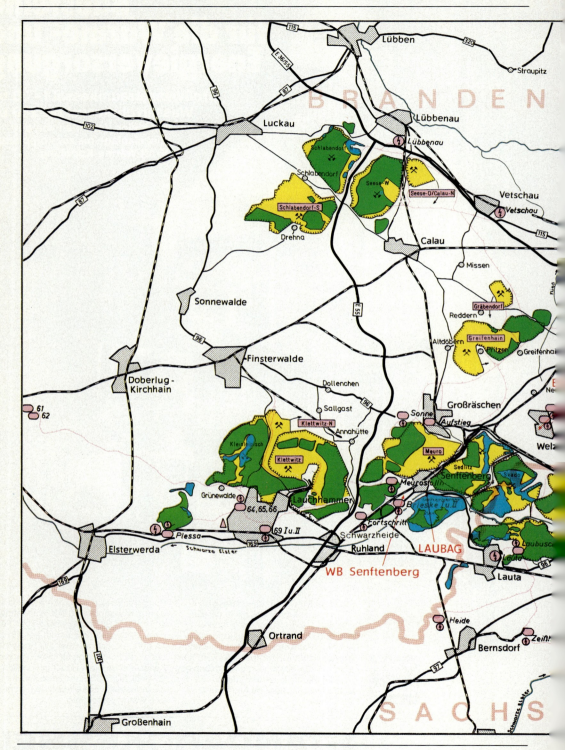

BRAUNKOHLE

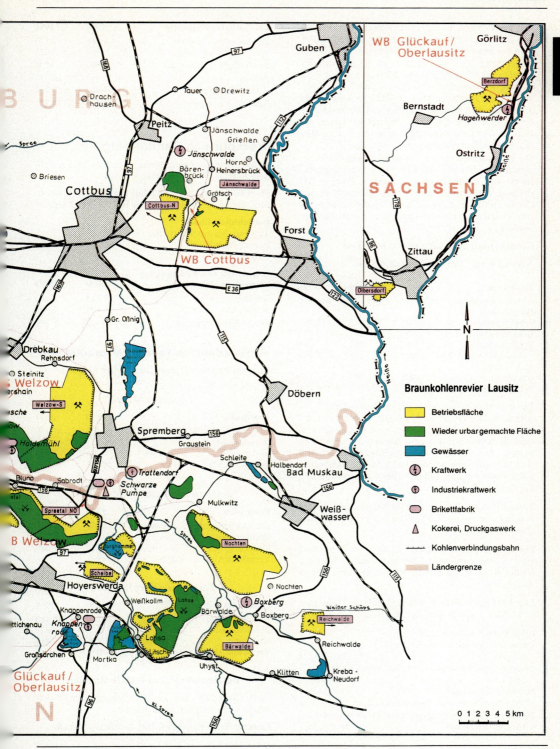

1 BERGBAU

Der Aufsichtsrat konstituierte sich am 27. 9. 1990. Seit dem 1. 11. 1990 wird das Unternehmen von einem neu bestellten Vorstand geführt.

Gegenstand des Unternehmens ist die Aufsuchung, Gewinnung, Verarbeitung und Veredlung von Rohstoffen, insbesondere von Braunkohle, der Absatz von und der Handel mit Waren und Erzeugnissen der genannten Art, die Einbringung von Dienstleistungen einschließlich der Anlage und des Betreibens von Deponien sowie der Durchführung von Forschungs- und Entwicklungsleistungen.

Die Laubag versorgt die Großkraftwerke der Vereinigten Energiewerke AG (Veag), die Veredlungsbetriebe der Energiewerke Schwarze Pumpe AG (Espag), der Braunkohlenveredlung Lauchhammer (BVL) GmbH und des eigenen Unternehmens sowie eine Vielzahl von kleinen Abnehmern mit Rohbraunkohle.

Grundkapital: Laut Satzung 600 Mill. DM.

Alleinaktionär: Treuhandanstalt, Berlin.

Produktion		1990	1991
Abraumbewegung	... 1000 m³	827 126	616 976
Braunkohlenfördermenge	.... 1000 t	168 045	116 784
Brikettproduktion	.... 1000 t	10 261	5 794
Staubproduktion	...... 1000 t	293	210
Siebkohlenproduktion	. 1000 t	3 463	1 903
Elektroenergieerzeugung	.... GWh	1 393	1 116
Wasserhebung	...... 1000 m³	1 224 551	1 109 405

Für die Laubag-Tagebaue, 1991 befanden sich 13 Tagebaue in Betrieb, ist im Abraumbetrieb die Förderbrückentechnologie charakteristisch, 66,3 % des Gesamtabraumes wurden mit Abraumförderbrücken bewegt. Aus den 1991 in Förderung befindlichen 9 Brückentagebauen wurden 102,6 Mill. t Rohbraunkohle realisiert, das sind 88 % der Gesamtförderung der Laubag.

Etwa 30 % des Abraumes ist im Bandbetrieb bewegt worden und bei ca. 3,6 % fand noch die Zugförderung Anwendung.

Die Kohleförderung erfolgte zu 85 % im Band- und zu 15 % im Zugbetrieb. Bei Bandbetrieb wird die Kohle in der Regel auf der Rasensohle ebenfalls in Züge verladen.

Die 1991 geförderte Rohbraunkohle in Höhe von 116,8 Mill. t wurde wie folgt eingesetzt:

öffentliche Kraftwerke (Veag)	62,5 Mill. t
Energiewerke Schwarze Pumpe AG (Espag)	20,6 Mill. t
Braunkohlenveredlung Lauchhammer GmbH (BVL)	5,8 Mill. t
Sonstige Abnehmer	11,3 Mill. t
Rohkohleeinsatz zur Brikettherstellung sowie zur Strom- und Wärmeerzeugung in betriebseigenen Industriekraftwerken	16,8 Mill. t

Rekultivierungsleistungen	1990	1991
Landinanspruchnahme ... ha	1 886	1 176
Wiederurbarmachung .... ha	982	611
Beschäftigte (Jahresende)	**1990**	**1991**
Arbeiter	32 768	27 071
Angestellte	12 422	10 100
Beschäftigte insgesamt	45 190	37 171

I. Werkbereich Senftenberg

O-7803 Brieske, Franz-Mehring-Straße, ☏ Senftenberg 8 40, ✆ 3 79 222, Telefax 84 29 17.

Werkdirektion: Direktor Dipl.-Ing. Reiner *Dähnert*, Stellvertreter: Betriebsdirektor Ing. Walter *Karge*.

Betriebsdirektionen:
Tagebau Meuro/Klettwitz
Fabrik Brieske
Fabrik Sonne

Beschäftigte des Werkbereiches Senftenberg (Jahresende)	1990	1991
Arbeiter	8 114	6 483
Angestellte	2 806	2 406
Beschäftigte insgesamt	10 920	8 899

Betriebsdirektion Tagebau Meuro/Klettwitz

Leitung: Betriebsdirektor Ing. Walter *Karge*.

Tagebau Meuro

Produktion		1990	1991
Abraumbewegung	... 1000 m³	47 430	41 150
Braunkohlenförderung	.... 1000 t	7 200	7 578
Verhältnis Abraum:Kohle	...	6,59:1	5,43:1

Tagebau Klettwitz (Auslauf 6/91)

Produktion		1990	1991
Abraumbewegung	... 1000 m³	32 560	–
Braunkohlenförderung	.... 1000 t	8 010	1 080
Verhältnis Abraum:Kohle	...	4,06:1	–

Tagebau Klettwitz-Nord

Produktion		1990	1991
Abraumbewegung	... 1000 m³	24 780	38 460
Braunkohlenförderung	.... 1000 t	1 816	5 412
Verhältnis Abraum:Kohle	...	13,65:1	7,11:1

Betriebsdirektion Fabrik Brieske

(Brikettfabriken Brieske I/II, Meurostolln, Fortschritt Industriekraftwerk Brieske)

Leitung: Betriebsdirektor Ing. Joachim *Könnicke*.

Wülfrather Baustoffe über Tage, unter Tage.

**Konsolidierungsmörtel
Dammbaustoffe
Spritzmörtel/Spritzbetone**
für alle Anforderungen.
Wülfrather Baustoffe für den
Bergbau gibt es lose oder gesackt.
Fragen Sie uns.

Wülfrather Zement GmbH
Wilhelmstraße 77
D-5603 Wülfrath
Telefon: (0 20 58) 17 25 61
Telefax: (0 20 58) 17 26 45
Teletex: 20 58 37=wzw

**In Zukunft
Wülfrather**

1 BERGBAU

Produktion		1990	1991
Briketts	1000 t	2 837,0	1 796,5
Kohlenstaub	1000 t	90,1	60,9
Siebkohle	1000 t	64,4	32,2
Strom	GWh	699,4	626,4

Betriebsdirektion Fabrik Sonne

(Brikettfabriken Sonne I/II, Aufstieg, Industriekraftwerk Sonne)

Leitung: Betriebsdirektor Ing. Christoph *Schmidtchen*.

Produktion		1990	1991
Briketts	1000 t	2 649,4	1 368,3
Kohlenstaub	1000 t	202,5	127,5
Strom	GWh	355,7	262,1

II. Werkbereich Cottbus

O-7500 Cottbus, Postfach 26, ☏ Peitz 50, ✆ Cottbus 17463, Telefax Peitz 52224.

Werkdirektion: Direktor Dipl.-Ing. Gerd *Rückert;* Stellvertreter: Betriebsdirektor Dipl.-Ing. Klaus *Mohnke*.

Betriebsdirektionen:
Tagebau Jänschwalde/Cottbus-Nord
Tagebau Seese-Ost
Hauptwerkstätten

Beschäftigte des Werkbereiches Cottbus (Jahresende)	1990	1991
Arbeiter	6 068	5 360
Angestellte	2 492	1 663
Beschäftigte insgesamt	8 560	7 023

Betriebsdirektion Tagebau Jänschwalde/Cottbus-Nord

Leitung: Betriebsdirektor Ing. Günter *Henze*.

Tagebau Jänschwalde

Produktion		1990	1991
Abraumbewegung	1000 m³	74 751	84 782
Braunkohlenförderung	1000 t	20 908	19 837
Verhältnis Abraum:Kohle		3,58:1	4,27:1

Tagebau Cottbus-Nord

Produktion		1990	1991
Abraumbewegung	1000 m³	45 519	18 249
Braunkohlenförderung	1000 t	9 829	5 030
Verhältnis Abraum:Kohle		4,63:1	3,63:1

Betriebsdirektion Tagebau Seese-Ost

Leitung: Betriebsdirektor Dipl.-Ing. Klaus *Mohnke*.

Tagebau Seese-Ost

Produktion		1990	1991
Abraumbewegung	1000 m³	46 355	41 514
Braunkohlenförderung	1000 t	10 877	8 813
Verhältnis Abraum:Kohle		4,26:1	4,71:1

Tagebau Schlabendorf-Süd (Auslauf 3/91)

Produktion		1990	1991
Abraumbewegung	1000 m³	13 229	–
Braunkohlenförderung	1000 t	2 632	139
Verhältnis Abraum:Kohle		5,03:1	–

Tagebau Gräbendorf

Produktion		1990	1991
Abraumbewegung	1000 m³	15 610	2 181
Braunkohlenförderung	1000 t	3 412	2 243
Verhältnis Abraum:Kohle		4,58:1	0,97:1

Betriebsdirektion Hauptwerkstätten

Leitung: Betriebsdirektor Ing. Jürgen *Symmank*.

III. Werkbereich Glückauf/Oberlausitz

O-7703 Knappenrode, ☏ Hoyerswerda 670, ✆ 0177404, Telefax 672226.

Werkdirektion: Direktor Dipl.-Ing. Siegfried *Körber;* Stellvertreter: Betriebsdirektor Dr.-Ing. Hartmuth *Zeiß*.

Betriebsdirektionen:
Tagebau Nochten
Tagebau Reichwalde/Bärwalde
Oberlausitz
Fabrik Laubusch

Beschäftigte des Werkbereiches Glückauf/Oberlausitz: (Jahresende)	1990	1991
Arbeiter	11 049	9 236
Angestellte	2 919	2 462
Beschäftigte insgesamt	13 968	11 698

Betriebsdirektion Tagebau Nochten

Leitung: Betriebsdirektor Dr.-Ing. Hartmuth *Zeiß*.

Entwicklung – Fertigung – Reparatur

Wir liefern für Bergbau und Industrie
Produktübersicht

- Bauelemente zur Einschienenhängebahn
- Pneumatische Motoren – schallgedämpft
- Druckluftanlasser
- Vorzieher – hydraulisch und pneumatisch –
- Abriebförderer für Bandanlagen
- Zylinder
- Ventile

- Kernbohrmaschinen
- Entspannungsbohrmaschinen
- Gasbohrmaschinen
- Großlochbohrmaschinen
- Schmutzwasserpumpen
- Verpreßeinrichtungen
- Sondermaschinenbau

MEM Maschinenbau-Elektrotechnik Moews

Kleinbahnhof 1 · D-5810 Witten 3 · Tel. (0 23 02) 70 18-0 · Fax (0 23 02) 70 18 39 · BTX (0 23 02) 7 21 35

Postfach 61 • O-4400 Bitterfeld • Brehnaer Straße
Telefon Bitterfeld 64 35 24 • Telex 319182

MIBRAG
Mit Energie in die Zukunft.

MIBRAG
Vereinigte Mitteldeutsche
Braunkohlenwerke AG

Unsere Leistungen:
- Braunkohle/Braunkohlenbrikett
- Braunkohlenbrennstaub
- Wirbelschichtfeinkohle
- Elektroenergie
- Fernwärme
- Montanwachs
- Mineralische Rohstoffe

Spezialbetriebe für:
- Planung
- Projektierung
- Beratung
- Dienstleistungen

Wir informieren Sie gern!

1 BERGBAU

Tagebau Nochten

Produktion	1990	1991
Abraumbewegung ... 1000 m³	145 791	121 004
Braunkohlenförderung .... 1000 t	29 479	21 345
Verhältnis Abraum:Kohle ...	4,95:1	5,67:1

Betriebsdirektion Tagebau Reichwalde/Bärwalde

Leitung: Betriebsdirektor Ing. oec. Herbert *Jentsch*.

Tagebau Reichwalde

Produktion	1990	1991
Abraumbewegung ... 1000 m³	63 722	43 716
Braunkohlenförderung .... 1000 t	16 529	11 133
Verhältnis Abraum:Kohle ...	3,86:1	3,93:1

Tagebau Bärwalde

Produktion	1990	1991
Abraumbewegung ... 1000 m³	33 288	18 749
Braunkohlenförderung .... 1000 t	7 840	3 670
Verhältnis Abraum:Kohle ...	4,25:1	5,11:1

Betriebsdirektion Oberlausitz

Leitung: Betriebsdirektor Dipl.-Ing. Michael *Illing*.

Tagebau Berzdorf

Produktion	1990	1991
Abraumbewegung ... 1000 m³	27 099	31 854
Braunkohlenförderung .... 1000 t	8 835	5 820
Verhältnis Abraum:Kohle ...	3,07:1	5,47:1

Tagebau Olbersdorf (Stillegung 9/91)

Produktion	1990	1991
Abraumbewegung ... 1000 m³	561	118
Braunkohlenförderung .... 1000 t	437	171
Siebkohleproduktion .. 1000 t	29,6	7,3
Verhältnis Abraum:Kohle ...	1,28:1	0,69:1

Betriebsdirektion Fabrik Laubusch

(Brikettfabriken Laubusch, Heide, Knappenrode, Zeißholz, Kausche, Welzow, Haidemühl (Stillegung 3/91), Industriekraftwerke Laubusch, Heide, Knappenrode, Zeißholz, Welzow)

Leitung: Betriebsdirektor Ing. Manfred *Jach*.

Produktion	1990	1991
Briketts .... 1000 t	4 774,2	2 629,5
Siebkohle .... 1000 t	167,2	22,0
Strom .... GWh	338,2	227,2

IV. Werkbereich Welzow

O-7610 Schwarze Pumpe, ☏ Schwarze Pumpe 70, ✆ 01 75 260, Telefax 7 20 05.

Werkdirektion: Direktor Dipl.-Ing. Werner *Faltin*; Stellvertreter: Betriebsdirektor Dipl.-Ing. Klaus *Newi*.

Betriebsdirektionen
Tagebau Welzow-Süd
Tagebau Greifenhain
Tagebau Scheibe
Braunkohlenbohrungen und Schachtbau (BuS) Welzow
Zentraler Eisenbahnbetrieb

Beschäftigte des Werkbereiches

Welzow (Jahresende)	1990	1991
Arbeiter	7 443	5 900
Angestellte	3 133	2 342
Beschäftigte insgesamt	10 576	8 242

Betriebsdirektion Tagebau Welzow-Süd

Leitung: Betriebsdirektor Dipl.-Ing. Reinhard *Specht*.

Produktion	1990	1991
Abraumbewegung ... 1000 m³	166 793	129 768
Braunkohlenförderung .... 1000 t	24 832	19 818
Verhältnis Abraum:Kohle ...	6,72:1	6,55:1

Betriebsdirektion Tagebau Greifenhain

Leitung: Betriebsdirektor Dipl.-Ing. Horst *Rauhut*.

Produktion	1990	1991
Abraumbewegung ... 1000 m³	51 631	28 666
Braunkohlenförderung .... 1000 t	4 344	1 202
Verhältnis Abraum:Kohle ...	11,89:1	23,85:1

Betriebsdirektion Tagebau Scheibe/Spreetal-NO

Leitung: Betriebsdirektor Dipl.-Ing. Reinhard *Dietrich*.

Tagebau Scheibe

Produktion		1990	1991
Abraumbewegung	... 1000 m³	25 072	13 624
Braunkohlenförderung	... 1000 t	8 287	2 339
Verhältnis Abraum:Kohle	...	3,03:1	5,82:1

Tagebau Spreetal-NO (Stillegung 5/91)

Produktion		1990	1991
Abraumbewegung	... 1000 m³	12 935	3 141
Braunkohlenförderung	... 1000 t	2 778	1 154
Verhältnis Abraum:Kohle	...	4,66:1	2,72:1

Betriebsdirektion Braunkohlenbohrungen und Schachtbau (BuS) Welzow

Leitung: Betriebsdirektor Dipl.-Ing. Werner *Fahle*.

Produktion		1990	1991
Wasserhebung	... 1000 m³	1 224 551	1 109 405
Filterbrunnen	... Anzahl	7 431	5 990
Verhältnis Wasser:Kohle	. m³/t	7,29:1	9,50:1

Betriebsdirektion Zentraler Eisenbahnbetrieb

Leitung: Betriebsdirektor Dipl.-Ing. Klaus *Newi*.

Siebanlage Sabrodt

Umschlag		1990	1991
Siebkohle	... 1000 t	3 201,6	1 836,3

Vereinigte Mitteldeutsche Braunkohlenwerke Aktiengesellschaft (Mibrag)

O-4400 Bitterfeld, Brehnaer Straße 43, ☏ Bitterfeld 640, ✆ 476331, Telefax Bitt. 64/3900.

Aufsichtsrat: Dr. jur. Klaus *Murmann*, Präsident der Bundesvereinigung der Deutschen Arbeitgeberverbände, Köln, Vorsitzender; Josef *Windisch*, Mitglied des geschäftsführenden Vorstandes der IG Bergbau und Energie, Bochum, stellv. Vorsitzender; Gerhard *Ahlemann*, Wintersdorf; Dieter *Bauerfeind*, Bezirksleiter Sachsen-Anhalt der IG Bergbau und Energie, Halle; Joachim *Bekuhrs*, Brühl-Kierberg; Dr. Kurt *Bley*, Bundesministerium für Finanzen, Regierungsdirektor, Bonn; Uwe *Bruchmüller*, Bitterfeld; Roland *Duschek*, Merseburg; Thomas L. *Farmer*, Rechtsanwalt, Washington; Hannes *Flottrong*, Espenhain; Gabriele *Glaubrecht*, Mitglied des geschäftsführenden Vorstandes der IG Bergbau und Energie, Bochum; Ullrich *Hartmann*, Mitglied des Vorstandes der Veba AG, Düsseldorf; Peter *Obramski*, Bezirksleiter Westsachsen der IG Bergbau und Energie, Leipzig; Dr. Günther *Radtke*, Direktor der Dresdner Bank, Düsseldorf; Joachim *Robok*, Castrop-Rauxel; Dr. Hans *Schill*, Bundesministerium für Wirtschaft, Ministerialdirektor, Bonn; Christian *Steinbach*, Regierungspräsidium Leipzig, Regierungspräsident, Leipzig; Günther *Stuckardt*, Bankdirektor an der Deutschen Bank, Duisburg-Rheinhausen; Hermann-Josef *Werhahn*, Neuss; Eberhard *Wild*, Mitglied des Vorstandes der Bayernwerke AG, München; Dr. Bernhard *Worms*, Bundesministerium für Arbeit und Sozialordnung, Staatssekretär, Bonn.

Vorstand: Professor Dr.-Ing. habil. Klaus-Dieter *Bilkenroth*, Vorsitzender; Dipl. oec. Michael *Förster*, Kaufmännisches Ressort; Willi *Wessel*, Arbeitsdirektor.

Prokuristen: Assessor Bernd *Heggemann* (Rechtswesen); Dipl.-Ing. Wolfgang *Jakob* (Bergbau); Dr.-Ing. Peter *Gerlach* (Entwicklungsplanung); Ing. oec. Georg *Kempa* (Rechnungswesen); Ing. oec. Rosemarie *Brandl* (Einkauf/Materialwirtschaft); Dipl.-Päd. Karin *Thrum* (Finanzen); Ing. oec. Ingrid *Lange* (Personal- und Bildungswesen).

Presse- und Öffentlichkeitsarbeit: Dr. Angelika *Diesener*, Leipzig.

Arbeitsmedizinisches Zentrum (AMZ): O-7240 Espenhain: Dr. med. Hans-Dieter *Wolf*, Leiter; Dr. med. Frank *Mocek;* Dr. med. Christine *Kleemann;* Dr. med. Manuel *Flohrer;* Dipl.-Med. Roswitha *Kregel;* Dr. med. Günther *Ettrich;* Dipl.-Med. Christina *Held;* hauptamtliche Betriebsärzte.

Markscheidewesen: Dipl.-Ing. Helmut *Schmidt*, Hauptmarkscheider, 7201 Peres.

Geschichtliches: Erste Anfänge der Braunkohlenförderung begannen im Jahr 1485 bei Holleben im Raum Halle. Ab 1850 entfaltete sich der freie Kohlenabbau in Mitteldeutschland. Die erste Brikettfabrik der Welt wurde 1858 in der Nähe von Ammendorf bei Halle gebaut. 1860 begann man mit der Verschwelung von Braunkohle in Goßerau bei Weißenfels. Mit der Mechanisierung des Tagebaubetriebes um 1890 wurde die Abkehr vom Tiefbau eingeleitet und führte im Jahr 1920 zur Entwicklung der Großtagebaue. 1935 begann die Aufnahme der Produktion der Karbochemischen Großindustrie im mitteldeutschen Raum. Die Konzernentflechtung nach dem 2. Weltkrieg führte 1948 zur Bildung mehrerer kleiner »Volkseigener Braunkohlenwerke«. 1980 entstand das Braunkohlenkombinat Bitterfeld durch Zusammenschluß mehrerer Braunkohlenwerke. 1990 wurde die Vereinigte Mitteldeutsche Braunkohlenwerke Aktiengesellschaft (Mibrag) gegründet.

Gründung und Aufgaben der Gesellschaft: Mit Wirkung vom 1. Juli 1990 erfolgte die Umwandlung des Volkseigenen Braunkohlenkombinates Bitterfeld in die Vereinigte Mitteldeutsche Braunkohlenwerke

1 BERGBAU

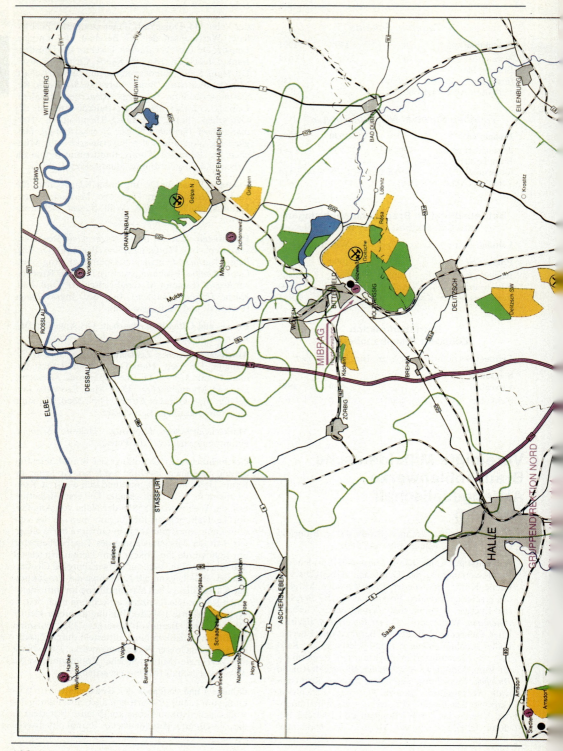

BRAUNKOHLE

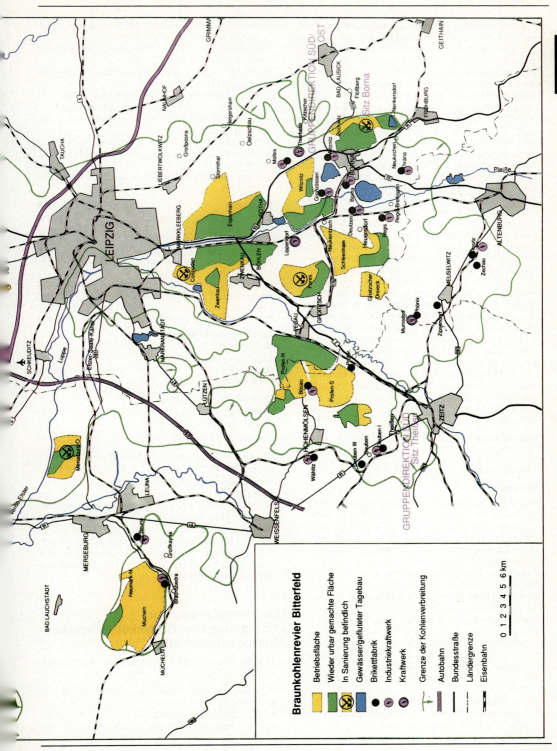

Aktiengesellschaft (Mibrag). Die Gesellschaft wurde am 1. Februar 1991 in das Handelsregister beim Amtsgericht Halle eingetragen. Die Vereinigte Mitteldeutsche Braunkohlenwerke AG betreibt Braunkohlentagebaue, Veredlungsanlagen und Industriekraftwerke in einem nördlich und südlich der Städte Halle und Leipzig liegenden Gebiet. Die Mibrag produziert im Kerngeschäft Rohbraunkohle, Braunkohlenbrikett, Braunkohlenbrennstaub, Trockenkohle, Elektro- und Wärmeenergie und ist weltweit der größte Produzent von Rohmontanwachs. Als Begleitrohstoffe werden Bausand und Kies, Ton und Wasser gewonnen. Ein weiterer Rohstoff ist der Bitterfelder Bernstein. Seit Anfang der 80er Jahre werden die fossilen Harze des Bitterfelder Bernsteinvorkommens wegen ihrer hohen Qualität von der Schmuckindustrie genutzt. Seit 1992 erfolgt die bergmännische Gewinnung umweltfreundlich mittels Schwimmbagger im gefluteten Restloch des Tagebaues Goitsche. Hauptabnehmer der Rohkohle sind die Kraftwerke der Vereinigten Energieversorgung AG (Veag), die Industriekraftwerke der Chemie und die Heizkraftwerke und Heizwerke der Energieversorgungsunternehmen. Die Zementindustrie ist Abnehmer des Braunkohlenbrennstaubs. Briketts werden überwiegend an den Brennstoffhandel abgegeben. Die Mitteldeutsche Energieversorgung AG Halle (Meag) und die Westsächsische Energieversorgung AG Leipzig (Wesag) sind Abnehmer der erzeugten Elektroenergie. Abnehmer der Wärmeenergie sind die Kommunen im Einzugsbereich. Rohmontanwachs wird in mehr als 30 Länder exportiert. Mit dem letztgenannten Produkt behauptet die Mibrag auch gegenwärtig noch eine annähernd monopolisierte Stellung.

Grundkapital: lt. Festlegung Treuhandanstalt Berlin 100 000 DM.

Alleinaktionär: Treuhandanstalt, Berlin.

Beteiligungen:
Baustoffunion Braunkohle GmbH, Leipzig, 100 %.
Vereinigte Braunkohlenwerke und Sehring GmbH, Leipzig, 50 %.
Industriewerke Ostfalen GmbH, Harbke, 100 %.
Hotis Baugesellschaft mbH, Bitterfeld, 50 %.
Baugesellschaft Amsdorf mbH, Amsdorf, 100 %.
Remo Bau GmbH, Lucka, 100 %.
Bau Deuben GmbH, Hohenmölsen, 100 %.
Gleisbau Geiseltal GmbH, Müchen, 50 %.
Stagro Stahlbau GmbH, Großkayna, 100 %.
Miro Rohranlagen GmbH, Deuben, 30 %.
Mueg Mitteldeutsche Umwelt- und Entsorgungs GmbH, Braunsbedra, 50 %.
Cui Consultinggesellschaft für Umwelt und Infrastruktur mbH, Halle, 50 %.
Ingenieurbüro für Grundwasser GmbH, Leipzig, 25 %.
Planen und Bauen GmbH, Bitterfeld, 50 %.
Mitteldeutsche Braunkohle Strukturförderungsgesellschaft mbH, Espenhain, 100 %.
Anhaltinische Braunkohle Strukturförderungsgesellschaft mbH, Bitterfeld, 100 %.
Qualifizierungs- und Projektierungsgesellschaft mbH, Bitterfeld, 10 %.
Dorfsanierungs- und Entwicklungsgesellschaft mbH, Mölbis, 30 %.
Zentrum für Innovation GmbH, Borna, 20 %.
Fernwärme GmbH Hohenmölsen, Deuben, 26 %.
Hudig-Langeveldt-Mibrag Versicherungsgesellschaft mbH, Leipzig, 50 %.
SM Catering Regis GmbH, Meuselwitz, 49 %.
Mitteldeutsche Wohnungsgesellschaft mbH, Rötha, 100 %.
Tip Top Industrievulkanisation Borna GmbH, Zedtlitz, 49 %.

Produktion		1991
Abraumbewegung ... 1000 m^3		142 750
Rohkohlenförder- menge	1000 t	50 885
Brikettproduktion	1000 t	5 860
Brennstaubproduktion	1000 t	223
Elektroenergie	GWh	3 533
Wärmeenergie	TJ	66 695
Bausand und Kies	1000 t	2 726
Gehobene Wassermenge	1000 m^3	294 433
Rekultivierungsleistungen (Jahresende):		
Landinanspruchnahme	ha	46 647
Betriebsflächen	ha	24 628
wieder nutzbar gemacht	ha	9 813
Beschäftigte (Jahresende)		
Arbeiter		21 336
Angestellte		6 160
Beschäftigte insgesamt		27 496

Im Jahr 1991 produzierte die Mibrag in 19 Tagebauen, 17 Brikettfabriken und 13 Industriekraftwerken. Bedingt durch den Bedarfsrückgang an Energie und Energieträgern im angestammten Absatzgebiet der Mibrag und als Folge der für den Erhalt der Wettbewerbsfähigkeit eingeleiteten Konzentration wurden 1991 8 Tagebaue und 7 Veredlungsanlagen stillgelegt. Die Braunkohlenwerke als selbständige Organisationseinheiten wurden aufgelöst. Die Leitung des Unternehmens erfolgt durch die Hauptverwaltung über Gruppendirektionen.

Hauptverwaltung der Mitteldeutschen Braunkohlenwerke Aktiengesellschaft

O-4400 Bitterfeld, Brehnaer Straße 43, Postfach 61, ☏ Bitterfeld 640, ✆ 4 76 331, Telefax 39 00.

Professor Dr.-Ing. habil. Klaus-Dieter *Bilkenroth*, Ressortleiter Technik; Berg.-Ing. Günter *Knoll*, BL Unternehmensentwicklung; Dipl.-Ing. Wolfgang *Jakob*, BL Bergbau; Dipl.-Ing. Günter *Stieberitz*, BL

Veredlung; Ing. oec. Georg *Kempa*, BL Rechnungswesen; Dipl.-Kfm. Gottfried-Christoph *Wild*, BL Betriebswirtschaft/Controlling; Dipl.-Ing. Thoralf *Klehm*, BL Marketing; Ing. oec. Ingrid *Lange*, BL Personal- und Bildungswesen; Ing. Harald *Nitsche*, BL Sozialwesen und Allgemeine Verwaltung.

Gruppendirektion Nord

O-4073 Halle, Eisenbahnstraße 10, ☏ Halle 464, Telefax 7 88 43 83 63.

Gruppendirektion: Gruppendirektor Dr.-Ing. Peter *Tropp*.

Kaufmännische Verwaltung: Kaufm. Direktor Dipl.-Ing. oec. Michael *Soisson*.

Personal/Allgemeine Dienste: Personaldirektor Dipl.-Ing. Karl-Heinz *Lautsch*.

Betriebsdirektion Tagebaue: Betriebsdirektor Berg.-Ing. Horst *Schmidt*.

Betriebsdirektion Veredlung: Betriebsdirektor Ing. Karl-Heinz *Rother*.

Romonta Montanwerk Röblingen

O-4256 Röblingen, ☏ Röblingen 90, ✆ Röblingen 06 947 588.

Betriebsdirektor: Dipl.-Ing. Dieter *Engler*.

Beschäftigte der Gruppendirektion Nord (Jahresende):
Arbeiter	7 207
Angestellte	1 599
Beschäftigte insgesamt	8 806

Betriebsdirektion Tagebaue

Tagebau Goitsche (stillgelegt)

Produktion	1991
Abraumbewegung ... 1000 m³	384
Braunkohlenförderung . 1000 t	409
Verhältnis	
Abraum:Kohle .... m³/t	0,93:1

Tagebau Gröbern

Produktion	1991
Abraumbewegung ... 1000 m³	9 905
Braunkohlenförderung . 1000 t	3 566
Verhältnis	
Abraum:Kohle .... m³/t	2,77:1

Tagebau Delitzsch-SW

Produktion	1991
Abraumbewegung ... 1000 m³	15 760
Braunkohlenförderung . 1000 t	3 836
Verhältnis	
Abraum:Kohle .... m³/t	4,10:1

Tagebau Breitenfeld (stillgelegt)

Produktion	1991
Abraumbewegung ... 1000 m³	123
Braunkohlenförderung . 1000 t	517
Verhältnis	
Abraum:Kohle .... m³/t	0,23:1

Tagebau Köckern (stillgelegt)

Produktion	1991
Abraumbewegung ... 1000 m³	598
Braunkohlenförderung . 1000 t	1 093
Verhältnis	
Abraum:Kohle .... m³/t	0,54:1

Tagebau Nachterstedt/Schadeleben (stillgelegt)

Produktion	1991
Braunkohlenförderung . 1000 t	526

Tagebau Mücheln

Produktion	1991
Abraumbewegung ... 1000 m³	5 360
Braunkohlenförderung . 1000 t	4 286
Verhältnis	
Abraum:Kohle .... m³/t	1,25:1

Tagebau Merseburg-Ost (stillgelegt)

Produktion	1991
Abraumbewegung ... 1000 m³	391
Braunkohlenförderung . 1000 t	267
Verhältnis	
Abraum:Kohle .... m³/t	1,46:1

Betriebsdirektion Veredlung

Brikettfabrik/Industriekraftwerk Bitterfeld

Produktion	1991
Brikett .... 1000 t	330,4
Siebkohle .... 1000 t	86,3
Strom .... GWh	88,9

Brikettfabrik Stedten

Produktion	1991
Brikett .... 1000 t	426,6

1 BERGBAU

Brikettfabrik/Industriekraftwerk Braunsbedra

Produktion		1991
Brikett	1000 t	439,4
Siebkohle	1000 t	78,0
Strom	GWh	3,2

Brikettfabrik Beuna (stillgelegt)

Produktion		1991
Brikett	1000 t	54,5
Siebkohle	1000 t	1,8

Romonta Montanwerk

Tagebau Amsdorf

Produktion		1991
Abraumbewegung	1000 m³	4 605
Braunkohlenförderung	1000 t	983
Verhältnis Abraum:Kohle	m³/t	4,68:1

Industriekraftwerk Amsdorf

Produktion		1991
Strom	GWh	136,3

Wachsfabrik

Produktion		1991
Rohmontanwachsherstellung	t	22 309
Export von Rohmontanwachs nach:		
Frankreich	t	75
Großbritannien	t	192
Portugal	t	30
Spanien	t	32
Niederlande	t	90
Italien	t	307
EG-Länder	t	726
USA	t	160
übrige europäische und außereuropäische Länder	t	643
Export insgesamt	t	1 529

Gruppendirektion Süd

O-4907 Theißen, Wiesenstraße 10, ☏ Zeitz 723, Telefax 723415.

Gruppendirektion: Gruppendirektor Berg.-Ing. Lothar *Mall*.

Kaufmännische Verwaltung: Kaufm. Direktor Dr. oec. Steffen *Lorenz*.

Personal/Allgemeine Dienste: Personaldirektor Ing. oec. Hannelore *Wagner*.

Betriebsdirektion Tagebau Profen: Betriebsdirektor Ing.-Geologe Eberhard *Scholich*.

Betriebsdirektion Tagebau Schleenhain: Betriebsdirektor Berg.-Ing. Klaus *Herfurth*.

Betriebsdirektion Veredlung: Betriebsdirektor Dipl.-Ing. Hubert *Lässig*.

Beschäftigte der Gruppendirektion Süd (Jahresende):

Arbeiter	7 168
Angestellte	1 811
Beschäftigte insgesamt	8 979

Betriebsdirektion Tagebau Profen

Tagebau Profen-Nord (stillgelegt)

Produktion		1991
Abraumbewegung	1000 m³	1 203
Braunkohlenförderung	1000 t	630
Verhältnis Abraum:Kohle	m³/t	1,90:1

Tagebau Profen-Süd

Produktion		1991
Abraumbewegung	1000 m³	20 805
Braunkohlenförderung	1000 t	8 976
Verhältnis Abraum:Kohle	m³/t	2,31:1

Betriebsdirektion Tagebau Schleenhain

Tagebau Schleenhain

Produktion		1991
Abraumbewegung	1000 m³	27 152
Braunkohlenförderung	1000 t	5 482
Verhältnis Abraum:Kohle	m³/t	4,95:1

Tagebau Groitzscher Dreieck (stillgelegt)

Produktion		1991
Abraumbewegung	1000 m³	4 676
Braunkohlenförderung	1000 t	1 782
Verhältnis Abraum:Kohle	m³/t	2,62:1

Betriebsdirektion Veredlung

Brikettfabrik/Kraftwerk Bösau (stillgelegt)

Produktion		1991
Brikett	1000 t	198,7
Strom	GWh	87,3

Brikettfabrik/Industriekraftwerk Wählitz (stillgelegt)

Produktion		1991
Brikett	1000 t	60,1
Strom	GWh	3,3

Brikettfabrik/Industriekraftwerk Deuben I

Produktion		1991
Brikett	1000 t	455,3
Siebkohle	1000 t	426,4
Strom	GWh	319,8

Brikettfabrik Deuben III

Produktion		1991
Brikett	1000 t	171,6

Brikettfabrik/Industriekraftwerk Regis

Produktion		1991
Brikett	1000 t	625,6
Siebkohle	1000 t	45,3
Strom	GWh	149,3

Brikettfabrik/Industriekraftwerk Deutzen

Produktion		1991
Brikett	1000 t	651,5
Strom	GWh	37,9

Brikettfabrik Zechau (stillgelegt)

Produktion		1991
Brikett	1000 t	76,7

Brikettfabrik/Industriekraftwerk Rositz

Produktion		1991
Brikett	1000 t	281,8
Strom	GWh	8,0

Brikettfabrik Phönix/Industriekraftwerk Mumsdorf

Produktion		1991
Brikett	1000 t	712,5
Strom	GWh	455,7

Brikettfabrik Zipsendorf (stillgelegt)

Produktion		1991
Brikett	1000 t	96,9

Gruppendirektion Süd-Ost

O-7200 Borna, Röthaer Straße 22, ☏ Borna 640, Telefax Borna 2776.

Gruppendirektion: Gruppendirektor Dipl.-Ing. Rudolf *Lehmann*.

Kaufmännische Verwaltung: Kaufm. Direktor Dipl.-Ing. oec. Andreas *Gerhardt*.

Personal/Allgemeine Dienste: Personaldirektor Dipl. oec. Ulrike *Michael*.

Betriebsdirektion Tagebau Espenhain: Betriebsdirektor Dipl.-Ing. Steffen *Müller*.

Betriebsdirektion Tagebau Zwenkau: Betriebsdirektor Dipl.-Ing. Helmut *Groß*.

Betriebsdirektion Veredlung: Berg.-Ing. Günter *Küllmey*.

Betriebsdirektion Zentrale Werkstätten: Dr.-Ing. Stephan *Uhlemann*.

Betriebsdirektion Bohrungen/Entwässerung/Wasserwirtschaft (Bewa): Dipl.-Geophysiker Eberhard *Zeh*.

Beschäftigte der Gruppendirektion Süd-Ost (Jahresende):

Arbeiter	6 863
Angestellte	1 702
Beschäftigte insgesamt	8 565

Betriebsdirektion Tagebau Espenhain

Tagebau Espenhain

Produktion		1991
Abraumbewegung	1000 m³	23 240
Braunkohlenförderung	1000 t	5 439
Verhältnis Abraum:Kohle	m³/t	4,27:1

Tagebau Witznitz

Produktion		1991
Abraumbewegung	1000 m³	9 410
Braunkohlenförderung	1000 t	4 476
Verhältnis Abraum:Kohle	m³/t	2,10:1

Tagebau Bockwitz

Produktion		1991
Abraumbewegung	1000 m³	240
Braunkohlenförderung	1000 t	801
Verhältnis Abraum:Kohle	m³/t	0,29:1

Betriebsdirektion Tagebau Zwenkau

Tagebau Zwenkau

Produktion		1991
Abraumbewegung	1000 m³	13 523
Braunkohlenförderung	1000 t	5 007
Verhältnis Abraum:Kohle	m³/t	2,70:1

1 BERGBAU

Tagebau Cospuden

Produktion	1991
Abraumbewegung ... 1000 m³	1 303
Braunkohlenförderung . 1000 t	1 910
Verhältnis	
Abraum:Kohle .... m³/t	0,68:1

Tagebau Peres (stillgelegt)

Produktion	1991
Abraumbewegung ... 1000 m³	4 073
Braunkohlenförderung . 1000 t	899
Verhältnis	
Abraum:Kohle .... m³/t	4,53:1

Betriebsdirektion Veredlung

Brikettfabrik/Kraftwerk Borna (stillgelegt)

Produktion	1991
Brikett .... 1000 t	92,5
Siebkohle .... 1000 t	204,4
Strom .... GWh	392,0

Brikettfabrik/Kraftwerk Großzössen

Produktion	1991
Brikett .... 1000 t	964,5
Strom .... GWh	102,7

Brikettfabrik/Kraftwerk Witznitz (stillgelegt)

Produktion	1991
Brikett .... 1000 t	216,6
Strom .... GWh	19,7

Industriekraftwerk Espenhain

Produktion	1991
Strom .... GWh	1 729,0

Braunschweigische Kohlen-Bergwerke AG

3330 Helmstedt, Schöninger Str. 2−3, Postfach 1260, ☎ (05351) 18-0, ✄ 95526, Telefax (05351) 18-2522, ⚒ Kohlenbergwerke.

Aufsichtsrat: Dr. Hermann *Krämer*, Seevetal, Vorsitzender; Jörg *Liebermann*, Helmstedt, 1. stellv. Vorsitzender; Heinz *Cramer*, Hannover, 2. stellv. Vorsitzender; Rolf *Eyermann*, Mariental-Horst; Dr. Hans-Dieter *Harig*, Essen; Günter *Kammholz*, Gelsenkirchen-Buer; Reinhold *Offermann*, Springe; Rainer *Polk*, Helmstedt; Dr. Armin *Sarnes*, Schöningen; Hermann *Schnipkoweit*, Harsum; Dr. Thomas *Schoenebeck*, Hannover; Manfred *Warda*, Bochum; Dr. Jürgen *Weißbach*, Hannover; Dr. Rolf A. *Winter*, Hannover; Professor Dr. Otfried *Wlotzke*, Rheinbach.

Vorstand: Diethard *Bendrat* (A); Dipl.-Berging. Klaus *Friedrich* (B); Dipl.-Kfm. Hans-Jürgen *Rübenach* (K); Dr.-Ing. Dirk-Joachim *Wahl* (E).

Prokuristen: Jürgen *Siegmann* (Personalwesen); Dipl.-Berging. Rudolf *Hausmann* (Bergtechnik); Dipl.-Kfm. Horst *Hayler* (Finanzen); Karl-Ludwig *Hueck* (Einkauf); Dipl.-Ing. Rudolf *Lisowsky* (Kraftwerkstechnik); Abteilungsdirektor Dipl.-Kfm. Wilhelm *Schäfer* (Finanzen); Dipl.-Ing. Jochen *Schnoor* (Energiewirtschaft); Hans-Jürgen *Stegemann* (Rechtswesen und Handelsgesellschaften).

Ausbildungswesen: Obering. Wolfgang *Pickardt*.

Markscheidewesen: Dipl.-Ing. Peter *Mutzbauer*.

Gründung: 1873. Geschichtliches siehe Jahrbuch 1951, S. 350.

Kapital: 148,5 Mill. DM.

Hauptaktionär: PreussenElektra Aktiengesellschaft, Hannover, 99,9 %; Rest in Streubesitz.

Beteiligungen

Überlandzentrale Helmstedt AG, Helmstedt, 100 %;
  Unterbeteiligungen:
  Energieverband Wittingen GmbH, Wittingen, 25 %;
  Elthilfe, Elektrogeräteverkauf GmbH, Burgdorf, 12,5 %;
  Gasversorgung für den Landkreis Helmstedt GmbH, 50 %;
Helmstedter Braunkohlen Verkauf GmbH (HBV), Hannover, 100 %.
Wohnungsbauges. niedersächsischer Braunkohlenwerke mbH, Helmstedt, 98 %.

Felderbesitz: 9 188,1 ha.

Produktion	1990	1991
Abraum .... m³	12 139 246	12 740 545
Braunkohle .... t	4 348 086	4 535 977
Strom .... MWh	4 406 335	4 974 949

Geländeinanspruchnahme

Betriebsfläche .... ha	1 083	1 096
Rekultivierung .... ha	1 351	1 356

Beschäftigte (Jahresende)

Arbeiter	1 877	1 829
Angestellte	603	601
Insgesamt	2 480	2 430

Tagebaubetrieb

3330 Helmstedt, ☎ (05351) 18-0, St u. WL: Helmstedt, BA Goslar, OBA Clausthal-Zellerfeld.

Leitung: Betriebsdirektor Dipl.-Ing. Rainer *Schinkmann*.

Tagebau Alversdorf	1990	1991
Abraum .... m³	1 204 688	468 367
Kohle .... t	1 099 106	457 240
Beschäftigte .... (Jahresende)	148	–

Tagebau Treue	1990	1991
Abraum .... m^3	261 421	259 620
Kohle .... t	681 199	884 901
Beschäftigte .... (Jahresende)	85	95
Tagebau Helmstedt	**1990**	**1991**
Abraum .... m^3	1 203 305	1 116 601
Kohle .... t	894 771	1 186 355
Beschäftigte .... (Jahresende)	89	122
Tagebau Schöningen	**1990**	**1991**
Abraum .... m^3	9 469 832	10 895 957
Kohle .... t	1 673 010	2 007 481
Beschäftigte .... (Jahresende)	197	272

Kraftwerke

3333 Büddenstedt, ☏ (0 53 51) 18-0.

Leitung: Betriebsdirektor Ingo-Richard *Thoma*.

Kraftwerk Offleben (525 MW)	1990	1991
Stromerzeugung ...... MWh	2 710 060	2 661 300
Beschäftigte .... (Jahresende)	403	387
Kraftwerk Buschhaus (350 MW)	**1990**	**1991**
Stromerzeugung ...... MWh	1 696 275	2 313 649
Beschäftigte .... (Jahresende)	285	301

Hilfsbetriebe

Maschinenbetrieb

Leitung: Betriebsleiter Dipl.-Ing. Rüdiger *Wilke*.

	1990	1991
Beschäftigte .... (Jahresende)	326	329

Elektrobetrieb

Leitung: Betriebsleiter Dipl.-Ing. Siegfried *Henkenhaf*.

	1990	1991
Beschäftigte .... (Jahresende)	159	152

Bautechnik

Leitung: Betriebsleiter Dipl.-Ing. Gerd *Brinkmann*.

	1990	1991
Beschäftigte .... (Jahresende)	62	54

Energiewerke Schwarze Pumpe AG (Espag)

O-7610 Schwarze Pumpe, An der Heide, ☏ (0 35 64) 6-0, Telefax (0 35 64) 6-63 59, Telex 06 91 75 25 68.

Aufsichtsrat: Dr. rer. pol Hans *Apel*, Vorsitzender; Fritz *Kollorz*, Stellvertreter; Christian *Bauer;* Dr. Elmar *Becker;* Dr.-Ing. Rolf *Bierhoff;* Dr. Wolf-R. *Bringewald;* Bernhard *von Bronk;* Ulrich *Freese;* Dr. Hans-Dieter *Harig;* Siegmund *Heidrich;* Dr.-Ing. E.h. Willi *Heim;* Ulrich *Klinkert;* Georg *Kowalczyk;* Dr.-Ing. Reiner *Kühn;* Peter *Michalzik;* Willi *Raupach;* Wolfgang *Reinkensmeier;* Dr.-Ing. Peter *Rohde;* Dr. Willy *Scholz;* Uwe *Teubner;* Egon *Wochatz*.

Vorstand: Dipl.-Ing. Dieter *Schwirten*, Vorsitzender; Dipl.-Ökonom Bernhard *Wilmert*, Mitglied für Finanzen; Dipl.-Ing. Jürgen *Schneider*, Mitglied für Technik; Dipl.-Berging. Erwin *Stahl*, Mitglied für Belegschaft.

Gesellschafter: Treuhandanstalt 100%.

Kapital: 871 Mill. DM.

Hauptprodukte: Braunkohlenbriketts, Strom, Stadtgas, Fernwärme, Trinkwasser, technische Leistungen und Dienstleistungen.

Betriebsanlagen: 3 Brikettfabriken, 4 Kraftwerke, 1 Gaswerk, Anlagen der Wasserwirtschaft, Werkstätten, Werkbahnanlagen und Transporteinrichtungen, 1 Rechenzentrum.

Beschäftigte (31. 12. 1991): 10 330

davon:	
Angestellte	3 127
gewerbliche Arbeitnehmer	6 483
Auszubildende	720

Produktion 1991:

Briketterzeugung	1 000 t	4 424
Stauberzeugung	1 000 t	46
Stromerzeugung	GWh	6 066
Wärmeerzeugung	TJ	85 776
Stadtgaserzeugung	Mill. Nm^3	3 081
Koks	1 000 t	429
Trinkwasser	1 000 m^3	10 216

Beteiligungen:

Tip-Top Industrievulkanisation Schwarze Pumpe, 49%.
Lausitzer Umwelt GmbH, 25%.
Wirtschaftsförderungsgesellschaft mbH Hoyerswerda/Spremberg, 9%.
Schwarze Pumpe Baugesellschaft mbH i.G., 50%.
SBB Entsorgungswirtschaft GbR i.G., 6,66%.
Wohnungsgesellschaft Schwarze Pumpe GmbH i.G., 100%.
ESPE-TRANS Spedition u. Handel GmbH i.G., 51%.

Braunkohlenveredlung GmbH Lauchhammer

O-7812 Lauchhammer-Süd, Liebenwerdaer Straße, ☏ Lauchhammer 50, ✄ 3 79 294, Telefax Lauchhammer 20 47.

Geschäftsführung: Dr.-Ing. Konrad *Wilhelm*, ☏ Lauchhammer 5 23 33; Ing. Siegfried *Tenner*, ☏ Lauchhammer 5 25 13.

Zweck: Produktion von Braunkohlenbriketts aus Rohbraunkohle, Elektroenergie, Fernwärme.

Betriebsanlagen: Brikettfabriken, Hilfs- und Nebenanlagen, Dienstleistungen, Betriebsversorgung.

	1990	1991
Beschäftigte	rd. 5 000	rd. 4 000

PreussenElektra Aktiengesellschaft

(Hauptbeitrag der PreussenElektra Aktiengesellschaft in Kap. 4 Abschn. 1.)

3000 Hannover 91, Tresckowstr. 5, ☏ (0511) 439-0, ⚡ pehv 922756, ✉ PreussenElektra.

Kraftwerk und Bergbau Borken*

3587 Borken, ☏ (05682) 81-1.

Leitung: Bergwerksdirektor Dipl.-Ing. Walter *Lohr* (T, Bergbau); Kraftwerksdirektor Ing. (grad.) Gerd *Haug* (T, Kraftwerk); Kaufm. Leiter Ass. Hans-Jürgen *Stegemann* (K, Bergbau und Kraftwerk).

Betriebsanlagen: Kraftwerk Borken (94 MW netto); Braunkohlenbergwerk Altenburg als Brennstoffbasis für das Kraftwerk Borken.

Braunkohlenbergwerk Altenburg

3587 Borken, ☏ (05682) 81-1, BA Kassel, OBA Wiesbaden.

Betriebsleitung: Bergwerksdirektor Dipl.-Ing. Walter *Lohr;* Markscheider: Dipl.-Ing. Herbert *Hohn* (als freier Mitarbeiter).

Lagerstätte: 1 eozänes Flöz: 3 bis 8 m mächtig; 1 miozänes Flöz: 8 bis 15 m mächtig.

Grubenbetrieb: 1 Tagebau.

Felderbesitz: 44 Felder mit 10 520 ha.

Produktion	1990	1991
Abraumbewegung .... m³	1 500	
Braunkohlenfördermenge ... t	278 000	81 800
Verhältnis Abraum/Kohle ...	–	–
Rekultivierung		
Betriebsflächen .... ha	207	199
Wiedernutzbarmachung .. ha	1 263	1 271
Beschäftigte .... (Jahresende)	130	70

Kraftwerk und Bergbau Wölfersheim*

6366 Wölfersheim, ☏ (06036) 411, Telefax (06036) 2059.

Leitung: Bergwerksdirektor Dipl.-Ing. Helmut *Lingemann* (T, Bergbau), Kraftwerksdirektor Dipl.-Ing. Wilhelm *Heck* (T, Kraftwerk), Kaufm. Leiter Ass. Hans-Jürgen *Stegemann* (K, Bergbau und Kraftwerk).

Betriebsanlagen: Kraftwerk Wölfersheim (85 MW netto); Braunkohlenbergwerk Wölfersheim als Brennstoffbasis für das Kraftwerk Wölfersheim.

Braunkohlenbergwerk Wölfersheim

6366 Wölfersheim, ☏ (06036) 411, BA Weilburg, OBA Wiesbaden.

Betriebsleitung: Bergwerksdirektor Dipl.-Ing. Helmut *Lingemann;* Markscheider: Dipl.-Ing. Herbert *Hohn* (als freier Mitarbeiter).

Lagerstätte: 1 pliozänes Flöz: bis 20 m mächtig.

Grubenbetrieb: 1 Tagebau.

Felderbesitz: 24 Felder mit 10 150 ha.

Produktion	1990	1991
Abraumbewegung .... m³	1 775 000	910 000
Braunkohlenfördermenge ... t	547 960	471 930
Verhältnis Abraum/Kohle ...	3,2:1	1,9:1
Rekultivierung		
Betriebsflächen .... ha	221,6	172,4
Wiedernutzbarmachung .. ha	1 019,7	1 084,2
Beschäftigte .... (Jahresende)	254	172

* Wegen Erschöpfung der bauwürdigen Vorkommen mußten die Bergbaubetriebe Borken und Wölfersheim, die in den vergangenen Jahrzehnten etwa 85 % des gesamten hessischen Braunkohlenbergbaus ausmachten, gegen Ende 1991 eingestellt werden. Mit dem Bergbau endete auch der Betrieb der Kraftwerke.

Von Waitzische Erben GmbH & Co KG

3500 Kassel, Theaterstr. 1, ☏ (0561) 780007, Telefax (0561) 779331.

Leitung: Dipl.-Ing. Hans Sigismund Freiherr *Waitz von Eschen,* Dr. Friedrich Freiherr *Waitz von Eschen*.

Prokuristen: Dr.-Ing. Günter *Hinze* (techn. Leitung); Helmut *Notholt* (kaufmännische Leitung).

Gründung: vor 1816.

Felderbesitz: 1 356,6 ha, an Zeche Hirschberg GmbH verpachtet.

Beteiligungen:
Verkauf Hessischer Braunkohlen GmbH, Kassel, 100 %.
Uniflex Hydraulik GmbH, Frankfurt am Main, 100 %.

Zeche Hirschberg GmbH

3432 Großalmerode, ☎ (0 56 04) 50 51 – 50 53, St u. WL: Epterode, BA Kassel, OBA Wiesbaden, Telefax (0 56 04) 68 59.

Leitung: Dipl.-Ing. Hans Sigismund Freiherr *Waitz von Eschen;* Dr. Friedrich Freiherr *Waitz von Eschen;* Bergwerksdirektor Dr.-Ing. Günter *Hinze;* Helmut *Notholt;* Markscheider: Dipl.-Ing. Wolfgang *Junk,* Clausthal-Zellerfeld.

Felderbesitz: von der Firma von Waitzische Erben GmbH & Co KG gepachtet.

Lagerstätte: Gesamtkohlenmächtigkeit 5 bis 20 m. Anzahl der Flöze: 4.

Grubenbetrieb: 2 Tagebaue, 1 Tiefbau.

Landabsatz: Ausgabe Bahnhof Epterode, bis zu 1 200 t täglich.

Produktion	1990	1991
Rohbraunkohlenfördermenge t	169 925	225 681
Farberde .... t	1 334	622
Verhältnis Abraum/Kohle ...	5,4:1	5,4:1
Ton	114 649	189 130
Rekultivierung		
Betriebsflächen .... ha	187,7	194,35
Kultivierte Flächen ..... ha	134,35	138,15
Beschäftigte .... (Jahresende)	91	94

Von Waitzische Bergbau GmbH

3500 Kassel, Theaterstr. 1, ☎ (0561) 78 00 07, Telefax (0561) 77 93 31.

Leitung: Dipl.-Ing. Hans Sigismund Freiherr *Waitz von Eschen,* Dr. Friedrich Freiherr *Waitz von Eschen,* Dr.-Ing. Günter *Hinze,* Helmut *Notholt.*

Gründung: 1986.

Felderbesitz: 6 660,7 ha.

Oberpfälzische Schamotte- und Tonwerke GmbH Ponholz

8414 Maxhütte-Haidhof, Postfach 1140, ☎ (0 94 71) 200-0.

	1987	1989
Braunkohlenfördermenge .. t/a	25 320	37 313
Beschäftigte .... (Jahresende)	2	2

Ilse Bergbau-GmbH

5300 Bonn 1, Georg-v.-Boeselager-Str. 25, ☎ (02 28) 5 52 01 u. 5 52-24 08.

Geschäftsführung: Dipl.-Kfm. Ferdinand *Herold;* Dr. Rainer *Zoller.*

Gründung: 1888. Geschichtliches siehe Jahrbuch 1951, S. 372.

Stammkapital: 16,65 Mill. DM.

Mehrheitsaktionär: Viag Aktiengesellschaft mit 99,9 % (Organvertrag).

Felderbesitz: 899 ha am Meißner (Hessen); 1587 ha bei Jüchen (Rheinland).

Beteiligungen
Ilse Bayernwerk Energieanlagen GmbH, München, 50 %.
Braunkohle-Benzin-AG, Berlin, 12,2 %.

Ziegelwerk Renz GmbH

8400 Regensburg, An der Brunnstube 2, ☎ (0941) 3 50 34, Telefax (0941) 3 50 36.

Inhaber: H. *Renz.*

Mineral: Braunkohle, Ton und Lehm.

Betriebsanlagen: Braunkohlentagebau Friedrichzeche, BA Amberg.

3. Kali und Steinsalz

Produktion und Beschäftigte 1991

	Kalirohsalzfördermenge 1 000 t$_{eff}$	Kaliproduktion 1 000 t K$_2$O	Beschäftigte (Jahresende)
Kali und Salz AG	26 591	2 192	7 192
Kali Südharz AG	3 082	338	3 726
Kali Werra AG	5 111	472	2 635
Zielitzer Kali AG	6 539	833	2 091
	41 323	3 835	15 644

Kali und Salz AG

3500 Kassel, Friedrich-Ebert-Straße 160, ☏ (0561) 301-0, ✆ 99632-0 wuk d, Telefax (0561) 301-702, Teletex (17) 561898 = wuk, ⌨ Kalisalz Kassel.

Aufsichtsrat: Gerhard R. *Wolf*, Worms, Vorsitzender; Manfred *Kopke*, Neukirchen-Vluyn, stellv. Vorsitzender; Hans *Erdt*, Wathlingen; Heinrich *Hartwig*, Oelber; Gerhard *Kienbaum*, Gummersbach; Max Dietrich *Kley*, Heidelberg; Dr. Dietmar *Kunze*, Heringen; Dr. Dr. Hans-Joachim *Leuschner*, Köln; Fred *Schünemann*, Bockenem; Dr. Eckart *Sünner*, Neustadt a. d. W.; Dieter *Thomaschewski*, Freinsheim; Erich *Wolf*, Heringen.

Vorstand: Dr. Ralf *Bethke*, Vorsitzender; Axel *Hollstein*, Dr. Volker *Schäfer*, Dr. Hans *Schneider*.

Direktoren der Hauptverwaltung: Hans-Heini *Brandt*, Heinz *Busche*, Heinrich *Füser*, Kurt *Harbodt*, Klaus *Henß*, Dr. Karl-Christian *Käding*, Siegfried *Kirchner*, Dr. Klaus-Dieter *Müller*, Klaus *Neubarth*, Dr. Michael *Schaper*, Dr. Hans-Joachim *Scharf*, Peter *Schedtler*, Hermann *Schinkhof*, Joachim *Scholz*, Dr. Joster *vor Schulte*, Horst *Schumacher*, Dr. Ingo *Stahl*, Manfred *Tangermann*, Dr. Bernhard *Wiechens*, Dr. Joachim *Wilhelm*, Hans Dieter *Wolter*.

Kapital: 250 Mill. DM.

Mehrheitsaktionär: BASF 77 %.

Zweck: Die Gewinnung, Verarbeitung und der Vertrieb von Kali- und Steinsalzen sowie anderen Bodenschätzen und den hierbei anfallenden Haupt- und Nebenerzeugnissen sowie die Nutzung der durch den Bergbau entstandenen unterirdischen Hohlräume, die Herstellung und der Vertrieb von Mischdünger sowie chemischen Erzeugnissen aller Art und der Handel mit allen vorgenannten Bodenschätzen und Waren, ferner die Vornahme aller damit zusammenhängenden Geschäfte und Maßnahmen, die zur Erreichung des Gesellschaftszwecks notwendig oder nützlich erscheinen.

Die Gesellschaft ist berechtigt, im In- und Ausland Zweigniederlassungen zu errichten, sich an anderen Unternehmen zu beteiligen, solche Unternehmen zu pachten, zu erwerben und zu gründen.

Tochtergesellschaften und Beteiligungen von mindestens 50 %
Beienrode Bergwerks-GmbH, Kassel, 89,8 %.
Chemische Fabrik Kalk GmbH, Köln*, 100 %.
Deutscher Straßen-Dienst GmbH, Kassel*, 100 %.
Deutsches Kalisyndikat GmbH, Berlin*, 83,4 %.
German Bulk Chartering GmbH, Hamburg**, 50 %.
Hyperphos-Kali Düngemittel GmbH, Budenheim, 50 %.
Kali-Transport Gesellschaft mbH, Hamburg*, 100 %.
Kali und Salz Consulting GmbH, Kassel, 100 %.
Kali und Salz Entsorgung GmbH, Kassel*, 100 %.
Kali-Union Verwaltungsgesellschaft mbH, Kassel*, 100 %.
Montangesellschaft mbH, Köln*, 100 %.
Wohnbau Salzdetfurth GmbH, Bad Salzdetfurth*, 100 %.
Potash Company of Canada Ltd. (Potacan), Toronto/Kanada, 50 %.
Potacan Mining Company (PMC)***, Sussex/Kanada, 50 %.

* Mit diesen Gesellschaften bestehen Ergebnisabführungsverträge.
** Indirekte Beteiligung über KTG.
*** Indirekte Beteiligung über Potacan.

	1990	1991
Kalirohsalzfördermenge ...... (1000 t$_{eff.}$)	26 105	26 591
Produktion Kalierzeugnisse gesamt ...... (1000 t K$_2$O)	2 196	2 192
Beschäftigte .... (Jahresende)	7 613	7 192

Kaliwerk Bergmannssegen-Hugo

3160 Lehrte, ☏ (05132) 501-1, ✆ 922294, Telefax (05132) 56347, BA Hannover, OBA Clausthal-Zellerfeld.

Kali- und Steinsalzbergwerke und Salinen in Deutschland.

1 BERGBAU

Werksleitung: Dipl.-Ing. Imre *Steingart* (Fabrik), Wolf *Eberhardt* (Kfm. Bereich).

Leitung des Grubenbetriebs: Bergrat a. D. Hans-Harm *Spier*.

Mineral und Lagerstätte: Kalisalze in vier Lagern: Riedellager und Ronnenberglager (Sylvinit), Bergmannssegenlager und Staßfurtlager (Hartsalz) mit 4 bis 12 m Mächtigkeit. Steile Lagerung.

Grubenbetrieb: Tiefbau, 6 Schächte: 1 Hauptförderschacht, 945 m; 1 Seilfahrt- und Materialschacht, 940 m; 4 Wetterschächte, 500-m-, 580-m- bzw. 900-m-Sohle.

Aufbereitung: Elektrostatische Aufbereitung zur trockenen Abtrennung von Steinsalz und Aufkonzentrierung von Kalium- und Magnesiummineralien. Anlage zur Herstellung von Thomaskali.

Kaliwerk Hattorf

6433 Philippsthal, ☎ (06620) 79-0, ✆ 493387, Telefax (06620) 79-590, ⌘ Hattorf Philippsthal, BA Bad Hersfeld, OBA Wiesbaden.

Werksleitung: Dipl.-Ing. Gustav-Adolf *Burghardt* (Bergbau), Dr. Herbert *Eberle* (Fabrik), Gerald *Schmidt* (Kfm. Bereich).

Mineral und Lagerstätte: Kalisalze, als Nebenmineral Steinsalz. 2 Lager von 2 bis 4 m Mächtigkeit und 2 bis 3° Einfallen nach Südwesten.

Grubenbetrieb: Tiefbau in 600 — 900 m Teufe. 3 Schächte: 1 Hauptförderschacht mit 2 Gefäßförderanlagen, 710 m; 1 Seilfahrt- und Materialschacht, 814 m; 1 ausziehender Wetterschacht, 804 m.

Aufbereitung: Mehrstufige elektrostatische Aufbereitung zur trockenen Abtrennung von Steinsalz und Aufkonzentrierung von Kalium- und Magnesiummineralien, Heißlösebetrieb zur Gewinnung von Kaliumchlorid, Kaliumsulfatfabrik, Bittersalzfabrik. Anlage zur Herstellung von Auftausalzen.

Kaliwerk Neuhof-Ellers

6404 Neuhof, ☎ (06655) 81-0, ✆ 49795, Telefax (06655) 81-420, BA Bad Hersfeld, OBA Wiesbaden.

Werksleitung: Dipl.-Ing. Norbert *Deisenroth* (Bergbau), Dr. Norbert *Knöpfel* (Fabrik), Gerhard *Schäfer* (Kfm. Bereich).

Mineral und Lagerstätte: Kalisalze, als Nebenmineral Steinsalz, 2 Lager von 2 bis 3 m Mächtigkeit und 2 bis 3° Einfallen nach Südwesten. Unteres Lager unbauwürdig.

Grubenbetrieb: Tiefbau in 500 — 600 m Teufe. 2 Schächte: 1 Hauptförderschacht, 602 m; 1 Seilfahrt- und Materialschacht, 552 m.

Aufbereitung: Flotation zur Gewinnung von Kaliumchlorid, elektrostatische Kieseritgewinnung.

Werk Niedersachsen-Riedel

3101 Wathlingen, ☎ (05144) 80-0, ✆ 925163, Telefax (05144) 80-330, BA Hannover, OBA Clausthal-Zellerfeld.

Werksleitung: Dipl.-Ing. Gerd *Grimmig* (Bergbau), Dr. Andreas *Leckzik* (Fabrik), Heinz *Hessling* (Kfm. Bereich).

Mineral und Lagerstätte: Kalisalze: Sylvinitlager von 3 bis 10 m Mächtigkeit (Riedellager); Steinsalze: bis 25 m Mächtigkeit, alle steil gelagert.

Grubenbetrieb: Tiefbau, 2 Schachtanlagen: Niedersachsen (Förderschacht für Kali- und Steinsalze), 836 m, durchschlägig mit Riedel (Förderschacht für Steinsalze), 765 m, 1 Wetterschacht, 300 m.

Aufbereitung für Kali: Heißlösebetrieb zur Gewinnung von Kaliumchlorid.

Aufbereitung für Steinsalz: Aufbereitungsanlagen für Speise-, Gewerbe-, Industrie- und Auftausalz (Mühle, Klassieranlage, Sichterei, Raffinade- und Siedesalzanlage, Paketierungen).

Kaliwerk Sigmundshall

3050 Wunstorf 1, ☎ (05031) 104-1, ✆ 924519, Telefax (05031) 104-407, BA Hannover, OBA Clausthal-Zellerfeld.

Werksleitung: Dr. Wolfgang *Hofmeister* (Bergbau), Lukas *Timm* (Fabrik), Bruno *Howe* (Kfm. Bereich, kommissarisch).

Minerale und Lagerstätte: Kalisalze: Sylvinitlager von 2 bis 30 m Mächtigkeit, steile Lagerung.

Grubenbetrieb: Tiefbau, 3 Schächte: 1 Förderschacht, 725 m; 2 Wetterschächte, 635 und 940 m.

Aufbereitung: Heißlösebetrieb und Flotation zur Gewinnung von Kaliumchlorid.

Kaliwerk Wintershall

(einschl. Anlage Herfa-Neurode)

6432 Heringen, ☎ (06624) 81-0, ✆ 493383, Telefax (06624) 81-698, BA Bad Hersfeld, OBA Wiesbaden.

Werksleitung: Dr. Rudolf *Kokorsch* (Bergbau), Dr. Dietmar *Kunze* (Fabrik), Gerald *Schmidt* (Kfm. Bereich).

Mineral und Lagerstätte: Kalisalze. 2 Lager von 2 bis 3 m Mächtigkeit und 2 bis 3° Einfallen nach Südwesten.

Die Fachzeitschrift für den gesamten Salzbergbau

Kali und Steinsalz

Herausgegeben vom Kaliverein e. V., Hannover.

Kali und Steinsalz erscheint dreimal jährlich im Format DIN A4. Jahresabonnement 49,50 DM zuzüglich Versandkosten.

Probehefte liegen für Sie bereit.

In der Zeitschrift *Kali und Steinsalz* wird über Erfahrungen und Fortschritte auf allen Gebieten der Gewinnung, Verarbeitung und Anwendung der Kalisalze und des Steinsalzes berichtet.

Verlag Glückauf GmbH · Essen

BERG- UND BAUTECHNIK

Menschen vom Fach. Willich. Erfahrung, Kompetenz und individuelle Konzepte machen uns zu einem zuverlässigen Partner im Bergbau, Tunnelbau und in der Bautechnik.

Willich bietet mit umfassendem Know-how die Komplettlösung für fast alle Bereiche der Gebirgsverfestigung:

- **Verfestigung gebräcker Störzonen**
- **Wasserabdichtung**
- **Verankerungen**
- **Verfüllung von Hohlräumen**

F. Willich Berg- und Bautechnik GmbH + Co
Alter Hellweg 128–130
4600 Dortmund 70
Tel. (02 31) 6 10 01- 02 · Fax: 61 40 12

1 BERGBAU

Grubenbetrieb: Tiefbau in 430 – 800 m Teufe. 4 Schächte: 1 Förderschacht, 545 m; 1 Wetterschacht, 472 m; 1 Seilfahrt- und Transportschacht, 769 m; 1 Wetter- und Schwertransportschacht, 731 m. Untertagedeponie Herfa-Neurode.

Aufbereitung: Mehrstufige elektrostatische Aufbereitung zur trockenen Abtrennung von Steinsalz und Aufkonzentrierung von Kalium- und Magnesiummineralien. Heißlösebetrieb zur Gewinnung von Kaliumchlorid, Kaliumsulfatfabrik. Elektrostatische Gewinnung von Kieserit. Magnesiumsulfat wasserfrei – Herstellung.

Werk Braunschweig-Lüneburg

3332 Grasleben, ☏ (05357) 182-0, ✆ 95525, Telefax (05357) 182-399, BA Goslar, OBA Clausthal-Zellerfeld.

Werksleitung: Dipl.-Ing. Klaus *Ehrhardt* (Bergbau und Fabrik), Heinz *Hessling* (Kfm. Bereich).

Mineral und Lagerstätte: Steinsalz. Steile Lagerung.

Grubenbetrieb: Tiefbau, 3 Schächte: 1 Förderschacht, 600 m; 2 Wetterschächte, je 670 m.

Aufbereitung für Steinsalz: Aufbereitungsanlagen für Speise-, Gewerbe-, Industrie- und Auftausalz (Mühle, Klassieranlage, Sichterei, Paketierungen).

Solvay Salz GmbH

(Hauptbeitrag der Solvay Deutschland GmbH in Kap. 5 Abschn. 1)

5650 Solingen 11, Langhansstr. 6, Postfach 110270, ☏ (0212) 704-0, Telefax (0212) 704-429, ✆ 8514818, ✉ Solvaywerke Solingen-Ohligs.

Geschäftsführung: Ass. d. Bergfachs Karl *Schmidt*.

Gesellschafter: Solvay Deutschland GmbH.

Zweck: Aufsuchung, Gewinnung, Herstellung, Verwertung und der Vertrieb von Stein- und Salinensalz und Sole.

Steinsalzbergwerk Borth I/II

4230 Wesel 14, ☏ (02803) 48-0, ✆ 812809 DSW d, Telefax (02803) 48500, ✉ TW 809 Solvaywerke Wesel, WL: Büderich, Anschlußgleis; St: Wesel, mit Stückgutleitzahl 2077, Expreß: Wesel, BA Moers, LOBA Nordrhein-Westfalen, Dortmund.

Werksleitung: Dipl.-Berging. Karl-Heinz *Jahn*.

Mineral und Lagerstätte: Steinsalz. Salzlager von rd. 200 m in flacher Lagerung.

Grubenbetrieb: Kammerbau mit Längspfeilern in 740 bis 840 m Teufe, 2 Schächte: 1 Hauptförder- und Wetterschacht, 850 m, 1 Seilfahrt- und Materialschacht, 850 m.

Tagesbetrieb: Saline und Aufbereitungsanlagen für Speise-, Gewerbe- und Industriesalz, Mahl-, Sichter- und Paketieranlagen.

Salzgewinnungsgesellschaft Westfalen mbH

4422 Ahaus, Graeser Brook 9, ☏ (02565) 60-0, Telefax (02565) 60250, BA Marl, Loba Nordrhein-Westfalen, Dortmund.

Geschäftsführung: Ass. d. Bergf. Karl *Schmidt;* Dietrich *Pilz,* stellv.; Helmut *Walgenbach,* stellv.

Werksleiter: Ass. d. Bergf. Helmut *Geyer,* Prokurist.

Gesellschafter: Deutsche Solvay-Werke GmbH, Solingen; Hüls AG, Marl; Bayer AG, Leverkusen.

Zweck: Gewinnung von Salzsole (NaCl) mittels Tiefbohrungen, Transport und Vertrieb von Sole mittels Fernleitungen.

Mineral und Lagerstätte: Salzbergwerk Epe, Steinsalz im Zechstein 1, Teufe 1000 bis 1400 m.

Betriebsanlagen: 58 Tiefbohrungen, Zentralpumpstation, Wassergewinnungsanlagen Vreden-Doemern und Ottenstein, Sole-Pipelinenetz.

Mitteldeutsche Kali AG (MdK)

O-5400 Sondershausen, Postfach 58, Schachtstraße 62–65, ☏ Sondershausen 520-0, ✆ 3 40 201 kalid, Telefax Sondershausen 3174.

Aufsichtsrat: Professor Dr. Ulrich *Steger,* Vorsitzender; Manfred *Kopke,* stellvertretender Vorsitzender.

Vorstand: Friedhelm *Teusch,* Ressort Finanzen, Sprecher; Peter *Backhaus,* Ressort Soziales; Hans-Jürgen *Ertle,* Ressort Vertrieb; Dr. Heinz *Mühlberg,* Ressort Produktion; Alwin *Potthoff,* Ressort Bergbau.

Zweck: Durchführung aller mit der Gewinnung, Verarbeitung und dem Verkauf von Kalidüngemitteln (K60 Standard, K60 Granulat, K50 Standard, K40 Standard, KCl 98, Kaliumsulfat, Kamex granuliert, Kamex fein, Kieserit, Kalikieserit, Kainit), Nebenprodukten ($MgSO_4$-Lösung, $MgSO_4$ calciniert, Bittersalz, Pottasche) und Salz-Produkten (Steinspeisesalz, Siedespeisesalz, Steinindustriesalz) zusammenhängenden Geschäfte, die zur Erreichung des Gesellschaftszweckes erforderlich und nützlich sind.

KALI UND STEINSALZ

Fördermenge		1990	1991
Kalirohsalz	t_{eff}	26 189 873	14 731 087
Kalisalz	$t K_2O$	3 138 211	1 886 991
Steinsalz	t	2 501 638	1 334 802
Produktion			
Kalidüngemittel	$t K_2O$	2 653 280	1 662 703
Steinsalz	t	2 468 468	1 317 276
Absatz:			
Kalidüngemittel	$t K_2O$	2 661 900	1 556 700
Steinsalz	t	2 470 602	1 319 319
Beschäftigte			
gesamt (Jahresende)		24 139	10 761
davon Beschäftigte der Grubenbetriebe		7 500	4 030

Tochtergesellschaften
Kali Südharz AG, 100%.
Kali Werra AG, 100%.
Zielitzer Kali AG, 100%.
Staßfurter Salz & Stahlbau GmbH, 100%.
Mitteldeutsche Salzwerke mbH, 100%.
Fluß- und Schwerspat GmbH, 100%.
Bergwerksmaschinen Dietlas GmbH, 100%.
Kali-Bergbau Handelsgesellschaft mbH, 100%.
KIB Plan GmbH, 100%.
KRZ Nordhausen GmbH, 100%.

Kali Südharz AG

O-5400 Sondershausen, Postfach 29, ☏ Sondershausen 520-0, ✆ 340202 kasu, Telefax Sondershausen 520516.

Vorstand: Dr. Helmut *Springer*, Vorstandssprecher; Wolfgang *Kirchner*, Ressort Personal; Prokurist Günter *Otto*, Ressort Finanzen.

Anzahl der Bergwerke: 3.

Produktion:		1990	1991
Fördermenge Kalirohsalz	t_{eff}	9 243 872	3 081 934
Fördermenge Kalisalz	$t K_2O$	1 187 775	397 534
Produktion			
Kalidüngemittel	$t K_2O$	978 425	337 828
Beschäftigte (Jahresende)		10 042	3 726

Kaliwerk Sondershausen

O-5400 Sondershausen, Kali Südharz AG, Werk »Glückauf«, Schachtstraße.

Produktion		1990	1991
Fördermenge Kalirohsalz	t_{eff}	1 778 636	201 490
Fördermenge Kalisalz	$t K_2O$	203 197	19 123
Produktion			
Kalidüngemittel	$t K_2O$	171 101	15 739
Beschäftigte (Jahresende)		2 142	797

Kaliwerk Volkenroda

O-5705 Menteroda, Kali Südharz AG, Werk Volkenroda, Wilhelm-Pieck-Straße 17.

Produktion		1990	1991
Fördermenge Kalirohsalz	t_{eff}	535 639	0
Fördermenge Kalisalz	$t K_2O$	73 418	0
Produktion			
Kalidüngemittel	$t K_2O$	60 983	0
Beschäftigte (Jahresende)		1 203	120

Einstellung der Kaliproduktion: Juli 1990.

Kaliwerk Bleicherode

O-5502 Bleicherode, Kali Südharz AG, Werk Bleicherode.

Produktion		1990	1991
Fördermenge Kalirohsalz	t_{eff}	928 833	0
Fördermenge Kalisalz	$t K_2O$	110 833	0
Produktion			
Kalidüngemittel	$t K_2O$	109 552	10 358
Beschäftigte (Jahresende)		1 317	296

Einstellung der Kaliproduktion: Oktober 1990.

Kaliwerk Bischofferode

O-5601 Bischofferode, Kali Südharz AG, Werk Bischofferode.

Produktion		1990	1991
Fördermenge Kalirohsalz	t_{eff}	3 045 285	2 681 149
Fördermenge Kalisalz	$t K_2O$	396 987	349 882
Produktion			
Kalidüngemittel	$t K_2O$	327 860	289 510
Beschäftigte (Jahresende)		1 520	928

Kaliwerk Sollstedt

O-5507 Sollstedt, Kali Südharz AG, Werk Sollstedt.

Produktion		1990	1991
Fördermenge Kalirohsalz	t_{eff}	1 562 577	0
Fördermenge Kalisalz	$t K_2O$	212 928	0
Produktion			
Kalidüngemittel	$t K_2O$	164 837	631
Beschäftigte (Jahresende)		1 300	312

Einstellung der Kaliproduktion: Dezember 1990.

Kaliwerk Roßleben

O-4735 Roßleben, Kali Südharz AG, Werk Roßleben.

Produktion		1990	1991
Fördermenge Kalirohsalz	t_{eff}	1 392 902	199 295
Fördermenge Kalisalz	$t K_2O$	190 412	28 259
Produktion			
Kalidüngemittel	$t K_2O$	144 092	21 590
Beschäftigte (Jahresende)		2 012	1 059

1 BERGBAU

Kali Werra AG

O-6212 Merkers, ☏ Merkers 80, ✂ 628965, Telefax Merkers 317.

Vorstand: Horst *Weinberg*, Ressort Bergbau, Sprecher; Erhard *Kreutzmann*, Ressort Finanzen/Vertrieb; Winfried *Brandau*, Ressort Personal/Soziales; Horst *Hoßfeld*, Ressort Produktion.

Anzahl der Bergwerke: 2.

Produktion		1990	1991
Fördermenge Kalirohsalz . . t_{eff}		9 653 040	5 110 638
Fördermenge Kalisalz . . t K_2O		911 989	544 750
Produktion Kalidüngemittel . . . . . . t K_2O		747 872	471 941
Beschäftigte . . . . (Jahresende)		5 916	2 635

Betriebsteil Merkers

O-6212 Merkers, Kali Werra AG, Werk Merkers.

Produktion	1990	1991
Fördermenge Kalirohsalz . . t_{eff}	6 758 111	2 870 349
Fördermenge Kalisalz . . t K_2O	579 261	285 883
Produktion Kalidüngemittel . . . . . . t K_2O	368 199	243 756
Beschäftigte . . . . (Jahresende)	3 546	1 739

Betriebsteil Unterbreizbach

O-6223 Unterbreizbach, Kali Werra AG, Werk Unterbreizbach.

Produktion	1990	1991
Fördermenge Kalirohsalz . . t_{eff}	2 894 929	2 240 289
Fördermenge Kalisalz . . t K_2O	332 728	258 867
Produktion Kalidüngemittel . . . . . . t K_2O	288 129	228 185
Beschäftigte . . . . (Jahresende)	1 433	896

Zielitzer Kali AG

O-3215 Zielitz, ☏ Loitsche 40, ✂ 08491, Telefax Loitsche 42207, 2082.

Vorstand: Dr. Arno *Michalzik*, Ressort Bergbau, Sprecher; Dr. Manfred *Peter*, Ressort Finanzen/Personal; Martin *Westphal*, Ressort Produktion.

Werk Zielitz

Produktion	1990	1991
Fördermenge Kalirohsalz . . t_{eff}	7 292 961	6 538 515
Fördermenge Kalisalz . . t K_2O	1 038 447	944 707
Produktion Kalidüngemittel . . . . . . t K_2O	926 983	832 991
Beschäftigte . . . . (Jahresende)	2 848	2 091

Mitteldeutsche Salzwerke GmbH

O-4350 Bernburg, Postfach 36, ☏ Bernburg 690, ✂ 48335, 48340, Telefax Bernburg 2423.

Geschäftsführung: Adolf *Hiltscher*.

Steinsalzbergwerk Bernburg

Produktion	1990	1991
Fördermenge Steinsalz . . . . . t	2 501 638	1 334 802
Produktion Steinsalz . . . . . . t	2 468 468	1 317 276
NaCl-Sole . . . . t	885 210	549 253
Beschäftigte . . . . (Jahresende)	1 154	721

Saline Oberilm

O-5217 Stadtilm, Mitteldeutsche Salzwerke GmbH, Saline Oberilm.

Produktion	1990	1991
Siedesalz . . . . t	11 682	6 932
NaCl-Sole . . . . t	10 320	3 711
Beschäftigte . . . . (Jahresende)	80	57

Südwestdeutsche Salzwerke AG

7100 Heilbronn, Salzgrund, Postfach 3161, ☏ (07131) 959-0, ✂ 728530, Telefax (07131) 79071.

Aufsichtsrat: Oberbürgermeister Dr. Manfred *Weinmann*, Heilbronn, Vorsitzender, Staatssekretär Dipl.-Ing. Werner *Baumhauer*, Stuttgart, stellv. Vorsitzender.

Vorstand: Staatssekretär a. D. Dipl.-Verw.wirt (grad.) Heinz *Heckmann*; Dipl.-Kfm. Ekkehard *Schneider*; Bergass. a. D. Wilhelm *Wegener*.

Prokuristen: Dr. Franz *Götzfried* (Bereichsleiter Tagesbetriebe und Raffinadewerk), Dipl.-Volksw. Friedrich *Kaiser*, Dr. Ulrich *Kowalski*, Ing. (grad.) Wilhelm *Maul* (Bereichsleiter Grubenbetriebe).

Kapital: 42 Mill. DM.

Beteiligungen
Südwestsalz-Vertriebs GmbH, Bad Friedrichshall, 100 %.
HT-Metallschutz-GmbH, Heilbronn, 100 %.
UEV. Umwelt, Entsorgung, Verwertung GmbH, Heilbronn, 100 %.

Steinsalzbergwerk Heilbronn

7100 Heilbronn, St u. WL: Heilbronn Hbf., HA: Heilbronn, Salzwerkshafen, LBA Baden-Württemberg.

Betriebsleitung: Grubenbetrieb: Dipl.-Ing. Gerhard *Bohnenberger;* Tagesbetrieb: Dr.-Ing. Gerhard *Bloschies;* Deponie: Dipl.-Ing. Gerold *Jahn*.

Mineral und Lagerstätte: Steinsalz, 40 m mächtiges Lager im Mittleren Muschelkalk.

Grubenbetrieb: 2 Förderschächte »Heilbronn« und »Franken«, Teufe 224 m und 236 m, elektrische vollautomatische Fördermaschinen für Gefäßförderung; Deponie für Sonderstoffe.

Aufbereitung: Selektive Zerkleinerung unter Tage, Schwerflüssigkeitsanlage über Tage.

Steinsalzbergwerk Bad Friedrichshall-Kochendorf

7107 Bad Friedrichshall 1, ☎ (07136) 271-0, St u. WL: Bad Friedrichshall-Kochendorf, Anschlußgleis Schacht, LBA Baden-Württemberg.

Betriebsleitung: Grubenbetrieb: Dipl.-Ing. Gerold *Jahn;* Tagesbetrieb: Ing. Gerhard *Sernau.*

Mineral und Lagerstätte: Steinsalz, 24 m mächtiges Lager im Mittleren Muschelkalk.

Grubenbetrieb: Schacht »König Wilhelm II«, Teufe 190 m, elektrische vollautomatische Fördermaschine für Gefäßförderung.

Aufbereitung: Selektive Zerkleinerung unter Tage.

Raffinade-Salzwerk Bad Friedrichshall-Kochendorf

7107 Bad Friedrichshall 1, St u. WL: Bad Friedrichshall-Kochendorf, Anschlußgleis Schacht, LBA Baden-Württemberg.

Betriebsleitung: Ing. Gerhard *Sernau.*

Betriebsanlagen: Siebenstufige Vacuumverdampfungsanlage zur Erzeugung von Raffinadesalz, Sieb-, Misch-, Vergällungs- und Verpackungsanlagen.

Wacker-Chemie GmbH

(Hauptbeitrag der Wacker-Chemie GmbH in Kap. 3 Abschn. 1)

8000 München 83, Hanns-Seidel-Platz 4, ☎ (089) 6279-01, ✍ 529121-0, Telefax (089) 6279-1770, ✉ Wackerchemie München.

Salzbergwerk Stetten

7452 Haigerloch, ☎ (07474) 6011/12 (Versand: 8344), Telefax (07474) 1512, ✍ 767482, St u. WL: Stetten, LBA Baden-Württemberg.

Werksleitung: Bergwerksdirektor Dipl.-Ing. Hans-Werner *Boehm;* Betriebsführer Dipl.-Ing. Friedhard *Korf* (Stellv.).

Mineral- und Lagerstätte: Steinsalz, 3bankiges Lager im Mittleren Muschelkalk.

Grubenbetrieb: 1 Wetterschacht und 1 Schrägschacht für die Förderung, je 100 m.

Aufbereitung: Mühlen, Klassierungen, Sichtereien, Paketierungen und Palettierungen für Gewerbe- und Industriesalze.

Akzo Salz und Grundchemie GmbH & Co oHG

2160 Stade, Eisenbahnstr. 1, ☎ (04141) 17-0, ✍ 218167, Telefax (04141) 17-270.

Geschäftsführung: Harald *Boldt;* Arne *Jessen,* stellv.; Dr. Joachim *Parreidt,* stellv.; Herbert *Ruprecht,* stellv.

Gesellschafter: Unternehmen der Akzo Salt and Basic Chemicals International bv, Hengelo (Niederlande).

Saline

2160 Stade (Bassenfleth), Industriegebiet Ost, ☎ (04141) 17-0, Telefax (04141) 17-386, ✍ 218114, St u. WL: Stade, Anschlußgleis Saline Unterelbe, BA Celle, OBA Clausthal-Zellerfeld.

Technische Leitung: Dipl.-Ing. Arne *Jessen.*

Mineral und Lagerstätte: Siedesalz. Steinsalzlager im Zechstein von mehr als 1300 m Mächtigkeit in einer Teufe bis zu 1850 m.

Salinenbetrieb: Die Salzsole wird durch kontrollierte Aussolung in Bohrlöchern, die bis in das Salzlager niedergebracht sind, gewonnen. Zwei fünfstufige Vakuum-Verdampferanlagen.

Produktion		1990	1991
Sole . . . . m^3		1 109 448	–
Siedesalz . . . . t		338 558	334 441
Beschäftigte . . . . (Jahresende)			
Arbeiter		183	189
Angestellte		87	90
Beschäftigte insgesamt		270	279

BHS-Bayerische Berg-, Hütten- und Salzwerke AG

8000 München 2, Nymphenburger Str. 37, Postfach 200325, ☏ (089) 127070, TTX 898688 = BHS, Telefax (089) 1270 7714.

Aufsichtsrat: Dr. Wilhelm *Simson*, Vorstandsvorsitzender der SKW Trostberg AG, Trostberg, Vorsitzender; Wilfried *Jubelgas*, Bezirkssekretär der IG Metall, München, stellv. Vorsitzender; Dr. Gerald *Grießel*, Ministerialdirigent, Bayer. Staatsministerium der Finanzen, München; Adolf *Kapfer*, Bezirksleiter der IG Bergbau und Energie, München; Eduard *Kastner*, Hauer, Berchtesgaden; Georg *Pfannenstein*, Elektromeister, Weiherhammer; Dieter *Poech*, Vorstandsmitglied der SKW Trostberg AG, Trostberg; Dr. Elmar *Prasch*, Mitglied des Vorstands der Bayerischen Vereinsbank AG, München; Werner *Schmidt*, Schlosser, Sonthofen; Klaus-Jürgen *Schulz*, Vorstandsmitglied der SKW Trostberg AG, Trostberg; Franz *Weber*, Werksleiter Werk Weiherhammer, Weiherhammer; Dr. Dietrich *Wolf*, Ministerialdirektor, Bayer. Staatsministerium der Finanzen, München.

Vorstand: Dr. Christof *Kemman*, Dr. Ernst *Kober*, Dipl.-Kfm. Friedrich R. *Räuchle*.

Prokuristen: Dr.-Ing. Günther *Haberl*, Dipl.-Kfm. Andreas *Kerschhackl*, Dipl.-Ing. Adolf *May*, Franz *Öllerer*.

Gründung und Statut: Die Montanunternehmungen des Bayerischen Staates wurden durch Gesetz vom 1. 4. 1927 in der obengenannten Aktiengesellschaft zusammengefaßt. Geschichtliches siehe Jahrbuch 1953, S. 479.

Kapital: 65 Mill. DM.

Aktionäre: SKW Trostberg AG, 99,5 %; Bayer. Vereinsbank München, 0,5 %.

Zweck: Produktion in den Bereichen Maschinenbau, Salzprodukte, Humusprodukte.

Produktionsbetriebe: Werke in Sonthofen, Weiherhammer, ferner Saline Bad Reichenhall, Salzbergwerk Berchtesgaden, Kraftwerk Bodenmais, Humuswerke Raubling.

Umsatz: 421 Mill. DM (1991).

Beschäftigte: 2189 (1991).

Tochter- und Organgesellschaften
Bad Reichenhaller Salz Handelsges. mbH, München.
Euflor GmbH für Gartenbedarf, München.
Euflor Handelsges. mbH, Salzburg.

Salzbergwerk Berchtesgaden

8240 Berchtesgaden, ☏ (08652) 6002-0, Telefax (08652) 6002-60, St: Traunstein, WL: Berchtesgaden, BA München, Bayer. OBA München.

Werksleitung: Werksdirektor Bergass. a. D. Dr.-Ing. Peter *Ambatiello*.

Betriebsleitung: Dipl.-Ing. Lorenz *Lenz*.

Mineral und Lagerstätte: Sole und Steinsalz. Die permo-triadische Salzlagerstätte ist stockförmig ausgebildet. Das in Abbau stehende Feld hat eine Ausdehnung von 2,5 km × 1,5 km. Die Lagerstätte reicht bis in eine Teufe von rd. 600 m. Durch Grubenbaue und Untersuchungsbohrungen ist sie bis auf 300 m Teufe aufgeschlossen.

Grubenbetrieb: Stollen- und Tiefbau, vier Blindschächte, kontrollierte Aussolung in Sink- und Bohrspülwerken, kammerartige Bauweise im Unterwerksbau. Die Sole wird der Saline Bad Reichenhall über eine 18 km lange Soleleitung zur Herstellung von Siedesalz zugeführt.

Saline Bad Reichenhall

8230 Bad Reichenhall, ☏ (08651) 7002-0, Telefax (08651) 700267; Teletex 8651800 = bhsrei. St u. WL: Bad Reichenhall, BA München, OBA München.

Werksleitung: Salinendirektor Bergass. a. D. Günther *Hudel*.

Betriebsleitung: Dipl.-Ing. (FH) Franz *Furtner*.

Mineral und Lagerstätte: Siedesalz, Quellsole und Natursole aus Tiefbohrungen in Bad Reichenhall. Sinkwerksole aus dem Salzbergwerk Berchtesgaden.

Salinenbetrieb: Solereinigungsanlagen, Thermokompressions-Verdampferanlagen, Aufbereitungsanlagen für Speise- und Gewerbesalz (Trocknungs-, Sieb-, Misch- und Kompaktieranlagen).

Weitere Nebenbetriebe: Wasserkraftwerk Jettenberg bei Bad Reichenhall.

Dow Deutschland Inc. Werk Stade

(Hauptbeitrag der Dow Deutschland Inc. in Kap. 3 Abschn. 1)

D-2160 Stade, Postfach 1120, ☏ (04146) 91-0, ⌕ 218181, Telefax (04146) 912600 u. (04146) 5821.

Werk Stade/ Aussolungsbergwerk Ohrensen

Werk Stade: 2160 Stade, Postfach 1120, ☏ (04146) 910, St: Stade, WL: Stade, Anschlußgleis der Dow Deutschland Inc.

Aussolungswerk Ohrensen: 2165 Harsefeld, ☏ (04164) 8010, Telefax (04164) 80110. BA Celle, OBA Clausthal-Zellerfeld.

Betriebsleitung: Dipl.-Geologe Michael *Werner*.

Mineral und Lagerstätte: Industriesalz. Steinsalzlager im Zechstein von mehr als 1000 m Mächtigkeit in einer Teufe bis zu 2000 m. Speicherung von Kohlenwasserstoffen.

Aussolungsbergwerk Ohrensen: Die Industriesole wird durch kontrollierte Aussolung in Bohrlöchern, die bis in das Salzlager niedergebracht sind, mit Süßwasseraussolung gewonnen. Das Aussolungsbergwerk ist durch eine Pipeline mit dem Chemiewerk in Bützfleth verbunden.

Hüls AG, Werk Rheinfelden
Solebetrieb Rheinheim

7891 Küssaberg, ☏ (07741) 2731, LBA Baden-Württemberg.

Betriebsleitung: Bauing. (grad.) Manfred *Schubert*.

Mineral und Lagerstätte: Steinsalzlager mit rd. 20 m Mächtigkeit im Mittleren Muschelkalk in rd. 300 m Teufe.

Betriebsanlagen: 5 Bohrlöcher mit Unterwasserpumpen, rd. 50 km lange Pipeline nach Rheinfelden.

	1990	1991
Steinsalzfördermenge ..... t	66 500	46 900
Beschäftigte .... (Jahresende)	5	4

Levin Saline Luisenhall GmbH

3400 Göttingen, Greitweg 48, Postfach 2662, ☏ (0551) 93026, St u. WL: Göttingen, Levin, Luisenhall, BA Goslar, OBA Clausthal-Zellerfeld.

Betriebsleitung: Dipl.-Ing. E. *Hagenguth*.

Mineral: Siedesalz (Pfannensalz), Natursole.

Salinenbetrieb: Bohrbetrieb; 2 Unterwasserpumpen, Siedehäuser.

Kurbetriebe Bad Münster am Stein-Ebernburg

6552 Bad Münster am Stein-Ebernburg, Postfach 1261, ☏ (06708) 1048.

Betriebsleitung: Masch.-Bau- und Refa-Techniker Harald *Denner*.

Mineral: Radon, Sole.

Betriebsanlage: Saline Münster am Stein, BA Bad Kreuznach.

Kurhessen-Therme
Thermalsolebad Kassel-Wilhelmshöhe

3500 Kassel, Wilhelmshöher Allee 361, Postfach 410329, ☏ (0561) 318080.

Betriebsleitung: Hendrik *Schellinger*.

Inhaber: Werner *Wicker*.

Mineral: Sole.

Kur- und Salinenbetriebe der Stadt Bad Kreuznach

6550 Bad Kreuznach, ☏ (0671) 92287 u. 92324.

Werksleitung: Bürgermeister Rolf *Ebbeke*, Kurdirektor Karl M. *Jenniches*.

Betriebsführer: Salinenmeister Horst *Lunkenheimer*.

Mineral: Badesalz, Sole, Solekonzentrat, Heilerde.

Betriebsanlagen: Saline Karls- und Theodorshalle, Tagebau und Aufbereitung, BA Bad Kreuznach.

Staatsbad Bad Dürkheim GmbH

6702 Bad Dürkheim, Postfach 1461, ☏ (06322) 609-0.

Betriebsleitung: Kur- und Salinendirektor Dipl.-Ing. Hans Peter *Paradies*.

Mineral: Na-Cl-Wasser.

Betriebsanlage: Saline Philippshall, BA Bad Kreuznach.

Stadt Bad Karlshafen

3522 Bad Karlshafen, Hafenplatz 8, ☏ (05672) 1091, Telefax (05672) 1096.

Mineral: Sole.

Betriebsanlage: Solebrunnen Bad Karlshafen, Gradierwerk, BA Kassel.

4. Erz

Fördernde Gesellschaften

Barbara Rohstoffbetriebe GmbH

4020 Mettmann, Laubach 30, ☏ (02104) 7705-0, Telefax (02104) 7705-50.

Beirat: Dipl.-Volksw. Manfred *Leist*, Ratingen, Vorsitzender; Dr.-Ing. Franz-Josef *Hufnagel*, Dortmund, stellv. Vorsitzender; Dr.-Ing. Hans Peter *Hennecke*, Velbert; Dipl. oec. Ernst *Jacob*, Dinslaken; Dr.-Ing. Hans Peter *Thomas*, Wuppertal; Dr. phil. nat. Hans-Ulrich *Tröbs*, Mettmann.

Geschäftsführung: Dipl.-Ing. Klaus *Janßen;* Prokurist Günter *Monno*.

Handlungsbevollmächtigte: Dipl.-Ing. Norbert *Böer;* Dipl.-Ing. Wolfgang *Neumann;* Kurt *Wiegand*.

Kapital: 2,5 Mill. DM.

Gesellschafter: Rheinische Kalksteinwerke GmbH, Wülfrath, und Rheinisch-Westfälische Kalkwerke AG, Wuppertal, je 50%.

Zweck: Der Betrieb von Erzbergwerken und sonstiger für den Eisenhüttenbetrieb in Frage kommender Rohstoffgewinnungsanlagen sowie verwandter Unternehmungen und die Vornahme aller damit verbundenen Handelsgeschäfte.

Betriebe: Grube Wohlverwahrt-Nammen, Porta Westfalica-Nammen, mit den Abteilungen Eisenerzgrube Nammen, Steinbruchbetrieb Wülpker Egge und Eisenerzgrube Todenmann; Hartkalksteinwerk Medenbach (früher Kalkwerk Haiger), Breitscheid, Lahn-Dillkreis.

Produktion	1990	1991
Rot-, Fluß- und Spateisenstein t	83 570	120 334
Weserkalkstein .... t	437 343	430 185
Hartkalkstein (Medenbach) . t	541 757	544 686
Beschäftigte .... (Jahresende)		
Arbeiter	84	95
Angestellte	35	38
Beschäftigte insgesamt	119	133

Grube Wohlverwahrt-Nammen

4952 Porta Westfalica-Nammen, An der Erzgrube 9, ☏ (05 71) 79 56-0, Telefax (05 71) 79 56-50, St u. WL: Nammen-Grube (Mindener Kreisbahn), BA Hamm, LOBA Nordrhein-Westfalen, Dortmund.

Werksleitung: Betriebsdirektor Dipl.-Ing. Wolfgang *Neumann*.

Betriebsführung: Dipl.-Ing. Karl-Heinz *Daum*.

Mineral und Lagerstätte: 1. Roteisenstein, Nammer Lager mit 20 gon Einfallen NNO mit Mächtigkeit von 2,0 bis 8,0 m (Klippenflöz). 2. Weser-Kalkstein, 2 Lager mit 19 gon Einfallen NNO im Korallenoolith des oberen Jura; Hauptoolith (oberes Lager) mit Mächtigkeit von 6,0 bis 8,0 m, Klippen-Kalk (unteres Lager) mit Mächtigkeit von 7,0 bis 10,0 m.

Grubenbetrieb: Erz-Tiefbau Nammer Lager, Kalkstein-Tagebau Wülpker Egge, Tief- und Tagebaubetrieb Todenmann.

Aufbereitung: Brech- und Siebanlagen zur Erzeugung von Splitt und Feinerz.

Produktion	1990	1991
Roteisenstein .... t	83 570	120 334
Weserkalkstein .... t	437 343	430 185
Beschäftigte .... (Jahresende)	79	94

Gewerkschaft Silberkaule GmbH

4300 Essen 1, Hafenstr. 280, ☏ (0201) 3113-0, ✆ 8 57 899.

Geschäftsführung: Dipl.-Ing. Carl-Heinz *Kalthoff;* Dipl.-Kfm. Dr. Manfred *Maulhardt*.

Gründung: 1838 (als bergrechtl. Gewerkschaft), 1985 Umwandlung in GmbH.

Mineral: Blei- und Zinkerze.

Berechtsame: Die Gewerkschaft besitzt 1 eigenes Grubenfeld von 2 059 416 m^2 Größe und hat darüber hinaus 69 Grubenfelder mit 91 410 796 m^2 von der Altenberg Metallwerke AG gepachtet.

Zweck: Aufsuchung und Gewinnung von Mineralien innerhalb und außerhalb der Grenzen des Grubenfeldes Silberkaule.

Harz-Bergbau GmbH Elbingerode

O-3703 Elbingerode/Harz, Mühlental, Postfach 3, ☏ (09 27 94) 22 46, Telefax (09 27 94) 22 49.

Geschäftsführung: Dipl.-Ing. Herbert *Zange*.

Produktion und Beschäftigte (1990):

Roherz Schwefelkies .... t	84 990
Schwefel im Konzentrat .... t	11 650
Beschäftigte .... (Jahresende)	110

Einstellung der Schwefelkiesproduktion zum 1. 8. 1990, seitdem Verwahrung und Schließung des Bergbaubetriebes.

**Nach 60 Jahren
erstmals wieder eine Wirtschaftslehre des Bergbaus:**

Bergwirtschaft

Drei Bände Herausgegeben von Siegfried von Wahl

Über 1000 Seiten mit 226 Abbildungen und 73 Tabellen. Preis je Band 244 DM.

**Band I
Die elementaren Produktionsfaktoren des Bergbaubetriebs**

Der Produktionsfaktor Lagerstätte. Von Günter B. Fettweis

Der Produktionsfaktor Arbeit. Von Heinz Gentz

Die Produktionsfaktoren Betriebsmittel und Energie.
Von Rudolf von der Gathen

**Band II
Die dispositiven Produktionsfaktoren des Bergbaubetriebs**

Der dispositive Faktor: Die Unternehmensführung.
Von Otto Hahn und Gerhard Henrikus

Planung und Organisation im Bergbau. Von Friedrich Ludwig Wilke

Das Rechnungswesen im Bergbau. Von Hermann Georg Griebel

**Band III
Wirtschaftlichkeit und Bewertung im Bergbau**

Wirtschaftlichkeitsrechnung und Investitionsentscheidung im Bergbau.
Von Siegfried von Wahl

Wirtschaftliche Bewertung von Lagerstätten und von Bergwerks-
unternehmen. Von Siegfried von Wahl

Projektierung von Bergwerken im Ausland. Von Eberhard Gschwindt

Verlag Glückauf GmbH · Postfach 10 39 45 · D-4300 Essen

1 BERGBAU

Mansfelder Kupfer-Bergbau GmbH

O-4701 Niederröblingen, Einzinger Landstraße, ℡ Allstedt 301-306, ✆ 48735, Telefax 45692-358.

Geschäftsführung: Dipl.-Ing. Hans-Joachim *Kahmann*, Geschäftsführer; Dipl.-Ing. Günther *Hlawatschke*, Personalwesen und Controlling; Obering. Dieter *Arnhold*, Schacht Niederröblingen; Berg.-Ing. Helmut *Würzburg*, Schacht Sangerhausen.

Zweck: Gegenstand des Unternehmens seit Einstellung der Kupfererzförderung am 30. 9. 1990: Bergmännische Leistungen zur Stillegung und Verwahrung von Gruben des Kupferbergbaus sowie sonstige bergmännische Spezialleistungen; Bearbeitung und Bewertung geologischer, hydrogeologischer und bergschadenkundlicher Objekte im Einflußbereich des Kupferbergbaus; Trink- und Brauchwasserförderung.

Werksanlagen:
Territorium Sangerhausen: Schacht Niederröblingen, Schacht Nienstedt, Schacht Sangerhausen, Bohrschacht Mönchpfiffel, Röhrigschacht Wettelrode.
Territorium Eisleben: Hans-Seidel-Schacht, Helbra; Wetterschacht, Wimmelburg; Schmidschacht, Helbra; Freieslebenschacht, Mansfeld; Lichtloch 26, Großörner.

Beschäftigte .... (Jahresende 1992)   330

Preussag AG

3000 Hannover 61, Karl-Wiechert-Allee 4; Postanschrift: Postfach 610209, 3000 Hannover 1, ℡ (0511) 566-00, ✆ 922828, Telefax (0511) 566-1901, Teletex 511881 = prze, ✉ Preussag HV.
Büro Berlin: 1000 Berlin 15, Kurfürstendamm 32, ℡ (030) 88429742/44, ✆ 185655, Telefax (030) 88429740.
Büro Bonn: 5300 Bonn 2, Godesberger Allee 90, ℡ (0228) 372014/15/17, Telefax (0228) 372016.
Büro Brüssel: B-1060 Brüssel, Rue Capouillet 19—21, B.1, ℡ (0032/2) 5368652, ✆ 61344, Telefax (0032/2) 5368600.
Büro Moskau: 117949 Moskau, 4, Dobryninskij Per., Dom Nr. 6/9, ℡ (007095) 23770-35, -65, -75, ✆ 413363 salzm sv, Telefax (007095) 2302527.

Aufsichtsrat: Friedel *Neuber*, Vorsitzender des Vorstandes der Westdeutsche Landesbank Girozentrale, Düsseldorf, Vorsitzender; Dipl.-Soziologe Horst *Schmitthenner*, Mitglied des Geschäftsführenden Vorstandes der IG Metall, Frankfurt (Main), stellv. Vorsitzender; Peter *Ermlich*, Maschinenbauer, Recklinghausen; Dr. Klaus *Liesen*, Vorsitzender des Vorstandes der Ruhrgas AG, Essen; Edzard *Reuter*, Vorsitzender des Vorstandes der Daimler-Benz AG, Stuttgart; Norbert *Schmidt*, Betriebswirt VWA, Salzgitter; Karl *Ackermann*, Elektroschweißer, Würzburg; Rainer *Barcikowski*, Sachbearbeiter beim Vorstand der IG Metall, Düsseldorf; Herbert *Baresel*, Schiffbauer, Kiel; Dr. Gerold *Bezzenberger*, Rechtsanwalt und Notar, Mitglied des Vorstandes der Deutschen Schutzvereinigung für Wertpapierbesitz e. V., Berlin; Dr. Rolf-E. *Breuer*, Mitglied des Vorstandes der Deutschen Bank AG, Frankfurt (Main); Dipl.-Berging. Hans Carl *Deilmann*, Bad Bentheim; Dr. Uwe *Harms*, Abt. Dir. der Preussag AG, Hannover; Dr. Herbert *Krämer*, Mitglied des Vorstandes der RWE AG, Essen; Dipl.-Kfm. Hans-Henning *Offen*, Mitglied des Vorstandes der Westdeutsche Landesbank Girozentrale, Düsseldorf; Dr. Günther *Saßmannshausen*, Hannover; Werner *Stegmaier*, Wartungsobermonteur, Stuttgart; Dr. Bernd W. *Voss*, Mitglied des Vorstandes der Dresdner Bank AG, Frankfurt/Main; Josef *Windisch*, Mitglied des Geschäftsführenden Vorstandes der IG Bergbau und Energie, Bochum; Herbert *Wittek*, Schlosser, Salzgitter.

Vorstand: Dipl.-Kfm. Ernst *Pieper*, Hannover, Vorsitzender; Dipl.-Ing. Maximilian *Ardelt*, Hannover; Dr. Dieter *Brunke*, Hannover; Dipl.-Kfm. Rainer *Feuerhake*, Hannover; Dr. Michael *Frenzel*, Hannover, stellv. Vorsitzender; Dipl.-Wirtschaftsing. Siegfried *Jäck*, Hannover; Dr. Heinz *Reinermann*, Hannover; Dr. Hansgeorg *Schmitz-Eckert*, Hannover; Dipl.-Ing. Kurt *Stähler*, Hannover.

Generalbevollmächtigte: Gerhard *Kunz;* Dr. Helmut *Stodieck*.

Prokuristen: RA Dr. Klaus *Bunte;* Dipl.-Kfm. Frank *Hardeland;* Dipl.-Ing. Henning *Kaiser;* Dipl.-Kfm. Dieter *Kulow;* Dipl.-Betriebswirt Martin *Lange;* Dipl.-Kfm. Hans-Dieter *May;* RA Dr. Wolfgang *Müller;* Dr. Richard *Neumann;* Dipl.-Volkswirt Dieter *Rheinhold;* RA Dr. Uve *Ritzmann;* Dipl.-Ing. Gerhard *Schacknies;* Dipl.-Ing. Karlheinz *Schönemann;* Dr. Jürgen *Selig;* Bucho *von Wiarda;* Assessor Heinz *Zastrow*.

Gründung und Statut: 13. 12. 1923. Fassung des Statuts gültig ab 15. Mai 1991.

Grundkapital: 761,6 Mill. DM.

Gesellschafter: GEV Gesellschaft für Energie und Versorgungswerte mbH, Dortmund, über 25 %; im übrigen weit gestreuter Besitz.

Zweck: Gewerbliche Betätigung in der Gewinnung, Erzeugung und Verarbeitung von Grundstoffen, Stahl, Nichteisen-Metallen und chemischen Erzeugnissen, in der Herstellung von industriellen Komponenten und Systemen, im Bau von Land- und Wasserfahrzeugen, im Hoch- und Tiefbau, im Verkehrs-, Transport- und Lagerwesen, im Handel und durch Dienstleistungen, und zwar in eigenen oder in Betrieben von Beteiligungsgesellschaften, sowie die Zusammenfassung von Beteiligungsgesellschaften unter einheitlicher Leitung.

	1990/91
Umsatz (Konzern) .... Mill. DM	25 455
Beschäftigte (Konzern)	71 654

Wesentliche Beteiligungen (Konzernanteil)

Preussag Stahl AG, Peine, 99,5%.
Verkehrsbetriebe Peine-Salzgitter GmbH, Salzgitter, 100%.
Hansaport Hafenbetriebsgesellschaft mbH, Hamburg, 50,7%.
Metaleurop S.A., Paris, 50,9%.
Deilmann Erdöl Erdgas GmbH, Lingen, 100%.
C. Deilmann AG, Bad Bentheim, 100%.
Deutsche Tiefbohr-AG, Bad Bentheim, 100%.
Kavernen Bau- und Betriebs-Gesellschaft mbH, Hannover, 100%.
Preussag Anthrazit GmbH, Ibbenbüren, 100%.
Deilmann-Haniel GmbH, Dortmund, 50,2%.
Gebhardt & Koenig – Gesteins- und Tiefbau GmbH, Recklinghausen, 50,2%.
Beton- und Monierbau GmbH, Dortmund, 50,2%.
Uranerzbergbau GmbH, Wesseling, 50%.
Elektro-Chemie Ibbenbüren GmbH, Ibbenbüren, 50%.
Amalgamated Metal Corporation PLC, London, 95,2%.
Amalgamated Metal Trading Ltd., London, 95,2%.
Amalgamet Inc., Richfield N. J., 95,2%.
Premetalco Inc., Toronto, 95,6%.
Datuk Keramat Smelting Sendirian Bhd., Penang/Malaysia, 48,1%.
Preussag Handel GmbH, Düsseldorf, 99,5%.
Deumu Deutsche Erz- und Metall-Union GmbH, Hannover, 99,5%.
SZ Industrial Corp., Chicago/Illinois, 100%.
W. & O. Bergmann GmbH & Co. KG, Düsseldorf, 93%.
VTG Vereinigte Tanklager und Transportmittel GmbH, Hamburg, 100%.
VTG-Wintrans GmbH, Duisburg, 100%.
S.A. Alliance de Gestion Commerciale (Algeco), Paris/Mâcon, 67,6%.
Howaldtswerke-Deutsche Werft AG, Kiel, 100%.
HDW-Nobiskrug GmbH, Rendsburg, 100%.
Linke-Hofmann-Busch Waggon-Fahrzeug-Maschinen GmbH, Salzgitter, 100%.
Preussag Anlagenbau GmbH, Hannover, 100%.
Noell GmbH, Würzburg, 100%.
Hagenuk GmbH, Kiel, 100%.
Fels-Werke GmbH, Goslar, 100%.
Kermi GmbH, Plattling, 100%.
Wolf Klimatechnik GmbH, Mainburg, 99,8%.
Minimax GmbH, Bad Oldesloe, 100%.
Protec-Feu S. A., Argenteuil, 100%.
Pefipresa S. A., Madrid, 100%.
Ajax-de-Boer B. V., Amsterdam, 92,7%.
Peiner Umformtechnik GmbH, Peine, 100%.
Stankiewicz GmbH, Adelheidsdorf, 96,1%.
Dr. C. Otto Feuerfest GmbH, Bochum, 100%.
Salzgitter GmbH, Salzgitter, 100%.
WAG Salzgitter Wohnungs-GmbH, Salzgitter, 100%.
Kieler Werkswohnungen GmbH, Kiel, 100%.
Preussag Vermögensverwaltungsgesellschaft mbH, Salzgitter, 100%.
Preussag Versicherungsdienst GmbH, Salzgitter, 100%.

Salzgitter GmbH

3320 Salzgitter 41, Postfach 411129, ☏ (05341) 21-1, ⌁ 954481-0 sg d, Telefax (05341) 21-2727, Teletex 53411071 = SGT.

Aufsichtsrat: Gerhard *Kunz*, Berlin (Vorsitzender); Karl *Ackermann*, Rimpar; Herbert *Baresel*, Kiel; Dr. Klaus *Bunte*, Hannover; Andreas *Göhmann*, Hannover; Winfried *Gottwald*, Adelebsen; Horst *Klaus*, Frankfurt/M.; Dr. Wolfgang *Müller*, Wolfenbüttel; Jochen *Richert*, Düsseldorf; Norbert *Schmidt*, Salzgitter; Horst *Schmolke*, Salzgitter; Thomas *Wegscheider*, Heusenstamm; Bucho *von Wiarda*, Wolfenbüttel; Herbert *Wittek*, Salzgitter; Heinz *Zastrow*, Goslar.

Geschäftsführung: Dr. Wolf-Dieter *Schmitt* (Vorsitzender); Rechtsanwalt Georg *Palandt* (stellv. Vorsitzender).

Prokuristen: Dipl.-Kfm. Rolf *Fraling*; Dipl.-Kfm. Frank *Hardeland*; Dipl.-Kfm. Hans-Dieter *May*; Dipl.-Kfm. Dieter *Kulow*.

Stammkapital: 425 Mill. DM.

Gesellschafter:

Preussag AG, Hannover, 100%.

Zweck: Halten von Beteiligungen und Vermögenswerten innerhalb des Preussag-Konzerns.

Wesentliche direkte und indirekte Beteiligungen:
(Konzernanteil)

Salzgitter Hüttenwerk GmbH, Salzgitter, 100%.
Preussag Stahl AG, Peine, 99,5%.
Verkehrsbetriebe Peine-Salzgitter GmbH, Salzgitter, 100%.
Preussag Handel GmbH, Düsseldorf, 99,5%.
SZ Industrial Corp., Chicago/Illinois (USA), 100%.
Ferralloy Corporation, Chicago/Illinois (USA), 100%.
Deumu Deutsche Erz- und Metall-Union GmbH, Hannover, 99,5%.
VTG-Wintrans GmbH, Duisburg, 100%.
Noell GmbH, Würzburg, 100%.
Noell-KRC Umwelttechnik GmbH, Würzburg, 100%.
Noell Service und Montagetechnik GmbH, Langenhagen, 100%.
Noell-LGA Gastechnik GmbH, Remagen, 100%.
Noell-K+K Abfalltechnik GmbH, Neuss, 100%.
Preussag-Noell Wassertechnik GmbH, Darmstadt, 100%.

1 BERGBAU

Howaldtswerke-Deutsche Werft AG, Kiel, 100%.
HDW-Nobiskrug GmbH, Rendsburg, 100%.
Linke-Hofmann-Busch Fahrzeug-Waggon-Maschinen GmbH, Salzgitter, 100%.
Scharfenbergkupplung GmbH, Salzgitter, 100%.
Peiner Hebe- und Transportsysteme GmbH, Trier, 100%.
Peiner Umformtechnik GmbH, Peine, 100%.
Stankiewicz GmbH, Adelheidsdorf, 96,1%.
Dr. C. Otto Feuerfest GmbH, Bochum, 100%.
Fels-Werke GmbH, Goslar, 100%.
Kermi GmbH, Plattling, 100%.
Wolf Klimatechnik GmbH, Mainburg, 99,8%.
Hagenuk GmbH, Kiel, 100%.
Hagenuk Multicom GmbH, Hamburg, 100%.
Hagenuk Cetelco A/S, Stovring (Dänemark), 100%.
Preussag Mobilfunk GmbH, Salzgitter, 100%.
Talkline Mobile Kommunikation GmbH, Elmshorn, 100%.
Preussag Vermögensverwaltungsgesellschaft mbH, Salzgitter, 100%.

Preussag AG Metall

3380 Goslar, Postfach 2320/2340, ☏ (05321) 701-0, Telefax (05321) 701-230, Teletex 5321811 PMBG.

Aufsichtsrat und Vorstand: Vgl. Preussag AG.

Leitung: Bergwerksdirektor Dipl.-Ing. Jürgen *Meier*.

Mitarbeiter für Bergbau: Dr.-Ing. Walter *Eckmann* (Markscheiderei), Dipl.-Ing. Reinhard *Lerche* (Verwaltung), Dipl.-Ing. Jürgen *Meier* (Deponietechnik, Bergbauberatung).

Gerechtsame: Niedersachsen: 13 Grubenfelder, 227,9 km^2; Hessen: 34 Grubenfelder, 120,4 km^2; Rheinland-Pfalz: 3 Grubenfelder, 43,5 km^2; Nordrhein-Westfalen: 19 Grubenfelder, 180,9 km^2; Baden-Württemberg: 1 Grubenfeld, 2,0 km^2; Bayern: 9 Grubenfelder, 17,4 km^2.

Produktion	1990	1991
Roherz (naß) .... t	328 465	334 980
Bleikonzentrat .... t	10 770	9 760
Zinkkonzentrat .... t	51 990	56 130
Beschäftigte .... (Jahresende)		
Arbeiter	328	312
Angestellte	129	115
Beschäftigte insgesamt	457	427

Erzbergwerk Grund

3362 Bad Grund, Postfach 70, ☏ (05327) 2001, St: Bad Grund, WL: Münchehof über Seesen, BA Goslar, OBA Clausthal-Zellerfeld.

Werksleitung: Dipl.-Ing. Siegfried *Frank*.

Mineral und Lagerstätte: Blei-Zink-Erz. Erzgänge.

Grubenbetrieb: Tiefbau. Hauptförderschacht: Achenbachschacht; mehrere Nebenschächte.

Aufbereitung: Flotationsanlage.

Produktion	1990	1991
Roherz (naß) .... t	328 465	334 980
Beschäftigte .... (Jahresende)	351	345

Stillgelegt am 31. 3. 1992.

Preussag Stahl AG

3320 Salzgitter 41, Postfach 411180, ☏ Werk Peine (05171) 50-1, ✦ 92665 spspe d, Telefax (05171) 50-2373. Werk Salzgitter ☏ (05341) 21-1, ✦ 954481-0 sg d, Telefax (05341) 21-2727.

Aufsichtsrat: Ernst *Pieper*, Vorsitzender, Braunschweig; Horst *Klaus*, 1. stellv. Vorsitzender, Frankfurt; Herbert *Wittek*, stellv. Vorsitzender, Salzgitter; Dr. Kurt-Dieter *Wagner*, stellv. Vorsitzender, Köln; Wilhelm *Bode*, Lahstedt; Dr. Dieter *Brunke*, Goslar; Dr. Hans Arnim *Curdt*, Braunschweig; Dr. Rudolf *Escherich*, St. Augustin; Piet-Jochen *Etzel*, Frankfurt; Gerhard *Glogowski*, Braunschweig; Kurt van *Haaren*, Oberursel; Dr. Günter *Hartwich*, Wolfsburg; Professor Dr. Rudolf *Hickel*, Bremen; Hans-Joachim *Knieps*, Bad Homburg; Günter *Kreye*, Lehrte-Haemelerwald; Karl *Neumann*, Obernkirchen; Dr. Gerhard *Ollig*, Bonn; Norbert *Schmidt*, Salzgitter; Dr. Hansgeorg *Schmitz-Eckert*, Braunschweig; Helga *Schwitzer*, Hannover; Professor Dr. Herbert *Wilhelm*, Braunschweig.

Vorstand: Kurt *Stähler*, Vorsitzender; Dr. Günter *Geisler*; Arnold *Jacob*; Dr. Jürgen *Kolb*; Dr. Eberhard *Luckan*; Dr. Hans-Joachim *Selenz* (stellv.).

Kapital: 312 Mill. DM.

Mehrheitsaktionär: Salzgitter Hüttenwerk GmbH.

Kokereien: Kokerei Peine und Kokerei Salzgitter-Drütte.

Berechtsame: Bergbaubereich Lengede-Bülten-Dörnten und andere: Gesamtgröße 125 389 128,5 m^2 und Beteiligung mit 21% an 23 Bergwerksfeldern. Bergbaubereich Salzgitter: 22 Grubenfelder mit insgesamt 37 977 995,1 m^2 (Pachtfelder).

Bergbau-Versuchsbetriebe

3320 Salzgitter 41, Postfach 411180, ☏ (05341) 21-3801, 21-3884, ✦ 954481-0 sg d, ⚒ Preussag Stahl.

Verwaltung: Direktor Dr.-Ing. Hans-Heinrich *Heine*, Prokurist; Bergwerksdirektor Dipl.-Ing. Herbert de *Boer*, Handlungsbevollmächtigter.

Beschäftigte (Jahresende)	1990	1991
Arbeiter	144	132
Angestellte	41	35
Beschäftigte insgesamt	185	167

Eisenerzgrube Konrad

3320 Salzgitter 41, Postfach 41 11 80, ☏ (0 53 41) 21-38 84, 6 10 48, Telefax (0 53 41) 6 11 25; St und WL: Salzgitter Hütte Süd, HA: Beddingen, BA Goslar, OBA Clausthal-Zellerfeld.

Grubenleitung: Bergwerksdirektor: Dipl.-Ing. Herbert *de Boer;* Leiter Betriebe: Dipl.-Ing. (FH) Werner *Muschalla.*

Mineral und Lagerstätte: Brauneisenerz. Sedimentäres Lager im oberen Jura (Korallenoolith). Mächtigkeit 10 bis 15 m. Einfallen 0 bis 25°.

Grubenbetrieb: Tiefbau. 1 Förderschacht: 1232 m; 1 Wetterschacht: 997 m.

	1990	1991
Eisenerzproduktion .... t	— a	— b
Beschäftigte .... (Jahresende)	185	167

a Es wurden 108 968 t vertaubtes Erzmaterial aufgehaldet.
b Es wurden 69 063 t vertaubtes Erzmaterial aufgehaldet.

Sachtleben Bergbau GmbH & Co.

5940 Lennestadt 1 (Meggen), Wolbecke 1, Postfach 7005, ☏ (0 27 21) 8 35-1, ✆ 8 75 109 pyrit d, Telefax Verwaltung (0 27 21) 8 35-319, Telefax Einkauf (0 27 21) 8 35-390, Telefax Techn. Abteilung (0 27 21) 8 35-392, ✉ sachtleben meggenlenne.

Persönlich haftende Gesellschafterin: Sachtleben Bergbau Verwaltungsgesellschaft mbH, Lennestadt.

Geschäftsführung: Dr.-Ing. Lutz *Günther,* Günter *Meiworm.*

Bergwerksdirektoren: Dipl.-Ing. Theodor *Gaul,* Dr.-Ing. Bruno *Heide.*

Prokuristen: Manfred *Brückner* (Personal-, Sozial- und Tarifwesen); Willi *Gelberg* (Rechnungswesen); Günter *Silberberg* (Versand).

Gründung und Statut: 1. 1. 1990. Die Gesellschaft führt die Geschäfte der ehemaligen Sachtleben Bergbau GmbH fort.

Betriebsanlagen: Metallerzbergwerk Meggen, Schwerspatgrube Dreislar und Schwerspat-Flußspatgrube Wolfach (Baden).

Metallerz- und Schwefelkiesbergwerk Meggen

5940 Lennestadt 1 (Meggen), ☏ (0 27 21) 8 351, ✆ 8 75 109 pyrit d, ✉ sachtleben meggenlenne, St: Expreß- und Stückgut Kreuztal, für Waggonladungen Meggen, BA Siegen, LOBA Nordrhein-Westfalen, Dortmund.

Mineral und Lagerstätte: Schwefelkies, Zinkblende, Bleiglanz, Lagervorkommen.

Berechtsame: 9 288 ha.

Grubenbetrieb: Tiefbau, 2 Schächte, 1 Rampeneinfahrt.

Aufbereitung: Schwefelkieszerkleinerung und -aufbereitung, Flotationsanlage.

Produktion	1989/90	1990/91
Schwefelkies, Rohfördermenge . t	597 045	461 773
Flotationskies .... t	313 138	222 253
Zinkkonzentrat .... t	51 988	36 852
Bleikonzentrat .... t	2 399	1 836
Beschäftigte .... (30. 9.)	384	333

Geschäftsjahr 1. 10. — 30. 9.
Die Förderung aus der Metallerzgrube Meggen wurde zum 31. 3. 1992 eingestellt.

Wismut GmbH

O-9030 Chemnitz (Sachsen), Jagdschänkenstraße 29, Postfach 89, ☏ 8 80, ✆ 7 5092, Telefax 88 26 26.

Eigner: Bundesrepublik Deutschland (Bundesministerium für Wirtschaft).

Aufsichtsrat: Dr. Friedrich Carl *Erasmus,* Vorsitzender; Horst *Kissel,* stellv. Vorsitzender; Dr. Wilhelm *Scheider;* Ministerialdirigent Gerhard *Siepmann;* Ministerialdirigent Dr. Lothar *Weichsel;* Paul *Cruscz;* Joachim *Jung;* Michael *Michalowitzsch;* Peter *Petrik;* Lothar *Rosenhahn.*

Geschäftsführung: Assessor des Bergfachs Manfred *Bergmann* (Technisches Ressort); Ministerialrat Ernst *Krull* (Kaufmännisches Ressort); Karl Heinz *Pork* (Belegschaftsressort).

Zweck: Gegenstand des Unternehmens nach Einstellung der Urangewinnung am 31. Dezember 1990, der Umwandlung der SDAG Wismut in die Wismut GmbH im Dezember 1991 und der Abspaltung der auf dem Markt tätigen, aus den ehemaligen Lieferbetrieben hervorgegangenen Unternehmensbereiche 1992: Abwicklung des eingestellten Uranerzbergbaus und des eingestellten Uranerzaufbereitung; Sicherung und Sanierung der durch Uranerzbergbau und -aufbereitung entstandenen Umweltbelastungen und Beseitigung vorhandener Gefährdungspotentiale.

Sanierungsbetriebe: Aue (Westerzgebirge); Königstein (Ostsachsen); Ronneburg (Ostthüringen); Drosen (Ostthüringen); Seelingstädt (Ostthüringen und Westsachsen).

Beschäftigte (31. 7. 1992): 6.382; darüber hinaus in nachgeordneten Gesellschaften (Gesellschaften für Arbeitsförderung; Bildungszentren) 6.917.

1 BERGBAU

Otto Schmidt, Kaolinwerk

6251 Oberneisen, ℡ (06430) 857.

Geschäftsführung: Dipl.-Kfm. Dr. Walter *Wirth,* Berging. Otto *Wirth.*

Betriebsführer: Otto *Wirth* (Gesamtbetrieb), Willi *Becker* (Gruben).

Minerale: Kaolin und Manganerz.

Betriebsanlagen: Kaolingrube 6251 Lohrheim; Kaolingrube 6209 Aarbergen-Kettenbach; Kaolingrube 6306 Langgöns; Kaolinaufbereitung 6251 Oberneisen; Manganerzgrube Schottenbach bei 6294 Weinbach-Gräveneck.

Produktion	1990	1991
Rohkaolin .... t	29 022	4 835
Schlämmkaolin .... t	12 666	10 767
Manganerz .... t	1 818	1 722
Beschäftigte ...... (Jahresende)	25	24

Zinnerz Altenberg GmbH

O-8242 Altenberg, Platz des Bergmanns 2, ℡ (005 2696) 70, Telefax 7280.

Geschäftsführung: Dipl.-Ing. Henry *Schlauderer.*

Prokurist: Finanzwirtschaftler Egon *Kirsten.*

Beirat: Professor Dr.-Ing. Johannes *Pfeufer;* Dr.-Ing. Dietrich *Wolff;* Dipl.-Kfm. K. *Naaf.*

Produktion	1990	1991
Roherzfördermenge ... Mill. t	0,802	0,16
Sn im Reinerzkonzentrat .... t	1 591	188
Beschäftigte	757	630
		(März '91)
Beschäftigte z. Zt.		149

Die Zinnerzförderung wurde am 31. März 1991 eingestellt.

Das Unternehmen befindet sich in Liquidation und ist mit Verwahrungsarbeiten bis 30. 6. 1993 beschäftigt.

Zinnerz Ehrenfriedersdorf GmbH

O-9373 Ehrenfriedersdorf/Sa., Am Sauberg, ℡ (076591) 2002, ≯ 774588 zinn dd, Telefax (076591) 2080.

Geschäftsführung: Dipl.-Ing. Günter *Schubardt.*

Produktion: Verwahrbetrieb. Produktion am 27. 9. 1990 eingestellt.

Beschäftigte: 133 (Stand 1. 1. 1992).

Verarbeitende Gesellschaften

Altenberg Metallwerke Aktiengesellschaft

4300 Essen 11, Hafenstraße 280, ℡ (0201) 3613-0, ≯ 857899, Telefax (0201) 3613166, ⌨ Altenberg Essenvogelheim, St Essen-Hbf.

Aufsichtsrat: Nöel *Masson,* Vorsitzender; Philippe *Gothier,* stellv. Vorsitzender; Dr. Manfred *Maulhardt,* Paul *Soumagne,* Vertreter der Anteilseigner; Arbeitnehmervertreter: Horst *Damm.*

Vorstand: Direktor Dipl.-Ing. Karl-Heinz *Brader;* Direktor Philippe *Dijon.*

Prokuristen: Dipl.-Volksw. Bruno *Großmann.*

Kapital: 20 Mill. DM.

Alleinaktionär: Union Minière S.A., Brüssel.

Berechtsame: Die Altenberg Metallwerke AG hat 127 Grubenfelder mit 259040275 m² von der Société Anonyme des Mines et Fonderies de Zinc de la Vieille Montagne, Angleur (Belgien), gepachtet und besitzt darüber hinaus 136 eigene Grubenfelder mit 227250462 m².

Weitere Betriebsanlagen: Gitterrostfabrik; Zinkwalzwerk; Zinkanoden und Klempnereiartikel in Essen-Vogelheim.

Produkte: Zinkbleche, -bänder und -staub, gewalzte und gegossene Zinkanoden, Gitterroste.

Ab 1. 1. 1990 fungiert die Altenberg Metallwerke AG nur noch als Holding. Das operative Geschäft ist auf die beiden Tochtergesellschaften, Altenberg Zink Werke GmbH mit den Produkten Zinkbleche, -bänder, Zink-, Cd-, Cu-Anoden, und auf die Altenberg Gitterrost Werke GmbH mit dem Produkt ‚Gitterroste' übertragen worden.

	1990	1991
Beschäftigte .... (Jahresende)	248	256

Tochtergesellschaften
Altenberg Zink Werke GmbH.
Altenberg Gitterrost Werke GmbH.

KHD Humboldt Wedag AG

Rohstofftechnik

Anlagen, Maschinen, Verfahren,
erfolgreich, energiesparend,
zukunftssicher.
Aus Köln in alle Welt.

Forschen und Entwickeln sind
die Grundlagen des Erfolges
von KHD Humboldt Wedag AG
im Maschinen- und Anlagenbau für
- Erze
- Minerale
- Kohle
- Hüttenschlacken

KHD HUMBOLDT WEDAG

Calcit auf Delessit

KHD Humboldt Wedag AG
Postfach 91 04 57, D-5000 Köln 91
Telefon (02 21) 8 22-67 68, Telex 8 812-275, Telefax (02 21) 8 22-18 99

1 BERGBAU

Aluminium Rheinfelden GmbH

7888 Rheinfelden, Friedrichstr. 80, Postfach 1140, ☏ (07623) 930, Telefax (07623) 93394, ⌧ 773423 alu d, ⌨ aluminium rheinfelden.

Aufsichtsrat: Dietrich H. *Boesken*, Singen, Vorsitzender; Edvard A. *Notter*, Zürich; Henk *van de Meent*; Dr. Ulrich *Brennberger*, Mülheim; von der Belegschaft gewählt: Helmut *Preis*, Rheinfelden; Barbara *Behlinger*, Rheinfelden.

Geschäftsführung: Dr. Alois *Franke*.

Kapital: 70 Mill. DM.

Gesellschafter: Alusuisse-Lonza GmbH, Singen, 99,9%.

Produkte: Original-Hüttenaluminium-Gußlegierungen für Sandguß, Kokillenguß, Niederdruckkokillenguß, Druckguß, Glänzwerkstoffe in Walz- und Preßbarren, Aluminiumgrieß, Elektrodenmassen, Auskleidemassen, Stampfmassen, Kohlenstoff-Formkörper, Korrosions- und Verschleißschutz, rutschfeste Schichten, Pulverbeschichtungen, Aluminium-Formguß nach dem Druckgußverfahren, Anlagen zur Reduktion von Emissionen für die petrochemische und chemische Industrie, Bänder und Butzen für Tuben, Aerosol- und Pharmadosen, Flaschendruckbehälter, technische Fließpreßteile.

Beteiligung:
Aluminium-Industrie-Wohnbau GmbH, Bergheim, 24,9%.

Beschäftigte: 805.

Aluminium Oxid Stade GmbH

2160 Stade, Postfach 5160, ☏ (04146) 921, Telefax (04146) 92359, ⌧ 218170 vawel d, St: Stade, WL: Bützfleth.

Geschäftsführung: Dipl.-Kfm. Günther *Ansorge*, Dr. Wolfgang *Arnswald*.

Kapital: 70 Mill. DM.

Gesellschafter: Vereinigte Aluminium-Werke AG, Bonn, 50%; Reynolds Aluminium Deutschland Inc., Zweigniederlassung Hamburg, 50%.

	1989	1990
Aluminiumoxidproduktion .. t	680 000	680 000
Beschäftigte .... (Jahresende)	480	480

Degussa AG

6000 Frankfurt (Main) 11, Postfach 110533, Weissfrauenstraße 9, ☏ (069) 218-01, ⌧ 41222-0 dg d, Telefax (069) 218-3218.

Aufsichtsrat: Professor Dr. phil. Dr. jur. Helmut *Sihler*, Düsseldorf, Vorsitzender; Egon *Schäfer**, Sarstedt, stellv. Vorsitzender; Günter *Adam**, Freigericht; Frank *von Auer**, Grefrath; Wolfgang *Bäcker**, Rodenbach; Dr.-Ing. E. h. Werner H. *Dieter*, Düsseldorf; Dr. jur. Rolf-Jürgen *Freyberg**, Frankfurt (Main); Franz *Heller**, Hürth-Hermühlheim; Dr. phil. nat. Franz A. *Holdinghausen**, Maintal-Hochstadt; Dr. iur. h. c. Horst K. *Jannott*, München; Professor Dr. rer. nat. Wilhelm *Keim*, Aachen; Dr.-Ing. Claus *Kessler*, München; Lutz *Klutentreter**, Weilerswist; Bernd *Kreiling**, Gießen-Wieseck; Dr. rer. nat. Jürgen *Manchot*, Düsseldorf; Sir Arvi Hillar *Parbo*, Vermont South/Australien; Dr. rer. pol. Wolfgang *Röller*, Neu-Isenburg; Professor Dr. rer. nat. Dr. med. Dr. phil. h. c. Heinz A. *Staab*, München; Ernst *Strauch**, Ronneburg; Hermann Josef *Strenger*, Leverkusen.

* Arbeitnehmervertreter.

Vorstand: Gert *Becker*, Vorsitzender; Dr.-Ing. Henning *Bode;* Dr. rer. nat. Uwe-Ernst *Bufe;* Paul *Coenen;* Dr. rer. pol. Robert *Ehrt;* Dr. jur. Alexander *Mentz;* Professor Dr. rer. nat. Heribert *Offermanns;* Günter *Wohlenberg*.

Konzernkommunikation: Eva-Maria *Geiblinger*.

Gründung: Januar 1873, das Stammunternehmen geht auf das Jahr 1843 zurück.

Kapital: 365 Mill. DM.

Zweck: Der Ein- und Verkauf, die Primärgewinnung, das Schmelzen und Scheiden von edelmetallhaltigen Vorstoffen, Edelmetallen und anderen Metallen sowie ihre Verarbeitung zu Legierungen, Halbzeugen und sonstigen Erzeugnissen; die Herstellung und der Verkauf von chemischen, chemisch-technischen und metallurgischen Erzeugnissen aller Art, besonders von anorganischen und organischen Chemikalien, Füllstoffen, keramischen Farben und Glasuren, von Oxidkeramik, Glüh- und Härtesalzen, Kunststoffen und Kunststofferzeugnissen sowie von Arzneimitteln; die Herstellung und der Verkauf von technischen Geräten und Anlagen.

Zweigniederlassungen (mit Produktion): Hanau, Pforzheim, Wolfgang.

Werke: Bonn-Beuel (Marquart), Bruchhausen, Frankfurt am Main, Kalscheuren, Knapsack, Mombach, Rheinfelden, Wesseling.

Verkaufsniederlassungen: Berlin, Düsseldorf, Dresden, Frankfurt am Main, Hamburg, München, Stuttgart.

Ausländische Vertriebsgesellschaften in Belgien, Dänemark, Frankreich, Großbritannien, Italien, den Niederlanden, Österreich, Schweden, der Schweiz, Spanien und der Türkei sowie in Argentinien, Australien, Brasilien, Canada, Hongkong, Iran, Japan, Korea, Mexico, Singapur, Südafrika und den USA.

Degussa-Forschungszentrum: In Hanau-Wolfgang; ihm ist auch der größte Teil der anwendungstechnischen Laboratorien angegliedert.

Tätig auf den Gebieten: *Metall:* Edelmetalle; Primärgewinnung; Leybold Konzern. *Chemie:* Industrie- und Feinchemikalien; Anorganische Chemieprodukte; Keramische Farben und Spezialprodukte. *Pharma:* Dental, Asta Medica Konzern.

Umsatz	1989/90	1990/91
Inland .... Mill. DM	2 760	2 617
Ausland .... Mill. DM	4 869	4 487
Gesamt .... Mill. DM	7 629	7 104
Beschäftigte .... (30. 9.)	13 663	12 720

Geschäftsjahr 1. 10. bis 30. 9.

Verbundene Unternehmen

Inland

Allgemeine Gold- und Silberscheideanstalt AG, Pforzheim, 78,94%.
Asta Medica AG, Frankfurt, 100%.
Degussa Bank GmbH, Frankfurt, 100%.
Demetron GmbH, Hanau (mit 5 Tochtergesellschaften), 100%.
Klaus Fischer Meß- und Regeltechnik GmbH & Co KG, Bad Salzuflen, 100%.
Leybold AG, Hanau (mit 24 Tochtergesellschaften), 100%.
Mahler Dienstleistungs-GmbH Löten-Härten-Anlagenbau, Esslingen, 100%.

Ausland

B.V. United Metal & Chemical Company, Amsterdam/Niederlande, 100%.
Carbon Black Nederland B.V., Botlek/Niederlande, 100%.
Cofrablack S.A. Compagnie Française du Carbon Black, Ambès/Frankreich, 100%.
Degussa Antwerpen N.V., Antwerpen/Belgien, 100%.
Degussa Canada Ltd., Burlington/Kanada, 100%.
Degussa Corporation, Ridgefield Park/USA, 100%.
Degussa France S.A.R.L., Courbevoie/Frankreich, 100%.
Degussa Ibérica S.A., Barcelona/Spanien, 100%.
Degussa Japan Co., Ltd., Tokio/Japan, 100%.
Degussa Ltd., Handforth/Großbritannien, 100%.
Degussa Prodotti Ceramici S.p.A., Florenz/Italien, 100%.
Degussa Produits Céramiques S.A., Limoges/Frankreich, 100%.
Degussa s. a., São Paulo/Brasilien (mit 2 Tochtergesellschaften), 100%.
Leukon AG, Zürich/Schweiz, 100%.
Österreichische Chemische Werke Ges.m.b.H., Wien, 100%.
Ögussa Österreichische Gold- und Silberscheideanstalt Ges.m.b.H. & Co. KG, Wien, 100%.
Nordisk Carbon Black A.B., Malmö/Schweden, 100%.
Rexim SA, Paris/Frankreich, 100%.
United Silica Industrial Ltd., Taipeh/Taiwan, 100%.

Assoziierte Unternehmen

Inland

Industria Gemeinnütziger Wohnungsbau Hessischer Unternehmen GmbH, Frankfurt (Main), 77,63%.
Kommanditgesellschaft Deutsche Gasrußwerke GmbH & Co, Dortmund, 54,35%.
Norddeutsche Affinerie AG, Hamburg, 30%.
Ultraform GmbH, Ludwigshafen, 50%.

Ausland

Algorax (Pty.) Ltd., Port Elizabeth/Südafrika, 50%.
Companhia Química Metacril s.a., Candeias/Brasilien, 32,46%.
Farmades S.p.A., Rom/Italien, 50%.
Nippon Aerosil Co. Ltd., Tokio/Japan, 50%.
North America Silica Company, Valley Forge/USA, 50%.
PCBI S.p.A., Mailand/Italien, 50%.
Star Mountains Holding Company Pty. Ltd., Port Moresby/Papua Neu Guinea, 30%.
Ultraform Company, Theodore/USA, 50%.

GfE Gesellschaft für Elektrometallurgie mbH

4000 Düsseldorf 1, Grafenberger Allee 159, Postfach 3520, ☎ (0211) 6883-0, ✆ 8586875 gfe d, Telefax (0211) 6883-380.

Aufsichtsrat: Dr. Hans *Spilker*, Remscheid, Vorsitzender; Michael A. *Standen*, New York; Robert *Wamig*, Eschweiler; Dr. Heinz *Gehm*, Meerbusch, Ehrenvorsitzender.

Geschäftsführung: Dr. Olaf *Kraus;* Achim *Buchloh;* Dipl.-Ing. Gerd *Nassauer;* Rolf *Thome*.

Prokuristen: Hermann *Andörfer*, Manfred *Appold*, Klaus *Barthel*, Dipl.-Volkswirt Gerd *Beckers*, Hans *Breuer*, Erhard *Burbulla*, Werner *Ebersbach*, Kurt *Haumann*, Dipl.-Ing. Hans *Hess*, Dipl.-Ing. Peter *Koch*, Klaus E. *Müller*, Dipl.-Kfm. Walter *Nikolin*, Dipl.-Volksw. Hans Hermann *Scheer*, Dipl.-Ing. Walter *Schumacher*, Hans-Jürgen *Wolff*.

Kapital: 108 Mill. DM.

Gesellschafter: Metallurg Inc., New York.

Produkte: Ferrolegierungen, Legierungsmetalle, Desoxidationslegierungen, vakuumerschmolzene Spezialliegerungen, Impflegierungen, Metallsalze, -oxide, -Carbide, Aluminiumsulfat, Natriumsulfat, PVD-Beschichtungswerkstoffe, Magnetlegierungen, Vanadium-Legierungen, -Salze, -Oxide.

1 BERGBAU

Hamburger Aluminium-Werk GmbH

2103 Hamburg 95, Dradenauer Hauptdeich 15, Postfach 950165, ☏ (040) 74011-1, ✆ 217710 haw-d, Telefax (040) 74011576.

Aufsichtsrat: Karl-Dieter *Wobbe*, Bonn, Vorsitzender; James R. *Aitken*, Richmond/Va. (USA); Christian *Baldenius*, Hamburg; Jens *Kallmeyer*, Ranshofen; Günther *Thode;* Jürgen *Wandel*, Hamburg.

Geschäftsführung: Dr. Dieter *Leibetseder;* Dr. Hans-Christof *Wrigge.*

Kapital: 40,2 Mill. DM.

Gesellschafter: Vereinigte Aluminium-Werke AG (VAW), Berlin/Bonn, $33^{1}/_{3}\%$; Austria Metall AG, Braunau (Österreich), $33^{1}/_{3}\%$; Reynolds Aluminium Deutschland, Inc. (Radi), Richmond VA (USA), $33^{1}/_{3}\%$.

Produkte: Hüttenaluminium, auch legiert, in Form von Masseln, Walzbarren.

	1989	1990
Beschäftigte .... (Jahresende)	729	725

Hoesch AG

4600 Dortmund 1, Eberhardstr. 12, ☏ (0231) 841-0, ✆ 822123 hdw d.

Aufsichtsrat: Dr. jur. Gerhard *Cromme,* Fried. Krupp AG, Essen, Vorsitzender; Siegfried *Bleicher,* Geschäftsführendes Vorstandsmitglied der IG Metall, Frankfurt (Main), stellv. Vorsitzender; Hans-Diether *Imhoff,* Mitglied des Vorstandes der Vereinigte Elektrizitätswerke Westfalen AG, Dortmund, stellv. Vorsitzender; Reiner *Alexius,* Werdohl; Karl *Beusch,* Rechtsanwalt, Generalbevollmächtigter der Siemens AG, München; Dr. rer. pol. Otto *Gellert,* Wirtschaftsprüfer, Hamburg; Dipl.-Kfm. Horst *van Heukelum,* Unternehmensberater, Kronberg; Dipl.-Ing. Jürgen *Hubbert,* Stuttgart; Dr. jur. Gerhard *Jooss,* Fried. Krupp AG, Essen; Dr.-Ing. Jochen Friedrich *Kirchhoff,* Fabrikant, Iserlohn; Professor Dr. rer. pol. Karl *Krahn,* Bielefeld; Heinz-Dieter *Malberg,* Euskirchen; Horst *Münzner,* Ehrwald (Tirol); Werner *Nass,* Schlosser, Dortmund; Dr.-Ing. E. h. Gerhard *Neipp,* Fried. Krupp AG, Essen; Assessor Jürgen *Rossberg,* Fried. Krupp AG, Essen; Ferdi *Utsch,* Betriebswirt, Mudersbach; Dipl.-Ing. Professor Dr. E. h. Dipl.-Ing. Enno *Vocke,* Vorsitzender des Vorstandes der Hochtief AG, Essen; Gerold *Vogel,* Hagen; Dieter *Wieshoff,* Abteilungsleiter der Vorstandsverwaltung der IG Metall, Düsseldorf; Lothar *Zimmermann,* Mitglied des Geschäftsführenden Bundesvorstandes des Deutschen Gewerkschaftsbundes, Düsseldorf; — Dr. rer. pol. h. c. Hermann Josef *Abs,* Bankier, Frankfurt (Main), Ehrenmitglied.

Vorstand: Dr. Karl-Josef *Neukirchen,* Vorsitzender; Dr. rer. pol. Günter *Flohr;* Dr. rer. pol. Alfred *Heese;* Dr. rer. pol. Gereon *Mertens.*

Generalbevollmächtigte: Dr. jur. Friedrich *Clever.*

Prokuristen: Direktor Karl-Adolf *Brunne;* Direktor Dipl.-Volksw. Alfred *Friedrich;* Direktor Dipl.-Kfm. Dipl.-Volksw. Paul *Goldschmidt;* Direktor Dr. jur. Harald *Hendel;* Direktor Heinrich *Kahmeyer;* Direktor Wilhelm *Kemperdiek;* Direktor Dipl.-Volksw. Bernhard *Ravasini;* Direktor Dipl.-Kfm. Dieter *Schneider;* Direktor Dr.-Ing. Manfred *Seeger;* Direktor Dr. rer. pol. Karl-Horst *Stracke;* Direktor Dipl.-Ing. Dr. rer. nat. Manfred *Windfuhr;* Abteilungsdirektor Harald *Bielig;* Abteilungsdirektor Dipl.-Ing. Rainer *Brenzinger;* Abteilungsdirektor Artur *Dreyer;* Abteilungsdirektor RA Helmut *Munk;* Bw. (VWA) Helmut *Albrecht;* Dipl.-oec. Volker *Bibow;* Ing. (grad.) Karl-Heinz *Budzinski;* Dr.-Ing. Siegfried *Erve;* Assessor Hermann *Franksen;* Dipl.-Ing. Eberhard *Getschmann;* Assessor Hartmut *Gräber;* Hans-Günter *Kerl;* Dr. jur. Georg *Leistner;* Dr. rer. pol. Gerd *Löffler;* Ing. (grad.) Frank *Schaefer;* Dipl.-Kfm. Ulrich *Schneider;* Dipl.-Kfm. Günter *Schut;* Dr.-Ing. Heinz-Joachim *Stübler;* Dipl.-Ing. Manfred *Valdor;* Dipl.-Bw. Henri *Verhaegen;* Assessor Ekkard *Wilms.*

Öffentlichkeitsarbeit: Bernd *Riddermann.*

Pressekontakte: N. N.

Gründung: 1953.

Grundkapital: 355,6 Mill. DM.

	1990	1991
Umsatz .... Mill. DM	12 570	10 108
Beschäftigte .... (Jahresende)	45 227	43 018

Beteiligungen

Produktion

Hoesch Stahl AG, Dortmund, 100%.
Hoesch Hohenlimburg AG, Hagen, 100%.
Dittmann & Neuhaus AG, Witten, 98,95%.
Hoesch Argentina S.A.I. y C., Buenos Aires (Argentinien), 99,93%.
Hoesch Indústria de Molas Ltda., São Paulo (Brasilien), 70%.
Hoesch Industria Española de Suspensiones SA, Madrid (Spanien), 100%.
Hoesch Suspensions Inc., Hamilton, Ohio (USA), 100%.
Impormol Industria Portuguesa de Molas SA, Azambuja (Portugal), 100%.
Hoesch Suspensiones Automotrices S.A. de C.V., Tlalnepantla (Mexiko), 100%.
August Bilstein GmbH & Co. KG, Ennepetal, 100%.
Bilstein Corporation of America, San Diego/California (USA), 100%.
Luhn & Pulvermacher GmbH & Co., Hagen, 100%.

Hoesch Woodhead Limited, Leeds (Großbritannien), 100%.
Hoesch Verpackungssysteme GmbH, Schwelm, 100%.
Titan Umreifungstechnik GmbH, Schwelm, 100%.
Hoesch Rohr AG, Hamm, 100%.
Hoesch Tubular Products Corporation, Houston, Texas (USA), 100%.
Schulte Rohrbearbeitung GmbH, Drensteinfurt, 100%.
Hoesch Rothe Erde AG, Dortmund, 100%.
Walter Hundhausen GmbH & Co. KG, Schwerte, 100%.
Berco SpA, Copparo (Italien), 100%.
Nippon S. R. Company Limited, Hakui City (Japan), 100%.
Robrasa Rolamentos Especiais Rothe Erde Ltda., Diadema, Estado de São Paulo (Brasilien), 94%.
Rotek Incorporated, Aurora, Ohio (USA), 100%.
Roballo Engineering Company Limited, Peterlee (Großbritannien), 100%.
Rothe Erde Ibérica SA, Zaragoza (Spanien), 100%.
Rothe Erde Metallurgica Rossi SpA, Milano (Italien), 100%.
Defontaine SA, Saint Herblain (Frankreich), 99,1%.
Novoferm GmbH, Isselburg, 100%.
Siebau Siegener Stahlbauten GmbH & Co., Kreuztal, 100%.
Julien Redois Invertissements SA, Machecoul/Nantes (Frankreich), 100%.
Hoesch Maschinenfabrik Deutschland AG, Dortmund, 100%.
Drauz Werkzeugbau GmbH, Heilbronn, 100%.
O & K Orenstein & Koppel AG, Berlin/Dortmund, 75%.
Camford Engineering PLC, Letchworth (Großbritannien), 100%.
Blefa GmbH, Kreuztal, 100%.
Hoesch Bausysteme GmbH, Dortmund, 100%.
Hoesch Siegerlandwerke GmbH, Siegen, 100%.
Ross GmbH, Wilnsdorf, 100%.
Trapezprofil-Bauelemente Produktionsgesellschaft mbH, Scheifling (Österreich), 50%.

Rohstoffversorgung

Exploration und Bergbau GmbH, Düsseldorf, 38%.
Ferteco Mineração SA, Rio de Janeiro (Brasilien), 37 1/3 %.

Hoogovens Aluminium GmbH

4000 Düsseldorf 30, Cecilienallee 6, Postfach 300151, ☏ (0211) 498076, ✕ 8584864, Telefax (0211) 49807-27, Teletex 2114319.

Geschäftsführung: Dr. M. *Knauer,* Vorsitzender; W. *Geitz;* S. *Kampfrad.*
Kapital: 100 Mill. DM.

Gesellschafter: Hoogovens Groep BV, Beverwijk (Niederlande), 100%.

Betriebsanlagen:
Aluminiumhütte: 4223 Voerde, Schleusenstraße, ☏ (0281) 4080, ✕ 812730.
Verarbeitungsanlagen: Aluminium-Halbzeugwerk, 5400 Koblenz-Wallersheim, Carl-Spaeter-Str., ☏ (0261) 8911, ✕ 862535.
Preßwerk mit Weiterverarbeitung, BUG-Alutechnik GmbH, 7981 Vogt, Bergstraße 17, ☏ (07529) 700, ✕ 732856.
Aluminiumfolienwalzwerk, B-4120 Ivoz-Ramet/ Liège, ☏ (0032) 41752291, ✕ 004641532.
Aluminiumfolien-Veredelungswerk, CH-3422 Kirchberg BE, Solothurn Straße, ☏ (0041) 344716 66, ✕ 0045914109.

Produkte: Hüttenaluminium; Walz- u. Preßprodukte; Dach- und Wandeindeckungen; Folien.

	1987	1988
Beschäftigte .... (Jahresende)	2 800	3 054

Hüttenwerke Kayser Aktiengesellschaft

4670 Lünen, Kupferstraße 23, Postfach 1560, ☏ (02306) 108-0, ✕ 8229734, Telefax (02306) 108449, St u. WL: Lünen-Süd, Anschlußgleis, HA: Stadthafen Lünen.

Vorstand: Jürgen K. *Hartmann,* Dipl.-Ing., Dipl.-Kfm. Werner *Naumann.*

Kapital: 30 Mill. DM.

Produktion	1988	1989
Kupfer ....t	115 000	120 000
Zinn-Blei-Legierung ......t	4 000	3 500
Beschäftigte .... (Jahresende)	816	884

Klöckner-Werke AG

4100 Duisburg, Klöcknerstraße 29, Klöcknerhaus, ☏ (0203) 3961, Telefax (0203) 3963535, ✕ 855817, ⌘ Kloecknerwerke.

Aufsichtsrat: Jörg A. *Henle,* Essen, Vorsitzender des Vorstands der Klöckner & Co AG, Vorsitzender; Siegfried *Bleicher,* Frankfurt a. M., Geschäftsführendes Vorstandsmitglied der IG Metall, 1. stellv. Vorsitzender; Dr. Rolf-E. *Breuer,* Frankfurt a. M., Vorstandsmitglied der Deutsche Bank AG, 2. stellv. Vorsitzender; Dr. Hans G. *Adenauer,* Düsseldorf, Vorstandsmitglied der Dresdner Bank AG; Heinz-Günter *Bärenberg,* Witten, Werkzeugmacher; Jörg *Barczynski,* Solms, Pressesprecher der IG Metall; Professor Dr. Kurt H. *Biedenkopf,* Dresden, Ministerpräsident des Freistaates Sachsen; Friedhelm *Brandhorst,* Georgsmarienhütte, Walzendreher, Betriebsratsvor-

1 BERGBAU

sitzender der Klöckner Edelstahl GmbH, Mitglied des Konzernbetriebsrats; Wolfgang A. *Burda,* Mettmann, Vorstandsmitglied der Westdeutsche Landesbank Girozentrale; Werner *Dick,* Stuttgart, Vorsitzender der Gewerkschaft Leder; Dr. Albrecht *Eckell,* Frankenthal, Mitglied des Vorstands der BASF AG; Anke *Fuchs,* Bonn, Mitglied des Bundestages; Dr. Herbert *Gienow,* Hösel; Hans Louis *Guldemond,* Heemstede (Niederlande); Karl-Heinz *Heinze,* Kenzingen, Schlosser, Vorsitzender des Betriebsrats der Klöckner Ferromatik Desma GmbH, Werk Malterdingen, Mitglied des Konzernbetriebsrats; Klaus-Peter *Hennig,* Mülheim an der Ruhr, Gewerkschaftssekretär beim IG Metall Zweigbüro Düsseldorf; Professor Dr.-Ing. Karl F. *Kußmaul,* Direktor der Staatlichen Materialprüfungsanstalt der Universität Stuttgart; Professor Dr. phil. Franz *Oeters,* Berlin, Ordentlicher Professor für Eisenhüttenkunde an der Technischen Universität Berlin; Dr. Alfred *Pfeiffer,* Bonn, Vorsitzender des Vorstands der Viag AG; Peter *Sörgel,* Bremen, Walzenschleifer, Vorsitzender des Betriebsrats der Klöckner Stahl GmbH, Vorsitzender des Konzernbetriebsrats; Erich *Wilke,* Bad Soden-Neuenhain, Vorsitzender des Vorstands BfG: Hypothekenbank AG.

Vorstand: Dr. Hans Christoph *von Rohr,* Vorsitzender; Matt H. *de Graef;* Dr.-Ing. Jürgen *Großmann;* Dr.-Ing. Fritz *Hochstein;* Johann *Noll;* Dipl.-Kfm. Karl *Sinkovic*.

Generalbevollmächtigte: Direktor Dipl.-Kfm. Fritz *Kall* (HA Finanzen); Direktor Rechtsanwalt Dr. Karl-Erich *Korte* (HA Recht und Verwaltung); Direktor Dipl.-Kfm. Josef *Röttger* (HA Geschäfts- und Finanzbuchhaltung).

Prokuristen: Dipl.-Kfm. Hans-Jürgen *Blöcker* (Vorstandsbereich); Rechtsanwalt Wolfgang *Christian* (Vorstandsbereich); Direktor Rechtsanwalt Hermann *Droste* (Verwaltungsgruppe Castrop-Rauxel); Dr.-Ing. Jörg *Fuhrmann* (HA Verarbeitung/Techn. Organisation); Dipl.-Finanzwirt Siegfried *Geißler* (HA Steuern); Dipl.-Ökonom Norbert *Gerling* (HA Kaufm. Betriebswirtschaft/Planung/Organisation); Dipl.-Kfm. Heiner *Großpietsch* (HA Geschäfts- und Finanzbuchhaltung); Assessor Peter *Koch* (HA Versicherungen); Dieter *de Kock* (HA Kaufm. Betriebswirtschaft/Planung/Organisation); Direktor Dr.-Ing. Harald *Korth* (HA Techn. Betriebswirtschaft); Dipl.-Kfm. Reinhard *Kunz* (HA Finanzen); Rechtsanwalt Dr. Siegmund *von Manitius* (HA Recht und Verwaltung); Dr. Günter *Marchal* (HA Marketing/Diversifikation); Direktor Dipl.-Kfm. Gert *Meier-Ebert* (HA Steuern); Dr.-Ing. Norbert *Noerenberg* (Klöckner Technologie und Entwicklung GmbH); Rechtsanwalt Dr. Axel *Plutte* (HA Personalentwicklung und HA Sicherheitswesen); Rechtsanwalt Dr. Hans-Joachim *Scheu* (HA Recht und Verwaltung); Direktor Dipl.-Kfm. Thomas *Schmigalla* (HA Stahl); Rechtsanwalt Dr. Andreas *Seelmann* (HA Personalwesen für leitende Angest.); Dipl.-Kfm.

Franz-Josef *Seipelt* (HA Kaufm. Betriebswirtschaft/Planung/Organisation); Rechtsanwalt Dr. Peter *Striewe* (HA Recht und Verwaltung); Dipl.-Volksw. Clemens *Suendorf* (HA Verkehr); Assessor Olaf *Syré* (HA Personalwesen); Dipl.-Kfm. Heinrich *Tillmann* (Verwaltungsgruppe Castrop-Rauxel); Dipl.-Ing. Horst *Witte* (HA Patente); Heinz *Wrede* (HA Steuern).

Gründung: 1897.

Kapital: 458 Mill. DM.

	1989/90	1990/91
Umsatz (Welt) ..... Mill. DM	6 935	7 013
Beschäftigte (Welt) ... (30. 9.)	30 710	31 772

Geschäftsjahr 1. 10. bis 30. 9.

Klöckner Presse und Information GmbH: 4100 Duisburg, Klöcknerhaus, Postfach 100853, ☏ (0203) 181 und 3961, ✆ 855817, Telefax (0203) 343695. Geschäftsführer: Bernd J. *Krüger*.

Klöckner Stahl GmbH, Duisburg.

Vorstand: Dr.-Ing. Jürgen *Großmann,* Vorsitzender; Hagen-Rainer *Breitinger;* Dipl.-Kfm. Klaus *Hilker;* Dipl.-Ing. Peter *van Hüllen;* Dr. Wolfgang *Kohler;* Dr.-Ing. Hans-Ulrich *Lindenberg*.

Stammkapital: 300 Mill. DM.

Klöckner Edelstahl GmbH, Duisburg.

Vorstand: Dr.-Ing. Jürgen *Großmann,* Vorsitzender; Hermann *Cordes;* Dipl.-Kfm. Klaus *Hilker;* Dr.-Ing. Friedrich *Höfer*.

Stammkapital: 50 Mill. DM.

Wesentliche Beteiligungen im Unternehmensbereich Stahl (Stand 30. 9. 1991)

Klöckner Stahl GmbH, Duisburg, 100%.
Klöckner Edelstahl GmbH, Duisburg, 100%.
Klöckner-Werke Stahl OHG, Duisburg, 100%.
Weserport Umschlaggesellschaft mbH, Bremerhaven, 99%.
Klöckner Planungs- und Neubau GmbH, Duisburg, 100%.
Klöckner Rohrwerk Muldenstein GmbH, Muldenstein, 100%.
Bregal Bremer Galvanisierungsgesellschaft mbH, Bremen, 100%.
Ferrocommerz N.V., Curaçao, 100%.
Klako Vastgoed V. O. F., Rotterdam (Niederlande), 100%.
Vereinigte Schmiedewerke GmbH, Bochum, 33,3%.
Bremer Industriegas GmbH, Bremen, 50%.
Klöckner CRA Patent GmbH, Duisburg, 50%.
Erzkontor Ruhr GmbH, Essen, 25%.
Alz N. V., Genk (Belgien), 15,5%.
Sikel N. V., Genk (Belgien), 33,3%.
Albufin N. V., Genk (Belgien), 25%.

Fried. Krupp AG

4300 Essen 1, Altendorfer Str. 103, Postfach 102252, ☏ (0201) 188-1, ✆ 857385 fkesd, ✈ Krupp Essen, Teletex 201396 fkesn, Telefax (0201) 1884100.

Aufsichtsrat: Professor Dr. h. c. Berthold *Beitz*, Essen, Ehrenvorsitzender; Dr.-Ing. Manfred *Lennings*, Düsseldorf, Vorsitzender; Heinz-Werner *Meyer*, Düsseldorf, stellv. Vorsitzender; Ebrahim Arabzadeh *Djamali*, Teheran; Lorenz *Brockhues*, Duisburg; Karl-Otto *Göbert*, Essen; Klaus-Peter *Hennig*, Düsseldorf; Willi *Iserlohn*, Essen; Professor Dr.-Ing. Dr. h. c. Dr.-Ing. E. h. Hans *Leussink*, Karlsruhe; Professor Dr. Gert *Lorenz*, Tegernsee; Professor Dr. Reimar *Lüst*, Hamburg; Loke *Mernizka*, Siegen-Geisweid; Dr. jur. Klaus *Murmann*, Neumünster; Dr.-Ing. Mohamad-Mehdi *Navab-Motlagh*, Teheran; Friedel *Neuber*, Düsseldorf; Paul *Ring*, Hagen; Dr. rer. pol. Wolfgang *Röller*, Frankfurt; Herward *Stader*, Essen; Theo *Steegmann*, Duisburg; Herbert *Wagendorf*, Essen; Herbert *Zeretzky*, Kiel.

Vorstand: Dr. jur. Gerhard *Cromme*, Vorsitzender; Dr.-Ing. E. h. Dipl.-Ing. Gerhard *Neipp*, stellv. Vorsitzender; Dr. jur. Gerhard *Jooss;* Dr. rer.-oec. Ulrich *Middelmann;* Jürgen *Rossberg*.

Zb Kommunikation u. Vorstandsbüro: Dr. rer. oec. Jürgen *Claassen*.

Gründung: 1811.

	1990	1991
Umsatz .... Mrd. DM	14,9	15,1
Beschäftigte .... (Jahresende)	54 434	53 115

Konzernunternehmen

Maschinenbau

Krupp Maschinentechnik GmbH, Essen.
Krupp MaK Maschinenbau GmbH, Kiel.
Werner & Pfleiderer GmbH, Stuttgart.
Krupp Widia GmbH, Essen.

Anlagenbau

Krupp Industrietechnik GmbH, Essen.
Krupp Koppers GmbH, Essen.
Krupp Polysius AG, Beckum.

Stahl

Krupp Stahl AG, Bochum.

Handel

Krupp Lonrho GmbH, Düsseldorf.

Weitere Konzernunternehmen

Krupp Metalúrgica Campo Limpo Ltda., Campo Limpo (Brasilien).
Krupp Forschungsinstitut GmbH.
Krupp Wohnen und Dienstleistung GmbH.
Westdeutsches Assekuranz-Kontor GmbH, Essen.

Krupp Stahl AG

4630 Bochum 1, Alleestraße 165, Postfach 101370, ☏ (0234) 919-00, ✆ 825831-0 KS d, Telefax (0234) 9195488.

Aufsichtsrat: Dr. jur. Gerhard *Cromme*, Vorsitzender; Dr. phil. Karin *Benz-Overhage*, stellv. Vorsitzende; Manfred *Bruckschen;* Rolf *Diel;* Dieter *Hartmann;* Herbert *Kastner;* Professor Dr. rer. pol. Wilhelm *Krelle;* Dr.-Ing. Horst *Langer;* Dr. rer. pol. Gerhard *Leminsky;* Dr. rer. pol. Alfred *Lukac;* Werner *Milert;* Dr. jur. Klaus *Müller;* S. E. Dr.-Ing. Mohamad-Mehdi *Navab-Motlagh;* Dipl.-Ing. Gerhard *Neipp;* Gunter *Ostehr;* Dr. rer. pol. Rolf *Selowsky;* Dr. phil. Werner *Thönnessen;* Dr. rer. pol. Alfons *Titzrath;* Dr. jur. Ludwig *Trippen;* Professor Dr.-Ing. Günther *Tumm;* Dr. jur. Heinrich *Wagner;* Dr. rer. pol. Peter *Zinkann*.

Vorstand: Dr.-Ing. Jürgen *Harnisch*, Vorsitzender; Dipl.-Kfm. Fritz *Fischer* (Flachprodukte); Dr. rer. pol. Günter *Fleckenstein* (Finanzen); Dr.-Ing. Hans *Graf* (Profile); Karl *Meyerwisch* (Personalwesen); Dipl.-Ing. Heinrich *Stawowy* (Flachprodukte).

Zweck: Eisen, Stahl und andere Werkstoffe zu erzeugen, zu verarbeiten und weiterzuverarbeiten, die Erzeugnisse des Unternehmens zu vertreiben und mit sonstigen industriellen Erzeugnissen zu handeln. Die Gesellschaft kann alle Geschäfte vornehmen und alle Maßnahmen treffen, die geeignet erscheinen, den Gesellschaftszweck zu fördern. Sie kann insbesondere auch Betriebe und Zweigniederlassungen an allen Plätzen des In- und Auslandes errichten, Beteiligungen erwerben und Unternehmensverträge abschließen.

Kapital: 573 Mill. DM.

Mehrheitsaktionär: Fried. Krupp GmbH.

	1990	1991
Umsatz .... Mill. DM	7 872	8 536
Beschäftigte .... (Jahresende)	25 147	25 651

Wesentliche Beteiligungen

Stahlerzeugung und -verarbeitung

Krupp Brüninghaus GmbH, Werdohl, 98 %.
Mure S.A., Alonsotegui/Spanien, 98 %.
Gerlach-Werke GmbH, Homburg, 75,8 %.
Mavilor S.A., L'Horme/Frankreich, 58,1 %.
Krupp Stahl Kaltform GmbH, Leverkusen, 100 %.
Krupp Pulvermetall GmbH, Essen, 51 %.
Vereinigte Schmiedewerke GmbH, Bochum, 33,3 %.
Krupp VDM GmbH, Werdohl, 100 %.
Vacmetal Gesellschaft für Vakuum-Metallurgie mbH, Dortmund, 50 %.
Krupp Stahltechnik GmbH, Duisburg, 50 %.
P.W. Lenzen GmbH & Co. KG, Iserlohn, 33,3 %.
Grupo Solar SA, Tlalnepantla/Mexiko, 25,1 %.
Krupp Stahl Oranienburg GmbH, Oranienburg, 100 %.

Rohstoffversorgung
Hansa Rohstoffe GmbH, Düsseldorf, 49%.
Ertsoverslagbedrijf Europoort C. V., Rotterdam/ Niederlande, 20%.
Rohstoffhandel GmbH, Düsseldorf, 20%.
Bong Mining Company Inc., Monrovia/Liberia, 8,6%.
Exploration und Bergbau GmbH, Düsseldorf, 8%.
Ferteco Mineraçao SA, Rio de Janeiro/Brasilien, 5%.

Leichtmetall-Gesellschaft mbH

4300 Essen 11, Sulterkamp 71, Postfach 102335, ☏ (0201) 366-0, ✆ 8579806, Telefax (0201) 366-545, ✉ leichtal essen.

Aufsichtsrat: Dietrich H. *Boesken*, Singen, Vorsitzender; Edvard A. *Notter*, Hombrechtikon; Günter *Grimmig*, Radolfzell; Kurt *Wolfensberger*, Winterthur; Arbeitnehmervertreter: Hans-Günther *Markner*, Herne; Josef *Spaan*, Essen.

Geschäftsführung: Jürgen E. *Fischer*, Hünxe; Dr. W. *Stiller*, Bottrop.

Kapital: 120 Mill. DM.

Gesellschafter: Alusuisse Deutschland GmbH, 50,21%; Aluminium-Walzwerke Singen GmbH, 48,25%; Sonstige, 1,54%.

Produkte: Hüttenaluminium, auch legiert, in Form von Masseln, Walzbarren, Rundbarren, Draht, Gußlegierungen.

	1989	1990
Beschäftigte .... (Jahresende)	800	850

Lurgi Metallurgie GmbH

D-6000 Frankfurt am Main 11, Lurgi-Allee 5, Postfach 111231, ☏ (069) 5808-0, ✆ 41236-0 lg d, Telefax (069) 5808-3888.

Geschäftsführung: Dr.-Ing. Georg *von Struve*, Vorsitzender; Dr.-Ing. Arno *Fitting*, stellv. Vorsitzender; Dr.-Ing. Wolfgang *Janke*; Dipl.-Ing. Hans-Jochen *König*; Erik D. *Menges*; Dr.-Ing. Detlev *Schlebusch*, stellv. Vorsitzender.

Gesellschafter: Lurgi AG, 100%.

Zweck: Bau von Anlagen zur mechanischen Bodenreinigung und zur thermischen Bodenreinigung von kontaminiertem Hafenschlick und dessen Weiterverarbeitung zu Baurohstoff. Bau von Anlagen für die Rohstoffaufbereitung, Eisen- und Stahlindustrie sowie NE-Metallindustrie.

Geschäftsbereich NE-Metallurgie

Leitung: Dipl.-Ing. Hans-Jochen *König*.
☏ (069) 5808-3564, Telefax (069) 5808-2737.

Arbeitsgebiet: Thermische Vorbehandlung von Nichteisenmetallerzen aller Art zur Vorbereitung der Metallerzeugung wie Rostung, Herstellung von Tonerde aus Bauxit, Kalzinierung feinkörniger Stoffe wie Magnesium-Hydroxid u. ä. Planung und Bau kompletter Metallhütten zur Gewinnung von Kupfer, Blei, Zink, Nickel, Zinn, Wolfram, Edelmetallen und anderen Metallen nach eigenen und Standardverfahren. Erzeugung von Schwefelsäure und verwandten Produkten. Aufarbeitung von Abfallprodukten der metallurgischen Industrie wie Salzschlacke, Oxalar u. a.

Geschäftsbereich Eisen und Stahl

Leitung: Dr.-Ing. Wolfgang *Janke*.
☏ (069) 5808-3750, Telefax (069) 5808-2743.
Dr.-Ing. Detlev *Schlebusch*.
☏ (069) 5808-1874, Telefax (069) 5808-2743.

Arbeitsgebiet: Planung und Bau kompletter Anlagen oder -komponenten für: Aufbereitung von Erzen und mineralischen Rohstoffen aller Art; Reinigung von kontaminierten Böden oder Sedimenten durch physikalische Aufbereitung; Vorbereitung von Eisenerzen zur Verhüttung durch Pelletieren und Sintern, andere Agglomerationsverfahren; Direktreduktion von Eisenerzen zu Eisenschwamm mit festen oder gasförmigen Reduktionsmitteln; thermische Behandlung und Teilreduktion von Rohstoffen im Drehrohr-, Wanderrost- und ZWS-Verfahren; Recycling von Stahlwerksstäuben und -schlämmen; Herstellung von synthetischem Rutil (TiO_2) aus Ilmenit.

Tochtergesellschaften: 15 Tochtergesellschaften und 8 Repräsentanzen und Vertretungen im Ausland.

Martinswerk GmbH

5010 Bergheim, Kölner Str. 110, Postfach 1209, ☏ (02271) 9020, ✆ 888712 matwk d, Telefax (02271) 902-555, ✉ martinswerk Bergheimerft.

Aufsichtsrat: Dr. E. *Thalmann*, Oberwil, Vorsitzender; Dr. M. *Bühlmann*, Arlesheim; Udo *van Meeteren*, Düsseldorf; Günter *Grimmig*, Radolfzell. Von der Belegschaft gewählt: H. *Carstensen*, Bergheim; M. *Schloßmacher*, Bergheim.

Geschäftsführung: Dr. Christian *Rocktäschel* (Vorsitzender), Dr. Wilfried *Brandt*, Bruno *Schreiber*.

Kapital: 55 Mill. DM.

Gesellschafter: Alusuisse Deutschland GmbH, rd. 100%.

Produkte: Standard-Aluminiumoxid; spezielle Aluminiumoxide; pulverförmige und geformte Aktivtonerden; Standard-Aluminiumhydroxid; spezielle Aluminiumhydroxide und Magnesiumhydroxide als flammhemmender Füllstoff für Kunststoffe und Kautschuk; Füllstoff und Pigment für die Papier-, Farben- und Lackindustrie; $Al(OH)_3$- und Al_2O_3-Spezialqualitäten.

Kapazität: 350000 t Al_2O_3/a.

	1190	1991
Beschäftigte .... (Jahresende)	1030	1050

Beteiligungsgesellschaft:
Aluminium-Industrie-Wohnbau GmbH, Bergheim.

Mansfeld AG

O-4250 Lutherstadt Eisleben, Wilhelm-Beinert-Straße 1, ☏ (03475) 2032, ✱ 047525, Telefax (03475) 2467.

Aufsichtsrat: Dr. Theodor *Pieper*, Vorsitzender.

Vorstand: Dr. Helmut Friedrich *Wöpkemeier*, Vorsitzender; Friedhelm *Anhuth* (Marketing).

Zweck: Erzeugung von Kupfer, Kupferlegierungen, Halbzeug aus Kupfer und Kupferlegierungen, Aluminiumlegierungen, Halbzeug aus Aluminium und Aluminiumlegierungen, Umweltservice- und -engineeringleistungen.

Beschäftigte 4000

Verbundene Unternehmen
Walzwerk Hettstedt AG, Hettstedt.
Leichtmetallwerk Rackwitz GmbH, Rackwitz bei Leipzig.
Leichtmetall GmbH Nachterstedt, Nachterstedt.
Folien GmbH Merseburg, Merseburg.
Mansfeld Kupfer-Silber-Hütte GmbH, Hettstedt.
Mansfeld Maschinen- und Anlagenbau GmbH, Lutherstadt Eisleben.
Mansfeld Engineering GmbH, Lutherstadt Eisleben.
Mansfeld Handel GmbH, Lutherstadt Eisleben.
MMG Handel GmbH, Frankfurt/Main, 50%.

Metallgesellschaft AG

6000 Frankfurt (Main) 1, Reuterweg 14, Postfach 101501, ☏ (069) 159-0, ✱ 41225-0 mgf d, Telefax (069) 159-2125, 2210, ⌨ metalag frankfurtmain.

Aufsichtsrat: Dr. rer. pol. Wolfgang *Röller*, Neu-Isenburg, Vorsitzender; Dr. jur. Manfred *Schumann**, Frankfurt, stellv. Vorsitzender; Fahed Majed *Al-Sultan Al-Salem*, London; Professor Dr.-Ing. Werner *Breitschwerdt*, Stuttgart; Rolf *Dollmann**, Neckarsulm; Detlef *Fahlbusch**, Hamburg; Dr. jur. Rolf-J. *Freyberg**, Frankfurt; Dr. jur. Friedhelm *Gieske*, Essen; Klaus *Hartmann**, Langelsheim; Walter *Janal**, Frankfurt; Horst *Meusch**, Bonn; Dr. Dietrich *Natus*, Königstein; Wolfgang *Reiber**, Maintal; Maria-Barbara *Schauss**, Frankfurt; Dr. jur. Roland *Schelling*, Stuttgart; Lothar *Schlünkes**, Duisburg; Dr. Ronaldo H. *Schmitz*, Frankfurt; Peter *Schuhmacher*, Heidelberg; Dr. Henning *Schulte-Noelle*, Pullach; Sir Bruce *Watson*, Fig Tree Pocket, Queensland.

*Arbeitnehmervertreter.

Vorstand: Dr. rer. pol. Heinz *Schimmelbusch*, Vorsitzender; Dr.-Ing. Otto W. *Asbeck;* Dr. rer. pol. Meinhard *Forster;* Dr. jur. Heinrich *Götz;* Dr. rer. nat. Jens-Peter *Schaefer;* Dr.-Ing. Karlheinz *Arras*, stellv.; Dr. Heinrich *Binder*, stellv.; Dipl.-Ing. Helmut *Maczek*, stellv.; Dipl.-Kfm. Hans-Werner *Nolting*, stellv.

Kapital: 442 Mill. DM.

Handelsdienstleistungen

Erze: Nichteisenmetallerze und -konzentrate, seltene Metalle.

Metalle (mit Außenstellen Berlin, Düsseldorf, Köln und Stuttgart): Nichteisenmetalle und ihre Legierungen, insbesondere Kupfer, Blei, Zink, Misch- und Lötzinn, Antimon, Nickel, Quecksilber, Bauxit, Tonerde, Aluminium, Magnesium, Chromerz, Scheelit, Wolfram, Ferrolegierungen, Nobellegierungen, Flußmittel, Eisenerze, Roheisen, Stahl, Rückstände und Altmetalle.

Chemie: Rohphosphate, Schwefel, Schwefelsäure, Oleum, Schwefeldioxid, Zitronensäure, Phosphorsäure, Natriumsulfhydrat, Düngemittel; Pyrit, Pyritkonzentrat, Schwerspat; Flußspat, Füllstoffe für die Schleifscheibenherstellung; Vorstoffe für die Herstellung von Titandioxid; Siliziummetall, Chrom und Manganmetall; Pyritabbrände, Eisenoxidkonzentrate, Zuschlagstoffe für die Zementindustrie; Energierohstoffe wie Methanol, Petrolkoks, Mineralöl.

Betriebsgesellschaften
Eisenerz-Gesellschaft mbH, Düsseldorf.
Gotek GmbH, Frankfurt (Main).
Lurgi AG, Frankfurt (Main).
Metallgesellschaft Services GmbH, Frankfurt am Main.
Sachtleben Chemie GmbH, Duisburg-Homberg; Unterbeteiligung:
 Deutsche Baryt-Industrie Dr. Rudolf Alberti, 50%.

Wichtige Beteiligungen
B.U.S Berzelius Umwelt-Service AG, Frankfurt, 57,84%. Unterbeteiligungen:
 B.U.S Metall GmbH, Düsseldorf, 100%.
  Unterbeteiligung:
  Cia Industrial Asua-Erandio, S.A., Bilbao (Spanien), 66%.
 B.U.S Chemie GmbH, Frankfurt, 100%.
  Unterbeteiligungen:
  Hannoversche Salzschlacke Entsorgungsgesellschaft mbH, Hannover.
  Salzschlacke Entsorgungsgesellschaft Lünen GmbH, Lünen.
 Sandregenerierung Lage GmbH, Lage.
 Peku Kunststoff-Recycling GmbH, Langenhagen.
 Sté Industrielle de Recyclage Européenne SA, Saint-Cloud.
 B.U.S Engitec Servizi Ambientali SrL, Mailand.

1 BERGBAU

B.U.S Berzelius Umwelt-Service Transport GmbH, Düsseldorf.
B.U.S Environmental Services Inc., New York.
  Unterbeteiligung:
    Horsehead Resource Development Co., Inc., Palmerton.
Chemson Polymer-Additive Ges. m. b. H., Arnoldstein (Österreich), 100%.
MG Industriebeteiligungen AG, 80%.
  Unterbeteiligungen:
    Buderus AG, Wetzlar, 80%.
    Dynamit Nobel AG, Troisdorf, 100%.
      Unterbeteiligungen:
        Cerasiv GmbH, Düsseldorf, 100%.
        Chemetall GmbH, Frankfurt, 100%.
          Unterbeteiligung:
            Synthomer Chemie GmbH, Frankfurt, 50%.
        Menzolit GmbH, Kraichtal-Menzingen, 100%.
Metallgesellschaft Austria AG, Wien, 100%.
  Unterbeteiligungen:
    Montanwerke Brixlegg GmbH, Brixlegg (Österreich), 25,5%.
    Wolfram Bergbau- und Hüttengesellschaft mbH, St. Martin im Sulmtal, Steiermark (Österreich), 67%.
Metallgesellschaft Corp., New York, 100%.
  Unterbeteiligungen:
    Castle Energie Corp., Blue Bell, PA (USA).
    Methanex, Inc., Vancouver (Kanada), 28%.
    MG Methanol Corp., Houston.
    MG Natural Gas Corp., Houston (USA), 59%.
    MG Petrochemicals Inc., Houston (USA), 100%.
    MG Refining and Marketing, Inc., New York, 100%.
Metall Mining Corp., Toronto (Kanada), 70%.
  Unterbeteiligungen:
    Cayeli Bakir Isletmeleri AS, Cayeli (Türkei), 49%.
    Copper Range Co., White Pine (USA), 90,8%.
    Eurogold Madencilik AS, Bostanli/Izmir (Türkei).
    Metall Mining Australia Pty. Ltd., Melbourne (Australien). Unterbeteiligung:
      Callion Joint Venture, Kalgoorlie (Australien), 25%.
    Metall Mining of Namibia (Pty.) Ltd., Toronto, 100%. Unterbeteiligung:
      Navachab Joint Venture, Karibib (Namibia), 20%.
    MIM Holdings Ltd., Brisbane (Australien), 14%.
    MNR Mining Inc., Toronto (Kanada), 100%.
    Ok Tedi Mining Ltd. (Papua Neu-Guinea), 7,5% indir.
    Sachtleben Bergbau Verwaltungs-GmbH, Lennestadt.
    Sté Minière de Bougrine SA, Tunis (Tunesien).
    Teck Corporation, Vancouver (Kanada), 14,1%.
Norddeutsche Affinerie AG, Hamburg, 35%.
PM Hochtemperatur-Metall GmbH, Frankfurt/Reutte, 50%.

Rheinische Zinkgesellschaft GmbH, 100%.
  Unterbeteiligungen:
    „Berzelius" Stolberg GmbH, Stolberg, 100%.
    BSB Recycling GmbH, Braubach, 100%.
    Grillo-Werke AG, Duisburg, 49,2%.
    MHD Duisburg GmbH, Duisburg, 50%.
    Rheinzink GmbH, Datteln, 33,3%.
    Ruhr-Zink GmbH, Datteln, 45%.

MHD „Berzelius" Duisburg GmbH

4100 Duisburg 28, Richard-Seiffert-Str. 20, Postfach 28 11 80, ☎ (0203) 7 57 50, ✦ 8 55864 berzs d, Telefax (0203) 78 48 84, ✦ berzelius duisburg.

Geschäftsführung: Gerhard *Goliasch;* Dipl.-Ing. C. W. *Hoffmann;* Dipl.-Ing. Friedrich Karl *Oberbeckmann.*

Kapital: 30 Mill. DM.

Gesellschafter:

M.I.M. Holdings (Deutschland) GmbH, 6000 Frankfurt, 50%; Rheinische Zinkgesellschaft GmbH, 4100 Duisburg, 50%.

	1990	1991
Beschäftigte	792	785

Zinkhütte

4100 Duisburg 28, Postfach 28 11 80, Richard-Seiffert-Str. 20, ☎ (0203) 7 57 50, ✦ 8 55864 berzs d, St u. WL: Duisburg-Hochfeld-Süd, Duisburg Hbf, HA: Duisburg-Wanheim.

Produkte: Zink (Hüttenzink), Feinzink verschiedener Sorten, Werkblei, Kupfer, Schwefelsäure.

Produktion	1990	1991
Zink (alle Sorten) .... t	71 500	75 500
Werkblei .... t	35 600	35 500
Schwefelsäure .... t	118 200	128 700

Bleihütte Binsfeldhammer

5190 Stolberg, ☎ (02402) 1206-0, ✦ 8 32210, St u. WL: Stolberg-Hammer, Stolberg Hbf.

Produkte: Blei, Bleilegierungen, Schwefelsäure.

	1989	1990
Bleiproduktion .... t	79 600	80 700

Nickelhütte Aue
Buntmetalle — Metallverbindungen

O-9400 Aue, Rudolf-Breitscheid-Straße, ☎ 28 50, ✦ 7 55 32.

Produkte: Elektrolytnickel, Nickelsulfat, Cu-Oxid, Cu-Oxichlorid.

Norddeutsche Affinerie Aktiengesellschaft

2000 Hamburg 36, Alsterterrasse 2, Postfach 303926, ☏ (040) 7883-0, ✆ 214332-21, Telefax (040) 78832255, ⌨ Affinerie.

Aufsichtsrat: Paul *Hofmeister*, Hamburg, Ehrenvorsitzender; Vertreter der Anteilseigner: Dr. Heinrich *Götz*, Frankfurt (Main), Vorsitzender; Dr. Alexander *Mentz*, Frankfurt (Main); Barry *Kelly*, Brisbane/Australien; Helmut *Maczek*, Frankfurt (Main); Tony *White*, Brisbane; Wolfgang *Wink*, Frankfurt (Main); Vertreter der Arbeitnehmer: Benno *Oldach*, Hamburg, stellv. Vorsitzender; Wolfgang *Baumhöver*, Hamburg; Herbert *Gülck*, Hamburg; Dieter *Hönerhoff*, Hannover; Ulrich *Süfke*, Hamburg; Hans-Werner *Krogmann*, Hamburg.

Vorstand: Dr. Klaus *Göckmann*, Vorsitzender; Dr. Peter *Kartenbeck;* Dr. Werner *Marnette*.

Prokuristen: Thomas *Böttcher*, Dieter *Carstens*, Ernst *Dohrn*, Uwe-Jens *Hansen*, Thomas *Hölandt*, Rainer Maria *Kappler*, Dr. Norbert *Kruhme*, Donatus *Niemann*, Klaus *Prior*, Wolfgang *Schirmbeck*, Ulrich *Süfke*, Dr. Heinrich *Traulsen*, Johann Julius *Warnholtz*.

Gegründet: 1866.

Kapital: 160 Mill. DM.

Gesellschafter: Degussa AG, Frankfurt, 30%; Metallgesellschaft AG, Frankfurt, 35%; Mount Isa Mining Holdings (Deutschland) GmbH, Frankfurt, 35%.

Produkte: Elektrolytkupfer; Hüttenblei; Bleisonderlegierungen. Edelmetalle; weitere Metalle und Metallverbindungen; Metallpulver; Agrarchemikalien und Schädlingsvernichtungsmittel; Schwefelsäure; NA-Baustoffe.

	1989/90	1990/91
Umsatz .... Mrd. DM	2,2	2,02
Beschäftigte .... (30. 9.)	2906	2880

Geschäftsjahr 1. 10. bis 30. 9.

Wichtige Beteiligungen

Inland

Hüttenbau Ges. Peute mbH, 100%.
Urania Agrochem GmbH, 100%.
Kamet, Kabelzerlegung u. Metallverwertung GmbH, 90%.
Spiess-Urania Pflanzenschutz GmbH, 50%.
Cablo GmbH für Kabelzerlegung, 90%.
Gesellschaft für Metallanlagen mbH, Hamburg, $66^2/_3$%.
Retorte Ulrich Scharrer GmbH, Röthenbach, 100%.

Ausland

Transvaal Alloys (Pty) Ltd, Middelburg, 100%.

Ruhr-Zink GmbH

4354 Datteln, Wittener Str. 1, ☏ (02363) 6080, Telefax (02363) 608210, ✆ 829743, ⌨ ruhrzink.

Geschäftsführung: Ralph Oliver *Angus;* Günter *Stock*.

Kapital: 41 Mill. DM.

Gesellschafter: Metallgesellschaft AG, Frankfurt (Main), 45%, M.I.M. Holdings Deutschland GmbH, Frankfurt, 45%, VEW, Dortmund, 10%.

Produktion	1990	1991
Zink .... 1000 t	130,3	132,5
davon Zinklegierungen . 1000 t	35,8	25,8
Beschäftigte	560	585

H. C. Starck GmbH & Co. KG

D-3380 Goslar, Im Schleeke 78 – 91, Postfach 2540, ☏ (05321) 751-0, Telefax (05321) 751192, ✆ 953826 hcsg d.

Geschäftsführung: Peter *Kählert*, Helmut *Raulwing*, Wilfried *Rockenbauer*.

Gesellschafter: H. C. Starck Verwaltungs-GmbH, Goslar.

Kommanditisten: Bayer AG, Dipl.-Kfm. Karl Ludwig *Frege*.

Kapital: 85 Mill. DM.

Beschäftigte: 2800 (weltweit).

Umsatz (1991): 604 Mill. DM.

Zweck: Refraktärmetalle – Wolfram, Molybdän, Tantal, Niob, Rhenium – und deren Verbindungen, wie Boride, Carbide, Nitride, Oxide, Silizide und Sulfide; Verbindungen von Kobalt, Nickel und deren Salze; Vorstoffe für die Hochleistungskeramik; Legierungspulver, Elektrokorund.

Niederlassungen:

4000 Düsseldorf 1, Friedrichstr. 31, Postfach 104808, ☏ (0211) 3885-0, Telefax (0211) 372770, ✆ 8582734 hcs d.
7887 Laufenburg, Kraftwerkweg 1, Postfach 1346, ☏ (07763) 820, Telefax (07763) 82195, Teletex 776310.

Thyssen Aktiengesellschaft

4000 Düsseldorf 1, August-Thyssen-Str. 1, Postfach 101010, ☏ (0211) 824-1, ✆ 8582827 thyd d, Telefax (0211) 824-36000.

Aufsichtsrat: Günter *Vogelsang*, Vorsitzender; Franz *Steinkühler*, 1. stellv. Vorsitzender; Wilfried *Behrend*, stellv. Vorsitzender; Dr. Wolfgang *Schieren*, stellv.

1 BERGBAU

Vorsitzender; Georg *Bongen;* Dr. Ulrich *Cartellieri;* Michael *Geuenich;* Dr. Friedhelm *Gieske;* Dr. Carl H. *Hahn;* Alfred *Klein;* Horst *Kowalak;* Peter *Lampe;* Dr. Wolfgang *Leeb;* Dr. Heribald *Närger;* Walter *Scheel;* Heinz *Schleußer;* Klaus *Schmid;* Dr. Walter *Seipp;* Manfred *Siebierski;* Claudio G. L. *Graf Zichy-Thyssen;* Federico *Graf Zichy-Thyssen.*

Vorstand: Dr. rer. pol. Heinz *Kriwet,* Vorsitzender; Dr.-Ing. Dieter H. *Vogel,* stellv. Vorsitzender; Dieter *Hennig;* Professor Dr.-Ing. Karlheinz *Rösener;* Dr.-Ing. Eckhard *Rohkamm;* Dr.-Ing. Ekkehard *Schulz;* Dr. oec. publ. Heinz-Gerd *Hartung.*

Gründung durch August Thyssen 1891, Neugründung 1953 im Zusammenhang mit der Entflechtung der Vereinigte Stahlwerke AG.

Grundkapital: 1 565 Mill. DM. Genehmigtes Kapital 350 Mill. DM, ausnutzbar bis 1. März 1996.

Zweck: Die Thyssen-Gruppe zählt zu den großen deutschen Industrie- und Handelsunternehmen. Zu Thyssen gehören fast 300 Gesellschaften in der Bundesrepublik Deutschland, in den USA und in zahlreichen anderen Ländern. Die Führung des Konzerns liegt bei der Thyssen AG. Schwerpunkte des Programms der Thyssen-Gruppe bilden Werkstoffe, industrielle Komponenten und komplette Systemlösungen. Die vielfältigen Aktivitäten sind in Unternehmensbereiche gegliedert: Investitionsgüter und Verarbeitung (28 % Anteil am Umsatz der Bereiche Thyssen-Welt 1990/91), Handel und Dienstleistungen (38 %), Edelstahl (8 %), Stahl (26 %). Zu den Beteiligungen zählen auch auf dem Rohstoffsektor tätige Unternehmen im In- und Ausland.

		1989/90	1990/91
Umsatz (Welt)	..... Mill. DM	36 185	36 562
Beschäftigte (Welt)	... (30.9.)	152 078	148 250

Geschäftsjahr 1. 10. bis 30. 9.

Thyssen Stahl Aktiengesellschaft

4100 Duisburg 11, Kaiser-Wilhelm-Straße 100, Postfach 110561, ☏ (0203) 52-1, ✄ 855483 tst d, Telefax (0203) 52-2510 2.

Aufsichtsrat: Dr. Heinz *Kriwet,* Vorsitzender; Werner *Schreiber,* stellv. Vorsitzender; Dr. Dr. Jörg *Bankmann;* Hans Jürgen *Beck;* Dr. Günther *Horzetzky;* Professor Dr. Karl *Krahn;* Josef *Krings;* Dr. Klaus *Liesen;* Friedel *Neuber;* Friedrich *Noth;* Walter *Scheel;* Horst *Schupritt;* Manfred *Siebierski;* Dieter *Siempelkamp;* Dr. Heinz-Gerd *Stein;* Dr. Bernd *Thiemann;* Professor Dr. Manfred *Timmermann;* Professor Dr. Peter *Walzer;* Karlheinz *Weihs;* Dieter *Wieshoff;* Ernst *Wunderlich.*

Vorstand: Dr. Ekkehard *Schulz,* Vorsitzender; Werner *Hartung;* Dr. Claus *Hendricks;* Dieter *Hennig;* Dr. Andreas *Nordmeyer;* Helmut *Wilps.*

Entwicklung des Unternehmens: Der Gesellschaftsvertrag ist am 7. März 1983 festgestellt. Nach Beschlußfassung durch die Hauptversammlung der Thyssen Aktiengesellschaft am 8. April 1983 wurde am 12. April 1983 der Stahlbereich der Thyssen-Gruppe mit wirtschaftlicher Wirkung vom 1. April 1983 in die Thyssen Stahl Aktiengesellschaft übergeführt.

Zweck: Erzeugung und Verarbeitung von Eisen, Stahl und anderen Werkstoffen in eigenen oder angepachteten Anlagen, ferner der Betrieb einer Hüttenkokerei.

Kapital: 750 Mill. DM.

Aktionär: Thyssen Aktiengesellschaft vorm. August Thyssen-Hütte.

		1989/90	1990/91
Außenumsatz*	..... Mill.DM	11 352	10 439
Beschäftigte*	.... (30.9.)	47 856	45 420

* Einschließlich der konsolidierten Tochtergesellschaften und der Gruppengesellschaften.

Geschäftsjahr 1. 10. bis 30. 9.

Wesentliche Beteiligungen

Inland

Thyssen Bandstahl Berlin GmbH, Berlin, 100%.
Thyssen Bausysteme GmbH, Dinslaken, 95%.
Thyssen Draht AG, Hamm, 100%.
Berkenhoff GmbH, Heuchelheim, 100%.
EBG Gesellschaft für elektromagnetische Werkstoffe mbH*, Bochum, 100%.
Rasselstein AG*, Neuwied, 100%.
Thyssen Schweißtechnik GmbH, Hamm, 51%.
Stahlwerke Bochum AG*, Bochum, 97%.
Baustahlgewebe GmbH, Düsseldorf, 41,5%.
Rohstoffhandel GmbH, Düsseldorf, 50%.
Ruhrkohle AG (RAG), Essen, 12,7%.
Vereinigte Schmiedewerke GmbH, Bochum, 33,3%.

* Gesellschaften sind ab 1. Oktober 1990 führungsmäßig der Thyssen Stahl AG zugeordnet; Anteilseignerin ist die Thyssen AG.

Ausland

Ertsoverslagbedrijf Europoort C.V., Rotterdam (Niederlande), 50%.
Ferteco Mineração SA, Rio de Janeiro (Brasilien), 57,7%.
Nederlandsche Rijnvaartvereeniging B.V., Rotterdam (Niederlande), 25,0%.
Nedstaal B. V., Alblasserdam (Niederlande), 100%.
Thyssen Isocab N. V., Brüssel (Belgien), 70%.
Transport- en Handelmaatschappij »Steenkolen Utrecht« B.V., Rotterdam (Niederlande), 25,0%.
Veerhaven B.V., Rotterdam (Niederlande), 100%.

* Wegen bevorstehender Strukturveränderungen im Edelstahl- und Stahlbereich der Thyssen-Gruppe gibt diese Eintragung ausschließlich den Stand Juni 1992 wieder.

VAW aluminium AG

5300 Bonn 1, Georg-von-Boeselager-Str. 25, Postfach 24 68, ☏ (02 28) 5 52-02, ✆ 8 869 607 alub d, Telefax (02 28) 5 52 22 68; Büro Berlin: 1000 Berlin 15, Kurfürstendamm 42.

Aufsichtsrat: Dr. Alfred *Pfeiffer*, Vorsitzender des Vorstands der VIAG, Bonn, Vorsitzender; Günter *Malott*, Hannover, stellv. Vorsitzender; Dr. Martin *Bieneck*, Vorsitzender des Vorstandes der Didier-Werke AG, Wiesbaden; Mathias *Böhm*, VAW-Lippewerk, Lünen; Manfred *Dick*, Aluminiumwerk Tscheulin GmbH, Teningen; Arnold *Düsterhöft*, VAW-Werk Grevenbroich, Grevenbroich; Dr. Rudolf *Escherich*, St. Augustin; Dr. Hans Michael *Gaul*, Mitglied des Vorstandes der PreussenElektra AG, Hannover; Rainer *Grohe*, Vorstandsmitglied der VIAG, Bonn; Dieter *Hey*, VAW-Werk Grevenbroich; Karl *Jehnen*, VAW-Werk Bonn, Bonn; Udo *Kalmutzke*, VAW-Elbewerk, Stade; Dr. Georg *Obermeier*, Vorstandsmitglied der VIAG, Bonn; Peter *Reimpell*, München; Albert *Reißmann*, VAW-Nabwerk, Schwandorf; Dr.-Ing. E. h. *Günther Saßmannshausen*, Aufsichtsratsmitglied der Preussag AG, Hannover; Dieter *Sommer*, Gewerkschaftssekretär beim Vorstand der IG Metall, Frankfurt; Kurt *Stähler*, Vorstandsvorsitzender der Stahlwerke Peine-Salzgitter AG, Salzgitter; Dr. Alfons Friedrich *Titzrath*, Vorstandsmitglied der Dresdner Bank AG, Düsseldorf; Claus *Wagner*, 1. Bevollmächtigter der Industriegewerkschaft Metall, Hannover.

Vorstand: Jochen *Schirner*, Vorsitzender; Dr. Karl Heinz *Dörner;* Wilhelm *Füsser;* Dr. Hans-Peter *Jasper;* Helmut *Stephan;* Karl Dieter *Wobbe*.

Generalbevollmächtigte: Jürgen *Brockmann*, Jürgen *Hermans*.

Kapital: 315 Mill. DM.

Alleinaktionär: Viag Aktiengesellschaft, Bonn.

Werke

Innwerk, Töging am Inn; Anlagen: Aluminiumhütte, Elektrodenfabrik; Kapazität: 85 000 t Hüttenaluminium/a.

Lippewerk, Lünen; Anlagen: Umschmelz- u. Recyclingbetrieb, Anlagen zur Aufarbeitung industrieller Rückstände.

Rheinwerk, Stüttgen; Anlagen: Aluminiumhütte, Elektrodenfabrik; Kapazität: 210 000 t Hüttenaluminium/a.

Elbewerk, Stade; Anlagen: Aluminiumhütte, Elektrodenfabrik; Kapazität: 70 000 t Hüttenaluminium/a.

Erftwerk, Grevenbroich; Anlagen: Raffinationsanlage für die Herstellung von Reinstaluminium, Umschmelzwerk, Graphitierungsanlage, Elektrodenfabrik.

Nabwerk, Schwandorf; Anlagen: Fabrik für Oxidspezialitäten; Kapazität: 80 000 t Aluminiumoxid/a.

Rottwerk, Pocking; Siliziummetall, Reinsilizium; Kapazität: 15 000 t Si-Gehalt/a.

Werk Bonn, Strangpreßwerk: Leicht preßbare Legierungen; Fertigprodukte: Großprofile, Lkw-Bordwände.

Werk Grevenbroich, Folienwalzwerk: Bleche, Bänder und Folien, veredelte Folien.

Werk Hannover, Strangpreßwerk: schwer preßbare, hochfeste Legierungen; Schmiedeerzeugnisse; geschweißte Rohre.

Produkte: Hüttenaluminium bis zu einer Reinheit von 99,9%, Reinstaluminium bis 99,9999% Al, Hüttenaluminium-Legierungen. Siliziummetall, Sonderoxide, Aluminiumwalz-, -preß- und -ziehprodukte. Gesenk- und Freiformschmiedestücke, geschweißte Rohre, Bausysteme, Fertigprodukte. Kohlenstoff- u. Graphitprodukte, Gallium, Keramische Fertigprodukte.

Beschäftigte (Jahresende)	1989	1990
VAW AG	9 451	8 795
VAW Konzern	16 629	16 323

Beteiligungen

Bereich Erzeugung

Halco (Mining) Inc., Pittsburgh, 10%.
Aluminium Oxid Stade GmbH, Stade-Bützfleth, 50%.
Hamburger Aluminium-Werk GmbH, Hamburg, 33,3%.
V.A.W. Products, Inc., Gradenenty/N. Y., 100%.
VAW Australia Pty. Limited, Sydney, 100%.

Bereich Aluminium-Verarbeitung

Aluminium Norf GmbH, Neuss, 50%.
VAW of America Inc., Ellenville, 100%.
VAW Folien-Veredlung GmbH, Roth, 100%.
V.A.W. Products, Inc., Gardenenty/N. Y., 100%.
Bolding Verpakkingen B. V., Zaandam, 100%.
Société Alsacienne d'Aluminium S.A., Le Châble-Beaumont, 99,90%.
Aluminiumwerk Tscheulin GmbH, Teningen, 63,7%.
Burgopack stampa trasformazione imballaggi S.p.A., Lugo di Vicenza, 98,93%.
Zarges Leichtbau GmbH, Weilheim, 75%.
Ritter Aluminium GmbH, Köngen, 100%.
Ritter Aluminium Gießerei GmbH, Wendlingen.
Manpac S.A., Madrid, 96,48%.
VAW Aluform System-Technik GmbH, 100%.

Bereich Andere Erzeugnisse

Vigeland Metal Refinery A/S, Vennesla, 50%.
Cova Kunstkohle- und Grafit GmbH, Bonn, 40%.
Ingal International Gallium GmbH, Bonn, 50%.
VAW Flußspat-Chemie GmbH, Stulln, 100%.
Salzschlacke-Entsorgungsgesellschaft Lünen mbH, Lünen, 40%.

5. Sonstige Rohstoffe

Arloffer Thonwerke
Zweigniederlassung der Dr. C. Otto Feuerfest GmbH

5358 Bad Münstereifel-Arloff, Kirchheimerstraße 9, ☏ (02253) 3011-3012, ✆ 8869168, Telefax (02253) 3522.

Werksleiter: H. D. *Kühn*.

Mineral: Klebsand.

Betriebsanlagen: Fabrik für die Herstellung von säure- und feuerfesten Schamottesteinen; Klebsandgrube, BA Aachen.

	1990	1991
Produktion .... t	17 200	16 800
Beschäftigte	41	41

Barbara Rohstoffbetriebe GmbH,
Hartkalksteinwerk Medenbach

6349 Breitscheid, Hess 2, ☏ (02777) 431-32, Telefax (02777) 433.

Betriebsleitung: Dipl.-Ing. Thomas *Wolff*.

Mineral: Kalkstein.

Betriebsanlage: Kalksteinbruch in Breitscheid, Lahn-Dill-Kreis.

Produktion	1990	1991
Hartkalkstein .... t	541 757	554 686
Beschäftigte	28	27

Caminauer Kaolinwerk GmbH

O-8613 Königswartha, Postfach 10, ☏ 60, ✆ 287246, Telefax (375491) 6216.

Geschäftsführung: Hans-Jürgen *Miersch*.

Prokurist: Dr. Günther *Holder*.

Produktion (1990): 80 000 t Kaolin, 80 000 t Sand.

Beschäftigte: 200.

Dasag Deutsche Naturasphalt GmbH

3456 Eschershausen, ☏ (05534) 302-0, ✆ 965332, Telefax (05534) 30255, ⌘ Dasag.

Geschäftsführung: Fritz *Kohlenberg*.

Gerechtsame: Bergwerksfelder in der Forstgemarkung Grünepian in einer Größe von rd. 6000 ha.

Grube Stollen Gustav und Stollen Alfred-Robert

3456 Eschershausen, ☏ Grube Stollen Gustav und Stollen Alfred-Robert (05534) 2294, ☏ Werk (05534) 302-0, St u. WL: Eschershausen, Station der Nebenbahnen Vorwohle-Emmerthal, HA: Bodenwerder, BA Hannover, OBA Clausthal-Zellerfeld.

Betriebsleitung: Fritz *Kohlenberg* (Gesamtbetriebe), Obersteiger Alfred *Wellmann* (Grube Stollen Gustav und Stollen Alfred-Robert).

Mineral: Naturasphaltgestein.

Betriebsanlage: Gleislose Förderung, Spreizhülsenankerausbau; Brecher unter Tage; Bandförderung; Lkw-Transport über Tage; Bohrwagen.

Deutsche Baryt-Industrie
Dr. Rudolf Alberti GmbH & Co. KG

3422 Bad Lauterberg, Bahnhofstr. 21−39, ☏ (05524) 85010, ✆ 96218 barytd, Telefax (05524) 850123, ⌘ Albaryt.

Geschäftsführung: Lothar *Leifheit*.

Prokuristen: Erwin *Heberling*, Lorenz *Knippschild*.

Mineral: Schwerspat.

Betriebsanlagen: 3 Wasserkraftanlagen an der Oder in Oderfeld und Zoll (Barbis) und Scharzfeld.

	1990	1991
Beschäftigte	98,5	94,5

Schwerspatgrube Wolkenhügel

3422 Bad Lauterberg, Bahnhofstr. 21−39, ☏ (05524) 5221.

Betriebsführer: Erwin *Heberling*.

Mineral: Schwerspat. Wolkenhügler Gangzug.

Betriebsanlagen: Tiefbau. Hauptförderrampe 250 m Teufe, 1 Tagesschacht, 115 m Teufe, BA Goslar.

Produktion	1990	1991
Schwerspat roh .... t	87 887	96 852

Waschanlage Hoher Trost

3422 Bad Lauterberg, Bahnhofstr. 21−39, ☏ (05524) 80675.

Betriebsführer: Lorenz *Knippschild*.

Betriebsanlagen: Zentrale Brecheranlage, Waschanlage, BA Goslar.

SONSTIGE ROHSTOFFE

Schwerspatverarbeitungsbetriebe Bad Lauterberg

3422 Bad Lauterberg, Bahnhofstr. 21−39, ☏ (05524) 85010.

Betriebsführer: Lorenz *Knippschild*.

Betriebsanlagen: Naßmechanische Aufbereitung, Flotation, Mahlbetriebe mit chemischen Aufbereitungsanlagen, BA Goslar.

	1990	1991
Produktion .... t	43 933	47 103

Didier-Werke AG

(Hauptbeitrag der Didier-Werke AG in Kap. 6 Abschn. 2)

6200 Wiesbaden, Lessingstr. 16−18, Postfach 2025, ☏ (0611) 359-0, ✂ 4186681 diw d, Telefax (0611) 359 475.

Vorstand: Dietrich *von Knoop*, Vorsitzender; Werner *Gottwald;* Professor Dr. Peter *Jeschke;* Dr. Gerhard *Reinhardt;* Dr. Herbert *Schäfer;* Edmund S. *Wright*.

Minerale und Produkte: Spezial-Tone und Umweltschutztone (Teublitzer Dichtungston).

Grubenbetrieb:
Teublitz (mit Verkauf) in 8418 Teublitz, Verauer Straße, ☏ (09471) 4597, Telefax (09471) 21924, BA Amberg.

Dörentruper Sand- und Thonwerke GmbH

4926 Dörentrup, Postfach 1151, ☏ (05265) 710, Teletex 526510 sandw, Telefax (05265) 7110.

Geschäftsführung: Dr. Wilm *Bock;* Rolf *Terboven*.

Betriebsführer: Dipl.-Ing. Hans-Jürgen *Pohl*.

Mineral: Schieferton.

Betriebsanlagen: Tagebau Bodenheide in 4900 Herford-Laar, BA Hamm.

Dörentrup Quarz GmbH

4926 Dörentrup, Postfach 1152, ☏ (05265) 710, Telefax (05265) 7110, Teletex 526510 sandw.

Geschäftsführung: Dr. Wilm *Bock*, Dipl.-Ing. Friedhelm *Bollhöfer*.

Muttergesellschaft: Dörentruper Sand- und Thonwerke GmbH.

Minerale: Quarzsande, Tone.

Betriebsanlagen: 3332 Grasleben: 2 Tagebaue, BA Goslar. 3225 Duingen: 4 Tagebaue, BA Hannover.

Gebrüder Dorfner
Kaolin- u. Kristallquarzsand-Werke

8452 Hirschau (Opf.), Scharhof 1, ☏ (09622) 820, ✂ 631206, Telefax (09622) 8269.

Geschäftsführung: Hermann *Dorfner*.

Verkauf Marketing: Richard *Winter*.

Kapital: 7,2 Mill. DM.

Zweck: Gewinnung, Aufbereitung, Veredelung u. Handel von Industriemineralen.

Mineral: Kaolin, Quarz, Feldspat.

Betriebsanlagen: Werk Scharhof b. Hirschau, Gruben in Scharhof u. Gebenbach.

	1990	1991
Produktion .... t	504 000	580 000
Beschäftigte	330	330

Beteiligungen: Asmanit-Dorfner GmbH & Co. Mineralaufbereitungs-KG, Hirschau; Dormineral Handels- und Speditionsgesellschaft mbH, Hirschau; Industriestein Gesellschaft mbH, Hirschau; Dorfner Analysenzentrum und Anlagenplanungsgesellschaft mbH, Hirschau.

Erbslöh Geisenheim Industrie-Mineralien GmbH & Co. KG

6222 Geisenheim, Erbslöhstr. 1, Postfach 1240, ☏ (06722) 7080, ✂ 42113, Telefax (06722) 6098, Teletex 672295 erbsloh d.

Leitung: Geschäftsführer Dipl.-Berging. Gerd *Erbslöh*, Dipl.-Ing. Karl-Heinz *Ohrdorf*.

Prokurist: Karl F. *Müller*.

Verarbeitungsbetriebe

Bentonit-Werk, 8300 Landshut, ☏ (0871) 73015, Telefax (0871) 73015, ✂ 58264.

Werksleitung: Dipl.-Ing. Reinhold *Boch*.

Mineral-Mahlwerk, 4040 Neuss, ☏ (02101) 25124, Telefax (02101) 271949, Teletex 2101339.

Werksleitung: Dipl.-Ing. Waldemar *Dobrzynski*.

Kaolin-Werk Lohrheim

Grube Waldsaum

6251 Lohrheim, ☏ (06430) 7401, Telefax (06430) 1232.

Werksleitung: Dipl.-Ing. Klaus *Reppin*.

Mineral: Kaolin.

Betriebsanlagen: Tagebau, Schlämmerei mit Trocken- und Mahlanlagen, BA Koblenz.

1 BERGBAU

Kaolin-Werk Oberwinter

Grube Oedingen

5480 Remagen 2, ☏ (02228) 368.

Werksleitung: Dipl.-Berging. Hansjörg *Lückoff*.

Mineral: Kaolin.

Betriebsanlagen: Tagebau, Schlämmerei mit Trocken- und Mahlanlagen, BA Koblenz; Kaolintagebau Oedingen in Wachtberg-Oedingen, BA Aachen.

Fluß- und Schwerspatwerke Pforzheim GmbH

7530 Pforzheim 8, Würmtalstr. 117, ☏ (07231) 79018, 79019, ⌇ 783731 fspf, Telefax (07231) 79010.

Geschäftsführung: Dipl.-Ing. Jo *Mathey;* Dr. Hans *Richert*.

Produktion		1990	1991
Flußspat roh	t	113 364	66 995
Flußspatkonzentrat	t	46 789	26 028
Beschäftigte		65	50

Flußspatgrube Käfersteige

Mineral: Flußspat, Gangvorkommen.

Betriebsanlagen: Tiefbau, Rampenförderung. LBA Baden-Württemberg.

Flotation Karlsruhe

7500 Karlsruhe, Nordbeckenstr. 18 a, ☏ (0721) 552209, Telefax (0721) 593970.

Betriebsanlage: Flotationsanlage für Flußspat, GA Karlsruhe.

Fuchs'sche Tongruben GmbH & Co KG

5412 Ransbach-Baumbach (Westerw.), Postfach 347, ☏ (02623) 830, ⌇ 863101, Telefax (02623) 8340.

Geschäftsführung: Dipl.-Ing. Eckart *Groll*.

Prokuristen: Manfred *Große,* Günther *Heibel,* Rolf-Dieter *Klaas,* Paul-Wilh. *Kuch,* Dr. Uwe *Ladnorg*.

Kapital: 1,2 Mill. DM.

Gesellschafter: Komplementär: Fuchs-Verwaltungs-GmbH. Kommanditist: WBB-Holding GmbH.

Zweck: Abbau von hochfeuerfesten, keramischen und säurebeständigen Tonen und deren Aufbereitung.

Betriebsanlagen: Im Bezirk des BA Koblenz: Tagebaue Straubinger, Petschmorgen, Pfeul, Geigenflur und Ludwig Hirsch, Unner Erdwald, Max, Grube Richard (Schacht) / im Bezirk des BA Weilburg: Tagebaue Oberste Weide, Saturn, Trocken- und Mahlanlagen, Zerkleinerungsanlagen, keramische Massenfertigungsanlagen / im Bezirk des BA Aachen: Tagebau Schenkenbusch, Grube Heidgen (Tiefbau) / im Bezirk des BA Bad Kreuznach: Tagebau Talstraße, Grube Abendtal (Tiefbau).

	1990	1991
Beschäftigte .... (Jahresende)	215	285

Beteiligungen: Wolf-Ton GmbH & Co. KG, 5412 Ransbach-Baumbach.

Tochtergesellschaft: Kaolin- und Tonwerke Seilitz-Löthain GmbH, O-8251 Mehren.

Graphitwerk Kropfmühl Aktiengesellschaft

8395 Hauzenberg, Langheinrichstraße, ☏ (08586) 609-0, Teletex 858680 GWK Kro, Telefax (08586) 609-110.

Aufsichtsrat: Dr. Herbert *Knahl,* Trostberg, Vorsitzender; Helmut *Schreyer,* München, stellv. Vorsitzender; Lutz *Scholz,* Hamburg, stellv. Vorsitzender; Dr. Hans *Fey,* München; als Vertreter der Arbeitnehmer: Ernst *Krenn,* Kropfmühl; Othmar *Loistl,* Kropfmühl.

Vorstand: Berging. Karl-Heinz *Gohla,* techn. Leitung; Dipl.-Kfm. Dr. Thomas *Frey,* kfm. Leitung.

Prokuristen: Heinrich *Schütt* (Finanzen und Steuern); Hans *Plützer* (Verkauf); Bergass. Dipl.-Ing. Friedrich *von der Decken* (Werksleitung).

Hauptwerk Kropfmühl

8395 Hauzenberg, Langheinrichstraße, ☏ (08586) 609-0, Telefax (08586) 609-110, Teletex 858680 GWK Kro.

Werksleitung: Bergass. Dipl.-Ing. Friedrich *von der Decken*.

Mineral: kristalliner Graphit.

Betrieb: Hauptschacht, Kurt-Erhard-Schacht. Aufbereitungs- und Mahlanlagen, chemische Veredelungsanlage, Homogenisierungsanlage. BA München.

Werk Wedel

2000 Wedel, Von-Linné-Str. 11, Postfach 126, ☏ (04103) 4014, Telefax (04103) 14692.

SONSTIGE ROHSTOFFE

Betriebsleitung: Ing. Rüdiger *Wrage*.

Betrieb: Aufbereitung und Veredlung von Graphitkonzentraten. Misch- und Siebanlagen.

Verkaufsbüro München

8000 München 2, Schwanthalerstr. 22, ☏ (089) 591061, Telefax (089) 553920, Teletex 898607 GWK Muc.

Leitung: Hans *Plützer*.

Gyproc GmbH
Baustoffproduktion & Co KG

8801 Steinsfeld, ☏ (09861) 4070, Telefax (09861) 40727 oder 40728.

Geschäftsführung: Dr. Philippe *Leemans*.

Werksleiter: Dipl.-Ing. Joachim *Münch*.

Mineral: Gipsgestein.

Betriebsanlagen: Gipstagebau und -tiefbau in 8801 Endsee und Hartershofen. Gipsaufbereitungs- und Weiterverarbeitungsanlage in 8801 Hartershofen, BA Bayreuth.

	1990	1991
Produktion und Weiterverarbeitung von Gipsgestein ... t	140 000	140 000
Beschäftigte	100	102

Hilliges Gipswerk GmbH & Co KG

3360 Osterode-Katzenstein, ☏ (05522) 8021, Telefax (05522) 83365.

Geschäftsführung: Volker *Bartz*.

Kapital: DM 500 000,–

Zweck: Förderung, Herstellung und Vertrieb von Gipsprodukten.

	1990	1991
Umsatz .... Mill. DM	6	7
Beschäftigte .... (Jahresende)	33	35

Hoffmann Mineral
Franz Hoffmann & Söhne KG

8858 Neuburg (Donau), Postfach 14 60, ☏ (08431) 53-0, ✆ 55223 hon d, Telefax (08431) 53-330.

Geschäftsführung: M. *Hoffmann sr.*, M. *Hoffmann jr*.

Kapital: 3,75 Mill. DM.

Zweck: Gewinnung, Veredelung und Vertrieb von Bodenschätzen; Herstellung und Vertrieb von chemischen, technischen und mineralischen Produkten.

Mineral: Neuburger Kieselerde.

Betriebsanlage: Werk Neuburg/Donau

	1990	1991
Umsatz .... Mill. DM	21	23
Beschäftigte	155	160

Hürtherberg Steine und Erden GmbH

5000 Köln 41, Aachener Straße 952-958, Postfach 410442, ☏ (0221) 480-1, ✆ (17) 2214228, Teletex 2214228, Telefax (0221) 480-5252.

Beirat: Dr.-Ing. Hans-Joachim *Leuschner*, Vorsitzender; Dipl.-Kfm. Gerd *Herrmann*; Dr. rer. pol. Horst J. *Köhler*; Dr.-Ing. Bernhard *Thole*; Jan *Zilius*.

Geschäftsführung: Dipl.-Ing. Helmut *Goedecke*; Dipl.-Ing. Gerhard *Wilk*.

Kapital: 8 Mill. DM.

Gesellschafter: Rheinbraun AG, Köln.

Zweck: Gewinnung von Quarz, Rohkies und Rohton. Aufbereitung von Rohquarz zu Rundquarz und Quarzsplitt, wäschefeucht und feuergetrocknet. Aufbereitung von Rohkies zu Betonkies, Kies und Sand trocken abgesiebt und Drainagekies. Aufbereitung von Rohton zu Ton für Deponien.

Betriebsanlagen: Weilerswist (Quarzkieswerk), Grevenbroich-Frimmersdorf und -Garzweiler (Betonkieswäsche, Kiesbetrieb), Bergheim (Kiesbetrieb), Hürth (Kiesbetrieb, Tonbetrieb), Hambach (Kiesbetrieb, Tonbetrieb), Inden (Kiesbetrieb).

	1989/90	1990/91
Umsatz .... Mill. DM	23	29
Beschäftigte .... (Jahresende)	42	45

Beteiligungen

HAW Hürtherberg Asphaltwerke GmbH & Co. KG, Köln.

Hürtherberg Steine und Erden GmbH & Co. Kinzweiler oHG, Bergheim.

Readymix-Hürtherberg Transportbeton GmbH & Co. KG, Köln.

Kalkwerke H. Oetelshofen
GmbH & Co.

5600 Wuppertal 11, Postfach 170130, ☏ (02058) 891-0, Telefax (02058) 89117 (Kfm. Bereich), (02058) 89153 (Techn. Bereich), (02058) 89171 (Disposition/Versand/Waage).

Gesellschafter: Iseke Beteiligungs GmbH, Familie Iseke.

1 BERGBAU

Prokuristen: H. F. *Haß*, A. *Küpper*, R. *Peil*.

Mineral: Kalkstein.

Betriebsanlagen: Kalksteingewinnung in 5600 Wuppertal-Dornap; Aufbereitungs- und Erzeugungsanlagen für Kalkstein, Kalksteinmehle, Weißkalke und Kalkmilch.

	1990	1991
Umsatz .... Mill. DM	28	28
Beschäftigte	102	102

Kaolin- und Tonwerke Seilitz-Löthain GmbH

O-8251 Mehren Nr. 11, ☎ Meissen 668.

Geschäftsführung: Ing. Ingrid *Seiler*.

Produktion	1990	1991
Rohton .... t	12 000	8 150
Rohkaolin .... t	35 000	6 200
aufbereitetes Kaolin ...... t		3 950
Beschäftigte	80	52

Die Produktion erfolgt in 2 Tiefbauen (Ton), 3 Tagebauen (Ton und Kaolin) und 1 Aufbereitung (Kaolin).

Gebr. Knauf Westdeutsche Gipswerke

8715 Iphofen, ☎ (09323) 311, ✦ 6893000 gk.

Geschäftsführung: Nikolaus W. *Knauf;* Dipl.-Kfm. Baldwin *Knauf*.

Mineral: Gips- und Anhydritstein.

Gewinnungsbetriebe: 8715 Iphofen, 8729 Donnersdorf, 8742 Bad Königshofen, 8711 Hüttenheim, 8801 Marktbergel, 8531 Ergersheim, 8531 Krassolzheim, 8536 Markt Bibart, sämtlich BA Bayreuth; 7243 Wittershausen, GA Tübingen; 3457 Stadtoldendorf, GA Hildesheim, 3354 Lüthorst, BA Goslar; 3440 Eschwege OT Oberhone und 3521 Lamerden bei Hofgeismar, BA Kassel.

Weiterverarbeitungsbetriebe: 8715 Iphofen, 8531 Neuherberg, 3509 Neumorschen, 4040 Neuss, 7243 Wittershausen, 6643 Perl, 6639 Siersburg, 3457 Stadtoldendorf, 7211 Lauffen.

Korksteinwerke GmbH Coswig/Anhalt

O-4522 Coswig/Anhalt, Berliner Straße 4, ☎ 303, Telefax 304.

Geschäftsführung: Ing. Werner *Knoth*.

Produktion: 10 000 m³ hochwärmedämmende Feuerleichtsteine aus Kieselgur/Molersteine einschließlich des zur Verarbeitung notwendigen spezialwärmedämmenden Mörtels.

Beschäftigte: 27.

Dr. Ludwig GmbH

5400 Koblenz, Postfach 1360, ☎ (0261) 12581, ✦ 862709, Telefax (0261) 17560.

Geschäftsführung: Peter *Ludwig*, Koblenz; Heribert *Löhner*, Vallendar.

Kapital: 1 Mill. DM.

Gesellschafter: Thonwerke Ludwig GmbH & Co. KG.

Zweck: Betrieb von Tongruben und Vertrieb aus Tongruben gewonnener Rohstoffe, Verarbeitung und Vertrieb mineralischer Rohstoffe, Herstellung und Vertrieb feuerfester Produkte, Handel mit wirtschaftlichen Bedarfsgütern.

Mineral: Ton und feuerfeste mineralische Rohstoffe.

Betriebsanlage: 5412 Ransbach-Baumbach.

	1988	1989
Umsatz .... Mill. DM	17,5	18
Beschäftigte	42	38

Beteiligungen: Mineraliengesellschaft Heinrich Müller GmbH & Co, Diez.

Marmorkalkwerk Troesch KG, Wunsiedel-Holenbrunn

8591 Neusorg, Bayreuther Str. 4, ☎ (09234) 200, Telefax (09232) 4881.

Geschäftsführung: Dipl.-Ing. W. *Troesch*.

Steinbruch Holenbrunn

8592 Wunsiedel-Holenbrunn, ☎ (09232) 2186.

Mineral: Kristalliner Marmorkalkstein, kristalliner dolomitischer Kalkstein.

Betriebsanlagen: Tagebau und Aufbereitungsanlagen mit Mineralmühlen, BA Bayreuth.

Gruben Wetzldorf und Marie bei Erbendorf

8591 Neusorg oder 8592 Wunsiedel-Holenbrunn, ☎ (09234) 200 oder (09232) 2186.

Mineral: Speckstein/Steatit, dichter Topfstein, hauptsächlich in Flözen, Nestern und Gängen auftretend.

Betriebsanlagen: Tagebau, BA Amberg.

Werk Holenbrunn

Aufbereitung, BA Bayreuth.

Ostrauer Kalkwerke GmbH

O-7303 Ostrau/Sachsen, ✆ Ostrau 21899, 21902, ✦ 311308, Telefax 21903.

Geschäftsführender Gesellschafter: Hans-Peter *Dürasch*.

Zweck: Das Betreiben und die Unterhaltung des Dolomittagebaues, Abbau, Aufbereitung und Veredlung des Dolomites und aller anderen im Tagebau vorkommenden Rohstoffe sowie deren vollständige Nutzung und Vertreibung. Die Gesellschaft kann gleichartige oder ähnliche Unternehmen im In- und Ausland erwerben, sich an solchen beteiligen und Zweigniederlassungen im In- und Ausland errichten. Die Gesellschaft ist berechtigt, alle Geschäfte einzugehen, die der Förderung des vorgenannten Gegenstandes des Unternehmens dienen.

Dr. C. Otto Feuerfest GmbH, Grubenverwaltung

6349 Breitscheid, Friedrichstr. 1, ✆ (02777) 406.

Grubenverwalter: Dipl.-Ing. Horst *Seibert*.

Tongrube Landwehr

6349 Greifenstein-Beilstein, ✆ (06478) 730.

Betriebsleiter: Dipl.-Ing. Horst *Seibert*.

Mineral: feuerfeste Tone. Tertiäre Tonablagerungen in 12 — 16 m Teufe.

Betriebsanlage: Tagebau, BA Weilburg.

	1988	1989
Tonfördermenge .... t	3 131	3 051

Portlandzementwerk Dotternhausen Rudolf Rohrbach Kommanditgesellschaft

7466 Dotternhausen, ✆ (07427) 79-0, ✦ 762896, Telefax (07427) 79269.

Persönlich haftender Gesellschafter: Gerhard *Rohrbach*.

Betriebsleiter: Dipl.-Ing. Bernd *Hollmann*.

Minerale: Kalkstein, Ölschiefer, Ton.

Betriebsanlagen: Zement- und Bindemittelwerk in Dotternhausen; Kalksteinbruch Plettenberg in Dotternhausen (rd. 2 500 t/d); Ölschiefersteinbruch in Dotternhausen/Dormettingen (rd. 1 500 t/d); Tonsteinbruch Withau in Schömberg (rd. 200 t/d).

Verwendung: Kalkstein und Ton zur Zementklinkerherstellung; Ölschiefer im Kraftwerk mit Wirbelschichtfeuerung und im Zementofenbetrieb als Brennstoff und Rohstoffkomponente.

Quarzwerke GmbH

5020 Frechen, Kaskadenweg 40, Postfach 1780, ✆ (02234) 101-0, ✦ 889285 qwvk, Telefax (02234) 101200.

Geschäftsführung: Geschäftsführende Gesellschafter: Dipl.-Kfm. Horst *Grosspeter;* Dipl.-Kfm. Dr. Heinz *Zünkler;* Geschäftsführer: Dipl.-Ing. Peter *Overdick*.

Prokuristen: Dr. jur. Horst *Erle,* Dipl.-Ing. Gerd *Honrath,* Professor Dr. rer. nat. Rudolf *Weiss,* Dipl.-Kfm. Robert *Lindemann-Berk*.

Werke: Quarzsand- und -mahlwerke Frechen und Haltern, Quarzsandwerk Gambach.

Beteiligungen

Minora Forschungs- und Entwicklungsgesellschaft für Werkstoffe mbH, Frechen.
mst Mineral-Speditions- und Transport-GmbH, Frechen.
mst Mineral-Handelsgesellschaft mbH, Frechen.
Testra Strahlmittel Süd GmbH & Co., Mannheim.
Testra Strahlmittel Süd Verwaltungs-GmbH, Mannheim.
QWF Reststoff-Verwertungs-GmbH, Frechen.
Grewer Handel GmbH, Gelsenkirchen.
Mitra Spedition GmbH, Gelsenkirchen.
Sand- und Tonwerk Walbeck GmbH, Weferlingen (Sachsen-Anhalt).

Werk Frechen

5020 Frechen, Kaskadenweg 70 — 82, Postfach 1780, ✆ (02234) 101-0, Telefax (02234) 101555.

Werksleiter: Rainer *Uhlendorf*.

Betriebsleiter: Dipl.-Ing. Klaus *Kleinemeier* (Produktion), Ing. (grad.) Heinrich *Möltgen* (Technik).

Betriebsanlagen: Quarzsandgewinnung im Tagebau mit Schaufelradbaggern, Strossenbetrieb mit rückbaren Förderbändern, wassermechanische Klassierung, Trocknung, Kühlung, Mahlanlagen; BA Köln.

Werk Gambach

6309 Münzenberg-Gambach, ✆ (06033) 6241, Telefax (06033) 71705; Postanschrift: Postfach 250, 6308 Butzbach.

Werksleiter: Dipl.-Ing. Gerd *Honrath*.

Betriebsleiter: Klaus *Lütkenhaus*.

Betriebsanlagen: Quarzsandgewinnung im Tagebau mit Saugbagger, wassermechanische Klassierung, Trocknung, Quarzsandumhüllungsanlage; BA Weilburg.

Werksgruppe Haltern
Werk Haltern

4358 Haltern, Quarzwerkstr. 160, ✆ (02364) 69011, Telefax (02364) 68032.

1 BERGBAU

Werksleiter: Ing. Jakob *Hall*.

Betriebsleiter: Ing. (grad.) Thomas *Clement* (Produktion), Dipl.-Ing. Reinhard *Heine* (Technik).

Betriebsanlagen: Quarzsand- und -mahlwerk Haltern-Ost und Quarzsandwerk Haltern-West. Quarzsandgewinnung im Tagebau mit Saugbaggern, wassermechanische Klassierung, Trocknung und Mahlanlagen; BA Marl.

Werk Flaesheim

4358 Haltern, Flaesheimer Str. 550, ☏ (02364) 15064.

Werksleiter: Ing. Jakob *Hall*.

Betriebsleiter: Jochen *Tippmer* (Produktion), Dipl.-Ing. Reinhard *Heine* (Technik).

Mineral: Quarzsand.

Betriebsanlagen: Tagebau, hydraulische und trockene Gewinnung, Quarzsandwäsche und -klassierung, Quarzsandtrocknung, BA Marl.

Werk Sythen

4358 Haltern-Sythen, ☏ (02364) 69071.

Werksleiter: Ing. Jakob *Hall*.

Betriebsleiter: Paul *Timmermann* (Produktion), Dipl.-Ing. Reinhard *Heine* (Technik).

Mineral: Quarzsand.

Betriebsanlagen: Tagebau mit Tiefentsandung, Quarzsandumhüllungsanlage; BA Marl.

Rathscheck Schieferbergbau

5440 Mayen-Katzenberg, Postfach 1752, ☏ (02651) 43041-44, ✆ 8611888, Telefax (02651) 43057.

Geschäftsführung: Ewald A. *Hoppen*.

Grube Katzenberg

5440 Mayen-Katzenberg, ☏ (02651) 43041-44, Telefax (02651) 43057.

Betriebsführer: Rudolf *Kirschbaum*.

Mineral: Dachschiefer. 3 Hauptlager verschiedener Mächtigkeit im Moselschieferzug.

Betriebsanlagen: Betriebsabteilungen Katzenberg und Glückauf: 1 Zentralschacht, 1 Nebenschacht, 220 m Teufe, BA Koblenz.

Grube Margareta

5444 Nettesürsch, ☏ (02651) 43041-44, Telefax (02651) 43057.

Betriebsführer: Rudolf *Kirschbaum*.

Mineral: Dachschiefer. Ein Hauptlager mit 3 bauwürdigen Richten im Moselschieferzug.

Betriebsanlagen: 1 Förderschacht, 218 m Teufe, BA Koblenz.

	1989
Beschäftigte	200

Rheinische Kalksteinwerke GmbH

5603 Wülfrath, Postfach 1340, ☏ (02058) 17-0, Telefax (02058) 17-2210, Teletex 205830 = kal.

Geschäftsführung: Dipl.-Ing. Dr.-Ing. Franz Josef *Hufnagel*, Vorsitzender; Dipl.-Berging. Dr.-Ing. Hans Peter *Hennecke*; Egon *Naumann*; Dipl. oec. Ernst *Jacob*; Dr.-Ing. Jürgen *Stradtmann*.

Kapital: 158,1 Mill. DM.

Gesellschafter: Thyssen AG, 75,1%; Gebr. Knauf Verwaltungsgesellschaft KG, 24,9%.

Mineral: Kalkstein.

Betriebsanlagen: Kalksteinbrüche und Kalkerzeugungsanlagen.

	1989/90	1990/91
Umsatz .... Mill. DM	359	361
Beschäftigte .... (30. 9.)	1 702	1 676

Beteiligungen

Wülfrather Zement GmbH, Wülfrath, 100%.
Sauerländische Kalkindustrie GmbH, Brilon-Messinghausen, 90%.
Ruhrbaustoffwerke GmbH, Castrop-Rauxel, 100%.
Kalkwerk Neandertal GmbH, Mettmann, 100%.
Wülfrather Handelsgesellschaft für Industriebedarf m. b. H., Wülfrath, 100%.
KDI Kalk- und Düngerhandel GmbH, Hagen, 100%.
Harzer Dolomitwerke GmbH, Wülfrath, 10%.
Rheiner Bau- und Düngekalkwerke Middel GmbH, Rheine, 100%.
Barbara Rohstoffbetriebe GmbH, Mettmann, 50%.
RKR Beteiligungs-GmbH, Rüdersdorf, 21,92%.
Readymix AG für Beteiligungen, Ratingen, 10,96%.

Dolomitwerke GmbH

5603 Wülfrath, Postfach 1380, ☏ (02058) 17-0, ✆ 8592082 dolo d, Telefax (02058) 17-2210.

Geschäftsführung: Dipl.-Ing. Dr.-Ing. Franz Josef *Hufnagel*, Vorsitzender; Dipl.-Berging. Dr.-Ing. Hans Peter *Hennecke*; Egon *Naumann*; Dipl. oec. Ernst *Jacob*; Dr.-Ing. Jürgen *Stradtmann*.

Kapital: 59 Mill. DM.

Schriftenreihe

Lieferbare Bände dieser Schriftenreihe:

Band 8
Die Rohstoffe der Seltenen Erden
Vorkommen, Nutzung und Märkte.
Von Dr.-Ing. Günter Kross
80 Seiten, 16 Bilder. 38 DM.

Band 12
Weltkohlenvorräte
Eine vergleichende Analyse ihrer
Erfassung und Bewertung.
Von Professor Dr.-Ing. Günter B. Fettweis
432 Seiten, 68 Bilder und zahlreiche
Tafeln. 68 DM.

Band 17
**Probleme der Lagerstättensicherung
für oberflächennahe
mineralische Rohstoffe**
Von Professor Dr. rer. nat. Gert Lüttig
48 Seiten, 3 Bilder. 28 DM.

Band 19
**Die Anpassungspolitik im
Steinkohlenbergbau unter
besonderer Berücksichtigung der
Lagerhaltung**
Entwickelt auf der Basis eines
saarländischen Steinkohlenbergwerks.
Von Professor Dr. H.-J. Brink u. a.
72 Seiten, 17 Bilder und 12 Tafeln. 36 DM.

Band 20
Kernenergie
Als Beispiel für öffentliche
Innovationsförderung in der
Bundesrepublik Deutschland.
Von Dr. rer. oec. Eberhard Posner
400 Seiten, 6 Bilder. 68 DM

Band 21
Die mineralischen Rohstoffe der Welt
Produktion und Verbrauch von
51 ausgewählten Rohstoffen.
Von François Callot
254 Seiten, 18 Bilder und 110 Tafeln. 128 DM.

Band 22
Kohlenvergasung
Bestehende Verfahren und neue Entwicklungen.
Von Dr. rer. nat. Hans-Dieter Schilling,
Dr. rer. nat. Bernhard Bonn
und Dr. rer. nat. Ulrich Krauß
3. Auflage, 376 Seiten, 48 Bilder. 68 DM.

Band 23
Drittes Kohle-Stahl-Kolloquium
Vortrag und Diskussionen des
Kolloquiums 1984 an der Technischen
Universität Berlin.
340 Seiten, 138 Tafeln. 58 DM.

Band 25
Mineralische Rohstoffe im Wandel
Ein Beitrag zur Entwicklung von
Bergbau-Investitionen und Nachtrageverhalten.
Von Dr. H. Lechner, Dr. C.-W. Sames und
Professor Dr. F.-W. Wellmer
248 Seiten, 69 Bilder und 51 Tafeln. 112 DM

Band 26
Kohle und Umwelt
Von Professor Dr.-Ing. Friedrich H. Franke,
Privatdozent Dr.-Ing. Klaus J. Guntermann
und Dr. rer. nat. Michael J. Paersch
128 Seiten, 52 Bilder. 78 DM

Verlag Glückauf GmbH · Postfach 10 39 45 · D-4300 Essen 1

1 BERGBAU

Gesellschafter: Thyssen AG, 99%; Bergische Stahl-Industrie, 1%.

Mineral: Dolomitstein.

Betriebsanlagen: Dolomitsteinbruch und Feuerfestwerk in Hagen-Halden, Feuerfestwerk in Oberhausen.

	1989/90	1990/91
Umsatz .... Mill. DM	217	203
Beschäftigte .... (30.9.)	603	593

Beteiligungen
Martin & Pagenstecher GmbH, Köln-Mülheim, 100%.
Feuerfestwerk Bad Hönningen GmbH, Bad Hönningen, 100%.
Trierer Kalk-, Dolomit- und Zementwerke GmbH, Wellen, 100%.
Grevenbrücker Kalkwerke GmbH, Lennestadt, 100%.
Harzer Dolomitwerke GmbH, Wülfrath, 90%.
Akdolit-Werk GmbH, Wülfrath, 100%.
Wülfrath Refractories Inc., Tarentum/PA, USA, 100%.
Wülfrath Refractories U. K. Ltd., Cardiff, 100%.
Wülfrath Réfractaires S.a.r.l., Metz/F, 100%.
Wülfrath Refrattari S.r.l., Meran/I, 100%.
Wülfrath Eldfast Scandinavia A. B., Örebro/S, 100%.
Ceramika Wülfrath Skawina Spolka zo. o., Skawina/PL, 40%.

Feuerfestwerk Bad Hönningen GmbH

5462 Bad Hönningen, Am Hohen Rhein 1, ☏ (02635) 750, ✆ 869116, Telefax (02635) 75147.

Geschäftsführung: Dipl.-Ing. Gerd *Diederich*.

Gesellschafter: Dolomitwerke GmbH, Wülfrath, 100%.

Betriebsanlage: Feuerfestwerk in Bad Hönningen.

Grevenbrücker Kalkwerke GmbH

5940 Lennestadt 11 (Grevenbrück), ☏ (02721) 135-0, ✆ 875161 kalkw d.

Geschäftsführung: Ass. d. Bergf. Bernhard *Schulze-Heil;* Dr.-Ing. Holger *Seitz*.

Gesellschafter: Dolomitwerke GmbH, Wülfrath, 100%.

Mineral: Dolomitstein.

Betriebsanlage: Dolomitsteinbruch in Grevenbrück.

Harzer Dolomitwerke GmbH

3420 Herzberg 4 (Scharzfeld), Postfach 1420, ☏ (05521) 8590, ✆ 96224 harz d, Telefax (05521) 85940.

Geschäftsführung: Dr. Detlef *Jankowski;* Heinz *Schirmer*.

Gesellschafter: Dolomitwerke GmbH, 90%, Rheinische Kalksteinwerke GmbH, 10%.

Mineral: Dolomitstein.

Betriebsanlage: Dolomitsteinbruch in Scharzfeld.

Kalkwerk Neandertal GmbH

4020 Mettmann, Laubach 30, ☏ (02104) 796-1, Telefax (02104) 796289.

Geschäftsführung: Dr. Walter *Heß* (kfm.), Ass. d. Bergf. Bernhard *Schulze-Heil* (techn.).

Gesellschafter: Rheinische Kalksteinwerke GmbH, Wülfrath, 100%.

Mineral: Kalkstein.

Betriebsanlage: Kalksteinbruch in Mettmann-Neandertal.

Martin & Pagenstecher GmbH

5000 Köln 80 (Mülheim), Schanzenstr. 31, ☏ (0221) 6701-0, ✆ 8873306 mp d, Telefax (0221) 6701211.

Geschäftsführung: Dipl.-Ing. G. *Röll*.

Gesellschafter: Dolomitwerke GmbH, Wülfrath, 100%.

Minerale: Quarzit, Ton.

Betriebsanlagen: Werk Krefeld, 4150 Krefeld 12 (Linn), ☏ (02151) 582-0, Telefax (02151) 582340.
Werk Kruft, 5473 Kruft, Bundesstraße 2, ☏ (02652) 801-0, Telefax (02652) 801-54.
Rohstoffbetriebe, Tongrube Maria, 5431 Goldhausen, ☏ (02602) 69093, ✆ 869651 mp d, Telefax (02602) 8610.

Beteiligung: Magnesital-Feuerfest GmbH, Oberhausen, 100%.

Trierer Kalk-, Dolomit- und Zementwerke GmbH

5518 Wellen, ☏ (06584) 790, ✆ 4729821 tkdz d, Telefax (06584) 7929.

Geschäftsführung: Gerhard *Hillebrand;* Dr. Herbert *Müller-Roden*.

SONSTIGE ROHSTOFFE

Gesellschafter: Dolomitwerke GmbH, 100 %.

Mineral: Dolomit.

Betriebsanlage: Dolomitgrube Josef-Stollen in Wellen, BA Koblenz.

Sauerländische Kalkindustrie GmbH

5790 Brilon 3 (Messinghausen), Warburger Str. 23, ☏ (02963) 888, ✆ 84661 ski d, Telefax (02963) 549.

Geschäftsführung: Dr. W. *Heß;* L. *Thiel.*

Gesellschafter: Rheinische Kalksteinwerke GmbH, 80 %.

Mineral: Kalkstein.

Betriebsanlagen: Kalksteinbrüche und Kalkerzeugungsanlagen.

Wülfrather Zement GmbH

5603 Wülfrath, Postfach 1380, ☏ (02058) 17-0, ✆ 8592539 wzw d, Telefax (02058) 17-2645.

Geschäftsführung: Egon *Naumann*, Vorsitzender; Dipl.-Ing. Dietrich *Gruschka.*

Gesellschafter: Rheinische Kalksteinwerke GmbH, Wülfrath, 100 %.

Betriebsanlagen: Wülfrath-Flandersbach, Beckum, Essen-Kupferdreh, Duisburg-Schwelgern, Kall-Sötenich.

	1989/90	1990/91
Umsatz .... Mill. DM	237	262
Beschäftigte .... 30. 9.	348	349

Rheinisch-Westfälische Kalkwerke AG

5600 Wuppertal 11, ☏ (02058) 810, ✆ 205832 rwkag, Telefax (02058) 81212.

Vorstand: Dipl.-Volksw. Manfred *Leist*, Vorsitzender; Dr.-Ing. Hans-Peter *Thomas.*

Generalbevollmächtigter: Dr. Hermann *Wessels.*

Kapital: 63 Mill. DM.

Mineral: Kalkstein.

Betriebsanlagen: Kalksteinbrüche und Kalkerzeugungsanlagen, Kalksandstein- und Porenbetonwerke, Produktionsstätten für Betonerzeugnisse.

Sachtleben Bergbau GmbH & Co.

(Hauptbeitrag der Sachtleben Bergbau GmbH & Co. in Abschn. 4 in diesem Kapitel)

5940 Lennestadt 1, Postfach 7005, Wolbecke 1, ☏ (02721) 835-1.

Betriebsleitung Außenbetriebe: Bergwerksdirektor Dipl.-Ing. Theodor *Gaul.*

Schwerspat-/Flußspatgrube Wolfach

7620 Wolfach, Postfach 1205, ☏ (07834) 217, Telefax (07834) 6959.

Betriebsführer Aufbereitung: Dipl.-Ing. Heinrich *Bramowski.*

Betriebsführer unter Tage: Manfred *Lettau.*

Mineral: Schwerspat, Flußspat, Gangvorkommen.

Betriebsanlagen: Tiefbau über Rampen in Oberwolfach. Naßmechanische Aufbereitung, Flotation, Mahlanlagen in Wolfach, LBA Baden-Württemberg.

Produktion	1990	1991
Schwerspat roh .... t	74 202	68 020
Flußspat roh .... t	105 904	103 395
Beschäftigte	110	107

Schwerspatgrube Dreislar, Hochsauerlandkreis

5789 Medebach-Dreislar, ☏ (02982) 8354, Telefax (02982) 3165.

Betriebsführer: Elmar *Hoppe.*

Mineral: Schwerspat, Gangvorkommen.

Betriebsanlagen: Schrägschacht in Dreislar, Zerkleinerung und Setzmaschinenwäsche in Hallenberg, BA Siegen, LOBA Nordrhein-Westfalen, Dortmund.

Produktion	1990	1991
Schwerspat roh .... t	71 661	71 376
Beschäftigte	26	26

Schieferbau Schmelzer & Co — Nuttlar

5780 Bestwig 3, ☏ (02904) 3091, ✆ Schieferbau Bestwig.

Geschäftsführung: Bernhard *Schmelzer.*

Grube Ostwig

5780 Bestwig 3, ☏ (02904) 3091.

Mineral: Dach- und Plattenschiefer.

Betriebsanlagen: Tiefbau, Sägerei und Schleiferei, Spalthaus, Betonsteinfertigung, BA Siegen.

Grube Scaevola

5788 Winterberg 2, ☏ (02983) 778.

Mineral: Plattenschiefer.

Betriebsanlagen: Tiefbau, Sägerei und Schleiferei, BA Siegen.

Schiefergruben Magog GmbH & Co KG
Verbundwerk Gomer-Magog-Bierkeller und Grube Felicitas

5948 Schmallenberg 2, ☏ (02974) 7061, Telefax (02974) 7064, ⌁ Magog Fredeburg.

Leitung: Direktor Ernst *Guntermann*.

Betriebsleiter: Dipl.-Ing. Michael *Menn*.

Mineral: Dach-, Wand- und Plattenschiefer.

Betriebsanlagen: Tiefbau, BA Siegen.

Schlingmeier Quarzsand GmbH & Co. KG

3301 Schwülper 4, Ackerstraße 8, ☏ (0503) 4075, Telefax (0503) 4016.

Geschäftsführung: Dipl.-Ing. Hans *Kohrs*.

Marketing: Dr. Chr. *Barrmeyer*.

Mineral: Quarzsand.

Stephan Schmidt Gruppe

6255 Dornburg 2, Bahnhofstraße 92, ☏ (06436) 6090, ⌁ 4821612 tosl d, Telefax (06436) 60949.

Geschäftsführung: Günther *Schmidt*.

Prokuristen: Helmut *Zoller*, Fritz *Küch*, Heinrich *Becker*, Dr. Werner *Fiebiger*, Wolfgang *Schmidt*.

Zweck: Gewinnung, Aufbereitung und Veredlung von Rohstoffen für die keramische, chemische, Feuerfest-Industrie sowie Herstellung von Spezialtonmehlen für die Umwelttechnologie; Bergbau auf Kaolin und Feldspat.

Betriebsanlagen: Im Bezirk des BA Koblenz: Tagebau, Masseaufbereitungsanlage und Mahlwerk Sedan, Tagebau Salz. Im Bereich des BA Weilburg: Tagebau, Masseaufbereitungsanlage und Mahlwerk Maienburg; Tagebau Georg, Wimpfsfeld I und II; Tagebau Birkenheck, Tagebau Augusta-Oelkaut, Tagebau Eisenbach.

Tochtergesellschaften

Capitain & Co., Vallendar.
Stephan Schmidt Meissen GmbH, Meissen.
S.M.I.T. srl., Cagliari, Italien.
Papargil Srl., Sassuolo, Italien.
TGA Tonbergbau Grube Anton, Berod.
CMC-Ceramic Minerals Consulting GmbH, Dornburg.
Regina Baukeramik, Runkel-Dehrn.

Beteiligungen:

Müllenbach & Thewald, Höhr-Grenzhausen, $66^{2}/_{3}$%.
Stephan Schmidt Wiesa GmbH, Kamenz-Wiesa, 80%.

Taunus-Quarzit-Werke GmbH

6393 Wehrheim, ☏ (06175) 3012.

Leitung: Bau-Ing. (grad.) Hans *Koch*, Manfred *Arnold*.

Werk Saalburg im Taunus

6393 Saalburg, ☏ (06175) 3012.

Betriebsleiter: Martin *Mehl*.

Mineral: Quarzit, als Nebenmineralien Serizit, Quarz.

Betriebsanlagen: Tagebau Köppern, Abbau auf 9 Sohlen. Aufbereitung, automatische Trocken- und Mischanlagen, BA Weilburg.

Töpferschamotte/Ofenkacheln GmbH i. G. Radeburg

O-8106 Radeburg/Sachsen, An den Ziegeleien 1–4, ☏ 3281, ⌁ 26500.

Geschäftsführung: Dipl.-Ing. *Girsemihl*.

Produktion: 10 000 t Töpferschamotte.

Beschäftigte: 37.

Produktion: Tagebau Wiesa: 14 000 t Kaolin/Ton.

Beschäftigte: 20.

Westdeutsche Quarzwerke Dr. Müller GmbH

4270 Dorsten, Kirchhellener Allee 53, Postfach 680, ☏ (02362) 2005-0, Telefax (02362) 200599.

Geschäftsführung: Dr. Gernot *Müller*.

Prokuristen: Dipl.-Kfm. Axel *Hölter*.

Werke: Dorsten, Horrem, Neuenkirchen, Haddorf, Ottendorf-Okrilla, Nudersdorf.

SONSTIGE ROHSTOFFE

Beteiligungen

Inland

WQD Mineral Engineering GmbH.
Westfälische Sand- und Tonwerke Dr. Müller & Co GmbH.
Quarzsand GmbH, Nudersdorf.
Quarzwerke Ottendorf-Okrilla GmbH.
Deponiegesellschaft Horrem Dr. Müller GmbH.

Ausland

Sigrano Nederland BV, Heerlen.

Werk Dorsten

4270 Dorsten-Hardt, Bestener Straße, ☏ (02362) 200511.

Betriebsleiter: Dipl.-Ing. Günther *Lehmen*.

Mineral: Quarzsand, Quarzkies, Rohtone.

Betriebsanlagen: Tagebau. Naßmechanische Aufbereitungsanlage und Feinstklassifizierung, Brechanlage, Trockenanlage, Absackanlage, Mischwerk, BA Gelsenkirchen.

Werk Horrem

Deponiegesellschaft Horrem Dr. Müller GmbH
5014 Kerpen-Horrem, ☏ (02273) 4440.

Betriebsleiter: Dipl.-Ing. Gerhard *Engel*.

Betriebsanlagen: Bodendeponie, Bergamt Köln.

Werk Neuenkirchen

4445 Neuenkirchen, Haarweg 2, ☏ (05973) 3215.

Betriebsleiter: Dipl.-Ing. Erich *Sandkötter*.

Mineral: Quarzsand, Quarzkies.

Betriebsanlagen: Tagebaue mit Tiefentsandung und Flachentsandung. Naßmechanische Aufbereitung, Feinstklassifizierung, Trocknungsanlage und Absackanlage, BA Hamm.

Werk Haddorf

4441 Haddorf, ☏ (05973) 2601.

Betriebsleiter: Dipl.-Ing. Erich *Sandkötter*.

Mineral: Quarzsand und Quarzkies.

Betriebsanlagen: Betrieb ruht. BA Meppen.

Werk Nudersdorf

Quarzsand GmbH Nudersdorf
O-4601 Nudersdorf, Kirchstr. 8, ☏ (034929) 244.

Betriebsleiter: Dipl.-Ing. Günther *Lehmen*.

Mineral: Quarzsand, Quarzkies.

Betriebsanlagen: Tagebaue, Naßmechanische Aufbereitung, Trocknungsanlage, Klassieranlagen, Absackanlage, Bergamt Halle.

Werk Ottendorf-Okrilla

Quarzwerke Ottendorf-Okrilla GmbH
O-8103 Ottendorf-Okrilla, ☏ (035205) 2361.

Betriebsleiter: Dipl.-Ing. Wilfried *Westhoff*.

Mineral: Quarzsand und Quarzkies.

Betriebsanlagen: Trocknungsanlage mit Absackanlage, Mischwerk.

Kemmlitzer Kaolinwerke GmbH

O-7261 Kemmlitz (Sachsen), ☏ Mügeln 70, ✆ 517168, Telefax 2496.

Geschäftsführung: *Jahn*.

Betriebsteile: Kaolintagebaue Gröppendorf, Glückauf, Aufbereitung Kemmlitz.

Vereinigte Thüringische Schiefergruben GmbH Unterloquitz

O-6801 Unterloquitz, ☏ 50, Telefax 5284.

Geschäftsführung: Dipl.-Ing. Erhardt *Renz* (Hauptgeschäftsführer); Dipl.-Ing. Lothar *Müller* (Marketing/Vertrieb); Dipl.-Ökonom Reiner *Endt* (Kaufmännisches).

Werke in Unterloquitz, Lehesten, Tschirma, Oelsnitz (Erzg.).

Beschäftigte (1992): 450.

1 BERGBAU

6. Spezialgesellschaften

Mitglieder der Vereinigung der Bergbau-Spezialgesellschaften eV

Deilmann-Haniel GmbH

4600 Dortmund-Kurl, Haustenbecke 1; Postanschrift: Postfach 130163, 4600 Dortmund 13, ℡ (0231) 28910, ⚡ 822173, Telefax (0231) 2891362.

Aufsichtsrat: Dr. Jürgen *Deilmann*, Bad Bentheim, Vorsitzender; Dr. Hans-Hermann *Wohlgemuth*, Bochum, stellv. Vorsitzender; Dieter *Epping*, Oberhausen; Dipl.-Kfm. Wulf *Hagemann*, Bad Bentheim; Dr.-Ing. Heinrich *Heiermann*, Essen; Dipl.-Ing. Joachim *Hetze*, Königstein/Ts.; Dipl.-Ing. Egon *Hoffmann*, Übach-Palenberg; Dipl.-Kfm. Dipl.-Volkswirt Dr. Jens *Jenßen*, Essen; Manfred *Peters*, Gelsenkirchen; Günter *Rautert*, Bergkamen-Oberaden; Dipl.-Ing. Wolfgang *Richter*, Frankfurt; Günter *Schneider*, Dortmund; Hans Carl *Deilmann*, Bad Bentheim, Ehrenmitglied.

Geschäftsführung: Ass. d. Bergf. Karl H. *Brümmer*, Vorsitzender; Dr.-Ing. Johannes *Baumann* (Bergbau); Assessor Gerhard *Gördes* (Arbeitsdirektor, Kaufmännische Verwaltung, Beteiligungen); Dr. Manfred *Gaubig* (stellv., Schachtbau, Auslandsangelegenheiten).

Prokuristen: Rechtsanwalt Rainer *Albert* (Rechtsabteilung, Versicherungen), Assessor Ulrich *Bald* (Personalwesen), Dipl.-Ing. Franz *Bittner* (Schachtbau), Dipl.-Kfm. Klaus *Dawid* (Beteiligungen, Ausland), Dr. Dieter *Denk* (Maschinen- und Stahlbau), Dipl.-Kfm. Karl-Ernst *Schwarz* (Finanzen, Steuern, Rechnungswesen), Dipl.-Ing. Ulrich *Wessolowski* (Bergbau), Dipl.-Ing. Hubert *Zimmer* (Bergbau).

Betriebsdirektoren: Dipl.-Ing. Gerhard *Gailer*, Dipl.-Ing. Egon *Hoffmann*, Dipl.-Ing. Helmut Albrecht *Roth*.

Stammkapital: 65 Mill. DM.

Gesellschafter: C. Deilmann AG, 50,2%; Ruhrkohle AG, 24,9%; Hochtief AG, 12,45%; Wayss & Freytag AG, 12,45%.

Beteiligungsgesellschaften

Gebhardt & Koenig — Gesteins- und Tiefbau GmbH, Recklinghausen, 100%.
Beton- und Monierbau GmbH, Dortmund, 100%.
Beton- und Monierbau Ges. m.b.H., Innsbruck, 100%.
Gewerkschaft Walter GmbH, Essen, 100%.
Haniel & Lueg GmbH, Dortmund, 100%.
G. Wilhelm Wagener GmbH, Essen, 100%.
Grund- und Ingenieurbau GmbH, Essen, 100%.
Zako — Mechanik und Stahlbau GmbH, Essen, 100%.
Interoc Gesellschaft für Bau- und Bergbaumaschinen mbH, Essen, 33,33%.
Frontier-Kemper Constructors Inc., Evansville, Indiana, USA, 37,85%.

Anton Feldhaus und Söhne GmbH & Co KG

5948 Schmallenberg, Auf dem Loh 3, Postfach 1120, ℡ (02972) 305-0, Telefax (02972) 30529.

Geschäftsführung: Josef *Feldhaus*, Anton *Feldhaus*, Franz-Josef *Feldhaus*, Martin *Feldhaus*.

Unternehmensbereich Berg-, Stollen- und Tunnelbau: Leiter: Heinz *Glasmeyer*.

Tochtergesellschaften

Feldhaus Schwerspatgrube GmbH, Schmallenberg (in Liquidation).
Bestö Ges. m.b.H. & Co. KG. — Berg-, Stollen- und Tunnelbau, Bischofshofen (Österreich).
Bestag-Berg-, Stollen- und Tiefbau AG, Zürich.

»F. u. K.« Frölich & Klüpfel Untertagebau GmbH & Co KG

4690 Herne 2, Langekampstraße 36, Postfach 200245, ℡ (02325) 57-00, ⚡ 820325, Telefax (02325) 57 4096.

Geschäftsführung: Dipl.-Ing. Hans-Wilhelm *Funke-Oberhag*.

Prokuristen: Gabriele *Holtkamp*; Berthold *Speckenmeyer*; Betriebsdirektor Dipl.-Ing. Klaus *Ziem*.

Handlungsbevollmächtigte: Dipl.-Ing. Jochen *Braksiek*; Dipl.-Ing. Klaus *Dulias*; Walter *Dzierzon*; Wolfgang *Engel*; Günter *Loock*; Dr. Christian *Noltze*, Richard *Stein*.

Kommanditkapital: 7,5 Mill. DM.

Komplementär: Frölich & Klüpfel Untertagebau Verwaltungs-GmbH.

Kommanditist: E. Heitkamp Baugesellschaft mbH u. Co. KG.

Die Deilmann-Haniel-Gruppe

Wir bauen Bergwerke, von der Explorationsbohrung über Schachtabteufen, Streckenvortrieb, Auffahren aller untertägigen Großräume bis hin zum Ausrüsten des fertigen Bergwerks mit Schachtfördereinrichtungen.

Unser **Maschinen- und Stahlbau** liefert Spezialmaschinen für Schachtabteufen und Streckenauffahrungen im In- und Ausland.

Die **Baugruppe Beton- und Monierbau** in Dortmund und Innsbruck arbeitet im Ingenieur-Hochbau, Ingenieur-Tiefbau, in der Bauwerksanierung und ist weltweit anerkannter Spezialist für den unterirdischen Verkehrswegebau.

DEILMANN-HANIEL　　**GEBHARDT & KOENIG –**　　**Beton- und Monierbau**
　　　　　　　　　　　　GESTEINS- UND TIEFBAU

Haustenbecke 1　　　　　Karlstraße 37-39　　　　Unterste-Wilms-Straße 11-13
D-4600 Dortmund 13　　　D-4350 Recklinghausen　　D-4600 Dortmund
Telefon 02 31/28 910　　　Telefon 0 23 61/30 40　　Telefon 02 31/51 69 40

1 BERGBAU

Gebhardt & Koenig
Gesteins- und Tiefbau GmbH

4350 Recklinghausen, Karlstr. 37–39, Postfach 200260, ☏ (02361) 3040, ✆ 829503, Telefax (02361) 304214.

Aufsichtsrat: Ass. d. Bergf. Karl H. *Brümmer*, Dortmund, Vorsitzender; Hardy *Walther*, Recklinghausen, stellv. Vorsitzender; Dr. rer. nat. Hans-Wolfgang *Arauner*, Dortmund; Dr.-Ing. Johannes *Baumann*, Dortmund; Dipl.-Ing. Alois *Becker*, Recklinghausen; Peter *Ermlich*, Recklinghausen; Kurt *Hay*, Bochum; Dr.-Ing. E. h. Rudolf *Helfferich*, Dortmund; Dr.-Ing. Hans *Jacobi*, Duisburg; Herbert *Kroll*, Recklinghausen; Dipl.-Kfm. Hans *Messerschmidt*, Dortmund; Dieter *Pröve*, Recklinghausen.

Geschäftsführung: Dipl.-Berging. Alfred *Lücker*, Vorsitzender (Schachtbau, Bauwesen, Beteiligungen); Dr. Helmut *Dumstorff* (Kaufmännische Verwaltung); Ass. Helmut *Hamer* (Personal- und Sozialwesen); Dr. Manfred *Hegemann* (Bergbau).

Prokuristen: Dipl.-Ing. Alois *Becker* (Bergbau); Wieland *Bremerich* (kaufmännische Abteilung); Ass. Rolf *Gebhardt* (Recht, Versicherungen); Dipl.-Ing. Jürgen *Köller* (Bauabteilung); Bergass. Wolfram *Koslar* (Schachtbau).

Kapital: 21 Mill. DM.

Gesellschafter: Deilmann-Haniel GmbH, Dortmund, 100%.

Beteiligungsgesellschaften

Bohrgesellschaft Rhein-Ruhr mbH (BRR), 46,67%;
Domoplan Gesellschaft für Bauwerk-Sanierung mbH, 51%.
Domoplan Sachsen Baugesellschaft mbH, 51%.
GKG-Bergsicherungen GmbH, 100%.

Gewerkschaft Wisoka GmbH & Co KG

4690 Herne 2, Langekampstraße 36, Postfach 200533, ☏ (02325) 57-00, Telefax (02325) 574096.

Geschäftsführung: Dipl.-Ing. Hans-Wilhelm *Funke-Oberhag*.

Prokurist: Berthold *Speckenmeyer*.

Handlungsbevollmächtigte: Dipl.-Ing. Jochen *Braksiek*, Dipl.-Ing. Klaus *Dulias*, Rechtsanwalt Frank *Ermlich*, Dipl.-Ing. Franz-Josef *Kellerhoff*, Dipl.-Ing. Wolfgang *Niekamp*, Dipl.-Betriebswirt Martin *Sandmann*.

Kommanditkapital: 2 Mill. DM.

Komplementär: Gewerkschaft Wisoka Verwaltungs-GmbH.

Gesellschafter: Bauunternehmung E. Heitkamp GmbH.

E. Heitkamp GmbH

4690 Herne 2, Langekampstraße 36, Postfach 200264, ☏ (02325) 57-00, Telefax (02325) 573755, ✆ 820325.

Aufsichtsrat: Robert *Heitkamp*, Herne, Vorsitzender; Burckhard *Köhlhoff*, Bottrop, stellv. Vorsitzender; Dr. Friedrich *Kreyer*, Holzkirchen; Dr. Theodor E. *Pietzcker*, Essen; Dr. Hans *Schill*, Bonn; Jürgen *Thumann*, Düsseldorf; Dr. Wolfgang *Vaerst*, Frankfurt; Werner *Albrecht*, Haltern; Manfred *Feldmann*, Herne; Helmut *Grimm*, Essen; Eduard *Groß*, Marl; Georg *Voß*, Frankfurt.

Geschäftsführung: Dr.-Ing. Dr. rer. pol. Engelbert *Heitkamp*, Vorsitzender; Dipl.-Kfm. Gerhard *Allgeier*; Dipl.-Ing. Hans-Wilhelm *Funke-Oberhag* (stellv.); Dipl.-Ing. Richard *Heitkamp-Frielinghaus*; Professor Dr.-Ing. Hans Ludolf *Peters*; Dr.-Ing. Wolfgang *Steinbock*; Dipl.-Ing. Franz *Vorstheim*; Dipl.-Ing. Volker *Westmeyer*.

Gesellschafter: Robert *Heitkamp* und E. Heitkamp Baugesellschaft mbH und Co. KG.

Stammkapital: 25 Mill. DM.

Unternehmensbereich Bergbau

Prokuristen: Dipl.-Ing. Jochen *Braksiek*; Betriebswirt grad. Manfred *Gelautz*; Direktor Dipl.-Ing. Gert *Posten*; Berthold *Speckenmeyer*.

Handlungsbevollmächtigte: Dipl.-Ing. Guido *Brandner*; Dipl.-Ing. Klaus *Dulias*; Dipl.-Ing. Gernot *Grübler*; Dipl.-Ing. Rüdiger *Köhler*; Dipl.-Ing. Erich *Koesterke*; Ass. d. Bergf. Karl-Josef *Maaß*; Dipl.-Ing. Yücel *Picakci*; Dipl.-Geologe Dipl.-Ing. Michael *Sniehotta*.

Intec — Gesellschaft für Injektionstechnik mbH & Co. KG

4690 Herne 2, Langekampstraße 36, Postfach 200264, ☏ (02325) 57-4100, ✆ 820325, Telefax (02325) 57-4096.

Geschäftsführung: Dipl.-Ing. Hans-Wilhelm *Funke-Oberhag*, Dipl.-Ing. Walter *Jacke*.

Handlungsbevollmächtigter: Dipl.-Ing. Guido *Brandner*.

Gesellschafter: Bauunternehmung E. Heitkamp GmbH. MC Bauchemie Müller GmbH u. Co.

Kommanditkapital: 100.000 DM.

Östu Schacht- und Tiefbau GmbH

4132 Kamp-Lintfort, Friedrich-Heinrich-Allee 171, ☏ (02842) 705-0, ✆ 8121156, Telefax (02842) 705-36.

Wasserlösungsstollen Zinnerzgrube Altenberg

Seit fast 100 Jahren lösen wir weltweit die kompliziertesten Bauaufgaben – seit mehr als 80 Jahren sind wir auch für den Bergbau tätig.

Über 8.500 Mitarbeiter haben HEITKAMP zu einem der großen deutschen Bau- und Bergbau-Spezialunternehmen gemacht. Unsere Dienstleistungen für den Bergbau unter Tage umfassen den konventionellen und maschinellen Streckenvortrieb, das Herstellen von Großräumen, den Schachtbau, Ankerungs- und Gebirgsverfestigungsarbeiten, das Rauben von Strecken und Streben, Aufwältigungs- und Nachrißarbeiten sowie den Gleisbau.

**Unternehmensbereich
Bergbau
Langekampstraße 36
4690 Herne 2**

1 BERGBAU

Geschäftsführung: Dipl.-Ing. Heinrich *Haas;* Hans-Jürgen *Schäfer.*

Prokuristen: Dirk *Hoppen;* Betriebsdirektor Dipl.-Ing. Franz *Lumetzberger;* Rechtsanwalt August-Rudolf *Weber.*

Handlungsbevollmächtigte: Germana *Karner.*

Stammkapital: 2,5 Mill. DM.

Gesellschafter: Thyssen Schachtbau GmbH.

Beteiligungsgesellschaften

Ostu Portuguesa Lda., Estoril, 50%.
Östu-Industriemineral Consult Ges. m. b. H., Wien, 50%.

Sachtleben Bergbau GmbH & Co.
Abteilung Stollen- und Felsbau

(Hauptbeitrag der Sachtleben Bergbau GmbH & Co. in Abschn. 4 in diesem Kapitel)

5940 Lennestadt 1, ☎ (02721) 8351, ✆ 875109 pyrit d, Telefax (02721) 835319.

Leitung: Dr.-Ing. Helmut *Ligárt.*

Persönlich haftende Gesellschafterin: Sachtleben Bergbau Verwaltungsgesellschaft mbH, Lennestadt.

Franz Schlüter GmbH

4600 Dortmund, Franz-Schlüter-Str. 12−16, ☎ (0231) 315020, ✆ 8227802, Telefax (0231) 3150222.

Geschäftsführung: Dipl.-Ing. Franz Gustav *Schlüter,* Vorsitzender.

Prokuristen: Dipl.-Ing. Dipl.-Wirtsch.-Ing. Klaus *Hütker,* Lieselotte *Weidner.*

Handlungsbevollmächtigter: Friedrich K. *Schubert.*

Stammkapital: 4 Mill. DM.

Gesellschafter: Familie Schlüter.

Thyssen Schachtbau GmbH

4330 Mülheim, Ruhrstr. 1, Postfach 102052, ☎ (0208) 3002-1, ✆ 856623 tbrg d, Telefax (0208) 3002-327, ⌨ Thyssenschacht.

Aufsichtsrat: Dr. rer. pol. Dr. phil. Jörg *Bankmann,* Düsseldorf, Vorsitzender; Manfred *Kopke,* Neukirchen-Vluyn, stellv. Vorsitzender; Dipl.-Kfm. Johann *Braun,* Haltern; Günter *Denzer,* Gladbeck; Professor Dr. Gert *Laßmann,* Düsseldorf; Klaus *Plöhn,* Dinslaken; Hans *Schober,* Oberhausen; Dipl.-Kfm. Dieter *Wendelstadt,* Wuppertal; Rechtsanwalt Dr. jur. Kurt *Wessing,* Düsseldorf; Claudio G. L. *Graf Zichy-Thyssen,* Buenos Aires; Federico *Graf Zichy-Thyssen,* Buenos Aires; Helmut *Zielke,* Dortmund.

Vorstand: Dr.-Ing. Rolfroderich *Nemitz,* Vorsitzender; Dr. rer. oec. Wolfried *Kortenacker* (K), stellv. Vorsitzender; Manfred *Höinghaus* (A); Dr.-Ing. Bert *Schmucker* (T).

Generalbevollmächtigter: Rechtsanwalt August-Rudolf *Weber.*

Bereichsleiter: Dipl.-Kfm. Holm *Hähner* (Finanz- und Rechnungswesen, Datenverarbeitung); N. N. (Tunnel- und Tiefbau); Dipl.-Volksw. Volkhard *Becker* (Controlling); Dr.-Ing. Georg *Boeckler* (Maschinentechnik); Dipl.-Ing. Peter *Loehr* (Beteiligungen und Projekte); Dipl.-Ing. Hans-Werner *Tonscheidt* (Vertikale Ausrichtung); Dipl.-Ing. Rainer *Waldeck* (Bergbau); Rechtsanwalt August-Rudolf *Weber* (Recht und Personal, Allgemeine Verwaltung, Versicherungen).

Prokuristen: Dipl.-Volkswirt Volkhard *Becker* (Controlling); Dietrich *Jordan* (Einkauf); Hans-Dieter *Krüger* (Finanz- und Rechtswesen); Rechtsanwalt Peter *Leifeld* (Recht und Personal); N. N. (Arbeitsgemeinschaften); Hans *Urbas* (Datenverarbeitung); Dipl.-Ing. Michael *Haccius* (Bergbau); Gerhard *Schnüll* (Bergbau).

Stammkapital: 40 Mill. DM.

Gesellschafter: Thyssen & Co GmbH, Mülheim; Thyssen Vermögensverwaltung GmbH, Düsseldorf; Thyssen Mining International SA, Luxemburg.

Tochtergesellschaften

Aug. Pape GmbH & Co, Mülheim; Verwaltung: Castrop-Rauxel.
DIG Deutsche Innenbau GmbH, Mülheim.
Emscher Aufbereitung GmbH, Mülheim; Produktion: Duisburg.
Lemicosa Leonesa de Mineria y Construcción, S.A., Valdelafuente (León), Spanien.
Österreichisches Schacht- und Tiefbauunternehmen Gesellschaft m. b. H., Fohnsdorf.
Östu Schacht- und Tiefbau GmbH, Kamp-Lintfort.
RMKS Rhein Main Kies und Splitt GmbH, Frankfurt (Main).
Thyssen Schachtbau Umwelt- und Entsorgungstechnik GmbH, Mülheim.
Thyssen (Great Britain) Ltd., South Kirkby.
Tistra Bau GmbH & Co, Frankfurt (Main).
TMCA Thyssen Mining Construction of Australia Pty. Ltd., North Sydney.
TMCC Thyssen Mining Construction of Canada Ltd., Regina.
TMCI Thyssen Mining Construction, Inc., Coeburn, Virginia.
Thyssen Schachtbau Portuguesa Construções e Explorações Mineiras, Ldª, Lissabon.
Proterra Bergbau- und Umwelttechnik GmbH, Chemnitz.

Bergbau verlangt Teamgeist

Hohe Spezialisierung im gesamten Spektrum untertägiger Bauaufgaben ist heute erforderlich, wenn es um die Erkundung und Erschließung von unterirdischen Lagerstätten geht. Dies und den Sachverstand qualifizierter Mitarbeiter bietet Gebhardt & Koenig – Gesteins- und Tiefbau GmbH in optimaler Weise.

Fachgerechte Arbeiten im Untertagebau, Schachtbau, Stollenbau und beim Bohren sowie das zugehörige Engineering sind seit langem unsere Spezialität. Aber auch als Lieferant von BULLFLEX®-Geotextilien für den Berg- und Tunnelbau haben wir uns einen guten Namen gemacht. So verstehen wir uns als Wegbereiter und Schrittmacher im Bergbau, Teamgeist inbegriffen.

Gebhardt & Koenig – Gesteins- und Tiefbau GmbH
Karlstraße 37–39
D-4350 Recklinghausen
Telefon (02361) 304-0

Sonstige Spezialgesellschaften

H. Anger's Söhne GmbH & Co KG

3436 Hess. Lichtenau, Gutenbergstr. 11, ☏ (0 56 02) 82-0, ✆ 994021, Telefax (0 56 02) 8 20.

Beirat: Rechtsanwalt H. *Goetjes*, Spangenberg; Rechtsanwalt J. *Müller*, Northeim; Dipl.-Volksw. A. *Peters*, Kassel.

Geschäftsführung: Dipl.-Ing. Helmut *Anger;* Dr. H. Anger; Dipl.-Kfm. K. *Engelbrecht.*

Kapital: 5,6 Mill. DM.

Gesellschafter: Familien Anger.

Zweck: Tiefbohrungen; bergbauliche Aufschlußbohrungen, Wassererschließung, Umwelttechnik.

Zweigniederlassungen: Celle, Kerpen, Darmstadt, München, Nordhausen, Torgau.

Bergbau und Tiefbau GmbH Oelsnitz (Erzg.)

O-9157 Oelsnitz (Erzg.), Dr.-Otto-Nuschke-Straße 21, ☏ 39647, 39618, ✆ 77179 beoe dd, Telefax 39625.

Geschäftsführung: Dipl.-Ing. oec. Konrad *Schnabel.*

Beschäftigte: 60.

Zweck: Ausführung von Tiefbauleistungen aller Art, Gesteins- und Abbruchsprengungen, bergmännische Spezialleistungen einschließlich Hohlraumverwahrung, Vermessungsarbeiten über und unter Tage.

Bergsicherung Dresden GmbH

O-8210 Freital, Cunnersdorfer Straße 12, ☏ Dresden 64 25 81, Telefax Dresden 64 13 66.

Geschäftsführung: Dipl.-Berging. Klaus *Pfütze*, Vorsitzender; Dipl.-Berging. Harald *Riedel;* Dipl.-Vermessungsing. Roland *Uslaub.*

Zweck: Durchführung von Sicherungs- und Verwahrungsarbeiten an bergtechnischen Altanlagen (Altbergbau); Ausführung von bergbauspezifischen Tiefbauleistungen und Flachbohrungen.

Bohrgesellschaft Rhein-Ruhr mbH

4352 Herten, Schlägel-und-Eisen-Str. 44, ☏ (0 23 66) 5 50 21, Telefax (0 23 66) 5 50 25.

Beirat: Dipl.-Berging. Alfred *Lücker*, Vorsitzender; Dr.-Ing. Johannes *Baumann;* Dipl.-Ing. Udo *Dickel;* Professor Dr.-Ing. Claus *Marx;* Dipl.-Ing. Helmut *Palm;* Dr.-Ing. Gerd *Stolte.*

Geschäftsführung: Wilhelm *Schulte-Zweckel;* Heinrich *Sparenberg.*

Prokuristen: Dipl.-Ing. Waldemar *Müller-Ruhe;* Dipl.-Betriebswirt Theodor *Köhler.*

Kapital: 1,5 Mill. DM.

Gesellschafter: Gebhardt & Koenig — Gesteins- und Tiefbau GmbH 46$^{2/3}$%; Montan-Consulting 30%; Deilmann-Haniel GmbH 23$^{1/3}$%.

Zweck: Planung und Ausführung von Bohrarbeiten unter und über Tage; der Betrieb oder die Geschäftsführung von Unternehmen, die in vergleichbarer Weise tätig sind.

Interfels, Internationale Versuchsanstalt für Fels GmbH

4444 Bad Bentheim, Deilmannstraße 1, Postfach 12 53, ☏ (0 59 22) 72 6 66, ✆ 98919, Telefax (0 59 22) 72-672.

Geschäftsführung: Professor Dr.-Ing. H. *Bock.*

Kapital: 0,7 Mill. DM.

Gesellschafter: Gesellschaft für Baugeologie und -meßtechnik mbH, Deutsche Tiefbohr AG.

Zweck: Technologische Gebirgsprüfung im In- und Ausland einschließlich der Forschung auf dem Gebiet der Geomechanik, der Entwicklung, Herstellung und Verwertung von Prüf- und Feinmeßgeräten zur Gebirgsprüfung und für Konstruktionen im Fels sowie Tätigkeit als Gutachter.

Geophysik GmbH

O-7024 Leipzig, Bautzener Straße 67, ☏ 2 49 10, ✆ 051341, Telefax 6 51 38.

Geschäftsführung: Dipl.-Geophys. Günter *Fuchs*, Dr. rer. nat. Wolfgang *Holdt*, Dr. rer. nat. Erhard *Köhler*, Dr. rer. nat. Ulrich *Stötzner.*

Beschäftigte: 500.

Zweck: Suche und Erkundung von Erdöl, Erdgas, Kohle, Erz, Industriemineralen, Steinen, Erden und Wasser mit geophysikalischen Verfahren. Regionale geophysikalische Kartierung und Tiefenerkundung. Baugrunduntersuchungen. Umweltanalytik.

Geothermie Neubrandenburg GmbH

O-2000 Neubrandenburg, Gerstenstraße 9, ☏ 48 61 11, Telefax 48 61 52.

Die Erfahrung.

- Lagerstättenaufschluß
- Schachtbau
- Aus- und Vorrichtung
- Rohstoffgewinnung
- Kohleveredelung
- Tunnelbau
- Umwelttechnik

THYSSEN SCHACHTBAU

Thyssen Schachtbau GmbH · Postfach 10 20 52 · D-4330 Mülheim/Ruhr
Telefon 0208-3002-1 / Telex 856623 tbrg d / Telefax 0208-3002-327

1 BERGBAU

Geschäftsführung: Dr.-Ing. Herbert *Schneider*.

Beschäftigte: 27.

Zweck: Geothermische Erkundungsarbeiten, Errichtung geothermischer Wärmeversorgungsanlagen, Serviceleistungen, Wärmespeicherung, unterirdische Deponie von flüssigen Abprodukten.

Exploration und Bergbau GmbH

4000 Düsseldorf 1, Steinstraße 20, Postfach 102255, ☏ (0211) 8241, ✆ 8582978 exp d, Telefax (0211) 8243 8741, ✆ Exploration.

Aufsichtsrat: Dr. Ekkehard *Schulz,* Duisburg, Vorsitzer; Dr. Hans Wilhelm *Graßhoff,* Dortmund, stellv. Vorsitzer; Dr. Günter *Flohr,* Dortmund; Dr. Jürgen *Harnisch,* Bochum; Dr. Claus *Hendricks,* Duisburg; Dr. Heinz-Gerd *Stein,* Duisburg; Helmut *Wilps,* Duisburg.

Geschäftsführung: Dipl.-Ing. Dipl.-Wirtsch.-Ing. Claus N. A. *Siebel.*

Stammkapital: 100 000 DM.

Gesellschafter: Thyssen Stahl Aktiengesellschaft, Duisburg; Hoesch Stahl AG, Dortmund; Krupp Stahl AG, Bochum.

Zweck: Aufsuchen, Erwerb und Abbau von mineralischen Rohstoffvorkommen, insbesondere von Eisenerzen und Kohle, im Ausland. Aufbau, Management und Verwaltung von Grubenbetrieben im Ausland. Beratung und Erbringung von Dienstleistungen.

Beteiligungsgesellschaften (treuhänderisch)

Bong Mining Company Inc., Monrovia, Liberia.
Ferteco Mineração SA, Rio de Janeiro, Brasilien.

G.E.O.S. Freiberg Ingenieurgesellschaft mbH

O-9200 Freiberg, Halsbrücker Straße 31 a, ☏ 369-0, ✆ 322456 geos d, Telefax 22254.

Geschäftsführung: Dr.-Ing. Helmut *Salzmann,* Dr. rer. nat. Andreas *Seifert,* Dr. oec. Jürgen *Strobel.*

Beschäftigte: 175.

Zweck: Geologische Untersuchungen, Altlasten.

Gewerkschaft Wilhelm Bergbaugesellschaft m.b.H.

3000 Hannover 1, Hohenzollernstr. 2, ☏ (0511) 343337, ✆ 923977 vsarm d.

Geschäftsführender Gesellschafter: Dipl.-Min. Volker *Spieth.*

Stammkapital: 50 000 DM.

Mineral: Blei und Zink, Silber, Kupfer, Gold, weitere metallische und mineralische Rohstoffe.

Zweck: Im Verbund mit der Firma Agricola Rohstoff Management entwickelt und betreibt die Gesellschaft geologische Projekte im In- und Ausland. Die feldsaisonal einzusetzenden Arbeitskräfte (8 – 10 Geologen) sind Beschäftigte der Agricola Rohstoff Management.

Grundstofftechnik GmbH

4300 Essen 1, von-Seeckt-Str. 24–26, ☏ (0201) 771000 + 771043 + 775256, ✆ 857458, Telefax (0201) 772064, ✆ Grundstoff Essen.

Geschäftsführung: Dr.-Ing. Rudolf *Tschoepke;* Dr.-Ing. Günter *Siemeister,* stellv.

Stammkapital: 100 000 DM.

Zweck: Untersuchungsarbeiten für Bergbau, Energiewirtschaft, Umweltschutz.

Interuran GmbH

6600 Saarbrücken, Malstatter Markt 11, Postfach 50, ☏ (0681) 4100-0, ✆ 4428608 iu d, Telefax (0681) 4100-140.

Beirat: Professor Dr. Rudolf *Guck,* Karlsruhe; Dr. Günther *Häßler,* Badenwerk AG, Karlsruhe; Dr. Hans-Peter *Förster,* Energie-Versorgung Schwaben AG, Stuttgart; José *Peix,* Cogema, Paris; Yves *Coupin,* Cogema, Paris; Philippe *Garet,* Cogema, Paris; Jean-Pierre *Rougeau,* Cogema, Paris; Rémy *Wustner,* Paris.

Geschäftsführung: Dr.-Ing. Wolfgang *Kersting.*

Fachbereichsleiter: Dipl.-Geol. Dr. rer. nat. Joachim *Madel* (Services); Dr.-Ing. Rolf *Rosenkranz* (Projects); Dominique *Maurice* (Administration).

Kapital: 20 Mill. DM.

Gesellschafter: Cogema Uran Services (Deutschland) GmbH & Co. KG, 75%; Badenwerk AG, 12,5%; Energie-Versorgung Schwaben AG, 12,5%.

Zweck: Aufsuchen und Erschließen von Uranerzlagerstätten im In- und Ausland; Beteiligung an Urangewinnungsvorhaben; Handel mit Urankonzentraten und Vermittlung von Dienstleistungen im Kernbrennstoffkreislauf; Forschungsvorhaben für Prospektions-, Explorations- und Bergtechnik; Fernerkundung und Umweltüberwachung.

Tochtergesellschaften

Interuranium Canada Ltd., Toronto (Canada), 100%.
Interuranium Australia Pty. Ltd., Sydney (Australien), 100%,
 mit Beteiligung an der E.R.A. (Ranger-Projekt).

SPEZIALGESELLSCHAFTEN

Klöckner Industrie-Anlagen GmbH

4100 Duisburg 1, Neudorfer Str. 3—5, Postfach 100852, ☏ (0203) 18-1, ✍ 85518310, Telefax (0203) 25703.

Geschäftsführung: Günther E. *Hering*, Vorsitzender; Dr. Wolfgang *Remy;* Hans-W. *Schenk;* W. *Jöbkes;* H. *Haas.*

Abteilung Studien und Consulting, Geologie und Bergbau-Beratung: Leitung: Dr.-Ing. Klaus-Jürgen *Reuther* (Prokurist).

Öffentlichkeitsarbeit: Annelie *Wigold.*

Gesellschafter: Klöckner & Co A.G., 100%.

Zweck: Prospektion und Exploration; Luftbildauswertung und Kartographie; geologische Untersuchungen; Bewertung von Lagerstätten; Rohstoffuntersuchungen und -veredlungsversuche; Feasibility-Studien; Bergbauplanung und Planung von Projekten der mineralischen Rohstoffwirtschaft; Marktanalysen; Standortuntersuchungen; betriebswirtschaftliche Studien.

Alex Maas Tiefbauunternehmung GmbH & Co KG

4130 Moers 1, Kampstraße 2, Postfach 1840, ☏ (02841) 41014-16.

Geschäftsführung: Dipl.-Ing. Axel *Maas;* Dipl.-Kfm. Klaus *Maas.*

Stammkapital: 3,1 Mill. DM.

Gesellschafter: Alex Maas GmbH; Axel Maas; Klaus Maas.

Zweck:

Unternehmensbereich Untertage:
Gleisbau, Betonbau, Gebirgsverfestigung, Spritzbeton, Injektionen, Raubarbeiten.

Unternehmensbereich Übertage:
Planung und Ausführung sämtlicher Tiefbauarbeiten: Kanalbau, Straßenbau, Gleisbau, Wasserbau, Deponiebau, gesteuerter Rohrvortrieb, Betonsanierung, Erdbau, Massengüterumschlag, Transporte.

Prakla-Seismos Geomechanik GmbH

3162 Uetze, Praklastr. 1, Postfach 1247, ☏ (05173) 693-0, Telefax (05173) 693200, Teletex 5173812.

Geschäftsführung: Wilhelm *Thöle.*

Kapital: 12 Mill. DM.

Gesellschafter: Prakla-Seismos GmbH, Hannover, 100%.

Zweck: Bohrungen für Geophysik, Aufschluß, Wasser, Kerne, Baugrund, Meßstellen und Wärmepumpenanlagen sowie Bau von fahrbaren Bohrgeräten.

Ruhrkohle International GmbH

4300 Essen 1, Rellinghauser Straße 1, Postfach 103262, ☏ (0201) 177-1, ✍ 857651 rag d.

Geschäftsführung: Dr.-Ing. Gerd *Stolte.*

Prokuristen: Bergass. Arnold *Haarmann;* Rechtsanwalt Bernd *Krieger.*

Stammkapital: 50 Mill. DM.

Gesellschafter: Ruhrkohle AG, 100%.

Zweck: Das Aufsuchen, die Exploration und der Aufschluß von Kohlenlagerstätten im Ausland; der Erwerb und die Beteiligung von bzw. an Kohlenlagerstätten im Ausland; die Produktion von Kohle und die Weiterverarbeitung, Veredelung und Umwandlung von Kohle im Ausland; der Verkauf und der Transport von Kohle und Kohlenprodukten; die Gründung, der Erwerb und die Beteiligung an Unternehmen, die den gleichen oder einen verwandten Gesellschaftszweck haben.

Beteiligungen

Ruhr-American Coal Corporation, New York (USA), 100%.

Ruhrkohle Australia Pty. Ltd., Sydney (Australien), 100%.

Montan-Consulting GmbH (MC), Essen, 100%.

Saxon Coal Ltd., Vancouver (Kanada), 13,5%.

Sänger + Lanninger GmbH

4600 Dortmund-Oespel, Pestalozzistr. 24a, ☏ (0231) 652307, Telefax (0231) 656405.

Geschäftsleitung: Dipl.-Ing. Christian *Jahn,* Dipl.-Betriebswirt Wolfgang *Link,* Dipl.-Ing. Jochen *Sauerbier.*

Stammhaus: Baden-Baden, Postfach 2267.

Verwaltung: Rheinstr. 2, ☏ (07221) 5098-0, Telefax (07221) 509820.

Zweck: Spritzbeton- und Injektionsarbeiten unter Tage.

1 BERGBAU

Schachtbau Nordhausen GmbH

O-5500 Nordhausen, Industrieweg 2 a, ☏ (003 76 28) 53 20, ✆ 3 40 301, Telefax (003 76 28) 53 23 34.

Aufsichtsrat: Dr.-Ing. Dietrich *Ernst*, Bad Homburg v. d. H., Vorsitzender; Dipl.-Ing. Ullrich *Mallis*, Nordhausen, stellv. Vorsitzender; Professor Dr.-Ing. Manfred *Donel*, Graz/Österreich; Rechtsanwalt Horst *Fritzel*, Frankfurt/Main; Dr. med. Manfred *Schröter*, Nordhausen; Bernd *Wiegleb*, Nordhausen.

Geschäftsführung: Dr.-Ing. Peter *Pfeifer* (Hauptgeschäftsführer), Dr.-Ing. Hans-Joachim *Laue* (Geschäftsführer).

Prokuristen: Dipl.-Ing. Eberhard *Karch;* Dipl. oec. Horst *Strobach*.

Stammkapital: 20 Mill. DM.

Beschäftigte: 1 360.

Zweck: Schachtabteufen, Schachtbohren, Schachtinstandsetzung, Schachtverwahrung, Felshohlraumbau, Stollen-, Strecken- und Tunnelbau, Schildvortrieb, Pfahlbohren, Schlitzwände, Injektionen, Bauwerksanierungen, Brückenbau, Umwelttechnik, Stahl- und Maschinenbau, Kläranlagen- und Deponiebau, Spezialspreng- und Abrißarbeiten, Spezialtiefbau, Baustoffanalysen, Rezepturentwicklungen.

Uranerzbergbau-GmbH

5047 Wesseling, Kölner Straße 38—44, Postfach 1638, ☏ (02236) 8 99 80, ✆ 22 365 472, Telefax (02226) 8 25 88.

Beirat: Dr.-Ing. Dr.-Ing. E. h. Hans-Joachim *Leuschner*, Köln, Vorsitzender; Dr. rer. pol. Jürgen *Deilmann*, Bad Bentheim, stellv. Vorsitzender; Dipl.-Kfm. Wulf *Hagemann*, Bad Bentheim; Dr. Hans *Hentschel*, Bad Bentheim; Dr. Kurt *Justen*, Köln; Dr. rer. pol. Horst *Köhler*, Köln.

Geschäftsführung: Rechtsanwalt Gerhard *Glattes*.

Prokuristen: Rechtsanwalt Eberhard *Bulling* (Rechtswesen); Dr. Rimbert *Gatzweiler* (Exploration); Dipl.-Kfm. Klaus *Rüth* (Kaufm. Bereich); Dipl.-Volksw. Eckhard *Strecker* (Markt und Absatz); Dr. Bernd *Vels* (Consulting).

Kapital: 40 Mill. DM.

Gesellschafter: C. Deilmann AG, Bad Bentheim, und Rheinbraun AG, Köln, mit je 50%.

Zweck: Aufsuchung, Gewinnung und Vertrieb von Uranerzen und anderen Mineralien im In- und Ausland, Beratung und Dienstleistungen auf diesem Gebieten. Tätigkeiten: Explorations- und Gewinnungsprojekte in Kanada und den USA. Verkauf von Natururan als Konzentrat oder Uranhexafluorid sowie Abwicklung aller damit in Zusammenhang stehenden Dienstleistungen. Über die Tochtergesellschaft Uranerz Exploration and Mining Limited Beteiligung an den Uranlagerstätten Key Lake, Eagle Point und Collins Bay (Rabbit Lake Aufbereitungsanlage), Midwest, McArthur River sowie an der Goldlagerstätte Preview und der Goldaufbereitungsanlage Star Lake, Nord Saskatchewan, Kanada. Über die Tochtergesellschaft Uranerz U.S.A., Inc. Beteiligung an der Uranlagerstätte Crow Butte, Nebraska.

Beteiligungen

Uranerz Exploration and Mining Limited, Saskatoon (Kanada).

Uranerz U.S.A., Inc., Denver, Col. (U.S.A.).

Urangesellschaft mbH

6000 Frankfurt/Main, Solmsstraße 2—26, Postfach 90 09 80, ☏ (069) 7 95 00 5-0, ✆ 4 13 199 uran d, Telefax (069) 79 50 05-55.

Aufsichtsrat: Ass. d. Bergf. Friedrich H. *Esser*, Steag AG, Vorsitzender; Dr. Hans Michael *Gaul*, Hannover, Veba AG, stellv. Vorsitzender; Reinhold *Offermann*, PreussenElektra AG; Dr. Peter *Rohde*, Essen, Ruhrkohle AG; Dr. rer. nat. Helmut *Völcker*, Essen, Steag AG.

Geschäftsführung: Hubert *Marbach*.

Kapital: 42 Mill. DM.

Gesellschafter: Steag AG, Essen, 55%; Veba Aktiengesellschaft, Bonn/Berlin; PreussenElektra AG, Hannover, zusammen 45%.

Zweck: Aufsuchen und Erschließen von Uranlagerstätten; Betrieb von Uranbergwerken und Uranerzaufbereitungsanlagen; Handel mit Uran in Form von Erzen, Konzentraten und Verbindungen; Beteiligung an Vorhaben und Unternehmungen auf diesem Gebiet; Vermittlung von Dienstleistungen im Brennstoffkreislauf bis zum angereicherten Uran, wie Transport, Lagerung, Versicherung, Finanzierung, Genehmigungen.

	1990	1991
Beschäftigte (Welt) . . . . (Jahresende)	40	30

Beteiligungen

Urangesellschaft Australia Pty Ltd, Melbourne (Australien), 100%.

Urangesellschaft Canada Ltd, Toronto (Kanada), 100%.

Urangesellschaft USA Inc, Denver (USA), 100%.

Société des Mines de l'Air (Somair), Niamey (Niger), 6,5%.

Nuclebras Auxiliar de Mineração SA (Nuclam), Rio de Janeiro (Brasilien), 49%.

Energy Resources of Australia (Era), Sydney, Australien, 4%.

Rössing Uranium Ltd., Windhoek (Namibia), 5%.

UG U.S.A., Inc., Atlanta (USA), 100%.

Montana
Handels- und Transportgesellschaft mbH

Dienstleistungen:	Haldenbewirtschaftung
Planierraupen,	Waschberge
Ladegeräte, Bagger,	Baustoffe aller Art
Siebanlagen und Brecher	Kessel und Flugaschen
Entsorgung und Recycling	Transporte aller Art/ Spezialtransporte

Frydagstr. 30
4670 Lünen

Telefon
02306/2402-0

Telefax
02306/240224

SCHACHTBAU NORDHAUSEN
Ihr Partner unter & über Tage!

Ein traditionsreicher Bergbauspezialbetrieb, der seine Fachleute und Erfahrungen aus über 90 Jahren Baustellentätigkeit in einem breiten Produktionsprofil einsetzt. — Wir übernehmen Aufträge für Bergbau, Energiewirtschaft, Wasserwirtschaft, Umweltschutz, Ingenieur- und Tiefbau und andere Bedarfsträger.

Unser Leistungsangebot:

- Bau- u. Bergbauspezialleistungen
- Schachtinstandsetzung u. -verwahrung
- Bauwerks- u. Baugrundsanierung
- Stollen-, Strecken- und Tunnelvortrieb
- Bohrpfähle u. Verankerungen
- Spritzbeton- u. Kunstharzarbeiten
- Baustoffprüfung, Baugrubenverbau
- Spreng- u. Abrißarbeiten, Schlitzwände
- Zulassung als Schweißbetrieb
- Stahl-, Maschinen- u. Behälterbau
- Brückenbau für Straße und Bahn
- Bau von Druckgefäßen
- Bau v. Kläranlagenausrüstungen
- Hydraulikmaschinenbau Forsttechnik
- Montage- u. Serviceleistungen
- Aeroquip-Service

Schachtbau Nordhausen GmbH
Industrieweg 2a
O-5500 Nordhausen
Telefon (0 36 31) 53 20
Fax (0 36 31) 5 32-3 34
Telex 340 301

1 BERGBAU

Zinn-Wolfram Exploration GmbH

5205 Sankt Augustin 1, Sandkaule 9, ☏ (02241) 336876.

Bergbauabteilung: 6240 Königstein/Ts., Sodener Str. 2–4, ☏ (06241) 88212.

Geschäftsführende Gesellschafter: Dr. Christian *von Meister*; Stefan H. *Nitschke*.

Chefgeologe: Dr. Thomas *Lowell*.

Gründung: 1986.

Kapital: 5,4 Mill. DM.

Tochtergesellschaft: Southwest Gold Company, Denver, Col. (USA), Chief Officer: Harald *Hoegberg*, Ph. D.

Zweck: Exploration und bergbauliche Nutzung von eigenen Edelmetallkonzessionen in den USA, Beteiligung an Joint Venture-Bergbauvorhaben in Südamerika, Prospektion auf mineralische Rohstoffe (Edelmetalle, Kupfer) für eigene und fremde Rechnung.

Produktion (1991): 90732 Unzen Gold-Inhalt, 521956 Unzen Silber-Inhalt, 2906 t Kupfer-Inhalt.

Consulting-Gesellschaften

CMC – Ceramic Minerals Consulting GmbH

6255 Dornburg 2, Bahnhofstraße 66, ☏ (06436) 4044, ✄ 4821612 tosl, Telefax (06436) 60949.

Geschäftsführung: Dr. Werner *Fiebiger*, Günther *Schmidt*.

Kapital: 100000 DM.

Gesellschafter: Stephan Schmidt KG, Dornburg-Langendernbach.

Zweck: Beratung von Bergbau- und Industrieunternehmen bei der Aufsuchung, Bewertung, Gewinnung, Aufbereitung, Verarbeitung und Vermarktung von Industrie-Mineralen, Rohstoffen für die keramische, Feuerfest- und Steine & Erden-Industrie. Entwicklung von Standard-Rohstoffen und industrielle Anwendungsberatung, einschließlich Labordiensten.

Fraser
Gesellschaft für Unternehmensberatung m.b.H.

4300 Essen, Zindelstr. 12, Postfach 101263, ☏ (0201) 810390, ✄ 8579324, Telefax (0201) 234668.

Geschäftsführung: Dr.-Ing. Freimut *Hinsch*, Dr. oec. publ. Christian *Ochsenbauer*, Dr.-Ing. Helmut *Schmitt*, MBA.

Prokurist: D. *Möllenhoff*.

Kapital: 1,8 Mill. DM.

Gesellschafter: 12 Berater.

Zweck: Beratung von Industrie- und Bergbauunternehmen sowie öffentlichen Versorgungsbetrieben.

Vertreten in Brasilien, Jordanien, Frankreich, Spanien.

GFE GmbH Halle
Geologische Forschung und Erkundung – GmbH

O-4060 Halle, Köthener Straße 34, ☏ 8600, ✄ 04254, Telefax 26454.

Geschäftsführung: Dr. Wolfgang *Haase*, Dr. Werner *Reichenbach*.

Zweck: Geologie und Umwelttechnik: Umweltgeologie, Ingenieurgeologie, Hydrogeologie, Bodengeologie, Lagerstättengeologie, Geoerkundung, Kontaminationsanalytik, Rohstoffuntersuchung, Vermessungsarbeiten, Bohr- und Sondierarbeiten, Umweltverträglichkeitsgutachten, Baugrunduntersuchungen, Sanierungserkundung, Gefährdungsabschätzungen von Altlastenverdachtsflächen und Standorten, geologische Modellierung und Aufbau von Datenbanken.

Niederlassungen/Filialen: Schwerin, Stendal, Berlin, Freiberg, Potsdam.

Beteiligungen

Geotech GmbH Berlin, Handelsgesellschaft.
GFE Baustoff-Recycling GmbH.

Gesamtbeschäftigte: 450.

Dr. Otto Gold GmbH & Co KG
Ingenieurgesellschaft für Geologie und Bergbau

5000 Köln 30, Widdersdorfer Str. 236–240, Postfach 300449, ☏ (0221) 49706-0, Telefax (0221) 4970663, BTX (0221) 497061.

Geschäftsführung: Dipl.-Kfm. Dipl.-Ing. Ralf *Gold*.

Prokuristen: Dipl.-Geologe Dr. Walther *Schiebel*, Dipl.-Berging. Willibald *Streck*.

Zweck: Bergbauberatung von Prospektion bis Betrieb, Deponieplanung, Altlastenanalyse, Entwicklung und Vertrieb von Bergbausoftware, Marktanalysen und Managementberatung.

Niederlassung in USA: Manager U. S. Operations Charles E. *Spear*, Houston, Telefax (713) 7897430.

SPEZIALGESELLSCHAFTEN

Kali und Salz Consulting GmbH

3500 Kassel, Friedrich-Ebert-Str. 160, Postfach 102029, ☎ (0561) 301-0, ✂ 99632-0 wuk d, Telefax (0561) 301-702, Teletex 561898 wuk.

Beirat: Dr.-Ing. Hans *Schneider* (Vorsitz); Dr. Ralf *Bethke;* Axel *Hollstein;* alle Kali und Salz AG, Kassel.

Geschäftsführung: Dipl.-Wirtsch.-Ing. Matthias *Plomer;* Dipl.-Ing. Peter *Schedtler;* Dr. Ingo *Stahl.*

Stammkapital: 100 000 DM.

Gesellschafter: Kali und Salz AG, 100%.

Zweck: Beratung von Bergbauunternehmungen bei der Aufsuchung, Gewinnung, Verarbeitung und Vermarktung von Kali- und Steinsalzen einschließlich beibrechender Mineralien.

Lurgi Öl · Gas · Chemie GmbH

D-6000 Frankfurt am Main 11, Lurgi-Allee 5, Postfach 111231, ☎ (069) 5808-0, ✂ 41236-0 lg d, Telefax (069) 5808-3888.

Geschäftsführung: Dipl.-Ing. Emil *Persch,* Vorsitzender; Dipl.-Ing. Gerhard *Cornelius;* Dr.-Ing. Carl *Hafke;* Hans *Koch;* Dr. rer. nat. Klaus *Naumburg;* Dipl.-Ing. Andreas *Schilcher.*

Gesellschafter: Lurgi AG, 100%.

Geschäftsbereich Mineralöltechnik

Leitung: Dr. rer. nat. Klaus *Naumburg.*
☎ (069) 5808-3020, Telefax (069) 5808-2639.
Dipl.-Ing. Andreas *Schilcher.*
☎ (069) 5808-1410, Telefax (069) 5808-2639.

Arbeitsgebiet: Verarbeitung von Rohöl und seinen Fraktionen sowie Erzeugung, Gewinnung und Verarbeitung petrochemischer Grundstoffe.

Geschäftsbereich Gas- und Synthesetechnik

Leitung: Dr.-Ing. Carl *Hafke.*
☎ (069) 5808-3780, Telefax (069) 5808-2879.

Arbeitsgebiet: Erzeugung von Heiz- und Synthesegasen sowie Wasserstoff aus flüssigen oder gasförmigen Kohlenwasserstoffen. Gasreinigung und Schwefelgewinnung. Erdgasspeicher. Komplette Anlagen zur Erdgasaufbereitung. Synthesen.

Geschäftsbereich Pharma und Chemietechnik

Leitung: Dipl.-Ing. Gerhard *Cornelius.*
☎ (069) 5808-3296, Telefax (069) 5808-2742.

Arbeitsgebiet: Planung, Lieferung, Bau, Inbetriebnahme von Anlagen zur Erzeugung anorganischer Schwerchemikalien und Produkte wie Phosphorsäure, Düngemittel, Natronlauge, Salzsäure, Soda sowie Bleichchemikalien für die Zellstoffindustrie; Anlagen zum Eindampfen und Kristallisieren sowie Aufarbeitung von Abfallprodukten wie Dünnsäuren und Abwasser; Anlagen der Fett-, Öl-, Waschmittel- und Stärkechemie; Anlagen für die organische und anorganische Feinchemie sowie Pharma; Anlagen außerhalb der Verfahrenspalette der Lurgi.

Tochtergesellschaften: 15 Tochtergesellschaften und 8 Repräsentanzen und Vertretungen im Ausland.

Mecon — Meeres- und Energietechnologie Consulting GmbH

2000 Hamburg 1, Nagelsweg 41, ☎ (040) 233481, Telefax (040) 231543.

Beirat: Gerd *Diekmann,* Geschäftsführer der Hapag Lloyd Transport & Service GmbH, Hamburg; Horst-Dieter *Eickelberg,* Mitglied des Vorstandes der Deutsche Tiefbohr-Aktiengesellschaft, Bad Bentheim; Rolf D. *Kruttwig,* Westdeutsche Landesbank Girozentrale, Düsseldorf.

Geschäftsführung: Dipl.-Ing. Dieter *Koenig.*

Kapital: 200000 DM.

Gesellschafter: Verband für Schiffbau und Meerestechnik e. V. (VSM), 25%; Preussag AG, 25%; Westdeutsche Landesbank, 25%.

Zweck: Beratung von Wirtschaft und Behörden in der Meeres- und Energietechnologie; Schwerpunkte des Beratungsdienstes liegen bei Marktforschung und Marketing, Projektplanung sowie Zusammenarbeit mit Entwicklungs- und Schwellenländern.

Montan-Consulting GmbH (MC)

4300 Essen 1, Rellinghauser Straße 1, Postfach 103262, ☎ (0201) 177-1, ✂ 857651 rag d.

Beirat: Dr.-Ing. Peter *Rohde,* Vorsitzender; Bergrat a. D. Rainer *Kolligs,* stellv. Vorsitzender; Dr. rer. nat. Hans-Wolfgang *Arauner;* Wilhelm *Beermann;* Ass. d. Bergf. Friedrich H. *Esser;* Professor Dr.-Ing. Rudolf *von der Gathen;* Dr.-Ing. Heinrich *Heiermann;* Rechtsanwalt Klaus-Peter *Kienitz;* Dipl.-Ing. Walter *Ostermann.*

Geschäftsführung: Dr.-Ing. Gerd *Stolte,* Vorsitzender; Bergass. Arnold *Haarmann;* Ass. d. Bergf. Walther *Nithack.*

1 BERGBAU

Prokuristen: Dipl.-Ing. Otmar *Bongert;* Dipl.-Ing. Jörn *Fünfstück;* Dipl.-Ing. Helmut *Palm;* Kfm. Wolfram *Spee;* Dr.-Ing. Peter *Wilczynski.*

Kapital: 1 Mill. DM.

Gesellschafter: Ruhrkohle International GmbH, Essen, 100%.

Auslandsvertretungen in Australien, Indien, Spanien, Türkei.

Zweck: Prospektion und Exploration; Rohstoffuntersuchungen; Beurteilung der Bauwürdigkeit mineralischer Lagerstätten. Projektierung, Ausführungsplanung, Bauüberwachung, Inbetriebnahme und Betriebsführung von Bergwerksanlagen; Untersuchungen zur Mechanisierung und Rationalisierung von Betrieben; Planung, Errichtung und Begutachtung von Aufbereitungsanlagen, Kokereien und Veredelungsbetrieben; neue Technologien, Materialprüfungen; Ausbildungsprogramme; Aus- und Fortbildung von Fachkräften; Entwicklung und Anwendung von EDV-Programmen für technische und wirtschaftliche Aufgaben im Bergbau; Umweltschutz.

Rheinbraun Engineering und Wasser GmbH

5000 Köln 41, Stüttgenweg 2, Postfach 410762, ☎ (0221) 480-1, ✄ (17) 2214228, Telefax (0221) 480-3550, Teletex 2214228 rbcox.

Beirat: Dr.-Ing., Dr.-Ing. E. h. Hans-Joachim *Leuschner*, Rodenkirchen, Vorsitzender; Dr.-Ing. Bernhard *Thole*, Köln; Dr.-Ing. Dietrich *Böcker*, Brühl; Dr. Horst J. *Köhler*, Brühl; Jan *Zilius*, Köln.

Geschäftsführung: Dipl.-Kfm. Helmut *Gersch*, Dipl.-Ing. Helmut *Goedecke*, Dipl.-Ing. Karl *Zimmermann.*

Prokuristen: Dipl.-Kfm. Hans-Dieter *Bertram*, Dr.-Ing. Burkhard *Boehm*, Dipl.-Ökonom Jürgen *Braun*, RA Walter *Fröhling*, Dipl.-Ing. Christian *Herbst*, Dipl.-Betriebswirt Hans-Georg *Herget*, Dr.-Ing. Hermann *van Leyen*, Dipl.-Ing. Hans *Poths*, Ass.-jur. Wolfgang *Schulte*, Dr. rer. nat. Rudolf *Voigt.*

Gegründet: 1965.

Kapital: 15 Mill. DM.

Zweck: Sparte Engineering: Aufsuchen und Bewerten von Lagerstätten, Planung von Tagebauen sowie von Tagebau- und Kohleveredlungsanlagen, Ausschreibungen und Bewertung von Angeboten, Konstruktions- und Montageüberwachung, Qualitätsabnahmen, Kontrolle und Inbetriebnahme, Betriebs- und Managementberatung, Unterstützung bei der Durchführung des Betriebes einschließlich Training; unabhängige Gutachten und Sicherheitsuntersuchungen an Tagebaugeräten, Spezialgebiete: Luftbildvermessung, Geologie, Bergbauplanung, Hydrologie, Geotechnik, Bohrtechnik und Wasserwirtschaft, Fördertechnik (Gewinnung, Transport, Verkippung), mechanische und elektrotechnische Ausrüstungen, Instandhaltung und Werkstätten, Kohleveredlung, Braunkohlenfeuerungstechnik, Stromerzeugung, Baugrunduntersuchung, energiewirtschaftliche Studien, Rekultivierung, Umweltschutz und Wasserversorgung. Sparte Wasser: Beschaffung, Aufbereitung und Vertrieb von Wasser, Errichtung und Betrieb zugehöriger Anlagen.

Auslandsvertretungen in: Brasilien, Griechenland, Indonesien, Thailand.

Beteiligungen

Rheinbraun-Consulting USA, Inc., Washington, Pennsylvania.
Rheinbraun-Consulting Australia Pty. Ltd., Sydney.

Saarberg-Interplan
Gesellschaft für Rohstoff-, Energie- und Ingenieurtechnik mbH

6600 Saarbrücken 2, Malstatter Markt 13, Postfach 73, ☎ (0681) 4008-0; ✄ 4421216 sipw d, Telefax (0681) 4008-298, ⌨ Saarinterplan Saarbrücken.

Beirat: Dipl.-Ing. Dipl.-Kfm. Hans-Reiner *Biehl*, Vorsitzender des Vorstandes der Saarbergwerke AG, Saarbrücken, Vorsitzender; Ministerialrat Dr. Jürgen *Siewert*, Bundesministerium der Finanzen, Bonn, stellv. Vorsitzender; Professor Werner *Brocke*, UEP Umwelt Engineering Partner GmbH, Berlin; Ministerialrat Dr. Thomas *Christmann*, Ministerium für Wirtschaft, Saarbrücken; Bergwerksdirektor Werner *Externbrink*, Mitglied des Vorstandes der Saarbergwerke AG, Saarbrücken; Minister a. D. Werner *Klumpp*, Präsident des Sparkassen- und Giroverbandes Saar, Saarbrücken; Dr.-Ing. Hannes *Kneissl*, Geschäftsführender Gesellschafter der Kneissl Energie Consult GmbH, Deisenhofen; Staatssekretär a. D. Dr. h. c. Siegfried *Lengl*, Tegernsee.

Geschäftsleitung: Assessor jur. Wolfgang *Brück*, Geschäftsführer; Dipl.-Ing. Wolfgang *Fosshag*, Geschäftsführer.

Prokuristen: Dr. rer. nat. Harald *Demuth* (Bergbautechnik); Dipl.-Kfm. Horst *Kraemer* (Verwaltung); Dr. Ing. Michael *Schloenbach* (Bohrtechnik und Bergbauspezialarbeiten); Ing. Civil AILG. Etienne *Staudt* (Wassertechnik); Dipl.-Ing. Ewald *Stoll* (Energietechnik, Kokereitechnik, Aufbereitungs- und Fördertechnik); Dipl.-Ing. Hermann *Weber* (Marketing + Business Development); Rechtsanwalt Martin *Wortmann* (Rechtswesen und Versicherungen).

Kapital: 10 Mill. DM.

Alleiniger Gesellschafter: Saarbergwerke AG (74% Bundesrepublik Deutschland, 26% Saarland).

Zweck: Bergbauberatung: Prospektion/Exploration; Bewertung von Lagerstätten und Bergwerksanlagen; Studien und Wirtschaftlichkeitsuntersuchungen; Beratung, Planung, Inbetriebnahme von Bergwerken. Bohrtechnik und Bergbauspezialarbeiten: Großlochbohrungen; Unter- und Übertagebohrungen; Schachtteufarbeiten; Streckenvortrieb.
Energietechnik und Kraftwerksbau: Studien; Beratung, Planung, Bau von Kraftwerksanlagen, Fernwärmenetzen, Klärschlammtrocknung, Müllverbrennungsanlagen.
Ingenieurtechnik und Kohlenveredelung: Kokereitechnik; Kohlenveredelung und -aufbereitung; Hydrierung und Vergasung; Kohleneinblastechnik.
Wassertechnik: Planung, Bau, Inbetriebnahme von kommunalen und industriellen Abwasseranlagen; UV-Behandlungsanlagen; Altlastensanierung.

Sachtleben Bergbau GmbH & Co. Abteilung Bergbauplanung

(Hauptbeitrag der Sachtleben Bergbau GmbH & Co. in Abschn. 4 in diesem Kapitel)

5940 Lennestadt 1, ☎ (02721) 8351, ✄ 875109 pyrit d, Telefax (02721) 835319.

Leitung: Dr.-Ing. Jürgen *Hermann*.

Persönlich haftende Gesellschafterin: Sachtleben Bergbau Verwaltungsgesellschaft mbH, Lennestadt.

Thyssen Engineering GmbH

4300 Essen, Am Thyssenhaus 1, Postfach 103854, ☎ (0201) 106-1, ✄ 857757-0 ti d, Telefax (0201) 238475, ⌨ Thyssenengineering Essen.

Aufsichtsrat: Dr.-Ing. Eckhard *Rohkamm*, Essen, Vorsitzender; Dr.-Ing. Klaus *Bösenberg*, Duisburg, stellv. Vorsitzender; Professor Otto *Geisler*, Hamburg; Dipl.-Kfm. Dr. Wolfgang *Große-Büning*, Bochum; Dr.-Ing. Claus *Hendricks*, Essen; Dipl.-Kfm. Dr. Ernst *Höffken*, Duisburg. Arbeitnehmervertreter: Günter *Schreiber*, Dortmund; Bernd *Gondermann*, Bochum; Günter *Pohl*.

Geschäftsführung: Heinrich *Igelbüscher*, Vorsitzender; Dr. Rainer J. *Reichelt;* Dietrich *Weger;* Helmut *Wieczorek*.

Prokuristen: Professor Dr.-Ing. Ihsan *Barin*, Rainer *Benninghaus*, Dr. Hartmut *Eipper*, Horst *Engels*, Dirk *Jonberg*, Direktor Winfried *Kracht*, Dr. Günter *Nachtigall*, Knut *Papajewski*, Direktor Wolfgang *Reinartz*, Werner *Schorn*, Willi *Wörner*.

Zweck: Planung und Errichtung von Anlagen und Systemen für den Umweltschutz, die Abfallbehandlung und Wasseraufbereitung, Wirbelschichtverbrennungsanlagen, Energiesysteme, Fertigungsanlagen und Verkehrssysteme, Ofenbau sowie Tätigkeiten aller Art, die mit den vorgenannten Aufgaben in einem technischen oder wirtschaftlichen Zusammenhang stehen. Die Gesellschaft ist zu allen Geschäften und Maßnahmen berechtigt, die mit dem Gesellschaftszweck direkt oder indirekt zusammenhängen oder ihn zu fördern geeignet sind. Sie ist insbesondere berechtigt, den Gesellschaftszweck in Form von Beteiligungen zu verfolgen.

Kapital: 116,5 Mill. DM.

Alleiniger Gesellschafter: Thyssen Industrie AG.

Niederlassungen in Berlin, Hamburg, Mannheim, München.

Beteiligungen
Still Otto GmbH, Bochum, 75,1%.
Didier Ofu Engineering GmbH, Essen, 70%.
Aqua Engineering Ges. mbH, Salzburg, 100%.
Aug. Klönne GmbH, Dortmund, 100%.
Thyssen Umweltsysteme GmbH, Dresden, 100%.

Förderverein der Bergbauzulieferindustrie e. V.

4130 Moers, Bergwerkstraße, ☎ (02841) 101-247, Telefax (02841) 101-233.

Vorsitzender: Christian *Hagemeier*, Geschäftsführer der Westfalia Becorit Industrietechnik GmbH, Lünen.

Stellv. Vorsitzender: Dr. Dietrich *Braun*, Geschäftsführer der Halbach & Braun GmbH & Co. Maschinenfabrik, Wuppertal.

Schatzmeister: Heinz *Rottsieper*, Prokurist der Hermann Hemscheidt Maschinenfabrik GmbH & Co., Wuppertal.

Geschäftsführung: Gemeinnütziges Bildungsforum Moers im Technologiepark Eurotec GmbH.

Zweck: Der Förderverein der Bergbauzulieferindustrie e. V. versteht sich als Selbsthilfeorganisation der Bergbauzulieferunternehmen und Bergbauspezialgesellschaften in Nordrhein-Westfalen mit dem Ziel, die Innovation in der Bergbauzulieferbranche zu fördern, ihre technologische Position insbesondere durch Weiterbildungsmaßnahmen verbessern zu helfen und einen Beitrag zum nachhaltigen Wandel der Wirtschaftsstruktur des Landes Nordrhein-Westfalen zu leisten.

Gründung: 22. März 1991. Der Förderverein besteht aus 37 Mitgliedsunternehmen (Stand August 1992) mit rd. 21 000 Beschäftigten. Mitglieder im Förderverein der Bergbauzulieferindustrie e. V. können alle Bergbauzulieferer und Bergbauspezialgesellschaften in Nordrhein-Westfalen werden.

7. Organisationen

Wirtschafts- und Berufsverbände

Wirtschaftsvereinigung Bergbau eV

5300 Bonn 1, Zitelmannstr. 9-11, Postfach 120280, ☏ (0228) 54002-0, ⌁ 8869566 wvb d, Telefax (0228) 5400235, ⌁ Wevaubergbau Bonn.

Vorstand: Dr.-Ing. Dr.-Ing. E. h. Hans-Joachim *Leuschner*, Rheinbraun AG, Präsident; Dr. rer. pol. Heinz *Horn*, Ruhrkohle AG, Mitglied des Präsidiums; Dr. rer. pol. Volker *Schäfer*, Kali und Salz AG, Mitglied des Präsidiums; Bergass. a. D. Dr.-Ing. E. h. Senator h. c. Friedrich Carl *Erasmus*, Essen; Dr. rer. nat. Hans-Wolfgang *Arauner*, Ruhrkohle Westfalen AG; Dr.-Ing. Hans-Georg *Belka*, Klasmann-Deilmann GmbH; Dipl.-Ing. Dipl.-Kfm. Hans-Reiner *Biehl*, Saarbergwerke AG; Professor Dr.-Ing. habil. Klaus-Dieter *Bilkenroth*, Vereinigte Mitteldeutsche Braunkohlenwerke AG; Dipl.-Ing. Herbert *de Boer*, Preussag Stahl AG; Ass. d. Bergf. Karl H. *Brümmer*, Deilmann-Haniel GmbH; Ass. d. Bergf. Friedrich H. *Esser*, Steag AG; Dipl.-Ing. Werner *Externbrink*, Saarbergwerke AG; Dr. oec. Wolfgang *Haase*, Geologische Forschung + Erkundung GmbH; Dr.-Ing. Heinrich *Heiermann*, Ruhrkohle AG; Dr.-Ing. Dieter *Henning*, Lausitzer Braunkohle AG; Dr.-Ing. Hans *Jacobi*, Ruhrkohle Niederrhein AG; Dipl.-Kfm. Dipl.-Volksw. Dr. rer. pol. Jens *Jenßen*, Ruhrkohle AG; Ass. d. Bergf. Günter *Krallmann*, Preussag Anthrazit GmbH; Dipl.-Kfm. Günter *Meyhöfer*, Eschweiler Bergwerks-Verein AG; Dr. rer. oec. Dipl.-Kfm. Hartmut *Mielsch*, Gewerkschaft Auguste Victoria; Dr.-Ing. Hans *Schneider*, Kali und Salz AG; Dipl.-Ing. Dipl.-Wirtsch.-Ing. Claus N. A. *Siebel*, Exploration und Bergbau GmbH; Dipl.-Volksw. Friedhelm *Teusch*, Mitteldeutsche Kali AG; Dr.-Ing. Bernhard *Thole*, Rheinbraun AG.

Ständige Gäste: Dipl.-Ing. Herbert *Kleinherne*; Bergrat a. D. Dipl.-Ing. Rainer *Kolligs*; Dipl.-Geol. Dr.-Ing. E. h. Günter *Saßmannshausen*.

Hauptgeschäftsführung: Dipl.-Berging. Dr.-Ing. Harald *Kliebhan*; Professor Dr. rer. oec. Harald B. *Giesel*.

Mitglieder der Geschäftsführung: Ass. d. Bergf. Gerhard *Florin*; Bergass. Dr.-Ing. Hans Günther *Gloria*; Rechtsanwalt Hans-Ulrich *von Mäßenhausen*.

Rechtsanwalt Dr. jur. Walter *Rietz* m. d. W. d. G. b.

Presse- und Öffentlichkeitsarbeit: Dipl.-Kfm. Siegfried *Naujoks*.

Vorsitzende der Fachausschüsse

Ausschuß für Berg- und Rohstoffwirtschaft: Dipl.-Geol. Dr.-Ing. E. h. Günter *Saßmannshausen*.

Rechtsausschuß: Dr. jur. Dietrich *Reinhardt*.
Unterausschuß Bergrecht: Rechtsanwalt Dr. jur. Kurt *Justen*.
Ausschuß für Sozialpolitik: Dipl.-Ing. Herbert *Kleinherne*.
Ausschuß für tarifpolitische Grundsatzfragen: Professor Dr. rer. oec. Harald B. *Giesel*.
Ausschuß für Steuern: Dr. rer. pol. Jens *Jenßen*.
Verkehrsausschuß: Dipl.-Ing. Dr.-Ing. Jürgen *Hennies*.
Ausschuß Öffentlichkeitsarbeit: Dipl.-Ing. Franz Gustav *Schlüter*.
Ausschuß für Verwaltungs- und Haushaltsfragen: Dr.-Ing. Hans *Schneider*.

Zweck: Wahrung und Vertretung der allgemeinen Belange der Unternehmen des Bergbaus im Bundesgebiet sowie Beratung aller Mitglieder im Rahmen der allgemeinen Aufgaben, die ihr von den Mitgliedsverbänden übertragen werden.

Mitglieder: Unternehmensverband Ruhrbergbau; Unternehmensverband Saarbergbau; Unternehmensverband des Aachener Steinkohlenbergbaus e. V.; Unternehmensverband des Niedersächsischen Steinkohlenbergbaus e. V.; Deutscher Braunkohlen-Industrie-Verein e. V.; Unternehmensverband Eisenerzbergbau e. V.; Kaliverein e. V.; Fachgruppe Metallerzbergbau im Gesamtverband der Deutschen Schwermetallindustrie in der Wirtschaftsvereinigung Metalle e. V.; Vereinigung der Bergbau-Spezialgesellschaften e. V.; Bergbaulicher Verein Baden-Württemberg e. V.; Bundesverband Torf- und Humuswirtschaft e. V.; Arbeitsgemeinschaft Schieferindustrie e. V.; Verein Deutsche Salzindustrie e. V.; Verband bergbaulicher Unternehmen und bergbauverwandter Organisationen; Fachvereinigung Auslandsbergbau e. V.; Arbeitsgemeinschaft Bayerischer Bergbau- und Mineralgewinnungsbetriebe e. V.; Verband Feuerfeste und Keramische Rohstoffe e. V.; Branchenverband Bergbau/Geologie e. V.

Bergschadensausfallkasse e. V.

5300 Bonn 1, Zitelmannstraße 9–11, Postfach 120280, ☏ (0228) 5400255/56, Telefax (0228) 5400235.

Vorstand: Dr. jur. Dietrich *Reinhardt*, Saarbergwerke AG, Vorsitzender; Dr. jur. Arne *Brockhoff*, Kali und Salz AG; Dr. jur. Klaus Bernhard *Bunte*, Preussag AG; Dr. jur. Horst *Erle*, Quarzwerke GmbH; Dr. rer. pol. Thomas *Frey*, Graphitwerk Kropfmühl AG; Dipl.-Ing. Dr.-Ing. Jürgen *Hennies*, Barbara Rohstoffbetriebe GmbH; Dr. jur. Kurt *Justen*, Rheinbraun AG.

WENDEZEITEN
WENDEZEITEN

**Im Strom des Jahrhunderts
Im Dienst der Industrie
Im Bann der Kohlenpolitik**

Von Dr. jur. Heinz Reintges

388 Seiten mit 20 Bildern. Ganzleinen-Einband mit Schutzumschlag. Preis 59 DM.

Verlag Glückauf GmbH
Postfach 103945 · 4300 Essen 1
Telefon (02 01) 1 72-15 46

Das Jahrhundert der Wendezeiten: So nennt Dr. jur. Heinz Reintges, langjähriges Geschäftsführendes Vorstandsmitglied und Hauptgeschäftsführer des Gesamtverbandes des deutschen Steinkohlenbergbaus, das 20. Jahrhundert. In seinen soeben erschienenen Lebenserinnerungen schildert der Verfasser, was er in seinem persönlichen Umfeld erlebt und was er im Dienst der Industrie und besonders im Dienst des deutschen Steinkohlenbergbaus bewirkt hat:

Die unruhigen 20er Jahre, den Wandel in der Chemischen Industrie während der Kriegs- und Nachkriegszeit und in den 50er Jahren die Wende in der Energiewirtschaft von der Knappheit zum Überfluß. Dieser Strukturwandel löste die „Kohlenkrise" aus, mit ihren einschneidenden Folgen und weitreichenden Problemen. Die Bemühungen um eine langfristig angelegte Kohlenpolitik, an denen der Verfasser maßgebend beteiligt war, führten zur Gründung der Ruhrkohle AG, zum Hüttenvertrag und zum Jahrhundertvertrag.

1 BERGBAU

Geschäftsstelle: Rechtsanwalt Hans-Ulrich *von Mäßenhausen*.

Gründung und Zweck: Der Verein wurde am 19. November 1987 gegründet. Seine Aufgabe ist der Ausgleich von Bergschadensersatzansprüchen, soweit der Geschädigte von keinem der ersatzpflichtigen Bergbauunternehmer oder Bergbauberechtigten Ersatz erlangen kann und der Bergschaden nach dem 31. Dezember 1981 verursacht worden ist.

Mitglieder: Unternehmen, die Steinkohle, Braunkohle, Salze, Kohlenwasserstoffe, Metallerz, Eisenerz oder sonstige Bodenschätze, die unter den Geltungsbereich des Bundesberggesetzes fallen, aufsuchen oder gewinnen.

Branchenverband Bergbau/Geologie e.V.

Geschäftsstelle: O-1040 Berlin, Invalidenstraße 44, ☏ (030) 2314 46 02, Telefax (030) 2314 46 03.

Vorstand: Dr. oec. Wolfgang *Haase*, GFE GmbH Halle, Präsident; Ass. d. Bergf. Manfred *Bergmann*, Wismut GmbH Chemnitz, Vizepräsident; Dipl.-Ing. Walter *Hintzmann*, Ost-Handels GmbH Berlin, Schatzmeister; Dipl.-Wirtsch. Horst *Rohm*, Geschäftsführer; Dr. rer. nat. Gerhard *Knitzschke*, Mansfelder Kupferbergbau GmbH; Dr.-Ing. Hans-Joachim *Laue*, Schachtbau Nordhausen GmbH; Günter *Schubardt*, Zinnerz Ehrenfriedersdorf GmbH; Dipl.-Berging. oec. Ullrich *Schuppan*, Gartec Geo- u. Umwelttechnik GmbH Doberlug-Kirchhain; Mitglied aus der Mansfeld AG – N. N.; Dr.-Ing. Uwe Gert *Müller*, Mibrag Bitterfeld, Mitglied mit beratender Stimme.

Geschäftsführung: Dipl.-Wirtsch. Horst *Rohm*, Geschäftsführer; Dr. Siegfried *Lächelt*, Mitarbeiter der Geschäftsführung; Dipl.-Wirtsch. Georg *Thiedke*, Mitglied der Geschäftsführung.

Ausschüsse: Dr. oec. Wolfgang *Haase* (Ausschuß für Tarifpolitik); Dipl.-Ing. Walter *Hintzmann* (Haushaltsausschuß); Dr. Werner *Runge* (Arbeitskreis Öffentlichkeitsarbeit); N. N. (Rechtsausschuß/UA Bergrecht).

Zweck: Wahrnehmung der allgemeinen wirtschaftspolitischen, sozialpolitischen und tariflichen Belange der Mitglieder. Der Verband koordiniert und führt Tarifverhandlungen und schließt Tarifverträge für seine Mitglieder ab.

Mitglieder: Bergbau und Tiefbau GmbH, Oelsnitz; Bohrgesellschaft Torgau mbH, Torgau; BLM – Gesellschaft für bohrlochphysikalische und geoökologische Messungen mbH, Leipzig; Date Consulting Nordhausen GmbH, Nordhausen; Erzprojekt Leipzig GmbH, Leipzig; Gartec GmbH, Doberlug-Kirchhain; Geologie- und Umweltservice GmbH, Gommern; Geologische Bohrwerkzeuge GmbH, Heidenau; Geologische Landesuntersuchung GmbH, Freiberg; Geologische Landesuntersuchung GmbH, Jena; Geos Ingenieurgesellschaft mbH, Freiberg; Geothermie GmbH, Neubrandenburg; GFE GmbH, Halle; Harz-Bergbau GmbH, Elbingerode; Hydrogeobohr GmbH, Nordhausen; Hydrogeologie GmbH, Nordhausen; Hydrogeologie-Brunnenbau GmbH, Nordhausen; Mansfeld Engineering GmbH, Eisleben; Mansfeld Kupfer-Silber-Hütte GmbH, Hettstedt; Mansfeld Rohhütten GmbH, Helbra; Mansfelder Kupfer-Bergbau GmbH, Niederröblingen; Rohstoff Consulting Dresden GmbH, Dresden; Schachtbau Nordhausen GmbH, Nordhausen; UWG GmbH, Gesellschaft für Umwelt- und Wirtschaftsgeologie mbH, Berlin; Wismut GmbH i. A., Chemnitz; Zinnerz GmbH, Altenberg; Zinnerz GmbH, Ehrenfriedersdorf.

Steinkohle

Gesamtverband des deutschen Steinkohlenbergbaus

4300 Essen 1, Friedrichstr. 1, Postfach 103663, ☏ (0201) 1805-0, ✆ 857830 berg d, Telefax (0201) 1805-437, 1805-444, ✉ Steinkohlenbergbau Essen.

Vorstand: Dr. rer. pol. Heinz *Horn* (Vorsitzender), Unternehmensverband Ruhrbergbau; Dipl.-Kfm. Günter *Meyhöfer* (stellv. Vorsitzender), Unternehmensverband des Aachener Steinkohlenbergbaus e. V.; Dipl.-Ing. Dipl.-Kfm. Hans-Reiner *Biehl* (stellv. Vorsitzender), Unternehmensverband Saarbergbau; Professor Dr. rer. oec. Harald B. *Giesel*; Dr.-Ing. Heinrich *Heiermann*, Unternehmensverband Ruhrbergbau; Dipl.-Kfm. Dipl.-Volksw. Dr. rer. pol. Jens *Jenßen*, Unternehmensverband Ruhrbergbau; Ass. d. Bergf. Günter *Krallmann*, Unternehmensverband des Niedersächsischen Steinkohlenbergbaus e. V.

Geschäftsführendes Vorstandsmitglied und Hauptgeschäftsführer: Professor Dr. rer. oec. Harald B. *Giesel*.

Mitglieder der Geschäftsführung: Rechtsanwalt Clemens Frhr. *von Blanckart*, Hückelhoven; Dr.-Ing. Günter *Heidelbach*, Essen; Rechtsanwalt Werner *Konrath*, Saarbrücken; Assessor jur. Peter *Lauffer*, Essen; Rechtsanwalt Wolfgang *Rehatschek*, Essen; Dipl.-Volksw. Wolfgang *Reichel*, Essen; Dr. jur. Walter *Rietz*, Essen; Dipl.-Volksw. Gerhard *Semrau*, Essen; Dipl.-Betriebsw. Günter *Stürznickel*, Essen; Rechtsanwalt Lothar *Westhoff*, Ibbenbüren.

Finanzen: Dr. phil. Konrad *Kadzik*.

Öffentlichkeitsarbeit: Dr. rer. pol. Günter *Dach*.

Ausschüsse

Ausschuß Angewandtes Arbeitsrecht: Rechtsanwalt Werner *Neuroth* (Vorsitzender); Dr. Hans-Udo *Borgaes* (stellv. Vorsitzender).

Ausschuß Arbeitsschutz und Arbeitsmedizin: Dipl.-Ing. Klaus *Hüls* (Vorsitzender); Dipl.-Ing. Bernhard *Rauß* (stellv. Vorsitzender).

Ausschuß Ausbildungswesen: Wolfgang *Wieder* (Vorsitzender).

Ausschuß Belegschaftswesen: Wilhelm Hans *Beermann* (Vorsitzender).

Ausschuß Betriebswirtschaft: Dipl.-Kfm. Dipl.-Volksw. Dr. rer. pol. Jens *Jenßen* (Vorsitzender); Dipl.-Kfm. Dieter *Schmidt* (stellv. Vorsitzender).

Umweltausschuß: Dr.-Ing. Heinrich *Heiermann* (Vorsitzender); Dipl.-Ing. Werner *Externbrink* (stellv. Vorsitzender).

Ausschuß Tarifwesen: Dr.-Ing. Heinrich *Heiermann* (Vorsitzender).

Gründung und Zweck: Der Verband wurde am 5. 6. 1952 von Bergwerksgesellschaften des Ruhrgebiets gegründet und hat folgende Aufgaben: Wahrnehmung der allgemeinen Belange der Unternehmen des Ruhrkohlenbergbaus im Zusammenwirken mit dem Gesamtverband des deutschen Steinkohlenbergbaus; Zusammenfassung der Unternehmungen des Ruhrkohlenbergbaus zur gemeinschaftlichen Zusammenarbeit mit den Vertretungen der Arbeitnehmer des Ruhrreviers in allen die Sozialpartner gemeinsam interessierenden Fragen; die Vertretung seiner Mitglieder als Arbeitgebervereinigung und Tarifpartei.

Gründung und Zweck: Der Verband wurde am 11. Dezember 1968 gegründet. Er hat die Aufgabe, die allgemeinen Belange der Unternehmen des Steinkohlenbergbaus in der Bundesrepublik Deutschland, insbesondere auf wirtschaftspolitischem und sozialpolitischem Gebiet, wahrzunehmen und zu fördern.

Die Mitgliedsverbände sind zuständig für tarifvertragliche Fragen ihres Reviers einschließlich des Abschlusses von Tarifverträgen und Verhandlungen darüber sowie für Angelegenheiten von vornehmlich regionaler Bedeutung.

Mitglieder: Unternehmensverband des Aachener Steinkohlenbergbaus eV; Unternehmensverband des Niedersächsischen Steinkohlenbergbaus eV; Unternehmensverband Ruhrbergbau; Unternehmensverband Saarbergbau.

Geschäftsstelle für Leistungsentlohnung

4300 Essen 1, Friedrichstr. 1, ℡ (0201) 1805-0.

Zweck: Die Geschäftsstelle für Leistungsentlohnung ist eine Einrichtung des Tarifausschusses der Industriegewerkschaft Bergbau und Energie und des Unternehmensverbandes Ruhrbergbau. Ihr Zuständigkeitsbereich erstreckt sich auf das Tarifgebiet des Unternehmensverbandes Ruhrbergbau.

Der Geschäftsstelle obliegen die überbetriebliche Schlichtung von Akkord-, Prämienleistungslohn- und Gedingestreitigkeiten sowie in Verbindung mit dem Refa-Fachausschuß Bergbau die Durchführung der Refa-Grundausbildung Bergbau.

Die Aufgaben der Geschäftsstelle werden vom Unternehmensverband Ruhrbergbau wahrgenommen.

Unternehmensverband Ruhrbergbau

4300 Essen 1, Friedrichstr. 1, Postfach 103663, ℡ (0201) 1805-0, ✂ 857830 berg d, Telefax (0201) 1805-437, 1805-444, ⌨ Steinkohlenbergbau Essen.

Vorstand: Dr. rer. pol. Heinz *Horn* (Vorsitzer), Ruhrkohle Aktiengesellschaft; Dipl.-Kfm. Günter *Meyhöfer* (stellv. Vorsitzer), Eschweiler Bergwerks-Verein AG; Dr.-Ing. Heinrich *Heiermann* (stellv. Vorsitzer), Ruhrkohle Aktiengesellschaft; Dr. rer. nat. Hans-Wolfgang *Arauner*, Ruhrkohle Westfalen AG; Professor Dr. rer. oec. Harald B. *Giesel;* Dipl.-Kfm. Dipl.-Volksw. Dr. rer. pol. Jens *Jenßen*, Ruhrkohle Aktiengesellschaft; Dipl.-Berging. Herbert *Kleinherne;* Dr. rer. oec. Hartmut *Mielsch*, Gewerkschaft Auguste Victoria.

Geschäftsführendes Vorstandsmitglied und Hauptgeschäftsführer: Professor Dr. rer. oec. Harald B. *Giesel.*

Geschäftsführer: Dr.-Ing. Günter *Heidelbach.*

Öffentlichkeitsarbeit: Dr. rer. pol. Günter *Dach.*

Unternehmensverband Saarbergbau

6600 Saarbrücken 3, Mainzer Str. 95, Postfach 361, ℡ (0681) 405-3423, ✂ 4421240, Telefax (0681) 405-3271.

Vorstand: Bergwerksdirektor Dipl.-Ing. Dipl.-Kfm. Hans-Reiner *Biehl*, Vorsitzender; Bergwerksdirektor Dipl.-Ing. Werner *Externbrink;* Direktor Rechtsanwalt Dr. jur. Dietrich *Reinhardt;* Dipl.-Kfm. Michael G. *Ziesler;* Rechtsanwalt Kurt *Spönemann* (Ehrenmitglied).

Geschäftsführung: Rechtsanwalt Werner *Konrath.*

Zweck: Wahrnehmung und Vertretung der allgemeinen Belange des Saarbergbaus im Zusammenwirken mit dem Gesamtverband des deutschen Steinkohlenbergbaus sowie Beratung und Vertretung seiner Mitglieder im Rahmen der Aufgaben des Verbandes. Vertretung seiner Mitglieder als Arbeitgebervereinigung und Tarifpartei.

Unternehmensverband des Aachener Steinkohlenbergbaus eV

5142 Hückelhoven, Sophiastraße, Postfach 1340, ☏ (02433) 883700, Fax (02433) 883703.

Vorstand: Dipl.-Kfm. Günter *Meyhöfer*, Vorsitzender; Bergwerksdirektor Dipl.-Berging. Hans-Georg *Rieß*, stellv. Vorsitzender; Ass. d. Bergf. Hermann *Steinbach*.

Beratender Ausschuß: Beim Unternehmensverband des Aachener Steinkohlenbergbaus eV ist ein beratender Ausschuß gem. Art. 48 Abs. III des Montanvertrages gebildet.

Geschäftsführung: Rechtsanwalt Clemens *Frhr. von Blanckart*.

Zweck: Vertretung der wirtschaftlichen Interessen des Aachener Steinkohlenbergbaus im Zusammenwirken mit dem Gesamtverband des deutschen Steinkohlenbergbaus; Zusammenfassung der Unternehmen des Aachener Steinkohlenreviers zur gemeinschaftlichen Zusammenarbeit mit den Vertretungen der Arbeitnehmer des Aachener Steinkohlenreviers in allen die Sozialpartner gemeinsam interessierenden Fragen; Vertretung der Unternehmen des Aachener Steinkohlenbergbaus in sozialen Fragen und als Tarifpartei.

Unternehmensverband des Niedersächsischen Steinkohlenbergbaus eV

3000 Hannover; Postanschrift: 4530 Ibbenbüren, Osnabrücker Str. 112, Postfach 1464, ☏ (05451) 513344, ✂ 94510.

Vorstand: Bergwerksdirektor Ass. d. Bergf. Günter *Krallmann*, Vorsitzender; Dipl.-Kfm. Jochen *Plumhoff*, stellv. Vorsitzender.

Geschäftsführung: Rechtsanwalt Lothar *Westhoff*.

Zweck: Wahrnehmung der allgemeinen Belange der Unternehmungen des niedersächsischen Steinkohlenbergbaus im Zusammenwirken mit dem Gesamtverband des deutschen Steinkohlenbergbaus. Zusammenfassung der Unternehmungen zur gemeinschaftlichen Zusammenarbeit mit den Vertretungen der Arbeitnehmer in allen die Sozialpartner interessierenden Fragen. Vertretung seiner Mitglieder als Arbeitgebervereinigung und Tarifpartei.

Abrechnungsstelle des Steinkohlenbergbaus GmbH

4300 Essen, Friedrichstraße 1, Postfach 100231, ☏ (0201) 1805-0, Telefax (0201) 1805-444/437.

Geschäftsführung: Ass. d. Bergf. Dr.-Ing. Wolfgang *Gatzka*.

Gesellschafter: Aachener Kohlen-Verkauf GmbH, (AKV); Ruhrkohle AG; Ruhrkohle-Verkauf GmbH; Saarbergwerke AG.

Zweck: Entgegennahme, Prüfung und Berechnung von Anträgen auf Gewährung von Beihilfen für die Lieferungen von Kokskohle, Einblaskohle und Hochofenkoks für Unternehmen der Eisen- und Stahlindustrie in der Europäischen Gemeinschaft für Kohle und Stahl nach Maßgabe der hierzu erlassenen Entscheidungen und Richtlinien.

Notgemeinschaft Deutscher Kohlenbergbau GmbH

4300 Essen 1, Friedrichstraße 1, Postfach 103663, ☏ (0201) 1805-1, Telefax (0201) 1805-444/437.

Beirat: Dr. rer. pol. Jens *Jenßen*, Essen, Vorsitzender; Dipl.-Volksw. Lothar *Kalka*, Essen, stellv. Vorsitzender; Dr. Carlo *Borggreve*, Essen; Professor Dr. rer. oec. Harald B. *Giesel*, Essen; Dr.-Ing. Heinrich *Heiermann*, Dinslaken; Rechtsanwalt Klaus-Peter *Kienitz*, Neukirchen-Vluyn; Ass. d. Bergf. Günter *Krallmann*, Ibbenbüren; Dipl.-Kfm. Hans *Messerschmidt*, Essen; Dr. rer. pol. Gerhard *Meyer*, Essen; Dipl.-Kfm. Günter *Meyhöfer*, Herzogenrath; Dipl.-Kfm. Heribert *Protzek*, Essen; Dr. jur. Wolfgang *Seidel*, Wassenberg; Dipl.-Kfm. Michael G. *Ziesler*, Saarbrücken.

Geschäftsführung: Günter *Christoph;* Ass. d. Bergf. Dr.-Ing. Wolfgang *Gatzka;* Dipl.-Kfm. Wolfgang *Hardt;* Dr. phil. Konrad *Kadzik;* Dipl.-Betriebsw. Günter *Stürznickel*.

Prokuristen: Dipl.-Betriebswirt Jürgen *Hünnebeck*, Rechtsanwalt Dr. Ernst *Salewski*, Franz *Sanders*, Karl-Heinz *Wahl*.

Gesellschafter: Gewerkschaft Auguste Victoria, Marl-Hüls; Eschweiler Bergwerks-Verein AG, Herzogenrath-Kohlscheid; Preussag Anthrazit GmbH, Ibbenbüren; Ruhrkohle AG, Essen; Saarbergwerke AG, Saarbrücken; Sophia-Jacoba GmbH, Hückelhoven.

Zweck: Durchführung von Aufgaben, die sich aus Gemeinschaftsaktionen des deutschen Kohlenbergbaus zur Verbesserung der Finanz-, Ertrags- und Absatzlage ergeben.

Pumpgemeinschaft Ruhr GbR

4300 Essen 1, Friedrichstraße 1, ☏ (0201) 105-1, ✂ Essen 857651.

Geschäftsführung: Die Geschäftsführung übernehmen die Mitgliedsgesellschaften abwechselnd für jeweils 2 Kalenderjahre, und zwar in alphabetischer

ORGANISATIONEN

Reihenfolge. Für das Jahr 1993 liegt die Geschäftsführung bei der Gewerkschaft Auguste Victoria, Victoriastraße 43, 4370 Marl.

Gründung und Zweck: Die Pumpgemeinschaft wurde am 1. Januar 1964 gegründet. Sie war bis zum 31. Dezember 1988 fest abgeschlossen und verlängert sich seitdem um jeweils 5 Jahre. Zweck der Pumpgemeinschaft ist es, nachteilige Auswirkungen, die sich aus einer nach dem 1. Januar 1959 durchgeführten Stillegung eines Steinkohlenbergwerks für die Wasserhaltung der Steinkohlenbergwerke der Mitgliedsgesellschaften im Steinkohlenbergbau Ruhr ergeben, nach Möglichkeit abzuwenden. Jede Mitgliedsgesellschaft trägt die Kosten der im Interesse ihres fortbestehenden Steinkohlenbergbaus erforderlichen Wasserhaltungsmaßnahmen selbst.

Mitglieder: Ruhrkohle AG; Eschweiler Bergwerks-Verein AG; Gewerkschaft Auguste Victoria.

Rationalisierungsverband des Steinkohlenbergbaus

4300 Essen 1, Friedrichstr. 1, ☏ (0201) 1805-1.

Verwaltungsrat: Dr. rer. pol. Heinz *Horn*, Mülheim, Vorsitzender; Dipl.-Kfm. Günter *Meyhöfer*, Herzogenrath, stellv. Vorsitzender; Dipl.-Kfm. Michael G. *Ziesler*, Brauweiler, stellv. Vorsitzender; Professor Dr. rer. oec. Harald B. *Giesel*, Essen; Dipl.-Kfm. Dipl.-Volksw. Dr. rer. pol. Jens *Jenßen*, Essen; Dipl.-Betriebsw. Martin *Lange*, Bensheim; Dr. rer. pol. Jochen *Melchior*, Essen; Dr. rer. oec. Hartmut *Mielsch*, Marl; Dipl.-Kfm. Arthur *Plankar*, Saarbrücken; Dipl.-Kfm. Jochen *Plumhoff*, Ibbenbüren.

Vorstand: Dr. phil. Konrad *Kadzik*, Düsseldorf, Vorsitzender; Clemens *Freiherr von Blanckart*, Wassenberg-Effeld.

Dezernenten: Udo *Gellings*, Bottrop; Dr. jur. Klaus *Römermann*, Essen; Karl-Heinz *Wahl*, Essen.

Kreditausschuß: Klaus *Burk*, Königstein, Vorsitzender; Dipl.-Kfm. Werner *Schaeper*, Düsseldorf, stellv. Vorsitzender; Günter *Christoph*, Essen; Heinz *Günther*, Hannover; Dr. rer. pol. Jens *Jenßen*, Essen; Dr. rer. nat. Hans-Winfried *Lauffs*, Herzogenrath; Dr. rer. pol. Jochen *Melchior*, Essen; Dipl.-Kfm. Arthur *Plankar*, Saarbrücken.

Verein für die bergbaulichen Interessen

4300 Essen 1, Friedrichstr. 1, Postfach 103663, ☏ (0201) 1805-0, ✆ 857830 berg d, Telefax (0201) 1805-437, 1805-444.

Vorstand: Dipl.-Kfm. Dipl.-Volksw. Dr. rer. pol. Jens *Jenßen*, Essen, Vorsitzender; Dipl.-Kfm. Günter *Meyhöfer*, Aachen, stellv. Vorsitzender; Dipl.-Ing. Werner *Externbrink*, Saarbrücken; Professor Dr. rer. oec. Harald B. *Giesel*, Essen; Dipl.-Kfm. Hans *Messerschmidt*, Essen; Dr. rer. oec. Hartmut *Mielsch*, Marl.

Geschäftsführung: Geschäftsführer: Dr. jur. Walter *Rietz*; Leiter der Kaufmännischen Verwaltung: Karl-Heinz *Wahl*; Leiter der Grundstücks- und Personal-Verwaltung: Karl-Heinz *Ehring*.

Gründung und Satzung: Gegründet am 20. 11. 1858, Rechtsfähigkeit erhalten durch Verleihung am 28. 4. 1893. Satzung in der Fassung vom 18. Februar 1991 durch die Aufsichtsbehörde genehmigt am 15. 3. 1991.

Zweck: Förderung der Interessen des Bergbaus im allgemeinen, besonders aber im rheinisch-westfälischen Industriebezirk.

Mitglieder: Alle Bergbaugesellschaften für ihre im rheinisch-westfälischen Industriebezirk gelegenen Zechen, und zwar die Gewerkschaft Auguste Victoria, die Eschweiler Bergwerks-Verein AG sowie die Ruhrkohle Aktiengesellschaft.

Verlag Glückauf GmbH

4300 Essen-Kray, Franz-Fischer-Weg 61; Postanschrift: Postfach 103945, 4300 Essen 1, ☏ (0201) 172-05, ✆ 8 579 545 gauf d, Telefax (0201) 293 630.

Aufsichtsrat: Bergassessor a. D. Hermann *Steinbach*, Vorsitzender; Bergwerksdirektor Wilhelm Hans *Beermann*; Professor Dr. rer. oec. Harald B. *Giesel*; Dr. rer. soc. oec. Paul *Girardet*; Dr.-Ing. Eduard *Hamm*; Verleger Karl Theodor *Vogel*.

Geschäftsführung: Dr.-Ing. Rolf Helge *Bachstroem*.

Prokurist: Dipl.-Ing. Werner *Kowalski*.

Kapital: 200 000 DM.

Gesellschafter: DeutscheMontanTechnologie für Rohstoff, Energie, Umwelt e. V., Essen, 50%; Verein für die bergbaulichen Interessen, Essen, 50%.

Gründung: 9. Juli 1918.

Beteiligung: Günther & Schwan Sortiments- und Verlagsbuchhandlung GmbH, Essen, 100%.

Bergbau-Verwaltungsgesellschaft mbH

4300 Essen 1, Friedrichstr. 1, Postfach 103663, ☏ (0201) 1805-0, ✆ 857830 berg d, Telefax (0201) 1805-437, 1805-444.

1 BERGBAU

Geschäftsführung: Dr. jur. Walter *Rietz;* Karl-Heinz *Wahl.*

Gesellschafter: Verein für die bergbaulichen Interessen, Essen.

Zweck: Vornahme aller Geschäfte, die der Gesellschaft vom Gesamtverband des deutschen Steinkohlenbergbaus, vom Unternehmensverband Ruhrbergbau oder vom Verein für die bergbaulichen Interessen, sämtlich in Essen, übertragen werden.

Statistik der Kohlenwirtschaft eV

4300 Essen 1, Friedrichstr. 1, ☏ (0201) 1805-0, ✍ 857830, Telefax 1805444.

5000 Köln 40, Max-Planck-Str. 37, ☏ (02234) 1864-56, ✍ 8883011, Telefax (02234) 55365.

Vorstand: Geschäftsführer Dipl.-Kfm. Jochen *Plumhoff*, Ibbenbüren, Vorsitzender; Bergwerksdirektor Dr. Horst *Köhler*, Köln, 1. stellv. Vorsitzender; Bergwerksdirektor Dr.-Ing. Wolfgang *Fritz*, Duisburg, 2. stellv. Vorsitzender; Geschäftsführer Ass. Dr. jur. Wolfgang *Seidel*, Hückelhoven; Ministerialdirektor a. D. Dr. Jens *Jenßen*, Essen; Geschäftsführer, Rechtsanwalt Werner *Konrath*, Saarbrücken.

Geschäftsführung: Ass. d. Bergf. Wolfgang *Behrens*, Essen; Dipl.-Volksw. Uwe *Maaßen*, Köln; Dipl.-Volksw. Gerhard *Semrau*, Essen; Dipl.-Ing. Dipl.-Wirtschaftsing. Christian *Stephan*, Essen.

Gründung und Zweck: Der Verein wurde am 8. 3. 1954 gegründet. Er hat die Aufgabe, die von den Behörden auf dem Gebiete der Kohlenwirtschaft angeforderten zusammenfassenden Statistiken zu erstellen. Er erfüllt für seine Mitglieder die gesetzliche Auskunftsverpflichtung und berät im Rahmen seines Zweckes die Behörden und juristischen Personen des öffentlichen Rechts.

Mitglieder: Unternehmensverband Ruhrbergbau; Unternehmensverband des Aachener Steinkohlenbergbaus eV; Unternehmensverband des Niedersächsischen Steinkohlenbergbaus eV; Unternehmensverband Saarbergbau; Deutscher Braunkohlen-Industrie-Verein eV.

Braunkohle

Deutscher Braunkohlen-Industrie-Verein eV

5000 Köln 40, Max-Planck-Straße 37, Postfach 400252, ☏ (02234) 1864-0, ✍ (17) 221521 = Rheinbr, Telefax (02234) 55365.

Vorstand: Bergwerksdirektor Dr.-Ing. Dr.-Ing. E. h. Hans-Joachim *Leuschner*, Köln, Vorsitzender; Bergwerksdirektor Dipl.-Ing. Klaus *Friedrich*, Helmstedt, stellv. Vorsitzender; Bergwerksdirektor Dr. rer. pol. Horst J. *Köhler*, Brühl, Schatzmeister; Bergwerksdirektor Professor Dr.-Ing. habil. Klaus-Dieter *Bilkenroth*, Hohenmölsen; Bergwerksdirektor Dr.-Ing. Dietrich *Böcker*, Brühl; Bergwerksdirektor Dr.-Ing. Dieter *Henning*, Senftenberg; Bergwerksdirektor Dipl.-Ing. Helmut *Lingemann*, Wölfersheim; Bergwerksdirektor Dipl.-Kfm. Hans-Jürgen *Rübenach*, Helmstedt; Bergwerksdirektor Dipl.-Ing. Dieter *Schwirten*, Senftenberg; Bergwerksdirektor Dr.-Ing. Bernhard *Thole*, Bergheim; Dipl.-Ing. Hans Sigismund *Freiherr Waitz von Eschen*, Kassel.

Geschäftsführung: Dr. rer. pol. Udo *von Fricken*, Hauptgeschäftsführer; Dr.-Ing. George *Milojcic*, Hauptgeschäftsführer; Rechtsanwalt Henning *Anz*, Justitiar; Bergschuldirektor Dipl.-Ing. Klaus *Schlutter;* Ing. Dieter *Veutgen*.

Außerdem nehmen im Einvernehmen mit den Mitgliedsgesellschaften noch folgende Herren Aufgaben im Deutschen Braunkohlen-Industrie-Verein wahr: Dipl.-Kfm. Peter *Joisten*, Dr. phil. Wolfgang *Rönnebeck*, Rechtsanwalt Dirk *Rühl*.

Prüfstelle für Tagebaugeräte: Dipl.-Ing. Emil *Tebroke*.

Pressestelle Braunkohle: Dr. phil. Wolfgang *Rönnebeck*.

Büro Berlin: Dipl.-Ing. Kurt *Waschkowski*, O-1040 Berlin, Invalidenstraße 44.

Zweck: Wahrung und Förderung von gemeinschaftlichen Interessen der Unternehmen des Braunkohlenbergbaus einschließlich der auf die Verarbeitung von Braunkohle gerichteten Industrien sowie Zusammenarbeit von Praxis und wissenschaftlicher Forschung im Aufgabenbereich des Verbandes. Verbandszeitschrift: Braunkohle, Tagebautechnik.

Mitglieder: *Ordentliche:* Braunschweigische Kohlen-Bergwerke Aktiengesellschaft, Helmstedt; Energiewerke Schwarze Pumpe AG, Schwarze Pumpe; Lausitzer Braunkohle Aktiengesellschaft, Senftenberg; PreussenElektra Aktiengesellschaft, Hannover; Rheinbraun Aktiengesellschaft, Köln; Vereinigte Mitteldeutsche Braunkohlenwerke AG, Bitterfeld; Zeche Hirschberg GmbH, Kassel. *Außerordentliche:* Clouth Gummiwerke AG, Köln; Otto Gold GmbH & Co. KG, Köln; Heinrich Hackenbroich KG, Kerpen; Dipl.-Ing. Manfred *Hagelüken*, Erftstadt-Bliesheim; Professor Dr.-Ing. Manfred *Hager*, Institut für Fördertechnik und Bergwerksmaschinen, Hannover; Dr. rer. pol. Erich *Hirte*, Köln; Ilse Bergbau GmbH, Bonn; Dipl.-Ing. Hans Bernd *Koenigs*, Bergheim/Erft; Professor Dr.-Ing. Joachim *Kowalewski*, Roetgen; Krupp Industrietechnik GmbH, Duisburg; Professor Dr.-Ing. Wolfgang *Lubrich*, Bad Schwartau; MAN Gutehoffnungshütte GmbH, Oberhausen; Harald *Meyer-Nixdorf*, Frielendorf-Todenhausen;

Dipl.-Ing. Friedrich *Oertel*, Schwandorf; O & K Orenstein & Koppel AG, Lübeck; Precismeca, Gesellschaft für Fördertechnik mbH, Sulzbach/Saar; Rheinbraun Engineering und Wasser GmbH, Köln; Conrad Scholtz GmbH, Hamburg; Stahl- und Maschinenbau Aktiengesellschaft, Regis-Breitingen; Schwermaschinenbau Lauchhammerwerk AG, Lauchhammer; Dipl.-Phys. Dr. rer. nat. Hans *Teggers*, Brühl; Union Rheinbraun Umwelttechnik GmbH, Hürth; Professor Dr.-Ing. Werner *Vogt*, Clausthal-Zellerfeld; Von Waitzische Erben GmbH & Co. KG, Kassel; Bergwerksdirektor i. R. Dipl.-Ing. Joseph *Weinberger*, Bad Pyrmont; Bergwerksdirektor i. R. Dr. rer. pol. Harald *Zacher*, Frechen-Königsdorf; Zeitschriftenverlag RBDV, Düsseldorf; Enel, Compartimento di Firenze, Gruppo Minerario di Santa Barbara, Arezzo/Italien; Public Power Corporation, Athen/Griechenland.

Verein Rheinischer Braunkohlenbergwerke eV

5000 Köln 40, Max-Planck-Straße 37, Postfach 400252, ☏ (02234) 1864-0, ✆ (17) 221521 = Rheinbr, Telefax (02234) 55365.

Vorstand: Bergwerksdirektor Dr.-Ing. Dr.-Ing. E. h. Hans-Joachim *Leuschner*, Köln, Vorsitzender; Bergwerksdirektor Dr. rer. pol. Horst J. *Köhler*, Brühl, Schatzmeister; Bergwerksdirektor Dr.-Ing. Dietrich *Böcker*, Brühl; Rechtsanwalt Gerhard *Glattes*, Swisttal-Heimerzheim; Direktor Dipl.-Ing. Helmut *Goedecke*, Köln; Direktor Dipl.-Ing. Hans-Jürgen *Schultze*, Eschweiler-Dürwiß; Direktor Dr.-Ing. Karl-August *Theis*, Köln; Direktor Dr.-Ing. Hans-Jürgen *Thiede*, Grevenbroich; Bergwerksdirektor Dr.-Ing. Bernhard *Thole*, Bergheim; Direktor Dipl.-Ing. Karl *Zimmermann*, Köln.

Geschäftsführung: Dr. rer. pol. Udo *von Fricken*, Hauptgeschäftsführer; Dr.-Ing. George *Milojcic*, Hauptgeschäftsführer; Rechtsanwalt Henning *Anz*, Justitiar; Bergschuldirektor Dipl.-Ing. Klaus *Schlutter*.

Gründung und Zweck: Der Verein wurde im Jahre 1948 gegründet. Er bezweckt die Bearbeitung von Fragen und die Durchführung von Aufgaben, die für das Rheinische Braunkohlenrevier von Bedeutung sind. Hierzu gehört auch die Bereitstellung von Mitteln für die Unterhaltung der Rheinischen Braunkohlenbergschule; die Regelung allgemeiner Arbeitsbedingungen, insbesondere der Abschluß von Tarifverträgen für das Rheinische Braunkohlenrevier; die Durchführung der ihm als Erzeugerverband nach dem EGKS-Vertrag (Artikel 48) obliegenden Aufgaben.

Mitglieder: Rheinbraun AG, Köln; Rheinbraun Engineering und Wasser GmbH, Köln; Rheinbraun Verkaufsgesellschaft mbH, Köln; Uranerzbergbau-GmbH, Wesseling; Hürtherberg Steine und Erden GmbH, Köln.

Wirtschaftsverband Kohle e. V.

O-7840 Senftenberg, Gerhart-Hauptmann-Str. 2, Postfach 33, ☏ (581) 742125, ✆ 178830, Telefax (581) 742409.

Vorstand: Dr.-Ing. Dieter *Henning*, Düren, Vorsitzender; Professor Dr.-Ing. Klaus-Dieter *Bilkenroth*, Hohenmölsen, Stellvertreter des Vorsitzenden; Dr. Günther *Krämer*, Köln, Schatzmeister; Dipl.-Wirtschaftler Berg.-Ing. Wolfgang *Kaiser*, Sedlitz; Obering. Bergmasch.-Ing. Horst *Klinger*, Leipzig; Dr. rer. nat. Herbert *Richter*, Cottbus; Dipl.-Ing. Dieter *Schwirten*, Spremberg; Dr.-Ing. Konrad *Wilhelm*, Lauchhammer.

Geschäftsführung: Dipl.-Wirtsch. Berg.-Ing. Wolfgang *Kaiser*, Sedlitz.

Gründung und Zweck: Der Verband wurde im Jahre 1990 gegründet. Die Zwecke des Verbandes sind die Wahrung und Förderung der allgemeinen Belange der Unternehmen des Braunkohlenbergbaues einschließlich der auf Verarbeitung von Braunkohle gerichteten Industrien; die Unterstützung von Forschung, Entwicklung und Ausbildung auf technischem Gebiet im gesamten Bereich des Braunkohlenbergbaues; die Regelung allgemeiner Arbeitsbedingungen, insbesondere der Abschluß von Tarifverträgen für die Unternehmen des Verbandes; die Trägerschaft der Prüfstelle für Tagebaugeräte.

Mitglieder: Lausitzer Braunkohle AG, Senftenberg; Mitteldeutsche Braunkohlenwerke AG, Bitterfeld; Energiewerke Schwarze Pumpe AG, Schwarze Pumpe; Brennstoff AG, Schwarze Pumpe; Braunkohlenveredlung GmbH, Lauchhammer; Rekord Brennstoffvertrieb GmbH, Berlin; Stahl- und Maschinenbau AG, Regis-Breitingen; Stahl- und Hartgußwerk AG, Bösdorf; Anhaltiner Stahl- und Anlagenbau AG, Gräfenhainichen; Gasanlagenbau-Engineering GmbH Berlin; Erzgebirgische Steinkohlenkokerei und Energiegesellschaft mbH, Zwickau; Deutsches Brennstoffinstitut GmbH, Freiberg.

Salz

Kaliverein eV

3000 Hannover 1, Theaterstr. 15, Postfach 3266, ☏ (0511) 326331, Telefax (0511) 328501.

Vorstand: Dr. Volker *Schäfer*, Kassel, Vorsitzender; Axel *Hollstein*, Kassel; Dr. Klaus *Quack*, Hannover; Bergwerksdirektor Dr.-Ing. Hans *Schneider*, Kassel; Friedhelm *Teusch*, Sondershausen.

1 BERGBAU

Geschäftsführung: Bergass. a. D. Otto *Lenz*.

Zweck: Vertretung des Kali- und Steinsalzbergbaus in fachlichen und in Arbeitgeberfragen. Herausgabe der Fachzeitschrift Kali und Steinsalz; erscheint in loser Folge im Verlag Glückauf GmbH in Essen.

Mitglieder: Kali und Salz AG; Mitteldeutsche Kali AG; Solvay Salz GmbH; Wintershall AG.

Verein Deutsche Salzindustrie e. V.

5300 Bonn 1, Herwarthstr. 36, ☏ (0228) 696814/16, Telefax (0228) 696324.

Vorstand: Harald *Boldt*, Stade, 1. Vorsitzender; Ekkehard *Schneider*, Heilbronn, 2. Vorsitzender.

Geschäftsführung: Rechtsanwalt Robert *Speiser*.

Zweck: Förderung der allgemeinen Belange der Salzindustrie; Vertretung der Salzindustrie bei Behörden und Organisationen.

Mitglieder: Bayerische Berg-, Hütten- und Salzwerke AG (BHS); Solvay Salz GmbH; Kali und Salz AG; Bartold Levin GmbH & Co KG; Akzo Norddeutsche Salinen GmbH; Mitteldeutsche Salzwerke GmbH, Bernburg; Südwestdeutsche Salzwerke AG; Wacker-Chemie GmbH.

Erz

Unternehmensverband Eisenerzbergbau eV

5300 Bonn, Zitelmannstr. 9-11, ☏ (0228) 231260, ⌁ 8869566 wvb d.

Vorstand: Dipl.-Ing. Herbert *de Boer*, Bergwerksdirektor Schachtanlage Konrad Preussag Stahl AG, Vorsitzender; Dipl.-Ing. Klaus *Janßen*, Geschäftsführer Barbara Rohstoffbetriebe GmbH, stellv. Vorsitzender.

Geschäftsführung: Bergass. Dr.-Ing. Hans Günther *Gloria*.

Zweck: Vertretung der Interessen des Eisenerzbergbaus in fachlichen, wirtschaftspolitischen und sozialpolitischen Fragen sowie als Arbeitgeberverband und Tarifpartei.

Mitglieder: Preussag Stahl AG, Barbara Rohstoffbetriebe GmbH; Otto Schmidt, Kaolinwerk.

Wirtschaftsvereinigung Metalle e. V.

4000 Düsseldorf, Tersteegenstr. 28, Postfach 105463, ☏ (0211) 45471-0, ⌁ 8584721 nem dssd, Telefax (0211) 45471-11, Teletex 2114325 NEMetal.

Präsident: Ass. d. Bergf. Jörg *Stegmann*, KM-kabelmetal AG, Osnabrück.

Hauptgeschäftsführer: Rechtsanwalt Jürgen *Ulmer*.

Zweck: Die Wirtschaftsvereinigung dient dem Zweck, die Belange der Industrie, die Aluminium einschließlich anderer Leichtmetalle, Kupfer, Blei, Zink einschließlich anderer Buntmetalle und Edelmetalle erzeugt und verarbeitet, im Rahmen der Volkswirtschaft gemeinnützig zu fördern.

Geschäftsbereiche: Gesamtverband der Deutschen Aluminiumindustrie; Gesamtverband der Deutschen Buntmetallindustrie; Fachvereinigung Edelmetalle e. V.; Gesamtverband Deutscher Metallgießereien e. V. (GDM); Fachverband Ferrolegierungen, Stahl- und Leichtmetallveredler e. V.

Fachgruppe Metallerzbergbau
im Gesamtverband der Deutschen Buntmetallindustrie in der Wirtschaftsvereinigung Metalle e. V.

4000 Düsseldorf, Tersteegenstr. 28, Postfach 8706, ☏ (0211) 45471-0.

Vorsitzender: Dr. Heinz *Schimmelbusch*, Metallgesellschaft AG, Frankfurt a. M.

Geschäftsführung: Dipl.-Volksw. Rudolf *Gabrisch*.

Zweck: Förderung der Interessen und Aufgaben des Metallerzbergbaus im Rahmen der Volkswirtschaft zu allgemeinem Nutzen.

Mitglieder: Deutsche Baryt-Industrie Dr. Rudolf Alberti Co., Bad Lauterberg; Preussag AG, Hannover; Preussag AG Metall, Goslar; Sachtleben Bergbau GmbH, Lennestadt.

Vereinigung Deutscher Schmelzhütten Bundesverband Deutscher Aluminium-Schmelzhütten

4000 Düsseldorf 1, Graf-Adolf-Straße 18, Postfach 200840, ☏ (0211) 320672, ⌁ 8582508, Telefax (0211) 134268.

Vorstandsvorsitzender: Dr.-Ing. Hans-Joachim *Gottschol*.

Geschäftsführung: Rechtsanwalt Günter *Kirchner*.

Zweck: Der Verein vertritt die gemeinsamen Interessen der deutschen Aluminiumschmelzhütten.

Mitglieder: Aluminiumschmelzwerk Oetinger GmbH; Ernst Biskupek GmbH; Gottschol Aluminium GmbH; Karl Konzelmann GmbH Metallschmelzwerk; Metallhüttenwerke Bruch GmbH; Metallwerke Bender GmbH; Metallwerk Jacobs GmbH; Metallwerk Olsberg GmbH; SAW — Sommer Aluminium Werk GmbH; VAW aluminium AG; Wuppermetall GmbH Metallhüttenwerk; Metallwarenfabrik Stockach GmbH; Honsel-Werke AG; Leichtmetallwerk Rackwitz GmbH.

Verein Deutscher Eisenhüttenleute (VDEh)

4000 Düsseldorf 1, Sohnstr. 65, Postfach 8209, ☏ (0211) 6707-0, ⚡ 8582512 ste d, Telefax (0211) 6707-310.

Vorsitzender: Dr.-Ing. Dr. Ing. E. h. Karl-August *Zimmermann*.

Stellv. Vorsitzende: Dr.-Ing. Hans Wilhelm *Graßhoff*; Dipl.-Ing. Kurt *Stähler*.

Geschäftsführendes Vorstandsmitglied: Dr.-Ing. Dirk *Springorum*.

Zweck: Förderung der technischen, technisch-wirtschaftlichen und wissenschaftlichen Arbeiten auf dem Gebiet von Eisen, Stahl und verwandten Werkstoffen.

Mitglieder: Aktiengesellschaft der Dillinger Hüttenwerke, Dillingen; Betriebsforschungsinstitut Metallurgie GmbH, Berlin; BGH Edelstahl GmbH, Boschgotthardshütte, Siegen; Böhler AG, Düsseldorf; B.U.S. Metall GmbH, Düsseldorf; Carboleg GmbH, Essen; Chr. Höver & Sohn GmbH & Co. KG, Lindlar; Dörrenberg Edelstahl GmbH, Engelskirchen; Draht- und Seilwerke GmbH, Rothenburg; Drahtwerk St. Ingbert GmbH, St. Ingbert-West; Duisburger Kupferhütte GmbH, Duisburg; EBG Gesellschaft für elektromagnetische Werkstoffe mbH, Bochum; Edelstahlwerke Buderus AG, Wetzlar; Eisen- und Stahlwalzwerke Rötzel GmbH, Nettetal; Eko Stahl AG, Eisenhüttenstadt; Exploration und Bergbau GmbH, Düsseldorf; Gröditzer Stahlwerke GmbH, 8402 Gröditz; Hagener Gussstahlwerke Remy GmbH, Hagen; Halbergerhütte GmbH, Saarbrücken-Brebach; Hamburger Stahlwerke GmbH, Hamburg; Hennigsdorfer Stahl GmbH, Hennigsdorf; Herau-Hydrobau Herbert Austermann, Dortmund; Hoesch AG, Dortmund; Hoesch Hohenlimburg AG, Hagen; Hoesch Stahl AG, Dortmund; Gebr. Höver GmbH & Co., Edelstahlwerk Kaiserau, Lindlar; Hüttenwerke Krupp Mannesmann GmbH, Duisburg; Kieserling & Albrecht, Solingen; Kind & Co., Edelstahlwerk, Wiehl; Klöckner Edelstahl GmbH, Georgsmarienhütte; Klöckner Stahl GmbH, Duisburg; Klöckner-Werke AG, Duisburg; Krupp Stahl AG, Bochum; Krupp VDM AG, Werdohl; Fried. Krupp GmbH, Essen; Leybold Durferrit GmbH, Hanau; Lurgi GmbH, Frankfurt; Magnesitwerk Aken GmbH, Aken; Mannesmann Aktiengesellschaft, Düsseldorf; Mannesmannröhren-Werke AG, Düsseldorf; Mannstaedt-Werke GmbH & Co., Troisdorf; Maschinenfabrik Andritz Actiengesellschaft, Wien; Die Maxhütte Thüringen GmbH, Unterwellenborn; Muhr & Bender, Attendorn; NMH Stahlwerke GmbH, Sulzbach-Rosenberg; Norddeutsche Affinerie AG, Hamburg; Preß- und Schmiedewerk GmbH, Brand-Erbisdorf; Preussag Aktiengesellschaft, Hannover; Preussag Stahl AG, Salzgitter; Qualitäts- und Edelstahl AG, Brandenburg; Rasselstein AG, Neuwied; REA Rhein-Emscher Armaturen GmbH & Co., Duisburg-Baerl; Rheinische Kalksteinwerke GmbH, Wülfrath; Röhrenwerke Bous/Saar GmbH, Bous; Rohrwerk Neue Maxhütte, Sulzbach-Rosenberg; Rogesa Roheisengesellschaft Saar GmbH, Dillingen; Ruhrgas Aktiengesellschaft, Essen; Saarstahl AG, Völklingen; Schmidt + Clemens GmbH + Co., Edelstahlwerk Kaiserau, Lindlar; Sächsische Edelstahlwerke GmbH, Freital; Schumag AG, Aachen; Stahlwerk Annahütte, Max Aicher GmbH & Co. KG, Hammerau; Stahl- und Walzwerk Brandenburg GmbH, Brandenburg; Stahlwerk Stahlschmidt GmbH u. Co. KG, Düsseldorf; Stahlwerke Plate GmbH & Co. KG, Lüdenscheid-Platehof; Theimeg Elektronikgeräte GmbH & Co. KG, Viersen; Friedrich Gustav Theis Kaltwalzwerke GmbH, Hagen; Thyssen Aktiengesellschaft, Düsseldorf; Thyssen Draht AG, Hamm; Thyssen Edelstahlwerke AG, Krefeld; Thyssen Industrie AG, Essen; Thyssen Stahl AG, Duisburg; Vacuumschmelze GmbH, Hanau; Vereinigte Schmiedewerke GmbH, Bochum; C. D. Wälzholz, Hagen; Walzen Irle GmbH, Netphen; Walzwerk Ilsenburg GmbH, Ilsenburg; Westfälische Drahtindustrie GmbH, Hamm; Westig GmbH, Unna; Arbed S.A., Luxemburg; Det Danske Stalvalsevaerk A/S, Frederiksvaerk, Dänemark; Hoogovens Groep BV, Ijmuiden, Niederlande.

Deutscher Gießereiverband e.V. (DGV)

4000 Düsseldorf 1, Sohnstr. 70, ☏ (0211) 68710, Telefax (0211) 6871-333.

Vorsitzender: Dipl.-Ing. Eberhard *Möllmann*.

Geschäftsführung: Dr. Klaus *Urbat*.

Öffentlichkeitsarbeit: Günther *Pempel*.

Zweck: Der Deutsche Gießereiverband ist der Wirtschaftsverband der Eisen-, Stahl- und Tempergießereien. Er vertritt die allgemeinen ideellen und gemeinsamen unternehmerischen Interessen der Gießerei-Industrie.

1 BERGBAU

Verein Deutscher Gießereifachleute (VDG)

4000 Düsseldorf 1, Sohnstr. 70, ☏ (0211) 68710, ✆ 8586885, Telefax (0211) 6871333.

Vorstand: Dipl.-Ing. Eberhard *Möllmann*, Wetzlar, Präsident; Winfried *Hespers*, Bielefeld, Vizepräsident; Dipl.-Ing. Wilhelm *Kuhlgatz*, Hannover, Vizepräsident; Dipl.-Ing. Anton *Alt*, Schaffhausen, Mitglied des Präsidiums; Dipl.-Ing. Kurt *Detering*, Stuttgart, Mitglied des Präsidiums; Dr.-Ing. Joachim *von Hirsch*, Düsseldorf, Mitglied des Präsidiums; Dr.-Ing. Burkhard *Lange*, Singen, Mitglied des Präsidiums; Dipl.-Ing. Jürgen *Refflinghaus*, Solingen, Mitglied des Präsidiums; Dr.-Ing. Wolfgang *Schaefers*, Meschede, Mitglied des Präsidiums; Herbert *Schilling*, Brühl, Mitglied des Präsidiums; Dipl.-Ing. Heinz *Anger*, Kaiserslautern; Dipl.-Ing. Dieter *Christianus*, Mülheim; Professor Dr.-Ing. Manfred *Dette*, Duisburg; Professor Dr.-Ing. Reinhard *Döpp*, Clausthal-Zellerfeld; Klaus *Dorgerloh*, Gütersloh; Professor Dr.-Ing. Siegfried *Engler*, Aachen; Dipl.-Ing. Jürgen *Eysel*, Dortmund; Dr.-Ing. Peter *Fischer*, Leipzig; Dr.-Ing. Frank *Göttert*, Silbitz; Dipl.-Ing. Reiner *Graf*, Laufach; Dipl.-Ing. Detlev *Grüne*, Düsseldorf; Dipl.-Ing. Kurt *Hengstler*, Mannheim; Professor Dr.-Ing. Karl-Eugen *Höner*, Berlin; Dipl.-Wirtsch.-Ing. Hans-Dieter *Honsel*, Meschede; Professor Dr.-Ing. Friedhelm *Kahn*, Friedberg; Dipl.-Ing. Manfred *Kinne*, Wetzlar; Dr.-Ing. Horst *Kowalke*, Singen; Dr. sc. techn. Henry *Krause*, Magdeburg; Dipl.-Ing. Hans-Dieter *Landwehr*, Mettmann; Dipl.-Ing. Helmut *Meier*, Britz; Dr.-Ing. Peter *von Pokrzywnicki*, Magdeburg; Dipl.-Ing. Lothar *Porep*, Lohr am Main; Dipl.-Ing. Klaus *Regitz*, Neunkirchen; Dipl.-Ing. Eckhart *Röders*, Soltau; Dipl.-Ing. Klaus *Schneider*, Finsterwalde; Dr.-Ing. Wolf-Dieter *Schneider*, Simmerath; Dr.-Ing. habil. Werner *Tilch*, Freiberg; Dipl.-Ing. Anton *Vogt*, Offenbach; Dipl.-Ing. Manfred *Vorwieger*, Mölln; Dipl.-Ing. Joachim *Wilhelms*, Duisburg; Dipl.-Ing. Albert *Winkelhoff*, Berlin; Dr.-Ing. Hans *Zeuner*, Essen.

Hauptgeschäftsführer: Professor Dr.-Ing. Gerhard *Engels*, Düsseldorf.

Geschäftsführer: Dr.-Ing. Niels *Ketscher*, Düsseldorf.

Öffentlichkeitsarbeit: Dr.-Ing. Wolfgang *Standke*, Düsseldorf.

Zweck: Der Verein bezweckt, durch Erfahrungs- und Erkenntnisaustausch das gesamte Gießereiwesen und die damit zusammenhängenden Fachgebiete in wissenschaftlicher und technischer Beziehung zu fördern. Seine Arbeit dient ausschließlich und unmittelbar gemeinnützigen Zwecken. Sein Zweck ist nicht auf einen wirtschaftlichen Geschäftsbetrieb gerichtet.

Mitglieder: 2964 persönliche Mitglieder; 949 Firmenmitglieder.

Sonstige Rohstoffe

Bundesverband Steine und Erden eV

6000 Frankfurt (Main), Friedrich-Ebert-Anlage 38, Postfach 150162, ☏ (069) 756082-0, Telefax (069) 7560 8212.

Präsident: Dipl.-Kfm. Peter *Schuhmacher*, Vorsitzender des Vorstandes der Heidelberger Zement AG, Heidelberg.

Geschäftsführung: Dipl.-Volksw. Hans-Jürgen *Reitzig*, Hauptgeschäftsführer; Dipl.-Volksw. Artur *Kissinger*, Geschäftsführer; Rechtsanwalt Klaus *Törber*, Geschäftsführer.

Zweck: Wahrnehmung der gemeinsamen Interessen der Industrie der Steine und Erden; Ausgleich der unterschiedlichen Auffassungen und Forderungen der einzelnen Mitgliedsverbände, soweit erforderlich.

Fachverbände

Deutscher Asphaltverband (DAV) eV, 6050 Offenbach, Geleitstr. 105, ☏ (069) 883305, Telefax (069) 884562.

Bundesverband Deutsche Beton- und Fertigteilindustrie eV, 5300 Bonn 2, Schloßallee 10, Postfach 210267, ☏ (0228) 346011-13, Telefax (0228) 348859.

Verband der Faserzement-Industrie e. V., 1000 Berlin 10, Ernst-Reuter-Platz 8, ☏ (030) 3485411, ✆ 181221, Telefax (030) 3428030.

Verband der Deutschen Feuerfest-Industrie eV, 5300 Bonn 1, An der Elisabethkirche 27, ☏ (0228) 91508-0, ✆ 886533, Telefax (0228) 211050.

Verband feuerfeste und keramische Rohstoffe eV, 5400 Koblenz, Bahnhofstr. 6, ☏ (0261) 12428, Telefax (0261) 15179.

Industrieverband Keramische Fliesen + Platten e. V., 6000 Frankfurt (Main), Friedrich-Ebert-Anlage 38, Postfach 150162, ☏ (069) 756082-0, Telefax (069) 7560 8212.

Bundesverband der Gips- u. Gipsbauplatten-Industrie eV, 6100 Darmstadt, Birkenweg 13, ☏ (06151) 314310, Telefax (06151) 316549.

Fachverband Hochofenschlacke eV, 4100 Duisburg 14, Bliersheimer Str. 62, ☏ (02065) 49220, Telefax (02065) 47529.

Bundesverband der Deutschen Kalkindustrie eV, einschl. Hauptgemeinschaft der Deutschen Werkmörtelindustrie 5000 Köln 51, Annastr. 67–71, Postfach 510550, ☏ (0221) 37692-0, ✆ 8882674, Telefax (0221) 37692-14.

Bundesverband Kalksandsteinindustrie eV, 3000 Hannover 21, Entenfangweg 15, Postfach 210160, ☏ (0511) 793077–79, Telefax (0511) 750333.

Interessengemeinschaft Kieselgur, Industriebetriebe Heinrich-Meyer-Werke Breloh GmbH & Co KG, 3042 Munster, ☏ (05192) 132148, Telefax (05192) 132180.

Bundesverband der Deutschen Kies- und Sandindustrie e. V., 4100 Duisburg 1, Tonhallenstr. 19, Postfach 100464, ☏ (0203) 992390, Telefax (0203) 21306.

Bundesverband der Leichtbauplatten-Industrie eV, 8000 München 2, Beethovenstr. 8, ☏ (089) 51403-0, Telefax (089) 5328359.

Bundesverband Leichtbetonzuschlag-Industrie (BLZ) eV, 7000 Stuttgart 80, Gammertinger Str. 4, ☏ (0711) 71603-0, Telefax (0711) 71603-27.

Bundesverband Naturstein-Industrie eV, 5300 Bonn 1, Buschstr. 22, ☏ (0228) 213234, Telefax (0228) 215919.

Deutscher Naturwerkstein-Verband eV, 8700 Würzburg, Sanderstr. 4, ☏ (0931) 12061, Telefax (0931) 14549.

Bundesverband Porenbetonindustrie e. V., 6200 Wiesbaden, Frauenlobstr. 9–11, ☏ (0611) 85086/87, Telefax (0611) 809707.

Fachverband Steinzeugindustrie eV, 5000 Köln 40, Max-Planck-Str. 6, Postfach 400547, ☏ (02234) 507-0, ✆ 889118, Telefax (02234) 507-207.

Bundesverband der Deutschen Transportbetonindustrie e. V., Tonhallenstr. 19, Postfach 100464, 4100 Duisburg 1, ☏ (0203) 992390, Telefax (0203) 21306.

Bundesverband der Deutschen Zementindustrie eV, 5000 Köln 51, Pferdmengesstr. 7, Postfach 510566, ☏ (0221) 37656-0, Telefax (0221) 3765686.

Bundesverband der Deutschen Ziegelindustrie eV, 5300 Bonn 1, Schaumburg-Lippe-Str. 4, ☏ (0228) 213031, ✆ 886884, Telefax (0228) 224057.

Landesverbände

Industrieverband Steine und Erden Baden-Württemberg eV, 7000 Stuttgart 80, Gammertinger Str. 4, ☏ (0711) 71603-0, Telefax (0711) 71603-27.

Bayerischer Industrieverband Steine und Erden eV, 8000 München 2, Beethovenstr. 8; Postfach 150240, 8000 München 15, ☏ (089) 51403-0, Telefax (089) 5328359.

Fach- und Arbeitgeberverband der Baustoffindustrie des Saarlandes eV, 6600 Saarbrücken 1, Franz-Josef-Röder-Str. 9V, ☏ (0681) 53521, Telefax (0681) 584247.

Sozialpolitische Arbeitsgemeinschaft Steine und Erden

6000 Frankfurt (Main), Friedrich-Ebert-Anlage 38, Postfach 150162, ☏ (069) 756082-0, Telefax (069) 7560 8212.

Vorsitzender: Dr.-Ing. Hans-Peter *Hennecke*, Geschäftsführer der Rheinischen Kalksteinwerke GmbH und Dolomitwerke GmbH.

Geschäftsführung: Dipl.-Volksw. Hans-Jürgen *Reitzig*.

Zweck: Behandlung und Koordinierung von sozialpolitischen Angelegenheiten sowie ihre Vertretung im Rahmen der gefaßten Beschlüsse.

Rheinischer Unternehmerverband Steine und Erden eV

5450 Neuwied 1, Engerser Landstr. 44, ☏ (02631) 22251, 22252, Telefax (02631) 28810.

Vorsitzender: Dr. Hans-D. *Fricke*, Keramchemie GmbH, Siershahn; stellv. Vorsitzender: Dipl.-Kfm. Klaus *Schaefer*, Johann Schaefer Kalkwerke KG, Diez.

Vorstand: Adolf *Blum*, Joseph Raab GmbH & Cie. KG, Neuwied; Dipl.-Ing. Helmut S. *Erhard*, Heidelberger Zement AG, Heidelberg; Dr. Helmut *Ewers*, Dyko Industriekeramik GmbH, Düsseldorf; Dr. Hans D. *Fricke*, Keramchemie GmbH, Siershahn; Dipl.-Ing. Jürgen *de Fries*, Dyckerhoff AG, Werk Göllheim, Göllheim; Dipl.-Ing. Walter *Goerg*, GUS Goerg & Schneider GmbH & Co KG, Siershahn; Dr. Werner *Klönne*, Dr. C. Otto Feuerfest GmbH, Bochum; Dr. Dieter *Mannheim*, Kärlicher Ton- und Schamotte-Werke Mannheim & Co. KG, Mülheim-Kärlich; Dr. Günther *Mörtl*, Radex Deutschland AG, Urmitz; Franz *Münch*, Eduard Bay GmbH & Co. KG, Ransbach-Baumbach; Dipl.-Kfm. Klaus *Schaefer*, Johann Schaefer Kalkwerke KG, Diez; Rechtsanwalt Georg *Steuler*, Steuler-Industriewerke GmbH, Höhr-Grenzhausen; Dr.-Ing. Jürgen *Stradtmann*, Dolomitwerke GmbH, Wülfrath; Dipl.-Sozialwirt Jürgen *Wedeking*, Didier-Werke AG, Hauptverwaltung, Wiesbaden; Dipl.-Kfm. Ulrich *Weidner*, Didier-Säurebau GmbH, Königswinter.

Geschäftsführung: Assessor Ludwig *Wörner*.

Zweck: Sozialpolitische Vertretung der Steine- und Erden-Industrie, insbesondere der Feuerfest-Industrie, mit Schwerpunkt in Rheinland-Rheinhessen und für die Feuerfest-Industrie noch in Nordrhein-Westfalen. Darunter fällt auch die sozialpolitische Vertretung folgender Bergbausparten: Ton- und Quarzitbergbau in Nordrhein-Westfalen und Rheinland-Pfalz.

1 BERGBAU

Schiefer-Fachverband in Deutschland e. V.

5300 Bonn 1, Postfach 19 01 84, ☏ (02 28) 21 38 07, Telefax (02 28) 21 59 19.

Vorstand: Ewald A. *Hoppen* (Vorsitzender); Dipl.-Ing. Erhardt *Renz* (stellv. Vorsitzender).

Geschäftsführung: Dr. Egon *Hartmann;* Dr. Wolfgang *Wagner.*

Öffentlichkeitsarbeit: Dr. Wolfgang *Wagner.*

Zweck: Neben vielen Einzelzielen ist wichtigstes Ziel des SVD der Schutz und die Förderung des Naturproduktes Schiefer für die Verwendung an Dach und Wand sowie weiterverarbeiteter Produkte, insbesondere auch die Bewahrung der historisch gewachsenen klassischen Deutschen Deckarten, Formen und Beschaffenheit, sowie der Qualität- und Gütesicherung mit Marken- und Bezeichnungssicherung von der Gewinnung über die Bearbeitung bis zur Verarbeitung.

Mitglieder: die überwiegende Mehrheit der deutschen Schiefer-Bergbaubetriebe und -produzenten; Persönlichkeiten aus dem Dachdeckerhandwerk; bekannte Architekten; Wissenschaftler und Universitätsprofessoren aus Bergbau und Geologie; Vereine aus dem Bereich Brauchtum und Geschichte; Institutionen für arbeitswissenschaftliche Studien und nicht zuletzt viele andere sach- und fachkundige Personen aus der Materie „Schiefer".

Vereinigung Badischer Unternehmerverbände eV

7800 Freiburg, Lerchenstr. 6, Postfach 126, ☏ (07 61) 3 17 34, ✆ 772876 agv fb.

Vorsitzender des Vorstandes: Direktor Richard H. *Class,* Hobart Maschinen GmbH, Offenburg; Stellvertreter: Fabrikant Horst *Hund,* Vorsitzender des Verbandes der Holzindustrie und Kunststoffverarbeitung Südbaden e. V.; Heinrich *Schwär,* Vorsitzender des Hotel- und Gaststättenverbandes Schwarzwald-Bodensee eV, Freiburg.

Hauptgeschäftsführer: Dipl.-Volksw. Werner *Rudolph.*

Pressestelle: Hermann *Eisele,* Wirtschaftsdienst Südwest (WSW).

Zweck: Fragen auf sozialpolitischem, arbeitsrechtlichem und wirtschaftspolitischem Gebiet zu behandeln und nach außen zu vertreten. Die Vereinigung ist tariffähig und berechtigt, mit Arbeitnehmerorganisationen über Arbeits- und Lohnbedingungen zu verhandeln und Tarifverträge abzuschließen. Die Vereinigung ist Mitglied der Bundesvereinigung der Deutschen Arbeitgeberverbände in Köln und korporatives Mitglied der Landesvereinigung Baden-Württembergischer Arbeitgeberverbände.

Die Bergbaubetriebe (Flußspat- und Schwerspatbergbau, Eisenerz-, Bleierz-, Kalibergbau, Salinen) sind als Arbeitsgemeinschaft, z. T. auch als Einzelfirmen, der Vereinigung Badischer Unternehmerverbände als überfachlichem Industrieverband beigetreten.

Arbeitsgemeinschaft Bayerischer Rohtongruben eV

8472 Schwarzenfeld, Kulchbergstraße 20, ☏ (0 94 35) 9 13 18.

Vorstand: Dipl.-Ing. Hans Georg *Baumgart,* Schwarzenfeld, Vorsitzender; Dipl.-Ing. Günther *Hilbertz,* Landshut, stellv. Vorsitzender.

Geschäftsführung: Dipl.-Ing. Hans Georg *Baumgart.*

Zweck: Wahrnehmung der gemeinsamen Interessen ihrer Mitglieder und Förderung des Tonbergbaus.

Verband der Deutschen Feuerfest-Industrie eV

5300 Bonn 1, An der Elisabethkirche 27, ☏ (02 28) 9 15 08-0, ✆ 8 86 533, Telefax (02 28) 9 15 08-55.

Vorstand: Dipl.-Volkswirt Klaus Norbert *Steuler,* Steuler Industrie-Werke GmbH, Vorsitzender.

Geschäftsführung: Rechtsanwalt Wolfgang *Stubbe.*

Zweck: Wahrung und Förderung der gemeinsamen fachwirtschaftlichen Belange der Hersteller feuerfester Erzeugnisse und der ihnen angeschlossenen Grubenbetriebe (Ton-, Quarzit- und Sandgruben) im Bundesgebiet.

Verband Feuerfeste und Keramische Rohstoffe eV

5400 Koblenz, Bahnhofstr. 6, ☏ (02 61) 1 24 28, Telefax (02 61) 1 51 79.

Vorsitzender: Dipl.-Berging. Gerd *Erbslöh,* Erbslöh Geisenheim Industrie-Mineralien GmbH & Co. KG, Geisenheim; stellv. Vorsitzender: Dipl.-Ing. Walter *Goerg,* Goerg & Schneider GmbH & Co. KG, Siershahn.

Geschäftsführung: Rechtsanwalt Gerhard *Schlotmann.*

Zweck: Interessenvertretung der Betriebe, die Ton, Kaolin, Bentonit, Quarzit, Feldspat, Klebsand und Quarzsand im Bundesgebiet gewinnen.

ORGANISATIONEN

Arbeitsgemeinschaft Schieferindustrie e. V.

5400 Koblenz, Postfach 2429, ☏ (0261) 12428.

Vorsitzender: Ernst *Guntermann*, Schiefergruben Magog GmbH & Co. KG, Fredeburg.

Geschäftsführung: Rechtsanwalt Gerhard *Schlotmann*.

Zweck: Wahrnehmung der gemeinsamen Interessen der Mitglieder.

Westfälischer Schieferverband eV

5948 Fredeburg, Postfach 2105, ☏ (02974) 7061.

Vorsitzender: Ernst *Guntermann*.

Zweck: Wahrnehmung gemeinsamer Interessen der Mitglieder.

Bundesverband Torf- und Humuswirtschaft e. V.

3000 Hannover 1, Baumstr. 6, ☏ (0511) 853836, Telefax (0511) 852957.

Vorstand: Dr. Hans-Georg *Belka*.

Geschäftsführung: Hartmut *Falkenberg*.

PR- und Pressearbeit: Dr. Heiner *Terkamp*.

Zweck: Wahrnehmung und Förderung der allgemeinen ideellen, wirtschaftlichen und sozialen Interessen seiner Mitglieder; Unterstützung von Wissenschaft und Forschung auf dem Torf- und Humusgebiet.

Deutsche Gesellschaft für Moor- und Torfkunde (DGMT) eV

3000 Hannover 51, Stilleweg 2, Postfach 510153, ☏ (0511) 643-2459/2470.

1. Vorsitzender: Professor Dr. Jens Dieter *Becker-Platen*.

Geschäftsführung: Dr. Peter *Steffens*, Hannover.

Zweck: Förderung der fachlichen Kontakte zwischen Wissenschaft, Torfindustrie, allen torfnutzenden Wirtschaftszweigen und Behörden; Pflege internationaler fachlicher Beziehungen; Tagungen, Exkursionen.

Arbeitsgemeinschaft Bayerischer Bergbau- und Mineralgewinnungsbetriebe e. V.

8395 Hauzenberg 2, Langheinrichstraße 1, c/o Graphitwerk Kropfmühl AG, ☏ (08586) 609-0, Telefax (08586) 609-111, Teletex 858680 GWK Kro.

Vorstand: Dr. Thomas *Frey*, Vorsitzender; Nikolaus W. *Knauf*, Hermann *Dorfner*, stellv. Vorsitzende.

Geschäftsführung: Bergdir. a. D. Joseph *Hartmann*, 8580 Bayreuth, Hegelstr. 3 a, ☏ (0921) 64651, Telefax (0921) 61233.

Statut: Der Verein ist ein regionaler Verband bayer. Bergbau- u. Mineralgewinnungsunternehmen.

Sonstige Verbände

Arbeitsgemeinschaft meerestechnisch gewinnbare Rohstoffe (AMR)

3000 Hannover 61, Karl-Wiechert-Allee 4, ☏ (0511) 5662392, ✄ 175118325.

Gesellschafter: Metallgesellschaft AG, Frankfurt; Preussag AG, Hannover.

Gründung und Zweck: Die AMR wurde im Dezember 1972 gegründet. Sie hat es sich zum Ziel gesetzt, eine detaillierte Wirtschaftlichkeitsuntersuchung zum Projekt Metallgewinnung aus Manganknollen zu erstellen, die als Entscheidungsgrundlage für eine Beteiligung der deutschen Industrie am Manganknollenbergbau dienen soll. Dazu werden lagerstättenkundliche, fördertechnische, transporttechnische, metallurgische sowie juristische und völkerrechtliche Probleme untersucht. Die Arbeiten wurden maßgeblich vom Bundesminister für Forschung und Technologie und teilweise vom Bundesminister für Wirtschaft unterstützt.

Bergbaulicher Verein Baden-Württemberg eV

7100 Heilbronn, Postfach 3161, ☏ (07131) 959-217.

Vorstand: Dipl.-Kfm. Ekkehard *Schneider*, Vorsitzender; Bergwerksdirektor Dipl.-Ing. Jo *Mathey*, Pforzheim; Hans *Rodepeter*, Bad Wimpfen.

Statut: Der Verein ist ein regionaler fachlicher Bergbauverband und als solcher Mitglied der Wirtschaftsvereinigung Bergbau eV, Bonn.

Fachverband Grubenausbau

5800 Hagen-Emst, Goldene Pforte 1, Postfach 922, ☏ (02331) 958817, Telefax (02331) 51046, ✄ 823806 wvstv.

Vorstand: Dr. rer. pol. Jürgen *Remmerbach*, Hoesch Rothe Erde AG, Dortmund; Dipl.-Ing. Peter *Heintzmann*, Bochumer Eisenhütte Heintzmann GmbH &

1 BERGBAU

Co. KG, Bochum; Dipl.-Kfm. Alexander *Hemscheidt,* Hemscheidt Maschinenfabrik GmbH & Co., Wuppertal; Wolfgang *Philipp,* Westfalia Becorit Industrietechnik GmbH, Lünen.

Geschäftsführung: Dr. Hermann *Hassel.*

Gründung: 1946 als Fachverband des Wirtschaftsverbandes Stahlverformung in Hagen.

Zweck: Wahrnehmung und Förderung der gemeinsamen fachlichen Interessen der Hersteller von Grubenausbau in wirtschaftspolitischer, betriebswirtschaftlicher und technischer Hinsicht, Vertretung gegenüber bergbehördlichen und anderen staatlichen Behörden und Ämtern.

Mitglieder: Die Hersteller von Grubenausbau (Streckenausbau, Strebausbau sowie Zubehör) soweit sie in der Bundesrepublik Deutschland ihren Sitz haben.

Fachvereinigung Auslandsbergbau e. V.

5300 Bonn 1, Zitelmannstraße 9-11, Postfach 120280, ☏ (0228) 235636, ✆ 8869566 wvb d, Telefax (0228) 540 02 35.

Vorstand: Dipl.-Ing. Dipl.-Wirtsch.-Ing. Claus N. A. *Siebel,* Exploration und Bergbau GmbH, Düsseldorf; Bergass. a. D. Dr. Peter *Kausch,* Rheinbraun AG, Köln; Dr.-Ing. Harald *Kliebhan,* Wirtschaftsvereinigung Bergbau, Bonn.

Beirat: Ass. d. Bergf. Friedrich H. *Esser,* Steag AG, Essen; Dipl.-Ing. Wolfgang *Fosshag,* Saarberg-Interplan GmbH, Saarbrücken; Dipl.-Kfm. Paul B. *Grosse,* Deutsche Bank AG, Frankfurt/Main; Dr. rer. nat. Dieter *Nottmeyer,* -Haniel GmbH, Bonn; Dr. jur. Wolf-Rüdiger *Reinicke,* Metaleurop GmbH, Hannover; Dr.-Ing. Gustav *Roethe,* Degussa AG, Frankfurt/Main; Dipl.-Ing. Albrecht *Sommer,* Mülheim/Ruhr; Dr.-Ing. Gerd *Stolte,* Montan-Consulting GmbH, Essen; Professor Dr. Dietmar *Weisser,* Metallgesellschaft AG, Frankfurt/Main; Dipl.-Ing. Karl *Zimmermann,* Rheinbraun-Engineering und Wasser GmbH, Köln; sowie die Ausschußvorsitzenden: Rechtsanwalt Gerhard *Glattes,* Uranerzgbau-GmbH, Wesseling (Ausschuß für Auslandsinvestitionen); Dipl.-Ing. Helmut *Palm,* Ruhrkohle AG, Essen (Ausschuß für Rohstofferkundung und -beratung); Dr.-Ing. Bert *Schmucker,* Thyssen Schachtbau GmbH, Mülheim/Ruhr (Ausschuß für Internationale Rohstoffpolitik).

Geschäftsführung: Ass. d. Bergf. Gerhard *Florin* (Geschäftsführer); Dr. Dieter *Johannes* (Vertreter des Geschäftsführers).

Gründung und Zweck: Der Verband wurde am 11. Oktober 1978 in Bonn gegründet. Seine Aufgabe ist die Wahrung der gemeinsamen Belange der Mitglieder im Auslandsbergbau gegenüber deutschen und ausländischen Stellen und der Austausch von Informationen und Erfahrungen über die rohstoffpolitischen Interessen deutscher Bergbauunternehmen im Ausland.

Mitglieder *(ordentliche):* Degussa AG, Frankfurt/Main; Ingenieur-Büro Dipl.-Ing. H. J. *Ertle,* Saarbrücken; Bergbauconsultant A. *Esch,* Mettmann; Exploration und Bergbau GmbH, Düsseldorf; Interuran GmbH, Saarbrücken; Klöckner Industrie-Anlagen GmbH, Duisburg; Metaleurop GmbH, Hannover; Metallgesellschaft AG, Frankfurt/Main; Montan-Consulting GmbH, Essen; Rheinbraun AG, Köln; Saarbergwerke AG, Saarbrücken; Bergbauconsultant A. *Sommer,* Mülheim/Ruhr; Thyssen Schachtbau GmbH, Mülheim/Ruhr; Uranerzgbau-GmbH, Wesseling; Wismut GmbH Consulting und Engineering, Chemnitz; *(außerordentliche):* Commerzbank AG, Frankfurt/Main; Deilmann-Haniel GmbH, Dortmund-Kurl; Deutsche Bank AG, Frankfurt/Main; Dresdner Bank AG, Düsseldorf; Ferrostaal AG, Essen; E. Heitkamp GmbH, Herne; Süd-Chemie AG, München.

Interessengemeinschaft Saarländischer Bergbauzulieferer (ISB)

6600 Saarbrücken, Postfach 73, ☏ (0681) 4008-237.

Präsidium: Ing. grad. Walter *Becker,* Dipl.-Kfm. Felix *Ecker,* Dipl.-Ing. Wolfgang *Fosshag,* Dipl.-Ing. Rudolf *Hey.*

Geschäftsführung: Bergwerksdirektor i. R. Dipl.-Ing. Werner *Dietrich.*

Zweck: Förderung der Interessen ihrer Mitglieder als Bergbauzulieferer im In- und Ausland.

Mitglieder: Walter Becker GmbH, Friedrichsthal; Ecker Maschinenbau GmbH & Co. KG, Neunkirchen; Hydac Technology GmbH, Sulzbach; Koch Transporttechnik GmbH, Wadgassen; Krummenauer GmbH & Co. KG, Neunkirchen; Precismeca GmbH, Sulzbach; Wolfgang Preinfalk GmbH, Sulzbach-Altenwald; Saarberg-Interplan GmbH, Saarbrücken; Saarländische Gesellschaft für Grubenausbau und Technik mbH & Co., Ottweiler; Maschinenfabrik Scharf GmbH, Neunkirchen; Untertage Maschinenfabrik Dudweiler GmbH, Dudweiler; A. Weber S. A., Rouhling.

Verband bergbaulicher Unternehmen und bergbauverwandter Organisationen

5300 Bonn 1, Zitelmannstr. 9−11, ☏ (0228) 54002-55, ✆ 8869566 wvb d.

Vorstand: Dr. jur. Klaus *Liesen,* Ruhrgas AG, Essen, 1. Vorsitzender; Oberbergrat a. D. Dipl.-Ing. Günter K. *Kühn,* Industrieverwaltungsgesellschaft AG, Bonn, 2. Vorsitzender.

Geschäftsführung: Rechtsanwalt Hans-Ulrich *von Mäßenhausen.*

Gründung: Der im Jahre 1959 gegründete Verband gehört der Wirtschaftsvereinigung Bergbau eV als Mitglied an.

Zweck: Wahrung und Vertretung der allgemeinen bergbaulichen Belange seiner Mitglieder.

Mitglieder: Mitglieder können Unternehmen sein, die mit mindestens einem Teil ihrer Betriebsstätten der bergbehördlichen Aufsicht unterstehen, Gemeinschaftsunternehmen des Bergbaus und Verbände, deren Mitglieder nur mit einem Teil ihrer Betriebsstätten der bergbehördlichen Aufsicht unterstehen.

Verband Deutscher Maschinen- und Anlagenbau e. V. (VDMA)

6000 Frankfurt (Main) 71, Lyoner Straße 18, Postfach 710864, ☏ (069) 66030, ✆ 411321 und 413152, Telefax (069) 6603511.

Fachgemeinschaft Bergbaumaschinen im VDMA

6000 Frankfurt (Main) 71, Lyoner Straße 18, Postfach 710864, ☏ (069) 66030, ✆ 411321 und 413152, Telefax (069) 6603812.

Vorstand: Dipl. rer. pol. (techn.) Heinz-Diether *Korfmann,* Maschinenfabrik Korfmann GmbH, Witten, Vorsitzender; Dipl.-Ing. Claus *Fortkord,* O & K Orenstein & Koppel AG, Dortmund; Dipl.-Berging. Heinrich Rudolf *Hausherr,* Rudolf Hausherr & Söhne GmbH & Co. KG, Sprockhövel; Dipl.-Ing. Peter *Jochums,* Hauhinco Maschinenfabrik G. Hausherr, Jochums GmbH + Co. KG, Sprockhövel; Wolfgang H. *Philipp,* BME MME, Westfalia Becorit Industrietechnik GmbH, Lünen.

Geschäftsführung: Dipl.-Volksw. Udo *Köstlin.*

Fachabteilungen: Maschinen und Einrichtungen für den Bergwerksbetrieb unter Tage; Schachtfördereinrichtungen; Aufbereitungsmaschinen; Kokereimaschinen; Förder- und Gewinnungsgeräte für den Tagebau; Druckluftwerkzeuge für den Bergbau und die Industrie der Steine und Erden; Tiefbohr- und Erdölfördergeräte.

Zweck: Die Fachgemeinschaft vertritt die gemeinsamen wirtschaftlichen, technischen und wissenschaftlichen Interessen der Hersteller von Bergbaumaschinen im Rahmen des Verbandes Deutscher Maschinen- und Anlagenbau (VDMA) nach außen und innen, insbesondere gegenüber Behörden und anderen Wirtschaftskreisen. Sie hält u. a. Fühlung mit den Organisationen der Abnehmer, gibt ein Bezugsquellenverzeichnis heraus, betreut Forschungsvorhaben und wirkt bei der Erstellung technischer Regeln mit.

Arbeitsgemeinschaft Großanlagenbau im VDMA

6000 Frankfurt (Main) 71 (Niederrad), Lyoner Straße 18, ☏ (069) 6603-443, ✆ 411321, Telefax (069) 6603-218.

Geschäftsführung: Dr. W. *Kühnel.*

Zweck: Vertretung wirtschaftlicher Interessen des deutschen Großanlagenbaus (z. B. Hersteller von Gewinnungs- und Aufbereitungsanlagen, Hütten- und Walzwerksanlagen, Baustoffanlagen, Kraftwerksanlagen, Energieanwendung und -verteilung, Chemieanlagen, Umweltschutzanlagen).

Vereinigung der Bergbau-Spezialgesellschaften eV

4300 Essen 1, Rüttenscheider Straße 14, ☏ (0201) 770900.

Vorstand: Ass. d. Bergf. Karl-Heinz *Brümmer,* Deilmann-Haniel GmbH, Dortmund-Kurl, Vorsitzender; Professor Dr.-Ing. Dr. rer. pol. Engelbert *Heitkamp,* E. Heitkamp Baugesellschaft mbH & Co. KG, Herne 2; Dr.-Ing. Rolfroderich *Nemitz,* Thyssen Schachtbau GmbH, Mülheim. Ehrenmitglied des Vorstandes: Professor Dr.-Ing. Ingo *Späing,* Dortmund.

Beirat: Dr.-Ing. Johannes *Baumann,* Deilmann-Haniel GmbH, Dortmund-Kurl; Hans *Bertrams,* Bochum; Dipl.-Ing. Hans-Wilhelm *Funke-Oberhag,* E. Heitkamp GmbH, Unternehmensbereich Bergbau, Herne 2; Dipl.-Berging. Alfred *Lücker,* Gebhardt & Koenig — Gesteins- und Tiefbau GmbH, Recklinghausen; Dipl.-Ing. Franz Gustav *Schlüter,* Franz Schlüter GmbH, Dortmund; Dr.-Ing. Bertold *Schmucker,* Thyssen Schachtbau GmbH, Mülheim a. d. Ruhr.

Geschäftsführung: Ass. d. Bergf. Will-Hubertus *Daniels.*

Gründung und Statut: Gründung 1947; Rechtsnachfolgerin der im Jahre 1937 gegründeten Fachgruppe Schachtbau, Bohrungen und Untertagebau der Wirtschaftsgruppe Bergbau.

Zweck: Wahrnehmung und Förderung der gemeinsamen Interessen der auf den Arbeitsgebieten Schachtbau oder Untertagebau im Bergbau der Bundesrepublik Deutschland tätigen Bergbau-Spezialgesellschaften als Fach- und Arbeitgeberverband.

Mitglieder: Siehe Abschn. 6.1 in diesem Kapitel.

Technisch-wissenschaftliche Organisationen

Steinkohle

DeutscheMontanTechnologie für Rohstoff, Energie, Umwelt e. V. (DMT)

Sitz: 4300 Essen, Franz-Fischer-Weg 61; Postanschrift: 4630 Bochum 1, Herner Straße 45; Bochum: ☏ (0234) 968-01/02, ✄ 825701, Telefax (0234) 9683606; Essen: ☏ (0201) 172-01/02, Telefax (0201) 1721462.

Vorstand: Dr.-Ing. Heinrich *Heiermann*, Mitglied des Vorstandes der Ruhrkohle AG, Vorsitzender; Wilhelm *Beermann*, Mitglied des Vorstandes der Ruhrkohle AG, stellv. Vorsitzender; Dipl.-Ing. Dipl.-Kfm. Hans-Reiner *Biehl*, Vorsitzender des Vorstandes der Saarbergwerke AG, stellv. Vorsitzender; Dr. rer. nat. Hans-Wolfgang *Arauner*, Sprecher des Vorstandes der Ruhrkohle Niederrhein/Westfalen AG; Hans *Berger* MdB, 1. Vorsitzender der Industriegewerkschaft Bergbau und Energie; Dipl.-Ing. Werner *Externbrink*, Mitglied des Vorstandes der Saarbergwerke AG; Helmut *Heith*, Leiter des Bezirks Ruhr-Mitte der Industriegewerkschaft Bergbau und Energie; Eberhard *Holin*, Vorsitzender des Betriebsrates der DMT-Bergberufsschulen; Dr.-Ing. Hans *Jacobi*, Vorsitzender des Vorstandes der RAG Technik AG; Willi *Kaminski*, Leiter der Abteilung Berufliche Bildung der Industriegewerkschaft Bergbau und Energie; Dr.-Ing. Josef *Kantor*, Mitglied des Grubenvorstandes der Gewerkschaft Auguste Victoria; Wolfgang *Kern*, Vorsitzender des Betriebsrates des DMT-Bereichs Essen; Bergrat a. D. Rainer *Kolligs*, Ruhrkohle AG; Staatssekretär Dr. iur. Gerhard *Konow*, Ministerium für Wissenschaft und Forschung des Landes Nordrhein-Westfalen; Ass. d. Bergf. Günter *Krallmann*, Vorsitzender der Geschäftsführung der Preussag Anthrazit GmbH; Staatssekretär Hartmut *Krebs*, Ministerium für Wirtschaft, Mittelstand und Technologie des Landes Nordrhein-Westfalen; Werner *Rösen*; Dr. phil. Rainer *Slotta*, Direktor des Deutschen Bergbau-Museums; Ass. d. Bergf. Hermann *Steinbach*, Mitglied des Vorstandes des Eschweiler Bergwerks-Vereins AG; Professor Dr. rer. nat. Joachim *Treusch*, Vorsitzender des Vorstandes des Forschungszentrums Jülich GmbH.

Geschäftsführung: Ass. d. Bergf. Dr.-Ing. Eduard *Hamm*, Sprecher; Rechtsanwalt Ulrich *Weber*; Dr. rer. nat. Alois *Ziegler*.

Gründung und Zweck: Der Verein ist am 1. 1. 1990 aus dem Steinkohlenbergbauverein hervorgegangen.

Zweck des Vereins ist die Förderung von Forschung, Entwicklung, Prüfung, Aus- und Fortbildung insbesondere im Steinkohlenbergbau sowie die Pflege bergbaulichen Kulturgutes.

Mitglieder: Eschweiler Bergwerks-Verein AG, Herzogenrath; Gewerkschaft Auguste Victoria, Marl; Preussag Anthrazit GmbH, Ibbenbüren; Ruhrkohle AG, Essen; Ruhrkohle Niederrhein AG, Duisburg; Ruhrkohle Westfalen AG, Dortmund; Saarbergwerke AG, Saarbrücken; Sophia Jacoba GmbH, Hückelhoven.

Beteiligungen: DMT-Gesellschaft für Lehre und Bildung mbH, Bochum, 100%. DMT-Gesellschaft für Forschung und Prüfung mbH, Essen, 99,83%. Verlag Glückauf GmbH, Essen, 50%. Studiengesellschaft Kohle mbH, Mülheim a. d. Ruhr, 9,17%.

DMT-Gesellschaft für Forschung und Prüfung mbH

Sitz: 4300 Essen, Franz-Fischer-Weg 61; Postanschrift: 4630 Bochum 1, Herner Straße 45; Bochum: ☏ (0234) 968-01, ✄ 825701, Telefax (0234) 9683606; Essen: ☏ (0201) 172-01, Telefax (0201) 1721462.

Verwaltungsrat: Bergrat a. D. Rainer *Kolligs*, Ruhrkohle AG, Vorsitzender; Dipl.-Ing. Werner *Externbrink*, Mitglied des Vorstandes der Saarbergwerke AG, stellv. Vorsitzender; Dieter *May*, Mitglied des Geschäftsführenden Vorstandes der Industriegewerkschaft Bergbau und Energie, stellv. Vorsitzender; Dr. rer. nat. Hans-Wolfgang *Arauner*, Sprecher des Vorstandes der Ruhrkohle Niederrhein/Westfalen AG; Hans-Georg *Goschke*, Vorsitzender des Betriebsrates des DMT-Bereichs Dortmund; Ministerialrat Hans-Joachim *Hartwig*, Ministerium für Wirtschaft, Mittelstand und Technologie des Landes Nordrhein-Westfalen; Dr.-Ing. Hans *Jacobi*, Vorsitzender des Vorstandes der RAG Technik AG; Dr.-Ing. Josef *Kantor*, Mitglied des Grubenvorstandes der Gewerkschaft Auguste Victoria; Ministerialrat Dr.-Ing. Andreas *Keusgen*, Bundesministerium für Wirtschaft; Ass. d. Bergf. Günter *Krallmann*, Vorsitzender der Geschäftsführung der Preussag Anthrazit GmbH; Heinz *Lenßen*, Leiter der Abteilung Angestellte der Industriegewerkschaft Bergbau und Energie; Erich *Manthey*, Leiter der Abteilung Arbeitsschutz der Industriegewerkschaft Bergbau und Energie; Dipl.-Kfm. Hans *Messerschmidt*, Mitglied des Vorstandes der Ruhrkohle Niederrhein/Westfalen AG; Karl-Heinz *Mross*, Mitglied des Vorstandes des Eschweiler Bergwerks-Vereins AG; Dipl.-Ing. Walter *Ostermann*, Generalbevollmächtigter der Ruhrkohle AG; Professor Dr. rer. nat. Horst *Rüter*, Leiter des DMT-Instituts für Lagerstätte, Vermessung und Angewandte Geophysik; Dipl.-Ing. Helmut *Schelter*, Präsident des Landesoberbergamtes Nordrhein-

Westfalen; Fritz *Tepel;* Lothar *Tobys,* stellv. Vorsitzender des Betriebsrates des DMT-Bereichs Essen; Professor Dr.-Ing. Dr. h. c. Friedrich Ludwig *Wilke,* Institut für Bergbauwissenschaften der Technischen Universität Berlin.

Ausschuß für Sicherheit: Präsident Dipl.-Ing. Helmut *Schelter,* Vorsitzender; Ministerialrat Hans-Joachim *Hartwig,* stellv. Vorsitzender; Ministerialrat Dr.-Ing. Andreas *Keusgen;* Bergrat a. D. Rainer *Kolligs;* Erich *Manthey.*

Der Ausschuß übt die fachliche und disziplinarische Aufsicht über die Fachstellen für Sicherheit aus.

Geschäftsführung: Ass. d. Bergf. Dr.-Ing. Eduard *Hamm,* Sprecher; Bergassessor a. D. Hans Günther *Conrad;* Rechtsanwalt Ulrich *Weber;* Dr. rer. nat. Alois *Ziegler.*

Prokuristen: Dr.-Ing. Klaus *Ahrens* (Förderung und Transport); Ministerialrat Dipl.-Ing. Hans *Berg* (Sachverständigenfragen und internationale Richtlinien); Ass. d. Bergf. Justus *Eggers-Becker* (Zentrale Koordination); Dr.-Ing. Werner *Eisenhut* (Kokserzeugung und Kohlechemie); Dr.-Ing. Wilfried *Erdmann* (Rohstoffe und Aufbereitung); Dipl.-Ing. Meinhard *Funkemeyer* (Rettungswesen, Brand- und Explosionsschutz); Dr.-Ing. Wilhelm *Götze* (Gebirgsbeherrschung und Hohlraumverfüllung); Professor Dr. rer. nat. Karl-Heinrich *van Heek* (Kokserzeugung und Kohlechemie); Professor Dr.-Ing. Egon Hermann *Henkel* (Vortrieb und Gewinnung, Vertreter des Geschäftsführers für Technik und Arbeitssicherheit); Heinz-Gerd *Körner* (Personal- und Sozialwesen); Dipl.-Ing. Gerhard *Ludwig* (Öffentlichkeitsarbeit); Dr.-Ing. Klaus *Noack* (Bewetterung, Klimatisierung und Staubbekämpfung); Gerhard *Prätorius* (Kaufmännische Verwaltung); Dipl.-Ök. Dieter *Pfaff* (Marketing, Controlling, Bilanzen und Informationsverarbeitung); Markscheider Dr.-Ing. Kurt *Pfläging* (Lagerstätte, Vermessung und Angewandte Geophysik); Professor Dr.-Ing. Wolfgang *Riepe* (Chemische Umwelttechnologie); Dipl.-Kfm. Walter *Rinke* (Allgemeine Dienste); Dr.-Ing. Wolfgang *Rohde* (Kokserzeugung und Kohlechemie); Professor Dr. rer. nat. Horst *Rüter* (Lagerstätte, Vermessung und Angewandte Geophysik); Dr.-Ing. Gerhard *Strickmann* (Prozeßleitsysteme und elektrische Anlagen); Privatdozent Dipl.-Geol. Dr. rer. nat. Jean *Thein* (Wasser- und Bodenschutz – Baugrundinstitut).

Verwaltung: Die Verwaltungsaufgaben werden von der DMT-Gesellschaft für Lehre und Bildung mbH in Bochum wahrgenommen.

Gründung und Zweck: Die Gesellschaft ist am 1. 1. 1990 gegründet worden. Sie ist aus der Bergbau-Forschung GmbH unter Einbeziehung der technischwissenschaftlichen Institute der Westfälischen Berggewerkschaftskasse einschließlich Bergbau-Versuchsstrecke und Einrichtungen der Versuchsgrubengesellschaft mbH hervorgegangen. Zweck der Gesellschaft ist die Forschung und Entwicklung auf allen Gebieten der Rohstoff-, Energie- und Umwelttechnologie. Für die Durchführung von technischen Prüfungen, Abnahmen und Beratungen, vor allem aufgrund von Rechtsvorschriften, insbesondere im Sinne des § 65 Nr. 3 und Nr. 4 BBergG, einschließlich der hierfür erforderlichen sicherheitstechnischen Forschung unterhält die Gesellschaft Fachstellen für Sicherheit und beschäftigt Sachverständige. Die fachliche und disziplinarische Aufsicht über diese liegt in der Zuständigkeit des Ausschusses für Sicherheit.

Gesellschafter: DeutscheMontanTechnologie für Rohstoff, Energie, Umwelt e. V., Essen, 99,83 %; Bergbau-Verwaltungsgesellschaft mbH, Essen, 0,17 %.

Beteiligungen:
Bergwerksverband GmbH, Essen, 100 %.
Versuchsgrubengesellschaft mbH, Dortmund, 100 %.
Imech GmbH – Institut für Mechatronik, Moers, 12,6 %.

DMT-INSTITUTE

Geschäftsbereich Technik und Arbeitssicherheit

Geschäftsführung: Ass. d. Bergf. Dr.-Ing. Eduard *Hamm;* Vertreter: Professor Dr.-Ing. Egon Hermann *Henkel.*

DMT-Institut für Vortrieb und Gewinnung (IVG)
☏ (0201) 172-1003, Telefax (0201) 1721447.

Leiter: Professor Dr.-Ing. Egon Hermann *Henkel;* Stellvertreter: Dr.-Ing. Peter *Brychta.*

Abteilung Sprengvortrieb und Grundlagenuntersuchungen: Dr.-Ing. Eike *Feistkorn.*

Abteilung Maschineller Vortrieb: Dr.-Ing. Peter *Brychta.*

Abteilung Gewinnung und Stetigförderung: Dipl.-Ing. Dietmar *Plum.*

Abteilung Antriebs- und Automatisierungstechnik: Dr.-Ing. Mehmet-Vehip *Kaci.*

Aufgaben: Berechnungen und Untersuchungen zu Verfahren und an Maschinen, maschinellen Anlagen und Geräten für den Bergbau.
Weiterentwicklung von Maschinen, Werkzeugen und Verfahren für den maschinellen Streckenvortrieb, den Sprengvortrieb, den Schachtbau sowie für das Großlochbohren im Gestein und in der Kohle, Entwicklung und Erprobung neuer Ausbautechniken für Gesteins- und Flözstrecken. Entwicklung von Systemen für die Datenerfassung und Datenauswertung und von Planungsmodellen.

Untersuchung, Auslegung und Weiterentwicklung zu Verfahren und Maschinen für schälende und schneidende Gewinnung, für den Streb-/Streckenübergang und für die Strebförderung sowie von deren Antrieben. Optimierung, Berechnungen und Auslegung der Gurtförderung und der Personenbeförderung mit Gurtförderern. Entwicklung von Meß-, Steuerungs-, Regelungs-, Automatisierungstechnik und angepaßten Diagnosesystemen. Durchführung von Untersuchungen und Messungen unter Tage.

Einrichtungen: Versuchsstände für neue Verfahren, neue Löseverfahren, Schwingungsbohren, Meßtechnik; Mechanisierung der Ausbauarbeit in Strecken: Spritzbeton, Hinterfüllen, mechanische Ausbauhilfen; Teilschnittmaschinen: Schneideköpfe, Schlagköpfe, neue Schneidtechnik; Spreng- und Ankerlochbohren: Bohrmaschinen, Bohrwerkzeuge, neue Bohrtechnik; gesteinsmechanische Untersuchungen: Beurteilung der Schneid- oder Bohrbarkeit von Gesteinen; Großlochbohren: Bohrwerkzeuge, Zielbohrsysteme, meßtechnische Überwachung; schälende Gewinnung: konventionelle und aktivierte Hobeltechnik mit ganzen Anlagen; schneidende Gewinnung: Walzenschrämlader und Strebrandmaschinen (bis 1 000 kW bei 5 kV); Gewinnungswerkzeuge: Meißel, Disken, aktivierte Werkzeuge, Hochdruckwasserstrahlen; Strebförderung: gerade und eben verlegte Förderer, Förderer für geneigte Lagerung, Kurvenförderer und Rinnenprüfung; Gurtförderer: Bauteiloptimierung, Personenbeförderung, extreme Einsatzfälle; Antriebstechnik: Überlastschutz, Lastausgleich, Schwingungsverhalten und Schweranlauf; Schmierstoffe: Eignungsuntersuchungen; Prüfungen von elektrischen und hydraulischen Antrieben bis 1 000 kW Leistung, rechnerische und experimentelle Untersuchungen.

DMT-Fachstelle für maschinentechnische Sicherheit: Dipl.-Ing. Bernd *Funke.*

DMT-Institut für Gebirgsbeherrschung und Hohlraumverfüllung (IGH)
☏ (0201) 172-1303, Telefax (0201) 172-1712.

Leiter: Dr.-Ing. Wilhelm *Götze;* Stellvertreter: Dr.-Ing. Peter *Stephan.*

Abteilung Strebausbau: Dipl.-Ing. Peter *Migenda.*

Abteilung Strecken- und Schachtausbau: Dr.-Ing. Joachim *Klein.*

Abteilung Verfülltechnik und Rohrtransport: Dipl.-Ing. Friedrich *Sill.*

Abteilung Gebirgsmechanische Prognose- und Planungsverfahren: Dr.-Ing. Peter *Stephan.*

Abteilung Gebirgsschlagverhütung: Dr.-Ing. Gerhard *Bräuner.*

Aufgaben: Entwicklung und Anwendung von Verfahren zur Optimierung der Planung des Abbauzuschnitts und der Streckenführung aus gebirgsmechanischer Sicht, zur Beurteilung der Gebirgsschlaggefahr und zur Verhütung von Gebirgsschlägen sowie zur Planung des Ausbaus für Strecken, Großräume, Schächte und Streben. Weiterentwicklung und Verbesserung der Ausbautechnik, der Baustoff- und Injektionstechnik für Streben und Strecken. Entwicklung und Erprobung von Verfahren zum Verfüllen von Hohlräumen unter Tage mit industriellen Reststoffen und Bergen, Weiterentwicklung der pneumatischen und hydraulischen Förderung von Feststoffen in Rohrleitungen, Optimierung der Standdauer von Falleitungen, Wendeln und Bunkern.

Einrichtungen: Äquivalente Gebirgsmodellprüfstände (Maßstab 1:10 und 1:20) und numerische Rechenprogramme zur Untersuchung der Druckwirkungen um Strecken und Streben; äquivalente Modellprüfstände (Maßstab 1:10) und numerische Rechenprogramme für Strecken- und Schachtausbau; Prüfstände für Streckenausbau (Bögen, Ringe, Paneele, Anker und Verzug); Prüfstände zur Ermittlung der Festigkeitsentwicklung von Baustoffen bei extremen klimatischen Bedingungen; Prüfstände zur Belastung von Schreitausbau und schwerer Maschinenteile mit max. 12 000 kN; Prüfstände für hydraulische Steuerventile (Funktion, Verschleiß), HFA-Flüssigkeit, 500 bar, 150 l/Min.; Servogesteuerte Prüfpresse (bis 6 000 kN, Prüfkörpergröße max. 60 x 60 x 105 cm) nach DIN 51220, Klasse 1 zur Nachbildung schlagartiger oder langsamer Bruchvorgänge des Gebirges, zur Untersuchung von Gesteinsproben nach DIN und zur Eichung von Druckmeß- und Sondiergeräten; Prüfstände für Test- und Entspannungsbohrtechnik.

DMT-Fachstelle für Gebirgsschlagverhütung: Dr.-Ing. Gerhard *Bräuner.*

DMT-Institut für Förderung und Transport (IFT)
☏ (0234) 968-3814, Telefax (0234) 968-3879.

Leiter: Dr.-Ing. Klaus *Ahrens;* Stellvertreter: Dr.-Ing. Günther *Apel.*

Abteilung Schachtfördertechnik: Dr.-Ing. Alfred *Gerlach.*

Abteilung Streckenfördertechnik: Dr.-Ing. Günther *Apel.*

Abteilung System- und Bauteilprüftechnik: Dr.-Ing. Detlev *Fuchs.*

Abteilung Schwingungstechnik und Akustik: Dipl.-Ing. Peter *Reiser.*

Abteilung Seilfahrtwesen — Leipzig: Dr. rer. nat. Günter *Jehmlich.*

Aufgaben: Regelmäßige Prüfungen, Abnahmeprüfungen, Bauartprüfungen und Beratungen im Auftrag von Betreibern und Herstellern von Schachtförderanlagen, Abteufanlagen, schienengebundenen oder zwangsgeführten Streckenfördereinrichtungen, Gleislosfahrzeugen sowie Arbeitsbühnen in Schacht und Strecke hinsichtlich ihrer Signal- und Sicher-

heitseinrichtungen, ihrer Antriebe und Bremssysteme und ihrer Maschinen- oder Stahlbaukonstruktionen. Beanspruchungsanalysen mittels Finiter Elemente oder mittels Dehnungsmeßstreifen zur Bewertung und Beurteilung von Konstruktionen hinsichtlich Spannungen und Verformungen.
Werkstoffprüfungen, zerstörungsfreie Prüfungen, Betriebsfestigkeitsanalysen an Seilen, Ketten, Fördergurten, an Maschinen- und Stahlbauteilen und an Förder- und Transporteinrichtungen.
Untersuchung und Berechnung von Druckluft- und Wassernetzen. Ermittlung der Leistungscharakteristik und der Emissionskennwerte von Verbrennungsmotoren für den Untertageeinsatz.
Überprüfung des Schwingungszustandes von Hauptlüfteranlagen. Messung und Beurteilung von Boden-, Fundament-, Gebäude- und Maschinenschwingungen.
Messung, Beurteilung und Minderung von Maschinengeräuschen, Betriebslärm und Nachbarschaftslärm. Prüfung von Schallpegelmeßgeräten. Ergonomische Gestaltung und Systemanalyse bei Arbeitsverfahren und Maschinen.
Prüfung von persönlichen Schutzausrüstungen nach dem Gerätesicherheitsgesetz.
Gutachten über Prüfbefunde, Betriebsstörungen.
Durchführung von Lehrgängen.

Einrichtungen: Prüflaboratorien für Bauteil-, Motoren-, Werkstoff-, Fördergurt-, Seil- und Korrosionsuntersuchungen, Reibungsprüfstände, Labor für Schwingungs- und Lärmschutzmessungen, Prüfstände für Ventilatorgeräusche, Schalldämpfer, Druckluftwerkzeuge, Bohrhämmer, Labor für Druckluftmeßtechnik, Labor für rechnergestützte Optimierung von Konstruktionen, Prüffeld für schienengebundene Fahrzeuge, Prüffeld für Gleislosfahrzeuge, Labor für Metallographie und Analysen metallischer Werkstoffe, Korrosionsprüfeinrichtungen für betriebsnahe Verhältnisse, Übungsräume für die praktische Aus- und Fortbildung.
DMT-Fachstelle für Sicherheit — Seilprüfstelle: Dr.-Ing. Alfred *Gerlach.*
DMT-Fachstelle für Schwingungstechnik und Akustik: Dipl.-Ing. Peter *Reiser.*
DMT-Fachstelle für Ergonomie: Dr.-Ing. Xaver *Bonefeld.*

DMT-Institut für Bewetterung, Klimatisierung und Staubbekämpfung (IBS)
℡ (0201) 172-01, Telefax (0201) 172-1735, (0201) 172-1601 (Staubbekämpfung).

Leiter: Dr.-Ing. Klaus *Noack;* Stellvertreter: Dr. rer. nat. Hartmut *Eicker.*

Abteilung Bewetterung: Dr.-Ing. Rolf *Pollak.*

Abteilung Klimatisierung: N. N.

Abteilung Ausgasung: Ass. d. Bergf. Gerhard *Hinderfeld.*

Abteilung Meßtechnik: Dr. rer. nat. Hartmut *Eicker.*

Abteilung Staubbekämpfung: Dr. phil. nat. Lorenz *Armbruster.*

Aufgaben: Entwicklung und Prüfung auf den Gebieten Haupt- und Sonderbewetterung, Ventilatoren, Strömungstechnik; Grubenklima, Kühltechnik, Klimaplanung; Ausgasungsbeherrschung, Gasausbruchsverhütung, Gasabsaugung und Deponiegastechnik; Gas- und Wettermeßgeräte, Meßwertübertragung und -verarbeitung; Entwicklung, Prüfung und Einführung von Staubmeßgeräten und Staubbekämpfungsverfahren, Feststellung von Staubsituationen, Auswertung von Staubproben, Untersuchungen über die Schädlichkeit von Stäuben.

Einrichtungen: Klimalaboratorium, Klima- und Wetterkühltechnikum; Ausgasungslaboratorium; Druckversuchsanlage zur Gasausbruchsimulation; Strömungslaboratorium mit Ventilator- und Wetterkühlerprüfstand, Meßgeräte-Windkanal.
Mobiles Meßsystem für die Untersuchung von Ventilatoren und Kälteanlagen; Laboratorien für die Untersuchung von Gas- und Wettermeßgeräten; Laboratorium für wettertechnische Informationsverarbeitung; Prüfgasflaschen-Füllstation; Laboratorien zur Untersuchung der Kenngrößen von Stäuben, zur Herstellung von Staubproben für technische und biologische Untersuchungen sowie für die zentrale gravimetrische und analytische Auswertung von Feinstaubproben der Zechen und anderer Auftraggeber. Prüfstand für Entstauber sowie für weitere Geräte und Verfahren der Staubbekämpfung. Staubkanäle und Einrichtungen zur Wartung, Kalibrierung und Prüfung von Staubmeßgeräten.
DMT-Fachstelle für Sicherheit — Prüfstelle für Grubenbewetterung: Dr. rer. nat. Hartmut *Eicker.*
DMT-Fachstelle für Staub- und Silikosebekämpfung: Dr. phil. nat. Lorenz *Armbruster.*
DMT-Fachstelle für Gefahrstoffe im Bergbau: Dr. phil. nat. Lorenz *Armbruster.*

DMT-Institut für Rettungswesen, Brand- und Explosionsschutz (IRB)

4300 Essen 13 (Kray), Schönscheidtstraße 28, ℡ (0201) 172-1100, ✉ 825701, Telefax (0201) 1721193.

Außenstelle Bergbau-Versuchsstrecke
4600 Dortmund 14 (Derne), Beylingstraße 65, ℡ (0231) 2491-0, Telefax (0231) 2491224.

Außenstelle Versuchsgrube Tremonia
4600 Dortmund 1, Tremoniastraße 13, ℡ (0231) 16884, Telefax (0231) 160500.

Leiter: Dipl.-Ing. Meinhard *Funkemeyer;* Stellvertreter: Dr.-Ing. Ernst-Wilhelm *Scholl.*

Abteilung Rettungswesen: Ass. d. Bergf. Dr.-Ing. Georg *Langer.*

Abteilung Atemschutz: Dipl.-Ing. Reinhold *Kaminski.*

1 BERGBAU

Abteilung Brand- und Explosionsschutz unter Tage: Dr.-Ing. Jürgen *Michelis.*

Abteilung Brand- und Explosionsschutz über Tage: Dipl.-Phys. Werner *Wiemann.*

Abteilung Sprengwesen: Dipl.-Ing. Hans *Wirth.*

Abteilung Versuchsgrube Tremonia: Dipl.-Ing. Manfred *Hildebrandt.*

Aufgaben: Mitwirkung bei Rettungswerken, Bearbeitung von Fragen der Rettungs- und Selbstrettungstechnik. Betreuung von Grubenwehren, Gasschutzwehren und Atemschutzmannschaften, Lehrgangs- und Übungsbetrieb für Führungs- und Fachkräfte.
Untersuchungen und anerkannte Prüfungen von Regenerationsgeräten, Sauerstoffselbstrettern, Preßluftatmern, Tauchgeräten, Schlauchgeräten, Filtergeräten und Schutzanzügen für Bergbau, Feuerwehr und Industrie.
Untersuchungen und Beratung der Betriebe in Fragen des Brand- und Explosionsschutzes. Untersuchen und Prüfen von Löschmitteln, -geräten und -einrichtungen. Brandtechnische Untersuchungen und Prüfungen von flüssigen und festen Kunststoffen, Hydraulikflüssigkeiten und anderen schwerentflammbaren bzw. brennbaren Flüssigkeiten. Untersuchungen von explosionssicheren Schutzeinrichtungen und explosionsfesten Dämmen mit Einbauten. Vermeidung explosionsfähiger Kohlenstaub/Luftgemische durch Inertisierungsmaßnahmen.
Festlegung von Brand- und Explosionsschutzkonzepten für Industrieanlagen und Gebäude, Bergehalden, Kohlenlager und Deponien. Untersuchung und Abnahme von Gasabsauganlagen und Explosionsschutzeinrichtungen in staubproduzierenden Industrien. Ermittlung von Brand- und Explosionskenngrößen von Gasen, Dämpfen und Stäuben. Prüfung von Schutzeinrichtungen gegen die Ausbreitung von Explosionen. Festigkeitsprüfung von Apparaten und Behältern unter Explosionseinwirkung. Prüfung der elektrostatischen Eigenschaften von Kunststoffen.
Prüfung von Sprengstoffen, Zündmitteln und Sprengzubehör als Prüfstelle für Sprengmittel aufgrund des Gesetzes über explosionsgefährliche Stoffe (Sprengstoffgesetz). Eignungsprüfung neuer Sprengstoffe für unter Tage. Ausbildung und Unterweisung von Führungs- und Fachkräften im Sprengwesen.

Einrichtungen: Rettungsstelle. Schulungsräume. Übungshaus für Grubenwehren und Atemschutzmannschaften. Übungskesselanlage. Klimakammer. Löschübungsstrecke. Bereitschaftslager mit Spezialeinrichtungen und Meßgeräten für den Grubenwehreinsatz und zur Rettung eingeschlossener Bergleute. Prüflaboratorien für Atemschutzgeräte.
Rohrstrecken mit Querschnitten bis zu 5 m^2 und Längen bis zu 200 m. Explosionsfeste Behälter mit Inhalten bis zu 30 m^3. Einrichtungen zur Prüfung von Behälterfestigkeiten und Schutzeinrichtungen bei Explosionsbelastung. Einrichtungen zur Ermittlung von Brand- und Explosionskenngrößen von Gasen, Dämpfen und Stäuben. Strecken zur Prüfung der Schlagwettersicherheit von Sprengstoffen. Einrichtungen zur Bestimmung des Leistungsvermögens von Sprengstoffen (z. B. Tonnenmörser).

Versuchsgrube Tremonia: Grubengebäude bestehend aus zwei Schächten und rund 7 km Streckennetz (Querschnitte 8 − 23 m^2) auf drei Sohlen. Versuchsmöglichkeiten in einem Brandberg und in Brandstrecken, in einem Explosionsstreckennetz, in Blindschächten, in sonstigen Grubenstrecken und in der Kohle. Einsatz und Erprobung von nichtschlagwetter- und nichtexplosionsgeschützten elektrischen Betriebsmitteln möglich. Meßdatenübertragung von unter nach über Tage. Datenerfassung und Auswertung mit Prozeßrechnern.

DMT-Fachstelle für Sicherheit − Hauptstelle für das Grubenrettungswesen: Ass. d. Bergf. Dr.-Ing. Georg *Langer.*

DMT-Fachstelle für Brand- und Explosionsschutz unter Tage − Versuchsgrube Tremonia: Dr.-Ing. Jürgen *Michelis.*

DMT-Fachstelle für Brand- und Explosionsschutz über Tage − Bergbau-Versuchsstrecke: Dipl.-Phys. Werner *Wiemann.*

DMT-Fachstelle für Sprengwesen − Bergbau-Versuchsstrecke: Dipl.-Ing. Hans *Wirth.*

DMT-Institut für Prozeßleitsysteme und elektrische Anlagen (IPE)

☏ (0201) 172-1226, Telefax (0201) 172-1709.

Leiter: Dr.-Ing. Gerhard *Strickmann;* Stellvertreter: Dr.-Ing. Hans Jürgen *Kartenberg.*

Abteilung Prozeßinformatik: Dr.-Ing. Klaus *Vogt.*

Abteilung Automatisierungssysteme: Dr.-Ing. Hans Jürgen *Kartenberg.*

Abteilung Meßsysteme: Dipl.-Phys. Günter *Fauth.*

Abteilung Elektrotechnik: Dr.-Ing. Wolf *Dill.*

Aufgaben: Entwicklung von Software für Prozeßrechner, PC und Mikroprozessoren; Anwendung von KI-Verfahren für Betriebsüberwachung, Sicherheit und Planung; Entwicklung und Fertigung von elektronischen Komponenten zur Erfassung und Übertragung von Daten und Meßwerten einschließlich Funksystemen in schlagwettergeschützter Ausführung; Entwicklung von Meß- und Auswerteverfahren; Bilddatenverarbeitung und Mustererkennung; Entwicklungen für Energieversorgung, Leistungselektronik und Netzschutz unter Tage.

Einrichtungen: Entwicklungs- und Testeinrichtungen für Zuverlässigkeit, Eigensicherheit, elektromagnetische Verträglichkeit, Schwingungsprüfanlage, 5 − 3 500 Hz, 5 kN. Physiklabor für Isotopenmeßverfahren und optische Meßsysteme. Laboratorien für elektronische Meßtechnik, Nachrichtenübertragungs- und Verarbeitungssysteme sowie für IR-, Video- und

Lichtleitertechnik; Hochfrequenzlabor. Arbeitsplatz für Bilddatenverarbeitung und Mustererkennung. Programmierplätze für Prozeßdatenverarbeitung und PC-Software.
Explosionsgefäße mit einem Rauminhalt bis zu 56 m^3, Hochdruck-Meßkammer (100 bar); Geräte für Teilentladungsmessungen bis 60 kV, bei Betriebsströmen bis zu 1 kA, Meßgeräte für Spannungsprüfungen bis 35 kV; Staubprüfkammer für IP-Gehäuseschutzprüfung (Prüfling bis 10 t, maximale Höhe 4 m); Quadrupol-Massenspektrometer; Hochgeschwindigkeits-Filmkamera (bis 3 000 Bilder/s).
Wasserwirbelbremse 300 kW; Stoßspannungsgenerator 250 kV; statischer Drehstrom/Gleichstrom-Umrichter 160 V/400 A; begehbare Klimakammer für Temperaturen von +10 bis +40°C bei relativen Feuchten von 30 % bis 80 %; Zug-/Druck-Prüfmaschine mit 200 kN maximaler Prüfkraft.
DMT-Fachstelle für Sicherheit elektrischer Betriebsmittel — Bergbau-Versuchsstrecke: Dr.-Ing. Wolf *Dill.*
DMT-Fachstelle für leittechnische Einrichtungen mit Sicherheitsverantwortung: Dr.-Ing. Hans Jürgen *Kartenberg.*

Geodätische Messungen, wie Durchschlagsmessungen im Bergbau und Tunnelbau, Schachtvermessungen, Erfassung von Bodenbewegungen, Deformationsmessungen an Großobjekten. Einsatz von Satellitenmeßsystemen. EDV-gestützte Kartenherstellung, reprographische Arbeiten. Entwicklung, Herstellung und Vertrieb von Geo-Meßgeräten wie Vermessungs-Kreiseln, Inertial-Meßgeräten, Neigungssensoren, seismischen Meßgeräten, Bohrlochmeßgeräten, seismischen Überwachungsanlagen (Monitoring). Kalibrierung von geodätischen, markscheiderischen und geophysikalischen Meßgeräten.

Einrichtungen: Geodätische und geophysikalische Meßgeräte, Kalibriereinrichtungen, Rechenzentrum, feinmechanische und elektronische Werkstätten, meteorologische Station.
DMT-Fachstelle für Erschütterungsmessungen: Dr. rer. nat. Eiko *Räkers.*
DMT-Fachstelle für Lasergeräte sowie Kalibrierstelle des Deutschen Kalibrier-Dienstes: Dipl.-Ing. Klaus *Schudlich.*

Geschäftsbereich Rohstoff und Umwelt

Geschäftsführung: Dr. rer. nat. Alois *Ziegler;* Vertreter: N. N.

DMT-Institut für Lagerstätte, Vermessung und Angewandte Geophysik (ILG)
☏ (0234) 968-3291/3266, Telefax (0234) 968-3706/3607.

Leiter: Dr.-Ing. Kurt *Pfläging;* Professor Dr. rer. nat. Horst *Rüter.*

Abteilung Geologische und geophysikalische Untersuchungen: Dr. rer. nat. Reinhard *Schepers.*

Abteilung Geodätische Messungen: Vermessungsass. Norbert *Korittke.*

Abteilung Kartographie und Reprographie: Dipl.-Ing. Heinz-Josef *Stengel.*

Abteilung Geo-Meßgeräte: Dr.-Ing. Kurt *Pfläging.*

Aufgaben: Lagerstättenexploration und Vorausberechnung von Lagerstätteneigenschaften mit Methoden der Bohrkerninterpretation, der Geostatistik, der Bohrlochgeophysik, Seismik, Flözwellenseismik und der photogrammetrischen Strukturuntersuchung. Baugrunduntersuchungen sowie Untersuchungen von Altlasten und Deponiestandorten, oberflächennahen Hohlräumen und von Absetzbecken mit strukturgeologischen Methoden und mit Methoden der Umweltgeophysik wie Magnetik, Elektromagnetik, Geo-Radar und Geo-Tomographie. Kontinuierliche Überwachung von Deponien, Bergwerken, Staudämmen in bezug auf induzierte Seismizität, Gebirgsschlaggefahr, Kontaminationen, meteorologische Einflüsse.

DMT-Institut für Wasser- und Bodenschutz — Baugrundinstitut — (IWB)
☏ (0201) 172-1900, Telefax (0201) 172-1777.

Leiter: Dr. rer. nat. Jean *Thein;* Stellvertreter: Dr.-Ing. Herbert *Klapperich.*

Abteilung Hydrogeologie, Altlasten, Deponien: Dr. rer. nat. Jean *Thein.*

Abteilung Baugrundinstitut: Dr.-Ing. Herbert *Klapperich.*

Aufgaben: Hydrogeologie, Hydrochemie, Geohydraulik, Wasserwirtschaft und bergmännische Wasserwirtschaft, mathematische Simulation, Erkundung und Gefährdungsabschätzung von Altlasten, geochemische Untersuchungen, Deponiestandortuntersuchung, Renaturierung von Oberflächenwässern, Beratung bei Unfällen mit wassergefährdenden Stoffen, Begutachtung und Dimensionierung von Wasserfassungsanlagen, Festlegung von Schutzzonen für Trinkwassergewinnungsanlagen, Mineralbrunnen und Heilquellen.
Problemlösungen auf den Gebieten Angewandte Geologie, Geotechnik, Boden- und Felsmechanik, Grundbau, Bauwerksschäden, Standsicherheitsfragen an Schächten und Grubenbauen, Spannungsverhalten und Sicherung eingeederter Rohrleitungen in Bergsenkungsgebieten, Deponietechnik, Deponieplanung, Projektmanagement, Reaktivierung von Industriebrachen, Sicherungs- und Sanierungskonzepte, Tunnelbau, Baugrund-Dynamik, Umweltverträglichkeitsstudien.

Außenstelle Leipzig, Abteilung Felsmechanik, O-7030 Leipzig, Friederikenstr. 70.
Leiter: Dr.-Ing. Uwe *Groß.*

1 BERGBAU

Einrichtungen: Laboratorium für Geo- und Hydrochemie.
Laboratorium für Erd- und Grundbau, Geohydraulik.
Beratungsstelle für Baugrund- und Bebauungsfragen in Bergbaugebieten sowie für Standsicherheitsfragen an Schächten und Grubenbauen, Prüfstelle für Gesteine und mineralische Baustoffe.
DMT-Fachstelle für Wasser- und Bodenschutz: Dr. rer. nat. Wilhelm *Coldewey.*
DMT-Fachstelle für Grund- und Felsbau: Dr.-Ing. Herbert *Klapperich.*

DMT-Institut für Chemische Umwelttechnologie (ICU)
☏ (0201) 172-1502, Telefax (0201) 172-1237.

Leiter: Professor Dr.-Ing. Wolfgang *Riepe;* Stellvertreter: Dr. rer. nat. Jürgen *Klein.*

Abteilung Umweltschutzverfahren: Dr. rer. nat. Jürgen *Klein.*

Abteilung Umweltchemie: Dr. rer. nat. Klaus G. *Liphard.*

Abteilung Gefahr- und Schadstoffe: Professor Dr.-Ing. Wolfgang *Riepe.*

Aufgaben: Erfassen, Bewerten, Lösen von Umweltproblemen im Bereich Wasser, Boden und Gebäuden; Entwicklung und Anwendung von Verfahren zur Reinigung von Wässern und Böden, einschließlich mikrobiologischer/biotechnischer Verfahren; Umweltanalytik; Erfassen und Bewerten von Gefahr- und Schadstoffen.

Einrichtungen: Laboratorien für chemisch-physikalische, adsorptionstechnische und mikrobiologische Untersuchungen. Technikum für Adsorptions- und Biotechnik, Wirbelschichtöfen im Labor- und Technikumsmaßstab für Aktivkohlen-Regeneration, Klärschlamm-Trocknung und -Verbrennung.
Chemische Laboratorien mit Einrichtungen u. a. für instrumentelle Elementaranalysen, Röntgenfluoreszenzanalyse und Spurenanalytik mit Atomabsorptionsspektrometrie, Emissionsspektronomie (ICP/OES), Massenspektronomie (ICP/MS) und Ionenchromatographie. Laboratorien für Gaschromatographie. Hochleistungsflüssigchromatographie, Infrarotspektrometrie, hochauflösende Massenspektrometrie und Kernresonanzspektrometrie, Laboratorien für Auf- und Durchlichtmikroskopie, Rasterelektronenmikroskopie mit Mikrosondentechnik.
DMT-Fachstelle für Umwelt und Analytik: Dr. rer. nat. Klaus G. *Liphard.*
DMT-Meßstelle Arbeitsplätze: Dipl.-Ing. Chem. Margret *Böckler-Klusemann.*
DMT-Meßstelle Emissionen, Immissionen: Dr. rer. nat. Frank *Friedrich.*

DMT-Institut für Rohstoffe und Aufbereitung (IRA)
☏ (0201) 172-1597, Telefax (0201) 172-1575.

Leiter: Dr.-Ing. Wilfried *Erdmann;* Stellvertreter: Dr.-Ing. Karl *Schönlebe.*

Abteilung Aufbereitung von Rohkohle und Rohstoffen: Dr.-Ing. Wilfried *Erdmann.*

Abteilung Schüttguttechnik und Agglomeration: Dr.-Ing. Karl *Schönlebe.*

Aufgaben: Untersuchung von Rohstoffen; Entwicklung von Verfahren und Einrichtungen zur Aufbereitung von Steinkohlen und anderen Rohstoffen; Verbesserungen beim Transport, Bunkern, Dosieren, Mischen und Verladen von Schüttgütern. Emissionsmessungen gem. §§ 26, 28 BImSchG.

Einrichtungen: Versuchsanlagen im halbtechnischen und technischen Maßstab auf verschiedenen Schachtanlagen. Technikum und Laboratorium für aufbereitungstechnische Untersuchungen. Technikumseinrichtungen zum Brikettieren und Pelletieren. Labor für schüttgutmechanische Untersuchungen. Labor für kohlentechnologische Untersuchungen. Planungs- und Konstruktionsbüro. Meßwagen für die Ermittlung anorganischer Gase, von Staub und Staubinhaltsstoffen.

DMT-Institut für Kokserzeugung und Kohlechemie (IKK)
☏ (0201) 172-1587/172-1318, Telefax (0201) 172-1575/172-1241.

Leiter: Dr.-Ing. Werner *Eisenhut;* Professor Dr. rer. nat. Karl Heinrich *van Heek.*

Abteilung Kokereitechnik: Dr.-Ing. Wolfgang *Rohde.*

Abteilung Technischer Dienst und Beratung: Dr.-Ing. Werner *Eisenhut.*

Abteilung Kohle- und Thermochemie: Professor Dr. rer. nat. Karl Heinrich *van Heek.*

Abteilung Thermochemische Apparaturen, Meßverfahren und Anlagen: Dr. rer. nat. Heinz-Jürgen *Mühlen.*

Aufgaben: Garantienachweise, Gutachten, Planungshilfen für Kokerei-, Gasreinigungs- und Kohlenwertstoffanlagen; Entwicklung verfahrenstechnischer Komponenten; Emissions- und Immissions-Messungen, Überwachung von MAK- und TRK-Werten.

Durchführung von Forschungsvorhaben und Entwicklungsarbeiten zur Pyrolyse, Hydrierung und Vergasung von Kohlen. Nutzung der für die Kohlenumwandlung entwickelten Apparaturen, Methoden und Verfahren für die thermochemische Umwandlung von anderen fossilen Rohstoffen sowie von Biomasse, festen und flüssigen Abfallstoffen. Vermarktung des experimentellen und theoretischen Potentials in Form von Einzelmessungen, Forschungsaufträgen, technisch-wirtschaftlichen Studien, Beratungen und Lieferungen von Apparaturen.

Einrichtungen: Technikum mit 4 Verkokungsöfen für einen Kohleneinsatz von 250 – 900 kg, Kokstrockenkühlanlage. Einrichtungen zur Auf- und Vorbereitung von Kokskohlen. Laboratorium für technologische Untersuchungen. Einrichtungen zur Prüfung des Kokses unter Hochofenbedingungen und zur Ermittlung der mechanischen Eigenschaftswerte. Chemisch-physikalische und organisch-chemische Laboratorien, Apparaturen für thermochemische Untersuchungen des Einflusses von Temperatur, Druck, Aufheizgeschwindigkeit und Gasatmosphäre auf den Ablauf der Reaktionen von Brenn-, Roh- und Abfallstoffen. Hochdrucklaboratorium, Kohleöl-Technikum, kleintechnische Anlagen zur Pyrolyse und Vergasung. Verfahrenstechnische Modelle zur Wirbelschichttechnik und Feststoffdosierung. DMT-Fachstelle für Kokereitechnik: Dr.-Ing. Werner *Eisenhut.*

DMT-Institut für Wärme- und Stromerzeugung (IWS)
☏ (0201) 172-2003, Telefax (0201) 172-1720.

Leiter (kommissarisch): Professor Dr. rer. nat. Karl Heinrich *van Heek;* Stellvertreter: Professor Dr.-Ing. Ingo *Romey.*

Abteilung Feuerungs- und Kraftwerkstechnik: Professor Dr.-Ing. Ingo *Romey.*

Aufgaben: Untersuchungen für den umweltverträglichen und wirtschaftlichen Kohleneinsatz zur Wärme- und Stromerzeugung; Entwicklung von Verfahren zur Verwertung von Nebenprodukten der Kohlenverbrennung.

Einrichtungen: Zur Weiterentwicklung der Wirbelschichtfeuerung — Laboranlagen 3 bis 12 kW$_{th}$, halbtechnische Versuchsanlage 300 kW$_{th}$, Komponenten-Testanlage 3 000 kW$_{th}$. Labor, Technikum zur Herstellung von Baustoffen aus Verbrennungsrückständen (Kraftwerksnebenprodukten). Herstellung von Brennstoffgranulaten aus Klärschlamm und Kohlenstaub.

DMT-Gesellschaft für Lehre und Bildung mbH

4630 Bochum 1, Herner Straße 45, ☏ (0234) 968-02, ⌕ 825701, Telefax (0234) 968 36 06.

Verwaltungsrat: Wilhelm *Beermann,* Mitglied des Vorstandes der Ruhrkohle AG, Vorsitzender; Dr. rer. pol. Jens *Jenßen,* Mitglied des Vorstandes der Ruhrkohle AG, stellv. Vorsitzender; Peter *Witte,* Mitglied des Geschäftsführenden Vorstandes der Industriegewerkschaft Bergbau und Energie, stellv. Vorsitzender; Oberstudiendirektor i. E. Edgar *Baumgart,* Leiter der DMT-Bergberufsschule Ost; Karl-Heinz *Fett,* stellv. Vorsitzender des Betriebsrates des DMT-Bereichs Bochum; Ministerialdirigent Reinhard *Fiege,* Leiter der Abteilung Forschungsförderung, Forschungstransfer und Datenverarbeitung beim Minister für Wissenschaft und Forschung des Landes Nordrhein-Westfalen; Ltd. Ministerialrat Dr. iur. Hilmar *Fornelli,* Leiter der Gruppe Bergaufsicht und Energierecht beim Minister für Wirtschaft, Mittelstand und Technologie des Landes Nordrhein-Westfalen; Dr.-Ing. Wolfgang *Fritz,* Mitglied des Vorstandes der Ruhrkohle Niederrhein/Westfalen AG; Klaus *Hüls,* Mitglied des Vorstandes der Saarbergwerke AG; Oberstadtdirektor a. D. Herbert *Jahofer;* Rainer *Koch,* Mitglied des Betriebsrates des DMT-Bereichs Essen; Wolfgang *Koschei,* Mitglied des Betriebsrates der DMT-Bergberufsschulen; Dipl.-Kfm. Friedrich Wilhelm *Krämer,* Mitglied des Vorstandes der Ruhrkohle Niederrhein/Westfalen AG; Ministerialdirigent Franz *Niehl,* Leiter der Schulabteilung beim Kultusminister des Landes Nordrhein-Westfalen; Dipl.-Ing. Walter *Ostermann,* Generalbevollmächtigter der Ruhrkohle AG; Heinz *Preuß,* Mitglied der Geschäftsführung der Sophia-Jacoba GmbH; Dipl.-Ing. Helmut *Schelter,* Präsident des Landesoberbergamtes Nordrhein-Westfalen; Ralf *Sikorski,* Leiter der Abteilung Jugend der Industriegewerkschaft Bergbau und Energie; Udo *Wichert,* Leiter der Abteilung Bildung der Industriegewerkschaft Bergbau und Energie; Wolfgang *Wieder,* Mitglied des Vorstandes der Ruhrkohle Niederrhein/Westfalen AG.

Geschäftsführung: Ass. d. Bergf. Dr.-Ing. Eduard *Hamm,* Sprecher; Bergassessor a. D. Hans Günther *Conrad;* Rechtsanwalt Ulrich *Weber;* Dr. rer. nat. Alois *Ziegler.*

Prokuristen: Ass. d. Bergf. Wilfried *Amthor* (Unternehmensführung und Fortbildung); Oberstudiendirektor i. E. Edgar *Baumgart* (Bergberufsschule Ost); Ministerialrat Dipl.-Ing. Hans *Berg* (Sachverständigenfragen und internationale Richtlinien); Ass. d. Bergf. Justus *Eggers-Becker* (Zentrale Koordination); Heinz-Gerd *Körner* (Personal- und Sozialwesen); Oberstudiendirektor i. E. Wolfgang *Kriener* (Bergfachschule für Technik und Bergschule); Dipl.-Ing. Gerhard *Ludwig* (Öffentlichkeitsarbeit); Dipl.-Ök. Dieter *Pfaff* (Marketing, Controlling, Bilanzen und Informationsverarbeitung); Gerhard *Prätorius* (Kaufmännische Verwaltung); Dipl.-Kfm. Walter *Rinke* (Allgemeine Dienste); Oberstudiendirektor i. E. Dr. paed. Michael *Scharfenberg* (Bergberufsschule Mitte); Dr. phil. Rainer *Slotta* (Deutsches Bergbau-Museum); Oberstudiendirektor i. E. Willi *Stennmans* (Bergberufsschule West).

Alleiniger Gesellschafter: DeutscheMontanTechnologie für Rohstoff, Energie, Umwelt e.V., Essen.

Beteiligungen:
Bildungsforum im Technologiepark Eurotec Moers GmbH, Moers, 50%.
Montanservice GmbH, Bochum, 100%.

Gründung und Zweck: Die Gesellschaft ist am 18. 2. 1991 entstanden durch Umwandlung aus der Westfälischen Berggewerkschaftskasse (WBK), Körper-

1 BERGBAU

schaft des öffentlichen Rechts, in Bochum gem. § 59 UmwG. Ihre Aufgabe ist die Fortführung einer gemeinnützigen Gemeinschaftsorganisation des Bergbaus u. a. als Trägerin der Fachhochschule Bergbau sowie die allgemeine Förderung der Aus-, Fort- und Weiterbildung sowie die Pflege des bergbaulichen Kulturgutes. Der Gesellschaft ist zusätzlich die zentrale Verwaltung des Vereins DeutscheMontanTechnologie für Rohstoff, Energie, Umwelt e. V. (DMT), Essen, und der DMT-Gesellschaft für Forschung und Prüfung mbH, Essen, übertragen worden.

Geschäftsbereich Schulen und Museum

Geschäftsführer: Bergassessor a. D. Hans Günther *Conrad*.

DMT-Bergberufsschulen mit Fachoberschulen für Technik

DMT-Bergberufsschule Ost mit Fachoberschule für Technik: Kleiweg 10, 4709 Bergkamen, ☏ (02307) 6346/7/8; Schulleiter: Oberstudiendirektor i. E. Edgar *Baumgart;* Stellvertreter: Studiendirektor i. E. Wolfgang *Häger*.

DMT-Bergberufsschule Mitte mit Fachoberschule für Technik: Kölner Str. 18, 4350 Recklinghausen, ☏ (02361) 71043/44/45; Schulleiter: Oberstudiendirektor i. E. Dr. paed. Michael *Scharfenberg;* Stellvertreter: Studiendirektor i. E. Karl-Heinz *Grötecke*.

DMT-Bergberufsschule West mit Fachoberschule für Technik: August-Thyssen-Str. 48, 4100 Duisburg 11, ☏ (0203) 56323; Schulleiter: Oberstudiendirektor i. E. Willi *Stennmans;* Stellvertreter: Studiendirektor i. E. Friedrich *Weber*.

Zweck: Die DMT-Gesellschaft für Lehre und Bildung mbH ist Schulträger der vom Kultusminister NW als private Ersatzschulen genehmigten drei Bergberufsschulen mit Fachoberschulen für Technik. Die Bergberufsschulen sind Pflichtschulen im Sinne der Schulgesetze des Landes Nordrhein-Westfalen für die Ausbildungsberufe: Bergmechaniker, Berg- und Maschinenmann, Industriemechaniker (Betriebstechnik), Energieelektroniker (Betriebstechnik), Chemielaborant (Steinkohlenbergbau), Chemikant, Ver- und Entsorger, Aufbereiter und für Jungbergleute.

Zur Weiterbildung begabter bildungswilliger junger Belegschaftsmitglieder wird die Fachoberschule für Technik in Vollzeit- und Teilzeitform sowie in Abendform unterhalten. Mit dem Abschluß der Fachoberschule für Technik wird die Fachhochschulreife erworben.

Schulvorstand: Die Verwaltung der Schulen obliegt entsprechend dem Schulverwaltungsgesetz vom 16. 8. 1978 dem Schulvorstand: Dr. paed. Udo *Butschkau* (Vorsitzender), Willi *Kaminski* (stellv. Vorsitzender).

DMT-Bergfachschule für Technik und DMT-Bergschule

4630 Bochum, Herner Straße 45, ☏ (0234) 968-3244, ⌁ 825701, Telefax (0234) 9683606.

DMT-Bergfachschule für Technik

Leitung: Oberstudiendirektor i. E. Dipl.-Ing. Wolfgang *Kriener;* Stellvertreter: Studiendirektor i. E. Dipl.-Ing. Werner *Möhlendick*.

Schulvorstand: Gemäß dem Schulverwaltungsgesetz des Landes Nordrhein-Westfalen vom 3. Juni 1958 obliegt die Verwaltung der Bergfachschule dem Schulvorstand: Willi *Kaminski* (Vorsitzender), Dr. paed. Udo *Butschkau* (stellv. Vorsitzender).

Zweck: Die vom Kultusminister des Landes Nordrhein-Westfalen als private Ersatzschule genehmigte Bergfachschule für Technik bildet Facharbeiter der Berufsrichtungen Bergtechnik, Maschinentechnik, Elektrotechnik, Bergvermessungstechnik, Aufbereitungstechnik und Kokereitechnik in zweijährigen Vollzeitlehrgängen zu staatlich geprüften Technikern als Aufsichtspersonen im Bergbau aus. Schulstandorte sind in Bergkamen, Recklinghausen, Moers und Bochum.

DMT-Bergschule (vormals Niederrheinische Bergschule Moers)

Leitung: Oberstudiendirektor i. E. Dipl.-Ing. Wolfgang *Kriener;* Stellvertreter: Oberstudienrat i. E. Dipl.-Ing. Gerhard *Weitzel*.

Schulvorstand: Gemäß dem Schulverwaltungsgesetz des Landes Nordrhein-Westfalen vom 3. Juni 1958 obliegt die Verwaltung der Bergschule einem Schulvorstand. Für die Bergschule und die Bergfachschule für Technik besteht ein gemeinsamer Schulvorstand (siehe Bergfachschule für Technik).

Zweck: 1. Technikerlehrgänge: Die Ausbildung von staatlich geprüften Technikern der Schwerpunkte Berg-, Maschinen- und Elektrotechnik ist z. Z. zugunsten der Ausbildung in der Bergfachschule ausgesetzt. 2. Betriebsführerlehrgänge: in den Fachrichtungen Berg-, Maschinen-, Elektro-, Aufbereitungs- und Kokereitechnik.

DMT-Fachhochschule Bergbau

4630 Bochum, Herner Str. 45, Postfach 102749, ☏ (0234) 968-3381, ⌁ 825701, Telefax (0234) 9683606.

Leitung: Professor Dipl.-Ing. Hans-Jürgen *Großekemper*, Rektor; Professor Dr.-Ing. Wolfgang *Königsmann*, Prorektor; Professor Dr.-Ing. Gerd *Falkenhain*, Prorektor; Rechtsanwalt Ulrich *Weber*, Kanzler.

Beirat: Dipl.-Ing. Walter *Ostermann*, Generalbevollmächtigter der Ruhrkohle AG (Vorsitzender).

Dekane und Prodekane (in Klammern): Professor Dr.-Ing. Alexander *Dohmen*, Bergtechnik/Allgemeine Vermessung/Berg- und Ingenieurvermessung/Steine und Erden/Tagebautechnik, Aufbereitung, Veredlung (Professor Dr.-Ing. Wilhelm *Stelling*); Professor Dr.-Ing. Manfred *Scherschel*, Maschinen-/Verfahrenstechnik (Professor Dr.-Ing. Rainer *Lotzien*); Professor Dr.-Ing. Günter *Schulz*, Elektrotechnik (Professor Dr.-Ing. Günter *Sonnenschein*).

Zweck: Ausbildung von Diplom-Ingenieuren für den Bergbau in den Studiengängen Bergtechnik/Allgemeine Vermessung, Berg- und Ingenieurvermessung/Steine und Erden, Tagebautechnik, Aufbereitung, Veredlung; Maschinen-/Verfahrenstechnik; Elektrotechnik.

Anzahl der Studenten (Wintersemester 1991/92): Bergtechnik 204, Vermessung 39, Steine und Erden 32, Maschinentechnik 235, Verfahrenstechnik 278, Elektrotechnik 280, insgesamt 1 068.

DMT-Institut für Unternehmensführung und Fortbildung (IFU)

4630 Bochum 1, Herner Straße 45; ☏ (0234) 968-3730/3731/3732, ✄ 825701, Telefax (0234) 968-3733.

Leiter: Ass. d. Bergf. Wilfried *Amthor;* Stellvertreter: Dr. rer. nat. Diethard *Habermehl.*

Abteilung Technik, Arbeitssicherheit, Umwelt: Dr. rer. nat. Diethard *Habermehl.*

Abteilung Allgemeine Fort- und Weiterbildung: Dipl.-Ing. Georg *Bartz.*

Abteilung Bibliotheken und Information: Ass. d. Bibliotheksf. Dipl.-Ing. Holger *Trinks-Schulz.*

Technik, Arbeitssicherheit, Umwelt

Zweck: Fortbildung von Führungs- und Fachkräften im Steinkohlenbergbau. Seminare für Betriebsführung; Technisch-Wissenschaftliches Vortragswesen des Steinkohlenbergbaus (TWV) mit Vorträgen aus Praxis, Forschung und Entwicklung; Seminare für Fachingenieure; Ausbildung von Fachkräften für Arbeitssicherheit im Steinkohlenbergbau; Seminare für Umweltschutz im Steinkohlenbergbau; Seminare für Logistik; Betriebsberatungen und Gutachten auf den Gebieten Fortbildung, Bergtechnik, Bergbaubetriebswirtschaft, Betriebsführung, Planung und Betriebsüberwachung, Arbeitssicherheit und Ergonomie.

Grund- und Aufbauseminare für Betriebsführung unter Tage: Fortbildung von Führungs- und Fachkräften des Grubenbetriebs unter Tage mit dem Ziel, das Fach- und Führungswissen zu vertiefen. Der Stoffplan trägt den bergmännischen, sicherheitlichen, organisatorischen, betriebswirtschaftlichen, arbeits- und tarifrechtlichen und führungstechnischen Anforderungen an Betriebsführung und Betriebsleitung Rechnung.

Grund- und Aufbauseminare für Betriebsführung im Übertagebereich (Grubenbetrieb über Tage, Kokerei- und Energiebetriebe, Kohlenwertstoffbetriebe, Brikettfabriken, Verkehrsbetriebe, Zentrale Technische Dienste): Fortbildung von Führungs- und Fachkräften aus Stab und Linie des gesamten Übertagebereichs. Die Arbeitskreise werden getrennt für Tagesbetriebe und Kokereibetriebe organisiert.

Logistikseminare: Grundseminar Logistik für Betriebsführer Logistik, Leiter der Materialwirtschaftsstellen und für Transportingenieure; Seminar Logistik für Führungskräfte und Seminar für Mitarbeiter in logistischen Funktionsbereichen.

Seminare für Umweltschutz: Fortbildung für Verantwortliche in den Bereichen Gewässerschutz, Immissionsschutz, Abfallwirtschaft, für Umwelt-Ingenieure und für beauftragte Personen nach der Gefahrgutbeauftragtenverordnung.

Arbeitsgemeinschaft Planung und Betriebsüberwachung im Bergbau (PuB): Ständiger Geschäftsführer: Ass. d. Bergf. Wilfried *Amthor;* stellv. Geschäftsführer: Professor Dr.-Ing. Friedrich Ludwig *Wilke* (TU Berlin).

Einzelveranstaltungen werden in einer Arbeitsgemeinschaft von der Fachgruppe Bergbau der RWTH Aachen, dem Institut für Bergbauwissenschaften der TU Berlin, dem Fachbereich Bergbau und Rohstoffe der TU Clausthal, dem Fachbereich Geotechnik und Bergbau der Bergakademie Freiberg, der DMT-Fachhochschule Bergbau und den Instituten der DMT organisiert.

Arbeitssicherheit: Lehrgänge zur Ausbildung von Fachkräften für Arbeitssicherheit im Steinkohlenbergbau; arbeitssicherheitliche Führungskräfteschulung.

Seminare für Fachingenieure: Fortbildung von Ausbauingenieuren und Fachkräften für Ausbauhydraulik; Weiterbildung im Bereich »Neue Informationstechniken«.

Allgemeine Fort- und Weiterbildung

Zweck: Fortbildungskonzepte, Koordinierung dezentraler Fortbildungsaktivitäten. Erschließung neuer Märkte, interne Fortbildungsmaßnahmen. Fortbildungsmaßnahmen für Lehrer der bergbaulichen Schulen; pädagogische Forschungs- und Entwicklungsaufgaben. Entwicklung von Medien.
Führungsverhaltenstraining: »Vortrags- und Präsentationstechnik« für Fach- und Führungskräfte mit situationsgerechter Visualisierung zur Verbesserung des eigenen Präsentationsverhaltens. »Argumentations- und Verhandlungstechnik« zur Förderung situations- und zielorientierter Gesprächsführung. »Das Mitarbeitergespräch« und »Das Beratungsgespräch« als methodisch-didaktisch aufbereitete Führungs- und Arbeitsmittel. »Rationelle Arbeitstechniken« zur besseren Bewältigung wiederkehrender

1 BERGBAU

Tätigkeiten auf der Grundlage arbeitsanalytischer Erkenntnisse und Verfahren. »Arbeitssicherheit als Führungsaufgabe«: Führungsverhaltenstraining, arbeitspsychologische Grundlagen der Sicherheitsarbeit, methodische Sicherheitsplanung. »Umweltschutz für Unternehmen und öffentliche Verwaltungen«: Mitarbeiterschulung zur Förderung präventiver Handlungsdisposition, differenzierte Folgenabschätzung und Sensibilisierung der Wahrnehmungsfähigkeit für potentielle Gefährdungen. PC-Seminare: Schulungen für PC-Anwender von Standardprogrammen, Einführungs- und Fortgeschrittenenkurse sowie Workshops zu Betriebssystemen und Benutzeroberflächen, Textverarbeitungsprogrammen, Datenbankverwaltung, Tabellenkalkulation, Präsentationsgrafiken und Programmierung.

Bibliotheken und Information

Bergbau-Bücherei

4300 Essen 13 (Kray), Franz-Fischer-Weg 61, ☏ (0201) 172-1525/1524, Telefax (0201) 172-1747.

Öffnungszeiten: montags – freitags 8.00 bis 16.30 Uhr.

Leiter: Ass. d. Bibliotheksf. Dipl.-Ing. Holger *Trinks-Schulz*.

Fachgebiete der Bibliothek: technische, wirtschaftliche und sozialwissenschaftliche Literatur zum Bergbau, insbesondere zum Steinkohlenbergbau, Kohlenveredlung, Umweltschutz, kohlebezogene Energietechnik und Energiewirtschaft, naturwissenschaftliche und technische Literatur, Geschichte des Bergbaus und der Industrialisierung.

Bestand rd. 225 000 Bände und 700 lfd. bezogene Zeitschriften. Bestandsnachweise sowohl konventionell als auch in einem Online-Katalog.

Lesesaalbenutzung, Literatursuche, Ausleihe oder Anfertigung von Kopien für alle Interessenten aus Wissenschaft und Praxis. Teilnahme am deutschen und internationalen Leihverkehr der Bibliotheken.

Dokumentation: Seit 1924 Auswertung und Nachweis der bergbaurelevanten Zeitschriften- und Tagungsliteratur durch die Dokumentation der Bergbau-Bücherei. Durchführung von Literaturrecherchen im Autoren- und Sachgebietskatalog. Online-Recherchen in internationalen Literatur-, Patent- und Faktendatenbanken.

Datenbank

Im Zuge des vom BMFT geförderten Projektes »Arbeitswissenschaftliches Zentrum Bergbau« ist eine Datenbank »Vorschriftenwesen« im Volltext mit 11 000 Dokumentationseinheiten aufgebaut worden. Sie enthält alle für den Bergbau relevanten Vorschriften und befindet sich in ihrer Einführungsphase bei Behörden und Betrieben.

Bibliothek der DMT-Fachhochschule Bergbau

4630 Bochum, Herner Straße 45, ☏ (0234) 968-3250, Telefax (0234) 968-3606.

Öffnungszeiten: montags und mittwochs bis freitags 8.00 bis 16.00 Uhr, dienstags 8.00 bis 10.30 Uhr.

Leiterin: Dipl.-Bibl. Monika *Schütte*.

Präsenz- und Ausleihbibliothek für Dozenten, Mitarbeiter und Studenten der Fachhochschule Bergbau sowie für alle übrigen Mitarbeiter der DMT.

Literaturbeschaffung und -erschließung für die DMT-Gesellschaft für Lehre und Bildung mbH.

Bestand 1991: 99 000 Bände, 350 laufend gehaltene Zeitschriften.

Fachgebiete: Angewandte Ingenieurwissenschaften und deren Grundlagenliteratur (Maschinenbau, Bergtechnik, Steine und Erden, Elektrotechnik/EDV, Verfahrenstechnik, Baustoffe, Vermessungstechnik, Geologie).

Deutsches Bergbau-Museum
DMT-Forschungsinstitut für Montangeschichte

4630 Bochum, Am Bergbaumuseum 28, ☏ (0234) 5877-0, Telefax (0234) 5877-111.

Öffnungszeiten: dienstags bis freitags 8.30 bis 17.30 Uhr, samstags, sonn- und feiertags 9.00 bis 13.00 Uhr, montags geschlossen sowie am 1. Januar, 1. Mai, 3. Oktober, 24. – 26. und 31. Dezember.

Beirat: Bergwerksdirektor Wilhelm Hans *Beermann* (Vorsitzender), Oberbürgermeister Heinz *Eikelbeck* (stellv. Vorsitzender); Oberstadtdirektor Dieter *Bongert*; Professor Dr.-Ing. Ernst-Ulrich *Reuther*; Ministerialrat Werner *Broschat*; Ministerialdirigent Reinhard *Fiege*; Bergass. a. D. Hans Günther *Conrad*.

Wissenschaftliche Kommission: Professor Dr.-Ing. Ernst-Ulrich *Reuther* (Vorsitzender), Professor Dr. Ewald *Jackwerth*, Professor Dr. Michael *Petzet*, Professor Dr. Volker *Pingel*, Professor Dr. Lothar *Suhling*.

Direktor: Dr. phil. Rainer *Slotta*; Stellvertreter: Professor Dr. phil. Gerd *Weisgerber*.

Abteilungen:

Institut für Archäometallurgie: Dr. rer. nat. Andreas *Hauptmann; Montanarchäologie:* Professor Dr. phil. Gerd *Weisgerber; Zollern-Institut:* Dr. rer. nat. Stefan *Brüggerhoff; Photogrammetrie:* Dr. rer. nat. Landolph *Mauelshagen; Dokumentation und Bergbaugeschichte:* Dr. phil. Werner *Kroker; Bergbau-Archiv:* Dr. phil. Evelyn *Kroker*, M. A.; *Bergbautechnik:* Dr.-Ing. Siegfried *Müller; Technische Denkmäler:* Dr. phil. Rainer *Slotta*.

Zweck: Das Deutsche Bergbau-Museum wird von der DMT-Gesellschaft für Lehre und Bildung mbH gemeinsam mit der Stadt Bochum unterhalten. Seit 1977 werden die Forschungsaktivitäten gemäß Art.

91 b GG von Bund und Land gefördert. Als das größte bergbauliche Museum auf der Welt vermittelt es dem Laien wie dem Fachmann einen Einblick in die Entwicklung des gesamten Bergbaus. In umfassenden Sammlungen werden die verschiedenen technischen Bereiche des Bergbaus sowie seine kulturellen und sozialen Aspekte thematisch-chronologisch dargestellt. Das Anschauungsbergwerk, mit einer Streckenlänge von 2,5 km etwa 17 m unter dem Museum im Originalmaßstab angelegt, zeigt den heutigen Stand des Steinkohlenbergbaus im Ruhrgebiet und den modernen Eisenerzbergbau im Revier von Peine-Salzgitter. Zahlreiche, zum Teil sehr große Maschinen werden hier unter betriebsmäßigen Verhältnissen vorgeführt.

Die Forschungstätigkeit des Museums erstreckt sich auf die gesamte Montangeschichte in technischer, wirtschaftlicher, kultureller und sozialer Hinsicht. Montanarchäologische und -archäometrische Untersuchungen erfolgen im In- und Ausland in enger interdisziplinärer Zusammenarbeit mit anderen Forschungseinrichtungen. Einen weiteren Schwerpunkt bildet die Dokumentation Technischer Denkmäler in der Bundesrepublik Deutschland. Das Zollern-Institut befaßt sich chemisch-analytisch und technisch-photogrammetrisch mit der Grundlagenforschung an Kulturdenkmälern. Es befindet sich auf der stillgelegten Schachtanlage Holland in Bochum-Wattenscheid. Das Historische Bethaus der Bergleute im Muttental bei Witten wird vom Deutschen Bergbau-Museum als Außenstelle unterhalten.

Bergbau-Archiv: Das zentrale historische Archiv des Bergbaus der Bundesrepublik Deutschland sichert, ordnet und erschließt auf wissenschaftlicher Grundlage archivwürdige Altakten aller Bergbaureviere und -zweige (außer Braunkohle) und stellt sie im Rahmen seiner Benutzungsordnung der Forschung zur Verfügung. Das Bergbau-Archiv umfaßt z. Z. 150 Bestände von Unternehmen, Verbänden, Institutionen und Privatpersonen.

Versuchsgrubengesellschaft mbH

4600 Dortmund, Tremoniastr. 13, ☏ (0231) 16884, Telefax (0231) 160500.

Geschäftsführer: Ass. d. Bergf. Dr.-Ing. Eduard *Hamm;* Prokurist: Dipl.-Ing. Manfred *Hildebrandt.*

Gründung und Zweck: Die im Jahre 1927 gegründete Versuchsgrubengesellschaft mbH gehört zur DMT-Gesellschaft für Forschung und Prüfung mbH.

Aufgabe des Unternehmens ist es, zur Erforschung und Bekämpfung der Unfallgefahren und Berufskrankheiten im Bergbau auf wissenschaftlicher Grundlage Untersuchungen und praktische Versuche vorzunehmen.

Für alle DMT-Institute, Betriebe des Bergbaus und für Dritte stehen für wissenschaftliche Untersuchungen und praktische Erprobungen Prüfstände und Versuchseinrichtungen über und unter Tage sowie die dazu erforderlichen Werkstätten zur Verfügung.

Versuchsgrube: Als Versuchsgrube dient die 1931 stillgelegte, nach dem Kriege wieder aufgewältigte Steinkohlengrube Tremonia in Dortmund. Sie verfügt über zwei Tagesschächte von 520 m nutzbarer Teufe und ein auf drei Sohlen verteiltes Netz von Gesteins- und Flözstrecken mit etwa 7 km Länge. Sie ist weltweit die einzige Tiefbaugrube, die für untertägige Großversuche und Prüfungen ein etwa 2000 m langes Netz von Explosionsstrecken für Explosionsdrücke bis 20 bar mit Querschnitten von 8 bis 20 m^2 sowie mehrere brandfest ausgebaute Brandstrecken mit Querschnitten bis zu 18 m^2, einen Brandberg mit 15 gon Neigung sowie einen Blindschacht im natürlichen Maßstab unterhält. Des weiteren ist ein vorgerichteter Streb in der steilen Lagerung vorhanden. Die Versuchsgrube Tremonia ist im DMT-Institut für Rettungswesen, Brand- und Explosionsschutz (IRB) integriert (vgl. Seite 189).

Deutscher Kokereiausschuß

4300 Essen-Kray, c/o DMT-Gesellschaft für Forschung und Prüfung mbH, z. Hd. Herrn Dr.-Ing. Werner *Eisenhut*, Franz-Fischer-Weg 61, ☏ (0201) 172-1587, ✆ 857830, Telefax (0201) 1721575.

Vorsitzender: Direktor Dr.-Ing. Gerd *Nashan*.

Geschäftsführung: Dr.-Ing. Werner *Eisenhut*, DMT-Gesellschaft für Forschung und Prüfung mbH, Essen; Dipl.-Ing. Hans-Bodo *Lüngen*, Verein Deutscher Eisenhüttenleute, Düsseldorf.

Zweck: Erfahrungsaustausch über technische, wirtschaftliche und ökologische Fragen zur Kokserzeugung; Koordinierung von Forschungsvorhaben zur Weiterentwicklung der Verkokungstechnik; Erarbeitung von Richtlinien für den Umwelt- und Arbeitsschutz sowie von Normen und Betriebsvorschriften.

Mitglieder: Vertreter der Bergbau- und Hüttenkokereien in der Bundesrepublik.

Normenausschuß Bergbau (Faberg)

4300 Essen-Kray, Franz-Fischer-Weg 61, ☏ (0201) 172-1559.

Der Normenausschuß Bergbau (Faberg) ist ein Organ des DIN Deutsches Institut für Normung e. V. Berlin. Er wird als Gemeinschaftseinrichtung des deutschen Bergbaus von der Wirtschaftsvereinigung Bergbau eV, Bonn, getragen und von einem Kuratorium betreut.

Kuratorium: Bergwerksdirektor Dipl.-Ing. Walter *Ostermann*, Herne, Vorsitzender; Ass. d. Bergf. Gerhard *Florin*, Bonn-Bad Godesberg, stellv. Vorsitzender; Ass. d. Bergf. Dr.-Ing. Eduard *Hamm*, Essen; Dieter *Veutgen*, Köln; Betriebsdirektor Dipl.-Ing. Harald *Jurecka*, Saarbrücken; Bergass. a. D. Otto *Lenz*, Hannover; Bergwerksdirektor Dr.-Ing. Walter *Schmidt*, Herzogenrath-Kohlscheid; Geschäftsführer Dipl.-Ing. Alfred *Lücker*, Recklinghausen.

Geschäftsführung: Ass. d. Markscheidefachs Horst *Michaely*, Essen.

Zweck: Dem Faberg obliegt die Bearbeitung der auf dem Gebiet des Steinkohlen-, Braunkohlen-, Kali- und Erzbergbaus notwendigen Normungsaufgaben. Er hat die Einführung der Normen in die Praxis zu fördern und beim Aufbau des Deutschen Normenwerkes mitzuwirken. Er arbeitet mit anderen Normenausschüssen bei gemeinsam interessierenden Fragen zusammen und nimmt im Auftrag des DIN für das Gebiet des Bergbaus die internationale Normungsarbeit wahr. Die Arbeitsausschüsse bestehen aus ehrenamtlich tätigen Fachleuten, die aus dem Kreis der interessierten Hersteller, Verbraucher, Behörden und wissenschaftlichen Organisationen benannt werden.

Bergwerksverband GmbH

4300 Essen-Kray, Franz-Fischer-Weg 61; Postanschrift: Postfach 130140, 4300 Essen 13, ☏ (0201) 172-03, ✆ 825701 wbkd, Telefax (0201) 172-1094 Geschäftsführung, Unternehmensführung und Betriebswirtschaft, (0201) 172 12 60, Geschäftsführung Technik, (0201) 172-1298 Personal/Recht/Lizenzen und Patente/Verträge.

Verwaltungsrat: Ass. d. Bergf. Günter *Krallmann*, Vorsitzender; Dipl.-Ing. Dipl.-Kfm. Hans-Reiner *Biehl*; Rechtsanwalt Klaus-Peter *Kienitz*; Bergwerksdirektor Wilhelm *Beermann*, Dr.-Ing. Eduard *Hamm*, Dr.-Ing. Heinrich *Heiermann*, Bergass. Dr.-Ing. Hans *Messerschmidt*, Dipl.-Kfm. Hans *Messerschmidt*, Bergass. Hermann *Steinbach*, Rechtsanwalt Ulrich *Weber*, Dr. rer. nat. Alois *Ziegler*.

Geschäftsführung: Professor Dr.-Ing. Karl *Knoblauch*, Dipl.-Kfm. Alfred *Linden*, Dipl.-Kfm. Udo *Scheer*.

Prokurist: Rechtsanwalt Reiner *Niedergesäß-Gahlen*.

Zweck: Die Gesellschaft hat den Zweck, alle Aufgaben, die die DMT-Gesellschaft für Forschung und Prüfung mbH in Essen ihr überträgt, als deren Organ zu erfüllen, insbesondere Schutzrechte anzumelden und aufrechtzuerhalten, Erfindungen und Schutzrechte zu verwerten sowie Versuchs- und Produktionsbetriebe zu errichten und zu unterhalten. Maßgebend ist die Satzung vom 16. 8. 1958 in der Fassung vom 25. 6. 1992.

Gesellschafter: Alleiniger Gesellschafter ist die DMT-Gesellschaft für Forschung und Prüfung mbH.

Geschäftsbereich Unternehmensführung

Geschäftsführung: Dipl.-Kfm. Alfred *Linden*.

Hauptabteilung Personal/Recht/Lizenzen

Leiter: Rechtsanwalt Reiner *Niedergesäß-Gahlen*.

Personalabteilung: Alfred *Stenzel*.

Rechts- und Lizenzabteilung: Rechtsanwalt Reiner *Niedergesäß-Gahlen*.

Hauptabteilung Patente/Verträge

Leiter: Rechtsanwalt Reiner *Niedergesäß-Gahlen* (kommissarisch).

Abteilung Patente Technik und Arbeitssicherheit: Patentassessor Dieter *Hallermann*.

Abteilung Patente Rohstoff und Umwelt: Dr.-Ing. Dipl.-Chem. Bernd *Nicolai* (kommissarisch).

Abteilung Vetragswesen DMT: Rechtsanwalt Stefan *Derichsweiler* (kommissarisch).

Abteilung Finanz- und Rechnungswesen extern: Leiterin: Dipl.-Kffr. Irene *Schmidt*.

Geschäftsbereich Betriebswirtschaft

Geschäftsführung: Dipl.-Kfm. Udo *Scheer*.

Abteilung Einkauf

Leiter: Horst *Schoppmeier*.

Abteilung Controlling

Leiter: Dipl.-Kfm. Udo *Scheer*.

Abteilung Marketing

Leiterin: Dr. rer. nat. Hubertine *Hewel*.

Geschäftsbereich Technik

Geschäftsführung: Professor Dr.-Ing. Karl *Knoblauch*.

Abteilung Qualitätssicherung

Leiter: Dr. rer. nat. Dieter *Wobig*.

Abteilung Umweltschutz

Leiter: Dr. rer. nat. Dieter *Wobig*.

Abteilung Technische Lizenznehmerbetreuung PSA-Verfahren

Leiter: Dr. rer. nat. Hans-Jürgen *Schröter*.

Sicherer Partner meßbaren Fortschritts

Die umfassende Förderung der Sicherheit des deutschen Steinkohlebergbaus war und ist oberstes Ziel. Im sensiblen Bereich der Überwachung von Methan-Konzentrationen in den Grubenwettern ist AUER seit fast 20 Jahren verantwortlich tätig. AUER, der Pionier für EX-ALARM-Systeme hat für die Erhöhung der Sicherheit im Bergbau die eindeutige und einsinnige Anzeige entwickelt, die im EX-ALARM BD 12 erfolgreich eingesetzt wird. Partnerschaft mit dem Bergbau  und langjährige Einsatzerfahrung förderten die Entwicklung: EX-TRANS S mit Differenzierer reagiert in weniger als 3 Sekunden auf plötzliche Gasausbrüche, darf als eigensicheres Gerätesystem weitermessen, wenn nach CH_4-Alarm andere elektrische Betriebsmittel abgeschaltet wurden. Das macht den Fortschritt im Bergbau meßbar: EX-TRANS S von AUER. Auergesellschaft GmbH, Geschäftsbereich Meßtechnik, Thiemannstr. 1, D–1000 Berlin 44.

Wir helfen Menschen schützen

Lieferprogramm

Atemschutzgeräte, unabhängig von der Umgebungsluft wirkend
Chemikalsauerstoff-Geräte und -Selbstretter
Preßluftatmer für Industrie und Feuerwehr
Frischluft-Schlauchgeräte

Atemschutzgeräte, abhängig vom Sauerstoffgehalt der Umgebungsluft wirkend
Vollmasken
Helm-Masken-Kombinationen für Feuerwehr und Polizei
Halbmasken
Feinstaub- und Farbspritzermasken mit Atemfiltern
Mundstückgeräte
Gebläsefiltergeräte PROFI
Atemfilter gegen Gase und Partikeln
CO-Filterbüchsen
CO-Filter-Selbstretter
MINI-Fluchtfilter
Fluchthaube S-CAP

Atemschutzanlagen
Hochdruck-Kompressor-Anlagen für Atemluft
Atemschutz-Werkstätten
Atemschutz-Übungsstrecken

Augen- und Gehörschutz
Universal- und Spezialschutzbrillen, auch mit Sicherheits-Korrektionsgläsern
Augenschutz-Zubehör, Sehtestgerät, Brillenputzbox, Augenspülanlagen
Gesichtsschutzschilde
Gehörschutz-Kapselgeräte auch in Kombination mit Schutzhelm
Gehörschutz-Stöpsel

Schutzkleidung
Vollschutzanzüge für Feuerwehr und Industrie
Chemikalienschutzanzüge PROFITEX für Einsatz in Verbindung mit Gebläsefiltergerät und **AIRTEX** für Einsatz in Verbindung mit Druckschlauchgerät
Kontaminations-Schutzanzüge für Strahlenschutzhelfer
RAS-Schutzanzüge gegen radioaktive Stäube und Gase
Antistatische Arbeits- und Schutzkleidung gegen chemische Aggression
Universal- und Spezial-Schutzhandschuhe

Tragbare Gasspür- und Meßgeräte
Prüfröhrchen zur Atemluftüberwachung und zur technischen Gasanalyse
Gas-Tester Handpumpen für Prüfröhrchen
Toximeter vollautomatische, elektronische Prüfröhrchenhandpumpe
Rauchentwickler, Rauchröhrchen, Rauchpatronen zur Überprüfung von Lüftungsanlagen und Wetterströmen
Erdgas-Propan-Meßgerät
Methanometer Einhand-Präzisionsmeßgerät für Methan
Ex-Meter zur Feststellung von Explosionsgefahren durch brennbare Luft-Gemische
Ex-PEM Ex-Personal-Monitor, zur Messung von explosiblen Gasen und Dämpfen
Tox-PEM Handmeßgerät und Personal-Monitor zur Überwachung toxischer Gase in der Umgebungsluft
Ox-PEM Handmeßgerät und Personal-Monitor zur Überwachung der Umgebungsluft auf Sauerstoffmangel
Handmeßgerät ACO_2 für die personenbezogene CO_2-Überwachung der Umgebungsluft

Stationäre Geräte für die Analyse von Gasen und Dämpfen
Ex-Alarm-Anlagen zur Raumüberwachung und Warnung vor explosiblen Gas/Dampf-Luft-Gemischen, auch in 19"-Einschubtechnik
Ex-TRANS ortsfeste Meßwertgeber für die Überwachung und Messung des Methangehalts von Grubenwettern
Ex-Tox-Alarm Gaswarnsysteme für primären Ex-Schutz, Tox-Überwachung, Ox-Überwachung und Überwachung von über 100 Gasen, Dämpfen und Gemischen in der Umgebungsluft
CO-Alarmgeräte
Meßgeräte zum Nachweis von Spurenkonzentrationen aller Kohlenwasserstoffe in Luft und Wasser
Warngeräte für den Nachweis toxischer Gase und Dämpfe in Luft
Infrarot-Analysatoren
Sauerstoff-Analysatoren
Meßgasentnahme-Systeme
Analyse- und Regelanlagen für Umgebungsluft- und Prozeßstrom-Überwachung

Sondergeräte für die Arbeitssicherheit und das Feuerlöschwesen
Lüftungsgeräte
Leichtschaum-Lösch- und Lüftungsgeräte für tragbare und stationäre Verwendung
Raumfilter für Schutzraum-Belüftungsanlagen
Kabinenfilter für Baumaschinen und Transportfahrzeuge
Containerfilter-System

überwachung. Nachforschung zum Stand der Technik. Bearbeitung von Options-, Lizenz- und Zusammenarbeitsverträgen.

Hauptabteilung Personalwesen
Leiter: Dipl.-Kfm. Alfred *Linden*.
Stand 3. Juni 1992.

Grubenrettungswesen

Deutscher Ausschuß für das Grubenrettungswesen

4300 Essen-Kray, Schönscheidtstr. 28, ☏ (0201) 172-1103, ✆ 825701, Telefax (0201) 172-1193.

Vorsitzender: Berghauptmann Gustav *Seyl*, Oberbergamt für das Saarland und das Land Rheinland-Pfalz, Am Staden 17, 6600 Saarbrücken.

Geschäftsführung: Dipl.-Ing. Meinhard *Funkemeyer*, DMT-Institut für Rettungswesen, Brand- und Explosionsschutz, Essen.

Mitglieder des Ausschusses
Ministerium für Wirtschaft, Mittelstand und Technologie Baden-Württemberg, Stuttgart
Vertreter: Ltd. Bergdirektor Dipl.-Ing. Klaus *Nast*, Landesbergamt Baden-Württemberg, Freiburg/Br.; Oberbergrat Dipl.-Ing. Dieter *Niebergall*, Landesbergamt Baden-Württemberg, Freiburg/Br., stellv.

Bayerisches Staatsministerium für Wirtschaft und Verkehr, München
Vertreter: Ltd. Bergdirektor Dipl.-Ing. Klaus-Werner *Thümmler*, Bayerisches Oberbergamt, München; Bergoberrat Dipl.-Ing. Christopher *von Königslöw*, Bayerisches Oberbergamt, München, stellv.

Hessisches Ministerium für Umwelt, Energie und Bundesangelegenheiten, Wiesbaden
Vertreter: Ltd. Bergdirektor Dr.-Ing. Wulf *Böttcher*, Hessisches Oberbergamt, Wiesbaden; Bergdirektor Dipl.-Ing. Peter *Ohse*, Hessisches Oberbergamt, Wiesbaden, stellv.

Niedersächsisches Ministerium für Wirtschaft, Technologie und Verkehr, Hannover
Vertreter: Bergdirektor Dipl.-Ing. Helmut *Gravenhorst*, Oberbergamt Clausthal-Zellerfeld, Clausthal-Zellerfeld; Bergoberrat Dipl.-Ing. Hans-Reinhard *Illgner*, Oberbergamt Clausthal-Zellerfeld, Clausthal-Zellerfeld, stellv.

Ministerium für Wirtschaft und Verkehr des Landes Schleswig-Holstein, Kiel
Vertreter: Bergdirektor Dipl.-Ing. Helmut *Gravenhorst*, Oberbergamt Clausthal-Zellerfeld, Clausthal-Zellerfeld; Bergoberrat Dipl.-Ing. Hans-Reinhard *Illgner*, Oberbergamt Clausthal-Zellerfeld, Clausthal-Zellerfeld, stellv.

Ministerium für Wirtschaft, Mittelstand und Technologie des Landes Nordrhein-Westfalen, Düsseldorf
Vertreter: Abteilungsdirektor Dipl.-Ing. Wolfgang *Marth*, Landesoberbergamt NW, Dortmund; Bergdirektor Dipl.-Ing. Diethard *Dylla*, Bergamt Gelsenkirchen, Gelsenkirchen, stellv.

Ministerium für Wirtschaft, Verkehr und Landwirtschaft des Saarlandes, Saarbrücken
Vertreter: Berghauptmann Dipl.-Ing. Gustav *Seyl*, Oberbergamt für das Saarland und das Land Rheinland-Pfalz, Saarbrücken; Bergdirektor Dipl.-Ing. Peter *Konder*, Oberbergamt für das Saarland und das Land Rheinland-Pfalz, Saarbrücken, stellv.

Ministerium für Wirtschaft und Verkehr des Landes Rheinland-Pfalz, Mainz
Vertreter: Ltd. Ministerialrat Dipl.-Ing. Henner *Graeff*, Ministerium für Wirtschaft und Verkehr des Landes Rheinland-Pfalz, Mainz; Berghauptmann Dipl.-Ing. Gustav *Seyl*, Oberbergamt für das Saarland und das Land Rheinland-Pfalz, Saarbrücken, stellv.

DMT-Gesellschaft für Forschung und Prüfung mbH, Essen
Vertreter: Dipl.-Ing. Meinhard *Funkemeyer*, DMT-Institut für Rettungswesen, Brand- und Explosionsschutz, Essen; Ass. d. Bergf. Dr.-Ing. Georg *Langer*, DMT-Institut für Rettungswesen, Brand- und Explosionsschutz, Essen, stellv.

Saarbergwerke AG, 6600 Saarbrücken
Vertreter: Betriebsinspektor Bergassessor Dipl.-Ing. Max *Rolshoven*, Hauptstelle für das Grubenrettungswesen, Friedrichsthal; Ass. d. Bergf. Dipl.-Ing. Elmar *Fuchs*, Hauptstelle für das Grubenrettungswesen, Friedrichsthal, stellv.

Bergbau-Berufsgenossenschaft, Bezirksverwaltung Clausthal-Zellerfeld
Vertreter: Ass. d. Bergf. Dipl.-Ing. Wolfgang *Roehl*, Hauptstelle für das Grubenrettungswesen, Clausthal-Zellerfeld; Dipl.-Ing. Jörg *Weber*, Bergbau-Berufsgenossenschaft, Bezirksverwaltung Clausthal-Zellerfeld, Clausthal-Zellerfeld, stellv.

Bergbau-Berufsgenossenschaft, Bezirksverwaltung München
Vertreter: Ass. d. Bergf. Wilhelm *Weihofen*, Hauptstelle für das Grubenrettungswesen, Hohenpeißenberg; Dipl.-Geologe Christian *Seiler*, Hauptstelle für das Grubenrettungswesen, Hohenpeißenberg, stellv.

Bergbau-Berufsgenossenschaft, Bochum
Vertreter: Dipl.-Ing. Frank *Pauli*, Hauptstelle für das Grubenrettungswesen, Leipzig; Berg.-Ing. Klaus *Franke*, Hauptstelle für das Grubenrettungswesen, Leipzig, stellv.

Bergbau-Berufsgenossenschaft, Bochum
Vertreter: Techn. Direktor Ass. d. Bergf. Dipl.-Ing. Carl *Heising*, Bergbau-Berufsgenossenschaft Bochum; Direktor Dr. jur. Hubert *Brandts*, Bergbau-Berufsgenossenschaft, Bochum, stellv.

1 BERGBAU

Wirtschaftsvereinigung Bergbau e. V., Bonn
Vertreter: Bergwerksdirektor Ass. d. Bergf. Dipl.-Ing. Gerhard *Ribbeck*, Gewerkschaft Auguste Victoria, Marl; Bergwerksdirektor Dipl.-Ing. Herbert *Howe*, Ruhrkohle Westfalen AG, Bergwerk Consolidation/Nordstern, Gelsenkirchen, stellv.

Kaliverein e. V., Hannover
Vertreter: Bergwerksdirektor Dr.-Ing. Hans *Schneider*, Mitglied des Vorstandes der Kali und Salz AG, Kassel; Bergwerksdirektor Ass. d. Bergf. Dipl.-Ing. Heinz *Busche*, Kali und Salz AG, Kassel, stellv.

W. E. G. Wirtschaftsverband Erdöl- und Erdgasgewinnung e. V., Hannover
Vertreter: Dipl.-Ing. Peter *Chromik*, BEB Erdgas und Erdöl GmbH, Hannover; Dipl.-Ing. Helmut *Spiller*, W. E. G. Wirtschaftsverband Erdöl- und Erdgasgewinnung e. V., Hannover, stellv.

Industriegewerkschaft Bergbau und Energie, Bochum
Vertreter: Gewerkschaftssekretär Erich *Manthey*, IGBE, Bochum; Gewerkschaftssekretär Herbert *Keller*, IGBE, Bochum, stellv.

Deutsche Angestellten-Gewerkschaft, Bundesberufsgruppe Bergbau, Bochum
Vertreter: Elektro-Fahrsteiger Ing. (grad.) Günter *Jank*, Dudweiler; Elektrosteiger Klaus *Niedetz*, Werne, stellv.

Bundesministerium für Wirtschaft, Bonn (ständiger Gast)
Vertreter: Ministerialrat Dr.-Ing. Andreas *Keusgen*, Bonn.

Zweck: Förderung und Koordinierung des Grubenrettungswesens in der Bundesrepublik Deutschland. Sammlung und Auswertung von Erfahrungen. Erfahrungsaustausch in europäischen und anderen Bergbau treibenden Ländern der Welt. Empfehlungen auf allen Gebieten des Grubenrettungswesens (Grubenwehren, Gasschutzwehren, Atemschutzmannschaften, Rettungs- und Selbstrettungstechnik). Mitwirkung in der europäischen Normung und bei der Umsetzung in nationale Regelungen. Beratung bei Auswahl geeigneter Atemschutzgeräte sowie von sonstigen Geräten und Einrichtungen des Grubenrettungswesens. Eignungserklärungen für diese Geräte und Einrichtungen.

Hauptstelle für das Grubenrettungswesen Essen

4300 Essen 13 (Kray), Schönscheidtstraße 28, ☏ (0201) 172-1100, Telefax (0201) 172-1193.

Die Aufgaben werden von der Fachstelle für Sicherheit — Hauptstelle für das Grubenrettungswesen im DMT-Institut für Rettungswesen, Brand- und Explosionsschutz wahrgenommen.

DMT-Institut für Rettungswesen, Brand- und Explosionsschutz

Leiter: Dipl.-Ing. Meinhard *Funkemeyer;* Stellvertreter: Dr.-Ing. Ernst-Wilhelm *Scholl*.

Fachstelle für Sicherheit — Hauptstelle für das Grubenrettungswesen

Leiter: Ass. d. Bergf. Dr.-Ing. Georg *Langer;* Stellvertreter: Dipl.-Ing. Reinhold *Kaminski*.

Aufgaben: Mitwirkung bei Rettungswerken. Bearbeitung von Fragen der Rettungs- und Selbstrettungstechnik. Betreuung von Grubenwehren, Gasschutzwehren und Atemschutzmannschaften. Lehrgangs- und Übungsbetrieb für Führungs- und Fachkräfte. Untersuchungen und anerkannte Prüfungen von Regenerationsgeräten, Sauerstoffselbstrettern, Preßluftatmern, Tauchgeräten, Schlauchgeräten, Filtergeräten und Schutzanzügen für Bergbau, Feuerwehr und Industrie.

Einrichtungen: Rettungsstelle, Schulungsräume. Übungshaus für Grubenwehren und Atemschutzmannschaften. Übungskesselanlage. Klimakammer. Löschübungsstrecke. Bereitschaftslager mit Spezialeinrichtungen und Meßgeräten für den Grubenwehreinsatz und zur Rettung eingeschlossener Bergleute. Prüflaboratorien für Atemschutzgeräte.

(Vgl. den Beitrag DMT-Institut für Rettungswesen, Brand- und Explosionsschutz [IRB]).

Hauptstelle für das Grubenrettungswesen Friedrichsthal

6605 Friedrichsthal, ☏ (06897) 8580.

Leitung: Abteilungsleiter Betriebsinspektor Bergass. Max *Rolshoven*.

Träger: Die Hauptstelle wird von der Saarbergwerke AG getragen und gehört zur Abteilung Sicherheit.

Zweck: Organisation und Überwachung des Grubenrettungs- und Gasschutzwesens im Aufsichtsbereich des Oberbergamtes für das Saarland und das Land Rheinland-Pfalz in Saarbrücken, der Filter-Selbstretter-Wirtschaft und des Brand- und Explosionsschutzes auf den Anlagen der Saarbergwerke AG.

Direkte Hilfeleistung durch die hauptberufliche Grubenwehr-Bereitschaftsmannschaft bei Grubenunglücken und Rettungswerken sowie bei allen Ereignissen und Arbeiten, die den Einsatz von Gruben-, Gasschutz- oder Feuerwehr sowie von Tauchern erfordern bzw. vorsehen.

Fachstelle für wettertechnische und Brandfrüherkennungs-Meßgeräte. Ausbildung aller Grubenwehr-

und Gasschutzwehrmitglieder, Brand- und Explosionsschutzsteiger, Brand- und Explosionsschutzbeauftragten und Feuerlöschgerätewarte, Beauftragten und Gerätewarte für Filter-Selbstretter. Hilfeleistung bei Grubenwehr- und Feuerwehreinsätzen im Aufsichtsbereich des Oberbergamtes für das Saarland und das Land Rheinland-Pfalz in Saarbrücken, Prüfstelle für Bergbau-Feuerlöschgeräte.

angeschlossenen Unternehmen sowie aus nichtbergbaulichen Unternehmen; Unterweisung von Studenten der Bergakademie Freiberg in den Grundlagen des Grubenrettungs- und Gasschutzwesens; Tätigkeit als Prüfstelle für Atemschutzmittel, Überwachung, Prüfung und Inspektion der in den Unternehmen vorhandenen Selbstretterbestände; Unterstützung und Beratung der Betriebe und Bergbehörden in allen Fragen des Grubenrettungs- und Gasschutzwesens, der Unterweisung im Gebrauch und Instandhaltung von Atemschutzgeräten zur Selbstrettung sowie der Organisation der Hilfeleistung.

Hauptstellen für das Grubenrettungswesen der Bergbau-Berufsgenossenschaft

München

8126 Hohenpeißenberg, Unterbau, ☎ (08805) 1031/32, Telefax (08805) 8125.

Leitung: Ass. d. Bergf. Wilhelm *Weihofen*.

Aufbau: Die Bergbau-Berufsgenossenschaft unterhält für den süddeutschen Raum die Hauptstelle für das Grubenrettungswesen Hohenpeißenberg mit Laboratorium, Übungsstrecke und Brandstrecke.

Zweck: Organisation und Überwachung des Grubenrettungs- und Gasschutzwesens für den süddeutschen Raum. Unterweisung der Oberführer, Führer und Gerätewarte von Gruben- und Gasschutzwehren sowie der Ausbilder und Gerätewarte für Selbstretter. Untersuchung, Prüfung und Begutachtung von Atemschutzgeräten für den Bergbau, Überwachung und Überprüfung der auf den Zechen vorhandenen Selbstretter-Bestände. Ausführung von Gasanalysen von Grubenwettern und Abgasen von Dieselmotoren. Prüfstelle für von der Umgebungsatmosphäre unabhängig wirkende Atemschutzgeräte und autonome Leichttauchgeräte nach dem Gerätesicherheitsgesetz.

Clausthal-Zellerfeld

3392 Clausthal-Zellerfeld, Berliner Str. 2, ☎ (05323) 74-0.

Leitung: Ass. d. Bergf. Wolfgang *Roehl*.

Zweck: Organisation und Überwachung des Grubenrettungs- und Gasschutzwesens im Oberbergamtsbezirk Clausthal-Zellerfeld und im Bezirk des Hessischen Oberbergamtes in Wiesbaden. Wiederkehrende Unterweisungen der Oberführer, Wehrführer und Gerätewarte der Gruben- und Gasschutzwehren sowie der Gasschutzbeauftragten, -leiter und der mit Gasschutzaufgaben betrauten Aufsichtspersonen aus angeschlossenen Unternehmen des Erdöl- und Erdgasbergbaues. Grundausbildung von Atemschutzgeräteträgern und -gerätewarten aus nicht bergbaulichen Betrieben. Unterweisung von Schülern der Berg- und Hüttenschule Clausthal und von Studenten der Fachrichtung Bergbau der TU Clausthal im Grubenrettungswesen. Überwachung des Fluchtgerätewesens in den Betrieben und Unterweisung von verantwortlichen Personen und Gerätewarten für Fluchtgeräte. Unterstützung und Beratung der Betriebe und der Bergbehörden in allen Fragen des Grubenrettungs-, Gasschutz- und Fluchtgerätewesens.

Salz

Forschungsgemeinschaft Explorations-Geophysik eV

3000 Hannover 1, Theaterstr. 15, Postfach 3266, ☎ (0511) 326331, Telefax (0511) 328501.

Vorsitzender des Kuratoriums: Professor Dr. Martin *Kürsten*, Präsident der Bundesanstalt für Geowissenschaften und Rohstoffe.

Geschäftsführung: Bergass. a. D. Otto *Lenz*.

Zweck: Die Forschungsgemeinschaft, die im Jahre 1954 als Forschungsgemeinschaft Seismik gegründet worden ist, entwickelt geophysikalische Methoden zu betriebsreifen Verfahren für die Lösung geologisch-tektonischer Fragen des Salzbergbaus und für das Aufsuchen von Erzlagerstätten.

Leipzig

O-7030 Leipzig, Friederikenstraße 62, ☎ Leipzig 3935252, Telefax 328477.

Leitung: Dipl.-Ing. Frank *Pauli*.

Aufgaben: Organisation und Überwachung des Grubenrettungs- und Gasschutzwesens in den Bundesländern Mecklenburg-Vorpommern, Brandenburg, Sachsen-Anhalt, Sachsen und Thüringen; Grundausbildung und Fortbildung von Führungskräften im Grubenrettungswesen und Gasschutzwesen, Oberführer, Truppführer, Atemschutzgerätewarte, Selbstretterbeauftragte und Selbstrettergerätewarte sowie Atemschutzgeräteträger von der Hauptstelle

1 BERGBAU

Erz

Studiengesellschaft für Eisenerzaufbereitung

3384 Liebenburg 2 (Othfresen), Grubenstr. 5, ☏ (05346) 4005 und 4006, ⌁ 9 54433 studo d, Telefax (05346) 5734.

Vorsitzender des Beirates: Helmut *Wilps*, Dinslaken.

Geschäftsführung: Dr.-Ing. Heinrich *Kortmann*, Vorsitzer; Dr.-Ing. Ekkehart *Mertins*.

Gesellschafter: Thyssen Stahl AG, Duisburg; Rogesa, Roheisengesellschaft Saar mbH, Dillingen/Saar; Hoesch Stahl AG, Dortmund; Preussag Stahl AG, Peine; Klöckner Stahl GmbH, Duisburg; Krupp Stahl AG, Bochum; Hüttenwerke Krupp Mannesmann GmbH, Duisburg; Halbergerhütte GmbH, Brebach-Saar; Erzkontor Ruhr GmbH, Essen; Exploration und Bergbau GmbH, Düsseldorf; Rohstoffhandel GmbH, Düsseldorf.

Zweck: Durchführung von Aufbereitungsversuchen an Erzen im Labor- und Pilotmaßstab. Untersuchungen auf dem Gebiet der Möllervorbereitung einschließlich Agglomerierung. Prüfung der chemischen, physikalischen und metallurgischen Eigenschaften von Eisenerzen und Eisenerzagglomeraten nach nationalen und internationalen Normen.

Deutsches Kupfer-Institut

1000 Berlin 12, Knesebeckstraße 96, ☏ (030) 310271, ⌁ 184643, Telefax (030) 3128826.

Geschäftsführung: Dr. rer. nat. Otto von *Franqué*.

Gründung und Zweck: 1927 gegründet als zentrale technisch-wissenschaftliche Auskunfts- und Beratungsstelle für die Verwendung und Verarbeitung von Kupfer und Kupferlegierungen.

Informationszentrum Weißblech e. V.

4000 Düsseldorf 1, Kasernenstr. 36, ☏ (0211) 80186.

Geschäftsführung: Jochem *Oertmann*.

Zweck: Förderung des Weißblechs, Information und Beratung über Herstellung, Verwendung, Recycling.

Mitglieder: Hoesch Stahl AG, Otto Wolff AG, Rasselstein AG.

Zinn-Informationsbüro GmbH

4000 Düsseldorf 1, Sohnstr. 70, ☏ (0211) 689102, Telefax (0211) 6871333.

Geschäftsführung: Dr. B. T. K. *Barry;* Dr. R. R. *Dean.*

Gründung: 1954 als Außenstelle des International Tin Research Institute.

Zweck: Das Büro vermittelt die Ergebnisse der Institutsarbeit an die zinnverbrauchenden Industrien zum Zweck der Verbesserung existierender und Entwicklung neuer industriell anwendbarer Prozesse im Hinblick auf eine Markterweiterung für Zinn.

Torf

Institut für Torf- und Humusforschung GmbH

2903 Bad Zwischenahn, Bachstelzenweg, Postfach 1628, ☏ (04403) 7370, Telefax (04403) 71327.

Aufsichtsrat: Claus D. *Brinkmann*, 2915 Saterland 3, Vorsitzender.

Geschäftsführung: Dipl.-Ing. (FH) Jürgen *Günther*, Hartmut *Falkenberg*.

Zweck: Die wissenschaftliche Forschung auf den Gebieten Moor, Torf und Humus.

EUROPA
8. Belgien

Steinkohle

Kempense Steenkolenmijnen N. V.

Services Administratifs: B-3530 Houthalen-Helchteren, Grote Baan 27, ☎ (011) 516011, Telefax (011) 524981, ✄ 39 109 kshthl b. B-3500 Hasselt, Havermarkt 22, ☎ (011) 231640, Telefax (011) 231660.

Services Commerciaux: B-3560 Koersel-Beringen, Koolmijnlaan 201.

Président: Peter *Kluft*.

Secrétaire Général: Freddy *Vancraeynest*.

Directeur des opérations: Yves *Sleuwaegen*.

Directeur du personnel: Eric *Beliën*, Jos *van den Broeck*.

Directeur financier et administratif: Dominique *Robeyns*.

Kapital: 14 164 Mill. bfrs.

Kohlenarten: Fettkohlen A und B, Flammkohle.

Produktion und Beschäftigte	1990	1991
Steinkohlenfördermenge ... t	1 035 832	634 000
Schichtleistung u. T. .. kg/MS	3 935	4 265
Beschäftigte .... (Jahresende)	1 865	1 583

Zetel West

Abteilung Zolder: B-3540 Heusden-Zolder, Koolmijnlaan 351, ☎ (011) 516011, ✄ 39158 kszold b.

Directeur: A. *Van Parijs*.

Organisationen

Fédération Charbonnière de Belgique (Fédéchar) ASBL
Belgische Steenkool Federatie VZWD

B-1040 Bruxelles, Avenue des Arts 21, Bte 10, ☎ (02) 2303740, Telefax (02) 2308850.

Directeur: Jos *van den Broeck*.

Relations Publiques: Rita *Vanhamel*.

Zweck: Die Vereinigung ist gemeinnützig und umfaßt die fördernden Kohlengruben und gewisse stilliegende Bergwerke. Aufgabe der Vereinigung ist es, alle Fragen, die den Kohlenbergbau betreffen, zu untersuchen, Gutachten darüber abzugeben, gemeinsame Ziele aufzustellen und sich um die Mittel ihrer Verwirklichung zu bemühen, Aufträge durchzuführen und durchführen zu lassen, den belgischen Kohlenbergbau als Ganzes zu vertreten und in seinem Namen zu handeln.

Mitglieder: Produzierende Gesellschaft: N. V. Kempense Steenkolenmijnen, Houthalen-Helchteren.

Angeschlossene Mitglieder: S.A. des Charbonnages du Bois-du-Luc, Houdeng-Aimeries; S.A. des Cokeries et houillères d'Anderlues, Anderlues; S.A. des Charbonnages Mambourg, Sacré-Madame et Poirier réunis, Charleroi; Monceau-Energie S.A., Monceau-sur-Sambre; S.A. des Charbonnages réunis de Roton-Farciennes et Oignies-Aiseau, Farciennes; Espérance et Bonne-Fortune S.A., Ans; Compagnie immobilière et financière de Patience et Beaujonc, Glain-lez-Liège; S.A. des Charbonnages de Wérister, Fléron (Romsée); Entrama S.A., Division Hensies-Pommeroeul, Hensies; S.A. des Charbonnages du Borinage, Mons (Cuesmes).

Belgian Mining Engineers (B.M.E.)

B-1150 Bruxelles, Avenue de Tervuren 168/B 11, ☎ (2) 771997.

Administrateur Délégué: Jean *van der Stichelen*.

Institut Scientifique de Service Public (ISSeP)

Siège Social et Siège de Liège: B-4000 Liège, rue du Chéra, 200, ☎ (041) 527150, Telefax (041) 524665.

Siège de Colfontaine: B-7260 Colfontaine, rue Grande 60, ☎ (065) 672343, Telefax (065) 660953.

Directeur Général: Michel *De Waele*.

Relations Publiques: Blanche *Brajkovic*.

Abteilungen: Umwelt, natürliches Umfeld, Mineralien Erze, Brennstoffe, technische und industrielle Sicherheit, Radiokommunikation, Abteilung Analysen.

Gründung und Trägerschaft: Die Wallonische Region hat das »öffentliche Wissenschaftsinstitut« mit dem

Ziel geschaffen, im Rahmen der neu erworbenen Kompetenzen über ein Instrument zu verfügen, das eine umweltfreundliche wirtschaftliche und soziale Entwicklung ermöglicht. Das ISSeP ist direkt aus dem Iniex hervorgegangen (dem Nationalen Institut der Rohstoffindustrie für den Bergbau). Das Iniex entstand 1968 aus dem Zusammenschluß des Nationalen Bergbauinstituts (1902) und des Nationalen Instituts der Kohlenindustrie (1947). ISSeP hat das Personal, die Ausrüstung und das Know-how der Iniex übernommen.

Das ISSeP verfügt somit über hochqualifiziertes Personal. Ungefähr 60 Wissenschaftler (Doktoren der Wissenschaft, Ingenieure, Industrieingenieure aller Fachrichtungen), mehr als 60 Techniker, ungefähr 30 Facharbeiter gewährleisten neben dem Verwaltungspersonal eine effektive Arbeitsweise des Instituts. Die Forschungs-, Analyse- und Versuchslabors sind mit modernstem Gerät ausgestattet, das immer wieder den neuen Erfordernissen angepaßt wird, damit die wissenschaftliche und technische Leistungsfähigkeit gewährt bleibt.

Zweck: Arbeitsziel des Instituts ist der Fortschritt der Rohstoffe fördernden Industrien auf technischem, sozialem und beruflichem Gebiet. Die Tätigkeit des Instituts erstreckt sich auf die Förderung und Verwendung der Brennstoffe und der Energie, die Entwicklung verschiedener industrieller Verfahren, die Zulassung explosionsgeschützter Geräte, die Kontrolle der Reinhaltung der Umwelt.

Instituut voor Reddingswezen, Ergonomie en Arbeidshygiëne V.Z.W. (IREA)

B-3500 Hasselt, 555 Kempische Steenweg, ☎ (011) 222175, Telefax (011) 241079.

Direktor: Dipl.-Ing. Roger *Pipeleers*.

Abteilung Umwelt, Arbeitsschutz, Labor: Leitung: Dipl.-Ing. Bernard *Preat;* Dipl.-Ing. Walter *Mathijs* (Labor); Dipl.-Ing. Ludo *Haegdorens* (Luft, Lärm); Dr. rer. nat. Jef *Steenackers* (Boden, Wasser).

Abteilung Rettungswesen: Leitung: Dipl.-Ing. Roger *Pipeleers;* Dipl.-Ing. Bart *Geusens*.

Statut: IREA ist am 5. Februar 1987 entstanden durch die Auflösung des Coördinatiecentrum Reddingswezen (C.C.R.), der belgischen Hauptstelle für das Grubenrettungswesen, und dessen Aufnahme vom Instituut voor Mijnhygiene. Das Instituut voor Mijnhygiene wurde 1944 von allen Bergbauvereinen in Belgien und die Hauptstelle 1957 von den Kempischen Steinkohlenbergwerken gegründet.

Zweck: Die Abteilung Umwelt, Arbeitsschutz und Labor dient der Bergbauhygiene, der Staubbekämpfung, der chemischen und mineralogischen Untersuchung des Staubes, der Staubemission und Immission. Lärmschutz. Untersuchung und Beurteilung von Altlasten des Steinkohlenbergbaus (Abfälle, Grundwasser und Boden). Sanierungsuntersuchungen von Industriealtlasten. Kohlenprobenahme, Brennstoffanalyse. Chemisches Laboratorium mit Einrichtungen u. a. für Elementenanalysen und Spurenanalytik mit Atomabsorptionsspektrometrie, Emissionsspektrometrie (ICP/AES), Ionenchromatografie, Infrarotspektrometrie und Gaschromatografie. Die Abteilung Rettungswesen steht ein für die Organisation und Überwachung des Grubenrettungswesens, die Ausbildung der Grubenwehrmitglieder und Gerätewarte, Hilfeleistung bei Grubenwehreinsätzen, Unterhaltung eines Bereitschaftslagers mit Rettungseinrichtungen und Labor für Brandgasanalyse. Die Abteilung Rettungswesen hat ihre Aktivitäten auf verschiedene Ausbildungsmöglichkeiten für Preßluftgeräteträger von Gemeinde- und Betriebsfeuerwehren ausgeweitet. Es gibt auch ein Trainingszentrum für Benutzer von Gasschutzkleidung.

Centre de Recherches Métallurgiques
Centrum voor Research in de Metallurgie

B-4400 Liège, Rue Ernest Solvay, ☎ (041) 546211, ⚡ 41202, Telefax (041) 546464.

Président: F. *Wagner*.

Directeur général: P. *Nilles*.

Zweck: Forschung auf dem Gebiet der Metallurgie.

Mitglieder: 31 Industriegesellschaften mit Sitz in Belgien, Luxemburg und in den Niederlanden.

Centre d'Information de l'Etain

B-1000 Bruxelles, 44, rue d'Arenberg, Bte 33, ☎ (02) 5145610, Telefax (02) 5145518.

Gérant: N. *André*.

Zweck: Zinn-Informationszentrum für Belgien und Frankreich.

Fédération des Entreprises de Métaux Non Ferreux

B-1040 Bruxelles, 47, Rue Montoyer, ☎ (02) 506411, Telefax (02) 511 75 53.

Président: François *Oostland*.

Directeur: Jacques *Hennevaux*.

Zweck: Berufsorganisation der belgischen Nichteisenmetalle-Industrie.

Ardoisière de Warmifontaine

B-6840 Neufchâteau, ☏ (061) 277428, Telefax (061) 279300.

Administrateur-délégué: José *Goffinet*.

Association des exploitations des carrières de Porphyre de Belgique

B-1050 Bruxelles, 64, rue de Belle-Vue, ☏ (02) 6486860.

Président: Philippe *Notté*.

Directeur: Georges *Hansen*.

Mitglieder: S.A. Gralex, B-1200 Bruxelles, Boulevard de la Woluwe, 108, ☏ (02) 773.35.11; S.A. Carrières unies de Porphyre, B-1050 Bruxelles, Rue de Belle-Vue, 64, ☏ (02) 648.68.60.

Zweck: Interessenvertretung der Porphyr-Steinbrüche, deren gesamte Produkte von U.C.P., B-1200 Brüssel, Boulevard de la Woluwe, 108, ☏ (02) 773.35.71, vertrieben werden.

Belgischer Verein für Geologie

B-1040 Brüssel, Jennerstraße 13.

Vorsitzender: Dr. E. *Groessens*.

General-Sekretär: M. *Dusar*.

Fédération des Industries extractives et transformatrices de roches non combustibles (FEDIEX)

B-1050 Bruxelles, rue du Trône 61, ☏ (02) 5116173 u. 5140923, Telefax (02) 5111284.

Zweck: Verband der Produzenten von nicht-brennbarem Gestein (Kalk, Kalkstein, Dolomit, Sandstein, Sand, Porphyr, Granulat und verwandten Produkten).

9. Finnland

Outokumpu Group
Corporate Management

SF-02101 Espoo, P.O. Box 280, ☏ (3580) 4211, ✄ 124441 okkisf, Telefax (3580) 4213888.

Supervisory Board: Mikko *Elo*, Serior Teacher, Chairman; Paavo *Leppänen*, Manager-Sales Planning, Outokumpu Polarit Oy; Ilpo *Nevalainen*, Chief Surveyor, Outokumpu Finnmines Oy; Olavi *Stoor*, Chief Show Steward, Outokumpu Polarit Oy; Hakon *Guvenius*, Head of Department, Ministry of Trade and Industry; Olli *Helminen*, Director, The Social Insurance Institution; Jaakko *Pajula*, Director General, The Social Insurance Institution; Helena *Rissanen*, Purchaser; Juho *Savo*, General Manager; Ben *Zyskowicz*, Member of Parliament.

Executive Board: Jyrki *Juusela*, D. Tech., Chief Executive Chairman of the Executive Board and President; Ossi *Virolainen*, B.Sc. (Econ.), LL.M., Deputy Chief Executive Vice Chairman and Deputy President; Jorma *Hakkarainen*, M.Sc. (Econ.), Executive Vice President; Veikko *Lehtinen*, LL.M., Executive Vice President; Olavi *Siltari*, Lic. Tech., Executive Vice President; Risto *Virrankoski*, B.Sc. (Econ.), Executive Vice President.

	1989	1990
Umsatz .... Mrd. FIM	11,8	11,3
Beschäftigte	15 800	18 819

Outokumpu Mining Oy

SF-02200 Espoo, Niittymäentie 9, Postanschrift: P. O. Box 89, SF-02201 Espoo, ☏ (3580) 4211, ✄ 121461 outo sf, Telefax (3580) 428033.

President: Juhani *Tanila*.

Executive Board: Risto *Virrankoski* (Chairman), Erik *Nyholm*, Heikki *Solin*, Juhani *Tanila*, Markku *Toivanen*.

Zweck: Outokumpu Mining gehört zur Outokumpu Group, deren Haupttätigkeit im Bereich der Herstellung von Stahl- und Kupferprodukten liegt. Outokumpu Mining produziert in erster Linie Kupfer, Nickel, Edelmetalle und Schwefel.

Produktion	1990	1991
Metallerz gesamt ..... 1 000 t	7 000	7 300
Umsatz .... Mrd. Fmk	2,283	2,150
Beschäftigte	2 622	2 370

Outokumpu Finnmines Oy

Postanschrift: Tehtaankatu 2, SF-83500 Outokumpu, Finland, ☏ (358) 735561, ✄ 121461 outo sf, Telefax (358) 73555778.

President: Matti *Ketola*.

1 BERGBAU

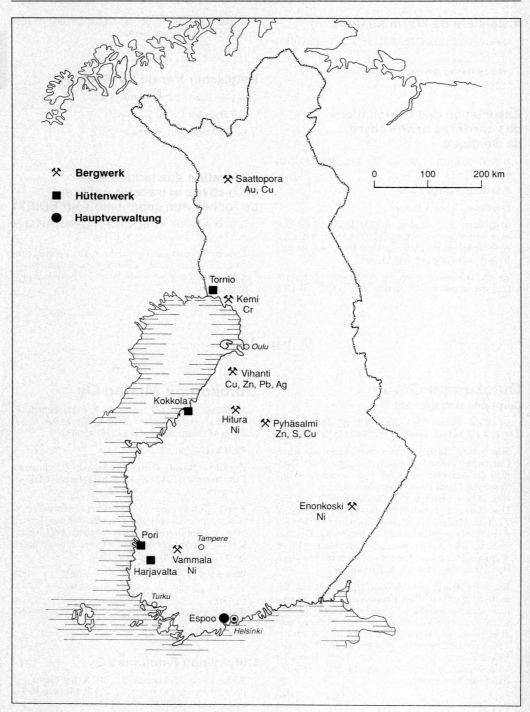

Die Erzbergwerke Finnlands.

FINNLAND

Enonkoski Mine

SF-58160 Karvila PT., Finland, ☏ (358) 573 81 371, ✂ 5672 oken sf, Telefax (358) 573 81 370.

Technischer Leiter: Heimo *Pöyry*.

Zweck: Bergbau auf Ni-Erz.

Hitura Mine

SF-85560 Ainastalo, Finland, ☏ (358) 83 446 141, Telefax (358) 83 446 143.

Technischer Leiter: Vesa-Jussi *Penttilä*.

Zweck: Bergbau auf Ni-Erz.

Pyhäsalmi Mine

SF-86900 Pyhäkumpu, Finland, ☏ (358) 84 4901, ✂ 121 461 outo sf, Telefax (358) 84 40 404.

Technischer Leiter: Teuvo *Jurvansuu*.

Zweck: Bergbau auf Zn-, Cu- und Pyriterz.

Saattopora Mine

SF-95900 Kolari, Finland, ☏ (358) 695 61 571, Telefax (358) 695 68 160.

Technischer Leiter: Pentti *Kerola*.

Zweck: Bergbau auf Cu- und Au-Erz.

Vammala Mine

SF-38200 Vammala, Finland, ☏ (358) 324 1651, ✂ 22773 okva sf, Telefax (358) 321 3133.

Technischer Leiter: Juhani *Pulkkinen*.

Zweck: Bergbau auf Ni-Erz.

Vihanti Mine

SF-86440 Lampinsaari, Finland, ☏ (358) 822 85 381, ✂ 32 137 okvi sf, Telefax (358) 822 85 320.

Technischer Leiter: Ilmo *Autere*.

Zweck: Bergbau auf Cu-, Zn-, Pb- und Ag-Erz.

Exploration

SF-83501 Outokumpu, Finland, P.O. Box 67, ☏ (358) 73 5561, ✂ 121 461 outo sf, Telefax (358) 73 555 778.

Technischer Leiter: Tuomo *Korkalo*.

Outokumpu Chrome Oy

Kemi Mine

SF-94101 Kemi, Finland, ☏ (358) 69 8691, ✂ 3634 oke sf, Telefax (358) 73 698 69 266.

Technischer Leiter: Juhani *Vahtola*.

Zweck: Bergbau auf Cr-Erz.

Organisationen

The Finnminers Group

Postanschrift: SF-00101 Helsinki, Finland, The Finnish Foreign Trade Association, P.O. Box 908, ☏ (358) 069591, ✂ 121 696 trade sf, Telefax 694 0028.

Zweck: Vertretung gemeinsamer Interessen der Mitglieder aus der finnischen Bergbau-Zulieferindustrie.

Teollisuuden Keskusliitto Industrins i Finland Centralförbund
Zentralverband Finnischer Industrien

Eteläranta 10, 00130 Helsinki, ☏ (90) 18091, ✂ 124 218 tkl sf, Telefax (90) 18 092 11.

Vorstand: Tauno *Matomäki*, Vorsitzender; Jaakko *Ihamuotila*, Dennis *Seligson*, stellv. Vorsitzende; *Ordentliche Mitglieder:* Krister *Ahlström*, Carl G. *Björnberg*, Axel *Cedercreutz*, Georg *Ehrnrooth*, Peter *Fazer*, Reino *Hanhinen*, Pekka *Herlin*, Jukka *Härmälä*, Erkki *Inkinen*, Haimo *Karinen*, Mikko *Kivimäki*, Lauri *Komulainen*, Ensio *Lempiö*, Tarmo *Lieskivi*, Markku *Markkola*, Björn *Mattsson*, Carl G. *Nordman*, Harri *Piehl*, Erkki *Rissanen*, Gustaf *Serlachius*, Vesa *Suokko*, Christoffer *Taxell*, Matti *Uusitalo*, Arto *Vilkuna*, Simo *Vuorilehto*.

10. Frankreich

Steinkohle

Charbonnages de France (CdF)

F-92507 Rueil-Malmaison Cedex, Tour Albert 1er, 65, Avenue de Colmar, ☏ (1) 475292 52, ✂ 631450 F Charb.

Président-Directeur Général: Jacques *Bouvet*. Directeur général adjoint: Joseph *Bernard*.

Directeurs Généraux de Bassin HBL: Roger *Jourdan;* HBCM: Bernard *Chaton*.

Secrétaire Général: Francis *Asseman*.

Déléguée chargée de l'Information: Anne-Catherine *Lumbroso-Pringuet*.

Services Financiers et Juridiques: Xavier *Lencou-Bareme*.

Commercialisation: Bernard *Delannay*.

CdF Energie: Jean *Mellot*.

Affaires Sociales: Jean *Ducat*.

Plan, Etudes et Investissements: Marcel *Dupont*.

Ingénierie: Gilbert *Henry*.

Affaires Européennes: Roland *Looses*.

Zweck: Kohlenbergbau und -verarbeitung, Marketing und Nutzung, Bergbauforschung, Maschinenbautechniken, Internationale Entwicklungen, Rekultivierung von Bergbaugebieten.

Produktion und Beschäftigte	1990	1991
Tiefbau .... 1 000 t	12 250	11 800
Tagebau .... 1 000 t	1 414	1 360
Leistung u. T. ...... kg/MS	6 093	6 907
Beschäftigte .... (Jahresende)	22 500	19 600

Houillères du Bassin du Nord et du Pas-de-Calais

F-59505 Douai Cedex, 64 rue des Minimes, B.P. 513, ☏ (27) 99-27-27, ✂ 820396 Honanor Douai.

Conseil d'Administration: Président: Maud *Bailly-Turchi*.

Directeur Général: Jack *Verlaine*.

Communication: Gerard *Leval*.

	1990	1991
Steinkohlenfördermenge ... 1 000 t	0,232	0
Beschäftigte .... (Jahresende)	3 307	1 478

Houillères du Bassin de Lorraine

F-57802 Freyming-Merlebach (Moselle), 2 rue de Metz, ☏ 87817000, ✂ 860244 hbl x f.

Conseil d'Administration: Président: Philippe *Loiseau*.

Directeur Général: Roger *Jourdan;* Directeur Général Adjoint: Alphonse *Heinz*.

Secrétaire général: Bernard *Jully*.

Directions: Jacques *Petetin* (Gestion de la houille); Bernard *Dellanay* (Action commerciale); Michel *Escoin* (relations humaines et sociales); Jacques *Bonnet* (Usine, Entretien, Transport).

Direction de la gestion technique

Directeur: Jacques *Petetin*.

Chefs de l'Unité d'Exploitation (U. E.): U. E. Forbach Fond: Jean Pierre *Amartin;* U. E. La Houve: François *Bertrand;* U. E. Vouters: Jean-Claude *Brossard;* U. E. Reumaux: J. *Rogalewicz;* U. E. Jour Forbach: Patrick *Allain;* U. E. Jour Merlebach: François *Woloszyn*.

	1990	1991
Steinkohlenfördermenge ... 1 000 t	8 360	8 386
Beschäftigte .... (Jahresende)	14 750	14 048

Houillères de Bassin du Centre et du Midi

F-42007 Saint-Etienne, 9 avenue Benoît Charvet, B.P. 534, ☏ (77) 42-33-00, ✂ 300794 Loirmine Stetn.

Conseil d'Administration: Président: Paul-Henri *Bourrelier*.

Directeur général: Bernard *Chaton*. Secrétaire général: Y. *Dallod*.

Produktion und Beschäftigte	1990	1991
Steinkohlenfördermenge ... 1 000 t	3 656	3 383
Tiefbau .... 1 000 t	2 242	2 019
Tagebau .... 1 000 t	1 414	1 364
Beschäftigte .... (Jahresende)	4 472	4 074

Directions: M. *Daumalin* (Technique et informatique); Jean *Drovard* (Personnel, Relations Sociales); Daniel *Montagne* (Communication); Bernard *Couedel* (Commercialisation).

Unité d'exploration Provence: F-13590 Meyreuil, B.P. 1, ☏ (42) 337111, ✂ 430675 promines Meyrl.

Chef Unité d'exploitation : Maurice *Guillaume*.

Unité d'exploitation Gard: F-30110 La Grand Combe, B.P. 16-Le Fesc, ☎ (66) 546000, ✄ 480128.

Chef d'unité: Gérard *Boffy*.

Unité d'exploitation de l'Hérault: F-34260 Le Bousquet d'Orb, BP 6, ☎ (67) 238014.

Chef d'unité: Nicolas *Franco*.

Unité d'exploitation Tarn: F-81400 Carmaux, 2, rue du Gaz, B.P. 16, ☎ (63) 362600, ✄ 520080 Aquimine Carmx.

Chef Unité d'exploitation Tarn: Georges *Moleins*.

Unité d'exploitation Aveyron: F-12300 Décazeville, avenue du 10 Août, ☎ (65) 433550.

Chef d'unité: M. *Louvert*.

Unité d'exploitation Blanzy: F-71307, Montceau les Mines Cedex, BP 175, ☎ (85) 67-57-00, ✄ 800648 Mi Blanzy Mtceau.

Chef d'unité: Jean-Louis *Pawlak*.

Unité d'exploitation Aumance: F-03440 Buxières les Mines, ☎ (70) 67-30-00, ✄ 990237 Aumchar.

Chef d'unité: Vincent *Franco*.

Unité d'exploitation Dauphiné: F-38350 La Mure, BP 9, ☎ (76) 833400, ✄ 320164 Antralp.

Chef d'unité: Etienne *Decourt*.

Unité d'exploitation Loire: BP 50442007 St. Etienne Cedex, ☎ 774 23300, 9, Avenue Benoit-Charvet.

Chef d'unité: J. P. *Barrière*.

Salz

Compagnie des salins du Midi et des salines de l'Est

F-75008 Paris, 51, rue d'Anjou, ☎ (1) 42660200.

Direction générale: Philippe *Malet*, Président-directeur général; Alain *Colas*, Vice-Président-directeur général; Bernard *Epron*, Directeur général Adjoint; Jacques *Bonniol*, Secrétaire général; Directeur Technique: André *Caillaud*.

Saline et Mine de Varangeville: Directeur: Didier *Balas*.

Saline de Dax: Directeur: Jean *Thomas*.

Salin de Giraud: Directeur: Gerard *Boudet*.

Salin d'Aigues-Mortes: Directeur: Louis *Gleize*.

Kapital: 527,6 Mill. FF.

Hauptaktionär: Compagnie La Hénin, 57%.

	1987	1988
Beschäftigte .... (Jahresende)	2 231	2 152

Beteiligungen
Société des salins du Cap Vert, 62,5%.
Société salinière de Provence, 49%.
Société des salines d'Einville, 40,5%.
Société Nouvelle des salins de Siné Saloum, 49,8%.
Compagnie Générale des salines de Tunisie, 29,8%.
Compagnie salinière de Madagascar, 77%.

Mines de Potasse d'Alsace S.A.

F-68055 Mulhouse Cedex, 11 avenue d'Altkirch, B.P. 1270, ☎ (89) 549015, ✄ 881834 mdpa mulhs, Telefax (89) 650225; Filiale de l'Entreprise Minière et Chimique (EMC): F-75641 Paris Cedex, 62 rue Jeanne d'Arc.

Conseil de Surveillance: Paul *Prevot;* Président du Conseil de Surveillance; René *Arnold*, Maire de Wittelsheim, Vice-Président du SIVOM du Bassin Potassique; Roland *Bednarski*, représentant du personnel; Gabriel *Bonte*, représentant du personnel; Pierre *Brand*, Conseiller Général; Jean *Brasquie*, Membre de la Chambre de Commerce et d'Industrie; Pierre *Dubois*, Secrétaire Général de l'Entreprise Minière et Chimique, représentant permanent de l'EMC; Gérard *Dumonteil*, chargé des affaires industrielles à la Société Alspi; Guy *Fradin*, sous-directeur à la Direction de la Production et des Echanges du Ministère de l'Agriculture; Jean-Claude *Lostuzzo*, représentant du personnel; Claude *Niedergang*, Directeur financier de l'EMC.

Représentant du Comité Central d'Entreprise: Jean-Jacques *Still*, secrétaire du Comité Central d'Entreprise.

Secrétaire du Conseil de Surveillance: Claude *Fonbaustier*.

Contrôleurs d'Etat: Gilbert *Rastoin;* Pierre *Esclatine* (adjoint).

Commissaire du Gouvernement: Le Directeur des mines représenté par Luc *Benoit-Cattin*.

Commissaires aux comptes: Société Alsacienne de Travaux Fiduciaires et Comptables SA (titulaire); Hubert *Kieffer* (suppléant); Groupe Guy *Gendrot* (titulaire); Gabriel *Attias* (suppléant).

Directoire: Président: Paul *Costentin;* Membres: Jean-Marc *Bouzat;* Michel *Streckdenfinger*, Jean-Claude *Leborgne*.

Secrétaire Général: Michel *Streckdenfinger*.

Directeur de l'Exploitation: Jean-Claude *Leborgne*.

	1990	1991
Produktion .... 1 000 t	9 470	8 375
Verkaufte Menge .... 1 000 t K$_2$O	1 292	1 217
Beschäftigte .... (Jahresende)	3 493	3 255

1 BERGBAU

Niederlassungen
ACRR (Ateliers de Construction et de Réparation de Richwiller).
Cocentall-Ateliers de Carspach (fabrication de matériel de mines).
AGI (Alsacienne de Gestion et d'Informatique).
Sérémine (Société d'Etudes et de Réalisations minières).
Sodiv (Société de Diversification du Bassin potassique).
EMC Services — Division MDPA Ingénierie.
Saprim (Société d'application de peintures, de revêtements industriels et de métallisation).
Euromatic (Etudes et fabrications de Matériels et Equipements d'Automatisation).
Eurameca — Filiale d'Euromatic.

Erz

Alusuisse France S.A.

F-75116 Paris, 25, avenue Marceau.

Conseil d'Administration: Georges *Fréhis*, Président; Dr. Gerd *Springe*, Administrateur représentant permanent de la Société Aluminium Suisse; Hendrik *Van de Meent*, Administrateur; Georges *Schorderet*, Administrateur; John Robert *Seemuller*, Administrateur représentant permanent de la Société l'Oréal; Jean-Adrien *Puntis*, Administrateur; Paul *de Buyer Mimeure*, Administrateur.

Direction: Georges *Fréhis*, Directeur Général; Philippe *Debacq*, Directeur des Relations Humaines; Jean-Claude *Gaillard*, Directeur de la Division Boxal; Marc *Jacobs*, Directeur Financier; Marc *Toillier*, Directeur de l'organisation et de l'informatique, Directeur de la Division S.F.R.M./Affinage; Francis *Beral*, Directeur de la Division Demi-Produits.

Gesellschaftskapital: 300 Mill. FF.

	1988	1989
Beschäftigte	1 017	1 027

Arbed
Division Mines Françaises

F-57390 Audun-le-Tiche, 14, rue Paul-Lancrenon, ☏ (82) 522365, Telefax (82) 911712, ⌨ Arbed Audun-le Tiche.

Directeur: Denis *Dupont*.

	1990	1991
Produktion .... t	3 292 862	3 138 544
Beschäftigte .... (Jahresende)	384	350

Cogema

(Hauptbeitrag der Cogema in Kap. 4 Abschn. 10)

F-78141 Vélizy-Villacoublay Cedex, 2 rue Paul Dautier, ☏ (1) 39469641, ⌨ Cogem 697833 F.

Branche Mines: Directeur: Yves *Coupin*.

Département des prospections et recherches minières: Chef de département: Frédéric *Tona*.

Direction des mines et usines: Directeur: Bernard *Bavoux*.

Direction des services filiales: José *Peix*.

Division de la Crouzille: F-87640 Razès, BP 1; Chef de division: Philippe *Moureau*.

Division de l'Hérault: Saint-Martin-du-Bosc, BP 35; Chef de division: Francis *Jovet*.

Compagnie Française de Mokta

F-Chateauneuf de Randon, Lozere 48 170, Le Cellier Mine.

Mineral: Uranerz.

Imetal

F-75 755 Paris Cedex 15, Tour Maine Montparnasse, 33, avenue du Maine, ☏ (01) 45384848, ⌨ 205657 F, Telefax (01) 45387478.

Président-directeur général: Bernard *de Villemejane*.

Kapital: 580 Mill. FF.

Zweck: Baumaterialien, industrielle Mineralien und Metallindustrie.

	1990	1991
Umsatz .... Mrd. FF.	19,7	5,6
Beschäftigte	6 000	5 731

Tochtergesellschaften
Huguenot-Fenal, 100%.
IRB, 100%.
Groupe Gélis-Sans-Poudenx, 100%.
Financière d'Angers, 98%.
Carré-Grès d'Artois, 80%.
Mircal, 100%.
Minemet Holding, 100%.
Copperweld Corp., 100%.
C. E. Minerals, 100%.
DBK, (USA), 100%.
Tecminemet, 100%.

Beteiligungen
Eramet-SLN, 15%.
Origny Desvroise, 23%.

France Alfa, 43%.
France Céram, 43%.
Riwal Ceramiche, Italie, 20%.
Alfa Consulting, Italie, 20%.
C.S.C Industries, USA, 23%.

Metaleurop S.A.

F-94126 Fontenay-sous-Bois, Péripole 118, 58, rue Roger Salengro, ☏ (1) 43 94 47 00, ⌁ pyapa 262651, Telefax (1) 43940381.

Conseil de surveillance: Dr. Dieter *Brunke*, Président; Jean *Viard*, Vice-Président; Christian *Aubin;* Jean-Pierre *Brunet;* Louis *Deny;* Jean-Paul *Elkann;* Rainer *Feuerhake;* Ernst *Pieper;* Yves *Rambaud.*

Directoire: Dr. Rudolf *Müller* (Président), Christian *Bué*, Claus *Grosse,* José-Luis *Rebollo.*

Kapital: 748,3 Mill. FF.

Gesellschafter: Preussag AG, Hannover, 50,9%; Rest in Streubesitz.

Zweck: Erzeugung von Blei, Zink, Silber und NE-Metallen, Metallhandel, Oberflächenveredelung, Feuerverzinkung und Druckguß.

Wesentliche Beteiligungsgesellschaften:
Metaleurop Recherche S.A., Trappes, 100%.
Cookson Peñarroya Plastiques S.A., Villefranche-sur-Saône, 50%.
Delot Métal (4 companies), Saint-Florentin, 47,62%.
Metaleurop-España S.A., Madrid, 100%.
Colorantes del Plomo S.A., Barcelona, 100%.
Sociedad Minera y Metallurgica de Peñarroya-España S.A., Madrid, 99,87%.
Metaleurop Commerciale Italia S.p.A., Mailand, 100%.
Metaleurop Italia S.p.A., Mailand, 100%.
Zinc Met S.r.l., Mailand, 100%.
Metaleurop International Finance B.V., Amsterdam, 100%.
Metaleurop Belgique S.A., Brüssel, 100%.
Management Vector Corporation S.A., Brüssel, 100%.
Fonderie et Manufacture des Métaux S.A., Brüssel, 100%.
Metaleurop GmbH, Hannover, 100%.
Metaleurop Weser Blei GmbH, Nordenham, 100%.
OTN Oberflächentechnik Neumünster GmbH, Neumünster, 100%.
Berliner Großverzinkerei GmbH, Berlin, 100%.
Großverzinkerei Schörg GmbH, Fürstenfeldbruck, 100%.
Kölner Feuerverzinkung GmbH, Köln, 100%.
Metaleurop Weser Zink GmbH, Nordenham, 100%.
Druckgußwerk Ortmann GmbH, Velbert, 100%.
Fusor Druckgußwerk GmbH & Co. KG, Berlin, 100%.
Fusor Druckgußwerk Beteiligungs-GmbH, Berlin, 100%.
Zinkelektrolyse Nordenham Betriebsführungsgesellschaft mbH, Nordenham, 100%.
Harzer Zinkoxyde Heubach KG, Langelsheim, 60%.
Harz-Metall GmbH, Goslar, 100%.
PPM Pure Metals GmbH, Langelsheim, 100%.
Metaleurop Handel GmbH, Hannover, 100%.
Harzer Zink GmbH, Langelsheim, 100%.
Metaleurop Coating Technology GmbH, Hannover, 100%.
Société Africaine des Métaux et Alliages Blancs S.A., Casablanca, 79,98%.

Pechiney

F-92048 Paris La Défense, Cedex 68, ☏ (1) 46 91 46 91, ⌁ pech 6 12 013 f.

Président: Jean *Gandois.*

Kapital: 5 054 Mill. FF.

Zweck: Bauxitbergbau, Tonerdeproduktion, Primäraluminiumgewinnung und Aluminiumverarbeitung. Feinmetallurgie und Fortgeschrittene Materialien, Produktion von Kernbrennstoffen, Ferrolegierungen und Kohlenstoffprodukten.

	1990	1991
Beschäftigte	70 000	70 000

Tochtergesellschaften und Beteiligungen
Pechiney Béçancour, Kanada, 75%.
Aluminium Pechiney, 100%.
Aluminium de Grèce, Griechenland, 60%.
Alucam, Kamerun, 47%.
Tomago Aluminium Cy, Australien, 35%.
Pechiney Nederland N.V., Niederlande, 100%.
Queensland Alumina Ltd., Australien, 15%.
Affimet, 100%.
Electrification, Charpente, Levage, 100%.
Sogerem, 100%.
Pechiney Rhenalu, 100%.
Socatral, 30%.
Almet France, Bundesrepublik Deutschland, 100%.
Pechiney Aluminium Preßwerk GmbH, Bundesrepublik Deutschland, 100%.
American National Can, USA, 100%.
Cebal und Hauptniederlassungen in der Bundesrepublik Deutschland, in Italien und in der Sowjetunion, 100%.
Howmet Corporation, USA, 100%.
Microfusion, 100%.
Howmet UK, Großbritannien 50%.
Komatsu Howmet Ltd, Japan, 50%.
Tempcraft, USA, 100%.
Cercast, Kanada, 100%.
Le Carbone Lorraine und Hauptniederlassungen Brasilien, Argentinien, USA, Kanada, Bundesrepublik Deutschland, Spanien, Italien, 56%.

1 BERGBAU

Aimants Ugimag, 100%.
Alliages frittes Metafram, 100%.
Cime Bocuze, 100%.
Xeram, 100%.
Satma, 100%.
Fonderies d'Ussel, 100%.
Aviatube, 100%.
Le Magnesium Industriel, 100%.
Eurocel, 50%.
Comurhex, 51%.
F.B.F.C., 50%.
Zircotube, 51%.
Cerca, 50%.
Transnucléaire, 33%.
Amok, Kanada, 25%.
Cezus, 100%.
Pechiney Electrométallurgie, 100%.
Métaux spéciaux, 100%.
Hidro Nitro, Spanien, 70%.
Sers Electrodes et Réfractaires Savoie, 100%.
Cegram, Belgien, 92%.
Genosa, Spanien, 56%.
Showa-Savoie, Japan, 100%.
Pechiney World Trade S.A. und sechs Niederlassungen, 100%.
Pechiney World Trade USA, 100%.
Pechiney Japon, Japan, 100%.
Europa Metalli - LMI Spa, Italien, 20%.
Cie générale Electrolyse du Palais, 55%.

Société des Mines de Saizerais

F-54 Nancy 01, Meurthe-et-Moselle, 91, Avenue de la Liberation.

Zweck: Förderung und Aufbereitung von Eisenerz.

Dieulouard Mine: F-54380 Dieulouard, Meurthe-et-Moselle, B.P. 3, ☏ (162) 826 58 07.

Société des Mines et Produits Chimique de Salsigne

F-11 600 Conques-Sur-Orbiel, La Combe-du-Sant, B.P. 2, ☏ (68) 77 10 22, ✄ 500 465 F Minsign, Telefax (68) 77 50 28.

Conseil d'Administration: François *Derclaye*, Président; Alain Louis *Dangeard;* Cheni S.A. Représentant permanent Jean *Iche,* Administrateur; Jean *Lespine,* Administrateur; Georges *Clair;* Laurent du *Pouget;* Yvon *Bothuan,* Administrateur.

Président-Directeur général: N. N.

Kapital: 41 527 850 FF.

Zweck: Förderung, Aufbereitung und Verhüttung.

Mine de Salsigne: F-11 600 Conques Sur-Orbiel, Aude, ☏ (68) 77 10 22.

Mineral: Gold, Silber, Arsen, Bismuthinit, Kupfer, Schwefelsäure.

	1989	1990
Beschäftigte	494	434

Société Industrielle et Minière de l'Uranium (Simura)

F-75755 Paris Cedex 15, Tour Maine-Montparnasse 33, Ave. du Maine.

Bergbaubetriebe: Calerden Mine, Morbihan; Lignol Mine, Morbihan.

Mineral: Uranerz.

Société Minière de Rouge

F-Paris, 27, Rue Blanche.

Zweck: Bergbau auf Eisenerz und Ton im Tagebau sowie Aufbereitung.

Bergbaubetrieb: Mine de Rouge.

Total Compagnie Minière (TCM)

F-92069 Paris La Défense, Cedex 47, Tour Total, 24 cours Michelet, ☏ (1) 42 91 40 00, ✄ 615 700 f, Telefax (1) 42 91 37 68.

Directeur: J. *Curt.*

Conseil d'Administration: C. *Beaumont,* R. *Castaigne,* E. *Bugelli,* F. *Fiatte,* P. *de Boos Smith.*

Kapital: 76 Mill. FF.

Total Compagnie Minière-France (TCM-F)

F-92069 Paris La Défense, Cedex 47, Tour Total, 24 cours Michelet, ☏ (1) 42 91 40 00, Telefax (1) 42 91 42 91.

Directeur: J. *Curt.*

Direction personnel: J. M. *Moreau.*

Direction commerciale: J. P. *Lehmann.*

Direction technique: M. *Cullierrier.*

Division Nord Massif Central

F-87890 Jouac, B.P. 1, ☏ (16) 55 68 21 09.

Directeur: Michel *Cullierrier.*

Chef du Département mines: Didier *Ventura.*

Directeur sondages: Hubert *Charrier.*

Konzession: Mines d'uranium de Mailhac-sur-Benaize; Usine de concentration Le Cherbois, F-87890 Jouac.

Division Sud Massif Central

F-12310 Laissac, ☎ (16) 65696795.

Directeur: Gerard *Milville*.

Chef du Département mines: Gérard *Milville*.

Konzession: Mines d'uranium des Balaures Bertholène.

Sonstige Rohstoffe

Denain-Anzin Mineraux SA

F-Paris, 25 Rue de Clichy.

Division de Provins
F-Longueville, Seine et Marne, ☎ 408 60 79.

Division des Pyrénées
F-66 Prades, Route de Marquixanes, ☎ 96 39 24.

Division de Glomel
F-22, Glomel, ☎ 29 61 53.

Mineral: Ton, Flußspat, Andalusit.

Organisationen

Ineris — Institut National de l'Environnement Industriel et des Risques

F-75010 Paris, 9, rue de Rocroy, ☎ (1) 45960956, Telefax (1) 45960957.

Leitung: Generaldirektor: Michel *Turpin*; Leiter der Planungsabteilung: Frédéric *Marcel*; Außenbeziehungen: Christine *Heuraux*; Verwaltung: Claude *Lefoulon*; Dokumentationsabteilung: Eliane *Palat*.

Laboratorium: F-60550 Verneuil-en-Halatte, Parc Technologique Alata, B. P. 2, ☎ 44 55 66 77, ✄ 140094 F; Telefax 44 55 66 99.

Geschäftsführung: Maurice *Boutonnat*.

Öffentlichkeitsarbeit: Christine *Heuraux*.

Allgemeine Abteilungen: Verwaltung: Raymond *Domptail*; technische Abteilung: Bruno *Faucher*; Versorgung, Material: Christian *Blat*; Fortbildungskurse: Jean *Fumex*; Fortbildung des Personals: Jean *Fumex*.

Forschungsdirektion: Direktor: Jean-François *Raffoux*, Roger *Cabridenc*, Stellvertreter: Michel *Nomine*. Wissenschaftsrat: Jean *Bigourd*, Claude *Froger*, Jean-Pierre *Josien*, Guy *Landrieu*, Rémi *Perret*, Jean-Philippe *Pineau*.

Leiter der Forschungsgruppen

Geotechnik-industrielle Atmosphäre: Jean-Pierre *Josien*.

Elektronik-Automatisierung: Philippe *Villeneuve de Janti*.

Zulassungsverfahren — elektrische Sicherheit: Claude *Davrou*.

Spreng- und Explosionswesen — Explosionssicherheit: Jean-Philippe *Pineau*.

Brandschutz: Claude *Cwiklinski*.

Hygiene und Gesundheit: Sylvie *Honnons*.

Umweltschutz: Tamara *Menard* (Luft), François *Deschamps* (Wasser).

Werkstoffe-Prüfungen-Analysen: Maurice *Mazza*.

Labor für Gebirgsmechanik in Nancy: Jack-Pierre *Piguet*.

Regionale Vertretung:

Aix-Marseille: Jacques *Daret*.
Lyon: Michel *Bardou*.
Pessac-Toulouse: Roger *Revalor*.
Strasbourg: Roger *Puff*.

Fédération des Chambres Syndicales des Minerais, Mineraux Industriels et Metaux Non Ferreux

F-75008 Paris, 30 Avenue de Messine, ☎ (1) 45630266, ✄ 650438, Telefax (1) 45636154.

Président: Jean-Sebastien *Letourneur*.

Délégué Général: Gérard *Jourdan*.

Zweck: Interessenvertretung der Unternehmen im Erz- und Nichteisenmetallbergbau.

Chambre Syndicale des Industries Minières

F-75008 Paris, 30 Avenue de Messine, ☎ (1) 45630266.

Président: Claude *Beaumont*.

Secrétaire Général: Gérard *Jourdan*.

1 BERGBAU

Association Professionnelle des Produits Mineraux Industriels

F-75008 Paris, 30 Avenue de Messine, ☏ (1) 45 63 02 66.

Président: Jacques *Pepin de Bonnerive.*

Secrétaire Général: Gérard *Jourdan.*

Chambre syndicale des mines de fer de France

F-75854 Paris Cedex 17, 56, avenue de Wagram, ☏ (1) 40 54 20 26.

Président: Jean Arthur *Varoquaux.*

Secrétaire Général: Armand *Grimm.*

Conseiller du Président: Jacques *Astier.*

Trésorier: Jean *Goossens.*

Conseil: Claude *Chardon,* Marc *Combescure,* Denis *Dupont,* Jean *Goossens,* Bertrand *Marrel,* Yves *Thomas.*

Services: Jacques E. *Astier,* Armand *Grimm.*

Mitglieder
Lormines, F-57703 Hayange Cedex, 155, rue de Verdun, B.P. 94, ☏ (16) 82 85 44 17.
Arbed, Mines de Fer Françaises, F-57390 Audun-Le-Tiche, 14, rue Paul Lancrenon, ☏ (16) 82 52 23 65.
Société Minière et Industrielle de Rougé, F-75009 Paris, 27, rue Blanche, ☏ (1) 48 74 27 10.
S.A.R.L. des Mines de Batère, F-66150 Arles-sur-Tech, ☏ (16) 68 39 10 15.

Fédération des Mines et de la Métallurgie CFDT

F-75950 Paris Cedex 19, 47/49, avenue Simon-Bolivar, ☏ (1) 42 02 42 40.

Secrétaire: Jacques *Dezeure.*

Centre d'Information du Plomb

F-94126 Fontenay-sous-Boix-Cedex, 118, Péripole, ☏ (1) 43 94 48 80, Telex 26 26 51, Telefax (1) 43 94 05 46.

Président: Christian *Bue.*

Directeur: François *Wilmotte.*

Zweck: Beratung und Information über die Verwendung von Blei.

Mitglieder
Metaleurop, E T. M. P.
Syndicat des accumulateurs non alcalins.

S.B. P. I.
Mager-Metaux, Octel-Kuhlman.
Fonderie de Gentilly, Société Robatel.
Société Cébal.
Etablissements Roger, etablissements Desrues.
Société Malachowski.
Vieille Montagne.
Le Plomb Français.

Chambre Syndicale du Zinc et du Cadmium

F-92307 Levallois-Perret, 101 - 109 rue Jean Jaurès, ☏ (1) 47 39 47 40, Telex 61 18 43, Telefax (1) 42 70 92 67.

Président: Ferdinand *Craabels.*

Secrétaire Général: Yves *d'Arche.*

Le Centre du Zinc

F-92307 Levallois-Perret, 101 - 109 rue Jean Jaurès, ☏ (1) 47 39 47 40, Telex 61 18 43, Telefax (1) 42 70 92 67.

Président: Yves *d'Arche.*

Directeur général: Jean *Levasseur.*

Zweck: Kundenbetreuung; Marketingberatung; Herausgabe von Aktionsprogrammen; Schulung über den Einsatz von Zink; Festlegen von Forschungsschwerpunkten; Repräsentation der Zinkindustrie in Organisationen und Verwaltungen auf nationaler und internationaler Ebene; Öffentlichkeitsarbeit.

Mitglieder: Vieille-Montagne France S. A., Metaleurop S.A.

Société de l'Industrie Minérale

F-75010 Paris, 41 - 47, rue de la Grange-aux-Belles, ☏ (1) 42 02 07 92, Telefax (1) 42 06 69 30.

Président: Claude *Beaumont,* Président de la Fédération des Minerais et Métaux non Ferreux. Vice-présidents: Bernard *Chaton,* Directeur général des Houillères de bassin du Centre et du Midi; Christian *Guizol,* Président de l'Union nationale des producteurs de granulats.

Délégué Général: Michel *Duchène,* Professeur de Techniques minières à l'Ecole nationale supérieure des Mines de Paris.

Trésorier: Jacques *Napoly.*

Secrétaire Général: André *Raviart,* ancien directeur à Charbonnages de France.

Directeur: Pierre *Gurs.*

Zweck: Die Gesellschaft ist die berufliche Vereinigung der Bergingenieure in Frankreich.

Veröffentlichungen: Die Gesellschaft ist Herausgeber der monatlich erscheinenden Zeitschrift »Mines et Carrières« und ihrer Sonderausgaben »Les Techniques«.

Gesim — Groupement des Entreprises Sidérurgiques et Minières

F-92072 Paris la Défense 9, Cedex 33, Immeuble Ile de France 4, place de la Pyramide, ☏ (1) 49 00 60 10.

Président et Délégué Général: Michel *Rezeau*.

Secrétaire Général: Armand *Grimm*. Secrétaire Général Adjoint: Claude *Jaeck*.

Außenstelle Metz: F-57016 Metz Cedex 01, 1, rue Eugène Schneider, Boîte Postale 409, ☏ 87 39 43 00.

Außenstelle Valenciennes: F-59304 Valenciennes Cedex, 19, place Froissart, Boîte Postale 333, ☏ 27 14 91 23.

Union des Industries Métallurgiques et Minières (U.I.M.M.)

F-75854 Paris Cedex 17, 56, Avenue de Wagram, ☏ 40 54 20 20, ✆ 28 676.

Président: Jean *d'Huart*.

Vice-Président Délégué Général: Pierre *Guillen*.

Secrétaire Général: Bernard *Leroy*.

Union Française des Géologues (UFG)

F-75005 Paris, 77-79, rue Claude-Bernard, ☏ (1) 47 07 91 95.

Président: Jean-Michel *Quenardel*.

Vice-Présidents: Antoine *Bouvier*, Paul *Dubois*, Philippe *Ott d'Estevou*.

Trésorier: Yvon *Drouiller*.

Secrétaire: Bernard *Mouroux*.

Aufsichtsrat: Denys *Becquart*, Marc *Blaizot*, Charles *Boulanger*, Jacques *Clermonté*, Serge *Courbouleix*, Pierre *Delétie*, Dominique *Delorme*, Jean-Marie *Deschamps*, Michel *Detay*, Sophie *Géraads*, François-D. *de Larouzière*, Yves *Lemoine*, Jacques *Malenfer*, Norbert *Mégerlin*, Charles-Bernard *Pitre*, Michel *Rabinovitch*, Pierre *Routhier*, Abel-Jean *Sarcia*.

11. Griechenland

Erz

Aluminium de Grèce SA
GR-Athen, 4, Acadimias St., ☏ (01) 3628311, ⌕ 215290 ADG GR.
Hauptgesellschafter: Pechiney, Paris, 60%.

Am. E. Barlos-Bauxites Hellas Mining SA
GR-Athen, 19, Sygrou Ave., ☏ (01) 9230317.

Bauxites Parnasse Mining Co
GR-10672 Athen, 21a Amerikis St., ☏ 3690111, 3626064/9, ⌕ 215189 elio gr, Telefax 3601169.
Generaldirektor: Ul. *Kyriacopoulos*.
Kapital: 432 Mill. Dr.
Zweck: Gewinnung, Aufbereitung und Produktion von Bauxit.

	1989	1990
Produktion .... Mill. t	1,6	1,45
Beschäftigte	1 020	826

Commercial Mining Industrial and Shipping Co SA
GR-Athen, 16−20, Sikelias St., ☏ (01) 9221411, ⌕ 215433 SCAL GR.

Corporation of Mines Minerals Industry and Shipping
GR-Athen, 18−20, Sikelias St., ☏ (01) 9221411, ⌕ 215433 SCAL GR.

Eleusis Bauxite Mines
GR-17676 Kallithea-Athen, 104, Evangelistrias Street, ☏ (01) 9580118, ⌕ 216614 scal gr, Telefax (01) 9587564.
Präsident und Generaldirektor: M. D. *Scalistiris*.
Kapital: 195,3 Mill. Dr.

Hauptgesellschafter: Scalistiri-Gruppe.
Zweck: Bergbau auf Bauxit und Mangan, Aufbereitung und Export.

Produktion 1989
Bauxit .... 1000 t   200
Abbaugebiete in Milos, Euböa, Fthiotis, Drama Beotia Amorgos. Tiefbau und Tagebau.
Beschäftigte: 600.

General Mineral Exploration and Mining Development Corporation SA
GR-Athen, 15, Valaoritou St., ☏ (01) 3602511, ⌕ 215623 azo gr.

Grecian Magnesite Ltd (SA)
GR-Athen, 45, Michalakopoulou St., ☏ (01) 7240446, ⌕ 215349 magl gr.

The Hellenic Chemical Products and Fertilizers Company Ltd
GR-10557 Athen, 20, Amalias Ave., ☏ (01) 3236011, ⌕ 215160 oxea gr, Telefax (01) 3221103.
Vorstand: Stamatios *Mantzavinos*, Vorsitzender; Kyriakos *Poulakos*, stellv. Vorsitzender; Ioannis *Kantzias*, Generaldirektor; Nicolaos *Athanassiades*, Nicolaos *Assimakis*, Vassilios *Dalakides*, Ioannis *Detsis*, Panagiotis *Douvitsas*, Georg *Canellopoulos*, Dimitrios *Karagounis*, Ilias *Kioussopoulos*, Nicolaos *Koutsos*, Alexander *Konstantinides*, Nicolaos *Sgouros*, Ilias *Halamandaris*.
Bergbaubetriebe: Kassandra-Sulphidlagerstätte mit Aufbereitungen in Olympiada und Madem-Lakkos; Hermioni Marmor-Gruben.
Produkte: Blei- und Zinkkonzentrat, Eisenpyrit, goldhaltiger Pyrit.
Zweck: Bergbau auf Kupfer, Blei und Zink.

Karageorgis M. A. Pumise Stone and Pozzuolana Mines SA
GR-Piraeus, Akti Kondyli 26−28, ☏ (01) 4122671, ⌕ 212661 und 212660 mak gr.

GRIECHENLAND

Magnomin Mines SA

GR-Athen 134, 9b, Valaoritou St. ☏ (01) 3611714, ✄ 215122 magn gr.

Generaldirektor: H. *Longin.*

Zweck: Bergbau auf Magnesit und andere nichtmetallische Rohstoffe.

Makedonian Magnesite Industrial and Shipping SA

GR-Athen 404, 18–20, Sikelias St. ☏ (01) 922141, ✄ 215433 scal gr.

Alleiniger Gesellschafter: Financial Mining Industrial and Shipping Corporation, Athen.

Metalleftiki Ltd

GR-Athen, 25, Kifissou Ave., Egaleo, ☏ (01) 3463456, ✄ 221873.

Mining Trading & Manufacturing Ltd

GR-10672 Athen, 18, Omirou Str., ☏ 3610308, ✄ 219836 MEB GR Mintroupi.

Vorstand: Chariklia G. *Papastratis;* C. *Costopoulos;* D. P. *Costopoulos;* Christina *Soulakis;* A. *Soulakis;* A. *Mihailakis.*

Geschäftsführung: Dana Papastratis *Costopoulos.*

Kapital: 102 Mill. Dr.

Mineral: Magnesit.

Project Studies and Mining Development SA

GR-Athen, 15, Valaoritou St., ☏ (01) 3602511, ✄ 215623 AZO GR.

Silver and Baryte Ores Mining Co.

GR-10672 Athen, 21 a Amerikis St., ☏ 3690111, ✄ 215189 ELIO GR, Telefax 3601169.

Geschäftsführung: Ul. *Kyriacopoulos.*

Kapital: 340 Mill. Dr.

Produktion		1989	1990
Bentonit	1 000 t	450	376
Perlit	1 000 t	250	176
Kaolin	1 000 t	60	80
Baryt	1 000 t	20	2
Beschäftigte		350	320

Société Minière de Grèce SA

GR-Athen, 20, Amalias Ave., ☏ (01) 3236011, ✄ 215047 FENI GR.

Stylis Mining Enterprises SA

GR-Athen, 25, Kifissou Ave., Egaleo, ☏ (01) 3463456, ✄ 221873 metel gr.

Organisationen

Syndesmos Metalleftikon Epichirisseon

GR-Athen 134, 4 Zalokosta St., ☏ 3638318 und 3617480.

Präsident: Alexandros *Athanasiadis.*

Generalsekretär: Kostas *Papadimitriou.*

Zweck: Vereinigung der griechischen Bergbaugesellschaften.

Enosis Ellinon Lignitoparagogon

GR-Athen 623, Leof. Papagou 113, ☏ 7780662.

Zweck: Interessenvertretung der griechischen Braunkohlenförderer.

12. Großbritannien

Steinkohle

British Coal Corporation

GB-London SW1X 7AE, Hobart House, Grosvenor Place, ☎ (071) 2352020, ✄ 882161 cbhob g, ⌘ Coalboard.

Corporation Members: (Full time): Chairman: Sir J. N. *Clarke;* Joint Deputy Chairman: Dr. K. *Moses* CBE; Joint Deputy Chairman: A. *Wheeler* CBE; Finance Director: M. H. *Butler;* Employee Relations Director: K. *Hunt.*
(Part-time): Dr. D. V. *Atterton* CBE; J. P. *Erbé;* Dr. T. J. *Parker;* D. B. *Walker;* A. P. *Hichens.*
Secretary: M. S. *Shelton.*

Headquarters Departments

Audit Department: Head W. J. *Thoburn.*
Economics Unit: Head A. *Baker.*
Employee Relations Department: Head P. J. *Keenan.*
Property Division: A. R. *Palmer.*
Finance Department: Financial Controller D. *Brewer.*
Information Technology Services: Head G. H. *Mitchell.*
Legal Department: Legal Adviser J. P. *Collins.*
Marketing Department: Director General: A. D. J. *Horster.*
Medical Service: Director Dr. A. S. *Afacan.*
Operations Directorate: Head of Mining W. E. *Hindmarsh.*
Public Relations Department: Director M. H. J. *Green.*
Supply and Contracts Department: Head C. T. *Massey* OBE.
Secretary's Department: Secretary M. S. *Shelton.*

Steinkohlenfördermenge		1988/89	1989/90
Tiefbau	1000 t	84 424	74 965
Tagebau	1000 t	17 869	15 116
Kleinzechen	1000 t	2 026	2 093
Insgesamt	1000 t	103 930	95 213
Schichtleistung	t/MS	4,14	4,32
Anzahl der Grubenbetriebe		86	73
Beschäftigte		80 156	65 413

Longannet

GB-Clackmannan FK10 3PZ, Gartlove, by Alloa, ☎ (0259) 30134.

Manager: W. R. *Dow.*

Produktion und Beschäftigte		1988/89	1989/90
Fördermenge	1000 t	1 896	1 937
Schichtleistung	t/MS	2,45	4,09
Beschäftigte		2 411	1 547

North East Group

GB-Sunderland, SR2 9RY, Ryhope Road, ☎ (091) 5236688.

Group Director: B. *Wright.*

Produktion und Beschäftigte		1988/89	1989/90
Fördermenge	1000 t	10 323	10 234
Schichtleistung	t/MS	3,82	4,09
Beschäftigte		10 384	9 499

Selby Group

GB-Castleford, West Yorks. WF10 2AL, Allerton Bywater, ☎ (0977) 556511.

Group Director: A. *Houghton.*

South Yorkshire Group

GB-Castleford WF 10 2AL, Allerton Bywater, P.O. Box 13, ☎ (0977) 556511.

Group Director: R. G. *Siddall.*

Produktion und Beschäftigte		1988/89	1989/90
Fördermenge	1000 t	15 845	13 511
Schichtleistung	t/MS	5,26	5,01
Beschäftigte		12 523	10 466

Nottinghamshire Group

GB-Mansfield, Notts. NG21 9PR, Edwinstowe, ☎ (0623) 822481.

Group Director: J. C. H. *Longden.*

Produktion und Beschäftigte		1988/89	1989/90
Fördermenge	1000 t	17 146	16 814
Schichtleistung	t/MS	4,35	4,69
Beschäftigte		15 037	13 466

Midlands and Wales Group

GB-Leicester LE6 4FA, Beaumont House, Coleorton, ☎ (0530) 413131.

Group Director: T. E. *Wheatley.*

GROSSBRITANNIEN

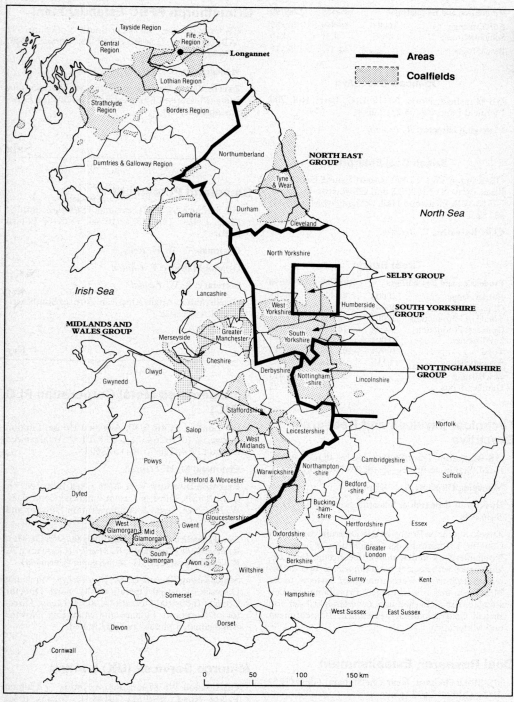

Die Reviere der British Coal Corporation nach der Umstrukturierung Oktober 1991.

1 BERGBAU

Produktion und Beschäftigte	1988/89	1989/90
Fördermenge .... 1000 t	10 869	10 867
Schichtleistung .... t/MS	4,31	4,10
Beschäftigte	12 372	9 717

Opencast Executive

GB-Mansfield, Notts. NG18 4RG, Berry Hill, 200 Lichfield Lane, ☎ (06 23) 2 26 81.

Managing Director: R. *Proctor*.

British Coal Enterprise

GB-London SW1X 7AE, Hobart House, Grosvenor Place, ☎ (071) 2352020; und GB-Eastwood, Notts. NG16 3EB, Eastwood Hall, ☎ Langley Mill (0773) 531313.

Chief Executive: P. *Andrew*.

Great Britain

Produktion und Beschäftigte	1988/89	1989/90
Fördermenge .... 1000 t	84 424	74 965
Other production ..... 1000 t	611	607
Total U/G Production . 1000 t	85 035	75 572
Opencast Production .. 1000 t	16 869	15 116
Small Mines .... 1000 t	2 026	2 093
Total .... 1000 t	103 930	95 213
Schichtleistung .... t/MS	4,14	4,32
Beschäftigte	80 156	65 413
Number of pits	86	73

Technical Services and Research Executive

GB-Burton-on-Trent/Staffs. DE15 0QD, Ashby Road, Stanhope Bretby, ☎ (0283) 550500.

Managing Director: A. J. *Wardle*.

Director of Research & Scientific Services: Dr. D. J. *Buchanan*.

Zweck: Stanhope Bretby ist das Zentrum von British Coal für: Erforschung der Grundfragen in bezug auf Kohlenbergbau und Kohlenaufbereitung; Entwicklung neuer verbesserter bergmännischer und aufbereitungstechnischer Verfahren, neuer Systeme, neuer Maschinen und Einrichtungen; Erprobung von Leistungen, von Sicherheit und Zuverlässigkeit der von British Coal gekauften Maschinen, Einrichtungen und Materialien.

Coal Research Establishment

GB-Stoke Orchard, Near Cheltenham, Glos. GL52 4RZ, ☎ (024) 2673361.

Head: Dr. J. C. *Whitehead*.

Grimethorpe PFBC Establishment

GB-Grimethorpe, Barnsley, South Yorkshire S72 7AB, ☎ (0226) 713486, ≯ 547788, Telefax (0226) 717094.

Manager: Dr. S. J. (Steve) *Wright*.

Zweck: Versuchsanlage zur Druckwirbelschichtfeuerung (Pressurised Fluidised Bed Combustion Experimental Facility).

Salz

Cleveland Potash Ltd

GB-Saltburn-by-Sea, Cleveland TS13 4UZ, Boulby Mine, Loftus, ☎ (0287) 640140, ≯ 58166 Potash Loftus.

Chairman: G. W. H. *Relly*.

General Manager: F. *Chilton*.

Secretary: R. W. *Kendal*.

Gesellschafter: Anglo American Corp. of South Africa and Associates.

Erz

Amalgamated Metal Corporation PLC (AMC)

GB-London EC4R 9DP, Adelaide House, London Bridge, ☎ (01) 6264521, ≯ 888701, ⌨ Amalgameco London EC4, Telefax (01) 6236015.

Chairman: M. H. *Frenzel*.

Executive Directors: V. H. *Sher*, Chief Executive; G. C. L. *Rowan*, Director Group Financial Control; A. W. N. *Green*, Legal & Administration Director and Company Secretary.

Non-Executive Directors: Sir Julian *Bullard*, GCMG; R. *Feuerhake* (Germany); R. *Mueller* (Germany); A. R. G. *Raeburn*, CBE; H. *Reinermann* (Germany).

Senior Group Executives: M. M. *Murray*, Managing Director Industrial Operations; M. *Ford*, Director Control Industrial Operations; K. H. *Gaunt*, Director of Corporate Finance and Managing Director Amalgamated Metal Trading Limited.

Minorco Services (UK) Limited

GB-London W6 8JA, Elsinore House, 77 Fulham Palace Road, ☎ (081) 7414141, Telefax (081) 7418281.

Bergbau-Abteilung: Minas de Panasqueira, Beira Baixa, Nr. Fundao, Portugal.

Produktion und Beschäftigte	1987	1988
16 % WO$_3$ Konzentrat .... t	2 011	2 300
Beschäftigte	840	800

Carnon Consolidated Ltd

GB-Truro, Cornwall, TR3 6EH, Baldhu Office, P. O. Box 2, ☎ (08 72) 56 02 00, ✂ 45725 carnon g, Telefax (08 72) 56 08 26.

Managing Director: K. J. *Ross.*

Kapital: 186 843 £.

Alleiniger Gesellschafter: Carnon Holdings Limited.

Zweck: Gewinnung und Aufbereitung von Erzen.

Produktion (Metallinhalt)	1990	1991
Zinn .... t	3 543,0	2 325,4
Zink .... t	6 593,2	977,4
Kupfer .... t	945,3	289,8
Beschäftigte	458	242

RTZ Corporation PLC

GB-London SW1Y 4LD, 6 St. James's Square, ☎ (01) 9 30 23 99, ✂ 24639, ⌨ Riozinc London SW1.

Chairman: Sir Alistair *Frame.*

Executive directors: C. R. H. *Bull;* G. C. *Beals;* R. P. *Wilson;* Sir Derek *Birkin;* L. A. *Davis;* J. C. *Strachan;* R. *Adams.*

Non-executive directors: Lord *Alexander of Weedon* QC; Lord *Armstrong of Ilminster* GCB CVO; Sir Alistair *Frame;* Sir David *Orr* MC; Sir David *Henderson;* Sir Martin *Jacomb.*

Secretary: F. S. *Wigley.*

Zweck: Förderung von Erzen weltweit.

Wesentliche Tochtergesellschaften und Beteiligungen

Australien
CRA Ltd., 49%.
Australian Mining & Smelting Ltd., 49%.
Kembla Coal & Coke Pty. Ltd., 49%.
Comalco Ltd., 32,8%.
Hamersley Holdings Ltd., 49%.

Großbritannien
AM & S Europe Ltd., 49%.
Rio Tinto Finance & Exploration plc, 100,0%.
RTZ Borax Ltd., 100,0%.
RTZ Metals Ltd., 100,0%.
Anglesey Aluminium Ltd., 51%.
Riofinex Ltd., 100,0%.

RTZ Pillar Ltd., 100,0%.
Pillar Building Products Ltd., 100,0%.
Pillar Engineering Ltd., 100,0%.

Kanada
Rio Algom Ltd., 52,8%.
Indal Ltd., 100%.

Namibia
Rössing Uranium Ltd., 46,5%.

Niederlande
Budel Zinc Plant, 50% (über CRA Ltd.), RTZ Beteiligung = 24,5%.

Neuseeland
New Zealand Aluminium Smelters Ltd., 26%.

Papua Neu-Guinea
Bougainville Copper Ltd., 26,2%.

Süd-Afrika
Rio Tinto South Africa Ltd., 100,0%.
Palabora Mining Company Ltd., 38,9%.

USA
United States Borax & Chemical Corporation, 100,0%.

Zimbabwe
Rio Tinto Zimbabwe Ltd., 56,1%.

Organisationen

British Coal International (BCI)

GB-London SW 1X 7AE, Hobart House, Grosvenor Place, ☎ (0 71) 2 35 20 20, ✂ 88 21 61.

Zweck: Projektierung, Dienstleistungen und Beratungen bei Erkundung, Abbau, Transport, Aufbereitung und Vertrieb fester und flüssiger Brennstoffe.

Mitglieder

Coal Products Ltd., GB-Eastwood, Nottinghamshire NG16 3EB, Eastwood Hall, ☎ Langley Mill (0 77 37) 53 13 13, ✂ 88 21 61.

British Mining Consultants Ltd., GB-Sutton-in-Ashfield, Notts. NG17 2NS, P.O. Box 18, Mill Lane, OH Common Road, Huthwaite, ☎ Mansfield (06 23) 51 77 77.

Coal Processing Consultants Ltd., GB-Wingerworth, Chesterfield, Derbyshire, SH2 6JT, P.O. Box 16, Mill Lane, ☎ (02) 4 27 70 01.

Inter-Continental Fuels Ltd., GB-North Cheam, Surrey SM3 8HZ, Jeffrey House, 450 London Road, ☎ (01) 6 41 11 71, ✂ 946009 ICF LDN G.

Overseas Coal Developments Ltd., GB-North Cheam, Surrey SM3 8HZ, Jeffrey House, 450 London Road, ☎ (01) 6 41 11 71, ✂ 946009 ICF LDN G.

1 BERGBAU

Coal Preparation Plant Association, GB-Sheffield S10 2HN, P. O. Box 121, 301 Glossop Road, ☏ (0742) 21071, ✍ 54170.

Association of British Mining Equipment Companies (Abmec), GB-Sheffield S4 7YE, The Royal Victoria Hotel, ☏ (0742) 737334, ✍ 547392 Abmec K, Telefax (0742) 730194.

Abmec
Association of British Mining Equipment Companies

GB-Sheffield S4 7YE, The Royal Victoria Hotel, ☏ (0742) 737334, ✍ 547392 Abmec K, Telefax (0742) 730194.

Executive Committee: A. David *Johnson*, President; Dr. A. Graham *Neill*, Vice-Chairman; William *Morrell*, Director General.

Zweck: Zusammenarbeit und Vertretung gemeinsamer Interessen der Mitglieder aus der britischen Bergbau-Zulieferindustrie.

British Drilling Association Ltd.

GB-Brentwood, Essex CM15 9DS, P.O. Box 113, ☏ (0277) 373456, Telefax (0277) 374405.

Chairman: Peter A. *Gee*.

Secretary: Barry D. *Johnson*.

Zweck: Interessenvertretung der Bohrgesellschaften im Nicht-Gas- und -Öl-Geschäft.

Federation of Small Mines of Great Britain (FSMGB)

GB-Newcastle-under-Lyme, Staffordshire ST5 1ER, 29 King Street, ☏ 614618.

Chairman: David *Cooper*.

Secretary: Richard W. *Bladen*.

The Mining Association of the United Kingdom

GB-London SW1Y 4LD, 6, St. James's Square, ☏ (071) 9302399.

President: Phillip C. F. *Crowson*.

Vice-President: Dr. John V. *Bramley*.

Secretary: Glynne C. *Lloyd Davis*.

Objectives: The Mining Association of the United Kingdom was incorporated on 13th August 1946 as a Company limited by Guarantee and not having a share capital, under the name of British Overseas Mining Association. In November 1966 it changed its name to Overseas Mining Association, and in 1976 the name was changed to its present style on the merging with the United Kingdom Metal Mining Association. The Association was established to promote and foster the interests of the industry of the mining of metals and minerals in any part of the world, and the corporations, companies, firms and persons engaged or interested in the industry or in industries ancillary to or allied with the metals and minerals industry.

British Hardmetal Association

GB-Sheffield S10 2QJ, Light Trades House, 3 Melbourne Avenue, ☏ (0742) 663084, Telefax (0742) 670910.

President: Norman P. *Hughes*.

Secretary: Tony *Brown*.

The British Non-Ferrous Metals Federation

GB-Birmingham B15 3AU, 10 Greenfield Crescent, ☏ (021) 4547766, ✍ 339161, Telefax (021) 4542538.

Director: S. N. *Payton*.

Secretary: R. A. *Felton*.

The Cornish Chamber of Mines

GB-Redruth, Cornwall TR15 3RS, Carnon, Wilson Way, Pool, ☏ (0209) 211234, Telefax (0209) 211301.

Secretary: Anthony John *Elliott*.

Zweck: Interessenvertretung der Bergwerke Südwestenglands.

Mitglieder: 30 Bergbauunternehmen und -zulieferfirmen.

Cornish Mining Development Association

GB-Newquay, Cornwall TR7 1PQ, 1 Fistral Crescent, Pentire, ☏ (0637) 878689.

Secretary: L. R. *James*.

Institute of Materials

GB-London SW1Y 5DB, 1 Carlton House Terrace, ☏ (071) 8394071, ✍ 8814813 metsoc g.

Secretary and Chief Executive: Dr. Ashley *Catterall*.

GROSSBRITANNIEN

The British Association of Colliery Management

GB-Nottingham NG7 7DP, B.A.C.M. House, 317, Nottingham Road, Old Basford, ☏ (0602) 78 58 19, Telefax (0602) 42 22 79.

President: Douglas Laurie *Bulmer*.

General Secretary: John David *Meads*.

The Institution of Mining Electrical and Mining Mechanical Engineers

GB-Doncaster DN1 1HT, 60 Silver Street, ☏ (0302) 36 01 04, Telefax (0302) 73 03 99.

President: Alan *Kirk*, C.Eng., FIMechE, FIMinE, FIMEMME.

Secretary: Bernard *Rolink*, C.Eng., MIMech.E, FIMEMME.

Honorary Overseas Secretary: David G. *Eastwood*, I.Eng., FIMEMME.

Zweck: Die Institution befaßt sich mit der Anwendung von Elektrotechnik und Maschinenbau im Bergbau.

The Institution of Mining Engineers

GB-Doncaster, S. Yorks, DN1 2DY, Danum House, South Parade, ☏ (0302) 32 04 86, Telefax (0302) 34 05 54.

President: C. T. *Massey*.

Secretary: W. J. W. *Bourne* OBE.

Gründung: Die Gründung vom 1. Juli 1889 wurde durch das Königliche Dekret vom 9. Februar 1915 bestätigt. Seit 1968 Gliederung in neun Regionalvereinigungen.

Zweck: Förderung von Wissenschaft, Praxis und Kunst des Kohlen- und Eisenerzbergbaus. Durchführung von Aus- und Weiterbildungsmaßnahmen zur Weiterqualifikation des Grubenpersonals, Veranstaltung von Konferenzen, Symposien und Ausstellungen auf diesen Gebieten.

Institution of Mining and Metallurgy

GB-London W1N 4BR, 44 Portland Place, ☏ (071) 5 80 38 02, ⚡ 26 14 10, Telefax (071) 4 36 53 88.

President: Professor N. A. *Warner*.

Secretary: M. J. *Jones*.

Zweck: Fortschritt von Wissenschaft und Praxis auf den Gebieten des Bergbaus, der Aufbereitung, der Aufsuchung und der angewandten Geologie aller Mineralien, mit Ausnahme von Kohle, und der Metallurgie aller Metalle, mit Ausnahme von Eisen, der Öl- und Gas-Technologie; Sammlung und Erhaltung des Wissens dieser Berufe.

The National Association of Colliery Overmen, Deputies and Shotfirers

GB-Doncaster DN1 2PZ, South Yorkshire, Simpson House, 48 Nether Hall Road, ☏ (0302) 36 80 15.

President: T. *Robinson*.

Vice Presidents: E. C. *Dixon*, T. *Southerd*.

General Secretary: P. *McNestry*.

Treasurer: C. *Fowler*.

The Institution of Geologists

GB-London W1V 9HG, Burlington House, Piccadilly, ☏ (01) 7 34 07 51.

President: John K. *Shanklin*.

Chairman: Alaistair *Lumsden*.

Honorary Secretary: Anthony *Griffin*.

Administrative Secretary: Jackie *Maggs*.

Zweck: Unterstützung von Studium und Praxis der Geologie sowie Interessenvertretung der Mitglieder.

Mineralogical Society of Great Britain

GB-London SW7 5HR, 41 Queen's Gate, ☏ (071) 584-7516, Telefax (071) 8 23 80 21.

President: Professor C. M. B. *Henderson*.

Secretary: Dr. G. M. *Manby*.

Zweck: Das wissenschaftliche Studium der Mineralogie und ihrer Anwendung in anderen Gebieten zu fördern, einschließlich der Petrologie, Geochemie und Kristallographie.

The Minerals Engineering Society

GB-Littleover, Derby DE3 7DE, 32 Field Rise, ☏ (0332) 76 68 12.

President: A. W. *Howells*.

Secretary: Gerard W. *McQuillan*.

Zweck: Förderung von Forschung und Praxis auf dem Gebiet des Bergwerks-Maschinenbaus und verwandter Wissenschaften. Forum des Erfahrungsaustausches, der Zusammenarbeit mit anderen Institutionen und Ausbildungsstätten.

13. Irland

Kohle

Arigna Collieries Ltd.
IRL-Carrick-on-Shannon, Co. Roscommon, Arigna.
Zweck: Prospektion auf Kohle, Feuerfesttone und andere Minerale.

Aughacashel Collieries Ltd.
Bencroy Collieries
IRL-Aughacashel, Co. Leitrim.
Zweck: Bergbau auf Kohle.

Conroy Petroleum & Natural Resources plc
IRL-Dublin 2, 55 Dawson Street.
Zweck: Bergbau auf Kohle und P6-Zn-Erze.

Esmerald Resources plc
IRL-Dublin 4, 43—45 Northumberland Road.
Zweck: Prospektion auf Kohle und Feuerfesttone.

Fleming's Fireclays Limited
IRL-Athy, Co. Kildare, The Swan.
Zweck: Bergbau auf Kohle, Feuerfesttone und andere Minerale.

Kilkenny Resources plc
IRL-Loughrea, Co. Galway, c/o Frank Ryan & Associates, Gurtymadden.
Zweck: Bergbau auf Kohle und Feuerfesttone.

Landcast Resources Limited
IRL-Dublin 6, c/o Crowe, Schaffalitzky & Associates Ltd., 31—33 The Triangle, Ranelagh.
Zweck: Bergbau auf Kohle und Feuerfesttone.

Munster Base Metals Limited
Exploration Office
IRL-Clontibret, Co. Monaghan, Avalreagh.
Zweck: Prospektion auf Kohle.

Sea Scoop Limited
IRL-Portmarnock, Co. Dublin, c/o Feltrim Mining plc, The Stables, Coast Road.
Zweck: Bergbau auf Kohle.

W.Y.G. Ltd.
IRL-Thurles, Co. Tipperary, Clashduff, Ballingarry.
Zweck: Bergbau auf Kohle.

Zee Power Limited
IRL-Dublin 6, 128 Ranelagh.
Zweck: Bergbau auf Kohle und Feuerfesttone.

Erz und sonstige Rohstoffe

Amax Exploration (Ireland) Inc.
IRL-Dublin 6, c/o Crowe, Schaffalitzky & Associates Ltd., 31—33 The Triangle, Ranelagh.

Aquitaine Mining (Ireland) Ltd.
IRL-Dublin 6, c/o Crowe, Schaffalitzky & Associates Ltd., 31—33 The Triangle, Ranelagh.

Athlone Prospecting and Development Corporation Ltd.
IRL-Dublin 4, 3 Burlington Road.

Bow Valley Industries Limited
IRL-Nenagh, Co. Tipperary, c/o Natural Resource Consultants, 5 Melrose.

Buckley Mining Ltd.
IRL-Mallow, Co. Cork, Gouldshill House.

Burmin Exploration & Development Co. Ltd.
IRL-Mullinahone, Co. Tipperary, Modeshill.

Capco Limited
IRL-Dublin 6, Mount Tallant Avenue, Terenure.

Zweck: Bergbau auf Dachschiefer.

Celtic Gold PLC
IRL-Navan, Co. Meath, 4 Railway St., ☏ (46) 2 36 16, Telefax (46) 2 32 92.

President: Herb M. *Stanley.*

Directors: H. M. *Stanley*, W. W. *Cummins*, S. *Finlay*, E. *Stanley.*

Managing Director: S. *Finlay.*

Kapital: 3 Mill. IR £.

Zweck: Exploration in Ireland for base metals, gold and calcite. Exploration in Canada for diamonds and iron ore.

Chevron Mineral Corporation of Ireland
IRL-Dublin 14, Newstead, Clonskeagh.

Cluff Mineral Exploration Limited
IRL-Dublin 6, c/o Crowe, Schaffalitzky & Associates Ltd., 31—33 The Triangle, Ranelagh.

Cobh Exploration Limited
IRL-Tramore, Co. Waterford, 1 Richmond, Priests Road.

Comhlucht Siucra Eireann Teo.
IRL-Dublin 2, St. Stephen's Green House.

Cominco Ireland Limited
IRL-Dublin 2, c/o Arthur Cox & Co., 42/45 St. Stephen's Green.

Connemara Marble Products Ltd.
IRL-Moycullen, Co. Galway.

Coolbawn Mining Ltd.
IRL-Castlecomer, Co. Kilkenny, Moneenroe.

Dana Exploration PLC
IRL-Dublin 2, 22/24 Lower Mount Street.

Eureka Exploration Limited
IRL-Dublin 2, 62 Merrion Square (South).

Feltrim Mining Plc.
IRL-Portmarnock, Co. Dublin, The Stables, Coast Road.

Flynn and Lehany Coal Mines Ltd.
IRL-Carrick-on-Shannon, Co. Roscommon, Upper Rover, Arigna.

Getty Mining Ireland Ltd.
IRL-Dublin 3, 162 Clontarf Road.

Glencar Exploration plc
IRL-Dublin 2, 26 Upper Mount Street.

Gypsum Industries PLC
IRL-Dublin 14, Clonskeagh Road.

Irish Base Metals Limited
IRL-Dublin 3, 162 Clontarf Road.

1 BERGBAU

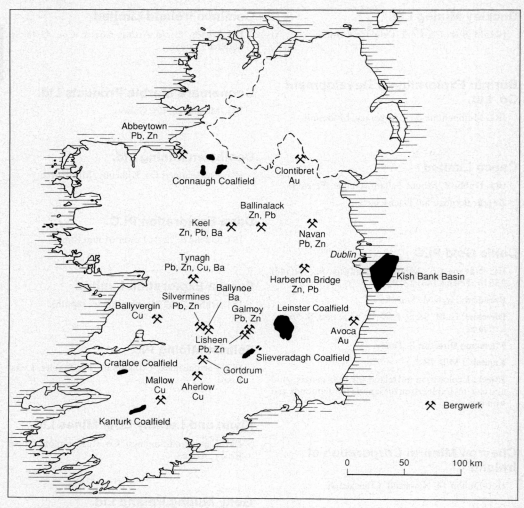

Die wichtigsten Kohlen- und Erzvorkommen Irlands.

Irish Gypsum Limited

IRL-Dublin 14, Clonskeagh Road.

Zweck: Bergbau auf Gips, Anhydrit und andere Minerale.

Irish Quartz Limited

IRL-Mallow, Co. Cork, Couldshill House.

Zweck: Quarzgewinnung.

Ivernia West plc

IRL-Limerick, Crescent House, Hartstonge Street.

Zweck: Bergbau auf P6-Zn-Erze.

Kells Minerals Ltd.

IRL-Dublin 2, Duke House, 2/5 Duke Lane.

Kenmare Resources PLC

IRL-Dublin 2, Chatham House, Chatham St., ☏ (1) 710411, ⌁ 91708 kenm, Telefax (1) 710810.

Chairman: Charles *Carvill*.

Directors: Dr. John *Teeling*, Paul *Power*, Donal *Kinsella*, Michael *Carvill*, Michael *Nossal*, Lord *Waterford*.

Managing Director: Michael *Carvill*.

Mineral: Graphite, titanium dioxide.

IRLAND

Tochtergesellschaften:
Kenmare Heavy Minerals Co. Ltd.
Kenmare Graphite Co. Ltd.

Zweck: Exploration in Ireland for base metals, gold and calcite. Exploration in Canada for diamonds and iron ore.

Leinster Coal Products Limited
IRL-Dublin 6, 128 Ranelagh.

MAG Explorations Limited
IRL-Nenagh, Co. Tipperary, 5 Melrose.

Zweck: Gewinnung von Karbid.

Mogul of Ireland Limited
IRL-Dublin 3, 162 Clontarf Road.

Zweck: Bergbau auf Pb-Zn-Erze.

Moy Insulation Limited
IRL-Clonmel, Co. Tipperary, Ardfinnan.

Zweck: Bergbau auf Steine und Erden, Minerale, Dolomit.

Navan Resources plc
IRL-Navan, Co. Meath, 3 Railway Street.

Zweck: Gewinnung von Andalusit.

Newmont Overseas Exploration Limited
IRL-Mullingar, Co. Westmeath, c/o Orebase Exploration Services Limited, Robinstown.

North West Minerals Limited
IRL-Dublin 6, 27 Temple Road.

Zweck: Gewinnung von Steine-und-Erden-Mineralen, Gips, Anhydrit.

Oliver Prospecting & Mining Co Ltd
IRL-Dublin 1, Oliver House, 502 North Circular Road.

Chairman: O. C. *Waldron*.

Oretec Resources plc
IRL-Dublin 2, Marina House, 1 Coppinger Row.

Ovoca Gold Exploration plc
IRL-Dublin 3, Newcourt House, Strandville Avenue East, Clontarf.

Ovoca Resources plc
IRL-Dublin 2, 4th Floor, Maryland House, South William Street.

Pfizer Chemical Corporation
Quigley Company of Europe
IRL-Tivoli, Co. Cork, Tivoli Industrial Estate.

Zweck: Gewinnung von Dolomit und anderen Mineralen.

Prospex Ireland Ltd.
IRL-Dublin 2, 1 Westland Square, Pearse Street.

Rio Tinto Finance & Exploration plc
IRL-Dublin 12, 3A Avonbeg Industrial Estate, Long Mile Road.

Shallee Exploration (Ireland) Limited
IRL-Dublin 3, 162 Clontarf Road.

Silica Sand Limited
IRL-Drogheda, Co. Louth, Marsh Road.

Slievenore Mining Limited
IRL-Dublin 2, 1 Westland Square, Pearse Street.

1 BERGBAU

Syngenore Exploration Limited
IRL-Dublin 1, c/o Oliver Minerals Limited, Oliver House, 502 North Circular Road.

Tara Mines Limited
IRL-Navan, Co. Meath, Knockumber House.

Tara Prospecting Limited
IRL-Navan, Co. Meath, Knockumber House, ☎ 3534621927, ≶ 43559 tara ei, Telefax 3534621118.

Technomin (Eire) Teoranta
IRL-Nenagh, Co. Tipperary, c/o Natural Resource Consultants, 5 Melrose.

Terra Mining AB
IRL-Mullingar, Co. Westmeath, c/o Orebase Exploration Ltd., Robinstown.

Tetral Building Products Ltd.
IRL-Dublin 2, 6 South Leinster Street.
Zweck: Gewinnung von Dachschiefer.

Tullow Resources Limited
IRL-Tullow, Co. Carlow.

Westland Exploration Limited
IRL-Dublin 3, 162 Clontarf Road.

X-Ore Limited
IRL-Craughwell, Co. Galway, Ballymore.

Consulting-Gesellschaften

John Barnett and Co.
IRL-Dalkey, Co. Dublin, 17 Castle St., ☎ (01) 857033.
Zweck: Mineral surveys; valuations, planning; engineering; feasibility and environmental impact studies.

Carraigex Ltd.
IRL-Cork, 5 Fitzgerald Place, Old Blackrock Rd., ☎ (021) 321555.
Zweck: Site investigation and engineering geology.

John R. J. Colthurst
IRL-Clane, Co. Kildare, Blackhall, ☎ (045) 68868, Telefax (045) 68934.
Zweck: Exploration management, ground evaluation for base metals, precious metals and industrial minerals; supervision of geochemical, geophysical and drilling programmes; preparation of licence reports, data presentation and geological drafting.

Peter O'Connor
IRL-Gorey, Co. Wexford, Borleigh, ☎ (0402) 7301.
Zweck: Geophysical surveys.

Conodate
IRL-Dublin 6, 31–33 The Triangle, Ranelagh, ☎ (01) 971528, Telefax (01) 964998.
Zweck: Biostratigraphy and maturation studies using microfossils; heavy mineral identification; karst interpretation; show cave development; industrial minerals; mine exploration and surveying; thermal anomaly detection.

Crowe Schaffalitzky and Associates Ltd. (CSA)
IRL-Dublin 6, 31–33 The Triangle, Ranelagh, ☎ (01) 976788/976101, Telefax (01) 964998.
Zweck: Exploration project management, project evaluation, geological mapping, prospecting and sampling; geophysics; geological drafting; technical reporting for companies and government; exploration accounting, joint-venture negotiations, overseas project investment opportunities.

IRLAND

Kevin T. Cullen
Hydrogeological & Environmental Services Ltd.

IRL-Dublin 14, 7A Olivemount Terrace, Windy Arbour, ☏ (01) 697082/697122.

Zweck: Groundwater projects exploration, development and management; landfill site evaluation; environmental impact studies; computer modelling; hydrochemical studies; geophysics; contract document preparation and technical advice for litigation.

de Brit and Associates

IRL-Dublin 14, 6 Camberly, Upper Churchtown Rd.

Zweck: Structural geology; mineral exploration, area and target selection for Carboniferous zinc/lead; industrial minerals exploration and resource evaluation; quarry services; computer applications for office and geological needs.

Daniel E. Deeny

IRL-Craughwell, Co. Galway, Ballymore, ☏ (091) 46288/46087, Telefax (091) 46350.

Zweck: Mineral exploration, engineering geology, site and routeway assessment; ornamental stone geotechnical advice, project management, ground selection, acquisition assessment, programme design, operations, supervision and reporting.

Environmental Service Centre

IRL-Limerick, Thomond College, ☏ (061) 334488, Telefax (061) 330316.

Zweck: Environmental impact assessment and monitoring, Ireland and EC planning and environmental legislation advice; landscaping of development sites, restoration of derelict sites; water resource studies.

Enviroplan Services Ltd.

IRL-Kells, Co. Meath, Garrynacran, Martry, ☏ (046) 22460, Telefax (046) 40615.

Zweck: Environmental impact assessment, planning applications and appeals, environmental auditing and monitoring, public and community relations.

Environmental Resources Analysis Ltd. (ERA)

IRL-Dublin 2, 5 South Leinster St., ☏ (01) 766266, Telefax (01) 619785.

Zweck: Evaluation of mineral prospects and ore reserves; mapping; panning surveys, statistical analysis of geochemical data; processing of gravity and magnetic data; aerial photography, interpretation of satellite imagery and planeborne radar; interactive integration of geological data for mineral evaluation.

Eolas

IRL-Dublin 9, Inorganic Materials Department, Ballymun Rd., Glasnevin, ☏ (01) 370101.

Zweck: Mineralogical and petrographic analysis, mineral processing and testing; industrial mineral investigations; mineral product evaluation and specification; environmental impact studies; geotechnical assessments.

Esk Engineering Services Ltd.

IRL-Bantry, Co. Cork, Adrigole, ☏ (027) 60020, Telefax (027) 60112.

Zweck: Mining and engineering geophysics.

Geo Engineering Ltd.

IRL-Portmarnock, Co. Dublin, The Stables, ☏ (01) 461364 / (068) 22432.

Zweck: Diamond drilling services.

Geoex Ltd.

IRL-Tramore, Co. Waterford, 1 Richmond, Priests Road, ☏ (051) 81932, Telefax (051) 86917.

Zweck: Groundwater and environmental studies; metallic and non-metallic exploration.

Hendrill Ltd.

IRL-Tullamore, Co. Offaly, Derrybeg, ☏ (0506) 41127, Telefax (0506) 51873.

Zweck: Diamond drilling, reverse circulation drilling; site investigation services.

1 BERGBAU

Irish Drilling Ltd.
IRL-Loughrea, Co. Galway, ☏ (091) 41274.

Zweck: Surface and underground diamond drilling (to 1 000 m), reverse curculation drilling.

Irish Industrial Explosives Ltd.
IRL-Dublin 4, 87–89 Waterloo Rd., ☏ (01) 685193.

Zweck: Explosives, accessories and flotation chemicals supplier; environmental problems arising from blasting.

Gareth V. Jones
IRL-Dublin 16, 23 The Crescent, Boden Park, Scholarstown Road, ☏ (01) 945829.

Zweck: Coal, base metals and industrial minerals exploration, project management; prospect evaluation and ore reserve estimates; estimates; geochemical surveys; remote sensing.

Mercury Analytical Ltd.
IRL-Limerick, Raheen Industrial Estate, ☏ (061) 29055, Telefax (061) 29327.

Zweck: Geochemical assay and analysis; water analysis; environmental analysis; bacteriological analysis; animal and plant tissue trace metals analysis.

Mercury Hydrocarbons Ltd.
IRL-Limerick, Raheen Industrial Estate, ☏ (061) 29055, Telefax (061) 29327.

Zweck: Lithogeochemical prospecting for base metals using hydrocarbon gas; determinations of hydrocarbons in water.

Minerex Ltd.
IRL-Dublin 2, 26 Upper Mount Street, ☏ (01) 619974/619975, Telefax (01) 611205.

Zweck: Geology, geophysics and geochemistry in mineral exploration; project evaluation.

Natural Resource Consultants (NRC)
IRL-Nenagh, Co. Tipperary, 5 Melrose, ☏ (067) 31758, Telefax (067) 31758.

Zweck: Geological mapping, exploration management, feasibility and development studies in base and precious metals, industrial minerals and coal.

Northern Exploration Services
IRL-Ballyhaunis, Co. Mayo, Carton House, Carton North, Tooreen, ☏ (0907) 49068.

Zweck: Target selection; field programme supervision; project development; data analysis and plotting; ore reserve estimates.

Omac Laboratories Ltd.
IRL-Loughrea, Co. Galway, Athenry Road, ☏ (091) 41741/41457, Telefax (091) 42146.

Zweck: Geochemical analysis, assaying, fire assaying in Europe, Scnadinavia, Africa and North America.

Orebase Exploration Services Ltd.
IRL-Mullingar, Co. Westmeath, Robinstown, ☏ (044) 48888, Telefax (044) 43473.

Zweck: Geochemical sampling; geophysics; geological mapping; ground selection; resource estimates and feasibility studies; exploration management.

Oresearch Ltd.
IRL-Dalkey, Co. Dublin, 3 Ardbrugh Villas, ☏ (01) 858754.

Zweck: Geophysical surveys.

Michael Philcox
IRL-Blessington, Co. Wicklow, The Nettle Patch, Red Bog, ☏ (045) 65535.

Zweck: Stratigraphic aspects of exploration, core logging, mapping, basin analysis.

Priority Drilling Ltd.
IRL-Dublin 3, 162 Clontarf Rd., ☏ (01) 332211, Telefax (01) 332456.

Zweck: Diamond drilling, blast hole drilling, reverse circulation drilling.

IRLAND

Resource and Environmental Management Unit

IRL-Cork, University College, ☏ (021) 276811 – Ext. 2748.

Zweck: Geological field mapping; hydrogeology, mineralogical/petrographic analysis; biostratigraphy and maturation studies; heavy mineral identification; environmental impact assessment.

Terrex Ltd.

IRL-Limerick, Crescent House, Hartstonge St., ☏ (061) 319922, Telefax (061) 310210.

Zweck: Geochemical sampling; short hole diamond drilling (150 m); site investigation.

Brian S. Williams Ltd.

IRL-Killiney, Co. Dublin, 89 Watson Drive, ☏ (01) 856140.

Zweck: Exploration, mining and engineering geophysics.

Organisationen

Eolas

IRL-Dublin 9, Ballymun Road, ☏ (01) 370101.

Zweck: Eolas is a State-sponsored technological organization whose objective is to promote the appplication of science and technology in industry. The Science Division provides specific technical services in minerals development, minerals processing and the industrial application of minerals.

Irish Association for Economic Geology

IRL-c/o Geological Survey of Ireland, Beggar's Bush, Haddington Road, Dublin 4, ☏ (01) 609511.

President: Gareth *Jones*.

Secretary: Maeve *Boland*.

Council: Loreto *Farrell*, Past President; John *Colthurst*, Vice-President; Pat *O'Connor*, Treasurer; Jim *Geraghty*, Ian *Legg*, Dave *Munt*, Elizabeth *Shearley*, Simon *Tear*.

Zweck: Zusammenschluß von Geowissenschaftlern, die auf dem Gebiet der Wirtschaftsgeologie arbeiten; Unterstützung von Wissenschaft und Praxis der Mineralexploration, der Bergbaugeologie und Erdölgeologie in Irland.

Mitglieder: 330 Mitglieder; angeschlossen der Europäischen Geologen-Vereinigung.

Irish Geological Association

Address of Secretary obtainable from Geological Survey.

Zweck: Membership of the Association is open to anyone interested in the geological sciences.

Irish Mining and Exploration Group
Confederation of Irish Industry

IRL-Dublin 2, Confederation House, Kildare Street, ☏ (01) 779801.

Zweck: Representative association for mineral exploration and mining companies operating in Ireland.

Irish Mining & Quarrying Society

IRL-Dublin 4, 87-89, Waterloo Street ☏ (01) 685193, Telefax (01) 685248.

Secretary: Tony *Killian*.

Zweck: Association whose aims are to foster the development of the mining and quarrying industries in Ireland, to represent the industries' interests to the Government and other agencies, and to promote the interchange of ideas and knowledge between its members.

14. Italien

Kohle

Agipcoal S.p.A.

I-20143 Milano, Viale Liguria 24, ☏ (02) 5201, ✂ 320561, Telefax (02) 52028327.

Präsident: Giuseppe *Bigazzi.*

Vizepräsident: Mario *Cimenti.*

Grundkapital: 357,5 Mrd. Lit.

Gesellschafter: Enirisorse 100%.

Zweck: Integrierter Kohlenzyklus: Mineralsuche und -abbau, Infrastruktur und Transport; Kohlenaufbereitung und -veredlung; weltweiter Handel mit Kohle, wissenschaftliche und technologische Forschung zur Entwicklung und Diversifikation des Einsatzes von Kohle und Kohlenprodukten.

	1989	1990
Umsatz .... Mill. Lit	131 898	126 843
Beschäftigte	3 120	47

Carbosulcis S.p.A.

I-09010 Cortoghiana (CA), Miniera di Monte Sinni, ☏ (0781) 4921, ✂ 791010 carbos i, Telefax (0781) 492400.

Präsident: Dott. Ugo *Tamburrini.*

Vizepräsident: Dott. Federico *Cilia.*

Delegierter des Verwaltungsrats: Dott. Ing. Rosario *Labozzetta.*

Verwaltungsrat: Dott. Ing. Mario *Bonato;* Professor Giovanni *Melis;* Dott. Ing. Silvestro *Peddis;* Dott. Ing. Vincenzo *Pruna.*

Direktor: Dott. Ing. Marco *Slavik* (Grube).

Aktionäre: Enirisorse S.p.A. (Eni), 99%; Ente Minerario Sardo, 1%.

Lagerstätte und Projekt: Das tertiäre Vorkommen besteht aus mehreren Flözen und erstreckt sich bei wechselnden Teufen zwischen 300 und 700 m über eine Fläche von etwa 100 km². Gegenstand des Projektes ist die Realisierung einer modernen Bergwerksanlage für die Ausbeutung dieses Vorkommens. Das Bergwerk wird im Endausbau eine Rohkohlenfördermenge von etwa 3,3 Mill. t/a, entsprechend rd. 1,7 Mill. t v.F., haben.

Z. Zt. wird die Infrastruktur der Grube realisiert sowie ein Versuchsstreb betrieben.

	1990	1991
Beschäftigte: .... (Jahresende)	999	994
Produktion: (aus Versuchsabbau sowie Aus- und Vorrichtungsarbeiten) .. t v.F.	56 000	17 000

Ente Nazionale per l'Energia Elettrica (Enel)

I-00100 Roma, Via G. B. Martini 3, C. P. 386, ☏ (06) 85091, ✂ 040168, 61 528, ✆ enel pro.

Gruben:

Seruci e Nuraxi Figus (Carbonia-Cagliari): Die Gruben sind stillgelegt worden. Der Betrieb soll wieder aufgenommen werden.

Miniera di Santa Barbara, Castelnuovo del Sabbioni (Arezzo); Braunkohlentagebau zur Belieferung des Dampfkraftwerkes Santa Barbara.

Miniera di Pietrafitta (Perugia), Braunkohlentagebau zur Belieferung eines Kraftwerks.

Salz

Italkali
Società Italiana Sali Alcalini s.p.a.

I-90139 Palermo, Via Principe Granatelli 46, ☏ (091) 602911.

Präsident: Dr. Domenico *Culotta.*

Mineral: Kalisalz.

Produktion	1988	1989
Salz .... Mill. t	1,7	1,7
Kaliumsulfat .... 1 000 t	252	310
Beschäftigte	1 650	1 650

Sonstige Rohstoffe

Agip Miniere S.p.A.

I-20139 Milano, Viale Brenta 27/29, ☏ (02) 5201, ✂ 320192 agn i, Telefax (02) 52021494.

Verwaltungsrat: G. C. *Ristori,* Presidente e Amministratore Delegato; G. *Taronna,* Direttore Generale; F. *Bandinelli,* R. *Santoro,* G. M. *Sfligiotti,* Consiglieri.

Direktoren: E. *Borroni,* Responsabile Pianificazione e Controllo; F. *Discacciati,* Direttore Attività Negoziali e Commerciali.

ITALIEN

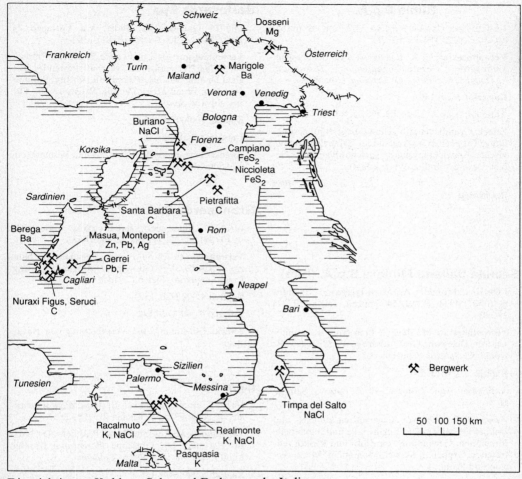

Die wichtigsten Kohlen-, Salz- und Erzbergwerke Italiens.

Kapital: 200 Mrd. Lit.

Zweck: Agip Miniere ist eine Sub-Holding der Agip S.p.A. und hat die Aufgabe, die Aktivitäten auf dem Gebiet der nichteisenhaltigen Mineralien zu leisten und die Versorgung der Metallindustrie mit Konzentraten sicherzustellen. Die Gesellschaft ist in Italien und im Ausland unmittelbar und in Form von Jointventures tätig für die Erforschung und den Abbau von Zink-, Kupfer-, Blei- und Nickelerzlagerstätten sowie von Lagerstätten von Edelmetallen und Industriemineralien.

Beteiligungen
Società Italiana Miniere S.p.A.
Rimin S.p.A.
Mining Italiana S.p.A.
Aquater S.p.A.
Agip Mining Zambia Ltd.
Agip Australia Pty Ltd.
Agip Resources Ltd.

Mining Italiana S.p.A.

I-00128 Roma, Via V. Cortese 48.

Verwaltungsrat: G. *Taronna,* Presidente; M. *Guarascio,* Amministratore Delegato; D. *Anselmo;* S. *Mercante,* Consiglieri.

Kapital: 200 Mill. Lit.

Zweck: Projektierungen und Forschungsarbeiten auf dem Gebiet des Bergbaus.

1 BERGBAU

Rimin S.p.A.

I-58020 Loc. Casone-Scarlino, Grosseto, ☏ (0566) 70330, Telefax (0566) 53178.

Verwaltungsrat: G. R. *Romagnoli*, Presidente e Amministratore Delegato; D. *Anselmo;* F. *Discacciati;* V. *Quaglia;* S. *Santini;* G. *Taronna*, Consiglieri.

Kapital: 1 Mrd. Lit.

Aktionär: Agip Miniere, 99,975 %.

Zweck: Grundlagenerforschung, Lagerstättenerkundung, Tätigkeiten im Ausland im Rahmen der italienischen Entwicklungshilfe. Forschung auf dem Gebiet der angewandten Wissenschaft.

	1989
Beschäftigte	58

Società Italiana Miniere S.p.A. (Sim)

I-09016 Monte Agruxiau-Iglesias, Cagliari, ☏ (0781) 4911, ✄ 791164 simpre i, Telefax (0781) 24232.

Verwaltungsrat: M. *Bonato,* Presidente e Amministratore Delegato; G. C. *Liverani;* P. *Massacci;* R. *Nobili;* C. *Sancilio,* Consiglieri.

Kapital: 180 Mrd. Lit.

Aktionäre: Agip Miniere, 90 %; Nuova Samim, 10 %.

Zweck: Erforschen von Lagerstätten auf blei- und zinkhaltige Mineralien, Edelmetalle und industrielle Mineralien. Gewinnung von Zink- und Bleikonzentraten in Gruben in Masua, Monteponi, Montevecchio und Raibl.

	1988	1989
Umsatz .... Mill. Lit.	39710	69690
Beschäftigte	1 297	1 188

Ente Minerario Sardo – Emsa

I-09123 Cagliari (Italia), Via XXIX Novembre, 41, ☏ (070) 669182, Telefax (070) 6017228.

Verwaltungsrat: Avv. Orazio *Erdas,* Präsident; Giovanni Battista *Contu,* Professor Luca *Fanfani,* Daverio *Giovannetti,* Dr. Piergiorgio *Lepori,* Francesco *Meloni,* Angelo *Orru,* Professor Ilio *Salvadori.*

Generaldirektor: Dr.-Ing. Lorenzo *Tanda.*

Zweck: Unterstützung der Rohstoffwirtschaft.

Bariosarda Spa

I-09016 Iglesias (CA) Italia, Via Cattaneo 74, ☏ (0781) 22300, Telefax (0781) 23010.

Verwaltungsrat: Dr. Luigi *Fadda,* Präsident; Francesco *Meloni,* Vizepräsident; geschäftsführendes Mitglied Dr.-Ing. Michele *Pala;* Professor Ing. Raimondo *Ciccu;* Ennio *Figus;* Dr.-Ing. Salvatore *Lai;* Dr.-Ing. Silvano *Santini.*

Kapital: 10.000 Mill. Lit.

Umsatz: 8.250 Mill. Lit.

Zweck: Gewinnung, Aufbereitung und Vermarktung von Schwerspat.

Granitsarda SpA

I-07026 Olbia (SS) Italia, Zona Industriale, ☏ (0789) 58722, Telefax (0789) 58583.

Verwaltungsrat: Antonio *Corda,* Präsident; Dr. Nunzio *Carusillo;* Dr. Giuseppe *Florenzano;* Dr.-Ing. Luigi *Linguardo;* Pietro *Cabiddu.*

Kapital: 4.000 Mill. Lit.

Umsatz: 4.500 Mill. Lit.

Zweck: Gewinnung und Verarbeitung von Naturstein.

Isgra SpA

I-07029 Tempio Pausania (SS) Italia, Zona Industriale, ☏ (079) 632153, Telefax (079) 632157.

Verwaltungsrat: Antonio *Corda,* Präsident; Dr. Nunzio *Carusillo;* Dr. Giuseppe *Florenzano;* Dr.-Ing. Luigi *Linguardo;* Sig. Pietro *Cabiddu.*

Kapital: 4.000 Mill. Lit.

Umsatz: 8.000 Mill. Lit.

Zweck: Gewinnung und Verarbeitung von Naturstein.

Rimisa SpA

I-08020 Lula (NU) Italia, Via Angioy 42, ☏ (0784) 416614, Telefax (0784) 416515.

Verwaltungsrat: Dr.-Ing. Luigi *Linguardo,* Präsident; Dr.-Ing. Nino Melchiorre *Calvisi,* geschäftsführendes Mitglied; Dr. Francesca *Calia,* Nello *Marletta,* Luigino *Porcu.*

Kapital: 4.000 Mill. Lit.

Umsatz: 2.430 Mill. Lit.

Zweck: Gewinnung und Aufbereitung von Blei- und Zinkerzen; Bearbeitung von Granit.

ITALIEN

Salsarda SpA

I-09123 Cagliari (CA) Italia, Via Mameli 115, ☏ (070) 670376, Telefax (070) 669001.

Verwaltungsrat: Dr.-Ing. Piero *del Rio*, Präsident; Daverio *Giovannetti*, Vizepräsident; Dr.-Ing. Pietro *Mantega*, geschäftsführendes Mitglied; Dr. Giampiero *Carta;* Dr. Antonio *Mancini*.

Kapital: 5.000 Mill. Lit.

Umsatz: 700 Mill. Lit.

Zweck: Gewinnung und Vermarktung von Salz, industriellem Silikat (Kieselgestein) und Talk.

Sardabauxiti SpA

I-07040 Olmedo (SS) Italia, Via Laconi 8, ☏ (079) 902686, Telefax (079) 902686.

Verwaltungsrat: Dr.-Ing. Lorenzo *Tanda*, Präsident; Giovanni Battista *Contu*, Vizepräsident; Dr.-Ing. Gabriele *Calvisi*, geschäftsführendes Mitglied; Dr. Antonio *Oggiano;* Geom. Amedeo *Planeta;* Antonio *Risso;* Gavino *Ruiu*.

Kapital: 5.000 Mill. Lit.

Zweck: Produktion und Verwertung von Rohstoffen für die Aluminiumerzeugung.

Esercizi Depositi Escavazioni Minerarie S.p.A. (Edem)

I-00183 Roma, Via Pirgo 20, ☏ (06) 7596865, 7595821, ✁ 614315 sii I, Telefax (06) 7576600.
I-Milano, ☏ (02) 8950 2319, ✁ 322037 inteld i, Telefax (02) 89501428.

Verwaltungsrat: Dott. Ing. Mario *Profeta;* Dott. Marco *Profeta*, Vizepräsident; Dott. Alfredo *Del Bò*, Delegierter des Verwaltungsrates; Cav. Rag. Renzo *Mauti;* Dott. Rodolfo *Nobile*.

Zweck: Gewinnung, Verarbeitung und Verkauf von Baryt und Pyrit.

Maffei S.p.A.

Sede Legale: I-38100 Trento, Via E. Maccani 112, ☏ (0461) 823020, ✁ 400086, Telefax (0461) 822519.
Sede Amministrativa: I-20124 Milano, Piazza della Repubblica 32, ☏ (02) 669911, ✁ 312361, Telefax (02) 66981822.

Presidente: Giosuè *Ciapparelli*.

Vice Presidente: Alberto *Maffei*.

Consiglio di Amministrazione: Erminio *Galassi*, Fabrizio *Gardi*, Delfo Galileo *Faroni*, Luigi *Guatri*, Romano *Minozzi*, Alfredo *Scotti*, Mauro *Tabellini*.

Direttore Generale: Alfredo *Scotti*.

Kapital: 15 Mrd. Lit.

	1990	1991
Umsatz .... Mill. Lit.		
Maffei Spa	41 457	38 166
Gruppo	100 089	104 857
Produktion .... 1 000 t		
Feldspat	654	577
Quarz	197	157

Gruben: Giustino (Trento), Orani (Nuoro), Campiglia Marittima (Livorno).

Werke: Trento, Darzo, Campiglia Marittima, Orani Bernate Ticino, Sanfront, Gallese.

Mineraria Silius SpA

I-09100 Cagliari, Sardinien, Viale Merello 14, ☏ (070) 273342.

Präsident: Dr. Piero *Fois*.

Geschäftsführung: Ing. Giorgio *Caroli*.

Kapital: 9 975 Mill. Lit.

Gesellschafter: Regione Autonoma della Sardegna; Minmet Financing Co.; C. E. Giulini & C.; Fluorsid S.p.A.

Zweck: Abbau von metallischen und nichtmetallischen Rohstoffen. Gewinnung von Flußspat und Blei.

Produktion	1990	1991
Flußspat .... t	73 000	55 010
Blei .... t	13 400	10 000
Beschäftigte .... (Jahresende)	334	288

Nuova Samim S.p.A.

I-00143 Roma, Piazza Ludovico Cerva 7, ☏ (06) 54641, ✁ 621413.
I-20153 Milano, Via Caldera 21, ☏ (02) 452881, ✁ 330120, 330264, 325631.

Präsident: Stefano *Sandri*.

Vizepräsident: Federico *Foschi*.

Amministratori Delegati: Graziano *Amidei*, Augusto *Carminati*.

Gesellschafter: Enirisorse, 100 %.

Grundkapital: 500 Mrd. Lit.

1 BERGBAU

Zweck: Verhüttung und Verarbeitung sowie Vertrieb von NE-Metallen, Derivaten und Legierungen.

	1989	1990
Umsatz .... Mill. Lit.	1 372	1 230
Beschäftigte	3 395	3 396

Progemisa S.p.A.

I-09122 Cagliari, Via Contivecchi 7, ☏ (070) 271681, Telefax (070) 271402.

Verwaltungsrat: Dott. Fausto *Serra,* Presidente; Sig. Angelo *Orrù,* Vicepresidente; Dott. Pietro *Pinna,* Direttore e Amministratore Delegato; Dott. Leopoldo *Durante;* Prof. Ilio *Salvadori.*

Kapital: 10 Mrd. Lit.

	1990	1991
Umsatz .... Mill. Lit.	8 524	5 545

Zweck: Erschließung von Bodenschätzen in Mittel-Sardinien, Betreiben von Grundlagenforschung und Entwicklung von Methoden für Vorhaben im Bergbau über und unter Tage.

Beteiligungsgesellschaften:
Sarda Silicati s.r.l., 40 %.
Sardinia Glass s.r.l., 49 %.
Pietre Naturali s.r.l., 30 %.
Sarda Basalti s.r.l., 30 %.
Terrecotte s.r.l., 30 %.
Lana di Roccia S.p.A., 90 %.

Organisationen

Associazione Mineraria Italiana per l'industria mineraria e petrolifera

I-00197 Roma, Via A. Bertoloni, 31, ☏ (06) 8073045/48, ✄ 622264, Telefax (06) 8073385.

Präsident: Ing. Guglielmo *Moscato.*

Vizepräsidenten: Dott. Gianni *Bonati,* Professor Ing. Domenico *Tamburrini.*

Direktor: Dott. Francesco Saverio *Guidi.*

Zweck: Aufgabe der Vereinigung ist es, die Interessen ihrer Mitglieder zu wahren und die ihr angeschlossenen Unternehmen in wirtschaftlicher und technischer Hinsicht zu unterstützen. Sie vertritt ihre Mitglieder als Arbeitgebervereinigung auch als Tarifpartei. Die Tätigkeit der Vereinigung erstreckt sich ferner auf Mitarbeit bei der Entwicklung bergmännischer Verfahren. Schließlich ist es ihre Aufgabe, die Verbindung mit anderen wirtschaftlichen und genossenschaftlichen Organisationen aufrechtzuerhalten. Die Vereinigung wurde von bergbautreibenden Gesellschaften gegründet.

Associazione Nazionale Imprese Specializzate in Indagini Geognostiche (Anisig)

I-00139 Roma, Via G. Mussi 5, ☏ 8124281.

Präsident: Dr. Luigi *Castellotti.*

Generalsekretär: Dr. Antonio *Rompato.*

Associazione Mineraria Sarda

I-09016 Iglesias, Via Roma 49, ☏ (0781) 22387, Telefax (0781) 30725.

Präsident: Ing. Giulio *Boi.*

Vizepräsident: Ing. Michele *Pala.*

Ente Minerario Siciliano

I-90146 Palermo, Via Ugo la Malfa 169, ☏ (091) 695811, ✄ 910126 solpa. Sede di Roma: Via San Basilio 41, ☏ (06) 463453.

Verwaltungsrat: Professor Carlo *Sorci,* Presidente; Dr. Alfio *Zappala,* Vice-Presidente; Dr. Ignazio *Tuzzolino,* Dr. Angelo *Pirrotta,* Dr. Alfredo *Liotta,* Dr. Pasquale *Vaiana,* Dr. Gaetano *Saporito,* Enrico *Ribaudo,* Salvatore *Monti,* Stefano *Cacciatore.*

Generaldirektor: Dr. Giuseppe *Bova.*

Geschäftsführender Direktor: Ing. Francesco *Leone.*

Kapital: 670 Mill. Lit.

Zweck: Förderung von Forschung, Abbau und Verarbeitung der bergbaulichen Bodenschätze in Sizilien. Durchführung der wissenschaftlichen und technischen Forschung.

Federazione Sindicale Italiana Industriali Minerari

I-00192 Roma, Via Cola di Rienzo, 297, ☏ (06) 3722261.

Präsident: Ing. Professor Domenico *Tamburrini.*

Generalsekretär: Dr. Giuseppe *Venditti.*

Gründung: 1958.

Zweck: Organisation von Arbeitgebern der italienischen Rohstoffindustrie.

15. Luxemburg

Arbed S.A.

L-2930 Luxembourg, 19 Avenue de la Liberté, ☏ (00352) 4792-1, ⌁ arbelu 3407, Telefax 4792 2675, ✆ Centralarbed, Luxembourg.

Generaldirektion: Joseph *Kinsch,* Präsident; Pierre *Everard,* Direktor (Rostfreier Stahl, Handel, Verkauf, Trading); Paul *Matthys,* Direktor (Finanzen, Controlling, Brasilien); François *Schleimer,* Direktor (Stahl: Langstahlerzeugnisse); Pierre *Thein,* Direktor (Gezogener Draht, Engineering, Diversifikation); Fernand *Wagner,* Direktor (Stahl: Flachstahlerzeugnisse).

Kapital: gezeichnet und eingezahlt: 14 117 424 000 Flux; genehmigt: 16 484 204 000 Flux.

Das gezeichnete und eingezahlte Kapital ist wie folgt verteilt: Luxemburger Staat, Société Nationale de Crédit et d'Investissement und Banque et Caisse d'Epargne de l'Etat, 32,83%; Banque Générale du Luxembourg, 4,95%; Société Générale de Belgique, 29,19%; Groupe Schneider, 4,57%; Sonstige, 28,46%.

Zweck: Arbed S. A., Luxemburg, ist die Muttergesellschaft eines internationalen Konzerns. Mit einer Rohstahlproduktion von 8 Millionen t insgesamt ist der Arbed-Konzern fünftgrößter Stahlerzeuger in Europa und gehört weltweit zu den 13 wichtigsten Stahlproduzenten (Iisi-Statistik).

Das weit verzweigte Betätigungsfeld reicht auf der einen Seite bis zum Bergbau (in Frankreich und Brasilien), auf der anderen Seite bis zu den Unternehmensbereichen Rostfreie Stähle, Stahlweiterverarbeitung (Drahtziehereien, Engineering und Maschinenbau) und Kupferfolien.

Produktion		1990	1991
Rohstahl	1 000 t	8 192	8 135
Walzprodukte	1 000 t	8 551	8 018
Beschäftigte	(Jahresende)	54 003	52 920

Bergbau-Aktivitäten der Arbed S. A.: Arbed S. A. Division des Mines Françaises, Audun-le-Tiche, Frankreich, Samitri/Samarco, Belo Horizonte, Brasilien.

16. Norwegen

Franzefoss Bruk A/S

N-1351 Rud, P.b. 53, ☏ (0472) 13 36 50, Telefax (0472) 13 63 50.

Präsident: Olav *Markussen.*

Vorstand: Olav *Markussen,* Chairman; Birte *Mjønes,* Gunnar *Markussen,* Kristin *Markussen.*

Kapital: 10,5 Mill. NOK.

Bergbaubetriebe: Franzefoss, Ballangen, Bryggja, Lillesand, Hylla.

Mineral: Kalkstein, Dolomit, Feldspat, Olivin.

	1989	1990
Produktion ... Mill. t	1	1,1
Beschäftigte	355	350

Beteiligungen: Verdalskalk AS.

Norcem A/S

N-3950 Brevik, Bergavdelingen, ☏ (03) 57 01 11, Telefax (03) 57 17 47.

Mineral: Kalkstein.

	1990	1991
Produktion ... 1000 t	1 650	1 888
Beschäftigte	73	71

Norsk Jernverk A/S

N-Mo, ☏ (087) 5 00 00, 5 50 25, Telefax (087) 5 30 33.

Präsident: P. *Ditlev-Simonsen.*

Zweck: Betrieb von Eisenerzgruben, Eisen- und Stahlproduktion.

A/S Olivin

N-6146 Åheim, Norway, ☏ (4770) 2 40 16, ⌁ 42 307 olivi n, Telefax (4770) 2 42 66.

Präsident: John M. *Kleven.*

Geschäftsführung: Ola *Överlie,* Mng. Dir.; Svein *Solheim,* Sales Mng.; Helge Ove *Larsen,* Fin. Mng.

Kapital: 24 000 000 NOK.

Bergbaubetriebe: Tagebaue, Fabrik für feuerfeste Steine und Massen in Åheim.

Mineral: Olivin.

	1990	1991
Produktion ... Mill. t	2,0	1,8
Beschäftigte	207	202

Produkte: verschiedene Arten von Olivinsanden, Ballastmaterial, feuerfeste Steine und Massen.

1 BERGBAU

A/S Skaland Grafitverk

N-9385 Skaland, Senja, P. O. Box 10, ☎ (089) 58100, ✆ 64151 graf n.

Zweck: Graphitbergbau.

Store Norske Spitsbergen Kulkompani Aktieselskap

N-9170 Longyearbyen, ☎ (80) 22200, ✆ 77813, Telefax (80) 21841.

Präsident: Robert *Hermansen*.

Vorstand: Johan P. *Barlindhaug*, Ronald *Bye*, Åge *Danielsen*, Atle *Fornes*, Jarle W. *Haagensen*, Robert *Hermansen*, Esther *Kostøl*, Agnes *Kvilvang*, Gerda *Nilsen*.

Geschäftsführung: Gunnar *Christiansen*.

Kapital: 14,4 Mill. NOK.

Gesellschafter: Stinnes Intercarbon AG.

Zweck: Kohlenförderung.

	1990	1991
Produktion .... 1000 t	303	330
Beschäftigte	376	373

Beteiligungen: Svalbard Samfunnsdrift A/S, Svalbard Næringsutvikling A/S, Spitsbergen Travel A/S (49 %).

A/S Sydvaranger

N-9901 Kirkenes, P.b. 405, ☎ (085) 91401, ✆ 64108 SYDV N, Telefax (085) 91995.

Vorstand: Tor *Næss* (Vorsitzender).

Geschäftsführung: Øystein *Berntsen*.

Kapital: 106 Mill. NOK.

Gesellschafter: A/S Bleikvassli Gruber.

Mineral: Eisenerz.

Produktion (Mineral)	1990	1991
Eisenerzpellets ...... 1000 t	1 376	1 369
Konzentrat .... 1000 t	63,0	89,9
Beschäftigte	674	667

Tochtergesellschaft:

A/S Bleikvassli Gruber

Produktion	1990	1991
Bleikonzentrat .... t	5 472	6 789
Zinkkonzentrat .... t	11 654	14 075

Tana Kvartsittbrudd A/S

N-9845 Tana, Leirpollen, ☎ (085) 29478, Telefax (085) 29436.

Präsident: Sven B. *Eriksen*.

Vorstand: Christian *Stokke*, Kjell Ivar *Helgesen*.

Geschäftsführung: Svein Erik *Bull*.

Kapital: 5 000 000 NOK.

Gesellschafter: Elkem A/S.

Bergbaubetrieb: Tagebau.

Mineral: Quarzit.

Produktion (Mineral)	1990	1991
Quarzit .... t	367 000	419 000
Beschäftigte	17	17

Organisationen

Bergindustriens Landsforening

N-0369 Oslo 3, Sørkedalsveien 6, ☎ (02) 965070, Telefax (02) 965072.

Direktor: Niels Chr. *Hald*.

17. Österreich

Braunkohle

Wopfinger Stein- und Kalkwerke Schmid & Co.

A-2754 Waldegg-Wopfing, Wopfing 156, ✆ (02633) 400-0 Serie, ✉ 1-6666 speziw a, Telefax (02633) 400-266.

Persönlich haftender Gesellschafter: Friedrich *Schmid*, A-2754 Waldegg-Wopfing 272.

Haldengewinnung Richard-Schacht

Bergbauberechtigter: Wopfinger Stein- und Kalkwerke Schmid & Co., Waldegg-Wopfing.

Bevollmächtigter: Friedrich *Schmid*.

Verliehene Feldesfläche: 4,8 ha.

Graz-Köflacher Eisenbahn- und Bergbau-Gesellschaft m.b.H. (GKB)

Direktion der Unternehmensgruppe Bergbau: A-8580 Köflach, Rathausplatz 7, ✆ (03144) 2511, ✉ 31-2044, Telefax (03144) 5233.

Direktion der Unternehmensgruppe Verkehr: A-8011 Graz, Grazbachgasse 39, ✆ (0316) 8001, ✉ 31-1318, Telefax (0316) 832550.

Vorstand: Sprecher des Vorstandes: Direktor Kommerzialrat Mag. Dr. Peter P. *Prochaska;* Mitglied des Vorstandes: Direktor Bergrat h. c. Dipl.-Ing. Hubert *Marka;* Vom Bundesministerium für öffentliche Wirtschaft und Verkehr als Staatskommissär für die Eisenbahnbetriebe bestellt: Oberrat Dr. Wolfgang *Catharin*.

Bergdirektion Köflach

A-8580 Köflach, ✆ (03144) 2511, 3413.

Bergdirektor und Bevollmächtigter: Bergrat h. c. Dipl.-Ing. Hubert *Marka*.

Betriebsdirektor: Dipl.-Ing. Claus *Lukasczyk*.

Braunkohlentagbau Ost

A-8572 Bärnbach, ✆ (03142) 22930, 22531, ST u. WL: Bärnbach.

Betriebsleiter: Bergverwalter Dipl.-Ing. Franz *Borstner*.

Braunkohlentagbau West

A-8580 Köflach, ✆ (03144) 2511 und 3413, ST u. WL: Köflach.

Betriebsleiter: Dipl.-Ing. Wilhelm *Schön*.

Zentralsortierung Bärnbach

Betriebsleiter: Dipl.-Ing. Klaus *Pibernig*.

Zentralwerkstätte Bärnbach

Betriebsleiter: Ing. Herbert *Wedan*.

Salzach-Kohlenbergbau-Gesellschaft m.b.H. (Sakog)

A-5120 St. Pantaleon, Oberösterreich, ✆ (06277) 205, 206 und 207, Telefax (06277) 7342.

Geschäftsführung: Dipl.-Ing. Dr. mont. Siegfried *Polegeg*, Dipl.-Ing. Manfred *Schönlieb*.

Prokurist: Manfred *Dietl*.

Bergdirektion Trimmelkam

A-5120 St. Pantaleon, ✆ (06277) 205.

Bergbauberechtigte: Stern & Hafferl OHG, Gmunden; Salzach-Kohlenbergbau-Ges. m.b.H.

Bevollmächtigte: Dipl.-Ing. Helmut *Neumann* (für Stern und Hafferl OHG), Dipl.-Ing. Dr. Wolfgang *Brandstätter* (für Sakog), Berginspektor Dipl.-Ing. Manfred *Schönlieb*.

Verliehene Feldesfläche: 1 497,60 ha (Stern & Hafferl OHG); 630,60 ha (Sakog).

Stern & Hafferl Bau-Gesellschaft m.b.H.

A-4810 Gmunden, Kuferzeile 32 (Arkadenhaus), ✆ (07612) 3341-400, ✉ 024-504, Telefax (07612) 3341-432.

Geschäftsführung: Dipl.-Ing. Helmut *Neumann*.

Wolfsegg-Traunthaler Kohlenwerks-Gesellschaft m.b.H. (WTK)

A-4010 Linz a. d. Donau, Waltherstr. 22, Postfach 65, ✆ (0732) 270501, ✉ 02-6543 Ampflwang, Telefax Ampflwang (07675) 3462, Telefax Linz (0732) 27050133.

1 BERGBAU

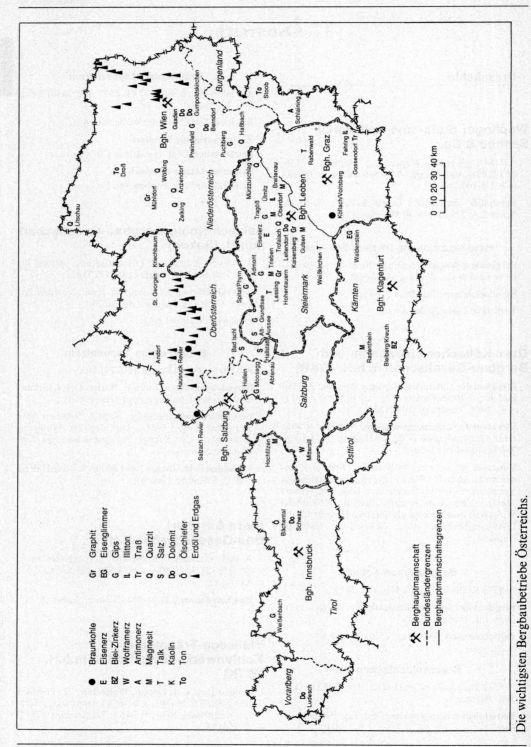

Die wichtigsten Bergbaubetriebe Österreichs.

ÖSTERREICH

Geschäftsführung: Direktor Komm.-Rat Dr. Hans *Schabel*, Direktor Mag. Dr. Rudolf O. *Kores*.

Prokuristen: Bergdirektor-Stellv. Dipl.-Ing. Alois *Katterl*, Franz *Aigner*.

Bergdirektion Thomasroith

A-4905 Thomasroith, ☏ (07676) 7291, 7292.

Bergbauberechtigter: Wolfsegg-Traunthaler Kohlenwerks-Ges. m.b.H., Linz a. d. Donau.

Bevollmächtigter: Bergdirektor Dipl.-Ing. Falko *Peball*.

Verliehene Feldesfläche: 7 017,6 ha.

Braunkohlenbergbau Ampflwang

A-4843 Ampflwang i. Hausruckwald, ST u. WL: Timelkam.

Selbständige Betriebsabteilung „Gewinnung": Betriebsleiter: Dipl.-Ing. Josef *Schiermeier*.

Selbständige Betriebsabteilung „Obertagsanlagen Ampflwang": Betriebsleiter: Dipl.-Ing. Wolfgang *Krois*.

Salz

Biosaxon-Salz Gesellschaft m.b.H.

A-8990 Bad Aussee, ☏ (06152) 2525.

Geschäftsführung: Generaldirektor-Stellvertreter Hon.Prof. Bergrat h. c. DDipl.-Ing. Dr. mont. Kurt *Thomanek*.

Betriebsleiter: Dipl.-Ing. Klaus *Tscherne*.

Österreichische Salinen AG

A-4820 Bad Ischl, Wirerstraße 10, ☏ (06132) 4231, ✂ 068126, Telefax (06132) 423119.

Vorstand: Generaldirektor Dr. iur. Gerhard *Knezicek*, Vorsitzender des Vorstandes, Generaldirektor-Stellvertreter Bergrat h. c. Hon.-Prof. DDipl.-Ing. Dr. mont. Kurt *Thomanek*, Vorstandsmitglied.

Prokuristen: Alfred *Bruckschlögl*, Techn. Rat Dipl.-Ing. Günther *Hattinger*, Dipl.-Ing. Dr. Manfred *Moscher*, Dr. Silvester *Hussak*, Dipl.-Ing. Karl *Krenn*, Mag. Dr. Hermann *Pomberger*, Karl *Promberger*, Andreas *Schiendorfer*, Herbert *Schwaiger*.

Salzbergbau Altaussee

A-8992 Altaussee, ☏ (06152) 71332-0, ST u. WL: Bad Aussee.

Betriebsleiter: Bergdirektor Hofrat Dipl.-Ing. Hans *Wimmer*.

Verliehene Feldesfläche: 151,25 ha.

Salzbergbau Bad Ischl

A-4821 Lauffen, ☏ (06132) 3948, 3949, ST u. WL: Bad Ischl.

Betriebsleiter: Direktor Dipl.-Ing. Gerhard *Hirner*.

Verliehene Feldesfläche: 279,75 ha.

Saline Ebensee

A-4802 Ebensee, ☏ (06133) 5451, ST u. WL: Ebensee.

Betriebsleiter: Prokurist Direktor Dipl.-Ing. Karl *Krenn*.

Salzbergbau Hallein

A-5400 Hallein, ☏ (06245) 5285, ST u. WL: Hallein.

Betriebsleiter: DDipl.-Ing. Walter *Oberth*.

Salzbergbau Hallstatt

A-4830 Hallstatt, ☏ (06134) 251, ST u. WL: Obertraun.

Betriebsleiter: Direktor Dipl.-Ing. Horst *Sochor*.

Verliehene Feldesfläche: 193,5 ha.

Erz

BBU Rohstoffgewinnungs-Ges.m.b.H.

A-9530 Bad Bleiberg, Postfach 20, ☏ (04244) 2314-252, Telefax (04244) 2111.

Geschäftsführung: Direktor Dipl.-Ing. Erwin *Eckhart*.

Prokurist: Diethelm *Dobernig*.

Roherzgewinnung: Dipl.-Ing. Heinz *Holzfeind*.

Kaufmännische Verwaltung: Prok. Diethelm *Dobernig*.

1 BERGBAU

Blei- und Zinkerzbergbau Bleiberg-Kreuth

A-9530 Bad Bleiberg, ☏ (04244) 2314, ST u. WL: Nötsch im Gailtal.

Bergbauberechtigter: BBU Rohstoffgewinnungs-Ges.m.b.H., Bad Bleiberg.

Bevollmächtigter: Direktor Dipl.-Ing. Erwin *Eckhart*.

Betriebsleiter: Dipl.-Ing. Heinz *Holzfeind*.

Verliehene Feldesfläche: 1 113,6 ha.

Zinkhütte Arnoldstein

A-9601 Arnoldstein, ☏ (04255) 2770, ST u. WL: Arnoldstein.

Bergbauberechtigter: BBU Rohstoffgewinnungs-Ges.m.b.H., Bad Bleiberg.

Bevollmächtigter: Direktor Dipl.-Ing. Erwin *Eckhart*.

Betriebsleiter: Dr.-Ing. Volker *Pawliska*, Ing. Wilfried *Fasching*.

Antimonerzbergbau Schlaining

A-7461 Stadtschlaining, ☏ (03355) 2236, ST u. WL: Oberwart.

Bergbauberechtigter: BBU Rohstoffgewinnungs-Ges.m.b.H., Bad Bleiberg.

Bevollmächtigter: Direktor Dipl.-Ing. Erwin *Eckhart*.

Verliehene Feldesfläche: 126,05 ha.

Erzbergbau Radhausberg Ges. m. b. H.

A-5645 Böckstein, ☏ (06434) 2269.

Geschäftsführung: Dipl.-Ing. Peter *Rainer*.

Goldbergbau am Radhausberg

A-5645 Böckstein, ☏ (06434) 2269, ST u. WL: Böckstein.

Bergbauberechtigter: Erzbergbau Radhausberg Ges. m. b. H., Böckstein.

Bevollmächtigter und Betriebsleiter: Dipl.-Ing. Peter *Rainer*.

Verliehene Feldesfläche: 301,63 ha.

Kärntner Montanindustrie Gesellschaft m. b. H.

A-9010 Klagenfurt, Fleischmarkt 9, ☏ (0463) 511565, Telefax (0463) 55917.

Geschäftsführung: Carl Josef *Henckel von Donnersmarck*.

Prokuristen: Ernestine *Lang*, Dipl.-Ing. Ferdinand *Prugger*.

Eisenglimmerbergbau Waldenstein

A-9441 Twimberg, ☏ (04354) 2017, ST u. WL: Twimberg.

Bergbauberechtigter: Kärntner Montanindustrie Gesellschaft m. b. H., Klagenfurt.

Bevollmächtigter: Dipl.-Ing. Dr. Norbert *Gassner*.

Betriebsleiter: Dipl.-Ing. Ferdinand *Prugger*.

Verliehene Feldesfläche: 23,7 ha.

Voest-Alpine Aktiengesellschaft

A-4031 Linz, Postfach 2, ☏ (0732) 585, ✆ 2207444 va a.

Vorstand: Dr. Hugo Michael *Sekyra*, Vorsitzender; Dkfm. Dr. Claus J. *Raidl;* DKfm. Dr. Oskar *Grünwald*.

Voest-Alpine Stahl Linz Ges.m.b.H.

A-4031 Linz, Postfach 3, ☏ (0732) 585-6182, ✆ 21115 va a, Telefax 5980/2642.

Vorstand: Professor Dipl.-Ing. Dr. mont. Heribert *Kreulitsch*, Vorsitzender; Horst *Paschinger*, Dkfm. Gernot *Jehart*.

Voest-Alpine Industrieanlagenbau Gesellschaft m.b.H.

A-4031 Linz, Postfach 4, Turmstraße 44, ☏ (0732) 592/1, ✆ 2207317 va a., Telefax (0732) 592/9763.

Vorstand: Dkfm. Dr. Gerald *Fröhlich*, Vorsitzender; Dkfm. Dr. Helmuth *Hamminger*, stellv. Vorsitzender; Dipl.-Ing. Horst *Wiesinger;* Mag. Dr. Richard *Guserl*.

Voest-Alpine Machinery, Construction & Engineering Gesellschaft m.b.H. (Voest-Alpine M.C.E.)

A-4031 Linz, Postfach 36, Lunzerstraße 78, ☏ (0732) 5987-0*, Telefax (0732) 5980-8099.

Vorstand: Dipl.-Ing. Herbert *Furch*, Vorsitzender; Mag. Herbert *Moser*.

Voest-Alpine Erzberg Ges.m.b.H., Bergbau Eisenerz

A-8790 Eisenerz, ☏ (03848) 4531, ST u. WL: Eisenerz.

Bergbauberechtigter: Voest-Alpine Erzberg Ges.m.b.H.

Geschäftsführung: Dipl.-Ing. Harold *Umfer*.

Sicherheitsbeauftragter: Friedrich *Stöcklmayr*.

Verliehene Feldesfläche: 318,1 ha.

Betriebe bzw. selbständige Betriebsabteilungen:

Tagbau, Aufbereitung und Versand: Betriebsleiter: Dipl.-Ing. Josef *Pappenreiter*.

Maschinenerhaltung: Betriebsleiter: Ing. Rudolf *Kerbl*.

Elektrobetrieb und Stromversorgung: Betriebsleiter: Dipl.-Ing. Erich *Kohlhuber*.

Materialwirtschaft: Leiter: Adolf *Brunnsteiner*.

Forstbetrieb: Leiter: Oberförster Ing. Hermann *Gasperl*.

Bergwerksschule: Leiter: Dipl.-Ing. Josef *Müller*.

Personal und Recht: Leiter: Prok. Dr. Friedrich *Hainzl*.

Controlling: Leiter: Prok. Hubert *Kohlmaier*.

Geologie: Leiter: Dr. Kurt *Dieber*.

Markscheiderei: Leiter: Verantwortlicher Markscheider Dipl.-Ing. Peter *Polak*.

Technisches Büro: Leiter: Ing. Rudolf *Kerbl*.

Wolfram Bergbau- und Hütten- Ges. m. b. H.

A-St. Martin i. S./Steiermark; Postanschrift: A-8542 St. Peter i. S. ☏ (03465) 2101, ✆ 34354 wolber a, Telefax (03465) 2101-0.

Technischer Geschäftsführer: Kommerzialrat Dr.-Ing. Manfred *Spross*.

Kaufmännischer Geschäftsführer: Kommerzialrat Dr. rer. pol. Othmar *Rankl*.

Bergbaubetrieb Mittersill: A-5730 Mittersill, ☏ (06562) 4137, 4138, 4139, ✆ 66660 wolmit a.

Finanzwirtschaft Wolfram: A-1040 Wien, Belvederegasse 2; Postanschrift: Postfach 154, A-1011 Wien, ☏ (01) 5054685, ✆ 132196 wolwi.

Scheelitbergbau Mittersill

A-5730 Mittersill, ☏ (06562) 4138, 4139, ✆ 66660 wolmit a, ST u. WL: Mittersill.

Bergbauberechtigter: Wolfram Bergbau- und Hütten-Ges. m. b. H.

Bevollmächtigter: Kommerzialrat Dr.-Ing. Manfred *Spross*.

Gewinnung: Betriebsleiter: Dipl.-Ing. Dr. mont. Peter *Walser*.

Aufbereitung: Betriebsleiter: Dipl.-Ing. Reinhold *Pigal*.

Verliehene Feldesfläche: 230,4 ha.

Hüttenwerke

Kupfer- und Silberhütte Brixlegg

A-6230 Brixlegg, ☏ (05337) 2551, ST u. WL: Brixlegg.

Bergbauberechtigte: Montanwerke Brixlegg Ges. m. b. H.

Bevollmächtigter: Direktor Dr. Peter *Müller*.

Betriebsleiter: Dipl.-Ing. Robert *Stibich* (Schmelzhütte), Josef *Handle* (Säurebetriebe), Ing. Gottfried *Schmidt* (Techn. Weiterverarbeitung), Ing. Martin *Gschwandtner* (Dienstleistungsbetriebe).

Wolframhütte Bergla

A-St. Martin im Sulmtal; Postanschrift: A-8542 St. Peter im Sulmtal, ☏ (03465) 2101, ST u. WL: Bergla.

Bergbauberechtigte: Wolfram Bergbau- und Hütten-Ges. m. b. H.

Bevollmächtigter: Dr.-Ing. Manfred *Spross*.

Betriebsleiter: Dipl.-Ing. Dr. techn. Herbert *Mayer*.

Betrieb: Wolframschrott-Rückgewinnungsanlage.

Bergbauberechtigte: Wolframschrott-Rückgewinnungsges. m. b. H.

1 BERGBAU

Gips

Erste Salzburger Gipswerks-Gesellschaft Christian Moldan KG

A-5431 Kuchl, ☏ (06244) 412-0, Telefax (06244) 412-45.

Geschäftsführung: Dipl.-Ing. Dr. mont. Klaus *Moldan*.

Komplementär: Salzburger Gipswerks-Gesellschaft m. b. H.

Gustav Haagen Gesellschaft m. b. H.

A-5431 Kuchl, ☏ (06244) 412-0, Telefax (06244) 412-45.

Geschäftsführung: Dipl.-Ing. Dr. mont. Klaus *Moldan*, Dipl.-Ing. Rupert *Zückert*.

Gipsbergbau Moosegg-Abtenau und Gipswerk Grabenmühle

A-5440 Golling, ST u. WL: Kuchl.

Betriebsleiter: Dipl.-Ing. Wolfgang *Glöckler*.

Bergbauberechtigter: Erste Salzburger Gipswerks-Gesellschaft Christian Moldan KG und Gustav Haagen Gesellschaft m. b. H.

Bevollmächtigter: Dipl.-Ing. Dr. mont. Klaus *Moldan*.

Werksleiter, Prokurist: Helmut *Podest*.

Verliehene Feldesfläche: 110,5 ha (Erste Salzburger Gipswerks-Gesellschaft Christian Moldan KG) und 594,56 ha (Gustav Haagen Gesellschaft m. b. H.).

Wietersdorfer & Peggauer Zementwerke Knoch, Kern & Co.

A-9020 Klagenfurt, Ferdinand-Jergitsch-Straße 15, ☏ (0463) 566760.
Werk: A-8120 Peggau, ☏ (03127) 2261-0.

Gipsbergbau Admont

A-8120 Peggau, ☏ (03127) 2261-0, ST u. WL: Admont.

Bergbauberechtigter: Wietersdorfer & Peggauer Zementwerke Knoch, Kern & Co.

Bevollmächtigter und Betriebsleiter: Dipl.-Ing. Josef *Plank*, Wietersdorfer & Peggauer Zementwerke Koch, Kern & Co., A-8120 Peggau.

Verliehene Feldesfläche: 19,2 ha.

Gipsbergbau Preinsfeld Ges. m. b. H. Nachfolger KG

A-1043 Wien, Operngasse 11, Postfach 126, ☏ (01) 58889/462, 461, 225, ✆ 112504, Telefax (0222) 58889/448.

Geschäftsführung: Mag. Regina *Heißl*, Dipl.-Ing. Dr. iur. Helmut *Hannak*.

Komplementär: Perlmooser Gipsbergbau Ges. m. b. H.

Gipsbergbau Preinsfeld

A-2532 Heiligenkreuz, ☏ (02258) 2302, ST u. WL: Baden bei Wien.

Bergbauberechtigter: Gipsbergbau Preinsfeld Ges. m. b. H. Nachfolger KG.

Bevollmächtigter: Dipl.-Ing. Dr. iur. Helmut *Hannak*.

Betriebsleiter: Dipl.-Ing. Istvan *Acs*.

Verliehene Feldesfläche: 38,4 ha.

Gipswerk Schretter u. Cie Ges. m. b. H.

A-6682 Vils, ☏ (05677) 8401, ✆ 055559, Werk: A-6671 Weißenbach am Lech.

Geschäftsführung: Kommerzialrat Dr. iur. Reinhard *Schretter*, Ing. Robert *Schretter*, Dr. jur. lic. oec. Reinhard *Schretter*.

Gipsbergbau Weißenbach

A-6671 Weißenbach a. L., ☏ (05672) 5232, ST u. WL: Reutte.

Bergbauberechtigter: Gipswerk Schretter u. Cie Ges. m. b. H.

Bevollmächtigter: Kommerzialrat Dr. Reinhard *Schretter*, Vils.

Betriebsleiter: Ernst *Koch*.

Verliehene Feldesfläche: 33,6 ha.

ÖSTERREICH

Gipswerke Siegfried Saf Ges. m. b. H. & Co. KG

A-8983 Bad Mitterndorf, Postfach 88, ☏ (06153) 2261, ✂ 038147, Telefax (06153) 226124.

Anhydrit- und Gipsbergbau Tragöß/Oberort

A-8612 Tragöß/Oberort, ☏ (03868) 301.

Bergbauberechtigter: Gipswerke Siegfried Saf Ges. m. b. H. & Co. KG.

Bevollmächtigter und Betriebsleiter: Dipl.-Ing. Dr. mont. Siegfried *Polegeg,* ☏ (03842) 45761.

Verliehene Feldesfläche: 62,4 ha.

Knauf und Co. Ges. m. b. H.

A-8940 Weißenbach bei Liezen, ☏ (03612) 22971-0, ✂ 38121, Telefax (03612) 24679.

Geschäftsführung: Kommerzialrat Direktor Dkfm. Manfred *Winkler,* A-1050 Wien, ☏ (0222) 5874887.

Betriebsleiter: Kommerzialrat Dipl.-Ing. Dr. mont. Karl-Heinz *Neuner.*

Gips- und Anhydritbergbau Spital am Pyhrn

A-8940 Weißenbach, ☏ (03612) 22971, ST u. WL: Liezen.

Bergbauberechtigter: Knauf und Co. Ges. m. b. H.

Bevollmächtigter und Betriebsleiter: Kommerzialrat Dipl.-Ing. Dr. mont. Karl-Heinz *Neuner.*

Verliehene Feldesfläche: 33,6 ha.

Gips- und Gipsplattenwerk Weißenbach

A-8940 Weißenbach, ☏ (03612) 22971-0.

Betriebsleiter: Dipl.-Ing. Dr. mont. Karl-Heinz *Neuner.*

Rigips-Austria Ges. m. b. H.

A-8990 Bad Aussee, Unterkainisch 24, ☏ (06152) 3231-0, Telefax (06152) 3227, Teletex 3361207.

Kollektivgeschäftsführer: Dipl.-Ing. Herwig *Allitsch,* Dkfm. Heinz *Ramsauer.*

Gipsbergbau Puchberg

A-2734 Puchberg am Schneeberg, ☏ (02636) 2141, ST u. WL: Puchberg am Schneeberg.

Bergbauberechtigter: Rigips-Austria Ges. m. b. H., Bad Aussee.

Bevollmächtigter: Prokurist Dipl.-Ing. Dr. mont. Peter *Wichert.*

Verliehene Feldesfläche: 153,6 ha.

Anhydrit- und Gipsbergbau Grundlsee

A-8993 Grundlsee, ☏ (06152) 8275, ST u. WL: Bad Aussee.

Bergbauberechtigter: Rigips-Austria Ges. m. b. H.

Bevollmächtigter Werksleiter: Prokurist Dipl.-Ing. Dr. mont. Peter *Wichert.*

Betriebsleiter: Ing. Johann *Amon.*

Verliehene Feldesfläche: 54,14 ha.

Gipsaufbereitungs- und Veredelungsanlage Unterkainisch

A-8990 Bad Aussee, ☏ (06152) 3231-35, ST u. WL: Bad Aussee.

Bergbauberechtigter: Rigips-Austria Ges. m. b. H.

Bevollmächtigter: Betriebsleiter Werksleiter Prokurist Dipl.-Ing. Dr. mont. Peter *Wichert.*

Graphit

Grafitbergbau Kaisersberg Franz Mayr-Melnhof & Co.

A-8713 St. Stefan ob Leoben, Kaisersberg 1, ☏ (03832) 2288, ✂ 03-3399, Telefax (03832) 2045.

Geschäftsführung: Dipl.-Ing. Walther *Twrdy,* Lorenz *Peinhopf.*

Kollektivprokuristen: Dipl.-Ing. Walther *Twrdy,* Lorenz *Peinhopf.*

Rechtsform: Kommanditgesellschaft.

Komplementär: Grafitbergbau Beteiligungs- und Verwaltungs-Ges. m. b. H.

Kommanditisten: 7 Gesellschafter.

Grafitbergbau Kaisersberg

A-8713 St. Stefan ob Leoben, ☏ (03832) 2288, ST u. WL: St. Michael.

Bergbauberechtigter: Grafitbergbau Kaisersberg Franz Mayr-Melnhof & Co.

Bevollmächtigter und Betriebsleiter: Bergdirektor Prokurist Dipl.-Ing. Walther *Twrdy.*

Verliehene Feldesfläche: 807,7 ha.

1 BERGBAU

Grafitbergbau Trieben Gesellschaft m. b. H.

A-8784 Trieben, ☏ (03615) 2331, ✆ 03-3399, Telefax (03832) 2045.

Gesellschafter: Grafitbergbau Kaisersberg Franz Mayr-Melnhof & Co.

Geschäftsführung: Dipl.-Ing. Walther *Twrdy*, Lorenz *Peinhopf*.

Grafitbergbau Trieben

A-8713 St. Stefan ob Leoben, ☏ (03615) 2331, ST u. WL: Trieben.

Bergbauberechtigter: Grafitbergbau Kaisersberg Franz Mayr-Melnhof & Co., Grafitbergbau Trieben Gesellschaft m. b. H.

Bevollmächtigter: Prokurist Dipl.-Ing. Walther *Twrdy*.

Betriebsleiter: Dipl.-Ing. Erik *Zechmann*.

Verliehene Feldesfläche: 55,3 ha.

Industrie- und Bergbaugesellschaft Pryssok & Co. KG

A-1140 Wien, Onno-Klopp-Gasse 4, ☏ (01) 827254, 820159, ✆ 135145, Telefax (01) 8284359/85.

Geschäftsführung: Dipl.-Ing. Viktor *Zitny*.

Bergbaubetrieb Obritzberg-Rust

A-3125 Rottersdorf 72, ☏ (02786) 2106, ST u. WL: Statzendorf. Niederlassung: A-1140 Wien, Onno-Klopp-Gasse 4, ☏ (01) 827254, 859065.

Bergbauberechtigter: Industrie- und Bergbaugesellschaft Pryssok & Co. KG.

Bevollmächtigter: Dr. Richard *Hofbauer*.

Betriebsleiter: Prokurist Franz *Wieser*.

Betriebsstätten

Grafitbergbau Trandorf, Grubenfeld Weinberg. Verliehene Feldesfläche: 28,8 ha.
Grafitbergbau Trandorf, Grubenfeld Weinbergwald-Neu. Verliehene Feldesfläche: 48,0 ha.
Grafitbergbau Grubenmaß Eichenwald. Verliehene Feldesfläche: 4,8 ha.
Kaolinbergbau Mallersbach. Verliehene Feldesfläche: 9,6 ha.

Kaolin

Aspanger Aktiengesellschaft

Sitz: A-1015 Wien, Schwarzenbergplatz 16. Produktion, Verkauf und Verwaltung: A-2870 Aspang, Neustift/H. 25. ☏ (02642) 2355, ✆ 16678 asp ag a, Telefax (02642) 2673.

Vorstand: Ferdinand *Brunner*, Dr. Michael *Alexandrow*.

Prokuristen: Ing. Franz *Hofer*, Dipl.-Ing. (FH) Rudolf *Gföller*, Dipl.-Ing. Fridtjof *Lob*, Siegfried *Luef*.

Bergbau Aspang-Zöbern

A-2870 Aspang, ☏ (02642) 2355, ST u. WL: Ausschlag-Zöbern.

Bergbauberechtigter: Aspanger Aktiengesellschaft.

Bevollmächtigter und Betriebsleiter: Bergdirektor Dipl.-Ing. Fridtjof *Lob*.

Verliehene Feldesfläche: 178,6 ha.

Kamig, Österreichische Kaolin- und Montanindustrie AG Nfg. KG

A-4311 Schwertberg, Aisthofen 25, ☏ (07262) 63025, ✆ 229351, Telefax (07262) 63028.

Geschäftsleitung: Direktor Peter *Götzl*, Einzelprokurist.

Kollektivprokurist: Bergdirektor Techn. Rat Dipl.-Ing. Romedio *Giacomini*.

Bergdirektion Schwertberg

A-4311 Schwertberg, ☏ (07262) 7025-27.

Bergbauberechtigter: Kamig, Österreichische Kaolin- und Montanindustrie AG Nfg. KG.

Bevollmächtigter: Bergdirektor Techn. Rat Dipl.-Ing. Romedio *Giacomini*.

Verliehene Feldesfläche: 93,5 ha.

Kaolinbergbau Kriechbaum-Weinzierl

A-4311 Schwertberg, ST u. WL: Schwertberg.

Betriebsleiter: Dipl.-Ing. Erich *Kaltenreiner*.

Magnesit

Radex Austria AG

A-9545 Radenthein, Kärnten, ☏ (04246) 2100-0, ⚡ 613422200, Telefax (04246) 2100-94, 96. Geschäftsstelle: A-1010 Wien, Opernring 1, ☏ (01) 5877671-0, ⚡ 11-1694, Telefax (01) 5873380.

Vorstand: Direktor Dipl.-Ing. Dr. mont. Wolfgang *Pöhl*, Vorsitzender; Direktor Dipl.-Ing. Günther *Jungmeier*, Direktor Dipl.-Ing. Dr. techn. Günther *Mörtl*, Direktor Dipl.-Ing. Wolfgang *Rödl*, Direktor Dkfm. Dr. Heinz *Taferner*.

Prokuristen: Dipl.-Ing. Karl *Baumberger*, Dipl.-Ing. Karl *Hajek*, Franz *Hofstadler*, Dipl.-Ing. Helmut *Kerschbaumer*, Dkfm. Franz *Lautner*, Dipl.-Ing. Johann *Lederer*, Dipl.-Ing. Otto *Moll*, Dipl.-Ing. Dr. Alfred *Olsacher*, Dkfm. Dr. Karl *Papst*, Dipl.-Ing. Dr. techn. Armin *Pertl*, Mag. Dr. Mario *de Piero*, Josef *Pirker*, Mag. Roland *Platzer*, Walter *Rath*, Dipl.-Ing. Alfred *Rathausky*, Dipl.-Ing. Günther *Reiner*, Dipl.-Ing. Dr. Erich *Spanring*, Dr. Hans *Wilpernig*.

Rohstoffgewinnungs- und -veredelungsbetrieb

A-9545 Radenthein, ☏ (04246) 2593 (Bergbau), (04246) 2100 (Hütte).

Bergbauberechtigter: Radex Austria AG für feuerfeste Erzeugnisse, Radenthein.

Bevollmächtigter: Vorstandsdirektor Dipl.-Ing. Dr. mont. Wolfgang *Pöhl*.

Betriebsleiter: Dipl.-Ing. Dr. mont. Alfred *Olsacher*.

Abbaufläche: 162,5 ha.

Magindag — Steirische Magnesit-Industrie Aktiengesellschaft

A-1130 Wien, Fleschgasse 34, ☏ (01) 8779461.

Vorstand: Generaldirektor Roelof *Stokvis*, Direktor Dkfm. Manfred *Lechner*.

Prokurist: Verkaufsdirektor Otto *Reitmeier*.

Magnesitbergbau Oberdorf

A-8611 St. Katharein a. d. Laming, ☏ (03869) 2211.

Bergbauberechtigter: Magindag Steirische Magnesit-Industrie Aktiengesellschaft.

Bevollmächtigter: Generaldirektor Roelof *Stokvis*, Wien.

Werksleiter: Ing. Peter *Wachter*.

Betriebsleiter: Werksdirektor i. R. Techn. Rat Dipl.-Ing. Dr. mont. Martin *Wienerroither*.

Abbaufläche: 12,9 ha.

Magnesitbergbau Kainthaleck

A-8611 St. Katharein a. d. Laming.

Abbaufläche: 1,79 ha.

Teerag-Asdag Aktiengesellschaft

A-1031 Wien, Marxergasse 25, Postfach 335, ☏ (01) 71138-0, ⚡ 131383, Telefax (01) 71138-5.

Vorstand: Generaldirektor Komm.Rat Ing. Robert *Prade*, Vorsitzender des Vorstandes; Direktor Dkfm. Dr. Friedrich *Hinterleitner*, Vorstandsmitglied.

Prokuristen: Friedrich *Becvar*, Ernst *Coufal*, Helmut *Mayer*, Dr. Klaus *Theiner*, Dkfm. Heinz *Toplak*, Dipl.-Ing. Eduard *Zirkler*, Dipl.-Ing. Herwig *Schön*, Ing. Gerhard *Vetter*, Ing. Alfred *Englputzeder*, Dipl.-Ing. Anton *Wutschl*, Ing. Peter *Bodner*, Ing. Johann *Fischer*, Dieter *Kubiena*.

Magnesit-Dunit-Bergbau Gulsen

A-8715 Feistritz, ☏ (03512) 3673.

Bergbauberechtigter: Veitscher Magnesitwerke AG, Wien.

Bevollmächtigter: Direktor Prok. Dipl.-Ing. Helmut *Klenner*.

Mit der Gewinnung betraut: Teerag-Asdag Aktiengesellschaft, Wien.

Verantwortl. Leiter: Ing. Dieter *Walbaum*.

Subunternehmen: Sprengbau Spreng- und Bau Ges.m.b.H., Graz, ☏ (0316) 401222.

Abbaufläche: 84,8 ha.

Tiroler Magnesit Aktiengesellschaft

A-6395 Hochfilzen, ☏ (05359) 281, ⚡ 613422200, Telefax (05359) 281-215.

Vorstand: Direktor Dipl.-Ing. Viktor *Weiss*, Vorsitzender; Direktor Dipl.-Ing. Dr. Wolfgang *Pöhl*.

Prokuristen: Direktor Dipl.-Vw. Wilhelm *Kroner*, Dkfm. Sigmund *Riedlsperger*, Direktor Dkfm. Dr. rer. merc. Heinz *Taferner*.

Magnesitwerk Hochfilzen

A-6395 Hochfilzen, ☏ (05359) 281, ST u. WL: Hochfilzen.

Bergbauberechtigter: Tiroler Magnesit Aktiengesellschaft.

1 BERGBAU

Bevollmächtigter: Vorstandsdirektor Dipl.-Ing. Viktor *Weiss*.

Betriebsleiter: Dipl.-Ing. Dr. Egon *Berger*.

Betriebe: Bergbau »Am Bürgl«, Abbaufelder: Bürgl und Weißenstein (Magnesit), Wiesensee (Dolomit), Produktionsanlage Hochfilzen.

Abbaufläche: 229,41 ha.

Veitscher Magnesitwerke Actien-Gesellschaft

A-1011 Wien, Schubertring 10—12, Postfach 143, ☎ (01) 5 15 13.

Vorstand: Generaldirektor Dr. Franz J. *Leibenfrost*, Direktor Dipl.-Ing. Friedrich *Hödl*, Direktor Dipl.-Ing. Berndt *Wendl*.

Prokuristen: Dir. Dipl.-Ing. Herbert *Baumgarten*, Dipl.-Ing. Walter *Baumgartner*, Helmut *Benyr*, Ing. Mag. Johannes *Elsner*, Mag. Dr. Hubert *Figl*, Fritz *Friedrich*, Dir. Dr. Georg *Gerhardt*, Dir. Dipl.-Ing. Helmut *Klenner*, Dr. Heinz *Kopp*, Dipl.-Ing. Dr. Wilfrid *Kraft*, Dir. Dkfm. Dr. Gerhard *Madritsch*, Mag. Alfred *Praus*, Ing. Johann *Richter*, Dipl.-Ing. Gottfried *Scheiblechner*, Ing. Erwin *Schillhammer*, Dipl.-Ing. Rudolf *Sohlmann*, Ing. Friedrich *Soucek*, Dipl.-Ing. Gerhard *Tomani*, Dir. Dipl.-Ing. Peter *Ulbert*, Dipl.-Ing. Maximilian *Waidacher*.

Magnesitbergbau Hohentauern

A-8785 Hohentauern, ☎ (0 36 15) 22 51 (Werk Trieben), (0 36 18) 244 (Bergbau).

Bergbauberechtigter: Veitscher Magnesitwerke Actien-Gesellschaft.

Bevollmächtigter: Direktor Prokurist Dipl.-Ing. Helmut *Klenner*.

Werksdirektor: Dipl.-Ing. Gerhard *Tomani*, Trieben.

Betriebsleiter: Dipl.-Ing. Alois *Preininger*.

Abbaufläche: 24,0 ha.

Magnesitbergbau Breitenau

A-8614 St. Jakob-Breitenau, ☎ (0 38 66) 22 01.

Bergbauberechtigter: Veitscher Magnesitwerke Actien-Gesellschaft.

Bevollmächtigter: Direktor Prokurist Dipl.-Ing. Helmut *Klenner*.

Werksleiter: Mag. Dr. Heinz *Kopp*, St. Jakob.

Betriebsleiter: Berginspektor Dipl.-Ing. Ernst *Gabler*.

Abbaufläche: 38,1 ha.

Talk

Naintsch Mineralwerke Ges. m. b. H.

A-8045 Graz, Statteggerstraße 60, Postfach 35, ☎ (03 16) 69 36 50, Telefax (03 16) 69 36 55.

Geschäftsführung: A. J. *Talmon*, Ing. Walter J. *Engelhardt*, Dipl.-Ing. Horst *Thaler*.

Gesamtprokuristen: Dipl.-Ing. Hermann *Schmidt*, Dipl.-Ing. Richard *Reder*, Dr. Norbert *Wamser*, Hermann *Demel*.

Talkbergbau am Rabenwald

A-8184 Anger, ☎ (0 31 75) 2201, 2207, ST u. WL: Oberfeistritz.

Bergbauberechtigter: Naintsch Mineralwerke Ges.m.b.H.

Bevollmächtigter: Prokurist Dipl.-Ing. Hermann *Schmidt*.

Betriebsleiter: Prokurist Dipl.-Ing. Richard *Reder*.

Abbaufläche: 16,0 ha.

Talkummühle Oberfeistritz

Siehe »Talkbergbau am Rabenwald«.

Talkbergbau Lassing

A-8903 Lassing b. Selzthal, ☎ (0 36 12) 8 22 86, ST u. WL: Selzthal.

Bergbauberechtigter: Naintsch Mineralwerke Ges.m.b.H.

Bevollmächtigter und Betriebsleiter: Prokurist Dipl.-Ing. Hermann *Schmidt*.

Verliehene Feldesfläche: 28,8 ha.

Talk- und Glimmerbergbau Kleinfeistritz

A-8741 Weißkirchen, ☎ (0 35 77) 8 14 44, ST u. WL: Weißkirchen.

Bergbauberechtigter und Bevollmächtigter wie »Talkbergbau Lassing«.

Betriebsleiter: Direktor Prokurist Dipl.-Ing. Horst *Thaler*.

Verliehene Feldesfläche: 28,80 ha.

Mahlanlage Weißkirchen

Siehe »Talk- und Glimmerbergbau Kleinfeistritz«.

ÖSTERREICH

Talksteinwerke Peter Reithofer

A-8223 Stubenberg 152, ☏ (03176) 311, ✆ 311654 tar a.

Inhaber: Ing. Peter Reithofer.

Talksteinbergbau Rabenwald

A-8223 Stubenberg, ☏ (03176) 311, 312, ST u. WL: Oberfeistritz und Gleisdorf.

Bergbauberechtigter: Talksteinwerke Peter Reithofer.

Bevollmächtigter und Betriebsleiter: Ing. Peter *Reithofer*.

Abbaufläche: 37,0 ha.

Sonstige Rohstoffe

Alfatec Feuerfest-Faser-Technik Ges. m. b. H.

A-3125 Statzendorf, Unterwölbling 75, ☏ (02786) 2645, ST u. WL: Statzendorf.

Bergbauberechtigter: Alfatec Feuerfest-Technik Ges. m. b. H.

Bevollmächtigter und Betriebsleiter: Ing. Johann *Haberreiter*.

Betriebe:
Aufbereitung Alfatec — Unterwölbling.
Quarzsandbergbau Alfatec — Oberwölbling I und II.

Abbaufläche: 1,339 ha.

Volkskeramik Mürzzuschlag, Deininger

A-8680 Mürzzuschlag, Auersbachstraße 12–14, ☏ (03852) 2382.

Alleininhaber: Ing. Gerhard *Deininger*.

Quarzitbergbau Mürzzuschlag

A-8680 Mürzzuschlag, ☏ (03852) 2382.

Bergbauberechtigter: Volkskeramik Mürzzuschlag, Deininger.

Bevollmächtigter und Betriebsleiter: Ing. Gerhard *Deininger*.

Abbaufläche: 5,0 ha.

Baukontor Gaaden Ges. m. b. H. & Co. KG

A-2531 Gaaden, Hauptstraße 99, ☏ (02237) 235-0, 326-0.

Geschäftsführung: TR. KR. Ing. Friedrich *Kowall*, Roberta *Trubrich*, Dipl.-Ing. Clemens *Kowall*, Ing. Josef *Schild*.

Dolomitbergbau Gaaden

A-2531 Gaaden, Hauptstr. 99, ☏ (02237) 235, St u. WL: Mödling.

Bergbauberechtigter: Baukontor Gaaden Ges. m. b. H. & Co. KG.

Bevollmächtigter: TR. KR. Ing. Friedrich *Kowall*.

Betriebsleiter: Ing. Wolfgang *Hrubec*.

Abbaufläche: 17,92 ha.

Bergbaubetrieb Ing. Josef Hochrieder

A-3430 Tulln, ☏ (02272) 4130, ST u. WL: Langenlebarn.

Bergbauberechtigter: Baumeister Ing. Josef *Hochrieder*.

Betriebe
Tonbergbau Rassing. Abbaufläche: 1,99 ha.
Blähtonanlage Langenlebarn.

Bergbaubetrieb Johann und Manfred Linauer

A-3123 Obritzberg-Rust, ☏ (02786) 2302, ST u. WL: Statzendorf.

Bergbauberechtigter: Johann *Linauer*, Manfred *Linauer*.

Bevollmächtigter: Johann *Linauer*.

Betriebe
Quarzsandbergbau Obritzberg. Abbaufläche: 1,3 ha.
Quarzsandbergbau Heinigstetten. Abbaufläche: 0,72 ha.
Quarzsandbergbau Winzing. Abbaufläche: 0,329 ha.

Bergbaubetrieb Karl Steinwendtner

A-3382 Loosdorf, ☏ (02754) 6444, ST u. WL: Loosdorf.

Bergbauberechtigter: Karl *Steinwendtner*.

Betriebe
Quarzsandbergbau Roggendorf. Abbaufläche: 0,49 ha.

1 BERGBAU

Quarzsandbergbau Reithen III. Abbaufläche: 1,03 ha.
Quarzsandbergbau Spielberg. Abbaufläche: 8,29 ha.
Quarzsandbergbau Neubach. Abbaufläche: 5,72 ha.
Aufbereitung Roggendorf.
Quarzsandbergbau Roggendorf (Wachberg XIII). Abbaufläche: 16,6217 ha.

Bergbaubetrieb
von Franz und Anna Zöchbauer

A-3123 Obritzberg, ST u. WL: Statzendorf.

Bergbauberechtigte: Franz *Zöchbauer*, Anna *Zöchbauer*.

Bevollmächtigter, Betriebsleiter: Franz *Zöchbauer jun.*

Betriebe
Quarzsandbergbau Heinigstetten. Abbaufläche: 1,7 ha.
Quarzsandbergbau Winzing. Abbaufläche: 0,7 ha.

Frix Mineral Hermann H. Frings

A-3125 Statzendorf, Unterwölbling 75, Hohe Brükke, ✆ (02786) 2318, 2319.

Inhaber: Hermann H. *Frings*, A-3500 Krems, Wiener Straße 59.

Prokurist: Ing. Oliver *Frings*.

Bergbaubetrieb

A-3125 Statzendorf, ✆ (02786) 2318, ST u. WL: Statzendorf.

Bergbauberechtigter: Frix Mineral Hermann H. Frings.

Betriebsleiter: Hermann *Reimelt*.

Betriebe
Aufbereitung Frix Unterwölbling.
Ton- und Quarzsandbergbau Unterwölbling. Abbaufläche: 5,51 ha.
Ton- und Quarzsandbergbau Frix Karlstetten. Abbaufläche: 2,81 ha.
Tonbergbau Maiersch. Abbaufläche: 10,4415 ha.

Gießereisand KG Ing. Fischer

A-3125 Statzendorf, Absdorf 39, ✆ (02786) 22210, ✄ 15452.

Geschäftsführung: Dkfm. Horst *Grosspeter*.

Gesamtprokuristen: Anna *Fohringer*, Ing. Wolfgang *Zehethofer*, Dkfm. Heinz *Sturm*.

Bergbaubetrieb

A-3125 Statzendorf, ✆ (02786) 2221, ST u. WL: Statzendorf.

Bergbauberechtigter: Gießereisand KG Ing. Fischer.

Bevollmächtigte: Hermine *Fischer*.

Betriebsleiter: Ing. Wolfgang *Zehethofer*.

Betriebe
Aufbereitung Fischer Statzendorf.
Ton- und Quarzsandbergbau Eggendorf. Abbaufläche: 1,60 ha.

Gumpoldskirchner Kalk- und Schotterwerke Ing. Friedrich Kowall Ges. m. b. H. & Co. KG

A-2352 Gumpoldskirchen, Kalkgewerk 1, ✆ (02252) 62464.

Geschäftsführung: Techn. Rat Kommerzialrat Ing. Friedrich *Kowall*.

Dolomitbergbau Gumpoldskirchen

A-2352 Gumpoldskirchen, Kalkgewerk 1, ✆ (02252) 624640, ST u. WL: Gumpoldskirchen.

Bergbauberechtigter: Gumpoldskirchner Kalk- und Schotterwerke Ing. Friedrich Kowall Ges. m. b. H. & Co. KG.

Bevollmächtigter: Techn. Rat Kommerzialrat Ing. Friedrich *Kowall*.

Betriebsleiter: N. N.

Abbaufläche: 17,24 ha.

Hausruck-Mineralindustrie Hermann H. Frings

A-4906 Eberschwang, Prinsach, ✆ (07753) 2065. Zentrale: A-3125 Statzendorf, Unterwölbling 75, ✆ (02786) 2318, 2319, ✄ 15665, Telefax (02786) 2628.

Inhaber: Hermann H. *Frings*.

Johann Huber Spedition und Transport Ges. m. b. H.

A-8642 St. Lorenzen, Bundesstr. 3, ✆ (03864) 2235, Telefax (03864) 223522.

Illitbergbau Ülmitz

A-8605 Kapfenberg, ✆ (03864) 2235, ST u. WL: Kapfenberg-Nord.

ÖSTERREICH

Bergbauberechtigter: Johann Huber Spedition und Transportgesellschaft m. b. H.

Bevollmächtigter und Betriebsleiter: Ing. Walter *Huber*.

Abbaufläche: 6,1 ha.

Industrie- und Bergbaugesellschaft Pryssok & Co. KG

A-3125 Rottersdorf, ☏ (02786) 2106, ST u. WL: Statzendorf.

Niederlassung: A-1140 Wien, Onno-Klopp-Gasse 4, ☏ (01) 827254, 820159, ⌁ 13-5145, Telefax (01) 8284359, 85.

Bergbauberechtigter: Industrie- und Bergbaugesellschaft Pryssok & Co. KG.

Bevollmächtigter: Dr. Richard *Hofbauer*.

Betriebsleiter: Prokurist Franz *Wieser*.

Betriebe

Aufbereitung Statzendorf.
Tonbergbau Droß. Abbaufläche: 1,0 ha.
Tonbergbau Stoob. Abbaufläche: 5,6686 ha.
Grafitbergbau Trandorf, Grubenfeld Weinberg. Verliehene Feldesfläche: 28,8 ha.
Grafitbergbau Trandorf, Grubenfeld Weinbergwald-Neu. Verliehene Feldesfläche: 48,0 ha.
Grafitbergbau Grubenmaß Eichenwald. Verliehene Feldesfläche: 4,8 ha.
Kaolinbergbau Mallersbach. Verliehene Feldesfläche: 9,6 ha.
Zentralwerkstätte Kleinrust.

Quarzitbergbau Trofaiach

A-8793 Trofaiach, ☏ (0222) 827254, ST u. WL: Hafning.

Bergbauberechtigter: Industrie- und Bergbaugesellschaft Pryssok & Co. KG.

Bevollmächtigter: Dr. Richard *Hofbauer*.

Betriebsleiter: Prokurist Franz *Wieser*.

Abbaufläche: 12,3 ha.

Krempelbauer-Quarzsandwerk St. Georgen, Hentschläger u. Co. KG

A-4222 St. Georgen a. d. Gusen, ☏ (07237) 2220.
Büro: A-4020 Linz, Museumstraße 17, ☏ (0732) 773068.

Geschäftsführung: Ing. Franz *Hentschläger*, F. *Redlhammer*.

Quarzsandgrube St. Georgen

A-4222 St. Georgen a. d. Gusen, ☏ (07237) 2240, ST u. WL: St. Georgen a. d. Gusen.

Bergbauberechtigter: Krempelbauer-Quarzsandwerk St. Georgen, Hentschläger u. Co. KG.

Bevollmächtigter und Betriebsleiter: Ing. Franz *Hentschläger*.

Abbaufläche: 26 ha.

Montanwerke Brixlegg Gesellschaft m. b. H.

A-6230 Brixlegg, Postfach 19, ☏ (05337) 2551, ⌁ 51782 brx a, Telefax (0 53 37) 25 51-205.

Geschäftsführung: Dr. Peter *Müller*.

Prokurist: Dipl.-Ing. Jörg *Wallner*.

Dolomitbergbau Schwaz

A-6130 Schwaz, ☏ (05242) 2427, ST u. WL: Schwaz.

Bergbauberechtigter: Montanwerke Brixlegg Gesellschaft m. b. H.

Bevollmächtigter: Direktor Dr. Peter *Müller*.

Betriebsleiter: Siegmund *Rauch*.

Abbaufläche: 15,75 ha.

Natursteinwerk Lassing

A-8903 Lassing, ☏ (03612) 82246, ST u. WL: Selzthal.

Bergbauberechtigter und Betriebsleiter: Arnold *Dreher*, Gatschling 35.

Österreichische Ichthyol Ges. m. b. H., nunmehr KG

A-6103 Reith bei Seefeld, ☏ (05212) 2204, ⌁ 05-34032.

Geschäftsführung: Rudolf *Cordes*, Dr. Sigrid *Fiebrich*.

Maximilianhütte Reith

A-6100 Seefeld, ☏ (05212) 2204.

Bergbauberechtigter: Ichthyolgesellschaft Cordes Hermanni & Co., Hamburg, Zweigniederlassung Maximilianhütte Reith bei Seefeld.

Bevollmächtigter und Betriebsleiter: Karl *Riml*.

1 BERGBAU

Paltentaler Kies- und Splittwerk Ges. m. b. H.

A-8786 Rottenmann, Postfach 47, ☏ (03614) 2428-0, Telefax (03614) 242824.

Geschäftsführung: Dipl.-Ing. Meinhard *Lesjak*.

Marmorbergbau Lassing

☏ (03612) 82209, (03614) 2428-0, ST u. WL: Selzthal.

Bergbauberechtigter: Paltentaler Kies- und Splittwerk Ges. m. b. H.

Bevollmächtigter: Dipl.-Ing. Meinhard *Lesjak*.

Betriebsleiter: Willibald *Waldhuber*.

Abbaufläche: 5 ha.

Perlmooser Zementwerke AG

A-1043 Wien, Operngasse 11, Postfach 126, ☏ (01) 58889-0, Telefax 58889-470.

Vorstand: Generaldirektor Kommerzialrat Dkfm. Karl *Hollweger;* Direktor Dipl.-Ing. Dr. Werner *Bittner;* Generaldirektor-Stellvertreter Dkfm. Gerhard *Raffel;* Direktor Dkfm. Elisabeth *Broinger*.

Prokuristen: Dr. Julius Martin *Kink*, Dkfm. Herbert *Mayerhofer*, Dr. iur. Helmut *Hannak*.

Werksdirektoren: Direktor Dipl.-Ing. Dr. Harald *Höhn*, Direktor Dipl.-Ing. Heinz *Rodlmayr*, Ob.Ing. Dipl.-Ing. Kurt *Emler*, Dipl.-Ing. Franz *Denk*.

Zementwerk Kirchbichl, Kalk- u. Mergelbergbau Häring

A-6322 Kirchbichl, ☏ (05332) 7273, ST u. WL: Kirchbichl.

Bergbauberechtigter: Perlmooser Zementwerke AG.

Bevollmächtigter: Prok. Dipl.-Ing. Dr. iur. Helmut *Hannak*.

Betriebsleiter: N. N.

Quarzitbergbau Mürzzuschlag

A-8680 Mürzzuschlag, ☏ (03852) 2261, ST u. WL: Mürzzuschlag.

Bergbauberechtigte: Eberhard *Rosemann*, Anna *Rosemann*.

Bevollmächtigter: Eberhard *Rosemann*.

Betriebsleiter: Dipl.-Ing. Dr. mont. Gottfried *Höfler*.

Abbaufläche: 5,6 ha.

Quarzit-Sandwerke Feichtinger Ges. m. b. H. & Co. KG.

A-2831 Haßbach, ☏ (02629) 7223. Büro: A-2640 Gloggnitz, Semmeringstraße 7, ☏ (02662) 2414, Telefax (02662) 5660.

Persönlich haftender Gesellschafter: Feichtinger Gesellschaft m. b. H.

Geschäftsführer: Dkfm. Dr. Wolfgang *Möllenhoff*.

Bergbaubetrieb

A-2831 Warth, ☏ (02629) 7223, ST u. WL: Gloggnitz.

Bergbauberechtigter: Quarzit-Sandwerke Feichtinger Ges. m. b. H. & Co. KG.

Bevollmächtigter: Dkfm. Dr. Wolfgang *Möllenhoff*.

Betriebsleiter: Ferdinand *Heider*.

Betriebe
Quarzitbergbau Haßbach I und II. Abbaufläche: 8,91 ha.
Quarzitbergbau Steyersberg I. Abbaufläche: 4,80 ha.
Quarzitbergbau Penk II. Abbaufläche: 0,917 ha.
Quarzitbergbau Penk I. Abbaufläche: 0,415 ha.

Quarzitwerk Penk Hans Eckard Ges. m. b. H.

A-2372 Gießhübl bei Wien, Schillerstraße 8, ☏ (02236) 26652, ⚡ 79165 Quarzw, Telefax (02236) 25100. Lager: A-2340 Mödling, Bahngelände, Einfahrt Mannagettagasse 5, ☏ (02236) 23449.

Geschäftsführung: Beatrice *Wetzmüller*.

Einzelprokurist: Ing. Hans *Eckard*.

Quarzsandbergbau Achleiten

A-4381 St. Nikola a. d. Donau, ☏ (07268) 8152, ST u. WL: Grein.

Bergbauberechtigter: Franz *Leonhartsberger*.

Abbaufläche: 4,4 ha.

Quarzsandbergbau Grabenegg

A-3244 Ruprechtshofen, ☏ (02756) 2865, ST u. WL: Grabenegg-Rainberg.

Bergbauberechtigter: Karl *Kranabetter*.

Abbaufläche: 1,23 ha.

Quarzsandbergbau Großrust

A-3123 Großrust 37, ☏ (02782) 4018, ST u. WL: St. Pölten.

Bergbauberechtigter: Franz *Robineau jun.*

Abbaufläche: 5,0642 ha.

Quarzsandbergbau Harmersdorf

A-3383 Hürm, ☏ (02754) 8321, ST u. WL: Mank.

Bergbauberechtigte: Franz *Fichtinger*, Christine *Fichtinger*.

Bevollmächtigter: Franz *Fichtinger*.

Abbaufläche: 0,619 ha.

Quarzsandbergbau Harmersdorf (Gleis)

A-3383 Hürm, ☏ (02754) 8421, ST u. WL: Mank.

Bergbauberechtigte: Hubert *Gleis*, Josefa *Gleis*.

Bevollmächtigter: Hubert *Gleis*.

Abbaufläche: 1,1 ha.

Quarzsandbergbau Höbenbach

A-3511 Furth bei Göttweig, ☏ (02736) 271, ST u. WL: Paudorf.

Bergbauberechtigte: Leopold *Pammer*, Leopoldine *Pammer*.

Betriebsleiter: Leopold *Pammer*.

Abbaufläche: 1,62 ha.

Quarzsandbergbau Karlstetten

A-3100 St. Pölten, ☏ (02742) 67266, ST u. WL: St. Pölten.

Bergbauberechtigte: Günther *Schmalek*, Maria *Schmalek*.

Bevollmächtigter: Günther *Schmalek*.

Abbaufläche: 1,903 ha.

Quarzsandgrube Luftenberg

A-4222 St. Georgen a. d. Gusen, ☏ (07224) 6151, ST u. WL: St. Georgen a. d. Gusen.

Bergbauberechtigter: Kommerzialrat Leopold *Schreiberhuber*.

Abbaufläche: 2,74 ha.

Quarzsandbergbau Obermarkersdorf

A-2073 Schrattenthal, ☏ (02942) 2140, ST u. WL: Obermarkersdorf.

Bergbauberechtigte: Johann *Diem*, Anneliese *Diem*, Hildegard *Diem*.

Bevollmächtigte: Anneliese *Diem*.

Abbaufläche: 5,47 ha.

Quarzsandbergbau Schrattenthal

A-2073 Schrattenthal, ☏ (02942) 2133, ST u. WL: Obermarkersdorf.

Bergbauberechtigter: Werner *Grolly*.

Betriebsleiter: Oswald *Frey*.

Abbaufläche: 1,55 ha.

Quarzsandbergbau Spielberg

A-3383 Hürm, ☏ (02754) 8201, ST u. WL: Melk.

Bergbauberechtigter: Gerhard *Thir*.

Abbaufläche: 0,96 ha.

Quarzsandbergbau Untermamau

A-3121 Karlstetten, ☏ (02742) 63454, ST u. WL: St. Pölten.

Bergbauberechtigter: Franz *Spring*.

Betriebsleiter: Franz *Spring*.

Abbaufläche: 1,6 ha.

Quarzwerke Ges. m. b. H.

A-3393 Zelking bei Melk, ☏ (02752) 2002-0, ⚡ 15660. A-4222 St. Georgen a. d. Gusen, ☏ (07237) 2449-0, ⚡ 221151.

Geschäftsführung: Dkfm. Horst *Grosspeter*, Prokurist Dkfm. Heinz *Sturm*, Prok. Anna *Fohringer*, Prok. Ing. Wolfgang *Zehethofer*.

Bergbaubetrieb

A-3393 Zelking bei Melk, ☏ (02752) 2002-0, ST u. WL: Melk a. d. Donau.

Bergbauberechtigter: Quarzwerke Ges. m. b. H.

Bevollmächtigter: Prokurist Ing. Wolfgang *Zehethofer*.

1 BERGBAU

Betriebsleiter: Ing. Gerhard *Herbert.*
BA. Tagbaugewinnung.
Quarzsandbergbau Zelking. Abbaufläche: 37,9886 ha.
Quarzsandbergbau Bergern. Abbaufläche: 6,5 ha.
Quarzsandbergbau Pöverding I. Abbaufläche: 32,22 ha.
Quarzsandbergbau Melk. Abbaufläche 17,1124 ha.
Quarzsanbergbau Winzing und Kleinrust. Abbaufläche 7,26 ha.
Quarzsandbergbau Höbenbach, Abbaufläche 1,41 ha.
Ton- und Quarzsandbergbau Ober- und Unterwölbling. Abbaufläche 11,16 ha.
Ton- und Quarzsandbergbau Eggendorf. Abbaufläche 1,60 ha.
BA. Aufbereitung Zelking. BL. Gerhard *Freudenschuß.*
BA. Werk St. Georgen (siehe Oberösterreich).

Quarzsandgrube und -aufbereitung St. Georgen a. d. Gusen

A-4222 St. Georgen a. d. Gusen, ☏ (07237) 2449.

Bergbauberechtigter: Quarzwerke Ges. m. b. H.

Bevollmächtigter: Ing Wolfgang *Zehethofer.*

Betriebsleiter: Ing. Klaus *Pfeiffer.*

Abbaufläche: 2,49 ha.

Sandgewinnung Landhausen und Klein-Rust

A-3151 St. Georgen a. St., St. Georgener Hauptstraße 136, ☏ (02746) 8212.

Inhaber: Josef *Bachner jun.*

Bergbaubetrieb Josef und Amalie Bachner

A-3151 St. Georgen a. St., ☏ (02746) 8212, ST u. WL: Statzendorf.

Bergbauberechtigte: Josef *Bachner,* Amalie *Bachner.*

Betriebsleiter: Josef *Bachner.*

Betriebe
Quarzsandbergbau Obritzberg. Abbaufläche: 2,3 ha.
Quarzsandbergbau Kleinrust. Abbaufläche: 1,22 ha.

Silmeta Ges. m. b. H. & Co. KG, Silikate-Metallurgie-Anwendungstechnik

A-3124 Unterwölbling 75, ☏ (02786) 2432, ⚡ 15665.

Geschäftsführung: Hermann H. *Frings,* Ing. Erwin *Siegmund.*

Rechtsform: Kommanditgesellschaft mit zwei Kommanditisten.

Bergbaubetrieb

A-3124 Unterwölbling 75, ☏ (02786) 2432, ST u. WL: Statzendorf.

Bergbauberechtigter: Silmeta Ges. m. b. H. & Co. KG.

Bevollmächtigter: Ing. Erwin *Siegmund.*

Betriebsleiter: Oswald *Stelzhammer.*

Betriebe
Aufbereitung Silmeta Unterwölbling.
Quarzsandbergbau Silmeta Oberwölbling. Abbaufläche: 0,72 ha.

Steirische Montanwerke AG

A-8700 Leoben, Donawitzer Straße 39, ☏ (03842) 21661-0, ⚡ Leoben 33/307, Telefax (03842) 21661-42.

Vorstand: Direktor Dipl.-Ing. Dr. mont. Peter *Reska,* Direktor Dkfm. Johann *Roth.*

Gesamtprokura: Dr. Rolf *Ettenberger.*

Traßbergbau Gossendorf

A-8330 Feldbach, ☏ (03152) 2257, ST u. WL: Feldbach.

Bergbauberechtigter: Steirische Montanwerke AG.

Bevollmächtigter: Dipl.-Ing. Dr. mont. Peter *Reska.*

Betriebsleiter: N. N.

Abbaufläche: 6,7 ha.

Dolomitbergbau und Kalkwerk Leoben

A-8700 Leoben, ☏ (03842) 24315, ST u. WL: Leoben.

Bergbauberechtigter: Steirische Montanwerke AG.

Bevollmächtigter: Vorstandsdirektor Dipl.-Ing. Dr. mont. Peter *Reska.*

Betriebsleiter: Werksleiter Dipl.-Ing. Günter *Gass.*

Abbaufläche: 20,4 ha.

ÖSTERREICH

Tiroler Steinölwerke Gebrüder Albrecht OHG

A-6213 Pertisau, ☏ (05243) 5877, Telefax (05243) 5877/75.

Ölschieferbergbau Bächental

A-6213 Pertisau, ☏ (05423) 5154, ST u. WL: Jenbach.

Bergbauberechtigte: Alexander *Albrecht*, Hermann *Albrecht*, Günther *Albrecht*.

Bevollmächtigter: Hermann *Albrecht*.

Betriebsleiter: Martin *Albrecht*.

Verliehene Feldesfläche: 18,05 ha.

Walter Ulm (Quarzitbergbau Kapellen a. d. Mürz)

A-8691 Kapellen a. d. Mürz, ☏ (03857) 2131.

Quarzitbergbau Waldbachgraben

A-8691 Kapellen a. d. Mürz, ☏ (03857) 2131, ST u. WL: Kapellen a. d. Mürz.

Bergbauberechtigter: Walter *Ulm*.

Betriebsleiter: Walter *Ulm*.

Abbaufläche: 6 ha.

Vorarlberger Zementwerke Lorüns AG

A-6700 Bludenz, Brunnenfelderstraße 59, Postfach 18, ☏ (05552) 63591, ✂ 52701.

Vorstand: Direktor Dipl.-Vw. Gregor *Loacker*.

Gesamtprokuristen: Mag. Klaus *Dittrich*, Ing. Helmut *Eichberger*, Karl *Keckeis*.

Dolomitbergbau Ludesch

A-6713 Ludesch, ☏ (05550) 2237, ST u. WL: Ludesch.

Bergbauberechtigter: Vorarlberger Zementwerke Lorüns AG.

Bevollmächtigter: Direktor Dipl.-Vw. Gregor *Loacker*.

Betriebsleiter: Hugo *Hepberger*.

Abbaufläche: 8,7 ha.

Österreichische Leca Gesellschaft m.b.H.

A-8350 Fehring, Fabrikstraße 11, ☏ (03153) 23680.

Geschäftsführung: Ing. Franz *Geieregger*, Ing. Othmar *Öttl*.

Illitbergbau Fehring

A-8350 Fehring, ☏ (03155) 2368 und 2468, ST u. WL: Fehring.

Bergbauberechtigter: Österreichische Leca Gesellschaft m.b.H.

Bevollmächtigter und Betriebsleiter: Prok. Ing. Franz *Geieregger*.

Abraum- und Gewinnungsbetrieb: Betriebsleiter Dipl.-Ing. Alexander *Pongratz*.

Außenstelle Andorf (Aufbereitung): Betriebsleiter Ing. Franz *Geieregger*.

Abbaufläche: 30,0 ha.

Wienerberger Baustoffindustrie AG

A-1102 Wien, Wienerbergstraße 11, Postfach 64, ☏ (01) 629241, Telefax 629241-260.

Vorstand: Generaldirektor DDr. Erhard *Schaschl*.

Vorsitzender: Dr. iur. Wolfgang *Reithofer*, Dkfm. Paul *Tanos*.

Prokuristen: Dkfm. Adolf *Jeßner*, Dr. Manfred *Toscani*.

Tonbergbau Stoob

A-7530 Oberpullendorf, ☏ (0222) 629241, ST u. WL: Oberpullendorf.

Bergbauberechtigter: Wienerberger Baustoffindustrie AG.

Bevollmächtigter: Dr. Walter *Linke*.

Betriebsleiter: Prokurist Peter *Feichtinger*.

Abbaufläche: 4,8 ha.

Bergbaubetrieb

A-1102 Wien, Wienerbergstraße 11, ☏ (01) 629241, ST u. WL: Wien.

Bergbauberechtigter: Wienerberger Baustoffindustrie AG.

Bevollmächtigter: Dr. Walter *Linke*.

Betriebsleiter: Dipl.-Ing. Walter *Paier*.

1 BERGBAU

Betriebe

Kieselgurbergbau Limberg. Abbaufläche: 1,19 ha.
Kieselgurbergbau Oberdürnbach. Abbaufläche: 1,23 ha.
Kieselgurbergbau Parisdorf. Abbaufläche: 4,7 ha.

Ytong Gesellschaft m. b. H.

A-3382 Loosdorf, ☏ (02754) 6333 und 6334.

Geschäftsführung: Ing. Friedrich *Bentz*.

Quarzsandbergbau Anzendorf

A-3382 Loosdorf, ☏ (02754) 6333, ST u. WL: Loosdorf.

Bergbauberechtigter: Ytong Ges. m. b. H.

Bevollmächtigter: Prokurist Ing. Friedrich *Bentz*.

Betriebsleiter: Ing. Karl *Mitterer*.

Abbaufläche: 11,02 ha.

Zementwerk Leube Ges. m. b. H.

A-5083 Gartenau, ☏ (06246) 2951, Telefax (0 62 46) 29 51-219.

Geschäftsführung: Dr. jur. Fritz *Schall*, Dipl.-Ing. Rupert *Zückert*, Dkfm. Heinz Otto *Pricken*.

Zementmergelbau Gartenau

A-5083 Gartenau-St. Leonhard, ☏ (06246) 29510, ST u. WL: Salzburg.

Bergbauberechtigter: Zementwerk Leube Ges. m. b. H.

Bevollmächtigter: Dipl.-Ing. Rupert *Zückert*.

Betriebsleiter: Dipl.-Ing. Hubert *Schauer*.

Kalkwerk Tapper Gesellschaft mbH

A-5440 Golling, ☏ (06244) 2340, Telefax (06244) 23413.

Bevollmächtigter: Dipl.-Ing. Rupert *Zückert*.

Betriebsleiter: Dr. Georg *Ruckensteiner*.

Bergbau-Spezialgesellschaften

Alpine Bau Ges. m. b. H.

Hauptverwaltung: A-5071 Salzburg/Wals, Alte Bundesstraße 10, ☏ (0662) 851330-0, Telefax (0662) 851330-31.

Geschäftsführung: Ing. Dietmar *Aluta*, Dipl.-Ing. Otto *Mierl*.

Alpine Mineral
AM Bergbauberatungs- und Bergbaubetriebsgesellschaft m. b. H.

A-3400 Klosterneuburg, Fellergraben 27 (B).

Geschäftsführung: Hon.-Konsul Kommerzialrat Dozent Dr. Walter *Neubauer*.

Austroplan, Österreichische Planungsgesellschaft m. b. H.
Austrian Engineering Co. Ltd.

A-1153 Wien, Linke Wienzeile 234, Storchengasse 1, ☏ (01) 89189-0, ⌁ 132997 alaw a, Telefax (01) 89189/299.

Geschäftsführung: Dipl.-Ing. Heinz *Weber*.

Gesellschafter: Österreichische Länderbank.

Prokuristen: Ing. Gerhard *Frenzel*, Dipl.-Ing. Erich *Krimmel*, Mag. Ing. Bruno *Meinhart*, Maria *Rosenberg*.

Consulting-Büro für Bergbaubetriebswirtschaft und Mineralwirtschaft

Univ.: Doz. Dipl.-Ing. Dr. mont. Richard *Nötstaller*, Zivilingenieur für Bergwesen.

A-2344 Maria Enzersdorf, Donaustr. 102/7, ☏ (02236) 42358, Telefax (02236) 42358.

Entsorgungsbergwerk Wolfsthal Planungs- und Errichtungsges. m. b. H.

A-1220 Wien, Polgarstraße 30, ☏ (0222) 21728-0, Telefax (0222) 21728359.

Geschäftsführung: Dr. Walter *Neubauer*, Mag. Hannes *Truntschnig*.

Gesellschafter: Alpine Mineral AM Bergbauberatungs- und Bergbaubetriebsges. m. b. H., Wien; Ilbau Gesellschaft m. b. H., Wien.

Erdbewegung — Schwersttransporte Fa. Alfred Topf

A-8570 Voitsberg, ☏ (03142) 22449, ✆ 312447, Telefax (03142) 23045.

Bevollmächtigter: Alfred *Topf sen.*

Leiter: Alfred *Topf jun.*

Fren — Erschließungs- und Bergbau Gesellschaft m. b. H.
Technisches Büro für Berg- und Hüttenwesen

A-8700 Leoben, Franz-Josef-Straße 4, ☏ (03842) 45761, Telefax (03842) 46824.

Geschäftsführung: Dipl.-Ing. Dr. mont. Siegfried *Polegeg.*

Geodata Geotechnische Messungen im Berg- und Bauwesen Gesellschaft mbH
Technisches Büro für Berg- und Hüttenwesen

A-8700 Leoben, Erzherzog-Johann-Straße 7, ☏ (03842) 42484-0, Telefax (03842) 42484-23 oder -6.

Geschäftsführung: Dipl.-Ing. Klaus *Rabensteiner.*

Geomontan — Bergbauberatung Gesellschaft m.b.H.

A-1040 Wien, Floragasse 7, ☏ (0222) 5058280 oder (02736) 47253, ✆ 75312623, Telefax (0222) 5058288.

Geschäftsführung: Dipl.-Ing. Karl *Kisling.*

Gesellschafter: ÖIAG-Bergbauholding AG, Wien, Dipl.-Ing. Karl *Kisling,* Mödling, GKB-Gesellschaft, Graz, Voest-Alpine Erzberg Ges.m.b.H., Eisenerz.

Vorsitzender des Beirates: Generaldirektor Dipl.-Ing. Erich *Staska.*

Geo Salzburg
Geophysikalische und Geotechnische Meßsysteme Gesellschaft m. b. H.

A-5020 Salzburg, Jakob-Haringer-Str. 3, ☏ (0662) 452445, 452446, Telefax (0662) 4524846.

Geschäftsführung: Dipl.-Ing. Dr. Ewald *Brückl,* Bernhard *Halbrainer.*

Geotechnik
Technisches Büro für Berg-, Hütten- und Erdölwesen

A-8700 Leoben, Kaiserfeldgasse 3, ☏ (03842) 45791.

Geschäftsführung: A. C. *Nikolay.*

Habau Hoch- und Tiefbau Ges. m. b. H.

A-4320 Perg, Naarner Straße 31, ☏ (07262) 2341-0, 2361-0, Telefax (07262) 2341-202, 2361-335.

Geschäftsführung: Adolf *Auböck,* Leo-Hans *Freilinger,* Hans-Jörg *Kabelka.*

Verantwortliche Person: Lambert *Hackl.*

Halliburton Company Austria Ges. m. b. H.

A-2201 Seyring, Helmaweg 2, ☏ (02246) 4333, ✆ 13-4256. Postanschrift: Postfach 107, A-1213 Wien.

Geschäftsführung: Leonard Frederick *Maier,* Dipl.-Ing. Nathan *Betsayad.*

Prokuristen: Frank M. *Blakeslee,* James Elmer *Dryden,* Eduard *Homolka.*

Gesellschafter: Halliburton Company, Duncan, Oklahoma, USA.

Insond Gesellschaft m. b. H.

A-5202 Neumarkt, Bahnhofstraße 45, ☏ (06216) 583-0, ✆ 633757, Telefax (06216) 58326. Zweigniederlassung: Gloriettegasse 8, 1130 Wien, ☏ (0222) 8773588-0, 8772428, ✆ 132804, Telefax (0222) 8776629 11.

Geschäftsführung: Dipl.-Ing. Gert *Stadler.*

Prokuristen: Dipl.-Ing. Anton *Korak* (Neumarkt), Dipl.-Ing. Wolfgang *Pistauer* (Wien).

1 BERGBAU

Minccon Mineral Consulting & Contracting

A-6200 Jenbach, Birkenwaldsiedlung 9, ☏ (05244) 3912, ✆ 534348, Telefax (05244) 3912.

Geschäftsführung: Ing. C. G. & Dr. J. K. *Bauer*.

Österreichisches Schacht- und Tiefbauunternehmen Ges. m. b. H.

A-8753 Fohnsdorf, Haldengasse 12, ☏ (03573) 22260, ✆ 37678, Telefax (03573) 222628.

Geschäftsführung: Direktor Dipl.-Ing. Heinrich *Haas*, Direktor Hans-Jürgen *Schäfer*.

Prokuristen: Hans-Günther *Marchl*, Betriebsdirektor Dipl.-Ing. Werner *Steck*, Dipl.-Ing. Gerhard *Stix*, Dipl.-Ing. Dieter *Schnepf*, Rechtsanwalt August-Rudolf *Weber*.

Handlungsbevollmächtigter: Rudolf *Weixler*.

Stammkapital: 2,1 Mill. DM.

Gesellschafter: Thyssen Schachtbau GmbH.

Beteiligungsgesellschaften:
Ostu Portuguesa Lda., Estoril, 50 %.
Östu-Industriemineral Consult Ges.m.b.H., Wien, 50 %.
Östu Umwelttechnik Ges.m.b.H., Wien, 50 %.

Prakla-Seismos GmbH

A-1191 Wien, Kreindlgasse 15/10, Postfach 107, ☏ (01) 365345, ✆ 1-12209 prakl a, Telefax (01) 3692604.

Geschäftsführung: Notburga *Kleisch*.

Leitung: Dipl.-Ing. Ernst *Großmann*, Dipl.-Ing. Horst *Boekler*.

Preußag – Erdöl Gesellschaft m. b. H.

A-1230 Wien, Schuhfabrikgasse 18, ☏ (01) 841601.

Geschäftsführung: Direktor Georg *Huber*.

Services Petroliers Schlumberger
(Schlumberger Meßverfahren)

A-4482 Ennsdorf, Brunnenstraße 15, ☏ (07223) 3277/78.

Zweigstellenleiter: Dipl.-Ing. Nikolaus *Senycia*.

Sprengbau Spreng- und Baugesellschaft m. b. H.

A-8042 Graz, St. Peter-Hauptstraße 251, ☏ (03 16) 401222 u. 40 13 87, Telefax (03 16) 40 13 87-85.

Zweigniederlassungen
A-1040 Wien, Argentinierstraße 19, ☏ (02 22) 6 50 90 70.
A-7540 Güssing, Grazerstraße 7, ☏ (0 33 22) 23 33.
A-2840 Grimmenstein, Petersbaumgarten 84, ☏ (0 26 29) 27 46.

Geschäftsführender Gesellschafter: Baumeister Ing. Johann *Resch*.

Einzelprokurist: Alfred *Zloklikovits*.

Organisationen

Fachverband der Bergwerke und Eisen erzeugenden Industrie

A-1015 Wien, Goethegasse 3, Postfach 300, ☏ (01) 5124601/0, Telefax 5124601-20.

Vorsteher: Generaldirektor Bergrat h. c. Kommerzialrat Dipl.-Ing. Hellmut *Longin*.

Geschäftsführung: Ing. Mag. rer. soc. oec. Hermann *Prinz*.

Fachverband der Stein- und keramischen Industrie

A-1045 Wien, Wiedner Hauptstraße 63, ☏ (01) 50105.

Vorsteher: Senator h. c. Kommerzialrat Ing. Leopold *Helbich*.

Geschäftsführung: Dr. iur. Carl *Hennrich*.

Fachverband der Metallindustrie

A-1045 Wien, Wiedner Hauptstraße 63, ☏ (01) 50105.

Vorsteher: Komm-Rat. Dr. rer. pol. Othmar *Rankl*.

Geschäftsführung: Dr. iur. Günter *Greil*.

Kammer der gewerblichen Wirtschaft für Steiermark

A-8021 Graz, Körblergasse 111–113, ☏ (0316) 6010.

Präsident: Kommerzialrat Franz *Gady*.

Direktor: Dr. iur. Leopold J. *Dorfer*.

ÖSTERREICH

Fachgruppe der Bergwerke und der Eisen erzeugenden Industrie

A-8021 Graz, Körblergasse 111–113, ☏ (0316) 601/527.

Fachgruppenvorsteher: N. N.

Vorsteher-Stellvertreter: Dir. Dipl.-Ing. Dr. Otto *Gross*, Bergrat h. c. Bergdirektor Dipl.-Ing. Franz *Illmaier*.

Fachgruppensekretär: Dr. iur. Bernd *Nachbaur*.

Technisch-wissenschaftlicher Verein Bergmännischer Verband Österreichs

A-8700 Leoben, Franz-Josef-Straße 18, Montanuniversität, ☏ (03842) 45279, Telefax (03842) 42555/530.

Präsident: Vorstandsvorsitzender Bergrat h. c. Dipl.-Ing. Dr. mont. Adolf *Salzmann*.

Vizepräsidenten: o. Univ.-Professor Dipl.-Ing. Dr.-Ing. Dr.-Ing. E. h. Dr. h. c. Günter B. *Fettweis*, gleichzeitig Vorsitzender des Vorstandsausschusses, Geschäftsführer Mag. Ing. Hermann *Prinz*, Sektionschef Mag. iur. Dipl.-Ing. Dr. mont. Rudolf *Wüstrich*, gleichzeitig Vorsitzender des Vorstandsbeirates.

Schatzmeister: Berghauptmann wirkl. Hofrat Hon.-Professor Dipl.-Ing. Dr. iur. Karl *Stadlober*.

Schriftführer: Generaldirektor-Stellvertreter Hon.-Professor Bergrat h. c. Dipl.-Ing. Dipl.-Ing. Dr. mont. Kurt *Thomanek*.

Geschäftsführung: Berginspektor i. R. Bergrat h. c. Dipl.-Ing. Gunther *Dauner;* Berginspektor Dipl.-Ing. Horst *Weinek*, stellv.

Vorstandsmitglieder: Gewerke Dr. Emmerich *Assmann*, Vorstandsdirektor Dipl.-Ing. Dr. mont. Werner H. *Bittner*, Dipl.-Ing. Dr. mont. Werner *Brauchstätter*, Vorstandsdirektor Dipl.-Ing. Kurt *Bushati*, Geschäftsführer Pierre *Carron*, o. Univ.-Professor DDipl.-Ing. Dr. mont. Eduard *Czubik*, Berginspektor i. R. Bergrat h. c. Gunther *Dauner*, o. Univ.-Professor Dr. Michael J. *Economides*, o. Univ.-Professor Dipl.-Ing. Dr.-Ing. Dr.-Ing. E. h. Dr. h. c. Günter B. *Fettweis*, Generaldirektor Dipl.-Ing. Serge *Forthomme*, Bergdirektor Techn. Rat Dipl.-Ing. Romedio *Giacomini*, o. Univ.-Professor Dipl.-Ing. Dr. mont. Johann *Golser*, Geschäftsführer Dr. iur. Günter *Greil*, Prorektor Dipl.-Ing. Dr.-Ing. Klaus Jürgen *Grimmer*, Direktor Technischer Geschäftsführer Dipl.-Ing. Heinrich *Haas*, Konsul Dr. Hans *Heger*, Fachverbandsvorsteher Kommerzialrat Ing. Leopold *Helbich*, Geschäftsführer Carl Josef *Henckel von Donnersmarck*, Geschäftsführer Dr. Carl *Hennrich*, o. Univ.-Professor Dr. phil. Herwig *Holzer*, Bergdirektor i. R. Bergrat h. c. Dipl.-Ing. Franz *Illmaier*, Prorektor Dipl.-Ing. Dr. mont. Franz *Jeglitsch*, Generaldirektor Dr. iur. Gerhard *Knezicek*, Geschäftsführer Dipl.-Ing. Dipl.Wirtsch.-Ing. Dr.-Ing. Josef *Korak*, Vorstandsdirektor Mag. Dr. Rudolf *Kores*, Gewerke Kommerzialrat Technischer Rat Ing. Friedrich *Kowall*, Direktor Dipl.-Ing. Dr. techn. Harald *Lauffer*, a. o. Univ.-Professor Dipl.-Ing. Dr. mont. Erich *Lechner*, Vorstandsdirektor Bergrat h. c. Dipl.-Ing. Hubert *Marka*, Generaldirektor Dipl.-Berging. Walter *Michaeli*, Geschäftsführer Dipl.-Ing. Dr. mont. Klaus *Moldan*, Rektor o. Univ.-Professor Dr.-Ing. Albert F. *Oberhofer*, Vorstandsvorsitzender Dipl.-Ing. Dr. mont. Wolfgang *Pöhl*, Geschäftsführer Mag. rer. soc. oec. Ing. Hermann *Prinz*, Vorstandsdirektor Dr. Peter P. *Prochaska*, Kommerzialrat Dr. rer. pol. Othmar *Rankl*, Vorstandsdirektor Dipl.-Ing. Dr. mont. Peter *Reska*, Vorstandsvorsitzender Bergrat h. c. Dipl.-Ing. Dr. mont. Adolf *Salzmann*, Vorstandsdirektor Dr. Hans *Schabel*, Geschäftsführer Dipl.-Ing. Friedrich *Scholtes*, Direktor Bergrat h. c. Dipl.-Ing. Dr. mont. h. c. Hermann *Spörker*, Dipl.-Ing. Dr.-Ing. Manfred *Spross*, Berghauptmann wirkl. Hofrat Hon.-Professor Dipl.-Ing. Dr. iur. Karl *Stadlober*, Generaldirektor Dipl.-Ing. Erich *Staska*, o. Univ.-Professor Dipl.-Ing. Dr. mont. Hans Jörg *Steiner*, o. Univ.-Professor Dr. rer. nat. Eugen Friedrich *Stumpfl*, Direktor Dipl.-Ing. Horst *Thaler*, Generaldirektor-Stellv. Bergrat h. c. Dipl.-Ing. Dr. mont. Kurt *Thomanek*, Bergdirektor Dipl.-Ing. Walther *Twrdy*, o. Univ.-Professor Dr. phil. Dr. rer. nat. h. c. Franz *Weber*, Vorstandsdirektor Dipl.-Ing. Viktor *Weiss*, Vorstandsdirektor Dipl.-Ing. Berndt *Wendl*, Dipl.-Ing. Dr. Peter *Wichert*, Sektionschef Mag. iur. Dipl.-Ing. Dr. mont. Rudolf *Wüstrich*, Geschäftsführer Dipl.-Ing. Rupert *Zückert*.

Vorstandsausschuß: Vorsitzender: o. Univ.-Professor Dipl.-Ing. Dr.-Ing. Dr.-Ing. E. h. Dr. h. c. Günter B. *Fettweis;* Mitglieder: Vorstandsdirektor Dipl.-Ing. Kurt *Bushati*, o. Univ.-Professor Dipl.-Ing. Dipl.-Ing. Dr. mont. Eduard *Czubik*, Berginspektor i. R. Bergrat h. c. Dipl.-Ing. Gunther *Dauner*, a. o. Univ.-Professor Dipl.-Ing. Dr. mont. Erich *Lechner*, Vorstandsdirektor Bergdirektor Bergrat h. c. Dipl.-Ing. Hubert *Marka*, Vorstandsvorsitzender Dipl.-Ing. Dr. mont. Wolfgang *Pöhl*, Geschäftsführer Ing. Mag. Hermann *Prinz*, Vorstandsdirektor Dipl.-Ing. Dr. mont. Peter *Reska*, Vorstandsvorsitzender Bergrat h. c. Dipl.-Ing. Dr. mont. Adolf *Salzmann*, Direktor i. R. Bergrat h. c. Dipl.-Ing. Dr. h. c. Hermann *Spörker*, Berghauptmann w. Hofrat Hon.-Professor Dipl.-Ing. Mag. Dr. iur. Karl *Stadlober*, Generaldirektor Dipl.-Ing. Erich *Staska*, o. Univ.-Professor Dipl.-Ing. Dr. mont. Hans Jörg *Steiner*, Sektionschef i. R. Senator h. c. Dipl.-Ing. Dr. iur. Georg *Sterk*, Generaldirektor-Stellvertreter Hon.-Professor Bergrat h. c. Dipl.-Ing. Dipl.-Ing. Dr. mont. Kurt *Thomanek*, o. Univ.-Professor Dr. phil. Dr. rer. nat. h. c. Franz *Weber*, Berginspektor Dipl.-Ing. Horst *Weinek*, Sektionschef Mag. iur. Dipl.-Ing. Dipl.-Ing. Dr. mont. Rudolf *Wüstrich.* Kooptiert: Techn. Leiter Dipl.-Ing. Rudolf *Blahnik.*

Vorstandsbeirat: Vorsitzender: Sektionschef Mag. iur. Dipl.-Ing. Dipl.-Ing. Dr. mont. Rudolf *Wüstrich.*

Leiter der Fachausschüsse und Arbeitskreise: Direktor Dipl.-Ing. Dr. mont. Manfred *Hoscher,* für bergmännische Betriebswirtschaft; o. Univ.-Professor Dipl.-Ing. Dipl.-Ing. Dr. mont. Eduard *Czubik,* für Markscheidewesen und Bergschäden; Werksleiter Dipl.-Ing. Hanne *Schruf,* für Tagbau- und Steinbruchtechnik; Prokurist Dipl.-Ing. Dr. mont. Hans *Kolb,* für Aufbereitung; Vorstandsdirektor Bergdirektor Dipl.-Ing. Hubert *Marka,* für Kohlengewinnung; Dipl.-Ing. Dr. mont. Peter *Walser,* für Vortriebstechnik; Dozent Ministerialrat Dr. phil. Leopold *Weber,* für Lagerstättenforschung. Schriftführer: Betriebsdirektor Dipl.-Ing. Claus *Lukasczyk.*

Technisch-wissenschaftlicher Verein »Eisenhütte Österreich« in Leoben

A-8700 Leoben, Franz-Josef-Straße 18, Montanuniversität, Institut für Eisenhüttenkunde, ☏ (03842) 45189, Telefax (03842) 46852.

Vorstandsmitglieder: Generaldirektor Bergrat h. c. Senator h. c. Dipl.-Ing. Hellmut *Longin,* Vorsitzender; Generaldirektor Hon.-Professor Dr.-Ing. Dr.-Ing. E. h. Ludwig *von Bogdandi,* 1. stellv. Vorsitzender; o. Univ.-Professor Dipl.-Ing. Dr. mont. Herbert *Hiebler,* 2. stellv. Vorsitzender; o. Univ.-Professor Dipl.-Ing. Dr.-Ing. Albert F. *Oberhofer,* Schriftführer; Vorstandsdirektor Dipl.-Ing. Dr. mont. Ernst *Bachner,* Kassenwart; Vorstandsdirektor Bergrat h. c. Dipl.-Ing. Dr. mont. Josef *Fegerl;* Vorstandsdirektor Dipl.-Ing. Friedrich *Hödl;* Vorstandsdirektor Dipl.-Ing. Dr. mont. Hans *Hojas;* Vorstandsdirektor tit. Ao. Univ.-Professor Dipl.-Ing. Dr. mont. Heribert *Kreulitsch;* Vorstandsdirektor Dipl.-Ing. Dr. mont. Gerhard *Mitter;* Gewerke Bergrat h. c. Dipl.-Ing. Gottfried *Pengg,* Geschäftsführer Ing. Mag. rer. soc. oec. Hermann *Prinz;* Generaldirektor Dipl.-Ing. Othmar *Pühringer;* Geschäftsführer Dipl.-Ing. Dr. rer. pol. Gerhard *Ritter;* Vorstandsdirektor Dipl.-Ing. Wolfgang *Rödl;* Univ.-Professor Dipl.-Ing. Dr.-Ing. Werner *Schwenzfeier;* Dipl.-Ing. Dr. mont. Rudolf *Streicher.*

Vorstandsrat: Bergrat h. c. Dipl.-Ing. Dr.-Ing. Friedrich *Schmollgruber.*

Österreichische Gesellschaft für Erdölwissenschaften

A-1031 Wien, Erdbergstraße 72, ☏ 0222/7132348, ⚡ 13-2138.
Präsident: Gen.Dir.Stellv. Dipl.-Ing. Dr. Richard *Schenz.*

Vizepräsident: Direktor Dipl.-Ing. Engelbert *Pott.*

Sekretär: Dr. Herbert *Lang.*

Vorstand: Direktor i. R. Dipl.-Ing. Raimund *Brodner,* Direktor Bergrat Dipl.-Ing. Kurt K. *Bushati,* Univ.-Professor Dr.-Ing. Zoltan *Heinemann,* Dir. i. R. Dr. Hans *Janda,* Hofrat Dr. W. R. *Janoschek,* Dr. Werner *Ladwein,* Dr. Otto *Malzer,* Dipl.-Ing. Dr. Aurel *Marhold,* Min.-Rat Hon.-Prof. Dipl.-Ing. Dr. Kurt *Mock,* Direktor Dipl.-Ing. Helmut *Molin,* Direktor Bergrat Dipl.-Ing. Rudolf *Safoschnik,* Professor Dipl.-Ing. Dr. Hellmuth *Schindlbauer,* Direktor Dr. Josef *Schuster,* Direktor i. R. Bergrat Dr. h. c. Dipl.-Ing. Hermann *Spörker,* Bergrat Dipl.-Ing. Johann E. *Sterba,* Direktor Dipl.-Ing. Dr. Walter *Tauscher,* Professor Dr. Franz *Weber.*

Montanhistorischer Verein für Österreich

A-8704 Leoben-Donawitz, Postfach 1, ☏ (03842) 201-2377.

Präsident: Berghauptmann Hon.-Professor Dipl.-Ing. Mag. Dr. iur. Karl *Stadlober.*

Geschäftsführung: Bergrat h. c. Bergdirektor i. R. Dipl.-Ing. Anton *Manfreda.*

Kassier: Prokurist Lorenz *Peinhopf.*

Hauptstelle für das Grubenrettungswesen

A-8580 Köflach. c/o Grubenwehr der Graz-Köflacher Eisenbahn- und Bergbau-Gesellschaft. Bergdirektion Köflach. ☏ (03144) 2511, ⚡ 312044, Telefax (03144) 52 53.

Leiter: Berginspektor Dipl.-Ing. Claus *Lukasczyk.* GKB. ☏ (03144) 2511 und 3333; Dipl.-Ing. Wilhelm *Schön,* stellv. ☏ (03144) 48802.

Österreichische Staub-(Silikose-)Bekämpfungsstelle

A-1200 Wien, Adalbert-Stifter-Straße 65–67, ☏ (01) 33111, KL. 553.

Präsident: Dr. iur. Ernst *Oder.*

1. Vizepräsident: Sektionsleiter Min.Rat Dipl.-Ing. Friedrich *Blaß.*

2. Vizepräsident: Oberrätin Mag. Dr. Eva-Elisabeth *Szymanski.*

Präsidialmitglieder: Direktor Kommerzialrat Karl *Atzler,* Direktor Dipl.-Ing. Kurt *Völkl.*

Geschäftsführung: Dipl.-Ing. Mag. rer. soc. oec. Dr. techn. Alfred *Großkopf,* Direktor Dr. iur. Günther *Weingessel,* stellv.

ÖSTERREICH

Allgemeine Unfallversicherungsanstalt

A-1201 Wien, Adalbert-Stifter-Straße 65, ☏ (01) 33111.

Generaldirektor: Wilhelm *Thiel.*

Zweck: Träger der sozialen Unfallversicherung für Arbeiter und Angestellte einschließlich der in Bergbaubetrieben und landwirtschaftlichen Betrieben Beschäftigten, für alle selbständig Erwerbstätigen, die Mitglieder einer Kammer der gewerblichen Wirtschaft sind, sowie für Schüler und Studenten.

Landesstelle Wien

A-1203 Wien, Webergasse 4, ☏ (01) 33133.

Direktor: Josef *Müller.*

Landesstelle Linz

A-4020 Linz, Blumauerplatz 1, ☏ (0732) 54401.

Direktor: Siegfried *Geyer.*

Landesstelle Salzburg

A-5020 Salzburg, Dr.-Franz-Rehrl-Platz 5, ☏ (0662) 6580.

Direktor: Ing. Dr. Heinz-Peter *Böhmüller.*

Landesstelle Graz

A-8011 Graz, Göstingerstraße 26, ☏ (0316) 505-0.

Direktor: Franz *Hörz.*

Versicherungsanstalt des österreichischen Bergbaus

A-8011 Graz, Lessingstraße 20, Postfach 858, ☏ (0316) 33585, ✄ 312506 vab a, Telefax (0316) 384414.

Obmann: Kurt *Hammer.*

Direktoren: Dr. Michael *Kohlbacher,* Dipl.-Ing. Kurt *Völkl.*

Zweck: Träger der gesetzlichen Kranken- und Pensionsversicherung für die in den knappschaftlichen Betrieben von ganz Österreich beschäftigten Arbeiter und Angestellten.

Zivilingenieure

Zivilingenieure für Bergwesen:

Dipl.-Ing. Franz *Budin,* Siebensterngasse 9, 1070 Wien.

Dipl.-Ing. Berthold *Fischer,* Waidbachstraße 9, 8707 Leoben-Göss.

Dipl.-Ing. Dr. mont. Richard *Nötstaller,* Donaustraße 102/7, 2344 Maria Enzersdorf.

Dipl.-Ing. Hansjörg *Weber,* Schwarzstraße 27, 5020 Salzburg.

Dipl.-Ing. Dipl.-Ing. Dr. mont. Helmut *Habenicht,* Fisching 14, 8714 Weißkirchen.

Dipl.-Ing. Gottfried *Hochegger,* Hessenbergstraße 56, 8792 St. Peter-Freienstein.

Ingenieurkonsulenten für Markscheidewesen:

o. Univ.-Professor Dipl.-Ing. Dipl.-Ing. Dr. mont. Eduard *Czubik,* Dirnböckweg 7/3, Postfach 151, 8701 Leoben.

Ingenieurkonsulenten für Technische Geologie:

Dr. Peter *Baumgartner,* Im Winkl 7, 4801 Traunkirchen.

Dr. phil. Dr. iur. Heiner *Bertle,* Dorfstraße 1, 6780 Schruns.

Dr. phil. Anton *Aichhorn,* Fischzuchtweg 1, 6065 Thaur.

Dipl.-Ing. Werner *Erhart-Schippek,* Hofmannsthalgasse 5/5/5, 1030 Wien.

Dr. phil. Werner *Fürlinger,* Karlbauernweg 12, 5020 Salzburg.

Dr. phil. Walter *Gamerith,* Katzianergasse 9, 8010 Graz.

Dr. Johann *Meyer,* Wallensteinstraße 17/14, 1200 Wien.

Dr. phil. Peter *Müller,* Hauptstraße 9, 9711 Paternion.

Dr. phil. Walter *Nowy,* Max-Kahrer-Gasse 25, 3400 Klosterneuburg.

Mag. rer. nat. Dr. Ladislaus *Toth,* Burgwegstraße 3, 3032 Eichgraben.

Dr. phil. Heinrich *Wallner,* Jakob-Haring-Straße 8, 5020 Salzburg.

Dr. phil. Helmuth *Peer,* Kärntnerstraße 198, 8700 Leoben.

Verband der selbständigen Geologen Österreichs

c/o. Büro Dr. W. Nowy A-3400 Klosterneuburg, Buchberggasse 1/2/8, ☏ (02243) 82235.

Vorstand: Dr. Ch. *Milota,* Vorsitzender; Dr. A. *Aichhorn,* stellv.; Dr. W. *Gamerith,* stellv.

Zweck: Vertretung der Berufsinteressen der ausschließlich freiberuflich auf dem Gebiet der Technischen Geologie tätigen Geologen.

18. Portugal

Kohle

Empresa Carbonífera do Douro, S.A.R.L.

P-4550 Castelo de Paiva, Germunde/Pedorido, ☏ (055) 66131, 66132, ✐ 28201, Telefax (055) 66644.

Vorstand: Eng. Belarmino *Silveira*, Eng. Mario da *Silva Pimenta*, Eng. Carlos António *Mendonca Arrais*, Dr. José Armando A. *Madureira de Oliveira*.

Kapital: 500 Mill. Esc.

Bergbaubetrieb: Couto Mineiro do Pejão.

Produktion und Beschäftigte

	1988	1989
Steinkohlenfördermenge ... t	281 200	280 819
Beschäftigte	907	821

Terriminas-Sociedade Industrial de Carvões, S.A.

P-4420 Gondomar, Rua das Minas, S. Pedro da Cova, ☏ 606 7178/606 6868, Telefax 69 28 23.
P-4100 Porto, Av. da Boavista, 1361-6°, ☏ 66 7178, 66 68 68.

Präsident: Eng. Jorge Manuel *Rodrigues de Sousa*.

Vorstand: Eng. Rui Fernando *Guimarães Correia Resende*, Eng. Manuel Fernando *Oliveira da Silva*.

Geschäftsführung: Eng. Jorge Manuel *Rodrigues de Sousa*.

Kapital: 150 Mill. Esc.

Couto Mineiro de S. Pedro da Cova

P-4420 Gondomar, Rua das Minas, ☏ 9836801, 9836534, ✐ 28226, Telefax 9836601.

Produktion und Beschäftigte

	1990	1991
Kohlenfördermenge ...... t	49 000	45 503
Beschäftigte	29	20

Salz

Clona - Mineira de Sais Alcalinos, S.A.R.L.

P-1000 Lisboa, Av. Duque d'Ávila, 95 - 4°, ☏ 579500.

Bergbaubetrieb: Campina de Cima.

Sagema-Sociedade Mineira, Lda.

P-1800 Lisboa, Av. Marechal Gomes de Costa, 33, ☏ 8593001.

Bergbaubetrieb: Matacães 1 und 2.

Erz

Almeida Júnior, Lda.

P-1000 Lisboa, Rua Chaby Pinheiro, 19 - R/C Esq.°.

Minerale: Zinnstein, Ilmenit.

Areias de Queiriga, Lda.

P-3360 Vila Nova de Paiva, Lousadela.

Minerale: Zinnstein, Wolframerz.

Bejanca - Sociedade Mineira das Beiras, S.A.R.L.

P-2775 Parede, Rue Dr. Marques de Mata, Lote D - Carcavelos.

Minerale: Zinnstein, Wolframerz.

Beralt, Tin & Wolfram (Portugal) S.A.R.L.

P-1200 Lisboa, Av. de Liberdade, 244 - 8°, ☏ 561191/561126, ✐ 18316 aacp p, Telefax 560725.

PORTUGAL

Sb	Antimon
As	Arsen
Asb	Asbest
Ba	Schwerspat
Be	Beryll
Bit	Bitumen
Pb	Blei
Cr	Chrom
Fe	Eisen
F	Fluor
Au	Gold
Kaol	Kaolin
Kg	Kieselgur
K	Kohle
Cu	Kupfer
Mn	Mangan
Mo	Molybdän
P	Phosphor
S	Schwefel
Ag	Silber
St	Steinsalz
Ta-Nb	Tantal und Niob
Ti	Titan
U	Uran
W	Wolfram
Zn	Zink
Sn	Zinn

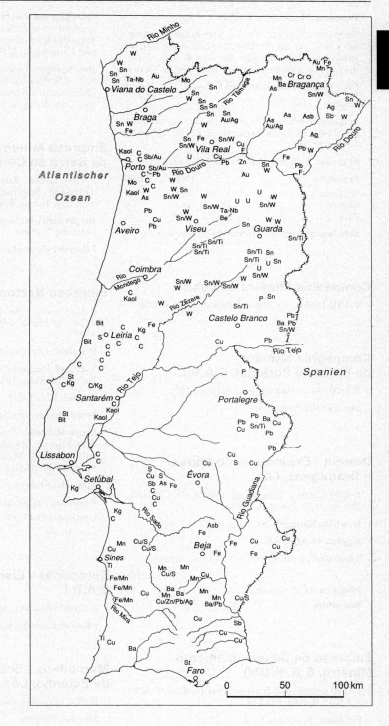

Der Bergbau Portugals.

1 BERGBAU

Präsident: Mario *Faria Ferreira.*

Vorstand: Francisco *Guedes,* Vize-Präsident; António *Correia de Sá,* M. Director; Humberto *da Cruz Albarraque,* João *Bártolo;* Anthony W. *Lea;* Timothy C. A. *Wadeson;* David E. *Fisher;* Noel J. *Devine.*

Mine General Manager: Noel J. *Devine.*

Kapital: 1 Mrd. Esc.

Bergbaubetrieb: Couto Mineiro da Panasqueira, P-6225 Minas da Panasqueira, ☏ 65105, ✆ 53940, Telefax 65209.

Minerale: Wolfram-, Kupfer- und Zinnerz.

Produktion		1989	1990
Wolfram	t	2 296	2 343
Kupfer	t	665	530
Zinn	t	59	51

Beteiligung: Empresa Mineira da Argimela, Lda.

Companhia Mineira do Lobito

P-1000 Lisboa, Av. Sidónio Pais, 2, 4°, ☏ 41001.

Companhia Mineira do Norte de Portugal, S.A.R.L.

P-4100 Porto, Rua António Patrício, 259.

Mineral: Wolframerz.

Dramin - Exploração de Minas e Dragagens, Lda.

P-6200 Covilhã, Rua Marquês de Ávila e Bolama, 280, ☏ (075) 24012, ✆ 53836.

Geschäftsführung: J. M. *Duarte.*

Kapital: 43 300 US-$.

Minerale: Zinnstein, Columbo-Tantal, Ilmenit.

	1988
Produktion (z. Z. ruhend)	–
Beschäftigte	7

Empresa de Desenvolvimento Mineiro, S.A. (EDM)

P-1000 Lisboa, Rua Sampaio Pina 1 – 6, ☏ 659121, ✆ 42637, Telefax 656344.

Präsident: Belarmino C. *da Silveira.*

Gründung und Zweck: Bergbaugesellschaft, die 1986 gegründet wurde durch die Fusion von EDMA-Empresa de Desenvolvimento Mineiro do Alentejo, E.P. und Ferrominas, E.P.

Beteiligungen: Somincor, S.A.; Pirites Alentejanas, S.A., Empresa Carbonífera do Douro, S.A., Nordareias, Lda, Segurmina, Lda; Cigran, Lda., Transminas, Lda.; Indagra, S.A.

Empresa Mineira da Serra do Cercal, Lda.

P-1100 Lisboa, Rua de S. José, 35-3° A, ☏ (01) 335954/68. Bergbaubetrieb: P-7555 Cercal do Alentejo, Rua Teófilo Braga, 55.

Bergbaubetriebe: Serra da Mina, Serra do Rosalgar, Serra das Tulhas.

Minerale: Eisen-Manganerz, Baryt.

Empresa Nacional de Urânio, E.P.

P-3525 Canas de Senhorim, Urgeiriça, ☏ (32) 67242, 67246, 67249, ✆ 53562 enu p, Telefax (32) 67222.

Präsident: Dr. Armindo *Torres Lopes.*

Vorstand: Joaquim *Cordeira Santo,* José *Bettencourt,* Pedro *Fernandes,* João *Soares da Silva.*

Kapital: 1 Mrd. Esc.

Gesellschafter: Der Staat Portugal, 100 %.

Bergbaubetriebe: Urgeiriça, Cunha Baixa, Castelejo, Bica, Vale da Abrutiga, Ribeira do Boco, Mondego Sul, Barroco I, Maria Dónis, A-do-Cavalo, Calde, Várzea, Alto da Casinha.

Minerale: Feldspat, Granit.

Produktion und Beschäftigte	1987	1988
Urankonzentrat U_3O_8	166	187
Beschäftigte	460	460

Eurominas - Electro-Metalurgia, S.A.R.L.

P-1000 Lisboa, Av. Miguel Bombarda, 133 - 5°C.

Mineral: Eisen-Manganerz.

Marcolinos - Sociedade Industrial de Estanho, Lda.

P-5300 Bragança, Parada.

Mineral: Zinnerz.

Mina do Pintor, Lda.

P-1200 Lisboa, Rua da Nova Trindade, 2 - 3°, ✄ 42131 mouros p, Telefax (351) 3463937.

Mineral: Arsen.

Minargol - Complexo Mineiro de Argozêlo, S.A.R.L.

P-1000 Lisboa, Av. 5 de Outubro, 89 - 9°, ☏ (01) 733580, ✄ 18246 Finaco P.

Minerale: Wolfram- und Zinnerz.

Minas de Aljustrel

P-1000 Lisboa, Rua Joaquim Augusto, 41, 4°, ☏ 572870.

Minas de Cassiterite de Sobreda, Lda.

P-3400 Oliveira do Hospital, Seixo da Beira.

Mineral: Zinnstein.

Minas de Jalles, S.A.

P-1294 Lisboa Codex, Rua Nova da Trindade, 2–3°, ☏ 324123, 328994, 320845, ✄ 42131 mouros p, Telefax (351) 3463937.

Vorstand: Eng. Sebastião Manuel *de Lancastre*.

Geschäftsführung: Dr. Jose Antonio *Figueiredo Almaça*.

Kapital: 304 Mill. Esc.

Bergbaubetrieb: Couto Mineiro de Jalles.

Minerale: Gold- und Silbererz.

Minas do Barranco, Lda.

P-3500 Viseu, Rua Miguel Bombarda, 18.

Minerale: Zinn- und Wolframerz.

Minas do Tuela

P-5300 Bragança, Estrada do Turismo, 10.

Minerale: Zinnstein, Arsen.

Minas do Zêzere, Lda.

P-1200 Lisboa, Praça da Alegria, 58-1⁰/B, ☏ 3466748, 3472365, Telefax (01) 3477853.

Vorstand: Arno *Harting*, Norberto *Harting*, Karl *Thöbe*.

Geschäftsführung: Karl *Thöbe*.

Kapital: 5 Mrd. Esc.

Minerale: Zinn- und Wolframerz sowie nicht-metallische Minerale.

Beteiligung: Unizel-Minerais, Lda.

Minemaque - Minérios, Máquinas e Metais, Lda.

P-1300 Lisboa, Travessa do Possolo, 13-R/C Esq.°, ☏ 608904.

Mineral: Zinnstein.

Mines de Borralha, SA

P-4700 Correio de Braga, Borralha.

Minerale: Wolframerz, Pyrit.

Mines et Industries, SA

P-1200 Lisboa, Rua Victor Cordon, 19.

Minerale: Kupfer-, Blei- und Wolframerz.

Plumi - Minérios Plumbeus, Lda.

P-1000 Lisboa, Rua Joaquim António de Aguiar, 41-3°.

Mineral: Bleierz.

The Portuguese Spanish Tin Mining Company, S.A.R.L.

P-1000 Lisboa, Rua dos Fanqueiros, 12-2°.

Bergbaubetrieb: Malhada Sorda.

Minerale: Zinn- und Titanerz.

Sociedade Mineira de França, Lda.

P-4100 Porto, Rua António Patrício, 259.

Mineral: Zinnstein.

1 BERGBAU

Somincor – Sociedade Mineira de Neves-Corvo, SA

P-7780 Castro Verde, Sta. Bárbara de Padrões, ☏ (086) 84120, ✄ 43155 sominc p, Telefax (086) 84250, und P-1000 Lisboa, Avª Engº Duarte Pacheo, Empreendimento das Amoreias, Torre 2, 16º Piso, ☏ (01) 3878220, ✄ 66139 mincor p, Telefax (01) 691575.

Gesellschafter: Der Staat Portugal, 51 %; Rio Tinto 49 %.

Bergbaubetrieb: Neves Corvo.

Minerale: Kupfer-, Zink-, Blei- und Silbererz.

	1990	1991
Produktion ..... Mill. PTE	170	150
Beschäftigte:	45	36

Cominhia Portuguesa de Fornos Eléctricos, S.A.R.L.

P-1200 Lisboa, Largo de S. Carlos, 4.

Bergbaubetrieb: Serra da Assunção-Várzea e Valdeireiras.

Minerale: Quarz, Feldspat.

Sominto - Sociedade Areias e Minas da Torre, Lda.

P-5300 Braganca, Parada.

Mineral: Zinnstein.

Empresa das Lousas de Valongo, S.A.

P-4440 Valongo, Portugal, Milhária-Campo.

Präsident: Maria Eugénia *Nunes de Matos*.

Vorstand: Rui *de Lencastre Nunes de Matos*, Geschäftsführer; Joaquim *Alvaro de Sousa*.

Kapital: 50 Mill. Esc.

Bergbaubetrieb: Valongo.

Mineral: Schiefer.

Sonstige Rohstoffe

Casimiro & Ramos, Lda.

P-3670 Vouzela, Rua Mouzinho de Albuquerque, ☏ 7 74 34.

Präsident: Ramos *Barbosa*.

Kapital: 1,5 Mrd. Esc.

Bergbaubetrieb: Folha da Atalaia.

Minerale: Quarz, Feldspat.

	1990	1991
Produktion .... t	4 500	4 500
Beschäftigte	45	40

A. J. da Fonseca, Lda.

P-4700 Braga, Av. Imaculada Conceição.

Bergbaubetrieb: Ribeiro do Sendão, Entre Águas 3.

Minerale: Quarz, Feldspat.

João Cerqueira Antunes

P-4980 Ponte da Barca, Touvedo, Salvador.

Bergbaubetrieb: Mata da Galinheira 1.

Minerale: Quarz, Feldspat.

Penalca - Sociedade Mineira de Penalva, Lda.

P-3550 Penalva do Castelo, Sandiães.

Bergbaubetrieb: Seixal 3.

Minerale: Quarz, Feldspat.

Companhia Portuguesa de Ardósias, Lda.

P-4440 Valongo, Minas da Carvoeira, ☏ (2) 9110007, Telefax (2) 9110240, ✄ 23659 p.

Präsident: M. E. *Matos*.

Geschäftsführung: M. E. *Matos*.

Kapital: 50.000.000 Esc.

Mineral: Schiefer.

Pirites Alentejanas, S.A.R.L.

P-1200 Lisboa, Rua de S. Ciro, 79-1.

Bergbaubetrieb: Conto Mineiro de Aljustrel.

Mineral: Pyrit.

PORTUGAL

Quartex - Sociedade Mineira do Alentejo, Lda.

P-1100 Lisboa, Rua José Falcao, 6-2°. Dt°. und P-4100 Porto, Rua de Azevedo Continho, 39°.

Bergbaubetriebe: Pedras Pintas, Vale da Amoreira 1, Fronteira, Torre, Pedras Brancas, Monte do Seixo 1.

Minerale: Quarz, Feldspat.

Quartzofel - Sociedade Mineira de Feldspato e Quartzo, Lda.

P-1900 Lisboa, Beco dos Toucinheiros, 30-4°.

Bergbaubetrieb: Pedras Alvas.

Minerale: Quarz, Feldspat.

Ernesto Fernando Ribeira da Cunha

P-4630 Marco de Canavezes, Feira Nova de Ariz.

Minerale: Quarz, Feldspat.

António Soares Nunes

P-3500 Viseu, Rua Miguel Bombarda, 18.

Minerale: Quarz, Feldspat, Beryll.

Sociedade Mineira Carolinos, Lda.

P-3530 Mangualde, Mesquitela.

Bergbaubetrieb: Alvarroes 24.

Minerale: Feldspat, Quarz, Lepidolith.

Somifel-Sociedade Mineira de Feldspato, Lda.

P-5400 Chaves, Av. 5 de Outubro, Santa Maria Maior.

Bergbaubetrieb: Seixigal.

Mineral: Feldspat.

Unimil-Minerais, Lda.

P-4100 Porto, Rua S. João, 34-3°F, ☏ 32 52 11, 32 52 36.

Minerale: Quarz, Feldspat.

Unizel-Minerais, Lda.

P-4000 Porto, Rua S. João, 34-3⁰F, ☏ 32 58 80, 32 52 36, Telefax (02) 200 19 99, und P-1200 Lisboa, Praça da Alegria, 58 – 1⁰/B, ☏ 3 46 67 48/ 3 47 23 65, Telefax (01) 34 77 85 3.

Geschäftsführung: P. *Nunes de Almeida* (Verkauf); Karl *Thöbe* (Industrie/Produktion).

Kapital: 9 Mrd. Esc.

Gesellschafter: Minas do Zêzere, Lda.; Unimil-Minerais, Lda.

Mineral: Feldspatmineral »Felquar«.

Vialpo - Sociedade Explorações Mineiras, Com., Ind., Lda.

P-1200 Lisboa, Largo do Barão de Quintela, 3.

Minerale: Kaolin, Quarz, Feldspat.

Organisationen

Apimineral — Associação Portuguesa da Indústria Mineira

P-1000 Lisboa, 44,4° D Avenida Manuel de Maia, ☏ 89 92 25, Telefax 89 72 33.

Präsident: Eng. Armindo *Torres Lopes*.

Generalsekretär: Dra. Beatriz *Valério*.

Mitglieder: 50 portugiesische Bergbaugesellschaften.

1 BERGBAU

19. Schweden

Erz

Dannemora Gruvor AB

S-74063 Österbruk, ☏ (0295) 20720, Telefax (0295) 20158.

Aufsichtsratsvorsitzender: Andreas *Ullberg*.

Geschäftsführender Direktor: Mats *Törnqvist*.

Mineral: Eisenerz.

	1990	1991*
Produktion .... 1 000 t	644	655
Beschäftigte	133	120

Tochtergesellschaft der SSAB Svenskt Stal AB.

* Die Produktion wurde zum 31. 3. 92 eingestellt.

Luossavaara-Kiirunavara AB

S-951 21 Luleå, Box 58, ☏ (0920) 38000, ✆ 80230 lkabkon s / 80233 lkore s (marketing), Telefax (0920) 87418.

Board of Directors: Göran *Lövgren*, Chairman; Carl *Ameln;* Sven *Borelius;* Hans *Eriksson;* Per-Ola *Eriksson;* Birgit *Erngren;* Stig *Karppinen;* Kaspar K. *Kielland;* Lars *Östholm;* Anders *Sundström*.

Group Management: Carl *Ameln*, President; Håkan *Sundin*, Executive Vice President, Economy and Finance; Kjell *Rönnbäck*, Marketing; Lars *Isacsson*, Administration; Sven-Erik *Sandström*, Kiruna Mines; Leif *Rönnbäck*, Malmberget Mines; Nils *Sandberg*, Technology; Birger *Norberg*, Logistics; Raymond *Hedman*, Information.

Kapital: 700 Mill. skr.

Zweck: Produktion, Veredelung und Pelletisierung von Eisenerz.

Produktion	1990	1991
Eisenerzprodukte .... Mill. t	19,1	18,6
Beschäftigte	3 383	3 439

Tochtergesellschaften:
LKAB Fastighets AB
Kimit AB
Minelco AB

Handelsvertretungen:
LKAB Norden, Luleå
LKAB S.A., Brussels
LKAB Schwedenerz GmbH, Essen
LKAB Far East Pte. Ltd, Singapore

Vieille-Montagne Sverige

S-69042 Zinkgruvan, ☏ (0583) 20270, Telefax (0583) 20065.

Leitung: Peter *Zeidler* (Direktor), Stefan *Månsson* (Grubendirektor), Fred *Mellberg* (Leitung Chemie), Anders *Rehnberg* (Leitung Elektrizität), Per-Olov *Mühlow* (finanzieller Leiter), Leif *Klasson* (Personalchef).

Mineral: Blei- und Zinkerz.

	1992
Beschäftigte	375

Gründung: 1857 gegründet. Filiale zu Union Minière, Gulledelle 92, B-1200 Brussels (Belgium).

Viscaria AB

S-98128 Kiruna, Box 841, ☏ (0980) 71600, Telefax (0980) 71695.

Geschäftsführender Direktor: Pentti *Vanninen*.

Aufsichtsrat: Mikko *Palviainen* (Vorsitzender), Jukka *Järvinen*, Bror *Björnfot*, Pentti *Vanninen*, Gunnar *Pettersson*, Folke *Ylipää*, Robert *Häggroth*.

Zweck: Produktion von Kupfererzkonzentrat.

Kapital: 100 Mill. skr.

	1988	1990
Umsatz .... Mill. skr	230	230
Beschäftigte	200	160

Sonstige Rohstoffe

Boliden Mineral AB

S-93600 Boliden, ☏ (0910) 74000, ✆ 65078, Telefax (0910) 74110.

Leitung: Bengt *Löfkvist*, Geschäftsführender Direktor; Ragnvald *Jonsson*, Ökonomie/Finanz; Olof *Fägremo*, Verwaltung; Hans *Fritzén*, Information; Per G. *Broman*, Umweltschutz; Gunnar *Axheim*, Division Kupfer; Ebbe *Pehrsson*, stellvertretender geschäftsführender Direktor, Direktor Boliden Mindeco; Lars-Erik *Aaro*, Division Blei/Zink; Wiking *Andersson*, Prospektierung.

Zweck: Betreibt Gruben in Nord- und Mittelschweden samt Schmelzwerk Rönnskärsverken Skelleftehamn. Produktion von Kupfer, Blei, Gold, Silber und Schwefelprodukten.

	1990	1991
Umsatz .... Mill. skr	3 500	4 000
Beschäftigte	3 900	4 200

SCHWEDEN

Die Erzbergwerke Schwedens.

Terra Mining AB

S-17102 Solna, Box 2043, ☏ (08) 7358590, Telefax (08) 7355681.

Geschäftsführender Direktor: Torsten *Börjemalm*.

Aufsichtsrat: John *Ottestad* (Vorsitzender), Per *Wahlström*, Noel *Somdalen*, Lars *Olofsson*, Torsten *Börjemalm*, Christer *Löfgren*, Mats *Lindegren*, Anders *Holmbom*.

Zweck: Prospektierung und Produktion von Goldkonzentraten.

	1990
Umsatz .... Mill. skr	93
Beschäftigte	45

Organisationen

Jernkontoret

S-10322 Stockholm, P. O. Box 16050, Kungstradgårdsgatan 10, ☏ (08) 6784620.

Managing director: Orvar *Nyquist*.

Zweck: Organisation der schwedischen Eisen- und Stahlindustrie.

Svenska Gruvföreningen
The Swedish Mining Association

S-11485 Stockholm, P. O. Box 5501, Storgatan 19, ☏ (08) 7838000, ≶ 19990 swedind s, Telefax (08) 6613783.

Vorstand: Wiking *Sjöstrand*, Vorsitzender; Hans *Johansson*, stellv. Vorsitzender; Rune *Andersson;* Fred *Boman;* Ebbe *Pehrsson;* Rolf *Öhrn*.

Managing director: Sven-Gunnar *Bergdahl*.

Zweck: Zentrale Organisation der schwedischen Bergbaugesellschaften. Sie vertritt den Bergbau in allen Belangen mit Ausnahme von Lohnfragen.

20. Spanien

Steinkohle

Antracitas de Brañuelas, S.A.
E-24370 Torre del Bierzo (León), Camino de la Estación, s/n, ☏ 536002.

Direktion: D. Joaquín *Aycart Vázquez*.

	1988	1989
Produktion .... t	74 101	81 250
Beschäftigte	284	286

Antracitas de Fabero, S.A.
E-24420 Fabero (León), ☏ 550090.

Direktion: Mariano *Esteban Parrilla*.

	1990	1991
Produktion .... t	166 876	142 015
Beschäftigte	441	426

Antracitas de Gillon S.A.
E-08010 Barcelona, Bailén 3, ☏ 2314111, ✆ 51507 cogm e.

Direktion: Francisco *Garcia-Munte Lopez*, J. I. *Garcia-Munte Freixa*.

	1986
Steinkohlenfördermenge .... t	400 000
Beschäftigte	800

Antracitas de Marrón
E-24400 Ponferrada (León), ☏ 41 04 10.

Direktion: Manuel *Ramón Martinez*.

Antracitas de Rengos, S.A.
E-33004 Oviedo, Cervantes, 11, 1.º, ☏ (985) 244262, 244266.

Direktion: José Ignacio *Menéndez Carillo*.

Antracitas de Velilla, S.A.
E-34880 Guardo (Palencia), Avda. José Antonio 20, ☏ (988) 850749.

Direktion: Ramón *Garcia Docio*.

Antracitas del Bierzo, S. L.
E-Bembibre (León), Avda. Villafranca, 39, ☏ (987) 510727.

Antracitas Gaiztarro, S.A.
E-24450 Toreno (León), Alinos, s/n, ☏ (987) 533152, 533013.

Generaldirektor: Juan Antonio *Martin Moreno*.

Direktion: Eduardo *Brime Laca*, Carlos *Macias Evangelista*.

	1990	1991
Produktion .... t	525 270	525 367
Beschäftigte	831	746

Carbonifera del Narcea, S.A. (Carbonar)
E-33813 Cangas de Narcea, Vega de Rengos, Asturias, ☏ 5911230 — 5911100.

Direktor: Angel *Fernández Suárez*.

	1990	1991
Produktion .... t	168 790	182 814
Beschäftigte	296	298

Cardenas Olaso Rafael
E-Puertollano, Apartado 120, ☏ 427750.

Direktion: César *Cabezos Duarte*.

Empresa Nacional Carbonifera del Sur, S.A. (Encasur)
E-28010 Madrid, Monte Esquinza, 24, 4º Izda, ☏ (91) 3191601, Telefax (91) 3084183.

Präsident: José Manuel *Jiménez Arana*.

Geschäftsführung: Doctor-Ingeniero de Minas Pedro *Merino del Cano*.

Kapital: 3 000 Mill. Ptas.

Gesellschafter: Empresa Nacional de Electricidad, S. A. (Endesa), 85,99 %, Empresa Nacional Eléctrica de Córdoba S.A. (Eneco), 14,01 %.

	1990	1991
Steinkohlenfördermenge .... t	1 348 253	1 364 315
Beschäftigte .... (Jahresende)	1 441	1 233

Centro Minero de Peñarroya

E-Peñarroya-Pueblonuevo (Córdoba), Plaza de la Dirección, 1, ☏ (957) 560300-04-08.

Direktion: Longinos *Osorio Zapico;* José Luis *Bachiller Martín;* José *Canovas Martínez;* José Luis *Guerra Fernández;* Francisco Javier *Sánchez Costales.*

	1990	1991
Steinkohlenfördermenge ....t	602 288	672 421
Beschäftigte	1 122	931

Centro Minero de Puertollano

E-Puertollano (Ciudad Real), Carretera de Córdoba, P.K. 155.

Postanschrift: E-13500 Puertollano, Ciudad Real, Apartado de Correos n° 54, ☏ (926) 423600, Telefax (926) 422754.

Direktion: José *Lorenzo Agudo* (Director Centro Minero); Miguel *Colomo Gómez* (Subdirector de Producción); Angel Luis *Alonso Prieto* (Jefe de Planificación); Domingo *Morales Torres* (Adjunto al Director); Juan Gualberto *Apodaca Carro* (Jefe de Protección Medioambiental).

	1990	1991
Steinkohlenfördermenge ....t	745 966	691 894
Beschäftigte ...... (gesamt)	304	285

Empresa Nacional Hulleras del Norte, S.A. (Hunosa)

E-33005 Oviedo, Avda. Galicia, 44, ☏ (985) 231150, ✄ 84336 unosa e, Telefax (985) 270428.

Präsident: Juan Pedro *Gómez Jaén.*

Generaldirektor: Adolfo *Villaverde Fernández.*

Secretario General y del Consejo: José *Cúe González.*

Director de Comunicaciones: Soledad *García-Conde García-Comas.*

Director Técnico: Manuel *Ordoñez Fernández.*

	1990	1991
Gesamtproduktion ....Mill. t	3,037	2,613
Beschäftigte ...... (gesamt)	18 250	17 511

Grupo Carrocera

Schachtanlagen: Carrio, San Mamés, y Entrego.
Direktor: José Antonio *Rojas Gervás.*

	1990	1991
Produktion ....t	319 600	224 483

Grupo Modesta

Schachtanlagen: Soton, María Luisa, Samuño.
Direktor: José *Quintas Gallego.*

	1990	1991
Produktion ....t	590 313	520 198

Grupo Candín-Siero

Schachtanlagen: Candín, Fondón, Pumarabule.
Direktor: José Luis *Fernández Alonso.*

	1990	1991
Produktion ....t	435 840	374 830

Grupo Barredo

Schachtanlagen: Barredo, Polio, Tres Amigos.
Direktor: José Manuel *Ongallo Acedo.*

	1990	1991
Produktion ....t	372 028	320 400

Grupo San Nicolás

Schachtanlagen: San Nicolás, Montsacro, Olloniego.
Direktor: Juan Francisco *Fernández-Bayon.*

	1990	1991
Produktion ....t	634 659	532 871

Grupo Aller-Turon

Schachtanlagen: San Antonio, Santiago/Aller, Santa Bárbara, San José, Mina San Víctor.
Direktor: Ramón *Cobo Huici.*

	1990	1991
Produktion ....t	684 500	639 900
Beschäftigte ...... (gesamt)	18 250	17 511

Explotaciones Mineras Plácido Ubeda López

E-13500 Puertollano, Alameda 5, ☏ 423404.

Direktion: Jesús *Buj López.*

	1988	1989
Produktion ....t	48 000	40 200
Beschäftigte	35	33

Gonzalez y Diez, S.A.

E-33400 Avilés (Asturias), Llano Ponte, 22, ☏ (985) 545922, Telefax (985) 543533.

Direktion: Francisco *Garcia-Mori Suarez.*

	1990	1991
Produktion ....t	187 804	239 931
Beschäftigte	345	334

1 BERGBAU

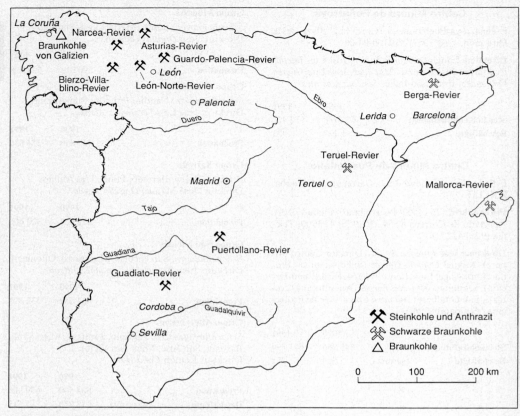

Die Kohlenreviere Spaniens.

S.A. Hullas del Coto Cortes (H.C.C.)

E-28014 Madrid, Montalbán 3, ☏ (91) 2319500.

Präsident: Jacobo *Valdés Pedrosa*.

Generaldirektor: José Maria *Suárez Alonso*.

	1988	1989
Produktion .... t	517 546	526 883
Beschäftigte	617	616

S.A. Hullera Vasco-Leonesa

E-28003 Madrid, José Abascal, 48, ☏ (91) 4428632, ⚡ 46769 SHVL E.

Präsident: Dr.-Ing. Antonio *del Valle Menéndez*.

Generaldirektor: Marino *Garrido Rodriguez-Radillo*.

Bergbau-Abteilungen

Delegación de La Robla, E-24640 La Robla (León), Ramón y Cajal, 103, ☏ (987) 570000.

Delegación de Santa Lucía de Gordon. E-24650 Santa Lucía de Gordon (León), Reino de León, s/n, ☏ (987) 584000.

	1987	1988
Steinkohlenfördermenge 1000 t	1 117	1 069

Hulleras de Sabero y Anexas, S.A.

E-24810 Sabero (León), José-Antonio 1, ☏ (987) 718010, 718056, 718459, Telefax (987) 718225.

Generaldirektor: Manuel *Arroyo Quíñones*.

Technischer Direktor: Enrique *Valmaseda Lozano*.

	1986	1987
Steinkohlenfördermenge .... t	515 000	377 000
Beschäftigte	1 003	1 006

SPANIEN

Inversiones Terrales, S.A.

E-Puertollano, Apartado 148, ☏ 421986, 432651.

Direktion: Enrique *Martinez Zamacote*.

Minas de Lieres, S.A.

E-33580 Lieres (Asturias), ☏ 730000.

Direktion: Silverio *Castro Garcia*, Jesus *Fernández Torre*.

	1989	1990
Produktion .... t	161 274	146 859
Beschäftigte	460	428

Minas de Tormaleo, S.A.

E-28013 Madrid, Aduana 33, ☏ 5212481.

Direktion: Fernando *González Herranz*.

Minas del Narcea, S.A.

E-33007 Oviedo, Santa Susana 2, ☏ 218337.

Direktion: Marino *Gutiérrez*.

Minero Siderúrgica de Ponferrada, S. A. (MSP)

E-28014 Madrid, Alcalá, 54, 4° dcha, ☏ (91) 5211143. Abteilung Ponferrada: ☏ (987) 427200. Abteilung Gijon: ☏ (985) 137951.

Generaldirektor: Dr.-Ing. Alfonso *García-Argüelles Martínez*.

Centro Villablino

	1990	1991
Steinkohlenfördermenge .... 1000 t	1 412	1 157
Beschäftigte	2 663	2 799

Centro La Camocha

	1990	1991
Steinkohlenfördermenge .... 1000 t	270	262
Beschäftigte	1 165	1 165

Promotora Minas de Carbon, S.A. (P.M.C.)

E-28001 Madrid, Ayala 10, ☏ 4357040, ✆ 46837 cavo e, Telefax 4315196.

Direktion: Ignacio *Zubillaga Zubimendi*.

Zweck: Exploration und Gewinnung mineralischer Rohstoffe im Tagebau, Handel.

	1989	1990
Produktion		
Bruttofördermenge .... t	547 775	581 084
Verwertbare Fördermenge .. t v.F.	346 769	330 355
Beschäftigte	57	57

Sociedad Minera San Luis

E-34880 Guardo, Palencia, de la Estación, ☏ 850080.

Direktion: David *Cordero*.

	1988	1989
Produktion .... t	53 353	62 044
Beschäftigte	174	175

Viloria Hermanos, S.A.

E-24370 Torre del Bierzo (León). Avda. Santa Bárbara 76, ☏ 536005.

Direktion: Manuel *Lamelas Viloria*.

Braunkohle

Aragon Minero, S.A. (Amsa)

E-50001 Zaragoza, P.° de la Independencia, 21, ☏ (976) 216129, ✆ 58 539 myta e, Telefax (76) 23 87 03.

Dirección General: Emilio *Parra Gerona*.

Dirección Técnica: Pascual *León Marco*.

	1990	1991
Braunkohlenfördermenge ... t	299 100	402 000
Beschäftigte		120

Carbones Pedraforca, S.A.

E-08600 Berga (Barcelona), P.° de la Paz, 7, ☏ (93) 8212061.

Direktion: José Luis *Bermúdez Méndez*.

	1990	1991
Braunkohlenfördermenge ... t	151 669	188 766
Beschäftigte	163	155

La Carbonifera del Ebro, S.A.

E-50170 Mequinenza (Zaragoza), Crta. Fraga 62−64, ☏ (974) 464157.

Direktion: Emilio *Ibars Pla*.

1 BERGBAU

Cia. General Minera de Teruel, S.A.

E-50005 Zaragoza, Dr. Cerrada 14–18, ☏ (976) 228504.

Direktion: Miguel *Rigual Galve*, Bienvenido *Aznar Martín*.

	1990	1991
Produktion .... t	152 141	126 155
Beschäftigte	97	96

Empresa Nacional de Electricidad, S.A. (Endesa)

(Hauptbeitrag der Endesa in Kap. 4 Abschn. 24)

E-Madrid 28002, Príncipe de Vargara 187, ☏ (91) 4167012, 4168011, ✆ 22917 ene, ✉ Endesanad.

Direktor der Bergbauproduktion: D. Javier *Fernández*.

Vizedirektor: D. José Manuel *Iglesias Cuervo*.

Mina de Puentes de García Rodríguez

Director de Zona: Carlos *Fornos de Luis*.

Bergwerksdirektor: José Antonio *Manrique López*.

	1989
Produktion .... 1000 t	12 595
Beschäftigte	1 720

Mina de Andorra

Director de Zona: Pablo *Mayo Cosentino*.

Bergwerksdirektor: Ignacio *Morrodán Arechavalete*.

	1989
Produktion .... 1000 t	1 426
Beschäftigte	1 061

Lignitos de Meirama S.A. (Limeisa)

E-15005 La Coruña, Linares Rivas, 18, ☏ (981) 210500, 680011.

Direktion: Dr.-Ing. Francisco *Rosado Aznar*.

	1990	1991
Braunkohlenfördermenge ... 1000 t	4 331	3 634
Beschäftigte	433	432

Minas y Ferrocarril de Utrillas S.A. (MFUSA)

E-08013 Barcelona, Valencia 494–498, ☏ (93) 2328311.

Direktion: Benjamín *Lorenzo Gracia*, Luis *Jiménez Alcaraz*.

	1990	1991
Braunkohlenfördermenge 1000 t	495	291
Beschäftigte	449	204

S.A. Minera Catalano-Aragonesa (Samca)

E-50001 Zaragoza, P.º de la Independencia, 21, ☏ (976) 216129, ✆ 58 539 myta e, Telefax (976) 23 87 03.

Dirección General: Emilio *Parra Gerona*.

Dirección Técnica: Carlos *Gutierrez Giménez*.

	1990	1991
Braunkohlenfördermenge .. 1000 t	1 187	1 110
Beschäftigte		365

Salz

Potasas de Navarra, S.A.

E-Beriain (Navarra), Km. 8 Carretera Zaragoza, ☏ (948) 310000.

Direktion: Francisco *Gutierrez Sedano*.

Solvay & Cia

E-28001 Madrid, Hermosilla, 31, ☏ (91) 4357060, und E-08008 Barcelona, Mallorca, 269, ☏ (93) 2153258.

Erz

Agrupación Minera, S.A. (Agruminsa)

E-Abanto y Ciervana (Vizcaya), Barrio de Loredo, ☏ (94) 6603103, 6602050.

Generaldirektor: Francisco *Sánchez Gómez*.

Centro Minero de Vizcaya (Bodovalle)

E-Abanto y Ciervana (Vizcaya), ☏ (94) 6603103, 6602050.

Betriebsleitung: Pedro *Fernández Revuelta*; Ramón *Urquidi Martinez*, Techn. Direktor; Rafael *Benito Valbuena*, Verwaltungsdirektor.

SPANIEN

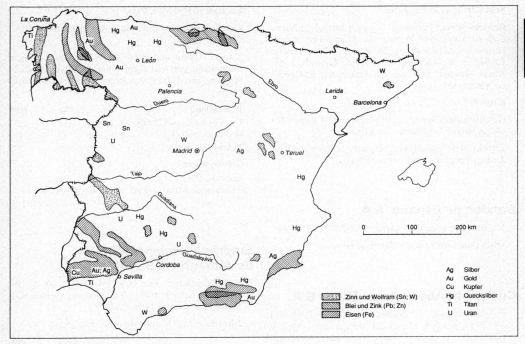

Die Erzlagerstätten Spaniens.

Centro Minero de Santander

E-Astillero (Cantabria), Apartado 8, ☏ (942) 563737.

Betriebsleitung: José Luis *Echevarria Martinez*.

Centro Minero de Dicido

E-Mioño-Castro Urdiales (Cantabria), ☏ (942) 860100.

Betriebsleitung: José Luis *Echevarria Martinez*.

Centro Minero de Cehegín

E-Calasparra (Murcia), San Sebastián, 4, ☏ (968) 720637.

Betriebsleitung: Pedro *Fernández Revuelta*.

Andaluza de Piritas, S.A.

E-Aznalcóllar (Sevilla), Minas de Aznalcóllar, ☏ (954) 73 30 06.

Direktion: Christer *Wallstén*, Generaldirektor; Juan *Contreras*, Technischer Direktor; Manuel *Alcaraz*, Direktor der Finanzen.

Kapital: 24 802 Mill. Ptas.

Zweck: Bergbau auf Nichteisenmetalle.

Produkte: Kupfer-, Blei-, Zink- und Pyrit-Konzentrate.

Produktion		1988	1989
Kupferkonzentrat	.... t	28 500	28 300
Bleikonzentrat	.... t	42 900	45 700
Zinkkonzentrat	.... t	114 000	119 800
Pyritkonzentrat	.... t	296 500	432 200
Beschäftigte	....	544	543

Asturiana del Zinc S.A.

E-28010 Madrid, Rafael Calvo 18, ☏ (9) 410-4022, ⌁ 45508 azca e.

Zweigniederlassungen: E-Avilés (Asturias), San Juan de Nieva, Apartado 178, ☏ (985) 564641-6990; E-Torrelavega (Cantabria), Apartado 1, ☏ (942) 890050.

Verwaltungsrat: Jaime *Arguelles Armada*, Präsident; Pedro *Arguelles*, Generaldirektor; Francisco Javier *Sitges Menéndez*, Vizepräsident, Consultant und Delegierter des Verwaltungsrates.

1 BERGBAU

Sekretär: Luis *Perez Arias.*

Betriebsleitung: Fernando *Sitges,* Elektrolyse Nieva und Zinkwalzwerk Arnao; A. *Muruzabal,* Werke Hinojedo and Guipuzcoa; M. *Remon,* Grube Reocin; F. *Suarez,* Verwaltung; V. *Arregui,* Technik; J. M. *Hevia,* Personal; R. *Perez,* Kaufmännisch; E. *Tamargo,* Exportabteilung.

Kapital: 7 000 Mill. Ptas.

Gesellschafter: Banesto, Grupo Herrero, Grupo Masaveu, Royal Asturianne des Mines.

Zweck: Blei- und Zinkerzbergbau, Kohlenbergbau, Zinkaufbereitung und -verarbeitung.

Boliden de España, S.A.

E-28001 Madrid, Hermosilla, 77, ☏ (91) 4356889.

Direktion: Luis Ignacio *Balanzat Ferreiro.*

Compañia Andaluza de Minas S.A.

E-28001 Madrid, P.º de Recoletos, 18-8º-2, ☏ (91) 5772835. Betrieb: Minas del Marquesado, Alquife (Granada). E-18500 Guadix (Granada), Apartado de Correos 5, ☏ (958) 673011.

Präsident: Ignacio *Bayón Mariné.*

Generaldirektor: Dr.-Ing. José Miguel *Arróspide Fresneda.*

Technischer Direktor: Dr.-Ing. Paulino *Calatayud Fernández.*

Betriebsdirektor: Dr.-Ing. Pierre *Loisy.*

Kommerzial-Direktor: Dr.-Ing. Guillermos *Koerting Wiese.*

Kapital: 2 700 Mill. Ptas.

Gesellschafter: Golden Shamrock Mines Ltd., Banco Hispano-Americano.

Mineral: Eisenerz.

		1989	1990
Produktion	1000 t	3 255	2 041
Beschäftigte		357	360

Empresa Nacional del Uranio, S.A. (Enusa)

E-28040 Madrid, Santiago Rusiñol, 12, ☏ (91) 3474200, ✆ 43042 Uran E, Telefax (91) 3474215.

Präsident: Dr.-Ing. Alfredo *Horente Legaz.*

Vizepräsident: José Angel *Azuara Solis.*

Kapital: 10 000 Mill. Ptas.

Gesellschafter: Instituto Nacional de Industria, 60%. Ciemat, 40%.

Zweck: Abbau und Produktion von Uran, Handel mit natürlichem und angereichertem Uran, Entwicklung und Herstellung von Brennelementen für Reaktoren.

Produktion		1990	1991
Uranfördermenge (U_3O_8)	t	254	231
Brennelemente (U)	t	65	167
Beschäftigte		755	779

Beteiligungen

Eurodif, Paris, 11,11%.
Compagnie Minière d'Akouta, Niamey, 10%.

Empresa Nacional Minas de Almagrera, S.A. (Masa)

E-28006 Madrid, José Ortega y Gasset, 40, ☏ (91) 5772684. Betrieb: E-Calañas (Huelva), Carretera de Sotiel, Calañas, ☏ (955) 565051.

Direktion: José Ramón *Morales Morales.*

		1990	1991
Produktion	t	595 046	643 000
Aufbereitung			
Cu Konzentrat	t	8 241	7 856
Pb Konzentrat	t	8 502	10 430
Zn Konzentrat	t	40 456	47 292
Pyrit	t	401 824	353 757
Schwefelsäure	t	301 168	132 442
Kupfersulfat	t	596	395

Española del Zinc, S.A.

E-28046 Madrid, P.º de la Castellana, 126, ☏ (91) 5 63 57 67. Betrieb: E-Cartagena (Murcia), La Asomada, Apartado 217, ☏ (968) 50 28 00, Telefax (91) 5630148.

Verwaltungsrat: Juan Manuel *Echevarria Hernandez,* Präsident; Jose Luis *del Valle Alonso,* Delegierter des Rates; Rafael *Hidalgo Herrera,* Generalsekretär; Leoncio *Rico García,* Generalinspektor.

Geschäftsführung: Jose Luis *del Valle Alonso.*

Kapital: 1 300 Mill. Ptas.

Zweck: Abbau und Aufbereitung von Mineralien, hauptsächlich Zink. Die Gesellschaft baut Zinkerz bei Cartagena, Prov. Murcia, ab.

Tochtergesellschaften

Metalquimica del Nervion, S. A.

Industria Española del Aluminio (Inespal)

E-28003 Madrid, José Abascal, 4, ☏ (91) 4 48 50 00, ✄ 2 7342 Espal E, Telefax (91) 4 48 76 57.

Direktion: Fernando *Rubio*, Präsident; Eduardo *Monteiro*, Generaldirektor für Primäraluminium; Miguel *Gaminde*, Generaldirektor für Verarbeitungsprodukte; José *Terol*, Technischer Direktor; José L. *Palomo*, Finanzdirektor; Jesus *Garcia Valle*, Direktor für Maschinenbau und Spezialprodukte.

Gewinnungsbetriebe:

E-Avilés (Asturias), Polígono Industrial de San Balandrán, ☏ (985) 54 01 11, ✄ 8 44 242 espal-e, Telefax (985) 54 69 56.

E-La Coruña, Zona Industrial de La Grela, ☏ (981) 28 11 33, ✄ 82 150 espal-e, Telefax (981) 28 19 77.

E-San Ciprián (Lugo), Aluminio Español, S.A., ☏ (982) 56 10 00, ✄ 8 2 298 alum-e, Telefax (982) 59 40 09.

Verarbeitungsbetriebe:

E-Alicante, Avda. de Elche, s/n., ☏ (965) 28 14 00, ✄ 6 6 016 espal-e, Telefax (985) 28 16 77.

E-Cindal, Centro de Investigación y Desarrollo, Telex 6 66 97 espal-e, Telefax (965) 28 40 12.

E-Amorebieta (Vizcaya), Ctra. San Sebastián-Bilbao, Km. 89,7, ☏ (94) 673 06 50, ✄ 3 2 068 espal-e, Telefax (94) 673 32 09.

E-Linares (Jaén), Camino de San Luis, s/n, ☏ (9 53) 69 45 00, Telefax (9 53) 69 01 02.

E-Noblejas (Toledo), Ctra. Toledo-Cuenca, Km. 55,5, ☏ (925) 14 00 51, Telefax (925) 14 02 90.

E-Sabiñanigo (Huesca), Avda. de Huesca, 25, ☏ (974) 48 00 00, ✄ 5 8 615 espal-e, Telefax (974) 48 28 91.

Minas de Almadén y Arrayanes, S.A. (Mayasa)

E-28046 Madrid, Paseo de la Castellana, 18, 5°, ☏ (91) 4 35 61 00. Bergwerke: Establecimiento Minero de Almadén, ☏ (926) 710-400.

Präsident: Enrique *Fernández Mato*.

Direktoren: Angel *Arredondo Miguel*, Kaufmännische Abteilung; Manuel *Sancho Soria*, Rechtsabteilung; José Maria *Sánchez Jimenez*, Produktion; Fernando *Vázquez Fontalba*, Landwirtschaft; Alfonso *Galán*, Verwaltung und Finanzen.

Kapital: 10 493 Mill. Ptas.

Gesellschafter: Generaldirektion für die Verwaltung des Staatsvermögens.

Beschäftigte 598

Rio Tinto Minera, S.A. (RTM)

E-28010 Madrid, Zurbano 76, ☏ (91) 441 11 00, ✄ 22447, Telefax (91) 4 42 64 11.

Presidente Honorario: Antonio *de Torres Espinosa*.

Presidente: José Fernando *Sánchez-Junco Mas*.

Consejero Delegado: Javier *Targhetta Roza*.

Vocales del Consejo: Fernando *Labad Sasiaín*, Juan *Martínez Garrido*, Josep *Piqué Camps*, Ubaldo *Usunariz Balanzategui*, José Luis *del Valle Pérez*.

Sekretär: Baldomero *Blasco Ariza*.

Direktion: José *Arlandis*, Antonio *Gallego*, José Luis *Gámir*, José Luis *Gómez Quilez*, Augusto *Martínez González*, Honorio *Quintana*, Diego *de la Villa*.

Öffentlichkeitsarbeit: José Luis *Gámir*.

Gründung: 1978 durch die Fusion von Rio Tinto Patiño SA mit den Pyritgewinnungsbetrieben von Union Explosivos Rio Tinto SA.

Kapital: 11 367 Mill. Ptas.

Gesellschafter: Unión Explosivos Rio Tinto SA, 49 %; The Rio Tinto-Zinc Corp. PLC, London, 49 %; Sonstige 2 %.

Zweck: Tage- und Tiefbau in Minas de Ríotinto und Tagebau in Santiago. Gewinnung von Schwefelkies, Kupferkonzentraten sowie Gold und Silber. Kupferhütte und -raffinerie in Huelva. Verarbeitung von Kupferkonzentraten und Erzeugung von Kupfer-Kathoden und Schwefelsäure.

Beschäftigte 1 692

Minas de Ríotinto

E-Minas de Ríotinto (Huelva), Apartado 1, ☏ (9 55) 59 00 00, ✄ 7 55 72.

Produktion		1988	1989
Au	.... kg	5 459	6 306
Ag	.... kg	127 980	162 380
Cu	.... kg		15 344

Fundición de Huelva

E-Montenegro s/n, (Huelva), Avda. Francisco, ☏ (9 55) 25 44 22, ✄ 7 55 16.

1 BERGBAU

Produktion		1990
Kathoden-Cu	t	118 034
H$_2$SO$_4$	t	385 433
Au	kg	1 704
Ag	kg	46 726

Sociedad Minera y Metalúrgica de Peñarroya-España, S.A.

E-28036 Madrid, Avenida de Burgos, 12 planta 12, ☏ (1) 7665566.
Abteilung Cartagena: E-30202 Cartagena, Carretera del Puerto, s/n, Fundición Santa Lucía, ☏ (68) 503800, Telefax Madrid (1) 2025191, Telefax Cartagena (68) 525820.

Generaldirektor: Michel *Durocher.*

Kapital: 2 655 Mill. Ptas.

Hauptgesellschafter: Metaleurop, S.A.

Tochtergesellschaften:
Colorantes de Plomo, S. A., Barcelona.
Cerámicas Peñarroya, S. A., Castellón.
Granitos Ibéricos, S. A., Vigo.

Organisationen

Federación Nacional de Empresarios de Minas de Carbón (Carbounion)

E-28014 Madrid, Alberto Bosch, 9, ☏ (00341) 4202750, 4201661, Telefax (00341) 4200312.

Präsident: Carol *Hausmann Tarrida.*

Generaldirektor: José Antonio *González Sánchez.*

Ferrounion Asociación de Empresarios de Minas de Hierro

E-28004 Madrid, Paseo de Recoletos, 27, ☏ 4196450.

Centro Nacional de Investigaciones Metalúrgicas

E-28040 Madrid, Avda. Gregorio del Amo 8, ☏ 553 89 00, ✆ 42182 csic e, Telefax (341) 5347425.

Geschäftsführung: Joaquín *Morante,* Director Dr. Miguel *P. de Andres.*

INTERNATIONALE ORGANISATIONEN

CIHS — Commission Internationale d'Histoire du Sel

Präsident: Professor Jean-Claude *Hocquet*, F-59650 Villeneuve d'Ascq, 34, allée de la Comédie.

Vizepräsidenten: Dr. Antoni *Jadlowski*, Polen; Bernard *Moinier*, Frankreich; Professor Dr. Harald *Witthöft*, Deutschland.

Generalsekretär: Professor Dr. Rudolf *Palme*, A-6020 Innsbruck, Leopoldstraße 65.

Schatzmeister: Dr. Peter *Piasecki*, D-4690 Herne 2, Max-Planck-Straße 56.

Wissenschaftlicher Beirat: Professor S. *Adshead*, Neuseeland; Dr. Ch. *Lamschus*, Deutschland; Professor Dr. C. *Litchfield*, USA; Professor P. E. *Lovejoy*, Kanada; Dr. H.-H. *Walter*, Deutschland.

Zweck: Am 3. März 1988 wurde die Commission Internationale d'Histoire du Sel, abgekürzt CIHS, ins Leben gerufen. Sie ist die erste internationale Gesellschaft, die sich mit der Erforschung der Salzgeschichte beschäftigt. Ziel der Gesellschaft ist es, die wissenschaftliche Forschung zur Geschichte des Salzes — einem sehr wichtigen Rohstoff der Weltwirtschaft — zu fördern und die Ergebnisse dieser Arbeiten international zu verbreiten. Hierzu sollen internationale Tagungen abgehalten werden, es sollen einschlägige Publikationen veröffentlicht und die internationale Archivforschung unterstützt werden. Neben der Veröffentlichung von Tagungsbänden verschickt die CIHS in unregelmäßigen Abständen Rundbriefe an alle Mitglieder. Weiterhin konnte 1990 — rechtzeitig zur Tagung in Hall i. T. — die erste Ausgabe der Zeitschrift CIHS-Bibliographie (1. Jahrgang 1990, Hrsg. Generalsekretariat der CIHS) vorgelegt werden. Sie beinhaltet alle Veröffentlichungen zur Salinengeschichte, die im Zeitraum von 1985 bis 1989 in den Ländern Österreich (bearbeitet von R. Palme), Deutschland Ost (Gebiet der ehemaligen DDR, bearbeitet von H.-H. Walter) und in der Bundesrepublik Deutschland (bearbeitet von P. Piasecki) erschienen sind. Diese Zeitschrift wird künftig jährlich erscheinen und auch die Salinenbibliographien weiterer Länder enthalten.

Council of Mining and Metallurgical Institutions

GB-London W1N 4BR, 44 Portland Place, ☏ (071) 580 38 02, ✆ 261410, Telefax (071) 436 53 88.

Vorsitzender: Sir Alistair *Frame*.

Sekretär: M. J. *Jones*.

Zweck: Veranstaltung von Bergbau- und Hüttenkundekongressen als Mittel zur Förderung der Entwicklung der Mineral- und Energievorräte der Welt und der Pflege der Fachkompetenz unter den Mitgliedern der wesentlichen Körperschaften sowie Förderung von deren Zusammenarbeit.

Mitglieder: The Australasian Institute of Mining and Metallurgy, The Canadian Institute of Mining and Metallurgy, The Geological Society of South Africa, The Institute of Metals, The Institution of Mining Engineers, The Institution of Mining and Metallurgy, The Minerals, Metals and Materials Society, The Mining, Geological and Metallurgical Institute of India, The Society for Mining, Metallurgy and Exploration, The South African Institute of Mining and Metallurgy.

Euromines
International Association of European Mining Industries

B-1040 Bruxelles, rue Montoyer 47.

Secretary-General: Jacques *Spaas*.

Euro Slate — European Slate Associations

Deutscher Vertreter: Dr. W. *Wagner*, Schiefer-Fachverband in Deutschland e. V., Postfach 19 01 84, 5300 Bonn 1.

Die Bürotätigkeit erfolgt am Sitz des jeweilig amtierenden Präsidenten.

Vorstand: Die Präsidentschaft und Vizepräsidentschaft wechselt turnusmäßig unter den Präsidenten/Vorsitzenden der Mitgliedsverbände oder deren Beauftragten.

Zweck: Die europäische Vertretung der Schieferindustrie (Dach- und Wandschiefer).

Mitglieder: Deutschland, Schiefer-Fachverband in Deutschland e. V.; Belgien und Luxemburg, Groupement des Ardoisières belgo-luxembourgoise; Spanien, Associatión Gallega de Pizarristas & Associatión de Pizarristas de Leon; Frankreich, Fédération des Ardoisières de France; Großbritannien, The Natural Slate Quarries Association.

1 BERGBAU

Eurometaux
Association Europenne des Metaux
European Association of metals

B-1040 Bruxelles, rue Montoyer, 47, ☏ (+32.2) 511.72.73, Telefax (+ 32.2) 514.45.13.

Europäischer Kokereiausschuß

4300 Essen-Kray, DMT-Gesellschaft für Forschung und Prüfung mbH, z. Hd. Herrn Dr.-Ing. Werner Eisenhut, Franz-Fischer-Weg 61, ☏ (0201) 172-1587, ⌇ 0857830 brgb d, Telefax (0201) 172-1575.

Vorsitzender: D. C. *Leonard,* Works Manager Coke & Iron, British Steel, General Steel Scunthorpe Works, GB (1992/1993).

Zweck: Internationaler Erfahrungsaustausch über technische und wirtschaftliche Probleme der Kokereiindustrie sowie Planung und Koordinierung von Forschungs- und Entwicklungsprojekten, insbesondere bezüglich Optimierung der Einsatzkohle und ihrer Konditionierung, Anpassen der Koksqualität an die Erfordernisse des Hochofenprozesses, Umweltschutz und Arbeitsschutz sowie Weiterentwicklung der Verkokungstechnik im Hinblick auf eine langfristige umweltverträgliche und kostengünstige Versorgung der Stahlindustrie mit Hochofenkoks.

Mitglieder: Vertreter der Bergbau- und Hüttenkokereien der Mitgliedsstaaten der Europäischen Gemeinschaften.

European Committee for the Study of Salt
Europäischer Salzstudienausschuß (Essa)
Comité Européen d'Etude du Sel

F-75116 Paris, 11 bis, avenue Victor Hugo, ☏ (1) 45 01 72 62.

Präsident: Dr. Gerhard *Knezicek* (A).

Vizepräsidenten: Mario *Fogagnolo* (I), Floris A. *Biermann* (NL), Ass. d. Bergf. Karl *Schmidt* (D).

Schatzmeister: John A. *Stubbs* (GB).

Generalsekretär: Bernard *Moinier* (F).

Leiter der deutschen Delegation: Klaus *Neubarth* oder bei seiner Verhinderung der 1. Vorsitzende des Vereins Deutsche Salzindustrie eV, Harald *Boldt.*

Gründung: 7. März 1958 als internationaler Verband ohne Rechtspersönlichkeit. Gründungsmitglieder: die Salzproduzenten der Bundesrepublik Deutschland, Frankreichs, Italiens und der Niederlande.

Weitere Mitglieder: die Salzproduzenten Belgiens, Dänemarks, Großbritanniens, Österreichs, Portugals, der Schweiz, Spaniens und der Türkei.

Zweck: Behandlung aller die Stein-, Siede- und Meersalzproduzenten interessierenden Fragen.

European Zinc Institute

6053 Obertshausen 2, Birkenwaldstraße 9, ☏ (06104) 74401, Telefax (06104) 75867.

Präsident: Tjeerd J. C. *Smid.*

Zweck: Monatliche Herausgabe von Zink- und Blei-Statistiken an Mitgliedsbetriebe. Förderung des Zinkverbrauchs in Europa.

Mitglieder: Alle europäischen Primär-Zinkhütten und einige wichtige europäische Produzenten von Konzentraten.

Fédération des Mineurs d'Europe

B-1050 Bruxelles, Avenue Emile de Béco 109, ☏ (02) 6482120, Telefax (02) 6484316.

Sekretär: Roland *Damien.*

IEA Coal Research
IEA Kohlenforschung

GB-London SW15 6AA, Gemini House, 10 − 18 Putney Hill, ☏ (081) 7802111, Telefax (081) 7801746.

Geschäftsführung: IEA Coal Research Ltd.

Vorstand: J. S. *Harrison* (Vorsitzender), C. T. *Massey,* F. A. *Marshall,* C. D. *Ambler,* J. D. *Trubshaw.*

Sekretär: C. F. *Nathan.*

Geschäftsführer: J. D. *Trubshaw.*

Mitglieder des Hauptausschusses: K. D. *Lyall,* Department of Resources and Energy, Australien; G. *de Vogelaere,* Ministerie van economische Zaken, Direction de l'Energie, Brüssel, Belgien; Dr. M. *Schäfer,* Forschungszentrum Jülich GmbH, Projektträger Biologie, Energie, Ökologie (BEO), Jülich, Bundesrepublik Deutschland; P. F. *Sens,* DG XII, CEC, Brüssel, Belgien; J. *Daub,* Energiministeriet, Kopenhagen, Dänemark; Professor D. *Asplund,* Technical Research Centre of Finland, Iyvaskyla, Finnland; J. S. *Harrison,* British Coal, Coal Research Establishment, Cheltenham, Großbritannien; Dr. G. M. *Varalda,* Sotacarbo, Milano, Italien; H. *Hirota,* Coal Conversion, Sunshine Project Promotion HQ,

Tokyo, Japan; Dr. D. A. *Reeve,* Department of Energy Mines & Resources, Ottawa, Kanada; J. *Stork,* Novem BV, Sittard, Niederlande; Dr. H. *Marka,* Direktor Graz-Köflacher Eisenbahn- und Bergbau-Gesellschaft m.b.H, Bergdirektion Köflach, Österreich; J. *Magnusson,* National Energy Administration, Stockholm, Schweden; D. Camilo *Caride de Liñan,* Ocicarbon, Madrid, Spanien; M. A. *Greenbaum,* US Department of Energy, Washington, USA.

Zweck: IEA Coal Research ist ein Gemeinschaftsunternehmen von 14 Mitgliedsländern und der Kommission der EG. Es ist forschend und informierend tätig in den Bereichen Versorgung, Transport und Märkte; Kohlenchemie; Kohlennutzungstechnologien; Kohle und Umwelt; Kohlen-Datenbank und Informationsdienste.

Intergovernmental Council of Copper Exporting Countries (Cipec)

F-75008 Paris, 39, rue de la Bienfaisance, ☏ (1) 42250024, ⌁ cipecop 649077 f.

Vorsitzender: Minister of Mines of Zambia.

Generalsekretär: Gastón *Frez.*

Zweck: Organisation der Kupfer-Erzeugerländer.

Internationale Kommission für Kohlenpetrologie
International Committee for Coal Petrology

USA-16802 Penns., The Pennsylvania State University, Energy and Fuels Research Center, 205 Research Building E, University Park, ☏ (814) 865-6545, Telefax (814) 865-3573.

Ansprechpartnerin Europa: Professor Dr. Monika *Wolf,* 5100 Aachen, Rheinisch-Westfälische Technische Hochschule Aachen, Lehrstuhl für Geologie, Geochemie und Lagerstätten des Erdöls und der Kohle, Lochnerstr. 4 - 20, ☏ (0241) 80-5748.

Präsident: Professor Dr. Alan *Davis* (USA).

Vizepräsidenten: Dr. N. H. *Bostick* (USA), Professor Dr. M. J. *Lemos de Sousa* (Portugal).

Generalsekretär: Professor Zuleika *Correa da Silva* (Brasilien).

Zweck: Ausarbeitung international verbindlicher Definitionen zur Charakterisierung der mikroskopisch erfaßbaren organischen Bestandteile von Kohlen und Sedimenten. Entwicklung von Methoden für die kohlenpetrographische Analyse. Einführung kohlenpetrographischer Untersuchungsverfahren in Geologie (z. B. Erdöl- und Erdgasprospektion) und Industrie (Kokerei, Hydrierung, Verbrennung). Mitarbeit in internationalen Normungsgremien (ISO, ECE).

Mitglieder: Kohlenpetrographen in Industrie, Staatsdienst und Hochschulen.

International Peat Society
Internationale Moor- und Torfgesellschaft

SF-40420 Jyskä, Kuokkalantie 4, ☏ 358 41 674042, Telefax 358 41 677405.

Präsident: Dr. Y. *Pessi,* Kemira Oy, P. O. Box 330, SF-00101 Helsinki.

Vizepräsidenten: J.-Y. *Daigle* (Canada), A. *Luberg* (Estonia), J. D. *Becker-Platen* (Germany), A. *Toth* (Hungary), E. *O'Connor* (Ireland), H. F. *van de Griendt* (the Netherlands), H. *Okruszko* (Poland), B. N. *Sokolov* (Russian Federation), R. *Pettersson* (Sweden), R. *Robertson* (United Kingdom), D. N. *Grubich* (USA).

Generalsekretär: Raimo *Sopo.*

Leitung des deutschen Nationalkomitees: Professor Dr. Jens Dieter *Becker-Platen;* Council-Mitglied: Claus *Brinkmann.*

Gründung: 1968 als nichtgouvernementale wissenschaftlich-technische Gesellschaft. Mitglieder sind überwiegend Nationalkomitees; es gibt aber auch Einzelmitglieder (meist Firmen aus Ländern, die über kein Nationalkomitee verfügen). Die Bundesrepublik ist über die Deutsche Gesellschaft für Moor- und Torfkunde eV vertreten.

Zweck: Behandlung aller Moore und Torf betreffenden wissenschaftlichen und technischen Fragen, Vertiefung der internationalen Zusammenarbeit auf dem entsprechenden Gebiet, Versachlichung der Diskussion zwischen den in unterschiedlicher Blickrichtung mit Moor und Torf befaßten Interessengruppen.

International Tin Research Institute

GB-Uxbridge, Middlesex UB8 3PJ, Kingston Lane, ☏ (895) 72406, Telefax (895) 51841.

Geschäftsführender Direktor: Dr. B. T. K. *Barry;* Dr. R. R. *Dean,* stellv.

Gründung und Zweck: 1932 mit dem Ziel, die Verwendung von Zinn zu fördern, basierend auf technisch-wissenschaftlichen Studien des Metalls, seinen Legierungen und Verbindungen. Entwicklung industriell anwendbarer Prozesse und zukünftiger Märkte für Zinn.

Zinn-Informationszentren in Staaten der EG: Centre d'Information de l'Etain, Brüssel; Zinn-Informationsbüro GmbH, Düsseldorf; Technisch Informatiecentrum voor Tin, Zoetermeer.

1 BERGBAU

International Union of Geodesy and Geophysics — IUGG
Internationaler Verband für Geodäsie und Geophysik

F-31055 Toulouse Cedex, Bureau Gravimétrique International, Avenue Edouard Belin 18, ☎ 33 61 33 29 80, ✂ 530776 f, Telefax 33 61 25 30 98.

Generalsekretär: Dr. G. *Balmino.*

Zweck: Die IUGG widmet sich den wissenschaftlichen Studien über die Erde, wie z. B. über mineralische Vorkommen, Reduzierung der Auswirkungen bei Naturkatastrophen, Erhaltung der Umwelt sowie der Verwendung der gewonnenen Erkenntnisse.

Mitglieder: Die IUGG hat 78 Mitgliedsländer, davon 27 in Europa, 17 in Afrika, 21 in Nord- und Zentralamerika, 6 in Südamerika, 21 in Asien, 2 in Ozeanien. Sie umfaßt die 7 halb-autonomen Verbände International Association of Geodesy, International Association of Seismology and Physics of the Earth's Interior, International Association of Volcanology and Chemistry of the Earth's Interior, International Association of Geomagnetism and Aeronomy, International Association of Meteorogical and Atmospheric Physics und International Association for the Physical Sciences of the Ocean, ferner verschiedene Ausschüsse und die Federation of Astronomical and Geophysical Services.

International Wrought Copper Council (IWCC)

GB-London W 22 SD, Sussex Square, 6, Bathurst Street, ☎ (071) 723 7465, ✂ 23556 insect g, Telefax (071) 724 03 08.

Chairman: N. *Brodersen* (D).

Vice-Chairman: S. *Isoherranen* (SF); G. *Durand-Texte* (F).

Treasurer: P. *Fisken* (GB).

Secretary General: S. N. *Payton.*

Assistant Secretary: Dr. M. E. *Loveitt.*

Zweck: Verband der Kupferverbraucher Europas und Japans.

Studienausschuß des westeuropäischen Kohlenbergbaus (Cepceo)

B-1150 Bruxelles, avenue de Tervuren 168, bte. 11, ☎ (00322) 771 9974, ✂ 24046 cepceo b, Telefax (00322) 771 41 04.

Präsident des Zentralausschusses: Sir Kenneth *Couzens,* Chairman Coal Products Ltd., London.

Generalsekretär des Studienausschusses: Jean van der *Stichelen Rogier.*

Geschäftsführer der deutschen Delegation: Dipl.-Volksw. Wolfgang *Reichel,* D-4300 Essen 1, Friedrichstr. 1, ☎ (0201) 1805-232, Telefax (0201) 1805-437.

Gründung: 21. 3. 1953 durch die kohlenbergbaulichen Organisationen der Bundesrepublik, Frankreichs, Belgiens und der Niederlande. Seit 2. 6. 1958 internationale Vereinigung mit wissenschaftlicher Zielsetzung nach dem belgischen Gesetz vom 25. 10. 1919, Satzung vom 18. 2. 1958, in der Fassung vom 5. Mai 1986. Seit 1. 1. 1973 gehört auch der British Coal dem Studienausschuß als Mitglied an, ferner seit 1. 1. 1986 die spanische Federación Nacional de Empresarios de Minas de Carbón (Carbunion). Der niederländische Steinkohlenbergbau ist seit 1. 1. 1975 ausgeschieden.

Zweck: Behandlung aller den Kohlenbergbau der Europäischen Gemeinschaft gemeinsam interessierenden Fragen.

Organe und deren Aufgaben

Vollversammlung: Bestimmung der allgemeinen Richtlinien für die Tätigkeit des Studienausschusses.

Zentralausschuß: Wahrnehmung der ihm von der Vollversammlung übertragenen Aufgaben und Durchführung der aus eigener Initiative in Angriff genommenen Arbeiten und Untersuchungen.

Büro: Unterstützung des Zentralausschusses bei der Durchführung seiner Aufgaben.

Weltbergbau-Kongreß
World Mining Congress
Swiatowy Kongres Górniczy

PL-00-921 Warschau, Ul. Krucza 36, ☎ 628 59 80, Telefax 21 99 45.

Internationales Organisationskomitee: Vorsitzender: Ing. Eugeniusz *Ciszak,* Polen; Erster Stellv. Vorsitzender: Ing. John H. *Northard,* Großbritannien; Stellv. Vorsitzende: Professor Günter B. *Fettweis,* Österreich; Ing. Vladimir P. *Grebenshchikov,* GUS; Professor Fan *Weitang,* China, Dr. Carlos *Munoz Cabezon,* Spanien.

Generalsekretär: Ing. Mieczyslaw *Najberg,* Polen.

Zweck: Förderung und Unterstützung der internationalen wissenschaftlichen und technischen Zusammenarbeit in den Bereichen des Bergbaus auf feste Mineralien, einen umfassenden Austausch von Informationen in bezug auf die Entwicklung der Bergbauwissenschaften, in technischer, ökonomischer und sicherheitlicher Beziehung einschließlich der Belange der Arbeitshygiene und des Umweltschutzes zu sichern.

Mitgliedsländer: Argentinien, Australien, Belgien, Brasilien, Bulgarien, Chile, China (Volksrep.), ČSFR, Deutschland, Estland, Finnland, Frankreich, Griechenland, Großbritannien, Indien, Irland, Italien, Japan, Jugoslawien, Kanada, Kolumbien, Korea (Dem. Volksr.), Kuba, Marokko, Mexico, Mongolei, Norwegen, Österreich, Papua-Neuguinea, Peru, Philippinen, Polen, Portugal, Rep. Südafrika, Rumänien, Rußland, Schweden, Slowenien, Spanien, Türkei, Ukraine, Ungarn, USA, Venezuela.

The World Bureau of Metal Statistics

GB-Ware, Herts SG12 9BA, 27a, High Street, ☏ (0920) 461274, ✄ 817746 wbms g, Telefax (0920) 464258.

Geschäftsführung: J. L. T. *Davies.*

Zweck: Erstellen von Metall-Statistiken.

World Coal Institute

GB-London W8 4DB, Vicarage House, 58/60 Kensington Church Street, ☏ (071) 9374600, Telefax (071) 3760453.

Chairman: J. B. *Thomson.*

Chief Executive: Richard G. *Tallboys.*

Director Public Affairs: Dr. Nicole B. *Williams.*

Mitglieder: Agipcoal S.p.A., Arco Coal Company, Austen & Butta Ltd., BP Coal, British Coal Corporation, The Broken Hill Proprietary Company Ltd., Carbocol (Carbones De Colombia SA), Carbozulia (Carbones Del Zulia SA), Coal and Allied Industries Ltd., Coal Corporation of New Zealand Ltd., Costain Coal Inc., CRA Ltd., Douglas Colliery Limited, Drayton Coal Pty Ltd., The Drummond Company Inc., Electricity Commission of New South Wales, Exxon, Fording Coal Limited, Gold Fields Coal Limited, Idemitsu Kosan Co. Ltd., Island Creek Corporation, Kerr-McGee Coal Corp., Luscar Ltd., Manalta Coal Ltd., A T Massey Coal Co. Inc., MIM Holdings Ltd., The Pittston Company, Shell Coal International Ltd., Swabara Group, Tavistock Collieries Ltd., Total, Trans-Natal Coal Corporation Ltd.

Zweck: The principal objectives of the World Coal Institute are to: provide a "voice" for coal in international debates on energy and the environment; improve public awareness of the merits and importance of coal as the single largest source of fuel for the generation of electricity; ensure that decision makers – and public opinion generally – are fully informed on the advances in modern clean coal technology – advances that are steadily improving the efficient use of coal and greatly reducing the impact of coal on the environment; widen understanding of the vital role that metallurgical coal fulfils in the worldwide production of the steel on which all industry depends; support other sectors of the worldwide coal industry in emphasising the importance of coal and its qualities as a plentiful, clean, safe and economical energy resource; generally to promote the merits of coal and upgrade the image of coal as a clean and efficient fuel, essential to both the generation of the world's electricity and the manufacture of the world's steel.

UNSER BEITRAG FÜR MORGEN

Die Mobil Erdgas - Erdöl GmbH, Hamburg, ist einer der größten Produzenten von inländischem Erdgas und Erdöl. Seit 1932 ist Mobil in Deutschland auf diesem Gebiet erfolgreich tätig. Zu unserer Geschäftstätigkeit zählen auch Erdgas - Import, -Transport, -Speicherung und -Verkauf. Durch die Aufbereitung von saurem Erdgas sind wir der zweitgrößte inländische Schwefel - Hersteller. Die meisten unserer Mitarbeiter sind in Niedersachsen tätig - mit Schwerpunkt in Celle.

Mobil Erdgas-Erdöl GmbH

2 Erdöl- und Erdgaswirtschaft

Deutschland

1. **Erdöl- und Erdgasgewinnung** _____ 292
   Karte: Erdöl- und Erdgaslagerstätten _____ 290
   Tabellen: Fördermengen und Bohrkapazität _____ 292
   Karte: Erdölvorräte und Erdölfördermengen _____ 298
   Karte: Erdgasvorräte und Erdgasfördermengen _____ 301
   Tabelle: Erdöl- und Erdgasgewinnung auf dem Festland _____ 304
   Tabelle: Erdöl- und Erdgasgewinnung in der Nordsee _____ 314
2. **Gaswirtschaft** _____ 315
2.1 **Ferngaswirtschaft** _____ 315
2.2 **Regionale Gasversorgung** _____ 323
   Karte: Das Gasversorgungsnetz _____ 334
2.3 **Karte: Untertage-Gasspeicher, Gastransport** _____ 337
   Karte: Untertage-Gasspeicher in Deutschland _____ 336
   Tabelle: Untertage-Gasspeicher in Betrieb _____ 337
   Tabelle: Untertage-Gasspeicher in Planung oder in Bau _____ 339
3. **Mineralölverarbeitung, Kavernen und Transport**
   (Mineralölverarbeitung · Kavernen · Rohöl-Fernleitungen · Fertigprodukten-Leitungen · Servicefirmen) _____ 344
   Tabelle: Raffineriekapazitäten _____ 344
   Karten: Erdölraffinerien · Leitungen · Petrochemie 350, 354, 355
   Tabelle: Kavernen für Rohöl, Mineralölprodukte und Flüssiggas _____ 366
4. **Organisationen** _____ 374
   Öl _____ 374
   Gas _____ 381

Europa

5. **Belgien** _____ 386
6. **Dänemark** _____ 389
   Tabelle: Erdöl- und Erdgasgewinnung in der Nordsee _____ 391
7. **Finnland** _____ 395
8. **Frankreich** _____ 397
   Karte: Die Mineralölversorgung Europas _____ 402
9. **Griechenland** _____ 404
10. **Großbritannien** _____ 406
    Tabelle: Erdöl- und Erdgasgewinnung in der Nordsee _____ 414
    Karte: Erdöl und Erdgas in der Nordsee _____ 446
11. **Irland** _____ 480
12. **Italien** _____ 482
    Karte: Das Erdgas-Verbundsystem in Europa _____ 490
13. **Niederlande** _____ 492
    Tabelle: Erdöl- und Erdgasgewinnung in der Nordsee _____ 494
14. **Norwegen** _____ 520
    Tabelle: Erdöl- und Erdgasgewinnung in der Nordsee _____ 523
    Karte: Erdöl- und Erdgasvorkommen im norwegischen Küstengebiet nördlich 62° N _____ 543
15. **Österreich** _____ 556
    Tabelle: Erdgasgewinnung _____ 560
16. **Portugal** _____ 564
17. **Schweden** _____ 566
18. **Schweiz** _____ 567
19. **Spanien** _____ 573

Internationale Organisationen _____ 577
Öl _____ 577
Gas _____ 579

Das Kapitel 10 »Statistik« enthält aktuelle Tabellen zur Erdölförderung und -verarbeitung sowie zu Gasaufkommen und -verwendung.

2 ERDÖL- UND ERDGASWIRTSCHAFT

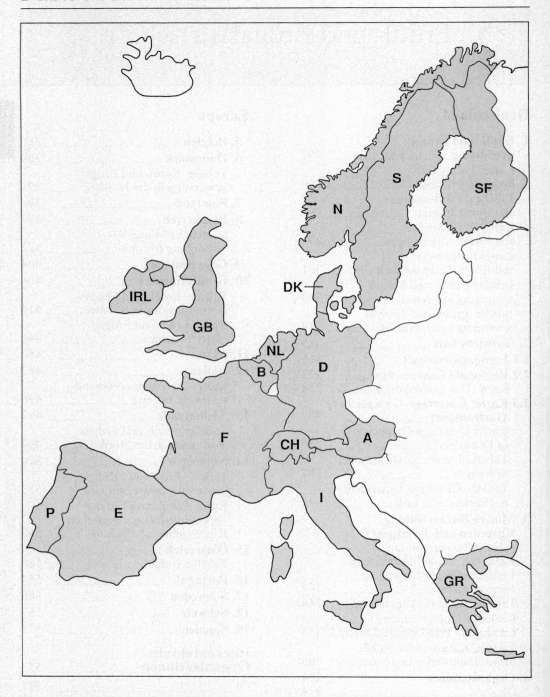

Das Kapitel 2 informiert über die Erdöl- und Erdgasgewinnung und die Mineralölwirtschaft in den Ländern der Europäischen Gemeinschaft und in der Europäischen Freihandelsassoziation sowie über die Gaswirtschaft im europäischen Verbund.

2 Oil and Gas industry

Germany
1. Oil and Natural Gas Extraction ___ 292
2. Gas industry ___ 315
2.1 Long distance gas supply ___ 315
2.2 Regional gas supply ___ 323
2.3 Underground Gas Storage, Gas transport ___ 337
3. Oil processing, Underground caverns and transport ___ 344
4. Organisations ___ 374

Europe
5. Belgium ___ 386
6. Denmark ___ 389
7. Finland ___ 395
8. France ___ 397
9. Greece ___ 404
10. Great-Britain ___ 406
11. Ireland ___ 480
12. Italy ___ 482
13. Netherlands ___ 492
14. Norway ___ 520
15. Austria ___ 555
16. Portugal ___ 563
17. Sweden ___ 565
18. Switzerland ___ 566
19. Spain ___ 572

International Organisations ___ 576

Chapter 10 »Statistics« contains up-dated tables on the production and treatment of crude and on the production and utilization of natural gas.

2 L'industrie de pétrole et de gaz

Allemagne
1. Extraction de Pétrole et de gaz naturel ___ 292
2. L'industrie de gaz ___ 315
2.1 Distribution de gaz à distance ___ 315
2.2 Approvisionnement régional en gaz ___ 323
2.3 Silos de gaz souterrains, Transport de gaz ___ 337
3. Traitement de pétrole, cavernes et transport ___ 344
4. Organisations ___ 374

Europe
5. Belgique ___ 386
6. Danemark ___ 389
7. Finlande ___ 395
8. France ___ 397
9. Grèce ___ 404
10. Grande-Bretagne ___ 406
11. Irlande ___ 480
12. Italie ___ 482
13. Pays-Bas ___ 492
14. Norvège ___ 520
15. Autriche ___ 555
16. Portugal ___ 563
17. Suède ___ 565
18. Suisse ___ 566
19. Espagne ___ 572

Organisations Internationales ___ 576

Le chapitre 10 »Statistiques« contient des tableaux actualisés concernant la production et le traitement de pétrole et la production et le traitement de gaz naturel.

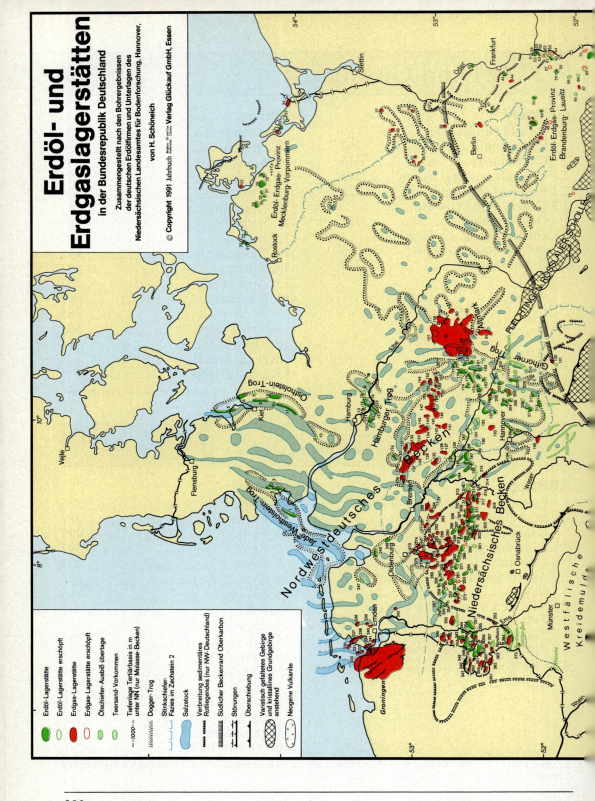

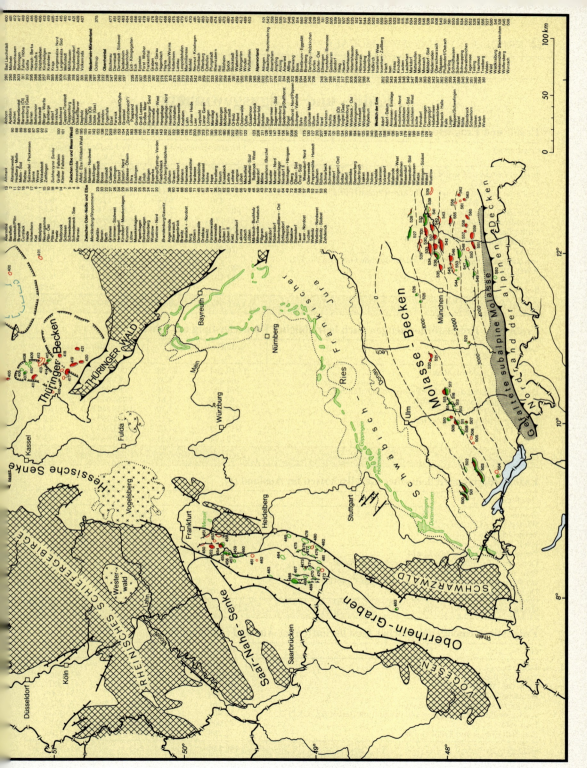

Diese Karte ist auch als Wandkarte lieferbar.

DEUTSCHLAND

1. Erdöl- und Erdgasgewinnung

Erdöl- und Erdgasfördermengen nach konsortialer Beteiligung im Jahre 1991

Gesellschaft	Erdölfördermengen t	%	Erdgasfördermengen m³ (V_n)	%
Brigitta Erdgas und Erdöl GmbH	90 102	2,58	5 781 755 230	27,06
C. Deilmann AG	120 980	3,47	147 209 114	0,69
Deutsche Schachtbau- und Tiefbohrgesellschaft mbH	352 720	10,11	137 950 554	0,65
Deutz Erdgas GmbH	1 430	0,04	27 526 026	0,13
Elwerath Erdgas und Erdöl GmbH	902 318	25,88	3 171 634 279	14,84
Erdöl-Erdgas Gommern GmbH	63 176	1,81	4 954 093 778	23,19
Mobil Erdgas-Erdöl GmbH	338 767	9,72	4 268 369 756	19,98
Preussag Erdöl und Erdgas GmbH	290 448	8,33	855 182 190	4,00
ITAG	26 539	0,76	2 944 182	0,01
von Rautenkranz Exploration und Produktion GmbH & Co. KG	–	–	107 372 450	0,50
RWE-DEA AG	563 357	16,16	751 205 335	3,52
Wintershall AG	737 107	21,14	1 146 533 488	5,37
Sonstige	54	0,00	13 728 173	0,06
Gesamt	3 486 998	100,00	21 365 504 555	100,00

Erdöl- und Erdgasfördermengen nach betrieblicher Förderleistung im Jahre 1991

Gesellschaft	Erdölfördermengen t	%	Erdgasfördermengen m³ (V_n)	%
BEB Erdgas und Erdöl GmbH	1 310 204	37,58	10 095 053 386	47,25
C. Deilmann AG	166 456	4,77	77 490 981	0,36
Deutsche Schachtbau- und Tiefbohrgesellschaft mbH	274 202	7,86	284 793 854	1,33
Erdöl-Erdgas Gommern GmbH	63 176	1,81	4 954 093 778	23,19
Mobil Erdgas-Erdöl GmbH	149 980	4,30	3 423 660 610	16,03
Preussag Erdöl und Erdgas GmbH	214 507	6,15	485 760 421	2,27
RWE-DEA AG	837 579	24,02	1 033 767 512	4,84
Wintershall AG	470 894	13,51	1 010 884 013	4,73
Gesamt	3 486 998	100,00	21 365 504 555	100,00

Erdölfördermengen deutscher Gesellschaften im Ausland (t)

Gesellschaft	1989	1990	1991*
Deminex	4 734 000	6 595 000	6 659 000
Wintershall AG	1 968 000	2 202 000	2 722 000
Veba Oel AG	1 897 000	1 991 000	2 124 000
RWE-DEA AG	2 119 168	2 108 337	1 950 000
Preussag Erdöl und Erdgas GmbH	29 137	32 160	35 410
Deutsche Schachtbau- und Tiefbohrgesellschaft mbH	31 035	32 173	34 821
Esso AG	26 500	25 100	16 000
von Rautenkranz Exploration und Produktion GmbH & Co. KG	5 600	6 400	6 900
Deutsche Shell AG	11 104	–	–
Gesamt	10 821 544	12 992 170	13 548 131

Erdgasfördermengen deutscher Gesellschaften im Ausland (1000 m³ V_n)

Gesellschaft	1989	1990	1991*
Deminex	391 000	495 000	960 000
Wintershall AG	1 029 000	923 000	833 000
Veba Oel AG	388 000	351 000	412 000
Deutsche Shell AG	323 000	285 000	255 000
Energieversorgung Weser-Ems AG	38 161	44 292	70 702
von Rautenkranz Exploration und Produktion GmbH & Co. KG	17 400	18 300	20 300
Esso AG	2 000	3 000	2 071
Elwerath Erdgas und Erdöl GmbH	2 209	1 815	1 520
Gesamt	2 190 770	2 121 407	2 554 593

* Vorläufig.
Quelle: Wirtschaftsverband Erdöl- und Erdgasgewinnung eV, Jahresbericht 1991.

ERDÖL- UND ERDGASGEWINNUNG

Bohrleistung nach konsortialer Beteiligung (m)

Gesellschaft	Aufschlußbohrungen 1990	1991	Teilfeldsuchbohrungen 1990	1991	Erweiterungsbohrungen 1990	1991	Produktionsbohrungen 1990	1991	Hilfsbohrungen 1990	1991
Brigitta Erdgas und Erdöl GmbH	10 462,72	3 077,67	2 626,67	9 005,00	12 713,33	2 984,00	–	1 312,90	–	–
C. Deilmann AG	2 081,01	–	–	–	–	–	–	35,00	–	–
Deutsche Schachtbau- und Tiefbohrgesellschaft mbH	9,94	–	–	–	130,62	–	–	–	–	–
Elwerath Erdgas und Erdöl GmbH	10 276,40	3 907,50	426,74	4 346,50	11 229,07	8 486,36	2 369,47	2 460,69	–	332,00
Erdöl-Erdgas Gommern GmbH	–	1 063,00	–	2 314,00	–	2 828,50	–	840,20	–	332,00
Mobil Erdgas-Erdöl GmbH	10 274,19	7 366,33	1 740,08	5 860,50	15 295,34	7 788,45	2 903,53	1 859,78	–	–
Preussag Erdöl und Erdgas GmbH	2 452,09	2 436,00	–	6 707,50	2 883,32	1 305,00	409,96	1 866,27	173,00	1 127,10
RWE-DEA AG	5 423,31	4 666,00	–	–	3 142,13	3 186,72	5 720,84	3 807,86	–	–
Wintershall AG	4 489,58	240,50	142,41	1 222,50	1 625,09	1 215,97	–	–	1 557,00	–
Sonstige	2 250,71	4 394,70	–	–	–	–	–	–	–	873,90
Gesamt	47 719,95	27 151,70	4 935,90	29 456,00	47 018,90	27 795,00	11 403,80	12 472,70	1 730,00	2 665,00

Bohrleistung nach technischer Betriebsführung (m)

Gesellschaft	Aufschlußbohrungen 1990	1991	Teilfeldsuchbohrungen 1990	1991	Erweiterungsbohrungen 1990	1991	Produktionsbohrungen 1990	1991	Hilfsbohrungen 1990	1991
BEB Erdgas und Erdöl GmbH	16 982,70	7 334,00	3 940,00	17 185,00	23 820,00	10 390,00	1 229,90	2 566,40	–	664,00
C. Deilmann AG	2 231,00	–	–	–	–	–	–	650,00	–	–
Deutsche Schachtbau- und Tiefbohrgesellschaft mbH	–	–	–	–	522,50	–	–	–	–	–
Erdöl-Erdgas Gommern GmbH	–	1 063,00	–	2 314,00	–	2 828,50	–	840,20	–	–
Mobil Erdgas-Erdöl GmbH	12 325,00	10 587,00	995,90	2 993,00	15 080,40	7 958,50	3 919,00	1 103,50	–	1 030,00
Preussag Erdöl und Erdgas GmbH	5 312,70	–	–	6 964,00	2 659,00	1 305,00	–	4 064,60	–	–
RWE-DEA AG	6 326,55	3 292,00	–	–	4 937,00	5 313,00	6 254,90	3 248,00	–	–
Wintershall AG	4 542,00	481,00	–	–	–	–	–	–	1 730,00	971,00
Sonstige	–	4 394,70	–	–	–	–	–	–	–	–
Gesamt	47 719,95	27 151,70	4 935,90	29 456,00	47 018,90	27 795,00	11 403,80	12 472,70	1 730,00	2 665,00

Quelle: Wirtschaftsverband Erdöl- und Erdgasgewinnung eV, Jahresbericht 1991.

BEB Erdgas und Erdöl GmbH

3000 Hannover 51, Riethorst 12, Postfach 510360,
℡ (0511) 641-0, ✄ beb 921421.

Geschäftsführung: Heinz C. *Rothermund* (Sprecher); Dr. Karl Heinz *Geisel*.

Gesellschafter: Deutsche Shell AG und Esso AG je 50%.

Zweck: Führung des Betriebes und der Geschäfte der Brigitta Erdgas und Erdöl GmbH und der Elwerath Erdgas und Erdöl GmbH im Namen und für Rechnung der Gesellschaften im Bereich der Gewinnung und des Absatzes von Erdgas, Erdöl und Schwefel.

	1990	1991
Beschäftigte .... (Jahresende)	1 981	1 912

Brigitta Erdgas und Erdöl GmbH

3000 Hannover 51, Riethorst 12, Postfach 510360,
℡ (0511) 641-0, ✄ beb 921421.

Geschäftsführung: Heinz C. *Rothermund* (Sprecher); Dr. Karl Heinz *Geisel*.

Gesellschafter: Deutsche Shell AG und Esso AG je zur Hälfte.

Produktion		1990	1991
Erdöl	................t	93 905	84 283
Erdölgas	..........1000 m^3	16 108	12 686
Erdgas	..........1000 m^3	5 956 430	5 769 068
Naturgasverkauf	...Mill. kWh	114 108	123 224

Beteiligungen
Ruhrgas AG, Essen, 25%.
Ferngas Salzgitter GmbH, 13%.
Hamburger Gaswerke GmbH, 10,1%.

Elwerath Erdgas und Erdöl GmbH

3000 Hannover 51, Riethorst 12, Postfach 510360,
℡ (0511) 641-0, ✄ beb 921421.

Geschäftsführung: Heinz C. *Rothermund* (Sprecher); Dr. Karl Heinz *Geisel*.

Gesellschafter: Deutsche Shell AG und Esso AG je zur Hälfte.

Produktion		1990	1991
Erdöl	................t	960 485	897 886
Erdölgas	..........1000 m^3	50 863	50 311
Erdgas	..........1000 m^3	2 906 029	3 121 348
Naturgasverkauf	...Mill. kWh	27 743	24 897

Beteiligungen
Erdgas-Verkaufs-Gesellschaft mbH, Münster, 29%.
Norddeutsche Erdgas-Aufbereitungs-Gesellschaft mbH, Hannover, 50%.
Schubert KG, Münster, 30%.

C. Deilmann AG

4444 Bad Bentheim, Deilmannstr. 1, Postfach 1253,
℡ (05922) 720, Telefax (05922) 72-105, ✄ 98833,
☞ deilmann bentheim, St u. WL: Bad Bentheim, BA Meppen, OBA Clausthal-Zellerfeld.

Aufsichtsrat: Dipl.-Kfm. Ernst *Pieper*, Braunschweig, Vorsitzender; Josef *Windisch*, Bochum, stellv. Vorsitzender; Dr. Dieter *Brunke*, Goslar; Dietrich *Dauwe*, Schüttorf; Dr. Jürgen *Deilmann*, Bad Bentheim; Wilhelm *Karmann*, Osnabrück; Ass. d. Bergf. Günter *Krallmann*, Ibbenbüren; Wolfgang *Leuendorff*, Braunschweig; Klaus *Schnitker*, Bad Bentheim; Bernhard *Stoffels*, Bad Bentheim; Peter *Walkowski*, Dortmund; Dr. Karl Friedrich *Woeste*, Düsseldorf.

Vorstand: Dipl.-Kfm. Wulf *Hagemann*, Sprecher; Ass. d. Bergf. Karl H. *Brümmer*; Dr. Hans *Hentschel*.

Prokuristen: Hauptverwaltung: Heinrich *Eilders* (Finanzen, Planung, Rechnungswesen); Dr. Heinrich *Voort* (Geologische Sonderaufgaben).

Kapital: 150 Mill. DM.

Aktionäre:
Preussag AG, 90%.
Salzgitter GmbH, 10%.

Beteiligungen
Deilmann Erdöl Erdgas GmbH (DEE), Lingen, 100%.
Deutsche Tiefbohr AG (Deutag), Bad Bentheim, 90%.
Deilmann-Haniel GmbH, Dortmund-Kurl, 50,2%.
Uranerzbergbau-GmbH, Wesseling, 50%.

Deilmann Erdöl Erdgas GmbH*

4450 Lingen (Ems), Waldstr. 39, Postfach 1360,
℡ (0591) 612-0, ✄ 98840, Telefax (0591) 612-488,
Drahtwort: dee lingenems.

Geschäftsführung: Dipl.-Kfm. Wulf *Hagemann*, Dr. Hans Martin *Johannsen*.

Prokuristen: Dr. Michael *Burkowsky* (techn. Dienste); Dipl.-Berging. Peter *Caspari* (Vertrieb); RA Heinz-Georg *Feuerborn* (Recht und Personal); Dr. Georg *von Hantelmann* (Produktion); Dr. Franz *Nieberding* (Aufschluß); Dipl.-Ing. Hermann *Wieser* (Förderbetriebe); Dr. Wilfried *Wittrock* (Finanz- und Rechnungswesen).

Kapital: 100 Mill. DM.

Alleiniger Gesellschafter: C. Deilmann AG.

Betrieb: Aufschluß, Förderung und Vertrieb von Erdöl und Erdgas.

Wichtige Felder:
Ölfelder: Adorf 50,0%; Assling 33,33%; Boostedt 33,33%; Bramberge/Bramhar/Wettrup/Osterbrock 30,16%; Dalum 50,0%; Darching 16,67%; Eddesse Nord 100,0%; Fronhofen (ohne Fr. 22 a) 66,67%;

MIT ENERGIE FÜR EINE SAUBERE UMWELT

Wir sind Deutschlands größter Erdgasproduzent und decken rund 20% des Erdgasbedarfs der Bundesrepublik Deutschland. Uns stehen hierfür eigene inländische Vorkommen und Importe aus den Niederlanden, aus Norwegen, Dänemark und Rußland zur Verfügung.
BEB ERDGAS UND ERDÖL GmbH
Riethorst 12 · 3000 Hannover 51

2 ERDÖL- UND ERDGASWIRTSCHAFT

Fronhofen 22 a 33,33%; Georgsdorf 50,0%; Hankensbüttel (N, M, O) 28,0%; Kronsberg 50,0%; Lüben 50,0%; Meppen-Schwefingen 34,33%; Oelheim Süd 67,86%; Ostenw., Sögel, La. Heide 33,33%; Pfullendorf/Ostrach 24,80%; Reitbrock/Alt 50,0%; Reitbrock West 50,0%; Rühlermoor 50,0%; Rühlertwist 50,0%; Rühme 50,0%; Scheerhorn 50,0%; Sinstorf 46%; Vorhop 50,0%; Vorhop-Knesebeck 50,0%; Wesendorf 10,70%.

Gasfelder: Apeldorn 27,50%; Assling 33,33%; Bahrenborstel 25,0%; Bentheim 50,0%; Bötersen 37,80%; Borchel 39,0%; Ebstorf 50,0%; Fronhofen/Illmensee Lias Rhät 45,20%; Dethlingen 33,33%; Hamwiede 25,0%; Hemsbünde 6,50%; Hildesheimer Wald 50,0%; Husum 13,0%; Leer 35,70%; Leybucht 50,0%; Mulmshorn 5,10%; Ochtrup 50,0%; Preyersmühle-Hastedt 43,50%; Schneeren 100,0%; Uchte 25,0%; Uphuser Meer 50,0%; WEK-GAS 50,0%; Wustrow 30,0%.

Produktion**		1991
Erdöl	t	764 148
Erdölgas, Erdgas	Mill. kWh	11 140
Beschäftigte	1.4.1992	rd. 760

Beteiligungen:

Inland

Kavernen Bau- und Betriebs-GmbH (KBB), Hannover.
Erdöl-Auslieferungs-Gesellschaft mbH (EAG), Lingen, 100%.
Emsland-Erdölleitung GmbH (EEG), Osterwald, 50%.
Hannoversche Erdölleitung GmbH (HEG), Hannover, 50%.
Westdeutsche Erdölleitungsgesellschaft mbH (WEL), Hannover, 50%.
Gewerkschaft Küchenberg Erdgas und Erdöl GmbH, Hannover, 50%.
Bayerische Erdgasleitung GmbH (BEG), München, 33,33%.
Westgas GmbH, Marl, 25%.
Schubert KG, Münster, 17,712%.
Erdgas-Verkaufs-Gesellschaft mbH (EVG), Münster, 11%.

Ausland

Lingen Pétrole Gabon S.A.R.L., Libreville/Gabun, 100%.
Preussag Gabon S.A.R.L., Libreville/Gabun, 100%.
Preussag Erdöl Ges. mbH, Wien, 100%.
The Petroleum Corporation (UK) Ltd. (Petco), London, 100%.
Lingen Drilling B. V., Hengelo, 100%.
Lingen (Offshore) Ltd., London, 100%.
DST-España S. A., Madrid, 100%.

* Infolge der Neuordnung des Erdöl- und Erdgasbereiches der Preussag AG wurden in dieser Gesellschaft die Aktivitäten Exploration, Förderung und Vertrieb von Erdöl und Erdgas der Deutsche Schachtbau- und Tiefbohrgesellschaft mbH, Lingen, der Preussag Erdöl und Erdgas GmbH, Hannover, und der C. Deilmann AG, Bad Bentheim, mit Wirkung zum 1. 4. 1992 zusammengefaßt.

** Die für 1991 genannten Daten der Erdöl- und Erdgasförderung sind die Gesamtmenge der Produktion dieser genannten Gesellschaften.

Deminex – Deutsche Erdölversorgungsgesellschaft mbH

4300 Essen 1, Dorotheenstr. 1, Postfach 100944, ☎ (0201) 726-0, ✆ 857-324-0 dx d, Telefax (0201) 726-2942.

Beirat: Dr. Hubert *Heneka*, Gelsenkirchen-Buer, Vorsitzender; Wilhelm *Bonse-Geuking*, Gelsenkirchen-Buer; Herbert *Detharding;* Dr. Armin *Schram*, Hamburg.

Geschäftsführung: Dipl.-Ing. Ernst *Leonhardt*, Vorsitzender; Paul *Haseldonckx;* Dipl.-Ing. Hans-Martin *Koepchen;* Rechtsanwalt Gunther *Vowinckel*.

Stammkapital: 300 Mill. DM.

Gesellschafter: Veba Oel AG, Gelsenkirchen, 60%; Veba AG, Düsseldorf, 3%; RWE-DEA AG f. Mineraloel und Chemie, 18,5%; Wintershall AG, Kassel, 18,5%.

Zweck: Aufsuchung und Gewinnung von Kohlenwasserstoffen außerhalb des Geltungsbereiches des Grundgesetzes im eigenen Namen und für eigene oder fremde Rechnung; Einkauf und Verkauf von Erdöl im eigenen Namen, aber im Auftrag und für Rechnung von Gesellschaftern; Transport von Erdöl im eigenen Namen und für eigene Rechnung oder aber im Auftrag und für Rechnung von Gesellschaftern; Durchführung von Dienstleistungen im eigenen Namen, aber im Auftrag und für Rechnung von Gesellschaftern sowie die Ausübung aller damit im Zusammenhang stehenden Tätigkeiten. Die Gesellschaft ist berechtigt, andere Unternehmen, die den gleichen Unternehmensgegenstand haben, zu gründen, zu erwerben und an solchen Unternehmen Beteiligungen, Unterbeteiligungen oder beteiligungsähnliche Rechte zu erwerben.

Aufschluß- und Produktionsrechte in Ägypten, Äthiopien, Albanien, Argentinien, Großbritannien, Indonesien, Kanada, Libyen, Norwegen, Syrien, Trinidad & Tobago, USA.

Niederlassungen: Deminex Egypt Branch, Kairo (Ägypten).

Erdöl-Produktion und Beschäftigte	1990	1991
Inland	–	–
Ausland Mill. t	6,6	6,7
Erdgasverkäufe Mill m³	495	1 000
Bohrmeterleistung m	137 700	184 127
Beschäftigte* (Jahresende)	315	338

* Ohne Außenstellen bzw. Tochtergesellschaften.

Wichtigste Tochtergesellschaften

Deminex Argentina S.A., Buenos Aires (Argentinien).
Deminex (Canada) Ltd., Calgary/Alberta (Kanada).
P. T. Deminex Indonesia, Jakarta (Indonesien).
Deminex Norge AS, Oslo (Norwegen).
Norske Deminex AS, Oslo (Norwegen).
Deminex UK Oil and Gas Ltd, London (Großbritannien).

HDI Versicherungen. Für die Industrie und den privaten Kunden.

Warum für uns beim HDI ein Erfolgskonzept aus dem Jahre 1903 die Basis für weltweite Unternehmungen ist.

„Unsere Tätigkeit dient ausschließlich dem Interesse und dem Vorteil unserer Mitglieder" – dieser Gründungsgedanke ist für uns beim HDI bis heute die Leitlinie allen Handelns. Und er war gleichzeitig Voraussetzung für unseren Aufstieg zu einem der führenden Versicherer. In weltweit mehr als 20 Unternehmen steht die HDI-Gruppe heute nicht nur mit Sicherheit zur Verfügung, sondern auch mit individuellen Serviceleistungen.

Davon profitieren unsere Mitglieder in Industrie und gewerblicher Wirtschaft – und mehr als 1 Million Mitglieder im privaten Bereich: Als Versicherungsverein auf Gegenseitigkeit zahlt der HDI alle Jahresüberschüsse, die nach Bildung von Rücklagen und Rückstellungen verbleiben, an seine Mitglieder zurück. So, wie es die Satzung bestimmt. Allein seit 1970 waren das runde 575 Millionen DM. Und da wir uns ein kostspieliges Außendienstnetz sparen, sparen Sie unnötige Versicherungsbeiträge. Nicht ohne Grund belegen die Angebote des HDI im Prämienvergleich durchweg führende Plätze. Überzeugen Sie sich selbst!
HDI-Zentrale · Riethorst 2
3000 Hannover 51 · Tel.: 05 11/645-645

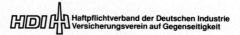

Sicherheit, mit der Sie rechnen können.

2 ERDÖL- UND ERDGASWIRTSCHAFT

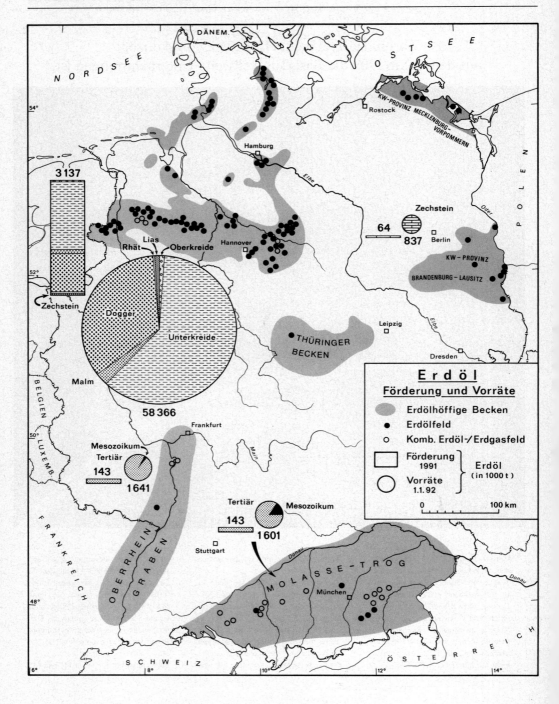

Erdölvorräte und Erdölfördermengen in Deutschland.
(Niedersächsisches Landesamt für Bodenforschung)

ERDÖL- UND ERDGASGEWINNUNG

Deminex Syria GmbH, Essen (Bundesrepublik Deutschland).
Deminex Petroleum Syria GmbH, Essen (Bundesrepublik Deutschland).
Deminex Sumatra Oel GmbH, Essen (Bundesrepublik Deutschland).
Deminex Java Oel GmbH, Essen (Bundesrepublik Deutschland).
Deminex Albania GmbH.

Wichtigste Beteiligungsgesellschaften
Suez Oil Company, Cairo (Ägypten).
Al Furat Petroleum Company, Damascus (Syrien).

Deutsche Schachtbau- und Tiefbohrgesellschaft mbH

4450 Lingen, Waldstr. 39, Postfach 1360.

Siehe Deilmann Erdöl Erdgas GmbH, Lingen (Ems), Seite 294.

Deutsches Nordsee-Konsortium (Deutsche Nordsee-Gruppe)

Federführung: BEB Erdgas und Erdöl GmbH, 3000 Hannover 51, Riethorst 12, Postfach 510360, ☏ (0511) 641-0, ✆ 921421.

Partner: C. Deilmann AG; Deutsche Schachtbau- und Tiefbohr GmbH; RWE-DEA AG; Elf Aquitaine Deutschland GmbH; Brigitta Erdgas und Erdöl GmbH; Elwerath Erdgas und Erdöl GmbH; Preussag AG Erdöl und Erdgas; Wintershall AG.

Deutz Erdgas GmbH

3007 Gehrden, Gartenstr. 4, ☏ (05108) 925191, Telefax (05108) 925199.

Geschäftsführung: Dipl.-Kfm. Dieter *Grenzhaeuser*, Calw.

Zweck: Erdöl- und Erdgasgewinnung.

Produktion (Inland)		1989	1990
Erdöl	.... t	1 776	1 803
Erdgas	.... m³	33 582	32 167
Beschäftigte	....	3	3

Elf Aquitaine Deutschland GmbH

4000 Düsseldorf 1, Berliner Allee 52, ☏ (0211) 8899-210, Teletex 21162, Telefax (0211) 8899-218.

Geschäftsführung: Dr. Werner *Dellsperger*.

Kapital: 100 000 DM.

Gesellschafter: Société Nationale Elf Aquitaine, Paris, 100 %.

Zweck: Suche und Förderung von Mineralöl, Erdgas und anderen festen, flüssigen und gasförmigen Bodenschätzen, die Veräußerung und Benutzung aller Arten von Patenten und Lizenzen sowie industrielle, kaufmännische und finanzielle Tätigkeiten einschließlich Forschung, Entwicklung und Innovation.

Erdöl-Erdgas Gommern GmbH

O-3304 Gommern, Magdeburger Chaussee, ☏ (09180) 80, ✆ 8-358, 8-359, Telefax (09180) 295.

Aufsichtsrat: Professor Dr.-Ing. Heino *Lübben*, Vorsitzender; Karl-Heinz *Georgi*, stellv. Vorsitzender; Hans-Dieter *Beckmann*; Dipl.-Ing. Wilhelm *Bonse-Geuking*; Harri *Ewert*; Dieter *Heinrich*; Dipl.-Ing. Wolfgang *Jakob*; Dr. Lutz *Modes*; Kurt *Schmedemann*; Thomas *Trebst*; Manfred *Warda*.

Geschäftsführung: Dr. Berg.-Ing. Andreas *Hieckmann* (Sprecher), Dr. Siegfried *Ding*.

Gesellschafter: Treuhandanstalt Berlin, 100 %.

Zweck: Erkundung und Förderung von Erdöl und Erdgas.

		1991
Umsatz	.... Mill. DM	260
Erdgasförderung	.... Mrd. m³	4 954
Erdölförderung	.... Tt	63
Beschäftigte	.... (Jahresende)	1 377

Esso AG

(Hauptbeitrag der Esso AG in Abschn. 3 in diesem Kapitel)

2000 Hamburg 60, Kapstadtring 2 (Esso-Haus), Postfach 600620, ☏ (040) 63930, ✆ 217006-0, ⌘ Esso, Telefax (040) 6393-3368.

Beteiligung an Feldern: Elfenbeinküste: Feld »Belier« 25,5 % und drei weitere Konzessionen; Niger Konzession Agadem 18,75 %.

Produktion (Ausland)		1990	1991
Erdöl	.... t	25 100	16 000
Erdgas	.... 1 000 m³	3 400	2 100

Mobil Erdgas-Erdöl GmbH

2000 Hamburg 1, Steinstr. 5, ☏ (040) 3002-0, ✆ 2139670 mo d, Telefax (040) 3002-2830.

2 ERDÖL- UND ERDGASWIRTSCHAFT

Geschäftsführung: Dr. G. *Eichhorn*, Vorsitzender; Dr. Axel *Commichau*.

Größere Felder: *Erdöl:* Reitbrook/Allermöhe 50%; Ahrensheide 100%; Barenburg 50%; Bramberge 14,57%; Groß Lessen 50%; Voigtei 50%; Wehrbleck 50%; Emlichheim 10%; Landau 25%. *Erdgas:* Munster 33,3%; Söhlingen 30%; Barenburg 50%; Siedenburg 50%; Dötlingen 33,3%; Hengstlage 33,3%; Varnhorn 33,3%; Visbek 33,3%; Hemmelte 37,3%; Vahren 33,3%.

Zweck: Exploration, Produktion und Verkauf von Erdöl, Erdgas und Schwefel. Förderbetriebs-Distrikte: Weser-Ems (Voigtei) und Bayern (Ampfing).

Produktion		1990	1991
Erdöl	............1 000 t	345	339
Erdgas (einschl. Erdölgas)	.... Mill. m^3	4 022	4 268
Schwefel	...........1 000 t	317	314
Gasabsatz	.... Mill. kW	48 760	48 320
Umsatz	.... Mill. DM	1 021	1 217
Beschäftigte	.... (Jahresende)	532	541

Bayerische Mineral-Industrie AG

8000 München 2, Sonnenstr. 21/1, ☏ (089) 59 38 71.

Vorstand: Dr. M. O. *Brockert*, Dr. A. C. *Denecke*.

Gesellschafter: Mobil International Petroleum Corporation, New York; Freistaat Bayern (5%).

Zweck: Besitz von Aufsuchungs- und Gewinnungsrechten in Bayern, die von der Mobil Erdgas-Erdöl GmbH auf der Grundlage eines Pachtvertrages ausgebeutet werden.

Hermann von Rautenkranz Internationale Tiefbohr GmbH & Co. KG Itag

3100 Celle, Itagstraße, Postfach 114, ☏ (05141) 204-0, ✍ 925174 itagc d; Telefax (05141) 204234, Teletex 514114 = Itagek; BA Celle, OBA Clausthal-Zellerfeld.

Beirat: Dr. Walter *Schneider*, Karlsruhe; Dr. Siegwart *Möhrle*, Hamburg; Dr. Joachim *Brauer*, Celle.

Geschäftsführung: Horst *Bruer*.

Prokurist: Dr. Dietmar *Flehr*.

Öffentlichkeitsarbeit: Heide *Koppenhöfer*.

Stammkapital: 13 260 000 DM.

Gesellschafter: Familie von Rautenkranz.

Zweck: Aufsuchung von Erdöl und Erdgas, Beteiligung an Betrieben der Erdöl- und Erdgasgewinnung, Betrieb einer Maschinenfabrik (Herstellung von Tiefbohr-Ausrüstungen und Werkzeugen, Fördereinrichtungen, Spezialarmaturen, Fahrzeugwinden;

Anlagen- und Apparatebau; Lohnfertigung; Industrie- und Stahlbau, Vertretung von USS-Oilwell). Tätigkeit als Bohrunternehmen: Tief-, Flachbohrungen und Sondenaufwältigung, 8 Tiefbohranlagen, 3 Aufwältigungswinden.

Felder: (Inland): Nienhagen 8,5%; Hankensbüttel-Ost 21,25%, Hankensbüttel-Nord 8,25%/11,25%; Lüben 12,5%; Landau 25%; Wittingen-Süd 12,5%; Bramberge 2,69%; Loningen-West/Holte/Menslage-Westrum 8%; Lahn 12,5%; Rülzheim 15%; Rheinzabern 15%; Maximiliansau 15%; Hayna 15%.

Produktion (Inland)		1990	1991
Erdöl	................t	27 122	26 539
Erdgas	...........1 000 m^3	1 565	2 944
Bohrmeterleistung (anteilig)	...............m	0,00	0,00
Beschäftigte (insgesamt, Firmengruppe)	..(Jahresende)		635

Schwestergesellschaft: von Rautenkranz Exploration und Produktion GmbH & Co. KG, Celle, 100%.

Tochter- und Beteiligungsgesellschaften

Itag Anlagenbau GmbH, Celle, 100%.
Tiefbohr Celle Verwaltungs-GmbH, 100%.
Itag Tiefbohr GmbH & Co. KG, Celle, 100%.
Itag Tiefbohr Betriebsführungs-GmbH, Celle, 100%.
Verwaltungsgesellschaft Itag Industriebau mbH, 100%.
Itag Industriebau GmbH & Co. KG, 100%.
Itag Stahlblechbau GmbH, Salzwedel, 51%.
Geopol Drilling and Geological Services GmbH, Celle, 50%.
UTB Ultratief Bohrgesellschaft mbH, 15%.

von Rautenkranz Exploration und Produktion GmbH & Co. KG

3100 Celle, Itagstraße, Postfach 114, ☏ (05141) 204-0, ✍ 925174 itagc d; Telefax (05141) 204234, Teletex 514114 = Itagek; BA Celle, OBA Clausthal-Zellerfeld.

Beirat: Dr. Walter *Schneider*, Karlsruhe; Dr. Siegwart *Möhrle*, Hamburg; Dr. Joachim *Brauer*, Celle.

Geschäftsführung: Horst *Bruer*.

Prokurist: Heiko *Oppermann*.

Öffentlichkeitsarbeit: Heide *Koppenhöfer*.

Stammkapital: 5 005 000 DM.

Kommanditisten: Familie von Rautenkranz.

Zweck: Aufsuchung von Erdöl und Erdgas, Beteiligung an Betrieben der Erdöl- und Erdgasgewinnung.

Felder: (Inland): Barrien 20%, Staffhorst 20%, Syke 20%.

ERDÖL- UND ERDGASGEWINNUNG

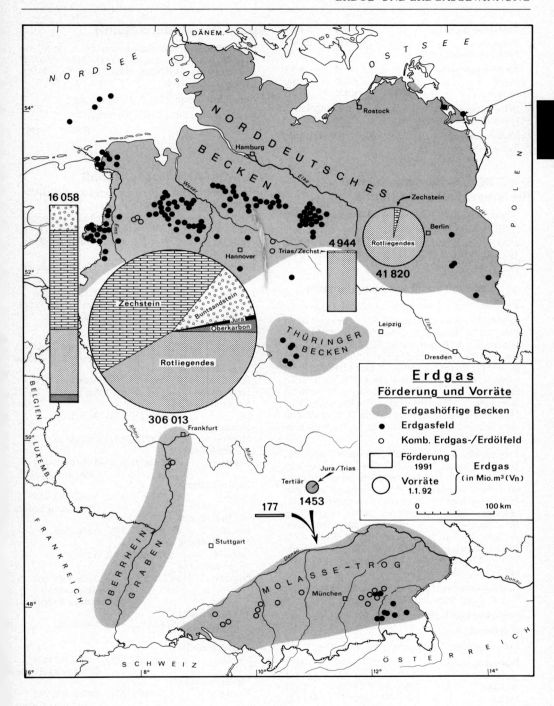

Erdgasvorräte und Erdgasfördermengen in Deutschland.
(Niedersächsisches Landesamt für Bodenforschung)

2 ERDÖL- UND ERDGASWIRTSCHAFT

Produktion (Inland)	1990	1991
Erdgas .... 1 000 m³	103 848	107 372
Bohrmeterleistung (anteilig) m	0,00	0,00
Produktion (Ausland)	**1990**	**1991**
Erdöl .... t	6 400	6 900
Erdgas .... 1 000 m³	18 200	20 300

Schwestergesellschaft: Hermann von Rautenkranz Internationale Tiefbohr GmbH & Co. KG Itag.

Tochtergesellschaft: Itag Exploration, Inc., Houston, Texas, 100%.

RWE-DEA Aktiengesellschaft für Mineraloel und Chemie

(Hauptbeitrag der RWE-DEA Aktiengesellschaft in Abschn. 3 in diesem Kapitel)

2000 Hamburg 60, Überseering 40, Postfach 600449, ☏ (040) 6375-0, ✆ 2115 1320 tx d, Telefax (040) 6375 3496.

Aufschluß und Gewinnung Hamburg

Direktion: Heinz-Jürgen *Klatt,* Heinrich *Lettner.*

Erdölfelder: Schwedeneck-See 50%; Preetz 100%; Plön 100%; Boostedt 33¹/₃%; Plön-Ost 100%; Mittelplate 50%; Hankensbüttel-Süd 100%; Hankensbüttel-Mitte 16,5 bis 55,5%; Örrel-Süd 100%; Hohne 100%; Wesendorf 50%; Wesendorf-Süd 50%; Leiferde 100%; Hardesse-Rhät 15,6%/48%/60%; Hardesse-Dogger 74,2%; Nienhagen 14%/50%; Bramberge 5,38%; Höhenrain 50%; Darching 50%; Hebertshausen 100%; Rheinzabern 30%; Rülzheim 30%; Hauerz 25%; Holzkirchen 100%; Haimhausen 100%.

Erdgasfelder: Becklingen 50%; Hardesse-Rhät 60%; Hardesse-Dogger 74,2%; Fehndorf 40%; Apeldorn 18%; Inzenham 100%; Breitbrunn 100%; Wietzendorf 50%; Westerholz 30%; Menslage-Löningen 20%; Menslage Westrum/Holte/Löningen W. 2%; Söhlingen 30%; Höhnsmoor 30%; Langenhörn 30%; Borchel 6,6%; Wardböhmen 50%; Ostervesede 30%; Wittorf 30%; Hauerz 25%; Wolfersberg 100%; Bötersen 10,6%; Einloh 30%; Hemsbünde 26,1%; Worth 26,1%; Mulmshorn 4,8%; Preyersmühle-Hastedt 3,9%.

Auslandsinteressen: Im Rahmen von Konsortien in Dubai, Frankreich und Dänemark.

Förderbetriebe: Holstein, Hohne, Bayern.

Bohrbetrieb: Wietze.

Erdgasspeicher: Wolfersberg; Inzenham-West.

Produktion (Inland)	1990	1991
Erdöl .... t	585 335	563 357
Erdölgas .... 1000 m³	17 779	16 199
Erdgas .... 1000 m³	600 451	661 623
Produktion (Ausland)		
Erdöl .... t	2 108 337	1 952 283

Statoil Deutschland GmbH

4000 Düsseldorf 30, Schwannstraße 3, ☏ (0211) 450745, ✆ 8582806 stat d, Telefax (0211) 450762.
Betriebsstätte: 2000 Norderstedt, Robert-Koch-Str. 25, Compoundwerk.

Geschäftsführung: Rüdiger F. *Ehrenberg.*

Gesellschafter: Statoil A/S, Norwegen.

	1990	1991
Beschäftigte	60	58

Veba Oel Aktiengesellschaft

(Hauptbeitrag der Veba Oel Aktiengesellschaft in Abschn. 3 in diesem Kapitel)

4650 Gelsenkirchen, Alexander-von-Humboldt-Straße, Postfach 201045, ☏ (0209) 366-1, ✆ 824881-0 vo d, ⌘ Vebaoel, Gelsenkirchen-Buer-Hassel.

Konzessionsbesitz* (Stand 31. 12. 1991): insgesamt 36 156 km².

Libyen: ..... 24 629 km² (49%) Aufschluß und Gewinnung Erdöl
.... 561 km² (25%) Aufschluß

Niederlande:
Bergen .... 252 km² (12%) Aufschluß und Gewinnung Erdgas
Zuid-Friesland II .... 727 km² (14,3%) Aufschluß
Harderwijk ... 1 075 km² (5%) Aufschluß
Roosendaal II .... 889 km² (10,5%) Aufschluß
Niederländische Nordsee ...... 867 km² (20%) Aufschluß
Niederländische Nordsee ..... 202 km² (8,6%) Aufschluß und Gewinnung Erdöl
Niederländische Nordsee ...... 189 km² (20%) Aufschluß und Gewinnung Erdgas
Niederländische Nordsee .... 431 km² (12,5%) Aufschluß
Niederländische Nordsee ...... 155 km² (26%) Aufschluß
Niederländische Nordsee . 219 km² (18,9/11,4%) Aufschluß und Gewinnung Erdöl+Erdgas
Niederländische Nordsee .... 327 km² (14,3%) Aufschluß
Niederländische Nordsee ..... 94 km² (32,1%) Aufschluß und Gewinnung Erdgas
Niederländische Nordsee .... 6 km² (30%) Aufschluß und Gewinnung Erdgas
Niederländische Nordsee ..... 181 km² (35%) Aufschluß

BRENNSTOFFSPIEGEL
DAS DEUTSCHE ENERGIE-MAGAZIN

ist auch nicht mehr das, was er einmal war.
Er ist jetzt viel besser.

Zur Sache:

★ *Wir haben die Themenstruktur verbessert. Die Alltagsprobleme des Brennstoff- und Mineralölhandels werden nun viel intensiver als früher behandelt. Und dabei wird Klartext geredet.*

★ *Über den Energiemarkt in den neuen Bundesländern berichtet niemand so ausführlich wie wir.*

★ *Exclusiv und oft zitiert: Der umfänglichste und aktuellste Preisvergleich zwischen leichtem Heizöl und Gas. Jeden Monat neu. Für fast 100 Städte.*

★ *Die jüngste Neuerung ist eine Seite nur für Azubis. Fortbildung und Lexikon in einem. (Übrigens auf Anregung aus dem Handel.)*

★ *Und alle, die in Zeitnot sind, können sich anhand von „Schnell-Infos" zu jedem längeren Bericht auf dem laufenden halten.*

Merke:

★ *Ein Mineralölhändler ohne BRENNSTOFFSPIEGEL ist wie ein Werktag ohne Umsatz!*

BRENNSTOFFSPIEGEL – DAS DEUTSCHE ENERGIE-MAGAZIN
im Ceto-Verlag, Postfach 10 40 29, 3500 Kassel 1;
Telefon 05 61/77 45 17, Telefax 05 61/77 25 62.

2 ERDÖL- UND ERDGASWIRTSCHAFT

Niederländische
Nordsee ...... 293 km² (25%) Aufschluß
Niederländische
Nordsee .... 4 km² (4%) Aufschluß und
                               Gewinnung
                               Erdgas

Norwegen:
Hopen Island .. 220 km² (17%) Aufschluß

Bundesrepublik Deutschland:
Borkum-Juist . 666 km² (25%) Aufschluß und
                                 Gewinnung
                                 Erdgas
Ems-Dollart-Grenzbereich
(50% Niederlande)
.... 147 km² (12,5%) Aufschluß

Qatar ...... 4021 km² (12%) Aufschluß

Produktion		1990	1991
Erdöl (einschl. Anteil Deminex)	Mill. t	5,4	5,5
Erdgas (einschl. Anteil Deminex)	Mill. kWh	7 193	9 861

* Es handelt sich jeweils um die Gesamtfläche der Konzessionen; der Anteil der Veba Oel AG ist in Klammern in Prozent angegeben. Außerdem ist der 63%-Veba-Oel-Anteil an der Deminex-Nettokonzessionsfläche von etwa 8224 km² zu berücksichtigen.

Wintershall AG

(Hauptbeitrag der Wintershall AG in Abschn. 3 in diesem Kapitel)
3500 Kassel, Friedrich-Ebert-Str. 160, Postfach 104020, ☏ (0561) 301-0, ⌧ 99632-0 WUK, Telefax (0561) 301-702, Teletex (17) 561898 = WUK, ⌨ Wintershall Kassel.

Betriebsanlagen des Erdölbereichs: Erdölwerke, Barnstorf; Erdöl-Raffinerie Salzbergen, Salzbergen; Erdöl-Raffinerie Emsland, Lingen (Ems); Erdöl-Raffinerie Mannheim, Mannheim (Stillegung der rohölverarbeitenden Anlagen in Mannheim im Januar 1989).

Produktion		1988	1989
Erdöl			
Inland	...1 000 t	775	737
Ausland	...1 000 t	3 431	3 947
Gesamt	...1 000 t	4 206	4 684
Erdgas (einschl. verwertete Mengen Erdölgas)			
Inland	Mill. m³	978	1 077
Ausland	Mill. m³	1 005	996
Gesamt	Mill. m³	1 983	2 073
Bohrmeterleistung			
Inland	m	7 871	3 570
Ausland	m	83 177	64 005
Gesamt	m	91 048	67 575
Beschäftigte (insgesamt)			
Wintershall AG		2 672	2 750
Wintershall (Welt)		3 211	32554

Erdöl- und Erdgasgewinnung auf dem Festland (Stand: 1. Juni 1992)

Aufteilung nach Gebieten und Bundesländern

Abkürzungen

BEB	BEB Erdgas und Erdöl GmbH	EEG	Erdöl-Erdgas Gommern GmbH
BMI	Bayerische Mineral-Industrie AG (MEEG, Freistaat Bayern)	Grei	Greiser
		Itag	Hermann von Rautenkranz, Exploration & Produktion KG
Brig	Brigitta Erdgas und Erdöl GmbH		
DEA	RWE-DEA AG für Mineraloel und Chemie	Kü	Küchenberg Erdöl und Erdgas GmbH (Elw/DEEG)
DEEG	Deilmann Erdöl-Erdgas GmbH	MEEG	Mobil Erdgas-Erdöl GmbH
Deu	Deutz Erdgas GmbH	OEG	Oldenburgische Erdöl GmbH (Brig/MEEG)
Dow	Dow Chemical	Veba	Veba Oel AG
Elw	Elwerath Erdgas und Erdöl GmbH	Wiag	Wintershall AG

Feldesname und Gebiet	Öl/Gas	Fundjahr	Produktion 1991		Beteiligung* (B) bearbeitende Gesellschaft (K) Konzessions-Inhaber
			Erdöl t	Erdgas m³	
NÖRDLICH DER ELBE					
Schleswig-Holstein					
a) Küstengewässer					
Mittelplate	Ölfeld	1980	273 070	—	DEA *(B + K)*, Wiag
Schwedeneck-See	Ölfeld	1978	268 984	—	DEA *(B)*, Wiag *(K)*
b) Festland					
Boostedt-Plön	Ölfeld	1952	30 243	—	DEA *(B)*, MEEG *(K)*, PEEG
Heide	Ölfeld	1935	164	—	DEA *(B + K)*
Kiel	Ölfeld	1955	201	—	DEA *(B + K)*
Plön-Ost	Ölfeld	1958	35 150	—	DEA *(B + K)*
Preetz	Ölfeld	1962	16 450	—	DEA *(B + K)*
Schwedeneck	Ölfeld	1956	4 758	—	Wiag *(B + K)*, DEA
Schleswig-Holstein insgesamt			629 020	—	

* Vgl. Abkürzungen.

Quelle: Produktion nach Wirtschaftsverband Erdöl- und Erdgasgewinnung e. V.

HIRSCH
Fritz Hirsch Rohrleitungsbau GmbH

Verlegung von Rohrleitungen für Gas und Wasser nach GW 1 + PE

Komplette Anlagenmontagen

Werkstattarbeiten

Verrohrung von Spaltöfen für Raffinerien und Petrochemie

Pipeline- und Stationsbau

Fernwärmeanlagen

Beratung, Planung, Konstruktion, Lieferung

4300 Essen-Bredeney
Frühlingsstr. 36 · Tel. (0201) 4363-0 · FS 857877 · Fax (0201) 436311
Zweigniederlassung: 4150 Krefeld · Gladbacher Str. 65 · Tel. (02151) 395823

Hirsch Rohrbau GmbH
2102 Hamburg 93-Wilhelmsburg · Stenzelring 37
Tel. (040) 752795-0 · FS 2162288 · Telefax (040) 751281

Rohrbau Hirsch GmbH
3006 Burgwedel 1 · Schulze-Delitzsch-Str. 12
Tel. (05139) 5019 · FS 923191 · Telefax (05139) 87680

Fritz Hirsch Rohrleitungsbau GmbH
3500 Kassel · Christian-Reul-Str. 12 · Tel. (0561) 283061

Hirsch Rohrleitungsbau GmbH
8000 München 22 · Widenmayerstr. 46-V · Tel. (089) 211223-0 ·
Fax (089) 21122328

Hirsch Rohr- und Anlagenbau GmbH
O-7101 Wachau/Kreis Leipzig · Südring 12

+ europe +
+ oil-telegram +

Informiert schnell und zuverlässig durch 2 Ausgaben pro Woche

Berichterstattung

über die Mineralölwirtschaft in Deutschland und Europa – Marktberichte mit ausführlichen Preisaufstellungen über Motorenbenzine, Dieselkraftstoff sowie Gas- und Heizöle – regelmäßige Mineralölstatistiken – Firmen- und Personalnachrichten – Heizölbörsen –

Barge-Notierungen für Gasöl, Motorenbenzin und Heizöl S in Rotterdam und Basel von Petroleum Argus – Barge- und Cargo-Notierungen im ARA-Raum sowie Inlandsnotierungen vom OMR Oil Market Report.

Inlandspreis 1992: DM 270,– im Quartal zuzüglich Porto und MwSt.
Auslandspreis 1992: DM 286,25 im Quartal zuzüglich Porto

Sonderserie Statistik der deutschen Mineralölwirtschaft

europe oil-telegram · Postfach 261712 · Carl-Petersen-Straße 70/76
2000 Hamburg 26 · Tel. (040) 251113 · Fax (040) 256392

2 ERDÖL- UND ERDGASWIRTSCHAFT

Feldesname und Gebiet	Öl/Gas	Fund-jahr	Produktion 1991 Erdöl t	Erdgas m³	Beteiligung* (B) bearbeitende Gesellschaft (K) Konzessions-Inhaber
Hamburg					
Allermöhle (Reitbr.-)	Öl-Teilfeld	1979	2 804	–	DEEG $(B + K)$, MEEG
Reitbrook-Alt	Öl-Teilfeld	1937	14 125	–	DEEG $(B + K)$, MEEG
Reitbrook-West	Öl-Teilfeld	1960	20 446	–	DEEG $(B + K)$, MEEG
Hamburg (nördl. der Elbe) insgesamt:			37 375	–	
NÖRDLICH DER ELBE insgesamt			666 395	–	
+ Erdölgas insgesamt:				9 030 892	
GEBIET ZWISCHEN ODER – NEISSE UND ELBE					
Mecklenburg-Vorpommern					
Grimmen	Ölfeld	1963	286	–	EEG $(B + K)$
Grimmen-Südwest	Ölfeld	1970	500	–	EEG $(B + K)$
Kirchdorf	Ölfeld	1988	5 368	–	EEG $(B + K)$
Krummin	Gasfeld	1986	–	–	EEG $(B + K)$
Lütow	Ölfeld	1965	9 993	–	EEG $(B + K)$
Mesekenhagen	Ölfeld	1990	–	–	EEG $(B + K)$
Reinkenhagen	Ölfeld	1961	5 775	–	EEG $(B + K)$
Richtenberg-Nord	Ölfeld	1964	–	–	EEG $(B + K)$
Kondensat aus der Erdgasgewinnung					
Mecklenburg-Vorpommern insgesamt:			21 922	–	
Brandenburg					
Atterwasch	Gasfeld	1968	297	–	EEG $(B + K)$
Breslack	Ölfeld	1990	3 802	–	EEG $(B + K)$
Breslack-NE	Ölfeld	1989	8 628	–	EEG $(B + K)$
Döbern	Ölfeld	1962	–	–	EEG $(B + K)$
Drebkau	Gasfeld	1964	–	313 596	EEG $(B + K)$
Drewitz	Ölfeld	1971	400	–	EEG $(B + K)$
Fürstenwalde	Ölfeld	1990	6 864	–	EEG $(B + K)$
Kietz	Ölfeld	1987	–	–	EEG $(B + K)$
Mittweide-Trebatsch	Ölfeld	1978	14	–	EEG $(B + K)$
Pillgramm	Ölfeld	....	66	–	EEG $(B + K)$
Ratzdorf	Ölfeld	1988	6 521	–	EEG $(B + K)$
Rüdersdorf	Gasfeld	1964	–	–	EEG $(B + K)$
Steinsdorf	Ölfeld	1986	570	–	EEG $(B + K)$
Steinsdorf-N2	Ölfeld	1990	5 182	–	EEG $(B + K)$
Tauer	Ölfeld	1968	448	–	EEG $(B + K)$
Tauer-NE	Gasfeld	1960	–	–	EEG $(B + K)$
Wellmitz	Ölfeld	1981	8 198	–	EEG $(B + K)$
Wellmitz-NW	Ölfeld	1983	–	–	EEG $(B + K)$
Wellmitz-SE	Ölfeld	1980	–	–	EEG $(B + K)$
Kondensat aus der Erdgasgewinnung:			–		
Brandenburg insgesamt:			40 990	313 596	
ODER-NEISSE/ELBE insgesamt:			62 912	313 596	
+ Erdölgas insgesamt:				10 047 543	
GEBIET ZWISCHEN ELBE UND WESER (OST)					
Sachsen-Anhalt					
Altensalzwedel	Gasfeld	1976	–	496 635 000	EEG $(B + K)$
Heidberg-Mellin	Gasfeld	1971	–	1 195 331 000	EEG $(B + K)$
Mellin-Süd (Südteil)	Gasfeld	1971	–	17 545 000	EEG $(B + K)$
Riebau	Gasfeld	1974	–	454 083 000	EEG $(B + K)$
Salzwedel-Peckensen	Gasfeld	1968	–	2 234 276 000	EEG $(B + K)$
Sanne	Gasfeld	1981	–	69 518 000	EEG $(B + K)$
Wenze	Gasfeld	19..	–	8 000 000	EEG $(B + K)$
Winkelstedt	Gasfeld	1971	–	314 058 000	EEG $(B + K)$
Zethlingen	Gasfeld	1971	–	106 827 000	EEG $(B + K)$
Großer Fallstein	Gasfeld	1961	–	4 235 718	EEG $(B + K)$
Kondensat aus der Erdgasgewinnung:			–		
Sachsen-Anhalt insgesamt:			–	4 900 508 718	
ELBE – WESER (Ost) insgesamt:				4 900 508 718	

ERDÖL- UND ERDGASGEWINNUNG

Feldesname und Gebiet	Öl/Gas	Fund-jahr	Produktion 1991 Erdöl t	Produktion 1991 Erdgas m³	Beteiligung* (B) bearbeitende Gesellschaft (K) Konzessions-Inhaber

THÜRINGER BECKEN
Thüringen

Behringen	Gas-Kondensatfeld	1962	—	31 504 624	EEG *(B + K)*
Fahner Höhe	Gasfeld	1960	—	3 273 167	EEG *(B + K)*
Kirchheiligen-SW	Gas- u. Ölfeld	1958	32	2 937 527	EEG *(B + K)*
Langensalza	Gas- u. Kondensatfeld	1935	—	2 250 271	EEG *(B + K)*
Mühlhausen	Gas- u. Kondensatfeld	1932	—	11 250 334	EEG *(B + K)*
Volkenroda	Ölfeld (Kaligrube)	1930	174	—	Kali Südharz *(B + K)*
Kondensat aus der Erdgasgewinnung:			57		
THÜRINGER BECKEN insgesamt + Erdölgas insgesamt:			**263**	**51 215 923**	

GEBIET ZWISCHEN ELBE UND WESER (WEST)
Niedersachsen

Ahrensheide	Ölfeld	1964	21 815	—	MEEG *(B + K)*
Alfeld-Elze	Gas-Teilfeld	1972	—	17 544 605	MEEG *(B)*, Elw*(K)*
Bahnsen	Gasfeld	1969	—	899 780	Wiag *(B + K)*
Becklingen	Gasfeld	1985	—	93 497 645	DEA *(B + K)*, Elw, MEEG
Bodenteich (Lüben)	Öl-Teilfeld	1960	1 105	—	BEB *(B)*, Elw *(K)*, Brig
Böddenstedt	Gasfeld	1985	—	1 638 660	Wiag *(B + K)*
Bötersen (Taaken)	Gas-Teilfeld	1987	—	174 746 564	BEB *(B)*, Elw *(K)*, DEEG
Borchel (Mulmshorn)	Gas-Teilfeld	1985	—	95 713 406	BEB *(B)*, Kü *(K)*, Elw, DEEG
Bornkamp (Taaken)	Gas-Teilfeld	1987	—	48 492 904	BEB *(B)*, Elw *(K)*
Broistedt	Ölfeld	1937	1 204	—	DEEG *(B + K)*, Elw *(K)*
Dachtmissen (Nienh.-Hänigs.)	Öl-Teilfeld	1959	3 686	—	BEB *(B)*, Elw *(K)*
Dageförde	Gasfeld	1990	—	1 057 204	DEA *(B + K)*, Elw, MEEG
Dreilingen	Gasfeld	1978	—	13 244 401	Wiag *(B + K)*
Ebstorf	Gasfeld	1971	—	202 660	Wiag *(B + K)*, DEEG
Eddesse-Nord	Ölfeld	1873	6 013	—	DEEG *(B + K)*
Eicklingen	Ölfeld	1937	2 250	—	Wiag *(B + K)*
Eilte	Öl-Teilfeld	1947	1 898	—	MEEG *(B)*, Wiag *(K)*
Eilte-Nienhagen	Öl-Teilfeld	1958	2 085	—	MEEG *(B)*, Wiag *(K)*
Eilte-West	Öl-Teilfeld	1956	4 084	—	BEB *(B)*, Brig *(K)*
Einloh	Gasfeld	1988	—	42 259 810	MEEG *(B)*, DEA *(K)*, Elw, Wiag
Eldingen	Ölfeld	1949	31 098	—	BEB *(B)*, Elw *(K)*
Eltze-Hardesse Pool	Öl-Teilfeld	1970	247	—	DEA *(B)*, Wiag *(K)*, MEEG
Eystrup	Ölfeld	1959	4 446	—	BEB *(B)*, Brig *(K)*, DEA *(K)*, MEEG
Friedrichseck	Gasfeld	1990	—	1 880 800	BEB *(B)*, Elw *(K)*
Grauen (Söhlingen)	Gasfeld	1982	—	74 293 210	BEB *(B)*, Brig *(K)*
Halmern	Gasfeld	1974	—	—	BEB *(B)*, MEEG *(K)*, DEA *(K)*, Elw, DEEG
Hamwiede	Gasfeld	1978	—	109 013 996	BEB *(B)*, Elw *(K)*, DEEG
Hänigsen (Nienh.-)	Öl-Teilfeld	1927	12 571	—	MEEG *(B + K)*
Hankensbüttel-Mitte	Öl-Teilfeld	1954	13 143	—	BEB *(B)*, DEA *(K)*, Elw, DEEG
Hankensbüttel-Nord	Öl-Teilfeld	1954	16 352	—	BEB *(B)*, DEEG *(K)*, Itag, MEEG
Hankensbüttel-Ost	Öl-Teilfeld	1954	1 768	—	BEB *(B)*, Itag *(K)*, Elw, DEEG, MEEG
Hankensbüttel-Süd	Öl-Teilfeld	1954	80 106	—	DEA *(B + K)*
Hardesse	Öl-Teilfeld	1957	14 703	1 009 707	DEA *(B + K)*, MEEG
Hardesse-Rhät	Öl-Teilfeld	1967	69	1 695 652	DEA *(B + K)*, MEEG
Hardesse-Rhät Valendis	Öl-Teilfeld	....	4 360	—	DEA *(B + K)*, MEEG
Hardesse-Rhät SK Pool	Öl-Teilfeld	1967	3 523	—	DEA *(B + K)*, MEEG
Hemsbünde	Gasfeld	1986	—	605 779 415	DEA *(B+K)*, Elw, MEEG, Wiag
Hildesheimer Wald (Alf.-Elze)	Gas-Teilfeld	1976	—	49 911 000	DEEG *(B + K)*, Elw *(K)*
Hillerse-Nord (Leiferde)	Öl-Teilfeld	1958	595	—	BEB *(B)*, Elw *(K)*, MEEG
Hillerse-West (Meerdorf-)	Öl-Teilfeld	1957	96	—	BEB *(B)*, Elw *(K)*, MEEG
Höhnsmoor (Hemsbünde)	Gasfeld	1987	—	91 735 961	DEA *(B + K)*, Elw, MEEG, Wiag
Hohenassel	Ölfeld	1943	—	—	BEB *(B)*, Elw *(K)*, DEEG, MEEG
Hohne	Ölfeld	1951	30 293	—	DEA *(B + K)*
Hohnebostel (Hardesse)	Öl-Teilfeld	1969	1 384	—	BEB *(B)*, Elw *(K)*
Höver (Lehrte)	Öl-Teilfeld	1956	2 250	—	DEEG *(B + K)*, Elw
Horstberg	Gasfeld	1988	—	—	BEB *(B)*, Elw *(K)*
Husum	Gasfeld	1986	—	117 084 120	BEB *(B)*, Elw *(K)*, DEEG

2 ERDÖL- UND ERDGASWIRTSCHAFT

Feldesname und Gebiet	Öl/Gas	Fundjahr	Produktion 1991 Erdöl t	Produktion 1991 Erdgas m³	Beteiligung* (B) bearbeitende Gesellschaft (K) Konzessions-Inhaber
Kronsberg (Lehrte)	Öl-Teilfeld	1953	6 265	–	DEEG (B + K), Elw
Langenhörn (Taaken)	Gas-Teilfeld	1987	–	85 062 671	DEA (B + K), Elw, MEEG, Wiag
Lemgow (Volzendorf-)	Gas-Teilfeld	1987	–	–	BEB (B), Brig (K), Elw, DEEG
Lehrte	Öl-Teilfeld	1952	2 499	–	DEEG (B + K)
Leiferde	Öl-Teilfeld	1956	18 937	–	DEA (B + K)
Lintzel	Gasfeld	1984	–	11 197 660	MEEG (B + K), Elw, DEEG
Lüben	Ölfeld	1955	31 122	–	BEB (B), Elw (K), MEEG, Itag, DEEG
Meckelfeld	Ölfeld	1938	12 024	–	Wiag (B + K), Elw
Meerdorf	Ölfeld	1954	2 073	–	BEB (B), Elw (K)
Mölme-Feldbergen	Öl-Teilfeld	1935	373	–	BEB (B), Elw (K)
Mölme-Wachtel	Öl-Teilfeld	1935	160	–	BEB (B), Elw (K)
Mulmshorn	Gas-Teilfeld	1984	–	149 018 307	BEB (B), MEEG (K), Kü (K), Elw, Wiag, DEEG
Munster (Halmern)	Gas-Teilfeld	1973	–	275 518 026	BEB (B), MEEG (K), Elw, DEEG
Munsterlager	Gasfeld	1978	–	40 000	BEB (B), MEEG (K), Elw, DEEG
Munster-Nord (Halmern)	Gas-Teilfeld	1977	–	172 925 535	BEB (B), MEEG (K), Elw, DEEG
Munster-SW (Halmern)	Gas-Teilfeld	1978	–	414 276 075	BEB (B), MEEG (K), DEA (K), Elw, DEEG
Nienhagen (E)	Öl-Teilfeld	1861	9 624	–	BEB (B), Elw (K)
Nienhagen (W)	Öl-Teilfeld	1933	1 918	–	Wiag (B), DEA (K), Elw
Nienhagen SK-Gebiet	Öl-Teilfeld	1861	1 014	–	Wiag (B), Elw (K), Itag (K)
Oberg	Ölfeld	1919	110	–	MEEG (B + K), Itag (K), Grei (K), Elw (K), DEEG (K)
Ölheim-Süd	Öl-Teilfeld	1968	26 800	–	DEEG (B + K), Elw, MEEG
Ölheim-Süd-Rhät	Öl-Teilfeld	1969	543	–	DEEG, Wiag
Oerrel-Süd	Öl-Teilfeld	1954	28 136	–	DEA (B + K), Elw, DEEG
Ostervesede (Söhlingen)	Gasfund	1983	–	19 841 301	MEEG (B + K), DEA, Elw, Wiag
Pattensen	Öl-Teilfeld	1954	2 643	–	Wiag (B + K), Elw, MEEG
Preyersmühle-Hastedt (Hemsbünde)	Gas-Teilfeld	1984	–	40 339 900	BEB (B), Kü (K), Elw, DEEG
Rühme	Ölfeld	1954	30 917	–	BEB (B), Elw (K), DEEG
Schmarbeck (Halmern)	Gasfeld	1971	–	57 474 802	BEB (B), MEEG (K), DEEG, Elw
Sinstorf (Anteil Niedersachsen)	Ölfeld	1960	3 280	–	DEEG (B + K), Wiag (K), Elw, MEEG
Söhlingen	Gas-Teilfeld	1980	–	908 733 914	DEA (B + K), MEEG, Brig, Wiag
Söhlingen-Ost	Gas-Teilfeld	1981	–	527 154 943	BEB (B), Brig (K)
Soltau	Gasfeld	1984	–	227 675 155	BEB (B), Elw (K)
Steimbke (+-Nord)	Ölfeld	1936	2 930	–	BEB (B), Brig (K)
Steimbke-Lichtenmoor	Öl-Teilfeld	1943	6 152	–	BEB (B), MEEG (K), Brig
Steimbke-Ost	Öl-Teilfeld	1959	–	–	BEB (B), Brig
Suderbruch	Ölfeld	1949	24 481	–	BEB (B), Brig (K), MEEG
Taaken	Gas-Teilfeld	1982	–	217 070 677	BEB (B), Elw, MEEG (K), Wiag
Thönse	Gasfeld	1952	–	78 645 794	BEB (B), Deu (K), Brig, Elw
Volkensen	Ölfeld	1960	3 331	–	BEB (B), Elw (K), MEEG
Volzendorf	Gas-Teilfeld	1985	–	–	BEB (B), Brig (K), Elw, DEEG
Vorhop	Öl-Teilfeld	1952	30 254	–	DEEG (B), Elw (K)
Vorhop-Knesebeck	Ölfeld	1958	53 294	–	DEEG (B), Elw (K)
Vorhop-Platendorf	Öl-Teilfeld	1959	31	–	DEA (B + K)
Walsrode	Gasfeld	1980	–	21 164 403	MEEG (B + K)
Wardböhmen	Gasfeld	1987	–	17 799 724	DEA (B + K), MEEG, Elw
Wathlingen	Öl-Teilfeld	1950	956	–	Wiag (B + K)
Wesendorf	Ölfeld	1943	8 233	–	DEA (B + K), DEEG, Elw
Wesendorf-Nord (-Oerrel-Süd)	Öl-Teilfeld	1959	2 826	–	DEA (B + K), Elw, DEEG
Wesendorf-Süd	Ölfeld	1958	6 248	–	DEA (B + K), DEEG, Elw
Westerholz (Taaken)	Gas-Teilfeld	1985	–	80 144 008	DEA (B + K), Elw, MEEG, Wiag
Wietzendorf (Halmern-)	Gas-Teilfeld	1978	–	34 946 000	BEB (B), DEA (K), MEEG, Elw
Wittingen-Südost	Ölfeld	1970	–	–	DEEG (B), Itag (K), Elw, MEEG
Wittorf	Gasfeld	1984	–	764 984	MEEG (B), DEA (K), Elw, Wiag
Worth (Hemsbünde)	Gas-Teilfeld	1988	–	64 636 400	DEEG (B), Elw (K)
Wustrow	Gasfeld	1966	–	120 700 768	BEB (B), Brig (K), Elw, DEEG
Kondensat aus der Erdgasgewinnung			6 215		
Niedersachsen insgesamt			**584 404**	**5 058 840 547**	
Hamburg					
Sinstorf (Anteil Hamburg)	Ölfeld	1960	19 422	–	DEEG (B + K), Wiag (K), Elw, MEEG
Hamburg (Elbe-Weser) insgesamt			**19 422**	**–**	
ELBE-WESER (West) insgesamt			**603 826**	**5 058 840 547**	
+ Erdölgas insgesamt:				**20 582 173**	

ERDÖL- UND ERDGASGEWINNUNG

Feldesname und Gebiet	Öl/Gas	Fund-jahr	Produktion 1991 Erdöl t	Produktion 1991 Erdgas m³	Beteiligung* (B) bearbeitende Gesellschaft (K) Konzessions-Inhaber

GEBIET ZWISCHEN WESER UND EMS
Niedersachsen
a) Küstengewässer

Feldesname	Öl/Gas	Fundjahr	Erdöl t	Erdgas m³	Beteiligung
Leybucht	Gasfeld	1976	–	16 976 071	DEEG (B + K), Veba, MEEG
b) Festland					
Ahlhorn	Gasfeld	1972	–	11 469 164	BEB (B), OEG (K), Brig, MEEG
Aldorf (Düste)	Öl-Teilfeld	1952	13 368	–	Wiag (B + K)
Apeldorn	Gasfeld	1964	–	232 843 100	DEEG (B), Elw (K), DEA, MEEG
Bahrenborstel	Gasfeld	1962	–	176 491 175	MEEG (B + K), Elw, DEEG, Wiag
Barenburg	Gasfeld	1961	–	367 598 595	MEEG (B), Elw (K)
Barenburg	Ölfeld	1953	97 979	–	BEB (B), Elw (K), MEEG
Barrien	Gasfeld	1964	–	388 746 770	Wiag (B + K), Itag, Elw, Brig
Barver (Dickel)	Öl-Teilfeld	1963	1 159	–	BEB (B), Elw (K), MEEG
Bethermoor	Gasfeld	1972	–	–	BEB (B), OEG (K), Brig, MEEG
Bockstedt	Ölfeld	1954	39 634	–	Wiag (B + K)
Börger/Werlte	Ölfeld	1977	5 217	–	DEEG (B), Elw (K), Wiag
Bollermoor (Vechta)	Öl-Teilfeld	1961	382	–	MEEG (B), Brig (K)
Bramberge	Ölfeld	1958	263 596	–	DEEG (B + K), Elw, Wiag, DEA, MEEG, Itag
Brettorf	Gasfeld	1977	–	47 609 235	BEB (B), OEG (K), Brig, MEEG
Brinkholz	Gasfeld	1982	–	127 080 492	BEB (B), OEG (K), Brig, MEEG
Buchhorst	Gasfeld	1959	–	296 544 495	MEEG (B), Elw (K)
Cappeln	Gasfeld	1970	–	215 443 511	BEB (B), OEG (K), Brig, MEEG
Cloppenburg	Gasfeld	1971	–	24 372 862	BEB (B), OEG (K), Brig, MEEG
Deblinghausen	Gasfeld	1958	–	82 008 785	MEEG (B + K), Elw, DEEG, Wiag
Dickel-Jura	Öl-Teilfeld	1953	11 465	–	Wiag (B + K)
Dickel-Kellenberg	Öl-Teilfeld	1984	981	–	Wiag (B + K)
Dötlingen	Gasfeld	1965	–	410 211 121	BEB (B), OEG (K), Brig, MEEG
Düste	Gasfeld	1957	–	26 071 370	Wiag (B + K)
Düste-Valendis	Ölfeld	1954	12 528	–	Wiag (B + K)
Elsfleth	Ölfeld	1956	–	–	BEB (B), Elw (K)
Engerhafe	Gasfeld	1976	–	924 000	DEEG (B + K)
Goldenstedt-Oythe	Gasfeld	1959	–	628 982 174	BEB (B), OEG (K), Brig, MEEG
Greetsiel	Gasfeld	1972	–	54 837 181	BEB (B), Brig (K)
Groothusen	Gasfeld	1965	–	302 569 057	BEB (B), Brig (K)
Großes Meer	Gasfeld	1978	–	19 582 500	DEEG (B), MEEG (K)
Groß Lessen	Ölfeld	1969	32 895	–	BEB (B), Elw (K), MEEG
Hagen (Vechta)	Öl-Teilfeld	1957	2 268	–	MEEG (B), OEG (K), Brig
Harme (Vechta)	Öl-Teilfeld	1956	2 655	–	MEEG (B), OEG (K), Brig
Hemmelte T	Gasfeld	1964	–	3 213 007	BEB (B), OEG (K), Brig, MEEG
Hemmelte SE	Gasfund	1967	–	–	BEB (B), OEG (K), Brig, MEEG
Hemmelte-West	Ölfeld	1951	12 213	–	MEEG (B), OEG (K), Brig
Hemmelte Z	Gasfeld	1980	–	628 135 618	BEB (B), OEG (K), Brig, MEEG
Hengstlage	Gasfeld	1963	–	827 040 533	BEB (B), OEG (K), Brig, MEEG
Hengstlage-Nord	Gasfeld	1969	–	155 339 600	BEB (B), OEG (K), Brig, MEEG
Hesterberg	Gasfeld	1967	–	114 185 639	MEEG (B), Elw (K)
Kirchhatten	Gasfeld	1970	–	20 626 200	BEB (B), OEG (K), Brig, MEEG
Klosterseelte	Gasfeld	1985	–	362 559 366	BEB (B), Brig (K)
Kneheim	Gasfeld	1985	–	191 706 578	BEB (B), OEG (K), Brig, MEEG
Lahn	Ölfund	1983	–	–	MEEG (B), Elw (K), DEEG, Itag, Wiag
Lahner Heide	Ölfund	1982	51	–	DEEG (B + K), Elw, Wiag
Leer	Gasfeld	1984	–	2 540 300	DEEG (B + K), MEEG, Wiag
Liener	Ölfeld	1953	990	–	MEEG (B), OEG (K), Brig
Löningen	Öl-Teilfeld	1959	4 744	–	MEEG (B), OEG (K), Brig
Löningen-SO/Menslage	Öl- u. Gas-Teil-Felder	1960	–	27 201 676	BEB (B), OEG (K), Brig, MEEG
Löningen-West		1961	4 711	–	MEEG (B), OEG (K), Brig
Holte		1963	–	} 20 057 173	BEB (B), Elw (K), Itag, DEEG, Wiag
Mensl.-Westrum		1964	–		Wiag (B + K), DEA, DEEG
Manslagt	Gasfeld	1990	–	–	BEB (B), Brig (K)
Matrum	Ölfeld	1982	6 009	–	MEEG (B), OEG (K), Brig
Messingen	Gasfeld	1970	–	–	Wiag (B + K), Brig, Elw, DEEG
Molbergen-West	Ölfeld	1957	883	–	MEEG (B), OEG (K), Brig

309

Verlag Glückauf · Jahrbuch 1993

2 ERDÖL- UND ERDGASWIRTSCHAFT

Feldesname und Gebiet	Öl/Gas	Fund-jahr	Produktion 1991 Erdöl t	Produktion 1991 Erdgas m³	Beteiligung* (B) bearbeitende Gesellschaft (K) Konzessions-Inhaber
Neerstedt	Gasfeld	1981	—	239 413 779	BEB (B), OEG (K), Brig, MEEG
Ortholz	Gasfeld	1987	—	233 879 834	BEB (B), Brig (K)
Ortland	Ölfeld	1956	847	—	MEEG (B), OEG (K), Brig
Ostenwalde	Ölfeld	1953	6 009	—	DEEG (B + K), Elw, Wiag
Päpsen (Staffhorst-Nord)	Gas-Teilfeld	1989	—	—	Wiag (B), Itag (K), Brig, Elw
Quaadmoor	Gasfeld	1969	—	195 475 969	BEB (B), OEG (K), Brig, MEEG
Rechterfeld	Gasfeld	1988	—	8 551 722	BEB (B), OEG (K), Brig, MEEG
Rehden	Gasfeld	1952	—	96 484 120	Wiag (B + K)
Sage	Gasfeld	1970	—	39 479 395	BEB (B), OEG (K), Brig, MEEG
Sagermeer	Gasfeld	1968	—	144 815 892	BEB (B), OEG (K), Brig, MEEG
Sagermeer-Süd	Gasfeld	1973	—	39 225 495	BEB (B), OEG (K), Brig, MEEG
Schledehausen (Vechta)	Öl-Teilfeld	1957	1 032	—	MEEG (B), OEG (K), Brig
Siedenburg	Ölfeld	1955	15 012	—	MEEG (B), Elw (K)
Siedenburg (Staffhorst)	Gas-Teilfeld	1963	—	792 256 309	MEEG (B), Elw (K)
Sögel	Ölfund	1983	1 164	—	DEEG (B + K), Wiag, Elw
Staffhorst (Siedenburg-)	Gas-Teilfeld	1964	—	118 187 950	Wiag (B), Itag (K), Elw, Brig
Staffhorst-Nord	Gas-Teilfeld	1973	—	17 375 300	Wiag (B), Itag (K), Elw, Brig
Sulingen-Valendis	Ölfeld	1973	21 827	—	BEB (B), Elw (K), MEEG
Syke	Gasfeld	1981	—	12 552 230	Wiag (B + K), Brig, Elw, Itag
Uchte	Gasfeld	1981	—	327 982 616	MEEG (B + K), Elw, DEEG, Wiag
Uphuser Meer	Gasfeld	1981	—	8 212 500	DEEG (B + K), MEEG
Uttum	Gasfeld	1970	—	31 945 939	BEB (B), Brig (K)
Vahren	Gasfeld	1981	—	357 106 035	BEB (B), OEG (K), Brig, MEEG
Varel	Ölfeld	1957	7 773	—	BEB (B), OEG (K), Brig, MEEG
Varnhorn	Gasfeld	1968	—	353 047 081	BEB (B), OEG (K), Brig, MEEG
Visbek	Gasfeld	1963	—	1 050 986 815	BEB (B), OEG (K), Brig, MEEG
Voigtei T	Gasfund	1963	—	—	MEEG (B), Elw (K)
Voigtei	Öl-Teilfeld	1953	32 071	—	MEEG (B), Elw (K)
Voigtei-Süd (Voigtei)	Öl-Teilfeld	1955	172	—	MEEG (B + K), Elw (K), DEEG, Wiag
Wagenfeld (Rehden)	Gas-Teilfeld	1954	—	16 370 560	Wiag (B), MEEG (K), Elw, DEEG
Wardenburg	Gasfeld	1971	—	—	BEB (B), OEG (K), Brig, MEEG
Wehrbleck/-Ost	Ölfeld	1957	26 958	—	BEB (B), Elw (K), MEEG
Welpe (Vechta)	Öl-Teilfeld	1957	16 360	—	MEEG (B), OEG (K), Brig
Wietingsmoor (Düste)	Öl-Teilfeld	1954	20 730	—	BEB (B), Elw (K), MEEG
Wietingsmoor	Gasfeld	1968	—	155 073 228	MEEG (B), Elw (K)
Winkelsett	Gasfeld	1979	—	666 717	BEB (B), Brig (K)
Wöstendöllen	Gasfeld	1974	—	193 578 335	BEB (B), OEG (K), Brig, MEEG
Wybelsum	Gasfund	1983	—	—	BEB (B), Brig (K)
Kondensat aus der Erdgasgewinnung			3 617		
WESER-EMS insgesamt:			**667 250**	**10 215 635 169**	
+ Erdölgas insgesamt:				**50 616 919**	

EMSMÜNDUNG
Niedersachsen

Grenzbereich*	Gas	1965	—	—	BEB (B), Brig (K)
Borkum-Juist*	Gas	1965	—	—	DEEG (B+K), MEEG, Veba
Emshörn	Gasfund	1978	—	35 965 700	BEB (B), Brig (K)
Kondensat aus der Erdgasgewinnung			169		
EMSMÜNDUNG insgesamt:			**169**	**35 965 700**	

* Deutsche Anteile am niederländischen Gasfeld Groningen.

GEBIET WESTLICH DER EMS
Niedersachsen

Adorf	Ölfeld	1946	39 373	—	DEEG (B + K), Elw, Wiag
Adorf	Gasfeld	1955	—	45 662 300	DEEG (B + K), Elw, Wiag
Annaveen	Gas-Teilfeld	1963	—	14 446 814	BEB (B), DEEG (K), Elw, MEEG, Wiag

ERDÖL- UND ERDGASGEWINNUNG

Feldesname und Gebiet	Öl/Gas	Fund-jahr	Produktion 1991 Erdöl t	Produktion 1991 Erdgas m³	Beteiligung* (B) bearbeitende Gesellschaft (K) Konzessions-Inhaber
Bentheim	Gasfeld	1938	–	49 921 490	DEEG (B + K), Elw
Emlichheim	Gasfeld	1956	–	151 323 145	Wiag (B + K), MEEG
Emlichheim	Ölfeld	1944	155 837	–	Wiag (B + K), MEEG
Emslage (Annaveen)	Gas-Teilfeld	1976	–	51 124	BEB (B), DEEG (K), Elw
Fehndorf	Gasfeld	1965	–	26 806 461	Wiag (B + K), DEA, DEEG, MEEG
Frenswegen	Gasfeld	1951	–	2 022 000	DEEG (B + K), Elw, Wiag
Georgsdorf	Ölfeld	1944	234 260	–	BEB (B), DEEG (K) Elw, Wiag
Getelo (Itterbeck-Halle)	Gas-Teilfeld	1965	–	8 605 200	DEEG (B + K), Elw, Wiag
Hebelermeer	Ölfeld	1955	3 661	–	BEB (B), MEEG (K), Elw, DEEG, Wiag
Hohenkörben	Gasfeld	1963	–	1 619 000	DEEG (B + K), Elw, Wiag
Itterbeck-Halle	Gasfeld	1951	–	105 200 600	DEEG (B + K), Elw, Wiag
Kalle	Gasfeld	1958	–	70 210 300	DEEG (B + K), Elw, Wiag
Lingen-Dalum	Öl-Teilfeld	1942	6 041	–	{ BEB (B), DEEG (K), Elw,
Lingen-Wachendorf	Öl-Teilfeld	1950	46	–	MEEG, Wiag
Meppen/Schwefingen	Ölfeld	1960	38 733	–	BEB (B), DEEG (K), Elw, MEEG, Wiag
Ratzel	Gasfeld	1960	–	11 288 200	DEEG (B + K), Elw, Wiag
Rühlermoor-Malm (Rühle)	Öl-Teilfeld	1962	7 576	–	BEB (B), DEEG (K), Elw
Rühlermoor-Valendis (Rühle)	Öl-Teilfeld	1949	516 527	–	BEB (B), DEEG (K), Elw
Rühlertwist (Rühle)	Öl-Teilfeld	1949	73 872	–	Wiag (B), DEEG (K), Elw
Rütenbrock	Gasfeld	1969	–	111 406 125	Wiag (B + K)
Scheerhorn	Ölfeld	1949	114 579	–	DEEG (B + K), Elw, Wiag
Uelsen	Gasfeld	1964	–	54 503 200	DEEG (B + K), Elw, Wiag
Varloh	Ölfeld	1984	3 874	–	BEB (B), Elw (K), DEEG
Wielen	Gasfeld	1959	–	86 000 600	DEEG (B + K), Elw, Wiag
Kondensat aus der Erdgasgewinnung			6 032		
WESTLICH DER EMS insgesamt:			**1 200 411**	**739 066 559**	
+ Erdölgas insgesamt:				**80 087 557**	
Niedersachsen insgesamt:			**2 452 234**	**16 049 507 975**	
+ Erdölgas insgesamt:				**151 286 649**	

OBERRHEINGRABEN

Hessen

Feldesname und Gebiet	Öl/Gas	Fund-jahr	Erdöl t	Erdgas m³	Beteiligung
Stockstadt	Öl- u. Gasfeld	1952	4 934	–	BEB (B), Elw (K)
Hessen insgesamt:			**4 934**	**–**	

Rheinland-Pfalz
Oberrhein-Graben

Feldesname und Gebiet	Öl/Gas	Fund-jahr	Erdöl t	Erdgas m³	Beteiligung
Eich	Öl-Teilfeld	1959	73 195	–	BEB (B), Elw (K)
Königsgarten (Eich)	Öl-Teilfeld	1984	8 121	–	BEB (B), Elw (K)
Landau	Ölfeld	1955	48 240	–	Wiag (B + K), Itag, MEEG
Rheinzabern	Ölfeld	1959	6 070	–	BEB (B), Elw
Rülzheim	Ölfeld	1984	2 146	–	Wiag (B), Elw (K), DEA, Itag
Rheinland-Pfalz insgesamt:			**137 772**	**–**	
OBERRHEINGRABEN insgesamt:			**142 706**	**–**	
+ Erdölgas insgesamt:				**2 809 502**	

2 ERDÖL- UND ERDGASWIRTSCHAFT

Feldesname und Gebiet	Öl/Gas	Fund-jahr	Produktion 1991 Erdöl t	Erdgas m³	Beteiligung* (B) bearbeitende Gesellschaft (K) Konzessions-Inhaber
ALPENVORLAND					
Baden-Württemberg					
Fronhofen	Öl- u. Gas-Teilfeld	1965	5 372	1 834 895	Öl: DEEG (B + K), Elw Gas: DEEG (B + K), Elw, Wiag
Fronhofen 22	Öl-Teilfeld	1984	1 095	–	DEEG (B + K), Elw
Fronhofen-Illmensee	Öl- u. Gas-Teilfeld	1965	–	28 944 951	DEEG (B + K), Elw, Wiag (K)
Hauerz	Öl- u. Gasfeld	1985	4 032	13 684 206	Wiag (B), Elw (K), DEA
Illmensee	Öl-Teilfeld	1966	1 638	–	DEEG (B), Wiag (K), Elw
Kirchdorf	Gasfeld	1962	704	–	Wiag (B + K), Elw
Mönchsrot	Öl- u. Gasfeld	1958	12 424	–	Wiag (B + K), Elw
Oberschwarzach	Ölfeld	1978	3 368	–	Wiag (B + K), Elw
Pfullendorf-Ostrach	Öl- u. Gasfeld	1962	7 111	484 947	BEB (B), Wiag (K), DEEG (K), Elw
Kondensat aus der Erdgasgewinnung			4 440		
Baden-Württemberg insgesamt:			**40 184**	**44 948 999**	
Bayern					
Aitingen	Öl- u. Gasfeld	1976	38 910	–	Wiag (B), Elw (K), Brig
Albaching	Gas-Teilfeld	1957	–	3 406 906	MEEG (B), BMI (K)
Almertsham	Gasfeld	1975	–	4 584 555	MEEG (B), BMI (K), DEEG, Elw
Anzing	Gasfeld	1960	–	9 069 651	DEEG (B), BMI (K), MEEG, Elw
Arlesried	Öl- u. Gasfeld	1964	18 303	–	Wiag (B + K), Elw, Brig
Aßling	Ölfeld	1961	6 508	–	DEEG (B), BMI (K), MEEG, Elw
Breitbrunn	Gas-Teilfeld	1972	–	18 959 446	DEA (B + K)
Darching	Öl-Teilfeld	1967	12 119	–	DEEG (B), DEA (K), BMI, MEEG, Elw
Eggstätt (Breitbrunn-)	Gas-Teilfeld	1974	–	4 794 483	MEEG (B), BMI (K), DEEG, Elw
Haag	Gasfeld	1970	–	2 947 812	MEEG (B), BMI (K)
Hebertshausen	Ölfeld	1981	8 289	–	DEA (B + K)
Höhenrain	Ölfeld	1962	1 339	–	DEEG (B), BMI (K), MEEG, DEA, Elw
Hofolding	Ölfeld	1980	10 314	–	MEEG (B), BMI (K), Elw
Hohenlinden	Gasfeld	1956	–	1 773 646	DEEG (B), BMI (K), MEEG, Elw
Holzkirchen (Darching-)	Öl-Teilfeld	1969	6 193	–	DEA (B + K)
Inzenham-West	Gasfeld	1971	–	13 922 470	DEA (B + K)
Inzenham	Gasfeld	1969	–	3 830 480	DEA (B + K)
Irlach	Gasfeld	1982	–	45 978 030	MEEG (B), BMI (K), DEEG, Elw
Isen	Gasfeld	1954	–	3 519 685	MEEG (B), BMI (K)
Moosach	Gasfeld	1958	–	1 700 293	DEEG (B), BMI (K), MEEG, Elw
Oedgassen	Ölfeld	1958	–	–	MEEG (B), BMI (K)
Rechtmehring (Albaching-)	Gas-Teilfeld	1967	–	6 364 326	MEEG (B), BMI (K)
Schnaitsee	Gasfeld	1966	–	3 180 476	MEEG (B), BMI (K)
Schnaupping	Gasfeld	1957	–	1 581 228	MEEG (B), BMI (K)
Schwabmünchen	Ölfund	1978	–	–	Wiag (B), Elw (K), Brig
Traunreut	Gasfund	1979	–	406 072	MEEG (B), BMI (K), DEEG, Elw
Weitermühle-Steinkirchen	Gasfeld	1955	–	6 162 722	MEEG (B), BMI (K)
Kondensat aus der Erdgasgewinnung			907	–	
Bayern insgesamt:			**102 882**	**132 182 281**	
ALPENVORLAND insgesamt:			**143 066**	**177 131 280**	
+ Erdölgas:				**13 652 479**	
Bundesrepublik insgesamt:			**3 486 998**	**21 178 677 492**	
+ Erdölgas insgesamt:				**186 827 065**	
= Naturgas insgesamt:				**21 365 504 555**	
davon alte Bundesländer:			3 423 823	16 411 410 777	
neue Bundesländer:			63 175	4 954 093 778	

Die aktuellen Wandkarten zur Energie- und Rohstoffversorgung

Erdöl und Erdgas in der Nordsee `Neu`
einschließlich Vorkommen und
Transportleitungen auf dem Festland

Erdöl- und Erdgasvorkommen in der Nordsee mit Benennung · Die einzelnen Sektoren der Nordsee mit Aufteilung in Konzessionsblöcke · Die Vorkommen auf dem Festland · Erdöl- und Erdgasleitungen in der Nordsee und auf dem Festland · Die Standorte der Raffinerien · Fünffarbig · 58 DM

Erdgas-Verbundsysteme in Europa `Neu`

Erdgas- und Ferngasleitungen in den westeuropäischen Staaten · Verbindungen zu den Feldern in der Nordsee · Anschlüsse an das osteuropäische Netz · Anlandestationen für verflüssigtes Erdgas · Vierfarbig · 58 DM

Gasversorgungsnetze in Deutschland

Das Erdgas- und Ferngasleitungsnetz · Der Verbund mit den Nachbarländern · Erdgas- und Erdölvorkommen · Untertage-Gasspeicher · Fünffarbig · 58 DM

Mineralölversorgung Europas

Das europäische Netz der Rohöl- und Produktenleitungen · Lage und Durchsatzkapazität der Raffinerien · Die Rohöleinfuhrhäfen · Die Erdölfelder in der Nordsee, vor der spanischen und italienischen Küste, in der Ägäis · Untertagespeicher auf dem Festland · Wesentlich erweiterter Kartenausschnitt von Portugal bis Griechenland · Fünffarbig · 58 DM

Erdölraffinerien · Leitungen · Petrochemie in Deutschland

Sämtliche deutschen Raffinerien mit Namen und Kapazität · Das Netz der Rohöl- und Produktenleitungen · Schwerpunkte der Petrochemie · Fünffarbig · 58 DM

Erdöl- und Erdgaslagerstätten in Deutschland

Die erschlossenen Erdöl- und Erdgasfelder in ihrem geologischen Zusammenhang und erschöpfte Vorkommen · Ölschiefervorkommen · Optimale Übersichtlichkeit der Karte durch Numerierung und tabellarische Zusammenstellung der Felder · Fünffarbig · 58 DM

Elektrizitäts-Verbundsysteme in Europa `Neu`

Die verschiedenen Verbundsysteme in Mitteleuropa, Skandinavien und Osteuropa · Höchstspannungsnetze unterschieden nach Leistung · Verbindungen zwischen den Verbundsystemen · Alle Kraftwerke mit 500 MW und mehr nach Primärenergieträgern gekennzeichnet · Vierfarbig · 58 DM

Elektrizitäts-Verbundsysteme in Deutschland

Die Arbeitsgebiete der großen Verbundgesellschaften · Das Leitungsnetz mit Angabe der Betriebsspannung · Sämtliche Kraftwerke von 100 MW und mehr nach Primärenergieträgern gekennzeichnet · Fünffarbig · 58 DM

Nutzbare Lagerstätten in Deutschland

Die Reviere des Steinkohlen-, Braunkohlen-, Erz- und Kalibergbaus · Die betriebenen Schachtanlagen mit Namen · Die Erdöl- und Erdgasreviere · Wichtige Vorkommen der Steine und Erden · Die Oberbergamts- und Bergamtsgrenzen · Fünffarbig · 58 DM

Verlag Glückauf GmbH · Postfach 10 39 45 · D-4300 Essen 1

Erdöl- und Erdgasgewinnung in der Nordsee

Nicht produzierende Vorkommen	Öl/Gas	Fundjahr	Bemerkungen
A-6 Blöcke A-6 B-4	Gasfund	1974	Konsortium: Deutsches Nordsee-Konsortium (Elwerath Erdgas und Erdöl GmbH 19,55%, Brigitta Erdgas und Erdöl GmbH 20,90%, Deilmann Erdöl Erdgas GmbH (DEEG) 30,0%, Wintershall AG 10,45%, Elf Aquitaine Deutschland GmbH 12,00%, RWE-DEA AG für Mineraloel und Chemie 7,10%). Prod. Horizonte: A-6-1 = Zechstein, Rotliegendes; Testzufluß: 720 000 m^3 Gas/d. A-6-3 = Ob. Jura; Teufe: rd. 2 600 m; Testzufluß: rd. 1 Mill. m^3 Gas u. 200 m^3 Kondensat/d.
D-1 Block L-2	Gasfund	1965	Konsortium: Arco Germany GmbH 60,0%, Elf Aquitaine Deutschland GmbH 40,0%. Prod. Horizont: Rotliegendes; Testzufluß: 400 000 bis 500 000 m^3/d; Stickstoffgehalt des Gases rd. 45%, z. Zt. nicht wirtschaftlich förderbar.
H-15-2 Block H-15	Gasfund	1980	Konsortium: PreussenElektra Aktiengesellschaft (Preag) 100,0%. Prod. Horizont: Rotliegendes; Testzufluß: > 1 Mill. m^3/d; Gaszusammensetzung: bei rd. 4 300 m ca. 35% Methan u. 65% Stickstoff.
H-18-1 Block H-18	Gasfund	1983	Konsortium: PreussenElektra Aktiengesellschaft (Preag) 100%. Prod. Horizont: Rotliegendes; z. Zt. nicht wirtschaftlich förderbar.
J-13-2 Block J-13	Gasfund	1978	Konsortium: North Sea Oil Co. Ltd. 85,0%, Arco Germany GmbH 15,0%. Prod. Horizont: Rotliegendes; hoher Stickstoffgehalt; z. Zt. nicht wirtschaftlich förderbar.

2. Gaswirtschaft

2.1 Ferngaswirtschaft

Bayerngas GmbH

8000 München 2, Poccistraße 9, Postfach 200229, ☏ (089) 7200-0, ✇ 5213036, Telefax (089) 7200422.

Aufsichtsrat: Christian *Ude*, Bürgermeister, München, Vorsitzender; Dr. Peter *Menacher*, Oberbürgermeister, Augsburg, 1. stellv. Vorsitzender; Ministerialdirektor Hanns-Martin *Jepsen*, Bayerisches Staatsministerium für Wirtschaft und Verkehr, München, 2. stellv. Vorsitzender; Gerd *Arnold*, Stadtrat, Augsburg; Dieter *Baldauf*, Sprecher des Vorstandes der REWAG Regensburger Energie- und Wasserversorgung AG, Regensburg; Josef *Deimer*, Mds, Oberbürgermeister, Landshut; Willi *Gerner*, Mitglied des Vorstandes der Bayernwerk AG, München; Ekkehard *Gesler*, Stadtrat, Augsburg; Erich *Groß*, Werkdirektor der Stadtwerke Landshut, Landshut (Ständiger Vertreter von Oberbürgermeister Josef Deimer); Klaus *Jungfer*, Stadtrat, München; Dr. Heinz *Kraul*, Ministerialrat, Bayerisches Staatsministerium der Finanzen, München; Norbert *Kreitl*, Stadtrat, München; Walter *Layritz*, Berufsm. Stadtrat, Sprecher der Werkleitung der Stadtwerke München, München; Erwin *Mayr*, Stadtrat, Augsburg; Hans *Meck*, Direktor der Stadtwerke Ingolstadt, Ingolstadt (Ständiger Vertreter von Oberbürgermeister Peter Schnell); Christa *Meier*, Oberbürgermeisterin, Stadt Regensburg, Regensburg; Ilse *Nagel*, Stadträtin, Stellv. Vorsitzende der CSU-Stadtratsfraktion, München; Hans *Podiuk*, Stadtrat, München; Dr. Werner *Pusinelli*, Berufsm. Stadtrat, Stadtwerke Augsburg, Augsburg; Dr. Klaus *Rauscher*, Mitglied des Vorstands der Bayerische Landesbank Girozentrale, München; Konrad *Ruppaner*, Ministerialrat, Bayerisches Staatsministerium der Finanzen, München; Helmut *Sauer*, Ministerialdirigent, Bayerisches Staatsministerium für Wirtschaft und Verkehr, München; Helmut *Schmid*, Stadtrat, München; Peter *Schnell*, Oberbürgermeister, Stadtverwaltung Ingolstadt, Ingolstadt; Friedrich *Späth*, Direktor, Mitglied des Vorstandes der Ruhrgas AG, Essen; Rainer *Volkmann*, Stadtrat, München.

Geschäftsführung: Dr. Karlheinz *Bozem*, Volker *Etzbach*.

Stammkapital: 145,8 Mill. DM.

Gesellschafter: Landeshauptstadt München, 28%; Stadt Augsburg, 17,3%; Freistaat Bayern, 14%; Rewag Regensburger Energie- und Wasserversorgung AG & Co. KG, 5,5%; Stadt Landshut, 2,6%; Stadt Ingolstadt, 2,6%; Ruhrgas Aktiengesellschaft, 10%; Bayerische Landesbank Girozentrale, 10%; Bayernwerk Aktiengesellschaft, 10%.

Zweck: Die Errichtung und der Betrieb von Gasfernleitungen sowie der Erwerb und die Pachtung derartiger Leitungen und Anlagen, der Bezug, die Speicherung, die Weiterleitung und die Lieferung von Gas an Gasversorgungsunternehmen und an Letztverbraucher, die Errichtung und der Betrieb von einschlägigen Hilfs- und Ergänzungsanlagen und die Vornahme aller damit zusammenhängenden Geschäfte.

	1989	1990
Gasabsatz .... Mill. kWh	48 474	49 255
Ferngasleitungsnetz .... km	856	873
Umsatz .... Mill. DM	1 049	1 172
Beschäftigte .... (Jahresende)	149	146

BEB Erdgas und Erdöl GmbH

(Hauptbeitrag der BEB Erdgas und Erdöl GmbH in Kap. 2 Abschn. 1)

3000 Hannover 51, Riethorst 12, Postfach 510360, ☏ (0511) 641-0, ✇ beb 921421.

	1990	1991
Gasabsatz ...... Mrd. kWh	141,8	148,1

Deutsche Erdgas Transport GmbH

4300 Essen 1, Huttropstr. 60, ☏ (0201) 184-1, ✇ 857299 orgd.

Aufsichtsrat: Ass. jur. Friedrich *Späth*, Vorsitzender; Dipl.-Ing. Peter *Schillmöller*, stellv. Vorsitzender; Dr. Burckhard *Bergmann*, Dr. Eckart W. *Meyn*.

Geschäftsführung: Dr. Michael *Pfingsten*, Herbert *Wittorf*.

Prokuristen: Peter *Baumruker*, Willibald *Vossen*.

Stammkapital: 100000 DM.

Gesellschafter: Ruhrgas AG, Essen, 50%; Deutsche Shell AG, Hamburg, 25%; Esso AG, Hamburg, 25%.

Zweck: Die Gesellschaft hat den Zweck, Gas zu transportieren und zu verkaufen und zu diesem Zweck Gas einzukaufen, Transportverträge zu schließen sowie alle zur Erreichung des Geschäftszweckes notwendigen oder nützlichen Geschäfte vorzunehmen.

Energieversorgung Weser-Ems AG (EWE)

2900 Oldenburg, Tirpitzstr. 39, ☏ (0441) 803-0, ✂ 25873, Telefax (0441) 803-518.

Aufsichtsrat: Bürgermeister Günther *Boekhoff*, Leer, Vorsitzender; Bürgermeister Wiesmoor; Bürgermeister Manfred *Bergner*, Brake; Techniker Alfred *Bulling*, Oldenburg; Beigeordneter Fred *Cordes*, Delmenhorst; Vorstandsmitglied Dr. Hans Michael *Gaul*, Hannover; Gruppenleiter Heinz *Gniechwitz*, Norden; Ratsherr Peter *Jacobs*, Oldenburg; Handwerker Rainer *Janßen*, Varel; Vorstandsmitglied Dr. Hermann *Krämer*, Hannover; Landrat Clemens-August *Krapp*, Vechta; Vorstandsmitglied Dr. Horst *Lennertz*, Hannover; Oberbürgermeister Oldenburg; Oberkreisdirektor Herbert *Rausch*, Cloppenburg; Elektromeister Klaus-Peter *Seyffart*, Leer; Kreistagsabgeordneter Harm *Schoone*, Großefehn; Kreistagsmitglied Eilert *Tantzen*, Hatten; Dipl.-Ing. Adolf *Tatje*, Edewecht; Landrat Bernd *Theilen*, Jever; Handwerker Berndt *Wohlfahrt*, Delmenhorst.

Vorstand: Dipl.-Kfm. Dr. Reinhard *Berger*; Dipl.-Ing. Gerd *Reiners*.

Kapital: 162 Mill. DM.

Aktionäre: Weser-Ems-Energiebeteiligungen GmbH Oldenburg, 74%; PreussenElektra AG, Hannover, 26%.

Zweck: Verteilung und Verkauf von Elektrizität an Versorgungsunternehmen und Letztverbraucher; Errichtung und Betrieb eines Erdgas-Transportleitungsnetzes; Verteilung und Verkauf von Erdgas an Versorgungsunternehmen und Letztverbraucher; Betreuung und Betrieb von kommunalen Wasserwerken; Betrieb von 18 Windenergieanlagen mit 5300 kW Leistung.

		1990	1991
Gasabsatz	Mill. kWh	21 807	25 230
Transportleitungsnetz	km	2 140	2 160

Erdgas-Verkaufs-Gesellschaft mbH

4400 Münster, Klosterstr. 33, ☏ (0251) 5003-0, ✂ 892609 erdfa d, Telefax (02 51) 50 03-10.

Aufsichtsrat: Dr. Axel *Commichau*, Geschäftsführer der Mobil Erdgas-Erdöl GmbH, Hamburg, Vorsitzer; Dr. Karl Heinz *Geisel*, Geschäftsführer der BEB Erdgas und Erdöl GmbH, Hannover; Dipl.-Kfm. Wulf *Hagemann*, Geschäftsführer der Deilmann Erdöl Erdgas GmbH, Lingen; Dipl.-Ing. Heinz-Jürgen *Klatt*, Direktor der RWE-DEA Aktiengesellschaft für Mineralöl und Chemie, Hamburg; Klaus *Wollschläger*, Vorstandsmitglied der Wintershall AG, Celle/Kassel.

Geschäftsführung: Ass. d. Bergf. Heinz *Segbers*, Sprecher; Dr.-Ing. Klaus *Hesselbarth*.

Prokuristen: Dipl.-Kfm. Detlev *Bernsmann*, Rechtsanwalt Wolfram *Müller-Rath*, Dipl.-Kfm. Dr. Horst *Polleit*, Dipl.-Ing. Peter *Sandmann*.

Stammkapital: 6 Mill. DM.

Gesellschafter: Deilmann Erdöl Erdgas GmbH, Lingen, 11 %; RWE-DEA Aktiengesellschaft für Mineralöl und Chemie, Hamburg, 4,9%; Elwerath Erdgas und Erdöl GmbH, Hannover, 27,66%; Mobil Erdgas-Erdöl GmbH, Hamburg, 27,66%; Wintershall AG, Celle/Kassel, 28,76%.

Zweck: Vertrieb von Erdgas (einschließlich Erdölgas), das von den Gesellschaftern gewonnen und von diesen der Gesellschaft über feste Leitungswege zur Durchführung der öffentlichen Versorgung zur Verfügung gestellt wird; Einkauf von Erdgas (einschließlich Erdölgas) und dessen Vertrieb.

		1990	1991
Gasabsatz	Mill. kWh	49 500	52 600
Ferngasleitungsnetz	km	1 716	1 725

Beteiligungen

Ferngas Salzgitter GmbH, Salzgitter, 13 %.
GHG-Gasspeicher Hannover GmbH, Hannover, 25,1 %.

Ferngas Nordbayern GmbH

8600 Bamberg 1, Benzstr. 9, Postfach 1409, ☏ (0951) 761, ✂ 662747 nordbaygas bmbg, Telefax (0951) 76369.

Aufsichtsrat: Dr. Klaus *Liesen*, Essen, Vorsitzender; Hermann J. *Munkes*, Saarbrücken, stellv. Vorsitzender; Dr. Gerald *Grießel*, München; Andreas *Müller-Armack*, München; Dr. Klaus *Rauscher*, München; Herwig *Scharf*, Saarbrücken; Otto *Sollböhmer*, Essen; Friedrich *Späth*, Essen.

Geschäftsführung: Dipl.-Kfm. Dr. rer. pol. Kurt *Ratzka*, Sprecher; Dipl.-Phys. Claus *Lohmann*.

Stammkapital: 60 Mill. DM.

Gesellschafter: Ruhrgas AG, Essen, 54 %; Saar Ferngas AG, Saarbrücken, 26 %; Freistaat Bayern, 20 %.

Zweck: Erdgasversorgung im nordbayerischen Raum und im Bayerischen Wald.

Betriebsstellen: Freyung, Klingenberg, Mitterteich, Münnerstadt, Rimpar, Roding, Schönberg, Sulzbach-Rosenberg, Waldershof, Zwiesel.

		1990	1991
Gasabsatz	Mill. kWh	19 590	21 716
Ferngasleitungsnetz	km	2 071	2 164

Ferngas Salzgitter GmbH

3320 Salzgitter 1, Postfach 100669, ☏ (05341) 221-0, Teletex (17) 5341821 fsg.

Aufsichtsrat: Friedrich *Späth*, Mitglied des Vorstandes der Ruhrgas AG, Essen, Vorsitzender; Reinhard *Broich*, Mitglied des Vorstandes der Thüga Aktiengesellschaft, München, stellv. Vorsitzender; Dr. Karl Heinz *Geisel*, Mitglied der Geschäftsführung der BEB Erdgas und Erdöl GmbH, Hannover, stellv. Vorsitzender; Hagen *Reese*, Geschäftsführer der Wasser- und Energieversorgungsgesellschaft mbH Salzgitter, Salzgitter, stellv. Vorsitzender; Hans-Rudolf *Häfele*, Geschäftsführer der Stadtwerke Wolfenbüttel GmbH, Wolfenbüttel; Mathieu *Kraus*, Ferngas Salzgitter GmbH, Salzgitter; Dr. Klaus *Rauscher*, Mitglied des Vorstandes der Bayerische Landesbank Girozentrale, München; Dr. Eike *Röhling*, Ministerialdirigent im Bundesministerium für Wirtschaft, Bonn; Heinz *Segbers*, Sprecher der Geschäftsführung der Erdgas-Verkaufs-Gesellschaft mbH, Münster; Otto *Sollböhmer*, Mitglied des Vorstandes der Ruhrgas AG, Essen; Klaus *Stuhr*, Ministerialdirigent im Niedersächsischen Ministerium für Wirtschaft, Technologie und Verkehr, Hannover.

Geschäftsführung: Dr. Peter *Grütters*.

Prokuristen: Rechtsanwalt Christian *Bühl;* Ing. (grad.) Eckhart *Herr;* Dipl.-Ing. Jürgen *Reichert;* Dipl.-Kfm. Rolf *Scheferhoff*.

Gezeichnetes Kapital: 44 Mill. DM.

Gesellschafter: Ruhrgas AG, Essen; FSG-Holding GmbH, München; Erdgas-Verkaufs-GmbH, Münster; Brigitta Erdgas und Erdöl GmbH, Hannover; Braunschweiger Versorgungs-AG, Braunschweig; Stadtwerke Celle GmbH, Celle; Stadtwerke Hildesheim AG, Hildesheim; Wasser- und Energieversorgungsgesellschaft mbH Salzgitter, Salzgitter; Stadtwerke Wolfenbüttel GmbH, Wolfenbüttel; Kommunale Gesellschaft für Beteiligungsbesitz an der Ferngas Salzgitter GmbH, GbR.

Zweck: Erdgasversorgung von Industriebetrieben und Wiederverkäufern in Ost- und Südniedersachsen sowie Nordhessen und im westlichen Sachsen-Anhalt; Planung, Bau und Betrieb von Hochdruckleitungen und zugehöriger Anlagen. Energiedienstleistungen: Gasanwendungstechnik; Energie- und Gewerbeberatung; Engineering für Meß- und Regelanlagen, Gasnetze, Fernwirkanlagen und Anlagen des kathodischen Korrosionsschutzes; Wartung von Meß- und Regelanlagen; Rohrnetzüberwachung.

		1990	1991
Gasabsatz	Mill. kWh	18 346	20 486
Ferngasleitungsnetz Bundesgebiet und West-Berlin	km	973	1 076

Beteiligungen

Landesgasversorgung Niedersachsen AG, Sarstedt, 25,5%.
GWZ Gas- und Wasserwirtschaftszentrum GmbH & Co KG, Bonn.
Gasstadtwerke Zerbst GmbH, Zerbst.

Gas-Union GmbH

6230 Frankfurt (Main) 80, Kurmainzer Str. 2, Postfach 800369, ☏ (069) 3003-0, ✆ 04-13965, Telefax (069) 3003-129.

Aufsichtsrat: Oberbürgermeister Andreas *von Schoeler*, Frankfurt (Main), Vorsitzender; Dr. jur. Klaus *Liesen*, Essen, stellv. Vorsitzender; Oberbürgermeister Herman-Hartmut *Weyel*, Mainz, stellv. Vorsitzender; Klaus *Aha*, Kassel; Martin *Berg*, Frankfurt (Main); Rolf *Beyer*, Essen; Friedrich Christoph *von Bismarck*, Mainz; Jörg *Bourgett*, Wiesbaden; Stadtkämmerer Martin *Grüber*, Frankfurt (Main); Dr. Harald *Lührmann*, Kassel; Peter *Ludwikowski*, Frankfurt (Main); Achim *Middelschulte*, Essen; Bürgermeister Dr. Hans-Jürgen *Moog*, Frankfurt (Main); Dr. Dieter *Nagel*, München; Hermann *Schierwater*, Göttingen; Peter *Solf*, Fulda; Otto *Sollböhmer*, Essen; Friedrich *Späth*, Essen; Dr. Heinrich *Stiens*, Frankfurt (Main).

Geschäftsführung: Rechtsanwalt Winfried *Manteuffel*, Dipl.-Kfm. Paul *Tosse*.

Prokuristen: Dipl.-Kfm. Walter *Umbeck;* Dipl.-Kfm. Dr. Klaus *Zwintzscher;* Dr.-Ing. Peter *Szepanek*.

Kapital: 45 Mill. DM.

Gesellschafter: Maingas AG, Frankfurt (Main), 37,70%; Ruhrgas AG, Essen, 25,93%; Kraftwerke Mainz-Wiesbaden AG, Mainz, 17,50%; Städt. Werke AG, Kassel, 10,10%; Stadtwerke Göttingen AG, 6,73%; Gas- und Wasserversorgung Fulda GmbH, 2,04%.

Zweck: Bau und Betrieb von Gasfernleitungen und Gasanlagen; Einkauf und Verkauf von Gasen jeder Art. Die Gesellschaft ist zu allen Maßnahmen, die unmittelbar oder mittelbar dem Gegenstand des Gesellschaftszweckes dienen, ermächtigt.

		1990	1991
Gasabsatz	Mill. kWh	34 141	37 587
Ferngasleitungsnetz	km	441	500
Umsatz	Mill. DM	789	1 030

Gasversorgung Süddeutschland GmbH

7000 Stuttgart 80 (Vaihingen), Am Wallgraben 135, Postfach 800409, ☏ (0711) 7812-0, ✆ 7255536 gvs d, Telefax (0711) 7812411.

Aufsichtsrat: Oberbürgermeister Gerhard *Widder*, Mannheim, Vorsitzender; Direktor Professor Dr. Heinz *Brüderlin*, Stuttgart, stellv. Vorsitzender; Ministerialdirigent Dr. Hans *Fromm*, Stuttgart, stellv. Vorsitzender; Direktor Wolfgang *Berge*, Göppingen; Erster Bürgermeister Werner *Grau*, Heilbronn; Direktor Roland *Hartung*, Mannheim; Staatssekretär Dr. Eberhard *Leibing*, Stuttgart; Direktor Dr. Horst *Magerl*, Stuttgart; Direktor Jürgen *Poll*, Stuttgart; Direktor Günter *Scheck*, Stuttgart; Ministerialdirigent Dr. Manfred *Walz*, Stuttgart; Direktor Hansjörg *Weiss*, Mannheim. Ehrenmitglieder: Oberbürgermeister a. D. Professor Dr. Ludwig *Ratzel*, Mannheim; Dr. Jürgen *Stech*, Stuttgart.

Geschäftsführung: Dr. rer. pol. Hans-Otto *Schwarz*, Vorsitzender der Geschäftsführung, Kaufmännischer Bereich; Dipl.-Ing. Hartmut *Mallée*, Technischer Bereich; Dipl.-Volksw. Jürgen *Leßner*, Gaswirtschaftlicher Bereich.

Prokuristen: Dipl.-Kfm. Manfred *Lang;* Dipl.-Volksw. Rolf *Lütz;* Abteilungsdirektor Dipl.-Ing. Georg *Sporleder;* Abteilungsdirektor Dipl.-Kfm. Gerhard *Widmann.*

Kapital: 130 Mill. DM.

Gesellschafter: Technische Werke der Stadt Stuttgart (TWS) AG, Stuttgart, 33,40%; Energie- und Wasserwerke Rhein-Neckar AG, Mannheim, 26,25%; Landesbeteiligungen Baden-Württemberg GmbH, Stuttgart, 25%, Städte Baden-Baden, Freiburg, Göppingen, Heilbronn, Pforzheim, Reutlingen und Ulm zusammen 15,35%.

Zweck: Gasfernversorgung in Baden-Württemberg, Bau und Betrieb von Ferngasleitungen und Gasspeichern sowie Einkauf und Verkauf von Gasen jeder Art.

	1990	1991
Gasabsatz ...... Mill. kWh	63 298	68 602
Versorgungsnetz .... km	1 830	1 830
Umsatz .... Mill. DM	1 501,6	1 944,8
Beschäftigte	286	286

Mobil Erdgas-Erdöl GmbH

(Hauptbeitrag der Mobil Erdgas-Erdöl GmbH in Kap. 2 Abschn. 1)

2000 Hamburg 1, Steinstr. 5, ☏ (040) 3002-0, ✆ 2139670 mo d, ⛟ Mobiloil Hamburg, Telefax (040) 3002-2830.

	1990	1991
Gasabsatz ...... Mill. kWh	48 760	48 320

Ruhrgas AG

4300 Essen 1, Huttropstr. 60, Postfach 103252, ☏ (0201) 184-1, ✆ 857299-0 RGD, Telefax (0201) 1843766, ⛟ Ferngas Essen.

Aufsichtsrat: Professor Dr. jur. Dr.-Ing. E. h. Dieter *Spethmann*, Rechtsanwalt, Düsseldorf, Vorsitzender; Dipl.-Ing. Wilhelm *Steffen*, Ruhrgas AG, Essen, stellv. Vorsitzender; Hermann *Altenbeck*, Ruhrgas AG, Essen; Dr. rer. pol. Hellmuth *Buddenberg*, stellv. Vorsitzender des Aufsichtsrats der Deutsche BP Aktiengesellschaft, Hamburg; Rainer *Dampf*, LOI Essen Industrieofenanlagen GmbH, Essen; Dr. rer. pol. Gerd *Eichhorn*, Sprecher des Vorstandes der Mobil Oil AG, Hamburg; Gabriele *Gratz*, Ruhrgas AG, Essen; Dr. rer. pol. Heinz *Horn*, Vorsitzender des Vorstands der Ruhrkohle AG, Essen; Berthold *Kiekebusch*, ehem. Bezirksvorsitzender der Gewerkschaft Öffentliche Dienste, Transport und Verkehr, Bochum; Dipl.-Kfm. Thomas *Kohlmorgen*, Vorsitzender des Vorstands der Esso A.G., Hamburg; Kurt *Kuck*, G. Kromschröder AG, Osnabrück; Robert *Lange*, diga — die gasheizung GmbH, Essen; Dr. rer. pol. Karl-Josef *Neukirchen*, Vorsitzender des Vorstandes der Hoesch AG, Dortmund; Dr. rer. pol. Egon *Overbeck*, ehem. Vorsitzender des Vorstands der Mannesmann AG, Düsseldorf; Dipl.-Ing. Hans-Georg *Pohl*, Vorsitzender des Vorstands der Deutsche Shell AG, Hamburg; Dr.-Ing. Klaus *Steinmann*, Direktor Ruhrgas AG, Essen.

Vorstand: Dr. jur. Klaus *Liesen*, Vorsitzender; Dr.-Ing. Burckhard *Bergmann;* Dipl.-Ing. Rolf *Beyer;* Bergass. Dipl.-Ing. Dipl.-Kfm. Achim *Middelschulte;* Dipl.-Kfm. Otto *Sollböhmer;* Ass. Friedrich *Späth.*

Direktoren: Dr. jur. Klaus H. *Arntz*, Dr. jur. Eike *Benke*, Dr. rer. pol. Wilfried *Czernie*, Dr. jur. Lutz *Eckert*, Dr. rer. pol. Gerhard *Enseling*, Dipl.-Kfm. Hans-Peter *Festerling*, Dr. rer. pol. Arnulf *Haeberlin*, Dr. rer. pol. Wolf-Dietrich *Hoffmann*, Dr. rer. pol. Friedrich *Janssen*, Peter *Katzenmeier*, Dr. jur. Eberhard *Kranz*, Dr.-Ing. Rudolf *Lindow*, Dr. rer. pol. Peter *Machinek*, Josef *Niehues*, Dr. jur. Heinz *Oversohl*, Dr. jur. Michael *Pfingsten*, Dipl.-Phys. Hans *Schillo*, Dr. rer. nat. Ulrich *Schöler*, Dr. jur. Theodor *Sponheuer*, Heinz *Stattrop*, Dr.-Ing. Klaus *Steinmann*, Dipl.-Ök. Günter *Urselmann*, Dipl.-Ing. Heinz *Windfeder*, Ass. d. Bergf. Dieter *Worringen.*

Gezeichnetes Kapital: 1800 Mill. DM. Namensaktien.

Aktionäre: Bergemann GmbH, Essen; Gelsenberg AG, Essen; Brigitta Erdgas und Erdöl GmbH, Hannover; Schubert KG, Münster, u. a. Gesellschaften.

Zweck: Gegenstand der Gesellschaft ist der Erwerb und die Veräußerung von Gas jeder Art sowie jede damit zusammenhängende wirtschaftliche und technische Tätigkeit.

	1990	1991
Gasabsatz ...... Mrd. kWh	510,7	548,7

Erdgas – Energie mit Zukunft

Damit Sie jederzeit die Vorteile des Erdgases nutzen können, tragen wir vielfältig Vorsorge.

Dazu beziehen wir schon heute mögliche künftige Entwicklungen in unser Planen und Handeln ein.

Ob es zum Beispiel im Jahre 2000 einen kalten Winter geben wird bei gleichzeitig guter Wirtschaftskonjunktur und damit hohen Bedarfsanforderungen unserer Kunden oder einen milden Winter bei schwacher Konjunktur mit entsprechend geringen Mengenanforderungen – wir sind darauf vorbereitet.

Denn wir haben die notwendigen Voraussetzungen geschaffen: Das Erdgas steht auf Basis langfristiger Verträge aus zuverlässigen inländischen und ausländischen Quellen zur Verfügung. Mit Hilfe unseres international verknüpften unterirdischen Leitungssystems und unserer Untertagespeicher gelangt das Erdgas jederzeit so zu unseren Kunden, wie sie es benötigen.

Und wir haben im voraus die Wettbewerbsfähigkeit des Erdgases gesichert. Bei Bezug und Verkauf folgen die Erdgaspreise vereinbarungsgemäß den jeweiligen Energiepreisentwicklungen: Unsere Lieferkonditionen sind dadurch stets marktgerecht.

Unser Engagement reicht weit in die Zukunft – wie die Erdgasversorgung.

Wir sorgen für Erdgas

2 ERDÖL- UND ERDGASWIRTSCHAFT

Wesentliche Beteiligungen
Elster AG Meß- und Regeltechnik, Mainz, 100%.
Elster Produktion GmbH, Mainz, 100%.
LOI Essen, Industrieofenanlagen GmbH, Essen, 100%.
Pipeline Engineering Gesellschaft für Planung, Bau- und Betriebsüberwachung von Fernleitungen mbH, Essen, 100%.
diga — die gasheizung GmbH, Essen, 100%.
EES — Erdgas-Energiesysteme GmbH, Essen, 100%.
Mittelrheinische Erdgastransport Gesellschaft mbH, Haan (Rhld.), 67%.
Ferngas Nordbayern GmbH, Bamberg, 54%.
Trans Europa Naturgas Pipeline GmbH (TENP), Essen, 51%.
Trans European Natural Gas Pipeline Finance Company Limited, Hamilton, Bermuda, 50%.
Erdgasversorgungsgesellschaft mbH, Leipzig, 50%.
Nordrheinische Erdgastransport Gesellschaft mbH, Haan (Rhld.), 50%.
Süddeutsche Erdgas Transport Gesellschaft mbH, Haan (Rhld.), 50%.
Megal GmbH Mittel-Europäische-Gasleitungsgesellschaft, Essen, 50%.
Megal Finance Company Ltd., George Town, Cayman Islands, 50%.
FSG-Holding GmbH, München, 45%.
Ferngas Salzgitter GmbH, Salzgitter, 39%.
Verbundnetz Gas AG, Böhlitz-Ehrenberg, 35%.
Grundstücksverwaltungsgesellschaft Ruhrgas AG & Co., Essen, 99,5%.
DFTG — Deutsche Flüssigerdgas Terminal Gesellschaft mbH, Wilhelmshaven, 31%.
Gas-Union GmbH, Frankfurt (Main), 26%.
Saar Ferngas AG, Saarbrücken, 20%.
GHG-Gasspeicher Hannover Gesellschaft mbH, Hannover, 13%.
Thüga Aktiengesellschaft, München, 10%.
Bayerngas GmbH, München, 10%.

Bergemann GmbH

4300 Essen 1, Huttropstr. 60, Postfach 103252, ℡ (0201) 184-1, ✆ 857818, ✆ Ferngas Essen.

Geschäftsführung: Diether E. *Kraus;* Dr. Götz *Müller;* Peter *Stockfisch.*

Gesellschafter: verschiedene Unternehmen der Montanindustrie des Ruhrreviers.

Zweck: Beteiligung an der Ruhrgas AG.

Saar Ferngas AG

6601 Saarbrücken-Schafbrücke, Am Halberg 3, Postfach 343, ℡ (0681) 8105-00, ✆ 4428966, Telefax (0681) 8105-232, ✆ Ferngas.

Aufsichtsrat: Dipl.-Ing. Dipl.-Kfm. Hans-Reiner *Biehl,* Vorstandsvorsitzender der Saarbergwerke AG, Saarbrücken, Vorsitzender; Dipl.-Ing. Willy *Leonhardt,* Vorstandsvorsitzender der Stadtwerke Saarbrücken AG, stellv. Vorsitzender; Paul *Blasius,* kfm. Angestellter, Püttlingen, stellv. Vorsitzender; Siegfried *Altpeter,* Rohrnetzmeister, Alsweiler; Ministerialrat Hans *Bubinger,* Bundesministerium der Finanzen, Bonn; Dipl.-Kfm. Manfred *Dörr,* Finanzdezernent der Stadt Saarbrücken, Saarbrücken; Staatssekretär Ernst *Eggers,* Ministerium für Wirtschaft und Verkehr Rheinland-Pfalz, Mainz; Dipl.-Ing. Günter *Eitzer,* 1. Werkdirektor der Stadtwerke Neustadt; Hildegard *Goßweiler,* kaufm. Angestellte, Frankenthal; Dipl.-Ing. Hans-Günter *Herfurth,* Vorstandsmitglied der Saarstahl AG Völklingen; Klaus *Hüls,* Mitglied des Vorstandes der Saarbergwerke AG, Saarbrücken; Jakob *Rinck,* Schlosser, Bechhofen; Gerhard *Schille,* kfm. Angestellter, Püttlingen; Dipl.-Kfm. Otto *Sollböhmer,* Mitglied des Vorstandes der Ruhrgas AG, Essen; Friedrich *Späth,* Mitglied des Vorstandes der Ruhrgas AG, Essen; Dr. Frithjof *Spreer,* Ministerium für Wirtschaft, Saarbrücken; Ministerialdirigent Dr. Wilhelm *Westenberger,* Ministerium der Finanzen Rheinland-Pfalz, Mainz; Dipl.-Ing. Helmut *Weyer,* Überherrn.

Vorstand: Dipl.-Volksw. Hermann-Josef *Munkes;* Dipl.-Ing. Herwig *Scharf.*

Kapital: 100 Mill. DM.

Aktionäre: Stadtwerke Saarbrücken AG, 17,9907%; Versorgungs- und Verkehrsges. mbH, 2,0094%; Landkreis St. Wendel, 0,0882%; Stadt St. Ingbert, 0,3548%; Saarland, 7,9317%; Bundesland Rheinland-Pfalz, 17,0684%; Techn. Werke Ludwigshafen a. Rhein, 0,6594%; Gasanstalt Kaiserslautern AG, 1,2059%; Stadt Pirmasens, 0,1663%; Stadt Speyer, 0,075%; Stadt Frankenthal, 0,25%; Stadt Neustadt, 0,25%; Stadt Landau, 0,325%; Stadt Zweibrücken, 0,25%; Saarbergwerke AG, Saarbrücken, 25,1001%; Saarstahl AG Völklingen, Völklingen, 5,6488%; DHS — Dillinger Hütte Saarstahl AG, 0,6263%; Ruhrgas Aktiengesellschaft, Essen, 20%.

Zweck: Beschaffung, Transport, Aufbereitung, Speicherung, Verwertung und Lieferung von Gas, Strom, Fernwärme, Wasser und sonstigen leitungsgebundenen Medien sowie Errichtung, Erwerb, Pachtung, Finanzierung und Betrieb bzw. Bereitstellung der zur Erreichung dieser Zwecke dienenden Anlagen und Dienstleistungen. Die Gesellschaft kann andere Unternehmen gleicher oder verwandter Art im In- und Ausland gründen, solche erwerben oder sich an solchen beteiligen.

		1990	1991
Gasabsatz	Mill. kWh	41 210	44 058
Ferngasleitungsnetz*	km	2 932	2 980
Beschäftigte	(Jahresende)	317	320

* Fernleitungsnetz einschl. Pfalzgas GmbH und Südwestgas GmbH.

Beteiligungen
Pfalzgas GmbH, Frankenthal (Pfalz), 100 %.
Ferngas Nordbayern GmbH, Bamberg, 26 %.
Erdgasspeicher Saar-Pfalz GmbH, Mainz, 24 %.
SFG Erdgasspeicher Saar-Pfalz GmbH & Co. KG, Mainz, 45 %.
GWZ Gas- und Wasserwirtschaftszentrum Verwaltungs-GmbH, Bonn, 10,0 %.
Südwestgas Gesellschaft für Kommunale Energiedienstleistungen mbH, Saarbrücken, 100 %.
EES Erdgas Energiesysteme Südwest GmbH, Saarbrücken, 50 %.

Schubert KG

4400 Münster, Klosterstr. 33, ☎ (0251) 50030; Postanschrift: Schubert KG c/o Mobil Erdgas-Erdöl GmbH, Postfach 104520, 2000 Hamburg 1, ☎ (040) 30022093.

Direktion: Peter *Caspari*, Dipl.-Kfm. Udo *Raap*.

Persönlich haftender Gesellschafter: Peter *Caspari*, Lingen.

Kommanditisten: Deilmann Erdöl Erdgas GmbH, Lingen; Elwerath Erdgas und Erdöl GmbH, Hannover; Gelsenberg AG, Hamburg; Mobil Erdgas-Erdöl GmbH, Hamburg.

Zweck: Die Gesellschaft hält eine Beteiligung der Kommanditisten an der Ruhrgas AG, Essen, und wickelt deren Erdgasverkäufe an die Ruhrgas ab.

	1990	1991
Umsatz .... Mill. DM	911	1 094

Thyssengas GmbH

4100 Duisburg 11, Duisburger Str. 277, Postfach 110562, ☎ (0203) 5555-0, Telefax (0203) 5555-471, Teletex 203328 Thgas DU, ⌨ Thyssengas.

Aufsichtsrat: Dr. Alfred *Pfeiffer*, Bonn, Vorsitzender; Jürgen *Durry*, Hamburg, stellv. Vorsitzender; Willi *Gerner*, München; Dieter *Krupka*, Arbeitnehmervertreter, Duisburg; Klaus *Müller*, Arbeitnehmervertreter, Dinslaken; Dipl.-Volksw. Jobst *Siemer*, Hamburg.

Geschäftsführung: Dipl.-Kfm. Dr. Klaus *Herrnberger*; Dipl.-Ing. Wolfgang *Kottmann*; Dr. Hans-Uwe *Neuenhahn*, stellv.

Pressestelle: Dipl.-Volksw. Hans Friedrich *Rosendahl*.

Kapital: 200 Mill. DM.

Gesellschafter: Viag Aktiengesellschaft, Berlin/Bonn, 50 %; Esso AG, Hamburg, 25 %; Shell Petroleum NV, Den Haag, 25 %.

Zweck: Erdgasversorgung von Gasversorgungsunternehmen und Industriebetrieben im westlichen Nordrhein-Westfalen.

Leitungsnetz und Bezugsquellen: Die Gesellschaft betreibt ein Transportsystem (Hochdrucknetz) einschließlich Gemeinschaftsleitungen mit einer Länge von rd. 2200 km. Die Thyssengas GmbH bezieht Erdgas seit 1965 aus dem Gasfeld Groningen, seit 1979 aus dem norwegischen Schelfgebiet (Albuskjell, Eldfisk), seit 1984 aus Westsibirien und aus norddeutschen Quellen, außerdem seit 1985/86 zusätzliche Mengen aus der norwegischen Nordsee (Statfjord, Heimdal, Gullfaks). Ab 1992 werden wachsende Bezüge aus dem norwegischen Troll-Feld hinzukommen.

	1990	1991
Gasabsatz .... Mrd. kWh	65,0	69,0
Ferngasleitungsnetz ..... km	2 203	2 203

Beteiligungen
Nordrheinische Erdgastransport GmbH (NETG), Haan, 50 %.
Energie Marketing Service GmbH (E.M.S.), Duisburg, 100 %.
Technische Beratung Energie für wirtschaftliche Energieanwendung GmbH (T.B.E.), Duisburg, 100 %.
Deutsche Flüssigerdgas Terminal Gesellschaft mbH (DFTG), Wilhelmshaven, 13 %.
Siedlung Niederrhein GmbH (SN), Dinslaken, 10 %.

Verbundnetz Gas Aktiengesellschaft

O-7152 Böhlitz-Ehrenberg, Liebigstraße, Postfach 23, ☎ Leipzig 4585-0, ⌁ 512132, Telefax Leipzig 4512094.

Vorstand: Dr.-Ing. Klaus-Ewald *Holst*, Vorsitzender; Wolfgang F. *Eschment*; Dr. Roland *Gzuk*; Dipl.-Ing. Lutz *Hänsel*; Dipl.-Ing. Otto *Hülsenbeck*.

Zweck: Gegenstand des Unternehmens ist der Ein- und Verkauf, einschließlich Transport und Lagerung von Stadt-, Erd- und Flüssiggas im In- und Ausland.

	1990/91
Absatz .... Mrd. kWh	138,6
Umsatz .... Mill. DM	5 283
Beschäftigte .... (Jahresende)	1 582

Betriebsanlagen: Der Hauptteil des Fortleitungssystems der Verbundnetz Gas AG besteht aus weitflächigen ringförmigen Strukturen mit integrierten Verdichter- und Speicheranlagen. Heute werden durch Verbundnetz Gas rd. 24 Mrd. m³ Gas je Jahr umgeschlagen. Dazu wird ein Verbundsystem betrieben, das von der Ostsee bis nach Thüringen reicht und entsprechend den Anforderungen weiter ausgebaut wird. Dieses System umfaßt derzeitig: rd. 8 300 km Leitungen mit Durchmessern bis 900 mm und Betriebsdrücken bis 67,5 bar; 7 Untergrundgasspeicher (darunter Kavernenspeicher, erschöpfte Lagerstätten, Aquifer und ein Bergwerk) mit einer Arbeitskapazität von rd. 1,8 Mrd. m³ und einer maximalen Entnahmeleistung von rd. 40 Mill. m³/d; 3 Verdichteranlagen für den Gastransport und die Gasspeicherung mit Leistungen bis 25 Mill. m³/d; zahlreiche Meß- und Regleranlagen sowie Informationssysteme. Entsprechend der Flächenstruktur von Verbundnetz Gas sind für die ständige Betreuung, Wartung und Betriebsbereitschaft der Anlagen 7 Produktionsbereiche sowie weitere kleine Betreuungs- und Wartungsstützpunkte vorhanden.

Betriebsteile, -bereiche

Produktionsleitung Bad Lauchstädt

O-4112 Teutschenthal, ☏ Bad Lauchstädt 70, ✆ 471341.
(gleichzeitig Standort des Untergrundgasspeichers Bad Lauchstädt)

Bereichsdirektor: Ing. Karl-Heinz *Götz*.

Produktionsleitung Sayda

O-9215 Sayda, Neuhausener Straße, ☏ 254-258, ✆ 75382.
(gleichzeitig Standort der Verdichterstation Sayda)

Bereichsdirektor: Dipl.-Ing. Bernd *Klingner*.

Produktionsleitung Lauchhammer

O-7812 Lauchhammer-West, Franz-Mehring-Straße 40, ☏ 2283-2286, ✆ 17409.
(gleichzeitig Standort der Verdichterstation und der Gassammelschiene Lauchhammer)

Bereichsdirektor: Dipl.-Ing. Joachim *Müller*.

Produktionsleitung Bernburg

O-4350 Bernburg, Postfach 42, ☏ 8381, ✆ 48362.
(gleichzeitig Standort des Untergrundgasspeichers Bernburg)

Bereichsdirektor: Dipl.-Ing. Winfried *Becker*.

Produktionsleitung Bad Doberan

O-2560 Bad Doberan, Am Gaswerk 2, ☏ 2131, ✆ 31398.

Bereichsdirektor: Dipl.-Ing. Dieter *Rode*.

Produktionsleitung Ketzin

O-1554 Ketzin, Knoblaucher Chaussee, ☏ 325, ✆ 158435.
(gleichzeitig Standort des Untergrundgasspeichers Ketzin)

Bereichsdirektor: Dr. Peter *Thulke*.

Produktionsleitung Kirchheilingen

O-5821 Kirchheilingen, Bahnhofstraße, ☏ 80, ✆ 617834.
(gleichzeitig Standort des Untergrundgasspeichers Kirchheilingen)

Bereichsdirektor: Dr. Volker *Busack*.

Vereinigte Elektrizitätswerke Westfalen AG (VEW)
Gasversorgung

(Hauptbeitrag der VEW in Kap. 4 Abschn. 1)

4600 Dortmund, Rheinlanddamm 24, ☏ (0231) 438-1, ✆ 822121 VEW.

	1990	1991
Gasabsatz .... GWh	33 317	36 903
Ferngasleitungsnetz ..... km	1 675	1 725

Westfälische Ferngas-AG

4600 Dortmund 1, Kampstraße 49, Postfach 104451, ☏ (0231) 1821-0, ✆ 8227340, ⌨ Ferngas.

Aufsichtsrat: Dr. Manfred *Scholle*, Landesdirektor, Vorsitzender; Walter *Quartier*, stellv. Vorsitzender; Dr. Bernhard *Schneider*, stellv. Vorsitzender; Heinrich *Bickmann*; Klaus-Peter *Caspari*; Willi *Clemens*; Dr. Franz *Demmer*; Sigrid *Eitzert*; Karlheinz *Forster*; Helmut *Holländer*; Egon *Mühr*; Friedrich *Osterhage*; Heinz-Dieter *Piwodda*; Hans-Peter *Schulz*; Dr. Ludwig *Trippen*; Wilhelm *Watermann*; Marianne *Wendzinski*; Gerhard *Wirth*, MdL.

Vorstand: Dipl.-Volksw. Joachim *König*, Vorsitzender; Dr.-Ing. Siegfried *Hering*; Rechtsanwalt Ulrich *Weiß*.

Pressestelle: Dipl.-Volksw. Peter *Mollenhauer*.

Kapital: 70,0 Mill. DM.

Aktionäre: Landschaftsverband Westfalen-Lippe, Münster, 37,9 %; Landesverband Lippe, 5,0 %; ferner 12 westfälische Kreise und 2 hessische Landkreise, 40,9 %, sowie 30 Städte und Gemeinden, 16,2 %.

Zweck: Erzeugung, Beschaffung, Fortleitung und Weiterveräußerung von Ferngas, Flüssiggas und anderen marktgängigen Gasen und Wasser sowie die Lieferung von Wärme.

	1990	1991
Gasabsatz .... Mill. kWh	25 243	27 572
Ferngasleitungsnetz ..... km	4 105,4	4 351,6

2.2 Regionale Gasversorgung*

Berliner Gaswerke (Gasag), Eigenbetrieb von Berlin
(Umwandlung in eine Aktiengesellschaft in Vorbereitung)

1000 Berlin 15, Kurfürstendamm 203—205, Postfach 15 05 20, ☏ (0 30) 88 91-0, ✆ 1 84767 gasag d, Telefax (0 30) 88 91-7 24.

Geschäftsleitung: Dr.-Ing. Jan-Derk *Aengeneyndt*, Ass. Jonny *Gollnick*, Dipl.-Kfm. Fritz *Stein*.

Stellv. techn. Geschäftsleiter: Dr.-Ing. Jürgen *Kramer*.

Stammkapital: 750 Mio. DM.

Zweck: Bezug und Verteilung von Erdgas, Erzeugung und Verteilung von Stadtgas sowie Fernwärmeversorgung.

	1990	1991
Gasabsatz .... Mill. kWh		
.... (Stadtgas)	4 661	5 224
.... (Erdgas)		178
Leitungsnetz .... km	4 202	4 192

Contigas Deutsche Energie-Aktiengesellschaft

8000 München 81, Effnerstr. 93, ☏ (0 89) 92 20 96-0, ✆ 5 29137 conti d, Telefax (0 89) 92 20 96-23.

Aufsichtsrat: Dr. Jochen *Holzer*, München, Vorsitzender; Dr. Otto *Majewski*, München, stellv. Vorsitzender; Hermann *Menzel*, Gottmadingen, stellv. Vorsitzender; Dipl. rer. oec. Hans-Martin *Buhlmann*, Köln; Willi *Gerner*, München; Uwe *Klapproth*, Osterode; Dr. Albert *Meyer*, München; Dr. Georg *Obermeier*, Bonn; Klaus *Weinert*, Gifhorn.

Vorstand: Dr. Klaus-Dietrich *Meyer*; Franz-Josef *Schamoni*; Dr. Wolfgang *Käßer* (stv.).

Prokuristen: Dr. Jürgen *Becker*, Dipl.-Ing. Erich *Böhm*, Dipl.-Kfm. Franz-Xaver *Breu*, Dipl.-Betriebsw. Hans-Ludwig *Buchheit*, Dr. Uwe *Carjell*, Dr. Hilmar *Klepp*, Dipl.-Ing. Johann *Lottmann*, Dipl.-Ing. Gerhard *Plüss*, Harry *Strube*, Dr. Josef *Sonnek*.

Grundkapital: 180 Mill. DM.

Großaktionär: Bayernwerk AG, München, mit rd. 82% am Grundkapital beteiligt.

---

* Die Einträge der regionalen Gasversorgungsunternehmen in Ostdeutschland geben als Anteilseigner jeweils die von der Treuhandanstalt veräußerten maximal 51 % der Kapitalanteile an; die restlichen Anteile befinden sich noch bei der Treuhand oder im Besitz der Länder.

Zweck: Energieversorgung, Chemische Industrie.

Eigene Betriebe: Licht- und Kraftwerke Harz, Osterode am Harz; Gas- und Elektrizitätswerk Singen (Hohentwiel); Energieversorgung Gifhorn; Gas- und Elektrizitätsversorgung Oettingen; Gasversorgung Rheinhessen, Nieder-Olm; Gasversorgung Greven; Gasversorgung Bad Mergentheim; Hohenloher Erdgas-Transport, Bad Mergentheim; Gasversorgung Taubertal, Lauda-Königshofen; Gasversorgung Gaildorf; Gasversorgung Kelheim; Gasversorgung Westliche Oberpfalz.

	1989/90	1990/91
Gasabsatz .... Mill. kWh	2 616	3 021
Stromabsatz ..... Mill. kWh	1 065	1 124
Umsatz .... 1 000 DM	305 469	349 678
Beschäftigte .... (30. 9.)	447	467

Beteiligungen

Energieversorgung Oberfranken AG, Bayreuth, rd. 41%; Unterbeteiligungen:
Fränkische Gas-Lieferungs-Gesellschaft mbH, Bayreuth, 65%;
Weißmainkraftwerk Röhrenhof AG, Bad Berneck, rd. 91%;
Gasversorgung Wunsiedel GmbH, Wunsiedel, rd. 50%.
Energie-Verwaltungs-Gesellschaft mbH, Düsseldorf, 30%; Unterbeteiligung:
Vereinigte Elektrizitätswerke Westfalen AG, (VEW) Dortmund, rd. 25%.
Elektromark Kommunales Elektrizitätswerk Mark AG, Hagen, 10%.
Energieversorgung Ostbayern AG, Regensburg, rd. 21%.
Prevag Provinzsächsische Energie-Versorgungs-GmbH, Wolfsburg-Fallersleben, 25%; Unterbeteiligung:
Landelektrizität GmbH, Wolfsburg-Fallersleben, 89%.
Gasversorgung Schwandorf GmbH, Schwandorf, 75%.
Elektrizitätswerk Schwandorf GmbH, München, rd. 48%.
Stadtwerke Telgte GmbH, Telgte, rd. 68%.
Herzberger Licht- und Kraftwerke GmbH, Herzberg, 100%.
Licht- und Kraftwerke Altenau GmbH, Altenau, 100%.
Stadtwerke Altenau GmbH, Altenau, 24%.
Licht- und Kraftwerke Seesen/Harz GmbH, Seesen, 75%.
Stadtwerke Bad Sachsa GmbH, Bad Sachsa, rd. 25%.
Wasserwerk Gifhorn GmbH, Gifhorn, 49,8%.
VIAG AG, Berlin/Bonn, rd. 11%.
Erdgasversorgung Südthüringen GmbH, Meiningen, 50%.
Erdgasversorgung Ostthüringen GmbH, Jena, 100%.
Erdgasversorgung Nordthüringen GmbH, Erfurt, 100%.
Rohrbau Bohlen & Doyen GmbH, Meiningen, 30%.

2 ERDÖL- UND ERDGASWIRTSCHAFT

Energieversorgung Mittelrhein GmbH (EVM)

5400 Koblenz, Ludwig-Erhard-Straße 8, ☏ (0261) 402-0, Telefax (0261) 402-499.

Aufsichtsrat: Oberbürgermeister Willi *Hörter*, Koblenz, Vorsitzender; Direktor Professor Dr. Peter *Marcus*, Köln, stellv. Vorsitzender; Direktor i. R. Dr. Fredy *Anders*, Köln; Bernd *Großer*, Ltd. Stadtverwaltungsdirektor, Koblenz; Direktor Dipl.-Ing. Peter *Kalischer*, Köln; Oberbürgermeister Dr. Gerold *Küffmann*, Andernach; Oberbürgermeister Günter *Laux*, Mayen; Heribert *Heinrich*, Mitglied des Rates der Stadt Koblenz; Ursula *Mogg*, Mitglied des Rates der Stadt Koblenz; Rudolf *Schumacher*, Mitglied des Rates der Stadt Koblenz; Klaus *Völker*, Mitglied des Rates der Stadt Koblenz; Jürgen *Wehran*, Mitglied des Rates der Stadt Koblenz; Jürgen *Zahren*, Mitglied des Rates der Stadt Koblenz.

Geschäftsführung: Direktor Ing. (grad.) Helmut *Dähler*, Koblenz; Direktor Dipl.-Volksw. Siegbert *Strecker*, Koblenz.

Kapital: 60 Mill. DM.

Gesellschafter: Stadtwerke Koblenz GmbH, rhenag Rheinische Energie AG, Köln, Stadt Mayen, Stadtwerke Andernach GmbH, Stadt Andernach und Stadt Koblenz.

Zweck: Die Energie- und Wasserversorgung, die Errichtung und der Betrieb der hierzu erforderlichen Anlagen, die Pachtung und die Verpachtung, der Erwerb und die Veräußerung derartiger Unternehmen, die Beteiligung an anderen Unternehmen dieser Art und der Betrieb aller den Gesellschaftszwecken unmittelbar oder mittelbar dienenden Geschäfte.

		1990	1991
Gasabsatz	Mill. kWh	4 838,56	5 523,26
Stromabsatz	Mill. kWh	85,4	91,31
Umsatz	Mill. DM	229,5	285,2

Beteiligungen

Gasversorgung Westerwald GmbH, Höhr-Grenzhausen.
Propan Rheingas GmbH/Propan Rheingas GmbH & Co. KG, Brühl.

Ewag — Energie- und Wasserversorgung Aktiengesellschaft

8500 Nürnberg 81, Hochhaus, Am Plärrer 43, ☏ (0911) 271-0, ✆ 622249, Telefax (0911) 271-3780.

Aufsichtsrat: Bürgermeister Willy *Prölß*, Vorsitzender, Nürnberg; Stadtrat Dr. Paul-Gerhard *Braune*, Nürnberg; Stadtrat Roland *Cantzler*, Nürnberg; Stadtrat Jürgen *Fischer*, Nürnberg; Joseph *Förtsch**, Schwaig; Stadtrat Franz *Gebhardt*, Nürnberg; Marianne *Gießer-Weigl**, Heroldsberg; Stadträtin Hiltrud *Gödelmann*, Nürnberg; Willi *Götz**, Nürnberg; Jürgen *Jungwirth**, Nürnberg; Professor Dr.-Ing. Jörgen *Kolar**, Nürnberg; Peter *Löser**, Zirndorf; Stadtrat Walter *Pickl*, Nürnberg; Stadtrat Gerald *Raschke*, Nürnberg; Günter *Ritter**, stellv. Vorsitzender, Nürnberg; Bruno *Stadelmeyer**, stellv. Geschäftsführer ÖTV, Schwabach; Stadträtin Ingeborg *von Tucher*, Nürnberg; Wolfgang *Tyras**, Nürnberg; Stadträtin Hildegard *Wagner*, Nürnberg; Walter *Weigand**, Nürnberg.

* Arbeitnehmervertreter.

Vorstand: Lothar *Netter*, Vorsitzender; Dr.-Ing. Wolfgang *Krug*, stellv. Vorsitzender; Herbert *Dombrowsky;* Dr. jur. Friedrich *König*.

Grundkapital: 163 Mill. DM.

Gesellschafter: Städt. Werke Nürnberg GmbH, Nürnberg, 100%.

Zweck: Erzeugung, Verteilung und Verkauf von Strom an Letztverbraucher; Erdgas an Letztverbraucher und Weiterverteiler; Erzeugung, Verteilung und Verkauf von Fernwärme an Letztverbraucher; Gewinnung, Verteilung und Verkauf von Wasser an Letztverbraucher und Weiterverteiler.

		1990	1991
Gasabsatz	Mill. kWh	9 170	8 389

Beteiligungen

Gasversorgung Hersbruck GmbH, Hersbruck, 50%.
Zweckverband Fränkischer Wirtschaftsraum, 33^{1}/$_{3}$%.
Wirtschaftliche Vereinigung deutscher Versorgungsunternehmen AG.

Erdgas Mark Brandenburg GmbH

O-1591 Potsdam, Glasmeisterstraße 14 – 22, ☏ (0331) 340.

Anteilseigner:
Gas de France, 25,5%.
Verein. Elektrizitätswerke Westfalen AG (VEW), Dortmund, 12,75%.
Westfälische Ferngas-AG, Dortmund, 12,75%.

Zweck: Regionale Gasversorgung in Brandenburg.

Erdgas Mittelsachsen GmbH

O-3900 Schönebeck, Karl-Marx-Str. 18, ☏ (03928) 480.

Anteilseigner:
Thüga AG, München, 51%.

Zweck: Regionale Gasversorgung in Sachsen-Anhalt (Kreise: Staßfurt, Zerbst, Schönebeck).

Erdgas Schwaben GmbH

8900 Augsburg 22, Bayerstraße 43, ☏ (0821) 9002-0, Telefax (0821) 9002-76.

Aufsichtsrat: Direktor Reinhard *Broich;* Direktor Dipl.-Ing. Franz Karl *Drobek;* Rechtsanwalt Ekkehard *Gesler;* Stadträtin Margit *Hammer;* Direktor Dipl.-Ing. (FH) Helmut *Herrmann;* Ministerialdirektor Hanns-Martin *Jepsen;* Stadtrat Klaus *Kirchner;* Direktor Klaus H. *Müller;* Direktor Dr. Dieter *Nagel;* Direktor Dipl.-Ing. Ernst F. *Schwaegerl;* Direktor Dipl.-Kfm. Wilfried *Wacker.*

Geschäftsführung: Dipl.-Ing. (FH) Manfred J. *Dattler;* Dipl.-Ing. Dietmar *Etschberger.*

Kapital: 35 Mill. DM.

Gesellschafter: Thüga Aktiengesellschaft, München, 48 %; Stadt Augsburg — Stadtwerke, 26 %; Schwäbische Erdgas-Beteiligungsgesellschaft mbH, Augsburg, 26 %.

Zweck: Gasversorgung.

	1990	1991
Gasabsatz .... Mill. kWh	4 711	5 171

Erdgas Südbayern GmbH (ESB)

8000 München 90, Ungsteiner Straße 31, ☏ (089) 68003-0, Telefax (089) 68003-303.

Aufsichtsrat: Direktor Staatssekretär a. D. Alfred *Bayer,* München, Vorsitzender; Direktor Rechtsanwalt Reinhard *Broich,* München, 1. stellv. Vorsitzender; Bürgermeister Christian *Ude,* München, 2. stellv. Vorsitzender; Direktor Georg *Dumsky,* München; Direktor Helmut *Herrmann,* München; Direktor Dr. Heinz *Klinger,* München; Werkleiter Dr. Ulrich *Mössner,* München; Direktor Olaf *Schabow,* München; Stadtrat Helmut *Schmid,* München; Stadträtin Christine *Strobl,* München; Stadtrat Friedrich L. *Winklmaier,* München; Stadtrat Walter *Zöller,* München.

Geschäftsführung: Hans Wolfgang *Biedermann,* Dipl.-Wirtschaftsing. Peter Rainer *Müller.*

Stammkapital: 33 Mill. DM.

Gesellschafter: Landeshauptstadt München 50 %, Thüga Aktiengesellschaft, München, 25 %; Isar-Amperwerke Aktiengesellschaft, München, 25 %.

Zweck: Die öffentliche Gasversorgung in den Regierungsbezirken Oberbayern und Niederbayern südlich der Donau.

	1990	1991
Gasabsatz .... Mrd. kWh	9,87	10,169
Leitungsnetz .... km	3 470	3 687

Beteiligungen

Energieversorgung Inn-Salzach GmbH (Evis), Mühldorf, 66,5 %.
AWT Absorptions- und Wärmetechnik GmbH, Pfungstadt, 10 %.
Pedita Grundstücks-Verwaltungsgesellschaft mbH & Co. KG, München, 26 %.
GWZ Gas- und Wasserwirtschaftszentrum GmbH & Co. KG, Bonn, 50 000 DM.
Tegernseer Erdgasversorgungsgesellschaft mbH (TEG), Tegernsee, 50 %.
Erdgasversorgung Erding GmbH (EGE), Erding, 50 %.
Inngas GmbH, Rosenheim, 30,5 %.

Erdgasversorgung Worbis/Eichsfeld GmbH

O-5620 Worbis, Nordhäuser Str. 20, ☏ (036074) 2107.

Anteilseigner: Gasversorgung Südhannover Nordhessen GmbH, Kassel, 51 %.

Zweck: Regionale Gasversorgung in Thüringen (Kreise: Worbis, Heiligenstadt).

Fränkische Gas-Lieferungs-Gesellschaft mbH

8580 Bayreuth 1, Romanstraße 12, Postfach 100454, ☏ (0921) 75711-0, Telefax (0921) 75711-60.

Verwaltungsrat: Dr. rer. pol. Karl-Heinz *Stüper,* Bayreuth, Vorsitzender; Rechtsanwalt Reinhard *Broich,* München, stellv. Vorsitzender; Dipl.-Ing. (FH) Helmut *Herrmann,* München; Dipl.-Ing. Horst *Laurick,* Bayreuth; Regierungspräsident a. D. Wolfgang *Winkler,* Bayreuth.

Geschäftsführung: Dipl.-Ing. (FH) Rudolf *Eber,* Dr. rer. pol. Johann Michael *Pfeiffer,* Dr. jur. Herbert *Rüben.*

Kapital: 30 Mill. DM.

Gesellschafter: Energieversorgung Oberfranken, Bayreuth; Thüga AG, München.

Zweck: Gasversorgung.

	1990	1991
Gasabsatz .... Mill. kWh	2 187	2 564

Gas-, Elektrizitäts- und Wasserwerke Köln AG (GEW)

(Hauptbeitrag der GEW in Kap. 4, Abschn. 2)

5000 Köln 30, Parkgürtel 24, Postfach 100890, ☏ (0221) 178-0, ✆ Stadtwerke Köln GmbH 8883302, ✆ Eltwerke Köln.

Gasabsatz	1990	1991
Gasdarbietung ... Mill. kWh	8 348	9 500
Nutzbare Abgabe . Mill. kWh	8 459	9 545

2 ERDÖL- UND ERDGASWIRTSCHAFT

Gas- und Wasserversorgung Fulda GmbH

6400 Fulda, Rangstr. 10, ☏ (0661) 299-0, Telefax (0661) 299119.

Vorsitzender des Aufsichtsrates: Oberbürgermeister Dr. Wolfgang *Hamberger.*

Geschäftsführung: Direktor Dipl.-Ing. Peter *Solf.*

Kapital: 15 Mill. DM.

Gesellschafter: Stadt Fulda.

Zweck: Verkauf von Erdgas und Fernwärme an Versorgungsunternehmen und Letztverbraucher. Trinkwasserförderung, -aufbereitung und -verteilung für Industrie, Gewerbe und Haushalte.

	1990	1991
Gasabsatz .... Mill. kWh	2 552	2 684

Beteiligungen

Gas-Union, Frankfurt (Main).
Gasversorgung Osthessen GmbH, Fulda.
Fernheizwerk Ziehers-Nord GmbH, Fulda.

Gasgesellschaft Sachsen-Anhalt mbH

O-4020 Halle, Thälmannplatz 3, ☏ (0345) 8740.

Anteilseigner: British Gas, 24%. Vereinigte Elektrizitätswerke Westfalen AG (VEW), Dortmund, 17%. Westfälische Ferngas-AG, Dortmund, 10%.

Zweck: Regionale Gasversorgung in Sachsen-Anhalt.

Gasversorgung Chemnitz GmbH (Erdgas Südsachsen GmbH)

O-9002 Chemnitz, Straße der Nationen 140, ☏ (0371) 6640.

Anteilseigner:
Thüga AG, München, 51%.

Zweck: Regionale Gasversorgung in Sachsen.

Gasversorgung Frankenwald GmbH

8662 Helmbrechts, Münchberger Str. 65, Postfach 1169, ☏ (09252) 704-0, Telefax (09252) 704-88.

Aufsichtsrat: Manfred *Mutterer*, 1. Bürgermeister der Stadt Helmbrechts, stellv. Vorsitzender; Dipl.-Kfm. Dr. Kurt *Ratzka*, Sprecher der Geschäftsführung der Ferngas Nordbayern GmbH, Bamberg, Vorsitzender; Dipl.-Phys. Claus *Lohmann*, Geschäftsführer der Ferngas Nordbayern GmbH, Bamberg; Klaus *Wolfrum*, Stadtrat der Stadt Helmbrechts.

Geschäftsführung: Hans *Krippner*, Helmbrechts; Dieter *Schulte*, Bamberg.

Kapital: 2 Mill. DM.

Gesellschafter: Ferngas Nordbayern GmbH, Bamberg, 50%; Licht- und Kraftwerke Helmbrechts GmbH, Helmbrechts, 50%.

Zweck: Vertrieb sämtlicher Energiearten im Versorgungsgebiet der Gesellschaft sowie der Betrieb einschlägiger Installations- und Handelsgeschäfte.

	1990	1991
Gasabsatz .... Mill. kWh	129	140

Gasversorgung für Frankfurt an der Oder und Umgebung GmbH

O-1200 Frankfurt/Oder, Wilhelm-Pieck-Straße 333, ☏ (0335) 3620.

Anteilseigner: Energieversorgung Weser-Ems AG (EWE), Oldenburg, 51%.

Zweck: Regionale Gasversorgung in Brandenburg.

Gasversorgung Leipzig GmbH

O-4020 Halle, Thälmannplatz 3, ☏ (0345) 8740.

Anteilseigner: British Gas, Berlin / Vereinigte Elektrizitätswerke Westfalen (VEW), Dortmund, 51%.

Zweck: Regionale Gasversorgung in Sachsen (mit den Kreisen: Altenburg, Schmölln).

Gasversorgung Magdeburg-Süd

O-3300 Schönebeck, Karl-Marx-Str. 18.

Anteilseigner: Ferngas Salzgitter GmbH, Salzgitter, 51%.

Zweck: Regionale Gasversorgung in Sachsen-Anhalt (Kreise: Oschersleben, Halberstadt, Wernigerode).

Gasversorgung Main-Kinzig GmbH

6460 Gelnhausen, Barbarossastr. 28–30, Postfach 1246, ☏ (06051) 8233-0, Telefax (06051) 8233-88.

Geschäftsführung: Dipl.-Oec. Rudolf *Benthele*, Dipl.-Ing. Klaus *Hahne.*

Kapital: 16,8 Mill. DM.

Gesellschafter: Main-Gaswerke Aktiengesellschaft, 50%; Kreiswerke Gelnhausen GmbH, 50%.

	1990	1991
Gasabsatz .... Mill. kWh	808	965
Leitungsnetz .... km	712	740

Wer Brücken baut, erspart anderen den Weg durchs Tal.

Wir verkaufen Erdgas. Aber wir bieten mehr. Weil wir »Brücken bauen«.

Wir schlagen Versorgungsbrücken von mehr als 100 norddeutschen Erdgasfeldern zu unseren Kunden: zu Städten und Gemeinden, Ferngasgesellschaften und Industriebetrieben.

Unser unsichtbares »Brücken-Netz«: 1.700 km Pipeline, unterirdisch verlegt — zur Schonung der Umwelt.

Auch das »überbrücken« wir: die großen Bedarfsschwankungen zwischen Tag und Nacht, zwischen Sommer und Winter; aber auch konjunkturbedingte Schwankungen des Bedarfs.

Unsere Preise sind jederzeit wettbewerbsfähig. Sie bilden ein festes Fundament für eine weitsichtige Versorgungsplanung und eine verläßliche Kalkulation.

Wir bauen Brücken, ebnen Wege und verkürzen Entfernungen. So ersparen wir unseren Kunden manche »Wege durchs Tal«.

**ERDGAS-VERKAUFS-GESELLSCHAFT MBH
MÜNSTER**

Gasversorgung Main-Spessart GmbH

8750 Aschaffenburg, Steingasse 16, ☏ (06021) 21588.

Geschäftsführung: Dipl.-Kfm. Manfred *Melzer*, Ing. Gerd-Dieter *Neumann*.

Kapital: 11 Mill. DM.

Gesellschafter: Maingas AG, 100%.

Gasversorgung Nord-Thüringen GmbH

O-5010 Erfurt, Anger 30 – 32, ☏ (0361) 51551.

Anteilseigner: Contigas Deutsche Energie AG, München, 51%.

Zweck: Regionale Gasversorgung in Thüringen (ohne die Kreise: Eisenach, Gotha, Worbis, Heiligenstadt).

Gasversorgung Sachsen-Ost GmbH

O-8036 Dresden, Gasanstaltstraße 2, ☏ (0351) 4680.

Anteilseigner: Rheinische Energieaktiengesellschaft (Rhenag), Köln, 39%. Energieversorgung Schwaben AG (EVS), Stuttgart, 12%.

Zweck: Regionale Gasversorgung in Sachsen.

Gasversorgung Südhannover-Nordhessen GmbH

3500 Kassel, Lilienthalstr. 3, ☏ (0561) 50 08-0, ✄ 99726 SN-Gas, Telefax (0561) 571788.

Aufsichtsrat: Udo *Cahn von Seelen*, Vorsitzender, Kassel; Dr. Dieter *Nagel*, stellv. Vorsitzender, München; Rechtsanwalt Klaus H. *Müller*, München; Willi *Eiermann*, Kassel; Oberkreisdirektor Dr. Alexander *Engelhardt*, Göttingen; Dr. Helmut *Stock*, Kassel; Dipl.-Ing. Rolf *Warncke*, Kassel.

Geschäftsführung: Erich *Balders* (kfm.), Dipl.-Ing. Horst *Lack* (techn.).

Kapital: 30 Mill. DM.

Gesellschafter: Elektrizitäts-Aktiengesellschaft Mitteldeutschland (EAM), Kassel, 74%; Thüga Aktiengesellschaft, München, 26%.

Zweck: Errichtung und Betrieb eines Erdgas-Versorgungsnetzes; Verteilung und Verkauf von Erdgas an Weiterverteiler und Letztverbraucher.

	1990	1991
Gasabsatz .... Mill. kWh	4 412	5 135
Leitungsnetz .... km	2 250	2 400

Beteiligungen
Gasversorgung Biedenkopf GmbH, 49%.
Gaswerk Bad Sooden-Allendorf GmbH, 49%.
Gasversorgung Heiligenstadt-Eichsfeld GmbH, 49%.
Erdgasversorgung Worbis/Eichsfeld GmbH, 49%.

Gasversorgung Unterfranken GmbH

8700 Würzburg, Rotkreuzstraße 12, ☏ (0931) 30501-0.

Geschäftsführung: Ing. Herbert *Pröls*, Würzburg; Ernst *Schwarzkopf*, Würzburg.

Kapital: 7,6 Mill. DM.

Gesellschafter: Südhessische Gas- u. Wasser AG, Darmstadt; Thüga AG, München; Überlandwerk Unterfranken AG, Würzburg, je 25%; Unterfränkische Überlandzentrale eG, Lülsfeld, Energiezweckverband Wörth-Erlenbach, Wörth, zusammen 25%.

Zweck: Errichtung und Betrieb von Erdgasversorgungsanlagen, Verteilung von Erdgas und alle damit zusammenhängenden Geschäfte.

	1990	1991
Gasabsatz .... Mill. kWh	644	966

Beteiligungen
Bayerische Rhöngas GmbH, Mellrichstadt.
Fernwärmeversorgung Ochsenfurt GmbH, Ochsenfurt.
Gasversorgung Miltenberg-Burgstadt GmbH, Miltenberg.

Gasversorgung Westerwald GmbH

5410 Höhr-Grenzhausen, Am Alten Bahnhof 2, Postfach 1154, ☏ (02624) 9101-0.

Aufsichtsrat: Direktor Professor Dr. Peter *Marcus*, Köln, Vorsitzender; Oberbürgermeister Willi *Hörter*, Koblenz, stellv. Vorsitzender; Direktor i. R. Dr. Fredy *Anders*, Essen; Direktor Ing. (grad.) Helmut *Dähler*, Mülheim-Kärlich; Direktor Dipl.-Ing. Peter *Kalischer*, Mülheim/Ruhr; Ltd. Stadtverwaltungsdirektor Bernd *Großer*, Schalkenmehren; Direktor Friedrich *Späth*, Essen; Direktor Dipl.-Volkswirt Siegbert *Strecker*, Koblenz.

Geschäftsführung: Ludwig *Eichen* (kfm.); Dipl.-Ing. Hans Dieter *Knott* (techn.).

Kapital: 12 Mill. DM.

Gesellschafter: rhenag, Rheinische Energie AG, Köln, 50%; EVM, Energieversorgung Mittelrhein GmbH, Koblenz, 50%.

Zweck: Einkauf und Vertrieb von Erdgas an Endverbraucher; Errichtung und Betrieb eines Mittel- und Hochdrucknetzes.

	1990	1991
Gasabsatz .... Mill. kWh	1 615,6	1 823,6

REGIONALE GASVERSORGUNG

Gasversorgungsgesellschaft mbH Rhein-Erft

5030 Hürth 1 (Hermülheim), Luxemburger Str. 348, Postfach 1222, ☏ (02233) 7909-0, Telefax (02233) 7909-45.

Aufsichtsrat: Stadtdirektor a. D. Franz C. *Durant*, Wesseling, Vorsitzender; Professor Dr. Peter *Marcus*, Köln, Vorstandsmitglied der rhenag Rheinische Energie AG, stellv. Vorsitzender; Dr. Peter *Arend*, Stadtdirektor der Stadt Frechen; Anton *Becker*, Kreistagsabgeordneter des Erftkreises; Karl *Engelskirchen*, Stadtverordneter der Stadt Hürth; Direktor Dipl.-Ing. Helmut *Haumann*, Vorstandsmitglied der GEW-Werke Köln AG; Direktor Dipl.-Ing. Peter *Kalischer*, Vorstandsmitglied der rhenag Rheinische Energie AG, Köln; Direktor Gerd *Ludemann*, Vorstandsmitglied der GEW-Werke Köln AG; Werner *Mockenhaupt*, Stadtverordneter der Stadt Frechen; Direktor Heinz *Soénius*, Geschäftsführer der Stadtwerke Köln GmbH; Rudi *Tonn*, Bürgermeister der Stadt Hürth.

Geschäftsführung: Direktor Dipl.-Kfm. Dr. Hermann J. *Burghaus*, kaufmännisch; Direktor Dr.-Ing. Ludwig *Winkel*, technisch.

Kapital: 12 Mill. DM.

Gesellschafter: GEW-Werke Köln AG, 32,34 %; rhenag Rheinische Energie AG, Köln, 26,00 %; Vermögensverwaltungsgesellschaft Stadt Hürth mbH, 16,00 %; Stadt Frechen, 12,66 %; Stadtwerke Wesseling GmbH, 10 %; Erftkreis, 3,0 %.

Zweck: Die Erdgasversorgung (Verteilung) in den Städten Pulheim, Frechen, Hürth, Wesseling, Erftstadt wie auch in dem linksrheinischen Randgebiet der Stadt Köln; der Aufbau und die Unterhaltung der Versorgungsanlagen.

	1990	1991
Gasabsatz .... Mill. kWh	1 103,2	1 320,0
Leitungsnetz .... km	741	784

HGW HanseGas GmbH

O-2751 Schwerin, Obotritenring 30, ☏ (0385) 8660.

Anteilseigner: Hamburger Gaswerke GmbH, Hamburg, 51 %.

Zweck: Regionale Gasversorgung in Mecklenburg-Vorpommern.

Hamburger Gaswerke GmbH

2000 Hamburg 1, Heidenkampsweg 99, Postfach 102727, ☏ (040) 2366-0.

Aufsichtsrat: Dipl.-Kfm. Roland *Farnung*, Vorsitzender; Heinz *Schnelle*, stellv. Vorsitzender; Dipl.-Volksw. Karl *Boldt*; Dr.-Ing. Gunther *Clausnizer*; Dr. Karl Heinz *Geisel*; Rolf *Groth*; Gertrud *Kreismer*; Dipl.-Ing. Manfred *Meier*; Dipl.-Volksw. Dieter *Meike*; Rechtsanwalt Klaus H. *Müller*; Dr. rer. pol. Dieter *Nagel*; Erwin *Riez*; Günter *Rutta*; Heinz *Schomann*; Ernst-Hermann *Sixtus*; Dr.-Ing. Manfred *Timm*.

Geschäftsführung: Peter *Böhm*; Dipl.-Ing. Rolf *Günnewig*; Dipl.-Volksw. Ulrich *Hartmann*.

Kapital: 200 Mill. DM.

Gesellschafter: Hamburgische Electricitäts-Werke AG (HEW); Thüga AG, München; BEB Erdgas und Erdöl GmbH, Hannover; HGV - Hamburger Gesellschaft für Beteiligungsverwaltung mbH.

	1990	1991
Gasabsatz .... Mill. kWh	21 900	26 800
Leitungsnetz .... km	7 517	7 660

Beteiligungen
Hamburg Gas Consult - HGC Gastechnische Beratungs GmbH.
NEA Norddeutsche Energieagentur für Industrie und Gewerbe GmbH.
Holsteiner Gas-Gesellschaft mbH.
Wirtschaftliche Vereinigung Deutscher Versorgungsunternehmen AG.
Propangas-Gemeinschaft GmbH (Schleswig-Holstein).
NET-Norddeutsche Energie Technik GmbH.
HGW HanseGas GmbH; 100prozentige Tochtergesellschaft mit Sitz in Schwerin.

Hannover-Braunschweigische Stromversorgungs-Aktiengesellschaft

3000 Hannover 1, Humboldtstr. 33, ☏ (0511) 916-0, ✈ 175118373, Telefax (0511) 9161880.

Vorsitzender des Aufsichtsrates: Dr. Hermann *Krämer*.

Geschäftsführung: Dr. Dieter *Henze*, Horst-Dieter *Heuer*, Norbert *Worm*.

Gesellschafter: PreussenElektra AG, Gebietskörperschaften u. a.

Kapital: 106,1 Mill. DM.

	1990	1991
Stromabsatz ..... Mill. kWh	7 872,8	8 232,5
Freileitungen .... km	9 343	8 683
Kabel .... km	24 479	25 280
Gasabsatz .... Mill. kWh	1 257,8	1 567,4
Leitungsnetz .... km	1 803	2 326
Fernwärmeabsatz . Mill. kWh	67,2	84,4
Leitungsnetz .... km	16,9	19,2

2 ERDÖL- UND ERDGASWIRTSCHAFT

Beteiligungen
Stromversorgung Osthannover GmbH, Celle, 26%.
Landesgasversorgung Niedersachsen AG, Sarstedt, 27,35%.
Stromversorgung-Wohnungsbau GmbH, Hannover, 100%.
Elthilfe Haustechnik GmbH, Burgdorf, 40%.
Stadtwerke Nienburg/Weser GmbH, Nienburg, 25,42%.
Stadtwerke Wolfenbüttel GmbH, Wolfenbüttel, 26%.

Betriebsdirektion Sachsen-Anhalt
O-3570 Gardelegen, Letzlinger Landstr. 6, ☏ (03907) 520.

Anteilseigner: Hannover Braunschweigische Stromversorgung AG, Hannover, 51%.

Zweck: Regionale Gasversorgung in Sachsen-Anhalt (Kreise: Burg, Gardelegen, Genthin, Haldensleben, Havelberg, Klötze, Osterburg, Salzwedel, Stendal, Wanzleben, Wolmirstedt).

Landesgas — Landesgasversorgung Niedersachsen AG

3203 Sarstedt, Jacobistraße 3, ☏ (05066) 83-0, Telefax (05066) 83400.

Aufsichtsrat: Direktor Dipl.-Kfm. Norbert *Worm*, Burgwedel, Vorsitzender; Direktor Reinhard *Broich*, Feldafing, stellv. Vorsitzender; Direktor Dr. Peter *Grütters*, Münster, stellv. Vorsitzender; Oberkreisdirektor Michael *Schöne*, Hildesheim, stellv. Vorsitzender; Lothar *Albrecht*, Nordstemmen; Prokurist Christian *Bühl*, Salzgitter; Direktor Dr. Erich *Deppe*, Hannover; Erhard *Gerner*, Algermissen; Helmut *Herzke*, Westfeld; Christa *Herzog*, Hannover; Direktor Horst-Dieter *Heuer*, Wolfenbüttel; Karl-Heinz *Himme*, Nordstemmen; Kreisdirektor Wolfgang *Kunze*, Neustadt a. Rbge.; Oberkreisdirektor Klaus *Rathert*, Celle; Direktor Dipl.-Ing. Olaf *Schabow*, Holzkirchen.

Vorstand: Dipl.-Ing. Lutz *Heger* (Sprecher), Dipl.-Oec. Hans-Peter *Vogt*.

Kapital: 14 Mill. DM.

Gesellschafter: Hannover-Braunschweigische Stromversorgungs-AG, 27,35%; Thüga AG, 25,5%; Ferngas Salzgitter GmbH, 25,5%; Stadtwerke Hannover AG, 10%; außerdem zwölf Landkreise, zwei weitere Versorgungsunternehmen und zwei Städte mit insgesamt 11,65%.

Zweck: Die Durchführung der Energie- und Wasserversorgung, der Erwerb und die Errichtung von sowie die Beteiligung an Unternehmen zur Energieerzeugung, Wasserförderung und Energie- bzw. Wasserverteilung, ferner die Vornahme von Geschäften aller Art, die mit dem Gegenstand des Unternehmens zusammenhängen oder den Gesellschaftszweck zu fördern geeignet sind.

	1990	1991
Gasabsatz .... Mill. kWh	4 662	5 686

Beteiligungen
Gasversorgung Wesermünde GmbH, Bremen, 50%.
Gasversorgung für den Landkreis Helmstedt GmbH, Helmstedt, 50%.
Stadtwerke Nienburg/Weser GmbH, Nienburg, 2,26%.
Thüga-Konsortium-Beteiligungs-GmbH, München, 12,12%.

Maingas AG

6000 Frankfurt (Main), Solmsstraße 38, ☏ (069) 79 11-0, ✆ 414646, Telefax (069) 79111122, Btx 920039.

Aufsichtsrat (Stand 13. 8. 1991): Oberbürgermeister Andreas *von Schoeler*, Frankfurt (Main), Vorsitzender; Bürgermeister Dr. Hans-Jürgen *Moog*, Frankfurt (Main), stellv. Vorsitzender; Vorstandsvorsitzender Dr. Dieter *Nagel*, München, stellv. Vorsitzender; kfm. Angestellter Joachim *Schwantje*, Nidderau 2, stellv. Vorsitzender; Techniker Georg *Bernhardt*, Friedrichsdorf; Vorstandsmitglied Reinhard *Broich*, München; Stadtverordneter Hans-Dieter *Bürger*, Frankfurt (Main); Stadtverordneter Karl *Diensberg*, Frankfurt (Main); kfm. Angestellter Reinhard *Fieml*, Usingen/Ts.; Energieberaterin Hiltrud *Fink-Geis*, Oberursel; Stadtkämmerer a. D. Ernst *Gerhardt*, Frankfurt (Main); Stadtkämmerer Martin *Grüber*, Frankfurt (Main); Maschinenschlosser Harry *Gühne*, Frankfurt (Main); kfm. Angestellte Ute *Hofmann*, Bad Vilbel; Stadtrat Thomas *Koenigs*, Frankfurt (Main); Reglerhandwerker Ernst *Pabst*, Frankfurt (Main); Elektriker Willi *Papasz*, Bad Vilbel; kfm. Angestellter Gerd *Reisener*, Frankfurt (Main); Karosserie-Spengler Hans-Joachim *Reuter*, Frankfurt (Main); Stadtrat Achim *Vandreike*, Frankfurt (Main); Staatssekretär Dr. Jürgen *Wefelmeier*, Wiesbaden.

Vorstand (Stand: 30. 6. 1991): Dipl.-Ing. Peter *Ludwikowski*, Dr. jur. Heinrich *Stiens*, Dipl.-Volksw. Klaus Dieter *Streb*.

Kapital: 126,3 Mill. DM.

Aktionäre: Stadt Frankfurt (Main), 62,9%; Thüga AG, München, 36,15%; Streubesitz 0,95%.

Zweck: Erzeugung, Bezug, Fortleitung und Verteilung von Gas, Wärme und Dampf sowie Dienstleistungen im Bereich der Gasversorgung und Gasanwendung.

	1990	1991
Gasabsatz .... Mill. kWh	18 794	21 300

Beteiligungen
Gas-Union GmbH, Frankfurt (Main).
Gasversorgung Main-Spessart GmbH, Aschaffenburg.

Oberhessische Gasversorgung GmbH, Friedberg.
Gasversorgung Main-Kinzig GmbH, Gelnhausen.
Blockheizkraftwerk Dreieich GmbH, Dreieich.
Stadtwerke Dreieich GmbH, Dreieich.
Südwestdeutsche Rohrleitungsbau GmbH, Frankfurt (Main).
Gasgeräte- und -heizungsgesellschaft mbH, Frankfurt (Main).
Blockheizkraftwerk Butzbach GbR, Frankfurt/Friedberg.
KB-Kraftwerk-Betriebs-GmbH, Aschaffenburg.
Kraftwärme Schwalbach a. Ts. GbR, Frankfurt am Main.
Kübler & Niethammer Papierfabrik Kriebstein Energieversorgungs GmbH, Kriebethal.
Werragas GmbH, Bad Salzungen.
Eisenacher Versorgungsbetriebe GmbH (EVB), Eisenach.
ENAG/Maingas Energieanlagen GmbH (EMEG), Eisenach.
Gasversorgung für Schmalkalden und Salzungen GmbH, Meiningen.
Gasversorgung Gotha-Eisenach GmbH, Erfurt.

Nordmecklenburger Gasversorgung GmbH

O-2500 Rostock, Bleicherstr. 1, ☏ (0381) 3820.

Anteilseigner: Hamburger Gaswerke GmbH, Hamburg, 51%.

Zweck: Regionale Gasversorgung in Mecklenburg-Vorpommern.

Ohrs-Hörsel-Gas GmbH

O-5812 Waltershausen, Gothaer Straße 38 – 40, ☏ (03622) 52317.

Anteilseigner: Maingas AG, Frankfurt/M.; Gas-Union GmbH, Frankfurt/M.; Main-Kraftwerke AG, Frankfurt/M., 51%.

Zweck: Regionale Gasversorgung in Thüringen (Kreise: Eisenach, Gotha).

Ostmecklenburgische Gasversorgung GmbH (OMG)

O-2000 Neubrandenburg, Ihlenfelder Straße 88, ☏ (0395) 5890.

Anteilseigner: Isar-Amperwerke AG, München, 25,5%. Gelsenwasser AG, Gelsenkirchen, 25,5%.

Zweck: Regionale Gasversorgung in Mecklenburg-Vorpommern.

Ostthüringer Gasgesellschaft mbH

O-6908 Jena-Winzerla, Rudolstädter Str. 41, ☏ (03641) 710.

Anteilseigner: Contigas Deutsche Energie AG, München, 51%.

Zweck: Regionale Gasversorgung in Thüringen (ohne die Kreise: Altenburg, Artern, Schmölln).

Pfalzgas GmbH

6710 Frankenthal, Wormser Str. 123, Postfach 1951, ☏ (06233) 604-0, Telefax (06233) 604-243.

Aufsichtsrat: Herwig *Scharf*, Aufsichtsratsvorsitzender, Mitglied des Vorstandes der Saar Ferngas AG, Saarbrücken; Hermann J. *Munkes*, stellv. Aufsichtsratsvorsitzender, Mitglied des Vorstandes der Saar Ferngas AG, Saarbrücken; Manfred *Lemmert*, Prokurist der Saar Ferngas AG, Saarbrücken; Dipl.-Ing. Henner *Graeff*, Leitender Ministerialrat im Ministerium für Wirtschaft und Verkehr Rheinland-Pfalz, Mainz; Dipl.-Ing. Rudolf *Wagner*, Bürgermeister, Bad Bergzabern.

Geschäftsführung: Dr. rer. oec. Andreas *Saatmann*.

Kapital: 10 Mill. DM.

Gesellschafter: Saar Ferngas AG, Saarbrücken.

Zweck: Gasversorgung in Rheinland-Pfalz.

	1990	1991
Gasabsatz .... Mill. kWh	710,9	811,9

Prignitzer Energie- und Wasserversorgungsunternehmen GmbH (PVU)

O-2910 Perleberg, Feldstraße 27a, ☏ (03876) 5091.

Anteilseigner: Niederrheinische Gas- und Wasserwerke GmbH (NGW), 50%.

Zweck: Regionale Gasversorgung in Brandenburg.

Schleswag Aktiengesellschaft

(Hauptbeitrag der Schleswag Aktiengesellschaft in Kap. 4, Abschn. 2)

2370 Rendsburg, Kieler Straße 19, Postfach 260, ☏ (04331) 2011, ✄ 29458 — PS: Hmb 8627-208, ☏ Schleswag, Telefax 201-2166.

	1990	1991
Gasabsatz .... Mill. kWh	8 626	9 242
Leitungsnetz		
Strom .... km	44 996	45 183
Gas .... km	2 769	3 011

Spreegas GmbH

O-7500 Cottbus, Thiemstraße 1367, ☏ (0355) 680.

Anteilseigner: Verbundnetz AG, Böhlitz-Ehrenberg, 20%. Ges. für Gasversorgung mbH, Essen, 17%. Saar Ferngas AG, Saarbrücken-Schafbrücke, 14%.

Zweck: Regionale Gasversorgung in Brandenburg.

2 ERDÖL- UND ERDGASWIRTSCHAFT

Stadtwerke Lübeck

2400 Lübeck 1, Moislinger Allee 9, Postfach 1406, ☏ (0451) 888-0.

Südhessische Gas und Wasser AG

6100 Darmstadt, Frankfurter Str. 100, ☏ (06151) 701-0, ✆ 419387 suedhd, Telefax (06151) 701-460.

Aufsichtsrat: Bürgermeister a. D. Dr. h. c. Horst *Seffrin*, Darmstadt, Vorsitzender; Direktor Dipl.-Ing. Peter *Kalischer*, Köln, 1. stellv. Vorsitzender; Horst *Herbert*, Pfungstadt, 2. stellv. Vorsitzender; Stadtverordneter Gerhard O. *Pfeffermann*, MdB, Darmstadt, 3. stellv. Vorsitzender; Peter *Dengler*, Darmstadt; Stadtrat Fritz *Glenz*, Darmstadt; Ernst *Graner*, Weiterstadt; Landrat Dr. Hans-Joachim *Klein*, Darmstadt; Stadtverordnete Eva *Ludwig*, Darmstadt; Ilse *Lücker*, Darmstadt; Direktor Professor Dr. Peter *Marcus*, Köln-Marienburg; Stadtverordneter Peter J. *Netuschil*, Darmstadt.

Vorstand: Dipl.-Ing. Herbert *Reißer*, Vorsitzender; Dipl.-Ing. (FH) Heinz *Kern*; Dipl.-Ing. Dipl.-Wirtsch.-Ing. Rainer *Gengelbach*.

Grundkapital: 63 Mill. DM.

Zweck: Versorgung der Bevölkerung mit Gas, Wasser, Elektrizität und Wärme sowie die Entsorgung. Zur Erreichung des Gesellschaftszweckes kann die Gesellschaft Gas, Wasser, elektrische Energie und Wärme erzeugen, beziehen, verwerten und veräußern sowie alle sonstigen mit diesen Versorgungsbereichen und der Entsorgung zusammenhängenden Geschäfte und Maßnahmen einschließlich Planung und Beratung vornehmen. Die Gesellschaft kann insbesondere Anlagen und Einrichtungen aller Art, die dem genannten Zweck zu dienen geeignet sind, erwerben, errichten und betreiben, allein oder gemeinsam mit anderen, für eigene oder fremde Rechnung. Sie kann sich an Gesellschaften und anderen Unternehmungen und allen Geschäften beteiligen, die mit dem Gegenstand des Unternehmens zusammenhängen.

		1990	1991
Gasabsatz	Mill. kWh	5 692,2	6 390,4
Wasserabsatz	Mill. m³	20,4	20,4
Wärmeabsatz	Mill. MWh	261,0	293,2

Beteiligungen
Südwestdeutsche Rohrleitungsbau GmbH, Frankfurt (Main), 25,1 %.
Gasversorgung Unterfranken GmbH, Würzburg, 33,33 %.
Blockheizkraftwerk GmbH, Darmstadt, 50 %.
Wärmetechnik GmbH, Michelstadt, 100 %.
Stadtwerke Langen GmbH, Langen, 10 %.
Wärmeversorgung Langen GmbH, Langen, 33,33 %.
Hessische Industriemüll GmbH, Wiesbaden, 9,83 %.
Knöss und Anthes GmbH, Egelsbach, 26,0 %.
Orgabo-GmbH, Darmstadt, 26,0 %.
Wärmeversorgung Groß-Gerau GmbH, Groß-Gerau, 33,33 %.
EAG Entsorgungs Aktiengesellschaft, Darmstadt, 50,0 %.
Stadtwerke Freiberg AG, Freiberg/Sachsen, 49 %.

Südthüringer Gasgesellschaft mbH

O-6100 Meiningen, Landsberger Str. 2, ☏ (03693) 860.

Anteilseigner: Contigas Deutsche Energie AG, München, 51 %.

Zweck: Regionale Gasversorgung in Thüringen (Ohne die Kreise: Bad Salzungen, Schmalkalden).

Technische Werke der Stadt Stuttgart (TWS) AG

(Hauptbeitrag der TWS in Kap. 4 Abschn. 2)

7000 Stuttgart 1, Lautenschlagerstraße 21, ☏ (0711) 289-1, ✆ 723714 tws d.

		1990	1991
Gasabsatz Nutzbare Abg. (Verkauf)	Mill. kWh	12 561	14 146
Leitungsnetz	km	3 481	3 536

Thüga Aktiengesellschaft

8000 München 40, Mandlstraße 3, Postfach 440164, ☏ (089) 38197-0, ✆ 5215241, Telefax (089) 38197-568.

Aufsichtsrat: Dr. Hermann *Krämer*, Hannover, Vorsitzender des Vorstands der PreussenElektra AG, Hannover, und Mitglied des Vorstands der VEBA AG, Berlin und Düsseldorf, Vorsitzender; Dr. Hans Peter *Linss*, München, Vorsitzender des Vorstands der Bayerische Landesbank Girozentrale, München, 1. stellv. Vorsitzender; Hubert *Hackl*, München, 2. stellv. Vorsitzender; Gottfried *Benischke*, Rotthalmünster; Dr. jur. Rolf *Böhme*, Freiburg, Oberbürgermeister der Stadt Freiburg; Dr. jur. Michael *Endres*, Frankfurt, Vorstandsmitglied der Deutsche Bank AG, Frankfurt; August *von Finck*, München, Kaufmann; Dr. jur. Hans Michael *Gaul*, Hannover, Vorstandsmitglied der PreussenElektra AG, Hannover, und der Veba AG, Berlin und Düsseldorf; Ulrich *Hartmann*, Düsseldorf, Vorstandsmitglied der Veba AG, Berlin und Düsseldorf; Dr. rer. pol. Jochen *Holzer*, München, Vorsitzender des Vorstands der Bayernwerk AG, München; Werner *Klug*, Deidesheim; Dr. jur. Hubert *Schmid*, München; Bankier Friedrich *Späth*, Essen, Vorstandsmitglied der Ruhrgas AG, Essen; Werner *Salbeck*, Freilassing; Anton *Wieser*, Strub/Bischofswiesen.

Vorstand: Dr. rer. pol. Dieter *Nagel,* Grünwald, Vorsitzender; Reinhard *Broich,* Feldafing; Klaus H. *Müller,* Grünwald; Dipl.-Ing. Olaf *Schabow,* Holzkirchen.

Kapital: 220 Mill. DM.

Gesellschafter: PreussenElektra AG, Hannover, 56,1 %; Bayerische Landesbank Girozentrale, München, 29,2 %; Ruhrgas AG, Essen, 10 %.

Zweck: Die Errichtung, der Erwerb, die Pachtung und der Betrieb von Anlagen zur Erzeugung, zum Bezug und zur Abgabe von Leucht-, Kraft- und Heizmitteln aller Art, die Beteiligung an solchen und sonstigen Anlagen und Unternehmungen sowie die Befassung mit allen den Gesellschaftszwecken unmittelbar oder mittelbar dienenden Geschäften.

Gasabsatz	1990	1991
Eigenversorgungen .... Mill. kWh	2 276	2 633
Geschäftsbereich (einschl. Beteiligungen) .... Mill. kWh	118 156	136 080
Stromabsatz		
Eigenversorgungen .... Mill. kWh	394	446
Geschäftsbereich (einschl. Beteiligungen) .... Mill. kWh	8 515	9 016

Beteiligungen

Badische Gas- und Elektrizitätsversorgung AG, Lörrach, 53,8 %;
Elektrizitätswerk Reinbek-Wentorf GmbH, Reinbek, 26,0 %;
Energieversorgung Lohr-Karlstadt und Umgebung GmbH, Karlstadt, 49,0 %;
Energieversorgung Oberbaden GmbH, Breisach, 45,0 %;
Energieversorgung Selb-Marktredwitz GmbH, Selb, 30,0 %;
Erdgas Freiberg GmbH, Freiberg, 49 %;
Erdgas Plauen GmbH, Plauen, 49 %;
Erdgas Schwaben GmbH, Augsburg, 48,0 %;
Erdgas Südbayern GmbH (ESB), München, 25,0 %;
Erdgas Südsachsen GmbH, Chemnitz, 49 %;
Erdgas Zwickau GmbH, Zwickau, 49 %;
EVS-Gasversorgung Süd GmbH, Stuttgart, 40,0 %;
Fränkische Gas-Lieferungs-Gesellschaft mbH, Bayreuth, 35,0 %;
Fränkische Licht- und Kraftversorgung AG, Bamberg, 96,8 %;
Fränkisches Überlandwerk AG, Nürnberg, 60,6 %;
Freiburger Energie- und Wasserversorgungs-AG, Freiburg, 35,9 %;
FSG-Holding GmbH, München, 10,0 %;
Gasanstalt Kaiserslautern AG, Kaiserslautern, 41,3 %;
Gasbetriebe GmbH, Emmendingen, 100,0 %;
Gasfernversorgung Mittelbaden GmbH, Offenburg, 24,9 %;
Gas- und Elektrizitätswerke Wilhelmshaven GmbH, Wilhelmshaven, 33,3 %;
Gasversorgung Südhannover-Nordhessen GmbH, Kassel, 26,0 %;
Gasversorgung Unterfranken GmbH, Würzburg, 25,0 %;
Gaswerksverband Rheingau AG, Wiesbaden-Biebrich, 26,0 %;
Hamburger Gaswerke GmbH, Hamburg, 24,9 %;
Landesgasversorgung Niedersachsen AG, Sarstedt, 25,5 %;
Licht-, Kraft- und Wasserwerke Kitzingen GmbH, Kitzingen, 40,0 %;
Maingas AG, Frankfurt, 36,3 %;
Nordharzer Kraftwerke GmbH, Goslar, 40,0 %;
Rhenag Rheinische Energie AG, Köln, 40,0 %;
Stadtwerke Westerland GmbH, Westerland, 49,0 %;
Thüga-Konsortium Beteiligungs-GmbH, München, 63,6 %;
Überlandwerk Schäftersheim GmbH, Weikersheim, 25,0 %;
Westharzer Kraftwerke GmbH, Osterode, 34,4 %;
Württembergische Elektrizitäts-AG, Stuttgart, 61,1 %.

Werragas Gasversorgung für Schmalkalden und Bad Salzungen GmbH

O-6200 Bad Salzungen, Karl-Marx-Straße, ☏ (03695) 2562.

Anteilseigner: Maingas AG, Frankfurt/M. / Gas-Union GmbH, Frankfurt/M., 51 %.

Zweck: Regionale Gasversorgung in Thüringen (Kreise: Bad Salzungen, Schmalkalden).

Zweckverband Ostholstein

2408 Timmendorfer Strand, Strandallee 112/114, Postfach 1120, ☏ (04503) 6030, Telefax (04503) 60 32 85.

Verbandsversammlung: Der Kreis Ostholstein, das Amt Fehmarn und 21 Städte und Gemeinden entsenden insgesamt 49 Vertreter in die Verbandsversammlung.

Vorstand: Verbandsvorsteher als Vorsitzender und 17 weitere Mitglieder.

Verbandsvorsteher: Verbandsdirektor Hans Joachim *Berner.*

Stammkapital: 25 Mill. DM.

Zweck: Ver- und Entsorgung in den Sparten Gasversorgung, Wasserversorgung, Abwasserbeseitigung, Abfallwirtschaft und Fernwärmeversorgung.

	1990	1991
Gasabsatz .... GWh	799	912
Leitungsnetz .... km	531	543
Stromerzeugung ...... GWh	13	4
Fernwärmeerzeugung .. GWh	25	30

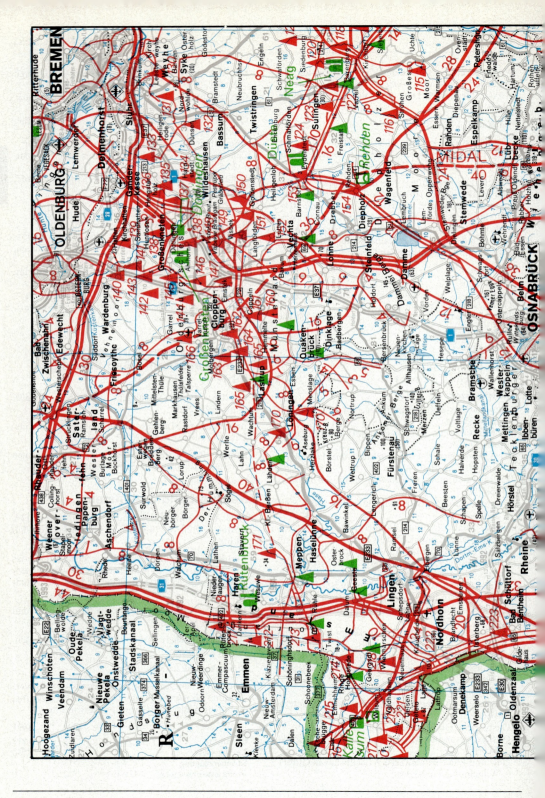

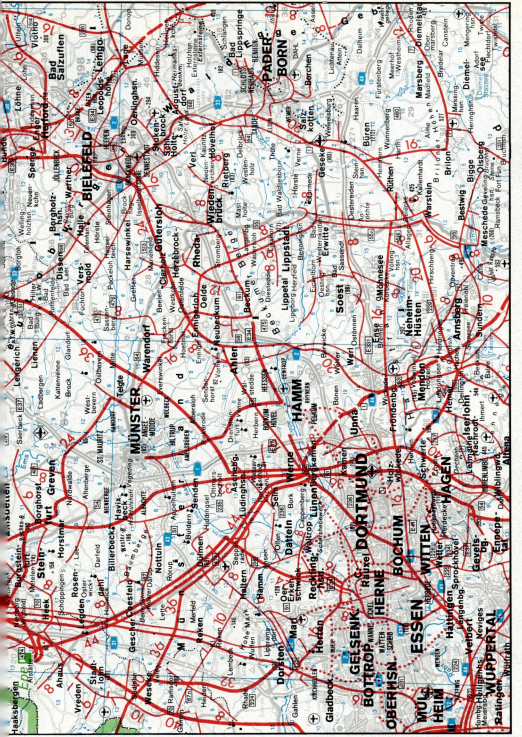

Ausschnitt aus der Karte »Das Gasversorgungsnetz der Bundesrepublik Deutschland« im Originalmaßstab.

Die Karte ist auch als Wandkarte lieferbar.

2 ERDÖL- UND ERDGASWIRTSCHAFT

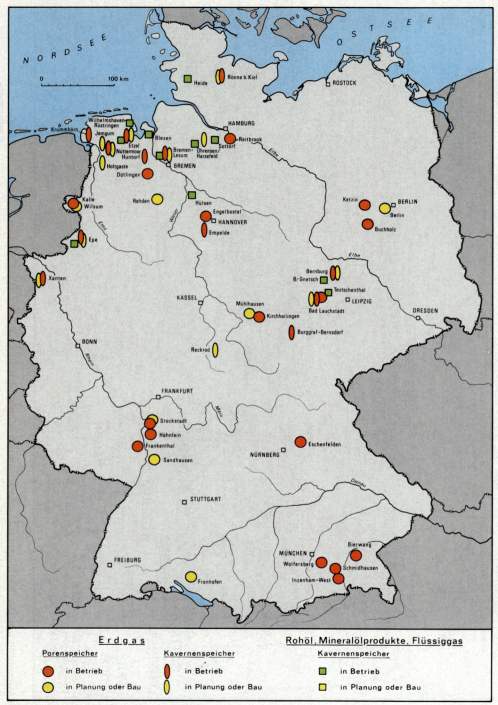

Untertage-Gasspeicher in Deutschland.

2.3 Untertage-Gasspeicher, Gastransport

Untertage-Gasspeicher in Betrieb (Vergl. Karte Seite 336).

Ort	Bau- bzw. Betriebs-gesellschaft	Speichertyp	Teufe m	Speicher-formation	Füllung	Maximale Arbeits-gasmenge Mill. m³ (V_n)
Bad Lauchstädt	Verbundnetz Gas AG	8 Salzlager-Kavernen	780 bis 950	Zechstein (Staßfurt-Steinsalz)	Stadtgas; bis 1997 Umstellung auf Erdgas	267
		2 Salzlager-Kavernen	780 bis 950	Zechstein (Staßfurt-Steinsalz)	Erdgas	118
		Gaslagerstätte	ca. 800	Rotliegendes	Erdgas	426
Bernburg	Verbundnetz Gas AG	25 Salzlager-Kavernen	500 bis 700	Zechstein (Staßfurt-Steinsalz)	Erdgas	625
Bierwang	Ruhrgas AG	Gaslagerstätte	1560	Chatt-Sande (Tertiär)	Erdgas	1300
Bremen-Lesum	Stadtwerke Bremen AG	1 Salzstock-Kaverne (L 201)	1090 bis 1320	Zechstein	Erdgas	35
Buchholz	Verbundnetz Gas AG	Aquifer	570 bis 610	Detfurth-/Hardegsen-Sandstein	Erdgas	118,5
Burggraf-Bernsdorf	Verbundnetz Gas AG	Stillgelegtes Bergwerk	ca. 580	Zechstein (Staßfurt-Kalisalz)	Stadtgas; 1993 Umstellung auf Erdgas	3
Dötlingen	BEB Erdgas und Erdöl GmbH	Gaslagerstätte	2650	Buntsandstein (Solling-Sdst.)	Erdgas	1550 (rd. 2000 im Endausbau)
Empelde	GHG-Gasspeicher Hannover-GmbH	3 Salzstock-Kavernen	1300 bis 1800	Zechstein	Erdgas	171
Engelbostel	Ruhrgas AG	Aquifer	200	Wealden	Erdgas	55
Epe	Ruhrgas AG	18 Salzlager-Kavernen	1090 bis 1420	Zechstein 1	Erdgas	790
Epe	Thyssengas GmbH	2 Salzlager-Kavernen	1300	Zechstein 1	Erdgas	74
Eschenfelden	Ruhrgas AG	Aquifer	600	Keuper, Muschelkalk	Erdgas	75
Etzel	Industrieverwaltungsgesellschaft AG (IVG)	8 Salzstock-Kavernen (ab 1993)	900 bis 1000	Zechstein (Staßfurt – Steinsalz)	Erdgas	450
Frankenthal	Saar-Ferngas AG	Aquifer	600	Tertiär	Erdgas	125
Hähnlein	Ruhrgas AG	Aquifer	500	Tertiär (Pliozän)	Erdgas	80

Untertage-Gasspeicher in Betrieb (Fortsetzung).

Ort	Bau- bzw. Betriebsgesellschaft	Speichertyp	Teufe m	Speicherformation	Füllung	Maximale Arbeitsgasmenge Mill. m³ (V_n)
Huntorf	EWE AG	Salzstock-Kavernen K 1 – K 4	650 bis 850	Zechstein	Erdgas	65
Inzenham-West	RWE-DEA AG für Ruhrgas AG	Gaslagerstätte	680 bis 880	Tertiär (Aquitan)	Erdgas	500
Kalle	VEW	Aquifer	2100	Buntsandstein	Erdgas	302
Ketzin	Verbundnetz Gas AG	Aquifer	ca. 230	Lias	In Umstellung auf Erdgas befindlich	130 (nach abgeschlossener Umstellung)
Kirchheilingen	Verbundnetz Gas AG	Gaslagerstätte	ca. 900	Zechstein (Hauptdolomit)	In Umstellung auf Erdgas befindlich	170 (nach abgeschlossener Umstellung)
Krummhörn	Ruhrgas AG	3 Salzstock-Kavernen	1500 bis 1800	Zechstein 2	Erdgas	118
Nüttermoor	EWE AG	Salzstock-Kavernen K 1 – K 10	950 bis 1300	Zechstein	Erdgas	600
Reitbrook	– Erdölbetrieb Reitbrook – Deilmann Erdöl Erdgas GmbH für HGW	Öllagerstätte mit Gaskappe	640 bis 725	Reitbrooker Schichten (Oberkreide)	Erdgas	250
Rönne (Kiel 101)	Stadtwerke Kiel AG	Salzstock-Kaverne	1300 bis 1400	Rotliegendes (Haselgebirge)	Erdgas	2,0
Schmidhausen	Konsortium Deilmann Erdöl Erdgas GmbH, BMI, Elwerath Erdgas und Erdöl GmbH	Gaslagerstätte	1000 bis 1100	Tertiär (Aquitan)	Erdgas	75
Stockstadt	Ruhrgas AG	Gaslagerstätte	500	Tertiär (Pliozän)	Erdgas	45

Untertage-Gasspeicher in Betrieb (Fortsetzung).

Ort	Bau- bzw. Betriebsgesellschaft	Speichertyp	Teufe m	Speicherformation	Füllung	Maximale Arbeitsgasmenge Mill. m³ (V_n)
Wolfersberg	RWE-DEA AG für Bayerngas	Gaslagerstätte	2930	Lithothamnienkalk (Tertiär)	Erdgas	300
Xanten	Thyssengas GmbH	6 Salzlagerkavernen	1000	Zechstein	Erdgas	115

Untertage-Gasspeicher in Planung oder in Bau (Vergl. Karte Seite 336).

Ort	Bau- bzw. Betriebsgesellschaft	Speichertyp	Teufe m	Speicherformation	Füllung	Geplante Arbeitsgasmenge Mill. m³ (V_n)
Bad Lauchstädt	Verbundnetz Gas AG	6 Salzlager-Kavernen	780 bis 950	Zechstein (Staßfurt-Steinsalz)	Erdgas	ca. 280
Berlin	Berliner Gaswerke AG (Gasag)	Aquifer	800 bis 1000	Buntsandstein (Detfurth-Sandstein)	Erdgas	315
Bernburg	Verbundnetz Gas AG	10 Salzlager-Kavernen	500 bis 700	Zechstein (Staßfurt-Steinsalz)	Erdgas	ca. 375
Bremen-Lesum	Stadtwerke Bremen AG	1 Salzstock-Kaverne (L 203)	1090 bis 1320	Zechstein	Erdgas	ca. 40
Epe	Ruhrgas AG	14 Salzlager-Kavernen	1090 bis 1420	Zechstein 1	Erdgas	860
Epe	Thyssengas GmbH	4 Salzlager-Kavernen	1300	Zechstein 1	Erdgas	185
Etzel	Industrieverwaltungsgesellschaft AG (IVG)	1 Salzstock-Kaverne	900 bis 1000	Zechstein	Erdgas	50
Fronhofen Illmensee	Deilmann Erdöl Erdgas GmbH für Gasversorgung Süddeutschland	Gas- und Öllagerstätte	1750 bis 1800	Lias, Rhät	Erdgas	600

Untertage-Gasspeicher in Planung oder in Bau (Fortsetzung).

Ort	Bau- bzw. Betriebsgesellschaft	Speichertyp	Teufe m	Speicherformation	Füllung	Geplante Arbeitsgasmenge Mill. m³ (V_n)
Harsefeld	BEB Erdgas und Erdöl GmbH	Salzstock-Kavernen K 1, K 2	1150 bis 1450	Zechstein	Erdgas	120
Holtgaste	Wintershall AG	ca. 10 Salzstock-Kavernen	1000 bis 1450	Zechstein	Erdgas	500
Jemgum	Ruhrgas AG	ca. 30 Salzstock-Kavernen	1150 bis 1450	Zechstein 1	Erdgas	ca. 1500 (im Endausbau)
Mühlhausen	Wintershall AG	Gaslagerstätte	730 bis 800	Zechtein	Erdgas	800
Nüttermoor	EWE AG	Salzstock-Kavernen K 11, K 12, K 13, K 14	900 bis 1300	Zechstein	Erdgas	320
Reckrod	Gas-Union GmbH, Ruhrgas AG	4 Salzlager-Kavernen	700 bis 1100	Zechstein 1	Erdgas	240
Reckrod	Wintershall AG	2 Salzlager-Kavernen	700 bis 1100	Zechstein 1	Erdgas	120
Rehden	Wintershall AG	Gaslagerstätte	2400	Zechstein	Erdgas	1000
Rönne (Kiel 102)	Stadtwerke Kiel AG/ Schleswag	Salzstock-Kaverne	1400 bis 1800	Zechstein	Erdgas	40
Sandhausen	Gasversorgung Süddeutschland und Ruhrgas AG	Aquifer	600	Tertiär	Erdgas	90
Stockstadt	Ruhrgas AG	Aquifer	450	Tertiär (Pliozän)	Erdgas	90 (im Endausbau)
Wilsum	VEW	Aquifer	rd. 1900	Buntsandstein	Erdgas	250
Xanten	Deutsche Solvay GmbH für Thyssengas GmbH	2 Salzlager-Kavernen	1000	Zechstein	Erdgas	67

Deudan
Deutsch/Dänische Erdgastransport-Gesellschaft mbH

2300 Kiel 1, Europahaus, Ziegelteich 29, ☏ (0431) 970786.

Aufsichtsrat: Dr. Meinhard *Janssen*, Hannover, Vorsitzender; Povl *Asserhøj*, Hørsholm; Dr. Michael *Pfingsten*, Essen; Peter K. *Storm*, Hørsholm.

Geschäftsführung: Dr. Lutz *Birnbaum*.

Stammkapital: 50000 DM.

Gesellschafter: Deudan-Holding GmbH, Hannover, 51%; Dangas GmbH Regiegesellschaft, Kiel, 49%.

Zweck: Errichtung eines Erdgastransportsystems von einer bestehenden Erdgasleitung im Raum Rendsburg oder im Raum Klein-Offenseth zur deutsch/dänischen Grenze im Raum Flensburg sowie der Transport von Erdgas auf dem Erdgastransportsystem und ferner der Betrieb, die Unterhaltung und Wartung dieses Transportsystems. Die Gesellschaft ist berechtigt, alle in diesem Zusammenhang erforderlichen Geschäfte und Maßnahmen zu treffen sowie sich an anderen Gesellschaften zu beteiligen.

DFTG — Deutsche Flüssigerdgas Terminal Gesellschaft mbH

2940 Wilhelmshaven, Geschäftsstelle: 4300 Essen, Moltkestraße 76, Postfach 100913, ☏ (0201) 184-4980, ⌕ 857299-60 rg d, Telefax (0201) 184-3002.

Beirat: Dr. Burckhard *Bergmann*, Essen, Vorsitzender; Dr. Eeuwout *Verboom*, Hamburg, stellv. Vorsitzender.

Geschäftsführung: Dipl.-Ing. Karl-August *Hopfer*.

Stammkapital: 250000 DM.

Gesellschafter: Ruhrgas AG, Essen, 31,0%; Gelsenberg AG, Hamburg, 28,56%; Energieversorgung Weser-Ems AG (EWE), Oldenburg, 13%; Thyssengas GmbH, Duisburg, 13%; Brigitta Erdgas und Erdöl GmbH, Hannover, 12%; Wintershall AG, Kassel, 2,44%.

Zweck: Die Anlandung, Lagerung, Aufbereitung, Wiederverdampfung und Verladung von Flüssigerdgas auf Tankschiffe sowie Eisenbahn- und Lastkraftwagen und damit zusammenhängende Tätigkeiten sowie der Bau und Betrieb der hierzu erforderlichen Anlagen.

GHG-Gasspeicher Hannover GmbH

3000 Hannover 91, Ihmeplatz 2; Postanschrift: 3000 Hannover 1, Postfach 2140, ☏ (0511) 430-1, Telefax (0511) 430-2650, Teletex 5112000 stwha.

Geschäftsführung: Dipl.-Ing. Klaus *Thun*, Dipl.-Kfm. Dr. Horst *Polleit*.

Stammkapital: 200000 DM.

Gesellschafter: Stadtwerke Hannover AG, Hannover, 61,75%; Erdgas-Verkaufs-Gesellschaft mbH, Münster, 25,10%; Ruhrgas AG, Essen, 13,15%.

Zweck: Bau und Betrieb von Untertagegasspeichern im Raum Hannover sowie die Bereitstellung von Gasspeicherraum und Gaseinspeise- und -abgabeleistungen für die Gesellschafter.

Megal GmbH
Mittel-Europäische·Gasleitungsgesellschaft

4300 Essen 1, Moltkestraße 76, Postfach 102620, ☏ (0201) 284137.

Aufsichtsrat: Dr. jur. Klaus *Liesen*, Essen, Vorsitzender; Pierre *Gadonneix*, Paris, stellv. Vorsitzender; Jean *Balazuc*, Paris; Dr.-Ing. Burckhard *Bergmann*, Essen; Rolf *Beyer*, Essen; Robert *Cosson*, Paris; Dr. Siegfried *Meysel*, Wien; Otto *Sollböhmer*, Essen; Friedrich *Späth*, Essen.

Geschäftsführung: Dr. jur. Eike *Benke*.

Stammkapital: 40 Mill. DM.

Gesellschafter: Ruhrgas AG, Essen, 50%; Gaz de France, Paris, 43%; ÖMV AG, Wien, 5%; Stichting Megal Verwaltungsstiftung, Heerlen/Niederlande, 2%.

Zweck: Der Bau und Betrieb eines gesellschaftseigenen Gastransportsystems, der Transport von Gas über das Transportsystem sowie die damit zusammenhängenden Geschäfte.

Leitungen: Erdgasleitung von der deutsch-tschechoslowakischen Grenze bei Waidhaus (Oberpfalz) bis zur deutsch-französischen Grenze bei Medelsheim einschließlich einer Anschlußleitung zur deutsch-österreichischen Grenze östlich von Passau, Gesamtlänge 629 km (und 447 km Parallelleitung).

Midal Mitte-Deutschland-Anbindungsleitung für Erdgas GmbH

W-3500 Kassel, Postfach 104020, Friedrich-Ebert-Straße 160, ☏ (0561) 301-0, Telefax (0561) 301-702, Teletex (17) 561898 = wuk, ⌕ 99632-0 wukd.

Geschäftsführung: Dr. Gert *Maichel*, Alfred *Weber*.

Kapital: 100 000 DM.

Gesellschafter: Wintershall Erdgas GmbH (WIEG), 100%.

Mittelrheinische Erdgastransport GmbH (METG)

5657 Haan 1, Postfach, Neuer Markt 29, ☏ (02129) 50031.

Aufsichtsrat: Dr. B. *Bergmann*, Hattingen, Vorsitzender; Dr. E. *Meyn*, Hamburg, stellv. Vorsitzender; R. *Beyer*, Essen; O. *Sollböhmer*, Essen; F. *Späth*, Essen; Herbert *Wittorf*, Hamburg.

Geschäftsführung: Dr. Rolf-Dieter *Heinrich*; Dipl.-Kfm. Klaus Dieter *Lutzenberger*.

Stammkapital: 51 Mill. DM.

Gesellschafter: Ruhrgas AG, Essen, 66$^2/_3$%; Esso AG, Hamburg, 16$^2/_3$%; Shell Petroleum NV, Den Haag, 16$^2/_3$%.

Zweck: Der Transport von Erdgas und anderer mit Erdgas austauschbarer Gase. Zum Gegenstand des Unternehmens gehören auch der Bau und Erwerb von Leitungen zum Zwecke des Gastransports und das Betreiben dieser Leitungen.

Leitungen: Erdgas-Hauptrohrleitungssystem von Bergisch Gladbach bei Köln bis Rüsselsheim; Gesamtlänge rd. 173 km; 2 Verdichterstationen in Köln-Porz und in Scheidt (Lahn).

	1990	1991
Umsatz .... Mill. DM	99,1	106,9

Nordrheinische Erdgastransport GmbH (NETG)

5657 Haan 1, Postfach, Neuer Markt 29, ☏ (02129) 50031.

Aufsichtsrat: W. *Kottmann*, Vorsitzender; Dr. B. *Bergmann*, stellv. Vorsitzender; R. *Beyer*; Dr. K. *Herrnberger*.

Geschäftsführung: Dr. Rolf-Dieter *Heinrich*; Dipl.-Kfm. Klaus Dieter *Lutzenberger*.

Stammkapital: 46 Mill. DM.

Gesellschafter: Ruhrgas AG, Essen, 50%; Thyssengas GmbH, Dbg.-Hamborn, 50%.

Zweck: Der Transport von Erdgas und anderer mit Erdgas austauschbarer Gase. Zum Gegenstand des Unternehmens gehören auch der Bau und Erwerb von Leitungen zum Zwecke des Gastransports und das Betreiben dieser Leitungen.

Leitungen: Erdgas-Hauptrohrleitungssystem von der deutsch-niederländischen Grenze bei Elten bis Bergisch Gladbach bei Köln; Gesamtlänge rd. 152 km; 2 Verdichterstationen in Elten und in St. Hubert bei Krefeld.

	1990	1991
Umsatz .... Mill. DM	69,8	75,9

Stegal GmbH Sachsen-Thüringen-Erdgas-Leitung

W-1000 Berlin 61, Postfach 610277, O-1080 Berlin, Zimmerstraße 86–91, ☏ (030) 3932736, 3932814, (00372) 2291853, Telefax (030) 3933124, (00372) 2295009, Teletex 30 5124 wlehd.

Geschäftsführung: Günter *Karkuschke*, Jury *Komarov*.

Kapital: 100 000 DM.

Gesellschafter: Wintershall Erdgas GmbH (WIEG), 50%.

Süddeutsche Erdgas Transport GmbH (SETG)

5657 Haan 1, Postfach, Neuer Markt 29, ☏ (02129) 50031.

Aufsichtsrat: Dr. E. *Meyn*, Vorsitzender; Dr. B. *Bergmann*, stellv. Vorsitzender; A. *Middelschulte*; H. *Wittorf*.

Geschäftsführung: Dr. Rolf-Dieter *Heinrich*; Dipl.-Kfm. Klaus Dieter *Lutzenberger*.

Stammkapital: 6 Mill. DM.

Gesellschafter: Ruhrgas AG, Essen, 50%; Esso AG, Hamburg, 25%; Shell Petroleum NV, Den Haag, 24%; BV Nederlandse Internationale Industrie- en Handel Maatschappij, Den Haag, 1%.

Zweck: Der Transport von Erdgas und anderer mit Erdgas austauschbarer Gase. Zum Gegenstand des Unternehmens gehören auch der Bau und Erwerb von Leitungen zum Zwecke des Gastransports und das Betreiben dieser Leitungen.

Leitungen: Erdgas-Hauptrohrleitungssystem von Rüsselsheim bis Lampertheim bei Mannheim; Gesamtlänge 47 km.

Trans Europa Naturgas Pipeline GmbH (TENP)

4300 Essen, Moltkestraße 59, ☏ (0201) 26931, 26932.

Aufsichtsrat: Dr. jur. Klaus *Liesen*, Essen, Vorsitzender; Dr.-Ing. Pio *Pigorini*, San Donato Milanese, stellv. Vorsitzender; Dr. Angelo *Ferrari*, Milano; Dr.-Ing. Vittorio *Meazzini*, Milano; Dipl.-Kfm. Otto *Sollböhmer*, Essen; Dr.-Ing. Burckhard *Bergmann*, Essen.

Geschäftsführung: Carlo *Vanetta*; Dipl.-Ing. Dipl.-Wirtsch.-Ing. Klaus Dieter *Huth*.

Stammkapital: 15 Mill. DM.

Gesellschafter: Ruhrgas AG, Essen, 51%; Snam International Holding AG, Zürich, 49%.

Zweck: Der Transport von Erdgas sowie der Bau und Betrieb der hierzu erforderlichen Transportsysteme.

Leitungen: Erdgasleitung von Aachen nach Rheinfelden (Baden); Gesamtlänge 500 km (und 16 km Parallelleitung).

Wintershall Erdgas GmbH (WIEG)

W-3500 Kassel, Postfach 104020, Friedrich-Ebert-Straße 160, ☏ (0561) 301-0, Telefax (0561) 301-8194, Teletex (17) 561898 = wuk, ✄ 99632-0 wukd.

Geschäftsführung: Alfred *Weber*, Klaus *Wollschläger*.

Kapital: 600 000 DM.

Gesellschafter: Wintershall AG, 100%.

Wintershall Erdgas West GmbH (WIEW)

W-3500 Kassel, Postfach 104020, Friedrich-Ebert-Straße 160, ☏ (0561) 301-0, Telefax (0561) 301-8194, Teletex (17) 561898 = wuk, ✄ 99632-0 wukd.

Geschäftsführung: Dr. Gert *Maichel*, Alexander I. *Lukin*, Dr. Werner *Lindemann*.

Kapital: 100 000 DM.

Gesellschafter: Wintershall Erdgas GmbH (WIEG), 70%.

WIR PLANEN ANLAGEN FÜR DIE ÖL & GAS INDUSTRIE

Unsere Fachgebiete:

- Pipeline-Systeme für alle Medien wie Erdgas, Mineralöle, Wasser, Slurry, flüssigen Schwefel einschließlich Pump- und Verdichterstationen
- Tanklager und Einrichtungen zur Speicherung von Erdgas obertage und untertage einschließlich Einlagerungs- und Auslagerungssysteme
- Produktions- und Prozeßanlagen für Öl- und Gasfelder einschließlich Einrichtungen für Sekundärmaßnahmen
- Anlagen zur Reinhaltung von Wasser und Luft
- Umweltverträglichkeitsstudien
- Prozeßleittechnik einschließlich Software

Unser Leistungsprogramm:

Durchführbarkeitsstudien - Systemoptimierung - Vorentwurf - Kostenschätzung - Ausschreibung - Ausführungsplanung - Angebotsprüfung - Bauleitung - Bauüberwachung - Netzplantechnik - Inbetriebnahme - Ausbildung Betriebspersonal - Beratung für Wartung - Beratung für Betrieb

iLF
BERATENDE INGENIEURE

D-8000 MÜNCHEN 81
ARABELLASTRASSE 21
TEL (089) 92 80 08-0
FAX (089) 92 80 08-30
TELEX 5 23 049

A-6020 INNSBRUCK
FRAMSWEG 16
TEL (0512) 6 33 33-0
FAX (0512) 6 78 28
TELEX 533 733

3. Mineralölverarbeitung, Kavernen und Transport
Mineralölverarbeitung

Gesellschaften der Mineralölverarbeitung: Raffineriekapazitäten (Mill. t)

Gesellschaft	Standort	1978	1985	1986	1987	1988	1989	1990	1991
Deutsche BP AG	Hamburg	5,1	–	–	–	–	–	–	–
BP oiltech GmbH[11]	Hamburg-Neuh.	–	–	–	–	–	–	–	–
Deutsche Shell AG	Hamburg	4,3	4,3	4,3	4,3	4,3	4,3	4,3	4,3
DEA Mineralöl AG, Erdölwerke Holstein[9]	Heide	5,6	4,0	4,0	4,0	4,0 [20]	4,0	4,0	4,0
Elf Bitumen Deutschland GmbH	Brunsbüttel	0,45	0,45	0,45	0,45	–[1]	–	–	–
Esso AG[10]	Hamburg	5,5	4,5	4,5	–[16]	–	–	–	–
Holborn Europa Raff. GmbH	Hamburg	–	–	–	–	3,5	3,5	3,63	3,9
Oelwerke Julius Schindler GmbH[11]	Hamburg	0,43	–	–	–	–	–	–	–
Hamb./Schlesw.-Holst./Bremen		**21,38**	**13,25**	**13,25**	**8,75**	**11,8**	**11,8**	**11,93**	**12,2**
Beta Raffineriegesellschaft[12]	Wilhelmshv.	–	–	–	–	–	–	–	8,0
Erdöl-Raff. Deurag-Nerag[15]	Misburg	2,25	2,0	–	–	–	–	–	–
Erdölwerke Frisia GmbH[2]	Emden	2,4	–	–	–	–	–	–	–
Mobil Oil AG[12]	Wilhelmshv.	8,0	–	–	–	–	–	–	–
Wintershall AG, Raff. Emsland	Lingen	4,5	4,5	4,5	3,2	3,2	3,2	3,5	3,5
Wintershall AG	Salzbergen	0,3	0,3	0,3	0,3	0,3	0,3	0,14	0,14
Niedersachsen		**17,45**	**6,8**	**4,8**	**3,5**	**3,5**	**3,5**	**3,64**	**11,64**
Deutsche BP AG	Dinslaken	9,9	–	–	–	–	–	–	–
Deutsche Shell AG	Godorf	9,0	8,5	8,5	8,5	8,5	8,5	8,5	8,5
Deutsche Shell AG[3]	Monheim	0,5	–	–	–	–	–	–	–
Erdöl-Raff. Duisburg (ERD) GmbH[17]	Duisburg	2,0	2,0	2,0	2,0	–	–	–	–
Esso AG[4]	Köln	5,7	–	–	–	–	–	–	–
Ruhr Oel GmbH[5]	Gelsenkirchen	17,0	10,5	10,5	10,5	10,5	10,5	10,5	10,5
DEA Mineraloel AG, Werk UK Wesseling[21]	Wesseling	6,0	4,5	4,5	4,5	4,5	4,5	5,0	5,0
Nordrhein-Westfalen		**50,1**	**25,5**	**25,5**	**25,5**	**23,5**	**23,5**	**24,0**	**24,0**
Caltex Deutschland GmbH[6]	Raunheim	4,5	–	–	–	–	–	–	–
Esso AG	Karlsruhe	8,0	7,5	7,5	7,5	7,5	7,5	7,5	7,5
Oberrh. Mineralölw. GmbH	Karlsruhe	7,0	7,0	7,0	7,0	7,0	7,0	8,5	8,5
Wintershall AG[18]	Mannheim	5,6	3,5	3,5	3,5	3,5	–	–	–
Baden-Württ./Hessen		**25,1**	**18,0**	**18,0**	**18,0**	**18,0**	**14,5**	**16,0**	**16,0**
Elf/Gelsenberg oHG[7]	Speyer	8,0	–	–	–	–	–	–	–
Mobil Oil Raff. GmbH & Co. oHG	Wörth	3,5	3,5	3,5	4,5	4,5	4,78	4,78	5,03
Saarl. Raffinerie GmbH[13]	Völklingen	3,6	–	–	–	–	–	–	–
Rheinl.-Pfalz/Saarland		**15,1**	**3,5**	**3,5**	**4,5**	**4,5**	**4,78**	**4,78**	**5,03**

Fortsetzung der Tabelle auf Seite 345

Raffineriekapazitäten (Mill. t) — Fortsetzung

Gesellschaft	Standort	1978	1985	1986	1987	1988	1989	1990	1991
Deutsche BP AG	Vohburg	5,1	5,1	5,1	5,1	5,1	–[19]	–	–
ÖMV Deutschland GmbH[22]	Burghausen	3,4	3,4	3,4	3,4	3,4	3,4	3,4	3,4
Deutsche Shell AG[8]	Ingolstadt	2,8	–	–	–	–	–	–	–
Erdölraff. Ingolstadt AG[14]	Ingolstadt	7,0	–	–	–	–	–[19]	–	–
Erdölraff. Neustadt GmbH & Co oHG	Neustadt/Donau	7,0	7,0	7,0	7,0	7,0	7,0	7,0	7,0
Esso AG	Ingolstadt	5,0	4,7	4,7	4,7	4,7	4,7	4,7	4,7
RVI Raffinerie Ges. Vohburg/Ingolstadt	Vohburg	–	–	–	–	–	5,11[19]	5,1	5,1
Bayern		**30,3**	**20,2**	**20,2**	**20,2**	**20,2**	**20,21**	**20,2**	**20,2**
Alte Bundesländer		**159,43**	**87,25**	**85,25**	**80,45**	**81,5**	**78,29**	**80,55**	**89,07**
Petrolch. u. Kraftst. PCK AG	Schwedt	9,3	..	11,3	11,3	11,3	11,3	11,465	12,0
Brandenburg		**9,3**	**..**	**11,3**	**11,3**	**11,3**	**11,3**	**11,465**	**12,0**
Sächsische Olifinwerke AG	Böhlen	2,1	2,1	2,1	2,1	2,1	2,1	–[23]	–
Sachsen		**2,1**	**2,1**	**2,1**	**2,1**	**2,1**	**2,1**	**–**	**–**
Addinol Mineralöl GmbH	Lützkendorf	0,6	0,6	0,6	0,6	0,6	0,6	0,55	0,55
Hydrierwerk Zeitz AG	Zeitz	3,2	..	3,0	3,0	3,0	3,0	3,0	3,2
Leunawerke AG	Leuna	4,8	..	5,2	5,2	5,2	5,2	5,2	5,2
Sachsen-Anhalt		**8,6**	**..**	**8,8**	**8,8**	**8,8**	**8,8**	**8,75**	**8,95**
Neue Bundesländer		**20,0**	**–**	**22,2**	**22,2**	**22,2**	**22,2**	**20,215**	**20,95**
Gesamtkapazität		**179,43**	**..**	**107,45**	**102,65**	**103,7**	**100,49**	**100,765**	**110,02**

Quelle: Mineralölwirtschaftsverband eV

[1] 1983 u. 1984 wurden die 0,45 Mill. t der Vakuumdestillation zugeordnet, ab 1988 endgültig.
[2] Raffinerieschließung 1. 10. 1984
[3] Raffinerieschließung 31. 12. 1984
[4] Raffinerieschließung 30. 8. 1982
[5] bis 1982 VEBA OEL AG, Werksgruppe Ruhr
[6] Raffinerieschließung 31. 1. 1982
[7] Raffinerieschließung 1. 4. 1984
[8] Raffinerieschließung 31. 7. 1982
[9] Teilstillegung Ende August 1985
[10] Teilstillegung Ende August 1985
[11] Stillegung der atmosph. Destillation (Ende 1985) Umstellung auf Vakuumdest., ab 1988 BP oiltech GmbH
[12] Einstellung der Verarbeitung Ende März 1985, die Anlagen wurden eingemottet; Wiederinbetriebnahme durch Beta Raff. Ges. Ende 1991
[13] Raffinerieschließung Ende September 1985
[14] Stillegung der atmosph. Destillation Ende Juli 1985
[15] Raffinerieschließung Ende April 1986
[16] Die Verarbeitung wurde im Januar 1987 eingestellt, Wiederinbetriebnahme durch die Holborn Europa Raffinerie GmbH im Februar 1988 (3,5 Mill. t/a)
[17] Stillegung im Dezember 1988
[18] Stillegung im März 1989
[19] Die Anlagen von BP u. ERIAG wurden Anfang 1990 von RVI übernommen.
[20] bis 1988 Deutsche Texaco AG
[21] bis 1988 Union Rhein. Braunkohlenkraftstoff AG
[22] bis 1988 Deutsche Marathon Petroleum GmbH; bis 30. 6. 91 DMP Mineralöl Petrochemie GmbH
[23] Rohölverarbeitung in SOW Böhlen in 1990 eingestellt; die Anlagen wurden eingemottet (Kapazität: 2,3 Mill. t)

Aral AG

4630 Bochum 1, Wittener Str. 45, ☏ (0234) 3150, ✆ 825841, Telefax (0234) 3152319, Teletex 234322, ⌘ aral.

Aufsichtsrat: Herbert *Detharding*, Vorsitzender; Dr. Hubert *Heneka*, stellv. Vorsitzender; Burkhard *Genge;* Josef *Heidelbach;* Fred *Jendrzejewski;* Dieter *Kobuss;* Hartmut *Richter;* Gerhard *Roth;* Dr. Friedel *Wehmeier;* Klaus *Wollschläger*.

Vorstand: Dr. Helmut *Burmester*, Vorsitzender; Günter *Michels;* Dr. Hans Ulrich *Steenken*.

Direktoren: Walter *Laumann*, Alfred *Wolters*, Manfred *Zeller*.

Presseabteilung: Michael *Friedrich*.

Kapital: 300 Mill. DM.

Aktionäre: Veba Oel AG, rd. 56%; Mobil Oil AG, rd. 28%; Wintershall AG, 15%; Kokereibenzol-Erzeuger, rd. 1%.

Zweck: Der Vertrieb von Mineralölerzeugnissen einschließlich Benzol und seinen Homologen sowie flüssigen Treibstoffen anderer Art, insbesondere aus der Erzeugung der Aktionäre; die Reinigung und Umwandlung dieser Erzeugnisse und der Vertrieb sämtlicher End- und Nebenprodukte aus solchen Verfahren sowie die Vornahme aller damit zusammenhängenden Geschäfte und Maßnahmen, die zur Erreichung des Gesellschaftszweckes notwendig oder nützlich erscheinen.

	1990	1991
Netto-Umsatzerlöse .... Mill. DM	12 453	14 132
Beschäftigte .... (Jahresende)	889	938

Tochtergesellschaften im Ausland

Aral Austria Ges. mbH, Wien.
Aral België NV, Antwerpen.
Aral Luxembourg SA, Luxembourg.
Aral (Schweiz) AG, Basel.

Deutsche BP Aktiengesellschaft

2000 Hamburg 60, Überseering 2, Postfach 600340, ☏ (040) 6395-0, ✆ 2/17007-0, ⌘ Beepee Hamburg.

Aufsichtsrat: David A. G. *Simon*, Vorsitzender, Managing Director The British Petroleum Company p.l.c.; Dr. Hellmuth *Buddenberg*, stellv. Vorsitzender; Piet-Jochen *Etzel*, Mitglied des Vorstandes der Dresdner Bank AG; Heinz *Dürr*, Vorsitzender des Vorstandes der Deutschen Bundesbahn; Dr.-Ing. Reiner *Gohlke*, Mitglied der Geschäftsführung Süddeutscher Verlag GmbH; Christopher P. *King*, Director Europe The British Petroleum Company p.l.c.. Arbeitnehmervertreter: Claus *Swierzy*, 1. stellv. Vorsitzender; Jürgen *Benk;* Detlef *Dupke;* Franz *Gebhard;* Christa *Junge;* Claus *Tensfeld*.

Vorstand: Dr. Peter *Bettermann*, Vorsitzender; Dr. Euwout *Verboom*.

Generalbevollmächtigte: Dr. Rüdiger *Stolzenburg*.

Direktoren: Hans-Peter *Breiholz*, Detlef *Dupke*, Dr. Hans-Henning *Fries*, Horst *Gehrcke*, Dr. Helmut *Kuper*, Joachim *Pluns*, Hartmut *Schwabe*, Peter *Stockfisch*, Harro *Schmidt*.

Grundkapital: 1,0 Mrd. DM.

Alleinaktionär: BP Europe Ltd. und The British Petroleums Company p.t.c..

Zweck: Förderung, Gewinnung, Verarbeitung, Lagerung, Transport und Vertrieb von Erdöl, Erdgas und anderen Mineralien. Herstellung, Verarbeitung, Lagerung, Transport und Vertrieb von Erzeugnissen, die aus Erdöl, Erdgas oder anderen Mineralien hergestellt sind. Herstellung, Verarbeitung und Vertrieb von nichtmineralischen Ölen und Fetten, von chemischen Erzeugnissen aller Art, von Erzeugnissen aus Kunststoffen, von Kraftfahrzeug- und Kraftfahrerbedarf sowie von Bedarfsartikeln für Wasser- und Luftfahrzeuge und deren Führer. Entwicklung, Errichtung, Herstellung, Verpachtung und Vertrieb von Anlagen und Apparaten für Förderung, Gewinnung, Verarbeitung und Vertrieb der oben genannten Waren sowie Handel mit den genannten Waren und Forschung auf den oben genannten Arbeitsgebieten. Errichtung, Erwerb und Betrieb von Dienstleistungseinrichtungen für den Land-, Wasser- und Luftverkehr einschließlich Hotels und Raststätten. Erwerb von Beteiligungen an Unternehmen, die sich ganz oder teilweise auf einem der oben genannten Geschäftsgebiete betätigen.

Tochtergesellschaften und Beteiligungen

Öl

Raffineriegesellschaft Vohburg/Ingolstadt mbH, Vohburg, 62,5%.
BP oiltech GmbH, Hamburg, 100%.
BP oiltech GmbH, Freiburg, 100%.
BP Handel GmbH, Hamburg, 100%.
BP Handel GmbH, Regionalgesellschaften, Berlin, Frankfurt, Hamburg, Mülheim, München, Stuttgart, 100%.
Mingro Mineralöl Großhandel GmbH, Berlin, 33,33%.
BP Mineralölhandel – Leuna-Werke GmbH, Leuna, 33,33%.
BP Tankstellen GmbH, Hamburg, 100%.
BPM Tankstellenbetriebsgesellschaft mbH, Dresden, 50%.
Union-Tank Eckstein GmbH & Co. KG, Kleinostheim, 49%.
BP Truckstop GmbH & Co. KG, Hamburg, 99,01%.
BP Mineralöl GmbH, Dresden, 100%.
BP Bunker GmbH, Hamburg, 100%.
BP Flüssiggas GmbH, Hamburg, 100%.
BP Transport und Logistik GmbH, Hamburg, 100%.

Transpetrol GmbH Internationale Eisenbahnspedition, Hamburg, 80%.
Mineralöl-Füllstellenbetriebs GmbH, Leuna, 33,33%.
Rhein-Main-Rohrleitungstransportgesellschaft mbH, Köln, 31%.
Deutsche Transalpine Oelleitung GmbH, München, 11%.
Nord-West Oelleitung GmbH, Wilhelmshaven, 15%.
BP Euroservice GmbH, Hamburg, 100%.
Hydranten-Betriebsgesellschaft Flughafen Frankfurt/M., Frankfurt/M., 11,11%.
TBN Tanklager-Betriebsgesellschaft Nürnberg mbH, Nürnberg, 40%.
Tanklager-Gesellschaft Tegel (TGT), Hamburg, 33,33%.
TLS Tanklager Stuttgart GmbH, Stuttgart, 45%.
Tankdienst-Gesellschaften
 TGB Berlin, 50%.
 TGC Colonia, 50%.
 TGD Düsseldorf, 33,33%.
 TGF Frankfurt, 25%.
 TGH Hamburg, 50%.
 TGL Hannover-Langenhagen, 50%.
 TGM München, 33,33%.
 TGN Nürnberg, 50%.
 TGS Stuttgart, 50%.

Chemie, Sonstige

EC Erdölchemie GmbH, Köln, 50%.
BP Chemicals GmbH, Düsseldorf, 100%.
Carborundum Deutschland GmbH, Düsseldorf, 99,9%.
Globol GmbH, Neuburg/Donau, 75%.
Aethylen-Rohrleitungs-GmbH & Co. KG, Marl, 16,67%.
Gelsenberg AG, Essen, 100%.
Ruhrgas AG, Essen, 25,52%

Stand: 31. 12. 1991

DEA Mineraloel AG

2000 Hamburg 60, Überseering 40, Postfach 600449, ☏ (040) 6375-0, ✂ 21151320 tx d, Telefax (040) 63753496.

Aufsichtsrat: Dr. Armin *Schram*, Hamburg (Vorsitzender); Heinz *Weber*, Wesseling (stellv. Vorsitzender); Kai *Grau*, Heide; Gerd *Hengsberger*, Frechen; Professor Dr.-Ing. Werner *Hlubek*, Essen; Dr. Herbert *Krämer*, Essen; Rolf *Langmesser*, Hamburg; Dr.-Ing. Dr.-Ing. E. h. Hans-Joachim *Leuschner*, Köln; Dr. Lothar *Sandhack*, Heide; Professor Dr. Enno *Schubert*, Varel; Wolfgang *Ziemann*, Essen; Bernd *Zwingmann*.

Vorstand: Dr. Peter *Koch* (Vorsitzender); Frieder *Drögemüller*, Heinz *Penndorf*, Hans-Joachim *Schmincke*, Dr. Wolfgang *Schumann*.

Aktionär: RWE-DEA Aktiengesellschaft für Mineraloel und Chemie, Hamburg (100%).

Kapital: 300 Mill. DM.

Zweck: Die DEA Mineraloel AG ist in der RWE-DEA Gruppe zuständig für Versorgung, Verarbeitung und Verkauf von Mineralölprodukten. Außerdem stellt sie in ihren Raffinerien petrochemische Produkte her.

Tochter- und Beteiligungsgesellschaften

DEA Mineralölverkauf Duisburg GmbH, Duisburg, 100%.
DEA Mineralölverkauf Frankfurt GmbH, Frankfurt, 100%.
DEA Mineralölverkauf Köln GmbH, Köln, 100%.
DEA Mineralölverkauf Mannheim GmbH, Mannheim, 100%.
DEA Mineralölverkauf Nürnberg GmbH, Nürnberg, 100%.
DEA Mineralölverkauf Stuttgart GmbH, Stuttgart, 100%.
DEA Mineralölverkauf München GmbH, München, 100%.
Oberrheinische Mineralölwerke GmbH, Karlsruhe, 42%.
Société de Participations dans l'Industrie et le Transport du Pétrole SA.R.L., Neuilly-sur-Seine, 25,4%.
Rhein-Main-Rohrleitungstransportgesellschaft mbH, Köln, 20%.
Deutsche Transalpine Oelleitung GmbH, München, 9%.
Società Italiana per l'Oleodotto Transalpino S.p.A., Triest, 3%.
Transalpine Ölleitung in Österreich GmbH, Innsbruck, 3%.
thermotex Gesellschaft für Fernwärme mbH, Köln, 100%.
DEA Mineraloel GmbH, Wien, 100%.
PCK AG, Schwedt, 37,5%.
Etablissements Calmès, Metz, 100%.

Erdölwerke Holstein

2240 Heide, Postfach 1440, ☏ (0481) 693-0, ✂ 28848, Fax (0481) 6932542, Versand: 28858, ⌁ DEA Heideholst, St u. WL: Hemmingstedt.

Direktion: Dipl.-Ing. Raimund *Fischer*.

Erdölraffinerie: 4,0 Mill. t/a Rohöldurchsatz, Top- und Vacuumdestillationsanlagen, katalytische Krackanlage (TCC-Verfahren) mit den dazugehörigen Nebenanlagen.

Katalytische Polymerisation und zwei katalytische Benzin-Entschwefelungsanlagen, 1 katalaytische Reforminganlage (Platformer), 2 katalytische Gasöl-Entschwefelungsanlagen mit Schwefelgewinnung, 1 Visbreaker, Aromaten-Extraktionsanlage mit Xylol-Fraktionierung. Pyrolyseanlage zur Erzeugung von Äthylen. Reinstpropylenanlage. MTBE-Produktion aus Methanol und Isobuten. Betrieb eines unterirdischen Kavernenspeichers für Flüssiggas (Butan).

2 ERDÖL- UND ERDGASWIRTSCHAFT

Nebenbetriebe: Ent- und Verladeanlage in Brunsbüttel für Hochsee-, Küsten- und Binnentanker; 7 Pipelines zwischen Ent- und Verladeanlage Brunsbüttel und Raffinerie Hemmingstedt (32 km); 2 Pipelines von der Raffinerie zur RWE-DEA, Werke Brunsbüttel (früher Condea Chemie GmbH), davon eine weitergeführt zur Bayer AG, Werk Brunsbüttel.

Mineralölwerk Grasbrook

2000 Hamburg 11, Worthdamm 50, ☏ (040) 78949-0, ✆ 2163211, Fax (040) 783009, St: Hamburg-Wilhelmsburg, WL: Hamburg Süd.

Direktion: Dr.-Ing. Ulrich *Krämer*.

Betriebsanlagen: Mineralöl-Raffinerie. Zwei Entparaffinierungsanlagen und eine Paraffinentölung nach dem DI/ME-Verfahren. Selektiv-Raffination, eine Anlage mit Schwefeldioxid (Edeleanu-Verfahren) und zwei Anlagen mit NMP als Lösungsmittel; zwei Hydrofinishing-Anlagen (Texaco-Hy-Finishing-Anlage); zweistufige Hochdruckhydrierung einschl. Wasserstoffanlage; Ölmischerei, Tankfarm, Gebinde-Abfüllung, Versandanlagen; Anlage zur Herstellung von Vaselinen, Paraffin-Fabrikation; Spezialitäten und alle Arten von Schmierölen.

Kapazität: 410000 t/a Destillateinsatz.

Fettfabrik Kiel

2300 Kiel 1, Neuenrade 2, ☏ (0431) 687091, ✆ 299854, Fax (0431) 64 2670.

Werksleiter: Dr.-Ing. Ulrich *Krämer*.

Betriebsanlagen: Schmierfettfabrik zur Herstellung von technischen Fetten.

Kapazität: 6000 t/a.

DEA Werk UK Wesseling

5047 Wesseling, Ludwigshafener Straße, ☏ (02236) 79-01, ✆ 8886947 ukw d, Fax (02236) 79-3344.

Direktion: Dipl.-Ing. Friedrich *Schwarze*.

Mineralölverarbeitung: Top- und Vacuumdestillationsanlagen, thermische Krackanlage, Hydrokracker, Reforminganlagen, katalytische Entschwefelungsanlagen für Benzine und Mitteldestillate, Polymerisationsanlage, Schwefelgewinnung.

Kapazität: 5 Mill. t/a.

Chemieanlagen zur Erzeugung von Olefinen, Benzol, Toluol, Xylolen, Methanol, Dimethylether, CO_2-, N_2 und O_2.

Rohölversorgung über die Nord-West-Oelleitung und über die Rotterdam-Rhein-Pipeline.

ÖMV Deutschland GmbH

8000 München 2, Neuturmstr. 5, Postanschrift: Postfach 100431, 8000 München 1, ☏ (089) 23070, ✆ 529382, Telefax (089) 230 7316, ⚑ OMV D München.

Aufsichtsrat: Dr. Richard *Schenz*, Wien; Dr. Klaus *Westrick*, Frankfurt; Alfred *Sonnenberg*, Burghausen.

Geschäftsführung: Werner *Bohnhorst*; Dr. Walter *Fritsch*.

Kapital: 200 Mill. DM.

Gesellschafter: ÖMV Aktiengesellschaft, Wien.

Zweck: Herstellung, Verarbeitung, Ein- und Ausfuhr von und Handel mit Rohöl und Erzeugnissen der Ölindustrie sowie alle damit zusammenhängenden Geschäfte.

Absatzorganisation: Großhandel und Verbrauchergeschäft.

	1990	1991
Umsatz .... Mill. DM	1 380	1 399
Beschäftigte .... (Jahresende)	862	898

Beteiligungen
Deutsche Transalpine Oelleitung GmbH, 7 %.

Werk Burghausen

8263 Burghausen, Postfach 1209, ☏ (08677) 811, ✆ 56917 omvbgh d, Telefax (08677) 81265.

Werksleitung: Dr. W. *Fritsch*.

Erdölraffinerie: Jahreskapazität von 3,4 Mill. t; Rohöldestillation, Verkokungsanlage, Kalzinieranlage, Steam Cracker; Claus-Anlage; Pyrotol-Anlage, Polyethylenanlage, Polypropylenanlage.

Produkte: Ethylen; Polypropylen; Benzol; Butadien-Vorprodukte; Petrolkoks; Heizöl; Jet A-1; Elementarschwefel, Polyethylen, Polypropylen.

Versorgung durch Pipeline Steinhöring-Burghausen.

Deutsche Shell AG

2000 Hamburg 60, Überseering 35, ☏ (040) 6324-0, ✆ 21970, Telefax (040) 6321051.

Aufsichtsrat: Cornelius A. J. *Herkströter*, Vorsitzender; Rolf *Kleinesper*, stellv. Vorsitzender; Gerd *Andres*; James William *Gordon*; Dr.-Ing. Manfred *Lennings*; Klaus *Lüdemann*; Heinz Günter *Müller*; Horst *Paetow*; Dr.-Ing. E. h. Günther *Saßmannshausen*; Sabine *Schlüter*; Dr. Walter *Seipp*; Lodewijk C. *van Wachem*.

Vorstand: Peter J. B. *Duncan*, Vorsitzender; Peter J. *Gerhartz*; Dr. Dieter *Ahrens*; Jürgen *Durry*; Thies *Korsmeier*; Rainer *Laufs*.

Direktoren: Dr. Siegfried *Bandilla*, Diethard *Barnikkel*, Georg *Beckmann*, Jean Pierre *Duquesne*, Dr. Hans *Ecke*, Willbrecht *Förstel*, Dr. Hans-Joachim *Frensdorff*, Dr. Lothar *Geldern*, Volker *Hoffman*, Klaus-Peter *Johanssen*, Falk *Josten*, Heinrich-Arthur *Klaar*, Aart-Willem *Lokhorst*, Dr. Eckhart *Meyn*, Dr. Gerhard *Möller*, Dr. Hubert *Ruhig*,

MINERALÖLVERARBEITUNG, KAVERNEN UND TRANSPORT

Dr. Eberhard *Schulz*, Dr. Klaus *Spieckermann*, Dr. Gerhard *Steiner*, Dr. Hans-Erhard *Sulanke*, Manfred *Wellner*, Helmut *Wolff*.

Grundkapital: 1 Mrd. DM.

Aktionäre: Royal Dutch/Shell Gruppe.

Zweck: Suche, Förderung, Verarbeitung und Vertrieb von Mineralölprodukten.

Niederlassung für Shell-Stationen: Düsseldorf, Frankfurt (Main), Hamburg, München.

Verkaufsregionen: Nord — Hamburg/Düsseldorf, Süd — Frankfurt/München.

Niederlassung: Berlin.

	1990	1991
Beschäftigte .... (Jahresende)	3 254	3 294

Tochter- und Beteiligungsgesellschaften
Deutsche Gesellschaft für Erdölinteressen mbH, Hamburg, 100%.
Shell Bautechnik GmbH, Hamburg, 100%.
Colas Bauchemie GmbH, Hamburg, 100%.
Deutsche Gesellschaft für Ölwärmeinteressen mbH, Hamburg, 100%.
Deutsche Gesellschaft für Tankstellen- u. Parkhausinteressen mbH, Hamburg, 100%.
Gevem Gesellschaft für die Veredelung und den Vertrieb von Mineralölprodukten mbH, Hamburg, 100%.
Deutsche Shell Tanker-Gesellschaft mbH, Hamburg, 100%.
Solena Shipping Company of Monrovia, Monrovia, 100%.
Rhein-Main-Rohrleitungstransportgesellschaft mbH, Köln-Godorf, 41%.
Flüssiggas-Terminal Emden GmbH, Emden, 100%.
Propan-Menke Chr. Menke u. Co. GmbH, Hamburg, 100%.
Flüssiggas-Großvertrieb für Propan u. Butan GmbH, Kassel, 100%.
Shell Macron GmbH, Düsseldorf, 100%.
Este Lager- u. Handelsgesellschaft mbH, Hamburg, 100%.
Carissa Einzelhandel- u. Tankstellenservice GmbH, Frechen, 100%.
Euroshell Deutschland GmbH, Hamburg, 100%.
Deutsche Shell Tankstellen GmbH, Berlin, 100%.
Shell Schmierstoffvertrieb GmbH, Halle, 100%.
Caratgas Flüssiggas-Versorgungsgesellschaft mbH, Wuppertal, 50%.
Willersinn und Walter Flüssiggas-Versorgungs- und Handelsges. mbH u. Co KG, Ludwigshafen, 50%.
Schulz+Rackow Gastechnik GmbH, Gladenbach, 100%.
Gasint Gesellschaft für Gasinteressen mbH, Hamburg, 100%.
BEB Erdgas und Erdöl GmbH, Hannover, 50%.
Brigitta Erdgas und Erdöl GmbH, Hannover, 50%.
Elwerath Erdgas und Erdöl GmbH, Hannover, 50%.
Deutsche Erdgas Transport GmbH, Essen, 25%.
Erdöl-Raffinerie Deurag-Nerag GmbH, Hannover, 10%.
Société Shell Tunisienne de Développement Pétrolier SA, Tunis, 99,9%.
Deutsche Shell Chemie GmbH, Eschborn/Ts., 100%.
Shell Agrar Beteiligungs GmbH, Ingelheim, 100%.
Shell Agrar GmbH & Co. KG, Ingelheim, 100%.
Shell Chemie Köln GmbH, Köln, 100%.
Rheinische Olefinwerke GmbH (ROW), Wesseling, 50%.
Technochemie GmbH-Verfahrenstechnik, Dossenheim, 100%.
IM-Tech Integrated Materials Technology GmbH, Eschborn, 100%.
Shell Energieanlagen Management GmbH, Hamburg, 100%.
Petra European Trading Company B. V., Rotterdam, 40%.
Shell Kolen Participatie Maatschappij B.V., Rotterdam, 50%.
Hydranten-Betriebs-Gesellschaft Flughafen Frankfurt (Main), Gesellschaft b. R., Hamburg, 12,5%.
Tanklager-Gesellschaft Köln-Bonn, Gesellschaft b. R., Hamburg, 14,28%.
Tanklager-Gesellschaft Tegel, Gesellschaft b. R., Hamburg, 33 1/3%.
Tankdienst-Gesellschaft Hamburg GbR, Hamburg, 50%.
Tankdienst-Gesellschaft Düsseldorf GbR, Hamburg, 33 1/3%.
Tankdienst-Gesellschaft Frankfurt GbR, Hamburg, 25%.
Tankdienst-Gesellschaft München GbR, Hamburg, 33 1/3%.

Raffinerie Köln-Godorf

5000 Köln 50, Postfach 501280, ☏ (02236) 75-0, ⌕ 8 886 976.

Raffineriedirektor: Flemming W. O. *Lund*.

Erdölraffinerie: 8,5 Mill. t Kapazität, Top- und Vacuumdestillationsanlagen, Hydrocrackanlagen, katalytische Reformieranlagen, thermische Crackanlagen, katalytische Entschwefelungsanlagen für Benzine und Mitteldestillate, Schwefelgewinnung, Bitumenanlage und Isomerenanlagen, Anlagen zur Erzeugung von Benzol, Toluol und Xylolen für die chemische Industrie.

Versorgung durch RRP-Pipeline von Rotterdam.

Raffinerie Hamburg-Harburg

2100 Hamburg 90, Hohe-Schaar-Str. 34, Postfach 900342, ☏ (040) 75191-1, Telefax (040) 75 79 28.

Raffineriedirektor: Jürgen *Hansen*.

Erdölraffinerie: 4,3 Mill. t Kapazität, Top- und Vacuumdestillationsanlagen, katalytische Reformier-

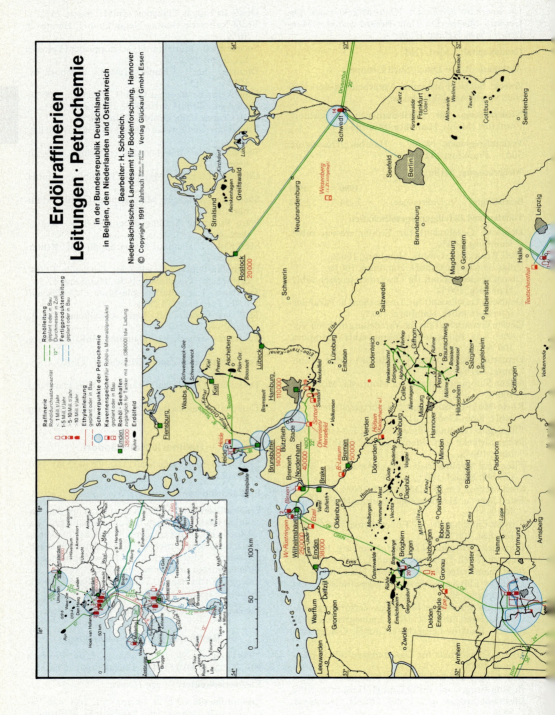

MINERALÖLVERARBEITUNG, KAVERNEN UND TRANSPORT

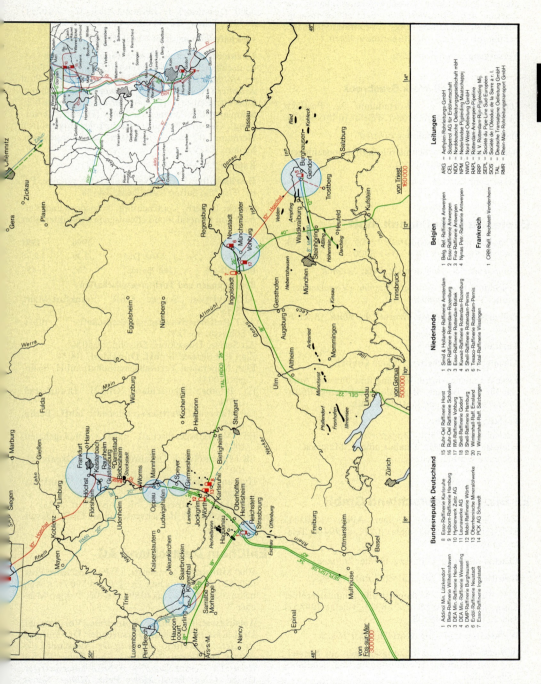

Diese Karte ist auch als Wandkarte lieferbar. Ausschnitte siehe Seiten 354 und 355.

anlage, katalytische Crackanlage, thermische Crackanlage, katalytische Entschwefelungsanlagen für Benzine und Mitteldestillate, Schwefelgewinnung, Schmierölentparaffinierung, -Extraktionsanlage, Schmieröl-Wasserstoffraffinationsanlagen.

Versorgung durch Seetanker.

Shell-Werk Grasbrook

2000 Hamburg 11, Worthdamm 32, Postfach 111947/48, ☏ (040) 78108-1, Telefax (040) 735974.

Werksdirektor: Dr. Günter *Eckstein.*

Betriebsanlagen: Schmieröl-Raffinationsanlagen, Fettfabrik, Ölmischanlagen.

Versorgung durch Leichter.

Edeleanu Gesellschaft mbH

8755 Alzenau, Industriestraße 13, ☏ (06023) 91-02, ⌀ 4188181, Telefax (06023) 91-3020.

Vorsitzender des Beirates: Dr. Peter *Schmidt.*

Geschäftsführung: Norbert *Lermer* (Vorsitzender), Gunter P. A. *Gleumann.*

Prokuristen: W. *Koog,* Werner L. *Hack,* Axel F. *Knoll.*

Kapital: 1000000 DM.

Alleiniger Gesellschafter: Nukem GmbH.

Zweck: Ingenieurbüro; Planung und Bau von Anlagen für den Bereich Mineralölverarbeitung, Petrochemie sowie Öl- und Gasfeldtechnik.

Tochtergesellschaft:
Edeleanu Asia Pte Ltd, Singapur.
Edeleanu SDN BHD, Kuala Lumpur, Malaysia.
Edeleanu GmbH, Leipzig.

Elf Bitumen Deutschland GmbH

4000 Düsseldorf 1, Berliner Allee, ☏ (0211) 889980, ⌀ 8586624, Telefax (0211) 889490, Teletex 21162.

Geschäftsführung: Dipl.-Ing. Günter *Höltken.*

Gesellschafter: Elf Mineraloel GmbH, 100%.

2212 Brunsbüttel, Melamidstraße (Industriegebiet Süd), ☏ (04852) 888-0, ⌀ 28313, Telefax (04852) 888-223, Teletex 48522.

Werksleiter: Dipl.-Ing. Karl-Theodor *Haack.*

Betriebsanlagen: Verarbeitungsanlagen zur Herstellung von Bitumen, Spezialbitumen und Schiffsbetriebsstoffen.

Raffineriekapazität: 950000 t/a.

Elf Mineraloel GmbH

4000 Düsseldorf 1, Berliner Allee 52, ☏ (0211) 8899-1, Telefax (0211) 8899-448, Teletex 21162.

Geschäftsführung: Jean-Marie *Engeldinger.*

Direktoren: Joachim *Böttcher* (Sonderaufgaben Ostdeutschland); Jean-Pierre *Grisez* (Tankstellen); Günter *Höltken* (Elf Bitumen Deutschland GmbH); Paul *Kraemer* (Personal, Recht, Organisation, Werbung, Öffentlichkeitsarbeit); Guy *Martel* (Automobile-Schmierstoffe); Werner *Nienhaus* (Handel, Versorgung); Gerhard *Rosenberg* (Industrieschmierstoffe); Hermann *Wittmann* (Finanzen, Rechnungswesen, Steuern, EDV).

Kapital: 230 Mill. DM.

Gesellschafter: Société Nationale Elf Aquitaine, Paris, 97,17%; Safrep S.A., Paris, 2,83%.

Zweck: Erwerb, Verarbeitung, Transport und Vertrieb von Mineralöl und chemischen Produkten aller Art.

	1990	1991
Umsatz . . . . Mrd. DM	2,29	2,75
Beschäftigte . . . . (Jahresende)	501	487

Beteiligungen und Tochtergesellschaften
AET-Aviation Service GbR, Frankfurt/Main, 33,33%.
AET-Raffineriebeteiligungsgesellschaft mbH, Schwedt, 33,33%.
Air Service Düsseldorf, Düsseldorf, 50%.
Elan Kfz-Service GmbH, Düsseldorf, 100%.
Elan Mineraloel Vertriebsgesellschaft mbH, Solingen, 100%.
Elf Bitumen Deutschland GmbH, Brunsbüttel, 100%.
Elf Mineraloel Vertriebsgesellschaft mbH, Berlin, 100%.
Elf Vertriebsgesellschaft mbH, Ludwigshafen, 100%.
Elf Mineralölwerk Osnabrück GmbH, Osnabrück, 100%.
Hydranten-Betriebsgesellschaft GbR, Frankfurt/Main, 11,1%.
Tanklager-Gesellschaft GbR, Düsseldorf, 50%.
WET Computer Betriebsgesellschaft GbR, Düsseldorf, 33,33%.

EniChem Deutschland AG

8000 München 2, Sonnenstr. 23; Postanschrift: Postfach 620, 8000 München 33, ☏ (089) 59071, ⌀ Agip mchn 5/24741, Telefax (089) 596303, ⌀ Agip München.

Aufsichtsrat: Dr. Giuseppe *Accorinti,* Vorsitzender; Dr. Luciano *Topi,* stellv. Vorsitzender; Dr. Giuseppe *Angeletti;* Dr. Mario *Angeletti;* Dr. Alessandro *Carattoni;* Dr. Alessandro *Cattan;* Erich *Huber;* Rudolf *Kraus;* Dr. Cesare *Spreafico;* Arbeitnehmervertreter: Dieter *Anton;* Ernst *Mohr;* Peter *Müller;* Simon *Pertl.*

MINERALÖLVERARBEITUNG, KAVERNEN UND TRANSPORT

Vorstand: Dr. Roy *Jurriëns*, Eschborn, Sprecher; Dr. Maurizio *de Vito Piscicelli*, München; Rag. Carlo *Pessina*.

Kapital: 133,2 Mill. DM.

Gesellschafter: Agip Petroli S.p.A., Rom, rd. 85%; EniChem Finance S.A., Kilchberg b. Zürich, rd. 15%.

Zweck: Gegenstand der Gesellschaft ist u. a. der Handel mit und die Erzeugung von flüssigen und flüchtigen Brennstoffen und Treibstoffen, Schmiermitteln und anderen Mineralölprodukten; jede Tätigkeit, die auf die Herstellung, den Handel und eine sonstwie geartete gewerbliche Tätigkeit in bezug auf die Verteilung und den Vertrieb von Brennstoffen, Treibstoffen, Schmiermitteln und anderen Mineralölprodukten gerichtet ist; die Errichtung und Unterhaltung von Tankstellen und Service-Stationen, Reparaturwerkstätten, Unterkünften und Gaststätten für Kraftfahrer, ferner der Handel mit chemischen Produkten.

	1990	1991
Umsatz .... Mill. DM	3 300	3 567
Beschäftigte .... (Jahresende)	149	206

Erdoel-Raffinerie Neustadt GmbH & Co., oHG

8425 Neustadt, Raffineriestr. 22, Postfach 1120, ☎ (09445) 771, ✂ 65411 erneu d.

Gesellschafter: Mobil Marketing und Raffinerie GmbH, 50%; Ruhr Oel GmbH, 50%.

Betriebsführung: Durch Veba Oel AG.

Zweck: Betrieb einer Mineralölraffinerie in Neustadt (Donau) und alle damit zusammenhängenden Geschäfte.

	1990	1991
Umsatz .... Mill. DM	968,4	1 084,4
Beschäftigte .... (Jahresende)	435	438

Raffinerie Neustadt

Betriebsleitung: Dipl.-Ing. Horst *Göbel*.

Betriebsanlagen: 2 atmosphärische Rohöl-Destillationsanlagen, 2 Vakuum-Destillationsanlagen, FCC-Anlage, Visbreaker-Anlage, Benzinentschwefelung, Hydrofiner-Mittelölentschwefelung, 2 Reforming-Anlagen, 3 Claus-Anlagen zur Schwefelgewinnung, 2 Gasnachverarbeitungsanlagen.

Verarbeitungskapazität: 7 Mill. t/a.

Versorgung mit Einfuhrrohöl über TAL-Pipeline von Triest; Anlieferung von Inlandrohöl per Eisenbahnkesselwagen.

Produkte: Flüssiggas, Normal-, Super- und Chemiebenzin, Dieselkraftstoff, Heizöle, Bitumen, Schwefel.

Erdölwerke Frisia GmbH

2970 Emden, Niedersachsenstraße, ☎ (04921) 840, ✂ 27880, ✠ frisiaoel, Telefax (04921) 84215, 84242.

Geschäftsführung: Mark *Lvoff*, Mois *Mottale*.

Prokurist: Klaus Werner *Meyer* (Kaufmännischer Leiter).

Kapital: 1 550 000 DM.

Beirat: Mateo *Lvoff*, Aectra Recourses Ltd., Gibraltar.

Raffinerie Emden

2970 Emden, Niedersachsenstraße, ☎ (04921) 840, ✂ 27880.

Zweck: Umschlag und Lagerung von Mineralölprodukten, Handel, Transport.

Versorgung durch eigene Pipeline vom Hafen Emden.

Lagerkapazität: 600 000 m^3 A I-A III-Produkte, davon 100 000 m^3 im Ölhafen Emden.

Tätigkeit: Naphthaverarbeitung.

Esso AG

2000 Hamburg 60, Kapstadtring 2 (Esso-Haus), Postfach 600620, ☎ (040) 63931, ✂ 217006-0, Telefax (040) 6393-3368, ✠ Esso.

Aufsichtsrat: Wolfgang *Oehme*, Hamburg, Vorsitzender; Walter *Barkow*, Hamburg, stellv. Vorsitzender; H. *Behnke*, Hamburg; N. *Böhme*, Hamburg; Dr.-Ing. E. h. Werner *Dieter*, Lohr; G. *Malott*, Hannover; Günter *Nawrath*, Aumühle; B. *Oehding*, Hamburg; Harald *Reiners*, Hamburg; Dipl.-Ing. Reinhard *Röpke*, Lippstadt; Fritz *Schlüter*, Hamburg; Dr. Christian *Seidel*, Frankfurt (Main).

Vorstand: Thomas *Kohlmorgen*, Vorsitzender; Jens *Dreyer*; Dr. Uwe *Jönck*; Jobst D. *Siemer*.

Prokuristen: Dieter *Gerig*, Roland *Günther*, Dr. G. *Habermann*, R. G. *Haegermann*, H. *Hesse*, Herbert *Kirchhof*, W. *Lachmann*, Dr. Klaus *Loibl*, H. *Klimek*.

Kapital: 600 Mill. DM.

2 ERDÖL- UND ERDGASWIRTSCHAFT

Erdölraffinerien · Leitungen · Petrochemie

Ausschnitt Niederlande-Belgien, s. Seite 350.

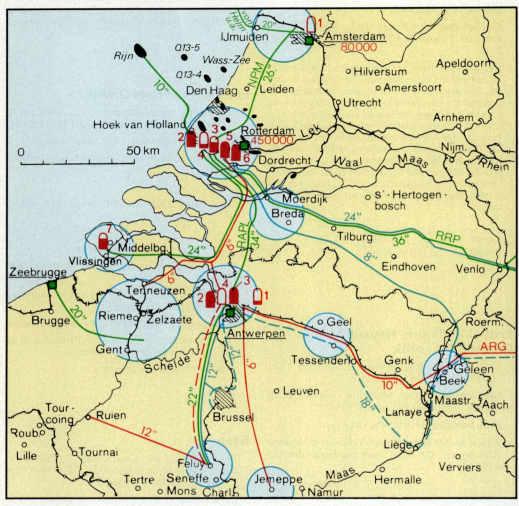

Niederlande
1. Smid & Hollander-Raffinerie Amsterdam
2. BP-Raffinerie Rotterdam-Rozenburg
3. Esso-Raffinerie Rotterdam-Botlek
4. Kuwait-Raffinerie Rotterdam-Rozenburg
5. Shell-Raffinerie Rotterdam-Pernis
6. Texaco-Raffinerie Rotterdam-Pernis
7. Total-Raffinerie Vlissingen

Belgien
1. Belg. Ref.-Raffinerie Antwerpen
2. Nynas Petr.-Raffinerie Antwerpen
3. Shell-Raffinerie Gent
4. Esso-Raffinerie Antwerpen
5. Universal Ref.-Raffinerie Antwerpen
6. Fina-Raffinerie Antwerpen

Frankreich
1. CRR-Raff. Reichstett-Vendenheim

Leitungen
ARG = Aethylen-Rohrleitungs-GmbH
CEL = Südpetrol AG für Erdölwirtschaft
NDO = Norddeutsche Oelleitungsgesellschaft mbH
NPM = Nederlandse Pijpleiding Maatschappij
NWO = Nord-West-Oelleitung GmbH
RAPL = Rotterdam-Antwerpen-Pipeline
RRP = N. V. Rotterdam-Rijn-Pijpleiding Mij.
SEPL = Société du Pipe-Line Sud-Européen
SOS = Société de l'Oléoduc de la Sarre à r. l.
TAL = Deutsche Transalpine Oelleitung GmbH
RMR = Rhein-Main-Rohrleitungstransport GmbH

MINERALÖLVERARBEITUNG, KAVERNEN UND TRANSPORT

Ausschnitt Rhein-Ruhr, s. Seite 350.

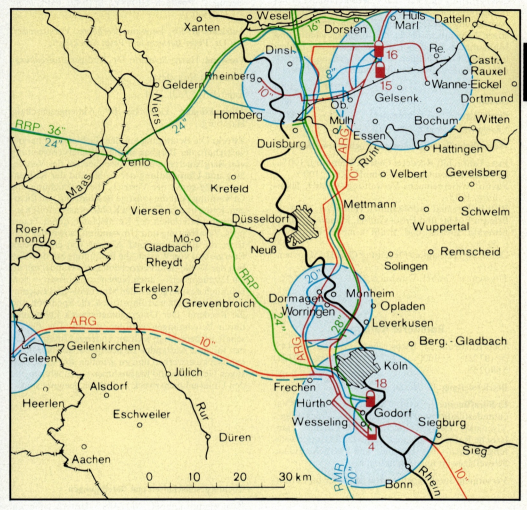

Bundesrepublik Deutschland

1 Addinol Min. Lützkendorf
2 Beta-Raffinerie Wilhelmshaven
3 DEA Min.-Raffinerie Heide
4 DEA Min.-Raffinerie Wesseling
5 DMP-Raffinerie Burghausen
6 Erdöl-Raffinerie Neustadt
7 Esso-Raffinerie Ingolstadt
8 Esso-Raffinerie Karlsruhe
9 Holborn-Raffinerie Hamburg
10 Hydrierwerk Zeitz AG
11 Leunawerke AG
12 Mobil-Raffinerie Wörth
13 Oberrheinische Mineralölwerke
14 PCK AG Schwedt
15 Ruhr-Oel Raffinerie Horst
16 Ruhr-Oel Raffinerie Scholven
17 RVI-Raffinerie Vohburg
18 Shell-Raffinerie Godorf
19 Shell-Raffinerie Hamburg
20 Wintershall-Raff. Emsland
21 Wintershall-Raff. Salzbergen

2 ERDÖL- UND ERDGASWIRTSCHAFT

Alleinaktionär: Exxon Corporation, Irving/Texas.

Zweck: Die Aufsuchung, Gewinnung, Verarbeitung, der Transport und Vertrieb von Mineralölen, Mineralölprodukten, Naturgas, Gasprodukten und die Aufsuchung von Uran- und Thoriumerzen und sonstigen Mineralien; ferner alle Rechtsgeschäfte und Maßnahmen, die dem Unternehmenszweck förderlich sind, einschließlich Beteiligungen an gleichen oder ähnlichen Zwecken dienenden Unternehmen.

	1989	1990
Umsatz .... Mill. DM	8 500*	10 400*
Beschäftigte .... (Jahresende)	2 089	2 006

* Exklusive Steuer gemäß BiRiLiG.

Wesentliche Beteiligungen und Tochtergesellschaften

Esso Tankschiff Reederei GmbH, Hamburg, 100%.
Deutsche Exxon Chemical GmbH, Köln, 100%.
Favorit Unternehmens-Verwaltungs-GmbH, Hamburg, 100%.
BEB Erdgas und Erdöl GmbH, Hannover, 50%.
Brigitta Erdgas und Erdöl GmbH, Hannover, 50%.
Elwerath Erdgas und Erdöl GmbH, Hannover, 50%.
Deutsche Transalpine Oelleitung GmbH, München, 16%.
Thyssengas GmbH, Duisburg, 25%.

Raffinerie Karlsruhe

7500 Karlsruhe 21, Essostraße 1, Postfach 210445, ☏ (0721) 56000, ✆ 721319, Telefax (0721) 5600268.

Betriebsleitung: H. *Hesse*.

Erdölraffinerie: 7,5 Mill. t Kapazität, Top- und Vacuumdestillationsanlagen, thermische Crackanlage, Visbreaker, Delayed Coker, ab 10/85 Calciner, katalytische Reformieranlagen, katalytische Entschwefelungsanlagen für Benzine und Mitteldestillate, Schwefelgewinnung, Asphaltanlage.

Versorgung durch Pipelines von Marseille und Triest.

Raffinerie Ingolstadt

8070 Ingolstadt, Essostraße, Postfach 50, ☏ (0841) 5080, ✆ 55832, Telefax (0841) 508386.

Betriebsleitung: H. *Hesse*.

Erdölraffinerie: 4,7 Mill. t Kapazität, Top- und Vacuumdestillationsanlagen, katalytische Crackanlage, katalytische Reformieranlage, katalytische Entschwefelungsanlage für Benzine und Mitteldestillate, Schwefelgewinnung, Asphaltanlage. Ab 12/91 Isomerisierungsanlage.

Versorgung durch Pipelines von Triest und Genua.

Gelsenberg Aktiengesellschaft

4300 Essen; Postanschrift: 2000 Hamburg 60, Überseering 2, Postfach 600849, ☏ (040) 6395-2100, ✆ 211019-0.

Aufsichtsrat: Dr. Eeuwout *Verboom*, Vorsitzender; Dr. Dr. Peter *Bettermann;* Peter *Stockfisch*.

Vorstand: Harro *Schmidt;* Dr. Rüdiger *Stolzenburg*.

Prokurist: Jörg *Deye*.

Kapital: 165 Mill. DM.

Alleinaktionär: Deutsche BP Aktiengesellschaft, Hamburg.

Zweck: Die Betätigung auf dem Gebiet der Energiewirtschaft: der Bergbau und die Weiterverarbeitung von Bergbauerzeugnissen einschließlich der Veredelung und Umwandlung der Kohle und der Kohlenwertstoffe sowie der Vertrieb, die Aufsuchung, Gewinnung oder die sonstige Beschaffung von flüssigen, festen und gasförmigen Kohlenwasserstoffen sowie von Materialien der Kerntechnik, deren Transport, Verarbeitung und Umwandlung sowie der Vertrieb, die Erzeugung und Abgabe von elektrischer Energie und von Wärme; die Betätigung auf dem Gebiet der Kohle- und Petrochemie; der Handel mit allen Erzeugnissen — auch Nebenerzeugnissen — vornehmlich des Bergbaus, der Mineralöl- und Eisenindustrie, mit Holz und Baustoffen, die Spedition und die Reederei. Der Unternehmenszweck kann auch durch Beteiligungen verfolgt werden. Die Gesellschaft ist berechtigt, sich an anderen Unternehmen des In- und Auslandes zu beteiligen, solche Unternehmen zu erwerben und zu gründen sowie alle sonstigen Geschäfte und Maßnahmen vorzunehmen, die den Unternehmenszweck zu fördern geeignet sind.

Tochtergesellschaften und Beteiligungen

Bergemann GmbH, 0,154%; Unterbeteiligung: Ruhrgas AG, 0,05%.
BP Aufsuchungs- und Gewinnungsgesellschaft mbH, Österreich, 100%.
DFTG — Deutsche Flüssigerdgas Terminal Gesellschaft mbH, 28,56%.
Energy Sources GmbH, 100%.
Erdölraffinerie Ingolstadt AG, 37,5%.
Erdöl-Raffinerie Speyer Elf Mineralöl GmbH & Co., 25%.
Gewerkschaft Norddeutschland, 100%.
Ruhrgas AG, 25,47%.
Schubert KG, 2,96%.
BP Stromeyer GmbH, 100%.
Studiengesellschaft-Erdgas-Süd mbH, 34%.

Haltermann International GmbH

2000 Hamburg 1, Ferdinandstr. 55—57, ☏ (040) 333801, ⚡ 2161898 JHH, Telefax (040) 3338-208, ⌨ Haltermann, Ttx 402108 = JHH.

Vorsitzender des Beirats: Dr. Raban *Freiherr von Spiegel.*

Geschäftsführung: Dr. Hans-Georg *Barth;* Herbert E. *Hartmann* (Sprecher).

Prokuristen: Bernhard A. *Kuhn,* Dr. Jürgen *Schlegel,* Helmuth *Schulze-Trautmann.*

Zweck: Produktion von carbo- und petrochemischen Produkten und chemischen Lösungsmitteln. Lohnverarbeitung flüssiger Produkte der chemischen und weiterverarbeitenden Industrie. Tankvermietung. Kraftstoffe.

Produkte: Spezialbenzine, Aromaten, Aliphaten, reine Kohlenwasserstoffe, Druckfarbenöle, Spindelöle, Testkraftstoffe, Lohndestillation und sonstige Auftragsfertigung für die chemische Industrie.

Groß-Tankläger mit Hafenanlagen: Hamburg, Speyer, Antwerpen, Köge, Malmö, Houston.

Tochtergesellschaften: Haltermann GmbH, Hamburg, Haltermann Speyer GmbH, Speyer, und in Paris, Kopenhagen, London, Malmö, Antwerpen, Luzern, São Paulo.

Verbundene Unternehmen: Johann Haltermann (GmbH & Co.), Haltermann Ltd., Houston.

	1988	1989
Umsatz (Gruppe) .. Mill. DM	330	270
Beschäftigte (Gruppe) .... (Jahresende)	380	370

Werke (über verbundene Unternehmen)

Hamburg-Wilhelmsburg

2102 Hamburg 93, Wilmansstr. 36, ☏ (040) 75104-0, ⚡ 2163212, Telefax (040) 75104-161.

Speyer (Rhein)

6720 Speyer, Joachim-Becher-Str. 1, ☏ (06232) 134-0, ⚡ 465143, Teletex 6232902 JHSPY, Telefax (06232) 134-27.

Holborn Europa Raffinerie GmbH

2100 Hamburg 90, Moorburger Str. 16, ☏ (040) 76630, ⚡ 2163109 hol d, Telefax (040) 766 3900-910.

Geschäftsführung: Dr.-Ing. Hans-Günther *Riecke.*

Gesellschafter: Holborn Investment Company Ltd.

Zweck: Betrieb einer Mineralöl-Raffinerie mit einem Rohöldurchsatz von 3,5 — 4 Mio. t/a.

Raffinerie Hamburg-Harburg

2100 Hamburg 90, Moorburger Str. 16, ☏ (040) 76630.

Produkte: Benzin, Mitteldestillate, Schweröle, Flüssiggas.

Beschäftigte: 280.

Mineralölwerk Wedel GmbH & Co. oHG

2000 Wedel/Holstein, Tinsdaler Weg 184 — 190, ☏ (04103) 706-0, ⚡ 2189549, 2189553, Telefax (04103) 706-275.

Gesellschafter: Mobil Oil AG = 66,7%, Veba Oel AG = 33,3%.

Mobil Marketing und Raffinerie GmbH

2000 Hamburg 1, Steinstr. 5, ☏ (040) 3002-0, ⚡ 2139670 mo d, Telefax (040) 3002-2830, ⌨ Mobiloil Hamburg.

Geschäftsführung: Burkhard *Genge,* Gerhard *Roth.*

Prokuristen: Dr. Hans-Joachim *Bartels;* Dr. H. *Bredeek;* W. *Knoefel;* Dr. G. *Mathiesen;* Dr. W. *Peters;* Anthony J. *Street;* J. *Wego;* Graeme M. *Wheatley;* Jürgen *Wolters.*

Mobil Oil AG

2000 Hamburg 1, Steinstraße 5, ☏ (040) 3002-0, ⚡ 2139670 mo d, Telefax (040) 3002-2830, ⌨ Mobiloil Hamburg.

Aufsichtsrat: Dr. Jürgen *Krumnow* (Vorsitzender), Klaus-Jürgen *Schwarz* (stellv. Vorsitzender), Reinhard *Balon,* Hans Jakob *Kruse,* Dr. Gunnar *Mathiesen,* Dr. Horst *Münzner,* Karl-Heinz *Saß,* Dr. Heinz *Schimmelbusch,* Hubertus *Schmoldt,* Robert O. *Swanson,* Harald *Thiergart,* Jürgen *Weber.*

Vorstand: Dr. Gerd *Eichhorn,* Burkhard *Genge,* Gerhard *Roth.*

Prokuristen: Dr. Hans-Joachim *Bartels,* Dr. Helmut *Bredeek,* Heinz *Grabert,* Dr. Klaus *Hulsman,* Willi *Knoefel,* Dr. Wolfgang *Peters,* Anthony J. *Street,* Uwe *Voelker,* Jürgen *Wego,* Graeme M. *Wheatley.*

Kapital: 600 Mill. DM.

Aktionäre: Mobil International Petroleum Corporation, 10%; Mobil Petroleum Company, Inc., 90%.

2 ERDÖL- UND ERDGASWIRTSCHAFT

Zweck: Aufsuchung, Gewinnung, Kauf und Verkauf von Rohöl und Erdgas; Herstellung, Kauf und Vertrieb von Mineralölerzeugnissen und Fetten aller Art, sowie aller verwandten Produkte; ferner die Gewinnung, Verarbeitung und Vermarktung von Nebenprodukten.

Absatzorganisation: Absatz von Vergaser- und Dieseltreibstoffen, hochwertigen Schmiermitteln für Industrie-, Auto- und Schiffahrtsbedarf, aus Mineralöl gewonnenen Sonder- und Spezialprodukten sowie Lösungsmitteln, Heizölen, Bitumen, Flugturbinenkraftstoff, Marine- und Bunkeröl. Ein bedeutender Teil der Treibstoffe wird über die Aral AG, Bochum, abgesetzt.
Ferner: Absatz von Erdgas und Schwefel.

Produktionsstätten:
Raffinerie Wörth GmbH + Co. oHG.
Erdölraffinerie Neustadt GmbH + Co. oHG.
Mineralölwerk Wedel GmbH + Co. oHG.
Norddeutsche Erdgas-Aufbereitungs-Ges. mbH.
Oldenburgische Erdölgesellschaft mbH.

Mobil Gruppe:

	1989	1990
Umsatz .... Mrd. DM	6,8	7,2
Beschäftigte .... (Jahresende)	2 081	2 066

Tochtergesellschaften und Beteiligungen
Mobil Marketing und Raffinerie GmbH, 100%.
Mobil Erdgas-Erdöl GmbH, 100%.
Mobil Oil Raffinerie Wörth GmbH & Co. oHG, 99,5%.
Mobil Beteiligungs- und Vertriebsgesellschaft mbH, 100%.
Mineralölwerk Wedel GmbH + Co. oHG, 66,7%.
Mobil Oil Raffinerie GmbH, 45%.
Aral AG, 28%.
Erdoel-Raffinerie Neustadt GmbH & Co OHG, 50%.
Bayerische Mineralöl-Industrie AG, 3,0%.
Air Tankdienst Köln, 20%.
Heizöl-Handelsgesellschaft mbH, 25%.
Mobil Handel GmbH, 100%.
Erdgas-Verkaufs-Gesellschaft mbH., 27,7%.
Norddeutsche Erdgas-Aufbereitungs-Gesellschaft mbH., 50%.
Deutsche Pentosin-Werke GmbH, 50%.
Schubert KG, 49,2%.
Bayerische Erdgasleitung GmbH, 33,3%.
Oldenburgische Erdölgesellschaft mbH, 33,3%.
TGF Tankdienst-Gesellschaft Frankfurt GbR, 25%.
Henschler Mineralölvertrieb GmbH, 100%.
Ruhrgas AG, 7,4%.
Rhein-Main Rohrleitungstransportgesellschaft mbH, 2%.
Deutsche Transalpine Oelleitung GmbH, 11%.
Hydranten-Betriebs-Gesellschaft b. R., 12,5%.

Oberrheinische Mineralölwerke GmbH

7500 Karlsruhe 21, Postfach 21 1036, ☏ (0721) 9 58-01, ✍ 7826 560, Telefax (0721) 561496, ✆ Oemwe.

Aufsichtsrat: Heinz *Penndorf*, Ahrensburg, Vorsitzender; Dr. Gerd *Escher*, Gelsenkirchen, stellv. Vorsitzender; Kurt *Bittig**, Landau; Werner *Brandmayr*, Hamburg; Hans-Dieter *Dieken**, Landau; Dr. Friedel *Wehmeier*, Gladbeck.

* Arbeitnehmervertreter

Geschäftsführung: Wolfgang *Armbruster*, Heinz *Seemann*.

Prokuristen: Otmar *Böser*, Heiner *Knab*, Klaus *Kohlmann*, Dr. Dieter *Langner*, Hans-Joachim *Matzat*.

Stammkapital: 85,714 Mill. DM.

Gesellschafter: DEA Mineraloel AG, Hamburg, 42%; Ruhr Oel GmbH, Gelsenkirchen, 33%; Conoco Inc., Wilmington (USA), 25%.

Zweck: Mineralölverarbeitung.

	1990	1991
Umsatz .... Mill. DM	2 405	2 976
Beschäftigte .... (Jahresende)	700	700

Raffinerie Karlsruhe

Produktionsanlagen: Atmosphärische Destillationsanlagen, Vakuumdestillationsanlagen, katalytische Reformeranlagen, katalytische Benzin- und Gasölentschwefelungsanlagen, katalytische Krackanlage, Alkylierungsanlage, MTBE-Anlage, Leichtbenzin-Isomerisierungsanlage, Visbreakeranlage, Bitumenerzeugungsanlagen, Schwefelerzeugungsanlagen.

Rohölverarbeitungskapazität: 8,5 Mill. t/a.

Rohölversorgung und Produktenversand: Rohölversorgung über die Société du Pipeline Sud-Européen (SPSE) und Deutsche Transalpine Oelleitung GmbH (TAL). Versand der Fertigprodukte über Straße, Schiene, Schiff, Rohrleitung.

Vertrieb: Der Vertrieb der erzeugten Produkte erfolgt über die Vertriebsorganisationen der Gesellschafter.

BP oiltech GmbH

2102 Hamburg 93, Neuhöfer Brückenstr. 127 – 152, Postfach 9301 80, ☏ (040) 75197-1, ✍ 2163217, Telefax (040) 75197-285.

Aufsichtsrat: Dr. Dr. Peter *Bettermann* (Vorsitzender), Vorsitzender des Vorstandes der Deutschen BP Aktiengesellschaft, Hamburg; Claus *Swierzy* (stellv. Vorsitzender), Buxtehude, Arbeitnehmervertreter; Heinz Ewald *Schreinzer*, Director Commerical, Fuels & Lubricants, BP Oil Europe, Brüssel.

Geschäftsführung: Frank N. *Stockebrand.*

Kapital: 45 Mill. DM.

Alleiniger Gesellschafter: Deutsche BP Aktiengesellschaft.

Zweck: Verarbeitung, Vertrieb und Handel mit Mineralöl und Mineralölprodukten; Forschung und Entwicklung.

	1989	1990
Umsatz .... Mill. DM	498	493
Beschäftigte .... (Jahresende)	699	700

Niederlassungen

Hamburg

2000 Hamburg 60, Überseering 2, Postfach 600549, ℡ (040) 6395-4443, ✆ 21700763, Telefax (040) 6395-2397.

Dresden

O-8060 Dresden, Bautzner Straße 19, ℡ (0037) 5152471, ✆ 0692477, Telefax (0037) 5157 0857.

Essen

4300 Essen 1, Am Porscheplatz 3, Postfach 100832, ℡ (0201) 2202-0, ✆ 857448, Telefax (0201) 2202-321.

Frankfurt

6000 Frankfurt/Main 1, Berliner Straße 44, Postfach 10060, ℡ (069) 2100-259, ✆ 413057, Telefax (069) 2100-223.

München

8000 München 2, Wittelsbacher Platz 1, Postfach 487 (8000 München 1), ℡ (089) 2187-300, ✆ 5214645, Telefax (089) 2187-310.

Peine

3150 Peine, Schäferstraße 2, Postfach 1509, ℡ (05171) 4004-0, ✆ 92661, Telefax (05171) 4004-39.

Freiburg

7800 Freiburg, Tullastraße 45, ℡ (0761) 51006-0, ✆ 772422, Telefax (0761) 51006-30.

Mülheim

4330 Mülheim/Ruhr, Wiescher Weg 85, ℡ (0208) 43584, Telefax (0208) 43522.

Raffinerie Neuhof

Produktionsanlagen: Destillation, Extraktion, Entparaffinierung, Hochdruckhydrierung, Herstellung aller Arten Schmier- und Spezialöle.

Kapazität: 230 000 t/a Schmierstoffe.

Zweigniederlassung Werk Peine

3150 Peine, Schäferstr. 2, ℡ (05171) 17061.

Werksleitung: Dr. Hubert *Büsse.*

Produktionsanlagen: Kontinuierliche und diskontinuierliche Schmierfettfabrikation.

Kapazität: 15000 t/a Schmierfette aller Güteklassen.

Petrolchemie und Kraftstoffe AG Schwedt

O-1330 Schwedt/Oder, ℡ 460, ✆ 371350 pck d, Telefax 465480.

Sprecher des Vorstandes: Dr. Hans-Otto *Gerlach.*

Zweck: Erdölverarbeitung zu Vergaser- und Dieselkraftstoffen, Heizöl, Aromaten, Düngemittel, Faserrohstoffe, Schwefel.

Kapazität der Erdölverarbeitung: 12 Mill. t/a.

Raffineriegesellschaft Vohburg/Ingolstadt mbH (RVI)

8075 Vohburg: ℡ (08457) 8-0, ✆ 55619, 55609, Telefax (08457) 8419.

8070 Ingolstadt, Postfach 348, ℡ (0841) 681-0, ✆ 055841, 55609, Telefax (0841) 64090.

Geschäftsführer: Horst *Gehrcke,* Heinz *Löhr.*

Kapital: 1 Mill. DM.

Gesellschafter: EniChem Deutschland AG, 37,5%; Deutsche BP AG, 62,5%.

	1990	1991
Umsatz .... Mill. DM	1 894,096	2 330 507
Beschäftigte	603	621

Ruhr Oel GmbH

4000 Düsseldorf, Bennigsenplatz 1; Geschäftsräume: 4650 Gelsenkirchen, Alexander-von-Humboldt-Straße, Postfach 201045, ℡ (0209) 3661, ✆ 824881-0 vo d.

Gesellschafter: Petróleos de Venezuela S.A., über die Tochtergesellschaft PDV Europa B. V., Den Haag, 50%; Veba Oel AG, 50%.

Geschäftsführung: Dr. Henning *Forth;* Peter H. *Maurer.*

Betriebsführung: Durch Veba Oel AG.

2 ERDÖL- UND ERDGASWIRTSCHAFT

Zweck: Verarbeitung von Erdölen, sonstigen Ölen und anderen Bodenschätzen sowie die Herstellung von petrochemischen Erzeugnissen aller Art und deren Weiterverarbeitung.

Beteiligungen

Oberrheinische Mineralölwerke GmbH, Karlsruhe, 33%.
Erdoel-Raffinerie Neustadt GmbH & Co., oHG, Neustadt a. d. Donau, 50%.
DHC Solvent Chemie GmbH, Mühlheim, 100%.
KOP Kohlensäure-Produktionsges. mbH, Gelsenkirchen, 50%.
Petrolchemie und Kraftstoffe AG Schwedt, Schwedt/Oder, 37,5%.
Nord-West Oelleitung GmbH, Wilhelmshaven, 25,1%.
Deutsche Transalpine Oelleitung GmbH, München, 11%.
Transalpine Ölleitung in Österreich Ges. m.b.H., Innsbruck, 11%.
Società Italiana per l'Oleodotto Transalpino S.p.A., Triest, 11%.
N.V. Rotterdam-Rijn Pijpleiding Maatschappij, Den Haag, 20%.
Société du Pipeline Sud-Européen S.A., Neuilly-sur-Seine, 7,5%*.
Société de Participations dans l'Industrie et le Transport du Pétrole S.A.R.L., Neuilly-sur-Seine, 47,4%.
Maatschap Europoort Terminal, Rotterdam, 49,6%.

* indirekt.

Werksgruppe Gelsenkirchen

Leitung: Dr. Ernst *Völkening*.

Betriebsanlagen: 11,3 Mill. t Raffinerie-Kapazität; Top- und Vakuum-Destillationsanlagen, Hydrocracker, Visbreaker, katalytische Reformer (Festbett und kontinuierlich) und Entschwefelungsanlagen, Mittelölentschwefelungen, Gasgewinnungsanlagen mit Wäschen und Claus-Anlagen, Petrolkoks-Anlage, Bitumen-Anlage, Olefinanlagen, Aromatenanlagen, Ammoniaksynthese, Methanolsynthese, weitere petrochemische Anlagen.

Rohölversorgung durch NWO-Pipeline von Wilhelmshaven und RRP-Pipeline von Rotterdam.

Werk Münchsmünster

Leitung: Dipl.-Ing. Hans *Hosang*.

Betriebsanlagen: Ethylen-Steamcracker, Kapazität 280 000 t/a. Versorgung erfolgt über ein Pipelinebündel von der Erdoel-Raffinerie Neustadt.

RWE-DEA Aktiengesellschaft für Mineraloel und Chemie

2000 Hamburg 60, Überseering 40, Postfach 600449, ☏ (040) 6375-0, ✆ 2115 1320, ✇ RWE-DEA Hamburg, Telefax (040) 6375 3496.

Aufsichtsrat: Dr. jur. Friedhelm *Gieske*, Essen, Vorsitzender des Vorstandes der RWE AG, Vorsitzender; Klaus-Dieter *Südhofer*, Bochum, Mitglied des Geschäftsführenden Vorstands der IG Bergbau und Energie, stellv. Vorsitzender; Wolfgang *Baumhöver*, Hamburg, Bezirksleiter der IG Chemie-Papier-Keramik; Meinhard *Carstensen*, Frankfurt, Mitglied des Vorstandes der Dresdner Bank AG; Dr. Walter *Cipa*, Luzern, Diplom-Geologe; Hans-Georg *Goethe*, ehem. stellv. Vorsitzender des Vorstandes der Deutschen Texaco AG; Heinz-Jürgen *Klatt*, Hamburg, RWE-DEA AG für Mineraloel u. Chemie; Franz Josef *Schmitt*, Mitglied des Vorstands der RWE AG; Wolfgang *Steinhardt*, Moers, RWE-DEA AG für Mineraloel und Chemie; Ernst-Wilhelm *Stuckert*, Hamburg, RWE-DEA AG; Peter *Wattendorf*, Hamburg, DEA Mineraloel AG; Wolfgang *Ziemann*, Essen, Mitglied des Vorstandes der RWE AG.

Vorstand: Dr. Armin *Schram*, Vorsitzender; Dr. Peter *Koch*, stellv. Vorsitzender; Dr. Sigurd *Beyer;* Dr. Dieter *Dräger;* Hans-Joachim *Schmincke*.

Direktoren: Heinz-Jürgen *Klatt* (Exploration); Heinrich *Lettner* (Erdöl-/Erdgasgewinnung); Dr. Georg *Schöning* (Chemie); Dr. Egbert *Steinrücke* (Chemie).

Werksdirektor: Dipl.-Ing. Dieter *Bornemann*.

Öffentlichkeitsarbeit: Dipl.-Ing. Klaus *Brüning*.

Kapital: 672 Mill. DM.

Gesellschafter: RWE Aktiengesellschaft, Essen.

Zweck: Die RWE-DEA Aktiengesellschaft für Mineraloel und Chemie ist ein Energieunternehmen. Sie führt den Bereich Mineralöl und Chemie des RWE-Konzerns und ist operativ verantwortlich für Aufschluß und Gewinnung von Erdöl und Erdgas, für Forschung, Entwicklung und Produktion der Chemie sowie für die zentralen Verwaltungsaufgaben. Für Mineralölverarbeitung und -vertrieb ist die Tochtergesellschaft DEA Mineraloel AG zuständig.

Konzerngesellschaften

DEA Mineraloel AG, Hamburg, 100%.
VISTA Chemical Company, Houston/Texas, 100%.
CEH Erdoel Handels-GmbH, Raunheim, 100%.
Caltex Deutschland GmbH, Raunheim, 100%.
Rheinland Kraftstoff GmbH & Co. Autoservice-Betriebe KG, Gelsenkirchen, 100%.
Framin Mineralöl GmbH, Gelsenkirchen, 100%.
Rüsges Mineralöl GmbH, Gelsenkirchen, 100%.
thermotex Gesellschaft für Fernwärme mbH, Köln, 100%.
Rheinland Kraftstoff GmbH, Gelsenkirchen, 100%.
RWE-DEA Dubai Oil GmbH, Hamburg, 100%.

RWE-DEA

Die RWE-DEA Aktiengesellschaft für Mineraloel und Chemie ist eines der großen deutschen Mineralölunternehmen, mit einer Erdölförderung im In- und Ausland von vier Mio. Tonnen/Jahr, einem Umsatz von über 21 Milliarden DM, einem Grundkapital von 672 Mio. DM.

Unsere Aktivitäten umfassen Erdöl- und Erdgasexploration und -gewinnung, Transport, Rohölverarbeitung und Verkauf aller Mineralölprodukte unter der Marke DEA durch die Tochtergesellschaft DEA Mineraloel AG, Herstellung und Vertrieb petrochemischer und chemischer Produkte. Wenn Sie mehr wissen wollen, schreiben Sie uns: RWE-DEA Aktiengesellschaft für Mineraloel und Chemie, Information und Presse, Überseering 40, 2000 Hamburg 60.

2 ERDÖL- UND ERDGASWIRTSCHAFT

RWE-DEA Denmark Oil GmbH, Hamburg, 100%.
CONDEA Chemie GmbH, Hamburg, 100%.
Rhein Oel Limited, London, 100%.

	1990	1991
Umsatz* .... Mill. DM	17 828	21 208
Beschäftigte .... (Jahresdurchschnitt)	5 430	6 359

* Einschl. Mineralölsteuer, ohne MwSt.

Südpetrol AG für Erdölwirtschaft

Geschäftsleitung: 8000 München 33, Sonnenstr. 23, Postfach 33 08 09, ☏ (089) 55 13 30, ⚡ 523 485, Telefax (089) 55 13 310.

Betriebsleitung: 7901 Staig-Altheim, ☏ (0 73 46) 7 10, ⚡ 7 12 678, Telefax (0 73 46) 71 68.

Aufsichtsrat: Dr. Angelo *Ferrari*, Vorsitzender; Dr. Cesare Luciano *Leonardi*, stellv. Vorsitzender; Dr.-Ing. Emilio *Colapaoli*, Ludwig *Hecker*, Dr.-Ing. Emilio *Humouda*, Dr. Marco *Mangiagalli*, Pasquale *Pugliese*, Wolfgang *Schmölz*, RA Günther *Seufert*.

Vorstand: Dr. Gian Paolo *Galgani*, Dr.-Ing. Giorgio *Medi*, Dipl.-Kfm. Lino *Padovan* (stellv.).

Grundkapital: 15 Mill. DM.

Gesellschafter: Snam International Holding AG.

Zweck: Planung, Errichtung und Betrieb von Einrichtungen, die dem Transport von Rohöl und dessen Derivaten dienen. Planung und Ausübung der industriellen Tätigkeit, die der Verarbeitung und Nutzung von Rohöl und dessen Derivaten dient.

Betriebsanlagen: Deutscher Abschnitt der ENI-Ölleitung Genua — Ingolstadt (Mitteleuropäische Ölleitung bzw. CEL) von der deutsch-österreichischen Grenze bis zum Tanklager Staig-Altheim südlich von Ulm und von dort bis zum Raum Ingolstadt, einschließlich Verbindungsleitungen zu den Raffinerien der RVI und der Esso AG.

Kapazität: 8 Mill. bis 10 Mill. t/a.

	1990	1991
Umsatz .... Mill. DM	18,1	15,1
Beschäftigte .... (Jahresende)	57	56

Beteiligung: Deutsche Transalpine Oelleitung GmbH (TAL), 10%.

Veba Oel Aktiengesellschaft

4650 Gelsenkirchen, Alexander-von-Humboldt-Straße, Postfach 20 1045, ☏ (0209) 3661, ⚡ 8 24881-0 vo d, Telefax (0209) 3 66-78 20, Vebaoel, Gelsenkirchen-Buer-Hassel.

Aufsichtsrat: Dipl.-Kfm. Klaus *Piltz*, Düsseldorf, Vorsitzender; Robert *Braun*, Gelsenkirchen, stellv. Vorsitzender; Dipl.-Ing. Reinhardt *Abraham*, Seeheim an der Bergstraße; Dr. Günther *Frucht-Schäfer*, Bochum; Anton *Gembert*, Gladbeck; Dr. Uwe *Haasen*, München; Ulrich *Hartmann*, Meerbusch; Professor Dr. Kurt *Heddèn*, Karlsruhe; Dr. Heinz *Horn*, Mülheim (Ruhr); Dr. Axel *Kollar*, Düsseldorf; Helga *Lissek-Roza*, Essen; Paul-Heinz *Mattern*, Marl; Dr. Gunter *Meyer*, Hannover; Hans *Nagels*, Essen; Peter Michael *Preusker*, Hannover; Dr. Bernd *Thiemann*, Kronberg/Taunus; Manfred *Vollenweider*, Hockenheim; Fritz *Weinmann*, Nottuln-Appelhülsen; Kurt *Weslowski*, Gelsenkirchen; Dr. Herbert *Zapp*, Frankfurt/Main.

Vorstand: Dr. rer. nat. Hubert *Heneka*, Vorsitzender; Dipl.-Ing. Wilhelm *Bonse-Geuking;* Dr.-Ing. Gerd *Escher;* Dr. rer. pol. Manfred *Krüper;* Betriebswirt Helmut *Mamsch;* Dr. rer. nat. Friedel *Wehmeier;* Dipl.-Volkswirt Bernhard *Winzinger*.

Generalbevollmächtigte: Dr. Henning *Forth*, Ulrich *Hüppe*.

Direktoren: Dieter *Baltin;* Dr. Hartmut *Bruderreck*, Lothar *Gerike*, Dr. Peter *Kappe*, Helmut *Landau*, Karl *Mazeika*, Siegfried *Paul*, Dr. Ferdinand *Pohl*, Dr. Burckhard *Pühmeyer*, Günter *Riedel*, Dr. Dieter *Rottmann*, Dr. Ernst *Völkening*.

Öffentlichkeitsarbeit: Dr. Norbert *Jaeger*.

Aktienkapital: 600 Mill. DM.

Alleinige Aktionärin: Veba Aktiengesellschaft, Düsseldorf.

Zweck: Gewinnung und Aneignung von Bodenschätzen, insbesondere Erdöl und Erdgas, die Herstellung, Verarbeitung und der Vertrieb von chemischen Produkten aller Art, insbesondere von Kraftstoffen, Heizölen, Bitumen und anderen Kohlenwasserstoffen und von Stickstoffverbindungen.

Betriebsführung für: Ruhr Oel GmbH und Erdoel-Raffinerie Neustadt GmbH & Co., oHG.

	1990	1991
Umsatz .... Mrd. DM	10,4	12,2
Beschäftigte .... (Jahresende)	4 787	4 992

Beteiligungen

Exploration & Produktion

Deminex — Deutsche Erdölversorgungsgesellschaft mbH, Essen, 60% (inkl. RGV-Anteil 9%).
Deminex Albania Petroleum GmbH, Essen, 40,75%.
Deminex Al Jazera Petroleum GmbH, Essen, 40,75%.
Deminex Ethiopia Petroleum GmbH, Essen, 40,75%.
Deminex Romania Petroleum GmbH, Essen, 40,75%.
Deminex Wolga Petroleum GmbH, Essen, 40,75%.
RGV Rohöl-Gewinnungs- und -Verarbeitungs-GmbH, Gelsenkirchen, 100%.
Veba Oil Nederland BV, Den Haag, 100%.
Veba Oil Libya GmbH, Gelsenkirchen, 100%.

MINERALÖLVERARBEITUNG, KAVERNEN UND TRANSPORT

Veba Oil Exploration Libya GmbH, Gelsenkirchen, 100%.
Veba Oil Nederland Aardgas B.V., Den Haag, 100%[b].
Veba Oil Operations B.V., Den Haag, 49%[b].
Veba Oil Norge A/S, Oslo, 100%.
Vego Oel GmbH, Gelsenkirchen, 50%.
Sopetral S.A., Rostomiah/Algerien, 70%.
Konsortium Allemand des Pétroles S. A., Rostomiah/Algerien, 46%.

Versorgung

Veba Oil International GmbH, Hamburg, 100%.
Veba Poseidon Schiffahrt GmbH, Hamburg, 60%.
Tanker- + Schiffahrtsges. TTB mbH, Gelsenkirchen, 100%.
Nord-West Oelleitung GmbH, Wilhelmshaven, 12,55%[a].
Deutsche Transalpine Oelleitung GmbH, München, 5,5%[a].
Transalpine Ölleitung in Österreich Ges. m.b.H., Innsbruck, 5,5%[a].
Società Italiana per l'Oleodotto Transalpino S.p.A., Triest, 5,5%[a].
N.V. Rotterdam-Rijn Pijpleiding Maatschappij, Den Haag, 10%[a].
Maatschap Europoort Terminal, Rotterdam, 24,8%[a].
Société du Pipeline Sud-Européen S.A., Neuilly-s.-Seine, 3,7%[a].
Société de Participations dans l'Industrie et le Transport du Pétrole S.A.R.L., Neuilly-Sur-Seine, 23,7%[a].
Rhein-Main-Rohrleitungstransportgesellschaft mbH, Köln, 4%.
Aethylen-Rohrleitungs-Gesellschaft mbH & Co KG, 16,7%.

Verarbeitung

Ruhr Oel GmbH, Gelsenkirchen, 50%.
Oberrheinische Mineralölwerke GmbH, Karlsruhe, 16,5%[a].
Erdoel-Raffinerie Neustadt GmbH & Co. oHG, Neustadt, 25%[a].
Petrolchemie und Kraftstoffe AG Schwedt, Schwedt/Oder, 18,75%[a].
Chemische Betriebe Pluto GmbH, Herne, 100%.
DHC Solvent Chemie GmbH, Mühlheim, 50%[a].
KOP Kohlensäure-Produktionsgesellschaft mbH, Gelsenkirchen, 25%[a].
Kohleöl-Anlage Bottrop GmbH, Bottrop, 50%.
Mineralölwerk Wedel GmbH & Co. oHG, Wedel, 33,3%.
Veba Oel Technologie GmbH, Gelsenkirchen, 100%.

Vertrieb

Raab Karcher AG, Essen, 99,5%.
Aral AG, Bochum, 56%.
AFS Aviation Fuel Services GmbH, Hamburg, 50%.
Bitumen-Verkauf GmbH, Gelsenkirchen, 100%.
Ruhr-Schwefelsäure GmbH & Co. KG, Essen, 40%.

Sonstige

SAT/Chemie GmbH, Norderstedt, 100%[b].
VEBA Wohnungsbau GmbH, Bochum, 16,3%.

[a] Mittelbar über Ruhr Oel GmbH.
[b] Indirekt.

Veba Oel Technologie GmbH

4650 Gelsenkirchen, Johannastraße 2–8, ☎ (0209) 366-1, ✆ 8 24881-80 vo d.

Beirat: Dipl.-Ing. Wilhelm *Bonse-Geuking*, Südlohn; Dipl.-Phys. Dr. Gerd *Escher*, Gelsenkirchen; Dipl.-Volkswirt Bernhard *Winzinger*, Rhede.

Geschäftsführung: Dr.-Ing. Rolf *Holighaus*, Sprecher; Dr.-Ing. Ulrich *Graeser*, Dipl.-Geol. Dr. Youssef *Ghoniem;* Betriebswirt Wolfgang *Koch.*

Kapital: 500000 DM.

Gesellschafter: Veba Oel Aktiengesellschaft, Gelsenkirchen, 100%.

Zweck: Tätigkeiten zur Entwicklung alternativer Energiearten und fortschrittlicher Umwelttechniken, Erarbeitung allgemeiner Ingenieur- und technischer Serviceleistungen, Vermarktung von eigenen und fremden Technologien, Betreiben von Anlagen, in denen derartige Technologien zur Anwendung kommen, sowie Durchführung aller mit den vorgenannten Geschäftsgegenständen im Zusammenhang stehenden Tätigkeiten.

Beteiligungen:

HIT Gesellschaft für Engineering, Software und Automation mbH, Gelsenkirchen, 100%.

Wintershall AG

(Weitere Beiträge der Wintershall AG in Kap. 1 Abschn. 3 und in diesem Kapitel Abschn. 1)

3500 Kassel, Friedrich-Ebert-Str. 160, Postfach 104020, ☎ (0561) 301-0, ✆ 99632-0 WUK, Telefax (0561) 301-702, Teletex (17) 561898 WUK, ✉ Wintershall Kassel.

Aufsichtsrat: Professor Dr. Dietmar *Werner*, Neustadt (Weinstraße), Vorsitzender; Hermann *Casper*, Salzbergen, stellv. Vorsitzender; Peter *Grimmelykhuizen*, Osnabrück; Dr. Wolfgang *Jentzsch*, Mannheim; Rolf *Kleffmann*, Wehrbleck; Max Dietrich *Kley*, Heidelberg; Helmut *Klucke*, Kassel; Dr. Werner *Lindemann*, Kassel; Hilmar *Lumm*, Kassel; Dr. Eckart *Sünner*, Ludwigshafen; Peter *Rustemeyer*, Heidelberg; Norbert *Ranft*, Bochum.

Vorstand: Herbert *Detharding*, Vorsitzender; Dr. Franz Xaver *Führer*, Alfred *Weber*, Klaus *Wollschläger*.

2 ERDÖL- UND ERDGASWIRTSCHAFT

Direktoren bei der Zentrale Kassel: Dr. Reinhard *Coulon*, Friedrich *Drößler*, Heinrich *Füser*, Dr. Walter *Grandpierre*, Rainer *Hahn*, Dr. Berthold *Hausdörfer*, Dr. Gerhard *Kinast*, Dr. Werner *Lindemann*, Dr. Gert *Maichel*, Rüdiger *Timmermann*, Karl *Triebel*, Dr. Joachim *Wilhelm*, Dr. Gerd *Zuncke*.

Kapital: 500 Mill. DM.

Alleinaktionär: BASF AG.

Zweck: Die Gewinnung, die Verarbeitung und der Vertrieb von Kali- und Steinsalzen, Erdöl, Erdgas und anderen Bodenschätzen und den sich ergebenden Haupt- und Nebenerzeugnissen, die Herstellung und der Vertrieb von Kraft- und Schmierstoffen und anderen Mineralölerzeugnissen, Mischdünger, Baustoffen und landwirtschaftlichen Bedarfsgegenständen sowie chemischen Erzeugnissen aller Art und der Handel mit allen vorgenannten Bodenschätzen und Waren.

Die Gesellschaft ist berechtigt, im In- und Ausland Zweigniederlassungen zu errichten, sich an anderen Unternehmen zu beteiligen, solche Unternehmen zu pachten, zu erwerben und zu gründen sowie alle Geschäfte einzugehen, die geeignet sind, den Geschäftszweck der Gesellschaft zu fördern.

	1990	1991
Umsatz .... Mill. DM	5 074	5 647
Beschäftigte (Jahresende)		
Wintershall AG	2 672	2 750
Wintershall-Gruppe	3 211	3 255

Tochtergesellschaften und Beteiligungen

Inland

Produktionsgesellschaften

Deminex — Deutsche Erdölversorgungsgesellschaft mbH, Essen[a], 18,5%.
Erdöl-Raffinerie Mannheim GmbH, Mannheim[a], 100%.

Handels-, Transport- und Lagergesellschaften

Aral AG, Bochum[a], 15%.
Deutsche Transalpine Oelleitung GmbH, München[a], 5%.
DFTG — Deutsche Flüssigerdgas Terminal Gesellschaft mbH, Wilhelmshaven[a], 2,4%.
Emsland-Erdölleitung GmbH, Osterwald[a], 25%.
Erdgas-Verkaufs-Gesellschaft mbH, Münster[a], 28,8%.
Haidkopf GmbH, Celle/Kassel[a], 100%.
Heizöl-Handelsgesellschaft mbH, Bochum, 25%.
Untertage-Speicher-Gesellschaft mbH, Nordenham, 100%[b].
Wirtschaftliche Vereinigung deutscher Versorgungsunternehmen AG, Frankfurt, 50%.
Wintershall Rohölversorgungs-GmbH, Kassel, 100%.

Ausland

Produktionsgesellschaften

Wintershall Dubai Petroleum BV, Den Haag (Niederlande), 100%.
Konsortium Allemand des Pétroles S. A., El Biar, Rostomiah (Algerien), 40,5%.
Sopetral SA, Rostomiah (Algerien), 25%.
Wintershall Gabon SARL, Libreville (Gabun), 100%[b].
Wintershall Hellas Petroleum S.A., Athen (Griechenland), 100%.
Wintershall Italia S.p.A., Rom (Italien), 100%[b].
Wintershall Norge AS, Oslo (Norwegen), 100%.
Wintershall Nederland BV, Den Haag (Niederlande), 100%.
Wintershall Noordzee BV, Den Haag (Niederlande), 100%.
Wintershall Dubai Exploration B.V., Den Haag (Niederlande), 100%.
Wintershall Petroleum Iberia SA, Madrid (Spanien), 100%.
Wintershall Oil AG, Zug (Schweiz), 100%.
Wintershall Oil of Canada Ltd, Calgary (Kanada), 100%.
Wintershall (UK) Ltd, London (Großbritannien), 100%.

Handels- und Transportgesellschaften

Società Italiana per l'Oleodotto Transalpino SpA, Triest (Italien), 5%.
Société de Participations dans l'Industrie et le Transport du Pétrole S.A.R.L. (SPITP), Neuilly-sur-Seine/Frankreich, 27,2%.
Société du Pipeline Sud-Européen S.A. (SPSE), Neuilly-sur-Seine (Frankreich), 4,3%[b].
Transalpine Ölleitung in Österreich Ges. m.b.H., Innsbruck (Österreich), 5%.

Sonstige

Kali-Bank GmbH, Kassel[a], 100%.
Studiengesellschaft-Erdgas-Süd mbH (SES), Stuttgart, 33%.
Erdöl-Raffinerie Franken GmbH, Kassel[a], 100%.
Wintershall Industrieöle GmbH, Kassel, 100%.

Verkaufsorganisationen für Erdölprodukte

Aral AG, Bochum[a].
Wirtschaftliche Vereinigung deutscher Versorgungsunternehmen AG, Frankfurt (Main).

[a] Mit diesen Gesellschaften bestehen Ergebnisabführungsverträge.
[b] Einschließlich der Anteile von Tochtergesellschaften.

Wintershall AG, Erdölwerke

2847 Barnstorf, Postfach 220, ☏ (05442) 20-0, ✆ 941205, Telefax (05442) 20-216, Teletex 544220 = Wintew.

Werksleitung: Direktor Horst *Boernecke*.

Wintershall AG, Erdöl-Raffinerie Salzbergen

4442 Salzbergen, Postfach 1165, ☏ (05976) 8-0, Telefax (05976) 8-474, Teletex 597620 = Wint.

Werksleitung: Direktor Dr. Lutz *Erlenbach*.

Betriebsanlagen: Erdölraffinerie mit einer Kapazität von 0,3 Mill. t/a, Top- und Vakuumdestillationen, Anlagen zur Schmieröl-, Motorenöl-, Paraffin-, Weißöl- und Bitumen-Erzeugung.

Produkte: insbesondere Schmieröle, Paraffine, technische und medizinische Weißöle und Bitumen.

Wintershall AG, Erdöl-Raffinerie Emsland

4450 Lingen, Postfach 2160, ☏ (0591) 611-1, ✆ 98842, Telefax (0591) 611-222, Teletex 951814 = WintLgn, ✉ Raffinerie Lingenems.

Werksleitung: Direktor Jochen *Wiefel*.

Betriebsanlagen: Erdölraffinerie mit 3,2 Mill. t/a Kapazität, Top- und Vakuumdestillationen, Verkokungsanlagen, Hydrocracker mit den dazugehörenden Nebenanlagen, katalytische Reformer, Anlagen zur Bitumenerzeugung sowie zur Benzol- und Cyclohexan-Gewinnung; Entschwefelungseinrichtungen und Claus-Anlagen zur Schwefelgewinnung; Kraftwerk.

Produkte: Flüssiggas, Chemiebenzin, Vergaserkraftstoffe, Diesel- und Düsenkraftstoffe, Heizöle, Bitumen, Petrolkoks, Schwefel, Naphthensäure, n-Paraffin, Benzol, Cyclohexan.

Kavernen

Kavernen für Rohöl, Mineralölprodukte und Flüssiggas.

Einzelbeiträge der betreibenden Gesellschaften sind im Kapitel 2 wiedergegeben.

Ort	Bau- bzw. Betriebsgesellschaft	Speichertyp	Teufe m	Anzahl der Einzelspeicher	Füllung	Zustand
Bernburg-Gnetsch	Mitteldeutsche Salzwerke GmbH MDS Bernburg	Salzlager-Kavernen	510 bis 680	2	Propan	in Betrieb
Blexen	Untertage-Speicher-Gesellschaft mbH (USG)	Salzstock-Kavernen	640 bis 1430	4 1 3	Rohöl Gasöl Benzin	in Betrieb in Betrieb in Betrieb
Bremen-Lesum	Nord-West Kavernen GmbH (NWKG) für Erdölbevorratungsverband (EBV)	Salzstock-Kavernen	600 bis 1300	5	Leichtes Heizöl	in Betrieb
Epe	Salzgewinnungsgesellschaft Westfalen mbH für Veba Oel AG	Salz-Kavernen	1000 bis 1400	8	Rohöl	in Betrieb
Etzel	Industrieverwaltungsgesellschaft AG (IVG)	Salzstock-Kavernen	800 bis 1600	25	Rohöl, Mineralölprodukte	in Betrieb
Heide	Nord-West Kavernen GmbH (NWKG) für Erdölbevorratungsverband (EBV)	Salzstock-Kavernen	600 bis 1000	9	Rohöl, Mineralölprodukte	in Betrieb
Heide 101	RWE-DEA AG	Salzstock-Kaverne	660 bis 760	1	Butan	in Betrieb
Hülsen	Wintershall AG	stillgelegte Schachtanlage Wilhelmine Carlsglück	550 bis 600	1	Rohöl	in Betrieb
Ohrensen/Harsefeld	Dow Chemical GmbH	Salzstock-Kavernen	800 bis 1100	1 1 1	Ethylen Propylen EDC	in Betrieb in Betrieb in Betrieb
Sottorf	Nord-West Kavernen GmbH (NWKG) für Erdölbevorratungsverband (EBV)	Salzstock-Kavernen	600 bis 1200	9	Rohöl, Mineralölprodukte	in Betrieb
Teutschenthal	Sächsische Olefinwerke AG (SOWAG)	Salzstock-Kavernen	700 bis 800	2	Ethylen	in Betrieb
Wilhelmshaven-Rüstringen	Nord-West Kavernen GmbH (NWKG) für Erdölbevorratungsverband (EBV)	Salzstock-Kavernen	1200 bis 2000	36	Rohöl, Mineralölprodukte	in Betrieb

Industrieverwaltungsgesellschaft Aktiengesellschaft (IVG)

5300 Bonn 2, Zanderstraße 5, Postfach 200886, ☏ (0228) 844-0, ✂ 885435, Telefax (0228) 844107.

Aufsichtsrat: Dr. Manfred *Lennings*, Vorsitzender, Essen; Ernst Otto *Constantin*, stellv. Vorsitzender, Gewerkschaftssekretär beim Hauptvorstand der ÖTV, Stuttgart; Andreas *Arz*, Industrieanlagen-Betriebsgesellschaft mbH, Großhelfendorf; Ulrich *Beiderwieden*, Gewerkschaftssekretär beim DAG-Bundesvorstand, Hamburg; Dr. Gerold *Bezzenberger*, Mitglied des Vorstands der Deutschen Schutzvereinigung für Wertpapierbesitz e. V., Berlin; Dr. Ulrich *Brennberger*, Mitglied des Vorstands der Stinnes AG, Mülheim; Egon *Brodel*, stellv. Vorsitzender des Konzernbetriebsrats der IVG AG Fernleitungs-Betriebsgesellschaft mbH, Wittgert; Dieter Julius *Cronenberg*, Julius Cronenberg o. H., Vizepräsident des Deutschen Bundestages, Arnsberg; Alfred *Dick*, Staatsminister a. D., Straubing; Dr. Peter *Ebeling*, Industrieanlagen-Betriebsgesellschaft mbH, München; Dr. Michael *Frenzel*, stellv. Vorsitzender des Vorstandes der Preussag AG, Hannover; Wilfried *Hasselmann*, Minister a. D., Hannover; Detlef *Hillen*, Fernleitungs-Betriebsgesellschaft mbH, Hatten; Dr. Eckhart John *von Freyend*, Ministerialdirektor im Bundesministerium der Finanzen, Bonn; Dr. Wolfram *Langer*, Staatssekretär i. R., München; Dr. Ludwig-Holger *Pfahls*, Staatssekretär a. D., Tegernsee; Erich *Pfisterer*, Industrieanlagen-Betriebsgesellschaft mbH, Ottobrunn; Mathias *Sommerfeld*, Gewerkschaftssekretär bei der IG-Metall, München; Siegfried *Waldschütz*, Industrieanlagen-Betriebsgesellschaft mbH, Wolfratshausen; Hans Dieter *Wiemken*, stellv. Vorsitzender des Konzernbetriebsrats der IVG AG Motorenwerk Bremerhaven GmbH, Bremerhaven.

Vorstand: Oberbergrat a. D. Günter *Kühn*, Dr. jur. Günter *Nastelski*, Dipl.-Kfm. Fried *Scharpenack*.

Geschäftsbereich Kavernen-Tanklager: Leiter: Dipl.-Ing. Friedrich *Foltas*.

Stammkapital: 110 Mill. DM.

Mehrheitsgesellschafter: Bundesrepublik Deutschland, 55%.

Zweck des Geschäftsbereiches Kavernen-Tanklager: Bau und Betrieb von unter- und oberirdischen Speichern und Tanklagern zur Einlagerung flüssiger, fester und gasförmiger Stoffe, insbesondere Bau und Betrieb von unterirdischen Speicherräumen zur Einlagerung einer Rohölreserve für die Bundesrepublik Deutschland. Weiterhin werden Gaskavernen zur Lagerung von Nordseegas gebaut und betrieben. Das Kavernenfeld befindet sich in der Gemarkung Etzel (Ostfriesland). Nutzung von Erdwärme aus Kavernen, Kauf von Rohöl, Ingenieuraufträge, Serviceleistungen.

Untertagespeicher: Etzel.

Umsatz (ohne MwSt.)	1990	1991
IVG AG .... Mill. DM	198,0	207,6
IVG-Konzern ..... Mill. DM	384,3	351,2
Beschäftigte (Jahresende)		
IVG AG	611	621
IVG-Konzern	4 468	4 626

Kavernen Bau- und Betriebs-GmbH (KBB)

3000 Hannover 1, Roscherstr. 7, Postfach 3260, ☏ (0511) 34846-0, ✂ 922062 kbbd, Telefax (0511) 34846-89.

Beirat: Dipl.-Ing. Wilhelm *Hohoff*, Deutsche Tiefbohr Aktiengesellschaft (Deutag); Dipl.-Kfm. Wulf *Hagemann*, Deilmann Erdöl Erdgas GmbH; Dr. Hans Martin *Johannsen*, Deilmann Erdöl Erdgas GmbH; Hans-Joachim *Reinke*, Niedersächsische Gesellschaft zur Endablagerung von Sonderabfall mbH.

Geschäftsführung: Dipl.-Kfm. Dieter *Brettschneider*; Dipl.-Kfm. Eberhard *Hensel*; Dr.-Ing. Reinhard *Vauth*.

Stammkapital: 4 000 000 DM.

Gesellschafter: Deilmann Erdöl Erdgas GmbH, 100%.

Zweck: Planung, Bau und Betrieb von Untertagespeichern zur Einlagerung von flüssigen und gasförmigen Kohlenwasserstoffen sowie Druckluft; Untertagedeponien zur Endlagerung von Sonderabfällen; Solegewinnungskavernen.

	1990	1991
Umsatz .... Mill. DM	16,0	28,3
Beschäftigte .... (Jahresende)	93	79

Wesentliche Beteiligungen
PB-KBB Inc., Houston/Texas, 50%.
UGS, Mittenwalde, 75,1%.

Nord-West Kavernengesellschaft mbH (NWKG)

2940 Wilhelmshaven, Kavernenfeld K-6, ☏ (04421) 579-0, Teletex 4421430, Telefax (04421) 579-200.

Geschäftsführung: Dr. Dieter *Nagel;* Jan Dirk *Ohnesorge*.

Prokuristen: Dipl.-Ing. Manfred *Mertins*, Gudrun *Meier*.

Alleiniger Gesellschafter: Erdölbevorratungsverband, bundesunmittelbare Körperschaft des öffentlichen Rechts (EBV), Hamburg.

2 ERDÖL- UND ERDGASWIRTSCHAFT

Zweck: Betriebsführung für EBV-eigene Kavernenanlagen.

Untertagespeicher: Wilhelmshaven, Sottorf, Lesum, Heide.

Untertage-Speicher-Gesellschaft mbH (USG)

3500 Kassel, Postfach 104020, ☏ (0561) 301-0; Betriebsstätte: 2890 Nordenham-Blexen, Wischweg, ☏ (04731) 3003.

Geschäftsführung: Uwe-Jens *Cropp;* Jobst *Klemme.*

Kapital: 20 Mill. DM.

Gesellschafter: Wintershall AG, Kassel, 100%.

Zweck: Die Errichtung und der Betrieb von vornehmlich untertägigen Anlagen zur Speicherung von Rohölen und anderen Stoffen in allen Aggregatzuständen.

VTG-Paktank Hamburg GmbH

2000 Hamburg 1, Brandsende 2 – 4, ☏ (040) 322843, ⌁ 2163506, Telefax (040) 322630.

Geschäftsführung: Bergass. a. D. Peter B. *Schuchardt.*

Prokuristen: Dipl.-Ing. Borchert *Sander,* Wolfgang *v. Heydebreck,* Gerhard *Beyerstedt.*

Stammkapital: 18,75 Mill. DM.

Gesellschafter: VTG Vereinigte Tanklager und Transportmittel GmbH, Hamburg; Koppelpoort Holding NV., Amsterdam; Paktank International B. V., Rotterdam; Steinmetz & Petit B.V., Rotterdam; Paktank Industriele Dienstverlening B.V., Rotterdam; Stinnes AG, Mülheim.

Zweck: Errichtung und Betrieb von Tanklagern für Flüssigkeiten aller Art und deren Bearbeitung, insbesondere von Mineralölen, chemischen und petrochemischen Produkten sowie tierischen und pflanzlichen Ölen und Fetten.

Beteiligungen
VTG-Paktank Verwaltungs-GmbH, Hamburg.
VTG-Paktank Tanklager GmbH & Co. KG, Hamburg.

Rohöl-Fernleitungen

RWE-DEA/DEA-Rohölleitungen

Eigentümer: DEA Mineraloel AG, 2000 Hamburg 60, Überseering 40, ☏ (040) 6375-0, ⌁ 21151320, Telefax (040) 6375-3496, ✧ RWE-DEA Hamburg.

Streckenführung:

(1) Ascheberg – Hemmingstedt, Länge 88,4 km, Durchmesser 10". Maximale Durchsatzkapazität 1,1 Mill. t/a.

(2) Brunsbüttel – Hemmingstedt, Länge 31,2 km, Durchmesser 18". Maximale Durchsatzkapazität 8,3 Mill. t/a.

(3) Waabs – Albersdorf, Länge 71,7 km, Durchmesser 8". Maximale Durchsatzkapazität 0,4 Mill. t/a (Konsortium RWE-DEA/Wintershall).

Norddeutsche Oelleitung Wilhelmshaven-Hamburg (NDO)

Trägergesellschaft: Norddeutsche Oelleitungsgesellschaft mbH (NDO), 2100 Hamburg 90, Moorburger Str. 16, ☏ (040) 7663-0.

Stammkapital: 60000 DM.

Gesellschafter: Holborn Europa Raffinerie GmbH, 100%.

Streckenführung: Wilhelmshaven – Hamburg, Länge ca. 146 km.

Zweck: Die Gesellschaft wurde für den Bau und Betrieb einer Mineralölfernleitung von Wilhelmshaven nach Hamburg gegründet. Die Inbetriebnahme erfolgte im Februar 1983.

Nord-West Oelleitungen (NWO) Wilhelmshaven-Wesseling

Trägergesellschaft: Nord-West Oelleitung GmbH (NWO), 2940 Wilhelmshaven 1, Zum Ölhafen 207, ☏ (04421) 620, ⌁ 253348, Telefax (04421) 62-381.

Stammkapital: 6,5 Mill. DM.

Gesellschafter: Deutsche BP AG, Hamburg, 15%; Fina Deutschland GmbH, Frankfurt, 10,5%; Holborn Europa Raffinerie (HER) GmbH, Hamburg, 15,1%; Ruhr Oel GmbH, Gelsenkirchen, 25,1%; DEA Mineraloel AG, Hamburg, 14,2%, Wintershall AG, Kassel, 20,1%.

Streckenführung: Wilhelmshaven – Wesseling, Länge 353 km, einschl. Abzweigleitungen 391 km, Durchmesser 28". Maximale Durchsatzkapazität 15 Mill. t/a. Betriebsführung für die NDO-Pipeline (22", 142 km) von Wilhelmshaven nach Hamburg.

Kopfstation: Wilhelmshaven mit Tanklagerkapazität von 1 600000 m³.

Hannoversche Erdölleitung Hankenbüttel — Misburg / Schönewörde — Misburg / Stelle — Harburg

Trägergesellschaft: Hannoversche Erdölleitung GmbH, 3000 Hannover 61, Karl-Wiechert-Allee 4; Postanschrift: 3000 Hannover 1, Postfach 4829, ☏ (0511) 566-0, ✆ 922828 prze, Telefax (0511) 566-1901 und 566-2115.

Geschäftsführung: Hermann *Horn,* Hannover; Dr.-Ing. Klaus *Trénel,* Laatzen.

Stammkapital: 1 Mill. DM.

Gesellschafter: Elwerath Erdgas und Erdöl GmbH, 50%; Preussag AG, 50%.

Streckenführung: Osthannoverscher Raum — Misburg, Gesamtlänge 282 km.

(1) Hankenbüttel — Meerdorf — Misburg, Länge 76,5 km (einschl. Zubringer 165,0 km), Durchmesser 5" bis 8", maximale Durchsatzkapazität 550 000 t/a.

(2) Schönewörde — Hohne — Hänigsen — Misburg, Länge 72 km, Durchmesser 6", maximale Durchsatzkapazität 480 000 t/a.

(3) Stelle — Sinstorf — Harburg, Länge 20,2 km, Durchmesser 8", maximale Durchsatzkapazität 1 Mill. t/a.

Kopfstationen: im osthannoverschen Raum.

Emsland Erdölleitung Rühlertwist/Scheerhorn — Holthausen

Trägergesellschaft: Emsland-Erdölleitung GmbH, 3000 Hannover 51, Riethorst 12, ☏ (0511) 6412650.

Kapital: 450 000 DM.

Gesellschafter: Elwerath Erdgas und Erdöl GmbH 25%, Wintershall AG 25%, Deilmann Erdöl Erdgas GmbH 50%.

Rotterdam-Rhein-Pipeline (RRP)

Trägergesellschaft: NV Rotterdam-Rijn-Pijpleiding Mij (RRP), Borweg 7, NL-2597 LR Den Haag, Postbus 90716, NL-2509 LS Den Haag, ☏ (070) 3529494, ✆ 32064 RRP NL, Telefax (070) 3529426.

Stammkapital: 70 Mill. hfl.

Gesellschafter: Shell Petroleum NV, 40%; Ruhr Oel GmbH, 20%; Mobil Oil B.V., 20%; DEA Mineraloel AG, 10%; Texaco Petroleum Maatschappij (Nederland) B.V., 10%.

Streckenführung: Europoort (Hafengebiet Rotterdam)-Venlo, Venlo-Wesel, Venlo-Wesseling, Länge 323 km, davon die Teilstrecken Europoort-Venlo 177 km, Venlo-Wesel 43 km, Venlo-Godorf-Wesseling 103 km, Durchmesser Europoort-Venlo 36", Venlo-Wesel und Venlo-Wesseling 24", maximale Durchsatzkapazität 20 Mill. t/a. Die frühere 24"-Rohölleitung von Pernis nach Venlo (153 km) ist auf den Transport von Erdölprodukten umgestellt und an die Produktenleitung der Rhein-Main-Rohrleitungstransport GmbH (RMR) bei Herongen angeschlossen worden.

Rohölleitung Wesel — Gelsenkirchen-Horst

Eigentümer: Ruhr Oel GmbH, 4650 Gelsenkirchen, Alexander-von-Humboldt-Str., Postfach 201045, ☏ (0209) 366-1, ✆ 824881-22 vo d, 824881-0 vo d.

Streckenführung: Wesel — Gelsenkirchen-Horst, Länge 43 km, Durchmesser 16", maximale Durchsatzkapazität 8,5 Mill. t/a. Die Leitung ist an die Zweigleitung Venlo — Wesel der RRP angeschlossen.

Südeuropäische Ölleitung Lavéra-Fos-Karlsruhe

Trägergesellschaft: Société du Pipeline Sud-Européen S.A. (SPSE), F-92521 Neuilly-sur-Seine Cedex, 195, avenue Charles de Gaulle, ☏ (1) 46371600, ✆ 620325 splse nllsn, Telefax (1) 47474894.

Stammkapital: 150 Mill. F.

Gesellschafter: Total 6,385%; Total Raffinage Distribution 6,385%; Conoco Mineraloel GmbH, 2,00%; DEA Mineraloel AG, 4,00%; Elf France, 14,18%; Exxon Corporation, 22,00%; Mobil Oil B.V., 3,60%; Mobil Oil Française, 1,38%; Fina France, 0,89%; Société des Pétroles Shell, 20,32%; BP France, 3,56%; The British Petroleum Company p.l.c., 3,56%; Ruhr Oel GmbH, 7,46%; Wintershall AG, 4,28%.

Streckenführung: PSE 1: Lavéra — Fos — Karlsruhe, Länge 769,2 km, Durchmesser 34". PSE 2: Fos — Straßburg, Länge 714,3 km, Durchmesser 40". PSE 3: Fos — Lyon, Länge 260 km, Durchmesser 24". Durchsatzkapazität 65,2 Mill. t/a.

Transalpine Pipeline Triest — Ingolstadt — Karlsruhe (TAL)

Trägergesellschaft für den deutschen Abschnitt: Deutsche Transalpine Oelleitung GmbH (TAL), 8000 München 80, Vogelweideplatz 11, ☏ (089) 4174-0, ✆ 0524349, Telefax (089) 417463.

Stammkapital: 10 Mill. DM.

Gesellschafter des deutschen Teils: Esso AG, 16%; Deutsche Shell AG, 15%; Deutsche BP Aktiengesellschaft, 11%; Mobil Marketing und Raffinerie GmbH, 11%; Ruhr Oel GmbH, 11%; Südpetrol AG für Erdölwirtschaft, 10%; DEA Mineraloel AG, 9%; ÖMV Deutschland GmbH, 7%; Wintershall AG, 5%; Conoco Mineraloel GmbH, 3%; Deutsche Total GmbH, 2%.

Trägergesellschaft für den italienischen Abschnitt: Società Italiana per l'Oleodotto Transalpino SpA I-34139 Trieste, Piazza Unità d'Italia 7, ☏ (040) 7798-1, ✱ 0043-460126, Telefax (040) 366424.

Aktienkapital: 9,8 Mrd. Lit.

Trägergesellschaft für den österreichischen Abschnitt: Transalpine Ölleitung in Österreich Ges.m.b.H., A-6021 Innsbruck, Wilhelm-Greil-Str. 17, ☏ (0512) 52026-0, ✱ 0047-61352291, Telefax (0512) 5202627.

Stammkapital: 250 Mill. ÖS.

Streckenführung

(1) Triest – Ingolstadt, Länge 465 km; Länge des deutschen Teils 159 km. Durchmesser 40", Durchsatzkapazität 36 Mill. t/a, möglicher Endausbau 54 Mill. t/a.

(2) Ingolstadt – Karlsruhe/Wörth/Jockgrim. Länge 272 km, Durchmesser 26", Durchsatzkapazität 17 Mill. t/a, möglicher Endausbau 21 Mill. t/a.

(3) Ingolstadt – Neustadt (Donau). Länge 22 km, Durchmesser 26", Durchsatzkapazität und möglicher Endausbau 14 Mill. t/a.

Rohölleitung Jockgrim – Mannheim

Eigentümer: Erdöl-Raffinerie Mannheim GmbH, 3500 Kassel, Friedrich-Ebert-Straße 160, Postfach 104020, ☏ (0561) 301-0, Telefax (0561) 301-702.

Stammkapital: 94 Mill. DM.

Gesellschafter: Wintershall AG, 100%.

Streckenführung: Linksrheinisch von Jockgrim (bei Karlsruhe) bis Ludwigshafen, dann rheinunterquerend nach Mannheim. Länge 59 km, Durchmesser 16", maximale Durchsatzkapazität 6 Mill. t/a.

Marathon-Rohölleitung Steinhöring – Burghausen

Eigentümer: ÖMV Deutschland GmbH, Direktion und Verwaltung: 8000 München 2, Neuturmstr. 5, ☏ (089) 23070, ✱ 529382, Telefax (089) 2307316, ✆ DMP München.

Stammkapital: 200 Mill. DM.

Gesellschafter: ÖMV Aktiengesellschaft, Wien, 100%.

Streckenführung: Steinhöring – Burghausen, Länge 62 km, Durchmesser 12", maximale Durchsatzkapazität 3,4 Mill. t/a.

Fertigprodukten-Leitungen

DEA-Fertigprodukten-Leitungen Heide-Brunsbüttel

Eigentümer: DEA Mineraloel AG, 2000 Hamburg 60, Überseering 40, Postfach 600449, ☏ (040) 6375-0, ✱ 21151320, Telefax (040) 6375-3496, ✆ RWE-DEA Hamburg.

Streckenführung

(1) Hemmingstedt-Brunsbüttel, Länge 31,2 km. 6 Leitungen für schweres Heizöl, leichtes Heizöl bzw. Dieselkraftstoff, Vergaserkraftstoff, aromatische Kohlenwasserstoffe und Schmieröldestillate; 2 Leitungen für Äthylen und Wasserstoff zur RWE-DEA, Werk Brunsbüttel (früher: Condea Chemie GmbH), (Wasserstoffleitung RWE-DEA Eigentum).

(2) Brunsbüttel, RWE-DEA Werk Brunsbüttel bis Industriegebiet Bayer AG, Werk Brunsbüttel, Länge 5,7 km; 1 Leitung für Äthylen.

Mitteleuropäische Ölleitung Genua – Ingolstadt (MEL oder CEL)

Trägergesellschaft in Deutschland: Südpetrol AG für Erdölwirtschaft, 8000 München 33, Postfach 330809, Sonnenstr. 23, ☏ (089) 551330, ✱ 523485, Telefax (089) 5513310.

Trägergesellschaft in Italien: Snam S.p.A., San Donato Milanese, Mailand, ☏ (02) 5201, ✱ 310246.

Trägergesellschaft in der Schweiz: Oleodotto del Reno S.A., Chur, Hartbertstr. 11, ☏ (081) 226888, ✱ 74100.

Trägergesellschaft in Österreich: Rheinische Ölleitungsgesellschaft mbH, Bregenz, Gerberstr. 4, ☏ (05574) 43215, ✱ 57680.

Streckenführung: Genua – Küstenapennin – Ferrera (Pavia) (von hier Abzweigung durch das Aostatal und über den Großen St. Bernhard zur Raffinerie Aigle in der Westschweiz und mehrere Zweigleitungen zu norditalienischen Raffinerien) – östlich Mailand – Chiavenna – Splügen-Paß – Thusis – Chur – St. Margrethen – Bregenz – Lindau – Staig-Altheim (Lkr. Ulm) – Ingolstadt. Länge des gesamten Pipeline-Systems 1500 km. Länge der

Strecke Genua — Ingolstadt 660 km, davon in der Bundesrepublik 243 km. Durchmesser im Ausland 48/42/32 und 26/24/22", in Deutschland 22" bis Staig-Altheim, Staig-Altheim — Ingolstadt 18". Maximale Durchsatzkapazität 55 Mill. t, davon nach Deutschland 8 bis 10 Mill. t/a.

Fertigprodukten-Leitung Gelsenkirchen — Duisburg-Hafen

Eigentümer: Ruhr Oel GmbH, 4650 Gelsenkirchen, Alexander-von-Humboldt-Straße, Postfach 201045, ℡ (0209) 366-1, ✆ 824881-22 vo d, 824881-0 vo d.

Streckenführung: Gelsenkirchen — Hafen Duisburg. Pumpstation: Ruhr Oel GmbH, Werk Scholven.

Empfangsstation: VTG-Tanklager Duisburg-Hafen. Länge 32 km, Durchmesser 8", Durchsatzkapazität 1,4 Mill. t/a. Produkte: Benzin, Diesel, Heizöl EL.

Ethylenleitung Gelsenkirchen — Köln — Geleen (NL) — Antwerpen (B)

Trägergesellschaft: Aethylen-Rohrleitungs-Gesellschaft mbH & Co KG, 4370 Marl 1, Postfach 1320, ℡ (02365) 492164, ✆ 829211 hs d, Telefax (02365) 495876.

Gesellschafter: Bayer AG, Hüls AG, Deutsche BP Aktiengesellschaft, EC Erdölchemie GmbH, Naamloze Vennootschap DSM, Veba Oel AG, mit je 16 2/3 %.

Streckenführung: Gelsenkirchen — Köln — Geleen (Niederlande) — Antwerpen (Belgien). Stichleitungen von Lövenich nach Wesseling, von Bottrop nach Rheinberg und von Köln-Geyen nach Köln-Niehl. Anschlüsse an Ethylenleitungen im Raum Antwerpen/Rotterdam sowie in Deutschland an Wesseling — Ludwigshafen/Frankfurt, Wesseling — Knapsack, Köln — Leverkusen, Gelsenkirchen — Marl. Gesamtlänge 490 km, davon in der Bundesrepublik 250 km, in den Niederlanden 19 km und in Belgien 221 km. Durchmesser 10" und 12", maximale Durchsatzkapazität 2000000 t/a. Produkt: Ethylen.

Ethylenleitung Kelsterbach — Wesseling — Hürth

Eigentümer: Hoechst AG, 6230 Frankfurt (Main) 80, Postfach 800320, ℡ (069) 3051, ✆ 41234.

Streckenführung: Kelsterbach — Wesseling, Länge 156 km, Durchmesser 10". Doppelleitung Wesseling-Hürth zur Knapsack AG, Länge 15 km, Durchmesser 8" und 10". Anschlußleitung Berzdorf — Rheinische Olefinwerke GmbH, Wesseling, mit Anschluß an das Leitungssystem der Ethylen-Rohrleitungs GmbH, Länge 3 km, Durchmesser 10". Auslegungsdruck Kelsterbach — Wesseling PN 64, Wesseling-Hürth 8" PN 64, Wesseling-Hürth 10" sowie Anschluß Rheinische Olefinwerke PN 100. Durchsatzkapazität 350000 t/a. Produkt: Ethylen.

Ethylenleitung Münchsmünster — Gendorf

Eigentümer: Hoechst AG, 6230 Frankfurt (Main) 80, Postfach 800320, ℡ (069) 3051, ✆ 41234.

Streckenführung: Münchsmünster — Gendorf, Gesamtlänge 112 km, Durchmesser 10", Auslegungsdruck PN 64, Durchsatzkapazität 200000 t/a. Produkt: Ethylen.

RMR-Fertigprodukten-Leitung Rotterdam — Ludwigshafen

Trägergesellschaft: Rhein-Main-Rohrleitungstransportgesellschaft mbH, Köln-Godorf (RMR), 5000 Köln 50, Godorfer Hauptstr. 186, Postfach 501740, ℡ (02236) 8913-0, ✆ 8886952, Telefax (02236) 891364.

Stammkapital: 10 Mill. DM.

Gesellschafter: Deutsche Shell AG, 41 %; Deutsche BP Aktiengesellschaft, 31 %; DEA Mineraloel AG, 22 %; Veba Oel AG, 4 %; Mobil Marketing und Raffinerie GmbH, 2 %.

Streckenführung: Über einen Strang der Rotterdam-Rhein-Pipeline ab Pernis/Rotterdam — Herongen (niederländische Grenze) — Dinslaken — Godorf — Ludwigshafen mit Zweigleitungen nach Homberg, Essen, Dormagen, Köln-Niehl, Gustavsburg, Flörsheim, Raunheim. Gesamtlänge 665 km, hiervon in der Bundesrepublik 513 km. Durchmesser: Pernis — Dinslaken 24", Dinslaken — Ludwigshafen 20", Udenheim — Flörsheim und Stichleitungen 18". Durchsatzkapazität 12,5 Mill. t/a. Produkte: Chemische Vorprodukte, Benzine, Mitteldestillate und Düsentreibstoffe.

Marathon-Fertigprodukten-Leitung Burghausen — Feldkirchen

Eigentümer: ÖMV Deutschland GmbH, 8000 München 2, Neuturmstr. 5, ℡ (089) 23070, ✆ 529382, Telefax (089) 2307316, ✉ DMP München.

Stammkapital: 200 Mill. DM.

Gesellschafter: ÖMV Aktiengesellschaft, Wien, 100 %.

Streckenführung: Burghausen — Feldkirchen (bei München), Länge 90 km, Durchmesser 8", maximale Durchsatzkapazität 1,4 Mill. t/a. Produkte: Heizöl EL und Dieselöl.

Servicefirmen

BLM – Gesellschaft für bohrlochgeophysikalische und geoökologische Messungen mbH

O-3304 Gommern, Magdeburger Chaussee, ☏ 80, ✆ 08357, Telefax 391.

Geschäftsführung: Dr. Dieter *Steinbrecher*.

Beschäftigte: 120.

Zweck: Bohrlochgeophysikalische Messungen, Sprengarbeiten in Bohrlöchern, ingenieurgeophysikalische Untersuchungen, Probenahme von Boden, Wasser und Bodenluft.

Deutsche Tiefbohr AG (Deutag)

4444 Bad Bentheim, Deilmannstr. 1, Postfach 1253, ☏ (05922) 72-0, ✆ 98833, Telefax (05922) 72-107, St u. WL: Bentheim.

Aufsichtsrat: Wulf *Hagemann*, Lingen (Ems), Vorsitzender; Karl Heinz *Brümmer*, Fröndenberg, stellv. Vorsitzender; Dr. Hans-Martin *Johannsen*, Hannover; Professor Dr. Heino *Lübben*, Burgdorf-Ehlershausen; Gerd-Friedrich *de Leve*, Gildehaus; Heinz *Look*, Suddendorf.

Vorstand: Dr. Bernd *Oellers*, Wilhelm *Hohoff*.

Prokuristen: Dipl.-Ing. Eckhard *Bintakies*, Rolf *Christiani*, Dr. Heinrich *Grumpelt*, Dipl.-Kfm. Siegfried *Höppner*, Betriebswirt Ralf *Linke*, Dipl.-Berging. Hubert *Mainitz*, Dipl.-Berging. Siegfried *Meissner*, Dipl.-Ing. Wilhelm *Rischmüller*, Dipl.-Berging. Karl-Georg *Schneider*, Bernhard *Stoffels*, Dipl.-Kfm. K.-H. *Tippmeier*, Dipl.-Ing. Bernhard *Wehling*.

Kapital: 63,4 Mill. DM.

Alleinaktionär: C. Deilmann AG.

Zweck: Tiefbohrungen und Erschließung von Erdöl und Erdgas für fremde Rechnung, Öl- und Gasfeldsondendienst, Großlochbohrungen.

Beteiligungen
Interbohr GmbH, Bad Bentheim, 100%.
Eastman Instruments GmbH, Bad Bentheim, 100%.
Interfels, Internationale Versuchsanstalt für Fels GmbH, Bad Bentheim, 26%.
Deutag Friesland Drilling B. V., Oldenzaal/Niederlande, 100%.
Oman Deutag Drilling Company LLC (ODDC), Muscat, 65%.
Seria Drilling Company Sdn. Bhd., Kuala Belait, 65%.
Deutag (Nigeria) Ltd., Port Harcourt, 60%.
UTB, Ultratief Bohrgesellschaft mbH, Bad Bentheim, 85%.
Triple D Supply Corporation, Dallas, USA, 100%.
Deutag Overseas (Curaçao) N. V., Aberdeen, Schottland, 100%.

Interbohr GmbH, Internationales Bohrunternehmen

4444 Bad Bentheim, Deilmannstr. 1, Postfach 1253, ☏ (05922) 72-0, ✆ 98833, BA Meppen, OBA Clausthal-Zellerfeld.

Geschäftsführung: Dr. Bernd *Oellers*, Wilhelm *Hohoff*.

Kapital: 100 000 DM.

Alleiniger Gesellschafter: Deutsche Tiefbohr AG.

Zweck: Bohrarbeiten, Arbeiten zum Bau von Wasser-, Gas-, Mineralgewinnungs- und unterirdischen Speicheranlagen sowie die Beratung und sonstige Dienstleistung aller Art auf diesen Gebieten, Handel mit Bohrgeräten und Zubehör.

Eastman Whipstock GmbH

3005 Hemmingen, Gutenbergstr. 3, ☏ (0511) 420161, ✆ 922590, Telefax (0511) 421708, ⌘ Eastco.

Geschäftsführung: Dr. Rainer *Jürgens*.

Kapital: 300 000 DM.

Alleiniger Gesellschafter: Eastman Christensen GmbH.

Zweck: Herstellung und Vertrieb von geophysikalischen und hydrometrischen Meßgeräten. Geophysikalische Service-Arbeiten.

Gabeg – Gasanlagenbau-Engineering GmbH

O-1140 Berlin, Beilsteiner Straße 121, Postfach 367, ☏ (0372) 5474-0, ✆ 113223, 112435, Telefax 5413281 / 5413458.

Geschäftsführung: Werner *Dubsky* (Planung/Operations); Dieter *Hoffmann* (Personal- und Sozialwesen); Helmuth *Lerch* (Finanzen/Controlling).

Gründung: 1990.

Zweck: Planung und Koordinierung von Leistungen für komplette Anlagen, Projekt- und Planungsvorbereitung, Entwurfs- und Ausführungsplanung (Projektierung), Überwachung der Ausführung (Bauüberwachung), Baustellenlogistik.

Beschäftigte: (März 1992) 671

MINERALÖLVERARBEITUNG, KAVERNEN UND TRANSPORT

Friedrich Leutert GmbH + Co

2126 Adendorf, Postfach 1111, ☏ (04131) 51032, ✆ 2182160, Telefax (04131) 51035, Teletex (04131) 413144.

Geschäftsführung: Dipl.-Ing. Hartwig *Leutert.*

Tochtergesellschaften
Leutert (North Sea) Ltd, Aberdeen.
Leutert Instruments, Inc., Houston, Texas 77027, USA.
Leutert-Rewa Sales & Services Center (Far East) Pte. Ltd., Singapore.
Leutert Oil Tools, Bombay, Indien.

Zweck: Hersteller und Lieferant von mechanischen und elektronischen Meßinstrumenten für die Öl-Industrie und Maschinenindikatoren für Schiffsdieselmotoren.

PKM Anlagenbau GmbH

O-7010 Leipzig, Dittrichring 18, ☏ 71570, ✆ 051632, 0512818, Telefax 295167.

Geschäftsführung: Dr. Rainer *Fischbach,* Dipl.-Ing. Peter *Schoch,* Dipl.-Jur. Winfried *Köllner.*

Zweck: Anlagen des Gastransportes und der Gasspeicherung; Energieträgerumstellung von Braunkohlefeuerung auf Gas oder Öl; Gas-Ortsnetzbau, -erweiterung, -sanierung; Rauchgasreinigungsanlagen; Tieftemperaturgasreinigungsanlagen; Anlagen zur Abfall-, Schadstoff- u. Altlastenverarbeitung.

	1991
Beschäftigte	800

Prakla-Seismos GmbH

3000 Hannover 51, Buchholzer Str. 100, Postfach 510530, ☏ (0511) 642-0, ✆ 922419, 922847 und 923250; Telefax (0511) 6476860, ⌁ Prakla.

Aufsichtsrat: Dr. W. R. *Habbel,* Schlumberger Holding GmbH, Vorsitzender; Manfred *Beinsen,* Arbeitnehmervertreter; Claus *Kampmann,* GECO A. S.; Svein H. *Kvellesvik,* GECO A. S.; Professor Dr. Bruno *Kropff,* Bundesministerium der Finanzen; Horst *Schrader,* Arbeitnehmervertreter.

Geschäftsführung: Thomas *Blades.*

Grundkapital: 50 Mill. DM.

Zweck: Geophysikalische Untersuchungen.

Schlumberger Geophysikalische Service GmbH

2840 Diepholz 1, Postfach 1520, Siemensstraße 6, ☏ (05441) 2044, ✆ 941202.

Geschäftsführung: Dipl.-Ing. Gerhard *Scholz.*

Anteilseigner: Schlumberger Holding GmbH, München.

Zweck: Geophysikalische Bohrlochvermessungen, Perforationen und Testen.

Willy Thiele
Bohrunternehmen GmbH

3100 Celle, Bremer Weg 27, ☏ (05141) 3925, ✆ 925103 über Reisert, ⌁ Bohrthiele Celle.

Geschäftsführung: Dipl.-Ing. Wolfgang *Nickel.*

Prokuristin: Sabine *Zimmer.*

Stammkapital: 800000 DM.

Gesellschafter: Elsa *Thiele,* Ingeborg *Lindsiepe.*

Zweck: Ausführung von Bohrungen aller Art.

Western Atlas International, Inc.
Atlas Wireline Services,
Niederlassung Bremen

2805 Stuhr 1, Rudolf-Diesel-Straße 6, ☏ (0421) 877670, ✆ 244458, Telefax (0421) 87767-67.

Geschäftsführung: Dipl.-Ing. Stephen *Chudy.*

Zweck: Geophysikalische Bohrlochmessungen und Perforationen.

4. Organisationen

Öl

Wirtschaftsverband Erdöl- und Erdgasgewinnung eV

3000 Hannover, Brühlstr. 9, ☏ (0511) 1319555, Telefax (0511) 1316739.

Vorstand: Dr. Gerd *Eichhorn*, Vorsitzender der Geschäftsführung der Mobil Erdgas-Erdöl GmbH, Hamburg, Vorsitzender; Horst *Bruer*, Geschäftsführer der Hermann von Rautenkranz Internationale Tiefbohr GmbH & Co. KG ITAG, Celle, stellv. Vorsitzender; Dipl.-Ing. Heinz C. *Rothermund*, Sprecher der Geschäftsführung der BEB Erdgas und Erdöl GmbH, Hannover, stellv. Vorsitzender; Dr. Franz X. *Führer*, Mitglied des Vorstandes der Wintershall AG, Kassel; Dipl.-Kfm. Wulf *Hagemann*, Mitglied der Geschäftsführung der Deilmann Erdöl Erdgas GmbH, Lingen; Dipl.-Berging. Heinz-Jürgen *Klatt*, Direktor Exploration der RWE-DEA AG für Mineraloel und Chemie, Hamburg.

Hauptgeschäftsführer: Ass. d. Bergf. Lothar *Möller*.

Zweck: Wahrnehmung und Förderung der allgemeinen ideellen, wirtschaftlichen und sozialen Interessen der deutschen Erdöl- und Erdgasförderindustrie. Der Verband ist auch Tarifpartner.

Mitglieder *(ordentliche)*: Bayerische Mineral-Industrie AG, Brigitta Erdgas und Erdöl GmbH, C. Deilmann AG, Deilmann Erdöl Erdgas GmbH, Deutz Erdgas GmbH, Elwerath Erdgas und Erdöl GmbH, Gewerkschaft Münsterland Erdöl und Erdgas GmbH, F. Koller & Sohn GmbH & Co KG, Mobil Erdgas-Erdöl GmbH, Hermann von Rautenkranz Internationale Tiefbohr GmbH & Co KG Itag, von Rautenkranz Exploration & Produktion KG, RWE-DEA AG für Mineraloel und Chemie, Wintershall AG; — *(außerordentliche)*: BEB Erdgas und Erdöl GmbH, Deminex — Deutsche Erdölversorgungsgesellschaft mbH, Deutsche Shell AG, Dowell Schlumberger (Eastern) Inc, Eastman Christensen GmbH, Erdgas-Verkaufs-Gesellschaft mbH, Erdöl-Erdgas Gommern GmbH, Esso AG, GBS Schwerdt & Partner GmbH, GEO-data Gesellschaft für geologische Meßgeräte mbH, Itag Tiefbohr GmbH & Co. KG, Kavernen Bau- und Betriebs-GmbH (KBB), ÖMV Aktiengesellschaft, Prakla-Seismos GmbH, Prakla-Seismos Geomechanik GmbH, Preussag AG, Salzgitter Informationssysteme GmbH, Schlumberger Geophysikalische Service GmbH, Willy Thiele Bohrunternehmen GmbH.

Mineralölwirtschaftsverband eV (MWV)

2000 Hamburg 1, Steindamm 71, XII, ☏ (040) 28540, ✄ 2162257, Telefax (040) 285453; Büro: 5300 Bonn 1, Am Hofgarten 5, ☏ (0228) 222918.

Vorstand: Dr. Hubert *Heneka*, Vorsitzender, Vorsitzender des Vorstandes der Veba Oel Aktiengesellschaft, Gelsenkirchen; Dr. Peter *Bettermann*, Vorsitzender des Vorstandes Deutsche BP Aktiengesellschaft, Hamburg; Werner *Bohnhorst*, Geschäftsführer der ÖMV Deutschland GmbH, München; Werner *Brandmayr*, Vorsitzender der Geschäftsführung Conoco Mineraloel GmbH, Hamburg; Dr. Helmut *Burmester*, Vorsitzender des Vorstandes der Aral Aktiengesellschaft, Bochum; Herbert *Detharding*, Vorsitzender des Vorstandes der Wintershall AG, Kassel; Peter *Duncan*, Vorsitzender des Vorstandes Deutsche Shell Aktiengesellschaft, Hamburg; Dr. Manfred *Fuchs*, Vorsitzender des Vorstandes der Fuchs Petrolub AG Oel + Chemie/Valvoline Oel GmbH & Co., Hamburg; Burkhard *Genge*, Sprecher des Vorstandes der Mobil Oil AG, Hamburg; Dr. Peter *Koch*, Vorsitzender des Vorstandes der DEA Mineraloel AG, Hamburg; Thomas *Kohlmorgen*, Vorsitzender des Vorstandes der Esso A.G., Hamburg; Dr. Peter *Schlüter*, Hauptgeschäftsführer des Mineralölwirtschaftsverbandes e. V., Hamburg.

Geschäftsführender Vorstand: Dr. Hubert *Heneka*, Werner *Bohnhorst*, Dr. Peter *Schlüter*.

Hauptgeschäftsführer: Dr. Peter *Schlüter*.

Geschäftsführung: Dr. Karl-Heinrich *Schnier*.

Presse und Öffentlichkeitsarbeit: Dr. Barbara *Schwegmann*.

Verbandsausschüsse: Ausschuß für Umweltfragen; Technischer Ausschuß; Ausschuß für Energie und Information; Versorgungsausschuß; Rechtsausschuß; Steuer- und Zollausschuß; Logistik-Ausschuß.

Gründung und Zweck: Der Verband wurde am 3. 9. 1946 von den in der Bundesrepublik Deutschland tätigen Mineralölgesellschaften gegründet. Der Verband bezweckt die Wahrnehmung und Förderung der allgemeinen — ideellen und wirtschaftlichen — Interessen seiner Mitglieder auf dem Gebiet der Mineralölverarbeitung sowie bei der Beschaffung, dem Transport und dem Vertrieb von Mineralölprodukten. Der Verband verfolgt keine politischen oder konfessionellen Ziele. Ein wirtschaftlicher Geschäftsbetrieb ist ausgeschlossen.

Mitglieder: Aral Aktiengesellschaft, Conoco Mineraloel GmbH, DEA Mineraloel AG, Deutsche BP Aktiengesellschaft, Deutsche Shell Aktiengesellschaft, Total Deutschland GmbH, Deutsche Veedol GmbH, Elf Mineraloel GmbH, EniChem Deutschland AG, Esso A.G., Fina Deutschland GmbH, Fuchs Petrolub AG Oel + Chemie/Valvoline Oel GmbH & Co., Holborn Europa Raffinerie GmbH, Klöckner & Co. Aktiengesellschaft, Mobil Oil AG, ÖMV Deutschland GmbH, Saarberg Handel GmbH, Veba Oel Aktiengesellschaft, Wintershall AG.

Deutsche Wissenschaftliche Gesellschaft für Erdöl, Erdgas und Kohle e. V. (DGMK)

2000 Hamburg 1, Steinstr. 7, ☏ (040) 323248-11, Telefax (040) 326398.

Vorstand: Senator E. h. Dr. rer. nat. Wilhelm *von Ilsemann*, Ehrenvorsitzender; Dr.-Ing. Dipl.-Phys. Gerd *Escher*, Vorstandsmitglied der Veba Oel AG, Gelsenkirchen, Vorsitzender; Professor Dr. rer. nat. Wilhelm *Keim*, stellv. Vorsitzender, Direktor des Lehrstuhls und Instituts für Technische Chemie und Petrochemie der RWTH Aachen; Dipl.-Ing. Friedrich *Brinkmann*, Hauptabteilungsleiter Produktionsplanung der BEB Erdgas und Erdöl GmbH, Hannover; Dr. phil. Lothar *Geldern;* Dr. rer pol. Uwe *Jönck*, Vorstandsmitglied der Esso AG, Hamburg; Professor Dr.-Ing. Heino *Lübben*, Burgdorf-Ehlershausen; Professor Dr.-Ing. J. *Weitkamp*, Universität Stuttgart; Dr. rer. nat. Alois *Ziegler*, Geschäftsführer der DeutscheMontanTechnologie für Rohstoff, Energie, Umwelt e.V. (DMT), Essen.

Wissenschaftlicher Beirat: Dipl.-Ing. Wolfgang *Armbruster*, Vorsitzender der DGMK-Bezirksgruppe Oberrhein*, Mitglied der Geschäftsführung der Oberrheinische Mineralölwerke GmbH, Karlsruhe; Professor Dr.-Ing. Wilfried J. *Bartz*, Direktor und Wissenschaftlicher Leiter der Technischen Akademie Esslingen, Ostfildern; Professor Dr.-Ing. Winfried *Bernhardt*, Leiter der Forschung Aggregatetechnik der Volkswagen AG, Wolfsburg; Professor Dr. rer. nat. Dieter *Betz*, Sprecher der Projektleitung des Kontinentalen Tiefbohrprogramms der Bundesrepublik Deutschland (KTB), Niedersächsisches Landesamt für Bodenforschung, Hannover; Dr. jur. Ernst *Bötticher*, Vorsitzender des Aufsichtsrates der H. O. Schümann-Gruppe, Vorsitzender des Aufsichtsrates der Deutsche AVIA Mineralöl AG, München, Hamburg; Professor Dr. B. *Bohlmann*, Vorsitzender der DGMK-Bezirksgruppe Berlin-Brandenburg*; Dr. rer. nat. Hartmut *Bruderreck*, Vorsitzender des Fachausschusses Mineralöl- und Brennstoffnormung*; Direktor der Veba Oel AG, Gelsenkirchen; Professor Dr. rer. nat. Hans *Burkhardt*, Geschäftsführender Direktor des Instituts für Angewandte Geophysik,

Petrologie und Lagerstättenforschung der TU Berlin, Berlin; Dr. jur. Harry W. *Clamer*, Geschäftsführer der Deutsche Total GmbH, Düsseldorf; Dipl.-Ing. Peter *Ganahl*, Vorsitzender der DGMK-Bezirksgruppe Bayern*; Dr. rer. nat. Horst-Henning *Giere*, Vorsitzender des Lenkungsausschusses der Dasmin — Deutsche Akkreditierungsstelle Mineralöl GmbH*, c/o Aral AG, Bochum; Professor Dr. rer. nat. Karl Heinrich *van Heek*, Vertreter des Fachbereiches Chemische Kohlenveredlung im Wissenschaftlichen Beirat der Zeitschrift Erdöl Erdgas Kohle*; Institutsleiter der Deutsche MontanTechnologie für Rohstoff, Energie, Umwelt e.V., Essen; Dipl.-Ing. Wolfgang *Heine*, Geschäftsführer der Beratungsgesellschaft für Mineralöl-Anwendungstechnik GmbH, Technischer Dienst Uniti, Hamburg; Dr. rer. nat. Hans E. *Hentschel*, Mitglied des Vorstandes der C. Deilmann AG, Bad Bentheim; Professor Dr.-Ing. Dieter *Hönicke*, Vertreter des Fachbereiches Petrochemie im Wissenschaftlichen Beirat der Zeitschrift Erdöl Erdgas Kohle*; Professor Dr.-Ing. Klaus J. *Hüttinger*, Institut für Chemische Technik der Universität Karlsruhe; stellv. Vorsitzender des Arbeitskreises Kohlenstoff der Deutschen Keramischen Gesellschaft, Karlsruhe; Professor Dr. rer. nat. Dagobert *Kessel*, Direktor des Instituts für Erdölforschung, Clausthal-Zellerfeld; Professor Dr. rer. nat. Antonius *Kettrup*, Gesellschaft für Strahlen- und Umweltforschung mbH München, Neuherberg, Mitglied der Senatskommission zur Prüfung gesundheitsschädlicher Arbeitsstoffe, Paderborn; Professor Dr. techn. Dieter *Klamann*, Vertreter des Fachbereiches Verarbeitung und Anwendung im Wissenschaftlichen Beirat der Zeitschrift Erdöl Erdgas Kohle*, Hamburg; Dr. rer. nat. André *Knop*, Mitglied des Vorstandes der Rütgerswerke AG, Frankfurt (Main); Dr.-Ing. Reiner *Kühn*, Wesseling; Dr. rer. nat. Helmut *Kuper*, Vorsitzender der DGMK-Bezirksgruppe Hamburg-Bremen*; Direktor der Deutsche BP AG, Hamburg; Dr. rer. nat. Josef *Langhoff*, Geschäftsführer der Ruhrkohle Oel und Gas GmbH, Bottrop; Dr.-Ing. Gerhard *Lepperhoff*, Bereichsleiter der FEV Motorentechnik GmbH & Co. KG., Aachen; Lehrbeauftragter Institut für Angewandte Thermodynamik der RWTH Aachen, Aachen; Professor Dr. rer. nat. Detlev *Leythaeuser*, Geologisches Institut der Universität Köln, Köln, Professor an den Geologischen Instituten der Universität Oslo; Professor Dr.-Ing. Claus *Marx*, Vorstand Institut für Tiefbohrtechnik, Erdöl- und Erdgasgewinnung der TU Clausthal, Clausthal-Zellerfeld; Dr.-Ing. Gerd *Nashan*, Direktor der Ruhrkohle AG, Essen; Dr. rer. nat. Fritz *Neuweiler*, Gehrden; Dipl.-Ing. Erika *Onderka*, Leuna-Werke AG, Leuna; Professor Dr. rer. nat. Werner *Peters*, Essen; Professor Dr. mont. Günther *Pusch*, Vorstand Institut für Tiefbohrtechnik, Erdöl- und Erdgasgewinnung der TU Clausthal, Clausthal-Zellerfeld; Dipl.-Ing. Arno *Reglitzky*, Vorsitzender des DKA — Deutscher Koordinierungsausschuß im Coordinating European Council (CEC)*, Hamburg; Professor Dipl.-Ing. Heinrich *Rischmüller*, Vorsitzender der DGMK-Bezirksgruppe Hannover*, Wennigsen; Professor Dr. rer. nat. Lothar *Schröder*, Leiter der Unterabteilung Geologie der Kohlenwasserstoffe, Geochemie im Niedersächsischen Landesamt für Bodenforschung, Hannover; Professor Dr.-Ing. Henrikus *Steen*, Bundesanstalt für Materialforschung und -prüfung, Berlin; Dr.-Ing. H.-D. *Voigt*, Vorsitzender der DGMK-Bezirksgruppe Nordostdeutschland*, Gommern; Professor Dr. rer. nat. Maximilian *Zander*, Vorsitzender der DGMK-Bezirksgruppe Ruhr*; Leiter der Gruppe Grundlagen und Analytik der Rütgerswerke AG, Castrop-Rauxel; Dr. rer. nat. Gerd *Zuncke*, Direktor der Wintershall AG, Kassel.

* ex officio Mitglied

Geschäftsführung: Dr. rer. nat. Klaus E. *Klinksiek*.

Gründung und Zweck: Die DGMK Deutsche Wissenschaftliche Gesellschaft für Erdöl, Erdgas und Kohle e. V. ist ein gemeinnütziger, eingetragener Verein mit Sitz in Hamburg. Sie besteht seit 1947 und setzt die Tradition der 1933 gegründeten Deutschen Gesellschaft für Erdölforschung fort. Nach dem erfolgten Zusammenschluß von DGMK und DVGI sind die Aufgaben der früheren DVGI Deutsche Vereinigung der Erdölgeologen und Erdölingenieure e. V., Celle, auf den DGMK Fachbereich Aufsuchung und Gewinnung übergegangen.

Zweck der Gesellschaft ist die Förderung von Wissenschaft, Forschung und Technik auf den Gebieten Aufsuchung, Tiefbohrtechnik, Gewinnung und Speicherung von Erdöl und Erdgas; Verarbeitung und Anwendung von Mineralöl, Erdgas und ihren Folgeprodukten; Petrochemie; Vergasung, Verflüssigung und Pyrolyse von Kohlen sowie die Weiterverarbeitung der dabei anfallenden Produkte sowie in Zusammenarbeit mit dem Deutschen Institut für Normung e. V. die Mineralöl- und Brennstoffnormung und weiterhin die Mitwirkung an der Bearbeitung anderer Technischer Regelwerke.

Deutsches National-Komitee für die Welt-Erdöl-Kongresse (DNK)

2000 Hamburg 1, Steinstr. 7, ☏ (040) 323248-11, Telefax (040) 326398.

Vorsitzender: Professor Dr.-Ing. H. *Lübben*.

Sekretär: Dr. Klaus E. *Klinksiek*.

Erdölbevorratungsverband
Körperschaft des öffentlichen Rechts

2000 Hamburg 36, Jungfernstieg 38, Postfach 301590, ☏ (040) 350012-0, ✆ 2161127, Telefax (040) 35001249.

Organe des Erdölbevorratungsverbandes sind die Mitgliederversammlung, der Beirat sowie der Vorstand.

Mitglieder des Beirates: Dr. Peter *Koch*, Vorsitzender des Vorstandes der DEA Mineralöl AG, Vorsitzender; Hans *Weisser*, Gesellschafter der Marquard & Bahls GmbH, stellv. Vorsitzender; Ministerialdirigent Christian *Bauer*, Bundesministerium der Finanzen; Uwe *Beckmann*, Gesellschafter der F. Wilhelm Beckmann GmbH & Co. KG; Dr. Harry W. *Clamer*, Geschäftsführer der Deutsche Total GmbH; Ltd. Ministerialrat Dipl.-Ing. Karl Hubert *Coerdt*, Ministerium für Wirtschaft, Mittelstand und Technologie des Landes Nordrhein-Westfalen; Jürgen *Durry*, Mitglied des Vorstandes der Deutsche Shell AG; Ministerialdirigent Dr. Hans E. *Leyser*, Bundesministerium für Wirtschaft; Helmar *Vortmann*, Mitglied der Geschäftsleitung der Friedrich Scharr oHG.

Stellvertretende Mitglieder des Beirates: Dr. Peter *Bettermann*, Vorsitzender des Vorstandes der Deutsche BP AG; Burkhard *Genge*, Sprecher des Vorstandes der Mobil Oil AG; Rudolf *Havemann*, Mitglied des Vorstandes der Minol Mineralölhandel AG; Ministerialrat Klaus *Johanssen*, Bundesministerium für Wirtschaft; Ministerialrat Albert *Klein*, Ministerium für Wirtschaft, Mittelstand und Technologie des Landes Baden-Württemberg; Adolf *Klohs*, Geschäftsführer der Vanol Mineralölprodukte GmbH; Dieter *Roth*, Gesellschafter der Adolf Roth oHG; Ministerialrat Sigurd *Terjung*, Bundesministerium der Finanzen; Klaus *Wollschläger*, Mitglied des Vorstandes der Wintershall AG.

Vorstand: Rolf *Elzer*, Jürgen *Jansing*.

Organschaft: Nord-West Kavernengesellschaft mbH (NWKG), Wilhelmshaven, 100%.

Zweck: Erfüllung der dem Erdölbevorratungsverband obliegenden Verpflichtungen nach dem Gesetz über die Bevorratung mit Erdöl und Erdölerzeugnissen in der Fassung vom 8. Dezember 1987 (BGBl. I Seite 2509).

Verband gewerblicher Tanklagerbetriebe e.V.

2000 Hamburg 30, Neue Rabenstraße 21, ☏ (040) 4419 1477 und -238, ✆ 2170080 vtd.

Vorstand: Dr. Klaus-Jürgen *Juhnke* (VTG Vereinigte Tanklager und Transportmittel GmbH, Hamburg), Vorsitzender; stellv. Vorsitzende: Jürgen *Franke* (Hansamatex Köhn & Kuyper GmbH & Co., Hamburg), Wilhelm *Ladehoff* (Tanklager-Gesellschaft Hoyer m.b.H., Mannheim).

Gründung und Zweck: Der Verband wurde am 13. 9. 1978 gegründet als Nachfolger der Arbeitsgemeinschaft gewerblicher Mineralöllager und -umschlagsbetriebe. Er dient der Wahrnehmung der Interessen der Mitglieder, soweit sie deren gewerbliche Tanklager betreffen, insbesondere auch gegenüber Behörden und anderen Wirtschaftsverbänden, und der Beratung der Mitglieder auf dem Gebiet der gewerblichen Tanklagerei. Der Zweck des Verbandes ist nicht auf einen wirtschaftlichen Geschäftsbetrieb gerichtet.

Mitglieder: Bominflot Tanklager GmbH, Hamburg; Dupeg Tank-Terminal Deutsch Ueberseeische Petroleum GmbH & Co., Hamburg; Johann Haltermann (GmbH & Co.), Hamburg; Hansamatex Köhn & Kuyper (GmbH & Co.), Hamburg; Industrieverwaltungsgesellschaft AG (IVG), Bonn-Bad Godesberg; Oiltanking GmbH, Hamburg; OmniTank GmbH, Düsseldorf; Pusback u. Morgenstern Petrotank Neutrale Tanklager GmbH & Co. KG, Langen; TLB Mineralölumschlag GmbH & Co. Tanklager KG, Berlin; Tanklager-Gesellschaft Hoyer mbH, Hamburg; VTG-Paktank Hamburg GmbH, Hamburg; VTG Vereinigte Tanklager und Transportmittel GmbH, Hamburg.

Vereinigung der Niedersächsischen Zulieferer- und Dienstleistungsbetriebe für die Erdöl- und Erdgasindustrie e.V. (VNE)

3100 Celle, Itagstraße, Postfach 114, ☏ (05141) 204600-01, ✆ 925174 itagc D, Telefax (05141) 204602, Teletex 514114 itagek.

Vorstand: Horst *Bruer*, Geschäftsführer der Hermann von Rautenkranz Internationale Tiefbohr GmbH & Co. KG ITAG, Celle, Vorstandsvorsitzender; Dipl.-Ing. Wilhelm *Rischmüller*, Geschäftsführer der Deutschen Tiefbohr-AG Tiefbohrservice, Betrieb Berkhöpen, stellv. Vorsitzender; Dr. Reiner *Jürgens*, Geschäftsführer der Eastman Teleco, Celle; Heinrich *Föge*, Geschäftsführer der Berkefeld Anlagenbau GmbH, Celle; Wilfried *Nessel*, Geschäftsführer der Cat. oil GmbH, Celle.

Geschäftsführung: Rechtsanwalt Joachim *von Deutsch*.

Zweck: Wahrnehmung und Förderung der wirtschaftlichen Belange ihrer Mitglieder auf den Gebieten der Ausrüstung, der Zulieferung und Dienstleistung für die Erdöl- und Erdgasindustrie sowie des Transports, der Lagerung und Speicherung von Erdöl und Erdgas und ihrer Tätigkeiten in verwandten Bereichen einschließlich der Umwelttechnologien mit den Schwerpunkten Wasseraufbereitung, Altlasten, Abfallwirtschaft und Deponietechnik. Zu den absatzorientierten Aktivitäten gehören bei internationalen Geschäften u. a. – gegebenenfalls in Form von Bietergemeinschaften – Abschlüsse zu tätigen; Forschung und Entwicklung im Rahmen von Projektabgaben zu fördern; den Erwerb und Verkauf von Lizenzen zu unterstützen; für alle Lieferungen und Leistungen der Verbandsmitglieder zu akquirieren.

Mitgliedsfirmen: ABC Anlagenbau GmbH; Argus Gesellschaft mbH; Baroid Drilling Fluids Inc. NL. International Inc.; Berkefeld Filter Anlagenbau GmbH; Bohlen & Doyen GmbH; Cat. oil GmbH; Cooper Oil Tool GmbH; Cemas GmbH; Defra-Test GmbH; Deilmann Erdöl und Erdgas GmbH; Deutsche Tiefbohr AG* Tiefbohrservice; Deutsche Oiltools GmbH; Directional Drilling Service GmbH; DSD Dillinger Stahlbau GmbH; DSD-ABR Anlagen-, Behälter- und Rohrleitungsbau GmbH; DSD-CTA Gas- und Tankanlagenbau GmbH; Dowell Schlumberger (Eastern) Inc.; Eastman Teleco; Erdöl-Erdgas Grimmen GmbH; Fahlke Control Systems GmbH; Ludwig Freytag GmbH & Co. KG; GABEC Gasanlagenbau-Engineering GmbH; GCA Geochemische Analysen Dipl.-Ing. M. Schmitt; Geo-data Gesellschaft für geologische Meßgeräte mbH; GESCO Gesellschaft für Geotechnik mbH – Service & Consult; Geologische Forschung und Erkundung Halle GmbH (GFE-GmbH Halle); Geophysik GmbH; Halliburton Company Germany GmbH; Dipl.-Ing. W. Hartmann KG; Hasenjäger & Domeyer; E.-G. Henjes GmbH Meß- und Regelsysteme; Ingenieurkontor Lübeck Prof. Gabler Nachf. GmbH; ITAG Hermann v. Rautenkranz Internationale Tiefbohr GmbH & Co KG; KBB Kavernen Bau- und Betriebs-GmbH; Ferdinand Koller und Sohn GmbH & Co. KG; G. Kopp GmbH; M-I Drilling Fluids Intl. BV Niederlassung Celle; Midco Deutschland GmbH; Noell-LGA Gastechnik GmbH; Noell Umweltdienste GmbH; Noell Umweltdienste GmbH Niederlassung Leipzig; Nowsco Well Service GmbH; Jan Oostijen Civil Engineering Cons. in Underwateractivities; Schlumberger Logelco Eastern European Operations; Schmidt, Kranz & Co. GmbH; SL-Specialstahl GmbH; Konrad Steffel GmbH; G. Sternberg Vertriebs GmbH; Waldemar Suckut VDI Ing.-Bau für Verfahrenstechnik; Ubac GmbH; Vetco Inspection GmbH; Weatherford Oil Tool GmbH; Weatherford Products & Equipment GmbH; Metallbau J. Zech GmbH.

ÖKS Arbeitsgemeinschaft Ölkatastrophenschutz eV

2000 Hamburg 76, Buchtstraße 10, Postfach 763300, ☏ (040) 227 00 30, Telefax (040) 227 00 3 38.

Vorstand: Vorsitzender; Robert M. *Eckelmann,* in Fa. Carl Robert Eckelmann AG, Hamburg; Dirk *Ey,* in Fa. Joh. M. Pahl GmbH, Hamburg; Harry *Stallzus,* in Fa. Schiffsentölung Kiel-Canal Harry Stallzus GmbH, Kiel.

Geschäftsführung: Dipl.-Volksw. Wolfgang *Stichler.*

Gründung und Zweck: Zweck der seit 1976 bestehenden Arbeitsgemeinschaft ist es, in Zusammenarbeit mit den Gebietskörperschaften und anderen öffentlich-rechtlichen Körperschaften sowie sonstigen Institutionen die Grundlagen für einen wirksamen Ölkatastrophenschutz auf See, an den Küsten, in Häfen und zu Lande auf privatwirtschaftlicher Basis zu schaffen und zu sichern. — Seit 1.1.1978 besteht ein Kooperationsvertrag mit der Uniti eV, demzufolge die Geschäftsführung der ÖKS von der Uniti eV wahrgenommen wird.

Mitglieder: Blohm Schiffs- und Industriereinigungs GmbH & Co. KG, Hamburg; Richard Buchen GmbH, Köln; Cleanship Buss GmbH, Hamburg; Carl Robert Eckelmann Transport u. Logistik GmbH, Hamburg; Hapag-Lloyd Transport & Service GmbH, Bremerhaven; Adalbert Janssen GmbH, Emden; Nautic Schiffahrtsgesellschaft mbH, Lemwerder; Oel-Nolte GmbH & Co KG, Hemer; Joh. M. Pahl, Hamburg; Schiffsentölung Kiel-Canal Harry Stallzus GmbH, Kiel; Hans Schramm & Sohn KG, Brunsbüttel; Sprefina Johannes Tillmann GmbH & Co KG, Emden; Albert Sunkimat GmbH, Bremerhaven-F.; Tank- und Schiffsreinigungsges. mbH KG, Wilhelmshaven.

Arbeitsgemeinschaft der Bitumen Industrie e.V. (Arbit)

2000 Hamburg 1, Steindamm 71, ☏ (040) 2802939.

Vorstand: Dr. Wolfgang *Schumann*, Hamburg, Vorsitzender; Jens *Dreyer*, Hamburg, stellv. Vorsitzender; Dr. Dr. Peter *Bettermann*, Hamburg; Günther *Höltken*, Düsseldorf; Thies J. *Korsmeier*, Hamburg; Dr. Friedel *Wehmeier*, Gelsenkirchen.

Geschäftsführendes Vorstandsmitglied: Dr.-Ing. Rolf *Urban*.

Mitglieder: Agip Mineralölsparte der EniChem Deutschland AG, DEA Mineraloel AG, Deutsche BP Aktiengesellschaft, Deutsche Shell Aktiengesellschaft, Elf Bitumen Deutschland GmbH, Esso A.G., Mobil Oil AG, Veba Oel AG, Wintershall AG Vertrieb Mineralölprodukte.

Zweck: Die Arbeitsgemeinschaft der Bitumen-Industrie (Arbit) nimmt die technischen Interessen der Bitumenwirtschaft wahr. Sie fördert den Absatz von Bitumen durch Information über dessen Eigenschaften und Anwendung, durch Schulung des Nachwuchses und Weiterbildung der in der Praxis stehenden Ingenieure sowie durch Mitwirkung in Forschung und Normung.

Fachausschuß Mineralöl- und Brennstoffnormung (FAM)

2000 Hamburg 1, Steinstr. 7, ☏ (040) 323248-62.

Vorsitzender: Dr. Hartmut *Bruderreck*, Gelsenkirchen; Dr. H.-H. *Giere*, Bochum, stellv.

Geschäftsführung: Dr. Onno *Janßen*.

Zweck: Der FAM ist im Normenausschuß Materialprüfung (NMP) des DIN Deutsches Institut für Normung e. V. mit der Normung der Prüfmethoden und der Anforderungen für Mineralölprodukte und Schmierstoffe befaßt.

Beratungsgesellschaft für Mineralöl-Anwendungstechnik mbH

2000 Hamburg 76, Buchtstraße 10, ☏ (040) 2270 0344, ✄ 212776 uniti d, Telefax (040) 22700338.

Aufsichtsrat: Gerd *Kuhbier*, Kierspe; Ulrich *Kaste*, Bremen; Rainer *Aukamp*, Rechtsanwalt, Hamburg.

Geschäftsführung: Wolfgang *Heine*.

Zweck: Mineralölanwendungstechnische Beratungen, Tagungen und Schulungen. Technische Arbeitstagung in Stuttgart-Hohenheim, Lehrgangsreihe »Der Technische Mineralölkaufmann«.

Institut für wirtschaftliche Oelheizung e.V. (IWO)

2000 Hamburg 1, Heidenkampsweg 41, ☏ (040) 2351130, Telefax (040) 23511329.

Geschäftsführung: Dipl.-Ing. Werner *Klaaßen*; Dr. rer. pol. Jürgen *Schmid*; Herbert *Spangenberg*.

Zweck: Publikation von Sachinformationen zu den Themen: Wirtschaftlichkeit der Ölfeuerung, Umweltfreundlichkeit der Ölfeuerung, Sicherheit der HEL-Versorgung.

Mitglieder: Agip Deutschland AG; BP Handel GmbH; DEA Mineralöl AG; Deutsche Shell AG; Esso AG; Gesamtverband des Deutschen Brennstoff- und Mineralölhandels e. V. (gdbm); Mobil Handel GmbH; Klöckner & Co.; Mobil Oil AG; Ruhrkohle Handel GmbH; Saarberg Handel GmbH; Veba Oel AG; Wintershall AG.

Verband Schmierfett-Industrie eV

2000 Hamburg 1, Steinstr. 5, ☏ (040) 30022371.

Vorstand: Thies J. *Korsmeier*, Deutsche Shell AG, Hamburg, Vorsitzender; Karl-Ernst *Hundertmark*, Carl Bechem GmbH, Hagen, stellv. Vorsitzender; H. *Degen*, Fuchs Mineraloelwerke GmbH, Mannheim; Jens *Dreyer*, Esso AG, Hamburg; B. *Genge*, Mobil Oil AG, Hamburg; Sven *Herfurth*, DEA, Hamburg; Horst *Kraft*, Chemische Fabrik »Rhenus« Wilhelm Reiners GmbH & Co KG, Mönchengladbach; Dr. J. *Müller*, Oemeta Chemische Werke GmbH, Uetersen; Dr. *Schön*, Klüber Lubrication KG, München; D. *Schröder*, Houghton-Chemie, Hildesheim; F. *Stokkebrandt*, BP Oiltech GmbH, Hamburg; Klaus *Wollschläger*, Wintershall AG, Kassel.

Geschäftsführung: Dr. R. *Hamann.*

Zweck: Die Wahrnehmung und Förderung ideeller, wirtschaftlicher und technischer Interessen seiner Mitglieder, insbesondere gegenüber Behörden, Körperschaften des öffentlichen Rechts und Wirtschaftsverbänden. Mitglieder können Firmen werden, die Schmierfette und/oder wassermischbare Kühlschmierstoffe herstellen und/oder innerhalb der Bundesrepublik Deutschland und/oder West-Berlin vertreiben.

Mitglieder

Agip-Autol
8700 Würzburg 1, Paradiesstr. 14, ☏ (0931) 900980.

Aral Aktiengesellschaft
4630 Bochum 1, Wittener Str. 45, ☏ (0234) 315-1.

Carl Bechem GmbH
5800 Hagen 1, Weststr. 120, Postfach 349, ☏ (02331) 303061-64, ✄ 823584.

Blaser + Co. AG, Chemische Fabrik
CH-3415 Hasle-Ruegsau, ☏ (003461) 6161, ✄ 914103.

BP Oiltech GmbH
2103 Hamburg 93, Neuhöfer Brückenstr. 127, ☏ (040) 751970.

CBP Chemische Betriebe Pluto GmbH
4690 Herne 2, Thiesstraße 61, Postfach 200523, ☏ (02325) 591-0, ✄ 824692.

Chem. Fabrik »Rhenus«
Wilhelm Reiners GmbH & Co KG
4050 Mönchengladbach 5, Erkelenzer Str. 36, Postfach 500207, ☏ (02161) 282389, ✄ 852337 rhgs.

Cincinnati Milacron
6050 Offenbach, Sprendlinger Landstr. 115, ☏ (069) 8304-0.

CMT Raunheim GmbH
Chemie für Metallbearbeitungs-Technik
6096 Raunheim, Robert-Koch-Str. 6, Postfach 1161, ☏ (06142) 44001-03, ✄ 415741 cmt d.

Condor Mineralöle Danco GmbH & Co KG
4600 Dortmund 1, Treibstr. 20, Postfach 243, ☏ (0231) 141067-69.

Consulta-Chemie GmbH
6740 Landau, Fassendeichstr. 3, Postfach 1205, ☏ (06341) 5109-0.

DEA AG
2000 Hamburg 60, Überseering 40, ☏ (040) 6375-1.

Deutsche Calypsolgesellschaft mbH
5180 Eschweiler, Jülicher Str. 82, ☏ (02403) 770, ✄ 8587765.

Deutsche Castrol Industrieöl mbH
2000 Hamburg 36, Esplanade 39, ☏ (040) 3594-1.

Deutsche Shell Aktiengesellschaft
2000 Hamburg 60, Überseering 35, ☏ (040) 6324-0.

Dow Corning GmbH
8000 München 50, Pelkovenstraße 152, Postfach 500160, ☏ (089) 14861, ✄ 5215654.

Esso AG
2100 Hamburg 90, Moorburger Bogen 12, ☏ (040) 77175-204.

Fimitol-Schmierungstechnik Julius Fischer KG
5800 Hagen 1, Weststraße 120, Postfach 1004, ☏ (02331) 303044, ✄ 823584.

Fina Deutschland GmbH
6000 Frankfurt a. M., Bleichstr. 2, ☏ (069) 2198327.

Emil Finke GmbH & Co KG
2800 Bremen 1, Große Riehen 10 (Oslebshausen); Postfach 105704, ☏ (0421) 642096.

Fuchs Mineraloelwerke GmbH
6800 Mannheim 1, Friesenheimer Straße 15, Postfach 101162, ☏ (06121) 380-200, ✄ 463163.

August Gähringer
4100 Duisburg 1, Königgrätzer Straße 14/34, ☏ (0203) 63105/06, ✄ 855746.

Henkel KGaA
4000 Düsseldorf 1, Henkelstr. 67, ☏ (0211) 797-1.

»Holifa«-Fröhling & Co
5800 Hagen 5, Elseyer Straße 8, Postfach 5328, ☏ (02334) 51015, ✄ 821833 hofa d.

Jokisch GmbH
4811 Oerlinghausen, Industriestr. 5, ☏ (05202) 71983.

Klüber Lubrication München KG
8000 München 70, Geisenhausener Straße 7, ☏ (089) 78760, ✄ 23131.

Kuhbier Chemie GmbH + Co
5883 Kierspe 1 (Westf.), Kölner Straße 77/79, Postfach 1187, ☏ (02359) 66090, ✄ 826216.

May-Lubrication GmbH
8720 Schweinfurt 1, Hafenstr. 15, Postfach 1370, ☏ (09721) 65950.

Mineralöl-Gesellschaft-Ffm
6000 Frankfurt/M. 70, Darmstädter Str. 199, ☏ (069) 685073-74.

Mineralölwerk Osnabrück
Chemische Fabrik Möllering & Co KG
4500 Osnabrück, Neulandstraße 34–38, Postfach 1546, ☏ (0541) 586251, ✄ 95981 chemfa.

Mineralölwerk Stade, Adresen, Tafel GmbH & Co
2160 Stade, Hinterm Teich 7, Postfach 1640, ☏ (04141) 62011, ✄ 218136.

Mobil Oil AG
2000 Hamburg 1, Steinstr. 5, ☏ (040) 3002-0.

2 ERDÖL- UND ERDGASWIRTSCHAFT

Oel- & Lackwerke G. Méguin GmbH
6630 Saarlouis-Fraulautern, Rodener Straße 25, Postfach 1950, ☏ (06831) 8909-0, ✄ 443140.

»Oemeta«-Chemische Werke GmbH
2082 Uetersen, Ossenpadd 54, Postfach 1253, ☏ (04122) 924-0, ✄ 218525.

Georg Oest Mineralölwerk GmbH & Co KG
7290 Freudenstadt, Bahnhofstraße 5−7, Postfach 720, ☏ (07441) 539-0, ✄ 764283.

Optimol-Ölwerke Industrie KG
8000 München 80, Friedenstraße 7, Postfach 801349, ☏ (089) 41830, ✄ 523636.

Petrofer-Chemie
3200 Hildesheim, Am Römerring 12−14, Postfach 309, ☏ (05121) 76270, ✄ 927125.

Quaker Chemical (Holland) BV
NL-1422-AA Uithoorn, Holland, Industrieweg 3−13, P.O. Box 39, ☏ (0031 2975) 44644.

Reiner Chemische Fabrik GmbH & Co
6751 Weilerbach, Raiffeisenstr. 9−13, ☏ (06374) 810, ✄ 451602.

D. A. Stuart Theunissen GmbH
5600 Wuppertal, Beyenburger Str. 164, ☏ (0202) 60700.

Tribol GmbH
4050 Mönchengladbach 5, Erkelenzer Str. 20, Postfach 500210, ☏ (02161) 581092.

Veba Oel AG
4650 Gelsenkirchen, Alexander-v.-Humboldt-Str., ☏ (0209) 366-1.

Franz Voitländer GmbH, Mineralölwerk
8640 Kronach, Lucas-Cranach-Straße 58, Postfach 560, ☏ (09261) 712.

Weko Handelsgesellschaft für Industriegüter mbH
6239 Kriftel/Taunus, Gutenbergstr. 8, ☏ (06192) 41055, ✄ 4072102.

Wintershall Mineralöl GmbH, Düsseldorf
4000 Düsseldorf 1, Heinrichstr. 73, ☏ (0211) 63930.

**Wisura Mineralölwerk
Goldgrabe & Scheft GmbH & Co KG**
2800 Bremen 1, Am Gaswerk 2−10, Postfach 100207, ☏ (0421) 549030, ✄ 244887.

Zeller + Gmelin GmbH & Co
7332 Eislingen, Schloßstraße 20, Postfach 1280, ☏ (07161) 8021, ✄ 727769.

Gas

Bundesverband der deutschen Gas- und Wasserwirtschaft e.V. (BGW)

5300 Bonn 1, Josef-Wirmer-Str. 1–3, Postfach 140154, ☏ (0228) 5208-0, neue Telefonnummer ab 1. 1. 1993: 2598-0, ⌁ 886573, Telefax (0228) 5208-120.

Präsidium: Dr. Hans-Otto *Schwarz*, Vorsitzender der Geschäftsführung der Gasversorgung Süddeutschland GmbH, Stuttgart, Präsident; Dr. jur. Dr. h. c. Klaus *Liesen*, Vorsitzender des Vorstandes der Ruhrgas AG, Essen, 1. Vizepräsident; Dr. Friedel *Baurichter*, Vorstand der Stadtwerke Osnabrück, 2. Vizepräsident; Dipl.-Kfm. Herbert *Oster*, Geschäftsführendes Präsidialmitglied; Ehrenmitglieder: Dr. Fritz *Gläser*, Köln; Senator E. h. Dr. Jürgen *Stech*, Stuttgart.

Hauptgeschäftsführer: Dipl.-Kfm. Herbert *Oster*, Stellvertreter: Dr. Wolf *Pluge*.

Zweck: Zweck des Verbandes ist es, an einer wirtschaftlichen, zuverlässigen und vorteilhaften Versorgung der Allgemeinheit mit Gas und Wasser mitzuwirken, die gemeinsamen Interessen der Mitglieder in wirtschaftlichen, rechtlichen, technisch-wirtschaftlichen und organisatorischen Fragen zu fördern, die gemeinsamen Belange der Mitglieder, vor allem bei den Vertretungskörperschaften und den Behörden sowie in der Öffentlichkeit zu vertreten, Erfahrungen und Betriebsergebnisse auszutauschen und die berufliche Fortbildung der Leiter und Mitarbeiter der Mitgliedsunternehmen durch Veranstaltung von Lehrgängen und Seminaren zu fördern, die Zusammenarbeit mit den übrigen Zweigen der Energie- und Wasserwirtschaft, der einschlägigen Industrie und deren Organisationen zu pflegen (§ 3 der BGW-Satzung vom 2. Juni 1992).

Landesorganisationen

Landesgruppe Nordost (Schleswig-Holstein, Hamburg, Mecklenburg-Vorpommern)

2000 Hamburg 1, Heidenkampsweg 101, Postfach 101505, ☏ (040) 230015, Telefax (040) 230099.

Vorsitzender: Dipl.-Ing. Kurt *Völker*, Direktor der Stadtwerke Elmshorn.

Geschäftsführer: Dr. Dieter *Perdelwitz*.

Landesgruppe Niedersachsen/Bremen

3000 Hannover 91, Stammestraße 105, ☏ (0511) 420115, Telefax (0511) 412199.

Vorsitzender: Dr. Karl-Heinz *Geisel*, Geschäftsführer BEB, Hannover.

Geschäftsführer: Dr. Hans *Grupe*.

Landesgruppe Nordrhein-Westfalen

5300 Bonn 1, Josef-Wirmer-Str. 3, ☏ (0228) 611091, Telefax (0228) 5208-120.

Vorsitzender: Dr.-Ing. Hans-Dieter *Spangenberg*, Geschäftsführer der Energie- und Wasser-Versorgung Betriebsführungsgesellschaft mbH, Stolberg.

Geschäftsführer: Fritz *Liese*.

Landesgruppe Hessen

6200 Wiesbaden 12, Am Schloßpark 139, ☏ (0611) 67061, Telefax (0611) 691763.

Vorsitzender: Rechtsanwalt Winfried *Manteuffel*, Geschäftsführer der Gas-Union GmbH, Frankfurt (Main).

Geschäftsführer: Dipl.-Volksw. Otto *Brieske*.

Landesgruppe Berlin/Brandenburg

1000 Berlin 37, Alt-Schönow 2 a, ☏ (030) 8159760, Telefax 8159960.

Vorsitzender: Dipl.-Kfm. Ortwin *Scholz*, Kfm. Geschäftsleiter der Berliner Wasser-Betriebe (BWB).

Geschäftsführer: Dipl.-Ing. Klaus-Peter *Petersen*.

Landesgruppe Ost (Sachsen, Sachsen-Anhalt, Thüringen)

Geschäftsstelle Gas: c/o Brennstoffinstitut, O-9200 Freiberg, Halsbrücker Str. 34, ☏ (03731) 365557, Telefax 365420.

Vorsitzender: Dipl.-Ing. Helmut *Herrmann*, Geschäftsführer der Erdgas Südsachsen GmbH, Chemnitz.

Geschäftsführer: Dr.-Ing. Dietrich *Holze*.

Geschäftsstelle Wasser: O-8020 Dresden, Räcknitzhöhe 27, Postfach 246, ☏ (0351) 4710988, 4717169, Telefax 4710945.

Vorsitzender: Dipl.-Ing. Helmut *Herrmann*, Geschäftsführer der Erdgas Südsachsen GmbH, Chemnitz.

Geschäftsführer: Dr.-Ing. Lothar *Saitenmacher*.

Landesverband der Gas- und Wasserwirtschaft Rheinland-Pfalz e. V.

6500 Mainz, Hindenburgstraße 35, ☏ (06131) 613035, Telefax (06131) 612531.

Vorsitzender: Dipl.-Volksw. Siegbert *Strecker*, Geschäftsführender Direktor Energieversorgung Mittelrhein GmbH, Koblenz.

Geschäftsführer: Dipl.-Ing. Werner *Schwarz*.

2 ERDÖL- UND ERDGASWIRTSCHAFT

Gas- und Wasserfachverband des Saarlandes e. V.

6600 Saarbrücken 1, Franz-Josef-Röder-Straße 9/V, ☏ (0681) 584 60 06.

Vorsitzender: Dipl.-Ing. Michael *Buckler*, Mitglied des Vorstandes der Stadtwerke Saarbrücken AG.

Geschäftsführer: Dipl.-Ing. Klaus *Ludwig*.

Verband Bayerischer Gas- und Wasserwerke e. V.

8000 München 40, Akademiestraße 7, ☏ (089) 38 15 87 0, Telefax (089) 33 73 99.

Vorsitzender: Dipl.-Ing. Hans *Meck*, Direktor der Stadtwerke Ingolstadt.

Geschäftsführer: Dipl.-Ing. (FH) Walter Ludwig *Röhrl*.

Verband der Gas- und Wasserwerke Baden-Württemberg e. V.

7000 Stuttgart 1, Stöckachstraße 30, ☏ (0711) 26 22 98 0.

Vorsitzender: Dr. Hans-Otto *Schwarz*, Vorsitzender der Geschäftsführung der Gasversorgung Süddeutschland GmbH, Stuttgart.

Geschäftsführer: Dipl.-Ing. Horst *Lindemuth*.

Bundesvereinigung der Firmen im Gas- und Wasserfach e. V.
(Fachbereich Gas)

5000 Köln 51 (Marienburg), Marienburger Straße 15, Postfach 51 09 60, ☏ (0221) 38 16 17 (Gas), (0221) 37 20 37/38 (Wasser), Telefax (0221) 37 28 06 rogw (Wasser), (0221) 34 26 66 (Gas).

Präsident: Dipl.-Ing. Friedrich-Carl *von Hof*, Bremen.

Vizepräsident: Dipl.-Ing. Karl-Ernst *Vaillant*.

Präsidialmitglieder: Dipl.-Ing. Alfred *Klein*, Dipl.-Kfm. Wilhelm *Küchler* MdL, Dr.-Ing. Günther *Weidner*.

Geschäftsführung: Dr.-Ing. Friedrich *Tillmann* (Fachbereich Gas); Dipl.-Ing. Arnd *Böhme* (Fachbereich Wasser/Rohrleitungen).

Referent der Geschäftsführung: Dr. rer. nat. Norbert *Burger* (Fachbereich Gas).

Verwaltung: Franz-Josef *Brunnert*.

Presse und Öffentlichkeitsarbeit: Gisela *Olszynski*.

Zweck: Förderung von Technik und Wissenschaft im Gas- und Wasserfach.

Arbeitsausschüsse:

Vorsitzender des Technischen Ausschusses: Dr.-Ing. Jürgen *Tenhumberg*, Remscheid.

Vorsitzender des Arbeitskreises »Abgasführung«: Dipl.-Ing. Erwin *Postenrieder*, Maisach.

Vorsitzender des Arbeitskreises »Dunkelstrahler«: Dipl.-Ing. Herbert *Schulte*, Arnsberg.

Vorsitzender des Arbeitskreises »Hellstrahler«: Dr.-Ing. Johann *Becker*, Dortmund.

Vorsitzender des Arbeitskreises »Umbauunternehmen«: Dipl.-Ing. Heinz *Elders*, Essen.

Vorsitzender des Arbeitskreises »Warmlufterzeuger«: Dipl.-Kfm. Edmund *Decker*, Lohne.

Vorsitzender des Arbeitskreises »Rohrnetzüberwachungsunternehmen«: Dipl.-Ing. Bernd *Margane*, Iserlohn.

Mitgliedsunternehmen (Fachbereich Gas): Abacus AG, Geschäftsbereich technische Wärme, Fürth; Aerzener Maschinenfabrik GmbH, Aerzen; Ahrens Schornsteintechnik, Süd und West Gesellschaft mbH, Hamburg; Apparatebau Josef Heinz Reineke GmbH, Bochum; Argus GmbH, Ettlingen; AWT Absorptions- und Wärmetechnik GmbH, Iserlohn; Heinrich Baasen GmbH & Co., Bad Zwischenahn; Werner Böhmer GmbH, Sprockhövel; Borsig GmbH, Berlin; Buderus Heiztechnik GmbH, Wetzlar; Büro für Gastechnik, Mannheim; Bundesverband Energie Umwelt Feuerungen e. V. (BVOG), Stuttgart; Citex Maschinen- und Apparatebau GmbH, Hamburg; Colt International GmbH, Kleve; CTA Industriemontage Gesellschaft mbH Berlin, Berlin; De Dietrich GmbH, Crailsheim; DGG Dessauer Gasgeräte Gesellschaft mbH, Dessau/Anhalt; Günter Dömski Rohrnetz-Überwachung, Rottdorf; Drägerwerk Aktiengesellschaft, Lübeck; Walter Dreizler GmbH, Spaichingen; DSD Dillinger Stahlbau GmbH, Friedberg; Deutsche Audco GmbH, Prisdorf/Hamburg; Deutsche Hoval GmbH, Rottenburg/Neckar; EWFE-Konfort-Heizsysteme GmbH, Bremen; Fachabteilung Gas-Spezialheizkessel im Industrieverband HKI e. V., Hagen; Fachabteilung Gas-Wasserheizer im Industrieverband HKI e. V., Hagen; Fichtel & Sachs Energietechnik, Schweinfurt; Filtan Filter-Anlagenbau GmbH, Langenselbold; Frank AG, Dillenburg; Franz Wassertechnik GmbH, Usingen; Gamat Wärmegeräte GmbH, Berlin; Gas-Geräte-Gesellschaft Dipl.-Ing. Barsch Nachf. mbH & Co., Bochum; GaWa Gasrohrbau- und Wassertechnik GmbH, Flensburg; GEA Happel Klimatechnik GmbH, Herne; Gewea GmbH & Co., Gesellschaft für wirtschaftliche Energieanwendung, Mönchengladbach; Gesellschaft für Gerätebau mbH, Dortmund; GoGas Goch GmbH & Co., Dortmund; Haushaltsgeräteservice GmbH, Halle (Saale); Aug. Horn Söhne, Inh. Helmut Horn KG, Plößberg; Walter Hundhausen Gesellschaft mbH & Co. KG, Schwerte; Hydrotherm Gerätebau Gesellschaft mbH, Holzminden; IHT Internationale Heizungstechnik GmbH, Langenfeld; Industrieverband Haus-, Heiz- und Küchentechnik e. V., HKI, Frankfurt/Main; interActive Frischluft- und Abgassysteme

GmbH Karlheinz Menke, Neuss; Interdomo, Gesellschaft mbH & Co. Heizungs- und Wärmetechnik, Emsdetten; Justus GmbH, Gladenbach; Klüber Lubrication München KG, München; Walter Kroll GmbH, Kirchberg/Murr; Krupp-Koppers GmbH, Essen; Kübler Industriehandel GmbH, Ludwigshafen/Rh.; Küppersbusch AG, Gelsenkirchen; Kutzner + Weber GmbH, Maisach; Leutron GmbH, Leinfelden-Echterdingen; LK Metallwaren GmbH, Schwabach; LOI Essen, Industrieofenanlagen GmbH, Essen; Heinz Marchel GmbH & Co. KG, Wallenhorst; Marquis GmbH, Witten; monomertechnik Dipl.-Ing. R. Schulte GmbH, Bochum; Müsing Rohrbau + Prüftechnik Gesellschaft mbH & Co. KG, Friedeburg; Nefit Fasto Wärmetechnik Gesellschaft mbH, Duisburg; N. E. T Norddeutsche Energie Technik GmbH, Boizenburg; NGT Neue Gebäudetechnik, Essen; Otto Niedung KG, Hannover; Noell-LGA Gastechnik GmbH, Remagen; nordklima Luft- und Wärmetechnik GmbH, Lohne (Oldenburg); Norsea Gas GmbH, Emden; NOR-RAY-VAC Heizsysteme GmbH, Bad Lippspringe; Oertli Energietechnik GmbH, Korschenbroich; Ontop Gesellschaft für Rauch- und Abgastechnik GmbH, Wiehl; Pharos Feuerstätten GmbH, Hamburg; Pillard Feuerungen GmbH, Taunusstein; Plewa-Werke GmbH, Speicher/Eifel; Pollmeier Gasrohrnetzüberprüfungsgesellschaft mbH & Co, KG, Krefeld; Preussag AG Bauwesen, Achim; PST Püttlinger Schweißtechnik GmbH, Formstück- und Behälterbau GmbH, Püttlingen; PVA Pumpen- und Verdichteranlagenbau Halle-Leipzig GmbH, Halle; Joseph Raab GmbH & Cie. KG, Neuwied 1; Raga GmbH, Borthen; RBG Rohrnetzbau Gesellschaft mbH, Iserlohn; Rohrnetzberatung Stuttgart GmbH, Stuttgart; Reinhardt & Disselbach GmbH & Co. KG, Delbrück; Remeha Heizgeräte GmbH, Krefeld; Reten Wassertechnik GmbH, Bad Camberg; Rick Engineering GmbH, Bochum; Roda Heizungstechnik, Ludwigshafen; Rodiac Heizgeräte GmbH, Langenfeld; Rohleder Kessel- und Apparatebau GmbH, Stuttgart; Schandl GmbH, München; Schiedel GmbH & Co., München; Schmitz & Schulte, Burscheid; Scholz & Keune GmbH & Co. KG, Hemer; Schott-Rohrglas GmbH, Bayreuth; Schütz & Brocke GmbH, Lahr-Sulz; Schulte Heiztechnik GmbH, Arnsberg; Schwank GmbH, Köln; Selkirk Schornsteintechnik, Household Manufacturing GmbH, Waldbröl; Metallwerke Gebr. Seppelfricke GmbH & Co., Gelsenkirchen; Hermann Sewerin GmbH, Gütersloh; Silamit-Indugas Gastechnik GmbH, Essen; SMD Schulte-Müller-DOG GmbH, Ratingen; Stelrad Heizung GmbH, Mechelen; Stiebel Eltron GmbH & Co. KG, Holzminden; Südrohrbau GmbH & Co. KG, Ingolstadt; Technische Gebäudeausrüstung GmbH, Brandenburg; Technische Gebäudeausrüstung Chemnitz GmbH, Chemnitz; Trachet Germany GmbH & Co. KG, Berlin; Tuboflex KG, Hamburg; Joh. Vaillant GmbH & Co., Remscheid; VAM Voest-Alpine Montage GmbH, München; Viessmann Werke GmbH & Co., Allendorf/Eder; Wamsler GmbH,

München; E. Wehrle GmbH, Furtwangen; Max Weishaupt GmbH, Schwendi; Wetzer Meßtechnik Gesellschaft mbH & Co. KG, Nesselwang; Wienerberger Ziegelindustrie GmbH & Co., Hannover; Wildeboer KG, Weener/Ems; Witzenmann GmbH Metallschlauch-Fabrik Pforzheim, Pforzheim; Wrobel Rohrnetztechnik Gesellschaft mbH, Hemer; Zellweger Uster GmbH, München.

Verband der Deutschen Hersteller von Gasdruck-Regelgeräten, Gasmeß- und Gasregelanlagen e. V.

5000 Köln 51 (Marienburg), Marienburger Straße 15, Postfach 510960, ☏ (0221) 381617, Telefax (0221) 342666.

Vorstand: Direktor Dr.-Ing. Günther *Weidner*, Kassel, Vorsitzender; Fabrikant Dr. Dipl.-Kfm. J. Bernd *Rombach*, Karlsruhe, stellv. Vorsitzender; Direktor Dipl.-Ing. Dieter *Schmittner*, Mainz, Schatzmeister; Beisitzer: Direktor Dr.-Ing. Bruno *Höft*, Kassel; Geschäftsführer Dipl.-Ing. Heinz *Strüder*, Bendorf/Rhein 2.

Geschäftsführung: Dr.-Ing. Friedrich *Tillmann*, Geschäftsführer; Dr. rer. nat. Norbert *Burger*, stellv. Geschäftsführer.

Verwaltung: Franz-Josef *Brunnert*.

Presse und Öffentlichkeitsarbeit: Gisela *Olszynski*.

Vorsitzender des Technischen Ausschusses: Dipl.-Ing. Swen *Brüggemann*.

Vorsitzender des Arbeitskreises Anlagenbau: Direktor Dr.-Ing. Bruno *Höft*, Kassel.

Mitgliedsunternehmen: ABC Anlagenbau Celle GmbH, Celle; Böhling Rohrleitungs- und Apparatebau GmbH, Hamburg; Bohlen & Doyen GmbH, Erd- und Rohrleitungsbau, Wiesmoor; Bopp & Reuther AG, Mannheim; Hans Brochier GmbH & Co., Feldkirchen; Büro für Gastechnik, Mannheim; diga rohrtechnik gmbh, Essen; Elster Produktion GmbH, Meß- und Regeltechnik, Mainz; FAM intergas GmbH, Kronberg i. Ts.; Gas- und Industrie-Rohrbau GmbH, Langenhagen; GOK Regler- und Armaturen-GmbH & Co. KG, Siegburg; H. Gorter, Gastechnische Meß- und Regelanlagen, Venhuizen, NL; Josef Haakshorst Rohrleitungsbau GmbH & Co., Fachbereich Anlagenbau, Dortmund; IKR Industrie- und Kraftwerksrohrleitungsbau Bitterfeld GmbH, Bitterfeld; Mannesmann Anlagenbau AG, Düsseldorf; Mannesmann Anlagenbau AG, München; Mühlhofer + Pfahler GmbH, Geschäftsbereich Anlagenbau, München; Noell-LGA Gastechnik GmbH, Remagen; PKM Anlagenbau Leipzig GmbH, Leipzig; Preussag Anlagenbau GmbH, Anlagen-Planung, Quakenbrück; Josef Riepl GmbH Anlagenbau, Regensburg; RMG Regel- + Meßtechnik GmbH, Kassel; J. B. Rombach Anlagenbau GmbH, Ettlingen; J. B. Rombach GmbH & Co. KG,

2 ERDÖL- UND ERDGASWIRTSCHAFT

Gas-Meß- und -Regeltechnik, Karlsruhe; Schlumberger Industries Dehm & Zinkeisen GmbH, Dreieich; SMD Schulte-Müller-DOG GmbH, Ratingen; Max Streicher KG, Deggendorf; Heinrich Strüder GmbH & Co. KG, Bendorf/Rhein; Südrohrbau GmbH & Co., Anlagentechnik, Butzbach; Regler + Armaturen Terschüren GmbH, Duisburg; Ingenieurgesellschaft Unagas, Neunkirchen; Wäga Warme-Gastechnik GmbH, Kassel.

Verband der Deutschen Gaszählerindustrie e. V.

5000 Köln 51 (Marienburg), Marienburger Straße 15, Postfach 51 07 29, ☏ (02 21) 38 16 17, Telefax (02 21) 34 26 66.

Vorstand: Direktor Dr.-Ing. Horst *Roese*, Osnabrück, Vorsitzender; Fabrikant Dr. Dipl.-Kfm. J. Bernd *Rombach*, Karlsruhe, stellv. Vorsitzender; Beisitzer: Geschäftsführer Dieter *Klohs*, Groß-Gerau; Direktor Dipl.-Ing. Uwe *Pförter*, Dreieich.

Geschäftsführung: Dr.-Ing. Friedrich *Tillmann*.

Referent der Geschäftsführung: Dr. rer. nat. Norbert *Burger*.

Verwaltung: Franz-Josef *Brunnert*.

Presse- und Öffentlichkeitsarbeit: Gisela *Olszynski*.

Vorsitzender des Technischen Ausschusses: Dipl.-Ing. Heinrich *Bertke*, Osnabrück.

Mitgliedsunternehmen: Elster Produktion GmbH, Meß- und Regeltechnik, Mainz; GMT Gas-Meß- und -Regeltechnik GmbH, Groß-Gerau; Ernst Heitland GmbH & Cie., Solingen; G. Kromschröder AG, Osnabrück; Hermann Pipersberg jr. GmbH, Remscheid; RMG Regel- + Meßtechnik GmbH, Kassel; RMG Regel- + Meßtechnik GmbH, Butzbach; J. B. Rombach GmbH & Co. KG, Gas-Meß- und -Regeltechnik, Karlsruhe; Schlumberger Industries Dehm & Zinkeisen GmbH, Dreieich.

Verband der Deutschen Wasserzählerindustrie e. V.

5000 Köln 51 (Marienburg), Marienburger Straße 15, Postfach 51 07 29, ☏ (02 21) 38 16 17, Telefax (02 21) 34 26 66.

Vorstand: Direktor Dipl.-Volksw. Bernhard *Esser*, Ludwigshafen, Vorsitzender; Fabrikant Hans *Lohmann*, Remscheid, Schriftführer und 1. stellv. Vorsitzender; Fabrikant Werner *Hackenjos*, Villingen-Schwenningen, Schatzmeister und 2. stellv. Vorsitzender.

Geschäftsführung: Dr.-Ing. Friedrich *Tillmann*.

Referent der Geschäftsführung: Dr. rer. nat. Norbert *Burger*.

Verwaltung: Franz-Josef *Brunnert*.

Presse und Öffentlichkeitsarbeit: Gisela *Olszynski*.

Vorsitzender des Technischen Ausschusses: Direktor Dipl.-Ing. Dieter *Gaus*, Mannheim.

Mitgliedsunternehmen: Allmeß, Meß- und Regelgeräte GmbH, Oldenburg/Holstein; Andrae-Wassermesser GmbH & Co. KG, Villingen-Schwenningen; Bopp & Reuther Wasserzähler GmbH, Mannheim; Ernst Heitland GmbH & Cie., Solingen; Hydrometer GmbH, Ansbach; H. Meinecke AG, Laatzen; Neuhoff Wasserzählerfabrik, Ludwigshafen; Hermann Pipersberg jr. GmbH, Remscheid; Werner Schütz, Fabrik für Wasserzähler, Solingen; Spanner-Pollux GmbH, Ludwigshafen; Karl Adolf Zenner Wasserzählerfabrik GmbH, Saarbrücken.

Verband der Hersteller von Bauelementen für wärmetechnische Anlagen e. V.

5000 Köln 51 (Marienburg), Postfach 51 09 60, Marienburger Straße 15, ☏ (02 21) 38 16 17, Telefax (02 21) 34 26 66.

Vorstand: Dipl.-Ing. Hans D. *Straub*, Offenbach am Main, Vorsitzender; Fabrikant Dipl.-Ing. Josef *Gottfried*, Siegburg, stellv. Vorsitzender; Dipl.-Wirtschaftsing. Peter *Keller*, Nehren, Schatzmeister. Beisitzer: Direktor Dipl.-Ing. Werner *Ambrozus*, Osnabrück; Direktor Dipl.-Ing. Klaus G. *Bartenbach*, Hamburg; Direktor Dipl.-Ing. Friedrich *Feucht*, Wernau.

Geschäftsführung: Dr.-Ing Friedrich *Tillmann*, Geschäftsführer; Dr. rer. nat. Norbert *Burger*, stellv. Geschäftsführer.

Verwaltung: Franz-Josef *Brunnert*.

Presse und Öffentlichkeitsarbeit: Gisela *Olszynski*.

Vorsitzende des Technischen Ausschusses: Christa *Brüggemann*, Osnabrück.

Mitgliedsunternehmen: Robert Bosch GmbH, Wernau; Coutinho, Caro & Co. AG, Hamburg; Crouzet GmbH, Hilden; Deutsche Ranco GmbH, Speyer; Karl Dungs GmbH & Co., Urbach; Otto Eckerle GmbH & Co. KG, Malsch; E.G.A. Elektro- und Gas-Armaturenfabrik GmbH, Hagen; Emerson Electric GmbH & Co., Waiblingen; gastechnic Produktions- und Vertriebs-GmbH, Straubenhardt; GOK Regler- und Armaturen GmbH & Co. KG, Siegburg; Georg Hegwein GmbH & Co. KG, Stuttgart; Honeywell Regelsysteme GmbH Haus- und Gebäudeautomation, Offenbach/Main; JCI Regelungstechnik GmbH Johnson Controls Industries, Essen; M. K. Juchheim GmbH & Co., Fulda; Wilhelm Keller GmbH & Co. KG, Nehren; Krawietz GmbH & Co. KG, Renningen; G. Kromschröder AG, Osnabrück; Ernst Kühme KG, Bochum; Landis & Gyr Building Control (Deutschland) Gesellschaft mbH, Frankfurt (Main); Maxitrol Company mbH, Senden/Westfalen; Mayer & Wonisch GmbH & Co. KG, Arnsberg; Rapa, Rausch & Pausch Elektrotechnische Spezialfabrik Gesellschaft mbH, Selb/Bayern; SHI-Controls GmbH Meß- und Regelgeräte Handels GmbH, Schwalmtal-Waldniel; Joh. Vaillant GmbH & Co., Remscheid.

DVGW Deutscher Verein des Gas- und Wasserfaches eV
Technisch-wissenschaftliche Vereinigung

6236 Eschborn, Hauptstr. 71—79, Postfach 5240, ☏ (06196) 7017-0.

Präsident: Dipl.-Ing. Rolf *Beyer*, Ruhrgas AG, Essen.

Vizepräsidenten: Dipl.-Ing. Rolf *Günnewig*, Hamburg (Gas); Dipl.-Berging. Peter *Scherer*, Gelsenkirchen (Wasser); Dr.-Ing. Hans-Willy *Wiese*, Nordharzer Kraftwerke GmbH, Goslar (stellv./Gas); Richard *Heck*, Halle (stellv./Wasser); Professor Dr.-Ing. Gerhard *Naber*, Stuttgart (Altpräsident).

Hauptgeschäftsführung: Dr.-Ing. Werner *Feind* (Gas), Dr.-Ing. Wolfgang *Merkel* (Wasser).

Zweck: Förderung des Gas- und Wasserfachs auf den fachwissenschaftlichen Arbeitsgebieten.

Landesgruppe Ost (Gas)

O-9200 Freiberg, Halsbrücker Straße 34, Postfach 69, ☏ 53557, Telefax 53420.

Vorstand: Dr.-Ing. Werner *Hauenherm*, Direktor Technik und Investitionen der Verbundnetz Gas AG, Vorsitzender.

Geschäftsführung: Dr.-Ing. Dietrich *Holze*.

Gaswärme-Institut eV

4300 Essen 11, Hafenstraße 101, ☏ (0201) 36180, Telefax (0201) 361818.

Verwaltungsrat: Dr.-Ing. E. h. Dipl.-Ing. Christoph *Brecht*, Ehrenvorsitzender; Dipl.-Ing. Rolf *Beyer*, Mitglied des Vorstandes, Ruhrgas AG, Essen, Vorsitzender; Dipl.-Ing. Willi *Muhr*, Mitglied des Vorstandes der RGW Rechtsrheinische Gas- und Wasserversorgung AG, Köln, stellv. Vorsitzender; Dr.-Ing. Jan-Derk *Aengeneyndt*, Gasag Berliner Gaswerke, Berlin; Ministerialrat Dipl.-Ing. Gerd *Ambos*, Ministerium für Wirtschaft, Mittelstand und Verkehr des Landes Nordrhein-Westfalen, Düsseldorf; Ministerialrat Dr. Franz B. *Bramkamp*, Bundesministerium für Wirtschaft, Bonn; Reinhard *Engel*, Mitglied des Vorstandes, Buderus Aktiengesellschaft, Wetzlar; Dr.-Ing. Werner *Feind*, DVGW Deutscher Verein des Gas- und Wasserfaches eV, Eschborn; Dipl-Ing. Rolf *Günnewig*, Hamburger Gaswerke GmbH, Hamburg; Dr.-Ing. Siegfried *Hering*, Mitglied des Vorstandes, Westfälische Ferngas AG, Dortmund; Direktor Dipl.-Ing. Gerhard *Höper*, Stadtwerke Essen AG, Essen; Hans-Diether *Imhoff*, Vereinigte Elektrizitätswerke Westfalen AG, Dortmund; Dr. Meinhard *Janssen*, BEB Erdgas und Erdöl GmbH, Hannover; Dipl.-Ing. Peter *Kalischer*, Mitglied des Vorstandes rhenag Rheinische Energie AG, Köln; Dr. Helmut *Klein*, Forschungszentrum Jülich GmbH, Projektträger BEO, Jülich; Dipl.-Ing. Wolfgang *Kottmann*, Geschäftsführer der Thyssengas GmbH, Duisburg; Dipl.-Ing. Peter *Ludwikowski*, Main-Gaswerke AG, Frankfurt; Direktor Professor Dr.-Ing. Karl-Heinz *Mommertz*, Betriebsforschungsinstitut, Düsseldorf; Dr. Dieter *Oesterwind*, Mitglied des Vorstandes, Stadtwerke Düsseldorf AG, Düsseldorf; Dr.-Ing. Gerhard E. *Rabus*, Technischer Direktor, Robert Bosch GmbH Geschäftsbereich Junkers, Wernau; Dr.-Ing. Carl-Otto *Still*, Still Otto GmbH, Bochum; Dipl.-Volksw. Siegbert *Strekker*, Energieversorgung Mittelrhein GmbH, Koblenz; Dipl.-Ing. Klaus *Thun*, Stadtwerke Hannover AG, Hannover; Dipl.-Ing. Karl-Ernst *Vaillant*, Joh. Vaillant GmbH & Co., Remscheid; Dr.-Ing. E. h. Dipl.-Ing. Hans *Viessmann*, Viessmann Werke KG, Allendorf/Eder; Dr. Rolf *Wetzel*, Krupp-Koppers GmbH, Essen.

Institutsleitung: Dr. rer. nat. H.-W. *Etzkorn*.

Wissenschaftliche Leitung: Professor Dr.-Ing. Hans *Kremer*.

Kaufmännische Leitung: Dr. rer. pol. R. *Gzuk*.

Zweck: die Förderung der Gaswärme-Anwendung durch Tätigkeit auf folgenden Gebieten: Gutachtliche Beratung von Behörden, Verbänden, gaserzeugenden, gasverteilenden, gasverwendenden und Geräte herstellenden Betrieben einschließlich der Normprüfung von Brennern und Geräten; Forschung und Entwicklung mit besonderer Berücksichtigung der Verbrennungs-, Wärmeübertragungs- und Strömungsprobleme und der damit zusammenhängenden Untersuchungsverfahren bei Gasen; Ausbildung und Fortbildung durch Lehrgänge und Veröffentlichungen.

Studiengesellschaft-Erdgas-Süd mbH (SES)

7000 Stuttgart 80, Am Wallgraben 135, ☏ (0711) 7812332.

Verwaltungsrat: Dr. Eeuwout *Verboom*, Vorsitzender; Klaus *Wollschläger*, 1. stellv. Vorsitzender; Dr. Hans-Otto *Schwarz*, 2. stellv. Vorsitzender; Erwin *Hirschgänger*; Dr. Werner *Lindemann*; Jürgen *Leßner*.

Geschäftsführung: Matthias *Buck*; Dr. Hans *Linnemann*; Rolf *Lütz*.

Gesellschafter: Gasversorgung Süddeutschland GmbH (GVS); Gelsenberg AG; Wintershall AG.

Zweck: Entwicklung eines Konzeptes zur Versorgung des südeuropäischen Raumes mit Erdgas zur Deckung des Bedarfs der Gesellschafter und Dritter.

EUROPA

5. Belgien

Mineralölverarbeitung

Belgian Refining Corporation N. V.

B-2040 Antwerpen, Scheldelaan-Kaaien 661-665, ☏ (03) 5600611, ✆ 32335.

Directoire: C. *Klaerner*, B. *Rappaport*, L. *Sutowo*.

Directeur Général: M. G. *Sachs*.

Kapital: 750 Mill. bfrs.

Kapazität: 4,4 Mill. t/a.

Beschäftigte: rd. 200.

Beteiligung: National Petroleum Limited.

Belgian Shell NV

Ghent Manufacturing Complex, B-9000 Gent, Passagierstraat 100, ☏ (091) 53 87 80, ✆ 11170, Telefax (091) 53 83 77.

Président: Tom *Delfgaauw*.

Directeur Général: Willy *Carette*, Supply & Distribution; Georges *Saussu*, Marketing Oil; Romain *Romeyns*, Finance & Adm.; Patrick *van der Plancke*, Personnell & Planning; Roelf *Venhuizen*, Site Manager Ghent and Chemicals Manager.

Gesellschafter: Shell Petroleum NV.

Produkte: Flüssigkeiten für Förderung und Erwärmung, Lubrikatoren, Bitumen, Petrochemikalien, Agrochemikalien, Additive, Katalysatoren, Kohle.

	1987	1988
Beschäftigte	907	896

BP Belgium nv/sa

B-2070 Zwijndrecht, Nieuwe Weg 1, ☏ (03) 2522111, ✆ 32832 bpcan b, Telefax (03) 2195909.

Président: J. Alan *Barlow*.

Administrateur Délégué: Christian *de Villemandy* (Pétrole), J. Alan *Barlow* (Chimie).

Kapital: 11 Mrd. bfrs.

Gesellschafter: BP Europe Ltd.

Produkte: Erdöl, Chemikalien und Kunststoffe.

	1991
Beschäftigte . . . . (Jahresende)	1 356

Esso Belgium

B-2030 Antwerpen, Polderdijkweg 3, ☏ (03) 5433111, ✆ 35600, Telefax (03) 543 34 95, ✈ Essobel.

Président: S. *McGill*.

Directoire: A. H. *Spoor*, J. *Hook*, E. J. *van den Bergh*, Ph. *Berckmoes*.

Relation publiques: J. M. *Claereboudt*.

Raffinerie Antwerpen

B-2030 Antwerpen, Polderdijkweg, ☏ (03) 5433111, ✆ 35600.

Chef de Production: J. *Deman*.

Directeur technique: R. *de Loenen*.

Kapazität: 11,7 Mill. t/a.

Marketing Center

B-1920 Diegem, Nieuwe Nijverheidslaan 2, ☏ (02) 7222111, ✆ 22656.

Fina Raffinaderij Antwerpen n. v.

B-2030 Antwerpen, Scheldelaan 16, ☏ (03) 5455011, ✆ 32533 finara b, Telefax (03) 5455000.

Administrateur délégué: Wouter *Raemdonck*.

Directeur Général Adjoint: J. *Brogniez*.

Directeurs: G. *de Granges*, J. *Hofmans*, Q. *de Borrekens*, J. *Wittemans*, W. *Van Calster*, J. *Van Regenmortel*, C. *Wils*.

Kapital: 3 Mrd. bfrs.

Gesellschafter: Petrofina, 100%.

Kapazität: 15 Mill. t/a.

	1990	1991
Beschäftigte . . . . (Jahresende)	1 028	1 032

Nynas Petroleum N.V.

B-2030 Antwerpen, 4° Havendok, Kaaien 279/285, Box 39, ☏ (03) 5410790, ✆ 73105 Nynas b, Telefax (03) 5413601.

Gemeinsam in eine sichere Zukunft

British Gas

British Gas ist heute das größte private Unternehmen, das in allen Bereichen der Gaswirtschaft effiziente und wirtschaftliche Lösungen anbietet — weltweit.

In den neuen Bundesländern erfordert der Aufbau eines umweltfreundlichen Gasversorgungssystems schnelles Handeln. British Gas ist da. Ein Büro in Berlin und Beteiligungen an der Verbundnetz Gas AG sowie an Regionalversorgern in Sachsen-Anhalt und Westsachsen bürgen für ein langfristiges Engagement.

Mit seiner internationalen Erfahrung ist British Gas der kompetente Partner für die Bewältigung der großen Aufgaben:

- British Gas ist führend in der Gastechnologie. 14 Millionen Kunden in Großbritannien sowie die internationalen Großstädte Ankara und Kairo hat British Gas auf Erdgas umgestellt.

- Gemeinsam mit deutschen Unternehmen hat British Gas in Berlin, Leipzig, Dresden, Magdeburg, Cottbus und Chemnitz seine kostengünstigen Verfahren bereits angewendet und bestehende Versorgungsnetze ohne große Belastungen für Kunden und Verkehr repariert bzw. saniert.

- British Gas verfügt über handfeste Erfahrungen in der Privatisierung von Gasversorgungsunternehmen seit seiner Umwandlung von einem Staatsunternehmen in eine Aktiengesellschaft mit mehr als 2 Millionen Aktionären im Jahre 1986.

Mit unseren Partnern aus allen Teilen der deutschen Gaswirtschaft wollen wir eine moderne Energieversorgung aufbauen.
Gemeinsam in eine sichere Zukunft.

British Gas

British Gas Deutschland GmbH
Internationales Handelszentrum
Friedrichstraße, O-1086 Berlin

Telefon: (030) 2643 2240
Telefax: (030) 2643 2099

2 ERDÖL- UND ERDGASWIRTSCHAFT

Administrateur Délégué: Lennart *Brenner*.
Gesellschafter: Nynas N.V.
Kapazität: 700 000 t/a.

	1987
Umsatz .... Mill. bfrs.	1 464
Beschäftigte .... (Jahresende)	60

Gas

Distrigaz SA

B-1040 Bruxelles, 31, Avenue des Arts, ☏ (02) 2377211, ✆ 63738, Telefax (02) 2300239.

Conseil d'Administration: Jacques *van der Schueren*, Président; Michel *van Hecke*, Président du Comité de Direction; Fernand *Herman*, Vice-Président; Jean-Pierre *Neirynck*, Administrateur délégué; Eric *Andre*, P. *Bodson*, Willy *Boes*, André *Claude*, Jacques *Coppens*, T. *Delfgaauw*, J. *Donfut*, Marcel *Germay*, D. *de Jong*, Pierre *Masure*, Baron André *Rolin*, R. *Romeyhs*, Fernand *Traen*, Marcel *Valckenaers*, Administrateurs.

Comité de Direction: Michel *van Hecke*, Président; Fernand *Herman*, Vice-Président; André *Claude*, Marcel *Germay*, Pierre *Masure*, Baron André *Rolin*, T. *Delfgaauw*, Marcel *Valckenaers*.

Commissaire du Gouvernement: F. *Possemiers*.

Commissaires-Reviseurs: Victor *Emons*, Herman J. *van Impe*.

Kapital: 5 100 Mill. bfrs.

Aktionäre: *Öffentlicher Sektor:* Société Nationale d'Investissement, 50,00 %. *Privater Sektor:* Groupe Tractebel, 33,25 %; Shell Petroleum S. A., 16,67 %; andere, 0,08 %.

Gründung: 1929.
Zweck: Einfuhr und Transport von Gas durch Fernleitungen; Verkauf an örtliche Gasversorgungsunternehmen und an große industrielle Werke.

	1990	1991
Gasabsatz .... Mill. GJ	395,4	422,4
Umsatz .... Mill. bfrs	50 480	59 232
Beschäftigte .... (Jahresende)	887	879

Organisationen

Association Royale des Gaziers Belges

B-1040 Bruxelles, 4, avenue Palmerston, ☏ (02) 237 11 11, ✆ 64432.

Président: Jean *Frérot*.

Secrétaire général: Lieven *Blom*.

Fédération de l'Industrie du Gaz

B-1040 Bruxelles, Avenue Palmerston 4, ☏ (02) 2 30 43 85.

Secrétaire Général: Lieven *Blom*.

Fédération Pétrolière Belge
Belgische Petroleum Federatie

B-1040 Bruxelles, 4 Rue de la Science, ☏ (02) 5123003, ✆ 26930, Telefax (02) 5110591.

Président: M. G. *De Graeve*.

6. Dänemark

Erdöl- und Erdgasgewinnung

Dansk Olie og Naturgas A/S

DK-2970 Hørsholm, Agern Allé 24—26, ☏ (45) 171022, ✆ 37322 oilgas dk, Telefax (45) 171044.

Vorstand: Holger *Lavesen*, Vorsitzender; Søren *Skafte*, stellv. Vorsitzender.

Leitung: Jørgen A. *Hoy;* Peter *Skak-Iversen;* Hans Jørgen *Rasmusen*.

Kapital: 2 144 Mill. Dkr.

	1990	1991
Beschäftigte	426	418

Tochtergesellschaften
Dansk Naturgas A/S.
Dansk Olieforsyning A/S.
Dansk Olierør A/S.
Dansk Olie- og Gasproduktion A/S.
Dangas GmbH Regiegesellschaft.

Dansk Olie og Gasproduktion A/S

DK-2970 Hørsholm, Agern Allé 24—26, ☏ (45) 171022, ✆ 37322 oilgas dk, Telefax (45) 171044.

Vorstand: Holger *Lavesen*, Vorsitzender; Jørgen A. *Høy*, stellv. Vorsitzender.

Geschäftsführung: Hans Jørgen *Rasmusen* (CEO).

Kapital: 242 Mill. Dkr.

Alleiniger Gesellschafter: Dansk Olie og Naturgas A/S.

Zweck: Exploration und Produktion von Erdöl und Erdgas.

Dansk Olieforsyning A/S

DK-2970 Hørsholm, Agern Allé 24—26, ☏ (45) 171022, ✆ 37322 oilgas dk, Telefax (45) 171044.

Vorstand: Holger *Lavesen*, Vorsitzender; Peter *Skak-Iversen*, stellv. Vorsitzender.

Geschäftsführung: Jørgen Ancher *Høy* (CEO).

Kapital: 1 Mill. Dkr.

Alleiniger Gesellschafter: Dansk Olie og Naturgas A/S.

Zweck: Handel mit Erdöl und Erdölprodukten.

Dansk Olierør A/S

DK-2970 Hørsholm, Agern Allé 24—26, ☏ (45) 171022, ✆ 37322 oilgas dk, Telefax (45) 171044.

Vorstand: Holger *Lavesen*, Vorsitzender; Jørgen A. *Høy*, stellv. Vorsitzender.

Geschäftsführung: Hans Jørgen *Rasmusen* (CEO).

Kapital: 1 Mill. Dkr.

Alleiniger Gesellschafter: Dansk Olie og Naturgas A/S.

Zweck: Transport von Erdöl.

Dansk Undergrunds Consortium (DUC)

DK-1263 Kopenhagen K, Esplanaden 50, c/o Mærsk Olie og Gas AS, ☏ (45) 33114676, Telefax (45) 33123467.

Exploration/production group, Danish sector/North Sea: A. P. Møller, Denmark; Shell Olie- og Gasudvinding, Danmark B. V., Netherlands; Texaco Denmark Inc., USA. Exploration and production operator for Dansk Undergrunds Consortium: Mærsk Olie og Gas AS.

Mærsk Olie og Gas AS

DK-1263 Kopenhagen, Esplanaden 50, ☏ (45) 33114676, Telefax (45) 33123467.

Leitung: I. *Kruse*, General Manager; K. *Fjeldgaard*, Executive Vice President; Bo *Wildfang*, Senior Vice President (Verkauf und Verwaltung); Jep *Brink*, Senior Vice President (Development Operations).

Produktion: DK-6700 Esbjerg, Kanalen 1, ☏ (75) 451366, Telefax (75) 45 11 58.

Zweck: Exploration und Produktion von Öl und Gas.

Produktion	1990	1991
Erdöl .... 1000 t	6 000	7 100
Erdgas .... Mill. m³	2 800	3 500
Beschäftigte	825	900

Kuwait Petroleum (Danmark) A/S

DK-2830 Virum, Hummeltoftevej 49, ☏ (45) 984545, ✆ 15022.

Vorstand: Nader H. *Sultan* (Vorsitzender), Bo *Gjetting*, Hans *Svenningsen*, Peter *Fugmann*, Bent R. *Nielsen*, Gert R. *Petersen*, Claus *Johannsen*, Børge Rud *Jørgensen*.

2 ERDÖL- UND ERDGASWIRTSCHAFT

Geschäftsführung: Bo *Gjetting* (Direktor), Jørgen P. *Beyer,* Margret *Gudmundsdottir,* Jens-Erik *Højgaard,* Steffen *Pedersen,* Hans *Svenningsen.*

Gesellschafter: Kuwait Petroleum Corporation (KPC), Kuwait City, Kuwait, 100%.

Produkte: Flüssiggas, Benzin, Treibstoffe, Petroleum, Heizöl, Schmieröl, Schwefel.

Texaco Denmark Inc.

DK-1300 Kopenhagen K, Borgergade 13, ☏ (33) 120211, ✗ 22387.

Geschäftsführung: John *Holding.*

Mineralölverarbeitung

A/S Dansk Shell

DK-1780 Kopenhagen V, Shell-Huset, 2 Kampmannsgade, ☏ (33) 372000, ✗ 22242.

Direktion: David *Beer* (Verwaltung), Steen Hugo *Jensen* (Marketing und Verteilung), Håkan *Hvcn* (Finanzen), Jens Starbæk *Christensen* (Raffination).

Gesellschafter: The Shell Petroleum Company Ltd., London.

Raffinerie Fredericia

DK-7000 Fredericia, P.O. Box 106, ☏ (75) 923522, ✗ 51118.

Kapazität: 2,7 Mill. t/a.

Kuwait Petroleum (Danmark) A/S — Gulfhavn Refinery

DK-4230 Skaelskoer, Postbox 49, ☏ (53) 594900, ✗ 40033.

Geschäftsführung: Leif *von Gersdorff* (Direktor), Steffen *Bech,* Ib *Ejsted,* Allan *Hansen,* Ole *Hesislev,* Niels R. *Nielsen,* Aad *Polak.*

Gesellschafter: Kuwait Petroleum (Danmark) A/S, 100%.

Kapazität: 2,5 Mill. t/a.

	1990
Beschäftigte ... (Jahresende)	200

Statoil A/S

DK-1298 Kopenhagen K, 13 Sct. Annae Plads, ☏ (01) 14 28 90, ✗ 27 135.

Raffinerie Kalundborg

DK-4400 Kalundborg, Melbyvej 17, ☏ (03) 51 19 00, ✗ 44 343.

Kapazität: 3,2 Mill. t/a.

Gas

Dansk Naturgas A/S

DK-2970 Hörsholm, Agern Allé 24—26, ☏ 45171022, ✗ 37322 oilgas dk, Telefax 45171044.

Vorstand: Holger *Lavesen,* Vorsitzender; Søren *Skafte,* stellv. Vorsitzender; Erik *Mollerup;* Leonhard *Schröder;* Anne-Marie *Nielsen;* Thorkild *Meiner-Jensen;* Peder E. *Jensen;* Arne *Rosenkrands Larsen;* Anders *Eldrup.*

Geschäftsführung: Søren *Guldborg,* Peter *Skak-Iversen.*

Kapital: 1 794 Mill. dKr.

Gesellschafter: Dansk Olie og Naturgas A/S, 100%.

Gründung: 1984.

Zweck: Förderung, Lagerung, Transport und Verkauf von Erdgas in und außerhalb Dänemarks sowie verwandte Geschäfte.

Organisationen

Oliebranchens Faellesrepraesentation (OFR)
Danish Petroleum Industry Association

DK-1004 Kopenhagen K, Vognmagergade 7, P.O. Box 120, ☏ (45) 33 11 30 77, Telefax (45) 33 32 16 18.

Vorsitzender: Sven *Gullev.*

Geschäftsführung: Jørgen *Posborg.*

Mitglieder: Dänische Firmen, die mit Import, Raffinerie, Handel von Öl oder Rohölprodukten beschäftigt sind. Mitgliederanzahl: 27.

Zweck: Mitgliedervertretung und Informationsverbreitung als Hilfe für Regierung, Legislative und andere öffentliche Einrichtungen, Institutionen und Organisationen und für die Öffentlichkeit. Die Vereinigung erarbeitet auch generelle technische Aufgaben, die für die Ölindustrie von Interesse und Wichtigkeit sind.

DÄNEMARK

Erdöl- und Erdgasgewinnung in der Nordsee
1. Produzierende Vorkommen

Vorkommen Öl/Gas Block - Fundjahr -	*Operator Konsorten	%	Prod. Horizont / Teufe m	Spez. Gewicht Öl g/cm³ (° API)	Gewinnbare Vorräte (Ende 1991) Öl Mill. m³	Gewinnbare Vorräte (Ende 1991) Gas Mrd. m³	Prod.-Beginn	Platt-for-men	Produktion 1991 Öl Mill. m³	Produktion 1991 Gas Mrd. m³	Bemerkungen
Dagmar Ölfeld Block 5504/15 - 1983 -	Dansk Undergrunds Consortium (DUC): * Maersk Olie og Gas A. P. Møller u. a. Shell Danmark Texaco Denmark	– 39,0 46,0 15,0	Dan/ Maastricht ca. 1220 Zechstein ca. 1400	–	3	<1	Juni 1991	2	0,48	0,07	Produktion über eine 8"-Öl-pipeline nach Gorm F. Hoher H₂S-Gehalt.
Dan Öl- u. Gasfeld Blöcke 5505/13 5505/17 - 1971 -	Dansk Undergrunds Consortium (DUC): * Maersk Olie og Gas A. P. Møller u. a. Shell Danmark Texaco Denmark	– 39,0 46,0 15,0	Dan/ Maastricht Zechstein 1765–2000	0,8885 (28,3)	42	18	Juli 1972	9	1,72	0,88	Ölproduktion über Pipeline zum Küstenterminal Kaergård und onshore weiter zur Raffinerie Fredericia. Gasproduktion über Tyra zur Küste bei Nybro und in das dänische Verteilernetz.
Gorm Ölfeld Blöcke 5504/15 5504/16 - 1971 -	Dansk Undergrunds Consortium (DUC): * Maersk Olie og Gas A. P. Møller u. a. Shell Danmark Texaco Denmark	– 39,0 46,0 15,0	Dan/ Maastricht 2000–2200	0,850 (34,9)	24	6	Mai 1981	6	1,50	0,84	Ölproduktion über 217 km, 20"-Pipeline nach Kaergård, Gasproduktion über Tyra zur Küste.
Kraka Öl- u. Gasfeld Block 5505/17 - 1966 -	Dansk Undergrunds Consortium (DUC): * Maersk Olie og Gas A. P. Møller u. a. Shell Danmark Texaco Denmark	– 39,0 46,0 15,0	Dan/ Maastricht 1778–1825	0,8654 (32,0)	4	2	März 1991	1	0,14	0,06	Produktion über 10 km, 10"-Pipeline nach Dan F (2 Phasen).
Rolf Ölfeld Blöcke 5504/10 5504/11 5504/14 5504/15 - 1981 -	Dansk Undergrunds Consortium (DUC): * Maersk Olie og Gas A. P. Møller u. a. Shell Danmark Texaco Denmark	– 39,0 46,0 15,0	Dan/ Maastricht ca. 1800	0,836 (37,7)	2	<1	Januar 1986	1	0,29	0,01	Öl- und Gasproduktion per Pipeline nach Gorm C zum Weitertransport zur Küste.

2 ERDÖL- UND ERDGASWIRTSCHAFT

Vorkommen Öl/Gas Block - Fundjahr -	*Operator Konsorten	%	Prod. Horizont Teufe m	Spez. Gewicht Öl g/cm³ (° API)	Gewinnbare Vorräte (Ende 1991) Öl Mill. m³	Gewinnbare Vorräte (Ende 1991) Gas Mrd. m³	Prod.-Beginn	Platt-formen	Produktion 1991 Öl Mill. m³	Produktion 1991 Gas Mrd. m³	Bemerkungen
Skjold Öl- u. Gasfeld Block 5504/16 – 1977 –	Dansk Undergrunds Consortium (DUC): * Maersk Olie og Gas A. P. Møller u. a. Shell Danmark Texaco Denmark	– 39,0 46,0 15,0	Dan/ Maastricht 1600–1700	0,877 (29,8)	15	1	November 1982	1	2,73	0,23	Öl- und Gasproduktion per Pipeline nach Gorm C zum Weitertransport zur Küste.
Tyra Öl- u. Gasfeld Blöcke 5504/8 5504/11 5504/12 – 1968 –	Dansk Undergrunds Consortium (DUC): * Maersk Olie og Gas A. P. Møller u. a. Shell Danmark Texaco Denmark	– 39,0 46,0 15,0	Dan/ Maastricht 1960–2060	0,762 (54,2) Kondensat	3 (Öl) 4 (Kond.)	33	Oktober 1984	9	1,39 Kond.	3,67	Gasproduktion per 215 km, 30"-Pipeline zur Küste bei Nybro, Kondensat nach Gorm.
Produktion 1991 (nach Energistyrelsen, Kopenhagen):									8,25 (= ca. 7,1 Mill. t)	5,76	

* Die federführende Gesellschaft (Operator) wird im Konsortium an erster Stelle genannt. Unter „Vorräte" sind die z. Z. noch sicher und wahrscheinlich gewinnbaren Öl- oder Gasmengen angegeben (remaining reserves).

2. Vorkommen in Produktions-Vorbereitung

Vorkommen Öl/Gas Block - Fundjahr -	*Operator Konsorten	%	Prod. Horizont Teufe m	Spez. Gewicht Öl g/cm³ (° API)	Gewinnbare Vorräte Öl Mill. m³	Gewinnbare Vorräte Gas Mrd. m³	Produktions-Kapazität Öl Mill. t/a	Produktions-Kapazität Gas Mrd. m³/a	Platt-form geplant	Bemerkungen
Adda Öl- u. Gasfeld Block 5504/8 – 1977 –	Dansk Undergrunds Consortium (DUC): * Maersk Olie og Gas A. P. Møller u. a. Shell Danmark Texaco Denmark	– 39,0 46,0 15,0	Unterkreide 2327–2345	0,8703 (31,0)	1	1	ca. 590	gering	–	Produktion ab 1999 geplant.
Svend (Arne Nord, Otto) Ölfeld Block 5604/25 – 1975 – (Arne N.) – 1982 – (Otto)	Dansk Undergrunds Consortium (DUC): * Maersk Olie og Gas A. P. Møller u. a. Shell Danmark Texaco Denmark	– 39,0 46,0 15,0	Dan/ Maastricht 2315–2338	..	7	2	..	–	..	Produktion ab 1990/2000 gemeinsam mit Harald per 84 km, 16"-2-Phasen-Pipeline über Valdemar nach Tyra geplant.

DÄNEMARK

Feld	Betreiber			Formation/Tiefe					Bemerkungen
Harald (Lulu, L-Vest) Gas-Kondensatfeld Blöcke 5604-21 5604/22 – 1980 – (Lulu) – 1983 – (V. Lulu)	Dansk Undergrunds Consortium (DUC): * Maersk Olie og Gas A. P. Møller u. a. Shell Danmark Texaco Denmark	– 39,0 46,0 15,0	Lulu: Dan/ Maastricht Unterkreide ca. 2740 L.-Vest: Jura ca. 3505	..	5 Kondensat	25	1,2	2	2	Produktion ab 1998 per 84 km, 16"-2-Phasen-Pipeline über Valdemar nach Tyra geplant. Zusammenhang mit dem norw. Fund Trym. Dänischer Anteil = 40%.
Igor Gasfeld Block 5505/13 – 1968 –	Dansk Undergrunds Consortium (DUC): * Maersk Olie og Gas A. P. Møller u. a. Shell Danmark Texaco Denmark	– 39,0 46,0 15,0	Dan/ Maastricht 2015–2037	–	<1	2	..	0,2	1	Produktion ab 1999 geplant über Pipeline nach Dan F.
Regnar (Nils) Ölfeld Blöcke 5505/17 5505/21 – 1979 –	Dansk Undergrunds Consortium (DUC): * Maersk Olie og Gas A. P. Møller u. a. Shell Danmark Texaco Denmark	– 39,0 46,0 15,0	Dan/ Maastricht 1730–1743	0,8602 (33,0)	<1	<1	0,3	–	1	Produktion von 1 Bohrung ab 1993/94 geplant nach Dan F.
Roar Gasfeld Blöcke 5504/7 5504/11 – 1968 –	Dansk Undergrunds Consortium (DUC): * Maersk Olie og Gas A. P. Møller u. a. Shell Danmark Texaco Denmark	– 39,0 46,0 15,0	Dan/ Maastricht ca. 2000	–	2 Kondensat	12	–	0,7	1	Produktion ab 1994 geplant über Pipeline nach Tyra-West.
Valdemar Öl- u. Gasfeld Blöcke 5504/3 5504/7 5504/11 – 1977 – (Bo) – 1982 – (Boje) – 1985 – (N. Jens)	Dansk Undergrunds Consortium (DUC): * Maersk Olie og Gas A. P. Møller u. a. Shell Danmark Texaco Denmark	– 39,0 46,0 15,0	Oberkreide (Dan) Maastricht, Campan) ca. 2000 Unterkreide (Apt, Barrême) ca. 2600	..	2	2	0,2	0,4	1	Produktion ab 1993/94 geplant, Öl per Pipeline nach Gorm, Gas nach Tyra.

2

2 ERDÖL- UND ERDGASWIRTSCHAFT

3. Sonstige Vorkommen

Vorkommen Öl/Gas Block – Fundjahr –	*Operator Konsorten	%	Prod. Horizont Teufe m	Spez. Gewicht Öl g/cm³ (°API)	Gewinnbare Vorräte Öl Mill. m³	Gewinnbare Vorräte Gas Mrd. m³	Testkapazität der Fundbohrung Öl t/d	Testkapazität der Fundbohrung Gas t/d	Bemerkungen
Amalie Öl- u. Gasfund Block 5604/26 – 1991 –	* Statoil Efterforskning og Prod. A/S BHP Petroleum Inc. (Hamilton Bros.) Total Marine Danmark LD Energi A/S EAC Energy A/S Denerco K/S Dopas	26,5 21,0 12,0 7,5 4,0 9,0 20,0	Jura	..	..	..	..	..	„Einer der größten dänischen Funde"
Alma 1 Gasfund Block 5505/17 – 1990 –	Dansk Undergrunds Consortium (DUC): * Maersk Olie og Gas A/S A. P. Møller u. a. Shell Olie- og Gasudvinding Danmark Texaco Denmark Inc.	– 39,0 46,0 15,0	Jura	–	–	–	–	–	
Elly Gasfund Blöcke 5504/5 5504/6 – 1984 –	Dansk Undergrunds Consortium (DUC): * Maersk Olie og Gas A/S A. P. Møller u. a. Shell Olie- og Gasudvinding Danmark Texaco Denmark Inc.	– 39,0 46,0 15,0	Dan/ Maastricht, Ob. Jura ca. 3280	–	<1	3	–	..	
Gert Ölfund Blöcke 5603/27 5603/28 – 1984 –	Dansk Undergrunds Consortium (DUC): * Maersk Olie og Gas A/S A. P. Møller u. a. Shell Olie- og Gasudvinding Danmark Texaco Denmark Inc.	– 39,0 46,0 15,0	Mittl. Jura ca. 5000	..	2	<1	530	–	Fortsetzung des Fundes im norw. Block 2/12 (= Mjølner) Aufteilung: DK = ca. 42 % N = ca. 58 %
Ravn Ölfund Block 5504/1 – 1986 –	* Amoco Denmark Exploration Co. F. L. Energy A/S Dopas	66,7 10,0 23,3	Jura ca. 4500	..	..	–	..	–	
Skold Flank Ölfund Block 5504/16 – 1991 –	Dansk Undergrunds Consortium (DUC): * Maersk Olie og Gas A/S A. P. Møller u. a. Shell Olie- og Gasudvinding Danmark Texaco Denmark Inc.	– 39,0 46,0 15,0	Dan/ Maastricht ca. 3000	..	..	–	–	..	Lage: ca. 4 km nördlich der Skold-Förderplattform.
Tyra Sydost Öl- u. Gasfund Block 5504/12 – 1991 –	Dansk Undergrunds Consortium (DUC): * Maersk Olie og Gas A/S A. P. Møller u. a. Shell Olie- og Gasudvinding Danmark Texaco Denmark Inc.	– 39,0 46,0 15,0	Dan/ Maastricht	..	..	–	..	..	
Vorräte 1. 1. 1992 (nach Energistyrelsen, Kopenhagen):					116 (= 99	107			

7. Finnland

Mineralölverarbeitung

Esso Oy Ab

SF-02211 Espoo, P. O. Box 37, ☏ (3580) 88771.

Generaldirektor: Nils E. *Silfverberg;* vom 1. 1. 1993 an: Håvard *Kjaerstad.*

Zweck: Marktführung von Brenn- und Schmierstoffen.

Anzahl der Tankstellen (31. 12. 1991): 340.

Anzahl der Beschäftigten (31. 12. 1991): 363.

Finnoil Oy

SF-02151 Espoo, P. O. Box 4, ☏ (3580) 43041.

Geschäftsführung: Hanno *Ruutu.*

Zweck: Marktführung von Brenn- und Schmierstoffen.

Anzahl der Tankstellen (31. 12. 1991): 132.

Anzahl der Beschäftigten (31. 12. 1991): 1054.

Kesoil Oy

SF-33101 Tampere, P. O. Box 296, ☏ (35831) 59511.

Geschäftsführung: Matti *Toivonen.*

Zweck: Marktführung von Brenn- und Schmierstoffen.

Anzahl der Tankstellen (31. 12. 1991): 276.

Anzahl der Beschäftigten (31. 12. 1991): 222.

Mobil Oil Oy Ab

SF-00100 Helsinki, Keskuskatu 7, ☏ (3580) 173451.

Geschäftsführung: Esa I. *Aho.*

Zweck: Fertigung und Marktführung von Schmierstoffen (keine Tankstellen in Finnland).

Anzahl der Beschäftigten (31. 12. 1991): 79.

Neste Konzern — Neste Oy

SF-02151 Espoo, Keilaniemi, ☏ (090) 4501, ✆ 124641 neste sf.

Vorstand: Jaakko *Ihamuotila,* Vorsitzender; Kai *Hietarinta,* stellv. Vorsitzender; Jouko K. *Leskinen,* stellv.; Martti *Airamo;* Jukka *Viinanen.*

Branchendirektoren: Ölraffination, Pauli *Kulvik;* Chemische Industrie, Juha *Rantanen;* Reederei, Veli-Matti *Ropponen;* Gas, Tapio *Harra;* Ölexploration und -förderung, Bo *Lindfors.*

Kapital: 876,08 Mill. Fmk.

Aktionäre: Der finnische Staat, 96,85 %; Alko Oy, 1,86 %; Imatran Voima Oy, 0,15 %; Rentenstiftung, 0,57 %, Neste Oy, Rücklage der Angestellten, 0,57 %.

Zweck: Aufsuchung, Produktion, Raffinierung von Erdöl; Handel mit Öl, Naturgas und Reederei.

Raffinerie Naantali

SF-21100 Naantali 10, ☏ (921) 75011, ✆ 62212 neste sf.

Betriebsleitung: Jorma *Lampila.*

Zweck: Rohöldestillation, Vacuumdestillation, thermokatalytisches Kracken, Reformieren, Entschwefelung für Benzine und Gasöl, Schwefelgewinnung, Asphaltdestillation.

Kapazität: 2,2 Mill. t.

Raffinerie Porvoo

SF-06850 Kulloo, ☏ (915) 18711, ✆ 1716 neste sf.

Betriebsleitung: Heikki *Valtari,* Verwaltung; Jouko *Huumonen,* Ölraffination.

Zweck: Rohöldestillation, Vacuumdestillation, schwebekatalytisches Kracken, Hydrospalten, thermisches Kracken, Reformieren, Entschwefelung für Benzine und Gasöl, Schwefelgewinnung, MTBE-Anlage, Asphaltdestillation.

Kapazität: 10 Mill. t.

Shell Oy Ab

SF-01301 Vantaa, P. O. Box 16, ☏ (3580) 85701.

Generaldirektor: Rolf *Hasselblatt.*

Zweck: Marktführung von Brennstoffen, Fertigung und Marktführung von Schmierstoffen, Auto-Leasing.

Anzahl der Tankstellen (31. 12. 1991): 430.

Anzahl der Beschäftigten (31. 12. 1991): 559.

Teboil Oy Ab

SF-00121 Helsinki, P. O. Box 102, ☏ (35 80) 61 88 11.

Generaldirektor: Donat A. *Isakov*.

Zweck: Marktführung von Brennstoffen, Fertigung und Marktführung von Schmierstoffen.

Anzahl der Tankstellen (31. 12. 1991): 300.

Anzahl der Beschäftigten (31. 12. 1991): 579.

Tehokaasu Oy

SF-00581 Helsinki, P. O. Box 71, ☏ (35 80) 39 30 11.

Geschäftsführung: Ingmar *Dahlblom*.

Zweck: Marktführung von Flüssiggas und Erdgas, Gasgeräte und Montage von Gasgeräten.

Anzahl der Beschäftigten (31. 12. 1991): 92.

Union-Öljy Oy Ab
Neste Kide Oy (ab 1. 1. 1993)

SF-00401 Helsinki, P. O. Box 23, ☏ (35 80) 58 0 51.

Geschäftsführung: Matti *Peitso*.

Zweck: Marktführung von Brenn- und Schmierstoffen.

Anzahl der Tankstellen (31. 12. 1991): 244. (Im Laufe des Herbstes 1992 werden die „Union"-Tankstellen unter dem Namen „Neste" stehen.)

Anzahl der Beschäftigten (31. 12. 1991): 205.

Organisationen

Öljyalan Keskusliitto
Finnish Petroleum Federation

SF-00131 Helsinki, P. O. Box 188, Fabianinkatu 8, ☏ (35 80) 65 58 31.

Chairman: Rolf *Hasselblatt*, General Manager, Shell.

Vice Chairmen: Jouko K. *Leskinen*, Deputy Chief Executive Officer, Neste; Aulis *Lindell*, General Manager, Neste Liikennepalvelu.

Managing Director: Henrik *Lundsten*.

Zweck: Schutz und Förderung der gemeinsamen Interessen der Ölindustrie auf den Gebieten Energiepolitik, Wirtschaft, Technik, Sicherheit, Umwelt sowie Aus- und Fortbildung. Die Gesellschaft stellt die offiziellen Statistiken zum Erdöl zusammen. Sie ist in zahlreichen öffentlichen Ausschüssen vertreten.

Mitglieder: Esso, SF-02 211 Espoo, P. O. Box 37, ☏ (35 80) 8 87 71.
Finnoil, SF-02 151 Espoo, P. O. Box 4, ☏ (35 80) 4 30 41.
Kesoil, SF-33 101 Tampere, P. O. Box 296, ☏ (3 58 31) 59 51 11.
Mobil Oil, SF-00 100 Helsinki, Keskuskatu 7, ☏ (35 80) 17 34 51.
Neste, SF-02 151 Espoo, P. O. Box 20, ☏ (35 80) 45 01.
Shell, SF-01 301 Vantaa, P. O. Box 16, ☏ (35 80) 8 57 01.
Teboil, SF-00 121 Helsinki, P. O. Box 102, ☏ (35 80) 61 88 11.
Tehokaasu, SF-00 581 Helsinki, P. O. Box 71, ☏ (35 80) 39 30 11.
Union-Öljy, SF-00 401 Helsinki, P. O. Box 23, ☏ (35 80) 5 80 51.

8. Frankreich

Erdöl- und Erdgasgewinnung

Coparex
Compagnie de Participations, de Recherches et d'Exploitations Pétrolières

F-75341 Paris Cedex 07, 280, Bld. Saint-Germain, ☏ (1) 47051530, ✆ 250713.

Conseil d'Administration: Jean-Noël *Mathieu*, Président-Directeur Général; Jean *Traub*, Vice-Président; Roger *Desaint;* Albert *Frere;* François *Homolle;* Jean-Paul *Rambaud;* Guy *Rico;* Christian *Manset;* Philippe *Blavier.*

Commissaires aux comptes: Jacques *Manardo,* BDA Paris, Titulaire; Martine *Donabin,* Titulaire; Dominique *Evrard,* Suppléant.

Kapital: 140 021 600 FF.

Produktion	1988	1989
Erdöl .... t	212 583	153 200
Erdgas .... Mill. m³	258,2	306

Tochtergesellschaften und Beteiligungen
Coparex Norge A/S, 100%.
Corexland BV, 100%.
Corexcal. Inc., 100%.
Elf Serepca.
Nimex.

Elf Aquitaine

F-92088 Paris-La Défense, Cedex 45, Tour Elf, 2, place de la Coupole, ☏ (01) 47444546, ✆ 615400 elfa f, Telefax (331) 47 44 68 21.

Président: Michel *Pecqueur.*

Vice Président et Directeur Général: Gilbert *Rutman.*

Gesellschafter: Entreprise de Recherches et d'Activités Pétrolières (Erap), 55%; privat 45%.

Zweck: Aufsuchung, Gewinnung und Verkauf von Erdöl, Erdgas und Derivaten, Petrochemie, Chemie, Hygiene und Biotechnologie.

Produktion und Beschäftigte	1987	1988
Erdölproduktion ..... 1 000 t	17 784	21 181
Umsatz (Gruppe Elf) . Mrd. FF	127	125
Beschäftigte (Gruppe Elf)	73 010	73 000

Tochtergesellschaften
S.N.E.A. (P).
Elf France S.A.
Atochem.
Sanofi.
Texasgulf Chemicals.
Elf Mineralöl.
Midy Arzneimittel.

Esso REP
Société Esso de Recherches et d'Exploitation Pétrolières

F-33130 Bègles, 213, rue Victor Hugo, ☏ 56498324, ✆ 560020.

Président: Jean *Barrier.*

Kapital: 38 610 000 FF.

Gesellschafter: Esso SAF, 89,9%; Sogerap, 10,10%.

	1989	1991
Erdölproduktion ...... 1 000 t	1 500	1 400

Francarep S.A.

F-75008 Paris, 50, Avenue des Champs-Elysées, ☏ (1) 42257423, Telefax (1) 45638528.

Président: D. *de Rothschild.*

Directeur Général: Jacques *Getten.*

Kapital: 148 146 300 FF.

Petrorep S.A.

F-75116 Paris, 42, Avenue Raymond Poincaré, ☏ (1) 47557800, ✆ 645105, Telefax (1) 45535989, Teletex 47556524.

Direction: Jaques J. *Nahmias,* Président-Directeur Général; Salvador *Arditty,* Président d'Honneur; Sami M. *Cazes,* Administrateur; Pierre *Kirsch,* Directeur; Elie I. *Heffes,* Secrétaire Général.

Kapital: 40 050 000 FF.

Zweck: Erforschung und Ausbeutung mineralischer Lagerstätten.

	1990	1991
Produktion .... t	35 800	36 600
Beschäftigte	57	53

Tochtergesellschaften
Petrosarep S.A., Frankreich.
Subtech S.A., Frankreich.
Petrorep (Canada) Ltd.
Petrorep Inc., USA.
Petrorep of Texas Inc., USA.
Petrorep Italiana S.p.A., Italien.

Total

F-92069 Paris La Défense, Tour Total, 24 cours Michelet, Cedex 47, ☏ (1) 42913937, ⌁ 615700, Telefax (1) 42914291.

Président Directeur Général: Serge *Tchuruk*.

Kapital: 9 240 685 800 FF.

Zweck: Produktion von Erdöl, Uran und Metallerz.

	1990	1991
Beschäftigte .... (Jahresende)	46 024	49 365

Wichtige Beteiligungen: Air Total International, Bostik SA (France), Coates Lorilleux SA, Cofidep, Compagnie Française des Pétroles (Algérie), Gray Valley SA, Hutchinson, La Seigneurie, Peintures Avi, Sartomer, Tepma Colombie, Total Abu Al Bu Khoosh, Total Algérie, Total Angola, Total Austral, Total Benelux, Total Chimie, Total Compagnie Minière, Total España, Total Exploration Production Russie, Total Exploration South Africa, Total Indonésie, Total Marine Exploitatie, Total Nederland, Total Norge A. S., Total Oil (Great Britain) Ltd., Total Oil Marine, Total Outremer, Total Petroleum (North America), Total Raffinage Distribution, Total Solvants, Total South Africa Pty, Total Thailande, Total Transport Corporation, Total Transport Maritime, Totalgaz.

Mineralölverarbeitung

BP France

F-92412 Courbevoie, Paris, 10 quai Paul Doumer, ☏ (1) 47684000, ⌁ 620392.

Kapital: 2 100 948 200 FF.

Gesellschafter: The British Petroleum Company p.l.c. 59,9%; BP Chemicals International Ltd 25,9%.

Zweck: Aufsuchung, Gewinnung von Erdöl und Handel mit Derivaten.

Beschäftigte: 2450.

Conseil d'Administration: Paul *Castellan*, Directeur Général; Hubert *Jacqz*, Président d'Honneur; Raymond *Bloch*, Président Directeur Général; Nicholas John *Carrie*, Regional Coordinator (BP Group); Antoine *Dupont-Fauville*, Président du Directoire Banque, Neuflize, Schlumberger, Mallet; Christopher Philip *King*, Director Europ; David Alec Gwyn *Simon*, Deputy Chairman The British Petroleum Company p.l.c.; Jacques Henri *Wahl*, Directeur Général de la BNP; Jean *Lamort*, President du Conseil de Gerance de BP Chemicals SNC.

Commissaires aux comptes: Georges *Coquereau*, Pavie et Associés, Jean *Fourcade* (suppléant).

Tochtergesellschaften

Automagic SNC, 99,50%.
BP Amiens SNC, 99,50%.
BP Arras SNC, 99,50%.
BP Avignon SNC, 99,50%.
BP Chemicals SNC, 99,99%.
BP Essonne SNC, 99,50%.
BP Euroservice SA, 95%.
BP France et Soc. G. Bertrand et Cie SCS, 50%.
BP Gissey SNC, 99,50%.
BP Ingénierie Informatique SA, 99,76%.
BP Meriadeck SNC, 99,50%.
BP Montbeliard SNC, 99,50%.
BP Nantes Pont du Cens SNC, 99,50%.
BP Reims SNC, 99,50%.
BP Saint Etienne SNC, 99,50%.
BP Sevres SNC, 99,50%.
BP Toulouse SNC, 99,50%.
Commerce et Service SARL, 60%.
Dinosaure SNC, 99,50%.
Discaris GIE, 50%.
Etablissements Louis et Compagnie SARL, 99,99%.
Fuel Littoral SN SNC, 99,90%.
G. Bertrand SA, 86,79%.
Geeraert et Matthys SA, 99,98%.
Gesmin SNC, 99,95%.
Interfuel SN SNC, 99,99%.
Petroroute SNC, 99,50%.
S.O.D.I.A.A.C. SNC, 99,99%.
Priam, 60%.
SCI des Pelerins Mont Blanc SCI, 88,50%.
Soc. Maritime des Pétroles BP et Cie SNC, 99,98%.
SOC Strasbourgeoise et Lorraine des Combustibles SA, 87,97%.
Soc. Aux. de Courtage et d'Assurances SNC, 99%.
Société Française d'Exploration BP SA, 99,70%.
SRHP SNC, 99,99%.
Streichenberger Energies Services, 99,96%.
Sud Ouest Pétroles SARL, 50%.
Streichenberger Distributions, 99,96%.

Raffinerie Lavéra

F-13 Lavéra, BP 1, ☏ 16 42 47 42 47.

Kapazität: 8,5 Mill. t/a.

Compagnie Rhenane de Raffinage S. A.

F-75380 Paris Cedex 08, 29, Rue de Berri, ☏ (1) 45618282, ⌁ 280125.

Gesellschafter: Shell Française, 65%; BP, 12%; Elf France, 10%; Total Française, 8%; Mobil Oil Française, 5%.

Raffinerie Reichstett-Vendenheim

F-67116 Reichstett, ☏ (88) 209031.

Kapazität: 4,3 Mill. t/a.

FRANKREICH

Esso S.A.F.

F-92400 Courbevoie, 6, Avenue André-Prothin, Postanschrift: F-92093 Paris-La Défense, Cedex 2, ☏ (1) 49036000, ✄ 620031.

Président: Jean *Verré.*

Kapital: 595 898 000 FF.

Gesellschafter: Exxon Corporation, 81,55%.

Produktion	1989	1991
Rohöl und Raffinerieprodukte .... Mill. t	11	11,2
Beschäftigte .... (Jahresende)	2 400	2 300

Raffinerie de Port-Jerome

F-76330 Notre-Dame-de-Gravenchon, ☏ (35) 392121.

Kapazität: 6,8 Mill. t/a.

Raffinerie de Fos-sur-Mer

F-13270 Fos-sur-Mer, ☏ (42) 747005.

Kapazität: 5,0 Mill. t/a.

Mobil Oil Française S.A.

F-92400 Courbevoie, 20, Avenue André-Prothin, Postanschrift: F-92081 Paris-La Défense, Cedex 9, ☏ (01) 7764241, ✄ 610412.

Raffinerie Notre-Dame-de-Gravenchon

F-76 Notre-Dame-de-Gravenchon, Seine Maritime, ☏ 941911.

Kapazität: 3,6 Mill. t/a.

Sociéte des Pétroles Shell

F-75397 Paris Cedex 08, 29, Rue de Berri, ☏ (1) 45618282, ✄ 280125 shell f.

Comité de Direction: Henri *Pradier,* Président; Jean-Claude *Dupuy,* Vice-Président Approvisionnement/Raffinage Commercial; Jean-Pierre *Meurin,* Vice-Président Chimie; Augustin *Renaud,* Vice-Président Marketing et Gaz de Pétrole Liquéfiés; A. *Lowthian,* Vice-Président Finances et Administration; Claude *Nieuwbourg,* Vice-Président Relations Humaines; Alain *Dupleix,* Directeur de la Communication et des Relations Extérieures.

Kapital: 2 329 Mill. FF.

Hauptaktionär: Shell Petroleum NV (P.B.), 98,4%.

Zweck: Exploration, Produktion, Transport, Raffination von Erdöl.

	1988	1989
Beschäftigte	6 673	6 548

Beteiligungen
Compagnie Rhenane de Raffinage S.A., 65%.
Butagaz S.N.C., 100%.
Société Maritime Shell S.A., 100%.

Raffinerie Berre

Kapazität: 6,3 Mill. t/a.

Raffinerie Petit-Couronne

Kapazität: 10,7 Mill. t/a.

Société Nationale Elf Aquitaine

F-92078 Paris La Défense, tour Elf Cedex 45, ☏ (1) 47444546, ✄ elfa 615400 f, ⌨ elfa Paris.

Total Raffinage Distribution

F-92538 Levallois-Perret Cedex, 84 rue de Villiers, ☏ (1) 47488000, ✄ 630871, Telefax (1) 47488149.

Président-Directeur Général: Yves René *Nanot.*

Key Staff/Personnel: Y. R. *Nanot,* President; J. P. *Vettier,* Executive Vice President; G. *Dubromel,* Vice President, Europe Refining; D. *Valot,* Vice President, United States; P. A. *Grislain,* Vice President, Europe Marketing; J. *Le Page,* Vice President, Overseas Division.

Gesellschafter: Total S.A..

	1990	1991
Produktion .... 1 000 t	20 700	28 436

Zweck: TOTAL Raffinage Distribution was formerly Compagnie Française de Raffinage et de Distribution Total France.

Raffinerie de Normandie

F-76700 Harfleur, B.P. 98, Gonfreville l'Orcher, ☏ (35) 554141, ✄ 190167, Telefax (35) 554080.

Key Staff/Personnel: A. *Nicolas.*

Kapazität (1991): 9,66 Mill. t/a.

Raffinerie de Provence

F-13163 Chateauneuf les Martigues, B.P. 20, La Mède, ☏ (42) 785000, ✄ 420346, Telefax (42) 785174.

Kapazität (1991): 6,9 Mill. t/a.

Key Staff/Personnel: R. *Peyronnel.*

2 ERDÖL- UND ERDGASWIRTSCHAFT

Raffinerie des Flandres

F-59279 Loon Plage, B.P. 79, ☎ (28) 272625, ✆ 160215, Telefax (28) 272254.

Kapazität (1991): 6,21 Mill. t/a.

Key Staff/Personnel: J. *Tosi.*

Centre de Recherches

F-76700 Harfleur, B.P. 27, Route Industrielle Gonfreville, ☎ (35) 551111.

Gas

Gaz de France

F-75840 Paris Cedex 17, 23, rue Philibert-Delorme, ☎ (1) 47542020, ✆ 648154 Fgdfri u. 641700 fgdfdg.

Conseil d'Administration: Francis *Gutmann,* Président, Ambassadeur de France. *Représentants de l'Etat:* Christian *Babusiaux,* Directeur général de la concurrence, de la consommation et de la répression des fraudes, au ministère de l'économie, des finances et du budget; Pierre *de Boissieu,* Directeur des affaires économiques et financières au ministère des affaires étrangères; Claude *Dichon,* Conseiller auprès du Directeur de la construction au ministère de l'équipement, du logement, des transports et de la mer; Christian *Marbach,* Ministère de l'industrie et de l'aménagement du territoire; Jean-Claude *Trichet,* Directeur du trésor au ministère de l'économie, des finances et du budget; Jean-Michel *Yolin,* Directeur régional de l'industrie et de la recherche d'Ile-de-France au ministère de l'industrie et de l'aménagement du territoire. *Personnalités qualifiées:* Jacques *Faucheux,* Maire de Fougères, conseiller régional de Bretagne; Loïk *le Floch-Prigent,* Président de la Société Nationale Elf-Aquitaine; Jean *Lion,* Maire de Meaux, conseiller régional d'Ile-de-France; Alain *Raillard,* Président honoraire de la Confédération Générale du Logement (CGL). *Représentants élus du personnel:* Michel *Cruciani,* Parrainé par fédération gaz-électricité (C.F.D.T.); Patrice *Delezay,* Parrainé par la fédération nationale des syndicats du personnel des industries de l'énergie électrique, nucléaire et gazière (C.G.T.); Jean-Pierre *Grihon,* Parrainé par la fédération nationale des syndicats du personnel des industries de l'énergie électrique, nucléaire et gazière CGT; Claude *Martelloni,* Parrainé par la fédération nationale des syndicats des industries de l'énergie électrique et du gaz CGT-FO; Henri *Maupoil,* Parrainé par la fédération nationale des syndicats du personnel des industries de l'énergie électrique, nucléaire et gazière CGT; Pierre *Parisot,* Parrainé par l'union nationale des cadres et de la maîtrise eau-gaz-électricité (U.N.C.M.-CGC).

Directeur général: Pierre *Gadonneix.*

Directeur général adjoint: Jacques *Maire.*

Commissaire du gouvernement: Pierre-François *Couture,* Directeur du gaz, de l'électricité et du charbon au ministère de l'industrie et de l'aménagement du territoire.

Commissaire du gouvernement adjoint: Olivier *Appert,* Directeur des hydrocarbures au ministère de l'industrie et de l'aménagement du territoire.

Mission de Contrôle: Olivier *Lefranc,* Chef de la mission; Jean-Paul *Gimonet,* Contrôleur d'Etat; Alain *Faure,* Contrôleur d'Etat.

Kapital: 5922,8 Mill. FF.

Gründung und Zweck: Aufgrund des Gesetzes vom 8. April 1946, durch das Produktion, Transport, Verteilung, Einfuhr und Ausfuhr von Gas nationalisiert worden sind, wurde die Gaz de France als Service Public errichtet. Die Gaz de France ist nicht unmittelbar Teil der Staatsverwaltung, sondern wird lt. Gesetz als autonomes Unternehmen mit industriellem und wirtschaftlichem Charakter geführt, das den alleinigen Zweck hat, den Gasbedarf des Landes nach optimalen Gesichtspunkten einer beständigen, gleichbleibenden und preisgünstigen Versorgung sicherzustellen.

		1989	1990
Gasabsatz	Mrd. kWh	307,9	314,7
Beschäftigte		27700	27000

Organisationen

Association de Recherche sur les Techniques d'Exploitation du Pétrole (A.R.T.E.P.)

F-92506 Rueil-Malmaison, c/o Institut Français du Pétrole, B.P. 311, ☎ 47526727, ✆ 203050.

Comité Directeur: C. *Rederon* (Total CFP), Président; E. *Engelmann* (Total CFP), C. *Delas* (Total), L. *Montadert* (IFP), P. *Chaumet* (IFP), J. F. *Giannesini* (IFP), R. *Iffly* (Elf Aquitaine), R. *Noël* (Elf Aquitaine), R. *Leguillette* (GDF) M. *Leblanc* (GDF).

Gérant: J. *Labrid* (IFP).

Zweck: Förderung und Finanzierung von Forschungen im Bereich der Erdölfördertechnik.

Mitglieder: Total Compagnie Française des Pétroles, Elf Aquitaine, Institut Français du Pétrole, Gaz de France.

Association pour le développement des études de droit Pétrolier

F-75007 Paris, 28, rue Saint-Guillaume, ☎ (1) 42 22 35 93.

Président: Professeur Jean *Rivero*.

Secrétaire général: M. *Piffault*.

Professeur de droit pétrolier: Professeur Jean *Devaux-Charbonnel*.

Zweck: Lehre und Forschung im Bereich Erdölrecht.

Association Technique de l'Industrie du Gaz en France

F-75008 Paris, 62, rue de Courcelles, ☎ (1) 47 54 34 34, ⌕ 642621, Telefax (1) 42 27 49 43.

Président: Pierre *Henry*.

Secrétaire général: Alain *Thibault*.

Chambre Syndicale de la Recherche et de la Production du Pétrole et du Gaz Naturel

F-75008 Paris, 4, avenue Hoche, ☎ (1) 40 53 70 00, ⌕ 651411, Telefax (1) 40 53 70 49.

Président: Bernard *Calvet*.

Secrétaire Général: Walter *Mabaret du Basty*.

Zweck: Exploration und Gewinnung von Kohlenwasserstoffen in Frankreich.

Mitglieder: Agip Exploration et Exploitation France, Coparex, Du Pont Conoco Technologies (France) SA, Enterprise Oil, Exploration Ltd, Esso-Rep, Pétrole Saint-Honoré, Petrorep, Société des Pétroles Shell, SNEA (p), Total Exploration Production, Triton France, Ultramar Exploration Ltd.

Chambre Syndicale du Raffinage du Pétrole

F-75008 Paris, 4, avenue Hoche, ☎ (1) 40 53 70 00, ⌕ 651411, Telefax (01) 40 53 70 49.

Président: Bernard *Calvet*.

Secrétaire Général: André *Philippon*.

Comité Professionnel du Pétrole (CPDP)

F-92505 Rueil Malmaison, Tour Corosa, 3, rue E. et A. Peugeot, BP 282, ☎ 47 08 94 84.

Président: Jean-Jacques *Le Crocq*.

Institut Français du Pétrole (IFP)

F-92506 Rueil-Malmaison Cedex, 1&4, Avenue de Bois-Préau, B.P. 311, ☎ (1) 47 49 02 14, ⌕ 203050 F, Telefax (1) 47 49 04 11.

Direction: P. *Jacquard*, Directeur Général.

Zweck: Forschung und Entwicklung, Ausbildung, Information und Dokumentation im Gebiet Erdöl, Erdgas und verbundenen Industrien (Energie, Chemie, Motoren).

Société pour le Développement de l'Industrie du Gaz en France

F-75823 Paris, Cedex 17, Rue Alfred-Roll, ☎ (1) 47 54 30 00.

Président: Pierre *Henry*.

Directeur Général: Gérard *Gauthier*.

Zweck: Erarbeitung von verkaufsunterstützenden Maßnahmen und Medien für Gaz de France und dessen Schwesterfirmen.

Union Française des Industries Pétrolières (U.F.I.P.)

F-75008 Paris, 4, avenue Hoche, ☎ (1) 40 53 70 00, ⌕ 651411, Telefax (1) 40 53 70 49.

Conseil d'Administration: Guy *Bizot* (Total), Raymond *Bloch* (BP France), Michel *Bonnet* (Elf France), Philippe *Bouteille* (Total RD), Georges *Dupasquier* (Mobil Oil Française), Jean-Claude *Dupuy* (Shell France), Alain *Guillon* (Elf France), Jean-Luc *Randaxhe* (Esso SAF), Yves-René *Nanot* (Total RD), Jacques *de Naurois* (Fina France), Hugues *du Rouret* (Shell France), Jean-Paul *Triomphe* (Elf France), Jean *Verré* (Esso SAF).

Président: Bernard *Calvet*.

Secrétaire Général: Jacques *Blanc*.

Mitglieder: Agip Française, Aral France, BP France, Butagaz, Total RD, Elf Antargaz, Elf France, Esso SAF, Fina France, Mobil Oil Française, Primagaz, Total, Totalgaz, Shell France, SNEA.

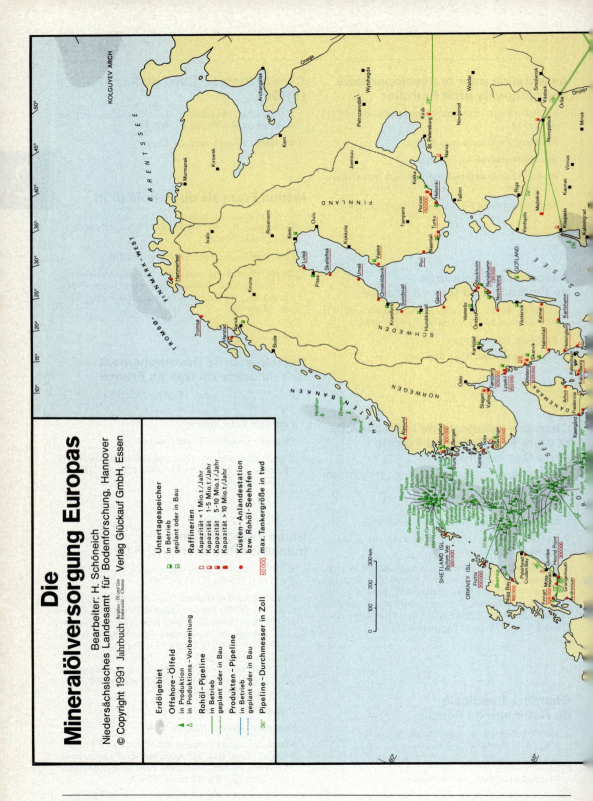

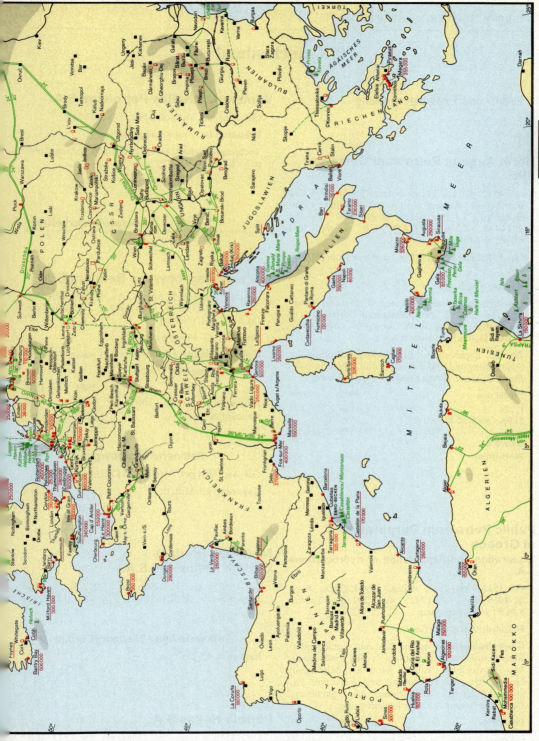

9. Griechenland

Erdöl- und Erdgasgewinnung

North Aegean Petroleum Company EPE

GR-15123 Athen, 2 Kapodistriou Street and Kifissias Avenue, Amaroussion, und GR-Athen, 15210 Halandri, P.O. Box 62026, ☏ (01) 6827129 und 6814442, ✆ 218315 NAPC GR, Telefax (01) 6842091 Athen.

Geschäftsführung: Dipl.-Ing. Lawrence Robert *Wessman*.

Kapital: 6 Mill. Dr.

Gesellschafter: Denison Mines Ltd., Hellenic (Overseas) Holding Ltd., Public Petroleum Corporation of Greece S.A., White Shield Greece Oil Corp., Wintershall Hellas Petroleum S.A.

Zweck: Exploration, Entwicklung, Produktion, Speicherung und Verkauf von Erdöl. *Feld:* Prinos Oil Field, Offshore; South Kavala Field, Offshore.

Produktion	1989	1991
Erdöl .... 1000 t	904	821
Süßgas (einschl. Kavala) .... 1000 m³ (V_n)	118 518	115 462
Schwefel .... 1000 t	101	89
Beschäftigte	460	450

Public Petroleum Corporation of Greece
Exploration and Exploitation of Hydrocarbons S.A.

GR-15124 Maroussi, Athen, 199 Kifissias Ave., ☏ 8069301-9, ✆ 219415 und 221583, Telefax 8 06 93 17, depathens.

Präsident: Apostolos *Goulas*.

Geschäftsführung: Nicolaos *Lalechos*, Vorsitzender; Elias *Conofagos*, Exploration; Vassilis *Tsobanopoulos*, Entwicklung; Antonis *Stergidis*, Bohrungen; George *Miliotis*, Verwaltung und Finanzen; Panayotis *Kalofonos*, Internationale Angelegenheiten; Catherine *Diamanti*, Öffentlichkeitsarbeit.

Produktion	1990	1991
Erdöl .... 1000 t	800	850
Beschäftigte	370	330

Wintershall Hellas Petroleum S.A.

GR-Athen, 6, Vas Sofias, ☏ (1) 7243072/4.

Präsident: Dr. Franz Xaver *Führer*.

Tochtergesellschaft: North Aegean Petroleum Company EPE.

Mineralölverarbeitung

Hellenic Aspropyrgos Refinery S.A.

GR-10558 Athen, 54 Amalias Av., P.O. Box 649, ☏ 3 23 66 01/3 23 69 74, ✆ 2 15 442 u. 2 15 443, Telefax 5 577 901, refaspr.

Präsident: G. *Voyiatzis*.

Geschäftsführung: G. *Kournias*, C. *Voudouris*.

General Manager: A. *Tyros*.

	1987	1988
Produktion .... 1000 t	5 422	5 600
Beschäftigte	1 263	1 285

Raffinerie Aspropyrgos

GR-Aspropyrgos, Attiki, ☏ 5351200, ✆ 5350990.

Kapazität: 6,1 Mill. t/a.

Motor Oil (Hellas) Corinth Refineries S.A.

GR-10033 Athen 125, P.O. Box 1742, 2, Karageorgi Servias Street, ☏ 3246311-15, 3245286, ✆ 218245.

Raffinerie Aghii Theodori/Corinth

Kapazität: 4,9 Mill. t/a.

Petrola Hellas S.A.

GR-14510 Kifissia, 59, Diligianni Str., P.O. Box 51118, ☏ 3246194, ✆ 215456 und 216303.

Raffinerie Elefsis

GR-Elefsis, ☏ 5542401-9, ✄ 214511, 214512.

Kapazität: 5,4 Mill. t/a.

Thessaloniki Refining Co. A.E.

Headquarters: GR-Athens 11527, Vas. Sofias and Messogion 2 Avenues, ☏ (01) 7705401/201, ✄ 215411, Telefax (01) 7705847.

Geschäftsführung: M. *Karamihas*.

	1990	1991
Beschäftigte	326	270

Raffinerie Ionia/Thessaloniki

GR-54110 Thessaloniki, P.O. Box 10044, ☏ (031) 760412/413, 760612/712, ✄ 412311, Telefax (031) 769897.

Kapazität: 3,5 Mill. t/a.

10. Großbritannien

Erdöl- und Erdgasgewinnung*

Agip (U.K.) Limited

GB-London SW1E 6QU, Southside, 105 Victoria Street, ☏ (071) 6301400, ⌕ 8813547, Telefax (071) 630 65 44.

Chairman: Edoardo *Cainer*.

Deputy Chairman: Umberto *Giacomelli*, Managing Director.

Directors: Udalrigo *Masoni*, Luciano *Sgubini*, James *Stretch*.

Kapital: 100 Mill. £.

Gesellschafter: Agip S.p.A.

Zweck: Exploration und Produktion von Öl und Gas.

Produktion	1989	1990
Erdöl .... 1 000 t	476	448
Erdgas .... Mill m³ (V_n)	332,8	386,0
Beschäftigte	139	180

Amerada Hess Ltd

GB-London W1P 1PL, 2 Stephen Street, ☏ (071) 6367766, ⌕ 296093, Telefax (071) 927 97 99.

Board of Directors: L. *Hess*, Chairman; W. S. H. *Laidlaw*, Managing Director; J. B. *Holte;* Sir Christophor *Laidlaw;* A. *Mulcare;* F. R. *Gugen;* R. F. P. *Hardman;* R. W. *Gaisford;* J. Y. *Schreyer*.

Kapital: 40 Mill. £.

Zweck: Exploration und Produktion von Öl und Gas.

Tochtergesellschaften
Amerada Hess Property Services Limited.
Amerada Hess Trading Limited.
Amerada Hess Finance Limited.
Amerada Hess (Petroleum) Limited.
Amerada Hess (Forties) Limited.
Amerada Hess Hydrocarbons Limited.
Amerada Hess Gas Limited.

---

* Bei den Explorationsgesellschaften sind die Federführer (Operators) der an Erdöl- und Erdgasvorkommen in der Nordsee beteiligten Konsortien angegeben.

Amoco (U.K.) Exploration Company
Oil and gas production

GB-London W5 1XL, Amoco House, West Gate, Ealing, ☏ (081) 9 91 56 39, ⌕ 9 18 175, Telefax (081) 849 73 29.

Directors: R. J. *Criswell*, Managing Director; S. A. *Elbert*, Deputy Managing Director; V. *Whitfield*, Manager, Production; G. F. *Clark*, Manager, Admin & Economics; P. G. *Pangman*, Manager, Exploration; C. *Guthrie*, Manager, Operations; W. S. *Fraser*, Environmental & Safety Coordinator; B. *McLintoch*, Manager, Human Resources; M J. *Ambrose*, Manager, Commercial Development; M. D. *Haynes*, Manager, Projects; H. R. *MacMillan*, Manager, Public & Government Affairs.

Arco British Limited

GB-Guildford, Surrey GU1 1UE, London Square, Cross Lanes, ☏ (0483) 292000, ⌕ 858101, Telefax (0483) 292399.

Exploration Director: Bob *Olson*.

Produktion	1991
Erdöl .... t	887 135
Erdgas .... 1000 m³	2 583 000
Beschäftigte	250

BP Petroleum Development Ltd

GB-London EC2Y 9BU, Britannic House, Moor Lane, ☏ (071) 9208000, ⌕ 888811, Telefax (071) 6383724.

Managing Director: M. R. *Pattinson*.

British Gas E & P Ltd.

GB-London SW1V 3JL, 152 Grosvenor Road, ☏ (71) 8211444, ⌕ 939529, Telefax (71) 8218522.

Britoil plc

GB-Glasgow G2 5DD, 301 St. Vincent Street, ☏ (041) 2042525, ⌕ 777633, Telefax (041) 2255050.

Chairman: Sir Robin *Duthie*.

Chief Executive: John *Saint*.

Gesellschafter: BP Exploration.

Produktion	1987
Erdöl .... 1000 t	10 003
Erdgas .... Mill. m³	2 439

Chevron U.K. Ltd

GB-London W1H 0AN, 2 Portman Street, ☏ (071) 4 87 81 00, ✄ 2 66 471 chvltc g, Telefax (071) 487 89 05.

Managing Director: C. M. *Smith.*

Zweck: Ölproduktion auf dem britischen Festlandsockel.

Beschäftigte: 1 020.

Clyde Petroleum plc

GB-Herefordshire HR8 1JL, Coddington, Ledbury, Coddington Court, ☏ (0531) 64 08 11, ✄ 3 5711, Telefax (0531) 64 05 19.

Chairman: Dr. Colin *Phipps.*

Chief Executive: Malcolm *Gourlay.*

Kapital: 108 Mill. £.

Zweck: Exploration und Produktion von Öl und Gas.

Produktion		1990	1991
Erdöl .... Mill. t		635	732
Erdgas .... 1000 m³		401 611	571 668
Beschäftigte .... (Jahresende)		101	136

Beteiligung: Clyde Expro plc; Clyde Petroleum Exploratie BV.

Conoco (U.K.) Limited

GB-London W1Y 4NN, Park House, 116 Park Street, ☏ (071) 408-60 00, ✄ 915 211, Telefax (071) 408 66 60.

Board of Directors: J. M. *Stinson,* Chairman and Managing Director; I. *Gray,* Director and General Manager, Business Development; I. *Blood,* Director and General Manager, Exploration and Acquisitions; R. E. *Irelan,* Director and General Manager, Production; D. *Watts,* Director, Crude Oil Division; J. C. *Symon,* Director and General Manager, Employee Relations; D. *McGeachie,* Director and General Manager, Government and Public Affairs; D. L. *Collins,* General Manager, Legal and Security and Company Secretary; W. S. *Atkinson,* Director and Manager, Tax-UK; M. C. *Mays,* Director and Treasurer, Treasury and Insurance; G. L. *McLaughlin,* Director and General Manager, Administration; J. R. *Wallace,* Director and Manager, Accounting.

Chairman and Managing Director: J. M. *Stinson.*

Gesellschafter: E. I. Du Pont de Nemours & Company.

Zweck: Aufsuchung und Gewinnung von Erdöl.

Beschäftigte: 1 500.

Deminex UK Oil and Gas Ltd

GB-London SW1X 7LD, 6th Floor, Bowater House, 68 Knightsbridge, ☏ (071) 589 70 33, ✄ 25112 und 8956037, Telefax (071) 584 64 59.

Board of Directors: A. C. *Dowell;* W. *Goldbach;* P. *Haseldonckx;* P. *Schweinhage;* D. H. *Manson;* G. *Vowinckel.*

Managing Director: P. *Schweinhage.*

Gesellschafter: Deminex-Deutsche Erdölversorgungsgesellschaft mbH, Essen.

Zweck: Aufschluß und Gewinnung von Kohlenwasserstoffen insbesondere im Bereich der britischen Nordsee durch Erwerb von und Beteiligung an Lizenzrechten, Entwicklungsvorhaben bzw. entsprechenden Unternehmen.

	1990	1991
Erdölfördermenge ..... Mill. t	2,6	2,2
Erdgasverkauf ...... Mill. m³	266	

Tochtergesellschaften

Deminex UK Petroleum Limited.
Deminex UK Balmoral Limited.
Deminex UK North Sea Limited.

Elf UK PLC

GB-London SW7 1RZ, Knightsbridge House, 197 Knightsbridge, ☏ (071) 589 45 88, ✄ 919156 elfldn g, Telefax (071) 225 51 97.

Chairman: David *Dixon.*

Managing Director: Michel *Romieu.*

Directors: Michel *Armand,* Joel *Bouchaud,* Christian *Chomat,* Guy *Frachon,* Denis *Goguel-Nyegaard,* Pierre *Grancher,* Marc *Hiegel,* Stephen *Huddle,* Frederic *Isoard,* Ravi *Kuriyan,* Jean-Michel *Nicolas.*

Secretary: Warwick *English.*

Elf-Enterprise Caledonia Ltd.

GB-Aberdeen AB23 8GB, 1 Claymore Drive, Bridge of Don, ☏ (224) 233000, ✄ 739851, Telefax (224) 233838.

Enterprise Oil PLC

GB-London WC2N 5EJ, Grand Buildings, Trafalgar Square, ☏ (071) 9301212, ✄ 8950611 eprise g, Telefax (071) 9300321.

Chairman: William *Bell.*

Managing Director: Graham *Hearne.*

Produktion		1989	1990
Erdöl	Mill. t	4140	4380
Erdgas	Mill. m³	740	1600
Beschäftigte		320	513

Esso Exploration and Production (UK) Ltd.

GB-London SW1E 5JW, Esso House, Victoria Street, ☏ (071) 2453280, ✄ 21221.

Managing Director: K. H. *Taylor.*

Esso Petroleum Co Ltd

GB-London SW1E 5JW, Esso House, Victoria Street, ☏ (071) 8346677, ✄ 24942.

Board of Directors: A. W. *Forster,* Chairman; R. E. *Lintott,* Managing; K. H. *Taylor,* Managing; D. St. J. *McDermott;* I. W. *Upson.*

Esso UK PLC

GB-London SW1E 5JW, Esso House, 94/98 Victoria St., ☏ (071) 8346677, ✄ 24942.

Board of Directors: A. W. *Forster,* Chairman; R. E. *Lintott,* Managing; K. H. *Taylor,* Managing; D. St. J. *McDermott.*

Company Secretary: M. F. *Westlake.*

Zweck: Exploration, Produktion, Transport und Verkauf von Erdöl und Erdgas, Raffination, Verteilung und Verkauf von Ölprodukten.

Kapital: 229 000 £.

Beschäftigte: 6 097.

Hauptbeteiligungen
Esso Petroleum Company, Limited.
Esso Exploration and Production UK Ltd.

Fina Exploration Ltd

GB-Epsom, Surrey KT18 5AD, Fina House, 1 Ashley Avenue, ☏ (0372) 726226, ✄ (0372) 894317, Telefax (0372) 744520, 44515.

Board of Directors: E. *Demeure de Lespaul,* M. *Webb,* G. *Orbell,* B. *Claude.*

General Manager: Dr. G. *Orbell.*

Managing Director & Chief Executive: E. *Demeure de Lespaul.*

Gesellschafter: Petrofina SA.

Zweck: Exploration auf Öl und Gas in Großbritannien.

Produktion		1987	1988
Öl	1000 t	1442	1210
Gas	Mill. m³ (V_n)	430	487
Beschäftigte	(Jahresende)	95	89

Gas Council (Exploration) Ltd.

GB-London W1A 2AZ, 59 Bryanston Street, Marble Arch, ☏ (71) 7237030, ✄ 265515, Telefax (71) 7242001.

Gulf Oil (Great Britain) Ltd

GB-Cheltenham, Gloucestershire GL50 1TF, The Quadrangle, Imperial Square, ☏ (0242) 22 52 25, ✄ 43 542, Telefax (0242) 570725.

Managing Director: D. L. *Setchell.*

Supply & Distribution: Frank *Snow.*

Refining: Bob *Clarke.*

Marketing: Stan *Jones.*

Finance: Rob *Davies.*

Legal: Ros *Kerslake.*

Planning: David *Taylor.*

Human Resources: Jim *Zewan.*

Public Affairs: Guy *Wareing.*

Secretary: R. C. *Kerslake.*

Zweck: Ölraffination und -marketing.

	1989
Beschäftigte	679

Hamilton Oil (Great Britain) PLC

GB-London W1X 6AQ, Devonshire House, Mayfair Place, Piccadilly, ☏ (01) 4999555, ✄ 291237 u. 920717, Telefax (01) 4090230.

Vice-President Exploration: M. H. *Pattinson.*

Kerr-McGee Oil (UK) PLC

GB-London W1Y 1FA, Mayfair, 75 Davies Street, ☏ (071) 8729700, ✆ 27506 kmgoln, Telefax (071) 4911377.

Exploration Manager: Robert W. *Duke.*

Lasmo plc

GB-London EC2M 2BB, 100 Liverpool Street, ☏ (071) 9454545, ✆ 8812970, Telefax (071) 6062839.

Directors: The Rt Hon *Lord Rees* QC, Chairman; John *Cordingley* OBE, Deputy Chairman; W W Chris *Greentree,* Chief Executive; Professor Sir James *Ball;* Michael J K *Belmont;* W G *Cochrane;* J. D. *Danby;* Norman *Davidson Kelly;* T. G. *King;* Sir David *Nicolson;* Michael J. *Pavia.*

Produktion		1987	1988
Erdöl .... 1000 t/a		1 985	2 435
Erdgas ...... 1 000 m³ (V$_n$)/d		595	623
Insgesamt .... tRÖE/d		6 202	7 531

Wichtige Tochtergesellschaften
Lasmo North Sea plc, 100%.
Lasmo International Limited, 100%.
Lasmo Trading Limited, 100%.
Lasmo Malacca Limited, 100%.
Lasmo Sumatra Limited, 100%.
Lasmo Kakap Limited, 100%.
Lasmo Energy Corporation (USA), 100%.
Lasmo Oil Company Australia Limited, 100%.
Lasmo Finance Limited, 100%.
Lasmo (TNS) Limited, 100%.
Lasmo (TSP) Limited, 100%.
Lasmo Madura Limited, 100%.
Lasmo Canada Inc, 69%.

Marathon Oil U.K., Ltd.

GB-London NW1 5AT, 174 Marylebone Road, Marathon House, ☏ (071) 486-0222, ✆ 739722, Telefax (071) 486-5570.

President: J. V. *Parziale.*

Directors: J. V. *Parziale,* R. J. *Carter,* R. C. *Earlougher,* B. G. *Brown,* L. S. *Miller,* D. E. *Smith,* R. *Thompson.*

Zweck: Exploration und Produktion von Erdöl in der Nordsee.

Mobil North Sea Ltd

GB-London WC2A 2EB, Mobil Court, 3 Clements Inn, ☏ (071) 8317171, ✆ 8812411.

President: R. W. *White.*

Exploration and Producing Manager: R. W. *Jones.*

Beschäftigte: 580.

Neste North Sea Ltd.

GB-London SW1Y 4AE, 30 Charles II Street, St. James' Square, ☏ (71) 9307333, ✆ 268589 NESTEX G, Telefax (71) 9306390.

Oryx Energy UK Company

GB-Middlesex UB8 1EZ, Charter Place, Vine Street, Uxbridge ☏ (895) 72525, ✆ 8814164 ORYX G, Telefax (895) 70208/72503.

Phillips Petroleum Exploration UK Ltd

GB-London WC2N 6BW, The Adelphi, John Adam Street, ☏ (071) 9306788, ✆ 913101.

President: Earl *Guitar.*

Premier Consolidated Oilfields plc

GB-London SW1W 0NR, 23 Lower Belgrave Street, ☏ (071) 7301111, ✆ 918121 precon g, Telefax (071) 7304696.

Board of Directors: R. C. *Shaw,* Chairman, R. M. *Cox-Johnson,* C. J. A. *Jamieson,* R. J. O. *Lascelles,* S. J. *Keynes,* A. D. *Melzer,* L. *Urquhart,* J. A. *Heath,* A. P. *Marsden,* G. C. *Band.*

Managing Director: C. J. A. *Jamieson.*

Exploration Manager: John *Parmenter.*

Secretary: R. J. O. *Lascelles.*

Eingezahltes Kapital: 75 965 000 £.

Zweck: Exploration und Produktion von Öl und Gas. Konzessionen auf dem britischen Festland und Küstenvorland, in USA, Trinidad, Italien, Griechenland, Thailand, Pakistan, Myanmar, Cambodia.

		1990	1991
Produktion .... bl/d		9 200	11 000
Beschäftigte .... (Jahresende)		143	166

Ranger Oil (UK) Ltd

GB-London SW1P 2BN, 69/71 Great Peter Street, Ranger House, ☏ (071) 2224363, ✆ 919077, Telefax (071) 2225480.

Managing Director: Dr. George *Wood.*

Vice President, Director of Corporate Relations: Alan *Henderson.*

Exploration Manager: R. *French.*

Shell UK Exploration and Production

GB-London WC2R 0DX, Shell-Mex-House, Strand, ☏ (071) 2573000, ✆ 22585, Telefax (071) 2574892.

Managing Director: C. *Fay.*

Produktion		1989	1990
Erdöl	Mill. t	11,8	10
Erdgas	Mrd. m³	4,5	3,9

Sovereign Oil & Gas plc

GB-London SW10 0XF, The Chambers, Chelsea Harbour, ☏ (071) 3767622, ✆ 917960.

Directorate: K. *Hietannta,* Chairman; P. R. A. *Youngs,* Managing Director; B. E. J. *Lindfors,* J. F. M. *Hughes,* E. *Aittola.*

Management: P. R. A. *Youngs,* Vice President; S. P. *Binks,* Manager Commercial; R. A. *Bryans,* Manager Engineering & Production; J. *Buckingham,* Acting Manager Reservoir Management; G. A. *Hardman,* Manager Finance & Administration; P. R. *Loader,* Manager Exploration.

		1990	1991
Erdölproduktion (oil equivalent)	Mill. barrels	1,6	2,1
Beschäftigte (London office)	(Jahresende)	58	54
Umsatz	Mill. £	20,4	24,85

Sun Oil Britain Limited

GB-London W14 8YS 80 Hammersmith Road, Sun Oil House, ☏ (071) 6032090, ✆ 261746, 25952, Telefax (071) 6022614, 3714879.

Western Hemisphere Exploration Manager: John *McCallum.*

Exploration Director: Neil *Campbell.*

Sun International Exploration and Production Company Limited

GB-London, W1H 8YS, Sun Oil House, 80 Hammersmith Road, ☏ (071) 6032090, ✆ 261746, 25952, Telefax (071) 6022614, 3714879.

President and Managing Director: V. Ray *Harlow.*

Exploration Director: Neil *Campbell.*

Superior Oil (UK) Ltd

GB-London SW1E 6AS, 65 Buckingham Gate, ☏ (071) 2228671, ✆ 261108.

Managing Director: D. J. C. *Pascoe.*

Texaco North Sea UK Co

GB-London SW1X 7QJ, 1 Knightsbridge Green, ☏ (071) 5845000, ✆ 8956681. Scottish Office: GB-Aberdeen, Scotland, P.O. Box 63 Langlands House, Huntly Street, ☏ (0224) 283000, ✆ 73396.

Directors: Graham H. *Batcheler* (Director & Vice President); Donald A. *Bennett* (Director & Vice President); Peter I. *Bijur* (Director & Vice President); Ralph J. *Rowalt* (Director & Vice President); Robert A. *Solberg* (Director & President); Glenn F. *Tilton* (Chairman).

Kapital: 25 000 US-$.

Alleiniger Gesellschafter: Texaco International Trader Inc.

Zweck: Exploration und Produktion von Öl und Gas auf dem britischen Festlandsockel.

Produktion		1990	1991
Oil	t	2 067 104	1 888 615
NGL		129 721	122 626
Gas		121 750	109 671

Total Oil Marine plc

GB-London SW1E 5BQ, 16 Palace Street, ☏ (071) 4164254, Telefax (071) 4164499.
Aberdeen Office: GB-Aberdeen AB9 2AG, Crawpeel Road, Altens, ☏ (02 24) 85 80 00, ✆ 73341 tomabzg.

Chairman: Sir Philip *Jones.*

Exploration Manager: T. J. *Wheatley.*

Gesellschafter: Total.

Ultramar PLC

GB-London EC2M 6TX, 141 Moorgate, ☏ (071) 2 56 60 80, ✗ 8 85 444, Telefax (071) 2 56 85 56.

Board of Directors: John *Darby*, Chairman; Jean *Gaulin*, Group Chief Executive Officer; Robert *Bland*, Group Chief Exploration and Production Officer; David *Elton*, Executive Director; Eugene *O'Shea*, Group Chief Administrative Officer; Peter *Raven*, Group Chief Financial Officer; William *Sheptycki*, Managing Director North Sea and European Exploration and Production. Non-executive Directors: *Lord Remnant*, Deputy Chairman; Lloyd *Bensen*; Bernard *Ness*; Ronald *Utiger*; Michael *Beckett*.

Produktion und Beschäftigte		1987	1988
Erdöl	1000 t	1 465	1 465
Erdgas	Mill. m^3	4 083	4 473
Beschäftigte		3 431	3 396

Beteiligungen

USA
American Ultramar Limited.
Ultramar America Limited.
Ultramar Energy Limited.
Ultramar Equities Limited.
Ultramar Finance Limited.
Ultramar Funding, Inc.
Ultramar Inc.
Ultramar Oil and Gas Limited.
Ultramar Preferred Limited.
Ultramar Production Company.
Ultramar Shipping Company, Inc.
Unimar Company.

Kanada
Canadian Ultramar Limited.
Ultramar Acceptance Inc.
Ultramar Canada Inc.
Ultramar Capital Corporation.
Dartmouth Shipping Inc.
Holy Rood Shipping Inc.
Orleans Shipping Inc.

Europa
Agricultural Genetics Company Limited.
Ultramar Exploration Limited.
Ultramar Exploration (Netherlands) B.V.
Ultramar Holdings Limited.
Ultramar Jersey Limited.

International
Golden Eagle Liberia Limited.
Ultramar Australia, Inc.
Ultramar Indonesia Limited.
Ultramar International Holdings Limited.
Ultramar Madrid Limited.
Ultramar Transport Limited.
Ultramar Korea Inc.
Ultramar Runtu Corporation.
Ultramar Syria Inc.
Virginia Indonesia Company.

Union Texas Petroleum Ltd.

GB-London SW1X 7LR, 5th Floor, Bowater House, 68/114 Knightsbridge, ☏ (071) 5815122, ✗ 2 2 160 unotex g, Telefax (071) 5 84 77 85.

Managing Director: J. W. J. *Hardy*.

Director Finance and Administration: R. A. *Halson*.

Director Operations and Engineering: R. *Bowles*.

Exploration Manager: D. G. *Ashton*.

Gesellschafter: Union Texas Petroleum Holdings Inc.

Unocal U.K. Limited

GB-Sunbury-on-Thames, Middlesex TW16 7LU, 32 Cadbury Road, ☏ (09 32) 78 56 00, ✗ 9 28 348, Telefax (09 32) 78 01 59.

Managing Director: B. W. *Pace*.

Exploration Manager: J. *Friberg*.

Zweck: Exploration und Förderung von Öl und Gas.

Gesellschafter: Unocal Corporation, Los Angeles, California.

Produktion und Beschäftigte	1990	1991
Erdöl .... 1000 t	193	165
Beschäftigte	217	208

Mineralölverarbeitung

Amoco (U. K.) Ltd.

GB-Middlesex HA9 0ND, Olympic Office Centre, 8 Fulton Road, Wembley, ☏ (01) 9028820, ✗ 264433.

Managing Director: Glenn A. *Hankins*.

Raffinerie Milford Haven, Wales

GB-Dyfed SA73 3JD, Milford Haven, P. O. Box 10, ☏ 30 01, ✗ 48 468.

Kapazität: 5,1 Mill. t/a.

Conoco Ltd.

GB-London W1Y 4NN, Park House, 116 Park Street, ☏ (071) 4 08 62 40, Telefax (071) 4086989.

Chairman: G. W. *Edwards*.

Raffinerie Humber/Killingholme

GB-South Humberside DN 40 3DW, South Killingholme, Grimsby, ☏ (04 69) 57 15 71, Telefax (0469) 55 56 74.

Kapazität: 6,5 Mill. t/a Crude Oil.

Eastham Refinery Limited

GB-South Wirral, L65 1AJ, North Road, Ellesmere Port, ☏ (051) 3 27 22 22, ✆ 6 27 995, Telefax (0 51) 3 27 68 93.

Raffinerie Eastham

GB-South Wirral L65 1AJ, North Road, Ellesmere Port, ☏ (051) 327 22 22, ✆ 6 27 995, Telefax (051) 3 27 68 93.

General Manager: Eric *Stansfield*.

Works Manager: John *Pilcher*.

Gesellschafter: Tarmac PLC, 50 %; Shell UK Limited, 50 %.

Betriebsanlage: Vacuumdestillation; Hauptprodukte: Bitumen, Mitteldestillate, Schmieröl.

Esso UK PLC

GB-London SW1E 5JW, Esso House, 94/98 Victoria St., ☏ (0 71) 8 34 66 77, ✆ 2 4 942.

Raffinerie Fawley

GB-Southampton SO4 1TX, ☏ (07 03) 89 25 11.

Kapazität: 15,2 Mill. t/a.

Lindsey Oil Refinery Ltd.

GB-South Humberside, Killingholme, Grimsby, ☏ (04 69) 57 11 75.

Raffinerie Killingholme

Kapazität: 9,4 Mill. t/a.

Mobil Oil Company Limited

GB-London SW1E 6QB, Mobil House, 54-60 Victoria Street, ☏ (071) 8 28 97 77, ✆ 8 812 411.

Directors: B. M. *Davis*, Chairman and Chief Executive; J. M. *Banfield* (Commercial); M. C. *Churn* (Retail); R. W. *Willoughby* (Finance).

Raffinerie Coryton

GB-Stanford-le-Hope, Essex, The Manorway, ☏ (03 75) 67 33 10.

Director: V. P. *Mayweg*.

Kapazität: 7,3 Mill. t/a.

Phillips Imperial Petroleum Ltd.

GB-Wilton, Middlesbrough, Cleveland TS6 8JE, Headquarters Building, P.O. Box 90, ☏ (06 42) 45 41 44, ✆ 5 8 182.

General Manager: Dr. K. *Farmery*.

Raffinerie Billingham/Port Clarence

Kapazität: 5 Mill. t/a.

Shell UK Ltd.

GB-London WC2R 0DX, Shell-Mex-House, Strand, ☏ (071) 2 57 30 00, ✆ 2 2 585.

Chairman: J. *Collins*.

Raffinerie Shell Haven

GB-Stanford Le-Hope, Essex SS17 9LD, ☏ 67 33 33, ✆ 8 97 230.

Manager: C. *Gillies*.

Raffinerie Stanlow

GB-Ellesmere Port, South Wirral L65 4HB, ☏ (0 51) 3 55-36 00, ✆ 6 29 304.

Manager: D. *Boot*.

Texaco Ltd.

GB-London SW1X 7QJ, 1 Knightsbridge Green, ☏ 44 (71) 5845000, Telefax 44 (71) 5843617.

Officers and Management: Glenn F. *Tilton*, Chairman; W. J. *Tierney*, Managing Director, Manufacturing and Marketing; R. A. *Solberg*, Managing Director, Exploration and Production; T. C. *Blevins*, Director, Finance; R. B. *Colomb*, Managing Director; G. A. *Birmingham*, Director and General Manager, Pembroke Plant; B. S. *Goodland*, Director, Safety and Environmental Affairs.

Board of Directors: Glenn F. *Tilton*, Chairman; P. I. *Bijur*, Director; W. J. *Tierney*, Managing Director; R. A. *Solberg*, Managing Director; T. C. *Blevins*, Financial Director; R. B. *Colomb*, Managing Director; A. J. *Dalessio*, Director; H. D. *Zimmerman*, Director; G. A. *Birmingham*, Director; B. S. *Goodland*, Member of the Board.

Kapital: 9768232 £.

Alleiniger Gesellschafter: Texaco North Sea UK Co.

Zweck: Exploration und Produktion von Öl und Gas.

Raffinerie Pembroke

GB-Pembroke, Dyfed SA71 5SJ, Wales, ☏ (0 64) 641331.

General Manager: Guy *Birmingham*.

Kapazität: 9 Mill. t/a.

Customer Service Centre

GB-Swindon, Wiltshire SN3 32X, Block 3, Dorcan House, Dorcan Way, ☏ (0793) 486481, ✄ 44244.

Manager: Rod *Phipps*.

2 ERDÖL- UND ERDGASWIRTSCHAFT

Erdöl- und Erdgasgewinnung in der Nordsee
1. Produzierende Vorkommen

Vorkommen Öl/Gas Block - Fundjahr -	*Operator Konsorten	%	Prod. Horizont / Teufe m	Spez. Gewicht Öl g/cm³ (°API)	Gewinnbare Vorräte (Ende 1991) Öl Mill. t	Gewinnbare Vorräte (Ende 1991) Gas Mrd. m³	Prod. Beginn	Plattformen	Produktion 1991 Öl Mill. t	Produktion 1991 Gas Mrd. m³	Bemerkungen
Alwyn North Öl- u. Gasfeld Blöcke 3/4a, 3/9a – 1975 –	* Total Oil Marine plc Elf UK plc	33,33 66,67	Mittl. Jura 3010–3580	0,8151–0,8388 (42,1–37,2)	13,7	14,8	Öl: November 1987 Gas: Dezember 1987	2	3,995	3,145	Ölproduktion über Ninian-Pipeline nach Sullom Voe, Gasproduktion über Frigg-Pipeline nach St. Fergus.
Amethyst East Gasfeld Block 47/15a – 1972 –	* Amoco UK Petr. Ltd. Gas Council (Expl.) Ltd Amerada Hess Ltd. Enterprise Oil plc	22,22 50,0 16,67 11,11	Rotliegendes 2680–2758	–	0,35 Kondensat	4,9	September 1990	2	–	1,565	Produktion per 44 km, 30"-Pipeline nach Easington. Gaszusammensetzung: C_1 = 91,95 % C_2 = 3,58 % C_3 = 0,05 % C_{4+} = 0,36 % N_2 = 2,22 % CO_2 = 0,64 %
Anglia Gasfeld Blöcke 48/18b, 48/19b – 1972 –	* Ranger Oil (UK) Ltd Conoco (UK) Ltd. Amerada Hess Ltd. Elf UK plc	35,628 35,082 12,83 16,46	Rotliegendes, Buntsandstein ca. 2800	–	–	6,7	Dez. 1991	1	–	0,044	Produktion über Clipper per LOGGS-Leitung nach Theddlethorpe.
Angus Ölfund Blöcke 31/26a 31/21 (31/26-3) – 1983 –	* Amerada Hess Ltd. Premier Oil Exploration Ltd.	93,92 6,08	Ob. Jura	0,8208 (40,9)	1,16	–	Jan. 1992	–	–	–	Produktion per Tankerverladung.
Arbroath Ölfeld (SW-Montrose) Blöcke 22/17, 22/18 – 1969 –	* Amoco UK Petr. Ltd. Enterprise Oil plc Amerada Hess Ltd.	33,77 41,03 28,20	Paleozän, 2448–2515	0,8156–0,8348 (42,0–38,0)	12,0	–	April 1990	1	1,584	–	Produktion über Montrose und Forties nach Cruden Bay.

* Die federführende Gesellschaft (Operator) wird im Konsortium an erster Stelle genannt. Unter „Vorräte" sind die z. Z. noch sicher und wahrscheinlich gewinnbaren Öl- oder Gasmengen angegeben (remaining reserves).

GROSSBRITANNIEN

Argyll Ölfeld Blöcke 30/24 30/25a – 1971 –	* Hamilton Oil (GB) plc Hamilton Bros. Petr. Texaco North Sea UK Elf UK plc Ultramar Expl. Ltd. Monument Resources	28,8 7,2 24,0 25,0 12,5 2,5	Jura, Zechstein, Rotliegendes, Ob. Devon 2678–2852	0,8398 (37,0)	0,1	–	Juni 1975	1	0,203	–	Ölproduktion per Tankerverladung. Schwefelgehalt 0,21 %.
Audrey Gasfeld Blöcke 49/11a (= 65 %) 48/15a (= 35 %) – 1976 –	* Phillips Petr. Expl. (UK) Fina Exploration Ltd. Agip U.K. Ltd. British Gas E & P Ltd. Conoco (UK) Ltd. Oryx Energy UK Co.	35,0 42,78 15,0 7,22 50,0 50,0	Rotliegendes	–	–	11,0	Oktober 1988	2	–	2,097	Produktion über North Valiant 1 und 120 km, 36″-LOGGS-Pipeline (= Lincolnshire Offshore Gas-Gathering System) nach Theddlethorpe. Produktion von 2. Plattform (Phase II) ab Oktober 1990.
Auk Ölfeld Block 30/16 – 1971 –	* Shell UK Ltd. Esso Expl. & Prod. Ltd.	50,0 50,0	Zechstein, Rotliegendes 2236–2362	0,8348 (38,0)	2,4	–	Dezember 1975	1	0,434	–	Produktion zunächst per Tankerverladung in Auk, ab August 1986 per 8″-Pipeline zur Verladung in Fulmar. Schwefelgeh. 0,42 %
Balmoral Ölfeld Blöcke 16/21a (= 83,13 %) 16/21b (= 16,87 %)	* British Sun Oil Co. Ltd. Deminex UK Balmoral Clyde Expro plc Lasmo (TNS) Ltd. Clyde Petr. (Balmoral) Arco British Ltd. Goal Petroleum plc Summit North Sea Oil	62,0 15,0 10,0 8,0 5,0 44,2 15,8 40,0	Paleozän, Jura 2105–2150	0,8256 (39,9)	5,2	–	November 1986	1	1,314	–	Produktion per 14 km, 14″-Pipeline über Forties nach Cruden Bay. Schwefelgehalt 0,31 %.
Barque Gasfeld Blöcke 48/13a, 48/14 – 1983 –	* Shell UK Ltd. Esso Expl. & Prod. Ltd.	50,0 50,0	Rotliegendes 2290–2673	–	–	24,2	Oktober 1990	1	–	0,506	Produktion über 23 km, 16″-Leitung nach Clipper, weiter per LOGGS-Leitung nach Theddlethorpe. Gaszusammensetzung: C_1 = 94,59 % C_2 = 2,73 % C_3 = 0,49 % iC_4 = 0,09 % nC_4 = 0,11 % iC_5 = 0,04 % nC_5 = 0,04 % C_{6+} = 0,15 % N_2 = 1,36 % CO_2 = 0,35 %

2 ERDÖL- UND ERDGASWIRTSCHAFT

Vorkommen Öl/Gas Block - Fundjahr -	*Operator Konsorten	%	Prod. Horizont / Teufe m	Spez. Gewicht Öl g/cm³ (°API)	Gewinnbare Vorräte (Ende 1991) Öl Mill. t	Gewinnbare Vorräte (Ende 1991) Gas Mrd. m³	Prod. Beginn	Plattformen	Produktion 1991 Öl Mill. t	Produktion 1991 Gas Mrd. m³	Bemerkungen
Beatrice Ölfeld Block 11/30a – 1976 –	* Britoil plc Kerr-McGee Oil (UK) Hunt Oil (UK) Ltd. Deminex UK Oil & Gas Lasmo North Sea plc	28,0 25,0 10,0 22,0 15,0	Mittl. Jura, Unt. Jura, Devon 1798–2068	0,8299–0,8398 (39,0–37,0)	4,1	–	September 1981	3	0,967	–	Produktion per 68 km, 16"-Pipeline nach Nigg Bay/Schottland. Schwefelgehalt 0,45 %, hoher Paraffingehalt.
Beryl A Öl- u. Gasfeld Blöcke 9/13a – 1972 –	* Mobil North Sea Ltd. Amerada Hess Ltd. Enterprise Oil plc BG North Sea Hold. Ltd. OMV (UK) Ltd.	45,0 20,0 20,0 10,0 5,0	Ob. Jura, Mittl. Jura 2926–3543	0,8348–0,8927 (38,0–27,0)	61 inkl. Ber. B	5	Öl: Juni 1976	1	4,596 (einschl. Beryl B)	–	Ölproduktion per Tankerverladung. Gasproduktion ab 1992 geplant per 325 km, 30"-SAGE (Scottish Area Gas Evacuation)-Pipeline nach St. Fergus. Kapazität: 2,5 Mrd. m³/a.
Beryl B Öl- u. Gasfeld Block 9/13a – 1975 –	* Mobil North Sea Ltd. Amerada Hess Ltd. Enterprise Oil plc BG North Sea Hold. Ltd. OMV (UK) Ltd.	45,0 20,0 20,0 10,0 5,0	Ob. Jura, Mittl. Jura Unt. Jura 3170–3520	0,8348–0,8927 (36,0–27,0)	s. Ber. A	15	Öl: Juli 1984	1	s. Beryl A	–	Produktion über Beryl A.
Blair Ölfund Block 16/21a – 1983 –	* British Sun Oil Co. Deminex UK Balmoral Clyde Expro plc Clyde Petr. (Balm.) Ltd. Lasmo (TNS) Ltd.	62,0 15,0 10,0 5,0 8,0	Paleozän	..	–	–	Dezember 1990	–	–	–	Produktion per Unterwasseranschluß an Balmoral, im Juni 1990 beendet.
Brae Central Öl- u. Gasfeld Block 16/7a – 1976 –	* Marathon Oil North Sea Bow Valley Expl. (UK) Sovereign Oil & Gas Kerr-McGee Oil (UK) Brit. Borneo Oil & Gas Britoil plc Brit. Gas E & P Ltd LL & Expl. (GB) Ltd.	38,0 14,0 4,0 8,0 2,0 20,0 7,7 6,3	Ob. Jura 3581–4092	0,855–0,8652 (34,0–32,0)	7,6	2	Öl: September 1989	1	0,630	–	Öl-Produktion über Brae South und Forties per Pipeline nach Cruden Bay. Gas wird in die Lagerstätte injiziert und soll ab 1994 über die SAGE-(Beryl-Leitung nach St. Fergus gefördert werden.

GROSSBRITANNIEN

Feld	Betreiber/Beteiligte	Anteil (%)	Speicher/Teufe (m)	Dichte (°API)			Förderbeginn	Bohrungen			Bemerkungen
Brae North (B) Gas-/Kondensatfeld Block 16/7a – 1975 –	* Marathon Oil North Sea Bow Valley Expl. (UK) Sovereign Oil & Gas Kerr-McGee Oil (UK) Brit. Borneo Oil & Gas Britoil plc Brit. Gas E & P Ltd LL & Expl. (GB) Ltd.	38,0 14,0 4,0 8,0 2,0 20,0 7,7 6,3	Ob. Jura 3606–3802	0,7839–0,8203 (49,0–41,0)	10,7	22	Kondensat: April 1988	1	2,577	–	Kondensat-Produktion über Brae South und Forties per Pipeline nach Cruden Bay. Gas wird in die Lagerstätte injiziert und soll ab 1994 über die SAGE-(Beryl-)Leitung nach St. Fergus gefördert werden.
Brae South (A) Öl- u. Gasfeld Block 16/7a – 1977 –	* Marathon Oil North Sea Bow Valley Expl. (UK) Sovereign Oil & Gas Kerr-McGee Oil (UK) Brit. Borneo Oil & Gas Britoil plc Brit. Gas E & P Ltd LL & Expl. (GB) Ltd.	38,0 14,0 4,0 8,0 2,0 20,0 7,7 6,3	Ob. Jura 3603–4111	0,8398–0,8602 (37,0–33,0)	12	4	Öl: Juli 1983	1	0,927	–	Ölproduktion per 117 km, 30"-Pipeline nach Forties und von dort weiter nach Cruden Bay. Gas wird in die Lagerstätte injiziert und soll ab 1994 über die SAGE-(Beryl)-Leitung nach St. Fergus gefördert werden.
Brent Öl- u. Gasfeld Blöcke 211/29 – 1971 –	* Shell UK Ltd. Esso Expl. & Prod. Ltd.	50,0 50,0	Mittl. Jura 2512–2954	0,8348 (38,0)	82	30	Öl: November 1976 Gas: März 1982	4	8,518	...	Ölproduktion zunächst per Tankerverladung, ab 1979 per 35 km, 30"-Pipeline nach Cormorant, von dort per 147 km, 36"-Leitung weiter nach Sullom Voe. Gasproduktion per 449 km, 36"-FLAGS-Line (Far North Liquids and Associated Gas System) nach St. Fergus.
Buchan Ölfeld Blöcke 21/1a (= 90,76 %)	* BP EOC Ltd. BP Petr. Dev. (Alpha) Transworld Petr. (UK) Goal Petr. plc Monument Expl. & Prod. Brabant UK Ltd. Shenandoah Expro Ltd.	54,17 14,0 14,0 2,5 14,0 0,33 1,0	Devon/Karbon 2580–3165	0,8550 (34,0)	1,7	–	Mai 1981	1	0,802	–	Produktion bis 1986 per Tankerverladung, dann per 55 km, 12"-Pipeline nach Forties und weiter nach Cruden Bay.
20/5a (= 9,24%) – 1974 –	Clyde Petr. (Buchan)	100,0									
Bure Gasfeld (Thames-Komplex) Block 49/28a – 1983 –	* Arco British Ltd. British Sun Oil Co. Ltd. Deminex UK Oil & Gas Superior Oil (UK) Ltd. Can. Superior Oil (UK)	43,33 23,33 10,0 20,0 3,33	Rotliegendes 2393–2454	–	–	0,6	Januar 1987	–	–	0,219	Produktion über Thames per 89 km, 24"-Pipeline nach Bacton (Unterwasserkomplettierung). C_1 = ca. 92 %, CO_2 = ca. 0,4 %.

2 ERDÖL- UND ERDGASWIRTSCHAFT

Vorkommen Öl/Gas Block - Fundjahr -	*Operator Konsorten	%	Prod. Horizont / Teufe m	Spez. Gewicht Öl g/cm³ (°API)	Gewinnbare Vorräte (Ende 1991) Öl Mill. t	Gewinnbare Vorräte (Ende 1991) Gas Mrd. m³	Prod. Beginn	Plattformen	Produktion 1991 Öl Mill. t	Produktion 1991 Gas Mrd. m³	Bemerkungen
Camelot C.+S. Gasfeld Blöcke 53/1a – 1987 –	* Mobil North Sea Ltd.	100,0	Rotliegendes 1844–1900	–	–	4,2	Oktober 1989	1	–	0,555	Produktion per 16-km-Pipeline über Leman East nach Bacton. Gaszusammensetzung: C_1 = 90,7 % C_2 = 4,1 % C_3 = 1,0 % C_4 = 0,4 % C_{5+} = 1,3 % N_2 = 2,4 % CO_2 = 0,1 %
Camelot N Gasfeld Block 53/1a – 1967 –	* Mobil North Sea Ltd.	100,0	Rotliegendes 1897–1934	–	–	0,4	Oktober 1989			0,096	Produktion per 16-km-Pipeline über Leman East nach Bacton.
Claymore Ölfeld Block 14/19 – 1974 –	* EE Caledonia Ltd. Texaco Britain Ltd. Union Texas Petr. Ltd. Lasmo (TNS) Ltd. DSM Energy (UK.) Ltd. Agip (UK) Ltd. Sovereign Oil & Gas plc Brabant Oilex Ltd. Atlantic Resources (UK) Total Oil Marine plc Union Jack Oil plc DNO Offshore Ltd. Pict. Petroleum plc.	23,4 21,2 20,0 20,0 5,0 2,5 3,43 1,0 0,5 0,6 0,69 1,0 0,69	Unterkreide, Ob. Jura, Perm, Karbon 2335–2865	Jura: 0,8844 (28,5) Kreide: 0,8560 (33,8) Perm: 0,8612 (32,8) Karbon: 0,8670 (31,7)	27,7	–	November 1977	1	2,553	–	Ölproduktion über 15 km, 30"-Pipeline nach Piper B u. weiter nach Flotta/Orkney-Isl. Schwefelgehalt 0,3–2,0 %. Gasproduktion per 32 km, 16"-Leitung nach Piper B, von dort weiter nach St. Fergus.

GROSSBRITANNIEN

Cleeton Gasfeld Block 42/29 – 1983 –	* BP EOC Ltd.	100,0	Rotliegen- des 2770–2848	–	4,6	Oktober 1988	2	–	0,620	Produktion per 58 km, 36"-Pipeline nach Dimlington. Gaszusammensetzung: C_1 = 91,55 % C_2 = 4,79 % C_3 = 0,93 % iC_4 = 0,16 % nC_4 = 0,21 % iC_5 = 0,07 % nC_5 = 0,06 % C_{6+} = 0,23 % N_2 = 1,33 % CO_2 = 0,45 % He = 0,05 %
Clipper Gasfeld Blöcke 48/19a 48/19c, 48/20a – 1983 –	* Shell UK Ltd. Esso Expl. & Prod. Ltd.	50,0 50,0	Rotliegen- des 2286–2685	–	13,2	Oktober 1990	2	–	0,744	Produktion per 74 km, 24"-LOGGS-Leitung nach Theddlethorpe. Gaszusammensetzung: C_1 = 95,76 % C_2 = 2,24 % C_3 = 0,47 % iC_4 = 0,07 % nC_4 = 0,13 % iC_5 = 0,04 % nC_5 = 0,03 % C_{6+} = 0,07 % N_2 = 0,71 % CO_2 = 0,47 % He = 0,01 %
Clyde Ölfeld mit Gas Block 30/17b – 1978 –	* BP EOC Ltd. Shell UK Ltd. Esso Expl. & Prod. Ltd.	51,0 24,5 24,5	Ob. Jura 3673–3830	0,8348–0,8398 (38,0–37,0)	8,3	1,3	März 1987	1	1,721	Ölproduktion über 16", 10-km-Pipeline zur Tankerverladung nach Fulmar, Gasproduktion per 16", 10-km-Pipeline bis Fulmar zum Weitertransport über 105 km, 30"-Leitung nach St. Fergus.
Cormorant North Ölfeld mit Gas Block 211/21a – 1974 –	* Shell UK Ltd. Esso Expl. & Prod. Ltd.	50,0 50,0	Mittl. Jura 2500–2804	0,8450–08560 (36,0–33,8)	21,6	2,3	Februar 1982	1	1,697	Ölproduktion über Cormorant South per 150 km, 36"-Leitung nach Sullom Voe, Gasproduktion über Brent per FLAGS-Line nach St. Fergus. Schwefel 0,48 %.

2 ERDÖL- UND ERDGASWIRTSCHAFT

Vorkommen Öl/Gas Block - Fundjahr -	*Operator Konsorten	%	Prod. Horizont — Teufe m	Spez. Gewicht Öl g/cm³ (° API)	Gewinnbare Vorräte (Ende 1991) Öl Mill. t	Gewinnbare Vorräte (Ende 1991) Gas Mrd. m³	Prod. Beginn	Platt-for-men	Produktion 1991 Öl Mill. t	Produktion 1991 Gas Mrd. m³	Bemerkungen
Cormorant South Ölfeld mit Gas Blöcke 211/21a 211/26a - 1972 -	* Shell UK Ltd. Esso Expl. & Prod. Ltd.	50,0 50,0	Mittl. Jura, Ob. Trias 2500–3050	0,8448–0,8560 (36,0–33,8)	10,4	..	Dezember 1979	1	1,042	..	Ölproduktion per 150 km, 36"-Pipeline nach Sullom Voe, Gasproduktion über Brent per FLAGS-Line nach St. Fergus. Schwefel 0,48 %.
Cyrus Ölfeld Block 16/28 - 1979 -	* BP EOC Ltd.	100,0	Paleozän, 2511–2551	0,8498 (35,0)	1,2	–	Mai 1990	–	0,280	–	Produktion per Swops (= „Single Well Oil Production System") mit Tankerverladung.
Deborah Gasfeld Block 48/30 (Hewett-Komplex) - 1968 -	* Phillips Petr. Co. UK Ltd. Fina Exploration Ltd. Agip (UK) Ltd. Lasmo North Sea plc Brit. Gas E & P Ltd.	35,0 34,26 15,0 8,52 7,22	Buntsandstein 1680	–	–	1	Oktober 1979	–	–	s. Hewett	Produktion per 6,4 km, 10"-Unterwasserverbindung mit North Hewett C-Plattform. Weitertransport per Pipeline nach Bacton.
Della Gasfeld Block 48/30 (Hewett-Komplex) - 1987 -	* Phillips Petr. Co. UK Ltd. Fina Exploration Ltd. Agip (UK) Ltd. Lasmo North Sea plc Brit. Gas E & P Ltd.	35,0 34,26 15,0 8,52 7,22	Rotliegendes 1770	–	–	1	November 1988	–	–	s. Hewett	Produktion per 9 km, 10"-Unterwasserverbindung mit Hewett, Weitertransport nach Bacton.
Deveron Ölfeld Block 211/18a (Area 1) - 1972 -	* Britoil plc Premier Oil Expl. Ltd. Deminex UK Oil & Gas Santa Fe (UK) Ltd. Arco British Ltd. Monument Res. Ltd	15,95 8,05 42,5 22,5 10,0 1,0	Mittl. Jura 2637–2716	0,8348 (38,0)	1,0	–	September 1984	–	0,045	–	Fund wird mit Ablenkungsbohrung von Thistle-Plattform A erschlossen und gefördert.
Don Ölfeld Blöcke 211/18a	* Britoil plc Deminex UK Oil & Gas Santa Fe (UK) Ltd. Arco British Ltd. Monument Res. Ltd	24,0 42,5 22,5 10,0 1,0	Mittl. Jura 3322–3477	0,8151–0,8319 (42,1–38,6)	3,6	1	Oktober 1989	–	0,258	–	Produktion per 17 km, 8"-Unterwasserverbindung mit Thistle nach Sullom Voe.
211/13a	Britoil plc	100,0									
211/14 211/19a - 1976 -	Santa Fe (U.K.) Ltd. Britoil plc	33,33 66,66									

GROSSBRITANNIEN

Donan Ölfund Block 15/20a (15/20a-4) – 1987 –	* Britoil plc	100,0	Jura	..	2,8	–	–	–	Produktion per Tankerverladung, via floating platform.
Dotty/ Hewett-North Gasfeld Blöcke 48/29	* Arco British Ltd. Brit. Sun Oil Co. Ltd. Deminex UK Oil & Gas Superior Oil (UK) Ltd. Can. Superior Oil UK	43,33 23,33 10,0 20,0 3,33	Buntsand- stein ca. 1100 und ca. 1800	–	–	–	–	s. Hewett	Produktion per Pipeline zunächst von „Big Dotty", ab Ende 1978 auch von „Little Dotty" über Hewett A nach Bacton.
48/30	Phillips Petr. Co. UK Ltd. Fina Exploration Ltd. Agip (UK) Ltd. Lasmo North Sea plc Brit. Gas E & P Ltd.	35,0 34,26 15,0 8,52 7,22							
Duncan Ölfeld Block 30/24 – 1981 –	* Hamilton Oil (GB) plc Hamilton Bros. Petr. Texaco North Sea UK Elf U.K. plc Ultramar Expl. Ltd. Monument Res. Ltd.	28,8 7,2 24,0 25,0 12,5 2,5	Jura 2879–2944	0,8348 (38,0)	0,3	–	November 1983	0,043	Produktion per Tankerverladung in Argyll.
Dunlin Ölfeld Blöcke 211/23a (=56,848%) 211/24a (=43,152%) – 1973 –	* Shell UK Ltd. Esso Expl. & Prod. Ltd. Aran Energy Expl. Ltd. Oryx Energy UK Co. OMV (UK) Ltd.	50,0 50,0 33,33 33,33 33,33	Mittl. Jura, Unt. Jura, Trias 2590–2806	0,8499 (35,0)	8,1	–	August 1978	1,271	Produktion per 35 km, 24"-Pipeline nach Cormorant South, Weitertransport nach Sullom Voe. Schwefelgehalt 0,4%.
Eider Ölfeld Blöcke 211/16a, 211/21a – 1976 –	* Shell UK Ltd. Esso Expl. & Prod. Ltd.	50,0 50,0	Mittl. Jura 2578–2753	0,8550 (34,0)	7,6	–	November 1988	1,684	Produktion über 13 km, 12"-Pipeline nach Cormorant North, Weitertransport nach Sullom Voe. Schwefelgehalt 0,6%.
Esmond Gasfeld Blöcke 43/13a	* Hamilton Oil (GB) plc Hamilton Bros. Petr. Elf U.K. plc Ultramar Expl. Ltd. Monument Res. Ltd	48,0 12,0 25,0 12,5 2,5	Buntsand- stein 1366–1454	–	–	1,4	Juni 1985	1,128	Produktion gemeinsam mit Gordon u. Forbes über 204 km, 24"-Pipeline nach Bacton. N_2-Gehalt: 8%.
43/12a – 1982 –	Lasmo North Sea plc EE Caledonia Ltd. Lasmo (TNS) Ltd.	50,0 35,0 15,0							

2 ERDÖL- UND ERDGASWIRTSCHAFT

Vorkommen Öl/Gas Block — Fundjahr -	*Operator Konsorten	%	Prod. Horizont — Teufe m	Spez. Gewicht Öl g/cm³ (° API)	Gewinnbare Vorräte (Ende 1991) Öl Mill. t	Gewinnbare Vorräte (Ende 1991) Gas Mrd. m³	Prod. Beginn	Plattformen	Produktion 1991 Öl Mill. t	Produktion 1991 Gas Mrd. m³	Bemerkungen
Forbes Gasfeld Blöcke 43/8a	* Hamilton Oil (GB) plc Hamilton Bros. Petr. Elf U.K. plc Ultramar Expl. Ltd. Pict. Petroleum plc Monument Res. Ltd	45,0 11,25 23,44 11,72 6,25 2,34	Buntsandstein 1700–1756	–	–	0,1	September 1985	1	–	0,039	Produktion per 12 km, 10"-Pipeline nach Esmond, Weitertransport nach Bacton.
43/13a −1970 −	Hamilton Oil (GB) plc Hamilton Bros. Petr. Elf U.K. plc Ultramar Expl. Ltd. Monument Res. Ltd	48,0 12,0 25,0 12,5 2,5									
Forties Ölfeld Blöcke 21/9, 21/10 (=94,78%)	* BP EOC Ltd. Hardy Oil & Gas (UK) Ltd. Amerada Hess Ltd. Cairn Energy plc Hardy Oil and Gas plc Brit. Gas E & P Ltd Monument Expl. & Prod. Ltd. Elf UK plc Union Jack Oil plc Aran Energy Expl. Ltd. Ind. Scotl. Energy Ltd Brit. Borneo Oil & Gas Clyde Petr. (Expl.) Ltd. Ultramar Expl. Ltd. Enterprise (E&P) Ltd. Sovereign Oil & Gas plc Clyde Expro plc	87,71 1,0 0,47 0,53 0,53 0,26 1,32 3,16 0,80 0,26 0,26 0,8 0,26 1,06 0,26 0,53 0,80	Paleozän 2030–2217	0,8305 (38,8)	55	–	September 1975	5	8,172	–	Produktion per 170 km, 32"-Pipeline nach Cruden Bay. Schwefelgehalt 0,32 %.
22/6a (=5,22%) −1970 −	Shell UK Ltd. Esso Petr. Co. Ltd.	50,0 50,0									

GROSSBRITANNIEN

Frigg Gasfeld Blöcke 10/1 9/5a 9/10a – 1972 –	* Total Oil Marine Elf UK plc Britoil plc Total Oil Marine Elf UK plc	33,33 66,67 100,0 33,33 66,67	Eozän 1785–1955	–	–	September 1977	4 (TP1 = Riser-Plattform für Alwyn-Gas)	–	0,890 (brit.)	Ausdehnung des Feldes in die norw. Blöcke 21/1 u. 30/10. Britischer Anteil = 39,18 %. Produktion per 362 km, 32″-Doppelleitung nach St. Fergus. Gaszusammensetzung; s. Frigg/Norwegen. Nach der Erschöpfung in 2 – 3 Jahren Nutzung als Gasspeicher geplant.
Fulmar Ölfeld Blöcke 30/16 (= 94,8 %) 30/11b (= 5,2 %) – 1977 –	* Shell UK Ltd. Esso Expl. & Prod. Ltd. Amoco UK Petr. Ltd. Amoco UK Petr. Ltd. Amerada Hess Ltd.	45,26 45,26 9,48 71,54 28,46	Ob. Jura 3018–3315	0,8251 (40,0)	13	2,1	Öl: Februar 1982 Gas: Juli 1986	2	4,992	0,410	Ölproduktion per Tankerverladung. Schwefelgehalt 0,26 %. Gasproduktion per 289 km, 20″-Pipeline nach St. Fergus.
Glamis Ölfeld Block 16/21a – 1982 –	* British Sun Oil Co. Ltd. Deminex UK Balmoral Clyde Petr. (Balm.) Ltd. Clyde Expro plc Lasmo (TNS) Ltd.	62,0 15,0 5,0 10,0 8,0	Paleozän, Ob. Jura 3050–3141	0,8179 (41,5)	1,0	–	Juli 1989	–	0,506	–	Produktion per Unterwasserverbindung nach Balmoral, Weitertransport über Forties nach Cruden Bay.
Gordon Gasfeld Blöcke 43/15a 43/20a – 1969 –	* Hamilton Oil (GB) plc Hamilton Bros. Petr. Elf U.K. plc Ultramar Expl. Ltd. Monument Res. Ltd	48,0 12,0 25,0 12,5 2,5	Buntsandstein 1585–1647	–	–	0,8	August 1985	1	–	0,429	Produktion per 32 km, 12″-Pipeline nach Esmond, Weitertransport nach Bacton. N_2-Gehalt: 14 %.
Hamish Ölfund Block 15/21b (15/21b-21) – 1988 –	* Amerada Hess Ltd. Deminex UK Oil & Gas Kerr-McGee Oil (UK) Pict. Petroleum plc	42,09 43,33 10,83 3,75	Ob. Jura	..	0,1	–	Februar 1990	–	0,143	–	Erschließung des Fundes von Rob Roy aus (1 Ablenkungsbohrung).
Heather Ölfeld Block 2/5 – 1973 –	* Unocal Ltd. Texaco Exploration Ltd. British Gas (GB) Ltd. DNO (Heather) Ltd.	31,25 31,25 31,25 6,25	Mittl. Jura 2880–3140	0,8398–0,8654 (37,0–32,0)	1,2	–	Oktober 1978	1	0,491	..	Ölproduktion per 35 km, 16″-Pipeline nach Ninian, Weitertransport nach Sullom Voe. Schwefelgehalt 0,6 %. Erdölgas über FLAGS-Line nach St. Fergus.

2 ERDÖL- UND ERDGASWIRTSCHAFT

Vorkommen Öl/Gas Block — - Fundjahr -	*Operator Konsorten	%	Prod. Horizont — Teufe m	Spez. Gewicht Öl g/cm³ (° API)	Gewinnbare Vorräte (Ende 1991) Öl Mill. t	Gewinnbare Vorräte (Ende 1991) Gas Mrd. m³	Prod. Beginn	Plattformen	Produktion 1991 Öl Mill. t	Produktion 1991 Gas Mrd. m³	Bemerkungen
Hewett Gasfeld Blöcke 48/29 48/28a	* Arco British Ltd. British Sun Oil Co. Deminex UK Oil & Gas Superior Oil (UK) Ltd. Can. Superior Oil (UK)	43,33 23,33 10,0 20,0 3,33	Buntsandstein: Upper Bunter: 915–920	–	–	13,2	Juli 1969	5	–	2,612 (einschl. Deborah, Della u. Dotty/ Hewett-Nord)	Produktion über zwei 32 km, 30"-Pipelines nach Bacton. Gaszusammensetzung: Upper Bunter C_1 = 86,57 % C_2 = 4,87 % C_3 = 1,40 % C_{4+} = 0,32 % N_2 = 6,57 % CO_2 = 0,09 % Lower Bunter C_1 = 92,13 % C_2 = 3,56 % C_3 = 0,85 % C_{4+} = 0,56 % N_2 = 2,36 % CO_2 = 0,02 %
48/30 52/5a	Phillips Petr. Expl. UK Fina Exploration Ltd. Agip (UK) Ltd. Lasmo North Sea plc Brit. Gas E & P Ltd	35,0 34,26 15,0 8,52 7,22	Lower Bunter: 1280–1344								
– 1966 – 52/4a	Phillips Petr. Expl. UK Fina Exploration Ltd. Agip (UK) Ltd. Brit. Gas E & P Ltd Lasmo North Sea plc Arco British Ltd. British Sun Oil Co. Ltd. Deminex UK Oil & Gas Superior Oil (UK) Ltd. Can. Superior Oil (UK)	19,0 18,6 8,1 3,9 4,6 19,9 10,7 4,6 9,1 1,5									
Highlander Ölfeld Block 14/20b – 1976 –	* Texaco North Sea UK	100,0	Unterkreide, 2755–2910 Ob. Jura 2590–2891	Unterkreide: 0,8498 (35,0) Ob. Jura: 0,8448 (36,0)	2,9	–	Februar 1985	–	0,686	–	Produktion per Unterwasserverbindung mit Tartan, Weitertransport per Pipeline nach Flotta. Schwefelgehalt 1,0 %.
Hutton Ölfeld Blöcke 211/28a (= 66,5 %) 211/27b (= 33,5 %) – 1973 –	* Conoco (UK) Ltd. Gulf Oil North Sea Ltd. Oryx U.K. Energy Co. Ultramar Expl. Ltd. Enterprise Oil plc Amerada Hess Ltd. Mobil North Sea Ltd.	33,33 33,33 33,33 25,77 25,77 28,46 20,0	Mittl. Jura 2798–3075	0,8524 (34,5)	9,0	–	August 1984	1	0,893	–	Produktion per Pipeline über NW-Hutton (6,5 km, 12") und South Cormorant (14 km, 20") nach Sullom Voe. Schwefelgehalt 0,65 %.

GROSSBRITANNIEN

Hutton NW Ölfeld Block 211/27a – 1975 –	* Amoco UK Petr. Ltd. Enterprise Oil plc Amerada Hess Ltd. Mobil North Sea Ltd.	25,77 25,77 28,46 20,0	Mittl. Jura 3353–3942	0,8378 (37,4)	1,8	1	April 1983	1	0,392	–	Ölproduktion über South Cormorant (14 km, 20″) nach Sullom Voe. Erdölgas über FLAGS-Line nach St. Fergus.
Indefatigable (+SW) Gasfeld Blöcke 49/18 49/23 49/19 49/24 – 1966 –	* Amoco UK Petr. Ltd. British Gas plc Amerada Hess Ltd. Enterprise Oil plc Shell UK Ltd. Esso Expl. & Prod. Ltd.	30,77 30,77 23,08 15,38 50,0 50,0	Rotliegen- des 2290–2706	–	–	19	Oktober 1971	16	–	3,899	Produktion per 101 km, 30″-Pipeline nach Bacton. Gaszusammensetzung: C_1 = 91,8 % C_2 = 3,39 % C_{3+} = 1,56 % N_2 = 2,73 % CO_2 = 0,52 %
Innes Öl- u. Gasfeld Block 30/24 – 1983 –	* Hamilton Oil (GB) plc Hamilton Bros. Petr. Texaco North Sea UK Elf U.K. plc Ultramar Expl. Ltd. Monument Res. Ltd.	28,8 7,2 24,0 25,0 12,5 2,5	Jura, 3650–3775	0,8017 (45,0)	–	–	Januar 1985	–	–	–	Ölproduktion über 11 km, 6″-Leitung zur Tankerverladung in Argyll (Unterwasserverbindung). Förderung 1991 eingestellt.
Ivanhoe Ölfeld Block 15/21a – 1975 –	* Amerada Hess Ltd. Deminex UK Rob Roy Pict. Petroleum plc Kerr-McGee Oil (UK)	42,08 43,33 3,75 10,83	Ob. Jura, 2338–2452	0,8816–0,8708 (29,0–31,0)	5,2	0,1	Juli 1989	1	1,246	0,272 (einschl. Rob Roy)	Ölproduktion gemeinsam mit Rob Roy über zentrale Förderplattform (Halbtaucher) via Claymore nach Flotta. Erdölgas über Tartan nach St. Fergus.
Kittiwake Ölfeld Blöcke 21/18 – 1981 –	* Shell UK Ltd Esso Expl. & Prod. Ltd.	50,0 50,0	Tertiär 2980–3170	0,8398 (37,0)	5,2	1,1	September 1990	1	1,299	–	Ölproduktion per Tankerverladung, Gasproduktion später per Anschluß an die Fulmar-Pipeline nach St. Fergus.

2 ERDÖL- UND ERDGASWIRTSCHAFT

Vorkommen Öl/Gas Block — Fundjahr -	*Operator Konsorten	%	Prod. Horizont — Teufe m	Spez. Gewicht Öl g/cm³ (° API)	Gewinnbare Vorräte (Ende 1991) Öl Mill. t	Gewinnbare Vorräte (Ende 1991) Gas Mrd. m³	Prod. Beginn	Platt-formen	Produktion 1991 Öl Mill. t	Produktion 1991 Gas Mrd. m³	Bemerkungen
Leman Gasfeld Blöcke 49/26 49/27 (= 94,19 %) 49/28 (= 1,81 %) 53/1 53/2 (= 4,0 %) — 1966 —	* Shell UK Ltd. Esso Expl. & Prod. Ltd. Amoco UK Petr. Ltd. British Gas plc Amerada Hess Ltd. Enterprise Oil plc Arco British Ltd. British Sun Oil Co. Ltd Deminex UK Oil & Gas Superior Oil (UK) Ltd. Can. Superior Oil (UK) Mobil North Sea Ltd.	50,0 50,0 30,77 30,77 23,08 15,38 43,33 23,33 10,0 20,0 3,33 100,0	Rotliegen-des 1800–2047	–	–	63,0	August 1968	31	–	7,451	Produktion über drei 30"-Pipelines (64, 61 u. 58 km) nach Bacton. Gaszusammensetzung: C_1 = 94,94 % C_2 = 2,86 % C_3 = 0,49 % iC_4 = 0,08 % nC_4 = 0,10 % iC_5 = 0,03 % nC_5 = 0,03 % C_{6+} = 0,15 % N_2 = 1,26 % CO_2 = 0,04 % He = 0,02 %
Linnhe Ölfeld (9/13c–40) Block 9/13c — 1988 —	* Mobil North Sea Ltd. Enterprise Oil plc BG North Sea Holding OMV (UK) Ltd. Amerada Hess Ltd.	45,0 20,0 10,0 5,0 20,0	Jura	..	0,01	–	Oktober 1989	–	0,025	–	Produktion über zwei 6"-Flowlines (7,5 km) zur Tankerverladung in Beryl B.
Magnus Ölfeld Blöcke 211/12a 211/7a — 1974 —	* BP EOC Ltd. Repsol Expl. (UK) Ltd. Sun Oil Britain Ltd. Goal Petroleum plc Brasoil UK Ltd.	85,0 5,0 5,0 2,5 2,5	Ob. Jura, Mittl. Jura 2800–3166	0,8299–0,8398 (39,0–37,0)	50,7	..	Öl: August 1983 Gas: 1984	1	6,352	..	Ölproduktion über 91 km, 24"-Export Oil Line (EOL) nach Ninian Central, Weitertransport nach Sullom Voe. Erdölgas über 80 km, 20"-Northern Leg Gas Pipeline (NLGP) nach Brent A, Weitertransport über FLAGS-Line nach St. Fergus.
Maureen Ölfeld Block 16/29a — 1973 —	* Phillips Petr. Expl. UK Ltd. Agip (UK) Ltd. Fina Exploration Ltd. Brit. Gas E & P Ltd Ultramar Expl. Ltd.	33,78 17,26 28,96 11,5 8,5	Paleozän, Jura 2450–2652	0,8458 (35,8)	3,1	–	September 1984	1	1,734	–	Produktion per Tankerver-ladung. Geringer Schwefelgehalt. Tieferer Horizont in 1991 ölfündig.

GROSSBRITANNIEN

Miller Öl- u. Gasfeld Blöcke 16/8b (= 58%) 16/7b (= 42%) – 1983 –	* Conoco (UK) Ltd. Saxon Oil Ltd. Santa Fe Expl. (UK) Ltd. Britoil plc	50,0 30,0 20,0 100,0	Ob. Jura 3980–4090	0,8324 (38,5)	32 + 3 Kond.	9	Öl: Juni 1992 Gas: Juli 1992	1	–	Ölproduktion per 8 km, 18″-Pipeline über Brae South nach Cruden Bay, Gas über 242 km 26″-Sauergasleitung nach St. Fergus. CO_2-Gehalt 11 %.
Moira Ölfeld Block 16/29a – 1988 –	* Phillips Petr. Co UK Ltd. Fina Expl. Ltd. Agip (UK) Ltd. Brit. Gas E & P Ltd. Ultramar Expl. Ltd.	33,78 28,96 17,26 11,5 8,5	Paleozän	0,8156 (42,0)	0,3	–	August 1990	–	0,171	Produktion per 6″-Unterwasserverbindung zum 9,6 km entfernten Feld Maureen zur Tankerverladung.
Montrose Ölfeld Blöcke 22/17, 22/18 – 1971 –	* Amoco UK Petr. Ltd. Enterprise Oil plc Amerada Hess Ltd.	30,77 41,03 28,20	Paleozän 2451–2516	0,8251 (40,0)	2,5	–	Juni 1976	1	0,362	Produktion bis 1985 per Tankerverladung, dann per 48 km, 14″-Pipeline nach Forties. Weitertransport nach Cruden Bay.
Murchison Ölfeld Block 211/19a – 1975 –	* Conoco (UK) Ltd. Gulf Oil North Sea Ltd. Chevron UK Ltd. Oryx UK Energy Co.	33,33 16,67 16,67 33,33	Mittl. Jura 2896–3396	0,8398 (37,0)	9,3 (brit.)	...	Öl: September 1980 Gas: Juli 1983	1	1,116 (brit.)	Ölproduktion per Pipeline über Dunlin (18 km, 18″) nach South Cormorant (35 km, 24″). Weitertransport nach Sullom Voe. Erdölgas über NLGP und FLAGS-Line nach St. Fergus. Ausdehnung in den norw. Block 33/9, brit. Anteil = 77,8 %.
Ness Ölfeld Block 9/13a + b – 1986 –	* Mobil North Sea Ltd. Amerada Hess Ltd. Brit. Gas N. S. Hold. Ltd. OMV (UK) Ltd. Enterprise Oil plc	45,0 20,0 10,0 5,0 20,0	Jura	0,8368 (37,6)	2,1	–	August 1987	–	0,431	Produktion per 8 km Unterwasserverbindung zur Tankerverladung in Beryl B.
Ninian Ölfeld Blöcke 3/3 (= 71,2464%) 3/8a (= 28,7536%) – 1974 –	* Chevron Petr. (UK) Ltd. Oryx UK Energy Co. Enterprise Petr. Ltd. Murphy Petr. Ltd. Ocean Expl. Co. Ltd. Neste North Sea Ltd. Ranger Oil (UK) Ltd. Lasmo North Sea plc	24,0 30,0 26,0 7,02 7,02 5,96 40,0 60,0	Mittl. Jura 2727–3179	0,8428 (36,4)	32,0	...	Öl: Dezember 1978 Gas: 1983	3	4,247	Ölproduktion per 161 km, 36″-Pipeline nach Sullom Voe. Erdölgas über FLAGS-Line nach St. Fergus.

2 ERDÖL- UND ERDGASWIRTSCHAFT

Vorkommen Öl/Gas Block — - Fundjahr -	*Operator Konsorten	%	Prod. Horizont — Teufe m	Spez. Gewicht Öl g/cm³ (° API)	Gewinnbare Vorräte (Ende 1991) Öl Mill. t	Gewinnbare Vorräte (Ende 1991) Gas Mrd. m³	Prod. Beginn	Platt-for-men	Produktion 1991 Öl Mill. t	Produktion 1991 Gas Mrd. m³	Bemerkungen
Osprey (NW-Dunlin) Ölfeld Blöcke 211/23a (= 93,5%) 211/18a (= 6,5%) - 1974 -	* Shell UK Ltd. Esso Expl. & Prod. Ltd. Deminex UK Oil & Gas Santa Fe Expl. (UK) Ltd. Arco British Ltd.	50,0 50,0 42,5 47,5 10,0	Mittl. Jura, 2557–2718	0,8670–0,8794 (31,7–29,4)	8,5	0,2	Januar 1991	–	0,930	–	Produktion per 6,9 km, 8″-Unterwasserverbindung mit Dunlin A.
Petronella Ölfeld Block 14/20 - 1985 -	* Texaco North Sea UK	100,0	Ob. Jura 2190–2331	0,8299 (39,0)	2,1	..	Dezember 1986	–	0,541	..	Öl- u. Gasproduktion über 10,5 km, 8″ Unterwasserverbindung nach Tartan. Weitertransport: Öl nach Flotta, Gas nach St. Fergus.
Piper Ölfeld Block 15/17 - 1973 -	* EE Caledonia Ltd. Texaco Britain UK Ltd. Union Texas Petr. Ltd. Lasmo (TNS) Ltd.	36,5 23,5 20,0 20,0	Ob. Jura (Oxford, Callovian) 2195–2804	0,8398 (37,0)	24,4	0,6	Öl: Dezember 1976 Gas: November 1978	1	–	–	Ölproduktion per 169 km, 30″-Pipeline nach Flotta, Gasproduktion per 53 km, 18″-Anschlußleitung an die Frigg-Pipeline nach St. Fergus. In 1988 Explosion der Plattform A, Neuaufnahme der Produktion ab 1992 mit 3,6 Mill. t Öl und 10 Mill. m³ Gas/Jahr geplant.

GROSSBRITANNIEN

Ravenspurn N+S Gasfeld Blöcke 42/29, 42/30 (= 20,0 %) 43/26a (= 80,0 %) – 1983 –	* BP EOC Ltd. Hamilton Oil (GB) plc Hamilton Bros. Petr. Arco British Ltd. Enterprise Oil plc Ultramar Expl. Ltd. Hardy Oil and Gas plc Monument Res. Ltd.	100,0 15,0 7,5 25,0 20,0 15,0 10,0 7,5	Rotliegen- des R.-North: 2815–3126 R.-South: 2760–3111	–	Rav.-South: 15,5 Rav.-North: 31,8	Rav.- South: Oktober 1989 Rav.- North: Juli 1990	4	Rav.- South: 1,558 Rav.- North: 2,520	Rav.-South: Produktion per 20 km, 16″-Pipeline nach Cleeton. Rav.-North: per 24″-Leitung nach Cleeton, von dort weiter nach Dimlington (58 km, 36″). Gaszusammensetzung: C_1 = 93,15 % C_2 = 3,15 % C_3 = 0,55 % C_4 = 0,4 % N_2 = 1,78 % CO_2 = 0,96 % He = 0,03 %
Rob Roy Ölfeld Blöcke 15/21a 15/21b – 1984 –	* Amerada Hess. Ltd. Deminex UK Rob Roy Pict. Petroleum plc Kerr-McGee Oil (UK)	42,09 43,33 3,75 10,83	Ob. Jura 2304–2437	0,8203–0,8299 (41,0–39,0)	4,6	Juli 1989	–	1,692	siehe Ivanhoe
Scapa Ölfeld Block 14/19 – 1975 –	* EE Caledonia Ltd. Texaco Britain Ltd. Union Texas Petr. Ltd. Lasmo (TSP) Ltd.	36,5 23,5 20,0 20,0	Unterkreide 2590–2686	0,8628 (32,5)	6,2	April 1984	–	1,307	Ölproduktion gemeinsam mit Ivanhoe über zentrale Förderplattform (Halbtaucher) via Claymore nach Flotta, Erdölgas über Tartan nach St. Fergus. Produktion per Unterwasserverbindung mit Claymore und Weitertransport nach Flotta.
Sean (N+S) Gasfeld Block 49/25a – 1969 –	* Shell UK Ltd. Esso Expl. & Prod. Ltd. Union Texas Petr. Ltd. Britoil plc	25,0 25,0 25,0 25,0	Rotliegen- des 2537–2604	–	–	August 1986	4	0,422	Produktion per 106 km, 30″-Pipeline nach Bacton. Gaszusammensetzung (Sean North): C_1 = 92,06 % C_2 = 2,94 % C_3 = 0,64 % iC_4 = 0,12 % nC_4 = 0,13 % iC_5 = 0,04 % nC_5 = 0,03 % C_{6+} = 0,17 % N_2 = 3,07 % CO_2 = 0,76 % He = 0,04 %

2 ERDÖL- UND ERDGASWIRTSCHAFT

Vorkommen Öl/Gas Block - Fundjahr -	*Operator Konsorten	%	Prod. Horizont Teufe m	Spez. Gewicht Öl g/cm³ (°API)	Gewinnbare Vorräte (Ende 1991) Öl Mill. t	Gewinnbare Vorräte (Ende 1991) Gas Mrd. m³	Prod. Beginn	Platt- for- men	Produktion 1991 Öl Mill. t	Produktion 1991 Gas Mrd. m³	Bemerkungen
Staffa Öl- u. Gasfund Blöcke 3/8b 3/8a (3/8b-10) – 1985 –	* Lasmo North Sea plc Ranger Oil (UK) Ltd.	60,0 40,0	Mittl. Jura	0,8251 (40,0)	0,84 NGL 0,06	0,6	März 1992	–	–	–	Produktion per 8"-Unter- wasserverbindung mit Ni- nian South.
Statfjord Öl- u. Gasfeld Blöcke 211/24a, 211/24c 211/25a – 1975 –	* Conoco (UK) Ltd. Aran Energy Expl. Ltd. BP EOC Ltd.	33,33 33,33 33,33	Mittl. Jura, Unt. Jura, Ob. Trias ca. 2580	0,8203–0,8353 (41,0–37,9)	25 (brit.)	..	Öl: Novem- ber 1979 Gas: 1985	–	4,612 (brit.)	..	Ausdehung in die norw. Blöcke 33/9 u. 33/12. Brit. Anteil = 14,76131 %. Öl- produktion über die norw. Plattformen A, B, C per Tankerverladung. Briti- scher Gasanteil via NLGP und FLAGS-Line nach St. Fergus.
Tartan Ölfeld mit Gas Blöcke 15/16, 14/20 – 1975 –	* Texaco North Sea UK	100,0	Ob. Jura (Oxford, Callovian) 2957–3709	08348 (38,0)	4,9	..	Januar 1981	1	0,659	0,253	Ölproduktion über Clay- more nach Flotta, Erdölgas über Piper und Frigg-Pipe- line nach St. Fergus. Schwefelgehalt 0,6 %.
Tern Ölfeld Block 210/25a – 1975 –	* Shell UK Ltd. Esso Expl. & Prod. Ltd.	50,0 50,0	Mittl. Jura 2377–2518	0,8550 (34,0)	23	1	Juni 1989	1	2,594	..	Ölproduktion über Cormo- rant nach Sullom Voe. Erd- ölgas über Western Leg und FLAGS-Line nach St. Fer- gus.
Thames Gasfeld Block 49/28a – 1973 –	* Arco British Ltd. British Sun Oil Co. Deminex UK Oil & Gas Superior Oil (UK) Ltd. Can. Superior Oil (UK)	43,33 23,33 10,0 20,0 3,33	Rotliegen- des 2362–2452	–	–	4,7	Oktober 1986	1	–	0,703 einschl. Wensum	Produktion gemeinsam mit Bure, Wensum u. Yare per 89 km, 24"-Pipeline nach Bacton. C_1 = ca. 92 %, CO_2 = ca. 0,4 %.

GROSSBRITANNIEN

Feld	Beteiligte	Anteil %	Formation/Teufe m	Dichte	Reserven	Förderbeginn	Bohrungen	kum. Förderung	Jahres-förderung	Bemerkungen
Thistle Ölfeld Blöcke 211/18a, 211/19a – 1973 –	* Britoil plc Deminex UK Oil & Gas Santa Fe Expl. (UK) Ltd. Premier Oil Expl. Ltd. Arco British Ltd. Monument Expl. & Prod. Ltd Ultramar Expl. Ltd. Britoil (Alpha) Ltd.	15,6 42,5 16,87 8,4 10,0 2,41 1,41 2,81	Mittl. Jura 2590–2840	0,8329 (38,4)	12,4	Öl: Februar 1978 Gas: Oktober 1983	1	0,695	. .	Ölproduktion bis Anfang 1979 per Tankerverladung, dann per Pipeline über Dunlin u. Cormorant nach Sullom Voe. Erdölgas über NLGP u. FLAGS-Line nach St. Fergus.
Valiant N+S Gasfeld Blöcke 49/16 49/21 (= 73%)	* Conoco (UK) Ltd. Britoil plc Conoco (UK) Ltd. Britoil (Dev.) Ltd. Britoil (Expl.) Ltd. Arco British Ltd. Marathon Petroleum Can. Oxy (UK) Ltd.	50,0 50,0 25,0 12,5 25,0 12,5 12,5 12,5	Rotliegendes 2360–2466	–	V.-North: 5,9 V.-South: 4,7	Oktober 1988	V.-North 2 V.-South 1	V.-North 0,680 V.-South 1,294	–	Produktion über 120 km, 36"-LOGGS-Pipeline (= Lincolnshire Offshore Gas-Gathering System) nach Theddlethorpe. Erste Horizontalbohrung in der südl. britischen Nordsee.
48/20a (= 27%) – 1970 –	Shell UK Ltd. Esso Expl. & Prod. Ltd.	50,0 50,0								
Vanguard Gasfeld Block 49/16 – 1982 –	* Conoco (UK) Ltd. Britoil plc	50,0 50,0	Rotliegendes 2440–2576	–	1,4	Oktober 1988	1	0,375	–	Produktion über 7,5 km, 10"-Anschlußleitung nach Valiant 1, Weitertransport nach Theddlethorpe per LOGGS-Pipeline.
Victor Gasfeld Blöcke 49/17, 49/22 – 1972 –	* Conoco (UK) Ltd. Total Oil Marine plc Superior Oil (UK) Ltd. Statoil (UK) Ltd. Sovereign Oil & Gas plc Seafield Resources plc	20,0 15,0 45,0 10,0 5,0 5,0	Rotliegendes 2530–2675	–	14,6	September 1984	1	1,845	–	Produktion über 14 km, 16"-Leitung nach Viking B, Weitertransport nach Theddlethorpe. Gaszusammensetzung: C_1 = 91,0 % C_2 = 3,6 % C_{3+} = 2,2 % N_2 = 2,5 % CO_2 = 0,7 %
Viking N+S Gasfeld Blöcke 49/12a, 49/16, 49/17 – 1965 –	* Conoco (UK) Ltd. Britoil plc	50,0 50,0	Rotliegendes 2440–3110	–	6,3	Oktober 1972	13	0,949	–	Produktion über 138 km, 28"-Pipeline nach Theddlethorpe. Gaszusammensetzung: C_1 = 89,0 % C_2 = 6,0 % C_{3+} = 1,4 % CO_2 = 2,0 %

2 ERDÖL- UND ERDGASWIRTSCHAFT

Vorkommen Öl/Gas Block - Fundjahr -	*Operator Konsorten	%	Prod. Horizont Teufe m	Spez. Gewicht Öl g/cm³ (°API)	Gewinnbare Vorräte (Ende 1991) Öl Mill. t	Gas Mrd. m³	Prod. Beginn	Platt-formen	Produktion 1991 Öl Mill. t	Gas Mrd. m³	Bemerkungen
Vulcan Gasfeld Blöcke 49/21 (=63,0 %)	* Conoco Ltd. Britoil (Dev.) Ltd. Arco British Ltd. Marathon Petroleum Can. Oxy (UK) Ltd. Britoil (Expl.) Ltd.	25,0 12,5 12,5 12,5 12,5 25,0	Rotliegen-des 2210–2334	–	–	19,8	Oktober 1988	2	–	1,717	Produktion über 16 km, 18"-Anschlußleitung nach Valiant North, Weitertrans-port nach Theddlethorpe.
48/25b (=37,0 %) – 1983 –	Conoco (UK) Ltd. BP EOC Ltd.	50,0 50,0									
Welland NW+S Gasfeld Blöcke 53/4a (50%)	* Arco British Ltd. Britoil (Dev.) Ltd. EE Petroleum Ltd. Can. Oxy (UK) Ltd.	50,0 25,0 12,5 12,5	Rotliegen-des ca. 2400	–	–	7,2	Oktober 1990	2	...	W.-NW: 0,931 W.South: 0,177	Produktion über Thames (18 km, 16") nach Bacton.
49/29b (50%) – 1984 –	Mobil North Sea Ltd. Superior Oil (U.K.) Ltd.	60,0 40,0									
Wensum Gasfeld Block 49/28a – 1985 –	* Arco British Ltd. Sun Oil Britain Ltd. Deminex UK Oil & Gas Superior Overseas Ltd. Can. Superior Oil (UK)	43,33 23,33 10,0 20,0 3,33	Rotliegen-des	–	–	1,4	Oktober 1991	–	–	s. Thames	Produktion gemeinsam mit Bure, Thames und Yare nach Bacton.
West Sole Gasfeld Block 48/6 – 1965 –	* BP EOC Ltd.	100,00	Rotliegen-des 2700–2950	–	–	14	März 1967	4	–	1,245	Produktion von Plattform WA über 70 km, 16", von Plattform WB über 68 km, 24"-Pipeline nach Easing-ton. Gaszusammensetzung: C_1 = 94,0 % C_2 = 3,1 % C_3 = 0,5 % C_4 = 0,2 % C_{5+} = 0,4 % N_2 = 1,0 % CO_2 = 0,8 %

Yare Gasfeld (Thames-Komplex) Block 49/28a – 1969 –	* Arco British Ltd. British Sun Oil Co. Ltd. Deminex UK Oil & Gas Superior Oil (UK) Ltd. Can. Superior Oil (UK)	43,33 23,33 10,0 20,0 3,33	Rotliegen- des 2362–2411	–	–	0,3	Januar 1987	–	0,219	Produktion über Thames per 89 km, 24"-Pipeline nach Bacton (Unterwasser-Komplettierung). C_1 = ca. 92 %, CO_2 = ca. 0,4 %.

Produktion 1991 (nach Department of Energy, London): 87,555 48,314

2. Vorkommen in Produktions-Vorbereitung

Vorkommen Öl/Gas Block - Fundjahr -	*Operator Konsorten	%	Prod. Horizont Teufe m	Spez. Gewicht Öl g/cm³ (°API)	Gewinnbare Vorräte Öl Mill. t	Gewinnbare Vorräte Gas Mrd. m³	Produktions-Kapazität Öl Mill. t/a	Produktions-Kapazität Gas Mrd. m³/a	Platt-form geplant	Bemerkungen
Alba Öl- u. Gasfund Blöcke 16/26 – 1984 –	* Chevron (UK) Ltd. Chevron Oil (TNS) Ltd. Chevron Oil (TOI) Ltd. Oryx Energy UK Co. Unilon Oil Explorations Ltd. Baytrust Oil Explorations Ltd. Fina Exploration Ltd. Amerada Hess Ltd. Conoco (UK) Ltd. Conoco Petrol. (Alba) Ltd. Aran Energy Expl. Ltd. Santa Fe (UK) Ltd.	29,33 2,0 1,83 15,5 6,8 1,2 12,65 2,25 9,33 2,35 5,0 11,75	Eozän, ca. 1860	0,9340 (20,0)	50,7	. .	3,7	. .	2	Produktion ab Jan. 1994 geplant, Tankerverladung. Schweröl. Phase 1: 1 Plattform im Norden des Feldes. Phase 2: Nach 5 Jahren 2. Plattform im Süden. Oil in place: 160 Mill. t (= 1,1 bill b)
Alison Gasfund Block 49/11a (49/11a-4) – 1987 –	* Phillips Petr. Expl. Ltd. Fina Exploration Ltd. Agip Expl. (UK) Ltd.	42,22 42,78 15,0	Rotliegendes ca. 3500	–	–	1,4	–	0,1	–	Produktion ab 1994 geplant über Arm und LOGGS nach Theddlethorpe.
Alwyn South-East Öl-, Gas- u. Kondensatfund Blöcke 3/14a, 3/15 – 1973 –	* Total Oil Marine plc Elf UK plc	33,33 66,67	Mittl. Jura ca. 3200	. .	2	11	0,2	2,5	–	Produktion ab 1994 per 9 km, 2 x 6"-Unterwasser-verbindung mit Dunbar geplant.
Amethyst West Gasfeld Blöcke 47/14a	* Britoil plc Enterprise Oil plc Murphy Petroleum Ltd. Ocean Expl. Co. Ltd. Fina Petr. Dev. Ltd. Arco British Ltd.	32,0 32,0 6,0 6,0 4,0 20,0	Rotliegendes 2680–2748	–	0,8 Konden-sat	16,8	–	. .	2	Produktion ab 1992 per 30"-Pipeline gemeinsam mit Amethyst East nach Easington geplant. Gaszusammensetzung s. Amethyst East
47/8a, 47/9a	Amoco UK Petr. Ltd. British Gas plc Amerada Hess Ltd. Enterprise Oil plc	30,77 30,77 23,08 15,38								
47/13a – 1972 –	Britoil plc Arco British Ltd.	50,0 50,0								

GROSSBRITANNIEN

Andrew Öl- u. Gasfeld Blöcke 16/28 – 1974 –	* BP Petr. Dev. Ltd. Lasmo North Sea plc Agip Expl. (UK) Ltd Fina Exploration Ltd. Cent. Power & Light Ltd.	100,0 43,52 17,88 30,0 8,6	Paleozän 2589–3753	0,8227–0,8816 (40,5–29,0)	15	4,2	2–3	..	1	Produktion ab 1995 geplant.
Ann Gasfund Block 49/6a – 1966 –	* Phillips Petr. Expl. Ltd. Fina Exploration Ltd. Agip Expl. (UK) Ltd. Lasmo North Sea plc	42,22 34,26 15,0 8,52	Rotliegendes 3400–3500	–	–	4,2	–	0,6		Produktion ab 1993 geplant per 8 km Pipeline über Audrey B nach Theddlethorpe, subsea Completion.
Brae East Gas-/Kondensat- feld Blöcke 16/3a	* Marathon Oil North Sea Bow Valley Expl. (UK) Sovereign Oil & Gas plc Kerr-McGee Oil (UK) Brit. Borneo Oil & Gas Britoil plc Brit. Gas E & P Ltd. LL & Expl. (GB) Ltd.	38,0 14,0 4,0 8,0 2,0 20,0 7,7 6,3	Ob. Jura 3933–4583	0,7839–0,8299 (49,0–39,0) –Kondensat–	37,3 Kondensat 1,3 NGL	41,4	8,9 Kondensat	6,5	1	Produktion ab Ende 1993 über 20 km, 18"-Kondensatleitung nach Brae South geplant, weiter über Forties nach Cruden Bay. Gasproduktion nicht vor 2010 über SAGE-System nach St. Fergus.
– 1980 – 16/3b	Marathon Oil North Sea Britoil plc Bow Valley Expl. (UK) Kerr-McGee Oil (UK) Ltd. LL & Expl. (GB) Ltd. Sovereign Oil & Gas plc Brit. Gas E & P Ltd.	27,8 51,0 10,0 5,0 4,0 1,2 1,0								
Brae West Öl- u. Gasfund Block 16/7a – 1975 –	* Marathon Oil North Sea Bow Valley Expl. (UK) Sovereign Oil & Gas plc Kerr-McGee Oil (UK) Brit. Borneo Oil & Gas Britoil plc Brit. Gas E & P Ltd. LL & Expl. (GB) Ltd.	38,0 14,0 4,0 8,0 2,0 20,0 7,7 6,3	Paleozän, Devon 1700–1738, 2299–2322	0,8363–0,9159 (37,7–23,0)	3,3	..	..	..	1	Produktion ab 1994 über North Brae geplant.
Bressay Ölfeld Blöcke 3/27 3/28a – 1976 –	* Oryx Energy UK Co. Lasmo North Sea plc Chevron Petr. (UK) Ltd. Enterprise Oil plc Britoil plc Sovereign Oil & Gas plc Westburne Drill. & Expl.	50,0 50,0 25,0 17,5 15,0 40,375 2,125	Paleozän 1075–1119	0,9433–0,9902 (18,5–11,7)	10	–	..	–	..	Produktion ab 1991/92 per Tankerverladung geplant, Schweröl.

2 ERDÖL- UND ERDGASWIRTSCHAFT

Vorkommen Öl/Gas Block -Fundjahr-	*Operator Konsorten	%	Prod. Horizont Teufe m	Spez. Gewicht Öl g/cm³ (°API)	Gewinnbare Vorräte		Produktions- Kapazität		Platt- form geplant	Bemerkungen
					Öl Mill. t	Gas Mrd. m³	Öl Mill. t/a	Gas Mrd. m³/a		
Britannia Gas-/Kondensat- feld Blöcke 15/29a, (15/29a-5)	* Texaco North Sea UK Ltd. Conoco (UK) Ltd.	75,0 25,0	Paleozän, Unterkreide, Ob. Jura ca. 3900–4000	0,7608–0,8299 (54,5–39,0)	19–25 (Kond.)	70–85	2,3	7,75	..	Das Feld Britannia umfaßt die früheren Vorkommen Bosun (1975), Kilda (1988), Lapworth (1980), 15/29a-5 (1991) und 16/26-1+2 (1976). Die Produktion soll Ende 1997 aufgenommen werden. Das Operating wird von Chevron (Geolo- gie, Geophysik, Bohrarbei- ten, Reservoir Engineering, Konzessionswesen) und Conoco (Allgem. Engineе- ring, Produktion, Trans- port, Sicherheit u. Marke- ting) gemeinsam durchge- führt.
15/30 (Bosun, Lapworth, Kilda)	Conoco (UK) Ltd. Gulf Oil (GB) Ltd.	66,67 33,33								
16/26 (Kilda, 16/26-1+2)	Chevron Petr. (UK) Ltd. Chevron Oil (TNS) Ltd. Chevron Oil (TOI) Ltd. Oryx Energy UK Co. Unilon Oil Expl. Ltd. Baytrust Oil Expl. Ltd. Fina Exploration Ltd. Amerada Hess Ltd. Conoco (UK) Ltd. Aran Energy Expl. Ltd. Santa Fe (UK) Ltd.	29,33 2,0 1,83 15,5 6,8 1,2 12,65 2,25 11,68 5,0 11,75								
16/27a	Phillips Petr. Expl. Gas Council (Expl.) Ltd. Lasmo North Sea plc Agip Expl. (UK) Ltd. Fina Exploration Ltd.	35,0 8,6 8,52 17,88 30,0								
16/27b −1975−	Chevron Petr. (UK) Ltd. Fina Exploration Ltd. Santa Fe (UK) Ltd. Unilon Oil Expl. Ltd. Amerada Hess Ltd. Conoco (UK) Ltd.	35,75 26,0 10,0 8,0 6,25 14,0								

GROSSBRITANNIEN

Bruce Gas-/Kondensatfeld Blöcke 9/8a	* Britoil plc Hamilton Oil (GB) plc Elf UK plc Ultramar Expl. Ltd. Total Oil Marine plc	30,333 36,333 23,333 8,333 1,667	Ob. Jura Mittl. Jura	0,7711 (52,0) -Kondensat-	24 Kond.	78	3,7	5,5	2	Produktion ab 1993 geplant, Gas über 5 km, 32″-Anschluß an die Frigg-Pipeline nach St. Fergus; Kondensat über 252 km, 24″-Leitung über Forties nach Cruden Bay.
9/9a	Total Oil Marine plc Elf UK plc	33,33 66,67								
9/9b –1974–	Britoil plc Hamilton Oil GB plc Elf UK plc Ultramar Expl. Ltd. Total Oil Marine plc	70,6 14,7 10,29 3,675 0,735								
Buckland Ölfund mit Gas Block 9/18a (9/18a-3A) –1979–	* Conoco (UK) Ltd. Britoil plc Repsol Expl. (UK) Ltd.	33,33 33,33 33,33	Eozän, Jura 1980-3900	0,8348–0,9224 (38,0–21,9)	4	0,85	1315	..	–	Produktion ab 1992 geplant.
Caister Gasfeld Block 44/23 –1968–	* Total Oil Marine plc Ultramar Expl. Ltd. Can. Oxy North Sea Petr.	49,0 21,0 30,0	Buntsandstein, Oberkarbon 1371-1475, 3658-3934	–	–	Buntsdst.: 3 Oberkarbon: 14	–	1,25	1	Produktion ab 1993 gemeinsam mit Murdoch per 180 km, 26″-Pipeline (CMS = Caister-Murdoch-System) nach Theddlethorpe geplant, hoher CO_2- und N_2-Gehalt des Gases.
Camelot NE Gasfeld Block 53/2 (53/2-7) –1988–	* Mobil North Sea Ltd.	100,0	Rotliegendes 1920-1956	–	–	0,9	–	0,1	–	Produktion ab 1992 geplant nach Leman East. Gaszusammensetzung s. Camelot C.+S.
Chanter (SE-Piper) Öl- Gas- und Kondensatfeld Block 15/17 (15/17-13) –1985–	* EE Caledonia Ltd. Lasmo (TSP) Ltd. Union Texas Petr. Ltd. Texaco Britain Ltd. Chanter Petroleum Ltd.	28,18 20,0 20,0 23,5 8,32	Jura (Galley Sand = Öl, Piper Sand = Gas) 3700-3997	Öl: 0,8358 (37,8) Kondensat: 0,7707 (52,1)	0,43 + 0,51 Kond.	0,82	0,2	0,25	–	Produktion ab 1992 über 11,6 km, 6″-Leitung nach Piper geplant (Unterwasserverbindung).
Claymore North Ölfeld Block 14/19 –1980–	* EE Petroleum Ltd. Texaco North Sea UK Union Texas Petr. Ltd. Lasmo North Sea plc	36,5 23,5 20,0 20,0	Jura	..	4-7	–	0,5	–	..	Produktion ab 1992 über Claymore geplant.

2 ERDÖL- UND ERDGASWIRTSCHAFT

Vorkommen Öl/Gas Block - Fundjahr -	*Operator Konsorten	%	Prod. Horizont Teufe m	Spez. Gewicht Öl g/cm³ (° API)	Gewinnbare Vorräte Öl Mill. t	Gewinnbare Vorräte Gas Mrd. m³	Produktions-Kapazität Öl Mill. t/a	Produktions-Kapazität Gas Mrd. m³/a	Plattform geplant	Bemerkungen
Columba Ölfeld Blöcke 3/7a	* Chevron Petr. (UK) Ltd. Oryx Energy UK Ltd. Ocean Expl. Co. Ltd. Enterprise Oil plc Murphy Petr. Ltd. Deminex UK Oil & Gas	12,48 43,6 5,2 13,52 5,2 20,0	Ob. Jura, Mittl. Jura Ob. Trias ca. 3300	0,8270–0,8504 (39,6–34,9)	8–10	–	1,6	–	–	Produktion ab 1993/94 per 4,5-km-Unterwasserverbindung mit Ninian geplant.
3/8a	Ranger Oil (UK) Ltd. Lasmo North Sea plc	40,0 60,0								
3/2 –1976 –	Conoco (U.K.) Ltd. Gulf Oil (G.B.) Ltd. Britoil plc	33,33 33,33 33,33								
Drake Öl-, Gas- und Kondensatfeld Blöcke 22/5b	* Superior Oil (UK) Ltd. Amoco Petr. Ltd. Mobil North Sea Ltd. Clyde Petroleum plc	40,0 30,0 24,5 5,5	Paleozän	Öl: 0,8499 (35,0) Kondensat: 0,7587–0,7972 (55,0–46,0)	8 Kondensat	23	...	...	1	Produktion ab 1995 geplant.
22/5a –1982 –	Amoco Petr. Ltd. Mobil North Sea Ltd. Amerada Hess Ltd. Enterprise Oil plc	22,22 50,0 16,67 11,11								
Dunbar (Alwyn-SW) Öl- u. Gasfeld Blöcke 3/14a	* Total Oil Marine plc Elf UK plc	33,33 66,67	Mittl. Jura ca. 3400	0,8156 (42,0)	17	14	2,4	1,1	1	Produktion ab 1994 nach Alwyn North geplant per 25 km, 16″-Zweiphasenleitung.
3/9b –1973 –	British Gas E & P Ltd. Amerada Hess Ltd. Britoil plc Texas Eastern Ltd.	35,0 24,5 16,0 24,5								

GROSSBRITANNIEN

Emerald Ölfeld Blöcke 2/10a	* Sovereign Oil & Gas (UK) Midl. & Scott. Energy Ltd. Westburne Oil Ltd.	40,375 57,5 2,125	Ob. Jura, Mittl. Jura, Devon 1554-1707	0,9071-0,9279 (24,5-21,0)	3	–	1,1	Produktion ab 1992 per Floating Production System (FPS) mit Tankerverladung geplant. Schweröl.
2/15a	Sovereign Oil & Gas plc Midl. & Scott. Energy Ltd. Westburne Oil Ltd. DNO Offshore Ltd. DSM Energy (UK) Ltd.	14,775 50,0 0,75 19,7 14,775						
3/11b –1978–	Sovereign Oil & Gas plc DSM Energy (UK) Ltd. DNO Offshore Ltd.	30,0 30,0 40,0						
Ettrick Ölfeld Blöcke 20/2	* Britoil plc Premier Oil Exploration Ltd. Fina Exploration Ltd. Petroswede (UK) Ltd. Arco British Ltd. Clyde Petroleum plc Norsk Hydro Oil & Gas Ltd.	51,0 11,025 9,8 9,8 7,35 6,125 4,9	Jura, Zechstein ca. 3150, ca. 3960	0,8203-0,8448 (41,0-36,0)	6-10	–	1,0	Produktion ab 1996 geplant.
20/3 –1981–	Amoco UK Petroleum Ltd. Britoil plc Conoco (UK) Ltd. Gulf Oil (GB) Ltd.	50,0 25,5 12,25 12,25						
Everest Gas-/Kondensatfeld Blöcke 22/9, 22/10a	* Amoco UK Petr. Ltd. British Gas plc Amerada Hess Ltd. BG North Sea Hold. Ltd.	22,22 50,0 16,67 11,11	Jura	..	3,5 Kondensat	23,7	..	Produktion ab 1993 geplant, Gas über 408 km, 36"-CATS-Pipeline (= Central Area Transmission System) nach Teesside, Kondensat über Forties nach Cruden Bay.
22/14a –1983–	Amerada Hess Ltd. Agip Expl. (UK) Ltd. Brit. Gas E & P Ltd. Fina Exploration Ltd. Phillips Petr. Expl. UK Amoco UK Petr. Ltd.	50,0 8,63 5,75 14,48 16,89 4,25						
Forth Öl- u. Gasfund Block 9/23b –1987–	* Britoil plc Repsol Expl. (UK) Ltd. Ranger Oil (UK) Ltd.	70,0 25,0 5,0	Eozän ca. 1680	0,9340 (20,0)	24	5	..	Produktion ab 1995 geplant. Schweröl.
Galley Ölfeld Block 15/23a –1974–	* EE Petroleum Ltd. Texaco North Sea UK Ltd. Lasmo North Sea plc	38,75 50,0 11,25	Ob. Jura 4157-4187	0,8348 (38,0)	2,4	1	–	Produktion ab 1994 geplant über Leitung nach Tartan (25 km, 12").

Verlag Glückauf · Jahrbuch 1993

2 ERDÖL- UND ERDGASWIRTSCHAFT

Vorkommen Öl/Gas Block - Fundjahr -	*Operator Konsorten	%	Prod. Horizont / Teufe m	Spez. Gewicht Öl g/cm³ (°API)	Gewinnbare Vorräte Öl Mill. t	Gewinnbare Vorräte Gas Mrd. m³	Produktions-Kapazität Öl Mill. t/a	Produktions-Kapazität Gas Mrd. m³/a	Platt-form geplant	Bemerkungen
Gannet A (= Gannet East) Öl- u. Gasfeld Blöcke 21/25, 21/30, 22/21, 22/26a – 1978 –	* Shell UK Ltd. Esso Expl. & Prod. Ltd.	50,0 50,0	Eozän (Tay-FM)	..	8,8	7	1,3	..	1	Produktion ab 1993 geplant, zentrale Plattform für Gannet A, B, C u. D. Öl per Tankerverladung in Fulmar, Gas per Anschluß an die Fulmar-Leitung nach St. Fergus.
Gannet B (= Gannet North) Öl- u. Gasfeld Blöcke 21/25, 21/30 – 1979 –	* Shell UK Ltd. Esso Expl. & Prod. Ltd.	50,0 50,0	Eozän, (Gas+Öl), Paleozän (Gas)	..	3,4	3,9	..	0,6	–	Produktion ab 1992 geplant per Unterwasserverbindung mit Gannet A.
Gannet C (= Gannet Central) Öl- u. Gasfeld Block 21/30 – 1982 –	* Shell UK Ltd. Esso Expl. & Prod. Ltd.	50,0 50,0	Paleozän (Forties FM)	–	8,1	3	1,4	..	–	Produktion ab 1992 geplant per Unterwasserverbindung mit Gannet A.
Gannet D Ölfund Block 22/21 (22/21-4+5) – 1987 –	* Shell UK Ltd. Esso Expl. & Prod. Ltd.	50,0 50,0	Jura	..	4,0	–	0,6	–	–	Produktion ab 1992 geplant per Unterwasserverbindung mit Gannet A.
Gawain Gasfund Blöcke 49/29a 49/24 – 1970 –	* Mobil North Sea Ltd. Shell UK Ltd. Esso Expl. & Prod. Ltd.	100,0 50,0 50,0	Rotliegendes	–	–	12	–	..	–	Produktion ab 1993 geplant.

GROSSBRITANNIEN

Feld	Betreiber/Partner	Anteil (%)	Horizont/Tiefe (m)	Dichte (°API)	Reserven Öl (Mio t)	Reserven Gas (Mrd m³)	Bohrungen	Bemerkungen
Gryphon Öl- u. Gasfeld Blöcke 9/18b	* Kerr-McGee Oil (UK) Santa Fe (UK) Ltd. Aran Energy Expl. Ltd. Clyde Petroleum plc	25,0 25,0 15,0 35,0	Eozän, Paläozän ca. 1740	0,9218 (22,0)	17	10	...	1	Produktion ab 1991 geplant.
9/18a	Conoco (UK) Ltd. Britoil plc Chevron Petr. (UK) Ltd.	33,33 33,33 33,33						
9/23a	Hamilton Oil (GB) plc Shell UK Ltd. Esso Expl. & Prod. Ltd. Elf UK plc Ultramar Expl. Ltd. Monument Petr. Ltd	24,0 28,0 28,0 12,5 6,25 1,25						
9/23b –1987–	Britoil plc Repsol Expl. (UK) Ltd. Ranger Oil (UK) Ltd.	70,0 25,0 5,0						
Guinevere Gas-/Kondensatfund Block 48/17 (48/17b-5) –1988–	* Mobil North Sea Ltd. Brabant Oilex Ltd. Industrial Scotland Energy Ltd.	75,0 7,0 18,0	Rotliegendes ca. 2590	–	–	8 (incl. Lancelot)	1,24 (incl. Lancelot)	1	Produktion ab Mitte 1993 gemeinsam mit Lancelot per 64 km, 20″-Leitung nach Bacton geplant.
Hoton Gasfeld Blöcke 48/6, 48/7b –1977–	* BP Petr. Dev. Ltd.	100,0	Rotliegendes ca. 2960	–	–	29	–	1	Produktion ab 1994 per 14″-Leitung über Cleeton nach Easington geplant.
Hudson (West Tern) Ölfund Block 210/24a –1987–	* Shell UK Expl. and Prod. Ltd. Esso Expl. & Prod. Ltd. Enterprise Oil plc Amerada Hess Ltd. Mobil North Sea Ltd.	12,885 12,885 25,77 28,46 20,0	Jura 2164	0,8550 (34,0)	7	–	–	1	Produktion ab 1994 geplant.
Hyde Gasfeld Blöcke 48/6, 47/10	* BP Petr. Dev. Ltd. Statoil (UK) Ltd.	55,0 45,0	Rotliegendes	–	–	3,8	–	1	Produktion ab Ende 1993 per 14″-Leitung über West Sole nach Easington geplant.
47/5a –1982–	BP Petr. Dev. Ltd. Agip Expl. (UK) Ltd. Cent. Power & Light Ltd.	85,28 7,5 7,22						

2 ERDÖL- UND ERDGASWIRTSCHAFT

Vorkommen Öl/Gas Block - Fundjahr -	*Operator Konsorten	%	Prod. Horizont — Teufe m	Spez. Gewicht Öl g/cm³ (° API)	Gewinnbare Vorräte Öl Mill. t	Gewinnbare Vorräte Gas Mrd. m³	Produktions-Kapazität Öl Mill. t/a	Produktions-Kapazität Gas Mrd. m³/a	Plattform geplant	Bemerkungen
Joanne Gas-/Kondensat-feld Blöcke 30/7a, 30/12a — 1981 —	* Phillips Petr. Expl. UK Gulf Oil (GB) Ltd. Agip Expl. (UK) Ltd. Cent. Power & Light Ltd.	35,875 25,0 32,675 6,45	Paleozän, Oberkreide, Jura 3000	0,7758–0,8203 (50,9–41,0)	10	6	1,8 (incl. Judy)	2,0 (incl. Judy)	1	Produktion ab 1995 gemeinsam mit Judy nach Albuskjell (46 km, 18″ = Gas, 46 km, 26″ = Öl) geplant.
Judy Öl-, Gas- und Kondensatfeld Block 30/7a — 1985 —	* Phillips Petr. Expl. UK Gulf Oil (GB) Ltd. Agip Expl. (UK) Ltd. Cent. Power & Light Ltd.	35,875 25,0 32,675 6,45	Paleozän, Kreide, Ob. Jura, Unt. Jura, Trias	0,7972–0,8256 (46,0–39,9)	9	4	s. Joanne	s. Joanne	–	Produktion ab 1994 per Unterwasserverbindung mit Joanne.
Katrine Ölfund Block 9/13a (9/13a-18) — 1977 —	* Mobil North Sea Ltd. Amerada Hess Ltd. Enterprise Oil plc Repsol Expl. (UK) Ltd.	50,0 20,0 10,0 20,0	Jura	⋮	0,9	–	⋮	–	–	Produktion ab 1993 per Unterwasserverbindung mit Beryl A. ? Zusammenhang mit Nevis.
Lancelot Gasfeld Blöcke 48/17a (48/17a-2+6) 48/18a — 1986 —	* Mobil North Sea Ltd. Ind. Scotl. Energy Ltd. Brabant Oilex Ltd.	99,0 0,72 0,28	Rotliegendes 2438–2590	–	–	8 (incl. Guinevere)	–	1,24 (incl. Guinevere)	1	Produktion ab Mitte 1993 geplant per 64 km, 20″-Leitung nach Bacton (gemeinsam mit Guinevere).
Lomond Gas-/Kondensat-feld Block 23/21 — 1972 —	* Amoco UK Petr. Ltd. British Gas plc. Amerada Hess Ltd. BG North Sea Holdings	22,22 50,0 16,67 11,11	Paleozän	0,7669 (53,0) –Kondensat–	1,7 Kondensat	14,2	0,2 Kondensat	1,4	1	Produktion ab 1993 geplant, Gas per Anschluß an CATS (= Central Area Transmission System), nach Teeside, Kondensat über Forties nach Cruden Bay.
Lyell Ölfeld Blöcke 3/2 — 1975 —	* Conoco (UK) Ltd. Gulf Oil (GB) Ltd. Oryx Energy UK Ltd.	33,33 33,33 33,33	Ob. Jura, Mittl. Jura, Unt. Jura 3400–3556	0,8156–0,8398 (42,0–37,0)	Phase I: 4,0	–	0,88	–	–	Produktion ab Oktober 1993 geplant per 14,5 km, 12″-Unterwasserverbindung mit der Ninian South-Plattform. Oil in place = 52 Mill. t (= 400 mill. barrel)

GROSSBRITANNIEN

Machar Gas-/Kondensat- feld Block 23/26a –1976–	* BP Petr. Dev. Ltd.	100,0	Paleozän, Jura 1442–1487	0,8142 (42,3)	8,7 Konden- sat	14	…	1	Produktion ab 1995 geplant, überlagert z. T. das Feld Erskine.
Markham Gasfeld Blöcke 49/5 (49/5-2+3) (29,2 %) 49/10b (12,0 %) –1984–	* Ultramar Exploration Ltd. DNO Offshore Ltd. Ranger Oil (UK) Ltd. Total Oil Marine plc Euroil Exploration Ltd. Wintershall UK Ltd.	89,5 8,0 2,5 50,79 23,4 25,81	Oberkarbon ca. 3400	–	–	13,5	1,1	1 GB 1 NL	Fortsetzung des Feldes in den niederländischen Blökken J 3 u. J 6, britischer Anteil: 41,2 %. Produktion ab 1992 per 24″-Leitung nach K 13 (NL), weiter über Westgasleitung zur niederländischen Küste nach Callantsoog geplant.
Marnock Gas-/Kondensat- feld Blöcke 22/24a –1982–	* BP Petr. Dev. Ltd. Agip Expl. (UK) Ltd. Shell UK Ltd. Esso Expl. & Prod. Ltd.	85,0 15,0 50,0 50,0	? Jura	…	7 Konden- sat	16	…	1	Produktion ab 1993 geplant. Leichtöl. Gastransport nach Fulmar, Kondensat nach Forties.
Murdoch Gasfeld Block 44/22 –1985–	* Conoco (UK) Ltd. Arco British Ltd.	60,0 40,0	Oberkarbon	0,7796 (50,0) –Kondensat–	–	14	…	1	Produktion ab 1993 gemeinsam mit Caister geplant über CMS.
Nelson Ölfeld Blöcke 22/6a 22/11 22/7 22/12a –1988–	* Shell UK Ltd. Esso Expl. & Prod. Ltd. Enterprise Petr. Ltd. Todaymarket Ltd. Total Oil Marine plc Elf UK plc Neste North Sea Ltd. Swedish Petroleum Ltd.	50,0 50,0 68,09 31,91 46,5 53,5 50,0 50,0	Paleozän ca. 2290	0,8251 (40,0)	56,7 + 3,6 Kond.	5,2	7,7	1	Produktion ab 1994, Öl über Forties nach Cruden Bay, Gas über Fulmar-Leitung nach St. Fergus (45 km, 10″). In der Produktionsphase wird Enterprise Operator.
Nevis Beryl West Ölfeld Blöcke 9/12a 9/13a –1974–	* Unocal Expl. & Prod. U.K. British Gas plc Texaco North Sea Ltd. Det Norske Oljes. A/S Mobil North Sea Ltd. Amerada Hess Ltd. Enterprise Oil plc BG North Sea Holdings OMV (UK) Ltd.	31,25 31,25 31,25 6,25 45,0 20,0 20,0 10,0 5,0	Jura 3056–3182	0,8309–0,8871 (38,8–28,0)	5	3,4	…	1	Produktion ab 1992 über Beryl A geplant.

2 ERDÖL- UND ERDGASWIRTSCHAFT

Vorkommen Öl/Gas Block - Fundjahr -	*Operator Konsorten	%	Prod. Horizont Teufe m	Spez. Gewicht Öl g/cm³ (° API)	Gewinnbare Vorräte Öl Mill. t	Gewinnbare Vorräte Gas Mrd. m³	Produktions-Kapazität Öl Mill. t/a	Produktions-Kapazität Gas Mrd. m³/a	Plattform geplant	Bemerkungen
Orwell Gasfund Block 50/26a (50/26a-2) -1990-	* Texaco North Sea UK Ltd. Arco British Ltd.	50,0 50,0	Rotliegendes	-	-	3,2	..	..	-	Produktion per Unterwasserverbindung mit Thames ab 1993 geplant.
Pelican Ölfund Block 211/26a (211/26a-4) -1975-	* Shell UK Ltd. Esso Expl. & Prod. Ltd.	50,0 50,0	Mittl. Jura	..	8,7	-	-	-	-	Produktion ab 1993 per Unterwasserverbindung mit Cormorant A geplant.
Pickerill/Valkyrie Gasfeld Blöcke 48/11a (=34,1%)	* Arco British Ltd. Sun Oil Britain Ltd. Deminex UK Oil & Gas Superior Oil (UK) Ltd. Can. Superior (UK) Ltd.	43,34 23,33 10,0 20,0 3,33	Rotliegendes ca. 2400	-	-	23	-	5,9	2	Produktion ab 1992 per 64 km, 24"-Pipeline über Theddlethorpe zum Kraftwerk Killingholme geplant.
48/11b (=63,1%)	Conoco (UK) Ltd. Britoil plc Arco British Ltd.	35,0 40,0 25,0								
48/12c	Mobil North Sea Ltd. Brabant Oilex Ltd. Industrial Scotland Energy	85,0 5,0 10,0								
48/17b -1984-	Mobil North Sea Ltd. British Gas plc Industrial Scotland Energy Coalite Oilex Ltd.	25,5 49,5 18,0 7,0								
Puffin Gas-/Kondensatfund Blöcke 29/5a, 29/4a	* Shell UK Ltd. Arco British Ltd. Esso Expl. & Prod. Ltd. Superior Oil (UK) Ltd. Can. Superior Oil (UK) Monument Petr. Ltd	28,0 25,0 28,0 12,5 4,0 2,5	Paleozän ca. 4390	0,8017 (45,0) -Kondensat-	13	14	..	..	1	Produktion ab 1994 geplant.
29/9a, 29/10 -1981-	Shell UK Ltd. Esso Expl. & Prod. Ltd.	50,0 50,0								
Saltire (Piper East) Block 15/17 (15/17-16) -1988-	* EE Caledonia Ltd. Texaco Britain Ltd. Union Texas Petr. Ltd. Lasmo (TSP) Ltd.	36,5 23,5 20,0 20,0	Ob. Jura	0,8179 (41,5)	18,7	4	2,2	0,5	1	Produktion ab Oktober 1992 über 6,4 km 10"-Öl- u. 16"-Gaspipeline nach Piper B geplant.

GROSSBRITANNIEN

Feld	Betreiber/Beteiligte	Anteil %	Alter/Formation Teufe	Dichte	Öl	Gas	Kond.	Bohrungen	Bemerkungen
Scott (Waverley/Brunel) Ölfeld Blöcke 15/21a, 15/21b (= 50,0%) 15/22 (= 50,0%) –1984–	* Amerada Hess Ltd. Deminex UK Oil & Gas Kerr-McGee (UK) plc Pict. Petroleum plc Amoco UK Petr. Ltd. Enterprise Oil plc Amerada Hess Ltd. Mobil North Sea Ltd.	42,09 43,33 10,83 3,75 25,77 25,77 28,46 20,0	Ob. Jura (Oxford, Kimmeridge) 3660–3960	0,8373 (37,5)	60,3 + 5 Kondensat	8	8,1	1,0	2	Produktion ab Ende 1993 geplant; Öl über Forties-Leitung (80 km, 24") nach Cruden Bay, Gas über SAGE-System (13 km, 10") nach St. Fergus.
Skua Öl- u. Gasfund Block 22/24b (22/24b-7) –1986–	* Shell UK Ltd. Esso Expl. & Prod. Ltd.	50,0 50,0	? Jura	..	5	0,4	..	–	Produktion ab 1993 per Unterwasserverbindung mit Marnock geplant.
Stirling Ölfund Blöcke 16/21a (P 201 Group)	* Sun Oil Britain Ltd. Deminex UK Balmoral Clyde Expro plc Clyde Petr. (Balmoral) Lasmo (TNS) Ltd.	62,0 15,0 10,0 5,0 8,0	Devon		0,7	–	..	0,01	–	Produktion ab 1992 per Unterwasserverbindung mit Balmoral geplant.
16/21b (P 344-Group) –1982–	* Arco British Ltd. Summit North Sea Oil Goal Petroleum plc	44,2 40,0 15,8								
Strathspey Öl-, Gas- und Kondensatfeld Block 3/4a –1975–	* Texaco North Sea UK Ltd. Oryx Energy UK Ltd. Shell UK Ltd. Esso Expl. & Prod. Ltd.	67,0 6,5 13,25 13,25	Mittl. Jura, Unt. Jura, Trias ca. 3100	Öl: 0,8132–0,8251 (42,5–40,0) Kondensat: 0,7839–0,7909 (49,0–47,4)	10,4 + 1,2 Kond.	9,5	1,8 + 0,2 Kond.	1,24	..	Produktion ab August 1993 per Unterwasserverbindung mit der Ninian-Central-Plattform geplant.
Tay Ölfund 9/13b –1985–	* Mobil North Sea Ltd. Amerada Hess Ltd. Enterprise Oil plc Repsol Expl. (UK) Ltd.	50,0 20,0 10,0 20,0	Jura	0,8260–0,8368 (39,8–37,6)	1,3	–	..	–	–	Produktion ab 1992 per Unterwasserverbindung mit Beryl A geplant.
Tiffany Öl- u. Gasfeld Block 16/17 –1979–	* Agip (UK) Ltd. Fina Exploration Ltd. Brit. Gas E & P Ltd. Lasmo North Sea plc	47,48 30,0 14,0 8,52	Ob. Jura 4165–4620	0,8504–0,8602 (34,9–33,0)	16,8	3	3,2	0,6	1	Produktion ab Anfang 1993 geplant. Anschluß an Brae-Forties-Leitung.
Toni Ölfeld Block 16/17 –1977–	* Agip (UK) Ltd. Fina Exploration Ltd. Brit. Gas E & P Ltd. Lasmo North Sea plc	47,48 30,0 14,0 8,52	Ob. Jura, Mittl. Jura 3640–3960	0,8324–0,8499 (38,5–35,0)	5,3	1	0,92	0,3	–	Produktion ab Anfang 1993 per Unterwasserverbindung mit Tiffany geplant.
Venture Gasfeld Block 49/12a (49/12a-6) –1974–	* Conoco (UK) Ltd. Britoil plc	50,0 50,0	Rotliegendes	–		0,6		..	–	Produktion war ab 1990 über Viking A geplant, nach negativ verlaufener Feldesentwicklung vorläufig zurückgestellt.

2 ERDÖL- UND ERDGASWIRTSCHAFT

Erdöl und Erdgas in der Nordsee

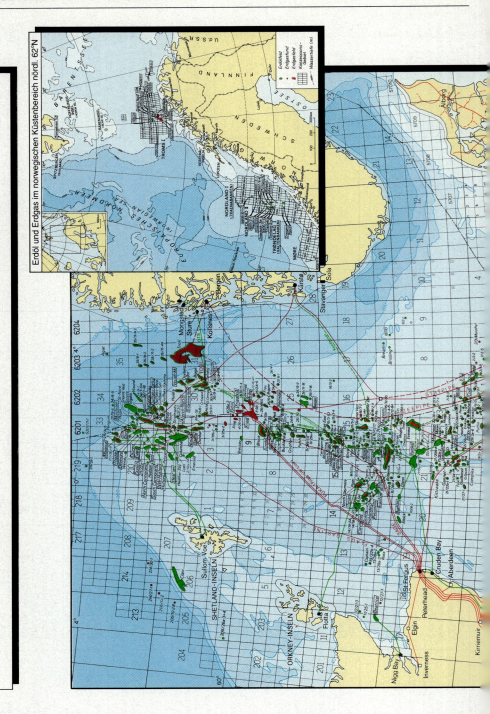

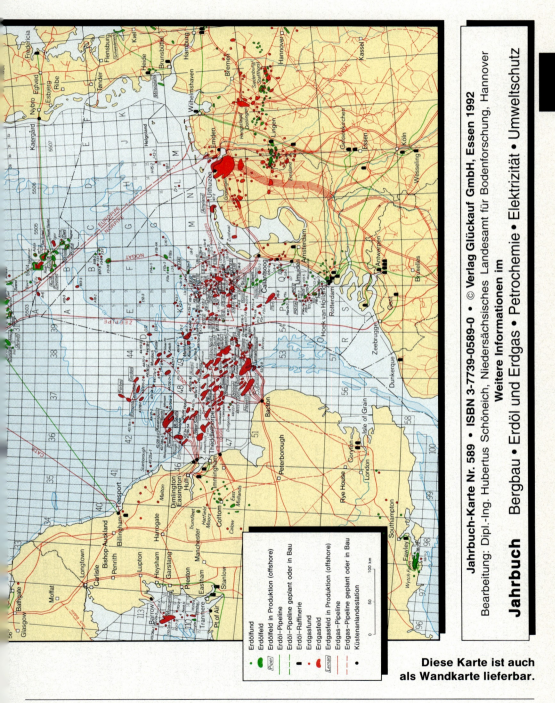

2 ERDÖL- UND ERDGASWIRTSCHAFT

3. Sonstige Vorkommen

Vorkommen Öl/Gas Block — - Fundjahr -	*Operator Konsorten	%	Prod. Horizont — Teufe m	Spez. Gewicht Öl g/cm³ (°API)	Gewinnbare Vorräte Öl Mill. t	Gewinnbare Vorräte Gas Mrd. m³	Testkapazität der Fundbohrung Öl t/d	Testkapazität der Fundbohrung Gas m³/d	Bemerkungen
Acorn Ölfund Blöcke 29/8b	* Premier Oil Exploration Ltd. Oryx Energy UK Co. Gulf Oil (GB) Ltd. Fina Exploration Ltd. Neste Exploration Ltd. Ranger Oil (UK) Ltd. The Petroleum Corp. (UK) Ltd. Stonehenge Resources (North Sea) Ltd. Unocal Expl. and Prod. Co. (UK) Ltd.	12,8 7,9 9,0 10,0 14,0 1,0 4,9 0,7 39,7	Ob. Jura ca. 4000	0,8193 (41,2)	13	–	562	–	
29/8a -1983 -	Shell UK Expl. and Prod. (UK) Ltd. Esso Expl. & Prod. Ltd.	50,0 50,0							
Alexandra Gasfund Block 49/11a (49/11a-6) -1987 -	* Phillips Petroleum Exploration Ltd. Fina Exploration Ltd. Agip Exploration (UK) Ltd.	42,22 42,78 15,0	Rotliegendes	–	–	7	–	500 000	
Arkwright Ölfund Block 22/23a (22/23a-3) -1990 -	* Amoco UK Petroleum Ltd. Enterprise Oil plc Amerada Hess. Ltd.	30,77 46,15 23,08	Paleozän	..	7	–	750	–	
Avalon Gasfund Blöcke 49/9b (49/9b-2)	* Mobil North Sea Ltd. Fina Exploration Ltd. Sovereign Oil & Gas plc Coalite Oil Exploration Ltd.	50,0 25,0 20,0 5,0	Rotliegendes	–	–	..	–	821 300	
49/4a -1990 -	Lasmo North Sea plc British Borneo Oil & Gas Ltd. Clyde Petroleum plc	75,0 15,0 10,0							
Babmaes Gasfeld Blöcke 48/12a 48/13b -1975 -	* Elf UK plc Transocean Oil (UK) Ltd. Chieftain Exploration (UK) Ltd. Gulf Oil (GB) Ltd. Picture Petroleum Exploration plc Aran Energy (GB) Ltd. Baytrust Oil Explorations Ltd. Unilon Oil Explorations Ltd. Conoco (UK) Ltd.	28,5 5,0 50,0 2,875 5,0 0,75 1,0 4,0 2,875	Rotliegendes	–	–	..	–	700 000	

GROSSBRITANNIEN

Beechnut Ölfund Block 29/9b –1985–	* Premier Oil Exploration Ltd. Fina Exploration Ltd. Neste Exploration Ltd. Hardy Oil & Gas plc The Petroleum Corp. (UK) Ltd. Oryx Energy UK Co. Ranger Oil (UK) Ltd.	22,4 24,2 18,2 13,092 9,858 7,917 4,33	Jura Ob. Trias (Rhät) 4020–4313	0,8348–0,8498 (38,0–35,0)	4,7	–	1037	–
Beinn Gas-/Kondensat- fund Block 16/7a (16/7a-30Z) –1989–	* Marathon Petroleum North Sea (GB) Ltd. Bow Valley Exploration (UK) Ltd. Sovereign Oil and Gas (UK) plc Kerr-McGee Oil & Gas Ltd. Britoil plc British Gas plc Louisiana Land and Expl. (GB) Ltd. Norsk Hydro Oil & Gas Ltd.	38,0 14,0 4,0 8,0 20,0 7,7 6,3 2,0	Mittl. Jura	..	3 –Konden- sat–	2	165 Kondensat	365 300
Bessemer Gasfund Block 49/23 (49/23-5) –1989–	* Amoco UK Petroleum Ltd. Gas Council (Exploration) Ltd. Amerada Hess Ltd. Enterprise Oil plc	30,77 30,77 23,08 15,38	Rotliegendes	–	–	..	–	1 023 600
Birch Öl- u. Gasfund Block 16/12a (16/12a 4, 8+9) –1983–	* Lasmo North Sea plc Sun Oil Britain Ltd. Hardy Oil & Gas plc British Gas Expl. and Prod. Ltd.	58,85 28,26 8,5 4,39	Ob. Jura 4083–4163	0,8319 (38,6)	3,3	..	1170	580 000
Blenheim Ölfund Block 16/21b ((16/21b-21) –1990–	* Arco British Ltd. Summit North Sea Oil Ltd. Goal Petroleum plc	44,2 40,0 15,8	..	0,8251 (40,0)	..	–	748 (stab. 550)	..
Braemar Gas-/Kondensat- fund Block 16/3b (16/3b-8+8Z) –1985–	* Marathon Oil North Sea (G.B.) Ltd. Britoil plc Bow Valley Exploration (U.K.) Ltd. Gas Council (Exploration) Ltd. Kerr-McGee Oil (U.K.) Ltd. Louisiana Land and Expl. (G.B.) Ltd. Sovereign Oil and Gas (U.K.) plc	25,97 51,0 9,56 0,96 5,47 4,31 2,73	Ob. Jura	..	..	..	..	..
Brent South Blöcke 3/4a 211/29 –1973–	* Shell U.K. Ltd. Esso Expl. & Prod. U.K. Ltd.	50,0 50,0	Mittl. Jura	0,845 (36,0)	..	–	824	–

„Deeper Pool", der Fund liegt z. T. unter dem Brae North-Feld.

2 ERDÖL- UND ERDGASWIRTSCHAFT

Vorkommen Öl/Gas Block — - Fundjahr -	*Operator Konsorten	%	Prod. Horizont — Teufe m	Spez. Gewicht Öl g/cm³ (° API)	Gewinnbare Vorräte Öl Mill. t	Gewinnbare Vorräte Gas Mrd. m³	Testkapazität der Fundbohrung Öl t/d	Testkapazität der Fundbohrung Gas m³/d	Bemerkungen
Bridgette Gasfund Block 47/4a (47/4a – 3) – 1989 –	* Gas Council (Exploration) Ltd. Fina Exploration Ltd. Agip Exploration (UK) Ltd. Lasmo North Sea plc Elf UK plc	42,22 30,0 15,0 8,52 4,26	Rotliegendes	–	–	–	–	368 200	Evtl. Erweiterung des Gasfundes Frobisher.
Cairngorm Ölfund Block 16/3a (16/3a-11) – 1990 –	* Marathon Oil North Sea (GB) Ltd. Bow Valley Exploration (UK) Ltd. Britoil plc British Gas E & P Ltd. Louisiana Land and Expl. (GB) Ltd. Sovereign Oil and Gas (UK) plc Kerr-McGee Oil (UK) Ltd. British Borneo Oil & Gas Ltd.	38,0 14,0 20,0 7,7 6,3 4,0 8,0 2,0	? Jura	..	..	–	270	–	
Callisto Gasfund Block 49/22 (49/22-6) – 1990 –	* Conoco (UK) Ltd. Mobil North Sea Ltd. Britoil plc Statoil (UK) Ltd.	20,0 50,0 25,0 5,0	Rotliegendes	–	–	..	15 Kondensat	1 268 700	
Captain Ölfund Block 13/22 (13/22-1) – 1977 –	* Texaco North Sea UK Ltd.	100,0	Kreide	Schweröl	–	–	..	–	Beachtliche Schwerölvorräte.
Cavendish Gasfund Block 43/19 (43/19-1) – 1989 –	* Lasmo North Sea plc Amoco Petroleum Ltd.	50,0 50,0	Buntsandstein	–	–	..	–	..	
Chestnut Ölfund Block 22/2a (22/2a-2) – 1984 –	* Premier Oil Exploration Ltd. Santa Fe (UK) Ltd. Fina Exploration Ltd. Norsk Hydro Oil & Gas Ltd. Swedish Petroleum Ltd. Enterprise Oil plc	30,0 10,0 20,0 12,5 15,0 12,5	Paleozän, Unterkreide, Ob. Jura 2440–2745	0,8348–0,8762 (38,0–30,0)	7	–	330	–	

GROSSBRITANNIEN

Clair Ölfeld Blöcke 206/8 206/7a 206/9 206/10a 206/12 206/13a – 1977 –	* BP Petroleum Development Ltd. Chevron Petroleum (UK) Ltd. Enterprise Oil plc Conoco (UK) Ltd. Elf U.K. plc Conoco (U.K.) Ltd. Britoil plc Gulf Oil (G.B.) Ltd. Mobil North Sea Ltd. Enterprise Oil plc Amoco U.K. Petroleum Ltd. Esso Expl. & Prod. U.K. Ltd.	36,4 36,4 36,4 9,0 25,0 25,0 25,0 25,0 33,33 33,33 33,33 100,0	Karbon, Devon (Old Red), Basement 1830–2300	0,9042–0,9218 (25,0–22,0)	50–60	14	420	–	Schweröl, Oil-in-place: 430–580 Mill. t.
Davy Gasfund Block 53/5a (53/5a-2) – 1989 –	* Amoco UK Petroleum Ltd. British Gas plc Amerada Hess Ltd. Enterprise Oil plc	22,22 50,0 16,67 11,11	Rotliegendes ca. 2560	–	–	..	–	736 300	
Dudgeon Gasfeld Block 48/21a – 1967 –	* Lasmo North Sea plc Hardy Oil and Gas plc	76,93 23,07	Rotliegendes ca. 2300	–	0,2 Kondensat	1,4	77 Kondensat	440 000	
Elgar Ölfund Block 22/2a (22/2a-7Z) – 1988 –	* Premier Oil Exploration Ltd. Santa Fe (UK) Ltd. Fina Exploration Ltd. Norsk Hydro Oil & Gas Ltd. Swedish Petroleum Ltd. Enterprise Oil plc	30,0 10,0 20,0 12,5 15,0 12,5	Eozän	0,8794 (29,4)	..	–	600	–	
Elm Ölfund Block 16/12a (16/12a-5) – 1984 –	* Lasmo North Sea plc Sun Oil Britain Ltd. Hardy Oil & Gas plc British Gas Expl. and Prod. Ltd.	58,85 28,26 8,5 4,39	Ob. Jura 4090–4164	0,8448 (36,0)	7	–	1895	–	
Ensign Gasfund Blöcke 48/14 48/15a – 1983 –	* Shell UK Expl. and Prod. Ltd. Esso Expl. & Prod. Ltd. Conoco UK Ltd. Britoil plc	50,0 50,0 50,0 50,0	Rotliegendes	–	–	..	–	637 200	

2 ERDÖL- UND ERDGASWIRTSCHAFT

Vorkommen Öl/Gas Block - Fundjahr -	*Operator Konsorten	%	Prod. Horizont / Teufe m	Spez. Gewicht Öl g/cm³ (°API)	Gewinnbare Vorräte Öl Mill. t	Gewinnbare Vorräte Gas Mrd. m³	Testkapazität der Fundbohrung Öl t/d	Testkapazität der Fundbohrung Gas m³/d	Bemerkungen
Erskine Gas-/Kondensatfund Blöcke 23/26a 23/26b – 1981 –	* BP Petroleum Development Ltd. Britoil plc Texaco North Sea UK Ltd.	100,0 51,0 49,0	Paleozän, Jura 4600–4780	0,8156 (42,0)	3,9	14	23/26b-8: 1200	1 325 000	
Europa Gasfund Block 49/22 (49/22-3) – 1972 –	* Conoco (UK) Ltd. Mobil North Sea Ltd. Britoil plc Statoil (UK) Ltd.	20,0 50,0 25,0 5,0	Rotliegendes	–	–	‥	–	‥	
Excalibur Gasfund Blöcke 48/17a 48/18a (48/17a-4) – 1988 –	* Mobil North Sea Ltd.	100,0	Rotliegendes ca. 2600	–	–	‥	–	498 400	
Fiddich Gas-/Kondensatfund Block 22/19 (22/19-1) – 1984 –	* EE Petroleum Ltd. Pennzoil (UK) Ltd. TCPL Resources Ltd. Lasmo North Sea plc Oryx Energy UK Co. Taylor Woodrow Energy Ltd. Ranger Oil (UK) Ltd.	27,042 27,042 15,656 11,386 9,0 6,0 3,875	Jura	0,7927–0,8179 (47,0–41,5)	‥	‥	500 Kondensat	991 200	
Franklin Gas-/Kondensatfeld Block 29/5b – 1986 –	* Elf UK plc Ranger Oil (UK) Ltd. Fina Exploration Ltd. Union Jack Oil Co. Ltd. Amerada Hess Ltd. British Gas plc	36,25 10,0 10,0 7,5 12,5 23,75	Paleozän, Ob. Jura ca. 5200		9–10 Kondensat	20–23	580 Kondensat	1 530 000	
Frigate Gasfund Block 48/20a (48/20a-3) – 1985 –	* Shell UK Expl. and Prod. Ltd. Esso Expl. & Prod. Ltd.	50,0 50,0	Rotliegendes	–	–	1,5	–	‥	

GROSSBRITANNIEN

Feld	Gesellschaften	Anteil (%)	Formation/Tiefe				Reserven
Frobisher Gasfund Block 47/3b (47/3b-4) –1987–	* Amoco UK Petroleum Ltd. Gas Council (Exploration) Ltd. Amerada Hess Ltd. Enterprise Oil plc	30,77 30,77 23,08 15,38	Oberkarbon ca. 3230	–	–	6,5	–	1 444 300
Frog Gasfund Block 3/30a (3/30a-3+4) –1986–	* Ranger Oil (UK) Ltd. Lasmo North Sea plc Elf UK plc Whitehall Petroleum Ltd.	35,0 48,0 12,5 4,5	? Tertiär	–	–	13	–	962 900
Fyne Ölfund Block 21/28a (21/28a-2) –1986–	* Mobil North Sea Ltd.	100,0	? Tertiär	..	4	–	..	–
Galleon Gasfund Blöcke 48/15a, 48/14, 48/20a –1969–	* Conoco (UK) Ltd. Oryx Energy UK Co. Shell UK Expl. and Prod. Ltd. Esso Expl. & Prod. Ltd.	50,0 50,0 50,0 50,0	Rotliegendes	–	–	..	–	637 200
Gannet South Ölfund Block 21/30 –1982–	* Shell UK Expl. and Prod. Ltd. Esso Expl. & Prod. Ltd.	50,0 50,0	Paleozän	Schweröl	..	–	..	–
Ganymede Gasfund Blöcke 49/17, 49/22, 49/16 (49/17-10) –1972–	* Conoco (UK) Ltd. Mobil North Sea Ltd. Britoil plc Statoil (UK) Ltd. Conoco (UK) Ltd. Britoil plc	20,0 50,0 25,0 5,0 50,0 50,0	Rotliegendes	–	–	..	–	521 100
Glenn Öl-, Gas- und Kondensatfund Block 21/2 –1975–	* Union Texas Petroleum Ltd. EE Petroleum Ltd. Clinton International North Sea Ltd. Lasmo North Sea plc Canadian Export Gas & Oil (UK) Ltd. Kelt (UK) Ltd. Marinex Petroleum of England Ltd. BP Petroleum Development Ltd. Fina Exploration Ltd. Clyde Petroleum plc Goal Petroleum plc	16,563 15,625 12,5 5,0 6,25 1,563 5,0 20,0 4,5 12,5 0,5	Unterkreide (Gas, Kondensat), Jura (Öl) ca. 3660	0,8740 (30,4)	8 Kondensat	..	21/2-1: 770 21/2-2: 250 Kondensat	524 000

2 ERDÖL- UND ERDGASWIRTSCHAFT

Vorkommen Öl/Gas Block - Fundjahr -	*Operator Konsorten	%	Prod. Horizont Teufe m	Spez. Gewicht Öl g/cm³ (° API)	Gewinnbare Vorräte Öl Mill. t	Gewinnbare Vorräte Gas Mrd. m³	Testkapazität der Fundbohrung Öl t/d	Testkapazität der Fundbohrung Gas m³/d	Bemerkungen
Guillemot (Gannet-West) Öl- und Gasfund Blöcke 21/25, 21/30	* Shell UK Expl. and Prod. Ltd. Esso Petroleum Co. Ltd.	50,0 50,0	Eozän (Gas+Öl), Ob. Jura (Schweröl)	0,8348 (38,0)	14	1,5	21/29b-7: 700	–	
21/24, 21/29a	Texaco North Sea UK Ltd. Chevron Petroleum (UK) Ltd.	50,0 50,0							
21/29b – 1979 –	Britoil plc Kerr-McGee Oil (UK) Ltd. Hunt Oil (UK) Ltd. Deminex UK Oil and Gas Ltd. Shell UK Expl. and Prod. Ltd. Esso Petroleum Co. Ltd.	11,135 29,41 7,843 28,712 11,45 11,45							
Hawkins Gas-/Kondensatfund Block 22/5a (22/5a-10) – 1988 –	* Amoco UK Petroleum Ltd. Mobil North Sea Ltd. Amerada Hess Ltd. Enterprise Oil plc	22,22 50,0 16,67 11,11	? Jura	–	–	...	100 Kondensat	821 300	
Heather SW Ölfund Block 2/5 (2/5-10) – 1979 –	* Unocal Expl. & Prod. Co. (UK) Ltd. Texaco North Sea UK Ltd. British Gas plc Norwegian Oil Co (UK) Ltd. (DNO)	31,25 31,25 31,25 6,25	Jura 2520–2593	0,8449–0,8708 (36,0–31,0)	2,4	–	820	–	
Heron Gas-/Kondensatfund Block 22/30a (22/30a-2) – 1988 –	* Shell UK Expl. and Prod. Ltd. Esso Expl. & Prod. Ltd.	50,0 50,0	Jura	...	...	...	...	...	
Iris Ölfund Block 30/29 – 1982 –	* Phillips Petroleum Exploration UK Ltd. Fina Exploration Ltd. Agip Exploration (UK) Ltd. Lasmo North Sea plc Century Power & Light Ltd. Elf UK plc	35,0 30,0 15,0 8,52 7,22 4,26	? Jura	...	–	–	...	–	

GROSSBRITANNIEN

Jacqui Ölfund Block 30/13 (30/13-3) – 1990 –	* Phillips Petroleum Exploration UK Ltd. Agip Exploration (UK) Ltd. Fina Exploration Ltd. Century Power & Light Ltd. Elf UK plc Lasmo North Sea plc	35,0 15,0 30,0 7,22 4,26 8,52	? Jura	0,8448 (36,0)	:	–	1610	–
Janice Ölfund Block 30/17a (30/17a-10) – 1990 –	* Phillips Petroleum Exploration UK Ltd. Agip Exploration (UK) Ltd. Chevron Petroleum (UK) Ltd. Gas Council (Exploration) Ltd. Lasmo North Sea plc	32,6775 32,6775 25,0 6,45 3,195	Jura	0,8348 (38,0)	:	–	1460	–
Johnson Gasfund Block 43/27 (43/27-1) – 1990 –	* Hamilton Oil (GB) plc British Gas plc Monument Petroleum Ltd. Brasoil UK Ltd. Offshore Oil & Gas Dev. Co.	35,0 35,0 12,5 10,0 7,5	Rotliegendes	–	8–14	–	–	1 064 800
Josephine Ölfeld Block 30/13 – 1970 –	* Phillips Petroleum Exploration UK Ltd. Agip Exploration (UK) Ltd. Fina Exploration Ltd. Century Power & Light Ltd. Elf UK plc Lasmo North Sea plc	35,0 15,0 30,0 7,22 4,26 8,52	Unterkreide, Jura, Zechstein, Rotliegendes 3768–3782	0,8654 (32,0)	14	:	30/13-1: 110 30/13-2: 228	–
Julia Öl- u. Gasfund Block 30/7a (30/7a-10) – 1991 –	* Phillips Petroleum Exploration UK Ltd. Gulf Oil (GB) Ltd Agip Exploration (UK) Ltd. Century Power & Light Ltd.	35,875 25,0 32,675 6,45	? Jura	0,8203 (41,0)	:	:	782	184 100
Keith Öl- u. Gasfund Block 9/8a (9/8a-14) – 1988 –	* Hamilton Oil (GB) plc Hamilton Bros. Exploration (UK) Ltd. Hamilton Bros. Petroleum (UK) Ltd. BP Petroleum Development Ltd. Elf UK plc Ultramar Exploration Ltd. Monument Resources Ltd. Hardy Oil & Gas plc	16,5 5,0 9,0 30,33 23,33 8,33 1,67 6,33	Jura	:	3–7	1	:	–
Ketch Gasfund Block 44/28b (44/28b-4) – 1988 –	* Shell UK Expl. and Prod. Ltd. Esso Expl. & Prod. Ltd.	50,0 50,0	Oberkarbon	–	:	:	–	:

2 ERDÖL- UND ERDGASWIRTSCHAFT

Vorkommen Öl/Gas Block - Fundjahr -	*Operator Konsorten	%	Prod. Horizont Teufe m	Spez. Gewicht Öl g/cm³ (° API)	Gewinnbare Vorräte		Testkapazität der Fundbohrung		Bemerkungen
					Öl Mill. t	Gas Mrd. m³	Öl t/d	Gas m³/d	
Mabel Ölfund Blöcke 16/29a	* Phillips Petroleum Exploration UK Ltd. Fina Exploration Ltd. Agip Exploration (UK) Ltd. Century Power & Light Ltd. Ultramar Exploration Ltd.	33,78 28,96 17,26 11,5 8,5	Paleozän	..	1	–	350	–	
–1975– 16/28	BP Petroleum Development Ltd.	100,0							
Maggie Gas-/Kondensat- feld Blöcke 22/4u	* Phillips Petroleum Exploration UK Ltd. Fina Exploration Ltd. Century Power & Light Ltd. Agip Exploration (UK) Ltd. Amerada Hess Ltd.	30,34 26,72 20,0 12,94 10,0	Paleozän	0,7547–0,7883 (56,0–48,0)	..	8,5	173 Kondensat	1 175 000	
16/29a	Phillips Petroleum Exploration UK Ltd. Agip Exploration (UK) Ltd. Fina Exploration Ltd. Century Power & Light Ltd. Ultramar Exploration Ltd.	33,78 17,26 28,96 11,5 8,5							
–1987– 16/29c	Phillips Petroleum Exploration UK Ltd. Fina Exploration Ltd. Agip Exploration (UK) Ltd. Century Power & Light Ltd.	36,92 31,65 18,86 12,57							
Medan Gas-Kondensat- fund Block 23/22a (23/22a-2) –1990–	* BP Petroleum Exploration Ltd. Phillips Petroleum Exploration Ltd. Fina Petroleum (UK) Ltd. Agip Exploration (UK) Ltd. Gas Council (Exploration) Ltd.	55,0 11,0 17,0 10,2 6,8	..	..	..	..	..	..	
Monan Öl- u. Gasfund Block 22/20 (22/20-2) –1990–	* BP Petroleum Development Ltd. Murphy Petroleum Ltd. Ocean Exploration Co. Ltd. Fina Petroleum Ltd. Hamilton Gruppe Ultramar Exploration Ltd. Monument Petroleum Ltd.	62,835 3,947 7,5 5,0 12,429 7,771 0,518	Tertiär	08203 (41,0)	4	..	520	87 800	

GROSSBRITANNIEN

Feld	Betreiber/Partner	Anteil %	Alter	Dichte				
Mungo Gas-/Kondensatfund Blöcke 23/16a (23/16a-3) –1989–	* BP Petroleum Exploration Ltd. Hamilton Oil (GB) plc Hamilton Bros. Petroleum (UK) Ltd. Fina Exploration Ltd. Murphy Petroleum Ltd. Ocean Exploration Co. Ltd. Monument Resources Ltd. Ultramar Exploration Ltd.	62,835 8,331 4,098 5,000 3,947 7,500 0,518 7,771	Paleozän ca. 2500	0,8251 (40,0)	16	..	150	838 300
22/20	BP Petroleum Exploration Ltd. Murphy Petroleum Ltd. Ultramar Exploration Ltd. Fina Exploration Ltd. Monument Resources Ltd.	62,8 11,5 7,8 5,0 0,5						
Orion Öl- u. Gasfund Block 30/18 (30/18-3) –1985–	* British Gas plc Hamilton Oil (GB) plc Hamilton Bros. Petroleum (UK) Ltd. Elf UK plc Ultramar Exploration Ltd. Monument Petroleum Ltd. Lasmo North Sea plc	37,5 24,0 6,0 12,5 6,25 1,25 12,5	Paleozän	0,8067 (43,9)	..	..	1 500	611 700
Peik Gas-, Öl- und Kondensatfund Block 9/15a (9/15a-1) –1987–	* Total Oil Marine plc Elf UK plc	33,33 66,67	Jura	..	3	14	150	300 200
Penguin (Magnus East) Gas-/Kondensat- fund Blöcke 211/13a 211/8a	* Shell UK Expl. and Prod. Ltd. Esso Expl. & Prod. Ltd.	50,0 50,0	Jura, Ob. Trias	0,7507 (57,0) –Kondensat–	7 Konden- sat	..	211/8a-2: 764 Kondensat	85 000
–1974–	Lasmo North Sea plc Sun Oil Britain Ltd. Hardy Oil & Gas plc EE Petroleum Ltd. Ranger Oil (UK) Ltd. Union Jack Oil plc Dyas Oil (North Sea) Ltd.	20,7 20,0 23,77 3,93 21,02 10,0 0,58						
Perth Ölfund Block 15/21b (15/21b-47) –1992–	* Amerada Hess Ltd. Deminex UK Oil and Gas Ltd. Kerr-McGee Oil (UK) Ltd. Pict. Petroleum Exploration Ltd.	42,084 43,333 10,833 3,750	Ob. Jura	0,8681 (31,5)	14	–	811	–

2 ERDÖL- UND ERDGASWIRTSCHAFT

Vorkommen Öl/Gas Block — - Fundjahr -	*Operator Konsorten	%	Prod. Horizont — Teufe m	Spez. Gewicht Öl g/cm³ (°API)	Gewinnbare Vorräte Öl Mill. t	Gewinnbare Vorräte Gas Mrd. m³	Testkapazität der Fundbohrung Öl t/d	Testkapazität der Fundbohrung Gas m³/d	Bemerkungen
Pierce Ölfund Block 23/27 (23/27-3) – 1976 –	* Ranger Oil (UK) Ltd. BP Petroleum Exploration Ltd. Enterprise Oil plc Peko Exploration (UK) Ltd.	20,0 36,25 40,0 3,75	Paleozän	0,8235–0,8348 (40,3–38,0)	7	–	400	56 000	
Pine Ölfund Block 16/12a (16/12a-14) – 1991 –	* Lasmo (TNS) Ltd. Sun Oil Britain Ltd. Hardy Oil & Gas (UK) Ltd. British Gas Expl. and Prod. Ltd.	58,85 28,26 8,50 4,39	Ob. Jura 3996	0,8348 (38,0)	..	–	1 694	71 900	
Piper South Ölfund Block 15/17 (15/17-9) – 1982 –	* EE Petroleum Ltd. Texaco North Sea UK Ltd. Union Texas Petroleum Ltd. Lasmo North Sea plc	36,5 23,5 20,0 20,0	Ob. Jura	0,8438 (36,2)	4-8	–	270 15/17-10: 930	–	
Renee Ölfeld Block 15/27 – 1976 –	* Phillips Petroleum Exploration UK Ltd. Fina Exploration Ltd. Agip Exploration (UK) Ltd. British Gas plc Ultramar Exploration Ltd.	43,78 18,96 17,26 11,5 8,5	Ob. Jura ca. 3000	0,8299–0,8398 (39,0–37,0)	25–30	–	1100	–	
Ross Ölfund Block 13/29a (13/29a-1) – 1981 –	* Ultramar Exploration Ltd. British Gas plc BP Petroleum Development Ltd. Picture Petroleum Exploration Ltd.	16,33 21,0 57,67 5,0	Jura	0,8251 (40,0)	6–7	–	543	–	
Sail Ölfund Block 14/20b (14/20b-18) – 1987 –	* Texaco North Sea UK Ltd.	100,0	Kreide	0,8816 (29,0)	4	–	943	4 000	
Scarborough Gasfund Block 41/24a – 1969 –	* Total Oil Marine plc Elf UK plc	33,33 66,67	Zechstein 1118–1213	–	–	..	120 Kondensat	300 000	

GROSSBRITANNIEN

Sean East Gasfund Block 49/25a (49/25a-5) – 1983 –	* Shell UK Expl. and Prod. Ltd. Esso Expl. & Prod. Ltd.	50,0 50,0	Rotliegendes	–	:	–	–	465 000
Sedgewick Ölfund Block 16/6a (16/6a-2) – 1985 –	* Conoco (UK) Ltd. Britoil plc Enterprise Oil plc	25,0 25,0 50,0	? Jura	Schweröl	:	–	260	–
Shirley Öl- u. Gasfund Block 16/27a (16/27-3) – 1981 –	* Lasmo North Sea plc Fina Exploration Ltd. Agip Exploration (UK) Ltd. Century Power & Light Ltd.	43,52 30,0 17,88 8,6	? Jura	:	:	28	:	:
Silver Pit Gasfund Block 44/28 (44/28-3) – 1987 –	* Shell UK Expl. and Prod. Ltd. Esso Expl. & Prod. Ltd.	50,0 50,0	Oberkarbon	–	–	7	–	–
Thelma Öl- u. Gasfeld Block 16/17 – 1976 –	* Agip (UK) Ltd. Fina Exploration Ltd. British Gas E & P Ltd. Lasmo North Sea plc	47,48 30,0 14,0 8,52	Ob. Jura, Mittl. Jura 4062–4190	0,8063–0,8550 (44,0–34,0)	8	2	810	340 000
Tristan Gasfund Block 49/29b (49/29b-2) – 1976 –	* Mobil North Sea Ltd.	100,0	Rotliegendes	–	–	:	–	–
Wendy Ölfund Block 210/15a (210/15a-2) – 1977 –	* Phillips Petroleum Exploration UK Ltd. Fina Exploration Ltd. Agip Exploration (UK) Ltd. Century Power & Light Ltd. Amoco UK Petroleum Ltd. Deminex UK Oil and Gas Ltd.	28,196 11,004 16,8 8,8 8,5 26,7	Jura 2055–2075	0,8368 (37,6)	1,3	–	635	–
Westray Öl- u. Gasfund Block 15/17a (15/17-24) – 1990 –	* EE Petroleum Ltd. Texaco North Sea UK Ltd. Union Texas Petroleum Ltd. Lasmo North Sea plc	36,5 23,5 20,0 20,0	Ob. Jura	0,8063 (44,0)	9	:	837	354 000

2 ERDÖL- UND ERDGASWIRTSCHAFT

Vorkommen Öl-/Gas Block - Fundjahr -	*Operator Konsorten	%	Prod. Horizont Teufe m	Spez. Gewicht Öl g/cm³ (°API)	Gewinnbare Vorräte		Testkapazität der Fundbohrung		Bemerkungen
					Öl Mill. t	Gas Mrd. m³	Öl t/d	Gas m³/d	
Wissey (Scram) Gasfund Block 53/4a – 1967 –	* Arco British Ltd. EE Petroleum Ltd. Britoil (Development) Ltd.	50,0 25,0 25,0	Zechstein, Rotliegendes 1670–1730	–	–	2	–	1 500 000	
Wollaston Gasfund Block 42/28a (42/28a-2) – 1969 –	* Amoco UK Petroleum Ltd. Amerada Hess Ltd. Gas Council (Exploration) Ltd. Enterprise Oil plc	30,77 23,08 30,77 15,38	Rotliegendes	–	..	..	–	926 000	
2/10a-1A Ölfund – 1978 –	* Chevron Petroleum (UK) Ltd. Sovereign Oil & Gas plc Britoil plc Westburne Drilling & Expl. (UK) Ltd. Enterprise Oil plc	25,0 40,375 15,0 2,125 17,5	Mittl. Jura 3656–3695	0,8251 (40,0)	–	–	–	–	
3/3-11 Ölfund – 1989 –	* Chevron Petroleum (UK) Ltd. Enterprise Oil plc Murphy Petroleum Ltd. Britoil plc Ocean Exploration Co. Ltd.	24,0 26,0 10,0 30,0 10,0	Jura	..	..	–	375	–	
3/19a-1 Ölfund – 1973 –	* Total Oil Marine plc Elf UK plc	26,67 73,33	Eozän	–	–	28	–	–	
3/19a-4 Gasfund – 1991 –	* Total Oil Marine plc Elf UK plc	26,67 73,33	Eozän	–	–	..	–	720 000	
3/19b-2 Ölfund – 1988 –	* Shell UK Expl. and Prod. Ltd. Esso Petroleum Co. Ltd.	50,0 50,0	? Eozän	..	..	–	..	–	
3/25a-2 Ölfund – 1974 –	* Total Oil Marine plc Elf UK plc	33,33 66,67	Paleozän	–	–	30	–	–	
4/26-1A Gasfund – 1985 –	* Ranger Oil (UK) Ltd. Elf UK plc Whitehall Petroleum Ltd.	54,06 33,78 12,16	Jura	..	..	..	–	1 144 000	

GROSSBRITANNIEN

Bohrung / Art / Jahr	Beteiligte Gesellschaften	Anteil %	Stratigraphie	Dichte (°API)					Bemerkungen
4/26-2 Gasfund – 1989 –	* Ranger Oil (UK) Ltd. Elf UK plc Whitehall Petroleum Ltd.	54,06 33,78 12,16	Eozän	–	–	4,2	–	–	
9/10b-1 Gas-/Kondensatfund – 1978 –	* Total Oil Marine plc Elf UK plc	33,33 66,67	Mittl. Jura	–	–	..	–	..	
9/13a-23 Öl- und Gasfund – 1985 –	* Mobil North Sea Ltd. Amerada Hess Ltd. Enterprise Oil plc BG North Sea Hold. Ltd. OMV (UK) Ltd.	45,0 20,0 20,0 10,0 5,0	Ob. Jura, Mittl. Jura	..	2,7	..	..	..	
9/14b-4 Ölfund – 1990 –	* Britoil plc BP Petroleum Development Ltd. Hamilton Oil (GB) plc Elf UK plc Monument Petroleum Ltd.	51,0 19,6 17,64 11,025 0,735	Tertiär	..	..	–	350	–	
9/19-2 Öl- und Gasfund – 1976 –	* Conoco (UK) Ltd. Repsol Expl. (UK) Ltd. BP Petroleum Development Ltd.	33,33 33,33 33,33	Ob. Jura, Trias	0,8398 (37,0)	..	..	750	773 000	
9/19-3 Gas-/Kondensatfund – 1976 –	* Conoco (UK) Ltd. Repsol Expl. (UK) Ltd. BP Petroleum Development Ltd.	33,33 33,33 33,33	Tertiär, Jura	..	..	..	..	..	
9/19-5A Gas-/Kondensatfund – 1979 –	* Conoco (UK) Ltd. Repsol Expl. (UK) Ltd. BP Petroleum Development Ltd.	33,33 33,33 33,33	Mittl. Jura ca. 4110	0,7883 (48,0)	..	..	250 Kondensat	1 050 000	
9/19-8Z Ölfund – 1991 –	* Conoco (UK) Ltd. Repsol Expl. (UK) Ltd. BP Petroleum Development Ltd.	33,33 33,33 33,33	Eozän	..	..	..	..	–	Separater Fund nahe Gryphon.
9/24b-1A Kondensatfund – 1983 –	* BP Petroleum Development Ltd. Goal Petroleum plc	80,0 20,0	Jura	..	..	..	335 Kondensat	550 000	
9/29-1 Gas-/Kondensatfund – 1991 –	* Hamilton Oil (GB) plc Hamilton Bros. Petroleum (UK) Ltd. BP Petroleum Development Ltd. Ultramar Exploration Ltd. Elf UK plc Monument Oil and Gas Ltd.	22,33 14,0 30,33 8,33 23,33 1,67	..	0,7927 (47,0)	..	..	164 (Kondensat)	651 400	

2 ERDÖL- UND ERDGASWIRTSCHAFT

Vorkommen Öl/Gas Block — - Fundjahr -	*Operator Konsorten	%	Prod. Horizont — Teufe m	Spez. Gewicht Öl g/cm³ (°API)	Gewinnbare Vorräte Öl Mill. t	Gewinnbare Vorräte Gas Mrd. m³	Testkapazität der Fundbohrung Öl t/d	Testkapazität der Fundbohrung Gas m³/d	Bemerkungen
11/25-1 Ölfund -1984-	* Shell UK Expl. and Prod. Ltd. Esso Expl. & Prod. Ltd.	50,0 50,0	Ob. Jura	..	..	–	..	–	
12/21-3 Ölfund -1984-	* Britoil plc BP Petroleum Development Ltd. Deminex UK Oil and Gas Ltd. Hunt Oil (UK) Ltd. Kerr-McGee Oil (UK) Ltd. Fina Exploration Ltd. Agip Exploration (UK) Ltd.	21,5 8,6 22,0 5,0 25,0 6,45 11,45	Ob. Jura	..	..	–	..	–	
12/27a-1 Gasfund -1983-	* Premier Oil Exploration Ltd. Arco British Ltd. Fina Exploration Ltd. Clyde Petroleum (Alpha) Ltd. Petroswede (UK) Ltd.	30,56 11,11 30,56 11,11 16,66	Jura	–	–	..	–	269 000	
13/22b-4 Gas-/Kondensatfund -1990-	* Kerr-McGee Oil & Gas Ltd. Phillips Petroleum Exploration UK Ltd. Norsk Hydro Oil & Gas Ltd. Monument Petroleum Ltd. Fishermen's Petroleum Co. plc	39,0 30,0 20,0 10,0 1,0	..	–	..	..	665 (Kondensat)	660 000	Sep. Struktur südl. Captain.
13/28a-2 Ölfund -1982-	* EE Petroleum Ltd. Texaco North Sea UK Ltd. Union Texas Petroleum Ltd. Lasmo North Sea plc	36,5 23,5 20,0 20,0	Ob. Jura	..	..	–	..	–	
13/28a-3 Ölfund -1982-	* EE Petroleum Ltd. Texaco North Sea UK Ltd. Union Texas Petroleum Ltd. Lasmo North Sea plc	36,5 23,5 20,0 20,0	Ob. Jura	..	..	–	..	–	
13/30-3 Gas-/Kondensatfund -1986-	* Britoil plc Phillips Petroleum Exploration UK Ltd. Fina Exploration Ltd. Agip Exploration (UK) Ltd. Century Power & Light Ltd. Ultramar North Sea Ltd. British Electric Traction Co. Ltd.	55,0 15,2 13,03 7,77 4,05 2,7 2,25	Unterkreide	..	..	..	..	..	

GROSSBRITANNIEN

14/18a-1 Ölfund – 1978 –	* EE Petroleum Ltd. Texaco North Sea UK Ltd. Union Texas Petroleum Ltd. Lasmo North Sea plc Britoil plc	17,885 11,515 9,8 9,8 51,0	Ob. Jura	0,8922 (27,1)	6	–	200	–
14/19-23 Ölfund – 1989 –	* EE Petroleum Ltd. Texaco North Sea UK Ltd. Union Texas Petroleum Ltd. Lasmo North Sea plc	36,5 23,5 20,0 20,0	? Ob. Jura	0,8256 (39,9)	5	–	328	–
14/19-24 Ölfund – 1990 –	* EE Petroleum Ltd. Texaco North Sea UK Ltd. Union Texas Petroleum Ltd. Lasmo North Sea plc	36,5 23,5 20,0 20,0	? Ob. Jura	0,8602 (33,0)	··	–	348	14 200
14/20b-20 Ölfund – 1988 –	* Texaco North Sea UK Ltd.	100,0	Ob. Jura 4426–4449	0,8212 (40,8)	3,3	–	760	57 000
15/13a-2 Ölfund – 1975 –	* BP Petroleum Development Ltd. Iranian Oil Co. (UK) Ltd.	50,0 50,0	Ob. Jura	··	5	–	··	–
15/18a-6 Ölfund – 1986 –	* Shell UK Expl. and Prod. Ltd. Esso Expl. & Prod. Ltd.	50,0 50,0	? Jura	··	··	··	··	–
15/21a-38Z Ölfund – 1988 –	* Amerada Hess Ltd. Deminex UK Oil and Gas Ltd. Kerr-McGee Oil (UK) Ltd. Pict. Petroleum Exploration Ltd.	42,084 43,333 10,833 3,750	Ob. Jura	0,8871 (28,0)	··	··	335	–
15/21a-44 Ölfund – 1991 –	* Amerada Hess Ltd. Deminex UK Oil and Gas Ltd. Kerr-McGee Oil (UK) Ltd. Pict. Petroleum Exploration Ltd.	42,084 43,333 10,833 3,750	Ob. Jura	··	··	··	370	–
15/21a-46 Ölfund – 1992 –	* Amerada Hess Ltd. Deminex UK Oil and Gas Ltd. Kerr-McGee Oil (UK) Ltd. Pict. Petroleum Exploration Ltd.	42,084 43,333 10,833 3,750	Ob. Jura	0,8348 (38,0)	··	··	430	–
15/24a-4 Gas-/Kondensat- fund – 1990 –	* Hamilton Oil (GB) plc British Sun Oil Co. Ltd. Elf UK plc Enterprise Oil plc Ultramar Exploration Ltd. Monument Petroleum Ltd.	27,25 30,33 23,33 9,1 8,33 1,66	? Oberer Jura	0,7927 (47,0)	··	··	378 (Konden- sat)	311 520 Sep. Struktur östl. Scott.

2 ERDÖL- UND ERDGASWIRTSCHAFT

Vorkommen Öl/Gas Block — Fundjahr —	*Operator Konsorten	%	Prod. Horizont — Teufe m	Spez. Gewicht Öl g/cm³ (°API)	Gewinnbare Vorräte Öl Mill. t	Gewinnbare Vorräte Gas Mrd. m³	Testkapazität der Fundbohrung Öl t/d	Testkapazität der Fundbohrung Gas m³/d	Bemerkungen
15/24b-3 Ölfund – 1990 –	* Conoco (UK) Ltd. Lasmo North Sea plc	60,0 40,0	Tertiär	0,8448 (36,0)	2,7	–	510	35 680	
15/25b-3 Ölfund – 1990 –	* Conoco (UK) Ltd. Tricentrol North Sea Ltd. Enterprise Oil plc Hispanoil UK Ltd. Elf UK plc	35,0 20,0 7,0 15,0 23,0	Paleozän	0,8299 (39,0)	..	–	355	11 890	Sep. Struktur nahe Glamis.
15/28b-4 Öl- und Gasfund – 1985 –	* Britoil plc Union Oil Co. of Great Britain Deminex UK Oil and Gas Ltd. Goal Petroleum plc Kelt UK Barclays North Sea Ltd.	27,0 24,0 23,0 11,0 9,0 6,0	Tertiär	..	..	–	400	88 000	
16/3a-4 Gas-/Kondensat-fund – 1984 –	* Marathon Oil North Sea (GB) Ltd. Bow Valley Exploration (UK) Ltd. Britoil plc British Gas E & P Ltd. Louisiana Land and Expl. (GB) Ltd. Sovereign Oil and Gas (UK) plc Kerr-McGee Oil (UK) Ltd. British Borneo Oil & Gas Ltd.	38,0 14,0 20,0 7,7 6,3 4,0 8,0 2,0	Jura	..	..	..	200 Kondensat	87 800	
16/8a-1 Öl- u. Gasfund – 1972 –	* Shell UK Expl. and Prod. Ltd. Esso Expl. & Prod. Ltd.	50,0 50,0	Paleozän, Zechstein ca. 4570	..	..	8,5	..	..	Sauergas
16/8a-4 Öl-, Gas- und Kondensatfund – 1984 –	* Shell UK Expl. and Prod. Ltd. Esso Expl. & Prod. Ltd.	50,0 50,0	? Paleozän	..	..	..	..	..	„Gute Testzuflüsse"
16/13a-2 Gas-/Kondensat-fund – 1984 –	* BP Petroleum Dev. Ltd. Deminex UK Oil and Gas Ltd. Ranger Oil (UK) Ltd. Plascom Ltd. Fina Exploration Ltd. Eason North Sea Ltd.	54,0 10,0 1,5 3,0 28,5 3,0	Mittl. Jura (Callovian) ca. 4300	..	..	..	500 Kondensat	1 530 000	

GROSSBRITANNIEN

16/13a-3 Ölfund – 1985 –	* BP Petroleum Development Ltd. Deminex UK Oil and Gas Ltd. Ranger Oil (UK) Ltd. Plascom Ltd. Fina Exploration Ltd. Eason North Sea Ltd.	54,0 10,0 1,5 3,0 28,5 3,0	Paleozän	0,8348 (38,0)	7–14	..	16/13a-4: 700 105 000
16/18-1 Gas-/Kondensat- fund – 1983 –	* Mobil North Sea Ltd. Britoil plc	49,0 51,0	Jura	..	..	..	650 464 500 Kondensat
16/22-2 Ölfund – 1977 –	* Total Oil Marine plc Elf UK plc Union Texas Petroleum Ltd. Texaco North Sea UK Ltd. Occidental Petroleum (Caledonia) Ltd. Lasmo North Sea plc	26,67 53,33 3,4 3,995 6,205 6,4	Ob. Jura ca. 3 710	0,8324 (38,5)	..	–	320 48 100
16/22-5 Ölfund – 1989 –	* Total Oil Marine plc Elf UK plc Union Texas Petroleum Ltd. Texaco North Sea UK Ltd. EE Petroleum Ltd. Lasmo North Sea plc	26,67 53,33 3,4 3,995 6,205 6,4	Ob. Jura	..	..	..	300 –
16/23-4 Ölfund – 1985 –	* Conoco (UK) Ltd. Gulf Oil (GB) Ltd. Britoil plc	33,33 33,33 33,33	? Paleozän	..	..	..	.. –
21/3a-4 Gas-/Kondensat- fund – 1985 –	* Sovereign Oil & Gas plc Nedlloyd Energy Co. Elf UK plc Total Oil Marine plc	12,5 12,5 50,0 25,0	? Tertiär	0,7669 (53,0)	..	..	380 1 260 000 Kondensat
21/15a-2 Öl- u. Gasfund – 1981 –	* BP Petroleum Development Ltd. Deminex UK Oil and Gas Ltd. Kerr-McGee Oil (UK) Ltd. Hunt Oil (UK) Ltd. Conoco (UK) Ltd. Peko Petroleum (UK) Ltd.	51,08 7,67 6,25 3,0 28,0 4,0	Paleozän 3603–3615	0,8203 (41,0)	..	..	575 ..
21/19-1 Ölfund – 1981 –	* Shell UK Expl. and Prod. Ltd. Esso Exploration & Production Ltd. CSX Oil & Gas (UK) Corp. Hardy Oil & Gas plc Inlet Petroleum (Caledonia) Ltd. Elf UK plc	25,0 25,0 22,5 10,0 10,0 7,5	Jura	..	..	–	.. –

Vorkommen Öl/Gas Block -Fundjahr-	*Operator Konsorten	%	Prod. Horizont Teufe m	Spez. Gewicht Öl g/cm³ (°API)	Gewinnbare Vorräte Öl Mill. t	Gewinnbare Vorräte Gas Mrd. m³	Testkapazität der Fundbohrung Öl t/d	Testkapazität der Fundbohrung Gas m³/d	Bemerkungen
21/19-3 Ölfund -1990-	* Shell UK Expl. and Prod. Ltd. Esso Exploration & Production Ltd. CSX Oil & Gas (UK) Corp. Hardy Oil & Gas plc Inlet Petroleum (Caledonia) Ltd. Elf UK plc	25,0 25,0 22,5 10,0 10,0 7,5	..	..	..	–	..	–	
21/20a-2 Ölfund	* Shell UK Expl. and Prod. Ltd. Esso Expl. & Prod. Ltd. Amerada Hess Ltd. Enterprise Oil plc Mobil North Sea Ltd.	12,885 12,885 18,08 36,15 20,0	Ob. Jura	..	..	–	1 300	–	
21/20b-4 Öl- u. Gasfund	* Shell UK Epl. and Prod. Ltd. Esso Expl. & Prod. Ltd.	50,0 50,0	Jura	0,8179 (41,5)	..	..	858	215 200	
Block 21/20a -1991-	* Shell UK Expl. and Prod. Ltd. Esso Expl. & Prod. Ltd. Amerada Hess Ltd. Enterprise Oil plc Mobil North Sea Ltd.	12,885 12,885 18,08 36,15 20,0							
21/23b-1 Öl- u. Gasfund -1982-	* Shell UK Expl. and Prod. Ltd. Esso Expl. & Prod. Ltd.	50,0 50,0	Tertiär	–	–	–	–	–	
21/24-1 Ölfund -1978-	* Texaco North Sea UK Ltd. Chevron Petroleum (UK) Ltd.	50,0 50,0	Ob. Jura	0,8762 (30,0)	..	..	677	..	
21/24-2 Ölfund -1984-	* Texaco North Sea UK Ltd. Chevron Petroleum (UK) Ltd.	50,0 50,0	Tertiär	0,8348 (38,0)	..	–	560	–	
21/24-3 Öl- u. Gasfund -1985-	* Texaco North Sea UK Ltd. Chevron Petroleum (UK) Ltd.	50,0 50,0	..	..	..	..	..	..	
21/25-6 Ölfund -1984-	* Shell UK Expl. and Prod. Ltd. Esso Expl. & Prod. Ltd.	50,0 50,0	Jura	..	..	–	–	–	

GROSSBRITANNIEN

Bohrung / Fund / Jahr	Betreiber	Anteile (%)	Alter / Teufe	Dichte							Bemerkungen
21/25-8 Ölfund – 1989 –	* Shell UK Expl. and Prod. Ltd. Esso Expl. & Prod. Ltd.	50,0 50,0	Jura	..	–	..	–	..	–	–	Schweröl
21/27-1 Ölfund – 1989 –	* Fina Exploration Ltd. Mobil North Sea Ltd. Repsol Exploration (UK) Ltd. Amerada Hess Ltd.	32,5 32,5 20,0 15,0	Eozän	0,9593 (16,0)	–	..	–	..	137	–	
21/30-12 Ölfund – 1984 –	* Shell UK Expl. and Prod. Ltd. Esso Expl. & Prod. Ltd.	50,0 50,0	Tertiär	..	–	..	–	..	..	–	
21/30-13 Öl- u. Gasfund – 1989 –	* Shell UK Expl. and Prod. Ltd. Esso Expl. & Prod. Ltd.	50,0 50,0	? Jura	..	..	..	..	..	..	..	
21/30-14 Ölfund Block 21/30 – 1989 –	* Shell UK Expl. and Prod. Ltd. Esso Expl. & Prod. Ltd.	50,0 50,0	? Jura	..	–	..	480	..	..	–	
22/2a-5 Ölfund – 1986 –	* Premier Oil Exploration Ltd. Santa Fe (UK) Ltd. Fina Exploration Ltd. Norsk Hydro Oil & Gas Ltd. Swedish Petroleum Ltd. Enterprise Oil plc	30,0 10,0 20,0 12,5 15,0 12,5	Eozän	..	–	..	–	..	..	–	
22/12a-1 Öl- u. Gasfund – 1987 –	* BP Petroleum Development Ltd. Mobil North Sea Ltd.	40,0 60,0	Tertiär	..	..	..	..	..	..	..	
22/13a-1 Ölfund – 1988 –	* Sun Oil Britain Ltd. BP Petroleum Development Ltd. Deminex UK Oil and Gas Ltd. Clyde Petroleum plc Lasmo North Sea plc	32,0 30,0 15,0 13,0 10,0	Jura ca. 3900	..	25	..	–	..	630	–	
22/22b-2 Öl- u. Gasfund – 1992 –	* Shell UK Expl. and Prod. Ltd. Esso Expl. & Prod. Ltd.	50,0 50,0	..	0,8251 (40,0)	..	..	..	..	312	184 100	Tests bei gedrosselter Düse
22/24d-10 Ölfund – 1991 –	* Shell UK Expl. and Prod. Ltd. Esso Expl. & Prod. Ltd.	50,0 50,0	..	..	..	..	–	..	..	–	

2 ERDÖL- UND ERDGASWIRTSCHAFT

Vorkommen Öl/Gas Block - Fundjahr -	*Operator Konsorten	%	Prod. Horizont Teufe m	Spez. Gewicht Öl g/cm³ (°API)	Gewinnbare Vorräte Öl Mill. t	Gewinnbare Vorräte Gas Mrd. m³	Testkapazität der Fundbohrung Öl t/d	Testkapazität der Fundbohrung Gas m³/d	Bemerkungen
22/27a-3 Ölfund -1992-	* Ranger Oil (UK) Ltd. Lasmo North Sea plc Enterprise Oil plc Santos Europe Ltd. Sun Oil Britain Ltd.	41,62 23,41 18,0 3,75 13,22	..	..	..	–	..	–	„Öl entdeckt, aber keine Tests durchgeführt"
22/30a-5 Gas-/Kondensatfund -1989-	* Shell UK Expl. and Prod. Ltd. Esso Expl. & Prod. Ltd.	50,0 50,0	? Jura	..	..	..	..	..	
22/30b-3 Gas-/Kondensatfund -1988-	* Arco British Ltd. Shell UK Expl. and Prod. Ltd. Esso Expl. & Prod. Ltd. Superior Oil (UK) Ltd. Canadian Superior Oil (UK) Ltd. Monument Petroleum Ltd.	25,0 28,0 28,0 12,5 4,0 2,5	? Jura	..	..	..	..	..	Gasausbruch
22/30c-8 Gas-/Kondensatfund -1991-	* Elf UK plc Agip Exploration (UK) Ltd. Hardy Oil & Gas (UK) Ltd.	45,0 35,0 20,0	Jura	..	..	..	410 Kondensat	368 200	Wegen hohen Drucks u. hoher Temperatur nur unterer Trägerbereich getestet.
23/27a-8 Ölfund -1991-	* Ranger Oil (UK) Ltd. BP Petroleum Exploration Ltd. Enterprise Oil plc Peko Exploration (UK) Ltd.	20,0 36,25 40,0 3,75	Paleozän	0,8348 (38,0)	..	–	823	–	
29/2a-2 Gas-/Kondensatfund -1985-	* Conoco (UK) Ltd. Watson Petroleum Inc. (Lasmo) Ranger Oil (UK) Ltd. Enterprise Oil plc Union Jack Oil Co. Ltd. Hardy Oil and Gas plc	34,5 14,705 14,515 19,41 6,27 10,6	Jura	..	..	..	230 Kondensat	747 600	
29/2a-6 Öl- u. Gasfund -1991-	* Conoco (UK) Ltd. Watson Petroleum Inc. (Lasmo) Ranger Oil (UK) Ltd. Enterprise Oil plc Union Jack Oil Co. Ltd. Hardy Oil and Gas plc	34,5 14,705 14,515 19,41 6,27 10,6	? Jura	0,8299 (39,0)	..	..	1 907	209 570	

GROSSBRITANNIEN

29/6a-3 Ölfund – 1987 –	* EE Petroleum Ltd. BP Petroleum Development Ltd. Can. Export Gas and Oil (UK) Ltd. Union Texas Petroleum Ltd. Britoil plc Lasmo North Sea plc Clyde Petroleum plc Marinex Petr. of England Ltd. Fina Petroleum Ltd. Goal Petroleum plc	31,775 18,125 3,125 6,25 5,0 20,1 10,625 2,5 2,25 0,25	Paleozän	0,8871 (28,0)	10	–	705	8 500
29/7-4 Ölfund – 1990 –	* Shell UK Expl. and Prod. Ltd. Esso Exploration & Production Ltd.	50,0 50,0	..	..	..	–	..	–
30/1c-3 Gas-/Kondensat- fund – 1985 –	* BP Petroleum Development Ltd.	100,0	? Paleozän	..	..	28	..	..
30/1c-4 Ölfund – 1986 –	* BP Petroleum Development Ltd.	100,0	? Paleozän	..	..	–	..	..
30/2a-1 Gas-/Kondensat- fund – 1971 –	* BP Petroleum Development Ltd. Hamilton Oil (GB) plc Hamilton Bros. Petroleum (UK) Ltd. Monument Petroleum Ltd. Elf UK plc Goal Petroleum plc Enterprise Oil plc Arco British Ltd. Ocean Exploration Co. Ltd. Murphy Petroleum Ltd.	21,5 15,0 5,0 1,0 15,125 6,375 14,0 15,0 3,5 3,5	Paleozän	..	20 Konden- sat	..	..	..
30/2a-2 Gas-/Kondensat- fund – 1991 –	* BP Petroleum Development Ltd. Hamilton Oil (GB) plc Hamilton Bros. Petroleum (UK) Ltd. Monument Petroleum Ltd. Elf UK plc Goal Petroleum plc Enterprise Oil plc Arco British Ltd. Ocean Exploration Co. Ltd. Murphy Petroleum Ltd.	21,5 15,0 5,0 1,0 15,125 6,375 14,0 15,0 3,5 3,5	Paleozän	..			145	351 200

2 ERDÖL- UND ERDGASWIRTSCHAFT

Vorkommen Öl/Gas Block — Fundjahr -	*Operator Konsorten	%	Prod. Horizont — Teufe m	Spez. Gewicht Öl g/cm³ (° API)	Gewinnbare Vorräte Öl Mill. t	Gewinnbare Vorräte Gas Mrd. m³	Testkapazität der Fundbohrung Öl t/d	Testkapazität der Fundbohrung Gas m³/d	Bemerkungen
30/3a-1 Ölfund – 1989 –	* Britoil plc Phillips Petroleum Exploration Ltd. Fina Petroleum Ltd. Agip Exploration (UK) Ltd. Century Power & Light Ltd. Ultramar Exploration Ltd. Brit. Electric Traction Ltd.	50,0 16,89 14,48 8,63 4,5 3,0 2,5	? Paleozän	..	..	–	..	–	
30/6-3 Ölfund – 1984 –	* Shell UK Expl. and Prod. Ltd. Esso Expl. & Prod. Ltd.	50,0 50,0	? Oberkreide	..	..	–	..	–	
30/12b-2 Ölfund – 1981 –	* Amoco UK Petroleum Ltd. Enterprise Oil plc Mobil North Sea Ltd. Amerada Hess Ltd.	25,77 36,15 20,0 18,08	Jura 3960–4000	0,8156 (42,0)	6	–	875	–	
30/14-1 Öl- u. Gasfund – 1989 –	* Fina Exploration Ltd. Shell UK Expl. and Prod. Ltd. Esso Expl. & Prod. Ltd.	25,0 25,0 50,0	Paleozän	..	..	..	..	..	
30/17b-5 (Clyde-Gamma) Ölfund – 1979 –	* Britoil plc Shell UK Expl. and Prod. Ltd. Esso Expl. & Prod. Ltd.	51,0 24,5 24,5	Ob. Jura	0,8383 (37,3)	..	–	470	–	
30/17b-9 (Clyde-Alpha) Ölfund – 1983 –	* Britoil plc Shell UK Expl. and Prod. Ltd. Esso Expl. & Prod. Ltd.	51,0 24,5 24,5	Ob. Jura	..	..	–	930	–	
41/25a-1 Gasfund – 1969 –	* Total Oil Marine plc Elf UK plc	33,33 66,66	Zechstein	–	–	..	–	..	
42/15b-1 Gasfund – 1984 –	* Total Oil Marine plc Clinton Int. North Sea Ltd. EE Petroleum Ltd. Enterprise Oil plc Kelt UK Ltd. Fina Petroleum Ltd. Marinex Petr. of England Ltd. Goal Petroleum plc Oryx Energy UK Co.	45,946 12,821 14,223 5,688 5,128 5,397 5,128 0,541 5,128	Buntsandstein 1025–1042	–	–	3	–	555 000	

GROSSBRITANNIEN

42/28b-5 Gasfund –1990–	* Amoco UK Petroleum Ltd. British Gas Council (Exploration) Ltd. Amerada Hess Ltd. North Sea Inc.	30,77 30,77 23,08 15,38	Rotliegendes	–	–	1 897 440	9,6 km östlich Wollaston
42/29-6 Gasfund –1989–	* BP Petroleum Development Ltd.	100,0	Rotliegendes	–	..	..	
42/29-7 Gasfund –1990–	* BP Petroleum Development Ltd.	100,0	Rotliegendes	–	–	..	
43/18a-1 Gasfund –1986–	* Total Oil Marine plc Elf UK plc Pict. Petroleum Exploration Ltd. Fina Exploration Ltd. Ranger Oil (UK) Ltd.	30,0 20,0 3,33 39,67 7,0	Buntsandstein	–	–	..	
43/20b-2 Gasfund –1989–	* Premier Oil Exploration Ltd. Chevron Petroleum (UK) Ltd.	50,0 50,0	Oberkarbon	–	–	1 360 000	
43/21-2 Gasfund –1992–	* Agip Exploration (UK) Ltd. British Sun Oil Co. Deminex UK Oil & Gas Ltd. OMV (UK) Ltd.	35,0 30,0 20,0 15,0	? Oberkarbon	–	–	552 180	
43/24-1 Gasfund –1991–	* Arco British Ltd. Clyde Petroleum plc Goal Petrolem plc	55,0 25,0 20,0	Oberkarbon	–	–	962 880	stabilisierte Testrate
43/26a-8 Gasfund –1991–	* Hamilton Oil (GB) plc Hamilton Bros. U.K. Petroleum Co. Arco British Ltd. Elf-Enterprise Petroleum Ltd. Ultramar Exploration Ltd. Hardy Oil and Gas plc. Monument Resources Ltd.	15,0 7,5 25,0 20,0 15,0 10,0 7,5	Rotliegendes	–	–	1 330 000	
44/16-1Z Gasfund –1992–	* Ultramar Exploration Ltd. Elf UK plc Santa Fe Exploration UK Ltd.	40,0 35,0 25,0	Oberkarbon	–	–	858 100	
44/17-1 Gasfund –1990–	* Conoco (UK) Ltd. Ranger Oil (UK) Ltd. Union Jack Oil Co. Ltd. Cairn Energy Ltd.	60,0 20,0 10,0 10,0	Oberkarbon	–	5 (Kondensat)	354 000	sep. Struktur nördlich Murdoch

2 ERDÖL- UND ERDGASWIRTSCHAFT

Vorkommen Öl/Gas Block — Fundjahr -	*Operator Konsorten	%	Prod. Horizont — Teufe m	Spez. Gewicht Öl g/cm³ (°API)	Gewinnbare Vorräte Öl Mill. t	Gewinnbare Vorräte Gas Mrd. m³	Testkapazität der Fundbohrung Öl t/d	Testkapazität der Fundbohrung Gas m³/d	Bemerkungen
44/17-2 Gasfund – 1992 –	* Conoco (UK) Ltd. Ranger Oil (UK) Ltd. Union Jack Oil Co. Ltd. Cairn Energy Ltd.	60,0 20,0 10,0 10,0	Oberkarbon	–	–	..	–	850 000	
44/18-1 Gasfund – 1992 –	* Arco British Ltd. Clyde Petroleum plc Goal Petroleum plc	60,0 25,0 15,0	Oberkarbon	–	–	..	–	1 529 110	
44/19-3 Gasfund – 1988 –	* Sovereign Oil & Gas plc Hamilton Oil (GB) plc Gas Council (Exploration) Ltd. Monument Petroleum Ltd. Offshore Oil & Gas Development Co.	25,0 35,0 15,0 15,0 10,0	Oberkarbon	–	–	..	–	850 000	
44/21a-2 Gasfund – 1984 –	* Conoco (UK) Ltd. Lasmo North Sea plc Norsk Hydro Oil & Gas Ltd.	46,0 44,5 9,5	Oberkarbon	–	–	..	–	..	
44/21a-6 Gasfund – 1991 –	* Conoco (UK) Ltd. Lasmo North Sea plc Norsk Hydro Oil & Gas Ltd.	46,0 44,5 9,5	Oberkarbon	–	–	..	25 (Kondensat)	651 360	
44/21a-7 Gasfund – 1991 –	* Conoco (UK) Ltd. Lasmo North Sea plc Norsk Hydro Oil & Gas Ltd.	46,0 44,5 9,5	Oberkarbon	–	–	..	75 (Kondensat)	1 840 800	Westlich des Murdoch-Feldes
44/22b-8 Gasfund – 1990 –	* Conoco (UK) Ltd. Arco British Ltd. Enterprise Oil plc BP Petroleum Development Ltd.	44,0 25,0 19,5 11,5	Oberkarbon	–	–	..	40 (Kondensat)	1 203 600	Sep. Struktur südlich Murdoch
44/26-2+3 Gasfund – 1986 –	* Shell UK Expl. and Prod. Ltd. Esso Expl. & Prod. Ltd.	50,0 50,0	Oberkarbon	–	–	2,9	–	..	
44/27-1 Gasfund – 1987 –	* Lasmo North Sea plc EE Petroleum Ltd.	65,0 35,0	Buntsandstein, Oberkarbon	–	–	2,9	–	..	
47/9b-5A Gasfund – 1983 –	* Gas Council (Exploration) Ltd. Amerada Hess Ltd. Enterprise Oil plc	73,33 16,67 10,0	Rotliegendes	–	–	3	–	..	

GROSSBRITANNIEN

48/7a Gasfund –1965–	* Arco British Ltd. Texaco North Sea UK Ltd.	50,0 50,0	Rotliegendes 3252–3282	–	–	1,4–3,5	–	396 500
48/9a-2 Gasfund –1989–	* Texaco North Sea UK Ltd. Arco British Ltd. Clyde Petroleum plc Atlantic Resources (UK) Ltd.	35,0 25,0 25,0 15,0	Rotliegendes 3356–3423	–	–	..	–	1 056 400
48/10b-2+3 Gasfund –1987–	* Conoco (UK) plc BP Petroleum Development Ltd.	55,0 45,0	Rotliegendes	–	–	8,5	–	388 000
48/10b-10 Gasfund –1991–	* Conoco (UK) Ltd. BP Petroleum Development Ltd.	55,0 45,0	Rotliegendes 3607	–	–	..	9 (Kondensat)	758 980
48/22-1 Öl- u. Gasfund –1966–	* Enterprise Oil plc Fina Exploration Ltd. Nedlloyd Energy Co.	50,0 40,0 10,0	Zechstein 2065–2075	0,8251 (40,0)	..	..	266	170 000
48/22-4 Gasfund –1991–	* Enterprise Oil plc Fina Exploration Ltd. Nedlloyd Energy Co.	50,0 40,0 10,0	Perm	–	–	..	60 Kondensat	764 600
48/23a-3 Gasfund –1987–	* Arco British Ltd. Goal Petroleum plc Pict. Petroleum plc	76,0 18,0 6,0	Rotliegendes, Oberkarbon	–	–	3	–	438 960
49/1-3 Gasfund –1987–	* Fina Exploration Ltd. Santa Fe (UK) Ltd. Enterprise Oil plc	33,33 33,33 33,33	Oberkarbon	–	–	8	–	..
49/4-1 Gasfund –1984–	* Lasmo North Sea plc Norsk Hydro Oil & Gas Ltd. Clyde Petroleum plc	75,0 15,0 10,0	Oberkarbon	–	–	30	–	240 000
49/10a Gasfund –1971–	* Shell UK Expl. and Prod. Ltd. Esso Expl. & Prod. Ltd.	50,0 50,0	Rotliegendes	–	–	..	–	..
49/11b-8 Gasfund –1991–	* Conoco (UK) Ltd. BP Petroleum Development Ltd. OMV (UK) Ltd.	25,0 25,0 50,0	Rotliegendes	–	–	..	45 Kondensat	1 217 800
49/19-4 Gasfund –1986–	* Shell UK Expl. and Prod. Ltd. Esso Expl. & Prod. Ltd.	50,0 50,0	Rotliegendes	–	–	..	–	..

2 ERDÖL- UND ERDGASWIRTSCHAFT

Vorkommen Öl/Gas Block - Fundjahr -	*Operator Konsorten	%	Prod. Horizont Teufe m	Spez. Gewicht Öl g/cm³ (° API)	Gewinnbare Vorräte Öl Mill. t	Gewinnbare Vorräte Gas Mrd. m³	Testkapazität der Fundbohrung Öl t/d	Testkapazität der Fundbohrung Gas m³/d	Bemerkungen
49/25a-8 Gasfund -1988-	* Shell UK Expl. and Prod. Ltd. Esso Expl. & Prod. Ltd. Union Texas Petroleum Ltd. Britoil plc	25,0 25,0 25,0 25,0	Rotliegendes	–	–	..	–	..	
49/28-14 Gasfund -1987-	* Arco British Ltd. Sun Oil Britain Ltd. Deminex UK Oil and Gas Ltd. Superior Oil (UK) Ltd. Canadian Superior (UK) Ltd.	43,33 23,33 10,0 20,0 3,33	Rotliegendes	–	–	7	–	1 433 000	
49/29b-5 Gasfund -1987-	* Mobil North Sea Ltd.	100,0	Rotliegendes	–	–	6	–	464 500	
49/30a-2 Gasfund -1970-	* Amoco UK Petroleum Ltd. Gas Council (Exploration) Ltd. Amerada Hess Ltd. Enterprise Oil plc	22,22 50,0 16,67 11,11	Rotliegendes	–	–	..	–	..	Evtl. struktureller Zusammenhang mit Davy.
53/2-8 Gasfund -1989-	* Mobil North Sea Ltd.	100,0	Rotliegendes ca. 1920	–	–	7	–	nicht getestet	
98/7-2 (Wytch Farm Area) Ölfund -1987-	* BP Petroleum Development Ltd. Arco British Ltd. Premier Oil Exploration Ltd. Kelt UK Ltd. Clyde Petroleum (Dorset) Ltd. Goal Petroleum plc	50,0 17,5 12,5 7,5 7,5 5,0	Jura, Trias	0,8109 (43,0)	13	–	141	–	
98/11-2 Gasfund -1984-	* Gas Council (Exploration) Ltd. BP Petroleum Development Ltd.	50,0 50,0	? Jura	–	–	..	–	..	Erster Gasfund im Ärmelkanal
205/10-2B Gasfund -1984-	* Britoil plc	100,0	? Devon	–	–	..	–	..	

GROSSBRITANNIEN

205/26a-3 Ölfund – 1990 –	* Amerada Hess Ltd. Arco British Ltd. British Borneo Petroleum Ltd. Monument Oil & Gas Ltd. Norwegian Oil Co. DNO (UK) Ltd. Texaco North Sea UK Ltd. Unocal Expl. & Prod. (UK) Ltd. Aran Energy Exploration Ltd.	37,18 14,815 3,555 2,960 3,70 18,52 9,26 10,0	..	..	–	..	–	..	–
205/26a-4 Ölfund – 1991 –	* Amerada Hess Ltd. Arco British Ltd. British Borneo Petroleum Ltd. Monument Oil & Gas Ltd. Norwegian Oil Co. DNO (UK) Ltd. Texaco North Sea UK Ltd. Unocal Expl. & Prod. (UK) Ltd. Aran Energy Exploration Ltd.	37,18 14,815 3,555 2,960 3,70 18,52 9,26 10,0	..	0,8871 (28,0)	..	1 177	–	–
206/1a-2 Gasfund – 1986 –	* Britoil plc Shell UK Expl. and Prod. Ltd.	50,0 50,0	Oberkarbon, Devon	–	–	–	..	–	–
206/7a-5 Ölfund – 1990 –	* BP Petroleum Development Ltd.	100,0	Jura	..	..	870	–	–
211/14-1 (Magnus East) Ölfund – 1986 –	* Shell UK Expl. and Prod. Ltd. Esso Expl. & Prod. Ltd.	50,0 50,0	Jura, Trias (Rhät)	..	..	..	–	–
211/18a-9 (Thistle-Area 9) Ölfund – 1975 –	* Britoil plc Deminex UK Oil and Gas Ltd. Santa Fe (UK) Ltd. Arco British Ltd. Monument Expl. & Prod. Ltd.	24,0 42,5 22,5 10,0 1,0	Mittl. Jura 3275–3313	..	10	675	27 725	–
211/19-6 Ölfund – 1977 –	* Conoco (UK) Ltd. Oryx Energy UK Co. Gulf Oil (GB) Ltd.	33,33 33,33 33,33	Mittl. Jura	..	..	740	–	–
211/22a-1 Ölfund – 1977 –	* Arco British Ltd. Sun Oil Britain Ltd. Santa Fe (UK) Ltd. Deminex UK Oil and Gas Ltd. Lasmo North Sea plc Enterprise Oil plc	18,4 20,2 18,4 9,0 10,0 24,0	Jura	0,8708 (31,0)	..	180	–	6 km nördlich Magnus

2 ERDÖL- UND ERDGASWIRTSCHAFT

Vorkommen Öl/Gas Block — -Fundjahr-	*Operator Konsorten	%	Prod. Horizont — Teufe m	Spez. Gewicht Öl g/cm³ (°API)	Gewinnbare Vorräte Öl Mill. t	Gewinnbare Vorräte Gas Mrd. m³	Testkapazität der Fundbohrung Öl t/d	Testkapazität der Fundbohrung Gas m³/d	Bemerkungen
211/22a-3 Ölfund – 1984 –	* Arco British Ltd. Sun Oil Britain (UK) Ltd. Santa Fe (UK) Ltd. Deminex UK Oil and Gas Ltd. Lasmo North Sea plc Enterprise Oil plc	18,4 20,2 18,4 9,0 10,0 24,0	Mittl. Jura	0,8602–0,8927 (33,0–27,0)	..	–	850	–	
214/27-1 Gasfund – 1985 –	* Gulf Oil (GB) Ltd. Britoil plc Santa Fe (UK) Ltd. Fina Exploration Ltd. Sovereign Oil & Gas plc Nedlloyd Energy Co.	25,0 25,0 25,0 12,5 6,25 6,25	? Devon	–	–	> 30	–		
214/30-1 Gasfund – 1984 –	* Gas Council (Exploration) Ltd.	100,0	? Devon	–	–	..	–	2 200 000	
219/28-2 Gas-/Kondensatfund – 1984 –	* Sovereign Oil & Gas plc North Sea Oil & General Operations plc Nedlloyd Energy Co.	30,0 40,0 30,0	Jura		..	..	..	..	
Vorräte 1. 1. 1992 (nach Department of Energy, London):					1 230*	1 235*			

* einschl. Onshore-Vorkommen

Gas

British Gas plc

GB-London SW1V 3JL, Rivermill House, 152 Grosvenor Road, ☏ (071) 821-1444, ⌁ 938529, Telefax (071) 821-8522.

Chairman: Robert *Evans*, CBE, Chairman and Chief Executive.

Executive Directors: Norman *Blacker;* Cedric *Brown*, FEng.; Howard *Dalton;* Charlex *Donovan;* Rpm. *Ürpbert;* Philip *Rogerson.*

Non-executive Directors: David *Benson;* Roger *Boissier*, CBE; Stanley *Kalms;* Baroness *Platt of Writtle*, CBE, DL, FEng.; The Rt. Hon. Peter *Walker*, MBE, MP.

Secretary: John *Jackson.*

Group Director, Corporate Affairs: Peter *Sanguinetti.*

Kapital: 22,5 Mill. £.

Zweck: Ein- und Verkauf sowie Verteilung von Gas.

Gasabsatz, Umsatz, Beschäftigte	1989/90	1990/91
Gasabsatz .... Mill. kWh	553	585
Umsatz .... Mill. £	1 665	1 048
Beschäftigte	80 000	84 000

Tochtergesellschaften
Gas Council (Exploration) Ltd (100 %).
Hydrocarbons Great Britain Limited (100 %).
Hydrocarbons Ireland Limited (100 %).

Technology Transfer

GB-London WC1V 7PT, 326 High Holborn, ☏ (071) 242-0789, ⌁ 265812, Telefax (071) 405-5982.

Director: Don *Wilson.*

Regionale Niederlassungen

Eastern
GB-Herts EN6 2PD, Potters Bar, Mutton Lane, Star House, ☏ (0707) 51151.
Regional Chairman: J. *Dilks.*

North Eastern
GB-Leeds LS2 7PE, New York Road, ☏ (0532) 436291.
Regional Chairman: A. G. *McKay.*

North Thames
GB-Middlesex TW18 4AE, London Road, Staines, North Thames House, ☏ (0784) 461666.
Regional Chairman: B. *Heywood.*

Scotland
GB-Edinburgh EH5 1YB, 4 Marine Drive, Granton-House, ☏ (031) 5595000.
Regional Chairman: C. *Playle.*

Southern
GB-Southampton SO9 5AT, 80 St. Mary's Road, ☏ (0703) 824100.
Regional Chairman: D. T. *Heslop.*

East Midlands
GB-Leicester LE1 9DB, De Montfort Street, PO Box 145, ☏ (0533) 551111.
Regional Chairman: D. R. *Atkinson.*

Northern
GB-Newcastle upon Tyne NE99 1GB, PO Box 1GB, ☏ (091) 2683000.
Regional Chairman: J. H. S. *Marris.*

North Western
GB-Cheshire WA15 8AE, Altrincham, Welman House, ☏ (061) 9286311.
Regional Chairman: R. W. *Hill.*

South Eastern
GB-Croydon, Surrey CR9 1JU, Katharine Street, ☏ (071) 6884466.
Regional Chairman: D. G. *Wells.*

South Western
GB-Bristol BS18 1EQ, Keynsham, Temple Street, Riverside, ☏ (027) 861717.
Regional Chairman: D. *Hider.*

Wales
GB-Cardiff CF1 4NB, Churchill Way, Helmont House, ☏ (0222) 239290.
Regional Chairman: H. *Moulson.*

West Midlands

GB-West Midlands B91 2JP, Wharf Lane, Solihull, ☏ (021) 7056888.

Regional Chairman: P. *Walsh*.

Research and Development Division

GB-London SW1V 3JL, 152 Grosvenor Road, ☏ (01) 8211444.

Director of Technology: G. *Clerehugh*.

London Research Station: GB-London SW6 2AD, Michael Road, ☏ (01) 363344.

Watson House: GB-London SW6 3HN, Peterborough Road, ☏ (01) 7361212.

Midlands Research Station: GB-Solihull B91 2JW, Wharf Lane, West Midlands, ☏ (021) 7057581.

Engineering Research Station: GB-Newcastle-upon-Tyne NE99 1LH, PO Box 1LH, Killingworth, ☏ (091) 2684828.

Global Gas Business Unit

GB-London WC1V 7PT, 326 High Holborn, ☏ (071) 2420789, ⌇ 265812, Telefax (071) 4055982.

Managing Director: George *Langshaw*.

Berlin Office: British Gas Deutschland GmbH, John L. *Dumbrell*, Hauptgeschäftsführer, Alan *Phillips*, Mitglied der Geschäftsleitung, Internationales Handelszentrum, Postfach 77, Friedrichstraße 95, O-1086 Berlin, ☏ (002) 2082885/(030) 26432240, Telefax (002) 2096 2099/(030) 26432099.

Exploration & Production Business Unit

GB-Reading, RG6 1PT, ☏ (0734) 353222, ⌇ 846231, Telefax (0734) 353484.

Managing Direktor: Howard *Dalton*.

Organisationen

Association of British Independent Oil Exploration Companies (Brindex)

GB-London SW1W 0NR, c/o Premier Consolidated Oilfields plc, 23 Lower Belgrave Street, London, ☏ (071) 7300752, ⌇ 918 121 precon g, Telefax (071) 7304696.

Chairman: Roland *Shaw*.

Vice-Chairman: Malcolm *Gourlay*.

Zweck: Interessenvertretung der Mitglieder vor der Regierung und in der Öffentlichkeit.

Mitglieder: AmBrit International Plc, Barclays North Sea Limited, Blackland Oil Plc, Brabant Resources Plc, British-Borneo Petroleum Syndicate, Plc, Cairn Energy Plc, Cluff Oil Plc, Clyde Petroleum Plc, Croft Oil & Gas Plc, Enterprise Oil Plc, Garth Resources Limited, Goal Petroleum Plc, Hardy Oil and Gas Plc, Lasmo North Sea Plc, Midland and Scottish Resources Plc, Monument Oil and Gas Plc, Moray Petroleum Holdings and Development Limited, Natwest Resources Limited, Pentex Oil Limited, Pict Petroleum Plc, Premier Consolidated Oilfields Plc, Seafield Resources Plc, Sovereign Oil & Gas Plc, Teredo Petroleum Plc.

Environment & Resource Technology Limited (ERT)

GB-Edinburgh, EH14 4AS, Research Park, Heriot-Watt-University, Riccarton, ☏ (031) 4515419, ⌇ 727918 ioehwu g, Telefax (031) 4496254.

Director: C. S. *Johnston* (Managing Director).

Zweck: ERT gehört zur IOE-Gruppe, einem Unternehmen der Heriot-Watt-University. ERT ist spezialisiert auf Beobachtungen, Untersuchungen und Beratungen im Umweltschutz.

Institute of Offshore Engineering (IOE)

GB-Edinburgh EH14 4AS, Heriot-Watt University, Research Park Riccarton, ☏ (031) 449-3393, ⌇ 727918, Telefax (031) 449-6254.

Director: Professor A. R. *Halliwell*.

Assistant Directors: Dr. Paul F. *Kingston* (Academic), Robert W. *Turnbull* (Commercial), Dr. J. C. *Side*.

Zweck: Forschung, Beratung, Information und Ausbildung unter technologischen, wissenschaftlichen und umweltrelevanten Aspekten für Offshore-Tätigkeiten.

Institute of Petroleum

GB-London W1M 8AR, 61, New Cavendish Street, ☏ (071) 6361004, ⌇ 264380, Telefax (071) 2551472.

Director General: I. *Ward*.

Head of Library: C. M. *Cosgrove*.

Zweck: Koordinationsfunktion bei der Erstellung von Sicherheitsvorschriften wie Lagerung, Verarbeitung, Transport und Tankstellen. Erstellung und Normung der Prüfmethoden für Mineralölprodukte. Auskunft und Beratung zu allgemeinen oder technischen Fragestellungen von Mitgliedern und der Öffentlichkeit.

Orkney Water Test Centre Limited (OWTC)

GB-Stromness, Orkney, KW16 3NP, Flotta, ☏ (0856) 70451, Telefax (0856) 70473.

Director: C. S. *Johnston* (Managing Director).

Management/Officers: T. J. G. *Hartmann* (Centre Manager); S. R. H. *Davies* (Engineering Manager).

Zweck: Offshore-Wasseraufbereitung, Offshore-Umweltschutz für die Erdöl- und Erdgasindustrie.

Petroleum Exploration Society of Great Britain

GB-London W1V 9AG, Burlington House, Piccadilly, ☏ (071) 4372258, Telefax (071) 7340921.

The Institution of Gas Engineers

GB-London SW1X 7ES, 17, Grosvenor Crescent, ☏ (071) 2459811, Telefax (071) 2451229.

President: B. *Heywood*.
Secretary: Derek J. *Chapman*.

UK Offshore Operators Association Limited (UKOOA)

GB-London, SW1X 0LN, 3 Hans Crescent, ☏ (071) 5895255, ✆ 938291, Telefax (071) 5 89 89 61.

Aberdeen-Office: GB-Aberdeen, AB1 14P, 9 Albyn Terrace, ☏ (0224) 626656, Telefax (0224) 626503.

Executive Officers: Dr. C. E. *Fay*, Managing Director, Shell UK, Exploration & Production, President; K. L. *Hedrick*, Managing Director, Phillips Petroleum United Kingdom Limited, Vice-President; J. V. *Parziale*, President, Marathon Oil, UK Limited, Vice-President; J. L. *Stretch*, Assistant Managing Director, Agip (UK) Limited, Honorary Treasurer; P. E. *Kingston*, Managing Director Technical, Enterprise Oil Plc, Honorary Secretary.

Permanent Secretariat: Dr. Harold *Hughes*, OBE, Director-General; Christopher *Ryan*, Director-External Affairs; Dr. Bryan *Taylor*, Director-Technical Affairs; John *Batchelor*, Director-Aberdeen Office; Christopher *Volk*, Company Secretary.

Zweck: Kommunikationsmöglichkeiten mit der Regierung und anderen zuständigen Gremien für ihre Mitglieder. Mitglieder sind 36 Öl- und Gasgesellschaften als designierte Lizenzinhaber auf dem britischen Kontinentalschelf.

Mitglieder: Agip UK Ltd, Amerada Hess Ltd, Amoco (UK) Exploration Company, Arco British Ltd, Bow Valley Petroleum (UK) Ltd., BP Exploration, British Gas Exploration and Production, Chevron UK Ltd, Clyde Petroleum Plc, Conoco (UK) Ltd, Deminex UK Oil and Gas Ltd, Elf UK Plc, Enterprise Oil Plc, Esso Exploration & Production UK Ltd., Elf Enterprise Caledonia Ltd., Fina Exploration Ltd, Hamilton Oil Comp. Ltd., Kelt UK Ltd, Kerr-McGee Oil (UK) Plc, Lasmo North Sea Plc, Marathon Oil UK Ltd., Mobil North Sea Ltd, Murphy Petroleum Ltd, Oryx UK Energy Comp., Phillips Petroleum Company UK Ltd, Premier Consolidated Oilfields Plc, Ranger Oil (UK) Ltd, Shell UK Exploration & Production, Sovereign Oil & Gas Plc, Statoil (UK) Ltd, Sun Oil Britain Ltd, Texaco North Sea UK Company, Total Oil Marine Plc, Union Texas Petroleum Ltd., Unocal UK Ltd.

11. Irland

Erdöl- und Erdgasgewinnung

Aran Energy plc
IRL-Dublin 2, Clanwilliam Court, Lower Mount Street, ☏ (01) 760696, ✆ 30488.

Chief Executive Officer: Michael J. *Whelan.*

Esso Exploration & Production Ireland Ltd.
IRL-Dublin, Esso House, Stillorgan Road, Blackrock, ☏ (01) 881661, ✆ 25893.

Chairman: I. W. *Upson.*

Managing Director: W. J. D. *Johnson.*

Hydrocarbons Ireland Ltd
GB-London W1A 2AZ, 59 Bryanstone Street, Marble Arch, ☏ (01) 4237030, ✆ 261710.

Irish National Petroleum Corporation Ltd.
IRL-Dublin 2, Warrington House, Mount Street Crescent, ☏ 607966, ✆ 32694 inpc ei, Telefax 607952.

Chairman: Ed *O'Connell.*

Executives: F. B. *Cahill* (Chief Executive), P. R. *Evans* (Planning), R. *O'Shea* (Finance).

Alleiniger Gesellschafter: Republik Irland.

Zweck: Erwerb, Import und Raffinierung von Rohöl.

	1989	1990
Umsatz .... Mill. IR£	244	214
Beschäftigte	17	17

Marathon Petroleum Ireland, Ltd.
IRL-Cork, Mahon Industrial Estate, Blackrock, ☏ (021) 357301, ✆ 76154, Telefax (021) 357696.

Managing Director: Duane D. *Deines.*

Zweck: Exploration von Erdöl und Gas. Produktion Gas.

	1991
Beschäftigte	117

Phillips Petroleum Co. Ireland
IRL-Dublin 2, ICI-House, 5–9 South Frederick Street, ☏ (01) 719260 u. 719955, ✆ 23373.
IRL-Tralee, County Kerry, P. O. Box 44, ☏ (0 66) 36222, ✆ 8146.

Mineralölverarbeitung

Irish Refining plc
IRL-Midleton, Co Cork, Whitegate Refinery, ☏ 631822, ✆ 76058 iref ei, Telefax 631822.

Officers: Ed *O'Connell* (Chairman), N. *O'Carroll* (Refinery Manager), R. *Healy* (Secretary), W. *Joyce* (Operations), N. *O'Shea* (Technical).

Alleiniger Gesellschafter: Irish National Petroleum Corporation Ltd.

Kapazität: 2,8 Mill. t/a.

	1989	1990
Produktion .... 1 000 t	1 439	1 737
Beschäftigte	155	155

Gas

Bord Gáis Éireann
Irish Gas Board
IRL-Little Island, Co. Cork, P. O. Box 51, Inchera, ☏ (0 21) 353621/509199, ✆ 75087, Telefax (021) 353487.

Board of Directors: Michael N. *Conlon,* Chairman; Pat J. *Gilna;* Owen *O'Callaghan;* Ms. June *Mulvey;* Séan S. *O'Muirí;* Richard *Sadlier;* Séan *Tobin;* Michael *Walsh.*

Senior Executives: Philip *Cronin,* Chief Executive; Paul *O'Shaughnessy,* Marketing Manager; T. Eamonn *Nicholson,* Financial Controller; R. Gerry *Walsh,* General Manager Southern Region; Colum *Mc Cabe,* General Manager, Eastern Region; Gerard *Breen,* Manager Engineering & Transmission.

Company Secretary: Bertie J. *Barry.*

	1990	1991
Umsatz .... 1000 IR £	158 480	165 640

Tochtergesellschaften:
Cork Gas Co., 100%.
Limerick Gas Co. Ltd., 100%.
Clonmel Gas Co. Ltd., 100%.
Dublin Gas, 100%.
Waterford Gas, 100%.
Natural Gas Finance Ltd, 100%.

Organisationen

Irish Gas Association

IRL-Cork, Corporate Section (South), c/o J. *Barrett,* Cork Gas Company Cork, ☏ (021) 312800, ⌕ 75418.

Secretary: Mary *O'Connor.*

Zweck: Koordinierende Körperschaft für Gas in der Republik Irland.

Mitglieder: Alle Gasgesellschaften der Republik Irland.

12. Italien

Erdöl- und Erdgasgewinnung

Agip S.p.A.

Sitz: I-20120 Milano, Corso Venezia 16. Verwaltung: I-20097 San Donato Milanese (Milano), Piazzale Ezio Vanoni. Postanschrift: I-20120 Milano, P. O. Box 12 069, ☏ 52 01, ✁ 310 246 - ENI, ✆ Mineragip 20120 Milan. Büro: I-00142 Roma, Via del Serafico 89/91, ☏ 5 03 92, ✁ 6 13 525 Agipda I und 6 14 421 Agiprm I, ✆ Agip 00142 Roma.

Präsident: Dr. Raffaele *Santoro*.

Vizepräsidenten: Giancarlo *Baldassarri*, Salvatore *Portaluri*.

Kapital: 2 400 Mrd. Lit.

Gesellschafter: Eni, 100,00 %.

Zweck: Exploration und Förderung von Rohöl und Erdgas; Beschaffung von Rohöl; Kernbrennstoffkreislauf; Entwicklung und Anwendung erneuerbarer Energiequellen (Erdwärme, Sonnenenergie). Aktivitäten auf dem Gebiet der NE-Metalle.

Produktion und Beschäftigte	1989	1990
Umsatz .... Mill. Lit.	6 560	8 440
Beschäftigte	5 990	5 460

Tochtergesellschaften

Europa
AgipDanmark.
AgipErdölgewinnung.
AgipIberia.
AgipInterholdung.
AgipInternational.
AgipIreland.
AgipMiniere.
AgipNederland.
AgipNucleare International.
AgipOil and Gas.
AgipUK.
Fabbricazioni Nucleari.
Italsolar.
NorskAgip.
Nucleco.
Petrex.
Rimin.
Ses.
Sim.
Simur.
Somicem.
Sori
Spi.

Asien
AgipOverseas (Guangzhou Branch).
AgipOverseas (Singapore Branch).
AgipOverseas (Iran Branch).

Afrika
AgipAfrica (Ivory coast Branch).
AgipAfrica (Somalia Branch).
AgipAfrica (Tunisie Succursale).
AgipEnergy.
AgipGabon (Succursale).
AgipName.
Agip Recherches Congo.
IEOC.
NAOC.

AgipAlgerie.
AgipAngola (Luanda Branch).

Amerika
AgipCanada.
AgipMining.
Agippetroleum.

Ozeanien
Agip Australia.
Samim Australia.
Agip Trinidad & Tobago.
SamimCanada.
SamimPeru.

Agip Petroli S.p.A.

I-00142 Roma, Via Laurentina 449, ☏ (06) 599 81, ✁ 6 14031, Telefax (06) 59 98 57 00.

Präsident: Pasquale *De Vita*.

Vizepräsident: Giuseppe *Accorinti*.

Kapital: 1 300 Mrd. Lit.

Gesellschafter: Agip S.p.A., 99,99 %; Sofid S.p.A., 0,01 %.

Zweck: Rohölverarbeitung und Vertrieb von Mineralölprodukten; Lieferung von Dienstleistungen zum Zweck der Energieersparnis und der Rationalisierung des Verbrauchs.

	1989	1990
Umsatz .... Mill. Lit.	23 376	27 800
Beschäftigte	4 058	3 699

Elf Italiana S.p.A.

I-00165 Roma, Largo Lorenzo Mossa 8, ☏ (06) 63 89 01, ✁ 6 14273.
I-Milano, Via Senato 12, ☏ (02) 78 37 41, ✁ 3 11 375.

Leitung: Fréderic *Isoard*, Presidente; Ing. Arnaud *Rousseau*, Amministratore Delegato e Direttore Generale; Ing. Pierre Louis *LeMoal*, Amministratore Delegato e Direttore Commerciale; Dr. Franco *Bigioni*, Responsabile Relazioni.

Kapital: 10 Mrd. Lit.

Produktion		1988
Rohöl .... 1000 t		1 000
Erdgas .... 1000 m^3		400
Beschäftigte		284

Explorazioni Onshore Offshore Italia S.p.A.

I-00198 Roma, Largo Ecuador 6.

Fina Italiana S.p.A.

I-20122 Milano, Via Rossini 6, ☏ (02) 775 91, ⌕ 311210, Telefax (02) 78 16 38.

Verwaltungsrat: Ing. Romano *Monniello*, Presidente Direttore Generale; Ing. P. M. *de Leener*, Amministratore Delegato Direttore Generale; Rag. Roberto *Bertini*, Vice Presidente Vice Direttore Generale; Dott. Marino *Gattia*, Amministratore e Direttore.

Direttori Centrali: Dr. Ettore *Barsocchini*, Direz. Ricerche Idrocarburi; Ing. Lamberto *Simonetti*, Direz. Raff. e Logistica; Dr. Giorgio *Binelli*, Direz. Supply e Distribuzione; Ing. Antonio *Fedele*, Direz. Extrarete; Ing. Massimo *Longoni*, Direz. Lubrificanti e Prodotti Speciali; Ing. Silvio *Grassi*, Direz. Tecnica; Sig. Franco *Tenconi*, Direz. Fina Chemicals; Dr. Pierluigi *Ramorino*, Direz. Affari Generali e Personale; Dr. Orazio *Drisaldi*, Direz. Amministrazione e Informatica; Dr. Marino *Gattia*, Direz. Rete; Ing. Giacomo *Caldana*, Presidente Onorario.

Kapital: 150 Mrd. Lit.

Montecatini Edison S.p.A.

I-20121 Milano, Foro Buonaparte 31, ☏ 2 63 33.

Petrorep Italiana S.p.A.

I-16121 Genoa, Viale Sauli 4/86.

Shell Italia S.p.A.

I-20154 Milano, Via Londonio 2, ☏ (02) 388 51, ⌕ 331416 Shelmi, 333074 Shelit.

Verwaltungsrat: Mr. Jo *Eriksson* (Presidente), Pieter *Berkhout* (Amministratore Delegato), Alberto *Giacchero*, Graham *Ferris*, Colin *McWhannel*, Consiglieri.

Geschäftsführung: Dr. Fulvio *Rosina* (Presidente), Dr. Alberto *Lantero* (Sindaco effettivo), Avv. Cesare *Patrone* (Sindaco effettivo), Avv. Lucio *Crispo* (Sindaco supplente), Dr. Fernando *Fondi* (Sindaco supplente).

Öffentlichkeitsarbeit: G. L. *Chiavari*.

Kapital: 32,5 Mrd. Lit.

	1991
Beschäftigte	376

SNIA BPD S.p.A.

I-20121 Milano, Via Borgonuovo 14, ☏ (02) 6 33 21.

Präsident: Dr. Antonio *Coppi*.

Geschäftsführung: Professor Umberto *Rosa*.

Società Petrolifera Italiana S.p.A.

I-43045 Fornovo Taro (Parma), Via Nazionale 4, ☏ (05 25) 2241, ⌕ 530 079 spi i, Telefax (05 25) 30 91 14.

Präsident: Ing. Enzo *Gastaldi*, Geschäftsführer.

Exploration und Produktion: Ing. Roberto *Ruoppolo*.

Chefgeologe: Dr. Sandro *Mezzi*.

Gesellschafter: Agip S.p.A., 98,24 %.

Produktion		1988	1989
Erdöl	t	46 900	41 800
Erdgas	1000 m^3	35 900	37 000
Beschäftigte		47	49

Total Mineraria S.p.A.

I-00193 Roma, Via Lucrezio Caro 63.

Leitung: Patrick *Monden de Genevraye* (Geschäftsführung), Jean-François *Arrichi de Casanova* (Finanzen und Verwaltung), Angelo *La Sorsa* (Exploration), Enzo *Nahum* (Geophysik).

Wintershall Italia S.p.A.

I-00198 Roma, Viale G. Rossini 9.

Mineralölverarbeitung

Agip Raffinazione S.p.A.

Sede Secondaria-Raffineria di Venezia: I-30175 Porto Marghera – Venezia, Via dei Petroli, 4, ☏ 5 33 11 11, ⌕ 4 10054.

Raffinerie Porto Marghera/Venezia

Kapazität: 4,55 Mill. t/a.

Api – Anonima Petroli Italiana S.p.A.

I-00198 Roma, 6 Corso d'Italia, ☎ (06) 849 31, ✍ 610068 u. 622268 apioil.

Präsident: Dott. Aldo *Brachetti-Peretti.*

Vizepräsident: Ing. Luciano *Battelli.*

Raffinerie Ancona/Falconara Marittima

I-60015 Falconara Marittima, ☎ (071) 9167-1, ✍ 560086.

Kapazität: 3,9 Mill. t/a.

ERG S.p.A.

I-16163 Genova-San Quirico, Via Romairone 10, ☎ (10) 41011, ✍ 270264, Telefax (10) 710134.

Präsident: Dr. Riccardo *Garrone*, Geschäftsführer; Vize-Präsident: Gian Piero *Mondini.*

Alleiniger Gesellschafter: Familie Garrone.

ERG Petroli spa

I-00144 Roma, Via V. Brancati, 60, ☎ (06) 5 00 92, ✍ 616 101, Telefax (06) 501 79 16, ✍ Isaroma.

Gegründet: 1927.

Raffinerie Genoa

Kapazität: 6,5 Mill. t/a.

Esso Italiana S.p.A.

I-00148 Roma, Viale Castello della Magliana 25, ☎ (06) 599 51, ✍ 620830.

Verwaltungsrat: Dott. Richard M. *Lilly,* Präsident; Dott. Vincent C. *Hennessy,* Vizepräsident; Ing. Adriano *Piglia,* Vizepräsident; Dott. Giuseppe *De Palma,* Sekretär.

Geschäftsführung: Professor Antonio *Staffa,* Präsident; Professor Lorenzo *de Angelis;* Professor Mario *Sica.*

Raffinerie Augusta/Sicily

I-96011 Augusta (Siracusa), Casella Postale 101, ☎ (0931) 749 22, ✍ 970030.

Direktor: Ing. Angelo *Maggione.*

Kapazität: 8,5 Mill. t/a.

Icip Industrie Chimiche Italiane del Petrolio S.p.A.

I-46100 Mantova, Strada Cipata 79 Frassino, Casella Postale 217, ☎ (0376) 373001, ✍ 300509.

Verwaltungsrat: Antonio *Mariani*, Presidente ed Amministratore delegato; Raoul *Milani*, Vice Presidente ed Amministratore delegato; Giovanbattista *Ferrara*, Vice Presidente; Alberto *Cattaruzza*, Gianfranco *Turganti*, Emanuele *Repetto*, Consiglieri.

Geschäftsführung: Giovanni *Cucchiani*, Presidente; Antonio *Malara*, Guido *Sampietro*, Sindaci effettivi; Clemente *Domenici*, Giovanni *Ottonello*, Sindaci supplenti.

Kapital: 7 Mrd. Lit.

Raffinerie Mantua

Betriebsleitung: Carlo *Ballabio.*

Kapazität: 2,6 Mill. t/a.

Iplom S.p.A.

I-16012 Busalla, Via C. Navone 3b, ☎ 93 26 71 u. 93 27 51, ✍ 283 888 u. 271 313.

Präsident: Luigi *Profumo.*

Geschäftsführung: Giorgio *Profumo.*

Raffinerie Busalla/Genoa

Kapazität: 1,6 Mill. t/a.

Produkte: Naphtha, Gasöl, Brennöl, Bitumen, Schmieröl.

Leitungsnetz: Genova/Porto Petroli – Busalla 24,5 km.

Isab S.p.A.

I-16149 Genova, World Trade Center – Via de Marini, ☎ (010) 24011, ✍ 283107 Isab I.

Geschäftsführung: Riccardo *Garrone*, Präsident; Luigi *Regis Milano*, Vize-Präsident; Domenico *D'Arpizio*, Geschäftsführender Direktor; Filippo *Bifulco*, Raffinerie-Direktor; Arnaldo *Bracci;* Alberto *Cattaruzza;* Filippo *De Leonardis;* Mauro *Derchi;* Silverio *Isoppi;* Fausto *Peyrani.*

Kapital: 100 Mrd. Lit.

Gesellschafter: ERG SpA (Garrone-Gruppe), 60%; Agip Petroli S.p.A. (Eni-Gruppe), 20%; Gerolimich SpA (Cameli-Gruppe), 20%.

Zweck: Raffination von Erdöl sowie Handel mit Erdölprodukten.

Raffinerie Priolo Gargallo (SR)

I-96010 Priolo Gargallo, S. S. 114 Km. 146, ☏ (09 31) 76 21 11, ✆ 970 193.

Kapazität: 11 Mill. t/a.

Italiana Petroli S.p.A.

I-16121 Genova, Piazza della Vittoria, ☏ 5 99 41, ✆ 270 107 u. 281 151 IP GE I, Telefax 541 004.

Presidente: Ing. Guido *Albertelli*.

Kuwait Petroleum Italia SpA

I-00144 Roma, Piazzale dell'Agricoltura 24, ☏ (06) 5 90 71, ✆ 610 104.

Verwaltungsrat: Dr. Brian Michael *Davis*, Presidente e Amministratore Delegato; Ing. Rocco Ottavio *Pompei*, Consigliere di Amministrazione e Direttore Commerciale; Dr. Lucio *Zuccarello*, Consigliere d'Amministrazione e Direttore Logistico.

Kapital: 110 Mrd. Lit.

Raffinerie Napoli

I-80147 Napoli, Via Nuova delle Brecce 205, Casella Postale 382, ☏ 78 13 1 11.

Betriebsleitung: Ing. Piero *Cipriano*.

Kapazität: 5 Mill. t/a.

Lombarda Petroli SpA

I-20058 Villa Santa (Milano), Via R. Sanzio 4, ☏ 30 22 41 u. 30 27 75.

Raffinerie Villa Santa (Milano)

Kapazität: 1,5 Mill. t/a.

Praoil

I-93012 Gela (Caltanissetta), Casella Postale 35, ☏ (09 33) 91 11 22, ✆ 9 10 362 anicgl I.

Raffineria di Roma S.p.A.

I-00100 Roma, Casella Postale 9075, Aurelio. Verwaltung: I-20122 Milano, Via Rossini, 6, ☏ (02) 77 59, ✆ 3 11 210, Telefax (02) 78 16 38.

I-00050 Pantano di Grano, Roma, Via di Malagrotta 226, ☏ (06) 65 00 00 51, ✆ 6 10465, Telefax (06) 65 00 09 77.

Chairman, Managing Director: Eng. Romano *Monniello*.

Vice Presidents: Eng. Paolo *Melacini*, Ing. Silverio *Isoppi*.

Directors: Mr. Roberto *Bertini*, Eng. Wayne *Brenckle*, Eng. Guillebert *de Fauconval*, Eng. Alberto *Fuchs*, Eng. Pierre Marie *de Leener*, Dr. Guglielmo *Landolfi*, Eng. Petrus *van Ravenstein*.

General Manager: Eng. Alberto *Fuchs*.

Kapazität: 3,8 Mill. t/a.

Gesellschafter: Isab S.p.A., 22,5 %; Monteshell, 20 %; Fina Italiana, 57,5 %.

	1990	1991
Rohölproduktion ..... 1000 t	3 476	3 949

Raffineria Mediterranea S.P.A.

I-98057 Milazzo, Contrada Mangiavacca, ☏ (0 90) 9 23 21, ✆ 9 80 025.

Geschäftsführung: Ing. Napoleone *Majuri*, Dott. Vincenzo *Russo*.

Gesellschafter: Agip Petroli S.p.A.

Raffinerie Milazzo (Sicily)

Kapazität: 20 Mill. t/a.

Saras S.p.A.

I-20122 Milano, Galleria de Cristoforis 8, ☏ (02) 7 73 71, ✆ 3 11 273.

Präsident: Dott. Gian Marco *Moratti*.

Vize-Presidente e Amministratore Delegato: Dott. Massimo *Moratti*.

Vice-Presidente e Direttore Generale: Ing. Aurelio *Guccione*.

Raffinerie Sarde

I-09018 Sarroch (Cagliari), ☏ (0 70) 9 09 11 ✆ 7 90 169.

Kapazität: 16,3 Mill. t/a.

	1990	1991
Produktion .... 1 000 t	13 290	13 266

Sarpom SpA
Raffineria Padana Olii Minerali

I-00148 Roma, Via Castello della Magliana, 25,
☏ (06) 5 99 51, ✆ 620 830.

Gesellschafter: Isab S.p.A., 23,9 %; Esso Italiana S.p.A., 66,8 %; Maxcom s.p.a., 9,3 %.

Raffinerie San Martino di Trecate/Novara

I-Novara, Via Vigevano, 43, Casella Postale 24,
☏ (03 21) 79 91, ✆ 200 070, Telefax (03 21) 79 92 70.

Kapazität: 12,2 Mill. t/a.

Stanic Industria Petrolifera SpA

I-57100 Livorno, Via Aurelia 74, Casella Postale 181,
☏ (05 86) 94 81 11, ✆ 5 00 356 Stanic I.

Präsident: Dott. Graziano *Moro*.

Geschäftsführung: Ing. Gabriele *Mollo*.

Kapital: 14,5 Mrd. Lit.

Gesellschafter: Agip Petroli S.p.A. (Eni-Gruppe).

Raffinerie Livorno

I-Livorno, Via Aurelia 7, Casella Postale 724,
☏ (05 86) 94 81 11.

Direktor: Ing. Sergio *Bocci*.

Kapazität: 5,2 Mill. t/a.

Tamoil Italia S.p.A.

I-20121 Milano Mi, Piazzetta Bossi 3,
☏ (02) 8 87 81, ✆ 3 34 070 u. 3 16 030, Telefax (02) 8 87 83 33.

Präsident: Mohamed *Abduljawad*.

Geschäftsführung: Giuseppe Natale *Cimarra*.

Kapital: 150 Bill. Lit.

Gesellschafter: Oilinvest, 89,48 %; Sasea Group, 10,52 %.

Raffinerie Cremona

I-26100 Cremona Cr, Piazza Caduti del Lavoro 30,
☏ (03 72) 2 76 01, ✆ 3 11 050, Telefax (03 72) 41 25 67.

Kapazität: 5 Mill. t/a.

	1989	1990
Produktion .... Mill. t	3,7	4,0

Gas

Eni —
Ente Nazionale Idrocarburi

I-00144 Roma-EUR, Piazzale Enrico Mattei 1,
☏ (06) 59001, ✆ 61082, ⌨ Enidro.

Präsident: Ing. Gabriele *Cagliari*.

Vizepräsident: Ing. Alberto *Grotti*.

Repräsentant der ENI in der Bundesrepublik Deutschland: Dr.-Ing. Giovanni *Gamondi*, O-1086 Berlin, Friedrichstraße, IHZ, ☏ (030) 26 43 27 56, (030) 26 43 27 57, Telefax (030) 26 43 27 52.

Kapital: Dotationsfonds 8 043 Mrd. Lit.

	1990	1991
Umsatz (konsolidiert, brutto) ... Mrd. Lit	50 033	50 883
Beschäftigte	130 745	131 248

Gründung und Zweck: Die Eni ist ein italienisches Unternehmen mit Sitz in Rom. Die Gründung erfolgte am 10. 2. 1953 durch Parlamentsbeschluß. Als Holding-Gesellschaft ist die Eni alleiniger oder Mehrheitsgesellschafter von 12 Dachgesellschaften mit mehr als 350 Einzelgesellschaften, von denen 180 im Ausland tätig sind. Diese Gesellschaften sind Aktiengesellschaften, die den gleichen gesetzlichen Regelungen und unternehmerischen Anforderungen unterliegen wie Gesellschaften, deren Aktienkapital in privater Hand liegt. Gegenüber den Dachgesellschaften übernimmt die Eni leitende und koordinierende Funktionen bezüglich Planung und Kontrolle, Tätigkeit im Ausland, Personalpolitik und Außenbeziehungen. Im Finanzbereich hat die Eni die Aufgabe, die Finanzierungspolitik und die Finanzierungspläne der Gruppe zu entwickeln und deren Ausführung und Kontrolle sicherzustellen. Sie plant und koordiniert die Finanzgeschäfte der Gruppe. Die Eni übt diese Funktion in Zusammenarbeit mit den Dachgesellschaften und den Finanzierungsgesellschaften der Gruppe, die ihren Sitz in Italien oder im Ausland haben, aus.

Dachgesellschaften

Agip S.p.A., Mailand: Exploration und Förderung von Rohöl und Erdgas; Beschaffung von Rohöl; Kernbrennstoffkreislauf; Entwicklung und Anwendung erneuerbarer Energiequellen (Erdwärme, Sonnenenergie), Aktivitäten auf dem Gebiet der NE-Metalle.

Agip Petroli S.p.A., Rom: Erdölverarbeitung und Vertrieb von Erdölprodukten; Lieferung von Dienstleistungen zum Zweck der Energieersparnis, der Rationalisierung des Verbrauchs und Einsatz von Energieträgern, die nicht auf Erdöl zurückzuführen sind.

Snam S.p.A., Mailand: s. eigenen Beitrag in diesem Abschnitt.

Agipcoal S.p.A., Mailand: Integrierter Kohlenzyklus: Mineralsuche und -abbau; Infrastruktur und Transport; Kohlenaufbereitung und -veredelung; weltweiter Handel mit Kohle; wissenschaftliche und technologische Forschung zur Entwicklung und Diversifikation des Einsatzes von Kohle und Kohlenprodukten.

Nuova Samim S.p.A., Mailand: Produktion, Verarbeitung und Vertrieb von NE-Metallen sowie deren Rückgewinnung aus Altmetallen; Gewinnung und Verarbeitung von Marmor; Produktion von Schwefelsäure und Bariumderivaten; Herstellung und Verarbeitung von Schleifmaterialien und Keramik.

Snamprogetti S.p.A., Mailand: Entwicklung, Planung und Bau von Chemie- und Petrochemieanlagen, Raffinerien, Gasaufbereitungsanlagen, Pipelines onshore und offshore, sonstigen Industrieanlagen und großen Infrastrukturanlagen; Offshore-Technologie, Ökotechnik.

Saipem S.p.A., Mailand: Tiefbohrungen nach Erdöl, Erdgas und anderen Rohstoffen; Pipelineverlegung onshore und offshore; Industrieanlagenbau; Planung ziviler Infrastrukturen.

Nuovo Pignone S.p.A., Florenz: Planung und Konstruktion von Maschinen, Apparaten und Instrumenten für die Erdöl-, petro-chemische, Elektro- und Nuklearindustrie; Webmaschinen für die Textilindustrie.

Savio S.p.A., Pordenone: Herstellung und Vertrieb von Maschinen für die Textilindustrie; Produktion von Gasboilern.

Sofid S.p.A., Rom: Finanzierung der Industrie- und Handelstätigkeiten der Eni-Gruppe.

Eni International Holding S.A., Amsterdam: Finanzierung von Auslandsaktivitäten der Eni-Gruppe; Kauf, Verkauf, Verwaltung und Besitz von Beteiligungen und Wertpapieren.

Terfin S. p. A., Rom: Koordination und Verwaltung der Gesellschaften, die auf dem Gebiet des Tourismus, des Verlagswesens, der Förderung neuer industrieller Initiativen und der Dienstleistungen tätig sind.

Gesellschafter:
Eni, 40 %.
Snam S.p.A., 30 %.
Agip S.p.A., 10 %.
Sofid S.p.A., 1,32 %.
Dritte, 18,68 %.

Grundkapital: 4 250 Mrd. Lit.

Zweck: Petrolchemische Grundstoffe, Kunststoffe und technische Kunststoffe, Fasern, Produkte für die Landwirtschaft, Feinchemikalien, Additive und Hilfsmittel, Zwischenprodukte für Detergentien, Raffinate und Aromaten.

	1989	1990
Umsatz .... Mrd. Lit.	15 347	15 060
Beschäftigte	52 656	49 000

Eni International Holding S. A.

NL-Amsterdam, World Trade Center, Strawinskylaan 1041, ☏ (0031 20) 664 72 26, ✦ 11817, Telefax (0031 20) 664 56 12.

Präsident: Giorgio *della Flora*.

Grundkapital: 891,7 Mill. hfl.

Gesellschafter:
Eni, 51 %.
Agip S.p.A., 34,12 %.
Snam S.p.A., 6,08 %.
Agip Petroli S.p.A., 4,64 %.
Snamprogetti S.p.A., 2,68 %.
Agipcoal S.p.A., 1,04 %.
Saipem S.p.A., 0,33 %.
Nuovo Pignone S.p.A., 0,09 %.
Savio S.p.A., 0,02 %.

Zweck: Kauf, Verkauf, Verwaltung und Besitz von Beteiligungen und Wertpapieren. Finanzierung von Auslandsaktivitäten der ENI-Gruppe.

	1989	1990
Umsatz .... Mrd. Lit.	1 186	134
Beschäftigte	20	29

Enichem S. p. A.

I-20124 Milano, Piazza della Repubblica 14/16, ☏ (02) 697 71, ✦ 331 625, Telefax (02) 697 72 300.

Präsident: Giorgio *Porta*.

Vizepräsident: Giovanni *Parillo*.

Nuovo Pignone S. p. A.

I-50100 Florenz, Via Felice Matteucci, 2, ☏ (0 55) 439 21, ✦ 571 320, Telefax (0 55) 41 76 51.

Präsident: Franco *Ciatti*.

Vizepräsident: Roberto *Rosselli*.

2 ERDÖL- UND ERDGASWIRTSCHAFT

Grundkapital: 144 Mrd. Lit.

Gesellschafter:
Eni, 51 %.
Snam S.p.A., 11 %.
Agip S.p.A., 9,25 %.
Serfi S.p.A., 0,04 %.
Dritte, 28,71 %.

Zweck: Projektierung und Bau von Maschinen, Ausrüstungen und Instrumenten für die Erdöl-, Erdgas-, petrochemische, Elektro- und Nuklearindustrie. Bau von Webmaschinen und Automatisierungssystemen.

	1989	1990
Umsatz .... Mrd. Lit.	919	869
Beschäftigte	5 422	5 206

Saipem S. p. A.

I-20120 Milano, Corso Venezia 16, ☏ (02) 5201, ✆ 310246, Telefax (02) 52038623.

Präsident: Giovanni *Dell'Orto*.

Vizepräsident: Paolo *Ciaccia*.

Grundkapital: 300 Mrd. Lit.

Gesellschafter:
Snam S.p.A., 40,98 %.
Agip S.p.A., 37,20 %.
Dritte, 21,82 %.

Zweck: Tiefbohrungen nach Erdöl, Erdgas und anderen Rohstoffen, Pipelineverlegung onshore und offshore, Bau von Bohrplattformen, Industrieanlagenbau, Planung ziviler Infrastrukturen.

	1989	1990
Umsatz .... Mrd. Lit.	904	686
Beschäftigte	4 539	4 358

Savio S. p. A.

I-33170 Pordenone, Via Udine 105, ☏ (0434) 3971, ✆ 450264, Telefax (0434) 397393.

Präsident: Vittorio *Mincato*.

Vizepräsident: Alfredo *Moroni*.

Grundkapital: 80 Mrd. Lit.

Gesellschafter:
Eni, 99,99 %.
Sofid S.p.A., 0,01 %.

Zweck: Bau und Vertrieb von Textilmaschinen. Produktion von Gasboilern.

	1989	1990
Umsatz .... Mrd. Lit.	427	362
Beschäftigte	2 470	2 438

Snam S.p.A.

I-20121 Milano, Corso Venezia 16, ☏ (02) 5201, ✆ 310246 Eni, Telefax (02) 5204411.

Präsident: Dr. Ing. Pio *Pigorini*.

Vizepräsidenten: Vittorio *Meazzini*, Angelo *Ferrari*.

Grundkapital: 1000 Mrd. Lit.

Gesellschafter:
Eni — Ente Nazionale Idrocarburi, 50,99 %.
Enirisorse, 49 %.
Agip S.p.A., 0,01 %.

Zweck: Beschaffung, Verteilung und Verkauf von Erdgas aus inländischer Produktion und Import; Transport von Erdgas in internationalen und nationalen Fernleitungen und von Mineralölen per Tankerflotte und Erdölleitungen.

	1989	1990
Umsatz .... Mrd. Lit.	7 755	9 701
Beschäftigte	6 228	6 288

Snamprogetti S. p. A.

I-20121 Milano, Corso Venezia 16, ☏ (02) 5201, ✆ 310246, Telefax (02) 5209639.

Präsident: Mario *Merlo*.

Grundkapital: 115 Mrd. Lit.

Zweck: Entwicklung, Projektierung und Bau von Chemie- und Petrochemieanlagen, Raffinerien, Gasaufbereitungsanlagen, Pipelines onshore und offshore, Offshore-Technologie, Ökotechnik, sonstige Industrieanlagen und große Infrastrukturanlagen.

	1989	1990
Umsatz .... Mrd. Lit.	1 049	1 361
Beschäftigte	3 136	3 431

Sofid S. p. A.

I-00144 Roma, Piazzale Enrico Mattei 1, ☏ (06) 59001, ✆ 613211, Telefax (06) 59002536.

Präsident: Franco *Lugli*.

Vizepräsident: Giovanni Maria *Fogu*.

Grundkapital: 207 Mrd. Lit.

Gesellschafter:
Eni, 52,98 %.
Snam S.p.A., 19,85 %.
Agip S.p.A., 19,85 %.
Agip Petroli S.p.A., 3,05 %.
Snamprogetti S.p.A., 3,05 %.
Savio S.p.A., 0,61 %.
Nuovo Samim S.p.A., 0,61 %.

ITALIEN

Zweck: Finanzierung der Industrie- und Handelstätigkeiten der ENI-Gruppe.

	1989	1990
Umsatz .... Mrd. Lit.	1 515	1 592
Beschäftigte	146	148

Terfin S. p. A.

I-00144 Roma, Piazzale Enrico Mattei 1, ☎ (06) 590 01, ✁ 611802, Telefax (06) 59006885.

Präsident: Franco *Masseroli.*

Vizepräsidenten: Mario *Miscia,* Mariano *Nardelli.*

Grundkapital: 155 Mrd. Lit.

Gesellschafter:
Snam S.p.A., 99,90%.
Sofid S.p.A., 0,10%.

Zweck: Koordinierung und Verwaltung der Gesellschaften, die auf dem Gebiet des Tourismus, des Verlagswesens, der Förderung neuer industrieller Initiativen und der Dienstleistungen tätig sind.

	1989	1990
Umsatz .... Mrd. Lit.	4 405	4 713
Beschäftigte	45	42

Italgas —
Società Italiana per il Gas p. A.

I-10121 Torino, Via XX Settembre 41, ☎ (011) 23941, ✁ 221595 itagas, Telefax (011) 2394795.

Verwaltungsrat: Avv. Carlo *da Molo,* Presidente; Professor Arnaldo *Mauri,* Vice presidente; Ing. Piero *Mallardi,* Vice presidente; Ing. Massimo *Ottaviani,* Amministratore Delegato; Ing. Aurelio *Angeli,* Amministratore Delegato; Dr. Eugenio *Lancellotta,* Direttore Generale; Ing. Silvano *Valle,* Direttore Generale; Dr. Giovanni *Bernareggi,* Direttore Relazioni Esterne; Ing. Enrico *Campi,* Direttore commerciale.

Kapital: 549,78 Mrd. Lit.

Gründung und Zweck: 1837 gegründet. Produktion und Vertrieb von Stadt- und Methangas in über 700 Kommunen, u. a. Rom, Neapel und Turin.

Italgas Sud S.p.A.

I-80146 Napoli, Via Sannio 19, ☎ (081) 785911, ✁ 721611 Tiempo I.

Verwaltungsrat: On. prof. Francesco *Smurra,* Presidente; Dr. Pietro *Celletti,* Amministratore Delegato; Ing. Vincenzo *Balducci,* Direttore Generale.

Kapital: 67 Mrd. Lit.

Gründung und Zweck: 1981 gegründet. Vertrieb von Erdgas in Süditalien.

Organisationen

Associazione Nazionale Industriali Gas (Anig)

I-00161 Roma, Via Alessandro Torlonia 15, ☎ (06) 8125242 und 8125243.

Präsident: Carlo *da Molo.*

Vizepräsident: Dr.-Ing. Aurelio *Angeli;* P. I. Domenico *Crotti;* Dr.-Ing. Fortunato *Rota.*

Geschäftsführung: Dr.-Ing. Sosteno *Rotili.*

Gründung und Zweck: 1946 gegründet als Interessenvertretung der Mitgliedsunternehmen im technisch-ökonomischen Bereich und zur Forschung auf technischem Gebiet.

Unione Petrolifera

I-00144 Roma, Viale Civiltà del Lavoro, 38, ☎ (06) 5914841, ✁ 626568 unpetr I.

Vorstand: Dr. Gian Marco *Moratti,* Präsident, Saras Raffinerie Sarde s.p.a.: Dr. Riccardo *Garrone,* Vizepräsident, ERG s.p.a.; Dr. Richard *Lilly,* Vizepräsident, Esso Italiana s.p.a.; Ing. Cristiano *Raminella,* Vizepräsident, Praoil s.r.l.; Mohamed *Abduljawad,* Tamoil Italia s.p.a.; Peretti Aldo *Brachetti,* API Anonima Petroli Italiana s.p.a.; Dr. Sergio *Grea,* Monteshell s.p.a.; Giancarlo *Jacorossi,* Maxcom Petroli; Ing. Romano *Monniello,* Fina Italiana s.p.a.; Ing. Cirillo *Presotto,* Praoil s.r.l.; Luigi *Regis Milano,* Cameli Petroli & Co. s.r.l.; Dr. Carlo *Vannini,* Edison s.p.a.

Mitglieder: Api, Api Raff. Ancona, Arcola Petrolifera, Ars, BP Italia, Cameli, Edison, Elf Italiana, ERG, ERG Petroli, Esso Italiana, F. A. Petroli, Fiat Lubrificanti, Fina Italiana, Iplom, Isab, Jacorossi, Kuwait Petroleum Italia, La Petrolifera Italo Rumena, Lasmo Mineraria, Lombarda Petroli, Mars, Maxcom Petroli, Mobil Oil Italiana, Monteshell, Monteshell Gas, Praoil, Raffineria di Roma, RAM, Rondine, Saras, S.A.R.P O.M., Seram, Shell Italia, S.I.O.T., Tamoil Italia, Texaco Italiana, Viscolube Italiana.

Zweck: Vereinigung privater Ölgesellschaften mit Geschäftsaktivitäten in Italien. Die spezifischen Interessen und die Darstellung der Mitglieder sollen gefördert und gegenüber Dritten vertreten werden.

2 ERDÖL- UND ERDGASWIRTSCHAFT

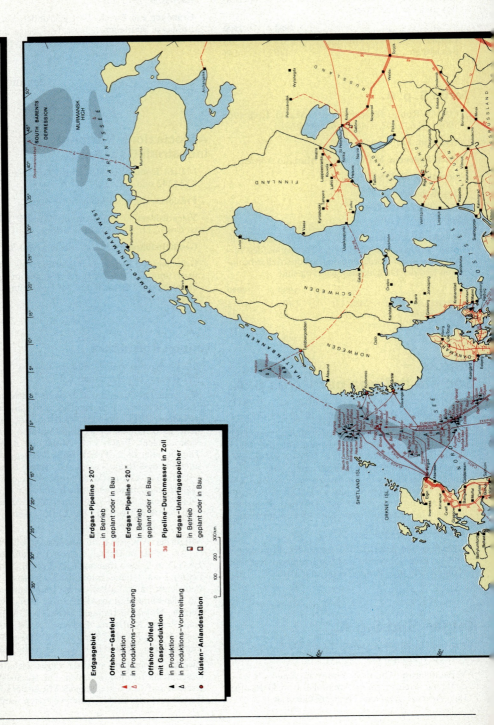

Erdgas-Verbundsysteme in Europa

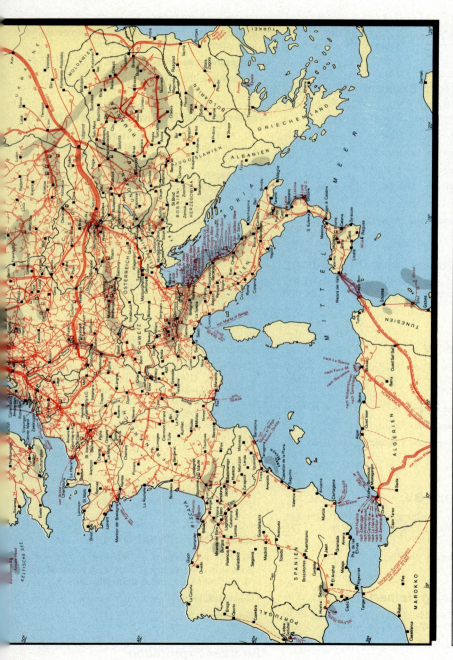

Diese Karte ist auch als Wandkarte lieferbar.

13. Niederlande

Erdöl- und Erdgasgewinnung*

Clyde Petroleum Exploratie B.V.

NL-2514 HD Den Haag, Mauritskade 35, ☏ (070) 3424545, ✄ 30962, Telefax (070) 3560085.

General Manager: Ian G. *Duncan*.
Finance Manager: D. Ann *Berresford*.
Technical Manager: Peter *Bradley*.
Exploration Manager: Andrew M. *Winstanley*.
Legal Manager: Dirk Jan *van Orden*.
Commercial Manager: Cuth *McDowell*.

Continental Netherlands Oil Company

NL-2260 BD Leidschendam, Weigelia 25, Leidschenhage, Postbus 1122, ☏ (070) 209365, ✄ 32424.

Elf Petroland BV

NL-2509 AG Den Haag, Mariahoeveplein 6, Postbus 93280, ☏ (070) 3481891, ✄ 32467 elfa nl, Telefax (070) 3481680.

Vorstand: J. *Bouchaud*.
Geschäftsführung: J. *Bouchaud*.
Zweck: Gewinnung und Produktion von Erdöl und Erdgas.

Fina Nederland BV

NL-2272 AD Voorburg, Kantoorflat Damsigt, Nieuwe Havenstraat 2, ☏ (070) 3180480, ✄ 31771, Telefax (070) 3871157.

Geschäftsführung: G. *Dekker*.

Mobil Producing Netherlands Inc.

NL-2502 AP Den Haag, Postbus 11630, ☏ (070) 3498498, ✄ 32295, Telefax (070) 3498151.

Geschäftsführung: J. Z. *Steinberg*.

* Bei den Explorationsgesellschaften sind die Federführer (Operators) der an Erdöl- und Erdgasvorkommen in der Nordsee beteiligten Konsortien angegeben.

Zweck: Exploration und Produktion in den niederländischen On- und Offshoregebieten.
Erdgasproduktion: Rd. 1 000 Mill. m³/a.
Beschäftigte: Rd. 100.

Nederlandse Aardolie Mij. BV (NAM)

NL-9405 TA Assen, Schepersmaat 2; Postanschrift: Postbus 28000, NL-9400 HH Assen, ☏ (05920) 69111, ✄ 30846 nam nl.

Vorstand: Ir. N. J. *van Dijk* (Generaldirektor); Ir. H. *Meyer* (Technischer Direktor); Drs. P. J. A. *Lekkerkerker* (Finanzdirektor); Drs. B. *de Beer* (Hauptgeschäftsführer); Drs. J. *van Veen* (Exploration); Ir. A. *Wildig* (Erdöltechnik); Ir. J. L. *Grevink* (Maschinendirektor); Ir. M. C. *Rothermund* (Bohrungen und Produktion); Ing. J. R. *ter Heide* (Technischer Service).

Gesellschafter: N. V. De Bataafsche Petroleum Maatschappij (Royal Dutch Shell-Gruppe) und Standard Oil Company of New Jersey (Exxon-Gruppe), je 50%.

Zweck: Exploration und Förderung von Erdöl und Erdgas in den Niederlanden und im niederländischen Sektor des Festlandsockels.

Gasfelder: Groningen, Schoonebeek, Annerveen, Coevorden, Ureterp, Tietjerksteradeel, Suawoude, Ameland, Hardenberg, Nieuw-Amsterdam, Eleveld, Dalen, Oosterhesselen, Wanneperveen, De Wijk, Oude Leede, Mander, Vries, Rossum-Veerselo, Middelie, Grootegast, Sleen, Marum, Emmen, Roden, Roswinkel und De Lier. — Auf dem Festlandsockel: K14-FA, K8-FA en FA2, K11-FA, K15-FA — K7-FA1, K15-FB1-L13-FC.

Ölfelder: Schoonebeek, De Lier, Zoetermeer, Werkendam, Berkel, Pijnakker, Wassenaar-Meijendel, Ijsselmonde/Ridderkerk-Rotterdam, Rotterdam.

Placid International Oil, Ltd.

NL-2719 AB Zoetermeer, Postanschrift: 2700 AL Zoetermeer, Postbus 474, Eleanor Rooseveltlaan 3, ☏ (079) 686868, Telefax (079) 686860.

Geschäftsführung: J. A. J. *van der Salm*.
Beschäftigte: 213.

Ultramar Exploration (Netherlands) B.V.

NL-2517 JW Den Haag, Churchillplein 5 E.

Unocal Netherlands, Inc.

NL-2517 KW Den Haag, Scheveningseweg 56 A, Postbus 84363, ☏ (070) 520591, ✆ 32401 union nl.
NL-Ijmuiden, Wijkerstraatweg 80, Postbus 534, Velsen Noord, ☏ (02510) 29078 u. 26854, ✆ 41925.

Geschäftsführung: G. H. *Langhbaum.*

Zweck: Exploration und Produktion von Öl und Gas in den niederländischen On- und Offshoregebieten.

Wintershall Noordzee B.V.

NL-2517 KN The Hague, Eisenhowerlaan 142. Postanschrift: P.O. Box 82 301, NL-2508 EH The Hague, ☏ (070) 3583100, ✆ 31708, Telefax (070) 3583333.

Geschäftsführung: Dipl.-Ing. Günter *Gojo.*

Mineralölverarbeitung

BV Asphalt- en Chemische Fabrieken Smid & Hollander

NL-9704 CH Groningen, Postbus 2301, ☏ (050) 516411, ✆ 53151, Telefax (050) 515521.

Präsident: J. C. G. *Bos.*

Raffinerie Amsterdam

NL-1042 AH Amsterdam, Sextantweg 12, ☏ (020) 117575, ✆ 14137, Telefax (020) 119755.

Kapazität: 300000 t/a.

Kuwait Petroleum Europoort BV

NL-3181 LS Rozenburg, Moezelweg 255, Postbus 8000, 3198 XA Europoort RT, ☏ (01819) 51911, ✆ 29996 Kupe nl, Telefax (0 18 19) 6 29 26.

Gesellschafter: Kuwait Petroleum Corporation, Kuwait City.

Raffineriekapazität: 4 Mill. t/a.

Nerefco

NL-3180 AA Rozenburg, Postbus 1033.

Raffinerie Rozenburg-West

NL-3180 NA Rozenburg, D'Arcyweg 76, Postbus 1033, ☏ (01819) 50911, ✆ 23584.

Kapazität: 20,5 Mill. t/a.

Europoort

NL-3198 NA Europoort-Rt, d'Arcyweg 76, ☏ (01819) 50911, ✆ 29584, Telefax (01819) 63014.

Pernis

NL-3196 KD Vondelingenplaat-Rt, Petroleumweg 30, ☏ (010) 4901200, ✆ 28821, Telefax (010) 4167728.

Botlek

NL-3197 Kf Botlek-Rt, Welplaatweg 110, ☏ (010) 4724899, ✆ 282834, Telefax (010) 4163157.

Shell Nederland Chemie B.V.

Niederlassung: NL-3000 HA Rotterdam, Vondelingenweg 601, Postbus 7005, ☏ (010) 4319111, ✆ 36510.

Raffineriekapazität: 20 Mill. t/a.

Texaco Petroleum Maatschappij (Nederland) B.V.

NL-3012 CP Rotterdam, Weena 116, ☏ (010) 4146611, ✆ 23573 u. 27373, ✉ Tex nl.

Raffinerie

NL-3000 HE Rotterdam, Postbus 7200, ☏ (010) 4163800, ✆ 28821 u. 28828, ✉ Texso nl.

Kapazität: 14 Mill. t/a.

Total Raffinaderij Nederland NV

NL-4380 AE Vlissingen, Postbus 210, ☏ (01196) 19000, ✆ 55211, Telefax (0 11 96) 13644.

Präsident: D. *Dumas.*

Gesellschafter: Total Compagnie Française des Pétroles, 55%, The Dow Chemical Company, 45%.

Raffinerie Vlissingen-Ost

Kapazität: 7 Mill. t/a.

Erdöl- und Erdgasgewinnung in der Nordsee

1. Produzierende Vorkommen

Vorkommen Öl/Gas Block - Fundjahr -	*Operator Konsorten	%	Prod. Horizont — Teufe m	Spez. Gewicht Öl g/cm³ (°API)	Gewinnbare Vorräte (Ende 1991) Öl Mill. t	Gewinnbare Vorräte (Ende 1991) Gas Mrd. m³	Prod. Beginn	Platt-for-men	Produktion 1991 Öl Mill. t	Produktion 1991 Gas Mrd. m³	Bemerkungen
Haven Ölfeld Block Q 1 – 1980 –	* Unocal Neth. BV Nedlloyd Energy BV	80,0 20,0	Unterkreide (Valendis) 1480–1490	0,8961 (26,4)	7,7	–	Oktober 1989	1	0,740 (einschl. Helder, Helm u. Hoorn)	0,025	Produktion per Pipeline über Helder A nach Ijmuiden.
Helder Ölfeld Block Q 1 – 1980 –	* Unocal Neth. BV Nedlloyd Energy BV	80,0 20,0	Unterkreide (Valendis) 1412–1418	0,9279 (21,0)	3,3	–	Oktober 1982	2	s. Haven		Produktion per 84 km, 20"-Pipeline nach Ijmuiden.
Helm Ölfeld Block Q 1 – 1979 –	* Unocal Neth. BV Nedlloyd Energy BV	80,0 20,0	Unterkreide (Valendis) 1263–1272	0,9279 (21,0)	1	–	Oktober 1982	1	s. Haven		Produktion per Pipeline nach Ijmuiden.
Hoorn Ölfeld Block Q 1 – 1980 –	* Unocal Neth. BV Nedlloyd Energy BV	80,0 20,0	Unterkreide (Valendis) 1612–1619	0,9013 (25,5)	..	–	Juli 1983	1	s. Haven		Produktion per 3,4 km, 10"-Pipeline über Helder nach Ijmuiden.
Kotter Ölfeld Block K 18 – 1980 –	* Continental Oil Co. Elf-Petroland BV Total Marine Expl. DSM Energie BV Eurafrep BV Cofraland BV Corexland BV Can. Oxy Petr. Co. Louisiana L. & E. Ned. Aardolie (NAM) Or.-Nassau Energie	25,5 6,375 3,187 15,0 0,425 0,319 0,319 12,75 12,75 10,625 12,75	Unterkreide, Ob. Jura 2280	0,865–0,8499 (32,0–35,0)	1,1	–	September 1984	2	0,889	0,010	Produktion per 20,4 km, 12"-Pipeline über Helder nach Ijmuiden.
Logger Ölfeld Block L 16a – 1982 –	* Continental Oil Co. Can. Oxy Petr. Co. Elf-Petroland BV Total Marine Expl. Eurafrep BV Cofraland BV Corexland BV Louisiana L.&E. Ned. Aardolie (NAM) Or.-Nassau Energie	30,0 15,0 7,5 3,75 0,5 0,375 0,375 15,0 12,5 15,0	Unterkreide ca. 1870	0,8550 (34,0)	2,6	–	August 1985	2	0,399	0,005	Produktion per 19 km, 8"-Pipeline nach Kotter, weiter über Helder-Helm nach Ijmuiden.

* Die federführende Gesellschaft (Operator) wird im Konsortium an erster Stelle genannt. Unter „Vorräte" sind die z. Z. noch sicher und wahrscheinlich gewinnbaren Öl- oder Gasmengen angegeben (remaining reserves).

NIEDERLANDE

Feld	Betreiber/Beteiligte	Anteile	Speicher	Dichte (°API)	H₂S	Inbetriebnahme	Bohrungen	Öl	Gas	Bemerkungen
Rijn Ölfeld Block P 15 – 1982 –	* Amoco Neth. Petr. Dyas Exp. en Prod. Veba Oil Neth. BV Clyde Petr. North Sea Bricomin Expl. Ensearch Neth. DSM Energie BV Or.-Nassau-Energie Pacific Enterprises	32,152 4,129 8,882 11,908 1,845 8,224 6,908 9,174 16,778	Unterkreide ca. 1980	0,8550–0,8448 (34,0–36,0)	4,1	–	Dezember 1985	3	0,190	0,031	Produktion per 42 km, 10"-Pipeline nach Hoek van Holland/Europoort.
K 6-C Gasfund (K 6-3) – 1986 –	* Elf-Petroland BV Total Marine Expl. Cofraland BV Corexland BV Eurafrep BV Energie Beheer Ned. BV	33,360 18,180 1,755 1,743 1,962 40,000	Rotliegendes	–	–	5,7	Mai 1992	1	–	–	Produktion über K 9c-A-Plattform und Noordgas-Pipeline nach Uithuizen.
K 6-D Gasfund (K 6-4) = 78,95 %	* Elf-Petroland BV Total Marine Expl. Cofraland BV Corexland BV Eurafrep BV Energie Beheer Ned. BV	36,360 18,180 1,755 1,743 1,962 40,000	Rotliegendes	–	–	8,5	Mai 1992	1	–	–	Produktion über K 6-C und Noordgas-Pipeline nach Uithuizen.
Block K 9c – 1988 – = 21,05 %	Placid Oil Ltd. EWE AG Goal Olie en Gas Expl. Ultramar Expl. BV HPI Netherlands Ltd. Rosewood Expl. Ltd. Goal Olie- en Gas Expl. Energie Beheer Ned. BV	22,071 10,264 1,512 2,318 5,770 6,491 1,575 40,000									
K 7-FA Gasfeld (K 7-1) – 1969 –	* Ned. Aardolie (NAM) Energie Beheer NL	60,0 40,0	Rotliegendes ca. 4270	–	1,6	Oktober 1982	1	–	0,173	Produktion per 9,4 km 18"-Pipeline nach K8-FA1, weiter über Westgas-Pipeline nach Callantsoog.
K 8-FA Gasfeld (K 8-3) – 1974 – Block K 11	* Ned. Aardolie (NAM) Clyde Petr. Exploratie Clam Petr. Co. Or.-Nassau Energie Energie Beheer NL	30,0 6,0 18,0 6,0 40,0	Rotliegendes 3180–3350	–	5,8	Mai 1978	2	–	2,462 (einschl. K 8-FC, K 11-FA)	Produktion per 31 km, 24"-Pipeline nach K14-FA1, weiter über Westgas-Pipeline nach Callantsoog.
K 8-FC Gasfeld (K 8-7) – 1979 –	* Ned. Aardolie (NAM) Clyde Petr. Exploratie Clam Petr. Co. Or.-Nassau Energie Energie Beheer NL	30,0 6,0 18,0 6,0 40,0	Rotliegendes	–	1	1987	1	–	s. K8-FA	Produktion über Westgas-Pipeline nach Callantsoog.

2 ERDÖL- UND ERDGASWIRTSCHAFT

Vorkommen Öl/Gas Block - Fundjahr -	*Operator Konsorten	%	Prod. Horizont Teufe m	Spez. Gewicht Öl g/cm³ (°API)	Gewinnbare Vorräte (Ende 1991) Öl Mill. t	Gewinnbare Vorräte (Ende 1991) Gas Mrd. m³	Prod. Beginn	Plattformen	Produktion 1991 Öl Mill. t	Produktion 1991 Gas Mrd. m³	Bemerkungen
K 9 ab-A Gasfeld (K 9b-4) –1983–	* Placid Intern. Oil Ltd. EWE AG Goal Olie en Gas Ultramar Expl. HPI Netherland Rosewood Expl. Goal Petroleum Energie Beheer NL	28,697 8,625 2,175 2,760 7,503 8,440 1,800 40,000	Rotliegendes ca. 3725	–	–	4,7	Dezember 1987	1	–	0,368	Produktion über L10-A und Noordgas-Pipeline nach Uithuizen.
K 9c-A Gasfeld (K 9c-5) –1985–	* Placid Intern. Oil Ltd. EWE AG Goal Olie en Gas Ultramar Expl. HPI Netherland Rosewood Expl. Goal Petroleum Energie Beheer NL	22,071 10,264 1,512 2,318 5,770 6,491 1,575 50,000	Rotliegendes	–	–	1,3	Dezember 1987	1	–	0,268	Produktion per 36,5 km, 16"-Leitung nach L10-A, weiter über Noordgas-Pipeline nach Uithuizen.
K 10-B Gasfeld, Ölfund (K 10a-5) Block K 10a –1979–	* Wintersh. Noordzee NEMID Nederland Billiton Exploratie Clyde Petr. Expl. BV ONEPM Noordzee Total Energie Ned. Caland Exploratie Veba Oil Neth. BV Dyas Expl. en Prod. Energie Beheer NL	10,032 8,306 2,460 3,676 3,656 1,632 0,432 19,871 9,935 40,000	Buntsandstein (Öl) ca. 1800 Rotliegendes (Gas) 2963–2969	0,9042–0,8984 (25,0–26,0)	∙∙	4,8	Januar 1983 (Gas)	1	–	1,152 (einschl. K 10-C)	Gasproduktion über Westgas-Pipeline nach Callantsoog. Im April 1982 Anlandung einer Testförderung von 145 t Öl in Amsterdam = erstes Öl angelandetes niederländisches Offshore-Öl.
K 10-C Gasfeld (K 10a-6) Block K 10a –1980–	* Wintersh. Noordzee NEMID Nederland Billiton Exploratie Clyde Petr. Expl. BV ONEPM Noordzee Total Energie Ned. Caland Exploratie Veba Oil Neth. BV Dyas Expl. en Prod. Energie Beheer NL	10,032 8,306 2,460 3,676 3,656 1,632 0,432 19,871 9,935 40,000	Rotliegendes 3069–3075	–	–	∙∙	August 1983	1	–	s. K 10-B	Produktion über Westgas-Pipeline nach Callantsoog.
K 11-FA Gasfeld (K 11-2) –1970–	* Ned. Aardolie (NAM) Clyde Petr. (Expl.) BV Clam Petr. Co. Or.-Nassau Energie Energie Beheer NL	30,0 6,0 18,0 6,0 40,0	Rotliegendes 3160	–	–	5	November 1980	1	–	s. K8-FA	Produktion per 6 km, 6"-Pipeline nach K8-FA1, weiter über Westgas-Pipeline nach Callantsoog.

NIEDERLANDE

K 12-A Gasfeld (K 12-2 + 3) – 1975 –	* Placid Intern. Oil Ltd. Arco Netherland Can. Superior Oil HPI Netherland Rosewood Expl. Energie Beheer NL	19,29 23,00 7,00 5,04 5,67 40,00	Rotliegendes	–	3,8	Oktober 1983	1	–	1,342 (einschl. K 12-B, K 12-C, K 12-D, K 12-E)	Produktion per 29,2 km, 14"-Leitung nach L 10-A, weiter über Noordgas-Pipeline nach Uithuizen.
K 12-B Gasfeld (K 12-6) – 1982 –	* Placid Intern. Oil Ltd. Arco Netherland Can. Superior Oil HPI Netherland Rosewood Expl. Energie Beheer NL	19,29 23,00 7,00 5,04 5,67 40,00	Rotliegendes	–	22	Juli 1987	1	–	s. K 12-A	Produktion per 22 km, 18"-Leitung nach L 10-A, weiter über Noordgas-Pipeline nach Uithuizen. CO_2-Gehalt: 13 %, Abtrennung Offshore.
Block K 15	Ned. Aardolie (NAM) Energie Beheer NL	60,0 40,0								
K 12-C Gasfeld (K 12-7) – 1984 –	* Placid Intern. Oil Ltd. Arco Netherland Can. Superior Oil HPI Netherland Rosewood Expl. Energie Beheer NL	19,29 23,00 7,00 5,04 5,67 40,00	Rotliegendes	–	:	November 1984	1	–	s. K 12A	Produktion per 10"-Anschluß an die K 12-A-Leitung, weiter über L 10-A und Noordgas-Pipeline nach Uithuizen.
K 12-D Gasfeld (K 12-8) – 1984 –	* Placid Intern. Oil Ltd. Arco Netherland Can. Superior Oil HPI Netherland Rosewood Expl. Energie Beheer NL	19,29 23,00 7,00 5,04 5,67 40,00	Rotliegendes ca. 3850	–	1,3	August 1985	1	–	s. K 12A	Produktion per 4,3 km, 10"-Leitung nach K 12-C, weiter über L 10-A und Noordgas-Pipeline nach Uithuizen.
K 12-E Gasfeld (K 12-9) – 1985 –	* Placid Intern. Oil Ltd. Arco Netherland Can. Superior Oil HPI Netherland Rosewood Expl. Energie Beheer NL	19,29 23,00 7,00 5,04 5,67 40,00	Rotliegendes	–	:	1986	1	–	s. K 12A	Produktion per 6,3 km, 10"-Leitung nach K 12-C, weiter über L 10-A und Noordgas-Pipeline nach Uithuizen.
K 12-F Gasfund (K 12-11) – 1989 –	* Placid International Oil Ltd. Arco Netherlands Petr. Co. Neth. North Sea Superior Oil Ltd. Can. Superior Oil (Ned.) BV HPI Netherlands Ltd. Rosewood Exploration Ltd. Energie Beheer Ned. BV	19,29 23,00 6,00 1,0 5,04 5,67 40,00	Rotliegendes	–	:	1991	–	:	1	Produktion über K 12-B-Plattform und Noordgas-Pipeline nach Uithuizen.

2 ERDÖL- UND ERDGASWIRTSCHAFT

Vorkommen Öl/Gas Block - Fundjahr -	*Operator Konsorten	%	Prod. Horizont Teufe m	Spez. Gewicht Öl g/cm³ (°API)	Gewinnbare Vorräte (Ende 1991) Öl Mill. t	Gewinnbare Vorräte (Ende 1991) Gas Mrd. m³	Prod. Beginn	Plattformen	Produktion 1991 Öl Mill. t	Produktion 1991 Gas Mrd. m³	Bemerkungen
K 13-A Gasfeld (K 13-1) – 1972 –	* Wintersh. Noordzee NEMID Nederland Clyde Petr. Expl. BV Total Energie Ned. ONEPM Noordzee Caland Exploratie Billiton Exploratie Energie Beheer NL	25,08 12,54 5,55 4,08 5,52 1,08 6,15 40,00	Mittlerer Buntsandstein	–	–	1	Februar 1976	1	–	0,074 (einschl. K 13-B)	Produktion über die 130 km, 36"-Westgas-Pipeline nach Callantsoog. Gaszusammensetzung: CH_4 = 85,20 % C_2H_6 = 5,45 % C_3H_8 = 1,20 % N_2 = 7,12 % CO_2 = 0,13 % He = 0,90 % Die Förderung wurde 1991 wegen Erschöpfung des Feldes eingestellt.
K 13-B Gasfeld (K 13-2) – 1973 –	* Wintersh. Noordzee NEMID Nederland Clyde Petr. Expl. BV Total Energie Ned. ONEPM Noordzee Caland Exploratie Billiton Exploratie Energie Beheer NL	25,08 12,54 5,55 4,08 5,52 1,08 6,15 40,00	Mittlerer Buntsandstein	–	–	1	Juli 1977	1	–	s. K 13-A	Produktion per 8,7 km, 10"-Leitung nach K 13-A, weiter über Westgas-Pipeline nach Callantsoog. Die Förderung wurde 1991 wegen Erschöpfung des Feldes eingestellt.
K 14-FA Gasfeld (K 14-1) – 1970 –	* Ned. Aardolie (NAM) Energie Beheer NL	60,0 40,0	Rotliegendes 2850–3100	–	–	3,8	Dezember 1977	1	–	0,550	Produktion über die 36"-Westgas-Pipeline Callantsoog.
K 15-FA Gasfeld (K 15-2) – 1974 – Block L 13	* Ned. Aardolie (NAM) Energie Beheer NL	60,0 40,0	Rotliegendes 3200–3410	–	–	1,8	Mai 1979	1	–	3,262 (einschl. K 15-FB K 15-FG)	Produktion über Westgas-Pipeline nach Callantsoog.
	* Ned. Aardolie (NAM) Clyde Petr. Expl. BV Clam Petr. Co. Or.-Nassau Energie Energie Beheer NL	30,0 6,0 18,0 6,0 40,0									
K 15-FB Gasfeld (K 15-6) – 1975 –	* Ned. Aardolie (NAM) Energie Beheer NL	60,0 40,0	Rotliegendes 3700–3980	–	–	12,3	Dezember 1983	1	–	s. K 15-FA	24 % CO_2-Gehalt, Produktion über separate niederkalorige 24"-Pipeline nach Callantsoog.
K 15-FC Gasfund (K 15-6) – 1978 –	* Ned. Aardolie (NAM) Energie Beheer Ned. BV	60,0 40,0	Rotliegendes	–	–	8	1991	1	–	...	Produktion über Westgas-Pipeline nach Callantsoog.

NIEDERLANDE

Feld	Betreiber		Formation							Bemerkungen
K 15-FG Gasfeld (K 15-12) –1988–	* Ned. Aardolie (NAM) Energie Beheer NL	60,0 40,0	Rotliegendes	–	9,9	1990	1	–	s. K 15-FA	Produktion über 7 km, 11"-Leitung nach K 15-FA, weiter über Westgas-Pipeline nach Callantsoog.
L 2-FA Gasfund (L 2-1) –1968–	* Ned. Aardolie (NAM)	100,0	Buntsandstein	–	10	Januar 1992	1	–	–	Produktion über NOGAT-Pipeline nach Callantsoog.
L 4-A Gasfeld (L 4-2) –1974–	* Elf-Petroland BV Total Marine Exploit. Cofraland BV Eurafrep BV Corexland BV Energie Beheer NL	36,360 18,180 1,755 1,962 1,743 40,000	Rotliegendes ca. 3750	–	4,5	Januar 1983	1	–	1,427 (einschl. L 4-B)	Produktion per 22,7 km, 12"-Leitung nach L 7-C, weiter über Noordgas-Pipeline nach Uithuizen.
L 4-B Gasfeld (K 6-2) Block K 6 –1972–	* Elf-Petroland BV Total Marine Exploit. Cofraland BV Eurafrep BV Corexland BV Energie Beheer NL	36,360 18,180 1,755 1,962 1,743 40,000	Rotliegendes	–	9,1	Oktober 1985	1	–	s. L 4-A	Produktion per 10,6 km, 10"-Leitung nach L 7-A, weiter über L 7-C und Noordgas-Pipeline nach Uithuizen.
L 7-A Gasfeld (L 7-1) –1971–	* Elf-Petroland BV Total Marine Exploit. Cofraland BV Eurafrep BV Corexland BV Energie Beheer NL	36,360 18,180 1,755 1,962 1,743 40,000	Rotliegendes	–	..	Oktober 1985	1	–	1,328 (einschl. L 7-B, L 7-C, L 7-H, L 7-N)	Produktion per 9,8 km, 10"-Leitung nach L 7-C, weiter über L 7-C und Noordgas-Pipeline nach Uithuizen.
L 7-B Gasfeld (L 7-2) –1973–	* Elf-Petroland BV Total Marine Exploit. Cofraland BV Eurafrep BV Corexland BV Energie Beheer NL	36,360 18,180 1,755 1,962 1,743 40,000	Rotliegendes	–	..	Juni 1977	1	–	s. L 7-A	Produktion über L 7-C und Noordgas-Pipeline nach Uithuizen.
L 7-C Gasfeld (L 7-3) –1973–	* Elf-Petroland BV Total Marine Exploit. Cofraland BV Eurafrep BV Corexland BV Energie Beheer NL	36,360 18,180 1,755 1,962 1,743 40,000	Rotliegendes	–	..	Juni 1977	1	–	s. L 7-A	Produktion über Noordgas-Pipeline nach Uithuizen.
L 7-H Gasfund (L 7-14) –1987–	* Elf-Petroland BV Total Marine Exploit. Cofraland BV Eurafrep BV Corexland BV Energie Beheer NL	36,360 18,180 1,755 1,962 1,743 40,000	Rotliegendes	–	13	1990	1	–	–	Produktion über L 7-C und Noordgas-Pipeline nach Uithuizen.

2

2 ERDÖL- UND ERDGASWIRTSCHAFT

Vorkommen Öl/Gas Block - Fundjahr -	*Operator Konsorten	%	Prod. Horizont / Teufe m	Spez. Gewicht Öl g/cm³ (° API)	Gewinnbare Vorräte (Ende 1991) Öl Mill. t	Gewinnbare Vorräte (Ende 1991) Gas Mrd. m³	Prod. Beginn	Plattformen	Produktion 1991 Öl Mill. t	Produktion 1991 Gas Mrd. m³	Bemerkungen
L 7-N Gasfund (L 7-11) –1985–	* Elf-Petroland BV Total Marine Exploit. Cofraland BV Eurafrep BV Corexland BV Energie Beheer NL	36,360 18,180 1,755 1,962 1,743 40,000	Rotliegendes	–	–	2	1988	1	–	s. L 7-A	Produktion über L 7-C und Noordgas-Pipeline nach Uithuizen.
L 8-A Gasfeld (L 8-1+8) –1972–	* Wintersh. Noordzee NEMID Nederland Clyde Petr. Expl. BV Total Energie Ned. ONEPM L 8 A Caland Exploratie Billiton Exploratie Energie Beheer NL	25,08 12,54 5,55 4,08 5,52 1,08 6,15 40,00	Rotliegendes 4151–4152 4172–4174	–	–	3,8 (inkl. L 8-G, L 8-H)	1989	1	–	0,742 (einschl. L 8-G, L 8-H)	Produktion per 9,9 km, 8″-Leitung nach L 8-G, weiter über Noordgas-Pipeline nach Uithuizen.
L 8-G Gasfeld (L 8-5+6) –1984–	* Wintersh. Noordzee NEMID Nederland Clyde Petr. Expl. BV Total Energie Ned. ONEPM L 8 A Caland Exploratie Billiton Exploratie Energie Beheer NL	25,08 12,54 5,55 4,08 5,52 1,08 6,15 40,00	Rotliegendes 4216–4253	–	–	s. L 8-A	1988	1	–	s. L 8-A	Zentrale Plattform mit CO_2-Abscheidung (4,2 %). Produktion über die 36″-Noordgas-Pipeline nach Uithuizen.
L 8-H Gasfeld (L 8-9) –1986–	* Wintersh. Noordzee NEMID Nederland Clyde Petr. Expl. BV Total Energie Ned. ONEPM L 8 A Caland Exploratie Billiton Exploratie Energie Beheer NL	25,08 12,54 5,55 4,08 5,52 1,08 6,15 40,00	Rotliegendes	–	–	s. L 8-A	1988	1	–	s. L 8-A	Früher K 13-DE-Plattform, Produktion per 6″-Leitung nach L 8-G, weiter über Noordgas-Pipeline nach Uithuizen.
L 10-A-G/L 11 Gasfeld –1970–	* Placid Intern. Oil Ltd. HPI Netherland Rosewood Expl. Energie Beheer NL	38,57 10,08 11,35 40,00	Rotliegendes 3050–3650	–	–	33	Mai 1975	7	–	1,607 (einschl. L 10-K, L 10-SA1)	Produktion von L 10-A über die 178 km, 36″-Noordgas-Pipeline nach Uithuizen.
Block L 7	Elf-Petroland BV Total Marine Exploit. Cofraland BV Eurafrep BV Corexland BV Energie Beheer NL	36,360 18,180 1,755 1,962 1,743 40,000									

NIEDERLANDE

Feld	Betreiber		Formation/Teufe		Förderung	Beginn	Bohrungen		Reserven	Bemerkungen
L 10-K Gasfeld (L 10-10) –1972–	* Placid Intern. Oil Ltd. HPI Netherland Rosewood Expl. Energie Beheer NL	38,57 10,08 11,35 40,00	Rotliegendes	–	∷	März 1986	1	–	s. L 10-A-G, L 11	Produktion über L 10-B und Noordgas-Pipeline nach Uithuizen.
L 10-L Gasfeld (L 10-30) –1988–	* Placid Intern. Oil Ltd Rosewood Expl. Ltd. Energie Beheer Ned. BV	38,57 10,08 11,35 40,00	Rotliegendes ca. 3650	–	–	1989	–	∷	1	Produktion über L 10-A-Plattform und Noordgas-Pipeline nach Uithuizen.
L 10-SA 1 Gasfeld (L 10-28) –1987–	* Placid Intern. Oil Ltd. HPI Netherland Rosewood Expl. Energie Beheer NL	38,57 10,08 11,35 40,00	Rotliegendes	–	∷	Januar 1989	–	–	s. L 10-A-G, L 11	Unterwasser-Komplettierung. Produktion über Noordgas-Pipeline nach Uithuizen.
L 11a-A Gasfeld (L 11a-10) –1984–	* Placid Intern. Oil Ltd HPI Netherlands Rosewood Expl. Energie Beheer NL	38,57 10,08 11,35 40,00	Rotliegendes	–	4,25	1990	1	–	∷	Produktion über Noordgas-Leitung nach Uithuizen.
L 11b-A Gasfeld (L 11.4+6) –1978–	* Unocal Neth. BV Nedlloyd Energy BV Energie Beheer NL	48,0 12,0 40,0	Rotliegendes 3483–3548	–	6,8	Oktober 1986	1	–	0,218	Produktion über L 10-A und Noordgas-Pipeline nach Uithuizen.
L 13-FB Gasfund (L 13-2) –1975–	* Ned. Aardolie (NAM) Clyde Petr. Exploratie Clam Petr. Co. Or.-Nassau Energie Energie Beheer NL	30,0 6,0 18,0 6,0 40,0	Rotliegendes	–	1	1989	1	–	2,011 (einschl. L 13-FC L 13-FD L 13-FE L 13-FF L 13-FG)	Produktion per Ablenkungsbohrung von der L 13-FC-Plattform aus.
L 13-FC Gasfeld (L 13-6) –1984–	* Ned. Aardolie (NAM) Clyde Petr. Exploratie Clam Petr. Co. Or.-Nassau Energie Energie Beheer NL	30,0 6,0 18,0 6,0 40,0	Rotliegendes 3300–3500	–	10,1	Oktober 1986	1	–	s. L 13 FB	Produktion per 15,4 km, 18″-Leitung nach K 15-FA1, weiter über Noordgas-Pipeline nach Uithuizen.
L 13-FD Gasfeld (L 13-7) –1985–	* Ned. Aardolie (NAM) Clyde Petr. Exploratie Clam Petr. Co. Or.-Nassau Energie Energie Beheer NL	30,0 6,0 18,0 6,0 40,0	Rotliegendes	–	2,3	1990	1	–	s. L 13-FB	Produktion über L 13-FC.
L 13-FE Gasfeld (L 13-8) –1986–	* Ned. Aardolie (NAM) Clyde Petr. Exploratie Clam Petr. Co. Or.-Nassau Energie Energie Beheer NL	30,0 6,0 18,0 6,0 40,0	Rotliegendes	–	7,3 (einschl. L 13-FG)	1990	1 (gemeinsam mit L 13-FG)	–	s. L 13-FB	Produktion über L 13-FC.

2 ERDÖL- UND ERDGASWIRTSCHAFT

Vorkommen Öl/Gas Block - Fundjahr -	*Operator Konsorten	%	Prod. Horizont — Teufe m	Spez. Gewicht Öl g/cm³ (°API)	Gewinnbare Vorräte (Ende 1991) Öl Mill. t	Gewinnbare Vorräte (Ende 1991) Gas Mrd. m³	Prod. Beginn	Plattformen	Produktion 1991 Öl Mill. t	Produktion 1991 Gas Mrd. m³	Bemerkungen
L 13-FF Gasfeld (L 13-9) – 1986 –	* Ned. Aardolie (NAM) Clyde Petr. Exploratie Clam Petr. Co. Or.-Nassau Energie Energie Beheer NL	30,0 6,0 18,0 6,0 40,0	Rotliegendes	–	–	1,2	1990	1	–	s. L 13-FB	Produktion über L 13-FC.
L 13-FG Gasfeld (L 13-10) – 1987 –	* Ned. Aardolie (NAM) Clyde Petr. Exploratie Clam Petr. Co. Or.-Nassau Energie Energie Beheer NL	30,0 6,0 18,0 6,0 40,0	Rotliegendes	–	–	s. L 13-FE	1990	1	–	s. L 13-FB	Produktion über L 13-FC.
L 14-S 1 Gasfeld (L 14-1) – 1975 –	* Placid Intern. Oil Ltd. Energieversorgung Weser-Ems AG (EWE) HPI Netherlands Ltd. Rosewood Expl. Ltd. Ned. Aardolie (NAM) Energie Beheer NL	19,864 13,500 5,193 5,842 15,600 40,000	Rotliegendes 3230–3250	–	–	0,2	Februar 1991	–	–	0,104	Produktion per Unterwasserverbindung mit L 11A-Plattform.
P 6-A Gasfeld Blöcke P6, P5 – 1968 –	* Mobil Prod. Neth. Charterhouse Petr. Chevron Oil Ned. BV Clyde Petr. Expl. BV Holland Sea Search BV Energie Beheer NL	30,00 3,75 5,25 14,25 6,75 40,0	Mittlerer Buntsandstein, 2600 Zechstein (Plattendolomit) 3210–3235	–	–	6,9	Dezember 1983	2	–	0,515	Produktion per 79 km, 20"-Pipeline über L 10 und Noordgas-Pipeline nach Uithuizen. Gaszusammensetzung (Plattendolomit) = Durchschnitts-Analyse: CH_4 = 91,9 % C_2H_6 = 2,7 % C_3H_8 = 0,4 % i-Butane = 0,05 % n-Butane = 0,08 % N_2 = 1,7 % CO_2 = 4,9 %
P 12-6 Gasfund – 1987 –	* Mobil Prod. Neth. Inc. Holland Sea Search BV Hollandsche Delfstoffen Mij. (HDM) BV DSM Energie BV	75,0 5,0 10,0 10,0	Mesozoikum	–	–	2,3	1991	1	–	...	Produktion über P 6-A und Noordgas-Pipeline nach Uithuizen.

NIEDERLANDE

Vorkommen Öl/Gas Block - Fundjahr -	*Operator Konsorten	%	Prod. Horizont — Teufe m	Spez. Gewicht Öl g/cm³ (° API)	Gewinnbare Vorräte Öl Mill. t	Gewinnbare Vorräte Gas Mrd. m³		Produktions-Kapazität Öl Mill. t/a	Produktions-Kapazität Gas Mrd. m³/a	Platt-form geplant	Bemerkungen
P 12-SW Gasfund (P 12-5) – 1986 –	* Mobil Prod. Neth. Inc. Holland Sea Search BV Hollandsche Delfstoffen Mij. (HDM) BV DSM Energie BV	75,0 5,0 10,0 10,0	Mesozoikum	..	–	2,1		Oktober 1990	2	0,735	Produktion über P 6-A und Noordgas-Pipeline nach Uit-huizen.
Q 8-A Gasfeld (Q 8-1 + 3) – 1976 –	* Clyde Petr. Expl. BV Chevron Ned. BV Energie Beheer NL	30,0 30,0 40,0	Mittlerer Buntsand-stein ca. 1660 Zechstein (Z 3) ca. 2060	–	–	1		Oktober 1986	1	0,276	Produktion über 10"-Pipe-line (17 km) nach Heemskerk (Hoogovens/Ijmuiden).
Produktion 1991 (nach Ministerie van Economische Zaken, Den Haag):						2,218 + 0,2 Kondensat				18,686	

2. Vorkommen in Produktions-Vorbereitung

Vorkommen Öl/Gas Block - Fundjahr -	*Operator Konsorten	%	Prod. Horizont — Teufe m	Spez. Gewicht Öl g/cm³ (° API)	Gewinnbare Vorräte Öl Mill. t	Gewinnbare Vorräte Gas Mrd. m³	Produktions-Kapazität Öl Mill. t/a	Produktions-Kapazität Gas Mrd. m³/a	Platt-form geplant	Bemerkungen
A 12-3 Gasfund – 1988 –	* Ned. Aardolie (NAM) DSM Energie BV	50,0 50,0	? Jura	–	–	..	–	..	..	Produktions-Lizenz beantragt.
A 18-2 Gasfund – 1987 –	* Ned. Aardolie (NAM)	100,0	Jura	–	–	..	–	..	..	Produktions-Lizenz beantragt.
B 18a-3 Ölfund – 1982 –	* Ned. Aardolie (NAM) DSM Energie BV	50,0 50,0	Jura	..	..	..	–	..	..	Produktions-Lizenz erteilt.
D 12 Gasfund (D 12-3)	* Wintershall Noordzee BV NEMID Nederland BV Billiton Exploratie Clyde Petr. Expl. BV Total Energie Nederland BV Total Marine Exploitatie Caland Exploratie BV	32,7 10,25 9,25 6,8 9,2 1,8	Oberkarbon	–	–	3–6	–	..	..	Produktions-Lizenz beantragt.
Block D 15 (D 15-3) – 1985 –	Nederlandse Aardolie Mij. BV (NAM) DSM Energie BV	90,0 10,0								

2 ERDÖL- UND ERDGASWIRTSCHAFT

Vorkommen Öl/Gas Block - Fundjahr -	*Operator Konsorten	%	Prod. Horizont / Teufe m	Spez. Gewicht Öl g/cm³ (°API)	Gewinnbare Vorräte Öl Mill. t	Gewinnbare Vorräte Gas Mrd. m³	Produktions-Kapazität Öl Mill. t/a	Produktions-Kapazität Gas Mrd. m³/a	Plattform geplant	Bemerkungen
E 12a-3 Gasfeld – 1991 –	* Elf-Petroland BV Cofraland BV Corexland BV Eurafrep Nederland BV Kon. Volker Stevin NV Total Marine Exploitatie	.. ..	..	–	–	..	–	..	..	Produktions-Lizenz beantragt.
E 13a-1 Gasfund – 1984 –	* Wintershall Noordzee BV NEMID Nederland BV Billiton Exploratie Clyde Petr. Expl. BV Total Marine Exploitatie Total Energie Nederland BV Caland Exploratie BV	30,0 32,7 10,25 9,25 9,2 6,8 1,8	Oberkarbon	–	–	..	–	..	..	Produktions-Lizenz beantragt.
F 3-FB Öl- u. Gasfeld – 1976 –	* Ned. Aardolie (NAM) DSM Energie BV	75,0 25,0	Unterer u. Mittlerer Jura 3120–3240	0,7972–0,7796 (46,0–50,0)	5–6	12	1,1	1,8	2	Gasproduktion ab 1993 geplant über 145 km, 36"-NOGAT-Pipeline (= Noordelijke Offshore Gastransportleiding nach Callantsoog. Ölproduktion per Tankertransport. Erste Beton-Plattform in der südlichen Nordsee.
Block F 2a	Unocal Netherl. BV Nedlloyd Energy BV DSM Energie BV	60,0 15,0 25,0								
Block F 6	Elf-Petroland BV Total Marine Expl. BV Eurafrep BV Corexland BV Cofraland BV DSM Energie BV	45,0 22,5 3,0 2,25 2,25 25,0								
F 15-A Gasfund (F 15-4) – 1986 –	* Elf-Petroland BV Total Marine Expl. BV Clyde Petr. Expl. BV Norsk Hydro Noordz. BV Eurafrep BV Corexland BV Cofraland BV	42,0 21,0 15,0 15,0 2,8 2,1 2,1	Rotliegendes ca. 3500	–	–	10	–	1,2	1	Produktion ab 1993 geplant über NOGAT-Pipeline nach Callantsoog.
F 17a-3 Ölfund – 1982 –	* Ned. Aardolie (NAM)	100,0	Jura ca. 2000	..	..	–	..	–	..	Produktions-Lizenz beantragt.
F 17a-4 Ölfund – 1982 –	* Ned. Aardolie (NAM)	100,0	Jura	..	..	–	..	–	..	Produktions-Lizenz beantragt.
G 16a-1 Gasfund – 1985 –	* Ned. Aardolie (NAM)	100,0	Buntsandstein	–	–	5,7	–	..	..	Produktions-Lizenz erhalten; Förderbeginn ab ca. 1995 geplant.

NIEDERLANDE

J 3-2 Gasfund –1986– Block K1	* Ned. Aardolie (NAM) DSM Energie BV	95,0 5,0	Oberkarbon	–	4,25	…	Produktions-Lizenz beantragt.
K 2b-1 Gasfund –1989–	Ned. Aardolie (NAM)	100,0			2,8	…	Produktionslizenz beantragt.
K 3-1 Gasfund –1987–	* Ned. Aardolie (NAM) DSM Energie BV	95,0 5,0	Rotliegendes	–	…	–	Produktions-Lizenz beantragt.
	* Ned. Aardolie (NAM)	100,0	? Kreide/Jura	–	…	…	
K 5a-3 Gasfund –1988–	* Elf-Petroland BV Clyde Petr. Exploit. BV Cofraland BV Corexland BV Eurafrep BV Bow Valley Ind. Ltd. Hamilton Bros. Petr. Co. Total Marine Expl. BV	33,706 8,824 1,685 1,685 2,246 20,500 14,500 16,853	Rotliegendes, Oberkarbon	–	3,7	…	Produktion ab (?) 1994 geplant, Produktions-Lizenz erteilt.
K 6-A Gasfund (K 6-1) –1969–	* Elf-Petroland BV Total Marine Expl. BV Cofraland BV Corexland BV Eurafrep BV Energie Beheer Ned. BV	33,360 18,180 1,755 1,743 1,962 40,000	Rotliegendes	–	1,7	…	Produktion ab (?) 1994 über K 6-C und Noordgas-Pipeline nach Uithuizen geplant.
K 6-DN Gasfund (K 6-5) –1989–	* Elf-Petroland BV Total Marine Expl. BV Cofraland BV Corexland BV Eurafrep BV Energie Beheer Ned. BV	36,360 18,180 1,755 1,743 1,962 40,000	Rotliegendes	–	3,1	…	Produktion ab 1992 über K 6-C und Noordgas-Pipeline nach Uithuizen geplant.
K 6-T Gasfund (K 6-8) –1991–	* Elf-Petroland BV Total Marine Expl. BV Cofraland BV Corexland BV Eurafrep Nederland BV Energie Beheer Ned. BV	36,36 18,18 1,755 1,743 1,962 40,0	Rotliegendes	–	…	–	Produktion ab 1993 geplant.
K 10-13 Gasfund –1988–	* Wintersh. Noordzee BV NEMID Nederland BV Billiton Exploratie Mij. Clyde Petr. Expl. BV ONEPM Noordzee Total Energie Ned. BV Caland Exploratie BV Veba Oil Nederland BV Dyas Expl. en Prod. Mij. Energie Beheer Ned. BV	10,032 3,306 2,460 3,676 3,656 1,632 0,432 19,871 9,935 40,000	Rotliegendes	–	…	…	Produktions-Lizenz beantragt.

2 ERDÖL- UND ERDGASWIRTSCHAFT

Vorkommen Öl/Gas Block — Fundjahr —	*Operator Konsorten	%	Prod. Horizont Teufe m	Spez. Gewicht Öl g/cm³ (° API)	Gewinnbare Vorräte Öl Mill. t	Gewinnbare Vorräte Gas Mrd. m³	Produktions-Kapazität Öl Mill. t/a	Produktions-Kapazität Gas Mrd. m³/a	Plattform geplant	Bemerkungen
K 15 FD Gasfund (K 15-9) –1983–	* Ned. Aardolie (NAM) Energie Beheer Ned. BV	60,0 40,0	Rotliegendes	–	–	2,3	–	..	1	Testkapazität K 15-9: 300 200 m³ Gas/d.
K 17-FA Gasfund (K 17-2) –1972–	* Ned. Aardolie (NAM) Energie Beheer Ned. BV	60,0 40,0	Rotliegendes	–	–	5,7	–	1,0	1	Produktions-Lizenz wurde 1989 erteilt.
L 1a-4 Gasfund –1985–	* Ned. Aardolie (NAM) Elf-Petroland BV DSM Energie (Rijn) BV Oranje-Nassau Energie Total Marine Expl. BV Van Dyke Neth. Inc. DSM Energie BV	.. ..	Rotliegendes	–	–	1,3	–	..	1	Produktion ab 1992 über K 6-A nach K 6-C geplant, Produktions-Lizenz beantragt.
L 1b-3 Ölfund –1985–	* Ned. Aardolie (NAM) Elf-Petroland BV DSM Energie (Rijn) BV Oranje-Nassau Energie Total Marine Expl. BV Van Dyke Neth. MC DSM Energie BV	.. ..	Oberer Jura	..	..	..	..	..	..	Produktions-Lizenz beantragt.
L 2-5 Gasfund –1977–	* Ned. Aardolie (NAM)	100,0	Buntsandstein	–	–	..	–	..	..	Testkapazität: 190 000 m³ Gas/d.
L 5-FA Öl- u. Gasfund (L 5a-5) –1988–	* Ned. Aardolie (NAM)	100,0	..	..	..	..	..	..	..	Produktion ab 1992 über NOGAT-Pipeline nach Callantsoog geplant.
L 7-D Gasfund (L 7-5) –1974–	* Elf Petroland BV Total Marine Expl. BV Eurafrep BV Cofraland BV Corexland BV Energie Beheer Ned. BV	36,360 18,180 1,962 1,755 1,743 40,000	Rotliegendes	–	–	1,4	–	..	1	
L 8b-13 Gasfeld –1992–	* Wintershall Noordzee BV Veba Oil Nederlands BV Amoco Neth. Petr. Co. Dyas Expl. en Prod. Mij.	21,0 35,0 30,0 14,0	Rotliegendes	–	–	..	–	..	..	Produktions-Lizenz beantragt.

NIEDERLANDE

L 9a-3 Gasfeld –1988–	* Ned. Aardolie (NAM)	100,0	Rotliegendes	–	1,4	–	...	Produktions-Lizenz beantragt.
L 12-FA Gasfeld (L 12-1A) –1969–	* Ned. Aardolie (NAM) Clyde Petr. (Neth.) BV Clam Petr. Co. Oranje-Nassau Energie BV	47,50 11,25 36,25 5,00	Rotliegendes ca. 3500	–	...	–	...	
L 12-FB Gasfeld (L 12-2) –1976–	* Ned. Aardolie (NAM) Clyde Petr. (Neth.) BV Clam Petr. Co. Oranje-Nassau Energie BV	47,50 11,25 36,25 5,00	Rotliegendes ca. 3500	–	1,0	–	1	Produktion ab 1992 über NOGAT-Pipeline nach Callantsoog geplant.
L 12-FC Gasfeld (L 12-3) –1979–	* Ned. Aardolie (NAM) Clyde Petr. (Neth.) BV Clam Petr. Co. Oranje-Nassau Energie BV	47,50 11,25 36,25 5,00	Rotliegendes ca. 3500	–	1,1	–	1	Produktions-Lizenz beantragt.
L 13-FH Gasfund (L 13-12) –1988–	* Ned. Aardolie (NAM) Clyde Petr. Expl. BV Clam Petr. Co. Oranje-Nassau Energie Energie Beheer Ned. BV	30,0 6,0 18,0 6,0 40,0	Rotliegendes	–	1,42	–	1	Testkapazität L 13-12: 1 614 000 m^3 Gas/d.
L 15-FA Gasfund (L 15-4) –1976–	* Ned. Aardolie (NAM)	100,0	Rotliegendes ca. 2900	–	8,5	–	...	Produktion ab 1994 über NOGAT-Pipeline nach Callantsoog geplant.
Markham Gasfund Blöcke J 6 J 3b –1987–	* Lasmo Nederland BV Elf-Petroland BV Holland Sea Search II BV Ranger Oil (Neth.) Ltd. Total Oil and Gas Ned. BV Energie Beheer NL	17,5 14,585 7,5 5,25 5,165 50,0	Oberkarbon	–	10	2,3	1	Fortsetzung des Gasfeldes im britischen Block 49/5 = niederl. Anteil: 58,8 %. Produktion ab 1992 via Westgas-Pipeline geplant.
M 9 Gasfeld –1965–	* Ned. Aardolie (NAM) Mobil Prod. Neth. Inc.	50,0 50,0	Rotliegendes	–	...	–	...	Nördlicher Offshore-Teil von Ameland Oost.
N 7-2 Gasfeld –1991–	* Placid Int. Oil Ltd. HPI Netherlands Ltd. Rosewood Expl. Ltd. Energie Beheer Ned. BV	38,57 10,08 11,35 40,00	...	–	4,2	–	...	Produktions-Lizenz im Juni 1992 erteilt, Produktion (?) ab 1994 über Noordgasleitung.
P 1-FA Gasfund –1977–	* Ned. Aardolie (NAM)	100,0	Rotliegendes	–	10	–	...	Produktions-Lizenz beantragt.

2 ERDÖL- UND ERDGASWIRTSCHAFT

Vorkommen Öl/Gas Block - Fundjahr -	*Operator Konsorten	%	Prod. Horizont Teufe m	Spez. Gewicht Öl g/cm³ (° API)	Gewinnbare Vorräte Öl Mill. t	Gewinnbare Vorräte Gas Mrd. m³	Produktions-Kapazität Öl Mill. t/a	Produktions-Kapazität Gas Mrd. m³/a	Plattform geplant	Bemerkungen
P 2a-4 Gasfund –1982–	* Clyde Petr. Expl. BV DSM Energie BV Pacific Enterpr. Oil Co. Norw. Oil Co. DNO Bricomin Expl. Co. Ltd. Oranje-Nassau Energie IN Energie BV	43,24 17,47 6,70 12,26 1,10 13,23 6,00	Mesozoikum	–	–	1,4	–	..	..	Produktion ab 1993 geplant.
P 2a-7 Gasfund –1985–	* Clyde Petr. (Neth.) BV DSM Energie BV Pacific Enterpr. Oil Co. Norw. Oil Co. DNO Bricomin Expl. Co. Ltd. Oranje-Nassau Energie IN Energie BV	43,24 17,47 6,70 12,26 1,10 13,23 6,00	Rotliegendes	–	–	4	–	0,4	..	Produktions-Lizenz beantragt.
P 8a-2+3 Ölfund –1982–	* Mobil Prod. Neth. Inc. Charterhouse Petr. Ltd Chevron Oil Nederland BV Clyde Petr. (Neth.) BV DSM Energie BV Holland Sea Search BV Holland Sea Search Inc.	42,582 12,5 6,7 20,0 12,207 4,571 1,5	Unterkreide ca. 1900	0,8251 (40,0)	7	1	..	..	..	Produktion geplant per Pipeline über Rijn-Feld nach Hoek van Holland/Europoort.
P 9a Ölfund (P 9a 2+4)	* Unocal Netherl. BV Dyas BV Veba Oil Nederl. BV Nedlloyd Energy BV Clyde Petr. (Neth.) Ltd. Van Dyke Energy Co.	35,000 11,667 11,667 12,500 14,583 14,583	Unterkreide ca. 2000	0,8762 (30,0)	3	–	..	–	1	Produktion ab 1993 geplant per Pipeline über Q 1-Helder nach Ijmuiden.
Block P 9c (P 9c-6) –1982–	Unocal Netherl. BV Nedlloyd Energy BV	80,0 20,0								
P 14a-1 Gasfund –1989–	* Wintershall Noordzee BV Billiton Expl. BV (NAM) Clyde Petr. Exploratie BV Caland Exploratie BV NEMID Nederland BV Oranje-Nassau Energie Partic. Oranje-Nassau Energie BV Total Energie Nederland BV Energie Beheer Ned. BV	11,500 7,530 2,545 1,325 15,350 4,600 2,155 4,995 50,0	Mesozoikum	–	–	3	–	..	..	Produktions-Lizenz im April 1992 erteilt.

NIEDERLANDE

P 15-E Gas- u. Ölfund (P 15a-9)	* Amoco Neth. Petr. Co. Veba Oil Nederl. BV Clyde Petr. (Neth.) Ltd. Dyas BV DSM Energie BV DSM Energie (Rijn) BV Oranje-Nassau Energie Pacific Enterprises Oil Co.	36,498 19,419 2,094 4,687 0,980 6,862 10,415 19,045	Unterkreide (Öl) 2380–2420 Buntsandstein (Gas) 3145–3194	...	...	Produktion ab 1993 geplant. Prozessing u. Kondensatabscheidung auf der Rijn-Plattform, Gas nach Rotterdam, Öl (Kondensat) parallel zur Rijn-Leitung nach Hoek van Holland.
Block P 18 –1987–	Amoco Neth. Petr. Co.	100,0		...	...	...
P 15a-F Gasfund (P 15a-11) –1989–	* Amoco Neth. Petr. Co. Veba Oil Nederland BV Clyde Petr. North Sea BV Expl.- en Prod.-Mij. Dyas BV DSM Energie BV DSM Energie (Rijn) BV Oranje-Nassau Energie BV Oranje Nassau Energie Partic. Pacific Enterpr. Oil Co. Energie Beheer Ned. BV	19,291 11,345 1,107 3,247 0,518 3,627 5,505 2,760 12,600 40,0	Buntsandstein	–	3	Produktion ab 1993 über Rijn-Plattform nach Hoek van Holland/Europoort geplant.
P 15a-12 S Gasfund –1990–	* Amoco Neth. Petr. Co. Veba Oil Nederland BV Clyde Petr. North Sea BV Expl.- en Prod.-Mij. Dyas BV DSM Energie BV DSM Energie (Rijn) BV Oranje-Nassau Energie BV Oranje Nassau Energie Partic. Pacific Enterprises Oil Co. Energie Beheer Ned. BV	19,291 11,345 1,107 3,247 0,518 3,627 5,505 2,760 12,600 40,0	Trias	–	–	Produktion ab 1993 über Rijn-Plattform nach Hoek van Holland/Europoort geplant.
P 15-G Gasfund (P 15a-13) –1990–	* Amoco Neth. Petr. Co. Veba Oil Nederland BV Clyde Petr. North Sea BV Expl.- en Prod.-Mij. Dyas BV DSM Energie BV DSM Energie (Rijn) BV Oranje-Nassau Energie BV Oranje Nassau Energie Partic. Pacific Enterprises Oil Co. Energie Beheer Ned. BV	19,291 11,345 1,107 3,247 0,518 3,627 5,505 2,760 12,600 40,0	? Trias	–	...	Produktion ab 1993 über Rijn-Plattform nach Hoek van Holland/Europoort geplant.

2 ERDÖL- UND ERDGASWIRTSCHAFT

Vorkommen Öl/Gas Block - Fundjahr -	*Operator Konsorten	%	Prod. Horizont Teufe m	Spez. Gewicht Öl g/cm³ (°API)	Gewinnbare Vorräte Öl Mill. t	Gewinnbare Vorräte Gas Mrd. m³	Produktions-Kapazität Öl Mill. t/a	Produktions-Kapazität Gas Mrd. m³/a	Plattform geplant	Bemerkungen
P 15c-10 S Gasfund -1988-	* Amoco Neth. Petr. Co. Veba Oil Nederland BV Clyde Petr. (North Sea) BV Expl.- en Prod.-Mij. Dyas BV DSM Energie BV DSM Energie (Rijn) BV Oranje-Nassau Energie BV Pacific Enterprises Oil Co. Energie Beheer Ned. BV	14,944 8,560 1,845 5,252 0,401 2,810 4,587 2,5 9,1 50,0	Buntsandstein	–	–	1,4	–	..	..	Produktion ab 1993 über Rijn-Plattform nach Hoek van Holland/Europoort geplant.
P 15c-14 Gasfund -1991-	* Amoco Neth. Petr. Co. Veba Oil Nederland BV Clyde Petr. (North Sea) BV Expl.- en Prod.-Mij. Dyas BV DSM Energie BV DSM Energie (Rijn) BV Oranje-Nassau Energie BV Pacific Enterprises Oil Co. Energie Beheer Ned. BV	14,944 8,560 1,845 5,252 0,401 2,810 4,587 2,5 9,1 50,0	Buntsandstein	–	0,1 Kond.	1,1	–	..	..	Produktion ab 1993 über Rijn-Plattform nach Hoek van Holland/Europoort geplant.
P 18-A Gasfund (P 18-2) -1989-	* Amoco Netherl. Petr. Co.	100,0	? Unterkreide	–	–	..	–	..	..	Produktion ab 1993 über Rijn-Plattform nach Hoek van Holland/Europoort geplant.
P 18-4 Gasfeld -1991-	* Amoco Netherl. Petr. Co.	100,0	Mittl. Bundsandstein	–	–	1,7	–	..	..	Produktion ab 1993 über die P 18-A-Plattform nach Hoek van Holland/Europoort geplant.

3. Sonstige Vorkommen

Vorkommen Öl/Gas Block - Fundjahr -	*Operator Konsorten	%	Prod. Horizont Teufe m	Spez. Gewicht Öl g/cm³ (°API)	Gewinnbare Vorräte Öl Mill. t	Gewinnbare Vorräte Gas Mrd. m³	Testkapazität der Fundbohrung Öl t/d	Testkapazität der Fundbohrung Gas m³/d	Bemerkungen
B 13-3 Gasfund -1990-	* Nederlandse Aardolie Mij. BV (NAM) DSM Energie BV	95,0 5,0	..	..	–	..	–	..	
B 17b-5 Gasfund -1991-	* Nederlandse Aardolie Mij. BV (NAM) DSM Energie BV	95,0 5,0	..	..	–	..	–	..	

NIEDERLANDE

F 3-1 Gasfund – 1971 –	* Ned. Aardolie (NAM) DSM Energie BV	75,0 25,0	Mittlerer Jura 2547–2568, 3097–3161	–	–	–	730 000
F 3-7 Ölfund – 1981 –	* Nederlandse Aardolie Mij. BV (NAM) DSM Energie BV	75,0 25,0	Mittlerer Jura	..	..	..	..
F 3-8 Gasfund – 1982 –	* Nederlandse Aardolie Mij. BV (NAM) DSM Energie BV	75,0 25,0	Jura	–	–	–	–
F 14a-5 Ölfund – 1986 –	* Nederlandse Aardolie Mij. BV (NAM) Exploratie- en Produktie Mij. Dyas BV Veba Oil Nederland BV	60,0 14,0 26,0	? Jura	..	8	..	..
F 18a Ölfund – 1970 –	* Nederlandse Aardolie Mij. BV (NAM) DSM Energie BV	90,0 10,0	Ob. Jura, Mittl. Jura 2462–2562	0,8697 (31,2)	2–7	282	–
K 4a-1 + 3 Gasfund – 1984 –	* Total Marine Exploratie Mij. BV Ranger Oil Ltd. Elf-Petroland BV	40,0 40,0 20,0	Oberkarbon (Stefan) ca. 3500	–	–	..	850 000
K 4a-6 Gasfund – 1989 –	* Total Marine Exploratie Mij. BV Ranger Oil Ltd. Elf-Petroland BV	40,0 40,0 20,0	Rotliegendes, Oberkarbon	–	–	1,4	20 (Kondensat)	971 000
K 4a-7 Gasfund – 1991 –	* Total Marine Exploratie Mij. BV Ranger Oil Ltd. Elf-Petroland BV	40,0 40,0 20,0	Rotliegendes, Oberkarbon	–	–	..	43 (Kondensat)	1 973 900
K 5a-5 Gasfeld – 1991 –	* Elf-Petroland BV Bow Valley Industries Ltd. Clyde Petroleum Exploratie BV Cofraland BV Corexland BV Eurafrep Nederland BV Hamilton Bros. UK Petroleum Co. Total Marine Exploitatie Mij. BV	33,706 20,500 8,824 1,685 1,685 2,246 14,500 16,853	..	–	–	3	821 200
K 5a-6 Gasfeld – 1992 –	* Elf-Petroland BV Bow Valley Industries Ltd. Clyde Petroleum Exploratie BV Cofraland BV Corexland BV Eurafrep Nederland BV Hamilton Bros. UK Petroleum Co. Total Marine Exploitatie Mij. BV	33,706 20,500 8,824 1,685 1,685 2,246 14,500 16,853	..	–	–	..	..
K 5b-2 Gasfund – 1985 –	* Nederlandse Aardolie Mij. BV (NAM) DSM Energie BV	90,0 10,0	? Oberkarbon	–	–	–	..

2 ERDÖL- UND ERDGASWIRTSCHAFT

Vorkommen Öl/Gas Block - Fundjahr -	*Operator Konsorten	%	Prod. Horizont Teufe m	Spez. Gewicht Öl g/cm³ (° API)	Gewinnbare Vorräte Öl Mill. t	Gewinnbare Vorräte Gas Mrd. m³	Testkapazität der Fundbohrung Öl t/d	Testkapazität der Fundbohrung Gas m³/d	Bemerkungen
K 6-6 Gasfund – 1990 –	* Elf-Petroland BV Total Marine Exploitatie Mij. BV Cofraland BV Corexland BV Eurafrep Nederland BV Energie Beheer Nederland BV	36,36 18,18 1,755 1,743 1,962 40,0	Rotliegendes	–	–	1,1	–	440 000 (nach Frac-Behand-lung)	
K 7-2 Gasfund – 1971 –	* Nederlandse Aardolie Mij. BV (NAM) Energie Beheer Nederland BV	60,0 40,0	Rotliegendes	–	–	⋮	–	⋮	
K 8-2 Gasfund – 1972 –	* Nederlandse Aardolie Mij. BV (NAM) Clyde Petroleum Exploratie BV Clam Petroleum Co. Oranje-Nassau Energie BV Energie Beheer Nederland BV	30,0 6,0 18,0 6,0 40,0	Rotliegendes ca. 3370	–	–	1,7	–	428 000	
K 10b-14 Gasfund – 1989 –	* Wintershall Noordzee BV NEMID Nederland BV Billiton Exploratie Mij. BV (NAM) Clyde Petroleum Exploratie BV Oranje-Nassau Energie Participatie Mij. BV Total Energie Nederland BV Caland Exploratie BV Veba Oil Nederland BV Dyas Exploratie- en Produktie-Mij. BV	19,400 13,395 4,100 5,110 5,897 3,160 0,840 32,066 16,033	? Rotliegendes	–	–	⋮	–	⋮	
K 11-8 Gasfund – 1985 –	* Nederlandse Aardolie Mij. BV (NAM) Clyde Petroleum Exploratie BV Clam Petroleum Co. Oranje-Nassau Energie BV Energie Beheer Nederland BV	30,0 6,0 18,0 6,0 40,0	Rotliegendes	–	–	⋮	–	⋮	
K 11-11 Gasfund – 1989 –	* Nederlandse Aardolie Mij. BV (NAM) Clyde Petroleum Exploratie BV Clam Petroleum Co. Oranje-Nassau Energie BV Energie Beheer Nederland BV	30,0 6,0 18,0 6,0 40,0	Rotliegendes	–	–	⋮	–	990 000	
K 11-12 Gasfund – 1990 –	* Nederlandse Aardolie Mij. BV (NAM) Clyde Petroleum Exploratie BV Clam Petroleum Co. Oranje-Nassau Energie BV Energie Beheer Nederland BV	30,0 6,0 18,0 6,0 40,0	Rotliegendes	–	–	⋮	–	1 070 000	

NIEDERLANDE

Feld / Fund / Jahr	Beteiligte Gesellschaften	Anteile (%)	Formation						
K 14-8 Gasfund –1979–	* Nederlandse Aardolie Mij. BV (NAM) Energie Beheer Nederland BV	60,0 40,0	Rotliegendes	–	–	–	3,4	–	...
K 14-10 Gasfund –1987–	* Nederlandse Aardolie Mij. BV (NAM) Energie Beheer Nederland BV	60,0 40,0	Rotliegendes	–	–	–	–	–	...
K 15-7 Gasfund –1979–	* Nederlandse Aardolie Mij. BV (NAM) Energie Beheer Nederland BV	60,0 40,0	Rotliegendes	–	–	–	...	–	...
K 16-5 Gasfund –1987–	* Elf-Petroland BV Total Marine Exploitatie Mij. BV Norsk Hydro Noordzee BV Clyde Petroleum Exploratie BV Eurafrep Nederland BV Corexland BV Cofraland BV	42,0 21,0 15,0 15,0 2,8 2,1 2,1	Rotliegendes	–	–	–	...	–	566 400
K 17-5 Gasfund –1980–	* Nederlandse Aardolie Mij. BV (NAM)	100,0	Rotliegendes	–	–	–	...	–	...
L 4-3 Gasfund –1981–	* Elf-Petroland BV Total Marine Exploitatie Mij. BV Eurafrep Nederland BV Cofraland BV Corexland BV Energie Beheer Nederland BV	36,360 18,180 1,962 1,755 1,743 40,000	Rotliegendes	–	–	–	...	–	300 200
L 5a-3 Ölfund –1983–	* Nederlandse Aardolie Mij. BV (NAM)	100,0	Oberkreide	–	0,7	–	...	–	–
L 6d-2 Gasfund –1990–	* Nederlandse Aardolie Mij. BV (NAM) DSM Energie BV	...	...	–	–	...	...	–	...
L 7-6 Gasfund –1974–	* Elf-Petroland BV Total Marine Exploitatie Mij. BV Eurafrep Nederland BV Cofraland BV Corexland BV Energie Beheer Nederland BV	36,360 18,180 1,962 1,755 1,743 40,000	Rotliegendes	–	–	2	–	–	...
L 7-13 Gas-Kondensatfund –1986–	* Elf-Petroland BV Total Marine Exploitatie Mij. BV Eurafrep Nederland BV Cofraland BV Corexland BV Energie Beheer Nederland BV	36,360 18,180 1,962 1,755 1,743 40,000	Rotliegendes ca. 3800	–	–	–	...	10 (Kondensat)	800 000
L 9a-6 Gasfund –1991–	* Nederlandse Aardolie Mij. BV (NAM)	100,0	Rotliegendes	–	–	...	...	–	...

Verlag Glückauf · Jahrbuch 1993

2 ERDÖL- UND ERDGASWIRTSCHAFT

Vorkommen Öl/Gas Block - Fundjahr -	*Operator Konsorten	%	Prod. Horizont Teufe m	Spez. Gewicht Öl g/cm³ (°API)	Gewinnbare Vorräte Öl Mill. t	Gas Mrd. m³	Testkapazität der Fundbohrung Öl t/d	Gas m³/d	Bemerkungen
L 9b-4 Gasfund -1989-	* Nederlandse Aardolie Mij. BV (NAM) Fina Nederland BV	60,0 40,0	Buntsandstein	–	–	4,2	–	..	
L 10-4 Gasfund -1970-	* Placid International Oil Ltd. HPI Netherlands Ltd. Rosewood Exploration Ltd. Energie Beheer Nederland BV	38,57 10,08 11,35 40,00	Rotliegendes	–	–	..	–	..	
L 10-6 Gasfund -1972-	* Placid International Oil Ltd. HPI Netherlands Ltd. Rosewood Exploration Ltd. Energie Beheer Nederland BV	38,57 10,08 11,35 40,00	Rotliegendes	–	–	..	–	..	
L 10-19 Gasfund -1979-	* Placid International Oil Ltd. HPI Netherlands Ltd. Rosewood Exploration Ltd. Energie Beheer Nederland BV	38,57 10,08 11,35 40,00	Rotliegendes	–	–	..	–	..	
L 11-1 Gasfund -1971-	* Placid International Oil Ltd. HPI Netherlands Ltd. Rosewood Exploration Ltd. Energie Beheer Nederland BV	38,57 10,08 11,35 40,00	Rotliegendes	–	–	..	–	..	
L 11a-10 Gasfund -1984-	* Placid International Oil Ltd. HPI Netherlands Ltd. Rosewood Exploration Ltd. Energie Beheer Nederland BV	38,57 10,08 11,35 40,00	Rotliegendes	–	–	1,5	–	..	
L 11b-11 Gasfund -1991-	* Unocal Netherlands BV Nedlloyd Energy BV Energie Beheer Nederland BV	48,0 12,0 40,0	Rotliegendes 4456–4656	–	–	..	–	664 000	
L 12-5 Gasfund -1988-	* Clyde Petroleum (Netherlands) BV Clam Petroleum Co. Oranje-Nassau Energie BV	47,50 11,25 36,25 5,00	Rotliegendes	–	–	..	–	..	
L 13-1 Gasfund -1970-	* Nederlandse Aardolie Mij. BV (NAM) Clyde Petroleum Exploratie BV Clam Petroleum Co. Oranje-Nassau Energie BV Energie Beheer Nederland BV	30,0 6,0 18,0 6,0 40,0	Rotliegendes	–	–	..	–	..	
L 13-13 Gasfund -1988-	* Nederlandse Aardolie Mij. BV (NAM) Clyde Petroleum Exploratie BV Clam Petroleum Co. Oranje-Nassau Energie BV Energie Beheer Nederland BV	30,0 6,0 18,0 6,0 40,0	Rotliegendes	–	–	..	–	..	

NIEDERLANDE

Feld / Jahr	Betreiber / Partner	Anteil %	Formation				Wert	Bemerkung
L 13-15 Gasfund – 1991 –	* Nederlandse Aardolie Mij. BV (NAM) Clyde Petroleum Exploratie BV Clam Petroleum Co. Oranje-Nassau Energie BV Energie Beheer Nederland BV	30,0 6,0 18,0 6,0 40,0	Rotliegendes	–	⋮	–		
L 14-6 Gasfund – 1992 –	* Nederlandse Aardolie Mij. BV (NAM) Placid International Oil Ltd. Energievers. Weser-Ems AG (EWE) HPI Netherlands Ltd. Rosewood Exploration Ltd.	26,000 33,107 22,500 8,656 9,737	Rotliegendes	–	⋮	–		
L 16a-3 Gasfund – 1977 –	* Continental Netherlands Oil Co. Canadian Oxy Neth. Petroleum Co. Elf-Petroland BV Total Marine Exploitatie Mij. BV Eurafrep Nederland BV Cofraland BV Corexland BV Louisiana Land & Expl. Neth. Petr. Co. Nederlandse Aardolie Mij. BV (NAM) Oranje-Nassau Energie BV	30,000 15,000 7,500 3,750 0,500 0,375 0,375 15,000 12,500 15,000	Rotliegendes	–	⋮	–		
P 1-3 Gasfund – 1980 –	* Nederlandse Aardolie Mij. BV (NAM)	100,0	Rotliegendes	–	⋮	–		
P 2b-3 Gasfund – 1980 –	* Mobil Producing Netherlands Inc. Fina Nederland BV Holland Sea Search BV Clyde Petroleum (North Sea) Ltd. Chevron Oil Ltd. Triton North Sea BV	50,00 6,25 11,25 20,00 8,75 6,25	Buntsandstein	–	1,3	–	320 000	Hoher N_2-Gehalt
P 6-8 Gasfund – 1990 –	* Mobil Producing Netherlands Inc. Charterhouse Petroleum Neth. Ltd. Chevron Nederland BV Clyde Petroleum (Netherlands) BV Holland Sea Search BV	50,0 6,25 8,75 23,75 11,25	? Bunter	–	⋮	–		
P 12-3 Öl- u. Gasfund – 1983 –	* Mobil Producing Netherlands Inc. Holland Sea Search BV Hollandsche Delfstoffen Mij. (HDM) BV DSM Energie BV	75,0 5,0 10,0 10,0	Unterkreide, Jura	⋮	⋮	⋮		
P 15c-1 Gasfund – 1978 –	* Amoco Netherlands Petroleum Co. Veba Oil Nederland BV Clyde Petroleum (North Sea) BV Exploratie- en Produktie-Mij. Dyas BV DSM Energie BV DSM Energie (Rijn) BV Oranje-Nassau Energie BV Oranje Nassau Energie Partic. Mij. BV Pacific Enterprises Oil Co. Energie Beheer Nederland BV	14,944 8,560 1,845 5,252 0,401 2,810 4,587 2,5 9,1 50,0	Unterkreide	–	⋮	–		

2 ERDÖL- UND ERDGASWIRTSCHAFT

Vorkommen Öl/Gas Block -Fundjahr-	*Operator Konsorten	%	Prod. Horizont — Teufe m	Spez. Gewicht Öl g/cm³ (° API)	Gewinnbare Vorräte Öl Mill. t	Gewinnbare Vorräte Gas Mrd. m³	Testkapazität der Fundbohrung Öl t/d	Testkapazität der Fundbohrung Gas m³/d	Bemerkungen
Q 1-2 Gasfund -1975-	* Unocal Netherlands BV Nedlloyd Energy BV	80,0 20,0	Rotliegendes	–	–	1,5	–	..	
Block Q 2	Clyde Petroleum Exploratie BV Chevron Nederland BV	50,0 50,0							
Q 5c-2 Gasfund -1988-	* Wintershall Noordzee BV Continental Netherlands Oil Co. Total Energie Nederland BV NEMID Nederland BV Eurafrep Nederland BV Cofraland BV Corexland BV Clam Petroleum Co. DSM Energie BV Caland Exploratie BV	24,662 33,750 4,014 12,331 3,893 3,893 3,893 10,000 2,500 1,064	?Rotliegendes		..	..	..	..	
Q 7 Gasfund (Q 7-1)	* Unocal Netherlands BV Nedlloyd Energy BV DSM Energie BV	72,0 18,0 10,0	Rotliegendes, Zechstein (Platten- dolomit)	..	..	..	..	453 000	
Block Q 10a -1973-	Mobil Producing Netherlands Inc. Holland Sea Search BV Hollandsche Delfstoffen Mij. (HDM) BV	75,0 10,0 15,0							
Q 8-2 Gasfund -1976-	* Clyde Petroleum Exploratie BV Chevron Nederland BV	50,0 50,0	Rotliegendes	..	..	..	..	..	
Q 8-4 Gasfund -1982-	* Clyde Petroleum Exploratie BV Chevron Nederland BV	50,0 50,0	Rotliegendes, Buntsand- stein, Jura	–	–	–	–	750 000	
Q 13-4 Ölfund -1985-	* Nederlandse Aardolie Mij. BV (NAM) DSM Energie BV	90,0 10,0	Unterkreide	..	..	–	..	–	
Q 13-5 Ölfund -1986-	* Nederlandse Aardolie Mij. BV (NAM) DSM Energie BV	90,0 10,0	Unterkreide	..	..	–	..	–	
Q 13-6 Gasfund -1988-	* Nederlandse Aardolie Mij. BV (NAM) DSM Energie BV	90,0 10,0	? Mesozoikum	–	–	..	–	..	

NIEDERLANDE

Q 16a-7 Gasfund –1989–	* Nederlandse Aardolie Mij. BV (NAM) Cofraland BV Corexland BV DSM Energie BV Elf-Petroland BV Eurafrep Nederland BV Koninklijke Volker Stevin N.V. Total Marine Exploitatie Mij. BV	40,0 1,2 1,2 10,0 24,0 1,6 10,0 12,0	Buntsand- stein	–	–	..	–	1 000 000	Produktions-Lizenz beantragt.

Vorräte 1. 1. 1992 (nach Rijks Geologische Dienst, Haarlem): 23 347

Gas

DSM Energie BV

NL-6401 JH Heerlen, Het Overloon I, Postbus 6500, ℡ (045) 782345, ⚡ 56018 prr, Telefax (045) 711554.

Direktor: F. *Pistorius*.

Kapital: 100 Mill. hfl.

Zweck: DSM Energie BV ist in Exploration und Gewinnung von Erdöl und Erdgas in der Nordsee und insbesondere im niederländischen und englischen Teil des Kontinentalsockels tätig. Außerdem ist die DSM Energie BV am Transport von Erdgas durch eine Rohrleitung in der Nordsee beteiligt.

Energie Beheer Nederland B. V. (EBN)

NL-6401 JH Heerlen, Het Overloon I, Postbus 6500, ℡ (045) 789111, ⚡ 56018 arc, Telefax (045) 715833.

Vorstand: Hendrikus Bernardus *van Liemt*, Vorsitzender; Ir. S. D. *de Bree*, Drs. L. J. A. M. *Ligthart*, Ir. R. E. *Selman*, A. P. *Timmermans*.

Direktor: Drs. A. H. P. Gratema *van Andel*.

Kapital: 284750000 hfl.

Zweck: Energie Beheer Nederland B. V. (EBN) beteiligt sich als Treuhänderin für den niederländischen Staat in Zusammenarbeit mit Unternehmen, welche als Betriebsgesellschaften auftreten, an der Gewinnung von niederländischem Erdgas und Erdöl sowohl auf dem Festland (8 Beteiligungen) als auch auf dem niederländischen Teil des Kontinentalsockels (28 Beteiligungen). EBN war bis 1989 eine 100 %ige Tochtergesellschaft der DSM. In Zusammenhang mit der Börseneinführung von N. V. DSM gingen die Aktien von EBN in den Besitz des niederländischen Staates über. Die Betriebsführung ist unverändert in den Händen von N. V. DSM.

Wichtige Beteiligung: NV Nederlandse Gasunie, Groningen, 40 %.

		1990	1991
Umsatz	Mrd. hfl	5,1	6,5

N.V. Nederlandse Gasunie

NL-9700 MA Groningen, Laan Corpus den Hoorn 102, Postbus 19, ℡ (050) 219111, ⚡ 53448, Telefax (050) 267248, ✆ Gasunie.

Aufsichtsrat: H. J. L. *Vonhoff*, Vorsitzender; D. L. *Bensdorp;* E. J. *van den Bergh;* C. W. M. *Dessens;* P. *van Duursen;* A. J. *Dijkhuizen;* A. H. P. *Gratama van Andel;* P. J. A. *Lekkerkerker;* H. B. *van Liemt;* L. J. A. M. *Ligthart;* A. H. *Spoor;* Jhr. E. R. *van der Wyck*.

Generaldirektor: G. H. B. *Verberg*.

Allgemeine Direktion: C. J. *Naarding*, Technisch Directeur; G. R. J. *Hagevoort*, Commercieel Directeur; A. G. *Egressy*, Financieel-Economisch Directeur.

Ausgegebenes Aktienkapital: 400 Mill. hfl.

Aktionäre: Energie Beheer Nederland BV, 40 %; Esso Holding Company Inc., 25 %; Shell Nederland BV, 25 %; Niederländischer Staat, 10 %.

Gründung: 1963.

Zweck: Einkauf, Transport und Verkauf von Erdgas; Förderung des energiebewußten Verbrauchs.

		1990	1991
Gasabsatz	Mrd. m³	74,6	83,6
Leitungslänge	km	10 685	10 730
Beschäftigte		1 984	2 006

Beteiligungen

Gasunie Engineering B.V., 100 %.
Obragas N.V., 10 %.
Intergas N.V., 10 %.

Organisationen

Koninklijke Vereniging van Gasfabrikanten in Nederland

NL-7300 A. C.-Apeldoorn, Wilmersdorf 50, Postbus 137, ℡ (055) 494949, ⚡ 49456.

Vorsitzender: Ir. Joep G. J. M. *Delnoij*.

Sekretär: Robert C. A. *Doets*.

Zweck: Förderung der Interessen der niederländischen Gasindustrie.

Mitglieder: Drs. Peter *Wilson*, Ing. Dick *de Boer*, Ir. Ted. A. J. *Brouwer*, Drs. Gerard G. *Groenewegen*, Ir. Wim M. *Harinck*, Drs. Niek *van Heeswijk*, Ir. Piet *Jonkman*, Ing. Joop *Koetsier*, Dr. Ir. Leen *Noordzij*, Romke *Streurman*.

NIEDERLANDE

Nogepa
Nederlandse Olie en Gas Exploratie en Produktie Associatie
Netherlands Oil and Gas Exploration and Production Association

NL-2595 AA Den Haag, Koningin Julianaplein 30-05B; Postanschrift: 2502 AS Den Haag, Postfach 11729, ☏ (0 70) 3478871, ⌕ 33 786 nogep nl, Telefax (070) 3851231.

Geschäftsführung: N. J. *van Dijk*, I. G. *Duncan*, G. *Gojo*, A. G. *Reid*, J. A. J. *van der Salm*, J. Z. *Steinberg*, J. G. *Vandermeer*, D. A. *Westbrook*, S. B. *Weymuller*.

Sekretariat: L. A. *Schipper*, Generalsekretär; J. *Mathey*, Verwaltungssekretär; K. W. *Mess*, Technischer Sekretär.

Zweck: Vertretung der gemeinsamen Interessen der Mitgliedsgesellschaften gegenüber Regierung und anderen Stellen; Überwachung der Förderlizenzen für Erdöl, Gas und Salz in den Niederlanden.

Mitglieder

Akzo Salt and Basic Chemicals B.V., Amoco Netherlands Petroleum Company; ARCO Netherlands Inc.; Billiton Refractories B.V.; Bow Valley Industries Ltd.; Chevron Nederland B. V.; Clyde Petroleum Exploratie B.V.; Continental Netherlands Oil Company; Elf Petroland B.V.; Hamilton Brothers Oil and Gas Ltd; Hardy Oil & Gas (UK) Limited; Lasmo Nederland B.V.; Mobil Producing Netherlands Inc.; Nederlandse Aardolie Maatschappij B.V.; Placid International Oil, Ltd.; Total Oil and Gas Nederland B.V.; Unocal Netherlands B.V.; Veba Oil Netherlands Rijn, Inc.; Wintershall Noordzee B.V.

Stichting Centraal Orgaan Voorraadvorming Aardolieprodukten (Stg. C.O.V.A.)

NL-3011 TA Rotterdam, Blaak 22, ☏ (10) 4 13 47 40, Telefax (10) 4146238.

Geschäftsführung: Ir. H. J. *Beverdam*, Allgemeiner Direktor; H. T. C. *Gerritsen*, Direktor.

Zweck: Nationale niederländische Agentur für Erdölbevorratung.

Vereniging van de Nederlandse Aardolie-Industrie

NL-2260 AK Leidschendam, Postbus 418.

Präsident: Ir. Peter *van Duursen*.

Geschäftsführung: Drs. J. W. *Adrian*.

Zweck: Interessenvertretung der Mitglieder auf dem Gebiet der Gesetzgebung.

Mitglieder

BV Beverolfabrieken, Beverwijk; BP Nederland BV, Amsterdam; Dow Benelux N.V., Edegem (België); Key & Kramer BV, Maassluis; DSM Kunststoffen BV, Sittard; Esso Nederland BV, Breda; Fina Nederland BV, Den Haag; Fosroc, Divisie van Foseco Minsep Int. BV, Velsen Noord; Jonk BV, Koog A/D Zaan; Kuwait Petroleum Europoort BV, Rotterdam; Maasvlakte Olie Terminal CV, Maasvlakte RT; Mobil Oil B.V., Rotterdam; Nederlandse Aardolie Mij. BV (NAM), Assen; Netherlands Refining Company BV, Rozenburg; Paramelt-Syntac BV, Heerhugowaard; Shell Nederland BV, Rotterdam; Shell Nederland Raffinaderij BV, Rotterdam; Asphalt- en Chemische Fabrieken Smid & Hollander BV, Groningen; Smid & Hollander Raffinaderij BV, Groningen; Texaco Petroleum Maatschappij (Nederland) B.V., Rotterdam; Total Nederland NV, Rotterdam; Total Raffinaderij Nederland NV, Vlissingen; Witco BV, Haarlem.

14. Norwegen

Erdöl- und Erdgasgewinnung*

Amoco Norway Oil Company

N-4001 Stavanger, Bergjelandsgaten 25, Postboks 388, ☏ (04) 50 20 00, ✍ 4 2780.

General Manager: Robert D. *Erickson.*

Administrative Manager: Than *Colvin.*

Alleiniger Gesellschafter: Amoco Corporation, USA.

Produktion		1987	1988
Erdöl, Kondensat ...	1000 m³	3 793	4 018
Erdgas	1000 m³	673 717	800 669
Beschäftigte ...... (1. 2.)			310

BP Norway Limited U. A.

N-4033 Forus, ☏ (04) 80 30 00.

Managing Director: Ola *Wattne.*

Zweck: Exploration und Produktion von Öl und Gas.

Produktion		1990	1991
Erdöl	1000 bbl	44 000	61 000
Erdgas	1000 m³	533 000	810 000
Beschäftigte		660	644

Conoco Norway Inc.

N-4070 Randaberg, Tangen 7, P.O. Box 488, 4001 Stavanger, ☏ (04) 41 60 10, ✍ 33 145 conor n, Telefax (04) 41 05 55.

President & Managing Director: John R. *Kemp.*

Elf Aquitaine Norge A/S

N-4001 Stavanger, Postboks 168, ☏ (04) 50 30 00, ✍ 73 174 elf n, Telefax (04) 50 34 50.

Board of Directors: Konrad B. *Knutsen,* Chairman; Hans Chr. *Bugge,* Secretary General, Save the Children Norway; Yves *Lesage,* President & Managing Director, Elf Aquitaine Production; Frédéric *Isoard,* Exec. V.P. Hydrocarbons Division, Elf Aquitaine Production; Ivar K. *Vigsnes,* Managing Director, Paus & Paus; Svein Otto *Vik,* Sr. Engineer; Berit Kvame *Astad,* Adm. Officer; Yngrar B. *Heide,* President.

---

* Bei den Explorationsgesellschaften sind die Federführer (Operators) der an Erdöl- und Erdgasvorkommen in der Nordsee beteiligten Konsortien angegeben.

Kapital: 201 Mill. nKr.

Zweck: Exploration und Produktion von Erdöl; Konzessionen im norwegischen Kontinentalschelf.

Produktion		1990	1991
Erdgas	1000 t	3 123	3 051
Erdöl	1000 t	2 667	1 651
Beschäftigte (Jahresende) ...		1 022	1 036

Esso Norge a. s.
Exploration and Production

N-4033 Forus, Grenseveien 6, Postboks 60, ☏ (04) 60 60 60, ✍ 33 340.

Managing Director: Karl Otto *Gilje.*

Vice President: B. L. *Boyd.*

Gesellschafter: Exxon Corporation U.S.A.

Zweck: Exploration und Produktion von Öl und Gas.

Produktion		1990	1991
Erdöl, Kondensat	1000 t	2 928	3 051
Erdgas	Mill. m³	3 731	3 702

Mobil Exploration Norway Inc.
Mobil Development Norway A/S

N-4001 Stavanger, Nedre Strandgt. 41-43, Postboks 510, ☏ (04) 56 80 00, ✍ 33 210 moex n, Telefax (04) 56 81 22.

Managing Director: James E. *Harrison.*

Gesellschafter: Mobil Oil Corporation.

Produktion		1990	1991
Erdöl	1000 t	4 324	4 599
Erdgas	Mill. m³	468	455

Norsk Gulf Exploration Co A/S

N-5001 Bergen, NKP-Hüset, Lars Hillesgate 22, Postboks 187, ☏ (05) 31 94 00, ✍ 40 183 gulf n.
N-4033 Forus, Gamleveien 8, Postboks 4, ☏ (04) 57 62 55.

Norsk Hydro a. s.

N-1321 Stabekk, Postboks 200, ☏ (02) 73 81 00, ✍ 72 948 hydro n, Telefax (02) 73 80 61.

Board of Directors: Egil *Myklebust*, President Norsk Hydro a.s.; Thorleif *Enger*, Vice President Exploration and Production; Tore *Bergersen*, Vice President Technology and Projects; Ole Julian *Eilertsen*, Vice President Refining and Marketing; Per Chr. *Endsjø*, Vice President Energy Division.

Aktienkapital: 4 108 Mill. nKr.

Aktionäre: Norwegischer Staat, 51 %. Weitere Aktionäre: amerikanische 13 %, norwegische 14 %, britische 9 %, französische 5 %, schweizerische 2 %, deutsche 2 %, schwedische 2 %, übrige 2 %.

Zweck: Norsk Hydro arbeitet im norwegischen, dänischen und ägyptischen Festlandsockel sowie in Angola, Gabun, Syrien, Namibia und Malaysia.

A/S Norske Shell

N-0107 Oslo 1, Tullinsgate 2, Postboks 1154, Sentrum, ☏ (02) 66 5000, ⌁ 71224.

Exploration und Produktion: N-4056 Tananger, Risavikvegen 180, Postboks 40, ☏ (04) 69 3000, ⌁ 33046.

Board of Directors: Egil *Ellingsen*, Chairman, Leif Inge *Andersen*, John *Bonds*, Finn H. *Enger*, Karl *Gundersen*, J. S. *Jennings*, P. D. *Skinner*, H. G. *Pohl*, Brita *Sellæg*.

Managing Director: Paul D. *Skinner*.

Exploration and Production Director: Hendrik A. *Merle*.

Kapital: 500 Mill. nKr.

Hauptgesellschafter: The Shell Petroleum Company Ltd., London, and the Royal Dutch Petroleum Company, Den Haag.

Zweck: Exploration und Produktion von Rohöl und Gas auf dem norwegischen Offshore. Verarbeitung und Verteilung von Ölprodukten.

	1987	1988
Beschäftigte	1 216	1 212

Phillips Petroleum Norsk A/S

Exploration: N-0161 Oslo 1, Haakon VII's gt. 2, Postboks 1766 Vika, ☏ (02) 83 7000, ⌁ 78235.

Produktion: N-4056 Tananger, Postboks 220, ☏ (04) 69 11 22, ⌁ 33105.

Niederlassung: N-4056 Tananger, Postboks 220, ☏ (04) 69 11 22.

President: Merwin H. *McConnell*, Managing Director.

	1989	1990
Beschäftigte	80	74

Saga Petroleum a. s.

N-1301 Sandvika, Kjörboveien 116, Postboks 490, ☏ (47) 2126600, ⌁ 78852 saga n, Telefax (47) 2126666.

Büro Stavanger: N-4033 Forus, Godesetdalen 8, Postboks 117, ☏ (04) 57 40 00, ⌁ 33 244 sagap n, Telefax (04) 57 02 61.

President: Asbjørn *Larsen*.

Board of Directors: Einar *Falck*, Chairman; Wilhelm *Wilhelmsen*, Deputy Chairman; Thorleif *Borge*, Steinar *Bysveen*, Mona *Kjølseth*, Diderik *Schitler*, Leena M. *Klaveness*, Tom *Ruud*, Lars *Buer*. Arbeitnehmervertreter: Fredrik Vogt *Lorentzen*, Torstein *Busland*, Per Allan *Hansen*, Roald *Knutsen*.

Produktion		1989	1990
Erdöl	Mill. m³	2,5	3,2
Erdgas	Mill. m³	237	350
Beschäftigte		723	881

Statoil —
Den Norske Stats Oljeselskap A/S

N-4001 Stavanger, Postboks 300, ☏ (04) 80 80 80, ⌁ 73600 stast n, ⌁ Statoil.

President: Harald *Norvik*.

Board of Directors: Jan Erik *Langangen*, Chairman; Arnfinn *Hofstad*, Vice Chairman; Ole *Knapp*, Marit *Reutz*, Bjarne *Gravdal*, Petter *Anda*, Eivind *Lønningen*, Gunnar *Langvik*, Anne E. *Øian*.

Kapital: 2 944 Mill. nKr.

Alleiniger Gesellschafter: Staat Norwegen.

Zweck: Exploration, Förderung und Verarbeitung von Erdöl und Erdgas.

Produktion		1990
Erdöl	Mill. m³	25
Erdgas	Mill. m³	4 000
Beschäftigte (Jahresende)		13 943

Beteiligungen
Norsk Olje a.s-Norol.
Den Norske Stats Oljeselskap.
Sverige AB.
Statoil Invest AB.
Svenska Statoil AB.
Statoil Petrokemi AB.
Statoil Danmark a.s.
Statoil A/S.
Rafinor A/S.
Norwegian Underwater Technology Centre a.s-Nutec.
Statoil Netherlands BV.
Statoil (UK) Ltd.
Statoil Finland OY.
Statoil France S.A.
Den Norske Stats Oljeselskap Deutschland GmbH (Statoil).

Statoil Forsikring a.s.
Söröysund Eiendomsselskap a.s.
Andenes Helikopterbase a.s.

Total Norge A.S

N-0113 Oslo 1, Haakon VII's gate 1, Postboks 1361 Vika, ℡ (02) 833333, ✄ 77438 tmnos n, Telefax (02) 834044.

Niederlassung: N-4001 Stavanger, Norsea Basen, Postboks 138, ℡ (04) 54 19 88, ✄ 33209 tmnst n, Telefax (04) 542218.

Board of Directors: Dominique *Renouard*, Chairman; Pierre Rene *Bauquis*, Robert *Castaigne*, Thierry *Desmarest*, Håvard *Ingeborgrud*, Tore *Lein-Mathisen*, Fredrik *Thoresen*, Petter *Undem*, Ulf *Underland*, Pierre *Vaillaud*, David *Vikøren*.

Managing Director: Rolf Erik *Rolfsen*.

Gesellschafter: Total.

Produktion		1990	1991
Erdöl	1 000 bbl	9,012	10,339
Flüssiggas	1000 bbl	370	368
Erdgas	Mill. m³ (V_n)	1,511	1,421
Beschäftigte		141	152

Mineralölverarbeitung

Esso Norge a. s.

N-0212 Oslo 2, P.O. Box 350, Skoyen, ℡ (02) 663030, ✄ 71 286, Telefax (02) 663777.

Vorstand: K. O. *Gilje*, Vorsitzender; B. L. *Boyd*, Ø. *Dahle*; A. S. *Godager*, A. J. *Holm*, J. *Rijnbach*, T. *Valheim*.

	1990	1991
Beschäftigte .... (Jahresende)	1 272	1 242

Raffinerie Slagen

N-3103 Tonsberg, Postboks 2001, ℡ (033) 77300, Telefax (033) 77462.

Kapazität: 4,5 Mill. t/a.

Raffinerie Valloy

N-3101 Tonsberg, Postboks 143, ℡ (033) 77300, Telefax (033) 77678.

Kapazität: 0,2 Mill. t/a.

A/S Norske Shell

N-0107 Oslo 1, Tullinsgate 2, Postboks 1154, Sentrum, ℡ (02) 665000, ✄ 71224.

Raffinerie Sola

N-4051 Sola, Postbus 144, ℡ (04) 69 30 00.

Kapazität: 2,5 Mill. t/a.

Statoil — Den Norske Stats Oljeselskap A/S

N-4001 Stavanger, Postboks 300, ℡ (04) 80 80 80, ✄ 73 600 stast n, ✍ Statoil.

Raffinerie Mongstad

N-5154 Mongstad, ℡ (05) 361100.

Refining and Marketing: Jarle Erik *Sandvik*, Senior Vice President, Svein *Rennemo*, Vice President; Peter *Melly*, Vice President (Gas); Finn R. *Kuløs*, Vice President (petrochemicals).

Hauptgesellschafter: Statoil, 70%.

Kapazität: 4 Mill. t/a.

Organisationen

Oljeindustriens Landsforening (OLF)
The Norwegian Oil Industry Association

N-4001 Stavanger, Lervigsveien 32, P. O. Box 547, ℡ (47) 4563000, ✄ 8400 144, Telefax (47) 4562105.

Administration: Peter J. *Tronslin*, Managing Director; Hard Olav *Bastiansen*, Information Manager; Jane *Opsal*, Administrative Secretary.

Labor Relations Department: Halvor Ø. *Vaage*, Director; Håvard *Hauan*, Head of Section; Hanne E. *Halvorsen*, Administrative Secretary.

Technical Department: Carsten *Bowitz*, Director; John *Hielm*, Ass. Director; Anders *Mjelde*, Head of Section; Siren *Solland*, Secretary.

Industry Political Department: Arild *Drechsler*, Director; Frode *Bøhm*, Head of Section; Oluf *Bjørndal*, Head of Section; Gina Beate *Holsen*, Secretary.

Entrepreneur Department: Børge *Bekkeheien*, Director.

Mitglieder: Amoco Norway Oil Company, BP Norway Limited U. A., Conoco Norway Inc., Elf Aquitaine Norge A/S, Esso Norge a.s., Fina Exploration Norway, Mobil Exploration Norway Inc., Norsk Agip A/S, Norsk Hydro a. s., A/S Norske Shell, Phillips Petroleum Company Norway, Saga Petroleum A/S, Statoil, Total Marine Norsk A/S, Aker Drilling, Dolphin A/S, Odfjell Drilling A/S, Smedvig Prodrill A/S, Stavanger Drilling, Norske Chalk A.S., SAS Service Partner, Stavanger Catering.

Gründung und Zweck: Gegründet im Jahre 1989. Die Organisation ist auf den meisten Fachgebieten der Ölindustrie tätig und dient als Forum der Kooperation und als Sprachorgan ihrer Mitglieder.

Erdöl- und Erdgasgewinnung in der Nordsee*
Norwegen (südlich 62° N)
1. Produzierende Vorkommen

Vorkommen Öl/Gas Block — Fundjahr —	*Operator Konsorten	%	Prod. Horizont — Teufe m	Spez. Gewicht Öl g/cm³ (° API)	Gewinnbare Vorräte (Ende 1991) Öl Mill. t	Gewinnbare Vorräte (Ende 1991) Gas Mrd. m³	Prod. Beginn	Plattformen	Produktion 1991 Öl Mill. t	Produktion 1991 Gas Mrd. m³	Bemerkungen
Albuskjell Gas-Kondensatfeld Blöcke 1/6 (= 50 %) 2/4 (= 50 %) – 1972 –	* Norske Shell	100,0	Paleozän, Dan, Maastricht 3070–3400	0,8063–0,7883 (44,0–48,0)	3,1 + 0,5 Mill. t Kond.	8	Mai 1979	2	s. Ekofisk		Produktion per Pipelines über Ekofisk nach Teesport (Öl) und Emden (Gas). Schwefelgehalt: 0,05 %
	Phillips Petroleum Norske Fina A/S Norsk Agip A/S Norsk Hydro Prod. Elf-Aquitaine Elf Rep Norge A/S Elf Rex Norge A/S Total Marine Norminol A/S Statoil	36,960 30,000 13,040 6,700 7,594 0,456 0,399 3,547 0,304 1,000									
Balder Ölfeld Blöcke 25/8 25/10 25/11 – 1970 –	* Esso Expl. & Prod.	100,0	Eozän, Paleozän 1650–1760	0,910–0,9279 (21,0–24,0)	35	–	Mai 1991	1	0,128	–	Testproduktion 1991 (Mai – September), reguläre Produktion ab 1993 geplant per Tankerverladung.
Cod Gas-Kondensatfeld Block 7/11 – 1968 –	* Phillips Petroleum		Paleozän 2882–3107	0,8063–0,7839 (44,0–49,0) –Kondensat–	0,2	0,7	Dezember 1977	1	s. Ekofisk		Produktion per Pipelines über Ekofisk nach Teesport (Öl) und Emden (Gas). Schwefelgehalt: 0,2 %
	Norske Fina A/S Norsk Agip A/S Norsk Hydro Prod. Elf-Aquitaine Elf Rep Norge A/S Elf Rex Norge A/S Total Marine Norminol A/S Statoil	36,960 30,000 13,040 6,700 7,594 0,456 0,399 3,547 0,304 1,000									

* Die federführende Gesellschaft (Operator) wird im Konsortium an erster Stelle genannt. Unter „Vorräte" sind die z. Z. noch sicher und wahrscheinlich gewinnbaren Öl- oder Gasmengen angegeben (remaining reserves).

2 ERDÖL- UND ERDGASWIRTSCHAFT

Vorkommen Öl/Gas Block - Fundjahr -	*Operator Konsorten	%	Prod. Horizont Teufe m	Spez. Gewicht Öl g/cm³ (°API)	Gewinnbare Vorräte (Ende 1991) Öl Mill. t	Gas Mrd. m³	Prod. Beginn	Platt-for-men	Produktion 1991 Öl Mill. t	Gas Mrd. m³	Bemerkungen
Edda Öl- u. Gasfeld Block 2/7 - 1972 -	* Phillips Petroleum Norske Fina A/S Norsk Agip A/S Norsk Hydro Prod. Elf-Aquitaine Elf Rep Norge A/S Elf Rex Norge A/S Total Marine Norminol A/S Statoil	36,960 30,000 13,040 6,700 7,594 0,456 0,399 3,547 0,304 1,000	Paleozän, Dan/ Maastricht 3063-3231	0,8348-0,8299 (38,0-39,0)	1,2	0,3	Dezember 1979	1	s. Ekofisk		Produktion per Pipelines über Ekofisk nach Teesport (Öl) und Emden (Gas). Schwefelgehalt: 0,1 %
Ekofisk Öl- u. Gasfeld Block 2/4 - 1969 -	* Phillips Petroleum Norske Fina A/S Norsk Agip A/S Norsk Hydro Prod. Elf-Aquitaine Elf Rep Norge A/S Elf Rex Norge A/S Total Marine Norminol A/S Statoil	36,960 30,000 13,040 6,700 7,594 0,456 0,399 3,547 0,304 1,000	Dan/ Maastricht 2888-3288	0,8428 (36,4)	165,5 + 8,3 Mill. t Kond.	75,8	Öl: Juni 1971 Gas: August 1977	8 +1 Speichertank	12,334 (einschl. Albuskjell, Cod, Edda, Ekofisk-Vest, Eldfisk, Tor)	8,357 + 1,554 NGL	Ölproduktion ab Juni 1971 per Tankerverladung, ab Oktober 1975 per 354 km, 34"-Pipeline nach Teesport/GB. Gasproduktion per 441 km, 36"-Pipeline nach Emden. Schwefelgehalt: 0,18 %. Gaszusammensetzung: C_1 = 90,8 % C_2 = 6,1 % C_{3+} = 0,8 % N_2 = 0,5 % CO_2 = 1,8 % H_2S = 0 %
Ekofisk-Vest Öl- u. Gasfeld Block 2/4 - 1970 -	* Phillips Petroleum Norske Fina A/S Norsk Agip A/S Norsk Hydro Prod. Elf-Aquitaine Elf Rep Norge A/S Elf Rex Norge A/S Total Marine Norminol A/S Statoil	36,960 30,000 13,040 6,700 7,594 0,456 0,399 3,547 0,304 1,000	Dan/ Maastricht 3065-3320	0,8114 (42,9)	1,6 + 0,4 Mill. t Kond.	4,7	Öl: Juni 1977 Gas: August 1977	1	s. Ekofisk		Produktion per Pipelines über Ekofisk nach Teesport (Öl) und Emden (Gas). Schwefelgehalt: 0,1-0,2 %

NORWEGEN

Eldfisk Öl- u. Gasfeld Block 2/7 – 1970 –	* Phillips Petroleum Norske Fina A/S Norsk Agip A/S Norsk Hydro Prod. Elf-Aquitaine Elf Rep Norge A/S Elf Rex Norge A/S Total Marine Norminol A/S Statoil	36,960 30,000 13,040 6,700 7,594 0,456 0,399 3,547 0,304 1,000	Dan/ Maastricht, Mesozoikum 2870–3100	0,8398 (37,0)	28,7 + 3,1 Mill. t Kond.	40,0	August 1979	4	s. Ekofisk	Produktion per Pipelines über Ekofisk nach Teesport (Öl) und Emden (Gas). Schwefelgehalt: 0,23 %
Frigg Gasfeld Blöcke 25/1 – 1971 –	* Elf-Aquitaine Total Marine Norsk Hydro Prod. Statoil Esso Expl. & Prod.	26,42 20,71 32,87 20,0 100,0	Eozän 1785–1955	–	–	norw: 4,0	September 1977 (brit.) August 1978 (norw.)	2	0,045 Kond.	6,722 (einschl. Frigg-NØ, Frigg-Øst, Odin)	Ausdehnung des Feldes in die brit. Blöcke 9/5 u. 10/1, norw. Anteil = 60,82 %. Produktion über zwei parallele 32"-Pipelines nach St. Fergus/Schottland. Gaszusammensetzung: C_1 = 95,5225 % C_2 = 3,6887 % C_3 = 0,0379 % nC_4 = 0,0085 % iC_4 = 0,0047 % nC_5 = 0,0041 % iC_5 = 0,0004 % N_2 = 0,3599 % CO_2 = 0,2902 % Nach der Erschöpfung des Feldes in 2 – 3 Jahren Nutzung als Gasspeicher geplant.
Frigg Nord-Ost Gasfeld Blöcke 25/1 (=42%) 30/10 (=58%) –1974–	* Elf-Aquitaine Total Marine Norsk Hydro Prod. Statoil Esso Norge A/S	26,42 20,71 32,87 20,00 100,0	Eozän 1923–1984	–	–	0,7	Dezember 1983	1	–	s. Frigg	Produktion per Pipelines über Frigg nach St. Fergus/Schottland. Gaszusammensetzung: C_1 = 94,2 % C_2 = 4,65 % C_{3+} = 0,09 % N_2 = 0,67 % CO_2 = 0,3 %
Frigg Øst (Alfa + Beta) Gasfeld Blöcke 25/2 (=4,871%) 25/1 (=95,129%) –1973–	* Elf-Aquitaine Total Marine Norsk Hydro Prod. Statoil Elf-Aquitaine Total Marine Norsk Hydro Prod. Statoil	21,8 10,9 17,3 50,0 26,42 20,71 32,87 20,00	Eozän 1891–1956	–	–	3,3	August 1988	–	–	s. Frigg	Produktion per Unterwasser-Verbindung (20 km) mit Frigg. Gaszusammensetzung: C_1 = 94,9 % C_2 = 3,9 % C_{3+} = 0,1 % N_2 = 0,7 % CO_2 = 0,3 %

2 ERDÖL- UND ERDGASWIRTSCHAFT

Vorkommen Öl/Gas Block - Fundjahr -	*Operator Konsorten	%	Prod. Horizont Teufe m	Spez. Gewicht Öl g/cm³ (° API)	Gewinnbare Vorräte (Ende 1991) Öl Mill. t	Gewinnbare Vorräte (Ende 1991) Gas Mrd. m³	Prod. Beginn	Platt-formen	Produktion 1991 Öl Mill. t	Produktion 1991 Gas Mrd. m³	Bemerkungen
Gullfaks-Delta Öl- u. Gasfeld Block 34/10 – 1978 –	* Statoil Norsk Hydro Prod. Saga Petroleum	85,0 9,0 6,0	Mittl. Jura, Unt. Jura 1740–2043	0,8871–0,8799 (28,0–29,3)	166,9 + 1,6 Mill. t Kond.	12,9	Öl: Januar 1987 Gas: Juli 1987	3	19,907 + 0,237 NGL/ Kond.	0,922	Ölproduktion per Tankerverladung, Gasproduktion über Statfjord per Pipeline nach Kårstø und Emden. Schwefelgehalt: 0,44 %.
Gyda Ölfeld Block 2/1 – 1980 –	* BP Petroleum Dev. Norske Conoco A/S K/S Pelican & Co. A/S Norske AEDC Norske Mitsui Oil Statoil	26,625 9,375 4,000 5,000 5,000 50,0	Ob. Jura 3600–4100	0,8251 (40,0)	27,3 + 1,6 Mill. t Kond.	3,6	Juni 1990	1	3,130 + 0,368 NGL	0,416	Ölproduktion per Pipeline über Ula nach Ekofisk, Gasproduktion per Pipeline direkt nach Ekofisk, von dort weiter nach Emden.
Heimdal Gasfeld Block 25/4 – 1972 –	* Elf Aquitaine Total Marine Statoil Marathon Petr. Norsk Hydro Prod. Saga Petroleum A/S Ugland Constr.	21,514 4,820 40,000 23,798 6,228 3,471 0,169	Paleozän 2010–2150	–	1,7	16,3	Gas: April 1986 Kondensat: 1988	1	0,497 Kond.	3,434	Gasproduktion über Ekofisk (Statpipe) nach Emden (Norpipe), Kondensatproduktion über Brae nach Cruden Bay/GB. Gaszusammensetzung: C_1 = 86,0 % C_2 = 6,0 % C_3^+ = 6,0 % N_2 = 0,9 % CO_2 = 0,4 %
Hod Öl- u. Gasfeld Block 2/11 – 1974 –	* Amoco Norway Oil Amerada Hess Enterprise Oil Norge Norw. Oil Cons A/S	25,0 25,0 25,0 25,0	Maastricht, Coniac–Turon 2575–2750	0,8499 (35,0)	4,0 + 0,3 Mill. t Kond.	1,0	Oktober 1990	1	1,526 + 0,088 NGL	0,202	Produktion per Pipeline über Valhall nach Ekofisk.
Mime Öl- u. Gasfund (7/11-A) – 1982 –	* Norsk Hydro Prod. Saga Petroleum Mobil Dev. Norway Norske Conoco A/S Statoil	25,0 10,0 7,5 7,5 50,0	Jura 4040–4175	0,8299 (39,0)	0,9	0,2	Oktober 1990	1	0,162 + 0,011 NGL	0,036	Produktion per 8 km, 5″-Unterwasserverbindung mit Cod (Langzeit-Test).
Murchison Ölfeld Block 33/9 – 1975 –	* Mobil Dev. Norway Statoil Norske Conoco A/S Norske Shell Esso Expl. & Prod. Saga Petroleum Amoco Norway Amerada Hess Enterprise Oil Norge	15,000 50,000 10,000 10,000 10,000 1,875 1,042 1,042 1,042	Mittl. Jura 2904–3080	0,8398–0,8348 (37,0–38,0)	norw.: 1,5		Öl: September 1980 Gas: Juli 1983	1	0,394 (norw.)	0,003 + 0,010 NGL	Ausdehnung des Feldes in den britischen Block 211/19a. Anteil Norwegen = 22,2 %. Ölproduktion per Pipeline über Cormorant-South nach Sullom Voe (Shetland-Inseln). Erdölgas über FLAGS-Leitung nach St. Fergus/GB.

NORWEGEN

Feld	Beteiligte	Anteile (%)	Alter, Tiefe (m)	Dichte (°API)	Reserven	Fläche (km²)	Förderbeginn	Zahl d. Plattf.	Förderung 1992 (Mio. t)	Kum. Förderung (Mio. t)	Bemerkungen
Odin Gasfeld Block 30/10 – 1974 –	* Esso Norge A/S	100,0	Eozän 1964–2025	–	–	6,4	Oktober 1984	1	–	s. Frigg	Gasproduktion über Frigg (22 km) nach St. Fergus/GB. Gaszusammensetzung: $C_1 = 95,3\%$ $C_2 = 3,4\%$
Oseberg-Alfa, Alfa-Nord u. Gamma Öl- u. Gasfeld Blöcke 30/6 (= 60%) 30/9 (= 40%) – 1979 –	* Norsk Hydro Prod. Statoil Elf-Aquitaine Mobil Dev. Norway Saga Petroleum Total Marine Norsk Hydro Prod. Statoil Saga Petroleum	12,25 59,40 9,333 7,0 7,35 4,667 16,0 73,5 10,5	Mittl. Jura 2120–2720	0,8498 (35,0)	172,1 + 3 Mill. t Kond.	70	Öl: Dezember 1988	3	20,834	–	Ölproduktion über 108 km, 28″ Pipeline nach Sture. Gasproduktion geplant ab 2003. Über 48 km, 20″ TOGI (= Troll-Oseberg-Gas-Injectionline) wird Gas aus dem Troll-Feld in Oseberg eingepreßt.
Oseberg-Gamma-Nord Öl- u. Gasfeld Block 30/6 – 1986 –	* Norsk Hydro Prod. Statoil Elf-Aquitaine Mobil Dev. Norway Saga Petroleum Total Marine	12,25 59,40 9,333 7,0 7,35 4,667	Jura	..	1,2	7,1	Okt. 1991	..	0,107	–	Ölproduktion über Oseberg C, Gas per Pipeline zum Einpressen in Oseberg Alfa geplant.
Statfjord Öl- u. Gasfeld Blöcke 33/9 33/12 – 1974 –	* Statoil Mobil Dev. Norway Norske Conoco A/S Norske Shell Esso Expl. & Prod. Saga Petroleum Amoco Norway Amerada Hess Enterprise Oil Norge	50,000 15,000 10,000 10,000 10,000 1,875 1,042 1,042 1,042	Ob. Jura, Mittl. Jura, Unt. Jura 2360–2806	0,8203–0,8602 (41,0–33,0)	norw.: 152,5 + 11,1 Mill. t Kond.	32,8	Öl: November 1979 Gas: Oktober 1985	3	34,858 + 1,505 NGL/ Kond.	2,927	Ausdehnung des Feldes in die britischen Blöcke 211/24 u. 211/25. Norwegischer Anteil: 85,23869 %. Ölproduktion per Tankerverladung. Gasproduktion per Pipeline nach Kårstø und Emden. Schwefelgehalt: 0,27 %
Tommeliten-Alfa Gas-Kondensatfeld Block 1/9 (Alfa) – 1977 –	* Statoil Norske Fina A/S Norsk Agip A/S	70,64 20,23 9,13	Dan/ Maastricht, Jura 3000–3180	0,7822 (49,4) –Kondensat–	5,3 + 0,7 Mill. t Kond. einschl. T.-Nord	12,9	Dezember 1988	–	0,466 + 0,124 NGL	–	Produktion per Unterwasserverbindung über Edda nach Ekofisk.
Tommeliten-Nord Gas-Kondensatfeld Block 1/9 (Gamma) – 1978 –	* Statoil Norske Fina A/S Norsk Agip A/S	70,64 20,23 9,13	Dan/ Maastricht 3025–3260	0,7822 (49,4) –Kondensat–	s. T.-Alfa		Oktober 1988	–		1,001	Produktion per Unterwasserverbindung über Edda nach Ekofisk.

2 ERDÖL- UND ERDGASWIRTSCHAFT

Vorkommen Öl/Gas Block — - Fundjahr -	*Operator Konsorten	%	Prod. Horizont — Teufe m	Spez. Gewicht Öl g/cm³ (° API)	Gewinnbare Vorräte (Ende 1991) Öl Mill. t	Gewinnbare Vorräte (Ende 1991) Gas Mrd. m³	Prod. Beginn	Platt-for-men	Produktion 1991 Öl Mill. t	Produktion 1991 Gas Mrd. m³	Bemerkungen
Tor (+Ergfisk) Öl- u. Gasfeld Blöcke 2/4 (=73,75%)	* Phillips Petroleum Norske Fina A/S Norsk Agip A/S Norsk Hydro Prod. Elf-Aquitaine Elf Rep Norge A/S Elf Rex Norge A/S Total Marine Norminol A/S Statoil	36,960 30,000 13,040 6,700 7,594 0,456 0,399 3,547 0,304 1,000	Dan/ Maastricht 2872–3292	0,8398–0,8251 (37,0–40,0)	8,8 + 0,7 Mill. t Kond.	5,9	Juli 1978	1	s. Ekofisk	–	Produktion per Pipelines über Ekofisk nach Teesport (Öl) und Emden (Gas). Schwefelgehalt: 0,1 %
2/5 (=Ergfisk) (=26,25%) –1970–	Amoco Norway Amerada Hess Enterprise Norge Elf-Aquitaine	28,33 28,33 28,33 15,0									
Troll Gas- u. Ölfeld Blöcke 31/2	* Norske Shell Statoil Norsk Hydro Prod. Norske Conoco A/S Total Marine Elf-Aquitaine	35,0 47,0 5,0 8,5 1,0 3,5	Ob. Jura 1315–1551	0,8822–0,9042 (28,9–25,0)	Troll Øst: 19,2 Mill. t Kond. Troll Vest: 64	825 463	Januar 1990	–	1,128	–	Troll Vest: Ab Januar 1990 Ölfördertest aus einer Horizontalbohrung bis Mai 1991. Testkapazität ca. 4 000 t/d = 1,5 Mill. t/a. Aufnahme der regulären Öl-produktion ab Januar 1996 per Tankerverladung geplant. Ab 1991 Gaslieferung von ca. 3 Mill. m³/d über 48 km, 20″-Pipeline nach Oseberg A zum Einpressen in die Öl-lagerstätte (TOGI = Troll-Oseberg-Gas-Injectionline). Reguläre Gasproduktion ab 1996 geplant per Zeepipe nach Zeebrügge/Belgien. Troll-Sleipner: 488 km, 36″, Sleipner-Zeebrügge: 806 km, 40″. Methangehalt: 93,0 % Kapazität: ca. 24 Mrd. m³ Gas/Jahr.
31/3	Statoil Norsk Hydro Prod. Saga Petroleum Total Marine Elf-Aquitaine	82,0 9,0 6,0 1,0 2,0									
31/5	Saga Petroleum Statoil Norsk Hydro Prod. Total Marine Elf-Aquitaine	6,0 82,0 9,0 1,0 2,0									
31/6 –1979–	Norsk Hydro Prod. Saga Petroleum Statoil Total Marine Elf-Aquitaine	9,0 6,0 82,0 1,0 2,0									

NORWEGEN

Ula Öl- u. Gasfeld Block 7/12 – 1976 –	* BP Petroleum Dev. Norske Conoco A/S Statoil K/S Pelican & Co. Svenska Petr. Expl.	57,5 10,0 12,5 5,0 15,0	Ob. Jura, Trias 3345–3508	0,8418–0,8241 (36,6–40,2)	41,3 + 2,2 Mill. t Kond.	2,8	Oktober 1976	3	6,782 + 0,530 NGL	0,424	Ölproduktion per 70 km, 20″-Pipeline über Ekofisk nach Teesport. Gasproduktion per 25 km, 10″-Pipeline über Ula-Eko- fisk nach Emden.
Valhall (A+B) Öl- u. Gasfeld Blöcke 2/8 (=75%) 2/11 (=25%)	* Amoco Norway Amerada Hess Enterprise Oil Norge Elf-Aquitaine Amoco Norway Amerada Hess Enterprise Oil Norge Norw. Oil Cons. A/S	28,33 28,33 28,33 15,00 25,0 25,0 25,0 25,0	Dan/ Maastricht, Coniac-Tu- ron 2400–2700	0,8524 (34,5)	40,2 + 2,8 Mill. t Kond.	12,2	Öl: Oktober 1982 Gas: Juni 1983	3	3,744 + 0,249 NGL	0,763	Produktion per Pipelines über Ekofisk nach Teesport (Öl) und Emden (Gas). Geringer Schwefelgehalt
Veslefrikk Öl- u. Gasfeld Block 30/3-Beta	* Statoil Total Marine Norsk Hydro Prod. Deminex (Norge) Norske Deminex A/S Svenska Petroleum	55,0 18,0 9,0 11,25 4,5 2,25	Mittl. Jura, Unt. Jura, Ob. Trias 2800–3200	0,8205–0,8314 (41,0–38,7)	29,6 + 1,1 Mill. t Kond.	3,0	Öl: Dezem- ber 1989	2 (1 fest + 1 Halb- taucher)	3,488 + 0,219 NGL/ Kond.	–	Ölproduktion per 35 km, 16″-Pipeline über Oseberg A nach Sture, NGL + Konden- sat nach Kårstø. Gasproduktion per 25 km, 10″-Anschlußleitung über Statpipe nach Emden.

Produktion 1991 (nach Oljedirektoratet, Stavanger):

108,009 (= ca. 91,0 Mill. t)
+
5,437 NGL/Kond. (= ca. 4,1 Mill. t)

25,207

2 ERDÖL- UND ERDGASWIRTSCHAFT

2. Vorkommen in Produktions-Vorbereitung

Vorkommen Öl/Gas Block — Fundjahr —	*Operator Konsorten	%	Prod. Horizont — Teufe m	Spez. Gewicht Öl g/cm³ (°API)	Gewinnbare Vorräte Öl Mill. t	Gewinnbare Vorräte Gas Mrd. m³	Produktions-Kapazität Öl Mill. t/a	Produktions-Kapazität Gas Mrd. m³/a	Platt-form geplant	Bemerkungen
Brage Öl- u. Gasfeld Blöcke 31/4 (=94%)	* Norsk Hydro Prod. Statoil Esso Expl. & Prod. Neste Petroleum	13,2 56,0 17,6 13,2	Ob. Jura, Unt. Jura 1990–2381	0,8299–0,8450 (39,0–36,0)	46,2 + 1,0 Mill. t Kond.	1,7	4	0,6	1	Ölproduktion ab 1994 per 14 km, 12" -Pipeline über Oseberg A nach Sture geplant. Gasproduktion per Anschluß an die Statpipe nach Emden.
30/6a (=6%) −1980−	Statoil Norsk Hydro Prod. Elf-Aquitaine Saga Petroleum Mobil Dev. Norway Total Norge	59,4 12,25 9,33 7,35 7,0 4,67								
Byggve Gas-Kondensatfund Block 25/5 (25/5-4) −1991−	* Elf-Aquitaine Total Norge A/S Statoil	30,0 20,0 50,0	Mittl. Jura	0,70 (70,6) − Kondensat −	0,6	2,6	−	−	−	Produktion bis 1997 per Unterwasserverbindung mit Frøy geplant.
Embla Öl- u. Gasfund Block 2/7 (Eldfisk Sør) (2/7-9 + 20) −1974−	* Phillips Petroleum Norske Fina A/S Norsk Agip A/S Norsk Hydro Prod. Elf-Aquitaine Elf Rep Norge A/S Elf Rex Norge A/S Total Marine Norminol A/S Statoil	36,960 30,000 13,040 6,700 7,594 0,456 0,399 3,547 0,304 1,000	Ob. Jura ca. 4000	0,8156 (42,0)	9,2 + 0,5 Mill. t Kond.	1,7	2,4	0,9	1	Produktion ab 1992/93 per 5 km Pipeline nach Eldfisk geplant.
Frigg Sør-Øst Gasfeld Blöcke 25/2	* Elf-Aquitaine Total Marine Norsk Hydro Prod.	43,6 21,8 34,6	Eozän	−	−	1	:	:	−	Produktion per Unterwasserverbindung mit Frigg ab 1992 geplant.
25/1 −1974−	Elf-Aquitaine Total Marine Norsk Hydro Prod. Statoil	26,42 20,71 32,87 20,00								

NORWEGEN

Feld	Betreiber/Partner	Anteil %	Lagerstätte	Dichte (°API)	Reserven	...	...	...	Bemerkungen
Frøy Öl- u. Gasfeld Blöcke 25/5 25/2 –1987–	* Elf-Aquitaine Statoil Total Marine Elf-Aquitaine Total Marine Norsk Hydro Prod.	30,0 50,0 20,0 43,6 21,8 34,6	Ob. Jura, Mittl. Jura	0,821–0,838 (40,9–37,4)	12,5	2,7	1,8	0,45	1	Gasproduktion ab 1995 per 35 km, 10"-Pipeline nach Frigg, von dort weiter nach St. Fergus geplant. Öl- und Kondensatproduktion per 82 km, 12"-Leitung (FROSTPIPE) nach Oseberg A.
Gullfaks-Sør (Alfa) Gas-, Öl- und Kondensatfeld Block 34/10 –1979–	* Statoil Norsk Hydro Prod. Saga Petroleum	85,0 9,0 6,0	Jura, Trias	0,855–0,8602 (34,0–33,0)	25,6 + 3 Mill. t Kond.	56,1	...	...	1	Produktion ab 1995 über Gullfaks-Delta geplant. Testkapazität 34/10-2: 760 000 m³ Gas + 130 t Kondensat/d. Test 34/10-33 C (Horizontalbohrung): 2 257 t Öl/d.
Huldra Gas-Kondensatfeld Blöcke 30/2 30/3 –1982–	* Statoil Norske Conoco A/S Total Marine Statoil Total Marine Norsk Hydro Prod. Deminex (Norge) Svenska Petroleum Norske Deminex	50,00 25,00 25,00 55,00 18,00 9,00 11,25 4,50 2,25	Mittl. Jura 3700–3800	...	4,5	17,0	...	...	–	Produktion ab 1996 per Unterwasserverbindung mit Statfjord B geplant.
Lille Frigg Gas-Kondensatfeld Block 25/2 (25/2-4, 25/2-12 + 12A) –1975–	* Elf-Aquitaine Total Marine Norsk Hydro Prod. Statoil	41,42 20,71 32,87 5,0	Mittl. Jura	0,8100 (43,2)	2,7 Kondensat	7,0	...	...	–	Produktion ab 1993 per Unterwasserverbindung mit Frigg geplant, Gas nach St. Fergus/GB, Kondensat nach Oseberg (FROSTPIPE).
Loke (Sleipner-Theta) Gas-Kondensatfeld Block 15/9 –1983–	* Statoil Esso Expl. & Prod. Norsk Hydro Prod. Elf-Aquitaine Total Marine	40,0 40,0 10,0 9,0 1,0	Paleozän, Jura, Trias	...	4,1	8,0	...	...	–	Gasproduktion ab 1994 per 9 km Unterwasserverbindung mit Sleipner A (= Sleipner-Øst). CO_2-Gehalt <1 %
Oseberg-Øst (O.-Beta South- +Sadel) Öl- u. Gasfeld Block 30/6 –1981–	* Norsk Hydro Prod. Statoil Elf-Aquitaine Mobil Dev. Norway Saga Petroleum Total Marine	12,25 59,4 9,333 7,0 7,35 4,667	Mittl. Jura	0,8299 (39,0)	19	1	...	...	1	Produktion ab 1997 geplant per Pipeline nach Oseberg Alfa.
Skirne Gasfund Block 25/5 (25/5-3) –1990–	* Elf-Aquitaine Total Norge A/S Statoil	30,0 20,0 50,0	Mittl. Jura	0,7001 (70,6) –Kondensat–	0,3	2,3	...	...	–	Produktion ab 1995 gemeinsam mit Byggve geplant.

2 ERDÖL- UND ERDGASWIRTSCHAFT

Vorkommen Öl/Gas Block - Fundjahr -	*Operator Konsorten	%	Prod. Horizont / Teufe m	Spez. Gewicht Öl g/cm³ (°API)	Gewinnbare Vorräte Öl Mill. t	Gewinnbare Vorräte Gas Mrd. m³	Produktions-Kapazität Öl Mill. t/a	Produktions-Kapazität Gas Mrd. m³/a	Platt-form geplant	Bemerkungen
Sleipner-Ost (Gamma) Gas-, Öl- u. Kondensatfeld Block 15/9 – 1981 –	* Statoil Esso Expl. & Prod. Norsk Hydro Prod. Elf-Aquitaine Total Marine	49,6 30,4 10,0 9,0 1,0	Paleozän, Mittl. Jura 2260–2800	..	19,9 + 10,3 Mill. t Kond.	51	..	6,5	1	Gasproduktion ab 1994 geplant über 806 km, 40"-Zeepipe von Sleipner A nach Zeebrügge/Belgien. Kondensatproduktion über 224 km, 20"-Pipeline nach Kårstø.
Sleipner-Vest (Alfa, Beta, Epsilon, Delta) Gas-, Öl- u. Kondensatfeld Blöcke 15/6 15/9 – 1974 –	* Esso Expl. & Prod. Statoil Esso Expl. & Prod. Norsk Hydro Prod. Elf-Aquitaine Total Marine	100,0 40,0 40,0 10,0 9,0 1,0	Mittl. Jura 3375–3648	Öl: 0,8984–0,9159 (26,0–23,0) Kondensat: 0,7972–08017 (46,0–45,0)	27 + 9 Mill. t Kondensat	135	..	..	–	Gas- und Kondensatproduktion ab 1996 geplant. CO_2-Gehalt des Gases: 5–15%.
Snorre Ölfeld Blöcke 34/4 (= 29,71%) 34/7 (= 70,29%) – 1979 –	* Saga Petroleum A/S Statoil Deminex (Norge) Idemitsu Oil Expl. Amerada Hess Enterprise Oil Norge Saga Petroleum A/S Statoil Esso Expl. & Prod. Norsk Hydro Prod. Idemitsu Oil Expl. Elf-Aquitaine Deminex (Norge) Det Norske Oljes.	14,7 41,4 24,5 9,6 4,9 4,9 9,8 41,4 14,7 11,76 9,6 7,84 3,92 0,98	Unt. Jura, Ob. Trias 2300–2595	0,8170–0,8398 (41,7–37,0)	106 + 3,2 Mill. t Kond.	6,7	9,3	0,1	1	Ölproduktion ab August 1992 mit ca. 6600 t/Tag geplant (Phase I u. II) per Tankerverladung. Gasproduktion später per Pipeline über Statfjord.
Statfjord-Nord (Statfjord-Beta) Ölfeld Block 33/9 (33/9-8) – 1977 –	* Mobil Dev. Norway Statoil Norske Conoco A/S Norske Shell Esso Expl. & Prod. Saga Petroleum Amoco Norway Amerada Hess Enterprise Oil	15,0 50,0 10,0 10,0 10,0 1,875 1,042 1,042 1,042	Ob. Jura, Mittl. Jura, Unt. Jura, 2600–2716	0,8319–0,8368 (38,6–37,6)	31,0	2,5	3,5	..	–	Produktion ab 1994 geplant per Unterwasser-Verbindung mit Statfjord C-Plattform.

NORWEGEN

Statfjord-Ost (Statfjord-Alfa) Ölfeld Blöcke 33/9 (= 50%) 34/7 (= 50%) – 1976 –	* Mobil Dev. Norway Statoil Norske Conoco A/S Norske Shell Esso Expl. & Prod. Saga Petroleum Amoco Norway Amerada Hess Enterprise Oil Saga Petroleum A/S Statoil Esso Expl. & Prod. Norsk Hydro Prod. Idemitsu Petr. Norge Elf-Aquitaine Deminex (Norge) Det Norske Oljes.	15,0 50,0 10,0 10,0 10,0 1,875 1,042 1,042 1,042 9,8 41,4 14,7 11,76 9,6 7,84 3,92 0,98	Mittl. Jura 2430–2507	0,845 (36,0)	13,4	2,0	–	Produktion ab 1994 geplant per Unterwasser-Verbindung mit Statfjord C-Plattform.
Tordis Ölfeld Block 34/7 (34/7-12 + 14) – 1987 –	* Saga Petroleum A/S Statoil Esso Expl. & Prod. Idemitsu Petr. Norge Norsk Hydro Prod. Elf-Aquitaine Deminex (Norge) Det Norske Oljes.	7,0 55,4 10,5 9,6 8,4 5,6 2,8 0,7	Mittl. Jura 2150	0,836 (37,8)	18,8 + 0,5 Mill. t Kond.	1,2	3,1	Produktion ab Herbst 1994 per 12 km, 10″-Unterwasserverbindung mit Gullfaks C geplant.
Vigdis Ölfund Block 34/7 (34/7-8) – 1986 –	* Saga Petroleum A/S Statoil Esso Expl. & Prod. Norsk Hydro Prod. Idemitsu Petr. Norge Elf-Aquitaine Deminex (Norge) Det Norske Oljes.	9,8 41,4 14,7 11,76 9,6 7,84 3,92 0,98	Ob. Jura Unt. Jura	..	27,1	..	..	Produktion ab 1996 geplant.

2 ERDÖL- UND ERDGASWIRTSCHAFT

3. Sonstige Vorkommen

Vorkommen Öl/Gas Block — Fundjahr -	*Operator Konsorten	%	Prod. Horizont — Teufe m	Spez. Gewicht Öl g/cm³ (°API)	Gewinnbare Vorräte		Testkapazität der Fundbohrung		Bemerkungen
					Öl Mill. t	Gas Mrd. m³	Öl t/d	Gas m³/d	
Agat Gas-Kondensatfeld Block 35/3 – 1980 –	* Saga Petroleum A/S Den Norske Stats Oljeselskap A/S (Statoil) BP Petroleum Develop. of Norway A/S	15,0 50,0 35,0	Unterkreide 2800–3561	0,7796 (50,0)	–	43	43 (Kondensat)	1 000 000	
Bream Ölfund Block 17/12 – 1972 –	* Phillips Petroleum Norsk A/S Norske Fina A/S Norsk Agip A/S Norsk Hydro Produksjon A/S Elf-Aquitaine Norge A/S Total Marine Norsk A/S Elf Rep Norge A/S Elf Rex Norge A/S Norminol A/S	36,960 30,000 13,040 6,700 8,094 4,047 0,456 0,399 0,304	Mittl. Jura 2260–2315	0,8602 (33,0)	1	–	..	–	
Brisling Ölfund Block 17/12 – 1973 –	* Phillips Petroleum Norsk A/S Norske Fina A/S Norsk Agip A/S Norsk Hydro Produksjon A/S Elf-Aquitaine Norge A/S Total Marine Norsk A/S Elf Rep Norge A/S Elf Rex Norge A/S Norminol A/S	36,960 30,000 13,040 6,700 8,094 4,047 0,456 0,399 0,304	Mittl. Jura 2120–2138	0,8872 (28,0)	1	–	..		
Eldfisk Ost Öl- u. Gasfeld Block 2/7 – 1973 –	* Phillips Petroleum Norsk A/S Norske Fina A/S Norsk Agip A/S Norsk Hydro Produksjon A/S Elf-Aquitaine Norge A/S Elf Rep Norge A/S Elf Rex Norge A/S Total Marine Norsk A/S Norminol A/S Den Norske Stats Oljeselskap A/S (Statoil)	36,960 30,000 13,040 6,700 7,594 0,456 0,399 3,547 0,304 1,000	Dan/ Maastricht, Mesozoikum	0,8602 (33,0)	5,8	8	..		Schwefelgehalt: 0,23 %

NORWEGEN

Flyndre Ölfund Block 1/5 – 1974 –	* Phillips Petroleum Norsk A/S Norske Fina A/S Norsk Agip A/S Norsk Hydro Produksjon A/S Elf-Aquitaine Norge A/S Total Marine Norsk A/S Elf Rep Norge A/S Elf Rex Norge A/S Norminol A/S	36,960 30,000 13,040 6,700 7,594 4,047 0,456 0,399 0,304	Dan/ Maastricht	..	1	–	–	–
Gullfaks-Beta Öl- u. Gasfeld Blöcke 34/10 33/12 – 1983 –	* Den Norske Stats Oljeselskap A/S (Statoil) Norsk Hydro Produksjon A/S Saga Petroleum A/S Mobil Development Norway A/S Den Norske Stats Oljeselskap A/S (Statoil) Norske Conoco A/S A/S Norske Shell Expl. & Prod. Esso Expl. & Prod. Norway A/S Saga Petroleum A/S Amoco Norway Oil Co. Amerada Hess Norge A/S Enterprise Oil Norge A/S	85,000 9,000 6,000 15,000 50,000 10,000 10,000 10,000 1,875 1,042 1,042 1,042	Mittl. Jura	..	8	22,5	690	540 000
Gullfaks-Gamma Öl- u. Gasfeld Block 34/10 (34/10-23) – 1985 –	* Den Norske Stats Oljeselskap A/S (Statoil) Norsk Hydro Produksjon A/S Saga Petroleum A/S	85,0 9,0 6,0	Mittl. Jura	..	2,2	28	–	1 700 000
Hild Gas-Kondensatfeld Blöcke 30/7 30/4 – 1978 –	* Norsk Hydro Produksjon A/S Elf-Aquitaine Norge A/S Total Marine Norsk A/S Den Norske Stats Oljeselskap A/S (Statoil) Total Marine Norsk A/S Den Norske Stats Oljeselskap A/S (Statoil)	6,8 28,8 14,4 50,0 50,0 50,0	Mittl. Jura, Unt. Jura 3600–3850	0,8017–0,8189 (45,0–41,3)	1,9	12,1	360 Kondensat	612 000	CO_2-Gehalt 3–4 %
Hod Øst Ölfund Block 2/11 – 1978 –	* Amoco Norway Oil Co. Amerada Hess Norge A/S Enterprise Oil Norge A/S Norwegian Oil Consortium A/S & Co.	25,0 25,0 25,0 25,0	Kreide	0,8448 (36,0)	..	–	793	–
Hugin Ölfund Block 33/9 Delta (33/9-6) – 1976 –	* Mobil Development Norway A/S Den Norske Stats Oljeselskap A/S (Statoil) Norske Conoco A/S A/S Norske Shell Expl. & Prod. Esso Expl. & Prod. Norway A/S Saga Petroleum A/S Amoco Norway Oil A/S Amerada Hess Norge A/S Enterprise Oil Norge A/S	15,000 50,000 10,000 10,000 10,000 1,875 1,042 1,042 1,042	Unt. Jura	..	18	2	..	

2 ERDÖL- UND ERDGASWIRTSCHAFT

Vorkommen Öl/Gas Block - Fundjahr -	*Operator Konsorten	%	Prod. Horizont Teufe m	Spez. Gewicht Öl g/cm³ (° API)	Gewinnbare Vorräte Öl Mill. t	Gewinnbare Vorräte Gas Mrd. m³	Testkapazität der Fundbohrung Öl t/d	Testkapazität der Fundbohrung Gas m³/d	Bemerkungen
Mjølner Öl- u. Gasfeld Block 2/12 (2/12-1) -1987-	* Norsk Hydro Produksjon A/S Den Norske Stats Oljeselskap A/S (Statoil) Amerada Hess Norge A/S	25,0 50,0 25,0	Mittl. Jura	..	norw.: 1,7	–	1 300	220 000	Fortsetzung im dänischen Block 5603/27 = Gert
Oseberg-Kappa Öl- u. Gasfeld Blöcke 30/6 (30/6-18)	* Norsk Hydro Produksjon A/S Den Norske Stats Oljeselskap A/S (Statoil) Elf-Aquitaine Norge A/S Mobil Development Norway A/S Saga Petroleum A/S Total Marine Norsk A/S	12,50 50,00 13,33 10,00 7,50 6,67	Unt. Jura	0,8109–0,8498 (43,0–35,0)	1,0	3,6	1 300	385 000	
30/9 -1985 -	Norsk Hydro Produksjon A/S Den Norske Stats Oljeselskap A/S (Statoil) Norsk Agip A/S Tenneco Oil Co. Norsk A/S Saga Petroleum A/S Det Norske Oljeselskap A/S	30,0 50,0 5,0 5,0 5,0 5,0							
Oseberg-Omega Öl- u. Gasfeld Block 30/9 (30/9-3A) -1984 -	* Norsk Hydro Produksjon A/S Den Norske Stats Oljeselskap A/S (Statoil) Norsk Agip A/S Tenneco Oil Co. Norsk A/S Saga Petroleum A/S Det Norske Oljeselskap A/S	30,0 50,0 5,0 5,0 5,0 5,0	Mittl. Jura	0,8524 (34,5)	16,6	8,0	680	110 500	2 prod. Strukturen: Omega Nord (Gas+Öl) Omega Sør (Öl)
Peik Gas- u. Ölfund Block 24/6 (24/6-1) -1985 -	* Total Marine Norsk A/S Den Norske Stats Oljeselskap A/S (Statoil)	50,0 50,0	Mittl. Jura	..	1,8	6,0	60	425 000	3,3 % CO$_2$-Gehalt Fortsetzung im brit. Block 9/15a. Norw. Anteil = 66%.
Snorre-Vest Ölfund Block 34/7 (34/7-13) -1988 -	* Saga Petroleum A/S Den Norske Stats Oljeselskap A/S (Statoil) Esso Expl. & Prod. Norway A/S Norsk Hydro Produksjon A/S Elf-Aquitaine Norge A/S Deminex (Norge) A/S Det Norske Oljeselskap A/S	9,8 51,0 14,7 11,76 7,84 3,92 0,98	Mittl. Jura	0,8397 (37,0)	6,2	–	1 134	–	

NORWEGEN

Feld / Block / Jahr	Beteiligte Gesellschaften	Anteil %	Alter / Tiefe (m)	Dichte (API)				Bemerkungen
Tor Nord-Vest Ölfund Block 2/4 – 1973 –	* Phillips Petroleum Norsk A/S Norske Fina A/S Norsk Agip A/S Norsk Hydro Produksjon A/S Elf-Aquitaine Norge A/S Elf Rep Norge A/S Elf Rex Norge A/S Total Marine Norsk A/S Norminol A/S Den Norske Stats Oljeselskap A/S (Statoil)	36,960 30,000 13,040 6,700 7,594 0,456 0,399 3,547 0,304 1,0	Dan/ Maastricht ca. 3000	..	1	–	480	–
Tor Sør-Øst Öl- u. Gasfund Block 2/5 – 1971 –	* Amoco Norway Oil Co. Amerada Hess Norge A/S Enterprise Oil Norge A/S Elf-Aquitaine Norge A/S	28,33 28,33 28,33 15,00	Paleozän, Dan– Maastricht ca. 3200	0,8299–0,8398 (39,0–37,0)	2,5	2	574	120 000
Trym Gas-Kondensat- fund Block 3/7 (3/7-4) – 1990 –	* A/S Norske Shell Expl. & Prod. Den Norske Stats Oljeselskap A/S (Statoil)	50,0 50,0	Jura	0,7962 (46,2)	2,1	8,7	488 Kondensat	833 000	Verbindung mit dem dänischen Feld Harald. Norw. Anteil = 60%.
Visund Öl-, Gas- und Kondensatfund Block 34/8 (34/8-3 + 3A) – 1988 –	* Norsk Hydro Produksjon A/S Den Norske Stats Oljeselskap A/S (Statoil) Norske Conoco A/S Elf-Aquitaine Norge A/S Saga Petroleum A/S	18,0 50,0 13,0 13,0 6,0	Mittl. Jura 2800–3000	Öl: 0,847 (35,6) Kondensat: 0,782 (49,4)	16,2	47,6	34/8-3: 57 + 446 Kond. 34/8-3A: 1233	1 500 000 268 000
1/2-1 Ölfund mit Gas – 1989 –	* Phillips Petroleum Norsk A/S Den Norske Stats Oljeselskap A/S (Statoil) Enterprise Oil Norge A/S ÖMV Norge A/S	25,0 50,0 15,0 10,0	Paleozän, ? Kreide	0,8109 (43,0)	3,0	..	695	57 000
1/3-3 Öl- u. Gasfund	* Elf-Aquitaine Norge A/S Den Norske Stats Oljeselskap A/S (Statoil) A/S Norske Shell Expl. & Prod. Enterprise Oil Norge A/S BP Petroleum Dev. of Norway A/S	16,67 50,0 15,0 10,0 8,33	Ob. Jura ca. 4800	0,8251 (40,0)	3,3	0,1	115	29 000	Evtl. Ausdehnung des Fundes in den britischen Block 30/3.
Block 2/1 – 1982 –	BP Petroleum Dev. of Norway A/S Norske Conoco A/S K/S Pelican and Co. A/S Den Norske Stats Oljeselskap A/S (Statoil)	26,625 19,375 4,0 50,0						

2 ERDÖL- UND ERDGASWIRTSCHAFT

Vorkommen Öl/Gas Block — - Fundjahr -	*Operator Konsorten	%	Prod. Horizont — Teufe m	Spez. Gewicht Öl g/cm³ (° API)	Gewinnbare Vorräte Öl Mill. t	Gewinnbare Vorräte Gas Mrd. m³	Testkapazität der Fundbohrung Öl t/d	Testkapazität der Fundbohrung Gas m³/d	Bemerkungen
1/3-6 Gas-, Kondensatfund - 1991 -	* Elf-Aquitaine Norge A/S A/S Norske Shell Expl. & Prod. Enterprise Oil Norge A/S BP Petroleum Dev. of Norway A/S Den Norske Stats Oljeselskap A/S (Statoil)	16,667 15,0 10,0 8,333 50,0	Paleozän	0,78 (49,9)	1,2	2,8	..	171 000	westl. Gyda
1/5-2 Öl- u. Gasfund - 1989 -	* Phillips Petroleum Norsk A/S Norske Fina A/S Norsk Agip A/S Norsk Hydro Produksjon A/S Elf-Aquitaine Norge A/S Total Marine Norsk A/S Elf Rep Norge A/S Elf Rex Norge A/S Norminol A/S	36,960 30,000 13,040 6,700 8,094 4,047 0,456 0,399 0,304	? Dan/ Maastricht 2832–3363	..	..	..	..	..	
2/1-5 Ölfund - 1983 -	* BP Petroleum Dev. of Norway A/S Norske Conoco A/S Norske Mitsui Oil Exploration Co. Norske AEDC (Arabian Oil Co.) K/S Pelican and Co. A/S Den Norske Stats Oljeselskap A/S (Statoil)	26,625 9,375 5,0 5,0 4,0 50,0	Jura ca. 4200	..	..	–	..	–	
2/1-9 Ölfund - 1991 -	* BP Petroleum Dev. of Norway A/S Norske Conoco A/S Norske Mitsui Oil Exploration Co. Norske AEDC (Arabian Oil Co.) K/S Pelican and Co. A/S Den Norske Stats Oljeselskap A/S (Statoil)	26,625 9,375 5,0 5,0 4,0 50,0	Unt. Jura	..	..	–	140	90 577	Mit 2/1-9A erfolgreiche Ablenkung.
2/2-1 Öl- u. Gasfund - 1982 -	* Saga Petroleum A/S Den Norske Stats Oljeselskap A/S (Statoil) Mobil Development Norway A/S Norsk Hydro Produksjon A/S	11,4 50,0 28,6 10,0	Oligozän (Gas) Jura (Öl)	..	..	..	175	97 000	
2/2-2 Gasfund - 1982 -	* Saga Petroleum A/S Den Norske Stats Oljeselskap A/S (Statoil) Mobil Development Norway A/S Norsk Hydro Produksjon A/S	11,4 50,0 28,6 10,0	Oligozän ca. 2100	–	–	..	–	285 000	
2/2-5 Ölfund - 1992 -	* Saga Petroleum A/S Den Norske Stats Oljeselskap A/S (Statoil) Mobil Development Norway A/S Norsk Hydro Produksjon A/S	11,4 50,0 28,6 10,0	Jura	0,85 (40° API)	..	–	510	–	

NORWEGEN

Feld	Beteiligte Gesellschaften	Anteil (%)	Formation				
2/3 (Murphy) Gasfund – 1968 –	* Norsk Gulf Production Co. A/S Norske Murphy Oil Co. Norske Ocean Exploration Co. K/S A/S Polaris Oil Consortium Wintershall Norge A/S Den Norske Stats Oljeselskap A/S (Statoil)	47,045 6,028 6,028 3,345 26,554 11,000	Miozän, Oligozän 2900	..	–	2	–	283 000
2/4-17 Gas-Kondensatfund – 1992 –	* Phillips Petroleum Norsk A/S Norske Fina A/S Norsk Agip A/S Norsk Hydro Produksjon A/S Elf-Aquitaine Norge A/S Elf Rep Norge A/S Elf Rex Norge A/S Total Marine Norsk A/S Norminol A/S Den Norske Stats Oljeselskap A/S (Statoil)	36,960 30,000 13,040 6,700 7,594 0,456 0,399 3,547 0,304 1,0	Jura	0,799 (45,6)	..	..	618 Kond.	849 600
2/5-7 Ölfund – 1984 –	* A/S Norske Shell Expl. & Prod. Den Norske Stats Oljeselskap A/S (Statoil) Norsk Agip A/S Phillips Petroleum Norsk A/S	30,0 50,0 10,0 10,0	Dan/ Maastricht	0,8156 (42,0)	..	–	98	–
2/7-14 Ölfund – 1980 –	* Phillips Petroleum Norsk A/S Norske Fina A/S Norsk Agip A/S Norsk Hydro Produksjon A/S Elf-Aquitaine Norge A/S Elf Rep Norge A/S Elf Rex Norge A/S Total Marine Norsk A/S Norminol A/S Den Norske Stats Oljeselskap A/S (Statoil)	36,960 30,000 13,040 6,700 7,594 0,456 0,399 3,547 0,304 1,0	Dan/ Maastricht 4341–4388	..	4	–	465	86 400
2/7-19R Öl- u. Gasfund – 1990 –	* Phillips Petroleum Norsk A/S Norske Fina A/S Norsk Agip A/S Norsk Hydro Produksjon A/S Elf-Aquitaine Norge A/S Elf Rep Norge A/S Elf Rex Norge A/S Total Marine Norsk A/S Norminol A/S Den Norske Stats Oljeselskap A/S (Statoil)	36,960 30,000 13,040 6,700 7,594 0,456 0,399 3,547 0,304 1,0	Jura	0,8072 (43,8)	..	..	28	15 631

2 ERDÖL- UND ERDGASWIRTSCHAFT

Vorkommen Öl/Gas Block — Fundjahr —	*Operator Konsorten	%	Prod. Horizont — Teufe m	Spez. Gewicht Öl g/cm³ (° API)	Gewinnbare Vorräte Öl Mill. t	Gewinnbare Vorräte Gas Mrd. m³	Testkapazität der Fundbohrung Öl t/d	Testkapazität der Fundbohrung Gas m³/d	Bemerkungen
2/7-21S Öl- u. Gasfund — 1990 —	* Phillips Petroleum Norsk A/S Norske Fina A/S Norsk Agip A/S Norsk Hydro Produksjon A/S Elf-Aquitaine Norge A/S Elf Rep Norge A/S Elf Rex Norge A/S Total Marine Norsk A/S Norminol A/S Den Norske Stats Oljeselskap A/S (Statoil)	36,960 30,000 13,040 6,700 7,594 0,456 0,399 3,547 0,304 1,0	Jura	0,8081 (43,6)	..	..	999	477 140	
2/7b-22 Gas-/Kondensatfund — 1990 —	* BP Petroleum Dev. of Norway A/S Den Norske Stats Oljeselskap A/S (Statoil) Norsk Agip A/S Norsk Hydro Produksjon A/S	30,0 50,0 10,0 10,0	? Trias-Perm	0,79 (47,6) -Kondensat-	..	..	165	226 000	
2/10 Ölfund — 1976 —	* Phillips Petroleum Norsk A/S Norske Fina A/S Norsk Agip A/S	51,74 30,00 18,26	? Dan/ Maastricht	..	..	–	..	–	
6/3-Pi Öl-, Gas- u. Kondensatfund (6/3-1) — 1985 —	* Den Norske Stats Oljeselskap A/S (Statoil) Norsk Hydro Produksjon A/S Amerada Hess Norge A/S Norske Conoco A/S	50,0 10,0 10,0 30,0	Ob. Jura, Trias	Kondensat: 0,7818 (49,5) Öl: 0,8498 (35,0)	0,9	1	770 (Öl) + 300 t Kond.	870 000	
7/7-1 ? Ölfund — 1990 —	* Den Norske Stats Oljeselskap A/S (Statoil) Amerada Hess Norge A/S Amoco Norway Oil Co. Total Marine Norsk A/S	50,0 25,0 10,0 15,0	..	..	..	..	..	..	Nachweis von Kohlenwasserstoffen, wegen techn. Probleme nicht getestet.
7/7-2 Ölfund — 1992 —	* Den Norske Stats Oljeselskap A/S (Statoil) Amerada Hess Norge A/S Amoco Norway Oil Co. Total Marine Norsk A/S	50,0 25,0 10,0 15,0	Jura	0,865 (32,1)	4-14	–	680	–	
7/8-3 Ölfund — 1983 —	* Norske Conoco A/S Den Norske Stats Oljeselskap A/S (Statoil) Norsk Hydro Produksjon A/S BP Petroleum Dev. of Norway A/S Deminex (Norge) A/S	25,0 50,0 15,0 5,0 5,0	Jura	0,8654 (32,0)	6,2	–	178	7 000	

NORWEGEN

Feld / Jahr	Betreiber / Partner	Anteil (%)	Formation / Tiefe (m)	Dichte (g/cm³ (°API))				Reserven	Bemerkungen
9/2-1 (Gamma) Ölfund – 1987 –	* Den Norske Stats Oljeselskap A/S (Statoil) Deminex (Norge) A/S Petrobras Norge A/S Saga Petroleum A/S	65,0 10,0 10,0 15,0	Jura	0,8762 (30,0)	6,4	–	946	26 000	
9/2-3 Ölfund – 1990 –	* Den Norske Stats Oljeselskap A/S (Statoil) Deminex (Norge) A/S Petrobras Norge A/S Saga Petroleum A/S	65,0 10,0 10,0 15,0	Jura	. .	. .	–	. .	. .	
15/3-1,3 (Gudrun) Gas-Kondensatfeld Block 15/3 – 1975 –	* Elf-Aquitaine Norge A/S Norsk Hydro Produksjon A/S Total Marine Norsk A/S Lasmo Norge A/S	43,6 19,6 21,8 15,0	Jura	–	5,2 Kondensat	10,5	–	520 000	
15/3-4 Öl- u. Gasfund – 1982 –	* Elf-Aquitaine Norge A/S Norsk Hydro Produksjon A/S Total Marine Norsk A/S Den Norske Stats Oljeselskap A/S (Statoil)	21,8 17,3 10,9 50,0	Mittl. Jura 3789–3807	0,8156 (42,0)	2,2	1,3	500	245 000	7,4 % CO_2-Gehalt im Gas.
15/5-1 (Sleipner-Dagny) Gas-Kondensatfeld (15/5-1) Blöcke 15/5	* Norsk Hydro Produksjon A/S Elf-Aquitaine Norge A/S BP Petroleum Dev. of Norway A/S Den Norske Stats Oljeselskap A/S (Statoil)	17,3 21,8 10,9 50,0	Ob. Jura 3380–3670	0,7972 (46,0) –Kondensat–	2,0	6,0	374 Kondensat	600 000	
15/6 – 1978 –	Esso Expl. & Prod. Norway A/S	100,0							
15/8-Alfa Gas-Kondensatfund (Sleipner-Komplex) – 1981 –	* Den Norske Stats Oljeselskap A/S (Statoil) Esso Expl. & Prod. Norway A/S Norsk Hydro Produksjon A/S Elf-Aquitaine Norge A/S Total Marine Norsk A/S	40,0 40,0 10,0 9,0 1,0	Jura	. .	5,0	11,0	310 Kondensat	668 280	10 % CO_2-Gehalt im Gas.
15/9-My Gas-Kondensatfeld Block 15/9 – 1982 –	* Den Norske Stats Oljeselskap A/S (Statoil) Esso Expl. & Prod. Norway A/S Norsk Hydro Produksjon A/S Elf-Aquitaine Norge A/S Total Marine Norsk A/S	40,0 40,0 10,0 9,0 1,0	Mittl. Jura	. .	5,0	11,0	160 Kondensat	510 000	CO_2-Gehalt <1 %
15/12-4+5 (Beta) Ölfund – 1986 –	* Den Norske Stats Oljeselskap A/S (Statoil) Norske Conoco A/S Amerada Hess Norge A/S Norsk Hydro Produksjon A/S	50,0 30,0 10,0 10,0	Ob. Jura	. .	16	1,3	. .		
15/12-6S Ölfund – 1990 –	* Den Norske Stats Oljeselskap A/S (Statoil) Norske Conoco A/S Amerada Hess Norge A/S Norsk Hydro Produksjon A/S	50,0 30,0 10,0 10,0	Jura	0,85 (35,0)	. .	. .	935	67 100	Lage: nordwestlich der Beta-West-Struktur

2 ERDÖL- UND ERDGASWIRTSCHAFT

Vorkommen Öl/Gas Block – Fundjahr –	*Operator Konsorten	%	Prod. Horizont — Teufe m	Spez. Gewicht Öl g/cm³ (°API)	Gewinnbare Vorräte Öl Mill. t	Gewinnbare Vorräte Gas Mrd. m³	Testkapazität der Fundbohrung Öl t/d	Testkapazität der Fundbohrung Gas m³/d	Bemerkungen
15/12-8A Gas-Kondensatfund – 1991 –	* Den Norske Stats Oljeselskap A/S (Statoil) Norske Conoco A/S Amerada Hess Norge A/S Norsk Hydro Produksjon A/S	50,0 30,0 10,0 10,0	Jura Trias	0,735 (61,0)	0,6	1,3	309 Kondensat	550 000	Beta Øst-Südstruktur
16/3-3 Ölfund – 1989 –	* Esso Expl. & Prod. Norway A/S Den Norske Stats Oljeselskap A/S (Statoil) Idemitsu Kosan A/S	40,0 50,0 10,0	Tertiär	..	..	–	..	–	
16/7-2 Gasfund – 1982 –	* Esso Expl. & Prod. Norway A/S Norsk Hydro Produksjon A/S Den Norske Stats Oljeselskap A/S (Statoil)	40,0 10,0 50,0	? Paleozän, Jura	–	–	..	–	..	
16/7-4 Gas-Kondensatfund – 1982 –	* Esso Expl. & Prod. Norway A/S Norsk Hydro Produksjon A/S Den Norske Stats Oljeselskap A/S (Statoil)	40,0 10,0 50,0	Jura, Trias	..	1,4	8,0	200 Kondensat	475 000	CO_2-Gehalt <1 %
18/10 Ölfund – 1980 –	* Elf-Aquitaine Norge A/S Norsk Hydro Produksjon A/S Total Marine Norsk A/S Elf Rep Norge A/S Deminex (Norge) A/S Norminoil A/S Phillips Petroleum Norsk A/S Norsk Agip A/S Den Norske Stats Oljeselskap A/S (Statoil)	32,376 24,800 16,188 1,824 1,596 1,216 14,780 5,220 2,000	Jura 2380–2412	0,8448 (36,0)	..	–	250	2 850	
24/9-3 Ölfund – 1981 –	* Norske Conoco A/S Den Norske Stats Oljeselskap A/S (Statoil) Norsk Hydro Produksjon A/S Norsk Hudbay A/S	23,33 50,00 10,00 16,67	Eozän 1690–1780	0,9159 (23,0)	3,0	–	80	–	
25/2-10+11 Gasfund – 1986 –	* Elf-Aquitaine Norge A/S Total Marine Norsk A/S Norsk Hydro Produksjon A/S Den Norske Stats Oljeselskap A/S (Statoil)	41,42 20,71 32,87 5,0	Oligozän, Eozän	–	–	3	–	660 000	
25/2A-5+13 (Lille Frøy) Öl- u. Gasfund – 1976 –	* Elf-Aquitaine Norge A/S Total Marine Norsk A/S Norsk Hydro Produksjon A/S Den Norske Stats Oljeselskap A/S (Statoil)	41,42 20,71 32,87 5,0	Eozän, Mittl. Jura	–	5,3	1,9	..	..	

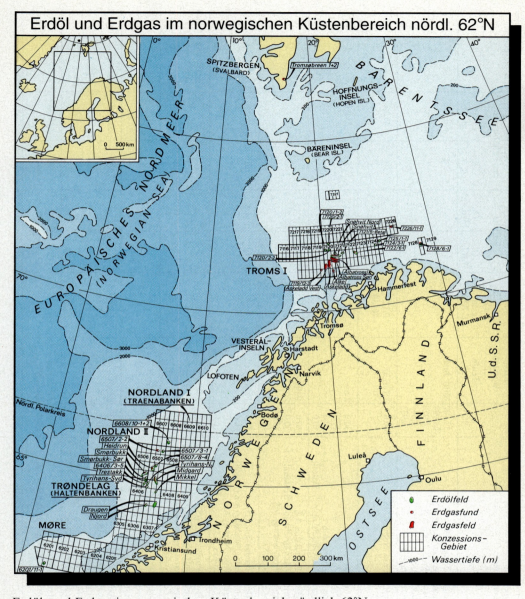

Erdöl- und Erdgas im norwegischen Küstenbereich nördlich 62°N.

2 ERDÖL- UND ERDGASWIRTSCHAFT

Vorkommen Öl/Gas Block – Fundjahr –	*Operator Konsorten	%	Prod. Horizont — Teufe m	Spez. Gewicht Öl g/cm³ (°API)	Gewinnbare Vorräte Öl Mill. t	Gewinnbare Vorräte Gas Mrd. m³	Testkapazität der Fundbohrung Öl t/d	Testkapazität der Fundbohrung Gas m³/d	Bemerkungen
25/4-6S Öl- u. Gasfund – 1991 –	* Elf-Aquitaine Norge A/S Marathon Petroleum Norge A/S Norsk Hydro Produksjon A/S Total Norge A/S Saga Petroleum A/S	33,702 46,904 6,920 5,541 6,933	Mittl. Jura	..	..	..	580	461 700	
25/6-1 Öl- u. Gasfund – 1986 –	* Esso Expl. & Prod. Norway A/S	100,0	? Tertiär	0,7238 (64,0)	..	..	216	40 000	
25/7-2 Gasfund – 1990 –	* Norske Conoco A/S Britoil Norge A/S Amerada Hess Norge A/S Den Norske Stats Oljeselskap A/S (Statoil)	30,0 10,0 10,0 50,0	Jura	0,77 (52,3) –Kondensat–	..	..	28 (Kondensat)	255 000	
25/8-3 Ölfund – 1981 –	* Norsk Hydro Produksjon A/S Den Norske Stats Oljeselskap A/S (Statoil) Esso Expl. & Prod. Norway A/S Norske Conoco A/S	30,0 50,0 10,0 10,0	Paleozän	..	..	–	..	..	
25/11-15 Ölfund – 1991 –	* Norsk Hydro Produksjon A/S Den Norske Stats Oljeselskap A/S (Statoil) Esso Expl. & Prod. Norway A/S Norske Conoco A/S	30,0 50,0 10,0 10,0	Paleozän	0,945 (18,2)	60	1,8	510	–	
25/11-16 Ölfund – 1992 –	* Norsk Hydro Produksjon A/S Den Norske Stats Oljeselskap A/S (Statoil) Esso Expl. & Prod. Norway A/S Norske Conoco A/S	30,0 50,0 10,0 10,0	Paleozän	..	..	..	..	..	Testarbeiten folgen später.
26/4-1 Öl- u. Gasfund – 1987 –	* BP Petroleum Dev. of Norway A/S Den Norske Stats Oljeselskap A/S (Statoil) Total Marine Norsk A/S	25,0 50,0 25,0	? Tertiär	..	..	..	..	..	
29/3-1 Öl- u. Gasfund – 1986 –	* Total Marine Norsk A/S Den Norske Stats Oljeselskap A/S (Statoil) Norske Conoco A/S Britoil Norge A/S Det Norske Oljeselskap A/S	25,0 50,0 15,0 5,0 5,0	? Jura	0,8708 (31,0)	..	..	580	534 000	
29/6-1 Gas-Kondensatfund – 1982 –	* Total Marine Norsk A/S Den Norske Stats Oljeselskap A/S (Statoil)	50,0 50,0	Mittl. Jura ca. 4200	..	..	..	180 Kondensat	283 000	

NORWEGEN

Feld/Bohrung, Fund – Jahr –	Beteiligte Gesellschaften	Anteil %	Formation	Dichte (°API)			Reserven		Bemerkungen
29/9-1 Gasfund – 1983 –	* Norsk Hydro Produksjon A/S Den Norske Stats Oljeselskap A/S Elf-Aquitaine Norge A/S Total Marine Norsk A/S	6,8 50,0 28,8 14,4	Jura	—	…	—	—	—	Evtl. Erweiterung des Feldes Hild.
30/9-5 + 9 Öl- u. Gasfund – 1985 –	* Norsk Hydro Produksjon A/S Den Norske Stats Oljeselskap A/S (Statoil) Norsk Agip A/S Tenneco Oil Co. Norsk A/S Saga Petroleum A/S Det Norske Oljeselskap A/S	30,0 50,0 5,0 5,0 5,0 5,0	Mittl. Jura ca. 2700	0,821 (40,85)	5,2	…	1111 (30/9-9)	—	
30/9-6 Öl- u. Gasfund – 1987 –	* Norsk Hydro Produksjon A/S Den Norske Stats Oljeselskap A/S (Statoil) Norsk Agip A/S Tenneco Oil Co. Norsk A/S Saga Petroleum A/S Det Norske Oljeselskap A/S	30,0 50,0 5,0 5,0 5,0 5,0	Mittl. Jura	0,8498 (35,0)	2,7	…	185	17 202	
30/9-7 Ölfund – 1988 –	* Norsk Hydro Produksjon A/S Den Norske Stats Oljeselskap A/S (Statoil) Norsk Agip A/S Tenneco Oil Co. Norsk A/S Saga Petroleum A/S Det Norske Oljeselskap A/S	30,0 50,0 5,0 5,0 5,0 5,0	Mittl. Jura	0,8498 (35,0)	…	—	877	—	
30/9-10 (Oseberg-Omega-South) Ölfund – 1990 –	* Norsk Hydro Produksjon A/S Den Norske Stats Oljeselskap A/S (Statoil) Norsk Agip A/S Tenneco Oil Co. Norsk A/S Saga Petroleum A/S Det Norske Oljeselskap A/S	30,0 50,0 5,0 5,0 5,0 5,0	Mittl. Jura	0,8660 (31,9)	3,2	—	840	77 600	
30/9-13S Öl- u. Gasfund – 1991 –	* Norsk Hydro Produksjon A/S Den Norske Stats Oljeselskap A/S (Statoil) Norsk Agip A/S Tenneco Oil Co. Norsk A/S Saga Petroleum A/S Det Norske Oljeselskap A/S	30,0 50,0 5,0 5,0 5,0 5,0	Mittl. Jura Unt. Jura	0,845 (36,0)	…	…	696	460 000	Lage: G-Oststruktur SW des Oseberg-Feldes
30/11-4 Ölfund – 1984 –	* A/S Norske Shell Expl. & Prod.	100,0	Jura	…	…	…	…	—	
33/12-7 Öl- u. Gasfund – 1989 –	* Den Norske Stats Oljeselskap A/S (Statoil) BP Petroleum Dev. of Norway A/S Saga Petroleum A/S Idemitsu Kosan A/S	50,0 30,0 10,0 10,0	Jura	…	…	…	…	…	

2 ERDÖL- UND ERDGASWIRTSCHAFT

Vorkommen Öl/Gas Block - Fundjahr -	*Operator Konsorten	%	Prod. Horizont Teufe m	Spez. Gewicht Öl g/cm³ (°API)	Gewinnbare Vorräte Öl Mill. t	Gewinnbare Vorräte Gas Mrd. m³	Testkapazität der Fundbohrung Öl t/d	Testkapazität der Fundbohrung Gas m³/d	Bemerkungen
34/4-5 Ölfund – 1984 –	* Saga Petroleum A/S Den Norske Stats Oljeselskap A/S (Statoil) Deminex (Norge) A/S Idemitsu Kosan A/S Amerada Hess Norge A/S Enterprise Oil Norge A/S	14,7 41,4 24,5 9,6 4,9 4,9	Unt. Jura	0,8299 (39,0)	2,5	–	41	–	
34/7-17A Ölfund – 1991 –	* Saga Petroleum A/S Esso Expl. & Prod. Norway A/S Den Norske Stats Oljeselskap A/S (Statoil) Norsk Hydro Produksjon A/S Idemitsu Kosan A/S Elf-Aquitaine Norge A/S Deminex (Norge) A/S Det Norske Oljeselskap A/S	9,8 14,7 41,4 11,76 9,6 7,84 3,92 0,98	Jura	..	..	..	600	36 000	
34/7-18 Ölfund – 1991 –	* Saga Petroleum A/S Esso Expl. & Prod. Norway A/S Den Norske Stats Oljeselskap A/S (Statoil) Norsk Hydro Produksjon A/S Idemitsu Kosan A/S Elf-Aquitaine Norge A/S Deminex (Norge) A/S Det Norske Oljeselskap A/S	9,8 14,7 41,4 11,76 9,6 7,84 3,92 0,98	Paleozän	0,890 (27,5)	..	..	40	–	Lage: südlich des Snorre-Feldes
34/10-34 Öl- u. Gasfund – 1991 –	* Den Norske Stats Oljeselskap A/S (Statoil) Norske Hydro Produksjon A/S Saga Petroleum A/S	85,0 9,0 9,0	Mittl. Jura	..	3,0	..	530	141 300	Separate Struktur westl. Gullfaks
35/8-1 Gas-Kondensat-fund – 1980 –	* Norsk Gulf Production Co. A/S Den Norske Stats Oljeselskap A/S (Statoil) Norske Getty Exploration A/S	30,0 50,0 20,0	Mittl. Jura	0,7990 (45,6)	1,9	13,5	183 Kondensat	920 000	
35/8-2 Gas-Kondensat-fund – 1982 –	* Norsk Gulf Production Co. A/S Den Norske Stats Oljeselskap A/S (Statoil) Norske Getty Exploration A/S	30,0 50,0 20,0	Mittl. Jura	..	2,6	7	260 Kondensat	487 000	

35/9-1+2 Öl- u. Gasfund – 1989 –	* Norsk Hydro Produksjon A/S Den Norske Stats Oljeselskap A/S (Statoil) A/S Norske Shell Expl. & Prod. Petrobras A/S Deminex (Norge) A/S	20,0 50,0 12,0 10,0 8,0	Mittl. Jura	0,815 (42,1)	5,0	11,5	734	913 000
35/11-2 Gas-Kondensat- fund – 1987 –	* Mobil Development Norway A/S Den Norske Stats Oljeselskap A/S (Statoil) Norsk Hydro Produksjon A/S	40,0 50,0 10,0	Mittl. Jura	..	5,4	5,6	400 Kondensat	532 000
35/11-4R Öl- u. Gasfund – 1991 –	* Mobil Development Norway A/S Den Norske Stats Oljeselskap A/S (Statoil) Norsk Hydro Produksjon A/S	40,0 50,0 10,0	Jura	0,831 (38,8)	18	10,8	568	65 000
					1540,8 (= ca. 1300 Mill. t) + 99,3 Mill. t Kond.	2200,7		

Vorräte südlich 62° N (1. 1. 1992) (nach Oljedirektoratet, Stavanger):

2 ERDÖL- UND ERDGASWIRTSCHAFT

Norwegen (nördlich 62° N)
a) Haltenbanken
2. Vorkommen in Produktions-Vorbereitung

Vorkommen Öl/Gas Block - Fundjahr -	*Operator Konsorten	%	Prod. Horizont Teufe m	Spez. Gewicht Öl g/cm³ (° API)	Gewinnbare Vorräte Öl Mill. t	Gewinnbare Vorräte Gas Mrd. m³	Produktions-Kapazität Öl Mill. t/a	Produktions-Kapazität Gas Mrd. m³/a	Plattform geplant	Bemerkungen
Draugen Ölfeld mit Gas Block 6407/9 - 1984 -	* Norske Shell Statoil BP Petr. Dev.	30,0 50,0 20,0	Ob. Jura 1600–1650	0,8251 (40,0)	68	3	4,5	. .	1	Ölproduktion ab 1993 per Tankerverladung geplant. Gas wird zunächst wieder in der Lagerstätte verpreßt.
Heidrun Gas- u. Ölfeld Blöcke 6507/7 6507/8 -1985 -	* Norske Conoco A/S Statoil Neste Petroleum A/S Conoco Petroleum Statoil Norske Conoco A/S Neste Petroleum A/S Norsk Hydro Prod. Det Norske Oljes. Conoco Petroleum	30,0 50,0 10,0 10,0 50,0 15,0 10,0 10,0 5,0 10,0	Mittl. Jura, Unt. Jura ca. 2300	0,8762–0,9218 (30,0–22,0)	87,3	37,8	11,5	0,8	1	Ölproduktion ab 1995 per Tankerverladung geplant. Für Gas ist eine Methanol-Anlage an der Küste mit 0,84 Mill. t/a in Diskussion (Tjeldbergodden). Conoco = Operator während der Feldesentwicklung. Statoil = Operator während der Förderung.
Midgard Gas-Kondensatfeld Blöcke 6407/2 6507/11 - 1983 -	* Saga Petroleum A/S Statoil Norsk Agip A/S Neste Petroleum A/S Deminex (Norge) A/S Saga Petroleum A/S Statoil Total Marine Norsk A/S Neste Petroleum A/S Norsk Hydro Prod.	10,0 50,0 15,0 15,0 10,0 10,0 50,0 25,0 10,0 5,0	Mittl. Jura 2270–2500	Öl: 0,8489 (35,2) Kondensat: 0,8090 (43,4)	1,3 + 13,0 Mill. t Kond.	87	. .	10	1	Das Feld besteht aus 4 Strukturen: Alfa, Beta, Gamma u. Delta. Produktion ab 1996 per 420 km Pipeline in Diskussion.
Njord Öl- u. Gasfeld Blöcke 6407/7 6407/10 - 1986 -	* Norsk Hydro Prod. Statoil Norske Shell Norsk Agip A/S	20,0 50,0 20,0 10,0	Mittl. Jura, Unt. Jura 2697–3000	0,8109–0,8156 (43,0–42,0)	35	7,2	. .	. .	–	Produktion ab 1994 über Draugen geplant.
Smørbukk-Sør (Smørbukk-Beta) Öl- u. Gasfeld Block 6506/12 (6506/12–2,3,5) - 1985 -	* Statoil Mobil Dev. Norway Norsk Agip A/S Norske Conoco A/S Neste Petroleum A/S Norsk Hydro Prod.	50,0 15,0 10,0 10,0 10,0 5,0	Oberkreide, Mittl. Jura, Unt. Jura	0,834–0,875 (38,2–30,2)	31	24	3,4	. .	1	Ölproduktion ab 1996 per Tankerverladung geplant, Gasproduktion nicht vor 2010.

3. Sonstige Vorkommen

Vorkommen Öl/Gas Block - Fundjahr -	*Operator Konsorten	%	Prod. Horizont Teufe m	Spez. Gewicht Öl g/cm³ (°API)	Gewinnbare Vorräte		Testkapazität der Fundbohrung		Bemerkungen
					Öl Mill. t	Gas Mrd. m³	Öl t/d	Gas m³/d	
Mikkel Gas- u. Ölfeld Blöcke 6407/6	* Den Norske Stats Oljeselskap A/S (Statoil) Mobil Development Norway A/S Britoil Norge A/S	50,0 40,0 10,0	Unt. Jura	..	5,7	14,3	135 + 410 Kond.	1 640 000	
– 1987 –	Mobil Development Norway A/S Norsk Hydro Produksjon A/S Britoil Norge A/S Den Norske Stats Oljeselskap A/S (Statoil)	20,0 20,0 10,0 50,0							
Smørbukk Gas-, Öl- u. Kondensatfeld Blöcke 6506/12	* Den Norske Stats Oljeselskap A/S (Statoil) Mobil Development Norway A/S Norsk Agip A/S Norske Conoco A/S Neste Petroleum A/S Norsk Hydro Produksjon A/S	50,0 15,0 10,0 10,0 10,0 5,0	Jura, Trias 3973–4375	0,7940 (46,5) –Kondensat–	20 Kondensat	65	1600 Kondensat	2 460 000	
6506/11 – 1984 –	* Den Norske Stats Oljeselskap A/S (Statoil) Norsk Agip A/S Tenneco Oil Co. Norsk A/S Enterprise Oil Norge A/S	50,0 30,0 10,0 10,0							
Trestakk Ölfeld Block 6406/3 (6406/3-2) – 1986 –	* Den Norske Stats Oljeselskap A/S (Statoil) Mobil Development Norway A/S Saga Petroleum A/S	50,0 45,0 5,0	Mittl. Jura	..	9	–	520	130 000	
Tyrihans-Nord Gas- u. Ölfeld Block 6407/1 – 1983 –	* Den Norske Stats Oljeselskap A/S (Statoil) Norske Conoco A/S Amoco Norway Oil Co. Norsk Hydro Produksjon A/S	50,0 20,0 20,0 10,0	Mittl. Jura 3490–3680	Öl: 0,8708 (31,0) Kondensat: 0,7800 (49,9)	16 einschl. Tyrihans-Syd	40 einschl. Tyrihans-Syd	718 + 156 Kond.	875 000	
Tyrihans-Syd Gas-, Öl- u. Kondensatfeld Blöcke 6407/1 6406/3 – 1984 –	* Den Norske Stats Oljeselskap A/S (Statoil) Norske Conoco A/S Amoco Norway Oil Co. Norsk Hydro Produksjon A/S Den Norske Stats Oljeselskap A/S (Statoil) Mobil Development Norway A/S Saga Petroleum A/S	50,0 20,0 20,0 10,0 50,0 45,0 5,0	Mittl. Jura 3540–3687	0,7927 (47,0)	s. Tyrihans-Nord	s. Tyrihans-Nord	365 Kondensat	394 000	

2 ERDÖL- UND ERDGASWIRTSCHAFT

Vorkommen Öl/Gas Block — Fundjahr —	*Operator Konsorten	%	Prod. Horizont — Teufe m	Spez. Gewicht Öl g/cm³ (° API)	Gewinnbare Vorräte Öl Mill. t	Gewinnbare Vorräte Gas Mrd. m³	Testkapazität der Fundbohrung Öl t/d	Testkapazität der Fundbohrung Gas m³/d	Bemerkungen
6406/3-5 (Tyrihans-Lambda) Ölfund — 1988 —	* Den Norske Stats Oljeselskap A/S (Statoil) Mobil Development Norway A/S Saga Petroleum A/S	50,0 45,0 5,0	Jura	...	...	—	...	—	
6507/8-4 Öl- u. Gasfund — 1990 —	* Den Norske Stats Oljeselskap A/S (Statoil) Norske Conoco A/S Neste Petroleum A/S Norsk Hydro Produksjon A/S Det Norske Oljeselskap A/S (DNO)	50,0 25,0 10,0 10,0 5,0	Jura	0,908 (24,3)	19,8	2,4	1 544	770 000	Lage: nordwestlich Heidrun

b) Tromsø
3. Sonstige Vorkommen

Vorkommen Öl/Gas Block — Fundjahr —	*Operator Konsorten	%	Prod. Horizont — Teufe m	Spez. Gewicht Öl g/cm³ (° API)	Gewinnbare Vorräte Öl Mill. t	Gewinnbare Vorräte Gas Mrd. m³	Testkapazität der Fundbohrung Öl t/d	Testkapazität der Fundbohrung Gas m³/d	Bemerkungen
Albatross Gasfeld Blöcke 7120/9	* Norsk Hydro Produksjon A/S Den Norske Stats Oljeselskap A/S (Statoil) Elf-Aquitaine Norge A/S Total Marine Norsk A/S	25,0 50,0 15,0 10,0	Jura ca. 2275	0,7599 (54,7) –Kondensat–	—	41,7	7 Kondensat	300 000	
7120/5	Den Norske Stats Oljeselskap A/S (Statoil) Norsk Hydro Produksjon A/S Elf-Aquitaine Norge A/S Amerada Hess Norge A/S Norske Conoco A/S	50,0 10,0 20,0 10,0 10,0							
7120/6	Norsk Hydro Produksjon A/S Den Norske Stats Oljeselskap A/S (Statoil) Amerada Hess Norge A/S Esso Expl. & Prod. Norway A/S Deminex (Norge) A/S	20,0 50,0 10,0 10,0 10,0							
7120/7 — 1982 —	Den Norske Stats Oljeselskap A/S (Statoil) Elf-Aquitaine Norge A/S Svenska Petroleum Exploration AB Deminex (Norge) A/S Det Norske Oljeselskap A/S	50,0 35,0 10,0 4,0 1,0							

NORWEGEN

Feld / Block	Partner	Anteil %	Formation/Tiefe			Reserven	Bemerkungen
Albatross Sør Gasfund Blöcke 7121/7	* Den Norske Stats Oljeselskap A/S (Statoil) Elf-Aquitaine Norge A/S Svenska Petroleum Exploration AB Deminex (Norge) A/S Det Norske Oljeselskap A/S	50,0 35,0 10,0 4,0 1,0	Mittl. Jura	–	10,8	–	510 000
– 1986 – 7120/9	Norsk Hydro Produksjon A/S Den Norske Stats Oljeselskap A/S (Statoil) Elf-Aquitaine Norge A/S Total Marine Norsk A/S	25,0 50,0 15,0 10,0					
Alke Gasfeld Block 7120/12 – 1981 –	* Norsk Hydro Produksjon A/S Den Norske Stats Oljeselskap A/S (Statoil) Norske Conoco A/S Amoco Norway Oil Co.	15,0 50,0 25,0 10,0	Mittl. Jura, Ob. Trias ca. 2000	0,7555 (55,8) –Kondensat–	14,8	50 Kondensat	1 117 000
Askeladd Gasfeld Block 7120/8 – 1981 –	* Den Norske Stats Oljeselskap A/S (Statoil) Esso Expl. & Prod. Norway A/S Norsk Hydro Produksjon A/S Elf-Aquitaine Norge A/S Phillips Petroleum Norsk A/S	50,0 25,0 15,0 5,0 5,0	Ob. Jura, Mittl. Jura 2010–2165	..	59,7	40 Kondensat	2 000 000	CO_2-Gehalt 5 %, H_2S = 0 %
Askeladd Vest Gasfeld Blöcke 7120/7	* Den Norske Stats Oljeselskap A/S (Statoil) Norsk Hydro Produksjon A/S Phillips Petroleum Norsk A/S Texaco North Sea Norway A/S Total Marine Norsk A/S Saga Petroleum A/S	50,0 15,0 10,0 10,0 10,0 5,0	Jura ca. 1900	..	22,5	15 Kondensat	490 000
7120/8	Den Norske Stats Oljeselskap A/S (Statoil) Esso Expl. & Prod. Norway A/S Norsk Hydro Produksjon A/S Elf-Aquitaine Norge A/S Phillips Petroleum Norsk A/S	50,0 25,0 15,0 5,0 5,0					
– 1983 – 7120/10	Den Norske Stats Oljeselskap A/S (Statoil) Esso Expl. & Prod. Norway A/S	50,0 50,0					

Verlag Glückauf · Jahrbuch 1993

2 ERDÖL- UND ERDGASWIRTSCHAFT

Vorkommen Öl/Gas Block — Fundjahr —	*Operator Konsorten	%	Prod. Horizont — Teufe m	Spez. Gewicht Öl g/cm³ (° API)	Gewinnbare Vorräte Öl Mill. t	Gewinnbare Vorräte Gas Mrd. m³	Testkapazität der Fundbohrung Öl t/d	Testkapazität der Fundbohrung Gas m³/d	Bemerkungen
Snøhvit Öl- u. Gasfeld Blöcke 7121/4	* Den Norske Stats Oljeselskap A/S (Statoil) Norsk Hydro Produksjon A/S Total Marine Norsk A/S Norske Conoco A/S	50,0 10,0 30,0 10,0	Mittl. Jura 2300–2400	0,8550 (34,0)	6,5 + 5,7 Mill. t Kond.	76	80	1 354 000	
7121/5	Den Norske Stats Oljeselskap A/S (Statoil) Elf-Aquitaine Norge A/S Norsk Hydro Produksjon A/S Norske Conoco A/S Amerada Hess Norge A/S	50,0 20,0 10,0 10,0 10,0							
7120/5	Den Norske Stats Oljeselskap A/S (Statoil) Elf-Aquitaine Norge A/S Norsk Hydro Produksjon A/S Norske Conoco A/S Amerada Hess Norge A/S	50,0 20,0 10,0 10,0 10,0							
7120/6 — 1984 —	Norsk Hydro Produksjon A/S Den Norske Stats Oljeselskap A/S (Statoil) Amerada Hess Norge A/S Esso Expl. & Prod. Norway A/S Deminex (Norge) A/S	20,0 50,0 10,0 10,0 10,0							
Snøhvit Nord Gas-Kondensat-fund Blöcke 7121/4	* Den Norske Stats Oljeselskap A/S (Statoil) Norsk Hydro Produksjon A/S Total Marine Norsk A/S Norske Conoco A/S	50,0 10,0 30,0 10,0	Mittl. Jura	0,7507 (57,0) –Kondensat–	–	3,3	60 Kondensat	850 000	
7120/6	Norsk Hydro Produksjon A/S Den Norske Stats Oljeselskap A/S (Statoil) Amerada Hess Norge A/S Esso Expl. & Prod. Norway A/S Deminex (Norge) A/S	20,0 50,0 10,0 10,0 10,0							
7119/12-3 Gasfund — 1983 —	* Den Norske Stats Oljeselskap A/S (Statoil) Esso Expl. & Prod. Norway A/S Norsk Hydro Produksjon A/S Deminex (Norge) A/S Saga Petroleum A/S Repsol Exploration Norway A/S	50,0 25,0 10,0 5,0 5,0 5,0	Jura	–	–	3,6	13 Kondensat	956 900	CO_2-Gehalt 14–15 %
7120/1-2 Öl- u. Gasfund — 1989 —	* A/S Norske Shell Expl. & Prod. Den Norske Stats Oljeselskap A/S (Statoil) Elf-Aquitaine Norge A/S Norsk Hydro Produksjon A/S	40,0 50,0 5,0 5,0	Unterkreide ca. 2000 Trias ca. 2500	0,8397–0,8762 (37,0–30,0)	...	–	...	–	Nur geringe Ölmengen getestet.

NORWEGEN

Vorkommen Öl/Gas Block — Fundjahr -	*Operator Konsorten	%	Prod. Horizont — Teufe m	Spez. Gewicht Öl g/cm³ (° API)	Gewinnbare Vorräte Öl Mill. t	Gewinnbare Vorräte Gas Mrd. m³	Testkapazität der Fundbohrung Öl t/d	Testkapazität der Fundbohrung Gas m³/d	Bemerkungen
7120/2-1 Ölfund - 1985 -	* Norsk Hydro Produksjon A/S Den Norske Stats Oljeselskap A/S (Statoil) Mobil Development Norway A/S Esso Expl. & Prod. Norway A/S Tenneco Oil Co. Norsk A/S	15,0 50,0 15,0 10,0 10,0	Permo-karbon	0,8397–0,8762 (37,0–30,0)	..	–	..	–	Wohl unwirtschaftlicher Ölfund auf dem Loppa Ridge.
7120/2-2 Ölfund - 1991 -	* Norsk Hydro Produksjon A/S Den Norske Stats Oljeselskap A/S (Statoil) Mobil Development Norway A/S Esso Expl. & Prod. Norway A/S Tenneco Oil Co. Norsk A/S	15,0 50,0 15,0 10,0 10,0	Kreide	..	..	–	–	–	Kein Produktionstest
7121/5-Beta Öl- u. Gasfund - 1986 -	* Den Norske Stats Oljeselskap A/S (Statoil) Elf-Aquitaine Norge A/S Norsk Hydro Produksjon A/S Norske Conoco A/S Amerada Hess Norge A/S	50,0 20,0 10,0 10,0 10,0	Jura	0,75 (57,2)	..	4,3	kein Test	kein Test	
7122/6-1 Gas-Kondensatfund - 1987 -	* Total Marine Norsk A/S Den Norske Stats Oljeselskap A/S (Statoil) A/S Norske Shell Expl. & Prod. Norsk Hydro Produksjon A/S Amerada Hess Norge A/S	20,0 50,0 15,0 10,0 5,0	Ob. Trias	..	–	11	75 Kondensat	580 100	Hoher H$_2$S-Gehalt.

c) Møre Sør

3. Sonstige Vorkommen

Vorkommen Öl/Gas Block — Fundjahr -	*Operator Konsorten	%	Prod. Horizont — Teufe m	Spez. Gewicht Öl g/cm³ (° API)	Gewinnbare Vorräte Öl Mill. t	Gewinnbare Vorräte Gas Mrd. m³	Testkapazität der Fundbohrung Öl t/d	Testkapazität der Fundbohrung Gas m³/d	Bemerkungen
6201/11-1 Öl- u. Gasfund - 1987 -	* Den Norske Stats Oljeselskap A/S (Statoil) Enterprise Oil Norge A/S Total Norge A/S	57,5 27,5 15,0	Ob. Trias	0,8251 (40,0)	..	..	105	96 000	

2 ERDÖL- UND ERDGASWIRTSCHAFT

d) Nordland II
3. Sonstige Vorkommen

Vorkommen Öl/Gas Block — - Fundjahr -	*Operator Konsorten	%	Prod. Horizont — Teufe m	Spez. Gewicht Öl g/cm³ (° API)	Gewinnbare Vorräte Öl Mill. t	Gewinnbare Vorräte Gas Mrd. m³	Testkapazität der Fundbohrung Öl t/d	Testkapazität der Fundbohrung Gas m³/d	Bemerkungen
6507/2-2 Gas-/Kondensatfund - 1992 -	* Norsk Hydro Produksjon A/S Den Norske Stats Oljeselskap A/S (Statoil) Amerada Hess Norge A/S Esso Norge A/S Mobil Norge Inc.	20,0 50,0 10,0 10,0 10,0	Unterkreide	0,789–0,793 (47,8–46,9)	..	..	110 (Kondensat)	670 000	
6507/3-1 Gasfund - 1990 -	* Den Norske Stats Oljeselskap A/S (Statoil) Total Marine Norsk A/S Norsk Hydro Produksjon A/S Saga Petroleum A/S	50,0 20,0 20,0 10,0	? Jura	–	1,1	7,1	250 (Kondensat)	1 070 000	Erster wirtschaftlicher Fund im Gebiet Nordland II.
6608/10-1 Ölfund - 1989 -	* Den Norske Stats Oljeselskap A/S (Statoil) Norsk Hydro Produksjon A/S Saga Petroleum A/S Norsk Agip A/S Enterprise Oil Norge A/S	50,0 15,0 15,0 10,0 10,0	Jura	..	..	–	..	–	
6608/10-2 Öl- u. Gasfund - 1992 -	* Den Norske Stats Oljeselskap A/S (Statoil) Norsk Hydro Poduksjon A/S Saga Petroleum A/S Norsk Agip A/S Enterprise Oil Norge A/S	50,0 15,0 15,0 10,0 10,0	Jura	Öl: 0,853 (34,4) Kondensat: 0,785 (48,8)	54	..	994	712 000	

e) Finnmark Øst
3. Sonstige Vorkommen

7125/1-1 Öl- u. Gasfund - 1988 -	* Saga Petroleum A/S Den Norske Stats Oljeselskap A/S (Statoil) Neste Petroleum A/S Amerada Hess Norge A/S Total Marine Norsk A/S	15,0 50,0 15,0 5,0 15,0	? Jura/ Trias ca. 1400				..	..	Nordkap-Becken
7128/6-1 Ölfund - 1991 -	* Norske Conoco A/S Den Norske Stats Oljeselskap A/S (Statoil) Amoco Norway Oil Co. Elf Aquitaine Norge A/S	25,0 50,0 15,0 10,0	Paläozoikum				..	..	

f) Finnmark Vest
3. Sonstige Vorkommen

7124/3-1
Öl- u. Gasfund
– 1987 –
	* Saga Petroleum A/S
	  Den Norske Stats Oljeselskap A/S (Statoil)
	  Neste Petroleum A/S
	  Amerada Hess Norge A/S
	  Total Marine Norsk A/S
		15,0
		50,0
		15,0
		5,0
		15,0
			Jura,
			Trias
				..	2,1	..	Erster norwegischer Fund in der Barentssee

g) Lopparyggen Øst
3. Sonstige Vorkommen

7226/11-1
Gasfund
– 1988 –
	* Den Norske Stats Oljeselskap A/S (Statoil)
	  Elf-Aquitaine Norge A/S
	  Mobil Development Norge A/S
	  Norske Conoco A/S
	  Norske Fina A/S
	  A/S Norske Shell Expl. & Prod.
		50,0
		10,0
		10,0
		10,0
		10,0
		10,0
			Trias
			ca. 3000
				–	–	15 000	Zur Zeit nicht wirtschaftlich

Vorräte nördlich 62° N (1. 1. 1992):
    Tromsø/Finnmark (Barentshavet):   6,5
    (= ca. 5,5 Mill. t)
    + 5,7 Mill. t Kond.   249,8

    Haltenbanken (Midt-Norge):   294,2
    (= ca. 248 Mill. t)
    + 13,0 Mill. t Kond.   287,8

= nördlich 62° N insgesamt: 300,7
    (= ca. 254 Mill. t)
    + 18,7 Mill. t Kond.   537,6

Vorräte südlich 62° N (1. 1. 1992):   1540,8
    (= ca. 1300 Mill. t)
    + 99,3 Mill. t Kond.   2200,7

Vorräte Norwegen insgesamt (1. 1. 1992):   **1841,5**
(nach Oljedirektoratet, Stavanger)
    (= **ca. 1553 Mill. t**)
    + **118 Mill. t Kond.**   **2738,3**

15. Österreich

Erdöl- und Erdgasgewinnung

ÖMV Aktiengesellschaft

A-1090 Wien, Otto-Wagner-Platz 5, Postanschrift: A-1091 Wien, Postfach 15, ☏ (01) 40440-0, ✁ 114801, Telefax (01) 40440-91, ✆ Erdöl Wien.

Vorstand: Dipl.-Ing. Dr. Richard *Schenz*, Vorsitzender; Dipl.-Ing. Kurt K. *Bushati*, Direktor; Dr. Wolfgang *Ruttenstorfer*, Direktor.

Aktienkapital: 2,4 Mrd. ÖS.

Aktionäre: Austrian Industries AG, Wien, 70%, Streubesitz: 30%.

Zweck: Aufsuchung, Gewinnung, Verarbeitung, Verteilung, Bezug, Fortleitung und Vertrieb von Erdöl, Erdölerzeugnissen, Erdgas und Gas; Bau, Erwerb und Betrieb von Anlagen, die Erdöl, Gas und deren Produkte erzeugen, verarbeiten und vertreiben; Planung und Ausführung von Tiefbohrungen; Ausführung aller Tätigkeiten, die der Erforschung, Gewinnung und Verwertung von Sekundärenergie dienen; Petrochemie; Kunststoffe.

	1990	1991
Beschäftigte (konsolidiert) . . . . (Jahresende)	13 017	13 398

Unternehmensbereich Generaldirektion

A-1090 Wien, Otto-Wagner-Platz 5, Postanschrift: A-1091 Wien, Postfach 15, ☏ (01) 40440-0, ✁ 114801, Telefax (01) 40440-990, ✆ Erdöl Wien.

Bevollmächtigter: Generaldirektor Dipl.-Ing. Dr. Richard *Schenz*.

Personal: Direktor Dr. Walter *Hatak*.

Recht: Direktor Mag. Burkhard *Guth*.

Generalsekretariat: Dr. Evelyn *Haas-Laßnigg*.

Öffentlichkeitsarbeit: Dr. Hermann *Michelitsch*.

Energie, Koordination, Projekte: Prok. KR Kurt *Eder*.

Unternehmensstrategie und -marketing: Dr. Gertrude *Eder*.

Gruppenrevision: Dkfm. Franz Josef *Ledochowski*.

Informationsverarbeitung und Komunikationssysteme: Direktor Dr. Rudolf *Klenk*.

Unternehmensbereich Finanzen und Controlling

A-1090 Wien, Otto-Wagner-Platz 5, Postanschrift: A-1091 Wien, Postfach 15, ☏ (01) 40440-0, ✁ 114801, Telefax (01) 40440-9480, ✆ Erdöl Wien.

Bevollmächtigter: Vorstandsdirektor Dr. Wolfgang *Ruttenstorfer*.

Gruppencontrolling: Direktor Mag. Dr. Robert *Denk*.

Rechnungswesen, Steuer, Versicherung: Direktor Mag. Dr. Felix *Johann*.

Finanzen: Direktor Dkfm. Rudolf *Redl*.

Unternehmenseinkauf-Beschaffungslogistik: Direktor Ing. Kurt *Beyer*.

Unternehmensbereich Mineralöl, Petrochemie und Kunststoffe

A-1090 Wien, Otto-Wagner-Platz 5, Postanschrift: A-1091 Wien, Postfach 15, ☏ (01) 40440-0, ✁ 114801, Telefax (01) 40440-946, ✆ Erdöl Wien.

Bevollmächtigter: GD Dipl.-Ing. Dr. Richard *Schenz*.

Geschäftsbereich Kunststoffe

Bevollmächtigter: GD Dipl.-Ing. Dr. Richard *Schenz*.

PCD Polymere Gesellschaft m.b.H.

A-2323 Mannswörth, Danubiastraße 21−25, ☏ (01) 70111-0*, ✁ 131093, Telefax (01) 70111310.

Bevollmächtigte: Generaldirektor Ing. Walter *Kadl;* Direktor Dipl.-Kfm. Gottfried *Gerstl;* Dr. Gerhard *Roiss*.

Standort Linz: A-4020 Linz, St.-Peter-Straße 25, ☏ (0732) 5981, ✁ 221324, Telefax (0732) 52064.

Geschäftsbereich Vertrieb

Bevollmächtigter: Direktor Prok. Dr. Walter *Egghart*.

Stroh & Co. Gesellschaft m.b.H.

A-1210 Wien, Prager Straße 270−272, ☏ (01) 391637-0*, Telefax 391637-55.

Bevollmächtigte: Direktor Josef *Pöltinger;* Direktor Karl *Schuch*.

Geschäftsbereich Raffinerie

Bevollmächtigter: Direktor Dipl.-Ing. Jochen *Berger*.

Mineralölgeschäft Inland

Bevollmächtigte: Technik: Direktor Dipl.-Ing. Johann *Kaltenbrunne;* Verkauf: Direktor Friedrich *Hochreiter*.

Raffinerie Schwechat: A-2320 Schwechat, Mannswörther Straße 28, ☏ (01) 70199-0, ✆ 132479, Telefax (01) 70199-2321.

Lager Lobau: A-1223 Wien, Lobgrundstr. 2, ☏ (01) 221651, ✆ 134905, Telefax (01) 221651-91.

Lager St. Valentin: A-4300 St. Valentin, Wiener Straße 5, ☏ (07435) 3135-0, ✆ 19348, Telefax (07435) 3135-91.

Kapazität: 10,0 Mill. t/a.

	1990	1991
Raffinerieprodukte .... 1000 t	7 925	8 461

ÖMV Deutschland GmbH

8000 München 2, Neuturmstraße 5, ☏ (089) 2307-0, ✆ 529382, Telefax (089) 2307380.

Bevollmächtigte: Werner *Bohnhorst;* Direktor Dr. Walter *Fritsch*.

Raffinerie Burghausen

8263 Burghausen, Haimingerstr. 1, ☏ (086) 77811, ✆ 56917, Telefax (086) 7781265.

Kapazität: 3,4 Mill. t/a.

	1990	1991
Raffinerieprodukte .... 1000 t	2 374	2 490

Geschäftsbereich Cogeneration & Fernwärme

Bevollmächtigte: Dipl.-Ing. Heinz Peter *Hochrainer*, Egon *Kubiczek*.

Geschäftsbereich Supply und Trading

Bevollmächtigter: Direktor Dkfm. Franz *Kalwach*.

Forschung, Entwicklung und Anwendungstechnik

Bevollmächtigter: Direktor Dipl.-Ing. Walter *Tauscher*.

Umfeldservice

Bevollmächtigter: Direktor Friedrich *Hochreiter*.

Unternehmensbereich Chemie

A-1090 Wien, Otto-Wagner-Platz 5, Postanschrift: A-1091 Wien, Postfach 15, ☏ (01) 40440-0*, ✆ 114801, Telefax (01) 40440-91, ✉ Erdöl Wien.

Bevollmächtigter: Vorstandsdirektor Dr. Wolfgang *Ruttenstorfer*.

Chemie Linz Ges.m.b.H.

A-4021 Linz, St.-Peter-Straße 25, ☏ (0732) 5916, Telefax (0732) 5916/3900.

Bevollmächtigte: Generaldirektor Univ.-Professor Dr. Johann *Risak,* Vorstandsdirektor Mag. Franz *Wurm,* Vorstandsdirektor DVw. Günther *Schwarz,* Vorstandsdirektor Dipl.-Ing. Andreas *Kunsch*.

Agrolinz Agrarchemikalien GmbH

A-4021 Linz, St.-Peter-Straße 25, ☏ (0732) 5914, ✆ 221324, Telefax (0732) 5914-184.

Bevollmächtigter: Direktor DVw. Günther *Schwarz*.

Unternehmensbereich Erdöl und Erdgas

A-1090 Wien, Otto-Wagner-Platz 5, ☏ (01) 40440-0, ✆ 114801, Telefax (01) 40440-984.

Bevollmächtigter: Vorstandsdirektor Dipl.-Ing. Kurt *Bushati*.

Geschäftsbereich Exploration und Produktion

A-1210 Wien, Gerasdorfer Straße 151, ☏ (01) 40440-0*, Telefax (01) 40440-92.

Bevollmächtigter: Dipl.-Ing. Helmut *Langanger*.

Area Management:

Nord- und Südamerika, Nordsee, Westafrika: Dipl.-Ing. Siegfried *Meister*.

Nordafrika, Ferner Osten: Dr. Gotthard *Freilinger*.

Osteuropa, Mittlerer Osten: Dr. Wolfgang *Pollak*.

GUS: Dipl.-Ing. Bernhard *Cociancig*.

Mitteleuropa: Dr. Georg *Wachtel*.

Abteilungen:

Exploration: Dr. Paul *Merki*.

Ingenieurdienste: Dr. Adolf *Bruckner*.

Operations Ausland: Dr. Anton *Lehner*.

Controlling und Wirtschaftlichkeit: DI Wolfgang *Remp*.

Inland

Ölfelder Niederösterreich: Matzen, Spannberg, Pirawarth, Aderklaa, Schönkirchen Tief, Süßenbrunn-Kagran, St. Ulrich-Hauskirchen, Neusiedl, Steinberg, Maustrenk, Hohenruppersdorf, Gösting, Kreuzfeld-Pionier, Mühlberg, Rabensburg, Neu-Lichtenwarth, Bernhardsthal, Klement, Breitenlee, Roseldorf, Hochleiten, Altlichtenwarth, Scharfeneck, Dürnkrut.

2 ERDÖL- UND ERDGASWIRTSCHAFT

Ölfelder Oberösterreich: Piberbach, Wels-Nord, Wirnzberg.

Gasfelder: Zwerndorf, Aderklaa, Breitenlee, Wildendürnbach, Rabensburg, Alt-Lichtenwarth, Ginzersdorf, Maxbergen, Niedersulz, Tallesbrunn, Fischamend, Himberg, Matzen, Mühlberg, Hirschstetten, Roseldorf, Schönkirchen-Übertief, Orth, Maria Ellend, Wienerherberg, Klement, Stockerau, Höflein, Moosbrunn.

Produktion Inland		1990	1991
Erdöl			
Wien und Niederösterreich	1000 t	952	1 099
Oberösterrreich	1000 t	9	8
Erdgas			
Wien und Niederösterreich	Mill. m^3	745	768
Oberösterreich	Mill. m^3	11	5

Ausland

Tochtergesellschaften:
OMV of Libya Ltd.
OMV Exploration and Production Ltd.
OMV (UK) Ltd.
OMV (Canada) Ltd.
OMV (Pakistan) Exploration Gesellschaft m.b.H.

Produktion Ausland:		1990	1991
Erdöl Libyen	1000 t	553	584
Kanada	1000 t	289	369
U. K.	1000 t	436	518
Erdgas Kanada	Mill. m^3 (V$_n$)	104	119
U. K.	Mill. m^3	–	28

Geschäftsbereich Gas

A-1210 Wien, Gerasdorfer Straße 151, ☏ (01) 40440-0, Telefax (01) 40440-9450.

Bevollmächtigter: Prokurist Dr. Caspar *Einem*.

Gasprojekt Koordinator: Direktor Bergrat h. c. Dipl.-Ing. Rudolf *Safoschnik;* Geschäft Ausland: Dr. Christoph *Hiller;* Geschäft Inland: Ing. Otto *Musilek;* Marketing: Dipl.-Ing. Hartmut *Heidinger;* Controlling und Wirtschaftlichkeit: Dipl.-Ing. Michael *Kreuz;* Geschäft Transport und Speicher: Dkfm. Günter *Walter*.

Standort Auersthal

A-2214 Auersthal, Bockfließer Straße, ☏ (02288) 2451-0.

Bevollmächtigter: Dipl.-Ing. Josef *Larcher*.

Gas- und Warenhandelsgesellschaft m.b.H.

A-1190 Wien, Gunoldstraße 16, ☏ (01) 3692910, Telefax (01) 377725.

Bevollmächtigte: Ing. Dkfm. Gerhard *Decombe*, Dipl.-Ing. Dmitrij *Zimakov*.

Geschäftsbereich Umweltdienstleistungen

Proterra Gesellschaft für Umwelttechnik GesmbH

A-1210 Wien, Gerasdorfer Straße 151, ☏ (01) 40440-0, Telefax (01) 40440-9454.

Geschäftsführer: DI Anton *Baumgartner*, Dr. Ernst *Geutebrück*.

Erdöl- und Erdgasbetrieb

A-2230 Gänserndorf, Protteser Straße 40, ☏ (02282) 3500-0, Telefax (02282) 3500-91.

Bevollmächtigter: Direktor Dipl.-Ing. *Winter*.

Betriebsbereiche:
Produktion: Dipl.-Ing. Dr. Gerhard *Ruthammer*.
Gasverbund: Dipl.-Ing. Josef *Larcher*.
Sonderbehandlung und Bohren: Dipl.-Ing. Dr. Reinhard *Bacher*.
Anlagenwirtschaft: Ing. Franz *Artner*.
Logistik: Peter *Redling*.
Zentraler betrieblicher Stab: Dipl.-Ing. Gerold *Brandl*.
Controlling und Wirtschaftlichkeit: Dipl.-Ing. Karl *Sukopp*.

ADPS (Drilling and Production Services) Bohr- und Fördertechnik GesmbH

A-1210 Wien, Gerasdorfer Straße 151, ☏ (01) 40440-0, Telefax (01) 40440-3045.

Geschäftsführer: Dipl.-Ing. Dr. Reinhard *Bacher*, Dr. Wolfgang *Prüger*.

Rohöl-Aufsuchungs-Gesellschaft m.b.H. (RAG)

A-1015 Wien, Schwarzenbergplatz 16, ☏ (02 22) 50116, ✆ 131302, Telefax (02 22) 50116/223, 355.

Aufsichtsrat: Geoffrey *Cardinal*, Vorsitzender; Dipl.-Ing. Herbert *Spatschek*, stellv. Vorsitzender; Dkfm. Dr. Friedrich *Krestan;* Josef *Repa;* Alfred *Rubitzko;* Bernd *Thiele*.

Geschäftsführung: Wilhelm *Culka;* Dipl.-Ing. W. *Meilink;* Dipl.-Ing. E. *Pott*.

ÖSTERREICH

Zweck: Aufsuchung, Gewinnung, Verarbeitung und Verkauf von Erdöl, Erdgas und sonstigem Erdharz — Mineralien sowie deren Transport. Anlegung und Betrieb von Pipelines.

Aufsuchungsgebiete: RAG Oberösterreich, RAG Salzburg, RAG Steiermark.

Produktion und Beschäftigte	1990	1991
Öl .... 1 000 t	158	147
Gas .... Mill. m³ (V_n)	569	577
Beschäftigte .... (Jahresende)	266	257

Betriebsabteilung Förderung Oberösterreich

A-4851 Gampern Nr. 103, ☏ (07682) 8082.

Betriebsleiter: Dipl.-Ing. Mehmet *Tuli*.

Betriebsabteilung Bohrung

A-4550 Kremsmünster, ☏ (07583) 7221.

Betriebsleiter: Dipl.-Ing. Michael *Wessel*.

Förderbetrieb Zistersdorf

A-2225 Zistersdorf, ☏ (02532) 531.

Betriebsleiter: Dipl.-Ing. Reinhold *Sieber*.

Van Sickle Ges. m. b. H. Erdölverarbeitung und Vertrieb

A-1011 Wien, Schwarzenbergplatz 16, ☏ (0222) 50117-0, Telefax (0222) 50117-2212.

Betrieb in Neusiedl/Zaya

A-2183 Neusiedl/Zaya, ☏ (02533) 401, Telefax (02533) 207/55.

Bevollmächtigter: Dkfm. James *van Sickle*.

Betriebsleiter: Dipl.-Ing. Werner *Solarzyk*.

Ölfelder: Van Sickle-Feld, Plattwald-Feld.

Verliehene Feldesfläche: 254,31 ha.

Produktion	1989	1991
Rohöl .... t	30 421	25 352
Naturgas .... m³ (V_n)	130 000	121 300
Beschäftigte .... (Jahresende)	66	62

Gas

Austria Ferngas Gesellschaft mbH

A-1010 Wien, Schubertring 14, ☏ (01) 513 1585-0*, ⌁ 131 838, Telefax (0222) 513 1585-32.

Aufsichtsrat: Generaldirektor Obersenatsrat Dr. Karl *Skyba*, Vorsitzender; Vorstandsdirektor Dipl. Ing. Heribert *Artinger;* Direktor Mag. Dr. Günther *Bresitz;* Ministerialrat Dr. Josef *Daum;* Dkfm. Dr. Fred *Egger;* Direktor Dipl. Ing. Adolf *Fehringer;* Dipl. Ing. Herbert *Grahornig;* Generaldirektor Dr. Rudolf *Gruber;* Ministerialrat Dr. Monika *Hille;* Dr. Burkhard *Hofer;* Direktor Dkfm. Franz *Jung;* Vorstandsdirektor Dipl. Ing. Dr. Hanns *Kettl;* Direktor Dipl. Ing. Richard *Pöltner;* Vorstandsdirektor Dr. Dkfm. Alois *Scheicher;* DDr. Gerhard *Sommer;* Ministerialrat Dr. Alfred *Steffek;* Generaldirektor-Stv. Mag. Dr. Bruno *Zidek*.

Geschäftsführung: Senatsrat Ing. Robert *Eisnecker;* Dkfm. Heinz *Krug;* Dr. Raimund *Sovinz*.

Stammkapital: 40 Mill. öS.

Gesellschafter: EVN Energie-Versorgung Niederösterreich Aktiengesellschaft, 23³/₄%; Republik Österreich, 23³/₄%; Steirische Ferngas-Gesellschaft mbH, 23³/₄%; Wiener Stadtwerke, 23³/₄%; Burgenländische Erdgasversorgungs AG, 1%; Oberösterreichische Ferngas Gesellschaft mbH, 1%; Kärntner Elektrizitäts-AG, 1%; Vorarlberger Erdöl- und Ferngas-Gesellschaft mbH, 1%; Salzburger Aktiengesellschaft für Elektrizitätswirtschaft (Safe), 1%.

Zweck: Der Import, Transport und die Verteilung von Erdgas an Gasversorgungsunternehmen.

Burgenländische Erdgasversorgungs-Aktiengesellschaft (Begas)

A-7000 Eisenstadt, Kasernenstr. 10, ☏ (02682) 3626 u. 3841.

Aufsichtsrat: Kom.-Rat Hans *König*, Vorsitzender; Direktor Mag. Rudolf *Simandl*, stellv. Vorsitzender; Professor Dipl.-Ing. Erich *Benkö;* Bgmst. Franz *Dorner;* Bgmst. Johann *Ettl;* Gemeinderat Lorenz *Gartner;* Bgmst. Matthias *Heinschink;* Direktor Bgmst. Herbert *Pinter;* Bgmst. Hofrat Dipl.-Ing. Franz *Schütter;* Vorst. Dir. Dr. Günter *Widder*.

Arbeitnehmervertreter: Alexander *Ertler*, Ambros *Schmidt*, Rudolf *Schreiner*, Erich *Steiger*, Frank *Uchner*.

Vorstand: Direktor Dipl.-Ing. Heribert *Artinger;* Direktor Ingenieur Magister Hans *Lukits*.

2 ERDÖL- UND ERDGASWIRTSCHAFT

Erdgasgewinnung

Produzierende Vorkommen	Anzahl der fördernden Erdgassonden		Erdgasproduktion 1000 m³ (V_n)	
	Dezember 1989	Dezember 1990	1989	1990
St. Ulrich	1	–	52,8	60,1
Mühlberg	3	3	5 713,7	5 249,6
Aderklaa	12	13	35 619,1	17 250,3
Matzen	21	4	290 527,2	252 121,2
Fischamend	5	5	9 293,2	19 597,6
Zwerndorf	–	6	35 926,9	47 616,0
Ginzersdorf	1	–	88,2	2,5
Maxbergen	–	–	2,1	–
Wildendürnbach	10	10	13 426,6	15 770,5
Merkersdorf	–	–	288,9	87,8
Orth	1	1	1 900,5	1 490,0
Hirschstetten	1	1	11 782,9	13 406,9
Gösting	–	1	–	310,1
Wienerherberg	5	3	2 310,7	6 671,1
Neuruppersdorf	1	1	33,7	216,0
Pirawarth	–	–	660,6	507,2
Stockerau Ost	–	–	–	26 285,7
Steyr	–	1	25,1	8 955,0
Piberbach	1	1	486,8	693,8
Moosbrunn	3	2	20 887,8	14 640,1
Favoriten	–	1	485,3	362,8
Alt Prerau	2	3	6 523,7	5 429,0
Höflein	7	6	136 202,9	142 569,8
Pottenhofen	1	1	4 682,9	4 617,6
Wels	4	–	8,9	2,6
Puchkirchen	13	15	50 229,1	45 912,1
Schwanenstadt	9	9	25 954,3	21 438,7
Lindach	11	10	8 297,2	7 781,7
Eggelsberg	1	1	12 038,7	4 049,1
Engenfeld	1	1	121,0	69,6
Mauern	1	1	2 925,9	3 812,1
Offenhausen	6	6	5 031,5	4 635,4
Vorchdorf	1	1	336,9	340,2
Atzbach	10	10	64 464,9	57 280,6
Eberstalzell Gas	6	6	14 646,1	5 582,3
Hocheck	1	1	5 042,2	4 334,7
Munderfing	5	4	55 857,6	28 473,4
Friedburg	6	6	50 930,8	93 099,6
Redltal	3	3	8 960,7	8 843,0
Oberminathal	2	2	4 998,6	2 719,7
Haag	2	3	24 440,2	27 550,1
Pfaffstätt	6	7	66 154,3	88 581,8
Desselbrunn	3	2	7 191,6	1 746,5
Jebing	2	2	1 552,8	1 946,5
Lindach Süd	2	2	2 032,6	1 395,2
Zell am Pettenfirst	2	2	15 388,7	10 867,1
Tarsdorf	–	1	54,1	829,4
Heitzing	10	8	63 176,7	53 451,5
Seebach	1	–	1 360,0	230,4
Krailberg	4	3	15 331,0	22 235,2
Astätt	–	–	–	10,2
Berndorf	–	–	–	350,2
Lindach West	1	1	231,5	176,4
Hörgersteig Süd	2	1	13 780,8	28 034,1
Klöpfing	1	1	1 342,2	264,6
Treubach	3	1	26 945,2	19 435,6
Leithen	–	1	–	2,2
St. Georgen	–	–	–	213,1
Weizberg	–	2	–	14,1
Summe	**193**	**175**	**1 125 717,7**	**1 129 865,9**

Ohne Verlagerung Matzen und ohne vom Erdgasbetrieb der ÖMV gefördertes Gaskappengas.   Quelle: Österreichisches Montan-Handbuch 1990.

ÖSTERREICH

Öffentlichkeitsarbeit: Alfred *Grasits*.

Grundkapital: 68 700 000 öS.

Zweck: Die Planung, Finanzierung, der Bau und Betrieb von Gasverteilsystemen samt den dazugehörigen technischen Hilfseinrichtungen zur Belieferung von Industrie, Gewerbe und Haushalt, der Verkauf von Erdgas, die Planung und Ausführung von Gasinstallationen.

	1990	1991
Gasabsatz .... Mill. m^3	80,5	88,0
Beschäftigte .... (31. 3.)	120	127

EVN Energie-Versorgung Niederösterreich Aktiengesellschaft

A-2344 Maria Enzersdorf, Johann-Steinböck-Str. 1, Postfach 100, ☏ (02236) 200-0, ✆ 079140, Telefax (02236) 2001 2600.

Vorstand: Generaldirektor Dr. Rudolf *Gruber*, Vorstandsdirektor Dkfm. Dr. Alois *Scheicher*, Vorstandsdirektor Hans *Gold*.

Kapital: 950 Mill. öS.

Aktionär: Bundesland Niederösterreich, 51 %; Streubesitz, 49 %.

Zweck: Gegenstand des Unternehmens ist die Erzeugung, die Gewinnung, die Beschaffung, die Verarbeitung, die Behandlung, der Transport und der Vertrieb von Energie und Energieträgern jeglicher Art und von Wasser unter Beobachtung der Erfordernisse des Umweltschutzes und der Versorgungssicherheit sowie die Vermarktung von Nebenprodukten der Energieerzeugung. Hierzu zählt auch die einheitliche Zusammenfassung und der Betrieb von eigenen und fremden Erzeugungs-, Gewinnungs-, Beschaffungs-, Verarbeitungs-, Behandlungs-, Transport-, Vertriebs- und Verbrauchsanlagen für Energie, Energieträger und Wasser, die Verfassung und Ausführung von Projekten für solche Anlagen sowie deren Installation.
– die Analyse, die Anwendung, die Förderung und die Verbreitung des wirtschaftlichen, sparsamen und sinnvollen Energie- und Wassereinsatzes.
– die Verwertung von Abfällen, Materialien und Stoffen jeglicher Art sowie die Projektierung, die Errichtung, der Betrieb und jede Art der gewerblichen Nutzung von eigenen und fremden Verwertungseinrichtungen.
– die Planung, die Errichtung, der Betrieb, die gewerbliche Nutzung und der Vertrieb von Geräten, Anlagen und Einrichtungen auf den Gebieten der Gas-, Wasser-, Wärme- und Elektrotechnik, der Elektronik, der automatischen Datenverarbeitung und der Kommunikationstechnik sowie der Maschinen-, Anlagen- und Gerätebau. Dies umfaßt auch die Erbringung von Dienstleistungen in der automatischen Datenverarbeitung.

– der Erwerb, die Veräußerung und jede Art der gewerblichen Nutzung von Grundstücken und Gebäuden sowie die Planung und Durchführung von Bauleistungen aller Art. Hierzu zählt auch die Errichtung von Wohnungen für Betriebsangehörige.
– der Handel mit Roh-, Hilfs- und Betriebsstoffen, unfertigen und fertigen Erzeugnissen sowie Waren, vornehmlich auf den vorgenannten Geschäftsfeldern.
– dem Fremdenverkehr dienende Anlagen und Einrichtungen, insbesondere im Zusammenhang mit sonstigen Anlagen und Einrichtungen der Gesellschaft sowie Erholungsbetriebe für Betriebsangehörige zu projektieren, zu errichten, zu erwerben, zu pachten, zu verpachten und zu betreiben. Dies umfaßt insbesondere das Gast- und Schankgewerbe einschließlich der Beherbergung von Fremden.
– die Verwertung von Erfahrungen und Kenntnissen jeglicher Art, insbesondere die Erbringung von Dienstleistungen im Bereich der technischen Beratung. Hierzu zählt auch die Tätigkeit auf dem Gebiet des Engineering und des Consulting sowie der Abschluß von Lizenz- und Know-how-Verträgen.

Die Gesellschaft ist ferner berechtigt,
– Betriebsführungs- und Interessengemeinschaftsverträge einzugehen, die den Gegenstand des Unternehmens betreffen.
– mit Rechtsträgern, zu denen ein Organschafts- oder Kooperationsverhältnis besteht, gemeinsame Organisations- und Verwaltungseinrichtungen zu betreiben.
– aus dem Betrieb sich ergebende Nebengewerbe auszuüben.

	1989/90*	1990/91*
Gasabsatz .... Mill. m^3	1017,1	
Stromabsatz .... GWh	4 562,2	4 875,0
Wärmeabsatz .... GWh	79	100
Leitungsnetz .... km	4 875	

* 1. 9. bis 31. 8.

Kärntner Elektrizitäts-Aktiengesellschaft

A-9020 Klagenfurt, Arnulfplatz 2, ☏ (0463) 525 1285, ✆ 42468.

Aufsichtsrat: Mag. Dr. Franz *Sonnberger*, Vorsitzender; Kammeramtsdirektor Dkfm. Dr. Fritz *Jausz*; Mag. Dr. Günther *Pöschl*; Dkfm. Heinz *Hochsteiner*; Ing. Johann *Kuhn*; Walter *Obiltschnik*; Dir. Dipl.-Ing. Dr. Wolfgang *Pöhl*; Rechtsanwalt Dr. Karl *Safron*; Dir. Dipl.-Ing. Dr. Herbert *Schröfelbauer*; Rechnungsdirektor Senatsrat Manfred *Stampfer*; Stadtamtsdirektor Hofrat Dr. Günther *Woschank* und sechs vom Zentralbetriebsrat entsandte Aufsichtsratsmitglieder.

Vorstand: Direktor Mag. Dr. Günther *Bresitz*, Direktor Dipl.-Ing. Dr. Hermann *Egger*.

2 ERDÖL- UND ERDGASWIRTSCHAFT

Grundkapital: 800 Mill. öS.

Aktionäre: Land Kärnten (67,85%), Stadtgemeinde Villach (25,00%), Stadtgemeinde Wolfsberg (0,65%), Stadtgemeinde St. Veit/Glan (5,25%), Stadtgemeinde Feldkirchen (1,04%) und Stadtgemeinde Spittal/Drau (0,21%).

Zweck: Bau und Betrieb gemeinwirtschaftlicher und energiewirtschaftlicher Anlagen zum Zwecke der Erzeugung und der Verteilung und entgeltlichen Abgabe von Energie sowie die Förderung der Entwicklung und Anwendung neuer Energietechnologien.

		1989	1990
Gasabsatz	Mill. m^3	85	91
Gasleitungsnetz	km	137	165

Oberösterreichische Ferngas Gesellschaft mbH

A-4030 Linz, Neubauzeile 99, Postfach 1, ☏ (0732) 83401, ✁ 221798 ooefgs, Telefax (0732) 81421.

Geschäftsführung: DDr. Gerhard *Sommer*, Dipl.-Ing. Max *Dobrucki*.

Gesellschaftskapital: 407 Mill. öS.

Gesellschafter: Ferngas Holding AG, Landeshauptstadt Linz.

Zweck: Versorgung Oberösterreichs mit Erdgas.

		1990	1991
Gasabsatz	Mill. m^3 (V$_n$)	1 254	1 300
Leitungsnetz	km	1 409	1 586

Österreichische Erdgaswirtschafts Ges. m. b. H.

A-1010 Wien, Schubertring 14, ☏ (01) 5131585.

Geschäftsführung: Dr. jur. Dr. rer. pol. Gerhard *Sommer*, Dr. jur. Raimund *Sovinz*.

Salzburger AG für Energiewirtschaft (Safe)

A-5021 Salzburg, Schwarzstraße 44, Postfach 170, ☏ (0662) 8884, Telefax (0662) 8884-111.

Geschäftsführung: Komm. Rat Dipl.-Ing. Dr. Hanns *Kettl;* Dipl.-Ing. Walter *Kirschner*.

Steirische Ferngas-Gesellschaft mbH

A-8010 Graz, Elisabethstraße 59, ☏ (0316) 37501-0, ✁ 311518, Telefax (0316) 37501-19.

Aufsichtsrat: Dkfm. Dr. Fred *Egger*, Vorsitzender; Vorstandsdirektor Dipl.-Ing. Dr. Gerhard *Mitter*, stellv. Vorsitzender; Bergrat h. c. Gewerke Dipl.-Ing. Gottfried *von Pengg-Auheim*, stellv. Vorsitzender; Karl-Heinz *Leitenbauer;* Ing. Peter *Müller;* Dr. Peter *Weiß;* Vorstandsdirektor Dipl.-Ing. Berndt *Wendl;* Ing. Erwin *Schürgl;* Vorstandsdirektor Dkfm. Franz *Struzl.*

Vorstand: Direktor Dipl.-Ing. Adolf *Fehringer*, Sprecher des Vorstandes; Direktor Dkfm. Franz *Jung;* Direktor Dr. Karl *Springer*.

Öffentlichkeitsarbeit: Gabriele *Schmelzer-Ziringer*.

Betriebsleitungen

A-8600 Bruck/Mur, Hochfeldgasse 28, ☏ (03862) 51000-0, Telefax (03862) 51000-266.
A-8041 Graz, Emil-Ertl-Gasse 69, ☏ (0316) 475555-0, Telefax (0316) 475555-35.
A-8650 Kindberg, Hauptstraße 13, ☏ (03865) 2344-0, Telefax (03865) 3628-30.
A-8784 Trieben, Tauernbachstr. 212, ☏ (03615) 2791-0, Telefax (03615) 2938.
A-8740 Zeltweg, Bundesstraße 22, ☏ (03577) 23933-0, Telefax (03577) 23933-33.

Gesellschafter: Land Steiermark; Leykam-Mürztaler, Papier und Zellstoff Aktiengesellschaft; Pengg – Vogel & Noot Industrie-Energie Aktiengesellschaft; Steirische Wasserkraft- und Elektrizitäts-Aktiengesellschaft (Steweag); Veitscher Magnesitwerke-Actien-Gesellschaft; Voest-Alpine Stahl Donawitz GmbH; Voest-Alpine Stahlrohr Kindberg GmbH; Vogel & Noot Aktiengesellschaft.

Zweck: Die Aufbringung und Abgabe von brennbaren Gasen sowie die Errichtung von Gasverteilungsanlagen zur Versorgung des Bundeslandes Steiermark.

		1990	1991
Erdgasabsatz	Mill. m^3	782,1	804,8
Flüssiggasabsatz	t	377	3 008

Tiroler Ferngas Ges. m. b. H.

A-6020 Innsbruck, Salurner Straße 15, ☏ (0512) 581084, Telefax (0512) 581084-50.

Geschäftsführung: Dipl.-Ing. Kurt *Haring*.

ÖSTERREICH

Vorarlberger Erdöl- und Ferngas-Gesellschaft mbH

A-6900 Bregenz, Römerstraße 12, ☏ (0 55 74) 4 39 33, Telefax (0 55 74) 4 39 33-36.

Geschäftsführung: Dipl.-Ing. Herbert *Grahornig*.

Prokurist: Ing. Erwin *Kopf*.

Kapital: 33 334 000 öS.

Gesellschafter: Land Vorarlberg, Gemeinden, Vorarlberger Wirtschaftstreibende und Private.

Zweck: Erforschung, Gewinnung und Erwerb von Bodenschätzen, Versorgung des Landes mit Erdgas.

		1990	1991
Umsatz (Gaserlöse)	Mill. öS	192	229
Beschäftigte	(Jahresende)	6	6

Wiener Stadtwerke

A-1011 Wien, Schottenring 30, Postfach 163, ☏ (02 22) 5 31 23, Telefax (02 22) 5 31 23/39 99.

Generaldirektor: Dr. Karl *Skyba*.

		1990	1991
Absatz			
Gas	Mill. kWh	9 169,0	10 149,0
Strom	Mill. kWh	7 554,4	8 003,4
Leitungsnetz			
Gas	km	2 928,7	2 996,9
Strom	km	20 163,8	20 887,2

Organisationen

Fachverband der Erdölindustrie Österreichs

A-1031 Wien, Erdbergstr. 72, ☏ (01) 7 13 23 48, ✆ 1 32 138, Telefax (01) 7 13 05 10.

Fachverbandsvorsteher: N. N.

Geschäftsführung: Dr. jur. Herbert *Lang*.

Zweck: Interessenvertretung.

Mitglieder: Agip Austria AG, Wien; Adria-Wien-Pipeline GesmbH, Klagenfurt; Avanti Aktiengesellschaft, Wien; Begas-Burgenländische Erdgasversorgungs-AG, Eisenstadt; BP Austria AG, Wien; Erdöl-Lagergesellschaft mbH, Lannach; Esso Austria AG, Wien; Halliburton Company Austria GmbH, Wien; Huber Mineralöle GmbH, Straßwalchen; Kohlenimport- und Großhandels-GesmbH, Salzburg; Rudolf Löwy GesmbH, Salzburg; Mobil Oil Austria AG, Wien; Myles Handelsgesellschaft mbH, Pinggau; ÖMV Aktiengesellschaft, Wien; Prakla-Seismos GmbH, Wien; Rohöl-Aufsuchungs GesmbH, Wien; Rumpold GesmbH, Trofaiach/Stmk.; Gesellschaft für geophysikalische Untergrunduntersuchung Schlumberger, Ennsdorf; Schmiermittel Abfüllgesellschaft mbH, Wien; Shell Austria AG, Wien; Transalpine Ölleitung in Österreich GmbH, Innsbruck; Total Austria GesmbH, Wien; Van Sickle GesmbH, Wien; Vetco ÖGD GmbH, Prottes; Vorarlberger Erdöl- und Ferngas-GesmbH, Bregenz. Kooptiert: Aral Austria GmbH, Wien.

Fachverband der Gas- und Wärmeversorgungsunternehmungen

A-1010 Wien, Schubertring 14, ☏ (01) 5 13 15 88-0, Telefax (01) 5 13 15 88-25.

Vorsteher: Gen.-Dir.-Stv. Mag. Dr. Bruno *Zidek*.

Geschäftsführung: Dkfm. Gerhard *Janaczek*; Dipl.-Ing. Robert G. *Köck*, Stellv.

Zweck: Vertretung der fachlichen Interessen aller österreichischen Gas- und Fernwärmeversorgungsunternehmungen.

ÖGEW Österreichische Gesellschaft für Erdölwissenschaften

A-1031 Wien, Erdbergstr. 72, ☏ (01) 7 13 23 48, ✆ 1 32 138.

Präsident: Direktor Dipl.-Ing. E. *Pott*, Rohöl-Aufsuchungs GmbH, Wien.

Vorstand: Direktor Dipl.-Ing. K. K. *Bushati*, ÖMV Aktiengesellschaft, Wien; Univ.-Professor Dr.-Ing. Z. *Heinemann*, Montanuniversität Leoben; Hofrat Dr. W. R. *Janoschek*, Geologische Bundesanstalt, Wien; Dr. H. *Lang*, Fachverband der Erdölindustrie, Wien; Direktor Dipl.-Ing. Mag. H. *Langanger*, ÖMV Aktiengesellschaft, Wien; Dr. O. *Malzer*, Rohöl-Aufsuchungs GmbH, Wien; Dipl.-Ing. Dr. A. *Marhold*, Wien; Professor Min.-Rat Dipl.-Ing. K. *Mock*, Bundesministerium für wirtschaftliche Angelegenheiten, Sektion VII, Wien; Direktor Dipl.-Ing. H. *Molin*, Shell Austria AG, Wien; Professor Dr. M. *Rätzsch*, PCD Polymere GmbH, Linz; Direktor Bergrat Dipl.-Ing. R. *Safoschnik*, ÖMV Aktiengesellschaft, Wien; Gen.-Dir. Stellvertreter Dipl.-Ing. Dr. R. *Schenz*, ÖMV Aktiengesellschaft, Wien; Professor Dipl.-Ing. Dr. H. *Schindlbauer*, Technische Universität Wien; Direktor Dipl.-Ing. Dr. J. *Schuster*, Mobil Oil Austria AG, Wien; Direktor i. R.

Bergrat Dr. h. c. Dipl.-Ing. H. *Spörker,* Baden; Direktor Bergrat Dipl.-Ing. H. E. *Sterba,* ÖMV Aktiengesellschaft, Wien; Direktor Dipl.-Ing. Dr. W. *Tauscher,* ÖMV Aktiengesellschaft, Wien; Professor Dr. F. *Weber,* Montanuniversität Leoben.

Sekretär: Dr. Herbert *Lang.*

Zweck: Förderung des Gedankenaustausches von Fachleuten aus Wissenschaft, Technik und Wirtschaft in und außerhalb Österreichs im Bereich der Erdölwissenschaften.

Österreichische Vereinigung für das Gas- und Wasserfach (ÖVGW)

A-1010 Wien, Schubertring 14, ☏ (01) 513 15 88, Telefax (01) 513 15 88/25.

Präsident: Vorstandsdirektor Dkfm. Dr. Alois *Scheicher* (1993/94).

Geschäftsführung: Dipl.-Ing. Robert G. *Köck.*

Zweck: Förderung des Gas- und Wasserfaches sowie verwandter Fachgebiete in wissenschaftlicher, technischer und wirtschaftlicher Beziehung.

16. Portugal

Erdöl- und Erdgasgewinnung

BP Portuguesa, S.A.

P-1200 Lisboa Codex, Praça Marquês de Pombal 13, ☏ (1) 53 95 31, ⚡ 12551, Telefax (1) 577806.

Vorstand: Gonçalo *de Aquiar de Vasconcelos Cabral,* Präsident; Nicholas John *Carrie,* Vizepräsident; Brian Phillip *Hughes;* Eric Reginald *Piercey;* Carlos Alexandre *de Magalhães Carvalho;* Eduardo *de Almeida Catroga;* Michael Colin *Hoare.*

Öffentlichkeitsarbeit: Maria Emilia *Tomé.*

Kapital: 1 500 Mill. Esc.

	1990
Beschäftigte	340

Cepsa — Companhia Portuguesa de Petróleos Lda

P-Lisboa, Avenida Fontes P. Melo 30, 6, ☏ 55 55 54.

Esso Portuguesa SA

P-Lisboa, 2,3 Filipe Folq., ☏ 53 51 35.

Mobil Oil Portuguesa, S.A.

P-Lisboa, 165, Castilho, ☏ 3 87 55 51.

Conselho de Administração: Samuel D. *Burd,* Jr., Presidente; José Mário *Barbosa Horta,* Gustavo S. *Cruz Mata,* Joe B. *Hinton,* Paul E. J. *Engel.*

Shell Portuguesa S.A.

P-1200 Lisboa, Av. da Liberdade 249, ☏ 57 40 33 und 53 34 31.

Vorstand: Edwin John Wilton *Bonds,* Präsident; Peter *van Haaps;* Hernani Daniel Tarrio *Peleteiro;* Ian *Wybrew-Bond;* Manuel Pinto *Pires.*

Öffentlichkeitsarbeit: Dr. Francisco Jeite *Monteiro.*

Sociedade Portuguesa de Exploração de Petróleos S.A.

P-1200 Lisboa, Rue Rosa Araujo 2—8.

Mineralölverarbeitung

Petróleos de Portugal – Petrogal, SA

P-1200 Lisboa, Rua das Flores 7, Postanschrift: P. O. Box 2539, P-1113 Lisboa Codex, ☏ (01) 3461281, 3474330, 3463131, ✆ 12521 Aegalp p, Telefax (01) 321233.

Board of Directors: Eng. Mário *Machado Abreu*, Chairman; Dr. Mário *Cristina de Sousa;* Dr. Fernando *Noronha Leal;* Eng. Luis *Monteiro Forte;* Eng. João José *Garrett de Figueiredo,* Gaspar *Prata Dias.*

Directores Gerais: Eng. Joaquim *Barreiros* (Grupo Projectos Industriais), Dr. Mota *Campos* (D. G. do Pessoal), Eng. Martins *Carneiro* (D. G. Aprovisionamento), Dr. Peres *Coelho* (Secretário Geral), Prof. Pessoa *Jorge* (D. G. Serviços Jurídicos), Eng. Costa *Morgado* (D. G. Gás), Dr. Morais *Soares* (D. G. Planeamento e Controle).

Directores Industriais: Eng. Freitas *do Amaral* (D. I. Porto), Eng. Ventura *Furtado* (D. I. Lisboa).

Directores Autónomos: Eng. Manuela *Azevedo* (D. Relações Externas), Dr. Chalmique *Chagas* (D. Financeira), Eng. Cordeiro *Gomes* (D. pesquisa Petrolifera), Eng. Armando *Mateus* (D. Administrativa), Dr. Victor *de Melo* (D. Informática), Dr. António *Pinheiro* (D. Auditoria).

Kapital: 77 Mrd. Esc.

Gesellschafter: Der Staat Portugal, 100%.

Zweck: Erdöl- und Erdgasexploration und -förderung; Weiterverarbeitung.

Beschäftigte: 4 573.

Tochtergesellschaften
Carbogal (Carbonos de Portugal, SA), 97,4%.
Hotelgal (Sociedade de Hotéis de Portugal, SA), 29,83%.
Eival (Sociedade de Empreendimentos, Investimentos e Armazenagem de Gás, SA), 89,28%.
Saaga (Sociedade Açoreana de Armazenagem de Gás, SA), Azores, 43,91%.
Sacor Marítima, SA, 79,98%.
Agran (Agroquímica de Angola, SA), Angola, 98,67%.
Dicol (Sociedade Distribuidora de Combustíveis e Lubrificantes da Guiné-Bissau), Guinea, 30%.
Moçacor (Distribuidora de Combustíveis, SA), Mozambik, 76%.
Petrogal Española, Spanien, 100%.
Galp International Corporation, 100%.
Soturis (Sociedade de Expansão Hot e Turistica, SA), 97,6%.
Portgas SA, 30%.

Raffinerie Lisboa

P-1800 Lisboa Codex, ☏ (1) 8595346, ✆ 12364, Telefax (1) 8594128.

Kapazität: 2 Mill. t/a.

Raffinerie Oporto

P-4456 Matosinhos Codex, Box 15, Leça da Palmeira, ☏ (2) 9961700, ✆ 26473, Telefax (2) 9959944.

Kapazität: 4,1 Mill. t/a.

Raffinerie Sines

P-7521 Sines Codex, Box 15, ☏ (69) 624001, Telefax (69) 634074.

Kapazität: 10 Mill. t/a.

Organisationen

Associação Portuguesa dos Gases Combustíveis

P-2685 Sacavém, Rua A, Particular, Quinta do Figo Maduro, ☏ 9417428, Telefax 9418671.

Präsident: Carlos *Ferreira dos Santos.*

Generalsekretär: Américo *Saraiva Ferreira.*

17. Schweden

Mineralölverarbeitung

OK Raffinaderi AB

S-40073 Göteborg 23, P. O. Box 23037, ☏ (031) 646000, ✆ 20754.

Präsident: L. *Hjorth*.

Raffinerie Gothenburg

Kapazität: 5,1 Mill. t/a.
Beschäftigte: 220.
Direktor: P. *Olsson*.

A/B Nynäs Petroleum

S-12123 Johanneshov, Huddingevägen 107, P. O. Box 1021, ☏ (08) 602 1200, ✆ 17594.

Präsident: Måns *Collin*.

Raffinerie Nynäshamn

S-14982 Nynäshamn, ☏ (0752) 65000, ✆ 19261.
Kapazität: 1,4 Mill. t/a.

Raffinerie Göteborg

S-Göteborg, ☏ (031) 540280, ✆ 21018.
Kapazität: 0,3 Mill. t/a.

Raffinerie Antwerpen

B-2030 Antwerpen, P.O. Box 39, ☏ (3) 5410790, ✆ 73105.
Kapazität: 0,7 Mill. t/a.

Shell Raffinaderi A/B

S-40272 Göteborg, Torslandavägen, P. O. Box 8889, ☏ 506000, ✆ 20647.

Präsident: Lars *Lundqvist*.
Geschäftsführung: Sven *Erikson*.
Kapital: 15 Mill. skr.
Gesellschafter: AB Svenska Shell.

	1989	1990
Beschäftigte	200	215

Raffinerie Gothenburg

Kapazität: 4 Mill. t/a.

Skandinaviska Raffinaderi A/B Scanraff

S-45381 Lysekil, ☏ (0523) 69000, ✆ 42135.

Raffinerie Lysekil

Kapazität: 10 Mill. t/a.

Vorstand: Lars *Nelson* (Geschäftsführung), Leif *Brinck* (Produktion), Arne *Moum* (Projekt), Gustaf *Angervall* (Instandhaltung).

	1990	1991
Produktion . . . . 1000 t	8 700	9 200
Beschäftigte	558	558

Organisationen

Svenska Petroleum Institutet (SPI)

S-11134 Stockholm, Sveavägen 21, ☏ (08) 235800, Telefax (08) 210325.

Vorsitzender: Sven *Nyberg*.
Generaldirektor: Tommy *Nordin;* Stig *Lundberg*, stellv.

18. Schweiz

Erdöl- und Erdgasgewinnung

Swisspetrol Holding AG

CH-8002 Zürich, Claridenstraße 36, ☏ (01) 2023151, Telefax (01) 2023422.

Direktor: Dr. iur. P. H. *Lahusen.*

Zweck: Koordination und Finanzierung der Erdöl- und Erdgasexploration in der Schweiz. Dachgesellschaft von elf Tochtergesellschaften mit Konzessionen in der Schweiz.

Mitglieder
SEAG, Aktiengesellschaft für schweizerisches Erdöl, Zürich, Geschäftsstelle: CH-8002 Zürich, Claridenstraße 36, ☏ (01) 2010502.
SA des Hydrocarbures, Geschäftsstelle: CH-1003 Lausanne, c/o Me. J. Vuilleumier, Rue Mauborget 12, ☏ (021) 2023 38, Telefax (021) 2023 43.
LEAG, Aktiengesellschaft für luzernisches Erdöl, Luzern, Geschäftsstelle: CH-6004 Luzern, c/o Dr. K. Meier, Kapellplatz 2, ☏ (041) 516867.
Bernische Erdöl AG, Bern, Geschäftsstelle: CH-3001 Bern, c/o Atag Ernst & Young AG, Schauplatzgasse 21, ☏ (031) 216111, Telefax (031) 210495.
Petrosvibri SA, Geschäftsstelle: CH-1267 Vich VD, c/o Me. J. Vuilleumier, ☏ (022) 642903, Telefax (021) 202343.
Jura Vaudois Pétrole SA, Geschäftsstelle: CH-1267 Vich VD, c/o Me. J. Vuilleumier, ☏ (022) 642903, Telefax (021) 202343.
Jura Bernois Pétrole SA, Geschäftsstelle: CH-3001 Bern, c/o Atag Ernst & Young AG, Schauplatzgasse 21, ☏ (031) 216111, Telefax (031) 210495.
Jura Soleurois Pétrole SA, Geschäftsstelle: CH-4500 Solothurn, c/o Dr. F. Eng, Westbahnhofstraße 11, ☏ (065) 231585.
Basellandl Petrol AG, Geschäftsstelle: CH-4102 Binningen, c/o M. Jegge, Im Kugelfang 26, ☏ (061) 473626.
Jura Pétrole SA, Geschäftsstelle: CH-2800 Delémont, c/o Me. P. Christe, ☏ (066) 221650, Telefax (066) 229991.
Tiefengas-Konsortium Swisspetrol-Sulzer, Geschäftsstelle: CH-6010 Kriens, c/o Bell Escher Wyss AG, ☏ (041) 495415, Telefax (041) 451660.

Bernische Erdöl AG

CH-3001 Bern, c/o ATAG Ernst & Young AG, Schauplatzgasse 21, ☏ (031) 216111, ✆ 912534, Telefax (031) 210495.

Verwaltungsratspräsident: Dr. Peter *Fehlmann.*

Kapital: 10 500 000 sfr.

Gesellschafter: Hauptaktionär Swisspetrol Holding AG, Zürich.

Zweck: Forschung nach Kohlewasserstoffen.

Jura Soleurois Pétrole SA

CH-4500 Solothurn, c/o Dr. F. Eng, Wengistraße 24, ☏ (00 41 65) 231585, Telefax (00 41 65) 235653.

Aufsichtsrat: Dr. F. *Eng*, Präsident; Dr. U. *Scheidegger*; Dr. P. *Lahusen.*

Vorstand: Dr. P. *Lahusen*, Dr. U. *Scheidegger.*

Kapital: 50 000 sfr.

Gesellschafter: Swisspetrol Holding AG, Zürich (51%), Shell (Switzerland), Zürich (49%).

Zweck: Exploration nach Erdöl und Erdgas im Kanton Solothurn.

Leag — Aktiengesellschaft für luzernisches Erdöl

CH-6004 Luzern, Kapellplatz 2, ☏ (041) 516867.

Präsident: Erwin *Muff.*

Geschäftsführung: Dr. Kaspar *Meier.*

Kapital: 8 800 400 sfrs.

Aktionäre: 46.

	1989	1990
Erdgasproduktion ... Mill. m³	4,5	3,7
Beschäftigte	2,5	2,5

Seag — Aktiengesellschaft für schweizerisches Erdöl

CH-9000 St. Gallen, Museumstraße 35, ☏ (071) 249445.

Präsident: Dr. h. c. Ernst *Rüesch*, St. Gallen.

Geschäftsführung: Dr. W. *Locher*, St. Gallen.

Mineralölverarbeitung

Raffinerie de Cressier S.A.

CH-2088 Cressier/Neuchâtel, Case postale 17, ☏ (038) 482121, ✆ 952801.

Präsident: Jorgen *Perch-Nielsen*.

Geschäftsführung: Karel *Pronk*.

Kapital: 40 Mill. sfrs.

Gesellschafter: Shell Petroleum NV, Niederlande.

Raffinerie Cressier

Kapazität: 3,0 Mill. t/a.

Raffinerie du Sud-Ouest S.A.

CH-1868 Collombey, Valais, Case postale, ☏ (025) 261661, ✆ 456102.

Geschäftsführung: Hans *Kämpf*.

Kapital: 60 Mill. sfrs.

Gesellschafter: Tamoil S. A.

Kapazität: 2 Mill. t/a.

Shell (Switzerland)

CH-8021 Zürich, Bederstraße 66, Postfach, ☏ (01) 2062111, ✆ 815309, Telefax (01) 2062209.

Generaldirektor: Jorgen *Perch-Nielsen*.

Kapital: 60 Mill. sfrs.

Zweck: Shell (Switzerland) ist eine integrierte Erdölgesellschaft, das heißt, sie importiert und verarbeitet Rohöl und importiert und vertreibt Erdölprodukte sowie chemische Erzeugnisse.

Produktion	1989	1990
Erdöl .... Mill. t	3,9	4,0
Beschäftigte .... (Jahresende)	681	886

Transport

Oleodotto del Reno SA

CH-7000 Chur, Hartbertstraße 11, ☏ (081) 226888, Telefax (081) 221508.

Verwaltungsrat: Dr. Ettore *Tenchio*, Präsident; Dr. Angelo *Ferrari*, Vizepräsident; Dr. Gianpaolo *Galgani*, Delegierter; Christoffel *Brändli*, Dr. Luregn Mathias *Cavelty*, Heinz *Clavadetscher*, Dr.-Ing. Emilio *Colapaoli*, Aldo *Frezza*, Dr.-Ing. Cesare Luciano *Leonardi*, Dr. Marco *Mangiagalli*, Dr. Guntram *Lins*, Dr.-Ing. Giorgio *Medi*, Hans *Rohrer*, Dr. Theophil *von Sprecher*, Alberto *Togni*.

Direktion: Dr. Gianpaolo *Galgani*, Generaldirektor.

Kapital: 40 Mill. sfrs.

Aktionäre: Snam International Holding AG, 48,40 %, Kanton Graubünden, 15,00 %, Kanton St. Gallen, 15,00 %, Banca della Svizzera Italiana, 4,75 %, Schweizerische Bankgesellschaft, 4,75 %, Schweizerischer Bankverein, 4,75 %, Schweizerische Kreditanstalt, 4,75 %, Land Vorarlberg, 2,50 %, Schweizerische natürliche Personen, 0,10 %.

Zweck: Betrieb des schweizerischen Teilstücks der CEL (Central European Line) für den Transport von Rohöl und Erdölprodukten mittels Pipeline aus Italien durch die Kantone Graubünden und St. Gallen, und Abgabe der beförderten Produkte an die Umschlags- und Reinigungsanlage der Agip (Suisse) SA, Sennwald (SG) und an der schweizerisch-österreichischen Grenze.

Transport:	1990	1991
Erdöl .... Mill. t	8	7,9
Beschäftigte .... (Jahresende)	26	25

Oléoduc du Rhône SA

CH-1932 Bovernier/Les Valettes, ☏ (026) 221471, Telefax (026) 229426.

Conseil d'Administration: Dr. Angelo *Ferrari*, Président; Dr. Bernard *Couchepin*, Vice-Président; Dr. Gianpaolo *Galgani*, Administrateur Délégué; Gianfranco *Antognini*, Eric *Berdoz*, Maurice *De Preux*, Dr. Cesare Luciano *Leonardi*, Dr. Marco *Mangiagalli*, Edouard *Pitteloud*.

Direction: Dr. Gianpaolo *Galgani*, Administrateur Délégué.

Kapital: 7 Mill. sfrs.

Actionnaires: Snam International Holding AG, 48,90 %, Crédit Suisse, 14,30 %, Société de Banque Suisse, 14,30 %, Union de Banque Suisses, 14,30 %, Banca della Svizzera Italiana, 8,10 %, Divers, 0,10 %.

Zweck: Transport von Rohöl und Erdölprodukten mittels Pipeline von der italienisch-schweizerischen Grenze bis zur Raffinerie du Sud-Ouest SA, Collombey (VS).

Transport:	1990	1991
Erdöl .... Mill. t	0,3	1,5
Beschäftigte .... (Jahresende)	6	7

Gas

Gasverbund Mittelland AG (GVM)

CH-4144 Arlesheim, Untertalweg 34, Postfach 360, ☏ (061) 7013261, ⌕ 964100, Telefax (061) 7018567.

Verwaltungsrat: Eugen *Keller*, Riehen, Präsident; Dr. Urs *Scheidegger*, Nationalrat, Solothurn, Vizepräsident; Jean-Pierre *Berthoud*, Gemeinderat, Biel; Heinz *Buri*, Langenthal; Dr. Kurt *Egger*, Bern; Philippe *Freudweiler*, Neuchâtel; Leo *Gärtner*, Basel; Dr. Remo *Gysin*, Basel; Helmut *Hubacher*, Nationalrat, Basel; Roland *Jaccard*, Basel; Heinz *Keller*, Aarau; Anton *Müller*, Olten; Alfred *Neukomm*, Gemeinderat, Bern; Roman *Pfund*, Solothurn; Karl *Schnyder*, Regierungsrat, Basel; Dr. Richard *Straumann*, Basel; Hans *Schlunegger*, Biel; Roland *Vannoni*, Basel; Dr. Hugo *Wick*, Nationalrat, Basel.

Geschäftsleitung: Dr. jur. Werner *Zeder*, Direktor.

Prokuristen: Paul *Kreyenbühl*, Willi *Thurnheer*.

Aktienkapital: 6 Mill. sfrs.

Aktionäre: Kanton Basel-Stadt 47,83%; Stadt Bern 11,89%; Stadt Solothurn 11,00%; Stadt Biel 6,66%; Stadt Neuenburg 4,60%; Stadt Aarau 3,62%; Stadt Olten 3,62%; Stadt Langenthal 2,67%; Stadt Zofingen 1,75%; Stadt Burgdorf 1,67%; Stadt Grenchen 1,47%; Stadt Wohlen (AG) 1,44%; Stadt Lenzburg 1,29%; Stadt Thun 0,49%.

Zweck: Der Bau und Betrieb der zur Gasversorgung der Vertragspartner notwendigen Fernleitungen, wobei eine spätere Erweiterung des Netzes über diesen Raum hinaus angestrebt werden soll, die Beseitigung des Gases und dessen Transport, Abgabe des Gases an die Vertragspartner und allfällige weitere Interessenten, die Beteiligung an deren Unternehmen, sofern dies im Interesse des Gesellschaftszweckes liegt.

	1989/90	1990/91
Erdgasabgabe .... GWh	7 614	8 219

Gasverbund Ostschweiz AG (GVO)

CH-8010 Zürich, Postfach 212, Bernerstraße, ☏ (01) 7301731, ⌕ 59279 GVO CH, Telefax (01) 7305093.

Verwaltungsrat: Dr. Jürg *Kaufmann*, Stadtrat, Zürich, Präsident; Bruno *Isenring*, Gemeindeamtmann, Flawil, Vizepräsident; Heinrich *Bräm*, Zentralsekretär, Zürich; Hans Peter *Büchel*, Gemeinderat, Weinfelden; Kurt *Egloff*, Altstadtrat, Zürich; Willy *Küng*, Stadtrat, Zürich; Wolfgang *Nigg*, Stadtrat, Zürich; Karl Rudolf *Schwizer*, Stadtrat, St. Gallen; Dr. Urban *Slonge*, Präsident Gravag, St. Margrethen; Erwin *Trüby*, Stadtrat, Wil; Hans-Peter *Weinmann*, Direktor Gasversorgung Zürich, Zürich; Marcel *Wenger*, Stadtrat, Schaffhausen.

Geschäftsleitung: Werner *Hirschi*, Dipl.-Ing. ETH, Direktor; Josef *Bauknecht*, Leiter Techn. Abteilung; Armin *Gübeli*, Leiter Kaufm. Abteilung; Oskar *Gut*, Leiter Dienste; Walter *Trachsler*, Leiter Betriebsabteilung.

Aktienkapital: 30 Mill. sfrs.

Aktionäre: Stadt Zürich 50,00%; Stadt St. Gallen 11,41%; Gravag St. Margrethen 6,60%; Stadt Winterthur 7,14%; Stadt Schaffhausen 8,59%; Stadt Weinfelden 6,17%; Stadt Frauenfeld 2,44%; Stadt Wil 2,03%; Gaswerk Herisau AG 1,80%; Gasversorgung Toggenburg AG 1,21%; Gemeinde Uzwil 1,61%; Gemeinde Flawil 1,00%.

Zweck: Förderung des Absatzes von Gas durch Schaffung günstiger Voraussetzungen für eine rationelle Verteilung, Lieferung von entgiftetem Gas an die Partner (Gemeinde Flawil, Frauenfeld, Schaffhausen, St. Gallen, Uzwil, Weinfelden, Wil, Winterthur und Zürich, Gaswerk Herisau AG, Toggenburger Gaswerk AG, Wattwil, und Gasversorgung Rheintal-Appenzellervorderland AG, St. Margrethen) und Gewährleistung bestmöglicher Versorgungssicherheit für diese, alles in Ausführung der Bestimmungen des Vertrages betreffend Betrieb der Gasverbund Ostschweiz AG vom 28. 3. 1977 (Revision des Gründervertrages vom 10. 2. 1965).

	1989/90	1990/91
Erdgasabgabe .... GWh	5 740	6 440

Gaznat SA
Société pour l'approvisionnement et le transport du gaz naturel en Suisse romande

CH-1800 Vevey, avenue Général Guisan 28, Case postale 198, ☏ (021) 9235481, Telefax (021) 9216996.

Conseil d'Administration: Roland *Mages*, adm.-dél. de la Compagnie Industrielle et Commerciale du Gaz S.A., Vevey, président; Gabriel *Blondin*, Bernex (GE), vice-président; Eric *Défago*, adm.-dél., Vevey; Jean *Rossier*, secrétaire, Lausanne; Daniel *Brélaz*, Lausanne; Louis *Ducor*, Genève; Dieter *Escher*, Basel; Walter *Heierli*, Vevey; Jean-Paul *Kehlstadt*, Monthey; Louis *Mercier*, Eclépens; Michel *Parvex*, Sion; Philippe *Petitpierre*, Vevey; Maurice *Picut*, Chêne-Bougeries; Marcel *Pont*, Monthey; Jacques *Rognon*, Cortaillod; Albert *Rosselet*, Yverdon; Gaston *Sauterel*, Fribourg; Dr. Gerd *Springe*, Chippis.

Direction: Eric *Défago*, ing., adm.-dél.; Philippe *Petitpierre*, ing., directeur technique; Albert *Eggli*, directeur commercial; Bernard *Meylan*, Jean-Pierre *Ruegg*, Félix *Guedemann*.

Aktienkapital: 20,25 Mill. sfrs.

Aktionäre: Aluminium Suisse SA, 1 418 000 sfrs; Ciba-Geigy SA, 1 418 000 sfrs; Commune de Lausanne, 3 037 000 sfrs; Commune de Ste-Croix, 101 000 sfrs; Commune d'Yverdon, 202 000 sfrs; Compagnie Industrielle et Commerciale du Gaz SA, Vevey, 1 519 000 sfrs; Gazoduc SA, Sion, 1 012 000 sfrs; Gansa S.A., Corcelles, 911 000 sfrs; Lonza SA, 1 418 000 sfrs; Services Industriels de Fribourg, 304 000 sfrs; Services Industriels de Genève, 5 062 000 sfrs; SCB Société des Ciments et Bétons, Lausanne, 1 418 000 sfrs; Société des Ciments Portland de St-Maurice SA, St. Maurice, 1 012 000 sfrs; Société des Produits Nestlé SA, 1 418 000 sfrs.

Zweck: Die Projektierung, der Bau und der Betrieb des Erdgasverteilnetzes in der Westschweiz sowie der Erwerb von eidgenössischen oder kantonalen Konzessionen oder Bewilligungen; der Abschluß von langfristigen Erdgas-Verträgen für die Beschaffung von Erdgas ausländischer oder schweizerischer Herkunft sowie der Verkauf dieses Erdgases an die Aktionäre und an sonstige Interessenten; die Übernahme, der Bau und der Betrieb von Gasproduktions- oder Aufbereitungsanlagen; die Beteiligung von anderen Unternehmen oder Gesellschaften, die einen ähnlichen Zweck verfolgen, und die Zusammenarbeit mit am Erdgas interessierten schweizerischen Kreisen. Sie kann im übrigen sämtliche Geschäfte, insbesondere mit Grundstücken oder beweglichen Sachwerten, durchführen, die in einem direkten oder indirekten Zusammenhang mit dem Gesellschaftszweck stehen.

		1990	1991
Erdgasabgabe	GWh	6 224	6 888

Swissgas Schweizerische Aktiengesellschaft für Erdgas

CH-St. Gallen. Verwaltung: CH-8027 Zürich, Grütlistr. 44, Postfach 658, ☏ (01) 2028075, ✄ 817816 gas ch, Telefax (01) 2017803.

Verwaltungsrat: Eric *Giorgis*, licencié H. E. C., Präsident der C.I.C.G., Vevey, Präsident; Eugen *Keller*, Präsident der Gasverbund Mittelland AG, Arlesheim, 1. Vizepräsident, Basel; Roland *Mages*, Präsident der Gaznat S.A., Vevey, Vizepräsident; Nationalrat Raoul *Kohler*, Präsident des Verbandes der Schweizerischen Gasindustrie, Zürich, Vizepräsident, Biel; Dr. Urban *Slongo*, Präsident der Gravag, St. Margrethen, Vizepräsident, St. Gallen; Dr. Jean-Pierre *Lauper*, Delegierter des Verwaltungsrates, Zürich; Gabriel *Blondin*, Direktor der Gasversorgung Genf, Genf; Heinz *Clavadetscher*, Mitglied der Direktion der Schweizerischen Kreditanstalt, Zürich; Staatsrat Raymond *Deferr*, Vorsteher des Volkswirtschaftsdepartementes und des Gesundheitsdepartementes des Kantons Wallis, Sitten; Dr. Kurt *Egger*, Direktor der Gas-, Wasser- und Fernwärmeversorgung der Stadt Bern, Bern; Werner *Hirschi*, Direktor der Gasverbund Ostschweiz AG, Zürich; Dr. Eduard *Kiener*, Direktor des Bundesamtes für Energiewirtschaft, Bern; Claude *Lüthi*, Direktor der Schweizerischen Bankgesellschaft, Zürich; Regierungsrat Erwin *Muff*, Präsident der Erdgas Zentralschweiz AG, Luzern, und Direktor des Volkswirtschaftsdepartementes des Kantons Luzern, Luzern; Dr. Richard *Straumann*, Direktor der Industriellen Werke Basel, Basel; Dr. Robert *Villiger*, Direktor des Schweizerischen Bankvereins, Basel; Dr. Jean *Virot*, Direktor des Verbandes der Schweizerischen Gasindustrie, Zürich; Hans-Peter *Weinmann*, Direktor der Gasversorgung Zürich, Zürich; Dr. Werner *Zeder*, Direktor der Gasverbund Mittelland AG, Arlesheim.

Geschäftsleitung: Dr. Jean-Pierre *Lauper*, Delegierter des Verwaltungsrates; Hanspeter *Bornhauser*, lic. rer. pol., Direktor; Bruno *Meier*, Dipl.-Ing. ETH, MBA, Direktor der Technischen Abteilung; Prokuristin Verena *Wettstein*, Leiterin der Administrativen Dienste.

Aktienkapital: 60 Millionen sfrs.

Aktionäre: Verband der Schweizerischen Gasindustrie, Zürich, 16,45 %; Gasverbund Mittelland AG, Arlesheim, 16,45 %; Gasverbund Ostschweiz AG, Zürich, 16,45 %; Gaznat SA, Lausanne, 16,45 %; Erdgas Zentralschweiz AG, Luzern, 4,20 %; Schweizerischer Bankverein, Basel, 10,00 %; Schweizerische Kreditanstalt, Zürich, 10,00 %; Schweizerische Bankgesellschaft, Zürich, 10,00 %.

Zweck: Die Vertretung der schweizerischen Erdgasinteressen im In- und Ausland und die Versorgung der Schweiz mit Erdgas in jeder Form. Die Gesellschaft ist insbesondere befugt, im In- und Ausland Erdgas in jeder Form für den Betrieb der schweizerischen Erdgasversorgung zu beschaffen, zu produzieren, zu transportieren, zu speichern und zu veräußern sowie Produktions-, Förder-, Speicher- und Transportanlagen zu errichten, zu erwerben und zu betreiben. Im übrigen kann sie sich im In- und Ausland an anderen Gesellschaften und Unternehmungen beteiligen, Grundeigentum erwerben, verwalten und veräußern und Zweigniederlassungen errichten.

		1990	1991
Erdgasabgabe	GWh	14 853	16 661

TGK — Tiefengas Konsortium Swisspetrol/Sulzer

c/o Bell-Escher-Wyss AG, CH-6010 Kriens, ☏ (041) 495415, Telefax (041) 451660.

Exploration Manager: H. Philippe *Bodmer*.

Gesellschafter: Gebr. Sulzer AG, Swisspetrol Holding AG.

Zweck: Gas-Exploration in der Zentralschweiz; Nidwalden-, Obwalden-, Uri-Koncession.

	1990	1991
Beschäftigte .... (Jahresende)	4	4

Transitgas AG

CH-8050 Zürich, Baumackerstr. 46, Postfach, ☏ (01) 311 40 55, ✄ 53 686 trgas ch.

Verwaltungsrat: Dr. Ettore *Tenchio*, a. Nationalrat, Chur, Präsident; Dr. Jean Pierre *Lauper*, Zürich, Vizepräsident; Dr. Luigi *Meanti*, San Donato Milanese (Italien), Vizepräsident; Eric *Défago*, Vevey; Dr. Angelo *Ferrari*, San Donato Milanese (Italien); Dr. Enzo *Ferrari*, San Donato Milanese (Italien); Werner *Hirschi*, Zürich; Dr. Eduard *Kiener*, Kirchlindach; Raoul *Kohler*, a. Nationalrat, Biel; Dr. Klaus *Liesen*, als Observer, Essen; Dr. Marco *Mangiagalli*, San Donato Milanese (Italien); Dr. Vittorio *Meazzini*, San Donato Milanese (Italien); Dr. Franco *Pezzé*, San Donato Milanese (Italien); Dr. Robert *Villiger*, Basel; Dr. Guido *Zavattoni*, San Donato Milanese (Italien); Dr. Werner *Zeder*, Arlesheim.

Geschäftsleitung: Direktor Dr.-Ing. Alberto *Conte*.

Aktienkapital: 100 Mill. sfrs.

Aktionäre: Swissgas Schweizerische Aktiengesellschaft für Erdgas, St. Gallen, 51%; Snam S.p.A., Mailand, 46%; Ruhrgas AG, Essen, 3%.

Zweck: Der Transport von Erdgas von der Nordgrenze zur Südgrenze der Schweiz. Die Gesellschaft baut und betreibt ein entsprechendes Transportsystem mit mehreren Übergabestationen auf schweizerischem Gebiet. Sie kann alle Maßnahmen zur Verwirklichung des Gesellschaftszweckes treffen, Grundeigentum erwerben, verwalten und veräußern und sich an anderen Unternehmen im In- und Ausland beteiligen. Die Gesellschaft kann Zweigniederlassungen im In- und Ausland errichten. Der Vertrieb von Erdgas in der Schweiz ist jedoch ausgeschlossen.

		1990	1991
Gastransportmenge	Mrd. m³	5,6	5,1

Organisationen

Erdöl-Vereinigung (EV)

CH-8001 Zürich, Löwenstraße 1, ☏ (01) 221 19 77.

Präsident: Walter *Räz*.

Geschäftsführung: Dr. Baptist *Gehr*.

Zweck: Der Verein bezweckt die Wahrung und Förderung der allgemeinen Interessen seiner Mitglieder in der Schweiz unter Verzicht auf kartellähnliche Ziele. Dem Verein obliegt besonders die Interessenwahrung gegenüber Behörden, Expertenkommissionen, anderen Organisationen, Transportunternehmungen usw. Der Verein ist politisch neutral. Er betreibt keine Handelsgeschäfte und bezweckt keinen Gewinn.

Mitglieder: Agip (Suisse) SA, Lausanne; Air Total (Suisse) SA, Genève; Alkag Kohlen- und Mineralölimport AG, Arlesheim; Aral (Schweiz) AG, Basel; BP (Switzerland), Zürich; Cica Comptoir d'Importation de combustibles SA, Basel; City-Carburoil SA, Bironico; Elf (Suisse) SA, Genève; Elf (Suisse) Aviation SA, Zürich; Esso (Schweiz), Zürich; FINA Aviation, Société Anonyme, Lausanne; Halter AG, Wil; Huiles Minérales SA, Etagnières; Interpetrol AG, Winterthur; Koch Wärme AG, Zürich; Edwin Lang AG, Kreuzlingen; Mabanaft AG, Zollikerberg; A. H. Meyer & Cie AG, Zürich; Migrol-Genossenschaft, Zürich; Mobil Oil (Switzerland), Basel; Miniera AG, Basel; OK Coop AG, Allschwil; Oleodotto del Reno SA, Chur; Oléoduc du Jura Neuchâtelois SA, Cressier; Oléoduc du Rhône SA, Coire; Osterwalder Zürich AG, Zürich; Osterwalder St. Gallen AG, St. Gallen; Raffinerie de Cressier S.A., Cressier; Raffinerie du Sud-Ouest S.A., Collombey; Schätzle AG, Luzern; Shell (Switzerland), Zürich; Steinkohlen AG, Glarus; Swisspetrol Holding AG, Zürich; Tamoil (Suisse) SA, Genève; Ed. Waldburger AG, St. Gallen.

Schweizerische Geologische Gesellschaft

CH-1700 Fribourg, Institut de Géologie, Pérolles.

Präsident: Professor Dr. A. *Strasser*, ☏ (037) 82 63 84.

Sekretär: Dr. M. *Burkhard*, ☏ (038) 25 64 34.

Zweck: Versammlungen, Tagungen, gemeinsame Exkursionen, Publikation der »Eclogae geologicae Helvetiae«.

Mitglieder: 1 000.

Schweizerischer Verein des Gas- und Wasserfaches (SVGW)

CH-8027 Zürich, Grütlistr. 44, Postfach 658, ☏ (01) 288 33 33, ✄ gas ch 817 816, Telefax (01) 202 16 33.

Vorstand: *ab 1. 1. 1992:* Pierre *Giacasso*, Directeur du Service des Eaux, Services Industriels de Genève, Präsident; Camille *Jaquet*, Direktor Städtische Werke Winterthur, Past-Präsident; Hans-Ueli *Freiburghaus*, Direktor Energie- und Verkehrsbetriebe Thun,

Vize-Präsident; Professor Dr. Bruno *Böhlen*, Direktor Bundesamt für Umwelt, Wald und Landschaft, Bern; Flavio *Bonoli*, Aziende industriali della Città di Lugano, Lugano; Fredy *Geering*, IB Grombach & Co. AG, Zürich; Roland *Jaccard*, Vizedirektor Industrielle Betriebe Basel; Peter *Klötzli*, Gas- und Wasserwerk Frauenfeld, Frauenfeld; Christoph *Maag*, Amt für Gewässerschutz und Wasserbau des Kt. Zürich, Zürich; Daniel *Moix*, Chef du Service des Eaux, Services Industriels de la Ville de Sion, Sion, Vizepräsident; Philippe *Petitpierre*, Directeur technique, CICG SA, Vevey; Max *Wiget*, Gemeindewerke, Wallisellen.

Geschäftsleitung: Dr. Anton *Kilchmann*, Direktor; Thomas *Pitsch*, Vize-Direktor; Eduard *Votapek*, Vize-Direktor; Chantal *Nagel*, Redaktorin, Prokuristin; Urban *Rapold*, Prokurist; Siegfried *Baumgartner*, Prokurist; Nicolas *Houlmann*, Prokurist.

Mitglieder: 88 Gasversorgungen, 356 Wasserversorgungen, 238 Einzelmitglieder, 430 Kollektivmitglieder.

Zweck: Der Verein fördert das Gas- und Wasserfach in technischer und technisch-wissenschaftlicher Hinsicht unter besonderer Berücksichtigung der Sicherheit, der Hygiene und einer zuverlässigen Versorgung. Er tritt ein für die Geltung des Gas- und Wasserfaches in der Öffentlichkeit.

Verband der Schweizerischen Gasindustrie

CH-8027 Zürich, Grütlistr. 44, Postfach 658, ☏ (01) 288 31 31, ⚡ 817816 sgas ch, Telefax (01) 202 18 34.

Verwaltungsrat: Raoul *Kohler*, alt Nationalrat, Biel, Präsident; Dr. R. *Straumann*, Basel, Vizepräsident; Jean-Pierre *Authier*, conseiller communal, Neuchâtel; Gabriel *Blondin*, Bernex (GE); Ernst *Christen*, Wattwil; Eric *Défago*, Blonay; Dr. Kurt *Egger*, Bern; Max *Gutzwiller*, St. Gallen; Roland *Jaccard*, Basel; Nello *Jametti*, Lugano; Camille *Jaquet*, Winterthur; Eugen *Keller*, Regierungsrat, Riehen; Dr. Jean-Pierre *Lauper*, Zürich; François *Liaudat*, Fribourg; Roland *Mages*, Vevey; Anton *Müller*, Olten; Ralph *Müller*, Luzern; Roman *Pfund*, Solothurn; Hans *Rathgeb*, Rapperswil; Jean *Rossier*, Lausanne; Urs *Ryf*, Zürich; Hans *Tanner*, Wohlen; Hans-Peter *Weinmann*, Zürich; Marcel *Wenger*, Stadtrat, Schaffhausen.

Geschäftsleitung: Dr. Jean *Virot*, Direktor; Ursula *Heiniger*, Prokuristin.

Genossenschaftskapital: 1 570 000 sfr.

Genossenschafter: 88 Gastransport- und Gasversorgungsunternehmen; Vereinigung der Gasapparatelieferanten.

Zweck: Als Dachorganisation der schweizerischen Gasindustrie bezweckt die Genossenschaft die Förderung und Koordination der sicheren, sauberen und sparsamen, netzgebundenen Gasversorgung und Gasverwendung in der Schweiz sowie die Unterstützung ihrer Mitglieder in ihren Aufgaben und die Wahrung ihrer gemeinsamen Interessen.

Vereinigung Schweizerischer Petroleumgeologen und -ingenieure

CH-8805 Richterswil, Speerstraße 39.

19. Spanien

Erdöl- und Erdgasgewinnung

BP España, S.A.
E-28046 Madrid, Paseo de la Castellana, 91 - planta 3, ☏ 5565014, ✂ 27309 BPE E, Telefax 5565716.

Präsident: C. A. *Shaw*.

Beschäftigte: 30.

Campsa
Compañía Arrendataria del Monopolio de Petróleos, S.A.

E-Madrid 20, Capitán Haya 41, 9a Planta, ☏ (1) 4561600, ✂ 23387 campe-e.

Präsident: José Maria *Amustategui De La Cierva*; Dionisio Fernandez *Fernandez*, Vize-Präsident.

Geschäftsführung: Alejandro *Cachan Alvarez*.

Ciepsa
Compañía de Investigación y Explotaciones Petrolíferas, S.A.

E-Madrid 2, Padre Xifré 5, ☏ (1) 9141560 54, ✂ 27722, 27678.

Präsident: Isidoro M. *Pena*.

Exploration: G. *Giannini*.

Repsol Exploración S. A.
E-28007 Madrid, Pez Volador 2, Box 14355, ☏ (1) 5747200, ✂ 22114 oilsp e.

Präsident: Antonio *González-Adalid*.

Kapital: 23 891 Mill. Ptas.

Gesellschafter: Repsol S. A., 100 %.

	1989	1990
Beschäftigte	646	870

Repsol S. A.
E-28046 Madrid, Paseo de la Castellana 89, ☏ 3488100, ✂ 48162.

Vorstand: Oscar *Fanjul*, Vorsitzender; Guzmán *Solana*, stellv. Vorsitzender; Francisco *Carballo*, Miguel Angel *Remón*, Antonio *González-Adalid*, Jorge *Segrelles*, Nemesio *Fernandez Cuesta*, Jesús *Fernández de la Vega*.

Zweck: Exploration und Produktion von Öl und Gas, Verteilung, Vertrieb und Raffination von Ölprodukten.

	1987	1988
Produktion ... 1 000 t	6 600	7 400
Beschäftigte	18 678	18 583

Tochtergesellschaften
Repsol Butano, 100 %
Campsa, 60,91 %
Repsol Exploración, 100 %
Repsol Petróleo, 99,93 %
Repsol Química, 100 %

Shell España, N.V.
E-28004 Madrid, Barquillo, 17, Apartado 652, ☏ 5229000, 522 10 90 u. 521 47 41.

Director General: Korstiaan *van Wyngaarden*.

Director Facultativo: J. I. *Pérez-Martinez*.

Total España, S.A.
E-28043 Madrid, Jose Silva, 17, ☏ 4131463, ✂ 22179, Telefax 4130257.

Vorstand: Eugenio *Abel*, Marketing; Rodrigo *de Sebastian*, Productos Estenciales y Químicos; Ricardo *Jimenez*, Tecnico; J. Carlos *Robres*, Lubricantes.

Unión Texas España Inc.
E-28010 Madrid, Apartado 50899, Miguel Angel 11, ☏ (93) 4106813, ✂ 42694, Telefax (93) 4103759.

Geschäftsführung: Robert C. *Roever*, Exploration Manager.

Mineralölverarbeitung

Asfaltos Españoles, S.A. (Asesa)
E-28046 Madrid 16, Paseo de la Castellana, 182-6ª, ☏ 4588660, ✂ 47711.

Präsident: José Luise *Ceron Ayuso*.

Geschäftsführung: Dionisio Fernandez *Fernandez*.

2 ERDÖL- UND ERDGASWIRTSCHAFT

Raffinerie Tarragona

E-Tarragona, Box 175, Carretera de Salou s/n, ☏ 211116, ⌁ 56435.

Kapazität: 1,4 Mill. t/a.

BP Oil España, S.A.

E-28010 Madrid, Fortuny 18, ☏ (91) 4101264, ⌁ 22235, Telefax (91) 3105495.

Vorstand: Charles Anthony *Shaw,* Vorsitzender; Henry John *Hawkshaw,* Vice-president; Luis Alvarez *de Estrada y Despujol,* Direktor; Alfonso *Ballestero Aguilar,* Direktor; Eugenio *Mazón Verdejo,* Direktor; Victorino *Anguera Sansó,* Direktor.

Geschäftsführung: Humberto *Vainieri,* General Manager; F. Javier *Santamaría,* General Secretary; Enrique *Vicedo,* Refining Manager; José *Mulet,* Trading and Supply Manager; José *Hurtado,* Financial Manager.

Öffentlichkeitsarbeit: Rafael *Aracil.*

	1990	1991
Produktion .... 1 000 t	3 836	3 866
Beschäftigte	449	453

Raffinerie Castellón de la Plana

E-Castellón de la Plana, Apartado de Correos 238, ☏ (964) 280000.

Betriebsanlagen: Top und Vacuumdestillationsanlagen, katalytische Crackanlage, katalytische Reformieranlage, Asphaltanlage.

Kapazität: 6 Mill. t/a.

Ertoil, S. A.

E-28002 Madrid, Velázquez, 164, ☏ 3379500, Telefax 3379571.

Presidente: Nadhmi *Auchi.*

Consejero Delegado: Manuel *Abollado.*

Director General Petróleo: Ignacio *Gómez.*

Director General Lubricantes y Asfaltos: Jesús *Tamayo.*

Director de Refinería: J. M. *Díaz Cabrera.*

	1989	1990
Produktion .... 1 000 t	2 700	3 162
Beschäftigte	868	948

Raffinerie Huelva

E-Palos de la Frontera (Huelva), Apartado de Correos 289, ☏ 955-22.02.50.

Cepsa —
Compañía Española de Petróleos, S.A.

E-28028 Madrid, Avenida de America 32, ☏ (91) 3376000, ⌁ 22938 cepsa e, Telefax (91) 2554116.

Consejo de Administración: Presidente: Alfonso *Escamez Lopez.* Vicepresidente: Luis *Magaña Martinez.*

Consejero Delegado: Eugenio *Marin Garcia-Mansilla.*

Secretario del Consejo: Francisco *Grau Claramunt.*

Consejero Ejecutivo: Carlos Pérez *de Ericio y Olariaga.*

Vocales: Demetrio *Carceller Coll,* Luis *Reig Albiol,* Manuel *Garí de Arana,* Carlos *de Borbón-Dos Sicilias y de Borbón,* Miguel *Capo Mateu,* Sohail *Faris Al Mazrui,* Khalifa Mohammed *Al Shamsi,* Fernando *Abril Martorell,* André *Tarallo,* Alain *Guillon,* Alfred *Sirven,* Pacifique *Le Clère,* Jean *De L'Estang Du Rusquec,* Jacques *Puechal,* Luis *Blázquez Torres,* Pierre *Hemeury.*

Vicesecretario General y del Consejo: Alfonso *Escámez Torres.*

Director General de Gestion Corporativa: Fernando *Marava Herrero.*

Director Area Petroquímica: Francisco *Díaz Soares.*

Director Area Petroleo: Antonio *Tuñón Alvarez.*

Director General Ertoil, S. A.: Manuel *Abollado del Río.*

Aktionäre: Banco Central Hispano 35 %, IPIC 9,54 %, Elf-Aquitaine 30,70 %, Privated Shareholders 24,76 %.

Aktienkapital: 44 596 Mill. Ptas.

Produkte: Benzin, Diesel, Heizöl, Schmieröl, Paraffin und andere petrochemische Produkte.

Raffinerie San Roque/Algeciras

E-Gibraltar, Algeciras Bay, Box 31, ☏ (956) 761700, ⌁ 78007.

Kapazität: 8 Mill. t/a.

Raffinerie Santa Cruz de Tenerife

E-Santa Cruz de Tenerife, Box 74, ☏ 210155, ⌁ 92016.

Kapazität: 6,5 Mill. t/a.

SPANIEN

Petróleos del Mediterráneo, S.A. (Petromed)

E-28010 Madrid, Fortuny 18, ☏ (91) 4101264, ✆ 22235, Telefax (91) 4107560.

Vorstand: Juan *de Herrera Fernández*, Marqués de Viesca de la Sierra, Vorsitzender; Juan *de Herrera Martínez Campos*, stellv. Vorsitzender; Direktoren: Mario *Conde Conde*, Pablo *de Garnica Mansi*, Luis *Gómez-Acebo y Duque de Estrada*, Duque de Badajoz; José *Sela Alvarez;* César *de la Mora Armada;* Sekretär: Abelardo *Algora Marco*.

Geschäftsführung: Juan *de Herrera Martínez Campos* (Consejero Delegado), Luis *Alvarez López* (Director General), F. Javier *Santamaría Pérez-Mosso* (Secretario General), Enrique *Vicedo Madrona* (Subdirector General de Refino), José *Hurtado Ros* (Director de la Division Financiera), José *Mulet Balagueró* (Director de la Division de Planificacion y Aprovisionamiento).

Öffentlichkeitsarbeit: Luis *Smerdou Altolaguirre*.

	1989	1990
Produktion .... 1 000 t	3 400	3 836
Beschäftigte	454	449

Raffinerie Castellón de la Plana

E-Castellón de la Plana, Apartado de Correos 238, ☏ (964) 280000.

Betriebsanlagen: Top und Vacuumdestillationsanlagen, katalytische Crackanlage, katalytische Reformieranlage, Asphaltanlage.

Kapazität: 6 Mill. t/a.

Petróles del Norte, S.A. (Petronor)

E-Las Arenas-Guecho, Vizcaya, Avenida de Zugazarte 29. Postanschrift: Apartado 1418, E-48080 Bilbao, ☏ (094) 4635300, ✆ 31931 Norpe e.

Vorstand: Jose Miguel *de la Rica*, Presidente; Santiago *Zaldumbide*, Vicepresidente Ejecutivo y Consejero Delegado; Claudio *Taboada*, Director Economico-Financiero; Tarsicio *Ubís*, Director Técnico; Jose Manuel *de la Sen*, Director Planta; Joaquín *Rollado*, Director Relaciones Industriales; Luis *Sancho*, Director de Planificación Comercial y Logística; Ignacio *Barrenechea*, Secretario General.

Raffinerie Somarrostro

E-Bilbao Muskiz (Vizcaya), Apartado 1418, ☏ 6707400, 6707525, ✆ 32289, 32623 Norpe e.

Kapazität: 12 Mill. t/a.

	1990	1991
Produktion .... 1 000 t	8 185	9 543
Beschäftigte	918	972

Repsol Petróleo, S.A.

E-28046 Madrid, Paseo de la Castellana, 278, Apartados 581 y 867, E-28080 Madrid, ☏ (91) 3488000 – 3488001 – 3488100, ✆ 44593 Repet E, Telefax (91) 3142821.

President: Juan Sancho *Rof*.

Secretary General: Juan Antonio *Ortega Díaz-Ambrona*.

General Manager, Refining: Eduardo Llorens *Breitbarth*.

General Manager, Engineering & Technology: Fernando *Bosch Bosque*.

General Manager, Finance & Planning: Emilio *Sanz Hurtado*.

	1990	1991
Produktion .... 1 000 t	22 953	23 364
Beschäftigte	5 302	5 585

Tochtergesellschaften

Repsol Distribución, S. A.
Repsol Derivados, S. A.
Repsol Oil International, Ltd.
Repsol Productos Asfálticos, S. A.
Petroliber Distribución, S. A.

Escombreras Refinery

E-Cartagena (Murcia), Apartado de Correos 7, Valle de Escombreras, ☏ (968) 129200, ✆ 67598.

Manager: Juan Pedro *Maza Sabalete*.

Kapazität: 5 Mill. t/a.

Puertollano Refinery

E-Puertollano (Ciudad Real), Apartado de Correos 12, ☏ (9 26) 419001/02, ✆ 47236.

Manager: Miguel *Colombás Marti*.

Kapazität: 7 Mill. t/a.

Tarragona Refinery

E-43140 La Pobla de Mafumet (Tarragona), Apartado de Correos 472, ☏ (977) 758000, ✆ 56449.

Manager: D. Ignacio *Manzanedo del Rivero*.

Kapazität: 8 Mill. t/a.

La Coruña Refinery

E-Bens (La Coruña), Apartado de Correos 700, ☏ (981) 181400, ✆ 82144.

Manager: Arturo *Albardíaz Gonzáles*.

Kapazität: 6 Mill. t/a.

Gas

Organisationen

Enagas S.A.

E-28028 Madrid, Avenida de América, 38, ☏ (91) 3 48 50 00.

Präsident: D. Juan Badosa *Pagés*.

Director General: D. Luis Turiel *Sandín*.

Secretario Consejo de Administración: D. Rafael Piqueras *Bautista*.

Directores de Area:
Económico Financiera: D. J. Daniel Dufol *Pallarés*.
Recursos Humanos: D. Valeriano Torres *Rojas*.
Técnica: D. Luis Mª Rodríguez *González*.
Aprovisionamientos: D. Gregorio Gutierrez *Escudero*.
Producción y Transporte: D. José Mª Suárez *García*.
Comercial: D. Carlos Torralba *Gallego*.
Planificación Estratégica: D. Javier Alcaide *Guindo*.

Kapital: 85 176 Mill. Ptas.

Beschäftigte: 956.

Sedigas — Sociedad para el Estudio y Desarrollo de la Industria del Gas

E-08006 Barcelona, Balmes 357, ☏ (03) 4172804, Telefax (3) 4186219.

Präsident: Antonio *Blanco Peñalba*.

Generaldirektor: D. Juan *Pons*.

Kapital: 3,36 Mrd. Ptas.

Mitglieder: Compañía Española de Gas, S.A.; Distribuidora de Gas de Zaragoza, S.A.; Gas Costa Brava, S.A.; Fabrica Municipal de Gas de Bilbao, S.A.; Fabrica Municipal de Gas San Sebastian, S.A.; Gas Andalucía, S.A.; Gas Asturias, S.A.; Gas de Burgos, S.A.; Gas Huesca, S.A.; Gas Figueres, S.A.; Gas Girona, S.A.; Gas Igualada, S.A.; Gas Lleida, S.A.; Gas Natural de Alava, S.A.; Gas Navarra, S.A.; Gas Palencia, S.A.; Gas Rioja, S.A.; Gas Tarraconense, S.A.; Gas Valladolid, S.A.; Gas Vic, S.A.; Gas y Electricidad, S.A.; Repsol—Butano S.A.; Sociedad de Gas de Euskadi, S.A.; Gas Natural SDG, S.A.; Gas Penedes S.A.; Gas Castilla-La Mancha S.A.; Enagas S.A.; Naturgas S.A.

INTERNATIONALE ORGANISATIONEN

Öl

World Petroleum Congresses — A Forum for Petroleum Science and Technology
Welt-Erdöl-Kongresse

GB-London W1M 8AR, 61 New Cavendish Street, ☏ (01) 6361004, ⌕ 264380.

Präsidium: Dr. K. L. *Mai*, USA, Präsident; R. *Granier de Lilliac*, Frankreich, V. I. *Igrevsky*, UdSSR, A. R. *Martínez*, Venezuela, Vizepräsidenten.

Schatzmeister: N. A. *White*.

Generalsekretär: P. *Tempest*.

Gründung: 1933.

Zweck: Welt-Erdöl-Kongresse sind ein internationales Forum für Erdölwissenschaft und Erdöltechnologie. Sie werden alle vier Jahre veranstaltet. 1992 wird Buenos Aires/Argentinien Kongreßort sein.

Permanent Council: Algerien: A. *Naas*, A. *Bensmira*, D. *Sahbi;* Argentinien: E. J. *Rocchi*, C. M. *Bechelli*, A. H. *Torrea;* Australien: S. N. *Nasr*, J. M. *Schubert*, J. C. *Starkey;* Belgien: E. C. *Cadron*, G. *Froment;* Brasilien: William *Zattar*, Milton Romeu *Franke;* Volksrepublik China: Hou *Xiang Lin*, Dou *Bing Wen*, Chen *Zubj;* Dänemark: A. C. *Jacobsen*, S. P. *Stranddorf*, J. *Liboriussen;* Bundesrepublik Deutschland: W. *von Ilsemann*, C. *Marx*, D. *Welte;* Finnland: K. *Hietarinta*, J. K. *Leskinen*, H. *Lundsten;* Frankreich: R. *Granier de Lilliac*, P. E. M. *Jacquard;* Großbritannien: B. R. R. *Butler*, OBE, N. A. *White*, A. E. H. *Williams;* Indien: A. *Chandra*, S. L. *Khosla*, P. K. *Mukhopadhyay;* Indonesien: H. A. *Rasjid*, M. A. *Warga Dalem;* Iran: S. M. *Hedayatzadeh Razavi*, F. *Barkeshli*, S. M. *Hosseini;* Italien: G. L. *Chierici*, T. A. *Salvadori*, M. *Silvestri;* Japan: Y. *Takeuchi*, T. *Wada*, T. *Yamaguchi;* Jugoslawien: J. *Kontent*, D. *Burić*, B. *Omrčen;* Kanada: G. J. *DeSorcy*, G. J. *Maier*, G. H. *Agnew;* Mexiko: F. *Rojas*, F. *Manzanilla Sevilla*, C. G. *Cuéllar Angulo;* Niederlande: D. *van der Meer*, G. *Ockeloen*, W. C. *van Zijll Langhout;* Nigeria: B. A. *Osuno*, R. D. *Adelu;* Norwegen: E. M. Q. *Røren*, F. *Hagemann*, H. *Goksøyr;* Österreich: H. *Lang*, H. *Schindlbauer*, W. *Tauscher;* Pakistan: A. *Shahbaz*, A. N. *Qureshi*, M. *Farid;* Polen: M. *Kaczmarczyk*, Z. *Miedziarek*, M. *Szczawnicki;* Rumänien: N. *Amza*, A. *Butac*, L. *Dogaru;* Saudi-Arabien: H. E. Sheikh A. *Zamel*, A. *Al-Shamlan*, W. *Islam;* Schweden: T. B. *Nordin*, T. *Andersson*, L. *Hjorth;* Spanien: R. *Leonato M.*, J. *Santamaría*, J. I. *Gafo;* UdSSR: V. I. *Igrevsky*, M. L. *Surguchev*, V. M. *Dobrynin;* Ungarn: B. *Péceli*, S. *Doleschall*, I. *Zsengellér;* USA: C. J. *DiBona*, C. P. *Reeg*, C. T. *Sawyer;* Venezuela: C. *Graf*, A. R. *Martínez*, A. G. *Reyes*.

The Arab Petroleum Research Center (S.A.R.L.)
Arabisches Erdöl-Forschungszentrum

F-75016 Paris, 7, avenue Ingres, ☏ (1) 5243310, ⌕ 613497 Oil, Telefax 45201685.

Direktor: Dr. Nicolas *Sarkis*.

Zweck: Die Beratung der erdölexportierenden Länder.

Organisation der Erdölexportierenden Länder (Opec)
Organization of the Petroleum Exporting Countries
Organisation des Pays Exportateurs de Pétrole

A-1020 Wien, Obere Donaustraße 93, ☏ (01) 21112-0, ⌕ 134474, Telefax (01) 26 43 20, ⌑ Opecountries.

Generalsekretär: Dr. *Subroto*.

Öffentlichkeitsarbeit: Dr. Mohammed A. *Al-Sahlawi*.

Gründung: 14. September 1960 in Bagdad, durch Repräsentanten der Regierungen von Iran, Irak, Kuwait, Saudi-Arabien und Venezuela.

Aufbau der Opec: Die wichtigsten Organe sind: die Konferenz; der Rat der Gouverneure (Board of Governors); das Sekretariat (Generalsekretär, Stellvertretender Generalsekretär, Forschungsabteilung, Personal- und Verwaltungsabteilung, Abteilung Öffentlichkeitsarbeit, Büro des Generalsekretärs, Rechtsabteilung); die Wirtschaftskommission (Economic Commission).

Zweck: Koordinierung und Vereinheitlichung der Erdölpolitik der Mitgliedsstaaten sowie Festlegung der günstigsten Wege zur Wahrnehmung der individuellen oder Gesamtinteressen der Mitgliedsstaaten; Preisstabilisierung auf den internationalen Märkten, Sicherung ständiger Einkünfte der Erdölförderländer sowie die effiziente, wirtschaftliche und regelmäßige Erdölversorgung der Verbraucherländer; Sicherung eines angemessenen Kapitalrückflusses für Anleger in die Erdölwirtschaft.

2 ERDÖL- UND ERDGASWIRTSCHAFT

Mitglieder (Stand März 1990): Algerien, Ekuador, Gabun, Indonesien, Islamische Republik des Iran, Irak, Kuwait, Sozialistische Libysch-Arabische Volks-Dschamahirjia, Nigeria, Katar, Saudi-Arabien, Vereinigte Arabische Emirate, Venezuela.

Mitglieder: a.p.i.; Aserpetrol in Vertretung für Asesa, Cepsa, Repsol, Ertoil, Petromed, Petronor; Beta, BP, Burmah Castrol, Chevron, Conoco, DEA, Dow, EKO, Elf Aquitaine, ENI, Exxon, Gulf, Hellenic Aspropyrgos, Kuwait Petroleum, Mobil, Neste, Norsk Hydro, Nynäs, OK Petroleum, ÖMV, Petrofina, Petrogal, PIP, Shell, Statoil, Texaco, Total, Veba Oel, Wintershall.

Union Européenne des Indépendants en Lubrifiants (UEIL)
Europäische Union unabhängiger Schmierstoffverbände

F-75010 Paris, 15, Rue La Fayette, ☏ (00331) 46077998, Telefax (00331) 46077471.

Präsidium: Präsident: Dr. Corba *Colombo*, Mazzo di Rho (Mi); Ehrenpräsident: Ch. *Mitchell*, Stoke on Trent; Vizepräsidenten: M. *Cahingt*, Reze les Nantes Cedex; Dr. Manfred *Fuchs*, Mannheim; Schatzmeister: M. *Vandatte*, Huizingen.

Generalsekretär: J. *Delacour*, Paris.

Mitgliedsverbände

Benelux: Generalsekretär: J.-P. *Renguet*, S.G.I., B-1800 Vilvoorde, Steenkaai 42.

Bundesrepublik Deutschland: Bundesverband Sonderabfallwirtschaft e.V. (BPS), 5300 Bonn 3, Am Weiher 11.
Uniti Bundesverband Mittelständischer Mineralölunternehmen eV, 2000 Hamburg 76, Buchstr. 10.

Frankreich: Chambre Syndicale Nationale de l'Industrie des Lubrifiants, F-75009 Paris, 15, rue de Bruxelles.

Großbritannien: Generalsekretär: John *Vickers*, c/o Benjn. R. Vickers & Sons, GB-Leeds LS6 2EA, England, 5 Grosvenor Road.

Italien: Generalsekretär: Dr. *Tornaghi*, Roloil Srl, 20093 Cologno Monzese (Mi), Via Mozart 47.

Spanien: Generalsekretär: *Olabarri de la Sota*, Gavin S.A., 48610 Urduliz (Vizcaya), Aita Gotzon Laea 10.

Concawe

B-1030 Brussels, Madou Plaza 24th floor, Madouplein 1, ☏ (02) 2203111, 20308, Telefax (02) 2194646.

Leitung: K. R. *Kohlhase* (Chairman of Council); G. F. *Goethel* (Chairman of Executive Committee); T. *Decaluwe* (Secretary General).

Zweck: Zusammenschluß europäischer Ölgesellschaften zum Zweck von Umwelt- und Gesundheitsschutz.

International Petroleum Industry Environmental Conservation Association (IPIECA)

GB-London EC4R 2RA, 1 College Hill.

Generalsekretär: S. *Hope*.

Oil Companies International Marine Forum – OCIMF

GB-London SW1E 5JW, 96 Victoria St, 15th Floor, ☏ (071) 8287696/6283, ✆ 24942, Telefax (071) 245-2921.

Direktor: E. J. M. *Ball*.

Zweck: Zusammenschluß von Ölgesellschaften, die an Seetransport und Anlandung von Rohöl und dessen Produkten, einschließlich Gas und petrochemischen Produkten, interessiert sind. Die Gesellschaft befaßt sich im wesentlichen mit der sicheren Durchführung dieser Tätigkeiten sowie der Vermeidung von Verschmutzung und dient der Interessenvertretung ihrer Mitglieder.

The Oil Industry International Exploration and Production Forum
E & P Forum

GB-London W1X 1LB, 25–28 Old Burlington Street, ☏ (1) 4376291, ✆ 919707, Telefax (1) 4343721.

Zweck: Internationale Organisation von fördernden und verarbeitenden Gesellschaften der Erdölindustrie zur Interessenvertretung der Mitglieder vor Behörden und internationalen Körperschaften, die sich mit der Regelung von Öl- und Gasexploration und -produktion befassen. Die Gesellschaft hat 38 Mitglieder in 17 Ländern.

Gas

Chambre Syndicale des Fabricants de Compteurs de Gaz (Facogaz)

D-5000 Köln 51 (Marienburg), Postfach 510960, Marienburger Straße 15, ☏ (0221) 381617, Telefax (0221) 372806.

Präsidium: Dr.-Ing. Horst *Roese*, G. Kromschröder AG und Elster AG, Osnabrück, Präsident; Anthony *Powell*, Schlumberger Industries, Stretford, Manchester, 1. Vizepräsident; G. *Gallez*, Schlumberger Industries, Colombes Cedex, 2. Vizepräsident; Ettore *Petrogalli*, Sacofgas, Milano, 3. Vizepräsident.

Exekutiv-Komitee:
Belgien: J. *Sénave*, Contigea S. A., Brüssel.
Dänemark: Ilona E. *Hyldahl*, IGA A-S, DK-9800 Hjørring.
Deutschland: Dipl.-Ing. Uwe *Pförter*, Schlumberger Industries, Dreieich (Sprendlingen).
Frankreich: G. *Gallez*, Schlumberger Industries, Colombes Cedex.
Großbritannien: Robert *Tweddle*, U.G.I. Meters Ltd., London.
Italien: Dr.-Ing. G. *Sandrucci*, Nuovo Pignone S.p.A., San Donato Milanese.
Niederlande: L. *Knape*, Ermaf B.V., Rotterdam.
Spanien: Dr. A. *Fernandez-Guardiola*, S.A. Kromschröder, Barcelona.

Generalsekretariat: Dr.-Ing. Friedrich *Tillmann*.

Sekretariat: Richard *Jeffers*, Smith Meters Limited, London.

Technische Kommission: Richard *Jeffers*, Smith Meters Limited, London, Präsident; *Romanus*, Contigea S.A., Brüssel; Ilona E. *Hyldahl*, IGA A-S, Hjørring; Dipl.-Ing. Heinrich *Bertke*, G. Kromschröder AG, Osnabrück; Gérard *Bertin*, Schlumberger Industries, Reimes Cedex; Dr. Peter *Jepson*, Schlumberger Industries, Manchester; Antonio *Turturiello*, elkro gas s.p.a., Salerno; P. *Verschure*, Meterfabriek Schlumberger B.V., Dordrecht; Ing. Francisco *Subias*, Kromschröder S.A., Barcelona.

Sekretär der Technischen Kommission: C. M. *Kok*, Ermaf B.V., Rotterdam.

Mitgliedsunternehmen: J. M. Padinha Colarejo Soc. de Aparelhos de Precisao Bruno Janz (Herdeiros), SA, Lisboa; Contigea Schlumberger, Bruxelles; elkro gas s.p.a., Salerno; Elster Produktion GmbH Meß- und Regeltechnik, Mainz; Ermaf B.V., Rotterdam; Flonic Schlumberger, Colombes Cedex; IGA A-S International Gas Apparatur A/S, Hjørring; G. Kromschröder AG, Osnabrück; S.A. Kromschröder, Barcelona; Magnol & Cie. S.A., Noisy le Grand; Meterfabriek Schlumberger B.V., Colombes Cedex; Meterfabriek Schlumberger B.V., Dordrecht; Nuovo Pignone S.p.A., San Donato Milanese; Pignone Española, s.a., Barcelona; J. B. Rombach GmbH & Co. KG, Karlsruhe; Sacofgas s.p.a., Milano; Schlumberger Industries Dehm & Zinkeisen GmbH, Dreieich; Schlumberger Industries s.r.l., Milano; S.I.M. Brunt S.p.A., Milano; Smith Meters Limited, London; Thorn Emi Flow Measurement, Manchester; Pierre Touvet, Paris La Défense; U.G.I. (Meters) Limited, Switchmaster Controls Limited, Rowan Road Controls Limited, London.

Internationale Gas-Union (IGU)
International Gas Union
Union Internationale de l'Industrie du Gaz

CH-8027 Zürich, Grütlistr. 44.

Präsident: Dr.-Ing. Luigi *Meanti* (Italien).

Vize-Präsident: Hans Jørgen *Rasmussen* (Dänemark).

Generalsekretär: Dr. Jean-Pierre *Lauper* (CH).

Deutsche Vertretungen: Dipl.-Ing. Peter *Ludwikowski*, Frankfurt (Ratsmitglied); Dipl.-Ing. Rolf *Beyer*, Essen (Ratsmitglied). Geschäftsführer: Dr. Werner *Feind*, Eschborn.

Zweck: Förderung der technischen Belange des Gasfaches auf internationaler Ebene durch periodisch wiederkehrende internationale Kongresse und durch Erfahrungsaustausch der einzelnen technisch-wissenschaftlichen Fachorganisationen der Mitgliedsländer.

Mitgliedsverbände

Ägypten: Egyptian Gas Association, 2, Midan Kasr El-Doubara — Garden City Cairo, A.R.E.

Algerien: Union Algerienne du Gaz, Immeuble »Ghermoul«, 80, av. A. Ghermoul, Alger.

Argentinien: Instituto Argentino del Petroleo, Maipu 645 — 3er Piso, 1006 Buenos Aires.

Australien: The Australian Gas Association, P. O. Box 323, Canberra City, A. C. T. 2601.

Bangladesh: Petrobangla (Bangladesh Oil, Gas & Mineral Corporation), Petrocentre, 3, Kawran Bazar, Dhaka-1215.

Belgien: Association Royale des Gaziers Belges, avenue Palmerston, 4, B-1040 Bruxelles.

Brasilien: Associação Brasileira de Gas — ABG, Av. Paulista, 509 — conjs. 11131/1114, 01311 São Paulo-SP.

Bulgarien: Union of Chemistry and Chemical Industry, 108, Rakovski Str., BU-1000 Sofia.

2 ERDÖL- UND ERDGASWIRTSCHAFT

Deutschland: DVGW Deutscher Verein des Gas- und Wasserfaches eV, D-6236 Eschborn 1, Hauptstr. 71—79.

Volksrepublik China: City Gas Society of China Ministry of Urban and Rural Construction and Environmental Protection, Baiwangzhuang, Beijing, P.R.C.

Dänemark: Dansk Gasteknisk Forening, Postboks 242, DK-2970 Hoersholm.

Finnland: The Finnish Gas Association, P. O. Box 892, SF-00101 Helsinki.

Frankreich: Association Technique de l'Industrie du Gaz en France, 62, rue de Courcelles, F-75008 Paris.

Großbritannien: The Institution of Gas Engineers, 17, Grosvenor Crescent, GB-London SW1X 7ES.

Hong Kong: The Hong Kong & China Gas Co Ltd, 24th Floor, Leighton Centre, 77 Leighton Road, Causeway Bay.

Indien: Gas Authority of India Ltd., 16, Bhikaiji Cama Place, R. K. Puram, New Delhi 110 066.

Indonesien: Indonesian Gas Association (IGA), c/o Secretariat Mobil Oil Indonesia Inc., Jl. Jenderal Sudirman, Senayan, Postfach 1400, Jakarta 10014.

Irak: Irak National Oil Company, P. O. Box 476 Jumhuriya Street, Khullani Sq., Baghdad.

Iran: Iranian Petroleum Institute, 315, Ostad-Mottahari, Ave., P. O. Box 2232, Teheran.

Irland: Irish Gas Association, Corporate Section (South), Cork Gas Co., Albert Road Cork.

Italien: Associazione Tecnica Italiana del Gas (Atig), Via Maritano 26, I-20097 S. Donato Milanese Mi.

Japan: The Japan Gas Association, 12—15, I-Chome Toranomon, Minato-ku, Tokyo 105.

Kanada: The Canadian Gas Association, 55, Scarsdale Road, Don Mills (Toronto), Ontario, M3B 2R3.

Korea: The Korea Gas Union, F.K.I. BLDG. 28-1, Yoido-Dong, Youngdeungpo-ku, Seoul.

Libyen: Gas Projects of the National Oil Corporation (SPLAJ), P. O. Box 12221 Dahra, Tripoli-SPLAJ.

Malaysia: Malaysian Gas Association, c/o Petronas, 24th floor, Menara Dayabumi Jalan Sultan Hishamuddin, Postfach 12444, 50778 Kuala Lumpur.

Neuseeland: Gas Association of New Zealand (Inc.), BDO House, 2nd floor, 105 Customhouse Quay, Postfach 10-340, Wellington 1.

Niederlande: Koninklijke Vereniging van Gasfabrikanten in Nederland, Postbus 137, Wilmersdorf 50 NL-7300 A. C.-Apeldoorn.

Norwegen: Norwegian-Petroleum Society Gas Group, P. O. Box 1897 Vika, Kronprinsensgt. 9, N-0124 Oslo 1.

Österreich: Österreichische Vereinigung für das Gas- und Wasserfach (ÖVGW), A-1010 Wien, Schubertring 14.

Pakistan: Petroleum Institute of Pakistan, G. P. O., Box No. 236, 4th Floor, P. I. D. C. House Annex, Dr. Ziauddin Ahmed Road, Karachi 4.

Peru: Petroleos del Peru (Petroperu), Paseo de la Republica 3361, Apartados 3 126 y 1081, Lima.

Polen: Polskie Zrzeszenie Inzynierow i Technikow Sanitarnych, Ul. Czackiego 3/5, PL-00-043 Warszawa.

Portugal: Associação Portuguesa dos Gases Combustíveis, Rua A. Particular, Quinta do Figo Maduro, P-2685 Sacavem.

Schweden: Svenska Gasföreningen, Box 6405, Norrtullsgatan 6, S-11382 Stockholm.

Schweiz: Schweizerischer Verein des Gas- und Wasserfaches (SVGW), Grütlistr. 44, Postfach 658, CH-8027 Zürich.

Spanien: Sedigas, Balmes 357, E-08006 Barcelona.

Taiwan: The Chinese Taipei Gas Association, 5th Floor 123, Sec. 2, Nanking E. Road, Taipei.

Thailand: Petroleum Authority of Thailand, 14 Vibhavadi Rangsit Road, Bangkok 10900.

Tschechoslowakei: Czechoslovak Gas Association, Mosnova 21, CSFR-150 00 Praha 5 – Smichov.

Ungarn: Energiagazdalkodasi Tudományos Egyesület, V. Kossuth Lajos Tér 6, Postafiok 451, 1372 Budapest.

USA: American Gas Association, 1515 Wilson Boulevard, Arlington/Rosslyn, Va, 22209.

Venezuela: Petróleos de Venezuela SA, Apartado 169, Caracas 1010-A.

Cedigaz
Centre International d'Information sur le Gaz Naturel et autres Hydrocarbures Gazeux

F-92506 Rueil-Malmaison, 1, Avenue de Bois-Préau, B.P. 311, ☏ (1) 47526012 u. 47526000, ✍ IFP A 203050 F, Telefax 47526429.

Präsident: M. *Valais*, Institut Français du Pétrole, Frankreich.

Vize-Präsidenten: A. C. *Dakyns*, British Gas Corporation, Großbritannien; J. M. *Dumont*, Gaz de France, Frankreich; J. G. *Althuis*, NV Nederlandse Gasunie, Niederlande.

Hauptgeschäftsführer: Mme. S. *Cornot-Gandolphe*.

Zweck: Sammlung und Analyse von Informationen über Erdgas, Flüssiggas und Erdölgas in der Welt sowie deren Veröffentlichung.

Mitglieder: Internationale Erdöl- und Erdgasgesellschaften, Behörden, Banken, Beraterfirmen, Ingenieurgesellschaften und Zulieferfirmen.

Eurogas

B-1040 Bruxelles, Avenue Palmerston 4, ☏ (02) 2371111, Telefax (02) 2304480.

Präsident: F. *Gutmann* (F).

Vize-Präsidenten: R. *Evans* (GB), Dr. R. *Gruber* (A), S. *Guldborg* (DK), Dr. K. *Liesen* (D), L. *Meanti* (I).

Past-Präsident: J. *Badosa* (E).

Generalsekretär: P. G. *Claus* (NL).

Mitgliedsländer: Belgien, Bundesrepublik Deutschland, Dänemark, Finnland, Frankreich, Großbritannien, Italien, Niederlande, Österreich, Republik Irland, Schweden, Schweiz, Spanien.

Zweck: Die Förderung und Entwicklung der wissenschaftlichen, wirtschaftlichen, rechtlichen und technischen Belange der Erdgaswirtschaft in Europa, die Durchführung von entsprechenden Untersuchungen und die Förderung der Zusammenarbeit innerhalb der Gaswirtschaft; die Wahrnehmung der gemeinsamen Interessen der europäischen Erdgaswirtschaft gegenüber internationalen Organisationen, insbesondere den Europäischen Gemeinschaften, und gegenüber der Öffentlichkeit; der Informations- und Meinungsaustausch über Fragen von allgemeinem Interesse in der Erdgaswirtschaft und die Durchführung von Maßnahmen, die die vorgenannten Ziele zu fördern geeignet sind.

Intergas Marketing

c/o Gaz de France, F-75840 Paris, Cedex 17, 23, rue Philibert Delorme, ☏ (00331) 43809660, Telefax (00331) 47542107.

Präsident: Dr. Luigi *Olivieri*, Italgas, Turin.

Vize-Präsident: Ulf *Norhammar*, Stoseb Gas AB, Stockholm.

Altpräsident: Gerhard *Janaczek*, Fachverband der Gas- und Wärmeversorgungsunternehmungen, Wien.

Ehrenpräsidenten: Jacques *Cognet*, Paris; David T. *Heslop*, Southampton; Roland *Mages*, Vevey; Georges *Robert*, Paris.

Generalsekretär: Dominique *Jamin* (Anschrift s. oben).

Zweck: Förderung der Aktivitäten der Gaswirtschaften in den Mitgliedsländern auf dem Gebiet des Gasmarketing (einschließlich PR und Gasgeräte), Informations- und Erfahrungsaustausch über aktuelle Marktentwicklungen und Marketingaktionen sowie Durchführung von Marktstudien und Marketing-Kongressen.

Mitglieder: Gasindustrien der Länder Australien, Belgien, Bundesrepublik Deutschland, Dänemark, Finnland, Frankreich, Großbritannien, Italien, Japan, Kanada, Niederlande, Österreich, Portugal, Republik Irland, Schweden, Schweiz, Spanien, USA. (Assoziiertes Mitglied: Australien, Gast: Japan.)

International Pipe Line & Offshore Contractors Association (Iploca)
Internationale Vereinigung der Rohrleitungsverleger
(Soete Research Laboratory)

B-9000 Gent, State University of Gent, Sint Pietersnieuwstraat 41, ☏ 3291643273, ✍ 11344 IBSBIL, Telefax 3291643578.

Generalsekretär: Geert *Capiau*.

Gründung: 1966.

Union des Fabricants Européens de Régulateurs de Pression de Gaz (Faregaz)

D-5000 Köln 51 (Marienburg), Postfach 510960, Marienburger Straße 15, ☏ (0221) 381617, Telefax (0221) 372806.

Präsidium: Dr. iur. T. *Nardi*, Fiorentini S.p.a., Milano, Präsident; Dr.-Ing. G. *Weidner*, RMG, Kassel, 1. Vizepräsident; Ing. Dipl. G. *Gallez*, Schumberger Industries Colombes Cedex, 2. Vizepräsident.

Exekutiv-Komitee:
Belgien: J. *Wera*, Cogegaz S.A., Liège.
Deutschland: Dipl.-Ing. D. *Schmittner*, Elster AG, Mainz.

Frankreich: G. *Fleck*, Mesura, Forbach Cedex.
Großbritannien: J. *Brown*, Jeavons Engineering, Tipton.
Italien: G. *Fonsati*, Tartarini SpA., Catelmaggione.
Niederlande: P. *Verschure*, Meterfabriek Schlumberger B.V., Dordrecht.

Generalsekretariat: G. *Colli*, Milano.

Sekretariat: Dr.-Ing. Friedrich *Tillmann*.

Technische Kommission: G. *Brentel*, Tormene S.p.A., Padova, Präsident; Dipl.-Ing. Swen *Brüggemann*, Elster Produktion GmbH, Mainz, 1. Vizepräsident; B. *Savignat*, Schlumberger Industries, Colombes Cedex, 2. Vizepräsident; J. *Wera*, Cogegaz S.A., Liège (Grivegnée); P. *Verschure*, Meterfabriek Schlumberger B.V., Dordrecht; P. *Thomas*, Jeavons Engineering, Tipton.

Sekretär der Technischen Kommission: Pierre *Touvet*, Paris La Défense.

Mitgliedsunternehmen: Charledave, La Charité-sur-Loire; Clesse Mandet, Montesson; Cogegaz S.A., Liège-Grivegnée; Contigea Schlumberger, Bruxelles; Elster Produktion GmbH, Mainz; Pietro Fiorentini SpA., Milano; Flonic Schlumberger, Colombes Cedex; Jeavons Engineering Company, Tipton; Nuovo Pignone S.p.A., San Donato Milanese; RMG, Regel + Meßtechnik GmbH, Kassel; J. B. Rombach GmbH & Co. KG, Karlsruhe; Schlumberger Industries Dehm & Zinkeisen GmbH, Dreieich; Tartarini SpA., Castelmaggiore (BO); Tormene SpA., Padova.

Union des Industries Gazières des Pays du Marché Commun (Marcogaz)
Vereinigung der Gaswirtschaftsorganisationen der Länder des Gemeinsamen Marktes

B-1040 Brüssel, Avenue Palmerston 4, ☎ (02) 2371111, ✆ 63738, Telefax (02) 2304480.

Präsident: Dr. ir. L. *Noordzij*, NL.

Generalsekretär: N. N.

Generalsekretariat: R. *Vanderputten* (Anschrift s. oben).

Gründung und Zweck: Marcogaz wurde am 22. Juni 1968 vom Cometec-Gaz gegründet mit dem Ziel, alle technischen Fragen zu untersuchen, die sich für die Gaswirtschaften der beteiligten Länder aus der Durchführung des Vertrages von Rom ergeben, und die Behörden der Europäischen Wirtschaftsgemeinschaft bei ihrer Normungsarbeit für den Bereich der Gaswirtschaft zu unterstützen.

Ständige Kommissionen: „Gasverwertung", „Gasverteilung", „Umwelt".

Mitglieder: Die nationalen Vereinigungen der Gaswirtschaften folgender Länder: Belgien, Bundesrepublik Deutschland, Dänemark, Frankreich, Großbritannien, Italien, Niederlande, Portugal, Republik Irland, Schweden, Spanien.

Weil sich die Welt verändert,
verändert sich die Welt.

Der Unterschied zwischen einer Tageszeitung und der Zeitung von heute.

Die neue Welt ist nicht nur aktuell, sondern auch zeitgemäß. Denn wir leben in einer Zeit, in der wir immer mehr wissen müssen - und immer weniger Zeit zum Verstehen haben. Die neue Welt - die Zeitung, die mit weniger Worten alles sagt. Weil sie übersichtlicher darstellt und kompakter informiert. Weil sie Kompliziertes klar macht, Undurchsichtiges durchschaut und Wichtiges vom Unwichtigen trennt. Die neue Welt - schneller vom Wissen zum Verstehen. Die neue Welt. Die Zeitung von heute.

DIE WELT
Die Zeitung von heute

Wir montieren Industrieanlagen in aller Welt.

Montagen von schlüsselfertigen Gesamtanlagen, Durchführung und Überwachung von Einzelmontagen aller Art für: Kohle-, Erz- und Salzbergbau, Hüttenindustrie, Steine und Erden, Zellstoff- und Papierindustrie, Chemie und Petrochemie sowie für die Müllverwertung. Projektierung, Lieferung, Vorfertigung und Montage von Rohrleitungen in Stahl und Kunststoff, Stahlschornsteine, Behälterbau, Stahlbaumontagen. Umbau-, Reparatur- und Wartungsarbeiten, Demontagen und Krangestellungen.

INDUMONT Industrie-Montage GmbH
Postfach 10 12 64, D-4630 Bochum 1
Telefon (02 34) 5 39-0, Telex 8 25 588, Telefax (02 34) 53 91 30
Deutz-Mülheimer Str. 216, D-5000 Köln 80
Telefon (02 21) 8 22-0, Telex 8 812 295, Telefax (02 21) 8 22 35 03

INDUMONT
INDUSTRIE-MONTAGE GMBH

3 Petrochemie

Deutschland

1. Unternehmen _____ 586
2. Organisationen _____ 611

Europa

3. Internationale
   Organisationen _____ 614

Das Kapitel 10 »Statistik« enthält aktuelle Tabellen zur Einfuhr und Ausfuhr chemischer Erzeugnisse.

3 Cruede Chemicals

Germany

1. Companies _____ 586
2. Organisations _____ 611

Europe

3. International
   Organisations _____ 614

Chapter 10 »Statistics« contains up-dated tables on the importation and exportation of chemical products.

3 L'industrie chimique

Allemagne

1. Entreprises _____ 586
2. Organisations _____ 611

Europe

3. Organisations
   internationales _____ 614

Le chapitre 10 »Statistiques« donne des tableaux actualisés concernant l'importation et l'exportation de produits chimiques.

Verlag Glückauf · Jahrbuch 1993

DEUTSCHLAND

1. Unternehmen

Akzo Faser AG

5600 Wuppertal 1 (Elberfeld), Postfach 10 01 49, Kasinostraße, ☏ (02 02) 3 20, ✄ 8 59 270, Telefax (02 02) 32 22 00, Teletex 20 23 69.

Aufsichtsrat: Dr. h. c. Hermann Josef *Abs,* Frankfurt, Ehrenvorsitzender; Dieter *Wendelstadt,* Wuppertal, Vorsitzender; Horst *Radekopp,* Elsenfeld, Arbeitnehmervertreter, stellv. Vorsitzender; Ir. Frans I. M. *van Haaren,* Epse/Niederlande; Cornelis J. A. *van Lede,* Hilversum/Niederlande; Carl-Ludwig *von Boehm-Bezing,* Frankfurt/M.; Baron Gualtherus *Kraijenhoff,* Nimwegen/Niederlande; Jhr. Mr. A. A. *Loudon,* Velp/Niederlande; Manfred *Schütze,* Wuppertal; Professor Dr. Gerhard *Wegner,* Mainz; Arbeitnehmervertreter: Karl-Heinz *Dorsfeld,* Geilenkirchen-Beek; Peter *Jakel,* Obernburg; Manfred *Kaminski,* Kelsterbach; Wolfgang *Kehr,* Neustadt/Weinstraße; Martin *Kranz,* Heinsberg; Rainer *Kumlehn,* Langenhagen; Dieter *Reichenbach,* Heinsberg.

Vorstand: Dr. Friedrich W. *Fröhlich,* Vorsitzender; Jan Hendrik *Katgert;* Tietso *Kuipers;* Dr. Eenje *Molenaar.*

Kapital: 297,180 Mill. DM.

Gesellschafter: Akzo, 97,2 %.

Gründung: 1899.

Produkte: Viskose-Filamentgarn (Rayon), Filamentgarne und Spinnfasern, Nylon für textile und technische Einsatzgebiete; Aramid- und Kohlenstoff-Fasern; Dialysemembranen.

Werke: Kelsterbach, Oberbruch, Obernburg, Wuppertal, Kuag Werk Barmen und Konz.

Ausländische Vertriebsgesellschaften: Belgien, Dänemark, Finnland, Frankreich, Griechenland, Großbritannien, Italien, Niederlande, Österreich, Portugal, Schweden, Schweiz, Spanien.

	1990	1991
Umsatz .... Mill. DM	2 205	1 991
Beschäftigte .... (Jahresende)	10 587	9 903

Beteiligungen

Kuagtextil GmbH, Wuppertal 1 (Elberfeld), 99,9 %.

Anhaltische Düngemittel und Baustoff GmbH Coswig/Anh. – ADB

O-4522 Coswig/Anhalt, Antonienhüttenweg 16, ☏ (00374793) 72 50 und 73 60, ✄ 3 19 359, Telefax (00374793) 73 28, 73 93.

Geschäftsführung: Dipl.-Ing. Christian *Lamm.*

Produkte: NPK und NMg-Flüssigdünger und Düngemittelspezialitäten.

Anhaltinische Chemische Fabriken (ACF) GmbH

O-3300 Schönebeck (Elbe), Postfach 72, Magdeburger Str. 241, ☏ (039 28) 4 50, Telefax (039 28) 21 96.

Geschäftsführung: Ing. Roland *Teichert.*

Kapital: 10 Mill. DM.

Gesellschafter: K. IJ. *Dittrich,* Bremen; F. *Dittrich,* Bremen.

Zweck: Entwicklung, Herstellung und Vertrieb von Dynamiten, ANC-Sprengstoffen, Zündern, Sprengschnüren, Zündmaschinen und sonstigem Sprengzubehör sowie Gummimischungen, technischen Gummiformartikeln, Polyurethan-Integralformteilen/Kunststoffenstern, -Türen, -Rolladen, Zubehör.

BASF Aktiengesellschaft

6700 Ludwigshafen, ☏ (06 21) 60-0, ✄ 4 6 499-0 bas d, Telefax (06 21) 60-4 25 25, Teletex 62 157 = basf, ⌘ BASF Ludwigshafenrhein.

Aufsichtsrat: Professor Dr. Matthias *Seefelder,* Heidelberg, Ehrenvorsitzender; Dr. Hans *Albers,* Bad Dürkheim, Vorsitzender; Gerhard *Blumenthal,* Schifferstadt, Vorsitzender des Betriebsrats des Werkes Ludwigshafen der BASF Aktiengesellschaft, stellv. Vorsitzender; Dr. Marcus *Bierich,* Stuttgart, Vorsitzender der Geschäftsführung der Robert Bosch GmbH; Dieter *Brand,* Ludwigshafen, Geschäftsführer der Industriegewerkschaft Chemie-Papier-Keramik, Verwaltungsstelle Ludwigshafen; Professor Dr. Manfred *Eigen,* Göttingen, Direktor am Max-Planck-Institut für biophysikalische Chemie in Göttingen; Heinz *Götz,* Ludwigshafen, Mitglied des Betriebsrats des Werkes Ludwigshafen der BASF Aktiengesellschaft; Dr. Johan M. *Goudswaard,* Wassenaar/Niederlande, ehem. stellv. Vorsitzender des Verwaltungsrats der Unilever N. V.; Dr. Kurt *Hohenemser,* Dreieich-Dreieichenhain, Mitglied des Vorstands der Deutschen Schutzvereinigung für Wertpapierbesitz e. V.; Dr. Robert *Holzach,* Zumikon/Schweiz, Ehrenpräsident der Schweizerischen Bankgesellschaft; Roland *Koch,* Ludwigshafen, Mitglied des Betriebsrats des Werkes Ludwigshafen der BASF Aktiengesellschaft; Professor Dr. Hans Joachim *Langmann,* Jugenheim/Bergstraße, Vorsitzender des Gesellschafterrats und der Geschäftsleitung der E. Merck; Heinz-Werner *Meyer,* Dortmund, Vorsitzender des Bundesvorstands des

Deutschen Gewerkschaftsbundes; Volker *Obenauer*, Ludwigshafen, stellv. Vorsitzender des Betriebsrats des Werkes Ludwigshafen der BASF Aktiengesellschaft; Dr. Wolfgang *Schieren*, München, Vorsitzender des Vorstands der Allianz Aktiengesellschaft Holding; Gerhard *Söllner*, Philippsthal, Vorsitzender des Betriebsrats des Werkes Hattorf der Kali und Salz AG; Dr. Ferdinand *Straub*, Freinsheim, Mitglied des Sprecherausschusses der leitenden Angestellten der BASF Aktiengesellschaft; Jürgen *Walter*, Hannover, Mitglied des geschäftsführenden Hauptvorstands der Industriegewerkschaft Chemie-Papier-Keramik; Dr. Ulrich *Weiß*, Bad Soden, Mitglied des Vorstands der Deutschen Bank AG; Horst *Welskop*, Marl, Vorsitzender des Betriebsrats der Gewerkschaft Auguste Victoria, Marl; Professor Dr. Herbert *Willersinn*, Ludwigshafen, ehem. Mitglied des Vorstands der BASF Aktiengesellschaft.

Vorstand: Dr. Jürgen *Strube*, Vorsitzender; Dr. Wolfgang *Jentzsch*, stellv. Vorsitzender; Dr.-Ing. Detlef *Dibbern*; Dr. Albrecht *Eckele*; Max Dietrich *Kley*; Dr. rer. nat. Ingo *Paetzke*; Professor Dr. Hans-Jürgen *Quadbeck-Seeger*; Dr. Hanns-Helge *Stechl*; Dr. rer. nat. Dieter *Stein*; Dr. rer. nat. Dietmar *Werner*; Gerhard R. *Wolf*.

Gründung: Die BASF Aktiengesellschaft, vorm. Badische Anilin- & Soda-Fabrik AG, mit Sitz in Ludwigshafen, wurde 1865 gegründet.

Grundkapital: 2 850 Mill. DM.

Umsatz 1991: 46 262 Mill. DM.

Mitarbeiter: 129 434.

Arbeitsgebiete und Umsatzanteile 1991:
Öl und Gas: 6 953 Mill. DM = 13,2 %; Produkte für die Landwirtschaft: 5 445 Mill. DM = 10,3 %; Kunststoffe und Fasern: 10 007 Mill. DM = 18,9 %; Chemikalien: 10 848 Mill. DM = 20,5 %; Farbstoffe und Veredlungsprodukte: 9 152 Mill. DM = 17,3 %; Verbraucherprodukte: 9 248 Mill. DM = 17,5 %.

BASF-Gruppe: Zunehmenden Anteil am Weltgeschäft der BASF haben die Gruppengesellschaften im In- und Ausland. Die weltweit rund 330 Tochter- und Beteiligungsgesellschaften bilden zusammen mit der BASF Aktiengesellschaft, die das Stammwerk in Ludwigshafen (50 000 Mitarbeiter) und die Werke Willstätt (3 000 Mitarbeiter) und Ettenheim einschließt, die BASF-Gruppe.

Produkte: Grundchemikalien; anorganische Chemikalien; Katalysatoren; Mineralölprodukte; Düngemittel; Pflanzenschutzmittel; Kunststoffe; Verbundwerkstoffe; Faservorprodukte; Fasern und Fäden; Polymerdispersionen und Polymerlösungen; Lackharze; Lacke und Anstrichmittel; Druckfarben; Farbstoffe; Pigmente; Industriechemikalien; technische Spezialchemikalien; organische Zwischenprodukte; Produkte für die Tierernährung und für die Lebensmittel-, Pharma- und Kosmetikindustrie;
Pharmazeutika; Magnetische Aufzeichnungsträger; Rechner und Speichersysteme; Fotopolymere Druckplatten; Fotoresistfilme für Leiterplatten.

Energie- und Rohstoffversorgung: Der Energie- und Rohstoffversorgung des Hauptwerkes Ludwigshafen kommt angesichts des Erzeugungsprogramms (über 6 000 Verkaufsprodukte) besondere Bedeutung zu. Der Brennstoffbedarf wird hauptsächlich durch Kohle der Tochtergesellschaft Gewerkschaft Auguste Victoria in Marl gedeckt. Die Stromversorgung erfolgt durch Lieferung des Elektrizitätsversorgungsunternehmens RWE, durch Erzeugung bei der BASF Kraftwerk Marl GmbH und Durchleitung dieses Stromes durch das RWE-Netz nach Ludwigshafen und durch Eigenerzeugung in Kopplung mit der Dampferzeugung am Standort. Die BASF Kraftwerk Marl GmbH setzt Ballastkohle der Gewerkschaft Auguste Victoria als Brennstoff ein. Die Versorgung des Werkes mit Erdgas als Roh- und Brennstoff ist durch die Produktion der Tochtergesellschaft Wintershall AG und durch langfristige Lieferverträge gesichert.

Die Rohöl-Pipeline von Lavéra über Wörth nach Mannheim führt durch das Werksgelände der BASF. Zur Versorgung des Standortes Ludwigshafen mit Erzeugnissen der Erdöl-Raffinerie Mannheim dienen mehrere Rohrleitungen, die zusammen mit der Rohölleitung den Rhein kreuzen. Außerdem ist das Werk an die Fertigproduktenleitung der Rhein-Main-Rohrleitungstransport-Gesellschaft mbH, Rodenkirchen, die von Rotterdam über Godorf nach Ludwigshafen führt, sowie an die Ethylengas-Fernleitung Kelsterbach-Ludwigshafen angeschlossen. Als Umschlagplatz für brennbare Flüssigkeiten und unter Druck verflüssigte Gase, die durch Tankschiffe transportiert werden, fungiert der Landeshafen nördlich des Werkes.

Unternehmensorganisation: Die Aufgaben im Vorstand sind auf 11 Ressorts verteilt, denen 25 Unternehmensbereiche, 13 Länderbereiche, 13 Zentralbereiche und 6 Funktionsbereiche zugeordnet sind.

Verkaufsorganisation: Die Produkte der BASF Aktiengesellschaft — außer den Dünge- und Pflanzenschutzmitteln — werden im Inland über Verkaufsbüros in Berlin, Frankfurt (Main), Hannover, Köln, Mannheim, München, Münster und Stuttgart vertrieben. Dem Absatz der Agrarchemikalien dienen Verkaufsbüros in Hannover, Kiel, Köln, Limburgerhof, München und Stuttgart, deren Arbeit von zehn landwirtschaftlichen Beratungsstellen unterstützt wird.

Weltweit erfolgen Vertrieb und Kundenberatung in mehr als 160 Ländern über ein Netz eigener Vertriebsgesellschaften und durch Vertretungen.

Wichtige inländische Beteiligungen
Wintershall AG, Celle/Kassel, 100 %.
Erdöl-Raffinerie Mannheim GmbH, Mannheim, 100 %.
Kali und Salz AG, Kassel, 71,7 %.

UNTERNEHMEN

BASF Kraftwerk Marl GmbH, Marl, 100 %.
Knoll Aktiengesellschaft, Ludwigshafen, 100 %.
Rheinische Olefinwerke GmbH (ROW), Wesseling, Bez. Köln, 50 %.
Elastogran GmbH, Lemförde, 100 %.

Regionale Hauptquartiere Europa:
Deutschland, Osteuropa:
BASF Aktiengesellschaft, D-6700 Ludwigshafen, ☏ (06 21) 60-0, Telefax (06 21) 60-4 25 25.

Frankreich, Benelux:
BASF Belgium S. A., B-1180 Brüssel, ☏ (2) 3 73 21 11, Telefax (2) 3 75 10 42.

BASF France S. A., 140, rue Jules Guesde, F-92300 Levallois, ☏ (1) 47 30 55 00, Telefax (1) 47 30 19 00.

Großbritannien, Irland, Skandinavien:
BASF plc, GB-Wembley, Middlesex HA9 8IG, ☏ (81) 9 08 31 88, Telefax (81) 9 08 58 66.

Italien, Schweiz, Österreich, Griechenland:
BASF Italia Spa, I-20031 Cesano Maderno MI, ☏ (3 62) 51 21, Telefax (3 62) 52 25 05.

Spanien, Portugal:
BASF Espanola S. A., E-08008 Barcelona, ☏ (3) 2 15 13 54, Telefax (3) 2 15 95 06.

BASF Düngemittelwerke Victor GmbH

4620 Castrop-Rauxel, Deininghauser Weg 95, ☏ (0 23 05) 7 06-1, ✆ 8 229 518 gvgw d, Telefax (0 23 05) 7 20 29, ✆ Victor.

Geschäftsführung: Klaus *Grieshaber.*

Gesellschafter: BASF Aktiengesellschaft, Ludwigshafen.

BASF Schwarzheide GmbH

O-7817 Schwarzheide, Schipkauer Straße 1, ☏ (0 3 57 52) 60, (09) 58 14-60, ✆ 3 79 204 basf, Telefax (0 3 57 52) 6 23 00, (09) 58 14-6 23 00.

Geschäftsführung: Dr. Hans-Hermann *Dehmel* (Vorsitzender); Dr. Hans Joachim *Jeschke;* Dipl.-Ing. Fritz *Hofmann.*

Produktion: Polyetherole, Polyesterole, Isocyanate, Polyurethansysteme.

Bayer AG

5090 Leverkusen, Bayerwerk, ☏ (02 14) 3 01, ✆ 85 103-0 by d, ✆ Bayer Leverkusen, Telefax (02 14) 30-6 23 28.

Aufsichtsrat: Professor Dr. Herbert *Grünewald*, Leverkusen, Ehrenvorsitzender; Professor Dr.-Ing. Kurt *Hansen*, Leverkusen, Ehrenvorsitzender; Hermann Josef *Strenger*, Leverkusen, Vorsitzender; Paul *Laux*, Leverkusen, stellv. Vorsitzender; Dr. Klaus *Alberti*, Leverkusen; Adolf *Busbach*, Leverkusen; Hans *Drathen*, Krefeld; Dr. Gerhard *Fritz*, Bergisch Gladbach; Rechtsanwalt Dr. Heinz *Gester*, Düsseldorf; Hans *Ginter*, Leverkusen; Constantin Freiherr *Heereman von Zuydtwyck*, Bonn; Hans *Hoffmann*, Ludwigshafen; Robert A. *Jeker*, Zürich; Dr.-Ing. Karlheinz *Kaske*, München; Martin *Kohlhaussen*, Frankfurt; Hilmar *Kopper*, Frankfurt; Dr. Manfred *Lennings*, Düsseldorf; Dr. André *Leysen*, Mortsel, Belgien; Dr. Hermann *Rappe* MdB, Hannover; Waltraud *Schlaefke*, Walsrode; Professor Dr. Heinz A. *Staab*, München; Hans *Unger*, Dormagen.

Vorstand: Dr. Manfred *Schneider*, Vorsitzender; Dr. Hermann *Wunderlich*, stellv. Vorsitzender; Dr. Pol *Bamelis;* Dr. Dieter *Becher;* Professor Dr. Karl Heinz *Büchel;* Professor Dr. Klaus *Kleine-Weischede;* Rechtsanwalt Helmut *Loehr;* Manfred *Pfleger.*

Kapital: 3 225 Mill. DM.

Gründung und Aufbau: Am 1. August 1863 gründeten Friedrich Bayer und Friedrich Weskott in Barmen die Firma Friedrich Bayer et comp., aus der die heutige Bayer Aktiengesellschaft hervorging. 1912 wurde der Sitz der Firma nach Leverkusen verlegt. Die führenden deutschen Teerfabriken fusionierten 1925 zur IG-Farbenindustrie AG, die nach dem Kriege entflochten wurde. 1951 wurde das Unternehmen mit den Werken Leverkusen, Wuppertal-Elberfeld, Dormagen, Krefeld-Uerdingen und den Tochtergesellschaften Agfa AG für Photofabrikation, Leverkusen, und Agfa-Camerawerk, München, sowie weitere Organgesellschaften konstituiert.

Werk Leverkusen: Hauptwerk und zugleich Sitz von Vertrieb und Verwaltung, Anwendungstechnische Laboratorien und Versuchsbetriebe für das Kunststoff-, Kautschuk-, Farbstoff- und Veredlungsgebiet. Erzeugungsstätten für anorganische und organische Produkte, Kraftwerke: installierte Leistung 1 315 t/h Dampf und 205 MW.

Werk Elberfeld: Betriebsanlagen vorwiegend für die Herstellung von Arzneimitteln und Pflanzenschutzwirkstoffen. Pharma-Forschungszentrum. Die erforderliche Energie (Dampf und elektrischer Strom) wird von den Stadtwerken Wuppertal bezogen.

Werk Dormagen: Fabrikationsstätte für Pflanzenschutzmittel, Kautschuke, Kunststoffe, Polyurethane, Fasern, organische Zwischenprodukte und anorganische Chemikalien. Unmittelbar an das Werk grenzen die Anlagen der EC Erdölchemie GmbH, einer Gemeinschaftsgründung der Deutschen BP AG und der Bayer AG. Kraftwerk: installierte Leistung rd. 680 t/h Dampf und 145 MW.

Werk Uerdingen: Neben Kunststoffen, organischen Chemikalien, Konservierungsmitteln, Spezialfarbstoffen, Polyurethan-, Kunststoff- und Lack-Rohstoffen werden auch in großem Umfang anorganische Grundchemikalien hergestellt. Kraftwerke: installierte Leistung rd. 736 t/h Dampf und 155 MW.

Werk Brunsbüttel: Fabrikationsstätte für Kunststoff-Vorprodukte, Farbstoffe, Kautschuk-Chemikalien und deren Vorprodukte, Kraftwerke: installierte Leistung 200 t/h Dampf. Strom wird aus dem öffentlichen Netz bezogen.

Produkte: insgesamt rd. 8 100 Erzeugnisse, wie Kunststoffe, Kautschuk, Fasern, Organica, Farben, Anorganica, Polyurethane, Lackrohstoffe, Pharmazeutische und Pflanzenschutzprodukte.

Verkaufsorganisation: Eigene Vertriebsbereiche in Berlin, Dortmund, Frankfurt, Hamburg, Hannover, Köln, München, Münster, Stuttgart, Wuppertal. Bayer hat ferner Vertretungen in fast allen Ländern der Erde.

	1990	1991
Umsatz (Konzern) . Mill. DM	41 643	42 401
Beschäftigte (Konzern) Jahresende	171 000	164 200

Direkte Beteiligungsgesellschaften

Bunawerke Hüls GmbH, Marl, 50 %.
EC Erdölchemie GmbH, Köln, 50 %.
Haarmann & Reimer GmbH, Holzminden, 100 %.
H. C. Starck Berlin GmbH & Co. KG, Berlin, 94,1 %.
Rhein-Chemie Rheinau GmbH, Mannheim, 100 %.
Troponwerke GmbH & Co. KG, Köln, 100 %.
Bayer Antwerpen N.V., Antwerpen/Belgien, 100 %.
Bayer Polysar Belgium N.V., Zwijndrecht/Belgien, 100 %.
Bayer Polysar France S. A., La Wantzeneau/Frankreich, 96,7 %.
Bayer (Canada) Inc., Pointe Claire/Kanada, 100 %.
Bayer (India) Ltd., Bombay/Indien, 51 %.
P. T. Bayer Indonesia, Jakarta/Indonesien, 60 %.
Bayer Japan Ltd., Tokio/Japan, 100 %.
Nihon Tokushu Noyaku Seizo K.K., Tokio/Japan, 50,4 %.
Bayer Yakuhin, Ltd., Osaka/Japan, 75,6 %.
Agfa-AG, Leverkusen, 100 %.
Sumitomo Bayer Urethane Co., Ltd., Amagasaki/Japan, 50 %.
Bayer USA Inc., Pittsburgh/USA, 100 %.
Bayer Foreign Investments Limited, Toronto/Kanada, 100 %.
Bayer Finance S.A., Luxemburg/Luxemburg, 99,9 %.
Bayer Capital Corporation N.V., Amsterdam/Niederlande, 100 %.

Buna AG

O-4212 Schkopau, ☏ (03461) 49-0, ⌥ 471291-51, Telefax (03461) 642201.

Vorsitzender des Aufsichtsrates: Dr. Heinz *Ache*.

Vorstand: Karl-Heinz *Saalbach*, Vorsitzender; Dr. Volkmar *Gropp;* Winfried *Hahn;* Dr. Christoph *Mühlhaus;* Harald *Rosche*.

Gesellschafter: Treuhandanstalt, 100 %.

Zweck: Gegenstand des Unternehmens ist die Entwicklung, Herstellung und der Vertrieb von Kunststoffen und anderen chemischen Erzeugnissen, Kautschuk, Kunststoffe, PVC, Weichmacher, Dispersionen, Reaktionsharze, Tenside, Organica.

Beteiligungen:

Ammendorfer Plastwerke GmbH, Halle, 100 %.
Eilenburger Chemie-Werk GmbH, Eilenburg, 100 %.
halle plastic GmbH, Halle, 100 %.
Orbitaplast GmbH, Weißandt-Gölzau, 80 % privatisiert, 20 %.
Deutsche Buna Handelsgesellschaft, Berlin, 80 %.

Umsatz: 760 Mill. DM (1991).

Carbo-Tech
Gesellschaft für Bergbau- und Industrieprodukte mbH

4300 Essen-Kray, Franz-Fischer-Weg 61, Postanschrift: Postfach 13 01 40, 4300 Essen 13, ☏ (02 01) 172-04, ⌥ 8 25 701 wbk d, Telefax (02 01) 172 12 60 Geschäftsführung Technik, (02 01) 172 10 94 Geschäftsführung Unternehmensführung und Betriebswirtschaft, (02 01) 172 28 10 (Aktivkohlen und Rhodanide), (02 01) 172 13 82 (Anlagenbau), (02 01) 172 12 60 (Berg- und Tunnelbausysteme).

Geschäftsführung: Professor Dr.-Ing. Karl *Knoblauch,* Dipl.-Kfm. Alfred *Linden,* Dipl.-Kfm. Udo *Scheer.*

Prokuristen: Dipl.-Ing. Josef *Degel,* Dr.-Ing. Kai *Krabiell,* Dr. rer. nat. Hans-Ernst *Mehesch,* Rechtsanwalt Reiner *Niedergesäß-Gahlen,* Dipl.-Ing. Steffen *Schäfer,* Dr.-Ing. Klaus *Wybrands.*

Zweck: Herstellung von Produkten für Bergbau und Industrie. Maßgebend ist der Gesellschaftsvertrag vom 1. 12. 1988 in der Fassung vom 10. 7. 1992. Die Gesellschaft ist am 1. 12. 1988 gegründet und am 20. 12. 1988 in das Handelsregister eingetragen worden.

Gesellschafter: Alleiniger Gesellschafter ist die Bergwerksverband GmbH.

Geschäftsbereich Technik

Geschäftsführer: Professor Dr.-Ing. Karl *Knoblauch*.

Aktivkohlen und Rhodanide

Bereichsleitung: Dipl.-Ing. Josef *Degel,* Dipl.-Ing. Steffen *Schäfer.*

Hauptabteilung Aktivkohlenanlagen: Leiter: Dr.-Ing. Klaus *Wybrands.*

Hauptabteilung Vermarktung und Anwendungstechnik: Leiter: Dipl.-Ing. Steffen *Schäfer.*
Abteilung Verkauf: Norbert *Dördelmann.*
Abteilung Anwendungstechnik und Qualitätssicherung: Dipl.-Ing. Klaus-Dirk *Henning.*
Abteilung Vertrieb von Kohlenstoffmolekularsieben (CMS): Dr. rer. nat. Hans-Jürgen *Schröter.*

Zweck: Herstellung von Aktivkohle und Aktivkoks sowie Regeneration von beladenen Aktivkohlen. Beratung zur Anwendungstechnik von Aktivkohlen für Wasser- und Luftreinigung, als Katalysatorträger und zu Adsorptionsverfahren. Weiterentwicklung von Aktivkohlen. Herstellung und Anwendung von Kohlenstoffmolekularsieben (CMS), insbesondere für die Stickstoffgewinnung.

Hauptabteilung Produktion Rhodanide: Leiter: Dipl.-Ing. Steffen *Schäfer.*

Zweck: Herstellung technischer Produkte für die chemische Industrie, vornehmlich Ammonium-, Natrium- und Kaliumrhodanid.

Anlagenbau

Bereichsleitung: Dr.-Ing Kai *Krabiell.*

Abteilung Gastrennung und Gasreinigung: Klaus *Giessler.*
Abteilung Stickstoff- und Sauerstoff-PSA-Technik: Dr.-Ing. Alfons *Schulte-Schulze-Berndt.*
Abteilung Verkauf, Bereichscontrolling: Dr.-Ing. Kai *Krabiell.*

Zweck: Beratung, Planung und Bau von PSA-, Stickstoff- und Gastrennanlagen.

Berg- und Tunnelbausysteme

Bereichsleitung: Dr. rer. nat. Hans-Ernst *Mehesch.*
Abteilung Produktion und Logistik: Dipl.-Ing. Helmut *Kempmann.*
Abteilung Forschung und Entwicklung: Dr. rer. nat. Wolfgang *Cornely.*
Abteilung Produktmarketing und Anwendung: Dr.-Ing. Archibald *Richter.*
Abteilung Einkauf/Verkauf: Horst *Schoppmeier.*
Abteilung Qualitätssicherung: Dr. rer. nat. Dieter *Wobig.*

Stabsstelle: Neue Auslandsmärkte (Dr. rer. nat. Hans-Ernst *Mehesch*), Bauindustrie/Tunnelbau (Dipl.-Ing. Dieter *Böhm*).

Zweck: Herstellung, Vertrieb und Anwendung von speziellen Kunststoffgemischen und von Spezialbaustoffen für die Verfestigung und Abdichtung über und unter Tage sowie Ausrüstung zur Verarbeitung derselben. Vertrieb und Anwendung von Injektionsankern. Herstellung, Vertrieb und Anwendung von Bindemitteln für die Befestigung von Ankern, insbesondere im Berg- und Tunnelbau. Vertrieb und Anwendung von Spezialbaustoffen zur Verfüllung von Hohlräumen sowie Ausrüstung zur Verarbeitung derselben.

Geschäftsbereich Unternehmensführung

Geschäftsführer: Dipl.-Kfm. Alfred *Linden.*

Die Aufgaben im Geschäftsbereich „Unternehmensführung" werden im Wege der Geschäftsbesorgung durch die Bergwerksverband GmbH wahrgenommen.

Geschäftsbereich Betriebswirtschaft

Geschäftsführer: Dipl.-Kfm. Udo *Scheer.*

Die Aufgaben im Geschäftsbereich „Betriebswirtschaft" werden im Wege der Geschäftsbesorgung durch die Bergwerksverband GmbH wahrgenommen.

Cassella Aktiengesellschaft

6000 Frankfurt (Main) 60, Hanauer Landstraße 526, ℡ (0 69) 41 09 01, ✎ 4 11 208 cass d, Telefax (0 69) 41 09 21 00, ✉ cassella frankfurtmain.

Aufsichtsrat: Professor Dr. Wolfgang *Hilger,* Vorsitzender; Rolf *Hörnig,* stellv. Vorsitzender; Professor Dr. rer. nat. Franz *Effenberger,* Otto *Grösch,* Dr. rer. nat. Karl *Holoubek,* Dr. rer. nat. Karlfried *Keller,* Rolf *Kittel,* Georg *Krupp,* Wolfgang *Pennigsdorf,* Dr. rer. nat. Karl-Gerhard *Seifert,* Jürgen *Streit,* Uwe Jens *Thomsen.*

Vorstand: Rechtsanwalt Christian *Ruppert;* Professor Dr. Wolfgang *Grünbein.*

Direktoren: Dr. Karl-Heinz *Cossmann* (Ingenieur-Technik); Rechtsanwalt Wolfgang *Faust* (Personal-/

Sozialwesen, Rechtsabteilung); Dr. Frank *Schmidt* (Produktion); Professor Dr. Rainer N. *Zahlten* (Produktgruppeneinheit Herz-Kreislauf); Dr. Willi *Stekkelberg* (Wissenschaftliche Laboratorien).

Prokuristen: Dr. Horst *Aman* (Umweltschutz); Wolfgang *Beger* (Verkauf Pharma OTC); Dr. Fritz *Engelhardt* (Wissenschaftl. Laboratorien); Dipl.-Ing. Dieter *Ferchland* (Ingenieurabteilung); Dr. Hans-Gerhard *Fischer* (Produktion Ost); Dipl.-Kfm. Günter *Franzmann* (Controlling); Dipl.-Ing. Thomas *Götze* (Forschung und Entwicklung, Melaminharze/Papier); Dr. Rainer *Henning* (Pharmaforschung); Dr. Ulrich *Kußmaul* (Produktion Ost); Dr.-Ing. Manfred *Mayer* (Ingenieurabteilung); Dipl.-Kfm. Hans-Edgar *Münch* (Pharmavertrieb); Dr. Peter-Wilhelm *Schlikker* (Marketingabteilung CRP); Dr. Ulrich *Schmidtberg* (Information und Kommunikation); Dr. Robert *Schneider* (Produktion West); Dr. Wolfgang *Schulz* (Pharmaforschung); Dr. Hans-Georg *Urbach* (Patentabteilung); Jürgen *Wahl* (Verkauf Pharma OTC); Hans-Jürgen *Wieczorek* (Materialwirtschaft).

Gründung: 1870.

Kapital: 34,1 Mill. DM.

Gesellschafter: Hoechst AG, Frankfurt (Main)-Höchst, mehr als 75 %; Rest Streubesitz.

Produkte: Organische Chemikalien; Farbstoffe für die Textil-, Leder- und Papierindustrie, Pigmente, Spezialfarbstoffe; Hilfsmittel für Textil- und Erdölindustrie; Rohstoffe für Waschmittel, Hygieneindustrie; Melaminharze für Möbel-, Papier-, Kunststoff- und Lackindustrie; Arzneimittel.

	1990	1991
Umsatz .... Mill. DM	709	795
Beschäftigte	2 367	2 418

Beteiligungen

Riedel-de-Haën AG, Seelze bei Hannover, 81 %.
Cassella-Riedel Pharma GmbH, Frankfurt (Main), 100 %.

Chemie AG Bitterfeld-Wolfen

O-4400 Bitterfeld, Zörbiger Straße, Postfach 1200, ☏ (441) 7-0, ✍ 31980-32 cbw d, Telefax (03441) 73331.

Vorstand: Dr. Dieter *Ambros*, Vorsitzender; Horst Jürgen *Grün*, Arbeitsdirektor; Dipl.-Ing. oec. Dieter *Raschke*.

Produkte: Anorganische Grundchemikalien, organische Farbstoffe und Zwischenprodukte, Pflanzenschutzmittel, Ionenaustauscher, Molekularsiebe, Leicht- und Schwermetalle, Kunststoffe, Spezialprodukte.

Chemiewerk Greiz-Dölau GmbH

O-6600 Greiz-Dölau, Liebigstraße 7, ☏ 780, ✍ 331141 cgd d, Telefax 78219.

Geschäftsführung: Dipl.-Ing. Horst *Huß*, Dieter *Grossmann*.

Chemische Fabrik Kalk GmbH

5000 Köln 91, Kalker Hauptstr. 22, Postfach 91 01 57, ☏ (02 21) 8 29 61, ✍ 8 873 355, ⌘ cefka köln.

Aufsichtsrat: Dr. Ralf *Bethke*, Vorsitzender; Dr. Axel *Hollstein*, stellv. Vorsitzender; Erwin *Jütten*, Manfred *Klein*, Dr. Reinhard *Steinmetz*, Dr. Volker *Schäfer*.

Geschäftsführung: Dr. Günter *Borm*, Dr. Gerhard *Eisenhauer*.

Kapital: 30 Mill. DM.

Gesellschafter: Kali und Salz AG, Kassel.

Produkte: Montan-Systeme gegen Brand, Staub und Explosion; Bergbaufolien; Einwegnetze zur Sicherung der Ortsbrust, Soda, Natronlauge, Calciumchlorid, Calciumcarbonat, Calciumformiat, Salzsäure, Salpetersäure, Salmiakgeist, Ameisensäure, Winterdienst-Systeme.

Chemische Werke Lowi GmbH & Co.

8264 Waldkraiburg, Postfach 1660, ☏ (08638) 608-0, Telefax (08638) 608200.

Geschäftsführung: Dr. Peter *Unrath*, Dr. Winfried *Diener*.

Kapital: 6,5 Mill. DM.

Komplementär: Chemische Werke Lowi Beteiligungs GmbH.

Produkte: Antioxidantien, UV-Absorber, Lichtschutzmittel, Xylenole, Cresole.

Ciba-Geigy GmbH

7867 Wehr, Öflinger Straße, Postfach 11 60/11 80, ☏ (0 77 62) 82-0, ✍ 7 92 702, Telefax (0 77 62) 39 30 (Hauptsitz; Verwaltung; Divisionen Pharma, Kunststoffe, Pigmente). 6000 Frankfurt 71, Hahnstraße 40, ☏ (0 69) 66 86-0, Telefax (0 69) 6 66 10 76 (Divisionen Textilfarbstoffe, Chemikalien, Additive). 6000 Frankfurt 11, Liebigstr. 51-53, ☏ (0 69) 71 55-0, Telefax (0 69) 72 76 47 (Division Agro).

Aufsichtsratsvorsitzender: Dr. H. *Kindler*, Basel.

Geschäftsführung: H. W. *Füllemann*, Vorsitzender; Dr. H. *Kasperl* (Farbstoffe/Chemikalien); P. *Koopmann* (Agro); M. A. *Vischer* (Pharma).

Stammkapital: 75 Mill. DM.

UNTERNEHMEN

Gesellschafter: Ciba-Geigy AG und Ciba-Geigy International AG (Basel/Schweiz), Ciba-Geigy Holding Deutschland GmbH (Rheinfelden/Baden).

Produkte: Farbstoffe und Chemikalien, Pharmazeutika, Landwirtschaftliche Betriebsmittel, Additive, Kunststoffe, Pigmente.

		1990	1991
Umsatz	Mill. DM	1 525	1 679
Beschäftigte	rd.	1 735	1 750

Condea Chemie GmbH

D-2000 Hamburg 60, Überseering 40, ☏ (0 40) 63 75-0, Telefax (0 40) 63 75-35 95.

Geschäftsführung: Dr. Wilfried *Dolkemeyer*, Dr. Egon *Weber*.

Gesellschafter: RWE-DEA AG für Mineraloel und Chemie, Hamburg, 100 %.

Produkte: Petrochemische Produkte: Ethylen, Propylen, Butadien, C4-Raffinate, Benzol, Toluol, Xylole, Ethylbenzol, Methanol, Dimethylether in technischer und Aerosolqualität, Ammoniak, Harnstoff, Schwefel, Phthalsäureanhydrid, Acrylnitril, Kohlensäure, Industriegase, Terephthalsäure, n-Paraffine, Kalkammonsalpeter.
Industriechemikalien: Isopropylalkohol, sekundär-Butylalkohol, Diisopropylether, Aceton, Methylethylketon, Methylisopropenylketon, Methylisobutylketon, Ethylamylketon, Maleinsäureanhydrid.
Fettalkohole und Derivate: Lineare Fettalkohole (Einzelfraktionen und Mischungen), Lineare Weichmacher-Alkohole, Guerbet-Alkohole, selbstemulgierende Fettalkohole, Spezialweichmacher für PVC, Fettalkoholethoxilate, aromatenfreie Kohlenwasserstoffe.
Anorganische Spezialchemikalien: Aluminiumoxidhydrate und Aluminiumoxide hoher chemischer Reinheit, hochreine, kieselsäure-dotierte Tonerden.
Organische Spezialchemikalien: Amine, Alkylchloride, Aluminiumalkoholate und Derivate, Alkenylbernsteinsäureanhydride und Derivate, Polyurethanchemikalien, Aminkatalysatoren, Modifikatoren, Vernetzer, Kettenverlängerer, Additive für Benzin und Dieselkraftstoff.
Kunstharze: Leimharze, Paraffinemulsionen, Lackharze, Copolymerdispersionen.

Verbundene Unternehmen:
Condea Chimie S.A.R.L., F-75017 Paris, 125, Rue de Saussure.
Condea Chemicals UK, GB-Kingston-upon-Thames, Suite 316/317, Surrey House, 34 Eden Street.
Condea Chemie Benelux, B-2018 Antwerpen, Antwerp Tower, De Keyserlei 5.
Vista Chemical Company, USA-Houston, Texas 77224-9029, 900 Threadneedle, P.O. Box 19029.
Ceralox Corp., USA-Tucson, Arizona 85706, 7800, South Kolb Road.

Deutsche Exxon Chemical GmbH

5000 Köln 1, Dompropst-Ketzer-Str. 1–9, Postfach 10 07 48, ☏ (02 21) 1 61 50, ✆ 8 881 814, Telefax (02 21) 16 15-3 20.

Geschäftsführung: Winfried *Döring*.

Kapital: 10 Mill. DM.

Gesellschafter: Esso AG, Hamburg, 100 %.

Zweck: Herstellung von und Handel mit petrochemischen Produkten.

		1990	1991
Umsatz	Mrd. DM	1,14	1,14
Beschäftigte		370	371

Deutsche Shell Chemie GmbH

6236 Eschborn 1, Kölner Straße 6, ☏ (0 61 96) 47 40, ✆ 4 072 939 dsc d, Teletex (26 27) 61 96 912 = DSC, Telefax (0 61 96) 47 45 02, ⌘ Shellchemie.

Geschäftsführung: Thies J. *Korsmeier;* Dr. Karlheinz *Berg*.

Stammkapital: 5 Mill. DM.

Gesellschafter: Deutsche Shell AG, Hamburg.

Produkte: Ethylen, Propylen, C4- und C5-Olefine, Aromaten und Derivate, Petrolkoks, Lösemittel, Kaltreiniger: Spezialitäten zur Oberflächenbehandlung, höhere Olefine und Derivate, Polymer- und Zwischenprodukte, Synthetische Kautschuke, Epoxidharze und Zwischenprodukte zur Herstellung von Kunstharzen, Polyurethanschaum-Rohstoffe, Polystyrol glasklar, schlagfest und schäumbar (EPS), LD Polyethylen, PVC, Polybutylen, Rohstoffe und Zwischenprodukte für die Waschmittel-, Reinigungsmittel- und Kosmetikindustrie, Textilhilfsmittel, Alkohole und Weichmacher, Phthalsäureanhydrid, Ethylenoxid und Derivate wie Glykole, Frostschutzmittel, Bremsflüssigkeiten und Ethanolamine, Additive.

		1989	1991
Umsatz	Mill. DM	2 900	2 500
Beschäftigte	(Jahresende)	215	215

Dow Deutschland Inc.
Werk Stade

2160 Stade, Postfach 1120, ☏ (0 41 46) 91-0, ✆ 2 18 181, Telefax (041 46) 91 26 00, 58 21.

Vorstand: Elmar J. *Deutsch,* Vorsitzender; Bernhard H. *Brümmer,* stellv. Vorsitzender/Werksleiter; Romeo *Kreinberg,* Enno *Schüttemeyer,* John G. *Scriven,* Hans U. *Zinggeler.*

Prokurist: Dipl.-Ing. Wolfgang *Köpke.*

Sitz der Gesellschaft: Wilmington, Delaware, USA.

Zweck: Herstellung, Vertrieb, Anwendung von und Handel mit Chemikalien, Kunststoffen und Metallen jeder Art sowie Einfuhr und Ausfuhr dieser Erzeugnisse.

Betriebsanlage: Werk Stade, 2160 Stade, Postfach 11 20, ☏ (0 41 46) 91-0.

Produkte: Chlor, Natronlauge, Lösungsmittel, Glyzerin, Propylenoxid und -glykol, Methylzellulose, Epoxidharze, Polycarbonat.

Dynamit Nobel AG

5210 Troisdorf, Kaiserstraße 1, Postfach 1 261, ☏ (0 22 41) 89-0, ✄ 8 85 666 dn d, Teletex 2 24 14 10 = nobel, Telefax (0 22 41) 89 15 40.

Vorsitzender des Aufsichtsrates: Dr. Heinz *Schimmelbusch*.

Vorstand: Dr.-Ing. Axel *Homburg* (Vorsitzender), Dipl.-Ing. Siegfried *Elbracht*, Hermann *Morgenstern*, Dipl.-Kfm. Klaus C. *Müller-Radot*.

Kapital: 167 Mill. DM (Organschaftsvertrag mit der Feldmühle Nobel AG).

Zweck: Inbesondere Herstellung von und Handel mit Sprengstoffen, Zündmitteln, Pulvern, Munition und sonstigen Erzeugnissen der Sprengmittel- und Munitionsindustrie, chemischen Erzeugnissen und Artikeln aus Kunststoff, Maschinen zur Herstellung der vorstehenden Erzeugnisse und Artikeln der metallverarbeitenden Industrie.

Beteiligungsgesellschaften

Inland

Vereinigte Jute Spinnereien und Webereien GmbH, Troisdorf, 99,95 %.
Sprengstoff-Handels-Gesellschaft mbH, Troisdorf, 70,00 %.
Sprengstoff-Verwertungs-Gesellschaft mbH, Troisdorf, 70,00 %.
GHGS, Gesellschaft für hülsenlose Gewehrsysteme mit beschränkter Haftung, Bonn, 50,00 %.
Eurodyn Sprengmittel Gesellschaft mit beschränkter Haftung, Burbach-Würgendorf, 70,00 %.
Sprengmittelvertrieb in Bayern GmbH, Rieden, 51,00 %.
Menzolit GmbH, Kraichtal-Menzingen, 100,00 %.
Cerasiv GmbH, Innovative Keramik-Engineering, 100,00 %.
Chemetall Ges. f. chemisch-technische Verfahren mbH, 100,00 %.

Ausland

Gustav Genschow »Nobel« Gesellschaft mbH, Wien/Österreich, 100,00 %.
Dynamit Nobel Iberica S. A., Barcelona/Spanien, 100,00 %.
Leslie Hewett Ltd., Liskeard Cornwall/Großbritannien, 100 %.

Bedec Chasse S. A., Paris/Frankreich, 100,00 %.
Dynamit Nobel RWS Inc., Northvale N. J./USA, 100,00 %.
Rohner AG, Pratteln/Schweiz, 43,76 %.
Rohner Holding AG, Pratteln/Schweiz, 100,00 %.
Norma AB, Amotfors/Schweiz, 100,00 %.

EC Erdölchemie GmbH

5000 Köln 71, Postfach 75 20 02, ☏ (0 21 33) 55-1, ✄ 8 517 361 ec d (Geschäftsführung/Kfm. Verwaltung), ✄ 8 517 362 (Techn. Verwaltung), Teletex 2 10 63 02 ECKoeln, ⌘ Erdölchemie Köln-Worringen.

Geschäftsführung: Dr. Siegfried *Ruch;* Dr. Wilfried *Petzny*.

Kapital: 320 Mill. DM.

Gesellschafter: Bayer AG, Leverkusen, 50 %; Deutsche BP AG, Hamburg, 50 %.

Produkte: Petrochemikalien.

Vertrieb: Bayer AG Geschäftsbereich Organica.

	1989/90	1990/91
Umsatz .... Mrd. DM	2,381	2,298
Beschäftigte ... (Jahresende)	3 022	3 105

ECI Produktions-GmbH

4530 Ibbenbüren, Hauptstr. 47, Postfach 12 62, ☏ (0 54 59) 50-0, ✄ 9 4 519 eciibb d, Telefax (0 54 59) 50 201.

Geschäftsführung: Dipl.-Kfm. Wolf Alexander *Herold*, Dipl.-Ing. Günther *Joswig* (stellv.).

Prokuristen: Dr. Dietrich *Gerlatzek*, Albert *Kamp*, Klaus *Hoppe*.

Kapital: 2 Mill. DM.

Gesellschafter: Akzo Salt and Basic Chemicals International BV, Hengelo (Niederlande), 25,5 %; Elektro-Chemie Ibbenbüren GmbH, Ibbenbüren, 49 %; Preussag AG, Berlin/Hannover, 25,5 %.

Produkte: Chlor, Natronlauge, Wasserstoff, Chlorbleichlauge, Salzsäure.

	1990	1991
Umsatz .... Mill. DM	98,7	91,1
Beschäftigte ... (Jahresende)	147	147

Eilenburger Chemie-Werk GmbH

O-7280 Eilenburg, Ziegelstraße 2, ☏ 610, ✄ 5 12886, Telefax 35 59.

Aufsichtsrat: Werner *Kant*, Vorsitzender.

Geschäftsführung: Dr. Thomas *Dietrich*, Eberhard *Kunze*, Lothar *Lietz*.

Elektro-Chemie Ibbenbüren GmbH

4530 Ibbenbüren 1, Hauptstr. 47, Postfach 1260, ☎ (0 54 59) 50-0, ⌁ 9 4 519 eciibb d, Telefax (0 54 59) 50 201, ⌁ elektrochemie Ibbenbueren.

Aufsichtsrat: Dipl.-Ing. Maximilian *Ardelt*, Wolfenbüttel, Vorsitzender; Ir. R. M. J. *van der Meer*, Epe (Niederlande), stellv. Vorsitzender; Dr. Heinz *Reinermann*, Ronnenberg; Ir. J. A. *Wesseldijk*, Leiden (Niederlande).

Geschäftsführung: Dipl.-Kfm. Wolf Alexander *Herold*, Dipl.-Ing. Günther *Joswig* (stellv.).

Prokuristen: Dr. Dietrich *Gerlatzek;* Klaus *Hoppe*, Albert *Kamp*.

Kapital: 12 Mill. DM.

Gesellschafter: Akzo Salt and Basic Chemicals International BV, Hengelo (Niederlande), 50 %; Preussag AG, Berlin/Hannover, 50 %.

Produkte: Chlor, Natronlauge, Wasserstoff, Chlorbleichlauge, Salzsäure.

	1990	1991
Umsatz .... Mill. DM	63,7	56,6
Beschäftigte ... (Jahresende)	10	10

Elektrokohle Lichtenberg AG

O-1130 Berlin, Herzbergstraße 128 – 139.

Vorstand: Dipl.-Ing. Ökonom Hans-Ulrich *Hanff*, Ing. Ökonom Bernd *Hoffmann*.

Produkte: Graphit- und Kohleelektroden, Elektrolysestäbe, Siliziumkarbid-Heizstäbe, Kohlebürsten.

Zweck: Elektro-, Gas-, Wasser- und Heizungsinstallation, Hoch- und Ausbaugewerke, Instandhaltung von Maschinen-, elektrotechnischen Anlagen und Meß- und Regeltechnik.

GfK Gesellschaft für Kohleverflüssigung mbH

6600 Saarbrücken, Malstatter Markt 13, Postfach 72, ☎ (06 81) 40 08-1 00.

Geschäftsführung: Ass. jur. Wolfgang *Brück*, Dr.-Ing. Helmut *Würfel*.

Stammkapital: 500 000 DM.

Gesellschafter: Saarbergwerke AG, 100 %.

Zweck: Entwicklung, Bau und Betrieb von Anlagen zur Hydrierung.

Giulini Chemie GmbH

6700 Ludwigshafen, Giulinistraße, Postfach 15 04 80, ☎ (06 21) 57 09 01, ⌁ 4 64 842 gc d, Telefax (06 21) 5 70 94 52, ⌁ Giulini Ludwigshafenrhein.

Aufsichtsrat: Dr. Bernhard *Mielert*, Vorsitzender.

Geschäftsführung: Mark *Wilsker*, Dr. Jens Peter *Jensen*.

Direktoren: Dr. Günther *Drautzburg*.

Öffentlichkeitsarbeit: Dr. Kurt *Becker*.

Produkte: Aluminiumsulfat, Natriumaluminat, phosphorsaure Salze, Synthesegipse, Pharma Feinchemikalien, Nahrungsmittelzusätze, Wasserbehandlungsprodukte, Produkte für die Papierindustrie, Hilfsstoffe für die Schuhindustrie, chem. Baustoffzusätze, Gasreinigungsmassen.

	1989	1990
Umsatz .... Mill. DM	200	216
Beschäftigte ... (Jahresende)	780	780

Tochtergesellschaften

Rhenoflex GmbH, Fabrik chem.-techn. Erzeugnisse, Ludwigshafen.
Turris S.E.A. (PTE) Ltd., Singapore.
Giulini Corporation, Bound Brook, N.J./USA.
Lombard-Gerin Sarl., Tassin/Lyon.
Hoyermann Chemie GmbH, Ludwigshafen.
Turris Werke GmbH, Ludwigshafen.
Turris Food Service GmbH, Ludwigshafen.
RX-France SARL, Faucogney, Frankreich.

Th. Goldschmidt AG, Chemische Fabriken

4300 Essen 1, Postfach 10 14 61, ☎ (0201) 1 73 01, ⌁ 85 71 70 tg d; ⌁ Stannum.

Aufsichtsrat: Professor Dr. rer. nat. Matthias *Seefelder*, Heidelberg, Vorsitzender; Franz *Olmer*, Arbeitnehmervertreter, Essen, stellv. Vorsitzender; Dr. jur. Jan *Boetius*, München; Wulf *Carstensen*, Arbeitnehmervertreter, Essen; Werner *Dieker*, Arbeitnehmervertreter, Essen; Professor Dr.-Ing. Gerhard *Fehl*, Aachen; Dr. rer. pol. Alfred *Lukac*, Essen; Reinhold *Peters*, Arbeitnehmervertreter, Duisburg; Dr. rer. nat. Henning *Sulitze*, Gärtringen-Rohrau; Holger *Wacker*, Arbeitnehmervertreter, Essen; Professor Dr. rer. nat. Günther *Wilke*, Mülheim; Georg *Wörsdörfer*, Arbeitnehmervertreter, Hahn.

Vorstand: Dr. rer. nat. Gerd *Rossmy*, Vorsitzender; Dr. rer. nat. Hans-Joachim *Kollmeier;* Dipl.-Kfm. Heinz *Rieber;* Dipl.-Ing. Rolf *Uhrmann*.

Gründung: 1847 Gründung der Chemischen Fabriken Th. Goldschmidt in Berlin durch Theodor Goldschmidt; 1889 Übersiedlung der Fabrik nach Essen.

Grundkapital: 65,0 Mill. DM.

3 PETROCHEMIE

Werke: Essen, Mannheim.

Produkte: Anorganische Chemie; Organische Spezialitäten.

	1990	1991
Umsatz .... Mill. DM		
Inland (AG)	578,9	583,2
Welt (Konzern)	1 233,6	1 315,4
Beschäftigte ... (Jahresdurchschnitt)	5 373	5 565

Goldschmidt-Gruppe

Th. Goldschmidt Ges.m.b.H., Wien/Österreich, 100 %.
Th. Goldschmidt AB, Jönköping/Schweden, 100 %.
Th. Goldschmidt S.A., Barcelona/Spanien, 100 %.
Th. Goldschmidt Indústrias Quimicas Ltda., Guarulhos/Brasilien, 100 %.
Goldschmidt Chemical Corp., Hopewell, Virginia/USA, 100 %.
Tego Quimica S.A., Caracas/Venezuela, 100 %.
Th. Goldschmidt Japan K. K., Tokyo/Japan, 100 %.
S.a.r.L. Beugin Industrie, Houdain/Frankreich, 100 %.
Nirvan-Keramchemie Pvt. Ltd., Thane/Indien, 40 %.
Estanol AG, Zürich, 100 %.
Elektrozinn AG, Oberrüti/Schweiz
    (50 % über Th. Goldschmidt GmbH, Zug/Schweiz, 50 % über Estanol AG, Zürich.)
Th. Goldschmidt GmbH, Zug/Schweiz, 100 %.
Desestañeria Goldschmidt del Caribe Inc., Salinas/Puerto Rico, 100 %.
Elektro-Thermit, Essen, 100 %.
Gefos Gesellschaft für Oberbauschweißtechnik mbH, Erftstadt, 100 %.
OSG Oberbau-Schweißtechnik-GmbH, Halle/Saale, 100 %.
P. C. Wagner Elektrothermit Schweißgesellschaft KG, Wien, 100 %.
Elektrothermit Argentina S.R.L., Buenos Aires, 100 %.
Orgo-Thermit Inc., Lakehurst, New Jersey/USA, 100 %.
Tego Chemie Service GmbH, Essen, 100 %.
Hansa Textilchemie GmbH, Oyten, 100 %.
Thermit do Brasil Indústria e Comercio Ltda., Rio de Janeiro, 66,6 %.
Thermit Australia Pty. Ltd, Brookvale/Sydney, Australien, 100 %.
Thermit Welding (GB) Ltd., Rainham, Essex/Großbritannien, 50 %.
Thermitrex (Pty.) Ltd., Dunswart/Transvaal/Südafrika, 100 %.
The India Thermit Corp. Ltd., Kanpur/Indien, 26 %.
KCH Keramchemie GmbH, Siershahn, 100 %.
Ösko Österreich, Säurebau- und Korrosionsschutz Ges.m.b.H., Haid b. Linz/Österreich, 100 %.
KCE Keramchemie Installacões Industriais Ltda., Guarulhos/Brasilien, 85 %.
Ancobras Anticorrosivos do Brasil Ltda., Guarulhos/Brasilien, 50 %.
VKP Vereinigte Kunststoff-Pumpen-Gesellschaft mbH, Rennerod, 50 %.
Chemieschutz Gesellschaft für Säurebau mbH, Bensheim, 100 %.
Westerwald Korrosionsschutz GmbH, Wirges, 100 %.
Auer-Remy GmbH, Hamburg, 30 %.
N.V. Th. Goldschmidt S.A., Brüssel/Belgien, 100 %.
Th. Goldschmidt ApS, Strib Middelfart/Dänemark, 100 %.
Goldschmidt France S.A., Montigny le Bretonneux/Frankreich, 100 %.
Th. Goldschmidt E.P.E., Marousi/Griechenland, 100 %.
Th. Goldschmidt Ltd., Ruislip, Middx./Großbritannien, 100 %.
Tego Italiana S.r.l., Mailand/Italien, 100 %.
Th. Goldschmidt N.V., Amsterdam/Niederlande, 100 %.

Grillo-Werke AG

4100 Duisburg 11 (Hamborn), Weseler Str. 1, Postfach 11 02 65, ☏ (02 03) 5 55 71, ✆ 8 55 722, Telefax 55 57-4 90, St u. WL: Duisburg Hbf.

Kapital: 17,5 Mill. DM.

Vorstand: Dr. Gernot *Hänig,* Dr. Uwe *Klumb.*

Produkte: Halbzeuge und Fertigprodukte aus Zink; Chemikalien und ihre Anwendung; Oberlichte und Lichtwände; Entsorgung von Abfallschwefelsäuren, Säureteeren, PCB- und Ugilec-haltigen Altölen, SO_2-haltigem Aktivkoks und Aktivkohle.

	1990	1991
Umsatz .... Mill. DM	240	130*
Beschäftigte ... (Jahresende)	580	620

* Rumpfgeschäftsjahr (9 Monate).

Guano-Werke AG

4150 Krefeld 12, Ohlendorffstraße 29, Postfach 9127, ☏ (0 21 51) 5 79-0, ✆ 8 53 842 gwkrf d, Telefax (0 21 51) 5 79-211.

Aufsichtsrat: Dr. Wilhelm *Rittinger,* Schifferstadt, Vorsitzender; Dr. Dieter *Scherf,* Weisenheim am Sand, stellv. Vorsitzender; Dr. Hans Jörg *Henne,* Neustadt/Weinstraße; Dieter *Pöhlmann,* Essen; von der Belegschaft entsandt: Peter *Meinen,* Nordenham; Karl-Josef *Weyers,* Meerbusch-Nierst.

Vorstand: Klaus *Grieshaber.*

Prokuristen: Dr. Karl *Joerger,* Dr. Ludwig *Taglinger.*

Kapital: 16,8 Mill. DM.

Gesellschafter: Wintershall Beteiligungs-GmbH, 98,6 %.

Tätigkeit: Herstellung und Verkauf von Düngemitteln und Chemikalien.

Werk: Krefeld-Linn.

Beteiligung: Superphosphat-Industrie GmbH, i. L., Hamburg, 20 %.

GVS Gesellschaft zur Vergasung von Steinkohle mbH

4600 Dortmund 1, Rheinlanddamm 24, ☏ (02 31) 4 38-1, ✆ 8 22 121 VEW.

Geschäftsführung: Dipl.-Kfm. Ingo *Schmidt;* Dr.-Ing. Klaus *Weinzierl.*

Stammkapital: 50 000 DM.

Gesellschafter: Vereinigte Elektrizitätswerke Westfalen AG (VEW), 100 %.

Betriebsanlagen: Die Gesellschaft betrieb seit 1984 am Standort des VEW-Kraftwerks Gersteinwerk eine Prototyp-Anlage zur Weiterentwicklung des VEW-Kohleumwandlungsverfahrens mit einem Steinkohledurchsatz von 10 t/h. Der Betrieb der Anlage wurde zum 31. Januar 1991 beendet. Die Produkte aus dem Betrieb der Versuchsanlage — Gas, Koks und Frischdampf — wurden dem mit der Anlage gekoppelten Steinkohleblock D des Kraftwerks Gersteinwerk zugeführt.

Henkel KGaA

4000 Düsseldorf 1, Postfach 11 00, Henkelstr. 67, ☏ (02 11) 7 97-1, ✆ 85 817-0, Teletex 21 179, ⌘ Henkel Düsseldorf.

Aufsichtsrat: Dipl.-Ing. Albrecht *Woeste,* Vorsitzender; Gottfried *Neuen,* stellv. Vorsitzender; Dr. Ulrich *Cartellieri;* Ursula *Fairchild;* Weert *Gerdes;* Benedikt-Joachim *Freiherr von Herman;* Helmut *Maucher;* Hans *Mehnert;* Manfred *Pape;* Dipl.-Phys. Herbert *Puderbach;* Erich *Ruch;* Dr. Wolfgang *Röller;* Kläre *Spaas;* Hans *Vonderhagen;* Jürgen *Walter;* Dieter *Wendelstadt.*

Geschäftsführung: Persönlich haftende geschäftsführende Gesellschafter: Dr. Hans-Dietrich *Winkhaus,* Vorsitzender; Dr. Jens *Conrad,* Dr. Roman *Dohr;* Professor Dr. Jürgen *Falbe;* Dr. Uwe *Specht;* Mitglieder: Dr. Hans-Günther *Grünewald,* Dr. Klaus *Morwind,* Dr. Roland *Schulz.*

Direktorium: Hans J. M. *Bökkering;* Dr. Johannes *Dahs;* Dr. Gert *Egle;* Dr. Karl *Grüter;* Dr. Jochen *Heidrich;* Dr. Paul *Hövelmann;* Dr. Jürgen *Maaß;* Dr. Veit *Müller-Hillebrand;* Herbert *Pattberg;* Dr. Michael *Schulenburg;* Jürgen *Seidler;* Dr. Wilfried *Umbach;* Professor Dr. Hans B. *Verbeek.*

Gründung: 1876.

Kapital: 702,5 Mill. DM (Grundkapital).

Stille Beteiligungen: 129,6 Mill. DM.

Gesellschafter: Stammaktien und stille Beteiligungen: Familie Henkel, 100 %; Vorzugsaktien: Streubesitz.

Zweck: Herstellung und Vertrieb von chemischen Erzeugnissen, Erwerb von Grundstücken und Beteiligungen an Gesellschaften aller Art.

	1990	1991
Umsatz (Welt) .... Mill. DM	12 017	12 905
Beschäftigte (Welt) (Jahresende)	38 803	41 475

Konzerngesellschaften im Inland (Auswahl)

Henkel KGaA, Düsseldorf.
Aok-Nerval Cosmetics & Perfumes GmbH, München.
Böhme Fettchemie GmbH, Hamburg.
Ceresit GmbH, Düsseldorf.
Chemische Fabrik Grünau GmbH, Illertissen.
Gerhard Collardin GmbH, Herborn, Hess. 1.
Cordes & Co GmbH, Porta Westfalica.
Cognis Gesellschaft für Bio- und Umwelttechnologie GmbH, Düsseldorf.
Henkel Bautechnik GmbH, Düsseldorf.
Henkel-Ecolab GmbH & Co OHG, Düsseldorf.
Henkel Genthin GmbH, Genthin.
Henkel Härtol GmbH, Magedeburg.
Kepec Chemische Fabrik GmbH, Siegburg.
Lang Apparatebau GmbH, Siegsdorf.
Matthes & Weber GmbH, Duisburg.
Neynaber Chemie GmbH, Loxstedt.
Omnitechnic GmbH Chemische Verbindungstechnik, Hannover.
Schmidt & Hagen GmbH & Co KG, Uetersen.
Siegert & Cie GmbH, Neuwied.
Thompson-Siegel GmbH, Düsseldorf.

Wesentliche Beteiligungen im Ausland

Chem-Plast S.p.A., Mailand (Italien).
Cognis (USA).
Ecolab Ing. (US), 24,2 %.
Henkel of America, Inc., New York (USA), mit Henkel Corporation, Gulph Mills (USA).
Henkel Argentina S/A, Buenos Aires (Argentinien).
Henkel Australia Pty. Ltd., Sydney (Australien).
Henkel Austria Ges.mbH, Wien (Österreich).
Henkel Belgium S.A., Brüssel (Belgien).
Henkel Canada Ltd., Hamilton (Kanada).
Henkel Chemicals Ltd., London (Großbritannien).
Henkel Chimica S.p.A., Lomazzo (Italien).
Henkel & Cie AG, Pratteln (Schweiz).
Henkel France S.A., Boulogne-Billancourt (Frankreich).
Henkel Hakusui Corporation, Osaka (Japan).
Henkel Ibérica S.A., Barcelona (Spanien).
Henkel Industrie AG, Teheran (Iran).
Henkel Italiana S.p.A., Mailand (Italien).
Henkel Mexicana S.A. de C.V., Ecatepec de Morelos (Mexiko).
Henkel Nederland B.V., Nieuwegein (Niederlande).
Henkel Polska (Polen).

Henkel S/A Industrias Quimicas, São Paulo (Brasilien).
Henkel South Africa (Pty.) Ltd., Gardenview (Südafrika).
Henkel Sud S.p.A., Ferentino (Italien).
Henkel Thai Ltd., Bangkok (Thailand).
Henkel Venezolana S/A, Caracas (Venezuela).
Konsumgütersparte Barnängen der Nobel Industrier AB (Schweden).
P. T. Henkel Indonesia, Jakarta (Indonesien).
Skandinavisk Henkel A/S, Kopenhagen (Dänemark).
Société des Produits Chimiques du Sidobre Sinnova S.A., Saint Martory-Boussens (Frankreich).
Teroson S.A. (Frankreich).
Teroson (Japan).
Teroson (USA).
Türk Henkel A.S., Istanbul (Türkei).
Turyag A.S., Izmir (Türkei).

Hoechst Aktiengesellschaft

6230 Frankfurt (Main) 80, Postfach 80 03 20, ☏ (0 69) 3 05-0, ✆ hoechstag frankfurtmain, ✍ 4 1 234 hoeag d, Telefax (0 69) 30 36 65.

Aufsichtsrat: Professor Dr. rer. nat. Dr.-Ing. E. h. Rolf *Sammet*, Bad Soden a. T., Vorsitzender; Rolf *Brand*, Elektromechaniker, Vorsitzender des Gesamtbetriebsrats der Hoechst AG, Frankfurt (Main), stellv. Vorsitzender; Oswald *Bommel*, Chemie-Ingenieur, stellv. Vorsitzender des Gesamtbetriebsrats der Hoechst AG, Sulzbach; Assessor Erhard *Bouillon*, ehem. Mitglied des Vorstands der Hoechst AG, Bad Soden am Taunus; Dr.-Ing. E. h. Werner H. *Dieter*, Vorsitzender des Vorstands der Mannesmann AG, Düsseldorf; Willi *Eßer*, Schlosser, Vorsitzender des Betriebsrats des Werkes Knapsack und Mitglied des Gesamtbetriebsrats der Hoechst AG, Erftstadt/Liblar; Dietrich-Kurt *Frowein*, Mitglied des Vorstands der Commerzbank AG, Frankfurt (Main); Dr. jur. Dr. h. c. mult. Kurt *Furgler*, St. Gallen (Schweiz); Dr. jur. Robertus *Hazelhoff*, stellv. Vorsitzender des Vorstands der ABN Amro Holding N.V., Huizen; Georg *Heinz*, Ingenieur, Mitglied des Gesamtbetriebsrats der Hoechst AG, Niedernhausen; Dr. jur. h. c. Horst K. *Jannott*, Vorsitzender des Vorstands der Münchener Rückversicherungs-Gesellschaft, München; Dipl.-Ing. Hermann-Heinz *Konrad*, Mitglied des Sprecherausschusses der leitenden Angestellten des Werkes Hoechst, Eppstein (Taunus); Volker *Kraushaar*, Vorsitzender des Betriebsrats des Werkes Kalle-Albert und Mitglied des Gesamtbetriebsrats der Hoechst AG, Wiesbaden; Professor Dr. rer. nat. Hubert *Markl*, Präsident der Deutschen Forschungsgemeinschaft, Wachtberg-Pech; Abdul Baqi *Al-Nouri*, Petrochemical Industries Co (K. S. C.), Kuwait; Dipl.-Ök. Peter Michael *Preusker*, Leiter der Wirtschaftsabteilung der IG Chemie, Papier, Keramik, Hannover; Dr. rer. pol. Wolfgang *Röller*, Sprecher des Vorstands der Dresdner Bank AG, Frankfurt; Egon *Schäfer*, stellv. Vorsitzender der IG Chemie-Papier-Keramik, Sarstedt; Konrad *Starnecker*, Mitglied des Gesamtbetriebsrats der Hoechst AG, Kastl; Wolfgang *Vetter*, Bauschlosser, Mitglied des Gesamtbetriebsrats der Hoechst AG.

Vorstand: Professor Dr. rer. nat. Wolfgang *Hilger*, Vorsitzender; Dr. rer. pol. Günter *Metz*, stellv. Vorsitzender; Dipl.-Volksw. Jürgen *Dormann*; Dr. jur. Martin *Frühauf*; Dr. rer. nat. Karl *Holoubek*; Dr. rer. nat. Hans Georg *Janson*; Dipl.-Kfm. Justus *Mische*; Dr.-Ing. Ernst *Schadow*; Dr. rer. nat. Karl-Gerhard *Seifert*; Uwe Jens *Thomsen*; Dr. Utz-Hellmuth *Felcht*, stellv.

Öffentlichkeitsarbeit: Dominik *von Winterfeldt*.

Gründung am 7. Dezember 1951 als eine der Nachfolgegesellschaften der IG Farbenindustrie AG, Ausgründung 27. März 1953. Gründung der Stammfirma im Jahr 1863.

Aktienkapital: 2 906 Mill. DM.

Zweck: Erzeugung und Vertrieb von Kunststoffen, Fasern, Arzneimitteln, Farbstoffen und Pigmenten, Pflanzenschutz- und Schädlingsbekämpfungsmitteln, Lackrohstoffen und Lösungsmitteln, Kunststoff-Folien, Druckplatten, Waschrohstoffen, Hilfsmitteln für die Erdölförderung, Tensiden, Kunstharzen, technischen Gasen, Chemikalien, Farben, Feinchemikalien, Carbon-Erzeugnissen, Technischer Keramik sowie Errichtung chemischer Anlagen.

	1990	1991
Umsatz .... Mill. DM	44 862	47 186
Beschäftigte ... (Jahresende)	172 890	179 332

100 %ige Beteiligungsgesellschaften im Inland
Behringwerke AG, Marburg.
BK Ladenburg GmbH, Ladenburg.
Uhde GmbH, Dortmund.
Herberts GmbH, Wuppertal.
Hoechst Ceram Tec, Selb.
Marbert GmbH, Düsseldorf.
Ticona Polymerwerke GmbH, Kelsterbach.
Hoechst Veterinär GmbH, Unterschleißheim.
Sigri GmbH, Meitingen.

Absatzorganisation: Geschäftsstellen in Berlin, Dortmund, Frankfurt, Hamburg, Hannover, Köln, Leipzig, München, Stuttgart und Auslandsvertretungen in fast allen Ländern der Erde.

Hoechst Aktiengesellschaft
Werk Ruhrchemie

4200 Oberhausen 11, Postfach 13 01 60, ☏ (02 08) 69 31, ✍ 8 56 867 hoer d, Telefax (02 08) 6 93-20 40, ✆ hoechstag oberhausen.

Vorsitzender des Aufsichtsrats: Professor Dr. rer. nat. Dr.-Ing. E. h. Rolf *Sammet*.

Vorstand: Professor Dr. rer. nat. Wolfgang *Hilger*, Vorsitzender; Dr. rer. pol. Günter *Metz*, stellv. Vorsitzender; Dipl.-Volksw. Jürgen *Dormann*, Dr. jur. Martin *Frühauf*, Dr. rer. nat. Karl *Holoubek*, Dr. rer. nat. Hans Georg *Janson*, Dipl.-Kfm. Justus *Mische*, Dr.-Ing. Ernst *Schadow*, Dr. rer. nat. Karl-Gerhard *Seifert*, Uwe Jens *Thomsen*, stellv.: Dr. rer. nat. Utz-Hellmuth *Felcht*.

Werkleiter und Hauptabteilungs-Direktor: Dr. rer. nat. Gunther *Kessen;* stellv. Werksleiter und Abteilungsdirektor: Dipl.-Ing. Josef *Hibbel*.

Abteilungsdirektor: Dr. rer. pol. Ludwig *Sieben*.

Produkte: Oxoprodukte und Lösemittel, Zwischenprodukte, Spezial-Chemikalien, Kunststoffe (Polyethylen verschiedener Dichte). Katalysatoren auf Basis Nickel, Cobalt, Kupfer.

Hüls AG

4370 Marl 1, Postfach 13 20, ☏ (0 23 65) 49-1, ✆ 8 29 211-0 hs d, Telefax (0 23 65) 49-20 00, ⌕ Huelswerk Marl.

Aufsichtsrat: Dipl.-Kfm. Klaus *Piltz*, Düsseldorf, Vorsitzender; Werner *Bischoff*, Arbeitnehmervertreter, Düsseldorf, stellv. Vorsitzender; Dr. rer. pol. Heinz *Ache*, Bremen; Dr. sc. nat. Johannes Georg *Bednorz*, Rüschlikon/Schweiz; Professor Dr.-Ing. Ernst *Fuhrmann*, Wien/Österreich; Dr. jur. Werner *Funke*, Düsseldorf; RA Ulrich *Hartmann*, Düsseldorf; Professor Dr. rer. nat. Dr.-Ing. e. h. Wolfgang *Hilger*, Frankfurt; Dr. jur. Kurt *Hochheuser*, Düsseldorf; Dr. rer. pol. Manfred *Schüler*, Frankfurt; Professor Dr. rer. nat. Dr. h. c. mult. Günther *Wilke*, Mülheim. — Arbeitnehmervertreter: Ralf *Blauth*, Marl; Werner *Herzog*, Dorsten; Erich *Krenz*, Haltern; Eckehard *Linnemann*, Hannover; Werner *Nuß*, Rheinfelden; Klaus *Pawlak*, Marl; Günter *Placzek*, Bottrop; Guido *Tollkamp*, Marl; Dr. Peter *Weber*, Marl.

Vorstand: Professor Dr. rer. nat. Carl Heinrich *Krauch*, Vorsitzender; Dr. rer. nat. Horst *Brinkmann;* Dipl.-Kfm. Hans E. *Holzer;* Dr.-Ing. Axel *Lippert;* Manfred *Roh;* Dr. rer. nat. Heinrich *Teitge*, Dr. rer. nat. Bernd *Terwiesch*.

Grundkapital: 600 Mill. DM.

Aktionär: Veba Aktiengesellschaft, Düsseldorf, 99,6 %.

Zweck: Erzeugung und Vertrieb von Kunststoffen, synthetischem Kautschuk, Vorprodukten für vollsynthetische Fasern und Lacke, Waschmittelrohstoffen, technischen Gasen, sonstigen organischen und anorganischen chemischen Produkten aller Art sowie die Vornahme aller sonstigen hiermit zusammenhängenden Geschäfte; insbesondere auch der Erwerb von Beteiligungen an anderen Unternehmungen.

	1990	1991
Umsatz (AG) ..... Mill. DM	6 512	6 160
Beschäftigte ... (Jahresende)	20 898	20 564

Beteiligungsgesellschaften

Inland

Aethylen-Rohrleitungs-Gesellschaft mbH & Co KG, Marl, 16,7 %.
Cabot Hüls GmbH, Rheinfelden, 50 %.
Chemiewerk Nünchritz GmbH, Nünchritz, 100 %.
Chemische Fabrik Stockhausen GmbH, Krefeld, 68,5 %.
Deutsche Hefewerke GmbH, Marl (Verwaltungssitz), 100 %.
Faserwerk Bottrop GmbH, Bottrop, 99 %.
GAF-Hüls-Chemie GmbH, Marl, 50 %.
Hülsbau GmbH, Marl, 100 %.
Hüls-Chemie-Forschungs-GmbH, Berlin, 100 %.
Hüls Troisdorf AG, Troisdorf, 99 %.
Katalysatorenwerke Hüls GmbH, Marl, 100 %.
Microparts Gesellschaft für Mikrostrukturtechnik mbH, Karlsruhe, 15 %.
Phenolchemie GmbH, Gladbeck, 50 %.
Röhm GmbH, Darmstadt, 100 %.
Salzgewinnungsgesellschaft Westfalen mbH, Ahaus, 25 %.
Vestischer Vermittlungsdienst für Versicherungen GmbH, Marl, 100 %.
Westgas GmbH, Marl, 50 %.
Wohnungsges. Hüls mbH, Marl, 98 %.

Ausland

Buna France S.A.R.L., Lillebonne, Frankreich, 99,8 %.
Companhia Brasileira de Estireno S.A., São Paulo, 18,1 %.
Daicel-Hüls Ltd., Tokio, 50 %.
Hüls America Inc., Piscataway, USA, 100 %.
Hülsbrasil-Resinas Vinilicas Ltda., São Paulo, 33,3 %.
MEMC Electronic Materials Inc., St. Peter/USA, 100 %.
Nuodex Colortrend B.V., Maastricht, 100 %.
Servo Delden B. V., Delden, 100 %.
Supracryl (Pty.) Ltd., Natal/Südafrika, 100 %.
Svenska Polystyren Fabriken AB, Malmö, 100 %.
Veba-Hüls Development Corp., Piscataway N.J., 50 %.

Vertriebsgesellschaften

N.V. Hüls-Belgien S.A., Brüssel, 100 %.
Hüls do Brasil Ltda., São Paulo, 100 %.
Hüls Canada Inc., Ontario, 42,5 %.
Hüls Danmark A/S, Kopenhagen, 100 %.
Oy Suomen Hüls Ab, Espoo/Finnland, 100 %.
Hüls France S.A., Puteaux (Paris), 83,3 %.
Hüls (U.K.) Ltd., Milton Keynes, 100 %.
Hüls Far East Co Ltd., Hongkong, 100 %.
Hüls Ireland Ltd., Dublin, 100 %.
Hüls Italia SpA, Sesto San Giovanni, 100 %.
Hüls Japan Ltd., Osaka, 100 %.
Hüls-Nederland B. V., Breukelen, 100 %.

Hüls-Norge A/S, Loerenskog, 80 %.
Hüls-Austria Ges.m.b.H., Wien, 100 %.
Hüls Portugal-Produtos Quimicos Ltd., Lissabon, 100 %.
Hüls Sverige AB, Malmö, 100 %.
Hüls (Schweiz) AG, Küsnacht ZH, 100 %.
Hüls Española S.A., Barcelona, 100 %.
Hüls Southern Africa (Pty.) Ltd., Randburg, 76 %.
Hüls Taiwan Co., Ltd., Taipei, 100 %.

Absatzorganisationen: Verkaufsbüros in Berlin, Frankfurt (Main), Hamburg, Hannover, Köln, Leipzig, Marl, München und Stuttgart sowie Auslandsvertretungen in fast allen Ländern der Erde.

Hydrierwerk Zeitz GmbH

O-4900 Zeitz 2, ☎ 842401, ✆ 48024, ✉ Hyzet Zeitz, Telefax (450) 842526.

Geschäftsführung: Dr.-Ing. Peter *Schwarz*, Dr. Rudolf *Hennig*.

Zweck: Herstellung von Kraftstoffen, Schmierstoffen, Autopflegemitteln, Bitumina, Heizölen sowie Mineralölzwischenprodukten zur Weiterverarbeitung.

Produktion		1990	1991
Rohbenzin	1000 t	470	516
Dieselkraftstoff	1000 t	888	891
Heizöle	1000 t	555	740
Flüssiggas	1000 t	4	4
Schmieröle	1000 t	71	40
Hart- und Weichparaffin	1000 t	27	10
Straßenbaubitumen	1000 t	129	186
Schwefel	1000 t	10	10
Absatz			
Rohbenzin	1000 t	451	521
Dieselkraftstoff	1000 t	893	897
Heizöle	1000 t	494	733
Flüssiggas	1000 t	4	4
Schmieröle	1000 t	63	38
Hart- und Weichparaffin	1000 t	28	10
Straßenbaubitumen	1000 t	130	186
Schwefel	1000 t	10	9
Beschäftigte	(Jahresende)	3 000	2 560

Leuna-Werke AG

O-4220 Leuna, ☎ Merseburg 430, ✆ 4681-331, Telefax Merseburg 211038.

Aufsichtsratsvorsitzender: Dr. Hans *Friderichs*.

Vorstand: Dr. Jürgen *Daßler*, Vorsitzender; Dipl.-Ing. Helga *Gerlach*, Arbeitsdirektorin; Dipl.-Kfm. Friedrich *Rehm*, Mitglied des Vorstandes; Dipl.-Ing. Gottfried *Kremer*, Mitglied des Vorstandes.

Produkte: Mineralölprodukte, Methanol, Methanolfolgeprodukte, Kunststoffe, Kunstharze, Leime, Lösungsmittel, Amine, Katalysatoren.

E. Merck oHG

6100 Darmstadt 1, Frankfurter Str. 250, Postfach 41 19, ☎ (0 61 51) 72-0, ✆ 4 19 328-0 em d, Telefax (0 61 51) 72 20 00.

Gesellschafterrat: Professor Dr. Hans Joachim *Langmann*, Vorsitzender; Jon *Baumhauer*, stellv. Vorsitzender; Dr. Victor *Baillou*; Dr. Christoph *Clemm*; Barbara *Groos*; Dr. Frank *Stangenberg-Haverkamp*; Dr. Kurt *von Kessel*; Diplom-Landwirt Karl Heinrich *Kraft*; Peter *Merck*.

Geschäftsleitung: Professor Dr. Hans Joachim *Langmann*, Vorsitzender; Dr. Heinrich *Müller*, stellv. Vorsitzender; Dr. Victor *Baillou*; Dr. Jakob *Fries*; Klaus *Gruber*; Wolfgang *Hönn*; Professor Dr. Günther *Häusler* (stellv.); Edward R. *Roberts*; Dr. Thomas *Schreckenbach*; Dr. Harald J. *Schröder*.

Öffentlichkeitsarbeit: Dr. R. *Welters*.

Gründung: 1827 durch Emanuel Merck.

Gesellschaftskapital: 395 Mill. DM.

Produkte: Arzneimittel; Industriechemikalien; Reagenzien; Diagnostica; Feinchemikalien, Pigmente.

		1989	1990
Umsatz			
Gruppe Inland	Mill. DM	1 738,8	1 818
Gruppe	Mill. DM	3 475,5	3 568
Beschäftigte	(Jahresende)		
Gruppe Inland		9 457	9 407
Gruppe		21 973	22 368

Konzerngesellschaften

Merck Produkte-Vertriebsges. & Co., Darmstadt.
Dr. Theodor Schuchardt & Co.
Cascan GmbH & Co KG.
Chemitra GmbH.
Merck International Finance N.V., Curaçao.

Andere Beteiligungen

Hermal Chemie Kurt Herrmann KG.
Merck & Cie. KG.
Gemeinnützige Wohnbau GmbH.
Allergopharma Joachim Ganzer KG.
EM Diagnostic Systems, Inc., USA.
Andere ausländische Beteiligungen.

Phenolchemie GmbH

4390 Gladbeck, Dechenstr. 3, Postfach 508, ☎ (0 20 43) 58-0, ✆ 8 579 219, Telefax (0 20 43) 5 22 27, ✉ Phenolchemie Gladbeck.

Geschäftsleitung: Dr. jur. Hans-Wilhelm *Schrickel;* Dr. rer. nat. Rolf F. W. *Kelkenberg.*

Kapital: 60 Mill. DM.

Gesellschafter: Hüls AG, Marl, 50 %; Rütgerswerke AG, Frankfurt (Main), 25 %; Harpener AG, Dortmund, 25 %.

Zweck: Synthetische Herstellung von alkylierten Benzolen, von Phenolen und Ketonen sowie die Herstellung der dabei anfallenden Zwischenprodukte und Nebenerzeugnisse sowie die Verwertung und Weiterverarbeitung aller dieser Erzeugnisse und der Handel mit ihnen und mit den erforderlichen Rohstoffen.

Kapazität: 500 000 t/a Phenol; 320 000 t/a Aceton; 30 000 t/a Alphamethylstyrol.

Raschig AG

6700 Ludwigshafen, Postfach 21 11 28, Mundenheimer Str. 100, ☏ (06 21) 56 18-0, Telefax (06 21) 58 28 85.

Aufsichtsrat: Dr. Karl *Zangerle,* Vorsitzender; Dr. Hellmut *Bergmann;* K.-Heinz *Dischler.*

Vorstand: Dr. Friedrich *Raschig,* Ing. Gert *Raschig,* Dr. Willy *Wassenberg,* Rudolf *Keppe.*

Gründung: 1891 durch Dr. Fritz Raschig; seit 1987 AG.

Stammkapital: 9 Mill. DM.

	1989	1990
Umsatz .... Mill. DM	240	250
Beschäftigte ... (Jahresende)	840	840

Werke: Ludwigshafen und Bochum.

Produkte: Organische und Anorganische Chemikalien, Sonderprogramme und Auftragsproduktionen, Füllkörper, Kolonneneinbauten, System-Austausch-Packungen, Kunststoffe, Gießereiformstoffe, Straßenbaustoffe, Bautenschutzmittel, Straßensanierung/-Markierung.

Beteiligungen
Raschig Füllkörper GmbH, Steinefrenz.
Karl Vieh GmbH, Saarbrücken.
Labosim AG, Zürich/Schweiz.
Ralupur AG, Zürich/Schweiz.
Raschig Corp., Richmond/Va., USA.
Raschig France, Paris/Frankreich.
Raschig U.K., Salford/Großbritannien.
Espla GmbH, Espenhain (Kreis Borna).

Redestillationsgemeinschaft GmbH

4630 Bochum, Wittener Str. 45, ☏ (02 34) 3 15-0.

Geschäftsführung: Lutz *Epe;* Klaus Dieter *Westermann;* Alfred *Wolters.*

Beirat: Dr. Gerd *Nashan,* Essen, Vorsitzender; Dr. Reinhold *Beckmann,* Duisburg-Huckingen, stellv. Vorsitzender; Dr. Bernard *Bussmann,* Duisburg; Arnold *Jacob,* Salzgitter; Rainer *Schuchard,* Aachen; Dr. Jürgen *Stadelhofer,* Frankfurt; Dietrich *Rudolf,* Essen.

Stammkapital: 50 000 DM.

Gesellschafter: Ruhrkohle AG, Hüttenwerke Krupp Mannesmann GmbH, Thyssen Stahl AG, Stahlwerke Peine-Salzgitter AG, Rütgerswerke AG, Eschweiler Bergwerks-Verein AG.

Gründung: 1953.

Zweck: Geschäftsführendes Organ für die Zentraldestillationsgemeinschaft GbR. Die Tätigkeit steht in Verbindung mit der Aufarbeitung von Benzol-Vorerzeugnis der Kokereien in der Zentraldestillationsanlage mit einer Kapazität von 336 000 t/a in Gelsenkirchen-Schalke.

	1990	1991
Umsatz .... Mill. DM	17,3	16,6
Beschäftigte ... (Jahresende)	46	46

Rheinische Olefinwerke GmbH (ROW)

5047 Wesseling, Postfach 1464, ☏ (0 22 36) 7 20, ✐ 8 886 961 row d, Telefax (0 22 36) 72 24 00, Teletex (0 22 36) 6 ROWD, ⌘ Olefinwerke Wesseling.

Aufsichtsrat: *Anteilseigner:* BASF: Direktor Dr. Eckart *Sünner,* Vorsitzender; Direktor Dr. Werner *Burgert;* Direktor Professor Dr. Burghard *Schmitt;* Shell: Direktor Dr. Hans-Joachim *Frensdorff;* Direktor Thies J. *Korsmeier;* Direktor Dr. Gerhard *Steiner; Arbeitnehmervertreter:* ROW: Heinz *Jüssen,* stellv. Vorsitzender; Wilfried *Hierl;* Philipp *Keller;* Dr. Klaus *Pfleger;* IG Chemie: Arnold *Salewski;* Helmut *Wambach.*

Geschäftsführung: Direktor Dr. Dieter *Neubauer* (techn.); Direktor Matthijs *Venker* (kfm.).

Stammkapital: 300 Mill. DM.

Gesellschafter: BASF AG, Ludwigshafen, 50 %; Deutsche Shell AG, Hamburg, 50 %.

Produkte: Ethylen, Polyethylen (LDPE, LLDPE, HDPE), Polyisobutylen (Oppanol B), Propylen, Polypropylen (Novolen), Epoxidharz (Epikote), Butadien, Ethylbenzol, Styrol, TR-Kautschuk (Cariflex), Lucobit.

	1990	1991
Umsatz .... Mill. DM	2 342	2 088
Beschäftigte ... (Jahresende)	2 825	2 803

Riedel-de Haën AG

3016 Seelze 1, Wunstorfer Straße 40, ☏ (0 51 37) 7 07-0, ✐ 9 21 295 rdhs d, Telefax (0 51 37) 70 71 23, ⌘ Riedelag Seelze.

Aufsichtsrat: Professor Dr. Wolfgang *Hilger*, Vorsitzender; Rechtsanwalt Christian *Ruppert*, stellv. Vorsitzender; Joachim *Hellermann*; Horst *Helmerding**; Professor Dr. Carl Heinrich *Krauch;* Franz-Ferdinand *Rother**.

* Arbeitnehmervertreter

Vorstand: Dr. Kurt *Eiglmeier;* Heinz-Jürgen *Großmann;* Dieter *Schlatermund.*

Prokuristen: Dipl.-Wirtschafts-Ing. Klaus *Ahlers,* Rechtsanwalt Ulrich *Auffenberg,* Dr. Günther *Bartels,* Dr. Eike *Begemann,* Dipl.-Ing. Werner *Döring,* Dr. Hans *Gattner,* Dipl.-Volksw. Richard *Jung,* Günther *Kraut,* Dr. Robert *Neunteufel,* Dr. Helmut *Rau,* Dr. Eugen *Scholz,* Heinz-Wilhelm *Warnholtz,* Prokurist der Chinosolfabrik: Dr. Ludwig *Pross.*

Gründung: 1814.

Kapital: 21 Mill. DM.

Hauptgesellschafter: Cassella Aktiengesellschaft, Frankfurt (Main), 81 %.

Produkte: Anorganische Chemikalien, Organische Chemikalien, Elektronikchemikalien, Leuchtpigmente, technische Konservierungsmittel, Fotofarbstoffe, Laborchemikalien für Analyse und Synthese, Arzneimittel.

Verkaufsstellen: Berlin, Frankfurt, Hannover, Köln, München und Stuttgart.

Zweigniederlassung: Chinosolfabrik, Seelze.

Ausland: Im Ausland werden die Interessen des Unternehmens durch die Niederlassungen der Hoechst AG wahrgenommen.

	1990	1991
Umsatz .... Mill. DM	340,4	359,5
Beschäftigte ... (Jahresende)	1 443	1 412

Röhm GmbH Chemische Fabrik

6100 Darmstadt 1, Postfach 42 42, Kirschenallee, ☎ (0 61 51) 18-1, ✍ 4 19 474-0 rd d, Telefax (0 61 51) 18-31 14, ✉ röhm darmstadt.

Aufsichtsrat: Dr. Gerhard *Ziener*, Vorsitzender; Willi *Träxler,* stellv. Vorsitzender; Otto *Röhm,* Ehrenvorsitzender; Dr. Hanns *Bössler;* Dr. Horst *Brinkmann;* Dr. Hans *Holzer;* Hans *Keller;* Professor Dr. Carl Heinrich *Krauch;* Hans *Schönhals;* Dr. Norbert *Sütterlin;* Christel *Träxler;* Professor Dr. Gerhard *Wegner;* Dr. Karl-Heinz *Weiß.*

Geschäftsführer: Dr. Heinrich *Teitge,* Vorsitzender; Dr. Klaus-Dieter *Dohm;* Dr. Karlheinz *Nothnagel.*

Gründung: September 1907.

Stammkapital: 90 Millionen DM.

Gesellschafter: Hüls AG, 100 %.

Produkte: Kunststoff-Halbzeug, Formmassen, Hartschaumstoff, Lackrohstoffe, Hilfsmittel für Gerberei und Pelzzurichtung, Textilhilfsmittel, Papierhilfsmittel, Rohstoffe für die chemisch-technische Industrie, Enzyme, Öl-Additive, Monomere. Wasch- und Reinigungsmittel sowie Pharmazeutika über Tochtergesellschaften.

Werke: Darmstadt, Worms, Weiterstadt, Wörth.

Verkaufsbüros: Hamburg, Hannover, Marburg, Düsseldorf, Köln, Mannheim, Stuttgart, München, Nürnberg, Vertretung in West-Berlin. Ausländische Vertriebsgesellschaften und Vertretungen in 70 Ländern.

	1990	1991
Umsatz .... Mill. DM	1 216,6	1 162,6
Beschäftigte ... (Jahresende)	5 500	5 239

Wichtige Beteiligungen

Inland

Burnus GmbH, Darmstadt.
Makroform GmbH, Darmstadt.
Röhm Pharma GmbH, Weiterstadt.
Sidas GmbH, Berlin.

Ausland

Cyro Industries, Mt. Arlington, N. J./USA.
Röhm Tech Inc., Malden, Massachusetts/USA.
Scib S.p.A., S. Eufemia (Brescia)/Italien.
Plexi, S.A., Valencia/Spanien.
Monacril S.A., Madrid/Spanien.
Röhm Ltd., Belper/England.
Röhm AB, Mölndal/Schweden.
Röhm Brasileira Ind. Quimica Ltda., São Leopoldo/Brasilien.
Röhm B.V., Baarn/Niederlande.
Cadillac Plastic S.A., Paterna (Valencia)/Spanien.
Ferdinand Thun-Hohenstein & Co KG, Wien/Österreich.
Roha B.V., Maastricht/Niederlande.

Rütgerswerke AG

6000 Frankfurt (Main), Mainzer Landstr. 217, ☎ (0 69) 75 92-1, ✍ rtffm 4 11 226, Telefax (0 69) 75 92-4 88, ✉ Ruetgers Frankfurtmain.

Aufsichtsrat: Dr. rer. pol. Heinz *Horn*, Essen, Vorsitzender; Herbert *Knieling,* Castrop-Rauxel, stellv. Vorsitzender; Heinz *Eickholt,* Essen, stellv. Vorsitzender; Dr. rer. pol. Jens *Jenßen,* Essen, stellv. Vorsitzender; Carl-Ludwig *von Boehm-Bezing,* Frankfurt (Main); Bergass. Dr.-Ing. E. h. Friedrich Carl *Erasmus,* Essen; Willi *Jabusch,* Essen; Alfons *Kersten,* Iserlohn-Letmathe; Professor Dr. rer. nat. Carl Heinrich *Krauch,* Marl; Dipl.-Ing. Heinz *Krause,* Castrop-Rauxel; Willi *Lauth,* Essen; Senator h. c. Dr.-Ing. E. h. Horst *Münzner,* Wolfsburg; Manfred *Reimann* MdB, Ludwigshafen; Manfred *Riechmann,* Münster;

- **Aromaten und Kohlenstofferzeugnisse**
  als Vorprodukte für elektrochemische Prozesse,
  Kokerei- und Hüttenwesen, Kautschukverarbeitung,
  Pflanzenschutz, Kunststoffe, Farb- und Klebstoffe.

- **Chemische Spezialprodukte und Naturstoffe**
  für Pharmaka, Nahrungsmittel- und Kosmetik.

- **Kunststoffe**
  Duroplaste als Hochleistungsverbundwerkstoffe
  für viele Industriezweige.
  Basismaterial für Elektronik und Kommunikationstechnik.
  Systembauteile, Reibbeläge, Geräusch- u. Korrosions-
  schutzprodukte für die Autoindustrie.
  Baustoffe und Bausysteme

- **Bau**
  Straßen- und Spezialbau,
  Bauwerksabdichtungen.

**Wenn Sie mehr über die vielfältigen Arbeitsgebiete
der Rütgerswerke erfahren wollen,
fordern Sie die "Rütgers-Broschüre" an!**

Rütgerswerke Aktiengesellschaft
Mainzer Landstraße 217
6000 Frankfurt/Main 11
Telefon: 069/7592-1
Telefax: 069/7592-488

3 PETROCHEMIE

Jürgen *Sarrazin*, Frankfurt (Main); Franz-Josef *Schamoni*, München.

Vorstand: Professor Dr. rer. nat. Wolfhard *Ring*, Vorsitzender; Dr. rer. nat. André *Knop;* Christian H. *Molsen;* Dipl.-Kfm. Ernst *Schreyger*.

Generalbevollmächtigte: Dr. rer. nat. Jürgen W. *Stadelhofer*, Dr. rer. pol. Klaus *Trützschler*.

Direktoren: Dipl.-Ing. Hans Egon *Carl*, Dr. Günter *Dahlke*, Dr. Peter *Gaydoul*, Dipl.-Kfm. Wolfgang *Halbleib*, Dr. Bernd *Heine*, Dipl.-Ing. Heinz *Krause*, Dipl.-Kfm. Kurt *Renker*, Joachim *Sieckmann*, Rechtsanwalt Werner *Stemmer*, Dr. Rainer *Tillessen*, Dipl.-Kfm. Klaus *Uellner*.

Kapital: 148,6 Mill. DM.

Hauptaktionäre: Ruhrkohle AG, Essen, direkt und über GMT Chemie-Beteiligung GmbH, Essen, über 50 %.

Zweck: Die Herstellung und Verwertung von sowie der Handel mit Teer- und Mineralölerzeugnissen, Kunststoffen, sonstigen Erzeugnissen der chemischen Industrie und Baustoffen, die Gewinnung und Verwertung von Bodenschätzen, das Baugeschäft, die Betätigung im Umweltschutz sowie die Vornahme und Finanzierung aller mit dem Unternehmenszweck zusammenhängenden Geschäfte.

Produkte: Chemisch-technische Grundstoffe und Fertigerzeugnisse, aromatische Reinerzeugnisse. Organische Zwischenprodukte, Pharma-Vorprodukte und pharmazeutische Erzeugnisse. Duroplastische Kunststoffe, Schichtpreßstoff- und Isolationsmaterialien, Erzeugnisse für den Fahrzeugbau, Abdichtungs-, Dämm- und Innenausbauprodukte. Bauchemische Erzeugnisse, Straßenbaustoffe. Straßenbau und verwandte Leistungen, Bauwerksabdichtung.

Die Teerverarbeitung in Deutschland und die Koordinierung der internationalen Aktivitäten im Teergeschäft werden von der Rütgers-VfT AG, Duisburg, betrieben (s. gesonderte Eintragung).

Werk Castrop-Rauxel: 4620 Castrop-Rauxel 2, Kekulé-Str. 30, Postfach 02 46 41/51/61, ☏ (0 23 05) 70 50, ℻ rtrx 08 229 517.

Werk Duisburg-Meiderich: 4100 Duisburg-Meiderich, Varziner Str. 49, Postfach 12 02 44, ☏ (02 03) 4 56 01, ℻ rtdu 08 55 842.

Imprägnierwerk in Hanau.

	1990	1991
Umsatz .... Mill. DM	3 765	3 900
Beschäftigte ... (Jahresende)	13 687	14 040

Konsolidierte verbundene Unternehmen

Betriebsführungsgesellschaften[a]

Vedag GmbH, Frankfurt (Main), 100 %.
Weyl GmbH, Frankfurt (Main), 100 %.
Bakelite GmbH, Frankfurt (Main), 100 %.
Rütgers-VfT AG, Duisburg, 100 %.
Caramba Chemie GmbH, Duisburg, 100 %.
Chemische Fabrik Dr. Stöcker GmbH, Duisburg, 100 %.
Thiokol-GmbH Elastische Werkstoffe, Frankfurt (Main), 100 %.
Rütgers Datenverarbeitungs- und Organisations-GmbH (RDO), Frankfurt (Main), 100 %.
Rütgers-Treuhand GmbH, Frankfurt (Main), 100 %.

Übrige Gesellschaften

Inland

Isola Werke AG, Düren[b], 100 %.
Rütgers Pagid AG, Essen[c], 100 %.
Teerbau mbH, Essen[c], 100 %.
Ruberoidwerke AG, Hamburg, 71,44 %.
Rütgers Kureha Solvents GmbH, Duisburg, 70 %.
Presswerk Köngen GmbH, Köngen[c], 100 %.
BK Beteiligungsverwaltung GmbH, Frankfurt (Main)[c], 100 %.
Chemische Fabrik Aubing GmbH, Frankfurt (Main)[c], 100 %.
Sopar Pharma GmbH, Frankfurt (Main)[c], 100 %.
Intercomp Handelsgesellschaft mbH, Frankfurt (Main)[c], 100 %.
Chemie-Werk Weinsheim GmbH, Worms-Weinsheim, 100 %.
Pyrion-Chemie GmbH, Frankfurt am Main[c], 100 %.
Gerling & Co. GmbH, Neckartenzlingen[d], 100 %.
ABR Abfallbeseitigung und Recycling GmbH, Bottrop, 100 %.
ABR Schlammbehandlung und Entwässerungstechnik GmbH, Bottrop, 100 %.
Teco-Schallschutz GmbH, Peine, 100 %.

Ausland

S.A. Sopar N.V., Brüssel (Belgien), 100 %.
Rütgers Sopar CC S.A., Brüssel (Belgien), 98,50 %.
S.A. Remy Industries N. V., Brüssel (Belgien), 100 %.
S.A. Veniremy N. V., Leuven (Belgien), 100 %.
Isola Werke UK Ltd., Glasgow (Großbritannien), 100 %.
Industrie Chimiche Leri S.r.l., Mailand (Italien), 100 %.
Carbochimica Italiana S.p.A., Fidenza (Italien), 100 %.
Advanced Dielectrics Inc., Fremont, California (USA), 100 %.
Ruetgers-Nease Chemical Company, Inc., State College, Pennsylvania (USA), 100 %.
Giovanni Bozzetto S.p.A., Filago/Bergamo (Italien), 78,83 %.
Frendo S.p.A., Avellino (Italien), 99,99 %.

Industrias Quimicas del Urumea, S.A., Hernani (Spanien), 66,7 %.
Comercial Quimica del Urumea, S.A., Hernani (Spanien), 66,7 %.
Carbochem Inc., Mississauga, Ontario (Kanada), 100 %.

Wesentliche Beteiligungsgesellschaften

Inländische Gesellschaften
Phenolchemie GmbH, Gladbeck, 25,00 %.
CCC Gesellschaft für Kohlenveredlung mbH, Brüggen, 50,00 %.
Cosid GmbH, Coswig, 100 %.
Sigeco GmbH, Chemiehandel, Duisburg, 50,00 %.
Günther Wiedenhagen Isolierbaustoffe GmbH, Weilerswist, 50 %.
Stratebau GmbH, Regensburg[a], 50,00 %.
Makadamwerk Schwaben GmbH, Stuttgart, 32 %.
Südhessische Asphalt-Mischwerke GmbH & Co. KG für Straßenbaustoffe, Hanau, 22,68 %.
Hansa-Asphaltmischwerke GmbH & Co. KG für Straßenbaustoffe, Dortmund, 49,00 %.
Essener Teerschotter GmbH, Essen, 24,00 %.
Spezialtiefbau Ferdinand Aufschläger GmbH, Simbach, 50,00 %.
Carbo-Tech Rütgers Aktivkohle GmbH, Castrop-Rauxel[1], 50,00 %.

Ausländische Gesellschaften
MAS S.p.A., Florenz (Italien), 75 %.
Bitmac Ltd, Scunthorpe (Großbritannien), 48,00 %.
Cobreq — Companhia Brasileira de Equipamentos, Rio de Janeiro (Brasilien), 34,95 %.
Teerbau Italiana S.p.A., Catania (Italien), 50,00 %.
Sirlite S.r.l., Mailand (Italien), 49 %.

[a] Die Gesellschaften führen die jeweiligen Geschäftsbetriebe der Rütgerswerke AG in deren Namen und für deren Rechnung; es bestehen jeweils Ergebnisübernahmeverträge.
[b] Ergebnisübernahmevertrag mit der Rütgerswerke AG und Eingliederung gemäß §§ 319, 320 AktG.
[c] Ergebnisübernahmevertrag mit der Rütgerswerke AG
[d] Ergebnisübernahmevertrag mit einem anderen verbundenen Unternehmen.

Rütgers-VfT AG

4100 Duisburg 12 (Meiderich), Varziner Straße 49, ☎ (0203) 45601, Teletex (17) 203321, Telefax (0203) 427360, ✉ vft duisburg.

Aufsichtsrat: Professor Dr. rer. nat. Wolfhard *Ring*, Bad Soden/Neuenhain, Vorsitzender; Herbert *Knieling*, Castrop-Rauxel, Dipl.-Kfm. Ernst *Schreyger*, Oberursel, stellv. Vorsitzende; Werner K. *Fischer*, Venthôe; Gerd *Morawec*, Recklinghausen; Klaus *Wollschläger*, Kassel.

Vorstand: Dr. Jürgen W. *Stadelhofer*, Vorsitzender; Joseph J.-B. F. *Collard;* Joachim *Sieckmann*.

Prokuristen: Dr. Gerd-Peter *Blümer;* Dipl.-Kfm. Rolf *Deichmann;* Yvan *Gyselinck;* Dr. Ulrich *Knips;* Günter *Knoche;* Dipl.-Ing. Heinz *Krause;* Dipl.-Math. Peter *Neisius;* Betriebswirt Manfred *Ronge;* Dipl.-Ök. Helmut *Schmidt;* Dr. Konrad *Stolzenberg*.

Grundkapital: 500 000 DM.

Zweck: Die Rütgerswerke AG, Frankfurt a. Main, hat die Betriebs- und Geschäftsführung der in ihrem Eigentum stehenden Anlagen zur Teerverarbeitung in Castrop-Rauxel und Duisburg-Meiderich, den Vertrieb von aromatischen Grundstoffen aus dieser Produktion sowie aus Erzeugungen anderer Hersteller und darüber hinaus die Zusammenfassung und Koordinierung der weltweiten Aktivitäten des Konzerns im Bereich der Teerverarbeitung der Rütgers-VfT AG als Betriebsführungsgesellschaft übertragen.

	1990	1991
Umsatz .... Mill. DM	1 081	973
Beschäftigte (bei der Rütgerswerke AG): .... (Jahresende)	2 459	2 270

Ruhrkohle Carborat GmbH

4300 Essen; Postanschrift: Bendschenweg 36, 4133 Neukirchen-Vluyn, ☎ (0 28 45) 2 01-1, Telefax (0 28 45) 1 01 51.

Beirat: Assessor des Bergf. Rudolf *Sander*, Straelen, Vorsitzender; Dipl.-Betriebswirt Gerd *Schmiedehausen*, Ratingen, stellv. Vorsitzender; Hans-Peter *Baumann*, Essen; Dr. Hermann *Brandes*, Hünxe-Bruchhausen; Professor Dr. Rudolf *von der Gathen*, Dortmund; Dr. Klemens *Timmer*, Dinslaken.

Geschäftsführung: Klaus *Maxt*, Düsseldorf; Dipl.-Ing. Gerhard *Münch*, Nettetal.

Prokurist: Dr. Frank *Opalla*.

Kapital: 3 Mill. DM.

Gesellschafter: Europäische Brennstoffhandelsgesellschaft mit beschränkter Haftung, Essen, 100 %.

Zweck: Entwicklung, Herstellung und Vertrieb von Spezialkohle, Kohlenstoff und kohlenstoffähnlichen Produkten sowie von Energiesystemen, insbesondere von Kohlenstaub- und Kohleölsuspensions-Brennern sowie entsprechenden Ver- und Entsorgungsanlagen, einschl. Engineering-, Beratungs- und Serviceleistung.

	1990	1991
Umsatz .... Mill. DM	12,8	11,7
Beschäftigte ... (Jahresende)	32	20

3 PETROCHEMIE

Ruhrkohle Oel und Gas GmbH

4300 Essen; Postanschrift: Gleiwitzer Platz 3, 4250 Bottrop, ☏ (0 20 41) 12-1, Telefax (0 20 41) 12-45 81, Teletex 20 41 45.

Geschäftsführung: Dr. jur. Eberhard *von Perfall*, Vorsitzender; Dr. Ing. Friedrich-Wilhelm *Berger*, Rechtsanwalt Christoph *Dänzer-Vanotti*, Dr. rer. nat. Josef *Langhoff*.

Prokuristen: Dipl.-Kfm. Hermann *Feldhaus*; Dr. rer. nat. Arno *Klusmann*.

Kapital: 58 Mill. DM.

Gesellschafter: Ruhrkohle Umwelt GmbH, Essen, 100 %.

Zweck: Planung, Bau und Betrieb von Anlagen der Veredlungs-, Energie- und Umwelttechnik. Forschung und Entwicklung, Ingenieurdienstleistungen und Beratungen.

Beteiligungen
Oeko-Systeme GmbH, Breitscheid, 55 %.
Synthesegasanlage Ruhr GmbH, Oberhausen, 50 %.
Kohleöl-Anlage Bottrop GmbH, Bottrop, 50 %.
Umweltschutz Nord GmbH & Co., Bremen, 25,1 %.
Umwelt-Zentrum Dortmund GmbH, Dortmund, 20 %.

Kohleöl-Anlage Bottrop GmbH

4250 Bottrop; Postanschrift: Gleiwitzer Platz 3, 4250 Bottrop, ☏ (0 20 41) 12-1, Telefax (0 20 41) 12-45 81, Teletex 20 41 45.

Beirat: Dr. Gerd *Escher*, Gelsenkirchen; Dr. Jens *Jenßen*, Essen; Dr. Friedrich-Wilhelm *Berger*, Hükkelhofen; Dr. Friedel *Wehmeier*, Gladbeck.

Geschäftsführung: Dr.-Ing. Rolf *Holighaus*; Dr. rer. nat. Josef *Langhoff*.

Kapital: 50 000 DM.

Gesellschafter: Veba Oel AG, Gelsenkirchen, 50 %; Ruhrkohle Oel und Gas GmbH, Bottrop, 50 %.

Zweck: Betrieb der Kohleölanlage Bottrop zur Hydrierung von Steinkohle, Vakuumrückstandsölen und/oder alternativen Einsatzstoffen.

Ruhr-Schwefelsäure GmbH

4300 Essen 1, Alfredstr. 81, ☏ (02 01) 87 81-8 30, ✆ 8 579 303, Telefax (0201) 87 81-1 77.

Geschäftsführung: Wilhelm *Hilbers*; Ernst *Dintinger*.

Stammkapital: 50 000 DM.

Zweck: Führung der Geschäfte der Ruhr-Schwefelsäure GmbH & Co. KG, Essen.

Ruhr-Schwefelsäure GmbH & Co. KG

4300 Essen 1, Alfredstr. 81, ☏ (02 01) 87 81-8 30, ✆ 8 579 303, Telefax (02 01) 87 81-1 77.

Persönlich haftender Gesellschafter: Ruhr-Schwefelsäure GmbH, Essen.

Kommanditeinlage: 200 000 DM.

Zweck: Versorgung der Gesellschafter mit Schwefelsäure sowie Handel mit Schwefelsäure, Schwefel und mit anderen im weitesten Sinne einschlägigen Erzeugnissen und ihr Transport.

Sächsische Olefinwerke Böhlen AG

O-7202 Böhlen, ☏ Rötha 30, ✆ 05 12901, Telefax Rötha 3 64 88.

Aufsichtsrat: Dipl. rer. pol. Wolfgang *Oehme*, Vorsitzender des Aufsichtsrates der Esso AG, Hamburg, Vorsitzender; Rainer *Kumlehn*, IG Chemie-Papier-Keramik Hessen, stellv. Vorsitzender; Professor Dr.-Ing. Kurt *Funck*, Hamburg; Rechtsanwalt Hans-Christoph *Leo*, Hamburg; Hartwin *Haas*, Dresden; Dipl.-Ing. Peter *Schillmöller*, Hamburg; Professor Dr. Eberhard *Scheffler*, Hamburg; Heinz *Breslein*, Chemnitz; Eberhard *Döhler*; Gerd *Kellermann*; Andreas *Zielke*; Dr. Rüdiger *Collier*, Böhlen.

Vorstand: Dipl.-Ing. Karl-Heinz *Milz* (Sprecher), Dipl.-Ing. Peter *John* (Arbeitsdirektor).

Geschäftsbereichsleiter: Dipl.-Ing. oec. Hans-Georg *Bachmann*, Dipl.-Phys. Rüdiger *Hoffmann*, Dipl.-Ing. Hans-Jürgen *Jäkel*, Dr.-Ing. Wolfgang *Kirchberg*, Dr. oec. Gudrun *Kötter*, Dr. oec. Wolfgang *Walther*.

Kapital: 100 Mill. DM.

Zweck: Produktion von Ethen, Propen, C_4-Fraktion, Butadien – 1, 3, Buten, Reinbenzen, C_8-Aromaten, Propan, Vergaserkraftstoff, Flüssiggas, Stadtgas.

Schering Aktiengesellschaft Berlin und Bergkamen

1000 Berlin 65, Postfach 65 03 11, Müllerstr. 170-178, ☏ (0 30) 46 80; ✆ 1 8 203-0 sch d, Btx 03030003; 4709 Bergkamen, Waldstr. 14, ☏ (0 23 07) 65-1, ✆ 8 20 513 sch d.

Aufsichtsrat: Klaus *Subjetzki*, Frankfurt, Vorsitzender; Günter *Pattusch*, Berlin, stellv. Vorsitzender; Werner *Ehmann*, Berlin; Gerhard *Kopp*, Berlin; Dr. Jürgen *Krumnow*, Königstein; Bernhard *Lüders*, Heiningen; Dr. Heribald *Närger*, München; Professor Bengt *Samuelsson* M. D., Stockholm; Dr. Friedrich *Schiefer*, München; Peter *Schneider*, Berlin; Dr. Jürgen *Terrahe*, Frankfurt; Joachim *Trautschold*, Berlin; Heinz-Georg *Webers*, Bergkamen; Jürgen *Wingefeld*, Berlin; Dr. Horst *Witzel*, Berlin; Professor Dr. Meinhart H. *Zenk*, München.

Vorstand: Dr. Giuseppe *Vita*, Vorsitzender; Professor Dr. jur. Klaus *Pohle*, stellv.; Dr. agr. Christian *Bruhn;* Dr.-Ing. Hubertus *Erlen;* Dr. Klaus-Peter *Kantzer;* Horst *Kramp;* Professor Dr. Günter *Stock*.

Gründung: 1890 (1871).

Grundkapital: 342 Mill. DM.

Produktionsstätten im Inland: Berlin (2), Wolfenbüttel (1), Feucht bei Nürnberg (1), Bergkamen (1), Düsseldorf (1).

Zweck: Die Schering AG stellt pharmazeutische Spezialitäten und Substanzen, Industriechemikalien, Kunststoffe, Pflanzenschutz- und Schädlingsbekämpfungsmittel sowie Galvanoanlagen und galvanotechnische Erzeugnisse her. Entwicklungen gelangen u. a. bei der synthetischen Herstellung von Steroidhormonen, bei Sulfonamiden und Röntgenkontrastmitteln. Spezialdüngerproduktion in Düsseldorf.

Forschung: Rund 15 % des Umsatzes wendet der Konzern für Forschung und Entwicklung auf. Die Forschungseinrichtungen der Sparten Pharma, Pflanzenschutz und Galvanotechnik befinden sich in Berlin; Bergkamen ist Sitz der Forschung und Entwicklung der Sparte Industrie-Chemikalien.

Produkte: Pharma; Pflanzenschutz; Industrie-Chemikalien; Galvanotechnik; Naturstoffe.

	1990	1991
Umsatz des Konzerns Mill. DM	5 923	6 360
Beschäftigte im Konzern (Jahresdurchschnitt)	26 015	26 339

Wichtige Beteiligungen in Europa

Aglukon Spezialdünger GmbH, Düsseldorf, 100 %.
Asche AG, Hamburg, 100 %.
Berlipharm Beteiligungsgesellschaft mbH, Berlin, 100 %.
Birlesik Alman Illâc Fabrikalari Türk A.S., Istanbul/Türkei, 25,3 %.
Rewo Chemicals Ltd., Flimby/Großbritannien, 100 %.
Rewo Chemische Werke GmbH, Steinau, 100 %.
Schering Agrunol BV, Haren/Niederlande, 100 %.
Schering Solvay Duromer GmbH, Bergkamen, 50 %.
Schering S.A., Lys-Lez-Lannoy/Frankreich, 100 %.
N.V. Schering S.A., Machelen/Belgien, 100 %.
Schering A/S, Kopenhagen/Dänemark, 100 %.
Schering SpA, Mailand/Italien, 100 %.
Schering International Finance B.V., Weesp/Niederlande, 100 %.
Schering España S.A., Madrid/Spanien, 99,9 %.
Schering Health Care Ltd., Burgess Hill Sussex/Großbritannien, 100 %.
Schering Holdings Ltd., Jersey/Großbritannien, 100 %.
Schering Nederland B.V., Weesp/Niederlande, 100 %.
Schering Wien Ges.mbH, Wien/Österreich, 100 %.
Schering Lusitana Lda., Mem-Martins/Portugal, 100 %.
Schering Nordiska AB, Nacka/Schweden, 100 %.
Schering Schweiz AG, Zürich/Schweiz, 100 %.

SKW Trostberg AG

8223 Trostberg, Dr.-Albert-Frank-Str. 32, Postfach 12 62, ☏ (0 86 21) 86-0, ⌁ 5 63 129-0 sk d, Telefax (0 86 21) 29 11, ⌁ SKW Trostberg.

Aufsichtsrat: Dr. Alfred *Pfeiffer*, Bonn, Vorsitzender; Andreas *Hausner*, Trostberg, stellv. Vorsitzender; Professor Dr. Carl Heinrich *Krauch*, Recklinghausen; Dr. Rudolf *Machenschalk*, Reutte/Tirol; Adolf *May*, Trostberg; Peter *Obergröbner*, Garching/Alz; Dr. Georg *Obermeier*, Bad Neuenahr; Horst *Pfannenstein*, Trostberg; Dr. Elmar *Prasch*, Feldafing; Siegfried *Richter*, Neuötting; Dr. Heinrich *Röck*, Trostberg; Eckard *Ruhnke*, Aichach.

Vorstand: Dr. Wilhelm *Simson*, Vorsitzender; Dr. Herbert *Knahl;* Dieter *Poech;* Klaus-Jürgen *Schulz;* Dr. Heinz-Rüdiger *Vollbrecht*.

Prokuristen: Max *Baumgartner*, Dr. Erwin *Böhm*, Eike-Friedrich *Bunk*, Dr. Werner *Gmöhling*, Dr. Werner *Goll*, Dr. Jürgen *Graefe*, Heinz *Hecht*, Jochen *von Keisenberg*, Dr. Peter *Kniep*, Brampeter *Knoppien*, Dr. Erhard *Kreutz*, Dr. Rainer *Lihotzky*, Adolf *May*, Franz *Meister*, Dieter *Möll*, Meinolf *Pousset*, Dr. Horst *Prietzel*, Berthold *Scheffler*, Dr. Kurt *Scheinost*, Dr. Klaus *Winter*, Rolf *Witte*.

Kapital: 158 Mio. DM.

Aktionär: Viag Aktiengesellschaft Berlin/Bonn, 99,99 %.

Marktbereiche: Industrie- und Feinchemie, Landwirtschaft, Bauchemie, Naturstoffe und Metallurgie.

SKW Trostberg AG	1990	1991
Umsatz Mill. DM	624	628
Beschäftigte (Jahresende)	2 503	2 384
SKW Gruppe	**1990**	**1991**
Umsatz Mill. DM	1 556	1 949
Beschäftigte (Jahresende)	5 081	6 898

Solvay Deutschland GmbH

3000 Hannover 1, Hans-Böckler-Allee 20, Postfach 2 20, ☏ (05 11) 8 57-0, Telefax (05 11) 28 21 26, ⌁ 9 22 755.

Aufsichtsratsvorsitzender: Dr. Ulrich *Cartellieri*.

Geschäftsführung: Ing. civil Henri A. *Lefèbvre* (Vorsitzender), Dipl.-Ing. Jochen *Bosse*, Dipl.-Kfm. Carl-Heinrich Graf v. *Pückler*, Dr. Klaus *Quack*, Dr. Bernd J. *Tesche*.

Muttergesellschaft: Solvay S. A., Brüssel.

Tochtergesellschaften:
Solvay Alkali GmbH, Solingen.
Solvay Salz GmbH, Solingen.
Solvay Kunststoffe GmbH, Solingen.
Alkor GmbH Kunststoffe, München.
Alkor Markenhandelsgesellschaft mbH, Gräfelfing.
Desowag Materialschutz GmbH, Düsseldorf.
Solvay Fluor und Derivate GmbH, Hannover.
Solvay Barium Strontium GmbH, Hannover.
Solvay Catalysts GmbH, Hannover.
Solvay Interox GmbH, München.
Solvay Pharma Deutschland GmbH, Hannover.
Solvay Enzymes GmbH & Co. KG, Nienburg.
Danmark Protein A/S, Videbaek.
Solvay Umweltchemie GmbH, Hannover.

Werke: Bernburg, Borth, Heilbronn, Höllriegelskreuth, Hönningen, München, Neustadt, Nienburg, Rheinberg, Wimpfen.

Verkaufsbüros:
Verkaufsbüro Ost, Kurfürstenstr. 84, 1000 Berlin 30, ☏ (0 30) 2 61 10 85/86, Telefax (0 30) 2 62 91 24, ✆ 1 83 669.
Zweigstelle Halle, Hansering 15, Postfach 143, O-4010 Halle, ☏ (00 37 46) 2 64 30, ✆ 4 409 chz dd.
Verkaufsbüro Nord, Hans-Böckler-Allee 20, Postfach 220, 3000 Hannover 1, ☏ (05 11) 8 57-24 76, Telefax (05 11) 85 84 08, ✆ 9 22 755.
Verkaufsbüro West, Langhansstr. 6, Postfach 11 05 20, 5650 Solingen 11, ☏ (02 12) 70 45 97, Telefax (02 12) 70 45 93, Teletex (17) 2 12 23 38.
Verkaufsbüro Süd, Stafflenbergstr. 24, 7000 Stuttgart 1, ☏ (07 11) 23 37 63/66, Telefax (07 11) 2 36 96 79, Teletex (17) 7 11 13 96.

Stammkapital: 350 Mill. DM.

	1990	1991
Umsatz (deutsche Gruppe) Mrd. DM	4,4	4,4
Beschäftigte (Gruppe Inland)	9 398	10 122

Sprengstoffwerk Gnaschwitz GmbH

O-8600 Bautzen, Postfach 220, ☏ Bautzen 55 70, ✆ 329 532 spst d, Telefax 55 75 57.

Geschäftsführung: Klaus-Jürgen *Dittrich;* Christian *Heinze;* Eckhard *Ulber.*

Produkte: Gewerbliche Sprengstoffe, Zünd- und Sprengschnur, Spritzgießprodukte und Strangprofile aus Kunststoffen und Kunststoffenster.

Stickstoffwerke AG Wittenberg-Piesteritz

O-4602 Wittenberg-Piesteritz, Dessauer Straße 126, ☏ 680, ✆ 4867123, Telefax 684300.

Vorstand: Klaus *Patzschke,* Vorsitzender; Dieter *Johannes;* Dr. Karl-Ernst *Pfeiffer;* Herbert *Wondrak.*

Produkte: Stickstoffdüngemittel, technische Chemikalien, Schweißkarbide, Aminoplast-Lackharze, Acetylenruße, Ammoniak, technischer Harnstoff, Salpetersäure, technische Gase.

Süd-Chemie AG

8000 München 2, Lenbachplatz 6, Postfach 20 22 40, ☏ (0 89) 51 10-0, ✆ 05 23 872, Telefax (089) 51 10-375.

Aufsichtsrat: Dr. Karl *Wamsler,* Pöcking, Vorsitzender; Dr. Max *Ostenrieder,* Herrsching, stellv. Vorsitzender; Rudolf *Haberkorn,* Moosburg; Otto A. *Kaletsch,* New York; Adolf *Kufer,* Buch am Erlbach; Christian *Ratjen,* Königstein; Dr. Dietrich *Schulz,* Lübeck; Dr. Max-Theodor *Schweighart,* München; Gerhard *Selig,* Moosburg; Ernst *Wunderlich,* Seefeld.

Vorstand: Dr. Jürgen F. *Kammer,* Vorsitzender; Dr.-Ing. German *Paul;* Dr. Michael *Schneider;* Ass. Michael *Sepp;* Dr. Johannes *Richter,* stellv.

Direktoren: Dr. Klaus *Dietrich;* Dipl.-Ing. Gerhard *Diez;* Dipl.-Kfm.Werner *Eble;* Dipl.-Kfm. Anton Graf *Esterházy;* Dr. Reinhard *Hähn;* Dipl.-Ing. Anton *Huber;* Dr. Karl *Kochloefl;* Dipl.-Wirtsch.-Ing. Christian A. *Kolb;* Dipl.-Ing. Max *Liebl;* Dipl.-Ing. Franz *Maier;* Dr. Wolfgang *Rohm;* Helmut *Theimer;* Marcel *Schivy;* Dr. Hans Jürgen *Wernicke;* Dipl.-Ing. Theo *Wimmer;* Dr. Werner *Zschau.*

Öffentlichkeitsarbeit: Dr. Franz *Kahlenberg.*

Grundkapital: 40,6 Mill. DM.

Zweck: Gewinnung und Verarbeitung von Mineralien. Herstellung und Vertrieb von hochaktiven Bleicherden, Gießerei-/Bau- und Bohr-/Dichtungs-/Papier- und Agrar-Bentoniten, rheologischen Produkten, Fällungs- und Flockungsmitteln; Katalysatoren für die chemische und erdölverarbeitende Industrie, für die Nahrungsmittelindustrie sowie für die Umwelttechnik; Adsorbentien für die Heimtierhaltung; Schwefelsäure; Phosphatdüngemitteln; Trockenmitteln und Packhilfsmitteln. Durchführung aller Geschäfte, die mit der Betätigung auf den vorerwähnten Gebieten zusammenhängen.

	1990	1991
Umsatz Mill. DM	382	398
Beschäftigte (Jahresende)	1 659*	1 641*

* 1991 sind erstmals auch Mitarbeiter mit befristeten Anstellungsverträgen einbezogen; die Vorjahreszahl wurde angepaßt.

Synthesegasanlage Ruhr GmbH

4200 Oberhausen 11 (Holten), Bruchstraße 13, ☏ (02 08) 6 89 31, ✄ 8 56 867 rchob d, Telefax (02 08) 6 93 20 40.

Beirat: RA Christoph *Dänzer-Vanotti,* Essen; Dr. rer. nat. Gunther *Kessen,* Oberhausen; Dr. rer. nat. Josef *Langhoff,* Dinslaken; Dr. rer. pol. Reinhard *Rasch,* Frankfurt (Main).

Geschäftsführung: Dr. rer. pol. Ludwig *Sieben;* N. N.

Kapital: 10 Mill. DM.

Gesellschafter: Hoechst AG, Frankfurt (Main), 50 %; Ruhrkohle Oel und Gas GmbH, Bottrop, 50 %.

Zweck: Betrieb einer Anlage zur Herstellung von Synthesegas, Wasserstoff und Kohlendioxid auf Basis von Kohle, Heizöl S oder anderen Rohstoffen.

VAW Flußspat-Chemie GmbH

(Weiterer Beitrag der VAW in Kap. 1 Abschn. 5)
8470 Stulln/Nabburg, ☏ (0 94 35) 93-0, Teletex (17) 943581, Telefax (0 94 35) 94 79.

Geschäftsführung: Dipl.-Ing. Hagen *Lehnerdt.*

Prokuristen: Johann *Ettl,* Reinhard *Leerkamp.*

Produktionsprogramm: Flußspatmehl, Flußsäure, Anhydritbinder, Netzschwefel, Pharmazeutika der Human- und Veterinärmedizin, Chemikalien der Oberflächentechnik, Porenbetonsteine und -platten.

	1990	1991
Umsatz .... (Mill. DM	65	71
Beschäftigte .... (Jahresende)	380	390

Wacker-Chemie GmbH

8000 München 83, Hanns-Seidel-Platz 4, ☏ (0 89) 62 79-01, ✄ 5 29 121-0, Telefax (0 89) 62 79-17 70, ⌘ Wackerchemie München.

Aufsichtsrat: Dr. Werner *Biebl;* Peter *Buchauer;* Jürgen *Dormann;* Anton *Eisenacker;* Dr. Martin *Frühauf;* Dr. Bernd *Golla;* Professor Dr. Wolfgang *Hilger;* Alfons *Kettner,* stellv. Vorsitzender; Rudolf *Koschorz;* Dr. Günter *Metz;* Dr. Peter *Pfeiffer;* Josef *Redinger;* Heinz *Schächner;* Horst Günter *Wacker;* Dr. Karl-Heinz *Weiß,* Vorsitzender; Oskar *Würth.*

Geschäftsführung: Dr. Johannes *Kohl;* Harald *Seeberg;* Dr. Hans *Stach;* Dr. Klaus *von Lindeiner.*

Kapital: 350 Mill. DM.

Gesellschafter: Dr. Alexander Wacker Familiengesellschaft mbH und Hoechst AG, je 50 %.

Produkte: Polyvinylchlorid, Polyvinylalkohol, Silane, Silicone, Ätznatron, Chlorkohlenwasserstoffe, Vinylacetat-Polymere, Cyclodextrine, Weichmacher, hochdisperse Kieselsäure, organische Zwischenprodukte, Steinsalz, Duftstoffe, Wärmedämmstoffe, Katalysatoren.

	1990	1991
Umsatz (Konzern) . Mrd. DM	3,2	3,25
Beschäftigte ... (Jahresende)	14 767	14 659

Werke: Burghausen, Köln-Merkenich, Stetten, Kempten.

Verkaufsregionen: Berlin, Düsseldorf, Frankfurt (Main), Hamburg, Hannover, München, Nürnberg, Stuttgart.

Tochterfirmen und Beteiligungen

Alzwerke GmbH, München, 100 %.
Consortium für elektrochemische Industrie GmbH, München, 100 %.
Dederer GmbH, München, 100 %.
Drawin Vertriebs GmbH, München, 100 %.
Wacker-Chemitronic Gesellschaft für Elektronik-Grundstoffe mbH, Burghausen, 100 %.
Wacker-Chemie (Schweiz) AG, Liestal, 100 %.
N.V. Wacker-Chemie (Belgium) SA, Brüssel, 100 %.
Wacker-Chemie Danmark A/S, Vallensbæk, 100 %.
Wacker-Chemie Nederland B.V., Krommenie, 100 %.
Wacker-Chemie Ges. m.b.H., Salzburg, 100 %.
Wacker Chemicals Ltd., London, 100 %.
Wacker Chemical Corp., New York, 100 %; Unterbeteiligungen:
  Wacker Siltronic Corporation, Portland/Oregon, 100 %.
  Wacker Chemicals (USA), Inc., New Canaan/Connecticut, 100 %.
  Exolon-ESK Company, Tonawanda/New York, 50 %.
  Wacker Silicones Corporation, Adrian/Michigan, 100 %.
Wacker Química do Brasil Ltda., São Paulo, 100 %.
Wacker Química Ibérica, S.A., Barcelona, 100 %.
Wacker Química Portuguesa, Lda., Lissabon, 100 %.
Wacker Chemicals (South Asia) Pte. Ltd., Singapore, 100 %.
Wacker-Chemie Hellas GmbH, Athen, 100 %.
Wacker Chemicals (South Africa) (Pty) Ltd., Randburg, 100 %.
Wacker-Kemi AB, Stockholm, 100 %.
Wacker-Chemie Finland Oy, Espoo, 100 %.
Elektroschmelzwerk Kempten GmbH, München, 99,67 %; Unterbeteiligung:
  Elektroschmelzwerk Delfzijl B.V., Delfzijl, 100 %.
Wacker Chemicals East Asia Limited, Tokio, 75 %.
Aldehyd GmbH, München, 50 %.
Wacker Mexicana, S.A. de C.V., Mexico, 50 %.
Wacker Chemicals Finance B.V., Krommenie, 100 %.
Wacker Chemicals Australia Pty. Ltd., Melbourne, 50 %.

3 PETROCHEMIE

Wacker-Chemie Italia SpA, Peschiera/Borromeo, 97 %.
Silmix SpA, Peschiera/Borromeo, 51 %.
Johs. Oswaldowski GmbH, Hamburg, 25 %.
Wacker-Chimie S.A., Lyon, 100 %.

Wasag-Chemie AG

4300 Essen 1, Alfredstraße 51, ☏ (02 01) 77 60 58, ✆ 8 57 695, Telefax (02 01) 77 15 89.

Aufsichtsrat: Dr.-Ing. Hans L. *Hockel,* Vorsitzender; Rechtsanwalt Dr. Rudolf *Nörr,* stellv. Vorsitzender; Dr. Hans H. *Friedl;* Rechtsanwalt Dr. Berthold *Gaede;* Franz *Mittermaier;* Michael *Ohse;* Heinz *Ricker;* Dr. Karl *Schnell;* Dipl.-Ing. Claus *Zoellner.*

Vorstand: Dr. Bernhard *Goppel,* Wolfgang *Straub.*

Grundkapital: 33,75 Mill. DM.

Hauptaktionär: Bohlen-Industrie GmbH.

Zweck: Zusammenfassung, Koordinierung und Steuerung der Interessen der Tochter- und Beteiligungsgesellschaften.

Wesentliche Beteiligungsgesellschaften
Wasagchemie Sythen GmbH, Haltern-Sythen.
WNC-Nitrochemie GmbH, Aschau.
Wafa Kunststofftechnik GmbH & Co. KG, Augsburg.
Chemische Werke Lowi GmbH & Co., Waldkraiburg.

Wasagchemie Sythen GmbH

4358 Haltern, Postfach 104, ☏ (0 23 64) 68 90, ✆ 8 29 873, Telefax (0 23 64) 68 92 08.

Geschäftsführung: Dipl.-Ing. Ernst Hubertus *Schreder.*

Stammkapital: 5 Mill. DM.

Gesellschafter: Wasag-Chemie AG.

Produkte: Wettersprengstoffe, seismische Sprengstoffe, Schwarzpulver, Zündschnüre, Sprengschnüre, Zündmaschinen, Erschütterungsmeßgeräte, Bodenhorchgeräte zum Aufsuchen Verschütteter unter Tage und über Tage, automatische Blainewert-Meßgeräte.

Fabrikationsbetriebe: Werk Sythen, Haltern-Sythen; Werk Kunigunde, Liebenburg.

Zweigniederlassungen: Zünderwerke Ernst Brün, Haltern-Sythen; Wano Schwarzpulver Kunigunde, Liebenburg.

WNC-Nitrochemie GmbH

8261 Aschau a. Inn, ☏ (0 86 38) 6 80, ✆ 5 6 435, Telefax (0 86 38) 6 81 84.

Geschäftsführung: Dr. Bernhard *Goppel,* Dipl.-Ing. Gregor *Stockmann.*

Stammkapital: 15 Mill. DM.

Gesellschafter: Wasag-Chemie AG.

Produkte: Nitrocellulose — Rohstoffe für Lacke, Sprengstoffe und Pulver; Chemische Zwischenprodukte, ein- und mehrbasige Treibladungspulver sowie verbrennbare Munitionskomponenten.

2. Organisationen

Technische Vereinigung für Mineralöl-Additive (TAD)

5000 Köln 1, Dompropst-Ketzer-Straße 1—9, ☏ (02 21) 77 03-5 30, ⌕ 8 881 814, Telefax (02 21) 77 03-5 20.

Vorstand: Fritz Ulrich *Deibel*, Vorsitzender; Dr. Peter *Neudörfl;* Gerhard *Brandt*.

Zweck: Die TAD hat sich als deutsche Untergruppe des in Europa seit 1974 tätigen und seit 1978 in CEFIC (Federation of European Chemical Manufacturers) integrierten ATC (Additive Technical Committee — Technical Committee of Petroleum Additive Manufacturers in Europe) etabliert, um folgende Ziele zu verfolgen: ein Forum für die in der Bundesrepublik Deutschland tätigen Hersteller von Additiven für Kraft- und Schmierstoffe und verwandte Produkte zu schaffen, um über technische Entwicklungen und Fragen der Gesetzgebung, Kennzeichnung, Handhabung sowie Fragen des Umweltschutzes und der Arbeitshygiene in Verbindung mit der Anwendung von Additiven Erfahrungen austauschen zu können; dafür zu sorgen, daß die Erfahrungen der Technischen Vereinigung und des ATC zu den o. g. Fragen den hiermit gefaßten technischen Gremien, Verbänden und Behörden und ähnlichen Organisationen zur Kenntnis gebracht werden; Mitwirkung an technischen Projekten und kooperativen Forschungsarbeiten in Industrie bzw. an Universitäten und anderen wissenschaftlichen Institutionen.

Die Mitglieder der TAD repräsentieren maßgebliche Hersteller von Mineralöl-Additiven, eine Industrie, die zur Zeit in Europa direkt etwa 4 000 Mitarbeiter beschäftigt und ca. 20 Forschungs- und Entwicklungs-Laboratorien sowie 32 Produktionsanlagen betreibt.

Verband der Chemischen Industrie e. V.

6000 Frankfurt (Main) 1, Karlstr. 21, Postfach 11 19 43, ☏ (0 69) 25 56-0, ⌕ 4 11 372 vcifd, Telefax (0 69) 25 56-4 71, Teletex 6 997 654 vcif d.

Verbindungsstelle Bonn: 5300 Bonn, Schumannstr. 113 A, ☏ (02 28) 21 10 31-33, ⌕ 8 86 569 vcib d, Telefax (02 28) 21 75 61.

Präsidium: *Präsident:* Professor Dr. Wolfgang *Hilger*, Frankfurt/M. *Vizepräsidenten:* Gert *Becker*, Frankfurt; Professor Dr. Carl Heinrich *Krauch*, Marl; Dr. Jürgen *Strube*, Ludwigshafen. *Ehrenmitglieder:* Dr. Konrad *Henkel*, Düsseldorf; Dr. h. c. Wilhelm Alexander *Menne*, Kronberg. *Weitere Mitglieder:* Dr. Peter *Barth*, Neuwied; Dipl.-Chem. Jörg A. *Breckwoldt*, Hamburg; Gustav *Dierssen*, Frankfurt; Dr. Hans-Joachim *Jeschke*, Schwarzheide; Dr. Johannes *Kohl*, München; Professor Dr. Hans Joachim *Langmann*, Darmstadt; Professor Dr. Wolfhard *Ring*, Frankfurt/Main; Dr. Gerd *Rossmy*, Essen; Dr. Manfred *Schneider*, Leverkusen; Dr. Giuseppe *Vita*, Berlin; Dr. Karl *Wamsler*, München; Dr. Hans-Dietrich *Winkhaus*, Düsseldorf.

Geschäftsführung: Dr. Wilfried *Sahm*, Hauptgeschäftsführer; Dr. Burchard *Ording*, stellv. Hauptgeschäftsführer.

Abteilungen: Handelspolitik und Verkehr, Europakoordinierung: Dipl.-Volksw. Roland *Seeling*; Steuern, Finanzen, Volks- und Betriebswirtschaft: Dipl.-Kfm. Klaus *Wohlleben;* Recht: Dr. Albrecht *Magen;* Wissenschaft und Forschung: Dr. Burchard *Ording;* Technik und Umwelt: Dr. Horst *von Holleben;* Information und Kommunikation: Dr. Hans-Joachim *Schroeter;* Verbindungsstelle Bonn: Dipl.-Kfm. Hermann *Lehning*.

Energieausschuß: Dipl.-Ing. Fritz *Helfrich*, Ludwigshafen; Dipl.-Ing. Rudolf *Amerschläger*, Frankfurt; Dipl.-Ing. Heinrich *Dietel*, Trostberg; Dipl.-Ing. Franz *Drüppel*, Bergkamen; Felix *Eckert*, Leuna; Dr. Ing. Wolfgang *Eisfeldt*, Schkopau; Helmut *Gruber*, Stade; Dipl.-Ing. Peter *Hassel*, Freiburg; Dipl.-Ing. Eduard *Hennig*, Niedernkassel; Kurt *Heylmann*, Stade; Dipl.-Volksw. Werner *Jacobsen*, Eschborn; Dr. Wolfgang *König*, Marl; Dipl.-Ing. Josef *Kraus*, München; Dr. Matthias *Krause*, Bitterfeld; Helmut *Kron*, Frankfurt; Dipl.-Ing. Karl-Heinrich *Maier*, Frankfurt; Dr. Michael *Poppe*, Leverkusen; Dipl.-Ing. Rolf *Sattler*, Solingen; Dipl.-Ing. Peter *Schuster*, Darmstadt; Dipl.-Ing. Georg *Waltenberger*, Leverkusen; Dipl.-Kfm. Heinz *Wollenweber*, Ludwigshafen; Dr. Franz *Zängl*, Berlin; Dipl.-Volksw. Dietrich *Wittmeyer* (VCI).

Arbeitskreis Erfahrungsaustausch der Energiebetriebe: Dr. Horst *Unseld*, Marl, Vorsitzender.

Fachausschuß Immissionsschutz: Dr. Karlheinz *Trobisch*, Frankfurt/Main, Vorsitzender; Dr. Klaus *Winkler*, Leverkusen, stellv. Vorsitzender; Dipl.-Ing. Wolfgang *Baldauf*, Köln; Dipl.-Ing. Reinhard *Bartels*, Bergkamen; Hugo *Bötefür*, Rheinmünster; Dr. Hermann *Bromme*, Marl; Dr. Bernd *Büssemeier*, Oberhausen; Dr. Peter *Burges*, Burghausen; Dr. Peter *Clajus*, Darmstadt; Dr. Dieter *Cmelka*, Hamburg; Dr. Gerhard *Czieslik*, Wilhelmshaven; Dipl.-Ing. Werner *Döring*, Seelze; Dr. Maria K. *Ebertz*, Eschborn; Dr. Dieter *Eisenbach*, Mannheim; Dr. Jörg *Geywitz*, Frankfurt/Main; Dipl.-Ing. Wolfgang *Glomme*, Köln; Dr. Gundolf Friedrich *Goethel*, Gelsenkirchen; Dr. Werner *Goll*, Trostberg; Dr. Helmut *Gruber*, Gendorf; Dr. Jörg *Hellhammer*, Marl; Dipl.-Ing. Winfried *Hoffmann*, Duisburg; Dr. Günter *Hollmann*, Stade; Dr. Dieter *Imbery*, Freiburg; Dr. Horst *Jakobi*, Wiesbaden; Dr. Armin *Junker*, Troisdorf;

3 PETROCHEMIE

Gerhard *Karl*, Hannover; Dipl.-Ing. Joachim *Kempfert*, Frankfurt/Main; Dr. Günter *Kitzinger*, Leverkusen; Dipl.-Ing. Dieter *Konrad*, Düsseldorf; Dr. Gerhard *Krause*, Köln; Dr. Manfred *Kreutz*, Essen; Dipl.-Chem. Dieter *Lange*, Krumpa; Dipl.-Ing. Degenhardt *Müller*, Hannover; Wilfried *Neumann*, Darmstadt; Dipl.-Ing. Norbert *Nowak*, Frankfurt/Main; Dr. German *Paul*, München; Dr. Alfred *Pilz*, Rheinberg; Dr. Heinz-Otto *Roller*, Nürnberg; Dr. Hilmar *Roszinski*, Hürth; Dr. Herbert *Salomon*, Gersthofen; Dr. Gert *Santelmann*, Darmstadt; Dr. Eckehard *Schamberg*, Mannheim; Dr. Hans-Wolfgang *Schulte*, Essen; Dr. Horst *Schwall*, Ingelheim; Mario *Senft*, Frankfurt/Main; Dr. Hans-Jörg *Siegle*, Ludwigshafen; Dr. Ulrich *Stöcker*, Wuppertal; Dr. Peter *Tonne*, Ludwigshafen; Dr. Kurt *Vollbracht*, Ludwigshafen; Dipl.-Ing. Götz-Dieter *Winkler*, Walsrode; Dr. Joachim *Wortmann*, Frankfurt/Main; Dr. Friedrich *Ziegler*, Poppendorf; Dr. Klaus *Lenz* (VCI).

Koordinierungskreis Immissionsschutz: Dr. Karlheinz *Trobisch*, Frankfurt/Main, Vorsitzender; Dr. Klaus *Lenz* (VCI).

Arbeitskreis Schallschutz: Dr. Hans-Jörg *Siegle*, Ludwigshafen, Vorsitzender; Dr. Klaus *Lenz* (VCI).

Fachausschuß gefährliche und umweltrelevante Stoffe: Dr. Hans Jörg *Henne*, Ludwigshafen, Vorsitzender; Dr. Harald *Augustin*, Essen; Hans Georg *Bachmann*, Wuppertal; Dr. Klaus *Beutel*, Rheinmünster; Dr. Rüdiger *Bias*, Ludwigshafen; Dr. Eberhard *Bresinsky*, Berlin; Dr. Bernhard *Broecker*, Frankfurt/Main; Dr. Bernd *von Bülow*, Marl; Dr. Klaus *Dietrich*, Kelheim; Dr. Jürgen *Ehret*, Ludwigshafen; Dipl.-Ing. Klaus *Eichendorf*, Frankfurt/Main; Dr. Ralf-Udo *Förster*, Bad Homburg; Dr. Jürgen *Fricke*, Kelkheim; Dr. Axel *Giehr*, Gelsenkirchen; Dr. Günter *Hollmann*, Stade; Dr. Hans-Joachim *Jaroschek*, Düren; Dr. Helmuth *Kainer*, Ludwigshafen; Peter *Korosmezey*, Frankfurt/Main; Dipl.-Ing. Volker *Lambrecht*, Ludwigshafen; Dipl.-Ing. Hagen *Lehnerdt*, Stulln; Dr. Fritz *Löchner*, München; Dr. Norbert *Löhnhoff*, Leverkusen; Dr. Wilfried *Mayr*, Hanau; Dr. Werner *Meister*, Höllriegelskreuth; Dr. Bernd *Mertschenk*, Trostberg; Dr. Wolfgang *Metzger*, Darmstadt; Dr. Hans-Jürgen *Neuhahn*, Leverkusen; Toni *Rutschek*, Graben-Neudorf; Dr. Rolf *Schnakig*, Düsseldorf; Dr. Helmut *Schnierle*, Frankfurt/Main; Dr. Nikolaus *Schön*, Leverkusen; Dr. Jochen *Schroer*, Leverkusen; Dr. Horst *Schwall*, Ingelheim; Professor Dr. Ursula *Stephan*, Holzweißig; Dr. Günter *Streckert*, Duisburg; Dr. Kurt *Vollbracht*, Ludwigshafen; Dr. Peter *Wagner*, Darmstadt; Dr. Nikolaus *Wilhelm*, Eschborn; Dr. Heinrich *Willenberg*, Rheinberg; Dr. Dieter *Fink* (VCI).

Fachausschuß Abfallwirtschaft: Dr. Alfred *Pilz*, Rheinberg, Vorsitzender; Dr. Hans *Weitzel*, Leverkusen, stellv. Vorsitzender; Dr. Peter *Bachhausen*, Münster; Dipl.-Ing. Wolfgang *Baldauf*, Köln; Dr. Hans-Ludwig *Barking*, Essen; Dr. Helmut *Bitsch*, Mannheim; Dr. Klaus *Blankenstein*, Goslar; Dr. Bernd *Büssemeier*, Oberhausen; Dr. Dieter *Cmelka*, Hamburg; Dr. Maria K. *Ebertz*, Eschborn; Uwe Jürgen *Fischer*, Frankfurt/Main; Dr. Gundolf Friedrich *Goethel*, Gelsenkirchen; Dr. Werner *Goll*, Trostberg; Dr. Josef *Gotzig*, Frankfurt/Main; Dr. Roland *Hartwig*, Leverkusen; Dr. Hans *Herlitzius*, Frankfurt/Main; Dipl.-Ing. Winfried *Hoffmann*, Duisburg; Dr. Günter *Hollmann*, Stade; Dr. Hans-Ingo *Joscheck*, Leverkusen; Dr. Armin *Junker*, Troisdorf; Dipl.-Ing. Joachim *Kempfert*, Frankfurt/Main; Joachim *Köder*, Bergkamen; Dr. Karsten *Korn*, Leverkusen; Peter *Korosmezey*, Frankfurt/Main; Dipl.-Ing. Martin *Kreimeier*, Holzminden; Dr. Kurt *Kühne*, Wolfenbüttel; Dr. Detlef *Männig*, Frankfurt/Main; Dr. Günther *Mischer*, Leverkusen; Dr. Wolf *Mroß*, Ludwigshafen; Dipl.-Ing. Degenhardt *Müller*, Rheinberg; Dr. Andreas *Pohlmann*, Frankfurt/Main; Dr. Heinz O. *Roller*, Nürnberg; Dr. Hilmar *Roszinski*, Hürth; Dr. Jochen *Rudolph*, Marl; Dr. Herbert *Salomon*, Gersthofen; Dr. Helmut *Schaum*, Frankfurt/Main; Dipl.-Ing. Peter *Schuster*, Darmstadt; Dr. Horst *Schwall*, Ingelheim; Dipl.-Ing. Wolfgang *Semmler*, Burghausen; Dr. Roland *Socher*, Schwarzheide; Dr. Udo *Stark*, Brunsbüttel; Dr. Gerhard *Sticken*, Marl; Dr. Ulrich *Stöcker*, Wuppertal; Dr. Berchtold *Sülzer*, München; Dipl.-Wirtsch.-Ing. Peter *Tekotte*, Düsseldorf; Dr. Joachim *Wasel-Nielen*, Frankfurt/Main; Dipl.-Ing. Gerhard *Weber*, Darmstadt; Rudolf *Wedekind*, Hannover; Dipl.-Ing. Gert *Wieners*, Leverkusen; Heinz *Keune* (VCI), Dipl.-Ing. Hartmuth *Skalicky* (VCI).

Landesverbände

**Verband der Chemischen Industrie e. V.,
Landesverband Baden-Württemberg**
7570 Baden-Baden, Markgrafenstraße 9, Postfach 33, ☏ (0 72 21) 21 13-0, ⌇ 7 81 254 agvch d, Telefax (0 72 21) 2 66 75.

Geschäftsführung: Hans Paul *Frey*.

**Verband der Chemischen Industrie e. V.,
Landesverband Bayern**
8000 München 86, Innstraße 15, Postfach 86 08 29, ☏ (0 89) 9 26 91 16, Telefax (0 89) 9 26 91 33.

Hauptgeschäftsführung: Dr. Werner *Kalb*.

**Verband der Chemischen Industrie e. V.,
Landesverband Berlin**
1000 Berlin 12, Ernst-Reuter-Platz 8, Postfach 12 21 05, ☏ (0 30) 3 41 42 81, Telefax (0 30) 3 41 97 94.

Geschäftsführung: Dr. Hans-Michael *Weidner*.

**Landesausschuß Hessen
im Verband der Chemischen Industrie e. V.**
6000 Frankfurt 1, Karlstraße 21, ☏ (0 69) 25 56-4 21, ⌇ 4 11 372 vcif d.

Geschäftsführung: Dr. Lothar *Schreiber*.

**Verband der Chemischen Industrie e. V.,
Landesverband Nord**
(Bremen Hamburg Niedersachsen Schleswig-Holstein)
3000 Hannover 81, Güntherstraße 1, Postfach 81 01 52, ✆ (05 11) 9 84 90-0, Telefax (05 11) 83 35 74.

Geschäftsführung: Rolf *Siegert*, Hans-Dietrich *Kadelbach* (Pharma/Lack).

**Verband der Chemischen Industrie e. V.,
Landesverband Nordrhein-Westfalen**
4000 Düsseldorf 1, Ivo-Beucker-Str. 43, Postfach 23 01 69, ✆ (02 11) 6 79 31-40 bis 44, Telefax (02 11) 6 79 31 88 und 6 79 31 89, Teletex 2 114 271 VCI-DUS.

Hauptgeschäftsführung: Dr. Friedrich Karl *Weinspach*.

Geschäftsführung: Arne *Kasten*, Dipl.-Ing. Heinrich *Fathmann*.

**Verband der Chemischen Industrie e. V.,
Landesverband Ost**
O-4020 Halle, Hansering 15, Postfach 1 43, ✆ (03 45) 50 05-0, ✗4 409 CHZ dd, Telefax (03 45) 50 06-2 77, ✆ Sondernetz Chemie 83 24 16, Telefax Sondernetz Chemie 83 24 16.

Geschäftsführung: Dr. Volkhard *Uhlig*.

**Verband der Chemischen Industrie e. V.,
Landesverband Rheinland-Pfalz e. V.**
6700 Ludwigshafen a. Rh., Bahnhofstr. 48, Postfach 21 07 69, ✆ (06 21) 5 20 56-0, Telefax (06 21) 5 20 56-20.

Geschäftsführung: Norbert *Liesenfeld*.

**Landesausschuß Saar
im Verband der Chemischen Industrie e. V.**
6600 Saarbrücken 1, Franz-Josef-Röder-Straße 9, ✆ (06 81) 5 84 84 57, ✗ 4 421 298 ihks d, Telefax (06 81) 58 37 23.

Geschäftsführung: Dr. Friedbert *Frey*.

Fachvereinigung Organische Chemie im Verband der Chemischen Industrie e. V.
6000 Frankfurt 1, Karlstr. 21, ✆ (0 69) 25 56-4 63, ✗ 4 11 372 vcif d.

Vorstand: Dr. Hermann *Wunderlich*, Leverkusen; Dr. Horst *Brinkmann*, Marl; Dr. Uwe-Ernst *Bufe*, Frankfurt; Dr. Karl *Holoubek*, Frankfurt; Dr. Wolfgang *Jentzsch*, Ludwigshafen; Dr. Hans Joachim *Jeschke*, Schwarzheide; Thies J. *Korsmeier*, Eschborn.

Geschäftsführung: Dipl.-Volksw. Dietrich *Wittmeyer* (VCI).

Fachausschuß Mineralölsteuer: Jörg *Wolz*, Leverkusen; Gerald *Geroneit*, Köln; Dr. Hans-Theodor *Heimes*, Marl; Dipl.-Ing. Fritz *Helfrich*, Ludwigshafen; Josef *Liebgott*, Köln; Dieter *Pütter*, Darmstadt; Dr. Michael *Rosenthal*, Frankfurt/Main; Volker *Schürmann*, Frankfurt; Norbert *Steiner*, Ludwigshafen; Dipl.-Kfm. Klaus *Uellner*, Frankfurt; Walter *Vollmann*, Frankfurt; Dipl.-Volksw. Dietrich *Wittmeyer* (VCI).

Fachausschuß Petrochemische Rohstoffe: Dr. Gerald *Fuchs*, Frankfurt; Kurt *Heylmann*, Stade; Dipl.-Volksw. Werner *Jacobsen*, Eschborn; Dr. Rüdiger *Kotkamp*, Ludwigshafen; Dr. Erich *Teller*, Gelsenkirchen; Franz *Thomas*, Marl; Dr. Peter *Woernle*, Leverkusen; Dipl.-Volksw. Dietrich *Wittmeyer* (VCI).

3 PETROCHEMIE

EUROPA

3. Internationale Organisationen

Europäischer Chemieverband (CEFIC)
Conseil Européen de l'Industrie Chimique
European Chemical Industry Council

B-1160 Bruxelles, Avenue E. Van Nieuwenhuyse 4, ☏ (02) 26 76 72 11, ⌕ 6 2 444 ceficb, Telefax (02) 26 76 73 00.

Präsident: Jacques *Puechal,* Atochem.

Vizepräsident: Giorgio *Porta,* Enichem.

Generaldirektor: Drs. Hugo H. *Lever.*

Zweck: Cefic vertritt die Interessen der europäischen chemischen Industrie gegenüber den EG-Behörden und anderen internationalen Organisationen, die wirtschaftliche Rahmenbedingungen der Chemieindustrie beeinflussen.

Mitglieder (Verbände)

Belgien
Fédération des Industries Chimiques de Belgique (FIC/FCN), Square Marie-Louise 49, B-1040 Bruxelles, ☏ (2) 2 30 40 90.

Bundesrepublik Deutschland
Verband der Chemischen Industrie e.V. (VCI), Karlstraße 19 - 21, Postfach 11 19 43, D-6000 Frankfurt 11, ☏ (0 69) 92 55 60.

Dänemark
Foreningen af Danske Kemiske Industrier (FDKI), Norre Voldgade 48, DK-1358 København K., ☏ (1) 15 17 00.

Finnland
Kemian Keskusliitto (KK), Hietaniemenkatu 2, SF-00101 Helsinki, ☏ (0) 44 71 22.

Frankreich
Union des Industries Chimiques (UIC), avenue Marceau 64, F-75008 Paris, ☏ (1) 47 20 56 03.

Großbritannien
Chemical Industries Association Ltd. (CIA), Kings Buildings, Smith Square, GB-London SW1P 3JJ, ☏ (1) 8 34 33 99.

Irland
Federation of Irish Chemical Industries (FICI), Fitzwilliam Square 13, IRL-Dublin 2, ☏ (01) 7 65 11 67.

Italien
Federazione Nazionale dell'Industria Chimica (Federchimica), Via Accademia 33, I-20131 Milano, ☏ (2) 6 36 21.

Niederlande
Vereniging van de Nederlandse Chemische Industrie (VNCI), Vlietweg 14, Postbus 443, NL-2260 AK Leidschendam, ☏ (70) 20 92 33.

Norwegen
Norges Kjemiske Industrigruppe (NKI), Soerkedalsveien 6, N-0369 Oslo, ☏ (02) 96 50 50.

Österreich
Fachverband der Chemischen Industrie Österreichs (FCIO), Wiedner Hauptstraße 63, Postfach 325, A-1045 Wien, ☏ (2 22) 6 50 50.

Portugal
Associação Portuguesa das Empresas Industriais de Produtos Quimicos (APEIPQ), Avenida D. Carlos 1-45-3⁰, P-1200 Lisboa, ☏ (1) 60 67 96 oder 60 67 91.

Schweden
Sveriges Kemiska Industrikontor (SKI), Storgatan 19, Box 5501, S-11485 Stockholm, ☏ (8) 7 83 80 00.

Schweiz
Schweizerische Gesellschaft für Chemische Industrie (SGCI/SSIC), Nordstraße 15, Postfach 328, CH-8035 Zürich, ☏ (1) 3 63 10 30.

Spanien
Federación Empresarial de la Industria Química Española (Feique), Hermosilla 31 - 1° dcha, E-28001 Madrid, ☏ (1) 4 31 79 64.

International Union of Pure and Applied Chemistry
Union internationale de chimie pure et appliquée

GB-Oxford OX4 3YF, 2 — 3 Pound Way, Templars Square, Cowley, ☏ 44 (865) 74 77 44, ⌕ 8 3 220 iupac g, Telefax 44 (865) 74 75 10, ✉ iupac oxford.

Geschäftsführung: Dr. M. *Williams.*

Energie- und Umwelttechnik aus einer Hand

EVT ist ein innovationsfreudiges, weltweit arbeitendes Unternehmen, das mit Schwerpunkt in den Bereichen Energietechnik und Umweltschutz tätig ist. Das EVT-Programm wird durch umweltorientierte Technologien der EVT-Tochtergesellschaften, z. B. auf den Gebieten der Wasseraufbereitung, Boden- und Grundwassersanierung sowie der Gasreinigung, ergänzt.
Der Schwerpunkt des Produktionsprogramms ist der Bau von Dampferzeugern, Feuerungen und Mahlanlagen. Für die Umwelttechnik verfügt EVT über ein komplettes Programm zur Entstickung und Entschwefelung. Die umweltfreundliche, zirkulierende Wirbelschichtfeuerung bildet eine wichtige Ergänzung im Bereich mittlerer Dampfleistungen. Mehr als 30 Müllverbrennungsanlagen sind erfolgreich in Betrieb. Kernstück solcher Anlagen ist ein neu entwickelter Verbrennungsrost sowie eine darauf abgestimmte Rauchgasreinigung.

EVT ENERGIE- UND VERFAHRENSTECHNIK GMBH

EVT ENERGIE- UND VERFAHRENSTECHNIK GMBH
D-7000 Stuttgart 61 · Augsburger Straße 712 · Telefon 07 11/9 17-01 · Fax 07 11/9 17-14 83

4 Elektrizitätswirtschaft

Deutschland

Tabelle: Die Gesamtstromversorgung in Deutschland 1990 und 1991 620
1. **Verbundunternehmen und Großkraftwerke** 621
   Karte: Das Elektrizitäts-Verbundsystem in der Bundesrepublik Deutschland 642
   Karte: Das Elektrizitäts-Verbundsystem im Ruhrgebiet 657
2. **Regionale und kommunale Elektrizitätsversorgungsunternehmen mit mehr als 100 MW** 660
3. **Kraftwerkstabellen** 673
   Karte: Kerntechnische Anlagen 679
4. **Fernwärme** 682
   Tabelle: Fernwärmeversorgung 682
   Servicefirmen 692
5. **Organisationen** 693

Europa im Elektrizitätsverbund

Karte: Stromverbrauch und Stromaustausch der Länder 1990 (in TWh) 707
6. **Belgien** 708
   Kraftwerkstabelle 711
   Kraftwerkskarte 712
7. **Dänemark** 713
   Kraftwerkstabelle 714
   Kraftwerkskarte 715
8. **Finnland** 716
   Kraftwerkskarte 716
   Karte: Elektrizitäts-Verbundsysteme in Europa 717
   Kraftwerkstabelle 719
9. **Frankreich** 721
   Kraftwerkstabelle 724
   Kraftwerkskarte 727

10. **Griechenland** 728
    Kraftwerkstabelle 728
    Kraftwerkskarte 730
11. **Großbritannien** 731
    Kraftwerkstabelle 735
    Kraftwerkskarte 738
12. **Irland** 739
    Kraftwerkskarte 739
    Kraftwerkstabelle 740
13. **Italien** 741
    Kraftwerkstabelle 743
    Kraftwerkskarte 746
14. **Luxemburg** 747
    Kraftwerkstabelle 748
15. **Niederlande** 749
    Kraftwerkstabelle 750
    Kraftwerkskarte 752
16. **Norwegen** 753
    Tabelle: Erzeugung und Verbrauch an elektrischer Energie 753
    Kraftwerkstabelle 754
    Kraftwerkskarte 756
17. **Österreich** 757
    Kraftwerkskarte 760
    Kraftwerkstabelle 761
18. **Portugal** 763
    Kraftwerkskarte 763
    Kraftwerkstabelle 764
19. **Schweden** 765
    Kraftwerkskarte 767
    Kraftwerkstabelle 768
20. **Schweiz** 770
    Kraftwerkskarte 775
    Kraftwerkstabelle 776
21. **Spanien** 778
    Kraftwerkstabelle 783
    Kraftwerkskarte 786

Internationale Organisationen 787

Das Kapitel 10 »Statistik« enthält aktuelle Tabellen zur Stromerzeugung der Welt, der EG und Deutschlands.

4 ELEKTRIZITÄTSWIRTSCHAFT

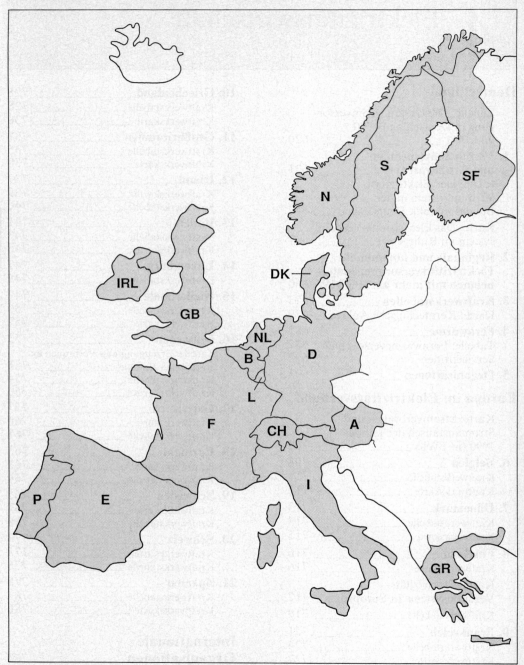

Das Kapitel 4 informiert über die Elektrizitätswirtschaft im europäischen Verbund.

4 Electricity Industry

Germany
1. Combined companies and large power stations _____ 621
2. Regional and municipal electricity supply companies __ 660
3. Power station tables _____ 673
4. District heating _____ 682
5. Organisations _____ 693

European Electricity Grid
6. Belgium _____ 708
7. Denmark _____ 713
8. Finland _____ 716
9. France _____ 721
10. Greece _____ 728
11. Great-Britain _____ 731
12. Ireland _____ 739
13. Italy _____ 741
14. Luxembourg _____ 747
15. Netherlands _____ 749
16. Norway _____ 753
17. Austria _____ 757
18. Portugal _____ 763
19. Sweden _____ 765
20. Switzerland _____ 770
21. Spain _____ 778

International Organisations _____ 787

Chapter 10 »Statistics« contains tables on electricity generation worldwide, within the EC and in the Federal Republic of Germany.

4 L'industrie de l'énergy électrique et nucléaire

Allemagne
1. Entreprises intégrées et centrales puissantes _____ 621
2. Entreprises de distribution d'électricité régionales et communales _____ 660
3. Tableaux des centrales électriques _____ 673
4. Chauffage interurbain _____ 682
5. Organisations _____ 693

Europe et sa distribution d'électricité intégrée
6. Belgique _____ 708
7. Danemark _____ 713
8. Finlande _____ 716
9. France _____ 721
10. Grèce _____ 728
11. Grande-Bretagne _____ 731
12. Irlande _____ 739
13. Italie _____ 741
14. Luxembourg _____ 747
15. Pays-Bas _____ 749
16. Norvège _____ 753
17. Autriche _____ 757
18. Portugal _____ 763
19. Suède _____ 765
20. Suisse _____ 770
21. Espagne _____ 778

Organisations Internationales _____ 787

Le chapitre 10 »Statistiques« contient des tableaux concernant la production de l'électricité globale, dans la CE et en RFA.

Die Gesamtstromversorgung in Deutschland 1990 und 1991
(öffentliche Stromversorgung, Industrie und Bahn)

	Alte Bundesländer			Neue Bundesländer			Alle Bundesländer		
	1990 TWh netto	1991 TWh netto	Änderung gegen Vorjahr %	1990 TWh netto	1991 TWh netto	Änderung gegen Vorjahr %	1990 TWh netto	1991 TWh netto	Änderung gegen Vorjahr %
Aufkommen									
Erzeugung									
Öffentliche Stromversorgung									
Wasser	16,1	14,8	−8,0	1,3	1,4	9	17,4	16,2	−6,8
Kernenergie	138,1	138,4	0,2	4,8	−	−100	143,0	138,4	−3,2
Konventionelle Wärme	204,4	214,1	4,7	67,7	56,9	−16	272,1	217,0	−0,4
Summe	358,7	367,3	2,4	73,7	58,3	−21	432,4	425,6	−1,6
Industrie									
Wasser	1,1	1,1	−1,9	−	0,0	−	1,1	1,1	0,0
Kernenergie	−	−	−	−	−	−	−	−	−
Konventionelle Wärme	53,6	53,2	−0,7	18,4	15,3	−17	72,0	68,5	−4,9
Summe	54,7	54,3	−0,7	18,4	15,3	−17	73,2	69,6	−4,8
Bahn									
Wasser	0,9	0,9	−3,3	−	−	−	0,9	0,9	−3,3
Kernenergie	1,1	1,0	−4,5	−	−	−	1,1	1,0	−4,5
Konventionelle Wärme	3,6	4,0	9,4	0,2	0,2	0	3,8	4,1	9,0
Summe	5,6	5,9	4,7	0,2	0,2	0	5,7	6,0	4,5
Gesamtstromversorgung									
Wasser	18,1	16,8	−7,4	1,3	1,4	11	19,4	18,2	−6,2
Kernenergie	139,2	139,4	0,1	4,8	−	−100	144,1	139,4	−3,2
Konventionelle Wärme	261,6	271,2	3,7	86,3	72,4	−16	347,9	343,6	−1,2
Summe	419,0	427,5	2,0	92,3	73,8	−20	511,4	501,3	−2,0
Import	25,4	27,4	8,2	6,1	3,8	−38	31,5	31,2	−0,8
Summe Aufkommen	444,4	454,9	2,4	98,4	77,6	−21	542,8	532,5	−1,9
Verwendung									
Verbrauch									
Öffentliche Stromversorgung einschl. Übertragungsverluste ohne Pumpstromverbrauch	379,3	388,9	2,5	82,1	61,7	−25	461,4	450,6	−2,3
Industrie aus Eigenerzeugung	30,0	31,1	3,8	10,0	8,0	−20	40,0	39,1	−2,1
Bahn aus Eigenerzeugung + Austauschsaldo (Imp.−Exp.)	5,4	5,7	5,5	0,2	0,2	0	5,6	5,9	5,4
Gesamtstromversorgung ohne Pumpstromverbrauch	414,7	425,7	2,7	92,2	69,8	−24	506,9	495,5	−2,2
Export	26,4	25,8	−2,0	4,4	5,9	35	30,8	31,8	3,2
Pumpstromverbrauch	3,3	3,4	0,4	1,8	1,8	1	5,1	5,2	0,5
Summe Verwendung	444,4	454,9	2,4	98,4	77,6	−21	542,8	532,5	−1,9
Kennzahlen									
Wohnbevölkerung Mill.	63,7	64,3	0,9	16,0	15,8	−1	79,8	80,1	0,5
Verbrauch je Einwohner kWh/Kopf	6507	6622	1,8	5755	4407	−23	6356	6184	−2,7

Abweichungen bei Summenwerten durch Rundungen

Quelle: Deutsche Verbundgesellschaft e. V. (DVG).

DEUTSCHLAND

1. Verbundunternehmen und Großkraftwerke

Badenwerk AG
Badische Landeselektrizitätsversorgung

7500 Karlsruhe 1, Postfach 1680, Badenwerkstr. 2, ☏ (0721) 936-1, ✆ 7825803, ☏ Badenwerk.

Aufsichtsrat: Gerhard *Mayer-Vorfelder*, Finanzminister, Stuttgart, Vorsitzender; Dieter *Lange*, Betriebsratsvorsitzender, Dettenheim, stellv. Vorsitzender; Hans-Jürgen *Arndt*, Landesvorsitzender der Gewerkschaft ÖTV Landesbezirk Baden-Württemberg, Gerlingen; Manfred *Autenrieth*, Landrat, Zimmern; Volker *Bauknecht*, Elektromonteur, Forbach; Albert *Bernauer*, Geschäftsführer der Kreisverwaltung Büchen der Gewerkschaft ÖTV, Büchen; Dr. Rolf-E. *Breuer*, Vorstandsmitglied der Deutsche Bank AG, Frankfurt (Main); Josef *Buchberger*, Geschäftsführer der Gewerkschaft ÖTV Kreisverwaltung Karlsruhe, Linkenheim-Hochstetten; Adolf *Dinkel*, Elektrotechniker, Karlsruhe; Peter *Hofmann*, Hauptabteilungsleiter, Rheinstetten; Hans *Hohmann*, Prokurist, Weinheim; Alex *Huber*, Bürgermeister, Forst; Dr. Eberhard *Leibing*, Staatssekretär, Stuttgart; Heinz *Luderer*, Elektriker, Rheinstetten; Rechtsanwalt und Notar Dr. Roland *Schelling*, Stuttgart; Professor Dr. Gerhard *Seiler*, Oberbürgermeister, Karlsruhe; Günter *Vogelbacher*, Werkzeugmacher, Karlsruhe; Dr. Eugen *Volz*, Staatssekretär, Ellwangen/Jagst; Gerhard *Widder*, Oberbürgermeister, Mannheim; Peter *Wimmer*, techn. Angestellter, Karlsruhe.

Vorstand: Dr. jur. Eberhard *Benz;* Dr.-Ing. Günther *Häßler;* Dipl.-Ing. Heinz *Lichtenberg;* Werner *Wurm.*

Kapital: 308,6 Mill. DM.

Aktionäre: Landesbeteiligung Baden-Württemberg GmbH, Stuttgart, 50%, Badischer Elektrizitätsverband (BEV), 15%, OEW-Beteiligungsgesellschaft mbH, 10%, private Anteile 25%.

Zweck: Gegenstand des Unternehmens ist die Versorgung mit Elektrizität und anderen leitungsgebundenen Energieträgern. Zu diesem Zweck kann die Gesellschaft Energieanlagen errichten oder erwerben und betreiben. In diesem Rahmen ist die Gesellschaft zu allen Geschäften und Maßnahmen berechtigt, die geeignet erscheinen, den Gesellschaftszweck zu fördern, insbesondere zur Beteiligung an anderen Unternehmen gleicher oder verwandter Art, zur Errichtung von Tochterunternehmen, auch solcher im Ausland, sowie zum Abschluß von Interessengemeinschafts- und Unternehmensverträgen.

Betriebsanlagen: 6 Wasserkraftwerke mit einer Netto-Leistung von 70,3 MW, ein Wärmekraftwerk mit einer Netto-Leistung von 950 MW und ein Deponiegaskraftwerk mit einer Netto-Leistung von 0,3 MW; Leistungsanteile von 3571 MW in teileigenen, gepachteten und fremden Kraftwerken sowie 412 MW vertraglich gesicherte Bezugsleistung, 88 eigene, 49 teileigene und 18 fremde Schalt- und Umspannanlagen (380, 220 und 110 kV); 8690 eigene, 2653 teileigene und 680 fremde Umspannanlagen (20 kV).

Betriebsverwaltungen: Betriebsleitung Höchst- und Hochspannungsnetz, Karlsruhe; Betriebsleitung Zentralwerkstatt Durlacher Allee; Betriebsleitung Rheinhafen-Dampfkraftwerk Karlsruhe; Betriebsleitung Rudolf-Fettweis-Werk Forbach; Betriebsverwaltung Taubertal; Betriebsverwaltung Kurpfalz; Betriebsverwaltung Kraichgau; Betriebsverwaltung Hardt; Betriebsverwaltung Murgtal; Betriebsverwaltung Kinzigtal; Betriebsverwaltung Hochrhein; Betriebsverwaltung Bodensee; Betriebsverwaltung Kaiserstuhl; Betriebsverwaltung Breisgau.

Leitungsnetz: 380 kV, 220 kV und 110 kV, insg. 4006 km Stromkreislänge; 20 kV, 9558 km Stromkreislänge; 380/220 V, insges. 25168 km Stromkreislänge.

Versorgungsgebiet: 290 politische Gemeinden (davon 51 Gemeinden teilweise) im Landesteil Baden.

Produktion, Absatz, Beschäftigte		1990	1991
Eigenerzeugung	TWh	3,43	3,12
Nutzbare Abgabe	TWh	18,22	18,65
Fremdbezug*	TWh	15,97	16,80
Beschäftigte		3703	3756

* Einschl. Erzeugung teileigener Werke.

Beteiligungen

Kernkraftwerk-Betriebsgesellschaft mbH (KBG), Karlsruhe, 100%.
Kernkraftwerk Philippsburg GmbH (KKP), Philippsburg, 50%.
Rheinkraftwerk Iffezheim GmbH (RKI), Iffezheim, 50%.
Centrale Electrique Rhénane de Gambsheim SA (Cerga), Gambsheim (Frankreich), 50%.
Schluchseewerk AG, Freiburg, 37,5%.
Rheinkraftwerk Säckingen AG, Säckingen, 37,5%.
Kraftwerk Bexbach Verwaltungsgesellschaft mbH (KBV), Bexbach, 33,3%.
Kernkraftwerk Obrigheim GmbH (KWO), Obrigheim, 28%.
Kraftwerk Ryburg-Schwoerstadt AG, Rheinfelden (Schweiz), 25%.
Grosskraftwerk Mannheim AG, Mannheim, 32%.
Elektrizitätswerk Rheinau AG, Rheinau (Schweiz), 8,0%.
Aurica AG (vormals: Kernkraftwerk Kaiseraugst AG), Kaiseraugst (Schweiz), 7,5%.
Kernkraftwerk Leibstadt AG (KKL), Leibstadt, 7,5%.

4 ELEKTRIZITÄTSWIRTSCHAFT

Rheinkraftwerk Albbruck-Dogern AG, Waldshut, 1%.
Gesellschaft zur Durchführung der Entsorgung von Kernkraftwerken, München (GDE), 21,6%.
Interuran GmbH, Saarbrücken, 12,5%.
Gesellschaft für Kraftwerksplanung und Betrieb Obrigheim mbH, Obrigheim, 12,5%.
Kerntechnische Hilfsdienst GmbH, Karlsruhe, 4,0%.
Studiengesellschaft für elektrischen Straßenverkehr in Baden-Württemberg mbH (SfE), Stuttgart, 20%.
Badenwerk AG und Elektrizitäts-Versorgung Schwaben AG Planungs- und Betreuungs-oHG für Kraftwerke, Ettlingen, 50%.
Fernwärme Rhein-Neckar GmbH, Mannheim (FRN), 50%.
Badenwerk-Gasversorgung GmbH, Eppingen (BGE), 100%.
Kraftwerks-Simulator-Gesellschaft mbH (KSG), Essen, 5%.
Gesellschaft für Simulatorschulung mbH (GfS), Essen, 5%.
Südwestdeutsche Nuklear-Entsorgungs-Gesellschaft mbH (SNE), Stuttgart, 21,6%.
Gasversorgung Hardt GmbH, Karlsruhe, 74,9%.
Umweltservice Südwest Entsorgungsgesellschaft mbH, Karlsruhe (USEG), 51%.
Müllheizkraftwerk Karlsruhe GmbH, Karlsruhe (MHKW), 50%.
Meag Geschäftsbesorgungs-AG, Dortmund (ME-AG), 16,4%.

Kraftwerk Karlsruhe-Rheinhafen

Rheinhafen-Dampfkraftwerk, 7500 Karlsruhe 21, Fettweisstraße 60, ☏ (0721) 5707-0.

Kraftwerksleiter: Dipl.-Ing. Gerhard *Rau*.

Betriebsanlagen: 4 Turbogeneratoren bzw. Gasturbinen mit einer Nettoleistung von 950 MW; Brutto-Engpaßleistung 1010 MW.

Produktion, Absatz, Beschäftigte		1990	1991
Stromerzeugung	GWh	3 499	3 165
Nutzbare Abgabe	GWh	3 312	2 993
Jahreshöchstlast	MW	900	850
Brennstoffeinsatz			
Kohle	t SKE	958 094	929 568
Heizöl	t SKE	42 485	5 315
Erdgas	t SKE	48 574	17 719
Beschäftigte	(Jahresende)	522	511

Bayernwerk AG

8000 München 2, Nymphenburger Straße 39, ☏ (089) 1254-1, ✆ 523172, Telefax (089) 1254-3906 od. -3706, ✎ Bayernwerk München.

Aufsichtsrat: Dr. Georg *Frhr. von Waldenfels*, Staatsminister der Finanzen, Vorsitzender; Karl *Lederer*, Vorsitzender des Gesamtbetriebsrats, stellv. Vorsitzender; Ludwig *Ammersbach*, Elektriker, Überlandwerk Unterfranken AG; Ralf *Brunhöber* (MdS), Bezirksvorsitzender der Gewerkschaft ÖTV, Bezirk Bayern; Jürgen *Feuchtmann*, Bezirksabteilungsgeschäftsführer der ÖTV-Bezirksverwaltung Bayern; Gottfried *Hecht*, Winnenden-Schelmenholz; Karl *Holzer*, Energieversorgung Ostbayern AG, Hauptstelle Landshut; Matthias *Kammerbauer*, Werkmeister, Bayernwerk AG — Kraftwerk Finsing; Dipl.-Ing. Friedrich *Klotzbücher*, Zentralverteilungsstelle Karlsfeld; Professor Dr. Dietrich *Köllhofer*, Mitglied des Vorstandes der Bayerischen Vereinsbank AG; Dr. h. c. August R. *Lang*, Staatsminister für Wirtschaft und Verkehr; Dr. Georg *Obermeier*, Mitglied des Vorstandes der VIAG Aktiengesellschaft; Gustav *Pächer*, Bayernwerk AG, Abt. Zentralverteilungsstelle; Dr. Alfred *Pfeiffer*, Vorsitzender des Vorstandes der VIAG Aktiengesellschaft; Dr. Klaus *Rauscher*, Mitglied des Vorstandes der Bayerischen Landesbank Girozentrale; Professor Dr. Dr. h. c. Rolf *Rodenstock*; Dipl.-Kfm. Jochen *Schirner*, Vorsitzender des Vorstandes der Vereinigte Aluminium-Werke AG, Mitglied des Vorstandes der VIAG Aktiengesellschaft; Armin *Schreiber*, Elektriker, Bayernwerk AG, Betriebsleitung Kernkraftwerk Grafenrheinfeld; Dr. h. c. Max *Streibl*, Ministerpräsident, Bayerische Staatskanzlei; Dr. Dieter *von Würzen*, Staatssekretär, Bundesministerium für Wirtschaft.

Vorstand: Dr. rer. pol. Jochen *Holzer*, Vorsitzender; Dr. jur. Otto *Majewski*, stellv. Vorsitzender; Willi *Gerner*; Dipl.-Ing. Ludwig *Strauß*; Dipl.-Ing. Eberhard *Wild*.

Kapital: 932 Mio. DM.

Großaktionäre: Freistaat Bayern, 58,3%; VIAG Aktiengesellschaft, Bonn, 38,8%; Bayerische Bezirke, 2,9%.

Zweck: Die Bayernwerk AG ist zuständig für die überregionale Stromversorgung Bayerns. Sie beliefert Regionalversorgungsunternehmen und große Kommunalversorgungsunternehmen mit elektrischer Energie. Daneben versorgt sie einige Großabnehmer, die Chemie und die Deutsche Bundesbahn unmittelbar mit Strom. Die Gesellschaft errichtet und betreibt Anlagen zur Erzeugung und Verteilung elektrischer Energie und führt den innerbayerischen Verbundbetrieb sowie den mit den Bundesländern und angrenzenden Nachbarstaaten durch.

Kraftwerke (Stand 30. 9. 90): Das Bayernwerk besitzt bzw. betreibt 9 Wasserkraftwerke mit einer Nennleistung (netto) von 224 MW und 4 konventionelle Wärmekraftwerke mit einer Nennleistung von 2 519 MW. Dem Bayernwerk steht 1/3 der Leistung von 705 MW des Kraftwerks Bexbach zur Verfügung. Das Bayernwerk betreibt das Kernkraftwerk Grafenrheinfeld mit 1 235 MW, ist mit 50% am 870-MW-Kernkraftwerk Isar 1, mit 40% am 1 310-MW-Kernkraftwerk Isar 2 und mit 25% an den beiden Blöcken des Kernkraftwerks Gundremmingen (Gesamtleistung: 2 488 MW) beteiligt.

Neben der eigenen Kraftwerksleistung von 5 794 MW stehen dem Bayernwerk in Kraftwerken innerhalb und außerhalb Bayerns gegenwärtig weitere 3 255 MW Leistung vertraglich zur Verfügung.

Umspann- und Schaltwerke: 9 380-kV-Drehstromanlagen, 21 220-kV-Drehstromanlagen, 30 110-kV-Drehstromanlagen, 5 110-kV-Einphasenanlagen für die Deutsche Bundesbahn. Transformatorenleistung: 21 998 MVA.

Leitungsnetz: Die Gesamtlänge des Hochspannungsnetzes des Bayernwerks beträgt 5 417,9 System-km.

Stromversorgungsgebiet: Bayern.

Produktion, Absatz, Beschäftigte		1988/89	1990/91
Strombeschaffung — Drehstrom und Einphasenstrom — (Eigenerzeugung, Fremdstrombezug, Bezug von umgeformtem und veredeltem Strom)	TWh	32,61	35,03
Nutzbare Stromabgabe — Drehstrom und Einphasenstrom	TWh	31,72	33,93
Beschäftigte (einschl. Aushilfen)	(30.9.)	3 276	3 325

Direkte Beteiligungen

Verbundene Unternehmen

OBEG-Ostbayerische Energieanlagengesellschaft mbH & Co KG (OBEG KG), Regensburg, 25 %; restl. 75 % bei Energieversorgung Ostbayern AG.
Energieversorgung Oberfranken AG (EVO), Bayreuth, über 50 %; Beteiligung unmittelbar und mittelbar über die Contigas.
Contigas Deutsche Energie-Aktiengesellschaft, München, über 75 %.
Energieversorgung Ostbayern AG (OBAG), Regensburg, über 75 %; Beteiligung unmittelbar und mittelbar über die Energiebeteiligungsgesellschaft mbH.
Ilse Bayernwerk Energieanlagen GmbH (IBE), München, 50 %.
Großkraftwerk Franken AG (GFA), Nürnberg, über 95 %.
Überlandwerk Unterfranken AG (ÜWU), Würzburg, über 50 %.
Energiebeteiligungsgesellschaft mbH (EBG), München, 25 %; restl. 75 % bei Contigas.
Untere Iller AG (UIAG), München, 60 %.
Solar-Wasserstoff-Bayern GmbH (SWB), München, 60 %.
UET Umwelt-Energie-Technik GmbH, München, 40 %.

Andere Unternehmen

Kernkraftwerk Isar 1 GmbH (KKJ 1), Essenbach, 50 %.
Gemeinschaftskernkraftwerk Isar 2 GmbH (KKJ 2), Essenbach, 40 %; 10 % bei Energieversorgung Ostbayern AG.
Kernkraftwerke Gundremmingen Betriebsgesellschaft mbH (KGB), Gundremmingen, 25 %.
Kernkraftwerk RWE-Bayernwerk GmbH (KRB), 25 %.
Gesellschaft zur Durchführung der Entsorgung von Kernkraftwerken mbH — GDE, München, über 25 %.
Süddeutsche Gesellschaft zur Entsorgung von Kernkraftwerken mbH — SEK, München, über 25 %.
GNS Gesellschaft für Nuklear-Service mbH, Essen, über 20 %.
VIAG-Bayernwerk-Beteiligungsgesellschaft mbH, (VBB) 50 %.
Siemens-Solar-GmbH, München, 49 %.

Kraftwerk Aschaffenburg

8750 Aschaffenburg, Postfach 918, ☏ (06021) 862-1, ✆ 4188810 baga d, Telefax (06021) 862-360.

Leitung: Kraftwerksleiter: Dipl.-Ing. (FH) Albrecht *Weinberger;* Betrieb: Dipl.-Ing. (FH) Dietrich *Ernst;* Instandhaltung: Dipl.-Ing. (FH) Josef *Ackermann;* Elektroanlagen und Leittechnik: Dipl.-Ing. (FH) Kurt *Baumgartner.*

Eigentümer: Bayernwerk AG, München, und Ilse Bayernwerk Energieanlagen GmbH, München.

Betriebsanlagen: 2 Drehstrom-Turbogeneratoren mit einer Nettoleistung von 286 MW; Brutto-Engpaßleistung 300 MW; 1 Einphasen-Turbogenerator mit einer Nettoleistung von 50 MW, Brutto-Engpaßleistung 50 MW.

Produktion, Absatz, Beschäftigte		1989	1990
Stromerzeugung (Drehstrom)	GWh	1 011	1 894
Nutzbare Abgabe (Drehstrom)	GWh	953	1 786
Jahreshöchstlast (Drehstrom)	MW	275	281
Brennstoffeinsatz (Drehstrom) Steinkohle	t	331 173	628 036
Stromerzeugung (Einphasenstrom)	GWh	179	191
Nutzbare Abgabe (Einphasenstrom)	GWh	179	191
Jahreshöchstlast (Einphasenstrom)	MW	43	44
Brennstoffeinsatz (Einphasenstrom) Steinkohle	t	62 331	66 767
Beschäftigte	(Jahresende)	298	295

Kernkraftwerk Grafenrheinfeld (KKG)

8722 Grafenrheinfeld, Postfach 7, ☏ (09723) 621.

Leitung: Dipl.-Ing. Peter-Michael *Schabert.*

Eigentümer: Bayernwerk AG, München.

Betriebsanlage: 1300-MW-Kernkraftwerk mit Druckwasserreaktor.

4 ELEKTRIZITÄTSWIRTSCHAFT

Produktion, Absatz, Beschäftigte	1989	1990
Stromerzeugung .... GWh	9 914	8 353
Nutzbare Abgabe .... GWh	9 414	7 901
Jahreshöchstlast (netto) .... MW	1 251	1 253
Beschäftigte ...... (Jahresende)	295	306

Kraftwerk Ingolstadt

8071 Großmehring, Postfach 10, ☏ (08407) 87-0, ✆ 55812 bagin d, Telefax (08407) 87-256.

Leitung: Kraftwerksleiter: Dipl.-Ing. Erwin *Bussinger;* Betrieb: Dipl.-Ing. Edgar *Trinkle;* Instandhaltung: Dipl.-Ing. (FH) Bernhard *Pfitzner;* Elektroanlagen und Leittechnik: Dipl.-Ing. (FH) Walter *Mühlbauer.*

Eigentümer: Bayernwerk AG, München, und Ilse Bayernwerk Energieanlagen GmbH, München.

Betriebsanlagen: 4 Turbogeneratoren mit einer Nettoleistung von 1 039 MW; Brutto-Engpaßleistung 1 100 MW.

Produktion, Absatz, Beschäftigte	1989	1990
Stromerzeugung .... GWh	386	884
Nutzbare Abgabe .... GWh	359	812
Jahreshöchstlast .... MW	478	779
Brennstoffeinsatz (Heizöl) .... t	85 178	195 940
Beschäftigte ...... (Jahresende)	222	232

Kraftwerk Pleinting

8351 Pleinting, ☏ (08549) 18-0, ✆ 57573 ibept d, Telefax (08549) 18-250.

Leitung: Kraftwerksleiter: Dipl.-Ing. Karl-Heinz *Gassner;* Betrieb: Ing. (grad.) Joachim *Rech;* Instandhaltung: Dipl.-Ing. Günther *Helm;* Elektroanlagen und Leittechnik: Dipl.-Ing. (FH) *Schedlmeier.*

Eigentümer: Ilse Bayernwerk Energieanlagen GmbH (IBE), München.

Betriebsanlagen: 2 Turbogeneratoren mit einer Nettoleistung von 694 MW; Brutto-Engpaßleistung 725 MW.

Produktion, Absatz, Beschäftigte	1989	1990
Stromerzeugung .... GWh	146	212
Nutzbare Abgabe .... GWh	136	196
Jahreshöchstlast .... MW	492	480
Brennstoffeinsatz (Heizöl S) .... t	31 356	46 716
Beschäftigte ...... (Jahresende)	150	150

Kraftwerk Schwandorf

8460 Schwandorf, Postfach 1120, ☏ (09431) 610-0, ✆ 65322 bagsd d, Telefax (09431) 610-452.

Leitung: Kraftwerksleiter: Ing. (grad.) Hermann *Ehrenstraßer;* Betrieb: Dipl.-Ing. (FH) Rainer *Dietl;* Instandhaltung: Dipl.-Ing. (FH) Heinz *Rossmann;* Elektrotechnik, Leittechnik: Dipl.-Ing. (FH) Josef *Panzer.*

Eigentümer: Bayernwerk AG, München, und Ilse-Bayernwerk-Energieanlagen GmbH, München.

Betriebsanlagen: 3 Turbogeneratoren mit einer Nettoleistung von 450 MW; Brutto-Engpaßleistung 500 MW.

Produktion, Absatz, Beschäftigte	1989	1990
Stromerzeugung .... GWh	1 988	2 390
Nutzbare Abgabe .... GWh	1 780	2 145
Jahreshöchstlast .... MW	453	454
Brennstoffeinsatz (Braunkohle) .... 1 000 t	1 153	1 383
Beschäftigte ...... (Jahresende)	410	409

Berliner Kraft- und Licht (Bewag)-AG

1000 Berlin 30, Stauffenbergstr. 26, ☏ (030) 267-0, ✆ 18210-0 bewag Berlin, ✉ Bekulastrom Berlin.

Aufsichtsrat: Dr. jur. Werner *Lamby,* Vorsitzender des Vorstandes der VIAG AG, Bonn, Vorsitzender; Dr. rer. pol. Kurt *Lange,* Vorsitzender des Landesbezirks Berlin der Gewerkschaft Öffentliche Dienste, Transport und Verkehr (ÖTV), Berlin, stellv. Vorsitzender; Dr. rer. pol. Hermann *Borghorst* (ab 17. 12. 1990), Bez.-Sekr. der Industriegewerkschaft Chemie, Papier, Keramik, Berlin; Dipl.-Kfm. Fritz *Cante,* Handlungsbevollmächtiger Bewag, Berlin; Dipl.-Ing. Heinz *Cramer,* Mitglied des Vorstandes der PreussenElektra AG, Hannover; Jürgen *Fiedler,* Mitglied des Betriebsrates der Bewag, Berlin; Hartmut *Friedrich,* Landesverbandsleiter der Deutschen Angestellten-Gewerkschaft, Landesverband Berlin und Brandenburg, Berlin; Dipl.-Ing. Siegfried *Hoffmann,* Mitglied des Betriebsrates der Bewag, Berlin; Konsul Dipl.-Kfm. Andreas *Howaldt,* Vorsitzender des Gesamtverbandes des Einzelhandels e. V., Berlin, und Geschäftsführer der Unionzeiss-Werke GmbH, Berlin; Wilfried *Karge,* Bewag, Berlin; Professor Dr. Jutta *Limbach,* Senatorin für Justiz, Berlin; Dr.-Ing. Roland *Mecklinger,* Vorsitzender der Geschäftsführung der Mannesmann-Kienzle GmbH, Villingen; Alfred *Pförter,* Obermaschinist Bewag, Berlin; Dipl.-Volkswirt Elmar *Pieroth,* Senator für Finanzen, Berlin; Günter *Schencke,* Mitglied des Betriebsrates der Bewag, Berlin; Dipl.-Kfm. Jochen *Schirner,* Vorsitzender des Vorstandes der Vereinigten Aluminium-Werke AG, Mitglied des Vorstandes der VIAG-AG; Manfred *Schwarze,* Vorsitzender des Betriebsrates der Bewag, Berlin; Wolfgang *Steinriede,* Sprecher des Vorstandes der Berliner Bank AG, Berlin; Dr. jur. Dieter *von Würzen,* Staatssekretär im Bundesministerium für Wirtschaft, Bonn.

Vorstand: Karl-Heinz *Lassner;* Prof. Dr.-Ing. Leonhard *Müller;* Michael *Pagels;* Dr. Rudolf *Streich* (stellvertr. Vorstandsmitglied); Dr. jur. Wilm *Tegethoff* (bis 31. 12. 1991); Professor Dietmar *Winje.*

Gründung: Die Rechtsvorgängerin der Berliner Kraft- und Licht (Bewag)-AG, die »Städtische Electricitäts-Werke Aktiengesellschaft zu Berlin«, wurde am 8. 5. 1884 mit einem Grundkapital von 3 Mill. Mark gegründet. Nach mehrfachen Umgründungen firmiert das Unternehmen seit dem 23. 11. 1934 unter dem jetzigen Namen.

Kapital: 560 Mill. DM.

Aktionäre: Land Berlin 50,82%; Elektrowerke AG, Berlin, 10%; PreussenElektra AG, Hannover, 10%; Rest Streubesitz, 29,18%.

Zweck: Gegenstand des Unternehmens sind die Erzeugung und der Vertrieb von Elektrizität und Fernwärme, insbesondere zur Versorgung Berlins, ferner jede weitere Betätigung auf elektro- und wärmewirtschaftlichem Gebiet sowie auf verwandten Gebieten. Zur Erreichung ihres Zweckes ist die Gesellschaft berechtigt, gleichartige oder ähnliche Unternehmungen zu übernehmen oder sich an solchen zu beteiligen. Die Gesellschaft ist ferner berechtigt, Untergesellschaften zur selbständigen Durchführung einzelner ihr übertragener Aufgaben zu bilden sowie Interessengemeinschafts-Verträge abzuschließen.

Kraftwerke: Die Bewag betreibt zur Zeit 9 eigene Kraftwerke mit einer installierten Leistung von zusammen 2 603 MW.

Umspannwerke: Die Leistung der 380/110 kV-, 110/30-, 110/10- und 110/6-kV-, 30/6 kV-Umspannwerke beträgt 8 366 MVA.

Leitungsnetz: Die Systemlänge des 380/110-kV-Netzes einschl. der Freileitungen beläuft sich auf 507 km. Das 30-kV-Netz ist 481 km und das 10- und 6-kV-Netz 6 233 km lang.

	1989/90	1990/91
Strombeschaffung ..... GWh	10 473	11 008

Beteiligungen
EAB Energie-Anlagen Berlin GmbH, Berlin, 25%.
Verlags- und Wirtschaftsgesellschaft der Elektrizitätswerke mbH (VWEW), Frankfurt (Main), 4,63%.
EAB Fernwärme GmbH, Berlin, 50%.
Gesellschaft für die Chemische Aufarbeitung Bestrahlter Kernbrennstoffe »Eurochemic«, Mol/Belgien, 0,07%.
Depogas, Ges. zur Gewinnung und Verwertung von Deponiegasen mbH, Berlin, 100%.
Energieversorgung Berlin AG, Berlin, 100%.

Contigas Deutsche Energie-Aktiengesellschaft

(Hauptbeitrag der Contigas in Kap. 2 Abschn. 2.2)

8000 München 81, Effnerstr. 93, Postfach 81 02 40, ☏ (089) 922096-0, ✂ 529137 conti d, Telefax (089) 922096-23.

Energie-Versorgung Schwaben AG (EVS)

7000 Stuttgart 1, Kriegsbergstr. 32, Postfach 10 12 43, ☏ (0711) 128-0, ✂ 723715, Telefax 128-21 80.

Gesamtaufsichtsrat: Dr. Guntram *Blaser*, Landrat, Ravensburg, Vorsitzender; Kurt *Sannwald*, Gesamtbetriebsratsvorsitzender, Heilbronn, stellv. Vorsitzender; Hans-Jürgen *Arndt*, ÖTV-Landesvorsitzender, Stuttgart; Jürgen Klaus *Binder*, Landrat, Sigmaringen; Professor Dr. Heinz *Brüderlin*, Direktor, Stuttgart; Ministerialdirektor Benno *Bueble*, Stuttgart; Dr. Wilhelm *Bühler*, Landrat, Ulm; Horst *Butz*, Betriebsratsvorsitzender, Ulm; Franz *Fischer*, Geschäftsführer der ÖTV-Kreisverwaltung Ravensburg; Siegfried *Ginter*, Bürgermeister, Geislingen; Wilhelm *Grotz*, Gesamtbetriebsratsvorsitzender, Herrenberg; Manfred *Keppler*, Geschäftsführer der ÖTV-Kreisverwaltung Heilbronn; Jürgen *Klatte*, Bürgermeister, Weinsberg; Rolf *Koch*, stellv. Betriebsratsvorsitzender, Biberach; Paul *Kräutle*, Abteilungs-Direktor, Stuttgart; Jonny *Lüth*, stellv. Betriebsratsvorsitzender, Stuttgart; Dr. Wolfgang *Schürle*, Landrat, Ulm/Donau; Ernst *Spadinger*, Bürgermeister, Deißlingen; Ernst *Vetter*, Betriebsratsvorsitzender, Biberach; Dr. Diethelm *Winter*, Landrat, Aalen.

Vorstand: Dr. Wilfried *Steuer*, Vorsitzender; Günther *Jackel*, stellv. Vorsitzender; Dr. Hans-Peter *Förster*; Dr.-Ing. Ernst *Hagenmeyer*; Dr.-Ing. E. h. Karl *Stäbler*.

Gründung: 1939.

Kapital: 500 Mill. DM.

Aktionäre: Zweckverband Oberschwäbische Elektrizitätswerke, 43,3%; Landeselektrizitätsverband Württemberg, 18,8%; Gemeindeelektrizitätsverband Schwarzwald-Donau, 13,7%; Technische Werke der Stadt Stuttgart (TWS) AG, 13,4%; Landesbeteiligungen Baden-Württemberg GmbH, 10,4%; Sonstige 0,4%.

Zweck: Die Erzeugung, Fortleitung und Verteilung von elektrischem Strom, von Fernwärme und von Gas sowie Bau, Erwerb und Betrieb der dazu notwendigen Anlagen. Die Gesellschaft ist berechtigt, sich an ähnlichen Unternehmungen zu beteiligen sowie alle Geschäfte zu betreiben, die zur Erreichung und Förderung des Gesellschaftszweckes dienlich erscheinen.

Kraftwerke: Die Energie-Versorgung Schwaben AG besitzt derzeit 3 konv. Wärmekraftwerke, außerdem 13 Deponiegas-Blockkraftanlagen, 4 Blockheizkraftwerke, 2 Windkraft-Anlagen sowie eine Photovoltaik-Anlage, Anteile an den Kernkraftwerken Obrigheim, Philippsburg und Neckarwestheim und dem konventionellen Wärmekraftwerk Bexbach mit zusammen 3 268 MW sowie 24 Wasserkraftwerke mit einer Leistung bei Ausbauwasser von zusammen 58 MW. Neben der eigenen Kraftwerksleistung von derzeit 3 326 MW stehen dem Unternehmen aus Vertragskraftwerken 1 582 MW zur Verfügung.

Umspannwerke und -stationen: Die Zahl der Umspannwerke im Oberspannungsnetz beträgt 124, die der Umspannstationen im Mittelspannungsnetz 12 487.

Leitungsnetz: Im Hochspannungsnetz 5 637 km, im Mittelspannungsnetz 14 876 km und im Niederspannungsnetz 26 521 km, insgesamt also 47 034 km.

Stromversorgungsgebiet: Das Unternehmen beliefert als Landesversorgungsunternehmen nahezu sämtliche Einwohner der früheren Länder Württemberg und Hohenzollern, teils unmittelbar, teils mittelbar über andere Elektrizitäts-Versorgungsunternehmen.

Fernwärmelieferung: 793 GWh.

Gaslieferung: 23 GWh.

Produktion und Absatz		1990	1991
Gesamtaufbringen an elektrischer Energie	TWh	21,34	22,05
Nutzbare Stromabgabe	TWh	20,07	20,74

Beteiligungen
EVS Kernkraft Neckarwestheim GmbH, 100%.
Ueberlandwerk Jagstkreis AG, 100%.
Mittelschwäbische Überlandzentrale AG, 78%.
EVS-Gasversorgung Nord GmbH, 60%.
EVS-Gasversorgung Süd GmbH, 60%.
Geschäftsbesorgung Energieversorgung Sachsen Ost AG, 63%.
Bodenreinigungszentrum Sachsen-Ost GmbH i.G., 100%.
Elektritzitätswerk Aach eG, 100%.
Fernwärme Unterland GmbH, 100%.
Kernkraftwerk Philippsburg GmbH, 50%.
Kernkraftwerk Obrigheim GmbH, 35%.
Kraftwerk Bexbach Verwaltungs-GmbH, 33%.
Gesellschaft zur Durchführung der Entsorgung von Kernkraftwerken mbH, 25%.
Fernwärme Ulm-Süd GmbH, 50%.
Südwestdeutsche Nuklear-Entsorgungs-Gesellschaft mbH, 27%.
Gasversorgung Unterland GmbH, 50%.
Gasversorgung Dornstadt GmbH, 50%.
Energieversorgung Gaildorf OHG, 50%.
Neckarwerke Elektrizitätsversorgungs-AG, 32%.
Interuran GmbH, 13%.
Obere Donau Kraftwerke AG, 40%.
KSG Kraftwerks-Simulator GmbH, 6%.
GfS Gesellschaft für Simulartorschulung mbH, 6%.
Studiengesellschaft für elektrischen Straßenverkehr in Baden-Württemberg mbH, 20%.

Heizkraftwerk Heilbronn

7100 Heilbronn, Lichtenbergerstr. 23, Postfach 1625, ☏ (07131) 187-0.

Leitung: Kraftwerksleiter: Kraftwerksdirektor Dipl.-Ing. Gerhard *Mayer;* Kesselbetriebsingenieur: Dipl.-Ing. (FH) Manfred *Karschner;* Maschinenbetriebsingenieur: Dipl.-Ing. Gerhard *Allmer;* Elektrobetriebsingenieur: Dipl.-Ing. Klaus Peter *Dudnitzek;* Maschinentechnische Instandhaltung: Dipl.-Ing. Rolf *Girod;* Fachbereich Chemie: Dr. Bernd *Schmittecker;* Fachbereich Produktion: Dipl.-Ing. (FH) Wolfgang *Triebel.*

Betriebsanlagen: 7 Turbogeneratoren mit einer Netto-Engpaßleistung von 1 184 MW; tatsächlich verfügbare Nettoleistung: 1 064 MW. Brutto-Engpaßleistung 1 278 MW (alle Angaben bei einer Wärmeabgabe von 250 MW).

Produktion, Absatz, Beschäftigte		1990	1991
Stromerzeugung	GWh	4 998,37	4 419,41
Nutzbare Abgabe	GWh	4 634,54	4 113,80
Jahreshöchstlast (brutto)	MW	1 200	1 258
Wärmeabgabe	GWh	346	401
Brennstoffeinsatz	t SKE	–	1 451 526
Beschäftigte (Jahresende)		811	804

Wärmekraftwerk Marbach

7142 Marbach, Ludwigsburger Straße 100, Postfach 177, ☏ (07144) 5053.

Leitung: Kraftwerksleiter: Kraftwerksdirektor Dipl.-Ing. Gerhard *Mayer;* Kesselbetriebsingenieur: Dipl.-Ing. (FH) Günther *Schröder;* Maschinenbetriebsingenieur: Dipl.-Ing. Wolfram *Dietrich;* Elektrobetriebsingenieur und Leittechnik: Dipl.-Ing. Manfred *Ocker.*

Betriebsanlagen: *Marbach III:* 1 Turbogenerator mit 245 MW und 1 Gasturbine mit 55 MW Nettoleistung; Brutto-Engpaßleistung 320 MW. *Marbach II:* 3 Triebwerksgruppen mit je 2 Triebwerken auf 3 Nutzleistungsturbinen mit einer Gesamt-Nettoleistung von 77 MW; Brutto-Engpaßleistung 77,4 MW.

Produktion, Absatz, Beschäftigte		1990	1991
Marbach III			
Stromerzeugung	GWh	36,38	47,40
Nutzbare Abgabe	GWh	36,38	46,57
Jahreshöchstlast (brutto)	MW	272	272
Marbach II			
Stromerzeugung	GWh	0,97	0,42
Nutzbare Abgabe	GWh	0,96	0,41
Jahreshöchslast (brutto)	MW	82,4	83,4
Beschäftigte (Jahresende)		177	172

Energiewerke Nord GmbH

O-2205 Lubmin, Postfach 35, ☏ (037) (0082297) 43400, ✍ 398183 ewn d, Telefax (037) (0082297) 22458.

Geschäftsführung: Herbert *Hollmann*, Werner *Kreutz*, Dr. Ulrich *Löschhorn*, Edgar *Prochnow*.

KKW Rheinsberg

O-1955 Rheinsberg, ☏ (0037) (0036284) 2801, ✆ 158321, Telefax (0037) (0036284) 2367.

Gemeinschaftskernkraftwerk Grohnde GmbH (KWG)

3254 Emmerthal 1, Postfach 1230, ☏ (05155) 67-1.

Geschäftsführung: Sönke *Albrecht*, Gerhard *Altenberend*.

Stammkapital: 600 Mill. DM.

Gesellschafter: PreussenElektra AG, Hannover, 50%; Gemeinschaftskraftwerk Weser GmbH, Porta Westfalica, 50%.

Zweck: Betrieb des Kernkraftwerks Grohnde.

Kernkraftwerk Grohnde

Betriebsleitung: Kraftwerksdirektor Dipl.-Ing. Herbert *Dittmar*.

Betriebsanlagen: Der Kraftwerksblock ist mit einem Druckwasserreaktor für eine Dampfleistung von 7420 t/h und einem Einwellenturbosatz mit einer Nettoleistung von 1325 MW ausgerüstet.

Produktion, Absatz, Beschäftigte		1990	1991
Stromerzeugung (brutto)	GWh	10 694,0	10 517,6
Nutzbare Abgabe (netto)	GWh	10 123,6	9 957,6
Jahreshöchstlast (netto)	MW	1 357	1 359
Beschäftigte (Jahresende)		299	316

Gemeinschaftskernkraftwerk Isar 2 GmbH (KKI 2)

8307 Essenbach; Postanschrift: Postfach 20 03 40, 8000 München 2, Techn. und Kaufm. Geschäftsführung, ☏ (089) 12 54-1, ✆ 5 23 172 bagh d (Bayernwerk AG).

Geschäftsführung: Dr.-Ing. Dieter *Brosche* (techn.); Dr. jur. Dipl.-Kfm. Rudolf *Falter* (kaufm.).

Stammkapital: 100 000 DM.

Gesellschafter: Bayernwerk AG, München (40 %), Isar-Amperwerke AG, München (25 %), Stadtwerke München, München (25 %), Energieversorgung Ostbayern AG, Regensburg (10 %).

Zweck: Betrieb eines Kernkraftwerkes mit einem Druckwasserreaktor und einer Nettoleistung von 1320 MW.

Kernkraftwerk Isar 2

8307 Essenbach, ☏ (0 87 02) 3 81.

Kraftwerksleitung: Dipl.-Ing. Hans-Jürgen *Beuerle*; Dipl.-Ing. (FH) Karl *Janker* (stellv.); Dr.-Ing. Eberhard *Kluge* (Überwachung); Dipl.-Ing. (FH) Siegfried *Seifert* (Maschinen- und Elektrotechnik); Dipl.-Ing. (FH) Karl *Janker* (Betrieb); Dipl.-Ing. (FH) Harald *Mühlhölzl* (Leittechnik); Dipl.-Ing. Maximilian *Rank* (zentrale Aufgaben); Dipl.-Betriebsw. (FH) Alfons *Neumüller* (kaufmännische Verwaltung).

Eigentümer: Bayernwerk AG, München; Isar-Amperwerke AG, München; Stadtwerke München, München; Energieversorgung Ostbayern AG, Regensburg.

Betriebsanlagen: Ein Turbo-Generator mit einer Netto-Leistung von 1 320 MW; Brutto-Leistung 1 400 MW.

Produktion, Absatz, Beschäftigte		1989	1990
Stromerzeugung	GWh	8 276	9 866
Nutzbare Abgabe (netto)	GWh	7 728	9 271
Jahreshöchstlast (netto)	GWh	1 315	1 324
Beschäftigte	(Jahresende)	311	327

Gemeinschaftskernkraftwerk Neckar GmbH (GKN)

7129 Neckarwestheim, Postfach, ☏ (07133) 13-1, ✆ 728314.

Geschäftsführung: Dr. rer. nat. Werner *Zaiss*, Dr. jur. Hans *Wiedemann*.

Stammkapital: 110000 DM.

Gesellschafter: Neckarwerke Elektrizitätsversorgungs-AG, 42%; Technische Werke der Stadt Stuttgart (TWS) AG, 26%; Deutsche Bundesbahn, 18%; Energie-Versorgung Schwaben AG (EVS), 12%; Zementwerk Lauffen — Elektrizitätswerk Heilbronn AG (ZE AG), 3%.

Zweck: Bau, Betrieb, Instandhaltung und Verwaltung der im Eigentum der Gesellschafter stehenden Anlagen eines Gemeinschaftskernkraftwerks sowie die Erledigung weiterer Aufgaben im Zusammenhang mit der Errichtung, Unterhaltung, Erneuerung und Erweiterung des Kraftwerks.

Betriebsanlagen: Das Kernkraftwerk wurde in einem Steinbruch zwischen Neckarwestheim und Gemmrigheim am Neckar errichtet. Der Block I hat einen Druckwasserreaktor für eine Wärmeleistung von rd. 2495 MW zur Erzeugung einer elektrischen Gesamtnettoleistung von rd. 795 MW durch zwei Einwellenturbosätze (rd. 652 MW Drehstrom und rd. 158 MW $16^{2}/_{3}$-Hz-Bahnstrom). Der Baubeginn war im Januar 1972. Block I hat im Mai 1976 den Betrieb aufgenommen. Für Block II mit einer elektrischen Nettoleistung von 1 225 MW wurde am 29.12.1988 die Betriebserlaubnis erteilt. Der Block speiste am 3.1.1989

4 ELEKTRIZITÄTSWIRTSCHAFT

erstmals elektrische Arbeit ins Netz ein. GKN II ist ebenfalls ein Druckwasserreaktor mit einer Wärmeleistung von 3 765 MW. Betrieben wird ein Turbosatz mit einer Nettoleistung von 1 225 MW. Die Deutsche Bundesbahn bezieht aus diesem Block Drehstrom, den sie zum Teil in zwei Umformersätzen im Kraftwerksgelände in Einphasen-Wechselstrom mit 16²/₃ Hz umformt.

Kraftwerk Neckarwestheim

7129 Neckarwestheim, Postfach, ☏ (07133) 13-1, ✆ 728314 gkn.

Geschäftsführung: Dr. rer. nat. Werner *Zaiss* (Techn. Geschäftsführer); Dr. Hans *Wiedemann* (Verwaltungsgeschäftsführer).

Betriebsanlagen: Block I: 2 Turbogeneratoren 50 Hz und 16²/₃ Hz mit einer Nettoleistung von 810 MW; Brutto-Engpaßleistung 855 MW.
Block II: 1 Turbogenerator 50 Hz, mit einer Nettoleistung von 1 225 MW; Brutto-Engpaßleistung 1 314 MW.

Produktion, Absatz, Beschäftigte		1990	
		Block I	Block II
Stromerzeugung	GWh	6 192	10 382
Nutzbare Abgabe	GWh	5 754	9 694
Jahreshöchstlast	MW	857	1 345
Wärmeabgabe	GWh	12 345	32 622
Brennstoffeinsatz je Zyklus	t	63,230	102,749
Beschäftigte (Jahresende)		780	

Gemeinschaftskraftwerk Hannover-Braunschweig GmbH

3000 Hannover 91, Ihmepassage 7, Postfach 910347, ☏ (0511) 430-1, ✆ 922759 über Stadtwerke Hannover, Telefax (05 11) 4 58 26 35.

Aufsichtsrat: Ratsherr Harald *Tenzer*, Vorsitzender; Dipl.-Verwaltungswirt Walter *Meyer*, stellv. Vorsitzender; Oberstadtdirektor Dr. Jürgen *Bräcklein*; Stadtrat Heinz *Kruse*; Ratsherr Wilfried *Lorenz*; Edgar *Mennecke*; Ratsherr Manfred *Pesditschek*; Günter *Politze*; Ratsherr Gernot *Tartsch*; Karl-Heinz *Werner*; Ratsherr Bernhard *Windscheid*; Arbeitnehmervertreter: Karl-Heinz *Berghausen*; Hermann *Hane*; Rolf *Kobbe*; Reinhard *Lüdecke*; Gilbert *Plumeyer*; Karl-Heinz *Ribbeck*; Helmut *Süß*.

Geschäftsführung: Dr.-Ing. Hans-Jürgen *Ebeling;* Direktor Wolfgang *Probst.*

Prokuristen: Direktor Hans-Joachim *Mertsch;* Dipl.-Ing. Dietrich *Borcherdt;* Dr. Rolf-Dieter *Schroeder.*

Kapital: 2,7 Mill. DM.

Gesellschafter: Stadtwerke Hannover AG, 66²/₃ %; Braunschweiger Versorgungs-AG, 33¹/₃ %.

Zweck: Bau und Betrieb von Kraftwerken zur Erfüllung der Stromversorgungsaufgaben der Gesellschafter; außerdem kann das Unternehmen die Betriebsführung von bundesbahneigenen Kraftwerksanlagen und die Lieferung von Fahrstrom an die Bundesbahn übernehmen.

Betriebsanlagen: Zwei 100-MW-Kraftwerksblöcke.

Beteiligung: Kraftwerk Mehrum GmbH, 50 %.

Gemeinschaftskraftwerk Weser GmbH

4952 Porta Westfalica-Veltheim, Postfach 1262, Möllberger Str. 387, ☏ (05706) 399-0, ✆ 9 7 896 gekawe d, Telefax (0 57 06) 3 99-3 81.

Kraftwerk Veltheim

4952 Porta Westfalica-Veltheim, Postfach 1262, Möllberger Str. 387, ☏ (5706) 399-0, ✆ 9 7 896 gekawe d, Telefax (0 57 06) 3 99-3 81.

Leitung: Dipl.-Ing. Rudolf *Tewes* (Kraftwerksleitung); Dipl.-Ing. Erwin *Klingspohn* (Betrieb); Dipl.-Ing. Werner *Hartwig* (Kesselbereich); Dipl.-Ing. Bernd *Huk* (Maschinenbereich); Dipl.-Ing. Manfred *Meysing* (Elektrobereich); Dipl.-Ing. Winfried *Winhold* (Bereich Chemie).

Betriebsanlagen: 4 Turbogeneratoren mit einer Nenn-Leistung von 800 MW, 2 Gasturbinen mit einer Nenn-Leistung von 120 MW.

Produktion, Absatz, Beschäftigte		1990	1991
Stromerzeugung	GWh	2 065,6	1 907,1
Nutzbare Abgabe	GWh	1 895,1	1 736,5
Brennstoffeinsatz	t	692 475	626 948
Beschäftigte (Jahresende)		438	439

Großkraftwerk Franken AG

8500 Nürnberg 1, Rudolphstr. 28, Postfach 2853, ☏ (0911) 5397-0, ✆ 622017, ✈ Frankenkraft Nürnberg.

Aufsichtsrat: Dipl.-Ing. Eberhard *Wild*, München, Vorsitzender; Dr. Karl *Hillermeier*, Staatsminister a. D., München, 1. stellv. Vorsitzender; Josef *Kleber*, Maschinenmeister, Erlangen, 2. stellv. Vorsitzender; Dr. jur. Günther *Beckstein*, Staatssekretär, München; Professor Dr. oec. publ. Dietrich *Köllhofer*, Vorstandsmitglied der Bayerischen Vereinsbank AG, München; Manfred *Wolter*, Blockfahrer, Erlangen.

Vorstand: Dipl.-Ing. Josef *Rieder;* Dipl.-Kfm. Dr. Rudolf *Falter.*

Kapital: 95 Mill. DM.

Großaktionär: Bayernwerk AG, München, über 95%.

Zweck: Energieversorgung, insbesondere die Erzeugung und der Bezug sowie die Abgabe und Verteilung elektrischer Energie, die Errichtung und der Betrieb hierzu geeigneter Anlagen sowie alle dem Gesellschaftszweck unmittelbar oder mittelbar dienenden Geschäfte und die Beteiligung an gleichen oder ähnlichen Unternehmen.

Kraftwerke: 2 Wärmekraftwerke mit einer installierten Maschinenleistung von 1243 MW und ein Pumpspeicherwerk mit einer installierten Maschinenleistung von 160 MW.

Produktion und Absatz		1989/90	1990/91
Strombeschaffung (Eigenstromerzeugung, Fremdstrombezug)	GWh	5 482	2 957
Nutzbare Stromabgabe	GWh	5 454	2 955

Beteiligungen

Nürnberger Reederei Dettmer GmbH & Co., Nürnberg, 25%.

Kraftwerk Franken I

8500 Nürnberg, Felsenstraße 14, Postfach 2853, ☏ (0911) 6888-0, ✆ 622017.

Kraftwerksleiter: Dipl.-Ing. Willi *Riel*.

Betriebsanlagen: 2 Turbogeneratoren bzw. 1 Gasturbine mit einer installierten Leistung von 843 MW; Nettoleistung 808 MW.

Produktion, Beschäftigte		1989/90	1990/91
Stromerzeugung	GWh	445	435
Wärmeabgabe	MWh	–	8 200
Brennstoffeinsatz (Heizöl, Erdgas)	t SKE	150 578	148 141
Beschäftigte	(Jahresende)	165	176

Kraftwerk Franken II

8520 Erlangen, Kraftwerkstraße 25; Postanschrift: 8500 Nürnberg 1, Postfach 2853, ☏ (09131) 997-0, ✆ 622017.

Kraftwerksleiter: Dipl.-Ing. Volker *Petermann*.

Betriebsanlagen: 2 Turbogeneratoren mit einer installierten Leistung von 400 MW; Nettoleistung 388 MW.

Produktion, Beschäftigte		1989/90	1990/91
Stromerzeugung	GWh	2 311	2 522
Wärmeabgabe	MWh	5 600	32 000
Brennstoffeinsatz (Steinkohle, Heizöl)	t SKE	721 841	802 803
Beschäftigte	(Jahresende)	239	243

Grosskraftwerk Mannheim AG

6800 Mannheim 24, Aufeldstr. 23, Postfach 240264, ☏ (0621) 8680, ✆ 462202, Telefax (0621) 8684410, ✆ Grosskraftwerk Mannheim.

Aufsichtsrat: Gerhard *Widder*, Oberbürgermeister der Stadt Mannheim, Vorsitzender; Dr. jur. Werner *Ludwig*, Oberbürgermeister der Stadt Ludwigshafen, 1. stellv. Vorsitzender; Karl-Robert *Denzler*, Oberkesselwärter, Ketsch, 2. stellv. Vorsitzender; Uwe *Altig*, Betriebsratsvorsitzender, Edingen-Neckarhausen; Dr. jur. Eberhard *Benz*, Vorstandsmitglied der Badenwerk AG, Karlsruhe; Dr. jur. Norbert *Egger*, Erster Bürgermeister der Stadt Mannheim, Mannheim; Wilhelm *Erny*, Schlosser, Mannheim; Dr.-Ing. Günther *Häßler*, Vorstandsmitglied der Badenwerk AG, Ettlingen; Professor Dr.-Ing. Werner *Hlubek*, Vorstandsmitglied der RWE AG, Essen; Dipl.-Ing. Heinz *Lichtenberg*, Vorstandsmitglied der Badenwerk AG, Waldbronn; Dr. jur. Hans *Martini*, Stadtrat, Mannheim; Walter *Mayer*, Vorsitzender des Gesamtbetriebsrats der Pfalzwerke AG, Rodenbach; Walter *Pahl*, Direktor, Mannheim; Heinz *Pfaff*, Schlosser, Mannheim; Walter *Scheibel*, Techniker, Hockenheim; Kurt *Tröbs*, stellv. Betriebsratsvorsitzender, Mannheim; Dr. rer. pol. Günter *Veigel*, Vorstandsmitglied der Pfalzwerke AG, Hirschberg; Dipl.-Ing. Siegfried *Zschiedrich*, Vorstandsmitglied der Pfalzwerke AG, Münchweiler an der Alsenz.

Vorstand: Dipl.-Kfm. Michael *Baumann*; Dipl.-Ing. Werner *Leibfried*.

Prokuristen: Dipl.-Ing. Franz *Baumüller*, Betriebsdirektor (Betrieb); Dipl.-Kfm. Rudolf *Metzger*, Abteilungsdirektor (Kfm. Verwaltung); Dipl.-Ing. Günther *Herrmann*, Abteilungsdirektor (Elektrotechnik); Dipl.-Ing. Hans *Roesner*, Abteilungsdirektor (Maschinentechnik); Rechtsanwalt Hans Reiner *Rudolph*, Abteilungsdirektor (Personal).

Grundkapital: 130 Mill. DM.

Aktionäre: Pfalzwerke AG, 40%; Badenwerk AG, 32%; Energie- und Wasserwerke Rhein-Neckar AG, 28%.

Zweck: Bau und Betrieb eines Gemeinschaftskraftwerkes zur wirtschaftlichen Erzeugung von elektrischer Energie und Wärme, vornehmlich zur Bedarfsdeckung der Aktionäre.

Installierte Leistung: 1 830 MW zuzüglich 1 000 MW_{th} Fernwärme.

Produktion, Absatz, Beschäftigte		1990	1991
Stromerzeugung	GWh	7 316	8 113
Nutzbare Abgabe	GWh	6 883	7 729
Beschäftigte	(Jahresende)	1 381	1 469

Beteiligungen

GKM-Brennstoffversorgungs- und Entsorgungs-GmbH, Mannheim.

Hamburgische Electricitäts-Werke AG (HEW)

2000 Hamburg 60, Überseering 12, Postfach 600960, ☏ (040) 6396-0, Telefax (040) 6396-2770, ✆ 2174121, ⛨ Hewag.

Aufsichtsrat: Senator Dr. Fritz *Vahrenholt*, Hamburg, Vorsitzender Umweltbehörde (ab 2. Sept. 1991); Hellmut *Kähler*, Hamburgische Electricitäts-Werke AG, stellv. Vorsitzender; Karl-Heinz *Bahr*, Hamburgische Electricitäts-Werke AG; Werner *Burgdorf*, Hamburgische Electricitäts-Werke AG; Dipl.-Ing. Peter *Dietrich*, Vorstandsvorsitzender der Hamburger Hafen- u. Lagerhaus AG, Wewelsfleth; Staatsrat a. D. Dr. Hans *Fahning*, Geschäftsleitender Direktor der Hamburgischen Landesbank-Girozentrale; Dipl.-Ing. Manfred *Hoffendahl*, Hamburgische Electricitäts-Werke AG, Wedel; Rechtsanwalt Dr. Diether *Hoffmann*, Frankfurt (Main); Günther *Kwaschnik*, HEW, Hamburg; Dipl.-Ing. Eberhard *Kill*, Vorstandsmitglied der Siemens AG, Rathsberg; Dr. Klaus *Mehrens*, 1. Bevollm. IGM Verwaltungsstelle Hamburg; Senator a. D., Universitätsprofessor Professor Dr. Klaus-Michael *Meyer-Abich*, Hamburg; Staatsrat Dr. Claus *Noé*, Behörde für Wirtschaft, Verkehr und Landwirtschaft, Hamburg; Dr. Volkmar *von Obstfelder*, Senatsdirektor Finanzbehörde, Hamburg; Dr. Lutz *Peters*, Geschäftsführender Gesellschafter der Schwartauer Werke GmbH & Co., Hamburg; Heinz *Petersen*, Hamburgische Electricitäts-Werke AG; Dipl.-Kfm. Franz-Josef *Pröpper*, Neumünster, Oberbürgermeister (bis 30. Aug. 1991); Klaus *Römer*, Geschäftsführer des Gewerkschaftsrates der Deutschen Angestellten-Gewerkschaft, Hamburg; Karin *Roth*, IG Metall, Vorstandsverwaltung, Frankfurt (Main); Wolfgang *Straßer*, Hamburgische Electricitäts-Werke AG.

Vorstand: Dipl.-Kfm. Roland *Farnung*, Vorsitzender; Dr. Hans-Joachim *Reh*; Thorwald *Schleesselmann*; Dipl.-Ing. Manfred *Timm*.

Öffentlichkeitsarbeit: Dipl.-Volksw. Robert *Schulte*.

Grundkapital: 460 Mill. DM.

Mehrheitsaktionär: Hamburger Gesellschaft für Beteiligungsverwaltung mbH, Hamburg, rd. 71%.

Zweck: Versorgung des gesamten Gebietes der Freien und Hansestadt Hamburg mit Strom und Fernwärme.

Betriebsanlagen: Die Gesellschaft verfügt z. Z. über 6 Dampfkraftwerke, davon 5 zur kombinierten Fernwärmeerzeugung; 1 Pumpspeicherwerk und 3 Gasturbinen-Kraftwerke.
Die elektrische Netto-Engpaßleistung der HEW beträgt z. Z. 2325 MW; hinzu kommen 213 MW HEW-Anteil Kernkraftwerk Stade, 514 MW HEW-Anteil Kernkraftwerk Brunsbüttel; 630 MW HEW-Anteil Kernkraftwerk Krümmel; 265 MW HEW-Anteil Kernkraftwerk Brokdorf; Engpaßleistung gesamt 3947 MW.

Stromverteilungsnetz: In Betrieb befindliche Systemlänge rd. 15625 km, davon 14205 km Kabel und 1420 km Freileitungen.

Fernwärmeverteilungsnetz: Gesamte Systemlänge 583 km.

Produktion, Absatz, Beschäftigte		1990	1991
Strombeschaffung	GWh	12 391	12 744
Stromverkauf	GWh	11 729	12 115
Fernwärmeverkauf	GWh	3 731	4 247
Beschäftigte	(Jahresende)	5 614	5 725

Wesentliche Beteiligungen

Kernkraftwerk Brunsbüttel GmbH, Hamburg, 66,67%.
Hamburger Gaswerke GmbH, Hamburg, 54,9%.
Kernkraftwerk Brokdorf GmbH, Hamburg, 20%.
Kernkraftwerk Krümmel GmbH, Hamburg, 50%.
Tanklager Moorburg GmbH, Hamburg, 100%.
Kernkraftwerk Stade GmbH, Hamburg, 33,33%.
Deutsche Gesellschaft für Wiederaufarbeitung von Kernbrennstoffen mbH, Hannover, 7,5%.
Windenergiepark Westküste GmbH, Kaiser-Wilhelm-Koog, 20%.

Kraftwerk Hamburg-Moorburg

2000 Hamburg 60, Überseering 12, ☏ (040) 63960.

Betriebsanlagen: 2 Turbogeneratoren und 2 Gasturbinen ab 31. 12. 88 mit einer Nettoengpaßleistung von 985 MW; Brutto-Engpaßleistung 1006 MW.

Produktion und Absatz		1990	1991
Stromerzeugung			
brutto	GWh	344	1 029
netto	GWh	331	993
Jahreshöchstlast			
(netto)	MW	495	501
Wärmeabgabe	MWh	11 754	12 363
Brennstoffeinsatz	GWh	861	2 574

Kraftwerk Hamburg-Wedel

2000 Hamburg 60, Überseering 12, ☏ (040) 63960.

Betriebsanlagen: 5 Turbinengeneratoren bzw. Gasturbinen mit einer Nettoengpaßleistung von 455 MW; Brutto-Engpaßleistung 481 MW.

Produktion und Absatz		1990	1991
Stromerzeugung			
brutto	GWh	709	561
netto	GWh	611	464
Jahreshöchstlast			
(netto)	MW	218	192
Wärmeabgabe	MWh	836 931	888 839
Brennstoffeinsatz	GWh	2 372	2 040

Hochtemperatur-Kernkraftwerk GmbH (HKG)

4700 Hamm 1, Siegenbeckstr. 10, ☎ (02388) 32-0, Telefax (02388) 72218 (Verwaltung), 322218 (Betrieb), ⌀ 828884.

Geschäftsführung: Dr. jur. Manfred *Ragati*, Herford; Dr. rer. pol. Johannes *Hüning*, Hagen; Professor Dr.-Ing. Klaus *Knizia*, Dortmund; Dipl.-Ing. Uwe-Jens *Hansen*, Dortmund (stellv.).

Stammkapital: 90 Mill. DM.

Gesellschafter: Gemeinschaftskraftwerk Weser GmbH, 26%; Elektromark Kommunales Elektrizitätswerk Mark AG, 26%; Vereinigte Elektrizitätswerke Westfalen AG (VEW), 31%; Gemeinschaftswerk Hattingen GmbH, 12%; Stadtwerke Aachen AG, 5%.

Zweck: Planung, Finanzierung, Bau und Betrieb eines 300-MW-Hochtemperatur-Kernkraftwerks in Hamm-Uentrop als Gemeinschaftskraftwerk der Gesellschafter.

Prototypkernkraftwerk Hamm-Uentrop

Betriebsanlagen: THTR 300 und Nebengebäude.

Produktion und Beschäftigte	1990	1991*
Bruttostromerzeugung . GWh	–	–
Beschäftigte . . . . (Jahresende)	188	146

* Keine Stromerzeugung wegen Stillegungsbeschluß.

Kernkraftwerk-Betriebsgesellschaft mbH (KBG)

7514 Eggenstein-Leopoldshafen, ☎ (07247) 861.

Geschäftsführung: Dipl.-Ing. Werner *Steiger*.

Stammkapital: 50000 DM.

Gesellschafter: Badenwerk AG, Karlsruhe.

Zweck: Die Bauleitung und Betriebsführung der Versuchsanlagen MZFR (Mehrzweckforschungsreaktor) und KNK (Kompakte Natriumgekühlte Kernreaktoranlage), beide in Stillegung.

Kernkraftwerk Brokdorf GmbH (KBR)

2100 Hamburg 90, Hörstener Str. 49, ☎ (040) 7631084, ⌀ 217712 pekku.

Geschäftsführung: Dr. Bernhard *Bröcker;* Peter *Hartmann*.

Stammkapital: 650 Mill. DM.

Gesellschafter: PreussenElektra AG, 80%; Hamburgische Electricitäts-Werke AG (HEW), 20%.

Zweck: Betrieb eines Kernkraftwerkes in der Gemeinde Brokdorf zum Zwecke der Lieferung elektrischer Arbeit an die Gesellschafter und Betreibung der damit zusammenhängenden Geschäfte.

Kernkraftwerk Brokdorf

Betriebsleitung: Helmut *Verfürth*, Wolfgang *Kurtze*.

Betriebsanlagen: Der Kraftwerksblock arbeitet mit einem Druckwasserreaktor für eine Dampfleistung von 7420 t/h und einem Einwellenturbosatz mit einer Nettoleistung von 1326 MW.

Produktion, Absatz, Beschäftigte	1990	1991
Stromerzeugung (brutto) . GWh	8 760,8	9 987,8
Stromerzeugung (netto) . . GWh	8 337,2	9 492,7
Jahreshöchstlast (netto) . . . MW	1 347	1 347
Beschäftigte . . . . . . (Jahresende)	366	376

Kernkraftwerk Brunsbüttel GmbH (KKB)

2212 Brunsbüttel, Otto-Hahn-Straße, ☎ (04852) 890.

Geschäftsführung: Dipl.-Wirtsch. Ing. Lothar *Stelzer;* Dipl.-Ing. Werner *Hartel*.

Stammkapital: 63 Mill. DM.

Gesellschafter: Hamburgische Electricitäts-Werke AG (HEW) zu zwei Dritteln und PreussenElektra AG zu einem Drittel.

Zweck: Der Betrieb eines Kraftwerkes in Brunsbüttel zum Zwecke der Lieferung elektrischer Arbeit an die Gesellschafter und die Betreibung der damit zusammenhängenden Geschäfte.

Betriebsanlagen: Der Standort des Kernkraftwerkes liegt etwa 70 km nordwestlich von Hamburg auf dem Gebiet der Stadt Brunsbüttel. Das Kernkraftwerk ist mit einem Siedewasserreaktor für eine Nettoleistung von 771 MW ausgerüstet. Das Kraftwerk hat 1976 den Betrieb aufgenommen.

Kraftwerk Brunsbüttel

2212 Brunsbüttel, Otto-Hahn-Straße, ☎ (04852) 89-0.

Betriebsanlagen: 1 Turbogenerator mit einer Nettoleistung von 771 MW; Brutto-Engpaßleistung 806 MW.

Produktion und Absatz	1990	1991
Stromerzeugung		
brutto . . . . GWh	5 011	4 002
netto . . . . GWh	4 780	3 819

Kernkraftwerk Isar 1 GmbH (KKI 1)

8307 Essenbach; Postanschrift: Postfach 370225, 8000 München 37; Techn. Geschäftsführung: ☏ (089) 1254-1, ✆ 523172 (Bayernwerk AG); Kaufm. Geschäftsführung: ☏ (089) 5208-1, ✆ 523845 (Isar-Amperwerke AG).

Geschäftsführung: Dr.-Ing. Dieter *Brosche* (techn.); Dr. rer. pol. Klaus *Hubig* (kaufm.).

Stammkapital: 100 000 DM.

Gesellschafter: Bayernwerk AG, München, 50%; Isar-Amperwerke AG, München, 50%.

Zweck: Bau und Betrieb eines Kernkraftwerkes mit einem Siedewasserreaktor und einer Nettoleistung von 870 MW.

Kernkraftwerk Isar 1

8307 Essenbach, ☏ (08702) 20-1, ✆ 58348.

Kraftwerksleitung: Dipl.-Ing. Kurt *Steinrück;* Stellv. Kraftwerksleiter und Leiter der Abteilung Überwachung: Dr. rer. nat. Theo *Herzog;* Leiter der Abteilung Maschinen- und Elektrotechnik: Dipl.-Ing. (FH) Karl *Keckeis;* Leiter der Abteilung Betrieb: Dipl.-Ing. Wilhelm *Grenzinger;* Leiter der Abteilung Leittechnik: Dipl.-Ing. (FH) Armin *Zehentbauer;* Leiter der Abteilung zentrale Aufgaben: Dipl.-Ing. (FH) Dieter *Huber;* Leiter der Abteilung kaufmännische Verwaltung: Dipl.-Kfm. Michael *Hoffmann*.

Eigentümer: Bayernwerk AG, München, und Isar-Amperwerke AG, München.

Betriebsanlagen: Ein Turbo-Generator mit einer Netto-Leistung von 870 MW; Brutto-Leistung 907 MW.

Produktion, Absatz, Beschäftigte	1989	1990
Stromerzeugung .... GWh	5 451	5 302
Nutzbare Abgabe (netto) ... GWh	5 216	5 051
Jahreshöchstlast (netto) .... MW	877	872
Brennstoffeinsatz (Uran) ...... t		
Beschäftigte .... (Jahresende)	339	348

Kernkraftwerk Krümmel GmbH (KKK)

2054 Geesthacht, Elbuferstraße 82, ☏ (04152) 151, ✆ 415210 = krak.

Geschäftsführung: Dipl.-Ing. Werner *Hartel;* Peter *Hartmann*.

Stammkapital: 200 Mill. DM.

Gesellschafter: Hamburgische Electricitäts-Werke Aktiengesellschaft (HEW), 50%; PreussenElektra AG, 50%.

Zweck: Der Betrieb eines Kernkraftwerkes in Krümmel zum Zwecke der Lieferung elektrischer Arbeit an die Gesellschafter und die Betreibung der damit zusammenhängenden Geschäfte.

Betriebsanlagen: Der Standort des Kernkraftwerkes liegt etwa 30 km südöstlich von Hamburg auf dem Gebiet der Stadt Geesthacht. Das Kernkraftwerk ist mit einem Siedewasserreaktor für eine Nettoleistung von 1 260 MW ausgerüstet. Das Kraftwerk hat 1983 den Betrieb aufgenommen.

Kraftwerk Krümmel

2054 Geesthacht, Elbuferstraße 82, ☏ (04152) 15-1.

Betriebsanlagen: 1 Turbogenerator mit einer Nettoleistung von 1 260 MW; Brutto-Engpaßleistung 1 316 MW.

Produktion und Absatz	1990	1991
Stromerzeugung		
brutto .... GWh	9 226	8 112
netto .... GWh	8 823	7 750

KKL Kernkraftwerk Lippe GmbH

4700 Hamm; Postanschrift: 4600 Dortmund 1, Rheinlanddamm 24, ☏ (0231) 438-1.

Geschäftsführung: Dipl.-Ing. Reinhard *Bruchhaus*, Dipl.-Ökonom Norbert *Geisler*.

Stammkapital: 50 000 DM.

Gesellschafter: Vereinigte Elektrizitätswerke Westfalen AG (VEW), 100%.

Zweck: Erzeugung und Verkauf elektrischer Energie durch Errichtung und Betrieb von Kernkraftwerken.

Kernkraftwerk Obrigheim GmbH (KWO)

6952 Obrigheim, ☏ (06261) 650, ✆ 466121, Telefax (06261) 65390.

Geschäftsführung: Dr. Herbert *Schenk,* Dipl.-Kfm. Paul *Dangelmaier*.

Öffentlichkeitsarbeit: Karlfried *Theilig*.

Stammkapital: 100 Mill. DM.

Gesellschafter: 11 Energieversorgungsunternehmen von Baden-Württemberg.

Betriebsanlagen: Das Kernkraftwerk hat eine elektrische Nettoleistung von 340 MW und wird zur kommerziellen Stromerzeugung eingesetzt. Die Stromabgabe erfolgt anteilmäßig an die Gesellschafter.

Produktion und Beschäftigte	1989	1990
Stromerzeugung		
brutto .... GWh	2 689	1 236
netto .... GWh	2 562	1 179
Beschäftigte .... (Jahresende)	294	301

Kernkraftwerk Philippsburg GmbH

7522 Philippsburg, Rheinschanzinsel, Postfach 1140, ☏ (07256) 95-0, ✂ 7822357 kkpd, ✈ Kernkraftwerk Philippsburg, Telefax (07256) 95-2029.

Geschäftsführung: Dr. jur. Eberhard *Benz;* Dr.-Ing. Günther *Häßler;* Dipl.-Ing. E. h. Karl *Stäbler;* Dr. Wilfried *Steuer;* Dr. rer. nat. Herbert *Schenk;* Dr. rer. pol. Detlev H. *Vogel;* Dipl.-Ing. Günter *Langetepe.*

Stammkapital: 900 Mill. DM.

Gesellschafter: Badenwerk AG, Karlsruhe, und Energie-Versorgung Schwaben AG (EVS), Stuttgart, zu gleichen Teilen.

Betriebsanlagen: Das Kernkraftwerk ist mit 2 Blöcken (SWR 900 MW, DWR 1350 MW) in Betrieb und dient der kommerziellen Stromerzeugung ausschließlich für die beiden Gesellschafter zu gleichen Teilen. Die Inbetriebnahme des SWR erfolgte zum Jahresbeginn 1979 und des DWR zum Jahresende 1984.

Kernkraftwerk RWE-Bayernwerk GmbH (KRB)

8871 Gundremmingen, Postfach 300, ☏ (08224) 78-1, ✈, ✂ 5 31 143, Telefax (0 82 24) 78-29 00.

Geschäftsführung: Dipl.-Ing. Reinhardt *Ettemeyer* (techn.); Albrecht *Schonder* (kfm.).

Stammkapital: 100 Mill. DM.

Gesellschafter: RWE Energie AG, Essen, 75%; Bayernwerk AG (BAG), München, 25%.

Betriebsanlagen: Das Kernkraftwerk in Gundremmingen bei Günzburg — erste Kritikalität 13. August 1966, erste Abgabe elektrischer Leistung an das Netz 12. November 1966 — gilt als das erste deutsche Demonstrationskraftwerk mit einer Nettoleistung von 237 MW. Ein Siedewasserreaktor mit Doppelkreislauf.
Die Kernkraftwerksanlage wurde mit Wirkung vom 8. Januar 1980 stillgelegt.

Kernkraftwerk Stade GmbH (KKS)

3000 Hannover 91, Trescrowstr. 5, ☏ (0511) 439-0, ✂ pehv 9 22756.

Geschäftsführung: Dr. Bernhard *Bröcker;* Peter *Hartmann.*

Stammkapital: 60 Mill. DM.

Gesellschafter: PreussenElektra AG, Hannover, zu zwei Dritteln, und Hamburgische Electricitäts-Werke AG (HEW), Hamburg, zu einem Drittel.

Zweck: Der Betrieb eines Kernkraftwerkes in Stade.

Kernkraftwerk Stade

2160 Stade, Postfach 1780, ☏ (04141) 15-0, ✂ Stade 2 18 623 penbs.

Betriebleitung: Horst *Salcher* (techn.), Gert *Melchert* (kfm.).

Betriebsanlagen: Der Kraftwerksblock arbeitet mit einem Druckwasserreaktor für eine Dampfleistung von 3592 t/h und einem Einwellenturbosatz mit einer Nettoleistung von 630 MW. Über Kraftwärmekopplung wird ein Industriebetrieb mit Wärme versorgt.

Produktion, Absatz, Beschäftigte	1990	1991
Stromerzeugung (brutto) ... GWh	4 378,1	2 390,3
Stromerzeugung (netto) .... GWh	4 159,3	2 270,6
Jahreshöchstlast (netto) .... MW	637	638
Fremddampfabgabe .... TJ	693,9	364,3
Beschäftigte .... (Jahresende)	375	388

Kernkraftwerk Süd GmbH, Ettlingen (KWS)

7500 Karlsruhe 1, Postfach 3720, ☏ (0721) 81091, ✂ 7825749.

Geschäftsführung: Direktor Dr.-Ing. Günther *Häßler,* Dipl.-Ing. Karl *Stäbler,* Dr. Wilfried *Steuer;* Direktor Dr. jur. Eberhard *Benz.*

Stammkapital: 20 Mill. DM.

Gesellschafter: Kernkraftwerk Philippsburg GmbH (KKP).

Betriebsanlagen: Die Anlage mit einer Nettoleistung von 1 284 MW soll auf der Gemarkung Wyhl, Landkreis Emmendingen, erstellt werden. Das Bundesverwaltungsgericht in Berlin hat in letzter Instanz am 19. Dezember 1985 die Rechtmäßigkeit der 1. TEG für das Kernkraftwerk Wyhl bestätigt.

Kernkraftwerk Unterweser GmbH (KKU)

3000 Hannover 91, Trescrowstraße 5, ☏ (0511) 439-0.

Geschäftsführung: Sönke *Albrecht;* Peter *Hartmann.*

Stammkapital: 100 Mill. DM.

Gesellschafter: PreussenElektra AG, 100%.

Zweck: Betrieb des Kernkraftwerks Unterweser.

Kernkraftwerk Unterweser

2883 Stadland 1, ☏ (04732) 80-1, ✆ 238303, Telefax (04732) 80-385.

Betriebsleitung: Dipl.-Ing. Gerhard *Güther*, Dipl.-Betrw. Norbert *Stief*.

Betriebsanlagen: Der Kraftwerksblock arbeitet mit einem Druckwasserreaktor für eine Dampfleistung von 7160 t/h und einem Einwellenturbosatz mit einer Nettoleistung von 1255 MW.

Produktion, Absatz, Beschäftigte		1990	1991
Stromerzeugung (brutto)	GWh	8 941,3	6 838,1
Stromerzeugung (netto)	GWh	8 485,0	6 485,9
Jahreshöchstlast (netto)	MW	1 278	1 280
Beschäftigte (Jahresende)		384	402

Kernkraftwerke Gundremmingen Betriebsgesellschaft mbH (KGB)

8871 Gundremmingen, Postfach 300, ☏ (08224) 78-1, ✆ 531143, Telefax (0 82 24) 78-29 00.

Vorsitzender des Aufsichtsrats: Professor Dr.-Ing. Werner *Hlubek*.

Geschäftsführung: Dipl.-Ing. Reinhardt *Ettemeyer* (techn.); Albrecht *Schonder* (kfm.).

Stammkapital: 1 Mill. DM.

Gesellschafter: RWE Energie AG, Essen, 75%; Bayernwerk AG (BAG), München, 25%.

Zweck: Im Auftrage von RWE Energie und BAG (Pächter der Kernkraftwerksblöcke) Betriebsführung der Kernkraftwerksblöcke B + C auf dem Standort Gundremmingen einschließlich der zum ordnungsgemäßen Betrieb, zur Verwaltung und Unterhaltung der Kernkraftwerke erforderlichen Tätigkeiten.

	1990	1991
Beschäftigte (Vollzeit)	688	721

Kernkraftwerke Lippe-Ems GmbH (KLE)

4450 Lingen (Ems); Postanschrift: 4600 Dortmund 1, Rheinlanddamm 24 (im Hause Vereinigte Elektrizitätswerke Westfalen AG), ☏ (0231) 4384432, ✆ 822121 VEW.

Geschäftsführung: Dipl.-Kfm. Dieter *Junge*, Dr.-Ing. Joachim *Adams*, Dr.-Ing. Klaus *Bechtold*, Dr. rer. pol. Johannes *Hüning*; Dipl.-Ing. Reinhard *Bruchhaus* (stellv.), Dipl.-Ing. Uwe-Jens *Hansen* (stellv.), Dipl.-Kfm. Ingo *Schmidt* (stellv.).

Stammkapital: 1 100 Mill. DM.

Gesellschafter: Vereinigte Elektrizitätswerke Westfalen AG (VEW), Dortmund, 75%; Elektromark Kommunales Elektrizitätswerk Mark AG, Hagen, 25%.

Zweck: Bau und Betrieb von Kernkraftwerken. KLE betreibt seit 1988 am Standort Lingen das Kernkraftwerk Emsland mit einem 1300-MW-Druckwasserreaktor.

Produktion, Absatz, Beschäftigte		1990	1991
Stromerzeugung	GWh	10 610	10 837
Nutzbare Abgabe	GWh	10 039	10 256
Jahreshöchstlast	MW		
brutto		1 366	1 382
netto		1 294	1 310
Brennstoffeinsatz (Volllasttage)		326	329
Beschäftigte (Jahresende)		259	269

Kraftwerk Mehrum GmbH

3000 Hannover 91, Ihmepassage 7, ☏ (0511) 430-1, ✆ 922759 über Stadtwerke Hannover.

Geschäftsführung: Direktor Adam *Götz*; Direktor Hans-Joachim *Mertsch*.

Prokuristen: Dipl.-Kfm. Hans-Albert *Oppenborn*, Dipl.-Ing. Dietrich *Borcherdt*.

Arbeitsausschuß: Dr.-Ing. Hans-Jürgen *Ebeling*, Vorsitzender; Dipl.-Ing. Heinz *Cramer*, stellv. Vorsitzender; Dipl.-Kfm. Reinhold *Offermann*; Direktor Wolfgang *Probst*.

Kapital: 20 Mill. DM.

Gesellschafter: Gemeinschaftskraftwerk Hannover-Braunschweig GmbH, 50%; PreussenElektra AG, 50%.

Zweck: Der Bau und Betrieb von Kraftwerksanlagen im Bereich Mehrum, die Bereitstellung einer elektrischen Leistung entsprechend dem Beteiligungsverhältnis sowie die Lieferung des erzeugten Stroms ausschließlich an die Gesellschafter.

Betriebsanlage: ein 700-MW-Kohlekraftwerksblock (Aufnahme der Stromerzeugung im Juni 1979).

		1989	1990
Nutzbare Stromabgabe*	GWh	2 153	2 714

* Entspricht der Eigenerzeugung.

Kraftwerk Wehrden GmbH

6620 Völklingen-Wehrden, Grabenstraße, Postfach 101629, ☏ (06898) 2009-0.

Aufsichtsrat: Direktor Dr. Walter *Henn*, Saarbrücken; Dipl.-Ing. Hans-Günter *Herfurth*, Dillingen; Dipl.-Kfm. Guido *Scheer*, Saarbrücken; Assessor Konrad *Reinert*, Saarbrücken; Dipl.-Kfm. Norbert *Walter*, Saarbrücken; Dipl.-Kfm. Walter *Klinker*,

Saarbrücken; Stadtverbandspräsident Franz-Ludwig *Triem,* Saarbrücken; Landrat Dr. Peter *Winter,* Saarlouis.

Geschäftsführung: Dipl.-Ing. Günter *Marquis;* Dipl.-Ing. Willy *Leonhardt;* Dipl.-Ing. Walter *Ninnemann.*

Kapital: 10,8 Mill. DM.

Gesellschafter: Saarstahl Völklingen AG, Stadtwerke Saarbrücken AG und Vereinigte Saar-Elektrizitäts-AG (VSE), Saarbrücken, je 33 1/3%.

Betriebsanlage: Dampfkraftwerk.

Produktion, Absatz, Beschäftigte		1990	1991
Nutzbare Abgabe (netto)	GWh	529	468
Beschäftigte	(Jahresende)	136	132

Kraftwerke Mainz-Wiesbaden Aktiengesellschaft

6500 Mainz, An der Alten Allee 7, Postfach 2769, ☏ (06131) 12-1, ⌕ 4187448, Telefax (06131) 632409.

Aufsichtsrat: Oberbürgermeister Achim *Exner,* Wiesbaden, Vorsitzender; Oberbürgermeister Herman-Hartmut *Weyel,* Mainz, 1. stellv. Vorsitzender; Betriebsratsvorsitzender Ulrich *Scherer,* KMW, 2. stellv. Vorsitzender; Betriebsratsvorsitzender Volker *Bierod,* Stadtwerke Wiesbaden AG; Winfried *Birkholz,* KMW; Stadtverordneter Dr. Hans *Bovermann,* Wiesbaden; Karlheinz *Dautenheimer,* KMW; Direktor Hans Bernd *Dickmann,* Stadtwerke Mainz AG; Heinz-Georg *Diehl,* MdL, Mainz; Stadtrat Klaus *Hammer,* MdL, DGB, Mainz; kaufmännischer Angestellter Gerhard *Huber,* KMW; Stadtrat Jürgen *Jennen,* Mainz; Betriebsratsmitglied Richard *Menz,* Stadtwerke Mainz AG; Dipl.-Ing. Rudolf *Meyer,* KMW; Rudi *Rathgeber,* KMW; Direktor *Sammet,* Stadtwerke Wiesbaden AG; Stadtkämmerin Inge *Vittoria,* Wiesbaden; Günter *Vogel,* KMW.

Vorstand: Direktor Friedrich Christoph *von Bismarck;* Direktor Dipl.-Ing. Rudolf *Michels.*

Öffentlichkeitsarbeit: Hans *Köster.*

Grundkapital: 130 Mill. DM.

Aktionäre: Stadtwerke Mainz AG, 50%; Stadtwerke Wiesbaden AG, 50%.

Zweck: Erzeugung, Ankauf und Verkauf von elektrischer Arbeit, Gas, Kohlen, Kohlenwertstoffen und Wärme; Betrieb, Errichtung, Erwerbung, Pachtung und Verpachtung hierzu geeigneter Anlagen und die Beteiligung an solchen Unternehmungen; Ausführung aller den Zweck der Gesellschaft fördernden Geschäfte.

Produktion, Absatz, Beschäftigte		1990	1991
Erzeugung brutto	GWh	4 011,8	4 141,3
Bezug	GWh	502,2	531,8
Abgabe	GWh	4 198,9	4 339,0
Nettohöchstlast	MW	666,4	686,4
Beschäftigte	Jahresende	637	650

Beteiligungen
Heizkraftwerk GmbH Mainz, 33,3%.
Gas-Union GmbH, Frankfurt (Main), 17,5%.

Kraftwerk I und II

6500 Mainz, An der Alten Allee 7, Postfach 2769, ☏ (06131) 12-1, ⌕ 4187448, Telefax (06131) 632409.

Leitung: Kraftwerksleiter: Prokurist Dipl.-Ing. Gerhard *Plutka,* Dipl.-Ing. Günther *Haller* (KW I und II); Kesselbetriebsingenieur: Ing. Wilhelm *Dettmer;* Maschinenbetriebsingenieur: Dipl.-Ing. Thomas *Dirks;* Elektrobetriebsingenieur: Ing. (grad.) Alfred *Denny;* Leiter der Stromverteilung: Dipl.-Ing. Harro *Bittendorf;* Netzbetriebsingenieur: Dipl.-Ing. Franz *Baaser.*

Betriebsanlagen: KW I: 3 Turbogeneratoren mit einer Nettoleistung von 264 MW; KW II: (Kombianlage) 1 Turbogenerator/1 Gasturbine mit einer Nettoleistung von 319 MW. Brutto-Engpaßleistung: KW I: 300 MW; KW II: 334 MW.

Produktion, Absatz, Beschäftigte		1990	1991
Stromerzeugung (brutto)	GWh	4 011,8	4 141,3
Stromerzeugung (netto)	GWh	3 696,6	3 807,2
Wärmeabgabe	GWh	240,3	271,6
Brennstoffeinsatz	1000 t SKE	1 247	1 293
Beschäftigte	(Jahresende)		
Stromerzeugung		373	388
Stromverteilung		58	60

PreussenElektra Aktiengesellschaft

3000 Hannover 91, Tresckowstraße 5, ☏ (0511) 439-0, ⌕ pehv 922756, ⌂ PreussenElektra, Hannover.

Aufsichtsrat: Klaus *Piltz,* Düsseldorf, Vorsitzender des Vorstands der Veba AG, Vorsitzender; Klaus *Stolle,* Hannover, stellv. Vorsitzender; Wolfgang *Ebensen,* Isernhagen, Gewerkschaftssekretär der Gewerkschaft ÖTV, Bezirksverwaltung Niedersachsen; Rolf *Eyermann,* Mariental-Horst; Dr. Annette *Fugmann-Heesing,* Wiesbaden, Ministerin der Finanzen des Landes Hessen; Monika *Griefahn,* Hannover, Umweltministerin des Landes Niedersachsen; Ulrich *Hartmann,* Düsseldorf, Mitglied des Vorstands der Veba AG; Dr. Günter *Hartwich,* Wolfsburg, Mitglied des Vorstands der Volkswagen AG; Gottfried *Hecht,* Winnenden-Schelmenholz, Geschäftsführer

4 ELEKTRIZITÄTSWIRTSCHAFT

der Hauptabteilung Energie- und Wasserversorgung der Gewerkschaft ÖTV; Dr. Ernst-Hartmut *Koneffke*, Wolfenbüttel, Oberkreisdirektor; Claus *Möller*, Kiel, Staatssekretär Ministerium für Soziales, Gesundheit und Energie des Landes Schleswig-Holstein; Gerhard *Motl*, Isernhagen; Dr. Klaus *Murmann*, Kiel, Präsident der Bundesvereinigung der Deutschen Arbeitgeberverbände; Horst *Pantel*, Deinste/Helmste; Helmut *Schelberg*, Borken-Kleinenglis; Hans-Dieter *Schmidt*, Beverungen; Hans-Jürgen *Schmidt*, Bad Hersfeld, Bezirksleiter der IG Bergbau und Energie; Anton Graf *Schwerin von Krosigk*, Bad Segeberg, Landrat a. D.; Heinrich *Voß*, Hinte.

Beirat: Klaus *Piltz*, Düsseldorf, Vorsitzender des Vorstands der Veba AG, Vorsitzender; Klaus *Stolle*, Hannover, stellv. Vorsitzender; Dr. Heinz *Ache*, Bremen; Göran *Ahlström*, Malmö/Schweden, Vorsitzender des Vorstandes der Sydkraft AB; Alfred *Berson*, Düsseldorf; Martin *Biermann*, Celle, Oberstadtdirektor; Günther *Boekhoff*, Leer, Bürgermeister; Birgit *Breuel*, Berlin, Präsidentin der Treuhandanstalt Berlin; Wolfgang *Buhr*, Fallingbostel, Landrat; Gerhard W. *Bülow*, Oststeinbek, Deutsche Schutzvereinigung für Wertpapierbesitz e. V., Landesverband Hamburg/Schleswig-Holstein; Udo *Cahn von Seelen*, Kassel, Vorsitzender des Vorstands der Elektrizitäts-AG Mitteldeutschland; Heinz *Dammers*, Kiel, stellv. Vorsitzender des Bezirks Nord-West der Gewerkschaft ÖTV; Peter *Dittmar*, Niestetal; Rainer *Dücker*, Lübeck; Dr. Rudolf *Escherich*, St. Augustin; Otto *Esser*, Erlenbach; Jobst *Fiedler*, Hannover, Oberstadtdirektor; Dr. Peter W. *Fischer*, Hannover, Minister für Wirtschaft, Technologie und Verkehr des Landes Niedersachsen; Dr. Franz *Froschmaier*, Kiel, Minister für Wirtschaft und Verkehr des Landes Schleswig-Holstein; Dr. Friedhelm *Gieske*, Essen, Vorsitzender des Vorstands der RWE AG; Heinz *Hanken*, Tungeln; Ulrich *Hartmann*, Düsseldorf, Mitglied des Vorstandes der VEBA AG; Paul *Hartmanshenn*, Großkrotzenburg; Gottfried *Hecht*, Winnenden-Schelmenholz; Professor Dr. Johann Diedrich *Hellwege*, Steinhagen; Walter *Hirche*, Potsdam, Minister für Wirtschaft, Mittelstand und Technologie des Landes Brandenburg; Ger A. L. *van Hoek*, Arnhem/Niederlande; Dr. Hartmut *Hoffmann*, Hannover; Dr. Gerd *Keussen*, Preetz; Dr. Günther *Klätte*, Heiligenhaus; Hansjürgen *Klose*, Springe; Günter *Kröpelin*, Ratzeburg; Dr. Erwin *Möller*, Hannover, Mitglied des Vorstands des Haftpflichtverbandes der Deutschen Industrie; Dr. Hans-Jürgen *Moog*, Frankfurt, Bürgermeister; Heinfried *Nietfeld*, Landesbergen; Paul *Petzold*, Schortens; Siegfried *Rast*, Schöningen; Horst *Schreiber*, Stade; Paul *Sellmann*, Höxter, Oberkreisdirektor; Alfred *Soltwisch*, Lübeck; Georg *Styrbro*, Fredericia/Dänemark, Vorsitzender des Vorstands der Elsam; Walter *Suchanek*, Hannover; Horst W. *Urban*, Hannover; Dr. Christean *Wagner*, Wiesbaden, Staatsminister a. D.; Rudolf *Weinelt*, Wölfersheim; Ernst *Welteke*, Wiesbaden,

Minister für Wirtschaft, Verkehr und Technologie des Landes Hessen; Joachim H. *Wetzel*, Hamburg.

Vorstand: Dr. Hermann *Krämer*, Hannover, Vorsitzender; Dr. Hans-Ulrich *Fabian* (stellv.), Hannover; Dr. Hans Michael *Gaul*, Hannover; Dr. Hans-Dieter *Harig*, Gelsenkirchen; Dr. Horst *Lennertz*, Hannover; Reinhold *Offermann* (stellv.), Springe; Dr. Thomas *Schoeneberg*, Hannover.

Gründung: Die Gründung der Preußischen Elektrizitäts-Aktiengesellschaft (Preußenelektra) erfolgte aufgrund der Bestimmungen des Gesetzes über die Zusammenfassung der elektrizitätswirtschaftlichen Unternehmungen und Beteiligungen des Staates in einer Aktiengesellschaft vom 24. Oktober 1927 (Pr. GS. S. 197) durch Fusion der Großkraftwerk Hannover AG, der Preußische Kraftwerke Oberweser AG und der Gewerkschaft Großkraftwerk Main-Weser. Nach der Verschmelzung mit der Nordwestdeutsche Kraftwerke AG im September 1985 wurde das Unternehmen in PreussenElektra Aktiengesellschaft umbenannt.

Kapital: 1 200 Mill. DM.

Alleinaktionär: Veba Aktiengesellschaft.

Zweck: Errichtung, Erwerb und Betrieb von Anlagen zur Versorgung der Bevölkerung mit elektrischer Energie, Gas, Wärme sowie Wasser. Die Gesellschaft ist berechtigt, alle Geschäfte einzugehen, die den Gesellschaftszweck zu fördern geeignet sind. Insbesondere kann sie andere Unternehmen gründen, erwerben oder sich an ihnen beteiligen.

Stromversorgung: Arbeitsteilung zwischen Stromerzeugung und Stromverteilung. Der Strom wird in den Kraftwerken der PreussenElektra erzeugt und über ein eigenes Hochspannungsnetz zu regionalen Tochter- und Beteiligungsunternehmen transportiert, die ihn in ebenfalls eigenen Leitungen an die Verbraucher liefern. Zu den energiewirtschaftlichen Partnern gehören auch kommunale Versorgungsunternehmen.

Versorgungsbereich: Er reicht von der dänischen Grenze bis zum Main und umfaßt Schleswig-Holstein, den größten Teil Niedersachsens und Hessens sowie Teile von Nordrhein-Westfalen.

Engpaßleistung: Am 31. 12. 1991 standen einschließlich vertraglich gesicherter Bezüge 12 231 MW (netto) zur Verfügung.

Kraftwerke: Die Gesellschaft betreibt allein oder zusammen mit Partnern 25 Wärmekraftwerke, drei Pumpspeicherkraftwerke, 3 Speicherkraftwerke und 13 Laufwasserkraftwerke mit einer Nettoleistung von zusammen 11 876 MW.

Braunkohlenbergwerk Altenburg: Brennstoffbasis für das Kraftwerk Borken (s. Kap. 1).

Braunkohlenbergwerk Wölfersheim: Brennstoffbasis für das Kraftwerk Wölfersheim (s. Kap. 1).

Sichere, verantwortungsvolle Energieversorgung für die Bürger unseres Landes.

Strom ist ein kostbares Gut.

Im Vergleich zu anderen Energiearten ist Strom die wertvollste von allen. Denn Strom hat die vielseitigsten Gebrauchseigenschaften, die seinen Wert bestimmen.

Mit Werten sollte man umsichtig umgehen. Auch mit Strom. So kann jeder einzelne Verbraucher durch den Einsatz moderner Geräte den Stromverbrauch senken. Das bringt Gewinn für alle: Primärenergien werden eingespart, dadurch die Umwelt weiter entlastet und der Verbraucher hat weniger Geld zu bezahlen.

Machen Sie es so wie wir: Durch technische Verbesserungen beispielsweise an Kohlekraftwerken haben wir den Einsatz von Kohle seit 1950 halbiert. Die Energieberater der Elektrizitätsversorgungsunternehmen sagen Ihnen, wie auch Sie Strom sparen können.

Vernunft ist gefragt, wenn es um eine sichere Energieversorgung geht.

PreussenElektra

PreussenElektra AG · Tresckowstr. 5 · 3000 Hannover 91

4 ELEKTRIZITÄTSWIRTSCHAFT

Produktion, Absatz, Beschäftigte	1990	1991
Erzeugung und Bezug ..... TWh		
PreussenElektra-Konzern	60,72	63,78
PreussenElektra AG	56,14	58,91
Nutzbare Stromabnahme .. TWh		
PreussenElektra-Konzern	55,25	60,21
PreussenElektra AG	53,60	56,34
Beschäftigte .... (Jahresende)		
PreussenElektra-Konzern	17 245	17 132
PreussenElektra AG	7 458	7 170

Konzerngesellschaften

Braunschweigische Kohlen-Bergwerke AG (BKB), Helmstedt, 99,9 %.
Energiewerke Frankfurt/Oder AG, Frankfurt/Oder, 90 %.
Energiewerke Magdeburg AG, Magdeburg, 100 %.
Energiewerke Neubrandenburg AG, Neubrandenburg, 100 %.
Energiewerke Potsdam AG, Potsdam, 100 %.
Energiewerke Rostock AG, Rostock, 100 %.
Fränkische Licht- und Kraftversorgung AG*, (Frankenluk), Bamberg, 96,7 %.
Gasbetriebe GmbH*, Emmendingen, 100,0 %.
Gasversorgung für den Landkreis Helmstedt GmbH*, Helmstedt, 100,0 %.
Hannover-Braunschweigische Stromversorgungs-AG (Hastra), Hannover, 57,5 %.
Heizkraftwerk Glückstadt GmbH (HKWG), Glückstadt, 70,0 %.
Interkohle Beteiligungsgesellschaft mbH, Hannover, 75,0 %.
Kernkraftwerk Brokdorf GmbH (KBR), Hamburg, 80,0 %.
Kernkraftwerk Stade GmbH (KKS), Hamburg, 66,7 %.
Kernkraftwerk Unterweser GmbH (KKU), Hannover, 100,0 %.
Kraftwerk Kassel GmbH (KWK), Kassel, 60,0 %.
Landesgasversorgung Niedersachsen AG*, Sarstedt, 52,8 %.
Norddeutsche Gesellschaft zur Beratung und Durchführung von Entsorgungsaufgaben bei Kernkraftwerken mbH (Nord GmbH), Hannover, 88,3 %.
Pesag Aktiengesellschaft (Pesag), Paderborn, 54,7 %.
PreussenElektra Telekom GmbH, Hannover, 100 %.
PreussenElektra Windkraft Niedersachsen GmbH (PWN), Wilhelmshaven, 100,0 %.
PreussenElektra Windkraft Schleswig-Holstein GmbH (PWS), Brokdorf, 100,0 %.
Schleswag Aktiengesellschaft (Schleswag), Rendsburg, 62,8 %.
Thüga Aktiengesellschaft (Thüga), München, 56,1 %.
Thüga-Konsortium Beteiligungs-GmbH*, München, 75,7 %.
Überlandzentrale Helmstedt AG (ÜZH)*, Helmstedt, 100,0 %.

Assoziierte Gesellschaften

Badische Gas- und Elektrizitätsversorgung AG*, Lörrach, 59,8 %.
Baltic Cable AB, Malmö/Schweden, 50 %.
Berliner Kraft- und Licht (Bewag)-AG, Berlin, 10,0 %.
Deutsche Gesellschaft für Wiederaufarbeitung von Kernbrennstoffen mbH (DWK)*, Hannover, 24 %.
Elektrizitäts-Aktiengesellschaft Mitteldeutschland (EAM), Kassel, 46,0 %.
Energieversorgung Oberbaden GmbH*, Breisach, 45,0 %.
Energieversorgung Weser-Ems AG (EWE), Oldenburg, 26,0 %.
Energiewerke Nordthüringen AG, Erfurt, 33,4 %.
Erdgas Schwaben GmbH*, Augsburg, 48,0 %.
Erdgas Südbayern GmbH*, München, 25,0 %.
Fränkische Gas-Lieferungs-Gesellschaft mbH*, Bayreuth, 35,0 %.
Fränkisches Überlandwerk AG*, Nürnberg, 60,6 %.
Freiburger Energie- und Wasserversorgungs-AG*, Freiburg, 35,9 %.
FSG-Holding GmbH*, München, 45,0 %.
Gas- und Elektrizitätswerke Wilhelmshaven GmbH*, Wilhelmshaven, 33,3 %.
Gasanstalt Kaiserslautern Aktiengesellschaft*, Kaiserslautern, 41,3 %.
Gasversorgung Südhannover-Nordhessen GmbH*, Kassel, 26,0 %.
Gemeinschaftskernkraftwerk Grohnde GmbH (KWG), Emmerthal, 50,0 %.
Gemeinschaftskraftwerk Kiel GmbH (GKK), Kiel, 50,0 %.
GNS Gesellschaft für Nuklear-Service mbH, Hannover, 23,7 %.
Hamburger Gaswerke GmbH*, Hamburg, 24,9 %.
Kernkraftwerk Brunsbüttel GmbH (KBB), Hamburg, 33,3 %.
Kernkraftwerk Krümmel GmbH (KKK), Hamburg, 50,0 %.
Kraftwerk Mehrum GmbH (KWM), Hannover, 50,0 %.
Kraftwerk EV3 I/S, Apenrade/Dänemark, 50,0 %.
Main-Gaswerke AG*, Frankfurt, 36,3 %.
Nordharzer Kraftwerke GmbH*, Goslar, 40,0 %.
Penn Virginia Corporation, Philadelphia/USA*, 20,0 %.
PreussenElektra/VKR-Abfallverwertungsgesellschaft mbH (PVA), Hannover, 50 %.
Prevag Provinzialsächsische Energie-Versorgungs-GmbH, Wolfsburg-Fallersleben, 25,0 %.
Rhenag Rheinische Energie AG*, Köln, 40,0 %.
Sydkraft AB, Malmö/Schweden, 10,5 %.
Stromversorgung Osthannover GmbH*, Celle, 26,0 %.
Teleport Europe* GmbH, Langenhagen, 26,25 %.
Überlandwerk Leinetal GmbH (ÜWL), Gronau, 48,0 %.

* Die Beteiligung wird von der PreussenElektra Aktiengesellschaft nicht unmittelbar gehalten.

Überlandwerk Nord-Hannover AG (ÜNH), Bremen, 33,3%.
Urangesellschaft mbH, Frankfurt, 41,7%.
Uranit GmbH, Jülich, 37,5%.
VEAG-Geschäftsbesorgung AG, Berlin, 35%.
VW AG-PreussenElektra AG OHG*, Wolfsburg, 95,0%.

Kraftwerk Emden

2970 Emden 1, Zum Kraftwerk, ☏ (04921) 8921, ⌀ 27853, Telefax (04921) 892325.

Kraftwerk Heyden

4953 Petershagen, Postfach 1140, ☏ (05702) 29-1, Telefax (05702) 29-275.

Betriebsleitung: Dipl.-Ing. Lothar *Lehmann* (techn.), Dipl.-Kfm. Detlef *Ganz* (kaufm.).

Betriebsanlagen: 1 Turbogenerator, Nettoleistung 760 MW.

Produktion, Absatz, Beschäftigte	1990	1991
Stromerzeugung (brutto) . GWh	3 472,3	4 645,0
Stromerzeugung (netto) .. GWh	3 282,3	4 397,0
Brennstoffeinsatz ...... t SKE	1 079 720	1 437 886
Beschäftigte ..... (Jahresende)	280	282

Kraftwerk Robert Frank

3076 Landesbergen, Postfach, ☏ (05025) 17-1.

Leitung: Gerd *Hang* (techn.), Siegfried *Weper* (kaufm.); Kesselbetriebsingenieur: Bernhard *Ahlers;* Maschinenbetriebsingenieur: Wolfgang *Fricke;* Elektrobetriebsingenieur: Wilhelm *Hartmann;* Leittechnik: Hans *Pundt.*

Betriebsanlagen: 2 Turbogeneratoren und 1 Gasturbine mit einer Nettoleistung von 787 MW.

Produktion, Absatz, Beschäftigte	1990	1991
Stromerzeugung (brutto) .... GWh	346,3	636,6
Stromerzeugung (netto) ... GWh	331,8	609,1
Brennstoffeinsatz .... t SKE	104 755	187 395
Beschäftigte .... (Jahresende)	306	303

Kraftwerk Staudinger

6451 Großkrotzenburg, ☏ (06186) 19-1, ⌀ 4184725.

Leitung: Bernhard *Stellbrink* (techn.), Günter *Jäger* (kaufm.); Instandhaltung: Bernhard *Fischer;* Betrieb: Ewald *Simon;* Elektrotechnik: Wilfried *Limbach;* Leittechnik: Karl-Heinz *Kraushaar.*

Betriebsanlagen: 4 Turbogeneratoren mit einer Nettoleistung von 1 445 MW.

Produktion, Absatz, Beschäftigte	1990	1991
Stromerzeugung (brutto) .... GWh	3 570,9	4 641,2
Stromerzeugung (netto) ... GWh	3 288,2	4 256,7
Brennstoffeinsatz .... t SKE	1 145 373	1 434 435
Beschäftigte .... (Jahresende)	629	671

Kraftwerk Wilhelmshaven

2940 Wilhelmshaven, Zum Kraftwerk, ☏ (04421) 659-0, ⌀ 253370, Telefax (04421) 61230.

Betriebsleitung: Dipl.-Ing. Horst *Decker* (techn.), Wilfried *Leps* (kaufm.).

Betriebsanlagen: 1 Turbogenerator, Nettoengpaßleistung 705 MW.

Produktion, Absatz, Beschäftigte	1990	1991
Stromerzeugung (brutto) .... GWh	2 897,7	4 941,6
Stromerzeugung (netto) ... GWh	2 655,2	4 534,1
Brennstoffeinsatz .... t SKE	907 425	1 533 028
Beschäftigte .... (Jahresende)	220	217

Kernkraftwerk Würgassen

3472 Beverungen 1, Postfach 1361, ☏ (05273) 91-1, ⌀ 931727.

Leitung: Dipl.-Ing. Jörg-Dieter *Peters* (techn.), Ulrich *Straske* (kaufm.); Betrieb, Überwachung: Dr. Hilmar *Bindewald;* Maschinentechnik: Joachim *Bruns;* Elektrotechnik: Dieter *Rowotzki.*

Betriebsanlagen: Der Kraftwerksblock arbeitet mit einem Siedewasserreaktor für eine Dampfleistung von 3 507 t/h und einem Einwellenturbosatz mit einer Nettoleistung von 640 MW.

Produktion, Absatz, Beschäftigte	1990	1991
Stromerzeugung (brutto) .... GWh	1 143,0	4 294,1
Stromerzeugung (netto) ... GWh	1 091,5	4 080,2
Beschäftigte .... (Jahresende)	375	378

RWE AG

4300 Essen, Kruppstraße 5, Postfach 103061, ☏ (0201) 185-0, ⌀ 857292, ⌂ rweag, Telefax (0201) 185-5199.

Aufsichtsrat: Dr. h. c. Hermann Josef *Abs,* Frankfurt (Main), Ehrenvorsitzender; Dr. F. Wilhelm *Christians,* Vorsitzender des Aufsichtsrats der Deutschen Bank AG, Düsseldorf, Vorsitzender; Dipl.-Ing. Manfred *Reindl,* Elektroingenieur, Essen, stellv. Vorsitzender; Hans *Berger,* Vorsitzender der IG Bergbau und Energie, Bochum; Leonhard *Braun,* Kraftfahrzeugschlosser, Inden; Dr. Klaus *Bussfeld,* Oberstadtdirektor, Gelsenkirchen; Dr. Werner H. *Dieter,* Vorsitzender des Vorstands der Mannesmann AG, Düsseldorf; Rolf *Drewel,* Ratsherr, Essen; Dipl.-Ing. Peter *Germer,* Betriebsdirektor, Krefeld; Johann *Heiß,* Elektriker, Landshut; Franz *Keuthmann,* Industriekaufmann, Bergheim; Dr. Richard *Klein,* Oberstadtdirektor, Duisburg; Josef *Kürten,* Bürgermeister, Düsseldorf; Peter *Philipsen,* Obermonteur, Neuss; Dr. Wolfgang *Röller,* Sprecher des Vorstands der Dresdner Bank AG, Frankfurt (Main); Dr. Wolfgang *Schieren,* Vorsitzender des Aufsichtsrats der Allianz AG, München; Rudolf *Schwan,* Landrat, Koblenz; Peter *Siedlarek,* Elektroinstallateur, Dortmund; Professor Dr. Dr.-Ing. E. h. Dieter *Spethmann,* ehem. Vorsitzender des Vorstands der Thyssen AG, Düsseldorf; Thomas *Wegscheider,* Rechtsanwalt, Frankfurt (Main); Ralf *Zimmermann,* Mitglied des geschäftsführenden Hauptvorstands der Gewerkschaft ÖTV, Stuttgart.

Vorstand: Dr. Friedhelm *Gieske,* Vorsitzender; Dr. Ulrich *Büdenbender;* Professor Dr. Werner *Hlubek;* Dr. Herbert *Krämer;* Dr. Dietmar *Kuhnt;* Dr. Hans-Joachim *Leuschner;* Franz Josef *Schmitt;* Dr. Armin *Schram;* Dr. Hans-Peter *Keitel;* Wolfgang *Ziemann.*

Wirtschaftsbeirat: Der Wirtschaftsbeirat ist beratendes Organ der Verwaltung. Er hat gegenwärtig 10 Mitglieder.

Kapital: Das Grundkapital beträgt 2,258 Mrd. DM. Davon sind 1464,3 Mill. DM Stammaktien, 35,7 Mill. DM Namensaktien und 757,6 Mill. DM Vorzugsaktien ohne Stimmrecht. Die mit zwanzigfachem Stimmrecht ausgestatteten Namensaktien befinden sich restlos im Besitz der öffentlichen Hand.

Zweck: Die Gesellschaft leitet eine Gruppe von Unternehmen, die insbesondere in den Wirtschaftszweigen Energie- und Wasserversorgung, Bergbau, Rohstoffe, Mineralöl, Chemie, Entsorgung, Bau, Maschinen-, Anlagen- und Gerätebau, Dienstleistungen und dort vornehmlich auf folgenden Geschäftsfeldern tätig sind: jede Art der Beschaffung und gewerblichen Nutzung von Energien und Energieanlagen, insbesondere die Versorgung mit elektrischer Energie, Gas und Wärme sowie von Wasser; der Bau, Betrieb und sonstige Nutzung von Transportsystemen für Energien sowie sonstiger Transportsysteme; die Entsorgung; die Aufsuchung, Gewinnung, Herstellung, Verarbeitung und Umwandlung von Bodenschätzen sowie anderen Rohstoffen und Energien und dabei anfallenden Stoffen und Produkten sowie von chemischen und petrochemischen Erzeugnissen aller Art; die Planung und Durchführung von Bauleistungen aller Art; Erwerb, Veräußerung und jede Art der gewerblichen Nutzung von Grundstücken und Gebäuden; die Planung, Herstellung, Errichtung, Betrieb und Vertrieb von Erzeugnissen, Geräten, Anlagen und Einrichtungen auf den Gebieten der Elektrotechnik, Elektronik und Kommunikationstechnik sowie Maschinen-, Anlagen- und Gerätebau; der Handel mit Roh-, Hilfs- und Betriebsstoffen, unfertigen und fertigen Erzeugnissen sowie Waren, vornehmlich auf den vorgenannten Geschäftsfeldern.

Umsatz, Beschäftigte	1989/90	1990/91
Außenumsatz (Mill. DM)		
Energie	18 825	18 613
Bergbau und Rohstoffe	932	1 542
Mineralöl und Chemie	15 889	20 209
Entsorgung	106	442
Maschinen-, Anlagen- und Gerätebau	5 648	5 831
Bau	2 812	3 224
(Bauleistung)	(5 922)	(5 960)
Sonstige	23	30
	44 235	49 891

Beschäftigte (Aufteilung nach Konzernbereichen)	1989/90	1990/91
Energie	31 287	31 305
Bergbau und Rohstoffe	16 151	16 498
Mineralöl und Chemie	5 720	7 452
Entsorgung	2 111	2 154
Maschinen-, Anlagen- und Gerätebau	26 265	28 290
Bau	15 829	16 215
Sonstige	162	180
RWE AG:	71	96
Insgesamt	97 596	102 190

Wesentliche verbundene und assoziierte Unternehmen der Energie- und Rohstoffwirtschaft
(Stand 30. 6. 1991)

Energie
RWE Energie Aktiengesellschaft, Essen, 100%.
Kernkraftwerke Gundremmingen Betriebsgesellschaft mbH, Gundremmingen, 75%.
Koblenzer Elektrizitätswerk und Verkehrs-AG, Koblenz, 57%.
Kraftwerk Altwürttemberg AG, Ludwigsburg, 92%.
Lech-Elektrizitätswerke AG, Augsburg, 75%.
Main-Kraftwerke AG, Frankfurt/Main-Höchst, 70%.
Moselkraftwerke GmbH, Saffig, 100%.
Rhenag Rheinische Energie AG, Köln-Marienburg, 54%.
Bayerische Wasserkraftwerke AG, München, 33^1/$_3$%.
Energieversorgung Leverkusen GmbH (EVL), Leverkusen, 50%.
Energieversorgung Oberhausen AG, Oberhausen, 50%.
Energie-Verwaltungs-Gesellschaft mbH, Düsseldorf, 30%.
Gesellschaft für Energiebeteiligung mbH, Essen 45%.
Isarwerke GmbH, München, 25%.
Kraftwerke Buer GbR, Gelsenkirchen-Buer, 50%.
Kraftwerk Voerde STEAG-RWE oHG, Voerde, 25%.
Niederrheinische Licht- und Kraftwerke AG, Mönchengladbach-Rheydt, 50%.
Schluchseewerk AG, Freiburg i. Br., 50%.
Société Electrique de l'Our SA, Luxemburg, 41%.

Société Luxembourgeoise de Centrales Nucléaires SA, Luxemburg, 30 %.
Vereinigte Saar-Elektrizitäts-AG, Saarbrücken, 41 %.

Bergbau und Rohstoffe
Rheinbraun Aktiengesellschaft, Köln, 100 %.
Maria Theresia Bergbaugesellschaft mbH, Köln, 100 %.
Reederei und Spedition »Braunkohle« GmbH, Wesseling, 100 %.
Rheinbraun Australia Pty Ltd, Sydney, 100 %.
Rheinbraun US Corporation, Washington/Pennsylvania, 100 %.
Rheinbraun Verkaufsgesellschaft mbH, Köln, 100 %.
Conrhein Coal Company, Pittsburgh/Pennsylvania, 24 %.
Uranerzbergbau-GmbH, Wesseling, 50 %.

Mineralöl und Chemie
RWE-DEA Aktiengesellschaft für Mineraloel und Chemie, Hamburg, 99 %.
Condea Chemie GmbH, Hamburg, 100 %.
DEA Mineraloel Aktiengesellschaft, Hamburg, 100 %.
Vista Chemical Company, Houston/Texas, 100 %.
Deminex-Deutsche Erdölversorgungsgesellschaft mbH, Essen, 19 %.
Oberrheinische Mineralölwerke GmbH, Karlsruhe, 42 %.

Entsorgung
RWE Entsorgung Aktiengesellschaft, Essen, 100 %.
American Nukem Corp, Mahwah/New Jersey, 100 %.
R + T Entsorgung GmbH, Viersen, 51 %.
Trienekens Entsorgung GmbH, Viersen, 49 %.

Maschinen-, Anlagen- und Gerätebau
Lahmeyer Aktiengesellschaft für Energiewirtschaft, Frankfurt/Main, 64 %.
Rheinelektra AG, Mannheim, 62 %.
Lahmeyer International GmbH, Frankfurt/Main, 55 %.
Nukem GmbH, Alzenau, 100 %.
Starkstrom-Anlagen-Gesellschaft mbH, Frankfurt/Main, 100 %.
Starkstrom-Gerätebau GmbH, Regensburg, 100 %.
Stierlen-Maquet AG, Rastatt, 100 %.

RWE Energie AG

4300 Essen 1, Kruppstraße 5, ☎ (0201) 185-1, ⌀ 857851 energ, Telefax (0201) 185-4313.

Aufsichtsrat: Dr. Friedhelm *Gieske*, Vorsitzender des Vorstands der RWE AG, Essen, Vorsitzender; Dieter *Steup*, Dipl.-Ing., Grevenbroich, stellv. Vorsitzender; Dr. Gert *Ammermann*, Gummersbach; Dr. Karl-Heinz *Decker*, Oberkreisdirektor, Euskirchen; Dieter *Engels*, Dreher, Grevenbroich; Alwin *Fitting*, Vorhandwerker, Westhofen; Dr. Richard *Groß*, Landrat, Trier; Martin *Kohlhaussen*, Sprecher des Vorstands der Commerzbank AG, Frankfurt am Main; Dr. h. c. Herbert *Krämer*, Mitglied des Vorstands der RWE AG, Essen; Dr. Heinz *Kriwet*, Vorsitzender des Vorstands der Thyssen AG, Duisburg; Frank *Ledig*, Schichtführer, Grevenbroich; Günter *Meyer*, Dipl.-Ing., Hürth; Klaus *Orth*, Vorsitzender des ÖTV-Bezirks Nordrhein-Westfalen II, Hattingen; Peter *Philipsen*, Obermonteur, Neuss; Heinz *Schürheck*, Vorsitzender des ÖTV-Bezirks Nordrhein-Westfalen I, Köln; Dr. Jürgen *Wilhelm*, Vorsitzender der Landschaftsversammlung und des Landschaftsausschusses des Landschaftsverbandes Rheinland, Köln; Ernst *Wunderlich*, Mitglied des Vorstands der Allianz Aktiengesellschaft, München; Jürgen *Zajonc*, Kraftfahrzeugmechaniker, Essen; Wolfgang *Ziemann*, Mitglied des Vorstands der RWE AG, Essen; Ralf *Zimmermann*, Mitglied des geschäftsführenden Hauptvorstands der Gewerkschaft ÖTV, Rüsselsheim.

Vorstand: Dr. jur. Dietmar *Kuhnt*, Vorsitzender; Dr.-Ing. Rolf *Bierhoff*, Professor Dr.-Ing. Werner *Hlubek*, Hans *Klaus*, Herbert *Reinhard*, Rudolf *Schwan*.

Beirat der RWE Energie AG: Der Beirat der RWE Energie AG setzt sich zusammen aus dem Wirtschaftsbeirat und vier Regionalbeiräten (Nord/West/Mitte/Süd). Mitglieder im Wirtschaftsbeirat sind Persönlichkeiten der Energiewirtschaft, Vertreter von Großabnehmern und anderen Industrieunternehmen, von Banken, Versicherungen sowie der Arbeitnehmer. Er hat zur Zeit 19 Mitglieder. Die Regionalbeiräte setzen sich zusammen aus Vertretern der kommunalen Körperschaften und haben zur Zeit 60 Mitglieder.

Kapital: Das Grundkapital ist eingeteilt in 17 000 Aktien von je 100 000 DM. Der RWE AG gehören 100 % der Aktien.

Zweck: Die RWE Energie Aktiengesellschaft ist rechtlich selbständige Führungsgesellschaft im RWE-Konzern für den Bereich der leitungsgebundenen Energie- und Wasserversorgung. Hierzu gehört ein Kreis von Beteiligungsgesellschaften mit Stromerzeugungskapazitäten. Traditioneller Schwerpunkt ist das Stromgeschäft; daneben hat die Gasversorgung besondere Bedeutung. Die breite Primärenergiebasis, der hohe Umweltschutzstandard der Kraftwerke und die Innovationsfähigkeit auf den verschiedenen Ebenen der Energienutzung sind wichtige Grundlage für eine sichere und umweltschonende Energieversorgung. Als Energiedienstleister fördert RWE Energie den sparsamen und rationellen Umgang mit Energie durch individuelle Kundenberatung und bietet zugleich integrierte Lösungen rund um die Versorgung mit Energie an.

Stromquellen: Am 30. 6. 1991 verfügte das Unternehmen über 26 120 MW an Leistung aus eigenen Kraftwerken und aus solchen seiner Beteiligungsgesell-

4 ELEKTRIZITÄTSWIRTSCHAFT

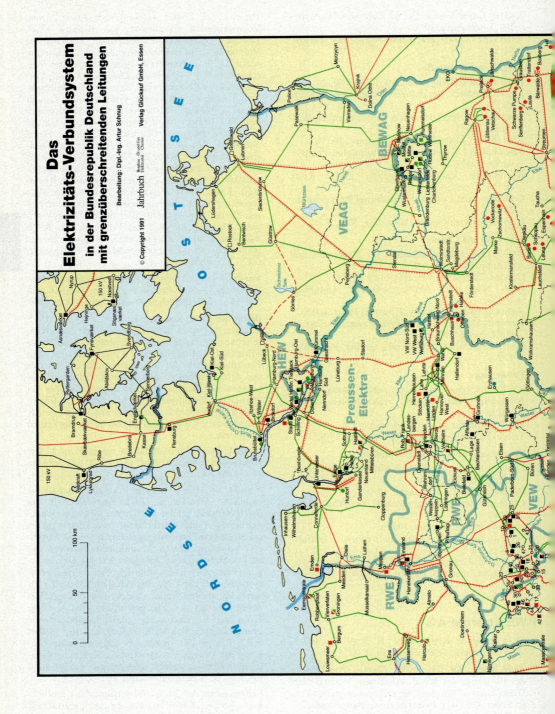

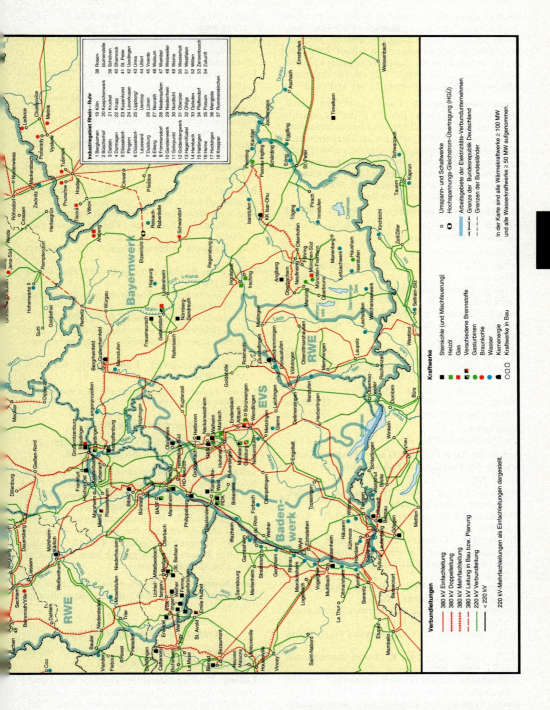

schaften sowie aus vertraglich gebundenen fremden Kraftwerken. Von der verfügbaren Gesamtleistung waren rd. 80 % in RWE-eigenen und bei Tochter- und Beteiligungsgesellschaften installiert. Die höchste Netzbelastung in der Gesamtversorgung während des Geschäftsjahres 1990/91 trat am 16. Dezember 1991 mit 21 702 MW (Vorjahr 21 841 MW) auf.

Stromversorgungsgebiet: Das unmittelbar eigene Stromversorgungsgebiet des RWE umfaßt wesentliche Teile der Bundesländer Nordrhein-Westfalen, Rheinland-Pfalz und Niedersachsen. Darüber hinaus beliefert das RWE aus seinem umfangreichen Hochspannungsnetz eine Vielzahl anderer Versorgungsunternehmen des Bundesgebietes und der angrenzenden Länder Holland, Belgien, Frankreich, Schweiz, Italien und Österreich in engerem Verbund.

Produktion, Absatz, Beschäftigte	1990/91	1991/92
Nutzbare Stromabgabe .... TWh	125,2	125,4

Strombereich RWE Energie

Stromversorgungsgebiet

Größe in km^2	rd. 25 000
Einwohner	rd. 6,8 Mill.
Versorgte Gemeinden und Städte	1 480
Tarifkunden	rd. 3,2 Mill.
Industrielle Sondervertragskunden	rd. 18 700
Elektrizitätsversorgungsunternehmen	rd. 125

Übertragungsanlagen

Hochspannungsnetz		21 074 km
davon 380 kV	4 225 km	
220 kV	6 167 km	
110 kV	10 682 km	
Mittelspannungsnetz		42 220 km
Niederspannungsnetz		79 367 km

Mitarbeiter
(im Durchschnitt 1991/92): 24 142.

Anteile der RWE Energie AG an verbundenen Unternehmen der Energie- und Rohstoffwirtschaft (Stand am 30. Juni 1992)*:

Bergische Licht- und Kraftwerke GmbH, Remscheid-Lennep, 100 %.
Elektrizitäts-Beteiligungsgesellschaft mbH, Essen (25 %).
Elektrizitätswerk Siegerland GmbH, Siegen, 100 %.
Energietechnik GmbH Studiengesellschaft für Energie-Umwandlung, -Fortleitung und -Anwendung, Essen, 100 %.
Energieversorgung Ibbenbüren Verwaltungsgesellschaft mbH, Osnabrück, 100 %.
Europäische Schnellbrüter-Kernkraftwerksgesellschaft mbH, Essen (51 %).
GGV Gesellschaft für Gasversorgung mbH, Essen, 100 %.
GKB Gesellschaft für Kraftwerksbeteiligungen mbH, Essen, 100 %.
Heidenheimer Heizkraftwerksgesellschaft mbH, Heidenheim/Brenz, (66 2/3 %).
Kernkraftwerke Gundremmingen Betriebsgesellschaft mbH, Gundremmingen, 75 %.
Kernkraftwerk RWE-Bayernwerk GmbH, Gundremmingen, 75 %.
Kraftwerk Ibbenbüren Betriebsgesellschaft mbH, Ibbenbüren, 76 %.
Moselkraftwerke GmbH, Saffig, 100 %.
Niedersächsische Kraftwerke GmbH, Osnabrück, 100 %.
Pro Mineral Gesellschaft zur Verwendung von Mineralstoffen mbH, Essen, 25 %.
Regionale Energie-Geschäftsbesorgung Chemnitz AG, Chemnitz, 65 %.
Regionale Energie-Geschäftsbesorgung Cottbus AG, Cottbus, 100 %.
Regionale Energie-Geschäftsbesorgung Leipzig AG, Leipzig, 100 %.
Rheinisch-Westfälische Elektrizitätsversorgungsgesellschaft mbH, Remscheid-Lennep, 100 %.
Rheinisch-Westfälische Elektrizitätsversorgungs-Gesellschaft Osnabrück GmbH, Osnabrück, 100 %.
Rheinkraftwerk Albbruck-Dogern AG, Waldshut, 52 %.
Rhein-Nahe-Kraftversorgung GmbH, Bad Kreuznach, 100 %.
RWE-Gesellschaft für Forschung und Entwicklung mbH, Wesseling, 20 %.
Saarwasserkraftwerke GmbH, Saffig (100 %).
Schnell-Brüter-Kernkraftwerksgesellschaft mbh, Gemeinsames Europäisches Unternehmen, Essen, 69 %.
Versuchsatomkraftwerk Kahl GmbH, Karlstein/Main, 80 %.

* Soweit die Anteile in Klammern aufgeführt sind, wird die Beteiligung mittelbar gehalten.

Kernkraftwerk Biblis

6843 Biblis 1, Postfach 1140, ☏ (06245) 21-1, ⌘ 465311 kbibd, Telefax (06245) 21-3180.

Leitung: Kraftwerksdirektor: Direktor Dipl.-Ing. Klaus *Distler;* Technischer Leiter: Dipl.-Ing. Gerd *von Weihe;* Kaufmännischer Leiter: Helmut *Kirschke;* Hauptabteilungsleiter Produktion: Dipl.-Ing. Wolfgang *Hauck;* Hauptabteilungsleiter Überwachung: Dipl.-Chem. Dr. rer. nat. Peter *Schneider-Kühnle;* Hauptabteilungsleiter Technik: Dr.-Ing. Hartmut *Lauer;* Hauptabteilungsleiter Instandhaltung: Dipl.-Ing. Rolf *Hilmer.*

Betriebsanlagen: 2 Turbogeneratoren mit einer Nettoleistung von 2386 MW; Brutto-Engpaßleistung 2504 MW.

Kraftwerk Duisburg-Huckingen

4300 Essen, Postfach 1030375, ☏ (0201) 3605-1, ⌘ 857634, Telefax (0201) 3605-481.

Leitung: Kraftwerksdirektor: Direktor Ing. (grad.) Ottomar *Schneider;* Technischer Leiter: Dipl.-Ing. Joachim *Keysselitz;* Kaufmännischer Leiter: Dipl.-Ing. Dipl.-Wirtsch.-Ing. Hubert *Ehringhausen;*

Hauptabteilungsleiter Produktion: Ing. (grad.) Dietrich *Rönnberg;* Hauptabteilungsleiter Technik: Dr.-Ing. Walter *Fehndrich;* Hauptabteilungsleiter Instandhaltung: Dipl.-Ing. Siegfried *Eichhorn.*

Betriebsanlagen: 2 Turbogeneratoren mit einer Nettoleistung von 564 MW; Brutto-Engpaßleistung 600 MW.

Kraftwerk Frimmersdorf

4048 Grevenbroich 1, Postfach 100564, ☏ (02181) 84-1, ✄ 8517243, Telefax (02181) 81321.

Leitung: Kraftwerksdirektor: Direktor Dipl.-Ing. Dieter *Götzelt;* Technischer Leiter: Dr.-Ing. Eberhard *Uhlig;* Kaufmännischer Leiter: Willy *Kellner;* Hauptabteilungsleiter Technik: Dipl.-Ing. Eckhard *Mai;* Hauptabteilungsleiter Instandhaltung: Dipl.-Ing. Winfried *Hinterthan.*

Betriebsanlagen: 14 Turbogeneratoren mit einer Nettoleistung von 2140 MW; Brutto-Engpaßleistung 2400 MW.

Kraftwerk Goldenberg

5030 Hürth, Postfach 8902, ☏ (02233) 17-0, ✄ 889350 rweg 1., Telefax (02233) 17-2436.

Leitung: Kraftwerksdirektor: Direktor Ing. (grad.) Alfons *Heitmann;* Technischer Leiter: Dipl.-Ing. Günter *Meyer;* Kaufmännischer Leiter: Betriebswirt Franz-Josef *Dostall;* Hauptabteilungsleiter Produktion: Dipl.-Ing. Karl-Josef *Schuhmacher;* Hauptabteilungsleiter Technik: Dipl.-Ing. Günter *Meyer;* Hauptabteilungsleiter Instandhaltung: Dipl.-Ing. Reiner *Düsenberg.*

Betriebsanlagen: 11 Turbogeneratoren mit einer Nettoleistung von 474 MW; Brutto-Engpaßleistung 530 MW.

Müllheizkraftwerk Karnap

4300 Essen 1, Postfach 103037, ☏ (0201) 3605-1, ✄ 857634, Telefax (0201) 3605-481.

Leitung: siehe KW Duisburg-Huckingen.

Betriebsanlagen: 1 Turbogenerator mit einer Nettoleistung von 39 MW; Brutto-Engpaßleistung 43 MW.

Kraftwerk Meppen

4470 Meppen 1, Postfach 1663, ☏ (05932) 98-0, ✄ 98648 rwemep., Telefax (05932) 98-2229.

Leitung: Kraftwerksdirektor: Direktor Dipl.-Ing. Wilhelm *Aldrian;* Technischer Leiter: Dipl.-Ing. Lothar *Kohl;* Kaufmännischer Leiter: Dipl.-Kfm. Hartmut *Sczech;* Hauptabteilungsleiter Produktion: Dipl.-Ing. Lothar *Kohl;* Hauptabteilungsleiter Technik: Direktor Dipl.-Ing. Wilhelm *Aldrian;* Hauptabteilungsleiter Instandhaltung: Dipl.-Ing. Walter *Spalthoff.*

Betriebsanlagen: 1 Turbogenerator mit einer Nettoleistung von 585 MW; Brutto-Engpaßleistung 600 MW.

Kernkraftwerk Mülheim-Kärlich

5403 Mülheim-Kärlich, Postfach 125, ☏ (02637) 64-1, ✄ 867816, Telefax (02637) 64-2260.

Leitung: Kraftwerksdirektor: Direktor Dipl.-Ing. Horst *Gutmann;* Technischer Leiter: Dr.-phil. Eike *Roth;* Kaufmännischer Leiter: Dipl.-Kfm. Klaus *Fischer;* Hauptabteilungsleiter Produktion: Dipl.-Ing. Gerd *Lang;* Hauptabteilungsleiter Überwachung: Dipl.-Phys. Matthias *Holl;* Hauptabteilungsleiter Technik: Dr.-Ing. Joachim *Auer;* Hauptabteilungsleiter Instandhaltung: Dipl.-Ing. Klaus-Dieter *Rutofsky.*

Betriebsanlagen: 1 Turbogenerator mit einer Nettoleistung von 1219 MW; Brutto-Engpaßleistung 1302 MW.

Eigentümer: Société Luxembourgeoise de Centrales Nucléaires SA (SCN), Luxemburg.

Kraftwerk Neurath

4048 Grevenbroich 1, Postfach 100467/68, ☏ (02181) 83-1, ✄ 8517103, Telefax (02181) 83-2750.

Leitung: Kraftwerksdirektor: Direktor Dr.-Ing. Horst *Lenkewitz;* Technischer Leiter: Dipl.-Ing. Albert *Broisch;* Kaufmännischer Leiter: Dipl.-Kfm. Wilfried *Hartung;* Hauptabteilungsleiter Produktion: Dipl.-Ing. Albert *Broisch;* Hauptabteilungsleiter Technik: Dipl.-Ing. Klaus *Brückner;* Hauptabteilungsleiter Instandhaltung: Dipl.-Ing. Anton *Rinkens.*

Betriebsanlagen: 5 Turbogeneratoren mit einer Nettoleistung von 1964 MW; Brutto-Engpaßleistung 2100 MW.

Kraftwerk Niederaußem

5010 Bergheim, Postfach 1461, ☏ (02271) 584-1, ✄ 888722, Telefax (02271) 584-4410.

Leitung: Kraftwerksdirektor: Direktor Dr.-Ing. Günter *Schöddert;* Technischer Leiter: Dipl.-Ing. Theo *Tippkötter;* Kaufmännischer Leiter: Dipl.-Betriebswirt Helmut *Ulland;* Hauptabteilungsleiter Produktion: Ing. (grad.) Wolfgang *Kuwan;* Hauptabteilungsleiter Technik: Dipl.-Ing. Theo *Tippkötter;* Hauptabteilungsleiter Instandhaltung: Dipl.-Ing. Josef *Richardt.*

Betriebsanlagen: 8 Turbogeneratoren mit einer Nettoleistung von 2513 MW; Brutto-Engpaßleistung 2700 MW.

Kraftwerk Weisweiler

5180 Eschweiler, Postfach 1448, ☏ (02403) 731, ✄ 832190, Telefax (02403) 6900.

Leitung: Kraftwerksdirektor: Direktor Dr.-Ing. Dipl.-Wirtsch.-Ing. Dieter *Bökenbrink;* Technischer

Leiter: Dipl.-Ing. Paul *Ecken;* Kaufmännischer Leiter: Dipl.-Kfm. Heinz-Josef *Hoppe;* Hauptabteilungsleiter Produktion: Dipl.-Ing. Helmut *Heckmann;* Hauptabteilungsleiter Technik: Dipl.-Ing. Paul *Ecken;* Hauptabteilungsleiter Instandhaltung: Dipl.-Ing. Rudolf *Krause.*

Betriebsanlagen: 7 Turbogeneratoren mit einer Nettoleistung von 2034 MW; Brutto-Engpaßleistung 2200 MW.

Saarländische Kraftwerksgesellschaft mbH

6607 Quierschied; Postanschrift: 6000 Saarbrücken, Trierer Straße 1, Postfach 1030, ☏ (0681) 405-3315 und (06897) 679-200, ⌂ 4421240 sbw d, ⌯ Saarberg Saarbrücken Kraftwerksgesellschaft.

Geschäftsführung: Dipl.-Ing. Karl *Böshaar;* Dipl.-Volksw. Rudolf *Schulze.*

Stammkapital: 100 Mill. DM.

Gesellschafter: Saarbergwerke AG, 100%.

Zweck: Die Erzeugung und der Vertrieb von elektrischer Energie.

Betriebsanlage: Steinkohlenkraftwerk Weiher III mit einer installierten Bruttoleistung von 707 MW.

Modellkraftwerk Völklingen GmbH

6620 Völklingen; Postanschrift: Trierer Straße 1, Postfach 1030, 6600 Saarbrücken, ☏ (0681) 405-3755, -3230, ⌂ Saarberg Saarbrücken Modellkraftwerk 4421240 a sbw d.

Geschäftsführung: Dr.-Ing. Claus W. *Ebel;* Dipl.-Kfm. Dipl.-Ing. Siegfried *Gföller.*

Stammkapital: 60 Mill. DM.

Gesellschafter: Saarbergwerke AG, 50%; Stadtwerke Saarbrücken AG, 30%; Saarländische Kraftwerksgesellschaft mbH, 20%.

Zweck: Die Erzeugung und Abgabe von elektrischer Energie und Fernwärme sowie die Entwicklung und Erprobung neuer Kraftwerkstechnologien.

Betriebsanlage: Steinkohlenkraftwerk Modellkraftwerk Völklingen mit einer installierten Bruttoleistung von 230 MW.

Kraftwerk Bexbach Verwaltungsgesellschaft mbH

6652 Bexbach; Postanschrift: Postfach 1030, 6600 Saarbrücken, ☏ (0681) 405-3710, (0721) 986-2290, ⌂ Saarberg Saarbrücken 4428834 sbwed.

Geschäftsführung: Dr.-Ing. Manfred *Rost;* Dipl.-Wirtsch.-Ing. Josef *Palm.*

Stammkapital: 45 Mill. DM.

Gesellschafter: Badenwerk AG; Energie-Versorgung Schwaben AG; Saarbergwerke AG, je 33,33%.

Zweck: Die anteilige Errichtung und Vermögensverwaltung eines Steinkohlekraftwerkes.

Betriebsanlagen: Die Gesellschaft ist zu 75% Eigentümerin des Steinkohlekraftwerkes Bexbach mit einer installierten Bruttoleistung von 772 MW.

Schluchseewerk AG

7800 Freiburg, Postfach 1460, Rempartstraße 12-16, ☏ (0761) 21831, ⌯ Schluchseewerk, Telefax (0761) 2183-299; Hauptbetriebsleitung: 7822 Häusern, ☏ (07672) 413-1.

Aufsichtsrat: Direktor Dr. Eberhard *Benz,* Karlsruhe, Vorsitzender; Direktor Dr. Dietmar *Kuhnt,* Essen, stellv. Vorsitzender; Elektriker Edwin *Auer,* Waldshut-Tiengen; Elektriker Paul *Böhler,* Waldshut-Tiengen; Direktor i. R. Matthias *Breuer,* Essen; Maurermeister Hansjörg *Dörflinger,* Ühlingen-Birkendorf; Finanzminister a. D. Robert *Gleichauf,* Oberndorf; Direktor i. R. Heinz *Heiderhoff,* Mülheim; Direktor Dipl.-Ing. Heinz *Lichtenberg,* Waldbronn; Lagerverwalter Jörg *Rauchmaul,* Häusern; Professor Dr.-Ing. Klaus *Theilsiefje,* Rheinfelden; Direktor Wolfgang *Ziemann,* Essen.

Verwaltungsbeirat: Direktor i. R. Karl Heinz *Bellut,* Bad Krozingen; Oberbürgermeister Dr. Rolf *Böhme,* Freiburg; Direktor i. R. Dr. Heinz *Dreher,* Karlsruhe; Direktor Dr. Allen *Fuchs,* Greifensee/Schweiz; Direktor Dr. Friedhelm *Gieske,* Essen; Direktor Dr.-Ing. Günther *Häßler,* Ettlingen; Direktor i. R. Dr.-Ing. Dr.-Ing. E. h. Günther *Klätte,* Heiligenhaus; Landrat a. D. Dr. Georg *Klinkhammer,* Vallendar; Direktor i. R. Werner *Rinke,* Essen; Direktor i. R. Dr.-Ing. E. h. Dipl.-Ing. Franz Joseph *Spalthoff,* Essen; Direktor Urs *Ursprung,* Laufenburg/Schweiz; Ministerialdirigent Josef Rudolf *Wennrich,* Mundelsheim; Direktor Werner *Wurm,* Karlsruhe.

Vorstand: Dipl.-Kfm. Rudolf *Mönning,* Dipl.-Ing. Heinz *Dickgießer.*

Kapital: 165 Mill. DM.

Aktionäre: RWE Energie AG, Essen, 50%; Badenwerk AG, Karlsruhe, 37,5%; Kraftübertragungswerke Rheinfelden AG, Rheinfelden, 7,5%; Kraftwerk Laufenburg, Laufenburg (Schweiz), 5%.

Zweck: Bau und Betrieb von Wasserkraftanlagen im südlichen Schwarzwald zur Erzeugung elektrischer Energie.

Betriebsanlagen: 5 Hochdruckpumpspeicherkraftwerke mit einer installierten Maschinenleistung von 1840 MW sowie eine 220/380-kV-Umspannanlage in Kühmoos.

Produktion und Beschäftigte	1990	1991
Stromerzeugung ...... GWh	1 313	1 251
Beschäftigte	512	510

Steag AG

4300 Essen 1, Bismarckstraße 54, ☏ (0201) 187-0, ✍ 857693 steag d, Telefax (0201) 187-6388.

Aufsichtsrat: Dr. rer. pol. Dipl.-Kfm. Heinz *Horn*, Mülheim, Vorsitzender; Fritz *Kollorz*, Recklinghausen, stellv. Vorsitzender; Wilhelm Hans *Beermann*, Bochum; Dr.-Ing. Rolf *Bierhoff*, Essen; Günter *Brügmann*, Oberhausen; Manfred *Bursian*, Hamm; Ursel *Gelhorn*, Essen; Horst *Göddenhoff*, Herne; Dr.-Ing. Hans-Dieter *Harig*, Essen; Dr.-Ing. Heinrich *Heiermann*, Dinslaken; Helmut *Heith*, Neukirchen-Vluyn; Paul *Jacob*, Duisburg; Dr. rer. pol. Jens *Jenßen*, Essen; Friedel *Neuber*, Düsseldorf; Horst *Quendler*, Selm; Dipl.-Ing. Hans-Werner *Riemer*, Arnsberg; Dr.-Ing. Peter *Rohde*, Essen; Dipl.-Ing. Horst *Stebel*, Herne; Udo *Wichert*, Witten-Bommern; Ernst *Wunderlich*, München.

Vorstand: Ass. d. Bergfachs Friedrich H. *Esser*, Vorsitzender; Dr. rer. pol. Jochen *Melchior*; Dr. jur. Klaus *Rumpff*; Dr.-Ing. Dipl.-Ing. Dipl.-Wirtschafts-Ing. Heinz *Scholtholt*.

Generalbevollmächtigte: Dr. jur. Jobst *Baumhöfener*, Essen; Dr. techn. Dipl.-Ing. Heribert *Breidenbach*; Dipl.-Kfm. Dieter *Kleinstoll*, Essen.

Kapital: 220 Mill. DM.

Aktionäre: Ruhrkohle AG (RAG), 71,08%; Gesellschaft für Energiebeteiligung mbH, 25,8%; RWE-DEA Aktiengesellschaft für Mineralöl und Chemie, 1,62%; weitere 7 Gesellschaften mit jeweils unter 1%.

Zweck: Wahrnehmung der Belange des westdeutschen Steinkohlenbergbaues bei seiner Einschaltung in die Energieversorgung des Landes, insbesondere durch Verwertung des auf den Zechen erzeugten elektrischen Stromes sowie durch Errichtung und Betrieb von eigenen Kraftwerken zur Erzeugung von elektrischer Energie aus Steinkohle. Die Steag ist geschäftsführendes Organ der Bergbau-Elektrizitäts-Verbundgemeinschaft (BEV), der GbR Gruppenkraftwerk Herne, der GbR Gemeinschaftskraftwerk West, Kraftwerke Voerde Steag-RWE oHG.

Anlagen: Die Steag betreibt z. Z. 9 Kraftwerke mit einer Gesamtleistung (einschließlich der in elektrische Leistung umgerechneten Dampf-, Druckluft- und Wärmeleistung) von 5430 MW, in der mit 225 MW Anteile anderer Gesellschafter der Steag-Kraftwerksbetriebsgesellschaft mbH (SKB) und mit 736 MW Anteile der EVU an Gemeinschaftskraftwerken enthalten sind. Es handelt sich ausschließlich um Steinkohlekraftwerke. Sie betreibt außerdem die Lastverteilungsanlage des Bergbau-Verbundbetriebes Essen und das Steinerzeugungsanlagen in Lünen. Außerdem nimmt die Steag die Geschäftsführung der Bergbau-Elektrizitäts-Verbundgemeinschaft (BEV), der GbR Ost, West, Herne und der Kraftwerk Voerde Steag-RWE oHG wahr.

Produktion		1990	1991
Energieerzeugung im Steag-Verbund	TWh	27,6	29,3

Beteiligungen (Energie- und Rohstoffwirtschaft)

Steag Fernwärme GmbH, 100%.
Fernwärmeversorgung Universitäts-Wohnstadt Bochum GmbH, Bochum, 66,67%.
Steag Kernenergie GmbH, Essen, 100%.
Steag-Kraftwerksbetriebsgesellschaft mbH, Essen, 67,86%.
Walsum Energie- und Bergwerksgesellschaft AG, Duisburg, 100%.
GbR Kraftwerk Siersdorf, Kohlscheid, 20%.
GbR Gruppenkraftwerk Herne, 100%.
GbR Gemeinschaftskraftwerk West, Essen, 67,86%.
Kraftwerk Voerde Steag-RWE oHG, Voerde, 75%.
Steag und VEW Gemeinschaftskraftwerk Bergkamen A oHG, Bergkamen, 49%.
Urangesellschaft mbH, Frankfurt (Main), 15%.
Energie Technologie GmbH, Essen, 100%.
Kessler + Luch GmbH, Gießen, 100%.
Gesellschaft für Stromwirtschaft mbH, Mülheim, 1%.
Nuclebras Enriquecimento Isotopico SA Nuclei, Rio de Janeiro, 8,98%.
Fernwärmeversorgung Niederrhein GmbH, Dinslaken, 26%.
Fernwärmeversorgung Gelsenkirchen GmbH, Gelsenkirchen, 50%.
Steag Laminarflow-Prozeßtechnik GmbH, Pliezhausen, 100%.
Buss Werkstofftechnik GmbH & Co. KG, Münzenberg-Gambach, 100%.
Buss Werkstofftechnik Verwaltungsgesellschaft mbH, Münzenberg-Gambach, 100%.
Micro Parts Gesellschaft für Mikrostrukturtechnik mbH, Dortmund, 45%.
Steag Entsorgungs-Gesellschaft mbH, Dinslaken, 74,9%.
GEAB Gesellschaft für Energieanlagen-Betriebsführung mbH, Essen, 100%.
Verwaltungsgesellschaft Ruhrkohle-Beteiligung mbH, Essen, 19,5%.
Brennelemente-Zwischenlager Ahaus GmbH, Ahaus, 45%.
Korro Gesellschaft für Klima und Lufttechnik mbH, Essen, 100%.
Asikos Strahlmittel GmbH, Dinslaken, 50%.
WSG Wärmezähler-Service GmbH, Essen, 50%.
Schwäbische Entsorgungsges. mbH der STEAG und LEW, Augsburg, 50%.
Kessler Tech GmH, Gießen, 100%.
P.-B.-Plan Ingenieur-Ges.mbH, Frankfurt/Main, 100%.
Europäische Brennstoffhandelsges. mbH & Co. Brandtransport oHG, Essen, 50%.
Montan-Entsorgung GmbH & Co. KG, Essen, 50%.
GSB Ges. zur Sicherung von Bergmannswohnungen mbH, Essen, 6,25%.

4 ELEKTRIZITÄTSWIRTSCHAFT

Montan-Entsorgung Verwaltungs-GmbH, Essen, 50%.
Pokorny GmbH, Donaueschingen, 98,48%.
Walsum Energie- u. Bergwerksgesellschaft AG & Co.

Bergbau-Elektrizitäts-Verbundgemeinschaft (BEV)

4300 Essen 1, Bismarckstr. 54, ☏ (0201) 187-0, ⌭ 857693 steag d.

Gesellschafter: Gesellschafter der Bergbau-Elektrizitäts-Verbundgemeinschaft sind die Gesellschaften des westdeutschen Steinkohlenbergbaus und die ehemaligen Bergwerksgesellschaften. Vorsitzer der Gesellschafterversammlung: Erich *Ossenkopp*, Essen; 1. stellv. Vorsitzer: Dipl.-Kfm. Günter *Meyhöfer*, Herzogenrath-Kohlscheid; 2. stellv. Vorsitzer: Dipl.-Berging. Friedrich *May*, Gelsenkirchen.

Präsidium: Das Präsidium besteht aus z. Z. 8 Vertretern von Gesellschaftern.

Geschäftsführung: Steag AG, Essen.

Zweck: Die Gemeinschaft bezweckt, die mit dem RWE und den VEW abgeschlossenen Verträge durchzuführen sowie die gemeinschaftlichen elektrizitätswirtschaftlichen Belange der Gesellschafter wahrzunehmen.

Produktion und Absatz		1990	1991
Stromumsatz	TWh	13,5	13,1
Höchstleistung	MW	2 686	2 678

Steag Kernenergie GmbH

4300 Essen 1, Bismarckstr. 54, Postfach 103762, ☏ (0201) 187-0, ⌭ 857826 steag d, Telefax (0201) 187-2349.

Beirat: Dr. rer. nat. Helmut *Völcker*, Essen, Vorsitzender; Dr.-Ing. Joachim *Adams*, Lingen; Dipl.-Ing. Eberhard *Wild*, München; M. Sc. Dipl.-Ing. ETHL Pierre *Krafft*, Zürich; Dr.-Ing. Heinz *Scholtholt*, Dinslaken; Dr.-Ing. Manfred *Timm*, Hamburg.

Geschäftsführung: Dr.-Ing. Georg *Weinhold*, Vorsitzender; Dipl.-Ing. Hugo *Geppert;* Dipl.-Ing. Dipl.-Wirtschafts-Ing. Wolfgang *von Heesen* (Stellvertreter).

Stammkapital: 15 Mill. DM.

Gesellschafter: Walsum Energie- und Bergwerksgesellschaft AG.

Zweck: Dienstleistungen auf dem Gebiet der Kernenergie, Bau und Betrieb kerntechnischer Anlagen, Produktion und Handel von Kernbrennstoffen, Brennelementen und Reaktorkernkomponenten und -materialien.

Beteiligungen
Brennelement-Zwischenlager Ahaus GmbH (BZA), 45%.
Walsum Energie- und Bergwerksgesellschaft AG & Co.
Hochtemperaturreaktor Gesellschaft mbH (HRG), 6,8%.

Steag-Kraftwerksbetriebsgesellschaft mbH

4300 Essen 1, Bismarckstr. 54, ☏ (0201) 187-0, ⊕ Steag Essen, ⌭ 857693 steag d.

Verwaltungsrat: Ass. d. Bergfachs Friedrich H. *Esser*, Düsseldorf; Christian L. *Jürgens*, Ratingen; Dr. rer. pol. Bernd *Kottmann*, Dortmund; Dr. rer. pol. Jochen *Melchior*, Essen; Dipl.-Ing. Hans-Georg *Rieß*, Wassenberg; Dr.-Ing. Dipl.-Ing. Dipl.-Wirtschafts-Ing. Heinz *Scholtholt*, Dinslaken; Dr. jur. Wolfgang *Seidel*, Wassenberg.

Geschäftsführung: Dipl.-Ing. Dr. techn. Heribert *Breidenbach*, Betriebswirt (VWA) Herbert *Freikamp*.

Prokurist: Rechtsanwalt Ulrich *Morys*.

Kapital: 630000 DM.

Gesellschafter: Harpener AG, Dortmund; Sophia-Jacoba GmbH, Hückelhoven; Steag AG, Essen; Walsum Energie- und Bergwerksgesellschaft AG, Duisburg.

Zweck: Der Gesellschaft obliegt die Verarbeitung von Brennstoffen zu Strom im Gemeinschaftskraftwerk West einschließlich aller damit zusammenhängenden Tätigkeiten.

GbR Gemeinschaftskraftwerk West

4300 Essen 1, Bismarckstr. 54, ☏ (0201) 187-0, ⌭ 857693 steag d.

Verwaltungsrat: Ass. d. Bergfachs Friedrich H. *Esser*, Düsseldorf; Christian L. *Jürgens*, Ratingen; Dr. rer. pol. Bernd *Kottmann*, Dortmund; Dr. rer. pol. Jochen *Melchior*, Essen; Dipl.-Ing. Hans-Georg *Rieß*, Wassenberg; Dr.-Ing. Dipl.-Ing. Dipl.-Wirtschafts-Ing. Heinz *Scholtholt*, Dinslaken; Dr. jur. Wolfgang *Seidel*, Wassenberg.

Geschäftsführung: Steag Aktiengesellschaft.

Gesellschafter: Harpener AG, Dortmund; Sophia-Jacoba GmbH, Hückelhoven; Steag AG, Essen; Walsum Energie- und Bergwerksgesellschaft AG, Duisburg.

Zweck: Errichtung und Vermögensverwaltung des Gemeinschaftskraftwerks West in Voerde-Möllen.

Anlagen: Die ersten beiden Blöcke haben eine Leistung von je 350 MW.

4 ELEKTRIZITÄTSWIRTSCHAFT

Gemeinschaftskraftwerk West

4223 Voerde-Möllen, Frankfurter Straße, ☎ (02855) 121.

Leitung: Kraftwerksleiter: Betriebsdirektor Dr.-Ing. Hermann *Farwick;* Kesselbetriebsingenieur: Dipl.-Ing. Johannes *Blessing;* Maschinenbetriebsingenieur: Dipl.-Ing. Udo *Szesny;* Elektrobetriebsingenieur: Dipl.-Ing. Gilbert *Rech;* Wärmeingenieur: Horst *Lindemann;* REA-Ingenieur: Dipl.-Ing. Jürgen *Knospe.*

Eigentümer: Sophia-Jacoba GmbH (75 MW); Harpener AG (150 MW); Steag AG (300 MW); Walsum Energie- und Bergwerksgesellschaft AG (175 MW).

Betriebsanlagen: 2 Turbogeneratoren mit einer Brutto-Engpaßleistung von 700 MW.

Produktion, Absatz, Beschäftigte	1990	1991
Stromerzeugung .... GWh	3 605	3 728
Nutzbare Abgabe ..... GWh	3 204	3 318
Brennstoffeinsatz (Ballastkohle) .... 1000 t	1 410	1 473
Beschäftigte[a] ... (Jahresende)	209[b]	219[b]

[a] Ohne Reparaturpersonal und Magazin.
[b] Ohne Fremdpersonal.

GbR Gruppenkraftwerk Herne

4300 Essen 1, Bismarckstr. 54, ☎ (0201) 187-0, ≶ 857693 steag d.

Geschäftsführung: Steag Aktiengesellschaft.

Gesellschafter: Steag AG, Essen; Steag Fernwärme GmbH, Essen.

Zweck: Errichtung und Vermögensverwaltung des Gruppenkraftwerks Herne.

Anlagen: Errichtet wurden zunächst 2 Blockeinheiten mit je 150 MW. Der erste Block wurde 1962, der zweite Block 1963 in Betrieb genommen. 1966 wurde das Kraftwerk um einen 300-MW-Block erweitert.

Heizkraftwerk Herne

4690 Herne 1, Hertener Straße 16, ☎ (02323) 202-1.

Leitung: Kraftwerksleiter: Betriebsdirektor Dipl.-Ing. Wolfgang *Bunge;* Kesselbetriebsingenieur: Dipl.-Ing. Hans-Rainer *Lümkemann;* Maschinenbetriebsingenieur: Dipl.-Ing. Friedrich *Karasch;* Elektrobetriebsingenieur: Dipl.-Ing. Ulrich *Stürz;* Wärmeingenieur: Dipl.-Ing. Lothar *Schmidt;* REA-Ingenieur: Dipl.-Ing. Bernd *Bolle.*

Eigentümer: Steag Konzern (983 MW).

Betriebsanlagen: 3 Turbogeneratoren mit einer Brutto-Engpaßleistung von 600 MW u. HKW Herne Block 4 mit einer elektrischen Bruttoleistung von 383 MW.

Produktion, Absatz, Beschäftigte	1990	1991
Stromerzeugung .... GWh	5 739	5 891
Nutzbare Abgabe .... GWh	5 133	5 270
Brennstoffeinsatz (Ballastkohle) .... 1000 t	2 356	2 436
Beschäftigte[a] ..... (Jahresende)	319[b]	320[b]

[a] Ohne Reparaturpersonal und Magazin.
[b] Ohne Fremdpersonal.

Kraftwerk Voerde Steag-RWE oHG

4223 Voerde-Möllen, Frankfurter Straße, ☎ (0 28 55) 12-1, Telefax (0 28 55) 12-560.

Geschäftsführung: Steag AG, Essen.

Gesellschafter: Steag AG, Essen, 75 %; RWE Energie AG, Essen, 25 %.

Anlagen: Blöcke A und B mit einer Leistung von je 710 MW.

Produktion, Absatz, Beschäftigte	1990	1991
Stromerzeugung ...... GWh	5 805	7 237
Nutzbare Abgabe ..... GWh	5 373	6 724
Brennstoffeinsatz .... 1000 t	1 872	2 334
Beschäftigte	203	203

Steag und VEW, Gemeinschaftskraftwerk Bergkamen A oHG

4709 Bergkamen, Westenhellweg 110, ☎ (02389) 72-0, ≶ 820848.

Gesellschafter: Vereinigte Elektrizitätswerke Westfalen AG (VEW), 51 %; Steag AG, 49 %.

Geschäftsführung: VEW AG und Steag AG.

Betriebsanlagen: Ein steinkohlegefeuerter Kraftwerksblock mit einer Nettoleistung von 684 MW, Brutto-Engpaßleistung 747 MW; Fernwärme-Engpaßleistung 20 MW.

Produktion und Absatz	1990	1991
Stromerzeugung ...... GWh	5 313	5 198
Nutzbare Abgabe ..... GWh	4 876	4 772
Jahreshöchstlast .... MW	720	688
Wärmeabgabe .... GWh	45	49
Brennstoffeinsatz ..... GWh	12 888	12 647

Veba Aktiengesellschaft

1000 Berlin und 4000 Düsseldorf; Verwaltung: 4000 Düsseldorf 30, Bennigsenplatz 1, Postfach 30 10 51, ☎ (0211) 45791, ≶ 8587927, ✈ Veba Düsseldorf.

Aufsichtsrat: Dr.-Ing. E. h. Heinz P. *Kemper,* Grainau, Ehrenvorsitzender; Dipl.-Kfm. Günter *Vogelsang,* Düsseldorf, Vorsitzender; Hermann *Rappe,*

Vorsitzender der Industriegewerkschaft Chemie, Papier, Keramik, Sarstedt, stellv. Vorsitzender; Dr. Günther *Allekotte*, Leiter der Rechtsabteilung der Hüls AG, Marl; Hans *Berger*, 1. Vorsitzender des Vorstandes der IG Bergbau und Energie, Bochum; Dr. Marcus *Bierich*, Vorsitzender der Geschäftsführung der Robert Bosch GmbH, Stuttgart; Robert *Braun*, Chemiefacharbeiter, Gelsenkirchen; Horst *Breitfeld*, Chemiefacharbeiter, Marl; Rolf *Diel*, Vorsitzender des Aufsichtsrates der Dresdner Bank AG, Düsseldorf; Dr. iur. h. c. Horst K. *Jannott*, Vorsitzender des Vorstandes der Münchener Rückversicherungs-Gesellschaft, München; Dr. Horst *Klose*, Geschäftsführender Gesellschafter der Mero-Firmengruppe, Würzburg, Vizepräsident der Deutschen Schutzvereinigung für Wertpapierbesitz e. V., Düsseldorf; Hilmar *Kopper*, Mitglied des Vorstandes der Deutschen Bank; Dr. Klaus *Liesen*, Vorsitzender des Vorstandes der Ruhrgas AG, Essen; Walter *Martius*, Wirtschaftsberater, Vorsitzender des Vorstandes der Schutzgemeinschaft der Kleinaktionäre e. V., Frankfurt (Main), Wuppertal 11; Dagobert *Millinghaus*, kaufm. Angestellter, Mülheim; Hans *Nagels*, Kraftfahrer, Essen; Dieter *Piecuch*, Elektro-Vorarbeiter, Dorsten; Dr. Nikolaus *Senn*, Präsident des Verwaltungsrates der Schweizerischen Bankgesellschaft, Zürich; Klaus *Stolle*, Elektroingenieur, Hannover; Hermann Josef *Strenger*, Vorsitzender des Aufsichtsrates der Bayer AG, Leverkusen; Dr. Monika *Wulf-Mathies*, Vorsitzende der Gewerkschaft Öffentliche Dienste, Transport und Verkehr, Stuttgart.

Vorstand: Klaus *Piltz*, Vorsitzender; Dr. Hans Michael *Gaul;* Dr. Heinz *Gentz;* Dr. Hans-Dieter *Harig;* Ulrich *Hartmann;* Dr. Hubert *Heneka;* Dr. Hans-Jürgen *Knauer;* Dr. Hermann *Krämer;* Professor Dr. Carl Heinrich *Krauch;* Dr. Kurt J. *Lauk*.

Generalbevollmächtigte: Walter *Platzek*.

Prokuristen: Friedrich *Dippel*, Dr. Alfred *Dworak*, Herbert *Geisler*, Dr. Otto *Gernandt*, Dr. Wilhelm *Heilmann*, Dr. Norbert *Jaeger*, Gerhard *Judex*, Alois *Köllnberger*, Helmut *Korst*, Walther *Kurz*, Dr. Dirk *Matthey*, Burkhard *Niedermowwe*, Hans-Herbert *Petry*, Jürgen *Presber*, Dr. Heinz-Helmer *Pütthoff*, Helmut *Rundmann*, Friedhelm *Strunk*, Helmut *Weißer*.

Kapital: 2257 Mill. DM.

Aktionäre: rd. 540 000.

Zweck: Die Errichtung, der Betrieb und der Erwerb von stromerzeugenden sowie stromverteilenden Anlagen, von Bergbau- und Hüttenbetrieben, von Anlagen der chemischen und der Mineralöl-Industrie, von Handels- und Schiffahrtsunternehmen sowie von anderen Unternehmen. Die Gesellschaft kann diese Geschäfte auch durch Beteiligung an Gesellschaften ausüben, die den genannten Zwecken dienen. Sie ist ferner berechtigt, alle Geschäfte einzugehen, die den Unternehmenszweck zu fördern geeignet sind.

Wichtigste Beteiligungen
PreussenElektra AG, Hannover, 100%.
Veba Oel AG, Gelsenkirchen-Hassel, 100%.
Hüls AG, 99,6%.
Stinnes AG, Mülheim, 99,7%.
Ruhrkohle AG (RAG), Essen, direkt 37,1%; mittelbar über Montan-Verwaltungsgesellschaft mbH, Dortmund, 2,1%.

Veba Kraftwerke Ruhr AG (VKR)

4650 Gelsenkirchen, Bergmannsglückstraße 41 - 43, Postfach 100125, ☏ (0209) 601-1, ✆ 824619, Telefax (0209) 601-5150, ✉ vebak.

Aufsichtsrat: Klaus *Piltz*, Vorsitzender des Vorstands der Veba AG, Düsseldorf, Vorsitzender; Karl-Heinz *Sabellek*, Gewerkschaftssekretär der IG Bergbau und Energie, Bochum, stellv. Vorsitzender; Dipl.-Ing. Ottomar *Apelt*, Direktor, Raesfeld; Dr.-Ing. Rolf *Bierhoff*, Mitglied des Vorstands der RWE Energie AG, Essen; Dr. jur. Hans Michael *Gaul*, Mitglied des Vorstands der Veba AG und der PreussenElektra AG, Hannover; Professor Dr.-Ing. Dr.-Ing. E. h. Klaus *Knizia*, Vorsitzender des Vorstands der Vereinigten Elektrizitätswerke Westfalen AG, Dortmund; Dr. rer. nat. Hermann *Krämer*, Vorsitzender des Vorstands der PreussenElektra AG und Mitglied des Vorstands der VEBA AG, Hannover; Hermann *Möllers*, kfm. Angestellter, Herten; Ulrich *Otte*, Elektrovorarbeiter, Herten; Dieter *Piecuch*, Elektrovorarbeiter, Dorsten; Hans-Peter *Sättele*, Mitglied des Vorstands der Westdeutschen Landesbank Girozentrale, Düsseldorf; Werner *Volke*, Gewerkschaftssekretär der IG Bergbau und Energie, Haltern.

Vorstand: Dr.-Ing. Hans-Dieter *Harig*, Vorsitzender; Dipl.-Volksw. Karl-Ernst *Brosch;* Dipl.-Kfm. Arnold *Franke;* Dipl.-Volksw. Dr. phil. Werner *Müller*, Mülheim; Dipl.-Ing. Ulrich *Potthast*.

Generalbevollmächtigte: Dipl.-Kfm. Dr. rer. pol. Friedhelm *Grübener;* Dipl.-Ing. Dieter *Kübler;* Dipl.-Ing. Friedrich *May*.

Prokuristen: Direktor Dipl.-Ing. Ottomar *Apelt;* Abteilungsdirektor Dipl.-Ök. Volker *Berndt;* Abteilungsdirektor Dipl.-Kfm. Ulrich *Drath;* Abteilungsdirektor Dipl.-Ing. Hans-Jürgen *Eggers;* Abteilungsdirektor Dr.-Ing. Andreas *Eichholtz;* Abteilungsleiter Wilfried *Jahn;* Abteilungsdirektor Dipl.-Ök. Hermann *Kleinebudde;* Baudirektor Dipl.-Ing. Hans-Jürgen *Koch;* Abteilungsleiter Rechtsanwalt Dieter *Kurz;* Direktor Dipl.-Volksw. Volkhard *Lehning;* Abteilungsdirektor Gerhard *Parwulski;* Abteilungsdirektor Assessor Jochen *Rinne;* Direktor Dipl.-Ing. Rainer *Telöken;* Direktor Dipl.-Ing. Horst *Zühlke*.

4 ELEKTRIZITÄTSWIRTSCHAFT

Kapital: 275 Mill. DM.

Alleinaktionär: Veba AG, Berlin und Düsseldorf.

Zweck: Erzeugung und Lieferung von Energie, die Versorgung mit Wasser, die Verwertung von Reststoffen, die Entsorgung von Abfall und Abwasser, sonstige Dienstleistungen im Bereich der Energie- und Wasserwirtschaft sowie des Umweltschutzes, ferner Ingenieurleistungen aller Art.

Kraftwerke: Die Gesellschaft verfügt zur Zeit über Kraftwerke mit einer Netto-Stromengpaßleistung von 4060 MW. In den Kraftwerken bestehen außerdem weitere Leistungen von 131 MW zur Erzeugung von Abgabe-Dampf, Druckluft und Fernwärme. Für die RWE Energie AG wird eine Kraftwerksleistung von 672 MW betrieben. Ab 1. Juli 1992 hat VKR die Betriebsführung für rd. 6 000 MW Kraftwerksleistung der PreussenElektra AG übernommen.

Fernwärme: Die Gesellschaft verfügt in den Städten Castrop-Rauxel, Datteln, Gelsenkirchen-Buer, Gladbeck, Recklinghausen und Herne über eigene Fernwärmenetze und liefert Fernwärme an Weiterverteiler in den Städten Herne, Herten, Dortmund-Bodelschwingh/Nette und Marl und in das Netz Bochum. Das gesamte Fernwärmenetz umfaßte Ende 1991 549 km Doppelleitung. Die angeschlossene Wärmeleistung betrug 890,4 MW.

Energieverteilungsanlagen: Netztransformatoren 3131 MVA; Stromringnetz 408,1 km; ND-Luftleitungen 33,8 km; Dampffernleitungen 10,8 km; Fernwärme-Doppelleitung 549 sowie Speisewasser- und Kondensatleitungen 58,3 km.

Produktion, Absatz, Beschäftigte		1990	1991
Stromerzeugung (netto)	TWh	14,8	16,4
Nutzbare Abgabe	TWh	14,6	16,2
Beschäftigte (AG) (Jahresende)		3 350	3 400

Wesentliche Beteiligungen

Veba Fernheizung Castrop-Rauxel GmbH, 100%.
Veba Fernheizung Datteln GmbH, Datteln, 100%.
Veba Fernheizung Gelsenkirchen-Buer GmbH, Gelsenkirchen-Buer, 100%.
Veba Fernheizung Gladbeck GmbH, Gladbeck, 100%.
Veba Fernheizung Recklinghausen GmbH, Recklinghausen, 100%.
Veba Fernheizung Wanne-Eickel GmbH, Herne 2, 100%.
Wärmetechnik Leickel GmbH, Herne 2, 100%.
Westab Holding GmbH, Duisburg, 100%.
AVG Abfall-Verwertungs-Gesellschaft mbH Hamburg, 80%.
BauMineral GmbH Herten, Herten, 51%.
PreussenElektra/VKR-Abfallverwertungsgesellschaft mbH (PVA), Hannover, 50%.
AWE Abfallwirtschaft Eberswalde GmbH, Eberswalde-Finow, 100%.
Müllverwertung Borsigstraße GmbH, Hamburg, 20%.
Abfallverwertungsgesellschaft Westfalen mbH (AVW), Dortmund, 24,5%.
HTV Gesellschaft für Hochtemperaturverbrennung mbH, Bergkamen, 50%.
Kraftwerk Buer Betriebsgesellschaft mbH, Gelsenkirchen-Buer, 50%.
Kraftwerk Buer GbR, Gelsenkirchen-Buer, 50%.
Kraftwerk Schkopau GmbH, Schkopau, 100%.
VEW-VKR Fernwärmeleitung Shamrock-Bochum GbR, Gelsenkirchen-Buer, rd. 55%.
WWB Wasserwerks-Beteiligungs-Gesellschaft mbH, Gelsenkirchen, 100%.
OEWA Wasser und Abwasser GmbH, Potsdam, 50%.
Gesellschaft für Energiebeteiligung mbH, Essen, 29,3%; eine weitere Beteiligung von 26,2% hält die Veba AG.
Private Electricity Company, Ltd., London, 100%.
Gipswerk Scholven GmbH, Gelsenkirchen-Buer, 50%.
Fernwärmeversorgung Herne GmbH, Herne, 50%.
Energie- und Umwelttechnik GmbH, Radebeul, 50%.
Interkohle Beteiligungsgesellschaft mbH, Hannover, 12,5%.
Ruhrkohle-Umwelttechnik GmbH (RUT), Essen, 40%.

Kraftwerk Scholven

4650 Gelsenkirchen-Buer-Scholven, Glückaufstraße 56, ☏ (0209) 601-1, ✆ 824619.

Leitung: Kraftwerksdirektor Ing. (grad.) Siegfried *Stappert;* Vertreter: Oberingenieur Franz *Brylak*.

Eigentümer: Veba Kraftwerke Ruhr AG (VKR); an den Kraftwerksblöcken Scholven G und H ist die RWE Energie AG zu je 50% beteiligt.

Betriebsanlagen: 8 Turbogeneratoren mit einer Nennleistung von insgesamt 3730 MW; 1 Elektrokompressor mit einer Nennleistung von 92000 m³/h. Stromengpaßleistung insgesamt 3730 MW brutto, 3470 MW netto.

Blöcke Scholven B, C, D, E: Kesselleistung je 1080 t/h; Stromengpaßleistung je 370 MW brutto, 345 MW netto.

Block Scholven F: Kesselleistung 2200 t/h; Stromengpaßleistung 740 MW brutto, 676 MW netto.

Blöcke Scholven G und H: Kesselleistung je 2150 t/h; Stromengpaßleistung je 714 MW brutto, 672 MW netto.

FWK Buer: Kesselleistung 450 t/h; Stromengpaßleistung 82 MW brutto, 70 MW netto; äquivalente Gesamtleistung 150 MW brutto, 138 MW netto.

Dampfwerk Scholven: Kesselleistung 220 t/h (2 Kessel).

Produktion, Absatz, Beschäftigte	1990	1991
Stromerzeugung		
brutto .... GWh	10 436	10 232
netto .... GWh	9 847	10 596
Jahreshöchstlast Strom		
(netto) .... MW	3 309	2 761
Netzeinspeisung		
Abgabedampf .... 10^3 t	2 894	2 987
Fernwärme .... GWh	750	818
Druckluft .... Mill. m³	163	48
Brennstoffeinsatz .... TWh	29	31
Beschäftigte .... (Jahresende)	601	595

Kraftwerk Datteln

4353 Datteln, In den Erlen, ☏ (02363) 100-1.

Leitung: Kraftwerksdirektor Dipl.-Ing. Werner *Kalkschmidt;* Vertreter: Ing. (grad.) Jakob *Adden.*

Betriebsanlagen: 3 Bahnstromblöcke; Blöcke 1 und 2 mit je 95 MW, Block 3 mit 113 MW, insesamt 303 MW brutto/netto. 1 Turbogenerator mit 40 MW (Block 2) wird z. Z. auf Bahnstrom umgerüstet und steht Mitte 1993 zur Verfügung.
Ölkesselanlage: Leistung 182 t/h.

Produktion, Absatz, Beschäftigte	1990	1991
Stromerzeugung		
brutto .... GWh	1 349	1 378
netto .... GWh	1 234	1 270
Jahreshöchstlast Strom		
(netto) .... MW	257	256
Netzeinspeisung		
Abgabedampf .... 10^3 t	48	55
Fernwärme .... GWh	134	149
Brennstoffeinsatz .... TWh	3,9	3,9
Beschäftigte .... (Jahresende)	176	178

Kraftwerk Knepper

4600 Dortmund-Mengede, Oestricher Straße, ☏ (0231) 333355.

Leitung: Kraftwerksdirektor Dipl.-Ing. Werner *Kalkschmidt;* Vertreter: Ing. (grad.) Dieter *Küster.*

Betriebsanlagen: Block C: Nettoleistung 345 MW, 370 MW brutto.
Ölkesselanlage: Leistung 25 t/h.

Produktion, Absatz, Beschäftigte	1990	1991
Stromerzeugung		
brutto .... GWh	1 883	2 352
netto .... GWh	1 758	2 199
Jahreshöchstlast Strom		
(netto) .... MW	321	326
Netzeinspeisung		
Abgabedampf .... 10^3 t	7	3
Fernwärme .... GWh	42	46
Brennstoffeinsatz .... TWh	4,9	6,0
Beschäftigte .... (Jahresende)	133	142

Kraftwerk Rauxel

4620 Castrop-Rauxel, Habinghorster Straße, ☏ (02305) 707-1.

Leitung: Kraftwerksdirektor Dipl.-Ing. Werner *Kalkschmidt;* Vertreter: Ing. (grad.) Dieter *Küster.*

Betriebsanlagen: Block 2: Nettoleistung 166 MW, 180 MW brutto.
Ölkesselanlage: Leistung 24,8 t/h.

Produktion, Absatz, Beschäftigte	1990	1991
Stromerzeugung		
brutto .... GWh	634	664
netto .... GWh	591	625
Jahreshöchstlast Strom		
(netto) .... MW	166	166
Netzeinspeisung		
Abgabedampf .... 10^3 t	8	7
Fernwärme .... GWh	33	37
Brennstoffeinsatz .... TWh	1,8	1,9
Beschäftigte .... (Jahresende)	111	100

Kraftwerk Shamrock

4690 Herne 2, Kastanienallee 1, ☏ (02315) 41004.

Leitung: Dipl.-Ing. Gerhard *Ritter;* Vertreter: Dipl.-Ing. Klaus *Wittkamp.*

Betriebsanlagen: 5 Turbogeneratoren mit einer Nettostromengpaßleistung von 132 MW, 142 MW brutto, Kraftwerksnettogesamtleistung 152 MW, 165 MW brutto. Elektrokompressoren: Leistung 7 000 m³/h. Ölkesselanlage: Leistung 125 t/h.

Produktion, Absatz, Beschäftigte	1990	1991
Stromerzeugung		
brutto .... GWh	477	513
netto .... GWh	415	443
Jahreshöchstlast Strom		
(netto) .... MW	104	99
Netzeinspeisung		
Abgabedampf .... 10^3 t	167	249
Fernwärme .... GWh	543	586
Druckluft .... Mill. m³	8	8
Brennstoffeinsatz .... TWh	1,8	2,0
Beschäftigte .... (Jahresende)	113	114

Kraftwerk Westerholt

4650 Gelsenkirchen, Valentinstraße 100, ☏ (0209) 601-1.

Leitung: Kraftwerksdirektor Dipl.-Ing. Klaus *Bergmann;* Vertreter: Ing. Walter *Mönig.*

Betriebsanlagen: 2 Blöcke mit einer Nettoleistung von je 138 MW, 150 MW brutto.
Ölkesselanlage: Leistung 230 t/h.
Elektrokompressoren: Leistung 240 000 m³/h.

Produktion, Absatz, Beschäftigte		1990	1991
Stromerzeugung			
brutto	GWh	1 154	1 362
netto	GWh	1 016	1 201
Jahreshöchstlast Strom (netto)	MW	258	276
Netzeinspeisung			
Abgabedampf	10^3 t	132	142
Fernwärme	GWh	215	177
Druckluft	Mill. m³	837	1 080
Brennstoffeinsatz	TWh	3,4	4,0
Beschäftigte (Jahresende)		175	173

Fernwärmekraftwerk Marl

4370 Marl, Sickingmühler Straße 113, ☏ (02365) 64055.

Leitung: Kraftwerksdirektor Dipl.-Ing. Klaus *Bergmann*.

Betriebsanlagen: Turbogenerator mit einer Nettostromengpaßleistung von 55 MW, 60 MW brutto, Kraftwerksnettogesamtleistung 75 MW, 80 MW brutto. Heißwasser-Fernheizkessel, Abgabeleistung 68 MW. Wird im wesentlichen zur Deckung der Spitzenlast eingesetzt.

Fernwärmekraftwerk Recklinghausen

4350 Recklinghausen, Hubertusstraße, ☏ (02361) 21352.

Leitung: Kraftwerksdirektor Dipl.-Ing. Klaus *Bergmann*.

Betriebsanlagen: Turbogenerator mit einer Nettostromengpaßleistung von 13 MW, 15 MW brutto, Kraftwerksnettogesamtleistung 25 MW, 28 MW brutto.
Ölkesselanlage: Leistung 81 t/h.
Wird im wesentlichen zur Deckung der Spitzenlast eingesetzt.

Vereinigte Elektrizitätswerke Westfalen AG (VEW)

4600 Dortmund, Rheinlanddamm 24, ☏ (0231) 438-1, ✆ 822121 VEW, ⌂ Eltwerke Dortmund. Bezirksdirektionen: 4600 Dortmund, Ostwall 51, ☏ (0231) 544-1; 4630 Bochum, Wielandstraße 82, ☏ (0234) 515-1; 4400 Münster, Weseler Straße 480, ☏ (0251) 711-0; 5760 Arnsberg 2, Hellefelder Straße 8, ☏ (02931) 84-1.

Aufsichtsrat: Günter *Samtlebe*, Oberbürgermeister, Dortmund, Vorsitzender; Hildegard *Beck*, VEW Hauptverwaltung, Dortmund, stellv. Vorsitzende; Josef *Cieniewicz*, Deutsche Angestellten-Gewerkschaft, Landesverband Nordrhein-Westfalen, Düsseldorf; Heinrich *Häckel*, VEW Bezirksdirektion Arnsberg; Franz *Holtgreve*, Gewerkschaft Öffentliche Dienste, Transport und Verkehr, Kreisverwaltung Emsland, Meppen; Heinz *Hossiep*, Geschäftsführer der VBW Bauen und Wohnen GmbH, Bochum; Dr. h. c. Herbert *Krämer*, Mitglied des Vorstands der RWE Aktiengesellschaft, Essen; Georg *Krupp*, Mitglied des Vorstands der Deutschen Bank AG, Frankfurt am Main; Lorenz *Ladage*, Bürgermeister, Dortmund; Franz-Josef *Leikop*, Landrat, Meschede; Lothar *Lieberwirth*, VEW Bezirksdirektion Dortmund; Fritz *Münstereifel*, VEW Bezirksdirektion Münster; Wilhelm *Pohlmann*, Oberbürgermeister, Herne; Dr. rer. pol. Wolf-Albrecht *Prautzsch*, Mitglied des Vorstands der Westdeutschen Landesbank Girozentrale, Münster; Karl-Heinz *Risse*, VEW Hauptverwaltung, Dortmund; Karl-Heinz *Römer*, Gewerkschaft Öffentliche Dienste, Transport und Verkehr, Bezirk Nordrhein-Westfalen II, Bochum; Franz-Josef *Schamoni*, Mitglied des Vorstands der Contigas Deutsche Energie-Aktiengesellschaft, München; Dr. jur. Manfred *Scholle*, Direktor des Landschaftsverbandes Westfalen-Lippe, Münster; Hubert *Tüllmann*, VEW Kraftwerk Westfalen, Hamm; Dr.-Ing. Rolf *Windmöller*, Direktor, VEW Hauptverwaltung, Dortmund.

Vorstand: Professor Dr.-Ing. Dr.-Ing. E. h. Klaus *Knizia*, Vorsitzender; Dr. rer. pol. Friedrich Wilhelm *Meier* (bis 31. 7. 1992); Oberstadtdirektor a. D. Hans-Diether *Imhoff*; Dipl.-Kfm. Dieter *Junge*; Dipl.-Ing. Hans-Werner *Riemer*; Regierungspräsident a. D. Fritz *Ziegler*; Dr. rer. pol. Jürgen *Kehse*, Dr.-Ing. Joachim *Adams*, stellv.

Verwaltungsbeirat: Neben dem Aufsichtsrat besteht ein Verwaltungsbeirat zur Zeit 50 Mitgliedern, der in der Hauptsache aus den Oberstadtdirektoren und Oberkreisdirektoren der von der Gesellschaft versorgten Städte und Landkreise besteht.

Leiter der Hauptabteilung Öffentlichkeitsarbeit: Dr. phil. Joachim *Drath*.

Netto-Leistung (am 31. 12.)		1990	1991
in eigenen Dampf- und Wasserkraftwerken	MW	4 420*	4 317*
in fremden Kraftwerken	MW	2 149	2 177

* Einschl. Eigenanteile an Gemeinschaftskraftwerken.

Kapital: 1 Mrd. DM.

Aktionäre mit jeweils mehr als 25% Beteiligung: Kommunale Energie-Beteiligungsgesellschaft mbH, Dortmund; Energie-Verwaltungs-Gesellschaft mbH, Düsseldorf.

Zweck: Die Errichtung, der Erwerb, der Betrieb von Energieanlagen, die der Erzeugung, Fortleitung oder Abgabe von Elektrizität, Gas oder Fernwärme dienen, von sonstigen Versorgungsunternehmen sowie weiteren Unternehmungen, die mittelbar oder unmittelbar den Zwecken der vorgenannten Anlagen und Werke dienen, sowie die Beteiligung an solchen Un-

Unser Strom ist Arbeit für viele

VEW AG · Hauptverwaltung
Rheinlanddamm 24
4600 Dortmund 1

VEW ZUKUNFT UND ENERGIE

Hierzulande sitzen wir alle auf der Kohle. Und wir, die VEW, setzen darauf: Der weitaus größte Teil unseres Stroms wird aus Steinkohle erzeugt. Das wird auch in Zukunft so sein. Eine Reihe innovativer Techniken hilft uns, ein breites Spektrum unserer Energieversorgung zu sichern.

Wir sorgen nicht nur für Strom, sondern auch für technologischen Vorsprung. Das schafft Arbeit für viele — im Bergbau, aber auch in zahlreichen anderen Bereichen unserer Wirtschaft. Wir tun viel, damit viel getan werden kann.

Strom — für eine gesicherte Zukunft.

Partner für Energie

STEINKOHLENFLUGASCHE
EVO - FÜLLER®
BETONZUSATZSTOFF NACH DIN 1045

Verbessern auch Sie Ihr Ergebnis durch den gezielten Einsatz von EVO-FÜLLER (natürlich mit Prüfbescheid des IfBT, Berlin)

K Romuald Kremer
Baustoffe u. Transporte GmbH
Untere Straße 4
8729 Zeil am Main
Telefon: 0 95 24 / 16 55
Telefax: 0 95 24 / 95 89

Schicken Sie uns doch Ihre Visitenkarte, oder rufen Sie uns an: ein ausführliches Informationspaket wartet auf Sie!

4 ELEKTRIZITÄTSWIRTSCHAFT

ternehmungen. Gegenstand des Unternehmens in diesem Sinne ist auch die Entsorgung.

Die Gesellschaft ist berechtigt, alle zur Erreichung oder Förderung dieser Zwecke mittelbar oder unmittelbar dienenden Anlagen und Geschäfte jeder Art zu errichten, zu erwerben, zu betreiben, zu pachten oder zu verpachten und zu veräußern.

Absatz und Beschäftigte		1990	1991
Stromabgabe	GWh	34 363	34 186
Gasabgabe	GWh	33 317	36 903
Fernwärmeabgabe	GWh	1 711	1 836
Beschäftigte	(Jahresende)	7 430	7 374

Beteiligungen (Energie- und Rohstoffwirtschaft)

Gemeinschaftswerk Hattingen GmbH, Hattingen, 52 % (48 % bei der Wuppertaler Stadtwerke AG); durch ein Darlehen der Wuppertaler Stadtwerke AG sowie durch einen teilweisen Stimmrechtsverzicht der VEW besteht materiell Parität zwischen beiden Anteilseignern.
Alte Haase Bergwerks-Verwaltungs-Gesellschaft mbH, Dortmund, 100 %.
AVU Aktiengesellschaft für Versorgungs-Unternehmen, Gevelsberg, 50 %.
Kernkraftwerk Lingen GmbH, Lingen (Ems), 100 %.
Kernkraftwerke Lippe-Ems GmbH, Lingen (Ems), 75 %.
Hochtemperatur-Kernkraftwerk GmbH (HKG) — Gemeinsames Europäisches Unternehmen — Hamm-Uentrop, 31 %; mittelbar über GWH 12 %.
Steag und VEW, Gemeinschaftskraftwerk Bergkamen A oHG, Bergkamen, 51 %.
Kraftwerksverwaltungs-oHG, Vereinigte Elektrizitätswerke Westfalen AG und Elektromark Kommunales Elektrizitätswerk Mark AG, Vereinigung der Gesellschafter der Kernkraftwerke Lippe-Ems, Hamm, 75 %.
Gelsenwasser AG, Gelsenkirchen, 26,79 %.
Interfuel Brennstoffkontor GmbH (IBK), Dortmund, 100 %.
GVS Gesellschaft zur Vergasung von Steinkohle mbH, Dortmund, 100 %.
VEW-Reststoffverwertungsgesellschaft mbH, Dortmund, 100 %.
VEW-Elektromark Speicherbecken Geeste oHG, Geeste, 87,5 %.
GRE Gesellschaft für rationelle Energieanwendung mbH, Dortmund, 100 %.
KKL Kernkraftwerk Lippe GmbH, Hamm, 100 %.
VEW-Harpen Kraftwerk Werne oHG, Werne, 51 %.
BGE Beteiligungs-Gesellschaft für Energieunternehmen mbH, Dortmund, 100 %.
Société Nouvelle Sidéchar S. A., Paris, 100 %; mittelbar über BGE.
Ruhrkohle AG, Essen, 30,21 %; mittelbar über BGE und Sidéchar.
Stadtwerke Dülmen GmbH, Dülmen, 50 %.
Steinmüller Verwaltungsgesellschaft mbH, Gummersbach, 25,1 %.
Abfallverwertungsgesellschaft Westfalen mbH, Dortmund, 51 %.
MEAG Geschäftsbesorgungs-Aktiengesellschaft, Dortmund, 67,2 %.
VEW Umwelt GmbH, Dortmund, 100 %.
VEW-VKR Fernwärmeleitung Shamrock-Bochum GbR, Gelsenkirchen-Buer, 44,9 %.
ORFA Organ-Faser Aufbereitungsgesellschaft mbH & Co KG, Arnsberg, 30 %.
Entsorgung Dortmund GmbH, Dortmund, 25,1 %.
DBI Gas- und Umwelttechnik GmbH, Leipzig, 30 %.
OEKO-Systeme Maschinen- und Anlagenbau GmbH, Breitscheid, 45 %; mittelbar über VUG.
Gesellschaft zur Durchführung der Entsorgung von Kernkraftwerken mbH — GDE —, München, 21,57 %.
Hochtemperaturreaktor-Gesellschaft mbH (HRG), Hannover, 24 %.

Außerdem ist VEW unmittelbar an 18 verschiedenen Gesellschaften, davon 2 Grundstücks- und Wohnstätten-Gesellschaften, beteiligt.

Kraftwerk Bochum

4630 Bochum 1, Wohlfahrtstraße 110, ☏ (0234) 7 20 31-32.

Kraftwerksleiter: Obering. Dipl.-Ing. Heinrich *Hugo*.

Betriebsanlagen: 2 Turbogeneratoren mit einer Nettoleistung von 31,4 MW; Brutto-Engpaßleistung 38,7 MW; Fernwärme-Engpaßleistung 320 MJ/s.

Produktion, Absatz, Beschäftigte		1990	1991
Stromerzeugung	GWh	107	129
Nutzbare Abgabe	GWh	89	108
Jahreshöchstlast	MW	30	30
Wärmeabgabe	GWh	569	612
Brennstoffeinsatz	GWh	756	843
Beschäftigte	(Jahresende)	137	132

Kraftwerk Dortmund

4600 Dortmund 1, Weißenburger Straße 70, ☏ (0231) 5441.

Kraftwerksleiter: Obering. Dipl.-Ing. Heinrich *Hugo*.

Betriebsanlagen: 1 Turbogenerator mit einer Nettoleistung von 9,1 MW; Brutto-Engpaßleistung 9,6 MW; Fernwärme-Engpaßleistung 307 MJ/s.

Produktion, Absatz, Beschäftigte		1990	1991
Stromerzeugung	GWh	28	26
Nutzbare Abgabe	GWh	23	22
Jahreshöchstlast	MW	11	11
Wärmeabgabe	GWh	433*	476*
Brennstoffeinsatz	GWh	191	193
Beschäftigte	(Jahresende)	118	104

* Einschl. übernommene Abwärme aus Industriebetrieb.

VERBUNDUNTERNEHMEN UND GROSSKRAFTWERKE

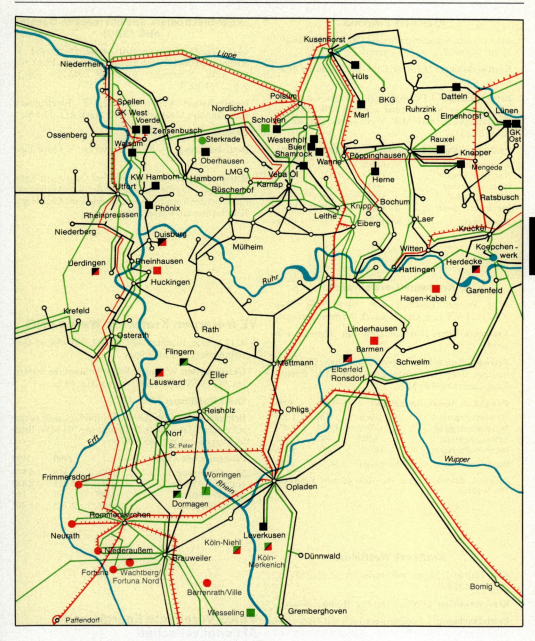

Das Elektrizitäts-Verbundsystem im Ruhrgebiet.

4 ELEKTRIZITÄTSWIRTSCHAFT

Kraftwerk Emsland

4450 Lingen, Schüttorfer Straße 100, Postfach 1640, ☏ (0591) 8005, ⌘ 98897 kwemsl.

Kraftwerksleiter: Direktor Dipl.-Ing. Günther *Wilke*.

Betriebsanlagen: 4 Turbogeneratoren bzw. Gasturbinen mit einer Nettoleistung von 806 MW; Brutto-Engpaßleistung 840 MW, Fernwärme-Engpaßleistung 64 MJ/s.

Produktion, Absatz, Beschäftigte		1990	1991
Stromerzeugung	GWh	1 500	1 409
Nutzbare Abgabe	GWh	1 431	1 344
Jahreshöchstlast	MW	824	832
Wärmeabgabe	GWh	299	296
Brennstoffeinsatz	GWh	3 946	3 711
Beschäftigte	(Jahresende)	139	144

Kraftwerk Gersteinwerk

4712 Werne, Postfach 409, ☏ (02389) 73-0, ⌘ 822121 VEW, ⌂ Gersteinwerk Werneanderlippe.

Kraftwerksleiter: Direktor Dipl.-Ing. Theodor *Göstenkors*.

Betriebsanlagen: 4 Turbogeneratoren bzw. Gasturbinen mit einer Nettoleistung von 806 MW. Brutto-Engpaßleistung 840 MW.

Produktion, Absatz, Beschäftigte		1990	1991
Stromerzeugung	GWh	1 776	1 555
Nutzbare Abgabe	GWh	1 684	1 474
Jahreshöchstlast	MW	987	945
Brennstoffeinsatz	GWh	4 487	3 758
Beschäftigte	(Jahresende)	471*	458*

* Einschl. Betriebspersonal für VEW-Harpen Kraftwerk Werne oHG.

Kraftwerk Westfalen

4700 Hamm 1, Siegenbeckstraße 10, ☏ (02388) 71, ⌘ 828884 HKG.

Kraftwerksleiter: Direktor Dr.-Ing. Rüdiger *Bäumer*.

Betriebsanlagen: 3 Turbogeneratoren mit einer Nettoleistung von 650 MW; Brutto-Engpaßleistung 672 MW.

Produktion, Absatz, Beschäftigte		1990	1991
Stromerzeugung	GWh	4 315	4 507
Nutzbare Abgabe	GWh	4 087	4 240
Jahreshöchstlast	MW	660	658
Brennstoffeinsatz	GWh	10 544	11 129
Beschäftigte	(Jahresende)	449	470

VEW-Elektromark Speicherbecken Geeste oHG (SBG)

4478 Geeste, Postanschrift: 4600 Dortmund 1, Rheinlanddamm 24 (im Hause Vereinigte Elektrizitätswerke Westfalen AG), ☏ (0231) 438-1, ⌘ 822121 VEW.

Gesellschafter: VEW AG, 87,5%; Elektromark Kommunales Elektrizitätswerk Mark AG, 12,5%.

Geschäftsführung: VEW AG.

Betriebsführung: Kernkraftwerke Lippe-Ems GmbH.

Betriebsanlagen: SBG betreibt bei Geeste ein Speicherbecken, das die Versorgung des Kernkraftwerks Emsland der Kernkraftwerke Lippe-Ems GmbH mit Kühlturmzusatzwasser sicherstellt.

VEW-Harpen Kraftwerk Werne oHG

4712 Werne, Postfach 409, ☏ (02389) 73-0, ⌂ Gersteinwerk Werneanderlippe.

Gesellschafter: Vereinigte Elektrizitätswerke Westfalen AG (VEW), 51%; Harpener AG, 49%.

Geschäftsführung: VEW AG.

Betriebsanlagen: Ein Kohle-Kombiblock (mit vorgeschalteter Gasturbine); Nettoleistung 705 MW, Brutto-Engpaßleistung 765 MW.

Produktion und Absatz		1990	1991
Stromerzeugung	GWh	5 419	4 808
Nutzbare Abgabe	GWh	5 055	4 484
Jahreshöchstlast	MW	789	782
Brennstoffeinsatz	GWh	12 762	11 401

VEAG Vereinigte Energiewerke Aktiengesellschaft

O-1140 Berlin, Allee der Kosmonauten 29, Postfach 420, ☏ (30) 5464-0, Telefax (30) 5464 40 50.

Vorstand: Ass. Gerhard *Bräunlein*, Professor Dr.-Ing. August-W. *Eitz*, Dr. Martin *Martiny*, Dipl.-Kfm. Karlheinz *Steiner*, Dipl.-Ing. Jürgen *Stotz*.

Zweck: Erzeugung und Übertragung Elektroenergie.

Viag Aktiengesellschaft

5300 Bonn 1, Georg-von-Boeselager-Straße 25, ☎ (0228) 5 52-01, ✆ 8 869 607, Telefax (0228) 5 52-29 77, ⌘ Viag Bonn.

Aufsichtsrat: Dr. F. Wilhelm *Christians*, Düsseldorf, Vorsitzender; Günter *Malott*, Hannover, stellv. Vorsitzender; Alfred *Bayer*, München; Peter *Faßbender*, Grevenbroich; Elisabeth *Hehl*, Weilheim; Dr. Hans *Heitzer*, München; Dr. Fritz *Kämpf*, Lünen; Margit *Köppen*, Frankfurt; Dr. Werner *Lamby*, Bonn; Reiner *Landsch*, Grevenbroich; Dr. h. c. André *Leysen*, Mortsel (Belgien); Ludwig *Lichtenegger*, Töging; Hansgeorg *Martius*, Hamburg; Wolfgang *Minninger*, Hannover; Friedel *Neuber*, Düsseldorf; Edzard *Reuter*, Stuttgart; Horst *Seidel*, Bad Münder; Dr. Walter *Seipp*, Frankfurt; Dr. Karl-Heinz *Weiss*, München; Josef *Wolferstetter*, Trostberg.

Vorstand: Dr. Alfred *Pfeiffer*, Vorsitzender; Rainer *Grohe*; Dr. Georg *Obermeier*; Jochen *Schirner*.

Öffentlichkeitsarbeit: Dr. Klaus *Kocks*.

Kapital: 894 Mill. DM.

Gesellschafter: Bayernwerk AG, 24,9%, Isar-Amperwerke AG, 13%, Rest Streubesitz.

Zweck: Aktivitäten in den Bereichen Energie; Aluminium, Chemie, Feuerfest und technische Keramik, Glas, Metallverpackungen, Handel und Dienstleistungen, Transport und Logistik.

Absatz und Beschäftigte	1991
Stromabsatz (aus Eigenerzeugung) .... GWh	19 092
Beschäftigte (Gruppe) ...... (Jahresende)	
Energie	11 280
Aluminium	19 791
Chemie	6 898
Feuerfest	6 927
Glas	7 127
Handel	9 546

Wesentliche Beteiligungen

Innwerk AG, München/Töging, 99,96%. Unterbeteiligungen: Österreichisch-Bayerische Kraftwerke AG, Simbach, 25%; Innkraftwerke GmbH, Töging, 99,99%.

Bayernwerk AG, München, 38,84%. Unterbeteiligungen: Contigas Deutsche Energie-AG, Düsseldorf, über 80%; Energiebeteiligungsgesellschaft mbH, München, 25%; Energieversorgung Oberfranken AG, Bayreuth, über 25%; Energieversorgung Ostbayern AG, Regensburg, über 60%; Ostbayerische Energieanlagen GmbH & Co. KG, Regensburg, 25%; Großkraftwerk Franken AG, Nürnberg, über 95%; Überlandwerk Unterfranken AG, Würzburg, über 50%.

Bayerische Wasserkraftwerke AG, München, 33,33%.

Elektrowerke GmbH, Berlin, 100%. Unterbeteiligungen: Berliner Kraft- und Licht (Bewag)-AG, Berlin, 10%; Didier-Werke AG, Wiesbaden, 51%.

Ilse Bergbau-GmbH, Bonn, 99,99%. Unterbeteiligung: Ilse Bayernwerk Energieanlagen GmbH (IBE), München, 50%.

Thyssengas GmbH, Duisburg, 50%. Unterbeteiligung: Nordrheinische Erdgastransport Gesellschaft mbH (NETG), Haan, 50%.

Vereinigte Aluminium-Werke AG (VAW), Bonn, 99,99%; Unterbeteiligungen: Aluminium Norf GmbH, Neuss-Norf, 50%; Aluminium Oxid Stade GmbH, Stade, 50%; Aluminiumwerk Tscheulin GmbH, Teningen, 63,07%; Burgopack-Stampa Trasformazione Imballagi S.p.A., Lugo di Vicenza, 100%; Hamburger Aluminium-Werk GmbH, Hamburg, 33,33%; Société Alsacienne d'Aluminium S.A., Le Chable-Beaumont, 99,92%; VAW Australia Pty. Ltd., Sydney, 100%; VAW Folien-Verarbeitung GmbH, Bedburg, 100%; VAW Folien-Veredlung GmbH, Roth, 100%; VAW of America Inc., Ellenville N. Y., 100%; Zarges Leichtbau GmbH, Weilheim, 75%.

SKW Trostberg AG, Trostberg (Obb.), 99,99%; Unterbeteiligungen: PCI Polychemie GmbH, Augsburg, 100%; SKW Alloys, Inc., Niagara Falls, 100%; SKW Canada Inc., Montreal, 85%; Murex Ltd., Rainham, 100%; Anglo Blackwells Ltd., Widnes, 100%.

Klöckner & Co. AG, Duisburg, 50%.

2. Regionale und kommunale Elektrizitätsversorgungsunternehmen mit mehr als 100 MW

AVU Aktiengesellschaft für Versorgungs-Unternehmen

5820 Gevelsberg, An der Drehbank 18, ☏ (02332) 73-0.

Aufsichtsrat: Friedhelm *Felsch*, Landrat, Schwelm, Vorsitzender; Hans-Diether *Imhoff*, Mitglied des Vorstandes der Vereinigte Elektrizitätswerke Westfalen Aktiengesellschaft, Dortmund, 1. stellv. Vorsitzender; Hans-Gerd *Theis*, Betriebsratsvorsitzender, Gevelsberg, 2. stellv. Vorsitzender; Helmut *vom Schemm*, Bürgermeister a. D., Gevelsberg, 3. stellv. Vorsitzender; Professor Dr. rer. pol. Joachim *Beier*, Hochschullehrer, Dortmund; Kurt Jürgen *Braches*, Vermessungs-Ing., Gevelsberg; Rainer *Döring*, Bürgermeister, Schwelm; Paul *Fox*, Bilanzbuchhalter, Ennepetal; Geschäftsführer Paul *Frech*, Schwelm; Ernst *Homberg*, Oberkreisdirektor, Schwelm; Dipl.-Ing. Dieter *Junge*, Mitglied des Vorstandes der Vereinigte Elektrizitätswerke Westfalen AG, Dortmund; Dr. Jürgen *Kehse*, Mitglied des Vorstandes der Vereinigte Elektrizitätswerke Westfalen Aktiengesellschaft, Dortmund; Dipl.-Soziologe Verwaltungsangestellter Dietrich *Kessel*, MdL, Witten; Dieter *Müller*, Spezialmonteur, Witten-Herbede; Dipl.-Ing. Hans-Werner *Riemer*, Mitglied des Vorstandes der Vereinigte Elektrizitätswerke Westfalen AG, Dortmund.

Vorstand: Günter *Zimmermann*; Dr.-Ing. Gerhard *Pels Leusden*.

Kapital: 60 Mill. DM.

Aktionäre: Vereinigte Elektrizitätswerke Westfalen AG (VEW), 50%; Ennepe-Ruhr-Kreis, 29,1%; Stadt Gevelsberg, 12,7%; Stadt Schwelm, 6,9%; Stadt Ennepetal, 1,3%.

Zweck: Verteilung von Strom, Erdgas, Wasser.

Beteiligungen
AVU + Heintke Entsorgungs GmbH, 50%.
Gemeinschaftswasserwerk Volmarstein GmbH, 100%.
GEV Grund- Erwerbs- und Verwaltungsgesellschaft mbH, 100%.
VWW Verbund-Wasserwerk Witten GmbH, 50%.
Wesendrup-AVU-Recycling GmbH & Co, Wetter-Volmarstein, 50%.

Produktion und Beschäftigte	1990	1991
Stromabgabe .... GWh	1 587,5	1 595,5
Beschäftigte .... (Jahresende)	602	618

Elektrizitätswerk Minden-Ravensberg GmbH

4900 Herford, Bielefelder Straße 3, Postfach 1542, ☏ (05221) 183-1, ✆ 934829, Telefax (05221) 183-470.

Aufsichtsrat: Heinrich *Borcherding*, Landrat, Minden, Vorsitzender; Heinrich *Barre*, Betriebsratsvorsitzender VMR, Bünde; Bernd *Deppermann*, Kreistagsabgeordneter, Herford; Siegfried *Fleissner*, Stadtverordneter, Minden; Dieter *Fürste*, stellv. Landrat, Bad Oeynhausen; Stadtverordneter Karl-Heinz *Gerold*, Minden; Günter *Hemminghaus*, Stadtdirektor, Spenge; Gunther *Jach*, Ratsherr, Herford; Ernst-August *Kranz*, 1. stellv. Landrat, Obernkirchen; Reinhard *Luhmann*, Spezialhandwerker, Bükeburg; Hans Walter *Meißner*, Gewerkschaftssekretär, Herford; Heiner *Meyer*, Betriebsratsvorsitzender, Minden; Heinrich *Schäfer*, Bürgermeister, Porta Westfalica; Manfred *Schnelle*, Vorhandwerker, Kirchlengern; Dr. Manfred *Scholle*, Landesdirektor, Münster; Wolfgang *Spanier*, Ratsmitglied, Herford; Hubert *Sundermeier*, Vorhandwerker, Kirchlengern; Gerhard *Wattenberg*, Landrat, Herford.

Geschäftsführung: Direktor Dr.-Ing. Peter *Seifert*, Direktor Dr. iur. Manfred *Ragati*.

Kapital: 60 Mill. DM.

Gesellschafter: Städte und Gemeinden des Stromversorgungsgebiets.

Betriebsanlagen: Kraftwerk Kirchlengern, Kreis Herford (verfügbare Leistung 160 MW); Gemeinschaftskraftwerk Weser GmbH, Veltheim (installierte Leistung 920 MW, anteilige EMR-Leistung 340 MW).

Stromversorgungsgebiet: Kreis Herford, überwiegender Teil des Kreises Minden-Lübbecke, große Teile des Landkreises Schaumburg und Teilbereich des Landkreises Hannover.

Absatz und Beschäftigte	1990	1991
Nutzbare Abgabe im eigenen Netz .... GWh	2 347	2 472
Beschäftigte	883	876

Beteiligung: Gemeinschaftskraftwerk Weser GmbH, Veltheim.

Elektrizitätswerk Wesertal GmbH

3250 Hameln, Bahnhofstraße 18/20, Postfach 101363, ☏ (05151) 108-1, ✆ 92873, Telefax (05151) 108-393.

Aufsichtsrat: Kreistagsabgeordneter Heinz *Haverich,* Barntrup, Vorsitzender; Landrat Reinhold *Schultert,* Bevern, stellv. Vorsitzender; stellv. Landrat Heinrich *Timmermann,* Ottenstein-Lichtenhagen; Kreistagsabgeordneter Karl-Heinz *Buchholz,* Rinteln; Kreistagsabgeordneter Cajus *Caesar,* Kalletal; stellv. Landrat Werner *Bruns,* Hameln; Kreistagsabgeordneter Erhard *Arning,* Kalletal; Kreistagsabgeordneter Dr. Lucas *Heumann,* Detmold; Kreistagsabgeordneter Heinrich *Schoof,* Nienstädt; Landrat Herbert *Steding,* Hessisch Oldendorf; Betriebsratsvorsitzender Martin *Brutscheck,* Emmerthal; kfm. Angestellte Sigrid *Möller,* Hameln; Betriebsschlosser Werner *Neumann,* Hameln; techn. Angestellter Dieter *Timmermann,* Bevern; Dipl.-Ing. Günter *Voigt,* Horn-Bad Meinberg.

Geschäftsführung: Dipl.-Volkswirt Alexander *Christel;* Dipl.-Ing. Walter *Spangenberg.*

Kapital: 70 Mill. DM.

Gesellschafter: Kreis Lippe, 46%; Landkreis Holzminden, 20%; Landkreis Hameln-Pyrmont, 17%; Landkreis Schaumburg, 17%.

Betriebsanlagen: Kraftwerke Afferde mit einer Nettoleistung von 119 MW, 37% Leistungsanteil an der Gemeinschaftskraftwerk Weser GmbH, Porta Westfalica = 333 MW Nettoleistung, 37% Leistungsanteil von der 50%igen Beteiligung der Gemeinschaftskraftwerk Weser GmbH an der Gemeinschaftskernkraftwerk Grohnde GmbH = 245 MW Nettoleistung.

Versorgungsgebiet (Strom und Gas): die Kreisgebiete der Gesellschafter Kreis Lippe, Landkreis Holzminden, Landkreis Hameln-Pyrmont und wesentliche Teile des Kreisgebietes des Gesellschafters Landkreis Schaumburg.

Produktion, Absatz, Beschäftigte		1990	1991
Eigenerzeugung[a]	GWh	2 483	2 439
Nutzbare Stromabgabe	GWh	2 472	2 569
Gasabsatz	Mill kWh	934,4[b]	1 110,1
Leitungsnetz	km	546,1[b]	605,5
Beschäftigte[c]	(Jahresende)	1 065	1 060

[a] Einschl. der Anteile an der Gemeinschaftskraftwerk Weser GmbH, Porta Westfalica, und an der Gemeinschaftskernkraftwerk Grohnde GmbH.
[b] Nach Verschmelzung mit der Gasversorgung Mittelweser GmbH.
[c] Einschl. Teilbeschäftigte und Auszubildende.

Beteiligungen

Gemeinschaftskraftwerk Weser GmbH, Porta Westfalica, 33,3%.
Kraftverkehrsgesellschaft Hameln mbH, Hameln, 32,5%.
Fernwärmeversorgung Hameln GmbH, Hameln, 40%.
Müllverbrennung Hameln GmbH, Hameln, 10%.
Arbeitsgemeinschaft Versuchsreaktor AVR GmbH, Düsseldorf, 1,6%.
Verlags- und Wirtschaftsgesellschaft der Elektrizitätswerke mbH (VWEW), Frankfurt (Main), 2,8%.

Elektromark
Kommunales Elektrizitätswerk Mark AG

5800 Hagen 1, Körnerstraße 40, Postfach 4165, ☏ (02331) 123-1, ✆ 823871 emark d, ⌘ Elektromark Hagen.

Aufsichtsrat: Dietmar *Thieser,* Hagen, Vorsitzender; Bernd *Halbe,* Hagen, 1. stellv. Vorsitzender; Jürgen *Dietrich,* Lüdenscheid, 2. stellv. Vorsitzender; Horst *Babucke,* Werdohl; Klaus *Dietrich,* Hagen; Wendelin *Feldmann,* Herdecke; Dietrich *Freudenberger,* Hagen; Wilfried *Horn,* Hagen; Dr. Walter *Hostert,* Lüdenscheid; Dr. Wolfgang *Käßer,* München; Hans Jürgen *Kollmuß,* Herdecke; Wilfried *Kramps* MdL, Hagen; Karl Josef *Ludwig,* Hagen; Thomas *Majewski,* Herdecke; Alfred *Packruhn,* Werdohl; Wolfgang *Pleuger,* Lüdenscheid; Karl-Heinz *Römer,* Mülheim/Ruhr; Dr. Bernhard *Schneider,* Lüdenscheid; Dr. Manfred *Scholle,* Dortmund; Walter *Stahlschmidt,* Plettenberg; Günter *Topmann* MdEP, Altena.

Vorstand: Dr.-Ing. Klaus *Bechtold,* Breckerfeld; Dr. rer. pol. Johannes *Hüning,* Hagen.

Kapital: 130 Mill. DM.

Aktienmehrheit von 90% im Besitz öffentlich-rechtlicher Körperschaften.

Zweck: Erzeugung, Bezug und Vertrieb sowie jede andere Art der Ausnutzung von elektrischer Energie und Fernwärme. Gegenstand des Unternehmens sind außerdem kommunalwirtschaftliche Dienstleistungen, insbesondere die Entsorgung.

Kraftwerke: Herdecke, 90 MW; Heizkraftwerk Hagen-Kabel, 215 MW; Werdohl-Elverlingsen, 696 MW; Pumpspeicherwerk Rönkhausen, 140 MW; Laufwasserkraftwerke, 5 MW; Gemeinschaftskraftwerk: KKE, Lingen, Elektromark-Anteil 301 MW.

Stromversorgungsgebiet: Märkisches Sauerland.

Produktion, Absatz, Beschäftigte		1990	1991
Nettoerzeugung	GWh	5 341	5 191
Nutzbare Abgabe	GWh	5 183	5 038
Beschäftigte	(Jahresende)	1 252	1 259

Wesentliche Beteiligungen

Elektromark-Pumpspeicherwerk GmbH (PSW), Hagen, 100%.
Arbeitsgemeinschaft Versuchsreaktor (AVR) GmbH, Düsseldorf, 16,39%.
Hochtemperatur-Kernkraftwerk GmbH (HKG), Hamm, 26%.
Kernkraftwerke Lippe-Ems GmbH (KLE), Lingen/Ems, 25%.

Elektromark-Umweltschutzgesellschaft mbH (EMUG), Hagen, 49%.
VEW-Elektromark Speicherbecken Geeste oHG (SBG), Geeste, 12,5%.

Kraftwerk Werdohl-Elverlingsen

5980 Werdohl, An der Bundesstraße 236, ☏ (0 23 52) 2 06-0, Telefax (0 23 52) 2 06-1 82.

Betriebsleitung: Dipl.-Ing. Hermann-Andreas *Sommer*.

Betriebsanlagen: 2 steinkohlegefeuerte Blockanlagen mit einer Nettoengpaßleistung von 500 MW. 2 Gasturbinenanlagen mit Abhitzekesseln und nachgeschalteten Dampfturbinen mit einer Nettoengpaßleistung von 196 MW.

Produktion, Beschäftigte		1990	1991
Nettoerzeugung	GWh	2 054	1 746
Beschäftigte	(Jahresende)	279	282
(davon Auszubildende)		22	24

Energieversorgung Magdeburg Aktiengesellschaft

O-3080 Magdeburg, Editharing 40, ☏ (0091) 37 10, Telefax (0091) 371-2901, ✄ 861 112.

Vorstand: Hans Christoph *Lehmann*, Uwe *Neumann*, Hans-Uwe *Stiebale*.

Aufgabe: Errichtung, Erwerb und Betrieb energiewirtschaftlicher Anlagen, Nutzung von Elektrizität, Fernwärmeversorgung.

	1990	1991
Absatz (GWh)		
Elektroenergie	4 641	3 804
Wärmeenergie	1 309	1 392
Beschäftigte (Jahresende)	3 829	2 166

Betriebsstellen: Hauptverwaltung mit den Betrieben Nord und Süd.

Energieversorgung Nordthüringen AG

O-5010 Erfurt, Postfach 450, Schwerborner Straße 30, ☏ 6 52-0, ✄ 61 431, Telefax 77 55 68.

Aufsichtsratsvorsitzender: Dr. Otto *Majewski*.

Vorstand: Assessor Walter *Burghardt*, Techn. Dipl.-Volkswirt Werner *Mey*, Dr. Ulrich *Mayr*.

Zweck: Versorgung mit Energie jeglicher Art, insbesondere Elektroenergie, Gas und Fernwärme. Herstellung und Vertrieb von Erzeugnissen auf dem Gebiet Elektrotechnik/Elektronik sowie Herstellung und Handel mit Geräten, die bei der Erzeugung oder Verwertung von Energie jeder Art Anwendung finden.

Produktion und Absatz		1990	1991
Erzeugung:			
Strom	GWh	56,7	101,3
Fernwärme	GWh	2 977,9	2 674,9
Absatz:			
nutzbare Stromabgabe	GWh	4 763,2	3 439,8
Fernwärme	GWh	2 677,9	2 493,6
Beschäftigte (Jahresende)		4 022	2 949

Energieversorgung Oberfranken AG, Bayreuth

Verwaltung Bamberg: 8600 Bamberg, Postfach 2780, Luitpoldstraße 51, ☏ (09 51) 82-0, Telefax (09 51) 82-495, Teletex 9 518 103. Verwaltung Bayreuth: 8580 Bayreuth, Postfach 1003 55, Kanalstraße 2, ☏ (0921) 285-1, Telefax (0921) 285-2565, ✄ 642 881.

Aufsichtsrat: Dr. Jochen *Holzer*, München, Vorsitzender; Siegbert *Aumüller*, Kemmern, stellv. Vorsitzender; Dr. Erich *Haniel*, Bayreuth, stellv. Vorsitzender; Hans Peter *Hoppe*, Bayreuth, stellv. Vorsitzender; Dr. Klaus-Dietrich *Meyer*, Eurasburg, stellv. Vorsitzender; Franz-Josef *Schamoni*, Garmisch-Partenkirchen, stellv. Vorsitzender; Rudolf *Bienlein*, Steinwiesen; Karl *Braun*, Memmelsdorf; Willi *Gerner*, München; Dr. Dieter *Nagel*, Grünwald; Ingrid *Pöche*, Bindlach; Paul *Röhner*, Bamberg; Christoph *Schiller*, Selb; Edgar *Sitzmann*, Burgwindheim; Dipl.-Ing. Ludwig *Strauß*, München; Dr. Siegwin *Süß*, Grünwald; Josef *Sulzbacher*, Bamberg; Dr. Georg *Freiherr von Waldenfels*, Hof/S.

Vorstand: Horst *Laurick;* Dr. Karl-Heinz *Stüper*.

Kapital: 176,6 Mill. DM.

Beteiligungsverhältnisse: Contigas Deutsche Energie-AG, München, 40,8%; Bayernwerk AG, München, 29,9%, Oberfrankenstiftung Bayreuth, 26,0%; Stadt Bamberg, 2,5%; Rest Streubesitz.

Betriebsanlagen: Kraftwerk Arzberg mit einer Bruttoleistung von 457 MW auf Braunkohle- und Erdgasbasis; Kleinkraftwerke mit einer Gesamtleistung von rd. 6 MW.

Stromversorgungsgebiet: 8 765 km^2 (davon unmittelbar 6 423 km^2), umfaßt Oberfranken und Teile der nördlichen Oberpfalz sowie Unter- und Mittelfrankens.

Produktion, Absatz, Beschäftigte		1989/90	1990/91
Eigenerzeugung	GWh	1 628	1 407
Fremdbezug	GWh	4 790	5 336
Nutzbare Abgabe	GWh	6 219	6 520
Beschäftigte		1 832	1 833

Geschäftsjahr vom 1. 10. bis 30. 9.

Beteiligungen
Fränkische Gas-Lieferungs-Gesellschaft mbH, Bayreuth, 65%.
Gasversorgung Wunsiedel GmbH, Wunsiedel, 50%.
Weißmainkraftwerk Röhrenhof AG, Bad Berneck, 91,2%.
Regnitzstromverwertung AG, Erlangen, 33 1/3 %.

Energieversorgung Sachsen Ost AG

Hauptverwaltung: O-8010 Dresden, Friedrich-List-Platz 2–6, Postfach 101.

Absatz:	1991
Elektroenergie .... GWh	5 435
Fernwärme .... GWh	2 938
Beschäftigte .... (Jahresende)	3 256

Zweck: Die Energieversorgung Sachsen Ost AG versorgt ihre Kunden mit Strom und Fernwärme.

Energieversorgung Weser-Ems AG (EWE)

(Haupteintrag der EWE in Kap. 2, Abschn. 2.2)

2900 Oldenburg, Tirpitzstr. 39, ☏ (0441) 803-0, ⌔ 25873, Telefax (0441) 803-518.

	1990	1991
Stromabsatz ...... Mill. kWh	5 679	6 750
Verteilungsnetz .... km	43 490	44 040

Gas-, Elektrizitäts- und Wasserwerke Köln AG (GEW)

5000 Köln 30, Parkgürtel 24, Postfach 100890, ☏ (0221) 178-0, ⌔ Eltwerke Köln, ⌔ Stadtwerke Köln GmbH 8883302.

Aufsichtsrat: Dr. Rolf *Bietmann*, Vorsitzender; Peter *Georgi*, stellv. Vorsitzender; Gerd *Brust*; Peter *Bucksch*; Klaus *Cornely*; Heinz-Christian *Esser*; Dorothee *Gerstenberg*; Dr. Klaus *Heugel*; Josef *Jansen*; Manfred *Kelleter*; Gernot *Klamp*; Ulrike *Körber*; Peter *Meyer*; Josef *Müller*; Ludger *Oelgeklaus*; Karl Friedrich *Pallaske*; Siegmund *Potulski*; Hans *Schildgen*; Klaus *Wefelmeier*; Joachim *Weier*.

Vorstand: Rudolf *Gruber*; Dipl.-Ing. Helmut *Haumann*, Dr.-Ing. Hans-Joachim *Koch*; Gerd *Ludemann*.

Grundkapital: 500 Mill. DM.

Mehrheitsaktionär: Stadtwerke Köln GmbH, 90%.

Betriebsanlagen: Strom- und Fernwärmeversorgung: Engpaßleistung der Strom-Bezugs- und -Erzeugungsanlagen 1991 = 1 638 MVA, installierte Netto-Leistung der 5 eigenen Heizkraftwerke 1991 = 489,2 MW. Installierte Fernwärmeleistung der 5 Heizkraftwerke und der 2 Heizwerke 1991 = 842,3 MJ/s.

Gasversorgung: Bezugsleistung der 11 Übernahmestationen 1991 = 558 950 m³/h.

Produktion und Absatz		1990	1991
Strom-Eigenerzeugung (netto)	GWh	2 137	2 062
Strom-Gesamtabgabe	GWh	5 433	5 625
Gasdarbietung	GWh	8 348	9 500
Fernwärmeabgabe	GWh	1 230	1 410,9
Dampfabgabe	1 000 t	274,2	266,0

Beteiligungen
Gasgesellschaft Aggertal mbH, 16,67%.
Gasversorgungsgesellschaft mbH Rhein-Erft, 32,34%.
Gesellschaft für kommunale Versorgungswirtschaft Nordrhein mbH, 25%.
Rechtsrheinische Gas- und Wasserversorgung AG (RGW), 50%.
Berg. Licht-, Kraft- und Wasserwerke GmbH (Belkaw), 50%.
Heizkraftwerk Niehl GmbH, 95%.
Energotec Energietechnik GmbH, 62,50%.
Gas- und Wasserwirtschaftszentrum GmbH & Co. KG (GWZ), 2,63%.
Felten & Guilleaume Energietechnik AG, 25%.
Boden-Forschungs- und Sanierungs-Zentrum Köln GmbH, 25%.
Systema Unternehmensberatung für Informationstechnik GmbH, 28%.

Hanseatische Energieversorgung Aktiengesellschaft, Rostock

O-2500 Rostock, Bleicherstraße 1, ☏ 38 20, Telefax 23 24, ⌔ 031-215.

Absatz (GWh)	1990
Elektroenergie	3 079,2
Fernwärme	2 255,1
Beschäftigte .... (Jahresende)	2 872

Isar-Amperwerke AG

8000 München 2, Brienner Straße 40, Postfach 370220, ☏ (089) 52080, ⌔ 523845 iaw d, Telefax (089) 52082203.

Aufsichtsrat: August von *Finck*, München, Vorsitzender; Horst *Krumpolz*, Waldkraiburg, stellv. Vorsitzender; Helmut *Danner*, Benediktbeuern; Dr. Rudolf *Escherich*, St. Augustin; Jürgen *Feuchtmann*, München; Dr. Eberhard *Franck*, München; Alfred *Hauser*, Ingolstadt; Eva *Heilmann*, Baldham bei München; Dr.-Ing. Dr.-Ing. E. h. Günther *Klätte*, Heiligenhaus; Ernst *Mittermaier*, Miesbach; Bruno *Nemazal*, Pfaffenhofen; Dr. Albrecht *Schackow*, Bremen; Richard *Sedlmaier,* Obermarbach; Dr. Wilhelm *Winterstein,* München; Günter *Wittmann,* München; Dr. Dietmar *Kuhnt,* Essen.

Vorstand: Alfred *Bayer,* Vorsitzender; Dipl.-Ing. Georg *Dumsky;* Dr. Heinz *Klinger.*

Öffentlichkeitsarbeit: Dipl.-Kfm. Hermine *Raisch.*

Kapital: 329 Mill. DM.

Mehrheitsaktionär: Isarwerke GmbH München mit 75,1%.

Stromerzeugungsanlagen: 7 Wasserkraftwerke an Isar, Amper, Loisach und Partnach mit insgesamt 33 MW Netto-Engpaßleistung, 6 Wärmekraftwerke mit insgesamt 1 352 MW Netto-Engpaßleistung.

Stromversorgungsgebiet: Zusammenhängendes, fast ganz Oberbayern — mit Ausnahme der Stadt München — umfassendes Gebiet.

Produktion, Absatz, Beschäftige	1989/90	1990/91
Eigenerzeugung (netto) .... GWh	5 635,0	6 168,9
Nutzbare Abgabe .... GWh	8 566,3	9 000,3
Beschäftigte	3 393	3 411

Beteiligungen (ab 25% IAW-Anteil)

Erdgas Südbayern GmbH (ESB), 25%.
Peißenberger Kraftwerksgesellschaft mbH (PKG), 50%.
Kernkraftwerk Isar 1 GmbH (KKI 1), 50%.
Gemeinschaftskernkraftwerk Isar 2 GmbH (KKI 2), 25%.
Isam-Immobilien GmbH (Isam), 100%.
Energieversorgung Buching-Trauchgau GmbH (EBT), 50%.
GZA, Gesellschaft zur Zwischenlagerung schwach- und mittelradioaktiver Abfälle mbH, 25%.
Wärmeversorgung Südbayern GmbH (WSG), 100%.
Fernwärmeversorgung Freising GmbH (FFG), 50%.
IAW-Elektro-Anlagenbau GmbH (IAE), 100%.
IAB Isar-Amperwerke Beteiligungsgesellschaft mbH, 100%.

Märkische Energieversorgung AG (MEVAG)

O-1561 Potsdam, Berliner Straße 10, ☎ 34-0, ✆ 362111, Telefax 342196.

Aufsichtsrat: Dr. Hermann *Krämer,* Vorstandsvorsitzender der PreussenElektra AG, Hannover, Vorsitzender; Wolfgang *Weber,* Bezirksleiter der IG Bergbau-Energie Brandenburg-Nord, Berlin, stellv. Vorsitzender; Willy *Borchardt,* Vertreter der IG Bergbau-Energie Bochum, Hünxe; Dr. Hans-Michael *Gaul,* Vorstandsmitglied der PreussenElektra AG, Hannover; Reinhard *Gehrmann,* Abteilungsleiter MEVAG, Potsdam; Norbert *Glante,* Landrat Kreis Potsdam, Werder; Wolfgang *Möller,* Bankdirektor, Berliner Commerzbank AG, Berlin; Gernot *Neubauer,* Abteilungsleiter MEVAG, Michendorf; Dr. Helmut *Schliesing,* Oberbürgermeister der Stadt Brandenburg, Brandenburg; Jörg *Sommer,* Teilbereichsleiter Personal MEVAG, Potsdam; Jochen *Wolf,* Minister für Stadtentwicklung, Wohnen und Verkehr Land Brandenburg, Potsdam; Dieter *Zeuner,* Elektromonteur MEVAG, Wusterwitz.

Vorstand: Dipl.-Ing. Bruno *Demmer,* Rechtsanwalt Peter *Hecker,* Dipl.-Ing. Rolf *Paulsen.*

Kapital: 100 Mill. DM.

Aktionär: Treuhandanstalt Berlin, 100%.

Zweck: Die Errichtung, der Erwerb und der Betrieb energiewirtschaftlicher Anlagen und die gewerbliche Nutzung von Strom, Gas, Wärme und Wasser sowie der Bau und Betrieb von Entsorgungsanlagen.

Absatz	1990	1991
Strom .... GWh	5 353	4 391
Wärme .... GWh	1 094	1 186
Stadtgas .... GWh	1 554	–
Erdgas .... GWh	4 945	–

Versorgungsgebiet:

Strom: Westlicher Teil des Landes Brandenburg mit den Kreisen Brandenburg, Belzig, Gransee, Jüterbog, Königs Wusterhausen, Kyritz, Luckenwalde, Nauen, Neuruppin, Oranienburg, Potsdam, Pritzwalk, Rathenow, Wittstock, Zossen.

Wärme: Stadtgebiete in Brandenburg, Königs Wusterhausen, Luckenwalde, Potsdam.

Meag Mitteldeutsche Energieversorgung AG

O-4020 Halle, Magdeburger Str. 36, Postfach 840, 857 oder 858, ☎ 8740, ✆ 4245, ✉ Meag Halle.

Vorstand: Rudolf *Jaerschky,* Jürgen *Noblé,* Dirk *Reitis,* Karl *Sauerwald,* Norbert *Wenner.*

Zweck: Fortleitung und Verteilung von Strom, Wärme, Erzeugung von Strom und Wärme.

Absatz	1990	1991
Strom .... GWh	13 775,7	7 837
Gas .... kWh	28 847,9	–
Wärme .... TJ	10 900	10 616
Produktion		
Strom .... GWh	212	260
Wärme .... TJ	8 688	8 625
Beschäftigte .... (Jahresende)	4 838	3 190

Neckarwerke Elektrizitätsversorgungs-AG

7300 Esslingen, Küferstraße 2, Postfach 329, ☎ (0711) 3190-0, ✆ 7256544, ⌘ Neckarwerke Esslingen.

Aufsichtsrat: Hans Jochen *Henke*, Oberbürgermeister, Ludwigsburg, Vorsitzender; Professor Dr. Peter F. *Heidinger*, Direktor i. R., Stuttgart, stellv. Vorsitzender; Ulrich *Bauer*, Oberbürgermeister, Esslingen; Elfriede *Berger*, Kontoristin, Denkendorf; Dipl.-Ing. (FH) Peter *Boos*, Wäschenbeuren; Wilfried *Botzenhardt*, Bürgermeister, Walheim; Dr. Hans-Peter *Braun*, Landrat, Ostfildern; Georg *Dressler*, Techniker, Neuhausen; Dr. Hans-Peter *Förster*, Direktor, Weinstadt; Bernhard *Frick*, Bürgermeister, Ottenbach; Dr.-Ing. Ernst *Hagenmeyer*, Direktor, Ostfildern 2; Hans *Haller*, Oberbürgermeister, Göppingen; Günter *Haußmann*, Bürgermeister a. D., Kernen i. R.; Klaus *Köber*, Obermonteur, Ebersbach; Josef *Nossek*, Betriebssanitäter, Plochingen; Walter *Sailer*, Techn. Angestellter, Esslingen; Alexander *Vogelgsang*, Oberbürgermeister, Böblingen; Hans *Wagner*, Geschäftsführer, Stuttgart.

Beirat: Alfred *Baumann*, Direktor, Ostfildern; Dr. David *Beichter*, Direktor i. R., Esslingen; Dr. Ulrich *Hartmann*, Landrat, Ludwigsburg; Horst *Lässing*, Landrat, Waiblingen; Senator E. h. Dipl.-Ing. Werner *Riehle*, Direktor i. R., Stuttgart; Dr. E. h. Dipl.-Ing. Karl *Stäbler*, Direktor, Stuttgart; Walter *Stetter*, Bürgermeister, Altbach; Dr. jur. Karl O. *Völter*, Sparkassendirektor, Esslingen.

Vorstand: Dr. rer. pol. Ernst August *Wein*, Vorsitzender; Dipl.-Ing. E. h. Reinhold *Mäule;* Dr.-Ing. Ernst Joachim *Preuss*.

Wirtschaft und Information: Professor Dr. rer. pol. Eberhard *Fredeke*.

Kapital: 211,0 Mill. DM.

Mehrheitsaktionäre: Neckar-Elektrizitätsverband (NEV) und die von ihm vertretenen Verbandsgemeinden, rd. 60%; Energie-Versorgung Schwaben AG, 32%.

Betriebsanlagen: Dampfkraftwerke Altbach und Walheim mit einer Gesamt-Nettoleistung von 1 303 (einschl. HKN) MW; Wasserkraftwerke (eigene, gepachtete sowie Nutzungsrechte) mit einer Gesamt-Nettoleistung von 7,8 MW; Anteil am Gemeinschafts-Kernkraftwerk Obrigheim 34 MW, am Gemeinschaftskernkraftwerk Neckar 835 MW Nettoleistung.

Stromversorgungsgebiet: Ein Großteil des mittleren Neckarraums in Württemberg.

Produktion, Absatz, Beschäftigte	1990	1991
Eigenerzeugung (netto) .... GWh	8 146	8 328
Nutzbare Abgabe .... GWh	8 376	8 588
Beschäftigte	1 884	1 897

Wesentliche Beteiligungen

Neckarwerke Kernkraft GmbH, Neckarwestheim, 93,39%.
Gemeinschaftskernkraftwerk Neckar GmbH, Neckarwestheim, 40,9%.
Heizkraftwerk Neckar GmbH, Altbach/Deizisau, 30%.
Kernkraftwerk Obrigheim GmbH, Obrigheim, 10%.
Esslinger Wohnungsbau GmbH, Esslingen, 6,13%.
Neckarhafen Plochingen GmbH, Plochingen, 4%.
Hochtemperaturreaktor-Gesellschaft mbH – HRG –, Hannover, 3%.
Süddeutsche Gesellschaft zur Entsorgung von Kernkraftwerken mbH, München, 20,59%.
Fernwärme Esslingen GmbH, 100%.

Kraftwerk Altbach*

7305 Altbach, ☎ (07153) 6021.

Leitung: Kraftwerksleiter: Gerhard *Euchenhofer;* Kesselbetriebsingenieur: Peter *Quaißer;* Maschinenbetriebsingenieur: Klaus *Röhrs;* Elektrobetriebsingenieur: Ernst *Bott*.

Betriebsanlagen: 8 Turbogeneratoren bzw. Gasturbinen mit einer Nettoleistung von 931 MW; Brutto-Engpaßleistung 990 MW.

Produktion, Absatz, Beschäftigte	1990	1991
Stromerzeugung (netto) ... GWh	1 172,8	1 432,4
Jahreshöchstlast .... MW	614	676
Wärmeabgabe .... GWh	3 597	4 323
Brennstoffeinsatz .... t SKE	441 990	540 107
Beschäftigte ...... (Jahresende)	342	339

* Einschl. Heizkraftwerk Neckar GmbH, Block 5.

Kraftwerk Walheim

7121 Walheim, ☎ (07143) 378-0.

Leitung: Kraftwerksleiter: Wilfried *Abbt;* Kesselbetriebsingenieur: Peter *Reis;* Maschinenbetriebsingenieur: Günther *Gesierich;* Elektrobetriebsingenieur: Roland *Schlachter*.

Betriebsanlagen: 2 Drehstromgeneratoren und 1 Gasturbine mit einer Nennleistung von zusammen 372 MW.

Produktion, Absatz, Beschäftigte	1990	1991
Stromerzeugung (netto) ... GWh	532,8	715,3
Jahreshöchstlast .... MW	346	372
Wärmeverbrauch .... GWh	1 518	1 983
Brennstoffeinsatz .... t SKE	186 473	243 413
Beschäftigte ...... (Jahresende)	154	156

Ostthüringer Energieversorgung AG (OTEV)

O-6908 Jena-Winzerla, Rudolstädter Straße 41, ℡ 710, ✆ 588654, Telefax 713156.

Vorstand: Dr. rer. pol. Bernd *Balzereit,* Dr.-Ing. Klaus *Deparade.*

Zweck: Erzeugung von Fernwärme und Elektroenergie. Verteilung und Fortleitung von Fernwärme und Elektroenergie.

Absatz (GWh)	1991
Elektroenergie	2 706
Fernwärme	1 989
Beschäftigte .... (Jahresende)	1 725
+ Auszubildende	121

Schleswag Aktiengesellschaft

2370 Rendsburg, Kieler Straße 19, Postfach 260, ℡ (04331) 2011, ✆ Schleswag, ✆ 29458, Telefax (04331) 201-2166.

Aufsichtsrat: Direktor Dr. Hermann *Krämer,* Hannover, Vorsitzender; Schaltanlagenmeister Hermann *Bock,* Eisendorf, stellv. Vorsitzender; Stellv. Bezirksmeister Rüdiger *Albert,* Fockbek; Stellv. Bezirksmeister Karl-Heinrich *Bade,* Risum-Lindholm; Gewerkschaftssekretär Heinz *Dammers,* Kiel; Landrat Horst-Dieter *Fischer,* Eutin; Direktor Dr. Hans Michael *Gaul,* Hannover; Landrat Berend *Harms,* Pinneberg; Landrat Günter *Kröpelin,* Ratzeburg; Staatssekretär Claus *Möller,* Kiel; Direktor Reinhold *Offermann,* Hannover; Stellv. Bezirksmeister Heinz *Pott,* Brokstedt; Landrat Dr. Burghard *Rocke,* Itzehoe; Abteilungsleiter Hans-Joachim *Schiller,* Büdelsdorf; Gewerkschaftssekretär Detlef *Graf von Schlieben,* Kiel; Obermeister Hermann *Voß,* Friedrichsholm.

Beirat: Landrat Geerd *Bellmann,* Rendsburg; Landrat Dr. Lothar *Blatt,* Husum; Geschäftsführer Dr. Carl-August *Conrad,* Kiel; Landrat Georg *Gorrissen,* Bad Segeberg; Landrat Jörg-Dietrich *Kamischke,* Schleswig; Direktor i. R. Alfred *Soltwisch,* Lübeck-Travemünde; Direktor Dr. Thomas *Schoeneberg,* Hannover; Landrat Hans-Jakob *Tiessen,* Heide; Landrat Dr. Joachim *Wege,* Plön; Landrat Dr. Hans Jürgen *Wildberg,* Bad Oldesloe.

Vorstand: Karl-Heinrich *Buhse;* Dr. rer. pol. Wilhelm *Spangenberg;* Dipl.-Ing. Heinz-Peter *Schierenbeck.*

Kapital: 162 Mill. DM.

Aktionäre: PreussenElektra AG, Hannover, 58 %; 11 schleswig-holsteinische Landkreise und das Land Schleswig-Holstein, 42 %.

Zweck: Die Erzeugung oder Beschaffung sowie die Lieferung und Verteilung von elektrischer Arbeit und Gas, Fernwärme, der Bau und Betrieb von Wasserversorgungen und Entsorgungsanlagen sowie alle Geschäfte, die mit diesem Zweck in Verbindung stehen.

Die Gesellschaft hat insbesondere die Aufgabe, das Land Schleswig-Holstein mit elektrischer Arbeit, Gas, Wasser und Fernwärme zu versorgen sowie die Beschaffung und den Betrieb der hierfür bestimmten Anlagen durchzuführen.

Die Gesellschaft ist berechtigt, zur Förderung des Gesellschaftszweckes andere verwandte Unternehmungen zu betreiben oder sich an solchen Unternehmungen zu beteiligen sowie Interessengemeinschaftsverträge abzuschließen.

Absatz (Gesamtversorgung) und Beschäftigte		1990	1991
Stromabgabe	Mill. kWh	8 057	8 345
Gasabgabe	Mill. kWh	8 626	9 242
Wasserabgabe	Mill. m³	6,1	6,4
Beschäftigte		2 380	2 349

Beteiligungen
Energieerzeugungswerke Helgoland GmbH (EWH), Helgoland, 100 %.
Versorgungsbetriebe Helgoland GmbH (VBH), Helgoland, 90 %.
Windenergiepark Westküste GmbH, Kaiser-Wilhelm-Koog, 50 %.
Windtest Kaiser-Wilhelm-Koog GmbH, 25 %.
Schleswag Entsorgung GmbH, Rendsburg, 100 %.
Rheingas Nord GmbH, Rostock, 25 %.
Energieerzeugungswerke Wahlstedt GmbH (EWW), Wahlstedt, 50 %.

Stadtwerke Bielefeld GmbH

4800 Bielefeld 1, Schildescher Straße 16, Postfach 102692, ℡ (0521) 51-1, ✆ swblfd 932821, Telefax (0521) 514337, ✆ Stadtwerke Bielefeld.

Aufsichtsrat: Klaus *Schwickert,* Vorsitzender; Volker *Wilde,* 1. stellv. Vorsitzender; Theodor *Erdmann,* 2. stellv. Vorsitzender; Wolfgang *Brinkmann,* Ulrich *Burmeister,* Hans *Hamann,* Detlef *Helling;* Hartmut *Meichsner;* Dr. Alfred *Zubler;* Ewald *Lenz;* Horst Wilhelm *Ostertag;* Gerhard *Palte.*

Geschäftsführung: Dipl.-Volksw. Dr. Wilfried *Ueberhorst,* Dr.-Ing. Martin *Proske.*

Kapital: 175 Mill. DM.

Gesellschafter: Stadt Bielefeld, 100 %.

Betriebsanlagen: Kraftwerk Bielefeld 80 MW.

Stromversorgungsgebiet: Das gesamte Stadtgebiet von Bielefeld und mehrere angrenzende Gemeinden bzw. Gemeindeteile = 271,3 km².

Produktion und Absatz		1990	1991
Eigenerzeugung (netto)*	... GWh	1 465	1 405
Nutzbare Abgabe	.... GWh	1 563	1 602

* Einschl. GKW-Anteil/KWG-Anteil.

Beteiligungen

Wasserwerk Mühlgrund GmbH, Bielefeld, 50%.
Westfälische Propan GmbH, Detmold, 16²/₃%.
Gemeinschaftskraftwerk Weser GmbH, Porta Westfalica, 33¹/₃%.
Wirtschaftliche Vereinigung deutscher Versorgungsunternehmen AG, Frankfurt, 0,5%.
Einkaufs- und Wirtschaftsgesellschaft für Verkehrsbetriebe GmbH, Köln, 0,87%.

Stadtwerke Bremen AG

2800 Bremen, Theodor-Heuss-Allee 20, Postfach 107803, ☏ (0421) 359-0, ⌗ 244776.

Aufsichtsrat: Bürgermeister Klaus *Wedemeier*, Bremen, Vorsitzender; Jürgen *Wanitschek*, Bremen, stellv. Vorsitzender; Senator Uwe *Beckmeyer*, Bremen; Heinz *Bergmann*, Bremen; Peter *Bock*, Bremen; Horst *Erdt*, Stuhr; Staatsrat Dr. Andreas *Fuchs*, Bremen; Richard *Harbort*, Bremen; Staatsrat Dr. Hartwig *Heidorn*, Bremen; Jan *Kahmann*, Bremen; Siegfried *Kreft*, Bremen; Rolf *Krokat*, Bremen; Peter *Kudella*, Bremen; Senator Konrad *Kunick*, Bremen; Arno *Lehmann*, Bremen; Senatorin Eva-Maria *Lemke-Schulte*, Bremen; Peter *Rudolph*, Stuhr; Carl Heinz *Schmurr*, Bremen; Helmut *Werner*, Bremen; Ferdinand *Wolf*, Bremen.

Vorstand: Dr.-Ing. Günther *Czichon;* Dipl.-Ing. Fritz *Sehring;* Jörg *Willipinski*.

Grundkapital: 190 Mill. DM.

Aktionäre: Bremer Versorgungs- und Verkehrsgesellschaft mbH, 80%; Bremer Landesbank, 10%; Sparkasse Bremen, 10%.

Zweck: Erzeugung, Gewinnung, Bezug, Fortleitung und Verkauf von elektrischer Energie, Gas, Wasser und Wärme im Gebiet von Bremen und Umgebung, Errichtung und Betrieb der hierfür erforderlichen Anlagen sowie Ausführung aller diesen Zwecken förderlichen Geschäfte.

Betriebsanlagen: Strom- und Wärmeversorgung: Bruttoengpaßleistung der Elektrizitätserzeugungsanlagen: - Drehstrom 1072 MW, - Einphasenstrom für die Deutsche Bundesbahn 210 MW. Engpaßleistung der Nah- und Fernwärmeerzeugungsanlagen 612 MW.

Versorgungsgebiet: Stadtgemeinde von Bremen und 2 Gemeinden in Niedersachsen.

Produktion und Absatz		1990	1991
Elektrizitätsversorgung:			
Eigenerzeugung (netto)	.... GWh	3 321	3 355
Nutzbare Stromabgabe	... GWh	3 563	3 608
Nah- und Fernwärmeversorgung:			
Nutzbare Wärmeabgabe	... GWh	526	607

Beteiligungen

Kommunale Gasunion GmbH, Stuhr.
Wirtschaftliche Vereinigung deutscher Versorgungsunternehmen AG, Frankfurt (Main).
Verlags- und Wirtschaftsgesellschaft der Elektrizitätswerke mbH (VWEW), Frankfurt (Main).
Bremer Straßenbahn AG, Bremen.
Arbeitsgemeinschaft Versuchsreaktor AVR GmbH, Düsseldorf.
GWZ Gas- und Wasserwirtschaftszentrum GmbH & Co. KG, Bonn.
WN Windnutzungsgesellschaft mbH, Bremen.
BSBG Bremer Sonderabfall-Beratungsgesellschaft mbH, Bremen.

Stadtwerke Düsseldorf AG

4000 Düsseldorf 1, Luisenstraße 105, Postfach 1136, ☏ (0211) 821-1, ⌗ 8582907 stwe d.

Aufsichtsrat: Klaus *Bungert*, Oberbürgermeister, 1. Vorsitzender; Werner *Fastabend*, Maurer, stellv. Vorsitzender; Felix *Blankenstein*, Kraftwerker; Karl-Anton *Blankenstein*, Abteilungsleiter; Hans-Otto *Christiansen*, Ratsherr; Josef *Kürten*, Bürgermeister; Walter *Geduldig*, Bereichsdirektor; Kurt *Kemmerlings*, Installateur; Hans Gregor *König*, Installationsmeister; Dr. Roland *Köstler*, Jurist; Klaus-Heinz *Lehne*, Ratsherr; Hermann *Obeleor*, Vorstandsmitglied RWE-Entsorgung; Rainer *Pennekamp*, Gewerkschaftssekretär; Gerhard *Rittstieg*, Generalbevollmächtigter RWE-Energie AG; Hans Georg *Schenk*, Ratsherr; Georg *Schmidbauer*, Gewerkschaftssekretär; Heinz *Utech*, Ratsherr; Rolf *Walther*, Ratsherr; Hermann *Wendt*, Kraftfahrer; Heinz *Winterwerber*, Ratsherr.

Vorstand: Dipl.-Kfm. Karl-Heinz *Lause* (Vorsitzender); Dipl.-Phys. Karl Otto *Abt;* Dipl.-Ing. Dipl.-Kfm. Dr. rer. pol. Dieter *Oesterwind;* Heinrich *Schmidt*.

Kapital: 229,8 Mill. DM.

Aktionäre: Landeshauptstadt Düsseldorf, 80%; Rheinisch-Westfälisches Elektrizitätswerk AG (RWE), 20%.

Betriebsanlagen: Kraftwerke Lausward und Flingern mit einer 50-Hz-Gesamtengpaßleistung von 855 MW (Dampfturbinen); Gasturbinenkraftwerke Lausward und Flingern mit einer 50-Hz-Gesamtengpaßleistung von 219 MW; Heizkraftwerk Garath mit einer Engpaßleistung von 15 MW; im Kraftwerk

4 ELEKTRIZITÄTSWIRTSCHAFT

Lausward Stromerzeugungsanlagen für die (16²/₃ Hz) Bahnstromversorgung der Deutschen Bundesbahn mit einer Gesamtleistung von 40 MW; Fernwärmeversorgungsanlagen für die Düsseldorfer Innenstadt, Engpaßleistung 143 kWh/s; Fernwärmeversorgungsanlagen für die Düsseldorfer Trabantenstadt Garath, Engpaßleistung 31,8 kWh/s.

Produktion, Bezug und Absatz	1990	1991
Nutzbare Erzeugung ..... GWh	3 719	3 732
Bezug .... GWh	580	701
Verkauf Gesamt .... GWh	4 135	4 253

Beteiligungen (Energie- und Rohstoffwirtschaft)
Arbeitsgemeinschaft Versuchsreaktor AVR GmbH, Düsseldorf, 20,49 %.
Düsseldorfer Consult GmbH Energie-, Wasser- und Umwelttechnologie, Düsseldorf, 100 %.
Gesellschaft für kommunale Versorgungswirtschaft Nordrhein, Düsseldorf, 25 %.
GWZ Gas- und Wasserwirtschaftszentrum GmbH & Co. KG, Bonn, Kommanditeinlage.
Hochtemperaturreaktor Planungsgesellschaft mbH, Düsseldorf, 30,58 %.
Nahwärme Düsseldorf GmbH, Düsseldorf, 80 %.
Niederrheinisch Bergisches Gemeinschaftswasserwerk GmbH, Düsseldorf/Wuppertal, 50 %.
VDEW-Fortbildungszentrum GmbH, Frankfurt (Main), 10 %.
Verlags- und Wirtschaftsgesellschaft der Elektrizitätswerke mbH (VWEW), Frankfurt (Main), 2,78 %.
Wasserübernahme Neuss-Wahlscheid GmbH, 50 %.
Wirtschaftliche Vereinigung deutscher Versorgungsunternehmen AG, Frankfurt (Main), 1,08 %.

Kraftwerk Düsseldorf-Lausward

4000 Düsseldorf 1, Luisenstraße 105, Postfach 11 36, ☏ (02 11) 82 11, ⌁ 8 582 907 stwe d.

Betriebsanlagen: 13 Turbogeneratoren bzw. Gasturbinen mit einer Nettoengpaßleistung von 856 MW und einer Bruttoengpaßleistung von 907 MW.

Produktion, Absatz, Beschäftigte	1990	1991
Stromerzeugung ...... GWh	3 424,3	3 468,3
Nutzbare Abgabe ..... GWh	3 120,3	3 153,6
Jahreshöchstlast im Versorgungsgebiet .. MW	766	720
Brennstoffeinsatz . 1000 t SKE	1 144	1 159
Beschäftigte .... (Jahresende)	790	807

Stadtwerke Duisburg AG

4100 Duisburg 1, Bungertstraße 27, Postfach 10 13 54, ☏ (0203) 604-1.

Aufsichtsrat: Oberbürgermeister Josef *Krings*, Vorsitzender; Peter *Seifert*, Stellvertreter; Alfred *Baade*; Siegfried *Felczykowski*; Bürgermeister und Ratsherr Clemens *Fuhrmann*; Werner *Fülling*; Günter *Grochulla*; Ratsherr Karl *van Hall*, MdL; Ratsfrau Liesel *Hock*; Ratsherr Ralf *Josten*; Oberstadtdirektor Dr. Richard *Klein*; Wolfgang *Kutzka*; Ratsherr Franz *Matschy*; Ratsherr Theodor *Peters*; Ratsfrau Christa *Pfeffer*; Gerd *Rayen*; Peter *Schneider*; Günter *Schluckebier* MdB; Norbert *Schwedt*; Ratsfrau Bärbel *Zieling*.

Vorstand: Assessor Uwe *Steckert*, Vorsitzender; Arbeitsdirektor: N.N., Dipl.-Ing. Werner *Wein*.

Kapital: 85 Mill. DM.

Gesellschafter: Duisburger Versorgungs- und Verkehrsgesellschaft mbH, 82,35 %; Stadt Duisburg, 17,65 %.

Betriebsanlagen: Kraftwerk II mit einer Gesamt-Bruttonennleistung von 217 MW, Kraftwerk I (neu) 96 MW.

Stromversorgungsgebiet: Stadtgebiet Duisburg (ohne Walsum, Rumeln-Kaldenhausen und Baerl).

Produktion, Absatz, Beschäftigte	1990	1991
Eigenerzeugung (brutto)* .. GWh	1 970,3	2 088,3
Nutzbare Abgabe .... GWh	1 677,1	1 957,8
Beschäftigte .... (Jahresende)	2 380	2 428

* Einschl. Beteiligungskraftwerk.

Beteiligungen
Fernwärmeverbund Niederrhein Duisburg/Dinslaken GmbH (FVN), Dinslaken, 50,00 %.
Planungsgesellschaft Wasserverbund Niederrhein GmbH (PWN), Krefeld, 11,11 %.
Kraftwerk Duisburg-Wanheim GmbH (KDG), Duisburg, 80,4 %.
Wirtschaftliche Vereinigung deutscher Versorgungsunternehmen AG (WV), Frankfurt (Main), 0,35 %.
Arbeitsgemeinschaft Versuchsreaktor AVR GmbH, Düsseldorf, 4,92 %.
Gesellschaft für kommunale Versorgungswirtschaft Nordrhein mbH (GVN), Düsseldorf, 25 %.
Gelsenwasser AG, Gelsenkirchen, 0,16 %.
Wasserverbund Niederrhein GmbH, Krefeld (WVN), 13 %.
Rheinisch-Westfälisches Institut für Wasserchemie und Wassertechnologie GmbH (IWW), Mülheim, 32,6 %.

Stadtwerke Frankfurt am Main

6000 Frankfurt (Main) 1, Kurt-Schumacher-Straße 10, Postfach 10 21 32, ☏ (069) 213-0, ⌁ 6 997 530 stawe d.

Dezernent: Bürgermeister Dr. Hans-Jürgen *Moog*.

Betriebsleitung: Direktor Jürgen *Wann*, Erster Betriebsleiter; Direktor Friedrich W. *Gugenberger*, Kaufmännischer Betriebsleiter; Betriebszweig Strom und Wärme: Direktor Dipl.-Ing. Manfred *Rothe*, Techn. Betriebsleiter; Betriebszweig Wasser: Direktor Dipl.-Ing. Wolfram *Rißland*, Techn. Betriebsleiter; Betriebszweig Nahverkehr: Direktor Dipl.-Ing. Hermann Dieter *Oehm*, Techn. Betriebsleiter.

Eigenkapital 1158,6 Mill. DM (1990).

Rechtsform: Städtischer Eigenbetrieb.

Zweck: Erzeugung bzw. Gewinnung, Bezug und Verteilung von Strom, Fernwärme und Wasser, Personenbeförderung im Rahmen des Frankfurter Verkehrs- und Tarifverbundes (FVV).

Betriebsanlagen: Heizkraftwerke: West, Stadtmitte, Nordwest, Niederrad. Wasserwerke: Hattersheim, Hinkelstein, Schwanheim, Goldstein, Oberforsthaus, Praunheim, Niederrad, Griesheim, Fechenheim, Wirtheim, Kaltenborn, Sauborn, Nieder Eschbach, Vogelsberg und Spessart.

Stromversorgungsgebiet: Stadtgebiet Frankfurt am Main, ausschließlich 6 westliche Vororte.

Produktion und Absatz		1990	1991
Eigenerzeugung	GWh	1 291	1 283
Nutzbare Stromabgabe ...	GWh	3 545	3 658
Beschäftigte .... (Jahresende)		2 065	2 116

Stadtwerke Hannover AG

3000 Hannover 91, Ihmeplatz 2, Postfach 5747, ☏ (0511) 4301, ≶ 922759, TTX 5 11 20 00 = stwha, Telefax (05 11) 430-26 50.

Aufsichtsrat: Wolfgang *Jüttner*, Hannover, Vorsitzender; Dietmar *Raabe*, Algermissen, stellv. Vorsitzender; Günter *Albers*, Langenhagen; Karl *Bauermeister*, Hannover; Werner *Behrla*, Langenhagen; Klaus *Benthin*, Hannover; Eike *Borstelmann*, Hannover; Werner *Erdner*, Pattensen; Jobst *Fiedler*, Hannover; Rolf *Frenkel*, Hannover; Gertraude *Kruse*, Pattensen; Werner *Lohmann*, Hannover; Wilfried *Lorenz*, Hannover; Walter *Meinhold*, Hannover; Edgar *Mennecke*, Hannover; Dieter *Meyer*, Garbsen; Hans *Mönninghoff*, Hannover; Eberhard *Nickel*, Hannover; Dietrich *Pucknat*, Gehrden; Hans *Schwarzkopf*, Hannover.

Vorstand: Dr. Erich *Deppe*, Vorsitzender; Hans-Joachim *Mertsch*; Dr. Hans-Jürgen *Ebeling*.

Kapital: 166,5 Mill. DM.

Aktionäre: Versorgungs- und Verkehrsgesellschaft Hannover mbH (VVG), 99,09%; Landkreis Hannover, 0,91%.

Zweck: Strom-, Fernwärme-, Gas- und Wasserversorgung.

Betriebsanlagen: Heizkraftwerk Linden mit einer Nettoleistung von 156 MW; Heizkraftwerk Herrenhausen mit einer Nettoleistung von 94 MW; 2/3-Anteil am Gemeinschaftskraftwerk Hannover-Braunschweig in Mehrum mit einer Gesamt-Nettoleistung von 190 MW; 1/3-Anteil am Kraftwerk Mehrum mit einer Gesamt-Nettoleistung von 652 MW; rd. 3/4 Anteil am Gemeinschaftskraftwerk Hannover in Stöcken mit einer Gesamtnettoleistung von 218 MW.

Versorgungsgebiet für Strom sind die Landeshauptstadt Hannover, die Stadt Langenhagen sowie Teile der Stadt Seelze, für Fernwärme die Innenstadt Hannovers und das Roderbruchgebiet.

Produktion, Absatz, Beschäftigte		1990	1991
Eigenerzeugung Strom*			
(netto)	GWh	2 313	2 347
Nutzbare Abgabe	GWh	3 116	3 261
Eigenerzeugung			
Fernwärme	GWh	884	1 051
Nutzbare Abgabe	GWh	779	942
Beschäftigte .... (Jahresende)		3 545	3 606

* Einschl. Anteile am Gemeinschaftskraftwerk Hannover-Braunschweig in Mehrum und dem GKH-Gemeinschaftskraftwerk Hannover.

Beteiligungen

Gemeinschaftskraftwerk Hannover-Braunschweig GmbH, Hannover, 66 2/3 %.

Landesgasversorgung Niedersachsen AG, Sarstedt, 10%.

Gasversorgung Nord-Hannover GmbH, Garbsen, 100%.

Gaswerk Wunstorf GmbH, Wunstorf, 40%.

GHG-Gasspeicher Hannover GmbH, Hannover, 66,65%.

GKH-Gemeinschaftskraftwerk Hannover GmbH, 74,5%.

Stadtwerke München

8000 München 5, Postfach 202222, ☏ (089) 2361-1, ≶ 523679.

Werkleitung: Sprecher: Walter *Layritz;* Werkleiter Versorgung: Dipl.-Ing. Enno *Ihnken;* kaufm. Werkleiter: Dr. Ulrich *Mössner.*

Betriebsanlagen: Wasserkraftwerke Uppenbornwerke I/II. Leitzachwerk und Isarwerke I/III mit einer Gesamt-Nettoleistung von 147,2 MW. Heizkraftwerke Müllerstraße, Theresienstraße, Sendling, Freimann, »Nord« Block 2 sowie Müllverbrennungswerke »Süd« und »Nord« mit einer Gesamt-Nettoleistung von 1 132 MW, Beteiligung am Gemeinschaftskernkraftwerk Isar 2 GmbH (KKI 2) (25 %) 330 MW.

Stromversorgungsgebiete: Stadtgebiet München und Stadt Moosburg.

Produktion, Absatz, Beschäftigte		1990	1991
Eigenerzeugung (netto)	GWh	4 355	4 395
Nutzbare Abgabe	GWh	6 049	6 219
Beschäftigte (Strom- und Fernwärmeversorgung)			
.... (Jahresende)		2 915	3 102

Kraftwerk Süd, Hochdruckanlage

8000 München 70, Isartalstraße 48, ☏ (089) 7672-1.

Leitung: Dipl.-Ing. Max *Wagner*, Kraftwerksleiter; Dipl.-Ing. (FH) Alois *Kamitz*, stellv. Kraftwerksleiter; Dipl.-Ing. (FH) Klaus *Buttelmann*, Blockingenieur; techn. Oberamtsrat Dipl.-Ing. (FH) Peter *Wöhrl*, Elektrobetriebsingenieur; Ing. (grad.) Bernd *Mager*, REA-Ingenieur.

Eigentümer: Stadtwerke München.

Betriebsanlagen: Zwei Drehstromgeneratoren mit einer Bruttoengpaßleistung von insgesamt 250 MW.

Produktion, Absatz, Beschäftigte		1990	1991
Stromerzeugung	GWh	646	583
Netzeinspeisung	GWh	573	513
Brennstoffeinsatz			
Erdgas	1 000 m³	164 884	151 364
Heizöl EL	t	11 767	14 378
Müll	t	278 782	229 742
Beschäftigte		220	230

Kraftwerk Süd, Gas- und Dampfturbinenanlage

8000 München 70, Isartalstraße 48, ☏ (089) 7672-1.

Leitung: Dipl.-Ing. Max *Wagner*, Kraftwerksleiter; Dipl.-Ing. (FH) Alois *Kamitz*, stellv. Kraftwerksleiter; Ing. (grad.) Erich *Müller*, Dipl.-Ing. (FH) Christoph *Bieniek*, Maschinenbetriebsingenieur; techn. Oberamtsrat Dipl.-Ing. (FH) Peter *Wöhrl*, Elektrobetriebsingenieur; Ing. (grad.) Bernd *Mager*, REA-Ingenieur.

Eigentümer: Stadtwerke München.

Betriebsanlagen: Zwei Gasturbinen und eine nachgeschaltete Dampfturbine mit einer Bruttoengpaßleistung von insgesamt 280 MW.

Produktion, Absatz, Beschäftigte		1990	1991
Stromerzeugung	GWh	380	274
Netzeinspeisung	GWh	369	264
Brennstoffeinsatz			
Erdgas	1 000 m³	95 769	76 802
Heizöl EL	t	1 043	2 366
Beschäftigte		50	40

Südthüringer Energieversorgung AG

O-6100 Meiningen, Postfach 46 und 247, Landsberger Straße 2, ☏ Meiningen (03693) 860, ℱ 338622, Telefax Meiningen (03693) 41734.

Vorstand: Dipl.-Ing. Hans-Joachim *Fraaß*, Dipl.-Kfm. Erich *Rabl*.

Vorsitzender des Aufsichtsrates: Dipl.-Ing. Ludwig *Strauß*.

Absatz (GWh)	1990	1991
Elektroenergie	2 459	1 810
Wärmeenergie	840	731

Technische Werke der Stadt Stuttgart (TWS) AG

7000 Stuttgart 1, Lautenschlagerstraße 21, ☏ (0711) 289-1, ℱ 723714 tws d.

Aufsichtsrat: Oberbürgermeister Dr. h. c. Manfred *Rommel*, Vorsitzender; Richard *Binder*, stellv. Vorsitzender; Gisela *Abt*; Dr. Heinz *Bühler*; Klaus *Dunkelmann*; Matthias *Hahn*; Peter *Höck*; Rolf *Kickelhayn*; Edith *Kösling*; Dr. Klaus *Lang*; Jürgen *Maier*; Wolfgang *Maier*; Edda *Meyer zu Uptrup*; Harald *Naas*; Heinz *Schell*; Karl-Heinz *Scherer*; Doris *Schmid*; Dr. Dieter *Seiz*; Rudolf *Winterholler*; Rolf *Zeeb*.

Vorstand: Professor Dr. Heinz *Brüderlin*, Vorsitzender; Dr. Horst *Magerl*; Dipl.-Ing. Jürgen *Poll*; Günter *Scheck*.

Kapital: 775 Mill. DM.

Aktionäre: Stuttgarter Versorgungs- und Verkehrs-GmbH, 90%; Stadt Stuttgart, 10%.

Zweck: Die Versorgung mit Elektrizität, Gas, Wasser und Fernwärme (Querverbund) sowie die Erfüllung von Aufgaben des Fernmeldewesens der Stadt Stuttgart.

Strom-Fremdbezug: von Energie-Versorgung Schwaben AG (EVS), Stuttgart.

Stromversorgungsgebiet: Stuttgart, Marbach, (Ludwigsburg-)Poppenweiler.

Produktion, Absatz, Beschäftigte		1990	1991
Abgabe ins Netz	GWh	4 718	4 637
Nutzbare Abgabe (Verkauf)	GWh	4 575	4 482
Beschäftigte	(Jahresende)	4 224	4 162

Beteiligungen

TWS-Kernkraft GmbH, Gemmrigheim, 100%.
Gemeinschaftskernkraftwerk Neckar GmbH, Neckarwestheim, 29%.
Heizkraftwerk Stuttgart GmbH, Stuttgart, 67%.
Studiengesellschaft für elektrischen Straßenverkehr mbH, Stuttgart, 20%.
Süddeutsche Gesellschaft zur Entsorgung von Kernkraftwerken mbH, München, 21%.
Gasversorgung Süddeutschland GmbH, Stuttgart, 33%.
EVS-Gasversorgung Nord GmbH, Stuttgart, 40%.

Rohrnetzberatung Stuttgart GmbH, Stuttgart, 100%.
SWG Südwestdeutsche Ferngas GmbH, Stuttgart, 100%.
Thermogas Gas- und Gerätevertriebs-GmbH, Stuttgart, 100%.
Zweckverband Bodensee-Wasserversorgung, Stuttgart, 33%.
Zweckverband Landeswasserversorgung, Stuttgart, 33%.
Energie-Versorgung Schwaben AG, Stuttgart, 13%.
Kernkraftwerk Obrigheim GmbH, Obrigheim, 14%.

Vereinigte Saar-Elektrizitäts-AG (VSE)

6600 Saarbrücken 3, Heinrich-Böcking-Straße 10 - 14, Postfach 504, ☏ (0681) 6070, ✄ 4428856 vsea d, ✆ Vauese, Telefax (0681) 607289, Telefax Öffentlichkeitsarbeit 607530.

Aufsichtsrat: Rechtsanwalt Franz Josef *Schmitt*, Mitglied des Vorstandes der RWE AG, Essen, Vorsitzender; Stadtverbandspräsident Franz Ludwig *Triem*, 1. stellv. Vorsitzender; Reiner *Altmeyer*, Obermonteur Netzbetrieb, Nalbach, 2. stellv. Vorsitzender; Peter *Becker*, Personalsachbearbeiter, Quierschied; Dr.-Ing. Rolf *Bierhoff*, Mitglied des Vorstandes der RWE Energie AG, Essen; Dr. jur. Ulrich *Büdenbender*, Mitglied des Vorstandes der RWE AG, Essen; Horst *Gruß*, Technischer Angestellter, Merzig; Dr. phil. Rudolf *Hinsberger*, Landrat, Neunkirchen; Hajo *Hoffmann*, Oberbürgermeister, Saarbrücken; Gerd *Kneip*, Schlosser, Ensdorf; Dr. phil. habil. Lothar *Kramm*, Ministerialdirigent, Saarbrücken; Dr. jur. Dietmar *Kuhnt*, Mitglied des Vorstandes der RWE Energie AG, Essen; Dr. jur. Waldemar *Marner*, Landrat a. D., St. Wendel; André *Peltier*, Direktor a. D., Le Pecq; Ulrich *Recktenwald*, Meister Maschinenanlagen, Schwalbach; Herbert *Reinhard*, Mitglied des Vorstandes der RWE Energie AG, Essen; Heinrich *Wahlen*, Erster Stadtverbandsbeigeordneter, Völklingen; Werner *Weidner*, Obermonteur Netzbetrieb, Nonnweiler-Otzenhausen; Dr. jur. Peter *Winter*, Landrat, Saarlouis.

Vorstand: Dr. jur. Walter *Henn*, Saarbrücken; Dipl.-Ing. Günter *Marquis*, Saarbrücken.

Generalbevollmächtigter: Dipl.-Kfm. Walter *Klinker*, Saarbrücken.

Kapital: 80 Mill. DM.

Aktionäre: RWE AG, Essen, 41,33%; Stadtverband Saarbrücken, 17,89%; Landkreis Saarlouis, 14,4%; Gesellschaft für Straßenbahnen im Saartal AG, Saarbrücken, 12,35%; Saarland, 5,0%; Landkreis St. Wendel, 3,49%; Landkreis Neunkirchen, 2,87%; Electricité de France, Paris, 2,67%.

Zweck: Die Beschaffung und gewerbliche Nutzung von Energien, insbesondere die Versorgung mit elektrischer Energie, Gas und Wärme; die Versorgung mit Wasser; die nichtnukleare Entsorgung; die Gewinnung und Umwandlung von Energien sowie die Herstellung und Verarbeitung hierbei anfallender Stoffe und Produkte sowie petrochemischer Erzeugnisse; der Handel mit Roh-, Hilfs- und Betriebsstoffen, unfertigen und fertigen Erzeugnissen sowie Waren, soweit dies im Zusammenhang mit den vorgenannten Tätigkeiten der Gesellschaft steht.

Betriebsanlagen: Kraftwerk Ensdorf mit 2 Blöcken von je 110 MW; Kraftwerk Ensdorf, Block 3 (Betriebsführung für die RWE Energie AG), 300 MW; Kleinwasserkraftwerk Gronig, Leistung: 0,56 MW.

Stromversorgungsgebiet: der überwiegende Teil des Saarlandes.

Produktion, Absatz, Beschäftigte		1990	1991
Eigenerzeugung (netto)	GWh	842,2	840,3
Nutzbare Stromabgabe ...	GWh	4 997,8	5 068,7
Beschäftigte .... (Jahresende)		1 152	1 188

Beteiligungen:
Kraftwerk Wehrden GmbH, Völklingen (Saar), 33,33%.
KWS Kommunal-Wasserversorgung Saar GmbH, Saarbrücken, 50%.
Technische Werke der Gemeinde Ensdorf GmbH (TWE), Ensdorf (Saar), 49%.
Kommunale Dienste Überherrn GmbH (KDÜ), Überherrn (Saar), 49%.
Gemeindewerke Namborn GmbH (GWN), Namborn (Saar), 49%.
Kommunale Dienste Marpingen GmbH (KDM), Marpingen (Saar), 49%.
Nahwärme Merzig GmbH (NWM), Merzig (Saar), 49%.
Wasser- und Energieversorgung Kreis St. Wendel GmbH (WVW), St. Wendel (Saar), 26%.
Saarländische Energie-Agentur GmbH (SEA), Saarbrücken, 19%.
Kommunale Energie- und Wasserversorgung AG (KEW), Neunkirchen (Saar), 10%.

Wemag Westmecklenburgische Energieversorgung Aktiengesellschaft

O-2711 Schwerin, Obotritenring 40, Postfach 462, ☏ (003784) 8660, ✄ 32244, Telefax 8662688.

Vorstand: Dipl.-Kfm. Dirk *Utermark*, Dipl.-Ing. Hans-Otto *Röth*.

Zweck: Verteilung von Elektroenergie, Erzeugung und Verteilung von Fernwärme.

4 ELEKTRIZITÄTSWIRTSCHAFT

Absatz (GWh)	1990	1991
Strom	2 096	1 618
Fernwärme	928	907
Beschäftigte .... (Jahresende)	1 645	1 200

Westsächsische Energie-AG

O-7113 Markkleeberg, Friedrich-Ebert-Straße 26, ☏ 79 30, ✆ 5 17 492-210, Telefax 31 12 14.

Vorstand: Dipl.-Wirtsch.-Ing. Lothar *Klepzig* (Vorsitzender).

Absatz (GWh)	1990	1991
Strom	5 000	4 026
	938,8	–*
Wärme	7 725	2 272
Produktion (GWh)		
Strom	224	219
Wärme	8 949,7	2 661
Beschäftigte .... (Jahresende)	3 934	3 327

* Ausgliederung des Gasbereiches der WESAG rückwirkend zum 1. 7. 1990.

3. Kraftwerkstabellen

Abkürzungen in der Spalte Primärenergie

Br	Braunkohle	Kog	Koksofengas	Psp	Pumpspeicher
Eg	Erdgas	L	Laufwasser	Rg	Raffineriegas
Gg	Gichtgas	Mü	Müll	Sp	Speicher
Kk	Kernkraft	Öl	Heizöl	St	Steinkohle

Abkürzungen in der Spalte Bemerkungen

EBS	Einphasen-Bahnstrom
GT	Gasturbine
IKW	Industriekraftwerk
IKW/öffentl. Netz	Industriekraftwerk mit Einspeisung in das öffentliche Netz

Kraftwerke mit mehr als 100 MW in Betrieb (Stand 1. 1. 1992)

Standort oder Name	Eigentümer oder Betreiber	Nettoleistung MW	Primärenergie	Bemerkungen
Baden-Württemberg				
Konventionelle Wärmekraftwerke				
Altbach	Neckarwerke AG	506	St + Öl + Eg	davon 146 MW 2 GT und 238 MW Kombiblock mit 50 MW GT
Altbach-Deizisau	Neckarwerke AG	420	St	mit Wärmelieferung
Gaisburg	TW Stuttgart AG	170	Eg + Öl	davon 55 MW GT mit Wärmelieferung
Heilbronn	EVS AG	534	St + Öl	
Heilbronn 7	EVS AG	650	St	mit Wärmelieferung
Karlsruhe Rheinhafen KW	Badenwerk AG	445	St + Öl + Eg	davon 350 MW nur mit Öl + Eg
Karlsruhe-Rhhf. 7	Badenwerk AG	505	St	
Karlsruhe-West	Stw. Karlsruhe	109	St + Öl	mit Wärmelieferung
Mannheim	GKW Mannheim AG	1680	St + Öl + Eg	davon 190 MW EBS
Marbach	EVS AG	377	Öl	davon 77 MW GT und 300 MW Kombiblock mit 55 MW GT
Münster	TW Stuttgart AG	138	St + Öl	davon 70 MW 3 GT, mit Wärmelieferung, Müllverwertung
Walheim	Neckarwerke AG	376	St + Öl	davon 120 MW GT
Wasserkraftwerke				
Gambsheim	Badenwerk AG/EDF	94	L	davon 50 % französ. Anteil
Häusern	Schluchseewerk AG	120	Sp + Psp	Jahresspeicher
Iffezheim	Badenwerk AG/EDF	108	L	davon 50 % französ. Anteil
Säckingen/ Hotzenwaldwerk	Schluchseewerk AG	370	Sp + Psp	Jahresspeicher
Waldshut	Schluchseewerk AG	160	Sp + Psp	Jahresspeicher
Wehr	Schluchseewerk AG	980	Psp	Tagesspeicher
Witznau	Schluchseewerk AG	220	Sp + Psp	Jahresspeicher
Kernkraftwerke				
Neckarwestheim 1	GKN GmbH	785	Kk	Druckwasserreaktor davon 152 MW EBS
Neckarwestheim 2	GKN GmbH	1269	Kk	Druckwasserreaktor davon 155 MW Drehstrom für DB-Umformer
Obrigheim	KWO GmbH	340	Kk	Druckwasserreaktor
Philippsburg 1	KKP GmbH	864	Kk	Siedewasserreaktor
Philippsburg 2	KKP GmbH	1276	Kk	Druckwasserreaktor

4 ELEKTRIZITÄTSWIRTSCHAFT

Standort oder Name	Eigentümer oder Betreiber	Netto-leistung MW	Primär-energie	Bemerkungen
Bayern				
Konventionelle Wärmekraftwerke				
Arzberg	Energieversorgung Oberfranken AG (EVO)	423	Tschech. Hart-braunkohle + Eg + Öl	davon 210 MW nur mit Eg + Öl
Aschaffenburg	Bayernwerk AG	286	St	
Dettingen	RWE Energie AG	93	St + Öl	
Erlangen/Franken II	GKW Franken AG	388	St + Öl	
Hausham	Peißenberger Kraftw. GmbH	100	Öl	4 GT
Ingolstadt	Bayernwerk AG	1039	Öl + Rg	
Irsching	Isar-Amperwerke AG	878	Öl + Eg	
München-Freimann	Stw. München	160	Eg	2 GT, mit Wärmelieferung
München-Nord	Stw. München	359	St + Eg	mit Wärmelieferung, Müllverwertung
München-Süd	Stw. München	508	Eg + Öl	davon 200 MW 2 GT, mit Wärmelieferung, Müllverwertung
Nürnberg/Franken I	GKW Franken AG	808	Eg + St + Öl	davon 53 MW GT
Nürnberg-Sandreuth	Energie- u. Wasservers. AG	98	St + Öl + Eg	mit Wärmelieferung
Pleinting	Ilse-Bayern-Werk GmbH	694	Öl	
Schwandorf	Bayernwerk AG	450	Br	
Zolling-Anglberg/Leiningerwerk	Isar-Amperwerke AG	470	St + Öl	davon 50 MW 2 GT
Wasserkraftwerke				
Happurg	GKW Franken AG	160	Psp	Tagesspeicher
Jochenstein	Donau-KW AG, Jochenstein	132	L	davon 50 % österr. Anteil
Langenprozelten	Rhein-Main-Donau-AG	150	Psp	EBS
Schärding-Neuhaus	Österr. Bayr. Kraftwerk AG	96	L	davon 50 % österr. Anteil
Simbach-Braunau	Österr. Bayr. Kraftwerk AG	95	L	davon 50 % österr. Anteil
Walchenseewerk	Bayernwerk AG	124	Sp	davon 52 MW EBS, Jahresspeicher
Kernkraftwerke				
Grafenrheinfeld	Bayernwerk AG	1235	Kk	Druckwasserreaktor
Gundremmingen B	KRB GmbH	1244	Kk	Siedewasserreaktor
Gundremmingen C	KRB GmbH	1244	Kk	Siedewasserreaktor
Isar 1	KKI GmbH	870	Kk	Siedewasserreaktor
Isar 2	KKI GmbH	1320	Kk	Druckwasserreaktor
Berlin				
Konventionelle Wärmekraftwerke				
Berlin/Charlottenburg	Bewag AG	401	St + Öl	davon 39 MW Dampfspeicher, 197 MW 3 GT mit Wärmelieferung
Berlin/Klingenberg	Energieversorgung Berlin AG	180*	Br + Eg + Öl	mit Wärmelieferung
Berlin/Lichterfelde	Bewag AG	426	Öl	mit Wärmelieferung
Berlin/Mitte	Energieversorgung Berlin AG	96*	Eg + Öl	mit Wärmelieferung
Berlin/Moabit	Bewag AG	190	St + Öl	davon 51 MW 3 GT mit Wärmelieferung
Berlin/Oberhavel	Bewag AG	188	St + Öl	
Berlin/Reuter	Bewag AG	215	St	Müllverwertung, mit Wärmelieferung
Berlin/Reuter West D + E	Bewag AG	558	St	
Berlin/Rudow	Bewag AG	162	St	mit Wärmelieferung
Berlin/Wilmersdorf	Bewag AG	276	Öl	3 GT, mit Wärmelieferung

KRAFTWERKSTABELLEN

Standort oder Name	Eigentümer oder Betreiber	Netto-leistung MW	Primär-energie	Bemerkungen
Brandenburg (Bruttoleistung MW)				
Konventionelle Kraftwerke				
Ahrensfelde	VEAG	114	Eg	3 Gt
Finkenheerd	Oder-Spree Energieversorgung AG	108	Br	
Jaenschwalde	VEAG	3000	Br	
Lübbenau	VEAG	1300	Br	
Schwedt	Schwedt AG	141	Eg	IKW
Thyrow	VEAG	300	Eg	8 Gt
Vetschau	VEAG	1200	Br	
Bremen				
Konventionelle Kraftwerke				
Bremen-Farge	PreussenElektra AG	325	St	
Bremen/Hafenkraftwerk	Stw. Bremen AG	465	St + Öl	
Bremen-Hastedt	Stw. Bremen AG	281	St + Eg + Öl	mit Wärmelieferung
Bremen-Mittelsbüren	Stw. Bremen AG	457	Eg + Öl	davon 88 MW GT, 210 MW EBS mit Eg
Hamburg				
Konventionelle Kraftwerke				
Hamburg/Hafen HKW	HEW AG	190	St + Öl	mit Wärmelieferung
Hamburg/Moorburg	HEW AG	1106	Eg + Öl	davon 152 MW 2 GT
Hamburg/Tiefstack	HEW AG	177	St	mit Wärmelieferung
Hessen				
Konventionelle Wärmekraftwerke				
Frankfurt/Gutleutstr.	Stw. Frankfurt	218	St	mit Wärmelieferung
Frankfurt-Niederrad	Stw. Frankfurt	133	EG + Öl	mit Wärmelieferung
Frankfurt-West	Stw. Frankfurt	112	St	mit Wärmelieferung
Großkrotzenburg/ Staudinger	PreussenElektra AG	1445	St + Öl + Eg	davon 622 MW nur mit Eg + Öl
Wasserkraftwerke				
Waldeck I	PreussenElektra AG	140	Psp	Tagesspeicher
Waldeck II	PreussenElektra AG	440	Psp	Tagesspeicher
Kernkraftwerke				
Biblis A	RWE Energie AG	1146	Kk	Druckwasserreaktor
Biblis B	RWE Energie AG	1240	Kk	Druckwasserreaktor
Niedersachsen				
Konventionelle Wärmekraftwerke				
Afferde	EW Wesertal GmbH	119	St + Öl + Mü	mit Wärmelieferung
Braunschweig	Stw. Braunschweig GmbH	92	St + Eg + Öl	davon 28 MW GT, mit Wärmelieferung
Buschhaus	BKB AG	300	Br	
Emden	PreussenElektra AG	519	St + Öl + Eg	Kombiblock 430 MW einschl. 50 MW GT mit Eg, 51 MW GT nur mit Öl
Hallendorf	Stahlwerke Peine-Salzgitter AG	310	St	IKW, davon 70 MW mit Kog, Gg, Eg, Öl
Hannover-Linden	Stw. Hannover AG	156	Eg + Öl	mit Wärmelieferung
Herrenhausen	Stw. Hannover AG	94	Eg + Öl	
Huntorf	PreussenElektra AG	290	Eg	Luftspeicher GT
Landesbergen/Robert Frank	PreussenElektra AG	787	Eg + Öl	Kombiblock einschl. 55 MW GT
Lingen/Emsland	VEW AG	806	Eg	2 Kombiblöcke mit je 55 MW GT
Mehrum	GKW Hannover-Braunschweig GmbH	884	Öl + Eg + St	davon 96 MW nur mit Öl und 94 MW nur mit Eg
Meppen	RWE Energie AG	585	Eg	
Offleben	BKB AG	460	Br	
Stade	Dow Chemical GmbH	148	Eg	IKW
Stöcken 1+2	GKW Hannover GmbH	265	St	mit Wärmelieferung
KW-Nord Süd (VW)	VWK GmbH	327	St	
KW-West (VW)	VWK GmbH	275	St + Öl	mit Wärmelieferung
Wilhelmshaven	PreussenElektra AG	761	St + Öl	davon 56 MW GT auch mit Eg
Wolfsburg	VWK GmbH	289	St + Öl	IKW/öffentl. Netz mit Wärmelieferung

4 ELEKTRIZITÄTSWIRTSCHAFT

Standort oder Name	Eigentümer oder Betreiber	Netto-leistung MW	Primär-energie	Bemerkungen
Wasserkraftwerke				
Erzhausen	PreussenElektra AG	220	Psp	Tagesspeicher
Kernkraftwerke				
Emsland	KLE GmbH	1270	Kk	Druckwasserreaktor
Grohnde	KWG GmbH	1325	Kk	Druckwasserreaktor
Stade	KKS GmbH	630	Kk	Druckwasserreaktor
Unterweser	KKU GmbH	1255	Kk	Druckwasserreaktor

Nordrhein-Westfalen

Standort oder Name	Eigentümer oder Betreiber	Netto-leistung MW	Primär-energie	Bemerkungen
Konventionelle Wärmekraftwerke				
Alsdorf/Anna	EBV AG	66	Kog	IKW/öffentl. Netz 2 x 34 MW Einwellen-Kombiblöcke mit GT
Bergkamen A	Steag AG/VEW AG	693	St + Öl	
Berrenrath/Ville	Rheinbraun AG	158	Br	IKW
Bielefeld	Stw. Bielefeld GmbH	137	St + Öl + Eg	mit Wärmelieferung davon 60 MW GT, 24 MW GT
Datteln	VKR AG	275	St	davon 223 MW Einphasenstrom, mit Wärmelieferung
Dormagen	Bayer AG	145	St + Öl + Eg	IKW
Dortmund/Harpen	Harpener AG	142	St + Kg	
Dortmund/Knepper	VKR AG	345	St + Öl + Kg	mit Wärmelieferung
Düsseldorf/Flingern	Stw. Düsseldorf AG	199	St + Öl + Eg	davon 87 MW GT, mit Wärmelieferung, Müllverwertung
Düsseldorf/Lausward	Stw. Düsseldorf AG	856	St + Eg	davon 40 MW EBS, davon 426 MW Kombiblock 132 MW 2 GT nur mit Eg, mit Wärmelieferung
Duisburg	Stw. Duisburg AG	447	St + Eg + Öl	davon 33 MW GT mit Wärmelieferung
Duisburg-Hamborn	Thyssen Stahl AG	121	Eg	IKW
Duisburg/Huckingen A + B	RWE Energie AG	564	Eg + Gg	
Duisburg-Ruhrort/Hermann Wenzel	Thyssen Stahl AG	216	Eg + Gg	IKW
Elverlingsen	KEW Mark AG	696	St + Eg	davon 196 MW Kombianlage mit 150 MW 2 GT
Frimmersdorf	RWE Energie AG	2416	Br	
Gelsenkirchen/Horst	Veba Öl AG	104	St	IKW
Goldenbergwerk	RWE Energie AG	474	Br	
Hagen-Kabel	KEW Mark AG	215	Eg + Öl	Kombianlage mit 130 MW 2 GT mit Wärmelieferung
Herne/GKW	Steag AG	1022	St	IKW/öffentl. Netz mit Wärmelieferung
Herne/Shamrock	VKR AG	132	St + Öl	mit Wärmelieferung
Ibbenbüren B	RWE Energie AG/ Preussag AG	702	St	IKW/öffentl. Netz außerdem 27 MW Grubengas
Kirchlengern	EW Minden-Ravensberg GmbH	160	Eg	davon 105 MW GT
Köln-Merkenich	GEW Köln AG	166	Eg + Öl	mit Wärmelieferung
Köln-Niehl	GEW Köln AG	295	Eg + Öl	mit Wärmelieferung
Köln-Worringen		125	Öl	IKW
Krefeld-Uerdingen	Bayer AG	163	St + Öl + Eg	IKW
Leverkusen	Bayer AG	205	St + Öl + Eg	IKW
Lünen/GK Ost	Steag AG	317	St	IKW/öffentl. Netz
Lünen/KDV	Steag AG	163	St	IKW/öffentl. Netz
Lünen/Kellermann	Steag AG	195	St	davon 110 MW EBS
Marl	CWH AG	417	St + Eg + Chemierück-stände	davon 2 × 37 MW GT mit Eg
Möllen/GK West	Steag AG	634	St	IKW/öffentl. Netz
Neurath	RWE Energie AG	1964	Br	
Niederraussem	RWE Energie AG	2513	Br	
Petershagen/Heyden IV	PreussenElektra AG	760	St	
Rauxel	VKR AG	166	St + Kg	mit Wärmelieferung
Schmehausen/Westfalen	VEW AG	650	St + Öl	
Scholven	VKR AG/ RWE Energie AG	3400	St + Öl	davon 2056 MW St, 1344 MW Öl RWE-Anteil = 672 MW Öl, mit Wärmelieferung
Siersdorf	EBV AG	140	St	IKW/öffentl. Netz

KRAFTWERKSTABELLEN

Standort oder Name	Eigentümer oder Betreiber	Netto-leistung MW	Primär-energie	Bemerkungen
Stockum/Gersteinwerk	VEW AG	806	Eg	davon 2 x 403 MW Kombiblöcke mit je 50 MW GT
Veltheim	GK Weser GmbH	840	St + Öl + Eg	davon 360 MW Kombiblock mit 50 MW GT
Voerde A + B	RWE Energie AG/ Steag AG	1335	St + Öl	
Wachtberg/Fortuna Nord	Rheinbraun AG	100	Br	IKW/öffentl. Netz
Walsum	Steag AG	456	St	IKW/öffentl. Netz
Weisweiler	RWE Energie AG	2034	Br	
Werne/Gersteinwerk	VEW AG	705	St + Eg	Kombiblock mit 103 MW GT
Wesseling	Union Rhein-Braunk. Kraftst. AG	160	Öl	IKW
Westerholt	VKR AG	276	St + Öl + Kg	mit Wärmelieferung
Wuppertal-Barmen	Stw. Wuppertal AG	125	St + Eg + Öl	davon 72 MW 2 GT, mit Wärmelieferung
Wasserkraftwerke				
Koepchenwerk	RWE Energie AG	150	Psp	Tagesspeicher
Rönkhausen	KEW Mark AG	140	Psp	Tagesspeicher
Kernkraftwerke				
Würgassen	PreussenElektra AG	640	Kk	Siedewasserreaktor
Rheinland-Pfalz				
Konventionelle Wärmekraftwerke				
Ludwigshafen	BASF AG	451	St + Öl + Eg	IKW, davon 210 MW St + Öl (Mitte), 241 MW Eg (Süd)
Mainz	KW Mainz-Wiesbaden AG	577	St + Öl + Eg	davon 319 MW Kombiblock mit 64 MW GT, mit Wärmelieferung
Kernkraftwerke				
Mülheim-Kärlich	RWE Energie AG	1219	Kk	Druckwasserreaktor
Saarland				
Konventionelle Kraftwerke				
Bexbach	KW Bexbach Verwaltungs GmbH	703	St	
Bexbach/St. Barbara	Saarbergwerke AG	110	St	IKW/öffentl. Netz
Ensdorf	VSE AG	498	St	
Fürstenhausen/Fenne	Saarbergwerke AG	163	St	IKW/öffentl. Netz
Fenne	Stw. Saarbrücken AG/ Saarbergwerke AG	198	St	IKW/öffentl. Netz mit Wärmelieferung
Göttelborn/Weiher	Saarbergwerke AG	947	St	IKW/öffentl. Netz
Saarbrücken-Römerberg	Stw. Saarbrücken AG	112	St + Eg + Kog + Gg + Öl	Kombiblock einschl. 20 MW GT, mit Wärmelieferung
Völklingen	Saarbergwerke AG	230	St	IKW/öffentl. Netz, Modellkraftwerk, davon 35 MW GT (Heißluftturbine)
Wehrden	KW Wehrden GmbH	100	St	
Sachsen (Bruttoleistung MW)				
Konventionelle Wärmekraftwerke				
Borna	Vereinigte Mitteldeutsche Braunkohlenwerke AG	100	Br	IKW
Boxberg	VEAG	3520	Br	
Brieske	Lausitzer Braunkohle AG	125	Br	IKW
Chemnitz	Energieversorgung Südsachsen AG	180	Br	mit Wärmelieferung
Espenhain	Vereinigte Mitteldeutsche Braunkohlenwerke AG	398	Br + Eg	IKW/öffentl. Netz (von VEAG eingesetzt)
Hagenwerder	VEAG	1200	Br	
Hirschfelde	VEAG	144	Br	
Lippendorf	VEAG	600	Br	
Nossener Brücke/Dresden	Energieversorgung Sachsen Ost AG	200	Br	mit Wärmelieferung
Phönix	Vereinigte Mitteldeutsche Braunkohlenwerke AG	100	Br	IKW

4 ELEKTRIZITÄTSWIRTSCHAFT

Standort oder Name	Eigentümer oder Betreiber	Netto-leistung MW	Primär-energie	Bemerkungen
Schwarze Pumpe	Energiewerke Schwarze Pumpe AG	662	Br + Eg	IKW
Schwarze Pumpe	Energiewerke Schwarze Pumpe AG	440	Br	IKW/öffentl. Netz (von VEAG eingesetzt)
Thierbach	VEAG	840	Br	
Trattendorf	Energiewerke Schwarze Pumpe AG	450	Br	IKW/öffentl. Netz (von VEAG eingesetzt)
Wasserkraftwerke				
Markersbach	VEAG	1050	Psp	
Niederwartha	VEAG	132	Psp	
	Sachsen-Anhalt (Bruttoleistung MW)			
Konventionelle Wärmekraftwerke				
Bitterfeld	Buna AG	180	Br + Eg + Öl	IKW
Leuna	Leuna AG	252	Br + Eg + Öl	IKW
Vockerode	VEAG	576	Br + Öl	davon 192 MW 6 Gt
Zschornewitz	VEAG	585	Br + Eg + Öl	davon 408 MW 14 Gt
	Schleswig-Holstein			
Konventionelle Wärmekraftwerke				
Brunsbüttel	HEW AG	268	Öl	4 GT
Flensburg	Stw. Flensburg GmbH	177	St + Öl	mit Wärmelieferung
Kiel-Ost	GKW Kiel GmbH	319	St	
Lübeck-Siems	PreussenElektra AG	117	St	
Wedel	HEW AG	455	St + Öl	davon 110 MW 2 GT, mit Wärmelieferung
Wasserkraftwerke				
Geesthacht	HEW AG	120	Psp	Tagesspeicher
Kernkraftwerke				
Brokdorf	KBR GmbH	1326	Kk	Druckwasserreaktor
Brunsbüttel	KKB GmbH	771	Kk	Siedewasserreaktor
Krümmel	KKK GmbH	1260	Kk	Siedewasserreaktor
	Thüringen (Bruttoleistung MW)			
Konventionelle Wärmekraftwerke				
Gera	Ostthüringer Energieversorgung AG	162	Öl	6 Gt
Wasserkraftwerke				
Hohenwarte	VEAG	367	Psp	

Kraftwerke mit mehr als 100 MW in Bau (Stand 1. 1. 1992)

Standort oder Name	Geplante Inbetriebnahme	Eigentümer oder Betreiber	Netto-leistung MW	Primär-energie	Bemerkungen
Staudinger 5	1992	PreussenElektra AG	508	St	
Gersteinwerk G	1993	VEW AG	200	E	Wiederinbetriebnahme
Goldenbergwerk	1993	RWE Energie AG	180	Br	
Mannheim	1993	GKW Mannheim AG	435	St	
Tiefstack	1993	HEW AG	150	St	mit Wärmelieferung
Gersteinwerk G	1994	VEW AG	203	Eg	Wiederinbetriebnahme
Rostock	1994	Kraftwerks- und Netzgesellschaft mbH	508	St	mit Wärmelieferung
Demonstationskraftwerk	1996	RWE Energie AG	300	Br	
Wyhl, KWS 1	offen	KKW Süd GmbH	1284	Kk	Druckwasserreaktor (Die Entscheidung über das Projekt ist zurückgestellt)

KRAFTWERKSTABELLEN

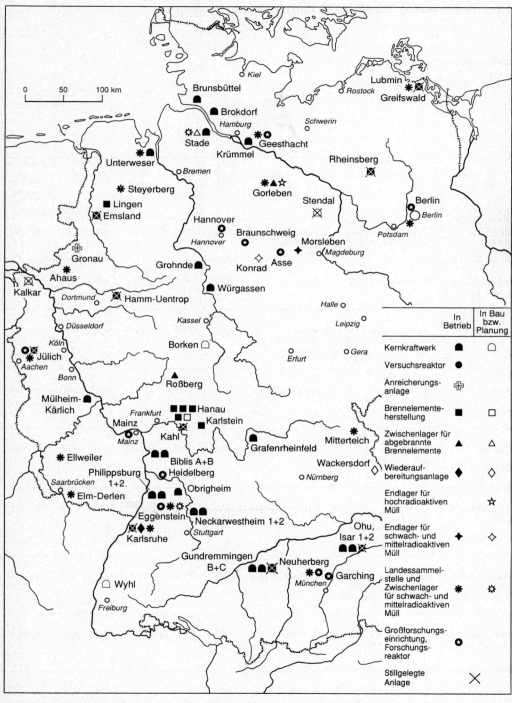

Kerntechnische Anlagen in Deutschland (Stand: 1. 1. 1992).

Produktions- und Versuchsreaktoren (Stand 1. 1. 1992)

Abkürzungen in der Spalte Bauart
DWR   Druckwasserreaktor
SWR   Siedewasserreaktor

Standort oder Name	Gesellschaft	Hersteller	Inbetriebnahme	Bauart	Leistung MW thermisch	Leistung MW elektrisch brutto	Leistung MW elektrisch netto	Druck vor der Turbine bar	Temperatur vor der Turbine °C
Obrigheim, KWO	Kernkraftwerk Obrigheim GmbH (KWO)	Siemens/Westinghouse	1968	DWR	1050	357	340	50	268
Würgassen, KKW	PreussenElektra AG	AEG	1972	SWR	1912	670	640	71	285
Stade, KKS	Kernkraftwerk Stade GmbH (PreussenElektra AG/HEW)	Siemens (Kraftwerk Union)	1972	DWR	1892	662	630	52	265
Biblis A	RWE Energie Aktiengesellschaft (RWE)	Kraftwerk Union	1974	DWR	3517	1204	1146	49	264
Biblis B	RWE Energie Aktiengesellschaft (RWE)	Kraftwerk Union	1976	DWR	3752	1300	1240	54	269
Brunsbüttel, KKB	Kernkraftwerk Brunsbüttel GmbH (HEW/PreussenElektra AG)	Kraftwerk Union	1976	SWR	2292	806	771	70	285
Neckarwestheim, GKN 1	Gemeinschaftskernkraftwerk Neckar GmbH (NW/TWS/EWH/DB)	Kraftwerk Union	1976	DWR	2497	843	785[a]	59	274
Ohu, KKI 1	Kernkraftwerk Isar GmbH (Bayernwerk/IAW)	Kraftwerk Union	1977	SWR	2575	907	870	71	286
Unterweser, KKU	Kernkraftwerk Unterweser GmbH (PreussenElektra AG)	Kraftwerk Union	1978	DWR	3733	1320	1255	54	269

KRAFTWERKSTABELLEN

Standort oder Name	Gesellschaft	Hersteller	Inbetriebnahme	Bauart	Leistung MW thermisch	Leistung MW elektrisch brutto	Leistung MW elektrisch netto	Druck bar	Temperatur °C
Philippsburg, KKP 1	Kernkraftwerk Philippsburg GmbH (BW/EVS)	Kraftwerk Union	1979	SWR	2575	900	864	71	286
Grafenrheinfeld, KKG	Bayernwerk AG	Kraftwerk Union	1981	DWR	3782	1300	1235	69	285
Krümmel, KKK	Kernkraftwerk Krümmel GmbH (KKK) (HEW/PreussenElektra AG)	Kraftwerk Union	1983	SWR	3690	1316	1260	71	286
Grohnde, KWG	Gemeinschaftskernkraftwerk Grohnde GmbH (PreussenElektra AG/ GK Weser GmbH)	Kraftwerk Union	1984	DWR	3765	1394	1325	68	285
Gundremmingen, KRB B	Kernkraftwerk RWE-Bayernwerk GmbH (KRB) (BAG/RWE)	Kraftwerk Union	1984	SWR	3840	1304	1244	67	283
Gundremmingen, KRB C	Kernkraftwerk RWE-Bayernwerk GmbH (BAG/RWE)	Kraftwerk Union	1984	SWR	3840	1304	1244	67	283
Philippsburg, KKP 2	Kernkraftwerk Philippsburg GmbH (BW/EVS)	Kraftwerk Union	1985	DWR	3765	1357	1276[b]	64	280
Mülheim-Kärlich KMK	RWE Energie Aktiengesellschaft (RWE)	BBC/Hochtief	1986	DWR	3760	1302	1219	69	313
Brokdorf KBR	Kernkraftwerk Brokdorf GmbH (PreussenElektra AG/HEW)	Kraftwerk Union	1986	DWR	3765	1395	1326	69	285
Ohu, KKI 2	Gemeinschaftskernkraftwerk Isar GmbH (BAG/IAW/u. a.)	Kraftwerk Union	1988	DWR	3765	1400	1320	69	286
Emsland, KLE	Kernkraftwerke Lippe-Ems GmbH (VEW/ Elektromark)	Kraftwerk Union	1988	DWR	3765	1341	1270	68	285
Neckarwestheim GKN 2	Gemeinschaftskernkraftwerk Neckar GmbH (EVS/NW/TWS/ZEAG)	Kraftwerk Union	1989	DWR	3765	1365	1269[c]	55	270
Insgesamt							22529		

[a] Einschl. 152 MW Einphasen-Bahnstrom; [b] bei Rückkühlung 1182 MW; [c] Einschl. 155 MW Drehstrom für DB-Umformer.

4. Fernwärme

Fernwärmeversorgung (Stand: 1991)

(Unternehmen mit einer Wärmenetzeinspeisung von etwa 500 GWh/a und mehr)

Unternehmen	Anschlußwert Raum- und Gebrauchswärme MW	Wärmehöchstlast MW	Wärmenetzeinspeisung GWh/a	Koppelprodukt Stromerzeugung GWh/a	Wärmeverteilung Streckenlänge km
Bewag AG, Berlin	2 776	1 506	4 738	1 939	449
Ebag, Berlin	4 203	2 543	2 478^x	2	535
Energieversorgung Oberhausen AG	594	248	538	180	148
EVS AG, Chemnitz	1 280	1 120	2 466^x	1 291	129
Ewag, Nürnberg	799	401	1 103^x	327	227
Favorit GmbH, Hamburg	1 011	493	1 303	–	279
Fernwärme Niederrhein GmbH, Dinslaken	724	433	952^x	–	457
FVS GmbH, Völklingen	507	259	754^x	26	117
GEW AG, Köln	1 008	594	1 617	·	232
Hevag, Rostock	694	·	1 326^x	193	196
HEW AG, Hamburg	2 620	1 305	4 263^x	760	583
Meag, Halle	1 260	977	2 877^x	117	122
Mevag, Potsdam	578	428	1 174^x	13	93
MVV GmbH, Mannheim	1 780	1 030	2 220^x	1 374	422
Otev, Jena	790	636	1 989^x	480	59
PreussenElektra AG, Hannover	288	·	1 481	·	·
RWE Energie AG, Essen	·	·	1 853	247	·
Saarberg-Fernwärme GmbH	602	·	832^x	24	256
Seag, Meiningen	375	262	731^x	–	42
Stadtwerke Bielefeld GmbH	413	260	550^x	116	136
Stadtwerke Bochum GmbH	329	185	423^x	0	83
Stadtwerke Braunschweig GmbH	610	370	818^x	283	166
Stadtwerke Bremen AG	452	230	607^x	907	184
Stadtwerke Düsseldorf AG	586	371	984	350	154
Stadtwerke Duisburg AG	520	375	679^x	228	244
Stadtwerke Flensburg GmbH	793	349	1 031^x	435	435
Stadtwerke Frankfurt am Main	880	454	1 161^x	584	133
Stadtwerke Hannover AG	642	442	927	391	202
Stadtwerke Heidelberg AG	478	158	570^x	–	138
Stadtwerke Karlsruhe	439	233	541^x	318	120
Stadtwerke Kiel AG	938	358	984^x	170	230
Stadtwerke München	2 277	1 519	4 103^x	998	464
Stadtwerke Münster GmbH	323	200	494^x	136	88
Stadtwerke Saarbrücken AG	425	234	588^x	344	134
Stadtwerke Wolfsburg AG	518	287	674^x	–	400
Steag AG, Essen	1 421	·	2 483	·	415
TWS AG, Stuttgart	971	593	1 396^x	155	206
VKR AG, Gelsenkirchen	904	746	1 667^x	744	549
VEW AG, Dortmund	872	·	1 836^x	·	142
VW Kraftwerke GmbH	1 846	1 151	2 952		34
Wemag, Schwerin	348	·	924^x	–	59
Wesag, Leipzig	1 186	880	2 212^x	219	112
Wuppertaler Stadtwerke AG	536	259	758^x	155	74

· Werte sind nicht bekannt. ^{x} Nutzbare Abgabe

FERNWÄRME

Berliner Kraft- und Licht (Bewag)-AG

(Hauptbeitrag der Bewag in Abschn. 1 in diesem Kapitel)

1000 Berlin 30, Stauffenbergstraße 26, ☏ (030) 267-0, ✆ 18210-0, ⌘ Bekulastrom Berlin.

Fernwärmeversorgung

	1990/91
Wärmenetzeinspeisung in Kraft-Wärme-Kopplung ..... TJ	16 821
Wärmehöchstlast .... MJ/s	1 506
Fernwärme-Leitungsnetz .... km	442

Energieversorgung Oberhausen AG

4200 Oberhausen 1, Danziger Straße 31, ☏ (0208) 835-0, Telefax (0208) 835-550

Aufsichtsrat: Hans *Jansen*, Oberhausen, Vorsitzender; Dr.-Ing. Rolf *Bierhoff*, Essen, 1. stellv. Vorsitzender; Klaus *Cleven**), Oberhausen, 2. stellv. Vorsitzender; Lothar *Bergermann**), Oberhausen; Jürgen *Borowczak**), Oberhausen; Dr. jur. Ulrich *Büdenbender*, Essen; Oberstadtdirektor Burkhard *Drescher*, Oberhausen; Horst *Driesen**), Oberhausen; Fritz *Eickeln*, Oberhausen; Michael *Groschek*, Oberhausen; Professor Dr.-Ing. Werner *Hlubek*, Essen; Hans *Klaus*, Kerpen-Horrem; Günther *Schreiner**), Oberhausen; Rudolf *Schwan*, Essen; MdL Hans *Wagner*, Oberhausen.

*) Arbeitnehmervertreter

Vorstand: Ass. Dipl.-Kfm. Theodor *Heineke*, Ratingen; Dr.-Ing. Thomas *Mathenia*, Hünxe.

Kapital: 64 Mill. DM.

Gesellschafter: Stadtwerke Oberhausen AG (50%); RWE AG, Essen, (50%).

Zweck: Erzeugung und Verteilung von Energie (Strom, Gas und Fernwärme) im jeweiligen Gebiet der Stadt Oberhausen; ferner die Entsorgung sowie die Planung und Durchführung von baulichen und maschinellen Anlagen auch für Dritte.

Versorgungsgebiet: Stadtgebiet Oberhausen.

Produktion, Absatz, Beschäftigte	1990	1991
Stromabgabe .... GWh/a	733,4	757,0
Wärmeabgabe .... GWh/a	537,3	588,1
Fernwärme-Leitungsnetz .... km	146,8	148,3
Gasabgabe .... GWh	933,1	1 055,2
Gas-Leitungsnetz .... km	487,8	489,6
Beschäftigte (Jahresdurchschnitt)	668	666

Beteiligungen

Planungsgesellschaft für Umwelt und Entsorgung Oberhausen mbH, 50%.

Energieversorgung Südsachsen AG

O-9001 Chemnitz, Theaterstraße 35, ☏ 664-0, ✆ 07356, Telefax 664-2246.

Vorstand: Karl *Schallus*, Dieter *Merrem*.

Zweck: Erzeugung von Fernwärme und Strom, Verteilung und Fortleitung von Fernwärme und Strom.

Jahresumsatz (Erlöse): 1 012 Mill. DM.

		1990
Absatz (GWh)		
Strom	rd.	8 000
Wärmenergie	rd.	2 700
Beschäftigte ..... (ab 1.7.91)	ca.	2 000

Ewag - Energie- und Wasserversorgung Aktiengesellschaft

(Hauptbeitrag der Ewag in Kap. 3 Abschn. 2)

8500 Nürnberg 81, Hochhaus, Am Plärrer 43, Postfach 810220, ☏ (0911) 271-0, ✆ 622249, Telefax (0911) 271-3780.

Fernwärme

Produktion und Absatz	1990	1991
Wärmehöchstlast .... MW	333	401
Wärmenetzeinspeisung .. GWh/a	1 072	1 215
Fernwärme-Leitungsnetz .... km	221	227

Favorit
Unternehmens-Verwaltungs-GmbH

2000 Hamburg 60, Kapstadtring 2, Postfach 600720, ☏ (040) 6393-0, ✆ 217006-0 esso, Telefax (040) 6393-2225.

Geschäftsführung: Dr. Rolf *Claassen;* Hermann *Witt*.

Gesellschafter: Esso AG, Hamburg, 100%.

Versorgungsgebiete: Fernheizwerke im gesamten Bundesgebiet.

Wärmeengpaßleistung	1990	1991
in Heizwerken .... MW	767,6	789,5
Fremdbezug .... MW	91,2	91,2
Gesamt .... MW	858,8	880,7
Wärmeverteilungsnetz ...... km	294,4	296,8
Wärmeanschlußwert der Abnehmer .... MW	960,6	1 010,8
Produktion, Absatz, Beschäftigte		
Wärmenetzeinspeisung .. GWh/a	1 153	1 303
Wärmehöchstlast .... kWh/s	113,4	137,4
Brennstoffeinsatz .. Mill. t SKE/a	135,3	150,6
Beschäftigte .... (Jahresende)	129	143

Gas-, Elektrizitäts- und Wasserwerke Köln AG (GEW)

(Hauptbeitrag der GEW in Abschn. 2 in diesem Kapitel)

5000 Köln 30, Parkgürtel 24, Postfach 100890, ☏ (0221) 1780, ⌥ Stadtwerke Köln GmbH 8883302, ⌥ Eltwerke Köln.

Fernwärme

Versorgungsgebiet: Stadtgebiet Köln.

Fernwärmeversorgungsanlagen: Wärmeengpaßleistung in Heizkraftwerken 670,1 MW; in Heizwerken 162,8 MW; Fernwärmeverteilungsnetze 7; gesamte Systemlänge 232,1 km; Wärmeanschlußwert der Abnehmer 937,0 MW.

Produktion, Absatz, Beschäftigte		1990	1991
Wärmenetzeinspeisung	GWh/a	1 230	1 623
davon in Kraft-Wärme-Kopplung	GWh/a	1 103	1 477
Stromerzeugung als Koppelprodukt	GWh/a	476	550
Wärmehöchstlast	kWh/s	118,6	150,9
Brennstoffeinsatz	Mill. t SKE/a	0,839	0,831
Beschäftigte	(Jahresende)	572	665

* Inkl. 212 GWh/a Industriedampf.

Hamburgische Electricitäts-Werke AG (HEW)

(Hauptbeitrag der HEW in Abschn. 1 in diesem Kapitel)

2000 Hamburg 60, Überseering 12, ☏ (040) 6396-0, ⌥ 2174121, Telefax (040) 6396-3999, ⌥ Hewag Hamburg.

Fernwärme

Fernwärmeversorgungsanlagen: Zusätzlich zur Stromversorgung des gesamten Staatsgebietes der Freien und Hansestadt Hamburg (FHH) betreibt die HEW ein Fernwärme-Stadtheiznetz mit einer Gesamtlänge von 583 km, davon 45 km Dampfnetz (Stand: 31. 12. 1991). Der Wärmeanschlußwert der Stadtheizungskunden beträgt 2 377,3 MW. Die Fernwärme wird in drei Heizkraftwerken der HEW mit einer Leistung von zusammen 1 360 MW erzeugt; zusätzlich speist eine Müllverbrennungsanlage der FHH eine Leistung von 36 MW in das HEW-Fernwärmenetz ein.

Außer der Stadtheizung betreibt die HEW 4 Inselnetze mit zusammen 16 km Länge für die Versorgung mehrerer Industriebetriebe mit Prozeß- und Raumwärme. Zur Deckung dieses industriellen Wärmeanschlußwertes von 241 MW steht in den beiden dazugehörigen Heizkraftwerken eine Erzeugungsleistung von 493 MW zur Verfügung.

Produktion, Absatz, Beschäftigte		Stadtheizung		Stadtheizung und Industrie	
		1990	1991	1990	1991
Wärmenetzeinspeisung	GWh/a	2 915	3 383	4 118	4 672
Fremdbezug	GWh/a	407	430	407	430
Stromerzeugung als Koppelprodukt	GWh/a	764	760	764	760
Wärmehöchstlast	MW	896	1 100	1 061	1 305
Brennstoffeinsatz einschl. Koppelstrom ohne Fremdbezug	tSKE/a	480 504	545 476	647 197	721 634
Beschäftigte (HEW gesamt)		5 614	5 725		

Mannheimer Versorgungs- und Verkehrsgesellschaft mbH (MVV)

6800 Mannheim 1, Luisenring 49, Postfach 103151, ☏ (0621) 2900, ⌥ 462303 rhnag, Telefax (0621) 2 90-23 24.

Aufsichtsrat: Oberbürgermeister Gerhard *Widder*, Vorsitzender; Herbert *Klein*, stellv. Vorsitzender; Richard *Bender;* Fritz *Böttcher;* Johann *Brandtner;* Stadtrat Robert *Dussel;* Erster Bürgermeister Dr. Norbert *Egger;* Stadtrat Karl *Feuerstein;* Horst *Herr;* Stadtrat Max *Jaeger;* Zygmunt *Juszczak;* Stadtrat Herbert *Lucy;* Stadtrat Dr. Hans *Martini;* Frank *Müller-Eberstein;* Friedrich *Pauli;* Horst *Piechatzek;* Stadtrat Alfred *Rapp;* Stadtrat Rolf *Schmidt;* Bürgermeister Eckhard *Südmersen;* Dieter *Weickel*.

Geschäftsführung: Klaus *Curth;* Ass. Roland *Hartung;* Dipl.-Ing. Hans-Heinz *Norkauer;* Dipl.-Ing. Hansjörg *Weiss*.

Stammkapital: 250 Mill. DM.

Gesellschafter: Stadt Mannheim.

Versorgungsgebiete: Stadt Mannheim und Umgebung.

Produktion, Absatz, Beschäftigte (Konzern)		1989/90	1990/91
Wärmenetzeinspeisung	GWh/a	2 351	2 463
davon in Kraft-Wärme-Kopplung	GWh/a	2 330	2 433
Stromerzeugung als Koppelprodukt	GWh/a	1 215	1 374
Wärmehöchstlast			
– Heizwasser	MW	630,0	870
– Dampf	MW	144,4	160
Wärmeanschlußwert der Abnehmer	MW	1 745,9	1 780,0
Fernwärme-Leitungsnetz	km	407	422
Beschäftigte		2 899	2 906

Tochtergesellschaften

Stadtwerke Mannheim Aktiengesellschaft (SMA).
Energie- und Wasserwerke Rhein-Neckar Aktiengesellschaft (RHE).
Mannheimer Verkehrs-Aktiengesellschaft (MVG).

Wesentliche Beteiligungen innerhalb der Versorgungswirtschaft

Badenwerk AG, Karlsruhe.
Grosskraftwerk Mannheim Aktiengesellschaft (GKM).
Gasversorgung Süddeutschland GmbH (GVS).
Zweckverband Wasserversorgung Kurpfalz (ZWK).
Meißener Stadtwerke GmbH (MSW).

Nahwärme Düsseldorf GmbH

4000 Düsseldorf 1, Luisenstr. 105, ☏ (0211) 821-0, ✆ 8582907 stwe d.

Geschäftsführung: Dipl.-Volkswirt Karl-Gert *Herinx*, Stadtwerke Düsseldorf AG; Dipl.-Ing. Bernhard *Steffen*, Stadtwerke Düsseldorf AG; Dipl.-Ing. Lothar *Reitsch*, Deutsche Kohle Marketing GmbH.

Kapital: 100 000 DM.

Gesellschafter: Stadtwerke Düsseldorf AG, 80%; Deutsche Kohle Marketing GmbH, 20%.

Zweck: Erzeugung und Vertrieb von Wärme, die Installation, die technische und kaufmännische Betriebsführung von wärmeerzeugenden, vornehmlich steinkohlegefeuerten Heizzentralen im Versorgungsgebiet Düsseldorf.

PreussenElektra Aktiengesellschaft

(Hauptbeitrag der PreussenElektra AG in Abschn. 1 in diesem Kapitel)

3000 Hannover 91, Tresckowstraße 5, ☏ (0511) 4 39-0, ✆ pehv 922756, ⌁ PreussenElektra, Hannover.

Fernwärmeversorgung

		1990	1991
Wärmeabsatz AG	GWh/a	786	831
Wärmeabsatz Konzern	GWh/a	1 327	1 481

Gasversorgung

		1990	1991
Gasabsatz Konzern	GWh/a	18 945	21 556

RWE Energie AG

(Hauptbeitrag des RWE in Abschn. 1 in diesem Kapitel)

4300 Essen, Kruppstraße 5, Postfach 103165, ☏ (0201) 185-1, ✆ 857851, ⌁ Kraftlicht.

Fernwärmeversorgung

		1990/91	1991/92
Wärmenetzeinspeisung	GWh/a	2 024,9	1 630,5

Deutsche Kohle Marketing GmbH
Steinkohlevertrieb – Wärmeversorgung

4300 Essen 1, Rellinghauser Straße 1, Postfach 103262, ☏ (0201) 177-1, Telefax Wärmeversorgung (0201) 177-3485, Telefax Steinkohlevertrieb (0201) 177-3449.

Beirat: Dr.-Ing. Peter *Rohde*, Vorsitzender; Dr. rer. pol. Heinz *Horn*; Wilhelm *Beermann*; Dipl.-Kfm. Günter *Meyhöfer*; Dipl.-Kfm. Erich *Klein*; Ass. d. Bergf. Rudolf *Sander*.

Geschäftsführung: Dr.-Ing. Hubert *Guder*, Vorsitzender; Dr.-Ing. Hermann *Brandes*; Karl-Heinz *Ziegler*; Karl-Heinz *Zimmermann*.

Prokuristen: Betriebswirt VwA Horst *Blaser*, Dipl.-Kfm. Hans-Peter *Eckhardt*, Dipl.-Ing. Werner *Gerwert*, Heinz *Gestmann*, Wilhelm *Mechmann*, Dipl.-Ing. Lothar *Reitsch*, Dr.-Ing. Peter *Steinmetz*, Dipl.-Kfm. Rainer *Schmitz*.

Alleiniger Gesellschafter: Ruhrkohle AG (RAG).

Zweck: Verkauf von festen Brennstoffen für den Wärmemarkt im eigenen Namen und für Rechnung der Lieferanten. Erzeugung und Vertrieb von Wärme (Planung, Finanzierung, Bau und Betrieb von wärmeerzeugenden Anlagen). Lieferung von wärmeerzeugenden Anlagen und deren Komponenten. Entwicklung und Verkauf von integrierten Wärmeversorgungskonzepten für Kommunen und für Industriebetriebe. Beratung der Verbraucher und des Brennstoffhandels im Wärmemarkt.

Saarberg-Fernwärme GmbH

6600 Saarbrücken, Sulzbachstraße 26, ☎ (0681) 3099-0, Telefax (0681) 3099-340, Teletex 6817517 sfw.

Beirat: Hans-Reiner *Biehl*, Vorsitzender des Vorstandes der Saarbergwerke AG; Hans-Herbert *Giessen*, Saarbrücken; Dr. Ing. Hannes *Kneissl*, Direktor KEC, Kneissl Energie Consult GmbH; Ernst *Lenz*, Vorsitzender des Vorstandes der Saarländischen Landesbank; Dr. Frithjof *Spreer*, Ministerium für Wirtschaft, Saarbrücken; Regierungsdirektor Dr. *Winkeler*, Bundesministerium der Finanzen.

Geschäftsführung: Ass. Günter *Neu;* Dipl.-Ing. Helmut *Besch*.

Kapital: 30 Mill. DM.

Alleiniger Gesellschafter: Saarbergwerke AG.

Zweck: Der Bau und der Betrieb von Anlagen zur Erzeugung bzw. Gewinnung von Fernwärme, Wasser und Strom, insbesondere im Wege der Kraft-Wärme-Kopplung, sowie Bau und Betrieb von Anlagen zur Fortleitung und Verteilung von Wärme, Gas, Wasser und Strom, der Kauf und Verkauf, die Anpachtung und Verpachtung, die Führung des Betriebs solcher Anlagen, die Belieferung von Abnehmern aus diesen Anlagen sowie die Durchführung von Ingenieur- und sonstigen Leistungen auf diesen und verwandten Gebieten einschließlich Leistungen im Bereich der Ver- und Entsorgung.

Anlagen: Fernwärmeversorgungen in Homburg, Neunkirchen, Koblenz, Freiburg, Neufahrn, Neuss, Winnenden, Kamp-Lintfort und 30 weitere kleinere Anlagen mit einem Gesamtanschlußwert von 602,4 MW.

Produktion und Beschäftigte	1990	1991
Wärmenetzeinspeisung .. GWh/a	769	827,3
Beschäftigte	199	209

Beteiligungen
Gesellschaft für Versorgungstechnik mbH (GVT), 100%.
Fernwärme-Verbund Saar GmbH (FVS), 74%.
Heizkraftwerk Homburg GmbH (HKH), 47%.
Ingenieurbüro Fernwärme GmbH (IBF), 51%.
Stadtwerke Jena GmbH (SWJ), 39%.
Ilmenauer Wärmeversorgung GmbH (IWV), 49%.
Freiberger Wärmeversorgung GmbH, 49%.
Saarberg-Fernwärme Fürstenwalde GmbH, 100%.

Fernwärme-Verbund Saar GmbH (FVS)

6620 Völklingen, Richardstr. 4 − 6, ☎ (06898) 159-0, ⌀ 4429808 fvs d, Telefax (06898) 159-133.

Aufsichtsrat: Dipl.-Ing. Dipl.-Kfm. Hans-Reiner *Biehl;* Dr.-Ing. Claus *Ebel;* Oberbürgermeister Hans *Netzer;* Dipl.-Ing. Michael *Buckler;* Dipl.-Ing. Willy *Leonhardt;* Dipl.-Kfm. Arthur *Plankar*.

Geschäftsführung: Dipl.-Ing. Helmut *Besch;* Assessor jur. Günter *Neu*.

Kapital: 11 Mill. DM.

Gesellschafter: Saarberg-Fernwärme GmbH, 74%; Stadtwerke Saarbrücken AG, 26%.

Zweck: Der Bau und Betrieb eines regionalen Fernwärmeversorgungssystems im Saarland.

Produktion und Beschäftigte	1990	1991
Wärmenetzeinspeisung .. GWh/a	876	878
Beschäftigte	79	84

Beteiligung:
GAL Fernwärmeschiene Saar-West Besitz-GmbH & Co. KG, 49%.
SEA Saarländische Energie-Agentur GmbH, 19%.

Stadtwerke Bielefeld GmbH

(Hauptbeitrag der Stadtwerke Bielefeld GmbH in Abschn. 2 in diesem Kapitel)

4800 Bielefeld 1, Schildescher Straße 16, Postfach 102692, ☎ (0521) 51-1, ⌀ 932821 swblfd, Telefax (0521) 514337, ⌀ Stadtwerke Bielefeld.

Fernwärmeversorgung

Versorgungsgebiet: Stadt Bielefeld.

Produktion und Absatz	1990	1991
Wärmehöchstlast .... MW	179,2	259,7
Wärmenetzeinspeisung .. GWh/a	492,4	556,9
Fernwärme-Leitungsnetz .... km	134,5	136,0

Stadtwerke Bochum GmbH

4630 Bochum 1, Postfach 102250, Massenbergstr. 15−17, ☎ (0234) 6181, ⌀ 825407.

Fernwärmeversorgung

Produktion und Absatz	1990	1991
Wärmehöchstlast .... MW	187	185
Wärmenetzeinspeisung .. GWh/a	479	520
Fernwärme-Leitungsnetz .... km	66	69

Stadtwerke Braunschweig GmbH

3300 Braunschweig, Taubenstr. 7, Postfach 3317, ☎ (0531) 3830, Telefax (0531) 952760.

Produktion und Absatz	1990	1991
Wärmenetzeinspeisung .. GWh/a	815	938
Fernwärme-Leitungsnetz .... km	164,9	166,4

FERNWÄRME

Stadtwerke Bremen AG

(Hauptbeitrag der Stadtwerke Bremen AG in Abschn. 2 in diesem Kapitel)

2800 Bremen, Theodor-Heuss-Allee 20, Postfach 107803, ☏ (0421) 3 59-0, ⌕ 244776.

Nah- und Fernwärmeversorgung

Versorgungsgebiet: Bremen.

Produktion und Absatz		1990	1991
Wärmeanschlußwert der Abnehmer	MW	409	452
Wärmehöchstlast	MW	178	230
Wärmenetzeinspeisung	GWh/a	589	685
Wärmetrassenlänge	km	122	164

Stadtwerke Düsseldorf AG

(Hauptbeitrag der Stadtwerke Düsseldorf AG in Abschn. 2 in diesem Kapitel)

4000 Düsseldorf 1, Luisenstraße 105, Postfach 1136, ☏ (0211) 821-1, ⌕ 8582907 stwe d.

Fernwärmeversorgung

Produktion und Absatz		1990	1991
Wärmehöchstlast*	MW	345,5	393,1
Wärmenetzeinspeisung*	GWh/a	929,0	1 044,4
Fernwärme-Leitungsnetz*	km	152,2	155,9

* Einschl. Betriebsführung.

Stadtwerke Duisburg AG

(Hauptbeitrag der Stadtwerke Duisburg AG in Abschn. 2 in diesem Kapitel)

4100 Duisburg 1, Bungertstraße 27, Postfach 101354, ☏ (0203) 604-1.

Fernwärmeversorgung

Versorgungsgebiet: Stadtgebiet Duisburg.

Absatz		1990	1991
Wärmeabgabe	GWh/a	542,2	658,4
Fernwärme-Leitungsnetz	km	350,6	355,2

Stadtwerke Flensburg GmbH

2390 Flensburg, Batteriestraße 48, Postfach 2751, ☏ (0461) 487-0, Telefax (0461) 487680.

Vorsitzender des Aufsichtsrates: Jürgen *Voss.*

Geschäftsführung: Dipl.-Kfm. Jürgen *Drews;* Dr.-Ing. Georg *Völkel.*

Elektrizitätsversorgung

Versorgungsgebiet: Unmittelbare Versorgung der Städte Flensburg und Glücksburg/Ostsee und mittelbar die Gemeinde Harrislee bei Flensburg.

Absatz/Produktion		1990	1991
Eigenerzeugung netto	GWh	398,4	427,8
Nutzbare Abgabe	GWh	500,0	530,9

Fernwärmeversorgung

Versorgungsgebiet: Unmittelbare Versorgung in den Städten Flensburg und Glücksburg/Ostsee sowie der Gemeinde Harrislee bei Flensburg, mittelbare Versorgung der Gemeinde Padborg in Dänemark.

Höchstbelastung der Erzeugung: 349 MW am 6. 2. 1991.

Absatz/Produktion		1990	1991
Wärmenetzeinspeisung	GWh	1 123	1 247
Fernwärme-Leitungsnetz	km	434	439

Industriegasversorgung

Versorgungsgebiet: Unmittelbare Versorgung der Stadt Flensburg und größtenteils die Gemeinde Harrislee bei Flensburg.

Absatz/Produktion		1990	1991
Nutzbare Abgabe	GWh	196,5	228,6
Industriegas-Leitungsnetz	km	6,0	8,9
Beschäftigte (ohne Auszubildende)		603	628

Stadtwerke Frankfurt am Main

(Hauptbeitrag der Stadtwerke Frankfurt am Main in Abschn. 2 in diesem Kapitel)

6000 Frankfurt (Main) 1, Kurt-Schumacher-Straße 10, Postfach 102132, ☏ (069) 213-0, ⌕ 6997530 stawe d.

Fernwärmeversorgung

Versorgungsgebiet: Unmittelbare Vollversorgung des Stadtteils Nordweststadt, der Bürostadt Niederrad, der Universitätskliniken und des Flughafens Frankfurt; Teilversorgung der Frankfurter Innenstadt und Stadtteile von Niederrad, Goldstein und Nied.

Wärmehöchstlast am 6. 2. 1991: 453,7 MW.

Absatz		1990	1991
Wärmenetzeinspeisung	GWh/a	1 212	1 396
Fernwärme-Leitungsnetz	km	127,4	133,1

4 ELEKTRIZITÄTSWIRTSCHAFT

Stadtwerke Hannover AG

(Hauptbeitrag der Stadtwerke Hannover AG in Abschn. 2 in diesem Kapitel)

3000 Hannover 91, Ihmeplatz 2, Postfach 5747, ☏ (0511) 4301, ✆ 922759.

Fernwärmeversorgung

Versorgungsgebiet: Stadt Hannover.

Fernwärme-Engpaßleistung: 620 MW.

Absatz	1990	1991
Wärmenetzeinspeisung .. GWh/a	884	1 051
Fernwärme-Leitungsnetz .... km	191,6	202,2

Stadtwerke Heidelberg AG

6900 Heidelberg, Postfach 105540, ☏ (06221) 513-0, Teletex 6221951 hvvhd d, Telefax (06221) 513-3333.

Vorsitzende des Aufsichtsrates: Oberbürgermeisterin Beate *Weber*.

Vorstand: Dipl.-Ing. (FH) Klaus *Blaesius*, Dipl.-Ing. Hans *Conrads*, Dipl.-Kfm. Dipl.-Phys. Dr. Gerhard *Himmele*.

Zweck: Energieverteilung.

Produktion und Absatz	1990	1991
Wärmehöchstlast .... MW	162	158
Wärmenetzeinspeisung .. GWh/a	547	633
Fernwärme-Leitungsnetz .... km	133	138

Stadtwerke Karlsruhe Versorgungsbetriebe

7500 Karlsruhe 21, Postfach 6169, ☏ (0721) 5991, Telefax (0721) 590896.

Vorsitzender des Werkausschuß: Oberbürgermeister Professor Dr. Gerhard *Seiler*.

Werkleitung: Dipl.-Ing. Jürgen *Ulmer*.

Fernwärme-Produktion und Absatz	1990	1991
Wärmehöchstlast .... MW	189	233
Wärmenetzeinspeisung .. GWh/a	495	576
Fernwärme-Leitungsnetz .... km	118	120
Gasnetzeinspeisung .... Mill. MWh/a	2,68	2,59
Stromnetzeinspeisung .... Mill. MWh/a	1,44	1,46

Stadtwerke Kiel AG

2300 Kiel 1, Knooper Weg 75, Postfach 4160, ☏ (0431) 594-1.

Aufsichtsrat: Karl *Diekelmann*, Stadtrat, Kiel, Vorsitzender; Günter *Mischke*, Vorarbeiter, Kiel, stellv. Vorsitzender; Ewald *Breitkopf*, Ratsherr, Kiel; Theo *Freitag*, Kraftfahrer, Kiel; Dr. Peter *Kirschnick*, Stadtrat, Kiel; Joachim *Kistenmacher*, Umweltschutzbeauftragter, Kiel; Isa *Falk*, kfm. Angestellte, Kiel; Manuel *Mertes*, Bereichsleiter, Kiel; Karin *Pfitzner*, Ratsfrau, Kiel; Günter *Platz*, Zimmerer, Kiel; Erich *Schirmer*, Stadtrat, Kiel; Heinrich-Josef *Sonderfeld*, Ratsherr, Kiel.

Geschäftsführung: Dr. Dr.-Ing. Bernd *Kregel-Olff*, Sprecher; Eckhard *Sauerbaum*, stellv. Sprecher; Siegfried *Scholz*.

Versorgungsgebiet: Westufer Kiel-Süd bis Wik, Mettenhof, Suchsdorf, Projensdorf, Ostufer Kiel.

Fernwärme-Höchstlast 1991: 358,1 MW.

Absatz	1990	1991
Wärmenetzeinspeisung .. GWh/a	1 017,3	1 159,4
Fernwärme-Leitungsnetz .... km	223,4	230,0

Stadtwerke München

(Hauptbeitrag der Stadtwerke München in Abschn. 2 in diesem Kapitel)

8000 München 2, Blumenstraße 28, Postfach, ☏ (089) 2361-1, ✆ 523679.

Fernwärmeversorgung

Versorgungsgebiet: München.

Produktion, Absatz, Beschäftigte	1990	1991
Wärmenetzeinspeisung .. GWh/a	4 086	4 555
davon in Kraft-Wärme-Kopplung .... GWh/a	2 854	3 017
Stromerzeugung als Koppelprodukt (netto) .. GWh/a	933	998
Wärmehöchstlast .... MW	1 281,1	1 519,3
Brennstoffeinsatz[a] . Mill. t SKE	1,079[b]	1,198[b]
Beschäftigte[a] ...... (Jahresende)	2 915	3 102

[a] Strom- und Fernwärmeversorgung.
[b] Ohne Kernbrennstoff.

Stadtwerke Münster GmbH

4400 Münster, Albersloher Weg 27–31, Postfach 7609, ☏ (0251) 6941, ✆ 892816.

Fernwärmeversorgung

Produktion und Absatz	1990	1991
Wärmehöchstlast .... MW	162	200
Wärmenetzeinspeisung .. GWh/a	461	521
Fernwärme-Leitungsnetz .... km	30,4	30,5

Stadtwerke Saarbrücken AG

6600 Saarbrücken, Hohenzollern Str. 104—106, Postfach 408, ☏ (0681) 5870, ✆ 4-428 623 VVS, Telefax (0681) 587-2203.

Aufsichtsrat: OB Hajo *Hoffmann*; Reinhold *Jäger*, stellv. Vorsitzender; Günter *Ersfeld*; Hans B. *Becker*; Rainer *Hück*; Reiner *Mathieu*; BM Margit *Conrad*; Manfred *Münster*; Berthold *Pfeifer*; Elisabeth *Potyka*; Manfred *Riehs*; Arno *Schmitt*; Werner *Schmitt*; Angela *Wilhelm*; Arbeitnehmervertreter: Karl-Heinz *Schneider*, stellv. Vorsitzender; Brigitta *Ackermann*; Karl-Heinz *Guggenberger*; Ingrid *Jung*; Helmut *Kihl*; Berthold *Simon*; Heinrich *Wagner*.

Vorstand: Dipl.-Ing. Willy *Leonhardt*, Vorsitzender; Dipl.-Ing. Michael *Buckler*; Dipl.-Kfm. Norbert *Walter*.

Kapital: 120 Mill. DM.

Gesellschafter: Versorgungs- und Verkehrsgesellschaft Saarbrücken mbH, Landeshauptstadt Saarbrücken.

Zweck: Versorgung mit Elektrizität, Gas, Wasser und Fernwärme bei weitestgehender Schonung der natürlichen Umwelt und der vorhandenen Ressourcen, der Betrieb oder die Betriebsführung von Anlagen, die mit Versorgungseinrichtungen der Stadt Saarbrücken technische oder wirtschaftliche Verbindungen haben.

Versorgungsgebiet: Landeshauptstadt Saarbrücken (190 957 Einwohner).

Produktion, Absatz, Beschäftigte		1990	1991
Stromaufkommen	GWh/a	1 134	1 152
davon Erzeugung in eigenen Kraftwerken	GWh/a	362	361
davon Erzeugung in Beteiligungskraftwerken	GWh/a	665	637
davon Bezug	GWh/a	107	154
Verkauf		1 065	1 078
Wärmeaufkommen	GWh/a	621	706
davon Erzeugung in eigenen Kraftwerken	GWh/a	331	370
davon Erzeugung in Beteiligungskraftwerken	GWh/a	4	130
davon Bezug	GWh/a	286	206
Verkauf	GWh/a	516	593
Fernwärme-Leitungsnetz	km	127	134
Beschäftigte	(Jahresende)	654	560
Gasbezug	GWh/a	931	1 066
Verkauf	GWh/a	904	1 042
Wasseraufkommen	Mill. m^3	15,5	14,6
davon Eigenförderung	Mill. m^3	8,1	8,1
davon Bezug	Mill. m^3	7,4	6,5
Verkauf	Mill. m^3	12,9	12,7

Beteiligungen

Entwicklungs- und Sanierungsgesellschaft Saarbrücken mbH, Saarbrücken 16,64%.
Fernwärme-Verbund Saar GmbH, Saarbrücken, 26%.
Gesellschaft für Innovation und Unternehmensförderung mbH, Saarbrücken, 30%.
Kraftwerk Wehrden GmbH, Völklingen, 33,3%.
MVS-Mineralstoff-Verwertung Saar GmbH, Saarbrücken, 100%.
Modellkraftwerk Völklingen GmbH, Völklingen, 30%.
NeuLand, Gesellschaft für Haldenrecycling und Flächenerschließung mbH, Saarbrücken, 100%.
Saar-Ferngas AG, Saarbrücken, 17,99%.
Saarländische Energie-Agentur GmbH, 30,77%.
Talsperre Nonnweiler Betriebsführungsgesellschaft mbH, Nonnweiler, 50%.
Wasserwerk Bliestal GmbH, Saarbrücken, 86%.
Zweckverband Wasserversorgung Bliestal, Saarbrücken, 70%.

Stadtwerke Wolfsburg AG

3180 Wolfsburg 1, Postfach 100954, ☏ (05361) 189-0, Telefax (05361) 189-303.

Aufsichtsrat: Wolfgang *Schoefer*, Rechtsanwalt und Notar, 1. Vorsitzender; Dipl.-Sozialw., Frank *Poerschke*, 1. stellv. Vorsitzender; Heinz-Hermann *Bockmann*, 2. stellv. Vorsitzender; Rita *Deiders*; Bernd *Hartmann*; Werner *Hoffmann*; Dipl.-Ing. Norbert *Klapprott*; Ralf *Krüger*; Professor Dr. Peter *Lamberg*; Ursula *Lange*; Axel *Neubert*; Dieter *Schulze*; Frank *Steibert*; Ernst *Telge*; Sieghard *Wilhelm*.

Vorstand: Ernst-Otto *Banderob*, Dipl.-Ing. Johannes *Strickrodt* (Sprecher).

Kapital: 42 Mill. DM.

Gesellschafter: Stadt Wolfsburg.

Zweck: Versorgung mit Strom, Fernwärme und Trinkwasser, Betriebsführung der städtischen Bäder sowie die Bedienung des öffentlichen Personennahverkehrs durch die Tochtergesellschaft Wolfsburger Verkehrs-GmbH. Durchführung von Forschungsvorhaben im Bereich der Energie- und Wasserversorgung und des öffentlichen Personennahverkehrs durch die Tochtergesellschaft Forschungsgesellschaft Wolfsburg mbH.

Versorgungsgebiet: Stadtgebiet Wolfsburg.

Absatz und Beschäftigte		1989	1990
Stromabgabe	GWh/a	197,1	200,2
Wärmeabgabe	GWh/a	582,8	607,5
Fernwärme-Leitungsnetz (mit Hausanschlußleitungen)	km	380,2	385,1
Beschäftigte	(Jahresende)	711	697

Beteiligungen

Wolfsburger Verkehrs-GmbH, 100%.
Forschungsgesellschaft Wolfsburg mbH, 100%.
Wolfsburger Dienstleistungs- und Meldezentrale, 50%.
Land E-Stadtwerke GmbH Wolfsburg, 50%.
Stadtwerke Blankenburg AG, 25,5%.

Steag Fernwärme GmbH

4300 Essen 1, Bismarckstraße 54, ☏ (0201) 187-0,
⌨ 857693 steag d, Telefax (0201) 187-4888.

Beirat: Ass. d. B. Friedrich H. *Esser*, Vorsitzender, Essen; Dr. jur. Klaus *Rumpff*, Essen, stellv. Vorsitzender; Oberstadtdirektor Kurt *Busch*, Essen; Professor Dr.-Ing. Rudolf *von der Gathen*, Essen; Oberkreisdirektor Dr. Horst *Griese*, Wesel; Bürgermeister Karl-Heinz *Klingen*, Dinslaken; Dr.-Ing. Thomas *Mathenia*, Oberhausen; Dr. rer. pol. Jochen *Melchior*, Essen.

Geschäftsführung: Dipl.-Ing. Dipl.-Kfm. Wulf Hinrich *Bobzien;* Dipl.-Ing. Arnold *Dittbrenner;* Dr.-Ing. Franz-Josef *Kitte*.

Kapital: 40 Mill. DM.

Alleiniger Gesellschafter: Steag AG.

Zweck: Die Betätigung auf dem Gebiete der Energieversorgung, insbesondere die Errichtung und der Betrieb von Kraft- und Fernheizwerken, Fernheiznetzen und anderen Energieversorgungsanlagen; die Beschaffung von Brennstoffen für Zwecke der Energieerzeugung; die Übernahme von Geschäfts- und Betriebsführungen auf dem Gebiete der Energiewirtschaft; der Erwerb von Beteiligungen.

Fernwärmeversorgungsgebiete in Essen, Gelsenkirchen, Bottrop, Bochum, Bonn-Duisdorf, Duisburg-Walsum, Hamm, Herten-Süd und weitere kleinere Anlagen.

Fernwärmebereitstellung		1990	1991
Wärmeengpaßleistung in			
Heizwerken	MW	437,5	437,5
Fremdbezug	MW	1 102,8	1 102,8
Fernwärme-Leitungsnetz	km	404	415

Produktion, Absatz, Beschäftigte		1990	1991
Wärmeanschlußwert	MW	1 411	1 421
Wärmenetzeinspeisung	GWh/a	2 200	2 483
davon aus Kraft-Wärme-Kopplung und industrieller Abwärme	GWh/a	1 894	2 085
Wärmehöchstlast	MW	771	870
Brennstoffeinsatz	tSKE/a	183 507	213 016
Beschäftigte	(Jahresende)	186	189

Beteiligungen

Fernwärmeversorgung Universitäts-Wohnstadt Bochum GmbH, Bochum, 66²/₃%.
GbR Gruppenkraftwerk Herne, Essen, 19,05 %.
Fernwärmeversorgung Gelsenkirchen GmbH, Gelsenkirchen, 50 %.
WSG Wärmezähler-Service GmbH, Essen, 50 %.

Technische Werke der Stadt Stuttgart (TWS) AG

(Hauptbeitrag der TWS in Abschn. 2 in diesem Kapitel)

7000 Stuttgart 1, Lautenschlagerstraße 21, ☏ (0711) 289-1, ⌨ 723714 tws d.

Fernwärmeversorgung

	1990	1991
Nutzbare Abgabe (Verkauf) .... GWh/a	1 238	1 396

Veba Kraftwerke Ruhr AG (VKR)

(Hauptbeitrag der VKR in Abschn. 1 in diesem Kapitel)

4650 Gelsenkirchen, Postfach 100125, Bergmannsglückstr. 41 - 43, ☏ (0209) 601-1, vebak, ⌨ 824619, Telefax (0209) 601-5150.

Eigene Versorgungsgebiete: Castrop-Rauxel, Datteln, Gelsenkirchen-Buer, Gladbeck, Herne (Wanne-Eickel), Recklinghausen. Außerdem Fernwärmelieferungen an Weiterverteiler in den Städten Herne, Herten, Dortmund-Bodelschwingh/Nette, Marl und in das Netz Bochum.

Wärmeengpaßleistung am 31. 12. 1991: Fernwärmekraftwerke und Kraftwerke mit Wärmeauskopplung: 139 kWh/s; Spitzenkesselanlagen 116 kWh/s; Fremdbezug 3 kWh/s.

Produktion und Absatz		1990	1991
Wärmenetzeinspeisung	GWh/a	1 809	2 028
davon in Kraft-Wärme-Kopplung	GWh/a	1 578	1 784
Netto-Stromerzeugung in Kraft-Wärme-Kopplung	GWh/a	663,6	744,1
Wärmehöchstlast	MW	554,7	746,0
Brennstoffeinsatz	tSKE	96 760	114 181
Wärmeanschlußwert	MW	895,1	904,3
Fernwärme-Leitungsnetz	km	540,2	549,2

Fernwärme-Vertriebsgesellschaften

Veba Fernheizung Castrop-Rauxel GmbH.
Veba Fernheizung Datteln GmbH.
Veba Fernheizung Gelsenkirchen-Buer GmbH.
Veba Fernheizung Gladbeck GmbH.
Veba Fernheizung Recklinghausen GmbH.
Veba Fernheizung Wanne-Eickel GmbH.

FERNWÄRME

Vereinigte Elektrizitätswerke Westfalen AG (VEW)

(Hauptbeitrag der VEW in Abschn. 1 in diesem Kapitel)

4600 Dortmund, Rheinlanddamm 24, ☏ (0231) 438-1, ✆ 822121 VEW, ✆ Eltwerke Dortmund. Bezirksdirektionen: 4600 Dortmund, Ostwall 51, ☏ (0231) 544-1; 4630 Bochum, Wielandstraße 82, ☏ (0234) 515-1; 4400 Münster, Weseler Straße 480, ☏ (0251) 711-0; 5760 Arnsberg 2, Hellefelder Straße 8, ☏ (02931) 84-1.

Fernwärmeversorgung

4600 Dortmund, Rheinlanddamm 24, ☏ (0231) 438-1, ✆ 822121 VEW.

Versorgungsgebiet: Unmittelbare und mittelbare Versorgung in Stadtteilen von Dortmund, Bochum, Marl, Hamm, Lingen und Bergkamen.

Fernwärme-Engpaßleistung am 31. 12. 1991: In eigenen Kraftwerken 738 MW, Fremdbezug 309 MW.

Absatz		1990	1991
Wärmenetzeinspeisung .. GWh/a		1 711	1 836
Fernwärme-Leitungsnetz .... km		140	142

VW Kraftwerk GmbH

3180 Wolfsburg 1, Postfach, ☏ (05361) 9-0, ✆ 9586-0 vww d, Telefax (05361) 928043, ✆ VW Kraftwerk GmbH, Wolfsburg.

Verwaltungsrat: Dr.-Ing. E. h. Günter *Hartwich*, Vorsitzender; Dr. Peter *Frerk*, Peter *Loew*, Professor Dr. Leonhard *Müller*, Dr. Ekkehard *Wesner*.

Geschäftsführung: Anton *Nahmer* (Technik und Energiewirtschaft), Hans *Dobat* (Finanz und Verwaltung).

Zweck: Die VW Kraftwerk GmbH als hundertprozentige Tochtergesellschaft der Volkswagen AG erzeugt, bezieht und liefert Energie an die Volkswagen AG und Dritte. An den Standorten Wolfsburg und Kassel werden neben der Volkswagen AG auch Dritte mit Wärme beliefert.

Fernwärme-Versorgungsgebiet Wolfsburg	1990	1991
Wärmeengpaßleistung ..... MW	1 019	1 019
Fernwärme-Leitungsnetz bis zu den Übergabestellen an die Stadtwerke Wolfsburg AG und VW AG .... km	16,2	16,2
Wärmeanschlußwert ...... MW	1 340	1 396
Wärmenetzeinspeisung .. GWh/a	1 821	2 040
Wärmehöchstlast .... MW	720	770

Fernwärme-Versorgungsgebiet Baunatal		
Wärmeengpaßleistung ..... MW	210	210
Fernwärme-Leitungsnetz bis zu den Verbrauchern Baunatal und VW AG .... km	6,4	6,4
Wärmeanschlußwert ...... MW	206,3	206,3
Wärmenetzeinspeisung .. GWh/a	396,6	460,4
Wärmehöchstlast .... MW	156	185

Fernwärme-Versorgungsgebiet Hannover		
Wärmeengpaßleistung ..... MW	215	215
Fernwärme-Leitungsnetz bis zu den Übergabestellen VW AG .... km	12,0	12,0
Wärmeanschlußwert ...... MW	244	244
Wärmenetzeinspeisung .. GWh/a	393,4	452,4
Wärmehöchstlast .... MW	136	196

Wuppertaler Stadtwerke AG

5600 Wuppertal, Bromberger Str. 39-41, Postfach 201616, ☏ (0202) 569-1, ✆ 8591788 wsw d, Telefax (0202) 511603.

Aufsichtsrat: Ursula *Kraus*, Wuppertal, Vorsitzende; Siegfried *Sülz*, Wuppertal, stellv. Vorsitzender; Dipl.-BW. Bernhard *Bogun*, Düsseldorf; Gerd *Bubenitschek*, Wuppertal; Dr. Joachim *Cornelius*, Wuppertal; Karl-Otto *Dehnert*, Wuppertal; Rudolf *Dreßler*, MdB, Wuppertal; Eva *Fromme*, Wuppertal; Klaus *Gericke*, Wuppertal; Paul *Gernhard*, Wuppertal; Gerhard *Graef*, Wuppertal; Jens *Hinrichsen*, Sprockhövel; Reinhard *Kaiser*, Wuppertal; Hermann-Josef *Richter*, Wuppertal; Dr. Elmar *Schulze*, Wuppertal; Ulrich *Zolldan*, Wuppertal; Arbeitnehmervertreter: Helmut *Herbert*, Wuppertal; Dr. Hans-Erich *Müller;* Günther *Stratmann*, Solingen; Rolf *Szymanski*, Wuppertal.

Vorstand: Dr.-Ing. Kurt *Sunkel*, Wuppertal, Sprecher; Dipl.-Ing. Dipl.-Ök. Alfred *Böhm*, Wuppertal; Dipl.-Kfm. Dipl.-Hdl. Rainer *Hübner*, Düsseldorf.

Zweck: Erzeugung und Bezug von Elektrizität, Fernwärme und Gas, Gewinnung und Bezug von Wasser und deren Verteilung und Verkauf sowie der Bau und Betrieb von Verkehrseinrichtungen.

Grundkapital: 230 Mill. DM.

Aktionäre: Stadt Wuppertal (99,53%), Ennepe-Ruhr-Kreis (0,47%).

Wichtigste Produktionsstätten: Heizkraftwerke Elberfeld und Barmen, Herbringhauser Talsperre, Kerspe-Talsperre.

Absatz und Beschäftigte	1990	1991
Nutzbare Stromabgabe .. GWh/a	2 342	2 371
Wärmenetzeinspeisung .. GWh/a	793	895
Nutzbare Gasabgabe .... GWh/a	3 364	3 760
Nutzbare Wasserabgabe . Mill. m³	31,5	30,7
Beschäftigte .... (Jahresende)	3 669	3 662

Servicefirmen

Institut für Energieversorgung Dresden

O-8027 Dresden, Zeuner Straße 83 a, ☏ 46500, ⌇ 26023, Telefax 4650231.

Zweck: Ingenieurleistungen auf den Gebieten Elektroenergieübertragung und -verteilung sowie Fernwärmeversorgung.

Wärme Service Wärmeanlagenbetriebsgesellschaft mbH

4300 Essen 1, Weiglestr. 13, ☏ (0201) 177-3030, ⌇ 857651 rag d, Telefax (0201) 177-2463.

Geschäftsführung: Dr.-Ing. Hermann *Brandes*, Dr.-Ing. Peter *Steinmetz*.

Kapital: 100 000 DM.

Gesellschafter: Deutsche Kohle Marketing GmbH.

Zweck: Wärmeerzeugung und -lieferung, Betrieb und Erhaltung von Wärmeerzeugungs- und -verteilungsanlagen, Abrechnung von Wärme.

5. Organisationen

Arbeitsgemeinschaft regionaler Energieversorgungs-Unternehmen - ARE - e. V.

3000 Hannover, Humboldtstr. 33, ☏ (0511) 1318771, Telefax (0511) 131558.

Vorstand: Direktor Udo *Cahn von Seelen*, Vorsitzender des Vorstandes der Elektrizitäts-AG Mitteldeutschland, Kassel, Vorsitzender; Direktor Dipl.-Ing. Franz Karl *Drobek*, Vorstandsmitglied der Lech-Elektrizitätswerke AG, Augsburg, stellv. Vorsitzender; Direktor Dipl.-Kfm. Norbert *Worm*, Vorstandsmitglied der Hannover-Braunschweigische Stromversorgungs-AG, Hannover, stellv. Vorsitzender; Direktor Dr.-Ing. Klaus *Bechtold*, Vorstandsmitglied der Elektromark Kommunales Elektrizitätswerk Mark AG, Hagen; Direktor Dipl.-Kfm. Dr. Reinhard *Berger*, Vorstandsmitglied der Energieversorgung Weser-Ems AG, Oldenburg; Direktor Dr. Franz Eggert *Bücker* (Gast), Vorstandsmitglied der Hanseatischen Energieversorgungs AG; Direktor Karl-Heinrich *Buhse*, Vorsitzender des Vorstandes der Schleswag Aktiengesellschaft, Rendsburg; Direktor Dipl.-Ing. Gerhard *Christgau*, Vorstandsmitglied der Elektrizitätswerk Rheinhessen AG, Worms; Direktor Dipl.-Ing. Horst *Laurick*, Vorstandsmitglied der Energieversorgung Oberfranken AG, Würzburg; Direktor Dipl.-Ing. Günter *Marquis*, Mitglied des Vorstandes der Vereinigte Saar-Elektrizitäts-AG, Saarbrücken; Direktor Dr.-Ing. Ernst Joachim *Preuss*, Vorstandsmitglied der Neckarwerke Elektrizitätsversorgungs-AG, Esslingen; Direktor Dipl.-Ing. Walter *Spangenberg*, Geschäftsführer der Elektrizitätswerk Wesertal GmbH, Hameln; Direktor Erich *Spletstößer*, Vorstandsmitglied der Main-Kraftwerke AG, Frankfurt/Main-Höchst; Direktor Günter *Zimmermann*, Vorstandsmitglied der AVU Aktiengesellschaft für Versorgungs-Unternehmen, Gevelsberg.

Geschäftsführer: Assessor Dieter *Braun*.

Zweck: Förderung der Ziele der regionalen Energieversorgung, insbesondere Vertretung der gemeinsamen Interessen der Mitglieder gegenüber den übrigen Gruppen der Energieversorgung, Behörden, gesetzgebenden Körperschaften, Verbraucherverbänden u. a., Wahrung der Gesamtinteressen der Versorgungswirtschaft gemeinsam mit den übrigen versorgungswirtschaftlichen Verbänden, Beratung der Mitgliedsunternehmen sowie Öffentlichkeitsarbeit über Besonderheiten der regionalen Energieversorgung und deren Aufgaben.

Mitglieder: Schleswag AG, Energieversorgung Weser-Ems AG (EWE), Überlandwerk Nord-Hannover AG (ÜNH), Hannover-Braunschweigische Stromversorgungs-AG, Stromversorgung Osthannover GmbH, Landelektrizität GmbH, Überland-Zentrale Helmstedt AG, Licht- und Kraftwerke Harz, Elektrizitätswerk Wesertal GmbH, Elektrizitätswerk Minden-Ravensberg GmbH, Pesag AG, Niederrheinische Licht- und Kraftwerke AG, AVU AG für Versorgungs-Unternehmen, Elektromark Kommunales Elektrizitätswerk Mark AG, Lister- und Lennekraftwerke GmbH, Elektrizitäts-AG Mitteldeutschland, Überlandwerk Fulda AG, Oberhessische Versorgungsbetriebe AG, Kraftversorgung Rhein-Wied AG, Koblenzer Elektrizitätswerk und Verkehrs-AG, Main-Kraftwerke AG, Überlandwerk Groß-Gerau GmbH, Energieversorgung Offenbach AG, Hessische Elektrizitäts-AG, Elektrizitätswerk Rheinhessen AG, Pfalzwerke AG, Vereinigte Saar-Elektrizitäts-AG, Überlandwerk Unterfranken AG (ÜWU), Energieversorgung Oberfranken AG, Fränkische Licht- und Kraftversorgung AG, Energieversorgung Ostbayern AG, Isar-Amperwerke AG, Lech-Elektrizitätswerke AG, Fränkisches Überlandwerk AG, Ueberlandwerk Jagstkreis AG, Zeag Elektrizitätswerk Heilbronn, Kraftwerk Altwürttemberg AG, Neckarwerke Elektrizitätsversorgungs-AG, Elektrizitätswerk Mittelbaden AG, Kraftwerk Laufenburg, Kraftübertragungswerke Rheinfelden AG, Mitteldeutsche Energieversorgung AG, Energieversorgung Magdeburg AG, Energieversorgung Müritz-Oderhaff AG, Märkische Energieversorgung AG, Westmecklenburgische Energieversorgung AG, Westsächsische Energie-Aktiengesellschaft, Hanseatische Energieversorgung Aktiengesellschaft Rostock, Südthüringer Energieversorgung Aktiengesellschaft Meiningen, Energieversorgung Spree-Schwarze Elster Aktiengesellschaft, Energieversorgung Südsachsen AG, Energieversorgung Nordthüringen AG, Ostthüringer Energieversorgung AG, Energieversorgung Sachsen Ost AG, Oder-Spree-Energieversorgung AG.

Arbeitsgemeinschaft Versuchsreaktor AVR GmbH

4000 Düsseldorf, Luisenstraße 105, Postfach 101344, ☏ (0211) 8211, Telefax (0211) 397394.

Geschäftsführung: Dr. Johannes *Hüning*, Dr. Chrysanth *Marnet*.

Kapital: 6,1 Mill. DM.

Zweck: Die Gesellschaft dient ausschließlich und unmittelbar gemeinnützigen Zwecken im Sinne der Gemeinnützigkeitsverordnung. Gegenstand des Unternehmens ist ein Großversuch durch Bau, Betrieb und Stillegung eines Versuchskernkraftwerkes mit dem

Zweck, wissenschaftliche, technische und wirtschaftliche Erkenntnisse und Erfahrungen im Reaktorbau und -betrieb zu sammeln und auszuwerten.

Versuchsreaktor Jülich: Der Versuchsreaktor von 46 MW t bzw. 15 MWe befindet sich in Jülich angrenzend an das Gelände der Kernforschungsanlage Jülich GmbH. Es handelt sich um einen Kugelhaufen-Hochtemperatur-Reaktor, der im Dezember 1967 die Stromerzeugung aufgenommen hat. Die Stromerzeugung wurde am 31. 12. 88 beendet. Es ist nunmehr vorgesehen, die Anlage in einen sicheren Einschluß zu überführen und später endgültig zu beseitigen.

Bundesverband deutscher Wasserkraftwerke (BDW) e. V.

8000 München 2, Theresienstraße 29/II, ☏ (089) 286 62 60, Telefax (089) 28 66 26 66.

Vorsitzender: Matthias *Engelsberger*.

Geschäftsführung: Dr. Veit *Welsch*.

Zweck: Interessenvertretung der Wasserkraftwerke.

Mitglieder: Landesorganisationen der Wasserkraftwerke.

BVK Bundesverband Kraftwerksnebenprodukte e. V.

4000 Düsseldorf 11, Niederkasseler Kirchweg 97, ☏ (0211) 579195, Telefax (0211) 579524.

Vorstand: Dipl.-Kfm. Heinz *Schott,* Vorsitzender; Dr.-Ing. Heinz-Peter *Backes;* Joachim *Dörich;* Dr. rer. pol. Hans *Huber;* Josef *Palm*.

Geschäftsführung: Dr.-Ing. Bernhard *Dartsch*.

Zweck: Förderung der Verwendung von Kraftwerksnebenerzeugnissen, insbesondere der Rückführung von Rohstoffen in den Wirtschaftskreislauf; Förderung und Durchführung von neuen Anwendungsmöglichkeiten; Absatzförderung für diese Produkte; Zusammenarbeit mit wissenschaftlichen Vereinigungen, Hochschulinstituten, öffentlichen und privaten Forschungsanstalten.

Deutsche Verbundgesellschaft eV (DVG)

6900 Heidelberg 1, Ziegelhäuser Landstr. 5, ☏ (06221) 4037-0, Telefax (06221) 403771.

Vorstand: Dipl.-Ing. Heinz *Lichtenberg,* Badenwerk AG, Karlsruhe; Professor Dr. Leonhard *Müller,* Berliner Kraft- und Licht-AG (Bewag), Berlin.

Geschäftsführung: Dr.-Ing. Jürgen *Schwarz*.

Zweck: Förderung des Ausbaus der Verbundwirtschaft in der deutschen Stromversorgung, Zusammenarbeit zwischen den deutschen Verbundunternehmen und mit den Verbundunternehmen der westeuropäischen Länder sowie Zusammenarbeit der deutschen Verbundunternehmen mit den übrigen Zweigen der Energiewirtschaft und der Industrie.

Mitglieder: Badenwerk AG, Karlsruhe; Bayernwerk AG, München; Berliner Kraft- und Licht (Bewag)-AG, Berlin; Energie-Versorgung Schwaben AG (EVS), Stuttgart; Hamburgische Electricitäts-Werke AG (HEW), Hamburg; PreussenElektra AG, Hannover; RWE-Energie AG, Essen; VEAG Vereinigte Energiewerke AG, Berlin; Vereinigte Elektrizitätswerke Westfalen AG (VEW), Dortmund.

Deutsches Atomforum eV

5300 Bonn, Heussallee 10, ☏ (0228) 507-0.

Präsidium: Präsident: Dr. Claus *Berke,* Direktor der Siemens AG, Bereich Energieerzeugung (KWO), Bergisch-Gladbach; Vizepräsidenten: Christian *Lenzer,* MdB, Bonn; Professor Dr. Hans Wolfgang *Levi,* GSF-Forschungszentrum für Umwelt und Gesundheit GmbH, Neuherberg; Schatzmeister: Dipl.-Kfm. Bernd J. *Breloer,* Vorsitzender der Geschäftsführung der Nukem GmbH, Alzenau; Dr. Hans-Ulrich *Fabian,* Mitglied des Vorstandes der PreussenElektra AG, Hannover; Dipl.-Ing. Hans A. *Hirschmann,* Mitglied des Vorstandes der Siemens AG, Bereich Energieerzeugung (KWU), Offenbach; Dr. Hans *Jacobi,* Mitglied des Vorstandes Ruhrkohle Niederrhein AG, Duisburg; Professor Dr.-Ing. Klaus *Knizia,* Vorsitzender des Vorstandes der Vereinigten Elektrizitätswerke Westfalen AG, Dortmund; Dr. Dietmar *Kuhnt,* Vorsitzender des Vorstandes RWE Energie AG, Essen; Professor Dr. Karl-Hans *Laermann,* MdB, Bundeshaus, Bonn; Horst *Niggemeier,* MdB, Bonn; Dr. Jürgen *Schaafhausen,* Bad Soden; Dr.-Ing. Manfred *Simon,* Mitglied des Vorstandes ASEA Brown Boveri AG, Mannheim; Karl-Heinz *Spilker,* MdB, Bundeshaus, Bonn; Dr.-Ing. E. h. Dipl.-Ing. Karl *Stäbler,* Mitglied des Vorstandes der Energie-Versorgung Schwaben AG, Stuttgart; Professor Dr. Rolf *Theenhaus,* Mitglied des Vorstandes der Forschungszentrum Jülich GmbH, Jülich; Dr. Walter *Weinländer,* Vorsitzender der Geschäftsführung Wiederaufarbeitungsanlage Karlsruhe Betriebsgesellschaft mbH, Eggenstein; Dipl.-Ing. Eberhard *Wild,* Mitglied des Vorstandes der Bayernwerk AG, München.

Generalbevollmächtigte: Dr. Peter *Haug;* Dr. Thomas *Roser*.

Zweck: Förderung der Forschung und Information der Öffentlichkeit auf dem Gebiet der friedlichen Kernenergienutzung. Die Aufgabenstellung umfaßt insbesondere die Förderung der nuklearen Forschungs- und Entwicklungsarbeit in Zusammenarbeit mit Wirtschaft, Wissenschaft und Verwaltung; Empfehlungen und Stellungnahmen zu aktuellen Fragen der Kernenergienutzung; Veranstaltung technisch-wirtschaftlicher und wissenschaftlicher Tagungen sowie Vortrags- und Ausstellungsveranstaltungen zur Unterrichtung der Öffentlichkeit; Herausgabe eines monatlich erscheinenden Informationsdienstes (Atominformation) und Veröffentlichung wissenschaftlicher und allgemeinverständlicher Schriften.

Deutsches Elektronen-Synchrotron (Desy)

2000 Hamburg 52, Notkestr. 85, ☏ (040) 8998-0, ✆ 215124 desy d, Telefax (040) 89 98 32 82, ⌨ desy Hamburg.

DESY – IfH Zeuthen Institut für Hochenergiephysik

O-1615 Zeuthen, Platanenallee 6.

Direktor: Professor Dr. P. *Söding*.

Finanzierung: Deutschland 90%, Land Brandenburg 10%.

Verwaltungsrat: Ministerialdirigent Dr. Hermann *Strub*, Bonn, Vorsitzender; Senatsdirektor Professor Dr. Henning *Freudenthal*, Hamburg, stellv. Vorsitzender; Ministerialrat Dietmar *Bürgener*, Bonn; Regierungsdirektor Harald *Datzer*, Hamburg; Ministerialdirigent Klaus *Faber*, Brandenburg; Ministerialrat Dr. Ernst *Haffner*, Bonn; Ministerialdirigent Wolfgang *Heitmann*, Brandenburg.

Direktorium: Professor Dr. V. *Soergel*, Vorsitzender; Dr. Helmut *Krech*; Dr. Jürgen *May*; Professor Dr. G.-A. *Voss*; Professor Dr. A. *Wagner*.

Wissenschaftlicher Rat: Professor Dr. S. *Brandt*, Siegen, Vorsitzender; Professor Dr. J. *Drees*, Wuppertal; Dr. E. *Hilger*, Bonn; Dr. H. R. *Höche*, Halle; Professor Dr. W. *Jentschke*, Hamburg (Ehrenmitglied); Professor Dr. K. *Kleinknecht*, Mainz; Professor Dr. G. *Kramer*, Hamburg; Professor Dr. O. *Nachtmann*, Heidelberg; Professor Dr. W. *Paul*, Bonn (Ehrenmitglied); Professor Dr. J. *Peisl*, München; Dr. G. *Röpke*, Rostock; Dr. W. *Schnell*, Genf; Dr. W.-D. *Schlatter*, Genf; Professor Dr. G. *Weber*, Hamburg; Dr. H. *Wenninger*, Genf; Professor Dr. J. *Wess*, München.

Finanzierung: Bundesrepublik Deutschland, 90%; Freie und Hansestadt Hamburg, 10%.

Zweck: Zweck der Stiftung sind die Förderung der physikalischen Grundlagenforschung auf dem Gebiet der Elementarteilchen, vor allem durch den Betrieb und weiteren Ausbau der Hochenergiebeschleuniger und deren wissenschaftliche Nutzung, sowie die wissenschaftliche und technische Forschung auf Gebieten, die mit der Hochenergiephysik in Zusammenhang stehen. Die Stiftung dient ausschließlich und unmittelbar gemeinnützigen Zwecken.

Fachinformationszentrum Karlsruhe,
Gesellschaft für wissenschaftlich-technische Information mbH

7514 Eggenstein-Leopoldshafen 2, ☏ (07247) 808-0, ✆ 17724710+, Telefax (07247) 808-666, Teletex 724710 = FIZKA.

Geschäftsführung: Professor Dr.-Ing. G. F. *Schultheiß*; Dr. B. *Jehle*.

Gesellschafter: Bundesrepublik Deutschland und Bundesländer; Max-Planck-Gesellschaft zur Förderung der Wissenschaften (MPG); Fraunhofer-Gesellschaft zur Förderung der angewandten Forschung (FhG); Deutsche Physikalische Gesellschaft (DPG); Verein Deutscher Ingenieure (VDI); Gesellschaft für Informatik (GI); Deutsche Mathematiker-Vereinigung (DMV).

Zweck: Erstellung von bibliographischen und numerischen Datenbasen auf den Gebieten Astronomie und Astrophysik; Energie; Kernforschung und Kerntechnik; Luft- und Raumfahrt, Weltraumforschung; Mathematik, Informatik; Physik. Dienstleistungen: Online-Service mit Zugriff auf mehr als 110 Datenbanken, zu denen die »Energy Data Base« und die »Coal Data Base« gehören. Weitere Dienstleistungen: individuelle Profildienste, retrospektive Recherchen, elektronische Datenträgerdienste (Magnetbänder, Disketten, CD-ROM usw.), gedruckte Dienste. Versorgung mit Originalliteratur.

Fachverband der Elektrizitätsversorgung des Saarlandes e. V. (FES)

6600 Saarbrücken, Heinrich-Böcking-Straße 10–14, ☏ (0681) 607-254 und 607-255, ✆ 4428856, Telefax (0681) 607289.

Vorstand: Dipl.-Ing. Günter *Marquis*, Vorsitzender; Dipl.-Ing. Willy *Leonhardt*, Dipl.-Ing. Jörg *Henning*, Dipl.-Ing. Manfred *Sonntag*, Dipl.-Kaufm. Dieter *Körner*.

Geschäftsführung: Dipl.-Ing. Erich *Kinzer*.

Zweck: Wahrnehmung der Interessen der öffentlichen Elektrizitätsversorgungsunternehmen im Saarland.

Forschungsgesellschaft Wolfsburg mbH für Energie-, Wasser- und Verkehrstechnik

3180 Wolfsburg 1, Heßlinger Straße 1 - 5, Postfach 1009 54, ☏ (0 53 61) 1 89-0, Telefax (0 53 61) 1 89-303.

Geschäftsführung: Dr.-Ing. Werner *Breuer*.

Gesellschafter: Stadtwerke Wolfsburg AG.

Zweck: Praxisbezogene Forschung auf allen Gebieten der öffentlichen Versorgung (Strom, Fernwärme, alternative Energien, Wasser und öffentlicher Personennahverkehr).

Forschungszentrum Jülich GmbH

5170 Jülich, Postfach 19 13, ☏ (02461) 610, ✄ 08 33 556, Telefax (02461) 61 46 66.

Vorstand: Professor Dr. rer. nat. Joachim *Treusch*, Vorsitzender; Georg *v. Klitzing*, stellv. Vorsitzender; Professor Dr.-Ing. Rolf *Theenhaus*.

Stammkapital: 1 Mill. DM.

Gesellschafter: Bundesrepublik Deutschland, Land Nordrhein-Westfalen.

Zweck: Aufgabe der Gesellschaft ist es, Grundlagen- und angewandte Forschung auf vielen Gebieten der Naturwissenschaften zu betreiben, speziell auf den Gebieten Energie-, Material- und Umweltforschung sowie Grundlagenforschung zur Informationstechnik. Die Gesellschaft verfolgt nur friedliche Zwecke. Die Ergebnisse der wissenschaftlichen Arbeiten sollen veröffentlicht werden. Die Gesellschaft dient ausschließlich und unmittelbar gemeinnützigen, insbesondere wissenschaftlichen Zwecken.

Institute und Arbeitsgruppen

Institut für Radioagronomie; Direktor: Professor Dr. Fritz *Führ*.

Institut für Reaktorwerkstoffe und Heiße Zellen; Direktor: Professor Dr. Hubertus *Nickel*.

Institut für Angewandte Werkstofforschung; Direktor: Dr. Detlev *Stöver* (komm.).

Institut für Energie-Verfahrenstechnik; Direktoren: Professor Dr. Claus-Benedict *von der Decken*, Professor Dr. Ulrich *Stimmig*.

Institut für Festkörperforschung; Direktoren: Professor Dr. Gert *Eilenberger*, Professor Dr. Werner *Schilling*, Professor Dr. Wolfgang *Eberhardt*, Professor Dr. Knut *Urban*, Professor Dr. Dieter *Richter*, Professor Dr. Werner *Zinn*, Professor Dr. Helmut *Wenzl*, Professor Dr. Heiner *Müller-Krumbhaar*, Professor Dr. Tasso *Springer*, Professor Dr. Reinhard *Lipowsky*.

Institut für Kernphysik; Direktoren: Professor Dr. Otto *Schult*, Professor Dr. Josef *Speth;* Professor Dr. Kurt *Kilian*.

Institut für Plasmaphysik; Direktoren: Professor Dr. Eduard *Hintz*, Professor Dr. Jürgen *Uhlenbusch*, Professor Dr. Gerd *Wolf*.

Institut für Chemie und Dynamik der Geosphäre; Direktoren: Professor Dr. Dieter *Ehhalt*, Professor Dr. Dieter *Kley*, Professor Dr. Dietrich *Welte*.

Institut für Angewandte Physikalische Chemie; Professor Dr. Milan J. *Schwuger*.

Institut für Nuklearchemie; Professor Dr. Gerhard *Stöcklin*.

Institut für Chemische Technologie; Direktor: Professor Dr. Erich *Merz*.

Institut für Medizin; Direktor: Professor Dr. Ludwig E. *Feinendegen*.

Institut für Biologische Informationsverarbeitung; Professor Dr. Ulrich *Kaupp*.

Institut für Sicherheitsforschung und Reaktortechnik; Direktoren: Professor Dr. Enno *Hicken;* Professor Dr. Kurt *Kugeler*.

Institut für Grenzflächenforschung und Vakuumphysik; Direktoren: Professor Dr. George *Comsa*, Professor Dr. Harald *Ibach*.

Institut für Biotechnologie; Direktoren: Professor Dr. Hermann *Sahm*, Professor Dr. Carl-Johannes *Söder*, Professor Dr. Christian *Wandrey*.

Institut für Schicht- und Ionentechnik; Direktoren: Professor Dr. Christoph *Heiden*, Professor Dr. Hans *Lüth*.

Projekt Entwicklungsarbeiten HTR-Anlagen/HTR Brennstoff-Kreislauf: Dr. Norbert *Kirch*.

Arbeitsgruppe Theoretische Ökologie; Leiterin: Professorin Dr. Jacqueline *McGlade*.

Stabsstelle Supercomputing: Dipl.-Chem. Detlef *Hohl*.

Wissenschaftliche und technische Gemeinschaftsanlagen

Zentralinstitut für Angewandte Mathematik; Direktor: Professor Dr. Friedel *Hoßfeld*.

Zentralabteilung für Chemische Analysen; Leiter: Dr. Hans-Joachim *Dietze*.

Zentralabteilung Forschungsreaktoren und Kerntechnische Betriebe; Leiter: Dr. Hans *Friedewold*.

Abteilung Sicherheit und Strahlenschutz; Leiter: Dr. Ralf *Hille*.

Zentrallabor für Elektronik; Leiter: Dr. Klaus Dieter *Müller*.

Zentralabteilung Technologie; Leiter: Dr. Werner *Lehrheuer*.

Zentralbibliothek; Leiter: Dr. Wolfram *Neubauer*.

Projektträger Biologie, Energie, Ökologie (PT BEO) im Forschungszentrum Jülich GmbH

5170 Jülich, Postfach 1913, ☏ (02461) 610, Telefax (02461) 615327, ✂ 8 3355650.

Leitung: Dr. Helmut *Klein,* ☏ (02461) 614621.

Vertreter: Dr. H.-J. *Neef,* ☏ (02461) 614743.

Arbeitseinheit Biologie, nachwachsende Rohstoffe
Biotechnologie: Dipl.-Ing. W. *Wascher,* (02461) 613855.
Nachwachsende Rohstoffe: Dr. K. *Koch,* ☏ (02461) 614296.

Arbeitseinheit fossile Energien, Fernwärme, Industrieverfahren
Umwandlungstechniken, Gewinnung und Exploration: Dr. H. *Markus,* ☏ (02461) 613251.
Fernwärme, Industrieverfahren: Dr. N. *Schacht,* ☏ (02461) 614623.

Arbeitseinheit erneuerbare Energien, rationelle Energieanwendung
Windenergie, Solare Prozeßwärme, Wasserstoff: Dr. N. *Stump,* ☏ (02461) 613252.
Photovoltaik: Dr. J. *Batsch,* ☏ (02461) 6152211, Dipl.-Ing. F. J. *Friedrich,* ☏ (02461) 614744.
Passive und aktive Solarenergienutzung, Rationale Energieverwendung: Dipl.-Ing. A. *Le Marié,* ☏ (02461) 616977.

Arbeitseinheit Ökologie
Ökologie: Dr. H. M. *Biehl,* ☏ (02461) 615544.

Arbeitseinheit Meeresforschung
Außenstelle Rostock-Warnemünde, Seestr. 15, O-2530 Rostock-Warnemünde, ☏ West (0381) 58232, Ost (0081) 58232, Professor Dr. U. *Schöttler.*

Querschnittsaufgaben
Außenstelle Berlin, Hannoversche Str. 30, O-1040 Berlin (Postadresse: Postfach 610247, W-1000 Berlin 61), ☏ (030) 399810 (West), (Berlin) 2805101 (Ost), Telefax (030) 3998 1318: Dr. H.-J. *Neef.*
Technologien für südliche Klimazonen und Entwicklungsländer: Dr. H. *Räde,* ☏ (02461) 613729.
Kooperation mit Industrieländern, Technologieorientierte Unternehmensgründung: Dr. E. A. *Witte,* ☏ (02461) 614624.
Koordination der Förderprogramme der Europäischen Gemeinschaften:
Energie: Dr. H. *Pfrüner,* ☏ (02461) 613883.
Biologie: Fr. Dr. S. *Kieffer,* ☏ (030) 3998 1261 (West), (Berlin) 2805101 (Ost).
Agarforschung: Fr. Dr. R. *Loskill,* ☏ (030) 3998 1261 (West), (Berlin) 2805101 (Ost).
Ökologie: Fr. Dipl.-Ing. A. *Hoffmann,* ☏ (030) 3998 1255 (West), (Berlin) 2805101 (Ost).

Bundesländerprogramme
Zweigstelle Berlin (für den Senat von Berlin), Alt Moabit 105, 1000 Berlin 21, Dr. A. *Dütz,* ☏ (030) 3925144, Telefax (030) 3934912.

Verwaltung
D. *Schuy,* ☏ (02461) 613986.

Zweck: Auf der Grundlage schriftlicher Vereinbarungen zwischen dem Forschungszentrum Jülich und verschiedenen Bundes- und Landesministerien betreut der Projektträger Biologie, Energie, Ökologie Forschungs- und Förderprogramme:

für den Bundesminister für Forschung und Technologie (BMFT): Biotechnologie 2000, Energieforschung und Energietechnologien, Umweltforschung, Meresbiologie/-ökologie,

für den Bundesminister für Wirtschaft (BMWi): Unterstützung bei der Durchführung des EG-Programms »Förderung von Demonstrationsvorhaben und industriellen Pilotvorhaben im Energiebereich«,

für die Senatsverwaltung für Stadtentwicklung und Umweltschutz, Berlin: Bodenschutzprogramm, Umweltforschungsprogramm, Umweltförderprogramm.

Gesellschaft für Anlagen- und Reaktorsicherheit (GRS) mbH

5000 Köln 1, Schwertnergasse 1, Postfach 101650, ☏ (0221) 2068-0, ✂ 2214123 grs d, Telefax (0221) 2068-442.

Aufsichtsrat (12 Mitglieder): Staatssekretär Clemens *Stroetmann,* BMU, Vorsitzender; Dipl.-Ing. Karl *Stäbler,* Energieversorgung Schwaben AG, stellv. Vorsitzender.

Geschäftsführung: Professor Dr. Dr.-Ing. E. h. Adolf *Birkhofer,* München; Gerald *Hennenhöfer,* Köln.

Gesellschafter (Anteile am Stammkapital): Bundesrepublik Deutschland, 46,10 %; Freistaat Bayern, 3,85 %; Nordrhein-Westfalen, 3,85 %; Technische Überwachungsvereine und Germanischer Lloyd, 46,20 %.

Zweck: Auftrag der Gesellschaft ist die Beurteilung und Weiterentwicklung der technischen Sicherheit, vorrangig auf dem Gebiet der Kerntechnik. Arbeitsschwerpunkte: Sicherheitstechnische Analysen und Sicherheitsbewertungen kerntechnischer Einrichtungen und anderer technischer Anlagen; Entwicklung und Validierung fortschrittlicher Rechenprogramme und Bewertungsmethoden zur Beschreibung des Anlagenverhaltens beim Betrieb und bei Störfällen; Auswertung von Betriebserfahrungen und Störfällen; Erweiterung der Datenbasis für die Beurteilung der Zuverlässigkeit von Bauteilen und Komponenten; Probabilistische Sicherheitsanalysen; Entwicklung der Grundlagen für anlageninterne Notfallschutzmaßnahmen; Strukturmechanische Analysen;

4 ELEKTRIZITÄTSWIRTSCHAFT

Sicherheitsanalysen zu Strategien und Anlagen der Entsorgung der Kernkraftwerke; Sicherheitsbewertung von Zwischen- und Endlagern für radioaktive und andere Abfallstoffe; Analysen auf dem Gebiet des Strahlen- und Umweltschutzes; Erarbeitung von sicherheitstechnischen Anforderungen; Führung der Geschäfte der Störfallkommission (SFK) und des Technischen Ausschusses Anlagensicherheit (TAA).

	1990	1991
Beschäftigte .... (Jahresende)	461	494

Gesellschaft für Schwerionenforschung mbH Darmstadt

6100 Darmstadt, Planckstr. 1, ☏ (06151) 359-0, ✆ 419593.

Aufsichtsrat: *Bund:* Ministerialdirigent Volker *Knoerich*, Bundesministerium für Forschung und Technologie, Vorsitzender; Ministerialrat Dr. Hermann *Schunck*, Bundesministerium für Forschung und Technologie; Oberregierungsrat Dieter *Hugo*, Bundesministerium der Finanzen; *Land:* Ministerialdirigent Herbert *Wolf*, Hessisches Ministerium für Wissenschaft und Kunst, stellv. Vorsitzender; Ministerialrat Ingolf *Möhlen*, Hessisches Ministerium der Finanzen; Vorsitzender des Wissenschaftlichen Rats: Professor Dr. Dirk *Schwalm*.

Geschäftsführung: Professor Dr. Hans Joachim *Specht* (W), Hans Otto *Schuff* (A).

Öffentlichkeitsarbeit: Dr. G. *Siegert.*

Forschungsbereiche
Kernphysik: Professor Dr. R. *Bock;* Dr. Eckart *Grosse;* Professor Dr. U. *Lynen.*
Kernchemie: Professor Dr. Peter *Armbruster.*
Atomphysik kommiss.: Professor Dr. P. *Mokler.*
Theoretische Physik: Professor Dr. W. *Nörenberg.*
Materialforschung: Dr. N. *Angert.*
Beschleunigerbetrieb: Dr. N. *Angert.*
Neue Projekte und technischer Betrieb: Dr. D. *Böhne.*

Kapital: 100000 DM.

Gesellschafter: Bundesrepublik Deutschland 90%; Land Hessen 10%.

Zweck: Die Gesellschaft dient ausschließlich und unmittelbar gemeinnützigen Zwecken. Sie hat die Aufgabe, im Rahmen der staatlichen Förderung, Forschung und Ausbildung mit hochbeschleunigten schnellen Ionen zu betreiben. Die Gesellschaft verfolgt nur friedliche Zwecke.

Gesellschaft für Stromwirtschaft mbH

4330 Mülheim, Delle 50−52, Postfach 100652, ☏ (0208) 35053, Telefax (02 08) 38 14 24.

Stromausschuß: Dr.-Ing. Ekkehard *Schulz*, Thyssen Stahl AG, Duisburg, Vorsitzer; Dr.-Ing. Klaus *Czeguhn*, Mannesmann AG, Düsseldorf, stellv. Vorsitzer; Dipl.-Ing. Heinrich *Stawowy*, Krupp Stahl AG, Bochum, stellv. Vorsitzer; Dipl.-Ing. Hans-Günter *Herfurth*, Saarstahl AG, Völklingen; Dipl.-Kfm. Klaus *Hilker*, Klöckner Stahl GmbH, Duisburg; Dipl.-Kfm. Siegfried *Köhler*, Böhler AG, Düsseldorf; Dr. rer. pol. Gereon *Mertens*, Hoesch AG, Dortmund; Dr.-Ing. Siegfried *Robert*, Thyssen Edelstahlwerke AG, Krefeld; Dr.-Ing. Peter *Rohde*, Ruhrkohle AG, Essen.

Geschäftsführung: Dr. mont. Hans-Günther *Pöttken.*

Prokurist: Dipl.-Ing. Sieghard *Ehlers.*

Gesellschafter: Der Gesellschafterkreis erstreckt sich auf das gesamte Bundesgebiet und umfaßt insbesondere Unternehmen der Eisen- und Stahlindustrie, teilweise des Bergbaus, der Chemischen Industrie, des Maschinenbaus, der Mineralölindustrie und der Rohstoffindustrie.

Zweck: Beratung der Gesellschafter in allen Fragen der Stromwirtschaft, insbesondere bei Abschluß und Durchführung von Stromlieferungs- und Strombezugsverträgen, Vertretung bzw. Unterstützung der Gesellschafter bei Verhandlungen mit den Elektrizitätsunternehmen, Behörden und anderen.

GKSS-Forschungszentrum Geesthacht GmbH

2054 Geesthacht-Tesperhude, ☏ (04152) 87-0, ✆ 218712 gkssg, ⌨ GKSS-Geesthacht.

Aufsichtsrat: *Vom Gesellschafter Bund entsandt:* Ministerialdirigent Dr.-Ing. Werner *Menden*, Bundesministerium für Forschung und Technologie, Bonn, Vorsitzender; Ministerialrat Wilfried *Goerke*, Bundesministerium für Umwelt, Naturschutz und Reaktorsicherheit, Bonn; N. N., Bundesministerium der Finanzen, Bonn. *Von den vier norddeutschen Küstenländern entsandt:* Ministerialdirigent Dr. Jan *Eggers*, Ministerium für Wirtschaft, Technik und Verkehr des Landes Schleswig-Holstein, Kiel; Senatsdirektor Dr. Henning *Freudenthal*, Behörde für Wissenschaft und Forschung, Hamburg; Ministerialdirigent Dr. Christian *Hodler*, Niedersächsisches Ministerium für Wissenschaft und Kultur, Hannover; Senatsrat Rainer *Köttgen*, Senator für Bildung, Wissenschaft und Kunst, Bremen. *Gewählte Mitglieder der Gesellschaft:* Dipl.-Ing. Bernhard *Kunze*, Geesthacht; Dipl.-Ing. Hans-Joachim *Manthey*, Geesthacht; Dipl.-Ing. Peter *Voigt*, Geesthacht. *Von den privaten Gesellschaftern entsandt:* Dr. Claus *Berke*, Siemens AG, Leiter Bereich Energieerzeugung KWU; Dr. Hanns *Kippenberger*, Direktor mit Generalvollmacht, Deutsche Bank AG in Hamburg, Hamburg; Dipl.-Ing. Udo *von Stebut*, Vorstandsmitglied des Bremer Vulkan Schiffbau und Maschinenfabrik, Bremen; Dipl.-Kfm. Werner *Zywietz*, MDB, Bonn. *Gewählte Mitglieder aus Wissenschaft und Wirtschaft:* Peter *David*, DAG, Leiter des Ressorts Organisation, Werbung, Finanzen (OWF), Hamburg; Professor Dr.-Ing. Hans Kurt *Tönshoff*, Institut für Fertigungstechnik und Spanende Werkzeugmaschinen, Hannover.

Geschäftsführung: Dr.-Ing. Dietrich *Morgenstern*, Dr. Claus *Waldherr*.

Prokuristen: Dr. Wolfgang *Jager*, Dipl.-Ing. Hermann *Schmidt*.

Kapital: An dem Stammkapital von nom. 80000 DM sind der Bund und die Küstenländer, die zusammen auch den gesamten Aufwand für Betriebskosten und Investitionen finanzieren, zu mehr als 50% beteiligt.

Forschungsschwerpunkte: Reaktorsicherheitsforschung; Materialforschung; Unterwassertechnik; Umweltforschung/Klimaforschung/Umwelttechnik.

Besondere Forschungseinrichtungen: Forschungsreaktoren (5 bzw. 15 MW) mit Bestrahlungseinrichtungen; Kalte Neutronenquelle; Neutronenstreueinrichtungen für die Untersuchung von Materialien im Forschungsschwerpunkt Materialforschung; Heiße Zellen zur Bearbeitung und Untersuchung bestrahlter und radioaktiver Materialien; Materialprüfeinrichtungen; Meßschiffe; Laserfernmeßsystem zur Messung von Schadgasen in der Luft; Labors zur Spurenanalytik; GKSS-Unterwasser-Simulationsanlage (GUSI); Großrechenanlage.

Hauptberatungsstelle für Elektrizitätsanwendung — HEA — e. V.

6000 Frankfurt a. M. 1, Am Hauptbahnhof 12, ☏ (069) 25619-0, Telefax (069) 232721, BTX* 44405 #.

Vorstand: Dipl.-Phys. Karl Otto *Abt*, Stadtwerke Düsseldorf AG; Dr.-Ing. Gunther *Clausnizer*, Hamburg; Dipl.-Ing. Friedrich *Friesenecker*, Main-Kraftwerke AG, Frankfurt am Main-Höchst; Professor Dr.-Ing. Klaus *Gadek*, Constructa GmbH, Erlangen; Professor Dr. Joachim *Grawe*, Vereinigung Deutscher Elektrizitätswerke e. V., Frankfurt am Main; Dipl.-Ing. Dr. rer. oec. Kurt *Groh*, Energieversorgung Ostbayern AG, Regensburg; Friedrich W. *Gugenberger*, Stadtwerke Frankfurt am Main; Hans-Diether *Imhoff*, Vereinigte Elektrizitätswerke Westfalen AG, Dortmund; Dr. rer. pol. Karsten *Jaspersen*, AEG Hausgeräte Aktiengesellschaft, Nürnberg; Dieter R. *Jochheim*, Stiebel Eltron GmbH & Co. KG, Holzminden; Dipl.-Kfm. Norbert *Knaup*, Zentralverband Elektrotechnik- und Elektronikindustrie e. V., Frankfurt am Main; Dipl.-Kfm. Dirk *Ridder*, Miele & Cie. GmbH & Co., Gütersloh; Dipl.-Ing.

Bernd *Riegelsberger*, Asea Brown Boveri AG, Mannheim; Dipl.-Ing. Walter *Steinbauer*, Siemens-Aktiengesellschaft, Nürnberg; Dipl.-Ing. Rolf *Warncke*, Elektrizitäts-Aktiengesellschaft Mitteldeutschland, Kassel.

Geschäftsführung: Dipl.-Ing. Jörg *Zöllner*.

Träger: Firmen der Elektrizitätsversorgung, der Elektrogeräteindustrie, des Elektrohandwerks und deren Verbände.

Zweck: Leistung von allgemeiner Aufklärungsarbeit über die Eigenart der elektrischen Energie und deren rationale Anwendung; Beratung aller an der Elektrizitätswirtschaft beteiligten und interessierten Kreise hinsichtlich rationeller Stromanwendung; Hinwirkung auf die Verwendung technisch und wirtschaftlich möglichst vollkommener elektrischer Geräte und Einrichtungen.

Die HEA ist Bindeglied zwischen Anbietern und Verbrauchern, wenn es um produktneutrale Verbraucheraufklärung geht. In dieser Funktion bietet sie Informationsveranstaltungen, aktuelle Medien sowie Fort- und Weiterbildung für Beratungskräfte an.

Die HEA ist Kontaktstelle für alle an einer sinnvollen Elektrizitätsanwendung interessierten Kreise. In dieser Funktion bietet sie aktuelle Pressedienste, Fachinformation, Präsenz auf Messen und Ausstellungen sowie Tagungen an.

Hochtemperaturreaktor-Gesellschaft mbH (HRG)

3000 Hannover 91, Tresckowstr. 5, ☏ (0511) 439-1.

Geschäftsführung: Professor Dr. Dietrich *Schwarz*, Dr. Günther *Theisen*.

Stammkapital: 100000 DM.

Gesellschafter: Hochtemperaturreaktor Planungsgesellschaft mbH (HTP), 26%; Neckarwerke Elektrizitätsversorgungs-AG (NW), 3%; PreussenElektra AG, 22%; Rheinisch-Westfälisches Elektrizitätswerk AG (RWE), 15%; Steag Kernenergie GmbH, 5%; Veba Kraftwerke Ruhr AG (VKR), 5%; Vereinigte Elektrizitätswerke Westfalen AG (VEW), 24%.

Zweck: Förderung der Weiterentwicklung der Hochtemperatur-Reaktor-Technik zur Stromerzeugung.

Informationskreis Kernenergie

5300 Bonn 1, Heussallee 10, ☏ (0228) 507226.

Vorsitzender: Dipl.-Ing. Eberhard *Wild*, Vorstand Bayernwerk AG, München.

Geschäftsführung: Dr. Peter *Haug*, Bonn.

Bereichsleiterin: Sabine *Knapp* M. A., Bonn.

Zweck: Informationen zur friedlichen Nutzung der Kernenergie.

ELEKTRIZITÄTSWIRTSCHAFT

Informationszentrale der Elektrizitätswirtschaft eV (IZE)

6000 Frankfurt (M.) 70, Stresemannallee 23, Postfach 700561, ☏ (069) 6304-372/374.

Vorstand: Felix *Zimmermann*, Hauptgeschäftsführer im Verband kommunaler Unternehmen e. V. (VKU), Köln, Sprecher; Dr. Hans-Joachim *Reh*, Mitglied des Vorstandes der Hamburgische Electricitäts-Werke AG (HEW), Hamburg, stellv. Sprecher und Beiratsvorsitzender; Udo *Cahn von Seelen*, Vorsitzender des Vorstandes der Elektrizitäts-AG Mitteldeutschland (EAM), Kassel; Dipl.-Ing. Hans Werner *Riemer*, Mitglied des Vorstandes der Vereinigte Elektrizitätswerke Westfalen AG (VEW), Dortmund; Dipl.-Ing. Rolf *Warncke*, Mitglied des Vorstandes der Elektrizitäts-AG Mitteldeutschland (EAM), Kassel; Dipl.-Kfm. Norbert *Worm*, Vorstandsmitglied Hannover-Braunschweigische Stromversorgungs-AG (Hastra), Hannover.

Geschäftsführung: Dipl.-Soz. Hugo *Jung*.

Zweck: Darstellung von Aufgaben und Leistungen der öffentlichen Elektrizitätsversorgung der Bundesrepublik Deutschland sowie Wahrung und Förderung ihrer Belange auf dem Gebiet der Öffentlichkeitsarbeit.

Mitglieder: Arbeitsgemeinschaft Regionaler Energieversorgungs-Unternehmen - ARE - e. V., Hannover; Deutsche Verbundgesellschaft eV (DVG), Heidelberg; Verband kommunaler Unternehmen e. V. (VKU), Köln; Vereinigung Deutscher Elektrizitätswerke eV (VDEW), Frankfurt. Die vier Verbände vertreten bei der IZE die Interessen von über 500 Unternehmen der öffentlichen Elektrizitätsversorgung.

Kerntechnische Gesellschaft eV (KTG)

5300 Bonn 1, Heussallee 10, ☏ (0228) 507259.

Vorstand (18 gewählte Mitglieder): Dr. Walter *Weinländer* (WAK, Eggenstein-Leopoldshafen), Vorsitzender; Dr. Dieter *Brosche* (Bayernwerk AG, München), stellv. Vorsitzender; Dr. Manfred *Popp* (KFK, Karlsruhe), Schatzmeister.

Geschäftsführung: Dr. Peter *Haug*, Dr. Thomas *Roser* (beide Inforum Verlags- und Verwaltungs GmbH, Bonn).

Zweck: Die KTG ist bestrebt, den Fortschritt von Wissenschaft und Technik auf dem Gebiet der friedlichen Nutzung der Atomkernenergie und verwandter Disziplinen zu fördern. Sie behandelt auf den genannten Gebieten wissenschaftliche und technische Probleme, fördert die Diskussion unter den verschiedenen Disziplinen und Einrichtungen und pflegt die Beziehungen zu gleichartigen Organisationen im In- und Ausland.

Die KTG hat Fachgruppen für Chemie und Entsorgung, Reaktorphysik und Berechnungsmethoden, Reaktorsicherheit, Brennelemente, Thermo- und Fluiddynamik und Energiesysteme, Strahlenschutz. Örtliche Sektionen bestehen in Berlin-Brandenburg-Greifswald, Erlangen-Nürnberg, Hamburg, Karlsruhe/Mannheim/Stuttgart, Rheinland, Rhein/Main, Rhein/Ruhr, München, Hannover/Braunschweig und Sachsen.

Mitglieder: Mitglieder können natürliche Personen im In- und Ausland werden, die beruflich auf dem Gebiet der Kerntechnik oder verwandter Disziplinen tätig sind.

Kerntechnischer Ausschuß (KTA)

Geschäftsstelle: beim Bundesamt für Strahlenschutz (BfS) KTA-Geschäftsstelle, 3320 Salzgitter, Albert-Schweitzer-Straße 18, Postfach 100149, ☏ (05341) 2205-21, Telefax (05341) 2205-99.

Dienstgebäude: 3320 Salzgitter-Immendorf, Seesener Straße 9.

Geschäftsführung: Dr. rer. nat. Ivar *Kalinowski*.

Präsidium: Ministerialdirigent Dr.-Ing. Klaus *Gast*, BMU, Bonn, Vorsitzender; Direktor Dipl.-Ing. H. *Bürkle*, Siemens AG — Energieerzeugung KWU, Erlangen, stellv. Vorsitzender; Direktor Dr.-Ing. E. h. Dipl.-Ing. K. *Stäbler*, Energieversorgung Schwaben AG, Stuttgart; Direktor Dr.-Ing. *Wutschig*, TÜV Südwest e. V., Mannheim.

Mitglieder: Der KTA setzt sich aus je 10 sachverständigen Mitgliedern zusammen, und zwar der Hersteller und Ersteller von Atomanlagen, der Betreiber von Atomanlagen, der für den Vollzug des Atomgesetzes bei Atomanlagen zuständigen Behörden der Länder und der für die Ausübung der Aufsicht nach Artikel 85, 87c des Grundgesetzes zuständigen Bundesbehörde, der Gutachter und Beratungsorganisationen sowie sonstiger mit der Kerntechnik befaßter Behörden, Organisationen und Stellen. Die Mitglieder werden von der Gruppe oder Stelle, die sie vertreten, für die Dauer von 4 Jahren benannt; für jedes Mitglied wird ein Stellvertreter benannt.

Zweck: Der KTA hat die Aufgabe, auf Gebieten der Kerntechnik, auf denen sich aufgrund von Erfahrungen eine einheitliche Meinung von Fachleuten der Hersteller, Ersteller und Betreiber von Atomanlagen, der Gutachter und Behörden abzeichnet, für die Aufstellung sicherheitstechnischer Regeln zu sorgen und deren Anwendung zu fördern.

„Es ist leichter, einen Atomkern zu spalten als ein Vorurteil."

Albert Einstein

Der Physiker Albert Einstein hat der Wissenschaft mit seiner Arbeit ungeahnte neue Möglichkeiten eröffnet. Er hat aber auch erkannt, daß viele Menschen vor allem durch das beunruhigt werden, was sie für wahr halten – und nicht durch das, was tatsächlich wahr ist. Siehe oben.

Bleiben wir realistisch: Je mehr Menschen auf der Erde leben, desto größer wird der Energie- und Strombedarf. Natürliche Kraftquellen wie Wasser, Sonne und Wind können ihn allein nicht decken. In Deutschland zum Beispiel beträgt ihr Anteil an der Stromversorgung heute trotz großer Anstrengung nur 4 Prozent. Daher sind wir auf Strom aus Kohle und Kernkraft angewiesen. Auf Kernkraft schon deshalb, weil wir auch den Ausstoß von Kohlendioxid in die Erdatmosphäre reduzieren müssen. Mit Energiesparen allein ist das nicht zu schaffen.

Es ist wichtig, daß wir zu einem energiepolitischen Miteinander zurückfinden: Die Stromerzeugung muß so sicher, preiswert, umweltverträglich und effizient wie nur möglich erfolgen – unter Nutzung aller verfügbaren Energiequellen.

Schreiben Sie uns, wenn Sie mehr darüber wissen wollen. Sie erhalten dann ausführliche, schriftliche Informationen. Denn im Sinne von Einstein meinen wir: „Wissen ist das beste Mittel gegen Vorurteile."

Ihre Stromversorger

COUPON

An den Info-Service STROM, Postf. 19 99 99, 5308 Rheinbach. Ich bin an ausführlichen Informationen zum Thema Kernenergie interessiert. Senden Sie mir bitte kostenlos das Buch „Kernenergie: Fragen und Antworten" von Jürgen Seidel.

Name

Straße

PLZ/Ort

Badenwerk Karlsruhe · Bayernwerk München · Elektromark Hagen · EVS Stuttgart · Isar-Amperwerke München
Neckarwerke Esslingen · PreussenElektra Hannover · RWE Energie Essen · TWS Stuttgart · VEW Dortmund

Normenausschuß Kerntechnik (NKe) im DIN Deutsches Institut für Normung e.V.

1000 Berlin 30, Burggrafenstr. 4—10, Postfach 1107, ☏ (030) 2601-701 bis 709, ✆ 184273, Telefax (030) 2601-231.

Vorsitzender: Ltd. Ministerialrat Rudolf *Mauker*, Bayerisches Staatsmimisterium für Landesentwicklung und Umweltfragen, München.

Geschäftsführung: Professor Dr. Klaus *Becker*.

Zweck: Erarbeitung von technischen Normen in den Fachbereichen Kommunikative Grundlagen, Strahlenschutztechnik, Reaktortechnik und -sicherheit und Kernbrennstofftechnologie. Sekretariat des Techn. Komitees 85 Kernenergie in der Internationalen Normenorganisation ISO. Internationale Harmonisierung von kerntechnischen und Strahlenschutz-Regeln, Vertretung der deutschen Interessen in internationalen Gremien.

Mitglieder: Rd. 400 ehrenamtliche, von ihren Institutionen delegierte bzw. den NKe-Gremien gewählte Experten aus den Bereichen der Hersteller und Betreiber kerntechnischer Anlagen oder Geräte, Genehmigungsbehörden, Technischer Überwachung, Forschung und Lehre.

Reaktor-Sicherheitskommission (RSK) Strahlenschutzkommission (SSK)

Geschäftsstelle beim Bundesamt für Strahlenschutz (BfS)
Postanschrift: Bundesamt für Strahlenschutz RSK-Geschäftsstelle, 5300 Bonn 1, Postfach 120629, ☏ (0228) 305-3720, Telefax (0228) 670388.

Leiter der Geschäftsstellen: Leiter der RSK-Geschäftsstelle: Dr. Manfred *Schneider*; Leiter der SSK-Geschäftsstelle: Dr. Detlef *Gumprecht*.

Vorsitzender der RSK: Professor Dr. Günther *Keßler*; Professor Dr. Franz *Mayinger*, stellv. Vorsitzender.

Zweck der RSK: Die Reaktor-Sicherheitskommission berät den Bundesminister für Umwelt, Naturschutz und Reaktorsicherheit in den Angelegenheiten der Sicherheit und damit in Zusammenhang stehenden Angelegenheiten der Sicherheit und Sicherung von Anlagen zur Spaltung von Kernbrennstoffen (Kernreaktoren) sowie des Kernbrennstoffkreislaufs (der Beförderung, Verwahrung, Aufbewahrung, Erzeugung, Bearbeitung und Verarbeitung sowie Wiederaufarbeitung, Sicherstellung und Endlagerung von radioaktiven Abfällen).

Vorsitzender der SSK: Professor Dr. Wolfgang *Jacobi*; Professor Dr. Ingbert *Gaus*, 1. stellv. Vorsitzender; Professor Dr. H. *Schicha*, 2. stellv. Vorsitzender.

Zweck der SSK: Die Strahlenschutzkommission berät den Bundesminister für Umwelt, Naturschutz und Reaktorsicherheit in den Angelegenheiten des Schutzes vor ionisierenden und nichtionisierenden Strahlen.

Studiengesellschaft für verbrauchsnahe Stromerzeugung eV

4000 Düsseldorf 1, Luisenstraße 105, c/o Stadtwerke Düsseldorf AG, Postfach 1136, ☏ (0211) 821-4473, ✆ 8582907.

Vorstand: Direktor Werner *Wein*, Duisburg, Vorsitzender; Direktor Karl Otto *Abt*, Düsseldorf; Dipl.-Ing. Rudolf *Jaerschky*, München, stellv. Vorsitzende.

Geschäftsführung: Dipl.-Ing. Gunther *Wolfering*.

Mitglieder: 25 westdeutsche öffentliche Elektrizitätswerke mit eigener Stromerzeugung.

Zweck: Förderung einer volkswirtschaftlich rationellen und modernen Anforderungen entsprechenden verbrauchsnahen Stromerzeugung.

TÜV-Arbeitsgemeinschaft Kerntechnik West (TÜV Arge KTW)

4300 Essen, Steubenstr. 53, ☏ (0201) 825-0, ✆ 8579680, Telefax (0201) 825-2517. 5000 Köln 91, Am Grauen Stein, ☏ (0221) 806-0, ✆ (17) 2214049, Telefax (0221) 806-114.

Geschäftsführung: Dr. rer. nat. Hans *Nelles*, Dr.-Ing. Siegfried *Wiesner*.

Zweck: Übernahme von Gutachtens- und Prüfaufgaben für die atomrechtlichen Genehmigungs- und Aufsichtsbehörden der Länder Nordrhein-Westfalen und Rheinland-Pfalz.

TÜV-Leitstelle Kerntechnik beim VdTÜV

4300 Essen 1, Kurfürstenstr. 56, ☏ (0201) 8987-0, Telefax (0201) 8987-120.

Vorsitzender: OIng Dipl.-Ing. Heinz *Mazur* (TÜV Hannover/Sachsen-Anhalt); Direktor Dipl.-Ing. Karsten *Puell* (TÜV Bayern Sachsen) (stellv. Vorsitzender).

Geschäftsführung: OIng. Dipl.-Ing Hermann *Staudt* (VdTÜV).

Zweck: Die TÜV und die Gesellschaft für Anlagen- und Reaktorsicherheit (GRS) setzen sich zum Ziel, in Art und Umfang der Begutachtung und in der Ausführung der Prüfungen einheitlich zu verfahren. Zur

Erreichung dieses Zieles bilden sie die »TÜV-Leitstelle Kerntechnik beim VdTÜV«.

Der Aufgabenbereich der Leitstelle erstreckt sich auf Anlagen nach § 7 Atomgesetz und auf den Strahlenschutz. Sie hat in diesem Rahmen u. a. die Aufgabe, eine einheitliche Prüfung und Beurteilung gleichartiger technischer Sachverhalte zu gewährleisten.

Mitglieder: TÜV Bayern Sachsen, TÜV Berlin-Brandenburg, TÜV Hannover/Sachsen-Anhalt, TÜV Nord, TÜV Norddeutschland, Rheinisch-Westfälischer TÜV, TÜV Rheinland, TÜV Südwest, Gesellschaft für Anlagen- und Reaktorsicherheit (GRS), Köln.

Uranit GmbH

5170 Jülich, Stetternicher Staatsforst, Postfach 1411, ☎ (02461) 65-0, ✄ 833531 uran d, Telefax (02461) 65-449.

Geschäftsführung: Dr. Hans *Mohrhauer*.

Kapital: 180 Mill. DM.

Gesellschafter: Hoechst AG, Frankfurt, 25%; RWE AG, Essen, 37,5% (treuhänderisch verwaltet durch Nukem GmbH); PreussenElektra AG, Hannover, 37,5%.

Zweck: Forschung und Entwicklung auf dem Gebiet der Urananreicherung, Bau und Betrieb von Anlagen zur Urananreicherung.

Urenco Deutschland beschränkt haftende offene Handelsgesellschaft

4432 Gronau, Röntgenstr. 4, Postfach 1920, ☎ (02562) 711-0, ✄ 17256210 urenco, Telefax (02562) 711-178.

Geschäftsführung: Uranit GmbH.

Gesellschafter: Uranit GmbH, Jülich, 96%; British Nuclear Fuels plc., Risley, England, 2%; Ultra-Centrifuge Nederland N.V., Almelo, Niederlande, 2%; Urenco Ltd, Marlow, England, nominal.

Zweck: Urananreicherung.

Verband kommunaler Unternehmen e. V.

5000 Köln 51, Brohler Str. 13, ☎ (0221) 3770-0, Telefax (0221) 3770255.

Präsidium: Präsident: Oberbürgermeister Dr. Manfred *Rommel*, Stuttgart; Vizepräsidenten: Direktor Dr. Gerhard *Schmidt*, Bochum; Berufsm. Stadtrat Walter *Layritz*, München; Mitglieder: Direktor Dr. Friedel *Baurichter*, Osnabrück; Professor Dr. Heinz *Brüderlin*, Stuttgart; Direktor Dipl.-Volksw. Harald *Costabel*, Gütersloh; Oberbürgermeister Peter *Schnell*, Ingolstadt.

Geschäftsführung: Geschäftsführendes Präsidialmitglied Felix *Zimmermann;* Stellvertretender Hauptgeschäftsführer Dr. Fritz *Gautier*.

Öffentlichkeitsarbeit: Hauptreferent Dipl.-Volksw. Wolfgang *Prangenberg*, Referentin Rosemarie *Folle*.

Zweck: Der Verband hat die Aufgabe, die Belange der kommunalen Wirtschaft, insbesondere der kommunalen Elektrizitäts-, Gas- und Wasserwerke, wahrzunehmen, die zwischengemeindliche Zusammenarbeit und den Erfahrungsaustausch unter den Mitgliedern des Verbandes zu pflegen und die staatlichen Behörden bei der Vorbereitung und der Durchführung von Gesetzen zu beraten.

Vereinigung Deutscher Elektrizitätswerke eV (VDEW)

6000 Frankfurt (Main) 70, Stresemannallee 23, ☎ (069) 6304-1, ✄ 411284 vdew d, Telefax (069) 6304289 und 6304339, ✉ Eltvereinigung Frankfurtmain.

Vorstand: Direktor Dr. jur. Horst *Magerl*, Technische Werke der Stadt Stuttgart AG, Stuttgart, Vorsitzender; Direktor Dipl.-Kfm. Norbert *Worm*, Hannover-Braunschweigische Stromversorgungs-AG, Hannover, 1. Stellvertreter; Direktor Dipl.-Kfm. Roland *Farnung*, Hamburgische Electricitäts-Werke AG, Hamburg, 2. Stellvertreter.

Hauptgeschäftsführer: Professor Dr. Joachim *Grawe*.

Abteilung Information: Patricia *Nicolai*.

Gründung: 1950 (Traditionsnachfolgerin der 1892 gegründeten VdEW, Berlin).

Zweck: Allgemeine Förderung der Elektrizitätswirtschaft mit dem Ziel einer möglichst wirtschaftlichen, umweltverträglichen, preiswerten und sicheren Versorgung der Allgemeinheit mit elektrischer Energie sowie die Rationalisierung und Qualitätssicherung elektrischer Anlagen und die Förderung der Interessen ihrer Mitglieder.

Mitglieder: Die VDEW und die ihr angeschlossenen Landesverbände zählen z. Z. rd. 715 Mitglieder, die praktisch mit 100% an der Stromerzeugung und mit rd. 99% an der Stromabgabe der öffentlichen Elektrizitätsversorgung beteiligt sind.

VDEW-Verbindungsstelle Bonn: Friedrich-Wilhelm-Straße 1, 5300 Bonn 1, ☎ (0228) 231032, ✄ 886582, Telefax (0228) 236760.

VDEW-Verbindungsbüro Berlin: Stauffenbergstraße 26, W-1000 Berlin-30, ☎ (030) 2176345, Telefax (030) 2176346.

VDEW-Verbindungsbüro Brüssel: 148, Avenue de Tervuren, Bte. 17, B-1040 Brüssel, ☎ (00322) 7719642, Telefax (00322) 7630817.

VDEW-Fortbildungszentrum GmbH: 6100 Darmstadt, Siemensstraße 3, ☎ (06151) 7370.

Landesgruppen: Berlin/Brandenburg; Hessen; Niedersachsen/Bremen; Nordrhein-Westfalen; Rheinland-Pfalz; Schleswig-Holstein/Hansestadt Hamburg/Mecklenburg-Vorpommern; Sachsen; Sachsen-Anhalt; Thüringen.

Angeschlossene Landesverbände: Verband Bayerischer Elektrizitätswerke e. V.; Verband der Elektrizitätswerke Baden-Württemberg e. V.; Fachverband der Elektrizitätsversorgung des Saarlandes — FES — e. V.

Arbeitsgemeinschaft Fernwärme eV (AGFW)

6000 Frankfurt (Main) 70, Stresemannallee 23, ☎ (069) 6304-1, ✆ 411284.

Vorstand: Direktor Professor Dr. Gerhard *Deuster*, Vorsitzender; Direktor Dipl.-Ing. H. P. *Winkens*, 1. stellv. Vorsitzender; Direktor Professor Dr.-Ing. Heinz *Brüderlin*, 2. stellv. Vorsitzender.

Geschäftsführung: Dipl.-Ing. Hans *Neuffer*.

Mitglieder: 116 ordentliche Mitglieder (FVU); 18 außerordentliche Mitglieder und 109 fördernde Mitglieder.

Zweck: Sichere und wirtschaftliche Versorgung der Kunden mit Fernwärme aus Heizkraftwerken (HKW) und Heizwerken (HW). Hierzu beschäftigt sich die Arbeitsgemeinschaft Fernwärme eV (AGFW) mit grundsätzlichen Fragen der technischen und wirtschaftlichen Entwicklung, rechtlichen und wirtschaftspolitischen Fragen in Verbindung mit der Möglichkeit kostengünstiger Erzeugung und Verteilung der Fernwärme.

Verband Bayerischer Elektrizitätswerke e. V.

8000 München 40, Akademiestraße 7, ☎ (089) 393034, Telefax (089) 337399.

Vorsitzender: Dr. Kurt *Groh*, Energieversorgung Ostbayern AG, Regensburg.

Geschäftsführung: Rechtsanwalt Dr. Christoph *Praël*.

Öffentlichkeitsarbeit: Jürgen *Dillmann*, Journalist.

Zweck: Allgemeine Förderung der Elektrizitätswirtschaft mit dem Ziel einer möglichst sicheren, umweltfreundlichen, preiswerten und wirtschaftlichen Versorgung mit elektrischer Energie sowie die Förderung und der Schutz der Interessen der Mitglieder.

Verband der Elektrizitätswerke Baden-Württemberg e. V.

7000 Stuttgart 1, Stöckachstraße 30, ☎ (0711) 267089.

Vorstand: Dr. jur. Horst *Magerl* (Vorsitzender), Mitglied des Vorstandes der Technischen Werke der Stadt Stuttgart AG, Stuttgart; Dr. jur. Hubert *Peitz* (1. stellv. Vorsitzender), Mitglied des Vorstandes der Kraftübertragungswerke Rheinfelden AG, Rheinfelden; Direktor Dipl.-Kfm. Michael *Baumann*, Mitglied des Vorstandes der Grosskraftwerk Mannheim AG, Mannheim; Dipl.-Ing. (FH) Artur *Eppler*, Überlandwerk Johannes Eppler KG, Balingen; Dipl.-Phys. Hans *Kuntzemüller*, Mitglied des Vorstandes der Badenwerk AG, Karlsruhe (stellv. Vorsitzende).

Geschäftsführung: Dipl.-Ing. Herbert *Mauthe*.

Gründung: 1954 (Nachfolgerin des 1917 gegründeten Verbandes der Elektrizitätswerke Württembergs und Hohenzollerns e. V.).

Zweck: Förderung der Elektrizitätswirtschaft in Baden-Württemberg mit dem Ziel einer möglichst wirtschaftlichen, preiswerten und sicheren Versorgung der Allgemeinheit mit elektrischer Energie sowie die Rationalisierung und Qualitätssicherung elektrischer Anlagen und die Förderung der Interessen seiner Mitglieder.

Mitglieder: Der Verband hat z. Z. 155 Mitglieder.

VGB Technische Vereinigung der Großkraftwerksbetreiber e.V.

4300 Essen 1, Klinkestr. 27-31, Postfach 103932, ☎ (0201) 8128-1, ✆ 857507 vgb d, Telefax (0201) 253217, ✉ Großkraftwerke esn.

Vorstand: Professor Dr.-Ing. Dipl.-Wirtsch.-Ing. Werner *Hlubek*, RWE Energie AG, Essen, Vorsitzender; Dr.-Ing. Dietmar *Werner*, BASF Aktiengesellschaft, Ludwigshafen, 1. stellv. Vorsitzender; N.N., 2. stellv. Vorsitzender.

Geschäftsführung: Professor Dr. rer. nat. Hans-Dieter *Schilling*.

Gründung: 1920 als »Vereinigung der Großkesselbesitzer eV«.

Hauptabteilungen:

Wärmekraftwerke: Direktor: Dipl.-Ing. Klaus *Plate*. Arbeitsgebiete: Thermodynamik, Projektstudien, Dampferzeuger, Dampfturbinen, Gasturbinen, Leittechnik, Pumpen, Ventilatoren, Rohrleitungsanlagen, Armaturen, Kühltürme, Verfügbarkeit und Schadenserfassung, Instandhaltung und Revisionen, Brandschutz, Arbeitssicherheit, Ausbildung von Kraftwerkspersonal, Kerntechnik, Technische Ordnungssysteme.

Feuerungen: Leiter: Professor Dr.-Ing. Jörn *Jacobs*. Arbeitsgebiete: Bekohlung, Kohlenstaubfeuerung, Wirbelschichtfeuerung, Kohlevergasung, Öl- und Gasfeuerung, Industrie- und Heizkraftwerksfeuerungen, Thermische Abfallverwertung, Entaschung.

Chemie im Kraftwerk/Emissionen: Leiter: Dr. rer. nat. Bernhard *Forck*. Arbeitsgebiete: Umweltschutztechnik, Genehmigungsverfahren, Luftreinhaltung, Lärmschutz, Abwasser. Verfahrenstechnik der Wasseraufbereitung, Wasserchemie in Wärmekraftwerken, Chemie der Brennstoffe und Rauchgase, Beizberatung und -überwachung.

Werkstoffe und Beanspruchungen: Leiter: Dr.-Ing. Erich *Tolksdorf*. Arbeitsgebiete: Werkstoffe und Schweißtechnik, Bau- und Montageüberwachung.

Bauwesen: Leiter: Dipl.-Ing. Gerhard *Welten*. Arbeitsgebiete: Baukonstruktionen für Kraftwerke, Schornsteine, Maschinen-Fundamente, Bautechnik bei Kernkraftwerken, Wasserbau, Bautechnik bei Kühltürmen, Brandschutz, Vermessung.

Verwertung und Entsorgung: Leiter: Dr.-Ing. Wolfgang *vom Berg*. Arbeitsgebiete: Rückstände aus Verbrennungs- und Abgasreinigungsprozessen, Verwertung der Reststoffe, Beseitigung der Abfälle.

Zentrale Melde- und Auswertestelle (ZMA): Leiter: Dipl.-Ing. Jürgen *Büttner*. Arbeitsgebiet: Auswertung und Austausch von Betriebserfahrungen in Kernkraftwerken.

VGB-Labor: Leiter: Dr. rer. nat. Hans-Helmut *Reichel*. Arbeitsgebiete: Metallkunde, Mineralogie, Schadensuntersuchungen, Analyse von Betriebsstoffen, Bauteilmetallographie.

Mitglieder: in 31 Ländern aller Erdteile: Unternehmen der öffentlichen Stromversorgung und Industrieunternehmen, die Wärmekraftanlagen betreiben; daneben als außerordentliche Mitglieder Behörden, Verbände und Vereinigungen, sowie sonstige Unternehmen als fördernde Mitglieder.

Zweck: Die VGB bezweckt den Zusammenschluß aller Unternehmen, für die die Kraftwerkstechnik eine wichtige Grundlage bildet, zu gemeinsamer Förderung und Hebung der Betriebssicherheit, Verfügbarkeit, Wirtschaftlichkeit und Umweltverträglichkeit der bei den Mitgliedern bestehenden und neu zu errichtenden Wärmekraftanlagen.

Die VGB arbeitet mit an der Normung sowie der Aufstellung von technischen Richtlinien und Regeln auf dem Gebiet der Wärmekraftanlagen. Außerdem wirkt sie im Rahmen der gesetzlichen Möglichkeiten an den Dampfkesselvorschriften mit.

VIK Verband der Industriellen Energie- und Kraftwirtschaft e.V.

4300 Essen 1, Richard-Wagner-Str. 41, ☏ (0201) 81084-0, ⚡ 857892 (VIK d), Telefax (0201) 81084-30, ⌨ Industriekraft Essen.

Vorstand: Max Dietrich *Kley*, Mitglied des Vorstandes der BASF AG, Ludwigshafen, Vorsitzender; Dr.-Ing. Klaus *Czeguhn*, Mitglied des Vorstandes der Mannesmann AG, Düsseldorf, 1. Stellvertreter; Dipl.-Ing. Knut *Reimers*, Deutsche Bundesbahn, Frankfurt/Main, 2. Stellvertreter; Dipl.-Kfm. Karl D. *Wobbe*, Mitglied des Vorstandes der VAW aluminium AG, Bonn, Schatzmeister und 3. Stellvertreter. *Weitere Stellvertreter:* Ass. d. B. M. Sc. Friedrich *Esser*, Vorsitzender des Vorstandes der STEAG AG, Essen; Dipl.-Ing. Gerd *Jaeger*, Vorsitzender des Vorstandes der Aktiengesellschaft Kühnle, Kopp & Kausch, Frankenthal/Pfalz. *Mitglieder des Vorstandes:* Dr.-Ing. E. h. Klaus *Barthelt*, Mitglied des Vorstandes i. R. der Siemens AG, Erlangen; Alexander *von Engelhardt*, Vorsitzender des Vorstandes der Dyckerhoff AG, Wiesbaden; Dipl.-Ing. Werner *Externbrink*, Mitglied des Vorstandes der Saarbergwerke AG, Saarbrücken; Dipl.-Kfm. Arnold *Franke*, Mitglied des Vorstandes der VEBA Kraftwerke Ruhr AG, Gelsenkirchen; Professor Dr. Harald B. *Giesel*, Geschäftsführendes Vorstandsmitglied und Hauptgeschäftsführer des Gesamtverbandes des deutschen Steinkohlenbergbaus, Essen; Dipl.-Ing. Ernst *Haindl*, Sprecher der Geschäftsführung der Haindl Papier GmbH, Augsburg; Dr.-Ing. E. h. Günter *Hartwich*, Mitglied des Vorstandes der Volkswagen AG, Wolfsburg; Dr. rer. pol. Hans *Krämer*, Kreuth; Dr.-Ing. Reiner *Kühn*, Wesseling; Dr.-Ing. Axel *Lippert*, Mitglied des Vorstandes der Hüls AG, Marl; Dr. rer. nat. Helmut *Piechota*, Mitglied des Vorstandes der Bayer AG, Leverkusen; Dr.-Ing. Peter *Rohde*, Mitglied des Vorstandes der Ruhrkohle AG, Essen; Dr.-Ing. Ernst *Schadow*, Mitglied des Vorstandes der Hoechst AG, Frankfurt/Main; Dr.-Ing. Ekkehard *Schulz*, Vorsitzender des Vorstandes der Thyssen Stahl AG, Duisburg; Professor Dr. Günter *von Sengbusch*, Mitglied des Vorstandes der Akzo Faser AG, Wuppertal; Dipl.-Ing. Heinrich *Stawowy*, Mitglied des Vorstandes der Krupp Stahl AG, Bochum; Dr.-Ing. Hanns Arnt *Vogels*, München; Hermann Josef *Werhahn*, Kaufmann, Neuss. *Ständige Gäste:* Dr. oec. publ. Jürgen *Heraeus*, Vorsitzender der Geschäftsführung der Heraeus Holding GmbH, Hanau; Dr.-mont. Hans-Günther *Pöttken*, Geschäftsführer der Gesellschaft für Stromwirtschaft GmbH, Mülheim/Ruhr.

Geschäftsführung: Dipl.-Kfm. Dipl.-Ing. Dr. Hans-Jürgen *Budde*.

Zweck: Förderung der industriellen Energiewirtschaft sowie den sie berührenden Umweltschutz in der Bundesrepublik Deutschland bei Fremdbezug und Eigenerzeugung durch Sammlung und Austausch von Betriebserfahrungen; Vertretung der gemeinsamen energiewirtschaftlichen und -rechtlichen Interessen gegenüber den Energieversorgungsunternehmen und deren Verbänden, den politischen

Parteien und deren Abgeordneten in den Parlamenten, den Ministerien und Behörden in Bund und Ländern sowie der Kommission der Europäischen Gemeinschaften; Vertretung der anwendungsorientierten Interessen der Industrie bei der Erarbeitung von VDE-Bestimmungen, DIN-Normen, EVU-Vorschriften etc.; Initiierung sowie Unterstützung technisch-wissenschaftlicher Forschung und Entwicklung im Bereich der industriellen Energiewirtschaft; Verwaltung von Funkfrequenzen für die deutsche Wirtschaft; Beratung der Mitglieder in allen Energiefragen.

Mitglieder: Industrieunternehmen aller Branchen und Größenordnungen im gesamten Bundesgebiet.

Wirtschaftsverband Kernbrennstoff-Kreislauf eV

5300 Bonn 1, Adenauerallee 90, ☏ (0228) 213206 und 07, ✆ 886324 wikkd d, Telefax (0228) 213207.

Vorstand: Dipl.-Ing. Helmut *Pekarek*, Vorsitzender; Dr. jur. Wolfgang *Straßburg*, stellv. Vorsitzender; Dr. Alexander *Warrikoff*, Geschäftsführer; Ludwig *Aumüller;* Dr.-Ing. Jürgen P. *Lempert;* Dr. rer. nat. Hans *Mohrhauer;* Dr.-Ing. Werner *Spross;* Dr. rer. nat. Helmut *Völcker.*

Geschäftsführung: Dr. Alexander *Warrikoff*, Dr. Klaus *Tägder*.

Mitglieder: Advanced Nuclear Fuels GmbH, Lingen; Brennelementlager Gorleben GmbH, Gorleben; Brennelement-Zwischenlager Ahaus GmbH, Ahaus; Reederei und Spedition Braunkohle GmbH, Wesseling; Deutsche Bundesbahn, Zentralstelle Absatz, Mainz; Deutsche Gesellschaft zum Bau und Betrieb von Endlagern für Abfallstoffe mbH, Peine; Deutsche Gesellschaft für Wiederaufarbeitung von Kernbrennstoffen mbH, Hannover; GNS Gesellschaft für Nuklear-Service mbH, Hannover; Haftpflichtverband der Deutschen Industrie, Hannover; Kernbrennstoff-Wiederaufarbeitungstechnik GmbH, Hannover; Kraftanlagen AG, Heidelberg; Georg Noell GmbH, Würzburg; Nuclear Cargo + Service GmbH, Hanau; Nukem GmbH, Hanau; NIS Ingenieurgesellschaft, Hanau; Nukleare Transportleistungen GmbH, Hanau; Nuklearer Versicherungsdienst GmbH, Hanau; Pechiney Deutschland GmbH, Düsseldorf; Interuran, Saarbrücken; Siemens AG Bereich Energieerzeugung, Erlangen; Steag Kernenergie GmbH, Essen; Uranerzbergbau-GmbH, Wesseling; Urangesellschaft mbH, Frankfurt; Uranit GmbH, Jülich; Wiederaufarbeitungsanlage Karlsruhe Betriebsgesellschaft mbH (WAK), Eggenstein bei Leopoldshafen; Wismut GmbH, Chemnitz.

Zweck: Der Verband verfolgt satzungsgemäß das Ziel, im Rahmen der friedlichen Verwendung der Kernenergie die gemeinsamen Belange seiner Mitglieder auf dem Gebiet des nuklearen Brennstoffkreislaufes im nationalen und internationalen Bereich zu fördern und zu wahren. Er umfaßt die in der Bundesrepublik Deutschland ansässigen und tätigen Unternehmen des Brennstoffkreislaufes, die von der Urangewinnung bis zur Abfallbeseitigung an irgendeiner Stelle des gesamten Zyklus mit Kernbrennstoffen befaßt sind, sowie fördernde Mitglieder.

EUROPA IM ELEKTRIZITÄTSVERBUND

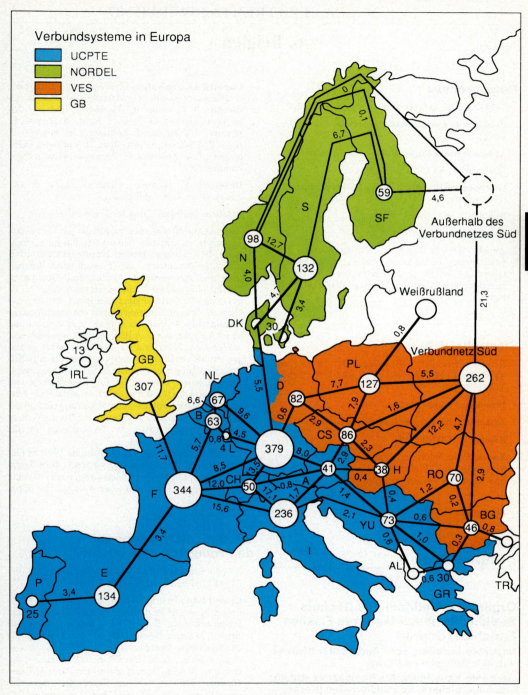

Stromverbrauch und Stromaustausch der Länder 1990 (in TWh).
Quelle: Deutsche Verbundgesellschaft eV (DVG).

EUROPA IM ELEKTRIZITÄTSVERBUND
6. Belgien

Belgoprocess

B-2430 Dessel, Gravenstraat, ☎ (014) 334111.

Président du Conseil d'Administration: Frank Deconinck.

Administrateur délégué: Robert Vandenplas.

Directeur: ir. Jef Claes.

Gründung und Statut: am 29.11.1984 gegründete Aktiengesellschaft.

Kapital: 21 Mill. bfrs.

Gesellschafter: Niras.

Zweck: Zwischenlagerung, Konditionierung und Endlagerung radioaktiver Abfälle; Zwischenlagerung und Konditionierung bestrahlter Brennelemente; Dekontamination und Entsorgung nuklearer Anlagen.

Electrabel S.A.

B-1000 Bruxelles, 8 boulevard du Régent, ☎ 3225186111, ≠ 64681 EBLBRU B, Telefax 3225115020.

Président: Philippe *Bodson*.

Administrateur délégué: Jean-Pierre *Hansen*.

Kapital: 77 770 Mill. bfrs.

Zweck: Produktion und Transport von Elektrizität; Verteilung von Elektrizität, Gas, Kabelfernsehen und Rundfunk, Wasser, Dampf.

	1990	1991
Beschäftigte	17 184	17 274

Organisationen

Organisme National des Déchets Radioactifs et des Matières Fissiles Enrichies (Ondraf)
Nationale Instelling voor Radioaktief Afval en Verrijkte Splijtstoffen (Niras)
Nationale Einrichtung für Radioaktive Abfälle und Angereicherte Spaltmaterialien (Neras)

B-1030 Bruxelles, Place Madou 1, ét. 24/25, ☎ (02) 2121011, ≠ 65784 nirond, Telefax (02) 2185165.

Conseil d'Administration: M. *Frerotte* (Vorsitzender), F. *Deconinck* (stellv. Vorsitzender), M. *Baesen*, G. *Brouhns*, R. *Constant*, R. *Diepvens*, J. *Diez*, M. *Dillen*, G. *Eggermont*, G. *Fieuw*, J. *Hardy*, S. *Herpels*, E. *Heureux*, Ch. *Heylen*, J. *Lenaerts*, J. P. *Poncelet*, J. *Raes*, P. *Stallaert*, A. *Stroobant*, R. *van Geen*, (Mitglieder); J. C. *Moureau*, F. *Possemiers* (Regierungskommissare).

Directoire: E. *Detilleux*, Generaldirektor; F. *Decamps*, stellv. Generaldirektor.

Relations publiques: Direktor J. *van der Haegen*.

Zweck: Ondraf/Niras übernimmt die Abfälle bei den Erzeugern zu den mit ihnen vereinbarten vertraglichen Bedingungen. Derzeit beauftragt Ondraf/Niras Unterlieferanten mit dem Transport, der Bearbeitung und Aufbereitung. Anschließend übernimmt Ondraf/Niras erneut die aufbereiteten Abfälle, um sie in Dessel auf Zwischenlager zu bringen. Ferner führt Ondraf/Niras in Zusammenarbeit mit spezialisierten Planungsbüros Untersuchungen zur Erarbeitung neuer Anlagen durch. Außer der im Augenblick laufenden Vergrößerung ihrer Zwischenlagerungsanlagen umfaßt ihr Investierungsprogramm die mittelfristige Schaffung neuer Verarbeitungs-/Aufbereitungsanlagen sowie einer Stelle zur Evakuierung von leicht- und schwachaktiven Abfällen in die Erde. Ferner umfaßt das Programm die Schaffung einer Pilotanlage in geologischer Formation zur Beweisführung der Machbarkeit dieser Art Evakuierung für alle hochaktiven Abfälle.

Ein neues Gesetz, das am 12. Februar 1991 im Gesetzblatt veröffentlicht wurde, bezweckt vorwiegend die Erweiterung der Zuständigkeit auf einige Aspekte der Abtragung kerntechnischer Anlagen, die außer Betrieb sind.

S.P.E. Société Coopérative de Production d'Electricité

B-1000 Bruxelles, Rue Royale, 55 (B 14), ☎ (02) 2178117, Téléfax (02) 2186234.

Conseil d'Administration: Jacques *Vandebosch*, Président; Emmanuel *de Bethune*, Raoul *Wijnakker*,Vice-Présidents; Jean *Beulers*, Noël *Bouquet*, Albert *de Bruyne*, Maurice *Demolin*, Dominique *Drion*, Cécile *Duchi*, Francis *Duvillier*, Jean-Pierre *Feldbusch*, Georges *Goldine*, Jozef *Hondekyn*, Jean-Claude *Laurent*, Guy *Mathot*, Robert *Mayeresse*, Paula *Mortier-Haesaert*, Maurice *Mottard*, François *Narmon*, Georges *Pire*, Guy *Schifflers*, Gilbert *Temmerman*, Gilbert *van Bouchaute*, Michel *van Hecke*, Lucien *Verpoort*, Emile *Weikmans*.

BELGIEN

Assistent: Paul *de Fauw,* Claude *Gregoire,* Directeur Général, Administration – Gestion; Frank *Vandenberghe,* Directeur Général, Production – Transport; Felicien *Wallays,* Dieudonné *Wuidar.*

Secrétaire: Dominique *Rigaux.*

Comité exécutif: Jacques *Vandebosch,* Président; Emmanuel *de Bethune,* Vice-Président; Philippe *Busquin,* Paul *de Fauw,* Guy *Mathot,* Maurice *Mottard,* François *Narmon,* Georges *Pire,* Gilbert *Temmerman,* Michel *van Hecke,* Raoul *Wijnakker.*

Collège des Commmissaires: Frans *Verheeke,* Président; Claude *Delfosse,* Vice-Président; Eric *Dosogne,* Aimé *Hubens,* Hendrik *Laridon,* Maurice *Top,* Willy *Verbeke,* Raymond *Vroonen.*

Commissaire Reviseur: Fernand *Detaille.*

Direction Générale: Jacques *Vandebosch,* Président; Emmanuel *de Bethune,* Vice-Président; Paul *de Fauw,* Benoît *Fontaine,* Claude *Gregoire,* Frank *Vandenberghe.*

Tochtergesellschaften: Socolie (Société Coopérative Liégeoise d'Electricité); W.V.E.M. (West-Vlaamsche Elektriciteitsmaatschappij); Ville de Gent; S.N.I. (Société Nationale d'Investissement); Crédit Communal de Belgique; Socofe (Société de Financement en matière énergétique); V.E.M. (Vlaamse Energie- en Teledistributiemaatschappij); Electrhainaut; S.M.A.P. (Société Mutuelle des Administrations Publiques); Commune de Seraing; Ville de Diksmuide; Commune de Flemalle; Commune de Grace-Hollogne; Ville de Harelbeke; Commune de Merksplas.

Zweck: Production, transport, achat, vente et échange d'énergie électrique et de chaleur. Coordination et développement du secteur public belge de production d'électricité.

Kapital: 11 760,18 Mill. de F.B.

Société pour la Coordination de la Production et du Transport de l'Energie Electrique (CPTE)

B-Linkebeek, 125 Rodestraat; Postanschrift: Boîte Postale 11, B-1640 Rhode-Saint-Genèse, ☏ (02) 3807969, ✆ 23336.

Conseil d'Administration: Guido *Schillebeeckx,* Président; Paul *Bulteel;* Stan *Ulens;* Luc *Hansoul;* Y. *Hella;* Jean *Routiaux;* Jean-Paul *de Reuck;* Frank *Vandenberghe.*

Directeurs: Jean-Pierre *Waha* (Gesellschaft); Victor *Berlemont* (Planung).

Kapital: 10 Mill. bfrs.

Zweck: Die Koordinierung der Erzeugung der Kraftwerke und des Transports von Energie, um einen möglichst sicheren und wirtschaftlichen Betrieb der Produktionsmittel des Landes zu gewährleisten. Zu diesem Zweck übt sie ihre Tätigkeit vor allem auf zwei Gebieten aus:

Einsatz der Produktions- und Transportmittel: Ausarbeitung der Produktionsprogramme und Kontrolle der Ausführung durch die Lastverteilung in ständiger telefonischer Verbindung mit den Schaltleitungen der belgischen und der ausländischen Netze. Die technischen Probleme, die sich im Zuge der Durchführung dieser Aufgabe stellen, werden vom Rechenzentrum bearbeitet.

Planung der Ausrüstungsprogramme der Kraftwerke und Netze: Die Planungsabteilung der CPTE wird von den verschiedenen Dienststellen des Landes mit der Ausarbeitung und der Koordinierung der mittel- und langfristigen Ausrüstungsprogramme betraut.

Synatom
Société Belge des Combustibles Nucléaires Belgische Maatschappij voor Kernbrandstoffen

B-1050 Bruxelles, Avenue Marnix, 13, ☏ (02) 5050711, ✆ Synat B 24152, Telefax (02) 5050790.

Conseil d'Administration: Remi *De Cort,* Président; Jacques *Laurent,* Administrateur-Délégué; Robert *Cayron;* Jacques *Coppens;* Jean-Pierre *Depaemelaere;* Jacques *Diez;* Hubert *Dresse;* Jean-Paul *du Bus de Warnaffe;* Guy *Lalot;* André *Moortgat;* Jacques *Remacle;* Guido *Schillebeeckx;* Gustaaf *Spaepen;* Stanislas *Ulens;* Joseph *Vandenbosch;* Michel *van Hecke,* Administrateurs.

Directeur Général: Pierre *Goldschmidt.*

Kapital: 2 Mrd. bfrs.

Gesellschafter: Société Nationale d'Investissement (staatliche Investitionsgesellschaft), 50 %; Electrabel, 50 %.

Zweck: Wesentlicher Geschäftszweck ist die Handhabung des Brennstoffzyklus, der Kernkraftwerken vor- bzw. nachgeschaltet ist, d. h. Beschaffung von Uran, Anreicherung des Urans, Entfernen der bestrahlten Brennstoffe sowie die Zwischenlagerung und Konditionierung radioaktiver Abfälle, jedoch nicht die Herstellung von nichtplutoniumhaltigen Stäben oder von Brennelementen jeder Art. Ausgeschlossen sind ferner solche Aufgaben, mit denen der Gesetzgeber die öffentlich-rechtliche Organisation Ondraf-Niras betraut und zu deren Aufgaben die Handhabung radioaktiver Abfälle gehört.

Die Gesellschaft kann Studien in bezug auf sämtliche Kernanlagen durchführen, diese verwirklichen und betreiben, sofern sie nicht der Erzeugung elektrischer Energie dienen bzw. mit der Aufbereitung und Verarbeitung entsprechender Mineralien, Materialien, Erzeugnissen und Abfällen und insbesondere mit der Anreicherung und Wiederaufbereitung zu tun haben.

Beteiligung: Eurodif, 11,111 %.

Vito (Vlaamse Instelling voor Technologisch Onderzoek)

B-2400 Mol, Boeretang, ☏ (014) 333111, Telefax (014) 320310.

Board of Directors: J. *Roos*, Chairman; T. *Colpaert*, H. *Draulans*, W. *Decleir*, J. *Huylenbroeck*, A. *Kinsbergen*, G. *Marin*, H. *Martens*, J. *Robrechts*, J. *Tollenaere*.

Assist as Observers: G. *Maes*, Delegate of the Government; H. *Van der Borght*, Delegate of the Government; P. *de Gersem*, General Manager; F. *Biermans*, Representative LBC; J. *Dekeyser*, Representative BBTK; R. *de Leege*, Secretary ACLVB.

General Manager: P. *Degersem*.

Zweck: VITO aims at carrying out integrated technological research in three fields, namely energy, environment and materials including new materials. This research has to enter the scope of the policy of the Flemish Government in particular in the field of economy and industrial development or of its related social aspects such as the environment, health, risk approach, safety and technology assessment.

Fédération Professionnelle des Producteurs et Distributeurs d'Electricité de Belgique (F.P.E.)

B-1040 Bruxelles, Avenue de Tervueren 34, Bte. 38, ☏ (02) 7339607, Telefax (02) 7339565.

Président: Jean *Vansantvoort*.

Vice-Président: J. P. *Connerotte*.

Secrétaire Général: Xavier *Voordecker*.

Directeurs: Guy *Buelens*, Robert *Bulens*.

Mitglieder: Alle privaten und öffentlichen Elektrizitätsversorgungsunternehmen Belgiens.

Forum Nucléaire Belge

B-1050 Bruxelles, Avenue Lloyd George, 7, ☏ (02) 6472292, Telefax (02) 6470454.

Präsident: Professor Robert *van den Damme*.

Vizepräsident: Pierre *Goldschmidt*.

Zweck: Unterstützung von Forschung und Anwendung der Kernenergie zur friedlichen Nutzung.

Mitglieder: 5 Schutzmitglieder (Elektrizitätsversorgung, Industrie, Brennstoffzyklus, Bauingenieurwesen und Ingenieursbüro), 13 Kollektivmitglieder und 2 Einzelmitglieder.

Union des Exploitations Electriques et Gazières en Belgique (U.E.G.B.)
Vereniging van Elektriciteits- en Gasbedrijven in België (V.E.G.B.)

B-1000 Bruxelles, Galerie Ravenstein 4, Bte 6, ☏ 3225111970, ⌀ 62409 uebveb b, Telefax 3225112938.

Président: A. *Marchal*.

Zweck: Interessenvertretung von privaten Erzeugern und Verteilern von Gas und Elektrizität.

Kraftwerke mit mindestens 100 MW in Betrieb oder in Planung

Abkürzungen in Spalte Eigentümer

SEMO   Société Belgo-Française d'Energie Nucléaire Mosane
SPE   Société Coopérative de Production d'Electricité

Abkürzungen in der Spalte Primärenergie

Eg	Erdgas	Kog	Koksofengas	Rg	Raffineriegas
Gg	Gichtgas	Öl	Heizöl	St	Steinkohle
Kk	Kernkraft	Psp	Pumpspeicher		

Abkürzungen in Spalte Bemerkungen

GT   Gasturbine
IKW   Industriekraftwerk
IKW/öffentl. Netz   Industriekraftwerk mit Einspeisung in das öffentliche Netz
PWR   Druckwasser-Reaktor

Standort oder Name	Eigentümer oder Betreiber	Netto-leistung MW	Primär-energie	Bemerkungen bzw. geplante Inbetriebnahme
Konventionelle Wärmekraftwerke				
Amercoeur	Electrabel	272	St + Öl + Eg + Kog	
Auvelais	Electrabel	117	St + Eg	z. z. konserviert
Baudour	Electrabel	116	St + Kog + Eg	
Bressoux	Electrabel	110	St + Öl + Eg	mit Wärmelieferung
Drogenbos	Electrabel	187	Öl + Eg	davon 87 MW GT
Farciennes	Electrabel	93	St + Öl + Gg	z. Z. konserviert
Genk	Electrabel	120	St	
Gent	Stadt Gent	140	St + Öl	mit Wärmelieferung
Kallo	Electrabel	560	Öl + Eg	
Langerbrugge	Electrabel	217	St + Öl + Eg	davon 20 MW Turbojet mit Wärmelieferung
Langerlo	Electrabel	560	St	
Les Awirs	Electrabel	648	St + Öl + Eg	
Liège/Angleur	Socolié	187	Öl + Eg	Kombiblock mit 2 x 36 MW GT
Marchienne-au-Pont	Electrabel	118	St + Öl + Kog	
Mol	Electrabel	290	St + Öl + Eg	mit Wärmelieferung
Monçeau sur Sambre	Electrabel	213	St + Öl + Gg + Eg	
Péronnes	Charbonnage de Ressaix-Péronnes	115	St + Öl + Kog + Eg	IKW/öffentl. Netz
Pont-Brûlé	Electrabel	235	Öl + Kog + Eg + St	
Rodenhuize	Electrabel	694	St + Öl + Gg	mit Wärmelieferung
Ruien	Electrabel	975	Öl + St	
Schelle	Electrabel	272	St + Öl + Eg + Rg	
Drogenbos	Electrabel	460	Eg	Kombiblock, 1993
Seraing	Electrabel	460	Eg	Kombiblock, 1994
Zuienkerke/Zeebrügge	Electrabel	460	Eg	Kombiblock, 1995
Beringen	Electrabel	600	St	1996
Zuienkerke/Zeebrügge	Electrabel	600	St	1997
Schelle	Electrabel	600	St	1998 Standort evtl. Amercœur
Kernkraftwerke				
Doel 1 + 2	Electrabel, SPE	785	Kk	PWR
Doel 3	Electrabel, SPE	900	Kk	PWR

4 ELEKTRIZITÄTSWIRTSCHAFT

Standort oder Name	Eigentümer oder Betreiber	Netto-leistung MW	Primär-energie	Bemerkungen bzw. geplante Inbetriebnahme
Doel 4	Electrabel, SPE	980	Kk	PWR
Tihange 1	SEMO	870	Kk	PWR, davon 32,47% franz. Anteil
Tihange 2	Electrabel, SPE	900	Kk	PWR
Tihange 3	Electrabel, SPE	980	Kk	PWR
N 8	–	1390	Kk	1996
Wasserkraftwerke				
Coo	Electrabel	1095	Psp	Tagesspeicher
Plate Taille/ Silenrieux	Ministère de Travaux Publics	144	Psp	Tagesspeicher

Kraftwerksleistung in Betrieb:
Konventionelle Wärmekraftwerke   7 237 MW
Kernkraftwerke   5 500 MW
Wasserkraftwerke   1 405 MW
Insgesamt   14 142 MW

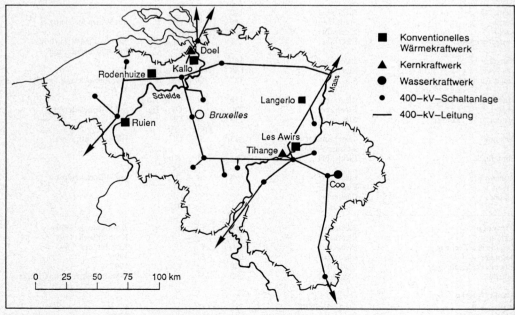

Kraftwerke mit mehr als 300 MW in Belgien.

7. Dänemark

Elkraft Power Company Ltd.
Copenhagen

DK-2750 Ballerup, Lautruphöj 5, ☏ (45) 44660022, ⌁ 35158 ek dk, Telefax (45) 42656104.

Aufsichtsrat: Birthe *Philip*, Vorsitzende.

Geschäftsführung: John Hebo *Nielsen*.

Kapital: 2 797 000 dKr.

Gesellschafter: IFV Power Company, Copenhagen; Stadt Kopenhagen; SEAS A/S.

Zweck: Sicherstellung der Elektrizitäts- und Wärmeversorgung im Versorgungsgebiet der drei Gesellschafter; optimale Führung und Errichtung von Kraftwerken und Versorgungseinrichtungen unter Berücksichtigung öffentlicher und sozialer Aspekte.

Produktion und Absatz		1990	1991
Stromerzeugung	GWh	8 574	13 001
Nutzbare Abgabe	GWh	13 113	13 990
Brennstoffeinsatz			
Kohle	Mill. t	3,41	5,00
Öl	Mill. t	0,12	0,09
Gas	Mill. m^3	100	112

Tochtergesellschaft:
Elkraft Consult A/S, Ballerup, 100%.

Elsam

DK-7000 Fredericia, ☏ (75) 562500, ⌁ 51193 elsam dk, 51138 elsam dk, Telefax (75) 562985.

Vorsitzender des Aufsichtsrates: Paul Grønborg *Christensen*, Direktor.

Geschäftsführungsausschuß: Paul Grønborg *Christensen*, Direktor; Karl *Pedersen;* Jacob *Stensig.*

Vorstand: Dipl.-Ing. Georg *Styrbro* (Geschäftsführender Direktor); Direktor Dipl.-Ing. Torben *Margaard* (Netzbereich, Netzplanungs- und HGÜ-Abteilung); Direktor Dipl.-Ing. Poul *Sachmann* (Kommerzielle Funktionen, Betriebs- und Brennstoffabteilung).

Sekretär des Vorstandes: Dipl.-Ing. Carl *Hilger.*

Gründung: 1956 als eine Arbeitsgemeinschaft der sieben regionalen Kraftwerke in Jütland und auf Fünen. Gemäß Gesetz von 1976 untersteht die Gesellschaft den staatlichen Behörden.

Gesellschafter: I/S Fynsværket, 14,15%; I/S Midtkraft, 21,75%; I/S Nefo, 8,20%; I/S Nordkraft, 8,93%; I/S Skærbækværket, 17,28%; An/S Sønderjyllands Højspændingsværk, 11,24%; I/S Vestkraft, 18,45%.

Aufgaben: Koordinierung des Betriebes der sieben Kraftwerke; Steuerung, Überwachung und Ausbau des primären Hochspannungsnetzes; Stromaustausch über die Auslandsverbindungen nach Norwegen (Gleichstrom-Kabelverbindung), Schweden (Gleichstrom-Kabelverbindung) und in die Bundesrepublik Deutschland (Drehstrom-Hochspannungsleitungen). Planung und Finanzierungsaufgaben. Die Projektierungsabteilung leistet Beistand bei der Projektierung und Errichtung von Kraftwerken.

Produktion, Absatz, Beschäftigte		1990	1991
Stromabsatz	GWh	16 730	17 300
Wärmenetzeinspeisung	GWh	8 641	9 547
Nettostromimport	GWh	4 823	148
Brennstoffeinsatz			
Kohle	Mill. t	4,67	6,66
Öl	Mill. t	0,08	1,77
Gas	Mill. m^3	0,3	0,0
Beschäftigte	(Jahresende)	310	316

Tochtergesellschaft:
Elsamprojekt A/S, Fredericia, 100%.

Organisationen

Danske Elvaerkers Forening (DEF)
Association of Danish Electric Utilities
Vereinigung Dänischer Elektrizitätswerke

DK-1970 Frederiksberg C, Rosenørns Allé 9, ☏ (31) 39 01 11, ⌁ 1 6 147 danel dk, Telefax (31) 39 59 58.

Vorsitzender: Jacob L. *Hansen.*

Geschäftsführung: Kresten Leth *Jørnø.*

Zweck: Organisation und Interessenvertretung der dänischen Stromerzeugungs- und -verteilungsunternehmen.

Mitglieder: 120.

Dansk Kerneteknisk Selskab
Danish Nuclear Society

DK-1606 Kobenhavn V, Vester Farimagsgade 31, ☏ (33) 15 65 65.

Zweck: Förderung der Forschung im Bereich Kernenergie.

4 ELEKTRIZITÄTSWIRTSCHAFT

Kraftwerke mit mindestens 100 MW in Betrieb oder in Planung

Abkürzungen in Spalte Eigentümer

Faellescentral	Interessentskabet Den sydøstjyske Faellescentral Skaerbaekvaerket
FV	Interessentskabet Fynsvaerket
IFV	Elektricitetsselskabet Isefjordvaerket Interessentskab
MK	Interessentskabet Midtkraft Elektricitetsselskab
NE	Interessentskabet Nordjyllands Elektricitetsforsyning NEFO
NK	Interessentskabet Nordkraft
SEAS	Sydøstsjaellands Elektricitets Aktieselskab
SHA	Sønderjyllands Højspaendingsweark Andelsselkab
Vestkraft	Interessentskabet Vestkraft

Abkürzungen in Spalte Primärenergie

Eg	Erdgas
Öl	Heizöl
St	Steinkohle

Abkürzungen in Spalte Bemerkungen

GT	Gasturbine

Standort oder Name	Eigentümer oder Betreiber	Netto-leistung MW	Primär-energie	Bemerkungen bzw. geplante Inbetriebnahme
Konventionelle Wärmekraftwerke				
Aarhusvaerket	MK	230	St + Öl	
Amagervaerket	Stadt Kopenhagen	256	St + Öl	
Amagervaerket B3	Stadt Kopenhagen	249	St + Öl	mit Wärmelieferung
Asnaesvaerket	IFV	1449	St + Öl	davon 126 MW GT, 20 MW Diesel
Endstedvaerket	SHA	821	St + Öl	davon 50 % eines 620-MW-Blockes deutscher Anteil
Fynsvaerket	FV	851	St + Öl + Eg	davon 10 MW Diesel
Kyndbyvaerket	IFV	739	St + Öl	davon 124 MW GT, 20 MW Diesel
Masnedövaerket	SEAS	184	St + Öl	davon 67 MW GT
Nordkraft	NK	454	St + Öl	davon 269-MW-Block nur Öl
H. C. Örstedvaerket	Stadt Kopenhagen	246	St + Öl	davon 12 MW Diesel
Skaerbaekvaerket	Faellescentral	492	St + Öl	davon 285-MW-Block nur Öl
Stigsnaesvaerket	SEAS	413	Öl + St	
Studstrupvaerket	MK	415	St + Öl	davon 263-MW-Block nur Öl
Studstrupvaerket B2 + B3 + B4	MK	3 x 350	St + Öl	mit Wärmelieferung
Svanemöllevaerket	Stadt Kopenhagen	131	St + Öl	
Vendsysselvaerket	NE	450	St + Öl	
Vestkraft	Vestkraft	500	St + Öl	davon 268-MW-Block nur Öl
Vestkraft 8	Vestkraft	380	St + Öl	1992
København	Stadt Kopenhagen	150	Eg	1994
Skaerbakvaerket	Faellescentral	380	St + Eg	1997
Avedørevaerket	N. N.	235	St + Öl	1995
Nordkraft/Nefo 9	NK	380	St + Eg	1998
Masnedovaerket	SEAS	250	St + Öl	1997
Enstedvaerket	SHA	654	St + Öl	1998

Kraftwerksleistung in Betrieb:	
Konventionelle Wärmekraftwerke	9 002 MW
Kernkraftwerke	0 MW
Wasser-, Wind-, Biogaskraftwerke	419 MW
Insgesamt	9 421 MW

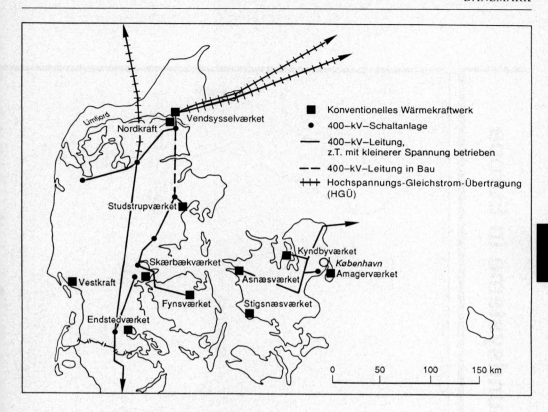

Kraftwerke mit mehr als 300 MW in Dänemark.

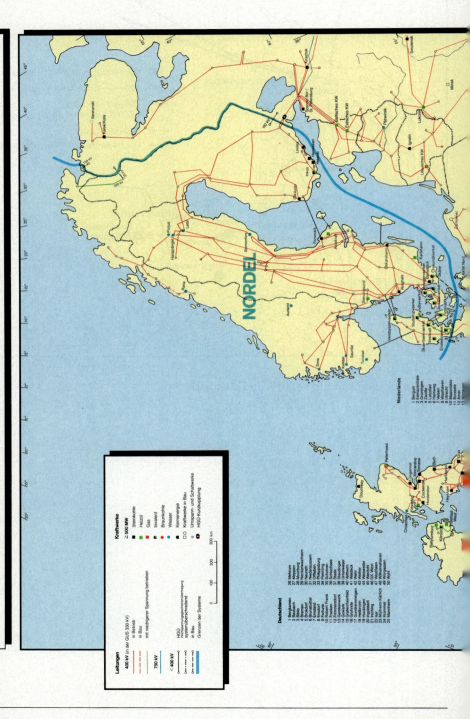

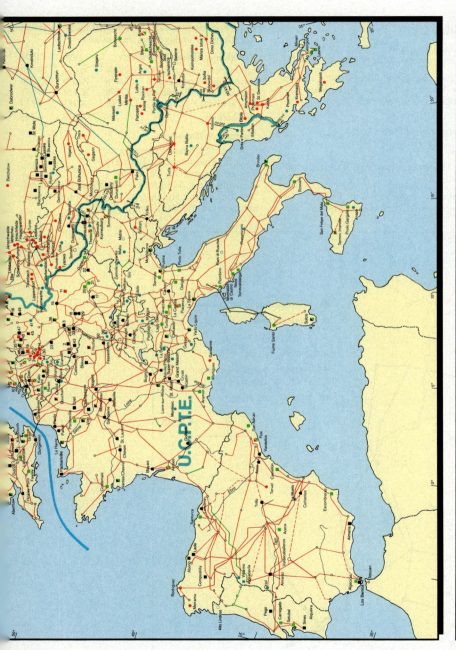

8. Finnland

Imatran Voima Oy

SF-00101 Helsinki/Helsingfors, PB 138, ☏ (3580) 60901, ✆ 124608 voima sf, Telefax (3580) 5666235.

Vorstand: Kalevi *Numminen,* Vorsitzender; Klaus *Ahlstedt,* stellv. Vorsitzender; Kari *Huopalahti;* Kalervo *Nurmimäki;* Anders *Palmgren;* Pertti *Voutilainen.*

Geschäftsführung: Kalevi *Numminen.*

Kapital: 912 Mill. Fmk.

Gesellschafter: Finnischer Staat: 95,6%; Sozialversicherungsanstalt: 4,4%.

Zweck: Produktion, Transport und Verkauf von elektrischer Energie und Fernwärme; Planung und Konstruktion von Energiebetrieben und -systemen; Beratung in Finnland und im Ausland.

Produktion, Absatz, Beschäftigte		1990	1991
Stromerzeugung	GWh	30 031	29 320
davon Eigenerzeugung	GWh	11 070	12 310
Fest verkaufte Strommenge	GWh	26 158	26 381
Wärmeabgabe	GWh	4 281	4 829
Beschäftigte		4 075	4 205

Tochtergesellschaften

Enermet Oy, Killin Voima Oy
IVO International Ltd, Tekivo Oy
Inkoon Satama Oy, Dativo Oy
Transmast Oy, Ivoinfra Oy, IVO Energy Limited, Imatran Voima Holding BV, IVO Holding Gesellschaft mbH und 20 andere.

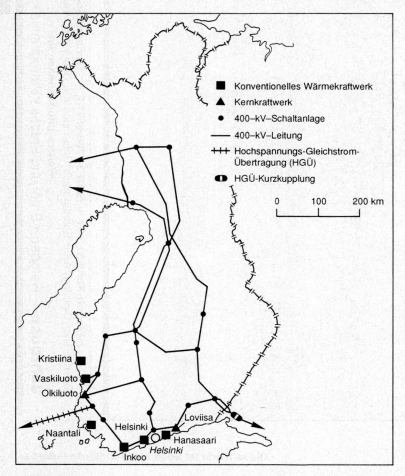

Kraftwerke mit mehr als 300 MW in Finnland.

Kraftwerke mit mindestens 100 MW in Betrieb oder in Planung

Abkürzungen in Spalte Primärenergie

Eg	Erdgas	L	Laufwasser	St	Steinkohle
Kk	Kernkraft	Öl	Heizöl	T	Torf

Abkürzungen in Spalte Bemerkungen

BWR	Siedewasser-Reaktor	IKW	Industriekraftwerk
GT	Gasturbine	PWR	Druckwasser-Reaktor

Standort oder Name	Eigentümer oder Betreiber	Netto-leistung MW	Primär-energie	Bemerkungen bzw. geplante Inbetriebnahme
Konventionelle Wärmekraftwerke				
Espoo		130	Eg	
Haapavesi	Imatran Voima Oy	150	T	
Hanasaari A	Stadt Helsinki	165	St	
Hanasaari B	Stadt Helsinki	377	St	
Helsinki	Stadt Helsinki	500	St	mit Wärmelieferung
Helsinki	Stadt Helsinki	158	Eg	
Huutokoski	Imatran Voima Oy	180	Öl	GT
Inkeroinen	Tampetta Oy	100	Eg	IKW
Inkoo	Imatran Voima Oy	1070	St + Öl	
Jyväskylä	Imatran Voima Oy	115	T	mit Wärmelieferung
Kaukopää	Enso-Gutzeit Oy	122	Eg + Öl	IKW
Kellosaari	Stadt Helsinki	118	Öl	GT
Kokkola	Outokumpu Oy	120	Öl	Einsatz von Prozeßwärme
Kristiina	Pohjolan Voima Oy	470	Öl + St	
Lappeenranta	Lappeenrannan Lämpövoima Oy/ Imatran Voima Oy	184	Eg + Öl	Kombianlage mit GT
Lathi	Lahden Lämpövoima Oy/ Imatran Voima Oy	182	Öl + St + Eg	
Mussalo	Kotkan Höyryvoima Oy/Sunila Oy	240	St + Öl	
Naantali	Imatran Voima Oy	327	St	davon 40 MW GT mit Wärmelieferung
Pietarsaari	OY Wilh. Schaumann	168	Holz + St	IKW
Salmisaari	Stadt Helsinki	150	St	
Seinäjoki	–	105	T	
Tahkoluoto	Länsirannikon Voima Oy	254	St + Öl	
Tampere/Lielathi	Tampereen Kaupungin Sähkölaitos (TKS)	132	Eg + Öl	mit Wärmelieferung, davon 2 GT 81 MW
Tampere/Naistenlathi	Tampereen Kaupungin Sähkölaitos (TKS)	128	Öl + T je Brennstoff 1 × 64 MW	
Vantaa		113	Eg	
Vaskiluoto	Vaskiluodon Voima Oy	160	Öl	
Vaskiluoto	Vaskiluodon Voima Oy	160	St + Öl	
Vuosaari	Imatran Voima Oy	315	Öl + Eg	mit Wärmelieferung
Kaukopää		90	Müll	1992
Meri-Pori	Imatran Voima Oy/ Teollisuuden Voima Oy	550	St	1993
Uimaharju	NN	95	Müll	1993
Mussalo	Kotkan Höyryvoima Oy/Sunila Oy	90	Eg	1994
NN	NN	2 x 150	T	bis 1995
Vuosaari	Imatran Voima Oy	450	Eg	1996

4 ELEKTRIZITÄTSWIRTSCHAFT

Standort oder Name	Eigentümer oder Betreiber	Netto-leistung MW	Primär-energie	Bemerkungen bzw. geplante Inbetriebnahme
Kernkraftwerke				
Loviisa 1 + 2	Imatran Voima Oy	2 x 420	Kk	PWR + 40 MW GT
Olkiluoto 1 + 2	Teollisuuden Voima Oy/ Imatran Voima Oy	2 x 710	Kk	BWR
Wasserkraftwerke				
Imatra	Imatran Voima Oy	156	L	
Petäjäskoski	Kemijoki Oy	127	L	
Pirttikoski	Kemijoki Oy	110	L	
Pyhäkoski	Oulujoki Oy	120	L	
Seitakorva	Kemijoki Oy	100	L	
Taivalkoski	Kemijoki Oy	115	L	
Kraftwerksleistung in Betrieb:				
Konventionelle Wärmekraftwerke		8 548 MW		
Kernkraftwerke		2 310 MW		
Wasserkraftwerke		2 718 MW		
Insgesamt		13 576 MW		

Organisationen

The Finnish Energy Economy Association (ETY)
Energiekonomiska Föreningen

SF-00131 Helsinki, P.O. Box 56, ☏ (3 58) 01 79466,
✂ 1 23494 ety sf, Telefax (3 58) 06 55076.

Präsident: Olavi *Vapaavuori*.

Gründung und Zweck: 1911 gegründet zur Förderung der wirtschaftlichen Energieerzeugung und -anwendung unter Berücksichtigung von Umweltschutzaspekten. Interessenvertretung der Mitglieder in nationalen und internationalen Organisationen und Komitees.

Mitglieder: Über 200 Mitglieder aus den Bereichen Industrielle Energieabnehmer, Kraftwerksbau und Elektrizitätsversorgung.

Beschäftigte 6

Suomen Sähkölaitosyhdistys r.y.
Vereinigung finnischer Elektrizitätswerke

SF-00101 Helsinki, Postfach 100, ☏ (3580) 408188, Telefax (3580) 442994.

Geschäftsführung: Esa *Hellgrén*.

Zweck: Förderung der Aktivitäten und der Entwicklung der finnischen Elektrizitätsversorgungsunternehmen in den Bereichen Technik, Forschung, Aus- und Fortbildung sowie Sicherheit und Umweltschutz.

Mitglieder: 122 Mitglieder, die elektrische Energie an 99 % aller Verbraucher verteilen und 80 % des benötigten Stroms in Finnland produzieren.

Suomen Voimalaitosyhdistys r. y.
Finnish Power Plant Association

SF-00120 Helsinki, Lönrotinkatu 4 B, ☏ (3 58-0) 6029 44, Telefax (3 58-0) 644098.

Geschäftsführung: Dipl.-Ing. Antti *Hanelius*.

Gründung: 1928 als Vereinigung finnischer Wasserkraftwerke, seit 1970 als Finnische Kraftwerksvereinigung.

Zweck: Förderung der Entwicklung von Produktion und Transmission der Elektrizität.

9. Frankreich

Electricité de France (EDF)

F-75384 Paris Cedex 08, 2, rue Louis-Murat, ☏ (1) 40422222, ⌁ EDFDIGE 648131 S, Telefax (1) 40 42 54 86.

Conseil d'Administration: Pierre *Delaporte*, Président; Danièle *Alexandre*, Maria *Aubertin*, Jean *Barlet*, Michel *Baron*, Isabelle *Bouillot*, Claude *Cambus*, Philippe *Rouvillois*, Bernard *Comptour*, Jean-Baptiste *de Foucault*, Jean-Pierre *Cremona*, Jean *Gaubert*, Rudolph *Guck*, Francis *Mer*, Marcel *Roulet*, Joël *Sorin*, Thierry *Aulagnon*, Jean-Paul *Tissot*.

Commissaire du Gouvernement: Dominique *Maillard*, Directeur du Gaz, de l'Électricité et du Charbon, au Ministère de l'Industrie et du Commerce extérieur.

Commissaire du Gouvernement adjoint: Jean-Pierre *Falque-Pierrotin*, Directeur à la Direction Générale de l'Industrie et chargé du Service des industries de base et des biens intermédiaires et du Service des biens d'équipement industriel au Ministère de l'Industrie et du Commerce extérieur.

Mission de Contrôle Economique et Financier: Olivier *Lefranc*, Chef de la Mission; Alain *Faure*, Contrôleur d'Etat.

Secrétaire du Conseil d'administration: Rose-Marie *Wendling*.

Direction Générale: Jean *Bergougnoux*, Directeur Général; François *Ailleret*, Directeur Général délégué; Remy *Carle*, Directeur Général Adjoint; Jean *Andriot*, Délégué Général; Paul *Questiaux*, Inspecteur Général, Délégué aux Filiales et Participations; Pierre-Yves *Tanguy*, Inspecteur Général pour la Sûreté Nucléaire; Bernard *Lagrange*, Inspecteur Général d'EDF et du GDF; Jean-Marie *Reboul*, Inspecteur Général; Denis *Gaussot*, Inspecteur Général; Manuel *Poyatos*, Directeur; Christian *Nadal*, Directeur de la Communication; Crishan *Stoffaes*, Directeur, chargé de l'Inspection Générale.

Directions Centrales: Emmanuel *Hau*, Directeur des Services Financiers et Juridiques; Jean-François *Debay*, Directeur des Affaires Générales; Gérard *Anjolras*, Directeur du Personnel et des Relations Sociales; Jean-Michel *Fauve*, Directeur des Affaires Internationales (E.D.F. International); Claude *Destival*, Directeur de l'Economie de la Prospective et de la Stratégie; Paul *Godin*, Directeur du Développement et de la Stratégie Commerciale.

Directions Opérationelles: Paul *Caseau*, Directeur des Etudes et Recherches; Michel *Albert*, Directeur d'EDF Production Transport; Pierre *Daurès*, Directeur d'EDF GDF Services (Distribution); Yves *Cousin*, Directeur de l'Equipement.

Gründung und Zweck: Aufgrund des Gesetzes vom 8. April 1946, durch das die Elektrizitätsversorgungswirtschaft und die Gasversorgung Frankreichs nationalisiert worden sind, wurde die Verwaltung der verstaatlichten Elektrizitätsversorgungsunternehmen einem öffentlich-rechtlichen Unternehmen mit industriellem und wirtschaftlichem Charakter unter der Bezeichnung »Electricité de France (EDF) Service National« übertragen.

Die Aufgaben der EDF bestehen in der Produktion, dem Transport, der Verteilung, der Einfuhr und Ausfuhr elektrischer Energie. Als öffentlich-rechtliches Unternehmen hat EDF auf den vorgenannten Arbeitsgebieten ein Quasi-Monopol in Frankreich.

	1990	1991
Produktion .... TWh	372,2	406,5
Beschäftigte	120 260	119 590

Centrale Nucléaire Européenne à Neutrons Rapides SA (Nersa)

F-75008 Paris, 2, rue Louis Murat, r. c. 74 b, 5375 Paris; Verwaltung: F-69003 Lyon, 177, rue Garibaldi, Boîte Postale 3180 Lyon Cedex 03, ☏ (78) 71 33 33, Telefax (78) 71 38 64.

Directoire: Adrien *Mergui*, Président; Giovanni *Cuttica*; Armin *Plessa*.

Stammkapital: 6000 Mill. FF.

Gesellschafter: Electricité de France (EDF), Paris, 51%; Ente Nazionale per l'Energia Elettrica (Enel), Rom, 33%; Schnell-Brüter-Kernkraftwerksgesellschaft mbH (SBK), Essen, 16%.

Zweck: Die Errichtung und der Betrieb eines natriumgekühlten Schnellen Brutreaktors mit einer Leistung von mehr als 1000 MW in Frankreich. Der Reaktor (Super-Phénix) wurde am 7. September 1985 erstmals kritisch; am 14. Januar 1986 erfolgte die erste Netzsynchronisation. Am 9. 12. 1986 wurde erstmalig die Nenn-Leistung von 100% erreicht.

Compagnie Générale des Matières Nucléaires (Cogema)

F-78141 Vélizy-Villacoublay, 2, rue Paul Dautier, B. p. 4, ☏ (1) 39469641, ⌁ Cogem 697833, Telefax (1) 34650921.

Board of Directors: André *Giraud*, Michel *Pecqueur*, François *de Wissocq*, Honorary Chairmen; Jean *Syrota*, Chairman and Chief Executive Officer; French Atomic Energy Commission (CEA), represented by

4 ELEKTRIZITÄTSWIRTSCHAFT

Philippe *Rouvillois,* Administrateur Général; Patrice *Durand,* Sous Directeur des Participations, Ministère de l'Economie, des Finances et du Budget; Michel *Albert,* Directeur de la Pd et du Transport, Electricité de France; Jean *Castellan,* Ministry of Defense; Achille *Ferrari,* Chief Executive Officer, CEA-Industrie; Antoine *Blanc,* Chef du service des matières 1ères et du sous.sd, Ministère de l'Industry et du Com. Ext.; Jean-Claude *Leny,* Chairman and Chief Executive Officer, Framatome; Paul *Mentré,* Chairman, CSIA; Guy *Paillotin,* Deputy Director-General, CEA; Michel *Pecqueur,* Vice Chairman, ERAP; François *Scheer,* General Secretary, Ministry of Foreign Affairs. Directors Elected pursuant to the law of May 23, 1989: Maxime *Bonnet,* Jean-Claude *Chupin,* Roland *Court,* Michel *Kerdraon,* Henri *Laffite,* Christian *Leterrier.*

Government Commissioner: Claude *Mandil,* Director of Energy and Raw Materials, Ministère de l'Industrie et du Commerce Extérieur.

Government Comptroller: Claude *Lachaux.*

Employee representative: Yves *Dufour.*

Secretary of the Board: Aimé *Darricau,* Sécretaire Général de Cogema.

Statutory Auditors: James *Darmon,* Société d'Etudes Economiques et d'Expertise Comptable, Reydel, Blanchot and Associates. Member of Uni-Audit Frinault *Fiduciaire,* member of Compagnie Régionale de Paris.

Kapital: 5 Mrd. FF.

Gesellschafter: Commissariat à l'Energie Atomique (Cea), 100%.

Zweck: Den Zyklus von Kernbrennstoffen betreffende Tätigkeiten, und zwar Natur-Uran-Anreicherung, Fabrikation und Zusammenstellung von Brennelementen, Transport und Wiederaufbereitung von bestrahltem Brennstoff, Engineering und Dienstleistungen.

	1987	1988
Umsatz .... Mrd. FF	5,7	5,7
Beschäftigte	17 000	18 016

Unternehmensbereiche
Division Minière de la Crouzille
F-87640 Razès, B.P. 1, ☏ (33 55) 04 35 00, ✄ 5 80 061, Telefax (33 55) 04 35 01.

Etablissement de Cadarache
F-13115 Saint-Paul-Lez-Durance, B.P. 33, ☏ (33 42) 25 75 22, ✄ 4 40 674, Telefax (33 42) 25 48 88.

Etablissement de la Hague
F-50444 Beaumont Hague Cedex, ☏ (33 33) 03 61 04, ✄ 1 70030, Telefax (33 33) 03 66 11.

Division Minière de l'Hérault
F-34700 Lodève, Saint-Martin-du-Bosc, B.P. 35, ☏ (33 67) 44 18 22, ✄ 4 80 560, Telefax (33 67) 44 21 09.

Etablissement de Marcoule
F-30206 Bagnols-sur-Cèze Cedex, B.P. 170, ☏ (33 66) 79 50 00, ✄ 4 80 232, Telefax (33 66) 90 18 50.

Etablissement de Miramas
F-13148 Miramas cedex, ☏ (33 90) 58 13 61, ✄ 4 10 920, Telefax (33 90) 50 27 20.

Etablissement de Pierrelatte
F-26701 Pierrelatte Cedex 1, B.P. 16, ☏ (33 75) 50 40 00, ✄ 3 45 087, Telefax (33 75) 50 41 00.

Beteiligungen
Amok Limited, Saskatoon, 75 %.
Babcock & Wilcox Fuel Co. (B & W F Co.), Lynchburg, 30 %.
Cigar Lake, 36%.
Cluff Mining, 80%.
Cogema Australia Pty Limited, Sydney, 100 %.
Cogema Canada Limited (CCL), Montréal, 100 %.
Cogema Inc., Washington, 100 %.
Cogema Uran Services (Deutschland), Saarbrücken, 100%.
Coginter, 100 %.
Commox, Vélizy-Villacoublay, 60 %.
Compagnie Française de Mokta (CFM), Vélizy-Villacoublay, 100 %.
Compagnie des Mines d'Uranium de Franceville (Comuf), Vélizy-Villacoublay, 57 %.
Compagnie Minière d'Akouta (Cominak), Niamey, 34 %.
Corrap, 50%.
Era, 8%.
Eurodif SA, Bagneux, 62 %.
Fragema, Lyon, 50 %.
Franco-Belge de Fabrication de Combustibles (FBFC), Courbevoie, 25 %.
Numatec Inc., Washington, 100 %.
Highland, 25%.
Interuran, Saarbrücken, 75%.
Le Bourneix, 100%.
Mac Arthur, 16%.
Melox, Marcoule, Bagnols-sur-Cèze, 50%.
Pacific Nuclear Transport Limited (PNTL), Risley Warnington, 12,5 %.
Pan Continental, 11%.
Pathfinder Mines Corporation (PMC), San Francisco, 100 %.
Société pour la Conversion de l'Uranium en Metal et en Hexafluorure (Comurhex), Courbevoie, 49 %.
Société Générale pour les Techniques Nouvelles (SGN), Saint-Quentin-en-Yvelines, 66 %.
Société Industrielle de Combustible Nucléaire (SICN), Annecy, 100 %.
Société Industrielle des Minerais de l'Ouest (Simo), Vélizy-Villacoublay, 100 %.

Société des Mines de l'Air (Somair), Niamey, 56 %.
Sofidif, 60 %.
Transnucléaire, Paris, 50 %.
Uranex, 100 %.
Urep, Courbevoie, 50 %.
Ussi Ingénierie, Bagneux, 65 %.
Urangesellschaft mbH, 70 %.

Compagnie Nationale du Rhône (CNR)

F-69316 Lyon Cedex 04, 2, rue André Bonin, ☏ 72006969. Büro: F-75007 Paris, 28, Boulevard Raspail, ☏ (1) 45487626.

Conseil d'Administration: Paul *Granet*, Président; Jacques *Flechet*, Vice-Président.

Représentants de l'Etat: Alain *Goubet*, Industrie; Daniel *Maquart*, Transports; Jérôme *Calvet*, Trésor; Joël *Rochard*, Budget; André *Grammont*, Agriculture; Paul *Bernard*, Intérieur; Jean-Pierre *Duport*, D.A.T.A.R.

Représentants des Actionnaires: Jacques *Flechet*, Michel *Mercier*, Hubert *Manaud*, Claude *Arnold*, Jean-Pierre *Bourdier*, Philippe *Lesage*, Michel *Jacquemin*.

Représentants des Régions: Jean-Claude *Burckel*, Pierre *Chantelat*, Alain *Suguenot*, Charles *Millon*, Jacques *Blanc*, Bruno *Miraglia*.

Représentants des intérêts généraux concernés par l'aménagement du Rhône et de la liaison Rhin-Rhône: Paul *Granet*, René *Beaumont*, Jean-Paul *Escande*, Gérald *Eudeline*, Claude *Faure*.

Représentants du personnel de la Compagnie: Jean *Berton*, Jean *Bayle*, Roland *Fain*, Christian *Terrier*, Christian *Jimenez*.

Direction: Pierre *Savey*, Directeur Général; Christian *Poncet*, Directeur Administratif; Jacques *Lecornu*, Directeur de l'Exploitation; Roger *Pinatel*, Directeur de l'Ingéniérie.

Secrétaire Général: Philippe *André*.

Gründung: Am 27. Mai 1933 als »Gesellschaft des Öffentlichen Rechts«. Anteilseigner sind lokale Gemeinwesen und staatliche Unternehmen.

Zweck: Ausbau und Betrieb der Rhône von der Schweizer Grenze bis zum Meer unter den durch das Gesetz vom 27. Mai 1921 festgelegten Bedingungen: Erzeugung von Wasserkraft, Schiffahrt, Bewässerung und weitere landwirtschaftliche Nutzung des Wassers. Die Arbeiten unterhalb von Lyon wurden im Jahre 1980 abgeschlossen. Ferner Bau, Betrieb und Unterhaltung der Verbindung zwischen Saône und Rhein sowie Betrieb und Unterhaltung der Saône unter den durch Gesetz vom 4. Januar 1980 festgesetzten Bedingungen.

	1990	1991
Produktion .... GWh	14 100	14 400

Organisationen

Centre d'Etudes et de Recherches Economiques sur l'Energie (Ceren)

F-75008 Paris, 89, Rue de Miromesnil, ☏ (1) 44139110.

Directeur Général: Jean *Coiffard*.

Comité Français de l'Electricité

F-92080 Paris-La-Défense, Cedex 06, Tour Atlantique, ☏ (1) 47781406, Telefax (1) 47 73 95 53.

Président: Guy *Dallery*.

Délégué Général: Roger *Le Goff*.

Secrétaire Général: Roger *Thomassin*.

Zweck: Unterstützung beim verstärkten Stromeinsatz der Industrie. Einrichtung eines öffentlichen Zentrums zum Austausch zwischen Ausrüstern, Ingenieuren, Installateuren, Stromverteilern und Stromverwendern. Verbreitung von wissenschaftlichen, technischen und wirtschaftlichen Informationen in Form von Kongressen, Beratungsbesuchen, Dokumentation und Fachzeitschriften.

Mitglieder: Die CFE ist Mitglied der Union Internationale d'Electrothermie (UIE).

Commissariat à l'Energie Atomique (CEA)

F-75015 Paris, 29–31, Rue de la Fédération, ☏ (1) 40561000, ⌁ ENAT 200671 F.

Administrateur Général: Philippe *Rouvillois*.

Haut-Commissaire: Jean *Teillac*.

Zweck: Anwendung der Kernenergie unter all ihren Aspekten; nicht-nukleare Technologien in ausgewählten Bereichen; Verbreitung wissenschaftlicher und technologischer Informationen; Forschung und Ausbildung.

Forum Atomique Français

F-75724 Paris Cedex 15, 48 Rue de la Procession, ☏ (1) 44496000, ⌁ 200565, Telefax (1) 44496011.

Président: Jacques *Couture*.

Secrétaire Général: Jacky *Weill*.

Zweck: Förderung der Entwicklung und Anwendung der Kernenergie sowie Forschung und Information der Öffentlichkeit.

Kraftwerke mit mindestens 100 MW in Betrieb oder in Planung

Abkürzungen in Spalte Eigentümer

CdF	Charbonnages de France
CNR	Compagnie Nationale du Rhône
EDF	Electricité de France
SENA	Société d'Energie Nucléaire Franco-Belge des Ardennes
SNCF	Société Nationale Chemins de Fer Français

Abkürzungen in Spalte Primärenergie

Br	Braunkohle	Kog	Koksofengas	Sp	Speicher
Eg	Erdgas	L	Laufwasser	St	Steinkohle
Gg	Gichtgas	Öl	Heizöl		
Kk	Kernkraft	Psp	Pumpspeicher		

Abkürzungen in Spalte Bemerkungen

FBR	Schneller Brüter
GG	Gas-Graphit-Reaktor
GT	Gasturbine
IKW/öffentl. Netz	Industriekraftwerk mit Einspeisung in das öffentliche Netz
PWR	Druckwasser-Reaktor

Standort oder Name	Eigentümer oder Betreiber	Netto-leistung MW	Primär-energie	Bemerkungen bzw. geplante Inbetriebnahme
Konventionelle Wärmekraftwerke				
Albi	EDF	250	St	
Ambès	EDF	1000	Öl + Eg	nur für Reserveeinsatz
Ansereuilles	EDF	234	St + Öl	
Aramon 1 + 2	EDF	1370	Öl	langfristig konserviert
Arjuzanx	EDF	117	Br	
Arrighi	EDF	222	Öl + Eg	langfristig konserviert
Artix	EDF	124	Eg	
Beautor	EDF	234	St	
Blainville	EDF	100	Öl	4 GT
Blénod	EDF	1000	St	
Bouchain	EDF	582	St + Eg	davon GT 76 MW
Brennilis	EDF	249	Öl	3 GT
Carling	CdF	340	St + Öl	IKW/davon GT 70 MW
Carling/Emile-Huchet	CdF	1149	St + Kog	IKW/öffentl. Netz
Chalon II	EDF	217	St	langfristig konserviert
Champagne	EDF	538	St	davon 2 GT 48 MW Öl
Comines II	EDF	117	St	
Courrières	CdF	234	St + Öl	IKW/öffentl. Netz
Cordemais	EDF	1955	Öl	
Cordemais 4	EDF	530	St	
Cordemais 5	EDF	580	St	
Creil	EDF	282	St	davon 2 GT 48 MW Öl
Dirinon	EDF	170	Öl	2 × 85 MW GT
Dunkerque	EDF	234	Öl + Gg + Kog	
Gardanne	CdF	280	Br	IKW/öffentl. Netz
Gardanne 5	CdF	580	Br	IKW/öffentl. Netz
Gennevilliers II	EDF	325	St	langfristig konserviert
Grosbliederstroff	CdF	220	St	IKW/öffentl. Netz
Harnes	CdF	110	St	IKW/öffentl. Netz
Herserange	CdF	123	St + Gg	IKW/öffentl. Netz
Hornaing	CdF	474	St + Öl	IKW/öffentl. Netz, davon 117 MW nur für Reserveeinsatz
La Maxe	EDF	500	St	
Le Bec	CdF	170	St	IKW/öffentl. Netz
Le Havre	EDF	1420	St + Öl	
Le Havre 4	EDF	580	St	
Loire-sur-Rhône	EDF	750	St + Öl	nur für Reserveeinsatz
Lucy III	CdF	248	St	IKW/öffentl. Netz
Martigues-Ponteau	EDF	1000	Öl	nur für Reserveeinsatz
Monterau	EDF	500	St + Eg + Öl	
Nantes/Cheviré	EDF	500	St + Öl + Eg	

FRANKREICH

Standort oder Name	Eigentümer oder Betreiber	Netto-leistung MW	Primär-energie	Bemerkungen bzw. geplante Inbetriebnahme
Pont-de-Claix	Rhône-Progil	166	St	IKW/öffentl. Netz
Pont-sur-Sambre	EDF	484	St	
Porcheville A	EDF	234	St	
Porcheville B	EDF	2340	Öl	
Richemont	Gemeinsch.-KW	384	Gg + Kog + St	IKW/öffentl. Netz
Saint-Ouen	EDF	480	Öl + Eg	langfristig konserviert
Strasbourg	EDF	234	St	
Vaires	EDF	490	St	
Vazzio	EDF	156	Öl	8 × 19,5 MW Diesel
Violaines	CdF	234	St + Kog + Öl	IKW/öffentl. Netz
Vitry	EDF	1120	St + Öl	2 Kombiblöcke mit GT (je 65 MW)
Yainville	EDF	334	St + Öl	langfristig konserviert
Gennevilliers	EDF	200	St	1992
Wasserkraftwerke				
Beaucaire	CNR	178	L	
Beauchastel	CNR	223	L	
Bollène	CNR	327	L	
Bort	EDF	200	Sp	Saisonspeicher
Bourg-les-Valence	CNR	190	L	
Brommat	EDF	458	Sp	Saisonspeicher
Caderousse	CNR	156	L	
Châteauneuf-sur-Rhône	CNR	285	L	
Chautagne	CNR	155	L	
Combe d'Avrieux	EDF	121	Sp	Saisonspeicher
Curbans	EDF	142	L	
Fessenheim	EDF	166	L	
Gambsheim	EDF/Badenwerk	100	L	davon 50 MW deutscher Anteil
Genissiat	CNR	405	L	
Gerstheim	EDF	130	L	
Gervans	CNR	116	L	
Grand-Maison 1+2+3	EDF	1035	Psp	
Grand-Maison 4+5+6+7+8	EDF	750	Psp	
Hermillon	EDF	114	Sp	Saisonspeicher
Iffezheim	EDF/Badenwerk	100	L	davon 50 MW deutscher Anteil
Kembs	EDF	146	L	
L'Aigle	EDF	208	Sp	Saisonspeicher
La Bathie-Roselend	EDF	522	Sp	Saisonspeicher
La Coche	EDF	320	Sp + Psp	
L'Aigle	EDF	133	Sp	Saisonspeicher
La Rance	EDF	240	L	Gezeitenkraftwerk
Le Chastang	EDF	264	L	
Le Cheylas	EDF	240	Psp	
Le Pouget	EDF	124	Sp	Saisonspeicher
Le Pouget-Truel	EDF	295	Sp	
La Saussaz	EDF	146	L	
Logis-Neuf	CNR	210	L	
Malgovert	EDF	297	Sp	Saisonspeicher
Marckolsheim	EDF	156	L	
Marèges	SNCF	148	L	
Monteynard	EDF	323	Sp	Saisonspeicher
Montézic	EDF	4 x 230	Psp	
Montpezat	EDF	124	Sp	Saisonspeicher
Oraison	EDF	188	L	
Ottmarsheim	EDF	156	L	
Péage de Roussillon	CNR	160	L	
Pied-de-Borne	EDF	109	Sp	Saisonspeicher
Pragnères	EDF	180	Sp	Saisonspeicher
Randens	EDF	124	L	
Revin	EDF	720	Psp	Tagesspeicher
Rhinau	EDF	161	L	
Sablons	CNR	126	L	
Sarrans	EDF	177	Sp	Saisonspeicher

4 ELEKTRIZITÄTSWIRTSCHAFT

Standort oder Name	Eigentümer oder Betreiber	Netto-leistung MW	Primär-energie	Bemerkungen bzw. geplante Inbetriebnahme
Saint-Chamas	EDF	153	L	
Sainte-Croix	EDF	140	Sp + Psp	
Saint-Estève	EDF	139	L	
Saint-Guillerme II	EDF	110	Sp	
Saint-Pièrre de Marèges	EDF	243	Sp	
Saussaz	EDF	146	Sp	Saisonspeicher
Serre-Ponçon	EDF	352	Sp	Saisonspeicher
Sisteron	EDF	228	L	
Strasbourg	EDF	130	L	
Super-Bissorte 1+2+3+4+5	EDF	5 x 150	Psp	
Villarodin	EDF	360	Sp	Saisonspeicher
Vogelgrün	EDF	130	L	
Vouglans	EDF	318	Sp + Psp	Saisonspeicher + Tagesspeicher
Moyenne Isère Aval	EDF	92	Psp	1990/93
Kernkraftwerke				
Belleville 1+2	EDF	2 x 1310	Kk	PWR
Blayais 1+2+3+4	EDF	4 x 910	Kk	PWR
Bugey 1	EDF	540	Kk	GG
Bugey 2+3	EDF	2 x 920	Kk	PWR
Bugey 4+5	EDF	2 x 880	Kk	PWR
Cattenom 1	EDF	1300	Kk	PWR
Cattenom 2	EDF	1300	Kk	PWR
Cattenom 3	EDF	1300	Kk	PWR
Cattenom 4	EDF	1300	Kk	PWR
Chinon B 1+2	EDF	2 x 870	Kk	PWR
Chinon B 3+4	EDF	2 x 905	Kk	PWR
Creys-Malville/ Super-Phénix 1	NERSA	1142	Kk	FBR davon 16 % deutscher und 33 % italienischer Anteil
Cruas 1	EDF	880	Kk	PWR
Cruas 2+3	EDF	2 x 915	Kk	PWR
Cruas 4	EDF	880	Kk	PWR
Dampierre 1+2+3+4	EDF	4 x 890	Kk	PWR
Fessenheim 1 + 2	EDF	2 x 880	Kk	PWR davon $16^{2}/_{3}$ % deutscher und $13^{1}/_{3}$ % Schweizer Anteil
Flamanville 1+2	EDF	2 x 1330	Kk	PWR
Golfech 1	EDF	1310	Kk	PWR
Gravelines 1+2+3+4+5+6	EDF	6 x 910	Kk	PWR
Marcoule/Phénix	EDF	233	Kk	FBR
Nogent 1+2	EDF	2 x 1310	Kk	PWR
Paluel 1+2+3+4	EDF	4 x 1330	Kk	PWR
Penly 1	EDF	1330	Kk	PWR
Penly 2	EDF	1330	Kk	PWR
St. Alban 1+2	EDF	2 x 1335	Kk	PWR
St. Laurent des-Eaux A 2	EDF	450	Kk	GG
St. Laurent des-Eaux B 1 + 2	EDF	2 x 915	Kk	PWR
Tricastin 1 + 2 + 3 + 4	EDF	4 x 915	Kk	PWR
Chooz B 1	EDF	1455	Kk	PWR davon 348 MW belgischer Anteil, 1995
Chooz B 2	EDF	1455	Kk	PWR davon 348 MW belgischer Anteil, 1996
Golfech 2	EDF	1310	Kk	PWR, 1993
Civeaux 1	EDF	1500	Kk	PWR, 1997
Civeaux 2	EDF	1500	Kk	PWR, 1999
Le Carnet 1+2	EDF	2 x 1500	Kk	nach 2000

Kraftwerksleistung in Betrieb:
Konventionelle Wärmekraftwerke   21 400 MW
Kernkraftwerke   56 700 MW
Wasserkraftwerke   24 300 MW
Insgesamt   102 400 MW

FRANKREICH

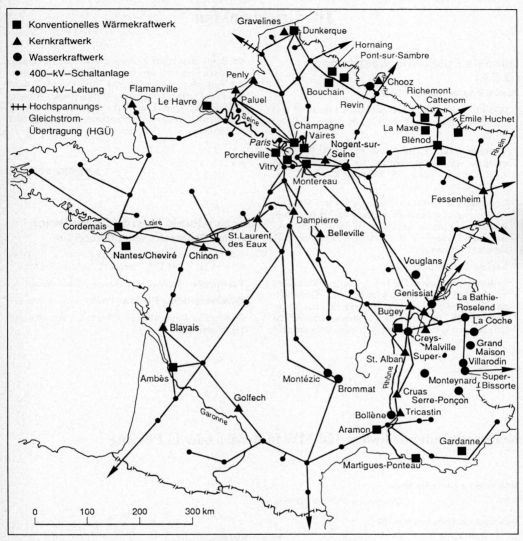

Kraftwerke mit mehr als 300 MW in Frankreich.

10. Griechenland

Dimosia Epicheirisi Ilektrismou (D.E.I.)
Public Power Corporation

GR-102 Athen, 30, Chalkokondylis Street, ☏ (01) 5234301. Entwicklung: GR-115 64 Athen, 4, Korai Street.

Verwaltungsrat: G. *Birdimiris*, Präsident; N. *Karageorgiou*, Abteilungspräsident; Sp. *Paschetis*; J. *Geivelis*; H. *Chaligopoulos*; A. *Chryssis*; K. *Maniatis*; J. *Stathopoulos*; A. *Tsirigos*.

Vorstand: G. *Birdimiris*, Generaldirektor; Direktoren: A. *Papathanassiou* (Verteilung und Bergwerke); A. *Kravaritis* (Entwicklung); A. *Mylonakis* (Produktion und Transport); R. *Maipoulos* (Finanzen); P. *Lampos* (Verwaltung).

Kapital: 50,6 Mrd. Dr.

Gründung und Zweck: Die D.E.I. wurde 1950 von der griechischen Regierung als öffentliches Unternehmen für Erzeugung und Vertrieb von Elektrizität gegründet. 1985 wurde D.E.I. zu einem Sozialisierten Öffentlichen Unternehmen erklärt und steht seitdem im Besitz und unter Kontrolle des Staates. Gegenstand der D.E.I. ist die Erzeugung, die Übertragung, der Vertrieb sowie der Im- und Export von Elektrizität. D.E.I. verfügt über das alleinige Recht, Wasserkraftwerke, Wärmekraftwerke sowie Überland- und Verteilernetze zu den Verbrauchern zu errichten und zu betreiben.

Organisationen

Greek Atomic Energy Commission
National Research Centre Democritus

GR-15310 Athen, Aghia Paraskevi Attikis, ☏ (071) 6 51 31 11, ✄ 216199, Telefax (071) 9310356.

Vorsitzender: Professor M. *Antonopoulos-Domis*.

Wissenschaftlicher Direktor: Professor N. *Antoniou*.

Zweck: Forschung auch im Bereich Kerntechnik und Strahlenschutz.

Kraftwerke mit mindestens 100 MW in Betrieb oder in Planung

Abkürzungen in Spalte Eigentümer

D.E.I.   Dimosia Epicheirisi Ilektrismou

Abkürzungen in Spalte Primärenergie

| Br | Braunkohle | Öl | Heizöl | Sp | Speicher |
| L | Laufwasser | Psp | Pumpspeicher | | |

Abkürzungen in Spalte Bemerkungen

GT   Gasturbine

Standort oder Name	Eigentümer oder Betreiber	Nettoleistung MW	Primärenergie	Bemerkungen bzw. geplante Inbetriebnahme
Konventionelle Wärmekraftwerke				
Ag. Georgios 6 + 7	D.E.I.	120	Öl	
Ag. Georgios 8	D.E.I.	150	Öl	
Ag. Georgios 9	D.E.I.	200	Öl	
Aliveri 1 + 2	D.E.I.	80	Br + Öl	
Aliveri 3 + 4	D.E.I.	300	Br + Öl	davon 2 GT 85 MW
Amyntaion 1 + 2	D.E.I.	2 x 300	Br	

GRIECHENLAND

Standort oder Name	Eigentümer oder Betreiber	Netto-leistung MW	Primär-energie	Bemerkungen bzw. geplante Inbetriebnahme
Kardia 1 + 2 + 3 + 4	D.E.I.	1104	Br	
Kriti 1 + 2 + 3 + 4 + 5 + 6	D.E.I.	144	Öl	
Lavrio 1 + 2	D.E.I.	450	Öl	
Lavrio 3 + 4 + 5 + 6	D.E.I.	186	Öl	4 GT
Megalopolis 1 + 2 + 3	D.E.I.	496	Br	
Megalopolis 4	D.E.I.	300	Br	
Ptolemais 1	D.E.I.	70	Br	
Ptolemais 2 + 3	D.E.I.	250	Br	
Ptolemais 4	D.E.I.	300	Br	
St. Demetrius 1 + 2 + 3 + 4	D.E.I.	4 x 300	Br	
St. Demetrius 5	D.E.I.	300	Br	1997
Wasserkraftwerke				
Assomata 1 + 2	D.E.I.	108	Sp	
Kastraki 1 + 2 + 3 + 4	D.E.I.	320	Sp	
Kremasta 1 + 2 + 3 + 4	D.E.I.	437	Sp	
Pighae 1 + 2	D.E.I.	210	Sp	
Plastira 1 + 2 + 3	D.E.I.	130	Sp	
Polyphyton 1 + 2 + 3	D.E.I.	375	Sp	
Pournari 1 + 2 + 3	D.E.I.	300	Sp	
Sfikia 1 + 2 + 3	D.E.I.	315	Sp + Psp	
Stratos 1 + 2	D.E.I.	150	L	
Tauropos	D.E.I.	130	L	
Thisavros 1	D.E.I.	100	Sp	1992
Thisavros 2	D.E.I.	100	Sp	1992
Thisavros 3	D.E.I.	100	Sp	1992
Platanovrissi 1 + 2	D.E.I.	140	L	1993
Messochora 1 + 2	D.E.I.	160	L	1994
Sykia Pefkofito 1 + 2	D.E.I.	220	L	1994
Mouzaki Mavromati	D.E.I.	300	L	1995

Kraftwerksleistung in Betrieb:
Konventionelle Wärmekraftwerke   5 518 MW
Kernkraftwerke   0 MW
Wasserkraftwerke   2 511 MW
Insgesamt   8 029 MW

4 ELEKTRIZITÄTSWIRTSCHAFT

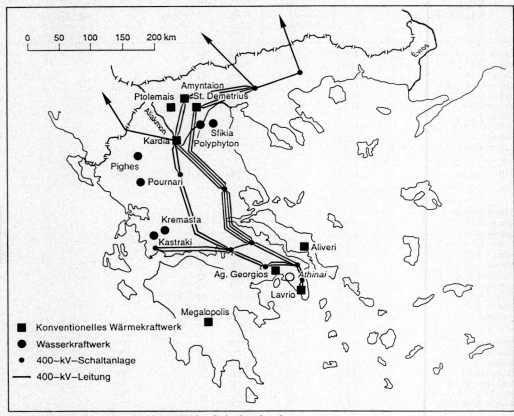

Kraftwerke mit mehr als 300 MW in Griechenland.

11. Großbritannien

The Electricity Association

GB-London SW1P 4RD, 30 Millbank, ☏ (071) 8342333, ✆ 23385 u. 261130, Telefax (071) 9310356.

President: Ken *Harvey*.

Vice-President: Roger *Young*.

Directors: Keith *Stanyard*, East Midlands Electricity; Walter *Waring*, Eastern Electricity; John *Wilson*, London Electricity; John *Roberts*, Manweb; Richard *Young*, Midlands Electricity; William *Kerss*, National Grid Company; John *Baker*, National Power; David *Morris*, Northern Electric; Patrick *Haren*, Northern Ireland Electricity; Ken *Harvey*, Norweb; Mark *Baker*, Nuclear Electric; John *Rennocks*, PowerGen; Roger *Young*, Scottish Hydro-Electric; Alasdair *Stewart*, Scottish Nuclear; Dr. Ian *Preston*, Scottish Power; Mounder *Wide*, Seeboard; J. Wynford *Evans*, South Wales Electricity; Bill *Nicol*, South Western Electricity; Henry *Casley*, Southern Electric; Malcolm *Chatwin*, Yorkshire Electricity; Roger *Farrance*, Electricity Association.

Electricity Association Services Limited

Chief Executive: Roger *Farrance* CBE.

Managing Director: Richard *Savinson* OBE.

Company Secretary: Brian *Venables*.

Divisional Heads: Richard *Savinson* (External Relations and Information); Richard *Barlow* (Employee Relations); Dr. David *Porter* (Business Services); Dr. Jahn *Cottrill* (Engineering & Safety).

London Electricity Plc

GB-London WC1V 6NU, 81-87 High Holborn, Templar House, ☏ (071) 2429050, ✆ 885342, Telefax (071) 2422815.

Board: John J. *Wilson*, Chairman & Chief Executive; Roger *Urwin*, Managing Director; Alan *Towers*, Finance Director; Clive *Myers*, Marketing & Supplies Director; Andrew *Curry*, Trading Director.

Non-executive directors: Tony *Prendergast*, Director, Energy Supplies Ltd.; Leslie *Priestly*, Director, TSB Group Plc, chief executive of TSB England & Wales; Director, Hill Samuel Bank Ltd.; Gordon *Owen*, Deputy Chief Executive of Cable & Wireless plc; Managing Director, Mercury Communications Ltd.; Helen *Robinson*, Group Managing Director, Thomas-Goode.

Seaboard Plc

GB-East Sussex BN3 2LS, Hove, Grand Avenue, ☏ (0273) 724522, ✆ 87230, Telefax (0273) 729185.

Board: George *Squair*, Chairman; Jim *Ellis*, Chief Executive; John *Quin*, Finance Director; Terry *Boley*, Corporate Strategy Director; Len *Jones*, Operations Director; Maunder *Wide*, Administration Director and Company Secretary.

Non-executive director: Roy *Cox*, Chairman of the Post Office Staff Superannuation Scheme.

Southern Electric plc

GB-Berkshire SL6 3QB, Maidenhead, Littlewick Green, Southern Electricity House, ☏ (0628) 822166, ✆ 848282, Telefax (0628) 827124.

Board: Duncan A. *Ross*, Chairman; Henry *Casley*, Managing Director; John *Deane*, Finance Director; Jim *Forbes*, Operations Director; Peter *Woodhart*, Corporate Services Director; Dr. Jim *Hart*, Strategic Development Director; Richard *Bing*, Director of Corporate Relations; D. A. G. *Morris*, Company Secretary and Solicitor.

Non-executive directors: Geoffrey *Wilson*, Chairman of Delta plc; David *Barber*, Chairman of Halma plc; Tony *Stoughton-Harris*, executive vice chairman of Nationwide Anglia Building Society; Nicholas *Timpson*, Chairman and Managing Director of Furnitureland Holdings plc; K. H. *Coates*.

South Western Electricity Plc

GB-Almondsbury, Bristol BS12 4SE, Aztec West, 800 Park Avenue, Electricity House, ☏ (0454) 201101, ✆ 44298, Telefax (0454) 616369.

Board: Bill *Nicol*, Chairman; John *Seed*, Managing Director; John *Sellers*, Finance Director; Dr. M. J. *Carson*, Operations Director; J. A. *Bonner*, Contracts and Tariffs Director; W. T. R. *Meadows*, Trading Director; D. *Mutton*, Corporate Services Director; S. G. *Marshall*, Resources and External Affairs Director.

Non-executive directors: Charles *Fisher*, Chairman, Sharpe & Fisher plc; Antony *Hichens*, Chairman of MB-Caradon plc and YJ Lovell (Holdings) plc; John *Gough*, Chairman and Chief Executive, kleen-e-ze Holdings plc.

Eastern Electricity plc

GB-Ipswich, Suffolk IP9 2AQ, Wherstead, PO Box 40, ☎ (0473) 688688, ⌁ 98123, Telefax (0473) 601036.

Board: James *Smith*, Chairman; Walter *Waring*, Managing director; Laurence *French*, Personnel and Public Affairs Director; Richard *Leveritt*, Finance Director; Dr. Douglas *Swinden*, Marketing Director; Bill *Watson*, Engineering Director.

Non-executive directors: Ian *Coutts*, Senior Partner in Martin and Acock, accountants; Member of the Audit Commission and the Forestry Commission; Leader of Norfolk County Council 1973–79; Niven *Duncan*, vice-chairman, Sedgwick Group and Chairman and Chief Executive, Sedgwick Ltd; Professor Richard *Eden*, Professor of Energy Studies; Head of Cambridge Energy Research Group, Cavendish Laboratory, University of Cambridge; Lord *Marksford*, staff member of The Economist; Sir Graham *Wilkins*, past Chairman and Chief Executive of Thorn EMI and former President of Beecham Group.

East Midlands Electricity plc

GB-Arnold, Nottingham NG4 7HX, 398 Copice Road, North PDO, PO Box 4, ☎ (0602) 269711, ⌁ 98123, Telefax (0602) 209789.

Board: John F. *Harris*, Executive Chairman; Dan *Cowe*, Managing Director; Michael *Carus*, Finance Director; Philip *Champ*, Corporate Development Director; Keith *Jackson*, Marketing Director; Keith *Stanyard*, Technical and Operations Director.

Non-executive directors: Nicholas *Corah*, formerly Chairman, Corah Plc, Leicester. Non-Executive Director of Alliance and Leicester Building Society; Robert *Gunn*, former Chairman, The Boots Company Plc, Nottingham; Nigel *Rudd*, Chairman, Williams Holdings Plc, Derby; Alan *Schroeder*, Chairman and Chief executive of Lincoln Industries Plc.

Midlands Electricity Plc

GB-Halesowen, West Midlands B62 8BP, Mucklow Hill, ☎ (021) 4232345, ⌁ 338092, Telefax (021) 4223311.

Board: Bryan S. *Townsend*, Chairman and Chief Executive; Richard *Young*, Managing Director; Mike *Hughes*, Executive Director (Engineering); Garry *Degg*, Executive Director (Corporate Services); Roger *Murray*, Executive Director (Marketing and Supplies); Peter *Chapman*, Executive Director (Finance).

Non-executive directors: Gareth *Davies*, Chairman and Chief Executive, Glynwed International Plc.; Francis *Graves* OBE, Chairman Francis C. Graves and Partners; Janet *Morgan*, Non-executive director, Cable & Wireless Plc.; John *Neil*, Group Chief Executive, UGC Limited.

Manweb plc

GB-Chester CH1 4LR, Sealand Road, ☎ (0244) 377111, ⌁ 61277, Telefax (0244) 377269.

Board: Bryan H. *Weston*, Chairman; John *Roberts*, Managing Director; Colin *Leonard*, Director, Power Marketing; Denis *Farqubar*, Director, Network Services; Peter *Hopkins*, Director, Trading; John *Astall*, Finance Director.

Non-executive directors: Richard *Morgan*, Sheila *Garston*, Eryl *Morris*, Glen *Nightingale*.

South Wales Electricity plc

GB-Cardiff CF3 9XW, St. Mellons, ☎ (0222) 792111, ⌁ 498311, Telefax (0222) 777759.

Board: J. Wynford *Evans*, Chairman; David *Jones*, Managing Director; David *Gibbard* MBE, Energy Trading Director; David *Myring*, Finance Director; Byron *Samuel*, Operations Director; Alan *Worth*, Corporate Services Director.

Non-executive directors: Vivien *Pollard*, Director, Dramah Investments; John *Foley*, South Wales Area Divisional Officer of the Iron and Steel Trades Confederation; Peter *Phillips*, Chairman of AB Electronic Products Group Plc, Deputy Chairman of the Principality Building Society and Chairman of the Welsh Industrial Development Advisory Board; David *Prosser*, Group Director (Investments) and a Director of Legal & General Group; Peter *Morgan*, Director General of the Institute of Directors.

Yorkshire Electricity (Group) Plc

GB-Leeds LS14 3HS, Scarcroft, Wetherby Road, ☎ (0532) 892123, ⌁ 55128, Telefax (0532) 895611.

Board: John S. *Tysoe*, Chairman; Malcolm *Chatwin*, M. Chief Executive; Tony *Coleman*, Financial Director; Graham *Hall*, Group Executive Director; Derek *Wilebore*, Group Executive Distribution.

Non-executive directors: David B. *Clark*, formerly chairman, Beatson Clark plc, non executive director of YEB and Royal Bank of Scotland; Lady *Eccles* of *Moulton*, non executive director J. Sainsbury plc, Tyne Tees Television Holdings plc and Tyne Tees Television Ltd.; John *Hardman*, Former Chairman & Chief Executive ASDA Group plc and director of Leeds Development Corporation; James *Rigg*, formerly Finance Director, Rolls Royce plc, and non-executive director William Holdings plc.

Norweb plc

GB-Manchester M16 0HQ, Talbot Road, ☏ (061) 8738000, Telefax (061) 8757360.

Board: Kenneth *Harvey*, Chairman & Chief Executive; Alf *Crowder*, Managing Director; B. *Benson*, Director of Administration and Company Secretary; M. J. *Faulkner*, Marketing Director; A. *Simmons*, Operations Director; B. J. *Wilson*, Finance Director.

Non-executive directors: Alan *Cockshaw*, John *Green-Armytage*, N. D. *Root*, Gerald *Ratner*.

Northern Electric plc

GB-Newcastle upon Tyne NE99 1SE, Carliol House, PO Box 1SE, ☏ (091) 2327520, ✄ 53324, Telefax (091) 2352716.

Board: David *Morris*, Chairman; Antony *Hadfield*, Managing Director; Alan *Groves*, Group Finance Director; Ron *Dixon*, Managing Director-Power.

Non-executive directors: Stuart *Errington*, Ian *McCutcheon*, Paul *Nicholson*.

Scottish Hydro Electric plc

GB-Edinburgh, Scotland EH3 7SE, 16 Rothesay Terrace, ☏ (031) 2251361, Telefax (031) 2203983.

Chairman: M. *Joughin*.

Chief Executive: R. *Young*.

Scottish Power plc

GB-Glasgow G44 4BE, Cathcart House, Spean Street, ☏ (041) 6377177, ✄ 777703, Telefax (041) 6373470.

Chairman: D. J. *Miller*.

Chief Executive: I. M. H. *Preston*.

Non-Executive Board Members: I. H. *MacDonald*, N. C. *Kuenssberg*, G. B. *Whyte*, C. M. *Stuart*, C. H. *Black*.

Zweck: Erzeugung, Transport und Verteilung von Elektrizität im Süden von Schottland.

Northern Ireland Electricity plc

GB-Belfast BT9 5HT, 120 Malone Road, P.O. Box 2, Danesfort, ☏ (0232) 661100, ✄ 747114, Telefax (02 32) 66 35 79.

Board: Sir Desmond *Lorimer*, Chairman; Patrick *Haren*, Chief Executive; W. *Campbell*, Generation Director; P. *Woodworth*, Finance Director; Brian *Shiels*, Director of Marketing.

Secretary: G. D. *Nickell*.

Zweck: Erzeugung, Transport und Verteilung von Elektrizität. Kraftwerke in Ballylumford, Belfast, Coolkeeragh, Kilroot. Kapazität insgesamt: 1 800 MW.

The National Grid Company plc

GB-London SE1 9JU, Sumner Street, National Grid House, ☏ (071) 6208000, Telefax (071) 6208547.

Board: David *Jefferies*, Chairman; Bill *Kerrs*, Chief Executive; John *Uttley*, Finance and Administration Director; Eric *Chefneux*, Commercial Director; Arthur *Fowkes*, Operations Director; John *Banks*, Engineering Director.

Non-executive directors: John *Hatch*, Chairman of Venture Link Investors Ltd.; Dr. John *Horlock*, Former Vice-Chancellor, Open University; Trevor *Robinson*, Chairman, Five Oaks Investments plc; Ronald *Utinger*, Director of British Alcan Aluminium plc and Ultramar plc.

National Power plc

GB-London, EC4V 4DP, Senator House, Queen Victoria Street 85, ☏ (071) 4549494, Telefax (071) 6153331.

Board: Sir Trevor *Holdsworth*, Chairman; John *Baker*, Chief Executive; Brian *Birkenhead*, Executive Director, Finance; Granville *Camsey*, Executive Director, Operations & Construction; Dr. Peter *Chester*, Executive Director, Technology & Environment; Graham *Hadley*, Executive Director, Corporate Services & Development; Rod *Jackson*, Executive Director, Human Resources; Colin *Webster*, Executive Director, Commerical.

Non-executive directors: Gil *Blackman*, Former Chairman, CEGB; Sir Anthony *Gill*, Chairman of Lucas Industries plc; Richard *Giordano* KBE, Chairman of the BOC Group plc; Sir Alastair *Morton*, Chairman of Eurotunnel plc; Joe *Palmer*, Group Chief Executive, Legal and General Group; Sir Phillip *Wilkinson*, Former Director, British Aerospace plc.

PowerGen plc

GB-West Midlands B90 4PD, Shirley, Solihull, Haslucks Green Road, ☏ (021) 7012000, Telefax (021) 7012616.

Board: Sir Graham *Day*, Chairman; Ed *Wallis*, Chief Executive; John *Rennocks*, Executive Director, Finance; David *Dance*, Executive Director, Generation; Roger *Jump*, Executive Director, Engineering & Technology; Alf *Roberts*, Executive Director, Commercial; Michael *Reidy*, Executive Director, Corporate Services.

Non-executive directors: Paul *Myners*, Director of British & Commonwealth Holdings Plc and chairman and chief executive of its subsidiary, Gartmore Investment Management Ltd and a Director of Oppenheimer Management Corporation; Colin *Southgate*, Chairman and Chief Executive of Thorn EMI Plc; Professor Sir Frederick *Crawford*, Vice Chancellor of Aston University; John *Gardiner*, Chairman and Chief Executive of the Laird Group.

	1990	1991
Umsatz ....Mill. £	1 043	1 042
Beschäftigte	15 484	15 327

Beteiligungen
International Nuclear Fuels Limited, 100 %.
Pacific Nuclear Transport Ltd (PNTL), 62 1/2 %.

Organisationen

Nuclear Electric plc

GB-Gloucester GT4 7RS, Barnwood, Barnett Way, ☎ (0452) 652222, ✎ 43501, Telefax (0452) 652776.

Board: John *Collier*, Chairman; Dr. Robert *Hawley*, Chief Executive; Mark *Baker*, Executive Director, Corporate Affairs & Personnel; Ray *Hall*, Executive Director, Production; Brian *George*, Executive Director, Planning & Construction; Mike *Kirwan*, Executive Director, Finance.

Non-executive Directors: Fred *Bonner* CBE, former Deputy Chairman of the CEGB; Sir Frank *Gibb* CBE, former Chairman and Chief Executive, Taylor Woodrow Group; Andrew *Large*, Chairman of Large, Smith & Walter; Michael *Spence* CBE, former Director, Dowty Group plc; Susanne *Stoessi*, Chair, Women and Trading; Professor Andrew *Goudie*, Head of Geography, University of Oxford.

Scottish Nuclear Limited

GB-East Kilbride, Scotland G74 5PR, Peel Park, ☎ (03552) 66266, Telefax (03552) 22022.

Board: James *Hann* CBE, Chairman; Dr. Robin *Jeffrey*, Chief Executive; Alasdair *Stewart*, Finance Director; Dr. John *McKeown*, Director of Safety; Dr. Gerry *Murray*, Director of Corporate Development.

Non-Executive Directors: Jan *Neumann* CBE, Former Board Member, South of Scotland Electricity Board and Yard Ltd.; John *Moreland* OBE, Former Ventures Manager, BP Exploration Ltd.; Peter *Stevenson*, Chairman of EFT Group plc and MacKays Stores (Holdings) plc.

British Nuclear Fuels plc.

GB-Risley Warrington, Cheshire WA3 6AS, ☎ (0925) 832000, ✎ 627581.

Chairman: J. R. S. *Guinness*.

Chief Executive: L. N. *Chamberlain*.

British Nuclear Energy Society (BNES)

GB-London SW1P 3AA, 1 – 5, Great George Street, Westminster, ☎ (01) 222-1122.

President: Dr. B. C. *Woodfine*.

Secretary: P. A. F. *Bacos*.

Zweck: Die Gesellschaft dient als Forum für die in der Kernenergie Tätigen.

Mitglieder: 1 600.

British Nuclear Forum (BNF)

GB-London SW1E 6LB, 22 Buckingham Gate, ☎ (01) 828-0116, Telefax (01) 8280110.

President: Sir John *Hill*.

Chairman: James C. C. *Stewart*.

Director-General: Dr. J. H. *Gittus*.

Secretary-General: James T. *Corner*.

Zweck: Koordinierung und Vertretung der Interessen der mit der Kernenergie befaßten Organisation und Firmen in Großbritannien.

Mitglieder: 71 Mitgliedsfirmen aus Bergbau, Kraftwerksbau sowie allen Bereichen des Kernbrennstoffkreislaufes.

The Institution of Electrical Engineers (IEE)

GB-London WC2R 0BL, Savoy Place, ☎ (071) 2 40 18 71, ✎ 2 61 176, Telefax (071) 2 40 77 35.

Chief Executive: Dr. John *Williams* CEng FIEE.

Kraftwerke mit mindestens 100 MW in Betrieb oder in Planung

Abkürzungen in Spalte Eigentümer

NE	Nuclear Electric PLC
NG	National Grid
NIE	Northern Ireland Electricity
NP	National Power
SHE	Scottish Hydro-Electric plc
PG	PowerGen
SSEB	South of Scotland Electricity Board

Abkürzungen in Spalte Primärenergie

Br	Braunkohle	Öl	Heizöl	St	Steinkohle	
Eg	Erdgas	Psp	Pumpspeicher			
Kk	Kernkraft	Sp	Speicher			

Abkürzungen in Spalte Bemerkungen

GG	Gas-Graphit-Reaktor
GT	Gasturbine
SWR	Schwerwasser-Reaktor
PWR	Druckwasser-Reaktor
AGR	Fortgeschrittener gasgekühlter Reaktor

Standort oder Name	Eigentümer oder Betreiber	Nettoleistung MW	Primärenergie	Bemerkungen bzw. geplante Inbetriebnahme
Konventionelle Wärmekraftwerke				
Aberthaw A	NP	376	St	
Aberthaw B	NP	1401	St	davon 51 MW GT
Agecroft	NP	232	St	
Ballylumford	NIE	1080	Öl	davon 120 MW 4 GT
Belfast West	NIE	240	St + Öl	
Blyth A	NP	448	St	
Blyth B	NP	1100	St	
Bold	NP	168	St	
Braehead	SSEB	253	Öl	
Bulls Bridge	PG	245	Öl	3 x 70 MW GT
Carrington	PG	240	St	
Castle Donington	PG	564	St	
Cockenzie	SSEB	1152	St	
Coolkeeragh/Londonderry	NIE	420	Öl	davon 60 MW 2 GT/davon 60 MW langzeitkonserviert
Cottam	PG	2020	St	davon 100 MW GT
Cowes	NP	140	Öl + Eg	2 x 70 MW GT
Dalmarnock	SSEB	202	Öl	
Didcot	NP	2020	St	davon 100 MW GT
Drakelow B	PG	448	St	
Drakelow C	PG	910	St	
Drax	NP	3890	St	davon 4 x 35 MW GT
Eggborough	NP	1771	St	davon 51 MW GT
Elland	PG	168	St	
Fawley	NP	2000	Öl	davon 68 MW GT
Ferrybridge B	PG	282	St	
Ferrybridge C	PG	1983	St	davon 51 MW GT
Fiddler's Ferry	PG	1931	St	davon 51 MW GT
Grain	PG	2825	Öl	davon 145 MW GT

4 ELEKTRIZITÄTSWIRTSCHAFT

Standort oder Name	Eigentümer oder Betreiber	Netto-leistung MW	Primär-energie	Bemerkungen bzw. geplante Inbetriebnahme
Hams Hall	PG	366	St + Eg	
High Marnham	PG	930	St	
Ince	PG	1010	Öl	davon 50 MW GT
Inverkip 1 + 2 + 3	SSEB	1980	Öl	
Ironbridge	NP	984	St	davon 34 MW GT
Kilroot 1	NIE	300	Öl	Engpaßleistung 200 MW, zusätzlich 30 MW GT
Kilroot 2	NIE	300	Öl	Engpaßleistung 200 MW, zusätzlich 30 MW GT
Kincardine	SSEB	714	St	
Kingsnorth	PG	1988	St + Öl	davon 68 MW GT
Letchworth	NP	140	Öl + Eg	2 x 70 MW GT
Leicester	PG	102	Öl	GT
Lister Drive	NP	110	Öl + Eg	GT
Littlebrook	NP	2160	Öl	davon 3 x 35 MW GT
Longannet	SSEB	2304	St	
Meaford	NP	224	St	
Norwich	NP	110	Öl + Eg	2 x 55 MW GT
Ocker Hill	NP	280	Öl + Eg	4 x 70 MW GT
Padiham	NP	112	St	je 1 steinkohle- und ölgefeuerte 112-MW-Einheit
Pembroke	NP	2035	Öl	
Peterhead 1	SHE	613	Öl + Eg	davon 75 MW GT
Peterhead 2	SHE	613	Öl + Eg	
Peterhead 3	SHE	230	Eg	
Ratcliffe-on-Soar	PG	1991	St	davon 51 MW GT
Richborough	PG	114	Öl	
Rugeley A	NP	560	St	Stillegung vorgesehen
Rugeley B	NP	1016	St	davon 50 MW GT
Skelton Grange	NP	448	St	
Staythorpe	NP	336	St	
Stella North	NP	224	St	Stillegung vorgesehen
Stella South	NP	300	St	Stillegung vorgesehen
Taylor's Lane	PG	140	Öl	2 x 70 MW GT
Thorpe Marsh	NP	998	St	davon 56 MW GT
Tilbury	NP	1412	St + Öl	davon 51 MW GT
Uskmouth	NP	336	St	
Wakefield	NP	234	St	Stillegung vorgesehen
Watford	PG	140	Öl	2 x 70 MW GT
West Burton	NP	1988	St	
West Thurrock	NP	1240	St + Öl	davon 51 MW GT
Willington A	NP	392	St	
Willington B	NP	376	St	
Peterhead	SHE	230	Eg	1993
Killingholme B	NP	900		1993, Kombiblock
Killingholme A	NP	620		1993, Kombiblock
Peterborough	.	348		1993, Kombiblock
Brig	.	272		1993, Kombiblock
Corby	.	412		1993, Kombiblock
Sellafield	.	159		1993, Kombiblock
Medway	.	660		1994, Kombiblock
Staythorpe C	NP	1 500		1994, Kombiblock
Deeside	NP	800		1994, Kombiblock
Keadby	SHE/NORWEB	708		1994, Kombiblock
Rye-House	.	800		1994, Kombiblock
Seabank	.	1 210		1994, Kombiblock
Barking	.	1 000		1994, Kombiblock
Octel	.	137		1994, Kombiblock
Didcot	NP	1 500		1995, Kombiblock
Connah's Quay	.	1 444		1995, Kombiblock
South Humber Bank	.	1 320		1995, Kombiblock
Kilroot 3	NIE	165	St + Öl	1995
Kilroot 4	NIE	240	St + Öl	1995
Fawley B	NP	1700	St	1996
Kingsnorth B	PG	1700	St	1997
West Burton B	NP	1700	St	1999

GROSSBRITANNIEN

Standort oder Name	Eigentümer oder Betreiber	Netto-leistung MW	Primär-energie	Bemerkungen bzw. geplante Inbetriebnahme
Nord Irland	NIE	3x136	Br	2000
Kernkraftwerke				
Bradwell 1 + 2	NE	245	Kk	GG (Magnox)
Calder Hall	UKAEA	180	Kk	GG (Magnox)
Chapelcross	UKAEA	180	Kk	GG (Magnox)
Dungeness A 1 + 2	NE	424	Kk	GG (Magnox)
Dungeness B 1	NE	450	Kk	AGR
Dungeness B 2	NE	600	Kk	AGR
Hartlepool 1	NE	626	Kk	AGR
Hartlepool 2	NE	626	Kk	AGR
Heysham 1	NE	626	Kk	AGR
Heysham 2	NE	626	Kk	AGR
Heysham 3	NE	626	Kk	AGR
Heysham 4	NE	626	Kk	AGR
Hinkley Point A 1 + 2	NE	470	Kk	GG (Magnox)
Hinkley Point B 1 + 2	NE	1120	Kk	AGR + 2 x 35 MW GT
Hunterston B 1 + 2	SSEB	1196	Kk	AGR
Oldbury-on-Severn 1 + 2	NE	434	Kk	GG (Magnox)
Sizewell A 1 + 2	NE	420	Kk	GG (Magnox)
Tornesspoint 1	SSEB	626	Kk	AGR
Tornesspoint 2	SSEB	626	Kk	AGR
Trawsfynydd 1 + 2	NE	390	Kk	GG (Magnox)
Winfrith	UKAEA	100	Kk	SWR
Wylfa 1 + 2	NE	840	Kk	GG (Magnox)
Sizewell B	NE	1175	Kk	PWR, 1995
Hinkley Point C	NE	1175	Kk	PWR, 1998
Wylfa B	NE	1175	Kk	PWR, 1999
Wasserkraftwerke				
Cruachan	SHE	400	Psp	Pumpleistung 436 MW
Dinorwig 1 bis 6	NG	1728	Psp	
Foyers	SHE	300	Psp + Sp	Pumpleistung 305 MW
Ffestiniog 1 bis 4	NG	360	Psp	
Sloy	SHE	130	Sp	

Kraftwerksleistung in Betrieb:
Konventionelle Wärmekraftwerke 53 865 MW
Kernkraftwerke 9 226 MW
Wasserkraftwerke 4 202 MW
Insgesamt 67 293 MW

4 ELEKTRIZITÄTSWIRTSCHAFT

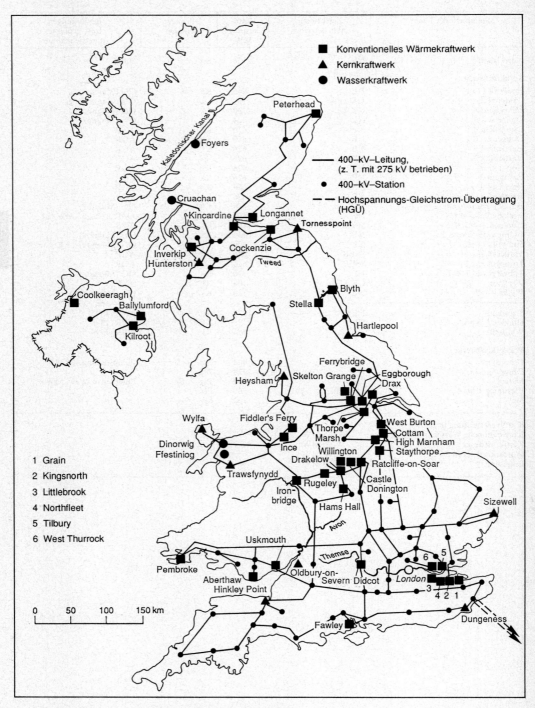

Kraftwerke mit mehr als 300 MW in Großbritannien.

12. Irland

Electricity Supply Board (ESB)

IRL-Dublin 2, Lower Fitzwilliam Street, ☏ (01) 76 58 31 und 77 18 21, ✁ 93727 ESB EI, Telefax (01) 61 53 76.

Chairman: Dr. Patrick J. *Moriarty*.

Deputy Chairman: Professor M. Edward J. *O'Kelly*.

Chief Executive: D. Joe *Moran*.

Secretary: E. Finbarr *O'Mahony*.

Board Members: Rynal *Coen*, Sean *Geraghty*, Dennis *Holland*, Eamon *Kelly*, Patrick J. *Kevans*, Joe *La-Cumbre*, William M. *McCann*, Colm *McCarthy*, James *Wrynn*.

Directors: Lorcan S. *Canning*, Personnel; Dr. Pat H. *Haren*, New Business Investment; John A. *Duffy*, Generation and Transmission Operations; Joe *Maher*, Finance; Kieran *O'Brien*, Corporate Services; Ken *O'Hara*, Customer Operations; Michael *Hayden*, ESB International Ltd.

Regional Headquarters

Dublin: IRL-Dublin 18, Leopardstown Road, Foxrock, ☏ (01) 95 68 33. Manager: Thomas *Murray*.

North East: IRL-Dundalk, Co. Louth, Chapel Street, ☏ (042) 3 22 11. Manager: Des *Doherty*.

Northwest: IRL-Sligo, Castle Street, ☏ (071) 4 52 61. Manager: Peter *Osborne*.

South West: IRL-Cork, Wilton, ☏ (021) 54 49 88. Manager: John *Duane*.

South East: IRL-Waterford, The Mall, ☏ (051) 7 33 01. Manager: Ted *Dalton*.

West: IRL-Limerick, Bishop's Quay, ☏ (061) 4 55 99. Manager: Desmond *Greene*.

Generation Groups

Thermal Group 1: IRL-Cork, Centre Park Road, ☏ (021) 96 42 44. Manager: Tom *Dolan*.

Thermal Group 2: IRL-Dublin 2, 27 Lower Fitzwilliam Street, ☏ (01) 76 58 31. Manager: William *Flood*.

Hydro Group: IRL-Ardnacrusha, Co. Clare, ☏ (061) 34 55 88. Manager: Cyril *O'Dowd*.

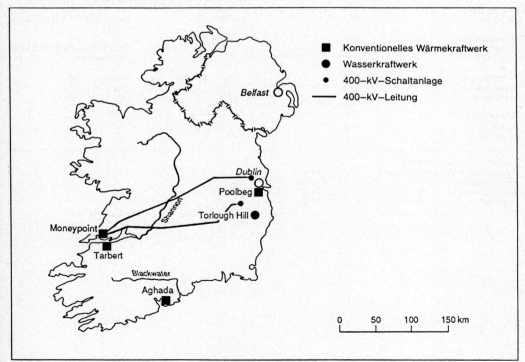

Kraftwerke mit mehr als 300 MW in Irland.

Kraftwerke mit mindestens 100 MW in Betrieb oder in Planung

Abkürzungen in Spalte Eigentümer

ESB   Electricity Supply Board

Abkürzungen in Spalte Primärenergie

Eg   Erdgas
Öl   Heizöl
Psp   Pumpspeicher
St   Steinkohle

Abkürzungen in Spalte Bemerkungen

GT   Gasturbine

Standort oder Name	Eigentümer oder Betreiber	Netto-leistung MW	Primär-energie	Bemerkungen bzw. geplante Inbetriebnahme
Konventionelle Wärmekraftwerke				
Aghada	ESB	525	Eg	davon 3 x 85 MW GT auch mit Öl
Cork City/Marina	ESB	115	Eg	Kombianlage mit 85 MW GT zuzügl. 60 MW langzeitkonserviert
Great Island	ESB	121	Öl	zuzügl. 2 x 60 MW langzeitkonserviert
Moneypoint 1+2+3	ESB	3 x 305	St	
North Wall	ESB	250	Eg + Öl	davon 146 MW Kombianlage mit 104 MW GT + 104 GT
Poolbeg/Dublin	ESB	510	Öl + Eg	
Tarbert	ESB	500	Öl	zuzügl. 2 x 60 MW langzeitkonserviert
Shannonbridge	ESB	125	Torf	
Ringsend	ESB	–	Öl	3 x 60 MW + 3 x 30 MW langzeitkonserviert
Moneypoint 4	ESB	282	St + Öl + Eg	einschl. GT, 1992
Moneypoint 5	ESB	282		einschl. GT, 1994
Moneypoint 6	ESB	282		einschl. GT, 1995
Wasserkraftwerke				
Torlough Hill/ Co. Wicklow	ESB	292	Psp	

Kraftwerksleistung in Betrieb:	
Konventionelle Wärmekraftwerke	2 797 MW
Kernkraftwerke	0 MW
Wasserkraftwerke	513 MW
Insgesamt	3 310 MW

13. Italien

Ente Nazionale per l'Energia Elettrica (Enel)

I-00100 Roma, Via G. B. Martini 3, C.P. 386, ☏ (06) 85091, ✆ 040168, 61528 ✆ enel pro.

Aufsichtsrat: Der Vorsitzende und die Mitglieder des Aufsichtsrates werden durch Dekret des Präsidenten der Republik Italien berufen. — Dott. Franco *Viezzoli* (Presidente); Dott. Ing. Alessandro *Ortis* (Vice Presidente); Dr. Ing. Valerio *Bitetto;* Dott. Umberto *Dragone;* Dr. Ing. Pierfranco *Faletti;* Prof. Ing. Piero Maria *Pello;* Ambasciatore Umberto *la Rocca;* Dott. Giuseppe *Spena;* Prof. Giovanni Battista *Zorzoli.*

Generaldirektor: Dott. Ing. Alberto *Negroni.* Stellvertreter: Ing. Guido *Gallizioli;* Dr. Alfonso *Limbruno;* Dr. Claudio *Poggi.*

Direktoren: Dott. Giovanni *Piglia* (Verwaltung); Ing. Salvatore *Machi* (Versorgung, Vergabe von Aufträgen); Ing. Vincenzo *Morelli* (Planung); Ing. Claudio *Barbesino* (Vertrieb); Dott. Roberto *Caravaggi* (Kommunikation); Dott. Lorenzo *Masedu* (Personal); Ing. Giuseppe *Potestio* (Erzeugung und Übertragung); Ing. Giuseppe *Carta* (Programmierung); Dott. Umberto *Belelli;* Ing. Romano *Gasparini* (Generalsekretariat); Ing. Marco *Gatti;* Ing. Franco *Velonà* (Forschung und Entwicklung); Ing. Franco *Alfieri;* Dott. Alessandro *Breno* (Finanzen); Avv. Michele *Nisio* (Recht); Ing. Massimo *Mele.*

Zweck: Das Unternehmen ist durch Gesetz Nr. 1643 vom 6. 12. 1962 gegründet worden. Es hat die Aufgabe, Erzeugung, Transport, Transformation, Verteilung und Verkauf sowie Import und Export elektrischer Energie in Italien durchzuführen. Industrielle Eigenerzeuger, städtische Unternehmen und kleine private Elektrizitätswerke mit weniger als 15 Mill. kWh pro Jahr Stromabsatz sind von der Nationalisierung ausgenommen. Das Unternehmen wird durch die Generaldirektion und 10 zentrale Fachdirektionen verwaltet; die territoriale Organisation sieht 8 Verwaltungsbezirke (Compartimenti) vor.

CESI — Centro Elettrotecnico Sperimentale Italiano

I-20134 Milano, Via Rubattino, 54, ☏ (02) 2125-1, ✆ 310097 Cesi I, Telefax (02) 21 25 481.

Präsident: Ing. Elio *Colucci.*

Vize-Präsident: Ing. Eugenio *Brasca.*

Geschäftsführung: Ing. Eugenio *Brasca.*

Kaufm. Direktor: Ing. Ernesto *Clerici.*

Träger: Ente Nazionale per l'Energia Elettrica (Enel) sowie die wichtigsten Unternehmen Italiens auf dem Gebiet der Elektrotechnik.

Kapital: 16000 Mill. Lit.

Zweck: Tests für die Entwicklung von Prototypen. Untersuchungen zum physikalischen Verhalten von Materialien sowie elektrischer Netze. Entwicklung von Test- und Meßverfahren.

	1990	1991
Umsatz .... Mrd. Lit.		79
Beschäftigte	435	444

Organisationen

Enea — Ente per le Nuove tecnologie, l'Energia e l'Ambiente

Sede Generale: I-00198 Roma, Viale Regina Margherita, 125, ☏ (06) 8 52 81, ✆ 6 10 183 u. 6 10 167, Telefax (06) 85 28-25 91 u. 85 28-27 77.

Presidente: Prof. Umberto *Colombo.*

Vicepresidente: Professor Cesare *Boffa.*

Consiglieri: Professor Luca *Anselmi*, Professor Giuseppe *Ammassari*, Professor Cesare *Boffa*, Dr. Corrado *Clini*, Professor Alberto *Clò*, Dr. Corrado *Corvi*, Professor Maurizio *Cumo*, Sen. Luigi *Noè*, Professor Claudio *Roveda.*

Direttore Generale: Dr. Fabio *Pistella.*

Direzione Sicurezza Nucleare e Protezione Sanitaria: Ing. Giovanni *Naschi*, ☏ (06) 50072051.

Direttori: Dr. Gian Felice *Clemente*, Area Energia Ambiente e Salute; Ing. Giovanni *Lelli*, Area Energetica; Dr. Angelo *Marino*, Area Energia e Innovazione; Ing. Carlo *Mancini*, Area Nucleare; Ing. Raffaele *Simonetta*, Area Finanza, Pianificazione e Controllo; Dr. Domenico *Palmerino*, Area Affari Legali, Personale e Amministrazione; Ing. Roberto *Ariemma*, Area Segreteria Organi Deliberanti e Audit; Ing. Paolo *Venditti*, Direzione Relazioni; Dr. Sergio *Ferrari*, Direzione Studi; Ing. Paolo *Venditti* (ad interim), Direzione Affari Internazionali.

4 ELEKTRIZITÄTSWIRTSCHAFT

Centri di Ricerca dell' Enea

Centro Ricerche Energia a Casaccia: I-00060 Roma, Via Anguillarese, 301, S. Maria di Galeria, ☏ (06) 30481.

Centro Ricerche Energia Frascati: I-00044 Roma, Via Enrico Fermi, 27, Frascati, ☏ (06) 94 001.

Centro Ricerche Energia »E. Clementel«: I-40129 Bologna, Via Martiri di Monte Sole, 4, ☏ (0 51) 49 81 11.

Centro Ricerche Energia »E. Clementel«: I-40129 Bologna, Viale G. B. Ercolani, 8, ☏ (051) 49 81 11.

Centro Ricerche Energia »E. Clementel«: I-40136 Bologna, Via dei Colli, 16 (Laboratori di Montecuccolino) ☏ (051) 58 11 05.

Centro Ricerche Energia Brasimone: I-40032 Camugnano, Bologna, Casella Postale 1, ☏ (05 34) 9 15 01.

Centro Ricerche Energia Saluggia: I-13040 Saluggia (VC), ☏ (01 61) 48 31.

Centro Ricerche Energia Trisaia: I-75026 Rotondella (Matera), S. S. Jonica 106 Km, 419 + 500, ☏ (08 35) 97 41 11.

Centro Ricerche Ambiente Marino Santa Teresa: I-19100 La Spezia, Casella Postale 316, ☏ (01 87) 53 61 11.

Centro ENEA Ispra c / o CCR Euratom: I-21020 Ispra (Varese), ☏ (03 32) 78 81 11, 78 04 91, 78 01 95, 78 03 22.

Centro Ricerche Fotovoltaiche Portici: I-80055 Portici (NA), Via Vecchio Macello, Casella Postale 83, ☏ (0 81) 47 92 88.

Impianto Fotovoltaico Delphos: I-71043 Manfredonia (FG), S. S. Garganica 89, Km. 178 + 700, ☏ (08 84) 51 16 34 u. 51 16 93.

Impianto Cirene: I-04010 Borgo Sabotino (LT), ☏ (07 73) 2 81 80, 2 89 81 u. 2 89 82.

Società Nucleare Italiana (SNI)

Büro: I-40136 Bologna — clo Instituto Impionti Meccanici — Viale Risorgimento 2, ☏ (051) 644 3401.

Präsident: Prof. Carlo *Salvetti.*

Vizepräsident: Prof. Sergio *Barbaschi,* Prof. Ing. Maurizio *Cumo.*

Generalsekretär: Prof. Ing. Enrico *Sobrero.*

Zweck: Vereinigung italienischer Wissenschaftler und Techniker aus dem Bereich Kernenergie. Vertretung Italiens in der Europäischen Kernenergie-Gesellschaft (ENS).

Kraftwerke mit mindestens 100 MW in Betrieb oder in Planung

Abkürzungen in Spalte Eigentümer

Enel   Ente Nazionale per l'Energia Elettrica

Abkürzungen in Spalte Primärenergie

Br	Braunkohle	Kk	Kernkraft	Öl	Heizöl	Sp	Speicher
Eg	Erdgas	Kog	Koksofengas	Psp	Pumpspeicher	St	Steinkohle
Gg	Gichtgas	L	Laufwasser	Rg	Raffineriegas		

Abkürzungen in Spalte Bemerkungen

BWR	Siedewasser-Reaktor
GGR	Gas-Graphit-Reaktor
GT	Gasturbine
IKW	Industriekraftwerk
PWR	Druckwasser-Reaktor

Standort oder Name	Eigentümer oder Betreiber	Netto-leistung MW	Primär-energie	Bemerkungen bzw. geplante Inbetriebnahme
Konventionelle Wärmekraftwerke				
Alessandria	Enel	180	Öl	2 x 90 MW GT
Assemini 1 + 2	Enel	2 x 90	Eg	2 GT
Augusta/Sicilia	Enel	140	Öl + Eg	
Bari	Enel	205	St + Öl + Eg	
Bastardo	Enel	150	Öl	
Brindisi	Enel	1200	Öl + St	Weitere Umstellung auf Steinkohle vorgesehen
Brindisi Sud 1 + 2	Enel	2 x 640	St + Öl + Eg	
Camerata Picena	Enel	104	Öl + Eg	4 GT
Carpi Nord	Enel	180	Öl	2 GT
Cassano d'Adda	Enel	304		
Chivasso	Enel	563	Öl + St + Eg	davon 1 GT 30 MW
Civitavecchia	Enel	426	St	
Codrongianos	Enel	102	Öl	6 GT
Fiume Santo 1 + 2	Enel	2 x 152	Öl	
Fiume Santo 3	Enel	320	St + Öl + Eg	
Fusina	Enel	485	St + Öl	
Genova	Enel	281	St + Öl	
Giugliano/Napoli 1 + 2	Enel	2 x 90	Eg	2 GT
La Casella	Enel	1200	Öl	
Larderello	Enel	477	Erddampf	
La Spezia	Enel	1821	St + Öl	
Maddaloni	Enel	360	Öl	4 GT
Marghera	Enel	390	St + Öl	
Marghera Levante	Monte Edison Chim.	305	Öl + Eg	IKW
Marzocco	Enel	296	Öl	
Mercure	Enel	150	Öl	
Milazzo	Enel	608	Öl	
Milazzo Levante	Enel	320	Öl	Umstellung auf Steinkohle vorgesehen
Monfalcone 1 + 2	Enel	2 x 310	St + Öl	
Monfalcone 3 + 4	Enel	2 x 300	Öl	
Montalto di Castro	Enel	8 x 100	Öl	8 GT
Napoli Levante	Enel	412	St + Öl + Eg	
Ostiglia	Enel	1220	Öl	
Ottana	Chimica et Fibro del Tirzo	135	Öl	IKW
Palermo	Enel	180	St + Öl	
Piacenza Levante	Enel	653	Öl + Eg	
Piacenza Emilia	Enel	140	Öl	
Pietrafitta	Enel	180	Öl	2 x 90 MW GT
Piombino 1 + 2 + 3 + 4	Enel	4 x 320	Öl + St	
Porto Corsini	Enel	434	Öl	
Porto Empedocle/Sicilia	Enel	150	Eg + Öl	
Porto Marchera	Alsar	160	St + Öl	IKW
Priolo Gargallo/Sicilia	Sinat Chim.	265	Öl + Rg	IKW
Priolo Gargallo/Sicilia	Enel	608	Öl	

4 ELEKTRIZITÄTSWIRTSCHAFT

Standort oder Name	Eigentümer oder Betreiber	Netto-leistung MW	Primär-energie	Bemerkungen bzw. geplante Inbetriebnahme
Porto Tolle 1 + 2	Enel	1320	Öl	
Porto Tolle 3 + 4	Enel	2 x 640	Öl	
San Felipe del Mela/Milazzo, Sicilia	Enel	1208	Öl	Umstellung auf Steinkohle vorgesehen 1990/1991
Sulcis/Sardegna	Enel	490	St + Öl	davon 2 x 17 MW GT
Sulcis 3	Enel	228	St	
Portoscuso/Sardegna	Alsar	245	St + Öl	IKW
Portoscuso 1 + 2	Alsar	2 x 180	St + Öl	IKW
Puglia/Taranto	Italsider	455	Kog + Gg	IKW
Ravenna	Anic	125	Öl	IKW
Rossano	Enel	1280	St + Öl	
Santa Barbara	Enel	260	Br + Öl	
Sermide 1 + 2 + 3 + 4	Enel	4 x 300	Öl	
Tavazzano 1	Enel	387	Öl + Eg	
Tavazzano 2	Enel	300	Öl	
Tavazzano 3 + 4	Enel	2 x 320	St	
Termini Imerese/Sicilia	Enel	1245	Öl + Eg	
Torre Valdaliga	Enel	1116	Öl	
Torre Valdaliga Nord 1+2+3+4	Enel	4 x 640	Öl	
Trapani 1 + 2	Enel	2 x 84	Eg	GT
Turbigo	Enel	145	Öl	
Turbigo Levante	Enel	1146	Öl	
Vado Ligure	Enel	1200	St + Öl	
Vado Ligure	Enel	300	St	1992
Vado Ligure	Enel	300	St	1992
Rossano 1	Enel	100	Eg	1 GT, 1992
Rossano 2	Enel	100	Eg	1 GT, 1992
Brindisi Sud 3	Enel	640	St + Öl + Eg	1993
Brindisi Sud 4	Enel	640	St + Öl + Eg	1993
Fiume Santo 4	Enel	320	St	1993
Larino 1 + 2	Enel	2 x 90	Eg	2 GT, 1993
Napoli 1	Enel	100	Eg	1 GT, 1993
Napoli 2	Enel	100	Eg	1 GT, 1993
Napoli 3	Enel	100	Eg	1 GT, 1993
Rossano 3	Enel	100	Eg	1 GT, 1993
Rossano 4	Enel	100	Eg	1 GT, 1993
Turbigo 1	Enel	100	Eg	1 GT, 1993
Turbigo 2	Enel	100	Eg	1 GT, 1993
Turbigo 3	Enel	100	Eg	1 GT, 1993
Turbigo 4	Enel	100	Eg	1 GT, 1993
Piombino 5	Enel	640	St	1994
Piombino 6	Enel	640	St	1994
Giugliano 3 + 4	Enel	2 x 90	Eg	2 GT, 1994
Termini Imerese 1	Enel	100	Eg	1 GT, 1994
Trimo 1	Enel	600	Eg	1994
Pietrafitta	Enel	300	Eg	1994
Pietrafitta 1 + 2	Enel	2 x 75	St	1994/5
Giuliano 3 + 4	Enel	180	Öl	1995, 2 GT
Friuli 1 + 2	Enel	1280	St	1995
Montalto di Castro 1	Enel	660	St	1995
Termini Imerese 2	Enel	100	Eg	1 GT, 1995
Latina	Enel	300	Eg	1995 Kombiblock
Garigliano	Enel	300	Eg	1995 Kombiblock
Trimo Vercellese 1 + 2	Enel	600	Eg	1995 Kombiblock
Codrongianus	Enel	100	Synthesegas	1995
Sicilia I 1	Enel	300	St + Öl + Eg	1996
Montalto di Castro 2	Enel	660	St	1996
Candela	Enel	300	Eg	1996 Kombiblock
Augusta 1 + 2 + 3	Enel	300	Eg	1996 Kombiblock
Codrongianus	Enel	100	Synthesegas	1996
Ascoli Satiano	Enel	300	Eg	1996
Porto Corsini 1 + 2	Enel	200	Eg	1996
Chivasso 1 + 2	Enel	200	Eg	1996
Sulcis 1	Enel	240	Kohlegas	1996
Gioia Tauro 1	Enel	640	St	1997
Sicilia I 2	Enel	300	St	1997
Sicilia I 3	Enel	300	St + Öl + Eg	1997

ITALIEN

Standort oder Name	Eigentümer oder Betreiber	Netto-leistung MW	Primär-energie	Bemerkungen bzw. geplante Inbetriebnahme
Montalto di Castro 3	Enel	660	St	1997
Montalto di Castro 4	Enel	660	St	1997
Gioia Tauro 2	Enel	640	St	1998
Gioia Tauro 3	Enel	640	St + Öl + Eg	1998
Sardegna 1	Enel	300	St + Öl	1998
Sicilia I 4	Enel	300	St + Öl + Eg	1998
S. Barbara 3	Enel	300	St + Öl + Eg	1998, Kohle-Wasser-Suspension
Sermide 5	Enel	300	St + Öl + Eg	1998, Kohle-Wasser-Suspension
La Casella 5 + 6	Enel	600	St + Öl + Eg	1998, Kohle-Wasser-Suspension
Gela 1	Enel	300	St + Öl + Eg	1998
S. Barbara 1 + 2	Enel	600	St + Öl + Eg	1998/9
Sardegna 2	Enel	300	St + Öl	1999
Gioia Tauro 4	Enel	640	St + Öl + Eg	1999
S. Barbara 4	Enel	300	St + Öl + Eg	1999, Kohle-Wasser-Suspension
Sermide 6	Enel	300	St + Öl + Eg	1999, Kohle-Wasser-Suspension
Sardegna 3	Enel	300	St + Öl	1999
Gela 2 + 3	Enel	600	St + Öl + Eg	1999
Sicilia II 1	Enel	300	St + Öl + Eg	2000
Sicilia II 2	Enel	300	St + Öl + Eg	2000
Wasserkraftwerke				
Anapo/Sicilia 1+2+3+4	Enel	4 x 125	Psp	
Baschi	Enel	100	L	
Brasimone Suviana	Enel	300	Psp	
Capriati	Enel	103	Sp	
Edolo 1+2+3+4+5+6+7+8	Enel	8 x 125	Psp	
Fadalto	Enel	105	Sp	
Gesso (Piastra)	Enel	1065	Psp + Sp	
Grosio	Enel	214	Sp	
Lana	Enel	120	Sp	
Lanzada	Enel	190	Sp	
Lago Delio/Roncovalgrande	Enel	849	Psp	
Monte S. Angelo	Enel	148	Psp	
Montorio	Enel	121	Sp	
Naturno	Enel	110	Sp	
Orichella 1 + 2	Enel	130	Sp	
Premadio	Enel	148	Sp	
Presenzano 1 + 2 + 3	Enel	3 x 250	Psp	
Rovina	Enel	125	Psp	
S. Floriano Egna	Enel	260	Sp	
S. Fiorano	Enel	250	Psp	
Somplago	Enel	165	Sp	
Sondrio	Enel	150	L	
S. Stefano Alto Sarca	Enel	240	Psp	
Taloro/Sardegna	Enel	240	Psp	
Timpa grande	Enel	191	Psp	
Torbole	Enel	125	Sp	
Valpelline	Enel	144	Sp	
Champeux	Enel	160		1991
Fenille	Enel	180		1991
Terré	Enel	200		1992
Presenzano 3	Enel	500	Psp	1992
Presenzano 4	Enel	250	Psp	1992
Giacomo sul Vomano	Enel	263	Psp	1995
Piedilago 1	Enel	500	Psp	1999
Piedilago 2	Enel	500	Psp	2000

Kraftwerksleistung in Betrieb:
Konventionelle Wärmekraftwerke* 38 953 MW
Kernkraftwerke 0 MW
Wasserkraftwerke 19 053 MW
Insgesamt 58 006 MW

* Einschl. 548 MW Erdwärmekraftwerke.

4 ELEKTRIZITÄTSWIRTSCHAFT

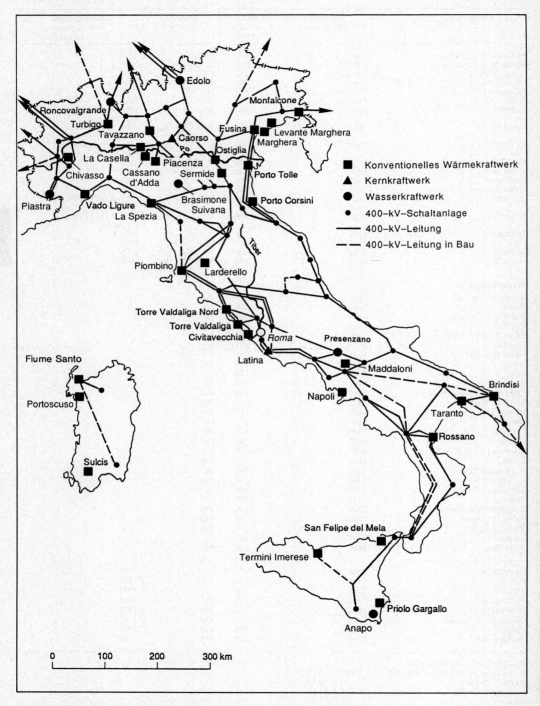

Kraftwerke mit mehr als 300 MW in Italien.

14. Luxemburg

Compagnie Grand-Ducale d'Electricité du Luxembourg (Cegedel)

L-2089 Luxembourg, ☎ 44 55 88-1, ✄ 2375 cgdel lu, Telefax 44 55 88-888.

Conseil d'Administration: Armand *Simon*, Président; Alfred *Giuliani*, Administrateur Délégué, Directeur Général; André *Baldauff*, Directeur; Pierre *Boissaux*, Directeur; Joseph *Reuter*, Directeur.

Kapital: 1 320 Mill. lfrs.

Zweck: Elektrizitätsversorgung auf dem gesamten Gebiet des Großherzogtums Luxemburg mit Ausnahme der Städte Luxemburg und Esch-sur-Alzette und einiger anderer Städte und Ortschaften, die jedoch hochspannungsseitig von Cegedel beliefert werden.

Société de Transport d'Energie Electrique du Grand-Duché de Luxembourg (Sotel)

L-4321 Esch-sur-Alzette, 4, rue de Soleuvre, ☎ 55 19 21; Telefax 57 22 13.

Président: François *Schleimer*, Directeur de l'Arbed.

Direction: André *Simon*, Administrateur Délégué.

Zweck: Betreuung und Überwachung der Eigenproduktion und des Verbundnetzes der einzelnen Werke der luxemburgischen Eisenhüttenindustrie, mit Auslandsverbindungen. Unterhalt und Ausbau der Anlagen und des Netzes. Ankauf, Verteilung und Verrechnung der benötigten Zusatzenergie.

Société Electrique de l'Our SA (SEO)

L-2010 Luxembourg, 2, rue Pierre d'Aspelt, boîte postale 37, ☎ 449 02-1, ✄ 2235 seo lux lu; Telefax 45 13 68.

Conseil d'Administration: Jean *Hoffmann*, ingénieur, Luxembourg, président; Dr. jur. Friedhelm *Gieske*, directeur, Essen, vice-président; Edmond *Anton*, ingénieur commercial, Strassen; Georges *Arendt*, docteur en droit, Luxembourg; Dipl.-Ing. Karl *Becker*, Ratingen; Dr.-Ing. Rolf *Bierhoff*, directeur, Essen; François *Bremer*, Directeur du Budget, des Finances et de l'Administration, Ministère des Affaires Etrangères, Pontpierre; Jean-Donat *Calmes*, licencié en sciences économiques, Munsbach; Alfred *Giuliani*, ingénieur, Strassen; Professor Dr.-Ing. Werner *Hlubek*, directeur, Essen; Bernard *Jacob*, ingénieur, Suresnes; Fernand *Kesseler*, licencié en sciences économiques, Luxembourg; Dr. sc. pol. h. c. Herbert *Krämer*, directeur, Düsseldorf; Claude *Lanners*, inspecteur ppal 1er en rang, Ministère de l'Economie, Luxembourg; Jean *Morby*, licencié en sciences économiques et commerciales, Mamer; Alex *Niederberger*, directeur, Rheinfelden; Gaston *Reinesch*, Master of science in Economics, Schifflange; Léon *Rinnen*, inspecteur principal, Ministère de l'Environnement, Luxembourg; Jean *Routiaux*, ingénieur, Liège; Franz Josef *Schmitt*, directeur, Neuss; Jeannot *Waringo*, licencié en sciences économiques, Mensdorf.

Délégués des Gouvernements: Jean-Paul *Hoffmann*, ingénieur, Béreldange; Georges *Molitor*, ingénieur, Luxembourg; Walter *Blankenburg*, Regierungspräsident, Trier; Rainer *Brüderle*, Staatsminister, Mainz.

Secrétaire Général: Edmond *Anton*, Ingénieur Commercial, Strassen.

Aktienkapital: 1 250 Mill. lfrs.

Aktionäre: Großherzogtum Luxemburg, 40,31 %; RWE, Essen, 40,31 %; EGL, Laufenburg, 4,40 %; EDF, Paris, 0,76 %; Sopade, Luxembourg, 3,04 %; NV SEP, Arnhem, 0,11 %; Cegedel, Luxembourg, 0,06 %; sonstige Namensaktionäre 1,01 %; Vorzugs-Inhaberaktien 10,00 %.

Pumpspeicherwerk Vianden (1 100 MW Turbinenleistung): L-9401 Vianden, boîte postale 2, ☎ 84 90 31-1, ✄ 2535 seo vi lu; Telefax 84 90 31-200.

Laufkraftwerk Grevenmacher: D-5518 Wellen, ☎ (06584) 227.

Laufkraftwerk Palzem: D-5510 Palzem, ☎ (06583) 627.

Société Luxembourgeoise de Centrales Nucléaires SA (SCN)

L-2010 Luxembourg, 2, rue Pierre d'Aspelt, boîte postale 37, ☎ 449 02-1.

Conseil d'Administration: Dr. jur. Friedhelm *Gieske*, Essen, Président; Georges *Arendt*, docteur en droit, Luxembourg; Dr. jur. F. Wilhelm *Christians*, Meerbusch; Rolf *Diel*, Düsseldorf; Dr. oec. Hans-Ulrich *Doerig*, Zumikon; Professor Dr.-Ing. Werner *Hlubek*, Heiligenhaus; André *Elvinger*, docteur en droit, Luxembourg.

Direction: Edmond *Anton*, ingénieur commercial, Strassen.

Aktienkapital: 160 Mill. DM.

Gesellschafter: RWE Energie AG, Essen, 30,01 %; Deutsche Bank AG, Frankfurt (Main), 25 %; Dresdner Bank AG, Frankfurt (Main), 25 %; Schweizerische Kreditanstalt, Zürich, 19,99 %.

Kraftwerke mit mindestens 100 MW in Betrieb oder in Planung

Abkürzungen in Spalte Eigentümer
SEO Société Electrique de l'Our SA

Abkürzungen in Spalte Primärenergie
Psp Pumpspeicher

Standort oder Name	Eigentümer oder Betreiber	Netto-leistung MW	Primär-energie	Bemerkungen
Wasserkraftwerk				
Vianden	SEO	1100	Psp	Tagesspeicher

Kraftwerksleistung in Betrieb:
Konventionelle Wärmekraftwerke   184 MW
Kernkraftwerke   0 MW
Wasserkraftwerke   1 128 MW
Insgesamt   1 312 MW

15. Niederlande

Novem (Nederlandse Maatschappij voor Energie en Milieu BV)
Netherlands Agency for Energy and the Environment

NL-6130 AA Sittard, Postbus 17, ☏ (3146) 595295, Telefax (3146) 528260.

NL-3503 RE Utrecht, Postbus 8242, ☏ (3130) 363444, Telefax (3130) 316491.

NL-7300 AM Apeldoorn, Postbus 503, ☏ (3155) 277877, Telefax (3155) 224315.

Hauptgeschäftsführer: S. *Pietersz.*

Abteilungsleiter: I. *de Leeuw,* Bau; I. *van Haagen,* Industrie; R. W. *Spoelstra,* Energieeinsatz und Kohle; C. C. *Egmond,* Regionales Netzwerk; B. *van Drooge,* Umwelt; H. *Faber,* Forschung und Entwicklung.

Zweck: Verwaltung der staatlich geförderten Energieforschungsprogramme, die Vorführung und Einführung neuer Techniken zur Energieeinsparung und Diversifikation von Brennstoffen sowie Aktivitäten im Umweltschutz.

N.V. Samenwerkende Elektriciteits-Produktiebedrijven (Sep)

NL-6800 AN Arnhem, Postbus 575, ☏ (085) 721111, ⌘ SEP NL, ✆ 45031, Telefax (085) 430858.

Raad van commissarissen: H. *Wiegel,* Vorsitzender; ir. F. H. *Fentener van Vlissingen,* stellv. Vorsitzender; Mitglieder: W. *Don,* ir. F. H. W. Engelbert *van Bevervoorde,* drs. P. *Jonker,* ir. L. M. J. *van Halderen,* dr. ir. J. *IJff,* drs. J. *de Koning,* drs. H. *van Meegen,* dr. A. *Pais,* drs. J. B. V. N. *Pleumeekers,* J. W. *Remkes,* ir. R. E. *Selman.* Sekretär: ir. N. G. *Ketting.*

Vorstand: ir. N. G. *Ketting,* Vorsitzender; ir. G. A. L. *van Hoek;* ir. G. J. L. *Zijl,* mr. M. A. P. C. *van Loon,* Vize-direktor.

Gesellschaftskapital: 15 600 000 hfl.

Mitglieder

N.V. Elektriciteits-Produktiemaatschappij Oost- en Noord-Nederland (NV EPON), NL-8000 GB Zwolle, Postbus 10087.

N.V. Energieproduktiebedrijf UNA (NV UNA), NL-3503 RL Utrecht, Postbus 8475.

N.V. Electriciteitsbedrijf Zuid-Holland (NV EZH), NL-2270 AX Voorburg, Postbus 909.

N.V. Elektriciteits-Produktiemaatschappij Zuid-Nederland (NV EPZ), NL-5600 AS Eindhoven, Postbus 711.

Zweck: Die Organisation trägt Sorge für bzw. fördert die Erzeugung elektrischer Energie. Ausgangspunkt ist, daß dies zu den niedrigsten Kosten und in einer zuverlässigen und gesellschaftlich vertretbaren Weise geschieht. Dazu arbeitet die Sep mit den niederländischen Elektrizitätserzeugungsunternehmen zusammen.

Die Hauptaktivitäten der Sep sind: Planung des Erzeugungsparks, Optimierung der Elektrizitätserzeugung durch Koordination der Erzeugung, Transport elektrischer Energie, Verwaltung und Ausbau des 380-kV-Verbund- und Transportnetzes, Verrechnung der Erzeugungskosten, Einkauf der Brennstoffe beziehungsweise deren Koordination und Im- und Export elektrischer Energie. Über die grenzüberschreitenden Leitungen ist das niederländische 380-kV-Netz mit den 380-kV-Netzen der Bundesrepublik Deutschland und Belgiens in Parallelbetrieb verbunden.

Organisationen

Nederlandse Atoomforum

NL-2595 AA-s'-Gravenhage, Babylon-Office-Building A, Koningin-Julianaplein 30-A 13, ☏ (070) 3825804.

Vorstand: R. W. R. *Dee,* W. P. *v. d. Elst,* J. J. M. *Snepvangers,* W. W. *Nijs.*

Vorsitzender: W. W. *Nijs.*

Zweck: Zentrum für Dokumentation und Information über Kernenergie; Organisation von Konferenzen.

Netherlands Nuclear Society (NNS)

NL-6812 AR Arnhem, Postbus 9035. NL-6800 ET Arnhem, ☏ (085) 562491 und 563545, ✆ 45016 kema nl, Telefax (085) 458279.

Vorsitzender: Professor ir. H. *Arnold.*

Zweck: Informieren der Mitglieder über neue Entwicklungen in der Kernkraftindustrie.

Energieonderzoek Centrum Nederland
Netherlands Energy Research Foundation (ECN)

NL-1755 ZG Petten, Postfach 1, ☏ (02246) 4949, Telefax (02246) 4480.

Geschäftsführung: Professor dr. ir. H. H. van den Kroonenberg, Generaldirektor.

Zweck: Umweltforschung, Forschung und Entwicklung in allen Bereichen der Energieversorgung.

Vereniging Krachtwerktuigen

NL-3800 AD Amersfoort, P.O. Box 165, ☏ +3133602506, Telefax +3133602505.

Zweck: An Association of companies and organisations for energy and the environment. This association, which operates completely independently of public authorities, suppliers and utility companies, represents the collective and individual interests of some 2,500 members.

Kraftwerke mit mindestens 100 MW in Betrieb oder in Planung

Abkürzungen in Spalte Eigentümer

EPON	NV Electriciteits-Produktiemaatschappij Oost- en Noord-Nederland
EPZ	NV Electriciteits-Produktiemaatschappij Zuid-Nederland
EZH	NV Electriciteitsbedrijf Zuid-Holland
UNA	NV Energie-Produktiebedrijf UNA

Abkürzungen in Spalte Primärenergie

Eg	Erdgas	Kk	Kernkraft	St	Steinkohle
Gg	Gichtgas	Öl	Heizöl		

Abkürzungen in Spalte Bemerkungen

GT	Gasturbine
PWR	Druckwasser-Reaktor

Standort oder Name	Eigentümer oder Betreiber	Netto-leistung MW	Primär-energie	Bemerkungen bzw. geplante Inbetriebnahme
Konventionelle Wärmekraftwerke				
Amsterdam/Hemweg	UNA	866	Eg + Öl	davon 18 MW GT
Bergum	EPON	644	Eg	Kombianlagen mit 2 GT
Borssele	EPZ	421	St + Eg + Öl	davon 19 MW GT
Buggenum/Maascentrale	EPZ	400	St + Eg	
Delft	EZH	100	Eg + Öl	4 GT je 25 MW
Diemen	UNA	368	Eg + Öl	
Donge	EPZ	116	Eg	
Dordrecht/Merwedehaven	EZH	317	Eg + Öl	Kombianlage mit GT
Eemscentrale	EPON	695	Eg	Kombianlage mit GT
Geertruidenberg/Amer	EPZ	1920	St + Eg + Öl	mit Wärmelieferung
Groningen/Hunze	EPON	517	Eg + Öl	davon 17 MW GT
Hengelo	EPON	102	Öl + Eg	2 × 51 MW GT
Lelystad/Flevo	EPON	884	Eg + Öl	davon 25 MW GT
Maasbracht/Clauscentrale	EPZ	1280	Eg + Öl	
Nijmegen/Gelderland	EPON	602	St + Öl	
Rotterdam/Galileistraat	EZH	161	Eg + Öl	
Rotterdam/Galileistraat	EZH	209	Eg	mit Wärmelieferung, Kombinanlage mit GT
Rotterdam/Maasvlakte	EZH	1034	St + Eg	
Rotterdam/Waalhaven	EZH	646	Öl + Eg	davon 14 MW GT
Utrecht/Lage Weide 4	UNA	129	Eg + Öl	mit Wärmelieferung
Utrecht/Lage Weide 5	UNA	265	Eg + Öl	Kombianlage mit GT
Utrecht/Merwedekanaal	UNA	426	Eg	davon 88 MW Kombianlage mit GT, mit Wärmelieferung
Velsen	UNA	973	Gg + Öl + Eg	davon 24 MW GT
Zwolle/Harculo 5	EPON	336	Eg + Öl	Kombianlage mit GT
Zwolle/Harculo 6	EPON	353	Eg + Öl	Kombianlage mit GT

NIEDERLANDE

Standort oder Name	Eigentümer oder Betreiber	Netto-leistung MW	Primär-energie	Bemerkungen bzw. geplante Inbetriebnahme
Geertruidenberg/Amer 9	EPZ	600	St + Eg	1993
Amsterdam/Hemweg 8	UNA	600	St	1994
Buggenum	SEP	250	St	1993, Kohlevergasung Versuchsanlage
Eemscentrale 3 + 4 + 5	EPON	3 x 335	Eg	1995
Eemscentrale 6 + 7	EPON	2 x 335	Eg	1996
Rotterdam/Maasvlakte 3	EZH	600	St + Eg	1997
Rotterdam/Galileistraat	EZH	250	Eg	1998 mit Wärmelieferung
Utrecht/Lage Weide	UNA	250	Eg	1995 mit Wärmelieferung
Diemen	UNA	225	Eg	1996 mit Wärmelieferung
Nijmegen/Gelderland	EPON	250	Eg	1997 mit Wärmelieferung
Gertruidenberg/Amer 10	EPZ	250	Eg	2000 mit Wärmelieferung
Borssele	EPZ	600	St + Eg	1999
Donge		225	Eg	1999
Utrecht/Lage Weide	UNA	225	Eg	2000
Diemen	UNA	250	Eg	2001
Velsen	UNA	480	Gg + Eg	2001
Rotterdam/Galileistraat	EZH	250	Eg	2001

Standort oder Name	Eigentümer oder Betreiber	Netto-leistung MW	Primär-energie	Bemerkungen bzw. geplante Inbetriebnahme
Kernkraftwerke				
Borssele	EPZ	449	Kk	PWR

Kraftwerksleistung in Betrieb:
Konventionelle Wärmekraftwerke	14 362 MW
Kernkraftwerke	505 MW
Wasserkraftwerke	0 MW
Insgesamt	14 867 MW

4 ELEKTRIZITÄTSWIRTSCHAFT

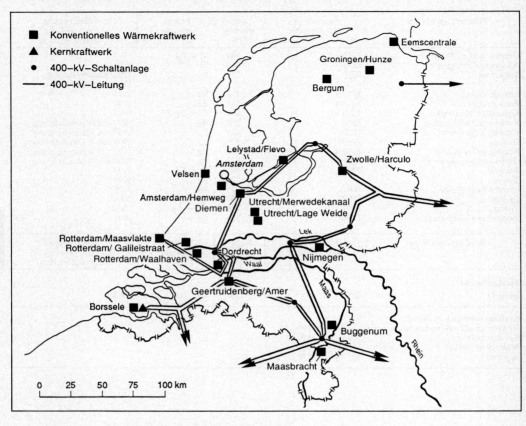

Kraftwerke mit mehr als 300 MW in den Niederlanden.

16. Norwegen

Samkjøringen av kraftverkene i Norge
Norwegische Verbundgesellschaft

N-0301 Oslo 3, Husebybakken 28 B, Postboks 5093 Maj., ☏ (2) 46 19 30, ⚡ 19 170 samno n, Telefax (2) 52 59 73.

Managing Director: Rolf *Wiedswang*.

Zweck: Zusammenschluß aller norwegischen Elektrizitätsgesellschaften mit einer Produktion von über 100 GWh pro Jahr Produktionskoordinierung.

Erzeugung und Verbrauch an elektrischer Energie in GWh/a.

	1980	1985	1989	1990	Annual change 1980–90 %
Hydro power production	83 962	102 946	118 698	121 382	3.8
+ Thermal power production	137	346	499	466	
= Total production	84 099	103 292	119 197	121 848	3.8
+ Imports	2 039	4 083	314	334	
− Exports	2 501	4 627	15 166	16 241	
= Gross consumption (total)	83 687	102 748	104 345	105 941	2.4
− Pumped storage power	498	804	426	339	
− El. boilers (occasional hydro power)	1 230	4 821	5 566	6 670	
− Losses	8 034	10 013	8 725	7 894	
= Net consumption, firm power	73 875	87 110	89 628	91 038	2.1
− Energy intensive industry	27 875	30 030	29 635	29 584	0.6
= General consumption	46 000	57 080	59 993	61 454	2.9
Of which: Households and agriculture	23 625	29 960	30 398	30 864	2.7
Pulp and paper industry, mining and other industry, construction site power	11 798	12 488	13 011	13 903	1.7
Services and transport	10 577	14 632	16 584	16 687	4.7
General consumption adjusted for temperature conditions	45 100	55 126	62 235	64 564	3.7

Kraftwerke mit mindestens 100 MW in Betrieb oder in Planung

Abkürzungen in Spalte Eigentümer

OL	Oslo Lysverker
SK	Sira-Kvina-Kraftselskap
SV	Statskraftverkene

Abkürzungen in Spalte Primärenergie

Psp	Pumpspeicher
Sp	Speicher

Standort oder Name	Eigentümer oder Betreiber	Nettoleistung MW	Primärenergie	Bemerkungen bzw. geplante Inbetriebnahme
Wasserkraftwerke				
Alta		150	Sp	
Aura	SV	290	Sp	
Aurland I	OL	675	Sp	
Aurland III	OL	270	Psp	
Bratsberg	Stadt Drontheim	110	Sp	
Brokke	I/S Øvre Otra	330	Sp	
Dokka Torpa	SV	194	Sp	
Driva	Trøndelag og Møre og Romsdal F.	150	Sp	
Duge	SK	200	Sp + Psp	Jahresspeicher
Evanger	Bergenhalvøens Kommunale Kraftselskap	330	Sp	
Fortun	Årdal & Sunndal Verk	215	Sp	
Glomfjord	SV	120	Sp	
Grytten	SV	143	Sp	
Holen	Øvre Otra	265	Sp	
Holl	OL	190	Sp	
Høyanger		105	Sp	
Hunderfossen	K/L Opplandskraft	112	Sp	
Jostedal	SV	288	Sp	
Kobbelv	SV	300	Sp	
Kolsvik	SV	134	Sp	
Kvilldal	SV	1240	Sp	
Laerdal	Østfeld Kraft	236	Sp	
Leirdøla	SV	100	Sp	Jahresspeicher
Lomi	Salten Kraftsamband	126	Sp	
Lysebotn	Lyse Kraftwerk	210	Sp	
Mår	SV	180	Sp	
Matre	Bergenhalvøens Kommunale Kraftselskap	208	Sp	
Mauranger og Jukla	SV	285	Sp	
Myster	SV	107	Sp	
Naddvik		100	Sp	
Nea	Trondheim Elektrisitetsverk	186	Sp	
Nedre Røssåga	SV	250	Sp	
Nedre Vinstra	Vinstra Kraftselskap	308	Sp	
Nes	OL	250	Sp	
Nore I	SV	220	Sp	
Oksla	SV	200	Sp	
Orkla/Grana		283	Sp	
Øvre Røssåga	SV	160	Sp	

NORWEGEN

Standort oder Name	Eigentümer oder Betreiber	Netto-leistung MW	Primär-energie	Bemerkungen bzw. geplante Inbetriebnahme
Øvre Vinstra	K/L Opplandskraft	140	Sp	
Rana I – IV	SV	500	Sp	
Røldal	Røldal-Suldal Kraft A/S	165	Sp	
Såheim	Norsk Hydro	155	Sp	
Saurdal	SV	640	Psp	
Sima/Eidfjord	SV	1120	Sp	
Siso	Elkem-Spigervarket	180	Sp	
Skarje	SV	150	Sp	
Skjomen I – III	SV	300	Sp	
Solbergfoss		210	Sp	
Solhom	SK	200	Sp	
Songa	SV	120	Sp	
Steinsland	Bergenhalvøens Kommunale Kraftselskap	147	Sp	
Stensfoss		106	Sp	
Suldal	Røldal-Suldal Kraft A/S	310	Sp	
Sundsbarm	Sundsbarm Kraftverk	112	Sp	
Straumsmo	SV	130	Sp	
Tafjord IV	Tafjord Kraftselskap	180	Sp	
Tjodan		117	Sp	
Tjørhom	SK	120	Sp	
Tokke	SV	430	Sp	
Tonstad	SK	960	Sp	
Trollheim	SV	130	Sp	
Tunnsjødal	Kraftv. i. Øvre Namsen	145	Sp	
Tyin	Årdal & Sunndal Verk	194	Sp	
Tysso II	Tyssefaldene	180	Sp	
Usta	OL	200	Sp	
Vamma	Vamma Fossekompani	210	Sp	
Vemork	Norsk Hydro	180	Sp	
Vinje	SV	300	Sp	
Svartisen		700	Sp	1992-1997
Stor-Glomfjord		600	Sp	1994 – 2000

Kraftwerksleistung in Betrieb:
Konventionelle Wärmekraftwerke	278 MW
Kernkraftwerke	0 MW
Wind- und Wasserkraftwerke	26 614 MW
Insgesamt	26 892 MW

4 ELEKTRIZITÄTSWIRTSCHAFT

Kraftwerke mit mehr als 300 MW in Norwegen.

17. Österreich

Österreichische Elektrizitätswirtschafts-AG (Verbundgesellschaft)

A-1011 Wien, Am Hof 6 A, A-1011 Wien, Rudolfsplatz 13a, Postfach 67, ☏ (0222) 53113-0, ⌕ 114234, Telefax (0222) 53113-4197, ⌕ Verbundnetz.

Aufsichtsrat: Präsident Generalsekretär a. D. Professor Herbert *Krejci*, Wien, Vorsitzender; Bundesminister a. D. Präsident Dipl.-Vw. Dr. Josef *Staribacher*, Wien, stellv. Vorsitzender; Zentralbetriebsratsvorsitzender Norbert *Nischkauer*, Wien, stellv. Vorsitzender; Ltd. Sekretär Manfred *Anderle*, Wien; Generaldirektor Dipl.-Ing. Dr. techn. Oskar *Beer*, Graz; Ministerialrat Dkfm. Dr. Ferdinand *Burian*, Biedermannsdorf; Kammeramtsdirektor Dipl.-Ing. Günter *Daghofer*, Salzburg; Direktor Dipl.-Ing. Dr. Hermann *Egger*, Klagenfurt; Generalsekretär Dipl.-Ing. Dr. Alfred *Fahrnberger*, Wien; Dr. Johann *Farnleitner*, Felixdorf; Generaldirektor Dr. Rudolf *Gruber*, Baden; Sektionschef i. R. Präs. Dr. Othmar *Haushofer*, Wien; Landesstatthalter a. D. Dr. Rudolf *Mandl*, Feldkirch; Betriebsratsvorsitzender Rupert *Martl*, Garsten; Dir. Dr. jur. Helmut *Mayr*, Innsbruck; Ministerialrat Mag. Dr. jur. Franz *Oberleitner*, Wien; Kommerzialrat Hans *Paulas*, Wien; Gen.-Direktor Dipl.-Ing. Dr. techn. Josef *Pratl*, Eisenstadt; Leitender Sekretär-Stv. Kammerrat Karl *Proyer*, Wien; Generaldirektor i. R. Baurat h. c. Dipl.-Ing. Josef *Rass*, Salzburg-Aigen; Sektionschef Dr. Ludwig *Schuberth*, Wien; Generaldirektor Dr. Karl *Skyba*, Wien; Generaldirektor i. R. Dr. Erwin *Wenzl*, Gmunden; Sektionschef Mag. rer. soc. oec. Dr. jur. Bruno *Zluwa*, Wien. *Arbeitnehmervertreter:* Zentralbetriebsratsvorsitzender Stv. Ing. Hannes *Brandl*, Wien; Zentralbetriebsratsvorsitzender-Stv. Gerhard *Drescher*, Kolbnitz; Betriebsratsvorsitzender Stv. Ernst *Eichinger*, Zwentendorf; Betriebsrat Ing. Eduard *Gumpenberger*, Salzburg; Zentralbetriebsratsvorsitzender AK-Vizepräsident Kammerrat Hans *Güttersberger*, Klagenfurt; Betriebsrat Sebastian *Katsch*, Kaprun; Betriebsratsvorsitzender Kammerrat Ing. Uwe *Knauer*, Salzburg; Zentralbetriebsratsvorsitzender Franz *Köck*, Aschach; Betriebsratsvorsitzender Harald *Novak*, Wien; Betriebsratsvorsitzender Ing. Erich *Porkorny*, Wien; Zentralbetriebsratsvorsitzender-Stellv. Franz *Präthaler*, Wien; Vizebürgermeister Betriebsratsvorsitzender Anton *Traussnig*, St. Andrä/L.

Vorstand: Honorar-Professor Komm. Rat Mag. Dr. Walter *Fremuth*, Vorsitzender; Dkfm. Hannes *Zach*, stellv. Vorsitzender.

Kapital: 3082 Mill. öS.

Aktionäre: Republik Österreich 51%; private Anleger 49%.

Gründung und Zweck: Die Gesellschaft wurde auf Grund des 2. Verstaatlichungsgesetzes 1947, BGBl. Nr. 81, gegründet. Mit dem Bundesverfassungsgesetz vom 2. 7. 1987, BGBl. Nr. 321/1987, wurde das 2. Verstaatlichungsgesetz in wesentlichen Bereichen geändert und wurden organisatorische Bestimmungen für die vom 2. Verstaatlichungsgesetz betroffenen Unternehmungen erlassen. Mit Inkrafttreten dieses Gesetzes sind die bisher von der Österreichischen Elektrizitätswirtschafts-AG (Verbundgesellschaft) treuhändig verwalteten Bundesbeteiligungen an den Sondergesellschaften Österreichische Donaukraftwerke AG, Wien; Österreichische Draukraftwerke AG, Klagenfurt; Tauernkraftwerke AG, Salzburg; Verbundkraft Elektrizitätswerke Gesellschaft m. b. H., Wien; Osttiroler Kraftwerke Gesellschaft mbH, Innsbruck; Ennskraftwerke AG, Steyr; Österreichisch-Bayerische Kraftwerke AG, Simbach-Braunau, und Donaukraftwerk Jochenstein AG, Passau-Schärding, in das Eigentum der Verbundgesellschaft übergegangen. Bei der Vorarlberger Illwerke AG, Bregenz, übt die Verbundgesellschaft nach wie vor die treuhändige Verwaltung der im Eigentum des Bundes verbliebenen Anteilsrechte aus.

Die Organe der Verbundgesellschaft haben auf die Energiepolitik der Bundesregierung Bedacht zu nehmen.

Die Verbundgesellschaft hat folgende im öffentlichen Interesse gelegenen Aufgaben: a) den gegenwärtigen und künftigen Strombedarf sowie die Stromerzeugung der Sondergesellschaften, Landesgesellschaften, städtischen Unternehmungen und Eigenversorgungsanlagen mit einer Nennleistung von mehr als 500 kW zu ermitteln und die Stromtarife zu verzeichnen, b) den Ausgleich zwischen Erzeugung und Bedarf im Verbundnetz herbeizuführen, hiebei auf die günstigste wirtschaftliche Verwendung des zur Verfügung stehenden Stromes Bedacht zu nehmen und die Erzeugung mit unvermeidbaren Stromüberschüssen möglichst gleichmäßig zu belasten, c) zu diesem Zwecke Verbundleitungen zu übernehmen, zu errichten und zu betreiben; hiebei ist die Verbundgesellschaft berechtigt, Transport- und Stromliefeverträge aller Art abzuschließen, d) den Bau und Betrieb von Großkraftwerken samt zugehörigen Leitungen durch bestehende oder zu errichtende Sondergesellschaften zu veranlassen, e) die Einhaltung der in langjähriger Erfahrung bewährten Grundsätze der Arbeitsteilung zwischen den Landesgesellschaften und dem überregionalen Verbundsystem anzustreben, f) die Verträge über Stromlieferung von mehr als 10 Millionen kWh im Monat zu prüfen, deren Ände-

4 ELEKTRIZITÄTSWIRTSCHAFT

rung aus triftigen energiewirtschaftlichen Rücksichten vorzuschlagen und die Verträge zu verzeichnen. Kommt über einen Änderungsvorschlag eine Einigung zwischen den Beteiligten nicht zustande, so entscheidet nach Anhörung der Beteiligten das Bundesministerium für wirtschaftliche Angelegenheiten im Einvernehmen mit den sonst beteiligten Bundesministerien; Stromlieferungsverträge mit dem Ausland bedürfen der Zustimmung der Verbundgesellschaft.

Gegenstand des Unternehmens ist auch die Entwicklung und Förderung von Maßnahmen für den volkswirtschaftlich sinnvollen Einsatz von elektrischer Energie (Energiesparen) unter Bedachtnahme auf den Umweltschutz.

Unbeschadet des Vorranges dieser Aufgaben ist es weiters Gegenstand des Unternehmens, direkt oder im Wege von Beteiligungen abfallwirtschaftliche Maßnahmen zu planen und durchzuführen, insbesondere Entsorgungseinrichtungen jeder Art zu projektieren, zu errichten und zu betreiben; wasserwirtschaftliche Maßnahmen zu planen und durchzuführen, Anlagen zur Wasserversorgung und -entsorgung zu projektieren, zu errichten und zu betreiben; dem Tourismus dienende Anlagen und Einrichtungen, insbesondere im Zusammenhang mit Kraftwerken und elektrischen Verteilungsanlagen, zu projektieren, zu errichten und zu betreiben.

Dieser Gegenstand ist getrennt von den gesetzlichen Aufgaben und unter Bedachtnahme auf eine unabhängige Gebarung nach kaufmännischen Grundsätzen im Sinne des § 70 AktG. selbst oder durch andere wahrzunehmen.

Sondergesellschaften

Zweck: Bau und Betrieb von Großkraftwerken, die im wesentlichen nicht zur Erfüllung der Aufgaben der Landesgesellschaften bestimmt und nicht als Eigenversorgungsanlagen anzusehen sind. Die Anteilsrechte an den Sondergesellschaften müssen im Eigentum des Bundes oder der Österreichischen Elektrizitätswirtschafts-AG (Verbundgesellschaft) (mindestens 50%) stehen.

Ennskraftwerke AG (Ennskraft)

A-4400 Steyr, Resthofstr. 2, ☏ (07252) 63341, ✂ 28107.
Grundkapital: 46 Mill. öS. Beteiligung der Verbundgesellschaft 50%.

Österreichische Donaukraftwerke AG (Donaukraft)

A-1010 Wien, Parkring 12, ☏ (01) 51538, ✂ 111366.
Grundkapital: 761677000 öS. Beteiligung der Verbundgesellschaft 95,22%.

Österreichische Draukraftwerke AG (ÖDK)

A-9010 Klagenfurt, Kohldorferstr. 98, ☏ (0463) 202-0, ✂ 422451.
Grundkapital: 1822000000 öS. Beteiligung der Verbundgesellschaft 51%.

Tauernkraftwerke AG (TKW)

A-5021 Salzburg, Rainerstr. 29, ☏ (0622) 88950/0, ✂ 75211485.
Grundkapital: 331560000 öS. Beteiligung der Verbundgesellschaft 91,465%.

Vorarlberger Illwerke AG (VIW)

A-6900 Bregenz, Josef-Huter-Str. 35, ☏ (05574) 4991, ✂ 57723.
Grundkapital: 440 Mill. öS. Beteiligung der Verbundgesellschaft 70,16%.

Donaukraftwerk Jochenstein AG (DKJ)

D-8390 Passau, Gottfried-Schäffer-Straße 20, ☏ (06/0851) 3910, ✂ 841/57858; Zweigniederlassung: 4780 Schärding, Postfach 10.
Grundkapital: 20 Mill. DM. Beteiligung der Verbundgesellschaft 50%.

Österreichisch-Bayerische Kraftwerke AG (ÖBK)

D-8346 Simbach, Münchner Str. 48, ☏ (06/08571) 6090, ✂ 841/571309; Zweigniederlassung: 5280 Braunau/Inn, Postfach 110.
Grundkapital: 80 Mill. DM. Beteiligung der Verbundgesellschaft 50%.

Verbundkraft Elektrizitätswerke Ges. mbH (Verbundkraft)

A-1011 Wien, Am Hof 6A, ☏ (01) 53113-0, ✂ 114234.
Grundkapital: 247198000 öS. Beteiligung der Verbundgesellschaft 100%.

Osttiroler Kraftwerke Gesellschaft mbH (OKG)

A-6020 Innsbruck, Wilhelm-Greil-Str. 21/VI, ☏ (0512) 583842, ✂ 533897.
Stammkapital: 3 Mill. öS. Gesellschafter: Verbundgesellschaft, 51%, Land Tirol, 49%.

Sonstige Beteiligungen

Gemeinschaftskraftwerk Tullnerfeld Gesellschaft mbH (GKT)

A-3435 Zwentendorf, ☏ (02277) 520, ✂ 113347.
Stammkapital: 300 Mill. öS. Beteiligung der Verbundgesellschaft 52,5%, der Landesgesellschaften 47,5%.

ÖSTERREICH

Gemeinschaftskraftwerk Stein Gesellschaft mbH in Liqu. (GKS)

4303 St. Pantaleon-Erla; Postanschrift: Verbundgesellschaft A-1011 Wien, Am Hof 6A, ☏ (01) 53113-0, ✂ 114234.
Stammkapital: 656000 öS. Anteil der Verbundgesellschaft 50%, der Landesgesellschaften 50%.

Studiengesellschaft Westtirol Gesellschaft mbH (StW)

A-6020 Innsbruck, Wilhelm-Greil-Str. 21/VI, ☏ (0512) 533842, ✂ 533897.
Stammkapital: 5 Mill. öS. Gesellschafter: Verbundgesellschaft, 50%, Tiroler Wasserkraftwerke AG (TIWAG), 50%.

Verbund-Plan Gesellschaft mbH (VPL)

A-1011 Wien, Am Hof 6A, ☏ (01) 53113-0, ✂ 115978.
Stammkapital: 18 Mill. öS. Gesellschafter: Verbundgesellschaft, 50%, Sondergesellschaften, 50%.

Österreichisches Forschungszentrum Seibersdorf Ges. m.b.H. (ÖFZS)

A-2444 Seibersdorf, ☏ (02254) 80, ✂ 014353.
Stammkapital: 6,48 Mill. öS. Gesellschafter: Republik Österreich, 50,5%; Verbundgesellschaft, 2,3%; verstaatlichte Industrie, 19,4%; Sondergesellschaften, 4,2%; Privatindustrie, 23,6%.

Lestin & Co, Tauch-, Bergungs- und Sprengunternehmen, Gesellschaft mbH

A-1050 Wien, Nikolsdorfergasse 31, ☏ (01) 557505, ✂ 131172.
Stammkapital: 2 Mill. öS. Gesellschafter: Verbundgesellschaft, 17,6%; Sondergesellschaften, 77,35%; Ing. Patzl, 5%.

Austro Kohle-Kontor Gesellschaft m.b.H. (AKO)

A-1011 Wien, Am Hof 6A, ☏ (01) 53113-0, ✂ 114234.
Stammkapital: 1000000 öS. Gesellschafter: Verbundgesellschaft, 30%; Verbundkraft Elektrizitätswerke Ges. mbH, 25%; ÖDK, 45%.

Consens Gesellschaft für Kommunikationswesen Gesellschaft m.b.H.

A-1010 Wien, Wipplingerstraße 32, ☏ (01) 5331359.
Stammkapital: 1,3 Mio. öS. Gesellschafter: Verbundgesellschaft, 60%; Donaukraft, 20%; Verbundkraft, 20%.

Österr.-Schweiz. Studienkonsortium Grenzkraftwerk Inn (GKI)

CH-7530 Zernez, Betriebsstätte: A-6542 Pfunds, Tirol; Beteiligung: VG 86%; Enkw 14%.

AG für Ost-West-Energiekooperation (Energokoop)

A-1010 Wien, Am Hof 6 A, ☏ (01) 53113-0.
Stammkapital: 5 200 000 öS.
Beteiligung: VG – 36%.

Landesgesellschaften

Burgenländische Elektrizitätswirtschafts-AG (Bewag)

A-7000 Eisenstadt, Kasernenstr. 9, ☏ (02682) 603, ✂ 017735.

EVN Energie-Versorgung Niederösterreich AG

A-2344 Maria Enzersdorf-Südstadt, Johann-Steinböck-Str. 1, ☏ (02236) 83611, ✂ 079140.

Kärntner Elektrizitäts-AG (Kelag)

(Hauptbeitrag der Kelag in Kap. 3 Abschn. 12)

A-9020 Klagenfurt, Arnulfplatz 2, ☏ (0463) 54655, ✂ 042468.

	1987	1988
Stromabsatz ..... Mill. kWh	2 459	2 540
Stromleitungsnetz ...... km	15 515	15 705

Oberösterreichische Kraftwerke AG (OKA)

A-4020 Linz, Böhmerwaldstr. 3, ☏ (0732) 5930, ✂ OKA Linz 021231.

Salzburger AG für Elektrizitätswirtschaft (Safe)

A-5020 Salzburg, Schwarzstr. 44, ☏ (0662) 79461, ✂ 063694.

Steirische Wasserkraft- und Elektrizitäts-AG (Steweag)

A-8010 Graz, Leonhardgürtel 10, ☏ (0316) 3870, ✂ 031100.

Tiroler Wasserkraftwerke AG (Tiwag)

A-6010 Innsbruck, Landhausplatz 2, ☏ (05222) 7270, ✂ 053897.

Vorarlberger Kraftwerke AG (VKW)

A-6900 Bregenz, Weidachstr. 6, ☏ (05574) 31581, ⨍ 057745.

Wiener Stadtwerke — Elektrizitätswerke (WSTEW)

A-1090 Wien, Mariannengasse 4 – 6, ☏ (01) 40489, ⨍ 4204.

Organisationen

Österreichische Kerntechnische Gesellschaft (ÖKTG)

A-1020 Wien, Schüttelstr. 115, ☏ (0222) 21701-0.

Vorstand: Professor Dr. Hans *Grümm*, Vorsitzender; Professor Dr. C. M. *Fleck;* Professor Dr. H. *Vetter;* Doz. Dr. H. *Böck;* Dr. P. *Krejsa*.

Geschäftsführung: Dr. Peter *Krejsa*.

Zweck: Behandlung wissenschaftlicher und technischer Probleme; Förderung interdisziplinärer Einrichtungen und Diskussionen; Förderung der Beziehungen zu gleichartigen Organisationen im In- und Ausland; Beratung der Legislative und Exekutive von Bund und Ländern; Unterrichtung der Öffentlichkeit über alle Fragen wissenschaftlicher und technischer Entwicklungen auf dem Gebiet der Kerntechnik.

Mitglieder: 62 Mitglieder.

Österreichisches Energieforum

A-1210 Wien, Siemensstr. 89, ☏ (0222) 254144.

Präsident: Univ.-Professor Dr. C. M. *Fleck*.

Geschäftsführer: Dr. T. *Dobner*.

Verband der Elektrizitätswerke Österreichs

A-1041 Wien 4, Brahmsplatz 3, Postfach 123, ☏ (0222) 5051727-0, Telefax (0222) 5051218.

Geschäftsführung: Dr. Ulrike *Baumgartner-Gabitzer*, Dipl.-Ing. Johann *Gartner* (stellv.).

Öffentlichkeitsarbeit: Dr. Hans *Zeinhofer*.

Zweck: Interessenvertretung der österreichischen Elektrizitätsversorgungsunternehmen.

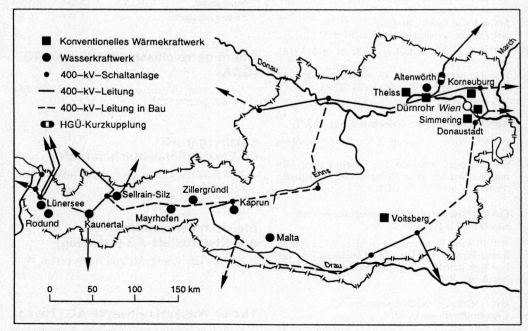

Kraftwerke mit mehr als 300 MW in Österreich.

Kraftwerke mit mindestens 100 MW in Betrieb oder in Planung

Abkürzungen in Spalte Eigentümer

DKG	Dampfkraftwerk Korneuburg GmbH
DKJ	Donaukraftwerke Jochenstein AG
DoKW	Österreichische Donaukraftwerke AG
Newag	Niederösterreichische Elektrizitätswerke AG
ÖDK	Österreichische Draukraftwerke AG
OKA	Oberösterreichische Kraftwerke AG
Steweag	Steirische Wasserkraft- und Elektrizitäts-AG
Tiwag	Tiroler Wasserkraftwerke AG
TKW	Tauernkraftwerke AG
VIW	Vorarlberger Illwerke AG
Vöest	Vereinigte Österreichische Eisen- und Stahlwerke AG
VStEW	Wiener Stadtwerke-Elektrizitätswerke
VKG	Verbundkraft Elektrizitätswerke GmbH

Abkürzungen in Spalte Primärenergie

Br	Braunkohle	Kog	Koksofengas	Psp	Pumpspeicher
Eg	Erdgas	L	Laufwasser	Sp	Speicher
Gg	Gichtgas	Öl	Heizöl	St	Steinkohle

Abkürzungen in Spalte Bemerkungen

GT	Gasturbine
IKW/öffentl. Netz	Industriekraftwerk mit Einspeisung in das öffentliche Netz

Standort oder Name	Eigentümer oder Betreiber	Netto- leistung MW	Primär- energie	Bemerkungen bzw. geplante Inbetriebnahme
Konventionelle Wärmekraftwerke				
St. Andrä 2	ÖDK	110	Br + Öl	
Donaustadt	WStEW	324	Öl + Eg	
Dürnrohr 1	VKG	405	St	
Dürnrohr 2	Newag	352	St	
Korneuburg	DKG/Newag	491	Öl + Eg	davon 110 MW Kombianlage mit GT davon 80 MW in Reserve
Leopoldau	WStEW	150	Öl + Eg	GT
Linz	Vöest	160	Öl + Kog + Gg	IKW/öffentl. Netz
FHKW Mellach	Steweag	246	St	davon 44 MW in Reserve
Pernegg	Steweag	100	Öl	davon 64 MW in Reserve
Riedersbach II	OKA	165	Br	
Simmering	WStEW	772	Öl + Eg	davon 50 MW GT
Theiss A + B	Newag	552	Öl + Eg	davon 140 MW 2 GT
Timelkam	OKA	166	St + Br + Öl + Eg	davon 80 MW GT
Voitsberg	ÖDK	330	Br + Öl	davon 65 MW in Reserve
Werndorf	Steweag	295	Öl	
Zeltweg	ÖDK	137	Br + Öl	
Donaustadt/Simmering	WStEW	380	Eg + Öl	Kombianlage mit GT, mit Wärmelieferung, 1992
Donaustadt/Simmering	WStEW	380	Eg + Öl	Kombianlage mit GT, mit Wärmelieferung Termin offen
Wasserkraftwerke				
Abwinden-Asten	DoKW	168	L	
Aschach	DoKW	287	L	
Altenwörth	DoKW	328	L	
Fragant	Kelag	274	Sp	Jahresspeicher
Greifenstein	DoKW	293	L	
Jochenstein	DKJ	132	L	davon 66 MW deutscher Anteil

4 ELEKTRIZITÄTSWIRTSCHAFT

Standort oder Name	Eigentümer oder Betreiber	Netto-leistung MW	Primär-energie	Bemerkungen bzw. geplante Inbetriebnahme
Kaprun-Hauptstufe	TKW	220	Sp	Jahresspeicher
Kaprun-Oberstufe	TKW	120	Sp	Jahresspeicher
Kaunertal	Tiwag	392	Sp	Jahresspeicher
Kops	VIW	245	Sp	Jahresspeicher
Kühtai	Tiwag	292	Sp	Jahresspeicher
Lünersee	VIW	230	Sp	Jahresspeicher
Malta	ÖDK	850	Sp	Jahresspeicher
Mayrhofen	TKW	346	Sp	Jahres- und Wochenspeicher
Melk	DoKW	187	L	
Ottensheim	DoKW	179	L	
Rodund I	VIW	198	Sp	Jahresspeicher
Rodund II	VIW	270	Psp	Tagesspeicher
Rosshag	TKW	231	Sp	Jahresspeicher
Schwarzach	TKW	156	Sp	Wochen- + Tagesspeicher
Sellrain-Silz	Tiwag	700	Sp + Psp	Jahresspeicher
Vermunt	VIW	185	Sp	Jahresspeicher
Walgau	VIW	94	Psp	Tagesspeicher
Wallsee	DoKW	210	L	
Ybbs-Persenbeug	DoKW	204	L	
Zillergründl	TKW	350	Sp	Jahresspeicher
Hainburg	DoKW	366	L	unbestimmt, alternativ zu Wildungsmauer/Wolfsthal
Wien	DoKW	141	L	unbestimmt
Kals-Matrei	ÖVG/Tiwag	2 x 450	Sp	Jahresspeicher, nach 1994
Jochenstein/Riedl	DKJ	350	Psp	nach 1994
Isel	Tiwag	158	L	mit Schwellbetrieb, nach 1994
Gerlos II-Erweiterung	TKW	200	Sp	nach 1996
Limberg II	TKW	600	Psp	nach 1996
Freudenau	DoKW	160	L	nach 1996
Wildungsmauer/Wolfsthal	DoKW	323	L	nach 1996, alternativ z. Hainburg

Kraftwerksleistung in Betrieb:
Konventionelle Wärmekraftwerke 4 745 MW
Kernkraftwerke 0 MW
Wasserkraftwerke 10 390 MW
Insgesamt 15 135 MW

18. Portugal

EDP-Electricidade de Portugal, S. A.

P-1000 Lisboa, Av. José Malhoa, Lote A13, ☎ (01) 7263013, ✓ 15563 edp ec p, Telefax (01) 7263471, ✉ edp ec.

Vorstand: Ing. Silva *Correia*, Chairman; Ing. Navarro *Machado*, Vice-Chairman; Ing. Athayde *de Carvalhosa;* Ing. Ferin *Cunha;* Dr. Taborda *Farinha;* Dr. Saldanha *Bento;* Ing. António *Vidigal*.

Geschäftsführender Ausschuß: Ing. Fernando *Seabra;* Ing. Francisco *de la Fuente Sanchez;* Ing. Rui *Bravo;* Ing. Hernâni *Verdelho;* Ing. Henrique *Moreira;* Ing. Carlos *Brandão;* Ing. Silva *Filipe;* Dr. André *d'Orey Velasco*.

Gesellschaftskapital: 840 Mrd. Esc.

Zweck: Erzeugung, Übertragung und Verteilung elektrischer Energie.

Abteilungen: Hydraulikausrüstungen (Porto); Wärmeausrüstungen (Lissabon), Übertragungsausrüstungen (Lissabon), Wasserkrafterzeugung (Porto), Wärmekrafterzeugung (Lissabon), Übertragung (Lissabon), Verteilung (Porto, Coimbra, Lissabon).

	1989	1990
Produktion .... GWh	23 945	26 467
Beschäftigte	21 704	20 165

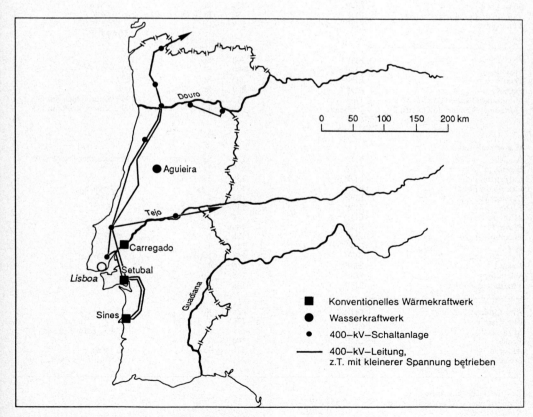

Kraftwerke mit mehr als 300 MW in Portugal.

Kraftwerke mit mindestens 100 MW in Betrieb oder in Planung

Abkürzungen in Spalte Eigentümer

EDP   Electricidade de Portugal

Abkürzungen in Spalte Primärenergie

L	Laufwasser	Psp	Pumpspeicher	St	Steinkohle
Öl	Heizöl	Sp	Speicher		

Abkürzungen in Spalte Bemerkungen

GT   Gasturbine

Standort oder Name	Eigentümer oder Betreiber	Nettoleistung MW	Primärenergie	Bemerkungen bzw. geplante Inbetriebnahme
Konventionelle Wärmekraftwerke				
Alto de Mira/Amadora	EDP	135	Öl	6 x 22,5 MW GT
Carregado/Alenquer	EDP	750	Öl	6 x 125 MW
Setubal	EDP	1000	Öl	4 x 250 MW
Sines 1 + 2 + 3 + 4	EDP	1200	St	4 x 300 MW
Tapado do Gondomar/Outeiro	EDP	150	St + Öl	3 x 50 MW
Tunes/Silves	EDP	199	Öl	2 x 83 MW GT 2 x 16 MW GT
Pego 1	EDP	300	St	1993
Pego 2	EDP	300	St	1995
Pego 3	EDP	300	St	1999
Pego 4	EDP	300	St	2000
Gondomar/Tapado do Outeiro 1	Turbogás	345	Eg	1996, Kombiblock mit GT
Gondomar/Tapado do Outeiro 2	Turbogás	345	Eg	1998, Kombiblock mit GT
Wasserkraftwerke				
Aguieira 1 + 2 + 3	EDP	270	Sp + Psp	Jahresspeicher 3 x 90 MW
Bemposta	EDP	210	L	
Carrapatelo	EDP	180	L	
Castelo do Bode	EDP	139	Sp	Jahresspeicher
Crestuma 1 + 2 + 3	EDP	105	L	3 x 35 MW
Fratel	EDP	130	L	
Miranda 1	EDP	174	Sp	
Picote 1	EDP	180	Sp	
Pocinho 1 + 2 + 3	EDP	186	L	3 x 62 MW
Régua	EDP	156	L	
Torrão 1 + 2	EDP	144	Psp	2 x 72 MW
Valeira	EDP	216	L	
Vila Nova	EDP	135	Sp	Jahresspeicher
Vilarinho das Furnas	EDP	138	Psp	
Alto Lindoso 1 + 2	EDP	630	Sp	1992
Foz-Coa	EDP	140	Psp + Sp	1999
Miranda 2	EDP	210	Sp	1995 Ersatz für Miranda 1
Fridão	EDP	108	L	1995
Alqueva	EDP	378	Psp	nach 1995
Picote 2	EDP	231	Sp	1998, Ersatz für Picote 1

Kraftwerksleistung in Betrieb:
Konventionelle Wärmekraftwerke	3 555 MW
Kernkraftwerke	0 MW
Wasserkraftwerke	3 069 MW
Insgesamt	6 624 MW

19. Schweden

Studsvik AB

S-61182 Nyköping, ☏ (155) 221000, ⌧ 64013.

Vorstand: Rolf *Falkenberg*, Vorsitzender.

Geschäftsführung: Töive *Kivikas*.

Kapital: 30 000 000 SEK.

Zweck: Nationales Entwicklungslabor für angewandte Forschung in der Kernenergie und anderen Energiebereichen.

	1990	1991
Beschäftigte .... (Jahresende)	895	736

Sydkraft AB

S-20509 Malmö, Carl Gustafs Väg 1, ☏ (040) 255000, ⌧ 32810 skdmlm s, Telefax (040) 976069.

Board of Directors: Joakim *Ollén*, Chairman, Malmö; Nils *Yngvesson*, First Vice Chairman, Malmö; Karl-Axel *Linderoth*, Second Vice Chairman, Stockholm; Göran *Ahlström*, President, Malmö; Björn O. *Anderberg*, Helsingborg; Sören *Andersson*, Stockholm; Sven *Borelius*, Stockholm; Bengt *Christersson*, Oskarshamn; Carl-Boris *Francke*, Halmstad; Thomas *Frennstedt*, Lund; Birger *Håkansson*, Helsingborg; Hermann *Krämer*, PreussenElektra, Hannover; Percy *Liedholm*, Malmö; Lars *Wallstén*, Landskrona; Bertil *Olsson*, Malmö, Employee repr.; Per-Anders *Svensson*, Landskrona, Employee repr.

Managing Director: Göran *Ahlström*.

Kapital: 1 325 Mill. SEK.

Gesellschafter: öffentliche Hand.

Zweck: Sydkraft arbeitet regional an mehr als 100 Plätzen in Südschweden, um seine Kunden mit Strom, Erdgas – Flüssiggas, Wärme und Anlagenbau – Dienstleistungen zu versorgen.

Vattenfall AB

S-16287 Vällingby, ☏ (468) 739 5000, ⌧ 19653, Telefax 370170.

Board of Directors: Börje *Andersson*, Chairman; Carl-Erik *Nyquist*, Chief Executive Officer, Director General; Birgit *Erngren*; Åke *Hallman*; Göran *Johansson*; Thomas B. *Johansson*; Nils *Landqvist*; Pia *Nilsson*; Göran *Lövgren*; Håkan *Heden*; Karl-Göran *Mattson*, Employee Representative; Rolf *Persson*, Employee Representative.

Group Management: Carl-Erik *Nyquist*, Director General and Chief Executive Officer; Lennart *Lundberg*, Deputy Director General and Chief Executive Officer, Energy Market Business Area; Nils *Holmin*, Director, Energy Market Business Area; Staffan *Nordin*, Director, Electricity Generation and Electricity Supply Business Areas; Rolf *Falkenberg*, Director, Energy Technology Business Area; Tom *Allerbrand*, Director, Economy; Helge *Jonsson*, Director, Corporate Public Affairs.

Group Staffs: Bertil *Agrenius*, Director, Group Staff Development and Environment; Curt *Bergholtz-Widell*, Director, Group Staff Personnel and Organization; Stig *Göthe*, Director, Group Staff Market Planning; Anders *Hedenstedt*, Director, Group Staff Strategie Planning; Lars *Kjellman*, Director, Group Staff Legal Affairs; Lars B. *Gustafsson*, Director, Chairman of International Board for Trollhätte Canal Administration and Vattenfall Data.

Zweck: Erzeugung, Übertragung und Verkauf elektrischer Energie.

	1990	1991
Produktion* .... TWh	86,1	77,3
Beschäftigte .... (Jahresende)	7 700	7 400

Tochtergesellschaften: Vattenfall Engineering AB, S-162 15 Vällingby, Box 529, ☏ +46 8 739 60 00, Telefax +46 8 17 88 85.
Vattenfall Norrbotten, S-951 28 Luleå, Box 807, ☏ +46 920 770 00, Telefax +46 920 266 27.
Vattenfall Mellersta Norrland, S-851 74 Sundsvall, ☏ +46 60 19 80 00, Telefax +46 60 15 64 95.
Vattenfall Mellansverige, S-162 15 Vällingby, Box 532, ☏ +46 8 759 96 00, Telefax +46 8 739 24 42.
Vattenfall Östsverige, S-591 29 Motala, Box 940, ☏ +46 141 270 00, Telefax +46 141 575 42.
Vattenfall Västsverige, S-461 88 Trollhättan, ☏ +46 520 880 00, Telefax +46 520 389 57.
Vattenfall Forsmark, S-742 03 Östhammar, ☏ +46 173 810 00, Telefax +46 173 551 16.
Vattenfall Ringhals, S-430 22 Väröbacka, ☏ +46 340 670 00, Telefax +46 340 651 84.
Vattenfall Värmekraft, S-602 24 Norrköping, Drottninggatan 36, ☏ +46 11 23 70 60, Telefax +46 11 16 95 74.
Studsvik AB, S-611 82 Nyköping, ☏ +46 155 210 00, Telefax +46 155 630 00.

* Einschließlich Einkäufe von anderen Kraftunternehmen in Schweden und in den anderen nordischen Nachbarländern.

4 ELEKTRIZITÄTSWIRTSCHAFT

Organisationen

Föreningen Kärnteknik
Swedish Nuclear Society

S-11184 Stockholm, P.O. Box 1419, ☏ 87 39 50 00 + 21 10 70 14, Telefax (08) 8 17 85 06 + 21 11 41 90.

Präsident: Lars *Gustafsson*.

Sekretär: Bengt-Åke *Andersson*.

Zweck: Förderung der technischen und wissenschaftlichen Entwicklung der Kernenergie im Bereich Maschinentechnik.

Mitglieder: 400 Mitglieder (Jahresende 1991).

Svenska Elverksföreningen (SEF)
Association of Swedish Electric Utilities

S-10363 Stockholm, P.O. Box 3192, ☏ (08) 7916900, ⌁ 13848 sef s, Telefax (08) 210352.

Vorsitzender: Bengt *Söderström*.

Geschäftsführung: Peter *Åsell*.

Gründung: 1903.

Zweck: Das Ziel der Vereinigung Schwedischer Elektrizitätswerke ist, aktiv für die rationelle Versorgung des Landes mit Stromenergie zu wirken, vor allem was den Vertrieb und den Absatz von Strom betrifft, sowie dabei die gemeinsamen Brancheninteressen der Mitglieder wahrzunehmen.

Mitglieder: Die SEF besteht aus Werkmitgliedern und sonstigen Unternehmensmitgliedern sowie Ehrenmitgliedern, Seniormitgliedern und persönlichen Mitgliedern. Die Werkmitglieder sind kommunale, private und staatliche Unternehmen. Diese Mitgliederkategorie hat den größten Einfluß auf die Tätigkeit der SEF. Die Mitglieder nehmen aktiv an der Untersuchungstätigkeit teil, vor allem indem ihre Experten in den Komitees und Arbeitsgruppen der SEF mitarbeiten.

Svenska Kraftverksföreningen
Swedish Power Association

S-11187 Stockholm, Birger Jarlsgatan 41 A, Box 1704, ☏ (08) 7 90 03 50, Telefax (08) 10 78 28.

Vorsitzender: Göran *Ahlström*.

Geschäftsführung: Nils *Andersson*.

Zweck: Nationale Unterstützung der schwedischen Elektrizitätswirtschaft.

Mitglieder: 60 Gesellschaften und 350 Einzelmitglieder.

Swedish Atomic Forum (Safo)

S-11187 Stockholm, P.O. Box 1704, ☏ (08) 85 57 40.

Präsident: Lennart *Fogelström*, Präsident ABB Atom.

Sekretär: Carl-Erik *Wikdahl*.

Zweck: Förderung der friedlichen Anwendung der Kernenergie.

Mitglieder: 25 Mitglieder aus kerntechnischer Forschung, Reaktorbau und Elektrizitätsanwendung.

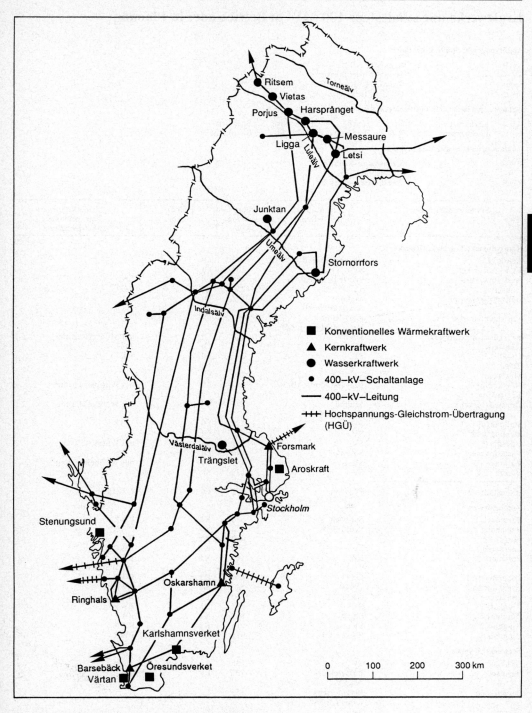

Kraftwerke mit mehr als 300 MW in Schweden.

Kraftwerke mit mindestens 100 MW in Betrieb oder in Planung

Abkürzungen in Spalte Eigentümer

KAB	Krångede AB
SV	Statens Vattenfallsverk
Sydkraft	Sydsvenska Kraft AB
OKG	OKG Aktiebolag

Abkürzungen in der Spalte Primärenergie

Kk	Kernkraft	Öl	Heizöl	Sp	Speicher
L	Laufwasser	Psp	Pumpspeicher	St	Steinkohle

Abkürzungen in Spalte Bemerkungen

BWR	Siedewasser-Reaktor
GT	Gasturbine
PWR	Druckwasser-Reaktor

Standort oder Name	Eigentümer oder Betreiber	Netto-leistung MW	Primär-energie	Bemerkungen bzw. geplante Inbetriebnahme
Konventionelle Wärmekraftwerke				
Aroskraft	Västerås St. AB	580	Öl	
Fyriskraftverket	SV	203	Öl	
Hässelbyverket	Svarthålsforsen AB	225	Öl	EBS
Hallstavik	SV	250	Öl	4 GT
Heleneholmsverket	Malmö Kraftvärme AB	118	Öl	
Karlshamnsverket	Karlshamns Kraftverksgrupp AB	997	Öl	
Karskärvärmekraftverk	KAB	168	Öl	mit Müllverwertung
Kimstadt	SV	133	Öl	2 GT
Lahall	SV	240	Öl	4 GT
Luleå		94	Gg	
Marviken	SV	200	Öl	
Nörrköping	Bråvalla Kraft AB/SV	240	Öl	mit Wärmelieferung
Kraftvärmeverk Öresundsverket	Malmö Kraftvärme AB	494	Öl + St	mit Wärmelieferung
Stallbacka	SV	226	Öl	3 GT
Stenungsund	SV	820	Öl	
Uppsala	SV	187	Öl	mit Wärmelieferung
Västeråsverket	SV	146	Öl	
Värtan	SV	433	Öl	mit Wärmelieferung
Värtan	SV	128	St	
Halmstadt	Sydkraft	172	Öl	GT, 1993
Kernkraftwerke				
Barsebäck 1	Sydkraft	580	Kk	PWR
Barsebäck 2	Sydkraft	600	Kk	PWR
Forsmark 1	SV	900	Kk	BWR
Forsmark 2	SV	900	Kk	BWR
Forsmark 3	SV	1140	Kk	BWR, mit Wärmelieferung
Oskarshamn 1	OKG	440	Kk	BWR
Oskarshamn 2	OKG	580	Kk	BWR
Oskarshamn 3	OKG	1150	Kk	BWR
Ringhals 1	SV	785	Kk	BWR
Ringhals 2	SV	865	Kk	PWR
Ringhals 3	SV	915	Kk	PWR
Ringhals 4	SV	915	Kk	PWR
Wasserkraftwerke				
Akkats	SV	145	L	
Bastusel	Bastusel Kraft AB/SV	108	L	
Bergeforsen	Bergeforsens Kraft AB/SV	155	L	
Forsmo	SV	155	L	
Gallejaur	SV	216	L	

SCHWEDEN

Standort oder Name	Eigentümer oder Betreiber	Netto-leistung MW	Primär-energie	Bemerkungen bzw. geplante Inbetriebnahme
Harrsele	Harrsele AB	203	L	
Harsprånget	SV	940	L	
Hjälta	Hjälta AB	168	L	
Höljes	Uddeholms AB	132	L	
Hölleforsen	SV	140	L	
Järnvägsforsen	Sydkraft	105	L	
Järpströmmen	Svarthalsforsen AB	120	L	
Junktan	SV	335	Psp	
Kilforsen	SV	275	L	
Korsselbränna	Korsselbränna AB	112	L	
Krångede	KAB	246	L	
Kvistforsen	Graningeverkens AB	140	L	
Långå kraftverk	Långå Kraft AB	150	L	
Lasele	SV	150	L	
Laxede	SV	206	L	
Letsi	SV	419	L	
Ligga	SV	339	L	
Messaure	SV	456	L	
Midskog	SV	145	L	
Moforsen	KAB	139	L	
Nämforsen	SV	113	L	
Olden		119	L	
Porjus	SV	480	Sp + Psp	
Porsi	SV	270	L	
Ritsem	SV	304	L	
Ramsele	KAB	157	L	
Sällsjö kraftverk	Stroboforsens AB	152	L	
Seitevare	SV	225	L	
Stadsforsen	SV	135	L	
Stalon	SV	110	L	
Storfinnforsen	KAB	111	L	
Stornorrfors	SV	581	L	
Torpshammar	SV	110	L	
Trängslet	Storra Kopparbergs Bergslags AB	330	L	
Trollhättan	SV	249	L	
Tuggen	SV	105	L	
Vargfors	SV	136	L	
Vietas	SV	306	L	

Kraftwerksleistung in Betrieb:
Konventionelle Wärmekraftwerke 8 150 MW
Kernkraftwerke 10 000 MW
Wind- und Wasserkraftwerke 16 330 MW
Insgesamt 34 480 MW

20. Schweiz

Aare-Tessin Aktiengesellschaft für Elektrizität (Atel)

CH-4601 Olten, Bahnhofquai 12, ☏ (062) 317111, ✆ 981608, ✉ Atel Olten, Telefax (062) 317373.

Geschäftsleitung: Dr. Walter *Bürgi*, Delegierter des Verwaltungsrates und Leiter des Geschäftsbereiches Energieproduktion; Kurt *Baumgartner*, Funktionsbereich Finanzen und Dienste; Hans Eberhard *Schweickardt*, Geschäftsbereich Energiewirtschaft; Jörg W. *Wiederkehr*, Geschäftsbereich Energietechnik.

Kapital 31. 3. 1992: 303,6 Mio. Franken.

Zweck: Die Gesellschaft bezweckt den Erwerb, das dauernde Halten, das Verwalten und das Verwerten von Beteiligungen, Konzessionen und anderen Rechten, den direkten oder indirekten Betrieb von Unternehmen und Anlagen und die Geschäftsführung und Beratung von Unternehmen auf dem Gebiet der Energie, insbesondere der Elektrizität und Wärme.

Aktionäre: Kantone Bern und Jura, Berner Kantonalbank, Gemeinden und Private.

Zweck: Hauptaufgabe der Gesellschaft ist die ausreichende und sichere Belieferung ihres Versorgungsgebietes mit elektrischer Energie zu möglichst günstigen Bedingungen. Die Gesellschaft befaßt sich einerseits mit dem Bau und Betrieb von Elektrizitätswerken sowie mit der Beteiligung an solchen Produktionsanlagen und andererseits mit der Übertragung, Verteilung und Abgabe der produzierten oder bezogenen elektrischen Energie.

Kernkraftwerk Mühleberg

☏ (031) 7510991, ✆ 911141 (kkm ch), Telefax (031) 7511831.

Kraftwerksleiter: Dr. G. *Markòczy*, Stellv. Direktor.

Das Kernkraftwerk ist am 6. November 1972 in Betrieb genommen worden. Es verfügt über einen Siedewasserreaktor und hat eine Nettoleistung von 320 MW.

Bernische Kraftwerke AG (BKW)

CH-3000 Bern, Viktoriaplatz 2, ☏ (031) 405111, ✆ 912352 bkwzb ch, Telefax (031) 405635, ✉ BKW Bern.

Verwaltungsrat: Dr. Walter *Augsburger*, Hinterkappelen, Präsident; Walter *Baumgartner*, Nidau, Vizepräsident; Alfred *Aebi*, Hellsau; Professor Dr. Franz *Allemann*, Kirchlindach; Dr. Ueli *Augsburger*; Jean-Pierre *Beuret*, Saignelégier; Hans *Frauchiger*, Steffisburg; Frédéric *Graf*, Moutier; Aline *Janett*, Murib. Bern; Martin *Josi*, Wimmis; Raoul *Kohler*, Biel; François *Mertenat*, Pruntrut; Areane *Schneider*, Hinterkappelen; Mariann *Steiner*, Utzenstorf; Walter *Stoffer*, Biglen; Jacques *Valley*, Pruntrut.

Kontrollstelle: Neutra Treuhand AG, Bern.

Direktoren: Fürsprecher Rudolf *von Werdt*, Direktionspräsident; Fürsprecher und Notar Heinz *Raaflaub*, Direktor; Dipl.-Ing. ETH Kurt *Rohrbach*, stv. Direktor; Dipl.-Ing. ETH Peter *Storrer*, Direktor; Dipl.-Ing. ETH Peter *Weyermann*.

Öffentlichkeitsarbeit: Dr. M. *Pfisterer*, stellv. Direktor.

Aktienkapital: 120 Mill. sfrs.

Elektrizitäts-Gesellschaft Laufenburg AG (EGL)

CH-4335 Laufenburg, ☏ (064) 696363, ✆ 982266, ✉ Elges.

Verwaltungsrat: Dr. Adolf *Gugler*, Präsident, Dr. Hugo *von der Crone*, Vizepräsident, Dr. Hans *Bergmaier*, Dr. Julius *Binder*, Dr. Allen *Fuchs*, Pierre *Krafft*, Dr. Karl *Staubli*, Dr. Georg *Vieli*, Dr. Heinrich *Walti*.

Direktion: Dipl.-Ing. Peter U. *Fischer*; Dr. rer. pol. Alex *Niederberger*; Dipl.-Ing. Reymond *Schaerer*.

Aktienkapital: 100 Mill. sfrs.

Zweck: Die Erzeugung, die Übertragung, die Verwertung, der Kauf, der Verkauf und der Tausch elektrischer und anderer Energie, die Beteiligung an Unternehmungen aller Art, welche gleiche oder ähnliche Zwecke verfolgen oder sich in irgendeiner Weise auf dem Gebiet der angewandten Elektrotechnik betätigen, sowie die Gründung, die Errichtung, die Übernahme, die Finanzierung, die Pachtung, die Verpachtung, der Betrieb und die Verwertung solcher Unternehmungen.

	1987/88	1988/89
Nettostromerzeugung ... GWh	56 828	53 876

SCHWEIZ

Beteiligungen:
Calancasca AG, Roveredo.
Misoxer Kraftwerke AG, Mesocco.
Albula-Landwasser Kraftwerke AG, Filisur.
Engadiner Kraftwerke AG, Zernez.
Kraftwerke Mauvoisin AG, Sitten.
Lizerne et Morge AG, Sitten.
Kraftwerke Mattmark AG, Saas Grund.
Rheinkraftwerk Albbruck-Dogern AG, Waldshut.
Kernkraftwerk Gösgen-Däniken AG, Däniken.
Kernkraftwerk Leibstadt AG, Leibstadt.
Kernkraftwerk Kaiseraugst AG, Kaiseraugst.
Kernkraftwerk Graben.
Akeb Aktiengesellschaft für Kernenergie-Beteiligungen Luzern, Luzern.

Kernkraftwerk Gösgen-Däniken AG

CH-4658 Däniken, Hagnau, Postfach 55, ☏ (062) 651665, ✈ 981713 kkg CH, Telefax (062) 65 22 01.

Verwaltungsrat: Dr. Walter *Bürgi**, Delegierter des Verwaltungsrates der Aare-Tessin AG für Elektrizität, Grenchen, Präsident; Kurt *Küffer**, Direktor der Nordostschweizerischen Kraftwerke AG, Ennetbaden, Vizepräsident; Dr. Heinz *Baumberger**, Direktor der Nordostschweizerischen Kraftwerke AG, Wettingen; Heinrich *Bräm*, 1. Zentralsekretär der Industriellen Betriebe der Stadt Zürich, Zürich; Urs *Clavadetscher*, Mitglied des Verwaltungsrates der Nordostschweizerischen Kraftwerke AG, Birrwil; Hans *Eisenring**, Präsident der Generaldirektion der Schweizerischen Bundesbahnen, Zollikofen; Dr. Hans *Fuchs**, Leiter der Geschäftseinheit Thermische Anlagen der Aare-Tessin AG für Elektrizität, Gelterkinden; Hans Rudolf *Gubser**, Direktor des Elektrizitätswerkes der Stadt Zürich, Zürich; Marc *Légeret*, Direktor der Aare-Tessin AG für Elektrizität, Olten; Carl *Mugglin*, Direktor der Centralschweizerischen Kraftwerke AG, Reussbühl; Alfred *Neukomm*, Gemeinderat der Stadt Bern, Direktor der Stadtbetriebe Bern, Bern; Jules *Peter**, Direktor der Centralschweizerischen Kraftwerke AG, Meggen; Hans Eberhard *Schweickardt**, Direktor der Aare-Tessin AG für Elektrizität, Neerach; Jürg *Vaterlaus**, Direktor des Elektrizitätswerkes der Stadt Bern, Liebefeld; Dr. Thomas *Wagner*, Stadtrat, Vorstand der Industriellen Betriebe der Stadt Zürich, Zürich; Jörg W. *Wiederkehr*, Direktor der Aare-Tessin AG für Elektrizität, Dänikon; Dr. Peter *Wiederkehr*, Regierungsrat, Mitglied des Verwaltungsrates der Nordostschweizerischen Kraftwerke AG, Dietikon.

* Mitglieder des Verwaltungsratsausschusses.

Geschäftsführung: Aare-Tessin AG für Elektrizität, Olten.

Betriebsdirektion: Dipl. Ing. ETH Christian *Donatsch*, Direktor; Dipl.-Phys. ETH Kurt *Lengweiler*, stellv. Direktor.

Aktienkapital: 350 Mill. sfrs. (davon 290 Mill. sfrs. eingezahlt).

Aktionäre: Aare-Tessin AG für Elektrizität (Atel), Olten, 35%; Centralschweizerische Kraftwerke (CKW), Luzern, 12,5%; Einwohnergemeinde der Stadt Bern, 7,5%; Nordostschweizerische Kraftwerke AG (NOK), Baden, 25,0%; Schweizerische Bundesbahnen (SBB), 5,0%; Stadt Zürich, 15,0%.

Betriebsverlauf: Im 12. Betriebsjahr (1991) erreichte die Stromproduktion 7,14 Mrd. kWh. Die Arbeitsverfügbarkeit betrug 89,9%. Die Abgabe von Prozeßdampf verlief reibungslos.

Beschäftigte: 365 (30. 4. 1992).

Kernkraftwerk Leibstadt AG

CH-Leibstadt. Geschäftsführung: Elektrizitäts-Gesellschaft Laufenburg AG (Elges), CH-4335 Laufenburg, Postfach, ☏ (064) 69 63 63, ✈ 982266, ⛶ Elges Laufenburg.

Verwaltungsrat: Dr. Adolf *Gugler*, Zürich, Präsident; Kurt *Küffer*, Ennetbaden, Vizepräsident; Hans Peter *Aebi*, Luzern; Dr. Christophe *Babaiantz*, Le Mont-sur-Lausanne; Dr. Heinz *Baumberger*, Wettingen; Kurt *Baumgartner*, Kappel; Dr. Karl *Buob*, Windisch; Dr. Walter *Bürgi*, Grenchen; Peter U. *Fischer*, Egg; Dr. Hans *Fuchs*, Gelterkinden; Pierre *Krafft*, Zollikon; Heinz *Lichtenberg*, Waldbronn; Karl *Mugglin*, Reussbühl; Kurt *Rohrbach*, Büren a. A.; Claude *Roux*, Lausanne; Professor Dr. Klaus *Theilsiefje*, Rheinfelden; Urs *Ursprung*, Laufenburg.

Aktienkapital: 450 Mill. sfrs.

Aktionäre: Aare-Tessin AG für Elektrizität, Olten, 21,5%; Aargauisches Elektrizitätswerk, Aarau, 5%; Badenwerk Aktiengesellschaft, Karlsruhe, 7,5%; Bernische Kraftwerke AG, Beteiligungsgesellschaft, Bern, 7,5%; Centralschweizerische Kraftwerke, Luzern, 10%; Elektrizitäts-Gesellschaft Laufenburg AG, Laufenburg, 15%; Elektrowatt AG, Zürich, 5%; Kraftübertragungswerke Rheinfelden AG, Rheinfelden (BRD), 5%; Kraftwerk Laufenburg, Laufenburg, 5%; Nordostschweizerische Kraftwerke AG, Baden, 8,5%; SA l'Energie de l'Ouest-Suisse (EOS), Lausanne, 5%; Schweizerische Bundesbahnen, 5%.

Betriebsanlagen: Das Kraftwerk ist mit einem Siedewasserreaktor ausgerüstet und weist eine Nettoleistung von 990 MW auf. Es hat Ende 1984 den kommerziellen Dauerbetrieb aufgenommen.

Kraftwerk Ryburg-Schwoerstadt AG

CH-4310 Rheinfelden, Hermann-Keller-Str. 6, Postfach 234, ☏ (061) 8315373, Telefax (061) 8315484. Deutsche Postanschrift: 7888 Rheinfelden (Baden), Postfach 1370.

4 ELEKTRIZITÄTSWIRTSCHAFT

Verwaltungsrat: Dipl.-Ing. Josef *Harder*, Direktionspräsident der Nordostschweizerischen Kraftwerke AG, Frauenfeld, Präsident; Dr. Hubert *Peitz*, Mitglied des Vorstandes der Kraftübertragungswerke Rheinfelden AG, Rheinfelden (Baden), Vizepräsident; Dipl.-Ing. Felix *Aemmer*, Direktor der Aare-Tessin AG für Elektrizität, Lostorf; Dr. Eberhard *Benz*, Sprecher des Vorstandes der Badenwerk AG, Karlsruhe; Dr.-Ing. Gerhard *Biedenkopf*, Generalbevollmächtigter der Hüls AG, Siegburg-Seligenthal; Dr. Henning *Bode*, Vorstandsmitglied der Degussa AG, Königstein; Regierungsrat Hanspeter *Fischer*, Verwaltungsratsmitglied der Nordostschweizerischen Kraftwerke AG, Weinfelden; Dr. Karl *Gagel*, Marxzell 3; Professor Dr.-Ing. Rudolf *Guck*, Karlsruhe; Dipl.-Ing. Paul *Hürzeler*, Direktor der Aare-Tessin AG für Elektrizität, Trimbach; a. Regierungsrat Dr. Louis *Lang*, Verwaltungsratsmitglied der Nordostschweizerischen Kraftwerke AG, Turgi; Dipl.-Ing. Marc *Légeret*, Direktor der Aare-Tessin AG für Elektrizität, Olten; Dipl.-Ing. Heinz *Lichtenberg*, Vorstandsmitglied der Badenwerk AG, Waldbronn; Regierungsrat Kaspar *Rhyner*, Verwaltungsratsmitglied der Nordostschweizerischen Kraftwerke AG, Elm; Dipl.-Ing. Hans E. *Schweickardt*, Direktor der Aare-Tessin AG für Elektrizität, Neerach; Professor Dr. Klaus *Theilsiefje*, Vorstandsmitglied der Kraftübertragungswerke Rheinfelden AG, Rheinfelden (Baden).

Staatskommissare: Regierungsrat Dr. Victor *Rickenbach*, Vorsteher des Departements des Innern des Kantons Aargau, Baden; Regierungsdirektor Hanno *Müller*, Stuttgart.

Geschäftsführung: Direktor Ing. Hans *Rieder*, Vizedirektor Günther *Morstadt*.

Aktienkapital: 30 Mill. sfrs.

Aktionäre: Aare-Tessin AG für Elektrizität, Olten, 25%; Badenwerk AG, Karlsruhe, 25%; Kraftübertragungswerke Rheinfelden AG, Rheinfelden (Baden), 25% (Unterbeteiligung: Hüls AG 4%, Degussa 8%, Kraftübertragungswerke 13%); Nordostschweizerische Kraftwerke AG, Baden (Schweiz), 25%.

Gründung und Zweck: Die Gesellschaft wurde am 9. Oktober 1926 durch die Motor-Columbus AG für elektrische Unternehmungen, Baden (Schweiz), die Kraftübertragungswerke Rheinfelden, Rheinfelden (Baden), Badenwerk Aktiengesellschaft, Karlsruhe, und die Nordostschweizerischen Kraftwerke AG, Baden (Schweiz), zur Erzeugung elektrischer Energie gegründet.

Kraftwerk: Install. Leistung 120000 kW; Mittlere Jahresabgabe 760 GWh.

	1989/90	1990/91
Energieabgabe .... GWh	673,078	713,852

Nordostschweizerische Kraftwerke AG (NOK)

CH-5401 Baden, Parkstr. 23, ☎ (056) 203111, ✱ 52086, Telefax (056) 20 37 55, ⌘ Nordostkraft.

Verwaltungsrat: *Mitglieder:* *Professor Dr. Willi *Geiger*, Regierungsrat, St. Gallen, Präsident; *Professor Dr. Hans *Künzi*, a. Regierungsrat, Zürich, Vizepräsident; Peter *Bircher*, Nationalrat, Wölflinswil; Peter *Briner*, Regierungsrat, Schaffhausen; *Urs *Clavadetscher*, Verwaltungspräsident AEW, Birrwil; *Hanspeter *Fischer*, Regierungspräsident, Weinfelden; Dr. Alfred *Gilgen*, Regierungspräsident, Zürich; Dr. Lothar *Hess*, Großrat, Wettingen; Dr. Ernst *Huggenberger*, a. Stadtrat, Winterthur; Ernst *Kuhn*, Direktionspräsident EKZ, Wallisellen; *Dr. Kurt *Lareida*, a. Regierungsrat, Aarau; Jakob *Läuchli*, Unternehmer, Remigen; Dieter *Meile*, Verwaltungsratspräsident, EKT; *Willi *Neuenschwander*, Nationalrat, Oetwil a. d. L.; *Ernst *Neukomm*, Regierungsrat, Löhningen; Alex *Oberholzer*, Regierungsrat, St. Gallen; Kaspar *Rhyner*, Regierungsrat und Ständerat, Elm; Ulrich *Schmidli*, Regierungsrat, Zihlschlacht; Dr. Ulrich *Siegrist*, Regierungsrat, Lenzburg; Sepp *Stappung*, a. Nationalrat, Schlieren; Alfred *Stricker*, Regierungsrat, Stein AR; Edwin *Trachsler*, a. Statthalter, Wiesendangen; Dr. Paul *Twerenbold*, Regierungsrat, Cham; *Dr. Peter *Wiederkehr*, Regierungsrat, Dietikon.

* Mitglieder des Verwaltungsratsausschusses.

Kontrollstelle: *Mitglieder:* Dr. Heinrich *Bolliger*, a. Direktor der Aargauischen Kantonalbank, Aarau; Josef C. *Müller*, Zentraldirektor der St. Gallischen Kantonalbank, St. Gallen; Walter *Lüthy*, Präsident der Generaldirektion der Zürcher Kantonalbank, Horgen. *Suppleanten:* Dr. Kurt *Amsler*, Direktor der Schaffhauser Kantonalbank, Schaffhausen; Peter *Bär*, Direktor der Thurgauer Kantonalbank, Weinfelden.

Geschäftsführung: *Direktionspräsident:* Franz Josef *Harder*, dipl. Ing. ETH. *Direktion Finanzen und Recht:* Franz Josef *Harder*, dipl. Ing. ETH, Direktionspräsident; Daniel *Martenet*, lic. oec. HSG, stellvertretender Direktor; Christoph *Tromp*, Vizedirektor; Walter *Gujer*, Vizedirektor; Dr. Olivier *Robert*, Rechtsanwalt, Vizedirektor; Hans-Peter *Uehli*, Dipl.-Ing. ETH, Vizedirektor. *Direktion Energieverkehr und Betrieb:* Dr. Heinz *Baumberger*, Direktor; Clau *Foppa*, Ing. HTL, Vizedirektor; René *Meyer*, dipl. Ing. ETH, Vizedirektor; Roland *Eichenberger*, Ing. HTL, Vizedirektor; *Direktion Bau:* Bruno *Bretscher*, dipl. Ing. ETH, Direktor; Walter *Beyeler*, Ing. ETH, Vizedirektor; Alex *Streichenberg*, dipl. Ing. ETH, Vizedirektor; Benedikt *Burkhardt*, dipl. Ing. ETH, Vizedirektor; *Direktion Elektromechanik und Kernenergie:* Kurt *Küffer*, dipl. Ing. ETH, Direktor; Ernst *Nohl*, Ing. HTL, stellv. Direktor; Alexander *Clausen*, dipl. Ing. ETH, Vizedirektor; Hans *Wenger*, dipl. Ing. ETH, stellv. Direktor.

Aktienkapital: 360 Mill. sfrs.

Aktionäre: Kanton Zürich, 18,375 %; Elektrizitätswerke des Kantons Zürich, 18,375 %; Kanton Aargau, 14,0 %; Aargauisches Elektrizitätswerk, 14,0 %; St. Gallisch-Appenzellische Kraftwerke AG, 12,5 %; Elektrizitätswerk des Kantons Thurgau, 12,25 %; Kanton Schaffhausen, 7,875 %; Kanton Glarus, 1,75 %; Kanton Zug, 0,875 %.

Zweck: Die Erzeugung und Übertragung elektrischer Energie zur Versorgung der an der Gesellschaft beteiligten Kantone. Die Gesellschaft ist verpflichtet, die elektrische Energie selber zu erzeugen oder zu beschaffen und sie zu den Übergabestellen der kantonalen Elektrizitätswerke zu leiten, welche die Verteilung in ihrem Versorgungsgebiet vornehmen.

Kernkraftwerk Beznau I und II

CH-5312 Döttingen, ☏ (0 56) 99 71 11, ✆ 8 27 429.

Kraftwerksleiter: Dipl. Ing. ETH Hans *Wenger*.

Das Kernkraftwerk Beznau-Döttingen wurde 1969 bzw. 1972 in Betrieb genommen. Elektrische Leistung 700 MW.

SA l'Energie de l'Ouest-Suisse (EOS)

CH-1001 Lausanne, 12, place de la Gare, case postale 570, ☏ (021) 34 12 111, ✆ 454 133, Telefax (021) 34 12 049, ✆ EOS Lausanne.

Verwaltungsrat: Henri *Payot*, La Tour-de-Peilz, président; Jean-Luc *Baeriswyl*, Posieux, vice-président; Daniel *Brélaz*, Lausanne; Marcel *Blanc*, Brenles; Georges *Blum*, Riehen; Paul-André *Cornu*, Champagne; Jean-Claude *Cristin*, Onex; Félix *Dayer*, Pont-de-la-Morge; Louis *Ducor*, Genève; Bernard *Dupont*, Genève; Edouard *Grémaud*, Fribourg; Jacques *Lienhard*, Lausanne; Jean-Jacques *Martin*, La Tour-de-Peilz; Paul-Daniel *Panchaud*, Le Mont/Lausanne; Jacques *Rognon*, Cortaillod; Jean-Jacques *Schilt*, Lausanne; Jacques *Treyvaud*, Lausanne.

Direktion: Christophe *Babaiantz*, Président de la Direction; Alain *Colomb*, Directeur; Jean *Remondeulaz*, Directeur.

Aktienkapital: 115 Mill. sfrs.

Aktionäre: Das Aktienkapital befindet sich zu 94,12 % in Händen von Elektrizitätsversorgungsunternehmen der französischen Schweiz.

Zweck: Den Elektrizitätsgesellschaften, die an ihr beteiligt sind, die elektrische Energie zu liefern, deren sie zur Ergänzung ihrer eigenen Quellen bedürfen, die überschüssige Energie, über die diese Gesellschaften verfügen, aufzunehmen und durch Koordination den optimalen Gebrauch der verschiedenen Produktionsquellen ebenso wie der Leitungsnetze der Gesellschaften zu verwirklichen.

Beteiligungen:
Grande Dixence S. A., 60 %.
Salanfe S. A., 50 %.
Société des Forces Motrices du Grand-Saint-Bernard, 25 %.
Electra-Massa, 20 %.
Forces Motrices Hongrin-Léman S. A., 42 %.
Hydro-Rhône S. A., 30 %.
Energie Electrique du Simplon S. A., $7^{1}/_{2}$ %.
Centrale Thermique de Vouvry S. A., 53 %.
Centrales Nucléaires en Participation S. A., $33^{1}/_{3}$ %.
Centrale Nucléaire de Leibstadt S. A., 5 %.

Organisationen 4

Energieforum Schweiz (EFCH)

CH-3000 Bern 7, Postfach, ☏ (031) 21 04 31, Telefax (031) 22 64 32.

Enfog AG für Energieforschung

CH-9202 Gossau, St. Gallen Straße 23, ☏ (0 71) 85 65 45, Telefax (0 71) 85 33 66. CH-8006 Zürich, Clausiusstr. 41, ☏ (01) 2 51 91 51, Telefax (01) 2 51 41 17.

Geschäftsführung: P. *Hubacher*, Vorsitzender; B. *Dürr*; A. *Flück*.

Zweck: Forschungsarbeiten im Energiebereich, Analysen, Expertisen sowie Planungsarbeiten im Haustechnikbereich: Heizung – Klima – Kälte – Sanitär – Elektro – Wärmerückgewinnungssysteme.

Mitglieder: 17 Personen.

Informationsstelle für Elektrizitätsanwendung (Infel)

CH-8021 Zürich, Postfach, ☏ (01) 2 91 01 02, Telefax (01) 2 91 09 03.

Vorsitzender des Vorstandes: M. *Gabi*, Direktor AEK.

Geschäftsführung: lic. oec. HSG N. J. *Kuster*.

Zweck: Förderung der sinnvollen und rationellen Anwendung von Elektrizität; Vermittlung zwischen Produzenten und Verbrauchern elektrischer Energie in Arbeitskreisen und durch Informationsdienst.

Mitglieder: Elektrizitätswerke und Elektrobranche der deutschen und der italienischen Schweiz.

4 ELEKTRIZITÄTSWIRTSCHAFT

Interessenverband Schweizerischer Kleinkraftwerksbesitzer

CH-3178 Bösingen, ☏ (031) 7477841, Telefax (031) 7477941.

Nationale Genossenschaft für die Lagerung radioaktiver Abfälle (Nagra)

CH-5430 Wettingen, Hardstr. 73, ☏ (0 56) 371111, Telefax (056) 371207.

Geschäftsführung: H. *Issler* (Vorsitzender), Dr. E. *Kowalski*, Dr. C. *McCombie*, V. *Egloff*.

Öffentlichkeitsarbeit: Dr. M. *Güntensperger*.

Zweck: Forschung und Technik zur Endlagerung von radioaktivem Abfall in der Schweiz.

Nationaler Energie-Forschungs-Fonds (NEFF)

CH-4001 Basel, Bäumleingasse 22, ☏ (061) 272 30 60.

Stiftungsrat: 22 Vertreter des Bundes, der Hochschulen, der Wirtschaft und der Industrie.

Vorsitzender: Alt-Nationalrat François *Jeanneret*.

Geschäftsführung: Dr. Jean-Louis *von Planta*.

Zweck: Finanzielle Förderung und Entwicklung auf dem Gebiet der Energieforschung, -verteilung und -anwendung mit dem Ziel, eine ausreichende, sichere und kostengünstige Energieversorgung unter angemessener Rücksichtnahme auf die Umwelt zu erreichen.

Office d'électricité de la Suisse romande (Ofel)

CH-1000 Lausanne 9, Rue du Maupas 2, ☏ (0 21) 3 12 90 90/67, Telefax (0 21) 20 10 19.

Präsident: Jacques *Rossat*.

Direktor: Max-François *Roth*.

Zweck: Informationsstelle der westschweizerischen Elektrizitätswirtschaft.

Mitglieder: 96.

Schweizerische Vereinigung für Atomenergie (SVA)

CH-3001 Bern, Monbijoustr. 5, Postfach 5032, ☏ (031) 225882, ⚡ 912110, Telefax (0 31) 22 92 03.

Zweck: Förderung der friedlichen Nutzbarmachung der Kernenergie. Publikationen und Informationen, Veranstaltungen.

Präsident: Ständerat Dr. Hans Jörg *Huber*.

Geschäftsführer: Dr. Peter *Hählen*.

Schweizerische Vereinigung für Sonnenenergie (SSES)

CH-3007 Bern, Belpstr. 69, ☏ (031) 458000.

Vorstand: Professor Dr. Dr. J. L. *Scartezzini* (Präsident), G. *Cadonau* (Vizepräsident) und weitere 16 Mitglieder der einzelnen Regionalgruppen.

Geschäftsführung: Zentralsekretär B. *Gerber*.

Zweck: Förderung der Anwendung der Sonnenenergie in der Schweiz und Beteiligung an Forschungs- und Entwicklungsprojekten. Durchführung von Tagungen, Allgemeiner Informationsdienst, Herausgabe der Zeitschrift »Sonnenenergie«, Organisation der Tour de Sol und des Solarmobilsalons.

Schweizerischer Energie-Konsumenten-Verband von Industrie und Wirtschaft (EKV)

CH-4001 Basel, Bäumleingasse 22, ☏ (061) 272 30 60.

Vorstand: 20 Vertreter aus der Industrie.

Vorsitzender: Andreas *Bellwald*, Visp.

Geschäftsführung: Dr. Jean-Louis *von Planta*.

Zweck: Wahrung und Förderung der Interessen seiner Mitglieder auf dem Gebiete der Energieversorgung durch gemeinsames Vorgehen in allen wirtschaftlichen und politischen Fragen der Versorgung, Anwendung, Vorratshaltung und Preisbildung auf dem Gebiete der Energie, Wahrung der Mitgliederinteressen gegenüber Behörden, Organisationen, Produzenten und Handel, Information und Beratung der Mitglieder in Energiefragen.

Sonnenenergie-Fachverband Schweiz (SOFAS)

CH-8050 Zürich, Edisonstraße 22, ☏ (01) 3119040, Telefax (01) 3120540.

Vorsitzender: Thomas *Nordmann*.

Zweck: Vereinigung von Fachfirmen im Bereich der Nutzung von Sonnenenergie zur Förderung ihrer Zusammenarbeit sowie zur Aus- und Weiterbildung.

Verband Schweizerischer Elektrizitätswerke (VSE)
Union des Centrales Suisses d'Electricité (UCS)

CH-8023 Zürich, Bahnhofplatz 3, ☏ (01) 2115191, Telefax (01) 2210442.

Zweck: Förderung sowie die Wahrung der Interessen der Elektrizitätswerke in der Schweiz, Beratung der Mitglieder sowie die Koordination gemeinsamer Bestrebungen, Öffentlichkeitsarbeit.

Vorsitzender: Dr. A. *Niederberger*, Direktor der Elektrizitäts-Gesellschaft Laufenburg AG, Laufenburg.

Geschäftsführung: Max *Breu*, Direktor.

Mitglieder: 475.

Verein zur Förderung der Verbesserten Energienutzung (VVE)

CH-8050 Zürich, Postfach, ☏ (01) 3 12 09 09.

Vorsitzender: Dr. H. J. *Leibundgut*.

Geschäftsführung: O. *Humm*.

Zweck: Förderung von energieoptimierten Geräten, Anlagen und Verfahren. Zusammenschluß von besorgten und konsequenten Konsumenten, die durch konzentrierte Nachfrage energetisch optimierte Produkte verlangen und diese auch kaufen.

Vereinigung Exportierender Elektrizitätsunternehmungen

CH-4335 Laufenburg, c/o EGL Elektrizitäts-Gesellschaft Laufenburg AG, ☏ (0 64) 69 63 63, ✂ 9 82 266, Telefax (0 64) 69 64 50.

Vorstand: R. *Schaerer*, EGL, Präsident; A. *Colomb*, EOS, Vizepräsident; Dr. H. *Baumberger*, NOK; K. *Heiz*, KWB; K. *Rohrbach*, BKW; R. *Saudan*, ATEL.

Sekretariat: J.-Chs. *Berrini*, EGL.

Zweck: Ihr allgemeiner Zweck besteht in der Förderung der wirtschaftlichen Ausnützung verfügbarer Primär-Energieträger unter dem Gesichtspunkt der koordinierten Versorgung der Schweiz mit elektrischer Energie. Im besonderen bezweckt sie die Wahrung gemeinsamer Interessen der Mitglieder in Fragen des Energieexportes.

Mitglieder:
Nordostschweizerische Kraftwerke AG (NOK), Baden.
Bernische Kraftwerke AG (BKW), Bern.
Kraftwerk Laufenburg (KWL), Laufenburg.
Elektrizitäts-Gesellschaft Laufenburg AG (EGL), Laufenburg.
SA l'Energie de l'Ouest-Suisse (EOS), Lausanne.
Elektra Birseck (EBM), Münchenstein.
Aare-Tessin AG für Elektrizität (ATEL), Olten.
Kraftwerke Brusio AG (KWB), Poschiavo.
Elektrizitätswerk des Kantons Schaffhausen (EKS), Schaffhausen.

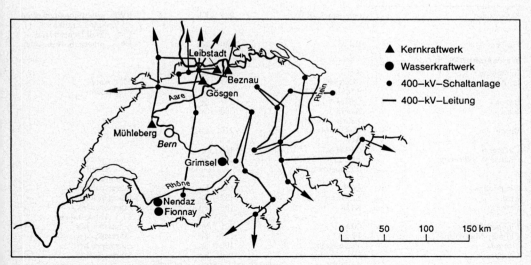

Kraftwerke mit mehr als 300 MW in der Schweiz.

Kraftwerke mit mindestens 100 MW in Betrieb oder in Planung

Abkürzungen in Spalte Eigentümer

BKW	Bernische Kraftwerke AG
EOS	SA l'Energie de l'Ouest Suisse
FMM	Kraftwerk Mauvoisin AG
GD	Grande Dixence SA
KHR	Kraftwerk Hinterrhein AG
KVR	Kraftwerk Vorderrhein AG
KWO	Kraftwerk Oberhasli AG
NOK	Nordostschweizerische Kraftwerke AG
OFIMA	Maggia Kraftwerke AG
SBB	Schweizer Bundesbahn

Abkürzungen in Spalte Primärenergie

Kk	Kernkraft	Öl	Heizöl	Sp	Speicher
L	Laufwasser	Psp	Pumpspeicher		

Abkürzungen in Spalte Bemerkungen

BWR	Siedewasser-Reaktor
PWR	Druckwasser-Reaktor

Standort oder Name	Eigentümer oder Betreiber	Netto-leistung MW	Primär-energie	Bemerkungen bzw. geplante Inbetriebnahme
Konventionelle Wärmekraftwerke				
Chavalon	Centrale Thermique de Vouvry SA (CTV)	290	Öl	
Kernkraftwerke				
Beznau I	NOK	350	Kk	PWR
Beznau II	NOK	350	Kk	PWR
Gösken	Kernkraftwerk Gösgen-Däniken AG	920	Kk	PWR
Leibstadt	Gemeinsch.-KW	942	Kk	BWR
Mühleberg	BKW	306	Kk	BWR
Kaiseraugst	Gemeinsch.-KW	925	Kk	BWR, Inbetriebnahme offen 7,5 % Anteil Frankreich 15 % Anteil Deutschland
Graben	BKW	1140	Kk	BWR, Inbetriebnahme offen
Wasserkraftwerke				
Bärenburg	KHR	225	Sp	
La Bâtiaz	Electricité d'Emosson SA	153	Sp	50 % Anteil Frankreich
Bavona	OFIMA	137	Sp	
Biasca	Blenio Kraftwerke AG	280	Sp	
Bitsch	Elektra-Massa AG	210	Sp	
Cavergno	OFIMA	110	Sp	
Châtelard-Vallorcine	Electricité d'Emosson SA	251	Sp	Jahresspeicher, 50 % Anteil Frankreich
Chandoline	EOS	142	Sp	Jahresspeicher
Etzel	Etzelwerk AG	132	Sp	Jahresspeicher
Ferrera	KHR	185	Sp	Jahresspeicher, 30 % Anteil Italien
Fionnay-Dixence	GD	321	Sp	Jahresspeicher
Fionnay-Mauvoisin	FMM	127	Sp	Jahresspeicher
Gordola	Verzasca SA	105	Sp	Jahresspeicher
Göschenen	KW Göschenen AG/SBB	160	Sp	Jahresspeicher
Grimsel	KWO	300	Sp + Psp	

SCHWEIZ

Standort oder Name	Eigentümer oder Betreiber	Netto-leistung MW	Primär-energie	Bemerkungen bzw. geplante Inbetriebnahme
Handeck II	KWO	125	Sp	Jahresspeicher
Hongrin-Léman	FM Hongrin-Léman SA	252	Sp	Jahresspeicher
Innertkirchen I	KWO	210	Sp	
Lötschen		91	Sp	
Mapragg	KW Sarganserland AG	274	Sp + Psp	Jahresspeicher
Nendaz	GD	384	Sp	
Nuova Biaschina	Az. Elettrici Ticinese	135	Sp	
Pradella	Engadiner Kraftwerke AG	288	Sp	
Riddes	FMM	255	Sp	
Rothenbrunnen	KW Zervreila AG	120	Sp	
Robiei	OFIMA	160	Sp	Jahresspeicher
Ryburg-Schwörstadt	KW Ryburg-Schwörstadt AG	108	L	50% Anteil BR Deutschland
Sedrun	KVR	147	Sp	Jahresspeicher
Sils	KHR	230	Sp	
Stalden	KW Mattmark AG	160	Sp	
Tavanasa	KVR	176	Sp	
Tierfehd	KW Linth-Limmern AG	255	Sp	
Verbano I + II	OFIMA	120	Sp	

Kraftwerksleistung in Betrieb:
Konventionelle Wärmekraftwerke	800 MW
Kernkraftwerke	2 950 MW
Wasserkraftwerke	11 720 MW
Insgesamt	15 470 MW

21. Spanien

Centrales termicas del norte de España, S.A. (Terminor)

E-48011 Bilbao, Dr. Achúcarro 5, ☏ 4160488, ✄ 32591 terb e, ✆ Terminor.

Präsident: Juan *Ugalde Aguirrebengoa*.
Generaldirektor: Rafael *Cerero Urigüen*.
Kapital: 14800 Mill. Ptas.
Wärmekraftwerk: Vellilla del Rio Carrión (Palencia).
Zweck: Erzeugung elektrischer Energie.

Compañía Sevillana de Electricidad (C.S.E.)

E-41004 Sevilla, Avda. de la Borbolla n° 5, ☏ (95) 4417311, ✄ 72137, Telefax (95) 4412128.

Präsident: Fernando *Ybarra y López-Dóriga*.
Vizepräsident: Gregorio *Valero Bermejo*.
Generalbevollmächtigter: Emilio *Zurutuza Reigosa*.
Kapital: 126 Mrd. Pts.
Wasserkraftwerke: 54.
Wärmekraftwerke: Almería, Bahía de Algeciras (Cádiz), Cristóbal Colón (Huelva), Málaga, Puertollano (Ciudad Real) y Los Barrios (Cádiz), Litoral (Almería) (33%), Puente Nuevo (Cordoba) 50%, y Cadiz.
Kernkraftwerk: Almaraz (Cáceres) (36,02%).
Zweck: Erzeugung, Transport, Umwandlung und Verteilung von Energie.

Produktion und Beschäftigte	1990	1991
Bruttostromerzeugung . GWh	19 510	20 410
Beschäftigte	6 259	6 216

Electra de Viesgo S.A.

S-39003 Santander, Calle Medio, 12, Apartado 35, S-39080 Santander, ☏ (942) 210950, Telefax (942) 214104, Telefax Dirección (942) 363714, ✄ 35846.

Vicepresidente Primero: D. Santiago Fernández *Plasencia*.
Vicepresidente Segundo: D. Inocencio Figaredo *y Sela*.
Consejero – Director General: D. Ricardo Rueda *Fornies*.
Director de Producción e Ingeniería: D. Joaquín Alonso *Alvarez*.
Director de Distribución y Comercial: D. Eduardo Avendaño *Rodríguez*.
Director Financiero y de Control: D. José Luis *del Val Cob*.
Director de Organización y Recursos Humanos: D. Baldomero Madrazo *Feliu*.
Jefe del Departamento de Sistemas de Información: D. Félix Javier *Gutiérrez García*.

	1990	1991
Beschäftigte	977	980

Empresa Nacional de Electricidad, S. A. (Endesa)

E-Madrid 28002, Principe de Vergara, 187, ☏ (91) 4168011, 4167012, 4165149, ✄ 22917 ene, ✆ Endesamad.

Präsident: Feliciano *Fuster Jaume*.
Generalsekretär: Pedro Maria *Meroño Vélez*.
Technischer Generaldirektor: José Luis *Torá Galván*.
Gesellschaftskapital: 182 004 Mill. Ptas.
Außenstellen: Ponferrada (León), Puentes de García Rodríguez (La Coruña), Andorra (Teruel), Carboneras (Almería), Ceuta, Melilla.
Zweck: Erzeugung elektrischer Energie; Kohlengewinnung für den Einsatz in Wärmekraftwerken.

Produktion und Beschäftigte	1985	1986
Elektrizitätserzeugung		
Endesa . . . . GWh	28 668,2	29 771
Endesa-Gruppe . . . . . . GWh	36 772,2	36 522
Beschäftigte	6 276	6 374

Tochtergesellschaften
Empresa Nacional Hidroeléctrica Ribagorzana, S.A. (Enher), 91,486%.
Gas y Electricidad, S.A. (Gesa), 55,319%.
Unión Eléctrica de Canarias, S. A. (Unelco), 99,493%.
Empresa Nacional Carbonifera del Sur, S. A. (Encasur), 85,99%.
Eléctricas Reunidas de Zaragoza, S. A. (E.R.Z.), 60,938%.
Puerto de Carboneras, S. A. (Pucarsa), 66,495%.

SPANIEN

Empresa Nacional Electrica de Cordoba, S.A. (Eneco)

E-28010 Madrid, Monte Esquinza 24-3º izq. ☏ (91) 3192700, ✆ 76516 enec E, Telefax (91) 3193530.

Verwaltungsrat: Angel *Anchústegui y Gorroño*, Präsident; Francisco *Botía Pantoja*, Vizepräsident; David *Herrero García*, Sekretär; Evaristo *Villa Ruiz*, José Manuel *Jimenez Arana*, Emilio *Zurutuza Reigosa*, Javier *Alonso Rodríguez*, Juan *Domínguez-Adame Cobos*, Joaquin *Calvo García*, Antonio *Benínez Sánchez-Cortés*, Eduardo *Catalá Laguna*, Pedro *Merino del Cano*, Pedro *Martínez Crespo*.

Generaldirektor: José Luis *Prieto Blanco*.

Direktor Finanzen: Luis Jesús *Ruz Espejo*.

Direktor Technik: Pedro *Anguita Martos*.

Außenstellen: Espiel (Córdoba).

Zweck: Produktion und Transport elektrischer Energie; Kohlenproduktion.

	1990	1991
Produktion .... GWh	1 944,4	1 887,5
Beschäftigte	184	184
Umsatz .... Mill. Ptas	15 427	15 976

Empresa Nacional Hidroeléctrica del Ribagorzana, S.A. (Enher)

E-08008 Barcelona, Pº de Gracia, 132, ☏ 4155000, ✆ 53162, Telefax 415-75-72, ✦ Enher.

Vicepresidente: Antonio *Pareja Molina*.

Consejero y Director General: Carlos *Vázquez Fernández-Victorio*.

Kapital: 46 838 Mill. Ptas.

Betriebe: Cuencas del río Noguera Ribagorzana, Cinca y Ebro (energía eléctrica).

Wärmekraftwerke: Energía Térmica — Térmicas del Besós, S.A. Rda. Gral. Mitre, 126, 5º (B.). Centros de Trabajo: Térmica de San Adrián del Besós (Barcelona); Térmica de Foix — Cubellas (Tarragona).

Zweck: Erzeugung, Transport und Verteilung von elektrischer Energie.

Produktion und Beschäftigte	1990	1991
Produktion .... GWh	2 195	2 608
Beschäftigte	2 161	2 074

Fuerzas Electricas de Cataluña, S.A. (Fecsa)

E-08002 Barcelona, Mallorca 245, ☏ (93) 4041111, Apartado Correos 489, ✆ 54673, ✦ Energia-Barcelona.

Präsident: D. Luis *Magaña Martínez*.

Kapital: 208 593 Mill. Ptas.

Zweck: Erzeugung, Transport und Verteilung elektrischer Energie.

	1990	1991
Stromabgabe .... GWh	16 684	12 260

* Seit 1987 wurde ein neues Berechnungssystem eingeführt.

Gas y Electricidad, S.A.

E-07006 Palma de Mallorca, Juan Maragall, 16, ☏ (971) 467711, ✆ 68786 gas, Telefax (971) 461622.

Verwaltungsrat: Feliciano *Fuster Jaume*, Presidente Ejecutivo; Miquel *Alenyar i Fuster*, Manuel *Cabello Corullón*, Carlos *de Eguilior y de Ferrer*, Rafael *de las Heras García*, Santiago *Fernández Plasencia*, Enrique *Marcos Varona*, Carlos *Martinez de la Escalera Llorca*, Antonio *Martinez Rubio*, Rafael *Orbe Cano*, Miguel *Puerto Martinez*.

Präsident: Feliciano *Fuster Jaume*.

Generaldirektor: Miguel *Pocovi Juan*.

Direktoren: Antonio *Bernat Girbent*, Comercial-Distribución; Pedro *Durán Vidal*, Equipamiento; Jaime *Rosselló*, Generación y Transporte; Christóbal *Massanet Font*, Financiero y de Control; Fernando *Sánchez-Monge Alvarez*, Personal y Sistemas.

Secretario: Juan *Forcades de Juan*.

Kapital: 11290907000 Ptas.

Betriebe: Alcudia (Mallorca), Palma de Mallorca, Mahón (Menorca) e Ibiza.

Zweck: Erzeugung, Transport und Verteilung von elektrischer Energie und Gas.

Produktion und Beschäftigte	1990	1991
Produktion .... GWh	2 715	2 821
Beschäftigte ... (Jahresende)	1 818	1 857

Hidroelectrica de Cataluña, S.A. (HEC)

E-08018 Barcelona, Av. Vilanova 12—14, ☏ (93) 3095050, ✆ 54075 hecsa.

Präsident: Iñigo *de Oriol e Ybarra*.

Öffentlichkeitsarbeit: Carmen *Margarit Llopart*.

Zweck: Produktion von Elektrizität durch Betrieb von Wasser-, thermischen und Kernkraftwerken.

	1988	1991
Beschäftigte ... (Jahresende)	1 062	1 047

Tochtergesellschaften

Térmicas del Besós, 50%.
Hispano-Francesa de Energía Nuclear, S.A., 23%.
Asociación Nuclear Ascó, 15%.

Hidroeléctrica del Cantábrico SA

E-33007 Oviedo, Plaza de la Gesta 2, ☏ (85) 230300, ✄ 84347 hcov e, Telefax (85) 253787, ✦ Hidrocantábrico.

Präsident: D. Martín *González del Valle y Herrero*.

Vizepräsident: D. José Luis *Baranda-Ruíz*.

Zweck: Erzeugung und Verteilung von Elektrizität.

Kapital: 34 302 Mill. Ptas.

Kapazität: 1 544 Mrd. kW.

	1990	1991
Stromabsatz .... TWh	5 559	5 750
Beschäftigte	1 067	1 058

Tochtergesellschaften
Ercoa.
Elsinosa.
Hidroeléctrica de Trubia, S.A.
Gas de Asturias, S.A.

Hidroeléctrica Iberica Iberduero, S.A.

E-48008 Bilbao, Gardoqui, 8. ☏ 4151411, ✄ 32793 idsa e.

Vorstand: Manuel *Gómez de Pablos González*, Vorsitzender; Rodolfo *Urbistondo Echeverria*, stellv. Vorsitzender; Luis María *de Ybarra y Oriol*, Antonio María *de Oriol y Urquijo*, Manuel María *de Gortázar Landecho*, Rafael *de Icaza Zabálburu*, Gonzalo *de Lacalle Leloup*, Ramón *de Rotaeche y Velasco*, Enrique *Escauriaza Areilza*, Ignacio *de Alzola y de la Sota*, Javier *Aresti y Victoria de Lecea*, Victor *Urrutia Vallejo*, José *Orbegozo Arroyo*, Joaquín *Axpe Barañano*, José *Rosón Trespalacios*, José Luis *Urquijo de la Puente*, Fernando *Sánchez Calero*, Luis *de Ussia y Gavaldá*, Luis *Magaña Martínez*, Pedro *Toledo Ugarte*.

Kapital: 231 528 Mill. Ptas.

Zweck: Erzeugung, Transport und Verteilung von elektrischer Energie.

Kapazität: 6 489 603 kW.

Stromerzeugung: 15 875 TWh.

Betriebsanlagen: Aldeadávila, Villarino, Saucelle (Salamanca), Ricobayo, Villalcampo, Castro, Valparaiso (Zamora), Santurce (Vizcaya), Pasajes (Guipuzcoa), Santa María de Garoña (Burgos), Almaraz (Cáceres), Trillo (Guadalajara).

Iberdrola II, S.A.

E-28001 Madrid, Hermosilla 3; Postanschrift: Apartado 458, E-28080 Madrid, ☏ (91) 5776500, ✄ 23786, ✦ Hidrola.

Administrador Unico: José Antonio *Garrido Martínez*.

Kapital: 209 347 Mill. Ptas.

Wasserkraftwerke: José María de Oriol (Cáceres); Cedillo (Cáceres); Valdecañas (Cáceres); Azután (Toledo); Gabriel y Galán (Cáceres); Guijo de Granadilla (Cáceres); Torrejón (Cáceres); Cofrentes (Valencia); Millares (Valencia).

Wärmekraftwerke: Castellón (Castellón); Escombreras (Murcia); Soto de Ribera (33 %) (Asturias); Aceca (50 %) (Toledo), Lada (Asturias).

Kernkraftwerke: Almaraz (36,02 %) (Cáceres), Cofrentes (Valencia), Vandellós II (28 %).

Zweck: Erzeugung und Verteilung von Elektrizität.

Beschäftigte: 6 590.

Red Eléctrica de España S.A.

E-Madrid, Paseo Conde de los Gaitanes, 179, La Moraleja, Alcobendas, ☏ 6502012.

Direktion: Jorge *Fabra Utray* (Präsident), José María *Paz Goday* (Betrieb), Agustín *Fernández Herrero* (Verwaltung und Finanzen), Gerardo *Novales Montaner* (Transport).

Gesellschaftskapital: 45 090 Mill. Ptas.

Gesellschafter: *Öffentliche:* Empresa Nacional de Electricidad, S. A., Empresa Nacional Hidroeléctrica del Ribagorzana, S.A., Instituto Nacional de Industria, Eléctricas Reunidas de Zaragoza, S. A.; *Private:* Hidroéléctrica Iberica Iberduero, S.A., Hidroeléctrica Española, S.A. (Hidrola), Fuerzas Eléctricas de Cataluña, S.A. (Fecsa), Unión Eléctrica Fenosa, S. A., Compañía Sevillana de Eléctricidad, S.A., Hidroeléctrica de Cataluña, S.A. (HEC), Electra de Viesgo, S. A., Hidroeléctrica del Cantábrico, S.A., Energía e Industrias Aragonesas, S.A., Compañía Eléctrica de Langreo, S. A.

Saltos del Nansa, S.A.

E-28001 Madrid, Núñez de Balboa, 41, ☏ 5771745.

Verwaltungsrat: Julian *Trincado Settier*, Präsident; Feliciano *Fuster Jaume*, Vizepräsident; Alberto *Corral Lopez-Doriga*, Direktor; Emilio *Garcia Botin*; Luis *Magaña Martinez;* Eduardo *Becerril Lerones;* Atilano *Matilla Gomez;* Ricardo *Rueda Fornies;* Victoriano *Reinoso y Reino;* Honorato *Lopez Isla;* Elias *Velasco Garcia;* Licinio *de la Fuente y de la Fuente,* Sekretär.

Gesellschaftskapital: 3 000 Mill. Ptas.

Außenstellen: Peña de Bejo, Rozadío, Celis y Herrerías (Cantabria).

Zweck: Produktion, Transport und Verteilung elektrischer Energie.

	1990	1991
Produktion .... GWh	127	201
Umsatz .... Mill. Ptas	930	1 312

Union Electrica de Canarias, S.A.

E-35004 Las Palmas de Gran Canaria, Avda. José Ramírez Bethencourt, 22, ☏ 290496/290692, ✁ 95166, Telefax 242614.

Directivos:
Presidente del Consejo de Administración: Antonio *Castellano Auyanet.*
Director Adjunto al Presidente: Juan *Marina Torres.*
Director de Distribución y Comercial: Juan *Márquez Siverio.*
Director Financiero y de Control: Francisco *Romero Vernetta.*
Director de Producción y Transporte: Francisco *Acosta Vera.*
Director de Org. y Recursos Humanos: David *Martín Santana.*
Secretario General Técnico: Tomás Ruano *Pérez.*
Director Técnico: Miguel *Martinez Melgarejo.*

Consejo de Administración:
Presidente: Antonio *Castellano Auyanet.*
Vicepresidente: Francisco *Botía Pantoja.*
Secretario: Luis *Agrüello Alvarez.*

Vocales: Luis *Aguiar González,* Mauro *Díaz-Estébanez Villavicencio,* Carlos *Díaz López,* José Miguel *Gómez de la Orden,* Miguel *Latorre Lázaro,* Pedro *Martínez Crespo,* José Miguel *Prados Teriente,* Enrique *Vicent Pastor.*

Zweck: Erzeugung, Transport und Transformation elektrischer Energie.

	1990	1991
Produktion .... MWh	3 576 095	3 758 646
Absatz .... MWh	3 147 130	3 358 233
Beschäftigte	2 066	2 144

Union Electrica Fenosa, S.A.

S-28020 Madrid, Capitán Haya, 53, ☏ (91) 5713700, ✁ 27412 unele-e, Telefax (91) 5704349.

Presidente: Julián *Trincado Settier.*
Consejero Delegado: Victoriano *Reinoso.*
Directores Generales: Elías *Velasco,* Honorato López *Isla,* Angel *de las Heras.*
Secretario General: José María *Nebot.*
Secretario General Financiero: Ernesto *Mata.*

Componentes del Consejo de Administración:
Presidenta de Honor: Carmela Arias y *Díaz de Rábago.*
Presidente: Julián *Trincado Settier.*
Vicepresidentes: José María *Amusátegui de la Cierva,* Carmela *Arias y Díaz de Rábago,* José Luis *Torá Galván,* Luis *Coronel de Palma,* Ricardo *Cómez-Acebo y Duque de Estrada.*
Consejero Delegado: Victoriano *Reinoso y Reino.*
Vocales: José María *Arias Mosquera,* Vicente *Arias Mosquera,* Antonio *Basagoiti García-Tuñón,* Carlos *Cuervo-Arango Martínez,* Guillermo *de la Dehesa Romero,* Fernando *Díaz-Caneja Burgaleta,* Eduardo *Díaz Río,* Fernando *Fernández-Tápias Román,* Ignacio *Fierro Viña,* Miguel *Geijo Baucells,* Ignacio Gil *Vallejo,* Alfredo *Les Floristán,* Ernesto *Mata López,* José Luis *Méndez López,* Rafael *Miranda Robredo,* José Antonio *Olavarríeta Arcos,* Enrique Prada *Rodríguez-Viforcos,* Enrique *Quiralte Crespo,* Arturo *Romaní Biescas,* Eduardo *Santos Andrés,* Jaime *Terceiro Lomba.*

Consejero Secretario del Consejo de Administración: José María *Nebot Lozano.*

Fin Social: De acuero con el art° 2° de los Estatutos Sociales, el objeto social de la Sociedad, entre otros, es la explotación del negocio de producción, venta y utilización de energía eléctrica, así como de otras fuentes de energía y realización de estudios relacionados con las mismas.

Werke: 44 Wasserwerke: 31 mit mehr als 5 MW, 13 unter 5 MW.

6 Wäremkraftwerke: Sabón (Öl), Meirama (Baunkohle, Öl, Steinkohle), Anllares (Steinkohle, Öl), Narcea (Steinkohle, Öl), La Robla (Steinkohle, Öl), Aceca (Öl).

3 Kernkraftwerke: José Cabrera, Almaraz, Trillo.

Installierte Leistung: 5 392 MW.

	1990	1991
Umsatz .... Mill. pts	267 503	289 578
Erzeugung .... GMh	20 001	20 637
Beschäftigte	5 682	5 490

Organisationen

Consejo de Seguridad Nuclear

E-28040 Madrid, C/Justo Dorado 11, ☏ (91) 3460100.

Forum Atómico Espanol

E-Madrid 3, Boix y Morer, 6, ☏ (2) 536303.

Präsident: A. *Alvarez Miranda.*

Generalsekretär: J. M. *Melis Saera.*

Unidad Eléctrica, SA (Unesa)

E-28020 Madrid, Francisco Gervás, 3, ☏ (91) 5704400, ✄ 27626, Telefax (91) 5704972.

Präsident: Feliciano Fuster *Jaume.*

Vice-Präsident: Pedro *Rivero Torre.*

Gesellschaftskapital: 150 Mill. Ptas.

Zweck: Koordinierung der gemeinsamen Tätigkeiten der spanischen Elektrizitätsunternehmen, Vertretung der Elektrizitätswirtschaft bei der öffentlichen Verwaltung und internationalen Organisationen, Kanalisierungsrichtlinien der Verwaltung zur Förderung der Elektrizitätsentwicklung.

Mitglieder: Iberdrola I, S.A., E-48008-Bilbao, Cardenal Gardoqui, 8; Iberdrola II, S.A., E-28001-Madrid, Hermosilla, 3; Unión Eléctrica Fenosa, S. A., E-28020-Madrid, Capitán Haya, 53; Empresa Nacional de Electricidad, S. A., E-28002-Madrid, Príncipe de Vergara, 187; Compañía Sevillana de Electricidad, S.A., E-41004-Sevilla, Avda. de la Borbolla, 5; Fuerzas Eléctricas de Cataluña, S.A., E-08008-Barcelona, Mallorca, 245; Empresa Nacional Hidroeléctrica del Ribagorzana, S.A., E-08008-Barcelona, Paseo de Gracia, 132; Hidroeléctrica del Cantábrico S.A., E-33007-Oviedo, Plaza de la Gesta, 2; Hidroeléctrica de Cataluña, E-08018-Barcelona, Av. Vilanova, 12; Electra de Viesgo, S.A., E-39003-Santander, Medio, 12; Eléctricas Reunidas de Zaragoza, S. A., E-50001-Zaragoza, San Miguel, 10; Compañía Eléctrica de Langreo, S. A., E-33930-La Felguera-Asturias; Unión Eléctrica de Canarias, S. A., E-35004-Las Palmas de Gran Canaria, Avda. Alcalde José Ramírez Bethencourt, 83; Gas y Electricidad, S.A., E-07006-Palma de Mallorca, Juan Maragall, 16; Fuerzas Eléctricas de Navarra, S.A., E-31002-Pamplona, Avda. de Roncesvalles, 7; Empresa Nacional Eléctrica de Cordoba, S.A., E-14220 Espiel-Córdoba, Apartado de Correos n° 5; Fuerzas Hidroeléctricas del Segre, S.A., E-08008-Barcelona, Mallorca, 245; Centrales Térmicas del Norte de España, S.A., E-48011-Bilbao, Doctor Achúcarro, 5; Energía e Industrias Aragonesas, S.A., E-28004-Madrid, Paseo de Recoletos, 27; Productora de Fuerzas Motrices, S.A., E-08008-Barcelona, Mallorca, 245; Saltos del Guadiana, S.A., E-28020-Madrid, Orense, 11.

Kraftwerke mit mindestens 100 MW in Betrieb oder in Planung

Abkürzungen in Spalte Eigentümer

C. Sevillana	Compañia Sevillana de Electricidad, S. A.
Endesa	Empresa Nacional de Electricidad, S. A.
Eneco	Empresa Nacional Eléctrica de Cordoba, S. A.
Enher	Empresa Nacional Hidroeléctrica del Ribagorzana, S.A.
Fecsa	Fuerzas Éléctricas de Cataluña, S. A.
Fhssa	Fuerzas Hidroelectricas del Segre, S. A.
Iberdrola	Iberdrola, S.A.
Uefsa	Unión Eléctrica — Fenosa S. A.

Abkürzungen in Spalte Primärenergie

Br	Braunkohle	L	Laufwasser	Sp	Speicher
Eg	Erdgas	Öl	Heizöl	St	Steinkohle
Kk	Kernkraft	Psp	Pumpspeicher		

Abkürzungen in Spalte Bemerkungen

BWR	Siedewasser-Reaktor
GG	Gas-Graphit-Reaktor
GT	Gasturbine
PWR	Druckwasser-Reaktor

Standort oder Name	Eigentümer oder Betreiber	Netto-leistung MW	Primär-energie	Bemerkungen bzw. geplante Inbetriebnahme
Konventionelle Wärmekraftwerke				
Aboño I	Hidroeléctrica del Cantábrico S.A.	90	St + Öl	
Aboño II	Hid. del Cantabrico S.A.	500	St	
Aceca	Iberdrola Uefsa	627	Öl	
Almería	C. Sevillana	114	Öl	
Alcudia II	Gas y Electricidad, S.A.	325	Br + Öl	
Anllares	Uefsa	350	St	
Avilés	Ensidesay	59	St + Öl	
Badalona II	Fecsa	344	Öl	
Bahía de Algeciras	C. Sevillana	753	Öl	
Besós	Térmica Besós	450	St + Öl	
Cádiz	C. Sevillana	138	Öl	
Candelaria	Unión Eléctrica de Canarias, S.A.	332	Öl	
Castellón	Iberdrola	1083	Öl	
Compostilla II	Endesa	962	St	
Compostilla V	Endesa	350	St	
Cristóbal Colón	C. Sevillana	378	Öl	
Escatrón	Empresa Nacional Calvo Sotelo	80	Br	
Escombreras	Iberdrola	858	Öl	
Escucha	Fecsa/Fhssa	175	Br	
Foix/Cubellás	Enher/Fecsa	520	Öl + Eg	
Guardo	Centrales Térmicas del Norte, S.A.	148	St	
Guardo II	Terminor	350	St	
Ibiza		111	Öl	
Jinamar	Unión Eléctrica de Canarias, S.A.	416	Öl	
La Robla	Uefsa	275	St	
La Robla II	Uefsa	350	St	

Verlag Glückauf · Jahrbuch 1993

4 ELEKTRIZITÄTSWIRTSCHAFT

Standort oder Name	Eigentümer oder Betreiber	Netto-leistung MW	Primär-energie	Bemerkungen bzw. geplante Inbetriebnahme
Lada	Cia. Eléctrica de Langredo, S.A.	505	St	
Litoral de Almeria	Endesa	550	St	
Los Barrios	C. Sevillana	550	St	
Málaga	C. Sevillana	122	Öl	
Mata	Fecsa	126	Öl	
Meirama	Uefsa	550	Br	
Narcea 1 + 2	Uefsa	219	St	
Narcea 3	Uefsa	350	St	
Pasajes	Iberdrola	214	St	
Puente Nuevo	Eneco	388	St	
Puentes Garcia Rodriguez	Endesa	1400	Br	
Puertollano	C. Sevillana	270	St + Öl	
Punta Grande	Union Electrica de Canaris	98	Öl	
Sabón	Uefsa	470	Öl	
San Adrián	Fecsa	1050	Öl	
San Juan de Dios	Gas y Electricidad, S.A.	195	Öl	
Santurce	Iberdrola	936	Öl	davon 17 MW GT
Serch	Fecsa	175	Br	
Soto de Ribera 1 + 2	T. Asturianas	322	St	
Soto de Ribera 3	E. Viesgo/H. Cantabrico/ C.E. Lanreo	350	St	
Teruel 1 + 2 + 3	Endesa	1050	Br	
Escatron	Empresa Nacional Calvo Sotelo	2 x 350	St	1992
Escombreras	Iberdrola	342	Eg	nach 1996
Colon	C. Sevillana	611	Eg	1999
Bierzo	NN	329	St	nach 1996
Puentenuevo	Eneco	329	St	nach 1996
Puertollano 2	C. Sevillana	318	St	nach 1996
Puertollano 3	C. Sevillana	141	St	nach 1996
Teruel 4	Endesa	141	St	nach 1996
Litoral 2	Endesa	517	St	nach 1996
Kernkraftwerke				
Almaraz 1 + 2	Iberdrola/ C. Sevillana/ Uefsa	2 x 930	Kk	PWR
Ascó 1	Fecsa	930	Kk	BWR
Ascó 2	Fecsa/Enher/ H. Cataluña/ Fhssa	930	Kk	PWR
Cofrentes	Iberdrola	975	Kk	PWR
José Cabrera	Uefsa	153	Kk	PWR
Santa Maria de Garoña	Nuclenor	460	Kk	BWR
Trillo 1	Uefsa Iberdrola	1041	Kk	PWR
Vandellós 2	Endesa/Iberdrola	982	Kk	PWR
Valdecaballeros I	Iberdrola/ C. Sevillana	926	Kk	BWR, 1996
Valdecaballeros II	Iberdrola/ C. Sevillana	926	Kk	BWR, 1997
Regodala		1025	Kk	PWR, unbestimmt
Santillan		927	Kk	BWR, unbestimmt
Sayago		1030	Kk	PWR, unbestimmt
Trillo 2		990	Kk	PWR, unbestimmt
Vandellós 3		900	Kk	PWR, unbestimmt
Wasserkraftwerke				
Aldeadavilla	Iberdrola	718	Sp	
Azutan	Iberdrola	180	L	
Belesar	Uefsa	225	Sp	
Canelles	Enher	107	Sp	
Castrelo	Uefsa	112	Sp	
Castro	Iberdrola	190	L	

SPANIEN

Standort oder Name	Eigentümer oder Betreiber	Netto-leistung MW	Primär-energie	Bemerkungen bzw. geplante Inbetriebnahme
Cedillo	Iberdrola	440	Sp	
Cijara	Saltos del Guadiana	200	L	
Cofrentes	Iberdrola	124	Sp	
Conso	Iberdrola	228	L	
Cornatel	Endesa	122	Sp	
Cortes 2	Iberdrola	280	L	
Esla	Iberdrola	133	L	
Estany Gento-Sallente	Fecsa	440	Psp	
Frieira	Uefsa	130	L	
Gabriel y Galan	Iberdrola	110	Psp	
Guillena	C. Sevillana	210	L	
José M. Oriol	Iberdrola	915	Sp	
La Muela 1 – 3	Iberdrola	621	Psp	
Los Peares	Uefsa	159	Sp	
Mequinenza	Enher	310	Sp	
Moralets	Enher	200	Psp	
Puente Bibey	Iberdrola	285	L	
Ribarroja	Enher	265	Sp	
Ricobayo	Iberdrola	133	Sp	
Salime	Electra de Viesgo	126	Sp	
San Esteban	Iberdrola	265	Sp	
Saucelle 1	Iberdrola	240	Sp	
Saucelle 2	Iberdrola	285	Sp	
Tabescan	Fecsa	152	Sp	
Tajo de la Encantada	C. Sevillana	360	Sp	
Tanes	Hidroeléctrica del Cantábrico, S.A.	133	Psp	
Torrejón	Iberdrola	129	Sp	
Valdecañas	Iberdrola	225	Sp	
Villalcampo	Iberdrola	206	Sp	
Villarino	Iberdrola	810	Sp	
Sela – San Jorge		157	L	1992
Soutelo		160	Psp	1991

Kraftwerksleistung in Betrieb:
Konventionelle Wärmekraftwerke   21 246 MW
Kernkraftwerke   7 378 MW
Wasserkraftwerke   <u>16 642 MW</u>
Insgesamt   45 266 MW

4 ELEKTRIZITÄTSWIRTSCHAFT

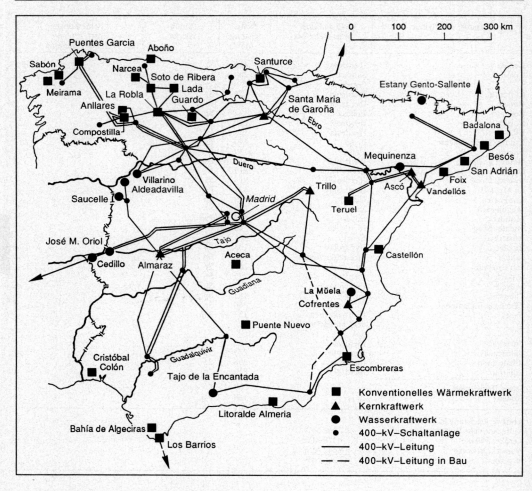

Kraftwerke mit mehr als 300 MW in Spanien.

INTERNATIONALE ORGANISATIONEN

Eurelectric — Comité Européen des Entreprises d'Electricité
European Committee of Electricity Supply Industry

B-1000 Bruxelles, Galerie Ravenstein 4, Bte 6, ☏ (02) 5125571, ✄ 62409, Telefax (02) 5127362, 5113159.

Präsidium: Alessandro *Ortis*, Vice-Président Ente Nazionale per l'Energia Elettrica (Enel), Rom, Präsident; John W. *Baker*, Chief Executive, National Power, London; Jean *Bergougnoux*, Directeur Général, Electricité de France (EDF), Paris; Dr. Rolf *Bierhoff*, Direktor, Mitglied des Vorstandes der RWE Energie AG, Essen; Matteo *Bonetta*, Direttore Centrale Enel, Rom; José Manuel *Castro Rocha*, Président du Conseil de Gérance Electricidade de Portugal (EDP), Lissabon; Alfred *Giuliani*, Administrateur Délégué Cegedel, Luxemburg; John Hebo *Nielsen*, Managing Director, Elkraft A.m.b.A, Dänemark; Ir. Nick G. *Ketting*, Président Directeur, Samenwerkende Elektriciteitsproduktiebedrijven, Arnhem; Dominic J. *Moran*, Chief Executive, Electricity Supply Board, Dublin; Pedro *Rivero Torre*, Director General Unidad Electrica SA (Unesa), Madrid; Jorge *Fabra Utray*, Président Red Electrica de España, Madrid; Baron André *Rolin*, Administrateur Délégué, Société Intercommunale Belge de Gaz et d'Electricité (Intercom S.A.), Brüssel; Professor Themistocles *Xanthopoulos*, General Manager, Public Power Corporation, Athen.

Generalsekretärin: Dipl.-Ing. Angelika *Riedl*.

Zweck: Koordinierendes Komitee auf dem Sektor der europäischen Energiewirtschaft, Förderung von Austausch und Projekten zur Entwicklung des Elektrizitätssystems in der Europäischen Gemeinschaft und in Kontinentaleuropa.

Europäische Kernenergie-Gesellschaft (ENS)
European Nuclear Society

CH-3001 Bern, Postfach 5032, ☏ (31) 216111, ✄ 912110 atag ch, Telefax (31) 229203.

Vorsitzender: Colette *Lewiner*, Paris.

Geschäftsführung: Dr. P. *Feuz*.

Öffentlichkeitsarbeit: Dr. P. *Holt*.

Zweck: Förderung des Fortschritts von Wissenschaft und Technik bei der friedlichen Nutzung der Kernenergie.

Mitglieder: 25 nationale Kernenergie-Gesellschaften mit insgesamt 20 000 Einzelmitgliedern, 3 assoziierte Mitglieder sowie 52 fördernde Mitgliedsfirmen.

Europäische Vereinigung für die Verwertung der Nebenprodukte aus Kohlekraftwerken eV (i.G.) Ecoba

4300 Essen 1, Klinkestraße 27 — 31 (VGB-Haus), ☏ (0201) 8128-1.

Präsident: Ing. Simon *Prins*.

Geschäftsführer: Dr.-Ing. Wolfgang *vom Berg*.

Gründung und Zweck: 1990 von Kraftwerksbetreibern aus zehn Ländern gegründet. Zweck der Vereinigung ist es, durch Erfahrungsaustausch und gemeinsame Forschung dazu beizutragen, die Verwertung für mineralische Reststoffe zu erweitern und im EG-Binnenmarkt sicherzustellen.

Europäisches Atomforum (Foratom)
Nuclear Power in Western Europe

GB-London SW1E 6LB, 22 Buckingham Gate, ☏ (01) 8280116, ✄ 264476, Telefax (01) 8280110.

Präsident: R. *Carle*.

Generalsekretär: James T. *Corner*.

Zweck: Foratom ist eine nicht-staatliche Organisation mit beratender Funktion bei der Internationalen Atomenergie-Organisation zur Förderung der wirtschaftlichen Entwicklung der friedlichen Nutzung der Kernenergie. Foratom trägt bei zur Lösung von Problemen im Zusammenhang mit der Kernenergie, vertritt deren Interessen vor den Regierungen und betreibt Öffentlichkeitsarbeit zum besseren Verständnis der Kernenergie bei der Elektrizitätserzeugung.

Mitglieder

Belgien
Belgisches Atomforum, B-1050 Bruxelles, Avenue Llloyd George 7, ☏ 6452521.

Präsident: Professor R. *van den Damme*.

Bundesrepublik Deutschland
Deutsches Atomforum e V, 5300 Bonn 1, Heussallee 10, ☏ (228) 507-0.

Präsident: Dr. C. *Berke*.

Generalsekretäre: Dr. Th. *Roser*, Dr. P. *Haug*.

Finnland
Finnish Energy Economy Association, SF-00131 Helsinki 13, P.O. Box 27, ☏ (90) 179466.

Geschäftsführer: O. *Vapaavuori*.

Generalsekretär: P. *Simola* c/o Imatran Voima Oy, SF-01601 Vantaa, P.O. Box 112, ☏ (90) 5084602.

Frankreich

Französisches Atom Forum, French Atomic Forum, F-75724 Paris, Cedex 15, ✆ (1) 5670770.

Präsident: R. *Carle.*

Generalsekretär: J. *Weill.*

Großbritannien

British Nuclear Forum, GB-London SW1E 6LB, 22 Buckingham Gate, ✆ (01) 8280110.

Präsident: Sir John *Hill.*

Direktor: J. T. *Corner.*

Italien

Italian Nuclear Energy Forum, I-00186 Rome, Via di Monte Giordano 36, ✆ (06) 6540174.

Präsident: Senator Ing. L. *Noe.*

Generalsekretär: Professor C. *Salvetti.*

Luxemburg

Luxemburg Association for the Peaceful Use of Atomic Energy (Alupa), c/o Mr. J. P. *Hoffmann,* 34 avenue Marie-Therèse, B.P 19, L-2010 Luxembourg, ✆ 44203020.

Präsident: J. P. *Hoffmann.*

Generalsekretär: R. *Meyrath.*

Niederlande

Dutch Atomic Forum, NL-'s-Gravenhage, Scheveningseweg 112, ✆ (070) 514581.

Vorsitzender: W. W. *Nijs.*

Generalsekretär: Dr. R. W. R. *Dee.*

Norwegen

Norwegian Atomic Forum, c/o Institute for Energy Technology, N-2007 Kjeller, Box 40, ✆ (06) 806000.

Präsident: Dr. G. *Randers.*

Generalsekretär: R. *Lingjaerde.*

Österreich

Österreichisches Energieforum, c/o Simmering-Graz-Pauker AG, A-1110 Wien, Brehmstrasse 16, ✆ (0222) 252525.

Präsident: Dr. P. *Kapral.*

Generalsekretär: Dr. T. *Dobner.*

Schweden

Swedish Atomic Forum (Safo), c/o Energiforum, S-18271 Stocksund, Box 94, ✆ (08) 855740.

Präsident: L. *Fogelström.*

Generalsekretär: C. E. *Wikdahl.*

Schweiz

Schweizerische Vereinigung für Atomenergie (SVA), Ch-3001 Bern, Postfach 2613, ✆ (031) 225882.

Präsident: Senator Dr. H. J. *Huber.*

Generalsekretäre: Dr. P. *Hählen,* Dr. P. *Feuz.*

Spanien

Spanish Atomic Forum, E-28003 Madrid, Boix y Morer, 6, ✆ (1) 2536301/2/3.

Präsident: A. *Alvarez Miranda.*

Geschäftsführer: L. G. *Jodra.*

Generalsekretär: J. M. *Melis Saera.*

Europäisches Laboratorium für Teilchenphysik (Cern)
Organisation Européenne pour la physique des particules
European Organization for Particle Physics

CH-1211 Genf 23, ✆ (022) 7676111, ✄ 419000 cer ch, Telefax (022) 7676555, ✆ Cernlab-Genève. Postanschrift in Frankreich: F-01631 Cern Cedex, Prévessin.

Präsident des CERN-Rates: Sir William *Mitchell* (Großbritannien).

Vorsitzender des Wissenschaftsausschusses: C. H. Llewellyn *Smith* (Großbritannien).

Vorsitzender des Finanzausschusses: B. *Brandt* (Schweden).

Generaldirektor: Professor Carlo *Rubbia.*

Direktorium: Dr. Pierre *Darriulat,* Forschung; Dr. Hans *Hoffmann,* Technische und Administrative Aufgaben; Professor Walter *Hoogland,* Forschung; Dr. Günther *Plass,* Beschleuniger; Dr. John *Thresher,* Forschung; Georges *Vianès,* Verwaltung; Dr. Giogio *Brianti,* Künftige Beschleuniger; H. *Weber,* Verwaltungsvorstand.

Berater des Generaldirektors: Roy *Billinge,* Professor Robert *Klapisch,* Dr. William O. *Lock,* J.-P. *Revol,* Christian *Roche,* Dr. Juan Antonio *Rubio.*

Kabinettchef: Guy *Hentsch.*

Abteilungen: Dr. James V. *Allaby,* Teilchenphysikexperimente; Gérard *Bachy,* Mechanische Technologien; Dr. John *Ellis,* Theoretische Physik; Dr. Lyndon R. *Evans,* Super-Protonensynchrotron und LEP; Dr. Fritz A. *Ferger,* Technische Dienste; Dr. Frans *Heyn,* Allgemeine Verwaltung; Dr. Kurt *Hübner,* Protonensynchroton; Dr. Pier G. *Innocenti,* Elektronik und Rechnerbetrieb für Physik; Dr. Willem *Middelkoop,* Personal; André *Naudi,* Finanzen; Dr. Bastiaan *De Raad,* Technische Überwachungs- und Sicherheitskommission; Dr. Horst *Wenninger,* Beschleunigertechnologien; Dr. David O. *Williams,* Rechnerbetrieb und Rechnernetze.

Pressebüro: Neil *Calder.*

Gründung: Juli 1953 durch die Unesco.

Mitgliedsländer: Belgien, Bundesrepublik Deutschland, Dänemark, Finnland, Frankreich, Griechenland, Großbritannien, Italien, Niederlande, Norwegen, Österreich, Polen, Portugal, Schweden, Schweiz, Spanien. Jugoslawien, Polen, die Tschecho-Slovakisch Föderative Republik, die Türkei und die Kommission der Europäischen Gemeinschaft haben Beobachterstatus.

Zweck: Grundlagenforschung im Bereich der Teilchenphysik (Hochenergiephysik).

IFIEC Europa
European Federation of Industrial Energy Consumers
Internationale Vereinigung für industrielle Energiewirtschaft (Europäische Sektion)

B-1060 Bruxelles, 111–113 Chaussée de Charleroi.

Präsident: Alain *Mongon*, B-1030 Bruxelles, Rhône Poulenc, 133, Rue Froissard.

Generalsekretär: Jacques *Plénard*, F-92100 Boulogne, 16, Quai A. Le Gallo.

Zweck: Wahrung und Förderung der gemeinsamen Interessen der industriellen Verbraucher und Eigenerzeuger von Energie gegenüber allen internationalen Organisationen, die mit ihren Initiativen und Maßnahmen auf wissenschaftlichem, wirtschaftlichem, technischem, juristischem und politischem Gebiet die industrielle Energiewirtschaft beeinflussen.

Mitgliedsorganisationen

Belgien: Febeliec – Federation of Belgium Large Industry Energy Consumers, FICB, 49, Square Marie Louise, B-1040 Brussels.
Gabe – Groupement des Autoproducteurs Belges d'Electricité, c/o M. C. Nanquette, Solvay et Cie, 33, rue de Prince Albert, B-1050 Bruxelles.

Bundesrepublik Deutschland: VIK Verband der Industriellen Energie- und Kraftwirtschaft e. V., Richard-Wagner-Straße 41, D-4300 Essen 1.

Finnland: Teollisuuden Sählöntuittajien Liitoo r. y., Lönnrotingata, 4B, SF-00120 Helsinki 12.

Frankreich: Uniden – Union des Industries Utilisatrices d'Energie, 30, Avenue de Messine, F-75008 Paris.

Griechenland: Ifiec Greece, c/o M. Christodoulou, Pechiney 1, Sekeri, GR-10671 Athens.

Großbritannien: E.I.U.G. UK – Energie Intensive User Group UK, c/o M. J. Blakey, 5, Cromwell Road, GB-SW7 2 HX London.

Italien: Unapace – Unione Nazionale Aziende Autoproduttrici e Consumatrici di Energia Elettrica, Via Paraguay, 2, I-00198 Roma.

Niederlande: Krachtwerktuigen, Postbus 165, Regentesselaan, 2, NL-3800 AD Amersfoort.

Österreich: ÖEKV – Österreichischer Energiekonsumenten-Verband, Museumstraße 5, Hochparterre, A-1070 Wien.

Schweiz: EKV – Schweizerischer Energie-Konsumenten-Verband von Industrie und Wirtschaft, Bäumleingasse 22, CH-4001 Basel.

International Electrotechnical Commission (IEC)

Ch-1211 Genf 20, 3, Rue de Varembé, ☏ (022) 734 01 50, ✆ 28 872 ceiec.

Vorsitzender: Richard E. *Brett* (Australia).

Generalsekretär: Anthony M. *Raeburn*.

Zweck: Die IEC vermittelt internationale Standards für die elektrische und die elektronische Industrie zur Förderung weltweiter Sicherheit und die Zusammenarbeit auf diesem Gebiet. 43 nationale und ungefähr 82 technische Komitees, 700 Arbeitsgruppen sowie mehr als 100 000 Wissenschaftler und Praktiker erarbeiten die gemeinsamen Ziele.

Internationale Atomenergie-Organisation (IAEO)
Agence Internationale de l'Energie Atomique
International Atomic Energy Agency IAEA

A-1400 Wien, Vienna International Centre, Wagreimer Straße 5, Postfach 100, ☏ (01) 23 60-0, ✆ 1 2645, ✉ Inatom Vienna, Telefax 23 45 64.

Geschäftsführender Direktor: Dr. Hans *Blix*, Generaldirektor.

Öffentlichkeitsarbeit: David *Kyd*.

Statut: Die IAEO wurde am 29. Juli 1957 auf Beschluß der Generalversammlung der Vereinten Nationen gegründet.

Leitende und Beratende Ausschüsse: Gouverneursrat; Verwaltungs- und Haushaltskomitee (Ausschuß des Gouverneursrates); Technisches Beratungskomitee (Ausschuß des Gouverneursrates); Ständiger Ausschuß für Spaltstoff Flußkontrolle und deren Anwendung (SAGSI); Ständiger Ausschuß für den Transport radioaktiver Stoffe (SAGSTRAM); Ständiger Ausschuß für Nukleare Sicherheit (INSAG); Internationaler Rat für Kernfusion-Forschung (IFRC).

Mitgliedsstaaten: Ägypten; Äthiopien; Afghanistan; Albanien; Algerien; Argentinien; Australien; Bangladesch; Belgien; Bolivien; Brasilien; Bulgarien; Chile; Costa Rica; Dänemark; Demokratisches Kamputschea; Demokratische Volksrepublik Korea; Deutschland; Dominikanische Republik; Ekuador; Elfenbeinküste; El Salvador; Estland; Finnland; Frankreich; Gabun; Ghana; Griechenland; Guatemala; Haiti; Heiliger Stuhl; Indien; Indonesien; Irak; Iran; Irland; Island; Israel; Italien; Jamaika; Japan; Jordanien; Jugoslawien; Kanada; Katar; Kenia; Kolumbien; Korea, Republik; Kuba; Kuwait; Libanon; Liberia; Libyen, Arabische Jamahiriya; Liechtenstein; Luxemburg; Madagaskar; Malaysia; Mali; Marokko; Mauritius; Mexiko; Monaco; Mongolei; Myanmar; Namibia; Neuseeland; Nicaragua; Niederlande; Niger; Nigeria; Norwegen; Österreich; Pakistan; Panama; Paraguay; Peru; Philippinen; Polen; Portugal; Rumänien; Russische Federation; Sambia; Saudi-Arabien; Schweden; Schweiz; Senegal; Sierra Leone; Singapur; Spanien; Sri Lanka; Sudan; Südafrika; Syrien, Arabische Republik; Thailand; Tschechoslowakei; Türkei; Tunesien; Uganda; Ukraine; Ungarn; Uruguay; Venezuela; Vereinigte Arabische Emirate; Vereinigte Republik Kamerun; Vereinigte Republik Tansania; Vereinigtes Königreich Großbritannien und Nordirland; Vereinigte Staaten von Amerika; Vietnam; Volksrepublik China; Weißrußland; Zaire; Zimbabwe; Zypern.

Zweck: „Ziel der Organisation ist es, in der ganzen Welt den Beitrag der Atomenergie zum Frieden, zur Gesundheit und zum Wohlstand zu beschleunigen und zu steigern. Die Organisation sorgt im Rahmen ihrer Möglichkeiten dafür, daß die von ihr oder auf ihr Ersuchen oder unter ihrer Überwachung oder Kontrolle geleistete Hilfe nicht zur Förderung militärischer Zwecke benützt wird." (Art. II der Satzung).

Kernenergieagentur der OECD (NEA)
Agence de l'OCDE pour l'Energie Nucléaire
OECD Nuclear Energy Agency

F-75016 Paris, 38, boulevard Suchet, ☏ (1) 45248200, ✂ 630668 aen/nea, Telefax (1) 45249624.

Generaldirektor: Kunihiko *Uematsu* (Japan).

Öffentlichkeitsarbeit: Jacques *de la Ferté* (Frankreich).

Vertragsgrundlage: Die NEA entstand am 20. April 1972 als Nachfolgeorganisation der Europäischen Kernenergieagentur, die im Dezember 1957 als Teil der damaligen OEEC (seit 1960 OECD: Organisation für Wirtschaftliche Zusammenarbeit und Entwicklung) gegründet worden war.

Mitgliedsländer: Australien, Belgien, Dänemark, Bundesrepublik Deutschland, Finnland, Frankreich, Griechenland, Großbritannien, Irland, Island, Italien, Japan, Kanada, Luxemburg, Niederlande, Norwegen, Österreich, Portugal, Schweden, Schweiz, Spanien, Türkei, Vereinigte Staaten von Amerika.
Ausschüsse

Lenkungsausschuß für Kernenergie
Vorsitzender: Dr. Robert *Morrison* (Canada). Stellv. Vorsitzende: N. G. *Aamodt* (Norway), P. *Agrell* (United Kingdom).

Ausschuß für technische und wirtschaftliche Studien auf dem Gebiet der Kernenergieentwicklung und des Brennstoffkreislaufes
Vorsitzender: P. M. S. *Jones* (Großbritannien). Stellv. Vorsitzende: T. *Hiraoka* (Japan); J. P. *van Dievoet* (Belgien), J. *Lang-Lenton* (Spanien).

Ausschuß für Strahlenschutz und öffentliche Gesundheit
Vorsitzender: R. *Clarke* (Großbritannien). Stellv. Vorsitzende: S. *Prêtre* (Schweiz), L. *Fitoussi* (Frankreich), R. *Cunningham* (USA), M. *Duncan* (Canada).

Ausschuß für die Beseitigung radioaktiver Abfälle
Vorsitzender: R. H. *Flowers* (Großbritannien). Stellv. Vorsitzende: J. *Lefevre* (Frankreich), S. *Norrby* (Schweden), R. *Rometsch* (Schweiz).

Ausschuß für die Sicherheit von nuklearen Anlagen
Vorsitzender: K. *Sato* (Japan). Stellv. Vorsitzende: E. *Beckjord* (USA), L. *Högberg* (Schweden).

Committee on Nuclear Regulatory Activities (CNRA)
Vorsitzender: E. *Gonzalez Gomez* (Spanien). Stellv. Vorsitzende: M. *Laverie* (Frankreich), R. *Nägelin* (Schweiz).

Ausschuß für Nukleare Wissenschaften
(Nuclear Science Committee)
Vorsitzender: J. *Bouchard* (Frankreich). Stellv. Vorsitzende: H. *Ceulemans* (Belgien), T. *Asaoka* (Japan).

Expertengruppe auf Regierungsebene für Haftpflichtfragen auf dem Gebiet der Kernenergie
Vorsitzender: H. *Rustand* (Schweden). Stellv. Vorsitzende: N. *Pelzer* (Deutschland), H. *Conruyt-Angenent* (Belgien).

Nordel
Nordische Vereinigung für Zusammenarbeit in der Elektrizitätswirtschaft

Sekretariat: S-16287 Vällingby, c/o Vattenfall, ☏ (468) 7395000, ✂ 19653 SVTELVX S, Telefax (468) 178506. (Das Sekretariat wird immer von dem Land gestellt, dem der Präsident angehört.)

Präsident: Direktör Lennart *Lundberg,* Vattenfall.

Sekretär: Sivert *Göthlin,* Vattenfall.

Zweck: Nordel hat als beratende Organisation den Auftrag, die internationale Zusammenarbeit zwischen den nordischen Ländern Dänemark, Finnland, Island, Norwegen und Schweden auf den Gebieten der Produktion, der Verteilung und des Verbrauchs elektrischer Energie zu fördern.

Mitglieder: Maßgebliche Mitarbeiter der Elektrizitätsversorgungsunternehmen der genannten nordischen Staaten.

Dänemark

Kommiteret Hans *von Bülow*, Energieministeriet, Slotsholmgade 1, DK-1216 København.
Direktor John Hebo *Nielsen*, Elkraft A.m.b.A., Lautruphøj 5, DK-2750 Ballerup.
Direktor Knud *Fisher*, Sønderjyllands Højspandingsvark Flensborgvej 185, DK-6200 Åbenrå.
Direktor Georg *Styrbro*, Elsam, Postboks 140, DK-7000 Fredericia.
Direktor Ove W. *Dietrich*, SEAS A/S, Tingvej 7, DK-4690 Haslev.

Finnland

Direktor Klaus *Ahlstedt*, Imatran Voima Oy, PB 138, SF-00101 Helsinki.
Direktor Esa *Hellgrén*, Finlands Elverksförening, PB 100, SF-00101 Helsinki.
Direktor Anders *Palmgren*, Imatran Voima Oy, PB 138, SF-00101 Helsinki.
Direktor Kalevi *Numminen*, Imatran Voima Oy, PB 138, SF-00101 Helsinki.

Island

Generaldirektor Jakob *Bjørnsson*, Statens Energistyrelse, Grensásvegi 9, IS-108 Reykjavik.
Direktor Adalsteinn *Gudjohnsen*, Reykjavik Elverk, Boks 8260, IS-108 Reykjavik.
Direktor Kristjan *Jonsson*, Statens Elverker, Laugavegur 118, IS-105 Reykjavik.
Direktor Halldor *Jonatansson*, Landsvirkjun, Haaleitisbraut 68, IS-108 Reykjavik.

Norwegen

Direktor Gunnar *Vatten*, Statkraft, Postboks 5124, Majorstua, N-0302 Oslo 3.
Generaldirektor Erling *Diesen*, NVE, Postboks 5091, Majorstua, N-0301 Oslo 3.
Direktor Ragnar *Myran*, Trondheim El.verk, Sluppenveien 6, N-7004 Trondheim.
Samkjøringsdirektor Rolf *Wiedswang*, Samkjøringen av kraftverken i Norge, Postboks 5093, Majorstua, N-0301 Oslo 3.
Direktor Asbjørn *Vinjar*, Olje- og energidepartementet, Postboks 8142, Dep. N-0033 Oslo 1.

Schweden

Direktor Göran *Ahlström*, Sydkraft AB, S-20509 Malmö.
Direktor Lennart *Lundberg*, Vattenfall, S-16287 Vällingby.
Generaldirektor Carl-Erik *Nyquist*, Statens Vattenfallsverk, S-16287 Vällingby.
Direktor Claes *Lindroth*, Stockholms Energi AB, S-11391 Stockholm.
Direktor Karl-Axel *Edin*, Kraftsam, Box 1716, S-11187 Stockholm
Direktor Sivert *Göthlin*, Vattenfall, S-16287 Vällingby.

Office de Coopération pour l'utilisation rationnelle de l'énergie (Coper)
Office for Cooperation on rational use of energy

CH-1202 Genf, 1, Rue de Varembé, ☏ (022) 338614.

Président du Comité exécutif: Ing. Alexandre *Magat*.

Generalsekretär: Dr. Yehouda *Talmor*.

Koordinator: Ing. Roger *Egloff*.

Zweck: Technologieförderung im Bereich erneuerbarer Energien, Energieeinsparung und Abfallbehandlung. Als nicht-staatliche Organisation arbeitet Coper mit privaten und internationalen Einrichtungen und Behörden zusammen, um die Nord-Süd-Beziehungen und die Entwicklungen der Dritten Welt zu fördern.

Organisation der Erzeuger von Kernenergie (Open)

F-75008 Paris, 20, Rue de Lisbonne, ☏ (01) 40422385, ✄ (01) 280312.

Geschäftsführer: Direktor Michel *Hug*.

Generalsekretär: Dr. Maxime *Kleinpeter*.

Zweck: Zusammenarbeit der Kernenergieerzeuger Europas (Groupement d'intérêt économique).

Mitglieder: Kernenergieerzeuger aus Belgien, Bundesrepublik Deutschland, Frankreich, Großbritannien, Italien, Spanien, Schweden, Schweiz.

Unichal Internationaler Verband der Fernwärmeversorger

CH-8023 Zürich, Bahnhofplatz 3, Postfach 6140, ☏ (01) 2115191 und 2113635, Telefax (01) 2210442.

Präsident: Luigi Franco *Bottio*, Generaldirektor der Associazione Italiana Riscaldamento Urbano, Milano/I.

Generalsekretär: Dr. Eugène *Keppler* (ab 1. 1. 1993 Dr. Richard *Straumann*), Unichal-Sekretariat, Bahnhofplatz 3, Postfach, CH-8023 Zürich.

Zweck: Studium der Probleme im Zusammenhang mit Fernwärmeversorgung. Studienkomitees für Nomenklatur und Statistik, für Ökologie und allgemeine Fragen, für Marketing, für Fernwärmeerzeugung, für Hausstationen und Kundenanlagen, für Wärmetransport und Verteilung erarbeiten zu diesen Themen für die alle zwei Jahre stattfindenden Unichal-Kongresse und Unichal-Seminare Berichte und Statistiken. Die Unichal verfolgt keine Erwerbszwecke.

Mitglieder: 173 Mitglieder aus 20 Ländern.

Union pour la Coordination de la Production et du Transport de l'Electricité (UCPTE)
Union für die Koordinierung der Erzeugung und des Transportes elektrischer Energie

Sekretariat: E-218109 Madrid, P° del Conde de los Gaitanes, 177, La moraleja-Alcobendas, ☏ + 34 1 65020 12, ⌁ 45646, Telefax + 34 16508761.

Präsidium: J. M. *Paz*, Director General de Explotación, Red Eléctrica de España, S.A., P° del Conde de los Gaitanes, 177, La Moraleja-Alcobendas, E-28109 Madrid, Präsident; Professor Dr. W. *Fremuth*, Generaldirektor, Österreichische Elektrizitätswirtschafts A.G., Am Hof, 6A, A-1011 Wien, Vize-Präsident.

Sekretär: Mario Trigo *Trindade*.

Zweck: Die optimale Ausnutzung der in den Ländern der Mitglieder bereits bestehenden oder noch zu errichtenden elektrischen Erzeugungs- und Übertragungsanlagen; die Erleichterung und Erweiterung des internationalen Energieaustauschs.

Mitglieder: Maßgebliche Vertreter von Stromversorgungsunternehmen und der für Elektrizitätsfragen zuständigen Regierungsstellen in Belgien, der Bundesrepublik Deutschland, Frankreich, Griechenland, Italien, Jugoslawien, Luxemburg, den Niederlanden, Österreich, Portugal, Schweiz, Spanien.

Belgien

S. *Ulens*, Directeur Général Adjoint de la Production et du Transport; Electrabel, 8, Boulvevard du Régent, B-1000 Bruxelles.
A. *Pauquet**, Directeur, Gecoli, B. P. 11, B-1640 Rhode-Saint-Genèse.
J. *Routiaux**, Responsable Transport Electrique, Electrabel, Boulevard du Régent, 8, B-1000 Bruxelles.
Guido *Schillebeeckx*, Directeur Général du Département Production et du Transport, Electrabel, Boulevard du Régent, 8, B-1000 Bruxelles; Directeur CPTE, B. P. 11, B-1640 Rhode-Saint-Genèse.
Jean-Pierre *Waha*, Directeur à la CPTE, B. P. 11, B-1640 Rhode-St-Genèse.

Bundesrepublik Deutschland

Dr.-Ing. R. *Bierhoff*, Mitglied des Vorstandes RWE Energie AG, Kruppstraße 5, D-4300 Essen 1.
Dr.-Ing. E. *Hagenmeyer*, Mitglied des Vorstandes Energie-Versorgung Schwaben AG, Kriegsbergstraße 32, D-7000 Stuttgart 1.
Dipl.-Ing. Heinz *Lichtenberg*, Mitglied des Vorstandes der Badenwerk AG, Badenwerkstr. 2, Postfach 1680, 7500 Karlsruhe 1.
Dr.-Ing. J. *Schwarz*, Geschäftsführer Deutsche Verbundgesellschaft e. V., Ziegelhäuser Landstraße 5, D-6900 Heidelberg 1.
Dipl.-Ing. L. *Strauss*, Mitglied des Vorstandes Bayernwerk AG, Nymphenburger Straße 39, D-8000 München 2.

Ministerialrat Dr. E. *Tekülve*, Leiter des Referates III B 2 Elektrizitätswirtschaft – Fernwärme, Bundesministerium für Wirtschaft, Postfach 140260, D-5300 Bonn 1.

Frankreich

M. *Albert*, Directeur de la Production et du Transport d'Electricité de France, 3, rue de Messine, F-75384 Paris Cedex 08.
Ph. *Boisseau*, Chef du Service de l'Electricité, Direction du Gaz, de l'Electricité et du Charbon au Ministère de l'Industrie et du Commerce extérieur, 3 – 5, rue Barbet-de-Jouy, F-75353 Paris Cedex.
Bernard *Jacob*, Sous-directeur, Chef du Service des Mouvements d'Energie à l'Electricité de France, 2, rue Louis Murat, F-75008 Paris.
G. *Lucenet*, Directeur Exécutif de l'UNIPEDE, Contrôleur Général à la Direction Générale d'EDF, 28, rue Jacques Ibert, F-75858 Paris Cedex 17.
G. *Santucci*, Chef du Centre National des Mouvements d'Energie, Electricité de France, 28, rue de Monceau, F-75384 Paris Cedex 08.
Jean *Zask*, Chargé des Relations Extérieurs auprès du Directeur de la Production et du Transport d'Electricité de France, 3, rue de Messine, F-75384 Paris Cedex 08.

Griechenland

G. *Katranas*, Directeur Général Adjoint, Entreprise Publique d'Electricité, 56, rue Solomou, GR-10682 Athènes.
Andonios *Marinakis*, Chef du Service des Contrats, des Consommateurs et des Interconnexions, Entreprise Publique d'Electricité, 56, rue Solomou, GR-10682 Athènes.
M. *Papastefanou*, Directeur de l'Exploitation et du Transport, 56, rue Solomou, GR-10682 Athènes.

Italien

Dr. Renato *Ciccarello*, Ministero Industria e Commercio, Via Molise, 2, I-00187 Roma.
Dr.-Ing. Michele *Covino*, Vice Direttore Centrale della Direzione Produzione e Trasmissione, Enel, 10, Via Vincenzo Bellini, I-00198 Roma.
Dr.-Ing. Vincenzo *Gatta*, Direttore del Settore Commerciale e Rapporti Esterni, Enel, Via G. B. Martini, 3, I-00198 Roma.
Dr.-Ing. Augusto *Landucci*, Directeur de la Sous-Direction „Mouvements d'Energie" de la Production et du Transport, Enel, Loc. Monte della Breccia, Km. 20, 400 G.R.A., I-00138 Roma.
G. *Potestio*, Directeur Central de la Production et du Transport, Enel, 3, rue G. B. Martini, I-00198 Roma.
Dott. Ing. S. *Sacchetti*, Directeur de la Sous-Direction "Transport et Fonctions Spéciales", Direction de la Production et du Transport, ENEL-DPT, 3, rue G. B. Martini, I-00198 Roma.

Jugoslawien

Dr.-Ing. Janez *Hrovatin,* Stellvertretender Generaldirektor, EGS Slovenija-Jugel Jugoslavija, Hajdrihova 2, YU-61000 Ljubljana.

Professor Dr.-Ing. L. *Ljubisa,* Stellvertretender Generaldirektor, Jugel, Balkanska 13, YU-11000 Beograd.

Dipl.-Ing. V. *Piroski,* Generaldirektor, Jugel, Balkanska 13, YU-11000 Beograd.

Dipl.-Ing. U. *Vejzagic,* Directeur Général, Elektroprivreda Bosne i Hercegovine, Omladinsko setaliste 20, YU-71000 Sarajevo.

Ing. I. *Putanec,* Directeur Général, Hrvatska Elektroprivreda, Proleterskih brigada 37, YU-41000 Zagreb.

Ing. R. *Dangubic,* Directeur Général Adjoint, Elektroprivreda Srbije, Carice Milice 2, YU-11000 Beograd.

Luxemburg

Edmond *Anton,* Administrateur-Délégué de la Société Electrique de l'Our SA (SEO), 2, rue Pierre d'Aspelt, Boîte Postale 37, Luxembourg.

Alfred *Giuliani,* Administrateur-Délégué de la Compagnie Grand-Ducale d'Electricité du Luxembourg, Cegedel, Boîte Postale 3, Luxembourg.

Niederlande

F. H. W. Engelbert *van Bevervoorde,* Directeur de NV Electriciteitsbedrijf Zuid-Holland, Von Geusaustraat 193, NL-2270 AX Voorburg.

O. *Wijnstra,* Directeur van de NV Provinciaal Electriciteitsbedrijf Friesland, Postbus 413, NL-8925 AP Leeuwarden.

Ir. G. A. *Maas,* Chef du Département de Gestion d'Electricité, N. V. Samenwerkende elektriciteitsproduktiebedrijven, Postbus 575, NL-6800 AN Arnhem.

Ir. Gerrit J. L. *Zijl,* Directeur van de NV Samenwerkende elektriciteits-produktiebedrijven (Sep), Utrechtseweg 310, NL-6812 AR Arnhem.

Österreich

Direktor Dipl.-Vw. H. *Bösch,* Vorstandsmitglied der Vorarlberger Illwerke AG, Josef Huter Straße 35, A-6901 Bregenz.

Ministerialrat Dipl.-Ing. Dr. Ferdinand *Burian,* Bundesministerium für wirtschaftliche Angelegenheiten, Schwarzenbergplatz 1, A-1015 Wien.

Dipl.-Ing. Dr. Willi *Gmeinhart,* Vorstandsmitglied der Tauernkraftwerke AG, Rainerstraße 29, A-5021 Salzburg.

Dipl.-Ing. Karl *Hönigmann,* Österreichische Elektrizitätswirtschafts-AG (Verbundgesellschaft), Am Hof 6A, A-1011 Wien.

Dipl.-Ing. Dr. techn. H. *Hönlinger,* Vorstandsdirektor der TIWAG Tiroler Wasserkraftwerke AG, Landhausplatz 2, A-6010 Innsbruck.

Dipl.-Ing. M. *Novak,* Österreichische Elektrizitätswirtschafts-AG, Abteilung „Wärmekraftwerke", Am Hof 6A, Fach 67, A-1010 Wien.

Portugal

J. *Allen de Lima,* Directeur, Direcçao Operacional Rede Eléctrica, Rua Cidade de Goa, 4, P-2685 Sacavem.

Rui *Ferin Cunha,* Administrateur au Conseil d'Administration, EDP-Electricidade de Protugal, S. A., Avenida José Malhoa, Lote A 13, P-1000 Lisboa

Henrique *Moreira,* Directeur Général de la Direction Opérationnelle du Réseau Electrique, EDP-Electricidade de Portugal, S. A., Avenida dos Estados Unidos da América, 55 – 140, P-1700 Lisboa.

J. *Reis,* Directeur du Service de l'Energie Electrique, Av. 5 de Outubro, 87, P.1000 Lisboa.

Hernâni *Verdelho,* Directeur Général de la Production, EDP-Electricidade de Portugal, S. A., Avenida Defensores de Chaves, 4, P-1000 Lisboa.

Schweiz

Dr. Heinz *Baumberger,* Direktor der Nordostschweizerischen Kraftwerke AG, Parkstraße 23, CH-5401 Baden.

Alain *Colomb,* Directeur, SA Energie de l'Ouest-Suisse, 12, Place de la Gare, CH-1002 Lausanne.

Dipl.-Ing. Dr. Eduard *Kiener,* Direktor des Eidgenössischen Amtes für Energiewirtschaft, Kapellenstr. 14, CH-3003 Bern.

K. *Rohrbach,* Direktor, Forces Motrices Bernoises S.A., Viktoriaplatz 2, CH-3000 Bern 25.

Reymond *Schaerer,* Direktor der Elektrizitäts-Gesellschaft Laufenburg AG, CH-4335 Laufenburg.

Hans E. *Schweickardt,* Direktor, Leiter des Geschäftsbereichs Energieverbund, Aare-Tessin AG für Elektrizität, Bahnhofquai 12, CH-4601 Olten.

P. *Gfeller,* Sous-directeur, SA L'Energie de l'Ouest-Suisse (EOS), Case postale 570, CH-1001 Lausanne.

Spanien

Juan *Asin,* Directeur Technique, Hidroelectrica de España S. A., Hermosilla 3, E-28001 Madrid.

Eduardo *Insunza Vallejo,* Directeur Adjoint au Directeur Général, Iberduero, S. A., Gardoqui 8, E-48008 Bilbao.

Gerardo *Novales,* Directeur Général de Transport, Red Electrica de España S. A., P.° Castellano 95, E-28046 Madrid.

J. M. *Paz Goday,* Directeur Général de Explotación, Red Electrica de España S.A., P.° del Conde de los Gaitanes, 177, La Moraleja-Alcobendas, E-28109 Madrid.

J. M. *Perez-Prim,* Délégué du Gouvernement dans l'Exploitation du Système Electrique, Red Electrica de España S.A., P.° del Conde de los Gaitanes, 177, La Moraleja-Alcobendas, E-28109 Madrid.

Union Internationale des Producteurs et Distributeurs d'Energie Electrique
Unipede — Internationale Union der Erzeuger und Verteiler elektrischer Energie

F-75858 Paris Cedex 17, 28, rue Jacques Ibert, ☏ + 33 140423708, ⌁ UNIPEDE 616305 F, Telefax + 33 140426052.

Gründung: 1. Januar 1925.

Mitglieder: 29 Aktive, 19 Affiliierte, 37 Assoziierte Länder bzw. Elektrizitätsvereinigungen.

Mitarbeiter: rd. 30 (Ständiges Sekretariat) sowie rd. 1000 Mitglieder in 18 Lenkungs- bzw. Studienausschüssen und 55 Expertengruppen.

Verbandszeitschrift: Mediawatt, Watt's new?.

Präsident der UNIPEDE: Pedro *Rivero Torre*.

Exekutivdirektor: Georges *Lucenet*.

Stellv. Exekutivdirektor: Bruno *D'Onghia*.

Exekutivkomitee: Pedro *Rivero Torre*, Unidad Eléctrica SA (UNESA), Madrid; Dipl.-Ing. Heinz *Lichtenberg*, Badenwerk AG, Karlsruhe; Jean *Bergougnoux*, Electricité de France (EDF), Paris; John James *Wilson*, London Electricity plc, London; Jesús *Aranceta Sagarminaga*, Unidad Eléctrica SA (UNESA), Madrid; Alessandro *Ortis*, Ente Nazionale per l'Energia Elettrica (ENEL), Rom; für AT, BE, CH, GR, IE, LU, NL, PT und YU: Jacques *Coppens*, ELECTRABEL, Brüssel, und Alex *Niederberger*, Elektrizitäts-Gesellschaft Laufenburg, Laufenburg (Schweiz); für DK, FI, IS, NO und SE: Olav *Fikke*, Vest-Agder Energiverk, Kristiansand (Norwegen), und Georg *Styrbro*, ELSAM, Fredericia (Dänemark); für BG, CS, HU, PL und RO: György *Hatvani*, Magyar Villamos Müvek Rt (MVMRt), Budapest.

Zweck und Organisation: Die UNIPEDE setzt sich hauptsächlich aus denjenigen Unternehmensvereinigungen zusammen, die in ihren jeweiligen Ländern für die Erzeugung, Übertragung und Verteilung elektrischer Energie verantwortlich sind. Zielsetzung der UNIPEDE ist es unter anderem, auf internationaler Ebene die gemeinsamen Interessen ihrer Mitglieder zu verteidigen und eine Zusammenarbeit mit anderen regionalen Organisationen der Stromwirtschaft herzustellen. Sie fördert und organisiert beispielsweise Begegnungen, Erfahrungs- und Informationsaustausche zwischen ihren Mitgliedern. Die Arbeiten der UNIPEDE-Experten erfolgen innerhalb mehrerer Arbeitsbereiche, die von je einem Lenkungsausschuß geleitet werden (Nr. 1: Stromerzeugung und -übertragung; Nr. 2: Stromversorgung; Nr. 3: Unternehmens-Management). Aufgabe der Lenkungsausschüsse ist u. a. die Koordinierung der Aktivitäten der in ihrem Bereich tätigen Studien- und Sonderausschüsse, Ständigen Gruppen und Expertengruppen.

World Association of Nuclear Operators — Wano

Kontaktadresse: Jürgen *Büttner*, VGB Technische Vereinigung der Großkraftwerksbetreiber e. V., Klinkestraße 27—31, Postfach 10 39 32, 4300 Essen 1, ☏ (0201) 8 12 83 38.

Präsident: Nasu *Shoh*, Vorstandsvorsitzender der Tokyo Electric Power Company.

Vorstandsvorsitzender: Lord *Marshall of Goring*.

Wano-Koordinationszentrum (Wano-CC): Direktor: Andy *Clarke* (England).

Wano Koordinationszentrum London:

Wano-CC/Coordination Center International & Supplier Division, 262 A Fulham Road, UK-London SW10 9EL.

Regionalzentren der Wano:

Wano-AT/Atlanta Center, Suite 1500, 1100 Circle 75, Parkway, Atlanta, Georgia 30339-3064, USA.

Wano-PC/Paris Center, 35, Avenue de Friedland, F-75008 Paris.

Wano Moscow Centre, 25, Ferganskaya ul., 109507 Moskau, Rußland.

Wano Tokyo Centre, 11-1 Swato Kita 2-chome, Komae-shi, Tokyo 201, Japan.

Mitglieder

Electronucléaire (Belgien). VGB (Bundesrepublik Deutschland). NE (England). TVO (Finnland). Eskom (Südafrika). KSU (Schweden). Unesa (Spanien). PZEM (Niederlande). EdF (Frankreich). UAK (Schweiz). Furnas (Brasilien). CNEA (Argentinien). Enel (Italien).

Zweck: Mit der Gründung von Wano verpflichten sich die Kernkraftwerksbetreiber, durch einen „weltweiten Informationsaustausch, Förderung von Vergleichsbetrachtungen, durch Wettbewerb und Kommunikation" ein Maximum an Sicherheit und Zuverlässigkeit zu erreichen und „den Sicherheitsstandard aller auf den der Besten anzuheben".

Im einzelnen wird angestrebt:
einen bi- und multilateralen Austausch von Betriebsinformationen sowie bewährten Verfahrensweisen und Betriebsabläufen (good practices) unter den Mitgliedern zu fördern,
Daten über den Kernkraftwerksbetrieb zu sammeln, auf dem laufenden zu halten und den Mitgliedern aufbereitet zugänglich zu machen,
den Mitgliedern frühzeitig Kenntnis von besonderen Vorkommnissen zu geben,
die Einführung von Güte-Indikatoren (Performance Indicators) zum Qualitätsvergleich der Kraftwerke untereinander,
weltweit Vorkommnisse in Kernkraftwerken aufzuarbeiten und zu analysieren, um bereits im Vorfeld schwerwiegende Vorkommnisse zu identifizieren und die Erfahrungen zu verbreiten.

5 Umweltschutz in der Energie- und Rohstoffwirtschaft

1. Consulting _____ 796
   Karte: Standorte chemisch-physikalischer Behandlungs- und Sonderabfallverbrennungsanlagen in Deutschland 1991 _ 820
   Karte: Standorte der Abfallbehandlungs-, pyrolyse- und -verbrennungsanlagen in Deutschland _____ 821

2. Entsorgung von Kraftwerken _ 822
3. Organisationen _____ 826

5 Environmental protection in the energy and raw materials industries

1. Consultancy _____ 796
2. Power station waste disposal __ 822
3. Organisations _____ 826

5 La protection de l'environnement dans les industries énergétique et des matières premières

1. Consultation _____ 796
2. Evacuation des centrales électriques _____ 822
3. Organisations _____ 826

1. Consulting

Abfallverwertungsgesellschaft Westfalen mbH

4600 Dortmund 1, Rheinlanddamm 24, ☏ (0231) 438-4611, ✆ 822121 VEW.

Geschäftsführung: Dipl.-Ing. Hartwig *Hündlings;* Professor Dr.-Ing. Wolfgang *Knobloch;* Dipl.-Ing. Hans-Günter *Kerstan;* Dr. Hermann *Niehues.*

Stammkapital: 400 000 DM.

Gesellschafter: Vereinigte Elektrizitätswerke Westfalen AG, 51%; WESTAB Holding GmbH, 24,5%; Edelhoff Entsorgung GmbH & Co, 12,25%; Rethmann Städtereinigung GmbH & Co. KG, 12,25%.

Zweck: Planung, Bau und Betrieb von Anlagen zur stofflichen und thermischen Verwertung von Abfällen sowie die hierzu gehörenden Maßnahmen des Einsammelns, Beförderns, Behandelns und Lagerns der Abfälle, einschließlich der Durchführung der dazu notwendigen Genehmigungsverfahren.

ABR Abfallbeseitigung und Recycling GmbH

4250 Bottrop, Rheinbabenstraße 75, ☏ (02041) 9903-0, Telefax (02041) 96676, Teletex (17) 204146.

Geschäftsführung: Lothar *von Berg,* Friedel *Estermann.*

Kapital: 1,0 Mill. DM.

Gesellschafter: Teerbau GmbH, Essen.

Zweck: Die Wiederverwertung von Reststoffen und Handel mit Rohstoffen und Primärchemikalien. Die Entsorgung von Abfällen durch Deponierung und Verbrennung. Das Behandeln in chemisch-physikalischen Behandlungsanlagen. Das Entwässern von Schlämmen mit fahrbaren Schlammentwässerungsaggregaten. Die Erstellung von Analysen im Zentrallabor. Altlastensanierung.

AEW Plan GmbH für Abfall, Energie, Wasser

5000 Köln 30, Graeffstraße 5, ☏ (0221) 57402-0, ✆ 8885295, Telefax (0221) 57402-11.

Geschäftsführung: Dipl.-Ing. Heinz F. *Amberg,* Dipl.-Ing. Axel A. *Jacker.*

Kapital: 2 000 000 DM.

Gesellschafter: AHT, Agrar und Hydrotechnik, Heinz F. Amberg, AEW Beteiligungs GbR.

Zweck: Voruntersuchung, Beratung, Planung und Überwachung von Arbeiten auf dem gesamten Gebiet der öffentlichen und industriellen Wasser-, Energie- und Abfallwirtschaft einschließlich Klärschlamm.

AGR Abfallentsorgungs-Gesellschaft Ruhrgebiet mbH

4300 Essen 1, Gildehofstraße 1, ☏ (0201) 2429-0, ✆ 857686, Telefax (0201) 2429-109.

Verwaltungsrat: Arthur *Raillon,* Vorsitzender; Klaus *Allkemper,* Klaus-Dieter *Ammon,* Wolfgang *Becker,* Peter *Blechschmidt,* Professor Dr. Gerhard *Deuster,* Waltraud *Groß,* Willi *Hahn,* Dr. Bernhard *Kasperek,* Heinz *Niemczyk,* Wolfgang *Pantförder,* Rudolf *Pezely,* Hans-Joachim *Wallek,* Dr. Norbert *Wilke.*

Geschäftsführung: Michael *Vagedes.*

Gesellschafter: Kommunalverband Ruhrgebiet (KVR), 100%.

Zweck: Der Betrieb, der Bau und die Planung von Abfallwirtschaftsanlagen. Umfassende Dienstleistungen bei abfallwirtschaftlichen Problemlösungen. Entwicklung und Umsetzung von industriellen und kommunalen Abfallwirtschaftskonzepten.

AIG Altmark-Industrie Gesellschaft mbH

O-3500 Stendal 9, Postfach 905, ☏ Arneburg (379217) 80, ✆ 88087 dd, Telefax Arneburg (379217) 2154.

Geschäftsführung: Dipl.-Ing. Harald *Gatzke,* Vorsitzender der Geschäftsführung; Dipl.-Ing. Wilfried *Balle,* Geschäftsführer.

Gegenstand des Unternehmens: Verwaltung von Vermögen und die Ansiedlung von Industrie- und Gewerbebetrieben auf seinem Betriebsgrundstück; die Planung, Errichtung und der Betrieb von Anlagen zur infrastrukturellen Erschließung, insbesondere des Transports, der Energie- und der Wasserwirtschaft, einschließlich der Instandhaltungs- und Serviceleistungen auf den vorgenannten Gebieten; die Planung, Fertigung, Montage und Demontage von Industrieausrüstungen und -anlagen; die Planung und

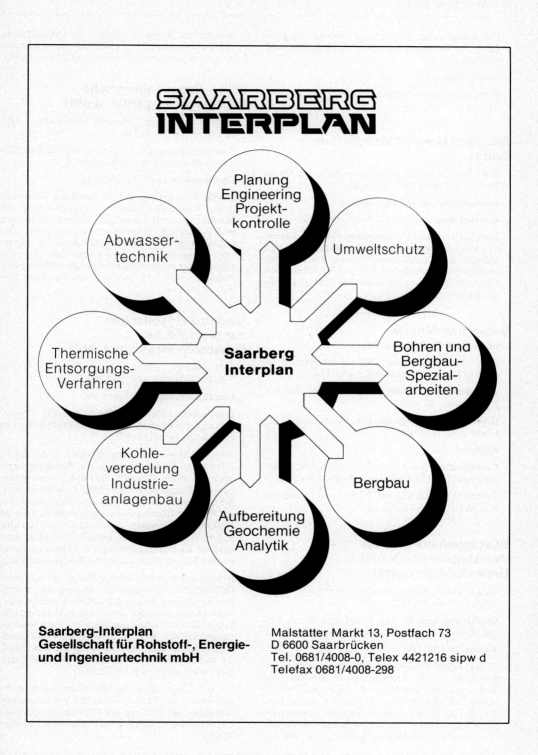

Durchführung von Entsorgungs- und Recyclingaufgaben für Industriegüter sowie für Industrie- und Siedlungsabfälle.

Beschäftigte: 200.

Betriebsanlagen: Kernkraftwerksanlagen in Abwicklung.

Alcontrol Umweltlaboratorium GmbH

2800 Bremen 33, Fahrenheitstraße 1, ☏ (0421) 2208-213, Telefax (0421) 219304.

Geschäftsführung: Dr. M. *Damberg*.

Gesellschafter: Alcontrol B. V., Niederlande.

Zweck: Chemische Untersuchung von Luft, Boden, Trinkwasser, Abwasser, Abfall, Altlasten, Rüstungsaltlasten und Klärschlamm. Von der Bundesanstalt für Materialforschung und -prüfung (BAM) akkreditiertes Prüflaboratorium durch das BAM-Akkreditierungssystem (BAS).

Bauer und Mourik
Umwelttechnik GmbH & Co.

8898 Schrobenhausen, Wittelsbacherstraße 5, ☏ (08252) 97-0, Telefax (08252) 97-136.

Aufsichtsrat: Dipl.-Kfm. T. *Bauer*, Dr. M. *Stocker*, F. J. *Saastra*, M. *Komin*.

Geschäftsführung: Dipl.-Berging. Claus *Brede*, Dipl.-Chem. Johann *Mesch*.

Kapital: 1 Mill. DM.

Gesellschafter: Bauer Spezialtiefbau GmbH, Schrobenhausen, und Mourik Grout Ammers b.v., NL.

Zweck: Durchführung von Boden- und Grundwassersanierungen und Sicherung.

BCR Ingenieurbüro für Verfahrenstechnik und Umweltschutz GmbH

4630 Bochum, Königsallee 178 a, ☏ (0234) 772071, Telefax (0234) 771965.

Geschäftsführung: Dr.-Ing. Christopher *Braun*, Dr.-Ing. Reiner *Chromik*, Dipl.-Ing. Andreas *Rebhan*.

Kapital: 100 200 DM.

Zweck: Ingenieurleistungen im technologischen Umweltschutz für die Bereiche Abluft, Abwasser und Boden sowie auf dem Gebiet der klassischen Verfahrenstechnik (Destillation, Absorption, Adsorption, Extraktion, Filtration). Die Leistungen umfassen die Beratung, Planung und Begutachtung, die Verfahrensauswahl und Optimierung, die Planung von Apparaten und Komplettanlagen, die Durchführung von Sicherheitsanalysen sowie die Projektabwicklung bis hin zur Inbetriebnahme und Überwachung.

BEA – Brandenburgische Energiespar-Agentur GmbH

O-1561 Potsdam, Heinrich-Mann-Allee 107, ☏ 36816, Telefax 36520.

Geschäftsführung: Dr. Norbert *Kirch*, Geschäftsführer; G. *Wagener-Lohse*, Prokurist.

Gesellschafter: Land Brandenburg.

Zweck: Erschließung der vorhandenen wirtschaftlichen Potentiale rationeller Energienutzung zur Minderung energiebedingter Umweltbelastungen und Einführung erneuerbarer Energiequellen. Gewährleistung einer angemessenen Beratung wärmeoder stromerzeugender sowie wärme- oder stromverbrauchender Betriebe, Haushaltungen, Selbstverwaltungskörperschaften, Behörden oder sonstiger Einrichtungen.

biodetox Gesellschaft zur biologischen Schadstoffentsorgung mbH

3061 Ahnsen, Feldstraße 2, ☏ (05722) 882-0, ⌁ 972287, Telefax (05722) 882-82.

Geschäftsführung: Dr. Hein *Kroos*.

Gesellschafter: Dr. Hein Kroos; NordGI – Norddeutsche Gesellschaft für Innovationsfinanzierung mbH & Co. Beteiligungs-KG.

Zweck: Abwasserreinigung: biodetox plant, liefert, betreut und betreibt Anlagen zur Reinigung organisch belasteter Gewerbe- und Industrieabwässer. Zentrale Reinigungseinheit ist der FBK-Bioreaktor, der mit trägerfixierter Biomasse, mit kaskadenförmiger Abwasserführung und ohne bewegliche Teile im Reaktor eine besonders wirtschaftliche und betriebssichere Verfahrenstechnik darstellt. Weiterhin bietet biodetox ein richtungweisendes Verfahren zur biologischen Nährstoffelimination bei Kommunalwasser.

Behandlung von ölbelasteten Böden: In dem planfestgestellten Biologischen Entsorgungszentrum (bez) werden mit Heizöl oder anderen Kohlenwasserstoffen belastete Böden mit der von biodetox entwickelten Biobeet-Technik gereinigt. In einem weiteren Behandlungsteil werden Ölabscheider- und Sandfanginhalte mechanisch und biologisch so aufbereitet, daß sie fast vollständig in den Wirtschaftskreislauf zurückgeführt werden können.

Umwelt-Labor: Das biodetox-Umwelt-Labor ist spezialisiert auf Testverfahren und Versuchsdurchführungen zur Prüfung der Umweltverträglichkeit von Abwasser-, Abfall- und Produktinhaltsstoffen (UVP).

BLZ Geotechnik GmbH Gommern

O-3304 Gommern, Magdeburger Chaussee 21, ℡ Gommern 80, ⌁ 8-477, Telefax Gommern 466.

Geschäftsführung: Dr.-Ing. Rolf *Wagner*, Dipl.-Ing. Günther *Schneider*.

Gesellschafter: Treuhand, 100%.

Zweck: Dienstleistungen auf dem Gebiet der Flach- und Tiefbohrtechnik, Durchführung von Baugrund- und Altlastenerkundung, Verfüllung unterirdischer Hohlräume, Durchführung von Boden- und Schlammsanierungsarbeiten, Spezialtiefbauleistungen.

Bremer Umweltinstitut für Analyse und Bewertung von Schadstoffen e. V.

2800 Bremen 1, Wielandstraße 25, ℡ (0421) 76078, Telefax (0421) 704948.

Vorstand: Dr. Peter *Stolz*, Marita *Forster*, Fromut *Pott*.

Zweck: Das Bremer Umweltinstitut arbeitet überregional auf dem Gebiet der Umweltforschung, insbesondere dem der Spurenanalytik von Umweltschadstoffen, wie Holzschutzmittelwirkstoffe, Luftschadstoffe, Schwermetalle und Halogenkohlenwasserstoffe. Die Mitarbeiter/innen des Bremer Umweltinstituts kommen aus den Bereichen Chemie, Biologie und Umweltanalytik. Das Bremer Umweltinstitut arbeitet schwerpunktmäßig an folgenden Problembereichen: Luftschadstoffe; Schwermetalle, Halogenkohlenwasserstoffe, Nitrat in Trinkwasser, Abwasser, Grundwasser, Nahrungsmittel; Holzschutzmittel; Formaldehyd; Asbest; PCB. Das Bremer Umweltinstitut ist an der Betreibung der Meßstelle »Gamma« beteiligt. Diese führt Radioaktivitätsmessungen an Böden und Lebensmitteln durch. Das Bremer Umweltinstitut ist Mitglied der Arbeitsgemeinschaft ökologischer Forschungsinstitute – AGöF, im Bundesverband der Bürgerinitiativen Umweltschutz –BBU, im Deutschen Verbraucherschutzverband –DVS. Das Bremer Umweltinstitut ist ein staatlich und parteilich unabhängiges Institut und als gemeinnützig und besonders förderungswürdig anerkannt.

Brenk Systemplanung

5100 Aachen, Heinrichsallee 38, ℡ (0241) 513321, Telefax (0241) 506136.

Geschäftsführung: Dr.-Ing. H.-D. *Brenk*.

Zweck: Dienstleistungen auf den Gebieten des Strahlenschutzes in der Kerntechnik, des Emissions- und Immissionsschutzes in der Chemietechnik und des Boden- und Gewässerschutzes sowie des Allgemeinen Umwelt- und Naturschutzes. Innerhalb dieser übergeordneten Bereiche werden Aufgaben in der Ökologie, Ausbreitungsmeteorologie, Hydrologie, Hydrogeologie, Reaktor- und Chemietechnik, Meßtechnik, Stillegung und Endlagerung, Reststoffverwertung und Dekontamination, Umgebungsüberwachung, Notfall- und Katastrophenschutz, Risiko- und Sicherheitsanalyse, Altlastensanierung, Abfallbeseitigung, Rezyklierung schwerpunktmäßig bearbeitet. Das Leistungsspektrum erstreckt sich von Forschungs- und Entwicklungsaufgaben über Planung und Beratung bis zur Gutachtertätigkeit und zum Projektmanagement. Darüber hinaus wird umweltspezifische Software entwickelt und in Form anwendungsorientierter Systeme zur Entscheidungshilfe vertrieben.

Richard Buchen GmbH

5000 Köln 60, Emdener Str. 278, ℡ (0221) 7177-0, Telefax (0221) 7177110, Teletex 221525.

Aufsichtsrat: Dr. Eberhard *von Perfall*, Angela *Buchen-Fetzer*, Werner *Schmelzer*.

Geschäftsführung: Richard *Buchen*, Wolfgang *Balter*, Gerhard *Röttgen*, Joachim *Ronge*.

Kapital: 8 Mill. DM.

Gesellschafter: Richard Buchen, 52%; Ruhr-Carbo Handelsgesellschaft mbH, 30%; Wolfgang Balter, 9%; Gerhard Röttgen, 9%.

Zweck: Handel und Dienstleistung im Bereich Umweltschutz und Entsorgung sowie Betrieb dazu erforderlicher Anlagen, Industriereinigung, Entsorgung, Sanierung.

Clausthaler Umwelttechnik-Institut GmbH
(CUTEC-Institut)

3392 Clausthal-Zellerfeld, Berliner Str. 2, ℡ (05323) 40064, Telefax (05323) 5828.

Geschäftsführung: Universitätsprofessor Dr.-Ing. Dr.-Ing. E. h. Kurt *Leschonski*.

Kapital: 50 000 DM.

Gesellschafter: Land Niedersachsen.

Zweck: Zweck der Gesellschaft ist die anwendungsnahe wissenschaftliche Forschung auf dem Gebiet der Umwelttechnik, insbesondere der Prozeß- und Umweltanalytik, der Verfahrenstechniken der physikalischen Abfall- und Reststoffverwertung, der thermischen Verwertung und Beseitigung gasförmiger, flüssiger, pastöser und fester Abfallstoffe, der physikalischen, chemischen und biologischen Verminderung von Schadstoffen in Flüssigkeiten, der physikalischen und chemischen Verminderung von Schadstoffen in Gasen, der Behandlung von Abfällen für

5 UMWELTSCHUTZ

die sichere Ablagerung sowie die bergmännische und die geowissenschaftliche Sicherung von Deponien und Altlasten, des Umweltrechts und der Umweltökonomie.

Claytex Consulting
Institut für Umweltanalytik GmbH

5010 Bergheim, Giersbergstraße, ☏ (02271) 41106, Telefax (02271) 41678.

Geschäftsführung: N. *Nettekoven*, S. *Jachemich*.

Kapital: 1,2 Mill. DM.

Gesellschafter: N. Nettekoven.

Zweck: Umweltanalytik, Umwelttechnik. Staatlich zugelassene Untersuchungsstelle nach §§ 50 + 60 LWG NW.

Tochterunternehmen: Claytex Consulting Ingenieurgesellschaft für Umwelttechnik und Analytik mbH, W-5450 Neuwied, Junkerstraße 32, ☏ (02631) 21576, Telefax (02631) 29421. Claytex Consulting Ingenieurgesellschaft für Umwelttechnik und Analytik GmbH, O-6500 Gera, Heinrich-Laber-Str. 1, ☏ (W) (0037/70) 56413, (O) Gera 56413, Telefax (W) (0037/70) 26525, (O) 26525. Claytex Consulting Institut für Umweltanalytik GmbH, O-7290 Torgau, Repitzer Weg 1, ☏ (W) (0037/407) 514-30, (O) Torgau 51430, Telefax (W) (0037/407) 51432, (O) Torgau 51432.

COGNIS Gesellschaft für Bio- und Umwelttechnologie mbH

4000 Düsseldorf 13, Marbacher Straße 114, Postfach 130164, ☏ (0211) 99693-0, Telefax (0211) 719908 oder 7103526.

Geschäftsführung: Dr. rer. nat. Fritz *Ötting*, Dipl.-Volksw. Rolf *Schlue*.

Kapital: 6 Mill. DM.

Gesellschafter: Henkel, KGaA, Düsseldorf, 100%.

Zweck: Beratung, Forschung und Entwicklung sowie Vergabe von Lizenzen auf den Gebieten der Umwelt- und Biotechnologie, zum Beispiel Entwicklung von Sanierungs- und Abfallwirtschaftskonezpten, Durchführung von öko-toxikologischen Tests und UVP, Entwicklung von Herstellverfahren für technische Enzyme.

DAR Duale Abfallwirtschaft und Verwertung Ruhrgebiet GmbH

4352 Herten, Hohewardstraße 342a, ☏ (02366) 35084, Telefax 02366/31549.

Geschäftsführung: Klaus *Staub*, Winfried *Cirkel*.

Gesellschafter: AGR – Abfallentsorgungsgesellschaft Ruhrgebiete mbH, Essen.

Zweck: Gegenstand des Unternehmens ist die Abfallverwertung insbesondere durch Recycling und getrennte Erfassung verwertbarer Stoffe mit dem Ziel, die verwertbaren Stoffe wieder dem Wirtschaftskreislauf zuzuführen. Der bisherige Geschäftsbereich umfaßt ein Dienstleistungspaket aus Container-Vermietung einschließlich An- und Abfuhr, Gewerbemüll-Sortierung einschließlich Entsorgung, Altpapiersammlung und Sortierung sowie An- und Verkauf von Schrott und Metallen.

Deutsche Gesellschaft für Abfallwirtschaft e. V. (DGAW)

Geschäftsstelle: 4300 Essen, Gildehofstraße 1, ☏ (0201) 2429-200.

Präsident: Michael *Vagedes*.

Vorstand: Bernd *Eversmann*, Georg *Fischer*, Dr. sc. nat. Wolfgang *Lausch*, Werner *Schenkel*, Franz J. *Schweitzer*, Dieter *Buttgereit*, Professor Dr. Klaus *Gürmann*, Irmgard *Immenkamp*, Dr.-Ing. Lothar *Mayer*, Professor Dr.-Ing. Karl J. *Thomé-Kozmiensky*.

Zweck: Die Förderung
der Abfallwirtschaft und verwandter Gebiete in der Volkswirtschaft, in Unternehmen, in Kommunen und Ländern, in Forschung, Lehre und in der Weiterbildung sowie in der Öffentlichkeitsarbeit;
der Lösung von technischen, naturwissenschaftlichen und rechtlich organisatorischen Aufgabenstellungen der Abfallwirtschaft und verwandter Gebiete;
des Umweltschutzes auf dem Gebiet der Abfallwirtschaft und verwandter Gebiete;
der Zusammenführung der Komponenten von Vermeidung und Verminderung, Verwertung, Sammlung und Transport sowie Behandlung von Abfällen zu einer umfassenden Abfallwirtschaft und ihrer Rückwirkung auf Produktion, Handel und Transport.

Deutsche Projekt Union GmbH (DPU)
Planer – Ingenieure

4300 Essen 1, Huyssenallee 58–64, Postfach 100833, ☏ (0201) 82016-0, ⌀ 857557 aht, Telefax (0201) 8201636.

Geschäftsführung: Reinhard *Schultz*, MA (geschäftsführender Gesellschafter); Dipl.-Betriebsw. Heinrich *Bernholz* (kaufm. Leiter); Ullrich *Schmidt-Felten*, MA (Leiter der Projektabwicklung).

Kapital: 300 000 DM (Stammkapital).

Gesellschafter: Agrar- und Hydrotechnik GmbH (AHT), Essen.

Zweck: Umweltverträglichkeitsprüfungen; kommunale, regionale und betriebliche Abfallwirtschaftskonzepte; Sicherheitsanalysen (nach Störfallv.); Standortfindung und -bewertung; Stadt- und Regionalentwicklung; Technikfolgenabschätzungen; ökologische Optimierung verfahrenstechnischer Anlagen; Freizeitplanung und -beratung; Deponietechnik und Altlastensanierung; Projektsteuerung bis zur Genehmigung; sozio-ökonomische Analysen; Marketingstrategien und Öffentlichkeitskonzepte.

derung sowie die Bewertung von Anlagen, insbesondere der Energieerzeugung, -umwandlung, -umspannung, -speicherung, -druckregelung und -verteilung, der Wassergewinnung, -aufbereitung, -speicherung und -verteilung, des Umweltschutzes, der Restproduktverwertung und -aufbereitung, der Abfallwirtschaft, Emissions- und Immissionsanalysen sowie die technische Beratung bei Genehmigungsverfahren und Minderungsstrategien. Ferner gehören dazu die Errichtung von Anlagen sowie die zeitlich befristete technische und kaufmännische Betriebsführung (Inbetriebnahme).

Deutsche Projekt Union GmbH
**Planer – Ingenieure
Berlin-Brandenburg**

O-1300 Eberswalde-Finow, Technologie- und Gewerbepark (Lichterfelder Wassertorbrücke), ☎ (03334) 59-245 (gleichzeitig Faxanschluß).

Geschäftsführung: Reinhard *Schultz*, MA.

Kapital: 50 000 DM (Stammkapital).

Deutsche Projekt Union GmbH/Planer-Ingenieure (DPU), Essen; Gesellschaft für angewandte Fernerkundung mbH (GAF), München.

Zweck: Umweltverträglichkeitsprüfungen; kommunale, regionale und betriebliche Abfallwirtschaftskonzepte; Sicherheitsanalysen (nach Störfallv.); Standortfindung und -bewertung; Fachplanungen auf den Gebieten Agrarstruktur, Landschaftsgestaltung, Arten- und Biotopschutz sowie Bodenschutz; Entwicklungs- und Sanierungskonzepte von Ökosystemen; Raumordnung und Flächennutzungsplanung; Regional- und Kommunalentwicklungsplanung; Erkundung von industriellen, militärischen und landwirtschaftlichen Altlasten; Umweltgüteüberwachung, Monitoring; Fernerkundung.

Düsseldorfer Consult GmbH
Energie-, Wasser- und Umweltschutztechnologie

4000 Düsseldorf 1, Luisenstraße 105, Postfach 101136, ☎ (0211) 821-8320/8321, Telefax (0211) 333153.

Geschäftsführung: Dr. Dieter *Oesterwind*, Dipl.-Ing. Dieter *Kreft*.

Gesellschafter: Stadtwerke Düsseldorf AG.

Kapital: 200 000 DM.

Zweck: Gegenstand des Unternehmens sind Beratung und Planung bei Neubau, Erweiterung und Än-

Ecoplan Institut für Immissionsschutz GmbH

7322 Donzdorf, Öschstr. 23, Postfach 128, ☎ (07162) 2006-0, Telefax (07162) 2006-66.

Geschäftsführung: Dipl.-Ing. Peter *Schubert*, Heinz-Gerd *Grabowski*, Dr. Rainer *Klose*.

Zweck: Meßinstitut zur Ermittlung der Emissionen und Immissionen von Luftverunreinigungen im Sinne des Bundes-Immissionsschutzgesetzes. Gutachterstelle nach § 26 und 28 Bundes-Immissionsschutzgesetz. Schadstofferfassung am Arbeitsplatz, Schornsteinhöhenberechnung, Immissionsprognose, analytische Untersuchungen aus den Bereichen Luft, Wasser, Abwasser, Abfall und Klärschlamm, Altlastenerkundung und -bewertung, Meßgerätekalibrierung, Umweltverträglichkeitsprüfung.

Niederlassungen

4050 Mönchengladbach 2, Schelsenweg 6, ☎ (02166) 857-0, Telefax (02166) 857200.
1000 Berlin 44, Schmalenbachstr. 11, ☎ (030) 6849041, Telefax (030) 6857040.
3050 Wunstorf, An der Feldmark 16, ☎ (05031) 12261, Telefax (05031) 12265.
8063 Odelzhausen, Rudolf-Diesel-Straße 1, ☎ (08134) 5001, Telefax (08134) 5039.
6148 Heppenheim, Vogelbergstraße 1.
O-7024 Leipzig, Torgauer Straße 114, ☎ 2373281, Telefax 2373285.
O-1561 Potsdam, Templiner Straße 19, ☎ 318265, Telefax 318123.
O-3103 Barleben/Magdeburg, Schanze 8, ☎ 83333.

Energieagentur NRW

5600 Wuppertal 1 (Elberfeld), Morianstraße 32, ☎ (0202) 442800, Telefax (0202) 452362.

Leiter: Dr.-Ing. Dipl.-Phys. Norbert *Hüttenhölscher*.

Mitarbeiter: Dipl.-Ing. B. *Burkhardt*, Dipl.-Ing. Ulrich *Goedecke*, Wolfgang *Heisel*, M. *Holz*, Ass. jur.

M. *Morguet,* Dipl.-Ing. Axel *Rapp,* Christel *Steih* (Sekretariat).

Zweck: Die Zielsetzung der Energieagentur NRW gilt der Förderung der Umsetzung des REN-Programms (Rationelle Energieverwendung und Nutzung unerschöpflicher Energiequellen). Die Umsetzung der Ziele dieses Programms führt zur Nutzung eines großen Energieeinsparpotentials auf breiter Basis und zum gezielten Einsatz regenerativer Energiequellen, wodurch letztlich langfristig zur Schonung der Umwelt beigetragen wird.

eretec GmbH – Institut für chemische Analytik und Umwelttechnik

5270 Gummersbach, Veste 1, Postfach 100243, ☎ (02261) 62055, Telefax (02261) 21970.

Geschäftsführung: Klaus *Söhngen,* Guntram *Stahl.*

Kapital: 300.000 DM.

Gesellschafter: Klaus *Söhngen,* Guntram *Stahl.*

Zweck: Von der Bundesanstalt für Materialforschung und -prüfung akkreditiertes, neutrales, unabhängiges Labor. Dienstleistungen im gesamten Bereich der Umweltanalytik. Anorganisch- sowie organisch-chemische Analytik und Überwachung der Bereiche Boden, Wasser, Luft. Gefährdungsabschätzungen von Altlasten und kontaminierten Standorten, Bodenuntersuchungen, Deponieeignungsuntersuchungen, Grundwasser-Deponiesickerwasseruntersuchungen, Untersuchungen im Rahmen der Indirekteinleiterverordnung bzw. gemäß Stawa, LWA-Richtlinien. Klärschlammuntersuchungen, Arbeitsplatzmessungen (MAK, TRK) sowie Beratung, Gutachten und Planung in o. g. Bereichen, gegebenenfalls auch in behördlicher Zusammenarbeit.

Forschungs- und Entwicklungszentrum Sondermüll (FES)

8540 Schwabach, Siemensstraße 3–5, Postfach 1469, ☎ (09122) 797401, Telefax (09122) 797410.

Kuratorium: Oberbürgermeister Uwe *Lichtenberg,* Vorsitzender; Professor Dr. Hans *Banski;* Dr. Peter *Schlechte;* Rechtsdirektor Reiner *Schmitt-Timmermanns;* Dr. Hermann *Schreiber;* Professor Gerhard *Vetter;* Professor Dr. Peter *Wilderer.*

Vorstand: Verbandsdirektor Hans Georg *Rückel.*

Wissenschaftlicher Leiter: Dr. Wolfgang *Rettkowski.*

Gesellschafter: Zweckverband Sondermüll-Entsorgung Mittelfranken (ZVSMM).

Zweck: Das FES ist eine öffentliche Stiftung des bürgerlichen Rechts. Zweck der Stiftung ist die Gründung und Unterhaltung eines Zentrums zur Entwicklung und Erforschung von Sonderabfallvermeidungs-, -verminderungs- und -behandlungstechniken. Sie verfolgt ausschließlich und unmittelbar gemeinnützige Zwecke. Die Zielsetzung besteht insbesondere in der Fortentwicklung und Erprobung von Techniken, die das Deponieren von Sondermüll, das Reinigen stark organisch verschmutzter Wässer, das Entgiften von Industrieabwässern und die thermische Behandlung fester, flüssiger und pastöser Abfälle beinhalten.

Fortbildungszentrum Gesundheits- und Umweltschutz Berlin e. V. (FGU Berlin)

1000 Berlin 30, Kleiststraße 23 – 26, ☎ (030) 21000311, Telefax (030) 21000320.

Aufsichtsrat: (Kuratorium:) Dr. Volker *Hassemer,* Senator für Stadtentwicklung und Umweltschutz Berlin, Vorsitzender; Professor Dr. Gerhard W. *Bekker,* Präsident der Bundesanstalt für Materialforschung und -prüfung; Professor Dr. Manfred *Fricke,* Präsident der Technischen Universität Berlin; Professor Dr. Johann W. *Gerlach,* Präsident der Freien Universität Berlin; Professor Dr. Dr. h. c. Dieter *Großklaus,* Präsident des Bundesgesundheitsamtes; Dr. Thomas *Hertz,* Hauptgeschäftsführer der Industrie- und Handelskammer zu Berlin; Dr. Heinrich *Frhr. von Lersner,* Präsident des Umweltbundesamtes; Dr. Günther *Wawer,* Geschäftsführendes Vorstandsmitglied des Technischen Überwachungs-Vereins Berlin-Brandenburg e. V.

Kapital: Gemeinnütziger eingetragener Verein.

Gesellschafter: (Mitglieder:) Berlin, Senatsverwaltung für Stadtentwicklung und Umweltschutz; Bundesgesundheitsamt; Freie Universität Berlin; Industrie- und Handelskammer zu Berlin; Technische Universität Berlin; Technischer Überwachungs-Verein Berlin-Brandenburg. e. V.; Umweltbundesamt.

Vorstand: Priv.-Dozent Dr. Horst *Mierheim,* Umweltbundesamt, Vorsitzender; Professor Dr. Arpad *Somogyi,* Bundesgesundheitsamt, stellv. Vorsitzender; Achim *Rothe,* Industrie- und Handelskammer zu Berlin; Harald *Preugschat,* Senatsverwaltung für Stadtentwicklung und Umweltschutz, Berlin.

Geschäftsführung: Dipl.-Ing. Michael *Katzschner.*

Zweck: Seminare zu bereichsübergreifenden Aspekten und zu speziellen Bereichen des Gesundheitsschutzes und des Umweltschutzes; Aus- und Fortbildungsveranstaltungen aus der Sicht der Wissenschaft, der Praxis und der Gesetzgebung für Betroffene, Anwender und Überwacher.

GEBR Entsorgungs- und Beratungsgesellschaft für die deutsche Recyclingwirtschaft GmbH & Co. KG

5000 Köln 71 (Pesch), Johannesstraße 28F, ☎ (0221) 590 78 40, Telefax (0221) 590 79 40.

Geschäftsführung: Dipl.-Ing. oec. Peter *Graumann*.

Gesellschafter: Mittelständisches Unternehmen der Recyclingbranche.

Zweck: Flächendeckende Entsorgung aller sekundären Rohstoffe sowie deren Verwertung und Vermarktung, Koordinierung von Entsorgungsleistungen auf nationaler und internationaler Ebene, Erarbeitung von Konzepten für Entsorgung und Recycling.

Geologische Landesuntersuchung GmbH Freiberg/Sachsen

O-9200 Freiberg/Sa., Halsbrücker Straße 31a, Postfach 187, ☎ (03731) 4191, Telefax (03731) 229 18.

Geschäftsführung: Dipl.-Ing. oec. Marion *Thierbach*.

Zweck: Altlasten: Erfassung und Gefährdungsabschätzung, Entwicklung von Sicherungs- und Sanierungskonzepten. Deponien: Suche und Beurteilung von Deponiestandorten, Umweltverträglichkeitsprüfung/Gefährdungsabschätzung von Altdeponien, Überprüfung von Bauschutt-, Haus- und Sondermülldeponien einschließlich begleitender Untersuchungen von Grund- und Sickerwasser und des geologischen Untergrundes, Beurteilung von Abprodukten hinsichtlich ihrer Deponierbarkeit. Baugrund: geotechnische, geologisch-hydrogeologische, geochemische Untersuchungen und Bewertungen, Standortanalysen für Bauvorhaben. Rohstoffe: Erarbeitung von Rohstoffkarten durch Recherche und Auswertung vorhandener, umfangreicher geologischer Unterlagen, Standort- und Qualitätsbewertung von Sand-, Kies-, Lehm- und Festgesteinsvorkommen, Management zur Erlangung der Gewinnungsrechte, Projektierung und Durchführung von Erkundungen mit Vorratsberechnungen.

Gesellschaft für Umweltanalytik mbH

4500 Osnabrück, Mindener Straße 205, ☎ (0541) 7102-183, Telefax (0541) 7102-176.

Geschäftsführung: Dr. Rosemarie *van Hülst*, Dr. Claudia *Walter*.

Gesellschafter: Dr. Rosemarie *van Hülst*, Dr. Claudia *Walter*.

Zweck: Die Gesellschaft für Umweltanalytik mbH bietet Dienstleistungen im Bereich der chemischen und mikrobiologischen Analytik an. Untersucht werden können Wasser, Boden, Luft, Lebensmittel und Bedarfsgegenstände. In naher Zukunft sollen Konzepte entwickelt werden, wie Umweltschäden mikrobiologisch saniert werden können.

Gesellschaft für Umweltforschung und Analytik mbH

O-1160 Berlin, Slabystraße 9 – 13, ☎ (030) 638 33 792, 638 33 593, Telefax (030) 638 33 593.

Geschäftsführung: Dipl.-Ing. Norbert *Wutzke*.

Gesellschafter: GUT – Gesellschaft für Umwelttechnik und Unternehmensberatung mbH, Christine *Voigtmann*, Norbert *Wutzke*, Jürgen *Seelisch*.

Zweck: Die Durchführung analytischer Untersuchungen, die Forschung sowie technologieorientierte Beratung zur Vermeidung von Sonderabfällen und deren Entsorgung, die Durchführung von Arbeitssicherheitsanalysen und Arbeitsplatzmessungen sowie die zugehörige Beratung, Dienstleistungen im Bereich des Umweltschutzes.

Gesellschaft für Umweltrecht e.V.

1000 Berlin 33, Bismarckplatz 1, ☎ (030) 8903-2255.

Geschäftsführung: Dipl.-Verwaltungswirt Hans-Joachim *Koehler*.

Zweck: Wissenschaftliche Pflege und Fortentwicklung des Umweltrechts; Wertung und Vergleich rechtswissenschaftlicher Aktivitäten auf nationaler und internationaler Ebene auf dem Umweltgebiet. Wissenschaftliche Tagungen und Dokumentation deren Ergebnisse.

GfD Ingenieur- und Beratungsgesellschaft mbH

4600 Dortmund 50, Emil-Figge-Straße 80, ☎ (0231) 9742-480, Telefax (0231) 9742-481.

Geschäftsführung: Dipl.-Ing. Siegfried *Sell*, Dipl.-Kfm. Wolfgang *Schröter*.

Zweck: Kombination aus Ingenieurbüro und Technologie-Beratungsunternehmen in den Bereichen Bergbau, Maschinenbau, Fahrzeugbau, Energietechnik, Umwelttechnik, Erfassung und Erstbewertung von Altlasten, Arbeitsschutz, Medizintechnik, technikbezogene Qualifizierung, Steuer-, Regel-, Diagnosetechnik, Spezialsoftware.

GP Umweltmanagement Gesellschaft für Planung, Beratung und Sanierung mbH

4400 Münster, Steinfurter Straße 107, ☏ (0251) 20537, Telefax (0251) 294076.

Geschäftsführung: Gertraud *Plümmen*.

Gesellschafter: Gertraud Plümmen, 100%.

Zweck: Dienstleistungen auf folgenden Gebieten: Altlasten (Schwerpunkt Gutachten und Sanierungsmanagement), technischer Umweltschutz (Beratung, Planung, Studien, Entsorgungskonzepte, Projektmanagement), Umweltverträglichkeitsprüfungen (einschließlich Sicherheitsanalysen), fachliche Begleitung bei öffentlich-rechtlichen Genehmigungsverfahren.

Greenpeace e. V.

2000 Hamburg 11, Vorsetzen 53, ☏ (040) 31186-0, Telex 2164831 gpd, Telefax (040) 31186-141.

Vorstand: (ehrenamtlich) Werner *Zucker*, Renate *Boesser*, Dr. Marianne *Dörfler*, Dr. Gerhard *Leipold*, Marlies *Menge*, Dr. Klaus *Rollin*.

Geschäftsführung: Dr. Thilo *Bode*, Geschäftsführer; Brigitte *Albrecht* (stellv.).

Zweck: Zweck des Vereins ist es, den Schutz und die Bewahrung der Natur und des menschlichen Lebens zu fördern. Der Verein organisiert insbesondere gewaltfreie Kampagnen, um das Umweltbewußtsein zu stärken und die Zerstörung der Lebensgrundlagen von Menschen, Tieren und Pflanzen zu verhindern. Zu den Zwecken des Vereins gehört auch die Verbraucheraufklärung und Information.

GRI mbH, Umwelttechnik

1000 Berlin 30, Geisbergstr. 38, ☏ (030) 2113080/89, Telefax (030) 2189559.

Geschäftsführung: Dipl.-Ing. Bodo *Fuhrmann*.

Kapital: 180000 DM.

Zweck: Ingenieurtechnische Leistungen, Realisierung von Metallreinigungsanlagen, Umweltberatungen, Umweltentlastungskonzepte, Marketing-Beratung, Umweltinformationssysteme, Umweltcontrolling.

GSA Leipzig, Institut für Umweltanalytik, Staubmeßtechnik und Arbeitsschutz GmbH

O-7050 Leipzig, Permoserstraße 15, ☏ (0341) 2392 4005, Telefax (0341) 2392 4007.

Geschäftsführung: Dr. Holger *Fuchs*, Dipl.-Ing. Ullrich *Teichert*.

Kapital: 100000 DM.

Gesellschafter: GSA Neuss mbH, Professor Dr. Klaus *Dittrich*, Dr. Holger *Fuchs*.

Zweck: Dienstleistungen im Bereich der chemischen Analytik (Umweltanalytik Boden, Wasser), Immissionsmessungen, Emissionsmessungen, Arbeitsplatzmessungen, Asbestmessungen.

GSF – Forschungszentrum für Umwelt und Gesundheit, GmbH

8042 Neuherberg, Ingolstädter Landstr. 1, ☏ (089) 3187-0, ✆ 523125.

Aufsichtsrat: Ministerialdirigent Dr. Werner *Gries*, Bonn, Vorsitzender; Ministerialdirigent Dietrich *Bächler*, München, stellv. Vorsitzender; Professor Dr. Ernst Rudolf *Biekert*, Limburgerhof/Pfalz; Ministerialrat Dietmar *Bürgener*, Bonn; Professor Dr. Klaus *Hahlbrock*, Köln; Ministerialrat Dr.-Ing. Arnulf *Matting*, Bonn; Ministerialdirigent Detlev R. *Gantenberg*, München; Professor Dr. Dr. Heinz A. *Staab*, Heidelberg; Professor Dr. Friederike *Eckardt-Schupp*, Neuherberg; Regierungsdirektor Dr. Ulrich *Wahl*, Bonn; PD Dr. Friedrich *Wiebel*, Neuherberg; PD Dr. Georg *Burger*, Neuherberg.

Geschäftsführung: Dr. Carl-Heinz *Duisberg*, kaufmännischer Geschäftsführer; Professor Dr. Joachim *Klein*, wissenschaftlich-technischer Geschäftsführer.

Gesellschafter: Bundesrepublik Deutschland, vertreten durch den Bundesminister für Forschung und Technologie (BMFT), 90%; Freistaat Bayern, vertreten durch den Bayerischen Staatsminister der Finanzen, 10%.

Institute und Abteilungen: Strahlenbiologie, Biophysikalische Strahlenforschung, Pathologie, Physiologie, Zellchemie, Projekt Inhalation, Säugetiergenetik, Toxikologie, Biochemische Pflanzenpathologie, Molekulare Virologie, Experimentelle Hämatologie, Klinische Hämatologie, Immunologie, Klinische Molekularbiologie, Medizinische Informatik und Systemforschung, Epidemiologie, Ökologische Chemie, Bodenökologie, Hydrologie, Tieflagerung, Strahlenschutz.

5 UMWELTSCHUTZ

Institut für Tieflagerung

3300 Braunschweig, Theodor-Heuss-Straße 4, ☏ (0531) 8012-1, Telefax (0531) 8012-200.

Institutsleitung: Professor Dr. Klaus *Kühn* (Sprecher), Dr. Wernt *Brewitz*.

Abteilung für Endlagertechnologie: Leitung: Professor Dr. Klaus *Kühn*.

Abteilung für Endlagersicherheit: Leitung: Dr. Wernt *Brewitz*.

Projektabteilung: Leitung: Dr. Rolf *Stippler*.

Betriebsabteilung Bergwerk: Leitung: Ass. d. Markscheidef. Klaus *Dürr*.

Betrieb: Schachtanlage Asse, 3346 Remlingen, ☏ (05336) 89-1, ⌁ 95617 asse d.

Betriebsführer: Dipl.-Ing. Volker *Schauermann*.

Zweck: Forschungs- und Entwicklungsarbeiten sowie Langzeiterprobung von Methoden und Verfahren für die sichere Endlagerung von radioaktiven und chemisch-toxischen Abfällen in Salzformationen. Als Versuchsanlage steht das Salzbergwerk Asse zur Verfügung.
Forschungs- und Entwicklungsaktivitäten:
Grundlegende Untersuchungen zur Eignung nichtsalinarer Festgesteine zur Endlagerung radioaktiver und chemisch-toxischer Abfälle.
Bereitstellung der wissenschaftlichen und technischen Daten für Entwurf, Bau, Betrieb und Sicherheitsnachweisen von Endlagern in geologischen Formationen.
Durchführung von Sicherheitsanalysen für die Nachbetriebsphase.
Grundlegende Arbeiten zur Entwicklung von Technologien zur Endlagerung chemisch-toxischer Abfälle.

GTU Ingenieurbüro Knoll
Geotechnischer Umweltschutz

O-1530 Teltow, Potsdamer Straße 10, ☏ 453238, Telefax 43206.

Geschäftsführung: Professor Dr.-Ing. Peter *Knoll*, Dr. rer. nat. habil. Klaus *Rother*.

Zweck: Wissenschaftlich-technische Dienstleistungen (Auftragsforschung, Gutachten, Analysen) auf den Gebieten seismotektonische Langzeitsicherheit von Standorten sensibler über- und untertägiger Industrieanlagen, geomechanische und geotechnische Stabilitätsuntersuchungen, Seismizitätsbewertungen. Projektierung, Ausführung und Betrieb geophysikalischer und seismischer Überwachungs- und Monitoringsysteme; Erschütterungsmessungen; geophysikalische Erkundungen.

GUS-Geologie und Umweltservice GmbH & Co. KG

O-3304 Gommern, Magdeburger Chaussee 21, ☏ Gommern (09180) 80, Hausapparat 875, ⌁ Magdeburg 8-358/8-359, Telefax Gommern (09180) 295.

Geschäftsführung: Dipl.-Geologe Klaus *Meixner*, Dr.-Ing. Gerhard *Sackrow*.

Gesellschafter: Westab Holding GmbH.

Zweck: Erkundung kontaminierter Verdachtsflächen; Erkundung von Rüstungsaltlasten; Bewertung von Boden-, Wasser- und Grundwasserkontaminationen; Planung und Überwachung von Sanierungen.

GUT Gesellschaft für Umweltplanung mbH

O-1570 Potsdam, Zeppelinstraße 132, ☏ Potsdam 975215, Telefax Potsdam 975214.

Geschäftsführung: Dr.-Ing. Jan Uwe *Lieback*.

Gesellschafter: GUT Gesellschaft für Umwelttechnik und Unternehmensberatung mbH (67,5%).

Zweck: Dienstleistungen auf verschiedenen Gebieten des Umweltschutzes und der Stadt- und Umweltplanung; vor allem: Bebauungsplanung für Betriebe und Kommunen, Landschaftspflegerische Begleitpläne und Umweltverträglichkeitsstudien für Infrastrukturvorhaben und Industrieanlagen, Genehmigungsverfahren und Raumordnungsverfahren.

GUT Gesellschaft für Umwelttechnik und Unternehmensberatung mbH Berlin

1000 Berlin 65, Gustav-Meyer-Allee 25, ☏ (030) 23268-0, Telefax (030) 23268-299.

Geschäftsführung: Dr.-Ing. Jan Uwe *Lieback*, Dr.-Ing. Ralf *Freise*.

Zweck: Unternehmensberatung, Projektplanung, Analysen, Gutachten und Weiterbildung in den Bereichen: Abfallwirtschaft, Altlasten, Abwasser, Abluft, Asbest, Energie, Genehmigungsverfahren, Umweltverträglichkeitsprüfung, Deponieplanung, Verfahrenstechnik, Bauleit- und Flächennutzungsplanung, Umweltmessungen, Umweltinformationssysteme, Strategisches Umweltmanagement.

G.V.U.-mbH Gesellschaft für Verfahrenstechnik und Umweltschutz

4006 Erkrath-Hochdahl, Schimmelbuschstraße 21, ☏ (02104) 3616 0, Telefax (02104) 31762.

Geschäftsführung: Wolfgang *Arens*.

Zweck: Dienstleistungen auf dem Gebiet der Umweltanalytik, Deklarationsanalysen zur Einordnung von Reststoffen und Abfällen, Beratung in Fragen Entsorgung und Verwertung.

Dipl.-Ing. Habenicht Ingenieurgesellschaft

6500 Mainz, Alte Gärtnerei 22, ☎ (06131) 361021, Telefax (06131) 365505.

Geschäftsführung: Dipl.-Ing. Ewald *Habenicht*.

Zweck: Emissionsmessungen, Lärmmessungen, Immissions- und Geruchsgutachten, Arbeitsbereichsanalysen und Kontrollmessungen, Abwasser-, Boden- und Grundwassergutachten, Reststoffverwertungsgutachten, Abfallentsorgungsplanung, Emissionserklärungen, Genehmigungsanträge, Sicherheitsanalysen, Umweltverträglichkeitsprüfungen, Laboratorium für Umweltanalytik.

Herbst Umwelttechnik GmbH

1000 Berlin 45, Frauenstraße 6, ☎ (030) 773002-0, Telefax (030) 773002-30.

Geschäftsführung: Dr.-Ing. Leonhard *Fechter*.

Kapital: 200 000 DM.

Gesellschafter: Dr.-Ing. Leonhard *Fechter*, Donald *Herbst*.

Zweck: Planung, Bau und Wartung von verfahrenstechnischen Anlagen zur Wasser-, Gas- und Schlammaufbereitung. Errichtung von schlüsselfertigen Sonderanlagen, zum Beispiel zur Deponiegasreinigung, Gewässerschlammaufbereitung und Uranabscheidung aus Grund- oder Oberflächengewässern.

Hydrogeologie-Brunnenbau GmbH

O-5500 Nordhausen, Rothenburgstraße 12, Postfach 131, ☎ 5370, Telefax: (00628) 537223.

Geschäftsführung: Dipl.-Ing. Reinhard *Grenke*.

Beschäftigte: 400.

Zweck: Projektierung, Ausführung und Auswertung von Erkundungs- und Versuchsbrunnen sowie Brunnen für Trink- und Brauchwasser, hydrogeologischen Testarbeiten, Brunnensanierungen, Deponiebohrungen und Altlastuntersuchungen, Baugrundbohrungen, Betriebsuntersuchungen an Wassergewinnungsanlagen, geophysikalischen, laborativen und Vermessungsarbeiten, hydrogeologischen Vorarbeiten, Flächenuntersuchungen und Fallstudien für Wassergewinnung, Abwasserbeseitigung, Deponien und Altlasten.

Übernahme von In- und Auslandsaufträgen, einschließlich Kooperation und gemeinsames Auftreten. Beratung durch Fachingenieure.

Tochterunternehmen

Hydrogeologie GmbH, Rothenburgstraße 12, PF 265, O-5500 Nordhausen, ☎ 5370, Telefax 3514. Geschäftsführer: Dr. Volker *Ermisch*.

Hydrogeobohr GmbH, Kommunikationsweg, PF 242, O-5500 Nordhausen, ☎ 3891, Telefax 3894. Geschäftsführer: Dr. Hans-Jörg *Weder*.

Bohrgesellschaft Torgau mbH, Süptitzer Weg, O-7290 Torgau, ☎ 3721, Telefax 2592. Geschäftsführer: Werner *Hagedorn*.

IfE Leipzig GmbH
Ingenieur- und Servicegesellschaft für Energie und Umwelt

O-7024 Leipzig, Torgauer Straße 114, ☎ (0341) 2370, ⌁ 311797, Telefax (0341) 2372370.

Geschäftsführung: Dr.-Ing. Wolfgang *Brune*.

Aufsichtsrat: Helmut S. H. *Cornelius*, Düsseldorf, Vorsitzender; Dr. Kurt *Naumann*, Leipzig, stellv. Vorsitzender; Matthias *Dingethal*, Leipzig; Dr. Walter *Hornig*, Dresden; Jürgen *Stotz*, Berlin; Dr. Detlev *Vogel*, c/o Kernkraftwerk Philippsburg.

Zweck: Die IfE Leipzig GmbH befaßt sich mit wissenschaftlichen, technischen, wirtschaftlichen und ökologischen Aufgaben auf den Gebieten Energiewirtschaft und Umweltschutz.

Tätigkeitsfelder: Strategische und operative Energieversorgungskonzepte für Regionen, Kommunen, Unternehmen; Energiestatistik.

Angewandte Forschung und wissenschaftlich-technisches Engineering für Energieanlagen, Umweltschutz und Altlastsanierung.

Probenahme, Messung und Analytik aller umweltrelevanten Medien.

Projektieren, Fertigen und Inbetriebsetzung von Simulatoren für Energie- und Industrieanlagen.

Lösungen für Transport und Endlagerung von radioaktiven Abfällen.

Datenverarbeitungslösungen für ingenieurtechnische Untersuchungen und betriebswirtschaftliche Aufgaben.

IKU – Institut für Kommunale Wirtschaft und Umweltplanung

6100 Darmstadt, Schöfferstraße 3, ☎ (06151) 168810, Telefax (06151) 168900.

Beirat: Rektoren der hessischen Fachhochschulen.

Geschäftsführung: Dr. Dieter *Wittmann*.

Zweck: Planung und Durchführung von Weiterbildungsveranstaltungen im Bereich des kommunalen Umweltschutzes. Berücksichtigt werden unter anderem die Themengebiete Abwasser, Abfallwirtschaft, Umweltverträglichkeitsprüfung, Kommunale Energieversorgung, Gewässer- und Naturschutz, Verkehr, Altlasten, Umweltanalytik.

Informations- und Meßausbildungszentrum Immissionsschutz (IMIS)

4300 Essen 1, Altendorfer Straße.

Rechtsträger: Haus der Technik e. V., Hollestraße 1, 4300 Essen 1, ☎ (0201) 1803-1, Telex 857669 hdt d, Telefax (0201) 1803-269.

Zweck: Das Haus der Technik e. V. in Kooperation mit der Landesanstalt für Immissionsschutz NRW (LIS), Essen, bietet Veranstaltungen zur Qualitätssicherung von Meßdaten sowie Fortbildungskurse, Seminare und Praktika im Bereich des Immissionsschutzes in Meßlabors und Tagungsräumen an.

Infu Institut für Umwelttechnik GmbH

1000 Berlin 19, Kaiserdamm 21, ☎ (030) 3029911, Telefax (030) 3029401.

Niederlassungen: O-1512 Werder, Eisenbahnstraße 16, ☎ (0161) 233 6029; O-1254 Schöneiche, Berliner Straße 2, ☎ 6495906, Telefax 6495334.

Geschäftsführung: Dr.-Ing. K. *Höher*, Dr.-Ing. R. *Elmiger*, Dr.-Ing. J. *Karstedt*.

Ansprechpartner: Dipl.-Ing. Th. *von Leveling*.

Zweck: Übernahme des Projektmanagements von der ersten Planung bis zur Überwachung der Ausführung bei der Erkundung sowie der Sanierung von Umweltschäden. Sofortmaßnahmen bis mehrjährige Boden- und Grundwasserreinigungen. Begutachtung von Boden-, Wasser- und Luftverunreinigungen durch chemische und physikalische Untersuchungen. Fachlich und wirtschaftlich optimale Konzepte mit detaillierter Zeit- und Kostenplanung. Stab von qualifizierten Wissenschaftlern und Ingenieuren mit toxikologischen Fachkenntnissen. Federführende Beteiligung an der Erkundung und Sanierung von Chemiewerken, Deponien, Gaswerken und Anlagen der Mineralöl- und Teeröl-Chemie. Deponietechnik. Umweltverträglichkeitsstudien.

Inno-Tec GmbH & Co. KG
Geschäftsbereich Umwelt- und Tunnel-Technologie

4630 Bochum 1, Universitätsstraße 142, ☎ (0234) 9708350, Telefax (0234) 9708399.

Geschäftsführung: Dipl.-Volksw. Thomas *Gessler*.

Gesellschafter: o. Professor Dr.-Ing. Bernhardt *Maidl* (für den Bereich Umwelt- und Tunnel-Technologie).

Bereichsleiter: Dipl.-Ing. Frank *Tallarek*.

Zweck: Dienstleistungen auf dem Gebiet »Alternative Baustoffe« für die Herstellung von Beton und Spritzbeton aus Bauschutt und Verbrennungsaschen. Ziel ist die Entwicklung neuer Baustoffe mit dem vorwiegenden Einsatz im Tunnelbau unter der Berücksichtigung von Umweltproblematiken.

Institut für gewerbliche Wasserwirtschaft und Luftreinhaltung eV

5000 Köln 50, Wankelstraße 33, ☎ (02236) 3909-0.

Institutsleitung: Dr. Sverrir *Schopka*.

Abteilungsleiter: Beratungen: Dr. Rolf *Stiefel;* Meßwesen: Dipl.-Ing. Gregor *Köppen;* Laboratorium: Dr. Hildegard *Hansonis-Jouleh;* Ökotoxikologie: Dr. Peter *Süsser*.

Zweck: Das Institut fördert die gewerbliche Wasserwirtschaft sowie die Reinhaltung der Luft durch die Unterrichtung und Beratung der gewerblichen Wirtschaft und durch Untersuchungen, Versuchs- und Entwicklungsarbeiten. Das IWL ist gemeinnützig. In allen Bundesländern ist es für amtliche Messungen zugelassen.

Institut für Umweltschutz und Energietechnik im TÜV Rheinland

5000 Köln 91, Am Grauen Stein, ☎ (0221) 806-2493, Telefax (0221) 806-1756.

Leitung: Professor Dr.-Ing. Eberhard *Plaßmann*, Dipl.-Ing. Paul-Heinz *Schell* (stellv.).

Zweck: Dienstleistungen auf den Gebieten Abfallentsorgung, Abfallwirtschaftskonzepte, Gefahrstoffe, Arbeitsschutz; Bodenschutz und Altlasten; Gewässerschutz und Wasserchemie; Chemie und Umweltanalytik; Lärmbekämpfung und Bauphysik; Umweltplanung, Umweltstudien, Genehmigungsverfahren; Luftreinhaltung; Energienutzung.

isu GmbH
Institut für Sicherheit und Umweltschutz GmbH

4600 Dortmund 13, Hildebrandstraße 11, ☏ (0231) 217031-33, Telefax (0231) 217034.

Geschäftsführung: Wolfgang *Kuhn*.

Zweck: Die Firma bietet ein breites Dienstleistungsspektrum, das ratsuchenden Unternehmen in Fragen des Umweltschutzes sowie in allen Belangen der betrieblichen Sicherheit (zum Beispiel Gestellung von Sicherheitskräften) zur Verfügung steht. Es handelt sich um ein interdisziplinäres Team mit Ingenieuren und Naturwissenschaftlern. Im Bereich des Umweltschutzes werden Genehmigungsverfahren betreut, Gesamtkonzepte unter Berücksichtigung abfallwirtschaftlicher Aspekte zur Entsorgung erarbeitet oder Einzelanlagen im Bereich der Sekundärrohstoffgewinnung verwirklicht. Die Erfassung, Analyse, Bewertung und Gefährdungsabschätzung altlastverdächtiger Flächen sowie abschließende Sicherungs- oder Sanierungskonzepte gehören ebenfalls zu den Serviceleistungen der isu GmbH.

ITU – Ingenieurgemeinschaft Technischer Umweltschutz GmbH

1000 Berlin 30, Ansbacher Straße 5, ☏ (030) 2140900, Telex 186263 itufo d, Telefax (030) 2119233.

Aufsichtsrat: Professor Dr. Johannes *Jager*, Vorsitzender; Dr. Eva *Jager*, stellv. Vorsitzende.

Geschäftsführung: Dipl.-Ing. Thomas *Obermeier*, Dr. Lothar *Schanne*, Dipl.-Chem. Michael *Wilken*.

Kapital: 350 000 DM.

Gesellschafter: Professor Dr. Johannes *Jager*, Dr. Eva *Jager* und BGB-Gesellschaft Drs. Jagers.

Zweck: Schadens- und Belastungsaufnahme von Altlasten und Industriestandorten mit sämtlichen Leistungen (Probenahme, Analytik auf sämtliche Belastungsparameter wie CKW, PAK, Dioxine, Furane, Schwermetalle), Erstellen von Sanierungskonzepten (biologisch + thermisch, in situ, on/off-site) mit (Teil-)Planung, Umweltverträglichkeitsuntersuchung und Mediationskonzept.

Kali und Salz Entsorgung GmbH

3500 Kassel, Friedrich-Ebert-Str. 160, Postfach 102029, ☏ (0561) 301-0, ✆ 99632-0 wuk d, Telefax (0561) 301-702, Teletex 561898 wuk.

Beirat: Dr. Ralf *Bethke* (Vorsitz); Axel *Hollstein;* Dr. Volker *Schäfer;* Dr.-Ing. Hans *Schneider;* alle Kali und Salz AG, Kassel.

Geschäftsführung: Kurt *Harbodt;* Dipl.-Ing. Peter *Schedtler*.

Stammkapital: 500 000 DM.

Gesellschafter: Kali und Salz AG, 100 %.

Zweck: Entsorgung von Abfällen aus Industrie und Gewerbe. Davon ausgenommen sind Stoffe, die nach den in § 1 Abs. 3 Ziff. 1 des Abfallgesetzes erwähnten Gesetzen zu beseitigen sind, sowie radioaktive, ausgasende, explosible und infektiöse Stoffe.

KHD Humboldt Wedag AG

D-5000 Köln 91 (Kalk), Wiersbergstraße, Postfach 910457, ☏ (0221) 822-0, Telex 8812-0, Telefax (0221) 822-6006.

Aufsichtsrat: Siegfried *Barschkett*, Vorsitzender; Manfred *Baatsch*, Klaus *Behrendt*, Klaus *Edelmann*, Werner *Kirchgässer*, Werner *Scherer*.

Vorstand: Paul *Hochscherf*, Vorsitzender; Dr.-Ing. Hans-Otto *Jochem*, Dr.-Ing. Andreas *Weise*.

Kapital: 10,1 Mill. DM.

Gesellschafter: Klöckner-Humboldt-Deutz AG, Köln, 100 %.

Zweck: Umweltschutzverfahren und -technologien zur Klärschlammentwässerung und -trocknung in kommunalen und industriellen Einrichtungen, Werkstoffrückgewinnung, unter anderem auch in Raffinerien und aus Altpapier, Reinigung von belastetem Grundwasser, Aufbereitung und Verwertung von Schlacken, Regeneration von Gießerei-Altsanden, Supra-Magnetscheidung von Werkstoffen, Dienstleistungen und After-Sales-Service, wie Grundsatzuntersuchungen, Beratung und wirtschaftliche Analysen, Geologie, Spurenanalyse, Bergbau, Aufbereitung Umweltschutz, Instandhaltung, Entsorgungsverfahren.

Lahmeyer International GmbH
Ingenieurgesellschaft für Energie · Wasser · Umwelt · Verkehr

6000 Frankfurt/Main 71, Lyoner Straße 22, ☏ (069) 6677-0, Telex 413478 li d, Telefax (069) 6677-571.

Aufsichtsrat: Dr. rer. nat. Friedrich *Heigl*, Vorsitzender; Dr. Peter-M. *Briese*, stellv. Vorsitzender; Harald C. *Bieler;* Dipl.-Ing. Helmut *Krussig;* Dipl.-Kfm. Doris *Obst;* Christian L. *Vontz*.

Geschäftsführung: Dr. rer. pol. Hartmut *Sachs;* Dr.-Ing. Herbert *Lütkestratkötter;* Dr. rer. pol. Ernst *Lessing;* Dipl.-Ing. Wilfried *Schroeder;*

Kapital: 15 Mill. DM.

5 UMWELTSCHUTZ

Gesellschafter: Lahmeyer Aktiengesellschaft für Energiewirtschaft, Frankfurt/Main, 55%; AGIV Aktiengesellschaft für Industrie und Verkehrswesen, Frankfurt/Main, 25%; Dresdner Bank AG, Frankfurt/Main, 10%; Deutsche Bank AG, Frankfurt/Main, 10%.

Zweck: Weltweit tätige Ingenieurgesellschaft mit den Arbeitsgebieten Energie, Wasser, Umwelt und Verkehr.

Dienstleistungen im Bereich Umwelt: Umwelttechnik für thermische Anlagen, Standortsuche und -bewertung, Umweltverträglichkeitsuntersuchungen (UVU), Landschaftsplanungen und -pflege, ökologische Bewirtschaftungskonzepte, Gewässergüte und -schutz, ökologische Stadtentwicklung, kommunale Abfallwirtschaft, Sonderabfallwirtschaft, Vermeidungs-, Verwertungs- und Entsorgungskonzepte, Konzeption und Planung abfallwirtschaftlicher Anlagen, Erkundung, Bewertung, Gefährdungsabschätzung von Altlasten und Altstandorten, Sanierungskonzepte und -planung für kontaminierte Standorte, Grundwassererkundung und -erschließung, quantitative und qualitative Grundwasserbewirtschaftung, integrierte Umweltberatung, Genehmigungsorganisation und -beratung, Öffentlichkeitsarbeit und Beteiligung der Öffentlichkeit, Gutachtersuche und Gutachterbetreuung, Umwelt- und Verwaltungsrecht, Weiterbildung von Verwaltung und Wirtschaft, Entwicklung und Einsatz mathematischnumerischer Modelle im Umweltbereich, Einsatz EDV-gestützter Meß- und Beobachtungssysteme, Entwicklung und Einsatz von Datenbank-, Informations- und Expertensystemen, Luft- und Satellitenbildauswertung, Geographische Informationssysteme (GIS). Wasserversorgung: Urbane Infrastrukturentwicklung, Trink- und Brauchwasserversorgung, Transportleistungssysteme, Rehabilitierungsmaßnahmen, Betriebsberatung. Abwassertechnik: Urbane Abwasserentsorgung, Abwasserableitung und Regenwasserbehandlung, Abwasserreinigung, Klärschlammbehandlung und -entsorgung, Gewässergütewirtschaft, Umwelt- und Betriebsberatung.

Lehrstuhl für Aufbereitung, Veredlung und Entsorgung der Rheinisch-Westfälischen Technischen Hochschule Aachen

5100 Aachen, Wüllnerstraße 2, ☏ (0241) 805700, Telefax (0241) 32820.

Lehrstuhlinhaber und Institutsdirektor: Univ.-Professor Dr.-Ing. Heinz *Hoberg*.

Geschäftsführende Assistenten: Dipl.-Ing. J. *Christiani*, Dipl.-Ing. M. *Langen*, Dipl.-Ing. S. *Buntenbach*.

Zweck: Forschung und Entwicklung im Bereich Abfallwirtschaft, Entsorgung, Aufbereitung mineralischer und sekundärer Rohstoffe, Verfahrensentwicklung.

L.U.B.
Lurgi-Umwelt-Beteiligungsgesellschaft mbH

D-6000 Frankfurt am Main, Emil-von-Behring-Straße 2, Postfach 111231, ☏ (069) 5808-0, Telex 41236-0 lg d, Telefax (069) 5808-2745.

Aufsichtsrat: Dr.-Ing. Karlheinz *Arras* (Vorsitzender), Dr. jur. Heinrich-Werner *Mathes*, Dr.-Ing. Georg *von Struve*, Dipl.-Kfm. Hans-Werner *Nolting*.

Geschäftsführung: Dr.-Ing. Hartmut *Witte*, Ass. jur. Norbert *Tommek*.

Kapital: 30 Mill. DM.

Gesellschafter: Lurgi AG, 100%.

Zweck: Sanierungs- und Recyclingprogramme auf den Gebieten Altlastensanierung, Hafenschlickaufbereitung, Munitionsentsorgung, Abwasseraufbereitung und Abfallentsorgung. Die Serviceleistungen der L.U.B. umfassen Beratung, Finanzierung, Projektsteuerung, Errichtung und Betrieb der erforderlichen Umweltschutzanlagen.

Lurgi Energie und Umwelt GmbH

D-6000 Frankfurt/Main, Lurgi-Allee 5, ☏ (069) 5808-0, ✂ 41236-0 lg, d, Telefax (069) 5808-3888.

Geschäftsführung: Dr. Karlheinz *Arras*, Vorsitzender; Dr. Ludolf *Plass*, Dr. Dietrich *Rolke*, Artur *Fischer*, Dr. Horst *Hartmann*, Dr. Heinrich-Werner *Mathes*, Dr. Hartmut *Witte*.

Gesellschafter: Lurgi AG, 100%.

Zweck: Verfahrenstechnik, Anlagen und Dienstleistungen zum Umweltschutz, zur Entsorgung, Sanierung und zum Recycling; Zirkulierende Wirbelschicht (ZWS) und Kombikraftwerke zur sauberen Energieerzeugung.

Mabeg
Gesellschaft für Abfallwirtschaft und Entsorgungstechnik mbH & Co.

4690 Herne 2, Am Stöckmannshof 2, ☏ (02325) 5901-0, Telefax (02325) 5901-50.

Geschäftsführung: Bau-Ing. Hans *Nolte*, Sprecher der Geschäftsführung, Dipl.-Ing. Ulrich H. *Kinner*.

Gesellschafter: Bauunternehmung E. Heitkamp, 50%; Deutag Asphalttechnik GmbH, 50%.

CONSULTING

Zweck: Die geordnete Einsammlung, Abfuhr, Behandlung, Verwertung und Ablagerung von Abfallstoffen aller Art, der Betrieb von Anlagen der Abfallwirtschaft sowie die Beratung und Projektdurchführung im Bereich der Entsorgungs- und Umwelttechnik.

M. E. U. Maschinen-Engineering-Umweltschutztechnik GmbH Lichtenberg

O-1130 Berlin, Herzbergstraße 128—139.

Geschäftsführung: Ing. Alfred *Duchow*, Ing. Klaus *Fiedler*.

Zweck: Entwicklung, Projektierung, Konstruktion, Fertigung, Vertrieb und Montage von Maschinen/Sondermaschinen, Handhabetechnik, Antriebstechnik, Werkzeuge, Förder- und Aufbereitungstechnik, industrielle Meß- und Prüfmittel, ingenieurtechnische Beratung, Software-Leistungen für industrielle Steuerungen, Innovationsmaßnahmen.

Miljoevern Umwelt-Technik GmbH
Büro Erfurt

O-5023 Erfurt, Brühler Herrenberg 9/11, ☏ 26923, Telefax (061) 26923.

Geschäftsführung: Ursula *Schade*, Hakon *Barfod*.

Zweck: Entwicklung, Planung, Lieferung, Wartung und Reparatur von Umweltschutzanlagen sowie die Herstellung von Teilkomponenten.

Niedersächsische Gesellschaft zur Endablagerung von Sonderabfall mbH

3000 Hannover 1, Alexanderstr. 4/5, ☏ (0511) 3608-0, Telefax (0511) 3608-110.

Geschäftsführung: Dr. rer. nat. Hans *Gerhardy*, Staatssekretär Hans-Joachim *Reinke*.

Kapital: 20 Mill. DM.

Gesellschafter: Land Niedersachsen, 51%; Privatwirtschaft, 49%.

Zweck: Sicherstellung der Entsorgungssicherheit für die niedersächsische Wirtschaft und Industrie, Organisation der Sonderabfallentsorgung in Niedersachsen.

Noell — CLG Umwelttechnik GmbH

O-7144 Schkeuditz, Industriestraße 70, ☏ Schkeuditz 4733 — 4739, Telefax Schkeuditz 4732.

Geschäftsführung: Dr. Bernd *Kulbe*, Gerhard *Roeser*.

Gesellschafter: Noell GmbH, Würzburg, 100%.

Zweck: Planung und Bau von Anlagen und Anlagenkomponenten zur Rauchgasreinigung, zur Abfalltechnik und zur Wassertechnik; Erstellung schlüsselfertiger Anlagen im Bereich der Energie, der Chemie, der Metallurgie sowie des Umweltschutzes.

Öko-Institut — Institut für angewandte Ökologie e. V.

7800 Freiburg, Binzengrün 34 a, ☏ (0761) 473031.

Geschäftsführung: Dr. Matthias *Bergmann*.

Zweck: Analyse und Bewertung von Umweltgefahren. Entwicklung von umweltgerechten und sozialverträglichen Lösungsmodellen. Das Öko-Institut erstellt Gutachten zu den Themenbereichen Chemie, Energie, Gentechnik, Reaktorsicherheit, Umweltrecht und Verkehr.

Pro Terra Team GmbH & Co.
Dienstleistungs- und Forschungsgesellschaft für Umwelttechnologien

4600 Dortmund 41, Schleefstraße 4, ☏ (0231) 442040-0, Telefax (0231) 4420 4099.

Geschäftsführung: Dipl.-Ing. Joachim *Heiderich*.

Gesellschafter: Dipl.-Ing. Joachim *Heiderich*.

Zweck: Dienstleistung und Forschung in den Bereichen Umweltverträglichkeitsprüfung und Umweltplanung. Sachverständigengutachten, umweltorientierte Unternehmensberatung, Öko-Sponsoring. Nationale und internationale Projekte in diesem Bereich.

Projekt Europäisches Forschungszentrum für Maßnahmen zur Luftreinhaltung der Kernforschungszentrum Karlsruhe GmbH

7500 Karlsruhe 1, Postfach 3640, ☏ (07247) 825190/91, ✆ 7826484 reaktor Karlsruhe.

Projektleitung: Dr. F. *Horsch*.

5 UMWELTSCHUTZ

Zuwendungsgeber: Land Baden-Württemberg und Kommission der Europäischen Gemeinschaften.

Zweck: Förderung angewandter Forschung zur Erarbeitung wissenschaftlich begründeter sowie wirtschaftlich und technisch optimierter Maßnahmen zur Vermeidung schädlicher Auswirkungen von luftgetragenen, vom Menschen erzeugten Stoffen auf Menschen und Pflanzen.

Pronol GmbH

7800 Freiburg/Br., Ziegelhofstraße 208, ☏ (0761) 83730 + 81434, Telefax (0761) 806381.

Geschäftsführung: Klaus *Leyk*.

Kapital: 100 000 DM.

Gesellschafter: Familie *Leyk*.

Zweck: Herstellung und Vertrieb von Ölschaden-Bekämpfungsmitteln.

Prüftechnik IFEP GmbH
Ingenieurbüro für Umwelttechnik WBL

4500 Osnabrück, Postfach 1265, ☏ (0541) 69117-0, Telefax (0541) 6911760.

Geschäftsführung: *Waschipky, Falge*.

Gesellschafter: Sievert AG & Co.

Zweck: Schwerpunkt ist neben der Abwasser- und Abfallanalytik die umfassende Bearbeitung von Altstandorten und Altablagerungen, angefangen von der Vorerkundung, Entwicklung eines Untersuchungskonzeptes, Durchführung der Probennahme (Bauwerks-, Bodenproben, Grund- und Oberflächenwasser, Bodenluft), chemische und physikalische Prüfungen in eigenen Laboren, Auswertung der Ergebnisse hinsichtlich ihrer Auswirkungen auf die Umwelt unter Berücksichtigung geologischer und hydrogeologischer Gegebenheiten. Ermittlung eventuell anstehenden Sanierungsbedarfs, Erarbeitung von Sanierungskonzepten, Überwachung, Abnahme und Dokumentation von Sanierungsmaßnahmen. Die Prüftechnik IFEP ist eine anerkannte Meßstelle nach §§ 50 und 60 a (NRW-LWG). Ebenfalls anerkannte Meßstelle nach Abfall-Klärschlammverordnung.

Ing.-Gesellschaft Quinting mbH

4400 Münster, Dülmener Straße 38, ☏ (02536) 261, 1544, Telefax (02536) 8325.

Geschäftsführung: Dipl.-Ing. Friedhelm A. *Quinting*, Dipl.-Ing. Bernd *Wagner*, Dr. Christian *Hollenberg*.

Gesellschafter: IMM Spezialbau-Holding mbH, München (100%).

Zweck: Entwicklung, Ausführung und Überwachung von Auffangräumen für wassergefährdende Stoffe einschl. Abfälle nach dem Fresco-Betonsystem.

Regionalbüros:

Ost: 1000 Berlin 13, Riedermannweg 59, ☏ (030) 3457169.

Nord: 2400 Lübeck 1, Forstmeisterweg 10, ☏ (0451) 36416.

Nord-West: 2807 Achim, Am Eichenhof 22, ☏ (04202) 62801.

Nord-Ost/Harz: 3420 Herzberg am Harz, Gartenstr. 36, ☏ (05521) 8530.

West: 4530 Ibbenbüren, Pommernweg 6, ☏ (05451) 6118.

Rhein-Ruhr: 4000 Düsseldorf, Hardtstr. 27, ☏ (0211) 665197.

Ruhr-Mitte: 4690 Herne 1, In den Holzwiesen 10, ☏ (02323) 64243.

Rhein-Main: 6102 Pfungstadt 2, Jahnstr. 50, ☏ (06157) 3310.

Saarland: 6612 Schmelz, Saarbrücker Str. 99, ☏ (06887) 3070.

Süd-Ost: 8501 Schwarzenbruck-Lindelburg, Gudrunstr. 4, ☏ (09183) 8096.

Süd-West: 7730 VS-Villingen 22, Langes Gewann 9, ☏ (07721) 3171.

R + T Entsorgung GmbH

4060 Viersen 1, Greefsallee 1–5, ☏ (02162) 376-0, Telefax (02162) 15467.

Geschäftsführung: Hellmut *Trienekens*, Dr. Günther *Teufel*, Manfred *Eickelbaum*, Dieter *Uffmann*, Wilhelm *Terhorst*.

Kapital: 70 Mill. DM.

Gesellschafter: Hellmut *Trienekens*, RWE Entsorgung AG.

Zweck: Das Unternehmen beschäftigt sich mit dem Einsammeln, Transportieren, Sortieren, Beseitigen und Ablagern von Abfällen aus Haushalten, Gewerbe und Industrie sowie mit der Entsorgung von Sonderabfällen und Altlastensanierung. Weiteres Unternehmensziel ist die Sammlung, Sortierung und Wiederverwertung von Wertstoffen aus dem Abfall.

Ruhr-Carbo Handelsgesellschaft mit beschränkter Haftung

4300 Essen 1, Rüttenscheider Str. 1, ☏ (0201) 177-2458, ✄ 857651 Ruhrkohle AG, Telefax (0201) 1773047.

Beirat: Dr.-Ing. Heinrich *Heiermann*, Dinslaken, Vorsitzender; Dipl.-Kfm. Erich *Klein*, Aachen, stellv. Vorsitzender; Dr. rer. nat. Heribert *Bertling*, Hattingen; Dr.-Ing. Hans *Jacobi*, Duisburg; Dr. rer. pol. Jochen *Melchior*, Essen; Dr.-Ing. Bruno *Mertens*, Düsseldorf; Dipl.-Kfm. Hans *Messerschmidt*, Herne; Dipl.-Volksw. Joachim *Robok*, Castrop-Rauxel; Bergassessor Dietrich *Rudolf*, Essen.

Geschäftsführung: Dr. jur. Eberhard *von Perfall*, Vorsitzender; Dipl.-Ökonom Hubert *Borgheynk;* Dipl.-Ing. Wolfgang *Davids;* Dipl.-Math. Reinhard *Neukam.*

Prokuristen: Hans *Ehlert*, Heinz *Letat*, Dr.-Ing. Christian *Reppekus*, Dipl.-Kfm. Thomas *Timmer*.

Kapital: 17,89 Mill. DM.

Gesellschafter: Ruhrkohle Umwelt GmbH, Essen, 100 %.

Zweck: Ver- und Entsorgung industrieller Betriebe mit bzw. von Reststoffen sowie Transportdienstleistungen.

Beteiligungen

Centrans Haldenverwertungs- und Transport GmbH, Bottrop, 100 %.
Montana Handels- und Transport GmbH, Lünen, 100 %.
Richard Buchen GmbH, Köln, 30 %.
Josef Kölbl GmbH & Co. KG, Essen, 25 %.
Kölbl GmbH & Co KG, Essen, 25 %.
Asberger Sand- und Kiesbaggerei GmbH, Essen, 25 %.
Weber Umwelttechnik GmbH, Salach, 25,1 %.
UTR-Umwelt-Technologie und Recycling GmbH & Co KG, Gladbeck, 25 %.
Steag Entsorgungs-GmbH, Dinslaken, 25,1 %.
Fechner Holding GmbH, Bottrop, 48 %.
Steinkühler Entsorgungsgesellschaft mbH, Bielefeld, 100 %.
Friedrich Ruess KG, Wolfschlugen, 55 %.
Rukaro Ruess Kanal- und Rohrreinigung GmbH, Wolfschlugen, 55 %.
Mittelbadische Sonderabfall-, Entsorgungs- und Verwertungs-Verwaltungsgesellschaft mbH, Rastatt, 55 %.

Zweck: Verwertung von Bergematerial, Herstellung und Vermarktung von Baurohstoffen, Baumaterialien und Baustoffen, Verwertung und Ablagerung von Rest- und Abfallstoffen.

Ruhrkohle Umwelt GmbH

4300 Essen; Postanschrift: 4250 Bottrop, Gleiwitzer Platz 3, ☏ (02041) 12-1, Telefax (02041) 124581, Teletex 204145.

Beirat: Dr. rer. pol. Heinz *Horn*, Vorsitzender; Wilhelm *Beermann*, stellv. Vorsitzender; Dr.-Ing. Heinrich *Heiermann*, stellv. Vorsitzender; Rolf *Füllgräbe*, Dr.-Ing. Hans-Dieter *Harig*, Professor Dr. rer. nat. Wolfhard *Ring*, Adolf *Schmidt*, Dr. Hugo M. *Sekyra*, Ernst-Otto *Stüber*, Christa M. *Thoben*, Regierungspräsident a. D. Fritz *Ziegler*.

Geschäftsführung: Dr. jur. Eberhard *von Perfall*, Vorsitzender; Dr. rer. nat. Josef *Langhoff*.

Kapital: 65 Mill. DM.

Gesellschafter: Ruhrkohle AG (RAG), Essen, 100 %.

Zweck: Tätigkeiten auf den Gebieten Umweltdienstleistungen, Entsorgung, Transport, Recycling, Veredlung, Bergverwertung und -entsorgung, Umwelttechnik, Baustoffe, Bodensanierung und Untertageentsorgung.

Beteiligungen

Ruhr-Carbo Handelsgesellschaft mbH, Essen, 100 %.
Ruhrkohle Montalith GmbH, Essen, 100 %.
Ruhrkohle Oel und Gas GmbH, Essen, 100 %.
Ruhrkohle Umwelttechnik GmbH (RUT), Essen, 40 %.
Kling Consult Ingenieurg. für Bauwesen mbH, Krumbach, 88 %.
Lausitzer Umwelt GmbH, Schwarze Pumpe, 50 %.
Entsorgung Dortmund GmbH, Dortmund, 11,95 %.
Gesellschaft für Energietechnik mbH, Essen, 100 %.
Montan-Umwelttechnik GmbH, Essen, 100 %.

Ruhrkohle Montalith GmbH

4250 Bottrop 1, Gleiwitzer Platz 3, ☏ (02041) 12-1, Telefax (02041) 124343.

Geschäftsführung: Bergrat a. D. Manfred *Plate,* Sprecher; Franz *Bazan;* Bergassessor Jens J. *Wild.*

Prokuristen: Dipl.-Kfm. Klaus *Holweg;* Dipl.-Ing. Ulrich *Kirchhoff.*

Kapital: 6 Mill. DM.

Gesellschafter: Ruhrkohle Umwelt GmbH, Essen.

Ruhrkohle Umwelttechnik GmbH (RUT)

4300 Essen 1, Rellinghauser Straße 1, ☏ (0201) 177-3705, ✆ 857651 rag d, Telefax (0201) 177-3435.

Beirat: Dr. jur. Eberhard *von Perfall*, Vorsitzender; Dipl.-Ing. Hans-Joachim *Louis*, stellv. Vorsitzender; Dipl.-Ing. Ulrich *Potthast*, stellv. Vorsitzender; Dr. rer. nat. Klaus *Hilger*, Edwin *Trinkaus*.

Geschäftsführung: Dr.-Ing. Jürgen *Fortmann* (Sprecher); Dipl.-Kfm. Rolf *Lefelmann*.

5 UMWELTSCHUTZ

Gesellschafter: Ruhrkohle Umwelt GmbH, Essen, 40%; Westab GmbH, Duisburg, 40%; Teerbau Gesellschaft für Straßenbau mbH, Essen, 20%.

Zweck: Dienstleistungen auf dem Gebiet der Bodenverunreinigung und anderer Umweltbeeinflussungen. Sanierungsberatung, Entwicklung von Sanierungsverfahren, Erarbeitung von Sanierungskonzepten sowie die Durchführung von Sanierungsmaßnahmen oder die Vergabe von Aufträgen zur Sanierung an Dritte.

RUTEC Gesellschaft für Recycling und Umwelttechnik mbH

O-3561 Bierstedt, Postfach, ☏ (039007) 704, Telefax (039007) 719.

Geschäftsführung: Dipl.-Ing. Bernd *Schulz.*

Kapital: 100 000 DM.

Zweck: Entwicklung, Fertigung und Vertrieb von Maschinen und Anlagen der Umwelttechnik, insbesondere der Wertstoffverdichtung.

RWE Entsorgung Aktiengesellschaft

4300 Essen 1, Bamlerstraße 61, ☏ (0201) 6312-0, Telefax (0201) 6312-453.

Vorstand: Dr. h. c. Herbert *Krämer,* Vorsitzender; Hermann *Obeloer;* Dr. Günther *Theisen;* Dr. Heinz Bernd *Wibbe.*

Zweck: Die RWE Entsorgung Aktiengesellschaft bündelt und koordiniert als Führungsgesellschaft die vielfältigen Aktivitäten in den Bereichen Abfallwirtschaft, Abwasserwirtschaft und Altlasten. Zusammen mit ihren Beteiligungsgesellschaften entwickelt RWE Entsorgung zukunftsweisende Konzepte, Anlagen und Verfahren für eine erfolgreiche Entsorgungswirtschaft.

Saarberg Oekotechnik GmbH

6600 Saarbrücken, Hafenstr. 25, ☏ (0681) 9454-0, Telefax (0681) 9454-103.

Geschäftsführung: Ass. des Bergfachs Klaus *Bothe,* Sprecher; Dipl.-Kfm. Werner *Becker.*

Beirat: Dipl.-Ing. Dipl.-Kfm. Hans-Reiner *Biehl,* Vorsitzender des Vorstandes der Saarbergwerke AG, Saarbrücken, Vorsitzender; Dipl.-Ing. Werner *Brokke,* Berlin; Dipl.-Ing. Werner *Externbrink,* Mitglied des Vorstandes der Saarbergwerke AG, Saarbrücken; Klaus *Hüls,* Mitglied des Vorstandes der Saarbergwerke AG, Saarbrücken; Dr. Hannes *Kneissl,* KEC Kneissl Energie Consult GmbH, München; Dipl.-Kfm. Guido *Scheer,* Mitglied des Vorstandes der Saarstahl AG, Völklingen; Ministerialrat Dipl.-Kfm. Dr. Hubertus *Winkeler,* Bundesministerium der Finanzen, Bonn.

Kapital: 10 Mill. DM.

Alleiniger Gesellschafter: Saarbergwerke AG.

Zweck: Gegenstand des Unternehmens ist die Tätigkeit auf den Gebieten Behandlung, Verwertung und Entsorgung von Reststoffen und Abfällen, die Sanierung von Altlasten sowie die Abwasserreinigung einschließlich der damit im Zusammenhang stehenden Umweltschutztechniken durch Planung, Bau und Betrieb von entsprechenden Anlagen, Gewinnung und Vertrieb von Wertstoffen, Erbringung von Leistungen, insbesondere Ingenieur- und Beratungsleistungen sowie Entwicklungsarbeiten.

Beschäftigte: 240.

saco Altlastensanierung
Beratende Ingenieurgesellschaft für Altlastensanierung mbH

W-1000 Berlin 21, Lehrter Straße 16–19, ☏ (030) 394369, Telefax (030) 3944389.

Geschäftsführung: Dipl.-Geol. *Fallis.*

Kapital: 50 000 DM.

Gesellschafter: Rainer *Weber,* Dr. *Geldner.*

Zweck: Die Planung und Entwicklung von Sanierungsvorhaben bei Umweltschäden aller Art, insbesondere im Wege der Reinigung von Boden und Grundwasser durch hydraulische und mikrobiologische Verfahrensansätze sowie alle damit im Zusammenhang stehenden sanierungsrelevanten Tätigkeiten; die baubegleitende Sanierungsüberwachung bei Umweltschäden aller Art; die Übernahme von Sanierungsvorhaben aller Art auf dem Gebiet der Umweltschadensbeseitigung als Sanierungsträger; die Gesellschaft kann darüber hinaus sämtliche Tätigkeiten ausführen, die mit dem vorstehend genannten Gesellschaftszweck zusammenhängen oder ihn zu fördern geeignet sind.

Sächsisches ExpertenNetz Umwelt – SENU e. V.

O-8027 Dresden, Bergstraße 69, ☏ (0351) 471 50 56, Telefax (0351) 471 77 25.

Vorstand: Professor Dr. Günter *Busch,* Dr. Ralf *Herzog,* Dipl.-Chem. Lothar *Hübner,* Dr. Michael *Kubessa,* Professor Dr. Werner *Sieber.*

Geschäftsführung: Dr. Klaus *Michael.*

Zweck: Förderung des Umweltschutzes im ganzheitlichen Sinne durch Zusammenführen und koordiniertes Wirken von Fachleuten aus Unternehmen, In-

Secumont Dr. Eyssen & Partner GmbH

3320 Salzgitter-Bad, Quamorgen 16, ☏ (05341) 36306, Telefax (05341) 36306.

Geschäftsführung: Dr. G. *Eyssen,* Dipl.-Ing. V. *Eyssen.*

Gesellschafter: Datentechnik Bartels GmbH, 19%; Familie Eyssen, 51%; M. Herrlich, 10%; R. Kliemann, 10%; S. Ramuschkat, 10%.

Stammkapital: 50 000 DM.

Zweck: Betrieb einer EDV-Rohstoffbörse, Rohstoffangebote, Rohstoffrecherchen, insbesondere auch auf dem Gebiet der Secundärrohstoffe, branchenübergreifend, bundesweit und Europa; Beratung, Bewertung, Genehmigungsverfahren, Projektaufbau und Projektbegleitung.

SEWA – Institut für Schadstoffanalyse und Umweltberatung GmbH

O-5700 Mühlhausen/Thür., Görmarsche Landstraße 81, ☏ (03601) 440751, Telefax (03601) 440752.

Geschäftsführung: Dipl.-Geol. Roger *Helm,* Dipl.-Ing. Roland *Lange.*

Gesellschafter: SEWA-Gesellschaft für Sediment- und Wasseranalytik mbH, Essen, 80%; Dipl.-Ing. Roland Lange, Mühlhausen, 20%.

Zweck: Dienstleistungen auf dem Gebiet der Erfassung, Analytik und Bewertung von Schadstoffen in der menschlichen Umwelt; Sondierung und Probenahme von Wasser, Boden und Luft; Durchführung von Vor-Ort- und Laboranalysen; Erarbeitung von Gutachten und Sanierungskonzepten; Vermittlung von Aufträgen zur Sanierung an Dritte.

Sikom-Leipzig Gesellschaft für Energie- und Umweltberatung und -engineering mbH

O-7010 Leipzig, Ritterstraße 44–48, ☏ 2117921/23, Telefax 2117924.

Geschäftsführung: Ing. Wolfgang *Lange.*

Gründung: 1992.

Zweck: Sikom-Leipzig, aus der Gesellschaft für wirtschaftliche Energienutzung GmbH (GwE) hervorgegangen, ist ein unabhängiges, planendes und beratendes, wissenschaftlich-technisches Unternehmen. Sikom-Leipzig trägt mit energieökonomischen und ökologischen Studien, Szenarien, Konzepten, Analysen und Gutachten zur Lösung von Aufgaben einer effektiven und ökologisch verträglichen Energieversorgung der Wirtschaft, kommunaler Einrichtungen von Ländern und Regionen sowie im privaten Haushalt bei.

Ziel der Tätigkeit sind die Senkung des Energieverbrauches, die Verringerung der energetisch bedingten Umweltbelastung sowie die Minderung der Kosten.

Das Leistungsprofil weist nachstehende Hauptarbeitsfelder aus: Beratung von Energieabnehmern zu Fragen der Energieträgersubstitution, Energieeinsparung, Energieverträge, -tarife, -preise und des Energierechts, Finanzierungsmöglichkeiten und Fördermittel. Erarbeitung komplexer energieökonomischer und ökologischer Analysen, Studien, Szenarien, Konzepte und Gutachten zur effektiven Energieversorgung von Ländern, Regionen, Unternehmen und sonstigen Bedarfsträgern. Planung und ingenieurtechnische Durchführung von Projekten zur Energieeinsparung, insbesondere auf den Gebieten der Wärmeenergieerzeugung, Wärmeprozeßtechnik, Raumheizung und Bausanierung.

Neben den genannten Hauptarbeitsfeldern werden angrenzende Gebiete der Wirtschaft, Kommunalentwicklung und des Umweltschutzes bearbeitet. Eingeschlossen in das Leistunagsprofil sind ebenfalls länderübergreifende Aktivitäten im Rahmen der Europäischen Gemeinschaft und insbesondere nach Osteuropa.

SNW Sonderabfallentsorgung Nordrhein-Westfalen GmbH

4300 Essen 1, Huyssenallee 87, ☏ (0201) 233941, Telefax (0201) 230458.

Geschäftsführung: Dipl.-Ing. Dipl.-Wi.-Ing. Michael *Gagzow,* Dr. jur. Wolf Dieter *Sondermann.*

Gesellschafter: Richard Buchen GmbH; Edelhoff Entsorgung GmbH & Co. KG; Kluge Umweltschutz Beteiligung GmbH; Rethmann Entsorgungswirtschaft GmbH & Co. KG; Schönmackers Umweltdienste Dienstleistung GmbH; Trienekens Entsorgung GmbH; Westab Westdeutsche Abfallbeseitigungsgesellschaft mbH.

Staatliches Institut für Gesundheit und Umwelt

6600 Saarbrücken, Malstatter Straße 17, ☏ (0681) 5865-0, Telefax (0681) 5848452.

Leitung: Dr. rer. nat. G. *Luther.*

Abteilung A: Allgemeine Verwaltung
Leiter: Regierungsoberamtsrat Günter *Sander.*

5 UMWELTSCHUTZ

Abteilung C: Hygiene, medizinische Mikrobiologie
Leiter: Leitender Medizinaldirektor Dr. *Rohr*.

Abteilung D: Wasser
Leiter: Chemiedirektor Dr. *Kirn*.

Abteilung E: Chemie
Leiter: Dr. *Luxenburger*.

Abteilung F: Abwasser
Leiter: Chemierat Dr. *Wahrheit*.

Abteilung G: Lebensmittelchemie, Arzneimittel
Leiter: Leitender Chemiedirektor Dr. *Fey*.

Abteilung H: Veterinärmedizin und Lebensmittelhygiene
Leiter: Veterinärdirektor Dr. *Wöhner*.

TÜV Ostdeutschland Sicherheit und Umweltschutz GmbH
Mitglied der TÜV Rheinland Gruppe

O-1162 Berlin, Müggelseedamm 109 – 111, ☏ 6447204, 6447205, Telefax 6447263.

Geschäftsführung: Dr. rer. nat. Karl *Lehmann*.

Zweck: Dienstleistungen auf den Gebieten Umweltschutz, Energietechnik/Arbeitssicherheit, Gerätesicherheit/Werkstofftechnik, Kraftfahrzeugverkehr an 11 Standorten in allen neuen Bundesländern und Berlin.

Trienekens Entsorgung GmbH

4060 Viersen 1, Greefsallee 1 – 5, ☏ (02162) 376-0, Telefax (02162) 15467.

Geschäftsführung: Hellmut *Trienekens*, Dr. Günther *Teufel*, Manfred *Eickelbaum*, Dieter *Uffmann*, Wilhelm *Terhorst*.

Kapital: 70 Mill. DM.

Gesellschafter: Hellmut *Trienekens*, RWE Entsorgung AG.

Zweck: Das Unternehmen beschäftigt sich mit dem Einsammeln, Transportieren, Sortieren, Beseitigen und Ablagern von Abfällen aus Haushalten, Gewerbe und Industrie sowie mit der Entsorgung von Sonderabfällen und Altlastensanierung. Weiteres Unternehmensziel ist die Sammlung, Sortierung und Wiederverwertung von Wertstoffen aus dem Abfall.

UFZ – Umweltforschungszentrum Leipzig-Halle GmbH

O-7050 Leipzig, Permoserstraße 15, ☏ (0341) 2392 2242/2213, Telefax (0341) 2392 2791.

Aufsichtsrat: MinDirig. Dr. Jan-Baldem *Mennicken*, Bundesministerium für Forschung und Technologie, Bonn, Vorsitzender; Professor Dr. Paolo *Fasella*, Generaldirektor der GD XII Kommission der EG, Bruxelles; Dr. Christoph *Helm*, Ministerium für Wissenschaft und Forschung des Landes Sachsen-Anhalt, Magdeburg; Professor Dr. Hans-Wolfgang *Levi*, GSF-Forschungszentrum für Umwelt und Gesundheit, Neuherberg; Dr. *Rohe*, Mitglied des Vorstandes der Bayer AG, Leverkusen; Professor Dr. Günther *Schilling*, Rektor der Martin-Luther-Universität Halle-Wittenberg, Halle/Saale; Dr. Frank *Schmidt*, Ministerium für Wissenschaft und Kunst des Freistaats Sachsen, Dresden; Dr. Helmut *Schulz*, Bundesministerium für Forschung und Technologie, Bonn; MinDirig. Dr. Rudolph *Vieregge*, Bundesministerium für Umwelt, Naturschutz und Reaktorsicherheit, Bonn; MinDirig. Dr. Lothar *Weichsel*, Bundesministerium der Finanzen, Bonn; Professor Dr. Dr. Cornelius *Weiss*, Rektor der Universität Leipzig, Leipzig.

Geschäftsführung: Professor Dr. Peter *Fritz*, wissenschaftlicher Geschäftsführer; Dr. Karl *Tichmann*, administrativer Geschäftsführer.

Kapital: 45 Mill. DM.

Gesellschafter: Bundesministerium für Forschung und Technologie, 90%; Freistaat Sachsen, 5%; Land Sachsen-Anhalt, 5%.

Zweck: Erarbeitung wissenschaftlicher Grundlagen zum Verständnis der Umweltprobleme hochbelasteter Räume, Forschung zum Verständnis und Schutz natürlicher Lebensräume, Erforschung des natürlichen Regenerationsvermögens belasteter Systeme, Entwicklung von Konzepten zur Sanierung und Unterstützung von Renaturierungsprozessen in gestörten (Landschafts-)Systemen.

Umwelt + Boden Altsanierungs-GmbH

4600 Dortmund 50, Emil-Figge-Straße 85, ☏ (0231) 7546650, Telefax (0231) 7546645.

Geschäftsführung: Kfm. K. H. *Dickel*, Dr.-Ing. J. *Beckmann*, Dipl.-Ing. E. *Gläser*.

Gesellschafter: Ed. Züblin AG, Stuttgart.

Zweck: Erkundung und Bewertung von Schadensfällen/Altlasten; Entwicklung von Sanierungskonzepten; Planung und Durchführung von Sanierungen; Bau und Betrieb von Reinigungsanlagen für Boden, Wasser und Luft; Entsorgung kontaminierten Bodenmaterials; Deponietechnik; Planung von umwelttechnischen Anlagen, präventive Umwelttechnik; Genehmigungsanträge nach AbfG, BImSchG, WHG, BBauG, BNatSchG; Umweltverträglichkeitsuntersuchungen, Abfallwirtschaftskonzepte, Umweltberichte; Kanalinspektion und -sanierung.

Umweltagentur Ruhrgebiet
Teilprojekt Ruhr-Universität

4630 Bochum, Universitätsstraße 150, ☎ (0234) 700-2687, -2443, Telefax (0234) 7094-194.

Geschäftsführung: Dr. K. *Grosse*.

Zweck: Umweltbezogene Beratung von Unternehmen, Förderung der Kooperation Hochschule-Wirtschaft im Umweltbereich.

Umweltagentur Ruhrgebiet
Fachhochschule Bochum

4630 Bochum, Universitätsstraße 150, ☎ (0234) 700-7136, Telefax (0234) 7094-219.

Geschäftsführung: Dipl.-Geogr. Norbert *Dohms*.

Zweck: Ingenieurwissenschaftliche und betriebswirtschaftliche Beratung und Kontaktvermittlung in Umweltfragen für kleine und mittlere Unternehmen; Entwicklung und Projektierung, insbesondere in den Bereichen Betriebsinformationssysteme, Material- und Abfallwirtschaft, Entsorgungstechnik, Energiesystemtechnik.

Umweltagentur Ruhrgebiet
Teilprojekt Universität Dortmund

4600 Dortmund 50, Technologie-Zentrum Dortmund, Emil-Figge-Straße 76, ☎ (0231) 9742-329/330, 755-4783, Telefax (0231) 9742-120, 755-2327.

Geschäftsführung: Dipl.-Ing. Klaus-Peter *Priebe*.

Wissenschaftliche Mitarbeiter: Dipl.-Ing. M. *Roffmann*, Dipl.-Ing. M. *Bornemann*, Dipl.-Ing. M. *Schmidt*.

Finanzen: Finanziert aus Mitteln des Ministeriums für Wirtschaft, Mittelstand und Technologie des Landes Nordrhein-Westfalen und des Residerprogramms der Europäischen Gemeinschaft.

Zweck: Umwelttechnische Betriebsberatung für kleine und mittlere Unternehmen. Von der Anlagenvorprojektierung bis zur Konzeptionierung eines Finanzierungs- bzw. Förderplans. Beauftragung von Hochschulexperten mit der Erarbeitung von Einzellösungen für KMUs. Entwicklung von Marketingstrategien für technisch-wissenschaftliche Innovationen, die dem betrieblichen Umweltschutz dienen. Auswertung/Erarbeitung von Branchenkonzepten in Zusammenarbeit mit Industrieverbänden. Sämtliche Kosten der Beratungen, die KMUs in Anspruch nehmen, werden zu 100% von der Umweltagentur getragen.

Umwelttechnik Freiberg GmbH

O-9230 Brand-Erbisdorf, Industriegebiet Nord, Freiberger Straße, Postfach 38, ☎ (037322) 7360, Telefax (037322) 7361.

Geschäftsführung: Dr.-Ing. Claus *Weigl* (Geschäftsführer); Dipl.-Ing. Matthias *Scheidling* (Entwicklung/Vertrieb); Martina *Scheidling* (Finanzen).

Zweck: Entwicklung, Musterbau, Kleinserienfertigung und Vertrieb für: Abgassysteme (Schadstoffminderung durch Filterung und/oder katalytische Behandlung, Schalldämmung); Brennertechnik (Brenner für außergewöhnliche Anforderungen, zum Beispiel in der Industrieofentechnik, Abfallentsorgung); Meß- und Steuersysteme für Gasatmosphären (Sauerstoff- und Kohlenstoffsensoren).

Umwelttechnisches Entwicklungszentrum GmbH (UTE)

4417 Altenberge, Oststraße 7, ☎ (02505) 87-01, Telefax (02505) 8314.

Geschäftsführung: Dr. Wilhelm *Roß*, Josef *Wessels*.

Gesellschafter: Gemeinde Altenberge, 22%; Sparkasse Steinfurt, 24%; Kreis Steinfurt, 24%; META Meßtechnische Systeme GmbH, 30%.

Zweck: Unterhaltung eines umwelttechnischen Entwicklungszentrums, in dem verschiedene Unternehmen mit innovativem Charakter neue Wege zur Problemlösung auf dem Gebiet der Umwelttechnik erschließen und erfassen. Entwicklung und Modifizierung maßtechnischer Systeme für die Umweltanalytik und den Umweltschutz; Entwicklung und Fertigung von elektronischen Systemen, Soft- und Hardware, Meß-, Steuer- und Regeltechnik auf den Gebieten der angewandten Physik, Geowissenschaften und Umwelttechnik; Entwicklung, mechanische Fertigung und Montage der mechanischen und pneumatischen Komponenten für maßtechnische Systeme im Bereich Umweltanalytik, Erfassung und Optimierung von Technologien für die Sanierung von Altlasten; Dienstleistungen auf dem Gebiet des Umweltschutzes und der Arbeitssicherheit durch Erstellen übergreifender Umweltschutzkonzepte, Beantragung von Zulassungen für gewerbliche oder industrielle Anlagen, Erstellen von Sicherheitsanalysen sowie Umweltverträglichkeitsstudien.

Umwelttechnologieberatung Altenberge GmbH (UTA)

4417 Altenberge, Oststraße 7, ☎ (02505) 87-02, Telefax (02505) 3829.

Geschäftsführung: Dr. Wilhelm *Roß*.

Gesellschafter: Dr. Wilhelm *Roß*, 50%; Dr. Erwin *Weßling*, 50%.

5 UMWELTSCHUTZ

Zweck: Unternehmensberatung für die Lösung umwelttechnischer Fragestellungen; Dienstleistungen auf dem Gebiet des Umweltschutzes und der Arbeitssicherheit durch Erstellen übergreifender Umweltschutzkonzepte, Beantragung von Zulassungen für gewerbliche oder industrielle Anlagen, Erstellen von Sicherheitsanalysen sowie Umweltverträglichkeitsstudien.

UmweltZentrum Dortmund GmbH

4600 Dortmund 50, Emil-Figge-Str. 80, ☏ (0231) 9742-500, Telefax 0231/9742-501.

Geschäftsführung: Dipl.-Ing. Siegfried *Sell.*

Gesellschafter: Ruhrkohle Oel und Gas GmbH, Edelhoff Entsorgung GmbH & Co., Rethmann Städtereinigung GmbH & Co. KG, GfD Ingenieur- und Beratungsgesellschaft, Industrie- und Handelskammer zu Dortmund.

Zweck: Spezialzentrum für Umwelttechnologien. Mitarbeiter aus den Bereichen Wasser-/Abwasserreinigung (Verfahrenstechnik), Abfallwirtschaft, Boden, Umweltrecht und Umweltinformatik stehen für Produktentwicklungen und Beratungsdienstleistungen in den genannten Themenfeldern zur Verfügung.

Union Rheinbraun Umwelttechnik GmbH

5030 Hürth, Siemensstr. 1, ☏ (02233) 7994-0, Telefax (02233) 7994-11.

Beirat: Dipl.-Kfm. Michael G. *Ziesler,* Vorsitzender; Dr. rer. pol. Ulrich *Schmidt;* Dr. rer. nat. Wilfried *Dolkemeyer;* Dr.-Ing. Bernhard *Thole;* Dr. rer. nat. Karl A. *Theis.*

Geschäftsführung: Dipl.-Volksw. Hans-Ulrich *Hübbel,* Dr. rer. nat. Hans-Heinrich *Gierlich.*

Kapital: 5,0 Mill. DM.

Gründung: 1988.

Gesellschafter: Rheinbraun Verkaufsgesellschaft mbH, Köln.

Zweck: Entwicklung und Vertrieb von Umwelttechnik.

Beteiligungen: Union Piepho Umwelttechnik GmbH, Hürth; Irus Industrie Reinigung UK Schmitz GmbH, Neunkirchen; ILU GbR, Hürth.

UTB GmbH, Dr.-Ing. Lochte
Umwelttechnik Beratung

4020 Mettmann, Karpendeller Weg 8 a, ☏ (02104) 71446, Telefax (02104) 71564.

Geschäftsführung: Dr.-Ing. H.-J. *Lochte.*

Kapital: 50 000 DM.

Gesellschafter: Dr.-Ing. H.-J. *Lochte.*

Zweck: Untersuchung, Bewertung, Sanierung von Altstandorten und Altlasten; Bewertung von Voruntersuchungen, Risikoanalysen, Erstellung von Sanierungskonzepten, Durchführung von Sanierungen im Bodenluft- und Grundwasserbereich, Einsatz der innovativen Techniken der Zirkulationsströmung sowie des UVB-Systems der IEG mbH, Deponietechnik für HM und SM.

UTECON Umweltschutz & Technologie Service GmbH

1140 Berlin, Beilsteiner Straße 9, ☏ (030) 5253882, Telefax (030) 5253864.

Geschäftsführung: Dr. sc. techn. Michael *Pardon,* Dipl.-Ing. Peter *Skrabania.*

Zweck: Beratungs- und Ingenieurleistungen im technischen Umweltschutz (Altlasten, Abfall, Luft, Wasser, Energie), militärische und zivile Konversion, ökologisches Wirtschaften, ökologisches Management, planungsvorbereitende Arbeiten, UVP, Entwicklung und Einführung von Umweltinformationssystemen, Satelliten- und Luftbildauswertung, Technologietransfer Osteuropa.

Tochtergesellschaft: UTECON Technik Entsorgung & Konversion GmbH, 100%.

uve Gesellschaft für Umwelt, Verkehr und Energie mbH

1000 Berlin 12, Kantstraße 33, ☏ (030) 31582-3, Telefax (030) 31582-400.

Geschäftsführer: Matthias *Raith,* Dr. Michael *Meetz.*

Zweck: Komplettservice als Dienstleistung durch die Beratung, Planung, Prüfung und Schulung in allen Bereichen des konzeptionellen und technischen Umweltschutzes bei Unternehmen und öffentlichen Einrichtungen, Erarbeitung von ganzheitlichen Planungen für Errichtung, Bau und Betrieb von Anlagen, für Herstellung, Gebrauch und Entsorgung von Produkten, für die Verkehrsplanung und die Nutzung von Energie.

UWETEC Umweltschutzanlagenbau GmbH

O-1020 Berlin, Köpenicker Straße 127, ☏ 2702545, ✆ 304502, Telefax 2793166.

Geschäftsführung: Dipl.-Ing. Gerhard *Jäckel.*

Kapital: 500 000 DM.

Gesellschafter: Dipl.-Ing. Ekkehard *Streletzki*, 100 %.

Zweck: Erbringung aller Leistungen für die Vorbereitung und Durchführung von Investitionen auf dem Gebiet der Umweltschutzanlagen für eine Boden-, Wasser- und Luftreinhaltung und der damit in Zusammenhang stehenden Tätigkeiten, wie Beratung, Planung, Engineering, Projektierung, Projektmanagement, Projektrealisierung, Montage, Demontage, Inbetriebsetzung, Gewährung von technischer Hilfe, Ausbildung von Betreiberpersonal, Service, Ersatzteilversorgung, Durchführung von Geschäftsoperationen des Ex- und Imports, des Kaufs und Verkaufs (Mietung und Vermietung) einschließlich der dazugehörigen Heizungs-, Belüftungs-, Klima- und Elektroanlagenmontagen.

UWG GmbH
Gesellschaft für Umwelt- und Wirtschaftsgeologie mbH (vormals ZGI Berlin)

O-1040 Berlin, Invalidenstraße 44, ☏ O-Berlin 2 31 44-5, Telefax O-Berlin 23 14 47 00.

Geschäftsführung: Dr. *Erler*.

WCI Umwelttechnik GmbH

6072 Dreieich-Sprendlingen, Im Gefierth 13 d, ☏ (0 61 03) 38 07-0, Telefax (0 61 03) 3 64 39.

Aufsichtsrat: Jean-François *Nicod*, Vice President Europe.

Geschäftsführung: Jean-François *Nicod*, Dr.-Ing. Bernd *Kordes*, Dipl.-Ing. Harald *Burmeier*.

Gesellschafter: Woodward-Clyde Group, Inc. Denver, USA.

Zweck: Unabhängig beratendes Ingenieurunternehmen mit den Hauptarbeitsgebieten: Sicherung und Sanierung kontaminierter Standorte, Untersuchung und Bewertung asbesthaltiger Baustoffe, Abfallwirtschaft und Umwelt-Audits. Sicherung und Sanierung kontaminierter Standorte: Voruntersuchungen, Technische Erkundungen/Orientierende Untersuchungen/Gefährdungsabschätzungen, Sanierungsuntersuchungen, Qualitätssicherung, Arbeitssicherheit, Sanierungsmanagement, Öffentlichkeitsarbeit. Bereich asbesthaltige Baustoffe: Asbesthaltige Baustoffe in Gebäuden erkennen, Bewertung nach den Asbest-Richtlinien, Erstellung von Sanierungskonzepten, Sanierungsplanung, Arbeits- und Umweltschutz, Abfallentsorgung. Bereich Abfallwirtschaft: Kommunale Abfallwirtschaft, Gewerbeabfall, Industrieberatung (Innerbetrieblicher Umweltschutz, Verpackungsverordnung), Kompostierung, Deponietechnik, Abbruch- und Entsorgungspläne.

Niederlassungen:

3015 Wennigsen, Hauptstraße 45 a, ☏ (0 51 03) 81 44, Telefax (0 51 03) 74 88.
6900 Heidelberg, Tullastraße 4, ☏ (0 62 21) 30 39 36, Telefax (0 62 21) 30 38 09.
O-7500 Cottbus, Thiemstraße 56, ☏ (03 55) 42 20 02), Telefax (03 55) – 42 20 80.
5600 Wuppertal, Kleiner Werth 34, ☏ (02 02) 59 50 17, Telefax (0202) 55 26 42.

Weitere Niederlassungen: Neben 45 Büros in den USA, die der Muttergesellschaft zugehören, verfügt Woordward-Clyde International (WCI) über Niederlassungen in Lausanne, Barcelona, Madrid sowie in Australien und Neuseeland.

Beschäftigte: Rd. 2 700 insgesamt, rd. 60 in der WCI Umwelttechnik GmbH, Deutschland.

Wisstrams Umwelt GmbH

3400 Göttingen, Am Leinekanal 4, ☏ (05 51) 5 88 00, Telefax (05 51) 5 88 99.

Geschäftsführung: Dipl.-Kfm. Rolf *Vieten*, Professor Dr. rer. nat. Gerhard *Gottschalk*, Dipl.-Kfm. Armin *Emmerz*.

Gesellschafter: Dipl.-Kfm. Rolf *Vieten*, 25 %; Professor Dr. rer. nat. Gerhard *Gottschalk*, 25 %; Elektrizitätsaktiengesellschaft Mitteldeutschland, 50 %.

Zweck: Dienstleistungen im Bereich der Umweltanalytik (Staatlich anerkannte Trink- und Abwasseruntersuchungsstelle); Ersterfassung und Bewertung von Altablagerungen/Altlasten, Gutachten, Sanierungsuntersuchungen, Sanierungskonzepte, Boden- und Grundwassersanierungen; Mikrobieller Abbau von Schadstoffen.

ZEUS Zentrum zur Entwicklung von Umwelttechnologien und Systemtechnik

4100 Duisburg 12, Hamborner Straße 20, Thyssen Engineering GmbH, ☏ (0203) 5 22 44 10, Telefax (0203) 5 22 44 51.

Leiter des Institutes: Professor Dr. Ihsan *Barin*.

Zweck: Dienstleistungen für den Umweltschutz, Wasser/Abwasser, Boden, Luft, Abfall, Kohle-Chemie und Brennstoffanalytik, System- und Sicherheitstechnik.

5 UMWELTSCHUTZ

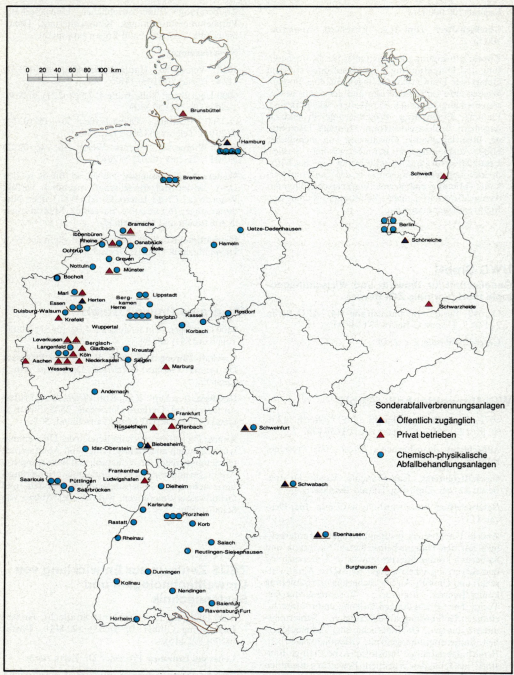

Standorte chemisch-physikalischer Behandlungs- und Sonderabfallverbrennungsanlagen in Deutschland 1991.

Quelle: Umweltbundesamt, Daten zur Umwelt 1990/91.

CONSULTING

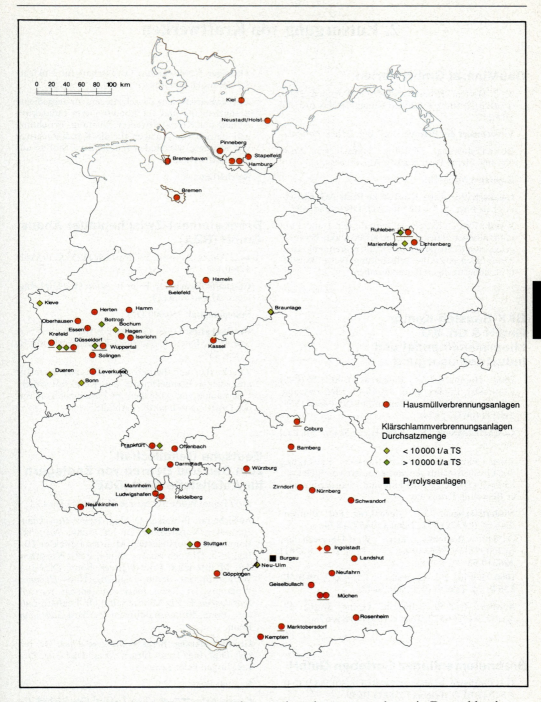

Standorte der Abfallbehandlungs-, -pyrolyse- und -verbrennungsanlagen in Deutschland.
Quelle: Umweltbundesamt, Daten zur Umwelt 1990/91.

2. Entsorgung von Kraftwerken

BauMineral GmbH Herten

4352 Herten, Hiberniastraße 12, Postfach 1160, ℡ (02366) 5090, ℅ 829476 baumi, Telefax (02366) 509-210.

Vorsitzender des Beirats: Dipl.-Ing. Ulrich *Potthast*.

Geschäftsführung: Dipl.-Ing. Hans-Jürgen *Koch*, Dr.-Ing. Heinz-Peter *Backes*, Alois *Illerhues*.

Kapital: 8 Mill. DM.

Gesellschafter: Veba Kraftwerke Ruhr AG, Gelsenkirchen-Buer, 51%; Rhenus AG, Dortmund, 49%.

Zweck: Das Unternehmen betreibt den Handel mit mineralischen Baustoffen, die als Produkte bei fossil gefeuerten Kraftwerken und Müllverbrennungsanlagen anfallen, sowie die Aufbereitung solcher Baustoffe zu höherwertigen Baumaterialien.

BKK Baustoff-Kontor GmbH & Co. KG Mineralstoffhandel und Industrieentsorgung

2000 Hamburg 74, Pinkertweg 40, ℡ (040) 731066-01, Telefax (040) 731066-11. Niederlassung: 2301 Grevenkrug, Post Blumenthal, ℡ (04322) 871, Telefax (04322) 874.

Geschäftsführung: Dipl.-Kfm. Heinz *Schott*, Michael *Sanders*.

Zweck: Baustoffhandel und -transport. Entsorgung von Großkesselanlagen, insbesondere von Steinkohlenkraftwerken. Entwicklung und Realisierung neuer Recycling-Konzepte.

Niederlassungen: 2301 Grevenkrug, Post Blumenthal, ℡ (04322) 871, Telefax (04322) 874.

O-2540 Rostock, Pier West-Überseehafen, ℡ (003781) 366219-84/85, Telefax (003781) 366219-83.

1000 Berlin 20, Goetzstraße 21–27, ℡ (030) 33640-74, Telefax (030) 33650-12.

Agentur: O-2750 Schwerin, Grüne Straße 14, ℡ (03784) 860628, Telefax (03784) 860628.

Brennelementlager Gorleben GmbH

3131 Gorleben, Lüchower Straße 8, ℡ (05882) 10-0, ℅ 91813 BLG, Telefax (05882) 10-30.

Geschäftsführung: Reinhard *König*, Dr.-Ing. H.-O. *Willax*.

Alleiniger Gesellschafter: Gesellschaft für Nuklear-Service mbH, Hannover.

Zweck: Betrieb eines Zwischenlagers für ausgediente Brennelemente und für konditionierte radioaktive Abfälle aus Kernkraftwerken; Planung, Errichtung und Betrieb von Anlagen für die Konditionierung von wärmeentwickelnden radioaktiven Stoffen aus Kernkraftwerken.

Beschäftigte: 45.

Brennelement-Zwischenlager Ahaus GmbH (BZA)

4422 Ahaus, Ammeln 59, Postfach 1125, ℡ (02561) 426-0.

Geschäftsführung: Dr. Peter R. *Munz* (K); Dipl.-Ing. Heinz *Malmström* (T).

Stammkapital: 750 000 DM.

Gesellschafter: GNS, Gesellschaft für Nuklear-Service mbH, Essen, 55%; Steag Kernenergie GmbH, Essen, 45%.

Zweck: Bau und Betrieb eines Zwischenlagers für ausgediente Brennelemente aus Kernkraftwerken. Übernahme von Aufgaben im Zusammenhang mit der Lagerung radioaktiver Abfälle.

Deutsche Gesellschaft zum Bau und Betrieb von Endlagern für Abfallstoffe mbH (DBE)

3150 Peine, Woltorfer Straße 74, ℡ (05171) 43-1.

Aufsichtsrat: Professor Dr.-Ing. Heinz *Haferkamp*, Hannover, Vorsitzender; Dr. jur. Günter *Nastelski*, Bonn, stellv. Vorsitzender; Ministerialdirektor Dr.-Ing. E. h. Dietrich *Ruchay*, Bonn, stellv. Vorsitzender; Ministerialrat Fritz *Blättner*, Bonn; Dipl.-Ing. Werner *Brocke*, Berlin; Dipl.-Ing. Hans *Hemmer*, Würzburg; Dr. Klaus *Janberg*, Essen; Dr. rer. pol. Jens *Jenßen*, Essen; Ministerialrat Dr. Eckhard *Lübbert*, Bonn; Ministerialdirigent Gerhard *Siepmann*, Bonn.

Geschäftsführung: Bergass. Manfred *Florl;* Dr. rer. pol. Dipl.-Ing. Hans Jürgen *Krug;* Dipl.-Ing. Dr.-Ing. Jürgen Peter *Lempert*.

Kapital: 160 000 DM.

Gesellschafter (zu gleichen Teilen): Gesellschaft für Nuklear-Service mbH (GNS), Hannover; Industrieverwaltungsgesellschaft AG, Bonn-Bad Godesberg;

ENTSORGUNG VON KRAFTWERKEN

Noell GmbH, Würzburg; Saarberg-Interplan Gesellschaft für Rohstoff-, Energie- und Ingenieurtechnik mbH, Saarbrücken.

Zweck: Planung, Bau und Betrieb von Anlagen zur Sicherstellung und Endlagerung von Abfallstoffen im Sinne des § 9a Absatz 3 AtG in der Fassung vom 3. 12. 1976.

GNS Gesellschaft für Nuklear-Service mbH

Firmensitz: 3000 Hannover 1, Postfach 2123, Lange Laube 7, ℡ (0511) 9116-0, ⚡ 5118349 GNS hann, Telefax (0511) 9116-100.

Betriebsstätte Essen: 4300 Essen 1, Postfach 101253, Zweigertstr. 28–30, ℡ (0201) 7220-0, ⚡ 8579993 gnsd, Telefax (0201) 7220-181.

Aufsichtsrat: Dr. Dietmar *Kuhnt* (Vorsitzender), Essen; Dr. Otto *Majewski* (stellv.), München; Dr. Klaus *Bechtold*, Hagen; Professor Dr. Heinz *Brüderlin*, Stuttgart; Dipl.-Ing. Georg *Dumsky*, München; Dr. Hans-Ulrich *Fabian*, Hannover; Dr. Günther *Häßler*, Karlsruhe; Dipl.-Kfm. Dieter *Junge*, Dortmund; Dr.-Ing. E. h. Reinhold *Mäule*, Esslingen; Herbert *Reinhard*, Essen; Dr.-Ing. E. h. Karl *Stäbler*, Stuttgart; Dr. Manfred *Timm*, Hamburg.

Geschäftsführung: Dr. Henning *Baatz*; Dr. Klaus *Janberg*; Dr. Norbert *Semann*.

Stammkapital: 12 000 000 DM.

Gesellschafter: RWE Energie AG, Essen, 23,7%; Bayernwerk AG, München, 23,7%; PreussenElektra AG, Hannover, 23,7%; Südwestdeutsche Nuklear-Entsorgungsgesellschaft mbH (SNE), Stuttgart, 18,5%; Elektromark Kommunales Elektrizitätswerk Mark AG, Hagen, 1%; VEW Vereinigte Elektrizitätswerke Westfalen AG, Dortmund, 4,0%; HEW Hamburgische Electricitäts-Werke AG, Hamburg, 5,5%.

Zweck: Die Entsorgung schwach- und mittelradioaktiver Abfälle und schwach- und mittelradioaktiver Reststoffe im Hinblick auf ihre geordnete Beseitigung und schadlose Verwertung; die Herstellung bzw. Beschaffung und Vertrieb von Transport- und bzw. oder Lagerbehältern für radioaktive Stoffe; die Durchführung von Dienstleistungen, einschließlich des Transportes von radioaktiven Stoffen im Ausland, die mit den vorgenannten Gebieten in Zusammenhang stehen, insbesondere der Betrieb eines Abfallfluß-, Verfolgungs- und Produktkontrollsystems (AVK); die Durchführung von Planungs-, Forschungs- und Entwicklungsarbeiten, soweit sie mit den vorgenannten Gebieten in Zusammenhang stehen. Die Gesellschaft ist berechtigt, Maßnahmen und Geschäfte aller Art vorzunehmen, die den Unternehmenszweck zu fördern geeignet sind, einschließlich der Beteiligung an anderen Unternehmen.

Inter-Nuclear Servicegesellschaft für internationale Entsorgung mbH

6450 Hanau 11, Rodenbacher Chaussee 6, Postfach 110007, ℡ (06181) 582444, ⚡ 4184113 nuk d.

Geschäftsführung: Christian *Colhoun*.

Kapital: 650 000 DM.

Gesellschafter: Nukem GmbH, Hanau, 90%; Transnuklear GmbH, Hanau, 10%.

Zweck: Die Gesellschaft ist die Agentur der China Nuclear Energy Industry Corp. (CNEIC), Peking, für die Lieferung bestrahlter Brennelemente aus europäischen Kernkraftwerken in die Volksrepublik China. Alle Dienstleistungen und die Vermittlung aller Tätigkeiten und Leistungen bei der Entsorgung im nuklearen Brennstoffkreislauf im internationalen Bereich sowie alle weiteren Dienstleistungen im Rahmen des nuklearen Brennstoffkreislaufs im In- und Ausland.

Kernkraftwerk Lingen GmbH (KWL)

4450 Lingen, Postanschrift: 4600 Dortmund 1, Rheinlanddamm 24 (i. Hs. Vereinigte Elektrizitätswerke Westfalen AG), ℡ (0231) 438-2063, ⚡ 822121 VEW.

Geschäftsführung: Dipl.-Kfm. Ingo *Schmidt*, Dipl.-Ing. Günther *Wilke*.

Stammkapital: 20 Mill. DM.

Gesellschafter: Vereinigte Elektrizitätswerke Westfalen AG (VEW), 100%.

Betriebsanlagen: Das Kernkraftwerk wurde für eine elektrische Nettoleistung von 256 MW ausgelegt. Die Anlage ist mit einem Siedewasserreaktor und einem nachgeschalteten, mit fossilen Brennstoffen befeuerten Überhitzer ausgerüstet. Das Kernkraftwerk war zur Strom- und Wärmeerzeugung eingesetzt und sollte Erfahrungen über Betrieb, Sicherheit und Wirtschaftlichkeit bei der Verwendung der Kernenergie zur Stromerzeugung bringen. Das Kraftwerk wurde 1977 außer Betrieb genommen. Die wesentliche Aufgabe der Gesellschaft besteht in der Abwicklung des Stillegungsbetriebes einschl. des späteren Abbruchs der Anlage.

Kewa Kernbrennstoff-Wiederaufarbeitungstechnik GmbH

3000 Hannover 1, Baringstraße 6, Postfach 3245, ℡ (0511) 3668-0, ⚡ 922020 DWK, Telefax (0511) 3668-203.

Geschäftsführung: Ass. Bernd *zur Nedden*, Dipl.-Phys. Ernst *Robinson*.

Kapital: 50 000 DM.

5 UMWELTSCHUTZ

Gesellschafter: Deutsche Gesellschaft für Wiederaufarbeitung von Kernbrennstoffen mbH (DWK), Hannover, 100 %.

Zweck: Beratung und Planungsarbeiten auf dem Gebiet der Wiederaufarbeitung von Kernbrennstoffen, einschließlich Abgasreinigung und der Behandlung radioaktiver Abfälle.

Romuald Kremer
Baustoffe und Transporte GmbH

8729 Zeil am Main, Untere Straße 4, ☏ (09524) 1655.

Geschäftsführung: Bernd *Czoske.*

Zweck: Entsorgung von Kohlekraftwerken; Aufbereitung und Lagerung von Kraftwerksreststoffen; anwendungstechnische Beratung.

Montan-Entsorgung GmbH & Co KG

4300 Essen 1, Rolandstraße 5 – 9, ☏ (0201) 177-2580, ✆ 857651 rag d, Telefax (0201) 177-2844.

Geschäftsführung: Dipl.-Ing. Hans Peter *Schmidt,* Hermann-Josef *Segeroth.*

Kapital: 1,5 Mill. DM.

Gesellschafter: Montan-Entsorgung Verwaltungs GmbH, Essen; Steag Entsorgungs-GmbH, Dinslaken; Raab Karcher AG, Essen.

Gesellschaftszweck: Entsorgung von Kohlenaschen und sonstigen Verbrennungsreststoffen von Kraftwerken und anderen Anlagen sowie der Handel mit diesen Produkten und dazugehörige Dienstleistungen.

Preil Füllstoffvertrieb GmbH & Co KG

4650 Gelsenkirchen-Buer, Cranger Straße 68, Postfach 201044, ☏ (0209) 59938, ✆ 824192 preil d, Telefax (0209) 59930.

Geschäftsführung: Dipl.-Ing. Werner *Alings,* Ernst G. *Chemnitz.*

Zweck: Entsorgung der Steinkohlenkraftwerke von Nebenprodukten, insbesondere Flugaschen, Feuerraumaschen, Granulat und Entschwefelungsprodukten. Know-how für die Verwendung und den Vertrieb dieser Produkte als Wirtschaftsgüter; Forschung und Entwicklung neuer Anwendungsbereiche für solche Nebenprodukte.

ProMineral
Gesellschaft zur Verwendung von Mineralstoffen mbH

4300 Essen 1, Bamlerstraße 61, ☏ (0201) 63404-0, Telefax (0201) 63404-91.

Geschäftsführung: Dr. Otto *Lehmkämper,* Hermann P. *Bünte.*

Kapital: 1 Mill. DM.

Gesellschafter: RWE Entsorgung AG, 100 %.

Zweck: Aufbereitung und Verwertung von Sekundärrohstoffen aus fossilgefeuerten Kraftwerken und anderen Bereichen. Entwicklung von innovativen Produkten und Verfahren zur Veredelung von Sekundärrohstoffen, Produktion und Vertrieb von Halbfertig- und Fertigprodukten sowie kommerzielle Nutzung des erworbenen Know-hows und der gewerblichen Schutzrechte.

Rhenus Lager und Umschlag AG
Zweigniederlassung Hanau

6450 Hanau 1, Postfach 2052, Hafenstraße 16-20, ☏ (06181) 3601-0.

Niederlassungsleitung: Artur *Binder.*

Zweck: Kraftwerksentsorgung von Flugasche, Kraftwerkschlacke, Rea-Gips; Erarbeitung von Einsatzmöglichkeiten und Erstellung von Rezepturen für diese Produkte.

ses – Sonderabfallentsorgung Saar GmbH

6600 Saarbrücken, Ursulinenstraße 35, ☏ (0681) 38704-0, Telefax (0681) 38704-25.

Geschäftsführung: Dipl.-Kfm. Dr. Klaus *Bauer,* Dipl.-Chem. Dr. Rainer *Lorscheider.*

Aufsichtsratsvorsitzender: Staatssekretär Burghard *Schneider.*

Steag Entsorgungs-Gesellschaft mbH

4220 Dinslaken, Duisburger Str. 170, ☏ (02064) 608-330, ✆ 8551519 seg d, Telefax (02064) 608-358.

Geschäftsführung: Dirk H. *Berger;* Dr. rer. pol. Hans *Huber,* stellv.; Dr.-Ing. Bernd *Neukirchen;* Heinz *Urchs,* stellv.

Gesellschafter: Steag AG, Essen, 74,9 %; Ruhr-Carbo Handelsgesellschaft mbH, Essen, 25,1 %.

Zweck: Entsorgung von Steinkohlenkraftwerken und Industriebetrieben sowie die Aufbereitung und wirtschaftliche Verwertung von Produktionsrückständen, Bau, Betrieb und Betriebsführung von Abfallbehandlungsanlagen.

VEW-Reststoffverwertungsgesellschaft mbH

4600 Dortmund 1, Rheinlanddamm 24, ☏ (0231) 438-1, ✂ 0822121 VEW.

Geschäftsführung: Dr. rer. pol. Horst *Günther*, Egbert *Pottgießer*, Dr.-Ing. Ulrich *Täubert*.

Gesellschafter: Vereinigte Elektrizitätswerke Westfalen AG (VEW), 100%.

Zweck: Die Verwertung und Entsorgung von Reststoffen und Abfällen aller Art, insbesondere soweit diese bei Energieversorgungsunternehmen anfallen.

Wiederaufarbeitungsanlage Karlsruhe Betriebsgesellschaft mbH (WAK)

7514 Eggenstein-Leopoldshafen 2, Postfach 1263, ☏ (07247) 88-0, Telefax (07247) 4755, Teletex 724 731 wak, ✈ Aufarbeit Leopoldshafen.

Geschäftsführung: Dr. Walter *Weinländer*, Vorsitzender; Dipl.-Kfm. R. *Heere*.

Prokuristen: Dr. W. *Dander*, Dr. M. *Weishaupt*, H. *Wiese*.

Gesellschafter: Deutsche Gesellschaft für Wiederaufarbeitung von Kernbrennstoffen mbH (DWK), Hannover, 100%.

Zweck: Betrieb der Wiederaufarbeitungsanlage Karlsruhe (WAK) und Betrieb von Versuchsanlagen zum Zwecke der Wiederaufarbeitung bestrahlter Kernbrennstoffe, der Weiterentwicklung des Wiederaufarbeitungs-Know-hows und der Ausbildung wissenschaftlichen und technischen Personals auf dem Gebiet der Wiederaufarbeitung.

Beschäftigte: 360.

SAFA Saarfilterasche-Vertriebs-GmbH & Co KG

7570 Baden-Baden 24, Römerstraße 1, ☏ (07221) 61021, ✂ 781168 safa d, Telefax (07221) 61080.

Geschäftsführung: Joachim *Dörich*.

Kapital: 1 000 000 DM.

Gesellschafter: Hans-Joachim *Dörich*, Gaggenau, 12,50%; Herbert *Mertens*, Paderborn, 12,50%; Irene *Mertens*, Paderborn, 6,25%; Konrad *Mertens*, Paderborn, 6,25%; Rudolf *Peter*, Baden-Baden, 12,50%; Heidelberger Zement AG, Heidelberg, 30,0%, Saarbergwerke AG, Saarbrücken, 20,00%.

Zweck: Entsorgung der Steinkohlenkraftwerke von Nebenprodukten, insbesondere Flugaschen, Feuerraumaschen, Granulat und Entschwefelungsprodukten. Know-how für die Verwendung und den Vertrieb dieser Produkte als Wirtschaftsgüter; Forschung und Entwicklung neuer Anwendungsbereiche für solche Nebenprodukte.

bergbau rohstoffe energie Band 26

Kohle und Umwelt

Von Professor Dr.-Ing. Friedrich H. Franke, Privatdozent Dr.-Ing. Klaus J. Guntermann und Dr. rer. nat. Michael J. Paersch.

Neueste Technologien bei:
▷ **Kohlenabbau**
▷ **Kohlenaufbereitung**
▷ **Kohlenverbrennung**
▷ **Kohlenveredlung**

112 Seiten mit 60 Bildern. Preis 78 DM

Verlag Glückauf GmbH · Postfach 103945 · D-4300 Essen 1

3. Organisationen

Abwassertechnische Vereinigung e. V. (ATV)

5205 St. Augustin 1, Markt 71, Postfach 11 60, ☏ (02241) 232-0, ⌁ 8 861 183 atv d, Telefax (02241) 232-35/51.

Präsident: Professor Dr.-Ing. E. h. Klaus R. *Imhoff*.

Geschäftsführung: Dr.-Ing. Sigurd *van Riesen*, Hauptgeschäftsführer.

Arbeitsgemeinschaft für sparsamen und umweltfreundlichen Energieverbrauch eV

2000 Hamburg 1, Heidenkampsweg 101, ☏ (040) 234509, Telefax (040) 23 66 33 61.

Präsidium: Ulrich *Hartmann*, Hamburg, Präsident; Winfried *Manteuffel*, Frankfurt; Peter *Müller*, München; Friedrich *Späth*, Essen; Dr. Heinrich *Stiens*, Frankfurt.

Vorstand: Manfred *Arenz*, Essen; Werner *Bähre*, Lörrach; Wolfgang *Berge*, Göppingen; Dietmar *Etschberger*, Augsburg; Volker *Etzbach*, München; Albert *Gasch*, Baden-Baden; Dr. Peter *Grütters*, Salzgitter; Horst *Gumm*, Duisburg; Klaus *Hahne*, Gelnhausen; Wilfried *Handrock*, Paderborn; Lutz *Heger*, Sarstedt; Dr. Klaus *Herrnberger*, Duisburg; Dr. Klaus *Hesselbarth*, Münster; Dr. K.-E. *Holst*, Böhlitz-Ehrenberg; Jürgen *Leßner*, Stuttgart; Hermann Josef *Munkes*, Saarbrücken; Michael *Pfeiffer*, Halle; Dipl.-Kfm. Günther *Paschinger*, Leipzig; Adolf *Pröser*, Friedberg; Dr. Kurt *Ratzka*, Bamberg; Herbert *Reißer*, Darmstadt; R. *Schüler*, Kaiserslautern; Peter *Solf*, Fulda; Fritz *Stein*, Berlin; Wolfgang *Weber*, Dortmund; Ulrich *Weiß*, Dortmund.

Geschäftsführung: Ulrich *Ingenillem*, Hamburg; Bernhard *Vogt*, Essen.

Zweck: Förderung der Forschung, Entwicklung und Verbreitung von energiesparenden und umweltfreundlichen Technologien.

Arbeitsgemeinschaft für Umweltfragen e. V. (AGU)

5300 Bonn 2, Matthias-Grünewald-Straße 1 – 3, ☏ (0228) 37 50 05, Telefax (0228) 37 55 15.

Geschäftsführender Vorstand: Professor Dr.-Ing. E. h. Kurt *Oeser*, Vorsitzender; Dr. Carsten *Kreklau*, stellv. Vorsitzender; Dr. Werner *Schneider*, stellv. Vorsitzender; Dr. Benno *Weimann*, stellv. Vorsitzender.

Geschäftsführung: Dipl.-Volksw. Arnim *Schmülling*.

Zweck: Clearingstelle der Umweltdiskussion zwischen den gesellschaftlichen Gruppen auf Bundesebene mit koordinierender Funktion im vorparlamentarischen Raum. Ausrichtung von Sachverständigengesprächen auf nationaler und internationaler Ebene.

Arbeitsgemeinschaft Nordrhein-Westfalen für die Verwertung und Beseitigung von Rückständen aus der gewerblichen Wirtschaft eV

4000 Düsseldorf 1, Ivo-Beucker-Str. 43, Postfach 230169, ☏ (0211) 679 31 41, Telefax (0211) 67931-88.

Vorstand: Dr. G. F. *Goethel*, Vorsitzender; Dipl.-Volksw. F. *Tettinger*, stellv. Vorsitzender; Dr. N. *Wilke*, stellv. Vorsitzender; Dipl.-Ing. Rolf *Uhrmann*.

Geschäftsführung: Dipl.-Ing. Heinrich *Fathmann*.

Zweck: Unter Ausschluß unmittelbarer oder mittelbarer wirtschaftlicher Tätigkeiten die Förderung und Unterstützung von Vorhaben, die auf eine Wiederverwertung oder geordnete Beseitigung von Rückständen oder Nebenprodukten der gewerblichen Wirtschaft gerichtet sind.

Arbeitsgemeinschaft Sekundärrohstoff- und Entsorgungswirtschaft (ASE)

5000 Köln 1, Brabanter Str. 8, ☏ (0221) 25 30 68, ⌁ 8 881 610, Telefax (0221) 25 21 90.

Vorstand: Dr. Helmut *Trapp*, Bernhard *Edelmann*, Heinz-Werner *Hempel*, Dipl.-Kfm. Carl-Martin *Nagel*, Dipl.-Kfm. Heinz *de Fries*, RA Hans-Joachim *Kampe*, Herbert *Scheil*.

Geschäftsführung: Dipl.-Volksw. Hans-P. *Münster*, Hanno *Reiner*, Dipl.-Volksw. Hans-Günter *Fischer*, Dipl.-Kfm. Rüdiger *Utsch*, Dipl.-Kfm. Rolf *Willeke*.

Zweck: Schonung der Reserven an Primärrohstoffen, Rohstoffversorgung, Energieeinsparung und Umweltentlastung.

ORGANISATIONEN

Mitglieder: bvp-Bundesverband Papierrohstoffe e. V., Köln; Bundesverband der Deutschen Rohstoffwirtschaft e. V. (BVDR), Köln; Bundesverband der Deutschen Schrott-Recycling-Wirtschaft e. V. (BDS), Düsseldorf; Deutscher Schrottverband e. V. (DSV), Köln; Verein deutscher Metallhändler e. V. (VdM), Bonn; Fachverband Textilrohstoffe in der Bundesrepublik Deutschland e. V., Karlsruhe. Die Verbände der ASE betreuen mehr als 1 900 Mitgliedsunternehmen.

Arbeitskreis Umweltschutz Bochum e. V.

4630 Bochum, Brückstr. 58, ☏ (02 34) 6 64 44.

Vorstand: Dr. Ingo *Franke*, Vorsitzender; Annette *Jagel*; Joachim *Dickten*.

Geschäftsführung: Ulrike *Czypionka*.

Zweck: Aktiver Natur- und Umweltschutz, Information der Bevölkerung über Umweltbelastungen und umweltgerechtes Verhalten.

Mitglieder: 23 natürliche und juristische Personen.

Bürgerinitiative Umweltschutz e. V. (BiU)

Umweltschutz-Zentrum, 3000 Hannover 91, Stephanusstraße 25.

Vorstand: Dipl.-Ökonom Ulrich *Holst*, Ralf *Strobach*, Wolfgang *Zingler*.

Zweck: Am 25. April 1971 wurde die Bürgerinitiative Umweltschutz e. V. (BiU) in Hannover mit dem Ziel gegründet, die Ursachen der Zerstörung unseres Lebensraumes mit demokratischen Mitteln zu bekämpfen. Unsere Arbeitsstätte ist das erste Umweltschutzzentrum, das in der Bundesrepublik entstand. In der Bibliothek des Umweltschutz-Zentrums gibt es Bücher zu vielen die Umwelt betreffenden Themen, auch Sammlungen von Gesetzestexten und viele Zeitschriften aus dem Umwelt- und Verbraucherbereich. Unsere Mitarbeiter beraten Besucher und Interessenten in den Öffnungszeiten des Umweltschutz-Zentrums. Die konzeptionelle Arbeit der BiU leisten die Arbeitskreise, indem sie die öffentliche Planung mit eigenen Vorstellungen mitgestalten oder bisher vernachlässigte Themen aufgreifen und in die öffentliche Diskussion bringen. Es arbeiten zur Zeit Arbeitskreise zu den Themen Abfallvermeidung, Atomenergie, Energie, Stadtökologie, Verkehr und Weltausstellung.

Bund der Energieverbraucher e. V.

5342 Rheinbreitenbach bei Bonn, Josefstraße 24, ☏ (02224) 7 84 75, Telefax (02224) 1 03 21.

Vorsitzender: Dr. Aribert *Peters*.

Stellvertretender Vorsitzender: Dr. Karl *Kempkens*.

Gründung und Zweck: Ziel des gemeinnützigen Vereins ist eine verbraucherfreundliche und umweltverträgliche Energieversorgung mit den Schwerpunkten Energieeinsparung und Nutzung erneuerbarer Energien. Gegründet 1987, überall in der Bundesrepublik Deutschland, für private Verbraucher, für Gewerbe, Handwerk, Freiberufler, auch für sozial Schwache, parteipolitisch unabhängig, auf Selbsthilfebasis der Mitglieder, absolut herstellerunabhängig, bei Gesetzvorhaben mitwirkend, fachlich kompetent, Service für Mitglieder, schafft bundesweit Kontakte, Hilfe für örtliche Initiativen.

Bund für Umwelt und Naturschutz Deutschland e. V. (Bund)

5300 Bonn 3, Im Rheingarten 7, Postfach 30 02 20, ☏ (02 28) 4 00 97-0, Telefax (02 28) 4 00 97-40.

Vorsitzender: Dipl.-Forstw. Hubert *Weinzierl*.

Hauptgeschäftsführer: Mick *Petersmann*.

Zweck: Informations-, Aufklärungs- und politische Lobby-Arbeit in allen Bereichen des Natur- und Umweltschutzes.

Bundesverband Bürgerinitiativen Umweltschutz e.V. (BBU)

5300 Bonn 1, Prinz-Albert-Str. 43, ☏ (02 28) 21 40 32, Telefax (02 28) 21 40 33.

Geschäftsführender Vorstand: Helmut *Wilhelm*, Christa *Reetz*, Eduard *Bernhard*, Dagmar *Stry*.

Geschäftsführerin: Christine *Ellermann*.

Zweck: Der Bundesverband Bürgerinitiativen Umweltschutz ist ein Zusammenschluß von Bürgerinitiativen im gesamten Bundesgebiet. Der BBU e.V. setzt sich für eine ökologische, umweltfreundliche Politik ein, in der die Erhaltung und Wiederherstellung der natürlichen Lebensgrundlagen Priorität haben.

Bundesverband der deutschen Entsorgungswirtschaft E. V. (BDE)

5000 Köln 90, Postfach 90 08 45, ☏ (02203) 8 06-0, Telefax (02203) 8 06-90.

Präsident: Hellmut *Trienekens*, Viersen.

Vizepräsidenten: Franz-Josef *Schweitzer,* Berlin; Heinz *Fehr,* Lohfelden; Gerhard *Schede,* Lennestadt.

Hauptgeschäftsführung: RA Frank-Rainer *Billigmann.*

Öffentlichkeitsarbeit: Hanskarl *Willms.*

Zweck: Förderung der Entsorgungswirtschaft; Betreuung der Mitglieder im Rahmen gemeinsam interessierender Fragen; Wahrung und Vertretung gemeinsamer Interessen der Mitglieder gegenüber politischen, staatlichen und sonstigen Organisationen; Aus- und Fortbildung der Mitglieder und deren Mitarbeiter; Förderung des Austausches wirtschaftlicher, sozialpolitischer und technischer Erfahrungen unter den Mitgliedern; Abschluß von Tarifverträgen.

Mitglieder: Im Bundesverband der Deutschen Entsorgungswirtschaft sind bundesweit über 800 private Unternehmen organisiert, davon etwa 80 fördernde Mitglieder. Sie erwirtschaften mit rund 100.000 Mitarbeitern einen Jahresumsatz von annähernd 18 Mrd. DM.

Das Dienstleistungsangebot der Deutschen Entsorgungswirtschaft umfaßt alle Bereiche der kommunalen und industriellen Entsorgung (Abfallwirtschaft) bis hin zu speziellen Aufgaben der Städtehygiene. Private Unternehmen entsorgen mehr als die Hälfte des in der Bundesrepublik Deutschland anfallenden Hausmülls, 80% der hausmüllähnlichen Gewerbeabfälle sowie rund 90% des Sonderabfalls.

Bundesverband der Deutschen Rohstoffwirtschaft e.V.

5000 Köln 1, Brabanter Str. 8, Postfach 270341, ☏ (0221) 253068, Telefax (0221) 25219 0.

Erster Vorsitzender: Dipl.-Kfm. Carl-Martin *Nagel,* Frankfurt.

Geschäftsführung: Dipl.-Kfm. Rüdiger *Utsch,* Köln.

Zweck: Vertretung der gemeinsamen über den Rahmen der Einzelmitglieder und Mitgliedsverbände hinausgehenden grundsätzlichen Interessen der Sekundär- und Entsorgungswirtschaft; Vertretung gegenüber den Bundesbehörden, den anderen Wirtschaftskreisen und dem Ausland in Verbindung mit den bestehenden Fachverbänden.

Bundesverband Energie, Umwelt, Feuerungen e. V.

7000 Stuttgart 1, Birkenwaldstraße 163, ☏ (0711) 2567075, Telefax (0711) 2567078.

Geschäftsführung: Günther *Schelling.*
Präsident: Dipl.-Ing. Siegfried *Weishaupt.*

Zweck: Mitglieder im Bundesverband Energie, Umwelt, Feuerungen e. V. sind Unternehmen, die Hersteller von Öl- und Gasbrennern sowie Units und Komponenten sind oder entsprechende Produkte als Importeure in Deutschland vertreiben.

Der Bundesverband vertritt die gemeinsamen wirtschaftlichen Interessen seiner Mitgliedsfirmen und aller Angehörigen des Geschäftszweiges auf dem Gebiet der Energiewirtschaft in jeder Hinsicht, insbesondere gegenüber den gesetzlichen Körperschaften, den Behörden und den Wirtschaftskreisen, die mit dem Aufgabengebiet des Bundesverbandes in Verbindung stehen.

Bundesverband Sonderabfallwirtschaft e.V. (BPS)

5300 Bonn 3, Am Weiher 11, ☏ (0228) 480025-26, Teletex 228 3878 BPS, Telefax (0228) 484436.

Vorstand: Bernd *Aido,* HBK Hanseatisches Baustoff-Kontor GmbH, Bad Schwartau, Vorsitzender; Horst *Fuhse,* Horst Fuhse Mineralöl-Raffinerie, Hamburg; Horst *Geiss,* Richard Geiss GmbH, Offingen, stellv. Vorsitzender; Franz-Dieter *Durst,* Klöckner Oecotec GmbH, Duisburg; Michael *Vagedes,* AGR Abfallbeseitigungs-Gesellschaft Ruhrgebiet mbH, Essen.

Geschäftsführung: RA Dr. Eberhard *Luetjohann.*

Zweck: Förderung des Umweltschutzes, Wahrnehmung der Interessen der Mitglieder gegenüber Behörden, öffentlich-rechtlichen Körperschaften, Vertretung der abfallerzeugenden Wirtschaft und anderen Institutionen des öffentlichen Lebens sowie Wahrung der bestehenden Rechte.

Mitglieder: abg Abfall-Behandlungs-Gesellschaft mbH, Berlin; ABR Abfallbeseitigung und Recycling GmbH, Bottrop; AGR Abfallbeseitigungs-Gesellschaft Ruhrgebiet mbH, Essen; Arens GmbH, Ratingen; Aurec GmbH, Burgdorf/Han.; AVG Abfall-Verwertungsges. mbH, Hamburg; Baufeld-Oel GmbH, München; Bauunternehmung Bergfort GmbH & Co. KG, Essen; Brenzinger GmbH, Schwieberdingen; B.U.S. Metall GmbH, Düsseldorf; Richard Buchen GmbH, Köln; Dickel Städtereinigung GmbH & Co., Brilon; Dorr Sonderabfall-Verwertung GmbH, Memmingen; Eggers Umwelttechnik GmbH Abt. Umwelttechnik, Hamburg; Horst Fuhse Mineralöl-Raffinerie, Hamburg; FVG Fixierbad-Verwertung GmbH & Co. KG, Bad Vilbel; Richard Geiss GmbH, Offingen; Grillo-Chemie GmbH, Duisburg; HBK Hanseatisches Baustoff-Kontor GmbH, Bad Schwartau; Heitkamp Umwelttechnik GmbH, Bochum; Herter GmbH, Reutlingen; Horsch Entsorgung GmbH u. Co., Trier; IAE Ihlenberger Abfallentsorgungs-GmbH, Selmsdorf; Krankenhaus Entsorgungs Gesellschaft mbH,

Berlin; Kleinholz Recycling GmbH, Essen; Klöckner Oecotec GmbH, Duisburg; Kölsch GmbH, Siegen; Kruse Recycling GmbH, Lennestadt; Lehnkering Montan Transport Aktiengesellschaft, Duisburg; L3 Sonderabfall GmbH, Nottuln; E. Muscheid, Ratingen; MVG Mittelbadische Sonderabfall-, Entsorgungs- und Verwertungs-GmbH & Co. KG, Rastatt; C. F. Plump Gewässerschutz GmbH, Bremen; W. Reinger, Wutöschingen-Horheim; H. Remshagen GmbH, Rösrath; Reprodukt Gesellschaft zur Reproduktion von Reststoffen mbH, Gummersbach; Rheinische Motor-Oel, Chemische Werke Theile-Ochel GmbH & Co. KG, Duisburg; Kurt. E. Roeder & Partner Abfallwirtschaftsberatung, Isernhagen; RZS Recycling-Zentrum Staßfurt GmbH, Groß Börnecke; Salzgitter-Pyrolyse GmbH, Salzgitter; SAT GmbH & Co, Hamburg; SBH Sonderabfallentsorgung und -behandlung Hohenlohe GmbH, Krautheim; Siegerländer Abfuhrbetrieb M. Lindenschmidt, Kreuztal; Süd-Müll GmbH & Co. KG, Frankenthal; Südöl Mineralöl-Raffinerie GmbH, Eislingen; Hubert Wax KG, Saarlouis; Weber Umwelttechnik GmbH, Salach; Westab Entsorgung GmbH, Duisburg; Widdig GmbH, Niederkassel; WSA-Sonderabfall GmbH, Herne; Z-Design, Überlingen.

Deutsche Bundesstiftung Umwelt

4500 Osnabrück, Weiße Breite 5, ☏ (0541) 971 10-0, Telefax (0541) 971 10-21.

Geschäftsführung: Generalsekretär Fritz *Brickwedde*.

Stiftungskapital: 2,5 Mrd. DM. (Das Kapital stammt aus dem Verkauf der bundeseigenen Salzgitter AG; die Anlageerträge liegen bei ca. 200 Millionen Mark jährlich.)

Zweck: Die per Gesetz vom 18. Juli 1990 gegründete Deutsche Bundesstiftung Umwelt ist eine rechtsfähige Stiftung des bürgerlichen Rechts. Aufgabe der Stiftung ist es, Umweltschutz-Projekte unter besonderer Berücksichtigung der mittelständischen Wirtschaft, außerhalb staatlicher Programme, zu fördern. Dies betrifft insbesondere Forschung, Entwicklung und Innovation im Bereich umwelt- und gesundheitsfreundlicher Verfahren und Produkte, Austausch von Wissen sowie Modellvorhaben zur Bewahrung und Sicherung national wertvoller Kulturgüter vor schädlichen Umwelteinflüssen.

Deutsche Forschungsgemeinschaft (DFG)

5300 Bonn 2, Kennedyallee 40, ☏ (0228) 885-1, ⌁ 17228312 = dfg, Telefax-PR (0228) 8852180, Teletex 228312 = dfg.

Vorstand: Präsident: Professor Dr. Wolfgang *Frühwald*. Generalsekretär: Burkhart *Müller*.

Die Deutsche Forschungsgemeinschaft wählt als Selbstverwaltungsorganisation der deutschen Wissenschaft die wissenschaftlichen Mitglieder ihrer Organe selbst. Ihrer Rechtsform nach ist sie ein eingetragener Verein mit Sitz in Bonn.

Vereinsorgane: Mitgliederversammlung, Präsidium, Kuratorium, Senat, Hauptausschuß.

Koordinator für Umweltforschung: Dr. Albrecht *Szillinsky*.

Finanzierung: Die DFG erhält zur Wahrnehmung ihrer Aufgaben Zuwendungen von Bund und Ländern sowie vom Stifterverband für die Deutsche Wissenschaft.

Zweck: Die DFG dient der Wissenschaft in allen ihren Zweigen durch finanzielle Unterstützung von Forschungsvorhaben; ihre besondere Aufmerksamkeit gilt der Förderung des wissenschaftlichen Nachwuchses. Zu ihren weiteren Aufgaben gehört: Stärkung der Zusammenarbeit unter den Forschern, Koordinierung der Grundlagenforschung und ihre Abstimmung mit der staatlichen Forschungsförderung; Beratung von Parlamenten und Regierungen in wissenschaftlichen Fragen und Pflege der Verbindung zwischen Wissenschaft und Wirtschaft; Förderung der Beziehungen der deutschen Forschung zur ausländischen Wissenschaft.

Gremien für Umweltforschung: Senatsausschuß für Umweltforschung (Vorsitzender Professor Dr. Horst *Hagedorn*, Würzburg); Senatskommission zur Prüfung gesundheitsschädlicher Arbeitsstoffe (Vorsitzender Professor Dr. Dietrich *Henschler*, Würzburg); Senatskommission zur Beurteilung von Stoffen in der Landwirtschaft (Vorsitzender Professor Dr. Rudolf *Heitefuß*, Göttingen); Senatskommission zur Beurteilung der gesundheitlichen Unbedenklichkeit von Lebensmitteln (Vorsitzender Professor Dr. Karl Joachim *Netter*, Marburg).

Die DFG hat im Jahre 1991 umweltrelevante Forschungsvorhaben mit insgesamt 62,1 Mill. DM gefördert.

Deutsche Gesellschaft für Umweltschutz e. V.

5650 Solingen 1, Katernberger Straße 4, ☏ (0212) 14816, Telefax (0212) 208352.

Präsident: Dr. C. D. *Wielowski*.

Öffentlichkeitsarbeit: R. *Büscher*.

Deutscher Umwelttag e. V.

6000 Frankfurt 90, Philipp-Reis-Straße 84, ☏ (069) 79581-150, Telefax (069) 79581-412.

5 UMWELTSCHUTZ

Vorstand: Professor Reinhard *Sander*, Vorsitzender.

Geschäftsführung: Dr. Wolfgang *Weinz*.

Mitgliedsverbände: Arbeitsgemeinschaft der Verbraucherverbände e. V. (AgV), Bundesdeutscher Arbeitskreis für umweltbewußtes Management e. V. (B.A.U.M.), Bund für Umwelt und Naturschutz Deutschland e. V. (BUND), Deutscher Gewerkschaftsbund (DGB), Deutscher Heimatbund e. V., Deutscher Naturschutzring/Bundesverband für Umweltschutz (DNR) e. V., Deutscher Sportbund e. V., Förderkreis Umwelt future e. V., Grüne Liga e. V., Naturschutzbund Deutschland e. V., Touristenverein „Die Naturfreunde" e. V. (TVDN), Umweltstiftung WWF-Deutschland, Verkehrsclub Deutschland e. V. (VCD).

Zweck: Der Deutsche Umwelttag e. V. ist parteiisch für die Umwelt. Er will allen Gruppen der Gesellschaft eine Plattform bieten, auf der über Wege zu umweltverträglichen Lebens- und Wirtschaftsweisen konstruktiv gestritten werden kann.

Deutscher Verband unabhängiger Überwachungsgesellschaften für Umweltschutz e. V. (DVÜ)

2000 Hamburg 50, Behringstraße 154, ☏ (040) 88309-0, ✆ 2164293 unat d, Telefax (040) 8830 91 70.

Vorstand: Dr. rer. nat. Werner Klaus *Ullrich*, Dr. rer. nat. Siegmar *Biernath-Wüpping*, Professor Dr.-Ing. K. *Brüssermann*.

Mitglieder: nach § 26 BImSchG bekanntgegebene Meßstellen.

Zweck: Aktive Förderung des Umweltschutzes durch verbesserte technische und wirtschaftliche Rahmenbedingungen in der Umweltüberwachung. Eigene Verfahrensentwicklung und Wissenstransfer zur Optimierung des Leistungsvermögens der DVÜ-Mitglieder. Beratende Beteiligung bei Norm- und Gesetzgebungsverfahren. Länderübergreifende Aktivität, um für alle Gutachterstellen vergleichbare Arbeitsgrundlagen zu schaffen.

Gesellschaft für Rationelle Energieverwendung eV

1000 Berlin 19, Theodor-Heuss-Platz 7, ☏ (030) 301 5644, 301 6090.

Vorstand: Professor Dr.-Ing. Gerd *Hauser*, Universität Kassel, Vorsitzender; Dipl.-Volksw. Horst *Diekmann*; Dipl.-Ing. Detlef *Bramigk*; Dietrich *Mardo*.

Geschäftsführung: Dipl.-Ing. Detlef *Bramigk*.

Zweck: Die Fachorganisation arbeitet bundesweit in den Themenbereichen Wärmeschutz und Energiesparsysteme. Arbeitskreise des Vereins befassen sich mit Wärmeschutztechniken im Hochbau, mit aktiven und passiven Energiesparsystemen, mit Methoden der Energiekontrolle, mit Öffentlichkeitsarbeit und Rentabilitätsfragen. Die Gesellschaft erarbeitet Merkblätter, die gegen eine Schutzgebühr erhältlich sind, und unterhält in Berlin in Zusammenarbeit mit Verbraucherverbänden ein Büro zur informellen Energieberatung.

Gesellschaft für Umweltverfahrenstechnik und Recycling e. V. Freiberg (UVR)

O-9200 Freiberg, Chemnitzer Straße 40.

Zweck: Die Gesellschaft ist eine gemeinnützige Einrichtung, die Forschung und Dienstleistungen auf dem Gebiet der Umweltschutztechnologie anbietet. Die Tätigkeit umfaßt neben der Technologieentwicklung und -erprobung für konkrete Sanierungsfälle auch die Entwicklung neuer Techniken und Apparate für den Aufschluß und die Abtrennung von Schadstoffen aus kontaminierten Materialien sowie die Weiterentwicklung von Methoden zur Beurteilung des Gefährdungspotentials von Altlasten und zur Bewertung von Sanierungstechnologien. Die Gesellschaft verfügt über experimentelle Arbeitsmöglichkeiten im Labor- und Pilotmaßstab für physikalischchemische Behandlungsverfahren, Ausrüstung für umweltradioaktive Messungen, für chemische Umweltanalytik und zur Erfassung der Luftbelastungen.

Schwerpunktaufgaben sind: Entwicklung von Reinigungs- und Aufbereitungsverfahren für kontaminierte Böden, abgelagerte Abfallstoffe, verunreinigte Gebäude und Produktionsanlagen, aufgehaldete Produktionsrückstände. Entwicklung von Reinigungstechnologien zur Behandlung selbstanfallender Grubenwässer, industrieller Prozeß- und Abwässer und von Verfahren zur Dekontamination von belasteten Schlämmen und Sedimenten. Bereitstellung geeigneter Analysenmethoden zur verbesserten Erkennung und Beurteilung von Gefährdungspotentialen kontaminierter Altlasten/Böden und Wässer als Grundlage für die Technologieentwicklung. Entwicklung von Recyclingtechnologien zur Gewinnung von Wertstoffen aus ausgewählten Industrie- und Haushaltabfällen (Elektronikschrott, Haushaltgegenstände, Schließung von Produktionskreisläufen).

Greenpeace

Zweigbüro Berlin: O-1040 Berlin, Chausseestraße 131, ☏ 238 57 37, Telefax 238 57 45.

Leiterin des Büros: Dorit *Lehrack*.

Grüne Liga e. V.
Netzwerk ökologischer Bewegungen

Bundesgeschäftsstelle: O-1080 Berlin, Friedrichstraße 165, ℡ Ost-Berlin 2299271, Telefax Ost-Berlin 2291822, ℡/Telefax West-Berlin 3922316.

Die Grüne Liga ist eine Umweltorganisation, die ihren Ursprung in der ehemaligen DDR hat. Sie entstand als Netzwerk der ökologischen Bewegungen während der politischen Umwälzungen im November 1989. In der Grünen Liga schlossen sich die seit vielen Jahren utner dem Dach der Kirche und des staatlichen Kulturbundes arbeitenden Gruppen mit den in dieser Zeit entstehenden Umweltgruppen zusammen. Die Grüne Liga arbeitet heute an einer Vielzahl von Projekten und Aktionen. Die Themen reichen von Natur- und Artenschutz, Gestaltung von Umweltzentren und Grünen Häusern über Umwelterziehung, -beratung und -recht bis hin zu Abfallvermeidungskonzepten und den ökologischen Landbau. Die Mitglieder engagieren sich für bürger- und naturnahe Verkehrskonzepte, für alternative und regenerative Ernergiegewinnung, für den Schutz der Ostsee ebenso wie für die Sanierung der Elbe und ihres Lebensraumes.

ifeu — Institut für Energie- und Umweltforschung Heidelberg GmbH

6900 Heidelberg 1, Wilhelm-Blum-Straße 12—14, ℡ (06221) 47670, Telefax (06221) 476719.

Geschäftsführung: Dipl.-Kfm. Florian *Heinstein;* Dipl.-Chem. Dr. Ulrich *Höpfner.*

Zweck: Gutachten und Studien zu Abfallwirtschaft, Energiewirtschaft, Verkehrsemissionen, Luftverschmutzung, Radioökologie, Ökologische Bewertung.

Ingenieurtechnischer Verband Altlasten e. V. (ITVA)

O-1100 Berlin, Pestalozzistraße 5—8, ℡ 4842819/20, Telefax 4842600.

Geschäftsführender Vorstand: Professor Dr.-Ing. H.-P. *Lühr,* Berlin, Vorsitzender; Dr.-Ing. V. *Franzius,* Berlin, stellv. Vorsitzender; Dipl.-Ing. H. *Burmeier,* Wennigsen, stellv. Vorsitzender, Schriftführer. Neben dem aufgeführten geschäftsführenden Vorstand besteht der Vorstand aus weiteren 14 Mitgliedern.

Zweck: Der ITVA ist ein technisch wissenschaftlicher Verband, in dem Naturwissenschaftler, Techniker, Juristen, Verwaltungsfachleute und Ökonomen zusammenwirken. Sein Hauptaufgabengebiet ist die Behandlung von Fragestellungen im Zusammenhang mit der Erfassung, Bewertung und Sanierung von Kontaminationen des Bodens und des Grundwassers durch Altlasten und Rüstungsaltlasten und deren Folgewirkungen.

Fachausschüsse/Arbeitskreise: Rechtliche und ökonomische Aspekte; Aus- und Fortbildung, Öffentlichkeitsarbeit; Fachübergreifende Aufgaben; Erfassung/Erkundung; Gefahrenbeurteilung/Gefährdungsabschätzung; Anlalytik; Sanierungsuntersuchung; Sicherungstechnik; Sanierungstechnik; Arbeits- und Personenschutz/Sicherheitstechnik.

Institut für Umwelttechnologie und Umweltanalytik e. V. (IUTA)

4100 Duisburg 14, Bliersheimer Straße 60, ℡ (02065) 418-0, Telefax (02065) 418-211.

Vorstand: Professor Dr.-Ing. Klaus Gerhard *Schmidt,* Wissenschaftlicher Direktor; Professor Dr.-Ing. Klaus *Lucas,* Technischer Direktor; Dipl.-Volkswirt G. *Schöppe,* Kaufm. Geschäftsführer.

Zweck: Forschungs- und Entwicklungs- sowie sonstige Dienstleistungen im Bereich Umwelttechnologie, wie wissenschaftliche Beratung und Begleitung, Entwicklung von Verfahren, Prüfen und Begutachten von Anlagenkonzepten und Technologien, Durchführung von Pilot- und Abnahmeversuchen. Hauptarbeitsbereiche sind: Thermodynamik, Verfahrenstechnik, Abfalltechnik und Bodensanierungstechnik. Durchführung von Messungen im Umweltbereich einschließlich Probenahme, chemische und physikalische Analytik einschließlich Dioxinanalytik sowie Testen und Kalibrieren von Meßeinrichtungen.

Landesanstalt für Immissionsschutz Nordrhein-Westfalen

4300 Essen 1, Wallneyerstraße 6, ℡ 0201/7995-0.

Zweck: Einrichtung des Landes im Geschäftsbereich des Ministers für Umwelt, Raumordnung und Landwirtschaft des Landes Nordrhein-Westfalen. Luftreinhaltung: Luftüberwachung mit Hilfe von TEMES (telemetrisches Echtzeitmeßsystem).

Landesamt für Wasser und Abfall Nordrhein-Westfalen

4000 Düsseldorf 1, Auf dem Draap 25, ℡ (0211) 1590.

Zweck: Landesoberbehörde im Geschäftsbereich des Ministers für Umwelt, Raumordnung und Landwirtschaft des Landes Nordrhein-Westfalen. Wasserwirtschaft: Festsetzen und Erheben der Abwasserabgabe, Durchführung von Untersuchungen bei Gewässer-

und Abwassereinleitungsüberwachung in Fällen, die einen hohen Spezialisierungsgrad oder einen hohen apparativen Aufwand erfordern, Ermittlung von Grundlagen des Wasserhaushalts, Mitwirkung bei der Ermittlung des für die Wasserwirtschaft bedeutsamen Standes der Technik und Beteiligung an dessen Entwicklung, Grundsatzfragen der Wassermengenwirtschaft. Abfallwirtschaft: Grundsatzfragen der Abfallwirtschaft, Mitwirkung bei der Abfallbeseitigungsplanung, Beobachtung und Entwicklung von Technologien in der Abfallbeseitigung und der Wiederverwendung von Abfällen.

Umweltstiftung WWF — Deutschland

6000 Frankfurt 70, Hedderichstraße 110, ☏ (069) 605003-0, ✄ 176937491 wwf, Telefax (069) 617221.

Vorstand: Carl Albrecht *von Treuenfels*, Vorsitzender; Hans J. *Lange*, Professor Dr. Josef *Reichholf*, Bruno H. *Schubert*.

Geschäftsführung: Udo *Weiß*, Dr. Hartmut *Jungins*.

Zweck: In Übereinstimmung mit der von den Vereinten Nationen verkündeten Verantwortlichkeit aller Völker für den Umweltschutz als wirtschaftliche, soziale, wissenschaftliche und kulturelle Aufgabe ist es Zweck der Stiftung, die Bestrebungen für die weltweite Erhaltung der natürlichen Umwelt und der natürlichen Hilfsquellen zu fördern und zur Aufbringung der benötigten Mittel beizutragen.
Die Stiftung verfolgt ausschließlich und unmittelbar gemeinnützige Zwecke im Sinne der Abgabenordnung. Diese Zwecke werden erfüllt durch wirtschaftliche, im Sinne des Steuerrechts ausschließliche und unmittelbare Maßnahmen zur Förderung des Schutzes und der Gestaltung der natürlichen Umwelt (Reinhaltung von Luft und Wasser, Erhaltung der Landschaft sowie der Tier- und Pflanzenwelt, Abfallbeseitigung, Lärmbekämpfung und Raumordnung); dazu gehören auch die Unterrichtung und Aufklärung der Öffentlichkeit über wissenschaftlich fundierte Maßnahmen zur Vorsorge gegen Umweltschäden.

Umwelttechnologiezentrum Freiberg (e. V.)/ABM Informationsstützpunkt

O-9200 Freiberg, Chemnitzer Straße 40, ☏ (03731) 70266, 70303.

Vorstand: Professor Dr. habil. W. *Förster*, Vorsitzender.

Geschäftsstelle: Dr. H. *Müller*.

Projektleiterin: Dipl.-Ing. Renate *Pälchen*.

Zweck: UTF (e. V.) wurde als Interessenverbund gegründet, um Freiberger Know-how vornehmlich auf den Arbeitsfeldern Geologie, Geophysik, Hydrogeologie, Geotechnik, Bergbau, Hüttentechnik, Mechanische Verfahrenstechnik, Chemie, Mineralogie, chemische und physikalische Analytik, Meßtechnik, insbesondere zu Immissionen und Emissionen zu bewahren.
Arbeitsrichtungen sind: Abfallarme Technologien, Abfallwirtschaft und -behandlung, Altlasten- und Bodensanierung, Deponietechnik, Emissionsarme Technologien, Gefährdungseinschätzungen, Luftreinigung, Sicherheitstechnik, Wasser- und Schlammbehandlung, Stoffcharakterisierung in physikalischen, chemischen und mineralogischen Labors (akkreditierte Prüflabors), einschließlich Probenahme und Probenverarbeitung.
Folgende Einrichtungen bilden den Kern des Interessenverbundes:
Bergakademie Freiberg, Deutsches Brennstoffinstitut – EWI GmbH, Forschungsinstitut für Leder- und Kunstledertechnologie GmbH, Freiberger Nichteisen-Metall GmbH, Gesellschaft für Umweltverfahrenstechnik und Recycling Freiberg e. V., Saxonia AG.

Verband der Betriebsbeauftragten für Umweltschutz e. V. (VBU)

4300 Essen 1, Alfredstraße 77—79, ☏ (0201) 772011-13, Telefax (0201) 787208.

Vorstand: Professor Dr.-Ing. Hubert P. *Johann*, Vorsitzender.

Geschäftsführung: Dr. Eberhard *Behnke*.

Zweck: Vertretung der Mitglieder in ihren beruflichen Belangen ihrer Beauftragtenstellung; Beratung der Mitglieder in den mit ihrer Beauftragtenstellung zusammenhängenden Angelegenheiten; Unterrichtung und Weiterbildung der Mitglieder für ihre Beauftragtenaufgaben; Förderung von Kontakt- und Informationsaustausch zwischen den Betriebsbeauftragten und der Wissenschaft, der Öffentlichkeit, den staatlichen Organen und der Politik; Aufklärung der Öffentlichkeit und Förderung des Verständnisses für die Belange der Betriebsbeauftragten in Staat und Unternehmen.

Verband Deutscher Maschinen- und Anlagenbau e. V. (VDMA)
Bereich Umweltschutz

6000 Frankfurt (Main) 71, Postfach 710864, ☏ (069) 6603-0.

Wasser- und Abwasserbehandlung: VDMA-Fachgemeinschaft Verfahrenstechnische Maschinen und Apparate (VtMA), ☏ (069) 6603-468.

Abfallbehandlung und Recycling: VDMA-Fachgemeinschaft Thermo Prozeß- und Abfalltechnik (TPT), ☏ (069) 6603-419.

Luftreinhaltung: VDMA-Fachgemeinschaft Allgemeine Lufttechnik (ALT), ☏ (069) 6603-227.

Luftreinhaltung-Verbrennungskraftmaschinen: VDMA-Fachgemeinschaft Kraftmaschinen (Krm), ☏ (069) 6603-353.

Lärmminderung und Schwingungsschutz: VDMA Abteilung Technik und Umwelt (TU), ☏ (069) 6603-324.

Forschungsvorhaben der Umwelttechnik: Forschungskuratorium Maschinenbau e. V. (FKM), ☏ (069) 6603-345.

Umweltrelevante Rechtsvorschriften: VDMA Abteilung Technik und Umwelt (TU), ☏ (069) 6603-325.

Fachbetriebsgemeinschaft Maschinenbau e. V. (FGMA): ☏ (069) 6603-325.

Wissenschaftliche Gesellschaft für Umweltschutz

5100 Aachen, Templergraben 55, ☏ (0241) 8088880, 8088879.

Vorstand: Professor Dr. med. H. J. *Einbrodt*, Vorsitzender; Professor Dr.-Ing. H. *Hoberg;* Professor Dr.-Ing. K.-F. *Knoche*.

Geschäftsführung: Dr.-Ing. Dorothee *Bonnenberg*, ☏ (0241) 807816.

Zweck: Der Verein fördert die interdisziplinäre wissenschaftliche Zusammenarbeit auf dem Gebiet des Umweltschutzes und die Zusammenarbeit mit öffentlichen und privaten Einrichtungen für Umweltschutz. Er bemüht sich insbesondere um Berücksichtigung des Umweltschutzes in Lehre und Fortbildung. Der Verein ist ausschließlich den allgemeinen öffentlichen Interessen des Umweltschutzes verpflichtet. Die Gesellschaft gibt die Zeitschrift »Wissenschaft und Umwelt« heraus.

Mitglieder: Mitglieder können Einzelpersonen werden, die auf dem Gebiet des Umweltschutzes wissenschaftlich tätig sind oder tätig werden wollen und die wissenschaftlichen Voraussetzungen dafür besitzen, sowie juristische Personen des öffentlichen Rechts und des Privatrechts, die ein Interesse an der Förderung des Vereinszwecks haben. Die Gesellschaft hat derzeit rd. 200 Mitglieder.

Wuppertal – Institut für Klima, Umwelt, Energie GmbH

5600 Wuppertal 1, Döppersberg 19, ☏ (0202) 24920, Telefax (0202) 2492108.

Präsident: Professor Dr. Ernst U. *von Weizsäcker*.

Zweck: Klimabezogene ökonomische und strategische Fragen der Vorbeugung und Vorsorge, Untersuchungen über die Wirkungen angenommener Klimaänderungen; Stoffpolitik, Stoffströme und ihre umweltpolitische Beeinflußbarkeit sowie Strukturwandel als Folge verminderter Rohstoffintensität; Energie und Verkehr.

Internationale Organisationen

Fachverband für Strahlenschutz e.V.

CH-8044 Zürich, c/o H. Brunner, NAZ, ☏ (01) 2569448, Telefax (01) 2569497.

Vorstand: 1992 Präsident: PD Dr. Jean-François *Valley*, CH-1015 Lausanne. Sekretär: Dipl.-Phys. Hansheiri *Brunner*, CH-8044 Zürich. Schatzmeister: Dipl.-Phys. Dieter *Borchardt*, D-1000 Berlin 39.

Geschäftsführung: Dipl.-Phys. Hansheiri *Brunner*, Sekretär Fachverband für Strahlenschutz c/o Nationale Alarmzentrale, Ackermannstr. 26, Postfach, CH-8044 Zürich.

Gründung: 1966.

Zweck: Mitgliedgesellschaft für die Bundesrepublik Deutschland und die Schweiz in der International Radiation Protection Association IRPA. Förderung des Strahlenschutzes als wissenschaftliches Fachgebiet und als berufliche Aufgabe durch Pflege des fachlichen Informationsaustausches, Förderung und Anregung von Forschung und Entwicklung, Ausbildung und Weiterbildung, beratende Mitwirkung bei Normierung und Gesetzgebung.

Mitglieder: Rund 1150 ordentliche und außerordentliche Mitglieder, 24 fördernde Mitglieder (Firmen und Institute). 13 Arbeitskreise.

Institut für Europäische Umweltpolitik Bonn

5300 Bonn 1, Aloys-Schulte-Str. 6, ☏ (0228) 213810, ✄ 886885, Telefax (0228) 221982.

Direktor: Dr. Jan C. *Bongaerts*.

Zweck: Nichtstaatliches internationales Institut. Politikanalyse in den Bereichen EG-Umweltpolitik (auch auf nationaler Ebene), grenzüberschreitender Umweltschutz, medienübergreifende Chemikalienkontrolle; umweltpolitische Aspekte der Agrarpolitik, Energiepolitik, Ost-West-Politik, Entwicklungspolitik, Hochschulpolitik.

5 UMWELTSCHUTZ

Internationale Gesellschaft für Umweltschutz (IGU)

A-1030 Wien, Marxergasse 3/20, ☏ (0043/1) 7152828, Telefax (0043/1) 7152829.

Vorstand: Internationales wissenschaftliches Kuratorium; Vereinsvorstand nach österreichischem Vereinsrecht.

Vorsitzender: Dr. Raoul F. *Kneucker*.

Generalsekretär: Dr. Werner *Pillmann*.

Zweck: Förderung der internationalen Zusammenarbeit von Wirtschaft, Wissenschaft und Behördenvertretern auf dem Gebiet des Umweltschutzes. Förderung des internationalen Erfahrungsaustausches insbesondere im Bereich von Neuentwicklungen der Umwelttechnologie (jährliche Fachkonferenz »Envirotech Vienna«).

Mitglieder: Fördernde Mitglieder im Bereich von Wirtschaft und Industrie.

Internationale Strahlenschutzgesellschaft
International Radiation Protection Ass. (IRPA)

NL-5600 AR Eindhoven, P.O. Box 462, ☏ (31-40) 473355, ✄ 51165 thehv nl, Telefax (31-40) 435020.

Generalsekretär: Ir. Chris J. *Huyskens*.

International Commission on Radiological Protection (ICRP)
Internationale Strahlenschutz-Kommission

GB-Oxon OX11 0RJ, P.O. Box 35, Didcot, ☏ (235) 833929, Telefax (235) 832832.

Vorsitzender: Dr. Dan *Beninson*.

Geschäftsführung: Dr. Hylton *Smith*.

Moscow International Energy Club

Moskau, 127412, Ivtan, Izhorskava 13/19, ☏ (485) 9572, ✄ 411954 ivtan su.

Vorstand: Academician E. *Velikhov* (UdSSR), Vorsitzender; Professor W. *Haefele* (Bundesrepublik Deutschland), Professor J. *Tillinghast* (USA), Academician A. *Scheindlin* (UdSSR), Vizepräsidenten; Dr. J. Couture (Frankreich), Dr. M. *Dayal* (Indien), Professor C. *Salvetti* (Italien), Dr. Ch. *Starr* (USA), Professor J. I. *Vargas* (Brasilien).

Exekutivdirektor: Academician A. *Scheindlin*.

Öffentlichkeitsarbeit: Academician A. *Scheindlin*.

Zweck: Der Moscow International Energy Club hat es sich zum Ziel gesetzt, glaubwürdige und unabhängige Politikberatung zu einer der wichtigsten Zukunftsfragen der Menschheit, der Deckung des Energiebedarfs unter Berücksichtigung wirtschaftlicher, sozialer und vor allen Dingen umweltpolitischer Auswirkungen und Rahmenbedingungen zu leisten.

Mitglieder: Alexander *Adamovich*, USSR, Writer, Corresp. Memb. of the Byelorussian Academy of Sciences; Dr. Dr. Abdelaziz *Alwattari*, Iraq, Acting Secretary General of OAPEC; Professor Viacheslav *Batenin*, USSR, Director, Institute for High Temperatures, CM USSR AoS; Dr. William *Begell*, USA, President, Hemisphere Publishing Corporation; Academician Oldrich *Benda*, Czechoslovakia, Vice President of the Slovak Academy of Sciences; Dr. Hans *Blix*, Österreich, Director General International Atomic Energy Agency, Vienna; Dr. Niels E. *Busch*, Denmark, President, The Great Belt Link Ltd.; Professor Umberto *Colombo*, Italy, Chairman, ENEA, Nat. Com. for Nuclear and Extern. Energy Sources; Professor Cesar Augusto *Correia de Sequeira*, Portugal, Laboratory of Electrochemistry Technical Superior Inst. TU; Dr. Ing. Corrado *Corvi*, Italy, Vice Central Director of ENEL, Italian Electricity Board; Dr. Jean *Couture*, France, Président de 1. Institut Français de l'Energie; Professor Luis *Crespo*, Spain, Director Institute of Renewable Sources of Energy (CIEMAT); Professor Raymond *Daudel*, France, Pres. European Academy of Natural Sciences, Arts and Humanities; Dr. Maheswar *Dayal*, India, Secretary to the Government of India, Chairman CASE; Academician Kamo *Demirchan*, USSR, Deputy Secretary of the Energy Branch, USSR AoS; Dr. Pierre *Desprairies*, France, Honorable Chairman, Institut Français du pétrole; Dr. Sandor *Doleschall*, Hungary, President and GM Hungarian Hydrocarbon Institute; Professor José *Goldemberg*, Brazil, Rector, University of São Paulo; Professor Gordon *Goodman*, Sweden, UK, Direktor, Beijer Institute, The International Institute; Academician Jermen *Gvishiani*, USSR, Director, All Union Research ISS of USSR AoS; Professor Wolf *Haefele*, Federal Republic of Germany, Director Jülich Nuclear Research Center; Professor John *Holdren*, USA, Energy and Resources Uni of Calif., Expres. of FAS; Academician Laszlo *Kapolyi*, Hungary, Commissioner to Hungarian Government, Ex-Minister of Industry; Professor Dr. Hans Jürgen *Karpe*, Federal Republic of Germany, Director INFU, Dortmund; Professor Alexander *King*, France, President, Club of Rome, UK; Academician Vladimir *Kirillin*, USSR, Adviser to the Presidium USSR AoS, Ex-Chairman SCST; Dr. James Bruce *Kirkwood*, Australia, Commissioner State Energy Com. West Austr., Ex-Minister WA; Professor Dr. Ing. Klaus *Knizia*, FRG, Chief Executive Vereinigte Elektrizitätswerke Westf. AG, Dortmund; Dr. Ian Douglas *Lindsay*, United Kingdom, Secretary General, World Energy Conference; Professor Alexey *Makarov*, USSR, Director Institute of Energy Studies, Corresponding Member; Dr. Bozidar *Matic,* Yugoslavia, Chairman, Business Board of „Energoinvest"; Professor Igor *Orlov,* USSR, Rector, Moscow Energy Power Institute; Professor René *Passet,* France, Prof. Centre Economie Espace Environnement Paris University; Professor *Pitirim,* USSR, Metropolitan of Volokolamsk and Jurievsk, Head of the PD; Academician Nikolay *Ponomerev Stepnoy,* USSR, Deputy Director, the Kurchatov Nuclear Energy Institute; Professor Iliya *Prigogine,* Belgium, Brüssels University, Laureat of the Nobel Prize; Professor Renato Angelo *Ricci,* Italy, President, European Physical Society; Professor Dr. Leonardus H. T. *Rietjens,* The Netherlands, Ex-President, Int. Liaison Group for MHD; Academician Yuri *Rudenko,* USSR, Academician Secretary, Energy Branch of the USSR AoS; Professor Carlo *Salvetti,* Italy, Consultant, ENEA, Ex-President of the Euroatom; Academician Adam *Schaff,* Austria, Prof. Warsaw Uni, Prof. Vienna University, Member Club of Rome; Academician Alexander *Scheindlin,* USSR, Emeritus Director, Institute for High Temperatures; Professor Evald *Shpirain,* USSR, Head of Department, Institute for High Temperatures; Dr. Chancey *Starr,* USA, President Emeritus, Electric Power Research Institute; Dr. Thomas Eugene *Stelson,* USA, Executive Vice President, Georgia Institute of Technology; Academician Michail *Styrikovich,* USSR, Adviser to the Presidium of the USSR AoS; Academician Valery *Subbotin,* USSR, Chairman, Commission for Nuclear Energy of the USSR AoS; Professor Mitsou *Takei,* Japan, Nagoya Economics University; Professor Dr. John *Tillinghast,* USA, National AoS, Director Tillinghast Technology Interests Inc.; Professor Nikola *Todoriev,* Bulgaria, Minister, Chairman of the Corporation Energetica; Dr. Haldor *Topsoe,* Denmark, President Haldor Topsoe AS; Professor José Israel *Vargas,* Brazil, Vice President Brazilian AoS, Chairman Unesco; Professor Guillermo *Velarde,* Spain, Director Institute of Nuclear Fusion; Academician Evguenij *Velikhov,* USSR, Vice President USSR AoS, Director Kurchatov Nuclear Research; Professor Eduard *Volkov,* USSR, Director, Institute of Energy Research; Professor Alvin *Weinberg,* USA, Distinguished Fellow, Inst. for Energy Analysis, Oak Ridge; Academician Zhu *Yajie,* China, Member of Scientific Council of Academia Sinica; Professor C. Pierre *Zaleski,* France, Director National Association for Technical Research.

Pio Manzú
International Research Centre for Environmental Structures
Centre international de recherches sur les structures d'environnement

I-47040 Verucchio (Forli), Via Budrio 35, ☏ (0541) 678139-670220, ✆ 550423 cirsa i, Telefax (0541) 670172.

Präsident: Giulio *Andreotti,* Premierminister von Italien.

Abteilungspräsidenten: Gianni *De Michelis,* Außenminister von Italien.

Vize-Präsident: Nino *Cristofori,* Rom.

Generalsekretär: Professor Gerardo Filiberto *Dasi.*

Repräsentant der Vereinten Nationen: N. N.

Zweck: Das Pio-Manzú-Forschungszentrum hat Konsultationsstatus mit dem Wirtschafts- und dem Sozialreferat der Vereinten Nationen und zahlreichen anderen internationalen Organisationen. Es arbeitet auf dem Gebiet der Umweltwissenschaften.

St. Barbara

die Schutzheilige
der Bergleute
als Porzellanfigur

24 cm hoch
farbig 440 DM
weiß 195 DM

Verlag Glückauf

Postfach 10 39 45
D-4300 Essen 1
Telefax 02 01 / 29 36 30

6 Handel

Deutschland

1. Handel mit Brennstoffen _____ 840
2. Handel mit mineralischen Rohstoffen _____ 857
3. Organisationen _____ 863

Europa

4. Dänemark _____ 868
5. Frankreich _____ 868
6. Großbritannien _____ 870
7. Irland _____ 871
8. Italien _____ 871
9. Niederlande _____ 872
10. Österreich _____ 873
11. Schweden _____ 874
12. Schweiz _____ 874
13. Spanien _____ 876

Internationale Organisationen _____ 877

Das Kapitel 10 »Statistik« enthält aktuelle Tabellen zur Energie- und Rohstoffwirtschaft.

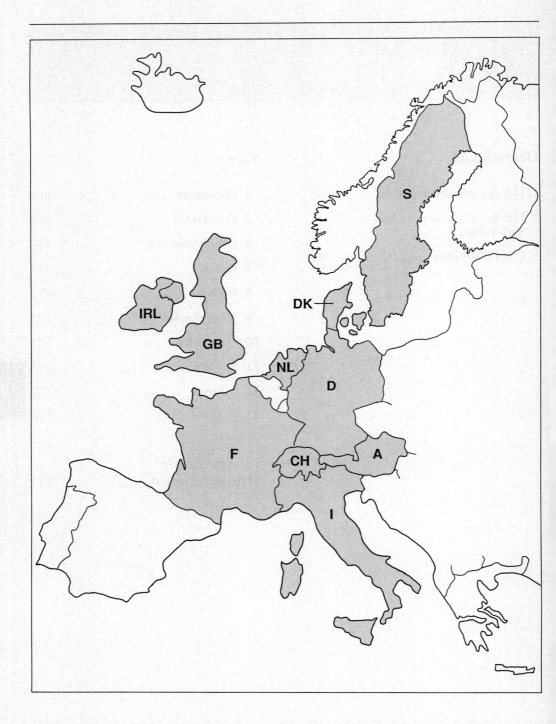

Das Kapitel 6 informiert über den Handel mit Brennstoffen und mit mineralischen Rohstoffen in Ländern der Europäischen Gemeinschaft und der Europäischen Freihandelsassoziation.

6 Trade

Germany
1. Trade in fuels _____ 840
2. Trade in minerals _____ 857
3. Organisations _____ 863

Europe
4. Danemark _____ 868
5. France _____ 868
6. Great-Britain _____ 870
7. Ireland _____ 871
8. Italy _____ 871
9. Netherlands _____ 872
10. Austria _____ 873
11. Sweden _____ 874
12. Switzerland _____ 874
13. Spain _____ 876

International Organisations _____ 877

Chapter 10 »Statistics« contains up-dated tables on the energy and raw materials industry.

6 Le commerce

Allemagne
1. L'échange de combustibles _____ 840
2. L'échange de matières premières minérale _____ 857
3. Organisations _____ 863

Europe
4. Danmark _____ 868
5. France _____ 868
6. Grande-Bretagne _____ 870
7. Irlande _____ 871
8. Italie _____ 871
9. Pays-Bas _____ 872
10. Autriche _____ 873
11. Suède _____ 874
12. Suisse _____ 874
13. Espagne _____ 876

Organisations Internationales _____ 877

Le chapitre 10 »Statistiques« contient des tableaux actualisés concernant l'industrie énergétique et des matières premières.

DEUTSCHLAND

1. Handel mit Brennstoffen

Aachener Kohlen-Verkauf GmbH (AKV)

5100 Aachen, Buchkremerstr. 6 (Haus der Kohle), Postfach 90, ☎ (02 41) 47 66-0, ✆ 8 32 754, ⌨ Kohlenverkauf Aachen, Telefax 47 66-199.

Vorsitzender des Beirats: Dipl.-Kfm. Günter *Meyhöfer*.

Geschäftsführung: Dipl.-Kfm. Erich *Klein*.

Prokuristen: Hans-Peter *Heffels*, Rudolf *Klein*, Alois *Praß*, Ass. d. Bergf. Helmut *Wegers*.

Gesellschafter: Eschweiler Bergwerks-Verein AG, Herzogenrath, 100 %.

Zweck: Vertrieb von Steinkohlen, Steinkohlenkoks aller Bergbaubetriebe des Eschweiler Bergwerks-Vereins.

		1990	1991
Umsatz	Mill. DM	153	132
Beschäftigte	(Jahresende)	23	20

Agip Deutschland AG

1000 Berlin 20, Südhafen/An der Schulenburgbrücke, ☎ (0 30) 3 30 97-0, ✆ 1 82 614 chepr d, Telefax (0 30) 33 09 71 11.
8000 München 2, Sonnenstr. 23, ☎ (0 89) 5 90 71, ✆ Agip mchn 5/24 741, Telefax (0 89) 59 63 03, ⌨ Agip München.

Aufsichtsrat: Dr. Giuseppe *Accorinti*, Vorsitzender; Dr. Mario *Angeletti*, stellv. Vorsitzender; Dr. Alessandro *Cattan*, Dr. Sandro *Galié*, Arbeitnehmervertreter: Wolfgang *Hey*, Bruno *Mazza*.

Vorstand: Dr. jur. Maurizio *de Vito Piscicelli di Collesano*, Vorsitzender; Rag. Carlo *Pessina*.

Kapital: 98 Mill. DM.

Alleiniger Gesellschafter: Agip Petroli S.p.A., Rom.

Zweck: Der Vertrieb von Mineralölprodukten und von Produkten zur Versorgung von Kraftfahrzeugen und Fahrern sowie die Erbringung von Dienstleistungen dafür, ferner jede sonstige Tätigkeit, die diesem Gesellschaftszweck dient; der Betrieb von Tankstellen einschließlich Folgemarktgeschäft, das Lagern und der Transport von Mineralölprodukten, die Beteiligung an anderen Unternehmen und Gesellschaften, die gleiche, ähnliche oder ergänzende Tätigkeiten zum Gegenstand haben.

		1990	1991
Umsatz	Mill. DM	1 467	1 668
Beschäftigte		77	86

Agip Minol GmbH

O-9048 Chemnitz, Augustusburger Straße 45, ☎ (03 71) 6 03 56, Telefax (03 71) 6 29 94.

Geschäftsführung: Peter *Lanzerstorfer*, Christine *Berger*.

Stammkapital: 14,8 Mill. DM.

Gesellschafter: Agip Deutschland AG, Berlin, 50 %; Minol Mineralölhandel AG, Berlin, 50 %.

Zweck: Handel mit Treib- und Brennstoffen, Schmierstoffen etc., insbes. über Tankstellen.

		1990	1991
Umsatz	Mill. DM	65,372	226
Beschäftigte		47	18

Agip Schmiertechnik Autol-Werke GmbH

8700 Würzburg, Neuer Hafen, Paradiesstraße 14, Postfach 5180, ☎ (09 31) 9 00 98-0, Telefax (09 31) 9 84 42.

Geschäftsführung: Hans *Schiller*.

Stammkapital: 3 Mill. DM.

Gesellschafter: EniChem Deutschland AG, München.

Zweck: Herstellung von und Handel mit Schmierstoffen und Additiven für Treib- und Brennstoffe.

		1990	1991
Umsatz	Mill. DM	38	42,5
Beschäftigte		97	97

Außenhandelskontor Schieweck GmbH

4300 Essen 1, Rolandstr. 9, Postfach 10 22 62, ☎ (02 01) 8 10 74-0, Telefax (02 01) 8 10 74 44.

Geschäftsführung: Hanno *Reimann*, Götz *Reimann*.

Prokurist: Wolfgang *Sonnenwald*, Essen.

Kapital: 9 Mill. DM.

Zweck: Import, Export, Handel mit und Herstellung von Mineralölprodukten und petrochemischen Sonderprodukten.

Niederlassung
Berlin: 1000 Berlin 47, Sieversufer 24, ☏ (0 30) 6 84 20 81-84, ✆ 1 86 110 asbln d.

Avia Mineralöl AG

8000 München 80, Einsteinstraße 169, Postfach 80 01 29, ☏ (0 89) 45 50 45-0, ✆ 5-22 260, Telefax (0 89) 45 50 45 10.

Aufsichtsrat: Dr. Ernst *Bötticher*, Vorsitzender; Jürgen *Boje*, Lübeck; Thomas *Braun*, Nürnberg; Klaus *Pickel*, Oldenburg; Franz *Schmid*, Ulm; Bernd *Ziegler*, Freudenstadt.

Vorstand: Dr. Joachim *Christopeit*.

Prokuristen: Emmerich *Bauer*, Dipl.-Ing. Peter-Wilhelm *Tamm*.

Grundkapital: 15 Mill. DM.

Alleinaktionär: Deutsche Avia Mineralöl-GmbH, München.

Zweck: Handel, Transport, Lagerung, Import und Export von Mineralölprodukten aller Art sowie damit zusammenhängende und verwandte Geschäfte und Aufgaben. Ferner: Verwaltung des im internationalen Markenregister eingetragenen Warenzeichenrechts „Avia" für Mineralöle und ähnliche Produkte in Deutschland.

	1991
Umsatz .... Mill. DM	1 560
Beschäftigte .... (Jahresende)	26

Deutsche Avia Mineralöl-GmbH

8000 München 80, Einsteinstraße 169, Postfach 80 01 29, ☏ (0 89) 45 50 45-0, ✆ 05-22 260, Telefax (0 89) 45 50 45 10.

Beirat: Dr. Ernst *Bötticher*, Vorsitzender; Jürgen *Boje*, Lübeck; Franz *Schmid*, Ulm; Thomas *Braun*, Nürnberg; Klaus *Pickel*, Oldenburg; Bernd *Ziegler*, Freudenstadt.

Geschäftsführung: Dr. Joachim *Christopeit*.

Prokuristen: Emmerich *Bauer*, Dipl.-Ing. Peter-Wilhelm *Tamm*.

Stammkapital: 1,695 Mill. DM.

Gesellschafter: Hermann Bantleon GmbH, Ulm; A. F. Bauer & Co KG, Regensburg; Ernst Boie Energie Service GmbH & Co, Lübeck; Ernst Braun Mineralöle GmbH, Nürnberg; Wilh. Crämer Erben GmbH, Soest; Willy Dattner Oel-Handelsges., Remscheid; Didillon Mineralölhandel GmbH, Wuppertal; Kurt Günther Mineralölhandelsges. mbH, Rotenburg; Karl Heistermann KG, Bielefeld; Julius Hoesch GmbH & Co KG, Düren; J. & A. Homberg GmbH & Co, Wuppertal; Oelvertrieb Dipl.-Ing. Kurt Isermeyer, Herzberg; Heinrich Klöcker GmbH, Borken; Alfred Kuehmichel, Allendorf; A. May, Schweinfurt; Minera Kraftstoffe Mineralölwerk Rempel GmbH, Mannheim; Oel-Dahmann GmbH, Hagen-Vorhalle; Oel-Held GmbH, Stuttgart; Oest Tankstellen GmbH & Co KG, Freudenstadt; Heinrich Olsson GmbH & Co KG, Hannover; August Pickel GmbH & Co, Oldenburg; August Schmäling, Gütersloh; Tessol GmbH, Stuttgart; Joh. Bapt. Wagner, München; R. H. J. Wahrlich & Sohn GmbH & Co, Hamburg.

Zweck: Förderung des Vertriebs der Avia-Produkte in Deutschland durch Werbung und andere geeignete Maßnahmen. Die Gesellschaft hat ferner die grundsätzlichen wirtschaftlichen und rechtlichen Voraussetzungen zu bestimmen, unter denen in Deutschland unter der Marke Avia Mineralölgeschäfte betrieben werden dürfen.

Bayerischer Brennstoffhandel GmbH & Co KG

8000 München 2, Lindwurmstr. 129, Postfach 20 05 28, ☏ (0 89) 77 70 81, ✆ 05 213 012, Telefax (089) 77 43 13.

Geschäftsführung: Dieter *Tenbücken*.

Kapital: 637 700 DM.

Gesellschafter: BVN Brennstoffvertrieb Nürnberg GmbH, Nürnberg; C. Flüggen Kohlenhansa GmbH, Aachen; Klöckner & Co AG, Duisburg; Raab Karcher AG, Essen; Ruhrkohle Handel GmbH, Essen; Thyssen Handelsunion AG, Düsseldorf.

Zweck: Großhandel mit festen und flüssigen Brennstoffen.

Niederlassung: 8500 Nürnberg 80, Bärenschanzstr. 8 d; Postanschrift: Postfach 1440, 8500 Nürnberg 1, ☏ (09 11) 2 70 65-0, ✆ 6 22 224, Telefax (09 11) 2 70 65 30.

BayWa AG München

Hauptabteilung Mineralöle, Brennstoffe
8000 München 81, Arabellastr. 4, ☏ (0 89) 92 22-32 09, Telefax (0 89) 91 30 66.

Zweck: Lagerung von und Groß-/Einzelhandel mit Heizöl, Kraftstoffen, Schmierstoffen und festen Brennstoffen.

Tochtergesellschaften: DTL Donau-Tanklagergesellschaft mbH & Co KG, BayWa Interoil GmbH.

Bonifacius Kohle Transport und Handelsgesellschaft mbH & Co KG

4300 Essen 12, Gladbecker Straße 553, ☏ (02 01) 34 00 27.

Geschäftsführung: Jürgen *Nickel;* Hans *Ehlert.*

Kapital: 1,5 Mill. DM.

Gesellschafter: Bonifacius Kohle Transport und Handel Verwaltungsgesellschaft mbH, Essen; Europäische Brennstoffhandelsgesellschaft mbH, Essen; Raab Karcher AG, Essen.

Zweck: Handel mit und Transport von Brennstoffen, Rückständen und sonstigen Produkten sowie die Versorgung von Anspruchsberechtigten mit Deputatmengen.

Brennstoffhandel Nord GmbH

O-2500 Rostock, PSF 1177, ☏ (03 81) 84 71, Telefax (03 81) 8 22 38.

Zweck: Handel mit festen, flüssigen und gasförmigen Brennstoffen.

Brenntag Mineraloel GmbH + Co.

4330 Mülheim, Reichspräsidentenstr. 21 – 25, Postfach 10 03 65, ☏ (02 08) 3 00 02-0, Telefax (02 08) 3 00 02-77.

Geschäftsführung: Dr. Heiner *Müske,* Aimé *Xhonneux.*

Prokurist: Ludwig M. *Beyer.*

Kapital: 1 Mill. DM.

Gesellschafter: Fuchs Petrolub AG Oel + Chemie, Mannheim und Total Deutschland GmbH, Düsseldorf (Total Compagnie Française des Pétroles, Paris), mit je 50 %.

Zweck: Großhandel in Mineralölprodukten. Kraft- und Schmierstoffe für den Kfz-Bereich. Synthetische Spezial-Schmiermittel, schwerentflammbare und umweltfreundliche Hydraulikflüssigkeiten, Marken-Schmierstoffe für die Industrie.

Büros und Läger: Bielefeld, Mülheim und Oberhausen.

Tochtergesellschaften
MTN, Mineraloel- und Tanklager GmbH, Neuenrade, 100 %.
Fragol Industrieschmierstoff GmbH, Mülheim an der Ruhr, 100 %.

	1990	1991
Umsatz .... Mill. DM	147	166
Beschäftigte .... (Jahresende)	35	38

Bronberger & Kessler Handelsgesellschaft mbH

8000 München 70, Dreimühlenstraße 42, ☏ (0 89) 72 90-0, Telefax (0 89) 72 90-250.

Geschäftsführung: Dipl.-Kfm. Stephan *Domsch;* Andreas *Freimuth.*

Stammkapital: 1,5 Mill. DM.

Gesellschafter: Agip Deutschland AG, 100 %.

Zweck: Handel mit Waren aller Art, insbesondere mit Mineralölprodukten, ferner Umschlag und Lagerung dieser und anderer Waren sowie die Wahrnehmung aller hiermit zusammenhängenden und dem angegebenen Zweck dienenden sonstigen Geschäfte unter Einschluß der Herstellung und des Erwerbs der dazu nötigen Anlagen und Einrichtungen.

	1990	1991
Umsatz .... Mill. DM	125	139
Beschäftigte	30	30

Chemoil GmbH & Co KG

4000 Düsseldorf 12, Rotthäuser Weg 36, Postfach 12 01 35, ☏ (02 11) 2 91 09-0, ⌀ 8 584 554 chem d, Telefax (02 11) 2 91 09-10, ✉ Chemoil Düsseldorf.

Geschäftsführung: Helmut *Mengede.*

Prokurist: Uta *Mengede.*

Kapital: 1,05 Mill. DM.

Zweck: Großhandel mit Mineralöl- und Chemieprodukten jeglicher Art sowie Handel mit Waren aller Art einschließlich Import und Export.

Conoco Mineraloel GmbH

2000 Hamburg 60, Überseering 27, Postfach 60 04 29, ☏ (0 40) 6 38 01-0, ⌀ 2-13 419, Telefax (0 40) 63 80 14 57, ✉ conoco hamburg.

Geschäftsführung: Werner *Brandmayr,* Vorsitzender; Helmut J. *Schreier* (Marketing); Günther E. *Binder* (Operations).

Prokuristen: Hans-Georg *Albers,* Rupert *Altmann,* Hartmut *Ehrich,* Rüdiger *Dikty,* Michael *Gentz,* A. *Hilbrandt,* Erwin *Jäger,* Waldemar *Logwinski,* A. N. *Mackay,* Peter *Reimers,* B. v. *Rosenzweig* (Öffentlichkeitsarbeit); Reinhard *Schuster,* Bernd *Steber,* Manfred *Stipproweit,* Paul J. *Pekar,* Wolfgang *Weber.*

Stammkapital: 150 Mill. DM.

Alleiniger Gesellschafter: Conoco Inc., Wilmington (Del.) USA.

Zweck: Vertrieb von Mineralölprodukten aller Art und petrochemischen Erzeugnissen.

HANDEL MIT BRENNSTOFFEN

Vertriebsorganisation: 3 Verkaufsbüros, 2 Läger, rd. 475 Tankstellen.

Beteiligungen

Conoco-Austria Mineraloel Gesellschaft mbH, 100 %.
Jet-Tankstellen-Betriebs GmbH, 100 %.
Interkraft Handel GmbH, 100 %.
Transalpine Oelleitung GmbH, 3 %.
GKG, 100 %.
Société du Pipelines Sud-Européen, 2 %.
Südbitumen Handel GmbH, 50 %.

	1990	1991
Umsatz .... Mill. DM	4 275	4 787
Beschäftigte .... (Jahresende)	235	257

Deutsche Kohle Marketing GmbH
Steinkohlevertrieb — Wärmeversorgung

4300 Essen 1, Rellinghauser Straße 1, Postfach 10 32 62, ☎ (02 01) 1 77-1, Telefax Wärmeversorgung (02 01) 1 77-34 85, Telefax Steinkohlevertrieb (02 01) 1 77-34 49.

(Haupteintrag in Kap. 4, Abschn. 4)

Deutsche BP Aktiengesellschaft

(Hauptbeitrag der Deutsche BP Aktiengesellschaft in Kap. 2 Abschn. 3)

2000 Hamburg 60, Überseering 2, Postfach 60 03 40, ☎ (0 40) 63 95-0, ✆ 2/17 007-0, ✉ Beepee Hamburg.

Deutsche Castrol Vertriebsgesellschaft mbH

2000 Hamburg 36, Esplanade 39, Postfach 30 12 49, ☎ (0 40) 35 94 01, ✆ 2 12 756 u. 2 14 453, Telefax (0 40) 3 59 43 93, ✉ Castrol Hamburg, BTX 4 44 22.

Geschäftsführung: Volker *Allnoch*, Klaus *Koslowski*.

Prokuristen: Gerd *Bosse*, Detlef *Heinrich*, Christian *Haage*, Jürgen *Soetbeer*.

Presse und Öffentlichkeitsarbeit: Dieter *Hardt*, H. W. v. *Hammerstein*.

Hauptgesellschafter: Castrol Ltd, U. K.

Zweck: Vertrieb von Marken-Schmierstoffen, Motorenölen und Getriebeölen, Fetten und Spezialschmierstoffen, Bremsflüssigkeiten, Reinigungs- und Pflegeprodukte.

Total Deutschland GmbH

4000 Düsseldorf 1, Kirchfeldstr. 61, ☎ (02 11) 90 57-0, ✆ 8 581 964, Telefax (02 11) 90 57-3 00.

Geschäftsführung: Jean-Jacques *Bach*, Michel *Mallet*, Horst *Schröter*.

Stammkapital: 57 150 000 DM.

Gesellschafter: Total S.A., Paris, 100 %.

Zweck: Vertrieb von Mineralöl und Mineralölprodukten in der Bundesrepublik Deutschland.

	1990	1991
Umsatz .... Mill. DM	1 602	1 794
Beschäftigte ... (Jahresende)	235	260

Beteiligungen

Südgas-Süddeutsche Gasgesellschaft mbH, Sigmaringen, 100 %.
Defrol GmbH, Essen, 100 %.
Deutsch Überseeische Petroleum GmbH, Hamburg, 100 %.
Dupeg Tank Terminal Deutsch-Überseeische Petroleum GmbH & Co., Hamburg, 50 %.
Brenntag Mineralöl GmbH & Co. KG, Mülheim, 50 %.
Brenntag Mineralöl GmbH, Düsseldorf, 50 %.
Sabol Betriebsstoff- und Mineralöl GmbH, Düsseldorf, 100 %.
Joh. Hammer Nachf. GmbH, Düsseldorf, 100 %.
Air Tankdienst Köln, Köln, 20 %.
AET Aviation Service Frankfurt, Frankfurt (Main), 33,33 %.

Deutsche Veedol GmbH

2000 Hamburg 36, Esplanade 39, Postfach 30 12 70, ☎ (0 40) 35 94-02, ✆ 2 11 198, Telefax (040) 35 94 528, ✉ Veedol Hamburg.

Geschäftsführung: Harald *Grohn*, F. K. *Paulssen*, stellv.

Prokuristen: Herbert *Müller-Kaape*, E *Stamer*.

Öffentlichkeitsarbeit: K. *Steinke*.

Grundkapital: 24 Mill. DM.

Gesellschafter: The Burmah Oil (Deutschland) GmbH.

Zweck: Herstellung und Vertrieb von Schmierstoffen aller Art.

	1991
Beschäftigte ... (Jahresende)	115

6 HANDEL

Europäische Brennstoffhandelsgesellschaft mbH

4690 Herne 1, Shamrockring 1, Postfach 11 45, ☏ (0 23 23) 15-40 43, Telefax (0 23 23) 15-40 42.

Beirat: Dipl.-Kfm. Erich *Klein*, Aachen, Vorsitzender; Professor Dr.-Ing. Rudolf *von der Gathen*, Dortmund, stellv. Vorsitzender; Dipl.-Betriebswirt Gerd *Schmiedehausen*, Ratingen, stellv. Vorsitzender; Hans-Peter *Baumann*, Essen; Dr. rer. pol. Klaus-Peter *Böhm*, Essen; Dr. jur. Eberhard *Freiherr von Perfall*, Düsseldorf; Dr. rer. pol. Udo *Scheffel*, Essen.

Geschäftsführung: Dipl.-Ökonom Hubert *Borgheynk;* Hans *Ehlert*.

Prokuristen: Jürgen *Menningmann*, Helmut *Schäfer*.

Stammkapital: 1 Mill. DM.

Gesellschafter: Ruhrkohle Handel GmbH, Essen, 100 %.

Zweck: Vertrieb und Handel mit festen sowie übrigen Brennstoffen im In- und Ausland.

Fina Deutschland GmbH

6000 Frankfurt (Main), Bleichstr. 2−4, ☏ (0 69) 2 19 80.

Aufsichtsrat: Jürgen *Reimnitz*, Mitglied des Vorstandes der Commerzbank AG, Frankfurt, Vorsitzender; Pierre *Jungels*, Administrateur-Directeur der Petrofina S. A., Brüssel, stellv. Vorsitzender; Jean *Cabri*, Directeur Général-Adjoint der Petrofina S. A., Brüssel; François *Cornélis*, Administrateur-Directeur der Petrofina S.A., Brüssel. Arbeitnehmervertreter: Gerhard *Kruger*, Frankfurt (M.), Werner *Pfetzer*, Duisburg.

Geschäftsführung: Jean-Marie *Desprez*, Kurt *Mohr*.

Prokuristen: Werner *Bischof*, Heinrich *Braubach*, Thierry *Chevalier*, Jürgen *Harding*, Herbert *Krajnik*, Heinz *Kreutz*, Bernd *Lochmann*, Wolfgang *Marmann*, Ulrich *Melzer*, René *Meyer*, Eberhard *Mihulka*, Dr. Hermann *Pauls*, Dr. Heribert *Schmitz-Sinn*, Carsten *Schramm*, Peter *Sossenheimer*, Karl-Heinz *Zander*.

Stammkapital: 55 Mill. DM.

Alleinige Gesellschafterin: Fina Europe S. A., Brüssel, eine 100%ige Tochter der Petrofina S.A., Brüssel.

Zweck: Mineralölvertrieb.

Außenstellen sowie Bezirksbüros/Dispositionsstellen in Duisburg, Heilbronn, München, Nürnberg, Offenbach, Berlin.

Beteiligungen
Euro-Oil-Vertriebsgesellschaft mbH, Frankfurt.
EFTL, Düsseldorf-Lohausen.
Air-Tankdienst, Köln-Wahn.

Tanklagergesellschaft Köln-Bonn (TGK), Hamburg.
Norsea Gas GmbH, Emden.
Protherm Fernwärme GmbH, Frankfurt (Main).
Weser Fernwärme GmbH, Bremerhaven (indirekt über Protherm).
Sigma Unitecta Farben GmbH, Bochum.
Sebald Kutscheit GmbH, Ransbach.
A. J. Lenzen Mineralölhandelsgesellschaft mbH, Nettetal.
Fina Mineralölvertriebs-GmbH, Berlin.
Speedoil Mineralöl GmbH, Haag-Winden.
Gebr. Didillon, Wuppertal.

	1990	1991
Umsatz .... Mill. DM	1 959	2 422
Beschäftigte	423	412

Hansen Coal GmbH

4330 Mülheim an der Ruhr, Humboldtring 15, ☏ (0208) 4947900, Telefax (0208) 4947920.

Geschäftsführung: Dr. Eckhard *Albrecht* (Vors.), Klaus D. *Glaser*, Hendrik *van den Haak*, Veit *Lehmann*, Hermann *Müller*, Heinz *Schernikau*.

Helmstedter Braunkohlen Verkauf GmbH (HBV)

3000 Hannover, Sophienstr. 5, Postfach 2727, ☏ (05 11) 32 77 51, ✄ 9 22 804 hbv d, Telefax (05 11) 32 77 54 H B V, ✉ Braunkohle Hannover.

Geschäftsführung: Günther *Schubert;* Achim *Töpfer*.

Gründung: 1963.

Zweck: Handel mit Mineralölprodukten aller Art, mit chemischen und ähnlichen Erzeugnissen sowie mit Maschinen und Geräten sowohl für eigene als auch für fremde Rechnung.

Interfuel Brennstoffkontor GmbH (IBK)

4600 Dortmund 1, Rheinlanddamm 24, ☏ (02 31) 4 38-1.

Geschäftsführung: Werner *Fischer;* Norbert *Geisler*.

Gesellschafter: Vereinigte Elektrizitätswerke Westfalen AG (VEW), Dortmund, 100 %.

Zweck: Handel, Transport und Umschlag von Brennstoffen aller Art sowie die Durchführung aller Geschäfte, die diesem Geschäftsgegenstand dienen oder ihn ergänzen.

	1990	1991
Umsatz .... Mill. DM	66,4	59,1

Klöckner & Co AG

4100 Duisburg, Neudorfer Straße 3 – 5, Klöcknerhaus, ☏ (02 03) 18-28 17, ✆ 85 518 366, Telefax (02 03) 33 20 58.

Aufsichtsrat: Dr. Alfred *Pfeiffer*, Vorsitzender; Horst *Schmidt*, stellv. Vorsitzender; Günter *Domke*, Helga *Göhricke*, Dr. Jochen *Holzer*, Dipl.-Kfm. Willi *Klein-Gunnewyk*, Edgar *Mömel*, Dr. Georg *Obermeier*, Alfred *Freiherr von Oppenheim*, Dr. Hans-Udo *Schmidt-Enzmann*, Caspar *von Stosch-Diebitsch*, Dr. Karl *Wamsler*.

Vorstand: Jörg A. *Henle*, Vorsitzender; Kurt *Greshake*, Günther E. *Hering*, Karl-Hans *Seegers*, Dr. Thomas *Ludwig*.

Grundkapital: 250 Mill. DM.

Energie

Direktion: Helmut *Bier*, Karl-Heinz *Lohmann*.

Abteilungsdirektoren: Dr. Helmut *Galts*, Hilmar *Klinkenberg*.

Zweck: Handel mit extra leichtem Heizöl, schwerem Heizöl, Vergaserkraftstoffen, Dieselkraftstoff, Schmierstoffen, Additiven, Frostschutzmitteln und Ölbindern, Propan, Butan, LPG-Gemischen, Autogas, Kohlenwasserstoff-Treibmitteln, technischen Gasen, Gasgeräten und Armaturen; Lagerung und Umschlag von Flüssiggasen; Planung, Errichtung und Wartung von Gas-, Tank- und Verbrauchsanlagen; Kohlen, Koks, Koksgrus, Petrolkoks, Briketts, Braunkohlenprodukten.

	1990	1991
Umsatz .... Mrd. DM	9,9	10,8
Beschäftigte ... (Jahresende)	8 297	9 257

Niederlassungen

Handelsgebiete

Nord: Bremen, Celle, Hamburg, Hannover, Hodenhagen, Leer, Liessow, Oldenburg, Osnabrück, Wolfsburg.
West: Aachen, Frankfurt, Kaiserslautern, Köln, Mannheim, Oberhausen, Unna.
Süd: Neuburg, Augsburg, Bamberg, Kolbermoor, Marktredwitz, München, Nürnberg, Regensburg, Ruhpolding, Schwandorf.
Ost: Barleben, Leipzig, Wolmirstedt.

Tochter- und Beteiligungsgesellschaften
Deutzer Oel AG & Co. KG, Köln.
Oberfränkische Gasvertriebsges. AG & Co. KG, Bamberg.
Becker u. Harms Berliner Montan Beteiligungs-Gesellschaft mit beschränkter Haftung, Berlin.
Becker u. Harms Berliner Montan oHG, Berlin.
Otto Fricke & Co GmbH, Gütersloh.
MK Mineralkontor GmbH, München.
Zeller + Gmelin GmbH, Mineralöl-Handel-Entsorgung + Co KG, Stuttgart.
Klöckner Mineralölhandel GmbH, Karlsruhe.
Klöckner Mineralölhandel GmbH in Sachsen, Leipzig.
Zeller + Cie., Straßburg, Frankreich.
Flüssiggas GmbH, Bamberg.
Klöckner CPC-International GmbH, Krefeld.
ATG autogas-Tankstellen GmbH, Bonn.
Polkohle GmbH, Hamburg.
Bayer. Brennstoffhandel GmbH & Co KG, München.
Brennstoffimport GmbH, Bayreuth.
Sächsischer Brennstoffhandel GmbH, Glauchau.

Kohlehandel Dresden GmbH

O-8060 Dresden, Alaunplatz 3 b, ☏ (03 51) 5 29 21, ✆ 2 108, Telefax (03 51) 5 12 21.

Geschäftsführung: Dipl.-Ing. Hartmut *Dittrich*.

Zweck: Handel mit festen, flüssigen und gasförmigen Brennstoffen, mit Baustoffen und Heizungsanlagen sowie Erbringung von Dienstleistungen.

Kohlehandel Gera GmbH

O-6500 Gera, Franz-Mehring-Straße 24, ☏ (03 65) 2 61 42, ✆ 5 8 115, Telefax (03 65) 2 62 38.

Kohlehandel Halle

O-4020 Halle, Peißnitzinsel 1 – 2, ☏ (03 45) 4 72 36.

Kohlehandel Magdeburg

O-3024 Magdeburg, Otto-Nuschke-Straße 4, ☏ (03 91) 5 81 51, ✆ 8 219.

Kohlen-Handelsgesellschaft Auguste Victoria OHG

4370 Marl, Victoriastr. 43, ☏ (0 23 65) 40-0, ✆ 8 29 886, ✆ Auguste Victoria Marl.

Prokurist: Direktor Dipl.-Volkswirt Lothar *Kalka*.

Handlungsbevollmächtigte: Helmut *Kurzawa*, Dipl.-Kfm. Eberhard *Lauer*, Dipl.-Kfm. Hans-Gerd *Pappert*.

Gesellschafter: Gewerkschaft Auguste Victoria, Marl; Wohnungsbaugesellschaft Niederrhein mbH, Essen.

Zweck: Handel mit Brennstoffen und Industriebedarf.

6 HANDEL

Krupp Energiehandel GmbH

4300 Essen 1, Altendorfer Str. 104, Postfach 10 22 53, ☏ (02 01) 1 88-1, ✉ 8 57 466, Telefax (02 01) 1 88-47 78.

Geschäftsführung: Norbert F. *Hake*, Dr. Klaus *Hövermann*.

Stammkapital: 2 Mill. DM.

Zweck: Der nationale und internationale Großhandel und der Einzelhandel mit festen und flüssigen Brennstoffen und alle damit in Zusammenhang stehenden Geschäfte und Dienstleistungen, wie Lagerung und Umschlag.

Niederlassungen und Verkaufsbüros: Bremen, Essen, Frankfurt, Karlsruhe, Weil.

Mabanaft GmbH

2000 Hamburg 11, Admiralitätstraße 55, ☏ (0 40) 3 70 04-0, ✉ 2 161 451, Telefax (0 40) 3 70 04-1 41.

Geschäftsführung: Norbert *Kirschbaum*, Burckhardt *Maaß*, Gustav *Schlei*.

Gesamtprokuristen im Handel: Wolfgang *Ahrens*, Peter *Arndt*, Holger *Hoppe*, Norbert *Lehning*, Dr. Bruno *Schulwitz*, Hans *Sperling*.

Stammkapital: 35 Mill. DM.

Gesellschafter: Marquard & Bahls AG, 100 % mittelbar über Marquard & Bahls Handelsgesellschaft mbH (100 %).

Zweck: Internationaler Handel mit Mineralöl, Mineralölprodukten und artverwandten Chemieprodukten.

Beteiligungen bzw. Schwestergesellschaften
Mabanaft BV, Rotterdam.
Mabanaft AG, Zollikon.
Mabanaft Ltd., London.
Mabanaft S.A.R.L., Paris.
Mabanaft Singapore PTE Ltd., Singapore.

	1990	1991
Umsatz (ohne Mineralölsteuer) .... Mill. DM	2 411	2 324
Beschäftigte ... (Jahresdurchschnitt)	118	129

Märkischer Brennstoffhandel – GmbH – Frankfurt (Oder)

O-1200 Frankfurt (Oder), Karl-Marx-Straße 70/71, ☏ (03 35) 6 30 91, ✉ 1 6 222, Telefax (03 35) 2 30 06.

Märkischer Brennstoffhandel GmbH

O-1591 Potsdam, Karl-Liebknecht-Straße 24, ☏ (03 71) 7 69 21, ✉ 1 5 359 KHDLPD dd, Telefax (03 71) 7 89 02.

Geschäftsführung: Werner *Hennig*.

Prokuristen: Manfred *Kuhnt*, Werner *Meinke*.

Alleiniger Gesellschafter: Rheinbraun Verkaufsgesellschaft, Köln.

Stammkapital: 2,23 Mill. DM.

Zweck: Handel mit festen, flüssigen und gasförmigen Brennstoffen und die Erbringung von Dienstleistungen in diesem Zusammenhang.

Zweigstellen: Brandenburg, Königs Wusterhausen, Luckenwalde, Neuruppin, Pritzwalk, Rathenow, Teltow, Treuenbrietzen, Zehdenick, Zernitz.

Beteiligungen
Brandenburgischer Brennstoffhandel GmbH, Potsdam, 50 %.
HWT Heizung-Wärmetechnik Potsdam GmbH, 33$^1/_3$ %.

Marimpex Mineralöl-Handelsgesellschaft mbH

2000 Hamburg 36, Große Theaterstr. 42, ☏ (040) 35 65-0, Telefax (040) 35 65-252.

	1989	1990
Umsatz .... Mrd. DM	2,7	4,7

Kommanditgesellschaft Marquard & Bahls GmbH & Co

2000 Hamburg 11, Admiralitätstraße 55, ☏ (0 40) 3 70 04-0, Telefax (0 40) 3 70 04-243.

Geschäftsführung: Hellmuth *Weisser*, Dr. Joachim *Brinkmann*.

Gesamtprokurist: Anneliese *Nordmeyer*, Karl-Heinz *Molik*, Reiner *Wilke*, Jörg *Göttsche*.

Festkapital: 78 Mill. DM.

Gründung: 1959.

Zweck: Holding-Gesellschaft der Marquard & Bahls-Gruppe (ehemals Mabanaft-Gruppe).

Beteiligungen
Marquard & Bahls GmbH (Zwischenholding für Mineralölhandel und Tanklager).
Marquard & Bahls Coal Company, Houston (Kohlenbergwerke).
Atlas Investitions-GmbH.
Mabanaft Paris S.a.r.l., Paris.
Mabanaft Singapore Ptl Ltd., Singapur.

	1990	1991
Umsatz (Konzern) . Mill. DM	3 980	3 849
Beschäftigte ... (Jahresende)	596	718

* Die Firmen Kommanditgesellschaft Marquard & Bahls GmbH & Co., Weisser & Co. GmbH sowie Marquard & Bahls GmbH werden miteinander fusioniert. Die so entstehende Dachgesellschaft des Marquard & Bahls-Konzerns firmiert künftig als Marquard & Bahls AG. Die Umwandlung erfolgt rückwirkend auf den 2. 1. 92.

Minol Mineralölhandel AG

O-1080 Berlin, Am Zeughaus 1—2, ☏ (0 30) 20 37 90.

Vorstand: Wolfgang *Burkhardt*, Vorsitzender; Rudolf *Havemann*, Henri J. M. *Lombard*.

Minol Nordtank GmbH
O-2510 Rostock 5, Hawermannweg, ☏ (00 81) 81 60.

Geschäftsführung: Kurt *Hirsch*, Thomas *Hill*.

Minol Zentraltank GmbH
O-1581 Potsdam, Zum Heizwerk 22—24, ☏ (0 23) 87 50.

Geschäftsführung: Norbert *Trapp*, Rosemarie *Herrmann*.

Minol Südtank GmbH
O-9010 Chemnitz, Wilhelm-Raabe-Straße 55, ☏ (00 71) 5 87 70.

Geschäftsführung: Dr. Klaus *Neubert*, Dietmar *Schreiber*.

Mitteldeutsche Handelsgesellschaft für Energieträger mbH

Aschersleben. Postanschrift: O-4300 Quedlinburg, Harzweg 12, ☏ (0 39 46) 22 22, Telefax (0 39 46) 45 38.

Geschäftsführung: Klaus-Dieter *Hoffmann*, Quedlinburg; Horst *Hansemann*, Lemgo; Wolfgang *Wagner*, Nonnewitz; Otto *Guldan*, Kaufungen.

Stammkapital: 50 000 DM.

Prokuristen: Klaus *Quentmeier*, Klaus-Dieter *Resch*, Klaus *Schmüser*.

Gesellschafter: Ruhrkohle Handel GmbH, Essen, 100 %.

Zweck: Handel mit festen, flüssigen und gasförmigen Brennstoffen, Vertrieb von Schmierstoffen, Erfüllung von Dienstleistungen im Zusammenhang mit dezentraler Wärmeerzeugung einschließlich Service-Leistungen, Vertrieb von Erzeugnissen der Heiz- und Wärmetechnik.

Zweigniederlassungen: Zeitz, Aschersleben.

Neubrandenburger Brennstoff- und Heizungstechnik-Handels GmbH

O-2000 Neubrandenburg, Warliner Straße 25, Postfach 252, ☏ (03 95) 53 11, ⌀ (0 69) 3 3 135, Telefax (03 95) 69 16 87.

Niedersächsischer Kohlen-Verkauf GmbH (NKV)

4530 Ibbenbüren, Osnabrücker Str. 125, ☏ (0 54 51) 5 10, Teletex (17) 54 51 12, Telefax (0 54 51) 51 44 00.

Geschäftsführung: Dipl.-Kfm. Jochen *Plumhoff*; Dr. rer. nat. Rolf *Bäßler*.

Gesellschafter: Preussag Anthrazit GmbH, Ibbenbüren, 100 %.

Zweck: Vertrieb von Steinkohlen der Preussag Anthrazit GmbH.

Nordthüringer Vertriebsgesellschaft Kohle mbH

O-5300 Weimar, August-Bebel-Platz 2, ☏ (0 36 43) Weimar 37 52, ⌀ 6 18 942, Telefax (0 36 43) 6 21 22 86.

Nordthüringischer Brennstoffhandel GmbH Weimar

O-5300 Weimar, August-Bebel-Platz 2, ☏ (0 36 43) Weimar 37 52, ⌀ 6 18 942, Telefax (0 36 43) 6 21 22 86.

Preussag Handel GmbH (PHG)

3000 Hannover 1, Goseriede 10—12, Postfach 4807, ☏ (05 11) 1 26 09-0, ⌀ 9 23 803.

Geschäftsführung: Dipl.-Kfm. Helmut *Levermann*.

Prokuristen: Dipl.-Betriebsw. Wolfgang *Geldmacher*, Kurt *Saffrich*.

Zweck: Handel mit festen Brennstoffen und Mineralölprodukten.

Kapital: 300 000 DM.

Gesellschafter: Preussag AG, Hannover, 100 %.

Zweigstellen: Berlin, Bremen, Hannover, Kassel, Osnabrück, Dortmund, Magedeburg.

Beteiligung: Aug. Menge GmbH.

	1989	1990/91
Umsatz .... Mill. DM	343	481
Beschäftigte ... (Jahresende)	30	34

Raab Karcher AG

4300 Essen 1, Rudolf-v.-Bennigsen-Foerder-Platz 1, Postfach 10 31 52, ☏ (02 01) 4 59-01, ⌀ 8 57 724, Telefax (02 01) 4 59-11 98, ⌘ raab-karcher.

Aufsichtsrat: Dr. Hubert *Heneka*, Gladbeck, Vorsitzender; Hans *Nagels*, Essen, stellv. Vorsitzender; Dr. Jürgen *Förterer*, Stuttgart; Dr. Heinz *Gentz*, Herten; Ulrich *Hartmann*, Düsseldorf; Ludolf *Heller*, Mülheim/Ruhr; Rainer *Jäkel*, Düsseldorf; Karl-Heinz *Kniese*, Niestetal-Sandershausen; Friedrich *Leibelt*, Ratingen; Helga *Lissek-Roza*, Essen; Dr. Roland *Mecklinger*, Schweinfurt; Dr. Pablo *Reimpell D'Empaire*, Caracas/Venezuela; Dr.-Ing. E. h. Enno *Vokke*, Essen; Manfred *Vollenweider*, Hockenheim; Bernhard *Winzinger*, Rhede; Wilhelm *Zechner*, Waibling-Bittenfeld.

6 HANDEL

Vorstand: Helmut *Mamsch*, Vorsitzender; Georg *Kulenkampff*, stellv.; Gunther *Beuth;* Dr. Gregor *Mattheis;* H. Dieter *Osterfeld;* Dr. Ferdinand *Pohl.*

Grundkapital: 210 Mill. DM.

Alleinaktionär: Veba Oel AG (99,5 %).

Geschäftsbereiche: Mineralölvertrieb, Kohle, Baustoffe · Fliesen · Sanitär · Heizung, Wärmetechnik, Tankstellentechnik, ista-Haustechnik, Holz, Floristik, Hardware, Software & Service, ista, Spedition, Schiffahrt, Sicherheit.

	1990	1991
Umsatz .... Mill. DM	8 177	10 656
Beschäftigte ... (Jahresende)	15 322	20 583

Raab Karcher Kohle GmbH

4300 Essen 1, Rudolf-v.-Bennigsen-Foerder-Platz 1, ☏ (02 01) 4 59-01, ⌕ 8 57 724, Telefax (02 01) 4 59-22 18.

Gesamt-Geschäftsführung: Dr. Wolfgang *Ritschel*, Vorsitzender; Klaus *Giesel*, Norbert *Nowack*, Harald *Salloch*, Hermann *Spitzer*, Dr. Dietrich *Steffen.*

Alleiniger Gesellschafter: Raab Karcher AG, Essen.

Zweck: Betriebsführende Zuständigkeit für Tochter- und Beteiligungsgesellschaften.

Handel Inland
Raab Karcher Kohle GmbH, Düsseldorf; Raab Karcher Kohle GmbH, Karlsruhe; Raab Karcher Brennstoffhandel GmbH, Ludwigslust; Raab Karcher Brennstoffhandel GmbH, Potsdam; Raab Karcher Brennstoffhandel GmbH, Frankfurt/Oder; Raab Karcher Brennstoffhandel GmbH, Halle; Raab Karcher Brennstoffhandel GmbH, Cottbus; Raab Karcher Brennstoffhandel GmbH, Ilmenau, mit rd. 100 Betriebsstätten flächendeckend in der Bundesrepublik Deutschland vertreten.

Raab Karcher-Beteiligungen
Bayerischer Brennstoffhandel GmbH & Co KG, München, 17,2 %.
Betrem Betriebsführung Trocknungsanlage Emscherbrennstoffe GmbH, Bottrop, 49 %.
Bonifacius Kohle Transport und Handelsgesellschaft mbH & Co. Betriebs KG, Bochum, 50 %.
Brennstoff-Importgesellschaft mbH, Bayreuth, 16,7 %.
Kurt Braun Industriekohlen GmbH & Co. KG, Essen, 24 %.
Fechner Holding GmbH, Bottrop, 17,5 %.
Julia-Kohleaufbereitung GmbH & Co. KG, Herne 2, 21,7 %.
Eduard Michels GmbH, Essen, 100 %.
Montan-Entsorgung GmbH & Co. KG, Essen, 50 %.
Polkohle Einfuhrgesellschaft für polnische Kohlen mbH & Co. KG, Hamburg, 23,4 %.

Handel Ausland
Cory Coal Ltd., London, 100 %.
Unico S. A., Paris, 100 %.
Montan Union-Raab Karcher GmbH, Wien, 50 %.

Import/Export
Raab Karcher Kohle GmbH Import/Export, Essen, mit Einkaufsagenturen in Südafrika, USA, Australien, Indonesien, Kolumbien und einer breiten Produktpalette aus China, GUS, Polen, CSFR und Kanada.

	1990	1991
Umsatz .... Mill. DM	1 900	1 879
Beschäftigte ... (Jahresende)	1 330	1 204

Raab Karcher Kohle GmbH, Düsseldorf

4300 Essen 1, Rudolf-v.-Bennigsen-Foerder-Platz 1, ☏ (02 01) 4 59-01, Telefax (02 01) 4 59-25 08.

Geschäftsführung: Norbert *Nowack*, Hermann *Spitzer.*

Alleiniger Gesellschafter: Raab Karcher Kohle GmbH, Essen.

Zweck: Handel mit festen Brennstoffen, Dienstleistungen.

Raab Karcher Kohle GmbH

7500 Karlsruhe 1, Jahnstr. 6, ☏ (07 21) 17 00-16, Telefax (07 21) 2 42 53.

Geschäftsführung: Norbert *Nowack*, Dr. Dietrich *Steffen.*

Alleiniger Gesellschafter: Raab Karcher Kohle GmbH, Essen.

Zweck: Handel mit festen Brennstoffen, Dienstleistungen.

Raab Karcher Brennstoffhandel GmbH

O-7500 Cottbus, Magazinstraße 28, ☏ (03 55) 3 02 01, ⌕ Cottbus 3 79 370, Telefax (03 55) 2 48 63.

Geschäftsführung: Clemens *Gocke*, Rainer *Kaltschmidt*, Norbert *Nowack.*

Gesellschafter: Raab Karcher AG, Essen.

Raab Karcher Brennstoffhandel GmbH

O-6300 Ilmenau, Münzstraße 8, ☏ (0 36 77) 6 03-0, ⌕ 6 28 459, Telefax (0 36 77) 6 30 78.

Geschäftsführung: Norbert *Nowack*, Dr. Dietrich *Steffen*, Hans-Jörg *Wittkamp.*

Zweck: Handel mit festen Brennstoffen, Dienstleistungen.

RAAB KARCHER Kohle – eine runde Sache

Es ist wie beim Fußball. Nicht die glänzende Einzelvorstellung, sondern die Summe der Einzelleistungen garantiert den dauerhaften Erfolg.

Die Leistung
RAAB KARCHER Kohle ist Mittler am Markt zwischen Produzent und Verbraucher. Partner aller deutschen Reviere, der namhaften europäischen Kohleproduktion und Direktimporteur von Importkohle. Unsere Leistung: Kohle aller Provenienzen für jede spezifische Problemlösung. Ein umfassendes Brennstoffsortiment für Kraftwerke, Industrie und Hausbrand.

Der Weg
Leistungsfähige Lager mit modernen Aufbereitungs- und Umschlageinrichtungen sind die Basis unseres engmaschigen Betriebsstättennetzes. Unser Weg: per Schiene, auf der Wasserstraße oder mit dem eigenen Fuhrpark kommen Kohle und Kohleprodukte termingerecht und wirtschaftlich zu Ihnen.

Der Service
Know-how in Sachen Kohle schließt die Feuerungs- und Verfahrenstechnik ein. Unser Angebot: die RAAB KARCHER Beratungs-Ingenieure liefern Ihnen über Analysen, Vergleichs- und Optimierungsrechnungen bis hin zu Projektvorschlägen ein maßgeschneidertes Konzept für eine wirtschaftliche Energienutzung. Und heute wichtiger denn je: die Entsorgung der Reststoffe als Teil des Gesamtkonzepts. Vorteile, die die Zusammenarbeit mit RAAB KARCHER Kohle zu einer runden Sache machen. Wählen Sie.

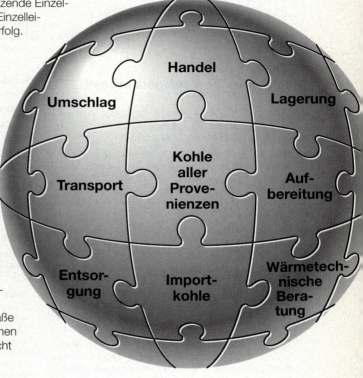

RAAB KARCHER Kohle GmbH

Rudolf-von-Bennigsen-Foerder-Platz 1 · 4300 Essen 1
Telefon (02 01) 4 59-01 · Fax (02 01) 4 59-22 18

6 HANDEL

Raab Karcher Brennstoffhandel GmbH

O-2800 Ludwigslust, Lüblower Weg 49, ☏ (0 38 74) 2 30 02, Telefax (0 38 74) 2 01 60.

Geschäftsführung: Hans-Joachim *Lammers*, Norbert *Nowack*, Hermann *Spitzer*.

Gesellschafter: Raab Karcher AG, Essen.

Zweck: Handel mit festen Brennstoffen, Dienstleistungen.

Rheinbraun Verkaufsgesellschaft mbH

5000 Köln 41, Aachener Str. 952—958, Postfach 41 08 07, ☏ (02 21) 4 80-1, Telefax (02 21) 4 80 53 53, Teletex (17) 22 15 11 RVX d.

Beirat: Bergwerksdirektor Dr. rer. pol. Horst J. *Köhler*, Vorsitzender; Bergwerksdirektor Dr.-Ing. Dietrich *Böcker*; Bergwerksdirektor Dr.-Ing. E. h. Hans-Joachim *Leuschner*; Bergwerksdirektor Dr. Bernhard *Thole*; Bergwerksdirektor a. D. Dr. rer. pol. Harald *Zacher*; Bergwerksdirektor Jan *Zilius*.

Geschäftsführung: Direktor Dipl.-Kfm. Gerd *Herrmann*; Direktor Dr.-Ing. Karl A. *Theis*.

Prokuristen: Dipl.-Volksw. Hans-Joachim *Bayer*, Dipl.-Kfm. Hans-Dieter *Bertram*, Dipl.-Volksw. Ellen *Heinecke*, Dipl.-Kfm. Heinz-Jürgen *Jarmann*, Direktor Dipl.-Kfm. Wilfried *Kosma*, Dipl.-Kfm. Georg K. *Lambertz*, Direktor Alfred P. *Lettmann*, Dr. Götz *Pramann*, Ass. Dirk *Rühl*, Dipl.-Betriebsw. Wolfgang *Thiel*.

Handlungsbevollmächtigte: Hermann *Horst*, Willy *Hütten*, Dipl.-Kfm. Gustav *Jantz*, Hans-Dietrich *Kleinsimlinghaus*, Dipl.-Kfm. Peter *Koch*, Dipl.-Kfm. Eveline *Krause*, Dipl.-Kfm. Bernd *Lichtenberg*, Dipl.-Kfm. Werner *Litzinger*, Wolfgang *Mittler*, Dipl.-Kfm. Gerd *Schmitz*, Dipl.-Kfm. Rainer *Wittwer*, Michael *Wolf*, Wolfgang *Ziegler*.

Stammkapital: 150 Mill. DM.

Zweck: Ein- und Verkauf von und der Handel mit allen Produkten des Rheinischen Braunkohlenbergbaus sowie verwandten Produkten.

	1989/90	1990/91
Umsatz .... Mill. DM	686	937
Beschäftigte		
.... (Jahresdurchschnitt)	149	147

Paul Roskothen GmbH & Co.

4630 Bochum, Nußbaumweg 12/14, Postfach 10 20 26, ☏ (02 34) 7 30 41/42/43, 7 30 63, ✆ 8 25 484 rosbo d, Telefax (02 34) 7 60 11.

Geschäftsführung: Werner *Altegoer*, Vorsitzender; Wulf *Redeker*; Thomas *Altegoer*.

Zweck: Handel, einschließlich Im- und Export mit Brennstoffen aller Art, deren Transport und Lagerung, sowie Entsorgung von Reststoffen aus steinkohlebefeuerten Kraftwerken.

Beteiligung: Carbomarl Kohlenaufbereitungs- und Handels GmbH, Marl, 50 %.

Ruhrkohle Brennstoffhandel Berlin GmbH

1000 Berlin 65, Westhafenstraße 1, ☏ (0 30) 3 95 10 78/79, Telefax (0 30) 3 96 64 30.

Geschäftsführung: Otto *Guldan*, Kaufungen; Joachim *Mueller*, Berlin.

Stammkapital: 100 500 DM.

Gesellschafter: Ruhrkohle Handel GmbH, Essen, 100 %.

Zweck: Handel mit Brenn- und Baustoffen, Mineralöl- und Chemieprodukten sowie anderen Produkten, Geräten aller Art, Dienstleistungen und Transporte, Aktivitäten, soweit sie mit den vorgenannten Aufgaben im Zusammenhang stehen und diese zu unterstützen in der Lage sind.

Ruhrkohle Handel GmbH

Postanschrift: 4000 Düsseldorf 1, Jägerhofstr. 29, Postfach 10 43 54, ☏ (02 11) 49 76-1, ✆ 8 584 930, Telefax (02 11) 49 76-3 50.

Beirat: Dr.-Ing. Peter *Rohde*, Essen, Vorsitzender; Bergass. Dr.-Ing. E. h. Friedrich Carl *Erasmus*, Essen, stellv. Vorsitzender; Wilhelm *Beermann*, Essen; Dr.-Ing. Heinrich *Heiermann*, Dinslaken; Dipl.-Kfm. Dipl.-Volksw. Dr. rer. pol. Jens *Jenßen*, Essen; Dipl.-Volksw. Rechtsanwalt Klaus-Peter *Kienitz*, Neukirchen-Vluyn; Dipl.-Kfm. Hans *Messerschmidt*, Dortmund; Dipl.-Kfm. Günter *Meyhöfer*, Herzogenrath; Regierungspräsident a. D. Fritz *Ziegler*, Wickede.

Geschäftsführung: Dipl.-Kfm. Erich *Klein*, Vorsitzender; Hans-Peter *Baumann*, stellv. Vorsitzender; Dipl.-Kfm. Hartmut *Rettinger*; Dipl.-Betriebswirt Gerd *Schmiedehausen*, Ratingen.

Stammkapital: 45 Mill. DM.

Prokuristen: Dipl.-Ökonom Werner *Beder*, Michael *Hartmann*, Dipl.-Kfm. Dipl.-Ing. Willi *Keppeler*, Wilhelm *Püschel*, Dipl.-Kfm. Horst *Süsse*.

Gesellschafter: Ruhrkohle AG (RAG), Essen, 100 %.

Zweck: Gegenstand des Unternehmens ist der Handel mit Brenn- und Baustoffen, Mineralöl- und Chemie- sowie anderen Produkten, Geräten aller Art, Dienstleistungen und Transporte, Aktivitäten, soweit sie mit den vorgenannten Aufgaben im Zusammenhang stehen und diese zu unterstützen in der Lage sind.

HANDEL MIT BRENNSTOFFEN

Tochtergesellschaften

Inland

Ruhrkohle Handel Brennstoffe Gesellschaft mit beschränkter Haftung, Essen, 100 %.
Ruhrkohle Handel Inter GmbH, Essen, 100 %.
Bayerischer Brennstoffhandel GmbH, Pullach, 16,7 %.
Brandenburgische Brennstoffhandlung Philipp GmbH, Kleinmachnow, 55 % RBB.
Brennstoffimport GmbH, Bayreuth, 5,6 %.
Ruhrkohle Handel Süd GmbH & Co. KG, Düsseldorf, 100 %.
Michel Handel Gesellschaft mit beschränkter Haftung, Düsseldorf, 100 %.
Michel Mineralölhandel Gesellschaft mit beschränkter Haftung, Düsseldorf, 100 %.
Mitteldeutsche Handelsgesellschaft für Energieträger GmbH, Aschersleben, 100 %.
Europäische Brennstoffhandelsgesellschaft mbH, Essen, 100 %.
Ruhrkohle Brennstoffhandel Berlin GmbH, Berlin, 100 %.
Ruhrkohle Handel Leipzig Gesellschaft mit beschränkter Haftung, Leipzig, 100 %.
Ruhrkohle Handel Sachsen GmbH, Leipzig, 100 %.
Ruhrkohle Handel Thüringen GmbH, Erfurt, 100 %.
Technische Gebäudeausrüstung Leipzig GmbH (TGA), Leipzig, 100 %.

Ausland

Ruhrkohle Trading Corporation, New York, 100 %.
Ruhrkohle Trading Pacific, Sydney, 100 %.
Ruhr-Kohlen-Kontor GmbH, Salzburg/Österreich, 50 %.

Ruhrkohle Handel Brennstoffe Gesellschaft mit beschränkter Haftung

4300 Essen 1, Rüttenscheider Stern 5, ☏ (02 01) 7 22 40, Telefax (02 01) 7 22 41 50.

Geschäftsführung: Dieter *Gladen*, Hamm; Ortwin *Römpke*, Lampertheim; Betriebswirt Peter *Wallraf*.

Prokuristen: Horst *Dammann*, Dipl.-Kfm. Hans-Joachim *Wauer*.

Stammkapital: 1 Mill. DM.

Gesellschafter: Ruhrkohle Handel GmbH, Essen, 100 %.

Zweck: Der Handel mit Brenn- und Baustoffen, Mineralöl- und Chemie- sowie anderen Produkten, Geräten aller Art; Dienstleistungen und Transporte und Aktivitäten, soweit sie mit den vorgenannten Aufgaben im Zusammenhang stehen und diese zu unterstützen in der Lage sind.

Zweigniederlassungen in: Hamburg, Essen, Mannheim, Mainz, Frankfurt.

Ruhrkohle Handel Inter GmbH

4300 Essen; Postanschrift: 4000 Düsseldorf 30, Jägerhofstraße 29, Postfach 10 43 54, ☏ (02 11) 49 76-1, ✆ 8 584 930 rh d, Telefax (02 11) 49 76-3 50.

Beirat: Hans-Peter *Baumann*, Essen, Vorsitzender; Dr. Heinrich *Bönnemann*, Essen, stellv. Vorsitzender; Dr. Hubert *Guder*, Essen; Dr. Gerd *Nashan*, Oberhausen; Dr. Udo *Scheffel*, Essen; Dipl.-Betriebswirt Gerd *Schmiedehausen*, Ratingen.

Geschäftsführung: Ulrich *Strobel*, Ratingen, Vorsitzender; Peter *Kalenscher*, Mettmann; Heinz-Ulrich *Rinke*, Selm; Dr. Werner *Lange*, Kamp-Lintfort.

Stammkapital: 3 Mill. DM.

Prokuristen: Heinz *Letat*, Klaus *Maxt*, Wolfgang *Pfotenhauer*, Martin *Rose*, Joachim *Terjung*, Joachim *Troost*, Bernhard *Lümmen*, Heiner *Liehs*.

Gesellschafter: Ruhrkohle Handel GmbH, Essen, 100 %.

Zweck: Vertrieb und Handel mit festen sowie übrigen Brennstoffen im In- und Ausland sowie technische Dienstleistungen und Transporte.

Ruhrkohle Handel Leipzig Gesellschaft mit beschränkter Haftung

O-7010 Leipzig, Brühl 42 – 50, ☏ (03 41) 79 71-7 32, Telefax (03 41) 79 71-7 32.

Geschäftsführung: Dr. jur. Franz *Frantzen*, München, Vorsitzender; Horst *Hansemann*, Lemgo; Peter *Laukien*, Essen; Joachim *Mueller*, Berlin.

Stammkapital: 3.000.000 DM.

Gesellschafter: Ruhrkohle Handel GmbH, Essen, 100 %.

Zweck: Handel mit Brenn- und Baustoffen, Mineralöl- und Chemie- sowie anderen Produkten, Geräten aller Art; Dienstleistungen und Transporte und Aktivitäten.

Ruhrkohle Handel Sachsen GmbH

O-7010 Leipzig, August-Bebel-Straße 16 – 20, ☏ (03 41) 39 47-0, Telefax (03 41) 39 47-3 93.

Geschäftsführung: Peter *Laukien*, Essen; Otto *Guldan*, Kaufungen.

Stammkapital: 50 500 DM.

Gesellschafter: Ruhrkohle Handel GmbH, Essen, 100 %.

Zweck: Handel mit Brenn- und Baustoffen, Mineralöl- und Chemieprodukten sowie anderen Produkten, Geräten aller Art, Dienstleistungen und Transporte, Aktivitäten, soweit sie mit den vorgenannten Aufgaben im Zusammenhang stehen und diese zu unterstützen in der Lage sind.

Zweigniederlassungen: Plauener Brennstoffhandel, Plauen; Chemnitzer Handels-, Transport- und Umschlagsgesellschaft mbH, Chemnitz.

Ruhrkohle Handel Thüringen GmbH

O-5068 Erfurt, Postanschrift: Hafenstraße 76, 3500 Kassel, ☏ (05 61) 95 34 30, Telefax (05 61) 9 53 43 53.

Geschäftsführung: Dipl.-Ök. Werner *Beder*, Essen; Horst *Ebbrecht*, Kassel.

Stammkapital: 100 500 DM.

Gesellschafter: Ruhrkohle Handel GmbH, Essen, 100 %.

Zweck: Handel mit Brenn- und Baustoffen, Mineralöl- und Chemieprodukten sowie anderen Produkten, Geräten aller Art, Dienstleistungen und Aktivitäten, soweit sie mit den vorgenannten Aufgaben im Zusammenhang stehen und diese zu unterstützen in der Lage sind.

Zweigniederlassungen: Thomas Müntzer Handelsgesellschaft in Mühlhausen.

Außenstelle: Kassel.

Ruhrkohle-Verkauf GmbH

4300 Essen; Postanschrift: 4690 Herne, Shamrockring 1, ☏ (0 23 23) 15-0, ✆ 8 229 845 rag d.

Geschäftsführung: Dipl.-Ing. Dr.-Ing. Peter *Rohde*, Vorsitzender; Dr. rer. pol. Klaus-Peter *Böhm*, Dr. jur. Heinrich *Bönnemann*, Dr. rer. pol. Gerhard *Meyer*.

Prokuristen: Dr.-Ing. Wolfgang *Cieslik*, Helmut *Cornels*, Günter *Griebsch*, Dr.-Ing. Michael *Hatzfeld*, Rechtsanwalt Bernd *Krieger*, Dr. rer. oec. Peter *Langenbach*, Bernd *Münch*, Assessor Dietrich *Rudolf*, Dipl.-Ing. Helmut *Schäfer*, Assessor jur. Joachim *Terjung*, Günther *Wehram*.

Gesellschafter: Ruhrkohle AG (RAG), Essen, 100 %.

Zweck: Vertrieb von festen Brennstoffen, Gas, Kohlenwertstoffen und anderen Erzeugnissen aus den Anlagen der Ruhrkohle AG sowie die Durchführung aller Aufgaben, die diesem Zweck dienen.

Saarberg Handel GmbH

6600 Saarbrücken 3, Ursulinenstraße 67, Postfach 503, ☏ (06 81) 30 31-0, ✆ Saarberg Oel, ✆ 4 428 662 sbm d, Telefax (06 81) 30 31-1 95.

Beirat: Michael G. *Ziesler*, Saarbrücken, Vorsitzender; Dr. Hubertus *Winkeler*, Bonn, stellv. Vorsitzender; Hans-Reiner *Biehl*, Saarbrücken; Dr. Hans-Jürgen *Hierling*, Saarbrücken; Klaus *Joch*, Ludwigshafen; Wilfried *Koch*, Saarlouis; Hans *Kutschera*, Berlin; Jürgen *Meyer*, Kleinburgwedel; Fritz *Schmidt*, Bonn-Röttgen.

Geschäftsführung: Wolfgang *Siebert*, Wolfgang *Hardt*.

Prokuristen: Steffi *Barsties*, Reinhard *Diedenhofen*, Dr. Hans *Latz*, Wolfgang *Roos*, Gert *Sattler*, Peter *Stamm*, Gerhard *Wüstemann*.

Kapital: 25 Mill. DM.

Alleingesellschafter: Saarbergwerke AG.

Zweck: Handel mit Erzeugnissen aller Art, vornehmlich mit festen und flüssigen Brennstoffen sowie mit Kraft- und Schmierstoffen, die Durchführung von Speditions- und Transportgeschäften sowie von sonstigen Dienstleistungen.

Beteiligungen
Winschermann Berlin GmbH, Berlin, 100 %.
Saarberg Handel Berlin GmbH, Berlin, 100 %.
  Beteiligung: Calox-Saarberg Handel GmbH, Fürstenwalde, 49 %.
Saarberg Handel Immobilien Service GmbH, Berlin, 100 %.
Winschermann West GmbH, Essen, 100 %.
Winschermann Süd GmbH, Karlsruhe, 100 %.
Süddeutsche Brennstoffhandelsgesellschaft mbH, Mannheim, 100 %.
Saarberg Brennstoffhandel GmbH, Saarbrücken, 100 %, Beteiligung:
  Saarberg Brennstoffhandel Luxembourg, Luxemburg, 99,9 %.
  Société Commerciale Charbonnière et Pétrolière, anct. H. Schuler, Luxembourg, 99,98 %.
  Sipec Sté Internationale de Pétrole et de Chimie à r. l., Paris, 99,99 %;
    Beteiligungen: Montania-Ets. Grethel S. à r. l., Strasbourg, 100 %; Carotel S.A., Diarville, 100 %; Vosges-Carburants S.a.r.l., Cornimont, 90 %; Flam S. à r. l., Mattaincourt, 70 %.
Kohle-Kontor-Saar GmbH, Saarbrücken, 100 %.
Montana Energie-Handel GmbH & Co, Grünwald, 50 %; Beteiligungen: Montana Wilhelm Grill GmbH, Grünwald, 100 %; Hans Scheuringer, Mineralölvertriebs- und Handelsgesellschaft mbH, Landsberg/Lech, 100 %.
Montania Energie-Handel GmbH, München, 50 %.
Willy Peters GmbH, Hamburg, 50 %.
Sté Intercontinental Chimie S. A., Paris, 49 %.
BIG Brennstoffimport Handelsgesellschaft mbH & Co., Bayreuth, 5,56 %.
Montana Heiztechnik- u. Tankservice GmbH, München, 50 %.
Rheinhafengesellschaft Weil am Rhein mbH, Weil am Rhein, 5,48 %.

Saarlor
Saar-Lothringische Kohlenunion
Union Charbonnière Sarro-Lorraine

6600 Saarbrücken, An der Christ-König-Kirche 8, Postfach 783, ☏ (06 81) 5 30 71, ✆ 4 428 938 Saarlor Saarbrücken, Telefax (06 81) 5 84 93 08, ✆ Saarlor Saarbrücken.
F-67006 Strasbourg, 6, Quai Mullenheim, ☏ (88) 25 39 25, ✆ 8 70 014 Saarlor Strasbourg, Telefax (88) 36 41 57, ✆ Saarlor Strasbourg.

HANDEL MIT BRENNSTOFFEN

Präsidium: Präsident: Dipl.-Ing. Dipl.-Kfm. Hans-Reiner *Biehl*, Saarbrücken, Vorsitzender des Vorstandes der Saarbergwerke AG. Erster Vizepräsident: Roger *Jourdan*, Directeur Général des Houillères du Bassin de Lorraine, Freyming-Merlebach.

Direktion: Wolfgang *Barth*, Dr. Ing. Michel *Degois*.

Prokuristen: Jürgen *Ecker*, Martin *Fender*.

Zweck: Verkauf von festen Brennstoffen aus den Revieren Saar und Lothringen im Rahmen des deutsch-französischen Staatsvertrages zur Regelung der Saarfrage vom 27. Oktober 1956 und im Sinne der sich daraus ergebenden Zusammenarbeit und ganz allgemein der Kauf und Verkauf von Brennstoffen aller Art und jeder Herkunft.

Saxonia Bennstoffhandel GmbH

O-7010 Leipzig, Markt 9, ☏ (03 41) 7 16 90, ✆ 5 12 148.

Friedrich Scharr oHG

7000 Stuttgart 80 (Vaihingen), Liebknechtstr. 50, Postfach 80 09 40, ☏ (07 11) 78 68-1, ✆ 7 255 608, Telefax (07 11) 78 68-3 66, Teletex 7 11 64.

Persönlich haftende Gesellschafter: Otto F. *Scharr*, Dr. Werner *Pfäffle*, M. *Scharr*, München.

Geschäftsleitung: Otto F. *Scharr*, Dr. Werner *Pfäffle*, Helmar *Vortmann*, Dietmar *Stoermer*.

Zweck: Vertrieb von Heizöl, Kohle, Flüssiggas, Kraftstoffen, Schmierstoffen, Bitumen und Chemieprodukten und der Handel mit diesen Waren - einschließlich Import und Export. Energieberatung und Dienstleistungen.

Niederlassungen: München, Augsburg, Böblingen, Freiburg, Karlsruhe, Lindenberg/Allgäu, Neukirchen bei Straubing, Erfurt, Hartmannsdorf b. Chemnitz, Böhlen b. Leipzig.

	1990	1991
Umsatz .... Mill. DM	550	616
Beschäftigte ... (Jahresende)	341	374

Sophia-Jacoba Handelsgesellschaft mbH (SJH)

5142 Hückelhoven 1, Postfach 1320, ☏ (0 24 33) 88-02, ✆ 8 329 850, Telefax (0 24 33) 88 33 95, ⌨ Sophia-Jacoba, Hückelhoven.

Beirat: Dr. Peter *Rohde*, Vorsitzender; Dipl.-Kfm. Günter *Meyhöfer*, Dr. Hubert *Guder*, Dipl.-Kfm. Erich *Klein*, Heinz *Preuß*, Dipl.-Ing. Hans-Georg *Rieß*.

Geschäftsführung: Direktor Assessor Dr. jur. Wolfgang *Seidel*, Vorsitzer; Vertriebsdirektor Karl-Heinz *Zimmermann*.

Prokuristen: Klaus *Bramkamp*, Heinz *Molz*.

Handlungsbevollmächtigte: Dr. Thomas *Freitag*, Dipl.-Ing. Gerd *Heidersdorf*, Dipl.-Kfm. Eberhard *Ingenhamm*, Dipl.-Ing. Karlheinz *Jansen*, Alfred *Janßen*, Reinhard *Kasper*, Dieter *Koffke*, Dipl.-Kfm. Dieter *Windelschmidt*.

Zweck: Vertrieb aller Produkte der Sophia-Jacoba GmbH und Handel mit Brennstoffen anderer Provenienz sowie Dienstleistungen aller Art.

	1990	1991
Umsatz .... Mill. DM	458	464

Stinnes AG

4330 Mülheim a. d. Ruhr, Postfach 10 19 54, Humboldtring 15, ☏ (02 08) 49 40, ✆ 8 56 200, Telefax (02 08) 49 46 98, ⌨ Stinnesag Mülheimruhr.

Aufsichtsrat: Dr.-Ing. E. h. Heinz P. *Kemper*, Grainau, Ehrenvorsitzender; Klaus *Piltz*, Düsseldorf, Vorsitzender; Fridolin *Selig* (stellv. Vorsitzender), Backnang; Peter *Berkessel*, Düsseldorf; Rolf *Diel*, Düsseldorf; Dieter *Eisenmann*, Stuttgart; Hans L. *Ewaldsen*, Essen; Dr. Heinz *Gentz*, Herten; Ulrich *Hartmann*, Meerbusch; Wolfgang *Herms*, Nordenham; Hans Jakob *Kruse*, Hamburg; Hans *Lien*, Coburg; Dagobert *Millinghaus*, Mülheim; Werner *Remstedt*, Hamm; Manfred *Rosenberg*, Remingen; Professor Dr. Matthias *Seefelder*, Ludwigshafen; Dr. Herbert *Zapp*, Frankfurt.

Vorstand: Dr. Hans-Jürgen *Knauer*, Vorsitzender; Dr. Hans-Erich *Forster;* Dr. Gerhard *Frey;* Dr. Bernd *Malmström;* Dr. Klaus *Ridder;* Norbert G. *Ring;* Dr. Horst H. *Siedentopf;* Dr. Erhard *Meyer-Galow*, stellv. Mitglied.

Kapital: 225 Mill. DM.

Mehrheitsaktionär: Veba AG, Düsseldorf, 99,68 %.

Zweck: Handel mit festen, flüssigen und gasförmigen Brennstoffen, Baustoffen, Stahl, Chemikalien, Mineralien, Düngemitteln; Technischer Handel; Reifendienst; See- und Binnenschiffahrt; Spedition/Lagerei/Umschlag; Häfen; Datenverarbeitung; Versicherungen.

	1990	1991
Umsatz .... Mill. DM	17 773,8	18 636,6*
Beschäftigte ... (Jahresende)	24 324	25 279*

* ohne den bisherigen Schenker-Konzern

Betriebsführungsgesellschaften
Brenntag Eurochem GmbH, Mülheim.
Brenntag Interplast GmbH, Mülheim.
Midgard Deutsche Seeverkehrs-AG, Nordenham.
Stinnes Interfer GmbH, Mülheim.
Stinnes-BauMarkt AG, Stuttgart.
Brenntag Interchem GmbH, Mülheim.
Chemische Fabrik Lehrte Dr. Andreas Kossel GmbH, Lehrte.
Hotel Nassauer Hof GmbH, Wiesbaden.

6 HANDEL

Inter-Union Technohandel GmbH, Landau.
Poseidon Schiffahrt OHG, Hamburg.
Stinnes Agrarchemie GmbH, Mülheim.
Stinnes-data-Service GmbH, Mülheim.
Stinnes-Reifendienst GmbH, Mülheim.

Tochtergesellschaften und wesentliche Beteiligungen
Stinnes Intercoal GmbH, Mülheim.
Stinnes Interoil AG, Hamburg.
Stinnes-Trefz AG & Co., Stuttgart.
Brenntag AG, Mülheim.
Frank & Schulte GmbH, Essen.
Walter Patz OHG, Mudersbach.
Rhenus AG, Dortmund.
Rhenus-Weichelt AG, Dortmund.
Rhenus Lager und Umschlag AG, Dortmund.
Schenker-Rhenus AG, Frankfurt am Main.
Schenker International AG, Frankfurt am Main.
Stinnes Reederei AG, Duisburg.
Frachtcontor Junge & Co., Hamburg.
Stahlex GmbH, Düsseldorf.
HCM Intercoal GmbH, Export, Import, Transit, Mülheim.
Stinnes Intercarbon AG, Mülheim an der Ruhr.
Stinnes Technohandel GmbH, Mülheim.
Bayerischer Lloyd AG, Regensburg.
Ahlers N.V., Antwerpen.
Poseidon Schiffahrt OHG, Lübeck.
Stinnes Stahlhandel GmbH, Essen.

Stinnes Brennstoffhandel Berlin GmbH

O-1055 Berlin, Greifswalder Str. 80 a, ☏ (0 30) 43 20 90.

Geschäftsführung: Dipl.-Ing. Hans-Joachim *Müller;* Kaufmann Ralf-Michael *Weber.*

Stammkapital: 6 Mill. DM.

Zweck: Gegenstand der Gesellschaft ist der Handel mit Brennstoffen aller Art (Kohle, Heizöl, Flüssiggas, Holz), deren Umschlag, Transport und Lagerung, die Vermietung und Verpachtung von Umschlags- und Transportanlagen sowie Lagerflächen, die Umstellung, Wartung und Reparatur von Heizungsanlagen, die Übernahme der in diesem Rahmen anfallenden Dienstleistungen, die hiermit in einem wirtschaftlichen Zusammenhang stehen.

Stinnes Intercarbon AG

4330 Mülheim 12, Humboldtring 15, Postfach 10 19 54, ☏ (02 08) 49 40, ⌁ 8 56 206 stb d.

Aufsichtsrat: Dr. Horst H. *Siedentopf,* Vorsitzender; Dr. Hans-Jürgen *Knauer,* Dr. Klaus *Ridder.*

Vorstand: Dr. Eckhard *Albrecht,* Vorsitzender; Veit *Lehmann,* Hermann *Müller,* Heinz *Schernikau,* Jürgen *Wehmeyer,* Dieter *Wurm.*

Direktorin: Clarina *Stutz-Kaehlig.*

Gründung: 1983.

Kapital: 100 000 DM.

Gesellschafter: Stinnes AG, Mülheim, 100 %.

Zweck: Internationaler Handel mit festen Brennstoffen. Geschäftsleitende Zuständigkeit für sämtliche Tochter- und Beteiligungsgesellschaften des Kohlebereichs der Stinnes AG.

Beteiligungen

Inland
Hansen Coal GmbH, Mülheim/Ruhr.
HCM Intercoal GmbH, Import − Export − Transit, Mülheim.
Stinnes Intercoal GmbH, Mülheim und Niederlassung in Hamburg.
Stinnes Kohle-Energie Handelsgesellschaft mbH, Berlin.
Stromeyer GmbH, Mülheim.

Ausland
Die Auslandsorganisation besteht aus selbständig operierenden Gesellschaften bzw. Repräsentanzen in folgenden Ländern: Australien, Brasilien, Großbritannien, Italien, Norwegen, Schweiz, Spanien, Südafrika und USA.

Stinnes Interoil AG

2000 Hamburg 1, Ballindamm 17, Postfach 10 60 40, ☏ (0 40) 33 96 40, ⌁ 2 117 860 sid, Telefax (0 40) 33 96 42 72.

Vorstand: R. D. *Schmidt,* Vorsitzender; F. C. *Copple;* Dr. E. *Jaden.*

Gründung: 1975.

Zweck: Handel mit Mineralölerzeugnissen, speziell mit schwerem Heizöl, Gasöl, Treibstoffen und Naphtha, aber auch mit LPG.

Verbindungsbüros: Mailand (Italien) und Red Bank (USA).

	1990	1991
Umsatz .... Mill. DM	2 120	3 411
Beschäftigte ... (Jahresende)	31	33

Stromeyer GmbH

4330 Mülheim a. d. Ruhr 12, Humboldtring 15, Postanschrift: 4330 Mülheim a. d. Ruhr 1, Postfach 10 19 64, ☏ (02 008) 494-602, ⌁ 17 208 170, Telefax (02 008) 494-608, Teletex 208 170.

Geschäftsführung: Dieter *Wurm,* Veit *Lehmann,* Joachim *Fehling,* stellv.

Gründung: 1989.

Stammkapital: 50 000 DM.

Gesellschafter: Stinnes AG, Mülheim/Ruhr.

Zweck: Handel mit festen Brennstoffen.

Coal is our business.

Wir importieren und exportieren Kohle, Koks und veredelte Produkte aus aller Welt in alle Welt und – wenn Sie es wünschen – auch zum Südpol.
Über 180 Jahre Erfahrung im Kohlegeschäft, eigene Gesellschaften in allen wichtigen Handelszentren der Welt sowie jahrzehntelange Verbindungen zu Lieferanten und Kunden in Europa und Übersee haben STINNES INTERCARBON international zu einem der größten unabhängigen Kohlehändler gemacht.

STINNES INTERCARBON AG

Humboldtring 15 · D-4330 Mülheim a.d. Ruhr
Telefon 02 08 / 4 94-0 · Fax 02 08 / 4 94-6 63

Südsächsischer Brennstoffhandel GmbH

O-9053 Chemnitz, Biederstr. 2, ☏ (03 71) 27 70, ℱ 7 265, Telefax (03 71) 27 73 35.

Thyssen Carbometal GmbH

4000 Düsseldorf 1, Hans-Günther-Sohl-Str. 1, Thyssen-Trade-Center, ☏ (02 11) 9 67-0, Telefax (02 11) 96 73 53 77.

Geschäftsführung: Manfred *Ungethüm,* Sprecher; Dieter *Ottersbach.*

Stammkapital: 50 000 DM Organschaft mit der Thyssen Handelsunion AG, Düsseldorf.

Zweck: Handel mit festen Brennstoffen aller Art einschließlich deren Export und Import sowie Transport, Aufbereitung und Lagerung.

Büros bzw. Schwestergesellschaften: New York, Peking.

Beteiligungen
Bayerischer Brennstoffhandel GmbH & Co KG, München, 24,12 %.
Hungarocarbon GmbH, Budapest, 51 %.
Julia Kohlenaufbereitung GmbH & Co., Betriebs-KG, Herne, 11,67 %.
Julia Mineral Veredlung GmbH, Herne, 5,83 %.
Thyssen-Agipcoal GmbH, Düsseldorf, 50 %.
Thyssen Citgo Petcoke Corp., New York, 50 %.

Thyssen-Elf Oil GmbH

2000 Hamburg 70, Friedrich-Ebert Damm 160, Postfach 70 16 22, ☏ (0 40) 69 44 93-0, ℱ 2 162 050 tbh d, Telefax (0 40) 6 95 19 28.

Geschäftsführung: Bernd *Gerken,* Vorsitzender; Bernard *Griesser.*

Stammkapital: 10 Mill. DM.

Gesellschafter: Thyssen Handelsunion AG, 50 %; Elf Aquitaine, Paris, 50 %.

Zweck: Auslands- und Inlandshandel mit Rohöl, Mineralölprodukten, Flüssiggas und petrochemischen Erzeugnissen einschl. Transport, Umschlag und Lagerung.

Niederlassungen: Berlin, Essen, Hamburg, Leipzig, Nürnberg, Rostock, Stuttgart.

Uniti-Kraftstoff GmbH

2000 Hamburg 76, Buchtstr. 10, ☏ (0 40) 2 27 00 30, ℱ 2 12 776, Telefax (0 40) 22 70 03 38, ☏ Unitikraft.

Aufsichtsrat: Hermann *Fischer,* Bad Vilbel, Vorsitzender; Dieter *Dammeyer,* Bremen, stellv. Vorsitzender; Gerd *van Dyck,* Schwelm; Fritz *Merk,* Landshut.

Geschäftsführung: Rechtsanwalt Dr. Franz *Groh.*

Stammkapital: 900 000 DM.

Gesellschafter: 165 unabhängige Kraftstoff-Großhändler.

Zweck: Versorgung der Gesellschafter mit Mineralölerzeugnissen und Betriebseinrichtungen für die Tankstellen.

Beteiligungen
Ostoel Mineralölvertrieb GmbH, Hamburg.

	1990	1991
Umsatz .... Mill. DM	21 200	1
Beschäftigte ... (Jahresende)	2	1

Valvoline Oel GmbH & Co

2000 Hamburg 60, Überseering 9, Postfach 60 28 29, ☏ (0 40) 63 20 12-0, ℱ 2 15 696, Telefax (0 40) 6 31 46 64 und 6 32 38 44.

Geschäftsführung: Peter *Pflüger;* Martin *Rolf.*

Prokuristen: Dipl.-Ing. Wolf *Raasche;* Norbert *Kirschner.*

Kapital: 3,3 Mill. DM.

Komplementärin: Valvoline Oel GmbH, Hamburg.

Kommanditistinnen: Fuchs Petrolub AG Oel + Chemie, Mannheim; Wally *Koehn.*

Lieferprogramm: Motoren- und Getriebeöle, Fette, Korrosionsschutzmittel Tectyl, Industrieschmiermittel, Metallbearbeitungsflüssigkeiten.

	1990	1991
Umsatz .... Mill. DM	40	46
Beschäftigte ... (Jahresende)	69	75

VHB — Verkauf Hessischer Braunkohlen GmbH

3500 Kassel, Theaterstr. 1, ☏ (05 61) 1 22 31, 1 22 32, Telefax (05 61) 77 93 31.

Geschäftsführung: Dipl.-Ing. Hans Sigismund Freiherr *Waitz von Eschen;* Dr. Friedrich Freiherr *Waitz von Eschen;* Helmut *Notholt.*

Gründung: 1919.

Zweck: Handel mit festen Brennstoffen und mineralischen Rohstoffen jeder Art, insbesondere mit Braunkohle aus dem nordhessischen Bergbaurevier sowie Vertrieb von Ton, Farberde und huminsäurereicher Erde. Handel mit Mineralölerzeugnissen wie Heizöl, Dieselkraftstoff und Schmierstoffen aller Art.

Wintershall Erdgas Handelshaus GmbH (WIEH)

W-1000 Berlin 61, Postfach 61 02 77, O-1080 Berlin, Zimmerstraße 86 – 91, ☏ (0 30) 3 93 27 36, (0 30) 3 93 28 14, (0 03 72) 2 29 18 53, ℱ 3 05 124 wiehd, Telefax (0 30) 3 93 31 24, (0 03 72) 2 29 50 09.

Geschäftsführung: Dr. Gerd *Maichel,* Alexander I. *Lukin.*

Kapital: 100 000 DM.

Gesellschafter: Wintershall Erdgas GmbH (WIEG), 50 %.

2. Handel mit mineralischen Rohstoffen

Otto Aldag (GmbH & Co.)

2050 Hamburg 80, Curslacker Neuer Deich 66, Postfach 80 01 20, ☏ (0 40) 7 25 67-0, ✆ 2 17 813 aldag d, Telefax (0 40) 7 21 97 88, Teletex (17) 40 33 13 = Aldag.

Geschäftsführung: Peter *Aldag;* Dr. Michael *Kruppa.*

Kapital: über 6 Mill. DM.

Zweck: Import, Export, Handel mit Ölen, Fetten, Chemikalien, Lebensmittelrohstoffen und Pharmaerzeugnissen.

	1991
Umsatz .... Mill. DM	80
Beschäftigte .... (Jahresende)	45

Bassermann & Co.

6800 Mannheim 1, E 4, 4-6, Postfach 12 02 61, ☏ (06 21) 1 50 10, ✆ 4 63 164, Telefax (06 21) 15 01-2 97.

Geschäftsführung: Kurt *Egger.*

Zweck: Import, Export und Handel mit nichtmetallischen Mineralien sowie Industriechemikalien.

W. O. Bergmann GmbH & Co. KG

4000 Düsseldorf 1, Wielandstraße 27, Postfach 10 15 44, ☏ (02 11) 93 66-0, ✆ 8 581 801 wob, Telefax (02 11) 9 36 63 50.

Aufsichtsrat: Dr. Michael *Frenzel,* Preussag AG, Vorsitzender.

Geschäftsführung: Hans-Joachim *Döring,* Peter *Seeger.*

Kapital: 60 Mill. DM.

Gesellschafter: Preussag AG, Hannover, (93 %), Gesellschaft für industrielle Beteiligungen und Finanzierungen mbH, Düsseldorf (7 %).

Zweck: NE Alt- und Neumetalle, Ferrolegierungen, Stahl Groß- und Außenhandel.

	1990	1991*
Umsatz .... Mill. DM	2 733	3 246
Beschäftigte .... (Jahresende)	290	274

* 1. 10. 90 – 30. 9. 91

Beteiligungen
Nico-Metall GmbH, Dortmund.
W. Hutzler Metallhandel GmbH, Nürnberg.
SGE Spedition GmbH, Düsseldorf.
A. Schröder Metallhandelsgesellschaft mbH, Berlin.
Hunke & Herd GmbH, Ludwigshafen.
W. & O. Bergmann Metall GmbH, Berlin.

Brenntag AG

4330 Mülheim, Humboldtring 15, Postfach 10 03 52, ☏ (02 08) 4 94-0, ✆ 8 5 620-0, Telefax (02 08) 4 94-6 98.

Vorstand: Dr. Erhard *Meyer-Galow,* Vorsitzender; Armin-Peter *Bode,* Klaus-Jochen *Deichmann,* Ernst-Hermann *Luttmann,* Rients *Visser.*

Generalbevollmächtigter: Alfred *Zitzen.*

Direktoren: Fritz *Emmel,* Paul *Hahn,* Klaus-Dieter *Hoffmann.*

Abteilungsdirektoren: Horst *Beekmann,* Alfred *Brombacher,* Helmuth *Flach,* Christian *von der Leyen,* Hans *Wilmans.*

Prokuristen: Peter *von Bank* (Nordchem), Peter *Bellenbaum* (Brenntag Eurochem), Eberhard *Bronnenmayer,* Klaus *Busch,* Rolf *Diezinger,* Uwe *Dittner,* Heinrich *Eickmann,* Norbert *Endener* (Chemische Farbrik Lehrte), Kuno *Gartzke* (Stinnes Agrarchemie), Paul *Göschl* (Stinnes Agrarchemie), Jörg *Gogolin,* Michael *Grabe* (Stinnes Agrarchemie), Bernhard *Havlicek,* Rainer *Herrmann,* Friedhelm *Hilterhaus* (Brenntag Interchem), Klaus-Peter *Kelnberger,* Bernd *Kerkmann* (Brenntag Eurochem), Wolfgang *Krause* (Eurochem), Rolf *Leibelt* (Stinnes Agrarchemie), Hans-Peter *Lochel* (Industick), Erich *Löffler* (Stinnes Agrarchemie), Gerhard *Loew* (ECB), Rainer *Lucht,* Karl-Friedrich *Matthiessen* (Stinnes Agrarchemie), Gerhard *Müller* (Stinnes Agrarchemie), Siegfried *Neß* (Brenntag Interchem), Reinhard *Neuwerth* (Stinnes Agrarchemie), Wolfgang *Ostermann* (Eurochem), Karl-Friedrich *Pasch,* Manfred *Paul* (Stinnes Agrarchemie), Ulrich *Schieren,* Harald *Scholz,* Ralf *Schröter,* Horst *Tiemann,* Wilfried *Tunger,* Joachim *Walther.*

Gründung: 1874.

Kapital: 8 Mill. DM.

Gesellschafter: Stinnes AG, Mülheim, 100 %.

Niederlassungen und Verkaufsbüros: Berlin, Chemnitz, Duisburg, Erfurt, Frankfurt (Main), Freiburg, Hamburg, Hannover, Heilbronn, Kassel, Magdeburg, München, Nürnberg, Plochingen, Rostock.

Im Inland werden an 12 Gesellschaften maßgebliche Beteiligungen gehalten. Im Ausland arbeiten Tochtergesellschaften und Büros in folgenden Ländern: Algerien, Belgien, Frankreich, Großbritannien, Italien, Niederlande, Österreich, Polen, Portugal, USA, Taiwan.

Zweck: Distribution von Industrie- und Spezialchemikalien, Kunststoffen und Agrarchemikalien; Trading.

Chemag Aktiengesellschaft

6000 Frankfurt (Main), Senckenberganlage 10/12, ☏ (0 69) 74 34-0, ✆ 4 11 450-0, Telefax (0 69) 7 43 43 77, ✆ chemag Frankfurt (Main).

Aufsichtsrat: Dr. Klaus *Cantzler*, Mannheim, Vorsitzender.

Vorstand: Ernst *Schennen;* Michael *von Schmude;* Ernst August *Thürnau.*

Prokuristen: Gunter *Adolphsen,* Jürgen *Bals,* Peter *Leubner,* Joachim *Speck.*

Kapital: 6 Mill. DM.

Alleinaktionär: BASF AG, Ludwigshafen, über die BASF Beteiligungs-GmbH, Ludwigshafen, und die Wintershall Beteiligungs-GmbH, Kassel, über 50 %.

Zweck: Handel — einschließlich Import und Export — mit Erzeugnissen und Bedarfsgegenständen aller Art, insbesondere für die chemische, pharmazeutische und kosmetische Industrie sowie die Farben-, Lack-, Papier-, Kunststoff-, Gummi-, Textil-, Glas-, Keramik-, Email-, Gießerei-, Sprengstoff-, Düngemittel-, Reinigungsmittel- und Zucker-Industrie sowie für die Land- und Forstwirtschaft.

	1990	1991
Umsatz .... Mill. DM	528,2	451,3
Beschäftigte .... (Jahresende)	133	124

Niederlassungen/Beteiligungen: Berlin und Mannheim sowie im europäischen und überseeischen Ausland.

Verkaufsbüros: Frankfurt, Mering und Hamburg.

Chemie-Mineralien AG & Co. KG

2800 Bremen 1, Löningstr. 35, Postfach 10 65 23, ☏ (04 21) 32 13 41, ✆ 2 44 701, Telefax (04 21) 32 38 49.

Geschäftsführung: Dietger *Nobel.*

Komplementär: Klöckner & Co AG, Duisburg.

Zweck: Handel mit Industriemineralien, Additiven für die Mineralölindustrie und synthetischen Schmierstoffen.

	1989	1990
Beschäftigte .... (Jahresende)	13	13

Codelco-Kupferhandel GmbH

4000 Düsseldorf 1, Wielandstraße 27, ☏ (02 11) 35 03 73-74, Telefax (02 11) 3 61 38 81, Teletex 2 114 570 = CKd.

Beirat: Gonzalo *Trivelli,* Santiago/Chile, Vorsitzender, Ignacio Alejandro *Noemi,* Guerrero/Chile.

Geschäftsführung: Dipl.-Ing. Alexander *Leibbrandt,* Dr. Wilhelm *Happ.*

Gesellschafter: Codelco-Chile, 100 %.

Zweck: Vertrieb von Rohkupfer und Elektrolytkupfer-Gießwalzdraht.

	1990	1991
Umsatz .... Mill. DM	424	420
Beschäftigte .... (Jahresende)	6	6

Continentale Erz-Gesellschaft mbH

4000 Düsseldorf 1, Berliner Allee 22, Postfach 10 18 54, ☏ (02 11) 1 30 94-0.

Geschäftsführung: Dr. C. *Nikolic.*

Kapital: 8 Mill. DM.

Gesellschafter: Kerametal AG, Bratislava; Helmut Krahe, Düsseldorf.

Zweck: Export und Import sowie Handel mit Erzen, Mineralien, Bergwerks- u. Hüttenerzeugnissen, keramische Roh-, Halb- und Fertigprodukte. Graphit-Elektroden, Kohlenstoffprodukte. Fachbereich: Feuerfeste Roh- und Fertigprodukte, Erze, Mineralien, Ferro-Legierungen, NE-Metalle.

	1991	1992
Umsatz .... Mill. DM	230	200
Beschäftigte .... (Jahresende)	32	45

Deutsche BP Chemie GmbH

4000 Düsseldorf 30, Roßstraße 96, ☏ (02 11) 45 86-1, ✆ 8 584 069.

Geschäftsführung: Axel *Bresser.*

Alleiniger Gesellschafter: Deutsche BP Aktiengesellschaft, Hamburg.

Zweck: Vertrieb von chemischen Erzeugnissen und Kunststoffen jeder Art und der Handel mit diesen Waren, einschließlich Import und Export.

Didier-Werke AG

6200 Wiesbaden, Lessingstraße 16-18, Postfach 20 25, ☏ (06 11) 3 59-0, ✆ 4 186 681 diw d, Telefax (06 11) 35 94 75.

Aufsichtsrat: Dr. Alfred *Pfeiffer,* Bonn, Vorsitzender; Klaus *Ebel,* Krefeld, stellv. Vorsitzender; Dipl.-Kfm. Dr. Martin *Bieneck,* Wiesbaden; Dr. Horst *Burgard,* Königstein im Taunus; Bernd *Kahrau,* Wiesbaden; Wolfgang *Müller,* Sulzbach/Taunus; Dr. Georg *Obermeier,* Bad Neuenahr-Ahrweiler; Dipl.-Kfm. Peter *Schuhmacher,* Heidelberg; Rudolf *Strohmayer,* Marktredwitz; Hans *Völker,* Hettenleidelheim/Pfalz; Helmut *Wambach,* Korschenbroich; Dr. Wilhelm *Winterstein,* München.

Vorstand: Dietrich *von Knoop,* Vorsitzender; Werner *Gottwald;* Professor Dr. Peter *Jeschke;* Dr. Gerhard *Reinhardt;* Dr. Herbert *Schäfer;* Edmund S. *Wright.*

Direktoren mit Generalvollmacht: Professor Dr. Hans-Eugen *Bühler,* Dr. Georg E. *Kosing.*

Kapital: 122 Mill. DM.

Gesellschafter: Viag AG, Bonn, über 50 %.

Zweck: Feuerfest: Forschung, Fertigung, Vertrieb, Montage von hochtemperaturfester Spezialkeramik. Technische Keramik: Forschung, Fertigung, Vertrieb von Oxid-, Nichtoxid-, Faserkeramik für Maschinen- und Apparatebau. Anlagentechnik: Forschung, Konstruktion, Fertigung, Vertrieb, Montage in Spezialaggregaten der Hochtemperatur-, der Korrosionsschutz- und Umweltschutztechnik.

	1990	1991
Umsatz (Konzern) .... Mill. DM	1 520	1 407
Beschäftigte (Konzern) .... (Jahresende)	7 700	6 927

Wesentliche Beteiligungen

Feuerfest-Bereich

Rheinische Chamotte und Dinas GmbH, Bonn-Bad Godesberg (100 %).
Didier Société Industrielle de Production et de Constructions (DSIPC), Paris/Frankreich (99,86 %).
Didier, S.A., Lugones/Spanien (100 %).
Thor Ceramics Ltd., Clydebank/Schottland (98,29 %).
Didier Belgium N.V., Evergem/Belgien (99,5 %).
Didier in Österreich Ges. m. b. H., Wien/Österreich (100 %).
Stopinc AG, Baar/Schweiz (50 %).
Magnesitas Navarras, S.A. (Magna), Zubiri/Spanien (20 %).
Sardamag S.p.A., Priolo Gargallo/Italien (42,2 %).
North American Refractories Co. (Narco), Cleveland, Ohio/USA (94,92 %).
Didier (South Africa) (Pty) Limited, Sandton/Südafrika (80 %).
Didier Corporation de Produits Réfractaires (DCPR), Dorval, Québec/Kanada (100 %).

Anlagentechnik

Hermann Rappold & Co. GmbH, Düren (100 %).
Westofen GmbH, Wiesbaden (100 %).
Didier Misch- und Trenntechnik MUT GmbH, Rödermark (100 %).
Didier Ofu, S.A. (Dosa), Madrid/Spanien (50 %).
Karrena, S.A. Montajes Especiales, Madrid/Spanien (50 %).

Neue Produkte/Technische Keramik

Zircoa Inc., Solon, Ohio/USA (100 %).

Du Pont de Nemours (Deutschland) GmbH

6380 Bad Homburg, Du-Pont-Str. 1, ☏ (0 61 72) 8 70.

Geschäftsführung: Dr. Siegfried *Hummitzsch,* Vorsitzender; Heiko *Beeck* (Finanz); Hans E. *Gödden* (Arbeitsdirektor); Werner *Meyer;* Dr. Martin *Bobzien* (Verwaltung).

Stammkapital: 413,3 Mill. DM.

Alleiniger Gesellschafter: E. I. du Pont de Nemours & Company, Wilmington/Del. (USA).

Gründung: 16. November 1961.

	1988	1989
Umsatz .... Mrd. DM	2,5	2,75
Beschäftigte ... (Jahresende)	4 200	4 200

Geschäftssitz in Bad Homburg: Marketingleitung, Prüflabore für Fasern und Kunststoffe.

Niederlassungen: Neu Isenburg (Produktion von Röntgen- und grafischen Filmen, Dickfilmpräparaten, Forschung); Hamm-Uentrop (Produktion von Kunstfasern und technischem Kunststoff).

Produkte: Organische Chemikalien, Kunststoffe und Kunststoffprodukte, Industriechemikalien, Röntgenprodukte, grafische Produkte, analytische Instrumente, elektronische Produkte, Fasern, Farben und Beschichtungen, Elastomere, Biochemikalien, Pharmazeutika.

Erzkontor Ruhr GmbH

4300 Essen, Huyssenallee 11, ☏ (02 01) 8 10 11-0, ⌇ 8 57 828 erztr, 8 579 682 erze, Telefax 8 10 11 33.

Geschäftsführung: Wolfgang *Schüle.*

Kapital: 210 000 DM.

Gesellschafter: AG der Dillinger Hüttenwerke, Dillingen; Klöckner Stahl GmbH, Duisburg; Saarstahl Völklingen GmbH, Völklingen; Stahlwerke Peine-Salzgitter AG, Salzgitter.

Zweck: Einkauf von Eisenerzen.

Frank & Schulte GmbH

4300 Essen 1, Alfredstr. 154, Postfach 10 12 55, ☏ (02 01) 4 50 60, ⌇ 8 57 835 fus d, Telefax (02 01) 4 50 61 11.

Geschäftsführung: H. H. *Schramm,* Vorsitzender; R. U. *Engel;* Dr. H. *Wölfel.*

Umsatz (Gesamtgruppe): rd. 1,2 Mrd. DM.

Zweck: Handel in Erzen und sonstigen Mineralien aller Art, mit Eisen, Metallen, NE-Metallen und Legierungen nebst Erzeugnissen daraus, mit Spezialmetallen und verwandten Produkten der Bergwerks-, Hütten- und chemischen Industrie.

Dr. Karl Goller GmbH

8000 München 21, Willibaldstraße 43, Postfach 210427, ☏ (0 89) 56 81 32-37, ✆ 5 212 318 goll d, Telefax (0 89) 58 69 97.

Geschäftsführung: Dipl.-Kfm. Winfried *Goller;* Dipl.-Kfm. Dr. Karl *Goller.*

Stammkapital: 200 000 DM.

Zweck: Import-Großhandel mit mineralischen Rohstoffen, insbesondere Talkumprodukten.

Verkaufsbüros: 4000 Düsseldorf 1, Goethestraße 8, ☏ (02 11) 66 63 51, ✆ 8 584 493 (goll d), Telefax (02 11) 6 80 17 45.
2000 Hamburg 60, Überseering 25, ☏ (040) 6 31 68 85, Telefax (040) 6 31 14 08.

Hansa Rohstoffe GmbH

4300 Essen 1, Altendorfer Str. 104, ☏ (02 01) 1 88 03, ✆ 8 571 347 haro d, Telefax (02 01) 1 88 47 05.

Geschäftsführung: Dr. Jens *Klien;* Peter *Potrz;* Hans *Gansen* (stellv.).

Kapital: 8 Mill. DM.

Gesellschafter: Krupp Lonrho GmbH, Düsseldorf; Krupp Stahl AG, Bochum.

Zweck: Handel mit sowie Import und Export von Rohstoffen aller Art für die Eisen- und Stahlindustrie, Metall- und Ferrolegierungshütten, Umschmelzbetriebe, Gießereien und Chemische Werke; Maßblech- und Schneidbetrieb; Abbruchbetrieb; Hüttenentsorgung.

F. W. Hempel & Co. Erze und Metalle (GmbH & Co.)

4000 Düsseldorf, Leopoldstr. 16, ☏ (02 11) 16 80 60, ✆ 8 587 452, Abt. Sonderlegierungen: ✆ 8 582 599, Telefax (02 11) 1 68 06 48/44, Teletex 2 114 421 = fwh d.

Geschäftsführung: Friedrich-Wilhelm *Hempel,* Düsseldorf.

Kapital: 3,3 Mill. DM.

Gesellschafter: Friedrich-Wilhelm Hempel, Düsseldorf.

Zweck: Handel mit Erzen und Metallen, Ferro-Legierungen, NE-Metall-Halbzeug.

International Nickel GmbH

4000 Düsseldorf, Kreuzstr. 34, Postfach 24 02 13, ☏ (02 11) 32 91 77, ✆ 8 587 757 inco-d, Telefax (02 11) 32 44 68, ⌨ Internikel.

Geschäftsführung: Dr.-Ing. F. Werner *Strassburg.*

Kapital: 100 000 DM.

Gesellschafter: Inco Europe Limited, London, 100 %.

Zweck: Jede Art von Betätigung im Zusammenhang mit Nickel und anderen Metallen, ihren Erzen und Legierungen sowie mit Chemikalien. Hüttennickelverkauf der Inco Europe Limited in der Bundesrepublik Deutschland und in Österreich.

	1990	1991
Beschäftigte .... (Jahresende)	4	4

LKAB Schwedenerz GmbH

4300 Essen 1, Rüttenscheider Str. 14, ☏ (02 01) 78 80 41, ✆ 8 57 840 lkabe d, Telefax (02 01) 78 85 55.

Geschäftsführung: Bergsingenjör Bengt *Berkius.*

Kapital: 200 000 DM.

Gesellschafter: Luossavaara-Kiirunavaara Aktiebolag, Luleå/Schweden; Malmexport Aktiebolag, Luleå/Schweden.

Zweck: Provisionsweise Vermittlung von Erzgeschäften, insbesondere mit schwedischen Erzen, sowie deren Abwicklung und Abrechnung.

Metall-Chemie Handelsgesellschaft mbH & Co.

2000 Hamburg 20, Heilwigstraße 142, Postfach 20 14 45, ☏ (0 40) 47 10 02-0, Telefax (0 40) 48 36 52.

Geschäftsführung: Claudio *Valerio,* Vorsitzer; Dr. Friedrich Carl *Hecker;* Helmut *Preller;* Rolf-Eckhart *v. Staden.*

Kapital: 4 Mill. DM.

Gesellschafter: Intercommerz-Handelsgesellschaft mbH, Hamburg; Verwaltungsgesellschaft Deutsche Handels-Compagnie mbH, Hamburg.

Zweck: Im- und Export sowie Handel von Schwerchemikalien, Rohstoffen für die Pharmaindustrie, feuerfesten Materialien, Zement, Stahl, NE-Metallen, Maschinen und Anlagen.

	1991
Umsatz .... Mill. DM	449
Beschäftigte ... (Jahresende)	55

Otavi Minen AG

6236 Eschborn-Frankfurt (Main), Mergenthalerallee 19−21, Postfach 57 48, ☏ (0 61 96) 70 28-0, ✆ 4 072 630 otav d, Telefax (0 61 96) 48 29 80.

Vorstand: Dieter A. *Gundlach;* Hans-Jakob *Henrich.*

Kapital: 12 Mill. DM.

Zweck: Herstellung von Dämmstoffen, Handel mit Rohstoffen für die Feuerfestindustrie, Stahl- und Gießerei-Industrie, Glas-, Porzellan- und Keramikindustrie, Lack- und Farbenindustrie, Chemische Industrie.

	1990	1991
Umsatz .... Mill. DM	91,1	68,4
Beschäftigte		
...... (Jahresdurchschnitt)	168	70*

* Verminderung aufgrund des Verkaufs unserer Baustoffaktivitäten.

Possehl Erzkontor GmbH

2400 Lübeck 1, Beckergrube 38-52, Postfach 1633, ☏ (04 51) 1 48-0, ✄ 2 6 426 erz d, Telefax (04 51) 14 83 55.

Geschäftsführung: Hans Ludwig *Quandt* (Sprecher); Dr. Egon *Rudolph.*

Kapital: 14 Mill. DM.

Gesellschafter: L. Possehl & Co. mbH, Lübeck, 100 %.

Zweck: Handel mit Erzen, Mineralien, Koks, Kohle, Graphit und Mineralölprodukten.

	1991
Umsatz .... Mill. DM	177
Beschäftigte ... (Jahresende)	80

Zweigniederlassungen

Possehl Erzkontor GmbH, 4000 Düsseldorf 1, Graf-Adolf-Platz 1, Postfach 200605, ☏ (02 11) 38 08-06, ✄ 8 582 276 perd d, Telefax (02 11) 38 08 290.

Possehl Chemie und Kunststoffe, 2000 Hamburg 36, Colonnaden 72, Postfach 304070, ☏ (0 40) 35 18 91, ✄ 2 11 805 pcih d, Telefax (0 40) 34 19 49.

Possehl Erzkontor France, Paris/Frankreich.

Possehl Ore and Metal Ltd., Hongkong.

Rohstoffhandel GmbH

4000 Düsseldorf 30, Münsterstr. 100, Postfach 6829, ☏ (02 11) 82 41, ✄ 8 587 365 rsth d, Telefax 82 43 81 03.

Geschäftsführung: Dipl.-Kfm. Karl Josef *Pieper,* Vorsitzender; Hansjörg *Rietzsch.*

Kapital: 300 000 DM.

Gesellschafter: Thyssen Stahl AG, 50 %; Krupp Stahl AG, 20 %; Mannesmann AG, 20 %; Hoesch Stahl AG, 10 %.

Zweck: Einkauf von Eisenerzen und Manganerzen.

	1990	1991
Umsatz .... Mill. DM	1 393	1 405
Beschäftigte ... (Jahresende)	29	30

H. J. Schmidt Industrie-Minerale GmbH

5450 Neuwied 1, Willi-Brückner-Str. 1, Postfach 25 44, ☏ (0 26 31) 89 07-0, ✄ 8 67 817 tons, Telefax (0 26 31) 89 07-50.

Geschäftsführung: Klaus-Werner *Schmidt;* Hans Jürgen *Stamm.*

Gesellschafter: Heinrich Josef *Schmidt,* Neuwied; Klaus W. *Schmidt,* Neuwied; Mircal SNC, Paris.

Zweck: Handel mit mineralischen Rohstoffen für die keramische, feuerfeste und chemische Industrie sowie mit Aktivkohle und sonstigen mineralischen Filtermedien für die Wasserbehandlung.

Schwestergesellschaften: H. J. Schmidt Mineraltechnik GmbH & Co KG, H. J. Schmidt & Sohn Verwaltungsgesellschaft.

H. J. Schmidt Mineraltechnik GmbH & Co KG

Verwaltung: 5450 Neuwied 1, Willi-Brückner-Str. 1, Postfach 25 44, ☏ (0 26 31) 89 07-0, ✄ 8 67 817 tons, Telefax (0 26 31) 89 07-50; **Werk Bendorf:** 5413 Bendorf-Sayn, Engerser Landstr. 60–68, ☏ (0 26 22) 1 30 51; Telefax (0 26 22) 1 63 59.

Geschäftsführung: Klaus-Werner *Schmidt.*

Werksleitung: Karl J. *Doetsch.*

Prokuristen: Hans Jürgen *Stamm,* Alfred *Bellan.*

Gesellschafter: Heinrich Josef *Schmidt,* Klaus-Werner *Schmidt.*

Zweck: Veredlung von mineralischen Rohstoffen durch Kalzinierung, Trocknung, Klassierung und Verpackung für die keramische, feuerfeste und artverwandte Industrie, Lohnvermahlungen auch eisenfrei.

Schwestergesellschaften: H. J. Schmidt Industrie-Minerale GmbH, H. J. Schmidt & Sohn Verwaltungsgesellschaft.

Mineralmühle Schulte GmbH

4040 Neuss, Bockholtstr. 129, Postfach 10 09 61, ☏ (0 21 31) 9 50 50, ✄ 8 517 701 mahl, Telefax (0 21 31) 59 37 97.

Geschäftsführung: Dr. R. *Voigt.*

Kapital: 3,5 Mill. DM.

Gesellschafter: Cookson plc, Großbritannien, 100 %.

Zweck: Lohn-Aufbereitungswerk (Granulieren und Feinvermahlen) für Industrie-Mineralien, Erze, Legierungen und andere keramische und chemische Stoffe sowie eisenfreie Feinst-Pulverisierung.

	1990	1991
Umsatz .... Mill. DM	10	9
Beschäftigte ... (Jahresende)	64	60

Ludolph Struve & Co G.m.b.H.

2000 Hamburg 1, Amsinckstraße 45, ☏ (0 40) 31 13 11-15, ✂ 2 12 665, Telefax (0 40) 31 13 70.

Geschäftsführung: Lutz J. F. *Scholz;* John C. *Backhaus.*

Gesellschafter: Molervaerk Ludolph Struve & Co. A/S, Dänemark.

Zweck: Import, Export, Handel mit Industriemineralien, insbesondere Graphit.

	1989	1990
Umsatz .... Mill. DM	12	16
Beschäftigte .... Jahresende)	8	9

Beteiligungen
Graphitwerk Kropfmühl AG, München und Passau. Skaland Grafitverk A/S, Norwegen.

Thyssen Sonnenberg Metallurgie GmbH

Niederlassung der Thyssen Sonnenberg GmbH: 4000 Düsseldorf 1, Hans-Günther-Sohl-Straße 1, ☏ (02 11) 9 67-0, Telefax (02 11) 9 67-3 54 27.

Geschäftsführung: Kurt *Riffel,* Vorsitzender; Karl-Heinz *von der Heiden.*

Zweck: Handel mit Metallen, Roheisen und Mineralien.

Tropag Oscar H. Ritter Nachf. GmbH

2000 Hamburg 13, Bundesstraße 4, Postfach 13 10 06, ☏ (0 40) 41 40 13-0, ✂ 2 161 945 top, Telefax (0 40) 41 40 13-20.

Geschäftsführung: Michael *Walter.*

Kapital: 555 000 DM.

Gesellschafter: Oscar und Vera Ritter Stiftung, Hamburg.

Zweck: Import und Vertrieb mineralischer und chemischer Industrierohstoffe.

WBB Mineral Trading GmbH & Co. KG

5412 Ransbach-Baumbach 1, Postfach 347, ☏ (0 26 23) 8 30, ✂ 863 101, Telefax (0 26 23) 83 40.

Geschäftsführung: Dipl.-Berging. Eckart *Groll.*

Kapital: 500 000 DM.

Gesellschafter: WBB Verwaltungs-GmbH; WBB P.L.C.

Zweck: Handel mit Mineralien.

Western Mining Corporation Holdings Ltd., Melbourne
Frankfurt Representation Office

Repräsentant: Dr.-Ing. Hans R. *Hampel,* Junghofstraße 16, 6000 Frankfurt am Main 1, ☏ (0 69) 28 99 73, Telefax (0 69) 28 55 15.

Betriebe: Nickelgruben und -hütten in West-Australien, Goldgruben in Australien, Brasilien, USA und Kanada, Bauxitgruben, Tonerdefabriken und Aluminiumhütten in Australien, Kupfergruben und -hütten in Australien und Kanada, Blei-Zinkgrube in Kanada, Urangrube in Australien, Produktion von Industriemineralien (Talk, Phosphat) in Australien, Erdöl- und Erdgasproduktion in Australien und USA, Exploration weltweit.

	1990/91	1991/92
Umsatz .... Mrd. A$	1,9	1,7
Beschäftigte:	7 500	7 500

3. Organisationen

AFM Außenhandelsverband für Mineralöl eV

2000 Hamburg 36, Esplanade 6, ☏ (0 40) 34 08 58, Telefax (0 40) 34 42 00.

Vorstand: Hellmuth *Weisser*, Mabanaft GmbH, Hamburg, Vorsitzender; Uwe *Beckmann*, Wilhelm Beckmann GmbH & Co. KG, Osnabrück; Bernd *Karstedt*, DS-Mineralöl GmbH, Bremen; Adolf *Klohs*, Vanol Mineralölprodukte GmbH, Stuttgart.

Geschäftsführung: Dipl.-Volksw. Karsten *Köhler*.

Zweck: Aufgabe des Verbandes ist die Wahrnehmung der gemeinsamen Interessen des unabhängigen Mineralölaußenhandels in der Öffentlichkeit und gegenüber den gesetzgebenden Körperschaften der Bundesrepublik sowie der Europäischen Gemeinschaften. Mitglieder können nur handelsgerichtlich eingetragene, unabhängige Mineralölfirmen werden, und zwar als ordentliche Mitglieder diejenigen, die im wesentlichen den Mineralölaußenhandel betreiben, und als außerordentliche solche Unternehmen, die mit dem Mineralölaußenhandel in Verbindung stehen, ihn aber selbst nicht oder nur unwesentlich betreiben.

Mitglieder

Wilhelm Beckmann GmbH & Co. KG, 4500 Osnabrück, Rheinstraße 82.
Bewerma GmbH, 2000 Hamburg 1, Ballindamm 2 - 3.
Defrol GmbH, 4300 Essen 1, Huyssenallee 99 - 101.
DS-Mineralöl GmbH, 2800 Bremen 1, Cuxhavener Straße 42 - 44.
HBH Mineralölhandelsgesellschaft mbH, 1000 Berlin, Stubenrauchstraße 37.
Mabanaft GmbH, 2000 Hamburg 1, Kattrepelsbrücke 1.
Marimpex Mineralöl-Handelsgesellschaft mbH, 2000 Hamburg 36, Große Theaterstraße 42.
Minol Mineralölhandel AG, 0-1080 Berlin, Am Zeughaus 1-2.
Stinnes Interoil AG, 2000 Hamburg 1, Ballindamm 17.
Vanol Mineralölprodukte GmbH, 7000 Stuttgart 1, Birkenwaldstraße 157.

Bundesverband Freier Tankstellen und Unabhängiger Deutscher Mineralölhändler eV (BFT)

5300 Bonn 1, Ippendorfer Allee 1 d, ☏ (02 28) 28 50 71, ≯ 8 869 647 bftd, Telefax (02 28) 28 55 06.

Vorstand: Franz *Förster*, F. G. Förster GmbH & Co Mineralöl-Treibstoffvertrieb KG, Hanau, Vorsitzender; Hans-Willi *Müller*, Kuttenkeuler Mineralölhandels- und Tankstellenbetriebs GmbH, Köln, stellv. Vorsitzender; Erwin *Bald*, Bald Mineralölvertrieb GmbH & Co. KG, Iserlohn-Letmathe, Schatzmeister; Walter *Schwaier*, Fa. Walter Schwaier, Kornwestheim; Heinz A. *Koch*, Fa. Koch, Großhandel mit Mineralölen, Oberursel.

Geschäftsführung: Axel *Graf Bülow*.

Zweck: Der Verband ist ein Zusammenschluß von Eigentümern und Inhabern nicht konzerngebundener Tankstellen und Mineralölhandelsfirmen auf ideeller und gemeinnütziger Grundlage mit dem Zweck, die wirtschaftliche Eigenständigkeit der unabhängigen Mineralölhändler und Inhaber freier Tankstellen zu sichern und zu stärken, die freie Marktwirtschaft im Mineralölhandel aufrechtzuerhalten, im gemeinnützigen Sinne die beruflichen, wirtschaftlichen und sozialen Interessen der Mitglieder zu wahren und zu fördern und ihnen in der Öffentlichkeit Nachdruck zu verleihen, die Mitglieder in Fragen allgemeiner, wirtschaftlicher und sozialrechtlicher Art zu beraten und zu vertreten.

Mitglieder müssen folgende Mindestvoraussetzung erfüllen: Das sich um die Mitgliedschaft bewerbende Unternehmen muß als mittelständisch angesehen werden können, das Hauptgeschäft des Bewerbers im Handel mit Mineralöl bestehen. Ausnahmen können nur berücksichtigt werden, wenn das Hauptgeschäft des Antragstellers als branchenverwandt zum Mineralölhandel angesehen werden kann. Der Inhaber des Unternehmens oder der für das Mineralölgeschäft Verantwortliche muß Fachkenntnisse besitzen.

Einkaufsgesellschaft Freier Tankstellen mbH (EFT)

5300 Bonn 1, Ippendorfer Allee 1 d, ☏ (02 28) 28 50 71, ≯ 8 869 647, Telefax (02 28) 28 55 06.

Aufsichtsrat: Franz *Förster*, Hanau, Vorsitzender; Heinz A. *Koch*, Frankfurt (stellv.); Erwin *Bald*, Iserlohn-Letmathe; Emil *Fahrer*, Ettlingen; Artur *Heimburger*, Rottweil; Hans-Willi *Müller*, Köln; Wilhelm *Völksen*, Buxtehude.

Geschäftsführung: Axel *Graf Bülow*, Armin *Günther*.

Stammkapital: 156 000 DM.

Gesellschafter: 46 unabhängige Mineralöl-Großhändler.

6 HANDEL

Zweck: Einkauf und Verkauf von Mineralölprodukten aller Art (Abschluß entsprechender Verträge auf langfristiger Basis), Einkauf und Verkauf von Handelsware, Tankstellenausrüstungs- und -einrichtungsgegenständen sowie die Durchführung aller Geschäfte und Dienstleistungen für den kundenmäßig zu betreuenden Unternehmenskreis. Die Tätigkeit der Gesellschaft soll insbesondere darauf ausgerichtet sein, die Wettbewerbsfähigkeit der Mitglieder des Bundesverbandes Freier Tankstellen und Unabhängiger Deutscher Mineralölhändler eV (BFT) zu erhalten und zu fördern.

Deutscher Verband Flüssiggas (DVFG)

6242 Kronberg, Westerbachstr. 23, ☏ (0 61 73) 40 77.

Beirat: Ulrich *Briesemeister*, Hamburg; Klaus Jürgen *Gaßmann*, Duisburg; Rainer *Guth*, Stuttgart; Ing. Lothar *Körner*, Halle; Dipl.-Kfm. Herbert *Pelizäus*, Detmold; RA Gernot *Schaefer*, München; Dipl.-Ing. Siegbert *Weiß*, Frankfurt.

Vorstand: Wolfgang *Fritsch-Albert*, Vorsitzender; Dr. Dipl.-Volksw. Karl-Gerhard *Hille*, Dipl.-Ing. Ingo *Lutze*, Ulrich *Regh*, Klaus A. *Schroer*, Eberhard *Walz*, RA Hartmut *Woschk*.

Geschäftsführung: Dipl.-Ing. Willibald *Kinnebrock* (techn.); Dipl.-Volksw. Gerhard *Krämer*.

Zweck: Zuverlässige, wirtschaftliche und technisch sichere Versorgung der Verbraucher mit Flüssiggas; Ausarbeitung von Gesetzesvorlagen, Richtlinien und Empfehlungen; Förderung des Flüssiggasfaches auf den fachwissenschaftlichen Arbeitsgebieten; Beratung der Mitglieder in allen technischen, wirtschaftlichen und rechtlichen Fragen.

Gesamtverband des deutschen Brennstoff- und Mineralölhandels e. V., Bonn (gdbm)

3500 Kassel, Goethestraße 34, Postfach 10 40 29, ☏ (05 61) 1 53 03 und 1 42 10, ✆ 9 92 452, Telefax (05 61) 77 25 62.

Leitung: Vorsitzender: Wim *Erben*, Köln; stellv. Vorsitzende: Dr. Hans-Joachim *Beyer*, Dillenburg; Dieter *Sonntag*, Glauchau; Dieter *Tenbücken*, München.

Geschäftsführung: Dr. Hans-Colin *Wulff*.

gdb info-service für wirtschaftliche Energieverwendung GmbH

3500 Kassel, Goethestraße 34, Postfach 10 40 29, ☏ (05 61) 1 53 03, ✆ 9 92 452, Telefax (05 61) 77 25 62.

Geschäftsführung: Dr. Hans-Colin *Wulff*.

Zweck: Public relations für feste und flüssige Brennstoffe in Wort und Schrift, insbesondere zur Förderung wirtschaftlicher Energieverwendung.

Mitgliedsverbände

Baden-Württemberg, Rheinland-Pfalz

Verband des Südwestdeutschen Brennstoffhandels eV

6800 Mannheim, Tullastraße 18, ☏ (06 21) 41 10 95, Telefax (06 21) 41 52 22.

Leitung: 1. Vorsitzender und gleichzeitig Vorsitzender der Gruppe Einzelhandel: Carl-Fr. *Maier*, Schorndorf; 2. Vorsitzender und gleichzeitig Vorsitzender der Gruppe Großhandel: Rechtsanwalt Michael *Chaussette*, Raab Karcher GmbH, Karlsruhe; stellv. Vorsitzende der Gruppe Einzelhandel: Rudolf *Bellersheim*, H. u. R. Bellersheim, Neitersen; Horst *Gulde*, Gustav Gulde KG, Esslingen; Friedbert *Waldschütz*, Waldschütz & Co, Singen; stellv. Vorsitzende der Gruppe Großhandel: Klaus-Peter *Cramme*, Rheinbraun Handel Süd GmbH, Mannheim; Otto *Maier*, Raab Karcher GmbH, Stuttgart; Thomas *Nest*, Klöckner Mineralölhandel GmbH, Karlsruhe.

Geschäftsführung: Diplom-Volkswirt Hans-Jürgen *Funke*, Dipl.-Kfm. Herbert *Schäfer*.

Bayern

Bayerischer Brennstoff- und Mineralölhandels-Verband e.V.

8000 München 2, Sendlinger Str. 55 III, ☏ (0 89) 2 60 90 57, Telefax (0 89) 2 60 92 40.

Leitung: 1. Vorsitzender: Alfred *Petritz*, Schneider Heizöl GmbH, München 21; 2. Vorsitzender: Anton *Mangold*, Klöckner & Co AG, München 40.

Geschäftsführung: Arnold *Kleine*.

Berlin

Fachverband Brennstoff- und Mineralölhandel Berlin-Brandenburg e.V.

1000 Berlin 19, Heerstr. 2, ☏ (0 30) 3 02 60 41, Telefax (0 30) 3 02 89 33.

Vorstand: 1. Vorsitzender Rechtsanwalt Fritz *Matern*, Telschow + Matern GmbH; stellv. Vorsitzender: Walter *Schulze*, Inhaber der Firma Walter Schulze.

Geschäftsführung: Rechtsanwalt Thomas *Leyke*, Dipl.-Ök., Berg-Ing. Heinz *Wilsenack*.

ORGANISATIONEN

Fachbereich Großhandel: ☎ (0 30) 3 02 60 41/42. Fachbereichsleiter: Hans-Joachim *Müller*, i. Fa. Stinnes Brennstoffhandel Berlin GmbH; Erich *Albrecht*, i. Fa. Raab Karcher GmbH; Rudolf *Müller*, i. Fa. Esso Berlin GmbH.

Hamburg

Verband norddeutscher Brennstoffhändler eV

2000 Hamburg 76, Buchtstr. 8, ☎ (0 40) 22 70 03-34 oder -24, Telefax (0 40) 22 70 03 38.

Leitung: Vorsitzender: Ludwig *Trzanowski*, Hamburg 65; stellv. Vorsitzende: Günter *Fritsch*, Jesteburg; Walter *Grabfelder*, Hamburg 26.

Geschäftsführung: Dipl.-Kfm. Rudolf *Brünjes*.

Hessen

Wirtschaftsverband Brennstoffe Mitte eV

3500 Kassel, Goethestraße 34, Postfach 10 40 29, ☎ (05 61) 1 42 10, ≠ 9 92 452, Telefax (05 61) 77 25 62.

Leitung: Vorsitzender: Dr. Hans-Joachim *Beyer*, Schmidt GmbH, Dillenburg; stellv. Vorsitzender: N. N.; Vorsitzender der Fachgruppe Handel mit flüssigen Brennstoffen: Dieter *Roth*, Adolf Roth OHG, Gießen; Vorsitzender der Fachgruppe Großhandel mit Festbrennstoffen: N. N.; Vorsitzender der Fachgruppe Einzelhandel mit Festbrennstoffen: N. N.

Geschäftsführung: Dr. Hans-Colin *Wulff*.

Mecklenburg-Vorpommern

Verband der Brennstoffhändler Nord e. V. (Mecklenburg-Vorpommern)

O-2500 Rostock, Am Strande 69, ☎ (03 81) 3 46 85.

Leitung: Vorsitzender: Hermann *Puls*, i. Fa. Hermann Puls, O-2500 Rostock, Am Strande 69, ☎ (03 81) 3 46 85; stellv. Vorsitzender: Werner *Lengsfeld*, O-2750 Schwerin.

Geschäftsführung: N. N.

Niedersachsen, Bremen

Wirtschaftsverband Brennstoffe Niedersachsen – Bremen eV

2000 Hamburg 76, Buchtstraße 8, ☎ (0 40) 22 70 03-34 u. -24, Telefax (0 40) 22 70 03 38.

Leitung: Vorsitzender: Klaus *Köhn*, Oldenburg; stellv. Vorsitzende: Walter *Hassepaß*, Bad Sachsa; Bernd *Jorczyk*, Celle; Volkmar *Naumann*, Göttingen.

Geschäftsführung: Dipl.-Kfm. Rudolf *Brünjes*.

Nordrhein-Westfalen

Gesamtverband des Deutschen Brennstoff- und Mineralölhandels Region West-Mitte e. V.

4600 Dortmund 1, Beurhausstr. 69, Postfach 10 41 33, ☎ (02 31) 16 10 29, Telefax (02 31) 14 79 13.

Vorstand: Heinrich-J. *Lipps*, Hagen; Wolfgang *Kuhlmann*, Wesseling; Willi *Mallmann*, Köln; Erich *Keck*, Brakel; Bernd *Kratz*, Essen.

Geschäftsführung: Dieter *Temming*.

Saarland

Landesverband saarländischer Brennstoffhändler eV

6600 Saarbrücken 1, Franz-Josef-Röder-Str. 9, Postfach 389, ☎ (06 81) 5 60 30.

Leitung: Präsident Helmut *Hauch*, Saarbrücken.

Geschäftsführung: Dipl.-Volksw. Klaus *Feld*.

Sachsen

Sächsischer Brennstoff- und Mineralölhandels-Verband e. V.

O-7031 Leipzig, Lauchstädter Straße 40, ☎ (03 41) 4 01 10 28, Telefax (03 41) 4 01 15 58.

Leitung: Vorsitzender: Bernd *Fraunholz*, O-7031 Leipzig, Lauchstädter Straße 40; stellv. Vorsitzender: Dieter *Sonntag*, O-9610 Glauchau, Dr.-Wilh.-Külz-Str. 97, ☎ (0 37 63) 71 22.

Geschäftsführung: N.N.

Sachsen-Anhalt

Brennstoffhandelsverband Sachsen-Anhalt e. V. (BVSA)

O-4020 Halle, Peißnitzinsel 1 – 3, ☎ (03 45) 60 12 13, Telefax (03 45) 64 70 73.

Leitung: Vorsitzender: Werner *Lamprecht*, O-4254 Hergisdorf-Eisleben, Thomas-Müntzer-Straße 168 a, ☎ (03 47 72) 76 63, Telefax (03 47 72) 76 63; stellv. Vorsitzender: Ludolf *Bognitz*, O-4104 Beesenstedt.

Geschäftsführung: Dipl.-Ökonom Horst *Gohling*.

Schleswig-Holstein

Landesverband schleswig-holsteinischer Brennstoffhändler eV

2000 Hamburg 76, Buchtstraße 8, ☏ (0 40) 22 70 03-34 oder -24, Telefax (0 40) 22 70 03 38.

Leitung: Vorsitzender: Werner *Lonsdorfer*, Husum; stellv. Vorsitzender: Peter *Mosner*, Flensburg.

Geschäftsführung: Dipl.-Kfm. Rudolf *Brünjes*.

Thüringen

Thüringer Brennstoffhandelsverband e. V. (TBHV)

O-6300 Ilmenau, Münzstraße 8, ☏ (0 36 77) 6 03 95, Telefax (0 36 77) 6 30 78.

Leitung: Vorsitzender: Siegfried *Escher*, O-6400 Sonneberg, Wilhelm-Pieck-Str. 104, ☏ (0 36 75) 23 18.

Geschäftsführung: Dr.-Ing. Jörg *Lenk*.

Interessengemeinschaft Mittelständischer Mineralölverbände

5300 Bonn 1, Achim-von-Arnim-Straße 24, ☏ (02 28) 23 11 81, Telefax (02 28) 23 07 42.

Geschäftsführung: Werner *Volkmar*.

Partnerverbände: AFM Außenhandelsverband für Mineralöl eV, Hamburg; Bundesverband Freier Tankstellen und Unabhängiger Deutscher Mineralölhändler eV (BFT), Bonn; Uniti Bundesverband Mittelständischer Mineralölunternehmen eV, Hamburg.

Uniti Bundesverband Mittelständischer Mineralölunternehmen eV

2000 Hamburg 76, Buchtstr. 10, Postfach 76 33 00, ☏ (0 40) 2 27 00 30, Telefax (0 40) 22 70 03 38.

Vorstand: Joachim *Eller*, Eller-Montan-Comp. GmbH, Duisburg, Vorsitzender; Rudolf *Merk*, Merk & Cie, Landshut, Ehrenvorsitzender; Jürgen *Boie*, Ernst Boie Energie-Service GmbH u. Co, Lübeck; Wolfgang *Fritsch-Albert*, Sauerstoffwerk Westfalen AG, Münster; Gerd *Kuhbier*, Kuhbier Chemie GmbH & Co., Kierspe; Georg *Merk*, Merk & Cie. KG, Landshut; Johannes *Walch*, L. Ilzhöfers Nachfolger, Inh. Walch, Augsburg.

Beirat: Uwe *Beckmann*, F. W. Beckmann, Osnabrück; Gerd *Deisenhofer*, Adolf Präg KG, Krumbach; Dr. Christian *Neuling*, Paul Neuling Mineralölwerk, Berlin; Ludwig *Gutting*, Minera Kraftstoffe Mineraloelwerk Rempel GmbH, Mannheim; Willi *Knittel*, J. Knittel Söhne GmbH Mineralölvertriebsges., Fulda; Gerd *van Dyck*, Herm. Isert Nachf. GmbH & Co KG, Schwelm; Horst *Wahrlich*, R. H. J. Wahrlich & Sohn, Hamburg; Peter *Willer*, Fa. Anton Willer, Kiel.

Hauptgeschäftsführer: Rechtsanwalt Reinke *Aukamp*.

Geschäftsführung: Dipl.-Volksw. Wolfgang *Stichler*, Rechtsanwalt Dr. Franz *Groh*, Sonderbevollmächtigter des Vorstandes, RA Jörg-Uwe *Brandis*.

Leiter der Außenstelle Bonn: Werner *Volkmar*.

Leiter des Technischen Dienstes Uniti: Dipl.-Ing. Wolfgang *Heine*, 2000 Hamburg 76, Buchtstr. 10, ☏ (0 40) 22 70 03 44.

Presse- und Öffentlichkeitsarbeit: Werner *Volkmar*.

Gründung und Zweck: Der seit 1927 bestehende Verband wurde 1940 zwangsweise aufgelöst und nach dem Kriege im Jahre 1947 als Uniti Vereinigung deutscher Kraftstoffgroßhändler eV wiedergegründet. Seit 1. 1. 1971 ist die Uniti ein für Kraftstoffe, Heizöle und Schmierstoffe zuständiger Bundesverband. — Zweck des Verbandes ist die Förderung und der Schutz der gemeinsamen Belange beruflicher, wirtschaftlicher und fachlicher Art der Mitglieder. Zu den fachlichen Belangen gehört auch die Mineralölanwendungstechnik.

Mitglieder: Dem Verband gehören zur Zeit 245 Mitgliedsfirmen an.

Verein Deutscher Kohlenimporteure eV

2000 Hamburg 1, Glockengießerwall 19, III., ☏ (0 40) 32 74 84, Telefax (0 40) 32 67 72.

Vorstand: Vorsitzender: Klaus *Giesel*, Hansen Coal GmbH, Essen; stellv. Vorsitzender: Dipl.-Kfm. Peter *Schuhmacher*, Vorsitzender des Vorstandes der Heidelberger Zement AG, Heidelberg.

Geschäftsführung: Dipl.-Volksw. Ernst-Otto *Kantelberg*.

Mitglieder: Anker Kolen Maatschappij B. V., Rotterdam; Alsen-Breitenburg Zement- und Kalkwerke GmbH, Hamburg; Badenwerk AG, Karlsruhe; Bayernwerk AG, München; Berliner Kraft- und Licht (Bewag)-AG, Berlin; Brennstoff-Importgesellschaft m.b.H., Bayreuth; Deutsche Shell AG, Hamburg; Dyckerhoff AG, Wiesbaden; Elektromark Kommunales Elektrizitätswerk Mark AG, Hagen; Energie-Versorgung Schwaben AG, Stuttgart; Fido Handel und Transport KG, Emden; Großgaserei GmbH Magdeburg, Magdeburg; Hamburgische Electricitäts-Werke AG (HEW), Hamburg; Hansen Coal GmbH, Essen; Hedwigshütte Handelsgesellschaft mbH, Zweigniederlassung der Saarberg Handel Berlin GmbH, Hamburg; Heidelberger Zement AG,

Heidelberg; Interfuel Brennstoffkontor GmbH, Dortmund; Klöckner & Co AG, Duisburg; Krupp Energiehandel GmbH, Essen; Montan Brennstoffhandel und Schiffahrt GmbH & Co KG, Mannheim; Otto A. Müller GmbH, Hamburg; Polkohle Einfuhrges. für polnische Kohlen mbH & Co. KG, Hamburg; PreussenElektra Aktiengesellschaft, Hannover; Raab Karcher Kohle GmbH, Essen und Hamburg; Rheinbraun Verkaufsgesellschaft mbH, Köln; Ruhrkohle Handel GmbH, Düsseldorf; Saarberg Handel GmbH, Saarbrücken; Schiffahrt- und Kohlen Gesellschaft mbH, Mannheim; Stadtwerke Bremen AG, Bremen; Stadtwerke Düsseldorf AG, Düsseldorf; Stadtwerke Flensburg GmbH, Flensburg; Stadtwerke Neumünster, Neumünster; Stinnes Intercarbon AG, Mülheim; Stinnes Kohle-Energie Handelsges. mbH, Berlin; Stromeyer GmbH, Mülheim; Südzucker AG, Mannheim/Ochsenfurt; Thyssen Carbometal GmbH, Düsseldorf; Wirtschaftliche Vereinigung Deutscher Versorgungsunternehmen AG, Frankfurt und Hamburg.

Verein deutscher Metallhändler e. V.
Bundesverband des NE-Metallgroßhandels und der NE-Metallrecyclingwirtschaft

5300 Bonn, Ulrich-von-Hassell-Straße 64, ☎ (02 28) 25 20 88, ⌀ 8 869 622, Telefax (02 28) 25 26 58.

Vorstand: Heinz-Werner *Hempel*, Vorsitzender, Roland Legierungsmetall, Bremen und Oberhausen; Konrad *Edelmann*, Albert Edelmann Metall GmbH, St. Ingbert; Jürgen K. *Hartmann*, Hüttenwerke Kayser AG, Lünen; Peter *Haslacher*, Metallhandelsgesellschaft Schoof & Haslacher OHG, München; Siegfried *Jacob*, Siegfried Jacob, Ennepetal-Voerde; Günter *Kroll*, Wilhelm Raven GmbH, Dortmund; Georg *Landsmann*, Imcometall Landsmann & Co. KG, Neufahrn; Carl L. *von Laffert*, Cablo GmbH, Hamburg; Maximilian *Schäfer*, Hetzel & Co. GmbH, Nürnberg; Hans Jürgen *Weber*, Westmetall Peters & Co., Wuppertal; Dr. Herbert *Zimmermann*, Deumu Deutsche Erz- und Metall-Union GmbH, Hannover.

Geschäftsführung: Dipl.-Volkswirt Hans P. *Münster*.

Zweck: Information der Mitglieder und Interessenvertretung des Metallhandels gegenüber Behörden und Verbänden.

Mitglieder: 125.

Vereinigung der deutschen Zentralheizungswirtschaft e. V. (VdZ)

4000 Düsseldorf 30, Kaiserswerther Straße 135, ☎ (02 11) 45 49 3 13, Telefax (02 11) 45 49 3 69.

Vorstand: Dipl.-Ing. Heinz-Dieter *Heidemann*, Präsident Zentralverband Sanitär, Heizung, Klima e. V., St. Augustin, Präsident; Werner *Schleenbecker*, Braunfels; Eduard *Fuchs*, Geschäftsführer Turbon-Tunzini-Klimatechnik GmbH, Bergisch-Gladbach; Dr. Werner F. *Ludwig*, Wilo-Werke GmbH & Co., Dortmund; Sigurd *Prull*, Klöckner Wärmetechnik GmbH, Köln; Dipl.-Vw. Heinz *Strub*, Viessmann Werke GmbH & Co., Allendorf/Eder.

Geschäftsführung: Dipl.-Volksw. Günter *Eisener*.

Mitglieder: Der VdZ gehören 13 Mitgliedsverbände an.

Wirtschaftliche Vereinigung deutscher Versorgungsunternehmen AG

6000 Frankfurt (Main), Kennedyallee 89, Postfach 70 12 52, ☎ (0 69) 63 10-0, ⌀ 4 12 165, Telefax (0 69) 63 10-1 16.

Aufsichtsrat: Dipl.-Volksw. Michael *Jonas*, Düsseldorf, Vorsitzender; Klaus *Wollschläger*, Kassel, stellv. Vorsitzender; Karl Heinz *Bamberg*, Monheim, stellv. Vorsitzender; Frank *Bellmann*, Düsseldorf, Dr.-Ing. *Czichon*, Bremen; Monika *Floth*, Frankfurt; Dipl.-Volksw. Ulrich *Hartmann*, Hannover; Dr. Horst *Magerl*, Stuttgart; Dr. Werner *Lindemann*, Kassel; Dipl.-Kfm. Fritz *Stein*, Berlin; Rolf *Ullemeyer*, München.

Beirat: Dipl.-Kfm. Dr. Friedel *Baurichter*, Osnabrück; Friedrich *Bleibaum*, Göttingen; Dr. Erich *Deppe*, Hannover; Professor Dr. rer. pol. Hermann *Flieger*, Dortmund; Roland *Hartung*, Mannheim; Dr.-Ing. Bernd *Kregel-Olff*, Kiel; Dr. Ulrich *Mössner*, München; Dr. Heinrich *Stiens*, Frankfurt am Main; Dipl.-Ing. Johannes *Strickrodt*, Wolfsburg; Felix *Zimmermann*, Köln.

Vorstand: Ass. jur. Heinrich *Bettelhäuser*, Dipl.-Kfm. Klaus-Peter *Karpowsky*.

Grundkapital: 5 Mill. DM.

Aktionäre: 300 Aktionäre (Städte, Gemeinden und Versorgungsbetriebe in gesellschaftsrechtlicher Form) mit 50 % und Wintershall AG, Kassel, mit weiteren 50 %. Nächsthöhere Beteiligungen halten die Technische Werke der Stadt Stuttgart (TWS) AG mit 11,1 % und die Main-Gaswerke AG, Frankfurt (Main), mit 6,2 %.

Zweck: Vertrieb von Mineralölprodukten, Investitionsgütern und Festbrennstoffen im Bereich der Versorgungswirtschaft, anderer öffentlicher Bedarfsträger und der Industrie; Dienstleistungen für die Versorgungswirtschaft.

Absatzorganisation: Niederlassungen in Frankfurt, Hamburg, Hannover, Hilden, Leuna, München, Stuttgart.

Beteiligungen

Wilhelm Worm GmbH, Frankfurt (Main), 100 %.
WV Wilhelm Worm Mineraloel GmbH, Hamburg, 50 %.
WV Versicherungsmakler GmbH, Frankfurt (Main), 50 %.
Wirtschaftliche Vereinigung für Kraftstoffe GmbH, Frankfurt (Main), 100 %.

EUROPA

4. Dänemark

Mineralolie Brancheforeningen
DK-1263 Copenhagen K, Esplanaden 7, ☏ (33) 14 59 22.

Vorsitzender: K. *Brinck*.
Zweck: Vertretung von Handelsgesellschaften im Bereich mineralischer Schmiermittel.

5. Frankreich

Ashland Coal International, Ltd.
Niederlassung der Ashland Coal, Inc. Huntington, USA: F-92210 Saint-Cloud, 20 Bd. de la République, ☏ 47 71 37 30, ✆ 250 041, Telefax 47 71 37 93.

Geschäftsführer: Robert A. *Dienhart*.

Charbonnages de France
F-92507 Rueil-Malmaison Cedex 1, Tour Albert Ier, 65 avenue de Colmar, ☏ (1) 47 52 92 52, ✆ 6 31 450 F.

Président Directeur Général: Jacques *Bouvet*.

Houillères du Bassin du Nord et du Pas-de-Calais
F-59505 Douai Cedex 64, rue des Minimes, B.P. 513, ☏ (27) 88 31 11, ✆ 8 20 396.

Président: Maud *Bailly-Turchi*.

Directeur Général: Jack *Verlaine*.

Houillères du Bassin de Lorraine
F-57802 Freyming-Merlebach, 2, rue de Metz, B.P. 1, ☏ (87) 04 39 41, (87) 04 39 12, ✆ 8 60 244 Dicolor Merlb.

Président: Philippe *Loiseau*.

Directeur Général: Roger *Jourdan*.

Houillères de Bassin du Centre et du Midi
F-42002 St. Etienne Cedex, 9, avenue Benoît-Charvet, B.P. 534, ☏ (77) 42 33 00, ✆ 3 00 794 Loirmine Stetn.

Président: Paul *Bourrelier*.

Directeur Général: Bernard *Chaton*.

Groupement d'Importation des Métaux (Girm)
F-75008 Paris, 30 Avenue de Messine, ☏ (4) 5 63 02 33, ✆ 2 80 365, Telefax (4) 42 25 44 45.

Président: Jean *Clement*.

Directeur: Jacques *Garaix*.

Zweck: Handel mit NE-Metallen.

Patin S. A.
F-92500 Rueil-Malmaison, 99 Avenue de la Chataigneraie, B. P. 235, ☏ 1 47 32 02 10, ✆ 6 32 361, Telefax 1 47 52 00 88.

Président: Hubert *Lamy*.

Vice-Président: Michel *Lamy*.

Directeur: Xavier *de Lannurien*.

Kapital: 7,6 Mill. FF.

Société Franco Continentale de Charbons (SFCC)

F-92504 Rueil Malmaison, 99 Avenue de la Chataigneraie, ☏ (33) 1 47 32 02 10, ✆ 6 32 361, Telefax (33) 1 47 52 00 88.

Président: Hubert *Lamy*.

Vice-Président: Michel *Lamy*.

Directeur: S. *Corrado*.

Kapital: 2 Mill. FF.

Gesellschafter: Patin S. A.

Zweck: Internationaler Handel mit festen Brennstoffen.

Société Nouvelle Sidéchar

F-92072 Paris, Elysées la Défence 19, le Parvis Cedex 35, ☏ (1) 47 67 85 88, ✆ 6 11 672 sisyndi, Telefax (1) 47 67 85 77.

Président-Directeur Général: Karlheinz *Portugall*.

Conseil d'Administration: Karlheinz *Portugall*, Robert *Murard*, Karl Erich *Diedrichs*, Albert *Tomasi*.

Kapital: 1 Mill. FF.

Union de Combustibles S. A.

F-75001 Paris, Rue du Louvre, ☏ (1) 42 36 31 44, ✆ 2 18 305, Telefax (1) 42 36 32 58.

Conseil d'Administration: Philippe *Julienne*, Président; Luc *Carlier;* Harold *Salloch*.

Kapital: 2,6 Mill. FF.

Zweck: Import und Verkauf von festen Brennstoffen für den französischen Markt.

Organisationen

Association des Importeurs d'Essence et Pétroles

F-75116 Paris, 23 rue Galilée, ☏ (1) 47 23 72 42.

Association Technique de l'Importation Charbonnière (A.T.I.C.)

F-75761 Paris Cedex 16, 149, rue de Longchamp, ☏ (1) 40 72 30 00, ✆ Atichar Paris 6 11 007, Telefax (1) 40 72 30 30.

Conseil d'Administration: Christian *Goux*, Président. Francis *Mer*, Michel *Bellissant* (Industrie Sidérurgique); Jean-Claude *Giron*, Jean *Beaufrère* (Electricité de France); Bernard *Pache*, Bernard *Delanney*, Jean *Mellot* (Charbonnages de France); Bernard *Kasriel* (Cimentiers); Hubert *Lamy*, Dominique *Perin*, Jean-Luc *Radenac*, Yvan *Boulot* (Importation Revente); Etienne *Debruyne* (Petits Consommateurs); Dominique *Maillard* (Commissaire du Gouvernement); Jean-Paul *Antoine* (Contrôleur d'Etat); Pierre *Crettiez* (Censeur).

Trésorier: Jean-Claude *Giron*.

Secrétaire: Michel *Margnes*.

Direction: Michel *Margnes* (Directeur Général); Francis *Hauguel* (Secrétaire Général); Marc *Bever* (Direction Technique); Gilbert *Join* (Direction Financière).

Delegation in der Bundesrepublik Deutschland: Helga *Völker*, 4300 Essen, Alfredstr. 182, ☏ (02 01) 4 18 64, ✆ Atic Essen 08 57 729.

Chambre Syndicale de la Distribution des Produits Pétroliers

F-75008 Paris, 4, Avenue Hoche, ☏ (1) 40 53 70 00, ✆ 651 411, Telefax (1) 40 53 70 49.

Président: Bernard *Calvet*.

Secrétaire Général: Philippe *Carvallo*.

Zweck: Handel mit Erdölprodukten.

Chambre Syndicale des Transports Pétroliers

F-75008 Paris, 4, Avenue Hoche, ☏ (1) 40 53 70 00, ✆ 651 411, Telefax (1) 40 53 70 49.

Président: Bernard *Calvet*.

Secrétaire Général: Philippe *Carvallo*.

Chambre Syndicale du Commerce International des Métaux et Minerais

F-75784 Paris Cedex 16, 31, Avenue Pierre-Ier-de-Serbie, ☏ (1) 40 69 44 43, ✆ 6 11 059, Telefax (01) 47 23 47 32.

Président: Jean-Pierre *Toffier*.

Délégué Général: Daniel *Haber*.

Conseil d'Administration: O. *Kruger*, A. *Delatre*, *Postel-Vinay*, S. *Teissier*, A. *Ostier*, P. *Karmitz*.

Trésorier: R. *Malezieux-Dehon*.

6 HANDEL

Président d'Honneur: L. J. *Mayer.*

Zweck: Internationaler Handel mit Metallen und Mineralien.

Fédération Française des Pétroliers Independants »F.F.P.I.«

F-75008 Paris, 10, rue de Laborde, ☏ (1) 43 87 00 01, ≠ 2 81 997 F, Telefax 43 87 43 46.

Président: Jean-Pierre *Labruyère.*

Délégué Général: Claude *Briat.*

Zweck: Vereinigung von 50 unabhängigen Gesellschaften, die Erdöl weiterverarbeiten und Erdölendprodukte einführen. Ihre Mitglieder handeln mit 20 Mill. t Erdölprodukten im Jahr.

Syndicat des Indépendants Français Importeurs de Pétrole

F-75008 Paris, 73 Boulevard Haussmann, ☏ (1) 42 65 56 20, ≠ 6 50 991.

6. Großbritannien

British Coal Corporation

GB-London SW1X 7AE, Hobart House, Grosvenor Place, ☏ (0 71) 2 35 20 20, ⌁ Coalboard, ≠ London.

Chairman: J. N. *Clarke;* Joint Deputy Chairman: Dr. K. *Moses* CBE; Joint Deputy Chairman: A. *Wheeler* CBE.

Verkaufsabteilung für Feste Brennstoffe: Marketing Department: Director General: A. D. T. *Horsler.*

Brocton Minerals Ltd.

GB-Staffordshire WS11 1AP, Cannock, 25-27 Wolverhampton Road, ☏ (05 43) 57 70 50, Telefax (05 43) 50 26 86.

Chairmen: A. T. *Seabridge,* D. *Gower.*

Managing Director: A. T. *Seabridge.*

Zweck: Handel mit festen Brennstoffen in Großbritannien und Irland; Vertrieb von Produkten der Hawley Fuel Coal, Inc, USA, auf dem europäischen Markt.

Cory Coal Ltd.

GB-London E1 9AA, Europe House, World Trade Centre, ☏ (0 71) 4 80 69 00, ≠ 9 19 306 cocoal g, Telefax (0 71) 4 81 90 17.

Vorstand: Bruce *Ballantine,* Managing Director; Terry *Hughes,* Dr. Wolfgang *Ritschel,* Harald *Salloch.*

Regionen: South East (Rochester), Midlands (Chesterfield), North (Birtley).

Gesellschafter: Raab Karcher UK.

Zweck: Handel mit festen Brennstoffen, Lagerung, Umschlag und Transport.

	1990	1991
Umsatz .... Mill. £	73	70
Beschäftigte	157	170

Organisationen

The National Association of Solid Fuel Wholesalers

GB-London WC1B 4DH, Victoria House, Southampton Row, ☏ (0 71) 4 05 00 34.

Chairman: D. A. *Vicary;* J. *Watkiss,* Vice-Chairman.

Secretary and Commercial Executive: I. R. *Hall.*

United Kingdom Petroleum Industry Association

GB-London WC2B 6XH, 9 Kingsway, ☏ (0 71) 2 40 02 89, ≠ 8 952 541, Telefax (0 71) 3 79 31 02.

President: Dave *Clayman.*

Director General: David *Parker.*

Executive Director: Tony *Fox.*

Zweck: Interessenvertretung der Wirtschaftszweige, die sich mit Handel, Weiterverarbeitung und Verteilung befassen, gegenüber der Regierung, industriellen und wirtschaftlichen Vereinigungen, den Medien und der Öffentlichkeit. Berichten und beraten bei Veränderungen und Entwicklungen, die diese Wirtschaftszweige betreffen. Um Rationalisierungsmaßnahmen durchführen zu können, Beratung, Information und Führung der Mitglieder. Verbesserung der Kommunikation zwischen Industrie und Öffentlichkeit.

Mitglieder: BP, Burmah, Conoco Elf, Esso, Gulf, Mobil, Murco, Petrofina, Phillips, Repsol, Shell, Texaco und Total.

7. Irland

Organisationen

Coal Information Services Ltd.
IRL-Dublin 2, 18, D'Olier Street, ☏ (1) 77 62 46, ✐ 9 3 888, Telefax 71 58 97.

President: Stanley *Linehan*, Chairman.

Managing Director: Anthony James *Maher*.

Zweck: Technisch beratender Verbraucher-Service, der von bedeutenden irischen Kohlenimporteuren und -händlern finanziert und unterstützt wird.

Metal Merchants Association of Ireland
IRL-Dublin 2, Marine House, Clanwilliam Court, ☏ 76 09 51, ✐ 7 60 951.

Geschäftsführung: Raymond *Donegan*.

8. Italien

Agenzia Carboni S.R.L.
I-16129 Genoa, via Fogliensi 2-12, ☏ (0 10) 3 62 29 18, ✐ 271 392 intra i, Telefax (0 10) 3 62 29 20.

Verwaltungsrat: Dr. Eckhard *Albrecht*, Vorsitzender; Walter *Meuser*, geschäftsführendes Mitglied; Gerd *Herrmann*; Dr. Horst *Siedentopf*; Dr. Karl-August *Theis*.

Geschäftsführung: Direktor Paolo *Canevello*.

Kapital: 95 Mill. Lit.

Gesellschafter: Stinnes AG, Mülheim/Ruhr; Rheinbraun Verkaufsgesellschaft mbH, Köln.

Zweck: Import und Handel mit Brennstoffen, Vertretung von Produzenten.

Energy S.P.A.
I-16121 Genoa, Viale Sauli 4/10 A, ☏ (0 10) 5 53 18 94, ✐ 272 526, Telefax (0 10) 54 30 68.

Präsident: Luigi *Regis*.

Geschäftsführung: Franco *Gattorno*, Augusto *Ascheri*.

Kapital: 1 400 Mill. Lit.

Zweck: Import und Export von Kohle.

	1989	1990
Beschäftigte	5	8

Jacorossi S.P.A.
I-00144 Rom, Via V. Brancati 64, ☏ (6) 50 09 16 23, ✐ 611 317, Telefax (6) 5 01 02 02.

Board of Directors: Angelo *Jacorossi*, Chairman; Francesco *Fazzari*; Francesco *Forlenza*; Ovidio *Jacorossi*; Alfio *Torrisi*.

Managing Director: Riccardo *Winternitz*.

Kapital: 300 Mill. Lit.

Gesellschafter: Fintermica, 50 %, Agip Petroli 50 %.

Zweck: Vertrieb und Verkauf von Ölprodukten und festen Brennstoffen im In- und Ausland.

6 HANDEL

	1990	1991
Umsatz .... Mill. t	2,6	4,8
Beschäftigte	461	461

Niederlassungen: In 26 Städten Italiens.

Pudel S.p.A.

I-16121 Genoa, Via G. D'Annunzio, 2/104, ☎ (0 10) 58 10 43/4/5, ✍ 270 042 pudel i, Telefax (0 10) 58 72 38.

President: Monique *Pudel*.

Managing Director: Helmut *Setton*.

Export Sales Manager: Massimo *Busdraghi*.

Kapital: 450 Mill. Lit.

Zweck: Europäische Handelsvertretung der Massey Coal Export Company, internationaler Handel mit festen Brennstoffen.

	1989	1990
Beschäftigte:	11	11

Unicoal S.P.A.

I-20123 Milano, 5, V. Gioberti, ☎ (02) 4 98 47 41, ✍ 332 168 union i, Telefax (02) 4 81 88 31.

Board of Directors: Dr. Luigi *Moscheri*, President; Rag. Giuseppe *Albamonte;* Ing. Aurelio *Cattaneo Trissino da Lodi;* Dr. Giancarlo *Mazzone*.

Managing Director: Dr. Luigi *Moscheri*.

Commercial Manager: Ing. Gianluca *Eufemi*.

Kapital: 1 000 Mill. Lit.

Gesellschafter: Unicoke S.p.A.

Organisationen

Associazione Nazionale Commercio Petroli (Assopetrol)

I-20121 Milano, Corso Venezia 47 – 49, ☎ (02) 79 28 81.

Federazione Italiana Gestori Impianti Stradali Carburanti

I- 00153 Roma, Piazza G. G. Belli 2, ☎ (06) 5 86 61.

9. Niederlande

Organisationen

Nederlandse Vereniging van Ondernemingen in de Energiebranche (N.V.E.)

NL-2517 JX Den Haag, Adriaan Goekooplaan 5, ☎ (0 70) 3 54 68 11, Telefax (0 70) 3 51 27 77.

Nederlandse Organisatie van Olie- en Kolenhandelaren Novok

NL-3021 EH Rotterdam, 's Gravendijkwal 103, P. B. 25078, ☎ 00 31 10-4 76 80 22, ✍ 0 4 426 168 novok nl, Telefax 00 31 10-4 76 72 20.

Sekretär: Jan *Oskam*.

ÖSTERREICH

10. Österreich

Bundesgremium des Brennstoffhandels

A-1045 Wien, Wiedner Hauptstraße 63, ☏ (02 22) 5 01 05, ⌁ 3 222 138 bwkfv, Telefax (02 22) 5 01 05/30 43.

Bundesgremialvorsteher: Bundessektionsobmann Kommerzialrat Ernst *Steidl*.

Bundesgremialsekretär: Mag. iur. Karl *Hanzal*.

Landesgremium Wien für den Großhandel mit Kohle und anderen festen mineralischen Brennstoffen
A-1040 Wien, Schwarzenbergplatz 14, ☏ (02 22) 5 01 66/2 13-2 14.

Vorsteher: Bundessektionsobmann Kommerzialrat Ernst *Steidl*.

Sekretär: Herbert *Odwody*.

Landesgremium Wien für den Einzelhandel mit Kohle und anderen Brennstoffen
A-1040 Wien, Schwarzenbergplatz 14, ☏ (02 22) 5 01 66/2 13-2 14.

Vorsteher: Kommerzialrat Otto *Podingbauer*.

Sekretär: Herbert *Odwody*.

Landesgremium des Brennstoffhandels für Niederösterreich
A-1010 Wien, Herrengasse 10, ☏ (02 22) 5 34 66/268, Telefax (02 22) 53 46 64 00.

Vorsteher: Johann *Kreuter*, jun.

Sekretär: Mag. Else *Schweinzer*.

Landesgremium des Brennstoffhandels für Oberösterreich
A-4020 Linz a. d. Donau, Hessenplatz 3, ☏ (07 32) 28 00/3 09, Telefax (07 32) 28 00 44 44.

Vorsteher: Dir. Peter *Withalm*.

Sekretär: Dr. iur. Rudolf *Sprengseis*.

Landesgremium des Brennstoffhandels für Salzburg
A-5020 Salzburg, Julius-Raab-Platz 1, ☏ (06 62) 7 15 71, ⌁ 6 3 633, Telefax (06 62) 87 16 40.

Vorsteher: Kommerzialrat Friedrich *Mayer-Wildenhofer*.

Sekretär: Mag. Peter *Kober*.

Landesgremium des Brennstoffhandels für Tirol
A-6020 Innsbruck, Meinhardstraße 14, ☏ (05 12) 53 10/2 91, Telefax (05 12) 5 31 04 16.

Vorsteher: Kommerzialrat Alfred *Püls*.

Sekretär: Karl *Lamprecht*.

Landesgremium des Brennstoffhandels für Vorarlberg
A-6800 Feldkirch, Wichnergasse 9, ☏ (0 55 22) 2 25 11, Telefax (0 55 22) 2 96 66.

Vorsteher: Hermann *Walser*.

Sekretär: Norbert *Stieger*.

Landesgremium des Brennstoffhandels für Kärnten
A-9021 Klagenfurt, Bahnhofstraße 40, ☏ (04 63) 58 68/3 10, Telefax (04 63) 5 86 83 04.

Vorsteher: Max *Stechauner*.

Sekretär: Mag. Gerhard *Eschig*.

Landesgremium des Brennstoffhandels für Steiermark
A-8010 Graz, Körblergasse 111−113, ☏ (03 16) 60 10/6 01, Telefax (03 16) 60 15 98.

Vorsteher: Dieter *Sessitsch*.

Sekretär: Werner *Rabitsch*.

für das Burgenland
A-7001 Eisenstadt, Ing.-Julius-Raab-Straße 1, ☏ (0 26 82) 25 86 bis 25 89, Telefax (0 26 82) 25 86 19.

Vorsteher: Andreas *Kolar*, Kammerrat.

Sekretär: Mag. Peter *Wrann*.

Bundesgremium des Mineralölhandels

A-1045 Wien, Wiedner Hauptstraße 63, ☏ (02 22) 5 01 05/33 31, ⌁ 3 22 21 38 bwkfv, Telefax (02 22) 5 01 05/30 43.

Bundesgremialvorsteher: Kommerzialrat Dr. Klaus *Stöllnberger*.

Geschäftsführer: Mag. Karl *Hanzal*.

11. Schweden

Organisationen

Grossistförbundet Svensk Handel Oljesektionen
The Federation of Swedish Commerce and Trade
S-11485 Stockholm, Grevgatan 34, Box 55 12,
☏ (08) 663 52 80, ✆ 1 9 673, Telefax (08) 6 62 74 57.

Tysk-Svenska Handelskammaren
Deutsch-Schwedische Handelskammer
S-11182 Stockholm, Munkbron 9, Box 1223,
☏ 08 21 75 54/61/69, Telefax: 08-7 90 30 98.

12. Schweiz

Alkag AG
CH-4144 Arlesheim, Talstrasse 45, ☏ (0 61) 7 05 12 12, ✆ 9 62 283, Telefax (0 61) 7 05 12 22.

Verwaltungsrat: Nicolas *Joerin*, Emil *Wamister*, Dr. Peter *Gloor*.

Geschäftsleitung: Nicolas *Joerin*, Hansjörg *Bürgin*, Werner *Heinzelmann*, Siegfried *Müller*, Urs *Wartenweiler*.

Kapital: 3 Mill. sFr.

Zweck: Import und Großhandel mit festen und flüssigen Brenn- und Treibstoffen.

	1990	1991
Beschäftigte ... (Jahresende)	18	18

Mabanaft AG
CH-8125 Zollikerberg-Zürich, Rosengartenstrasse 3, POB 285, ☏ (1) 3 96 22 11, ✆ 8 16 125 und 8 15 432, Telefax (1) 3 96 22 20 und (1) 3 96 22 40.

Geschäftsführung: Joachim *Schreiber*.

Zweck: Internationaler Handel mit Rohöl und Mineralölprodukten.

	1990	1991
Beschäftigte ... (Jahresende)	20	20

A. H. Meyer & Cie AG
CH-8040 Zürich, Badenerstrasse 329, Postfach 1629, ☏ (01) 4 98 15 15, ✆ 8 22 350 ahm, Telefax (01) 4 98 18 20.

Verwaltungsrats-Ausschuß: Dr. H. U. *Homberger* (Präsident), Dr. M. *Pfister*, M. *Baer*.

Vorstand: Dr. Max *Pfister*, Maurice *Baer*, Max *Baumgartner*, Peter *Britschgi*.

Kapital: 4 Mill. sFr.

Zweck: Import & Distribution von Erdölprodukten (AVIA).

	1990	1991
Beschäftigte ... (Jahresende)	83	87

Migrol-Genossenschaft
CH-8048 Zürich, Badenerstrasse 569, ☏ (01) 4 95 11 11, ✆ 8 22 376, Telefax (01) 4 95 12 02.

Aufsichtsrat: Eugen *Hunziker*, Marco *Solari*.

Vorstand: Claus M. *Niederer*, Direktor; Peter *Künzle*, stellv. Direktor; Peter *Huber*, William *Jurt*, Marc *Pfirter*, Vizedirektoren.

Kapital: 2 Mill. sFr.

Gesellschafter: Migros-Genossenschafts-Bund, Zürich und ihr angegliederte Unternehmungen.

Zweck: Die Genossenschaft bezweckt, in gemeinsamer Selbsthilfe ihren Mitgliedern und der Bevölkerung im allgemeinen in günstiger Weise Erdölprodukte, weitere Waren und Dienstleistungen zu vermitteln, wobei sie die Grundsätze anwendet, welche in den Statuten des Migros-Genossenschaft-Bundes niedergelegt sind.

	1990	1991
Beschäftigte ... (Jahresende)	546	497

Osterwalder St. Gallen AG

CH-9002 St. Gallen, Oberstrasse 141, Postfach, ☎ (0 71) 29 22 77, ✆ 8 81 228 OSG CH, Telefax (0 71) 28 24 43.

Verwaltungsrat: Hanspeter *Osterwalder*, Arnold *Osterwalder*, Peter *Osterwalder*, Ernst *Josi*.

Geschäftsleitung: Peter *Osterwalder*, Ernst *Josi*, Roland *Stahel*.

Kapital: 2 Mill. sFr.

Zweck: Handel mit Mineralölprodukten.

Umsatz: sFr. 1990/1991: 150 – 200 Mill.

	1990	1991
Beschäftigte ... (Jahresende)	100	100

Steinkohlen AG Glarus

CH-8750 Glarus, Bankstr. 20, ☎ (0 58) 63 11 41, ✆ 875 531, Telefax (0 58) 61 67 27.

Verwaltungsrat: Dr. Hans Ulrich *Ryser*, Präsident, Verwaltungsrats-Präsident der SIHL Papierfabrik an der Sihl, Zürich; Dr. Th. *Rüegg*, Vize-Präsident; Frau Hannelore *Zweifel*, Delegierte des Verwaltungsrates.

Geschäftsleitung: Frau Hannelore *Zweifel*, Direktor; Günther *Leger*, Prokurist; Hans-Heinrich *Hefti*, Prokurist; Thomas *Born*, Handlungsbevollmächtigter.

Zweck: Import und Großhandel von Kohlen, Heizöl.

Gründung: 1865 durch schweizerische Industriefirmen als Genossenschaft. 1938 Umwandlung in eine Aktiengesellschaft, rein schweizerisches Kapital.

Beschäftigte: 40.

Tochterfirma
Agin AG, Zürich.

Organisationen

Carbura –
Schweizerische Zentralstelle für die Einfuhr flüssiger Treib- und Brennstoffe

CH-8021 Zürich, Löwenstr. 3, ☎ (01) 2 17 41 11, ✆ 8 12 693 cba ch, Telefax (01) 2 21 26 33.

Kolko
Vereinigung der schweizerischen Kohlenwirtschaft

CH-4051 Basel, Augustinergasse 11, ☎ (0 61) 25 97 16.

Zweck: Sicherstellung der Landesversorgung mit festen Brennstoffen. Interessenvertretung gegenüber Behörden und anderen.

Schweizerischer Brennstoffhändler-Verband

CH-1705 Freiburg, Pérolles 55, Postfach 22, ☎ (0 37) 24 09 33, Telefax (0 37) 24 44 20.

Vorsitzender: Christian *Burger*, Baden.

Geschäftsführung: Armin *Haymoz*, Rechtsanwalt.

Zweck: Zur Erhaltung eines freien und leistungsfähigen Brennstoffhandels bezweckt der Verein die Förderung der technischen, wirtschaftlichen, rechtlichen und sozialen Belange seiner Mitglieder.

Brennstoffhändlerverband des Kantons Zürich und benachbarter Gebiete

CH-5430 Wettingen, Winkelriedstr. 4, ☎ (056) 26 36 36.

Vereinigung Schweizerischer Heizöl-Grossisten und Importeure (IG Heizöl)

CH-9012 St. Gallen, Teufenstrasse 176, c/o Eduard Waldburger AG, ☎ (0 71) 27 83 83.

Avia Vereinigung unabhängiger Schweizer Importeure von Erdölprodukten

CH-8040 Zürich, Badenerstr. 329, ☎ (01) 4 91 43 43.

Präsident: Robert *Schätzle*.

Zweck: Wahrung der Interessen sowie die Förderung der Aktivität ihrer Mitglieder unter den Kollektivmarken Avia und anderen Verbandszeichen.

Mitglieder: Avia Distribution SA, Le Mont-sur-Lausanne; Bürke AG, Zürich; G. Grisard AG, Basel; E. Hürlimann AG, Wädenswil; Gebr. Kundert AG, Bischofszell; J. Küng AG, Bern; A. H. Meyer & Cie AG, Zürich; Fritz Meyer AG, Basel; Olbena SA, Mendrisio; Osterwalder Zürich AG, Zürich; Osterwalder St. Gallen AG, St. Gallen; Schätzle AG, Luzern.

13. Spanien

Carbones de Importación, S.A. (Carelec)

E-28020 Madrid, C/Orense n° 6, Floor 8° A-4, ☏ (1) 5 56.08.14/53, ✄ 4 8 973, Telefax (1) 5 55.50 28.

Vorstand: Juan *Dominguez-Adame*, José Luis *Baranda*, Alvaro *Villagran*, Javier *de Pinedo*, José Luis *Hernandez*, Enrique *Veiga*, Jesus *Calvo*, Ricardo *Rueda*, Fernando *Castro*, Elias *Velasco*.

Geschäftsführung: Antonio *Canseco*.

Gesellschafter: Cia. Sevillana Electricidad, Unión Fenosa Hidroeléctrica del Cantabrico, Iberdrola I, Iberdrola II, Electra de Viesgo, Cia. de Langreo, Terminor, Fecsa.

Zweck: Kohlenimport.

	1990	1991
Beschäftigte ... (Jahresende)	5	5

Sociedad Española de Carbon Exterior S.A. (Carboex)

E-28020 Madrid, Manuel Cortina, 2 2ª plt., ☏ (91) 4-47-30-09, ✄ 4 6 342-4 8 703, Telefax (91) 4-45-24-07.

Vorstand: Gregorio *Gonzalez-Irun Sanchez*, Francisco Javier *Fernandez Fernandez*, Jesus Maria *Estepa Moriana*, Miguel *Calvillo Urabayen*.

Kapital: 5 000 Mill. Ptas.

Umsatz: 250 Mill. US$.

Zweck: Handel mit Rohstoffen.

Beschäftigte: 27.

Beteiligungen
Carboex Internacional Limited (C.I.L.).
Ashland Coal Inc. (A.C.I.).
Puerto de Carboneras S.A. (Pucarsa).
Crae S.A.
Carbopor.

INTERNATIONALE ORGANISATIONEN

Union Pétrolière Européenne Indépendante (UPEI)
Union des Unabhängigen Europäischen Mineralölgroß- und Außenhandels

F-75008 Paris, 10, Rue de Laborde, ☏ (1) 43 87 00 01, Telefax (1) 43 87 43 46.

Präsident: S. *Calvetti*, Rom (die Präsidentschaft wechselt turnusmäßig).

Deutsche Vertretung: Dr. Franz *Groh*, Hamburg; Reinke *Aukamp*, Hamburg; Dipl.-Volksw. Karsten *Köhler*, Hamburg; Axel *von Bülow*, Bonn.

Zweck: Förderung und Vertretung der Interessen der unabhängigen Mineralöl-Groß- und -Außenhandels-Unternehmen in der Europäischen Wirtschaftsgemeinschaft.

Mitgliedsverbände

Belgien/Luxemburg: Union Petrolière Belge, A.S.B.L., B-2610 Antwerpen-Wilrijk, Sneeuwbeslaan 1, Postbus 10, ☏ (03) 828 07 20, Telefax (3) 8 30.03.71.

Bundesrepublik Deutschland: Uniti Bundesverband Mittelständischer Mineralölunternehmen eV, 2000 Hamburg 76, Buchtstr. 10, ☏ (0 40) 2 27 00 30, Telefax (0 40) 22 70 03 38;
AFM Außenhandelsverband für Mineralöl eV, 2000 Hamburg 36, Esplanade 6, ☏ (0 40) 34 08 58, ✆ 2 14 600, Telefax (0 40) 34 42 00.
BFT Bundesverband Freier Tankstellen u. Unabhängiger Deutscher Mineralölhändler e. V., 5300 Bonn 1, Ippendorfer Allee 1 d, ☏ (02 28) 28 50 71, Telefax (02 28) 28 55 06.

Frankreich: Fédération Française des Pétroliers Indépendants, F-75008 Paris, 10, Rue de Laborde, ☏ (0 03 31) 43 87 00 01, Telefax (00 31) 43 87 43 46.

Großbritannien: A.U.K.O.I. Association of United Kingdom Oil Independants; GB-London N5 1HJ, 8, The Limes, 35 Highbury Grove, ☏ (01) 3 59 12 39.

Irland: I.I.P.A. Irish Independant Petroleum Association, IRL-Dublin 2, Apollo House, Tara Street, ☏ 77 56 41, ✆ EI 3 1 762.

Italien: Federazione Nazionale Commercio Petroli (Assopetroli), I-00186 Roma, Largo Fiorentini 1, ☏ 68.69.156 - 68.75.754, Telefax 65.40.598.

Niederlande: Nederlandse Vereniging van ondernemingen in de Energiebranche (N.V.E.), NL-2517 JX Den Haag, Adriaan Goekooplaan 5, ☏ 70 54 68 11.

Association Européenne de Gaz de Pétrole Liquéfiés
Europäischer Flüssiggas-Verband

F-75782 Paris-Cedex 16, Rue Galilée, ☏ (1) 47 23 52 74, Telefax (1) 47 23 52 79.

Präsident: R. W. *Pickering* (GB).

Generalsekretär: Philippe *Taupin* (F).

Mitgliedsverbände

Deutscher Verband Flüssiggas e. V. (DVFG), D-6242 Kronberg/Ts., Westerbachstraße 23, ☏ (0 61 73) 40 77 78 79, Telefax (0 61 73) 13 92, G. *Kramer*.

Österreichischer Verband für Flüssiggas (ÖVFG), A-1041 Wien, Schwarzenbergplatz 13, ☏ (01) 65 31 60, ✆ 1 32 163 bpwn, P. J. *Ertl*.

Fédération Butane Propane Asbl (Febupro), B-1200 Bruxelles, 18, avenue Léon-Tombú, ☏ (02) 7 70 11 91, Telefax (02) 5 12 21 65, G. *van Baylen*.

Danish Petroleum Industry Association, DK-1004 Copenhagen K, Pilestraede 43, ☏ (01) 11 30 77, Telefax (01) 32 16 18, H. *Tandrup*.

Repsol Butano S.A., E-28015 Madrid, Arcipreste de Hita 10, ☏ (91) 4 49 26 00, ✆ 2 7 358 butan, Telefax (91) 4 49 08 81, R. *Gordon Perez*.

Finnish Petroleum Federation, SF-00131 Helsinki 13, Fabianinkatu 8, ☏ (3 58-0) 65 58 31, ✆ 1 24 384, Henrik *Lundsten*.

Comité Professionnel du Butane et du Propane (CPBP), F-75008 Paris, 4, avenue Hoche, ☏ (01) 47 66 77 20, ✆ 6 50 436 cpdp, Y. *Coste*.

Greek LPG Association, GR-Athenes 611, 4, Aiginitoustreet, ☏ 73 09 76, *Capelaris*.

Irish Liquefied Petroleum Gas Association, IRL-Dublin 12, Long Mile Road, ☏ 78 30 00, ✆ 9 3 963, Telefax 78 34 97, K. A. *Reid*.

Centro Italiano Gas di Petrolio Liquefatti, I-20121 Milano, Corso Venezia, 37, ☏ (02) 70 58 13, ✆ 3 14 853, Telefax (02) 78 45 92, E. *Bo*.

Norsk Teknisk LPG Komité, c/o Progas A/S, N-Oslo 6, Ryensvingen 1, ☏ (2) 68 05 80, ✆ 1 9 801, Telefax (2) 68 90 29, A. *Eliassen*.

Vereniging Technische Commissie Vloeibaar Gas (VVG), NL-5711 BM Someren, Waalseweg, 1, ☏ (0 49) 37 47 07, T. *van Thiel*.

Associação Portuguesa dos Gases Combustíveis, Rua A. Particular, P-2685 Sacavem, Quinta do Figo Maduro, ☏ 2 51 74 28/75-2 51 19 54, ✆ 6 5 115 apgc, A. *Saraiva Ferreira.*

Liquefied Petroleum Gas Industry Technical Association (LPGITA), GB-Surrey RH 2, Alma House Alma Road Reigate, ☏ (07 37) 22 47 00, Telefax (07 37) 24 11 16, R. *Holder.*

Svenska Petroleum Institutet (SPI), S-11134 Stockholm, Sveavagen 21, ☏ (08) 23 58 00, ✆ 1 0 324 spi, Telefax (08) 21 03 25, Stig *Lundberg.*

Zweck: Der Europäische Flüssiggas-Verband hat zum Ziel, auf wissenschaftlicher, technischer und institutioneller Ebene alle Probleme gemeinsamen Interesses seiner Mitglieder auf den Gebieten Sicherheit, Normung und Regelwerk zu prüfen und Lösungen zu entwickeln.

The London Metal Exchange Ltd. (LME)

GB-London EC3M 3AP, Plantation House, Fenchurch Street, ☏ (0 71) 6 26 33 11.

Vorstand: C. J. B. *Green,* Chairman; J. P. A. *Wolff,* Vice Chairman; D. E. *King* (Chief Executive); R. K. *Bagri;* P. A. *Bonner;* K. C. *Davies;* W. A. *Felson;* R. *Kestenbaum;* J. K. *Lion* O.B.E., President; S. C. *Lowe;* C. I. C. *Mackinnon;* E. P. *Dablin;* J. P. *Pither;* D. *Normark;* C. J. *Farrow;* P. C. F. *Crowson.*

Zweck: Die LME ist ein internationaler Zusammenschluß von 22 im Metallhandel tätigen Firmen mit dem Ziel, Risiken im Metallhandel durch Schaffung von Ausweichmöglichkeiten zu verringern. Die in der Londoner Metallbörse ermittelten offiziellen Metallpreise dienen weltweit Produzenten und Käufern als Basis für langfristige Verträge.

7 Behörden

Deutschland

1. Ausschüsse des
   Deutschen Bundestages _____ 882
2. Bundesbehörden _____ 884
3. Länderausschüsse _____ 903
4. Landesbehörden _____ 905
   Baden-Württemberg _____ 905
   Karte: Der Bezirk des Landes-
   bergamtes Baden-Württemberg _____ 906
   Bayern _____ 907
   Karte: Der Bezirk des Bayerischen
   Oberbergamtes _____ 909
   Berlin _____ 911
   Brandenburg _____ 912
   Karte: Oberbergämter und
   Bergämter in den neuen
   Bundesländern _____ 914
   Bremen _____ 913
   Hamburg _____ 915
   Hessen _____ 916
   Karte: Der Bezirk des Hessischen
   Oberbergamtes _____ 918
   Mecklenburg-Vorpommern _____ 919
   Niedersachsen _____ 920
   Karte: Der Bezirk des Oberberg-
   amtes Clausthal-Zellerfeld _____ 923
   Nordrhein-Westfalen _____ 925
   Karte: Der Bezirk des Landesober-
   bergamtes Nordrhein-Westfalen _____ 930
   Rheinland-Pfalz _____ 935
   Saarland _____ 936
   Karte: Der Bezirk des Oberberg-
   amtes für das Saarland
   und das Land Rheinland-Pfalz _____ 938
   Sachsen _____ 940
   Sachsen-Anhalt _____ 942
   Schleswig-Holstein _____ 944
   Thüringen _____ 946

Europa

5. Europäische
   Gemeinschaften (EG) _____ 948
   Organigramm: Generaldirektion
   Energie der Kommission der EG 951
6. Europäische Freihandelsassoziation (Efta) _____ 957
7. Belgien _____ 958
8. Dänemark _____ 960
9. Finnland _____ 960
10. Frankreich _____ 961
11. Griechenland _____ 964
12. Großbritannien _____ 965
13. Irland _____ 967
14. Italien _____ 968
15. Luxemburg _____ 968
16. Niederlande _____ 969
17. Norwegen _____ 969
18. Österreich _____ 971
19. Portugal _____ 974
20. Schweden _____ 975
21. Schweiz _____ 976
22. Spanien _____ 977

Internationale Behörden und Organisationen _____ 979

Das Kapitel 10 »Statistik« enthält aktuelle Tabellen zur Energie- und Rohstoffwirtschaft.

Verlag Glückauf · Jahrbuch 1993

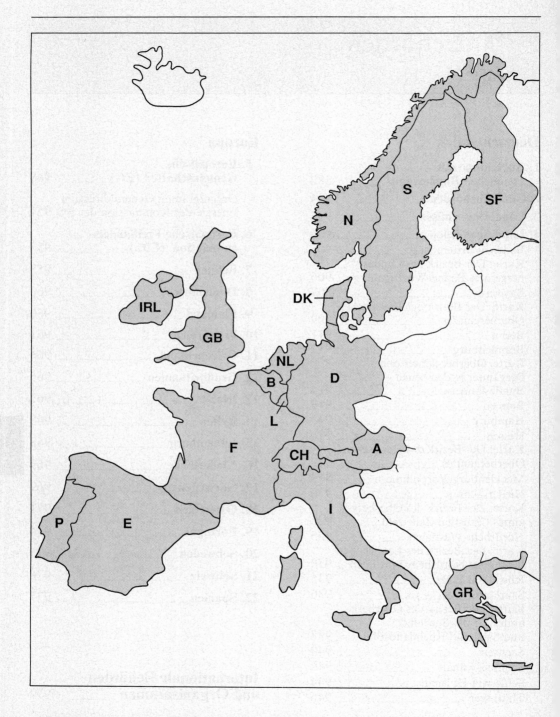

Das Kapitel 7 informiert über Behörden in den Ländern der Europäischen Gemeinschaft und in der Europäischen Freihandelsassoziation.

7 Authorities

Germany
1. Committees of the Federal Parliament ___ 882
2. Federal Authorities ___ 884
3. District Committees ___ 903
4. District Authorities ___ 905

Europe
5. European Communities ___ 948
6. Authorities of European Nations ___ 957
7. Belgium ___ 958
8. Denmark ___ 960
9. Finland ___ 960
10. France ___ 961
11. Greece ___ 964
12. Great-Britain ___ 965
13. Ireland ___ 967
14. Italy ___ 968
15. Luxembourg ___ 968
16. Netherlands ___ 969
17. Norway ___ 969
18. Austria ___ 971
19. Portugal ___ 974
20. Sweden ___ 975
21. Switzerland ___ 976
22. Spain ___ 977

International Authorities and Organisations ___ 979

Chapter 10 »Statistics« contains up-dated tables on the energy and raw materials industry.

7 Les autorités

Allemagne
1. Comités du parlement fédéral ___ 852
2. Autorités fédérales ___ 884
3. Comités des Länder ___ 903
4. Autorités des Länder ___ 905

Europe
5. Communautés Européennes ___ 948
6. Orgaismes des pays européens ___ 957
7. Belgique ___ 958
8. Danemark ___ 960
9. Finlande ___ 960
10. France ___ 961
11. Grèce ___ 964
12. Grande-Bretagne ___ 965
13. Irlande ___ 967
14. Italie ___ 968
15. Luxembourg ___ 968
16. Pays-Bas ___ 969
17. Norvège ___ 969
18. Autriche ___ 971
19. Portugal ___ 974
20. Suède ___ 975
21. Suisse ___ 976
22. Espagne ___ 977

Authorités et organisations internationales ___ 979

Le chapitre 10 »Statistiques« contient des tableaux actualisés concernant l'industrie énergétique et des matières premières.

DEUTSCHLAND

1. Ausschüsse des Deutschen Bundestages

Ausschuß für Wirtschaft des Deutschen Bundestages

5300 Bonn 1, Bundeshaus, ☏ (0228) 161, ✆ 886808, 856.

Vorsitzender: Friedhelm *Ost* (CDU/CSU); stellv. Vorsitzender: Peter W. *Reuschenbach* (SPD).

Ordentliche Mitglieder: *CDU/CSU:* Wolfgang *Börnsen* (Bönstrup), Hansjürgen *Doss*, Dr. Karl H. *Fell*, Erich *Fritz*, Michael *Glos*, Rainer *Haungs*, Ernst *Hinsken*, Peter *Kittelmann*, Herbert *Lattmann*, Friedhelm *Ost*, Ulrich *Petzold*, Dr. Hermann *Pohler*, Dr. Albert *Probst*, Dr. Hermann *Schwörer*, Dr. Rudolf *Sprung*, Dr. Gerhard *Stoltenberg*, Dr. Dorothee *Wilms*, Matthias *Wissmann*, Elke *Wülfing*; *SPD:* Johann *Berger*, Lieselotte *Blunck*, Hans Martin *Bury*, Anke *Fuchs*, Dr. Uwe *Jens*, Volker *Jung* (Düsseld.), Dr. Elke *Leonhard-Schmid*, Herbert *Meißner*, Christian *Müller* (Zittau), Albert *Pfuhl*, Peter W. *Reuschenbach*, Otto *Schily*, Ernst *Schwanhold*, Dr. Sigrid *Skarpelis-Sperk*, Dr. Dietrich *Sperling*; *FDP:* Paul *Friedhoff*, Josef *Grünbeck*, Dr. Heinrich *Kolb*, Wolfgang *Kubicki*, Jürgen *Türk*; *Bündnis 90/Die Grünen:* Werner *Schulz* (Berlin); *PDS/Linke Liste:* Ingeborg *Philipp*.

Stellvertretende Mitglieder: *CDU/CSU:* Wolfgang *Engelmann*, Hansgeorg *Hauser* (Rednitzh.), Dr.-Ing. Paul *Krüger*, Dr. Klaus *Lippold*, Dr. Michael *Luther*, Elmar *Müller* (Kirchheim), Hans-Werner *Müller* (Wadern), Johannes *Nitsch*, Dr. Bernd *Protzner*, Kurt J. *Rossmanith*, Ulrich *Schmalz*, Dr. Andreas *Schockenhoff*, Wolfgang *Schulhoff*, Heinrich *Seesing*, Werner H. *Skowron*, Bärbel *Sothmann*, Gunnar *Uldall*, Dr. Ruprecht *Vondran*; *SPD:* Hermann *Bachmeier*, Holger *Bartsch*, Arne *Börnsen* (Ritterhude), Peter *Conradi*, Dr. Fritz *Gautier*, Albrecht *Müller* (Pleisw.), Wolfgang *Roth*, Horst *Schmidbauer* (Nürnb.), Ludwig *Stiegler*, Hans *Urbaniak*, Wolfgang *Weiermann*, Hans-Joachim *Welt*, Helmut *Wieczorek* (Duisb.), Dr. Norbert *Wieczorek*, Heidemarie *Wieczorek-Zeul*; *FDP:* Dr. Olaf *Feldmann*, Dr. Werner *Hoyer*, Dr.-Ing. Karl-Hans *Laermann*, Dr. Otto Graf *Lambsdorff*, Marita *Sehn*; *Bündnis 90/Die Grünen:* Dr. Klaus-Dieter *Feige*; *PDS/Linke Liste:* Dr. Fritz *Schumann*.

Ausschuß für Umwelt, Naturschutz und Reaktorsicherheit des Deutschen Bundestages

5300 Bonn 1, Bundeshaus, ☏ (0228) 161, ✆ 886808, 856.

Vorsitzender: Dr. Wolfgang *von Geldern* (CDU/CSU); stellv. Vorsitzende: Dr. Liesel *Hartenstein* (SPD).

Ordentliche Mitglieder: *CDU/CSU:* Dr. Maria *Böhmer*, Werner *Dörflinger*, Wolfgang *Ehlers*, Herbert *Frankenhauser*, Dr. Gerhard *Friedrich*, Dr. Wolfgang *von Geldern*, Klaus *Harries*, Dr. Harald *Kahl*, Steffen *Kampeter*, Ulrich *Klinkert*, Helmut *Lamp*, Dr. Immo *Lieberoth*, Dr. Klaus W. *Lippold* (Offenbach), Dr. Peter *Paziorek*, Dr. Bertold *Reinartz*, Dr. Norbert *Rieder*, Dr.-Ing. Joachim *Schmidt* (Halsbrücke), Bärbel *Sothmann*, Simon *Wittmann* (Tännesberg); *SPD:* Marion *Caspers-Merk*, Dr. Marliese *Dobberthien*, Monika *Ganseforth*, Dr. Liesel *Hartenstein*, Susanne *Kastner*, Siegrun *Klemmer*, Dr. Klaus *Kübler*, Klaus *Lennartz*, Ulrike *Mehl*, Jutta *Müller* (Völklingen), Harald B. *Schäfer* (Offenburg), Dietmar *Schütz*, Wolfgang *Weiermann*, Reinhard *Weis* (Stendal), Dr. Axel *Wernitz*; *F.D.P.:* Gerhart Rudolf *Baum*, Josef *Grünbeck*, Birgit *Homburger*, Marita *Sehn*, Dr. Jürgen *Starnick*; *PDS/Linke Liste:* Jutta *Braband*; *Bündnis 90/Die Grünen:* Dr. Klaus-Dieter *Feige*.

Stellvertretende Mitglieder: *CDU/CSU:* Brigitte *Baumeister*, Peter *Bleser*, Peter Harry *Carstensen* (Nordstrand), Wolfgang *Dehnel*, Renate *Diemers*, Horst *Eylmann*, Johannes *Gerster* (Mainz), Dr. Renate *Hellwig*, Dr. Michael *Luther*, Dr. Dietrich *Mahlo*, Dr. Friedbert *Pflüger*, Otto *Regenspurger*, Helmut *Rode* (Wietzen), Heinz *Rother*, Dr. Christian *Ruck*, Hans Peter *Schmitz* (Baesweiler), Clemens *Schwalbe*, Michael *Stübgen*, Wolfgang *Zöller*; *SPD:* Hermann *Bachmaier*, Lieselott *Blunck*, Ursula *Burchardt*, Peter *Conradi*, Ludwig *Eich*, Lothar *Fischer* (Homburg), Arne *Fuhrmann*, Renate *Jäger*, Horst *Kubatschka*, Michael *Müller* (Düsseldorf), Manfred *Reimann*, Otto *Schily*, Karl-Heinz *Schröter*, Ernst *Schwanhold*, Hans Georg *Wagner*; *F.D.P.:* Günther *Bredehorn*, Dr. Karlheinz *Gutmacher*, Dr. Walter *Hitschler*, Heinz *Hübner*, Uwe *Lühr*; *Bündnis 90/Die Grünen:* Werner *Schulz* (Berlin).

Ausschuß für Forschung, Technologie und Technikfolgenabschätzung des Deutschen Bundestages

5300 Bonn 1, Bundeshaus, ☏ (0228) 16-3704, ✆ 886808, 856.

Vorsitzender: Wolf-Michael *Catenhusen* (SPD); stellv. Vorsitzender: Professor Dr.-Ing. Karl-Hans *Laermann* (FDP).

Obleute: Christian *Lenzer* (CDU/CSU); Josef *Vosen* (SPD); Professor Dr.-Ing. Karl-Hans *Laermann* (FDP).

Ordentliche Mitglieder: *CDU/CSU:* Dr. Else *Ackermann*, Brigitte *Baumeister*, Erich *Fritz*, Udo *Haschke* (Jena), Dr.-Ing. Paul *Krüger*, Christian *Lenzer*, Dr. Manfred *Lischewski*, Erich *Maaß* (Wilhelmshaven), Dr. Dietrich *Mahlo*, Dr. Martin *Mayer* (Siegertsbrunn), Dr. Christian *Ruck*, *Dr. Jürgen Rüttgers*, Dr.-Ing. Joachim *Schmidt* (Halsbrücke), Trudi *Schmidt* (Spiesen), Heinrich *Seesing*, Bärbel *Sothmann*, Dr. Hans-Peter *Voigt* (Northeim), Wolfgang *Zöller*; *SPD:* Holger *Bartsch*, Edelgard *Bulmahn*, Ursula *Burchardt*, Wolf-Michael *Catenhusen*, Lothar *Fischer* (Homburg), Ilse *Janz*, Horst *Kubatschka*, Siegmar *Mosdorf*, Dr. Helga *Otto*, Ursula *Schmidt* (Aachen), Bodo *Seidenthal*, Josef *Vosen*; *FDP:* Jörg *Ganschow*, Dr. Karlheinz *Guttmacher*, Professor Dr.-Ing. Karl-Hans *Laermann*, Jürgen *Timm*; *PDS/Linke Liste:* Ingeborg *Philipp*; *Grüne/Bündnis 90:* N. N.

Stellvertretende Mitglieder: *CDU/CSU:* Renate *Blank*, Dr. Maria *Böhmer*, Paul *Breuer*, Georg *Brunnhuber*, Albert *Deß*, Horst *Gibtner*, Claus *Jäger* (Wangen), Dr.-Ing. Rainer *Jork*, Steffen *Kampeter*, Dr. Immo *Lieberoth*, Johannes *Nitsch*, Eduard *Oswald*, Dr. Gerhard *Päselt*, Dr. Hermann *Pohler*, Dr. Norbert *Rieder*, Cornelia *Yser*; *SPD:* Norbert *Formanski*, Professor Monika *Ganseforth*, Dr. Fritz *Gautier*, Ulrike *Mascher*, Dr. Jürgen *Meyer* (Ulm), Albrecht *Müller* (Pleisw.), Walter *Rempe*, Gudrun *Schaich-Walche*, Dr. Hermann *Scheer*, Dr. Emil *Schnell*, Ottmar *Schreiner*, Wolfgang *Thierse*; *FDP:* Norbert *Eimer* (Fürth), Paul *Friedhoff*, Josef *Grünbeck*, Professor Dr. Jürgen *Starnick*.

Ruhrkohlen-Handbuch

7

Anhaltszahlen, Erfahrungswerte und praktische Hinweise für industrielle Verbraucher

Herausgegeben von der Ruhrkohle-Verkauf GmbH

Siebte, unveränderte Auflage.
404 Seiten mit 230 Bildern und zahlreichen Tabellen.
Preis 58 DM.

Im einzelnen werden behandelt: Einteilung, Qualitätsmerkmale, Untersuchung und Eigenschaften von Kohle, Briketts und Koks · Die Verbrennung · Wärmeerzeugungsanlagen und Steinkohlenprodukte · Veredlung von Steinkohle · Gießereikoks · Verwendung in Öfen der Industrie der Steine und Erden · Umweltschutz · Lagerung, Umschlag und Transport von Steinkohle · Meßtechnik · Physikalische und chemische Tabellen.

Verlag Glückauf GmbH · Postfach 10 39 45 · D-4300 Essen 1

2. Bundesbehörden

Der Bundesminister für Wirtschaft

5300 Bonn-Duisdorf, Villemombler Str. 76, ℡ (0228) 615-1, ⌇ 886747, Teletex 228340 = BMWi.

Bundesminister für Wirtschaft: Jürgen W. *Möllemann*.

Parlamentarische Staatssekretäre: Klaus *Beckmann*, Dr. Erich *Riedl*.

Staatssekretäre: Dr. Dieter *von Würzen*, Professor Dr. Johann *Eekhoff*.

Abteilung III Energiepolitik, mineralische Rohstoffe: Leiter: Ministerialdirektor Dr. Elmar *Becker*.

Unterabteilung III A: Bergbau, Europäische Gemeinschaft für Kohle und Stahl, rationelle Energieverwendung: Leiter: Ministerialrat Dr. Günter *Brandes*.

III A 1: Sicherheit, Personal und Ausbildung im Bergbau; Forschung und Innovation im Steinlenbergbau: Ministerialrat Dr. Andreas *Keusgen*, Regierungsdirektor Hans-Ulrich *Starkmuth*, Bergrat Wolfgang *Schneider*.

III A 2: Bergrecht*, Regierungsdirektor Dr. Ulrich *Kullmann*.

III A 3: Kohlemarkt, Kohleverstromung; bergbauliche Sozialpolitik; Wirtschafts- und Sozialangelegenheiten der EGKS, Anpassungsgeld und andere spezielle Sozialmaßnahmen im Bergbau: Ministerialrat Dr. Wolfgang *Danner*, Regierungsdirektor Dr. Dieter *Mentz*, Oberregierungsrätin Christiane *Wittek*.

III A 4: Bergwirtschaft und Bergtechnik des Stein- und Braunkohlenbergbaus: N. N., Regierungsdirektor Rudolf *Wantzen*, Oberregierungsrat Rudolf *Lepers*, Bergrat Dieter *Kunhenn*.

III A 5: Energieeinsparung; Ministerialrat Wolfgang *Müller-Kulmann*, Regierungsdirektor Dr. Dietmar *Staschen*, Dipl.-Ing. Christian *Sperber*.

Unterabteilung III B: Versorgungswirtschaft (Recht, Elektrizität), Kernenergie, mineralische Rohstoffe: Leiter: Ministerialdirigent Gerhard *Siepmann*.

III B 1: Recht der Versorgungswirtschaft: Ministerialrat Martin *Cronenberg*, Regierungsdirektor Dr. Alfred *Feuerborn*.

* Herausgabe der Zeitschrift für Bergrecht im Auftrag des Bundesministeriums für Wirtschaft durch Rechtsanwalt Dr. Wolfgang Heller und Regierungsdirektor Dr. Ulrich Kullmann, Bonn, Bundesministerium für Wirtschaft.

III B 2: Elektrizitätswirtschaft, Fernwärme: Ministerialrat Dr. Ewald *Tekülve*, Regierungsrat Eberhard *Temme*, Dipl.-Volksw. Tobias *Zuchtriegel*, Dr. Werner *Schilling*, Regierungsdirektor Dr. Heinz *Riemer*.

III B 3: Mineralische Rohstoffe einschl. Uran, Geowissenschaften, Bergwirtschaft (außer Kohle); Fachaufsicht BGR: Ministerialrat Dieter *Stiepel*, Dr. Karlheinz *Rieck*.

III B 5: Kernenergiewirtschaft: Ministerialrat Franz *Beschorner*, Regierungsdirektor Werner *Ressing*, Regierungsrat Dr. Antonio *Pflüger*, Ulrich *Rieger*, Oberregierungsrat Dr. Diethard *Mager*.

Unterabteilung III C: Mineralöl, Gaswirtschaft industrielle Beteiligung des Bundes: Leiter: Ministerialdirigent Dr. Eberhard *Leyser*.

III C 1: Mineralöl; Innerer Markt, Gemeinsamer Markt: Ministerialrat Dr. Jochen *Mohnfeld*, Regierungsdirektor Eichard *Kulle*, Regierungsdirektor Ernst-Wolfgang *Arkenberg*, Dr. Wolf *Heinze*.

III C 2: Mineralöl; Erdölversorgung, Beziehung zu den Förderländern: Ministerialrat Fritz *Schmidt*, Regierungsdirektor Dr. Gerd *Dommasch*, Regierungsdirektor Walter *Kessel*.

III C 3: Mineralöl: Beziehung zu den Verbraucherländern/OECD, Krisenvorsorge, Nato: Ministerialrat Klaus *Johanssen*, N. N.

III C 4: Gaswirtschaft: Ministerialrat Dr. Bernhard *Bramkamp*, Regierungsdirektor Eichard *Kulle*, Regierungsdirektor Dr. Herbert *Junk*, Ulrich *Schönemann*.

III C 5: Beteiligung des Bundes an erwerbswirtschaftlichen Unternehmen: Ministerialrat Wenzel *Borucki*, Regierungsdirektor Helmut *Fuß*, Dr. Thomas *Ehrmann*.

Unterabteilung III D: Allgemeine Fragen der Energiepolitik: Leiter: Ministerialdirigent Dr. Ulf *Böge*.

III D 1: Grundsatzfragen der Energiepolitik: Ministerialrat Dr. Klaus *Flath*, Oberregierungsrat Dr. Gerd *Herx*, Oberregierungsrat Dr. Peter *Westhof*, Regierungsrätin Ursula *Borak*, Oberregierungsrat Dr. Jürgen *Friedrich*, Dr. Michael *Kuske*.

III D 2: Allgemeine Fragen der Energiepolitik des Auslandes, Internationale Energieagentur, Wirtschaftsordnung auf dem Energiegebiet: Ministerialrat Dr. Burghard *Brock*, Regierungsdirektor Dr. Norbert *Kampmann*, Dr. Gerd *Böttcher*, Erhard *Hippe*.

Der gesamte Energiemarkt

Energiemarktrecht
Rechtsvorschriften
zur Regelung des Energiemarktes

**Elektrizität · Gas
Kernenergie · Kohle
Mineralöl · Energieeinsparung**

Von Ministerialrat Dr. iur. Hans Zydek †
und Rechtsanwalt Dr. iur. Wolfgang Heller.

Das Energiemarktrecht
verlangt aufgrund seiner Vielschichtigkeit nach einer vollständigen Sammlung aller Gesetze, Verordnungen, Verwaltungsvorschriften, Satzungen, Verträge und Haushaltspläne sowie Subventionsentscheidungen für alle Energiearten sowie der Energieeinsparung einschließlich regenerativer Energien.

Die Sammlung
umfaßt alle Bereiche der Energiepolitik: Bevorratung, Krisenmanagement, Tarife für Elektrizität, Gas und Fernwärme, Verstromungsregelung, Jahrhundertvertrag und Erdgassteuer sind nur einige Stichworte. Hervorzuheben sind ebenso die regenerativen Energien, die rationelle Energieverwendung und die Energieeinsparung.

Die Konzeption
ist so angelegt, daß die einschlägigen Regelungen jeweils für die einzelnen Energiearten (Elektrizität, Gas, Kernenergie, Mineralöl und Kohle) sowie für die Energieeinsparung mit rationeller Energieverwendung zusammengefaßt sind. Übergreifende Vorschriften sind im allgemeinen Teil vorangestellt.

Ergänzungslieferungen
halten das Werk stets auf dem aktuellsten Stand. 92 Ergänzungslieferungen unterstreichen das Bestreben des Gesetzgebers und der Energiewirtschaft, den ständig veränderten Bedingungen des Energiemarktes gerecht zu werden.

Die einzige Veröffentlichung
dieser Art in Europa, die alle Energiearten berücksichtigt. Sie gibt allen mit energiewirtschaftlichen Fragen befaßten Praktikern den vollständigen Überblick über die weit verzweigte und sich stets weiterentwickelnde Materie der Energiepolitik.

Die Loseblattausgabe
Energiemarktrecht hat rund 4.500 Seiten im Format 16,5 cm x 25 cm und wird in vier Plastikordnern mit Trennblättern geliefert.
Preis des Grundwerks 580 DM.

Verlag Glückauf GmbH · Postfach 103945 · D-4300 Essen 1

III D 3: Langfristaspekte der Energiepolitik; Analysen des Energiemarktes; Koordinierung der Energieforschung: Regierungsdirektor Dr. Knut *Kübler*, Regierungsdirektor Dr. Eberhard *Moths*, Regierungsdirektor Dr. Rainer *Görgen*, Regierungsrätin Bettina *Heyder-Ziegler*.

III D 4: Erneuerbare Energien; Kohleveredelung: Ministerialrat Dr. Paul-Georg *Gutermuth*, Joe *Weingarten*.

III D 5: Struktur der Energieversorgung; Koordinierung des Umweltschutzes im Energiebereich: Dipl.-Volksw. Heinrich-Gerhard *Lochte*, Regierungsdirektor Werner *Ressing*.

Außenstelle Berlin:
O-1080 Berlin, Unter den Linden 44–60, ☏ West (0 30) 3 99 85-0, ☏ Ost (02) 2 39 26-0, Telefax West (0 30) 39 98 52 50, Ost (02) 23 92 62 50.

III/1: Energiepolitische Fragen im Beitrittsgebiet: Bergverwaltung, Braunkohlenbergbau, Energieeinsparung; Erneuerbare Energien, Prognosen, Statistik, Preisanpassungen: VA *Pieloth*.

III/2: Energiepolitische Fragen im Beitrittsgebiet: Energierecht, Versorgungswirtschaft, Mineralische Rohstoffe, Kernenergie, Öl- und Gaswirtschaft: Ministerialrat *Ritzmann*.

Bundesamt für Wirtschaft (BAW)

6236 Eschborn 1, Frankfurter Straße 29 – 31, Postfach 5171, ☏ (06196) 404-0, Telefax (06196) 40 42 12, Teletex 6 19 67 27.

Präsident: Professor Dr. Hans *Rummer*.

Pressestelle: ☏ (06196) 404-493. Leiterin: Karin *Giebitz*.

Abteilung I: Zentralabteilung: ☏ (06196) 404-288. Leiter: Vizepräsident Dieter *Güth*.

Abteilung II: Besondere Wirtschaftsbereiche: ☏ (06196) 404-465. Leiter: Ltd. Regierungsdirektor Franz *Irouschek*.

Referat II 1: Feste Brennstoffe; ☏ (06196) 404-405. Leiter: Regierungsdirektor Wolfgang *Pecher*.

Referat II 3: Absatz- und Anpassungshilfen — Steinkohle —; Außenstelle Bochum — Anpassungsgeld, ☏ (06196) 404-585. Leiter: Regierungsdirektor Heinrich *Heintzmann*. ☏ Außenstelle Bochum (02 34) 3 76 27-8.

Abteilung IV: Energie: ☏ (06196) 404-554. Leiter: Ltd. Regierungsdirektor Hans *Puzicha*.

Referat IV 1: Grundsatz- und Rechtsfragen der Kohleverstromung; ☏ (06196) 404-515. Leiter: Regierungsdirektor Jobst *Mittenwald*.

Referat IV 2: Kraftwerksunternehmen mit Steuervorteilen; ☏ (06196) 404-524. Leiter: Dipl.-Ing. Eckart *Pohle*.

Referat IV 3: Kraftwerksunternehmen ohne Steuervorteile; ☏ (06196) 404-513. Leiter: Oberregierungsrat Dietrich *Hueck*.

Referat IV 4: Ausgleichsabgabe; ☏ (06196) 404-543. Leiter: Regierungsdirektor Dieter *Kuhn*.

Referat IV 5: Fondsverwaltung; Prüfungswesen; ☏ (06196) 404-556. Leiter: Regierungsdirektor Lothar *Schäfer*.

Referat IV 6: Mineralöl und Gase; ☏ (06196) 404-300. Leiter: Regierungsdirektor Peter *Möller*.

Referat IV 7: Energiesparende Maßnahmen; ☏ (06196) 404-583. Leiter: Regierungsdirektor Klaus P. *Mauritz*.

Abteilung III: Einfuhr: ☏ (06196) 404-477. Leiter: Ltd. Regierungsdirektor Dr. Hans W. *Schmidt*.

Referat III 6: Eisen und Stahl; Messen; sonstige nichttextile Einfuhren, Artenschutz. ☏ (06196) 404-397. Leiter: Regierungsdirektor Rudolf *Fischer*.

Zweck: Sicherung des Steinkohleneinsatzes in der Elektrizitätswirtschaft (»Kohlepfennig«), Gewährung von Absatz- und Anpassungshilfen für die Steinkohle, Förderung von energiesparenden Maßnahmen der gewerblichen Wirtschaft, Krisenvorsorge Mineralöl, Beobachtung der Warenströme bei der Einfuhr im liberalisierten Bereich, Erteilung von Einfuhrgenehmigungen im nichtliberalisierten Sektor, Regionale Wirtschaftsförderung, Abwicklung des Programms für verbilligte Betriebsberatungen, Filmförderung im Rahmen zwischenstaatlicher Abkommen, Umweltschutz (Lizenzerteilung für die Einfuhr von Fluorchlorkohlenwasserstoffen) und Artenschutz. Das Bundesamt für Wirtschaft wurde durch Gesetz vom 9. 10. 1954 unter dem damaligen Namen »Bundesamt für gewerbliche Wirtschaft« als Bundesoberbehörde im Geschäftsbereich des Bundesministers für Wirtschaft errichtet.

Bundesanstalt für Geowissenschaften und Rohstoffe

3000 Hannover 51, Alfred-Bentz-Haus, Postfach 51 01 53, ☏ (0511) 643-0, ⌕ 9 23 730 bgr ha d, Telefax (0511) 64 32 304.

Außenstelle Berlin:
O-1040 Berlin, Invalidenstr. 44, ☏ aus den alten Ländern: (0 30) 2 31 55 55, Telefax: (0 30) 2 31 55 58; ☏ aus den neuen Ländern: Vorwahl Berlin 2 81 61 13.

Präsident und Professor: Professor Dr. Martin *Kürsten*.

Vizepräsident und Professor: N. N.

Projektmanagement Endlageraufgaben: Wiss. Ang. Michael *Mente*.

BUNDESBEHÖRDEN

Öffentlichkeitsarbeit: Geol. Oberrat Dr. Arnt *Müller*.

Aufgabenplanung: Wiss. Oberrat Dir. Dr. Klaus-Peter *Burgath*.

Abteilung Z: Zentrale Angelegenheiten: Ltd. Reg.-Direktor Wolfgang *Striepecke*.
Informationszentrum Rohstoffgewinnung — Geowissenschaften — Wasserwirtschaft: Wiss. Rätin z. A. Lily *Reibold-Spruth*.

Unterabteilung Z 1: Verwaltung: Regierungsrat Gerd *Vesper-Schröder*.
Z 1.11: Personal: Regierungsrat Gerd *Vesper-Schröder*.
Z 1.12: Betriebswirtschaft: Reg.-Oberamtsrat Helmuth *Erveling*.
Z 1.13: Organisation: Reg.-Oberamtsrat Helmuth *Erveling*.
Z 1.21: Haushalt: Reg.-Oberamtsrat Jürgen *Jung*.
Z 1.22: Beschaffung, Materialwirtschaft, Buchhaltung: Ang. Hans-Dieter *Bähre*.
Z 1.31: Rechts- und Vertragsangelegenheiten: Ang. Ulrich *Franken*.
Z 1.33: Innerer Dienst: Reg.-Oberamtsrat Werner *Broll*.

Unterabteilung Z 2: Zentrale Fachdienste: Direktor und Professor Dr. Horst-Hermann *Voß*.
Z 2.1: Bibliothek, Dokumentation: Geol. Direktorin Dr. Barbara *Zobel*.
Z 2.2: Archiv, Zentrale Dateien: Geol. Oberrat Dr. Wilhelm *Struckmeier*.
Z 2.3: Schriftenpublikationen: Geologierätin Dr. Beate *Schwerdtfeger*.
Z 2.4: Zentrale Datenverarbeitung: Wiss. Direktor Dr. Ulf *Schimpf*.
Z 2.5: Karten, Kartographie, Reprotechnik: Geol. Oberrat Dr. Adolf *Voges*.

Abteilung 1: Wirtschaftsgeologie, Internationale Zusammenarbeit: Direktor und Professor Professor Dr.-Ing. Friedrich-Wilhelm *Wellmer*.

Fachgruppe 1.1: Internationale Zusammenarbeit: Geol. Direktor Dr. Michael *Schmidt-Thomé*.
1.11: Grundlagen der Internationalen Zusammenarbeit: Geol. Direktor Dr. Michael *Schmidt-Thomé*.
1.12: Amerika: Geol. Oberrat Dr. Hans-Siegfried *Weber*.
1.13: Afrika südlich der Sahara: Geol. Direktor Dr. Sigurd *Paulsen*.
1.14: Vorder- und Mittelasien: Wiss. Oberrat Fritz Rainer *Haut*.
1.15: Süd- und Ostasien, Australien, Ozeanien: Geol. Direktor Dr. Andreas *Hess*.
1.16: Europa, Mittelmeerraum: Geol.-Oberrat Dr. Wolfgang *Heimbach*.

Fachgruppe 1.2: Lagerstätten und Rohstoffwirtschaft: Direktor und Professor Dr. Gerd *Wiesemann*.
1.21: Allgemeine Rohstoffwirtschaft: Geol. Direktor Dr. Helmut *Schmidt*.
1.22: Metallrohstoffe, Kernenergierohstoffe: Wiss. Direktor Dr. Fritz *Barthel*.
1.23: Industrieminerale, Steine und Erden: Geol. Oberrat Dr. Walter *Lorenz*.
1.24: Kohlenwasserstoffe: Geol. Direktor Dr. Karl *Hiller*.
1.25: Kohle, Torf: Geol. Oberrat Dr. Dietmar *Kelter*.

Fachgruppe 1.3: Explorationsmethoden, Projektbewertung: Direktor und Professor Dr. Klaus *Fesefeldt*.
1.31: Lagerstättenexploration: Wiss. Rat Dr. Dietmar *Leifeld*.
1.32: Fernerkundung: Geol. Oberrat Dr. Dietrich *Bannert*.
1.33: Internationale Kartierung: Geol. Oberrat Dr. Lothar *Lahner*.
1.34: Bergwirtschaft, Projektbewertung: Bergdirektor Christoph *Kippenberger*.
1.35: Mathematische Methoden der Rohstofferkundung: Wiss. Oberrat Mario *Günther*.

Abteilung 2: Technische Geologie, Umweltgeologie: Direktor und Professor Dr. Georg *Blümel*.

Fachgruppe 2.1: Ingenieurgeologie, Geotechnik: Direktor und Professor Professor Dr. Michael *Langer*.
2.11: Felsmechanik, Baugeologie: Geol. Direktor Professor Dr. Arno *Pahl*.
2.12: Bodenmechanik, Ingenieurseismologie: Geol. Direktor Dr. Rolf *Lüdeling*.
2.13: Salzmechanik: Wiss. Oberrat Dr. Udo *Hunsche*.
2.14: Gebirgsmechanik im Bergbau: Wiss. Direktor Dr.-Ing. Dieter *Meister*.
2.15: Salzgeologie: Geol. Direktor Dr. Werner *Jaritz*.
2.16: Theoretische Grundlagen der Geomechanik, Großnumerik: Wiss. Oberrat Dr.-Ing. Manfred *Wallner*.

Fachgruppe 2.2: Grundwasser: Direktor und Professor Dr. Hellmut *Vierhuff*.
2.21: Grundwassererkundung, -nutzung: Geol. Direktor Dr. Hans *Bender*.
2.22: Grundwasserschutz, Grundwasserbeschaffenheit: Wiss. Ang. Dr. Bernt *Söfner*.
2.23: Grundwassergeophysik: Wiss. Oberrat Dr. Klaus *Fielitz*.
2.24: Geohydraulik: Wiss. Direktor Dr. Wilfried *Giesel*.

Fachgruppe 2.3: Umweltschutz, Bodenkunde: Wiss. Direktor Dr. Wolf *Eckelmann*.
2.31: Umweltgeologie, Umweltverträglichkeit: Geol. Direktor Dr. Klaus *Kreysing*.

2.32: Bodenkartierung, Bodenschutz, Bodennutzung: Wiss. Oberrat Dr. Hans-Rudolf *Lenthe*.

2.33: Bodenwasser, Stoffhaushalt: Geol. Direktor Dr. Otto *Strebel*.

2.34: Geologie der Abfallentsorgung: Geol. Direktor Dr. Dieter *Stoppel*.

Abteilung 3: Geologische und geophysikalische Forschung: N. N.

Fachgruppe 3.1: Geophysikalische Grundlagen: Direktor und Professor Professor Dr. Immo *Wendt*.

3.11: Seismologie: Wiss. Rat Manfred *Henger*.

3.12: Seismologisches Zentral-Observatorium Gräfenberg: Wiss. Ang. Dr. Dieter *Seidl*.

3.13: Lagerstättengeophysik: Wiss. Direktor Professor Dr. Wilhelm *Bosum*.

3.14: Hubschraubergeophysik: Wiss. Oberrat Dr. Klaus-Peter *Sengpiel*.

3.15: Magnetotellurik: Wiss. Oberrat Dr. Wilhelm *Losecke*.

3.16: Elektromagnetik, Geophysik im Bergbau: Wiss. Direktor Dr. Siegfried *Greinwald*.

Fachgruppe 3.2: Marine Geophysik, Polarforschung: Direktor und Professor Dr. Karl *Hinz*.

3.21: Seismische Methodenentwicklung und Processing: Wiss. Direktor Dr. Burkhard *Buttkus*.

3.22: Seegeophysik-Meßverfahren: Wiss. Direktor Dr. Hans A. *Roeser*.

3.23: Seegeophysik-Interpretation: Wiss. Direktor Dr. Jürgen *Fritsch*.

3.24: Polarforschung: Geol. Direktor Dr. Franz *Tessensohn*.

Fachgruppe 3.3: Geologische Grundlagen, Meeresgeologie: Direktor und Professor Dr. Helmut *Beiersdorf*.

3.31: Meeresgeologie, Meeresgeochemie: Geol. Direktor Dr. Ulrich *von Stackelberg*.

3.32: Strukturgeologie: Geol. Oberrat Dr. Hans-Ulrich *Schlüter*.

3.33: Stratigraphie, Paläontologie: Wiss. Rätin z. A. Dr. Juliane *Fenner*.

3.34: Geodynamische Modelle, Geothermik: Geol. Rat Georg *Delisle*.

Abteilung 4: Geochemie, Mineralogie, Lagerstättenforschung: Direktor und Professor Dr. Wolfgang *Stahl*.

Fachgruppe 4.1: Anorganische Geochemie: N. N.

4.11: Geochemie Gesteine und Erze: Wiss. Rat Dr. Thomas *Wippermann*.

4.12: Geochemie Wasser und Boden: N. N.

4.13: Spektrochemie: Wiss. Ang. Dr. Ulrich *Siewers*.

4.14: Verfahrensentwicklung: Wiss. Rat z. A. Dr. Ingolf *Dumke*.

4.15: Geochemische Grundlagen: N. N.

Fachgruppe 4.2: Mineralogie Lagerstättenforschung: Direktor und Professor Professor Dr. Franz-Jörg *Eckhardt*.

4.21: Allgemeine Mineralogie: Wiss. Direktor Dr. Hans-Hermann *Schmitz*.

4.22: Petrographie und Aufbereitung: Wiss. Direktor Dr. Peter *Müller*.

4.23: Anorganische Isotopengeochemie: Wiss. Direktor Dr. Axel *Höhndorf*.

4.24: Sedimentologie: Direktor und Professor Dr. Bernhard *Mattiat*.

4.25: Lagerstättenforschung: Wiss. Rat Dr. Thomas *Oberthür*.

Fachgruppe 4.3: Organische Geochemie, Kohlenwasserstoff-Forschung: Direktor und Professor Professor Dr. Alfred *Hollerbach*.

4.31: Organische Petrologie: Geol. Oberrat Dr. Joachim *Koch*.

4.32: Organische Geochemie: Geol. Direktor Dr. Hermann *Wehner*.

4.33: Organische Isotopengeochemie: Wiss. Direktor Dr. Eckhard *Faber*.

4.34: Geomikrobiologie: Wiss. Oberrat Dr. Klaus *Bosecker*.

4.35: Erdölgeologische Forschung: Geol. Direktor Franz *Kockel*.

Außenstelle Berlin — AB —: Direktor und Professor Dr. Helmut *Raschka*.

Gruppe AB Z 3: Zentrale Angelegenheiten: N. N.

AB Z 3.1: Verwaltung: N. N.

AB Z 3.2: Zentrale Fachdienste: Geol. Oberrat Dr. Wilhelm *Struckmeier*.

Fachgruppe AB 1.4: Internationale Zusammenarbeit mit Osteuropa und China, Beratung der Wirtschaft: Geol. Direktor Dr. Joachim *Thiele*.

AB 1.41: Internationale Zusammenarbeit: Geol.-Direktor Dr. Joachim *Thiele*.

AB 1.42: Rohstoffwirtschaft: Wiss. Ang. Dr. Ilse *Häußer*.

AB 1.43: Bergwirtschaft und Umwelt: Geol. Direktor Dr. Joachim *Thiele* (kommiss.).

Fachgruppe AB 2.4: Geotechnische Sicherheit und Methodenentwicklung im Umweltschutz (Beitrittsgebiet): Wiss. Ang. Dr. Siegfried *Putscher*.

AB 2.41: Ingenieurgeologie im Umweltschutz: Geol. Direktor Dr. Horst *Albrecht*.

AB 2.42: Hydrogeologie im Umweltschutz: Geol.-Oberrat Dr. Klaus-Dieter *Krampe*.

AB 2.43: Bodenkontamination, Altlasten: Wiss. Ang. Dr. Dieter *Kühn*.

AB 2.44: Informationsgrundlagen Boden- und Umweltschutz: Wiss. Ang. Dr. Gerd *Adler*.

Fachgruppe AB 3.4: Geophysikalische und Geochemische Umwelt-Forschung und Methodenentwicklung (Beitrittsgebiet): Direktor und Professor Dr. Helmut *Raschka*.

AB 3.41: Geophysikalische Umweltforschung: Wiss. Rat Dr. Klaus *Knödel*.

AB 3.42: Geochemische Umweltforschung: Wiss. Ang. Dr. Manfred *Birke*.

AB 3.43: Mineralogische Umweltforschung: N. N.

AB 3.44: Nutzung des tieferen Untergrundes: Wiss. Ang. Dr. Paul *Krull*.

Geschichtlicher Überblick: Im Jahre 1873 wurde die Königlich-Geologische Landesanstalt und Bergakademie gegründet. 1939 erfolgte die Umwidmung in Reichsstelle für Bodenforschung und 1941 in Reichsamt für Bodenforschung. Aus dem Reichsamt für Bodenforschung entwickelten sich nach 1945 die Geologische Landesanstalt in Berlin, später in Zentrales Geologisches Institut umbenannt, das Amt für Bodenforschung in Hannover sowie verschiedene geologische Landesdienste. Dem Amt für Bodenforschung wurden neben den Landesaufgaben für Niedersachsen und Nordrhein-Westfalen die geowissenschaftliche Aufgabenwahrnehmung für die Bundesregierung übertragen. Am 1. Dezember 1958 ist die Bundesanstalt für Bodenforschung durch Erlaß des Bundesministers für Wirtschaft vom 26. November 1958 (Bundesanzeiger Nr. 230 von 29. November 1958) aus dem Bestand des Amtes für Bodenforschung in Hannover errichtet worden. Sie wurde am 17. Januar 1975 in Bundesanstalt für Geowissenschaften und Rohstoffe (BGR) umbenannt. Mit der Vereinigung beider deutscher Staaten erfolgte eine Aufgabenübernahme vom ehemaligen Zentralen Geologischen Institut. Daraus folgte am 19. Oktober 1990 die Gründung der Außenstelle der BGR in dem traditionsreichen Gebäude Berlin, Invalidenstraße 44, das ab 1878 auch von der Königlich-Geologischen Landesanstalt genutzt wurde.

Aufgaben: Die BGR ist die zentrale geowissenschaftliche Institution der Bundesregierung. Sie berät die Bundesministerien in Fragen nationaler und internationaler Verpflichtungen und führt für sie Projekte, zum Beispiel in der technischen Zusammenarbeit mit Entwicklungsländern, durch. Die Erfüllung der Aufgaben verlangt, daß die BGR selbständige Forschungs- und Entwicklungsarbeiten ständig betreibt.

Sie ist eine nachgeordnete wissenschaftliche Einrichtung öffentlich-rechtlichen Charakters des Bundesministers für Wirtschaft. Sie bearbeitet fachliche Grundlagen der Rohstoffpolitik und berät die deutsche Wirtschaft in fachlichen Fragen im Vorfeld der wirtschaftlichen Exploration.

Neben der Wahrnehmung von Aufgaben aus dem Ressort des Bundesministers für Wirtschaft sind die engen fachlichen Verbindungen der BGR mit dem Bundesminister für wirtschaftliche Zusammenarbeit, dem Bundesminister für Forschung und Technologie und dem Bundesminister für Umwelt, Naturschutz und Reaktorsicherheit zu nennen.

Der Bundesanstalt obliegen im einzelnen folgende Aufgaben:

Beratung der Bundesministerien in allen geowissenschaftlichen und rohstoffwirtschaftlichen Fragen.

Mitwirkung bei der Sicherung der Versorgung der Bundesrepublik Deutschland mit mineralischen und Energierohstoffen durch Beratung der deutschen Wirtschaft sowie Durchführung von Prospektions- und Explorationsvorhaben im In- und Ausland einschließlich der geowissenschaftlichen Meeresforschung.

Mitwirkung bei geowissenschaftlichen und rohstoffwirtschaftlichen Maßnahmen der Bundesregierung; Mitwirkung bei Projekten der technischen Zusammenarbeit mit Entwicklungsländern.

Mitwirkung bei Maßnahmen für die geotechnische Sicherheit (z. B. Endlagerung radioaktiver Abfälle, Standortfragen von Kernkraftwerken).

Bearbeitung geowissenschaftlicher Fragen des Umweltschutzes.

Methodische und instrumentelle Entwicklungsarbeiten auf allen Gebieten der Geowissenschaften sowie deren Umsetzung in die Praxis.

Internationale geowissenschaftliche Zusammenarbeit: Polarforschung, Beobachtung seismischer Ereignisse, geologische Kartenwerke, Tiefseebohrprogramm; Zusammenarbeit mit geowissenschaftlichen Diensten des Auslandes.

Die BGR hat ihren Sitz in Hannover; sie arbeitet in enger Gemeinschaft mit dem dortigen Niedersächsischen Landesamt für Bodenforschung. Bundesanstalt und Landesamt werden in Personalunion geleitet.

Physikalisch-Technische Bundesanstalt (PTB) Braunschweig und Berlin

3300 Braunschweig, Bundesallee 100, ☏ (0531) 592-0, Telefax (0531) 5924006; 1000 Berlin 10, Abbestraße 2-12, ☏ (030) 3481-1, Telefax (030) 3481490. Fürstenwalder Damm 388, 1162 Berlin-Friedrichshagen, ☏ (Bln.-Friedrichshagen) 6441-0, Telefax (0 30) 64 41-3 48.

Präsident: Professor Dr. Dieter *Kind*.

Vizepräsident: Professor Dr. Sigmar *German*.

Mitglied des Präsidiums: Direktor und Professor Dr. Volkmar *Kose*.

Stabsstelle, Presse- und Öffentlichkeitsarbeit: Regierungsdirektor Dipl.-Phys. Helmut *Klages*.

Abteilungen:

Mechanik und Akustik: Direktor und Professor Dr.-Ing. Hermann *de Boer*.

Elektrizität: Direktor und Professor Dr.-Ing. Hans *Bachmair.*
Wärme: Direktor und Professor Dr. Wolfgang *Hemminger.*
Optik: Direktor und Professor Dr. Klaus *Dorenwendt.*
Fertigungsmeßtechnik: Direktor und Professor Dr. Horst *Kunzmann.*
Atomphysik: Direktor und Professor Dr. Günther *Dietze.*
Neutronenphysik: Direktor und Professor Dr. Rüdiger *Jahr.*
Technisch-Wissenschaftliche Dienste: Direktor und Professor Dr. Manfred *Kochsiek.*
Temperatur und Synchrotronstrahlung (Berlin): Ltd. Direktor und Professor Professor Dr. Günter *Sauerbrey.*
Medizinphysik und Informationstechnik (Berlin): Direktor und Professor Dr. Hans-Dieter *Hahlbohm.*
Verwaltung: Ltd. Regierungsdirektor Jürgen *Röthke.*

Publikationen: PTB-Mitteilungen (Forschen und Prüfen); Jahresbericht der PTB; PTB-Berichte; PTB-Prüfregeln; Eichordnung; Eichanweisung (Herausgeber); Technische Richtlinien; Die SI-Basiseinheiten; Informationsbroschüren; Presse-Informationen.

Die Physikalisch-Technische Bundesanstalt ist das natur- und ingenieurwissenschaftliche Staatsinstitut und die technische Oberbehörde für das Meßwesen in der Bundesrepublik Deutschland. Sie gehört zum Dienstbereich des Bundesministers für Wirtschaft.

Zweck: Physikalische und ingenieurwissenschaftliche Forschung; Realisierung und Weitergabe der SI-Einheiten; Darstellung und Verbreitung der Gesetzlichen Zeit; Darstellung der Internationalen Temperaturskala; Präzisionsbestimmung physikalischer Konstanten; Bauartprüfung und Zulassung von Meßeinrichtungen, Spielgeräten und zivilen Schußwaffen; Bauartprüfung auf dem Gebiet der Sicherheitstechnik, des Strahlenschutzes, der Heilkunde und der Überwachung des Straßenverkehrs; Mitwirkung in nationalen und internationalen Fachgremien; Ausarbeitung technischer Vorschriften und Richtlinien; Auftragsprüfung, Kalibrierung und wissenschaftlich-technische Beratung; Meßtechnische Bildungs- und Entwicklungshilfe. Handhabung brennbarer Gase, Stäube und Flüssigkeiten sowie chemisch instabiler Stoffe und Sprengstoffe; Vermeidung physikalischer Zündvorgänge (einschließlich Explosionsschutz); Werkstoff-Fragen.

Bundesanstalt für Materialforschung und -prüfung (BAM)

1000 Berlin 45, Unter den Eichen 87, ☏ (030) 8104-1, ✆ 1-83261 bamb d, Telefax (030) 8112029.

Präsident: Professor Dr. rer. nat. Gerhard W. *Becker;* Vizepräsident: Professor Dr.-Ing. Horst *Czichos.*

Abteilungen:
Metalle und Metallkonstruktionen: Ltd. Direktor und Professor Dr.-Ing. Dietmar *Aurich.*
Bauwesen: Direktor und Professor Dr.-Ing. Arno *Plank.*
Organische Stoffe: Direktor und Professor Dr. Andreas *Hampe.*
Chemische Sicherheitstechnik: Direktor und Professor Dr.-Ing. Henrikus *Steen.*
Sondergebiete der Materialprüfung: Direktor und Professor Dr.-Ing. Wolfgang *Paatsch.*
Stoffartunabhängige Verfahren: Direktor und Professor Dr. rer. nat. Rudolf *Neider.*
Wissenschaftlich-Technische Querschnittsaufgaben: Direktor und Professor Dr.-Ing. Hans-Ulrich *Mittmann.*
Information und Öffentlichkeitsarbeit: Direktor und Professor Dr.-Ing. Hans-Ulrich *Mittmann.*

Beschäftigte: Rd. 1800.

Publikationen: Jahresbericht; BAM-Zulassungen (Amts- und Mitteilungsblatt); Forschungsberichte. Weiterhin ist die BAM, zum Teil in Zusammenarbeit mit entsprechenden Fachorganisationen, Herausgeber einer Reihe von Dokumentations- und Referatediensten.

Zweck und Aufgaben: Die BAM ist Bundesoberbehörde im Geschäftsbereich des Bundesministers für Wirtschaft (BMWi) und hat aufgrund des Erlasses des BMWi vom 1. 9. 1964 die Aufgabe, die Entwicklung der deutschen Wirtschaft zu fördern und hierzu im Rahmen ihrer Zweckbestimmung — der Werkstoff- und Materialforschung, der Weiterentwicklung der Materialprüfung und chemischen Sicherheitstechnik — u. a. die Bundesministerien, Verwaltungsbehörden und Gerichte, Verbände und Unternehmen der Wirtschaft sowie Einrichtungen der Verbraucher und private Antragsteller zu beraten. Die bei Prüfungen und Untersuchungen entstehenden Kosten werden den Auftraggebern nach der »Kostenverordnung für Nutzleistungen der BAM« berechnet. Die BAM ist in den drei Bereichen Forschung und Entwicklung, Prüfung und Untersuchung sowie Beratung und Information tätig.

Sachverständigenausschuß Bergbau
beim Bundesministerium für Wirtschaft

Bundesministerium für Wirtschaft, 5300 Bonn 1, Villemombler Straße 76, Postfach 140260, ☏ (0228) 615-1, ✆ 886747, Telefax (0228) 615-4436, Teletex 228340 = BMWi.

Vorsitzender: N. N., Bundesministerium für Wirtschaft.

Stellv. Vorsitzender: Ministerialrat Dr.-Ing. Andreas *Keusgen,* Bundesministerium für Wirtschaft.

Geschäftsführung: Regierungsdirektor Dr. Ulrich *Kullmann.*

Mitglieder: 4 Vertreter der Bundesregierung; je 7 Vertreter der Landesregierungen und der zuständigen Bergbehörden; 4 Vertreter der Berufsgenossenschaften, 5 Vertreter der Arbeitnehmer sowie 7 Vertreter der beteiligten Bergbauwirtschaft.

Zweck: Beratung des Bundesministers für Wirtschaft in allen Fragen der Bergtechnik, insbesondere der Sicherheitstechnik; Stellungnahmen zu den vom Bundesminister für Wirtschaft zu erlassenden Bergverordnungen. Bei Bedarf können zur Vorberatung Unterausschüsse eingesetzt werden, deren Mitglieder nicht dem Sachverständigenausschuß angehören müssen.

Der Bundesminister für Umwelt, Naturschutz und Reaktorsicherheit

5300 Bonn 2, Postfach 120629, ☏ (0228) 305-0, ✄ 885790, Teletex 2283854, Telefax (0228) 305-3225.

Außenstelle Berlin: O-1040 Berlin, Schiffbauerdamm 15, ☏ (0 30) 2 31 42-0, ✄ (0 30) 30 72 05, Telefax (0 30) 2 31 42-3 75.

Bundesminister für Umwelt, Naturschutz und Reaktorsicherheit: Professor Dr. Klaus *Töpfer.*

Persönliche Referentin: Regierungsrätin z. A. *Lökker.*

Ministerbüro: Ministerialrat *Spinczyk-Rauch.*

Referat P (Presse): Angestellte Frau *Mühe.*

Parlamentarische Staatssekretäre: Dr. Paul *Laufs,* Dr. Bertram *Wieczorek.*

Persönliche Referenten: Ministerialrat Dr. *Schäfer,* Angestellte Frau *Berg.*

Staatssekretär: Clemens *Stroetmann.*

Persönlicher Referent: Angestellter *Traeger.*

Vorprüfstelle: Oberregierungsrat *Kunze.*

Abteilung Z: Zentralabteilung

Leiter: Ministerialdirektor *Plaetrich.*

Unterabteilung Z I: Verwaltung; Leiter: Ministerialdirigent *Gaertner.*

Referat Z I 1: Personal; Leiter: Regierungsdirektorin *Rühl.*

Referat Z I 2: Organisation, Koordinierung der Fachaufsicht (außer BFG); Leiter: Ministerialrat *Hirzel.*

Referat Z I 3: Haushalt; Leiter: Ministerialrat Dr. *Dittrich* (Beauftragter für den Haushalt).

Referat Z I 4: Innerer Dienst; Leiter: Regierungsdirektor M. *Quarg.*

Referat Z I 5: Sicherheit, Geheimschutz, Sprachendienst, Datenschutz, Bibliothek; Leiter: Ministerialrat Dr. *Krause;* Ministerialrat *Ruppert.*

Referat Z I 6: Fachinformation, Informationstechnik, Statistik; Leiter: N. N.

Referat Z I 7: Personalrechtliche Nebengebiete; Leiter: Ministerialrat *Kurz.*

AK B: Arbeitskreis Bonn/Berlin; Leiter: Ministerialdirigent *Gaertner.*

Außenstelle Berlin: Adm. Leiter: Ministerialrat Dr. *Troschke.*

Unterabteilung Z II: Planung, Kabinett- und Parlamentangelegenheiten, Öffentlichkeitsarbeit, Bürgerbeteiligung; Leiter: Ministerialdirigent Dr. P. *Müller.*

Referat Z II 1: Gesellschaftspolitische Grundsatzfragen; Leiterin: Angestellte Dr. *Gundelach.*

Referat Z II 2: Bürgerreferat; Leiter: N. N.

Referat Z II 3: Kabinett und Parlament; Leiterin: Ministerialrätin *Malina.*

Referat Z II 4: Öffentlichkeitsarbeit; Leiterin: Ministerialrätin Dr. Gräfin *Rothkirch.*

Referat Z II 5 Arbeitsgruppe: Grundsatzangelegenheiten des Umweltrechts und der Umweltverträglichkeit, Umweltgesetzbuch; Leiter: Ministerialrat Dr. *Bohne;* Mitglieder: Ministerialrat *Meyer-Rutz;* Regierungsdirektor Dr. *Feldmann.*

Abteilung G: Grundsätzliche und wirtschaftliche Fragen der Umweltpolitik, internationale Zusammenarbeit.

Leiter: Ministerialdirektor Professor Dr. *Vogel.*

Unterabteilung G I: Grundsätzliche und wirtschaftliche Fragen der Umweltpolitik; Leiter: Ministerialdirigent Dr. *Vieregge.*

Referat G I 1: Allgemeine und grundsätzliche Angelegenheiten der Umweltpolitik, Umweltministerkonferenz; Leiterin: Ministerialrätin Dr. *Schuster.*

Referat G I 2: Ökologische Sanierung und Entwicklung in den neuen Ländern; Leiter: Minsterialrat Dr. *Huthmacher.*

Referat G I 3: Aufgabenplanung, Forschung; Leiter: Ministerialrat *Euschen.*

Referat G I 4: Gesamtwirtschaftliche Fragen, Ökonomische Instrumente der Umweltpolitik; Leiter: Oberregierungsrat *Stratenwerth* m. d. W. d. G. b.

Referat G I 5: Förderungsangelegenheiten; Leiter: Regierungsdirektor *Hoffmann.*

Referat G I 6: Produktbezogener Umweltschutz, (außer Umweltbelange der Bio- und Gentechnik); Leiter: Regierungsdirektor *Walter.*

Unterabteilung G II: Internationale Zusammenarbeit; Leiter: Ministerialdirigent Dr. *von Websky.*

Referat G II 1: Allgemeine und grundsätzliche Angelegenheiten der grenzüberschreitenden Zusammenarbeit, Internationale Rechtsangelegenheiten, Europabeauftragter; Leiter: Ministerialrat *Kupfer.*

Referat G II 2: Europäische Gemeinschaften, Europarat ECE, KSZE, Bilaterale Zusammenarbeit mit den EG-Mitgliedsstaaten; Leiter: Ministerialrat Dr. *Vygen.*

Referat G II 3: Zusammenarbeit mit anderen Staaten (außer EG-Mitgliedsstaaten und Entwicklungsländern); Leiter: Ministerialrat *Lietzmann.*

Referat G II 4: Zusammenarbeit im Rahmen internationaler Organisationen, Zusammenarbeit mit den Entwicklungsländern; Leiter: Ministerialrat Dr. *Kitschler*, Ministerialrätin *Schusdziarra.*

Referat G II 5: UN-Konferenz für Umwelt und Entwicklung; Leiterin: Regierungsdirektorin *Quennet.*

Abteilung WA: Wasserwirtschaft, Abfallwirtschaft, Bodenschutz, Altlasten

Leiter: Ministerialdirektor Dr.-Ing. E. h. *Ruchay.*

Unterabteilung WA I: Wasserwirtschaft; Leiter: Ministerialdirigent Dr. Hans *Möbs.*

Referat WA I 1: Allgemeine und grundsätzliche Angelegenheiten der Wasserwirtschaft, Recht der Wasch- und Reinigungsmittel; Leiter: Ministerialrat Otto *Malek*, Ministerialrat *Rost.*

Referat WA I 2: Recht der Wasserwirtschaft; Leiter: Ministerialrat Dr. *Berendes.*

Referat WA I 3: Schutz der oberirdischen Binnengewässer, wassergefährdende Stoffe; Leiter: Regierungsdirektor Dr. *Dinkloh.*

Referat WA I 4: Abwasservermeidung, -behandlung und -entsorgung; Leiter: Ministerialrat Rolf-Dieter *Dörr.*

Referat WA I 5: Grundwasserschutz, Wasserdargebot und -bedarf, Wasserversorgung; Leiter: Ministerialrat Christian *Vorreyer.*

Referat WA I 6: Meeresumweltschutz, Wasserwirtschaftliche Übereinkommen; Leiter: Ministerialrat Dr. *von Berg*, Regierungsdirektorin *Berbalk.*

Unterabteilung WA II: Abfallwirtschaft; Leiter: Ministeraldirigent Dr. Helmut *Schnurer.*

Referat WA II 1: Allgemeine und grundsätzliche Angelegenheiten der Abfallwirtschaft; Leiter: Ministerialrat Bert-Axel *Szelinski.*

Referat WA II 2: Recht der Abfallwirtschaft; Leiter Ministerialrat Dr. *Kleine.*

Referat WA II 3: Vermeidung und Verwertung schadstoffhaltiger Abfälle, Altölentsorgung; Leiter: Ministerialrat Hansjürgen *Kreft.*

Referat WA II 4: Vermeidung und Verwertung von Abfallmengen; Leiter: Regierungsdirektor Dr. *Rummler.*

Referat WA II 5: Sonderabfallentsorgung; Leiter: Ministerialrat Dr. *Stolz.*

Referat WA II 6: Allgemeine Abfallentsorgung; Leiter: Ministerialrat Dr. *Lindner.*

Unterabteilung WA III: Bodenschutz, Altlasten; Leiter: Angestellter Dr. *Holzwarth.*

Referat WA III 1: Recht der Altlastensanierung und des Bodenschutzes, Altlastenfinanzierung; Leiter: Regierungsdirektor *Radtke.*

Arbeitsgruppe WA III 2: Allgemeine und grundsätzliche Angelegenheiten der Altlastensanierung und des Bodenschutzes; Leiter: Angestellter *Delmhorst;* Mitglieder: Regierungsdirektor *Bosenius;* Regierungsdirektor Dr. *Stalder;* Regierungsdirektor *Tittel.*

Referat WA III 3: Altlastenerhebung, -bewertung und -sanierung; Leiter: Regierungsdirektor *Kühnel.*

Referat WA III 4: Sanierung von Rüstungsaltlasten und militärischen Altlasten; Leiterin: Regierungsrätin Dr. *Schlimm*, m. d. W. d. G. b.

Referat WA III 5: Bodenbelastung, Bodenqualitätsziele; Leiter: Ministerialrat Dr. *Fleischhauer.*

Abteilung IG: Umwelt und Gesundheit, Immissionsschutz, Anlagensicherheit und Verkehr, Chemikaliensicherheit.

Leiter: N. N.

Unterabteilung IG I: Immissionsschutz, Anlagensicherheit und Verkehr; Leiter: Ministerialdirigent Dr. *Westheide.*

Referat IG I 1: Immissionsschutzrecht; Leiter: N. N.

Referat IG I 2: Anlagenbezogene Luftreinhaltung; Leiter: Ministerialrat Herbert *Ludwig.*

Referat IG I 3: Gebietsbezogene Luftreinhaltung, Überwachung der Luftreinhaltung (Atmosphäre, Erdatmosphäre, Klima); Leiter: Ministerialrat *Weber.*

Referat IG I 4: Anlagensicherheit; Leiter: Ministerialrat Dr. *Pettelkau.*

Referat IG I 5: Technik der Luftreinhaltung im Verkehr, Verkehrsplanung; Leiter: Ministerialrat Dr. *Kemper.*

Referat IG I 6: Brenn- und Treibstoffe, produktbezogene Luftreinhaltung, neue Antriebs- und Verkehrssysteme, Luftverkehr; Leiter: Regierungsdirektor Dr. *Knobloch.*

Referat IG I 7: Schutz vor Lärm und Erschütterungen; Leiterin: Ministerialrätin *Daldrup.*

Unterabteilung IG II: Umwelt und Gesundheit, Chemikaliensicherheit; Leiter: Ministerialdirigent *Hohnstock.*

Referat IG II 1: Grundsatzfragen der Chemikaliensicherheit, Chemikalienrecht, Koordination; Leiter:

Ministerialrat Dr. *Mahlmann;* Mitglieder: Regierungsdirektor Dr. *Baumert;* RiOLG Dr. *Horneffer.*

Referat IG II 2: Umwelteinwirkungen auf die menschliche Gesundheit; Leiter: Ministerialrat Dr. *Türck.*

Referat IG II 3: Chemikaliensicherheit, Verfahren der Stoffbewertung, Biozide; Leiter: Ministerialrat Professor Dr. *Schlottmann.*

Referat IG II 4: Chemikaliensicherheit, gesundheitliche Auswirkungen; Leiter: Ministerialrat Professor Dr. *Basler.*

Referat IG II 5: Chemikaliensicherheit, Umweltauswirkungen; Leiter: Ministerialrat Dr. *Kraus.*

Abteilung N: Naturschutz, und Ökologie
Leiter: Ministerialdirektor Dr. *Bobbert.*

Unterabteilung N I: Naturschutz; Leiter: Ministerialdirigent *Kolodziejcok.*

Referat N I 1: Allgemeine und grundsätzliche Angelegenheiten des Naturschutzes und der Landschaftspflege; Leiter: Ministerialrat *Obermann.*

Referat N I 2: Arten- und Biotopschutz; Leiter: Ministerialrat Dr. *Dieterich.*

Referat N I 3: Artenschutzregelungen; Leiter: Ministerialrat Dr. *Emonds.*

Referat N I 4: Landschaftsplanung, Eingriffe in Natur und Landschaft; Leiter: Ministerialrat Dr. *Gassner.*

Referat N I 5: Umwelt und Landwirtschaft, Forstwirtschaft, Jagd und Fischerei; Leiter: Ministerialrat Dr. *Rustemeyer.*

Referat N I 6: Recht des Naturschutzes und der Landschaftspflege: Leiter: Ministerialrat *Apfelbacher.*

Unterabteilung N II: Ökologische Grundfragen der Industrie- und Freizeitgesellschaft; Leiterin: Ministerialdirigentin: Dr. E. *Müller.*

Referat N II 1: Allgemeine und grundsätzliche Angelegenheiten und Umweltbelastung durch Industrie und Freizeit; Leiter: Regierungsdirektor *Spanier* m. d. W. d. G. b.

Referat N II 2: Ökologische Grundsatzfragen; Leiter: N. N.

Referat N II 3: Umwelt und Erholung, Sport, Freizeit und Tourismus; Leiter: Ministerialrat Dr. *Gildemeister.*

Referat N II 4: Umweltangelegenheiten der Bio- und Gentechnik; Leiter: Ministerialrat *Müller-Helmbrecht.*

Referat N II 5: Umwelt und Energie, Umwelttechnologie, Technologiefolgeabschätzung; Leiter: Regierungsdirektor *Schafhausen.*

Abteilung RS: Sicherheit kerntechnischer Einrichtungen, Strahlenschutz, nukleare Ver- und Entsorgung
Leiter: Ministerialdirektor Dr. Walter *Hohlefelder.*

Unterabteilung RS I: Sicherheit kerntechnischer Einrichtungen; Leiter: Ministerialdirigent Dr. Klaus *Gast.*

Referat RS I 1: Atomrecht und Koordination; Leiter: Ministerialrat *Steinkemper.*

Referat RS I 2: Allgemeine und grundsätzliche Angelegenheiten der Sicherheit kerntechnischer Einrichtungen, Regeln und Richtlinien für die kerntechnische Sicherheit; Leiter: Ministerialrat Dr. *Büchler,* N. N.

Referat RS I 3: Fachkunde des Personals auf dem Gebiet der kerntechnischen Sicherheit, Sicherung kerntechnischer Einrichtungen; Leiter: Ministerialrat Dr. Joachim Bernd *Fechner.*

Referat RS I 4: Zweckmäßigkeitsaufsicht über die Genehmigung und den Betrieb von Druckwasserreaktoren; Leiter: Ministerialrat *Himmel.*

Referat RS I 5: Zweckmäßigkeitsaufsicht über die Genehmigung und den Betrieb von Reaktoranlagen (außer Druckwasserreaktoren); Leiter: Regierungsdirektor Dr. *Wendling.*

Referat RS I 6: Arbeitsprogramme für die nukleare Sicherheit einschließlich internationaler Bereich; Leiter: Ministerialrat Dr. *Berg;* Ministerialrat *Breest.*

Unterabteilung RS II: Strahlenschutz; Leiter: Ministerialrat Dr. *Gallas.*

Referat RS II 1: Strahlenschutzrecht, Koordinierung der Fachaufsicht über das BfS; Leiter: N. N.

Referat RS II 2: Allgemeine und grundsätzliche Angelegenheiten des Strahlenschutzes; Leiter: Regierungsdirektor Dr. *Landfermann.*

Referat RS II 3: Aufsicht über Genehmigungs- und Aufsichtsverfahren im Strahlenschutz, Notfallschutz; Leiter: Ministerialrat *Hardt.*

Referat RS II 4: Medizinisch-biologische Angelegenheiten des Strahlenschutzes; Leiter: Ministerialrat Dr. *Kemmer.*

Referat RS II 5: Radioökologie, Umgebungsüberwachung; Leiter: N. N.

Referat RS II 6: Überwachung der Radioaktivität in der Umwelt; Leiter: Ministerialrat Dr. *Wehner.*

Referat RS II 7: Strahlenschutz im Uranbergbaugebiet; Leiter: N. N.

Unterabteilung RS III: Nukleare Ver- und Entsorgung; Leiter: Ministerialdirigent Dr. *Matting.*

Referat RS III 1: Recht der nuklearen Ver- und Entsorgung; Leiter: Ministerialrat Dr. *Schneider.*

Referat RS III 2: Allgemeine und grundsätzliche Angelegenheiten der nuklearen Ver- und Entsorgung; Leiter: Ministerialrat Dr. *Bröcking.*

Referat RS III 3: Nukleare Versorgung, Staatliche Verwahrung von Kernbrennstoffen; Leiter: Ministerialrat *Ehret.*

Referat RS III 4: Anlagen zur Wiederaufarbeitung und Konditionierung bestrahlter Brennelemente; Leiter: Ministerialrat *Hagen.*

Referat RS III 5: Behandlung, Lagerung und Beförderung radioaktiver Stoffe; Leiter: Ministerialrat Dr. *Dreisvogt*.

Referat RS III 6: Sicherstellung und Endlagerung radioaktiver Abfälle; Leiter: Ministerialrat Dr. *Bloser*.

Umweltbundesamt

W-1000 Berlin 33, Bismarckplatz 1, ☏ (030) 8903-0, ✆ 183756, Telefax (030) 8903-2285, BTX*44300 und O-1080 Berlin, Mauerstr. 52, ☏ (0 30) 2 31 45-5, ✆ -Ost: 1 152-325, Telefax (0 30) 2 23 90 96/2 31 56 38.

Präsident: Dr. Heinrich *Freiherr von Lersner*.

Vizepräsident: Dr. Andreas *Troge*.

Pressesprecher: Wiss. Dir. Dr. Hans-Jürgen *Nantke*.

Öffentlichkeitsarbeit: Dipl.-Betriebsw. Volkhard *Möcker*.

Abteilung Z: Verwaltung, Information und Dokumentation; Leiter: Abteilungspräsident Dr. Thomas *Holzmann*.

Fachbereich I: Umweltplanung, Ökologie. Fachbereichsleiter: Direktor und Professor Dr. Peter-Christoph *Storm*.

Fachbereich II: Luftreinhaltung, Lärmbekämpfung. Fachbereichsleiter: Direktor und Professor Jürgen *Schmölling*.

Fachbereich III: Abfallwirtschaft, Wasserwirtschaft. Fachbereichsleiter: Erster Direktor und Professor beim Umweltbundesamt Dipl.-Ing. Werner *Schenkel*.

Zweck: Wissenschaftliche Unterstützung des Bundesministers für Umwelt, Naturschutz und Reaktorsicherheit in allen Angelegenheiten der Luftreinhaltung, Lärmbekämpfung, Abfallwirtschaft, Wasserwirtschaft, Bodenschutz und Umweltchemikalien, insbesondere bei der Erarbeitung von Rechts- und Verwaltungsvorschriften; Mitwirkung beim Gesetzesvollzug: 1. Pflanzenschutzgesetz (Einvernehmensbehörde bei der Zulassung von Pflanzenschutzmitteln), 2. Wasch- und Reinigungsmittelgesetz (Registratur und Auswertung der Rezepturen von Wasch- und Reinigungsmitteln), 3. Chemikaliengesetz (Bewertungsstelle hinsichtlich der Umweltgefahr von Chemikalien); Mitarbeit beim Vollzug des Fluglärmgesetzes. Entwicklung von Hilfen für die Umweltplanung und die ökologische Begutachtung umweltrelevanter Maßnahmen; Aufklärung der Öffentlichkeit in Umweltfragen; Bereitstellung von Umweltdaten durch das Informations- und Dokumentationssystem Umwelt (Umplis); Bereitstellung zentraler Dienste und Hilfen für die Ressortforschung und für die Koordinierung der Umweltforschung des Bundes.

Überwachung der Luftqualität in sogenannten Reinluftgebieten durch mehrere Meßstellen im gesamten Bundesgebiet; Koordinierungsstellen für die Waldschädenforschung sowie die Erforschung von Umweltschäden an Denkmälern und Kulturgütern; Verbindungsstelle zur Unesco in Fragen der Umwelterziehung; Aufbau einer Umweltprobenbank.

Personal und Finanzen: Im Umweltbundesamt sind rund 900 Mitarbeiter beschäftigt. Dem Amt stehen jährlich eigene Finanzmittel in Höhe von rund 57 Mill. DM zur Verfügung.

Für Forschungs- und Entwicklungsvorhaben sowie für Investitionshilfen bewirtschaftet das Umweltbundesamt jährlich rund 300 Mill. DM aus den Haushalten des Bundesministers für Umwelt, Naturschutz und Reaktorsicherheit und des Bundesministers für Forschung und Technologie.

Bundesamt für Seeschiffahrt und Hydrographie

2000 Hamburg 36, Postfach 301220, ☏ (040) 3190-0, ✆ 211138 bsh hh d.

Präsident und Professor: Dr. Peter *Ehlers*.

Abteilungsleiter: Ltd. Regierungsdirektor Horst *Hecht* (Nautische Veröffentlichungen, Vermessung und Seekartenwerk); Direktor und Professor Dietrich *Voppel* (Meereskunde); Ltd. Regierungsdirektor Dietrich *Fuchs* (Technische Schiffssicherheit); Ltd. Regierungsdirektor Dieter *Roth* (Zentralabteilung).

Zweck: Das Bundesamt ist zuständig für allgemeine Schiffahrtsaufgaben, wie Flaggenrechtsangelegenheiten, Schiffsvermessung und die technische Aufsicht über die Schiffseichämter und Maßnahmen der Schiffahrtsförderung, für die nautisch-hydrographischen Dienste, die Herstellung und Herausgabe amtlicher Seekarten und amtlicher nautischer Veröffentlichungen, die Prüfung nautischer Instrumente und Geräte der Schiffsausrüstung, die Förderung der Seeschiffahrt und Seefischerei durch naturwissenschaftliche und nautisch-technische Forschung (meeresbiologische Forschung ausgenommen) und die Überwachung des Meerwassers auf radioaktive und sonstige schädliche Beimengungen. Außerdem ist das BSH zuständig für Erlaubnisse, Abfälle in die Hohe See einzubringen, und erteilt Erlaubnisse für Forschungshandlungen und Transitrohrleitungen auf dem Festlandsockel (Bundesberggesetz von 1980). Verfolgung und Ahndung von Ordnungswidrigkeiten infolge der Abfallbeseitigung auf See sowie Verfolgung von Verstößen gegen Marpol (Internationales Übereinkommen zur Verhütung der Meeresverschmutzung durch Schiffe, 1973). Nach dem Strahlenschutzvorsorgegesetz hat das BSH in Nord- und Ostsee einschließlich der Küstengewässer hinsichtlich Meerwasser, Schwebstoffen und Sediment die Radioaktivität einschließlich der Gamma-Ortsdosisleistung großräumig zu ermitteln, Probenentnahme-, Analyse-, Meß- und Berechnungsverfahren zu entwickeln und festzulegen sowie Vergleichsmessungen und Vergleichsanalysen durchzuführen und die vom Bund ermittelten sowie die von den Ländern und von ausländischen Stellen übermittelten Daten zusammenzufassen, aufzubereiten und zu dokumentieren.

Bundesamt für Strahlenschutz

3320 Salzgitter 1, Postfach 100149, ☎ (05341) 188-0, Telefax (05341) 188-188.

Präsident: Professor Dr. Alexander *Kaul*.

Vizepräsident: Henning *Rösel*.

Presse, Öffentlichkeitsarbeit: Dr. Eckart *Viehl*.

Fachbereich Strahlenhygiene:
Fachbereichsleiter: Direktor und Professor PD Dr. Werner *Burkart*.
Aufgaben:
Ermittlung der Quellen natürlicher und künstlicher Umweltradioaktivität und der daraus resultierenden Strahlenexposition,
Untersuchung der Wirkung und die gesundheitliche Bewertung der ionisierenden und nichtionisierenden Strahlung,
Erfassung, Bewertung und Dokumentation der Strahlenexposition beruflich strahlenexponierter Personen über das gesamte Berufsleben,
die Erfassung und Bewertung der medizinisch bedingten Strahlenexposition, auch unter den Gesichtspunkten Qualitätssicherung der Strahlenanwendung und Dosisreduktion ohne Verlust der diagnostischen Aussage oder therapeutischen Wirksamkeit einer Strahlenanwendung sowie
die Planung, der Aufbau und der Betrieb des »integrierten Meß- und Informationssystems für die Überwachung der Umweltradioaktivität (IMIS)« nach dem Strahlenschutzvorsorgegesetz (StrVG).

Fachbereich Kerntechnische Sicherheit:
Fachbereichsleiter: Direktor und Professor Dr. Leopold *Weil*.
Aufgaben:
Verfolgung des nationalen und internationalen Stands von Wissenschaft und Technik bei der Entwicklung der kerntechnischen Sicherheit,
Erfassung und Dokumentation des Anlagen- und Genehmigungsstatus aller Kernkraftwerke, Forschungsreaktoren und Anlagen des Kernbrennstoffkreislaufs,
Erfassung, Bewertung und Dokumentation von besonderen Vorkommnissen, die Unterrichtung des BMU, der Öffentlichkeit sowie die Weiterleitung der Informationen an die hierfür zuständigen internationalen Meldesysteme.

Fachbereich Nukleare Entsorgung und Transport:
Fachbereichsleiter: Direktor und Professor Dr. Helmut *Röthemeyer*.
Aufgaben:
Errichtung und Betrieb von Anlagen des Bundes zur Sicherstellung und zur Endlagerung radioaktiver Abfälle,
Genehmigung der Beförderung von Kernbrennstoffen und Großquellen,
Genehmigung der Aufbewahrung von Kernbrennstoffen außerhalb der staatlichen Verwahrung,
Staatliche Verwahrung von Kernbrennstoffen.

Fachbereich Strahlenschutz:
Fachbereichsleiter: Professor Dr. Wolfdieter *Kraus*.
Aufgaben:
Einschätzung und Analyse von Strahlenschutzmaßnahmen in bergbaulichen Anlagen und ihrer Umgebung,
Bestimmung der Strahlenexposition durch natürliche Umweltradioaktivität,
Strahlenexposition durch kerntechnische Anlagen, Ermittlung beruflicher Exposition und die Analyse von Strahlenschutzmaßnahmen am Arbeitsplatz.

Zentralabteilung:
Leiter: Dr. Josef *Altmann*.
Aufgaben:
Verwaltung, fachübergreifende Aufgaben.
Bei der Zentralabteilung sind die Geschäftsstellen der Strahlenschutzkommission (SSK) und der Reaktor-Sicherheitskommission (RSK) angesiedelt, der gegenüber aber weisungsunabhängig.

Geschäftsstelle der Reaktor-Sicherheitskommission (RSK):
Postanschrift: Bundesamt für Strahlenschutz, RSK-Geschäftsstelle, 5300 Bonn 1, Postfach 120629, ☎ (0228) 305-3725, Telefax (0228) 670388.
Leiter der RSK-Geschäftsstelle: Dr. Manfred *Schneider*.
Die RSK-Geschäftsstelle hat die Aufgabe, die RSK und ihre Ausschüsse sowie deren Arbeitsgruppen bei der Wahrnehmung ihrer Aufgaben zu unterstützen.

Geschäftsstelle der Strahlenschutzkommission (SSK):
Postanschrift: Bundesamt für Strahlenschutz, SSK-Geschäftsstelle, 5300 Bonn 1, Postfach 120629, ☎ (0228) 305-3730, Telefax (0228) 676459.
Leiter der SSK-Geschäftsstelle: Dr. Detlef *Gumprecht*.
Die SSK-Geschäftsstelle hat die Aufgabe, die SSK und ihre Ausschüsse sowie deren Arbeitsgruppen bei der Wahrnehmung ihrer Aufgaben zu unterstützen.

Informationsstelle zur Nuklearen Entsorgung:
Postanschrift: Bundesamt für Strahlenschutz, Informationsstelle zur Nuklearen Entsorgung, 3136 Gartow, Hauptstr. 15, ☎ (05846) 1631 und 1616, Telefax (05846) 1550.

Aufgaben:
Die Informationsstelle untersteht der Presse- und Öffentlichkeitsarbeit des BfS und dient der Darstellung und Erläuterung des Entsorgungskonzepts der Bundesregierung in der Öffentlichkeit mit den Schwerpunkten Endlagerung radioaktiver Abfälle und Erkundung des Salzstocks Gorleben.

Bundesforschungsanstalt für Naturschutz und Landschaftsökologie

5300 Bonn 2, Konstantinstr. 110, ☏ (0228) 8491-0, Telefax (0228) 8491-200.

Leiter: Direktor und Professor Dr. *Mrass.*

Zentrale Dienste:
Fachgebiet: Verwaltung; Leiter: N.N.
Fachgebiet: Informationstechnik/Fachinformation, Kartographie; Leiter: Wissenschaftlicher Direktor *Koeppel.*
Fachgebiet: Bibliothek, Dokumentation; Leiter: Wissenschaftlicher Direktor Dr. *Flüeck.*
MAB-Geschäftsstelle; Leiter: Wissenschaftlicher Angestellter *Nauber.*

Forschung und Beratung:
Institut für Landschaftspflege und Landschaftsökologie; Leiter: Direktor und Professor Dr. *Mrass.*
Institut für Naturschutz und Tierökologie; Leiter: Direktor und Professor Professor Dr. *Erz.*
Institut für Vegetationskunde; Leiter: Direktor und Professor Dr. *Bohn.*
Arbeitsgebiet Biotopschutz; Leiter: Direktor und Professor Dr. *Blab.*
Internationale Naturschutzakademie Insel Vilm; Leiter: m. d. W. d. G. d. L. b. Wissenschaftl. Ang. Dr. *Knapp.*

Artenschutz*:
Vollzugsbehörde;
Wissenschaftliche Behörde.

* Diese Organisationseinheit wird erst nach Übergang der Aufgaben von dem Bundesamt für Ernährung und Forstwirtschaft eingerichtet.

Der Rat von Sachverständigen für Umweltfragen

6200 Wiesbaden 1, Postfach 5528, ☏ (0611) 75-2177, ✍ 4-186511 stb d.

Geschäftsführung: Dr. Günter *Halbritter.*

Mitglieder: Professor Dr. rer. pol. Hans-Jürgen *Ewers,* Münster (Volkswirtschaftslehre, Verkehrswissenschaft); Professor Dr. rer. nat. Dietrich *Henschler,* Würzburg (Pharmakologie, Toxikologie); Professorin Dr. phil. Gertrud *Höhler,* Paderborn (Allgemeine Literaturwissenschaft, Germanistik); Professor Dr. theol. Wilhelm *Korff,* München (Moraltheologie, Theologische Ethik, Christliche Sozialethik); Professor Dr. jur. Eckard *Rehbinder,* Frankfurt/M. (Rechtswissenschaft, Umweltrecht); Professor Dr. rer. nat. Michael *Succow,* Eberswalde (Landschaftsökologie, Landnutzungsplanung, Angewandte Ökologie); Professor Dr. rer. nat. Hans Willi *Thoenes,* Essen (Ingenieurwissenschaft, Naturwissenschaft, Umwelttechnik).

Gründung: 28. 12. 1971 lt. Erlaß des Bundesministers des Innern, Neufassung: Erlaß des Bundesministers für Umwelt, Naturschutz und Reaktorsicherheit vom 10. 08. 90.

Zweck: Begutachtung der Umweltsituation und Umweltbedingungen in der Bundesrepublik Deutschland zur Erleichterung der Urteilsbildung bei allen umweltpolitisch verantwortlichen Instanzen und in der Öffentlichkeit. Beratung der Bundesregierung in Umweltfragen.

Bundesforschungsanstalt für Landeskunde und Raumordnung

5300 Bonn 2, Am Michaelshof 8, ☏ (0228) 826-0, ✍ 885462 (BMBau), Telefax (0228) 826266.

Leiter: Direktor und Professor Dr. Wendelin *Strubelt.*

Abteilungsleiter Forschung: Dr. Hans-Peter *Gatzweiler.*

Abteilungsleiter Information: Manfred *Sinz.*

Verwaltung: Klaus *Müller.*

Zweck: Erstellung wissenschaftlicher und informativer Grundlagen zur Lösung der Aufgaben der Bundesregierung im Bereich der Raumordnung im Zusammenwirken mit Einrichtungen des In- und Auslandes. Beobachtung der gegenwärtigen und künftigen räumlichen Entwicklungen in der Bundesrepublik Deutschland. Weiterentwicklung des raumordnungspolitischen Informationssystems. Analyse raumwirksamer Maßnahmen. Wissenschaftl. Beratung des für die Raumordnung zuständigen Bundesministers.

Der Bundesminister für Arbeit und Sozialordnung

5300 Bonn-Duisdorf, Rochusstraße 1, Postfach 140280, ☏ (0228) 527-1, ✍ 886641/886377, Telefax (0228) 527-2965, Teletex 17/228-3650.

Bundesminister für Arbeit und Sozialordnung: Dr. Norbert *Blüm.*

Parlamentarische Staatssekretäre: Horst *Günther,* Rudold *Kraus.*

Staatssekretäre: Dr. Bernhard *Worms,* Dr. Werner *Tegtmeier.*

Zentralabteilung: Personal; Verwaltung, Haushalt, Informationsverarbeitung. Leiter: Ministerialdirigent Dr. *Daubenbüchel.*

Unterabteilung Z a: Personal; Innerer Dienst; Recht: wird vom Abteilungsleiter wahrgenommen.

Unterabteilung Z b: Haushalt; Organisation, Informationsverarbeitung, Datenschutz. Leiter: Ministerialdirigent *Hecker.*

Abteilung I: Grundsatz- und Planungsabteilung. Leiter: Ministerialdirektor Helmut *Stahl.*

Unterabteilung I a: Gesellschafts-, wirtschafts- und finanzpolitische Fragen der Sozialpolitik. Leiter: Ministerialrat Dr. *Fendrich.*

Unterabteilung I b: Mathematische und finanzielle Fragen der Sozialpolitik, Sozialbudget. Leiter: Ministerialdirigent Dr. Peter *Rosenberg.*

Abteilung II: Arbeitsmarktpolitik; Arbeitslosenversicherung. Leiter: Ministerialdirektor Dr. Christof *Rosenmöller.*

Unterabteilung II a: Arbeitsmarktpolitik. Leiter: Ministerialdirigent Dr. Ernst *Kreuzaler.*

Unterabteilung II b: Arbeitsförderung; Arbeitslosenversicherung. Leiter: Ministerialdirigent Georg *Sandmann.*

Abteilung III: Arbeitsrecht; Arbeitsschutz. Leiter: Ministerialdirektor Anton *Wormer.*

Unterabteilung III a: Arbeitsrecht. Leiter: Ministerialdirigent Heinrich *Kaiser.*

Unterabteilung III b: Arbeitsschutz; Arbeitsmedizin. Leiter: Ministerialrat *Irlenkaeuser.*

Abteilung IV: Sozialversicherung; Sozialgesetzbuch. Leiter: Ministerialdirektor Werner *Niemeyer.*

Unterabteilung IV a: Sozialgesetzbuch; Gemeinsame Fragen der Sozialversicherung; Selbstverwaltung; Unfallversicherung; Verfahrensrecht. Leiter: Ministerialdirigent Dr. Friedrich *Pappai.*

Unterabteilung IV b: Rentenversicherung. Leiter: Ministerialdirigent Dr. Klaus *Achenbach.*

Abteilung V: Pflegesicherung, Prävention und Rehabilitation. Leiter: Ministerialdirektor Karl *Jung.*

Unterabteilung V a: Pflegesicherung. Leiter: Ministerialdirigent *Hauschild.*

Unterabteilung V b: Prävention und Rehabilitation. Leiter: Ministerialdirigent *Rindt.*

Abteilung VI: Kriegsopferversorgung; Versorgungsmedizin. Leiter: Ministerialdirektorin Ursula *Voskuhl;* Ständiger Vertreter: Ministerialrat Dr. *Volz.*

Abteilung VII: Internationale Sozialpolitik. Leiter: Peter *Clever.*

Unterabteilung VII a: Europäische Gemeinschaften, Europäische Sozialpolitik. Leiter: Ministerialrat Dr. Otto *Schulz.*

Unterabteilung VII b: Internationale Sozialpolitik (ohne EG). Leiter: Dr. Gernot *Fritz.*

Abteilung VIII: Beschäftigung und soziale Integration von Ausländern; Sozialpolitische Beratung der Staaten Mittel- und Osteuropas; Personal und Organisation im Geschäftsbereich. Leiter: Ministerialdirektor *Harrer.*

Unterabteilung VIII a: Büro der Leitung in Berlin; Beschäftigung und soziale Integration von Ausländern; Sozialpolitische Beratung der Staaten Mittel- und Osteuropas; Verbindung zu den Abt. I und II. Leiter: Ministerialdirigent *Heyden.*

Unterabteilung VIII b: Verwaltung der Abteilung VIII; Personal und Organisation im Geschäftsbereich; Verbindung zu den Abt. III, IV, V, VI, VII. Leiter: Ministerialdirigent *Gondeck.*

Bundesanstalt für Arbeitsschutz

4600 Dortmund 17 (Dorstfeld), Vogelpothsweg 50 — 52, Postfach 170202, ☏ (0231) 17630, ⌕ 822153, Telefax (0231) 1763454.

Leiter: Präsident und Professor Dipl.-Ing. Wolfram *Jeiter.*

Träger der Bundesanstalt: Die Bundesanstalt für Arbeitsschutz mit Sitz in Dortmund ist eine nicht rechtsfähige Anstalt des öffentlichen Rechts. Sie untersteht unmittelbar dem Bundesminister für Arbeit und Sozialordnung.

Statut: Erlaß über die Bundesanstalt für Arbeitsschutz (Erlaß des BMA vom 15. September 1983).

Zweck: Die Bundesanstalt unterstützt den Bundesminister für Arbeit und Sozialordnung im Bereich des Arbeitsschutzes. Dabei arbeitet sie auch zusammen mit den Trägern der gesetzlichen Unfallversicherung sowie mit allen Institutionen und Personen, die mit Aufgaben der Arbeitssicherheit, des Gesundheitsschutzes und der menschengerechten Gestaltung der Arbeitsbedingungen befaßt sind. Sie beobachtet und analysiert die Arbeitssicherheit, die Gesundheitssituation und die Arbeitsbedingungen in Betrieben und Verwaltungen und entwickelt Problemlösungen unter Anwendung sicherheitstechnischer, arbeitsmedizinischer, ergonomischer und sonstiger arbeitswissenschaftlicher Erkenntnisse; hierzu forscht sie im notwendigen Umfang selbst oder vergibt Forschungsaufträge an Dritte.

Die Bundesanstalt veröffentlicht die gewonnenen Erkenntnisse, arbeitet bei der Regelsetzung mit, initiiert

Aus- und Fortbildungsveranstaltungen und informiert bei Fachveranstaltungen.

Sie ist Anmeldestelle nach dem Chemikaliengesetz und deutsches Zentrum der Internationalen Dokumentationszentrale für Arbeitsschutz (CIS) beim Internationalen Arbeitsamt in Genf. Die Bundesanstalt führt die Sekretariate für die im Geschäftsbereich des Bundesministers für Arbeit und Sozialordnung errichteten Sachverständigenausschüsse im Bereich des Arbeitsschutzes. Um den Arbeitsschutz populär zu machen und ihn lebendig und anschaulich für jedermann darzustellen, wird die Deutsche Arbeitsschutzausstellung eingerichtet. Sie soll über die Arbeitswelt, ihren Stellenwert in der Gesellschaft und ihre menschengerechte Gestaltung informieren. Die Eröffnung des neuen Ausstellungsgebäudes ist für 1993 vorgesehen.

Bundesanstalt für Gewässerkunde (BfG)

5400 Koblenz, Postfach 309, Kaiserin-Augusta-Anlagen 15–17, ☏ (0261) 1306-1, ✆ 8-62499, Telefax (0261) 1306-302.

Leiter: Präsident Dr. Herbert *Knöpp*.

Vertreter: Baudirektor Dipl.-Ing. Manfred *Tippner*.

Abteilungen

M: Quantitative Gewässerkunde, Geodäsie.
Leiter: Baudirektor Dipl.-Ing. Manfred *Tippner*.

G: Qualitative Gewässerkunde, Radiologie.
Leiter: Regierungsdirektor Professor Dr. Hans-Jürgen *Liebscher*.

U: Ökologie.
Leiter: Regierungsdirektor Dr. Peter *Kothé*.

AB: Außenstelle Berlin.
Leiter: Ltd. Baudirektor Dipl.-Ing. Hartmut *Rödiger*.
Schnellerstraße 140, O-1190 Berlin, ☏ (00372) 63892-0, ✆ 112368, Telefax (00372) 63892-225.

Zweck: Die BfG ist im Geschäftsbereich des Bundesministers für Verkehr die zuständige gewässerkundliche Dienststelle der Wasser- und Schiffahrtsverwaltung des Bundes (WSV). Sie berät bei Planung, Unterhaltung, Ausbau und Neubau der Bundeswasserstraßen. Sie nimmt insbesondere folgende Aufgaben wahr:
Lösung von Zielkonflikten zwischen Verkehrsaufgaben und wasserwirtschaftlicher Funktion.
Weiterentwicklung und Anwendung wissenschaftlicher Methoden.
Quantitative, qualitative und ökologische gewässerkundliche Untersuchungen und Problem-Prognosen.
Durchführung der Hauptnivellements an den Bundeswasserstraßen.

Zentralstelle des Bundes auf dem Gebiet der Radioaktivität in Bundeswasserstraßen.

Die BfG ist das wissenschaftliche Institut des Bundes für die Forschung auf den Gebieten der Gewässerkunde, der Verkehrswasserwirtschaft und des Gewässerschutzes, und sie arbeitet in dieser Funktion auch für Aufgaben des Bundesministers für Umwelt, Naturschutz und Reaktorsicherheit.

Der BfG angeschlossen ist das Sekretariat des Deutschen Nationalkomitees für das Internationale Hydrologische Programm (IHP) der UNESCO und für das Operationelle Hydrologie-Programm (OHP) der WMO (Leiter: Professor Dr. Karl *Hofius*).

Der Bundesminister für Forschung und Technologie

5300 Bonn 2, Postfach 200240, Heinemannstraße 2, ☏ (0228) 59-0, Teletex 2283628 BMFTb, Telefax (0228) 593601.

Bundesminister für Forschung und Technologie: Dr. rer. nat. Heinz *Riesenhuber*.

Parlamentarischer Staatssekretär: Bernd *Neumann*.

Staatssekretär: Dr. jur. Gebhard *Ziller*.

Pressesprecher: Ministerialrat Dr. Christian *Patermann*.

Abteilung 1: Verwaltung, Grundsatzfragen.
Leiter: Ministerialdirektor Dr. rer. pol. Ludwig *Baumgarten*.

Unterabteilung 11: Personal; Recht; Infrastruktur.
Leiter: Ministerialdirigent Reinhart *Botterbusch*.

Unterabteilung 12: Grundsatzfragen der FuT-Politik; Finanzen.
Leiter: Ministerialdirigent Christoph *Eitner*.

Abteilung 2: Grundlagenforschung; Forschungskoordinierung; Internationale Zusammenarbeit.
Leiter: Ministerialdirektor Dr. Hermann *Strub*.

Unterabteilung 21: Grundlagenforschung; Forschungskoordinierung.
Leiter: Ministerialdirigent Volker *Knoerich*.

Unterabteilung 22: Internationale Zusammenarbeit.
Leiter: Ministerialdirigent Reinhard *Loosch*.

Abteilung 3: Energie; Lebenswissenschaften.
Leiter: Ministerialdirektor Dr. phil. nat. Josef *Rembser*.

Unterabteilung 31: Energie.
Leiter: Ministerialrat Dr. Eckhard *Lübbert*.

Unterabteilung 32: Lebenswissenschaften.
Leiter: Ministerialdirigent Dr.-Ing. Knut *Bauer*.

Abteilung 4: Informations- und Produktionstechnik; Arbeitsbedingungen; Neue Technologien.
Leiter: Ministerialdirektor Dr. rer. pol. Dipl.-Phys. Werner *Gries*.

Unterabteilung 41: Informationstechnik; Innovationsförderung.
Leiter: Ministerialdirigent Dr. Klaus *Rupf*.

Unterabteilung 42: Arbeitsbedingungen; Neue Technologien.
Leiter: Ministerialrat Dr. rer. pol. Hardwig *Bechte*.

Abteilung 5: Umwelt-, Meeres- u. Polarforschung; Geowissenschaften; Luft- und Raumfahrt; Verkehr.
Leiter: Ministerialdirektor Dr. jur. Jan Baldem *Mennicken*.

Unterabteilung 51: Luft- und Raumfahrt; Verkehr; Meerestechnik.
Leiter: Ministerialdirigent Dr. rer. pol. Reinhold *Leitterstorf*.

Unterabteilung 52: Globaler Wandel; Umwelt-, Meeres- u. Polarforschung; Geowissenschaften.
Leiter: Ministerialdirigent Dr.-Ing. Werner *Menden*.

Außenstelle Berlin:
O-1040 Berlin, Hannoversche Straße 30.

Projektträgerschaften Arbeit-Umwelt-Gesundheit (PT-AUG) der Deutschen Forschungsanstalt für Luft- und Raumfahrt

5300 Bonn 2, Südstraße 125, ☏ (0228) 3821-0, Teletex 2283730 ptaug, Telefax (0228) 3821-229.

Leitung: Dr. rer. nat. Ulrich *Däunert*.

Projektträger Arbeit und Technik: Dr. rer. nat. Ulrich *Däunert*.

Projektträger Umweltschutztechnik (UsT): Dr.-Ing. Joern *Hansen*.

Projektträger Forschung im Dienste der Gesundheit (FDG): Dr. rer. nat. Peter *Piontek*.

Projektträger Umweltsystemforschung (USF): Dr. rer. nat. Wolfgang *Zuckschwerdt*.

Zweck: Die Einrichtung PT-AUG der DLR ist vom Bundesminister für Forschung und Technologie (BMFT) beauftragt worden, die Programme »Arbeit und Technik« (AuT) und »Forschung im Dienste der Gesundheit« (FDG) sowie Teile des Programms »Umweltforschung und Umwelttechnologie« inhaltlich und administrativ abzuwickeln. Innerhalb des Programms AuT gibt es seit 1974 einen bedeutenden Arbeitsschwerpunkt »Menschengerechte Gestaltung der Arbeitsbedingungen im Bergbau«.

Bundesgesundheitsamt

1000 Berlin 33, Thielallee 88 — 92, Postfach 330013, ☏ (030) 8308-0, ✂ 184016, Telefax (030) 83082741.

Präsident: Professor Dr. med. vet. DDr. h. c. Dieter *Großklaus*.

Vizepräsident: Dr. Joachim *Welz*.

Presse- und Öffentlichkeitsarbeit: Klaus Jürgen *Henning*.

Zweck: Das Bundesgesundheitsamt wurde durch Bundesgesetz vom 27. 2. 1952 (Bundesgesetzbl. I S. 121) als selbständige Bundesoberbehörde im Sinne von Art. 87 GG errichtet. Es gliedert sich in sechs wissenschaftliche Institute und eine Zentralabteilung. Die interdisziplinäre Zusammenarbeit der Institute ist ausgerichtet an den Zielen Verbesserung des Schutzes der Gesundheit, Verminderung von Umweltrisiken, Krankheitsbekämpfung.

Zu dem Aufgabenkreis des Bundesgesundheitsamtes gehören auf allen Gebieten der öffentlichen Gesundheitspflege die Projekt- und Auftragsforschung, die wissenschaftliche Beratung des Bundes und der Länder, die wissenschaftliche Beratung der EG, FAO/WHO und anderer internationaler Gremien, Zulassungs- und Überwachungsfunktionen, insbesondere auf dem Gebiete des Betäubungs- und Arzneimittelrechts.

Das Bundesgesundheitsamt gehört zum Geschäftsbereich des Bundesministers für Jugend, Familie, Frauen und Gesundheit.

Institute

Robert-Koch-Institut

1000 Berlin 65, Nordufer 20, ☏ (030) 4503-1, Telefax (030) 4503-328.
Leiter: Professor Dr. Dr. Hans *Kröger*.

Institut für Wasser-, Boden- und Lufthygiene

1000 Berlin 33, Corrensplatz 1, ☏ (030) 8308-0, Telefax (030) 8308-2830.
Leiter: Dr. med. Henning *Lange-Asschenfeld*.
Abteilungen: Spezielle Umwelthygiene; Humanökologie und Gesundheitstechnik; Trink- und Betriebswasserhygiene; Abwasser und Umwelthygiene beim Gewässerschutz; Lufthygiene; Bodenhygiene, Hygiene der Wassergewinnung. Weitere Organisationseinheiten: Versuchsfeld für spezielle Fragen der Umwelthygiene, B.-Marienfelde. Außenstelle: Langen bei Frankfurt. Versuchsanlage: Hattersheim bei Frankfurt.

Max-von-Pettenkofer-Institut

1000 Berlin 45, Unter den Eichen 82 — 84, ☏ (030) 8308-0.
Leiter: Professor Dr. med. vet. Arpad *Somogyi*.

7 BEHÖRDEN

Institut für Sozialmedizin und Epidemiologie

1000 Berlin 42, General-Pape-Str. 62 — 66, ☏ (030) 78007-0, Telefax (030) 78007-109.
Leiter: Professor Dr. rer. nat. Hans *Hoffmeister*.
Abteilungen: Gesundheitswesen und Statistik; Epidemiologie von Gesundheitsrisiken; weitere Organisationseinheiten: Statistik-Beratung; Klinische Chemie und Hämatologie; Medizinische Physik und Medizintechnik.

Der Bundesminister für wirtschaftliche Zusammenarbeit

5300 Bonn 1, Postfach 120322, Karl-Marx-Str. 4—6, ☏ (0228) 535-1, ⌕ 8 869 452.

Bundesminister für wirtschaftliche Zusammenarbeit: Carl-Dieter *Spranger*.

Parlamentarische Staatssekretäre: Hans-Peter *Repnik*, Michaela *Geiger*.

Staatssekretär: Wighard *Härdtl*.

Abteilung 1: Regionale Entwicklungspolitik; Projekte und Programme der bilateralen finanziellen und technischen Zusammenarbeit; Integration aller entwicklungspolitischen Maßnahmen.
Leiter: Ministerialdirektor Bernhard *Schweiger*.

Abteilung 2: Planung und Erfolgskontrolle der Entwicklungspolitik, Multilaterale Zusammenarbeit, Sektorale und übersektorale Bereiche, Förderung der privatwirtschaftlichen Zusammenarbeit in der Entwicklungspolitik.
Leiter: Ministerialdirektor Dr. Eberhard *Kurth*.

Abteilung 3: Allgemeine Verwaltung, Personelle Zusammenarbeit und Entwicklung personeller Ressourcen; Zusammenarbeit zwischen Bund, Ländern und kommunalen Gebietskörperschaften, Zusammenarbeit mit öffentlichen und privaten Institutionen der Bundesrepublik Deutschland.
Leiter: Ministerialdirektor Anton *Zahn*.

Deutsche Gesellschaft für Technische Zusammenarbeit (GTZ) GmbH

6236 Eschborn, Postfach 5180, Dag-Hammarskjöld-Weg 1—5, ☏ (06196) 79-0, ⌕ 407501-0 gtz d.

Aufsichtsrat: Wighard *Härdtl*, Staatssekretär im Bundesministerium für wirtschaftliche Zusammenarbeit (BMZ), Bonn, Vorsitzender.

Geschäftsführung: Dipl.-Ing. Hans Peter *Merz;* Dr. Hansjörg *Elshorst;* Dipl.-Kfm. Gerold *Dieke*.

Zweck: Die GTZ wird von der Bundesregierung mit der fachlich-technischen Planung und Durchführung von Maßnahmen der Technischen Zusammenarbeit (TZ) mit Entwicklungsländern beauftragt.

Abteilung 404: Wirtschafts- und Unternehmensberatung, Trägerförderung für die Privatwirtschaft: Gewerbliche Wirtschaft, Bergbau und Finanzen.
Leiter: Christian *Pollak*.
Innerhalb der Abteilung bearbeitet die FK 4314 Projekte in Entwicklungsländern auf den Gebieten Rohstoffe, Bergbau und Weiterverarbeitung.

Deutsches Patentamt

8000 München 2, Zweibrückenstraße 12, Zweigstelle: Winzererstr. 47 a, ☏ (089) 21950, ⌕ 523534.

Patentabteilung 24 (zuständig für Patentmeldungen auf den Gebieten Bergbau, Hüttenwesen, Gießerei, Legierungen). Leiter: Ltd. Regierungsdirektor Dipl.-Ing. G v. *Münchow*. Vertreter: Regierungsdirektor Dipl.-Ing. H. Th. *Schulte*.

Prüfungsstellen für Bergbau

Aufbereitung (B03B—B03D): Regierungsdirektor Dipl.-Ing. M. *Kising*.

Verkokungstechnik (C10B): Regierungsdirektor Dr.-Ing. P. *Sprzagala*.

Vergasung von Kohle und Müll (C10J): Regierungsdirektor Dr.-Ing. B. *Höfler*.

Tiefbohren, Erd- und Gesteinsbohren, Gewinnung aus Bohrlöchern (E21B); Sicherheitsvorrichtungen, Förderung, Versatz, Bewetterung, Wasserhaltung (E21F): Regierungsdirektor Dipl.-Ing. H. *Weicherding*.

Bohrmaschinen, Bohrwagen, Gewinnungsmaschinen, Hobeln, Schrämen; Abbauverfahren unter und über Tage (E21C): Regierungsdirektor Dipl.-Ing. H. *Küchler*.

Schächte, Strecken, Tunnel, Stollen, Vortriebsverfahren und -maschinen, Ausbau (E21D): Regierungsdirektor Dipl.-Ing. H. *Moser*, Regierungsdirektor Dipl.-Ing. M. *Kising*, Oberregierungsrat Dr. K. *Hagedorn*.

Treuhandanstalt

O-1080 Berlin, Leipziger Straße 5—7, Postfach 1192, ☏ (030) 3154-0 (W), (030) Berlin 232-0 (O), Telefax (030) 3154-1320 (W), (030) Berlin 232-1320 (O), ⌕ 1152417 ydd; Büro Bonn, Bundeskanzlerplatz 2—10, W-5300 Bonn, ☏ (0228) 211-063/064, Telefax 21 5276.

Verwaltungsrat: Dr. Jens *Odewald*, Vorsitzender; Professor Dr. Kurt *Biedenkopf;* Dr. Otto *Gellert;* Hans-Olaf *Henkel;* Roland *Issen;* Horst *Klaus;* Professor Dr. Claus *Köhler;* Dr. Horst *Köhler;* Dr. Manfred *Lennings;* Dr. André *Leysen;* Heinz-Werner *Meyer;* Professor Dr. Werner *Münch;* Dr. Frank *Niehammer;* Dr. Horst *Pastuszek;* Klaus *Piltz;* Dr. Harald *Tausch-Marton;* Johan J. G. Ch. *van Tilburg;* Dr. h. c. Hermann *Rappe;* Dr. Dieter *von Würzen;* Dr. Gerd *Gies;* Dr. Alfred *Gomolka;* Dr. Manfred *Stolpe;* Elmar *Pieroth;* Dr. Klaus *Zeh*.

Vorstand: Birgit *Breuel*, Präsidentin.

Unternehmensbereich 1
Hero *Brahms*.
Geschäftsverantwortung: Schwermaschinen-, Anlagenbau, Werkzeugmaschinenbau, Spezialmaschinen.
Funktionalverantwortung: Zentrales Beteiligungscontrolling, Prüfung von Unternehmenskonzepten, Führungskräfte, Beteiligungsunternehmen.

Unternehmensbereich 2
Dr. Klaus-Peter *Wild*.
Geschäftsverantwortung: Kommunalvermögen, Wasserwirtschaft, Verkehr, 15 Niederlassungen.
Funktionalverantwortung: Koordination Niederlassungen, Reprivatisierungen, Mittelstandsbeauftragte.

Unternehmensbereich 3
Dr. Günter *Rexrodt*.
Geschäftsverantwortung: Textil, Bekleidung, Leder, Land- und Forstwirtschaft, Nahrungs- und Genußmittel, Bauindustrie, Übriges Sondervermögen, Außenhandelsbetriebe.
Funktionalverantwortung: Treuhand Ostberatungs GmbH, Datenschutzbeauftragter.

Unternehmensbereich 4
Dr. Wolf R. *Klinz*.
Geschäftsverantwortung: Optik, Keramik, Feinmechanik, Fahrzeugbau, Küstenindustrie, Holz, Papier, Dienstleistungen.
Funktionalverantwortung: Abwicklung.

Unternehmensbereich 5
Dr. Hans *Krämer*.
Geschäftsverantwortung: Eisen-, Stahlerzeugung, NE-Metallindustrie, Elektrotechnik, Elektronik, Hotels und Gästehäuser, Finanzvermögen.
Funktionalverantwortung: Umwelttechnik, Altlasten.

Unternehmensbereich 6
Dr. Klaus *Schucht*.
Geschäftsverantwortung: Energiewirtschaft, Chemie, Bergbau, Steine, Erden.

Personal
Dr. Horst *Föhr*.
Funktionalverantwortung: Personal THA, Arbeitsmarkt und Soziales, Betriebsverfassung, Tarifwesen, Verwaltung, Vertrauensbevollmächtigte.

Finanzen
Dr. Heinrich *Hornef*.
Funktionalverantwortung: Finanzplanung, Unternehmensfinanzierung, Bürgschaften und Kredite, Rechnungswesen Finanzierung THA, Organisation, EDV.

Niederlassungen der Treuhandanstalt:

Berlin
O-1055 Berlin, Schneeglöckchenstraße 26, ☏ (030) 462 70 70, Telefax (030) 213 70 41.
Leiter der Niederlassung: Helmuth *Coqui*.

Chemnitz
O-9006 Chemnitz, Henriettenstraße 16–18, ☏ (0371) 920-0, Telefax (0371) 920392-396, ✍ 7272.
Leiter der Niederlassung: Dr. Dirk *Wefelscheid*.

Cottbus
O-7500 Cottbus, Gulbener Straße 24, ☏ (0355) 491-0, Telefax (0355) 491 37.
Leiter der Niederlassung: Günter *Lühmann*.

Dresden
O-8010 Dresden, Webergasse 2, ☏ (0351) 481 00, Telefax (0351) 481 01 15, 496 10 51.
Leiter der Niederlassung: Helmut *Wotte*.

Erfurt
O-5010 Erfurt, Bahnhofstraße 37, ☏ (0361) 517 51, Telefax (0361) 218 95, ✍ 61417.
Leiter der Niederlassung: Helmut *Wotte*.

Frankfurt/O.
O-1200 Frankfurt/O., Halbe Stadt 7, ☏ (0335) 342-0, Telefax (0335) 325048.
Leiter der Niederlassung: Hans H. *Lürken*.

Gera
O-6500 Gera, Puschkinplatz 7, ☏ (0365) 626-0, Telefax (0365) 240 70.
Leiter der Niederlassung: Gerhard C. *Jessen*.

Halle
O-4090 Halle, Hochhaus 013, ☏ (0345) 627-0, Telefax (0345) 627288, ✍ 1188.
Leiter der Niederlassung: Dr. Michael *Dickerhof*.

Leipzig
O-7010 Leipzig, Friedrich-Engels-Platz 5, ☏ (0341) 217 20, Telefax (0341) 209380, 217 26 99.
Leiter der Niederlassung: Claus *von der Decken*.

7 BEHÖRDEN

Magdeburg
O-3010 Magdeburg, Otto-v.-Guericke-Straße 27−28, ☏ (0391) 379-0, Telefax (0391) 32912, ✉ 30630.
Leiter der Niederlassung: Dr. Helmut *Freudenmann*.

Neubrandenburg
O-2000 Neubrandenburg, Leninstraße 120, ☏ (0395) 665-0, Telefax (0395) 42090, ✉ 382005.
Leiter der Niederlassung: Helmuth *Ofterdinger*.

Potsdam
O-1581 Potsdam, Am Bürohochhaus, ☏ (0331) 8690-0, Telefax (0331) 8690311, ✉ 361270.
Leiter der Niederlassung: Hermann R. *Beck*.

Rostock
O-2500 Rostock, Wilhelm-Külz-Platz 2, ☏ (0381) 45690, Telefax (0381) 4569111.
Leiter der Niederlassung: Karl *Utz*.

Schwerin
O-2750 Schwerin, Werkstraße 1, ☏ (0385) 357-0, Telefax (0385) 357415.
Leiter der Niederlassung: Karl-Heinz *Rüsberg*.

Suhl
O-6016 Suhl, Hölderlinstraße 1, PSF 220, ☏ (03681) 5290, Telefax (03681) 60089.
Leiter der Niederlassung: Dr. Richard *Brändle*.

Tochtergesellschaften

FREHO Immobilien-Verwaltungsgesellschaft mbH
O-1020 Berlin, Alexanderplatz 6, ☏ (030) 3154 6052, Telefax (030) 3154 7497.

EXHO Immobilien-Verwaltungsgesellschaft mbH
O-1020 Berlin, Alexanderplatz 6, ☏ (030) 3154 6065-66, Telefax (030) 3154 7500.

DUHO Verwaltungsgesellschaft mbH
O-1020 Berlin, Alexanderplatz 6, ☏ (030) 3154 6048, Telefax (030) 3154 7495.

Liegenschaftsgesellschaft der Treuhandanstalt mbH (TLG)
O-1020 Berlin, Alexanderplatz 6, ☏ (030) 3154 7001, Telefax (030) 3154 7603.

BVVG Bodenverwertungs- und Verwaltungs GmbH
O-1020 Berlin, Wallstraße 9 bis 13, ☏ (030) 203510.

Treuhandanstalt Forstbetriebs GmbH Geschäftsstelle
O-1136 Berlin, Rhinstraße 149, ☏ (030) 5478 6601, Telefax (030) 5478 6602.

3. Länderausschüsse

Umweltministerkonferenz (UMK)

Vorsitz und Geschäftsführung:
1991: Ministerium für Umwelt, Raumordnung und Landwirtschaft des Landes Nordrhein-Westfalen, 4000 Düsseldorf, Schwannstr. 3, ☏ (0211) 4566-0.
1992: Ministerium für Umwelt des Landes Rheinland-Pfalz, 6500 Mainz, Kaiser-Friedrich-Str. 7, ☏ (06131) 16-1.

Vorsitz und Geschäftsführung wechseln jährlich in der alphabetischen Reihenfolge der Ländernamen.

Mitglieder und Zweck: Die UMK wurde am 5. Juli 1973 auf Beschluß der Ministerpräsidentenkonferenz gegründet. Mitglieder der UMK sind die Umweltminister und -senatoren des Bundes und der Länder. Jährlich werden zwei ordentliche Sitzungen abgehalten. Die Sitzungen der UMK werden durch Amtschefkonferenzen vorbereitet. Die Umweltministerkonferenz dient der frühzeitigen Koordinierung in Grundsatzfragen der Umweltpolitik und dem Informationsaustausch in fachlichen Fragen des Umweltschutzes zwischen Bund und Ländern. Dabei befaßt sie sich mit folgenden Sachgebieten: Allgemeine und grundsätzliche Umweltangelegenheiten; Naturschutz, Landschaftspflege und Bodenschutz; Abfall- und Wasserwirtschaft; Immissionsschutz; Schutz vor Umweltchemikalien, Reaktorsicherheit und Strahlenschutz.

Umweltminister/Senatoren: Bundesminister für Umwelt, Naturschutz und Reaktorsicherheit Professor Dr. Klaus *Töpfer*, Bonn; Minister für Umwelt Dr. Erwin *Vetter*, Stuttgart; Staatsminister für Landesentwicklung und Umweltfragen Dr. Peter *Gauweiler*, München; Senatorin für Umweltschutz und Stadtentwicklung Eva-Maria *Lemke-Schulte*, Bremen; Senator der Umweltbehörde der Freien und Hansestadt Hamburg Jörg *Kuhbier*, Hamburg; Minister für Umwelt, Energie und Bundesangelegenheiten Joschka *Fischer*, Wiesbaden; Senator für Stadtentwicklung und Umweltschutz Dr. Volker *Hassemer*, Berlin; Ministerin für Umwelt Monika *Griefahn*, Hannover; Minister für Umwelt, Raumordnung und Landwirtschaft Klaus *Matthiesen*, Düsseldorf; Ministerin für Umwelt Klaudia *Martini*, Mainz; Minister für Natur, Umwelt und Landesentwicklung Professor Dr. Berndt *Heydemann*, Kiel; Minister für Umwelt Josef *Leinen*, Saarbrücken.

Umweltminister der neuen Bundesländer: Minister für Umwelt, Naturschutz und Raumordnung Matthias *Platzeck*, Potsdam; Ministerin für Umwelt Dr. Petra *Uhlmann*, Schwerin; Staatsminister für Umwelt und Landesentwicklung Dr. Karl *Weise*, Dresden; Minister für Umwelt und Naturschutz Wolfgang *Rauls*, Magdeburg; Umweltminister Hartmut *Sieckmann*, Erfurt.

Länderarbeitsgemeinschaft Abfall

Vorsitz: Senator für Umweltschutz und Stadtentwicklung der Freien Hansestadt Bremen, 2800 Bremen 1, Am Wall 177, ☏ (0421) 361-6838, Telefax (0421) 361-6013, Telex 244804 senat d.

Vorsitzender: Senatsrat Dr. Wolfgang *Bonberg*. Der Vorsitz der Länderarbeitsgemeinschaft wurde außerhalb der satzungsmäßigen Reihe für das Jahr 1991 übernommen.

Geschäftsführung: Rainer *Mathia*.

Mitglieder: Die für Abfallwirtschaft und Abfallrecht zuständigen obersten Behörden der Bundesländer.

Zweck: Hauptziel ist, Informationen und Erfahrungen im Interesse eines gleichartigen Vollzugs in den Ländern auszutauschen, Forschungs- und Untersuchungsvorhaben zu koordinieren, Musterverwaltungsvorschriften für den Vollzug des Abfallrechts zu erarbeiten, Merkblätter, Richtlinien und Informationsschriften als Hilfsmittel zur Lösung abfallwirtschaftlicher Aufgabenstellungen zu verfassen sowie sich mit dem Bund in allen die Bundesländer berührenden Fragen abzustimmen.

Länderarbeitsgemeinschaft für Naturschutz, Landschaftspflege und Erholung (LANA)

Ab 1992: Ministerium für Umwelt des Landes Baden-Württemberg – Oberste Naturschutzbehörde –, 7000 Stuttgart 10, Postfach 103439, ☏ (0711) 126-2789.

Vorsitzender: Ministerialrat Dr. Dietwalt *Rohlf*, Ministerium für Umwelt Baden-Württemberg.

Geschäftsführung: Oberkonservator Michael *Theis*, Ministerium für Umwelt Baden-Württemberg, ☏ (0711) 126-2792.

Mitglieder: Fachreferenten der für Naturschutz und Landschaftspflege zuständigen obersten Landesbehörden.

Länderausschuß für Atomkernenergie
— Hauptausschuß —

Bundesministerium für Umwelt, Naturschutz und Reaktorsicherheit, 5300 Bonn 1, Postfach 120629.

Vorsitzender: Ministerialdirektor Dr. Walter *Hohlefelder*, Leiter der Abteilung »Sicherheit kerntechnischer Einrichtungen, Strahlenschutz, nukleare Ver- und Entsorgung« im Bundesministerium für Umwelt, Naturschutz und Reaktorsicherheit, 5300 Bonn 1, Husarenstr. 30.

Geschäftsführung: Ministerialrat *Steinkemper*, Leiter des Referates RS I 1 im Bundesministerium für Umwelt, Naturschutz und Reaktorsicherheit, 5300 Bonn 1, Husarenstr. 30, ☎ (0228) 305 28 11.

Mitglieder: Abteilungsleiter in denjenigen obersten Landesbehörden, die für Fragen der friedlichen Nutzung der Kernenergie und den Schutz gegen ihre Gefahren zuständig sind.

Zweck: Der Länderausschuß für Atomkernenergie dient der Zusammenarbeit zwischen Bund und Ländern in Fragen der Reaktorsicherheit und des Strahlenschutzes und der nuklearen Ver- und Entsorgung.

Länderausschuß Bergbau

Bundesministerium für Wirtschaft, 5300 Bonn 1, Postfach 140260, ☎ (0228) 615-3453, ⚡ 886747, Telefax (0228) 615-4436, Teletex 228340 = BMWi.

Vorsitzender: Ministerialdirigent Bernhard *Braubach*, Bundesministerium für Wirtschaft.

Geschäftsführung: Regierungsdirektor Dr. Ulrich *Kullmann*, Bundesministerium für Wirtschaft.

Mitglieder: Vertreter der für den Bergbau zuständigen Wirtschaftsministerien (-senatoren) der Länder (Hessen und Thüringen Umweltministerien) sowie der oberen Bergbehörden (Oberbergämter und Landesbergamt Baden-Württemberg).

Zweck: Beratung von für den Bund und die Länder wichtigen Fragen der Bergbauwirtschaft und der Bergverwaltung, die zum Teil in ständigen Arbeitskreisen vorberaten werden.

Länderausschuß für Immissionsschutz (LAI)

Ministerium für Umwelt, Raumordnung und Landwirtschaft des Landes Nordrhein-Westfalen, 4000 Düsseldorf 30, Postfach 300652, ☎ (0211) 4566-0, ⚡ 8584965, Telefax (0211) 4566-388, Teletex 21 17 09 = UMNW.

Vorsitzender: Ministerialdirigent Professor Dr.-Ing. Manfred *Pütz* im Auftrag des Ministers für Umwelt, Raumordnung und Landwirtschaft des Landes Nordrhein-Westfalen.

Geschäftsführung: Leitender Ministerialrat Dr. Klaus *Hansmann* beim Ministerium wie vor.

Pressereferent des Ministeriums: Reg.-Ang. Dr. Thomas *König*, ☎ (0211) 4566-294.

Mitglieder: Vertreter der für den Immissionsschutz zuständigen obersten Behörden des Bundes und der Länder sowie des Länderausschusses Bergbau und der Arbeitsgemeinschaft der Leitenden Medizinalbeamten der Länder.

Zweck: Beratung von für den Bund und die Länder wichtigen Fragen des Immissionsschutzes, insbesondere Koordinierung mit dem Ziel eines bundeseinheitlichen Vollzugs immissionsschutzrechtlicher Vorschriften. Z. T. Vorberatung in den ständigen Unterausschüssen »Recht«, »Luft/Technik«, »Luft/Überwachung«, »Lärmbekämpfung«, »Anlagensicherheit« und »Wirkungsfragen«.

4. Landesbehörden

Baden-Württemberg

Ministerium für Wirtschaft, Mittelstand und Technologie Baden-Württemberg

7000 Stuttgart 1, Postfach 440, Theodor-Heuss-Str. 4, ☏ (0711) 123-0, ℻ 723931.

Minister: Hermann *Schaufler*.

Staatssekretär: Dr. oec. Eberhard *Leibing*.

Abteilung V: Energie, Rohstoffe, Umwelt: Ministerialdirigent Josef *Wennrich*; Stellvertreter: Ltd. Ministerialrat Dieter *Blickle*.

Referat 55: Bergwesen, Geologie, Rohstoffsicherung: Ministerialrat Dr. Peter *Klemmer*; Stellvertreter: Baudirektor Karl-Heinz *Kaspar*.

Geologisches Landesamt Baden-Württemberg

7800 Freiburg, Albertstr. 5, ☏ (0761) 204-0, Telefax (0761) 204-4438; Zweigstelle: 7000 Stuttgart 1, Urbanstr. 53, ☏ (0711) 212-4811, Telefax (0711) 212-4833.

Leitung: Präsident Dr. Horst F. *Schneider*. Vertreter: Abteilungsdirektor Dr. Günter *Strayle*. Zweigstelle Stuttgart: Ltd. Geologiedirektor Professor Dr. Winfried *Reiff*.

Zweck: Geowissenschaftliche Landesaufnahme insbesondere auf den Gebieten der regionalen Geologie, der Hydro-, Ingenieur- und Rohstoffgeologie, der Geophysik, der Geochemie und der Bodenkunde, Aufsuchung und Beurteilung von Vorkommen nutzbarer Bodenschätze mit Einschluß der Steine und Erden sowie des Wassers, Vollzug des Lagerstättengesetzes vom 4. 12. 1934 (RGBl I, S. 1223); bodenkundliche und standortökologische Untersuchungen, geologische Baugrunduntersuchungen und geologische Bodenmechanik, Bodenkartierung im Rahmen des Bodenschutzprogrammes, chemische, petrographische und geophysikalische Untersuchungen im Rahmen der vorstehenden Aufgabenbereiche, Beratung der staatlichen Behörden und Gemeinden sowie privater Interessenten. Daseinsvorsorge und Umweltschutz. Erstattung von Gutachten, Herausgabe von geowissenschaftlichen Karten und Veröffentlichungen aus den genannten Aufgabenbereichen, Anlage von Sammlungen und Archiven.

Abteilungen

I. Zentrale Aufgaben: Abteilungsdirektor Dr. Günter *Strayle*.

II. Landesaufnahme und Rohstoffgeologie: Ltd. Geologiedirektor Dr. Rudolf *Hüttner*.

III. Hydrogeologie: Geologiedirektor Dr. Otthard *Wendt*.

IV. Technische Geologie: Ltd. Geologiedirektor Dr. Ulf *Koerner*.

V. Bodenkunde: Ltd. Geologiedirektor Dr. Peter *Hummel*.

Landesbergamt Baden-Württemberg

7800 Freiburg, Urachstr. 23, ☏ (0761) 704000, Telefax (0761) 78969.

Leiter: Ltd. Bergdirektor Klaus *Nast*. Vertreter: Bergdirektor Ulrich *Kleinmann*.

Rechtsreferent: Oberregierungsrat Frank *Fromm*.

Abteilung I: Verwaltung
Personal, Haushalt, Organisation, Innerer Dienst, Feldes- und Förderabgaben, Sachverständigenanerkennung, bergwirtschaftliche Statistik und Berichte: Reg.-O.-Amtsrat Manfred *Baldas*.

Abteilung II: Bergbau unter Tage und Seilbahnen
Ausübung der bergbehördlichen Zuständigkeiten, insbesondere Betriebsplanverfahren und Bergaufsicht bei Aufsuchung, Gewinnung und Aufbereitung durch Betriebe in folgenden Bereichen: Fluß- und Schwerspat, Salz, Erze, Gips, grundeigene Bodenschätze unter Tage, Grubenrettungswesen, Arbeits- und Gesundheitsschutz, Maschinen- und Elektrotechnik, Wettertechnik, Schacht- und Schrägförderanlagen, Strahlenschutz, eisenbahnrechtliche Zuständigkeiten über Seilbahnen, Besucherbergwerke, Schauhöhlen.
Oberbergrat Dieter *Niebergall*.

Abteilung III: Bergbau über Tage, Abfallentsorgung, Umweltverträglichkeitsprüfung
Ausübung der bergbehördlichen Zuständigkeiten, insbesondere Betriebsplanverfahren und Bergaufsicht bei der Aufsuchung und Gewinnung von grundeigenen Bodenschätzen (insbesondere Quarz, Ton, Traß).
Oberbergrat Volker *Dennert*.

Abteilung IV: Bohrlochbergbau, Hohlraumbauten
Ausübung der bergbehördlichen Zuständigkeiten, insbesondere Betriebsplanverfahren und Bergaufsicht bei der Aufsuchung, Gewinnung und Aufbereitung durch Betriebe folgender Bereiche: Erdöl und Erdgas, Erdwärme, Kohlensäure, Sole, Untergrundspeicherung; Ausübung der gewerberechtlichen Zuständigkeiten bei der Herstellung von Tunnel-, Stollen- und Kavernenbauten, Gashochdruckleitungen, Ausbildung im Bergbau.
Bergdirektor Ulrich *Kleinmann*.

7 BEHÖRDEN

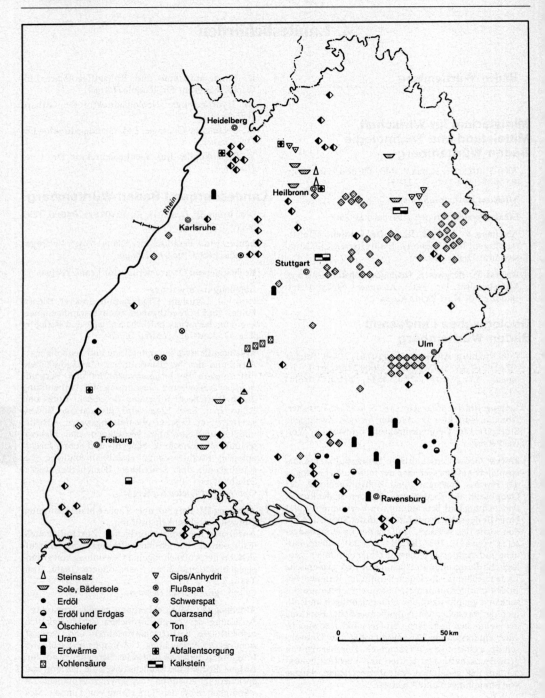

Der Bezirk des Landesbergamtes Baden-Württemberg.

Abteilung V: Bergbauberechtigungen, Markscheidewesen
Bergbehördliche Zuständigkeiten für Bewilligungen, Erlaubnisse, Bergwerkseigentum, Überwachung von Markscheidern, Plan- und Rißwesen, Bergschadensangelegenheiten, Baubeschränkungen, Oberflächenschutz, Rohstoffsicherung.
Bergrat Holger *Schick.*

Das Landesbergamt ist Bergbehörde für das Land Baden-Württemberg.

Es ist ferner zuständig für Anlagen, die der Herstellung, wesentlichen Erweiterung und wesentlichen Veränderung von unterirdischen Hohlräumen dienen, für die technische Aufsicht über die Seilbahnen sowie für die Überwachung beim Bau von Gashochdruckleitungen.

Ministerium für Umwelt Baden-Württemberg

7000 Stuttgart, Kernerplatz 9, ☏ (0711) 126-0, ⌁ 723162 umbw d, Telefax (0711) 126-2881, Teletex 7111643 UMinBw.

Minister: Dr. Erwin *Vetter.*

Staatssekretär: Werner *Baumhauer.*

Amtschef: Ministerialdirektor Dr. Manfred *König.*

Pressereferat: Thomas *Langheinrich.*

Abteilung 1: Verwaltung. Leiter: Ministerialdirigent Dr. Helmut *Birn.*

Abteilung 2: Grundsatz, Ökologie. Leiter: Ministerialdirigent Bernhard *Bauer.*

Abteilung 3: Wasser. Leiter: Ministerialdirigent Stephan *Illert.*

Abteilung 4: Luft, Boden Abfall. Leiter: Ministerialdirigent Klaus *Röscheisen.*

Abteilung 5: Reaktorsicherheit, Radioaktivität. Leiter: Ministerialdirigent Manfred *Lehmann.*

Landesanstalt für Umweltschutz Baden-Württemberg

7500 Karlsruhe, Griesbachstraße 3, Postfach 210752, ☏ (0721) 983-0, Telefax (0721) 983-1456.

Präsident: Dr. A. *Kiess.*

Abteilung 1: Verwaltung.

Abteilung 2: Grundsatz, Ökologie.

Abteilung 3: Luft, Strahlenschutz, Lärm, Arbeitsschutz.

Abteilung 4: Wasser.

Abteilung 5: Boden, Abfall, Altlasten.

Zweck: Konzeptionelle Beratung der Landesregierung und der Ministerien sowie fachliche Beratung der Fachbehörden des Landes in Fragen des technischen und ökologischen Umweltschutzes und des Arbeitsschutzes (Unterstützung des Verwaltungsvollzugs). Erarbeitung von Grundlagen für den medienspezifischen und medienübergreifenden Umweltschutz, Umweltüberwachung und Messungen. Umweltberichterstattung. Umweltdokumentation und Umweltinformation.

Bayern

Bayerisches Staatsministerium für Wirtschaft und Verkehr

8000 München 22, Prinzregentenstraße 28, ☏ (089) 2162-01, ⌁ 523759 bywvm d, Telefax (089) 2162-2760, Teletex 897188.

Staatsminister: Dr. h. c. August R. *Lang.*

Staatssekretär: Alfons *Zeller.*

Ministerialdirektor: Hanns-Martin *Jepsen.*

Abteilung I: Zentrale Verwaltung

Leiter: Ministerialdirigent Dr. *Degen,* Stellvertreter: Ministerialrat v. d. *Pfordten.*

Abteilung V: Industrie

Leiter: Ltd. Ministerialrat Ewald *Pangerl;* Stellvertreter: Ltd. Ministerialrat Dr. *Zeitler.*

Referat V/6 Industriegruppe 5 (Chemie, Kunststoffe, Mineralöl): Leiter: Ministerialrat Paul *Greis;* Stellvertreter: Regierungsdirektor Werner *Ehelechner.*

Abteilung VI: Energie, Bergbau, Mineralische Rohstoffe, Umweltfragen, Preise

Leiter: Ltd. Ministerialrat Robert *Dehner;* Stellvertreter: N. N.

Referat VI/1 Grundsatzfragen der Energiewirtschaft: Leiter: Ministerialrat Martin *Mitterer;* Stellvertreter: Regierungsrat *Wolf.*

Referat VI/2 Elektrizitäts- und Gasversorgung, Kernenergie und Strahlenschutz: Leiter: Ltd. Ministerialrat Robert *Dehner;* Stellvertreter: Baudirektor Dr. Gerhard *Olk.*

Referat VI/3 Energieeinsparung, Fernwärme, regenerative Energien, Energietechnik: Leiter: Ministerialrat Volker *Gehrling;* Stellvertreter: Baudirektor Hermann *Ankirchner.*

Referat VI/4 Bergbau, mineralische Rohstoffe, Umweltfragen: Leiter: Ministerialrat Dr. Emil *Hadamitzky;* Stellvertreter: Regierungsdirektor Josef *Beck.*

Referat VI/6 Kohle- und Mineralölversorgung: Leiterin: Ministerialrätin Eveline *Werner;* Stellvertreter: Regierungsrat Dr. *Taubitz.*

7 BEHÖRDEN

Bayerisches Oberbergamt

8000 München 22, Prinzregentenstr. 26 (Eing. Hs. 28), ☏ (089) 2162-02, **Dienststunden:** Mo. 8.00 Uhr bis 16.15 Uhr, Di. bis Do. 7.30 Uhr bis 16.15 Uhr, Fr. 7.30 bis 14.00 Uhr.

Präsident: Dr.-Ing. Wolfgang F. *Waldner.*

Vertreter des Präsidenten: Ltd. Bergdirektor Klaus-Werner *Thümmler.*

Abteilung I: Personal, Haushalt, Rechtsangelegenheiten, Organisation und Verwaltung. Fortbildung, Bergbauförderung, Bergreferendare: Bergdirektor Gerbert *Gerecht.*

Referat I/1: Personalangelegenheiten, Fortbildung, Organisation und Verwaltung, Bergbauförderung, Bergreferendare: Bergdirektor Gerbert *Gerecht.*

Referat I/2: Rechtsangelegenheiten: Regierungsrätin z. A. Antje *Lauer-Loch.*

Referat I/3: Haushalt: Regierungsrätin z. A. Antje *Lauer-Loch.*

Abteilung II: Bergaufsicht, Bergbautechnik, Sicherheit, Arbeits- und Gesundheitsschutz, Ausbildung, Seilbahnen, Gashochdruckleitungen, Umweltschutz, Berichtswesen: Ltd. Bergdirektor Klaus-Werner *Thümmler.*

Referat II/1: Bergaufsicht, Bergverordnungsgebung, Grubenrettungs- und Gasschutzwesen: Ltd. Bergdirektor Klaus-Werner *Thümmler.*

Referat II/2: Bergverordnungsvollzug, Arbeitsschutz, Bergtechnik und Ausbildung, Umweltschutz, Berichtswesen: Bergoberrat Christopher *von Königslöw.*

Referat II/3: Seilbahnen, Grubenanschlußbahnen: Baudirektor Rudolf *Merkl.*

Referat II/4: Gashochdruckleitungen, Maschinentechnik: Bauoberrat Bernhard *Steinhauser.*

Abteilung III: Technologieförderung: Bergdirektor Fritz *Schlutius.*

Referat III/1: Forschungsförderung, Innovationszusammenarbeit: Bergdirektor Fritz *Schlutius.*

Referat III/2: Bayer. Technologie-Einführungsprogramm: Bauoberrat Dr.-Ing. Ulrich *Weishaupt.*

Referat III/3: Innovationsförderung und -beratung: Techn. Angestellter Dipl.-Ing. Alwin *Süß.*

Referat III/4: Förderung von Energietechnologien: Bauoberrat Dr.-Ing. Karl *Marck.*

Abteilung IV: Bergwirtschaft, Energiebilanz, Feldes- und Förderabgaben, Markscheidewesen, Planungsangelegenheiten, EDV: Ltd. Bergdirektor Wolfgang *Eldracher.*

Referat IV/1: Bergwirtschaft, Energiebilanz, Erlaubnisse und Bewilligungen für bergfreie Bodenschätze: Ltd. Bergdirektor Wolfgang *Eldracher.*

Referat IV/2: Markscheidewesen, Planungsangelegenheiten, EDV: m. d. W. d. G. b. Bergoberrat Gerd *Hofmann;* für EDV: Bergrat z. A. Dipl.-Ing. Rainer *Zimmer.*

Referat IV/3: Feldes- und Förderabgaben: Bergoberrat Gerd *Hofmann.*

Die Bergämter im Bezirk des Bayerischen Oberbergamts

1. Bergamt München in 8000 München 22, Prinzregentenstr. 26 (Eing. Haus 28), ☏ (089) 2162-02.
Leiter: Bergdirektor Konrad *Fünfgelder;* Stellvertreter: Bergrat Dipl.-Ing. Ingo *Tönnesmann.*

Das Bergamt München umfaßt die Regierungsbezirke Oberbayern, Niederbayern und Schwaben. Seiner Aufsicht unterstehen Betriebe zur Aufsuchung, Gewinnung und Aufbereitung folgender Bodenschätze:
Steinsalz, Siedesalz, Erdöl, Erdgas, Graphit, Kieselerde, Marmor, Quarz, Ton, Bleicherde, Bentonit sowie die Gasspeicher dieses Gebietes.

2. Bergamt Bayreuth in 8580 Bayreuth, Parsifalstr. 25 I, ☏ (0921) 78916-0.
Leiter: Bergdirektor Fritz-Jürgen *Lüdecke;* Stellvertreter: Bergoberrat Christopher *Dammer.*

Das Bergamt Bayreuth umfaßt die Regierungsbezirke Oberfranken, Unterfranken und Mittelfranken. Seiner Aufsicht unterstehen Betriebe zur Aufsuchung, Gewinnung und Aufbereitung folgender Bodenschätze:
Braunkohle, Uranerz, Siedesalz, Steinsalz, Sole, Feldspat, Gips, Kalkstein, Quarzsand, Pegmatitsand, Speckstein, Talkschiefer, Dachschiefer, Ton, Farberde und Bolus, Kaolin.

3. Bergamt Amberg in 8450 Amberg, Malteserplatz 1, ☏ (09621) 12230.
Leiter: Bergdirektor Jürgen *Moll;* Stellvertreter: N. N.

Das Bergamt Amberg umfaßt den Regierungsbezirk Oberpfalz. Seiner Aufsicht unterstehen Betriebe zur Aufsuchung, Gewinnung und Aufbereitung folgender Bodenschätze:
Ocker und Farberde, Flußspat, Pegmatitsand, Kaolin, Ton, Quarz und Formsand sowie die Gasspeicher dieses Gebietes.

Bayerisches Staatsministerium für Landesentwicklung und Umweltfragen

8000 München 81, Rosenkavalierplatz 2, Postfach 810140, ☏ (089) 9214-0, ✄ 524295 bylum d, Telefax (089) 9214-2266, Teletex 898551 bylum d.

Staatsminister: Dr. Peter *Gauweiler.*

Staatssekretär: Otto *Zeitler.*

Amtchef: Ministerialdirektor Professor Dr. Werner *Buchner.*

LANDESBEHÖRDEN

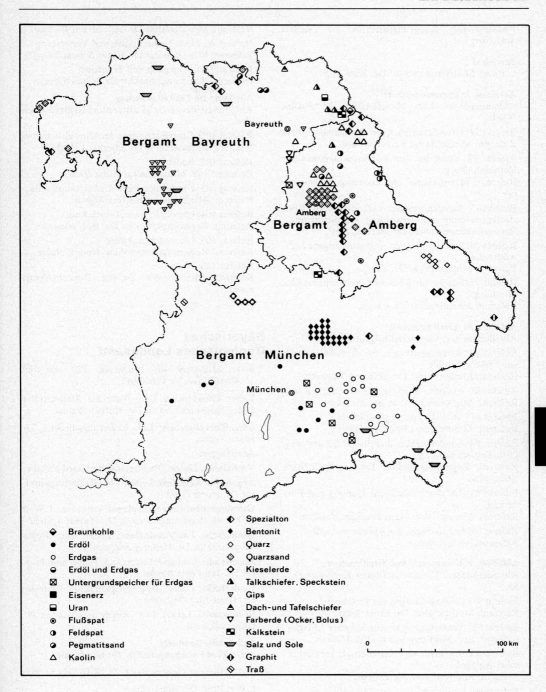

Der Bezirk des Bayerischen Oberbergamtes.

Pressereferent: Regierungsdirektor Dr. Robert *Schreiber*.

Bereich II
Leitung: Ministerialdirektor Dr. Josef *Vogl*.

Abteilung 7: Immissionsschutz
Abteilungsleiter: Ltd. Ministerialrat Dr. Rudolf *Wörle*.
Referat 71: Grundsatzfragen des Immissionschutzes
Referent: Ministerialrat Reiner *Strauß*.
Referat 72: Vorsorge- und Fördermaßnahmen zur Luftreinhaltung
Referent: Ministerialrat Dr. Cornelius *Steinbrückner*.
Referat 73: Anlagenbezogene Luftreinhaltung, Reststoffvermeidung und -verwertung, Wärmenutzung
Referent: Ministerialrat Dr. Herbert *Hoff*.
Referat 74: Störfallvorsorge, anlagenbezogene Luftreinhaltung
Referent: Ministerialrat Dr. *Zöpf*.
Referat 75: Schutz vor Lärm und nichtionisierender Strahlung
Referent: Ministerialrat Dr. *Christ*.

Abteilung 8: Abfallwirtschaft
Abteilungsleiter: Ministerialdirigent *Bergwelt*.
Referat 81: Grundsatzfragen der Abfallwirtschaft, gewerbliche Abfälle
Referent: Ministerialrat Dr. Manfred *Thümmler*.
Referat 82: Abfallvermeidung und -verwertung
Referent: Ministerialrat Günther *Eichele*.
Referat 83: Abfallablagerung, Altlasten
Referent: Ministerialrat Franz *Defregger*.
Referat 84: Sonderabfälle, thermische Behandlung, Grundlagenforschung
Referent: Regierungsdirektor Dr. Hans-Christian *Steinmetzer*.
Referat 85: Abfallwirtschaftliche Planung und Förderung
Referent: Ministerialrat Hans-Joachim *Heyduck*.
Referat 86: Rechtsfragen der Abfallwirtschaft
Referent: Herbert *Bauer*.

Abteilung 9: Kernenergie und Strahlenschutz
Abteilungsleiter: Ministerialdirigent Karlheinz *Fröba*.
Referat 91: Grundsatzfragen der Kernenergie
Referent: Ministerialrat Dr. Ernst *Seidel*.
Referat 92: Genehmigung kerntechnischer Anlagen
Referent: Ltd. Ministerialrat Rudolf *Mauker*.
Referat 93: Aufsicht über den Betrieb kerntechnischer Anlagen
Referent: Ministerialrat Dieter *Schur*.
Referat 94: Strahlenschutz und Radioökologie
Referent: Ministerialrat Dr.-Ing. Erwin *Eder*.
Referat 95: Aufsicht über den Betrieb von Kernkraftwerken
Referent: Ministerialrat Dr.-Ing. Jürgen *Walther*.
Referat 96: Neue Technologien und Verwertung
Referent: Ministerialrat Dr. Klaus *Schwartzkopf*.
Referat 97: Entsorgung und Transport
Referent: Regierungsdirektor Dr. Klaus *Springer*.

Abteilung 10: Umweltsicherung
Abteilungsleiter: Ltd. Ministerialrat Richard *Eisenried*.
Referat 101: Grundsatzfragen der Umweltsicherung
Referent: Ministerialrat Dr. Eberhard *Winkler*.
Referat 102: Boden
Referent: Ltd. Ministerialrat Horst *Heinle*.
Referat 103: Umweltkonzepte, Umweltökonomie
Referent: Ministerialrat Herbert *Köpnik*.
Referat 104: Umwelthygiene, Gentechnik
Referent: Regierungsdirektor Dr. Rolf *Huber*.
Referat 105: Umweltchemikalien
Referent: Regierungsdirektor Dr. Rudolf *Huber*.
Referat 106: Wasser
Referent: Ministerialrat Dr.-Ing. Rupert *Henselmann*.

Bayerisches Geologisches Landesamt

8000 München 40, Heßstraße 128, ☎ (089) 1200 0600, Telefax 1200 0647.

Leiter: Präsident Dr. Otto *Wittmann*; Stellvertreter: Ltd. Regierungsdirektor Dr. Hubert *Schmid*.

Öffentlichkeitsarbeit: Ltd. Regierungsdirektor Dr. Horst *Frank*.

Abteilungen:

Verwaltung: Leiter: Oberamtsrat Bernhard *Straßer*.
Allgemeine Aufgaben: Leiter: Ltd. Regierungsdirektor Dr. Horst *Frank*.
Geowissenschaftliche Grundlagen: Leiter: m. d. W. d. G. b. Ltd. Regierungsdirektor Dr. Hubert *Schmid*.
Geologische Landesaufnahme: Leiter: Ltd. Regierungsdirektor Dr. Hellmut *Haunschild*.
Angewandte Geologie: Leiter: Ltd. Regierungsdirektor Dr. Jan-Peter *Wrobel*.
Geotechnik: Leiter: Regierungsdirektor Professor Dr. Hans-Jörg *Oeltzschner*.
Bodenkunde: Leiter: Ltd. Regierungsdirektor Dr. Hubert *Schmid*.

Außenstelle Bamberg:
Staatliches Forschungsinstitut für Geochemie

8600 Bamberg, Concordiastr. 28, ☎ (0951) 57280.

Leiter: Prof. Dr. Hans *Meier*.

Zweck: Geowissenschaftliche Landesaufnahme auf den Gebieten der Geologie (mit Rohstoff-, Hydro- und Ingenieurgeologie), der Bodenkunde, der Geophysik und der Geochemie. Herausgabe der amtlichen geologischen, bodenkundlichen und sonstigen einschlägigen geowissenschaftlichen Karten. Fachliche Beratung und Erstattung von Gutachten; Stellungnahmen und Fachbeiträge für Planungs- und Genehmigungsverfahren. Sammlung einschlägiger geowissenschaftlicher Informationen und Daten in einer zentralen Dokumentation (Geodok) vor allem von Bohrergebnissen, Gesteins- und Bodenproben (Belegsammlungen), Beobachtungs- und Meßdaten über Boden (Bodenkataster Bayern) und den tieferen Untergrund.

Schwerpunkte anwendungsorientierter Forschung und Tätigkeiten: Bodenschutz, Rohstoffsicherung, Grundwasser und tieferer Untergrund, Geotechnik und geotechnische Umweltsicherung, Fachinformationssysteme für Geologie, Hydrogeologie, Rohstoffe u. Bodenkunde, Boden- und geochemische Analytik, Tonmineralogie, Radioaktivität von Böden und Gesteinen, Petrophysik, Schadstoffverhalten in Böden.

Das Geologische Landesamt ist die zentrale geowissenschaftliche Fachbehörde in Bayern und dem Bayerischen Staatsministerium für Landesentwicklung und Umweltfragen nachgeordnet.

Bayerisches Landesamt für Umweltschutz

8000 München 81, Rosenkavalierplatz 3, ☏ (089) 92141, ✄ 529417 baylu d, Telefax (089) 913754; 2. Dienstgebäude (Abteilungen 3A, 3B, 7 und 8): 8000 München 40, Infanteriestraße 11, ☏ (089) 126930; Außenstelle Nordbayern: 8650 Kulmbach, Schloß Steinenhausen, ☏ (09221) 6040, Telefax (09221) 65160; Außenstelle Wackersdorf, Werk 4, 8464 Wackersdorf, ☏ (0 94 31) 5 11 01, Telefax (0 94 31) 5 12 36.

Präsident: Dr.-Ing. Dr. Walter *Ruckdeschel*.

Vertreter: Ltd. Regierungsdirektor Dipl.-Chem. Dr. Otto *Vierle*.

Presse- und Öffentlichkeitsarbeit: Baudirektor Dipl.-Ing. Jürgen *Eichhorn*.

Abteilung 1: Luftreinhaltung. Leiter: Ltd. Regierungsdirektor Dipl.-Chem. Dr. Otto *Wunderlich*.

Abteilung 2: Lärm- und Erschütterungsschutz, Schutz vor nichtionisierenden Strahlen. Leiter: Regierungsdirektor Dipl.-Phys. Wolfgang *Vierling*.

Abteilung 3A: Abfallwirtschaft — Hausmüll und hausmüllähnliche Abfälle —. Leiter: Ltd. Baudirektor Dipl.-Ing. Wolfgang *Knorr*.

Abteilung 3B: Abfallwirtschaft — Sonderabfälle —. Leiter: Ltd. Regierungsdirektor Dipl.-Ing. Dr. Klaus *Kinkeldei*.

Abteilung 4: Wasserwirtschaftliche Rahmenplanung, Gewässerschutz. Leiter: Ltd. Baudirektor Dipl.-Ing. Alois *Mitterer*.

Abteilung 5: Aufsicht über kerntechnische Anlagen. Leiter: Regierungsdirektor Dipl.-Phys. Dr. Horst *Stein*.

Abteilung 6: Strahlenschutz. Leiter: Ltd. Regierungsdirektor Dipl.-Chem. Dr. Peter *Meyer*.

Abteilung 7: Landschaftspflege. Leiter: Ltd. Regierungsdirektor Dipl.-Ing. Hans Georg *Brandes*.

Abteilung 8: Naturhaushalt. Leiter: Ltd. Forstdirektor Dipl.-Forstw. Dr. Reinald *Eder*.

Abteilung 9 A: Umwelttechnologie, Umweltanalytik, Umwelthygiene. Leiter: Ltd. Regierungsdirektor Dipl.-Chem. Dr. Otto *Vierle*.

Abteilung 9 B: Datenverarbeitung. Leiter: Baudirektor Dipl.-Ing. Hans *Starke*.

Abteilung 10: Verwaltung. Leiter: Regierungsrat Dipl.-VerwW (FH) Anton *Gruber*.

Bayerische Landesanstalt für Bodenkultur und Pflanzenbau Freising-München

8000 München 19, Menzinger Str. 54, ☏ (089) 178000.

Leitung: Ltd. Landwirtschaftsdirektor Dr. Wilhelm *Ruppert*.

Bodenwasserhaushalt, Moorkunde: Regierungsdirektor Dr. Max *Schuch*.

Öffentlichkeitsarbeit: Landwirtschaftsdirektor Dr. Heinz-Peter *Kienzl*.

Zweck: Agrar- und ökophysikalische Forschungsarbeiten und Gutachtenerstellung insbesondere auf dem Gebiet des Bodenwasserhaushaltes; Untersuchungen auf dem Gebiet der gesamten Moorkunde und Torfwirtschaft; Moorgeologische Landesaufnahme. Fachbehörde für Moor und Torf.

Berlin

Senatsverwaltung für Stadtentwicklung und Umweltschutz

1000 Berlin 61, Lindenstraße 20-25, ☏ (030) 2586-0, Telefax (030) 2586-2116.

Senator: Dr. Volker *Hassemer*.

Staatssekretär Planung: Wolfgang *Branoner*.

Staatssekretär Umweltschutz: Professor Dr. Lutz *Wicke*.

Stabsstelle Baudenkmalschutz (Landeskonservator), Leiter: Professor Dr. Helmut *Engel*.

Abteilung I: Allgemeine Verwaltung.
Leiter: m. d. W. d. G. b. Hans-Peter *Patt*.

Abteilung II: Landesplanung, Raumordnung.
Leiter: m. d. W. d. G. b. Jürgen *Dahlhaus*.

Abteilung III: Landschaftsentwicklung, Freiraumplanung.
Leiter: Professor Erhard *Mahler*.

Abteilung IV: Boden- und Gewässerschutz, Wasserwirtschaft, Straßenreinigung.
Leiter: Klaus-Jürgen *Delhaes*.

Abteilung V: Immissionsschutz.
Leiter: Wolfgang *Bergfelder*.

Abteilung VI: Rechts- und überregionale Angelegenheiten, Umweltforschung, Atomaufsicht, Strahlenschutz.
Leiter: Konrad *Rauter*.

Abteilung VII: Stadtplanung und -gestaltung.
Leiter: Jürgen *Dahlhaus*.

Senatsverwaltung für Wirtschaft und Technologie

1000 Berlin 62, Martin-Luther-Str. 105, ☏ (030) 783-1, ✦ 183798, Telefax (030) 783 84 55/81 70.

Senator: Dr. Norbert *Meisner*.

Staatssekretäre: Jörg *Rommerskirchen*, Dr. Hans *Kremendahl*.

Pressereferent: Holger *Huebner*.

Abteilung IV: Industrie und Dienstleistungen.
Leiter: Senatsdirigent Dr. Udo *Koppenhagen*.

Referat IV A: Elektro und Metall. Leiter: Senatsrat Jörg-Wilhelm *Hohls*.

Referat IV B: Textil, Chemie, Papier, Holz, Steine, Erden. Leiter: Senatsrat Josef *Chlodek*.

Abteilung V: Technologie und Energie.
Leiter: Ltd. Senatsrat Manfred *Hedrich*.

Referat V A: Forschung, Innovation, Technologie. Leiter: Senatsrat Dr. Reinhard *Baumgarten*.

Referat V B: Informations- und Kommunikationstechnologie. Leiter: Reiner *Jäck*.

Referat V C: Energiewirtschaft, Energieaufsicht. Leiter: Senatsrat Ingo *Volland*.

Abteilung VI: Wirtschaftspolitik. Leiter: Senatsdirigent Kurt-Dieter *Bütefisch*.

Referat VI B: Wirtschaftsbezogene Regional- und Flächennutzungsplanung. Leiter: Regierungsdirektor Dr. Joachim *Hinze*.

Referat VI C: Europa-Politik, Ost-West-Wirtschaftskooperation, Außenwirtschaft. Leiter: Senatsrat Dr. Jochen *Bethkenhagen*.

Referat VI D: Ökologische Wirtschaft, Wirtschaftsverkehr. Leiter: N. N.

Abteilung VII: Bevorratung.
Leiter: Ltd. Senatsrat Gerhard *Erbe*.

Oberbergamt für das Land Berlin

3392 Clausthal-Zellerfeld, Hindenburgplatz 9, ☏ (05323) 72 32 00 u. 72 20 50, ✦ 953707, Telefax (05323) 72 32 58.

Aufgrund eines Abkommens zwischen dem Land Berlin und dem Land Niedersachsen ist das Oberbergamt in Clausthal-Zellerfeld mittlere Bergbehörde und das Bergamt Hannover untere Bergbehörde für das Land Berlin.

Siehe Beitrag des Oberbergamtes Clausthal-Zellerfeld unter Niedersachsen.

Bergamt für das Land Berlin

3000 Hannover 1, Sedanstraße 48, ☏ (0511) 31 30 41-42, Telefax (0511) 348 13 77.

Leiter: Bergdirektor Dipl.-Ing. Rolf *Gärtner;* Stellvertreter: Bergoberrat Dipl.-Ing. Eberhard *Heintzmann,* Bergrat Dipl.-Ing. Reinhard *Hammerschmidt,* Bergassessor Dipl.-Ing. Axel *Brasse*.

Brandenburg

Ministerium für Wirtschaft, Mittelstand und Technologie

O-1561 Potsdam, Heinrich-Mann-Allee 107, ☏ (0331) 360, ✦ (069) 15461, Telefax (0331) 36516.

Minister: Walter *Hirche*.

Staatssekretär: Dr. Wolf-Ekkehard *Hesse*.

Ministerbüro: Leiter: Dieter *Hauschild*.

Abteilung 1: Zentrale Aufgaben. Leiter: Rolf *Schulz-Roloff*.

Abteilung 2: Allgemeine Wirtschaftspolitik, Struktur- und Technologiepolitik. Leiter: N. N.

Abteilung 3: Mittelstand, Wirtschaftsordnung. Leiter: Reinhardt *Oehler*.

Abteilung 4: Energiepolitik, Bergwesen. Leiter: Dr. Frank *Neumann*.

Landesamt für Geowissenschaften und Rohstoffe Brandenburg

O-1532 Kleinmachnow, Stahnsdorfer Damm 77.

Leiter: Dr. G. *Schwab*.

Außenstellen: O-1200 Frankfurt/Oder, Große-Scharn-Straße. O-1560 Potsdam, Birkenstraße 1.

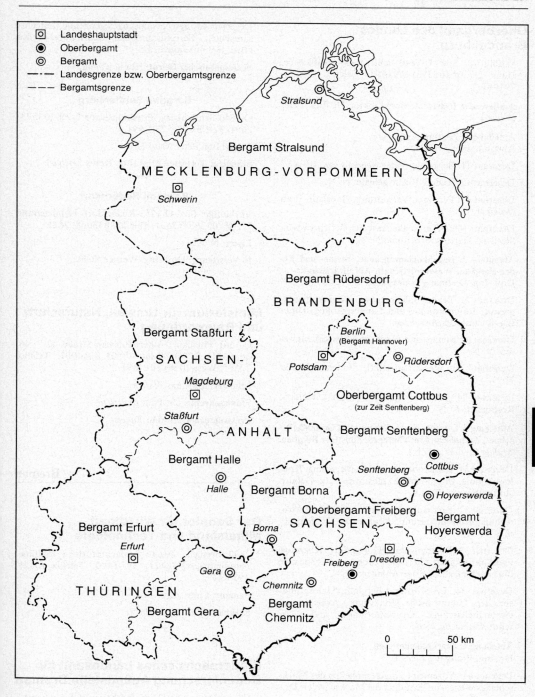

Oberbergämter und Bergämter in den neuen Bundesländern.

Oberbergamt des Landes Brandenburg

Vorläufiger Sitz: O-7840 Senftenberg, Roßkaupe, Haus D, ☏ (03573) 791403, Telefax (03573) 791991.

Amtierender Präsident: Bergdirektor Dr.-Ing. Peter *Zenker*.

Abteilung 1: Zentrale Aufgaben:
Abteilungsleiter: N. N.

Dezernat 11: Bergrecht: Peter *Neuhaus gen. Wever*.

Dezernat 12: Andere Rechtsgebiete: N. N.

Dezernat 13: Personal, Verwaltung, Haushalt: Frau *Grützner*.

Dezernat 14: Öffentlichkeitsarbeit, Berichtswesen, Statistik, Datenverarbeitung: N. N.

Abteilung 2: Braunkohlentagebaue, Steine- und Erden-Bergbau, Wasserwirtschaft, Abfallwirtschaft:
Dipl.-Ing. Dietmar *Zschieschang*.

Dezernat 21: Braunkohlenplanung, Braunkohlentagebaue, Raumordnung und Landesplanung: Dipl.-Ing. Dietmar *Zschieschang*.

Dezernat 22: Steine- und Erden-Bergbau, Sprengwesen: N. N.

Dezernat 23: Wasserwirtschaft, Bodenmechanik: N. N.

Dezernat 24: Abfallwirtschaft, Altlasten, Halden, Restlöcher: N. N.

Abteilung 3: Umweltschutz, Arbeits- und Gesundheitsschutz, Technische Einrichtungen, Sonstiger Bergbau:
Mühlig (m.d.W.d.G.b.).

Dezernat 31: Immissionsschutz, Aufbereitung, Kohleveredlung, Brand- und Explosionsschutz, Gefahrstoffe: Werner *Frenzel*.

Dezernat 32: Tagesanlagen, Förderanlagen, Elektrotechnik, Prozeßleittechnik, Kraftwerke, Wärmetechnik: N. N.

Dezernat 33: Tagebaugeräte, Hilfsgeräte, Hebezeuge und Krananlagen, Gleislose Fördertechnik, sonstige überwachungsbedürftige Anlagen: N. N.

Dezernat 34: Erdöl/Erdgas-Bergbau, Untergrundspeicher, Unterirdische Hohlräume, Arbeits- und Gesundheitsschutz, Grubenrettungs- und Gasschutzwesen: *Buckwitz*.

Abteilung 4: Markscheidewesen
Dr.-Ing. Wolfgang *Liersch*.

Dezenat 41: Allgemeine Angelegenheiten des Markscheidewesens, Aufsicht über die Markscheider: Dr.-Ing. Wolfgang *Liersch*.

Dezernat 42: Einwirkungen des Bergbaus auf die Tagesoberfläche, stillgelegter Bergbau, Rißwerke: N.N.

Dezernat 43: Berechtsamsangelegenheiten, Berechtsamsbuch, Berechtsamskarte, Kartenwerke des OLB: Helmut *Jannaschk*.

Sozialpolitischer Beirat: Horst *Mühlig*.

Bergamt Senftenberg

O-7840 Senftenberg, Puschkinstraße 2, ☏ (03573) 2691, Telefax (03573) 2691.

Leiter: Ing. Peter *Kendziora*.

Ständiger Vertreter: Dipl.-Ing. Klaus *Michael*.

Bergamt Rüdersdorf

Vorläufiger Sitz: O-1253 Rüdersdorf, Heinitzstraße 11, ☏ (033638) 2691, Telefax (033638) 2681.

Leiter: N. N.

In Vertretung: Dipl.-Ing. Werner *Stock*.

Ministerium für Umwelt, Naturschutz und Raumordnung

O-1561 Potsdam, Albert-Einstein-Straße 42 – 46, ☏ (0331) 315/0, West: (030) 8014091; Telefax 22585, West: (030) 8014091.

Minister: Matthias *Platzeck*.

Staatssekretär: Dr. Paul *Engstfeld*.

Pressesprecher: Florian *Engels*.

Bremen

Der Senator für Wirtschaft, Mittelstand und Technologie

2800 Bremen, Zweite Schlachtpforte 3 (Schünemannshaus), ☏ (0421) 397-8400, Telefax (0421) 397-8717.

Senator: Claus *Jäger*.

Staatsrat: Dr. Frank *Haller*.

Niedersächsisches Landesamt für Bodenforschung Außenstelle Bremen

(Hauptbeitrag des Niedersächsischen Landesamtes für Bodenforschung im Abschnitt Niedersachsen.)

2800 Bremen 1, Werder Str. 101, ☏ (0421) 553009.

Oberbergamt für die Freie Hansestadt Bremen

3392 Clausthal-Zellerfeld, Hindenburgplatz 9, ☏ (05323) 723200 u. 722050, ✆ 953707, Telefax (05323) 723258.

Aufgrund eines Abkommens zwischen der Freien Hansestadt Bremen und dem Land Niedersachsen ist das Oberbergamt in Clausthal-Zellerfeld mittlere Bergbehörde und das Bergamt Hannover untere Bergbehörde für die Freie Hansestadt Bremen.

Siehe Beitrag des Oberbergamtes Clausthal-Zellerfeld unter Niedersachsen.

Bergamt für die Freie Hansestadt Bremen

3000 Hannover 1, Sedanstraße 48, ☏ (0511) 313041-42, Telefax (0511) 3481377.

Leiter: Bergdirektor Dipl.-Ing. Rolf *Gärtner;* Stellvertreter: Bergoberrat Dipl.-Ing. Eberhard *Heintzmann.* Bergrat Dipl.-Ing. Reinhard *Hammerschmidt,* Bergassessor Dipl.-Ing. Axel *Brasse.*

Der Senator für Umweltschutz und Stadtentwicklung

2800 Bremen 1, Am Wall 177, ☏ (0421) 361-0, ✆ 244804 senat d, Telefax (0421) 3616013.

Senator: Ralf *Fücks.*

Staatsrat: Dr. Uwe *Lahl.*

Referat 01: Ressortinterne politische Koordinierung, Öffentlichkeitsarbeit, Persönlicher Referent: Regierungsdirektor Edo *Lübbing-von Gaertner.*

Referat 02: Senat, Deputationen, Beiräte, Initiativen: VAng. Marion *Thümen.*

Referat 03: Ökologiestation: Oberstudienrat Dr. Kurt *Schabacher.*

Referat 04: Stadtplanung: Senatsrat Detlef *Kniemeyer.*

Abteilung 1: Allgemeine Verwaltung: Regierungsdirektor Hans *Hildebrandt.*

Abteilung 2: Umweltschutz: Senatsrat Dr. Wolfgang *Bonberg.*

Referat 20: Abfallwirtschaft, Altlasten: Baudirektor Adolf *Pösel.*

Referat 21: Immissionsschutz, Umweltchemikalien, Bodenschutz: Chemie-Direktorin Dr. Adelheid *Hirsch.*

Referat 22: Gewässergüte, Wasserwirtschaft, Abwasserentsorgung: Baudirektor Hugo *Wohlleben.*

Referat 23: Strukturentwicklung, Technologieförderung, Umweltschutzforschung/-entwicklung: Techn. Ang. Ulrich *Draub.*

Referat 24: Lärmbekämpfung, Umweltinformationssysteme: Oberregierungsrat Heiko *Stein.*

Abteilung 3: Naturschutz, Landschaftspflege, Hochwasserschutz: Senatsrat Michael *Werbeck.*

Abteilung 4:
Umwelt- und Planungsrecht: Regierungsdirektor Georg *Musiol.*

Abteilung 5:
Ökologische Stadtentwicklung, Flächennutzungsplan, Raumordnung: Senatsrat Dr. Sunke *Herlyn.*

Energieleitstelle: Regierungsdirektor Edo *Lübbing-von Gaertner.*

Nachgeordnete Ämter: Wasserwirtschaftsamt, Bremer Entsorgungsbetriebe, Amt für Stadtentwässerung und Abfallwirtschaft, Gartenbauamt, Planungsamt.

Hamburg

Wirtschaftsbehörde

2000 Hamburg 11, Alter Steinweg 4, ☏ (040) 3504-0.

Präses: Bürgermeister Professor Dr. Hans-Jürgen *Krupp.*

Referent für Forschung und Entwicklung: Regierungsdirektor Uwe *Glatz.*

Mineralölwirtschaft, Brennstoffhandel, Bergwesen: Regierungsrat Walther M. *Gerdts.*

Presse- und Öffentlichkeitsarbeit: Angestellter Heiko *Tornow.*

Geologisches Landesamt Hamburg

2000 Hamburg 13, Oberstr. 88, ☏ (040) 4123-2632, Telefax (040) 41235062.

Leiter: Dr. Karl *Wüstenhagen;* Vertreter: Dr. Friedrich Emil *Meister.*

Zweck: Informations- und Beratungsstelle für geowissenschaftliche, insbesondere umweltrelevante Fragestellungen, geologische Landesaufnahme, Koordination geowissenschaftlicher Aktivitäten hamburgischer Behörden und Ämter.

Arbeitsbereiche: Geowissenschaftliche Grundlagen (wie Geologische Landesaufnahme, Bodenkunde, Geowissenschaftliche Verfahren und Methoden, Archiv, Dokumentation), Angewandte Geowissenschaften (wie Umweltfragen, Hydrogeologie, Geotechnik, Ingenieurgeologie).

Das Geologische Landesamt ist ein Fachamt der Umweltbehörde Hamburg.

Oberbergamt für die Freie und Hansestadt Hamburg

3392 Clausthal-Zellerfeld, Hindenburgplatz 9, ☎ (05323) 723200 u. 722050, ✆ 953707, Telefax (05323) 723258.

Aufgrund eines Abkommens zwischen der Freien und Hansestadt Hamburg und dem Land Niedersachsen ist das Oberbergamt Clausthal-Zellerfeld mittlere Bergbehörde und das Bergamt Celle untere Bergbehörde für die Freie und Hansestadt Hamburg.

Siehe Beitrag des Oberbergamtes Clausthal-Zellerfeld unter Niedersachsen.

Bergamt für die Freie und Hansestadt Hamburg

3100 Celle, Reitbahn 1 A, ☎ (05141) 1038 u. 1039, ✆ 925284, Telefax (05141) 24116.

Leiter: Bergdirektor Dipl.-Ing. Peter *Schaar;* Stellvertreter: Bergoberrat Dipl.-Ing. Friedhelm *Wiegel;* Bergoberrat Dipl.-Ing. Immo *Beckenbauer;* Bergrat Dipl.-Ing. Volker *Bannert;* Bergrat Dipl.-Ing. Matthias *Zapke;* Bergassessor Dipl.-Ing. Diethard *Zwanziger.*

Umweltbehörde

2000 Hamburg 1, Steindamm 22, ☎ (040) 2486-0, ✆ 2164742, Telefax (040) 2486-3293.

Senator: Dr. Fritz *Vahrenholt.*

Staatsrat: Karl *Boldt.*

Pressereferent: Kai *Fabig.*

Hessen

Hessisches Ministerium für Umwelt und Bundesangelegenheiten

6200 Wiesbaden, Mainzer Straße 80, Postfach 3109, ☎ (0611) 815-0, Telefax (0611) 8151941, Teletex 61182 = HMUR.

Staatsminister: Joschka *Fischer.*

Staatssekretäre: Ulrike *Riedel,* Rainer *Baake.*

Stellvertretender Regierungssprecher: Ltd. Ministerialrat Georg *Dick.*

Pressereferat/Öffentlichkeitsreferat: Renate *Gunzenhauser.*

Leiter des Ministerbüros: Ltd. Ministerialrat Wenzel *Mayer.*

Abteilung I: Zentralabteilung.
Leiter: Ministerialdirigent Peter *Kessler.*

Abteilung II: Immissionsschutz.
Leiter: Ministerialdirigent Ulrich *Thurmann.*

Abteilung III: Wasserwirtschaft.
Leiterin: Ministerialdirigentin Inge *Friedrich.*

Abteilung IV: Abfallwirtschaft.
Leiter: Ministerialdirigent Otto *Wanieck.*

Abteilung V: Atomaufsicht/Strahlenschutz.
Leiter: Ministerialdirigent Dr. Harald *Noack.*

Abteilung VI: Energie.
Leiter: Ministerialdirigent Dr. Hermann *Zinn.*

Abteilung VII: Altlasten, Boden, Bergbau.
Leiter: Ministerialdirigent Dr. Manfred *Hagen.*

Referat VII A 1: Bodenforschung, Bodeninformation, Bergbau, Altlastenplanung.
Leiter: Ministerialrat Dipl.-Ing. Wolfgang *Blasig.*

Nachgeordnete Behörden: Hessisches Oberbergamt, Hessisches Landesamt für Bodenforschung.

Hessisches Ministerium für Wirtschaft, Verkehr und Technologie

6200 Wiesbaden, Kaiser-Friedrich-Ring 75, ☎ (0611) 815-0, ✆ 4186817, Telefax (0611) 8152225, Teletex (0611) 922846402.

Minister: Ernst *Welteke.*

Staatssekretär: Dr. Jürgen *Wefelmeier.*

Pressereferentin: Bettina *Wieß.*

Abteilung Z: Zentralabteilung.
Leiter: Dr. Rolf *Groß.*

Abteilung I: Wirtschaftsförderung, Technologie.
Leiter: Dr. Klaus-Dieter *Stark.*

Abteilung II: Wirtschaftspolitik, Finanzdienstleistungen.
Leiter: Dr. Ekkehard *Kurth.*

Abteilung III: Wirtschaftsbeobachtung, Außenwirtschaft.
Leiter: N. N.

Abteilung IV: Verkehr.
Leiter: Johannes *Stark.*

Abteilung V: Straßenbau, Kataster.
Leiter: Hermann *Frank.*

Hessisches Oberbergamt

6200 Wiesbaden, Paulinenstraße 5, ☏ (0611) 302026, Telefax (0611) 307580, Dienststunden: montags bis donnerstags von 7.30 bis 16.30 Uhr, freitags von 7.30 bis 15.00 Uhr.

Leiter: Berghauptmann Dr.-Ing. Hartmut *Schade.*

Vertreter: Ltd. Bergdirektor Dr.-Ing. Wulf *Böttcher.*

Dezernat 1: Bergaufsicht unter Tage, Arbeitsschutz, Ausbildung, technische Sondergebiete 1: Ltd. Bergdirektor Dr.-Ing. Wulf *Böttcher.*
Mitarbeiter im höheren Dienst: Bergrat Dipl.-Ing. Hans Jürgen *Schorn.*

Dezernat 2: Bergaufsicht über Tage, Umweltschutz, Abfallbeseitigung allgemein, technische Sondergebiete 2: Bergdirektor Dipl.-Ing. Heinz Gerd *Philipp.*
Mitarbeiter im höheren Dienst: Bergrat Dipl.-Ing. Hans Jürgen *Schorn.*

Dezernat 3: Abfallbeseitigung speziell, Hohlraumbauten, Erdöl- und Erdgasbetriebe, technische Sondergebiete 3: Bergoberrat Dipl.-Ing. Kurt *Bartke.*

Dezernat 4: Rechtsangelegenheiten, Datenschutz: Regierungsdirektor Dr. jur. Gerd *von Sonnleithner.*

Dezernat 5: Innere Verwaltung, Personalwesen, Haushalts-, Kassen- und Rechnungswesen, zentrale Sondergebiete: Regierungsoberrat Wolfgang *Zywitzki.*

Dezernat 6: Markscheidewesen, Bergwirtschaft, Raumordnung: Bergvermessungsoberrat Dipl.-Ing. Werner *Kleine.*

Dezernat 7: Sozialpolitischer Beirat, Unfallstatistik: Hans Herbert *Schneck.*

Der Verwaltungsbezirk des Oberbergamtes umfaßt das Land Hessen (Regierungsbezirke Darmstadt, Gießen und Kassel).

Die Bergämter im Bezirk des Hessischen Oberbergamtes

1. Bergamt Bad Hersfeld in 6430 Bad Hersfeld, Hubertusweg 19, ☏ (06621) 207500, Telefax (06621) 207511.
Leiter: Bergdirektor Dipl.-Ing. Ernst-August *Hennemann;* Vertreter: Bergoberrat Dipl.-Ing. Udo *Selle;* Bergrat Dipl.-Ing. Hans Peter *Laun.*
Das Bergamt Bad Hersfeld umfaßt die Landkreise Fulda, Main-Kinzig-Kreis, Hersfeld-Rotenburg und Vogelsbergkreis. Seiner Aufsicht unterstehen die Betriebe zur Aufsuchung, Gewinnung und Aufbereitung folgender Bodenschätze: Kalisalz, Steinsalz, Quarzsand sowie Betriebe der Tieflagerung, unterirdische Hohlraumbauten.

2. Bergamt Kassel in 3500 Kassel, Knorrstr. 36, ☏ (0561) 201-0, Telefax (0561) 201600.
Leiter: Bergdirektor Dipl.-Ing. Erwin *Braun;* Vertreter: Bergoberrat Dipl.-Ing. August *Bachrodt;* Bergoberrat Dipl.-Ing. Rainer *Zawislo,* Bergrat Dipl.-Ing. Jürgen *Elborg.*

Das Bergamt Kassel umfaßt die Landkreise Kassel, Waldeck-Frankenberg, Werra-Meißner-Kreis, Marburg-Biedenkopf, Schwalm-Ederkreis und die kreisfreie Stadt Kassel. Seiner Aufsicht unterstehen die Betriebe zur Aufsuchung, Gewinnung und Aufbereitung folgender Bodenschätze: Braunkohle, Farberden, Gips, Quarzit, Dachschiefer, Ton und Quarzsand, unterirdische Hohlraumbauten, Basaltlava.

3. Bergamt Weilburg in 6290 Weilburg, Frankfurter Str. 36, ☏ (06471) 2037, Telefax (06471) 39670.
Leiter: Bergdirektor Dipl.-Ing. Peter *Ohse;* Vertreter: Bergoberrat Dipl.-Ing. Harald *Franz;* Bergoberrat Dipl.-Ing. Kurt *Bartke;* Bergrat Dipl.-Ing. Fred *Weiß.*
Das Bergamt Weilburg umfaßt die Regierungsbezirke Darmstadt und Gießen mit Ausnahme der Landkreise Main-Kinzig-Kreis, Marburg-Biedenkopf und Vogelsbergkreis. Seiner Aufsicht unterstehen die Betriebe zur Aufsuchung, Gewinnung und Aufbereitung folgender Bodenschätze: Braunkohle, Eisen- und Manganerze, Bauxit, Kalkstein, Quarz, Quarzsand, Quarzit, Klebsand, Dachschiefer, Rotschiefer, Ton, Kaolin, Bentonit, Erdöl und Erdgas sowie Speicherbetriebe, unterirdische Hohlraumbauten.

Hessisches Landesamt für Bodenforschung

6200 Wiesbaden, Leberberg 9, ☏ (0611) 537-0, Telefax (0611) 537327.

Leiter: Direktor des Hessischen Landesamtes für Bodenforschung i. V. Dr. Joe-Dietrich *Thews.*

Zweck: Geologische Landesaufnahme, Aufsuchung und geologisch-lagerstättenkundliche Beurteilung von Vorkommen nutzbarer Bodenschätze, bodenkundliche Untersuchungen, Schaffung von Bodenkartenwerken, hydrogeologische Erkundungen (Erschließung und Schutz von Grund-, Heil- und Mineralwasser), ingenieurgeologische Untersuchungen, Sammlung, Archivierung und Bearbeitung von Bohrergebnissen in Wahrnehmung der Aufgaben einer »geologischen Anstalt« nach dem Lagerstättengesetz vom 4. 12. 1934 (Reichsgesetzbl. I S. 1223). Herausgabe folgender Druckwerke: Geologische Karte von Hessen 1:25000, Bodenkarte von Hessen 1:25000, geowissenschaftliche Sonderkarten, Geologisches Jahrbuch Hessen, Geologische Abhandlungen Hessen.

Das Hessische Landesamt für Bodenforschung untersteht als nachgeordnete Dienststelle der Dienst- und Fachaufsicht des Hessischen Ministeriums für Umwelt, Energie und Bundesangelegenheiten.

Hauptarbeitsgebiete:

Abt. I: Geologische und bodenkundliche Landeserforschung, Rohstoffgeologie (Dezernate Geologische Landesaufnahme, Bodenkunde, Rohstoffgeolo-

7 BEHÖRDEN

Der Bezirk des Hessischen Oberbergamtes.

gie, Fernerkundung, Geophysik und Biostratigraphie, Schriftleitung, Landkartentechnisches Büro, Bibliothek und Vertrieb): Ltd. Geologiedirektor Dr. Joe-Dietrich *Thews.*

Abt. II: Ingenieurgeologie und Mineralogie (Dezernate Ingenieurgeologische Grundlagen u. Grundbau, Deponiestandorte, Erdfälle, Bodensenkungen, Talsperrengeologie und Grundbautechnik für Stauanlagen, Fels- und Tunnelbau, Mineralogie und Petrologie, Zentrale Laboratorien): Ltd. Geologiedirektor Professor Dr. Helmut *Prinz.*

Abt. III: Hydrogeologie, Geotechnologie und Datenverarbeitung (Dezernate Hydrogeologische Grundlagen, Regionale Hydrogeologie, Qualitative Hydrogeologie, Geotechnologie u. Infrastrukturgeologie, Dokumentation und Datenverarbeitung): Ltd. Geologiedirektor Professor Dr. Bernward *Hölting.*

Dezernat V: Verwaltung: Oberamtsrat Joachim *Gawe.*

Mecklenburg-Vorpommern

Wirtschaftsministerium des Landes Mecklenburg-Vorpommern

O-2755 Schwerin, Johann-Stelling-Str. 14, ☏ (0358) 724-0, W-Telefax (05121) 516702, O-Telefax Schwerin 572 44 00.

Wirtschafts-, Technik- und Verkehrsminister: Conrad-Michael *Lehment.*

Staatssekretär: Wolfgang *Pfletschinger.*

Pressesprecher: Bernhard *Gläss.*

Abteilung 4: Industrie-, Technologie- und Energiepolitik: Dr. *Rathjen.*

Referat 400: Grundsatzfragen; Technologie- und Forschungspolitik, Fernmeldewesen.

Referat 410: Energierecht; Energieversorgungswirtschaft; Bergbau; Energiestatistik: Dipl.-Ing. *Schreiber,* Bergreferent: Dipl.-Ing. *Froben.*

Referat 420: Mineralölwirtschaft; Energieeinsparung; Erneuerbare Energien.

Referat 430: Wirtschaftliche Fragen des Umweltschutzes.

Referat 440: Außenwirtschaft; Messen.

Referat 450: Konversion.

Nachgeordnete Dienststelle:

Bergamt Stralsund

O-2300 Stralsund, Lindenstraße 25 d, ☏ (03831) 65271, Telefax nur nachts auf 65271.

Leiter: Dipl.-Ing. Ulrich *Knöfler.*

Dezernent Bohrlochbergbau: Dipl.-Ing. Waldemar *Sorge.*

Dezernent Steine-Erden-Bergbau: Ing. Georg *Schulz.*

Dezernent Umwelt und Bergbau: Dipl.-Geol. Thomas *Triller.*

Das Bergamt Stralsund bearbeitet derzeitig alle Bergbauberechtigungen für das Land Mecklenburg-Vorpommern und den Festlandsockelbereich. Ein Anschluß an ein Oberbergamt ist nicht vollzogen. Der Bergbau im Land Mecklenburg-Vorpommern umfaßt derzeitig die Erdöl- und Erdgaserkundung und -gewinnung einschließlich Geophysik, die Gewinnung von Kreide, Spezialton, Ziegelton, Torf, Kies und Sand sowie das Betreiben von unterirdischen Speichern. Günstige geologische Bedingungen sind insbesondere für den S/E-Bergbau vorhanden.

Geologisches Landesamt des Landes Mecklenburg-Vorpommern

O-2781 Schwerin, Schloßgartenallee 31, ☏ (0358) 864-056, Telefax (0358) 348438.

Direktor: Dipl.-Geol. Nils *Rühberg,* kommissarisch.

Abteilung 1: Boden. Leiter: Nils *Rühberg.*

Abteilung 2: Wasser und Baugrund. Leiter: Dr. Claus *Hemmer.*

Abteilung 3: Versuchswesen, Verfahren, Analytik. Leiter: Dr. Matthias *Schünemann.*

Abteilung 4: Dokumentation. Leiter: Dr. Peter *Lühe.*

Umweltministerium des Landes Mecklenburg-Vorpommern

O-2750 Schwerin, Schloßstraße 6−8, ☏ (0358) 780, bei Durchwahl 78-Nebenstelle, ✆ 32301, Telefax (0358) 861746.

Umweltministerin: Dr. Petra *Uhlmann.*

Staatssekretär: Dr. Peter-Uwe *Conrad.*

Pressesprecherin: Monika *Effenberger.*

Abteilung 6: Reaktorsicherheit und Strahlenschutz.

Referat 600: Allgemeine Angelegenheiten der Abteilung Grundsatzangelegenheiten der Reaktorsicherheit und des Strahlenschutzes, Katastrophenschutz.

Referat 610: Genehmigungs- und Aufsichtsverfahren kerntechnischer Anlagen I.

Referat 620: Genehmigungs- und Aufsichtsverfahren kerntechnischer Anlagen II.

Referat 630: Strahlenschutz und Radioökologie, allgemeine Umweltaspekte.

Referat 640: Kernbrennstoffkreislauf, radioaktive Abfälle und Reststoffe, Stillegung kerntechnischer Anlagen.

Referat 650: Rechtsangelegenheiten der Abteilung, Personalüberprüfung.

Referat 660: Fachkunde und Zuverlässigkeit des kerntechnischen Personals, Anlagensicherung.

Landesamt für Umwelt und Natur Mecklenburg-Vorpommern

O-2601 Güstrow-Gülzow, Boldebucker Weg 3, ☏ (03843) 4840, 66273, 66275 (65161), Telefax wie ☏.

Direktor: Direktor und Professor Dr. *Gans.*

Abteilung 1:
Leiter: Regierungsdirektor *Weinrowski.*

Abteilung 2:
Leiter: Regierungsdirektor *Baier.*

Abteilung 3:
Leiter: Dr. *Wiemer.*

Abteilung 4:
Leiter: Dr. *Fuchs.*

Abteilung 5:
Leiter: Regierungsdirektor *Uferkamp.*

Abteilung 6:
Leiter: Dr. *Lönnig.*

Niedersachsen

Niedersächsisches Ministerium für Wirtschaft, Technologie und Verkehr

3000 Hannover 1, Friedrichswall 1, Postfach 101, ☏ (0511) 120-1, ✆ 923530 wimin d, Telefax (0511) 120-6427.

Minister: Dr. Peter *Fischer.*

Staatssekretär: Dr. Alfred *Tacke.*

Abt. 2 Wirtschafts- und Technologiepolitik

Referat 207: Energie und Umwelt.
Referat 208: Energiewirtschaft, Energierecht.
Referat 209: Erneuerbare Energien, Energietechnologie, rationelle Energieverwendung.
Referat 210: Wirtschaft und Umwelt.

Abt. 3 Wirtschaftsordnung

Referat 35: Bergverwaltung, Bodenforschung.

Unterausschuß »Grubensicherheit« des Ausschusses für Wirtschaft und Verkehr des Niedersächsischen Landtages

3000 Hannover, Hinrich-Wilhelm-Kopf-Platz 1, Postfach 4407, ☏ (0511) 1230-1.

Vorsitzender: Abgeordneter Ulrich *Biel,* ☏ (05171) 12080. Stellvertreter: Abgeordneter Lutz *von der Heide,* ☏ (05177) 1060.

Ausschußassistent: Regierungsamtsrat Norbert *Horn.*

Zweck: Durch den Unterausschuß informiert sich das Parlament über den Stand der Grubensicherheit im niedersächsischen Bergbau. Der Unterausschuß ist ermächtigt, sich bei schweren Grubenunglücken unmittelbar an Ort und Stelle über die Ursachen des Unglücks und die eingeleiteten Rettungsmaßnahmen zu unterrichten.

Niedersächsisches Landesamt für Bodenforschung

3000 Hannover 51, Alfred-Bentz-Haus, Postfach 510153, ☏ (0511) 643-0, ✆ 923730 bgrha d, Telefax (0511) 6432304.

Zweck: Das Niedersächsische Landesamt für Bodenforschung untersteht als nachgeordnete Dienststelle der Dienst- und Fachaufsicht des Ministeriums für Wirtschaft, Technologie und Verkehr.

Aufgaben des Landesamtes sind vor allem Herstellung und Veröffentlichung geologischer und hydrogeologischer Karten, bodenkundliche Untersuchungen, Herstellung und Veröffentlichung bodenkundlicher Karten, geologische Untersuchungen aller Bodenschätze und ihrer Lagerstätten, Ausführung hydrogeologischer und ingenieurgeologischer Untersuchungen, Ausführung geophysikalischer Karten sowie Prüfung und Weiterentwicklung geophysikalischer Methoden, chemische und physikalische Untersuchungen wissenschaftlicher und praktischer Art, Veröffentlichung von wissenschaftlichen und praktischen Ergebnissen aus dem gesamten Aufgabenbereich, Schaffung von Archiven und Sammlungen.

Dem Landesamt sind ferner die Aufgaben und Befugnisse einer »geologischen Anstalt« aus dem Lagerstättengesetz vom 4. 12. 1934 (RGBl I S. 1223) übertragen worden.

Die in der Abt. 1 zusammengefaßten Geowissenschaftlichen Gemeinschaftsaufgaben sind eine Einrichtung gemäß Art. 91 b GG. Arbeiten auf den Fachgebieten Geophysik, Geochemie, Geologie der Kohlenwasserstoffe werden von dieser Abteilung im Auftrag aller Geologischen Landesämter der Bundesrepublik Deutschland und der Bundesanstalt für Geowissenschaften und Rohstoffe im ganzen Bundesgebiet einschließlich des deutschen Festlandsokkels der Nord- und Ostsee durchgeführt.

Abteilung N Z: Zentrale Angelegenheiten.
Ltd. Reg.-Direktor Wolfgang *Striepecke*.

Unterabt. N Z 1: Verwaltung.
Regierungsrat Gerd *Vesper-Schröder*.
N Z 1.11: Personal.
N Z 1.13: Organisation.
N Z 1.21: Haushalt.
N Z 1.22: Beschaffung, Materialwirtschaft, Buchhaltung.
N Z 1.31: Rechts- und Vertragsangelegenheiten.
N Z 1.33: Innerer Dienst.

Unterabt. N Z 2: Zentrale Fachdienste.
Direktor und Professor Dr. Horst-Hermann *Voß*.
N Z 2.1: Bibliothek, Dokumentation.
N Z 2.2: Archiv, Zentrale Dateien.
N Z 2.3: Schriftenpublikationen.
N Z 2.4: Zentrale Datenverarbeitung.
N Z 2.53: Reprotechnik.

Abteilung 1: Geowissenschaftliche Gemeinschaftsaufgaben.
Ltd. Direktor und Professor Professor Dr. Ralf *Hänel*.

Unterabt. 1.1: Geophysik.
Wiss. Oberrat Dr. Rüdiger *Schulz*.
1.11: Gravimetrie und Magnetik.
1.12: Seismik.
1.13: Geoelektrik.
1.14: Geothermik.
1.15: Bohrlochgeophysik.
1.16: Hydraulik des Grundwassers.
1.17: 14-C-Labor.

Unterabt. 1.2: Geologie der Kohlenwasserstoffe, Geochemie.
Direktor und Professor Dr. Lothar *Schröder*.
1.21: Erdölgeologischer Austausch.
1.22: Kohlenwasserstoffe in Norddeutschland.
1.23: Kohlenwasserstoffe in Süddeutschland.
1.24: Produktionsgeologie.
1.25: Geochemie.

Abteilung 2: Geologische und bodenkundliche Landeserforschung.
Ltd. Direktor und Professor Dr. Renier *Vinken*.
2.01: Kartographische Arbeiten der geowissenschaftlichen Landesaufnahme.

Unterabt. 2.1: Bodenkartierung.
Direktor und Professor Dr. Karl-Heinz *Oelkers*.
2.11: Bodenkundliche Landesaufnahme.
2.12: Projektkartierung und -bearbeitung.
2.13: Auswertung der Bodenschätzung.
2.14: Bodenchemie, Bodenphysik.

Unterabt. 2.2: Bodentechnologisches Institut Bremen.
Ltd. Direktor und Professor Professor Dr. Herbert *Kuntze*.
2.21: Bodennutzung, -schutz und -verbesserung.
2.22: Bodenkundliches Versuchswesen.
2.23: Bodentechnologisches Labor.

Unterabt. 2.3: Geologische Kartierung.
Ltd. Direktor und Professor Dr. Karsten *Hinze*.
2.31: Geologische Landesaufnahme Küste.
2.32: Geologische Landesaufnahme Flachland.
2.33: Geologische Landesaufnahme Bergland.

Unterabt. 2.4: Geowissenschaftliche Grundlagen.
N. N.
2.41: Stratigraphie, Paläontologie und Sammlungen.
2.42: Sedimentologie.

Abteilung 3: Angewandte Geologie.
Ltd. Direktor und Professor Dr. Leopold *Benda*.
3.01: Außenstelle Bremen.
3.02: Umweltschutz, Raumordnung, Landesplanung, Öffentlichkeitsarbeit.

Unterabt. 3.1: Lagerstätten.
Direktor und Professor Dr. Jens *Becker-Platen*.
3.11: Steine und Erden, Industrieminerale.
3.12: Torf und Kohle.
3.13: Salze, Erze, Lagerstättenkarten.
3.14: Geotechnologie, Materialprüfung.

Unterabt. 3.2: Hydrogeologie.
Direktor und Professor Dr. Gottfried *Goldberg*.
3.21: Bezirkshydrogeologie.
Bez. Hannover.
Bez. Braunschweig.
Bez. Lüneburg.
Bez. Weser-Ems.
3.22: Hydrogeologische Landesaufnahme, Karten.
3.23: Grundwassergenese und -schutz, Forschung.
3.24: Grundwasserdargebot, Beweissicherung.
3.25: Hydrogeologie der Abfallbeseitigung.
3.26: Mineral-, Thermal- und Tiefgrundwässer.

Unterabt. 3.3: Ingenieurgeologie.
Ltd. Direktor und Professor Dr.-Ing. Joachim *Drescher*.
3.31: Ingenieurgeologisches Versuchswesen Forschung und Deponien.
3.32: Bodenmechanik, Erd- und Grundbau, Bodendynamik.
3.33: Geomechanik, Ingenieurgeologische Karten.

Projektgruppe kontinentales Tiefbohrprogramm.
Wiss. Ang. Professor Dr. Dieter *Betz*.

7 BEHÖRDEN

Direktorat Geowissenschaften.
Professor Dr. Rolf *Emmermann.*

Direktorat geowissenschaftliche Programmdurchführung.
Wiss. Ang. Dr. Peter *Kehrer.*

Direktorat Technik.
Wiss. Ang. Professor Dr. Heinrich *Rischmüller.*

Direktorat Projektverwaltung.
Ang. Gerhard *Evers.*

Oberbergamt Clausthal-Zellerfeld

3392 Clausthal-Zellerfeld, Hindenburgplatz 9, Postfach 11 53, ☏ (0 53 23) 7 23 2 00 u. 72 20 50, ≠ 9 53 707 obaczd, Telefax (0 53 23) 72 32 58.
(Stand: 1. Oktober 1992)

Präsident: Dipl.-Ing. Hans *Ambos.*

Vizepräsident: Dr. jur. Heinz Bodo *Wilke.*

Abteilung 1: Bergwerke und Tagebaue, Einlagerung radioaktiver Stoffe (Asse, Gorleben, Konrad), Maschinentechnik.
Leiter: Ltd. Bergdirektor Dipl.-Ing. Jürgen *Schubert.*

Dezernat 10.1: Forschungsbergwerk Asse, Strahlenschutz, Elektrotechnik.
Dezernent: Ltd. Bergdirektor Dipl.-Ing. Jürgen *Schubert.*

Dezernat 10.2: Maschinentechnik, Fördertechnik, Steuer- und Regeltechnik.
Dezernent: N. N.

Dezernat 10.3: Arbeitsschutz.
Dezernent: Bergassessor Dipl.-Ing. Roman *Loeffen.*

Dezernat 11.1: Salzbergbau, Streckenförderung, Grubenrettungswesen.
Dezernent: Bergdirektor Dipl.-Ing. Helmut *Gravenhorst.*

Dezernat 11.2: Erzbergbau, Braunkohlenbergbau, sonstiger Bergbau.
Dezernent: Bergoberrat Dipl.-Ing. Ulf *Larres.*

Dezernat 12.1: Erkundungsbergwerk Gorleben, Schachtbau, Sprengstoffwesen.
Dezernent: Bergoberrat Dipl.-Ing. Roland *Sauer.*

Dezernat 12.2: Endlagerbergwerk Konrad, Katastrophenschutz.
Dezernent: Bergoberrat Dipl.-Ing. Wolfgang *Gresner.*

Abteilung 2: Erdöl- und Erdgasbergbau, Umweltschutz.
Leiter: Ltd. Bergdirektor Dipl.-Ing. Franz-Josef *Rölleke.*

Dezernat 20.1: Erdöl- und Erdgaslagerstätten, Tiefbohr- und Seismikbergverordnung.
Dezernent: Ltd. Bergdirektor Dipl.-Ing. Franz-Josef *Rölleke.*

Dezernat 20.2: Erdöl- und Erdgasförderbetriebe, Gewässer-, Brand-, Gas- und Explosionsschutz, Meeresbergbau.
Dezernent: N. N.

Dezernat 21: Immissionsschutz, Planfeststellungsverfahren nach dem Bundesberggesetz, Untergrundspeicher, Erdgasaufbereitungsanlagen, Solbetriebe.
Dezernent: Bergdirektor Dipl.-Ing. Hans-Georg *Patzke.*

Dezernat 22.1: Abfallentsorgung, Planfeststellungsverfahren nach Abfallgesetz, Altlasten.
Dezernent: Bergdirektor Dipl.-Ing. Hans-Reinhard *Illgner.*

Dezernat 22.2: Tiefbohrungen, Geophysik, Wiedernutzbarmachung, Raumordnung, Abwasserentsorgung, Statistik.
Dezernent: Bergassessor Dipl.-Ing. Harald *Kronemann.*

Abteilung 3: Recht und Verwaltung.
Leiter: Vizepräsident Dr. jur. Heinz Bodo *Wilke.*

Dezernat 30.1: Bergbauberechtigungen, Personal.
Dezernent: Vizepräsident Dr. jur. Heinz Bodo *Wilke.*

Dezernat 30.2: Feldes- und Förderabgabe.
Dezernentin: Regierungsassessorin Carmen *Schwabl.*

Dezernat 30.3: Alte Rechte und Verträge, Organisation, Stellenbewirtschaftung, Haus- und Grundstücksverwaltung.
Dezernent: Oberregierungsrat Peter *Wellenthin.*

Dezernat 31: Bergrecht, Justitiariat, Haushalt.
Dezernent: Regierungsdirektor Gerhard *Gravenhorst.*

Dezernat Markscheidewesen
Leiter: Bergdirektor Dipl.-Ing. Martin *Harre.*

Dezernat M 1: Aufsicht über die Markscheider, markscheiderische Berechtsamsangelegenheiten, Markscheidewesen im Salzbergbau.
Dezernent: Bergdirektor Dipl.-Ing. Martin *Harre.*

Dezernat M 2: Karten- und Rißwesen, Markscheidewesen im übrigen Bergbau, bei untertägiger Speicherung und Lagerung.
Dezernent: Bergassessor Dipl.-Ing. Jörg *Heßlau.*

Sozialpolitischer Beirat: Dipl.-Ing. Lothar *Schreyer.*

Die Bergämter im Oberbergamtsbezirk Clausthal-Zellerfeld

Der Oberbergamtsbezirk umfaßt die Länder Niedersachsen und Schleswig-Holstein, die Freien und Hansestädte Hamburg und Bremen sowie Berlin.

1. Bergamt Celle in 3100 Celle, Reitbahn 1 A, ☏ (0 51 41) 10 38 und 10 39, ≠ 9 25 284, Telefax (0 51 41) 241 16.

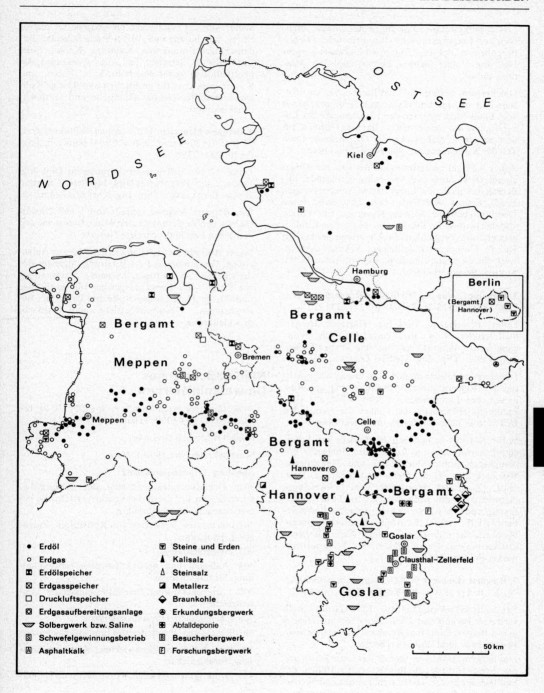

Der Bezirk des Oberbergamtes Clausthal-Zellerfeld.

Leiter: Bergdirektor Dipl.-Ing. Peter *Schaar;* Stellvertreter: Bergoberrat Dipl.-Ing. Friedhelm *Wiegel,* Bergoberrat Dipl.-Ing. Immo *Beckenbauer,* Bergrat Dipl.-Ing. Volker *Bannert,* Bergrat Dipl.-Ing. Matthias *Zapke.*

Das Bergamt Celle umfaßt das Land Schleswig-Holstein und die Freie und Hansestadt Hamburg, ferner vom Land Niedersachsen den Regierungsbezirk Lüneburg und das Gebiet des Landkreises Gifhorn, außerdem den Festlandsockel der Ostsee sowie einen Teil der Küstengewässer von Nord- und Ostsee.

Seiner Aufsicht unterstehen die Betriebe zur Aufsuchung, Gewinnung und Aufbereitung folgender Bodenschätze: Siedesalz, Industriesole, Solebohrungen, Erdöl, Erdgas, Kieselgur, Ton, Quarzsand sowie Geophysikbetriebe, Salinen, Kavernen- und Porenspeicherbetriebe für flüssige und gasförmige Kohlenwasserstoffe, bergmännische Untertagespeicher für Rohöl, Gashochdruckleitungen, Erkundungsbergwerk für die spätere Endlagerung von radioaktiven Stoffen, Besucherhöhlen.

2. Bergamt Goslar in 3380 Goslar, Rosentorstr. 27a, ☏ (05321) 21125-26, Telefax (05321) 21127.

Leiter: Bergoberrat Dipl.-Ing. Hartmut *Merker;* Stellvertreter: N. N.; Bergoberrat Dipl.-Ing. Wolfgang *Lampe;* Bergrat Dipl.-Ing. Jens *von den Eichen,* Bergassessor Dipl.-Ing. Michael *Fricke.*

Das Bergamt Goslar umfaßt vom Land Niedersachsen den Regierungsbezirk Braunschweig mit Ausnahme des Landkreises Gifhorn sowie aus dem Landkreis Hildesheim das Gebiet der Gemeinden Bad Salzdetfurth, Bockenem und Diekholzen.

Seiner Aufsicht unterstehen die Betriebe zur Aufsuchung, Gewinnung und Aufbereitung folgender Bodenschätze: Braunkohle, Eisen- und Manganerze, Blei-Zink-Erze, Kali-, Stein- und Siedesalz, Sole, Gips, Quarzsand, feuerfester Ton, Schwefelkies, Schwerspat, Erdöl, Erdgas sowie Betriebe der Tieflagerung und Abfallbeseitigung, geplantes Endlagerbergwerk für radioaktive Abfälle Konrad, Versuchsbergwerk für radioaktive Abfälle Asse, Gashochdruckleitungen, Geophysikbetriebe, Besucherbergwerke, Besucherhöhlen.

3. Bergamt Hannover in 3000 Hannover 1, Sedanstr. 48, ☏ (0511) 313041-42, Telefax (0511) 3481377.

Leiter: Bergdirektor Dipl.-Ing. Rolf *Gärtner;* Stellvertreter: Bergoberrat Dipl.-Ing. Eberhard *Heintzmann,* Bergrat Dipl.-Ing. Reinhard *Hammerschmidt,* Bergassessor Dipl.-Ing. Axel *Brasse.*

Das Bergamt Hannover umfaßt das Land Berlin und die Freie Hansestadt Bremen einschließlich des Stadtkreises Bremerhaven, ferner vom Land Niedersachsen den Regierungsbezirk Hannover mit Ausnahme des Gebiets der Gemeinden Bad Salzdetfurth, Bockenem und Diekholzen des Landkreises Hildesheim.

Seiner Aufsicht unterstehen die Betriebe zur Aufsuchung, Gewinnung und Aufbereitung folgender Bodenschätze: Braunkohle, Kalisalze, Kaolin, Sole, Erdöl, Erdgas, Schwefel, Ton, Gips, Quarzsand, Asphaltkalkstein sowie Solebohrungen, Poren- und Kavernenspeicher für gasförmige und flüssige Kohlenwasserstoffe, Geophysikbetriebe und Gashochdruckleitungen.

4. Bergamt Meppen in 4470 Meppen, Widukindstr. 1, ☏ (05931) 3047 und 3048, ✆ 98641 bamep d, Telefax (05931) 2395.

Leiter: N. N.; Stellvertreter: Bergoberrat Dipl.-Ing. Lothar *Lohff,* Bergoberrat Dipl.-Ing. Peter-Christian *Wrede,* Bergassessor Dipl.-Ing. Kurt *Machetanz.*

Das Bergamt Meppen umfaßt vom Land Niedersachsen den Regierungsbezirk Weser-Ems sowie den deutschen Festlandsockel der Nordsee.

Seiner Aufsicht unterstehen die Betriebe zur Aufsuchung, Gewinnung und Aufbereitung folgender Bodenschätze: Erdöl, Erdgas, Schwefel, Quarzsand sowie Poren- und Kavernenspeicher für gasförmige und flüssige Kohlenwasserstoffe und Druckluft, Solebohrungen, Geophysikbetriebe und Gashochdruckleitungen.

Niedersächsisches Umweltministerium

3000 Hannover, Archivstraße 2, ☏ (0511) 1040, Telefax (0511) 104-3399, Teletex 511 8380 MUHan.

Minister: Monika *Griefahn.*

Staatssekretär: Jan Henrik *Horn.*

Abteilung 3: Immissionsschutz

301: Grundsatzangelegenheiten des Immissionsschutzes und der Gewerbeaufsichtsverwaltung, gebietsbezogene Luftreinhaltung.

302: Vermeiden, Verwerten von Reststoffen, Erzeugerüberwachung.

303: Gentechnologie.

304: Anlagen- und produktbezogene Luftreinhaltung, Störfallvorsorge.

305: Lärmbekämpfung, Erschütterungsschutz, Umweltzeichen.

306: Chemikalien, Umwelttoxikologie.

307: Rechtsangelegenheiten des Immissionsschutzes.

Abteilung 4: Kernenergieabwicklung, Kernenergienutzung, Strahlenschutz

401: Grundsatzangelegenheiten der Kernenergiepolitik.

402: Kernenergie-Abwicklung, Einzelprojekte.

403: Strahlenschutz, Anlagensicherung bei kerntechnischen Anlagen.

404: Kernenergienutzung, Genehmigungs- und Aufsichtsverfahren.

405: Nukleare Ver- und Entsorgung.

406: Rechtsangelegenheiten der Kernenergienutzung, Kernenergieabwicklung und des Strahlenschutzes.

Niedersächsisches Landesamt für Immissionsschutz (NLIS)
– Arbeitsmedizin, Immissionsschutz, Strahlenschutz –

3000 Hannover 91, Göttinger Straße 14, ☏ (05 11) 44 46-0, Telefax (05 11) 44 46-4 70.

Leiter: Ltd. Gewerbedirektor Dipl.-Ing. Dieter *Bergmann*.

Niedersächsisches Landesamt für Wasser und Abfall (NLW)

3200 Hildesheim, An der Scharlake 39, ☏ (0 5121) 509-0, ✍ 927194 nlwa d, Telefax (05121) 509-196.

Leiter: Ltd. Bergdirektor G. *Faist*, m. d. W. d. G. b.

Zweck: Bearbeitung und Erledigung von Fachaufgaben auf den Gebieten der Gewässerkunde, des Gewässerschutzes und der Abwasserbeseitigung, der Wasserversorgung, der Abfallwirtschaft, des Hochwasserschutzes, des Insel- und Küstenschutzes und der Binnenfischerei.

Struktur des Amtes:

Abt. 1: Zentrale Angelegenheiten.

Abt. 2: Grundlagen der Wasserwirtschaft.

Abt. 3: Gewässerschutz, Technik der Wasserwirtschaft.

Abt. 4: Abfallwirtschaft.

Abt. 5: Naturwissenschaftliche Laboratorien.

Abt. 6: Forschungsstelle Küste – Norderney.

Dez. S: Binnenfischerei – fischereikundlicher Dienst.

Nordrhein-Westfalen

Ministerium für Wirtschaft, Mittelstand und Technologie des Landes Nordrhein-Westfalen

4000 Düsseldorf, Haroldstr. 4, ☏ (02 11) 8 37-02, ✍ 8 582728 wtnwd, Telefax (02 11) 8372200, Teletex 21 14634 MWMT.

Minister: Günther *Einert*.

Staatssekretär: Hartmut *Krebs*.

Abteilung 5: Energie, Kohle, Bergwesen: Ministerialdirigent Dr. Gerhard *Sohn*.

Gruppe 51: Kohle, Bergwesen, Energierecht, Strukturfragen der Energieversorgung: Ltd. Ministerialrat Dr. Hilmar *Fornelli*.

Referat 511: Grundsatzfragen der Bergaufsicht, Prüfungsangelegenheiten: Ltd. Ministerialrat Dr. Hilmar *Fornelli*.

Referat 512: Bergaufsicht, Grubensicherheit und Gesundheitsschutz: Ministerialrat Hans-Joachim *Hartwig*, Oberbergrat Klaus-Willy *Schumacher*.

Referat 513: Planungen im Bergbau, Lagerstättensicherung, Markscheidewesen: Ministerialrat Ekhart *Maatz*, Oberbergrat Friedrich Wilhelm *Wagner*.

Referat 514: Wasser- und Abfallwirtschaft, Altlasten, Immissions- und Bodenschutz im Bergbau: Ministerialrat Gerhard *Bilke*.

Referat 515: Wirtschaftliche Angelegenheiten des Steinkohlenbergbaus: Ministerialrat Ass. d. Bergf. Rainer *Trösken*, Bergdirektor Rüdiger *Blase*.

Referat 516: Rechtsangelegenheiten des Bergbaus, Energierecht, europarechtliche Fragen der Energiepolitik: Ministerialrat Peter *Franke*, Regierungsrätin z. A. Sabine *Heinzel*.

Referat 517: Strukturfragen der Energieversorgung, Verbindung zur Energiewirtschaft, Strompreisaufsicht, Konzessionsabgabewesen: Ministerialrat Dr. Volkhard *Riechmann*, Regierungsdirektor Dr. Dieter *Schulte-Janson*.

Gruppe 52: Rationelle Energienutzung: Ltd. Ministerialrat Karl Hubert *Coerdt*.

Referat 521: Grundsatzfragen der rationellen Energienutzung, Klimainstitut, Energieagentur: Ministerialrat Dr. Ing. Eike *Schwarz*, Oberregierungsrat Thomas *Osthoff*.

Referat 522: EG-Angelegenheiten für den Bereich Energie, Energiesicherung: Ltd. Ministerialrat Karl Hubert *Coerdt*, Bergrat Dieter *Kettenbach*.

Referat 523: Elektrizitätswirtschaft Fernwärme: Ministerialrat Reinhard *Jenne*.

Referat 524: Maßnahmen der rationellen Energienutzung, REN-Programme, Mineralöl: Ministerialrat Dr. Klaus *Vonderbank*.

Referat 525: Förderung der Grubensicherheit sowie des Umwelt- und Gesundheitsschutzes im Bergbau: Ministerialrat Hans Christoph *Michels*, Regierungsbaudirektor Frank *Thiemler*.

Referat 526: Förderung rationeller Energietechniken: Ministerialrat Christian *Cirkel*.

Referat 527: Gaswirtschaft: Ministerialrat Gerd *Ambos*.

7 BEHÖRDEN

Gruppe 53: Sicherheit in der Kerntechnik, Atomrechtliche Aufsicht: Ltd. Ministerialrat Heinrich *Siebel*.

Referat 531: Genehmigung u. Beaufsichtigung der Verwendung von Kernbrennstoffen, Beaufsichtigung des Brennelementzwischenlagers Jülich, Entsorgung kerntechnischer Anlagen, Werkverträge für sicherheitstechnische Untersuchungen: Ministerialrat Dr.-Ing. Heinz *Baues*, Regierungsdirektor Dr. Eduard *Scherer*.

Referat 532: Genehmigung von Kernkraftwerken mit gasgekühlten Reaktoren und sonstigen Anlagen des Kernbrennstoffkreislaufs: Ministerialrat Wilfried *Hohmann*, Regierungsdirektor Hans-Joachim *Schwiegk*, Regierungsdirektor Dr. Klaus *Bösebeck*, Regierungsdirektor Paul-Georg *Ceyrowsky*, Regierungsdirektor Dr. Heinz Erhard *Drescher*.

Referat 533: Grundsatzfragen der Sicherheit kerntechnischer Anlagen: Ltd. Ministerialrat Heinrich *Siebel*.

Referat 534: Genehmigung und Beaufsichtigung von Kernkraftwerken mit Leichtwasserreaktoren, Beaufsichtigung von sonstigen Anlagen des Kernbrennstoffkreislaufs: Regierungsdirektor Horst *Köhler*, Regierungsdirektor Lothar *Schumann*.

Referat 535: Kernkraftwerksfernüberwachungssystem, Beaufsichtigung der Emission radioaktiver Stoffe kerntechnischer Anlagen und Verwendungen, atomrechtliche Aufgaben des Katastrophenschutzes: Ministerialrat Horst *Wolf*, Regierungsdirektor Günter *Neuhof*, Regierungsangestellter Anastasius *Jeorgiadis*, Regierungsangestellter Rainer *Kindel*.

Referat 536: Genehmigung und Beaufsichtigung von Forschungs- und Unterrichtsreaktoren, Beaufsichtigung von Kernkraftwerken mit gasgekühlten Reaktoren und des Brennelementzwischenlagers Ahaus, Anlagensicherung: Ministerialrat Dr.-Ing. Holger *Ronig*.

Abteilung 3: Industrie, Technologie, Qualifizierung: Ltd. Ministerialrat Dr. Klaus *Warnke-Gronau*.

Gruppe 33: Förderung der technischen Entwicklung in der Industrie: Ltd. Ministerialrat Dr. Wilhelm *Amrath*.

Gruppe 31: Wirtschaft und Umwelt, Industrie: N.N.

Referat 315: Chemie und Umwelt: Ministerialrat Dr. Erwin *Kugler*, Regierungsrätin Dr. Eleonore *Türker*.

Gruppe 32: Technologieförderung und -entwicklung: Ministerialrat Dr. Robert *Mainberger*.

Referat 321: Grundsatzfragen der Technologieförderung, Luft- und Raumfahrttechnik: Ministerialrat Dr. Robert *Mainberger*, Oberregierungsrat Dr. Peter-Reinhard *Wasmund*.

Referat 322: Metallische Werkstoffe, Lasertechnik (Stahl, Stahlbau, Gießereien, NE-Metall, EBM): Ministerialrat Dr. Heinz *Witulski*.

Referat 323: Informations- und Kommunikationstechnologien (Post- und Telekommunikation): Ministerialrat Dr.-Ing. Hans *Bruch*, Regierungsrat Walter *Flaig*.

Referat 324: Bio- und Umwelttechnologien, Holzwirtschaft: Ministerialrat Hartmut *Crysandt*, Regierungsdirektor Hans-Hermann *Püls*.

Referat 325: Mikrosystemtechnologien, physikalische Technologien (Elektronik, Feinwerktechnik, Optik): Ministerialrat Dr. Bernhard *Focke*, Regierungsrat Ulrich *Steger*.

Referat 326: Fertigungstechnologien (Maschinenbau, Fahrzeug- und Schiffbau): Regierungsdirektor Thomas *Monsau*, Regierungsbaudirektor Dr.-Ing. Reinhardt *Michael*.

Referat 327: Nichtmetallische Werkstoffe (Druck, Papier, Textil, Glas, Feinkeramik, Bau, Steine, Erden, Leder, Gummi): Ministerialrat Dr. Bernt *Höpfner*.

Referat 331: Chemie: Ltd. Ministerialrat Dr. Wilhelm *Amrath*, Regierungsrätin z. A. Dr. Eleonore *Türker*.

Referat 332: Förderung der energietechnischen Entwicklung (ohne Bergbau, Glas und Schleifmittel): Ministerialrat Christian *Cirkel*, Regierungsbaudirektor Dr.-Ing. Klaus *Joppa*.

Referat 334: Eisen- und Metallerzeugung, Gießereien, Stahl, Stahlverarbeitung, Werkstoffe, Feinkeramik: Ministerialrat Dr. Heinz *Witulski*, Regierungsdirektor Thomas *Monsau*.

Gruppe 43: Verfassungs- und Wirtschaftsrecht, Justitiariat, ADV, Kernenergierecht: Ltd. Ministerialrat Helmut *Wigge*.

Referat 433: Kernenergierecht, Haftungs- und Versicherungsfragen, Zuverlässigkeitsprüfungen: Regierungsdirektor Dr. Wolfgang *Cloosters*, Regierungsrätin z. A. Sabine *Kämpfer*.

Ausschuß für Grubensicherheit des Landtags Nordrhein-Westfalen

4000 Düsseldorf, Platz des Landtags, Postfach 1143, ☏ (0211) 884-2485, Telefax (0211) 884-2258.

Vorsitzender: Abgeordneter Helmut *Marmulla*, Recklinghausen, ☏ dienstlich: (02361) 534116 und 534117, privat: (02361) 71718.

Stellv. Vorsitzender: Abgeordneter Hermann *Kampmann*, Hamm, ☏ dienstlich: (02381) 20484, ☏ (privat) (02385) 3798.

Ausschußassistent: Georg *Hoffmann*, ☏ (0211) 8842485 und 8842486.

Sachverständige der Industriegewerkschaft Bergbau und Energie: Dieter *May*, Jürgen *Hippler*, Erich *Manthey*, Siegfried *Leube*, ☏ (0234) 319-0.

Zweck: Der Ausschuß hat sich für die Verbesserung der Arbeitssicherheit und des Gesundheitsschutzes der im Bergbau des Landes Beschäftigten einzusetzen. Er soll sich im Einzelfall über solche Grubenunglücke, bei denen zwei oder mehr Personen getötet bzw. drei oder mehr Personen verletzt oder unter Tage eingeschlossen worden sind und deren Aufklärung von besonderem Interesse für die Verbesserung der Arbeitssicherheit ist, durch Befahrungen der Unfallstellen selbst unterrichten.

Arbeitsgemeinschaft Staub- und Silikosebekämpfung Nordrhein-Westfalen

4000 Düsseldorf, Haroldstraße 4, ☏ (0211) 837-02, ⌇ 8582728.

Geschäftsstelle: Regierungsangestellter Gerhard *Peter*.

Mitglieder: Ministerialrat Christian *Cirkel*, Ministerium für Wirtschaft, Mittelstand und Technologie des Landes Nordrhein-Westfalen (Vorsitz); Dr. phil. nat. Lorenz *Armbruster*, Institut für Bewetterung, Klimatisierung und Staubbekämpfung der DMT Gesellschaft für Forschung und Prüfung GmbH, Essen; Ass. d. Bergf. Dr.-Ing. Hans-Dieter *Bauer*, Institut für Gefahrstoff-Forschung der Bergbau-Berufsgenossenschaft, Bochum; Professor Dr. med. Joachim *Bruch*, Institut für Hygiene und Arbeitsmedizin der Gesamthochschule Essen; Professor Dr. med. Hans-Joachim *Einbrodt*, Abteilung Hygiene und Arbeitsmedizin der Rheinisch-Westfälischen Technischen Hochschule Aachen; Ass. d. Bergf. Karl-Richard *Haarmann*, Vorsitzender des technisch-wissenschaftlichen Beirats des DMT-Instituts für Staubbekämpfung, Gefahrstoffe und Ergonomie; Abteilungsdirektor Wolfgang *Marth*, Landesoberbergamt Nordrhein-Westfalen; Professor Dr. med. Claus *Piekarski*, Institut für Arbeitsmedizin, Sozialmedizin und Sozialhygiene an der Universität Köln; Professor Dr. med. Hans-Werner *Schlipköter*, Medizinisches Institut für Umwelthygiene an der Universität Düsseldorf; Professor Dr. med. Wolfgang T. *Ulmer*, Berufsgenossenschaftliches Forschungsinstitut für Arbeitsmedizin, Bochum.

Gründung und Zweck: Die Arbeitsgemeinschaft wurde im Jahre 1954 gegründet. Ihre Aufgabe ist die Förderung von Untersuchungs- und Entwicklungsprojekten auf dem Gebiet der Staubbekämpfung und der Pneumokonioseverhütung im Steinkohlenbergbau. Die Ergebnisse der Untersuchungs- und Entwicklungsarbeiten werden vom Minister für Wirtschaft, Mittelstand und Technologie des Landes Nordrhein-Westfalen in dem zweijährlich erscheinenden »Silikosebericht Nordrhein-Westfalen« veröffentlicht.

Geologisches Landesamt Nordrhein-Westfalen

4150 Krefeld, De-Greiff-Str. 195, Postfach 10 80, ☏ (02151) 897-1, Telefax (02151) 897505.

Leiter: Präsident Professor Dr.-Ing. Peter *Neumann-Mahlkau;* Ständiger Vertreter: Vizepräsident Dr. Egon *Wiegel*.

Zweck: Das Geologische Landesamt ist Landesoberbehörde und hat gemäß § 2 der VO vom 12. März 1957 — GV. NW. S. 61 — folgende Aufgaben: Geologische Erforschung des Landes — insbesondere auf dem Gebiete der Lagerstättenkunde, Hydrogeologie, Ingenieurgeologie, Bodenkunde und Geophysik — sowie die Auswertung der Forschungsergebnisse;

Herstellung von Karten auf den genannten Gebieten; fachliche Beratung und Erstattung von Gutachten;

Anlegung von Archiven, insbesondere einer Sammelstelle der Bohrergebnisse; Veröffentlichungen aus dem Aufgabenbereich des Amtes.

1: Zentrale Angelegenheiten: Vizepräsident Dr. Egon *Wiegel*.

11: Information, Aus- und Weiterbildung, Veröffentlichungen: Dipl.-Geol. Hanns Dieter *Hilden*.

12: Kartographie: Geologiedirektor Dipl.-Geol. Joachim *Nötting*.

13: Archive, Bibliothek, Sammlungen: N.N.

14: Mitwirkung bei Angelegenheiten des Umweltschutzes und der Landesplanung — Grundsatzfragen, Koordinierung: Geologiedirektor Dr. Hans-Diether *Dahm*.

15: Verwaltung: Oberregierungsrat Manfred *Amkreutz*.

16: Automatisierte Datenverarbeitung, Kommunikationstechnik, Datenschutz: Geologiedirektor Dr. Oskar *Burghardt*.

2: Geowissenschaftliche Untersuchungen — Laboratorien: Abteilungsdirektor Dr. Albrecht *Rabitz*.

21: Paläozoologie: Geologiedirektor Dr. Konrad *Rescher*.

22: Paläobotanik: N.N.

23: Kohlen- und Erzpetrologie: Geologiedirektor Dr. Karl-Heinz *Ribbert*.

24: Geochemie, Bodenphysik, Mineralogie, Petrologie: Geologiedirektor Dr. Claus-Dieter *Clausen*.

25: Geophysik: Dr. Klaus *Köwing*.

3: Geologie, Lagerstättenkunde — Landesaufnahme und Beratung: Abteilungsdirektor Dr. Arend *Thiermann*.

31: Grundlagen und Methoden: Geologiedirektor Dr. Heinrich *von Kamp*.

32: Münsterland und Ruhrgebiet: Obergeologierat Dr. Otto *Stehn*.

33: Lagerstätten Kohle, Kohlenwasserstoffe, Salz, Erze, Steine und Erden: Geologiedirektor Dr. Matthias *Zeller*.

34: Ostwestfalen-Lippe: Geologiedirektor Dr. Klaus *Skupin.*
35: Niederrheinische Bucht: Geologiedirektor Dr. Josef *Klostermann.*
36: Eifel, Bergisches Land: Geologiedirektor Dr. Gangolf *Knapp.*
37: Sauerland, Siegerland: Geologiedirektor Dr. Horst *Müller.*

4: Bodenkunde — Landesaufnahme, Bodenschutz, Beratung: Abteilungsdirektor Dr. Günther *Heide.*
41: Grundlagen und Methoden: Ltd. Geologiedirektor Dr. Walter-Götz *Schraps.*
42: Bodenschutz und Fachinformationssystem Bodenkunde: Geologiedirektor Dr. Ulrich *Krahmer.*
43: Münsterland und Ruhrgebiet: Geologiedirektorin Gudrun *Stancu-Kristoff.*
44: Ostwestfalen-Lippe: Geologiedirektor Dr. Malthe *Warstat.*
45: Niederrheinische Bucht: Geologiedirektor Dr. Wilhelm *Paas.*
46: Eifel, Bergisches Land: Geologiedirektor Dr. Jörg *Schalich.*
47: Sauerland, Siegerland: Geologiedirektor Dr. Fritz *Schneider.*

5: Ingenieur- und Hydrogeologie: Abteilungsdirektor Dr. Manfred *Reinhardt.*
51: Erd- und Grundbau, Felsbau: Geologiedirektor Dr. Peter *Weber.*
52: Deponien, Halden und Standsicherheit von Lockergesteinsböschungen: Geologiedirektor Dipl.-Geol. Bertold *Jäger.*
53: Ingenieurgeologische Karten: Geologiedirektor Dr. Karl Heinz *Suchan.*
54: Hydrogeologische Grundlagen und überregionale Aufgaben: Ltd. Geologiedirektor Professor Dr. Gert *Michel.*
55: Grundwassererkundung, Grundwasserschutz: N.N.
56: Hydrogeologische Karten: Geologiedirektor Dr. Wolfgang *Schlimm.*

Landesoberbergamt Nordrhein-Westfalen

Der Bezirk des Landesoberbergamts umfaßt das gesamte Gebiet des Landes Nordrhein-Westfalen.

4600 Dortmund 1, Goebenstr. 25, Postfach, ☎ (0231) 5410-0, ✎ 822550 loba d, Telefax (0231) 52 94 10. Dienststunden: montags und dienstags von 7.30 bis 16.00 Uhr, mittwochs bis freitags von 7.30 bis 15.30 Uhr (sonnabends geschlossen).

Leiter: Präsident Dipl.-Ing. Helmut *Schelter.*

Ständiger Vertreter: Vizepräsident Dipl.-Ing. Hans-Jürgen *von Bardeleben.*

Abteilung 1: Recht und Verwaltung
Abteilungsdirektor Wolfgang *Knof.*

Dezernat 11: Bergrecht, Bergaufsicht, Vorschriftenwesen, Sammelblatt: Bergdirektor Michael *Kirchner,* Oberbergrat Dr. jur. Eduard *Kremer,* Bergrätin z. A. Dorothea *Schuk.*

Dezernat 12: Berechtsamsangelegenheiten, bergrechtl. Gewerkschaften, Grundabtretungen: Bergdirektorin Gudula *Krauthausen.*

Dezernat 13: Andere den Bergbau berührende Rechtsgebiete: Bergdirektor Dietrich *Büscher.*

Dezernat 14: Verwaltung: Bergrat Manfred *Knorr.*

Dezernat 15: Umweltrecht (ohne Abfallrecht), Planungsrecht, bergrechtl. Umweltverträglichkeitsprüfung: Ltd. Bergdirektor Dr. jur. Franz-Josef *Franke.*

Dezernat 16: Zentrale Datenverarbeitung, Datenschutz: Bergrat Gerd *Ney.*

Abteilung 2: Abbau- und Gewinnungstechnik unter Tage
Ltd. Bergdirektor Dipl.-Ing. Hans-Jürgen *Moench.*

Dezernat 21: Planung, Zusammenlegung und Stillegung von Steinkohlenbergwerken: Oberbergrat Dipl.-Ing. Klaus *Bekemeier,* Bergrat z. A. Dipl.-Ing. Ernst-Günter *Weiß.*

Dezernat 22: Aus- und Vorrichtung, Abbau, Gewinnung, Versatz, Gebirgsschläge: Bergdirektor Dipl.-Ing. Werner *Lechner.*

Dezernat 23: Gebirgsmechanik, Ausbau, Besucherbergwerke, Besucherhöhlen: N. N. (i. V. Bergdirektor Dipl.-Ing. Reinhard *Kügler).*

Dezernat 24: Maschinen, maschinelle Anlagen und Stetigförderer unter Tage: Bergdirektor Dipl.-Ing. Reinhard *Kügler.*

Dezernat 25: Sozialpolitischer Beirat: Dipl.-Ing. Diether *Poller.*

Abteilung 3: Wettertechnik, Gesundheitsschutz, Elektrotechnik, Sprengwesen
Abteilungsdirektor Dipl.-Ing. Wolfgang *Marth.*

Dezernat 31: Grubenbewetterung, Ausgasung, Gas-, Kohleausbrüche, Klima: Bergdirektor Dipl.-Ing. Helmut *Stalz.*

Dezernat 32: Brand- und Explosionsschutz unter Tage, Rettungsangelegenheiten: Bergdirektor Dipl.-Ing. Lutz *Köpke.*

Dezernat 33: Verhütung von Berufskrankheiten, Gesundheitsschutz, Strahlenschutz, Gefahrstoffe: Bergdirektor Dipl.-Ing. Klaus *Jägersberg,* Oberbergrat Dipl.-Ing. Alfred *Schmitz.*

Dezernat 34: Elektrische Anlagen unter und über Tage, Sicherheit in der Prozeßleittechnik: Bergdirektor Dipl.-Ing. Günter *Jargstorf,* Bergrat Dipl.-Ing. Tassilo *Terwelp.*

Dezernat 35: Sprengmittel und Sprengarbeit unter und über Tage: Oberbergrat Dipl.-Ing. Horst *Wörmann.*

Dezernat 36: N. N. (i. V. Sozialpolitischer Beirat Dipl.-Ing. Diether *Poller*).

Abteilung 4: Förder- und Weiterverarbeitungstechnik
Vizepräsident Dipl.-Ing. Hans-Jürgen *von Bardeleben*.

Dezernat 41: Förderung, Seilfahrt und Befahrung in Schächten, Aufzugsanlagen: Bergdirektor Dipl.-Ing. Reinhard *Meier*.

Dezernat 42: Förderung, Personenbeförderung und Fahrung unter und über Tage: Oberbergrat Dipl.-Ing. Franz *Frenger*.

Dezernat 43: Dampfkessel- und Feuerungsanlagen, Brikettfabriken, Immissionsschutz (Reinh. d. Luft), rationelle Energieverwendung: Oberbergrat Dipl.-Ing. Siegfried *Borchers*, Bergrat z. A. Dipl.-Ing. Jochen *Möller*, Bergrat z. A. Dipl.-Ing. Burkhard *von Reis*.

Dezernat 44: Kokereien, Kohlevergasungs- und -verflüssigungsanlagen, Aufbereitungsanlagen, Immissionsschutz (Lärmschutz): Ltd. Bergdirektor Dipl.-Ing. Walter *Schonefeld*.

Dezernat 45: Sonstige überwachungsbedürftige Anlagen und Tagesanlagen, Brand- und Explosionsschutz über Tage, Koordinierung des Umweltschutzes: Bergrat Dipl.-Ing. Jürgen *Lambrecht*.

Abteilung 5: Tagebautechnik, Nichtkohlenbergbau und Wasserwirtschaft
Abteilungsdirektor Dipl.-Ing. Jürgen *Dietzsch*.

Dezernat 51: Raumordnung, Landesplanung: Bergdirektor Dipl.-Ing. Andreas *Nörthen*, Oberbergrat Dipl.-Ing. Klaus-Willy *Schumacher*.

Dezernat 52: Tagebautechnik und Rekultivierung (Braunkohle): Oberbergrat Dipl.-Ing. Jens *Hey*, Bergrat Dipl.-Ing. Wolfgang *Dronia*.

Dezernat 53: Nichtkohlenbergbau, Untergrundspeicherung: Oberbergrat Dipl.-Ing. Jörg *Berndt*.

Dezernat 54: Wasserwirtschaft: Bergdirektor Dipl.-Ing. Horst *Fleckner*, Bergrat z. A. Dipl.-Ing. Bernhard *Hoschützky*.

Dezernat 55: Bodenmechanik, Tiefbohrtechnik, Tagebauentwässerung: Bergvermessungsdirektor Dipl.-Ing. Dieter *Glembotzki*, Bergrat Dipl.-Ing. Heinz-Helge *Kuschel*, Bergrat Dipl.-Ing. Sven *Cremer*, Bergrat z. A. Dipl.-Ing. Peter *Dörne*.

Dezernat 56: Abfallbeseitigung, Altlasten, Halden: Ltd. Bergdirektor Dipl.-Ing. Herbert *Czech*, Bergrat z. A. Dipl.-Ing. Ralf *Schebaum*.

Abteilung 6: Unfallverhütung, Bergwirtschaft, Schul- und Ausbildungswesen
Ltd. Bergdirektor Dipl.-Ing. Günter *Korte*.

Dezernat 61: Unfallverhütung, betrieblicher Sicherheits- und Gesundheitsdienst, Erste Hilfe: Oberbergrat Dipl.-Ing. Werner *Grigo*, Reg.-Angest. Dipl.-Ing. Martin *Schelter*.

Dezernat 62: Bergwirtschaft, Berichtswesen, Statistik, Öffentlichkeitsarbeit: Bergdirektor Dipl.-Ing. Werner *Isermann*, Bergrat Dipl.-Ing. Wolfgang *Schneider*.

Bergverordnungen
Richtlinien
Pläne
Sammellisten
Vordrucke
Dienstanweisungen
Betriebsanweisungen
Aushänge

Der Verlag Glückauf liefert das gesamte bergbauliche Vorschriftenwesen. Dazu gehören vor allem die Loseblattwerke des Landesoberbergamtes Nordrhein-Westfalen

- Sammelblatt
- Sammelbuch der zugelassenen Ausbauteile
- Technische Anforderungen für Schacht- und Schrägförderanlagen
- Verzeichnis der zugelassenen Bauteile von Schacht- und Schrägförderanlagen

Aber auch die sonstigen, mit bergbaulichen Behörden, Organisationen und Unternehmen entwickelten Veröffentlichungen können wir Ihnen ab sofort liefern.

Bitte schreiben Sie uns oder rufen Sie uns an!

Verlag Glückauf GmbH Postfach 103945 · D-4300 Essen 1
Telefon (0201) 172-1546 · Telex 8579545 · Telefax (0201) 293630

7 BEHÖRDEN

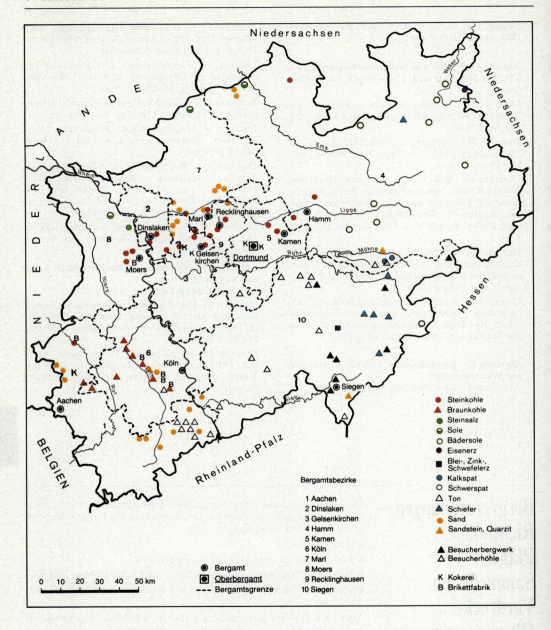

Der Bezirk des Landesoberbergamtes Nordrhein-Westfalen.
(Zu den nutzbaren Lagerstätten der mineralischen Rohstoffe vgl. die Karte im Kap. 1).

Dezernat 63: Schulaufsicht: N. N. (i. V. Ltd. Bergdirektor Dipl.-Ing. Günter *Korte*), Bergrat Dipl.-Ing. Joachim *Berger*.

Dezernat 64: Berufsausbildung, Fortbildung: Bergdirektor Dipl.-Ing. Horst *Heinrichs*.

Abteilung 7: Markscheidewesen
Ltd. Bergvermessungsdirektor Dipl.-Ing. Karl-Heinz *Kunert*.

Dezernat 71: Allgemeine Markscheiderangelegenheiten: N. N., i. V. Ltd. Bergvermessungsdirektor Dipl.-Ing. Karl-Heinz *Kunert*.

Dezernat 72: Lagerstätten, Berechtsamsangelegenheiten, Berechtsamskarte, Rißwerke: Bergvermessungsdirektor Dipl.-Ing. Roderich *Regelmann*, Bergvermessungsrat z. A. Dipl.-Ing. Heinz-Roland *Neumann*.

Dezernat 73: Oberflächennaher Abbau, verlassene Grubenbaue, Stillegungen, Leitnivellement (Steinkohlenbergbau): Oberbergvermessungsrat Dipl.-Ing. Andreas *Welz*.

Dezernat 74: Abbaueinwirkungen, schutzwürdige Anlagen, Schutzbezirke, Sicherheitspfeiler: Bergvermessungsdirektor Dipl.-Ing. Bernhard *Bugla*, Bergvermessungsrat Dipl.-Ing. Andreas *Frische*.

Dezernat 75: Oberflächennaher Abbau, verlassene Grubenbaue, Leitnivellement (Nichtsteinkohlenbergbau): Bergvermessungsdirektor Dipl.-Ing. Hans-Heinz *Lieneke*.

Organisationsplan für die Steinkohlenbergämter

Bergamtsleiter

Fachbereich 1: Unfallverhütung und Sicherheitsdienst, Sozialer Arbeitsschutz, Rettungswesen und Katastrophenschutz, Planung von Bergbaubetrieben, Mitwirkung bei Planungsverfahren anderer Behörden, Berichtswesen, Aus- und Weiterbildung, Berechtsamsangelegenheiten, Nichtkohlenbergbau, Untergrundspeicherung, Besucherbergwerke und Besucherhöhlen.

Fachbereich 2: Aus- und Vorrichtung, Abbau, Ausbau, Sprengarbeit.

Fachbereich 3: Wetterführung, Brandschutz, Gesundheitsschutz, Staubbekämpfung und Lärmschutz, Strahlenschutz, Grubenrettungswesen.

Fachbereich 4: Förderung und Fahrung, Seilfahrt, Aufzüge, Elektrische Anlagen, Maschinelle Anlagen, Prozeßleittechnik.

Fachbereich 5: Umweltschutz, Tagesanlagen, Gewässeraufsicht, Abfallbeseitigung, Halden (einschl. Rohstoffgewinnung), Wiedernutzbarmachung, Altlasten.

Organisationsplan für das Braunkohlenbergamt Köln

Bergamtsleiter

Fachbereich 1: Unfallverhütung und Sicherheitsdienst, Sozialer Arbeitsschutz, Rettungswesen, Katastrophenschutz, Tagebauplanung, Mitwirkung bei Planungsverfahren anderer Behörden, Aufschluß, Zusammenschluß und Abschluß von Tagebaubetrieben (Stillegung), Wiedernutzbarmachung und Oberflächenentwässerung, Aus- und Weiterbildung, Berechtsamsangelegenheiten, Nichtkohlenbergbau, Berichtswesen.

Fachbereich 2: Tagebaugeräte, Zusatzgeräte, Gewinnungstechnik, Verkippungstechnik, Bandförderer, Gleislosfahrzeuge, Hilfsgeräte, Geräte für die Deponietechnik, Hebezeuge, Kriananlagen, Maschinen-Werkstätten.

Fachbereich 3: Umweltschutz, Abfallbeseitigung, Tagesanlagen, Kraftwerke und Wärmetechnik, Kohleverarbeitung, Kohleveredlung (Brikett, Staub, Koks, Gas, Elektrizität), Fabriken und Verfahrenstechnik, Energietechnik, Brandschutz, Explosionsschutz, Gasschutz.

Fachbereich 4: Elektrotechnik, Elektronik, Prozeßleittechnik, Elektro-Werkstätten, Bahnanlagen, Gesundheitsschutz, Lärmschutz, Strahlenschutz, Gefahrstoffe.

Fachbereich 5: Bodenmechanik, Gewässerschutz, Standsicherheit von Böschungen und Kippen, Hydrologie, Wasserwirtschaft, Grundwasser und Grubenwasser, Wasserhaltung, Wasserhebung, Wasserableitung, Wassereinleitung, Entwässerung (Sümpfung) und Oberflächenwasser, Grundwasserabsenkung und Ersatzwasserbeschaffung, Bohrungen und Brunnenbau, Besucherbergwerke und Besucherhöhlen.

Die Bergämter im Bezirk des Landesoberbergamtes Nordrhein-Westfalen

1. Bergamt Aachen in 5100 Aachen, Harscampstr. 15/17, ☏ (0241) 32620 und 34319.

Bergamtsleiter: Bergdirektor Dipl.-Ing. Christian *Schmied*; ständiger Vertreter: N. N. (i. V. Bergrat Dipl.-Ing. Peter *Asenbaum*); Fachbereich 1: N. N. (i. V. Bergdirektor Dipl.-Ing. Christian *Schmied*); Fachbereich 2: Bergrat Dipl.-Ing. Rainer *Greulich;* Fachbereich 3: Bergrat Dipl.-Ing. Rainer *Greulich;* Fachbereich 4: Bergrat Dipl.-Ing. Peter *Asenbaum;* Fachbereich 5: Bergrat Dipl.-Ing. Peter *Asenbaum.*

Der Bezirk umfaßt vom Regierungsbezirk Köln die kreisfreien Städte Aachen und Bonn, den Kreis Heinsberg sowie Teile der Kreise Aachen, Düren, Euskirchen und des Rhein-Sieg-Kreises. Seiner Aufsicht unterstehen die Betriebe zur Aufsuchung, Gewinnung und Aufbereitung folgender Bodenschätze:

Steinkohle, Felsquarzit, Klebsand, Formsand, Quarzsand, Ton, Schieferton, Kaolin, eine Kokerei und eine Steinkohlenbrikettfabrik.

2. Bergamt Dinslaken in 4220 Dinslaken, Wiesenstr. 65, ☏ (02134) 70162/51403.

Bergamtsleiter: Bergdirektor Dipl.-Ing. Johann *Hüben;* ständiger Vertreter: Bergdirektor Dipl.-Ing. Jürgen *Poppek;* Fachbereich 1: Bergdirektor *Poppek;* Fachbereich 2: Bergrat Dipl.-Ing. Johannes *Niessen;* Fachbereich 3: Bergrat Dipl.-Ing. Peter *Hogrebe;* Fachbereich 4: Bergrat Dipl.-Ing. Johannes *Niessen;* Fachbereich 5: Bergdirektor Dipl.-Ing. Jürgen *Poppek.*

Das Bergamt Dinslaken umfaßt vom Regierungsbezirk Düsseldorf Teile der kreisfreien Städte Duisburg, Oberhausen und Essen und teilweise den Kreis Wesel, vom Regierungsbezirk Münster Teile der kreisfreien Stadt Bottrop sowie die Kreise Borken und Recklinghausen teilweise. Seiner Aufsicht unterstehen die fördernden Betriebe der Steinkohle und Quarzit sowie die Kokereien.

3. Bergamt Gelsenkirchen in 4650 Gelsenkirchen 2, Kurt-Schumacher-Str. 313, ☏ (0209) 59981/59982.

Bergamtsleiter: Ltd. Bergdirektor Dipl.-Ing. Diethard *Dylla;* ständiger Vertreter: Bergdirektor Dipl.-Ing. Jürgen *Burgardt;* Fachbereich 1: Ltd. Bergdirektor Dipl.-Ing. Diethard *Dylla;* Fachbereich 2: Bergrat Dipl.-Ing. Andreas *Sikorski;* Fachbereich 3: Bergrat Dipl.-Ing. Siegfried Uwe *Behrendt;* Fachbereich 4: Oberbergrat Dipl.-Ing. Wolfgang *Luxat;* Fachbereich 5: Bergdirektor Dipl.-Ing. Jürgen *Burgardt,* Oberbergrat Dipl.-Ing. Friedrich-Wilhelm *Wagner.*

Das Bergamt Gelsenkirchen umfaßt vom Regierungsbezirk Münster Teile der kreisfreien Städte Bottrop und Gelsenkirchen sowie den Kreis Recklinghausen teilweise, vom Regierungsbezirk Düsseldorf die kreisfreien Städte Düsseldorf, Solingen, Remscheid und Mülheim a. d. Ruhr, Teile der kreisfreien Städte Essen, Oberhausen, Duisburg und Wuppertal sowie den Kreis Mettmann und teilweise den Kreis Wesel, vom Regierungsbezirk Arnsberg teilweise die kreisfreien Städte Bochum und Herne sowie einen Teil des Ennepe-Ruhr-Kreises teilweise.

4. Bergamt Hamm in 4700 Hamm, Goethestr. 6, ☏ (02381) 20033, 20034.

Bergamtsleiter: Ltd. Bergdirektor Dipl.-Ing. Friedhelm *Seifert;* ständiger Vertreter: Oberbergrat Dipl.-Ing. Helmut *Delille;* Fachbereich 1: Oberbergrat Dipl.-Ing. Helmut *Delille;* Fachbereich 2: Bergrat Dipl.-Ing. Jürgen *Wick;* Fachbereich 3: Bergrat Dipl.-Ing. Dirk *Warmbrunn;* Fachbereich 4: Oberbergrat Dipl.-Ing. Helmut *Delille;* Bergrat z. A. Dipl.-Ing. Wolfgang *Rüther;* Fachbereich 5: Oberbergrat Dipl.-Ing. Helmut *Delille.*

Das Bergamt Hamm umfaßt den Regierungsbezirk Detmold, vom Regierungsbezirk Arnsberg die kreisfreie Stadt Hamm teilweise und die Kreise Soest und Unna teilweise, vom Regierungsbezirk Münster die kreisfreie Stadt Münster sowie die Kreise Steinfurt und Warendorf und den Kreis Coesfeld teilweise. Seiner Aufsicht unterstehen die Betriebe zur Aufsuchung, Gewinnung und Aufbereitung folgender Bodenschätze: Steinkohle, Eisenerz, Quarzsand, Gips, Marmor, Kalkstein und Grünsandstein, Ton sowie eine Kokerei und Solquellen.

5. Bergamt Kamen in 4708 Kamen, Poststr. 4, ☏ (02307) 7808, 7809.

Bergamtsleiter: Ltd. Bergdirektor Dipl.-Ing. Jobst Günter *von Schaubert;* ständiger Vertreter: Oberbergrat Dipl.-Ing. Ludger *Hermes;* Fachbereich 1: Ltd. Bergdirektor Jobst Günter *von Schaubert;* Fachbereich 2: Oberbergrat Dipl.-Ing. Heinz-Gerhard *Schuk;* Fachbereich 3: Oberbergrat Dipl.-Ing. Rainer *Welke;* Fachbereich 4: Bergrat Dipl.-Ing. Norbert *Thöming;* Fachbereich 5: Oberbergrat Dipl.-Ing. Ludger *Hermes.*

Das Bergamt Kamen umfaßt vom Regierungsbezirk Arnsberg die kreisfreien Städte Dortmund und Hagen und teilweise die kreisfreien Städte Bochum, Herne und Hamm sowie teilweise die Kreise Unna und Soest und den Ennepe-Ruhr-Kreis teilweise, vom Regierungsbezirk Münster Teile der Kreise Coesfeld und Recklinghausen. Seiner Aufsicht unterstehen die fördernden Betriebe der Steinkohle sowie Kokereien.

6. Bergamt Köln in 5000 Köln 30, Hugo-Eckener-Str. 14, ☏ (0221) 59778304.

Bergamtsleiter: Ltd. Bergdirektor Dipl.-Ing. Alexander *Respondek;* ständiger Vertreter: Bergvermessungsdirektor Dipl.-Ing. Albert-Leo *Züscher;* Fachbereich 1: Bergvermessungsdirektor Dipl.-Ing. Albert-Leo *Züscher;* Fachbereich 2: Oberbergrat Dipl.-Ing. Kurt *Krings;* Fachbereich 3: Oberbergrat Dipl.-Ing. Werner *Stein;* Fachbereich 4: Bergrat z. A. Dipl.-Ing. Klaus *Freytag;* Fachbereich 5: Oberbergrat Dipl.-Ing. Kurt *Krings.*

Der Bezirk umfaßt vom Regierungsbezirk Düsseldorf die kreisfreie Stadt Mönchengladbach und den Kreis Neuss, vom Regierungsbezirk Köln die kreisfreien Städte Köln und Leverkusen, den Erftkreis sowie Teile der Kreise Aachen, Düren und Euskirchen. Seiner Aufsicht unterstehen die Betriebe zur Aufsuchung, Gewinnung und Aufbereitung folgender Bodenschätze: Braunkohle, Ton, Kies und Quarzsand sowie Braunkohlenbrikettfabriken.

7. Bergamt Marl in 4370 Marl, Lehmbecker Pfad 31, ☏ (02365) 3124.

Bergamtsleiter: Ltd. Bergdirektor Dipl.-Ing. Jürgen *van Lendt;* ständiger Vertreter: Oberbergrat Dipl.-Ing. Ulrich *Hoppe;* Fachbereich 1: Ltd. Bergdirektor Dipl.-Ing. Jürgen *van Lendt;* Fachbereich 2: Bergrat z. A. Dipl.-Ing. Hayo *Epenstein;* Fachbereich 3: Oberbergrat Dipl.-Ing. Rainer *Noll;* Fachbereich 4: Oberbergrat Dipl.-Ing. Ulrich *Hoppe;* Fachbereich 5: Oberbergrat Dipl.-Ing. Bernd *Klinski.*

Das Bergamt Marl umfaßt vom Regierungsbezirk Düsseldorf den Kreis Wesel teilweise, vom Regierungsbezirk Münster Teile der Kreise Borken, Coesfeld und Recklinghausen und die kreisfreie Stadt Gelsenkirchen teilweise. Seiner Aufsicht unterstehen die Betriebe zur Aufsuchung, Gewinnung und Aufbereitung folgender Bodenschätze: Steinkohle, Quarzsand, Kalksandstein und Steinsalz sowie eine Kokerei.

8. Bergamt Moers in 4130 Moers 1, Rheinberger Straße 194, ☏ (02841) 41866 und 47866.

Bergamtsleiter: Ltd. Bergdirektor Dipl.-Ing. Eberhard *Mogk;* ständiger Vertreter: Bergdirektor Dipl.-Ing. Rolf *Petri;* Fachbereich 1: Ltd. Bergdirektor Dipl.-Ing. Eberhard *Mogk;* Fachbereich 2: Oberbergrat Dipl.-Ing. Detlef Axel *Neufang;* Fachbereich 3: Oberbergrat Dipl.-Ing. Michael *Thiemann;* Fachbereich 4: Bergrat Dipl.-Ing. Martin *Lempert;* Fachbereich 5: Bergdirektor Dipl.-Ing. Rolf *Petri.*

Der Bezirk umfaßt vom Regierungsbezirk Düsseldorf die kreisfreie Stadt Krefeld, einen Teil der kreisfreien Stadt Duisburg, die Kreise Kleve und Viersen sowie einen Teil des Kreises Wesel. Seiner Aufsicht unterstehen die Betriebe der Steinkohle- und Steinsalzförderung sowie eine Brikettfabrik.

9. Bergamt Recklinghausen in 4350 Recklinghausen, Reitzensteinstr. 28/30, ☏ (02361) 21008, 21009.

Bergamtsleiter: Ltd. Bergdirektor Dipl.-Ing. Dr. Aloys *Berg;* ständiger Vertreter: Bergdirektor Dipl.-Ing. Jürgen *Didlaukies;* Fachbereich 1: Ltd. Bergdirektor Dipl.-Ing. Dr. Aloys *Berg;* Bergrat Dipl.-Ing. Walter *Tollmien;* Fachbereich 2: Bergrat Dipl.-Ing. Andreas *Mennekes;* Fachbereich 3: Oberbergrat Dipl.-Ing. Eckhard *Obstfeld;* Fachbereich 4: Bergdirektor Dipl.-Ing. Jürgen *Didlaukies;* Fachbereich 5: Bergdirektor Dipl.-Ing. Jürgen *Didlaukies.*

Das Bergamt Recklinghausen umfaßt vom Regierungsbezirk Münster Teile der kreisfreien Stadt Gelsenkirchen sowie Teile der Kreise Recklinghausen und Coesfeld, vom Regierungsbezirk Arnsberg Teile der kreisfreien Städte Herne und Bochum sowie den Ennepe-Ruhr-Kreis teilweise, vom Regierungsbezirk Düsseldorf einen Teil der kreisfreien Stadt Wuppertal. Seiner Aufsicht unterstehen die fördernden Betriebe der Steinkohle sowie ein Quarzsandbetrieb.

10. Bergamt Siegen in 5900 Siegen, Landesbehördenhaus, Unteres Schloß, ☏ (0271) 5851.

Bergamtsleiter: Bergdirektor Dr.-Ing. Gisbert *Roos;* ständiger Vertreter: Bergrat z. A. Dipl.-Ing. Jochen *Talent.*

Der Bezirk umfaßt vom Regierungsbezirk Arnsberg die Kreise Siegen-Wittgenstein, Olpe, Märkischer Kreis und Hochsauerlandkreis, vom Regierungsbezirk Köln den Oberbergischen Kreis und Rheinisch-Bergischen Kreis und teilweise den Rhein-Sieg-Kreis. Seiner Aufsicht unterstehen die Betriebe zur Aufsuchung, Gewinnung und Aufbereitung folgender Bodenschätze: Schwefelkies, Blähschiefer, Felsquarzit, Kalkspat, Kaolin, Schiefer, Schwerspat, Quarzsand, Ton, Kieselschiefer sowie Besucherbergwerke, Besucherhöhlen.

Staatliches Materialprüfungsamt Nordrhein-Westfalen (MPA NRW)

4600 Dortmund 41, Marsbruchstraße 186, Postfach 410307, ☏ (0231) 4502-0, ✂ 8 22 693 mpa d, (0231) 45 85 49.

Direktor: Dr.-Ing. Anton *Kremeier.*

Öffentlichkeitsarbeit: Dipl.-Phys. Olaf *Bleitner.*

Abt. 1: Bergbautechnik, Konstruktionsprüfungen, Qualitätssicherung: N.N., Vertreter: Regierungsdirektor Dipl.-Ing. F. *Braeker,* ☏ 4502-360.

Abt. 2: Baulicher Brandschutz, Baustoffe, Bauteile: N.N., Vertreter: Regierungsdirektor Dipl.-Ing. H.-G. *Klinghöfer,* ☏ 4502-230.

Abt. 3: Metalle, Metallanalysen, Korrosion, Kunststoffe im Bauwesen: Ltd. Regierungsdirektor Dipl.-Ing. Winfried *Pittack,* ☏ 4502-450.

Abt. 4: Physik, Meßtechnik: Ltd. Regierungsdirektor Dipl.-Phys. Dr. Siegfried *Müller,* ☏ 4502-400.

Abt. 5: Strahlenschutz, Filtertechnik, Beschichtungen: Ltd. Regierungsdirektor Dipl.-Chem. Horst *Lohmann,* ☏ 4502-510.

Zweck: Das MPA NRW hat als Einrichtung des Ministers für Wirtschaft, Mittelstand und Technologie die Aufgabe, außerhalb des wirtschaftlichen Wettbewerbs im Interesse des Landes liegende Prüfungen von Bau- und Werkstoffen, Bauteilen, Werkstücken und Konstruktionen sowie prüftechnischen Anlagen durchzuführen. Vorrang haben Prüfungen auf den Gebieten der Bausicherheit, der Grubensicherheit, des Feuer- und Brandschutzes, des Umweltschutzes, der Verkehrssicherheit, der Kerntechnik und des Strahlenschutzes. Darüber hinaus erstellt das MPA Gutachten für Gerichte, Verbände und Unternehmen der Wirtschaft und führt im Rahmen seines Arbeitsgebietes Untersuchungs- und Entwicklungsvorhaben durch. Für seine Leistungen erhebt das Amt Vergütungen, deren Höhe durch eine Verordnung geregelt ist.

Beschäftigte: rd. 460.

Minister für Arbeit, Gesundheit und Soziales des Landes Nordrhein-Westfalen

4000 Düsseldorf 1, Horionplatz 1, Postfach 1134, ☏ (0211) 83703, Telefax 8373683.

Minister: Dr. Rolf *Krumsiek.*

Staatssekretär: Dr. Wolfgang *Bodenbender.*

Pressereferent: Manfred *Oettler.*

Abteilung II: Soziales: Ltd. Ministerialrat Peter *Jeromin.*

Referat II A 4: Unfallversicherung, Aufsicht in der Sozialversicherung, Sozialgesetzbuch.

Gruppe III A: Arbeitsschutz, Sicherheitstechnik, technische Überwachung, Strahlenschutz: Ltd. Ministerialrat Dr. Dieter *Fischbach*.

Zentralstelle für den Bergmannsversorgungsschein des Landes Nordrhein-Westfalen

4650 Gelsenkirchen, Ahstraße 22, ☏ (02 09) 1 52 64-65; Dienstzeiten: montags bis freitags von 7.30 bis 16.00 Uhr.

Leiter: Regierungsdirektor Günter *Warda*.

Zweck: Die Zentralstelle für den Bergmannsversorgungsschein ist eine Landesoberbehörde im Geschäftsbereich des Ministers für Arbeit, Gesundheit und Soziales des Landes Nordrhein-Westfalen. Sie ist zuständig für die Durchführung des Gesetzes über einen Bergmannsversorgungsschein im Land Nordrhein-Westfalen (GV. NW. 1983 S. 635; SGV. NW. 81).

Der Minister für Umwelt, Raumordnung und Landwirtschaft des Landes Nordrhein-Westfalen

4000 Düsseldorf 30, Schwannstr. 3, Postfach 30 06 52, ☏ (02 11) 45 66-0, ✆ 8 58 49 65, Telefax (02 11) 4 56 63 88, Teletex 211 709 = UMNW.

Minister: Klaus *Matthiesen*.

Staatssekretäre: Dr. Hans-Hermann *Bentrup*, Dr. Hans Jürgen *Baedeker*.

Persönlicher Referent: Ministerialrat *Düwel*.

Abteilung IV: Boden- und Gewässerschutz, Wasser- und Abfallwirtschaft.
Leiter: Ltd. Ministerialrat Dr. *Pietzrenink*.

Gruppe IV A: Abfallwirtschaft, Altlasten.
Leiter: Ltd. Ministerialrat *Ludwig*.

Gruppe IV B: Wasserwirtschaft, Gewässerschutz.
Leiter: Ltd. Ministerialrat Dr. *Holtmeier*.

Gruppe IV C: Bodenschutz, Chemikalienrecht, Biotechnologie.
Leiter: Ltd. Ministerialrat *Huber*.

Abteilung V: Immissionsschutz.
Leiter: Ministerialdirigent Professor Dr.-Ing. Manfred *Pütz*.

Gruppe V A: Luftreinhaltung und Gentechnologie bei Anlagen, Luftüberwachung.
Leiter: Ltd. Ministerialrat *Krane*.

Gruppe V B: Immissionsschutz- und Gentechnikrecht, Lärm, Immissionswirkungen.
Leiter: Ltd. Ministerialrat Dr. Klaus *Hansmann*.

Abteilung VI: Raumordnung und Landesplanung.
Leiter: Ministerialdirigent Dr. *Ritter*.

Gruppe VI A: Landesplanung, Standortvorsorge, Raumordnungsrecht.
Leiter: Ltd. Ministerialrat Dr. *Lowinski*.

Gruppe VI B: Regionalplanung, Raumbeobachtung.
Leiter: Ltd. Ministerialrat *Ringel*.

Landesanstalt für Ökologie, Landschaftsentwicklung und Forstplanung Nordrhein-Westfalen

4350 Recklinghausen, Leibnizstraße 10, ☏ (0 23 61) 305-1, ✆ 8 29 563 lölf d, Telefax (0 23 61) 305-215.

Leiter: Präsident Professor Albert *Schmidt*.

Leitende Mitarbeiter: Ltd. Regierungsdirektor Heinrich *Bräutigam* (Zentralabteilung); Ltd. Regierungsdirektor Horst *Frese* (bis 31. 12. 1992 vertreten durch Regierungsdirektor Dr. Joachim *Weiss* (Naturschutzzentrum NRW); Ltd. Regierungsdirektor Henning *Schulzke* (Planungsgrundlagen / Landschaftsentwicklung); Ltd. Forstdirektor Wolfgang *Schöller* (Forstplanung und Waldökologie); Ltd. Regierungsdirektor Dr. Hermann-Josef *Bauer* (Bodennutzungsschutz und Bodenökologie); Ltd. Regierungsdirektor Dr. Götz-Jörg *Kierchner* (Grünland und Futterbau, Agrarökologie); Ltd. Regierungsdirektor Professor Dr. Gerd *Schulte* (Biotop- und Artenschutz).

Zweck: Ökologische Grundlagen; Ökologische Landschaftsbewertung; Landschaftsplanung; Ökologische Kriterien für Fachplanungen; Sicherung des Naturhaushaltes; Artenschutz; Ökologisches Management; Bodenökologie; Bodennutzungsschutz; Schadstoffbelastungen; Rekultivierungsversuche; Umweltverträglicher und standortgerechter Landbau; Forstliche Rahmenplanung; Forstliche Provenienz-Versuche; Waldökologie; Forstliche Ertragskunde; Naturwaldforschung; Neuartige Waldschäden/Bioindikation in Waldökosystemen; Angewandte Vogelkunde; Vegetationskunde; Angewandte Bodenökologie und Agrarökologie; Grundlagen für den Wasser-, Natur- und Bodenschutz; Grünland und Futterbau vor allem unter Berücksichtigung der alternativen Bewirtschaftung für den Natur- und Grundwasserschutz.

Landesanstalt für Immissionsschutz Nordrhein-Westfalen

4300 Essen 1, Wallneyer Str. 6, ☏ (0201) 79 95-0, ✆ 8 579 065 lis d, Telefax (0201) 799 54 46.

Außenstellen:
Huyssenallee 105, Zweigertstr. 14, ☏ (0201) 7 20 06-0, Telefax (0201) 7 20 06-10.

Leiter: Präsident Dr. Peter *Davids*.

Leitende wissenschaftliche Mitarbeiter: Abt.-Direktor Dipl.-Met. Gregor *Scheich* (Zentrale Dienste, Meteorologie); Abt.-Direktor Dr. rer. nat. Manfred *Buck* (Luftqualitätsuntersuchungen, Chemische Analytik und Meßtechnik); Abt.-Direktor Dr.-Ing. Hans Otto *Weber* (Luftreinhaltetechnik, Störfallvorsorge); Abt.-Direktor Dr. rer. hort. Bernhard *Prinz* (Wirkungen von Luftverunreinigungen, Immissionsvorsorge); Leit. Reg.-Direktor Dipl.-Phys. Elmar *Herpertz* (Geräusch- und Erschütterungsminderung, Kernkraftwerkfernüberwachung); Reg.-Ang. Dipl.-Ing. Dierk *Heppner* (Fachrechenzentrum Immissionsschutz).

Öffentlichkeitsarbeit, Pressestelle: Regierungsdirektor Dipl.-Met. Dietrich *Plass*.

Zweck: Messen, Forschen und Entwickeln auf dem Gebiete der Luftreinhaltung und des Schutzes vor Geräuschen und Erschütterungen, Erstellung von Gutachten, Beratung der Regierung und anderer staatlicher Stellen, Störfallvorsorge.

Braunkohlenausschuß
als Sonderausschuß des Bezirksplanungsrates des Regierungsbezirks Köln

5000 Köln 1, Zeughausstraße 2-10, Postfach 101548, ☏ (0221) 147-0, ✆ 08881451 rp kl d, Telefax (0221) 147-3185, Btx (0221) 147.

Vorsitzender: Johannes *Herweg*; Geschäftsstelle: Regierungspräsident Köln, Dezernat 66.

Mitglieder: *stimmberechtigt:* 16 Vertreter der im Braunkohlenplangebiet liegenden Gemeinden, 16 Vertreter des Bezirksplanungsrates Köln und Düsseldorf, 8 Sachverständige (Kammern und Verbände); *mit beratender Befugnis:* Fachbehörden, Oberstadtdirektoren und Oberkreisdirektoren aus dem Braunkohlenplangebiet.

Zweck: Aufstellung von Braunkohlenplänen und Plankontrolle.

Kommunalverband Ruhrgebiet

4300 Essen 1, Kronprinzenstraße 35, Postfach 103264, ☏ (0201) 20690, ✆ 8579511, Btx *31884 #, Telefax (0201) 2069500.

Verbandsdirektor: Professor Dr. Jürgen *Gramke*.

Öffentlichkeitsarbeit: Dipl.-Oec. Bernhard *Rechmann*.

Gründung: 1920 als »Siedlungsverband Ruhrkohlenbezirk«. Mit dem Gesetz vom 1. Oktober 1979 wurde die alte Verbandsordnung abgelöst und das Aufgabenspektrum neu fixiert.

Der Kommunalverband Ruhrgebiet ist eine Körperschaft des öffentlichen Rechts mit dem Recht auf Selbstverwaltung. Als Gemeindeverband nimmt er im Ruhrgebiet übergemeindliche Aufgaben seines Verbandsgebietes wahr für die ihn tragenden elf kreisfreien Städte (Bochum, Bottrop, Dortmund, Duisburg, Essen, Gelsenkirchen, Hagen, Hamm, Herne, Mülheim, Oberhausen) und die vier Mitgliedskreise (Ennepe-Ruhr, Recklinghausen, Unna, Wesel).

Zweck: Sicherung von Grün-, Wasser-, Wald- und ähnlicher Nutzung von der Bebauung freizuhaltender Flächen mit überörtlicher Bedeutung für die Erholung und zur Erhaltung eines ausgewogenen Naturhaushaltes — Entwicklung, Pflege und Erschließung der Landschaft. Behebung und Ausgleich von Schäden an Landschaftsteilen — Errichtung und Betrieb von öffentlichen Freizeitanlagen mit überörtlicher Bedeutung — Öffentlichkeitsarbeit für das Ruhrgebiet — Planerische Dienstleistungen in den Bereichen Stadtentwicklungsplanung, Bauleitplanung, Stadterneuerung — Vermessungs- und Liegenschaftswesen — Kartographie und Stadtplanwerk Ruhrgebiet, Luftbildauswertung und Stadtklimatologie — Fachliche und organisatorische Dienstleistungen für die kommunalen Verwaltungen: Erarbeitung und Aufbereitung von Grundlagendaten über die Region — Fachliche Beratung in den Bereichen Landschaftspflege, Forstwirtschaft, Freizeitwesen und Wohnumfeldverbesserung — Behandlung, Lagerung und Ablagerung von Abfällen und Vorhalten entsprechender Anlagen.

Rheinland-Pfalz 7

Ministerium für Wirtschaft und Verkehr des Landes Rheinland-Pfalz

6500 Mainz, Bauhofstr. 4, ☏ (06131) 16-0, Telefax (06131) 162100, Teletex 61 31 626 MWVRP.

Staatsminister: Rainer *Brüderle*.

Staatssekretäre: Ernst *Eggers*, Jürgen *Debus*.

Abteilung 3: Industrie, Energie, Außenhandel und Technologie
Leiter: Ministerialdirigent Dr. Egon *Augustin*; Vertreter: Ltd. Ministerialrat Henner *Graeff*.

Referat 832: Energiepolitik, Grundsatzfragen der Energiewirtschaft, Bergbau: Ltd. Ministerialrat Henner *Graeff*.

Referat 833: Strom-, Gas-, Mineralölwirtschaft, Energieaufsicht: Dipl.-Ing. Dipl.-Wirtsch.-Ing. Dr. Dr. Claus *Egner*.

Referat 838: Umweltschutz in Industrie, Energiewirtschaft und Bergbau; Sonderaufgabe: EDV-Konzepte: Ministerialrat Gerd *Schmidt*.

7 BEHÖRDEN

Oberbergamt für das Saarland und das Land Rheinland-Pfalz

6600 Saarbrücken, Am Staden 17, ☎ (0681) 68704-0, Telefax (0681) 68704-76.

Aufgrund eines Staatsvertrages zwischen dem Land Rheinland-Pfalz und dem Saarland sind das Oberbergamt für das Saarland und das Land Rheinland-Pfalz obere Bergbehörde und das Bergamt Rheinland-Pfalz untere Bergbehörde für Rheinland-Pfalz.

Siehe Beitrag des Oberbergamtes für das Saarland und das Land Rheinland-Pfalz unter Saarland.

Geologisches Landesamt Rheinland-Pfalz

6500 Mainz, Emmeransstr. 36, ☎ (06131) 232261, Telefax (06131) 236007.

Leitung: Direktor des Geologischen Landesamtes Professor Dr. Volker *Sonne;* Vertreter: Geologiedirektor Professor Dr.-Ing. Karl-Hans *Emmermann;* Verwaltung: Amtsrat Rainer *Müller.*

Zweck: Herstellung und Veröffentlichung geologischer, hydrogeologischer und bodenkundlicher Karten, beratende und gutachtliche Tätigkeit sowie geologische Forschungen und Untersuchungen auf allen Gebieten der Geowissenschaften (Hydrogeologie, Ingenieurgeologie, Boden- und Felsmechanik, Bodenkunde, Lagerstättenkunde, Steine und Erden, Geochemie, Stratigraphie, Paläontologie), Veröffentlichung von wissenschaftlichen und praktischen Ergebnissen, Einrichtungen von Archiven und Sammlungen.

Als Obere Landesbehörde untersteht das Geologische Landesamt dem Ministerium für Wirtschaft und Verkehr.

Ministerium für Umwelt des Landes Rheinland-Pfalz

6500 Mainz, Kaiser-Friedrich-Straße 7, Postfach 3160, ☎ (06131) 16-0, Teletex 6131972 = MURP, Telefax (06131) 164646/4649.

Minister: Klaudia *Martini.*

Staatssekretär: Roland *Härtel.*

Pressereferent: Roland *Horne.*

Persönlicher Referent: RR Hans-Hartmann *Munk.*

Abteilung 2: Landespflege und Grundsatzfragen der Umweltpolitik.
Leiter: Ministerialdirigent Dr. Wolf *von Osten.*

Abteilung 3: Wasserwirtschaft (Oberste Wasserbehörde).
Leiter: Ministerialdirigent Hans Bernd *Ellwart.*

Abteilung 6: Gewerbeaufsicht, Immissions- und Strahlenschutz, Reaktorsicherheit.
Leiter: Ministerialdirigent Dr. Erich *Kirsch.*

Abteilung 7: Abfallwirtschaft, Altlasten.
Leiter: Ltd. Ministerialrat Dr. Gottfried *Jung.*

Landesamt für Umweltschutz und Gewerbeaufsicht Rheinland-Pfalz

6504 Oppenheim, Amtsgerichtsplatz 1, Postfach 119, ☎ (06133) 2012 (Amtssitz Oppenheim), ☎ (06131) 608386-7 (Amtssitz Mainz), Telefax (06131) 672729.

Präsident: Dr. J. *Koschwitz.*

Presse- und Öffentlichkeitsarbeit: G. *Plachetka.*

Abteilung 2: Gewerbeaufsicht: G. *Ringelsbacher.*

Abteilung 3: Meßinstitut für Immissions-, Arbeits- und Strahlenschutz: K. *Jansen.*

Abteilung 4: Staatlicher Gewerbearzt Rheinland-Pfalz: Dr. B. *Stauder.*

Abteilung 5: Naturhaushalt und Abfallwirtschaft: Dr. O. *Waldt.*

Abteilung 6: Landschaftspflege: D. *Klöppel.*

Saarland

Ministerium für Wirtschaft

6600 Saarbrücken 1, Hardenbergstr. 8, Postfach 1010, ☎ (0681) 5011, Telefax (0681) 501-4293, ⌁ 681966 = WMSBD.

Minister: Reinhold *Kopp.*

Ständiger Vertreter: Staatssekretär Reinhard *Störmer.*

Abteilung D: Energie, Verkehr, Technik:
Leiter: Dipl.-Volkswirt Dr. Frithjof *Spreer;* Vertreter: Ministerialrat Joachim *Redeker* (Bereich Energie, Umweltschutz), Wirtschaftsdirektor Rudolf *Becker* (Bereich Verkehr, Technik).

Referat D/1: Montanindustrie, Kohlepolitik, Bergaufsicht: Ministerialrat Joachim *Redeker.*

Referat D/2: Energieversorgung und Energietechnik: Ministerialrat Otmar *Kipper.*

Referat D/3: Energiepolitik, Energierecht, Energiedienstleistungen: Regierungsdirektor Jost *Röll-Franke.*

Referat D/4: Meß- und Eichwesen, Materialprüfwesen, Technik: Ministerialrat Dr. Klaus *Heeg.*

Referat D/5: Umweltschutz: Ministerialrat Lothar *Ganster.*

LANDESBEHÖRDEN

Referat D/6: Telekom, Telematik, Post: Wirtschaftsdirektor Werner *Bonke.*

Referat D/7: Integrierte Verkehrspolitik: Wirtschaftsdirektor Rudolf *Becker.*

Referat D/8: Luftfahrt: Regierungsoberrat Peter *Schmitt.*

Referat D/9: Personenbeförderung auf der Straße, Förderung des ÖPNV: Wirtschaftsdirektor Armin *Pohl.*

Referat D/10: Güterverkehr auf der Straße, Logistik: Regierungsdirektor Joachim *Linsenmeier.*

Referat D/11: Zulassung zum Straßenverkehr, Verkehrstechnik, Fahrlehrerwesen: Ministerialrat Dr. Gerhard *Becker.*

Geologisches Landesamt des Saarlandes

6600 Saarbrücken, Am Tummelplatz 7, ☎ (0681) 5865-611.

Leitung: N. N.; Vertreter: Geologieoberrat Dipl.-Geologe Dr. Bruno *Werle;* Wissenschaftliche Angehörige: Geologieoberrat Dipl.-Geologe Dr. Gustav *Heizmann;* Geologieoberrat Dipl.-Geologe Dr. Hans-Peter *Konzan;* Geologieoberrat Dipl.-Ing. agr. Dr. Karl Dieter *Fetzer;* Dipl.-Geologe Dr. Wilhelm F. *Roos;* Dipl.-Geologe Hubert *Thum.*

Projekt Bodeninformationssystem »Saar-BIS«: Wissensch. Mitarbeiter: Christiane *König;* Patrick *Schlieker.*

Zweck: Geologische Landesaufnahme, Herstellung und Veröffentlichung der Geologischen Spezialkarte 1:25000 sowie sonstiger geologischer Karten des Landes, Bearbeitung der regionalen Geologie, Tektonik, Stratigraphie, Bodenkunde und Paläontologie, Aufsuchung und Beurteilung nutzbarer Bodenschätze mit ihren Lagerstätten, Vollzug des Lagerstättengesetzes vom 4. 12. 1934 (RGBl. I S. 1223), ingenieurgeologische, bodenkundliche und hydrogeologische Untersuchungen, Beratung anderer Dienststellen durch Gutachten, Einrichtung von Archiven und Sammlungen, Veröffentlichung von wissenschaftlichen und praktischen Ergebnissen.

Das Geologische Landesamt ist als Landesbehörde dem Minister für Umwelt unterstellt.

Ausschuß für Grubensicherheit des Saarländischen Landtags

6600 Saarbrücken 1, Franz-Josef-Röder-Str. 7, Postfach 1188, ☎ (0681) 5002-01, ⚡ 4421120 ltdg.

Vorsitzender: Abgeordneter Hans Albert *Lauer.*

Stellv. Vorsitzender: Abgeordneter Willi *Gehring.*

Schriftführerin: Abgeordnete Brunhilde *Müller.*

Ausschußassistent: Regierungsoberamtsrat Werner *Schaar,* ☎ (0681) 5002-330.

Zweck: Der Ausschuß ist bei einem Grubenunglück unter oder über Tage, von dem drei oder mehr Personen unmittelbar betroffen sind, vom zuständigen Bergamt unverzüglich zu unterrichten. Er kann sich ggf. als Untersuchungsausschuß einsetzen. Des weiteren sind ihm alle auf dem Gebiet der Wetterführung in schlagwettergefährdeten Betrieben erteilten Ausnahmegenehmigungen sowie alle Untersuchungsberichte über Grubenunglücke von der Obersten Landesbehörde vorzulegen.

Arbeitsgemeinschaft des Saarlandes zur Erforschung und Förderung des Gesundheitsschutzes im Bergbau eV

6600 Saarbrücken 3, Am Staden 17, ☎ (0681) 68704-0, Telefax (0681) 68704-76.

Vorstand: Berghauptmann Dipl.-Ing. Gustav *Seyl,* 1. Vorsitzender, Dr.-Ing. Hans-Guido *Klinkner,* 2. Vorsitzender, Professor Dr. med. Georg *Dhom,* Beisitzer, Dr. med. Konrad *Lampert,* Beisitzer, Professor Dr. med. Friedrich *Trendelenburg,* Beisitzer, Vertreter der Stiftung Bergmannshilfswerk Luisenthal: Rudolf *Hell,* Vertreter der Regierung des Saarlandes: Medizinalrat Klaus J. *Hornetz.*

Geschäftsführung: Regierungsoberamtsrat Horst *Klein* (Verw.-Dipl.-Inh.).

Mitglieder: Professor Dr. med. habil. Hermann *Bekkenkamp,* Dipl.-Ing. Dipl.-Kfm. Hans-Reiner *Biehl,* Professor Dr. med. Axel *Buchter,* Professor Dr. med. Georg *Dhom,* Professor Dr. med. Heinz *Drasche,* Bergdirektor a. D. Klaus *Fleck,* Dr. med. Michael *Heger,* Professor Dr. rer. nat. Dietrich *Heise,* Professor Dr. med. Walter *Herzog,* Berghauptmann a. D. Dipl.-Ing. Karl-Hermann *Hübner,* Dr.-Ing. Hans-Guido *Klinkner,* Dr. med. Konrad *Lampert,* Professor Dr. med. Klaus *Loßnitzer,* Walter *Meurer,* Assessor Hans-Georg *Middendorf,* Professor Dr. med. Carl Jürgen *Partsch,* Dr.-Ing. Heinz *Quack,* Dr. med. Hans Leopold *Reischig,* Professor Dr. med. K. *Remberger,* Ltd. Gewerbemedizinaldirektor a. D. Dr. med. Heinrich *Ruof,* Professor Dr. med. Walter *Schätzle,* Dipl.-Ing. Wolfgang *Schmidt-Koehl,* Berghauptmann Dipl.-Ing. Gustav *Seyl,* Professor Dr. med. Gerhard *Sybrecht,* Chefarzt Dr. med. Werner *Szliska,* Professor Dr. med. Friedrich *Trendelenburg,* Dr. med. Heinz-Günther *Zeyer,* Bergrevieramtsrat Ing. (grad.) Hans *Ziegler.*

Oberbergamt für das Saarland und das Land Rheinland-Pfalz

6600 Saarbrücken, Am Staden 17, ☎ (0681) 68704-0, Telefax (0681) 68704-76. Dienststunden montags bis freitags 6.30 bis 18.00 Uhr (Gleitzeit), 8.30 bis 12.00 Uhr/13.30 bis 15.00 Uhr (Kernzeit).

7 BEHÖRDEN

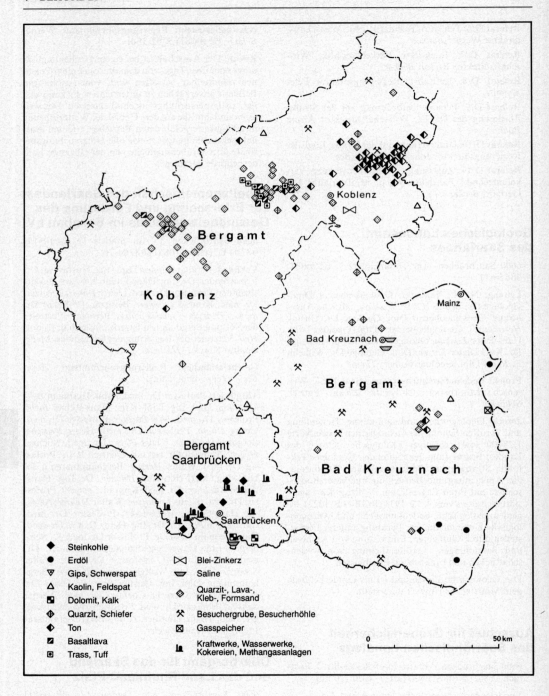

Der Bezirk des Oberbergamtes für das Saarland und das Land Rheinland-Pfalz.

Leiter: Berghauptmann Dipl.-Ing. Gustav *Seyl.*

Vertreter: Ltd. Bergdirektor Dipl.-Ing. Winfried *Powollik.*

Sozialpolitischer Beirat: Dipl.-Ing. (FH) Alfons *Zeller.*

Abteilung 1: Steinkohlenbergbau, Brandschutz, Rettungswesen, Ausbildung
Bergdirektor Dipl.-Ing. Anton *Wagenknecht,* Bergassessor Dipl.-Ing. Rainer *Heckelmann.*

Abteilung 2: Maschinentechnik, Fördertechnik, Elektrotechnik, Technische EG-Richtlinien
Ltd. Bergdirektor Dipl.-Ing. Winfried *Powollik,* Vertreter: Bergdirektor Dipl.-Ing. Karl-Heinz *Hugo.*

Abteilung 3: Nichtsteinkohlenbergbau, Umweltschutz, Gesundheitsschutz
Ltd. Bergdirektor Dipl.-Ing. Peter *Konder,* Vertreter: Bergoberrat Dipl.-Ing. Heribert *Maurer.*

Abteilung 4: Markscheidewesen, Raumordnung
Bergvermessungsoberrat Dipl.-Ing. Heinz-Georg *Schramm,* Bergvermessungsassessor Dr.-Ing. Gerd *Kloy,* Bergvermessungsoberamtsrat (Verw.-Dipl.-Inh.) Hans Rudolf *Schmidt.*

Abteilung 5: Recht, Personal, Verwaltung
Regierungsdirektor Franz-Rudolf *Ecker,* Regierungsassessor Christian *Thomaser,* Regierungsoberamtsrat (Verw.-Dipl.-Inh.) Horst *Klein.*

Bergamt in Rheinland-Pfalz

Bergamt Rheinland-Pfalz in 5400 Koblenz, Markenbildchenweg 20, ☏ (0261) 30415-0, Telefax (0261) 30415-16.

Leiter: Bergdirektor Dipl.-Ing. Klaus Siegfried *Weber.*

Höherer Dienst: Oberbergrat Dipl.-Ing. Michael *Hoen,* Oberbergrat Dipl.-Ing. Werner *Robrecht.*

Das Bergamt umfaßt das Gebiet des Landes Rheinland-Pfalz. Seiner Aufsicht unterstehen die Betriebe zur Aufsuchung, Gewinnung und Aufbereitung folgender Bodenschätze: Erdöl und Erdgas, Siedesalz (Salinen), Quarzsand, Kaolin, Quarzit, Klebsand, Feldspat, Rohton, Dachschiefer, Formsand, Bausand, Ton, Tuffstein, Traß, Gips, Dolomit, Basaltlava, Lavasand sowie Besucherbergwerke und Tiefspeicher.

Bergamt im Saarland

Bergamt Saarbrücken in 6600 Saarbrücken, Heinrich-Böcking-Str. 13, ☏ (0681) 68704-0, Telefax (0681) 68704-76.

Leiter: Ltd. Bergdirektor Dipl.-Ing. Heribert *Balzer.*

Vertreter: Bergdirektor Dipl.-Ing. Roland *Boettcher,* Bergdirektor Dipl.-Ing. Axel *Kampf,* Bergoberrat Dipl.-Ing. Hans-Alois *Schmitt.*

Das Bergamt Saarbrücken umfaßt das Gebiet des Saarlandes. Seiner Aufsicht unterstehen die Betriebe zur Aufsuchung, Gewinnung und Aufbereitung der Bodenschätze, Steinkohle, Kalkstein, Feldspat und Steinsalz sowie Kraft- und Heizwerke, eine Kokerei, Wasserwerke, Besucherbergwerke, eine Luftzerlegungsanlage, eine Pilotanlage für Kohlevergasung und eine Solquelle.

Fachbereich I: Aus- und Vorrichtung, Abbau, Ausbau, Bewetterung, Sprengarbeit, Kohlenkleinbetriebe

Fachbereich II: Brand- und Explosionsschutz, Rettungswesen, Gesundheitsschutz, Gefahrstoffe, Nichtsteinkohlenbergbau, Gefahren aus alten Grubenbauen, Meßtechnik unter Tage

Fachbereich III: Schacht- und Streckenförderung, Schachtabteufen, elektrische und maschinelle Anlagen, Tagesanlagen, Methangasanlagen, Werkstätten und Hilfsbetriebe, Bohrungen über Tage

Fachbereich IV: Kraft- und Heizwerke, Kokerei, Umwelt- und Naturschutz, Wasserrechtliche Angelegenheiten, Wasserwerke, Halden und Absinkweiher, Rekultivierung, Abfallbeseitigung, Meßtechnik über Tage.

Ministerium für Umwelt

6600 Saarbrücken, Hardenbergstr. 8, Postfach 1010, ☏ (0681) 501-1, Teletex 6817506 = MFUMW, Telefax (0681) 501-4521.

Minister: Josef M. *Leinen.*

Abteilungen:

A — Allgem. Verwaltung und Grundsatzangelegenheiten. Leiter: Ministerialdirigent Dr. Wolfgang *Franz.*

B — Straßenwesen. Leiter: Ltd. Ministerialrat Ernst *Schmitt.*

C — Landesplanung, Städtebau, Bauaufsicht. Leiter: Ministerialrat Gerd Rainer *Damm.*

D — Landschaftsökologie, Naturschutz. Leiter: Ltd. Ministerialrat Ernst *Giebel.*

E — Wasser- u. Abfallwirtschaft, Bodenschutz. Leiter: N. N.

F — Luftreinhaltung, Lärmschutz, Strahlenschutz, Umweltchemikalien. Leiter: Ltd. Ministerialrat Alfred *Drabiniok.*

Landesamt für Umweltschutz – Naturschutz und Wasserwirtschaft – Saarland

6600 Saarbrücken, Don-Bosco-Str. 1, ☏ (0681) 8500-0, ✆ 4421586 lfusd, Telefax (0681) 8500-384.

Amtsleiter: Dr.-Ing. Otto *Schmidt,* Leitender Baudirektor.

Vertreter: Dipl.-Ing. Hans-Rudolf *Lorson*, Baudirektor.

Geschäftsführender Beamter: Dipl.-Ing Dieter *Fellinger*, GAR.

Abt. V Allgemeine Verwaltung: Leiter: Dipl.-Ing. Dieter *Fellinger*, GAR.

Abt. W Wasserwirtschaft: Leiter: Dipl.-Ing. Hans-Rudolf *Lorson*, Baudirektor.

Abt. B Abfallwirtschaft/Bodenschutz: Leiter: Dipl.-Ing. Ernst-Dietrich *Unruh*, Baudirektor.

Abt. A Abwasser/Gewässerökologie: Leiter: Dipl.-Ing. Hans-Werner *Schröder*.

Abt. N Naturschutz/Landschaftsökologie: Leiter: Dipl.-Biol. Dietmar *Eisinger*, BioOR.

Zweck: Das Landesamt für Umweltschutz (LfU) ist zentrale technische Fachbehörde für den Umweltschutz. Seine Tätigkeit erstreckt sich auf das gesamte Saarland in dne Bereichen: — Wasserwirtschaft, Abwasserreinigung, Abfallwirtschaft/Bodenschutz/Altlastensanierung, Naturschutz und Landschaftsökologie. Das LfU ist Genehmigungsbehörde gemäß den Vorschriften der Wasser- und Abfallgesetze. Durch den 24-Stunden-Bereitschaftsdienst ist das Amt zentrale Stelle bei Umweltalarm.

Sachsen

Sächsisches Staatsministerium für Wirtschaft und Arbeit

O-8010 Dresden, Budapester Straße 5, ☎(0351) 48520.

Minister: Dr. Kajo *Schommer*.

Parlamentarischer Staatssekretär: Dr. Helmut *Münch*.

Staatssekretär: Dr. Rüdiger *Thiele*.

Pressesprecher: Otfrid *Weiss*.

Abteilung 4: Technologie- und Energiepolitik: Ministerialrat Joachim *Wagner*.

Referat 41: Grundsatzfragen der Technologiepolitik: N. N.

Referat 42: Neue Technologien: Dr. *Ennen*.

Referat 43: Energie: Matthias *Reichenbach*.

Referat 44: Bergwesen: Gerd *Hofmann*.

Referat 45: Wirtschaftspolitische Fragen des Umweltschutzes: N. N.

Energieberater: Dr. Wolfgang *Müller-Michaelis*.

Sächsisches Oberbergamt

O-9200 Freiberg, Kirchgasse 11, Postfach 149, ☎ (0 37 31) 3720, Telefax (03731) 372228.

Leiter: Präsident Dipl.-Ing. Reinhard *Schmidt*.

Stabsstelle: Dipl.-Ing. Manfred *Bucher*.

Sozialpolitischer Beirat: N. N.

Abteilung 1: Recht und Verwaltung: N. N.

Dezernat 11: Recht: N. N.

Dezernat 12: Verwaltung: Dipl.-Ing oec. Birgit *Schubert*.

Dezernat 13: Statistik, Abgabenerhebung: Dipl.-Ing. Manfred *Bucher*, Dipl.-Ing. Hartmut *Rössel*.

Abteilung 2: Bergbau über Tage: Dr.-Ing. Clemens *Hagen*.

Dezernat 21: Braunkohlenbergbau: Dipl.-Ing. Hans-Joachim *Geisler*.

Dezernat 22: Kohlenveredlungsanlagen: Dr.-Ing. Jochen *Kohlschmidt*.

Dezernat 23: Nichtkohlenbergbau: Dipl.-Ing. Nikolaus *Dokowski*.

Abteilung 3: Bergbau unter Tage: Dr.-Ing. habil. Manfred *Fischer*.

Dezernat 31: Untertagebergbau: Dipl.-Ing. Karl *Voigt*.

Dezernat 32: Bergbautechnik: Dipl.-Ing. Harry *Hollmann*.

Dezernat 33: Arbeits- und Gesundheitsschutz: Dr.-Ing. Rudolf *Bauer*.

Abeilung 4: Markscheidewesen, Abfall, Altbergbau: Bergvermessungsoberrat Dipl.-Ing. Werner *Kleine*.

Dezernat 41: Markscheidewesen: Bergvermessungsoberrat Dipl.-Ing. Werner *Kleine*.

Dezernat 42: Bergbauberechtigungen: Dipl.-Ing. Ernst *Ulrich*.

Dezernat 43: Oberflächenauswirkungen: N. N.

Dezernat 44: Abfall, Altbergbau: Dr.-Ing. Rainer *Dietze*.

Bergamt Borna

O-7200 Borna, Witznitzer Werkstraße (Brikettfabrik), ☎ (034 33) 37 37.

Leiter: Dipl.-Ing. Eberhard *Birkenpesch*.

Stellvertreter: Ing. Erich *Zippenfennig*.

Fachbereich 1: Bergaufsicht und Verwaltung: Dipl.-Ing. Eberhard *Birkenpesch*. Grundsatzfragen der Bergaufsicht und Verwaltung: Dipl.-Ing. Eberhard *Birkenpesch*. Statistik und Berichtswesen, verantw. Personen, Sachverständigenverzeichnis, Archiv, Registratur: Margitta *Naß*. Haushalt/innerer Dienst: Jutta *Reitzenstein*. Unfallverhütung, betrieblicher Sicherheitsdienst, Sozialer Arbeitsschutz, Aus- und

Fortbildung, Rettungswesen, Katastrophenschutz, Öffentlichkeitsarbeit, Bürgerbeauftragter: N. N.

Fachbereich 2: Nichtkohlenbergbau: Dipl.-Ing. Eckhard *Zehne*. Grundsatzfragen: Dipl.-Ing. Eckhard *Zehne*. Haupt- und Sonderbetriebspläne der Gewinnung und Aufbereitung von bergfreien und grundeigenen Bodenschätzen, Abschlußbetriebspläne: Dipl.-Ing. Heiner *Göbel*. Sprengwesen, Tief- und Flachbohrungen: N. N.

Fachbereich 3: Maschinen- und Elektrotechnik: Ing. Erich *Zippenfennig*. Grundsatzfragen, Tagebaugroßgeräte, Abraumförderbrücken, Bandförderanlagen, gleisgebundene Werkbahnanlagen, gleislose Fördertechnik, Hilfstechnik: Ing. Erich *Zippenfennig*. Elektrotechnische Anlagen, Grubenkraftwerke, Heizwerke, Werkstätten, überwachungsbedürftige Anlagen, Gefahrstoffe: Dr.-Ing. Gerhard *Richter*. Brikettfabriken, Anlagen der Karbochemie, Staub- und Lärmschutz, Brand- und Explosionsschutz: Ing. Artur *Hänel*.

Fachbereich 4: Braunkohlenbergbau/Abfall: Markscheider Dipl.-Ing. Horst *Leitenroth*. Grundsatzfragen, Braunkohlenbergbau, Bergschäden, Baubeschränkung, Bergwerkseigentum, Rißwerk: Markscheider Dipl.-Ing. Horst *Leitenroth*. Haupt- und Sonderbetriebspläne, Verwahrung von Grubenbauen, unterirdische Hohlräume, Altbergbau, Standsicherheit von Böschungen, Tagebauentwässerung: N. N. Wasser-, Naturschutz, Abfallbeseitigung, Altlasten, Rekultivierung: N. N.

Bergamt Chemnitz

O-9030 Chemnitz, Zwickauer Straße 403, ☏ (0371) 88 40 93, 88 40 66, 85 02 23, Telefax 88 21 81.

Leiter: Dipl.-Ing. Lothar *Werbig*.

Fachbereich 1: Bergaufsicht, Verwaltung: Dipl.-Ing. Lothar *Werbig*. Grundsätzliche Angelegenheiten, Sozialer Arbeitsschutz, Unfallverhütung, Aus- und Weiterbildung, Öffentlichkeitsarbeit, Berichtswesen, Datenverarbeitung, Archiv: Ing. Joachim *Später*. Verwaltung: Sigrid *Pahl*.

Fachbereich 2: Untertagebergbau: Dipl.-Ing. Siegfried *Stache*. Aufsuchung, Gewinnung, Einstellung, Betriebsaufsicht in Übertage-Bergbaubetrieben, Besucherbergwerke, Hohlraumbauten, Maschinen- und Elektrowesen, Grubenrettungswesen, Arbeits-, Gesundheits-, Brand-, Strahlen-, Immissionsschutz, gefährliche Arbeitsstoffe: Ing. Hellmut *Richter*.

Fachbereich 3: Übertagebergbau: Dipl.-Ing. Edmund *Kutscher*. Aufsuchung, Gewinnung, Einstellung, Betriebsaufsicht in Tagebauen/Aufbereitungen, Wiedernutzbarmachung, Natur-, Landschafts-, Wasserschutz, Abfallentsorgung: Dipl.-Ing. oec. Werner *Richter*.

Fachbereich 4: Altbergbau: Markscheider Dipl.-Ing. Bernd *Schönherr*. Überwachung bergbaulicher Auswirkungen, Maßnahmen in Altbergbaugebieten, Nachnutzung Altbergbau/Hohlräume, Halden und Restlöcher, Baubeschränkungen, Berechtsamsarbeiten, Rißarchiv: Dipl.-Geol. Rainer *Jülich*.

Bergamt Hoyerswerda

O-7700 Hoyerswerda, Industriegelände, Str. D, ☏ (03571) 6 92 79.

Leiter: Dipl.-Ing. oec. Reinhard *Klaua*.

Fachbereich 1: Bergaufsicht/Verwaltung: Dipl.-Ing. oec. Reinhard *Klaua*. Grundsatzfragen der Bergaufsicht, Verwaltung, Peronal: Dipl.-Ing. oec. Reinhard *Klaua*. Statistik und Berichtswesen, Öffentlichkeitsarbeit, Unfallverhütung, Sicherheitsdienst, Sozialer Arbeitsschutz, verantwortliche Personen: Dipl.-Geol. Ulrike *Hofmann*. Haushalt: Sieglinde *Schmidt*. Registratur, Literatur, Schreibdienst: N. N.

Fachbereich 2: Braunkohle/Tagebau: Dipl.-Ing. Arno *Kasper*. Aufschluß, Gewinnung, Einstellung, Wiedernutzbarmachung, Halden und Restlöcher, Altlasten: Dipl.-Ing. Arno *Kasper*. Aufsuchung, Geologie, Hydrologie/Entwässerung, Geotechnik, Wasserwirtschaft, Untertagebetrieb, Verwahrung, Grubenrettungswesen, Bergschäden: Dipl.-Geol. Olaf *Storm*. Berechtsamsangelegenheiten, Baubeschränkungen, Stellungnahmen, Altbergbau, Rißarchiv: Barbara *Miertschink*.

Fachbereich 3: Technik/Umwelt: Dipl.-Ing. Frieder *Schreier*. Umweltschutz, Lärmschutz, Strahlenschutz, Gefahrenstoffe, Abfallbeseitigung, Tagesanlagen, Absetzanlagen: Dipl.-Ing. Frieder *Schreier*. Tagebaugeräte, Zusatzgeräte, Hilfsgeräte, Gleislosfahrzeuge, Bandförderer, Geräte für Deponietechnik, Bohrgeräte, Werkstätten: Ing. Hans-Jürgen *Dutschk*. Kohlenverarbeitung, Kohlenveredlung (Brikett, Staub, Koks, Gas), Fabriken, Verfahrens- und Energietechnik, Brand-, Explosions- und Gasschutz, Kraftwerke/Kesselhäuser: Dipl.-Ing. Wolfram *Höppner*. Anlagen mit besonderer Überwachung, Bahnanlagen, Hebezeuge, Krane, Elektrotechnik: Dipl.-Ing. Andreas *Rudolph*.

Fachbereich 4: Steine/Erden, Tagebau: Dipl.-Ing. Gerd *Schreiber*. Sprengwesen: Dipl.-Ing. Gerd *Schreiber*. Aufschluß, Gewinnung, Einstellung, Wiedernutzbarmachung, UIH, Halden und Restlöcher, Altlasten, Berechtsamsangelegenheiten: Dipl.-Ing. Gerd *Schreiber*, Dipl.-Ing. Falko *Melde*.

Ministerium für Umwelt und Landesentwicklung

O-8010 Dresden, Ostra-Allee 23, ☏ (0351) 48620.

Minister: Arnold *Vaatz*.

Parlamentarischer Staatssekretär: Dr. Dieter *Reinfried*.

Staatssekretär: Dieter *Angst*.

Pressesprecherin: Barbara *Hintzen*.

Sächsisches Landesamt für Umwelt und Geologie

O-8122 Radebeul, Wasastraße 50, ☏ (0351) 710, Telefax 714372.

Präsident: Professor Dr.-Ing. habil. Michael *Kinze*.

Direktionsbereich Geologie

O-9200 Freiberg, Halsbrücker Straße 31 a, ☏ (0 37 31) 41 91, ⌂ 78 51 45, Telefax (0 37 31) 2 29 18.

Leiter: Vizepräsident Dr. Klaus *Horth*.

Neben den Zentralabteilungen 1 Verwaltung; 2 Informationssysteme/Dokumentation; 3 Ökologische Querschnittsaufgaben, existieren folgende Fachabteilungen: 4 Natur- und Landschaftsschutz; 5 Luft/Lärm/Strahlen; 6 Wasser; 7 Abfall/Altlasten; 8 Boden/Geochemie; 9 Geologische Landesaufnahme; 10 Angewandte und Umweltgeologie sowie ein Umweltlabor. Die Fachabteilungen 8 bis 10 (Bereich Boden und Geologie) sowie Teile der Abteilung 2 (Datenbanken, Kartographie, Sammlungen, Archive, Bibliothek) haben ihren Sitz in Freiberg.

Zur Unterstützung des Bereiches Boden und Geologie sind in Freiberg folgende Arbeitsbereiche aus den zentralen Abteilungen eingerichtet:

Abteilung 1: Verwaltung Freiberg.

Abteilung 2: Informationssysteme/Dokumentation: *Zühl* (m. d. W. d. G. b.).

Referat 22: Datenbanken: Dr. Klaus-Dieter *Hanemann*.

Referat 23: Kartographie: Dipl.-Kartograph Helmut *Eilers*.

Referat 24: Sammlungen, Archive, Fachbibliothek: Dipl.-Geol. Peter *Suhr*.

Abteilung 8: Boden/Geochemie: Dr. Werner *Pälchen*.

Referat 81: Bodenkundliche Landesaufnahme: Dipl.-Geol. Heiner *Heilmann*.

Referat 82: Bodenschutz/FIS Boden: Dr. Jürgen *Schmidt*.

Referat 83: Rekultivierung/Renaturierung: Dr. Mustafa *Abo-Rady*.

Referat 84: Geochemie: Dr. Peter *Ossenkopf*.

Referat 85: Bodenphysik: N. N.

Abteilung 9: Geologische Landesaufnahme: N. N.

Referat 91: Deckgebirge: Dr. Eckart *Geißler*.

Referat 92: Grundgebirge: Dipl.-Geol. Hans-Jürgen *Berger*.

Referat 93: Geophysik/Fernerkundung: Dr. Ottomar *Krentz*.

Referat 94: Mineralogie/Petrographie: Dr. Frohmut *Wiedemann*.

Referat 95: Biostratigraphie: Dr. Günter *Freyer*.

Abteilung 10: Angewandte Geologie, Umweltgeologie: N. N.

Referat 101: Umweltgeologie: Dr. Behruz *Kaschanian*.

Referat 102: Hydrogeologie: Dr. Friedrich *Flötgen*.

Referat 103: Ingenieurgeologie: Dr. Christoph *Starke*.

Referat 104: Rohstoffgeologie: Dr. Dierck *Freels*.

Zweck: Mit der Vereinigung von Umweltschutz und Geologie in einer Fachbehörde wird eine weitgefaßte Betrachtung des Begriffes „Umwelt" betont: als Integration aller von der menschlichen Tätigkeit beeinflußten oder beeinflußbaren Bereiche der Atmosphäre, Hydrosphäre und Lithosphäre. Andererseits sind damit traditionelle Zuständigkeitsfelder der Geologie für die Rohstoffwirtschaft, das Ingenieurwesen und die Landesplanung nicht aus der Tätigkeit dieser Behörde ausgeklammert.

Sachsen-Anhalt

Ministerium für Wirtschaft, Technologie und Verkehr

O-3037 Magdeburg, Wilhelm-Höpfner-Ring 4, ☏ (0391) 6613600.

Minister: Dr. Horst *Rehberger*.

Staatssekretäre: Rudolf *Bahn*, Dr. Konrad *Schwaiger*.

Pressesprecher: Axel *Künkeler*.

Referat Energie: Ltd. Ministerialrat Christian *Sladek*. ☏ (0391) 438429.

Geologisches Landesamt Sachsen-Anhalt

O-4060 Halle/Saale, Köthener Straße 34, Postfach 156, ☏ (0345) 509763-7, Telefax (0345) 28130; Zweigstelle Magdeburg, O-3080 Magdeburg, Freiligrathstraße 7.

Leiter: Direktor Dr. R. *Eichner.*

Leiter Zweigstelle Magdeburg: Dipl.-Geol. Olaf *Hartmann.*

Zentralabteilung Z 3: Zentrale Fachbereiche, Landesarchiv und Bibliothek, EDV, Kartographie, Öffentlichkeitsarbeit: Dr. sc. Reinhard *Kunert.*

Abteilung 1: Geologische Grundlagen und Landesaufnahme: Dr. Wolfram *Knoth.*

Referat 11: Methodische und regionalgeologische Grundlagen: Dr. K.-H. *Radzinski.*

Referat 12: Geologische Kartierung und Landesaufnahme: Dr. Reinhard v. *Poblozki.*

Referat 13: Geologische Spezial- und Tiefenkartierung: Dr. Ulrich *Kriebel.*

Referat 14: Geophysik und Fernerkundung: Dr. Wolfgang *Lange.*

Referat 15: Mineralogisches und petrographisches Labor (einschl. Röntgen-Labor): Dr. Günter *Knuth.*

Abteilung 2: Bodenkunde und Bodenschutz: Dipl.-Geol. Claus *Knauf* (m. d. W. d. G. b.).

Referat 21: Bodenschutz: Dipl.-Geol. Claus *Knauf.*

Referat 22: Bodenkartierung: Dipl.-Forsting. Hans *Schröder.*

Referat 23: Anthropogene Böden: Dr. Peter *String.*

Referat 24: Bodenlabor: Dipl.-Chem. Claudia *Fleischer.*

Abteilung 3: Angewandte Geologie und Umweltgeologie: Dr. Joachim *Wirth.*

Referat 31: Lagerstätten und Rohstoffgeologie: Dipl.-Geol. Horst *Borbe.*

Referat 32: Hydrogeologie: Dr. H.-H. *Pretschold.*

Referat 33: Ingenieurgeologie: Dipl.-Geol. Günter *Strobel.*

Referat 34: Umweltgeologie: Dipl.-Geol. Wolfgang *Papke.*

Referat 35: Vorsorge und Sanierung bei Raumordnung und Landesplanung: Dipl.-Geol. Günter *Strobel* (m. d. W. d. G. b.).

Zweck: Aufgaben des Amtes werden neben der geologischen und bodenkundlichen Kartierung die angewandte Geologie (Lagerstätten-, Hydro-, Ingenieur- und Bodengeologie) sein, ferner die Beratung von Dienststellen bei Raumordnungs- und landesplanerischen Aufgaben. Die geologischen Kartengrundlagen des Landes sollen präzisiert werden, wenn auch die Publikationsmöglichkeiten gegenwärtig noch beschränkt sind. Ein im Aufbau befindliches, EDV-mäßig verknüpftes Bodeninformationssystem von Sachsen-Anhalt soll Grundlagen für Umwelt- bzw. Bodenschutz aus geologischer Sicht liefern.

Das Landesamt sieht als spezielle Schwerpunkte seiner Arbeit unter anderem Lagerstättenerkundung und -schutz (vor allem Steine und Erden sowie Braunkohle), Grundwasserschutz, Ingenieur- und umweltgeologische Aspekte bei Bauprojekten, Beurteilung von Schadensfällen, Altlastenerfassung, -bewertung und -sanierung, Deponieplanung und unabhängige Fachgutachten bei Schadensfällen.

Die geologische und bodenkundliche Kartierung soll im Maßstab 1:25 000 schwerpunktmäßig in der Altmark, an der mittleren Elbe (Raum Prettin-Jessen) und im Raum Halle-Merseburg erfolgen. Nach der Kartierung des östlichen Anteils des TK 25 Oebisfelde (bei Wolfsburg) soll dieses Blatt vom Niedersächsischen Landesamt für Bodenforschung veröffentlicht werden. Kreiskarten für Raumordnungs- und Landesplanungsunterlagen sollen im Maßstab 1:50 000 erstellt werden. 1992 soll eine geologische Übersichtskarte des Landes im Maßstab 1:400 000 erscheinen.

Bergamt Halle

O-4020 Halle, Richard-Wagner-Straße 56, Postfach 122, ☏ (0345) 38176, Telefax (0345) 21394.

Leiter: Bergdirektor Dipl.-Ing. Frank *Esters.*

Bergamt Staßfurt

O-3250 Staßfurt, Löbnitzer Weg 2, ☏ (03925) 62 30 78.

Leiter: Bergdirektor Dipl.-Ing. Peter *Klamser.*

Stellvertreter: Markscheider Dipl.-Ing. Otto *Klinder.*

Ministerium für Umwelt und Naturschutz

O-3024 Magdeburg, Pfälzer Platz 1, ☏ (0391) 58401.

Minister: Wolfgang *Rauls.*

Staatssekretäre: Dr. Eberhard *Stief,* Dr. Herbert *Spindler.*

Pressesprecher: Johannes *Altincioglu.*

Landesamt für Umweltschutz Sachsen-Anhalt

O-4020 Halle/S., Postfach 681, Reideburger Straße 47—49, ☏ (0345) 2050, ✆ 4376, Telefax (0345) 505209, ständiger Bereitschaftsdienst ☏ (0345) 24744, 29410.

Präsident: Dr.-Ing. Günter *Reimann*.

Abteilung 1: Zentrale Angelegenheiten.
Leiter: Werner *Linke*, Vizepräsident.

Abteilung 2: Grundlagen der Wasserwirtschaft.
Leiter: Dr. Dieter *Hohl*.

Abteilung 3: Wasserbewirtschaftung.
Leiter: Jürgen *Seiert*.

Abteilung 4: Abfallwirtschaft/Altlasten.
Leiter: Eva *Merkel*.

Abteilung 5: Emissionsschutz.
Leiter: Dr. Klaus *Hammje* (komm.).

Abteilung 6: Immissionsschutztechnik.
Leiter: Dr. Christian *Ehrlich*.

Abteilung 7: Naturschutz.
Leiter: Robert *Schönbrodt*.

Schleswig-Holstein

Der Minister für Wirtschaft, Technik und Verkehr des Landes Schleswig-Holstein

2300 Kiel 1, Düsternbrooker Weg 94, Postfach 1132, ☏ (0431) 5961, Teletex 431551 = MWuVSH.

Minister: Uwe *Thomas*.

Amtschef: Peer *Steinbrück*.

Presse und Öffentlichkeitsarbeit: Dr. Karl *Pröhl;* Telefax (0431) 596-3951.

Ministerbüro, persönlicher Referent: Amtsrat Volker *Kruse*.

Allgemeine Abteilung: Ministerialrat Dr. Dietrich *Rave*.

Abt. Regionale und sektorale Wirtschaftspolitik: Ministerialdirigent Dr. Wolf-Dieter *Dudenhausen*.

Abt. Technik und Mittelstand: Ministerialdirigent Dr. Wolfgang *Zeichner*.

Der Minister für Natur, Umwelt und Landesentwicklung des Landes Schleswig-Holstein

2300 Kiel 14, Grenzstraße 1 – 5, ☏ (0431) 219-0, ✆ 2 92 290 mnush, Teletex 431-754 mnush, Telefax (0431) 219-2 09 u. 219-2 39.

Minister: Professor Dr. Berndt *Heydemann*.

Staatssekretär: Peer *Steinbrück*.

Abt. XI 1: Allgemeine Abteilung. Leiter: Ministerialdirigent Dr. Jürgen *Witt*.

Abt. XI 2: Koordination, medienübergreifende Umweltpolitik, Lebensmittelüberwachung, gesundheitlicher Umweltschutz. Leiter: N.N.

Abt. XI 3: Biologischer Naturschutz. Leiter: Ministerialdirigent Claus *Carlsen*.

Abt. XI 4: Gewässerschutz, Wasserwirtschaft. Leiter: Ministerialdirigent Dieter *Kesting*.

Abt. XI 5: Bodenschutz, Abfallwirtschaft. Leiter: Ministerialdirigent Peter *Steiner*.

Abt. XI 6: Arbeitsumwelt, Immissionen. Leiter: Ministerialdirigent Reimer *Bracker*.

Abt. XI 7: Ökologische Technik und Ökologische Wirtschaft. Leiter: Ministerialdirigent Dr. Klaus *Backheuer*.

Abt. XI 8: Landesplanung. Leiter: Ministerialdirigent Dr. Claus-Jochen *Kühl*.

Der Minister für Arbeit und Soziales, Jugend, Gesundheit und Energie des Landes Schleswig-Holstein

2300 Kiel 1, Postfach 1121, ☏ (0431) 596-1, Telefax (0431) 5965116, Teletex 431557 sozmi sh.

Minister: Günther *Jansen*.

Staatssekretär: Claus *Möller*.

Abt. IX 3 Energiewirtschaft
Leitung: Ministerialdirigent Dr. *Rave*.

300: Energiepolitik, Grundsatzangelegenheiten der Energiewirtschaft: Dr. *Euler*.

310: Öffentlichkeitsarbeit: v. *Leesen*.

320: Kommunale Energiepolitik, rationelle Energienutzung, Energieeinsparung: *Schulz*.

321: Entwicklung und Durchführung von Förderprogrammen, intern. länder- und ressortübergreifende Angelegenheiten, Förderberatung: *Schulz*.

330: Energieplanung, Energieberatung: Dr. *Krawinkel*.

340: Erneuerbare Energien, Energiesysteme: *Klinglhöfer*.

341: Programme zur Förderung erneuerbarer Energien: *Klinger.*

350: Aufsicht nach dem Energiewirtschaftsgesetz: *Löwner.*

360: Rechtsangelegenheiten der Energiewirtschaft: *Mengers.*

Abt. IX 6 Reaktorsicherheit
Leitung: Ministerialrat Dr. *Sauer.*

60: KKW Brunsbüttel, Sicherheitsüberprüfungen, sicherheitstechnische Prüfungen: *Heß.*

600: Risiken der Kernenergie, grunds. Angelegenh. atomrechtl. Aufsichts- u. Genehmigungsverfahren: *Heß.*

601: KKW Brunsbüttel, Genehmigungs- u. Aufsichtsverfahren: *van Dornick.*

602: KKW Brunsbüttel, Einzelfragen: *Fuhrmann.*

603: Teilbereiche der Sicherheitsüberprüfungen, Grundsatzfragen der Systemsicherheit: N.N.

604: Durchführung der allgemeinen Sicherheitsüberprüfungen, Grundsatzfragen der Systemauslegung: Dr. *Nagel.*

605: KFÜ, wissensch.-technische Belange des Katastrophenschutzes, Radiologie: Dr. *Zöllner.*

61: KKW Krümmel und Brokdorf, Forschungsreaktoren, Entsorgung, sicherheitstechnische Prüfungen: Dr. *Wolter.*

610: Grundsätzliche Angelegenheiten der atomrechtlichen Genehmigungs- und Aufsichtsverfahren: Dr. *Wolter.*

611: Umgebungsüberwachung, Forschungsreaktoren, behördliche Emissionskontrolle: *Nebendahl.*

612: Strahlenschutzbelange der Abteilung, Grundsatzangelegenheiten des Strahlenschutzes: Dr. *Müller.*

613: Kernbrennstoffkreislauf, radioaktive Abfälle und Reststoffe, kerntechnische Regeln und Richtlinien: Dr. *Wirth.*

614: Objektschutz, Sonderaufgaben, MOX-Genehmigungsverfahren: Dr. *Becker.*

615: KKW Krümmel, Genehmigungs- und Aufsichtsverfahren: *Fromm.*

616: KKW Krümmel, Einzelfragen: N.N.

617: KKW Brokdorf, Genehmigungs- und Aufsichtsverfahren: *Scharlaug.*

618: KKW Brokdorf, Einzelfragen: N.N.

62: Allgemeine und Rechtsangelegenheiten der Abteilung: N.N.

620: Rechtsangelegenheiten in Genehmigungsverfahren, Personenüberprüfung, Erörterungstermine: *Moedebeck.*

621: Rechtsangelegenheiten, Organisation des Katastrophenschutzes: N.N.

622: Geschäftsleitung der Abteilung, Sachverständigenwesen: *Clasen.*

623: Rechtsangelegenheiten der atomrechtlichen Aufsicht: *Zühlke.*

Geologisches Landesamt Schleswig-Holstein

2300 Kiel, Mercatorstr. 7, ☏ (04 31) 38 31.

Leiter: Direktor Professor Dr. Friedrich *Grube.* Vertreter: Ltd. Reg.-Landwirtschaftsdirektor Dr. Herwig *Finnern.*

Zweck: Geologische und bodenkundliche Landesaufnahme. Herstellung von geologischen und bodenkundlichen Karten im Maßstab 1:25 000 sowie von Spezialkarten im Maßstab 1:5 000, 1:10 000 und Übersichtskarten zur Geologie, Lagerstättenkunde, Hydrogeologie, Ingenieurgeologie und Bodenkunde. Untersuchungen, Beratung und Gutachtenerstattung über nutzbare Lagerstätten, Grundwasser, Bodenverhältnisse, Baugrund und Umweltgeologie.

Das Geologische Landesamt Schleswig-Holstein ist eine Landesoberbehörde im Geschäftsbereich des Ministeriums für Natur, Umwelt und Landesentwicklung des Landes Schleswig-Holstein.

Abt. 1 Geologie und Rohstoffe: Geologiedirektor Dr. Burchard *Menke.*

100: Geobotanik, Quartärstratigraphie, Torfe: N.N.

110: Geologische Kartierung, Geschiebeanalyse, Sammlungen: Geologieoberrat Dr. Gernot *Schlüter.*

120: Geologische Kartierung, Tagesaufschlüsse, Geomorphologie: Dipl.-Geologe Dr. Eberhard *Strehl.*

130: Geologische Kartierung, Offshore-Kartierung, Strukturgeologie des Quartärs: Geologieoberrat Dr. Hans-Jürgen *Stephan.*

140: Geochemie, Mineralogie und Wirtschaftsgeologie: Dipl.-Chem. Dipl.-Min. Dr. Peter *Sänger von Oepen.*

150: Rohstoffgeologie Sand und Kies: Dipl.-Geologin Claudia *Thomsen.*

160: Rohstoffgeologie Ton und Kalk: Dipl.-Geologe Erhard *Bornhöft.*

170: Geophysik, Lagerstättenvorerkundung: Dipl.-Geophys. Dieter *Hölbe.*

Abt. 2 Bodenkunde: Ltd. Reg.-Landwirtschaftsdirektor Dr. Herwig *Finnern.*

200: Bodenschutz, Landschaftspflege: N.N.

210: Marschböden, Watt, Vorland, Bibliothek: Geologieoberrat Dr. Dieter *Elwert.*

220: Böden der Geest, Böden des östlichen Hügellandes: Geologieoberrat Dr. Peter *Janetzko.*

230: Kulturtechnik, Bodenphysik: N.N.

240: Bodenprobenbank, Bodendatenbank: Dipl.-Ing. agr. Dr. Marek *Filipinski.*

250: Stadtböden, bodenkundliche Kartierung östliches Hügelland: Dipl.-Ing. agr. Hans-Kurt *Siem.*

260: Bodenschätzung, bodenkundliche Kartierung Landesteil Schleswig: Dipl.-Ing. agr. Eckhard *Cordsen.*

270: Bodenchemie, Bodenkartierung Landesteil Schleswig: N.N.

Abt. 3 Hydrogeologie: Dipl.-Geologin Dr. Verena *Brill.*

300: Grundwassererschließung, Hydrogeologische Fragen der Grundwasserbewirtschaftung: Geologiedirektor Dr. Karl Hans *Nachtigall.*
310: Wasserwirtsch. Vorplanung SW-Holstein: Dipl.-Geologe Wolfgang *Scheer.*
320: Wasserwirtsch. Vorplanung SO-Holstein: Dipl.-Geologe Dr. Gottfried *Agster.*
330: Abfalldeponien, Gewässerschutz: Geologiedirektor Dr. Wolfram *Bock.*
340: Hydrogeologische Untersuchungen zu Altdeponien: Dipl.-Geologin Dr. Christa *Kabel-Windloff.*
350: Hydrogeologische Untersuchungen zur Deponieplanung: Dipl.-Geologe Dr. Thomas *Liebsch-Dörschner.*
360: Hydrogeologische Untersuchungen zu Abfalldeponien: Dipl.-Geologe Dr. Holger *Kaufhold.*
370: Trinkwasser-, Heil- und Mineralwasserschutzgebiete: Geologierat z. A. Dr. Broder *Nommensen.*
380: Hydrogeologische Kartierung, Hydrogeologische Bohrverfahren, Gutachten und Grundlagen zur Nutzung der Geowärme: Geologieoberrat Dr. Paul-Friedrich *Schenck.*
390: Marine Stratigraphie, Paläozoologie: Dipl.-Geologe Dr. Winfried *Hinsch.*

Abt. 4 Ingenieurgeologie: Reg.-Baudirektor Friedrich *Colberg.*

400: Deichbau, Küstenschutz, Marine Geotechnik: Geologiedirektor Dr. Helmut *Temmler.*
410: Ingenieurgeologische Übersichtskartierung, Geologische Beiträge zu Orts-, Regional- und Landschaftsplanung, Naturdenkmäler: Geologieoberrat Dr. Peter-Helmut *Ross.*
420: Straßenbau, Geotechnische Strukturanalysen und Strukturplanung: Geologierat Dr. Reiner *Schmidt.*
430: Ingenieurgeologische Spezialkartierung, Baugrundkarten für zentrale Orte: Dipl.-Geologe Dr. Horst *Weinhold.*
440: Deponietechnik, Erd- und Grundbau: Dipl.-Ing. Helmut *Weckeck.*

Oberbergamt für das Land Schleswig-Holstein

3392 Clausthal-Zellerfeld, Hindenburgplatz 9, ☏ (05323) 723200 u. 722050, ⌁ 953707, Telefax (05323) 723258.

Aufgrund eines Abkommens zwischen dem Land Schleswig-Holstein und dem Land Niedersachsen ist das Oberbergamt Clausthal-Zellerfeld mittlere Bergbehörde und das Bergamt Celle untere Bergbehörde für das Land Schleswig-Holstein.

Siehe Beitrag des Oberbergamtes Clausthal-Zellerfeld unter Niedersachsen.

Bergamt für das Land Schleswig-Holstein

3100 Celle, Reitbahn 1A, ☏ (05141) 1038 und 1039, ⌁ 925284, Telefax (05141) 24116.

Leiter: Bergdirektor Dipl.-Ing. Peter *Schaar.*
Stellvertreter: Bergoberrat Dipl.-Ing. Friedhelm *Wiegel;* Bergoberrat Dipl.-Ing. Immo *Beckenbauer;* Bergrat Dipl.-Ing. Volker *Bannert;* Bergrat Dipl.-Ing. Matthias *Zapke;* Bergassessor Dipl.-Ing. Diethard *Zwanziger.*

Thüringen

Ministerium für Wirtschaft und Verkehr

O-5085 Erfurt, Johann-Sebastian-Bach-Straße 1, ☏ (0361) 633-0.

Minister: Dr. Jürgen *Bohn.*
Staatssekretär: Dr. Friedrich H. *Stamm.*

Thüringische Geologische Landesanstalt

O-5300 Weimar, Carl-August-Allee 8 – 10, ☏ (03643) 3116, Telefax (03643) 53356.

Leiter: Dr. Georg *Judersleben,* kommissarisch.

Abteilung I: Geowissenschaftliche Landeserforschung. Leiter: N. N.
Referat I 1: Geologische Landesaufnahme: Professor Dr. Gerd *Seidel.*
Referat I 2: Bodenkundliche Landesaufnahme: Dr. Herbert *Schramm.*
Referat I 3: Mineralogie, Petrologie, Biostratigraphie: Dr. Georg *Judersleben.*
Referat I 4: Geologisches Landesarchiv: Dipl.-Geol. Joachim *Schubert.*

Abteilung II: Angewandte Geologie. Leiter N. N.
Referat II 1: Rohstoff-Geologie: Dr. Norbert *Schröder.*
Referat II 2: Ingenieurgeologische Grundlagen, Deponiestandorte, Talsperrengeologie: Dr. Wolfgang *Bierwald.*

Referat II 3: Regionale Hydrogeologie: Dipl.-Geol. Georg *Merz*.

Referat II 4: Hydrogeologische Grundlagen: Dr. Günther *Hecht*.

Referat II 5: Infrastrukturgeologie: Dipl.-Geol. Fritz *Putschkus*.

Verwaltung: *Haberbosch*.

Thüringer Ministerium für Umwelt und Landesplanung

O-5082 Erfurt, Richard-Breslau-Straße 11 a, ☏ (03 61) 65 75 (0), Telefax (03 61) 65 75 281 – 65 75 219.

Minister: Hartmut *Sieckmann*.

Pressesprecherin: Margot *Friedrich*.

Abteilung IV: Bergbau.
Leiter: Dr. *Werner*.

Referat Bergbau und Bodenforschung:
Referenten: Dipl.-Ing. *Hauske*, Dr. *Gesang*.

Außenstelle Erfurt: Abt. Immissionsschutz, Strahlenschutz und Bergbau, Bürohaus „Am Urbicher Kreuz", O-5085 Erfurt, ☏ (00 37 61) 48 43 01.

Bergamt Erfurt

O-5010 Erfurt, Löberwallgraben 2, Postfach 288, ☏ (03 61) 2 68 66-67.

Leiter: Bergdirektor Dipl.-Ing. Adolf *Jordan*.

Bergamt Gera

O-6500 Gera, Schloßstraße 11, ☏ (03 65) 6 85 10.

Leiter: Dr. *Richter* (m. d. W. d. G. b.).

Thüringer Landesanstalt für Umwelt

O-6900 Jena, Beuthenbergstraße 11, ☏ (00 37 6 78) 8 85-0, 8 85 25 29.

EUROPA

5. Europäische Gemeinschaften (EG)

Europäische Gemeinschaften
European Communities
Communautés Européennes

Mitgliedsländer: Belgien, Dänemark, Bundesrepublik Deutschland, Frankreich, Griechenland, Vereinigtes Königreich, Irland, Italien, Luxemburg, Niederlande, Portugal, Spanien.

Verträge: Europäische Gemeinschaft für Kohle und Stahl (EGKS) vom 18. April 1951; Europäische Wirtschaftsgemeinschaft (EWG) vom 25. März 1957; Europäische Atomgemeinschaft (EAG) vom 25. März 1957; Vertrag zur Einsetzung eines gemeinsamen Rates und einer gemeinsamen Kommission der Europäischen Gemeinschaften (EG) vom 8. April 1965; Vertrag zur Änderung bestimmter Haushaltsvorschriften der Verträge zur Gründung der Europäischen Gemeinschaften und des Vertrages zur Einsetzung eines gemeinsamen Rates und einer gemeinsamen Kommission der Europäischen Gemeinschaften vom 22. April 1970; Vertrag über den Beitritt des Königreichs Dänemark, Großbritanniens und Irlands vom 22. Januar 1972; Vertrag über den Beitritt der Republik Griechenland zur EWG und EAG vom 28. Mai 1979; Beschluß des Rates der EG vom 11. Juni 1985 über den Beitritt Spaniens und Portugals zur EGKS; Vertrag der Zehn vom 12. Juni 1985 mit Spanien und Portugal über den Beitritt zur EWG und EAG.

Die Konferenz der Regierungsvertreter der Mitgliedstaaten hat am 27. Januar 1986 die **Einheitliche Europäische Akte** gebilligt unter Berücksichtigung einer Zusatzerklärung der Konferenz zur Sozialpolitik und einer Erklärung über die Einrichtung des Sekretariats für politische Zusammenarbeit in Brüssel. Sie ist inzwischen von allen Mitgliedstaaten unterzeichnet und ratifiziert worden.

Organe: Durch den Vertrag vom 8. April 1965 sind mit Wirkung vom 1. Juli 1967 die Ministerräte und die Exekutivorgane der drei Teilgemeinschaften,

die Hohe Behörde der EGKS,
die Kommission der EWG,
die Kommission der EAG,

zu einem Ministerrat und zur Kommission der EG verschmolzen worden.

In den Organen der Gemeinschaft sind die zwölf Mitgliedländer nach den Anpassungen der Verträge zahlenmäßig wie folgt vertreten:

Das im Juni 1989 zum drittenmal direkt gewählte **Europäische Parlament** umfaßt 518 Mitglieder (je 81 Abgeordnete aus der Bundesrepublik Deutschland, Frankreich, Großbritannien und Italien, 60 aus Spanien, 25 aus den Niederlanden, je 24 aus Belgien, Griechenland und Portugal, 16 aus Dänemark, 15 aus Irland und 6 aus Luxemburg).

Von den 81 deutschen Abgeordneten wurden 78 von den Wahlberechtigten bei der zweiten Direktwahl direkt und 3 vom Berliner Abgeordnetenhaus gewählt. Die CDU/CSU hat 32 (bisher 41), die SPD 31 (bisher 33), die Grünen haben 8 (bisher 7) und die FDP hat 4 (bisher 0), die Republikaner haben 6 (bisher 0) Sitze errungen. Das Europäische Parlament hat folgende zehn Fraktionen und zwölf fraktionslose Abgeordnete: Sozialistische Fraktion (180), Fraktion der Europäischen Volkspartei (128), Liberale und Demokratische Fraktion (45), Fraktion der Europäischen Demokraten (34), Fraktion Die Grünen im Europäischen Parlament (27), Fraktion der Vereinigten Europäischen Linken (29), Fraktion der Sammlungsbewegung der Europäischen Demokraten (21), Technische Fraktion der Europäischen Rechten (14), Koalition der Linken (13), Regenbogen-Fraktion im Europäischen Parlament (15). (Stand: 10. Februar 1992.)

Der **Rat** der EG besteht aus 12 Vertretern der Mitgliedstaaten.

Die **Kommission** der EG besteht aus 17 Mitgliedern (je zwei kommen aus der Bundesrepublik Deutschland, Frankreich, Großbritannien, Italien und Spanien, je ein Mitglied aus den übrigen Mitgliedländern).

Der **Gerichtshof** der EG (EuGH) besteht aus 13 Richtern, er wird von 6 Generalanwälten unterstützt.

Der **Rechnungshof** der EG wurde am 25. Oktober 1977 in Luxemburg errichtet. Er besteht aus 12 Mitgliedern.

Ministerrat

B-1048 Brüssel, rue de la Loi 170, ☎ (02) 234 61 11, ⌁ 21711 consil b.

Generalsekretär: N. *Ersbøll* (DK).

Kabinett: P. *Skytte Christoffersen* (DK).

Juristischer Dienst: Generaldirektor N. N.

Generaldirektoren

A. Verwaltung und Personal — Operationeller Aufgabenbereich und Organisation — Information. Veröffentlichungen, Dokumentation — Sprachendienst Generaldirektor: U. *Weinstock* (D).

EUROPÄISCHE GEMEINSCHAFTEN (EG)

B. Landwirtschaft — Fischerei
Generaldirektor: E. *Chioccioli* (I).

C. Binnenmarkt, Industriepolitik, Angleichung der Rechtsvorschriften, Niederlassungsrecht und Dienstleistungen. Gesellschaftsrecht, geistiges Eigentum
Generaldirektor: E. *a Campo* (NL).

D. Forschung — Energie
Verkehr — Umweltfragen — Verbraucherschutz
Generaldirektor: D. M. *Neligan* (IRL).

E. Auswärtige Beziehungen und Zusammenarbeit in Entwicklungsfragen
Generaldirektor: A. *Dubois* (F).

F. Beziehungen zum Europäischen Parlament und zum Wirtschafts- und Sozialausschuß, institutionelle Angelegenheiten — Haushalt und Statut
Generaldirektor: W. *Nicoll* (GB).

G. Wirtschafts-, Finanz- und Sozialfragen
Generaldirektor: W. *Pini* (D).

Ständige Vertretung der Bundesrepublik Deutschland
B-1040 Brüssel, rue Jacques de Lalaing 19 — 21, ☏ (02) 2381811.

Botschafter: Dr. Jürgen *Trumpf*.

Kommission der EG

B-1049 Brüssel, rue de la Loi 200, ☏ 2351111, 2361111, ✆ 21877 comeu b.

Präsident

Jacques *Delors* (F).
Generalsekretariat, Juristischer Dienst; Währungsangelegenheiten; Dienst des Sprechers; Gemeinsamer Dolmetscher-Konferenzdienst; Sicherheitsbüro; Gruppe für prospektive Analysen.

Vizepräsidenten

Frans *Andriessen* (NL)
Auswärtige Beziehungen und Handelspolitik; Zusammenarbeit mit den anderen europäischen Ländern.

Henning *Christophersen* (DK).
Wirtschaft und Finanzen; Koordinierung der Strukturpolitik; Statistisches Amt.

Manuel *Marin* (E).
Zusammenarbeit und Entwicklung; Fischereipolitik.

Filippo Maria *Pandolfi* (I).
Wissenschaft, Forschung und Entwicklung; Telekommunikation, Informationsindustrien und Innovation; Gemeinsame Forschungsstelle.

Martin *Bangemann* (D).
Binnenmarkt und gewerbliche Wirtschaft; Beziehungen zum Europäischen Parlament.

Sir Leon *Brittan* (GB).
Wettbewerbspolitik; Finanzinstitutionen.

Mitglieder

Carlo *Ripa di Meana* (I).
Umwelt; Nukleare Sicherheit; Katastrophenschutz.

Antonio *Cardoso e Cunha* (P).
Personal, Verwaltung und Übersetzung; Energie und Euratom-Versorgungsagentur; kleine und mittlere Unternehmen, Handwerk, Handel und Tourismus; Gemeinwirtschaft (Genossenschaftswesen).

Abel *Matutes* (E).
Mittelmeerpolitik; Beziehungen zu Lateinamerika und Asien; Nord-Süd-Beziehungen.

Peter *Schmidhuber* (D).
Haushalt; Finanzkontrolle.

Christiane *Scrivener* (F).
Steuern und Zollunion; Fragen im Zusammenhang mit den obligatorischen Abgaben (Steuer- und Sozialabgaben).

Bruce *Millan* (GB).
Regionalpolitik.

Jean *Dondelinger* (L).
Audiovisuelle und kulturelle Angelegenheiten; Information und Kommunikation; Europa der Bürger; Amt für Veröffentlichungen.

Ray *MacSharry* (IR).
Landwirtschaft; Ländliche Entwicklung.

Karel *van Miert* (B).
Verkehr; Kredit und Investitionen; Verbraucherschutz und Vertretung der Verbraucherinteressen.

Vasso *Papandreou* (GR).
Beschäftigung, Arbeitsbeziehungen und soziale Angelegenheiten; Humanressourcen, allgemeine und berufliche Bildung und Jugend; Beziehungen zum Wirtschafts- und Sozialausschuß.

Generalsekretariat
Generalsekretär: David *Williamson* (GB).
Stellv. Generalsekretär: Carlo *Trojan* (NL).

Gruppe für prospektive Analysen
Generaldirektor: Jean-Claude *Morel* (F).

Juristischer Dienst
Generaldirektor: Jean-Louis *Dewost* (F).
Stellv. Generaldirektor: Christiaan *Timmermans* (NL).

Dienst des Sprechers
Sprecher: Bruno *Dethomas*.

Gemeinsamer Dolmetscher-/Konferenzdienst
Generaldirektor: Renée *van Hoof-Haferkamp*.

Statistisches Amt
L-2920 Luxemburg, Bâtiment Jean Monnet, rue Alcide de Gasperi, ☏ 43011, ✆ 3423, 3446, 3476 comeur lu.

Generaldirektor: Yves *Franchet.*

Assistent: Lothar *Jensen.*

Dem Generaldirektor unmittelbar unterstellt:
Forschung, Entwicklung und statistische Methodik:
Daniel *Defays*
OS-1: Programmierung, Haushalt, Beziehungen zu den Gemeinschaftsorganen und den internationalen Organisationen: Alberto *de Michelis.*
Haushaltsverwaltung: Roger *Linguenheld.*

OS-2: Personal- und Verwaltungsangelegenheiten – internes Management: Lothar *Jensen.*

Direktionen
A. Informationsverarbeitung und -verbreitung: Alain *Chantraine.*
1. Informationsverarbeitung: Gilles *Decand.*
2. Öffentlichkeitsarbeit, Informationsverbreitung, Synthesen: François *de Geuser.*
3. Information – Data Shop: Letizia *Cattani.*
4. Verwaltung der Datenbanken und Veröffentlichungen: Roger *Cubitt.*
B. Wirtschaftsstatistik und volkswirtschaftliche Gesamtrechnung, Preise, Koordinierung der Arbeiten im Zusammenhang mit dem großen Binnenmarkt: N. N.
1. Volkswirtschaftliche Gesamtrechnung: Enrique *Lozano Rodríguez;* stellv. Referatsleiter: Marco *de March.*
2. Statistische und buchungstechnische Koordinierung. Methodik der volkswirtschaftlichen Gesamtrechnung: Brian *Newson.*
3. Preise, Kaufkraftparitäten, Berichtigungskoeffizienten: John *Astin.*
Berichtigungskoeffizienten: N. N.
4. Finanz- und Währungsstatistik: Jörg Dieter *Glatzel.*
5. Nomenklaturen: Adrien *Lhomme.*
C. Innergemeinschaftliche und Welthandelsstatistik, Beziehungen zu Drittländern: José António *Brito da Silva Girão.*
1. Methodik und Klassifikation im Bereich des innergemeinschaftlichen und des Außenhandels: Jacques *Dispa.*
Spezifische methodologische Aufgaben im Bereich des Außenhandels: N. N.
2. Innergemeinschaftliche und Welthandelsstatistik: Gilles *Rambaud-Chanoz.*
3. Zahlungsbilanz und Analyse des Welthandels: Frank *Schönborn.*
Methodik und Analyse der Zahlungsbilanz: Jean-Claude *Roman.*
4. Beziehungen zu Drittländern: Thomas *Scott.*
5. Beziehungen zu den EFTA-Ländern und den mittel- und osteuropäischen Staaten: Klaus *Löning.*
D. Unternehmenstatistik: Photius *Nanopoulos.*
1. Energie: Franz-Josef *Gnad.*
Stellvertretender Referatsleiter: Pierluigi *Canegallo.*
2. Industrie: Daniel *Byk.*
3. Eisen und Stahl: Franz-Josef *Gnad.*

4. Dienstleistungen, Verkehr: Marco *Lancetti.*
E. Sozial- und Regionalstatistik: Fernando *de Esteban Alonso.*
1. Beschäftigung und Arbeitslosigkeit: Hildegard *Fürst.*
2. Lebens- und Arbeitsbedingungen: Maria Lidia *Barreiros Conde Artiaga.*
3. Synthesen der Sozialstatistik: Bernard *Langevin.*
4. Regionalstatistiken und Regionalkonten: Hubert *Charlier.*
F. Statistik der Landwirtschaft, der Fischerei und der Umwelt: David *Heath.*
1. Landwirtschaftliche Gesamtrechnung und Agrarstruktur: Giuseppe *Calo;* Stellvertretender Referatsleiter: Fritz *Pfähler.*
2. Agrarerzeugnisse und Fischerei: Hans Georg *Baggendorff;* Stellvertretender Referatsleiter: Robert *Peeters.*
3. Umwelt: Gertrud *Hilf.*

Übersetzungsdienst: Generaldirektor: Eduard *Brakkeniers.*

Sicherheitsbüro: Direktor: Pieter *de Haan.*

Generaldirektionen

I. *Auswärtige Beziehungen*

Generaldirektor: Horst G. *Krenzler* (D).

II. *Wirtschaft und Finanzen*

Generaldirektor: Giovanni *Ravasio* (I).

III. *Binnenmarkt und gewerbliche Wirtschaft*

Generaldirektor: Riccardo *Perissich* (I).

IV. *Wettbewerb*

Generaldirektor: Claus Dieter *Ehlermann* (D).

V. *Beschäftigung, Arbeitsbeziehungen und soziale Angelegenheiten*

Generaldirektor: Jean *Degimbe* (B).

VI. *Landwirtschaft*

Generaldirektor: Guy *Legras* (F).

VII. *Verkehr*

Generaldirektor: Robert *Coleman* (GB).

VIII. *Entwicklung*

Generaldirektor: Dieter *Frisch* (D).

IX. *Personal und Verwaltung*

Generaldirektor: Frans *de Koster* (B).

X. *Audiovisuelle Medien, Information, Kommunikation, Kultur*

EUROPÄISCHE GEMEINSCHAFTEN (EG)

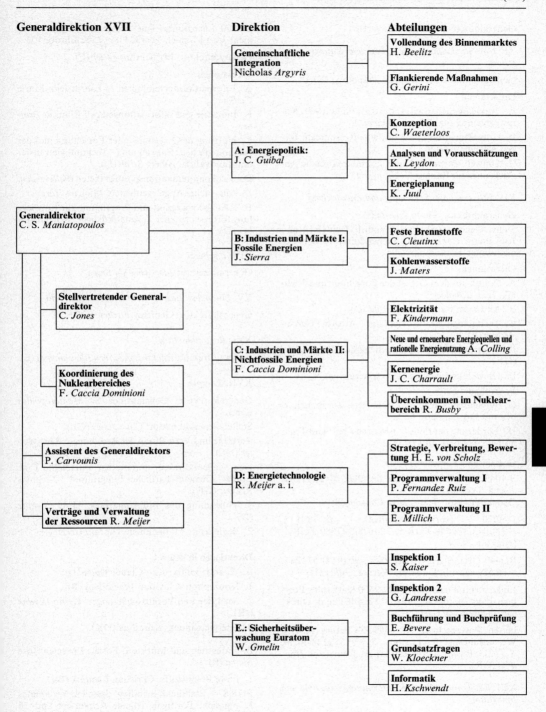

Organigramm der Generaldirektion XVII »Energie« (Stand 15. April 1992).

Generaldirektor: Colette *Flesch* (L).

XI. *Umwelt, nukleare Sicherheit und Katastrophenschutz*

Generaldirektor: Laurens Jan *Brinkhorst* (NL).

Direktionen

A. Nukleare Sicherheit, Industrie und Umwelt, Katastrophenschutz: Edward *Bennett*.

B. Umweltqualität und natürliche Ressourcen: Jørgen *Henningsen* (DK).

C. Umweltinstrumentarium und internationale Angelegenheiten: Ranieri *Di Carpegna*.

XII. *Wissenschaft, Forschung und Entwicklung*

Generaldirektor: Paolo *Fasella* (I).

Stellv. Generaldirektoren: Hendrik *Tent* (NL) und Jean-Pierre *Contzen* (B), Generaldirektor der Gemeinsamen Forschungsstelle.

Direktionen

A. Politik auf dem Gebiet der Forschung und Technik: Jean *Gabolde*.

B. Aktionsmittel: Rainer *Gerold* (D).

C. Technologische Forschung: Arturo *Garcia-Arroyo* (E).

D. Forschung über nukleare Sicherheit: Sergio *Finzi* (I).

E. Umwelt und nichtnukleare Energie: N. N.

F. Biologie: N. N.

G. Wissenschaftliche und technische Zusammenarbeit mit Drittländern: N. N.

H. Förderung der Politik in Wissenschaft und Technologie: Herbert *Allgeier* (D).

Gemeinsame Forschungsstelle

B-1049 Bruxelles, rue de la Loi 200, ☏ 2351111, ✆ 21877 comeu b.

Generaldirektor: Jean-Pierre *Contzen* (B).

I-21020 Ispra (Italien), ☏ 789111, ✆ 380042/380058 EUR I, 324878/324880 EUR I; Direktor: N. N.

B-2440 Geel, Steenweg op Retie, ☏ (014) 571211, ✆ 33589 eurat b; Direktor: Werner *Müller* (D).

Linkenheim; Postanschrift: D-7500 Karlsruhe, Postfach 2340, ☏ (07247) 841, ✆ 7825483 eu d; Direktor: Jacobus *van Geel* (NL).

Petten: Postanschrift: NL-1755 ZG Petten (N.-H.), Westerduinweg 3, Postbus 2; ☏ 312246.56.56, ✆ 57211 Reacp; Direktor: Ernest Demetrios *Hondros* (GR).

XIII. *Telekommunikation, Informationsindustrie und Innovation*

B-1049 Bruxelles, rue de la Loi 200, ☏ 2351111, ✆ 21877 comeu b.

L-2920 Luxemburg, Rue Alcide de Gasperi, Bâtiment Jean Monnet, ☏ 43011, ✆ 2752 Eurdoc LU.

Generaldirektor: Michel *Carpentier* (F).

Direktionen

A. Informationstechnologien — Esprit: Jean-Marie *Cadiou*.

B. Industrie und Informationsmarkt: Frans *de Bruine*.

C. Nutzung der Ergebnisse der Forschung und der technologischen Entwicklung, Technologietransfer und Innovation: Albert *Strub* (D).

D. Telekommunikationspolitik: Pieter *Weltevreden*.

E. Allgemeine Angelegenheiten: Michael *Hardy*.

F. RACE-Programm und Programme zur Entwicklung fortgeschrittener Telematikdienste: Roland *Hüber* (D).

XIV. *Fischerei*

Generaldirektor: Jose *Almeida Serra*.

XV. *Finanzinstitutionen und Gesellschaftsrecht*

Generaldirektor: Geoffrey *Fitchew* (GB).

XVI. *Regionalpolitik*

Generaldirektor: Eneko *Landaburu Illarramendi* (E).

XVII. *Energie*

Generaldirektor: Constantinos S. *Maniatopoulos* (GR).

Stellv. Generaldirektor: Clive *Jones* (GB).

Verträge und Verwaltung der Ressourcen: Rolf *Meijer* (NL).

Dem Generaldirektor unmittelbar unterstellte Task Force „Gemeinschaftliche Integration": Nicholas *Argyris* (GR).

1. Vollendung des Binnenmarktes: H.-U. *Beelitz* (D).

2. Begleitende Maßnahmen: Giorgio *Gerini* (I).

Direktionen in Brüssel

A. Energiepolitik: Jean-Claude *Guibal* (F).

1. Konzeption: Christian *Waeterloos* (B).

2. Analysen und Vorausschätzungen: Kevin *Leydon* (IRL).

3. Energieplanung: Kurt *Juul* (DK).

B. Industrien und Märkte I: Fossile Energien: José *Sierra* (E).

1. Feste Brennstoffe: Christian *Cleutinx* (B).

EGKS — Staatliche Beihilfen: Spanien, Vereinigtes Königreich, Portugal, Irland; Artikel 54 und 56 EGKS, Zusammenarbeit mit den Oststaaten auf dem Kohlegebiet: Vicente *Luque* (E).

EGKS — Staatliche Beihilfen: Deutschland, Belgien, Frankreich, Italien; Wettbewerbspolitik: Ben *van Spronsen* (NL).

Welthandel, Importe, Marktvorausschau: Adolf *Riehm* (D).

Kohlepolitik der Mitgliedstaaten, Binnenmarkt: Philippe *Loop* (B).

Preise am Kohlenmarkt, Importpreise, Statistiken: D. *Tran* (B).

Untersuchungen über die Produktionskosten der internationalen Bergwerksgesellschaften, EGKS-Umlagen: N. N.

Datenbanken — Dokumentation, mengenmäßige Aspekte des Kohlemarktes, verwaltungsmäßige Fragen der staatlichen Beihilfen: J. *Piper* (GB).

2. Kohlenwasserstoffe: Johannes *Maters* (NL).

C. Industrien und Märkte II: Nichtfossile Energien: Fabrizio *Caccia Dominioni* (I).

1. Elektrizität: Friedrich *Kindermann* (D).

2. Neue und erneuerbare Energiequellen und rationelle Energienutzung: Armand *Colling* (L).

3. Kernenergie: Jean-Claude *Charrault* (F).

4. Übereinkommen im Nuklearbereich: Roger *Busby* (GB).

D. Energietechnologie: R. *Meijer* a. i. (NL).

1. Strategie, Verbreitung, Bewertung: Hans-Eike *von Scholz* (D).

2. Programmverwaltung I: Pablo *Fernandez Ruiz* (E).

EGKS-Kohleforschung (Bergtechnik, Verwendung und Veredlung von Produkte): James Keith *Wilkinson* (GB).

Vorhaben zur Förderung von Energietechnologien (THERMIE-Programm) im Bereich Feste Brennstoffe: Samuele *Furfari* (I).

Vorhaben zur Förderung von Energietechnologien (THERMIE-Programm) im Bereich Rationale Energienutzung (Elektrizität/Wärme, Industrie, Energie-Wirtschaft, Gebäude, Verkehrswesen): Jürgen *Greif* (D).

3. Programmverwaltung II: Enzo *Millich* (I). (Erneuerbare Energiequellen, Kohlenwasserstoffe).

Direktion in Luxemburg

E. Sicherheitsüberwachung Euratom: Wilhelm *Gmelin* (D).

XVIII. *Kredit und Investitionen*

Generaldirektor: Enrico *Cioffi* (I).

XIX. *Haushalt*

Generaldirektor: Jean-Paul *Mingasson* (F).

XX. *Finanzkontrolle*

Generaldirektor: Lucien *de Moor* (B).

XXI. *Zollunion und indirekte Steuern*

Generaldirektor: Peter Graham *Wilmott*.

XXII. *Koordinierung der strukturpolitischen Instrumente*

Generaldirektor: Thomas *O'Dwyer*.

XXIII. *Unternehmenspolitik, Handel, Tourismus und Sozialwirtschaft*

Generaldirektor: Heinrich *von Moltke* (D).

Dienst „Verbraucherpolitik": Generaldirektor: Kaj *Barlebo-Larsen* (DK).

Task-force „Humanressourcen, allgemeine und berufliche Bildung, Jugend": Direktor: Hywel Ceri *Jones*.

Euratom-Versorgungsagentur

Generaldirektor: Michael *Goppel* (D).

Amt für amtliche Veröffentlichungen der Europäischen Gemeinschaften

L-2985 Luxembourg, 2, rue Mercier, ☏ 499 28-1, ✆ 1324 pubof lu (Dienststellen) sowie 1322 publof lu (Abt. Verkauf).

Direktor: Lucien *Emringer* (L).

Beratender Ausschuß der Europäischen Gemeinschaft für Kohle und Stahl (EGKS)

L-2920 Luxembourg, rue Alcide de Gasperi, Bâtiment Jean Monnet, Postanschrift: Postfach 1907, L-2920 Luxemburg. ☏ (00352) 43012846, ✆ 3423 oder 3446 oder 3476 comeur lu, Telefax (00352) 43014455.

Präsident: Mario *Cimenti* (I).

Sekretär: Alphonse *Fouarge* (L).

Gruppe der Erzeuger

Belgien

Jean *van der Stichelen Rogier*, Secrétraire Général, C. E. P. C. E. O., Bruxelles; Christian *Oury*, Président Directeur Général du Groupement de la Sidérurgie, Bruxelles; Rudolf *Gauder*, Directeur Général adjoint du Groupement de la Sidérurgie, Bruxelles.

Bundesrepublik Deutschland

Dr. Heinz *Horn*, Vorsitzender des Vorstandes der Ruhrkohle AG und des Gesamtverbandes des deutschen Steinkohlenbergbaus, Essen; Professor Dr. Harald *Giesel*, Geschäftsführendes Vorstandsmitglied, Unternehmensverband Ruhrbergbau, Essen; Hans-Reiner *Biehl*, Vorsitzender des Vorstandes,

7 BEHÖRDEN

Saarbergwerke AG, Saarbrücken; Günter *Meyhöfer*, Vorsitzender des Vorstandes des Eschweiler Bergwerks-Vereins, Herzogenrath; Dipl.-Ing. Kurt *Stähler*, Vorsitzender des Vorstandes der Stahlwerke Peine-Salzgitter, Salzgitter; Dr. Ruprecht *Vondran*, Präsident der Wirtschaftsvereinigung Stahl, Düsseldorf; Dr. Norbert *Reis*, Geschäftsführer, Verband der Saarhütten, Saarbrücken.

Dänemark

K. *Stausholm-Pedersen*, Administrerende Direktør, Det Danske Staalvalseværk AS, Frederiksværk.

Frankreich

Roland *Looses*, Directeur chargé de mission à la Direction Générale, Charbonnages de France, Rueil-Malmaison; Bernard *Delannay*, Directeur, Charbonnages de France, Rueil-Malmaison; Yves-Thibault *de Silguy*, Délégué Général, Fédération Française de l'Acier, Paris; Yves-Pierre *Soulé*, Président d'honneur de la Chambre Syndicale des Producteurs d'Aciers Fins et Spéciaux (CPS), Paris.

Griechenland

Alexandros *Tiktopoulos*, Managing Director, C. E. O., Hellenic Steel Company, Athinai.

Großbritannien

Sir Kenneth *Couzens*, Chairman, Coal Products Limited, London; John David *Cooper*, Chairman, Federation of Small Mines of Great Britain, Edinburgh; W. G. *Jensen*, Consultant, Association of Western European Coal Producers (CEPCEO), Brussels; Sir Robert *Scholey*, Chairman, British Steel PLC, London; Dr. D. *Grieves*, Director and Vice Chairman, British Steel plc, London; I. J. *Blakey*, Director General, British Independent Steel Producers Association, London.

Irland

L. S. *Coughlan*, Chief executive, Irish Steel Ltd., Cork.

Italien

Ing. Giorgio *Benevento*, Vice-Presidente, Ilva SpA, Genova; Rag. Giuseppe *Corsini*, Consigliere Delegato Profilatinave SpA, Nave (Bs).

Luxemburg

Georges *Faber*, Président du Conseil d'administration, ARBED, Luxembourg; René *Muller*, Directeur, Groupement des Industries Sidérurgiques Luxembourgoises, Luxembourg-Kirchberg.

Niederlande

Robert *De Brouwer*, Onderdirekteur Externe Betrekkingen, Hoogovens Groep BV, Ijmuiden.

Portugal

Dr. Antonio *Carlos da Silva Carneiro*, Presidente do Conselho de Gerencia, Siderurgia Nacional, E. P., Lisboa.

Spanien

José Antonio *Gonzales Sanchez*, Director, Federación Nacional de Empresarios de Minas de Carbón, Madrid; Juan I. *Bartolomé Gironella*, Economista, Union de Empresas Siderurgicas (UNESID), Madrid; Javier *Penacho Raposo*, Director de los Siderurgicos Independientes Asociados, Madrid.

Gruppe der Arbeitnehmer

Belgien

François *Cammarata*, Secrétaire Général de la Centrale Chrétienne des Métallurgistes de Belgique, Bruxelles; Marcel *Renaux*, Conseiller, Centrale des Métallurgistes de Belgique (FGTB), Bruxelles; Marcel *Cornet*, Secrétaire National CMB, Centrale des Métallurgistes de Belgique (FGTB), Bruxelles.

Bundesrepublik Deutschland

Josef *Windisch*, Mitglied des Geschäftsführenden Vorstandes der IG Bergbau und Energie, Bochum; Fritz *Kollorz*, Mitglied des Geschäftsführenden Vorstandes der IG Bergbau und Energie, Bochum; Karl-Heinz *Sabellek*, Leiter der Abteilung Tarife der IG Bergbau und Energie, Bochum; Dieter *Schulte*, geschäftsführendes Vorstandsmitglied der IG Metall, Düsseldorf; Albrecht *Herold*, Erster Bevollmächtigter der IG Metall Verwaltungsstelle, Saarbrücken; Dieter *Wieshoff*, Abteilungsleiter Zweigbüro des Vorstandes der IG Metall, Düsseldorf.

Dänemark

Cheføkonom Dines *Schmidt-Nielsen*, Centralorganisationen af metalarbejdere i Danmark, København.

Frankreich

Jean-Marc *Mohr*, Président, Fédération des Mineurs CFTC, Paris; Jacques *Dezeure*, Secrétaire National Fédération Générale des Mines et de la Métallurgie CFDT, Paris; Henri *Malley*, Secrétaire de la Fédération Confédérée Force Ouvrière de la Métallurgie, Paris; Daniel *Imbert*, Membre du Bureau, Fédération de la Metallurgie CFF/CGC, Paris.

Griechenland

Nikolaos *Chondros*, Assistant General Secretary, Panhellenic Metalworkers' Federation, Athinai.

Großbritannien

R. L. *Evans*, General Secretary Iron and Steel Trades Confederation, London; Alfred *McLuckie*, Executive Councillor, E. E. T. P. U., Motherwell, Scotland; B. *Fisher*, National Secretary Iron and Steel Trades Confederation, Divisional Office Rotherham; P. E. *Heathfield*, Secretary National Union of Mineworkers, Sheffield; Peter *Mc Nestry*, National Secretary, National Association of Colliery Overmen, Deputies and Shotfirers, Doncaster; R. *Lynk*, President of the National Union of Democratic Mineworkers, Nottingham Section, Mansfield.

Irland

Chris *Kirwan,* General Secretary Irish Transport and General Workers' Union, Dublin.

Italien

Ambrogio *Brenna,* Segretario Nazionale FIM-CISL della Federazione Lavoratori Metalmeccanici, Roma; Enrico *Stagni,* Segretario Nazionale FIOM-CGIL della Federazione Lavoratori Metalmeccanici, Roma; Enrico *Cardillo,* Segretario Nazionale, Unione Italiana Lavoratori Metalmeccanici, Roma.

Luxemburg

Marcel *Detaille,* Chef de Département de la Confédération Syndicale Indépendante (OGBL), Esch-Alzette.

Niederlande

Gerrit *Mastenbroeck,* Hoofdbestuurder Industriebond CNV Amstelveen; Jan *Schalkx,* Vakbondsbestuurder Industriebond FNV, Amsterdam.

Portugal

José Pedro *Proença,* Confederação Geral des Trabalhadores Portugueses — CGTP Intersindical, Lisboa.

Spanien

José Antonio *Saavedra Rodríguez,* Secretario General de la Federación de Mineros UGT, Mieres; José Manuel *Suarez Gonzalez,* Secretario de Relaciones Internacionales, Federación Siderometalurgica U. G. T., Madrid; Francisco Javier *de Castro Esteban,* Presidente de la Unidad Operativa Territorial (FPESSI), Portugalete.

Gruppe der Verbraucher und Händler

Belgien

Roger *Pâquet,* Président de l'Unebece, Bruxelles; Pierre *Diederich,* Directeur-coordinateur des groupes professionnels, Fabrimetal, Bruxelles.

Bundesrepublik Deutschland

Jürgen *Reitzig,* Hauptgeschäftsführer des Bundesverbandes Steine und Erden e. V., Frankfurt am Main; Dr. Justus *Fürstenau,* Hauptgeschäftsführer des Verbandes Deutscher Maschinen- und Anlagenbau e. V. (VDMA), Frankfurt am Main; Dr. Walther *Janssen,* Geschäftsführer der Arbeitsgemeinschaft der eisen- und metallverarbeitenden Industrie, Düsseldorf; Eberhardt H. *Brauner,* Geschäftsführender Vorstand des Bundesverbandes Deutscher Stahlhandel, Düsseldorf; Heinz *Mohr,* Stellv. Vorsitzender des Gesamtverbandes des Deutschen Brennstoffhandels e. V., Bonn; Wolf-Rainer *Heinemann,* Stellv. Hauptgeschäftsführer, Vereinigung Deutscher Elektrizitätswerke (VDEW) e. V., Frankfurt am Main.

Dänemark

Peter *Mikkelsen,* Underdirektør, Industriens Arbejdsgiverforening, København.

Frankreich

Georges *Imbert,* Vice-Président Directeur Général de la Fédération des Industries Mécaniques et Transformatrices des Métaux, Paris; Jean *Laurens,* Président d'honneur du Syndicat National du Commerce des Produits Sidérurgiques, Paris; Edmond *Pachura,* Président Directeur Général de Sollac, Paris; Christian *Goux,* Président de l'Association Technique pour les Importations de Charbon, Paris; Lionel *Taccoen,* Contrôleur Général Adjoint, Chef de la mission Europe, Electricité de France, Paris.

Griechenland

Nicolaos *Svoronos,* Directeur Général, Biossol S.A.I., Athenes.

Großbritannien

Dr. Derek *Tordoff,* Chief Executive, British Constructional Steelwork Association Ltd., London; M. J. *McKinstry,* Director, Rover Group Ltd., Birmingham; Richard F. *Rawlins,* Executive Director National Association of Steel Stockholders, Birmingham; Peter *Drew,* General Secretary, Chamber of Coal Traders Ltd., London; J. I. *Wooley,* Director — Fuel Procurement, Central Electricity Generating Board (PowerGen Division), London; Ann *Scully,* Chairman, Domestic Coal Consumers' Council, London.

Irland

Stanley *Linehan,* Chairman, Consolidated Holdings Ltd., Dublin.

Italien

Dott. Adriano *Sosso,* Direttore Acquisti Materie Prime e Energie, Fiat, Torino; Dott. Ugo *Calzoni,* Direttore Relazioni Esterne, Lucchini Spa, Brescia; Rag. Giancarlo *Comelli,* Consigliere Delegato e Direttore Generale, Ferometalli-Safem SpA, Padova; Dott. Mario *Cimenti,* Vice Presidente e Amministratore Delegato, Agipcoal, Milano.

Luxemburg

Lucien *Jung,* Administrateur Directeur de la Fédération des Industriels luxembourgeois, Luxembourg.

Niederlande

Ir. F. Engelbert *van Bevervoorde,* Algemeen Directeur, President, N. V. Electriciteitsbedrijf Zuid-Holland, Voorburg; Frans *Geurts,* Directeur, Vereniging van Staaltoeleveranciers in Nederland (VEST), Den Haag.

Portugal

Antonio Carlos *Almeida Simões,* Presidente da Commissão Executive da Companhia Previdente, Sociedade de Controle de Participações Financeiras S. A., Lisboa.

Spanien

Enrique *Kaibel Murciano,* Presidente-Director General Asociación Nacional de Fabricantes de Bienes de Equipo, Madrid; Adriano *Garcia Loygorri,* Director de Combustibles Fósiles y Medio Ambiente, Unidad Electrica S. A. (UNESA), Madrid.

Wirtschafts- und Sozialausschuß (EWG und EAG)

B-1000 Brüssel, 2, rue Ravenstein, ☏ (00322) 5199011, ✆ 25983 ceseur b, Telefax (00322) 5134893.

Generalsekretär: Jacques *Moreau* (F).

Ständiger Ausschuß für die Betriebssicherheit und den Gesundheitsschutz im Steinkohlenbergbau und in den anderen mineralgewinnenden Industriezweigen

Anschrift: Kommission der Europäischen Gemeinschaften, Generaldirektion Beschäftigung, soziale Angelegenheiten und Bildung, Jean-Monnet-Gebäude, C4/064, rue Alcide de Gasperi, L-2920 Luxembourg, ☏ 43012740, ✆ 3423, 3446, 3476 comeur lu, Telefax 43014511.

Vorsitzender: Vasso *Papandreou* (GR), Mitglied der Kommission der Europäischen Gemeinschaften.

Sekretär des Ständigen Ausschusses: Wolfgang *Obst* (D), Direktion Gesundheit und Sicherheit, E 4, Generaldirektion V — Beschäftigung, Arbeitsbeziehungen u. soziale Angelegenheiten.

Zweck: Der Ständige Ausschuß ist ein Organ, das im Rahmen der Europäischen Gemeinschaften mit dem Ziel tätig ist, zu einer Verbesserung der Betriebssicherheit und des Gesundheitsschutzes in allen mineralgewinnenden Industriezweigen (einschließlich Erdöl und Erdgas) beizutragen. Er setzt sich aus Vertretern der Regierungen bzw. Behörden, der Arbeitgeber und der Arbeitnehmer zusammen, die von den Regierungen der Mitgliedstaaten benannt werden. Der Ständige Ausschuß unterstützt die Kommission der Europäischen Gemeinschaften bei der Ausarbeitung von Vorschlägen für Richtlinien zur Verbesserung des Gesundheitsschutzes und der Sicherheit der Arbeitnehmer.

Kommission der Europäischen Gemeinschaften

Vertretung in der Bundesrepublik Deutschland: 5300 Bonn 1, Zitelmannstr. 22, ☏ (0228) 530090, ✆ 886648 europ d, Telefax (0228) 530095 0.

Leiter: Dr. Gerd *Langguth*.

Außenstelle Berlin: 1000 Berlin 31, Kurfürstendamm 102, ☏ (030) 8924028, ✆ 184015 europ d.

Leiter: Eckhard *Jaedtke* (D).

Vertretung in München: 8000 München 2, Erhardtstraße 27, ☏ (089) 2021011.

Leiter: Otto *Hieber* (D).

Informationsbüro des Europäischen Parlaments

5300 Bonn 1, Bonn-Center, Bundeskanzlerplatz, 12. Etage, ☏ (0228) 223091, Telefax (0228) 21 8955.

Leiter: Jan *Kurlemann* (D).

6. Europäische Freihandelsassoziation (Efta)

Europäische Freihandelsassoziation (Efta)

Mitgliedsländer (Stand 1. 3. 1991): Österreich, Finnland, Island, Norwegen, Schweden, Schweiz.

Gründungsvertrag: Stockholmer Konvention vom 4. Januar 1960. Aufgrund eines Sonderprotokolls findet die Stockholmer Konvention auch auf das Fürstentum Liechtenstein Anwendung. Gründungsmitglieder: Großbritannien, Dänemark, Portugal, Österreich, Norwegen, Schweden, Schweiz. Die Stockholmer Konvention regelt die Abschaffung aller Zölle und mengenmäßigen Beschränkungen von Industriegütern zwischen den Gründungsmitgliedern. Dieses Ziel konnte am 31. 12. 1966 erreicht werden. Mit der EWG wurden 1972 sieben bilaterale Abkommen unterzeichnet, die den Freihandel von Industriegütern auch im Verkehr zwischen Efta- und EG-Staaten bis heute garantieren. Im Jahr 1989 nahmen die Efta-Staaten Verhandlungen mit der Türkei auf, in denen die Voraussetzungen für die Errichtung einer Freihandelszone geprüft werden sollen. Seit 1990 finden ähnliche Gespräche mit Polen, der Tschechoslowakei, Ungarn und Jugoslawien statt. Ebenfalls seit 1990 verhandelt die Efta mit der Kommission der EG über die Errichtung des Europäischen Wirtschaftsraumes, der den Efta-Staaten ab 1. 1. 1993 die volle Teilnahme am EG-Binnenmarkt ermöglichen soll.

Arbeitsweise der Organisation: Die Vertreter der Mitgliedsländer entscheiden einstimmig im Efta-Rat, der grundsätzlich einmal pro Woche auf der Ebene der ständigen Delegierten und mindestens zweimal im Jahr auf Ministerebene tagt. Zu seiner Unterstützung hat der Rat ständige Komitees und Expertengruppen eingesetzt, die Empfehlungen und Vorschläge an den Rat machen. Die Tagungen finden für gewöhnlich in Genf statt, wo die Organisation ein Sekretariat mit ca. 150 Angestellten betreibt; an der Spitze des Sekretariats steht der Efta-Generalsekretär.

Ständige Komitees/Expertengruppen: Wirtschaftskomitee, Komitee der Handelsexperten, Komitee der Ursprungs- und Zollexperten, Komitee für technische Handelshemmnisse, Gruppe der Rechtsexperten, Konsultativkomitee, Komitee von Parlamentariern der Efta-Länder, Landwirtschafts- und Fischereikomitee, Budgetkomitee.

Efta-Sekretariat: CH-1211 Genf 20, 9–11, rue de Varembé, ☏ (41 22) 7 49 11 11, ⌕ 22660 EFTA CH, Fax: (41 22) 7 33 92 91.

Generalsekretär: Georg *Reisch* (A).
Stellv. Generalsekretär: Berndt Olof *Johansson* (S).
Büro des Generalsekretärs, Direktor: Per *Mannes* (N).
Trade Policy Affairs, Direktor: Hanspeter *Tschäni* (CH).
Legal Affairs, Direktor: Sven *Norberg* (S).
Economic Affairs, Direktor: Per *Wijkman* (S).
Specific Integration Affairs, Direktor: Jérome *Lugon* (CH).
Press & Information Service, Direktor: Hansjörg *Renk* (S).
Council Secretariat, Direktor: Rodney *Hall* (GB).
Administration, Direktor: Arne *Kjellstrand* (S).

Efta-Büro Brüssel: B-1040 Brüssel, 118 rue d'Arlon, ☏ (3 22) 2 31 17 87, Telefax (3 22) 2 30 34 75.

Vorstand des Brüsseler Büros: Christoph *Querner* (A).

Leiter der ständigen Delegationen bei der Efta:
Österreich: Franz *Ceska*.
Finnland: Antti *Hynninen*.
Island: Kjartan *Johannsson*.
Norwegen: Erik *Selmer*.
Schweden: Lars *Anell*.
Schweiz: William *Rossier*.

7. Belgien

Ministerie van economische Zaken
Ministère des Affaires Economiques

B-1040 Bruxelles, Square de Meeûs, ☏ (02) 5065111, ✆ 61406 segeco b, Telefax (02) 5144683.

Ministre: M. *Wathelet.*

Administration des Mines

B-1040 Bruxelles, Rue De Mot 30, ☏ (02) 2336111, Telefax (02) 2305662.

Directeur-Général des Mines: L. *Rzonzef.*

Administration Centrale
Service central des mines

B-1040 Bruxelles, Rue De Mot 30, ☏ (02) 2336111, Telefax (02) 2305662.

Ingénieur en chef-Directeur des mines: J. C. *Parée*, J. *Bracke.*

Ingénieur principal divisionnaire des mines: J. *Sacrez.*

Service des explosifs

B-1040 Bruxelles, Rue De Mot 30, ☏ (02) 2336111, Telefax (02) 2305662.

Ingénieur en chef-Directeur des mines: P. *Goffart.*

Ingénieur principal divisionnaire des mines: J. P. *Richoux.*

Service géologique

B-1040 Bruxelles, Rue Jenner 13, ☏ (02) 6476400, Telefax (02) 6477359.

Inspecteur général des mines: J. *Bouckaert.*

Géologue en chef-Directeur: R. *Paepe*, L. *Dejonghe*, P. *Laga.*

Géologue principal: G. *Vandenven*, E. *Groessens.*

Service de surveillance des canalisations souterraines et des statistiques

B-1040 Bruxelles, Rue De Mot 30, ☏ (02) 2336111, Telefax (02) 2305662.

Ingénieur en chef-Directeur des mines: J. *Sartenaer.*

Services extérieurs
Secteur de Bruxelles

B-1040 Bruxelles, Rue De Mot 30, ☏ (02) 2336111, Telefax (02) 2305662.

Fonctionnaires du Service central.

Division Nord

B-3500 Hasselt, Demerstraat 81, ☏ (011) 221121, 221122, 226498, Telefax (011) 231383.

Divisiedirecteur der mijnen: N. N.

1ᵉ Mijnarrondissement: Hoofding.-Directeur der mijnen A. *Plevoets.*

2ᵉ Mijnarrondissement: Hoofding.-Directeur der mijnen E. *De Groot.*

Division Sud

B-4000 Liège, Boulevard de la Sauveniere 73, ☏ (041) 220525, Telefax (041) 230628.

Directeur divisionnaire des mines: L. *Rzonzef.*

Arrondissement minier de Liège-Ouest: Ingénieur en chef-Directeur des mines M. *Mainjot.*

Arrondissement minier de Liège-Est: Ingénieur en chef-Directeur des mines N. N.

Arrondissement minier de Charleroi: B-6000 Charleroi, Place Albert Iᵉʳ, Centre Albert, ☏ (071) 316113, Telefax (071) 302974. Ingénieur en chef-Directeur des mines L. *Dupont.*

Administration de l'Energie

B-1040 Bruxelles, Rue De Mot 30, ☏ (02) 2336111.

Directeur Général: F. *Sonck.*

Inspecteur Général: F. *Possemiers.*

Conseiller adjoint: E. *Nachtergaele.*

Opdrachthouder: J. *Rombauts* (echtg. *Smedts*).

Coordination de la politique énergétique

Conseiller-adjoint: P. *Gerresch.*

Économie charbonnière

Inspecteur ppl-chef de service: R. *Ramboux.*

Énergie électrique

Ingénieur en chef-Directeur: P. J. *Mainil.*

Distribution de l'énergie électrique. Environnement, questions techniques. Autorisations administratives. Haute surveillance. Accidents.

Adviseur: D. *Leutenez.*

Inspection des installations électriques à haute tension.

Ind. Ingenieur-hoofd van dienst: L. *Droushoudt.*

Réglementation générale sur l'électricité. Normalisation. Laboratoire. Dérogations.
Ind. Ingenieur-hoofd van dienst: L. *Droushoudt.*
Ingénieur principal: J. C. *Mignolet.*

Régime de distribution et questions économiques.
Conseiller-adjoint: M. *Janssen.*

Documentation, statistiques, stock des centrales électriques.
Adviseur: D. *Leutenez.*

Gaz, pipeline — gas, pijpleidingen
Ingénieur en chef-Directeur: N. N.
Eerstaanwezend Ingenieur: J. *de Windt.*
Bestuurssecretaris: J. *Hensmans.*

Pétrole — Petroleum
Hoofdingenieur-directeur: J. *Hots.*

Prix, Cellule d'information, applications et statistique.
Eerstaanwezend Ingenieur: E. *Colpaert.*
Industriel ingénieur: M. *Delporte.*

Conception et coordination.
Conseiller-adjoint: M. *Deprez.*

Politique de crise et problème juridique.
Bestuurssecretaris: P. *Paepe,* F. *Popeleu.*

Gestion des stocks.
Secrétaire d'Administration: L. *Thijs.*

Applications nucléaires et services du commissariat a l'énergie atomique
Hoofding.-Directeur: T. *van Rentergem.*

Cellule de concertation Etat-Regions en matière d'utilisation rationnelle de l'Energie
B-1040 Bruxelles, Rue Général Leman 60, ☎ (02) 2309043.
Directeur: M. *Gregoire.*
Inspecteur Ingénieur: L. *Michiels.*
Ingénieur industriel: M. *Robert.*

Comité de concertation et de contrôle du pétrole
B-1040 Bruxelles, Rue du Cornet, 43, ☎ (02) 2309043.
Secrétaire général: E. *Janssen.*

Comité national de l'énergie
B-1040 Bruxelles, Rue du Commerce 44, ☎ (02) 5111830.
Secrétaire général: H. *Bernard.*
Secrétaire Adjoint: E. *Coppens.*
Adjunct Secretaris: R. *Vandenplas.*

Conseil Géologique
B-1040 Bruxelles, Rue Jenner 13, ☎ (02) 6476400.
Président: N. N.
Membre-Secrétaire: Ir. J. *Bouckaert,* Inspecteur général des mines, chef du Service géologique de Belgique.

Conseil supérieur de la sécurité minière
B-1040 Bruxelles, Rue De Mot 30, ☎ (02) 2336111.
Président: L. *Rzonzef.*

Comité permanent de l'électricité
B-1040 Bruxelles, Rue De Mot 30, ☎ (02) 2336111.
Président: F. *Sonck,* Directeur général, Ministère des Affaires économiques.
Secrétaire: N. N.

Comité de concertation et de contrôle du pétrole
B-1040 Bruxelles, Rue du Cornet 43, ☎ (02) 2309043.
Président: W. *Peirens.*
Vice-Président: T. *Vandeputte.*
Secrétaire général: E. R. *Janssen,* Bruxelles.

Conseil national consultatif de l'industrie charbonnière
B-1040 Bruxelles, Rue De Mot 30, ☎ (02) 2336111.
Président: E. *De Jonghe.*
Membres: P. *Vandergoten,* F. *Nelissen,* P. *Urbain,* A. *Mathelart,* J. *Olyslaegers,* G. *Bergen,* A. *Daemen,* J. *Delporte,* A. *Rolin,* Ch. *Oury,* A. *Devroede,* J. *Stoop,* J. *Baeyens,* J. *Haesaerts,* F. *Cammarata,* C. *van Gronsveld,* H. *de Donder,* Ph. *Doms,* C. *de Pooter* (31. 12. 1990).

8. Dänemark

Energiministeriet

DK-1216 København K, Slotsholmsgade 1, ☏ (33) 927500, ✂ 15505 enrgy dk, Telefax (33) 128707.

Minister: Anne Birgitte *Lundholt*.

Staatssekretär: Søren *Skafte*.

Energistyrelsen
Dänische Energie-Agentur

DK-1119 København K, Landemaerket 11, ☏ (33) 926700, ✂ 22450 denrg dk, Telefax (33) 114743.

Direktor: Ib *Larsen*.

Miljøministeriet
Dänisches Umweltministerium

DK-1216 København K, Slotsholmsgade 12, ☏ (33) 92 33 88, Telefax (33) 32 22 27.

Minister: Per Stig *Møller*.

Staatssekretär: Leo *Bjørnskov*.

Danmarks Geologiske Undersøgelse
Geologisches Landesamt von Dänemark

DK-2400 København NV, 8, Thoravej, ☏ (31) 106600, ✂ 19999 dangeo dk, Telefax (31) 196868.

Direktor: Ole Winther *Christensen*.

Vizedirektor: Jens Morten *Hansen*.

Chefgeologen: Erik *Stenestad*, Arne *Dinesen*.

Das Landesamt untersteht dem Umweltminister; Tätigkeiten auf dem Gebiet der Kohlenwasserstoffe erfolgen im Auftrag des Energieministers.

Danmarks Elektriske Materielkontrol (Demko)

DK-2730 Herlev, Lyskaer 8, Postbox 514.

Direktor: H. L. *Østerbye*.

Geoteknisk Institut
Danish Geotechnical Institute

DK-2800 Lyngby, Maglebjergvej 1, ☏ (45) 4288 4444, ✂ 37230 geotec dk, Telefax (45) 4288 1240.

Direktor: Niels Krebs *Ovesen*.

Danish Environmental Protection Agency

DK-1401 København K, Miljøstyrelsen, Strandgade 29, ☏ (31) 578310.

Direktor: Erik *Lindegaard*.

9. Finnland

Ministry of the Environment

SF-00121 Helsinki, P. O. Box 3 99, ☏ (0) 1 99 11, ✂ 123717, Telefax (0) 1991499.

Minister: Sirpa *Pietikäinen*.

Staatssekretär: Lauri *Tarasti*.

Abteilungen:
General Management Department, Leiter: Kari *Kourilehto*.
Environmental Protection Department, Leiter: Olli *Ojala*.
Physical Planning and Building Department, Acting Director General: Mikko *Mansikka*.
Housing Department, Leiter: Martti *Lujanen*.

Ministry of Trade and Industry
Energy Department

SF-00131 Helsinki, Pohjoinen Makasiinikatu 6, P.O. Box 37, ☏ 35801601, ✂ 125452 edept SF, Telefax 35801602695.

Minister: Kauko *Juhantalo*.

Abteilung Energie: Director Taisto *Turunen*.

Referat für Energiepolitik: Juha *Kekkonen*.

Referat für Energietechnologie: Seppo *Hannus*.

Referat für Energieverbrauch: Pirjo-Liisa *Vainio*.

Referat für Energieerzeugung: Pertti *Härme*.

Referat für Kernenergie: Ilkka *Mäkipentti*.

Geological Survey of Finland
Geologian tutkimuskeskus

SF-02150 Espoo, Finland, Betonimiehenkuja 4, ☏ (90) 46931.

Regional Office for Mid-Finland: SF-70101 Kuopio, P. O. Box 1237, ☏ (971) 205 III.

Regional Office for Northern Finland: SF-96101 Rovaniemi, P. O. Box 77, ☏ (960) 2971.

Board: Veikko *Lappalainen,* Matti *Ketola,* Kauko *Korpela,* Alpo *Kuparinen,* Maija *Kurimo,* Raimo *Matikainen,* Pekka *Raitanen.*

Director general: Veikko *Lappalainen.*

Research directors:
Scientific research and cooperation, Mapping Strategies: Atso *Vorma.*
Management of regional activities, customer relations: Pentti *Lindroos* (acting).

Heads of Departments:
Petrological Department: Ilkka *Laitahari* (acting).
Department of Quaternary Geology: Matti *Saarnisto.*
Department of Economic Geology: Jouko *Talvitie.*
Geophysics Department: Lauri *Eskola.*
Geochemistry Department: Reijo *Salminen.*
Information Management Department: Kalle *Taipale.*
ADP Department: Timo *Kuronen.*

Chiefs of Regional Offices:
Southern Finland: Pentti *Lindroos.*
Mid-Finland: Anssi *Lonka.*
Northern Finland: Ahti *Silvennoinen.*

Chiefs of Bureaus:
Chemistry Laboratory: Pentti *Noras.*
Information Bureau: Caj *Kortman.*
Administration Bureau: Marja *Pylkkänen.*
Accounts Bureau: Jorma *Järvinen.*

Project Managers:
Hard Rock Aggregate Studies: Veli *Suominen.*
Nuclear Waste and Applied Geology: Paavo *Vuorela.*
Development of Data Analytical Methods: Nils *Gustavsson.*

Coordinators:
Quaternary Mapping: Raimo *Kujansuu.*
Research of Usable Quaternary Deposits: Jouko *Niemelä.*
Peat Researches: Eino *Lappalainen.*
International cooperation: Gabor *Gáal,* Mary von *Knorring.*

10. Frankreich

Ministère de l'industrie, du commerce extérieur et de l'aménagement du territoire

F-75700 Paris, 101, rue de Grenelle, ☏ (1) 45563636, ⌕ 204231.

Ministre: Alain *Madelin.*

Direction générale de l'énergie et des matières premières

F-75700 Paris, 99, rue de Grenelle, ☏ (1) 45563636, ⌕ 270257.

Directeur général: Jean *Syrota,* ingénieur en chef des Mines; Micheline *Saccard,* secrétaire administrative en chef.

Secrétariat d'état à l'énergie

F-75700 Paris Cedex, 101, rue de Grenelle, ☏ (1) 45563636.

Secrétaire d'Etat: Martin *Malvy.*

Chargé de mission: Pascal *Beer-Demander.*
Directeur de cabinet: Patrick *Buffet.*
Chef de cabinet: Claude *Fleutiaux.*

Direction des Hydrocarbures

F-75341 Paris Cedex 07, 3 et 5, rue Barbet de Jouy, ☏ (1) 45563636, ⌕ 200802.

Directeur: Gilles *Bellec,* ingénieur en chef des Mines.

Directeur adjoint: Gilles-Pierre *Levy,* conseiller référendaire à la Cour des comptes.

Adjoint au directeur: Jacques *Richer,* ingénieur des Télécommunications.

Secrétariat général: Joseph *Guillarmain,* administrateur civil.

Chefs de service: Service de la prévision: Claire *Hocquard,* ingénieur des Mines. Service des relations internationales: Pierre *Sellal,* conseiller des Affaires étrangères. Service Approvisionnement-Marché: Isabelle *Knock,* administrateur civil. Service Prospection-Production: Dominique *Henri*, ingénieur des Mines. Service Raffinage-Utilisation: Fabrice *Dambrine*, ingénieur des Mines. Service Transport-Distribution: Jean-Paul *Colin*, ingénieur en chef militaire des Essences des armées. Service de la conservation des gisements d'hydrocarbures: Dominique *Henri*, ingénieur des Mines. Service spécial des dépôts d'hydrocarbures: Michel *Goutard*, ingénieur général de l'Armement. Service national des oléoducs interalliés: André *Bordessoule*, administrateur civil hors classe.

Direction du gaz, de l'électricité et du charbon

F-75700 Paris, 3 et 5, rue Barbet de Jouy, ☏ (1) 45563636, ✆ 230757.

Directeur: Pierre-François *Couture*, administrateur civil H. C.

Chargés de mission: André *Goubet*, ingénieur en chef des Ponts-et-Chaussées; Marcel *Cocude*, ingénieur en chef des Mines; Pierre *Caron*, ingénieur général des Ponts-et-Chaussées.

Adjoint: Dominique *Maillard*, ingénieur en chef des Mines.

Secrétaire général: Georges *Ponsot*, ingénieur en chef des Ponts-et-Chaussées.

Service des affaires administratives et sociales: Chef du service: Henri *Chaffiotte*, sous-directeur.

Service de la législation et de la réglementation: Chef du service: Dominique *Ganiage*, administrateur civil.

Service économique et financier de l'électricité: Chef du service: Philippe *Vidal*, ingénieur des Ponts-et-Chaussées.

Service du gaz: Chef du service: Georges *Bouchard*, ingénieur des Ponts-et-Chaussées.

Service du charbon: Chef du service: Marc *Legrand*, ingénieur des Ponts-et-Chaussées.

Service technique de l'énergie électrique et des grands barrages: Chef de service: Michel *Massoni*, ingénieur des Ponts-et-Chaussées.

Agence de l'Environnement et de la Maîtrise de l'Energie

F-75015 Paris, 27, rue Louis Vicat, ☏ (1) 47652000.

Air: F-92082 Paris La Défense 2, Tour Gan Cedex 13, ☏ (1) 49014545, Telefax (1) 49014567.

Dechets: F-49004 Angers, 2, Square Lafayette, B.P. 406, ☏ (1) 41204120, Telefax (1) 41872350.

Energie: F-75015 Paris, 27, rue Louis Vicat, ☏ (1) 47652000, Telefax (1) 46455236. F-06565 Sophia Antipolis Cedex, 500, route des Lucioles, ☏ 93957900, Telefax 93653196.

Président: Michel *Mousel*.

Directeur Général: Vincent *Denby-Wilkes*.

Directeur Scientifique: Philippe *Chartier*.

Zweck: L'Agence a pour ambition de concilier le développement économique et social avec une utilisation rationnelle des ressources naturelles et l'insertion harmonieuse de l'homme dans son environnement.

Ses missions sont: La maîtrise de l'énergie et des matières premières. La promotion de nouvelles technologies et des énergies renouvelables. La limitation de la production des déchets, leur élimination, récupération et valorisation. La prévention des pollutions et de la qualité de l'air. La lutte contre les nuisances sonores. La pollution des sols.

Elle intervient très en amont pour préparer l'avenir: prospective socio-économique et programmation de la recherche sur les produits, matériaux, process et modes de vie de demain.

Elle constitue une mémoire et une ressource d'expertise unique dans les domaines qui sont les siens.

Elle initie et réalise avec ses partenaires des programmes de diffusion de produits, matériaux et procédés sur le marché.

Pour remplir ses missions, l'Agence dispose d'une forte implantation régionale et s'appuie sur des réseaux de compétences qu'elle fédère dans la réalisation de projets de diffusion auprès des grandes catégories d'utilisateurs: collectivités locales, entreprises et grand public.

Concertation et diffusion avec les pays industrialisés et tout particulièrement avec nos partenaires Européens, conseils de programmation et transferts de technologie vers les pays en voie de développement constituent les axes majeurs de la politique internationale de l'Agence.

Bureau de Recherches Géologiques et Minières (B.R.G.M.)

F-75739 Paris Cedex 15, Tour Mirabeau, 39-43, quai André-Citroën, ☏ (1) 40588900, ✆ 270844 F, Telefax (1) 40588933.

Centre scientifique et technique

F-45060 Orleans Cedex 02, B.P. 6009, ☏ (33) 38643434, ✆ 780258 F, Telefax (33) 38643518.

Président: Maurice *Allègre*.

Directoire: Directeur général: I. P. *Hugon;* Directeur général adjoint: A. L. *Dangeard;* Directeur du Service géologique national: L. *le Bel;* Directeur Mines Moyens: M. *Leleu;* Directeur Mines Investissements: A. *Liger;* Directeur Mines Services: F. *Le Lann;* Directeur de BRGM-Services Sol et Sous-Sol: H. *Astié;* Directeur du Développement: M. *Tixeront;* Directeur scientifique: Z. *Johan.*

Zweck: Recherche appliquée à la connaissance géologique des territoires et ingénierie géologique appliquée à la mine, l'eau, l'environnement et le génie civil. (Angewandte Forschung für gebietsspezifische Geowissenschaften und angewandte Ingenieurgeologie im Bereich Bergbau, Wasser, Umwelt und Bauwesen.)

Comité d'Etudes Pétrolières et Marines (CEP & M) Comité des Programmes d'Exploration-Production (Coprep)

F-92042 Paris La Défense, Cedex 11, Tour Franklin, 100/101 Terrasse Boieldieu, La Défense 8, ☏ (1) 47787934, Telefax (1) 47748320.

Président du CEP&M: Gérard *Piketty.*

Président du Coprep: Gilbert *Rutman.*

Délégué Général CEP&M — Coprep: J. *Burger.*

Zweck: Die technischen Beratungsausschüsse CEP&M und Coprep beim Industrieministerium betreiben Forschung auf dem Gebiet der Exploration und Produktion von Erdöl- und Erdgaslagerstätten.

Mitglieder: Vertreter von Institut Français du Pétrole (IFP), Compagnie Française des Pétroles, Société Nationale Elf Aquitaine (S.N.E.A.), Ifremer und von verschiedenen Gesellschaften der Erdöl-Erdgas-Industrie.

Zweck: Untersuchungen auf dem Gebiet der Petrologie.

Entreprise de Recherches et d'Activités Pétrolières (Erap)

F-92078 Paris la Défense, Cedex 45, 2, place de la Coupole, Bureau 43 H 44, Tour Elf, ☏ (01) 47446874, ⌁ elfa 615400 F.

Président: P. *Boisson.*

Vice-présidents: Yves *Bernard,* Michel *Pecqueur.*

Administrateurs: O. *Appert,* Commissaire du Gouvernement; P. *de Boissieu,* Directeur des Affaires Economiques et Financières; H. *Bordes-Pages,* Secrétaire National; D. *Bouton,* Directeur du Budget; D. *Deguen,* Président Directeur Général de la Banque Hypothécaire Européenne; P. *Durand,* Sous-Directeur des Participations „C" à la Direction du Trésor; P. *Gadonneix,* Directeur Général du Gaz de France; P. *Hilaire,* Chef de Service à la Direction du Budget; Ph. *Hustache,* Directeur Financier de la Snea; J.-D. *Lévi,* Directeur Général de l'Energie et des Matières Premières; G.-P. *Lévy,* Directeur de l'Administration Générale; C. *Mandil,* Directeur Général du BRGM; J.-C. *Prével,* Chef de la Mission de Contrôle; A. *Tarallo,* Directeur des Hydrocarbures de la Snea; G. *Sicherman,* Contrôleur d'Etat; Isabelle *Bouillot,* Directeur du Trésor.

Administrateurs suppléants: J. *Maillet,* R. *Callou,* Joëlle *Bourgois,* C. *Imauven,* A. *Pesson,* A. *Heilbrunn,* J. P. *Hugon,* Y. *Mansion,* R. *Greif,* M. *Jacquet,* M. *Pavie.*

Zweck: Holdinggesellschaft von Elf Aquitaine und Eramet-SLN.

Institut Français de l'Energie

F-75016 Paris, 3, rue Henri-Heine, ☏ (1) 45244614, ⌁ ifenerg 615867 F, Telefax (01) 40 50 07 54.

Président d'honneur: Jean *Couture.*

Président: Albert *Robin.*

Directeur général: Yves *Chainet.*

Zweck: Förderung rationeller Nutzung von Energie in Industrie, Gewerbe, Haushalt und Verkehr durch Fortbildung und Verbreitung technischer Informationen.

Laboratoire central des Industries électriques

F-92266 Fontenay-aux-Roses — Cedex, 33, avenue du Général Leclerc, B.P. 8, ☏ (1) 40956060, ⌁ 2 50 080 F, Telefax (1) 40 95 60 03.

Directeur général: Henri *Lacoste.*

Directeur général adjoint: Edmond *Beau.*

Relations extérieures: Brigitte *Fallou.*

11. Griechenland

Ministerium für Industrie, Energie und Technologie

GR-10192 Athen, Odos Michalakopoulou 80, ☏ (01) 7708615-19, ⌕ 216374 ybio gr, Telefax (01) 7772485.

Minister: Andreas *Andreanopoulos.*

Direktion für Öl-Politik, Direktorin: T. *Fokianou,* ☏ 7785295.

Direktion für Aufsicht des Forschungsbereiches, Direktor: A. *Polichronopoulos,* ☏ 7705592.

Direktion für Öl-Anlage, Direktor: S. *Sotiriou,* ☏ 7708517.

Direktion für Energie, Direktor: I. *Dalezios,* ☏ 7774866.

Direktion für Stromerzeugung, Direktor: P. *Chilakou,* ☏ 7795356.

Direktion für Rohstoffe, Direktor: I. *Ikonopopoulos,* ☏ 7788876.

Direktion für Berg- und Industrie-Mineralien, Direktor: G. *Vasilias,* ☏ 77/8938.

Direktion Mineralien für Energie, Direktor: E. *Pentarakis,* ☏ 7789454.

Direktion für Steinbrüche, Direktor: G. *Andronis,* ☏ 7797728.

Direktion für Wasserwerke, Direktor: A. *Mavrodimou,* ☏ 7771589.

Direktion für Salzwerke, Direktor: D. *Paitas,* ☏ 7706424.

Direktion für Finanzen, Direktor: N. *Kaparakis,* ☏ 7231791.

Direktion für EG-Angelegenheiten, Direktorin: V. *Douka,* ☏ 7785838.

Institute of Geology and Mineral Exploration (I.G.M.E.)

GR-11527 Athen, 70 Messoghion str., ☏ 7798412-17, ⌕ 216357, Telefax 7752211.

Generaldirektor: P. *Andronopoulos.*

Zweck: Das I.G.M.E. ist die einzige staatliche Beratungsstelle für geologische Fragen im weiteren Sinne. Seine Haupttätigkeit liegt in der Erforschung und Abschätzung der mineralischen Rohstoffe (mit der Ausnahme der Kohlenwasserstoffe) und des Grundwasser-Potentials sowie in der Untersuchung der geologischen Struktur und der Erstellung geologischer Karten, ferner beschäftigt es sich mit technico-geologischen und umweltschützenden Untersuchungen sowie bei Anwendung der Informative und Fernerkundung im geologischen Sektor.

Ministerium für Umwelt, Stadtplanung und öffentliche Bauten

GR-Athen, Odos Amaliados 17, ☏ (01) 6431461, ⌕ 216374, Telefax (01) 6434470.

Minister: Achileas *Karamanlis.*

12. Großbritannien

Department of Energy
Her Majesty's Government of the United Kingdom

GB-London SW1E 5HE, Palace Street.

Secretary of State: John *Wakeham*.

Coal, Electricity, Atomic Energy, Energy Efficiency Office, Energy Policy (co-ordination of energy and nationalised industries policy), Energy Technology

Leitung: I. *Guiness*.

Coal Division

Leitung: M. S. *Buckley*.

Branch 1: Finanzielle Angelegenheiten der Kohlenindustrie; Lieferung und Verteilung fester Brennstoffe; Planungsbehörde. Leitung: M. H. *Atkinson*.

Branch 2: EG sowie andere internationale Organisationen; Import und Export fester Brennstoffe; Umweltschutz; Kohlentagebau, Bergschäden, Soziales. Leitung: A. S. *Beaton*.

The Offshore Supplies Office (OSO)

GB-Glasgow G2 6AS, Alhambra House, 45 Waterloo Street, ☏ (041) 2218777, ⌕ 779379.

Zweigstellen

GB-London SW1E 5HE, Department of Energy, 1 Palace Street, Telefax (071) 8343771, Switchboard (071) 2383000, Direct Line (071) 2383370, ⌕ 918777.

GB-Aberdeen AB9 2ZU, Greyfriars House, Gallowgate, ☏ Aberdeen (0224) 636411, ⌕ 739283.

Gas Division

GB-London SW1E 5HE, Department of Energy, 1 Palace Street, Telefax (071) 8343771, Switchboard (071) 2383000, Direct Line (071) 2383370, ⌕ 918777.

Oil Division

GB-London SW1E 5HE, Department of Energy, 1 Palace Street, Telefax (071) 8343771, Switchboard (071) 2383000, Direct Line (071) 2383370, ⌕ 918777.

Petroleum Engineering Division

GB-London SW1E 5HE, Department of Energy, 1 Palace Street, Telefax (071) 8343771, Switchboard (071) 2383000, Direct Line (071) 2383370, ⌕ 918777.

AEA Technology

AEA Petroleum Services

GB-Dorchester, Dorset, DT2 8DH, Winfrith, ☏ (0305) 202022, ⌕ 41545 APSWIN G, Telefax (0305) 202002.

Chief Executive: Peter *Parris*.

Marketing Manager: Simon *Briscoe*.

Manager: Dr. Wilf *Fox* (Petroleum Engineering).

GB-Oxon, OX11 0RA, Didcot, Harwell, ☏ (0245) 432353, ⌕ 83135, Telefax (0235) 436660.

Manager: Dr. Alan *Wilcockson* (Production Technology).

GB-Aberdeen, AB23 8GX, Bridge of Don, Offshore Technology Park, EUROPA Centre, ☏ (0224) 823734, Telefax (0224) 821581.

Manager: Francis *Rottenburg* (Inspection Services).

GB-Aberdeen, AB1 2NS, Regent Road, Regent Centre, ☏ (0224) 212077, Telefax (0224) 212052.

Manager: Dr. Tony *Regnier* (Environmental Services).

AEA Technology is the trading name of the United Kingdom Atomic Energy Authority.

Department of the Environment

GB-London SW1P 3EB, ☏ (01) 2123434.

Secretary of State: Nicholas *Ridley*.

Minister of State of the Enrivonment: The Earl of *Caithness*.

Research Establishment

GB-Garston, Watford WD2 7JR, Building Research Station, ☏ Garston (Hertfordshire) (0923) 894040, ⌕ 923220.

Director: Roger *Courtney*.

Department of Trade and Industry (DTI)

GB-London SW1E 6RB, Ashdown House, 123 Victoria Street, ☏ General Enquiries: (071) 2155000, Enterprise Initiative: (0800) 500200, Single European Market Hotline: (081) 2001992, The Innovation Enquiry Line: (0800) 442001, Environmental Enquiry Point: (0800) 585794, Telefax (071) 8283258, ✆ 8813148 DTHQ G.

Health and Safety Executive

GB-London W2 4TF, Baynards House, 1 Chepstow Place, ☏ (071) 2436000, ✆ 25683, Telefax (071) 7272254.

Director General: J. D. *Rimington.*

Zweck: Die Health and Safety Executive ist die staatliche Behörde für Gesundheit und Sicherheit bei der Arbeit. Sie umfaßt eine Reihe von Aufsichtsbehörden und Abteilungen, darunter das Inspectorate of Mines.

Research and Laboratory Services Division Headquarters

GB-Sheffield S3 7HQ, Broad Lane, ☏ (0742) 892000, ✆ 892323 HSE RLS G, Telefax (0742) 892500.

Director: Dr. J. *McQuaid.*

Head of Library & Information Services: Sheila *Pantry.*

Explosion and Flame Laboratory

GB-Buxton, Derbyshire SK17 9JN, Harpur Hill, ☏ (0298) 26211, ✆ 668113, Telefax (0298) 79514.

Director: Dr. B. J. *Thomson.*

Occupational Medicine and Hygiene Laboratory

GB-Sheffield S3 7HQ, Broad Lane, ☏ (0742) 892000, ✆ 892323, Telefax (0742) 892500.

Director: Dr. A. *Jones.*

Safety Engineering Laboratory

GB-Sheffield S3 7HQ, Broad Lane, ☏ (0742) 768141, ✆ 54556, Telefax (0742) 755792.

Director: Dr. C. E. *Nicholson.*

Electrical Equipment Certification Service including British Approvals Service for Electrical Equipment in Flammable Atmospheres

GB-Buxton, Derbyshire SK17 9JN, Harpur Hill, ☏ (0298) 26211, ✆ 668113 ab RLSDG, Telefax (0298) 79514.

Director: I. M. *Cleare.*

Health and Safety Commission

GB-London W2 4TF, Baynards House, 1 Chepstow Place, Westbourne Grove, ☏ (071) 2436630, 2436631, ✆ 25683.

Chairman: Dr. E. J. *Cullen.*

Offshore Safety Division

GB-London NW1 5TD, Ferguson House, 15 Marylebone Road, ☏ (071) 2436000, ✆ 21543 ab OSDHSE G, Telefax (071) 2435813.

GB-Aberdeen AB9 1UB, Lord Cullen House, Fraser Place, ☏ (0224) 252500, ✆ 739040, Telefax (0224) 252555.

GB-Liverpool L2 2NZ, Tithebarn House (5th Floor), 1–5 Tithebarn Street, ☏ (051) 9514000, Telefax (051) 9513131.

HM Inspectorate of Mines

GB-Bootle, Merseyside, L20 3RA, St. Anne's House, University Road, ☏ (051) 9514000.

Chief Inspector: Dr. K. L. *Twist.*

Deputy Chief Inspector: B. *Langdon.*

Principal Inspectors of Mining: F. *Thompson,* G. E. *Green,* A. W. *Hayes.*

Principal Electrical Inspector: G. *Goodlad.*

Inspector of Electrical Engineering: A. *Oliver.*

Principal Inspector of Mechanical Engineering in Mines: H. W. *Morrell.*

Senior Inspector of Mechanical Engineering in Mines: J. M. *Shaw.*

Natural Environment Research Council

British Geological Survey

GB-Nottingham NG12 5GG, Keyworth, ☏ (06077) 6111, ✆ 378173 BGS KEY G, Telefax (06077) 6602.

Director: Dr. Peter *Cook.*

Secretary: Dennis *Hackett.*

	1989
Beschäftigte	810

Zweck: Durchführung und Publikation geologischer Land- und Meeresvermessungen in Großbritannien. Entwicklung und Unterhaltung einer nationalen geowissenschaftlichen Datenbank. Forschung und Beratung auf staatlichem, öffentlichem und privatem Sektor.

British Geological Survey Petroleum Geology, Geophysics and Offshore Surveys Division

GB-Edinburgh EH9 3LA, Murchison House, West Mains Road, ☏ (031) 667 1000, ⚡ 727343 seised g, Telefax (031) 662 02 16.

Assistant Director BGS and Divisional Head: John H. *Hull*.

The British Institute of Energy Economics

GB-London SW1Y 4LE, 10 St James's Square, Chatham House, ☏ (071) 957 57 00, Telefax (071) 957 57 10.

Institute of Energy

GB-London W1N 2AU, 18 Devonshire Street, ☏ (071) 580 71 24, Telefax (071) 580 44 20.

Council: Robert *Evans*, President; Michael *Roberts*, Vice-President; Malcolm *Pittwood*, Honorary Treasurer; Fraser *Ferguson*, Honorary Secretary.

Secretary: Colin *Rigg*.

Mitglieder: 4 200 korporierte Mitglieder, 5 100 Einzelmitglieder, 90 Firmenmitglieder, 950 nicht-korporierte Mitglieder.

13. Irland

Department of the Environment

IRL-Dublin 1, Custom House, ☏ (01) 79 33 77, ⚡ 3 1 014, Telefax (01) 74 27 10.

Minister: Pádraig *Flynn*.

Secretary: Thomas *Troy*.

Deputy Secretary: Desmond *Malin*.

Divisions:
Environment Division: Ass. Secretary Brendan *O'Donoghue;* Housing Division: Ass. Secretary Sean *O'Leary;* Roads Division: Ass. Secretary Paddy *O'Duffy;* General and Planning Division: Ass. Secretary James *Farrelly;* Finance, Fire + Emergency Divisions: Ass. Secretary Anthony *Keegan;* Personnel + Organisation Divisions: Ass. Secretary Brian *Campbell*.

Zweck: Das Ministerium leitet und koordiniert auf nationaler Ebene die Umweltaktivitäten der kommunalen Verwaltungen. Abteilungen: Planung, Entwicklung, Umwelt-Dienste, Emissionskontrolle, Brandschutz, Bauwesen, Wasser- und Kanalwege, Straßenbau und -unterhaltung.

Department of Energy

IRL-Dublin 2, Clare Street, ☏ (01) 71 52 33, ⚡ 90 335, Telefax 77 31 69.

Minister: Robert *Molloy*.

Petroleum and Minerals Branch: Dublin 4, Beggars Bush, Haddington Rd., ☏ 71 52 33, ⚡ 90 870.

Zweck: The Department of Energy is responsible for the development of the country's mineral and hydrocarbon resources. The Minister for Energy twice yearly issues a list of currently held prospecting and mining facilities as a report to the Oireachtas. The Minerals Division deals with administrative aspects of all minerals, while Petroleum Affairs Division is responsible for all aspects of hydrocarbon exploration and development.

Geological Survey of Ireland

IRL-Dublin 4, Beggar's Bush, ☏ (01) 60 95 11.

Director: Dr. P. *McArdle*.

Assistant Director: Dr. R. R. *Horne*.

Zweck: Der Geological Survey ist eine nachgeordnete Behörde des Energieministeriums und beschafft Informationen über die Geologie des Kontinentalschelfes; er leistet ferner Hilfestellung bei der Erarbeitung von Gesetzesvorlagen und bei der Überwachung von Explorationsaktivitäten On- und Offshore.

Mines Inspectorate

IRL-Dublin 4, Department of Labour, 50–60 Mespil Road, ☏ (01) 76 58 61.

Zweck: Enforcement of provisions of Mine and Quarry legislation and regulations.

14. Italien

Ministero dell'Industria, del Commercio e dell'Artigianato

I-00187 Roma, Via Molise, 2, ☏ (06) 470 51, ✆ 610154, Telefax (06) 464748.

Minister: Guido *Bodrato*.

Direzione Generale delle Miniere: I-00187 Roma, Via Molise, 2, ☏ (06) 488 5291.

Ufficio Nazionale Minerario per gli Idrocarburi: I-00187 Roma, Via Molise, 2, ☏ (06) 482 7335.

Servizio Geologico d'Italia: I-00187 Roma, Largo S. Susanna, 13, ☏ (06) 488 4188.

Servizio Chimico: I-00187 Roma, Largo S. Susanna, 13, ☏ (06) 482 5459.

Ministero delle Partecipazioni Statali

I-00187 Roma, Via Sallustiana 53, ☏ (6) 482 4420 - 4818636, ✆ 614229, Telefax (6) 475 6766.

Minister: Giulio *Andreotti*, ad interim.

Ministero dell'Ambiente

I-00187 Roma, Piazza Venezia 11, ☏ (6) 675931, Telefax (6) 6797257, Pressestelle: Telefax 6789509, ✆ 620302.

Minister: Dr. Giorgio *Ruffolo*.

15. Luxemburg

Ministère de l'Economie

L-2914 Luxemburg, 19−21 Boulevard Royal, »Forum Royal«, ☏ 4794-312.

Ministre: Robert *Goebbels*.

Secrétaire: Françoise *Bettendorff*.

Administrateur-Secrétaire Général: Armand *Simon*.

Ministère de l'Energie

L-2917 Luxembourg, 19−21, Boulevard Royal, ☏ (352) 478872, Telefax (352) 4794-375.

Minister: Alex *Bodry*.

Conseil Superior de l'Electricité

L-2449 Luxembourg, 19−21, Boulevard Royal, ☏ (352) 47 94-212.

Conseil Superior du Gaz

L-2449 Luxembourg, 19−21, Boulevard Royal, ☏ (352) 47 94-212.

Service de l'Energie de l'Etat

L-2010 Luxembourg, 34, avenue Marie Thérèse, B.P. 10, ☏ (352) 40 20 30-1.

Directeur: Jean-Paul *Hoffmann*.

Ministère de l'Environnement

L-2918 Luxembourg, 18, Montée de la Pétrusse, ☏ 478-873, ✆ 2536 Minenv. Lu, Telefax 400410.

Ministre: Alex *Bodry*.

Secrétaire particulière: Mariette *Thinnes*.

Administration de l'Environnement

L-1950 Luxembourg, 1a, Rue Auguste-Lumière, ☏ 49 61 05.

Directeur: Paul *Hansen*.

Eaux et Forêts

L-2014 Luxembourg, B. P. 411, ☏ 40 22 01.

Directeur: Edmond *Lies*.

Ministère du Travail
Inspection du Travail et des Mines

L-2763 Luxembourg, 26, rue Zithe, ☏ 49 92 11, ✆ 2 985 mintss, Telefax 49 14 47.

Ministre: Jean-Claude *Juncker*.

Secrétaire particulière: Lucie *Schintgen-Dui*.

Directeur: ing. Paul *Weber*.

Directeur adjoint: Marc *Feyereisen*.

Secrétaire: Nadine *Schneider*.

16. Niederlande

Ministerie van Economische Zaken
Directoraat-Generaal voor Energie

NL-2500 EC's-Gravenhage, Den Haag, Bezuidenhoutseweg 6, Postbus 20101, ☏ (070) 3798911, ⌁ 31099 ecza.

Minister: dr. J. E. *Andriessen.*

Directeur-Generaal van Energie: DG mr. drs. C. W. M. *Dessens;* plv. DG. drs. L. *Knegt.*

Directeur Algemeen Energiebeleid: drs. L. *Knegt.*

Directeur Gas: drs. R. *Bemer.*

Directeur Elektriciteit en Kernenergie: drs. H. F. G. *Geijzers.*

Directeur Mijnwezen en Aardolie: drs. P. A. *Scholten.*

Directeur Energiebesparing en Duurzame Energie: drs. E. O. *Weeda.*

Staatstoezicht op de Mijnen: NL-2285 UL Rijswijk, J. C. van Markenlaan 5, ☏ (070) 3956500, Telefax (070) 3956555.

Inspecteur-Generaal der Mijnen: ir. G. *Ockeloen,* ☏ (070) 3956536.

Ministerium für Wohnungswesen, Raumordnung und Umwelt

NL-2597 AC Den Haag, Van Alkemadelaan 85, ☏ (070) 3353535, Telefax (070) 3353360.

Minister: J. G. M. *Alders.*

Staatssekretär: Drs. E. *Heerma.*

Rijks Geologische Dienst

NL-2000 AD Haarlem, Richard Holkade 10, Postbus 157, ☏ (023) 300300, ⌁ 71105 geold, Telefax (023) 351614.

Direktor: Drs. Chr. *Staudt;* Zweiter Direktor: Dr. C. J. *van Staalduinen.*

Zweck: Beratung des Wirtschaftsministers in geologischen Angelegenheiten, besonders in Fragen der Mineralerschließung und -gewinnung. Interpretation und Bearbeitung der bei der Erschließung und Gewinnung gewonnenen Daten. Zusammenstellung und Bearbeitung von geologischen Karten der Niederlande. Das Sammeln, Aufbewahren und Veröffentlichen und auf andere Art Zugänglichmachen von geologischen Daten und das Betreiben von geologischen Wissenschafts- und Entwicklungsarbeiten, insoweit es im Interesse der Geologie der Niederlande ist. Durchführung von Aufträgen und Begutachtungen auf geologischem Gebiet für Behörden und Privatunternehmen und -personen im In- und Ausland.

17. Norwegen

Næringsdepartementet

N-0030 Oslo 1, Pløensgate 8, P. B. 8014, Dep, ☏ (2) 349090.

Minister: Petter *Thomassen.*

Statssekretær: Diderik *Scnitler,* Odd R. *Olsen.*

Departementsråd: Lars *Thulin.*

Informasjonsleder: Aase *Dybing.*

Norges Geologiske Undersøkelse

N-7000 Trondheim, Leiv Eirikssons vei 39, ☏ (7) 904011.

Adm. direktør: Knut S. *Heier.*

Kontorsjef: Amund *Rein.*

Berggrunnsavdelingen: Avd. direktør Brian *Sturt.*

Geofysisk avdeling: Avd. direktør Henrik *Håbrekke.*

Geokjemisk avdeling: Avd. direktør Bjørn *Bølviken.*

Løsmasseavdelingen: Avd. direktør Bjørn A. *Follestad.*

Olje- og energidepartementet
Ministry of Petroleum and Energy

N-0183 Oslo 1, Pløensgate 8, ☏ (02). Ab 28. 1. 1993: (22) 349090, Telefax (22) 349565. Postanschrift: 0033 N-Oslo 1, Postboks 8148, Dep., ⌁ 21486 OEDEP N.

Minister: Finn *Kristensen.*

7 BEHÖRDEN

Statssekretær: Gunnar *Myrvang*.

Departementsråd med spesialoppdrag: Erik *Himle*.

Departementsråd: Karl-Edwin *Manshaus*.

Informasjonsleder: Marit *Ytreeide*.

Institutt for Energiteknikk

N-2007 Kjeller, Postboks 40, ☏ (06). Ab 15. 4. 1993: (63) 806000, ✆ 74573 energ n, Telefax (63) 816356.

Adm. direktør: Jon Olav *Berg*.

Teknisk direktør: Kjell *Bendiksen*

Økonomisjef: Rolf *Lingjærde*.

Informasjonsjef: Einar *Kr. Holtet*.

Norges Vassdrags- og Energiverk

N-0301 Oslo 3, Middelthunsgt. 29, Postboks 5091 Majorstua, ☏ (02). Ab 28. 1. 1993: (22) 959595, Telefax (22) 959000.

Vassdrags- og energidirektør: Erling *Diesen*.

Vassdragsavdelingen: Avdelingsdirektør Björn *Wold*.

Energiavdelingen: Avdelingsdirektør Svein *Storstein Pedersen*.

Enøk- og markedsavdelingen: Avdelingsdirektør Jan *Moen*.

Hydrologisk avdeling: Avdelingsdirektør Arne *Tollan*.

Tilsyns- og beredskapsavdelingen: Avdelingsdirektør Trond *Ljøgodt*.

Administrasjonsavdelingen: Avdelingsdirektør Arne J. *Brekke* (fungerende).

Statens Atomtilsyn

N-0106 Oslo 1, Nedre Vollgt. 11, Postboks 750 Sentrum, ☏ (02). Ab 28. 1. 1993: (22) 206010, Telefax (22) 41 07 76.

Direktør: Knut *Gussgard*.

Statkraft SF

1322 Høvik, Veritasveien 26, Postboks 494 Høvik, ☏ (0 24. Ab 28. 1. 1993: 6 75) 67577000, Telefax 67577001 (ab 28. 1. 1993 (02) 4-675).

Adm. direktør: Lars U. *Thulin*.

Teknologi/utbygging: Direktør Ingvald *Haga*.

Marked: Direktør B. *Blaker*.

Produksjon: Jon *Ingvaldsen*.

Økonomi: Direktør Helge *Skudal*.

Stab: Direktør K. *Schjetne*.

Statnett SF

N-0302 Oslo, Husebybakken 28 B, Postboks 5092 Majorstua, ☏ 22527000, Telefax 22527001.

Adm. direktør: Odd. Håkon *Hoelsæter*

Administrasjonsstaben: Stabsdirektør Oddmund *Larsen*.

Informasjonsstaben: Informasjonssjef Tor I. *Akselsen*.

Driftsdivisjonen: Driftsdirektør Vidar *Bern*.

Systemkontrolldivisjonen: Systemkontrolldirektør Ivar *Glende*.

Plan- og anleggsdivisjonen: Plan- og anleggsdirektør Rolv G. *Knutsen*.

Økonomistab: Økonomidirektør Edvard *Lauen*.

Organisasjonsstab: Organisasjonsdirektør Magne *Furnberg*.

Oljedirektoratet

N-4001 Stavanger, Postboks 600, Professor Olav Hanssensvei 10, ☏ (04. Ab 9. 9. 1993: 51) 876000, Telefax (04) 551571.

Oljedirektør: Fredrik *Hagemann*.

Ressursdirektør: Arild N. *Nystad*.

Sikkerhetsdirektør: Magne *Ognedal*.

18. Österreich

Bundeskanzleramt
A-1014 Wien, Ballhausplatz 2, ☎ (01) 53115, ⌕ 1370-900.

Sektion IV
Koordinationsangelegenheiten
A-1010 Wien, Minoritenplatz 9, ☎ (01) 53115, ⌕ 1370-900.
Leiter: Sektionsleiter Ministerialrat Dkfm. Ulrich *Stacher*.

Abteilung 1: Grundsätzliche und allgemeine Angelegenheiten der Wirtschaftspolitik, Angelegenheiten der Energieverwertungsagentur
A-1010 Wien, Minoritenplatz 9, ☎ (01) 53115-4225.
Leiter: GL Oberrat Mag. Enno *Grossendorfer*.
Zugeteilt: Kmsr Mag. Monika *Einzinger*, Rat Mag. Christa *Schreder*.

Abteilung 2: Wirtschafts- und gesellschaftspolitische Angelegenheiten des Energiewesens und des Umweltschutzes.
A-1010 Wien, Renngasse 5, ☎ (01) 53115-2900.
Leiter: Oberrat Dipl.-Ing. Wolfgang *Hein*.
Zugeteilt: Dipl.-Ing. Andreas *Molin*, ORev. Monika *Stockert*.

Abteilung 3: Struktur- und Industriepolitik, Technologiepolitik und Investorenberatung
A-1010 Wien, Renngasse 5, ☎ (01) 53115-2902.
Leiter: Ministerialrat Mag. DDr. Gottfried *Zwerenz*.
Zugeteilt: Ministerialrat Hermann *Pallisch*, Oberrat Dkfm. Kurt *Graf*, ORev. Anton *Unterluggauer*.

Abteilung 6: Internationale Energieangelegenheiten
A-1010 Wien, Renngasse 5, ☎ (01) 53115-2917.
Leiter: Ministerialrat Dipl.-Ing. Georg *Wagner*.
Zugeteilt: Ministerialrat Dr. Christine *Recht*, Ministerialrat Mag. Franz *Troji*.

Abteilung 11: Kernenergie
A-1010 Wien, Renngasse 5, ☎ (01) 53115-2924.
Leiter: Ministerialrat Dr. Fritz-W. *Schmidt*.
Zugeteilt: OR Dr. Johannes *Krenn*.

Bundesministerium für wirtschaftliche Angelegenheiten
A-1011 Wien, Stubenring 1, ☎ (01) 71100-0, ⌕ 111780, 111145.

Minister: Dr. Wolfgang *Schüssel*.

Sektion VII
Oberste Bergbehörde, Roh- und Grundstoffe
A-1030 Wien, Landstraßer Hauptstraße 55–57, ☎ (01) 711-02, ⌕ 13-1300 Hagei.
Leiter: Sektionschef Mag. iur. Dipl.-Ing. Dipl.-Ing. Dr. mont. Rudolf *Wüstrich*.

Abteilung 1: Bergwirtschaft, Bergbauförderung
Leiter: Ministerialrat Dipl.-Ing. Mag. iur. Alfred *Weiß*.
Zugeteilt: Ministerialrat Dipl.-Ing. Florian *Felsner*, Mag. rer. soc. oec. Gabriela *Mondl*, Oberkontrollorin Erna *Bernhard*.

Abteilung 2: Technologie der Nutzung der mineralischen Roh- und Grundstoffe
Leiter: Oberrat Dipl.-Ing. Günter *Wernsperger*.
Zugeteilt: Amtsrat Siegfried *Stöckl*, Wilhelm *Bedlivy*.

Abteilung 3: Geowissenschaftliche, geotechnische und lagerstättenkundliche Angelegenheiten
Leiter: Oberrat Dr. phil. Leopold *Weber*.
Zugeteilt: Ministerialrat Dipl.-Ing. Dr. mont. Herbert *Fagerer*, Amtssekretärin Isolde *Pleschiutschnig*, Kontrollorin Maria *Schinner*.
Referat 3a: Erfassung und statistische Bearbeitung bergbau- und rohstoffrelevanter Daten, soweit hierfür nicht eine andere Abteilung zuständig ist.
Leitung: N. N.

Gruppe A: Oberste Bergbehörde.
Leiter: Ministerialrat Honorarprofessor Dipl.-Ing. Mag. Dr. iur. Kurt *Mock*.

Abteilung A/4: Rechtsangelegenheiten
Leiter: Ministerialrat Dipl.-Ing. Mag. iur. Arnold *Mihatsch*.
Zugeteilt: Ministerialrat Dipl.-Ing. Mag. Dr. iur. Richard *Klein*, Rätin Mag. Dr. iur. Helga *Prisching*, Mag. Dr. iur. Karin *Aust*.

Abteilung A/5: Technische Angelegenheiten der Bergbaubetriebe
Leiter: Ministerialrat Dipl.-Ing. Mag. Dr. iur. Siegfried *Artner*.
Zugeteilt: Hofrat Dipl.-Ing. Rudolf *Brunner*, OKoär. Dipl.-Ing. Georg *Plaschke*, VB. Dipl.-Ing. Mag. Dr. iur. Siegfried *Labi*.

Referat L A/5a: Ausbildung und Unfallverhütung.
Leiter: N. N.

7 BEHÖRDEN

Abteilung A/6: Erdölangelegenheiten
Leiter: Ministerialrat Dipl.-Ing. Mag. Dr. iur. Elmar *Korschitz*.
Zugeteilt: Oberrat Dipl.-Ing. Karl *Schmatz*, Oberrevident Robert *Pristouschek*.

Abteilung A/7 Administrative Angelegenheiten
Leiter: Ministerialrat Dipl.-Ing. Friedrich *Blaß*.
Zugeteilt: Amtssekretär Gottfried *Seidl*, Amtssekretärin Ingrid *Damianidis*.

Kanzleistelle der Sektion
Leiter: Fachinspektor Reinhard *Walter*.

Berghauptmannschaften

Berghauptmannschaft Wien

A-1033 Wien, Hetzgasse 2, Postfach 32, ☎ (01) 711 63.

Amtsbezirk: Das Gebiet der Bundesländer Wien, Niederösterreich und Burgenland.

Amtsleiter: Berghauptmann Dipl.-Ing. Mag. iur. Helmut *Widor*.

Zugeteilt: Oberrat Dipl.-Ing. Matthias *Ujvari*, Oberkommissär Dipl.-Ing. Mag. iur. Alfred *Maier*, Oberkommissär Dipl.-Ing. Adolf *Lückler*, Dipl.-Ing. Wilfried *Peyfuß*.

Kanzleileiterin: VB. (c) Eveline *Hurt*.

Berghauptmannschaft Graz

A-8011 Graz, Freiheitsplatz 1, Postfach 531, ☎ (0316) 83 04 27.

Amtsbezirk: Das Gebiet der Stadt Graz und der Bezirkshauptmannschaften Deutschlandsberg, Feldbach, Fürstenfeld, Graz-Umgebung, Hartberg, Leibnitz, Radkersburg, Voitsberg und Weiz.

Amtsleiter: Berghauptmann Dipl.-Ing. Mag. Dr. iur. Thomas *Ressmann*.

Zugeteilt: Oberrat Dipl.-Ing. Wolfgang *Baumgartner*, Rat Dipl.-Ing. Mag. Dr. iur. Volker *Schabernak*, Dipl.-Ing. Herwig *Feix*.

Kanzleileiterin: Oberkontrollorin Helga *Tomaczek*.

Berghauptmannschaft Leoben

A-8701 Leoben, Straußgasse 1, Postfach 36, ☎ (03842) 433 15.

Amtsbezirk: Das Gebiet der Bezirkshauptmannschaft Bruck a. d. Mur, Judenburg, Knittelfeld, Leoben, Liezen, Murau und Mürzzuschlag.

Amtsleiter: Berghauptmann Hon.-Professor Dipl.-Ing. Mag. Dr. iur. Karl *Stadlober*.

Zugeteilt: Hofrat Dipl.-Ing. Mag. Dr. iur. Wolfgang *Wedrac*, Oberrat Dipl.-Ing. Josef *Jachs*, Oberkommissär Dipl.-Ing. Alfred B. *Zechling*, Amtsrätin Irmtraud *Größler*.

Kanzleileiterin: Oberkontrollorin Anna *Kurz*.

Berghauptmannschaft Klagenfurt

A-9010 Klagenfurt, Herrengasse 9, Postfach 599, ☎ (0463) 51 11 14.

Amtsbezirk: Das Gebiet des Bundeslandes Kärnten.

Amtsleiter: Berghauptmann Dipl.-Ing. Mag. Dr. iur. Kyriakos *Petridis*.

Zugeteilt: Oberrat Dipl.-Ing. Georg *Schön*.

Kanzleileiterin: Kontrollorin Gerlinde *Hann*.

Berghauptmannschaft Salzburg

A-5010 Salzburg, Residenzplatz 9, Postfach 120, ☎ (0662) 84 13 78.

Amtsbezirk: Das Gebiet der Bundesländer Oberösterreich und Salzburg.

Amtsleiter: Berghauptmann Dipl.-Ing. Mag. iur. Klaus *Steiner*.

Zugeteilt: Oberrat Dipl.-Ing. Dietmar *Zach*, Rat Dipl.-Ing. Arthur *Maurer*, Dipl.-Ing. Ulrike *Anegg*, Dipl.-Ing. Andreas *Sommerer*.

Kanzleileiterin: Kontrollorin Maria *Schramm*.

Berghauptmannschaft Innsbruck

A-6020 Innsbruck, Herzog-Friedrich-Straße 3, ☎ (05222) 58 19 39.

Amtsbezirk: Das Gebiet der Bundesländer Tirol und Vorarlberg.

Amtsleiter: Berghauptmann Dipl.-Ing. Mag. Dr. iur. Johann-Peter *Mernik*.

Zugeteilt: Oberrat Dipl.-Ing. Helmut *Jungwirth*.

Kanzleileiterin: Oberkontrollorin Johanna *Kager*.

Bundeskammer der gewerblichen Wirtschaft

A-1045 Wien, Wiedner Hauptstraße 63, ☎ (01) 501 05-0.

Präsident: Abgeordneter zum Nationalrat Leopold *Maderthaner*.

Generalsekretär: Abgeordneter zum Nationalrat Dkfm. Dr. rer. comm. Günter *Stummvoll*, Dr. iur. Johann *Fahrnleitner*, Dr. phil. Helga *Koch*, stellv.

Fachgruppe der Bergwerke und der Eisen erzeugenden Industrie

A-8021 Graz, Körblergasse 111–113, ☎ (0316) 601/527.

ÖSTERREICH

Fachgruppenvorsteher: N. N., Dir. Dipl.-Ing. Dr. Otto *Gross*, Bergrat h. c. Bergdirektor Dipl.-Ing. Franz *Illmaier*, stellv.

Fachgruppensekretär: Dr. iur. Bernd *Nachbaur*.

Fachverband der Bergwerke und Eisen erzeugenden Industrie

A-1015 Wien, Goethegasse 3, Postfach 300, ☏ (01) 524601-0.

Vorsteher: Generaldirektor Bergrat h. c. Kommerzialrat Dipl.-Ing. Hellmut *Longin*.

Geschäftsführung: Ing. Mag. rer. soc. oec. Hermann *Prinz*.

Geologische Bundesanstalt

A-1031 Wien, Rasumofskygasse 23, Postfach 154, ☏ (0222) 7125674-0 od. 715 59 62-0, ✆ 132927, ☏ geolba Wien, Telefax (0222) 712-56-74-56.

Direktor: HR Hon.-Professor Dr. phil. Traugott E. *Gattinger*.

Vizedirektor: HR Dr. phil. Werner *Janoschek*.

Hauptabteilung Geologie: Leiter: Hofrat Dr. phil. Werner *Janoschek*.
Fachabteilung Kristallingeologie, Leiter: Oberrat Dr. phil. Alois *Matura*.
Fachabteilung Sedimentgeologie, Leiter: Oberrat Dr. phil. Julian *Pistotnik*.
Fachabteilung Paläontologie, Leiter: Univ.-Doz. Dr. phil. Hans Peter *Schönlaub*.

Hauptabteilung Angewandte Geowissenschaften: Leiter: Hofrat Dr. phil. Gerhard *Malecki*.
Fachabteilung Rohstoffgeologie, Leiter: Oberrat Dr. phil. Gerhard *Letouzé-Zezula*.
Fachabteilung Ingenieurgeologie, Leiter: Oberrat Dr. phil. Gerhard *Schäffer*.
Fachabteilung Hydrogeologie, Leiter: Oberrat Dr. phil. Franz *Boroviczény*.
Fachabteilung Geochemie, Leiter: Oberrat Dr. phil. Peter *Klein*.
Fachabteilung Geophysik, Leiter: a. o. Univ.-Professor Dr. phil. Wolfgang *Seiberl*.

Hauptabteilung Informationsdienste (dem Direktor unterstellt):
Fachabteilung Geodatenzentrale, Leiter: Dr. Udo *Strauß*.
Fachabteilung Bibliothek und Verlag, Leiter: Oberrat Dr. phil. Tillfried *Cernajsek*.
Fachabteilung Redaktion, Leiter: Oberrat Dr. phil. Albert *Daurer*.
Fachabteilung Kartographie und Reproduktion, Leiter: Oberrev. Siegfried *Laschenko*.
Fachabteilung ADV, Leiter: Dr. Udo *Strauß*.
Verwaltung, Leiter: Karl *Dimter*.

Wiener Institut für Internationale Wirtschaftsvergleiche

A-1103 Wien, Postfach 87, ☏ (0222) 782567/68/69-0, Telefax (0222) 787120.

Leitung: Dr. Ingrid *Gazzari*, Professor Dr. Kazimierz *Laski*.

Zweck: Wirtschaft Osteuropas und der GUS, Energiewirtschaft des Ostens.

19. Portugal

Ministério da Indústria e Energia

P-1294 Lisboa Codex, Rua da Horta Seca, 15, ☏ (19) 3463091, ✆ 62660 mie p, Telefax (19) 3475901.

Direcção-Geral de Energia: P-1000 Lisboa, Avª 5 de Outubro, 87, ☏ (19) 7939520, ✆ 14755 ernerg p, Telefax (19) 7939540.

Generaldirektor: Eng° Custódio *Miguéns;* Eng° Mário *Silva,* stellv.; Eng° Jorge *Borrego,* stellv.

Direcção-Geral de Geologia e Minas: P-1000 Lisboa, Rua António Enes, 7, ☏ (19) 3525978, ✆ 62195 geomin p, Telefax (19) 525913.

Generaldirektor: Dr. Alcides *Pereira;* Dr. Delfim *Carvalho,* stellv., Eng° Luis *Costa,* stellv., Dr. Rui *Rodrigues,* Subdirector-geral.

Direcção-Geral da Indústria: P-1000 Lisboa, Av. Conselheiro Fernando de Sousa, 11, ☏ (19) 659161, ✆ 13567 mitil p, Telefax (19) 691042.

Generaldirektor: Eng° Eduardo *Rodrigues;* Eng° Angelo *de Sousa,* stellv.; Drª Maria Isabel *de Almeida,* stellv.; Eng° Antonio *Pinheiro,* stellv.; Engª Maria *de Fátima Araújo,* stellv.

Gabinete para a Pesquisa e Exploração de Petróleo: P-1200 Lisboa, Rua do Vale do Peireiro, 4, ☏ (19) 655521, ✆ 62660 mie p, Telefax (19) 682775.

Direktor: Eng° José Agnelo *Fernandes,* Dr. Rui *Vieira,* stellv.

Laboratório Nacional de Engenharia e Tecnologia Industrial

P-1200 Lisboa, Rua S. Pedro de Alcântara, 79, ☏ (19) 3468856, ✆ 42486 lneti p, Telefax (19) 342636.

Präsident: Professor José Veiga *Simão;* Dr. Carlos Adrião *Rodrigues,* Vice-Presidente, stellv.; Dr. Mário *Gomes de Abreu,* stellv.

Departamento de Energias Convencionais: P-1600 Lisboa, Az. dos Lameiros à Estrada do Paço do Lumiar, ☏ (19) 7162712, ✆ 42486 lneti p, Telefax (19) 7580901.

Direktor: Drª Isabel *Cabrita.*

Departamento de Energias Renováveis: P-1600 Lisboa, Az. dos Lameiros à Estrada do Paço do Lumiar, ☏ (19) 7162712, ✆ 42486 lneti p, Telefax (19) 7580901.

Direktor: Eng° Jorge *Saraiva.*

Departamento da Tecnologia dos Materiais: P-1600 Lisboa, Az. dos Lameiros à Estrada do Paço do Lumiar, ☏ (19) 7162712, ✆ 42486 lneti p, Telefax (19) 7580901.

Direktor: Eng° Alexandre *Silva.*

Departamento de Energia e Engenharia Nucleares: P-2685 Sacavém, Estrada Nacional 10, ☏ (19) 9550021, ✆ 12727 nuclab p, Telefax (19) 9550117.

Direktor: Eng° João *Batista Menezes.*

Departamento de Tecnologia de Indústrias Químicas: P-2745 Queluz, Estrada das Palmeiras, Queluz de Baixo, ☏ (19) 4352186, Telefax (19) 4363537.

Direktor: Drª Inês *Florêncio.*

Delegações regionais da Indústria e Energia

Do Norte: P-4000 Porto, Rua Dr. Alfredo Magalhães, 65, ☏ (19) 2004881, Telefax (19) 325099.

Direktor: Eng° Sérgio *Pires Martins.*

Do Centro: P-3000 Coimbra, Avª Sá da Bandeira, 111, ☏ (19) 23293, Telefax (19) 35197.

Direktor: Eng° Gil *Patrão.*

De Lisboa e Vale do Tejo: P-1000 Lisboa, Avª de Berna, 1, ☏ (19) 7950710, Telefax (19) 7932439.

Direktor: Dr. Helder *Oliveira.*

Do Alentejo: P-7000 Evora, Rua da República, 40, ☏ (19) 22693, Telefax (19) 22420.

Direktor: Eng° João *Carcia.*

Do Algarve: P-8000 Faro, Rua Francisco Horta, 9 — 10, ☏ (19) 822415, Telefax (19) 804825.

Direktor: Eng° António *Sousa Otto.*

20. Schweden

Industridepartementet

S-10333 Stockholm, Fredsgatan 8, ☏ (08) 7631000, ⚡ 14180.

Minister: Per *Westerberg*.

Miljö- och Naturresursdepartementet
Ministry of the Environment and Natural Resources

S-10333 Stockholm, Fredsgatan 8, ☏ (08) 7631000, Telefax (08) 241629.

Minister: Olof *Johansson*.

Press Secretary: Reidar *Carlsson*.

Minister of National Physical Planning: Görel *Thurdin*.

Press Secretary: Jessica *Berggren*.

Under-Secretary of State: Göran *Persson*.

Permanent Under-Secretary: Lars *Dahlöf*.

Under-Secretary for Planning: Torsten *Sandberg*.

Political Advisers: Jon *Kahn*, Elisabeth *Falemo*, Kerstin *Lundgren*, Marianne *Moström*, Lennart *Daléus*.

Departments:

The Legal Department: Director Ulf *Andersson*.

The department for Planning, Budget and Administration: Director Gun *Tombrock*.

The International Department: Director Ulf *Svidén*.

The department for Nature Conservation: Director Rolf *Lindell*.

The department for Climate, Air and Water: Director Svante *Bodin*.

The department for Chemicals, Waste Management and Nuclear Safety: Director Suzanne *Frigren*.

The department for National Physical Planning: Director Per *Gullberg*.

The department for Environmental Policy: Director Eva *Smith*.

The Planning Department: Director Kerstin *Kåks*.

Authorities and other organizations under the auspices of the Ministry of the Environment and Natural Resources: National Environment Protection Agency, National Franchise Board for Environment Protection, National Chemicals Inspectorate, National Water Supply and Sewage Tribunal, Central Office of the National Land Survey, Land survey authorities, Central Property Data Board, National Institute of Radiation Protection, Finnish-Swedish Border Rivers Commission, Institute for Research into Water and Air Conservation, Nuclear-Power Inspectorate, Local safety committees at nuclear power plants, National Board for Spent Nuclear Fuel.

Nutek
Swedish National Board for Technical and Industrial Development

S-11786 Stockholm, 32, Liljeholmsvägen, ☏ (08) 7754000, ⚡ 10840 Nutek s, Telefax (08) 196826.

Director general: Nore *Sundberg*.

Information Division: Birgitta *Kempe*.

Statens Kärnkraftinspektion
Nuclear Power Inspectorate

S-10252 Stockholm, Box 27106, ☏ (8) 6654400, ⚡ 11961, Telefax (8) 6619086.

Director general: Lars *Högberg*.

Office of Reactor Safety: Leiter: Lennart *Hammar*.

Zweck: Überwachung der atomaren Sicherheit in Schweden. Überwachung der Handhabung spaltbaren Materials. Forschungskoordinierung auf dem Gebiet der atomaren Sicherheit. Internationale Zusammenarbeit zur atomaren Sicherheit. Information.

Sveriges geologiska undersökning

S-75128 Uppsala, Villavägen 18, Box 670, ☏ (018) 179000, Telefax (018) 179210.

Generaldirektör: Bergsing. Jan Olof *Carlsson*.

Informationschef: FK Anders *Fredholm*.

Filialkontor: S-22350 Lund, Kiliansgatan 19, ☏ (046) 140105,
S-41119 Göteborg, Kungsgatan 4, ☏ (031) 176880.

Södra bergmästardistriktet: S-79171 Falun, Holmgatan 16, ☏ (023) 10124.

Norra bergmästardistriktet: S-95134 Luleå, Stationsgatan 16 B, ☏ (0920) 67623.

21. Schweiz

Eidgenössisches Verkehrs- und Energiewirtschaftsdepartement

CH-3003 Bern, Bundeshaus Nord.

Vorsteher: Bundesrat Adolf *Ogi*.

Generalsekretariat

Generalsekretär: Dr. rer. pol. F. *Mühlemann*.
Stellv. Generalsekretär: Dr. iur. Ch. *Furrer*.
Chef der Rechtsabteilung: Fürsprecher R. *Lüthi*.
Stellvertreter: Fürsprecher Ch. *Bürki*.

Bundesamt für Energiewirtschaft

CH-3003 Bern, Kapellenstr. 14, ☏ (031) 615611, ⚡ CH 911570, Telefax (031) 264307.

Direktor: Dr. rer. pol. Dipl.-Ing. Eduard *Kiener*.
Stellvertretender Direktor: Professor Dr ès sc. Alec-Jean *Baer*.
Vizedirektor: Dipl.-Ing.-Ch. Dr. sc. tech. Hans-Luzius *Schmid*.
Direktor HSK: Dipl.-Ing. R. *Naegelin*.
Abteilungschefs HSK: Dipl.-Phys. S. *Prêtre;* Dipl.-Ing. R. *Gilli*.
Sektionschefs BEW Bern: Dr. iur. Rechtsanwalt W. *Bühlmann;* Dr. sc. techn. P. *Burkhardt;* Dr ès sc. écon. J. *Cattin;* Dipl. El.-Ing. J. *Gfeller;* E. *Keller;* Dipl.-Ing.-Chem., Dr. sc. techn. P. *Laug;* Dipl.-Ing. U. *Ritschard;* Dr. phil. nat. G. *Schriber*.
Sektionschefs HSK: Dipl-Phys. M. *Baggenstos;* Dipl.-Phys. W. *Jeschki;* Dr. sc. techn., dipl. Masch.-Ing. G. *Prantl;* Dipl.-Phys. Dr. rer. nat. Ulrich *Schmocker;* Ing. REG A. *Voumard;* Dr. sc. techn. dipl. Masch.-Ing. A. *Zurkinden*.

Zweck: Schweizerisches und internationales Energiewesen. Gesetzgebung über die elektrische Energie (einschließlich Kernenergie) und über Rohrleitungen, Konzessionsgeschäfte. Bewilligung für Stromexport. Energiestatistik. Energietechnik, insbesondere neue Energien und Energiesysteme, rationeller Energieeinsatz. Nukleare Sicherheit und Strahlenschutz der Atomanlagen in der Schweiz. Verträge mit dem Ausland.

Konferenz der Energiedirektoren der Kantone

Präsident: Regierungsrat Luzi *Bärtsch*, Vorsteher des Bau-, Verkehrs- und Forstdepartementes, CH-7001 Chur, ☏ (081) 213601.

Sekretariat: Dr. Helmut *Schweikert*, Kantonale Energiefachstelle Industrielle Werke Basel, CH-4008 Basel, ☏ (061) 275 51 27.

Energiedirektoren der Kantone und des Fürstentums Liechtenstein

Aargau: Regierungsrat Dr. Ulrich *Siegrist*, Vorsteher des Finanzdepartementes, CH-5004 Aarau, ☏ (064) 211121.

Appenzell Innerrhoden: Regierungsrat Emil *Neff*, Bau- und Straßenwesen Rinkenbach, CH-9050 Appenzell, ☏ (071) 871373.

Appenzell Ausserrhoden: Regierungsrat Hans Jakob *Niederer*, Baudirektion des Kantons Appenzell A. Rh., CH-9100 Herisau, ☏ (071) 536111.

Bern: vakant, Direktion für Verkehr, Energie- und Wasserwirtschaft des Kantons Bern, CH-3011 Bern, Reiterstraße 11, ☏ (031) 693621.

Basel-Landschaft: Regierungsrat Eduard *Belser*, Baudirektion des Kantons Baselland, CH-4410 Liestal, Rheinstraße 29, ☏ (061) 925511.

Basel-Stadt: Regierungsrat Eugen *Keller*, Baudepartement des Kantons Basel-Stadt, CH-4000 Basel, ☏ (061) 267 81 81.

Freiburg: Michel *Pittet*, Directeur de l'économie, des transports et de l'énergie, CH-1700 Fribourg, Rue des Chanoines 118, ☏ (037) 252400.

Genf: Jean-Philippe *Maître*, Chef du Département de l'économie publique, CH-1211 Genève, 14 rue de l'Hôtel de Ville, Case postale 252, ☏ (022) 3192800.

Glarus: Regierungsrat Kaspar *Rhyner*, Baudirektion des Kantons Glarus, CH-8750 Glarus, ☏ (058) 636111.

Graubünden: Regierungsrat Luzi *Bärtsch*, Bau-, Verkehrs- und Forstdepartement des Kantons Graubünden, CH-7000 Chur, ☏ (081) 213601.

Jura: François *Mertenat*, Chef du Département de l'environnement et de l'équipement, CH-2800 Delémont, ☏ (066) 215111.

Luzern: Regierungsrat Erwin *Muff*, Volkswirtschaftsdepartement des Kantons Luzern, CH-6002 Luzern, ☏ (041) 2451 11.

Neuenburg: Pierre *Hirschy*, Chef du Département des travaux publics et de l'agriculture, CH-2000 Neuchâtel, ☏ (038) 223111.

Nidwalden: Regierungsrat Dr. Hugo *Waser*, Direktion für Energiewirtschaft, CH-6370 Stans, ☏ (041) 637250.

Obwalden: Regierungsrat Adalbert *Durrer*, Baudepartement Obwalden, CH-6060 Sarnen, ☏ (041) 669222.

St. Gallen: Regierungsrat Dr. Willi *Geiger*, Baudepartement des Kantons St. Gallen, CH-9001 St. Gallen, ☏ (071) 213000.

Schaffhausen: Regierungsrat Ernst *Neukomm*, Baudirection des Kantons Schaffhausen, CH-8200 Schaffhausen, Rathaus, ☏ (053) 827111.

Solothurn: Regierungsrat Dr. Max *Egger*, Volkswirtschaftsdepartement des Kantons Solothurn, CH-4500 Solothurn, ☏ (065) 212430/32.

Schwyz: Regierungsrat Richard *Wyrsch*, Vorsteher des Baudepartementes des Kantons Schwyz, CH-6430 Schwyz, ☏ (043) 241124.

Thurgau: Regierungsrat Hanspeter *Fischer*, Departement des Innern und der Volkswirtschaft, CH-8500 Frauenfeld, ☏ (054) 242371.

Tessin: Renzo *Respini*, Consigliere di stato, Dipartimento dell'ambiente, CH-6500 Bellinzona, ☏ (092) 241111.

Uri: Regierungsrat Anton *Stadelmann*, Baudirektion des Kantons Uri, CH-6460 Altdorf, ☏ (044) 42244.

Waadt: Daniel *Schmutz*, Chef du Département des Travaux publics, CH-1000 Lausanne, ☏ (021) 3167001.

Wallis: Hans *Wyer*, Vorsteher des Finanz- und Energiedepartementes des Kantons Wallis, CH-1950 Sitten, ☏ (027) 215111.

Zug: Regierungsrat Dr. Paul *Twerenbold*, Baudirektion Kanton Zug, CH-6300 Zug, Postfach 203, Poststr. 18, ☏ (042) 253311.

Zürich: Hans *Hofmann*, Direktion der öffentlichen Bauten, Walchetor, 8090 Zürich, ☏ (01) 2592811.

Zürich: Regierungsrat Hedi *Lang*, Volkswirtschaftsdirektion des Kantons Zürich, Kaspar-Escher-Haus, CH-8090 Zürich, ☏ (01) 2592601.

Fürstentum Liechtenstein: Regierungsrat René *Ritter*, Regierungsgebäude, FL-9490 Vaduz, ☏ (075) 66111.

22. Spanien

Ministerio de Industria, Comercio y Turismo

E-Madrid 28046, Paseo de la Castellana, 160, ☏ (91) 3494000 – 3494001 – 3494002. Centro de Publicaciones: E-28036 Madrid, Doctor Fleming, 7-2°, ☏ (91) 2500202/3/4.

Minister: José Claudio *Aranzadi Martínez*.

Subsekretär: Mariano Casado *González*.

Consejo Superior del Ministerio de Industria y Energía

E-28001 Madrid, Velázquez, 20, ☏ (91) 5783851.

Präsident: José Luis *Quílez Martínez de la Vega*.

Vizepräsident: N. N.

Generalsekretär: Lucio *Moreno Aceña*.

Berater: Raimundo *Lasso de la Vega Miranda*, Félix Jorge *Gorospe*, Carlos *Castells López*.

Secretaría General de la Energía y Recursos Minerales

E-Madrid 28046, Paseo de la Castellana, 160, ☏ (1) 3494000 – 3494001 – 3494002, ✄ 42112, 42116.

Leitung: Ramón *Pérez Simarro*.

Planung: N. N.

Betrieb: Concepción *Cánovas del Castillo*.

Dirección General de Minas y de la Construcción

E-Madrid 28046, Paseo de la Castellana, 160, ☏ (1) 3494000 – 3494001 – 3494002, ✄ 42112, 42116.

Generaldirektor: Enrique García *Alvarez*.

Generalsekretär: Antonio *Rodríguez Espinosa*.

Abteilungen:

Bergbau: Santiago *Navarro Bayo*.
Untersuchung und bergmännisches Regime: Fernando *Vázquez Guzmán*.
Bauindustrien: Juan Carlos *Mampaso Martín-Buitrago*.
Bergmännische Programmation: Eduardo *Fernández Marina*.

Dirección General de la Energía

E-Madrid 28046, Paseo de la Castellana, 160, ☏ (1) 3494000 – 3494001 – 3494002, ✄ 42112, 42116.

Generaldirektor: María Luisa *Huidobro y Arreba*.

Generalsekretär: Juan *Guerra Cáceres*.

Abteilungen:

Erdöl, Petrochemie und Gas: Gonzalo *Ramos Puig*.
Elektrische Energie: Antonio *Martínez Rubio*.
Kernenergie: Luis Julián *del Val Hernández*.
Energieunterhaltung und ökonomische Energieverwaltung: Enrique José *Vicent Pastor*.

Centro de Investigación Energética, Medioambiental y Tecnología

E-28040 Madrid, Avda. Complutense, 22, ☏ (91) 3466000.

Direktor: José Angel *Azuara Solís.*

Leitung: Fernando *San Hipólito Herrero,* Juan Carlos *Fernández de la Cruz Gallardo,* Alberto Rodrigo *Otero,* Manuel *Montes Ponce de León,* Francisco *Mingot Buades,* Agustín *Grau Malonda,* Ramón *Gavela González,* Rafael Sáenz *Gancedo,* Fernando Sanchez *Sudón.*

Instituto Tecnologico Geominero de España

E-28003 Madrid, Rios Rosas, 23, ☏ 4416500 und 4416143, ✄ 48054 itge e, Telefax 4426216.

Verwaltungsrat: Ramón *Perez Simarro,* Secretario General de la Energía y Recursos Minerales, Präsident; Enrique *Garcia Alvarez,* Director General de Minas y de la Construcción, Vizepräsident; Maria Luisa *Huidobro y Arreba,* Directora General de la Energía; Regina *Revilla Pedreira,* Directora General de Política Tecnológica; Emilio *Llorente Gomez,* Director General del Instituto Tecnológico GeoMinero de España; José Angel *Azuara Solis,* Representante del Centro de Investigaciones Energéticas, Medioambientales y Tecnológicas; Angel *Arevalo Barosso,* Representante del Ministerio de la Presidencia; Jaime *Sanchez Revenga,* Representante del Ministerio de Economía y Hacienda; Guillermo *Casas Gomez,* Representante del Ministerio de Agricultura, Pesca y Alimentación; Carmina *Virgili Rodon,* Representante del Consejo Superior de Investigaciones Científicas y de las Facultades de Geología; Francisco *Michavila Pitarch,* Representante de las Escuelas Técnicas Superiores de Ingenieros de Minas; José Luis *Quilez Martinez de la Vega,* Representante del Consejo Superior del Ministerio de Industria, Comercio y Turismo; Julio *Mezcua Rodriguez,* Representante del Instituto Geográfico Nacional; Juan Carlos *Palomo Pedraza,* Representante del Instituto Español de Oceanografía; Bonifacio *Garcia-Siñeriz Butragueño,* Representante del Instituto Nacional de Hidrocarburos; Pedro *Fontanilla Soriano,* Representante del Instituto Nacional de Industria; Joaquin *Vega de Seoane,* Representante de las Cámaras Oficiales Mineras.

Generaldirektor: Emilio *Llorente Gómez.*

Generalsekretär: Carlos *Campos Julia.*

Abteilungen:

Planung und Verwaltung: Carlos *Mulas Delgado.*

Mineralische Lagerstätten: Ricardo *Arteaga Rodríguez.*

Geologie und Geophysik: Antonio *Quesada García.*

Grundwasser: Augustin *Navarro Alvargonzales.*

INTERNATIONALE BEHÖRDEN UND ORGANISATIONEN

World Energy Council (WEC)
Conseil Mondiale de l'Energie (CME)
Weltenergierat

GB-London SW1A 1HD, 34 St. James's Street, ☏ (071) 9303966, ✆ 264707 wecihq g, Telefax (071) 9250452.

Präsident: Dr. John S. *Foster* (Kanada).

Executive Assembly

4300 Essen 1, Folkwangstr. 1, ☏ (0201) 772095, 772096, Telefax (0201) 772097.

Vorsitzender: Dr. Gerhard *Ott*.

Stellv. Vorsitzende: W. Jack *Bowen* (USA), Diby M. *Kroko* (Elfenbeinküste), A. N. *Makukhin* (vorm. UdSSR).

Generalsekretär: Ian D. *Lindsay*.

Gründung: 1924.

Zweck: Weiterentwicklung und friedliche Nutzung der Energiequellen auf nationaler und internationaler Ebene; Veranstaltung von Kongressen im dreijährigen Rhythmus (1980 München, 1983 Neu-Delhi, 1986 Cannes, 1989 Montreal, 1992 Madrid, 1995 Tokio).

Mitglieder: (91 Nationalkomitees): Ägypten; Äthiopien; Algerien; Argentinien; Australien; Bahrain; Belgien; Bolivien; Brasilien; Bulgarien; Burundi; Chile; China (Volksrepublik); Costa Rica; Dänemark; Deutschland; Ekuador; Elfenbeinküste; Finnland; Frankreich; Gabun; Ghana; Griechenland; Großbritannien; Guatemala; Guyana; Hongkong; Indien; Indonesien; Irak; Iran; Irland; Island; Israel; Italien; Jamaika; Japan; Jordanien; Jugoslawien; Kanada; Kolumbien; Korea (Demokratische Volksrepublik); Korea (Republik); Kuba; Lesotho; Liberia; Libyen; Luxemburg; Malaysia; Marokko; Mexiko; Monaco; Namibia; Nepal; Neuseeland; Niederlande; Nigeria; Norwegen; Österreich; Pakistan; Paraguay; Philippinen; Polen; Portugal; Rumänien; Russische Föderation; Sambia; Saudi-Arabien; Schweden; Schweiz; Senegal; Simbabwe; Singapur; Spanien; Sri Lanka; Südafrika; Swasiland; Syrien; Taiwan; Tansania; Thailand; Trinidad und Tobago; Tschechoslowakei; Tunesien; Türkei; Ukraine; Ungarn; Uruguay; USA; Venezuela; Zaire.

Nationales Komitee des Weltenergierates für die Bundesrepublik Deutschland (DNK)

4000 Düsseldorf, Graf-Recke-Straße 84, ☏ (0211) 6214498/99, ✆ 8586525 vdi d, Telefax (0211) 6214575.

Präsident: Dr.-Ing. E. h. Klaus *Barthelt*.

Stellv. Präsident: Dipl.-Ing. W. *Haug*.

Ehrenpräsident: Professor Dr.-Ing. Dr.-Ing. E. h. K. *Knizia*.

Vize-Präsidenten: Dr. jur. F. *Gieske*, Dr. Heinz *Horn*, Dr. Klaus *Liesen*, Dr. Gerhard *Ott*, Dr. B. *Kahn*, Klaus *Piltz*.

Schatzmeister: Bergass. a. D. Dr.-Ing. E. h. G. *Glatzel*.

Sekretär: Dr. J. *Debelius*.

Agence Internationale de l'Energie
Internationale Energie-Agentur (IEA)
International Energy Agency

F-75775 Paris Cedex 16, 2, rue André Pascal, ☏ (1) 45248200, ✆ F 630190 Energ A, ✉ Developeconomie, Telefax (1) 45249988.

Exekutivdirektor: Ministerialdirektorin a. D. Helga *Steeg*.

Vertragsgrundlage: Die IEA entstand als autonome Institution innerhalb der OECD (Organisation für Wirtschaftliche Zusammenarbeit und Entwicklung) durch ein Übereinkommen über ein Internationales Energieprogramm, unterzeichnet am 15. November 1974.

Mitgliedsländer: Australien, Belgien, Dänemark, Bundesrepublik Deutschland, Finnland, Griechenland, Großbritannien, Irland, Italien, Japan, Kanada, Luxemburg, Neuseeland, Niederlande, Norwegen, Österreich, Portugal, Schweden, Schweiz, Spanien, Türkei, Vereinigte Staaten von Amerika.

Ausschüsse

Verwaltungsrat und Geschäftsführender Ausschuß:
Vorsitzender: R. *Priddle* (Großbritannien); stellv. Vorsitzende: J. *Easton* (USA); A. *Walther* (Norwegen); H. *Fujii* (Japan, bis zum 1. 7. 1992).

Ständige Gruppe für Notstandsfragen:
Vorsitzender: Dr. H. E. *Leyzer* (Deutschland); stellv. Vorsitzender: F. *Nielsen* (USA).

Ständige Gruppe für den Ölmarkt:
Vorsitzender: C. W. M. *Dessens* (Niederlande); stellv. Vorsitzender: J. *Brodman* (USA); Y. *Kusumoto* (Japan).

Ständige Gruppe für Langfristige Zusammenarbeit:
Vorsitzender: W. *Ramsay* (USA); stellv. Vorsitzende: P. *Gerresch* (Belgien); I. *Kashima* (Japan).

7 BEHÖRDEN

Ausschuß für Nicht-Mitgliedsländer:
Vorsitzender: A. *Walther* (Norwegen).

Ausschuß für Energieforschung und -technologie:
Vorsitzender: H. *Koch* (Dänemark); stellv. Vorsitzende: K. *Shimada* (Japan); H. *Jaffe* (USA).

Presse: Joyce *Heard.*

International Association of Energy Economics (IAEE)

IAEE Head Office: USA Cleveland, Ohio 44122, 28790 Chagrin Blvd., Suite 300, ☏ (001) 216-4645365, Telefax (001) 216-4645356.

Präsident: Professor Dr. Ing. Ulf *Hansen*, Universität Essen.

Vorstand (Council): Fereidun *Fesharaki*, G. Campbell *Watkins*, A. Denny *Ellerman*, Constance D. *Holmes*, David *Knapp*, Dorothea *El Mallakh*, Edward L. *Morse*, Kenichi *Matsui*, Jörgen *Söndergaard*, Anthony J. *Finizza*, Charles *Spierer*, Hoesung *Lee*, Kurt *Lekaas*, Jean *Masseron*.

President's Advisory Board: José *Goldemberg*, James R. *Schlesinger*, Helga *Steeg*, Ahmed Zaki *Yamani*.

Zweck: Gegründet 1977 in den USA zur Förderung des wissenschaftlichen Informationsaustausches auf dem Gebiet der Energiewirtschaft. Die Vereinigung hat derzeit mehr als 3 000 Mitglieder in 60 Ländern. Nationale Sektionen bestehen in 35 Ländern. Die IAEE organisiert internationale Tagungen und Workshops und ist Herausgeber der wissenschaftlichen Fachzeitschrift »The Energy Journal«.

Deutsche Sektion: Gesellschaft für Energiewissenschaft und Energiepolitik e. V. (GEE), Mühlenstr. 18 a, 5161 Merzenich.

Organisation de coopération et de développement économiques (OCDE)
Organisation für wirtschaftliche Zusammenarbeit und Entwicklung
Organisation for Economic Co-operation and Development (OECD)

F-75016 Paris, 2, rue André Pascal, ☏ (1) 45248200, ✆ 620160, ocde, Telefax (0031) 4524-8500.

Generalsekretär: Jean-Claude *Paye* (F).

Gründung: Übereinkommen vom 14. Dezember 1960 in Paris. Am 30. September 1961 nimmt die OECD als Nachfolgerin der 1948 gegründeten Organization for European Economic Co-operation (OEEC) ihre Tätigkeit auf.

Zweck: Die Förderung des Wirtschaftswachstums in den Mitgliedstaaten; die Unterstützung der Mitglied- und Nichtmitgliedstaaten, die in wirtschaftlicher Entwicklung begriffen sind, und die Liberalisierung und Ausweitung des Handels in der ganzen Welt.

Mitgliedsländer: Australien, Belgien, Dänemark, Bundesrepublik Deutschland, Finnland, Frankreich, Griechenland, Großbritannien, Irland, Island, Italien, Japan, Kanada, Luxemburg, Neuseeland, Niederlande, Norwegen, Österreich, Portugal, Schweden, Schweiz, Spanien, Türkei, Vereinigte Staaten von Amerika. Land mit Sonderstatus: Jugoslawien.

Vertretung für Deutschland, Schweiz und Österreich: OECD Publications and Information Centre, Schedestr. 7, 5300 Bonn 1, ☏ (0228) 216045, Telefax (0228) 261104. Leiter: Dr. Dieter *Menke* (D).

Vertreter und PR: Dr. Herbert *Pfeiffer* (A).

Commission Economique des Nations Unies pour l'Europe (ECE)
Wirtschaftskommission der Vereinten Nationen für Europa
United Nations Economic Commission for Europe

CH-1211 Genf 10, Palais des Nations, ☏ (022) 7346011, 7310211, ✆ 289696, ✉ Unations Geneva, Telefax (022) 7349825.

Exekutivsekretär: Gerald *Hinteregger*.

Information: Hans J. *Lassen*.

Gründung: 28. März 1947 vom Wirtschafts- und Sozialrat der Vereinten Nationen. Ständige Einrichtung seit September 1951.

Zweck: Eine Regionalkommission der Vereinten Nationen zur Förderung des internationalen Handels, der wissenschaftlichen und technologischen Zusammenarbeit, der Planung für langfristiges Wirtschaftswachstum, des Umweltschutzes und der Zusammenarbeit bei Energie- und Transportfragen.

Mitglieder (40 Staaten): Albanien, Belarus, Belgien, Bulgarien, Dänemark, Deutschland, Estland, Finnland, Frankreich, Griechenland, Großbritannien, Irland, Island, Israel, Italien, Jugoslawien, Kanada, Lettland, Liechtenstein, Litauen, Luxemburg, Malta, Moldawien, Niederlande, Norwegen, Österreich, Polen, Portugal, Rumänien, Russische Föderation, San Marino, Schweden, Schweiz, Spanien, Tschechoslowakei, Türkei, Ukraine, Ungarn, Vereinigte Staaten von Amerika, Zypern.

Ausschuß: Energieausschuß, Arbeitsgruppen für Kohle, Gas und Stromwirtschaft.

Abteilungen: *Allgemeine Wirtschaftsanalyse und Projektion:* A. *Vaçiç;* *Handel:* N. *Scott;* *Energie:* K. *Brendow; Industrie und Technik:* A. V. *Boiko; Verkehr:* S. Capel *Ferrer; Umwelt und Siedlungswesen:* C. *Lopez-Polo; Statistik:* N. N.; *Land- und Forstwirtschaft (ECE/FAO):* T. *Peck.*

Energieabteilung der ECE

Direktor: K. *Brendow.*

Referate: Kohle; Gas; Stromwirtschaft; Allgemeine Energiefragen.

European Science Foundation
Fondation européenne de la science

F-67080 Strasbourg Cedex, 1 Quai Lezay-Marnésia, ☏ 88 76 71 00, ⌁ 890440 F, Telefax 88 37 05 32.

President: Professor Umberto *Colombo* (I).

Secretary General: Michael *Posner* (GB).

Europäisches Patentamt (EPA)
European Patent Office (EPO)
Office européen des brevets (OEB)

8000 München 2, Erhardstr. 27, ☏ (089) 2 39 90, ⌁ 523656 epmu d, Telefax (089) 2399-4465.

Leitung: Präsident Dr. Paul *Braendli.*

Direktion Öffentlichkeitsarbeit: Godehard *Nowak.*

Zweigstelle Den Haag
Vizepräsident: Jacques *Michel.*

Dienststelle Berlin
Leiter: D. *Facer.*

Zweck: Erteilung von Patenten für zur Zeit 16 Staaten in Europa: Belgien, Deutschland, Dänemark, Frankreich, Griechenland, Italien, Liechtenstein, Luxemburg, Monaco, die Niederlande, Österreich, Portugal, Schweden, die Schweiz, Spanien und das Vereinigte Königreich.

Internationaler Rat für Umweltrecht
International Council of Environmental Law (ICEL)
Conseil international du droit de l'environnement (CIDE)

D-5300 Bonn 1, Adenauerallee 214, ☏ (02 28) 2 69 22 40, Telefax (02 28) 2 69 22 50.

Executive Governors: Dr. Wolfgang E. *Burhenne* (D), Dr. Abdulbar *Al-Gain* (Saudi-Arabien).

Rat: Je zwei Gouverneure für die zehn Regionen weltweit.

Zweck: Der Rat ist als Clearing-House zwischen Persönlichkeiten und Organisationen auf den Gebieten von Umweltrecht und -politik tätig. In diesem Sinne fördert er den Informationsaustausch über eine große Datenbank und die Zusammenarbeit zwischen seinen Mitgliedern in allen Teilen der Welt.

Mitglieder: Rund 310 gewählte Mitglieder weltweit.

International Environmental Bureau (IEB)

CH-1208 Geneva, 61 route de Chene, ☏ (22) 7 86 51 11, Telefax (22) 7 36 03 36.

Executive Director: Walter *Wenger.*

Director: Albert *Fry.*

Österreichisches Montan-Handbuch 1992

Bergbau – Rohstoffe – Grundstoffe – Energie

Herausgegeben vom Bundesministerium für wirtschaftliche Angelegenheiten
Sektion VII – Oberste Bergbehörde

*14,8 x 21 cm, ca. 240 Seiten + Beilage, Bohmann Verlag, Wien,
ISBN 3-7002-0781-6*

Jährlich erscheinendes, umfangreiches Nachschlagewerk mit allen wichtigen Daten und Adressen des österreichischen Montanwesens – unentbehrlich für alle, die sich in Österreich aktuell auskennen müssen.

Das Werk gibt einen Überblick über den österreichischen Bergbau, mit Berichten der Bergbehörden, dem Normenwesen, Brennstoffversorgung und Energie, allen einschlägigen Tabellen sowie den Verzeichnissen aller beteiligten Betriebe und Unternehmungen, Behörden und anderer Organisationen, Institutionen und Vereine, der Prüfstellen und Ziviltechniker.

Aus dem Inhalt:

A. Der Österreichische Bergbau im Jahre 1991
1. Allgemeine wirtschaftliche Entwicklung des Bergbaus im Jahre 1991
2. Rechtsgrundlagen für den Bergbau
3. Wirtschaftliche und technische Angaben über die einzelnen Bergbauzweige
4. Rohstoffsicherung und Rohstoffforschung in Österreich
5. Beihilfen nach dem Bergbauförderungsgesetz

B. Bergbehörde und Bergbau
1. Gesetzgebungs- und Verordnungstätigkeit
2. Befahrungen durch die Berghauptmannschaften
3. Budget der Bergbehörden
4. Arbeits- und Gesundheitsschutz, besondere Vorkommnisse 1991
5. Berufsausbildung der Bergarbeiter
6. Zulassungen von Sprengmitteln und Staubmasken
7. Auszeichnungen und Titelverleihungen

C. Normenwesen in Österreich
1. Für den Bergbau vorliegende ÖNORMEN
2. ÖNORMEN in Bearbeitung
3. Aus der Normungsarbeit des FNA „Energiewirtschaft"

D. Brennstoffversorgung und Energie
1. Energiewirtschaft

E. Tabellenteil
1. Dem Verbrauch zugeführte, ausgewählte mineralische Roh- und Grundstoffe
2. Der österreichische Bergbau in Zahlen
3. Brennstoffversorgung und Energiewirtschaft in Zahlen

F. Verzeichnisse
1. Verzeichnis der unter bergbehördlicher Aufsicht stehenden Betriebe
2. Bergbauunternehmungen
3. Bergbautechnische Unternehmungen
4. Zulieferindustrie
5. Erdgasversorgungsunternehmungen
6. Holdinggesellschaften
7. Besucherbergwerke
8. Behörden
9. Organisationen, Institutionen, Vereine
10. Prüfstellen und Ziviltechniker
11. Firmen- und Personenregister

Am besten direkt bei der Bohmann – Fachbuchhandlung, Leberstraße 122, A-1110 Wien, Telefon 740 95/541 oder 542

8 Lehre und Forschung

Deutschland

1. Universitäten und andere
   Ausbildungsstätten _____ 984

2. Energie- und
   Rohstofforschung _____ 998

Das Kapitel 10 »Statistik« enthält aktuelle Tabellen zur Energie- und Rohstoffwirtschaft.

8 Training and Research

Germany

1. Universities and other
   training centres _____ 984

2. Technical and economic
   energy research _____ 998

Chapter 10 »Statistics« contains up-dated tables on the energy and raw materials industry.

8 Formation et recherche

Allemagne

1. Universités et autres centres
   de formation _____ 984

2. Recherche techniques et
   économique l'énergie _____ 998

Le chapitre 10 »Statistiques« contient des tableaux actualisés concernant l'industrie énergétique et des matières premières.

Verlag Glückauf · Jahrbuch 1993

DEUTSCHLAND

1. Universitäten und andere Ausbildungsstätten

Rheinisch-Westfälische Technische Hochschule Aachen

5100 Aachen, Templergraben 55, ☏ (0241) 80-1, ⚡ 8 32 704.

Rektor: Universitätsprofessor Dr. rer. nat. Klaus *Habetha*.

Dekan der Fakultät für Bergbau, Hüttenwesen und Geowissenschaften: Universitätsprofessor Dr. rer. nat. Hans Adolf *Friedrichs*.

Fachgruppe für Bergbau

5100 Aachen, Wüllnerstraße 2, ☏ (0241) 80-56 83.

Leitung: Universitätsprofessor Dr.-Ing. Rolf Dieter *Stoll*.

Zweck: Ausbildung von Diplom-Ingenieuren der Studiengänge Bergbau (Studienrichtungen Bergbau, Aufbereitung und Veredlung sowie Gewinnung und Aufbereitung der Steine und Erden), Markscheidewesen und Brennstoffingenieurwesen, Forschungsarbeiten in den vorgenannten Lehrgebieten.

Anzahl der Studenten	Wintersemester 91/92	Sommersemester 92
Bergbau	520	575
Brennstoffingenieurwesen	429	406
Markscheidewesen	63	62

Institut für Bergbaukunde I, 5100 Aachen, Wüllnerstraße 2, ☏ (0241) 80 56 67.

Institutsdirektor: Universitätsprofessor Dr.-Ing. Per Nicolai *Martens:* Bergbaukunde (Allgemeine Bergbaukunde, Bergtechnische Planung, Betriebsverfahren und -organisation)

Universitätsprofessor Dr.-Ing. Robert *Thar:* Bergbaukunde (Tiefbau), insbesondere Nichtkohlenbergbau

Institut für Bergbaukunde II, 5100 Aachen, Lochnerstraße 4–20, ☏ (0241) 80 56 80.

Institutsdirektor: Universitätsprofessor Dr.-Ing. Klaus *Spies:* Bergbaukunde (Bergbauliche Betriebsmittel und maschinelle Gewinnungstechnik)

Institut für Bergbaukunde III, 5100 Aachen, Lochnerstraße 4–20, ☏ (0241) 80 56 83, Telefax 4 02112.

Institutsdirektor: Universitätsprofessor Dr.-Ing. Rolf Dieter *Stoll:* Bergbaukunde (Tagebautechnik, Tiefbohrwesen, Erdöl- und Erdgasgewinnung)

Lehrstuhl für Aufbereitung, Veredelung und Entsorgung und Institut für Aufbereitung, Kokerei und Brikettierung, 5100 Aachen, Wüllnerstraße 2, ☏ (0241) 80 57 00.

Institutsdirektor: Universitätsprofessor Dr.-Ing. Heinz *Hoberg:* Aufbereitung, Veredelung und Entsorgung

Universitätsprofessor Dr.-Ing. Jürgen *Heil:* Kokereiwesen, Brikettierung und Veredlungstechnik

Institut für Bergwerks- und Hüttenmaschinenkunde, 5100 Aachen, Wüllnerstraße 2, ☏ (0241) 80 38 44.

Institutsdirektor: Universitätsprofessor Dr.-Ing. Andreas *Seeliger:* Bergwerks- und Hüttenmaschinenkunde

Institut für Markscheidewesen, Bergschadenkunde und Geophysik im Bergbau, 5100 Aachen, Wüllnerstraße 2, ☏ (0241) 80 56 87.

Institutsdirektor: Universitätsprofessor Dr.-Ing. Paul *Knufinke:* Markscheidewesen, Bergschadenkunde und Geophysik im Bergbau

Universitätsprofessor Dr.-Ing. Bert-Günter *Müller:* Markscheidekunde

Universitätsprofessor Dr.-Ing. Adolf *Lengemann:* Markscheidewesen

Fachgruppe Geowissenschaften

5100 Aachen, Lochnerstraße 4–20, ☏ (0241) 80-62 19.

Vorsteher: Professor Dr. rer. nat. Werner *Kasig*.

Zweck: Ausbildung von Diplom-Geologen und Diplom-Mineralogen, Forschungsarbeiten in den vorgenannten Lehrgebieten.

Anzahl der Studenten	Sommersemester 1991	Wintersemester 1991/92
Geologie	414	433
Mineralogie	313	324
	727	757

Lehrstuhl für Geologie und Paläontologie und Geologisches Institut,
5100 Aachen, Wüllnerstraße 2, ☏ (0241) 80-57 20.
Institutsdirektor: Professor Dr. rer. nat. Roland *Walter*.

Lehrstuhl für Ingenieurgeologie und Hydrogeologie,
5100 Aachen, Lochnerstr. 4–20, ☏ (0241) 80-57 40.
Professor Dr. rer. nat. Kurt *Schetelig*.

UNIVERSITÄTEN UND ANDERE AUSBILDUNGSSTÄTTEN

Lehrstuhl für Geologie, Geochemie und Lagerstätten des Erdöls und der Kohle,
5100 Aachen, Lochnerstr. 4–20, ☏ (0241) 80-5748, Professor Dr. rer. nat. Monika *Wolf*.

Lehrstuhl und Institut für Mineralogie und Lagerstättenlehre,
5100 Aachen, Wüllnerstr. 2, ☏ (0241) 80-5774, Institutsdirektor: Professor Dr. rer. nat. Günther *Friedrich*.

Lehrstuhl und Institut für Kristallographie,
5100 Aachen, Jägerstr. 17/19, ☏ (0241) 80-6900, Institutsdirektor: Professor Dr. rer. nat. Theo *Hahn*.

Institut für Brennstoffchemie und physikalisch-chemische Verfahrenstechnik

5100 Aachen, Worringerweg 1, ☏ (0241) 806560, 806561.

Direktor: Professor Dr.-Ing. H. *Hammer* (bis 28. 2. 1990), Nachfolger: N. N.

Zweck: Das Institut vertritt in der Lehre für Chemiker und Brennstoffingenieure die chemische Reaktionstechnik, die chemische Verfahrenstechnik und die Brennstoffchemie. Die apparativen Einrichtungen des Instituts dienen auch der Begutachtung von Brenn-, Kraft- und Schmierstoffen.

Forschungsgebiete: 1. Chemische Reaktionstechnik: Probleme der Dimensionierung und des Betriebs chemischer Reaktoren, Systemanalyse und mathematische Modellierung, Simulation und Optimierung mittels elektronischer Rechenmaschinen, Blasensäulen-Reaktoren. 2. Heterogene Katalyse: Katalysatoren für die Petrochemie und den Bereich der technischen Gase, Chemisorption. 3. Brennstoffchemie und Brennstofftechnik: Aktivkokse als Adsorbentien, Katalysatoren und Katalysatorträger, Synthese von chemischen Grundstoffen auf der Basis von Kohle, Fischer-Tropsch-Synthese, Erdgasaustauschgas (SNG), Luftreinhaltung, Stickoxide ($DeNO_x$) durch Adsorption, Absorption oder Katalyse), Vergasung, Druckpyrolyse und überkritische Extraktion von Steinkohle. Synthetische Schmieröle.

Interdisziplinäre Arbeitsgemeinschaft Meeresforschung und Meerestechnik der RWTH Aachen

5100 Aachen, Institut für Mineralogie und Lagerstättenlehre der RWTH Aachen, Wüllnerstr. 2, ☏ (0241) 805774/5758, 5778, 5773, Telefax (0241) 805771.

Vorstand: Priv.-Doz. Dr. Walter L. *Plüger*, Vorsitzender; Dr.-Ing. Jürgen *Hausen*, stellv. Vorsitzender; sowie satzungsgemäß der Geschäftsführer Dr. rer. nat. Peter M. *Herzig*.

Geschäftsführung: Dr. rer. nat. Peter M. *Herzig*.

Gründung und Zweck: Die Arbeitsgemeinschaft wurde am 11. 7. 1972 gegründet. Sie hat die Aufgabe, die wissenschaftliche Forschung und Entwicklung auf den Gebieten der Meeresforschung und Meerestechnik zu fördern. Diese Aufgabe schließt u. a. folgende Tätigkeiten ein: Vorträge und Referate in entsprechenden Zusammenkünften und Tagungen; wissenschaftlicher Gedankenaustausch über die Gebiete der Meeresforschung und Meerestechnik mit allen, die an solchen Problemen interessiert sind. Veröffentlichung von Forschungsergebnissen zur Unterrichtung der interessierten Allgemeinheit.

Mitglieder: Professor Dr. rer. nat. Günther *Friedrich*, Priv.-Doz. Dr. rer. nat. Walter L. *Plüger*, Dr. rer. nat. Peter M. *Herzig* (Institut für Mineralogie und Lagerstättenlehre der RWTH Aachen), Professor Dr.-Ing. Paul *Knufinke* (Institut für Markscheidewesen, Bergschadenkunde und Geophysik im Bergbau der RWTH Aachen), Professor Dr.-Ing. Heinz *Hoberg* (Institut für Aufbereitung, Kokerei und Brikettierung der RWTH Aachen), Professor Dr.-Ing. Joachim *Krüger* (Institut für Metallhüttenkunde und Elektrometallurgie der RWTH Aachen), Professor Dr.-Ing. Robert *Thar* (Institut für Bergbaukunde I der RWTH Aachen), Professor Dr. rer. nat. Dietrich *Welte* (Lehrstuhl für Geologie, Geochemie und Lagerstätten des Erdöls und der Kohle der RWTH Aachen), Professor Dr.-Ing. Hans-Georg *Schultz*, Dr.-Ing. Jürgen *Hausen* (Lehrstuhl für Schiffbau, Konstruktion und Statik der RWTH Aachen), Professor Dr. rer. nat., Dr. rer. pol. Werner *Gocht* (Forschungsinstitut für internationale technisch-wirtschaftliche Zusammenarbeit der RWTH Aachen), Professor Dr. rer. nat. Peter *Bosetti* (III. Physikalisches Institut der RWTH Aachen).

Technische Universität Berlin

Fachbereich 16: Bergbau und Geowissenschaften

1000 Berlin 12, Straße des 17. Juni 135, ☏ (030) 31422227, ✆ 184262 tubln-d.

Zweck: Wissenschaftliche Ausbildung in allen Zweigen des Bergbaus, im Markscheidewesen, in der Mineralogie, der Geologie, der Geophysik und Geographie sowie die Pflege der in diese Lehrgebiete fallenden Forschung.

Präsident: Professor Dr.-Ing. Manfred *Fricke*.

Dekan des Fachbereichs 16: Professor Dr. rer. nat. Karl-Heinz *Hesse*.

Institut für Bergbauwissenschaften, ☏ (030) 31422805 und 22667.

Geschäftsführender Direktor: N. N., Stellv.: Professor Dr.-Ing. Helmut *Kratzsch:* Markscheidewesen, ☏ (030) 314-22667.

N. N.: Bergbaukunde, ☏ (030) 314-25488.

Professor Dr.-Ing. Helmut *Kratzsch:* Markscheidewesen und Bergschadenkunde, ☏ (030) 314-22711.

Professor Dr.-Ing. Friedrich Ludwig *Wilke:* Bergbaukunde, ☏ (030) 314-24139.

N. N.: Energie- und Rohstoffwirtschaft, ☏ (030) 314-23214.

Professor Dr.-Ing. Helmut *Wolff:* Meerestechnik und Erdöltechnik, ☏ (030) 314-23659.

Honorarprofessoren:
Dr.-Ing. Erhard *Baltzer:* Elektrotechnik im Bergbau
Dr.-Ing. Egon *Henkel:* Gewinnungstechnik im Strebbau.
Apl. Professor Dr.-Ing. Kurt *Ziegler:* Bergbaukunde.

Institut für Maschinenwesen beim Bergbau und Hüttenbetrieb, ☏ (030) 31425624, 31422253.

Geschäftsführender Direktor: Professor Dr.-Ing. Peter-Jürgen *Murasch,* Angewandtes Maschinenwesen.

Professor Dr.-Ing. Helmut *Baumgarten:* Materialflußtechnik und Logistik.

Professor Dr.-Ing. Hans-Hermann *Franzke:* Angewandtes Maschinenwesen.

Professor Dr.-Ing. Jürgen *Trautner:* Maschinentechnik in Produktionsbetrieben.

Institut für Geographie, ☏ (030) 314-25592.

Geschäftsführender Direktor: Professor Dr. rer. nat. Burkhard *Hofmeister,* Didaktik der Geographie und Landeskunde.

Professor Dr. rer. nat. Burkhard *Hofmeister:* Geographie.

Professor Dr. rer. nat. Klaus *Haserodt:* Geographie.

Professor Dr. rer. nat. Jürgen *Bartel:* Geographie.

Professor Dr. rer. nat. Frithjof *Voss:* Physische Geographie.

Professor Dr. rer. nat. Jürgen *Oßenbrügge:* Geographie, insbesondere Regionale Geographie von Mitteleuropa.

Institut für Geologie und Paläontologie, ☏ (030) 31422250.

Geschäftsführender Direktor: Professor Dr. rer. nat. Claus-Dieter *Reuther,* Geologie.

Professor Dr. rer. nat. Axel v. *Hillebrandt:* Paläontologie.

Professor Dr. rer. nat. Heinrich *Kallenbach:* Geologie.

Professor Dr. rer. nat. Eberhard *Klitzsch:* Geologie.

Professor Dr. rer. nat. Karl-Heinz *Hesse:* Ingenieurgeologie.

Professor Dr. rer. nat. Berndt Dietrich *Erdtmann:* Historische Geologie und Paläontologie.

Professor Dr. Johannes H. *Schroeder:* Geologie, insbesondere Sedimentologie.

Professor Dr. rer. nat. Uwe *Tröger:* Geologie, insbesondere Hydrogeologie.

Institut für Mineralogie und Kristallographie, ☏ (030) 31422746.

Geschäftsführende Direktorin: Professorin Dr. rer. nat. Irmgard *Abs-Wurmbach.*

Professor Dr. rer. nat. Irmgard *Abs-Wurmbach:* Angewandte Mineralogie (Zustands- und Reaktionsverhalten von Mineralen).

Professor Dr. rer. nat. Kurt *Weber:* Kristallographie.

Professor Dr. rer. nat. Peter-Jürg *Uebel:* Mineralogie (Petrologische Richtung).

Professor Dr. rer. nat. Klaus *Langer,* Mineralogie (Allgemeine und Angewandte Mineralogie experimenteller Richtung).

N. N.: Kristallographie.

Kustodin Dr. rer. nat. Susanne *Herting-Agthe:* Mineralogie (Spezielle Mineralogie).

Institut für Angewandte Geophysik, Petrologie und Lagerstättenforschung.

Geschäftsführender Direktor: Professor Dr. rer. nat. Klaus *Germann,* ☏ (030) 314-22613.

Fachgebiet Angewandte Geophysik, ☏ (030) 31472627.

Professor Dr. rer. nat. Jörn *Behrens:* Angewandte Geophysik.

Professor Dr. rer. nat. Hans-Jürgen *Burkhardt:* Angewandte Geophysik.

Fachgebiet Petrologie, ☏ (030) 31422291.

Professor Dr. rer. nat. Gerhard *Franz:* Petrologie.

Fachgebiet Lagerstättenforschung, ☏ (030) 31423389.

Professor Dr. rer. nat. Klaus *Germann:* Lagerstättenforschung und Erzmikroskopie.

Professor Dr.-Ing. Karl-Heinz *Jacob:* Lagerstättenforschung und Rohstoffkunde.

Akad. Rat Priv.-Doz. Dr. rer. nat. Günther *Matheis:* Geochemisches Zentrallabor.

Anzahl der Studenten	Sommersemester 1991	Wintersemester 1991/92
Bergbau	117	106
Markscheidewesen	5	4
Geologie	368	394
Geophysik	88	83
Mineralogie	115	100

Institut für Energietechnik

1000 Berlin 10, Marchstraße 18, ☏ (030) 31423344, 31423343, ✆ 184262 tubln d, Telefax (030) 314-23222.

Geschäftsführender Direktor: Professor Dr.-Ing. G. *Bartsch.*

Zweck: Lehre und Forschung auf dem Gebiet der Energietechnik, Wärmeübertragung, speziellen Meßtechnik, Brennstofftechnik, Kerntechnik.

Institut für Energietechnik

Fachbereich 10: Verfahrenstechnik und Energietechnik

Fachgebiet: Energieverfahrenstechnik/Brennstofftechnik.

1000 Berlin 12, Fasanenstr. 89 (Rudolf-Drawe-Haus), ☏ (030) 3142 27 56, ✆ 184262 tubln-d-.

Fördergesellschaft: Gesellschaft zur Förderung des Fachgebietes Brennstofftechnik der Technischen Universität Berlin eV (G.I.B.T.).

Vorstand: Dipl.-Ing. Konstantin *Bers*, Berlin, Vorsitzender; Dr.-Ing. Rainer *Reimert*, Frankfurt, stellv. Vorsitzender; der Präsident der Technischen Universität Berlin; Professor Dr. rer. nat. Heinz *Meier zu Köcker*, Berlin, Geschäftsführendes Vorstandsmitglied.

Leitung: Professor Dr. rer. nat. Heinz *Meier zu Köcker*.

Zweck: Wissenschaftlich fundierte Ausbildung von Ingenieurstudenten, nach der Diplomvorprüfung im Rahmen von Studienplätzen mit Abschluß durch Diplom-Hauptprüfung (Dipl.-Ing.). Grundlagenforschung in Verbindung mit öffentlichen Forschungsträgern.

Arbeitskreis Meerestechnik

1000 Berlin 10, Salzufer 17–19; Postanschrift: Straße des 17. Juni 135, 1000 Berlin 12, ☏ (030) 3142 31 05.

Mitglieder: Institut für Lagerstättenforschung und Rohstoffkunde, Petrologie und Angewandte Geophysik, Institut für Bergbauwissenschaften, Institut für Chemieingenieurtechnik, Institut für Schiffs- und Meerestechnik, Institut für Wasserbau und Wasserwirtschaft, Institut für Lebensmitteltechnologie und Biotechnologie.

Sprecher: Professor Dr.-Ing. Günther *Clauss*.

Zweck: Interdisziplinäre Forschung und Lehre im Bereich Meerestechnik: Veranstaltung von »Aufbauseminaren Meerestechnik« gemeinsam mit der Arbeitsgruppe Meerestechnik und marine Mineralrohstoffe, Technische Universität Clausthal; Einrichtung von Vertiefungsrichtungen Meerestechnik für die Studienrichtungen Schiffstechnik, Verfahrenstechnik und Bergbau; Forschungsaktivitäten bisher auf folgenden Schwerpunkten: Gewinnung mineralischer Rohstoffe aus der Tiefsee (Aufnahme, Förderung, Plattformen, Transport, Umschlag); Wirtschaftlichkeitsstudien für den Ozeanbergbau; Offshore-Technik.

Institut für Technischen Umweltschutz

1000 Berlin 12, Straße des 17. Juni 135, Sekretariat KF 7, ☏ (030) 3142 33 27.

Geschäftsführender Direktor: Professor Dr.-Ing. *Fleischer*.

Zweck: Lehre und Forschung auf den Gebieten Abfallwirtschaft, Umweltchemie, Luftreinhaltung, Siedlungswasserbau und Wasserreinhaltung.

Ruhr-Universität Bochum

Institut für Berg- und Energierecht

4630 Bochum, Universitätsstraße 150, Postfach 10 21 48, ☏ (02 34) 7 00 73 33, Telefax (02 34) 70 94-212.

Geschäftsführender Direktor: Professor Dr. iur. Peter J. *Tettinger:* Öffentliches Recht, insbesondere Allgemeines Verwaltungsrecht, Wirtschaftsverfassungs- und Wirtschaftsverwaltungsrecht.

Direktorium

Professor Dr. rer. pol. Hans *Besters:* Wirtschaftslehre, insbesondere Wirtschaftspolitik;

Professor Dr. rer. nat. Dr. h. c. Lothar *Dresen:* Seismik, insbesondere Regionalseismik und Modellseismik;

Professor Dr. iur. Uwe *Hüffer:* Bürgerliches Recht, Handels- und Wirtschaftsrecht — einschließlich Berg- und Energierecht —;

Professor Dr. Dr. iur. h. c. Knut *Ipsen* LLD h. c.: Öffentliches Recht, insbesondere Völkerrecht;

Professor Dr.-Ing. Hans Ludwig *Jessberger:* Grundbau und Bodenmechanik;

Professor Dr.-Ing. Hermann *Unger:* Nukleare und neue Energiesysteme.

Zweck: Forschung und Lehre auf dem Gebiet des Berg- und Energierechts mit seinen interdisziplinären Verflechtungen. Vortrags- und Diskussionsveranstaltungen zu aktuellen praxisrelevanten Problemen des Berg- und Energierechts mit Vertretern von Staat, Kommunen, Verbänden und Unternehmen. Interdisziplinäre Lehrveranstaltungen auf dem Gebiet des Berg- und Energierechts. Herausgabe einer Schriftenreihe unter dem Titel »Bochumer Beiträge zum Berg- und Energierecht« zur Aufnahme von Tagungsbänden, für die Veröffentlichung spezieller Forschungsarbeiten und zur Publikation herausragender Dissertationen.

Institut für Geophysik

4630 Bochum 1, Universitätsstraße 150, Postfach 10 21 48, ☏ (02 34) 7 00 32 70, ✆ 8 52 860, Telefax (02 34) 70 94-181.

Geschäftsführender Direktor: Professor Dr. rer. nat. Hans-Peter *Harjes.*

Bergbaubezogene Arbeits- und Forschungsgebiete:

Professor Dr. rer. nat. Dr. h. c. Lothar *Dresen:* Bergbau- und Ingenieurgeophysik, Altlasten- und Deponie-Erkundung, über- und untertägige Vorfelderkundung (insbesondere Flözwellenseismik), Modellseismik mit analogen, numerischen und hybriden Verfahren.

Professor Dr. rer. nat. Hans-Peter *Harjes:* Gebirgsschlaggeophysik, seismische Überwachung des Ruhrbergbaugebietes

Professor Dr. rer. nat. Fritz *Rummel:* Gesteinsphysik, in-situ Spannungsmessung, Erdwärmenutzung, Hydrofracturing

Technische Universität Clausthal

3392 Clausthal-Zellerfeld 1, Adolph-Roemer-Straße 2A, ☏ (05323) 721, ⚡ 953828 tuclz d, Telefax (05323) 723500.

Rektor: Professor Dr.-Ing. Dr. h. c. Walter *Knissel.*

Prorektor: Dr. rer. nat. Georg *Müller* (bis 30. September 1993).

Kanzler: Regierungsoberrat Dr. Peter *Kickartz.*

Fakultät für Bergbau, Hüttenwesen und Maschinenwesen: Professor Dr. rer. nat. Günther *Frischat,* Vorsitzender (bis 31. 3. 1993).

Fachbereich Bergbau und Rohstoffe: Studiengang Bergbau (Studienrichtungen: Bergbau; Aufbereitung und Veredelung; Tiefbohrtechnik, Erdöl- und Erdgasgewinnung); Studiengang Markscheidewesen.

Dekan: Professor Dr. mont. Günter *Pusch* (bis 31. 3. 1993).

Institut für Bergbaukunde und Bergwirtschaftslehre

3392 Clausthal-Zellerfeld, Erzstr. 20, ☏ (05323) 722223, Telefax (05323) 723762.

Geschäftsführender Leiter: Professor Dr.-Ing. Dr. h. c. Walter *Knissel:* Bergbauliche Verfahrens- und Betriebslehre (Zuschnitt von Bergwerken, Schachtbau, Vortrieb, Abbau, Entsorgung).

Professor Dr.-Ing. Werner *Vogt:* Tagebautechnik (Verfahrens- und Betriebslehre, Planung und Organisation, Entwässerung und Rekultivierung).

Professor Dr.-Ing. Siegfried *von Wahl:* Bergbaubetriebswirtschaft, Rohstoff- und Energiewirtschaft.

Professor Dr.-Ing. Wolfgang *Helms:* Auslandsbergbau und Bergbauplanung.

Institut für Bergbau

3392 Clausthal-Zellerfeld, Erzstr. 20, ☏ (05323) 722225, ⚡ 953813 TU IFB, Telefax (05323) 722371.

Geschäftsführender Leiter: Professor Dr.-Ing. habil. Karl-Heinz *Lux* (ab 1. 4. 1993): Geomechanik in Bergbau, Tunnelbau und Deponietechnik.

Professor Dr.-Ing. Hans Joachim *Lürig:* Bergbauliche Betriebsmittel, Wettertechnik und Grubensicherheit, Sprengtechnik, Umweltschutz und Sicherheitstechnik.

Institut für Tiefbohrtechnik, Erdöl- und Erdgasgewinnung

3392 Clausthal-Zellerfeld, Agricolastr. 10, ☏ (05323) 722239, ⚡ 953813 tu ite d, Telefax (05323) 723146.

Geschäftsführender Leiter: Professor Dr. mont. Günter *Pusch* (ab 1. 4. 1993): Lagerstättentechnik, Untertage-Speichertechnik, Offshoretechnik, Bewertung von Lagerstätten.

Professor Dr.-Ing. Dr. h. c. Claus *Marx:* Tiefbohrtechnik, Erdöl- und Erdgasgewinnung, Erdgastransport und -verteilung, Schürfbohrtechnik.

Institut für Aufbereitung und Veredelung

3392 Clausthal-Zellerfeld, Walther-Nernst-Str. 9, ☏ (05323) 722242, Telefax (05323) 722811.

Geschäftsführender Leiter: Professor Dr.-Ing. Eberhard *Gock* (ab 1. 4. 1993): Abteilung chemische Verfahren, Flotation, Abwassertechnik und Abfallaufbereitung.

Professor Dr.-Ing. Klaus *Schönert:* Abteilung Zerkleinern, Klassieren, physikalische Verfahren.

Institut für Markscheidewesen

3392 Clausthal-Zellerfeld, Erzstr. 18, ☏ (05323) 722294, Telefax (05323) 722795.

Geschäftsführender Leiter: Professor Dr.-Ing. Wolfgang *Busch* (ab 1. 4. 1993): Landesvermessung, Ingenieurvermessung, Photogrammetrie, Ausgleichsrechnung, Raumbezogene Informationssysteme in der Entsorgung- und Umwelttechnik sowie für die Bearbeitung von Bergbaualtlasten.

Professor Dr.-Ing. Heinz *Pollmann:* Erfassung und Darstellung von Lagerstätten, Ingenieurvermessung, Photogrammetrie, Gebirgs- und Bodenbewegungen, Bergschäden.

Institut für deutsches und internationales Berg- und Energierecht

3392 Clausthal-Zellerfeld, Arnold-Sommerfeld-Straße 6, ☏ (0 53 23) 72 22 83.

Geschäftsführender Leiter: Professor Dr. jur. Gunther *Kühne*, LL. M.: Bergrecht, Energierecht, Bürgerliches Recht, Wirtschaftsrecht.

Institut für Wirtschaftswissenschaft

3392 Clausthal-Zellerfeld, Adolph-Roemer-Straße 2A, ☏ (0 53 23) 72 22 46.

Geschäftsführender Leiter: Professor Dr. rer. pol. Manfred J. *Matschke* (ab 1. 4. 1993): Wirtschaftswissenschaft.

Professor Dr. rer. nat. Rolf *Schwinn:* Allgemeine Betriebswirtschaftslehre einschl. Unternehmensforschung.

Weitere Institute und Lehrstühle der Mathematisch-Naturwissenschaftlichen Fakultät und der Fakultät für Bergbau, Hüttenwesen und Maschinenwesen aus dem Montanbereich:

Angewandte Mechanik und Festigkeitsanalyse
Professor Dr. rer. nat. Bernhard *Zimmermann.*

Institut für Geologie und Paläontologie
Allgemeine und historische Geologie: Professor Dr. rer. nat. Klaus *Schwab.*
Kohlengeologie und Geomechanik: Professor Dr. rer. nat. Rudolf *Adler.*
Ingenieurgeologie: Professor Dr. Gerhard *Reik.*
Erdölgeologie: Professor Dr. rer. nat. Holger *Kulke.*
Geologie außereuropäischer Länder: Professor Dr. rer. nat. Horst *Quade.*

Institut für Mineralogie und Mineralische Rohstoffe
Mineralogie-Petrographie: Professor Dr. rer. nat. Georg *Müller.*
Mineralogie-Kristallographie: Professor Dr. rer. nat. Heinz *Follner.*
Lagerstättenforschung und Rohstoffe: Professor Dr. rer. nat. habil. Bernd *Lehmann.*
Salzlagerstätten und Untergrund-Deponien: Professor Dr. rer. nat. Albert Günter *Herrmann.*

Institut für Geophysik
Professor Dr. rer. nat. Jürgen *Fertig.*

Institut für Chemische Technologie und Brennstofftechnik
Chemische Technologie: Professor Dr. rer. nat. Hans-Henning *Oelert.*
Brennstofftechnik: Professor Dr.-Ing. Jacek *Zellkowski.*

Institut für Chemische Verfahrenstechnik
Professor Dr.-Ing. Ulrich *Hoffmann.*

Nichtmetallische Werkstoffe
Professor Dr. rer. nat. Günther *Frischat;* N. N.; Professor Dr.-Ing. Ivan *Odler.*

Zentrum für Rohstofforientierte Meeresforschung
(Gemeinsame wissenschaftliche Einrichtung mit dem Fachbereich Geowissenschaften)

3392 Clausthal-Zellerfeld, Bauhofstraße 19, ☏ (0 53 23) 7 80 37, Telefax (0 53 23) 7 82 69.

Geschäftsführender Leiter: Professor Dr.-Ing. Herbert *Grill:* Meeresbergbau; Marine Rohstoffe und Exploration: N. N.

Zweck: Forschung und Lehre auf den mit der Struktur der Hochschule in Einklang stehenden Arbeitsgebieten der Meerestechnik und marinen Mineralrohstoffe, das heißt insbesondere die Aufsuchung, Gewinnung und Verarbeitung mineralischer Rohstoffe aus dem Meer und die damit zusammenhängenden Fragen lagerstättengenetischer, rohstoffkundlicher und physikalisch-chemischer Art.

Forschungsschwerpunkte: Weiterentwicklung und Bau von Geräten bzw. Explorationssystemen für den Einsatz in der Tiefsee. Entwicklung von umweltverträglichen Abbauverfahren für mineralische Rohstoffe aus der Tiefsee (Manganknollen, Manganerzkrusten, Massivsulfide, Phosphorite). Untersuchung der Bildungsbedingungen von Phosphaten im marinen Bereich; insbesondere durch die Phosphatisierung von Karbonaten.

In Zusammenarbeit mit anderen Instituten der TU Clausthal innerhalb der Arbeitsgruppe Meerestechnik und marine Mineralrohstoffe (AMTUC) wird ein umfassendes Lehrangebot durch Einzelveranstaltungen und Studienmodelle (Vertiefungsrichtungen) angeboten. Veranstaltung von Aufbauseminaren »Meerestechnik« für Interessenten aus Industrie und Verwaltung. Herausgabe einer Schriftenreihe »Beiträge zur Meerestechnik« mit Tagungsberichten und wissenschaftlichen Arbeiten.

Anzahl der Studenten	Wintersemester 1991/92
Bergbau	439
Markscheidewesen	23
Geologie	228
Mineralogie	42

Universität Dortmund

Institut für Umweltschutz (INFU)

4600 Dortmund 50, Postfach 50 05 00, ☏ (02 31) 7 55-40 90, ✶ 7 55 40 84.

Leitung: Professor Dr.-Ing. Hans-Jürgen *Karpe,* Professor Dr. Christian *Ullrich.*

8 LEHRE UND FORSCHUNG

Zweck: Forschung mit Schwerpunkten auf den Gebieten Kommunaler Umweltschutz, Technologieforschung, Umweltökonomie, Deponien, Altlastensanierung, Energie und Umwelt, Umweltprobleme der Entwicklungsländer.

Institut für Arbeitsphysiologie

4600 Dortmund 1, Ardeystraße 67, ☏ (0231) 1084-0.

Rechtsträger: Forschungsgesellschaft für Arbeitsphysiologie und Arbeitsschutz e. V.

Direktorium: Professor Dr. med. Dr. rer. nat. H. M. *Bolt;* Professor C. R. *Cavonius,* Ph. D.; Professor Dr. med. B. *Griefahn;* Professor Dr. rer. nat. H. *Heuer;* Professor Dr.-Ing. W. *Laurig.*

Zweck: Gemäß der Satzung der Forschungsgesellschaft Forschungen auf dem Gebiet der theoretischen und angewandten Arbeitsphysiologie zum Wohle und Schutz der arbeitenden Menschen.

Das Institut arbeitet nach einem Forschungsplan, der zweijährlich von den Abteilungsdirektoren zusammengestellt und von der Mitgliederversammlung der Forschungsgesellschaft nach Diskussion im Kuratorium beschlossen wird. Die Arbeitsergebnisse werden der Allgemeinheit durch Publikationen und Fortbildungsveranstaltungen zugänglich gemacht.

Organisation: Es bestehen fünf wissenschaftliche Abteilungen, deren Arbeiten sich auf folgende Schwerpunkte konzentrieren:
Arbeitspsychologie: Professor Dr. rer. nat. H. *Heuer;*
Ergonomie: Professor Dr.-Ing. W. *Laurig;*
Sinnes- und Neurophysiologie: Professor C. R. *Cavonius,* Ph. D.;
Toxikologie und Arbeitsmedizin: Professor Dr. med. Dr. rer. nat. H. M. *Bolt;*
Umweltphysiologie und Arbeitsmedizin: Professor Dr. med. B. *Griefahn.*

Universität Düsseldorf
Medizinisches Institut für Umwelthygiene

4000 Düsseldorf 1, Auf'm Hennekamp 50, Postfach 5634, ☏ (0211) 3389-0, ✆ 8582164 miu d, Telefax (0211) 3190910.

Direktor: Professor Dr. med. Hans-Werner *Schlipköter.*

Zweck: Experimentelle Bestimmung der Wirkung von Umweltschadstoffen, insbesondere Luftverunreinigungen an Zellbestandteilen, Zellen und isolierten Organen in vitro, an Versuchstieren und Testpersonen; epidemiologische Untersuchungen hierzu. Umweltmedizinische Beratung. Untersuchungen zur Pathogenese, Prophylaxe und Therapie der Silikose und anderer Staublungenerkrankungen. Tropenhygiene. Lärm- und Geruchswirkungsforschung. In dieser Grundlagen- und Zweckforschung kommen chemische, biochemische, immunologische, neurotoxikologische, pharmakologisch-toxikologische, psycho-physiologische, licht- und elektronenmikroskopische sowie hygienisch-bakteriologische Arbeitsmethoden zum Einsatz.

Universität (GH) Essen
Fachbereich 9: Bio- und Geowissenschaften

4300 Essen 1, Universitätsstraße 5, Postfach 103764. Fachgebiet: Geologie, ☏ (0201) 1833101.

Leitung: Universitätsprofessor Dr. rer. nat. Dr. h. c. Peter *Meiburg,* Dr. D. E. *Meyer,* Dr. H. *Wiggering,* Dr. K. *Hoffmann.*

Zweck: Lehre und Forschung auf dem Gebiet der Geologie und Umweltgeologie, spezifische Verwitterungsprozesse und Rekultivierung von Steinkohlenbergehalden.

Bergakademie Freiberg

O-9200 Freiberg, Akademiestraße 6, ☏ (03731) 51-0, ✆ 322391 baf d, Telefax (03731) 22195.

Rektor: Professor Dr. Dietrich *Stoyan.*

Prorektor für Wissenschaftsentwicklung: Professor Dr. sc. techn. Ernst *Schlegel,* ☏ 3143.

Prorektor für Bildung: Professor Dr. sc. techn. Gert *Walter,* ☏ 3460.

Kanzler: Martin *Klein,* ☏ 2700.

Fachbereich Chemie: Dekan: Professor Dr. sc. nat. Gert *Wolf,* ☏ 3151; Prodekan: Professor Dr. sc. nat. Matthias *Otto,* ☏ 3468.

Fachbereich Geowissenschaften: Dekan: Professor Dr. rer. nat. Christian *Oelsner,* ☏ 3121; Prodekan: N. N.

Fachbereich Maschinenbau und Energietechnik: Dekan: Professor Dr. sc. techn. Peter *Költzsch,* ☏ 3120; Prodekan: Professor Dr. sc. techn. Gerd *Walter,* ☏ 3460.

Fachbereich Geotechnik/Bergbau: Dekan: Professor Dr. sc. techn. Friedrich *Haefner,* ☏ 2342; Prodekan: Professor Dr.-Ing. Manfred *Walde,* ☏ 2523.

Fachbereich Technische Informatik: Dekan: Professor Dr. sc. techn. Werner *Willmann,* ☏ 2970; Prodekan: Professor Dr.-Ing. habil. Wolfgang *Stock,* ☏ 2920.

Ernst-Moritz-Arndt-Universität
Fachrichtung Geowissenschaften

O-2200 Greifswald, Jahnstraße 17, ☏ 5271-298, ✆ 318336 unig dd.

Geschäftsführender Direktor: Professor Dr. habil. Rolf *Langbein*.

Abteilungen:
Regionale Geologie und Geotektonik: Professor Dr. habil. G. *Katzung*.
Historische Geologie: Professor Dr. habil. Gerhard *Steinich*.
Paläontologie: Professor Dr. habil. Helmut *Nestler*.
Mineralogie/Geochemie: Professor Dr. habil. Rolf *Seim*.
Petrologie: Professor Dr. habil. Rolf *Langbein*.
Mathematische Geologie und Geophysik: Professor Dr. habil. G. *Peschel*.
Lagerstättenlehre: Professor Dr. habil. Manfred *Störr*.

Zweck: Ausbildung von Diplom-Geologen und Diplom-Mineralogen.
Forschungsschwerpunkte: Komplexe Sedimentforschung, Tonmineralforschung, Geoinformatik.

Martin-Luther-Universität Halle-Wittenberg
Fachbereich Geowissenschaften
Institut für Geologische Wissenschaften und Geiseltalmuseum

O-4020 Halle/Saale, Domstraße 5, ☏ (0345) 3 7781.

Kom. Direktor: Professor Dr. habil. Max *Schwab*.

Abteilungen: Paläontologie und Geiseltalmuseum, Mineralogie, Geologie.

Zweck: Ausbildungsschwerpunkt: Umwelt- und Territorialgeologie.
Forschungsschwerpunkte: Umweltgeologie; Varisziden, speziell Harz; Vertebratenpaläontologie, speziell eozäne Faunen der Braunkohle des Geiseltales; Quartärgeologie; Biostratigraphie.

Universität Hannover
Institut für Fördertechnik und Bergwerksmaschinen

3000 Hannover 1, Callinstr. 36, ☏ (0511) 762-2422 u. 3524, ⌁ 923868 unihn d, Telefax (0511) 762-4007.

Leitung: Professor Dr.-Ing. Manfred *Hager*.

Zweck: Lehre und Forschung auf den Gebieten Fördertechnik, Aufbereitungstechnik und Bergwerksmaschinen.

Aktivitäten: *Lehre:* Lehrveranstaltungen zur Fördertechnik (aufgeteilt in Einzelgebiete) und über Aufbereitungstechnik, Bergwerksmaschinen sowie Erdöl- und Erdgasförderung. *Forschung:* Schwerpunkt auf dem Gebiet der stetigen Massengutförderung insbesondere mit Gurtförderern. Gurttechnologische Untersuchungen. Hydraulische Senkrechtförderung von Feststoffen. Gewinnungs- und Fördereinrichtungen im Bergbau. Umschlagtechnik in Häfen. Warenverteiltechnik. Betriebsuntersuchungen an fördertechnischen Anlagen sowie Beanspruchungsuntersuchungen von Bauteilen. Rechnersimulation von Förder-, Umschlag- und Verteilprozessen.

Universität Karlsruhe
Engler-Bunte-Institut und DVGW-Forschungsstelle

7500 Karlsruhe, Richard-Willstätter-Allee 5, ☏ (0721) 6082555, ⌁ 7826521 th Karlsruhe.

Direktoren: Bereich Gas, Erdöl und Kohle: Professor Dr. rer. nat. Kurt *Hedden*. Bereich Petrochemie: Professor Dr. rer. nat. Karl *Griesbaum*. Bereich Feuerungstechnik: Professor Dr.-Ing. Wolfgang *Leuckel*. Bereich Wasserchemie: Professor Dr. rer. nat. Fritz *Frimmel*. Bereich Umweltmeßtechnik: Professor Dr. phil. *Braun*.

Leiter der Allgemeinen Abteilung: Dipl.-Kfm. Heinz *Schimmelpfennig*.

Zweck

Bereich Gas, Erdöl und Kohle
Erzeugung technischer Gase aus festen, flüssigen und gasförmigen Brennstoffen; Aufbereitung und chemische Verwendung von Erdgas; Raffination von Erdöl; katalytisches und thermisches Spalten und Reformieren von Kohlenwasserstoffen; Verfahren zur Kohleveredelung; Ausarbeitung von Methoden zur Untersuchung von Kohlenwasserstoff-Gemischen, insbesondere durch Gas- und Flüssigkeitschromatographie und Massenspektrometrie. Beratungen und wissenschaftliche Gutachten auf dem Gebiet der Gas- und Brennstofftechnik einschließlich Abgasfragen sowie Typprüfungen von Dichtungswerkstoffen und Korrosionsschutzmitteln.

Bereich Petrochemie
Herstellung von Grundstoffen der Petrochemie, ausgehend von Rohstoffen der Mineralölindustrie: Mono- und Diolefine, Aromaten, Synthese von Monomeren und Zwischenprodukten der organischen Chemie, ausgehend von petrochemischen Grundstoffen. Daneben werden auch aktuelle Probleme des Umweltschutzes (z. B. oxidative Beseitigung von unerwünschten Kohlenwasserstoffen aus industriellen und motorischen Abgasen) bearbeitet.

Bereich Feuerungstechnik
Funktionsprinzipien von Brennern in technischen Prozessen für gasförmige, flüssige und feste Brennstoffe. Aerodynamische, thermische und kinetische Steuerung von Flammeneigenschaften. Grundlagenuntersuchungen zur Interaktion Flammenturbulenz/Reaktion. Diverse Verfahren der Flammendiagnostik. Mathematische Modellierung von Flammen, Industrieöfen und Hochtemperaturreaktoren. Typprüfung von Gasbrenngeräten sowie von Steuerungs-

und Sicherheitsarmaturen. Fragen der Explosionsgefährdung durch Brenngas/Luft- und Staub/Luft-Gemische.

Bereich Wasserchemie
Die Abteilung Wasserchemie befaßt sich mit Fragen der Zusammensetzung und Eigenschaften natürlicher Wässer und Abwässer, den in ihnen verlaufenden chemischen Prozessen sowie den Aufbereitungsverfahren.

Die technischen Untersuchungen und Beratungen der einzelnen Bereiche werden im Rahmen der DVGW-Forschungsstelle am Engler-Bunte-Institut vorgenommen.

Bereich Umweltmeßtechnik
Photochemische Analyse und Technologie. Forschung und Entwicklung auf den Anwendungsgebieten der quantitativen Singulett-Sauerstoff-Analyse. Entwicklung optischer Sensoren, insbesondere für Umweltanalyse und Prozeßtechnik. Design und Konstruktion photochemischer Reaktoren im Pilot- und großtechnischen Maßstab für die Produktion von Feinchemikalien, zum oxidativen Abbau organischer Verunreinigungen in Wasser und Luft. Anwendung von Optimierungsmethoden, inkl. Neural Networks.

Lehrstuhl für Felsmechanik

7500 Karlsruhe 1, Richard-Willstätter-Allee, Postfach 6980, ☏ (0721) 608-2228, Telefax (0721) 69 36 38.

Ordinarius: Professor Dr.-Ing. Otfried *Natau*.

Zweck: Lehre und Forschung auf dem Gebiet der Baugeologie und Felsmechanik (Geotechnik) im Felsbau, Tunnelbau, Schachtbau, Deponiebau und im Bergbau über und unter Tage. Laboruntersuchungen aller Art (u. a. Triaxial-Großversuche, Kluftscherversuche, Kriech- und Relaxationsversuche, Quellversuche, Frost- und Hochtemperaturversuche). TV-Bohrlochsondierung, Spannungsmessungen. Gebirgssicherung, Verpreßanker, Tunnel- und Bergbauanker, Ausbau. Gebirgsdrucktheorien, felsstatische Berechnungen (analytisch und numerisch), meßtechnische Überwachung. Wissenschaftlich relevante Fragen bei Bau- und Abbauverfahren sowie bei Sanierungs- und Rekonstruktionsarbeiten.

Universität Kiel

Institut für Weltwirtschaft

2300 Kiel 1, Düsternbrooker Weg 120, ☏ (0431) 88 14-1, Telefax (0431) 8 58 53.

Präsident: Professor Dr. Horst *Siebert*.

Zweck: Das IfW ist ein Zentrum weltwirtschaftlicher Forschung und Dokumentation.

Universität Köln

Institut für Energierecht

5000 Köln 41, Nikolausplatz 5, ☏ (0221) 41 83 30 und 41 29 01, Telefax (0221) 41 14 17.

Direktor: Professor Dr. Jürgen F. *Baur*.

Zweck: Lehre und Forschung auf dem Gebiet des Energierechts und des Atomenergierechts; regelmäßige Veranstaltungen zu aktuellen Fragen des Energierechts; Herausgabe einer Schriftenreihe von Veröffentlichungen über energierechtliche Themen.

Energiewirtschaftliches Institut

5000 Köln 41, Albertus-Magnus-Platz, ☏ (0221) 470 22 58, Telefax (0221) 446537.

Direktor: Professor Dr. C. Christian *von Weizsäcker*.

Geschäftsführung: Professor Dr. Walter *Schulz*.

Zweck: Lehre und Forschung auf dem Gebiet der Energiewirtschaft.

Institut und Poliklinik für Arbeits- und Sozialmedizin

5000 Köln 41, Joseph-Stelzmann-Str. 9, ☏ (02 21) 4 78 44 50.

Direktor: Professor Dr. med. Claus *Piekarski*.

Zweck: Lehre und Forschung auf dem Gebiet der Arbeits- und Sozialmedizin.

Technische Universität München

Lehrstuhl für Energiewirtschaft und Kraftwerkstechnik

8000 München 2, Arcisstr. 21, Postfach 20 24 20, ☏ (089) 21 05-83 01.

Ordinarius: Professor Dr.-Ing. Dr.-Ing. E. h. Helmut *Schaefer*.

Zweck: Lehre und Forschung über Technologien der Energieanwendung, Energieversorgung und der Kraftwerkstechnik. Forschungsschwerpunkte sind Strukturanalysen des Energiebedarfes; Rationeller Energieeinsatz; Energiekonzepte; Gebäudesimulation; Regenerative Energienutzung; Höchstlastoptimierung; Elektrowärmeeinsatz; Betriebsverhalten elektrischer Energiespeicher; Kumulierter Energieverbrauch von Energiedienstleistungen und Verbrauchsgütern.

UNIVERSITÄTEN UND ANDERE AUSBILDUNGSSTÄTTEN

Westfälische Wilhelms-Universität Münster

Institut für Berg- und Energierecht

4400 Münster, Universitätsstr. 14–16, ☏ (0251) 832731.

Direktoren: Energiewirtschaftliche Abteilung: Professor Dr. Hellmuth St. *Seidenfus*.

Institut für Arbeitsmedizin

4400 Münster, Robert-Koch-Str. 51, ☏ (0251) 83-6262.

Direktorin: Universitätsprofessorin Dr. med. Ute *Witting*.

Zweck: Untersuchungen zum Wirkungsmechanismus gesundheitsschädlicher Arbeitsstoffe. Entwicklung und Anwendung von Methoden zur Prävention und Früherkennung von Organveränderungen bei Belastung mit gesundheitsschädlichen Arbeitsstoffen. – Arbeitsmedizinische Vorlesungen und Seminare.

Universität Stuttgart

Institut für Kernenergetik und Energiesysteme

7000 Stuttgart 80 (Vaihingen), Pfaffenwaldring 31, Postfach 801140, ☏ (0711) 685-2138 und 2137, ✆ 7255445 univ d, Telefax (0711) 6852010.

Institutsdirektor: Professor Dr. rer. nat. Alfred *Schatz*.

Geschäftsführung: Dipl.-Phys. Peter *Holder*.

Abteilungen

Reaktorphysik, Leiter: Professor Dr. rer. nat. Dieter *Emendörfer*.

Reaktorsicherheit, Systeme und Umwelt, Leiter: Professor Dr. rer. nat. Alfred *Schatz*.

Wissensverarbeitung und Numerik, Leiter: Dr.-Ing. Fritz *Schmidt*.

Energiewandlung und Wärmetechnik, Leiter: Professor Dr.-Ing. Manfred *Groll*.

Heizung, Lüftung, Klimatechnik, Leiter: Professor Dr.-Ing. Heinz *Bach*.

Hochtemperaturtechnologie, Leiter: Dipl.-Phys. Hans-Georg *Mayer*.

Meßwerterfassung und elektronische Steuerungstechnik, Leiter: Dr.-Ing. Rolf *Mayer*.

Hochschule für Technik und Wirtschaft Zittau/Görlitz

O-8800 Zittau, Theodor-Körner-Allee 16, ☏ (03583) 610, ✆ 25923, Telefax (0522) 3231.

Rektor: Professor Dr. sc. techn. Gottfried *Beckmann*.

Fakultäten:
Maschinenbau und Energietechnik: Professor Dr.-Ing. habil. Carl-Jürgen *Steinkopf*, amt. Dekan.
Elektrotechnik: Professor Dr.-Ing. habil. Herbert *Kindler*, amt. Dekan.
in Gründung: Wirtschaftswissenschaft und Energiewirtschaft: Professor Dr. sc. oec. Peter *Hedrich*, amt. Dekan.

Fachbereiche:
Mathematik und Naturwissenschaften: Professor Dr. rer. nat. habil. Jürgen *Bosholm*.
Allgemeine Studien: Dozent Dr. sc. paed. Klaus *Pietsch*.

Studiengänge:
Maschinenbau, Verfahrenstechnik/Energietechnik, Elektrotechnik, Informatik, Bauingenieurwesen, Ver- und Entsorgungstechnik, Betriebswirtschaft, Wirtschaftsingenieurwesen, Sozialwesen.

Anzahl der Studenten (1992): 1300.

DMT-Gesellschaft für Lehre und Bildung mbH

4630 Bochum 1, Herner Straße 45, ☏ 0234) 986-02, ✆ 825701, Telefax (0234) 9683606 (Haupteintrag in Kap. 1, Abschnitt 7).

Ruhrkohle AG

Hauptabteilung Berufsbildung, Arbeitssicherheit, Arbeitswissenschaften

4690 Herne 1, Shamrockring 1, ☏ (02323) 15-0.

Leitung: Dr.-Ing. Klaus *Stockhaus*.

Abteilung Berufsbildung: Dr. Udo *Butschkau*, Leiter.

Zweck: Planung und Koordinierung der Berufsbildung bei der Ruhrkohle AG; Ausbildung in allen bergmännischen Berufen, technischen sowie kaufmännischen Berufen; RAG-Maschinenübungszentrum für technische Weiterbildung; Planung und Durchführung von Weiterbildungsmaßnahmen in den Bereichen Arbeitssicherheit, EDV, Führungstechnik; spezielle Weiterbildunggsmaßnahmen für Ausbilder und andere gesonderte Zielgruppen.

Träger: Ruhrkohle AG mit ihren Bergbaugesellschaften. Betriebliche Ausbildungsstätten befinden sich auf allen Bergwerken. Überbetriebliche Ausbildungsstätten sind ebenfalls vorhanden.

Ruhrkohle Niederrhein AG

Hauptabteilung Ausbildung/Angewandte Arbeitswissenschaften

4100 Duisburg 18 (Walsum), Dr.-Wilhelm-Roelen-Straße 129.

Leitung: Bergassessor Siegfried *Mader*, ☏ (0203) 484-2460.

Abteilung Aus- und Weiterbildung: Dipl.-Ing. Hermann *Volkenborn*, Leiter, ☏ (0203) 484-2435.

LEHRE UND FORSCHUNG

Ruhrkohle Westfalen AG

Hauptabteilung Ausbildung/Angewandte Arbeitswissenschaften

4600 Dortmund 1, Silberstraße 22.

Leitung: Dipl.-Ing. Dieter *Knappmann*, ☎ (0231) 188-2901.

Abteilung Aus- und Fortbildung: Dipl.-Ing. Rolf *Windhausen*, Leiter, ☎ (0231) 188-2937.

Institut für Arbeitswissenschaften der RAG

4600 Dortmund 18, Wengeplatz 1, ☎ (0231) 3151-564, Telefax (0231) 3151-626.

Leitung: Professor Dr. med. Claus *Piekarski*.

Zweck: Arbeitsmedizinische und sozialwissenschaftliche Forschung im Steinkohlenbergbau und Folgerungen für die praktische Umsetzung. Arbeitswissenschaftliche Beratung der Gemeinschaftsorganisationen des Bergbaus, der betriebsärztlichen Dienste des Unternehmens sowie Begleitung von Projekten der Forschung und Entwicklung.

Organisation: Es bestehen neben einer betriebsärztlichen Dienststelle vier wissenschaftliche Abteilungen: Arbeitsphysiologie, Epidemiologie, Arbeitsgestaltung und Sozialwissenschaften sowie die Laboratorien für Industriehygiene und Klinische Chemie/Toxikologie.

Ruhrkohle Berufsbildungsgesellschaft mbH (RBG)

Sitz: 4300 Essen 1, Rellinghauser Straße Nr. 1, Postanschrift: 4690 Herne, Shamrockring 1, ☎ (02323) 15-2390, Telefax (02323) 15-2849.

Beirat: Wilhelm Hans *Beermann*, Vorsitzender; Peter *Witte*, stellv. Vorsitzender; Hermann *Blatnik*, Dipl.-Kfm. Friedrich Wilhelm *Krämer*, Ass. d. Bergf. Werner *Kütting*, Dr. Klaus *Stockhaus*, Rechtsanwalt Ulrich *Weber*, Wolfgang *Wieder*, Dipl.-Ing. Walter *Ostermann*, Dipl.-Ing. Helmut *Schelter*.

Geschäftsführung: Dipl.-Ing. Dietrich *Hesse*, Sprecher; Dipl.-Volkswirt Jürgen *Schramm*.

Prokurist: Betriebswirt Rainer *Krämer*.

Gründung und Zweck: Die Gesellschaft ist am 1. 7. 1990 gegründet worden. Sie bündelt das Know-how der Ruhrkohle AG auf dem Gebiet der Aus- und Weiterbildung und stellt es zur Förderung der beruflichen Bildung dem Ausbildungs- und Arbeitsmarkt zur Verfügung.

Gesellschafter: Ruhrkohle AG.

RBG-Bildungszentren:

RBG-Bildungszentrum Ahlen
4730 Ahlen, Schachtstraße 79, ☎ (02382) 62365, Telefax (02382) 62365.

Leiter: Jürgen *Breier*.

RBG-Bildungszentrum Berlin
O-1189 Berlin-Schönefeld, Am Flughafen Schönefeld, ☎ (030) 6606717.

Leiter: Rainer *Kramer*.

RBG-Bildungszentrum Cottbus
O-7500 Cottbus, Ewald-Haase-Straße 12/13, ☎ (0355) 30446, Telefax (0355) 30446.

Leiter: Dipl.-Ing. Günter *Skoluda*.

RBG-Bildungszentrum Bergkamen
4709 Bergkamen, Schulstraße, ☎ (02307) 661-3314, Telefax 3450.

Leiter: Dipl.-Ing. Rudolf *Mende*.

RBG-Bildungszentrum Datteln
4354 Datteln, Castroper Straße 241, ☎ (02363) 6734, Telefax (02363) 65749.

Leiter: Karl *Linnenberg*.

RBG-Bildungszentrum Dortmund
4600 Dortmund, Bärenbruch 128, ☎ (0231) 677989, Telefax (0231) 676271.

Leiter: Horst *Schmeetz*.

RBG-Bildungszentrum Essen
4300 Essen, Bullmannaue 18, ☎ (0201) 300034, Telefax (0201) 303723.

Leiter: Emil *Schlaak*.

RBG-Computer-Schulungszentrum
4300 Essen, Bullmannaue 18, ☎ (0201) 300086, Telefax (0201) 370865.

Leiter: Rainer *Kramer*.

RBG-Bildungszentrum Fürstenwalde
O-1240 Fürstenwalde, Ehrenfried-Jopp-Straße 59, ☎ (03361) 697267.

Leiter: Reinhard *Gehl*.

RBG-Bildungszentrum Greifswald
O-2200 Greifswald, Koitenhäger Landstraße, ☎ (03834) 86260, Telefax (03834) 86323.

Leiter: Dipl.-Ing. Peter *Weber*.

RBG-Bildungszentrum Hamm
4700 Hamm, Hammer Straße, ☎ (02381) 77024, Telefax (02381) 77024.

Leiter: Jürgen *Breier*.

RBG-Bildungszentrum Neubrandenburg
O-2000 Neubrandenburg, An der Hochstraße, ☎ (0395) 76221, Telefax (0395) 76221.

Leiter: Dipl.-Ing. Arno *Schielke*.

RBG-Bildungszentrum Neustrelitz
O-2080 Neustrelitz, Radelandweg 4–6, ☏ (03981) 43511.

Leiter: Dipl.-Ing. Arno *Schielke.*

RBG Bildungszentrum Potsdam
O-1580 Potsdam, Straße Zum Heizwerk (MEVAG-Heizwerk), ☏ (0331) 34-0.

Leiter: N. N.

RBG-Bildungszentrum Zwickau/Werdau
O-2080 Werdau, Greizer Straße 12, ☏ (03761) 41250, Telefax (03761) 2037.

Leiter: Dipl.-Ing. Hans *Träuptmann.*

Lehranstalten der Saarbergwerke AG

Gesamtleitung: Direktor Dipl.-Ing. Dipl.-Wirtsch.-Ing. Eckehardt *Keller,* Tel. (0681) 405-3377 (gleichzeitig verantwortlich für Arbeitsschutz, Umweltschutz, Arbeitsmedizin sowie für das Betriebliche Vorschlagswesen der Saarbergwerke AG).

I. Fachhochschule für Bergbau

mit Berufsaufbauschule, Fachoberschule, Fachschule für Technik

Träger: Saarbergwerke AG.

Leitung: Abteilungsleiter Dr.-Ing. Jürgen *Leonhardt.*

Fachhochschule für Bergbau

6600 Saarbrücken 2, Trierer Straße 4, Postfach 1030, ☏ (0681) 405-3486.

Leitung: Dr.-Ing. Jürgen *Leonhardt.*

Fachbereiche:

Grundlagenfächer, Naturwissenschaften:
Leitung: Dr. rer. nat. Wolfgang *Mohr.*

Bergtechnik, Geologie und Vermessungstechnik:
Leitung: N. N.
– Studienrichtung *Bergtechnik:* Dipl.-Ing. Hans *Niedbala.*
– Studienrichtung *Bergtechnik, Hauptstelle für das Sprengwesen:* Dipl.-Ing. Hans-Jürgen *Zenner.*
– Studienrichtung *Vermessungstechnik:* Ass. d. Markscheidefaches Dipl.-Ing. Lothar *Keßler.*

Maschinen-, Elektro-, Verfahrens- und Werkstofftechnik:
Leitung: Dipl.-Ing. Manfred *Sauerbrey.*
– Studienrichtung *Maschinentechnik:* Dipl.-Ing. Manfred *Sauerbrey.*
– Studienrichtung *Elektrotechnik:* Dipl.-Ing. Rudolf *Reichel.*
– Studienrichtung *Verfahrenstechnik:* Dr.-Ing. Adelbert *Meyer.*
– Studienrichtung *Werkstofftechnik:* Dipl.-Ing. (FH) Ass. d. Lehramtes Adolf *Murach.*

Zweck: Ausbildung von Diplom-Ingenieuren für den Bergbau in den Studienrichtungen Bergtechnik, Vermessungstechnik, Maschinentechnik, Elektrotechnik, Verfahrenstechnik.

Besondere Lehrgänge: Betriebsführerlehrgänge für Bergtechnik, Maschinentechnik und Elektrotechnik, Umschulungslehrgänge, Betriebsmeisterlehrgänge, Kunststofflehrgänge, Hydrauliklehrgänge, Elektroniklehrgänge, Lehrgänge in Regelungstechnik und Steuerungstechnik, Ausbildung zum Praktischen Betriebswirt.

Berufsaufbau-, Fachober-, Fachschule für Technik

6600 Saarbrücken 2, Trierer Str. 4, Postfach 1030, ☏ (0681) 405-4005.

Leitung: Ass. d. Lehramtes Werner *Joachim.*

Zweck: Ausbildung zur Fachhochschulreife. Ausbildung zum staatlich geprüften Techniker.

II. Berufsausbildung

6600 Saarbrücken 2, Trierer Straße 4, Postfach 1030, ☏ (0681) 405-3542.

Leitung: Abteilungsleiter Dipl.-Ing. Erhard *Schneider.*

Betriebliche Berufsausbildung: ☏ (06898) 38-3900.

Leitung: Betriebsführer Adolf *Siebler.*

Leiter der Sicherheitsdienste der Abteilung Berufsausbildung: Obersteiger Jürgen *Laux.*

Ausbildung des kaufmännischen Nachwuchses: Wolfgang *Imbsweiler.*

Bergberufsschule Fenne, ☏ (06898) 38-3920.

Träger: Saarbergwerke AG.

Leitung: Ass. d. Gewerbelehramtes Edgar *Spies.*

Weiterbildung, ☏ (0681) 405-3571.

Leitung: Dipl.-Psych. Wolfgang *Hildebrandt.*
Arbeiterweiterbildung: Georg *Altmeyer.*
Angestelltenweiterbildung: Christel *Zenner.*

III. Geologisches Museum

mit Lehr- und Sondersammlungen

6600 Saarbrücken 2, Trierer Straße 4, Postfach 1030, ☏ (0681) 405-4098.

Leitung: Dr. rer. nat. Rudolf *Becker.*

Verein der Steinkohlenwerke des Aachener Bezirks eV

5100 Aachen, Buchkremerstr. 6, Haus der Kohle, ☏ (0241) 4766-141.

Verwaltung: Der Verein ist als Bergschulverein anerkannt und untersteht der Aufsicht des Landesoberbergamtes Nordrhein-Westfalen.

Vorstand: Bergwerksdirektor Dipl.-Berging. Hans-Georg *Rieß*, Wassenberg, Vorsitzender; Bergwerksdirektor Ass. d. Bergf. Hermann *Steinbach*, Herzogenrath-Kohlscheid, stellv. Vorsitzender; Bergwerksdirektor Dipl.-Ing. Johannes *Klute*, Aachen.

Geschäftsführung: Rechtsanwalt Clemens *Frhr. von Blanckart*.

Zweck: Der Verein hat den Zweck, die gemeinnützigen Interessen des Steinkohlenbergbaus im Aachener Bezirk zu fördern. Die Aufgaben des Vereins betreffen in erster Linie die Ausbildung des bergmännischen Nachwuchses und die Betreuung der Schulen und der Ausbildungsbetriebe für die Jugendlichen im Bergbau. Er unterhält eine Sprengsachverständigenstelle. Diese bearbeitet alle sprengtechnischen Fragen für den Aachener Steinkohlenbergbaubezirk und bildet alle mit dem Sprengwesen befaßten Mitarbeiter vom Sprenghelfer bis zum Sprengsteiger aus. Durch sie werden auch die Nachschulungen durchgeführt.

Preussag Anthrazit GmbH

Bergberufsschule Ibbenbüren und Ausbildungswesen

4530 Ibbenbüren, Osnabrücker Str. 112, Postfach 1464, ☏ (05451) 510, ⌘ 94510, Telefax (05451) 51-3200.

Gesamtleitung: Direktor Dipl.-Kfm. Rainer *Drodofsky*.

Bergberufsschule Ibbenbüren

Leitung: Studiendirektor i. E. Dipl.-Ing. Alfred *Esch*.

Verwaltung: Die Schule untersteht dem Landesoberbergamt Nordrhein-Westfalen als obere Schulaufsichtsbehörde.

Zweck: Der anerkannten privaten Ersatzschule des Landes Nordrhein-Westfalen obliegt der Berufsschulunterricht der bergmännischen und gewerblich-technischen Auszubildenden.

Schulvorstand: Arbeitsdirektor Horst *Weckelmann* (Vors.), Betriebsdirektor Dipl.-Ing. Dietrich *Haecker*, Betriebsratsvorsitzender Jürgen *Knibutat*, Ltd. Bergdirektor Günter *Korte*, Bernd *Krakowitzky*, Betriebsratsmitglied Helmut *Lagemann*, Studienrat i. E. Franz *Meschede*, Vertreter der Erziehungsberechtigten Franz *Müller*, Ltd. Bergdirektor Friedhelm *Seifert*, Schüler Thomas *Witt*.

Betriebliche Berufsausbildung

Leitung: Studiendirektor i. E. Dipl.-Ing. Alfred *Esch*.

Zahl der Auszubildenden (Jahresende 1991): 189.

Zweck: Der Abteilung obliegt die Ausbildung in allen bergmännischen und gewerblich-technischen Berufen sowie die Durchführung von sicherheitlichen und technischen Fortbildungslehrgängen.

Rheinische Braunkohlenbergschule

5020 Frechen-Bachem, Schallmauer 2–10, ☏ (02234) 52500/15552.

Träger: Verein Rheinischer Braunkohlenbergwerke eV, Köln. Die Verwaltung obliegt dem Bergschulvorstand: IGBE-Bezirksleiter Friedhelm *Georgi*, Ass. d. Bergfachs Karl-Ernst *Kegel*, IGBE-Sekretär Detlef *Loosz*, Ltd. Bergdirektor Alexander *Respondek*, Bergschüler Uwe *Schröder*, Betriebsdirektor Dr.-Ing. Bernd *Schweins*, Obering. Dipl.-Ing. Klaus-Jürgen *Wollenberg*, stellv. Betriebsratsvorsitzender Hans-Peter *Zündorf*, Bergwerksdirektor Jan *Zilius*, Vorsitzender.

Bergschuldirektor: Dipl.-Ing. Klaus *Schlutter*.

Zweck: Als Techniker-Fachschule werden an der Rheinischen Braunkohlenbergschule in den Fachrichtungen Maschinen-, Elektro- und Vermessungstechnik Maschinen-, Elektro- und Vermessungssteiger für Tagebaubetriebe, besonders des Braunkohlenbergbaus, und die dazugehörigen Brikettfabriken und Werkstätten mit dem Abschluß „staatlich geprüfter Techniker" ausgebildet. Zusätzliche Lehrgänge führen zur Betriebsführerqualifikation.

Berg- und Hüttenschule Clausthal

3392 Clausthal-Zellerfeld, Paul-Ernst-Str. 2, ☏ (05323) 7036 und 7037.

Träger: Clausthaler Bergschulverein eV, Clausthal-Zellerfeld.

Zweck: Unterhaltung der Berg- und Hüttenschule Clausthal und sonstiger Einrichtungen des berg- und hüttenmännischen Bildungswesens sowie Durchführung anderer Gemeinschaftsaufgaben für den Bergbau und das Hüttenwesen des Bezirks des Clausthaler Bergschulvereins.

Vorstand des Clausthaler Bergschulvereins eV: Bergwerksdirektor Dr.-Ing. Rudolf *Kokorsch*, Heringen (Werra), Vorsitzender; Geschäftsführer Dr.-Ing. Kunibert *Hanusch*, Stellvertreter; Bergwerksdirektor Ass. d. Bergf. Günter *Krallmann*, Ibbenbüren; Direktor Prokurist Dr.-Ing. Hans-Heinrich *Heine*, Salzgitter; Betriebsdirektor Dipl.-Ing. Reinhard *Lerche*, Goslar; Bergwerksdirektor Dipl.-Berging. Klaus *Friedrich*, Helmstedt.

Schulvorstand: Präsident Hans *Ambos*, Clausthal-Zellerfeld, Vorsitzender.

Schulaufsicht: Das Oberbergamt in Clausthal-Zellerfeld in erster und der Niedersächsische Kultusminister in zweiter Instanz.

Bergschuldirektor: Dipl.-Ing. Wolfgang *Schütze*.

Unterrichtsplan: Staatliche Technikerlehrgänge (Steigerlehrgänge) sowie Betriebsführerlehrgänge.

Bergvorschulen: Heringen, Oker, Lehrte (Ibbenbüren z. Z. kein Kurs).

Zweck: Aus- und Fortbildung des Nachwuchses an technischen Aufsichtspersonen für den Gruben-, den Tagebau- und Tagesbetrieb der Bergbauzweige Steinkohle, Braunkohle, Eisenerz, Metallerz, Salz und sonstiger Mineralien (Asphalt, Schwerspat u. dgl.) in den Ländern Niedersachsen, Schleswig-Holstein, Hamburg, Bremen und Hessen sowie für Metallhütten und artverwandte Industrien.

Deutsche Bohrmeisterschule in Celle
Bergschule für Bohr- und Fördertechnik

3100 Celle, Breite Str. 1, ☏ (05141) 21075, Telefax (05141) 21076.

Träger: Bergschulverein »Deutsche Bohrmeisterschule in Celle« e. V.

Zweck: Ausbildung von Aufsichtspersonen in Erdöl- und Erdgas-Bohr- und -Gewinnungsbetrieben sowie in allen anderen Bereichen der Bohrtechnik.

Vereinsvorstand: Direktor Dipl.-Ing. Hans *Schmidt*, Bad Bentheim, Vorsitzender; Ing. (grad.) Dieter *Brückner*, Hannover, stellv. Vorsitzender; Dipl.-Ing. Eckhard *Bintakies*, Lingen; Direktor Dipl.-Ing. Horst *Boernecke*, Barnstorf; Dipl.-Ing. Hans-Jürgen *Brinkmann*, Celle; Dr. Michael *Burkowsky*, Hannover; Dipl.-Ing. Wolfgang *Schaefer*, Hohne.

Geschäftsführung: Bergschuldirektor Dr.-Ing. Gerd *Schaumberg*, Celle.

Schulvorstand: Dipl.-Ing. Hans *Ambos*, Ltd. Bergdirektor am Oberbergamt in Clausthal-Zellerfeld, Vorsitzender.

Schulaufsicht: Das Oberbergamt in Clausthal-Zellerfeld in erster und der Niedersächsische Kultusminister in zweiter Instanz.

Leitung: Bergschuldirektor Dr.-Ing. Gerd *Schaumberg*; Vertreter: Dipl.-Ing. Peter *Helms*.

Zweck: Ausbildung technischer Aufsichtspersonen für den Bohrbetrieb und den Förderbetrieb. Schichtführer-, Techniker-, Betriebsführer-Lehrgänge. Weiterbildung von bohrtechnischen Aufsichtspersonen des Bergbaus, der Bau- und Brunnenbohrtechnik. Regelmäßige Durchführung von Sonderlehrgängen der Arbeitssicherheit und des Umweltschutzes.

Agentur für Qualifizierung und Innovation für die Bergbauzulieferer

4130 Moers, Bergwerkstraße, ☏ (02841) 101-247, Telefax (02841) 101-233.

Leitung: Dr. Gudrun *Plänkers*.

Träger: Gemeinnütziges Bildungsforum Moers im Technologiepark Eurotec GmbH.

Verwaltungsratsvorsitzender: Dezernent der Stadt Moers Hans-Gerd *Rötters*.

Geschäftsführung: Claus *Cremer*, Ulrich *Fieger*, Ralf *Köstermann*.

Zweck: Die Agentur ist ein Branchenqualifizierungszentrum und eine Beratungsstelle für Bergbauzulieferunternehmen und Bergbauspezialgesellschaften. Sie bietet den Unternehmen der Branche Qualifizierungsmaßnahmen im technischen und nichttechnischen Bereich. Darüber hinaus berät und unterstützt die Agentur die Unternehmen individuell. Die Agentur führt die Geschäfte des Fördervereins der Bergbauzulieferindustrie e. V.; alle geplanten und durchgeführten Maßnahmen finden in Absprache mit dem Förderverein bzw. den betroffenen Unternehmen statt.

Revierarbeitsgemeinschaft für kulturelle Bergmannsbetreuung (Revag)

4690 Herne 1, Shamrockring 1, ☏ (02323) 152022.

Beirat: Peter *Gelhorn*, Hauptabteilungsleiter der Ruhrkohle AG, Herne, Vorsitzender; Monika *Schmidt*, stellv. Vorsitzende der Arbeitsgemeinschaft der Gesamtbetriebsräte Ruhrkohle AG, Essen; Fritz *Kühlwein*, Hauptabteilungsleiter der Ruhrkohle Westfalen AG, Dortmund; Dieter *May*, Mitglied des geschäftsführenden Vorstandes der IG Bergbau und Energie, Bochum; Udo *Wichert*, Abteilungsleiter der IG Bergbau und Energie, Bochum; Hans-Walter *Schuster*, Direktor der Volkshochschule der Stadt Duisburg.

Beratende Mitglieder: Doris *Küsters*, Referatsleiterin für soziale Integration ausländischer Arbeitnehmer und ihrer Familien im Ministerium für Arbeit, Gesundheit und Soziales NW, Düsseldorf; Dr. Heinz-Werner *Poelchau*, Ministerialrat im Kultusministerium NW.

Geschäftsführung: Theo *Köster*, Abteilungsleiter der Ruhrkohle AG, Herne.

Zweck: Die Revierarbeitsgemeinschaft dient der kulturellen Betreuung und Weiterbildung aller Bergleute und deren Angehörigen im Gesamtbereich des Steinkohlenbergbaus an der Ruhr. Lerninhalte und -ziele orientieren sich im wesentlichen an der Arbeit der Volkshochschulen und den Grundsätzen des Weiterbildungsgesetzes NW.

2. Energie- und Rohstofforschung

Alfred-Wegener-Stiftung zur Förderung der Geowissenschaften (AWS)

5300 Bonn 2, Ahrstraße 45, ☏ (0228) 302260, ⌀ 885420 wzd, Telefax (0228) 302270.

Vorstand: Professor Dr. Friedrich *Strauch*, Präsident; Professor Dr. J. F. W. *Negendank*.

Präsidium: Deutsche Geodätische Kommission bei der Bayerischen Akademie der Wissenschaften, ständiger Vertreter: Professor Dr. H. *Pelzer*, Geodätisches Institut der TU Hannover; Deutsche Geologische Gesellschaft, ständiger Vertreter: Professor Dr. D. *Fütterer*, Alfred-Wegener-Institut für Polar- und Meeresforschung, Bremerhaven; Deutsche Geophysikalische Gesellschaft, ständiger Vertreter: Professor Dr. R. *Hänel*, Niedersächsisches Landesamt für Bodenforschung, Hannover; Deutsche Gesellschaft für Polarforschung, Vorsitzender: Professor Dr. D. *Möller*, Institut für Vermessungskunde der Universität Braunschweig; Deutsche Meteorologische Gesellschaft, Vorsitzender: Professor Dr. K. *Labitzke*, Institut für Meteorologie, Berlin; Deutsche Mineralogische Gesellschaft, ständiger Vertreter: Professor Dr. H. v. *Philipsborn*, Abteilung für Kristallographie der Universität Regensburg; Deutsche Quartärvereinigung, ständiger Vertreter: Professor Dr. H. *Müller-Beck*, Institut für Urgeschichte der Universität Tübingen; Deutscher Verein für Vermessungswesen, ständiger Vertreter: Dipl.-Ing. E. *Ziem*, Vermessungs- und Katasteramt, Düsseldorf; Forschungskollegium Physik des Erdkörpers, ständiger Vertreter: Professor Dr. P. *Giese*, Institut für Geophysikalische Wissenschaften, Berlin; Geologische Vereinigung, ständiger Vertreter: Dr. K. *Hinz*, Bundesanstalt für Geowissenschaften und Rohstoffe, Hannover; Gesellschaft Deutscher Metallhütten- und Bergleute, Fachsektion Lagerstättenforschung, ständiger Vertreter: Dr. E. *Pauly*, Hessisches Landesamt für Bodenforschung, Wiesbaden; Paläontologische Gesellschaft, Vorsitzender: Professor Dr. F. *Strauch*, Geologisch-Paläontologisches Institut, Münster; Vereinigung der Freunde der Mineralogie und Geologie, Vorsitzender: B. *Cruse*, Koblenz; Zentralverband der Deutschen Geographen, ständiger Vertreter: Prof. Dr. W. *Andres*, Fachbereich Geographie, Universität Marburg; Deutsche Gesellschaft für Kartographie, Vorsitzender: Professor Dr. U. *Freitag*, Institut für Kartographie der FU Berlin; Deutsche Bodenkundliche Gesellschaft, ständiger Vertreter: Professor Dr. W. *Burghardt*, FB 9 der Gesamthochschule Essen; Deutscher Markscheider-Verein e. V., ständiger Vertreter: Dipl.-Ing. K. *Reichenbach*, Köln; Deutsche Gesellschaft für Photogrammetrie und Fernerkundung, Vorsitzender: Professor Dr.-Ing. E. *Dorrer*, Hochschule der Bundeswehr München; Kooptiertes Mitglied: Professor Dr. German *Müller*, Institut für Sedimentologie, Heidelberg.

Kuratorium: Dr.-Ing. H.-K. *Glinz*, geschäftsf. Gesellschafter Schmidt, Kranz & Co. GmbH, Velbert; Dr. F. *Goerlich*, Bonn; Professor Dr. G. *Hempel*, Direktor des Alfred-Wegener-Instituts für Polar- und Meeresforschung, Bremerhaven; Regierungsdirektor a. D. Dr. O. *Höflich*, Hamburg; Professor Dr. M. *Kürsten*, Präsident der Bundesanstalt für Geowissenschaften und Rohstoffe, Hannover; Dr. E. *Lausch*, Redaktion GEO, Hamburg; E. *Pieper*, Vorsitzender des Vorstandes der Preussag AG, Hannover; Dr. H. *Reiser*, Präsident des Deutschen Wetterdienstes, Offenbach a. Main; Professor Dr. E. *Seibold*, Freiburg i. Br.; J. *Smetenat*, Geschäftsführer der Hewlett Packard GmbH, Bad Homburg; Dr. H. R. *Weinheimer*, Mitglied des Vorstandes der Firma Carl Zeiss, Oberkochen.

Zweck: Zweck der Stiftung ist die Förderung der Geowissenschaften und ihrer Anwendung in der Geotechnik. Er wird verwirklicht insbesondere durch die Organisation interdisziplinärer Gespräche (Alfred-Wegener-Konferenzen), die Herausgabe der AWS-Mitteilungen und der Zeitschrift „Geowissenschaften" (Organ der AWS), die Durchführung von Ausstellungen und der „Geotechnica"-Internationale Fachmesse Köln und Kongreß (als ideeller Träger) für Geowissenschaft und Geotechnik sowie durch Information und Beratung gesetzgebender Stellen, Verwaltungen und Öffentlichkeit sowie durch die Verleihung des Preises für Polarmeteorologie der AWS.

AGF Arbeitsgemeinschaft der Großforschungseinrichtungen

5300 Bonn 2 (Bad Godesberg), Wissenschaftszentrum, Ahrstraße 45, ☏ (0228) 37674-1, ⌀ 885420 wz d, Telefax (0228) 376744.

Vorsitzender: Professor Dr. rer. nat. Walter *Kröll*.

Geschäftsführung: Dr. Klaus *Fleischmann*.

Pressereferent: Eberhard *Gockel*.

Zweck: Sechzehn Großforschungseinrichtungen in der Bundesrepublik sind in der »Arbeitsgemeinschaft der Großforschungseinrichtungen« (AGF) zusammengeschlossen. Als Wissenschaftsorganisation fördert die AGF den Erfahrungs- und Informationsaustausch ihrer Mitglieder und koordiniert die Forschungs- und Entwicklungsarbeiten.

Mitglieder: Stiftung Alfred-Wegener-Institut für Polar- und Meeresforschung Bremerhaven (AWI); Stiftung Deutsches Elektronen-Synchrotron (DESY);

Stiftung Deutsches Krebsforschungszentrum (DKFZ); Deutsche Forschungsanstalt für Luft- und Raumfahrt e. V. (DLR); Gesellschaft für Biotechnologische Forschung mbH (GBF); Stiftung GeoForschungsZentrum Potsdam (GFZ); GKSS-Forschungszentrum Geesthacht GmbH (GKSS); Gesellschaft für Mathematik und Datenverarbeitung mbH (GMD); GSF-Forschungszentrum für Umwelt und Gesundheit GmbH; Gesellschaft für Schwerionenforschung mbH (GSI); Hahn-Meitner-Institut Berlin GmbH (HMI); Max-Planck-Institut für Plasmaphysik (IPP); Forschungsanlage Jülich GmbH (KFA); Kernforschungszentrum Karlsruhe GmbH (KfK); Stiftung Max-Delbrück-Centrum für Molekulare Medizin (MDC); Umweltforschungszentrum Leipzig-Halle GmbH (UFZ).

Aktionskreis Energie e. V.

5300 Bonn 3, Agnesstr. 50 a, ☏ (0228) 471300, Telefax (0228) 472081.

1. Vorsitzender: Brüne *Soltau*.

Geschäftsführung: Norbert *Dietrich*.

Info-Stelle Bonn: Christa *Deckert*.

Gründung: Der Aktionskreis Energie e. V. wurde 1977 von Betriebsräten gegründet, die aus eigener Arbeitserfahrung heraus zu aktuellen Fragen der Energieversorgung und -sicherheit Stellung nahmen. 1978 bildete sich aus dieser Vereinigung der neue Aktionskreis Energie für Bürger, Betriebsräte, Wissenschaftler und Politiker. 1980 wurde die Bürgerinitiative für Energie zum eingetragenen Verein Aktionskreis Energie e. V.

Zweck: Der Aktionskreis Energie e. V. setzt sich ein für eine vorausschauende Energiepolitik, die Nutzung der heimischen Kohle und den Ausbau der Kernenergie unter Einbeziehung additiver Energieträger, die Sicherung der Energieversorgung, den schnellsten Einsatz neuer Energietechnologien und das Vorantreiben rationeller Energienutzung. Er fordert Maßnahmen zum Ausbau und zur Festigung des Umweltschutzes, die Entwicklung und den verantwortungsvollen Einsatz neuer Technologien im Einklang mit wirtschaftlicher und sozialer Entwicklung sowie gezielte Entwicklungshilfe.

Arbeitsgemeinschaft Deutscher Aufbereitungs-Ingenieure

4300 Essen-Kray, Franz-Fischer-Weg 61, ☏ (0201) 172-1594.

Obmann: Dr.-Ing. Manfred *Becker*.

Geschäftsführung: Dr.-Ing. Wilfried *Erdmann*.

Zweck: Berichte über Neuentwicklungen und Erfahrungsaustausch auf dem Gebiet der Aufbereitung unter Beteiligung von Vertretern der Bergwerksgesellschaften, der einschlägigen Maschinenfabriken sowie der Hoch- und Fachschulen.

Arbeitsgemeinschaft Energiebilanzen

4300 Essen 1, Friedrichstr. 1, ☏ (0201) 1805414, ⌁ 857830, Telefax (0201) 1805437. 2000 Hamburg 1, Steindamm 71, XII, ☏ (040) 285431, ⌁ 2162257, Telefax (040) 285453.

Geschäftsführung: Dr. rer. pol. Herbert *Kraft* (Mineralölwirtschaftsverband e. V.); Dipl.-Volksw. Gerhard *Semrau* (Gesamtverband des deutschen Steinkohlenbergbaus).

Gründung und Zweck: Die Arbeitsgemeinschaft wurde am 26. 3. 1971 gegründet. Sie hat die Aufgabe, die vorhandenen Statistiken aus allen Gebieten der Energiewirtschaft nach wissenschaftlichen Gesichtspunkten auszuwerten, Energiebilanzen zu erstellen und an der Schaffung einheitlicher Richtlinien für nationale, regionale und internationale Energiebilanzen mitzuarbeiten.

Mitglieder: Bundesverband der deutschen Gas- und Wasserwirtschaft e.V., Bonn; Deutscher Braunkohlen-Industrie-Verein e.V., Köln; Gesamtverband des deutschen Steinkohlenbergbaus, Essen; Mineralölwirtschaftsverband e.V., Hamburg; Vereinigung Deutscher Elektrizitätswerke e.V. (VDEW), Frankfurt (Main); Vereinigung Industrielle Kraftwirtschaft e.V. (V.I.K.), Essen; Wirtschaftsverband Erdöl- und Erdgasgewinnung e.V., Hannover; Deutsches Institut für Wirtschaftsforschung, Berlin-Dahlem; Energiewirtschaftliches Institut an der Universität zu Köln, Köln; Rheinisch-Westfälisches Institut für Wirtschaftsforschung, Essen.

Arbeitsgemeinschaft für Olefinchemie

4300 Essen-Kray, Franz-Fischer-Weg 61, ☏ (0201) 172-1384.

Ständiger Ausschuß: Bergass. a. D. Dr.-Ing. Hans *Messerschmidt*, Vorsitzer; Dr. techn. Armin *Schram*, stellv. Vorsitzer; Dipl.-Ing. Dipl.-Kfm. Hans-Reiner *Biehl*; Dr.-Ing. Heinrich *Heiermann*; Dr. rer. nat. Hubert *Heneka*; Dr.-Ing. Klaus-Peter *Kantzer*; Dr. rer. nat. Gunther *Kessen*; Professor Dr. rer. nat. Carl Heinrich *Krauch*; Dr.-Ing. Reiner *Kühn*.

Geschäftsführung: Rechtsanwalt Dr. jur. Ernst *Kohlmann*, Dr. rer. nat. Alois *Ziegler*.

8 LEHRE UND FORSCHUNG

Zweck: Die Arbeitsgemeinschaft für Olefinchemie ist ein Zusammenschluß von Gesellschaften des Steinkohlenbergbaus und einigen ihm nahestehenden Unternehmen. Sie hat die Aufgabe, im Interesse des Kohlenbergbaus für die bestmögliche Auswertung von Schutzrechten der Studiengesellschaft Kohle mbH, Mülheim (Ruhr), zu sorgen. Die Schutzrechte betreffen Erfindungen aus dem Max-Planck-Institut für Kohlenforschung in Mülheim (Ruhr).

Bundesverband der Energie-Abnehmer eV (VEA)

3000 Hannover 81, Postfach 810561, ☏ (0511) 9848-0, ✆ 922213 vauea d, Telefax (0511) 8379052.

Vorstand: Dr. Steffen *Lorenz*, Hannover, Vorsitzender; Dipl.-Ing. Heinz *Sauer*, Rüsselsheim, stellv. Vorsitzender; Dr.-Ing. Heiner *Hamm*, Iphofen; Dr.-Ing. Uwe *Klimant*, Köln; Dipl.-Ing. Heinz *Rasch*, Berlin.

Geschäftsführung: Rechtsanwalt Manfred *Panitz*, Hauptgeschäftsführer; Dipl.-Ing. Jürgen *Maack*.

Gründung: 5. 12. 1950 in Hannover als Nachfolger des am 4. 12. 1919 in Berlin gegründeten Reichsverbandes der Elektrizitäts-Abnehmer (REA).

Zweck: Wahrnehmung der energiewirtschaftlichen Interessen der Mitglieder durch Beratung und Vertretung gegenüber Energie-Versorgungs-Unternehmen; Vorschläge und Beiträge für rationellere Energienutzung; Information und Erfahrungsaustausch in besonderen Veranstaltungen (z. B. Seminare). Vertretung der Abnehmerinteressen bei Vorbereitung und Durchführung staatlicher Maßnahmen. Der Schwerpunkt der Tätigkeit liegt in den Bereichen der betrieblichen Strom-, Gas- und Wärmeversorgung.

Mitglieder: Mehrere tausend Industrie- und Handelsunternehmen aller Größenordnungen und Branchen sowie öffentliche Institutionen aus dem gesamten Bundesgebiet.

Institut für Energieeinsparung Beratungs-GmbH (IfE)

3000 Hannover 81, Postfach 810307, ☏ (0511) 9848111, ✆ 922213 vauea d.

Geschäftsführung: Dipl.-Ing. Jürgen *Maack;* Rechtsanwalt Manfred *Panitz*.

Gründung: 17. 07. 1980.

Zweck: Das IfE berät in sämtlichen mit dem sparsamen und rationellen Energieeinsatz zusammenhängenden Fragen und arbeitet Vorschläge für energiesparende Maßnahmen aus. Das IfE wendet sich mit seinen Aktivitäten und Leistungen an Unternehmen aller Größenordnungen aus Industrie, Handel und Gewerbe, aber auch an öffentliche Einrichtungen mit hohem Energieverbrauch. Der Schwerpunkt der Beratungstätigkeit liegt im betrieblich-technischen Bereich.

Bundesverband Solarenergie (BSE)

4300 Essen 1, Kruppstraße 5, ☏ (0201) 185-3006, ✆ 857851, Telefax (0201) 1855143.

Geschäftsführung: Dipl.-Ing. Ingo *Wallner*.

Mitglieder: Bayer AG; Bayernwerk AG; Bewag AG; Robert Bosch GmbH; Dorfmüller Solaranlagen GmbH; Dornier GmbH; Energie-Versorgung Schwaben AG (EVS); Flachglas Solartechnik GmbH; Hagen Batterie AG; Happel GmbH & Co.; Heliotronic GmbH; Accumulatorenwerke Hoppekke Carl Zoellner & Sohn GmbH & Co. KG; IBC Solartechnik; Lech-Elektrizitätswerke AG; Messerschmitt-Bölkow-Blohm GmbH (MBB); Nukem GmbH; Pfalzwerke Aktiengesellschaft; RWE AG; Siemens Solar GmbH; Solar Energie-Technik GmbH; Stiebel Eltron GmbH & Co. KG; SVA Straßenverkehrssicherungsanlagen GmbH; Telefunken Systemtechnik GmbH; Thermo Solar Energietechnik GmbH; TÜV Rheinland; Varta Batterie AG.

Zweck: Die Interessen der in der Solartechnik tätigen deutschen Unternehmen national und international zu unterstützen und zu vertreten. Hierzu zählen Förderung der Nutzung von Solarenergie in wissenschaftlicher und technischer Hinsicht sowie deren wirtschaftliche Verwendung; Mitwirkung an der Erstellung von Forschungs- und Förderungsprogrammen für Solartechnik; Maßnahmen zur Förderung des Marktes für Solartechnik sowie Beratung in der Verwendung solartechnischer Anlagen; Erarbeitung technischer Richtlinien, Vorschriften und Normen für das Gebiet Solartechnik.

Deutsche Energie-Gesellschaft e. V. (DEG)

8000 München 70, Würmtalstr. 25, ☏ (089) 7191197, Telefax (089) 7192313.

Vorstand: Peter *Hettich*, München, Präsident; Dipl.-Chem. Axel *Urbanek*, Ebersberg, Schriftführer; Dipl.-Kaufm. Joachim *Gessner*, München.

Öffentlichkeitsarbeit: Axel *Urbanek*.

Zweck: Gemeinnütziger Verein zur Förderung menschen- und umweltgerechter Energiegewinnung und -verwendung sowie zur Aufklärung über sparsamen Energieverbrauch und rationelle Energieumwandlung.

Mitglieder: Rd. 500 Führungskräfte und Fachleute aus Wirtschaft, Forschung und Politik, u. a. Ludwig *Bölkow*, Professor Dr. Hans *Dürr* (Direktor des

Max-Planck-Instituts, München), Dr. Christian *Schütze* (Ltd. Redakteur Süddeutsche Zeitung), Professor Dr. Frederic *Vester* (Leiter der Studiengruppe für Biologie und Umwelt, Publizist).

Deutsche Gesellschaft für Sonnenenergie e. V. (DGS)

8000 München 2, Augustenstr. 79, ☏ (089) 524071.

Präsident: Dr. Horst *Selzer.*

Öffentlichkeitsarbeit: Dr. Heinz-H. *Hohmann.*

Deutsche Gesellschaft für Windenergie e. V. (DGW)

2331 Ascheffel, Langstücken, ☏ (04353) 551.

Vorstand: Dipl.-Ing. Uwe *Carstensen,* Hannover; H. D. *Goslich,* Hamburg; Luise *Junge,* Ascheffel; Jürgen *Michalk,* Wedel/Holstein; Heinz *Otto,* Hamburg.

Zweck: Veranstaltung von Tagungen und Kongressen; Regionalgruppenarbeit; Bauseminare für Selbstbauer; Vorschläge und Anregungen für Ministerien und politische Parteien; Auskunft und Beratung in baurechtlichen Fragen; Gespräche mit Industriebetrieben, die an der Windenergie beteiligt sind; Besichtigungsfahrten in die Niederlande und nach Dänemark; Mitarbeit in der EWEA (European Wind Energy Association); Berichterstattung auf internationaler Basis; Gespräche mit Energieversorgungsunternehmen verschiedener Länder.

Deutscher Fachverband Solarenergie e. V. (DFS)

8017 Ebersberg, Hindenburgallee 1, ☏ (08092) 22939.

Vorstand: Christoph *Hansen,* Stromberg, Vorsitzender; Axel *Urbanek,* Ebersberg; Liviana *Holland,* Marburg.

Geschäftsführung: Axel *Urbanek.*

Zweck: Vertretung der Interessen von Firmen zur Herstellung, Planung, Vertrieb und Einbau von thermischen und elektrischen Solaranlagen; Verbraucheraufklärung und -information über Sonnenenergie; Presseveröffentlichungen, Herausgabe von Informationsblättern, gemeinsame Durchführung von Veranstaltungen und Sonderschauen; Mitwirken an der Erarbeitung nationaler und internationaler Normen und Testverfahren; Beratung von Planern, Handwerk und Bauherren; Lobby für den Stellenwert der Sonnenenergie in der Energiepolitik der Bundesrepublik Deutschland.

Mitglieder: 90% der Anbieter von Sonnenkollektoren, Solargeneratoren und kompletten Solaranlagen in der Bundesrepublik Deutschland.

Außerordentliche (fördernde) Mitglieder: Zulieferfirmen und Großhandel, Architekten, Planungsingenieure, Handwerksfirmen, Privatpersonen.

Deutscher Markscheider-Verein eV (DMV)

4600 Dortmund 1, Postfach 105031, ☏ (0231) 188-2301, Telefax (0231) 188-2872.

Vorstand: Ass. d. Markscheidef. Manfred *Böhmer,* Vorsitzender; Ass. d. Markscheidef. Dr.-Ing. Klaus-Peter *Gilles,* stellv. Vorsitzender; Ass. d. Markscheidef. Wilhelm *Busch,* Schatzmeister; Markscheider Dr.-Ing. Kurt *Pfläging,* Schriftleiter der fachwissenschaftlichen Zeitschrift »Das Markscheidewesen«.

Zweck: Der im Jahre 1879 gegründete DMV bezweckt, wissenschaftliche Forschung und Praxis im Markscheidewesen zu fördern, an der Entwicklung von Bergtechnik und Bergwirtschaft mitzuarbeiten, bei der Ausbildung von Studierenden und Diplomingenieuren der Fachrichtung Markscheidewesen mitzuwirken sowie die Belange und Interessen des Berufsstandes wahrzunehmen und zu vertreten.

Oskar-Niemczyk-Stiftung: Der DMV hat die Stiftung, die ausschließlich und unmittelbar gemeinnützige Zwecke verfolgt, am 8. 1. 1961 gegründet. Aufgabe der Stiftung ist es, wissenschaftliche Arbeiten über Abbaueinwirkungen auf die Tagesoberfläche, Gebirgsdruckforschung und Ermittlung von Boden- und Gebirgsbewegungen finanziell zu fördern.

Bergbaumuseum Oelsnitz/Erzgebirge
Museum für Steinkohlenbergbau

O-9157 Oelsnitz/Erz., Pflockenstraße, ☏ (037298) 612. Einlaß: 9.00 bis 16.00 Uhr, montags geschlossen.

Deutsches Bergbau-Museum Bochum

4630 Bochum, Am Bergbaumuseum 28, ☏ (0234) 5877-0, Telefax (0234) 5877-111. (Siehe den Beitrag der DMT in Kap. 1 Abschn. 7)

Deutsches Erdölmuseum in Wietze

3109 Wietze (Landkreis Celle), Schwarzer Weg 7–9, ☏ (05146) 2888, 5070.

Öffnungszeiten: Anfang April bis Ende Oktober, dienstags bis sonntags 10.00 bis 12.00 und 14.00 bis 17.00 Uhr.

Leiter der Museumsführer: Erwin *Schramm*, Friedel *Weiland*.

Technischer Beirat: Dipl.-Ing. Günther v. *Bestenbostel*, Wolfgang *Hänsel*, Dr. Reiner *Homrighausen*, Dipl.-Ing. Eduard *Reiterer*.

Verein: Vorstand: Bergschuldirektor a. D. Dipl.-Ing. Horst *Meier* (Vorsitzender), Heide *Koppenhöfer* (stellv. Vorsitzende), Gemeindedirektor Hermann *Holzbach*, Dipl.-Ing. Ralf *Waldvogel*, Hermann *Hupfeld*.

Zweck: In Wietze wurde im Jahre 1859 die erste Erdölbohrung der Welt fündig. Das Deutsche Erdölmuseum zeigt die Entwicklung der Technik und möchte der Öffentlichkeit Einblick in die damaligen und heutigen Arbeitsmethoden und -bedingungen bieten.
Das Gelände des Deutschen Erdölmuseums ist seit 1970 mit vielen Geräten der Bohrtechnik und der Erdöl- und Erdgasfördertechnik sowie der Verarbeitung von Erdöl bestückt und ständig erweitert worden. Es bietet heute einen nachhaltigen Einblick in die Geschichte und Geologie des alten Wietzer Erdölfeldes. An betriebsbereiten Originalen und Modellen werden hier die angewandte und weiterentwickelte Bohr- und Fördertechnik sowie die bergmännische Erdölgewinnung gezeigt. Das Deutsche Erdölmuseum verfügt über ein reichhaltiges Archiv.

Vereinigung der Freunde von Kunst und Kultur im Bergbau eV

4630 Bochum, Am Bergbaumuseum 28, Deutsches Bergbau-Museum, ☏ (0234) 5877 0, ✆ 0825701, Telefax (0234) 5877111.

Vorstand: Assessor des Bergfachs Friedrich H. *Esser*, M. Sc., Vorsitzender; Bergassessor a. D. Hans Günther *Conrad*, Stellvertreter; Dr.-Ing. Harald *Kliebhan*, Schriftführer; Dr.-Ing. Hans *Schneider*, Schatzmeister.

Vorsitzender des Beirats: Bergassessor a. D. Dr.-Ing. E. h. Friedrich Carl *Erasmus*, Essen.

Geschäftsführung: Museumsdirektor Dr. phil. Rainer *Slotta*.

Zweck: Erhaltung, Förderung, Pflege und Verbreitung von Kunst und Kultur im Bergbau, Intensivierung der Montangeschichtsforschung. Die Vereinigung arbeitet mit in- und ausländischen Organisationen und Persönlichkeiten, insbesondere mit wissenschaftlichen Einrichtungen, in allen Bereichen der Montangeschichte sowie bergmännischer Kunst und Kultur eng zusammen. Bei der Erfüllung ihrer Aufgaben verfolgt sie ausschließlich und unmittelbar gemeinnützige Zwecke.
Herausgabe der montanhistorischen Zeitschrift »Der Anschnitt«.

Schriftleitung: Dr. phil. Werner *Kroker*.

Deutsches Brennstoffinstitut GmbH

O-9200 Freiberg, Halsbrücker Straße 34, Postfach 69, ☏ (03731) 3650, ✆ 322420, Telefax (03731) 3652 78.

Geschäftsführung: Professor Dr.-Ing. Horst *Brandt*.

Kapital: 2,5 Mill. DM.

Zweck: Durch die DBI GmbH und ihre Beteiligungsgesellschaften werden Forschungs-, Entwicklungs-, Engineering- und Realisierungsleistungen auf folgenden Gebieten übernommen: Bewertung organischer und anorganischer Rohstoffe hinsichtlich Verarbeitung und Verwertung; Erzeugung, Reinigung und Anwendung von Gasen; Transport und Speicherung von Gasen und Flüssigprodukten; rationeller Einsatz von Gas durch Optimierung von Brennern und Öfen- bzw. Kesselsystemen einschließlich Prüfstellentätigkeit; moderne Kraftwerkssysteme einschließlich Kraftwerksumwelttechnik; Erzeugung und Anwendung von Koksen aus Braun- und Steinkohlen; Agglomeration von mineralischen, metallischen und organischen Rohstoffen; pneumatischer und mechanischer Feststofftransport; Aufarbeitung und Recycling von Abfällen aus Produktion, Altlasten und Deponien; Zuverlässigkeits- und Störfallanalysen von Anlagen und Prozessen; Analytik zur Brennstoff- und Umwelttechnik; Materialuntersuchungen einschließlich Prüfstellentätigkeit und Korrosionsschutz; Muster- und Spezialgerätebau.

Beschäftigte: ca. 380 mit Beteiligungsgesellschaften.

Die Umwandlung in die Deutsche Brennstoffinstitut Gesellschaft mit beschränkter Haftung (DBI GmbH), vormals Brennstoffinstitut Freiberg, als Kapitalgesellschaft wurde am 14. 11. 1990 ins Handelsregister eingetragen.

Deutsches Institut für Wirtschaftsforschung

1000 Berlin 33 (Dahlem), Königin-Luise-Str. 5, ☏ (030) 82991-0, Telefax (030) 82991200.

Präsident: Professor Dr. Lutz *Hoffmann*.

Abteilung Bergbau und Energiewirtschaft: ☏ (030) 82991-273. Leiter: Dr. Hans-Joachim *Ziesing*.

Zweck: Rohstoff- und energiewirtschaftliche Analysen sowie Projektionen von Angebot und Verbrauch einzelner Rohstoffe und Energieträger.

Europäisches Entwicklungszentrum für Kokereitechnik GmbH

4300 Essen 1, Rellinghauser Straße 1, Postfach 103262, ☏ (0201) 177-3728, Telefax (0201) 177-3434.

Aufsichtsrat: Dr. Heinrich *Heiermann*, Vorsitzender; Dr. Gert *Käding;* Dr. Gerd *Nashan;* Dr. Klaus *Trützschler;* Dr. Alois *Ziegler;* Dr. Emile *Yax.*

Geschäftsführung: Dr. Heribert *Bertling*, Vorsitzender; Klaus *Kaewert;* Dr. Wolfgang *Rohde;* Dr. Klaus *Wessiepe.*

Zweck: Die Entwicklung und Demonstration eines neuartigen, ressourcen- und umweltschonenden Verkokungssystems auf Basis Großraumverkokungsreaktoren unter Verwendung vorerhitzter Kohlen. Die Gesellschaft wird die Ergebnisse im Lizenzwege allen Interessenten zur Verfügung stellen.

Beteiligte Gesellschaften: Ruhrkohle AG, Essen; Altos Hornos de Vizcaya S.A., Baracaldo-Vizcaya/Spanien; Didier Werke AG, Wiesbaden; Ensidesa, Aviles-Asturias/Spanien; Dr. C. Otto Feuerfest & Co. GmbH, Bochum; Ilva S.P.A., Genua; NV Sidmar, Gent; Rautaruukki Oy, Raahe/Finnland; Rütgerswerke AG, Frankfurt/M.; Usinor + Sacilor, Paris; Voest-Alpine Stahl Linz GmbH, Linz; Konsortium von Didier Ofu Engineering GmbH, Essen; Krupps Koppers GmbH, Essen; Still Otto GmbH, Bochum/Recklinghausen; Hoogovens Groep BV, Ijmuiden/Niederlande.

Fördergesellschaft Windenergie e. V.

2300 Kiel 1, Walkerdamm 17/II, ☏ (0431) 676094, Telefax (0431) 63245.

Vorstand: Professor Dipl.-Ing. W. *Riess*, Hannover, Vorsitzender; Dipl.-Ing. D. *Habermann*, Wedel, stellv. Vorsitzender; Dipl.-Ing. H. *Wollmerath*, Kiel, Geschäftsstellenleiter; K. H. *Buhse*, Rendsburg; Dipl.-Ing. K. *Engbring*, Rheine; Dipl.-Ing. E. *Hau*, Kassel; Dipl.-Ing. A. *Wobben*, Aurich.

Geschäftsführung: Dipl.-Ing. H. *Wollmerath.*

Zweck: Die Förderung der Windenergie auf den Gebieten Forschung, Entwicklung, Nutzung und Öffentlichkeitsarbeit, wobei insbesondere die Umweltfreundlichkeit dieser Energieressource sowie ihre volkswirtschaftliche Bedeutung im Vordergrund stehen sollen. Die Ergebnisse der Forschungstätigkeit sollen regelmäßig veröffentlicht werden. Angestrebt werden eine intensive Zusammenarbeit der in den vorgenannten Bereichen tätigen Einrichtungen und Körperschaften als Gesprächspartner staatlicher Stellen sowie die gemeinsame Behandlung insbesondere übergeordneter Fragen der Windenergienutzung im nationalen und internationalen Rahmen.

Mitglieder: 90 ordentliche und außerordentliche Mitglieder, Arbeitskreise, Beirat.

Forschungsgesellschaft Bergbau + Bergwissenschaften eV Trier

5500 Trier, Postfach 1865, ☏ (0651) 31636.

Die 1988 in Trier gegründete Vereinigung wurde 1989 als gemeinnützig und wissenschaftlich anerkannt. Mit 14 aktiven Mitarbeitern sowie mit Unterstützung von rd. 60 inaktiven Förderern (Stand: Mai 1992) hat sich die Gesellschaft erstlinig die Erfassung des umgegangenen Bergbaues im Rheinischen Schiefergebirge mit der historischen Rekonstruktion und Erhaltung dieser Materie zum Ziel gesetzt und bereits zahlreiche Publikationen hierzu veröffentlicht. Zu den herausragenden Aktivitäten der Gesellschaft gehört darüber hinaus die Initiative, auflässige Stollenanlagen in Waldgebieten als Löschwasserspeicher zur effektiveren Waldbrandbekämpfung herzurichten, was in Fachkreisen bundesweit Beachtung gefunden hat. In einer eigenen Versuchsgrube betreibt die Gesellschaft technische Forschungen und unterhält gute und enge Kontakte zu vielen Bergbauunternehmen innerhalb und außerhalb Europas. Im Rahmen einer partnerschaftlichen Kooperation mit der Saarberg-Interplan GmbH bietet die Forschungsgesellschaft Engineering und Consulting an; beispielsweise bei der Errichtung von Besucherbergwerken (1992: 3 Projekte in Deutschland).

Vorstand: Dipl.-Ing. Bernhard H. *Groß*, Vorsitzender.

Forschungsstelle für Energiewirtschaft

8000 München 50, Am Blütenanger 71, ☏ (089) 158121-0, Telefax (089) 158121-10.

Wissenschaftliche Leitung: Professor Dr.-Ing. Dr.-Ing. E. h. Helmut *Schaefer.*

Zweck: Anwendungsorientierte Forschung auf dem Gebiet der Energieverwendung in Industrie, Gewerbe, Haushalt und Verkehr.

Fraunhofer-Institut für Systemtechnik und Innovationsforschung (ISI)

7500 Karlsruhe 1, Breslauer Straße 48, ☏ (0721) 6809-0, ✆ 7826308 isi d, Telefax (0721) 689152.

Leitung: Dr. rer. pol. habil. Frieder *Meyer-Krahmer.*

Pressereferent: Dipl.-Verw.-Wiss. Uwe *Gundrum.*

Abteilungen

Systemtechnik: Dr.-Ing. Eberhard *Böhm;* Technischer Wandel: Dr. rer. nat. Hariolf *Grupp;* Industrielle Innovation: Dipl.-Volkswirt Gerhard *Bräunling;* Produktion und Kommunikation: Dr. rer. pol. Gunter *Lay.*

LEHRE UND FORSCHUNG

Zweck: Das Fraunhofer-Institut für Systemtechnik und Innovationsforschung (ISI) wurde 1972 mit dem Ziel gegründet, das naturwissenschaftlich-technisch orientierte Fachspektrum der Fraunhofer-Gesellschaft (FhG) im Grenzbereich von Technik, Wirtschaft und Gesellschaft zu erweitern. Die Abteilung Systemtechnik des Instituts ist mit folgenden Schwerpunkten im Energie- und Umweltbereich tätig: Rationellere Energienutzung durch technische und organisatorische Maßnahmen, ökonomische und ökologische Auswirkungen einer rationelleren Energienutzung, technisch-wirtschaftliche Nutzungsmöglichkeiten regenerativer Energiequellen, Wirksamkeit energie- und umweltpolitischer Instrumente, technische Möglichkeiten der Emissionsminderung, Aufbereitung und Nutzung von Abwasserinhaltsstoffen und Produktionsrückständen. Die Abteilung Technischer Wandel befaßt sich mit der Technikbeobachtung, Technikfolgenabschätzung und Biotechnologie, die Abteilung Industrielle Innovation mit Technologietransfer und Unternehmensentwicklung, Innovations-Dienstleistungen und Technologiepolitik und die Abteilung Produktion und Kommunikation mit den Anwendungsmöglichkeiten und Auswirkungen neuer Produktions- und Kommunikationssysteme.

GDMB Gesellschaft Deutscher Metallhütten- und Bergleute eV

3392 Clausthal-Zellerfeld, Paul-Ernst-Str. 10, Postfach 1054, ☏ (05323) 3438, ✄ 953828 tuclz d (gdmb), Telefax (05323) 78804, ⌑ Erzmetall.

Vorstand: Dr.-Ing. Rolfroderich *Nemitz*, Mülheim, Vorsitzender; Dr.-Ing. Gernot *Hänig*, Duisburg; Dr.-Ing. Hans-Peter *Hennecke*, Wülfrath; Dr.-Ing. Hans *Jacobi*, Duisburg; Dr.-Ing. Peter *Kartenbeck*, Hamburg; Dr.-Ing. Adolf *von Röpenack*, Frankfurt (Main).

Geschäftsführung und Schriftleitung: Dipl.-Ing. Detlev *Dornbusch*.

Zweck: Die GDMB ist eine als gemeinnützig anerkannte technisch-wissenschaftliche Gesellschaft mit dem Zweck, ein Zusammenwirken von Wissenschaft und Praxis auf den Gebieten der mineralischen und Energie-Rohstoffe, des Bergbaus, des untertägigen Ingenieurbaus, der Metallgewinnung, -rückgewinnung und -weiterverarbeitung sowie des dazugehörigen Umweltschutzes zu erzielen und den technisch-wissenschaftlichen Fortschritt auf diesen und verwandten Fachgebieten (z. B. Entsorgungstechnik) zu fördern. Sie unterhält eine EDV-gestützte Dokumentationsstelle. Der technisch-wissenschaftliche Erfahrungsaustausch erfolgt in Fachausschüssen, über die Fachzeitschrift »Erzmetall« sowie über die »Schriftenreihe der GDMB«.

GeoForschungsZentrum Potsdam

O-1560 Potsdam, Telegrafenberg A 17, ☏ (0331) 310310, Telefax (0331) 22824.

Wissenschaftlicher Vorstand: Professor Dr. Rolf *Emmermann*.

Administrativer Vorstand: Dr. jur. Bernhard *Raiser*.

Zweck: Multidisziplinäre Grundlagenforschung zu globalen geowissenschaftlichen Themen sowie Gemeinschaftsforschung und Durchführung von Großprojekten mit Universitäten und in internationaler Kooperation. Die eigenständige Forschung konzentriert sich auf die Themenbereiche Dynamik der Erde und globale Felder (Schwere- und Magnetfeld, Spannungsfeld), Tomographie des Erdkörpers, Struktur, Evolution und Rheologie sowie Eigenschaften, Zustandsbedingungen und Prozesse (z. B. Energie- und Stofftransport) der kontinentalen Lithosphäre. Schwerpunkte der Gemeinschaftsforschung liegen auf den Gebieten der Erdbeben- und Desasterforschung sowie der Entwicklung von Geräten und Meßsonden zur Erfassung geowissenschaftlicher Daten.

Gesellschaft für Energiewissenschaft und Energiepolitik e. V. (GEE)

Geschäftsstelle der GEE: 5161 Merzenich, Mühlenstraße 18 a, ☏ (02421) 34685, Telefax (02421) 34578.

Vorstand: Dr. Dieter *Oesterwind*, Stadtwerke Düsseldorf AG, Vorsitzender; Professor Dr.-Ing. Ulf *Hansen*, Universität Essen, stellv. Vorsitzender; Dipl.-Ing. Heinz *Siefen*, Energieversorgung Leverkusen GmbH, stellv. Vorsitzender; Dr. Horst *Meixner*, Hessen Energie GmbH, Schatzmeister; Professor Dr. Wolfgang *Pfaffenberger*, Universität Oldenburg, Schriftführer; Dr. Manfred *Härter*, Universität Stuttgart; Professor Dr. Martin *Weisheimer*, Institut für Wirtschaftsforschung Halle.

Zweck: 1981 gegründet zur Förderung der wissenschaftlichen Diskussion und Information über aktuelle energiewirtschaftliche Fragen, Kontakte und Kooperation mit der International Association of Energy Economics (IAEE) und ihren anderen nationalen Sektionen.

Gesellschaft für Tribologie e.V. (GfT)

4130 Moers 1, Ernststraße 12, ☏ (02841) 54213.

Vorstand: Dr.-Ing. R. *Stelzer*, Vorsitzender; Professor Dr. Lothar *Winkler*, stellv. Vorsitzender; Professor Dr. Horst *Czichos*, Bundesanstalt für Materialprüfung, Berlin; Dr.-Ing. Eberhard *Fischer*; Professor Dr. E. *Gülker*, Dortmund; Dr. G. *Heinke*, BASF, Ludwigshafen; Dr. E. *Kleinlein*, FAG Kugelfischer,

ENERGIE- UND ROHSTOFFORSCHUNG

Schweinfurt; Professor Dr.-Ing. H. *Peeken*, RWTH Aachen; Dipl.-Ing. Wolfgang *Stehr;* Dr.-Ing. R. *Stelzer*, Betriebsforschungsinstitut, Düsseldorf.

Geschäftsführung: Dipl.-Ing. P. *Hainke*.

Zweck: Verbreitung tribologischen Wissens; Klärung von Problemen der Tribologie; Förderung und internationale Vertretung der Anwendung der Erkenntnisse und der Weiterbildung.

Hahn-Meitner-Institut Berlin GmbH (HMI)

1000 Berlin 39 (Wannsee), Glienicker Str. 100, ☏ (030) 80091, ✂ 185763, Telefax (030) 8009-2181.

Aufsichtsrat: Ministerialdirigent V. *Knoerich*, Vorsitzender, Bonn; Staatssekretär Professor Dr. Erich *Thies,* stellv. Vorsitzender, Berlin; Professor Dr. P. *Brätter*, Berlin; Regierungsdirektor D. *Bürgener*, Bonn; Professor Dr. A. *Götzberger*, Freiburg; Professor Dr. G. *Ertl*, Berlin; Regierungsdirektor L. *Höhn*, Berlin; Ministerialrat Dr. B. *Kramer;* Dr. K.-H. *Maier*, Berlin; Dr. D. *Röss,* Hanau; Ministerialrat Dr. H. *Schunck,* Bonn; Ministerialrat Dr. H.-F. *Wagner*, Bonn; Dr. W.-D. *Zeitz*, Berlin.

Wissenschaftlich Technischer Rat: Professor Dr. F. *Mezei,* Vorsitzender; Dr. W. *Jägermann*, stellv. Vorsitzender; H.-J. *Jung;* Dr. B. *Efken;* Dr. S. *Klaumünzer;* M. *Fromme;* Professor Dr. A. *Henglein;* Dr. U. *Nielsen;* Professor Dr. W. *von Oertzen;* Professor Dr. H. *Wollenberger*.

Geschäftsführung: Professor Dr. Erich *te Kaat* (wissenschaftlich-technisch); Dr. jur. Martin *Nettesheim* (kaufmännisch).

Öffentlichkeitsarbeit: Th. *Robertson*.

Kapital: 100000 DM.

Gesellschafter: Bundesrepublik Deutschland, 90%; Land Berlin, 10%.

Zweck: Aufgabe der Gesellschaft ist Grundlagenforschung und anwendungsorientierte Forschung auf Gebieten der exakten Naturwissenschaften, insbesondere auf dem Gebiet der kondensierten Materie, sowie der Betrieb der hierfür erforderlichen Forschungsanlagen. Arbeitsschwerpunkte sind die photochemische Umwandlung von Solarenergie sowie die Strukturforschung zur Aufklärung des Aufbaus der Materie aus Atomen und Molekülen. Die Gesellschaft verfolgt nur friedliche Zwecke. Die Ergebnisse der wissenschaftlichen Arbeiten werden veröffentlicht.

Forschungsgebiete: Fachgebiet Schwerionenphysik: Professor Dr. W. *von Oertzen;* Fachgebiet Photochemische Energieumwandlung: Professor Dr. A. *Henglein;* Strukturforschung: Professor Dr. H. *Wollenberger;* Datenverarbeitung und Elektronik: Dr. U. *Nielsen.*

Haus der Technik e. V.

4300 Essen 1, Hollestraße 1, ☏ (0201) 1803-1, ✂ 857669 hdt d. Telefax (0201) 1803-269.

Vorstand: Oberstadtdirektor Kurt *Busch*, Vorsitzender; Dipl.-Berging. Arno *Jochums*, stellv. Vorsitzender; Professor Dr.-Ing. Eberhard *Steinmetz*, Geschäftsführendes Vorstandsmitglied.

Zweck: Weiterbildung für Fach- und Führungskräfte in Technik und Wirtschaft zum Technologietransfer von der Wissenschaft in die Praxis und umgekehrt in der Form von Seminaren, Kursen und Tagungen. Enge Kontakte zu Universitäten als Kooperationspartner, zu Entwicklungsabteilungen in der Industrie und zu Behörden sichern die Aktualität des Veranstaltungsprogrammes.

HWWA-Institut für Wirtschaftsforschung-Hamburg

2000 Hamburg 36, Neuer Jungfernstieg 21, ☏ (040) 35621 und (040) 934-1, ✂ 211458 hwwad, Telefax (040) 351900.

Präsident: Professor Dr. Erhard *Kantzenbach*.

Öffentlichkeitsarbeit: Leiter: Dipl.-Kfm. Hans-Gunter *Schoop.*

Abteilung Weltkonjunktur: Leiter: Dipl.-Volksw. Günter *Großer.*

Forschungsgruppe Energieversorgung und Energiepolitik: Leiter: Dipl.-Volksw. Klaus *Matthies.*

Zweck: Analysen und Prognosen von Weltenergieangebot und -verbrauch; Energiepolitik in wichtigen Ländern und internationale Zusammenarbeit in Energiefragen.

IfG Institut für Gebirgsmechanik GmbH

O-7030 Leipzig, Friederikenstraße 60, ☏ (0341) 3935306, Telefax 3935477.

Geschäftsführung: Dr.-Ing. Wolfgang *Menzel*, Dipl.-Phys. Wolfgang *Schreiner.*

Stammkapital: 100000 DM.

Gesellschafter: Verbundnetz Gas AG Leipzig 25 %, Untergrundspeicher- und Geotechnologie-Systeme GmbH Mittenwalde 25 %, KIB-Plan Erfurt 10 %, Mitarbeiter der IfG GmbH Leipzig 25 %, Mitarbeiter der GBM mbH Ettlingen 15 %.

Gründung und Zweck: Die IfG GmbH ist aus der ehemaligen Abteilung Geomechanik des Instituts für Bergbausicherheit Leipzig hervorgegangen. Die IfG GmbH bearbeitet Forschungsaufgaben, führt Prü-

8 LEHRE UND FORSCHUNG

fungen, Beratungen und Gutachtertätigkeit auf gebirgsmechanischem Gebiet durch. Schwerpunkt der Tätigkeit ist die Erstellung geotechnischer Sicherheitsnachweise, die Erarbeitung von Dimensionierungs- und Entwurfskonzepten sowie die Prognose der Umweltbeeinflussung durch den Bau und die Nutzung untertägiger Hohlräume. Das Einsatzgebiet umfaßt den Kali- und Steinsalzbergbau, die Errichtung und den Betrieb von Untergrundspeichern, untertägigen Deponien und Endlagern, die Gewinnung mineralischer Rohstoffe, den Tunnel- und Felsbau sowie Baugrunduntersuchungen im Festgestein. Die IfG GmbH verfügt über ein modernes gesteinsmechanisches Labor, gebirgsmechanische Feldmeßtechnik und Modelle für die Gebirgsmodellierung.

Beschäftigte: 15.

Ifo-Institut für Wirtschaftsforschung e.V.

8000 München 86, Poschingerstraße 5, Postfach 860460, ☏ (089) 92240, ✂ 522269, Telefax (089) 985369.

Vorstand: Professor Dr. Karl Heinrich *Oppenländer*, Dr. Helmut *Laumer*.

Abteilung Innovations- und Marktanalysen — Forschungsbereich Energie: Leitung: Dr. Lothar *Scholz*.

Öffentlichkeitsarbeit: Lieselotte *Grünewald*, Leiterin.

Zweck: Energieforschung mit den Schwerpunkten Struktur der Energienachfrage, Energiepreise, Investitionstätigkeit in der Energie- und Wasserversorgung, Analyse der Energiepolitik im Hinblick auf die künftige Sicherung einer ausreichenden, preiswerten und umweltfreundlichen Energieversorgung.

Ingenieurtechnischer Verband KDT e. V.

Hauptgeschäftsstelle: O-1086 Berlin, Clara-Zetkin-Str. 115—117, Postfach 1315, ☏ 22650, Telefax 2265256.

Präsident: Professor Dr. sc. techn. Dr. h. c. Peter-Klaus *Budig*.

Hauptgeschäftsführer: Dr. Dieter *Altmann*, ☏ 2265-244, -248, Telefax 2265-256.

Fachverbände, Wissenschaftlich-Technische Gesellschaften und Kommissionen:
O-1086 Berlin, Clara-Zetkin-Straße 115—117, Postfach 1315, Telefax 2265256.
Verband der Bauingenieure, ☏ 2265-295.
Fachverband Chemische Technik, ☏ 2265-227.
Gesellschaft für Elektrotechnik (GET), ☏ 2265-231.
Technisch-Wissenschaftliche Gesellschaft für Ernährungs-, Land- und Forstwirtschaft (TWGELF), ☏ 2265-232.

Fachverband Maschinenbau, ☏ 2265-300.
Deutsche Gesellschaft für Silikattechnik (DGS), ☏ 2265-233.
Gesellschaft für angewandte Automatisierung (GfaA), ☏ 2265-218.
Wissenschaftlich-Technische Gesellschaft für Energiewirtschaft, ☏ 2265-222.
Verkehrstechnische Gesellschaft (VTG), ☏ 2265-237.
Umwelttechnische Gesellschaft (UTG), ☏ 2265-233.
Gesellschaft für Betriebs- und Arbeitsorganisation, ☏ 2265-300.
Gesellschaft für Anlagenwirtschaft und Investitionen, ☏ 2265-300.
Kommission Abfallwirtschaft, ☏ 2265-233.
Kommission Technikfolgenabschätzung, ☏ 2265-214.
Gesellschaft für Qualität und Normung; QN-Studio, Trelleborger Straße 5, O-1100 Berlin, ☏ 4720170, Telefax 4721014.

Geschäftsstellen der Regionalverbände:

Berlin: Kronenstraße 18, O-1080 Berlin, ☏ (030) 2082862, Telefax (030) 2082527.
Chemnitz: Annaberger Straße 24, Postfach 504, ☏ (0371) 62141, Telefax (0371) 61462.
Cottbus: Stadtpromenade 3, Postfach 90/1, O-7500 Cottbus, ☏ (0355) 22633, Telefax (0355) 31127.
Dresden: Basteistraße 5, O-8020 Dresden, ☏ (0351) 232610, Telefax (0351) 2301008.
Erfurt: Cyriakstraße 27, Postfach 449, O-5010 Erfurt, ☏ (0361) 51661, Telefax (0361) 25076.
Frankfurt/Oder: Ebertusstraße 2, O-1200 Frankfurt/O., ☏ (0335) 3690, Telefax (0335) 369340.
Gera: Rudolf-Diener-Straße 4, O-6500 Gera, ☏ (0365) 23338, 23339, Telefax (0365) 22461.
Halle: Geschwister-Scholl-Straße 39, Postfach 119, ☏ (0345) 37136, Telefax (0345) 29333.
Leipzig: Goethestraße 2, Postfach 40, O-7010 Leipzig, ☏ (0341) 2115840, Telefax (0341) 289189.
Magdeburg: Jean-Burger-Straße 17, O-3014 Magdeburg, ☏ (0391) 42584, Telefax (0391) 42584.
Neubrandenburg: Friedrich-Engels-Ring 53, O-2000 Neubrandenburg, ☏ (0395) 443790, Telefax (0395) 443792.
Potsdam: Weinbergstraße 20, O-1560 Potsdam, ☏ (0331) 23427, Telefax (0331) 22037.
Rostock: Rosa-Luxemburg-Straße 32, O-2500 Rostock, ☏ (0381) 36211, Telefax (0381) 26261.
Schwerin: Schusterstraße 2—4, O-2751 Schwerin, ☏ (0385) 86497, Telefax (0385) 83561.
Suhl: Straße der Opfer des Faschismus 29, Postfach 510, O-6000 Suhl, ☏ (03681) 22112, Telefax (03681) 22550.

Zweck: Alle Mitglieder des Ingenieurtechnischen Verbandes KDT können in den zentralen Fachgremien mitarbeiten. Sie bieten alle Voraussetzungen für fachliche Weiterbildung und Erfahrungsaustausch, interdisziplinäre Zusammenarbeit, die Anbahnung von Kontakten zu nationalen und internationalen Fachgremien, die Organisation und Teilnahme an Kongressen, Tagungen und Symposien, die Erarbeitung von Expertisen, Studien, Richtlinien und Standards sowie anderer Arbeitsunterlagen, die Aneignung und Nutzung neuester wissenschaftlich-technischer Erkenntnisse, Beratung und Hilfe beim Technologietransfer zwischen Forschung und Industrie, insbesondere für kleine und mittelständische Unternehmen.

Institut der deutschen Wirtschaft e. V.

5000 Köln 51, Gustav-Heinemann-Ufer 84 – 88, ☏ (0221) 370801, Telefax (0221) 3708-192.

Direktor: Professor Dr. Gerhard *Fels*.

Hauptabteilung Wirtschafts- und Sozialwissenschaften: Leiter: Dr. Otto *Vogel*.

Referat Energie- und Umweltpolitik: Dr. Gerhard *Voss*.

Zweck: Analyse der Energiepolitik im Hinblick auf die künftige Sicherung der Energieversorgung, Marktentwicklung ausgewählter Energieträger, weltwirtschaftliche Zusammenhänge der Energiepolitik, Umweltfragen.

Institut für Erdölforschung
Anstalt des öffentlichen Rechts

3392 Clausthal-Zellerfeld, Walther-Nernst-Str. 7, ☏ (05323) 711-0, Telefax (05323) 711200.

Institutsleitung: Direktor: Professor Dr. Dagobert *Kessel;* stellv. Direktor: Professor Dr. Hans-Joachim *Neumann*.

Abteilungsleiter: Dr. Gerhard *Hoffmann* (Abt. Erdöl); Dr. Volker *Meyn* (Abt. Erdgas); Dr. Iradj *Rahimian* (Abt. Erdölverarbeitung und Anwendung); Dr. Klaus *Gessler* (Arbeitsgruppe Schmierstoffe und Schmierungstechnik); Professor Dr. Dieter *Severin* (Abt. Analytik).

Verwaltungsleiter: Heinz-Dieter *Schulz*.

Zweck: Das Institut dient gemäß seiner Satzung, unabhängig von wirtschaftlichen Interessen, der freien wissenschaftlichen Forschung auf dem Gebiet des Mineralöls sowie der Pflege internationaler Zusammenarbeit auf diesem Gebiet; es fördert mit seiner Forschungsarbeit die am Mineralöl interessierte Wirtschaft und Technik und unterstützt sie bei der Ausbildung und Fortbildung ihrer Fachkräfte.

Institut für ökologische Wirtschaftsforschung GmbH (IÖW)

1000 Berlin 12, Giesebrechtstr. 13, ☏ (030) 8826094, Telefax 8825439.

Geschäftsführung: Stefan *Zundel*.

Öffentlichkeitsarbeit: Jürgen *Meyerhoff*.

Zweck: Ökonomische Theorie, ökologischer Diskurs, Wirtschaftsethik, ökologische Unternehmensführung; theoretische Studien, Gutachten, Forschungsprojekte in Betrieben.

IBExU
Institut für Sicherheitstechnik GmbH

O-9200 Freiberg, Fuchsmühlenweg 7, Postfach 9, ☏ (03731) 4287, Telefax 23650.

Geschäftsführung: Dr. rer. nat. Frowalt *Lösch*, Dipl.-Ing. Horst *Weyer*.

Beschäftigte (1991): 15.

Gründung: Die IBExU Institut für Sicherheitstechnik GmbH wurde mit Unterstützung des Bundeswirtschaftsministers im Dezember 1990 gegründet, um am Standort Freiberg die Aufgabengebiete des abgewickelten Institutes für Bergbausicherheit, Bereich Freiberg (vormals Versuchsstrecke Freiberg/Sachsen), weitestgehend weiterzuführen.

Zweck: Die Hauptgebiete der wissenschaftlichen Tätigkeit sind Brand-, Explosions- und Umweltschutz.

Das Arbeitsprofil umfaßt u. a. Forschungs- und Entwicklungsaufgaben, Erarbeitung von Gutachten, Ermittlung sicherheitstechnischer Kenngrößen brennbarer Stoffe, Prüfungen, Weiterbildungsseminare und Experimentalvorführungen.

Nennenswerte Versuchseinrichtungen sind Einrichtungen zur Ermittlung sicherheitstechnischer Kenngrößen brennbarer Stoffe, Rohrversuchsanlage bis 0,5 m Dmr., Explosionsgefäße von 0,5 l bis 12 m^3 Volumen, 300-m^3-Raumexplosionskammer, Prüfstände für die Prüfung explosionsgeschützter elektrischer Betriebsmittel sowie von Sprengzubehör, ein Freigelände von etwa 5 ha für Großversuche.

Kernforschungszentrum Karlsruhe GmbH

7500 Karlsruhe 1, Weberstraße 5, Postfach 3640, ☏ (07247) 82-0, ✆ 17724716, Telefax (07247) 825070, ⚛ Reaktor Karlsruhe.

Aufsichtsrat: Ministerialdirektor Dr. Josef *Rembser*, Bonn; Ministerialdirektor Dr. Bernhard *Bläsi*, Stuttgart; Minister Hermann *Schaufler,* Stuttgart; Karl-Heinz *Lassner,* Berlin; Professor Dr. Bernhard *Liebmann,* Kronberg; Ministerialrat Dr. Siegfried *von Krosigk,* Bonn; Dr. Leopold *Barleon,* Karlsruhe; Dr. Horst *Feuerstein,* Karlsruhe; Dr. Elisabeth *Drosselmeyer,* Karlsruhe; Ministerialdirigent Dr. Lothar *Weichsel.*

Vorstand: Dr. Manfred *Popp,* Vorsitzender; Professor Dr. Hellmut *Wagner,* stellv. Vorsitzender; Professor Dr. Hans-Henning *Hennies;* Professor Dr. Wolfgang *Klose;* Dr. Wilhelm *Hohenhinnebusch.*

Prokuristen: Dr. Dietmar *Gerstein;* Dr. Helmut *Hermann;* Dr. Uwe *Nobbe;* Dr. Hubert *Tebbert.*

Stammkapital: 1 Mill. DM.

Träger: Die Bundesrepublik Deutschland und das Land Baden-Württemberg im Verhältnis 9:1.

Zweck: Das Kernforschungszentrum Karlsruhe betreibt Forschung und Entwicklung auf dem Gebiet der Technik. Dazu gehört auch die Errichtung und Betrieb halbtechnischer Versuchsanlagen, zum Teil in Zusammenarbeit mit Unternehmen der Wirtschaft. Alle Forschungs- und Entwicklungs-Aktivitäten orientieren sich an folgenden Förderbereichen der Bundesregierung: Energieforschung und -technologie; Umwelt-, Klima- und Sicherheitsforschung; Technikfolgenabschätzung; Materialforschung und physikalische Technologien; Informationstechnologien sowie ausgewählte Bereiche der Grundlagenforschung.

Unter der Leitlinie »Forschung für umweltschonende Hochtechnologien« sind die Arbeiten auf die Forschungsbereiche »Umwelt«, »Energie« und »Mikrosystemtechnik« ausgerichtet.

Materialforschungs- und Prüfungsanstalt für Bauwesen Leipzig – MFPA Leipzig –

O-7030 Leipzig, Richard-Lehmann-Str. 19, ☏ (0341) 3913515, ✆ 512716, Telefax (0341) 326070.

Leitung: Univ.-Professor em. Dr.-Ing. Dr.-Ing. E. h. Karl *Kordina* (Gründungsdirektor im Nebenamt); Dr.-Ing. Olaf *Selle* (stellv. Direktor und Betriebsleiter).

Gründung: Die MFP Leipzig nahm am 2. 1. 1992 ihren Geschäftsbetrieb auf. Zur Gründung der Einrichtung boten sich die erforderlichen personellen und materiellen Voraussetzungen überwiegend in Kapazitäten des ehemaligen Instituts für Ingenieur- und Tiefbau (IIT) Leipzig und der Technischen Hochschule Leipzig (THL).

Sie ist eine Landeseinrichtung des Freistaates Sachsen mit ca. 130 Mitarbeitern und untersteht dem Sächsischen Staatsministerium für Wissenschaft und Kunst.

Zweck: Die MFPA Leipzig versteht sich als eine Forschungs-, Prüf- und Dienstleistungseinrichtung, die Forschung und Entwicklung im Auftrag des Bundes, des Freistaates Sachsen und vorwiegend der sächsischen Bauindustrie betreibt, amtliche Prüfungen an Materialien, Bauteilen, Konstruktionen des Bauwesens durchführt, auf der Basis der Forschungs- und Prüftätigkeit gutachterliche Leistungen sowie Beratungs- und Dienstleistungsaufgaben für Behörden, Kommunen und Unternehmen wahrnimmt.

Die MFPA Leipzig gliedert sich in die Abteilungen Baustoffe; Massivbau; Metallbau; Prüf- und Meßtechnik; Baulicher Brandschutz; Bauphysik; Tiefbau. Damit ist auch die Möglichkeit zur Bearbeitung komplexer ingenieurtechnischer Probleme beim Zusammenwirken von Baugrund und Bauwerk sowie Sicherheit und Zuverlässigkeit von Funktion und Konstruktion von Ingenieurbauwerken gegeben.

Max-Planck-Institut für Kernphysik

6900 Heidelberg 1, Postfach 103980, ☏ (06221) 5161, ✆ 461666.

Geschäftsführender Direktor: Professor Dr. W. *Hofmann.*

Kollegium: Professor (em.) Dr. P. *Brix;* Professor Dr. H. *Fechtig;* Professor Dr. W. *Hofmann;* Professor Dr. B. *Povh;* Professor Dr. U. *Schmidt-Rohr;* Professor Dr. H. *Völk;* Professor Dr. H. A. *Weidenmüller.*

Zweck: Untersuchung von Atomkernen durch Kernreaktionen. Betrieb und Entwicklung von Teilchenbeschleunigern. Entwicklung kernphysikalischer Spektrographen und Detektoren. Theorie der Kernstruktur und der Kernreaktionen. Ionenimplantation. Altersbestimmung und kosmochemische Untersuchungen an Meteoriten, Mondmaterie, irdischem Gestein und Artefakten. Untersuchungen von kosmischem Staub und der Atmosphäre. Experiment zum Nachweis solarer Neutrinos. Theorie des interplanetaren und interstellaren Mediums. Archäometrie.

Max-Planck-Institut für Kohlenforschung

4330 Mülheim an der Ruhr, Kaiser-Wilhelm-Platz 1, ☏ (0208) 3061, Telefax (0208) 306-2980.

Verwaltungsrat: Bergass. Dr. Friedrich Carl *Erasmus,* Essen, Vorsitzender; Dr.-Ing. Reiner *Kühn,* Wesseling, stellv. Vorsitzender; Professor Dr. Carl Heinrich *Krauch,* Marl, stellv. Vorsitzender; Bergwerksdirektor Dipl.-Ing. Hans-Reiner *Biehl,* Saarbrücken; Der Finanzminister des Landes Nordrhein-

Westfalen, Düsseldorf; Oberbürgermeisterin Eleonore *Güllenstern,* Mülheim an der Ruhr; Dr. Wolfgang *Hasenclever,* Generalsekretär der Max-Planck-Gesellschaft zur Förderung der Wissenschaften, München; Dr.-Ing. Heinrich *Heiermann,* Essen; Dr. Hubert *Heneka,* Gelsenkirchen; Ass. des Bergfachs Günter *Krallmann,* Ibbenbüren; Dr. Hans *Messerschmidt,* Dortmund; Der Minister für Wirtschaft, Mittelstand und Technologie des Landes Nordrhein-Westfalen, Düsseldorf; Der Minister für Wissenschaft und Forschung des Landes Nordrhein-Westfalen, Düsseldorf; Bürgermeister Karl *Schulz,* Mülheim an der Ruhr; Dr. Werner *Schwilling,* Düsseldorf; Professor Dr. Hans *Zacher,* Präsident der Max-Planck-Gesellschaft zur Förderung der Wissenschaften, München; Dr. Alois *Ziegler,* Bochum. Ehrenmitglieder: Professor Dr. Dr. h. c. Wilhelm *Reerink,* Essen; Bergass. a. D. Gerd Paul *Winkhaus,* Essen.

Leitung: Direktor: Professor Dr. Dr. h. c. mult. Günther *Wilke.* Verwaltungsdirektor: Professor Dr. Reinhard *Benn.*

Max-Planck-Institut für Plasmaphysik

8046 Garching, Boltzmannstr. 2, ☏ (089) 3299-01, Telefax (089) 3299-2200, Teletex 898586 = IPP, ⌨ Plasma Garching b. München.

Direktorium: Professor Dr. K. *Pinkau,* Vorsitzender; Dr. G. *Grieger;* Professor Dr. M. *Kaufmann;* Dr. jur. E.-J. *Meusel.*

Wissenschaftliche Leitung: Professor Dr. K. *Pinkau* (Vorsitzender und Wissenschaftlicher Direktor), Professor Dr. V. *Dose,* Dr. G. *Grieger,* Professor Dr. F. *Hertweck,* Professor Dr. M. *Kaufmann,* Professor Dr. Jürgen *Küppers,* Professor Dr. K. *Lackner,* Professor Dr. D. *Pfirsch,* Professor Dr. R. *Wilhelm,* Dr. F. *Wagner.*

Öffentlichkeitsarbeit: Isabella *Milch.*

Bereiche: Das Institut gliedert sich in fünf experimentelle Bereiche (Untersuchungen an Tokamaks, Stellaratoren, Plasma-Wand-Wechselwirkung), zwei theoretische Bereiche, den Bereich Technologie und den Bereich Informatik.

Zweck: Das Max-Planck-Institut für Plasmaphysik hat nach seiner Satzung die Aufgabe, Forschung auf dem Gebiete der Plasmaphysik und den angrenzenden Gebieten durchzuführen und die physikalischen und technologischen Grundlagen für die Energiegewinnung durch kontrollierte Kernverschmelzung zu erarbeiten. Das Institut ist mit der Europäischen Atomgemeinschaft (Euratom) durch einen Assoziationsvertrag verbunden. Die wissenschaftlichen Arbeiten werden unter Beteiligung von Wissenschaftlern und Technikern der Europäischen Atomgemeinschaft durchgeführt. Im Jahr 1990 hat das Institut ein Haushaltsvolumen von rd. 153,2 Mill. DM.

Max-Planck-Institut für Strahlenchemie

4330 Mülheim, Stiftstr. 34–36, ☏ (0208) 3 04-4, Telefax (0208) 3 04-39 51.

Leitung: Geschäftsführender Direktor: Professor Dr. Kurt *Schaffner* Mitglieder des Kollegiums, Direktoren des Instituts: Professor Dr. Kurt *Schaffner,* Professor Dr. Dietrich *Schulte-Frohlinde.*

Zweck: Grundlagenforschung auf dem Gebiet der Chemie mit ionisierender Strahlung und der organischen Photochemie und Photobiologie.

Niedersächsisches Institut für Wirtschaftsforschung e. V.

3000 Hannover 1, Schiffgraben 33, ☏ (0511) 34 13 92 oder 34 13 93.

Vorstand: Professor Dr. Ludwig *Schätzl.*

Geschäftsführung: Dr. Rainer *Ertel.*

Zweck: Regionaluntersuchungen, Branchenanalysen (z. B. Chemische Industrie), Regionalpolitik, Umweltschutz, wirtschaftspolitische Beratung.

Rheinisch-Westfälisches Institut für Wirtschaftsforschung eV

4300 Essen 1, Hohenzollernstraße 1/3, ☏ (0201) 81 49-0, Telefax (0201) 84 49-200.

Vorstand: Professor Dr. Paul *Klemmer,* Präsident; PD Dr. Ullrich *Heilemann.*

Forschungsgruppe Energiewirtschaft: Dipl.-Volksw. Bernhard *Hillebrand,* Leiter.

Presse und Information: Dipl.-Volkswirt Joachim *Schmidt.*

Zweck: Analyse der energiewirtschaftlichen Entwicklungs- und Umweltbelastung; Beobachtung der konjunkturellen Entwicklung auf den Energiemärkten; Prognosen von Angebot und Nachfrage auf den Energiemärkten, energiewirtschaftliche Strukturanalysen, Entwicklung und Anwendung von ökonometrischen Energie- und Umweltmodellen als Analyseinstrumente.

Saarländische Energie-Agentur GmbH

6600 Saarbrücken 5, Altenkesseler Str. 17, ☏ (0681) 9 76 21 70, Telefax (0681) 9 76 21 75.

Aufsichtsratsvorsitzender: Wirtschaftsminister Reinhold *Kopp*.

Geschäftsführung: Dr. rer. pol. Michael *Brand*.

Gesellschafter: Saarland, Stadtwerke Saarbrücken AG, Vereinigte Saar Elektrizitäts AG, Fernwärme-Verbund Saar GmbH, Saarländische Investitionskreditbank.

Stammkapital: 3,15 Mill. DM.

Zweck: Planung und Realisierung von Maßnahmen zur rationellen Energienutzung inklusive Finanzierung für Industrie, Gewerbe und öffentliche Einrichtungen. Rückzahlung über die eingesparten Energiekosten.

Studiengesellschaft Kohle mbH

4330 Mülheim, Kaiser-Wilhelm-Platz 1, ☏ (0208) 3061.

Aufsichtsrat: Bergass. Dr.-Ing. E. h. Friedrich Carl *Erasmus*, Essen, Vorsitzender; Dr.-Ing. Reiner *Kühn*, Wesseling, stellv. Vorsitzender; Dipl.-Ing. Hans-Reiner *Biehl*, Saarbrücken; Dr. Wolfgang *Hasenclever*, München; Dr. rer. nat. Hubert *Heneka*, Gelsenkirchen; Dr. rer. nat. Gunther *Kessen*, Oberhausen.

Geschäftsführung: Professor Dr. rer. nat. Günther *Wilke;* Dr. rer. nat. Heinz *Martin*.

Gründung: 1925 wurde die Studien- und Verwertungsgesellschaft mbH in Mülheim gegründet. Diese Gesellschaft wurde 1955 in die »Studiengesellschaft Kohle mbH« umgewandelt.

Zweck: Ausschließlicher und unmittelbarer Zweck der Gesellschaft ist die Förderung der Ziele des Max-Planck-Instituts für Kohlenforschung in Mülheim durch Tätigwerden als Treuhänder dieses Instituts durch Verwertung der Erfindungen aus dem Institut.

Verein Deutscher Ingenieure VDI

4000 Düsseldorf 1, Graf-Recke-Str. 84, Postfach 101139, ☏ (0211) 6214-0, ✄ 8586525, Telefax (0211) 6214575.

Präsident: Dr.-Ing. Klaus *Czeguhn*, Mannesmann Aktiengesellschaft.

Vorsitzender des Wissenschaftlichen Beirates: Professor Dr.-Ing. Dr.-Ing. E. h. Klaus *Knizia*.

Vorsitzender des Finanzbeirates: Dr. rer. nat. Friedrich *Scholl*.

Direktor und geschäftsführendes Präsidialmitglied: Dr.-Ing. Peter *Gerber*.

Gliederung: regional: 44 Bezirksvereine mit über 100 Ortsgruppen; überregional: 22 Fachgliederungen und interdisziplinäre Gremien; 2 Technologiezentren in Zusammenarbeit mit dem Bundesminister für Forschung und Technologie (z. T. mit Partnerorganisationen); VDI-Hauptgruppe »Der Ingenieur in Beruf und Gesellschaft« mit 7 Einzelbereichen.

Zweck: Wissens- und Erfahrungsaustausch unter Ingenieuren sowie mit Vertretern anderer Wissenschafts- und Berufsbereiche national und international. Behandelt werden nahezu alle Gebiete der Technik in Wissenschaft und Praxis unter Einbezug fachübergreifender, insbesondere auch gesellschaftspolitisch relevanter Fragestellungen, unabhängig von Wirtschaftsinteressen, parteipolitisch neutral. Mit rund 120000 Mitgliedern (Ingenieure und Naturwissenschaftler aller Fach- und Ausbildungsrichtungen) ist der VDI der größte technisch-wissenschaftlich und berufspolitisch tätige Ingenieurverein Westeuropas.

Tätigkeiten: Erstellen technischer Regelwerke (VDI-Richtlinien); Fachtagungen, Kongresse, Kolloquien; Lehrgänge, Seminare und Praktika für technische Fach- und Führungskräfte; Öffentlichkeitsarbeit für die Technik; beratende Mitwirkung im Bildungswesen sowie im Vorfeld technologieorientierter politischer Entscheidungen; Zusammenarbeit mit technisch-wissenschaftlichen Vereinigungen, Ausbildungs- und Forschungsstätten, Ministerien, Medien und Einzelpersönlichkeiten des In- und Auslandes; Publikationen.

Zur Unterstützung der Vereinsaufgaben: VDI-Verlag GmbH, VDI-Bildungswerk GmbH, Projekt und Service GmbH, VDI-Versicherungsdienst GmbH, VDI-Ingenieurhilfe e. V.

Fachgliederungen und technisch-wissenschaftliche Sondergremien: VDI-Gesellschaften, -Fachgruppen, -Kommissionen, interdisziplinäre Gremien: Agrartechnik, Bautechnik, Energietechnik, Entwicklung Konstruktion Vertrieb, Fahrzeugtechnik, Feinwerktechnik, Kunststofftechnik, Fördertechnik Materialfluß Logistik, Meß- und Automatisierungstechnik, Mikroelektronik, Produktionstechnik (ADB), Technische Gebäudeausrüstung, Textil und Bekleidung, Verfahrenstechnik und Chemieingenieurwesen, Werkstofftechnik, Lärmminderung, Reinhaltung der Luft, Industrielle Systemtechnik, Technische Zuverlässigkeit, Wertanalyse, Umwelttechnik, CIM, Bürokommunikation.

Kommission Reinhaltung der Luft im VDI und DIN

4000 Düsseldorf 1, Graf-Recke-Str. 84, ☏ (0211) 6214-0, ✄ 8586525, Telefax (0211) 6214-575.

Vorstand: Senator E. h. Dr.-Ing. H. *Gassert*, Mannheim, Vorsitzender; Senator E. h. Dr.-Ing. O. *Schwarz*, Essen, stellv. Vorsitzender; Dr. rer. nat. M. *Buck*, Essen; Ministerialdirektor E. *Herfeldt*, Bonn;

Dr.-Ing. E. h. K. *Obländer*, Stuttgart; Dr.-Ing. J. *Philipp*, Duisburg; Professor Prof. h. c. Dr. med. H. W. *Schlipköter*, Düsseldorf; Dipl.-Ing. A. *Schumacher*, Düsseldorf; Dr. rer. nat. K. H. *Trobisch*, Frankfurt (Main).

Geschäftsführung: Dr.-Ing. K. *Grefen*.

Beirat: Senator E. h. Dr.-Ing. H. *Gassert*, Vorsitzender; Senator E. h. Dr.-Ing. O. *Schwarz*, stellv. Vorsitzender; Dr.-Ing. H. *Breidenbach*, Obmann HA I; Dr. rer. nat. M. *Buck*, Obmann HA IV; Dipl.-Ing. W. *Coenen*; RA B. Dittmann; Dr. jur. G. *Feldhaus*, Obmann RVA; Dr. rer. nat. G. F. *Goethel*; Dr.-Ing. K. *Grefen*; Ministerialdirektor E. *Herfeldt*; Dr. rer. nat. L. *Hoffmann*; Dipl.-Ing. K. *Hüesker*; Professor Dr.-Ing. H. P. *Johann*; Dr. rer. nat. A. *Junker*; Dipl.-Ing. H. *Keinhorst*; Professor Dr.-Ing. R. *Löffler*, Obmann HA V; Professor Dr. rer. nat. G. *Manier*, Obmann HA II; Min.-Rat Dr. rer. pol. H. *Mehrländer*; Dr. jur. E. *Meller*; Dr.-Ing. E. h. K. *Obländer;* Dr.-Ing. J. *Philipp*; Dr. rer. nat. hort. B. *Prinz*; Professor Dr.-Ing. M. *Pütz*; Dr.-Ing. A. v. *Röpenack;* Professor Prof. h. c. Dr. med. H. W. *Schlipköter*, Obmann HA III; Direktor und Professor Dipl.-Ing. J. *Schmölling;* Dr. rer. nat. G. *Schulz*; Dipl.-Ing. A. *Schumacher;* Dr.-Ing. K. *Schwier;* Dr. sc. med. B. *Thriene*; Dr. rer. nat. K. W. *Trobisch;* Professor Dr. rer. nat. H. M. *Wagner;* Dr. rer. pol. E. *Westheide;* Professor Dr. rer. nat. G. *Zimmermeyer*.

Gründung: März 1990, Nachfolgeorganisation der VDI-Kommission Reinhaltung der Luft (gegründet 1957).

Zweck: Die Erarbeitung von VDI-Richtlinien, DIN-Vornormen, DIN-Normen, DIN-EN-Normen und DIN-ISO-Normen, auf dem Gebiet der Luftreinhaltung bezüglich aller Fragestellungen, u. a. der Entstehung und Verhütung von Emissionen, der Entsorgungs- und Reststoffproblematik, der Wärmenutzung, der Umweltmeteorologie, der Wirkung von Immissionen, der meßtechnischen Erfassung von Emissionen und Immissionen sowie der Technologie der Abgasreinigung und der Staubtechnik, einschließlich Betrieb und Instandhaltung entsprechender Anlagen im Bereich des Umweltschutzes. Dabei werden insbesondere die Erfordernisse des anlagenbezogenen, medienübergreifenden, integrierten und ökologischen Umweltschutzes beachtet.

VDI-Gesellschaft Energietechnik (VDI-GET)

4000 Düsseldorf 1, Graf-Recke-Straße 84, Postfach 101139, ☏ (0211) 6214-416/216, ✆ 8 586 525, Telefax (0211) 6214-575.

Vorstand: Professor Dr.-Ing. Dr.-Ing. E. h. H. *Schaefer*, München, Vorsitzender; Dipl.-Ing. F. *Adrian*, Gummersbach, stellv. Vorsitzender; Dipl.-Phys. K. O. *Abt*, Düsseldorf; Professor Dr.-Ing. R. *Meyer-Pittroff*, Freising-Weihenstephan; Professor Dr.-Ing. K. *Riedle*, Erlangen; Dr.-Ing. K. *Steinmann*, Essen; Dr.-Ing. H.-B. *Wibbe*, Essen; Dr. rer. nat. A. *Ziegler*, Essen.

Geschäftsführung: Priv.-Doz. Dr.-Ing. E. *Sauer*.

Beirat: Professor Dr.-Ing. Dr.-Ing. E. h. H. *Schaefer*, München, Vorsitzender; Dipl.-Ing. F. *Adrian*, Gummersbach, stellv. Vorsitzender; Dipl.-Phys. K. O. *Abt*, Düsseldorf; Dr.-Ing. J. *Beckmann*, Stuttgart; Dr.-Ing. R. *Bierhoff*, Essen; Dr.-Ing. H. *Bonnenberg*, Berlin; Dr. techn. H. *Breidenbach*, Essen; em. Professor Dr.-Ing. G. *Dibelius*, Aachen; Dr.-Ing. J. *Edelmann*, Mannheim; Dr. Dipl.-Phys. J. *Engelhard*, Köln; Professor Dr.-Ing. G. *Ernst*, Karlsruhe; Dr. Ing. G. *Escher*, Gelsenkirchen; Direktor Dr. rer. nat. E. *Franck*, Ismaning; Professor Dr.-Ing. R. *Jeschar*, Clausthal-Zellerfeld; Dr.-Ing. E. *Jochem*, Karlsruhe; Direktor Dr.-Ing. U. *Kaier*, Heidelberg; Professor Dr.-Ing. G. *Keßler*, Karlsruhe; Direktor Dipl.-Ing. O. *Koehn*, Nürnberg; Professor Dr.-Ing. R. *Meyer-Pittroff*, Freising-Weihenstephan; Dipl.-Ing. K. *Natusch*, Essen; Professor Dr.-Ing. E. *Plaßmann*, Köln; Professor Dr.-Ing. K. *Riedle*, Erlangen; Professor Dr. rer. nat. H. D. *Schilling*, Essen; Professor Dr.-Ing. W. *Schneider*, Nürnberg; Dr.-Ing. K. *Steinmann*, Essen; Dr.-Ing. H. *Vetter*, Düsseldorf; Professor Dr.-Ing. A. *Voß*, Stuttgart; Dr.-Ing. U. *Wagner*, München; Direktor Dr.-Ing. K. *Weinzierl*, Dortmund; Dr.-Ing. H. B. *Wibbe*, Essen; Professor Dr.-Ing. C. J. *Winter*, Stuttgart; Dr. rer. nat. A. *Ziegler*, Essen.

Gründung: 1974, Nachfolgeorganisation der VDI-Fachgruppe Energietechnik (gegründet 1956).

Zweck: Die VDI-Gesellschaft Energietechnik (VDI-GET) fördert den technisch-wissenschaftlichen Erfahrungsaustausch zwischen den ihr zugeordneten 11 000 VDI-Mitgliedern und den übrigen Ingenieuren und Naturwissenschaftlern, die auf dem weiten Gebiet der rationellen, umweltschonenden und wirtschaftlich verträglichen Energietechnik und -versorgung tätig sind. Dieser Know-how-Transfer wird gepflegt in Fachausschüssen, Tagungen, Richtlinien, Kontakten zu in- und ausländischen Institutionen, Mitgliederbetreuung und Öffentlichkeitsarbeit.

Die sachlich-fachlichen Arbeitsgebiete der VDI-GET umfassen die klassischen Bereiche Grundlagen der Energietechnik, Energieträger, Energiewandlung und -bereitstellung, Energieanwendung und Energiewirtschaft/-politik. Dabei spielen die übergeordneten Gesichtspunkte, wie Energie und Umwelt, Energieeinsparung, Energie und Öffentlichkeit und Energieingenieure, eine besondere Rolle.

8 LEHRE UND FORSCHUNG

Vereinigung der Bergmanns-, Hütten- und Knappenvereine Niedersachsens e. V.

Geschäftsstelle: 3056 Rehburg-Loccum, Jägerstraße 88, ☎ (0 50 37) 14 67.

Geschäftsführender Vorstand: Ernst-August *Friedrichs*, 1. Vorsitzender; Lutz *Böhl*, 2. Vorsitzender; Wolfgang *Polaćek*, Geschäftsführer; Heinrich *Wille*, Schatzmeister.

Aufgaben: Die V.B.N. wurde am 4. 3. 1951 gegründet, sie strebt den freiwilligen Zusammenschluß aller Bergmanns-, Hütten- und Knappenvereine Niedersachsens unter Wahrung deren Eigenständigkeit an. Sie pflegt und erhält die Kameradschaft, die Tradition und das Brauchtum der Berg- und Hüttenleute, wie es in geschichtlicher Entwicklung entstanden ist und zum kulturellen Erbe unseres Volkes gehört. Gewerkschaftliche, politische und konfessionelle Bestrebungen sind ausgeschlossen. Mitglied der V.B.N. kann jeder Bergmanns-, Hütten- und Knappenverein und jede bergmännische Vereinigung werden, deren bzw. dessen Sitz in Niedersachen ist.

Verbandsorgan: V.B.N.-Mitteilungen; verantwortlicher Redakteur: Wolfgang *Polaćek*.

Mitgliedsvereine: 36 und 15 angeschlossene Spielmannszüge, Kapellen und Bergmannschöre.

VGB Technische Vereinigung der Großkraftwerksbetreiber e. V.

4300 Essen 1, Klinkestr. 27-31 (VGB-Haus), Postfach 10 39 32, ☎ (0201) 81 28-1, ✂ 8 57 507 vgb d, Telefax (0201) 25 32 17, ✆ Großkraftwerke esn.

VGB-Forschungsstiftung

Stiftungsvorstand: Professor Dr.-Ing. Dipl.-Wirtsch.-Ing. Werner *Hlubek*, RWE Energie AG, Vorsitzender; Professor Dr.-Ing. Rudolf *Pruschek* (stellv. Vorsitzender).

Geschäftsführung: VGB Technische Vereinigung der Großkraftwerksbetreiber eV, Essen.

Geschäftsführer: Professor Dr. rer. nat. Hans-Dieter *Schilling*.

Haupt-Projektleiter: Professor Dr.-Ing. Jörn *Jacobs*.

Zweck: Fragen des Wärmekraftwesens von allgemeinem Interesse durch Bereitstellung von Stiftungsmitteln einer wissenschaftlichen Forschung und Lösung zuzuführen.

Kraftwerksschule e. V.

Vorstandsvorsitz: Dr.-Ing. E. h. Dipl.-Ing. Karl *Stäbler*, Energie-Versorgung Schwaben AG, Stuttgart, Vorsitzender; Professor Dr.-Ing. Dipl.-Wirtsch.-Ing. Werner *Hlubek*, RWE Energie AG, stellv. Vorsitzender.

Geschäftsführung: Professor Dr. rer. nat. Hans-Dieter *Schilling*, Dr.-Ing. Gerhard *Schlegel* (stellv.).

Zweck: Aus- und Fortbildung von Fachkräften für die Bedienung von Kraftwerksanlagen.

Wirtschafts- und Sozialwissenschaftliches Institut des Deutschen Gewerkschaftsbundes GmbH

4000 Düsseldorf 30, Hans-Böckler-Straße 39, ☎ (02 11) 43 75-0, Telefax (02 11) 43 75 74.

Geschäftsführung: Professor Dr. Werner *Meißner*, Rechtsanwalt Dr. Wolfgang *Spieker*.

Forschungsbereiche: Wirtschafts- und Verteilungsforschung, Sozialforschung und Gesellschaftspolitik.

Zweck: Förderung und Forschung, Wissenschaft und Publizistik im Bereich der Wirtschafts- und Sozialwissenschaften, insbesondere auf den Gebieten: Gesamtwirtschaftliche Entwicklung, Beschäftigung und Arbeitsmarkt, Strukturwandel und Unternehmensstrategien, Verteilung und Soziale Sicherheit, Dokumentierung und Auswertung gewerkschaftlicher Tarif- und Betriebspolitik (Tarifarchiv), Technischer Wandel und Arbeit, Mitbestimmung, Gewerkschaften und Verbände.

Wissenschaftlich-technische Gesellschaft für Verfahrenstechnik Freiberg FIA e. V.

O-9200 Freiberg, Chemnitzer Straße 40, ☎ (03731) 70201, 70209, Telefax (03731) 70221.

Vorstandsvorsitzender: Professor Dr. sc. techn. D. *Uhlig*.

Geschäftsführung: Dr.-Ing. W. *Scheibe*.

Zweck: Consulting, Engineering, Forschung.

9 Branchenübergreifende Organisationen

1. Überwachung und
   Versicherung _____ 1014
2. Wasserwirtschaftsverbände __ 1029
3. Arbeitgeber-, Arbeitnehmer-
   und berufsständische
   Organisationen _____ 1033

Das Kapitel 10 »Statistik« enthält aktuelle Tabellen zur Energie- und Rohstoffwirtschaft.

9 Organisations Serving Several Sectors

1. Supervisory agencies and
   insurance companies _____ 1014
2. Water resources
   organisations _____ 1029
3. Employer and Employee
   organisations _____ 1033

Chapter 10 »Statistics« contains up-dated tables on the energy and raw materials industry.

9 Organisations interprofessionnelles

1. Contrôle et assurance _____ 1014
2. Associations de l'économie
   des eaux _____ 1029
3. Organisations syndicales
   des entreprises,
   employeurs et travailleurs _____ 1033

Le chapitre 10 »Statistiques« contient des tableaux actualisés concernant l'industrie énergétique et des matières premières.

9 BRANCHENÜBERGREIFENDE ORGANISATIONEN

1. Überwachung und Versicherung

Verband der Technischen Überwachungs-Vereine eV (VdTÜV)

4300 Essen 1, Kurfürstenstr. 56, ☎ (0201) 8987-0, Telefax (0201) 8987-120.

Büro Bonn: 5300 Bonn 1, Reuterstr. 159, ☎ (0228) 91481-0, Telefax (0228) 91481-38.

Vorstand: Dr.-Ing. Ernst *Schadow*, Frankfurt, Vorsitzender; Dr.-Ing. Klaus *Grüning*, Berlin, stellv. Vorsitzender; Professor Dr.-Ing. Karl Eugen *Becker*, München; Dipl.-Ing. Dieter *Roddewig*, Osterode; Dr.-Ing. Claus *Steyer*, Dresden; Dr.-Ing. Werner Franz *Zitzelsberger*, Kaiserslautern; Dr. jur. Lutz K. *Wessely*, Essen, geschäftsf. Vorstandsmitglied.

Geschäftsführung: Dr. jur. Lutz K. *Wessely* (Vors. d. Geschäftsführung), Dr.-Ing. Klaus-Jürgen *Höhne*, Dipl.-Betriebsw. Peter *Hebestreit*, Dipl.-Ing. Klaus *Hüesker*, Dipl.-Ing. Gerhard *Krause*.

Öffentlichkeitsarbeit: Dr. rer. pol. Dieter *Hank* (Büro Bonn).

Zweck: Übergebietliche Bearbeitung der Angelegenheiten der TÜV; Beratung des einschlägigen Gesetz- und Vorschriftenwesens; Mitwirkung bei der Gestaltung von Normen, Regeln und Richtlinien der Technik auf den Arbeitsgebieten der TÜV; Herbeiführung einheitlicher Handhabung der Technischen Überwachung; Sammlung der dabei anfallenden Erfahrungen und Weiterleitung an die interessierten Stellen.

Mitglieder: Im VdTÜV sind die Technischen Überwachungs-Vereine (TÜV), die Staatliche Technische Überwachung Hessen (TÜH) sowie Industrieunternehmen mit technischer Eigenüberwachung zusammengeschlossen. Mitglieder sind die TÜV Bayern Sachsen (Sitz München), Berlin-Brandenburg (Sitz Berlin), Hannover/Sachsen-Anhalt (Sitz Hannover), Hessen (Sitz Eschborn), Nord (Sitz Rostock), Norddeutschland (Sitz Hamburg), Pfalz (Sitz Kaiserslautern), Rheinisch-Westfälischer TÜV (Sitz Essen), Rheinland (Sitz Köln), Saarland (Sitz Sulzbach), Südwestdeutschland (Sitz Mannheim), Thüringen (Sitz Erfurt), die Staatliche Technische Überwachung Hessen (Sitz Darmstadt), ferner die Industriemitglieder BASF AG, Ludwigshafen, Bayer AG, Leverkusen, Buna AG, Schkopau, Chemie AG, Bitterfeld-Wolfen, Bitterfeld, Hoechst AG, Frankfurt (Main), Hüls AG, Marl, Leuna-Werke AG, Leuna, Saarbergwerke AG, Saarbrücken.

Technische Überwachungs-Vereine (TÜV)

Tätigkeitsgebiete: Prüfungs- und Überwachungsaufgaben im Rahmen der Gewerbeordnung: Aufzugsanlagen, Dampfkesselanlagen, Druckbehälter, Druckgasbehälter, Anlagen zur Abfüllung von verdichteten, verflüssigten oder unter Druck gelösten Gasen, elektrische Anlagen in besonders gefährdeten Räumen, Leitungen unter innerem Überdruck für brennbare ätzende oder giftige Gase, Dämpfe oder Flüssigkeiten, Anlagen zur Lagerung, Abfüllung und Beförderung von brennbaren Flüssigkeiten, Werkstoff- und Schweißtechnik.

Prüfungen im Rahmen der Straßenverkehrsgesetzgebung: Typprüfungen von Kraftfahrzeugen und deren Zubehör, Sicherheitsprüfungen an Kraftfahrzeugen, Kraftfahrzeugführer- und Fahrlehrerprüfungen, Eignungsuntersuchungen in Medizinisch-Psychologischen Untersuchungsstellen.

Prüfungs-, Beratungs- und Gutachtertätigkeit auf weiteren technischen Gebieten, unter anderem zur Qualitätssicherung: Kerntechnik, Reaktorsicherheit und Strahlenschutz, Fördertechnik, Seilbahnen und Fliegende Bauten, Elektrotechnik, Umweltschutz (z. B. Lärmbekämpfung, Reinhaltung der Luft, Abfall- und Abwasserfragen, Umweltverträglichkeitsprüfungen), Boden- und Gewässerschutz/Altlasten, Sicherheitsanalysen, Lüftungs- und Haustechnik, Anlagen zur Lagerung, Abfüllung und Beförderung von wassergefährdenden Flüssigkeiten, Technische Chemie, Technische Arbeitsmittel, Getränkeschankanlagen, Wärme- und Energietechnik, Arbeitsmedizin und Sicherheitstechnik, Software-Prüfungen, Meerestechnik, Schiffsprüfungen, Materialprüfungen, Bergbau, Freiwillige Kraftfahrzeugüberwachung.

Technischer Überwachungs-Verein Bayern Sachsen eV

8000 München 21, Westendstr. 199, ☎ (089) 5791-0, Teletex (17) 898564, Telefax (089) 5791-1551.

Vorsitzender: Dr. oec. publ. Oskar *Brunner*, München.

Geschäftsführung: Senator E. h. Professor Dr.-Ing. Karl Eugen *Becker*.

Dienststellen in Bayern

München: 8000 München 2, Ridlerstr. 57, ☎ (089) 5190-0, Telefax (089) 5190-3280, Teletex (17) 898640, (17) 897689.

Augsburg: 8900 Augsburg 1, Oskar-von-Miller-Str. 17, ☎ (0821) 5904-0, Telefax (0821) 5904-146.

Bayreuth: 8580 Bayreuth 13, Ludwig-Thoma-Str. 6a, ☎ (0921) 505-0, Telefax (0921) 505-137.

Hof: 8670 Hof, Erlhofer Str. 75, ☎ (09281) 520-0, Telefax (09281) 520-20.

ÜBERWACHUNG UND VERSICHERUNG

Landshut: 8300 Landshut, Alte Regensburger Str. 11, ☏ (0871) 703-1, Telefax (0871) 703-262.
Nürnberg: 8500 Nürnberg 80, Edisonstr. 15, ☏ (0911) 6557-0, Teletex (17) 9118224, Telefax (0911) 6557-298.
Regensburg: 8400 Regensburg 1, Friedenstr. 6, ☏ (0941) 9910-0, Telefax (0941) 991028.
Würzburg: 8700 Würzburg, Petrinistraße 33a, ☏ (0931) 20013-0, Telefax (0931) 20013-87.

Geschäftsstellen in Sachsen

O-8600 Bautzen, August-Bebel-Str. 3, Postfach 304, ☏ (03591) 511210, Telefax (03591) 47188.
O-9072 Chemnitz, Fürstenstraße 70, Postfach 951, ☏ (0371) 41446, ✄ 7285, Telefax (0371) 42009.
O-8060 Dresden, Unterer Kreuzweg 1, Postfach 329, ☏ (0351) 53500 u. 52978, ✄ 26376, Telefax (0351) 54488.
O-8900 Görlitz, Friedrich-Engels-Straße 42, ☏ (03581) 8920001, Telefax (03581) 89203.
O-7030 Leipzig, Meusdorfer Straße 40, ☏ (0341) 39250, ✄ 512398, Telefax (0341) 311506.
O-9540 Zwickau, Parkstr. 20, ☏ (0375) 23345 u. 241666, Telefax (0375) 521006.

Niederlassungen in Ländern der EG

Frankreich: Socotec Environnement S. A. R. L., 11, rue Saint Maximin, F-69416 Lyon, Cedex 03, ☏ (0033) 72114600, Telefax (0033) 72114590.
Griechenland: TÜV Bayern KTE, Metamorfoseos 31, GR-17673 Kallithea, Athens, ☏ (0030/1) 9418854 oder (0030/1) 9430050, Telefax (0030/1) 9418854.
Italien: TÜV Italia S.R.L., Via Bettola, 38, I-20092 Cinisello Balsamo (Mi), ☏ (0039/2) 66012670, Telefax (0039/2) 66012802.

Technischer Überwachungs-Verein Berlin-Brandenburg eV

1000 Berlin 42, Magirusstr. 5, ☏ (030) 7562-0, Telefax (030) 7562-298, Teletex (17) 308580 TUEV Bln.
Vorsitzender: Dr.-Ing. Klaus *Grüning*, Berlin.
Geschäftsführung: Dr.-Ing. Günter *Wawer*.

Niederlassungen

O-7500 **Cottbus,** Gerichtsplatz 7, ☏ (0355) 30161, Telefax (0355) 23843.
O-1572 **Potsdam-Bornim,** Max-Eyth-Allee 2, ☏ (0331) 331-402 bis 405, Telefax (0331) 331-406.

Außenstellen

W-1000 **Berlin 20,** Pichelswerderstr. 9 – 11, ☏ (030) 33201-0, Telefax (030) 33201-233.
W-1000 **Berlin 42,** Alboinstr. 56, Kfz-Prüfung, ☏ (030) 7562-0, Telefax (030) 7562-298.
O-1140 **Berlin,** Beilsteiner Str. 63 – 85, ☏ (030) 5421148, Telefax (030) 5491206.
O-1020 **Berlin,** Karl-Marx-Allee 3, Medizinisch-psychologische Untersuchungen Berlin-Mitte, Haus der Gesundheit, ☏ (030) 23816-385.
O-1800 **Brandenburg,** Straße der Freundschaft 49, ☏ (03381) 522525, Telefax (03381) 522503.
O-7500 **Cottbus,** Karl-Marx-Straße 14, Medizinisch-psychologische Untersuchungen, ☏ (0355) 25241.
O-7612 **Cottbus,** Am Nordrand 45, Kfz-Prüfung, ☏ (0355) 823477, Telefax (0355) 23887.
O-1200 **Frankfurt/Oder,** Walter-Korsing-Straße 28, ☏ (0335) 326580, Telefax (0335) 326546.
O-1200 **Frankfurt/Oder,** An der Autobahn 3, Kfz-Prüfung, ☏ (0335) 42092.
O-1560 **Potsdam,** Heinrich-Mann-Allee 1, Medizinisch-psychologische Untersuchungen, ☏ (0331) 42084.
O-7817 **Schwarzheide,** Ruhlander Str. 23, c/o, Korrosionsschutz GmbH, ☏ (035752) 7690.
O-1330 **Schwedt,** c/o PCK AG Schwedt, Postfach 7, ☏ (03332) 462001.

Technischer Überwachungs-Verein Hannover/Sachsen-Anhalt eV

3000 Hannover 81 (Döhren), Am TÜV 1, ☏ (0511) 986-0, ✄ 923941, Telefax (0511) 986-1237/-1949.
Vorsitzender: Fabrikant Dipl.-Ing. Dieter *Roddewig*, Osterode.
Geschäftsführung: Professor Dr.-Ing. Klaus *Weber*.

Niederlassungen

Hannover: 3000 Hannover 81 (Döhren), Am TÜV 1, ☏ (0511) 986-0, ✄ 923941, Telefax (0511) 986-1237/-1949.
3000 Hannover 1 (Südstadt), Tiestestr. 16/18, ☏ (0511) 986-0, Telefax (0511) 819273.
Bielefeld: 4800 Bielefeld, Böttcherstr. 11, ☏ (0521) 786-0, Telefax (0521) 786-244.
Braunschweig: 3300 Braunschweig, Porschestr. 2, ☏ (0531) 3904-0, Telefax (0531) 3904-288.
Göttingen-Weende: 3400 Göttingen-Weende, Rudolf-Diesel-Str. 5, ☏ (0551) 3855-0, Telefax (0551) 3855-69.

9 BRANCHENÜBERGREIFENDE ORGANISATIONEN

O-4020 Halle, Rudolf-Breitscheid-Straße 13, ☏ (0345) 388371, ⌀ 4512, Telefax (0345) 29329.

O-4020 Halle, Georg-Schumann-Platz 9, ☏ (0345) 22659/32085 – Medizinisch-Psychologische Untersuchungsstelle.

O-3060 Magdeburg, Adelheidring 16, ☏ (0391) 33601, ⌀ 8390, Telefax (0391) 31998.

O-3014 Magdeburg, Jordanstraße 7, ☏ (0391) 42268 – Medizinisch-Psychologische Untersuchungsstelle.

Osnabrück: 4500 Osnabrück, Mindener Str. 108, ☏ (0541) 711-0, Telefax (0541) 711-110.
4500 Osnabrück, Alte Poststr. 19, ☏ (0541) 27647, Telefax (0541) 201470.

Paderborn: 4790 Paderborn, An der Talle 7, ☏ (05251) 403-0, Telefax (05251) 403-20.

Tochterunternehmen

TÜV Product Service GmbH, 3000 Hannover 81 (Döhren), Am TÜV 1, ☏ (0511) 986-1488, Telefax (0511) 986-1988.

TÜV Hannover-Budapest GmbH, H-1119 Budapest XI., Thán Károly u. 3–5, ☏ 1-667-245, Telefax 1-669-210.

TÜV Hannover España S. A., E-46004 Valencia, Plaza Los Pinazo, 5–13 a, ☏ 3516418, Telefax 29329.

Ingenieur-Consult Haas & Partner GmbH, 3000 Hannover 1, Brüderstraße 5, ☏ (0511) 9117-0, Telefax (0511) 9117-299.

MEDI-TÜV Hannover GmbH, 3000 Hannover 81, Am TÜV 1, ☏ (0511) 986-1366, Telefax (0511) 986-1237.

Technischer Überwachungs-Verein Hessen eV

6236 Eschborn b. Frankfurt, Mergenthalerallee 27, ☏ (06196) 498-0, Telefax (06196) 498-262.

Vorsitzender: Dr.-Ing. Alfred *Hauff*, Eschborn.

Geschäftsführung: Dr.-Ing. Hugo *Ziegler*.

Niederlassungen

Zentrale: 6236 Eschborn/Ts., Mergenthalerallee 27, ☏ (06196) 498-0, Telefax (06196) 498-262.

Gießen: 6307 Linden, Hans-Böckler-Straße 4, ☏ (06403) 9008-0, Telefax (06403) 9008-20.

Kassel: 3500 Kassel, Lilienthalstraße 17, ☏ (0561) 50013-0, Telefax (0561) 50013-20.

Büro: 6200 Wiesbaden, Schenkendorfstraße 1, ☏ (0611) 809589, Telefax (0611) 806367.

Thüringen: O-5084 Erfurt, Spielbergtor 12 d, ☏ (0361) 51211, Telefax (0361) 2537328.

Technischer Überwachungs-Verein Nord eV

O-2540 Rostock 40, Beim Kalkofen, ☏ (0381) 2430, Telefax (0381) 243178 bis 243181.

Niederlassungen/Geschäftsstellen

O-1157 Berlin, Waldowallee 117, ☏ (030) 5098292.
Strahlenschutz, Röntgengeräteprüfung, Qualitätssicherung, Auslandstätigkeit, Bauwerksüberwachung, Probabilistik, Serviceleistungen.

O-2200 Greifswald, Brandteichstraße 18, ☏ (038 34) 663048.
Dampf- und Drucktechnik, Tanktechnik, Heizungstechnik, Elektrotechnik, Energietechnik, Werkstofftechnik, Werkstoffprüfung, Schweißtechnik, Berechnung, Systemtechnik, Leittechnik, Kerntechnik, Freiwillige-Kraftfahrzeug-Überwachung, Schadensgutachten, Verwaltung/Datenverarbeitung, Medizinisch-psychologische Untersuchungsstelle.

O-2000 Neubrandenburg, Fritz-Reuter-Straße 1 a, ☏ (0395) 6214/15.
Dampf- und Drucktechnik, Tanktechnik, Heizungstechnik, Elektrotechnik, Fördertechnik, Schweißtechnik, FKÜ und Kfz-Prüfstelle, Schadensgutachten, Verwaltung/Datenverarbeitung.

O-2500 Rostock, Graf-Schack-Straße 3, ☏ (0381) 23095.
Medizinisch-psychologische Untersuchungsstelle, Medizinisch-psychologisches Institut.

O-2540 Rostock 40, Beim Kalkofen, ☏ (0381) 2430, Telefax (0381) 243178 bis 243181.
Dampf- und Drucktechnik, Tanktechnik, Heizungstechnik, Anlagen- und Prozeßsicherheit, Elektrotechnik, Fördertechnik, Schweißtechnik, Verwaltung/Datenverarbeitung, TÜV-Akademie.

O-2771 Schwerin, Rogahner Str. 58, ☏ (0385) 87302.
Dampf- und Drucktechnik, Tanktechnik, Heizungstechnik, Elektrotechnik, Fördertechnik, Schweißtechnik, FKÜ und Kfz-Prüfstelle, Schadensgutachten, Verwaltung/Datenverarbeitung, Medizinisch-psychologische Untersuchungsstelle.

Technischer Überwachungs-Verein Norddeutschland eV

2000 Hamburg 54, Gr. Bahnstr. 31, ☏ (040) 8557-0, ⌀ 215063, Telefax (040) 8557-2295, Teletex (17) 402089.

Vorsitzender: Dr.-Ing. Hermann *Möller*, Hamburg.

Geschäftsführung: Dr.-Ing. Werner *Witt*.

ÜBERWACHUNG UND VERSICHERUNG

Niederlassungen

Hamburg: 2000 Hamburg 54, Gr. Bahnstr. 31, ☏ (040) 8557-0, ✆ 215063, Telefax (040) 8557-2295, Teletex (17) 402089.
Bremen: 2800 Bremen 1, Bei den Drei Pfählen 41, ☏ (0421) 4498-0, Telefax (0421) 4498-177.
Bremerhaven: 2850 Bremerhaven 31, Fritz-Erler-Str. 9, ☏ (0471) 63021, Telefax (0471) 60018.
Flensburg: 2390 Flensburg, Gutenbergstr. 9, ☏ (0461) 99431, Telefax (0461) 98242.
Kiel: 2300 Kiel 14, Segeberger Landstr. 2b, ☏ (0431) 7307-0, Telefax (0431) 7307-42.
Lübeck: 2400 Lübeck, Maybachstr. 2, ☏ (0451) 62007-0, Telefax (0451) 62007-33.
Lüneburg: 2120 Lüneburg, Bessemerstr. 9, ☏ (04131) 35057, Telefax (04131) 37989.
Norderstedt: 2000 Norderstedt, Hans-Böckler-Ring 10, ☏ (040) 529001-0, Telefax (040) 529001-49.
Oldenburg: 2900 Oldenburg i. O., Nadorster Str. 231, ☏ (0441) 34091-0, Telefax (0441) 34091-24.

Technischer Überwachungs-Verein Pfalz eV

6750 Kaiserslautern, Merkurstr. 45, ☏ (0631) 533-0, Telefax (0631) 533-181.

Vorsitzender: Dr. rer. nat. Max *Siebert*, Kaiserslautern.
Geschäftsführung: Dr.-Ing. Werner Franz *Zitzelsberger*.

Dienststellen

Kaiserslautern: 6750 Kaiserslautern, Merkurstr. 45, ☏ (0631) 533-0, Telefax (0631) 533-181.
Landau: 6740 Landau, Horstschanze 46, ☏ (06341) 61001.
Ludwigshafen/Rhein: 6700 Ludwigshafen (Rhein), Achtmorgenstr. 5, ☏ (0621) 57007-0, Telefax (0621) 57007-20.

RW TÜV eV

4300 Essen 1, Steubenstr. 53, ☏ (0201) 825-0, ✆ 8579680, Telefax (0201) 825-2517.

Vorstand: Hartmut *Griepentrog*, Vorsitzender; Manfred *Ester*, stellv. Vorsitzender.

Dienststellen

Bergbau: 4300 Essen, Steubenstr. 53, ☏ (0201) 825-0, ✆ 8579680, Telefax (0201) 825-2517.
Bereich: Die Bergamtsbezirke des Landesoberbergamtes Nordrhein-Westfalen mit Ausnahme der Bergamtsbezirke Aachen und Köln.

Untersuchungen zur Sicherheit und Zuverlässigkeit, z. B. von elektrischen Anlagen und Einrichtungen unter und über Tage, Bahnen, Schachtförderanlagen, Steuerungen, Hydraulikeinrichtungen, Gleislosfahrzeuge, Grubengasabsaugung, Kokereitechnik.

Qualitätssicherung – Beraten, Realisieren, Zertifizieren; Schadensuntersuchungen, Asbesterhebung und -beratung, Ermittlung und Bewertung von Umweltbelastungen: Wasser, Boden, Luft, Abfall, Lärm, Erschütterungen; Umweltverträglichkeitsuntersuchungen, Sicherheitsanalysen, Heizung, Lüftung, Klimatechnik, Explosions-, Brand- und Arbeitsschutz.

Einrichtungen: Laboratorien zur chemischen, metallurgischen, röntgenographischen, physikalischen und mechanischen Untersuchung von Werkstoffen, feuerfesten Steinen, Kohlen, Ölen, Fetten, Speisewasser, Wasserreinigungsmitteln u. a. m. Elektrotechnisches Versuchslaboratorium. Lichttechnisches Institut. Kerntechnik, Strahlenschutz, Kalibrierstelle für elektr. Meßgrößen.

Essen 1: 4300 Essen, Steubenstr. 53, ☏ (0201) 825-0, ✆ 8579680, Telefax (0201) 825-2517.
Dortmund: 4600 Dortmund, Berliner Str. 2, ☏ (0231) 5186-0, Telefax (0231) 5186-260.
Duisburg: 4100 Duisburg, Meidericher Str. 14–16, ☏ (0203) 304-0, Telefax (0203) 304-220.
Hagen (Westf.): 5800 Hagen (Westf.), Feithstr. 188, ☏ (02331) 803-0, Telefax (02331) 803-202.
Siegen (Westf.): 5900 Siegen (Westf.), Leimbachstr. 227, ☏ (0271) 3378-0, Telefax (0271) 3378-113.

Niederlassungen in Ländern der EG

Großbritannien: TÜV UK Ltd., Surrey House, 5th Floor, Surrey Street, Croydon CR9 1XZ, ☏ (81) 680711, ✆ 911427, Telefax (81) 6804035.
Niederlande: TÜV Nederland B.V., Musterweg 125, NL-6136 KT Sittard, ☏ (46) 529399, Telefax (46) 528184.
TÜV Nederland QA B.V., Musterweg 125, NL-6136 KT Sittard, ☏ (46) 523792, Telefax (46) 528184.
Van Ameyde International B. V., De Bruyn Kopstraat 9, 2288 EC Rijswijk, ☏ (70) 3907701, Telefax (70) 3191105.
Portugal: RWTÜV Representative Office, Rue Mouzinho da Silveira, 27-6 AD, 1200 Lisboa, ☏ (1) 3522797 und 3522791, Telefax (1) 3520641.
ČSFR: RWTÜV Büro Prag 1, Ve Smečkách 29, 11000 Praha, ☏ (2) 263833, Telefax (2) 2357358.
RWTÜV Büro Bratislava, Roznavska 1, 82363 Bratislava, ☏ (7) 224384, Telefax (7) 296486.
Griechenland: TÜV Hellas S.A., Sapfous 173, 17675 Kallithea, Athens, ☏ (1) 9580785, ✆ 221304 dynaer, Telefax (1) 9525331.

9 BRANCHENÜBERGREIFENDE ORGANISATIONEN

Spanien: CETECOM S. A., Centro de Tecnologia de las Communicaciones S. A., Avenida Carlota Alessandri, 232, 29620 Torremolinos (Malaga), ☏ (52) 375177, Telefax (52) 374195.

ACI S. A., Duque de Sesto, 34, 1º A, 28099 Madrid, ☏ (1) 5756608, Telefax (1) 5770891.

Cualicontrol S. A., Juan Bautista de Toledo, 31, 28002 Madrid, ☏ (1) 415656668, Telefax (1) 4157545.

Technischer Überwachungs-Verein Rheinland eV

5000 Köln 91 (Poll), Am Grauen Stein/Konstantin-Wille-Str. 1, ☏ (0221) 806-0, ✄ 8873659, Telefax (0221) 806-114.

Vorsitzender: Konsul Dr. Paul-Ernst *Bauwens*, Köln.

Geschäftsführung: Professor Dr.-Ing. Dr. h. c. Albert *Kuhlmann*.

Niederlassungen

Aachen: 5100 Aachen, Krefelder Str. 225, ☏ (0241) 1825-0, ✄ 8873659, Telefax (0241) 1825-201.

Bad Kreuznach: 6550 Bad Kreuznach, Römerstr. 18–20, ☏ (0671) 46082/83, Telefax (0671) 28301.

Betzdorf: 5240 Betzdorf, Bahnhofstr. 12–14, ☏ (02741) 295-0, ✄ 8873659, Telefax (02741) 295-58.

Bonn: 5300 Bonn 2, Godesberger Allee 125–127, ☏ (0228) 301-0, ✄ 8873659, Telefax (0228) 301-201.

Düsseldorf: 4000 Düsseldorf 30, Vogelsanger Weg 6, ☏ (0211) 6354-0, ✄ 8873659, Telefax (0211) 6354-225.

Frankfurt: 6000 Frankfurt-Niederrad, Lyoner Str. 11 a, ☏ (069) 669023-0, Telefax (069) 6664391.

Koblenz: 5400 Koblenz-Wallersheim, Hans-Böckler-Straße 6, ☏ (0261) 8085-0, ✄ 8873659, Telefax (0261) 8085-110.

Köln: 5000 Köln 91 (Poll), Am Grauen Stein/Konstantin-Wille-Str. 1, ☏ (0221) 806-0, ✄ 8873659, Telefax (0221) 806-114.

Krefeld: 4150 Krefeld, Elbestr. 7, ☏ (02151) 4414-0, ✄ 8873659, Telefax (02151) 4414-71.

Mainz: 6500 Mainz-Gonsenheim, An der Krimm 23, ☏ (06131) 4654-0, ✄ 8873659, Telefax (06131) 4654-54.

Mönchengladbach: 4050 Mönchengladbach, Theodor-Heuss-Str. 93–95, ☏ (02161) 822-0, ✄ 8873659, Telefax (02161) 822-0.

Trier: 5500 Trier, Bahnhofsplatz 8, ☏ (0651) 2005-0, ✄ 8873659, Telefax (0651) 2005-26.

Wuppertal: 5600 Wuppertal 2, Friedrich-Engels-Allee 346, ☏ (0202) 55112-0, ✄ 8873659, Telefax (0202) 55112-61.

Tochter- und Beteiligungsgesellschaften Inland

TÜV Ostdeutschland Holding GmbH, Mitglied der TÜV Rheinland Gruppe, O-1162 Berlin, Müggelseedamm 109–111, ☏ 6448-0.

TÜV Ostdeutschland Sicherheit und Umweltschutz GmbH, Mitglied der TÜV Rheinland Gruppe, O-1162 Berlin, Müggelseedamm 109–111, ☏ (03) 6448-0.

TÜV-Akademie Ostdeutschland GmbH, Mitglied der TÜV Rheinland Gruppe, O-1162 Berlin, Müggelseedamm 109–111, ☏ (03) 6448-0.

German Control Warenprüfung Ostdeutschland GmbH, Mitglied der TÜV Rheinland Gruppe, O-1162 Berlin, Müggelseedamm 109–111, ☏ (03) 6448-0.

Dorsch Consult Ingenieurgesellschaft mbH, 8000 München 21, Hansastraße 20, ☏ (089) 5797-0, Telefax (089) 5797-223.

IWS GmbH, 5000 Köln 90, Viktoriastraße 26, ☏ (02203) 1709-01, Telefax (02203) 17657.

TÜV-Akademie Rheinland GmbH, Köln, 5000 Köln 91, Am Grauen Stein, ☏ (0221) 806-3001, Telefax (0221) 806-3003.

Verlag TÜV Rheinland GmbH, 5000 Köln 90, Viktoriastraße 26, ☏ (02203) 1709-02, Telefax (02203) 15411.

Qualitec Ebasco GmbH, 5000 Köln 91, Am Grauen Stein, ☏ (0221) 806-3090, Telefax (0221) 806-3093.

VTÜ Versicherungs-Vermittlung GmbH, 5000 Köln 91, Am Grauen Stein, ☏ (0221) 806-3081, Telefax (0221) 806-1799.

GC-German Control Internationale Kontrollgesellschaft mbH, 2000 Hamburg 60, Kapstadtring 2, ☏ (040) 632912-0, Telefax (040) 632912-99.

Unterstützungseinrichtung GmbH, 5000 Köln 91, Am Grauen Stein, ☏ (0221) 806-2309.

ASAP Agentur für die Sicherheit von Aerospace-Produkten GmbH, 5000 Köln 21, Gustav-Heinemann-Ufer 54, ☏ (0221) 371097, Telefax (0221) 371099.

TÜV Rheinland Luftfahrttechnik GmbH, 5000 Köln 90, Flughafen Köln-Bonn, Halle 7, ☏ (02203) 52085, Telefax (02203) 52087.

HKP Ingenieur Team Hödl, Kablitz & Partner GmbH, 4000 Düsseldorf 1, Faunastraße 3, ☏ (0211) 673745, Telefax (0211) 6790563.

Niederlassungen in Ländern der EG

Belgien: TÜV Rheinland Belgium a. s. b. l., B-1930 Zaventem, Weiveldlaan 41, bus 26, ☏ (0032/2) 7257310 u. 7257404, Telefax (0032/2) 7257551.

O.C.B. v.z.w., B-2600 Berchem (Antwerpen), Diksmuidelaan 305, ☏ (0032/3) 2300052, Telefax (0032/3) 2303913.

ÜBERWACHUNG UND VERSICHERUNG

Frankreich: TÜV Rheinland France, F-75009 Paris, 6, rue Halévy, ☏ (0033/1) 42650770, ✂ 215293, Telefax (0033/1) 42665469.

TUV Diagnostic et Contrôle Technique Automobile, F-75001 Paris, 370, rue Saint-Honoré, ☏ (0033/1) 42650770, ✂ 215293, Telefax (0033/1) 42665469.

Großbritannien: Michael A. Brett & Partners Int. Ltd., Victoria Square, 154 Victoria Street, St. Albans, Herts, GB-London AL 1 5BB.

Luxemburg: TÜV Rheinland Luxemburg GmbH, 9a, rue Pépin-le-Bref, L-1265 Luxembourg, ☏ (00352) 455155, Telefax (00352) 455156.

Spanien: TÜV Rheinland Sucursal en España, E-28043 Madrid, Moscatelar, 23, ☏ (0034/1) 3881060, ✂ 47411, Telefax (0034/1) 3885856.

TÜV Rheinland Ibérica, S.A., E-28043 Madrid, Moscatelar 23, ☏ (0034/1) 3881060, ✂ 47411, Telefax (0034/1) 3885856.

TÜV Rheinland Navarra, S.A., E-31013 Pamplona, Autopista Pamplona-Vitoria Carretera Sotoaizoain s/n (Mercairuña), ☏ (0034/48) 124300, Telefax (0034/48) 129667.

ICICT, E-08012 Barcelona, Bonavista, 30, ☏ (0034/3) 2381810, Telefax (0034/3) 2371670.

Ungarn: TÜV Rheinland Hungaria Kft, H-1061 Budapest, Paulay Ede u. 52, ☏ (0036/1) 1420193, Telefax (0036/1) 1221958.

Euroqua Kft, H-1061 Budapest, Paulay Ede u. 52, ☏ (0036/1) 1217720, Telefax (0036/1) 1421176.

Technischer Überwachungs-Verein Saarland eV

6603 Sulzbach, Saarbrücker Str. 8, ☏ (06897) 506-0, ✂ 4429364, Telefax (06897) 506-102.

Vorsitzender: Dr.-Ing. Karl *Hoffmann*, Saarlouis.

Geschäftsführung: Dr.-Ing. Jürgen *Althoff*.

Dienststellen

Sulzbach (Stadtverband Saarbrücken): 6603 Sulzbach, Saarbrücker Str. 8, ☏ (06897) 506-0, Telefax (06897) 506-102.

6600 Saarbrücken, Berliner Promenade 16, ☏ (0681) 371121.

Technischer Überwachungs-Verein Südwestdeutschland e. V.

6800 Mannheim, Dudenstraße 28.

Vorsitzender: Dr.-Ing. Herbert *Gassert*, Mannheim.

Geschäftsführung: Professor Dr.-Ing. Karlheinz *Döttinger*.

Geschäftsstelle Mannheim und Sitz des Vereins:

6800 Mannheim-Wohlgelegen, Dudenstraße 28, ☏ (0621) 395-0, Telefax (0621) 395-454, ✂ 463128, Postanschrift: Postfach 103262, 6800 Mannheim 1.

Geschäftsstelle Stuttgart:

7024 Filderstadt-Bernhausen, Gottlieb-Daimler-Straße 7, ☏ (0711) 7005-0, Telefax (0711) 7005-287, Teletex 711635. Postanschrift: Postfach 1380, 7024 Filderstadt 1.

Geschäftsbereich Kraftfahrwesen:

7000 Stuttgart (Feuerbach), Krailenshaldenstraße 30, ☏ (0711) 8933-0, Telefax (0711) 8933-127. Postanschrift: Postfach 301140, 7000 Stuttgart 30.

Niederlassungen

7800 Freiburg 1, Robert-Bunsen-Straße 1, Postfach 1627, ☏ (0761) 51436-0, Telefax (0761) 51436-22.

7100 Heilbronn, Salzstraße 133, Postfach 3512, ☏ (07131) 1576-0, Telefax (07131) 1576-15.

7500 Karlsruhe 21 (West), Durmersheimer Straße 145, ☏ (0721) 5706-0, Telefax (0721) 5706-12.

6800 Mannheim 1 (Wohlgelegen), Dudenstraße 28, ☏ (0621) 395-0, ✂ 463128, Telefax (0621) 395-454 und 333928.

7700 Singen, Laubwaldstraße 11, ☏ (07731) 8802-0, Telefax (07731) 8802-22.

Stuttgart in 7024 Filderstadt 1 (Bernhausen), Gottlieb-Daimler-Straße 7, Postfach 1380, ☏ (0711) 7005-0, Telefax (0711) 7005-610, Teletex 711635.

7400 Tübingen 2 (Weilheim), Im Schelmen 11, ☏ (07071) 7009-0, Telefax (07071) 7009-19.

7900 Ulm, Karlstraße 17, ☏ (0731) 1538-1, Telefax (0731) 1538-255.

8010 Dresden, TÜV Südwest GmbH, Grunaer Straße 2, ☏ (0351) 4874344, Telefax (0351) 4874242.

Niederlassungen in Ländern der EG

Frankreich: TÜV Südwest e. V., Büro Lyon "Le Thelemos", 15, Quai de Commerce, F-69336 Lyon – Cedex 09, ☏ (0033) 78477247, Telefax (0033) 78648755.

Spanien: TÜV Südwest e. V., Delegación España, E-28016 Madrid, San Telmo, 28, ☏ (0034/1) 2594028, ✂ 43884, Telefax (0034/1) 2595646.

Türkei: Teknik Güvenlik ve Kalite Denetim Sanayi ve Ticaret Ltd. sti. Gazeteciler Sitesi Yazarlar Sok. 8, TR-80240 Esentepe-Istanbul, ☏ (0090/1) 1664049 u. 1669833, Telefax (0090/1) 1753972.

Technischer Überwachungs-Verein Thüringen e. V.

Vorsitzender: OIng. Ing. Dieter *Födisch*.

O-5010 Erfurt, Melchendorfer Straße 64, Postfach 998, ☏ (0361) 3446, ✂ 61475, Telefax (0361) 35562.

9 BRANCHENÜBERGREIFENDE ORGANISATIONEN

Niederlassungen/Dienststellen

O-5010 Erfurt, Melchendorfer Straße 64, Postfach 998, ☏ (0361) 3446, ✆ 61475, Telefax (0361) 35562.

O-6500 Gera, Stadtgraben 12, ☏ (0365) 24811/12, Telefax (0365) 24879.

O-6060 Zella-Mehlis, Industriestraße 13, ☏ (03682) 462656, Telefax (03682) 462657.

O-5500 Nordhausen, Rathsfelder Straße 1, ☏ (03631) 59497, Telefax (03631) 59495.

O-6900 Jena, Jenertal 4, ☏ (03641) 27305, Telefax (03641) 23969.

Staatliche Technische Überwachung Hessen (TÜH)

6100 Darmstadt 11, Rüdesheimer Str. 119, Postfach 111461, ☏ (06151) 600-0, Telefax (06151) 600-600.

Industriemitglieder

BASF AG, Ludwigshafen.
Bayer AG, Leverkusen.
Buna AG, Schkopau.
Chemie AG, Bitterfeld-Wolfen.
Hoechst AG, Frankfurt (Main)-Höchst.
Hüls AG, Marl.
Leuna-Werke, Leuna.
Saarbergwerke AG, Saarbrücken.

DIN Deutsches Institut für Normung e. V.

1000 Berlin 30, Burggrafenstraße 6, Postfach 1107, ☏ (030) 2601-0, ✆ 184273 din d, Telefax (030) 2601-231.

Präsidium: Dipl.-Ing. Eberhard *Möllmann*, Präsident; Professor Dr. Gerhard *Becker*, 1. Stellvertreter; Dr.-Ing. Herbert *Gassert*, 2. Stellvertreter.

Direktor: Professor Dr.-Ing. Helmut *Reihlen*.

Presse und Information: Dipl.-Pol. Ing. Albrecht *Geuther*.

Organisation: Die Normungsarbeit wird in 107 Normenausschüssen mit 3960 Arbeitsausschüssen geleistet. Nach öffentlicher Vorlage und einer Prüfung durch die Normenprüfstelle werden die Arbeitsergebnisse als DIN-Normen in das Deutsche Normenwerk aufgenommen. (Zur Zeit bestehen rund 21 000 DIN-Normen.) Der jährlich erscheinende DIN-Katalog für technische Regeln gibt einen Überblick über alle DIN-Normen, Norm-Entwürfe und andere Technische Regeln öffentlicher und privater Art.

Zweck: Das DIN Deutsches Institut für Normung e. V. gibt als Gemeinschaftsarbeit interessierter Kreise (Hersteller, Handel, Wissenschaft, Verbraucher, Behörden) DIN-Normen heraus. DIN-Normen dienen der Rationalisierung, der Qualitätssicherung, der Sicherheit und der Verständigung in Wirtschaft, Technik, Wissenschaft, Verwaltung und Öffentlichkeit. Das DIN mit seinen Organen ist die nationale Vertretung bei den internationalen und westeuropäischen Normeninstituten (ISO, IEC, CEN, CENELEC). Siehe auch Beitrag »Normenausschuß Bergbau (Faberg)« im Kapitel 1.7.

Hauptverband der gewerblichen Berufsgenossenschaften eV

5205 Sankt Augustin 2, Alte Heerstraße 111, Postfach 2052, ☏ (02241) 231-01, ✆ 886628 bgvbd d, Telefax (02241) 231-333.

Vorsitzende des Vorstandes: Klaus *Hinne*, Herbert *Kleinherne* (im jährlichen Wechsel).

Hauptgeschäftsführung: Dr. Günther *Sokoll*; Stellvertreter: Dr. Dieter *Greiner*.

Zentralstelle für Unfallverhütung und Arbeitsmedizin (ZefU): 5205 Sankt Augustin 2, Alte Heerstraße 111, ☏ (02241) 231-01. Leiter: Dipl.-Ing. Horst *Römer*.

Berufsgenossenschaftliches Institut für Arbeitssicherheit (BIA): 5205 St. Augustin 2, Alte Heerstraße 111, ☏ (02241) 231-02. Leiter: Dipl.-Ing. Wilfried *Coenen*.

Berufsgenossenschaftliche Akademie für Arbeitssicherheit und Verwaltung (BGA): 5202 Hennef/Sieg 1, Zum Steimelsberg 7, ☏ (02242) 89-1. Leiter: Ass. Heider *Baucke*.

Bergbau-Berufsgenossenschaft

4630 Bochum 1, Hunscheidtstr. 18, Postfach 100429, ☏ (0234) 316-0, Telefax (0234) 316300.

Genossenschaftsvorstand: Dipl.-Ing. Herbert *Kleinherne*, Essen 1; Fritz *Kollorz*, MdL, 2. Vorsitzender der Industriegewerkschaft Bergbau und Energie, Vorsitzender bzw. stellv. Vorsitzender in jährlichem Wechsel.

Vertreter der Arbeitgeber: Geschäftsführer Manfred *Bergmann*, Chemnitz; Rechtsanwalt Clemens *Frhr. von Blanckart*, Hückelhoven; Bergwerksdirektor Dipl.-Ing. Herbert *de Boer*, Salzgitter; Bergwerksdirektor Ass. d. Bergf. Hieronymus *Burckhardt*, Bad Salzdetfurth; Vorstandsmitglied Bergwerksdirektor Dipl.-Berging. Werner *Externbrink*, Saarbrücken; Vorstandsmitglied Bergwerksdirektor Dr.-Ing. Wolfgang *Fritz*, Duisburg-Homberg; Bergass. a. D. Karl-Heinrich *Jakob*, Essen 1; Dipl.-Ing. Wolfgang *Jakob*, Merseburg, Vorstandsmitglied; Dipl.-Ing. Wolfgang *Jung*, Senftenberg; Chefjustitiar Generalbevollmächtigter Dr. jur. Kurt *Justen*, Köln 41; Geschäftsführer Dipl.-Wirtsch. Wolfgang *Kaiser*, Senftenberg; Vorsitzender der Geschäftsführung Dipl.-Berging. Alfred *Lücker*, Recklinghausen; Vorstandssprecher Dr. Arno *Michalzik*, Zielitz; Rechtsanwalt

ÜBERWACHUNG UND VERSICHERUNG

Elmar *Milles*, Essen; Dr. Werner *Reichenbach*, Halle; Bergwerksdirektor Dipl.-Ing. Rolf *Stallberg*, Herten; Dipl.-Ing. Kurt *Waschkowski*, Berlin; Vorstandsmitglied Bergwerksdirektor Bergass. a. D. Wilhelm *Wegener*, Heilbronn.

Vertreter der Versicherten: Reinhold *Adam*, Bergmann, Gelsenkirchen; Fritz *Apel*, Altenburg; Max *Belz*, Bergmann, Auerbach; Friedel *Buchmann*, Bergmann, Neunkirchen; Manfred *Dickmeis*, Kraftfahrer, Eschweiler; Ulrich *Freese*, Bezirksleiter, Cottbus; Helmut *Gaudzinski*, Bergmann, Bottrop; Albrecht *Greiser*, Wolmirstedt; Dipl.-Ing. Artur *Heidrich*, Halle/Saale; Heiner *Hölig*, Schneeberg; Hermann *Kreß*, Gewerkschaftssekretär, Bochum 1; Hermann *Lemanski*, Bergmann, Lüdinghausen; Erich *Manthey*, Gewerkschaftssekretär, Bochum 1; Adolf *Melzer*, Dortmund; Wolfgang *Pfeifer*, Chemnitz; Fred *Schünemann*, Elektriker, Bockenem; Helmut *Zielke*, Reviersteiger, Dortmund 30; Dipl.-Ing. Wolfgang *Zimpel*, Sonderhausen.

Genossenschafts-Vertreterversammlung: Sie besteht aus je 47 Vertretern der Arbeitgeber und der Versicherten und wählt u. a. den Vorstand, beschließt und ändert die Satzung und hat die Jahresrechnung zu prüfen und abzunehmen. Bergwerksdirektor Dr. rer. nat. Hans-Wolfgang *Arauner*, Sprecher des Vorstandes der Ruhrkohle Westfalen AG, Dortmund 1; Peter *Flemming*, Gewerkschaftssekretär, Bochum 1; Vorsitzender bzw. stellv. Vorsitzender in jährlichem Wechsel.

Hauptgeschäftsführung: Direktor Dr. Hubert *Brandts;* Stellvertreter: Direktor Assessor Klaus-Dieter *Pöhl;* Leiter der Techn. Abteilung: Dr.-Ing. Günter *Levin*.

Öffentlichkeitsarbeit: Norbert *Ulitzka*.

Statut und Zweck: Die auf Grund des Unfallversicherungsgesetzes vom 6. 7. 1884 (Reichsgesetzblatt S. 69) errichtete Bergbau-Berufsgenossenschaft ist eine bundesunmittelbare öffentlich-rechtliche Körperschaft und erstreckt sich über die Bundesrepublik Deutschland. Sie erfaßt alle Betriebe, die der Knappschafts-Versicherung unterliegen, mit Ausnahme der Hochöfen und Stahlhütten, Eisen- und Stahl-Frisch- und Streckwerke, Eisengießereien, Schwarz- und Weißblechfabriken, soweit diese nicht Nebenbetriebe eines der Berufsgenossenschaft angehörigen Hauptbetriebes sind.

Nach dem Dritten Buch der Reichsversicherungsordnung hat die Berufsgenossenschaft folgende gesetzliche Aufgaben: Verhütung von Arbeitsunfällen und Berufskrankheiten, Heilung von Unfallfolgen und Berufskrankheiten, Berufshilfe, Entschädigung für die Beeinträchtigung der Erwerbsfähigkeit durch Arbeitsunfälle und Berufskrankheiten, Rentenzahlung an die Hinterbliebenen tödlich verunglückter und an Berufskrankheiten verstorbener Versicherter.

Bezirksverwaltung Bonn

5300 Bonn 1, Schumannstr. 8, Postfach 190148, ☏ (0228) 2602-0, Telefax (0228) 2602181.

Zuständigkeit: Der Bezirk umfaßt die Bereiche der Aachener Steinkohle, der niederrheinischen Steinkohle, der rheinischen Braunkohle, der Bergbaubetriebe am Niederrhein und des Erzbergbaus im Sieg-, Lahn- und Dillkreis.

Bezirksvorstand: Chefjustitiar Generalbevollmächtigter Dr. jur. Kurt *Justen*, Köln 41; Friedhelm *Georgi*, Bezirksleiter, Alsdorf; Vorsitzender bzw. stellv. Vorsitzender in jährlichem Wechsel. Vertreter der Arbeitgeber: Rechtsanwalt Clemens Frhr. *von Blanckart*, Hückelhoven; Bergwerksdirektor Professor Dr.-Ing. Hermann *Boldt*, Issum 2; Bergwerksdirektor Dr.-Ing. T. *Gaul*, Lennestadt L; Vertreter der Versicherten: Paul *Ginnuttis*, Hückelhoven; Manfred *Grobbel*, Fahrer, Lennestadt; Hardy *Prill*, Elektriker, Kempen 3.

Bezirks-Vertreterversammlung: Sie besteht aus je 12 Vertretern der Arbeitgeber und Versicherten. Georg *Overländer*, Gewerkschaftssekretär, Alsdorf; Syndikusanwalt Dr. jur. Wolfgang *Gerigk*, Köln 41; Vorsitzender bzw. stellv. Vorsitzender in jährlichem Wechsel.

Direktor: Assessor Carsten *Gissel*.

Technische Abteilung: Bergass. Dr.-Ing. Hanslenz *Engelmann*.

Bezirksverwaltung Bochum

4630 Bochum 1, Waldring 97, Postfach 100409/100410, ☏ (0234) 306-0, Telefax (0234) 306444.

Zuständigkeit: Der Bezirk umfaßt den Bereich des Ruhrbergbaus.

Bezirksvorstand: Ass. d. Bergf. Dr. Wolfgang *Breer*, Recklinghausen; Hermann *Kreß*, Gewerkschaftssekretär, Bochum 1; Vorsitzender bzw. stellv. Vorsitzender in jährlichem Wechsel. Vertreter der Arbeitgeber: Ass. d. Bergf. Wolfgang *Behrens*, Essen 1; Bergwerksdirektor Ass. d. Bergf. Ludwig *Gerstein*, Dortmund 1; Dipl.-Volksw. Dr. rer. pol. Helmut *Keienburg*, Marl; Bergwerksdirektor Ass. d. Bergf. Hanns *Ketteler*, Bottrop; Dipl.-Berging. Dr. Karl Heinz *Kuschel*, Ibbenbüren. Vertreter der Versicherten: Werner *Brosius*, Bergtechniker, Ahlen; Josef *Dördelmann*, kfm. Angestellter, Oer-Erkenschwick; Helmut *Heith*, Gewerkschaftssekretär, Gelsenkirchen 2; Horst *Krischer*, Bergmann, Lünen; Egon *Münzer*, Bergmann, Duisburg 18.

Bezirks-Vertreterversammlung: Sie besteht aus je 18 Vertretern der Arbeitgeber und der Versicherten. Bergwerksdirektor Dr.-Ing. Rolf *Zeppenfeld*, Dortmund 1; Peter *Flemming*, Gewerkschaftssekretär, Bochum 1; Vorsitzender bzw. stellv. Vorsitzender in jährlichem Wechsel.

9 BRANCHENÜBERGREIFENDE ORGANISATIONEN

Direktor: Dr. Rolf *Bonnermann.*

Technische Abteilung: Bergrat a. D. Ludwig *Günter.*

Bezirksverwaltung Clausthal-Zellerfeld

3392 Clausthal-Zellerfeld, Berliner Str. 2, Postfach 1051, ☏ (05323) 74-0, Telefax (05323) 74140.

Zuständigkeit: Der Bezirk umfaßt die Länder Niedersachsen, Schleswig-Holstein, Bremen und Hamburg, den Regierungsbezirk Kassel und vom Lande Nordrhein-Westfalen die Kreise Lippe und Minden.

Bezirksvorstand: Bergwerksdirektor Ass. d. Bergfachs Hieronymus *Burckhardt,* Bad Salzdetfurth; Karl-Heinz *Georgi,* Gewerkschaftssekretär, Celle; Vorsitzender bzw. stellv. Vorsitzender in jährlichem Wechsel. Vertreter der Arbeitgeber: Mitglied des Vorstandes Bergwerksdirektor Klaus *Friedrich,* Helmstedt; Betriebsdirektor Dipl.-Ing. Reinhard *Lerche,* Goslar 1; Vertreter der Versicherten: Adolf *Moritz,* Bad Salzdetfurth; Heinz *Schönegge,* Berging. (grad.), Fahrsteiger, Hohenroda 2.

Bezirks-Vertreterversammlung: Sie besteht aus je 6 Vertretern der Arbeitgeber und Versicherten. Dieter *Weniger,* Gewerkschaftssekretär, Hannover 1; Geschäftsführer Bergass. a. D. Otto *Lenz,* Hannover 1; Vorsitzender bzw. stellv. Vorsitzender in jährlichem Wechsel.

Direktor: N. N.

Technische Abteilung: Bergrat a. D. Wolfgang *Roehl.*

Bezirksverwaltung München

8000 München 80, Maria-Theresia-Str. 15, Postfach 800269, ☏ (089) 476061/62, Telefax (089) 4701689.

Zuständigkeit: Der Bezirk umfaßt die Länder Bayern und Baden-Württemberg sowie Teile des Landes Rheinland-Pfalz.

Bezirksvorstand: Werksdirektor Bergass. Dr.-Ing. Peter *Ambatiello,* Berchtesgaden; Adolf *Kapfer,* Bezirksleiter, Peiting; Vorsitzender bzw. stellv. Vorsitzender in jährlichem Wechsel. Vertreter der Arbeitgeber: Dipl.-Chem. Manfred *Hoffmann,* Neuburg; Vorstandsmitglied Bergwerksdirektor Bergass. a. D. Wilhelm *Wegener,* Heilbronn. Vertreter der Versicherten: Max *Belz,* Bergmann, Auerbach; Kurt *Rembold,* Grubenschlosser, Nordheim.

Bezirks-Vertreterversammlung: Sie besteht aus je 6 Vertretern der Arbeitgeber und Versicherten. Hans *Kulzer,* Gewerkschaftssekretär, Amberg; Betriebsdirektor Bergass. a. D. Professor Dr.-Ing. Johannes *Pfeufer,* Auerbach; Vorsitzender bzw. stellv. Vorsitzender in jährlichem Wechsel.

Direktor: Walter *Lechner.*

Technische Abteilung: Ass. d. Bergf. Wilhelm *Weihofen.*

Bezirksverwaltung Saarbrücken

6600 Saarbrücken 1, Talstr. 15, ☏ (0681) 58003-0, Telefax (0681) 580053.

Zuständigkeit: Der Bezirk umfaßt das Saarland.

Bezirksvorstand: Dipl.-Ing. Rolf *Brust,* Friedrichsthal; Felix *Pink,* Gewerkschaftssekretär, Eppelborn; Vorsitzender bzw. stellv. Vorsitzender in jährlichem Wechsel. Vertreter der Arbeitgeber: Direktor Dr.-Ing. Claus W. *Ebel,* Saarbrücken; Geschäftsführer Rechtsanwalt Werner *Konrath,* Saarbrücken; N. N. Vertreter der Versicherten: Elektro-Ing. (grad.) Martin *Becker,* Elektrosteiger, Großrosseln; Ing. (grad.) Karlheinz *Brückner,* Abteilungssteiger, Quierschied; Otto *Gassert,* Bergmann, Ottweiler.

Bezirks-Vertreterversammlung: Sie besteht aus je 12 Vertretern der Arbeitgeber und Versicherten. Paul *Schmidt,* Gewerkschaftssekretär, Friedrichsthal; Bergwerksdirektor Dipl.-Ing. Heinrich *Stopp,* Schiffweiler; Vorsitzender bzw. stellv. Vorsitzender in jährlichem Wechsel.

Direktor: Assessor Hans-Georg *Middendorf.*

Technische Abteilung: Oberbergrat a. D. Horst *Eisenbeis.*

Bezirksverwaltung Gera

O-6500 Gera, Amthorstr. 12, ☏ (0365) 611-0, Telefax (0365) 23361.

Zuständigkeit: Die fünf neuen Bundesländer einschließlich Berlin.

Direktor: Assessor Theodor *Bülhoff.*

Technische Abteilung: Dipl.-Ing. Matthias *Stenzel.*

Berufsgenossenschaftliche Krankenanstalten Bergmannsheil, Universitätsklinik

4630 Bochum 1, Gilsingstraße 14, Postfach 100250, ☏ (0234) 302-0, Telefax (0234) 330734.

Gründung und Zweck: Das „Bergmannsheil Bochum" nahm im Jahre 1890 als erste Unfallklinik der Welt seine Tätigkeit für unfallverletzte Bergleute des Ruhrgebiets auf. Die Stillegung der Bergbauunternehmen im Raum Bochum verstärkte die bereits vorher eingeleitete Entwicklung hin zu einem allen Patienten zur Verfügung stehenden Allgemeinkrankenhaus.

Im Jahre 1977 wurde das „Bergmannsheil" im Rahmen des „Bochumer Modells" als Universitätsklinik in deren Lehr- und Forschungsbetrieb einbezogen. Mit seinen 624 Betten und 20 Fachabteilungen sowie einem Rehabilitationszentrum steht das „Bergmannsheil" als Schwerpunktkrankenhaus der Bevölkerung in einem großen Einzugsbereich offen.

Krankenhausbetriebsleitung: Ärztlicher Direktor: Professor Dr. Gert *Muhr*, Krankenhausdirektor: Dipl. rer. soc. Hans Werner *Kick*, Pflegedirektorin: Jutta *Bretfeld*.

Berufsgenossenschaftliches Forschungsinstitut für Arbeitsmedizin (BGFA)

4630 Bochum 1, Gilsingstr. 14, Postfach 100250, ☏ (0234) 302-0, Telefax (0234) 330732.

Medizinische Forschung: Direktor Professor Dr. med. Xaver *Baur;* Leitender Arzt in der Abteilung Lungenfunktion: Professor Dr. med. Gerhard *Reichel;* Abteilungsleiter: Dr. rer. nat. Adam *Czuppon* (Allergologie), Dr. rer. nat. Paul *Degens* (Epidemiologie), Dipl.-Math. *Isringhausen-Bley* (EDV), Dr. rer. nat. Wolfgang *Marek* (Pathophysiologie), Dr. rer. nat. Monika *Raulf* (Immunologie), Dr. rer. nat. Hans-Peter *Rihs* (Molekulargenetik), Dr. rer. nat. Bruno *Voß* (Medizinische Biologie).

Zweck: Forschung von berufsbedingten Erkrankungen, insbesondere der Lunge und der Atemwege. Entwicklung von Verfahren zu deren Prophylaxe. Diagnose und Therapie sowie die Unterstützung der Träger der gesetzlichen Unfallversicherung bei der Erfüllung ihrer Aufgaben.

Aufgabenbereich: Allgemeine und spezielle arbeitsmedizinische Diagnostik und Differenzialdiagnostik, insbesondere Durchführung von Lungenfunktionsprüfungen, Allergietestungen an der Haut und im Serum. Arbeitsplatzbezogene inhalative Provokationstestungen. Quer- und Längsschnittstudien an speziell exponierten Kollektiven, u. a. Bergleuten und Beschäftigten in der chemischen Industrie. Pathomechanismen des berufsbedingten allergischen und irritativ-toxischen Asthma bronchiale. Wirkungen von beruflichen Schadstoffen in vivo und in vitro (Zellkulturen, Organbad), u. a. zur Festsetzung von MAK- und TRK-Werten. Entwicklung und Einsatz sensitiver Verfahren zur Früherfassung von immunologischen Reaktionen und krebserzeugenden Potentialen neuer Arbeitsstoffe. Identifizierung und molekulare Chrakterisierung von erfolgversprechenden Maßnahmen zur Prävention von Berufskrankheiten.

Einrichtungen: Umfassende Lungenfunktions- und Allergietestverfahren. Laboratorien für Asbestfaserzählung, Zelldifferenzierungen, spezifische Stimulation von Zellkulturen, proteinchemische Analysen, moderne molekulargenetische Untersuchungen, Erfassung von Schadstoffwirkungen im Organbad und in vitro, Molecular modelling, BAL-Analyse.

Institut für Gefahrstoff-Forschung der Bergbau-Berufsgenossenschaft (IGF)

4630 Bochum 1, Waldring 97, Postfach 100409/10, ☏ (0234) 306-0, Telefax (0234) 306444.

Direktor: Professor Ass. d. Bergf. Dr.-Ing. Hans-Dieter *Bauer*.

Bereichsleiter: Dipl.-Ing. Wolfgang *Werner* (Technischer Gesundheitsschutz); Dr. rer. nat. Dirk *Dahmann* (Gefahrstoffe); Dr. rer. nat. Hajo Hennig *Frikke* (Analytik); Dr.-Ing. Uwe *Beckmann* (Verfahrenstechnik).

Zweck: Messung, Bewertung und Bekämpfung von silikogenen, kanzerogenen und sonstigen staub-, dampf- und gasförmigen Gefahrstoffen an Arbeitsplätzen. Beratung zur Prävention von Berufskrankheiten.

Aufgabenbereiche: Entwicklung, Verbesserung und Prüfung von Verfahren und Einrichtungen zur Verminderung der Gefahrstoffkonzentration an Arbeitsplätzen und von persönlichem Staubschutz; Meßtechnische Erfassung, Analyse und Bewertung von staub-, dampf- und gasförmigen Gefahrstoffen. Prüfstelle des BMA für Bohrgeräte, Gesteinsbohrgeräte, Abbau- und Aufreißhämmer sowie des Loba für Kleinkaliberbohrgeräte; Aus- und Fortbildung von Fachpersonal für den Arbeits- und Gesundheitsschutz; Mitwirkung bei der Erstellung von Normen und Regelwerken.

Einrichtungen: Laboratorien zur qualitativen und quantitativen Untersuchung von Stäuben, Dämpfen und Gasen und anderen nach Verfahren der Mikroskopie, der Röntgendiffraktometrie und -fluoreszenz, der Atomabsorptionsspektroskopie, der Chromatographie, der Coulometrie, der IR-Spektroskopie, der BET-Oberflächenbestimmung, der Lasergranulometrie sowie der Sieb- und Sedimentationsanalyse; Einrichtungen der direktanzeigenden Messung von organischen und anorganischen Gasen wie Lösemittel, CKW, Stickoxiden, Ozon; Prüfstände für Masken und Filtermaterialien; Staubkanal; Prüfeinrichtungen für Bohrgeräte, Abbau- und Aufreißhämmer; Untersuchungsstände für gas- und staubemittierende Einrichtungen.

Institut für Pathologie der Bergbau-Berufsgenossenschaft an den Berufsgenossenschaftlichen Krankenanstalten Bergmannsheil

4630 Bochum 1, Gilsingstr. 14, Postfach 100250, ☏ (0234) 302-0, Telefax (0234) 330734.

Direktor: Professor Dr. Klaus-Michael *Müller*.

Aufgabenbereich: Erstattung fachpathologischer, wissenschaftlich begründeter Zusammenhangsgutachten für die Bergbau-Berufsgenossenschaft unter Auswertung von Obduktionsergebnissen ehemaliger Bergleute.
Konsiliarärztliche Begutachtungen im Rahmen der Krankenversorgung der Kliniken des Bergmannsheil und der Krankenhäuser im Bochumer Raum (pathologisch-anatomische Untersuchungen von Operations- und Biopsiepräparaten).

Forschung und Lehre im Rahmen der Anbindung des Instituts an die Ruhr-Universität über das Bochumer Modell.
Aus- und Weiterbildung der Ärzte für Pathologie und medizinisch-technischer Assistenzberufe.
Wissenschaftliche Studien in Zusammenarbeit mit überregionalen Forschungsvorhaben, einschließlich der Betreuung von Doktoranden und Habilitanden.

Mesotheliomregister der Bergbau-Berufsgenossenschaft

4630 Bochum 1, Gilsingstr. 14, Postfach 100250, ☏ (0234) 302-0, Telefax (0234) 330734.

Direktor: Professor Dr. Klaus-Michael *Müller*.

Gründung: Einen fachlichen und wissenschaftlichen Schwerpunkt am Institut für Pathologie der Bergbau-Berufsgenossenschaft bildet das im Juli 1987 in Verbindung mit dem Berufsgenossenschaftlichen Institut für Arbeitsmedizin eingerichtete Mesotheliomregister, das vom Hauptverband der gewerblichen Berufsgenossenschaften e. V., Bonn-St. Augustin, gefördert wird.

Zweck: Die Aufgaben bestehen in der makroskopischen, mikroskopischen, histochemischen und immunhistochemischen sowie staubanalytischen Aufarbeitung von Gewebsproben. Das Untersuchungsgut wird in der Regel aus den verschiedenen Instituten für Pathologie der Bundesrepublik zur Bearbeitung eingesandt. In der Mehrzahl der Fälle sind diese Untersuchungen auf anstehende versicherungsmedizinische Fragestellungen vor dem Hintergrund Asbest-asoziierter Erkrankungen der Lungen und des Lungenfelles ausgerichtet.
Neben diesen Untersuchungen mit versicherungsmedizinischem Aspekt für verschiedene Berufsgenossenschaften wird das Untersuchungsgut auch unter wissenschaftlicher Fragestellung mit Auswertung neuer immunhistochemischer Untersuchungsverfahren zur Charakterisierung der Lungen- und Pleuratumoren aufgearbeitet.
Die aus den Befunden im pathologisch-anatomischen Untersuchungsgut gewonnenen Erkenntnisse bilden unter Berücksichtigung der klinischen Krankheitsbilder nicht selten auch wichtige Hinweise auf die Verhinderung von Berufserkrankungen.

Steinbruchs-Berufsgenossenschaft

3000 Hannover, Walderseestraße 5–6, ☏ (0511) 6266-0.

Vorstand: Dipl.-Ing. Gerd *Allers*, Hans *Enders*, Vorsitzende in jährlichem Wechsel.

Vertreterversammlung: Dr.-Ing. Fritz *Möllmann*, Reinhold *Winter*, Vorsitzende in jährlichem Wechsel.

Hauptgeschäftsführung: Direktor Assessor Willi *Lange*.

Leiter des Technischen Aufsichtsdienstes: Dipl.-Ing. Heinz *Wibbelhoff*.

Sektion I

8500 Nürnberg, Am Plärrer 33, ☏ (0911) 266513.

Geschäftsführung: Assessor Gerhard *Winter*.

Sektion II

7500 Karlsruhe 1, Kriegsstraße 154, ☏ (0721) 25961.

Geschäftsführung: Assessor Bernhard *Sihler*.

Sektion III

5300 Bonn, Hausdorffstraße 102, ☏ (0228) 232031, 232032.

Geschäftsführung: Ass. Norbert *Erlinghagen*.

Sektion IV

3012 Langenhagen, Walsroder Str. 26, ☏ (0511) 6266-0.

Geschäftsführung: Assessor Rainer *Morich*.

Sektion V

O-1140 Berlin-Marzahn 1, Rhinstr. 48, Postfach 342, ☏ (030) 54600-0.

Geschäftsführung: Günter *Waldmann*.

Sektion VI

O-8060 Dresden, Forststr. 12/16, Postfach 23/69, ☏ (0351) 52497.

Geschäftsführung: Ernst *Hertlein*.

Berufsgenossenschaft der keramischen und Glas-Industrie

8700 Würzburg, Röntgenring 2, ☏ (0931) 3081-0, Telefax (0931) 3081-105.

Vorsitzender: Karl Heinz *Viehoff*.

Hauptgeschäftsführung: Ass. Welf *Elster*.

Leiter des Technischen Aufsichtsdienstes: Dipl.-Ing. F.-W. *Löffler*.

Bezirksverwaltung Würzburg (I)

8700 Würzburg, Röntgenring 2, ☏ (0931) 3081-0.

Geschäftsführung: Ass. Friedrich *Münzer*.

Bezirksverwaltung Neuwied (II)

5450 Neuwied, Friedrich-Ebert-Str. 28, ☏ (02631) 89020, Telefax (02631) 8902-60.

Geschäftsführung: Assessor Günther *Gruehn*.

Bezirksverwaltung Berlin (III)

1000 Berlin 12, Pestalozzistr. 5, ☏ (030) 317080, Telefax (030) 3133925.

Geschäftsführung: Wolfgang *Schmidt*.

Bezirksverwaltung Hannover (IV)

3000 Hannover 1, Niedersachsenring 13, ☏ (0511) 673016/17, Telefax (0511) 631561.

Geschäftsführung: Wolfgang *Schmidt*.

Bezirksverwaltung Jena (V)

O-6905 Jena-Burgau, Göschwitzer Straße 21.

Geschäftsführung: Gerhard *Drexel*.

Berufsgenossenschaft der Gas- und Wasserwerke

4000 Düsseldorf 1, Auf'm Hennekamp 74, Postfach 101562, ☏ (0211) 310990, Telefax (0211) 31099-88.

Vorsitzende des Vorstandes: Gottfried *Hecht;* Walter *Layritz* (in jährlichem Wechsel).

Hauptgeschäftsführer: Direktor Axel *Apsel*.

Stv. Hauptgeschäftsführer: Dipl.-Ing. Burkhard *Blümke*.

Technischer Aufsichtsdienst: Direktor des TAD Dipl.-Ing. Heinz *Middelhauve*.

Geschäftsstelle Teltow

O-1530 Teltow, Neißestr. 1, ☏ (03328) 453214, Telefax (03328) 453213.

Leiter der Geschäftsstelle: Dieter *Barz*.

Geschäftsstelle Leipzig

O-7024 Leipzig, Torgauer Str. 114, ☏ und Telefax (0341) 2374233.

Leiter der Geschäftsstelle: Dipl.-Ing. Gerd *Kabisch*.

Geschäftsstelle Moritzburg

O-8105 Moritzburg, Roßmarkt 7, ☏ (035207) 605.

Leiter der Geschäftsstelle: Dipl.-Ing. Roland *Baumann*.

Geschäftsstelle Ulm

7900 Ulm, Münsterplatz 16, ☏ (0731) 67444, Telefax (0731) 67476.

Leiter der Geschäftsstelle: Dipl.-Ing. Horst-Dieter *Herbord*.

Berufsgenossenschaft der chemischen Industrie

6900 Heidelberg, Kurfürstenanlage 62, Postfach 101480, ☏ (06221) 523-0.

Vorstand: Professor Dr. Klaus *Kleine-Weischede,* Vorsitzender; Benno *Oldach,* stellv. Vorsitzender; jeweils in dreijährigem Wechsel.

Hauptgeschäftsführung: Direktor Assessor Hanswerner *Lauer;* stellv. Hauptgeschäftsführer: Dr. jur. Erwin *Radek*. Leiter des Technischen Aufsichtsdienstes: Dipl.-Chem. Hans *Friedl*.

Bezirksverwaltung Berlin

O-1080 Berlin, Glinkastr. 5–7, ☏ (030) 23143-5.

Geschäftsführung: Wolfgang *Schiewe*.

Bezirksverwaltung Hamburg

2000 Hamburg 1, Heidenkampsweg 73, ☏ (040) 23632-0.

Geschäftsführung: Assessor Reinhard *Holtstraeter*.

Bezirksverwaltung Köln

5000 Köln 41, Stolberger Str. 86, ☏ (0221) 5482-0.

Geschäftsführung: Dr. jur. Bernd *Koch*.

Bezirksverwaltung Heidelberg

6900 Heidelberg, Kurfürstenanlage 62, ☏ (06221) 523-0.

Geschäftsführung: Assessor Norbert *Emmerich*.

Bezirksverwaltung Frankfurt (Main)

6000 Frankfurt, Stützeläckerweg 12, ☏ (069) 78976-0.

Geschäftsführung: Assessor Rainer *Schormüller*.

Bezirksverwaltung Nürnberg

8500 Nürnberg 60, Südwestpark 2 und 4, ☏ (0911) 68990.

Geschäftsführung: Assessor Jürgen *Bäppler*.

9 BRANCHENÜBERGREIFENDE ORGANISATIONEN

Bezirksverwaltung Halle

O-4090 Halle-Neustadt, Abholfach 10, Neustädter Passage 82, ☏ (0345) 601612.

Geschäftsführung: Assessor Gerhard *Wenger*.

Tiefbau-Berufsgenossenschaft

8000 München 60, Am Knie 6, ☏ (089) 8897-01, ⚡ 522219 tbg d, Telefax (089) 889 75 90.

Vorsitzende des Vorstandes: Bernd-Rüdiger *Schmidt*, Dipl.-Ing. Wolfgang *Richter* (im jährlichen Wechsel).

Geschäftsführung: Direktor Dipl.-Ing. Manfred *Bandmann;* Stellvertreter: Assessor Detlef *Griese*.

Gebietsverwaltungen

Süd: 8000 München 60, Am Knie 6, ☏ (089) 8897-01, ⚡ 522219 tbg d, Telefax (089) 889 74 60.
Geschäftsführung: Verwaltungsdirektor Assessor Christian *Kniehase*.

Nord: 3000 Hannover 71, Tiergartenstr. 39, ☏ (0511) 510030, Telefax (0511) 5100320.
Geschäftsführung: Verwaltungsdirektor Assessor Werner *Stüven*.

West: 5600 Wuppertal 2, Schubertstr. 41, ☏ (0202) 6297-0, Telefax (0202) 6297212.
Geschäftsführung: Verwaltungsdirektor Assessor Manfred *Palm*.

Ost: 1000 Berlin 31, Helmstedter Str. 2, ☏ (030) 21404-0, Telefax (030) 21404-600.
Geschäftsführung: Verwaltungsdirektor Assessor Jörg *Oehme*.

Technischer Aufsichtsdienst: Leitender Technischer Aufsichtsbeamter: Dipl.-Ing. Rudolf *Scholbeck*.

Arbeitsmedizinischer Dienst: Leitung: Assessor Thomas *Riemann*.

Bundesknappschaft

4630 Bochum 1, Pieperstr. 14/28, ☏ (0234) 304-0, Telefax (0234) 304-5205, 4630 Bochum 1, Königsallee 175, ☏ (0234) 304-0, Telefax (0234) 304-4530, 4630 Bochum 1, Lothringer Str. 36, ☏ (0234) 8795-0.

Vorstand: Der Vorstand der Bundesknappschaft besteht aus 24 Vertretern der Versicherten und 12 Vertretern der Arbeitgeber. Vorsitzender des Vorstandes: Fritz *Kollorz*, Recklinghausen; 1. Stellvertreter: Dr. Raimund *Utsch*, Marl; 2. Stellvertreter: Werner *Volke*, Haltern.

Vertreter der Versicherten: Günter *Bartz*, Recklinghausen; Dieter *Bauerfeind*, Halle; Dr. Ursula *Engelen-Kefer*, Düsseldorf; Heinz *Freiberger*, Königs-Wusterhausen; Rudolf *Freiwald*, Duisburg 17; Bernhard *Gatzweiler*, Kerpen; Horst *Gerlach*, Langenbernsdorf; Rolf *Gleis*, Markkleeberg; Heinrich *Hartwig*, Oelber; Werner *Hippel*, Bottrop; Günther *Kaschel*, Weiherhammer; Rudolf *Kempe*, Sondershausen; Fritz *Kollorz*, Recklinghausen; Manfred *Liebscher*, Hoyerswerda; Reinhold *Lück*, Bochum; Manfred *Mathes*, Leipzig; Bernhard *Nordhaus*, Ahlen 5; Matthias *Priem*, Würselen-Bardenberg; Klaus *Thomas*, Grimmen; Günter *Trawny*, Gelsenkirchen; Werner *Volke*, Haltern; August *Wagner*, Dortmund 16; Erich *Wolf*, Heringen 1; Gerd *Zibell*, Saarbrücken.

Vertreter der Arbeitgeber: Professor Dr.-Ing. Klaus-Dieter *Bilkenroth*, Bitterfeld; Clemens Frhr. *von Blanckart*, Wassenberg-Effeld; Dr. Jürgen *Drath*, Senftenberg; Dr. Wolfgang *Haase*, Halle; Herbert *Howe*, Recklinghausen; Werner *Konrath*, Saarbrücken; Otto *Lenz*, Hannover; Dipl.-Kfm. Hans *Messerschmidt*, Essen; Dr. Hans-Joachim *Rösener*, Bochum; Edgar *Schubert*, Sondershausen; Heinz *Sondermann*, Bad Honnef 1; Dr. Raimund *Utsch*, Marl.

Geschäftsführung: Erster Direktor Dr. Rüdiger *Wirth*, Vorsitzender; Direktor Wilhelm *Jebbink;* Direktor Heinz-Werner *Lueg*.

Zweck: Die Bundesknappschaft ist Träger der knappschaftlichen Versicherung (Krankenversicherung, Rentenversicherung) für die Knappschaftsmitglieder und ihre Angehörigen.

Verwaltungsstellen

5100 Aachen, Monheimsallee 22/24, ☏ (0241) 1824-0.

O-9030 Chemnitz, Jagdschänkenstraße 50, ☏ (0371) 880.

O-7513 Cottbus, Makarenkostraße 4, ☏ (0355) 5940.

3000 Hannover 1, Siemensstraße 7, ☏ (0511) 8079-0.

5000 Köln 1, Werderstraße 1, ☏ (0221) 5726-0.

8000 München 40, Friedrichstraße 19, ☏ (089) 38175-0.

6600 Saarbrücken, St. Johanner Str. 46/48, ☏ (0681) 4002-0.

Knappschafts-Krankenhäuser, -Kliniken, -Sanatorien

Knappschafts-Krankenhaus Bardenberg, 5102 Würselen 1, Dr.-Hans-Böckler-Platz 1, ☏ (02405) 801-0.

Knappschafts-Krankenhaus Bochum-Langendreer, 4630 Bochum 7, In der Schornau 23/25, ☏ (0234) 299-1.

Knappschafts-Krankenhaus Bottrop, 4250 Bottrop, Osterfelder Str. 157, ☏ (02041) 103-1.

Knappschafts-Krankenhaus Dortmund, 4600 Dortmund 12, Wieckesweg 27, ☏ (0231) 2508-0.

Knappschafts-Krankenhaus Essen-Steele, 4300 Essen 14, Am Deimelsberg 34a, ☏ (0201) 5607-1.

Knappschafts-Krankenhaus Bergmannsheil Buer, 4650 Gelsenkirchen, Schernerweg 4, ☏ (0209) 5902-0.

ÜBERWACHUNG UND VERSICHERUNG

Knappschafts-Krankenhaus Peißenberg, 8123 Peißenberg, Hauptstr. 55–57, ☎ (08803) 48-0.

Knappschafts-Krankenhaus Püttlingen, 6625 Püttlingen, In der Humes, ☎ (06898) 696-0.

Knappschafts-Krankenhaus Quierschied, 6607 Quierschied, Fischbacher Str. 100, ☎ (06897) 609-0.

Knappschafts-Krankenhaus Recklinghausen, 4350 Recklinghausen, Dorstener Str. 151, ☎ (02361) 56-0.

Knappschafts-Krankenhaus Sulzbach, 6603 Sulzbach, Lazarettstr. 4, ☎ (06897) 574-0.

Knappschafts-Kurklinik Bad Driburg, 3490 Bad Driburg, Georg-Nave-Str. 28, ☎ (05253) 83-1.

Knappschafts-Kurklinik Bad Neuenahr, 5483 Bad Neuenahr/Ahrweiler 1, Georg-Kreuzberg-Str. 2–6, ☎ (02641) 86-0.

Knappschafts-Sanatorium »Weidtmanshof« Bad Rothenfelde, 4502 Bad Rothenfelde, Parkstr. 46, ☎ (05424) 647-0.

Knappschafts-Kurklinik Bad Soden-Salmünster, 6483 Bad Soden-Salmünster, Knappschaftsweg 2, ☎ (06056) 77-0.

Knappschafts-Klinik Borkum, 2972 Nordseebad Borkum, Boeddinghausstr. 25, ☎ (04922) 301-0.

Kurklinik Warmbad/Wolkenstein, O-9368 Warmbad/Erzgebirge, ☎ (037369) 491-494.

Bochumer Verband

4630 Bochum 1, Stolzestr. 17, Postfach 100328, ☎ (0234) 313001, Telefax (0234) 308646.

Vorstand: Dr. rer. pol. Heinz *Horn*, Ruhrkohle AG (Vorsitzender); Dr.-Ing. Heinz *Gentz*, Veba AG (stellv. Vorsitzender); Wilhelm Hans *Beermann*, Ruhrkohle AG; Dipl.-Ing. Dipl.-Kfm. Hans-Reiner *Biehl*, Saarbergwerke AG; Professor Dr. rer. oec. Harald B. *Giesel*, Gesamtverband des deutschen Steinkohlenbergbaus; Dr.-Ing. Heinrich *Heiermann*, Ruhrkohle AG; Bernhard *Klemme;* Dipl.-Kfm. Günther *Meyhöfer*, Eschweiler Bergwerks-Verein AG; Bergassessor a. D. Dipl.-Kfm. Achim *Middelschulte*, Ruhrgas AG; Dr. jur. Heinz *Reinermann*, Preußag AG.

Geschäftsführung: Dr. jur. Hans-Joachim *Rösener*.

Leiter der Geschäftsstelle: Hans *Enders*, Betriebswirt (VWA).

Gründung und Zweck: Der Verband ist am 1. Januar 1936 gegründet worden, um sicherzustellen, daß seine Mitglieder ihren Angestellten mit höheren und leitenden Funktionen und deren Hinterbliebenen Leistungen der betrieblichen Altersversorgung nach einheitlichen Kriterien gewähren. Hierzu stellt der Verband eine Leistungsordnung auf und setzt ergänzend dazu Gruppenbeträge als Grundlage der Leistungsberechnung fest. Auf Antrag der Mitglieder stellt der Verband die Leistungen fest und zahlt sie für deren Rechnung aus.

Mitglieder: Unternehmen des Steinkohlenbergbaus und durch Beteiligung mit ihnen verbundene Unternehmen sowie Gemeinschaftsorganisationen des Steinkohlenbergbaus.

Unfallschadenverband Bochum e. V.

4630 Bochum 1, Stolzestr. 17, Postfach 100328, ☎ (0234) 313001, Telefax (0234) 308646.

Vorstand: Dr. rer. pol. Heinz *Horn*, Ruhrkohle AG (Vorsitzender); Dr.-Ing. Heinz *Gentz*, Veba AG (stellv. Vorsitzender); Wilhelm Hans *Beermann*, Ruhrkohle AG; Dipl.-Ing. Dipl.-Kfm. Hans-Reiner *Biehl*, Saarbergwerke AG; Professor Dr. rer. oec. Harald B. *Giesel*, Gesamtverband des deutschen Steinkohlenbergbaus; Dr.-Ing. Heinrich *Heiermann*, Ruhrkohle AG; Bernhard *Klemme;* Dipl.-Kfm. Günther *Meyhöfer*, Eschweiler Bergwerks-Verein AG; Bergassessor a. D. Dipl.-Kfm. Achim *Middelschulte*, Ruhrgas AG; Dr. jur. Heinz *Reinermann*, Preußag AG.

Geschäftsführung: Dr. jur. Hans-Joachim *Rösener*.

Leiter der Geschäftsstelle: Hans *Enders*, Betriebswirt (VWA).

Gründung und Zweck: Der Verband ist im Jahre 1927 gegründet worden. Er hat den Zweck, den von den Mitgliedern angemeldeten Angestellten mit höheren oder leitenden Funktionen und deren Hinterbliebenen bei Körperschädigung oder Tötung durch Unfall Unterstützungen nach einheitlichen Kriterien zu gewähren. Hierzu stellt der Verband Richtlinien auf und setzt ergänzend dazu Vollunterstützungsbeträge als Grundlage der Leistungsberechnung fest.

Mitglieder: Unternehmen des Steinkohlenbergbaus und durch Beteiligung mit ihnen verbundene Unternehmen sowie Gemeinschaftsorganisationen des Steinkohlenbergbaus.

Bundesverband der Knappschaftsärzte e. V.

4630 Bochum. Postanschrift: Uechtingstraße 128, 4650 Gelsenkirchen, ☎ (0209) 84930, Telefax (0209) 81 68 62.

1. Vorsitzender: Professor Dr. med. Kurt *Norpoth*.

Mitglieder
Verband der Ruhrknappschaftsärzte e. V., Bochum, 4650 Gelsenkirchen, Uechtingstraße 128, ☎ (0209) 84930. 1. Vorsitzender: Professor Dr. med. Kurt *Norpoth*.

9 BRANCHENÜBERGREIFENDE ORGANISATIONEN

Verein der Aachener Knappschaftsärzte e. V., 5132 Übach-Palenberg III, Weinbergstr. 44, ☏ (02451) 46980. 1. Vorsitzender: Dr. med. Fridolin *Rinck*.

Verband der Knappschaftsfachärzte Aachen e. V., 5100 Aachen, Martin-Luther-Straße 11, ☏ (02404) 21015. 1. Vorsitzender: Dr. med. Franz *Kempen*.

Brühler Knappschaftsärzte-Verein e. V., 5000 Köln, Ärztehaus, Clever Str. 13–15, ☏ (0221) 724300. 1. Vorsitzender: Dr. med. Horst *Neyen*.

Niederrheinischer Knappschaftsärzteverein e. V., 4130 Moers 1, Ostring 2, Postfach 1145, ☏ (2841) 22010. 1. Vorsitzender: Dr. med. Heinz-Alfred *Beckmann*.

Zweck: Wahrnehmung und Vertretung der allgemeinen Belange der Knappschaftsärztevereine des Bundesgebietes.

HDI Haftpflichtverband der Deutschen Industrie
Versicherungsverein auf Gegenseitigkeit

3000 Hannover 51, Riethorst 2, Postfach 510369, ☏ (0511) 645-0.

Vorsitzender des Aufsichtsrates: Rechtsanwalt Dr. Hans-Joachim *Fonk*.

Vorstand: Adolf *Morsbach*, Vorsitzender; Dr. Heinrich *Dickmann;* Wilfried *Mahler;* Dr. Erwin *Möller;* Dr. Michael *Reischel;* Dr. Joachim *Schmidt-Salzer;* Günter *Wager*.

Mitgliedsgruppe Bergbaubetriebe: Diether *Kraus*, Chefjustitiar der Ruhrkohle AG; Friedhelm *Tensch*, Sprecher des Vorstandes der Mitteldeutschen Kali AG.

Zweigniederlassungen: Essen, München, Stuttgart.

Hygiene-Institut des Ruhrgebiets zu Gelsenkirchen

4650 Gelsenkirchen, Rotthauser Str. 19, ☏ (0209) 15860.

Träger: Verein zur Bekämpfung der Volkskrankheiten im Ruhrkohlengebiet e. V., Gelsenkirchen.

Vorstand: Direktor Dipl.-Berging. Peter *Scherer*, Gelsenkirchen, Vorsitzender; Oberstadtdirektor Dr. Klaus *Bussfeld,* Gelsenkirchen, stellv. Vorsitzender; Ltd. Medizinaldirektor Privat-Dozent Dr. Martin *Segerling*, Bochum; Geschäftsführer Dr. Aloys *Ziegler*, Essen.

Zweiginstitute: Menden und Hellersen (Märkischer Kreis) sowie Siegen.

Gründung: 1902 durch Beschluß des Vereins zur Bekämpfung der Volkskrankheiten im Ruhrkohlengebiet e. V., Gelsenkirchen. Das Institut steht unter staatlicher Oberaufsicht.

Zweck: Das Institut ist als Medizinaluntersuchungsamt für 7 kreisfreie Städte und 8 Kreise in den Regierungsbezirken Arnsberg, Münster und Düsseldorf tätig. Seine Hauptaufgaben liegen auf dem Gebiete der Seuchenbekämpfung, der gesamten Mikrobiologie einschließlich der Virologie, der Wasserhygiene, der Lufthygiene und der Lebensmittelhygiene, in ganz besonderem Maße und in Fortführung einer langen Tradition auf allen Gebieten der Bergbauhygiene.

Vereinigung für Technologietransfer und Lizenzwesen e. V. (VTL)

O-8027 Dresden, Regensburger Str. 3, ☏ (0351) 4713769.

Vorsitzender: Dr. sc. oec. Rudolf *Pätzold*.

2. Wasserwirtschaftsverbände

Deutscher Verband für Wasserwirtschaft und Kulturbau eV (DVWK)

5300 Bonn 1, Gluckstr. 2, ☏ (0228) 631446, ⌁ 8861153 dvwk, Telefax (0228) 634192.

Geschäftsstellen: DVWK-Landesgruppe Bayern, Domp-Pedro-Straße 19, D-8000 München 26, ☏ (0228) 1595282, Telefax (090) 12703193.

DVWK-Landesgruppe Mitte, Lahmeyer International GmbH, Lyoner Str. 22, D-6000 Frankfurt/M. 71, ☏ (069) 6677660 und 6677661.

DVWK-Landesgruppe Nord, Ingenieurgesellschaft für Wasser und Abfallwirtschaft mbH, Ottmerstraße 1–2, D-3300 Braunschweig, ☏ (0531) 79292.

DVWK-Landesgruppe Nordost, Institut für Wasserbau und Wasserwirtschaft, TU Berlin, Straße des 17. Juni 142-144, D-1000 Berlin 12, ☏ (030) 314-23328.

DVWK-Landesgruppe Südost, Dr.-Ing. Werner *Jäger*, Talstraße 85, O-8132 Cossebaude/Dresden, ☏ (0351) 479592.

DVWK-Landesgruppe West, Wupperverband, Zur Schafbrücke 6, D-5600 Wuppertal 2, ☏ (0202) 583238.

Präsidium: Ltd. Ministerialrat Dipl.-Ing. Karl Hans *Heil*, Präsident; o. Professor Dr.-Ing. habil. Jürgen *Giesecke*, Stuttgart.

Vorstand: Der Vorstand besteht aus 18 Mitgliedern, darunter den Vorsitzenden der Landesgruppen, den Fachgruppenleitern, bis zu 3 Vertretern des Bundes und der Mitgliedsländer sowie bis zu 4 sonstigen Mitgliedern.

Geschäftsführung: Dr.-Ing. Wolfram *Dirksen*.

Mitglieder: Mitglieder sind natürliche und juristische Personen, die Aufgaben der Wasserwirtschaft zu fördern bereit sind, darunter der Bund und die Länder, Behörden, Körperschaften des öffentlichen und privaten Rechts, Genossenschaften, Verbände, Vereine, wissenschaftliche Institute, Ingenieurbüros, Industrie-, Bau- und Handelsfirmen. Der Wasserwirtschaftsverband Baden-Württemberg eV (WBW) ist einer Landesgruppe gleichgestellt (Geschäftsstelle: Hebelstr. 14, 6900 Heidelberg 1). Im Bereich anderer Bundesländer bestehen die Landesgruppen Bayern, Mitte, Nord, Nordost, Südost und West, die regional die DVWK-Mitglieder betreuen.

Verbindungen: Gemeinsame Ausschüsse mit: Normenausschuß Wasserwesen (NAW) im DIN, Fachsektion Hydrogeologie in der DGG und Zusammenarbeit mit den Verbänden ATV, BWK, DGEG, DLG, DVGW, MEG, VDEW sowie dem Österreichischen und dem Schweizerischen Wasserwirtschaftsverband. Das Nationalkomitee der Bundesrepublik Deutschland der Internationalen Kommission für Be- und Entwässerung (ICID) ist im Verband organisiert. Verbindungen zu: CIGR, IAH, IAHR, IAHS, ICOLD, IHP, IGU, IWRA, UNESCO, WHO, WMO.

Organe: Mitgliederversammlung, Vorstand und Präsidium. Fachgruppen auf den Gebieten: Wasserwirtschaft und Hydrologie, Wasserbau und Hydraulik, Grundwasser, Wasser und Boden, Gewässerökologie, dazu Ständige Kommissionen für Berufsvor- und -fortbildung, Veröffentlichungen, Internationale Zusammenarbeit und Öffentlichkeitsarbeit.

Gründung: 1978 zusammengeführt aus DVWW und KWK. – DVWW: 1891 gegründet als Wasserrechtsausschuß. 1903, 1920 und 1934 erweitert und umgebildet zu Reichsverband der Deutschen Wasserwirtschaft eV, 1948 ff. Gründung von Landesverbänden, 1960 Bildung des Deutschen Verbandes für Wasserwirtschaft eV (DVWW) als Dachverband, 1973 Öffnung für Einzelmitglieder. – KWK: 1921 Gründung des Arbeitsausschusses für Kulturbauwesen im Normenausschuß, 1924 selbständig als Deutscher Ausschuß für Kulturbauwesen, 1946 Fortsetzung der Arbeit, 1949 Neubildung, 1952 Kuratorium für Kulturbauwesen eV (KfK) 1974 Kuratorium für Wasser und Kulturbauwesen eV (KWK).

Zweck: Förderung der Entwicklung der Wasserwirtschaft und der Landeskultur unter besonderer Berücksichtigung von Fragen der Umwelt. Darstellung des jeweiligen Standes der Wissenschaft und Technik; Erarbeitung eigener Lösungen und Empfehlungen sowie Mitarbeit bei der Aufstellung von Normen; Anregung, Förderung und Durchführung von Forschungs- und Entwicklungsvorhaben; Veröffentlichungen (Empfehlungen, Richtlinien, Fachbeiträge); Mitarbeit in internationalen Vereinigungen und Ausschüssen; Beratung von Behörden und anderen Stellen; Durchführung und Förderung von technisch-wissenschaftlichen Veranstaltungen; Ausbildung und Fortbildung (Symposien, Seminare, Lehrgänge, Vorträge, Studienreisen, Fernstudien).

Ruhrverband

4300 Essen 1, Kronprinzenstr. 37, Postfach 103242, ☏ (0201) 178-1, ⌁ 857414 rvrtv d, Telefax (0201) 178408.

Vorstand: Dr. rer. pol. Fritz *Bergmann*, Vorsitzender, Vorstand Finanzen; Prof. Dr.-Ing. E. h. Klaus R. *Imhoff*, Stellvertreter, Vorstand Technik; Joachim *Kemper*, Vorstand Personal und Verwaltung. Jedes Mitglied des Vorstandes vertritt im Rahmen seiner Auf-

9 BRANCHENÜBERGREIFENDE ORGANISATIONEN

gaben und Befugnisse den Verband gerichtlich und außergerichtlich. In allen übrigen Fällen vertritt der Vorsitzende des Vorstandes den Verband.

Verbandsrat: Der Verbandsrat besteht aus 15 Mitgliedern, von denen derzeit vier Mitglieder der Gruppe »Kreisfreie Städte, kreisangehörige Städte und Gemeinden«, ein Mitglied der Gruppe »Kreise«, drei Mitglieder der Gruppe »Wasserentnehmer«, zwei Mitglieder der Gruppe »Gewerbliche Unternehmen etc.« sowie fünf Mitglieder der Gruppe »Vertreter der Arbeitnehmer des Verbandes« angehören. Vorsitzender: Oberstadtdirektor Kurt *Busch*, Essen; stellv. Vorsitzender: Direktor Hermann *Grünewald*, Feldmühle AG, Hagen.

Verbandsversammlung: Die Verbandsversammlung besteht aus den von den Mitgliedern entsandten und gewählten Delegierten. Der Vorsitzende des Verbandsrates leitet die Sitzungen der Verbandsversammlung.

Mitglieder: Gewerbliche und industrielle Unternehmen, Gemeinden, Kreise und Wasserentnehmer.

Verbandsgebiet: Oberirdisches Einzugsgebiet der Ruhr.

Gründung und Statut: Gegründet 1990 als Nachfolgeorganisation von Ruhrverband und Ruhrtalsperrenverein (1913); Gesetz zur Änderung wasserverbandsrechtlicher Vorschriften für das Einzugsgebiet der Ruhr vom 7. 2. 1990 (GV. NW. S. 178).

Zweck: Wassermengen- und Wassergütewirtschaft im Einzugsgebiet der Ruhr.

Emschergenossenschaft

4300 Essen 1, Kronprinzenstraße 24, ☏ (0201) 104-1, Telefax (0201) 104-277.

Genossenschaftsrat: Der Genossenschaftsrat besteht aus 15 von der Genossenschaftsversammlung gewählten Mitgliedern, wovon 5 Vertreter der Arbeitnehmer der Genossenschaft sind. Vorsitzender des Genossenschaftsrats: Dr. rer. nat. Hans-Wolfgang *Arauner*, Dortmund; stellvertretender Vorsitzender: Oberstadtdirektor *Bongert*, Bochum.

Vorstand: Dr. jur. Jochen *Stemplewski* (Vorsitzender), Dr.-Ing. Dieter *London* (Geschäftsbereich Wasserabfluß), Dr.-Ing. Heinz-Christian *Baumgart* (Geschäftsbereich Wassergüte), Rechtsanwalt *Piens* (Geschäftsbereich Verwaltung), Heinz-Ulrich *Hoffmann* (Geschäftsbereich Personal).

Öffentlichkeitsarbeit und Pressesprecher: Dipl.-Ing. Heinz-Gerd *Höffeler*.

Mitglieder (Genossen): Mitglieder sind die im Genossenschaftsgebiet liegenden Städte, Gemeinden, Kreise, die Eigentümer der Bergwerke sowie die gewerblichen Unternehmen, soweit sie einen Mindestbeitrag von 20.000 DM erreichen.

Genossenschaftsgebiet: Das Genossenschaftsgebiet umfaßt die oberirdischen Einzugsgebiete der Emscher, der Alten Emscher und der Kleinen Emscher.

Genossenschaftsversammlung: Die Genossenschaftsversammlung besteht aus maximal 150 Delegierten der Mitglieder.

Widerspruchsausschuß: Der Widerspruchsausschuß entscheidet über die Widersprüche gegen die Beitragsbescheide.

Gründung der Emschergenossenschaft durch preußisches Gesetz vom 14. Juli 1904. Nach der Novellierung gilt heute das Gesetz über die Emschergenossenschaft in der Fassung vom 7. Februar 1990.

Aufgaben der Emschergenossenschaft: Regelung des Wasserabflusses, Ausgleich der Wasserführung, Hochwasserschutz, Abwasserbeseitigung, Unterhaltung oberirdischer Gewässer, Rückführung ausgebauter oberirdischer Gewässer in einen naturnahen Zustand; Vermeidung, Minderung, Beseitigung und Ausgleich wasserwirtschaftlicher und ökologischer, insbesondere durch den Steinkohlenabbau hervorgerufener oder zu erwartender nachteiliger Veränderungen.

	1990	1991
Beschäftigte (mit Lippeverband) . .	1 450	1 450

Lippeverband

4300 Essen 1, Kronprinzenstraße 24, ☏ (0201) 104-1, Telefax (0201) 104-277. Postanschrift: 4600 Dortmund, Königswall 29, ☏ (0231) 18409-1, Telefax (0231) 1840977.

Verbandsrat: Der Verbandsrat besteht aus 15 von der Verbandsversammlung gewählten Mitgliedern, wovon 5 Vertreter der Arbeitnehmer des Verbandes sind. Vorsitzender des Verbandsrates: Dr.-Ing. Klaus *Schucht*, Dortmund; stellvertretender Vorsitzender: Stadtdirektor Dr. jur. Karl-Christian *Zahn*, Dorsten.

Vorstand: Dr. jur. Jochen *Stemplewski* (Vorsitzender), Dr.-Ing. Dieter *London* (Geschäftsbereich Wasserabfluß), Dr.-Ing. Heinz-Christian *Baumgart* (Geschäftsbereich Wassergüte), Rechtsanwalt *Piens* (Geschäftsbereich Verwaltung), Heinz-Ulrich *Hoffmann* (Geschäftsbereich Personal).

Öffentlichkeitsarbeit und Pressesprecher: Dipl.-Ing. Heinz-Gerd *Höffeler*.

Mitglieder: Mitglieder sind das Land Nordrhein-Westfalen, die Unternehmen und sonstigen Träger der öffentlichen Wasserversorgung, die im Verbandsgebiet liegenden Städte, Gemeinden, Kreise, die Eigentümer der Bergwerke sowie die gewerblichen Unternehmen, soweit sie einen Mindestbeitrag von 15.000 DM erreichen.

Verbandsgebiet: Das Niederschlagsgebiet der Lippe unterhalb von Lippborg bis zur Mündung in den

Rhein und die oberirdischen Einzugsgebiete des Mommbaches, des Lohberger Entwässerungsgrabens und des Rotbaches sowie die Planungs- und Reserveräume für die Nordwanderung des Ruhrbergbaus.

Verbandsversammlung: Die Verbandsversammlung besteht aus maximal 150 Delegierten der Mitglieder.

Widerspruchsausschuß: Der Widerspruchsausschuß entscheidet über die Widersprüche gegen die Beitragsbescheide.

Gründung des Lippeverbandes durch preußisches Gesetz vom 19. Januar 1926. Nach der Novellierung gilt heute das Gesetz über den Lippeverband in der Fassung vom 7. Februar 1990.

Aufgaben des Lippeverbandes: Regelung des Wasserabflusses, Ausgleich der Wasserführung, Hochwasserschutz, Abwasserbeseitigung, Unterhaltung oberirdischer Gewässer, Regelung des Grundwasserstandes, Rückführung ausgebauter oberirdischer Gewässer in einen naturnahen Zustand; Vermeidung, Minderung, Beseitigung und Ausgleich wasserwirtschaftlicher und ökologischer, insbesondere durch den Steinkohlenabbau hervorgerufener oder zu erwartender nachteiliger Veränderungen.

	1990	1991
Beschäftigte (mit Emschergenossenschaft)	1 450	1 450

Wasserverband Westdeutsche Kanäle

4300 Essen, Kronprinzenstraße 24, ☏ (0201) 104-1.

Vorstand: Der Vorstand besteht aus 9 Mitgliedern. Davon stellen der Lippeverband 2, die Entnehmer von Wasser 4 und die Unternehmen der öffentlichen Wasserversorgung 2 Mitglieder; hinzu tritt ein vom Land Nordrhein-Westfalen zu entsendendes sachverständiges Mitglied.

Vorsteher: Direktor Dr.-Ing. Harry *Krolewski*, Dortmund.

Geschäftsführung: Dr.-Ing. Dieter *Londong*, Essen.

Mitglieder: Der Lippeverband, die 37 im Mitgliederverzeichnis aufgeführten Entnehmer von Wasser, die 7 im Mitgliederverzeichnis aufgeführten Unternehmen der öffentlichen Wasserversorgung.

Verbandsversammlung: Die Verbandsversammlung besteht aus den Mitgliedern.

Widerspruchsausschuß: Der Widerspruchsausschuß entscheidet über die Widersprüche gegen die Beitragsbescheide.

Gründung und Statut: Gegründet 1970. Satzung vom 3. Dezember 1969, geändert am 13. Januar 1972, am 13. Februar 1986 und am 9. April 1987. Grundlage ist das zwischen der Bundesrepublik Deutschland und dem Land Nordrhein-Westfalen am 8. 8. 1968 geschlossene »Abkommen über die Verbesserung der Lippewasserführung, die Speisung der westdeutschen Schiffahrtskanäle mit Wasser und die Wasserversorgung aus ihnen« (geändert am 22. 12. 1972).

Zweck: Bereitstellung von Wasser in den westdeutschen Schiffahrtskanälen für die Verbesserung der Niedrigwasserführung der Lippe, die Entnahme zur betrieblichen und öffentlichen Wasserversorgung aus den Kanälen und Finanzierung der dazu erforderlichen Pumpwerke an den Kanalschleusen.

Linksniederrheinische Entwässerungs-Genossenschaft (Lineg)
Körperschaft des öffentlichen Rechts

4132 Kamp-Lintfort, Friedrich-Heinrich-Allee 64, Postfach 1445, ☏ (02842) 960-0, Telefax (02842) 960499.

Genossenschaftsrat: Dr.-Ing. Hans *Jacobi*, Sprecher des Vorstandes der Ruhrkohle Niederrhein AG, Duisburg, Vorsitzender; Dipl.-Ing. Friedrich *van Vorst*, Beigeordneter der Stadt Duisburg, stellvertretender Vorsitzender; Klaus *Bechstein*, Bürgermeister der Stadt Rheinberg; Günter *Behrendt*, Arbeitnehmervertreter Lineg; Dieter *Bornemann*, Werksdirektor der RWE-DEA AG für Mineralöl und Chemie, Moers; Wilhelm *Brunswick*, Bürgermeister der Stadt Moers; Hans-Peter *Dohmen*, stellvertretender Bezirksvorsitzender der Gewerkschaft ÖTV, Düsseldorf; Hans-Helmut *Eickschen*, Geschäftsführer der Wasserverbund Niederrhein, GmbH, Moers; Professor Dr.-Ing. Gerhard *Hansel*, Hauptabteilungsleiter der Ruhrkohle AG, Herne; Hans-Joachim *Haustein*, Technischer Dezernent des Kreises Wesel; Thomas *Keuer*, Geschäftsführer der Gewerkschaft ÖTV, Moers; Dörte *Ratay*, Ratsmitglied der Stadt Neukirchen-Vluyn; Dipl.-Ing. Gerhard *Schmidt-Losse*, Arbeitnehmervertreter Lineg; Hans-Josef *Specker*, Arbeitnehmervertreter Lineg; Manfred *Wittkopf*, Hauptabteilungsleiter der Ruhrkohle Niederrhein AG, Duisburg.

Vorstand: Assessor des Markscheidef. Manfred *Böhmer*; Stellvertreter: Bauassessor Jürgen *Lenzen*.

Mitglieder: Genossen sind die ganz oder teilweise im Genossenschaftsgebiet liegenden Städte, Gemeinden und Kreise, Bergwerkseigentümer, Unternehmen der öffentlichen Wasserversorgung, gewerblichen Unternehmen.

Genossenschaftsgebiet: Linksniederrheinische Gebiete des Kreises Wesel, Teile der Kreise Kleve und Viersen, Teile der kreisfreien Städte Krefeld und Duisburg.

Genossenschaftsorgane: Genossenschaftsversammlung, Genossenschaftsrat und Vorstand. Die Genossenschaftsversammlung, die aus den Delegierten der

9 BRANCHENÜBERGREIFENDE ORGANISATIONEN

Genossen besteht, wählt den Genossenschaftsrat. Der Genossenschaftsrat besteht aus 15 Mitgliedern, wovon 2/3 auf die verschiedenen Genossengruppen und 1/3 auf die Vertreter der Arbeitnehmerschaft entfallen.

Rechtsgrundlagen: Gründung 1913 durch das »Entwässerungsgesetz für das linksniederrheinische Industriegebiet« vom 29. 4. 1913, neu bekanntgemacht als Lineg-Gesetz am 19. 11. 1984, Neufassung am 7. 2. 1990 als »Gesetz über die Linksniederrheinische Entwässerungs-Genossenschaft« (Linksniederrheinisches Entwässerungs-Genossenschaftsgesetz – LinegG); Satzung vom 23. 2. 1914, zuletzt geändert am 12. 6. 1990.

Aufgaben: Regelung des Wasserabflusses; Gewässerunterhaltung; Rückführung ausgebauter Gewässer in einen naturnahen Zustand; Regelung des Grundwasserstands; Vermeidung, Minderung, Beseitigung und Ausgleich nachteiliger Veränderungen, die auf den Grundwasserstand einwirken; Beschaffung und Bereitstellung von Wasser zur Trink- und Betriebswasserversorgung; Abwasserbeseitigung; Entsorgung der bei der Aufgabendurchführung anfallenden Abfälle; Vermeidung, Minderung, Beseitigung und Ausgleich auf Abwassereinleitungen oder sonstige Ursachen zurückzuführender nachteiliger Gewässerveränderungen; Ermittlung wasserwirtschaftlicher Verhältnisse.

Erftverband

5010 Bergheim, Paffendorfer Weg 42, Postfach 1320, ☏ (02271) 88-0, Telefax (02271) 88210.

Vorstand: Der Vorstand besteht aus 12 Mitgliedern. Die Vorstandsmitglieder vertreten die Mitgliedsgruppen Bergbau, Elektrizitätswirtschaft, Industrie und Triebwerke, Kreise und kreisfreie Städte, Landwirtschaft sowie Wasserwerke und Abwasserbeseitigungspflichtige. Das 12. Vorstandsmitglied benennt die Landesregierung NRW. – Vorsitzender: Bürgermeister H. G. *Bernrath* MdB, Grevenbroich; 1. Stellvertreter: Gemeindedirektor P. *Tirlam*, Elsdorf; 2. Stellvertreter: Bergwerksdirektor Dr. B. *Thole*, Köln.

Geschäftsführung: Direktor Bauass. Dipl.-Ing. J.-Chr. *Rothe*, Stellvertreter: Ltd. Baudirektor T. *Schindler*.

Mitglieder: 608 natürliche und juristische Personen aus den Gruppen Braunkohlenbergwerke, Elektrizitätswerke, öffentliche Abwasserbeseitigung, Industrie, Triebwerke, Kreise, zur Gewässerunterhaltung verpflichtete Gemeinden, öffentliche Wasserversorgung, Landwirtschaft und Fischerei. Im Verbandsgebiet liegende Braunkohlenbergwerke, Elektrizitätswerke mit wenigstens 50 000 kW inst. Leistung, Wasserversorgungsbetriebe, Betriebe zur Abwasserbeseitigung, sonstige gewerbliche Unternehmen, Wassertriebwerke mit wenigstens 25 PS, die ganz oder teilweise im Verbandsgebiet gelegenen betroffenen Städte und Gemeinden sowie die Kreise und kreisfreien Städte, die Kreisstellen der Landwirtschaftskammer Rheinland und Erftfischereigenossenschaft Bergheim.

Verbandsgebiet: Im wesentlichen Einzugsgebiet der Erft für die gesamten Verbandsaufgaben sowie potentielles unterirdisches Beeinflussungsgebiet durch die Braunkohlen-Tagebauentwässerung zwischen Rhein und holländischer Grenze. Das Verbandsgebiet umfaßt folgende Kreise oder Teile derselben: Erftkreis, Euskirchen, Rhein-Sieg, Neuss, Heinsberg und Düren sowie Teile der kreisfreien Städte Köln und Mönchengladbach.

Verbandsorgane: Delegierten-Versammlung (100 Mitglieder) und Vorstand (12 Mitglieder).

Gründung: 1958; Gesetz über die Gründung des Großen Erftverbandes vom 3. 6. 1958 (GV. NW. 1958 S. 253) i. d. F. d. Bekanntm. v. 3. 1. 1986 (GV. NW. 1986 S. 54).

Zweck: Regelung der Wasserwirtschaft, insbesondere Erforschung und Beobachtung der wasserwirtschaftlichen Verhältnisse, Sicherung der Wasserversorgung für Bevölkerung, Wirtschaft und Boden (einschl. Gewässer und Feuchtgebiete), Beseitigung von Abwasser und Klärschlamm, Erhaltung der Vorflut.

Deutscher Bund der verbandlichen Wasserwirtschaft (DBVW)

3000 Hannover 81, Am Mittelfelde 169, ☏ (0511) 87966-0, Telefax (0511) 87966-19.

Präsident: Leenert *Cornelius*.

Geschäftsführung: Hans Christian *Freiherr von Steinaecker*.

Zweck: Zweck des Deutschen Bundes der verbandlichen Wasserwirtschaft ist es, den Erfahrungsaustausch seiner Mitglieder zu fördern, sie bei der Durchführung ihrer Aufgaben zu unterstützen und ihre Interessen zu vertreten.

3. Arbeitgeber-, Arbeitnehmer- und berufsständische Organisationen

Bundesvereinigung der Deutschen Arbeitgeberverbände eV

5000 Köln 51, Gustav-Heinemann-Ufer 72, Postfach 510508, ☏ (0221) 3795-0, ≠ 8881466 bav d, Telefax (0221) 3795-235, Teletex 221506 bavd, Btx. 0221382457*37950#, ⌨ Arbeitgeber Köln.

Verbindungsstelle in Bonn: Simrockstraße 21, 5300 Bonn 1, ☏ (0228) 213671, Telefax (0228) 213624. Geschäftsführer: Rechtsanwalt Werner *Löw*.

Büro Berlin, Uhlandstr. 29, 1000 Berlin 15, ☏ (030) 8823024-27, Telefax (030) 8823506.
Leitung: Rechtsanwalt Helge *Müller-Roden*.

Verbindungsstelle Brüssel: B-1040 Bruxelles, 92 rue de Trèves, ☏ (00322) 2300602, Telefax (00322) 2309883.
Leitung: Dipl.-Volksw. Renate *Hornung-Draus*.

Präsident: Dr. Klaus *Murmann*.

Vizepräsidenten: Odal *von Alten-Nordheim*; Dr. Jürgen *Deilmann*; Dr.-Ing. Hans-Joachim *Gottschol*; Dipl.-Kfm. Wilhelm *Küchler*; Bau-Ing. Hans *Langemann*; Justus *Mische*; Carl Albert *Schiffers*.

Hauptgeschäftsführung: Dr. Fritz-Heinz *Himmelreich*; Dipl.-Volksw. Jürgen *Husmann*; Rechtsanwalt Dr. Josef *Siegers*; Rechtsanwalt Dr. Rolf *Thüsing*.

Presse und Information: Dr. Thomas *Gross*.

Gründung und Zweck: Die Bundesvereinigung der Deutschen Arbeitgeberverbände wurde 1949 in Wiesbaden gegründet. Sie hat ihren Sitz seit 1952 in Köln. In ihr haben sich die Arbeitgeberverbände aller Wirtschaftszweige und aller Bundesländer zu einem Spitzenverband zusammengeschlossen. Er hat die Aufgabe, solche gemeinschaftlichen sozialpolitischen Belange zu wahren, die über den Bereich eines Landes oder den Bereich eines Wirtschaftszweiges hinausgehen und die von grundsätzlicher Bedeutung sind. Zur Zeit hat die Bundesvereinigung 61 Mitgliedsverbände, dies sind 46 Fachspitzenverbände (Beispiel: Gesamtverband des deutschen Steinkohlenbergbaus) und 15 Landesverbände (Beispiel: Vereinigung der Arbeitgeberverbände in Bayern).

Vereinigung der Arbeitgeberverbände energie- und versorgungswirtschaftlicher Unternehmungen (VAEU)

3000 Hannover, Kurt-Schumacher-Straße 24, ☏ (0511) 91109-0, Telefax (0511) 91109-40.

Vorsitzender: Direktor Claus *Bovenschen*, Vorstandsmitglied der Überlandwerk Unterfranken AG.

Geschäftsführung: Rechtsanwalt Gerhard *Meyer*, Hauptgeschäftsführer; Dipl.-Volksw. Jürgen *Schröder*, stellv. Hauptgeschäftsführer.

Mitglieder: Arbeitgeberverband der Elektrizitätswerke Baden-Württemberg e. V.; Arbeitgebervereinigung energiewirtschaftlicher Unternehmen e. V.; Arbeitgeberverband der Energieversorgungsbetriebe in Rheinland-Pfalz e. V.; Arbeitgeberverband Bayerischer Energieversorgungsunternehmen e. V.; Arbeitgeberverband von Gas-, Wasser- und Elektrizitätsunternehmungen e. V.; Arbeitgebervereinigung öffentlicher Nahverkehrsunternehmen e. V.; Arbeitgeberverband energie- und versorgungswirtschaftlicher Unternehmen e. V. (AVEU).

Zweck: Wahrnehmung der gemeinsamen sozialpolitischen Interessen; Abstimmung der Tarifpolitik der Mitgliedsverbände unter übergeordneten sozialpolitischen Gesichtspunkten, insbesondere Information über die Tarifpolitik und Tarifpraxis in den einzelnen Verbänden, Erarbeitung von Anregungen und praktikablen Lösungen in tarifpolitischen Grundsatzfragen, Herausgabe von Empfehlungen, wenn und soweit dies geboten erscheint, beratende Unterstützung bei regionalen Tarifverhandlungen, soweit dies im Einzelfall gewünscht wird, laufende Information der Mitgliedsverbände über allgemeine sozialpolitische und arbeitsrechtliche Entwicklungen sowie besondere Tarifentwicklungen in anderen Wirtschaftszweigen.

Gesamtverband der metallindustriellen Arbeitgeberverbände e. V.
Gesamtmetall

5000 Köln 1, Postfach 250125, Volksgartenstr. 54a, ☏ (0221) 3399-0, ≠ 8882583.

Präsident: Dr.-Ing. Hans-Joachim *Gottschol*, Ennepetal; Schatzmeister: Konsul Klaus *Osterhof*, Berlin.

Ehrenpräsidenten: Dr. Gerhard *Müller*, Bad Schwartau; Dr. Wolfram *Thiele*, Oberhausen.

Vizepräsidenten: Dr.-Ing. Jochen F. *Kirchhoff*, Iserlohn; Josef I. *Felder*, Frankfurt; Dipl.-Ing. Hans-Jakob *Heger*, Enkenbach-Alsenborn; Dr. sc. techn. Dieter *Hundt*, Uhingen; Dr.-Ing. Herbert *Müller*, Flensburg; Dipl.-Kfm. Hubert *Stärker*, Augsburg.

Hauptgeschäftsführung: Rechtsanwalt Dr. Dieter *Kirchner*, Köln.

9 BRANCHENÜBERGREIFENDE ORGANISATIONEN

Mitglieder: Sechzehn regionale Arbeitgeberverbände der Metallindustrie im gesamten Bundesgebiet.

Gründung und Zweck: Der Gesamtverband der metallindustriellen Arbeitgeberverbände e. V. wurde 1949 in Schwelm gegründet. Er hat den Zweck, alle sozialrechtlichen und sozialpolitischen Belange der Eisen- und Metallindustrie sowie verwandter Industrien zu wahren, die von grundsätzlicher Bedeutung sind. Der Verband hat ferner die Aufgabe, den sozialpolitischen und tarifpolitischen Erfahrungs- und Nachrichtenaustausch seiner Mitglieder zu fördern und ein einheitliches Vorgehen in allen Fragen von allgemeinem Interesse zu sichern.

Bundesarbeitgeberverband Chemie e. V. (BAVC)

6200 Wiesbaden, Postfach 1280, Abraham-Lincoln-Str. 24, ☏ (0611) 778810, ✆ 4186646, Telefax (0611) 719010.

Präsident: Justus *Mische*.

Hauptgeschäftsführung: Dr. Karl *Molitor*.

Mitglieder: Dreizehn regionale Chemiearbeitgeberverbände mit rd. 1 800 Mitgliedsunternehmen und über 800 000 Beschäftigten.

Zweck: Der BAVC ist der Arbeitgeberspitzenverband der chemischen Industrie. Er wahrt die sozialpolitischen Interessen der Branche auf Bundesebene.

Bundesverband der Deutschen Industrie eV (BDI)

5000 Köln 51, Gustav-Heinemann-Ufer 84-88, ☏ (0221) 3708-00, ✆ 8882601, Telefax (0221) 3708730.

Präsident: Dr. h. c. Tyll *Necker*.

Vizepräsidenten: Senator E. h. Professor Dipl.-Ing. Hermann *Becker*; Dr. Gerhard *Cromme*, Essen; Dr. Carl H. *Hahn*, Wolfsburg; Dr.-Ing. Karlheinz *Kaske*, München; Senator E. h. Dipl.-Ing. Berthold *Leibinger*, Ditzingen; Professor Dr. Dr. h. c. Rolf *Rodenstock*, München; Dr. Karl *Wamsler*, München.

Hauptgeschäftsführer und Mitglied des Präsidiums: Dr. Ludolf v. *Wartenberg*; Mitglieder der HGF: Dr. Carsten *Kreklau*, Kurt *Steves*, Rechtsanwalt Arnold *Willemsen*.

Gründung: 19. Oktober 1949.

Zweck: Wahrnehmung und Förderung aller gemeinsamen Belange der in ihm zusammengeschlossenen Industriezweige. Zusammenarbeit mit den anderen Spitzenorganisationen des Unternehmertums, ausgenommen ist die Vertretung sozialpolitischer Belange, die durch die BDA erfolgt.

Presse und Information

☏ (0221) 3708-565, ✆ 8882601, Telefax (0221) 3708650.

Abteilungsleiter: Dieter *Rath*.

Zweck: Informations- und Medienpolitik, Publikationen, Dokumentation.

Abteilung Energiepolitik

☏ (0221) 3708-484, ✆ 8882601, Telefax (0221) 3708730.

Abteilungsleiter: Dr. Ernst *Böke*.

Zweck: Energiepolitik, Energiestatistik und -prognosen, Energieforschung, Energieeinsparung, Energiegesetzgebung und Energierecht, Kernenergie, Strom- und Gasversorgung, Kohlenbergbau, Mineralölwirtschaft.

Abteilung Umweltpolitik

☏ (0221) 3708-582, ✆ 8882601, Telefax (0221) 3708730.

Abteilungsleiter: RA Bernd *Dittmann*.

Zweck: Umweltpolitik, -recht, -forschung, Ökologie, Natur-, Meeres-, Landschaftsschutz, Umweltplanung, umweltrelevante Produktions- und Produktgestaltung, Normen, Richtlinien, Kosten, Finanzierung, Aufklärung und Information im Umweltbereich.

Deutsche Angestellten-Gewerkschaft

2000 Hamburg 36, Karl-Muck-Platz 1, ☏ (040) 349151, ✆ 211642.

Vorsitzender der Gesamtorganisation: Dipl.-Volksw. Roland *Issen*, Hamburg.

Bundesvorstand, Ressort Industrie
Leiter: Uwe *Gudowius*, Hamburg.

Bereichsleitung Bergbau/Energiewirtschaft
Bereichsleiter: Manfred *Mathes*, Bochum.

Bundesfachgruppenausschuß Energieversorgungsunternehmen
Vorsitzender: Horst *Rehbock*, Berlin.

Bundesarbeitskreis Gas/Wasser
Vorsitzender: Wilhelm *Steffen*, Düsseldorf.

Bundesberufsgruppe Bergbau

4630 Bochum, Alleestr. 46, ☏ (0234) 16064, Telefax (0234) 17649.

Bundesberufsgruppenleiter: Manfred *Mathes*, Bochum.

Öffentlichkeitsarbeit: Peter *Klaus*, Bochum.

ARBEITGEBER-, ARBEITNEHMER- UND BERUFSSTÄNDISCHE ORGANISATIONEN

Ehrenamtlicher Vorstand: Heinz G. *von Wensiersky*, Bad Bentheim, Vorsitzender; Dipl.-Ing. Heinz-D. *Hemsing*, Niederzier, stellv. Vorsitzender; Dipl.-Betriebswirt Franz-Josef *Schiller*, Herne, stellv. Vorsitzender; Herbert *Adams*, Wassenberg; Anne *Böttick*, Schüttorf; Walter *Franz*, Neunkirchen; Dipl.-Ing. Alois *Grewe*, Ibbenbüren; Dipl.-Ing. Karl *Grichtol*, Hamm; Christa *Kasper*, Sulzbach; Dipl.-Ing. Frank-Holger *Koch*, Wolmirstedt; Dipl.-Ing. Wilhelm *Meyer*, Beckedorf; Dipl.-Ing. Wolfgang *Rembarz*, Bergkamen; Dipl.-Ing. Udo *Theile*, Leipzig; Dipl.-Ing. Berthold *Wassmuth*, Überherrn; Alfred *Zimmer*, Spiesen-Elversberg.

Landesberufsgruppen: mit ehrenamtlichen Vorständen in Hessen, Niedersachsen, Nordrhein-Westfalen, Rheinland-Pfalz-Saar, Sachsen, Sachsen-Anhalt, Thüringen, Berlin und Brandenburg.

Landesarbeitskreise in Hamburg, Schleswig-Holstein und Baden-Württemberg.

Zweck: Zusammenschluß aller Bergbauangestellten auf demokratischer Grundlage unter Ausschluß parteipolitischer und religiöser Zielsetzungen. Wahrung und Förderung der sozialen, wirtschaftlichen und kulturellen Interessen der Mitglieder innerhalb ihres Berufes. Die Berufsgruppe umfaßt innerhalb der DAG die Angestellten der Wirtschaftsbereiche Bergbau sowie Erdöl- und Erdgas-, Bohr- und Gewinnungsbetriebe.

Deutscher Gewerkschaftsbund
Bundesvorstand

4000 Düsseldorf 30, Hans-Böckler-Straße 39 (Hans-Böckler-Haus), Postfach 101026, ☏ (0211) 43010, ✈ 8584822 a dgb d, Telefax (0211) 4301324, 4301471, ✉ Degebevorstand Düsseldorf.

Geschäftsführender Bundesvorstand: Heinz-Werner *Meyer*, Vorsitzender; Ursula *Engelen-Kefer*, stellv. Vorsitzende; Ulf *Fink*, stellv. Vorsitzender; Michael *Geuenich*; Regina *Görner*; Jochen *Richert*; Helmut *Teitzel*; Lothar *Zimmermann*.

Öffentlichkeitsarbeit: Dr. Hans-Jürgen *Arlt*, ☏ (0211) 4301215.

Zweck: Der Bund und die in ihm vereinigten Gewerkschaften vertreten die gesellschaftlichen, wirtschaftlichen, sozialen und kulturellen Interessen der Arbeitnehmer.

Gewerkschaft Öffentliche Dienste, Transport und Verkehr

7000 Stuttgart 1, Theodor-Heuss-Str. 2, ☏ (0711) 2097-0, ✉ oetv Stuttgart, Teletex 7111654 = oetv.

Vorsitzende: Dr. Monika *Wulf-Mathies*.

Pressesprecher: Rainer *Hillgärtner*.

Zweck: Wahrnehmung der wirtschaftlichen, sozialen, kulturellen und beruflichen Interessen ihrer Mitglieder.

Industriegewerkschaft Bergbau und Energie

4630 Bochum, Alte Hattinger Str. 19, ☏ (0234) 319-0, ✈ 825809, Telefax (0234) 319514.

Geschäftsführender Vorstand: Hans *Berger*, 1. Vorsitzender; Klaus *Südhofer*, 2. Vorsitzender; Fritz *Kollorz*, 2. Vorsitzender; Gabriele *Glaubrecht*, Manfred *Kopke*, Dieter *May*, Josef *Windisch*, Peter *Witte*.

Pressestelle: Norbert *Römer*.

Zweck: Die IGBE bekennt sich zu den Grundsätzen der Demokratie in Gesellschaft, Staat und Wirtschaft. Sie ist unabhängig von politischen Parteien und anderen außergewerkschaftlichen Institutionen. Ziele der IGBE sind die Gleichberechtigung der Arbeitnehmer in Wirtschaft und Gesellschaft, die Stärkung der Demokratie durch politische Bildung, die Verbesserung der wirtschaftlichen, sozialen und beruflichen Verhältnisse, die Neuordnung der Bergbau- und Energiewirtschaft mit dem Ziel der Überführung in Gemeineigentum, die Sicherung und Erweiterung der Mitbestimmungsrechte in der Wirtschaft, die Verbesserung der Lohn-, Gehalts-, Arbeits- und Sozialbedingungen der Mitglieder durch den Abschluß von Tarifverträgen.

Bezirksleitungen

Bezirk Niederrhein: 4130 Moers, Ostring 2; Leitung: Wilfried *Woller*.

Bezirk Ruhr-Mitte: 4650 Gelsenkirchen 2, Goldbergstraße 84; Leitung: Helmut *Heith*.

Bezirk Ruhr-Nord: 4350 Recklinghausen, Herner Straße 18; Leitung: Hardy *Walther*.

Bezirk Ruhr-Ost: 4700 Hamm 1, Bahnhofsplatz 7; Leitung: Heinz *Kulcke*.

Bezirk Rheinland: 5110 Alsdorf, Otto-Brenner-Straße 4; Leitung: Friedhelm *Georgi*.

Bezirk Niedersachsen: 3000 Hannover, Dreyerstraße 6; Leitung: Heinrich *Hartwig*.

Bezirk Hessen/Rheinland-Pfalz: 6430 Bad Hersfeld, Dudenstraße 26; Leitung: Hans-Jürgen *Schmidt*.

Bezirk Süddeutschland: 8000 München 2, Schwanthalerstraße 64–66; Leitung: Adolf *Kapfer*.

Bezirk Saar: 6600 Saarbrücken 2, Fritz-Dobisch-Straße 5; Leitung: Gerd *Zibell*.

Bezirk Mecklenburg-Vorpommern: O-2500 Rostock, Warnowallee 23; Leitung: Wolfgang *Reiß*.

Bezirk Thüringen: O-5010 Erfurt, Juri-Gagarin-Ring 150; Leitung: Manfred *Peters*.

Bezirk Brandenburg-Nord: O-1020 Berlin, Inselstraße 6 a: Leitung: Wolfgang *Weber*.

Bezirk Lausitz: O-7500 Cottbus, Straße der Jugend 13; Leitung: Ulrich *Freese*.

Bezirk Sachsen-Anhalt: O-4010 Halle, Äußere Hordorfer Straße 13; Leitung: Dieter *Bauerfeind*.

Bezirk Sachsen-West: O-7010 Leipzig, Braustraße 17—19; Leitung: Peter *Obramski*.

Bezirk Sachsen-Ost: O-9030 Chemnitz, Gaußstraße 3; Leitung: Horst *Kissel*.

Gewerkschaftsschulen

Schule der IG Bergbau und Energie: 4358 Haltern, Hullerner Str. 100; Leitung: Johann *Braun*.

Schule II der IG Bergbau und Energie: O-1261 Kagel (Herzfelde), Gerhart-Hauptmann-Straße 74; Leitung: Reinhard *Aster*.

Industriegewerkschaft Chemie — Papier — Keramik

3000 Hannover 1, Königsworther Platz 6, Postfach 3047, ☏ (0511) 76310, ✆ 922608, Telefax (0511) 7000891.

Geschäftsführender Vorstand: Hermann *Rappe*, Vorsitzender; Hartmut *Löschner*, stellv. Vorsitzender; Egon *Schäfer*, stellv. Vorsitzender; Wolfgang *Schultze*, stellv. Vorsitzender; Heinz *Junge*, Veronika *Keller-Lauscher*, Hubertus *Schmoldt*, Hans *Terbrack*, Jürgen *Walter*.

Presse und Öffentlichkeitsarbeit: Bernd *Leibfried*.

Organisationsbereich: Chemische, pharmazeutische, kunststoff-, kautschuk-, mineralöl-, papier- und zellstofferzeugende, fein- und grobkeramische und Glasindustrie.

Zweck: Interessenvertretung der Arbeitnehmer auf den Gebieten der Wirtschafts-, Sozial- und Bildungspolitik, Mitbestimmung bzw. Mitwirkung in Unternehmen sowie in Selbstverwaltungen der Sozialversicherungen und Genossenschaften. Abschluß von Tarifverträgen für Arbeiter, Angestellte und angestellte Akademiker.

Verband der Führungskräfte in Bergbau, Energiewirtschaft und Umweltschutz (VDF)

4300 Essen, Alfredstr. 77/79, Postfach 340250, ☏ (0201) 772011-13, ✆ 8579090 vdf d.

Vorstand: Vorsitzender: Bergwerksdirektor Dr. rer. nat. Karl Friedrich *Jakob;* stellv. Vorsitzende: Klaus *Büttner*, Dr.-Ing. Walter *Fehndrich*, Ass. d. Bergf. Dieter *Worringen;* Schatzmeister: Hans *Ehlert;* Mitglieder: Rolf *Brust*, Bernhard *Hahn*, Dr.-Ing. Jochen *Höchel*, Bergassessor a. D. Heinz *Mende*, Paul-Werner *Rickes*, Dr. rer. nat. Horst *Schröder;* Geschäftsführendes Vorstandsmitglied: Dr. jur. Eberhard *Behnke*.

Geschäftsführung: Hauptgeschäftsführer Dr. Eberhard *Behnke*, Geschäftsführer: Rechtsanwalt Wolfgang *Kästner;* Rechtsanwalt Ulrich *Goldschmidt* (stellv.); Rechtsanwalt Jörg *Mattenklott* (stellv.).

Referent: Assessor jur. Alfons *Bleyleven*.

Sterbekasse für Führungskräfte in der ULA VaG: Aufsichtsratsvorsitzender: Ass. d. Bergf. Dieter *Worringen*. Vorstand: Dr. Eberhard *Behnke*, Vorsitzer; Helmut *Wilkop*, stellv. Vorsitzer; Gerhard *Wanders;* stellv. Vorstand: Ulrich *Goldschmidt*, Jörg *Mattenklott*.

Bezirksgruppen und deren Vorsitzende: Aachen: Dr. Friedrich *Eichbaum;* Berlin (Ost): Wolf-Dietrich *Kunze;* Cottbus: Ulrich *Hypko;* Dresden/Brandenburg: Dr. Heinz *Kraft;* Ems: Peter *Muth;* Essen: Dipl.-Ing. Wilhelm *Knickmeyer;* Goslar: Dr. Kunibert *Hanusch;* Hamburg: Dipl.-Ing. Helmut *Pophanken;* Hannover: Dipl.-Ing. Albrecht *Möhring;* Helmstedt: Dipl.-Ing. Rudolf *Lisowsky;* Köln: Dipl.-Ing. Günter *Meyer;* Leipzig: Alfred *Wagner;* Magdeburg: Dr. Klaus *Ebel;* Mecklenburg/Vorpommern: Ulrich *Benker;* Niederrhein: Jürgen *Eikhoff;* Nordbayern: Helmut *Obermann;* Oberhausen: Dr.-Ing. Reinhard *Wesely;* Rhein/Main: Adolf *Spitzley;* Ruhr: Dipl.-Ing. Dieter *Stamm;* Saar: Bergwerksdirektor Dipl.-Ing. Friedhelm *Dohrmann;* Südbayern: Günter *Wittmann;* Südwest: Dipl.-Ing. Gerd *Bohnenberger;* Südwestfalen: Dipl.-Ing. Ernst-Markfried *Kraatz;* Thüringen: Friedrich-Wilhelm *Thie;* Westfalen/Dortmund: Matthias *Echterhoff*.

Zweck: Der VdF ist die anerkannte Berufsorganisation der außertariflichen technischen und kaufmännischen Führungskräfte im Bergbau, in der Mineralölindustrie und in der Elektrizitäts- und Gasversorgung. Wahrung und Förderung der gemeinsamen beruflichen, wirtschaftlichen und gesellschaftspolitischen Interessen. Aufklärung der Öffentlichkeit und der gesetzgebenden Körperschaften über die besonderen Berufsinteressen. Mitwirkung bei der Lösung allgemeiner und wirtschaftlicher Probleme des Bergbaus und der Energiewirtschaft. Zusammenarbeit mit anderen nationalen und internationalen Verbänden mit gleichgerichteten Zielsetzungen, insbesondere in der EG. Erfahrungsaustausch, Fort- und Weiterbildung der Mitglieder. Rechtsberatung und Rechtsschutz in allen Fragen, die das Dienstverhältnis berühren, für die Verbandsmitglieder und ihre Hinterbliebenen.

Ring Deutscher Bergingenieure (RDB)

4300 Essen 1, Juliusstr. 9, RDB-Haus, ☏ (0201) 232238.

Hauptvorstand: 1. Vorsitzender: Dipl.-Ing. Georg *Dargatz*, Moers; 2. Vorsitzender: Dipl.-Ing. Kurt *Ingenabel*, Voerde; Geschäftsführer: Dipl.-Ing. Hans *Franke*, Kamen; Schatzmeister: Dipl.-Ing. Christfried *Seifert*, Duisburg; Schriftführer: Dipl.-Ing. Horst *Mitzkat*, Kerpen; Vorstandsmitglied für Angelegenheiten des Steinkohlenbergbaus: Dipl.-Ing. Hermann *Leidner*, Schwalbach; Vorstandsmitglied für Angelegenheiten des Nichtsteinkohlenbergbaus und anderer Berufszweige: Dipl.-Ing. Hans-Hermann *Franke*, Bad Grund.

Geschäftsführung: Dipl.-Ing. Hans *Franke*, Kamen.

Zweck: Erhaltung und Pflege der bergmännischen Kameradschaft, Förderung berufsständischer Bestrebungen, fachliche Fortbildung und Austausch von Berufserfahrungen. Der RDB ist parteipolitisch, gewerkschaftlich und konfessionell neutral.

Berufsverband Deutscher Geologen Geophysiker und Mineralogen e. V. (BDG)

5300 Bonn 2, Ahrstraße 45 D, ☏ (0228) 302263, Telefax (0228) 302270.

Vorstand: Dr. Dr. h. c. Eva *Paproth*, Krefeld (Vorsitzende); Dr. Franz *Goerlich*, Bonn (stellv. Vorsitzender); Dr. Friedhelm *Albrecht*, Herne (stellv. Vorsitzender); Professor Dr. Klaus *Krumsiek*, Bonn (stellv. Vorsitzender); Dr. Bernd *Vels*, Wesseling (stellv. Vorsitzender); Dr. Bernd *Sedat*, Essen (Schatzmeister); Dipl.-Geol. Paul M. *Kirch*, Stolberg (Protokollführer); Dr. Dieter *Stoppel*, Hannover (Redakteur); Dr. Dieter *Johannes*, Bonn (Pressereferent).

Geschäftsführung: Dipl.-Geol. Hans-Jürgen *Weyer*, Herzogenrath.

Zweck: Wahrung der berufsständischen Interessen; Fortbildung und Nachwuchsförderung, Erweiterung des Einsatzfeldes sowie Information der Öffentlichkeit, Mitglied der »European Federation of Geologists« (FEG/EFG), des Dachverbandes der europäischen geowissenschaftlichen Berufsverbände.

Arbeitskreise: Auslandstätigkeit (Sprecher: Dr. Rolf *Braun*, Wesseling); Aus- und Fortbildung/Berufsbild (Sprecher: Dr. D. E. *Meyer*, Essen); Kommunalgeologie (Sprecher: Dipl.-Geol. M. *Kieron*, Bochum); EDV (Sprecher: Dr. Werner *Linnenberg*, Bochum); Umweltgeologie (Sprecher: Dipl.-Geol. U. *Rieth*, Wülfrath).

Internationale Organisation

Fédération Européenne des Géologues
European Federation of Geologists
Federacion Europea de Geologos

Federation Office: F-75005 Paris, 77–79, Rue Claude-Bernard, „Maison de la Geologie", ☏ (1) 47079195.

Work Office: RMC (UK) Ltd., High Street, Feltham, Middlesex, England, ☏ (932) 568833.

President: Richard A. *Fox* F. I. Geol.

Internationale Föderation von Chemie-, Energie- und Fabrikarbeiterverbänden (ICEF)
Fédération internationale des syndicats de travailleurs de la chimie, de l'énergie et des industries diverses (ICEF)
International Federation of Chemical, Energy and General Workers' Unions (ICEF)

B-1050 Brüssel, 109, Avenue Emile de Béco, ☏ 3226470235, ✉ 20847 icefbx, Telefax 3226484316.

Generalsekretär: Michael D. *Boggs*.

The International Association for Energy Economics

GB-London SW1Y 4LE, 10 St James's Square, Chatham House, ☏ (071) 9575700, Telefax (071) 9575710.

Europäischer Bergarbeiterverband (EBV)

B-1050 Brüssel, Avenue Emile de Beco 109, ☏ (02) 646-2120, ✉ 20874, Telefax (02) 646-4723.

Präsidium: Hans *Berger* (IGBE, Deutschland), Präsident; Roland *Houp* (FO Mineurs, Frankreich), Vizepräsident; Peter *McNestry* (NACODS, Großbritannien), Vizepräsident; Waclaw *Marszewski* (KKG Solidarnosc, Polen), Vizepräsident; Arnfinn *Nilsen* (NAF, Norwegen), Vizepräsident; Antal *Schalkhammer* (BDSz, Ungarn), Vizepräsident.

Sekretär: Damien *Roland*.

Gründung: 1991.

Zweck: Der EBV ist ein freier demokratischer Zusammenschluß europäischer Gewerkschaftsorganisationen für Beschäftigte in Bergwerken, Steinbrüchen und Energiebetrieben. Alle bestehenden Bergarbeitergewerkschaften innerhalb der europäischen Region, die dem IBV (Internationaler Bergarbeiterverband) als Mitglieder angehören, sind Mitglieder des EBV. Andere Bona-fide-Bergarbeitergewerkschaften ohne internationale Mitgliedschaft sind berechtigt, dem EBV beizutreten. Ihm gehören 22 Gewerkschaften aus 18 Ländern an, die insgesamt 1 553 422 Mitglieder repräsentieren.

Die Ziele und Arbeitsweise des EBV dienen der Förderung der Ziele und Arbeitsweise des IBV in der europäischen Region. Er ist ein Gewerkschaftsausschuß des Europäischen Gewerkschaftsbundes (EGB). Der EBV dient der Förderung der Solidarität und der Verständigung zwischen allen europäischen Gewerkschaftsorganisationen, insbesondere denjenigen, die dem IBV angehören. Er koordiniert die Aktivitäten der angeschlossenen Gewerkschaften und fördert die Vertretung der gemeinsamen Interessen im Bereich der Wirtschafts- und Sozialpolitik innerhalb der europäischen Institutionen. In all seinen Aktivitäten berücksichtigt der EBV die Arbeit und Solidarität auf der europäischen Ebene und auf weltweiter Ebene. In letztgenannter Hinsicht arbeitet die Organisation eng mit dem IBV zusammen.

Internationaler Bergarbeiterverband (IBV)

B-1050 Brüssel, Avenue Emile de Beco 109, ☏ (02) 646-21 20, ✎ 20874, Telefax (02) 646-47 23.

Präsidium: Anders *Stendalen* (GRUV, Schweden), Präsident; Hans *Berger* (IGBE, Deutschland), Vizepräsident; Kanti *Mehta* (INMF, Indien), Vizepräsident; James *Motlatsi* (NUM, Südafrika), Vizepräsident; Richard *Trumka* (UMWA, USA/Kanada), Vizepräsident.

Generalsekretär: Peter *Michalzik*.

Gründung: 1989.

Zweck: Der IBV ist eine weltweite freie und demokratische Vereinigung von gewerkschaftlichen Organisationen für Beschäftigte in Bergwerken, Steinbrüchen und Energieunternehmen. Er repräsentiert in diesem Bereich 52 Gewerkschaften in 46 Ländern mit insgesamt 2 734 012 Mitgliedern.

Die Ziele des IBV sind: die internationale Solidarität unter den Arbeitnehmern in Bergwerken, Steinbrüchen und Energieunternehmen zu festigen; ihre wirtschaftlichen, sozialen, politischen und kulturellen Interessen durch Unterstützung gewerkschaftlicher Aktivitäten in allen Ländern und durch Koordinierung und Durchführung von Aktivitäten auf internationaler Basis zu sichern und zu fördern; und vor allem, den Kampf gegen die Ausbeutung von Arbeitnehmern national und international zu unterstützen.

Er soll seine Ziele erreichen durch: Entwicklung und Förderung innerer Beziehungen unter den gewerkschaftlichen Organisationen sowie durch freundschaftliche Beziehungen zu anderen Organisationen mit denselben Zielen; jedmögliche Anstrengung, die angeschlossenen Gewerkschaften im Bereich der Organisation, Information und Bildung zu stärken sowie durch Unterstützung ihres Kampfes die Lebens- und Arbeitsbedingungen ihrer Mitglieder zu verbessern; durch Gründung von Gewerkschaften in Regionen, in denen gewerkschaftliche Organisationen bisher nicht existieren; Schutz seiner angeschlossenen Organisationen gegen Angriffe durch Regierungen, Arbeitgeber oder andere Organisationen; Verteilung von Informationen und Durchführung von Forschungen, die die Aktivitäten und Interessen seiner angeschlossenen Organisationen unterstützen; Beteiligung an gemeinsamen Aktivitäten mit anderen Organisationen, wo immer solche Aktionen die Interessen der angeschlossenen Mitgliedsorganisationen und der arbeitenden Bevölkerung als Ganzes fördern; Beistand für die angeschlossenen Organisationen bei der Koordinierung ihrer politischen Interessen und internationalen Angelegenheiten, die die Lebens- und Arbeitsbedingungen der Arbeitnehmer betreffen; durch jedwede andere Maßnahmen, die nötig sein mögen, die Interessen der angeschlossenen Organisationen und der arbeitenden Bevölkerung als Ganzes zu verteidigen.

10 Statistik

Umrechnungstabellen __ 1040
Primärenergie
Welt __ 1043
EG __ 1044
Deutschland __ 1046
Bergbau
Steinkohle
Welt __ 1054
EG __ 1055
Deutschland __ 1058
Braunkohle
Welt __ 1067
Deutschland __ 1068
Salz
Welt __ 1072
Deutschland __ 1074

Erz
Welt __ 1075
Deutschland __ 1083
Sonstige Rohstoffe
Deutschland __ 1088
Erdöl und Erdgas
Welt __ 1090
EG __ 1097
Deutschland __ 1098
Petrochemie
Deutschland __ 1113
Elektrizitätswirtschaft
Welt __ 1118
EG __ 1119
Deutschland __ 1119
Umweltschutz
Deutschland __ 1128

10 Statistics

Conversions __ 1040
Primary energy __ 1043
Mining
Hardcoal __ 1054
Lignite __ 1067
Rocksalt, potash __ 1072

Ore __ 1075
Other raw materials __ 1088
Oil and natural gas __ 1090
Petrochemistry __ 1113
Electricity __ 1118
Environmental protection __ 1128

10 Statistiques

Conversions __ 1040
Energy primaire __ 1043
Industrie minière
Charbon __ 1054
Lignite __ 1067
Sel gemme, potasse __ 1072

Minerai __ 1075
Autres matières premières __ 1088
Pétrole et gaz naturel __ 1090
Pétrochimie __ 1113
Production et distribution d'électricité __ 1118
Protection de l'environnement __ 1128

Umrechnungstabellen

Umrechnung von Energieeinheiten

Einheit	kJ	SKE (kg)	RÖE (kg)	kcal	kWh	BTU	Therm
1 Kilojoule	–	0,0000341	0,0000239	0,2388	0,0003	0,95	0,00001
1 SKE (kg)	29 308	–	0,7	7 000	8,14	27 767	0,27767
1 RÖE (kg)	41 868	1,429	–	10 000	11,63	39 667	0,39667
1 kcal	4,1868	0,000143	0,0001	–	0,001163	3,967	0,00003967
1 kWh	3 600	0,123	0,0861	859,845	–	3 411	0,03411
1 BTU	1,055	0,00003606	0,0000252	0,2521	0,000293	–	0,00001
1 Therm	105 549	3,601	2,52	25 210	29,32	100 000	–

Umrechnung von Masseneinheiten

	kg	lb	UK ton	US ton
1 ounce (oz)	0,02835	0,0625	.	.
1 pound (lb)	0,453593	1	$4{,}46429 \cdot 10^{-4}$	0,0005
1 UK ton (long ton)	1016,05	2240	1	1,12
1 US ton (short ton)	907,185	2000	0,892857	1
1 metrische Tonne (metr. t)	1000	2205	0,9842	1,1023

Umrechnung von Längeneinheiten

	in	ft	yd	m	km	mi
1 in (inch)	–	0,08333	0,02777	0,0254	.	.
1 ft (foot)	12	–	0,3333	0,3048	.	.
1 yd (yard)	36	3	–	0,9144	.	.
1 m	39,3701	3,28084	1,09361	–	.	.
1 km	.	.	1093,61	1000	–	0,621371
1 mi (mile)	.	.	1 760	1609,344	1,609344	–

Umrechnung von Flächeneinheiten

	sq in	sq ft	sq yd	m²	acres	ha	km²	sq mi
1 sq in	–	.	.	0,000645	.	.	.	.
1 sq ft	.	–	.	0,0929	.	.	.	.
1 sq yd	.	9	–	0,8361	.	.	.	.
1 m²	1 550	10,7639	1,196	–	.	.	.	.
1 acre	.	.	4 840	4 046,86	–	0,4047	0,00405	.
1 ha	.	.	.	10 000	2,471	–	0,01	.
1 km²	.	.	.	.	247,1	100	–	0,386102
1 sq mi	.	.	.	.	640	259	2,5899	–

Umrechnung von Raummaßeinheiten

	l	m³	US gall	cubic foot	imp. gall	bl
1 Liter (l)	–	0,001	0,2642	0,0353	0,21997	0,00629
1 m³ (m³)	1 000	–	264,17	35,3107	219,97	6,2898
1 amerik. Gallone (US gall)	3,7854	0,0037854	–	0,1928	0,83268	0,02381
1 cubic foot	28,317	0,02832	5,1866	–	6,2288	0,17811
1 Imperial Gallone (imp. gall)	4,5461	0,0045461	1,2009	0,1605	–	0,02859
1 amerik. Barrel (bl, bbl)	158,99	0,158987	42	5,6145	24,9726	–

UMRECHNUNGSTABELLEN

Umrechnung von Temperatureinheiten

	°C	K	°F	°R
t Grad Fahrenheit (°F)	$(t-32) \cdot 0{,}5555$	$(t+459{,}67) \cdot 0{,}5555$	t	$t+459{,}67$
T Grad Rankine (°R)	$T \cdot 0{,}5555 - 273{,}15$	$T \cdot 0{,}5555$	$T-459{,}67$	T
T Kelvin (K)	$T-273{,}15$	T	$T \cdot 1{,}8 - 459{,}67$	$T \cdot 1{,}8$
t Grad Celsius (°C)	t	$t+273{,}15$	$t \cdot 1{,}8 + 32$	$(t+273{,}15) \cdot 1{,}8$

Potenzen

Kurzzeichen	Vorsatzwort	Teile der Einheit Zahl	Wort
a	Atto	10^{-18}	trillionstel
f	Femto	10^{-15}	billiardstel
p	Pico	10^{-12}	billionstel
n	Nano	10^{-9}	milliardstel
µ	Mikro	10^{-6}	millionstel
m	Milli	10^{-3}	tausendstel
c	Centi	10^{-2}	hundertstel
d	Dezi	10^{-1}	zehntel
da	Deka	10^{1}	zehn
h	Hekto	10^{2}	hundert
k	Kilo	10^{3}	tausend
M	Mega	10^{6}	million
G	Giga	10^{9}	milliarde
T	Tera	10^{12}	billion
P	Peta	10^{15}	billiarde
E	Exa	10^{18}	trillion

Umrechnung von Gasmenge in Energie

1 kWh	$\triangleq$	0,200 m³ Gas (4300 kcal)
1 kWh	$\triangleq$	0,102 m³ Gas (8400 kcal)
1 m³ Gas (4300 kcal)	$\triangleq$	5,0009 kWh
1 m³ Gas (8400 kcal)	$\triangleq$	9,7692 kWh

Umrechnung für Rohöl (Näherungswerte)

1 bl (barrel)	$\approx$	0,1429 t
1 bl/d	$\approx$	50 t/a
0,02 bl/d	$\approx$	1 t/a
7 bl	$\approx$	1 t

Umrechnung Grad API in spezifisches Gewicht

°API	Spez. Gewicht g/cm³	Gewicht bei 60° F $\triangleq$ 15,6 °C bl/t
25	0,9042	6,96
26	0,8984	7,00
27	0,8927	7,05
28	0,8871	7,09
29	0,8816	7,13
30	0,8762	7,18
31	0,8708	7,22
32	0,8654	7,27
33	0,8602	7,31
34	0,8550	7,36
35	0,8498	7,40
36	0,8448	7,45
37	0,8398	7,49
38	0,8348	7,53
39	0,8299	7,58
40	0,8251	7,62
41	0,8203	7,67
42	0,8156	7,71

$$\text{Spez. Gewicht (60 °F)} = \frac{141{,}5}{\text{°API} + 131{,}5} \text{ in g/cm}^3$$

$$\text{°API} = \frac{141{,}5}{\text{Spez. Gewicht (60 °F)}} - 131{,}5$$

Heizwerte und Umrechnungsfaktoren von Energieträgern (Stand: 1991*)

Energieträger	Mengen-einheit	Heizwert kJ	SKE-Faktor[a]	RÖE-Faktor[b]
Steinkohlen[c]	kg	29 782	1,016	0,711
Steinkohlenbriketts	kg	31 401	1,071	0,750
Steinkohlenkoks	kg	28 650	0,978	0,684
Braunkohlen[c]	kg	8 490	0,290	0,203
Staub- und Trockenkohlen	kg	21 353	0,729	0,510
Braunkohlenbriketts	kg	19 259	0,657	0,460
Braunkohlenkoks (Inland)	kg	29 726	1,014	0,710
Braunkohlenkoks (Import)	kg	27 380	0,934	0,654
Hartbraunkohlen	kg	15 310	0,522	0,366
Brenntorf	kg	14 235	0,486	0,340
Brennholz (1 m³ ≙ 0,7 t)	kg	14 654	0,500	0,350
Kokereigas	m³	15 994	0,546	0,382
Stadtgas	m³	15 994	0,546	0,382
Grubengas	m³	15 994	0,546	0,382
Gichtgas	m³	4 187	0,143	0,100
Erdgas	m³	31 736	1,083	0,758
Erdölgas	m³	40 300	1,375	0,963
Klärgas	m³	15 994	0,546	0,382
Flüssiggas	kg	45 887	1,566	1,096
Raffineriegas	kg	48 358	1,650	1,155
Erdöl (roh)	kg	42 622	1,454	1,018
Motorenbenzin, -benzol	kg	43 543	1,486	1,040
Rohbenzin	kg	43 543	1,486	1,040
Flugbenzin	kg	43 543	1,486	1,040
Flugturbinenkraftstoff, leicht	kg	43 543	1,486	1,040
Flugturbinenkraftstoff, schwer	kg	42 705	1,457	1,020
Petroleum	kg	42 705	1,457	1,020
Dieselkraftstoff	kg	42 705	1,457	1,020
Heizöl, leicht	kg	42 705	1,457	1,020
Heizöl, schwer	kg	41 031	1,400	0,980
Petrolkoks	kg	29 308	1,000	0,700
Rohbenzol	kg	39 565	1,350	0,945
Rohteer	kg	37 681	1,286	0,900
Pech	kg	37 681	1,286	0,900
Andere Kohlenwertstoffe	kg	38 520	1,314	0,920
Andere Mineralölprodukte	kg	38 937	1,329	0,930
Elektrischer Strom:				
in Umwandlungsbilanz und Endenergieverbrauch	kWh	3 600	0,123	0,086
Wasserkraft, Kernenergie, Müll u. ä. für die Stromerzeugung sowie Stromaußenhandel (bewertet mit dem jeweiligen spezifischen Verbrauch in öffentlichen Wärmekraftwerken)	kWh	9 407	0,321	0,225

* Für die alten Bundesländer. [a] Steinkohleneinheit: 1 kg Steinkohle mit 29 308 kJ (= 7 000 kcal/kg). [b] Rohöleinheit: 1 kg mit 41 868 kJ (= 10 000 kcal/kg). [c] Durchschnittswert für die Gesamtfördermenge. Quelle: Arbeitsgemeinschaft Energiebilanzen.

Primärenergie

Fossile Brennstoffe · Welt: Vorräte nach Ländern und Erdteilen 1991

Länder	Geologische Vorräte		Wirtschaftlich gewinnbare Vorräte				
	Steinkohle Mill. t	Braunkohle Mill. t	Steinkohle Mill. t	Braunkohle Mill. t	Kohle insgesamt Mill. t SKE	Erdöl Mill. t	Erdgas Mrd. m³
Deutschland	230 300	102 000	23 919	56 150	40 764	62	248
Frankreich	990	346	213	45	248	23	37
Großbritannien	376 700	1 000	45 000	500	45 165	535	545
Niederlande	4 156	0	497	0	497	21	1 970
Spanien	2 720	1 637	379	391	578	3	21
Sonstige	2 160	5 831	418	3 091	1 457	205	486
EG	**617 026**	**110 814**	**70 426**	**60 177**	**88 709**	**850**	**3 307**
Bulgarien	1 236	5 118	30	3 700	1 880	2	7
CSFR	9 000	7 730	1 870	3 500	3 970	2	14
Jugoslawien	102	21 535	70	16 500	8 740	32	82
Norwegen	0	138	0	10	7	980	1 718
Polen	164 300	33 400	28 700	11 700	32 561	4	130
Ungarn	2 109	13 595	596	3 865	2 313	21	106
Sonstige	70	4 369	0	66	34	266	155
Europa	**793 843**	**196 699**	**101 692**	**99 518**	**138 214**	**2 158**	**5 519**
GUS	**2 230 000**	**3 257 000**	**104 000**	**137 000**	**165 860**	**7 948**	**49 554**
Australien	566 220	254 600	45 340	45 600	62 919	194	426
China	2 350 000	425 800	100 000	120 000	139 600	3 282	1 002
Indien	239 331	6 032	60 648	1 900	61 275	818	730
Indonesien	0	0	1 000	2 000	1 840	889	1 836
Japan	8 348	175	856	17	862	8	27
Sonstige	21 647	25 961	809	1 588	1 641	769	4 453
Ferner Osten	**3 185 546**	**712 568**	**208 653**	**171 105**	**268 137**	**5 961**	**8 475**
Iran	3 754	2 295	193	0	193	12 698	17 000
Irak	0	0	0	0	0	13 436	2 690
Kuwait	0	0	0	0	0	13 018	1 359
Saudi-Arabien	0	0	0	0	0	35 134	5 212
Sonstige	593	7 847	175	5 929	1 954	15 690	11 092
Naher Osten	**4 347**	**10 142**	**368**	**5 929**	**2 147**	**89 976**	**37 353**
Algerien	0	0	43	0	43	1 172	3 299
Libyen	0	0	0	0	0	3 013	1 218
Nigeria	0	0	0	0	0	2 422	2 965
Südafrika	126 218	0	55 333	0	55 333	0	51
Sonstige	123 119	2 518	7 255	279	7 448	1 467	1 252
Afrika	**249 337**	**2 518**	**62 631**	**279**	**62 824**	**8 074**	**8 785**
Argentinien	0	7 930	0	130	101	221	579
Brasilien	0	10 256	0	1 245	971	385	115
Ecuador	0	34	0	23	8	215	110
Mexiko	3 529	1 585	1 252	634	1 747	7 308	2 025
Venezuela	2 759	0	417	0	417	8 495	3 115
Sonstige	16 728	4 571	10 657	1 250	11 587	480	809
Mittel- und Südamerika	**23 016**	**24 376**	**12 326**	**3 282**	**14 831**	**17 104**	**6 753**
Kanada	29 710	39 165	3 831	3 135	5 716	753	2 739
USA	695 828	874 206	112 972	102 269	186 999	3 614	4 794
Sonstige	0	680	0	0	0	0	0
Nordamerika	**725 538**	**914 051**	**116 803**	**105 404**	**192 715**	**4 367**	**7 533**
Welt	**7 211 627**	**5 117 354**	**606 473**	**522 517**	**844 728**	**135 588**	**123 973**

Quelle: Weltenergierat 1989; Oil & Gas Journal.

Primärenergie · Welt: Verbrauch* 1989 (Mill. t SKE)

	Kohle	Erdöl	Erdgas	Primärelektrizität	Primärenergieverbrauch insgesamt	Energieverbrauch pro Kopf t SKE
Afrika	100,6	112,6	36,1	5,7	254,9	0,41
Asien	1 171,9	887,6	272,3	82,5	2 414,4	0,79
Lateinamerika	33,1	306,6	110,5	48,4	498,7	1,14
Nordamerika	721,5	1 193,5	730,3	146,4	2 791,7	10,20
Westeuropa	350,4	748,8	318,0	141,4	1 558,5	4,36
Osteuropa	384,5	125,2	114,8	17,4	641,9	4,59
GUS	495,1	547,6	783,8	48,8	1 875,2	6,55
Ozeanien	54,8	54,1	27,6	4,9	141,3	5,41
Welt	3 312,0	3 975,9	2 393,3	495,5	10 176,6	1,95

* Ohne Bunker und nicht-energetischen Verbrauch. Quelle: UN Energy Statistics Yearbook 1989, New York 1991.

Primärenergie · EG: Verbrauch 1991 (Mill. t SKE)

Länder	Steinkohle	Braunkohle*	Mineralöl	Erdgas	Kernenergie	Wasserkraft sonstiges	Insgesamt
Belgien	14,2	0,2	29,2	12,5	16,8	0,1	73,0
Dänemark	11,5	–	12,7	2,6	–	0,1	27,0
Deutschland	80,4	77,5	182,1	80,5	51,4	3,6	475,5
Frankreich	28,9	1,2	128,1	39,8	116,0	0,9	314,9
Griechenland	1,4	9,7	18,7	0,2	–	0,5	30,4
Großbritannien	92,7	–	116,3	72,6	23,7	2,6	308,0
Irland	3,1	2,0	6,4	2,7	–	0,1	14,4
Italien	18,1	0,4	130,6	61,5	–	12,3	222,9
Luxemburg	1,6	–	2,6	0,6	–	0,6	5,4
Niederlande	12,0	–	36,1	49,1	1,2	1,4	99,8
Portugal	3,5	–	17,0	–	–	1,3	21,9
Spanien	23,9	3,8	63,7	8,6	20,4	3,4	123,9
EG	291,2	94,7	743,6	330,8	229,6	27,0	1 717,0

* Einschließlich Torf. Quelle: Eurostat.

PRIMÄRENERGIE

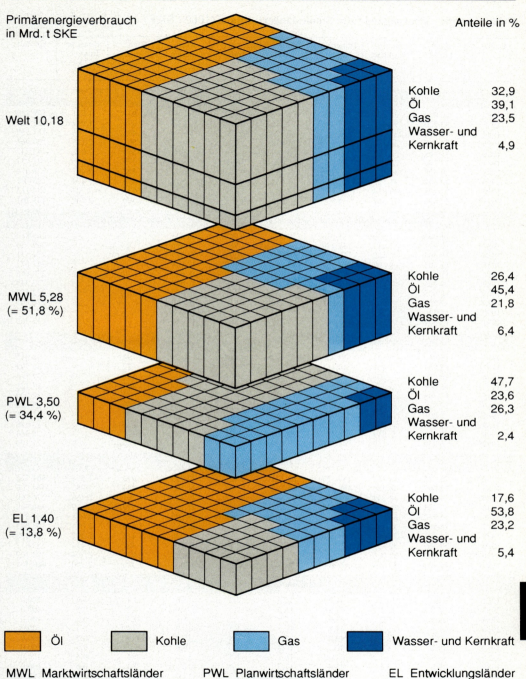

Graphik 1. Struktur des Primärenergieverbrauchs im Jahre 1989 in der Welt und in den einzelnen Wirtschaftsblöcken.

Primärenergie · Deutschland (alte Bundesländer): Bilanz (1000 t SKE)

Jahr	Stein-kohlen	Braun-kohlen	Mineralöl	Natur-gas[a]	Wasser-kraft[b]	Kern-energie	Brenn-holz, Brenn-torf	Sonstige Energie-träger[c]	Gesamt
Gewinnung im Inland									
1982	90 030	36 822	6 189	18 308	5 887	–	1 073	1 571	159 880
1983	83 220	36 065	5 986	19 435	5 580	–	1 076	1 932	153 294
1984	80 012	36 267	5 897	20 322	5 500	–	1 405	2 166	151 569
1985	83 312	34 455	5 970	18 532	5 072	–	1 508	2 119	150 968
1986	81 669	31 638	5 842	16 464	5 387	–	1 519	2 018	144 537
1987	77 280	30 054	5 516	19 030	5 942	–	1 579	2 036	141 437
1988	74 328	30 432	5 725	17 798	5 867	–	1 522	2 402	138 074
1989	72 649	31 128	5 483	17 144	5 327	–	1 496	2 474	135 701
1990	71 288	30 864	5 244	17 477	5 099	–	1 537	2 704	134 213
1991[d]	67 555	32 367	4 979	17 998	4 662	–	1 500	2 700	131 761
Einfuhr (einschließlich Einfuhr aus dem Gebiet der ehemaligen DDR und der US-Army)									
1982	11 946	2 450	161 330	39 565	6 648	20 923	–	–	242 862
1983	10 371	2 443	158 449	39 705	7 767	21 595	–	–	240 330
1984	10 405	2 615	160 580	40 749	6 397	30 425	–	–	251 171
1985	11 403	2 398	162 667	43 881	6 180	41 144	–	–	267 673
1986	11 548	2 195	175 386	44 330	6 719	38 690	–	–	278 868
1987	9 306	1 919	167 795	49 094	7 147	42 088	–	–	277 349
1988	8 635	1 756	170 444	47 562	7 340	46 920	–	–	282 657
1989	7 768	1 845	159 931	52 209	6 928	48 180	–	–	276 861
1990	11 730	1 849	168 973	53 944	8 129	47 188	–	–	291 813
1991[d]	13 571	1 545	183 200	57 811	8 805	47 330	–	–	312 262
Ausfuhr (einschließlich Ausfuhr in das Gebiet der ehemaligen DDR) und Hochseebunkerungen									
1982	15 060	524	15 350	2 573	4 414	–	94	–	38 015
1983	15 851	461	14 155	1 881	4 359	–	92	–	36 799
1984	18 686	603	13 203	1 420	5 069	–	104	–	39 085
1985	16 008	799	13 376	1 465	5 364	–	109	–	37 121
1986	12 298	655	12 547	1 403	5 018	–	99	–	32 020
1987	10 318	623	11 091	1 761	5 924	–	109	–	29 826
1988	9 801	548	12 363	1 449	7 218	–	107	–	31 486
1989	11 649	540	13 255	1 202	6 873	–	109	–	33 628
1990	8 985	819	16 145	1 387	8 458	–	112	–	35 906
1991[d]	6 829	850	17 170	1 858	8 297	–	100	–	35 104
Verbrauch im Inland									
1982	76 685	38 368	159 757	55 121	8 121	20 923	979	1 571	361 525
1983	77 697	38 286	158 482	56 742	8 988	21 595	984	1 932	364 706
1984	79 300	38 344	158 007	59 689	6 828	30 425	1 301	2 166	376 060
1985	79 405	36 074	159 358	59 612	5 888	41 144	1 399	2 119	384 999
1986	77 730	33 096	167 583	59 245	7 088	38 690	1 420	2 018	386 870
1987	75 562	31 197	163 268	65 257	7 165	42 088	1 470	2 036	388 043
1988	74 701	31 566	163 536	63 309	5 989	46 920	1 415	2 402	389 838
1989	73 359	32 471	153 175	66 384	5 382	48 180	1 387	2 474	382 812
1990	74 009	32 066	160 630	69 417	4 770	47 188	1 425	2 704	392 209
1991[d]	76 404	33 028	169 406	74 139	5 170	47 330	1 400	2 700	409 577
Anteil am Gesamtverbrauch (%)									
1982	21,2	10,6	44,2	15,3	2,2	5,8	0,3	0,4	100,0
1983	21,3	10,5	43,5	15,5	2,5	5,9	0,3	0,5	100,0
1984	21,1	10,2	42,0	15,9	1,8	8,1	0,3	0,6	100,0
1985	20,6	9,4	41,4	15,5	1,5	10,7	0,4	0,5	100,0
1986	20,1	8,6	43,3	15,3	1,8	10,0	0,4	0,5	100,0
1987	19,5	8,0	42,1	16,8	1,8	10,8	0,4	0,5	100,0
1988	19,2	8,1	42,0	16,2	1,5	12,0	0,4	0,6	100,0
1989	19,2	8,5	40,0	17,3	1,4	12,6	0,4	0,6	100,0
1990	18,9	8,2	41,0	17,7	1,2	12,0	0,3	0,7	100,0
1991[d]	18,6	8,1	41,4	18,1	1,3	11,5	0,3	0,7	100,0

[a] Einschließlich Kokereigasaußenhandel. [b] Einschließlich Stromaußenhandel. [c] Klärschlamm, Müll, Abhitze und bezogener Dampf für die Strom- und Wärmeerzeugung. [d] Vorläufig. Quelle: Arbeitsgemeinschaft Energiebilanzen.

Endenergie · Deutschland (alte Bundesländer): Verbrauch nach Energieträgern

Energieträger	1982 1000 t SKE	%	1984 1000 t SKE	%	1985 1000 t SKE	%	1986 1000 t SKE	%	1987 1000 t SKE	%	1988 1000 t SKE	%	1989 1000 t SKE	%	1990 1000 t SKE	%
Steinkohlen, Steinkohlenbriketts	7 865	3,3	8 514	3,5	8 077	3,2	7 387	2,9	7 310	2,9	7 332	2,9	7 011	2,8	7 137	2,8
Steinkohlenkoks	13 089	5,6	13 529	5,5	14 062	5,6	11 871	4,6	10 533	4,1	10 655	4,2	10 799	4,4	9 425	3,7
Braunkohlen	4 505	1,9	4 593	1,9	4 600	1,8	3 990	1,5	3 730	1,5	3 387	1,3	3 408	1,4	3 387	1,4
Kraftstoffe	58 797	25,0	61 405	25,0	61 617	24,5	64 981	25,3	67 075	26,1	69 805	27,5	71 438	29,0	74 876	29,5
Heizöl	60 773	25,9	59 245	24,1	61 327	24,3	66 845	26,0	60 435	23,5	56 576	22,3	45 363	18,4	48 509	19,2
Petrolkoks, Petroleum	162	0,1	241	0,1	344	0,1	403	0,1	799	0,1	250	0,1	262	0,1	274	0,1
Erdgas, Erdölgas	36 970	15,7	41 806	17,0	43 679	17,3	43 341	16,9	47 071	18,3	45 334	17,9	46 839	19,0	48 617	19,2
Sonstige Gase	8 550	3,6	8 109	3,3	8 617	3,4	8 154	3,2	8 698	3,4	8 850	3,5	8 784	3,6	7 885	3,1
Strom	37 963	16,2	40 758	16,6	41 975	16,7	42 394	16,5	43 350	16,9	44 002	17,3	45 048	18,3	45 713	18,0
Brennholz, Brenntorf, Fernwärme	6 361	2,7	7 265	3,0	7 806	3,1	7 723	3,0	8 210	3,2	7 588	3,0	7 505	3,0	7 671	3,0
Gesamt	**235 035**	**100,0**	**245 465**	**100,0**	**252 104**	**100,0**	**257 089**	**100,0**	**256 711**	**100,0**	**253 779**	**100,0**	**246 457**	**100,0**	**253 494**	**100,0**
davon:																
Primärenergieträger	45 124	19,2	50 976	20,8	52 509	20,8	51 562	20,1	55 343	21,6	53 730	21,2	55 021	22,3	56 955	22,5
Sekundärenergieträger	189 911	80,8	194 489	79,2	199 595	79,2	205 527	79,9	201 368	78,4	200 049	78,8	191 436	77,7	196 539	77,5

Quelle: Arbeitsgemeinschaft Energiebilanzen.

10 STATISTIK

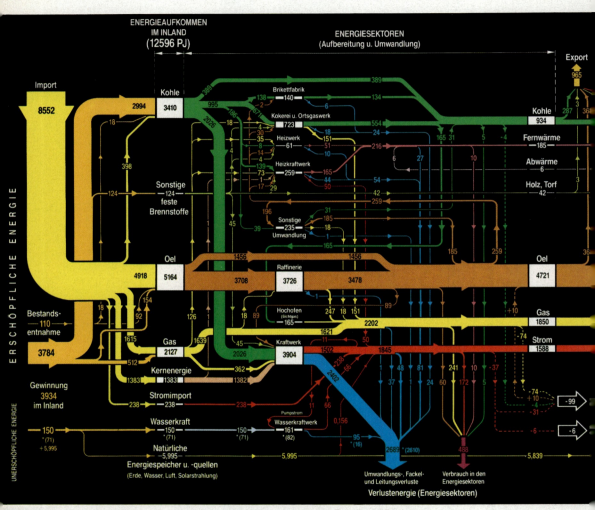

Graphik 2. Energiefluß in den alten Bundesländern im Jahre 1990 (Mill. t SKE)

PRIMÄRENERGIE

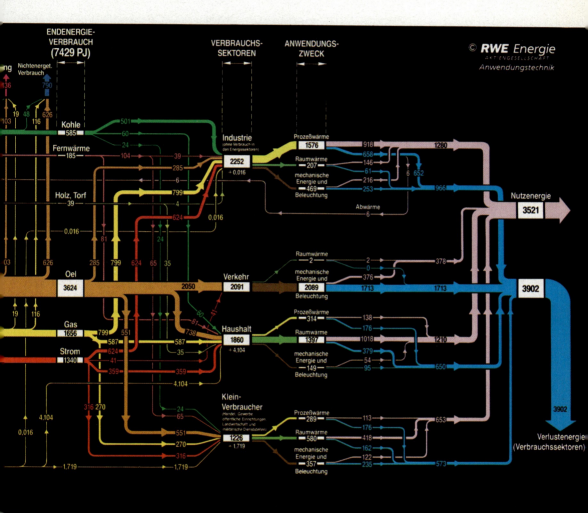

10 STATISTIK

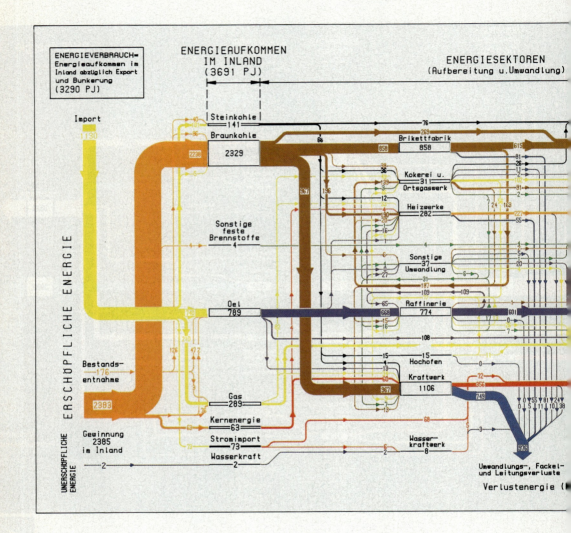

Graphik 3. Energiefluß in den neuen Bundesländern im Jahre 1990 (IfE Leipzig GmbH).

PRIMÄRENERGIE

ENDENERGIE (2012 PJ)

VERBRAUCHS-SEKTOREN

Export — Bunkerung u. Bestandsaufstockung — Nichtenerget. Verbrauch

Steinkohle 99 — Steinkohle 86

Braunkohle 951 — Braunkohle 876

Fernwärme 197 — Fernwärme 197

Holz, Torf 14 — Holz, Torf 14

Oel 734 — Oel 357

Gas 263 — Gas 215

Strom 320 — Strom 267

Übr. Bergbau u. verarbeitendes Gewerbe 725

Verkehr 288

Haushalte 522

Klein-verbraucher 422

Militärische Dienststellen 55

statistische Differenzen +16

10

Verlag Glückauf · Jahrbuch 1993

1051

10 STATISTIK

Endenergie · Deutschland (alte Bundesländer): Verbrauch nach Energieträgern und Verbrauchergruppen (1000 t SKE)

Industriegruppe	Jahr	Steinkohle u.-briketts	Steinkohle-koks	Braunkohle[1]	Strom	Erdgas/Erdölgas	Sonstige Gase	Mineralöl	darunter HS	darunter HEL	Sonstige[2]	darunter Fernwärme	Insgesamt
Grundstoff- und Produktionsgütergewerbe	1980	2 613	13 112	1 867	12 148	12 646	6 513	11 743	10 139	1 505	645	620	61 287
	1985	4 703	12 520	2 222	12 447	10 661	5 733	5 181	3 758	1 110	735	700	54 202
	1986	4 358	10 503	1 859	12 294	10 299	5 078	6 156	4 725	1 058	772	727	51 319
	1987	4 679	9 354	1 850	12 212	10 666	5 398	5 858	4 440	1 151	825	735	50 842
	1988	5 162	9 598	1 946	12 743	11 300	5 961	5 730	4 532	966	721	631	53 161
	1989	5 134	9 871	2 100	13 073	11 975	5 949	5 001	3 697	1 058	742	652	53 845
Gewinnung und Verarbeitung von Steinen und Erden	1980	732	269	1 052	899	1 993	261	3 627	2 768	782	20	20	8 853
	1985	1 361	239	1 205	763	1 300	187	1 082	440	351	21	21	6 158
	1986	1 216	165	948	771	1 355	200	1 341	633	364	22	22	6 018
	1987	1 230	191	954	762	1 328	195	1 136	497	401	20	20	5 816
	1988	1 209	161	1 042	806	1 410	177	1 131	559	354	17	17	5 953
	1989	1 356	147	1 189	848	1 481	187	1 066	460	370	14	14	6 288
Eisenschaffende Industrie	1980	38	12 168	94	2 519	4 008	5 429	2 053	1 944	109	70	70	26 379
	1985	60	11 704	89	2 346	2 832	4 904	448	397	51	72	72	22 455
	1986	134	9 783	101	2 211	2 623	4 123	1 200	1 159	41	60	60	20 235
	1987	596	8 602	80	2 109	2 578	4 420	1 106	1 071	35	41	41	19 532
	1988	1 200	8 882	96	2 306	2 701	5 005	1 165	1 144	21	38	38	21 393
	1989	1 307	9 147	27	2 316	2 773	4 904	1 223	1 205	18	44	44	21 741
NE-Metalle	1980	200	229	23	2 063	738	117	572	297	275	–	–	3 942
	1985	249	224	48	2 176	724	98	284	169	115	41	41	3 844
	1986	229	211	30	2 203	690	127	278	112	166	43	43	3 811
	1987	141	213	20	2 129	678	128	267	102	165	44	44	3 620
	1988	83	206	14	2 173	676	124	240	87	153	24	24	3 540
	1989	97	216	16	2 171	734	132	233	84	149	24	24	3 623
Chemie	1980	1 266	–	589	4 954	4 438	583	3 188	3 166	–	420	420	15 438
	1985	2 430	–	739	5 267	4 208	411	2 107	1 753	332	488	488	15 650
	1986	2 239	–	631	5 166	4 155	466	2 008	1 705	274	519	519	15 184
	1987	2 235	–	645	5 234	4 528	482	2 103	1 726	348	553	553	15 780
	1988	2 165	–	649	5 356	4 902	459	2 026	1 776	236	461	461	16 018
	1989	1 847	–	724	5 546	5 303	513	1 458	1 154	294	461	461	15 852

PRIMÄRENERGIE

	Jahr														
Investitionsgüter erzeugendes Gewerbe	1980	270	145	79	3 155	2 587	628	4 088	1 369	2 719	120	120	11 072
	1985	269	106	101	3 619	2 984	308	2 785	848	1 937	341	341	10 513
	1986	213	103	86	3 799	2 918	400	2 631	664	1 967	361	361	10 511
	1987	166	94	77	3 915	3 115	414	2 372	428	1 944	423	423	10 576
	1988	140	91	44	4 077	2 992	361	1 977	338	1 639	502	502	10 184
	1989	112	95	60	4 326	3 007	398	1 880	265	1 615	498	498	10 376
Maschinenbau	1980	36	80	35	697	621	128	1 082	269	813	20	20	2 699
	1985	49	61	18	747	626	81	794	211	583	104	104	2 480
	1986	31	54	17	764	609	157	708	147	561	111	111	2 451
	1987	26	49	18	776	621	166	700	127	573	116	116	2 472
	1988	20	47	11	792	568	142	573	88	485	103	103	2 256
	1989	12	50	12	856	578	165	533	83	450	102	102	2 308
Verbrauchsgüter erzeugendes Gewerbe	1980	127	8	65	1 866	2 460	471	3 415	2 162	1 253	175	160	8 587
	1985	184	7	66	2 050	2 410	331	2 242	1 374	868	106	71	7 396
	1986	135	4	78	2 137	2 305	398	2 237	1 338	899	110	75	7 404
	1987	104	4	64	2 246	2 508	471	2 061	1 211	850	139	79	7 597
	1988	102	4	66	2 384	2 673	434	1 777	1 002	775	128	68	7 568
	1989	141	4	56	2 553	2 960	461	1 679	913	766	125	65	7 979
Nichtkohle-bergbau	1980	1	–	1	143	496	8	86	70	16	–	–	735
	1985	1	17	9	148	396	8	42	29	13	7	7	628
	1986	22	8	6	138	318	–	56	41	15	7	7	555
	1987	26	–	2	144	341	–	49	35	14	5	5	567
	1988	17	–	1	141	321	–	39	29	10	3	3	522
	1989	19	–	–	135	322	–	27	18	9	3	3	506
Verarbeitendes Gewerbe insgesamt	1980	3 276	13 336	2 030	18 212	19 415	7 797	22 693	15 963	6 631	1 300	1 260	88 059
	1985	5 384	12 726	2 548	19 257	18 125	6 530	12 174	7 171	4 690	1 305	1 235	78 049
	1986	4 917	10 688	2 177	19 379	17 455	6 058	13 039	7 892	4 774	1 373	1 293	75 086
	1987	5 156	9 516	2 109	19 550	18 606	6 462	12 102	7 095	4 740	1 525	1 375	75 026
	1988	5 600	9 758	2 149	20 418	19 129	6 919	11 139	6 766	4 141	1 467	1 317	76 579
	1989	5 580	10 038	2 324	21 197	20 271	6 974	10 073	5 600	4 227	1 470	1 320	77 927
Endenergie-verbrauch insgesamt	1980	6 790	15 287	4 591	38 053	38 530	10 329	137 255	18 238	59 650	6 042	5 560	256 877
	1985	8 077	14 062	4 600	41 975	43 679	8 617	123 288	8 911	52 416	7 806	6 497	252 104
	1986	7 387	11 871	3 990	42 394	43 341	8 154	132 229	9 594	57 251	7 723	6 406	257 089
	1987	7 310	10 533	3 730	43 350	47 041	8 698	127 809	7 763	52 672	8 210	6 850	256 711
	1988	7 332	10 655	3 387	44 002	45 334	8 850	126 631	7 372	49 204	7 588	6 278	253 779
	1989	7 011	10 799	3 408	45 048	46 839	8 784	117 063	6 292	39 071	7 505	6 220	246 457

[1] Rohbraunkohle, Briketts, Schwelkoks, Staub- und Trockenkohle, Hartbraunkohle, Pechkohle. [2] Brennholz, Torf, Fernwärme. [3] Einschließlich militärischer Dienststellen.
Quelle: VIK, Statistik der Energiewirtschaft 1990/91; errechnet aus: Energiebilanzen der Bundesrepublik Deutschland.

Bergbau · Steinkohle

Steinkohle · Welt: Fördermengen nach Ländern und Erdteilen (1000 t)

Länder	1985	1986	1987	1988	1989	1990	1991*
Belgien	6 212	5 589	4 357	2 487	1 893	1 037	636
Deutschland	88 849	87 126	82 382	79 319	77 451	76 551	72 744
Frankreich	15 124	14 394	13 690	12 142	11 471	10 488	10 128
Großbritannien	90 793	104 635	101 644	101 380	98 286	89 291	91 340
Irland	57	54	45	42	43	45	6
Italien	–	29	14	40	75	58	60
Portugal	238	212	261	230	258	266	232
Spanien	16 091	15 895	19 326	19 011	19 294	19 616	18 276
EG	**217 364**	**227 934**	**221 719**	**214 651**	**208 771**	**197 352**	**193 422**
Bulgarien	223	207	198	196	193	143	128
CSFR	26 223	25 658	25 720	25 478	24 681	22 405	19 154
Jugoslawien	400	407	379	363	293	293	393
Norwegen	519	449	424	294	360	385	427
Polen	191 642	192 080	193 011	193 015	177 633	147 672	141 136
Rumänien	8 657	8 686	9 088	8 831	8 289	3 951	3 272
Ungarn	2 639	2 325	2 360	2 255	2 127	1 736	1 741
Europa	**447 667**	**457 746**	**452 899**	**445 083**	**422 347**	**373 937**	**359 673**
UdSSR (GUS)	**569 100**	**587 300**	**594 500**	**599 000**	**576 491**	**542 700**	**474 200**
Volksrepublik China	872 280	894 039	927 965	946 460	1 040 000	1 050 560	1 070 000
Indien	149 710	163 360	176 986	189 021	198 659	209 445	219 727
Japan	16 382	16 012	13 049	11 223	10 187	8 262	8 030
Nordkorea	39 000	39 500	39 500	40 000	40 500	40 500	40 500
Südkorea	22 543	24 253	24 274	24 295	20 785	15 771	13 469
Türkei	3 605	3 526	3 461	3 256	3 200	3 116	2 752
Sonstige Länder	14 075	15 204	14 556	15 693	16 791	19 645	19 282
Asien	**1 117 595**	**1 155 894**	**1 199 791**	**1 229 948**	**1 330 122**	**1 347 299**	**1 373 760**
Kanada	34 310	30 542	32 651	38 585	38 794	37 669	39 910
USA	735 792	738 927	762 341	784 864	810 034	861 434	821 428
Nordamerika	**770 102**	**769 469**	**794 992**	**823 449**	**848 828**	**899 103**	**861 338**
Brasilien	7 712	7 391	6 884	7 331	6 536	4 596	4 596
Chile	1 291	1 633	1 567	1 926	1 949	1 949	2 576
Mexiko	9 790	10 157	10 137	10 586	10 575	10 575	10 575
Sonstige Länder	9 540	11 357	15 335	16 804	21 712	23 253	25 505
Mittel- und Südamerika	**28 333**	**30 538**	**33 923**	**36 647**	**40 772**	**40 373**	**43 252**
Südafrikanische Republik	173 734	175 730	177 291	178 820	174 711	174 783	171 596
Simbabwe	3 114	4 047	4 843	5 065	5 111	4 956	6 278
Sonstige Länder	1 643	1 768	1 572	1 737	1 416	1 394	1 442
Afrika	**178 491**	**181 545**	**183 706**	**185 622**	**181 238**	**181 133**	**179 316**
Australien	117 504	133 383	147 718	134 807	147 778	155 266	159 080
Neuseeland	2 182	2 094	2 155	2 106	2 462	2 208	2 493
Australien und Neuseeland	**119 686**	**135 477**	**149 873**	**136 913**	**150 240**	**157 474**	**161 573**
Welt	**3 230 974**	**3 317 969**	**3 409 684**	**3 456 662**	**3 550 038**	**3 542 019**	**3 453 112**

* 1991 vorläufig, teilweise geschätzt; ab 1984 China einschließlich Braunkohle.
Quelle: Statistisches Amt der Europäischen Gemeinschaften; United Nations, Monthly Bulletin of Statistics.

Steinkohle · EG: Übersicht nach Ländern und Revieren (vgl. Graphik 4)

Jahr	Deutschland				Großbritannien							Frankreich				Belgien	Irland	Italien	Spanien[f]	Portugal	EG 12
	Ruhr	Saar	Aachen	Ibbenbüren	Gesamt	Scotland	North East	Selby	South Yorkshire	Nottinghamshire	Midlands & Wales	Opencast u. sonst.	Gesamt	Nord/Pas de-Calais	Lorraine	Centre Midi	Gesamt						

Anzahl der Zechen[a]

1986	24	6	2	1	33	.	.	.	.	.	.	.	110	5	5	6	16	5	5	.	249	.	418
1987	23	6	2	1	32	.	.	.	.	.	.	.	94	5	5	4	14	4	5	.	234	.	383
1988	22	6	2	1	31	.	.	.	.	.	.	.	86	4	5	3	12	3	4	.	216	1	353
1989	21	6	2	1	30	1	5	9	12	13	13	.	75	2	4	3	9	2	2	.	206	1	327
1990	19	5	2	1	27	.	.	.	.	.	.	.	67	1	4	3	8	2	3	1	209	1	318
1991[e]	19	4	2	1	26	.	.	.	.	.	.	.	53	–	4	3	7	2	3	1	172	1	265

Fördermenge (1000 t)

1986	68 806	10 967	4 993	2 360	87 126	.	.	.	.	.	.	.	104 636	1 722	9 897	2 775	14 394	5 590	72	.	21 793	212	233 823
1987	63 873	11 167	4 979	2 361	82 380	.	.	.	.	.	.	.	101 644	1 354	9 901	2 435	13 690	4 357	45	.	18 964	254	221 334
1988	61 862	10 348	4 748	2 361	79 319	.	.	.	.	.	.	.	101 379	1 137	8 958	2 046	12 141	2 487	52	.	18 884	237	214 499
1989	61 271	9 903	4 142	2 135	77 451	2 253	7 905	13 725	13 492	17 192	17 215	19 090	98 285	489	8 815	2 167	11 471	1 885	62	74	19 176	225	208 629
1990	60 498	10 115	3 866	2 074	76 553	.	.	.	.	.	.	.	89 304	232	8 360	1 895	10 487	1 036	45	58	19 440	281	197 204
1991[e]	57 075	9 776	3 860	2 033	72 744	.	.	.	.	.	.	.	90 872	–	8 386	1 741	10 127	634	6	60	17 922	237	192 602

Gesamtbestände bei den Zechen[a] (1000 t)

1986	6 475	1 404	1 349	1 923	11 151	.	.	.	.	.	.	.	8 976	1 208	1 909	1 234	4 351	661[c]	20	.	2 009	2	27 170
1987	6 370	1 858	1 379	1 728	11 335	.	.	.	.	.	.	.	6 375	903	2 121	880	3 904	462	20	.	1 840	9	23 945
1988	6 950	1 662	1 667	2 016	12 295	.	.	.	.	.	.	.	7 559	1 146	1 547	835	3 528	144	20	.	1 600	6	25 152
1989	6 831	1 415	1 728	1 901	11 875	40	1 864	1 028	1 997	2 027	1 807	2 214	10 053	880	758	743	2 381	129	20	.	1 777	6	26 238
1990	9 412	1 555	1 760	1 749	14 476	.	.	.	.	.	.	.	9 013	623	681	831	2 135	110	20	.	1 448	4	27 206
1991[e]	9 864	1 371	1 702	1 447	14 384	.	.	.	.	.	.	.	10 977	446	519	790	1 755	125	20	.	1 234	2	28 497

Beschäftigte unter Tage[b] (1000)

1986	84,2	12,0	8,1	2,8	107,1	.	.	.	.	.	.	.	108,3	5,6	11,1	1,8	18,5	13,3	0,3	.	37,4	0,8	285,7
1987	81,1	11,6	7,9	2,8	103,4	.	.	.	.	.	.	.	89,8	5,2	10,4	1,2	16,8	10,9	0,3	.	36,6	0,8	258,6
1988	77,8	11,0	7,4	2,9	99,1	.	.	.	.	.	.	.	75,8	3,8	9,5	0,9	14,2	6,2	0,3	.	36,1	0,8	232,5
1989	75,1	10,6	6,3	2,8	94,8	1,2	6,0	6,3	8,6	10,8	9,4	.	63,0	2,2	8,7	0,8	11,7	4,7	0,3	.	35,9	0,6	211,0
1990	70,3	10,0	5,6	2,6	88,5	.	.	.	.	.	.	.	53,0	1,0	8,1	0,7	9,8	2,3	0,3	.	33,0	0,6	187,5
1991[e]	66,5	9,6	5,0	2,5	83,6	.	.	.	.	.	.	.	42,3	.	7,6	0,5	8,1	1,7	0,3	.	32,0	0,6	168,6

Leistung unter Tage[d] (je Mann in kg/h)

1986	621	584	449	600	602	.	.	.	.	.	.	.	512	199	549	363	427	321	.	.	286	.	502
1987	627	645	467	599	616	.	.	.	.	.	.	.	577	201	637	468	503	316	.	.	291	.	540
1988	644	660	512	597	630	.	.	.	.	.	.	.	633	231	637	573	534	334	.	.	333	.	579
1989	654	665	523	600	645	875	558	1 121	770	774	791	.	681	194	663	599	589	311	.	.	329	.	603
1990	682	700	546	626	673	.	.	.	.	.	.	.	704	200	686	495	634	361	.	.	354	.	629
1991[e]	687	699	606	619	681	.	.	.	.	.	.	.	793	.	741	537	729	355	.	.	354	.	677

[a] Am Jahresende. [b] Jahresdurchschnitt. [c] Ab 1982 einschl. Beständen der Nebenbetriebe. [d] Berücksichtigt wurden alle unter Tage Beschäftigten, einschl. Aufsichts- und Fremdpersonal; kg = kg Fördermenge. [e] 1991 vorläufig. [f] Einschl. ältere Braunkohle. Quelle: Eurostat, zusammengestellt von Statistik der Kohlenwirtschaft eV.

10 STATISTIK

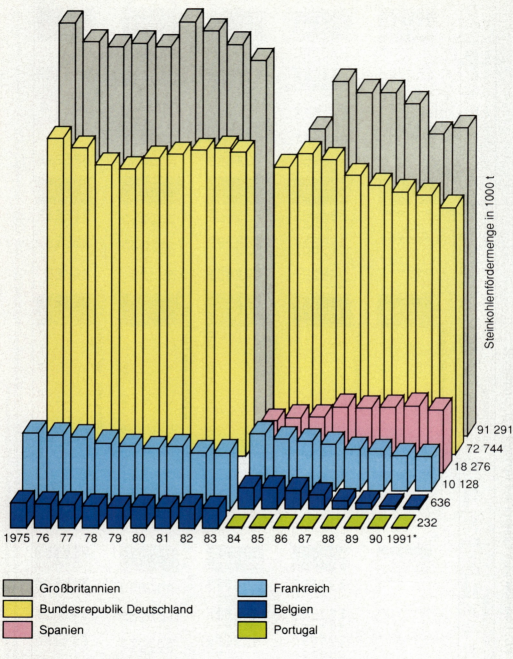

* Vorläufig, teilweise geschätzt.

Graphik 4. Die Steinkohlenfördermenge der Hauptbergbauländer in der EG
(vgl. Tabelle auf S. 1055).

Steinkohle · EG: Einfuhren aus Drittländern im Jahr 1991* nach Import- und Exportländern (Mill. t)

Exportländer \ Importländer	B	D	DK	F	GR	GB	IRL	I	L	NL	P	E	EG
USA	5,23	1,29	4,70	8,77	0,01	7,32	1,19	9,81	–	6,44	1,39	4,81	50,96
Südafrika	4,42	5,46	–	0,94	1,19	0,58	0,07	4,93	0,12	1,21	1,69	4,83	25,41
Australien	1,71	0,57	1,93	4,40	–	4,64	–	1,33	–	4,62	–	0,96	20,15
Polen	0,47	3,44	0,70	0,23	–	0,56	0,47	0,65	–	0,83	0,08	0,06	7,49
Sonstige	1,35	2,93	5,08	5,83	0,25	4,48	0,97	2,07	0,06	2,42	0,58	1,29	27,36
Gesamt	13,18	13,69	12,41	20,17	1,45	17,58	2,70	18,79	0,18	15,52	3,74	11,95	131,37

* Vorläufig. Quelle: Eurostat.

Steinkohle · EG: Einfuhren aus Drittländern (Mill. t)

	1982	1983	1984	1985	1986	1987	1988	1989	1990	1991*
Importländer										
Belgien	8,54	5,04	6,72	6,85	6,79	7,51	9,35	10,94	13,20	13,18
Deutschland	8,81	7,94	8,25	9,05	9,40	7,64	6,80	5,69	8,64	13,69
Dänemark	7,58	7,08	9,09	11,37	11,06	10,85	9,75	10,33	9,66	12,41
Frankreich	16,96	12,88	16,70	15,18	13,88	11,06	10,19	14,08	17,24	20,17
Griechenland	0,51	1,42	1,86	1,98	1,76	1,79	1,49	1,19	1,34	1,45
Großbritannien	3,57	3,70	7,15	11,37	9,76	8,62	11,37	11,51	12,68	17,58
Irland	0,73	0,91	1,02	1,34	2,02	2,42	2,92	2,84	2,61	2,70
Italien	17,59	15,80	18,44	20,29	18,99	19,81	18,68	19,36	19,52	18,79
Luxemburg	0,22	0,12	0,16	0,14	0,16	0,18	0,13	0,14	0,16	0,18
Niederlande	7,80	6,42	9,89	10,99	11,55	12,44	13,48	13,18	16,57	15,52
Portugal	0,33	0,32	0,44	1,21	1,48	2,25	2,75	3,45	4,53	3,74
Spanien	7,18	5,88	6,83	8,30	8,69	8,79	8,75	10,16	9,81	11,95
EG	79,82	67,51	86,55	98,07	95,54	93,36	95,65	102,87	115,96	131,37
Exportländer										
USA	42,71	26,96	25,93	33,97	34,64	28,52	35,88	41,77	44,98	50,95
Australien	6,82	9,29	17,32	19,40	20,91	23,84	18,04	13,67	16,18	20,14
Südafrika	17,96	16,84	21,46	25,87	22,40	20,13	19,07	20,64	23,87	25,41
Polen	9,15	10,97	17,03	13,58	8,85	9,58	8,78	6,69	7,68	7,49
UdSSR (GUS)	0,50	1,19	1,61	1,33	1,62	2,01	2,71	3,47	4,41	5,40
Kanada	1,50	1,39	2,16	2,13	2,11	1,83	2,22	2,73	3,31	3,83
Sonstige Länder	1,18	0,87	1,04	1,79	5,01	7,46	8,95	13,90	15,53	18,15
EG	79,82	67,51	86,55	98,07	95,54	93,36	95,65	102,87	115,96	131,37

* Vorläufig. Quelle: Eurostat.

Steinkohle · EG: Kokserzeugung (1 000 t)

Jahr	Länder der Europäischen Gemeinschaft							Gesamt
	Belgien	Deutschland	Frankreich	Großbritannien	Italien	Niederlande	Griechenland Portugal Spanien	
1986	5 130	22 694	8 257	8 870	7 209	2 872	3 364	58 396
1987	5 226	19 819	7 463	8 682	6 753	2 735	3 150	53 828
1988	5 547	18 421	7 417	8 584	6 723	2 905	3 255	52 852
1989	5 457	18 372	7 323	8 444	6 743	2 897	3 426	52 662
1990	5 420	18 804	7 197	8 055	6 356	2 736	3 463	52 031
1991*	5 098	15 716	6 900	7 934	6 000	2 937	3 348	47 933

* 1990 vorläufig; 1991 geschätzt. Quelle: Eurostat.

Steinkohle · Deutschland (alte Bundesländer): Fördermengen (1000 t)

Jahr	Ruhr	Saar*	Aachen	Ibben-büren	Deutschland	Außerdem Fördermenge Kleinzechen
1958	122 302	16 256	8 020	2 260	148 838	1 167
1959	115 389	16 101	7 894	2 303	141 687	1 011
1960	115 441	16 234	8 187	2 425	142 287	968
1961	116 083	16 090	8 356	2 212	142 741	874
1962	115 898	14 919	8 050	2 269	141 136	764
1963	117 156	14 915	7 785	2 260	142 116	670
1964	117 565	14 657	7 718	2 261	142 201	503
1965	110 904	14 197	7 817	2 159	135 077	387
1966	102 909	13 679	7 403	1 979	125 970	320
1967	90 400	12 412	7 010	2 221	112 043	251
1968	91 050	11 261	7 299	2 402	112 012	154
1969	91 194	11 076	6 723	2 637	111 630	150
1970	91 073	10 554	6 886	2 758	111 271	172
1971	90 731	10 677	6 616	2 771	110 795	258
1972	83 281	10 247	6 429	2 513	102 470	237
1973	79 883	9 175	5 970	2 311	97 339	260
1974	78 171	8 930	5 827	1 948	94 876	350
1975	75 856	8 974	5 749	1 814	92 393	396
1976	72 795	9 295	5 383	1 797	89 270	329
1977	68 137	9 260	5 248	1 868	84 513	327
1978	67 111	9 278	5 029	2 123	83 541	395
1979	68 730	9 888	5 000	2 181	85 799	520
1980	69 134	10 128	5 121	2 191	86 574	572
1981	69 979	10 778	4 933	2 174	87 864	596
1982	70 240	11 008	4 988	2 206	88 442	572
1983	64 577	9 999	4 802	2 275	81 653	549
1984	61 217	10 249	5 090	2 302	78 858	569
1985	63 979	10 714	4 774	2 376	81 843	555
1986	62 760	10 428	4 739	2 335	80 262	539
1987	58 195	10 685	4 611	2 327	75 818	482
1988	56 379	9 917	4 254	2 322	72 872	431
1989	55 714	9 473	3 712	2 100	70 999	429
1990	54 556	9 719	3 443	2 044	69 762	396
1991	51 425	9 368	3 279	2 001	66 073	408

* Saar und Kleinzechen t = t Rechnung (vgl. die Erklärung unter Abkürzungen auf S. 16). Quelle: Statistik der Kohlenwirtschaft eV.

Steinkohle · Deutschland: Fördermengen nach Kohlenarten im Jahr 1991 (t)

Kohlenart	Ruhr	Saar	Aachen	Ibben-büren	Deutschland
Edelflammkohle	–	5 839 154	–	–	5 839 154
Gas-, Gasflamm-Kohle	17 421 562	3 528 230	–	–	20 949 792
Fettkohle	29 583 650	–	540 454	–	30 124 104
³/₄-Fettkohle	–	–	1 894	–	1 894
Eßkohle	1 608 209	–	1 080 167	–	2 688 376
Magerkohle	–	–	13 969	–	13 969
Anthrazit	2 811 841	–	1 642 800	2 000 618	6 455 259
Gesamt	51 425 262	9 367 384	3 279 284	2 000 618	66 072 548

Quelle: Statistik der Kohlenwirtschaft eV.

BERGBAU · STEINKOHLE

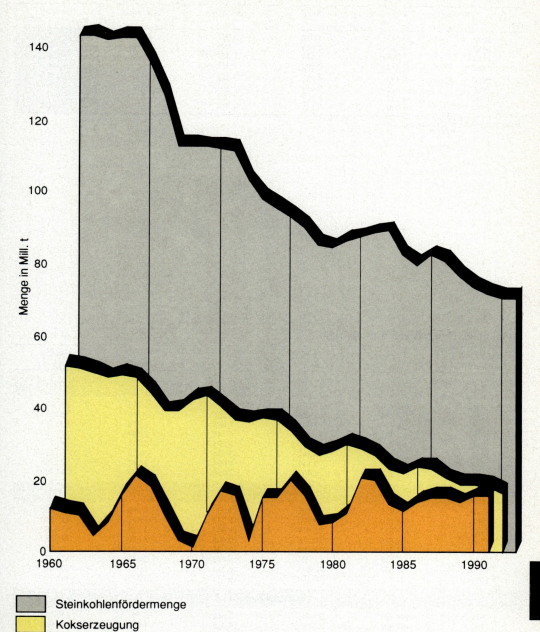

Graphik 5. Steinkohlenfördermenge, Kokserzeugung und Lagerbestände in Deutschland (alte Bundesländer).

10 STATISTIK

Steinkohle · Deutschland: Leistung im Steinkohlenbergbau unter Tage (kg/MS)

Jahr	Revier Ruhr	Saar	Aachen	Ibbenbüren	Gesamt
1970	3 843	3 632	3 011	3 698	3 755
1980	3 943	4 645	3 045	4 114	3 948
1982	3 978	4 624	2 851	4 026	3 960
1984	4 233	4 890	3 452	4 278	4 246
1986	4 470	4 931	3 442	4 351	4 442
1988	4 622	5 659	3 767	4 304	4 666
1990	4 937	6 108	4 052	4 652	5 008
1991	4 999	6 125	4 354	4 651	5 082

Quelle: Statistik der Kohlenwirtschaft eV.

Steinkohle · Deutschland: Beschäftigte

Jahresdurch-schnitt	Ruhr	Saar	Aachen	Ibben-büren	Gesamt
Arbeiter unter Tage					
1970	109 174	14 678	10 662	3 213	137 727
1980	77 359	11 136	7 386	2 290	98 171
1982	78 719	12 021	7 655	2 318	100 713
1984	72 964	11 385	6 748	2 369	93 466
1986	69 273	11 270	6 295	2 441	89 279
1988	64 000	10 342	5 736	2 436	82 514
1990	56 676	9 149	4 404	2 097	72 326
1991	53 104	8 705	3 930	1 970	67 709
Arbeiter gesamt					
1970	168 931	22 592	15 836	4 499	211 858
1980	118 270	19 520	11 738	3 442	152 970
1982	117 852	21 014	11 947	3 525	154 338
1984	107 686	20 115	10 606	3 680	142 087
1986	102 345	19 780	9 983	3 743	135 851
1988	93 848	17 984	8 903	3 642	124 377
1990	82 480	16 008	6 712	3 212	108 412
1991	77 401	15 189	6 071	3 045	101 706
Beschäftigte gesamt					
1970	198 943	26 931	18 668	5 191	249 733
1980	141 808	23 891	14 338	4 061	184 098
1982	141 308	25 640	14 549	4 212	185 709
1984	129 685	24 565	12 974	4 416	171 640
1986	123 430	24 263	12 219	4 525	164 437
1988	113 736	22 352	10 934	4 419	151 441
1990	100 949	20 145	8 465	3 939	133 498
1991	95 359	19 192	7 742	3 766	126 059

Quelle: Statistik der Kohlenwirtschaft eV.

BERGBAU · STEINKOHLE

Steinkohle · Deutschland: Aufkommen und Verwendung (1000 t)

	Steinkohle[a] und Steinkohlenbriketts			Zechen- und Hüttenkoks		
	1989	1990	1991	1989	1990	1991
Aufkommen						
Fördermenge bzw. Erzeugung	70 999	69 762	66 073	18 373[b]	17 580[b]	15 716[b]
Bestandsabgang	832[c]	1 050[c]	1 481[c]	3 066[c]	–	253[c]
Bestandsberichtigungen	–	–	–	–	–	–
Bezug von Kleinzechen, Handel	379	244	375	129	172	169
Brikettierungsausgleich	– 20	– 13	– 22	–	–	–
Ballastausgleich	5 884	6 104	6 053	–	–	–
Einfuhr	6 347	9 321	11 694	729	589	646
Gesamt	84 421	86 468	85 654	22 297	18 341	16 784
Verwendung						
Einsatz in Kokereien	23 651[b]	22 540[b]	20 168[b]	260	271	268
Zechenkraftwerke	1 812	1 835	1 814	–	–	–
Zechenselbstverbrauch	103	97	86	7	6	5
Deputate	325	320	321	392	361	393
Notgemeinschaft Deutscher Kohlenbergbau	–	867	–	–	11	–
Bestandszugang	–	–	–	–	423[c]	–
Bestandsberichtigungen	677	333	70	4	11	1
Bundesbahn, sonstiger Verkehr	39	92	124	6	5	5
Öffentliche Elektrizitätswerke	32 106	35 121	37 967	5	–	–
Bergbauverbundkraftwerke	9 687	9 164	9 676	–	–	–
Ortsgas- und Wasserwerke	–	–	–	0	0	–
Eisenschaffende Industrie	1 532	1 874	2 245	16 131	14 158	13 540
Sonstiges produzierendes Gewerbe	7 500	7 601	8 304	989	855	729
Vergasung und Verflüssigung	5	–	–	–	–	–
Hausbrand, Kleinverbrauch	841	824	1 086	308	286	339
Militärische Dienststellen	306	182	166	42	27	29
Absatz in der Bundesrepublik Deutschland	52 016	54 858	59 568	17 481	15 331	14 642
Lieferungen in das Gebiet der ehemaligen DDR	139	346	–	114	69	–
Ausfuhr	5 708	5 284	3 617	4 039	1 854	1 476
Gesamtabsatz	57 863	60 488	63 185	21 634	17 254	16 118
Statistische Differenzen	–10	– 12	+ 10	+ 0	+ 4	– 1
Gesamt	84 421	86 468	85 654	22 297	18 341	16 784

[a] Ohne Kleinzechen. [b] Einschließlich Lohnverkokung für Hütten. [c] Einschließlich Bestandsabgang Nationale Steinkohlenreserve. Quelle: Statistik der Kohlenwirtschaft eV.

Steinkohle · Deutschland: Verbrauch nach Industriezweigen (1000 t SKE)

Jahr	Verarbeitendes Gewerbe	Chemische Industrie	Bergbau	Mineralöl-verarbeitung	Eisen-schaffende Industrie	Gewinnung und Verarbeitung von Steinen und Erden	Maschinen-bau	Elektro-technik	Zellstoff-, Holzschliff-, Papier- und Pappe-erzeugung	Textil-gewerbe	Nahrungs- und Genußmittel-gewerbe
1978	26 771,2	4 333,5	10 896,4	551,1	17 260,3	929,9	173,3	84,9	490,9	161,9	416,0
1979	29 599,3	4 515,3	11 343,8	483,8	19 673,7	1 110,6	176,4	66,6	502,2	144,3	395,9
1980	30 456,4	5 081,0	10 932,1	35,8	19 811,3	1 731,7	168,6	67,0	524,6	142,4	390,4
1981	31 045,0	5 446,7	10 501,1	0,2	19 160,7	2 562,6	155,8	64,8	554,1	182,7	418,8
1982	28 445,2	5 244,4	10 172,3	0,1	16 469,1	3 108,9	142,7	59,4	574,6	184,4	402,8
1983	28 259,4	5 618,0	10 613,0	0,008	15 414,5	3 499,7	119,9	58,5	729,2	182,8	375,6
1984	31 338,0	6 111,2	10 495,0	–	17 664,5	3 572,6	120,6	65,1	932,1	191,9	413,2
1985	31 259,1	5 984,8	9 947,0	–	18 103,2	3 128,9	127,7	58,8	946,0	221,0	435,5
1986	27 639,3	5 525,1	9 432,8	–	15 610,6	2 798,8	102,3	49,3	890,7	188,5	402,0
1987	26 819,2	5 913,4	10 165,4	–	14 787,2	2 761,5	92,7	43,1	891,6	174,5	371,7
1988	28 385,5	5 589,0	9 639,5	–	16 641,4	2 727,5	77,1	36,6	930,6	169,3	370,9
1989	28 117,8	4 949,6	9 203,1	–	16 753,2	3 054,7	72,5	34,9	988,5	167,4	393,4
1990	25 698,9	3 991,3	10 415,3	–	15 127,7	3 150,5	58,0	30,4	1 061,4	158,4	386,7
1991	24 713,3	3 636,5	10 800,8	–	14 884,5	3 091,4	51,8	29,1	1 033,5	140,4	413,5

Quelle: Verband der Chemischen Industrie eV, Chemiewirtschaft in Zahlen 1992.

Steinkohle · Deutschland: Brikettherstellung (1000 t)

Jahr	Steinkohlenbergbau				Unabhängige Brikettfabriken	Brikettherstellung gesamt
	Ruhr	Aachen	Ibbenbüren	Gesamt		
1960	3 964	661	594	5 219	347	5 566
1965	3 422	693	429	4 544	26	4 570
1970	2 159	989	577	3 725	–	3 725
1975	820	686	191	1 697	–	1 697
1977	661	484	160	1 305	–	1 305
1978	729	552	172	1 453	–	1 453
1979	973	506	194	1 673	–	1 673
1980	893	492	70	1 455	–	1 455
1981	822	510	–	1 332	–	1 332
1982	781	502	–	1 283	–	1 283
1983	676	568	–	1 244	–	1 244
1984	712	725	–	1 437	–	1 437
1985	818	693	–	1 511	–	1 511
1986	671	528	–	1 199	–	1 199
1987	584	417	–	1 001	–	1 001
1988	429	396	–	825	–	825
1989	369	354	–	723	–	723
1990	361	395	–	756	–	756
1991	409	451	–	860	–	860

Quelle: Statistik der Kohlenwirtschaft eV.

Steinkohle · Deutschland: Kokserzeugung (1000 t)

Jahr	Zechenkokserzeugung					Hüttenkokserzeugung	Gaskokserzeugung	Kokserzeugung gesamt
	Ruhr	Saar*	Aachen	Ibbenbüren	Deutschland			
1958	37 751	926	1 706	123	40 506	7 361	5 551	53 418
1959	32 793	1 205	1 812	120	35 930	7 036	5 597	48 563
1960	33 695	1 533	1 924	69	37 221	7 533	5 824	50 578
1961	33 681	1 557	1 806	–	37 044	7 490	5 556	50 090
1962	32 659	1 468	1 927	–	36 054	7 144	5 590	48 788
1963	31 796	1 496	1 921	–	35 213	6 682	5 534	47 429
1964	33 997	1 448	1 949	–	37 394	5 955	4 912	48 261
1965	34 719	1 211	1 973	–	37 903	5 391	4 153	47 447
1966	31 884	1 132	1 974	–	34 990	4 901	3 576	43 467
1967	27 306	1 402	1 944	–	30 652	4 592	2 882	38 126
1968	28 171	1 741	1 960	–	31 872	4 370	2 327	38 569
1969	29 256	1 917	2 151	–	33 324	5 686	2 406	41 416
1970	27 909	1 900	2 385	–	32 194	7 721	2 565	42 480
1971	26 142	1 499	2 279	–	29 920	7 617	2 014	39 551
1972	23 272	1 198	2 110	–	26 580	7 870	1 719	36 169
1973	22 919	1 399	2 123	–	26 441	7 556	1 547	35 544
1974	23 420	1 475	2 089	–	26 984	7 938	1 544	36 466
1975	22 995	1 458	2 040	–	26 493	8 324	1 250	36 067
1976	20 473	1 439	1 946	–	23 858	8 093	971	32 922
1977	17 000	1 297	1 756	–	20 053	7 446	809	28 308
1978	15 133	1 298	1 684	–	18 115	7 478	782	26 375
1979	15 607	1 446	1 828	–	18 881	7 816	937	27 634
1980	17 425	1 430	1 850	–	20 705	7 964	678	29 347
1981	17 176	1 444	1 722	–	20 342	7 818	84	28 244
1982	16 441	1 357	1 664	–	19 462	6 978	–	26 440
1983	13 170	1 183	1 401	–	15 754	7 018	–	22 772
1984	11 443	1 444	1 264	–	14 151	6 989	–	21 140
1985	12 268	1 440	1 322	–	15 030	7 797	–	22 827
1986	12 718	1 375	1 296	–	15 389	7 305	–	22 694
1987	10 211	1 151	1 299	–	12 661	7 159	–	19 820
1988	8 906	1 084	1 094	–	11 084	7 337	–	18 421
1989	8 892	1 292	808	–	10 992	7 380	–	18 372
1990	8 426	1 069	814	–	10 309	7 271	–	17 580
1991	7 004	855	811	–	8 671	7 045	–	15 716

* Seit 1974 einschließlich Lohnverkokung für Hütten. Quelle: Statistik der Kohlenwirtschaft eV.

Steinkohle · Deutschland: Lagerbestände an Kohlen, Koks und Briketts (1000 t)

Ende des Jahres	Steinkohlen[a]					Steinkohlenkoks				Steinkohlen-briketts	Gesamt	Außerdem Auslagerungen[b] Nat. Steinkohlenreserve[c]		
	Ruhr	Saar	Aachen	Ibben-büren	gesamt	Ruhr	Saar[d]	Aachen	gesamt			Stein-kohlen	Koks	gesamt
1963	1 220	444	68	649	2 381	1 371	4	29	1 404	–	3 785	–	–	–
1964	5 572	303	177	788	6 840	907	17	3	927	17	7 784	–	–	–
1965	10 308	1 040	549	916	12 813	2 478	43	18	2 539	14	15 366	926	–	926
1966	11 292	2 227	714	966	15 199	5 104	53	46	5 203	3	20 405	3 948	–	3 948
1967	9 379	3 395	442	881	14 097	3 620	93	19	3 732	2	17 831	3 948	–	3 948
1968	4 574	3 036	293	525	8 428	1 043	21	13	1 077	11	9 516	3 940	–	3 940
1969	937	1 299	92	229	2 557	17	9	9	35	7	2 599	2 286	–	2 286
1970	374	231	218	119	942	239	28	22	289	5	1 236	372	–	372
1971	3 299	6	839	152	4 296	5 128	34	69	5 231	14	9 541	92	–	92
1972	6 224	27	1 263	150	7 664	8 353	60	91	8 504	1	16 169	5	–	5
1973	6 529	3	1 120	31	7 683	7 110	7	35	7 152	–	14 835	–	–	–
1974	1 184	1	268	14	1 467	1 482	–	–	1 482	–	2 949	–	–	–
1975	4 571	991	689	137	6 388	7 414	32	438	7 884	30	14 302	–	–	–
1976	3 355	1 041	216	118	4 730	8 698	31	725	9 454	25	14 209	3 821	2 977	6 798
1977	4 073	1 764	711	272	6 820	10 937	115	1 191	12 243	6	19 069	6 100	2 977	9 077
1978	2 842	761	393	343	4 339	9 782	52	663	10 497	22	14 858	6 100	2 977	9 077
1979	2 021	640	334	347	3 342	3 294	20	327	3 641	4	6 987	6 100	2 977	9 077
1980	2 405	653	382	682	4 122	3 176	49	95	3 320	19	7 461	6 100	2 977	9 077
1981	3 675	1 065	588	1 154	6 452	3 726	38	195	3 959	25	10 436	6 100	2 977	9 077
1982	7 065	2 037	889	1 629	11 620	7 476	132	462	8 070	24	19 714	6 100	2 977	9 077
1983	5 546	1 705	1 231	1 680	10 162	8 539	64	758	9 361	31	19 554	6 100	2 077	9 077
1984	3 461	1 338	1 336	1 852	7 987	4 026	13	533	4 572	14	12 573	6 100	2 977	9 077
1985	4 668	880	1 145	2 067	8 760	1 552	83	149	1 784	–	10 544	6 100	2 977	9 077
1986	4 962	1 127	1 104	1 875	9 068	3 861	90	237	4 188	2	13 258	5 581	2 776	8 357
1987	4 606	1 578	1 126	1 677	8 987	5 117	96	429	5 642	–	14 629	5 581	2 776	8 357
1988	5 372	1 270	1 349	1 916	9 907	4 131	29	503	4 663	–	14 570	5 535	2 054	7 589
1989	5 279	953	1 399	1 789	9 420	3 262	33	258	3 553	–	12 973	5 162	164	5 326
1990	6 887	1 031	1 328	1 641	10 887	3 791	135	170	4 096	–	14 983	2 732	54	2 786
1991	7 230	868	1 157	1 364	10 619	3 580	211	94	3 885	–	14 504	1 557	–	1 557

[a] t v. F., außer Saar t v.t. [b] Auslagerungen der Notgemeinschaft Deutscher Kohlenbergbau GmbH auf revierfernen Plätzen (1965 bis 1972). [c] Seit 1976; ab 1977 bis Febr. 1986 10,0 Mill. t v.F., Dezember 1986 9,2 Mill. t v.F., Dezember 1987 9,2 Mill. t v.F., Dezember 1988 8,2 Mill. t v.F., Dezember 1989 5,4 Mill. t v.F., Dezember 1990 2,8 Mill. t v.F. bei Umrechnung von Koks in Kohle. [d] Einschließlich Steinkohlenschwelkoks. Quelle: Statistik der Kohlenwirtschaft eV.

BERGBAU · STEINKOHLE

Steinkohle · Deutschland*: Einfuhrmengen von Kohlen, Briketts und Koks (1000 t)

Steinkohlen und Steinkohlenbriketts

Jahr	Frankreich	Groß-britannien	übrige EG-Länder	EG-Länder	Polen	GUS	USA	Süd-afrika	Australien	Kanada	Sonstige Länder	Gesamt
1978	296	602	330	1 228	2 041	115	585	1 108	763	428	296	6 564
1979	312	703	438	1 453	2 402	210	1 210	1 052	623	512	311	7 773
1980	297	1 402	580	2 279	1 918	199	1 751	1 492	578	449	458	9 124
1981	368	1 854	659	2 881	1 012	22	2 944	1 825	606	629	401	10 320
1982	521	1 146	513	2 180	1 906	26	2 482	2 295	518	908	320	10 635
1983	365	846	373	1 584	2 040	87	1 608	2 360	361	780	302	9 122
1984	376	172	556	1 104	3 014	246	688	2 298	696	440	361	8 847
1985	435	199	511	1 145	2 791	529	790	3 196	724	235	452	9 862
1986	411	221	345	977	2 637	514	388	4 055	832	91	505	9 999
1987	395	195	174	764	2 192	362	463	2 654	1 127	162	446	8 170
1988	571	104	121	796	1 879	303	266	2 742	476	95	615	7 172
1989	373	105	144	622	1 789	424	288	2 358	209	23	696	6 409
1990	363	284	142	789	2 699	334	716	4 512	1 151	70	586	10 857
1991	418	280	260	958	3 927	169	1 414	5 496	1 284	406	1 754	15 408

Steinkohlenkoks

Jahr	Belgien/Luxemburg	Niederlande	Groß-britannien	Frankreich	übrige EG-Länder	EG-Länder	Polen	CSFR	USA	Sonstige Länder	Gesamt	Steinkohlen, Briketts und Koks gesamt
1978	29	149	130	73	32	413	20	61	326	105	925	7 489
1979	94	151	84	286	7	622	71	4	328	113	1 138	8 911
1980	109	140	170	234	6	659	24	2	239	151	1 075	10 199
1981	106	172	229	303	2	812	2	3	102	64	983	11 303
1982	80	129	185	346	3	743	6	19	97	45	910	11 545
1983	104	102	69	254	4	533	11	33	65	41	683	9 805
1984	174	112	15	291	—	592	3	95	42	38	770	9 617
1985	231	127	126	222	0	706	5	27	10	83	831	10 693
1986	242	135	125	108	8	618	13	31	108	178	948	10 947
1987	322	142	20	93	9	586	37	78	31	72	804	8 974
1988	339	100	17	137	6	599	28	146	71	42	886	8 058
1989	341	106	12	95	5	559	51	145	97	55	907	7 316
1990	307	131	4	89	7	538	76	148	27	61	850	11 707
1991	253	120	2	84	10	469	461	200	30	207	1 367	16 775

* Ab 1991 einschl. neue Bundesländer. Quelle: Außenhandelsstatistik des Statistischen Bundesamtes.

Steinkohle · Deutschland (alte Bundesländer): Ausfuhrmengen von Kohlen, Briketts und Koks (1000 t)

Steinkohlen und Steinkohlenbriketts

Jahr	Frank-reich	Italien	Belgien/Luxem-burg	Nieder-lande	Groß-bri-tannien	Irland	Däne-mark	übrige EG-Länder	EG-Länder	Schweiz	Öster-reich	Nor-wegen	Schwe-den	Ru-mänien	Sonstige europ. Länder	Außer-europ. Länder	Gesamt
1978	6 801	2 515	2 077	1 450	270	9	944	453	16 860	89	258	19	272	36	485	1 019	19 038
1979	6 922	1 967	3 188	1 270	220	5	559	63	14 514	128	276	24	163	—	164	347	15 616
1980	5 358	2 545	2 896	1 328	169	14	257	20	12 019	134	123	30	1	7	49	298	12 661
1981	4 552	2 591	2 468	1 149	235	20	1	24	10 877	132	247	31	12	17	141	153	11 610
1982	4 195	1 988	1 677	1 129	377	22	6	0	9 292	119	112	24	1	—	132	492	10 177
1983	3 809	1 883	1 501	861	463	37	9	154	9 532	112	283	59	10	5	608	366	10 970
1984	3 800	1 950	1 921	868	892	41	12	43	10 035	205	334	146	0	—	333	61	11 116
1985	3 085	1 625	1 775	653	717	39	28	1	8 227	80	222	71	0	2	17	20	8 640
1986	2 360	1 776	1 297	693	424	29	2	2	6 949	72	63	53	0	3	16	23	7 176
1987	2 042	1 275	1 557	585	339	22	2	0	5 803	54	35	41	0	—	1	11	5 945
1988	1 205	988	1 348	549	318	18	4	1	4 516	20	21	38	1	—	12	13	4 621
1989	1 182	1 323	1 669	686	365	14	3	360	5 342	20	70	46	2	3	3	14	5 497
1990	1 631	887	1 573	517	355	18	3	456	5 279	44	14	45	5	2	2	9	5 398
1991	1 216	461	1 246	403	358	15	2	288	3 690	13	46	34	1	—	43	16	3 843

Steinkohlenkoks

Jahr	Belgien/Luxem-burg	Frank-reich	Nieder-lande	Italien	Spanien/Portugal	Groß-bri-tannien	Übrige EG-Länder	EG-Länder	Finn-land	Öster-reich	Ru-mänien	Nor-wegen	Schweiz	Schwe-den	USA	Sonstige Länder	Gesamt
1978	2 077	1 498	378	40	38	7	41	4 079	104	304	294	66	83	215	3 228	751	9 124
1979	3 188	2 009	651	44	110	45	38	6 085	339	452	1 118	102	102	317	1 742	639	10 896
1980	2 896	2 323	561	37	30	0	26	5 873	213	266	305	60	82	220	—	204	7 223
1981	2 468	1 758	729	31	6	2	28	5 022	38	295	208	57	66	63	—	271	6 020
1982	1 677	1 243	260	33	12	1	22	3 248	56	193	99	61	48	28	—	208	3 941
1983	1 501	1 057	333	30	10	33	14	2 978	130	237	170	103	47	25	—	310	4 000
1984	1 921	1 286	605	69	75	906	28	4 890	257	401	406	222	64	68	—	253	6 561
1985	1 775	1 297	235	30	17	74	15	3 443	185	546	285	127	48	74	—	390	5 098
1986	1 557	830	186	31	8	0	12	2 624	103	254	73	56	41	6	—	207	3 364
1987	1 348	495	85	170	9	17	2	2 126	181	168	—	73	39	2	—	36	2 625
1988	1 669	762	88	113	1	227	6	2 866	121	117	2	97	23	26	63	220	3 535
1989	1 573	612	97	294	1	131	9	2 717	136	139	—	156	27	163	580	583	4 501
1990	1 246	417	67	95	4	2	2	1 835	138	122	—	119	16	1	17	43	2 291
1991	1 096	166	62	122	5	5	5	1 461	32	107	—	82	22	5	—	14	1 723

Quelle: Außenhandelsstatistik des Statistischen Bundesamtes.

Bergbau · Braunkohle

Braunkohlenfördermengen nach Ländern und Erdteilen (1000 t)

Länder	1986	1987	1988	1989	1990	1991[a]
(Bundesrepublik) Deutschland	114 360	108 852	108 624	109 875	356 513	279 281
Frankreich	2 135	2 076	1 653	2 197	2 334	1 964
Griechenland	38 096	44 612	48 323	49 772	49 778	50 831
Italien	1 008	1 722	1 646	1 534	1 560	1 557
Spanien[b]	22 231	15 379	12 984	17 277	16 372	15 276
EG	**177 830**	**172 641**	**173 230**	**180 655**	**426 557**	**348 909**
Albanien	2 300	2 300	2 400	2 400	2 400	2 400
Bulgarien	34 998	36 621	33 951	34 105	31 526	27 328
CSFR	100 771	100 352	97 999	92 083	85 524	77 728
DDR (neue Bundesländer)	311 260	308 976	310 314	301 058		
Jugoslawien	68 381	70 754	70 498	74 339	75 552	59 678
Österreich	2 969	2 786	2 129	2 066	2 509	2 488
Polen	67 258	73 194	73 489	71 816	68 004	68 369
Rumänien	38 242	41 820	49 280	52 210	39 996	28 195
Ungarn	20 804	20 484	18 620	17 903	15 842	15 377
Europa (ohne UdSSR)	**824 813**	**829 928**	**831 910**	**828 635**	**747 910**	**630 472**
UdSSR (GUS)	**159 800**	**161 100**	**168 400**	**164 000**	**188 004**	**152 339**
Bangladesch						
(Burma) Myanmar	47	35	35	36	36	36
Volksrepublik China						
Indien	7 102	8 369	8 544	9 900	13 899	15 653
Japan	13	12	13	14	14	14
Nordkorea	12 500	12 500	12 500	13 000	13 000	13 000
Mongolei	6 567	7 110	7 914	7 347	7 000	7 000
Philippinen	4	3	3	3	3	3
Thailand	5 476	6 901	7 259	8 901	12 421	14 966
Türkei	42 891	43 527	35 962	36 000	43 848	46 166
Asien	**74 600**	**78 457**	**72 230**	**75 201**	**90 221**	**96 839**
Kanada	26 506	28 556	32 058	31 733	30 658	31 222
USA	66 794	70 658	77 202	78 625	82 606	79 980
Nordamerika	**93 300**	**99 214**	**109 260**	**110 358**	**113 264**	**111 202**
Chile	35	36	37	38	38	38
Lateinamerika	**35**	**36**	**37**	**38**	**38**	**38**
Burundi						
Afrika						
Australien	36 075	41 804	43 398	48 289	47 724	41 236
Neuseeland	195	86	174	159	216	219
Australien und Neuseeland	**36 270**	**41 890**	**43 572**	**48 448**	**47 940**	**41 455**
Welt	**1 188 818**	**1 210 625**	**1 225 409**	**1 226 680**	**1 187 377**	**1 032 345**

[a] 1991 vorläufig; Volksrepublik China ab 1984 in Steinkohle enthalten. [b] Ab 1987 ohne alte Braunkohle (lignito negro). Quelle: United Nations, Monthly Bulletin of Statistics.

Braunkohle · Deutschland: Fördermengen nach Revieren (Mill. t)

Jahr	Rheinland	Helmstedt	Hessen	Bayern	Alte Bundesländer	Lausitz	Mitteldeutschland	Neue Bundesländer	Insgesamt
1975	107,4	4,9	3,1	8,0	123,4	140,2	106,2	246,4	369,8
1976	119,1	4,6	2,9	7,9	134,5	143,4	103,1	246,5	381,0
1977	107,8	4,6	2,9	7,6	122,9	148,7	104,5	253,2	376,1
1978	109,2	4,2	2,8	7,3	123,6	149,2	103,0	252,2	375,8
1979	116,4	4,4	2,8	7,0	130,6	155,0	100,8	255,8	386,4
1980	117,7	4,2	2,6	5,4	129,9	161,8	96,3	258,1	388,0
1981	119,5	4,2	2,5	4,5	130,6	168,0	98,7	266,7	397,4
1982	117,2	4,5	2,4	3,2	127,4	173,7	102,3	276,0	403,4
1983	117,4	4,6	2,3	0,1	124,4	174,9	107,4	282,3	406,7
1984	120,6	4,2	1,8	0,1	126,7	185,2	111,1	296,3	423,0
1985	114,5	4,3	1,9	0,0	120,7	196,8	115,3	312,2	432,9
1986	108,7	3,9	1,8	0,0	114,4	196,4	114,8	311,3	425,6
1987	103,6	3,8	1,4	0,0	108,9	196,3	112,4	308,7	417,6
1988	103,5	3,7	1,3	0,0	108,6	200,3	109,8	310,1	418,7
1989	104,2	4,4	1,2	0,0	109,8	195,1	105,7	300,8	410,6
1990	102,2	4,3	1,0	0,1	107,6	168,0	80,9	248,9	356,5
1991	106,4	4,5	0,8	0,1	111,7	116,8	50,9	167,7	279,4

Quelle: Statistik der Kohlenwirtschaft eV.

Braunkohle · Deutschland: Brikett- und Granulatherstellung, Staub-/Wirbelschichtkohlen- und Trockenkohlenherstellung, Kokserzeugung (1000 t)

Jahr	Brikett einschl. Granulat		Staubkohle		Wirbelschichtkohle	Trockenkohle		Koks	
	Alte Bundesländer	Neue Bundesländer	Alte Bundesländer	Neue Bundesländer	Alte Bundesländer	Alte Bundesländer	Neue Bundesländer	Alte Bundesländer	Neue Bundesländer
1975	4 984	48 938	932	291	–	0	–	–	5 547
1976	4 390	47 067	825	393	–	0	–	27	5 485
1977	4 104	48 510	912	499	–	0	–	58	5 260
1978	3 889	48 185	852	926	–	2	–	52	5 154
1979	4 752	48 698	820	1 413	–	1	–	95	5 142
1980	4 446	49 273	878	1 934	–	1	–	99	5 335
1981	4 169	49 301	892	2 247	–	3	–	96	5 359
1982	3 951	49 479	1 035	2 064	–	7	–	108	5 511
1983	3 576	49 491	1 584	2 281	–	11	–	100	5 711
1984	3 819	50 270	1 722	2 421	–	14	–	118	5 790
1985	4 068	50 668	1 871	2 431	–	17	–	176	5 682
1986	3 629	50 435	1 930	2 085	–	74	–	150	5 601
1987	3 188	49 515	1 910	2 115	–	90	–	140	5 230
1988	2 527	49 726	1 798	2 194	–	151	–	138	5 447
1989	2 214	47 236	1 835	2 509	67	172	41	135	6 249
1990	2 456	37 648	1 847	2 482	265	158	537	174	3 182
1991	2 910	18 198	479	2 481	346	173	1 161	197	665

Quelle: Statistik der Kohlenwirtschaft eV.

Braunkohle · Deutschland: Verhältnis Abraum zu Kohle (m^3/t)

Jahr	Rheinland	Helmstedt	Hessen	Bayern	Alte Bundesländer	Lausitz	Mitteldeutschland	Neue Bundesländer	Insgesamt
1977	2,741	3,809	4,828	0,849	2,705	4,586	3,091	3,969	3,557
1978	2,616	3,931	4,620	0,727	2,587	4,547	3,158	3,980	3,523
1979	3,048	3,566	3,321	0,694	2,944	4,720	3,082	4,074	3,693
1980	3,553	3,912	3,082	0,429	3,426	4,858	3,141	4,217	3,954
1981	3,516	3,062	3,131	0,504	3,391	4,795	3,168	4,193	3,930
1982	3,818	3,092	3,449	0,068	3,692	4,892	3,389	4,335	4,132
1983	3,820	2,776	3,000	–	3,768	5,176	3,432	4,513	4,285
1984	3,596	2,954	3,061	–	3,567	5,179	3,435	4,525	4,239
1985	3,927	2,613	4,230	–	3,881	5,057	3,455	4,465	4,303
1986	3,396	1,984	3,801	–	3,349	5,069	3,485	4,485	4,231
1987	3,725	2,503	5,023	–	3,693	4,780	3,476	4,305	4,146
1988	4,137	2,776	3,390	–	4,080	4,726	3,703	4,364	4,290
1989	4,101	2,900	2,852	–	4,037	4,814	3,763	4,445	4,336
1990	4,242	2,792	2,324	–	4,163	4,922	3,868	4,579	4,455
1991	4,477	2,809	0,469	–	4,390	5,283	2,805	4,531	4,476

Quelle: Statistik der Kohlenwirtschaft eV.

Braunkohle · Deutschland: Einfuhr nach Lieferländern und Bezüge aus dem Gebiet der ehemaligen DDR (1000 t)

Jahr	Einfuhr						Bezüge aus der ehemaligen DDR		
	Hartbraunkohle			Braunkohle Sonstige Länder	Briketts ČSFR	gesamt	Briketts	Staub	Koks
	ČSFR	Sonstige Länder	gesamt						
1977	1 594	8	1 602	–	13	1 615	944	–	120
1978	1 455	5	1 460	–	14	1 474	901	–	76
1979	1 579	11	1 590	–	15	1 605	734	–	92
1980	2 096	22	2 118	7	17	2 142	1 061	–	119
1981	2 448	22	2 470	237	16	2 723	1 265	–	113
1982	2 648	15	2 663	3	14	2 680	1 400	59	182
1983	2 628	9	2 637	–	13	2 650	1 418	97	187
1984	2 596	7	2 603	–	12	2 615	1 550	114	299
1985	2 444	–	2 444	–	16	2 460	1 408	111	111
1986	2 471	–	2 471	1	15	2 487	1 224	114	81
1987	2 160	0	2 160	–	21	2 181	1 088	104	74
1988	1 877	0	1 877	–	19	1 896	906	108	84
1989	1 973	0	1 973	0	21	1 994	903	98	133
1990	2 009	–	2 009	3	30	2 042	954	91	307
1991a	2 419	4	2 423	590	78	3 091	–	–	–
b	2 194	4	2 198	2	55	2 255	–	–	–
c	225	–	225	588	23	836	–	–	–

Braunkohle · Deutschland: Ausfuhr von Briketts nach Empfangsländern (1000 t)

Jahr	Frankreich	Belgien/Luxemburg	Italien	Niederlande	Übrige EG-Länder	EG	Österreich	Schweiz	Sonst. Länder	Insgesamt
1977	159	56	36	10	7	268	124	36	1	429
1978	163	54	33	12	4	266	130	34	1	431
1979	181	71	41	18	8	319	176	41	42	578
1980	157	82	59	24	21	343	163	46	30	582
1981	153	98	41	11	61	364	170	41	3	578
1982	141	101	35	14	32	323	154	32	0	509
1983	121	79	28	8	24	260	131	28	–	419
1984	115	49	34	39	78	315	134	28	15	492
1985	118	76	80	35	60	369	150	32	10	561
1986	91	53	50	14	45	253	161	20	33	467
1987	81	55	126	10	28	300	134	18	0	452
1988	52	57	142	5	25	281	98	16	–	395
1989	60	29	116	4	23	232	87	8	–	327
1990	52	41	117	3	78	291	96	8	–	395
1991a	59	68	152	3	102	384	295	13	186	878
b	58	61	147	3	94	363	157	12	–	532
c	1	7	5	–	8	21	138	1	186	346

[a] Bund insgesamt. [b] Davon alte Bundesländer. [c] Davon neue Bundesländer. Quelle: Statistik der Kohlenwirtschaft eV.

10 STATISTIK

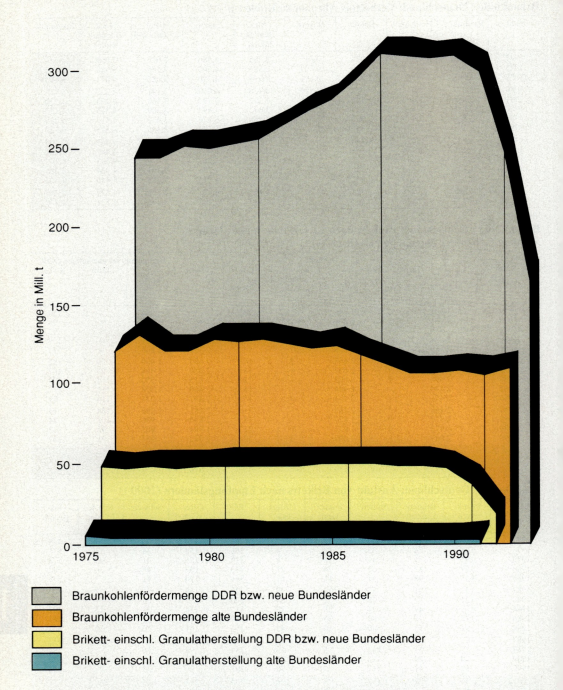

Graphik 6. Die Entwicklung des Braunkohlenbergbaus in Deutschland.

Braunkohle · Deutschland: Aufkommen und Verwendung im Jahr 1991 (1000 t)

	Braunkohle		Braunkohlenbriketts, Granulat		Braunkohlenkoks		Braunkohlenstaub, Trockenkohle, Wirbelschichtkohle	
	Alte Bundesländer	Neue Bundesländer	Alte Bundesländer	Neue Bundesländer	Alte Bundesländer	Neue Bundesländer	Alte Bundesländer	Neue Bundesländer
Aufkommen								
Fördermenge bzw. Herstellung	111 734	167 669	2 910	18 198	197	665	3 000	1 641
Bestandsabgang	75	461	–	18	1	18	2	–
Bestandsberichtigung	–	–	–	–	–	–	–	–
Einfuhr aus EG-Ländern	–	–	–	–	–	–	–	–
Einfuhr aus dritten Ländern	2	588	55	65	–	0	–	–
Bezüge aus dem Gebiet der ehemaligen DDR	31	–	127	–	23	–	1	–
Bezüge aus dem Gebiet der Bundesrepublik Deutschland vor dem 3. 10. 1990	–	1	–	219	–	0	–	0
Gesamtaufkommen	111 842	168 719	3 092	18 500	221	683	3 003	1 641
Verwendung								
Einsatz einschl. Kesselkohle für Briketts	6 329	41 994	–	–	–	–	–	–
für Staubkohle	6 156	1 085	–	–	–	–	–	–
für Trockenkohle	419	2 241	–	–	–	–	–	107
für Koks	619	1 273	–	–	–	–	–	–
für Granulat	127	–	–	–	–	–	–	–
für Wirbelschichtkohle	786	–	–	–	–	–	–	–
Kesselkohle für Stromerzeugung	1 321	6 302	–	–	–	–	–	855
Sonstiges (einschl. Selbstverbrauch)	296	4 256	16	228	0	15	178	41
Einsatz in 2. Veredlungsstufe	–	76	–	2 170	–	–	–	–
Gesamtselbstverbrauch	16 053	57 227	16	2 398	0	15	178	1 003
Deputate	0	–	58	289	–	–	–	–
Bestandszugang	–	–	24	–	–	–	–	2
Bundesbahn, sonst. Verkehr	–	500	7	77	–	–	–	–
Öffentliche Elektrizitätswerke	92 871	80 969	16	24	56	–	208	–
Eisenschaffende Industrie	–	93	–	7	29	42	–	0
Sonstiges produzierendes Gewerbe	2 881	26 816	708	1 212	102	111	2 184	560
Hausbrand, Kleinverbrauch	33	2 902	1 498	12 714	23	396	–	13
Militärische Dienststellen	–	170	4	1 216	–	0	–	–
Absatz in der Bundesrepublik Deutschland	95 785	111 450	2 233	15 250	210	549	2 392	573
Ausfuhr in EG-Länder	3	–	363	21	8	17	409	–
Ausfuhr in dritte Länder	–	–	169	325	3	55	24	–
Lieferungen in das Gebiet der ehemaligen DDR	1	–	219	–	0	–	0	–
Lieferungen in das Gebiet der Bundesrepublik Deutschland vor dem 3. 10. 1990	–	31	–	127	–	23	–	1
Gesamtabsatz	95 785	111 481	2 984	15 723	221	644	2 825	574
Statistische Differenzen	–	+ 11	+ 10	+ 90	–	+ 24	–	+ 62
Gesamtverwendung	111 842	168 719	3 092	18 500	221	683	3 003	1 641

Quelle: Statistik der Kohlenwirtschaft eV.

Bergbau · Salz

Salz · Welt: Gewinnung von Steinsalz nach Ländern und Erdteilen (1000 t)

Länder	1985	1986	1987	1988	1989*
(Bundesrepublik) Deutschland	13 081	13 102	13 466	13 605	13 100
Dänemark	532	564	531	648	650
Frankreich	7 113	7 083	7 840	7 911	8 038
Griechenland	195	191	191	191	191
Großbritannien	7 146	6 855	7 081	6 131	5 797
Italien	3 746	4 009	4 266	4 372	4 385
Niederlande	4 154	3 763	3 979	3 693	3 701
Portugal	679	659	713	699	699
Spanien	3 240	3 101	3 195	3 084	3 084
EG	**39 884**	**39 326**	**41 261**	**40 333**	**39 645**
CSFR	349	338	90	88	88
DDR (neue Bundesländer)	3 138	3 134	3 134	3 054	3 052
Island	1	2	2	2	2
Österreich	693	703	666	670	645
Polen	4 865	5 421	6 168	5 697	5 697
Rumänien	5 019	5 355	5 395	5 398	4 990
Schweiz	374	389	390	309	243
Türkei	1 189	1 172	1 217	1 352	1 352
Sonstige Länder	582	671	668	562	537
Europa (ohne UdSSR)	**56 094**	**56 513**	**58 992**	**57 463**	**56 250**
UdSSR (GUS)	**16 100**	**15 300**	**15 400**	**14 800**	**14 787**
Bangladesch	489	499	416	409	399
(Birma) Myanmar	320	321	341	249	249
Volksrepublik China	14 446	17 300	17 962	21 999	27 987
Indien	9 878	10 118	9 902	9 203	8 985
Indonesien	599	599	599	599	599
Iran	703	699	699	699	699
Israel	154	154	154	154	154
Japan	1 179	1 370	1 397	1 363	1 352
Nordkorea	572	572	572	572	572
Südkorea	643	729	664	1 020	998
Pakistan	852	818	754	768	771
Philippinen	421	786	446	492	499
Sri Lanka	77	104	115	107	100
Thailand	176	165	167	169	179
Vietnam	379	454	227	299	318
Sonstige Länder	757	881	692	763	858
Asien	**31 646**	**35 568**	**35 107**	**38 864**	**44 717**
Kanada	10 085	10 332	10 129	10 688	11 139
USA	35 473	33 296	33 142	34 807	35 290
Nordamerika	**45 558**	**43 628**	**43 271**	**45 494**	**46 430**
Argentinien	1 448	1 218	952	1 246	1 099
Bahamas	850	899	736	616	858
Brasilien	2 689	2 200	4 550	4 356	4 391
Chile	754	1 032	865	1 042	998
Costa Rica	30	30	13	272	272
Kuba	221	266	231	201	200
Mexiko	6 467	6 205	6 393	7 189	7 652
Nicaragua	15	15	15	15	15
Peru	205	399	445	354	354
Venezuela	339	513	499	499	499
Sonstige Länder	1 215	1 232	1 161	1 155	1 168
Süd- und Mittelamerika	**14 234**	**14 010**	**15 859**	**16 945**	**17 505**

Fortsetzung der Tabelle auf Seite 1073.

Salz · Welt: Gewinnung von Steinsalz nach Ländern und Erdteilen (1000 t) — Fortsetzung

Länder	1985	1986	1987	1988	1989*
Ägypten	1 061	1 270	1 012	923	898
Äthiopien	133	133	133	133	110
Algerien	168	190	200	200	200
Kenia	66	91	72	94	103
Namibia	153	134	125	125	127
Senegal	160	145	100	75	100
Sierra Leone	200	200	200	200	200
Südafrika	722	752	706	679	692
Tunesien	382	415	425	485	481
Sonstige Länder	375	386	434	445	485
Afrika	3 420	3 716	3 405	3 359	3 396
Australien	5 835	6 131	6 486	6 976	7 348
Neuseeland	52		64	64	64
Australien und Neuseeland	5 887	6 131	6 550	7 040	7 412
Welt	172 938	174 865	178 584	183 965	190 496

* Vorläufig.   Quelle: Minerals Yearbook 1989.

Salz · Welt: Gewinnung von Kalisalz nach Ländern und Erdteilen
(Gewichtsangabe nach K_2O-Äquivalent in 1000 t)

Länder	1985	1986	1987	1988	1989*
(Bundesrepublik) Deutschland	2 583	2 161	2 199	2 390	2 240
Frankreich	1 750	1 617	1 539	1 502	1 200
Großbritannien	343	396	429	460	465
Italien	205	158	178	197	200
Spanien	659	795	741	766	745
EG	5 540	5 127	5 086	5 315	4 850
DDR (neue Bundesländer)	3 465	3 485	3 510	3 510	3 200
Europa (ohne UdSSR)	9 005	8 612	8 596	8 825	8 050
UdSSR (GUS)	10 367	10 228	10 888	11 301	10 500
Volksrepublik China	40	40	40	40	40
Israel	1 200	1 255	1 253	1 244	1 271
Jordanien	561	660	734	785	790
Asien	1 801	1 955	2 027	2 069	2 101
Kanada	6 661	6 753	7 668	8 311	7 458
USA	1 296	1 202	1 262	1 521	1 595
Nordamerika	7 957	7 955	8 930	9 832	9 053
Brasilien	–	18	62	56	60
Chile	21	20	23	25	25
Südamerika	21	38	85	81	85
Welt	29 151	28 788	30 526	32 108	29 789

* Vorläufig.   Quelle: Minerals Yearbook 1989.

Salz · Deutschland (alte Bundesländer): Fördermengen und Produktion von Kali-, Stein- und Siedesalz

Jahr	Förder-menge Kalirohsalz 1000 t eff.	Produktion von absatzfähigen Kalisalzen 1000 t K$_2$O	Stein-, Hütten- und Salinensalz[a] 1000 t
1963	18 537	1 948	5 588
1964	20 588	2 201	5 796
1965	22 209	2 385	6 245
1966	21 483	2 291	6 456
1967	19 850	2 131	6 457
1968	20 187	2 220	7 558
1969	20 310	2 283	8 359
1970	21 030	2 306	9 933
1971	22 306	2 443	8 413
1972	23 023	2 448	7 696
1973	24 950	2 548	7 895
1974	26 202	2 620	7 996
1975	22 006	2 222	6 412
1976	21 178	2 036	7 439
1977	23 799	2 342	8 250
1978	25 260	2 470	8 080
1979	27 674	2 636	10 163
1980	29 317	2 738	8 077
1981	28 192	2 592	9 048
1982	22 536	2 057	7 886
1983	27 200	2 419	6 862
1984	29 543	2 645	7 825
1985	29 248	2 584	8 397
1986	24 775	2 161	8 355
1987	25 795	2 201	8 169
1988	27 030	2 290	7 197
1989	26 002	2 182	6 552
1990	26 105	2 216	5 695
1991[b]	26 591 (41 271)	2 221 (3 708)	5 539

[a] Ohne Sole. [b] In Klammern die Zahlen für Gesamtdeutschland.
Quelle: Statistisches Bundesamt.

Salz · Deutschland (alte Bundesländer): Beschäftigte in der Kaliindustrie

Jahr	Arbeiter	Angestellte	Beschäftigte gesamt
1963	14 157	2 261	16 418
1964	13 681	2 256	15 937
1965	13 485	2 315	15 800
1966	12 940	2 355	15 295
1967	10 925	2 213	13 138
1968	9 806	2 071	11 877
1969	8 734	1 995	10 729
1970	8 298	2 057	10 355
1971	7 888	2 087	9 975
1972	7 477	2 131	9 608
1973	7 200	2 120	9 320
1974	7 543	2 182	9 725
1975	7 201	2 170	9 371
1976	6 633	2 067	8 700
1977	6 602	2 034	8 636
1978	6 484	2 033	8 517
1979	6 577	2 052	8 629
1980	6 718	2 067	8 785
1981	6 731	2 058	8 789
1982	6 306	1 952	8 258
1983	6 233	1 912	8 145
1984	6 448	1 900	8 348
1985	6 511	1 934	8 445
1986	6 355	1 918	8 273
1987	5 642	1 781	7 423
1988	5 441	1 605	7 096
1989	5 333	1 658	6 991
1990	5 204	1 664	6 868
1991	4 949	1 583	6 532

Quelle: Kaliverein eV.

Bergbau · Erz

Eisenerz · Welt: Fördermengen nach Ländern und Erdteilen (Metallinhalt in 1000 t)

Länder	1985	1986	1987	1988	1989*
(Bundesrepublik) Deutschland	309	212	68	10	14
Frankreich	4 536	3 855	3 511	3 119	2 945
Griechenland	943	502	454	661	630
Großbritannien	60	61	58	49	8
Portugal	26	19	9	8	6
Spanien	3 189	2 778	2 124	1 925	2 150
EG	**9 063**	**7 427**	**6 224**	**5 772**	**5 753**
Albanien	376	380	460	460	460
Bulgarien	607	661	559	600	482
CSFR	477	458	462	440	400
DDR (neue Bundesländer)	15	–	–	–	–
Finnland	750	390	588	360	–
Jugoslawien	1 685	1 983	1 764	1 844	1 690
Norwegen	2 254	2 378	2 042	1 719	1 528
Österreich	1 019	976	954	727	740
Polen	3	2	2	2	2
Rumänien	595	632	595	596	647
Schweden	13 500	13 520	12 267	13 470	13 500
Türkei	2 163	2 843	2 906	3 100	1 950
Ungarn	75	–	–	–	–
Europa (ohne UdSSR)	**32 582**	**31 650**	**28 823**	**29 090**	**27 152**
UdSSR (GUS)	**136 000**	**137 000**	**138 000**	**137 000**	**132 000**
Ägypten	975	1 065	1 100	1 000	1 500
Algerien	1 705	1 679	1 691	1 559	1 374
Liberia	9 420	9 480	8 520	7 910	7 450
Marokko	118	123	128	70	107
Mauretanien	6 066	5 804	5 851	6 503	7 240
Sambia	1	–	1	–	–
Sierra Leone	40	–	–	–	–
Simbabwe	660	670	824	632	686
Südafrika	15 076	15 424	13 865	15 906	18 873
Tunesien	166	167	159	175	140
Afrika	**34 227**	**34 412**	**32 139**	**33 755**	**37 370**
Volksrepublik China	40 000	45 000	50 000	49 500	50 000
Indien	26 633	29 923	31 937	31 276	30 979
Indonesien	76	89	113	118	83
Iran	1 600	1 600	1 450	1 250	1 150
Japan	212	182	166	61	25
Nordkorea	3 200	4 000	4 000	4 200	4 400
Südkorea	304	326	263	218	187
Malaysia	111	127	98	81	118
Thailand	52	21	54	55	98
Asien	**72 188**	**81 268**	**88 081**	**86 759**	**87 040**
Kanada	25 130	23 002	23 882	24 540	26 180
USA	31 798	25 295	30 526	36 468	37 413
Nordamerika	**56 928**	**48 297**	**54 408**	**61 008**	**63 593**
Argentinien	389	514	360	379	340
Bolivien	–	7	5	21	9
Brasilien	87 210	89 960	91 200	98 600	103 000
Chile	3 967	4 197	4 380	5 089	5 593
Kolumbien	201	234	282	280	283
Mexiko	5 161	4 817	4 965	5 564	5 373
Peru	3 290	3 356	3 305	2 839	2 923
Venezuela	9 120	10 050	10 660	11 289	11 190
Süd- und Mittelamerika	**109 338**	**113 135**	**115 157**	**124 061**	**128 711**
Australien	62 042	60 082	64 798	61 494	67 313
Neuseeland	1 425	1 425	1 300	1 266	1 150
Australien und Neuseeland	**63 467**	**61 507**	**66 098**	**62 760**	**68 463**
Welt	**504 730**	**507 269**	**522 706**	**534 433**	**544 329**

* Vorläufig.   Quelle: Minerals Yearbook 1989.

Bauxit · Welt: Fördermengen nach Ländern und Erdteilen (1000 t)

Länder	1985	1986	1987	1988	1989*
Frankreich	1 530	1 379	1 271	878	800
Griechenland	2 453	2 230	2 472	2 400	2 400
Italien	–	–	17	17	17
Spanien	2	3	1	2	3
EG	3 985	3 612	3 761	3 297	3 220
Jugoslawien	3 538	3 459	3 394	3 034	3 252
Rumänien	600	600	600	600	313
Türkei	214	280	247	269	345
Ungarn	2 815	3 022	3 101	2 593	2 700
Europa (ohne UdSSR)	11 152	10 973	11 103	9 793	9 830
UdSSR (GUS)	4 600	4 600	4 600	4 600	4 600
Ghana	170	226	230	300	375
Guinea	11 790	13 300	13 500	15 600	16 523
Mosambik	5	4	5	7	6
Sierra Leone	1 185	1 246	1 390	1 379	1 500
Simbabwe	21	24	–	–	–
Afrika	13 171	14 800	15 125	17 286	18 404
Volksrepublik China	1 650	1 650	2 400	3 500	4 000
Indien	2 281	2 322	2 736	3 961	4 768
Indonesien	830	650	635	513	862
Malaysia	492	566	482	361	350
Pakistan	2	3	3	2	2
Asien	5 255	5 191	6 256	8 337	9 982
USA	674	510	576	588	–
Nordamerika	674	510	576	588	–
Brasilien	5 846	6 544	6 567	7 728	8 500
Dominikanische Republik	–	–	211	106	164
Guyana	1 675	2 074	2 785	1 774	1 281
Jamaika	6 239	6 944	7 660	7 408	9 395
Surinam	3 738	3 731	2 522	3 434	3 530
Venezuela	–	–	217	700	760
Süd- u. Mittelamerika	17 498	19 293	19 962	21 150	23 630
Australien	31 839	32 384	34 102	36 192	38 583
Welt	84 189	87 751	91 724	97 946	105 029

* Vorläufig. Quelle: Minerals Yearbook 1989.

Bleierz · Welt: Fördermengen nach Ländern und Erdteilen (1000 t)

Länder	1985	1986	1987	1988	1989*
(Bundesrepublik) Deutschland	20,5	16,7	18,8	14,3	7,8
Dänemark/Grönland	17,8	16,2	20,5	23,1	20,0
Frankreich	2,5	2,5	2,2	2,0	1,1
Griechenland	19,8	20,9	20,6	20,0	20,0
Großbritannien	4,0	0,6	0,7	1,2	0,8
Irland	34,6	36,4	33,8	32,5	32,1
Italien	15,6	11,1	12,0	16,5	17,0
Spanien	85,6	79,6	83,2	74,9	74,1
EG	**200,4**	**184,0**	**191,8**	**184,5**	**172,9**
Bulgarien	95,0	95,0	97,0	97,0	97,0
CSFR	2,7	2,9	2,8	2,8	2,8
Finnland	2,4	2,0	2,9	1,9	1,8
Jugoslawien	115,1	114,6	106,7	103,3	100,0
Norwegen	3,6	3,4	3,1	2,8	3,2
Österreich	6,1	4,7	5,2	2,3	2,0
Polen	51,3	42,5	48,8	49,0	47,0
Rumänien	30,0	34,3	36,3	30,2	37,7
Schweden	75,9	88,9	90,4	91,0	89,0
Türkei	9,8	10,4	9,5	11,0	14,8
Ungarn	0,7	–	–	–	–
Europa (ohne UdSSR)	**593,0**	**582,7**	**594,5**	**575,8**	**568,2**
UdSSR (GUS)	**440,0**	**440,0**	**440,0**	**440,0**	**440,0**
Algerien	3,8	3,6	3,6	3,6	3,6
Kenia	0,6	0,6	0,5	0,6	0,6
Kongo	1,5	1,4	1,4	1,8	1,4
Marokko	106,8	76,2	75,7	72,2	67,3
Namibia	34,6	37,5	33,0	32,1	34,0
Nigeria	0,3	0,1	0,1	0,1	0,1
Sambia	15,0	14,9	14,5	15,0	14,0
Südafrika	98,4	97,8	93,6	90,2	78,2
Tunesien	2,5	1,9	3,5	3,5	3,5
Afrika	**263,5**	**234,0**	**225,9**	**219,1**	**202,7**
(Birma) Myanmar	21,9	18,2	27,1	16,7	12,0
Volksrepublik China	200,0	227,0	252,0	312,0	330,0
Indien	27,1	37,6	36,7	30,5	32,0
Iran	21,6	21,6	21,6	21,6	22,0
Japan	50,0	40,3	27,9	22,7	18,6
Nordkorea	110,0	110,0	110,0	110,0	110,0
Südkorea	9,7	11,9	14,0	14,5	12,9
Thailand	19,7	26,3	23,5	29,5	32,0
Asien	**460,0**	**492,9**	**512,8**	**557,5**	**569,5**
Kanada	268,3	349,3	413,7	368,4	275,0
USA	424,4	353,1	318,7	394,0	419,3
Nordamerika	**692,7**	**702,4**	**732,4**	**762,4**	**694,3**
Argentinien	28,6	26,9	26,1	28,5	28,0
Bolivien	6,2	3,1	9,0	12,5	15,7
Brasilien	17,0	13,6	11,6	14,3	14,6
Chile	2,5	1,5	0,8	1,4	1,4
Ecuador	0,2	0,2	0,2	0,2	0,2
Honduras	21,2	12,6	5,0	16,9	10,0
Kolumbien	0,1	0,2	0,2	–	0,1
Mexiko	206,7	182,7	177,2	171,3	163,0
Peru	201,5	194,4	204,0	149,0	192,2
Süd- und Mittelamerika	**484,0**	**435,2**	**434,1**	**394,1**	**425,2**
Australien	**498,0**	**447,7**	**489,1**	**465,5**	**495,0**
Welt	**3 431,2**	**3 334,9**	**3 428,8**	**3 414,4**	**3 394,9**

* Vorläufig. Quelle: Minerals Yearbook 1989.

Zinkerz · Welt: Fördermengen nach Ländern und Erdteilen (1000 t)

Länder	1985	1986	1987	1988	1989*
(Bundesrepublik) Deutschland	117,6	103,7	98,9	75,6	73,5
Dänemark/Grönland	70,3	62,1	69,2	77,5	71,5
Frankreich	40,6	39,5	31,3	31,1	27,0
Griechenland	21,5	22,5	21,0	22,6	22,6
Großbritannien	5,3	5,6	6,5	5,5	5,8
Irland	191,6	181,7	177,0	173,2	168,8
Italien	45,4	26,3	33,1	37,2	38,0
Spanien	234,7	227,0	273,0	278,0	265,0
EG	**727,0**	**668,4**	**710,0**	**700,7**	**672,2**
Bulgarien	68,0	70,0	70,0	70,0	70,0
CSFR	7,9	7,3	7,5	7,6	7,5
Finnland	60,6	60,4	55,1	63,9	58,4
Jugoslawien	89,3	99,1	87,4	91,2	90,0
Norwegen	27,8	27,5	22,2	17,8	15,0
Österreich	21,7	16,3	15,7	17,1	16,5
Polen	188,0	185,0	184,0	184,0	184,0
Rumänien	43,0	43,0	41,0	41,0	54,5
Schweden	216,4	219,3	218,6	186,9	163,5
Türkei	37,4	41,1	42,2	44,0	43,0
Ungarn	2,2	–	–	–	–
Europa (ohne UdSSR)	**1 489,3**	**1 437,4**	**1 453,7**	**1 424,2**	**1 374,6**
UdSSR (GUS)	**810,0**	**810,0**	**810,0**	**810,0**	**810,0**
Algerien	13,5	14,0	13,0	12,0	12,0
Kongo	2,3	2,3	2,3	2,3	2,3
Marokko	15,3	17,2	10,3	10,9	17,3
Namibia	30,3	35,4	39,7	36,7	37,0
Nigeria	0,1	–	–	–	–
Sambia	32,0	33,0	35,4	33,9	33,5
Südafrika	96,9	101,9	112,7	89,6	77,3
Tunesien	5,6	4,5	5,9	9,4	9,0
Zaire	77,5	81,3	74,7	80,0	75,0
Afrika	**273,5**	**289,6**	**294,0**	**274,8**	**263,4**
(Birma) Myanmar	4,4	4,6	2,6	2,7	2,0
Volksrepublik China	300,0	396,0	458,0	527,0	550,0
Indien	45,3	49,2	53,4	57,9	66,4
Indonesien	0,5	0,5	–	–	–
Iran	25,0	29,0	36,0	25,0	25,0
Japan	253,0	222,1	165,7	147,2	131,8
Nordkorea	180,0	225,0	220,0	225,0	225,0
Südkorea	45,7	37,3	23,5	21,8	23,2
Philippinen	1,9	1,6	1,1	1,4	1,4
Saudi Arabien	–	–	–	0,7	2,0
Thailand	77,5	97,2	88,7	78,0	62,8
Vietnam	5,0	5,0	5,0	5,5	5,5
Asien	**938,3**	**1 067,5**	**1 054,0**	**1 092,2**	**1 095,1**
Kanada	1 172,2	1 290,8	1 481,5	1 351,7	1 214,9
USA	251,9	220,8	232,9	256,4	288,3
Nordamerika	**1 424,1**	**1 511,6**	**1 714,4**	**1 608,1**	**1 503,2**
Argentinien	35,7	39,5	35,6	36,8	43,2
Bolivien	37,1	33,5	39,3	57,0	74,8
Brasilien	123,8	123,9	133,4	155,5	157,1
Chile	22,3	10,5	19,6	19,2	18,4
Ecuador	0,1	0,1	0,1	0,1	0,1
Honduras	44,0	25,4	15,4	23,5	37,2
Kolumbien	2,0	6,0	–	0,1	0,2
Mexiko	275,4	271,4	271,5	262,2	284,1
Peru	523,4	597,6	612,5	485,4	597,4
Süd- und Mittelamerika	**1 063,8**	**1 107,9**	**1 127,4**	**1 039,8**	**1 212,5**
Australien	**759,1**	**712,0**	**778,4**	**765,7**	**803,0**
Welt	**6 758,1**	**6 936,0**	**7 231,9**	**7 014,8**	**7 061,8**

* Vorläufig. Quelle: Minerals Yearbook 1989.

Kupfererz · Welt: Fördermengen nach Ländern und Erdteilen (1000 t)

Länder	1985	1986	1987	1988	1989*
(Bundesrepublik) Deutschland	0,9	0,8	1,5	0,7	0,1
Frankreich	0,2	0,3	0,3	0,3	0,3
Großbritannien	0,6	0,6	0,8	0,7	0,6
Italien	0,1	–	–	–	–
Portugal	0,3	0,2	1,1	5,2	103,7
Spanien	61,1	53,5	16,3	18,1	27,4
EG	**63,2**	**55,4**	**20,0**	**25,0**	**132,1**
Albanien	16,2	17,6	17,8	15,0	16,0
Bulgarien	80,0	80,0	80,0	80,0	80,0
CSFR	6,3	5,3	5,3	5,0	5,0
DDR (neue Bundesländer)	12,0	11,0	11,0	10,0	9,0
Finnland	27,9	26,0	20,4	20,2	14,5
Jugoslawien	142,5	138,5	130,5	103,5	105,0
Norwegen	19,0	21,9	22,0	15,9	16,5
Polen	431,3	434,0	438,0	437,0	436,0
Rumänien	26,0	27,0	26,0	26,0	25,0
Schweden	91,8	87,4	85,0	74,4	71,0
Sonstige Länder	27,9	24,4	25,9	31,5	36,2
Europa (ohne UdSSR)	**944,1**	**928,5**	**881,9**	**843,5**	**946,3**
UdSSR (GUS)	**600,0**	**620,0**	**630,0**	**640,0**	**640,0**
Botswana	21,7	21,3	18,9	24,4	22,6
Kongo	0,5	0,7	1,3	1,0	1,0
Marokko	22,0	20,2	16,6	14,5	13,3
Mosambik	0,1	0,1	0,2	0,1	0,1
Namibia	48,0	49,6	37,6	40,9	26,9
Sambia	458,6	462,4	463,2	431,8	445,0
Simbabwe	21,6	21,4	19,8	16,9	16,4
Südafrika	195,4	184,2	188,1	168,5	196,6
Zaire	557,9	531,7	525,0	530,0	475,0
Afrika	**1 325,8**	**1 291,6**	**1 270,7**	**1 228,1**	**1 196,9**
Volksrepublik China	185,0	185,0	250,0	375,0	375,0
Indien	45,9	48,1	56,5	55,7	57,4
Indonesien	88,7	95,8	102,1	121,5	144,0
Iran	40,0	50,0	40,0	51,0	60,0
Japan	43,2	34,9	23,8	16,7	14,7
Nordkorea	15,0	15,0	15,0	15,0	15,0
Südkorea	0,3	0,2	0,2	–	–
Malaysia	30,5	28,3	29,9	22,0	25,4
Mongolei	128,0	136,0	140,0	160,0	160,0
Philippinen	222,2	222,6	216,1	218,1	189,5
Saudi-Arabien	–	–	–	0,3	0,6
Sonstige Länder	34,4	29,6	35,4	30,9	21,6
Asien	**833,2**	**845,5**	**909,0**	**1 066,2**	**1 063,2**
Kanada	738,6	698,6	794,1	758,5	721,9
USA	1 102,6	1 144,2	1 243,6	1 419,7	1 497,5
Nordamerika	**1 841,2**	**1 842,8**	**2 037,7**	**2 178,2**	**2 219,4**
Argentinien	0,4	0,3	0,4	0,5	0,6
Bolivien	0,7	0,3	–	0,2	0,3
Brasilien	41,0	40,2	37,8	44,4	45,8
Chile	1 359,8	1 399,4	1 412,9	1 472,0	1 645,0
Kuba	3,1	3,3	3,5	3,0	3,0
Mexiko	177,1	189,1	253,7	280,2	260,0
Peru	420,2	399,9	417,6	322,8	372,8
Sonstige Länder	5,2	5,1	0,7	0,7	0,7
Süd- und Mittelamerika	**2 008,5**	**2 037,6**	**2 126,6**	**2 123,8**	**2 328,2**
Australien	259,8	248,4	232,7	238,3	289,2
Papua-Neuguinea	175,0	178,2	217,7	218,6	204,0
Australien und Neuseeland	**434,8**	**426,6**	**450,4**	**456,9**	**493,2**
Welt	**7 987,6**	**7 992,6**	**8 306,3**	**8 536,7**	**8 887,2**

* Vorläufig.   Quelle: Minerals Yearbook 1989.

Zinnkonzentrat · Welt: Produktion nach Ländern und Erdteilen (t)

Länder	1985	1986	1987	1988	1989*
Großbritannien	5 204	4 276	4 003	3 454	3 200
Portugal	263	196	64	81	90
Spanien	637	296	71	50	50
EG	**6 104**	**4 768**	**4 138**	**3 585**	**3 340**
CSFR	250	200	550	515	500
DDR (neue Bundesländer)	2 800	2 800	3 000	2 800	2 500
Europa (ohne UdSSR)	**9 154**	**7 768**	**7 688**	**6 900**	**6 340**
UdSSR (GUS)	**13 500**	**14 500**	**16 000**	**16 000**	**16 000**
Burundi	–	–	1 000	1 000	1 000
Kamerun	9	9	8	5	5
Namibia	984	880	1 097	1 182	1 200
Niger	134	80	94	119	100
Nigeria	1 500	630	844	432	450
Ruanda	813	29	–	–	–
Sambia	15	2	17	1	2
Simbabwe	1 670	1 470	1 410	1 140	1 300
Südafrika	2 153	2 054	1 438	1 377	1 306
Tansania	2	5	4	4	3
Uganda	18	18	10	10	10
Zaire	3 100	2 650	2 378	2 688	2 700
Afrika	**10 398**	**7 827**	**8 300**	**7 958**	**8 076**
(Birma) Myanmar	1 751	1 495	939	529	400
Volksrepublik China	15 000	15 000	20 000	25 000	25 000
Indonesien	21 722	24 497	26 093	29 590	31 263
Japan	510	500	86	–	–
Südkorea	21	1	3	–	–
Laos	540	550	550	300	400
Malaysia	36 884	29 135	30 388	28 866	31 000
Thailand	16 864	17 066	15 006	14 225	14 500
Vietnam	600	650	680	700	700
Asien	**93 892**	**88 894**	**93 745**	**99 210**	**103 263**
Kanada	120	2 485	3 397	3 300	3 300
Nordamerika	**120**	**2 485**	**3 397**	**3 300**	**3 300**
Argentinien	451	379	186	446	400
Bolivien	16 136	10 462	8 128	10 573	15 858
Brasilien	26 514	26 246	27 364	44 102	50 161
Mexiko	380	585	369	274	230
Peru	3 807	4 817	5 263	4 378	5 053
Süd- und Mittelamerika	**47 288**	**42 489**	**41 310**	**59 773**	**71 702**
Australien	**6 363**	**8 508**	**7 691**	**7 009**	**7 776**
Welt	**180 715**	**172 471**	**178 131**	**200 150**	**216 457**

* Vorläufig.   Quelle: Minerals Yearbook 1989.

Nickelerz · Welt: Fördermengen nach Ländern und Erdteilen (Metallinhalt in 1000 t)

Länder	1986	1987	1988	1989	1990
Griechenland[1]	10,3	9,2	15,4	18,9	18,5
Finnland	11,8	10,6	1,7	10,5	11,5
Jugoslawien[2]	3,2	3,5	5,6	6,3	4,9
Norwegen	0,5	0,4	0,3	1,3	3,1
Europa[3]	**25,8**	**23,7**	**33,0**	**37,0**	**38,0**
Indonesien	67,3	57,2	59,8	59,6	53,8
Myanmar*	0,1	0,1	0,1	0,1	0,1
Philippinen	12,4	8,5	10,3	15,4	15,8
Asien[3]	**79,8**	**65,8**	**70,2**	**75,1**	**69,7**
Botswana	19,0	16,5	22,5	19,8	19,0
Südafrika	31,8	34,3	*34,8	*34,0	*30,0
Simbabwe	10,9	12,4	12,1	12,7	12,6
Afrika	**61,7**	**63,2**	**69,4**	**66,5**	**61,6**
Brasilien[1]	13,5	13,4	13,1	13,7	13,4
Dominikanische Rep.[1]	21,9	32,5	29,3	31,3	28,7
Guatemala	–	–	–	–	–
Kanada[4]	163,6	193,4	216,6	200,9	199,4
Kolumbien	19,0	19,3	16,9	16,9	18,4
USA	1,1	–	–	–	0,3
Amerika[3]	**219,1**	**258,6**	**275,9**	**262,8**	**260,2**
Australien	76,7	74,6	62,4	65,0	67,0
Neukaledonien[5]	64,5	58,3	70,5	80,3	85,1
Australien u. Ozeanien	**141,2**	**132,9**	**132,9**	**145,3**	**152,1**
Westliche Länder	**527,6**	**544,2**	**581,4**	**586,7**	**581,6**
Albanien	7,5	7,7	8,4	8,8	8,5
Deutschland, DDR	2,0	1,8	1,5	1,5	0,9
Polen*	–	–	–	–	–
UdSSR*	185,0	195,0	205,0	205,0	212,0
Volksrepublik China*[6]	24,0	26,0	26,0	26,0	28,0
Kuba	35,1	35,9	43,9	46,5	43,2
Übrige östliche Länder*	0,2	0,2	0,2	0,2	0,1
Östliche Länder	**253,8**	**266,6**	**285,0**	**288,0**	**292,7**
Welt	**781,4**	**810,8**	**866,4**	**874,7**	**874,3**

* geschätzt.   [1] Nickelgehalt in Ferronickel.   [2] Nickelgehalt der Ferronickelexporte.   [3] Ohne „östliche Länder".
[4] Bis 1986 einschließlich Hüttenproduktion zuzüglich exportierte Nickelkonzentrate und Matte, ab 1987 analytischer Metallgehalt der Konzentrate.   [5] Nickelinhalt der Bergwerksproduktion (ohne Co-Gehalt).

Quelle: Metallstatistik 1980 – 1990.

Uran · Welt: Vorräte 1989 (1000 t U)

Länder	Vorräte der Preiskategorie bis 80 $/kg U			Vorräte der Preiskategorie 80 bis 130 $/kg U		
	Sichere	Wahrscheinl.	Gesamt	Sichere	Wahrscheinl.	Gesamt
Algerien	26,0	–	26,0	–	–	–
Argentinien	9,1	0,8	9,9	2,6	3,1	5,7
Australien	480,0	262,0	742,0	58,0	131,0	189,0
Brasilien	162,7	92,4	255,1	–	–	–
Deutschland	0,8	1,6	2,4	4,0	5,7	9,7
Dänemark	–	–	–	27,0	16,0	43,0
Finnland	–	–	–	1,5	–	1,5
Frankreich	46,7	20,0	66,7	12,2	16,0	28,2
Gabun	13,0	1,3	14,3	4,7	8,3	13,0
Griechenland	0,3	6,0	6,3	–	–	–
Indien	41,1	4,1	45,2	6,2	13,2	19,4
Indonesien	–	–	–	1,0	6,7	7,7
Italien	4,8	–	4,8	–	1,3	1,3
Japan	–	–	–	6,6	–	6,6
Kanada	139,0	109,0	248,0	96,0	95,0	191,0
Korea, Rep.	–	–	–	11,8	3,0	14,8
Mexiko	4,5	–	4,5	3,2	3,0	6,2
Namibia	90,9	30,0	120,9	16,0	23,0	39,0
Niger	173,7	283,6	457,3	2,2	16,7	18,9
Österreich	–	0,7	0,7	–	1,0	1,0
Peru	–	–	–	1,8	1,9	3,7
Portugal	7,3	1,5	8,8	1,4	–	1,4
Schweden	2,0	1,0	3,0	2,0	5,3	7,3
Somalia	–	–	–	6,6	3,4	10,0
Spanien	16,8	–	16,8	18,2	9,0	27,2
Südafrika	317,0	72,6	389,6	101,5	37,6	139,1
Türkei	–	–	–	3,9	3,2	7,1
USA	111,3	–	111,3	266,2	–	266,2
Zaire	1,8	1,7	3,5	–	–	–
Zentralafrikanische Republik	8,0	–	8,0	8,0	–	8,0
Gesamt	1 656,8	888,3	2 545,1	662,6	403,4	1 066,0

Quelle: OECD, Uranium 1990.

Uran · Welt: Erzeugung nach Ländern (t U)

Länder	1983	1984	1985	1986	1987	1988[b]
Argentinien	172	129	126	173	95	142
Australien	3 211	4 324	3 206	4 154	3 780	3 532
Belgien[a]	45	40	40	40	40	40
Brasilien	189	117	115	115	–	–
Deutschland	47	32	30	26	51	38
Frankreich	3 271	3 168	3 189	3 248	3 376	3 394
Gabun	1 006	918	940	900	800	930
Indien	200	200	200	200	200	200
Japan	4	4	7	6	9	–
Namibia	3 719	3 700	3 400	3 300	3 500	3 600
Niger	3 426	3 276	3 181	3 110	2 970	2 970
Pakistan	30	30	30	30	30	30
Portugal	104	115	119	110	141	144
Spanien	170	196	201	215	223	228
Südafrika	6 060	5 732	4 880	4 602	3 963	3 850
USA	8 200	5 700	4 300	5 200	5 000	5 050
Kanada	7 140	11 170	10 880	11 720	12 440	12 400
Jugoslawien	–	–	30	59	72	80
Gesamt	36 994	38 851	34 874	37 208	36 690	36 628

[a] Uran aus eingeführten Phosphaten.   [b] Vorläufig.   Quelle: OECD, Uranium 1990.

Eisenerz · Deutschland (alte Bundesländer): Fördermengen und Erzeugung (1000 t)

Jahr	Roherzförderung		Eisenerzerzeugung		Erzversand an Verbraucher		Bestände an Roherz und aufbereitetem Erz	
	Menge	Fe-Inhalt	Menge	Fe-Inhalt	Menge	Fe-Inhalt	Menge	Fe-Inhalt
1964	11 613	3 145	8 697	2 796	8 610	2 786	2 218	673
1966	9 467	2 588	7 199	2 301	6 941	2 215	2 387	723
1968	7 714	2 166	6 447	2 064	6 448	2 075	2 523	744
1969	7 451	2 088	6 060	1 959	6 151	1 989	2 151	637
1970	6 762	1 904	5 531	1 773	5 797	1 858	1 602	471
1971	6 391	1 804	5 020	1 631	4 912	1 592	1 629	487
1972	6 117	1 720	4 825	1 558	5 131	1 657	1 181	350
1973	6 429	1 798	5 069	1 620	5 019	1 608	1 108	327
1974	5 671	1 565	4 439	1 412	4 439	1 415	1 018	310
1975	4 273	1 174	3 288	1 053	2 878	933	1 134	330
1976	3 034	831	2 256	750	2 540	838	711	207
1977	2 869	829	2 487	820	2 435	785	581	195
1978	1 608	514	1 597	510	1 692	548	549	181
1979	1 659	530	1 649	526	1 771	544	485	169
1980	1 945	596	1 948	597	1 713	515	728	248
1981	1 572	476	1 575	477	1 390	411	906	312
1982	1 312	386	1 314	387	1 232	365	986	333
1983	976	279	979	280	1 081	317	883	277
1984	977	293	979	293	1 239	377	621	193
1985	1 034	309	1 034	309	1 509	453	152	40
1986	717	212	717	212	660	196	209	56
1987	247	68	247	68	374	112	82	12
1988	70	9,8	70	9,8	130	18	22	3,1
1989	102	14	102	14	76	11	48	6,7
1990	84	12	84	12	87	12	44	6,2
1991	118	17	118	17	97	14	66	9,2

Quelle: Statistisches Bundesamt, Außenstelle Düsseldorf.

Eisenerz · Deutschland (alte Bundesländer): Beschäftigte

Jahr	Arbeiter				Angestellte			Beschäftigte gesamt
	unter Tage	im Tagebau	über Tage	gesamt	unter Tage und im Tagebau	über Tage	gesamt	
1964	2 927	149	4 887	7 963	445	913	1 358	9 321
1966	3 268	78	1 981	5 327	309	620	929	6 256
1968	2 254	14	1 475	3 743	229	432	661	4 404
1969	2 017	–	1 348	3 365	214	382	596	3 961
1970	1 885	–	1 289	3 174	197	345	542	3 716
1971	1 725	–	1 242	2 967	199	348	547	3 514
1972	1 519	–	1 208	2 727	187	344	531	3 258
1973	1 394	–	1 123	2 517	190	307	497	3 014
1974	1 246	–	1 056	2 302	180	255	435	2 737
1975	932	–	981	1 913	147	235	382	2 295
1976	755	–	310	1 065	127	83	210	1 275
1977	612	–	260	872	112	74	186	1 058
1978	502	–	219	721	.	.	162	883
1979	492	–	181	673	.	.	137	810
1980	517	–	173	690	.	.	142	832
1981	514	–	141	655	.	.	141	796
1982	410	–	144	554	.	.	121	675
1983	382	–	139	521	.	.	104	625
1984	405	–	111	516	.	.	109	625
1985	412	–	107	519	.	.	101	620
1986	359	–	95	454	.	.	97	551
1987	190	–	57	247	.	.	83	330
1988	186	–	58	244	.	.	81	325
1989	138	–	52	190	.	.	81	271
1990	134	–	41	175	.	.	67	242
1991	142	–	35	177	.	.	65	242

Quelle: Statistisches Bundesamt, Außenstelle Düsseldorf.

Eisenerz · Deutschland (alte Bundesländer): Verhüttung (1000 t)

Jahr	Verhüttung von Eisenerzen					
	Inlandserze		Auslandserze		Gesamt	
	Mat	Fe-Inhalt	Mat	Fe-Inhalt	Mat	Fe-Inhalt
1964	8 119	2 580	33 546	17 836	41 665	20 416
1966	6 529	2 052	31 119	17 092	37 648	19 144
1968	6 310	2 011	37 721	21 517	44 031	23 528
1969	5 980	1 916	43 325	24 853	49 305	26 769
1970	5 752	1 820	43 732	25 205	49 484	27 025
1971	4 900	1 575	39 261	22 635	44 161	24 210
1972	5 145	1 641	42 144	24 496	47 289	26 137
1973	4 975	1 573	49 938	29 642	54 913	31 215
1974	4 424	1 387	55 646	32 821	60 069	34 208
1975	2 952	945	42 277	24 707	45 228	25 652
1976	2 552	822	44 814	26 401	47 366	27 222
1977	2 361	749	40 164	23 832	42 525	24 581
1978	1 720	541	42 186	25 247	43 906	25 788
1979	1 753	518	49 851	30 153	51 604	30 672
1980	1 688	496	47 979	28 998	49 666	29 495
1981	1 381	401	45 105	27 381	46 486	27 783
1982	1 202	348	37 882	23 314	39 084	23 663
1983	1 047	293	36 736	22 813	37 783	23 107
1984	1 208	353	42 163	26 317	43 370	26 670
1985	1 118	328	44 171	27 645	45 289	27 973
1986	703	207	40 873	25 509	41 576	25 716
1987	409	119	40 347	25 344	40 756	25 462
1988	173	30	46 244	29 133	46 417	29 163
1989	168	42	46 531	29 257	46 699	29 300
1990	117	28	42 805	26 849	42 921	26 877
1991	59	6,3	42 775	26 846	42 833	26 852

Quelle: Statistisches Bundesamt, Außenstelle Düsseldorf.

NE-Metalle · Deutschland*: Bergwerks- und Hüttenproduktion (t)

Jahr	Bergwerksproduktion			Hüttenproduktion			
	Blei	Zink	Kupfer	Hüttenweich- und -feinblei	Rohzink	Elektrolyt-Kupfer	Raffinade-Kupfer
1964	48 937	95 832	1 582	223 296	155 992	238 761	97 558
1966	55 428	98 484	1 170	247 907	176 352	255 140	97 144
1967	59 379	106 348	1 190	289 287	140 820	266 891	88 780
1968	52 496	110 198	1 338	273 441	144 348	304 182	103 215
1969	39 313	110 607	1 444	305 257	147 141	302 537	99 595
1970	40 509	122 676	1 274	305 428	150 224	307 240	98 600
1971	41 101	130 578	1 383	301 950	128 233	305 001	95 051
1972	38 458	120 977	1 321	273 443	.	300 584	97 960
1973	34 496	122 804	1 436	302 577	.	300 662	105 996
1974	30 514	116 044	1 734	321 398	.	313 152	110 409
1975	32 343	116 072	1 961	260 166	.	318 916	122 243
1976	31 667	115 345	1 613	278 305	.	334 136	129 393
1977	31 132	115 638	1 210	257 367	.	340 725	115 460
1978	22 374	88 863	.	255 870	.	318 551	84 881
1979	.	.	.	260 571	.	301 699	79 396
1980	.	.	.	.	.	302 516	71 483
1981	.	.	.	260 529	.	304 063	83 370
1982	.	.	.	252 364	.	313 664	80 408
1983	.	.	.	261 553	.	332 397	87 928
1984	.	.	.	261 871	.	297 854	81 144
1985	.	.	.	260 910	.	330 034	84 131
1986	.	.	.	273 325	.	339 052	.
1987	.	.	.	260 523	.	399 921	
1988	.	.	.	259 076	.	426 674	
1989	.	.	.	266 172	.	475 341	
1990	.	.	.	249 409	.	476 191	
1991	.	.	.	259 986	.	521 707	

· Aus Gründen der Geheimhaltung nicht veröffentlicht.   * Bis 1990 alte Bundesländer.   Quelle: Statistisches Bundesamt.

NE-Metalle · Deutschland*: Produktion ausgewählter Erzeugnisse[a] (t)

Erzeugnisse der Hütten- und Umschmelzwerke	1983	1984	1985	1986	1987	1988	1989	1990	1991
Hüttenaluminium	743 313	777 165	745 373	765 048	737 669	744 129	742 158	715 446	690 320
Reinaluminium	.b	.b	.b	.b	.b	.b	.b	.b	.b
Umschmelz-Aluminiumlegierungen	387 279	401 639	415 188	441 323	469 746	491 245	498 443	500 987	492 102
Aluminiumpulver	12 500	16 793	17 513	18 999	16 237	15 681	15 840	.b	.b
Elektrolytkupfer	332 397	297 854	330 034	339 052	399 921	426 674	475 341	476 191	521 707
Raffinadekupfer	87 928	81 144	84 131	.b					
Kupferlegierungen	36 284	38 773	42 584	41 187	39 308	47 925	53 328	54 999	59 247
Pulver aus Kupfer und Kupferlegierungen	8 571	9 928	10 002	.b	.b	.b	.b	.b	.b
Umschmelzzink	28 086	30 825	27 890	26 605	29 283	42 440	45 400	38 445	38 417
Zinklegierungen	85 043	90 338	90 897	91 423	93 904	102 946	111 483	120 248	119 546
Hüttenblei	368 703	374 139	372 459	390 591	362 052	362 391	315 747	367 766	395 216
Raffinadeblei	.b	.b	.b	.b	.b	.b	.b	.b	.b
Bleilegierungen	.b	.b	.b	.b	.b	.b	.b	.b	.b
Bleipulver	.b	.b	.b	.b	.b	.b	.b	.b	.b
Zinn	.b	.b	.b	.b	.b	.b	.b	.b	.b
Zinnlegierungen	2 322	2 828	3 459	3 789	4 405	2 993	2 297	2 634	2 581
Zinnpulver	171	225	252	287	.b	.b	.b	.b	.b
Cadmium	.b	.b	.b	.b	.b	.b	.b	.b	.b
Weichlote	16 526	16 349	17 188	16 400	13 474	15 141	15 866	15 738	15 465
Wolfram	.b	.b	.b	.b	.b	.b	.b	.b	.b

* Bis 1990 alte Bundesländer. [a] Zahlen zu Magnesium, Rohzink, Zinkstaub und Kobalt werden nicht veröffentlicht. [b] Aus Gründen der Geheimhaltung nicht veröffentlicht. Quelle: Statistisches Bundesamt.

Aluminium · Deutschland: Preise für Aluminium 99,5 % (DM/100 kg)

Jahr	Durchschnitt	Höchster Wert	Niedrigster Wert
1960	216,000	216,00	216,00
1970	228,333	230,00	225,00
1971	230,000	230,00	230,00
1972	216,000	216,00	216,00
1973	216,542	225,00	216,00
1974	238,948	250,00	225,00
1975	250,000	250,00	250,00
1976	260,085	275,00	250,00
1977	284,688	290,00	275,00
1978	290,000	290,00	290,00
1979	292,917	300,00	290,00
1980	332,879	345,00	300,00
1981	345,000	345,00	345,00
1982	345,000	345,00	345,00
1983	370,206	420,00	345,00
1984	420,000	420,00	420,00
1985	420,000	420,00	420,00
1986	420,000	420,00	420,00
1987	420,000	420,00	420,00
1988	420,000[6)	420,00[6)	420,00
1989	367,645	474,61	273,17
1990	265,582	349,68	223,33

Quelle: Metallstatistik 1980–1990.

Blei · Deutschland: Preise für Hüttenweichblei (DM/100 kg)

Jahr	Durchschnitt	Höchster Wert	Niedrigster Wert
1960	83,209	90,58	71,14
1970	110,797	128,79	95,93
1971	88,643	99,59	70,38
1972	96,194	104,67	78,19
1973	113,498	203,81	98,24
1974	153,299	200,30	128,43
1975	101,770	130,06	77,42
1976	112,414	136,25	85,89
1977	143,677	180,21	120,52
1978	131,953	168,46	108,26
1979	220,713	283,46	169,92
1980	164,469	237,79	123,51
1981	164,835	231,90	135,60
1982	132,225	162,34	104,27
1983	108,477	116,12	101,80
1984	125,912	146,43	106,11
1985	114,934	141,70	93,10
1986	87,780	110,07	77,88
1987	107,191	135,07	80,04
1988	115,191	132,09	104,62
1989	126,707	146,82	106,85
1990	132,061	225,18	89,60

Quelle: Metallstatistik 1980–1990.

Zink · Deutschland: Preise für Hüttenzink mind. 97,5 % (DM/100 kg)

Jahr	Durch-schnitt	Höchster Wert	Niedrigster Wert
1960	103,017	110,11	88,13
1970	107,707	113,42	103,29
1971	107,774	120,82	98,23
1972	120,504	128,16	113,02
1973	219,816	579,31	120,64
1974	320,802	502,10	170,10
1975	183,084	198,95	168,61
1976	179,590	208,80	139,09
1977	137,507	181,41	112,73
1978	118,745	141,34	92,85
1979	136,049	154,62	112,27
1980	138,449	161,84	115,94
1981	192,193	254,68	153,23
1982	180,768	202,37	157,80
1983	196,227	243,92	158,99
1984	253,613	302,97	224,79
1985	224,902	308,84	139,63
1986	162,825	186,25	135,18
1987	143,572	170,00	129,53
1988	219,399	308,11	135,36
1989	312,106	395,26	221,23
1990	247,047	307,65	185,00

Quelle: Metallstatistik 1980 – 1990.

Kupfer · Deutschland: Preise für Elektrolytkupfer-Drahtbarren (DM/100 kg)

Jahr	Durch-schnitt	Höchster Wert	Niedrigster Wert
1960	297,714	343,75	262,25
1970	524,592	669,25	376,25
1971	387,501	479,00	335,75
1972	349,213	379,00	327,00
1973	476,509	710,75	344,50
1974	541,867	859,50	307,50
1975	310,876	349,25	278,00
1976	360,854	444,25	300,75
1977	311,761	387,00	268,25
1978	280,250	304,50	244,25
1979	371,478	433,75	293,50
1980	407,474	563,75	355,25
1981	403,633	482,25	368,00
1982	370,784	405,75	304,25
1983	411,254	458,99	362,60
1984	397,433	423,88	369,84
1985	427,556	528,85	351,38
1986	306,415	366,84	263,95
1987	323,365	517,65	244,33
1988	463,865	658,04	357,90
1989	543,256	652,85	410,32
1990	437,254	542,80	370,62

Quelle: Metallstatistik 1980 – 1990.

Zinn · Deutschland: Preise für Reinzinn 99,9 % (DM/100 kg)

Jahr	Durch-schnitt	Höchster Wert	Niedrigster Wert
1960	944,242	983,00	926,00
1970	1 392,293	1 500,00	1 297,00
1971	1 286,792	1 388,00	1 218,00
1972	1 258,66	1 299,00	1 218,00
1973	1 259,251	1 305,00	1 195,00
1974	2 242,676	2 604,00	1 725,00
1975	1 789,949	1 959,00	1 686,00
1976	2 057,448	2 425,00	1 752,00
1977	2 693,223	3 164,00	2 228,00
1978	2 718,946	3 224,00	2 262,00
1979	2 960,915	3 245,00	2 629,00
1980	3 255,800	3 647,00	2 968,00
1981	3 466,800	4 041,00	2 982,00
1982	3 432,546	3 971,00	3 217,00
1983	3 638,014	3 831,00	3 252,00
1984	3 881,663	4 292,00	3 518,00
1985	3 968,119[a]	4 380,00	3 475,00
1986	–	–	–
1987	–	–	–
1988	–	–	–
1989	–	–	–
1990	1 006,769[b]	1 174,18	834,58

[a] Notierung am 24. Oktober 1985 eingestellt. [b] Ab 1990 Umrechnung der Londoner Börsennotierung für Kasse. Quelle: Metallstatistik 1980 – 1990.

Nickel · Deutschland: Preise* für Reinnickel (DM/100 kg)

Jahr	Preis für eingeführtes Nickel der großen Produzenten
1960	715,00
1970	1 092,50
1971	1 087,91
1972	1 041,00
1973	941,00
1974	1 025,00
1975	1 127,00
1976	1 259,50
1977	1 181,42
1978	867,50
1979	1 026,60
1980	1 329,45
1981	1 522,64
1982	1 282,35
1983	1 149,29
1984	1 380,88
1985	1 455,62
1986	846,87
1987	871,57
1988	2 424,56
1989	2 507,51
1990	1 436,38

* Ab 1982 Einfuhrdurchschnittspreise. Ab 1985 Umrechnung der Londoner Börsennotierung für Kasse.

Quelle: Metallstatistik 1980 – 1990.

Uran · Welt: Preise für Natururan ($/lb U$_3O_8$)

Monat	1986	1987	1988	1989	1990	1991	1992
Januar	16,75–17,00	16,80–17,75	16,45–17,25	11,40–11,85	9,00– 9,25	9,25– 9,50	7,90– 8,90
Februar	16,75–17,00	16,50–17,75	16,30–17,00	11,20–11,90	8,85– 9,10	9,35– 9,95	7,90– 8,20
März	16,75–17,00	17,00–17,90	16,00–16,50	10,70–11,30	8,85– 9,10	9,45– 9,60	7,80– 8,00
April	16,90–17,25	17,00–18,00	16,00–16,50	10,30–11,15	8,85– 9,10	9,10– 9,40	–
Mai	16,75–17,25	17,00–18,00	15,15–16,20	9,90–10,35	8,90– 9,35	9,25– 9,50	–
Juni	16,95–17,25	16,90–17,70	15,00–15,50	9,80–10,20	10,00–11,00	9,05– 9,30	–
Juli	16,95–17,25	18,25–19,25	14,55–15,25	9,60–10,00	9,05– 9,30	8,70– 9,10	–
August	17,00–17,25	18,25–18,90	13,90–15,00	9,60–10,00	11,45–11,95	8,70– 9,00	
September	16,80–17,75	17,90–18,90	13,90–14,40	9,60–10,00	10,40–11,45	8,30– 8,80	
Oktober	16,80–17,75	17,50–18,90	12,90–13,65	9,40– 9,80	8,70– 9,85	7,20– 7,80	
November	16,80–17,75	17,40–18,00	12,35–12,85	9,30– 9,50	9,35–10,50	6,75– 7,70	
Dezember	16,80–17,75	17,20–17,90	11,90–12,40	9,00– 9,40	9,50–10,40	7,70– 9,05	

Uran · Welt: Mittlere Preise für Natururan bei Langzeitverträgen ($/lb U$_3O_8$)

	1983	1984	1985	1986	1987	1988	1989	1990
USA	34,15	27,83	26,35	25,86	25,48	22,52	19,05	–
Europa	31,00	29,75	29,00	31,00	32,50	31,82	29,35	29,39

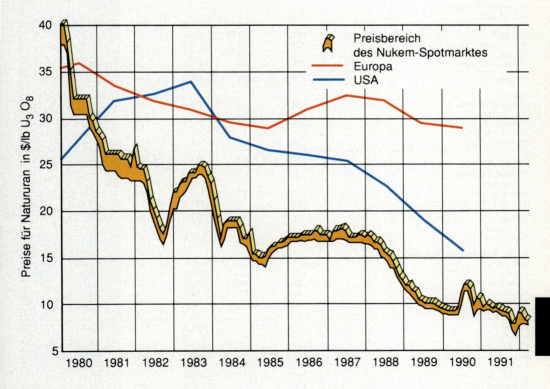

Graphik 7. Mittlere Preise des Nukem-Spotmarktes für Natururan ($/lb U$_3O_8$).
Quelle: Nukem Market Report 8/91.

Bergbau · Sonstige Rohstoffe

Steine und Erden · Deutschland (alte Bundesländer): Gewinnung von Steinen und Erden, sonstigen nutzbaren Mineralien in den durch die Bergbehörden beaufsichtigten Betrieben

Mineral, Land	1989 Gewinnung 1000 t	1989 Belegschaft	1990 Gewinnung 1000 t	1990 Belegschaft	1991 Gewinnung 1000 t	1991 Belegschaft
Graphit (Bayern)	10,6	145	10,4	159	8,9	146
Flußspat						
Bayern	.	5	.	2	.	2
Baden-Württemberg	73,8	109	85,4	105	60,9	96
Summe	.	114	.	107	.	98
Schwerspat						
Nordrhein-Westfalen	47,0	27	48,2	27	46,9	26
Niedersachsen	42,0	99	43,9	98	47,1	97
Bayern	—	—	—	—	—	—
Baden-Württemberg	54,7	40	55,7	43	53,2	41
Saarland	—	1	—	—	—	—
Summe	143,7	167	147,8	168	147,2	164
Kalkspat, Kalkstein						
a) Kalkspat:						
Nordrhein-Westfalen	—	—	—	—	—	—
b) Kalkstein:						
Hessen	699,2	37	732,6	37	800,5	36
Saarland	490,8	61	415,5	61	480,4	61
Baden-Württemberg	429,8	18	352,7	18	392,0	21
Bayern	2,6	12	2,1	13	2,2	14
Nordrhein-Westfalen	478,5	21	437,3	20	430,2	19
Summe b	2 100,9	149	1 940,2	149	2 105,3	151
Gips						
Baden-Württemberg	234,3	35	293,0	71	259,1	75
Bayern, Hessen	845,2	1 091	819,9	1 201	810,7	1 335
Niedersachsen	248,7	114	272,9	116	338,0	146
Nordrhein-Westfalen	—	—	—	—	—	—
Rheinland-Pfalz	39,1	3	41,7	3	42,8	3
Summe	1 367,3	1 243	1 427,5	1 391	1 450,6	1 559
Feldspat, Pegmatit						
a) Feldspat:						
Bayern	182,9	17	195,3	19	203,4	21
Saarland, Rheinland-Pfalz	149,7	74	142,3	73	125,4	64
Summe	332,6	91	337,6	92	328,8	85
b) Pegmatit:						
Bayern	366,6	92	435,8	151	501,9	147
Kaolin, Ton, Bentonit, Klebsand						
a) Kaolin:						
Bayern	678,1	1 459	616,5	1 471	576,6	1 469
Rheinland-Pfalz	15,1	44	16,7	48	16,5	46
Hessen	15,2	103	24,2	4	24,6	5
Nordrhein-Westfalen	29,2	13	26,8	14	24,8	15
Niedersachsen	—	—	—	—	—	—
Summe a	737,6	1 619	684,2	1 537	642,5	1 535
b) Spezialton:						
Rheinland-Pfalz	3 492,3	843	3 617,5	870	3 737,9	801
Nordrhein-Westfalen	348,5	89	424,0	93	505,4	98
Bayern	632,1	378	615,8	408	567,9	402
Hessen	869,7	157	951,4	158	950,1	152
Baden-Württemberg	2 128,6	135	2 178,0	109	2 029,5	117
Schleswig-Holstein	322,4	19	291,2	19	353,1	18
Niedersachsen	96,7	2	103,3	2	107,6	2
Summe b	7 890,3	1 623	8 181,2	1 659	8 251,5	1 590

Fortsetzung der Tabelle auf Seite 1089

BERGBAU · SONSTIGE ROHSTOFFE

Steine und Erden — Fortsetzung

Mineral, Land	1989		1990		1991	
	Gewinnung 1000 t	Belegschaft	Gewinnung 1000 t	Belegschaft	Gewinnung 1000 t	Belegschaft
c) Bentonit:						
Bayern, Hessen	584,9	247	576,9	252	582,6	247
d) Klebsand:						
Rheinland-Pfalz	116,2	145	113,8	155	97,7	153
Nordrhein-Westfalen	69,9	72	49,7	73	47,5	84
Hessen	–	–	–	–	–	–
Summe d	186,1	217	163,5	228	145,2	237
Dachschiefer und sonstige Schiefererzeugnisse						
Rheinland-Pfalz	.	170	.	167	.	169
Nordrhein-Westfalen	52,8	105	62,5	95	79,2	96
Hessen	0,7	21	0,8	21	0,9	20
Bayern	0,1	3	0,1	3	0,1	2
Summe	.	299	.	286	.	287
Basaltlava, Lavasand, Traß, Tuffstein						
Rheinland- a) Basaltlava	2 162,1	326	1 998,5	333	2 048,7	328
Pfalz, Baden- b) Lavasand	6 533,8	197	6 332,2	203	6 351,4	203
Württemberg, c) Traß	.	38	.	38	.	40
Hessen, Bayern d) Tuffstein	8,3	76	5,6	72	4,6	63
Quarzit						
Hessen	265,0	41	253,6	34	317,8	29
Rheinland-Pfalz	18,6	15	17,5	16	20,6	11
Nordrhein-Westfalen	–	–	–	–	–	–
Summe	283,6	56	271,1	50	338,4	40
Quarz und Quarzsand						
Baden-Württemberg	1 480,1	132	1 293,3	103	1 475,0	106
Bayern	1 989,5	171	1 998,8	178	1 920,3	181
Nordrhein-Westfalen	5 893,7	348	5 965,6	346	6 273,7	350
Niedersachsen	861,4	107	906,8	107	986,1	107
Hessen	4 352,5	231	5 256,8	261	6 222,2	269
Rheinland-Pfalz	241,2	8	252,2	8	452,4	28
Summe	14 818,4	997	15 673,5	1 003	17 329,7	1 041
Kieselerde, Kieselweiß						
Bayern (Neuburger Kreide)	39,1	145	41,6	149	40,1	160
Farberze, Farberden						
a) Farberze:						
Hessen	0,7	1	0,2	1	0,2	1
b) Ocker und Farberden:						
Rheinland-Pfalz	2,3	.	2,5	.	4,2	.
Hessen	1,4	–	1,3	–	–	–
Bayern	3,2	3	2,2	3	2,6	3
Summe b	6,9	3	6,0	3	6,8	3
Kieselgur						
Niedersachsen	7,7	5	8,2	5	4,2	4
Talk, Speckstein						
Bayern:						
a) Talkschiefer	8,5	9	9,6	.	11,2	.
b) Speckstein	12,0	45	11,8	47	11,5	46

Quelle: Bundesministerium für Wirtschaft.

Erdöl und Erdgas

Erdöl · Welt: Fördermengen nach Ländern und Erdteilen (1000 t)

Länder	1985	1986	1987	1988	1989	1990	1991
(Bundesrepublik) Deutschland	4 073	4 030	3 728	3 946	3 792	3 595	3 450
Dänemark	2 892	3 622	4 599	4 736	5 530	5 995	6 801
Frankreich	2 646	2 950	3 235	3 358	3 243	3 023	2 930
Griechenland	1 318	1 327	1 210	1 106	906	825	882
Großbritannien	124 563	122 357	118 503	111 043	91 811	91 615	91 453
Italien	2 379	2 548	3 632	4 503	4 355	4 753	4 413
Niederlande	4 067	4 991	4 663	4 272	3 814	3 976	3 772
Spanien[b]	–	1 860	1 639	1 480	1 038	795	1 045
EG	**141 938**	**143 685**	**141 209**	**134 444**	**114 489**	**114 577**	**114 746**
Albanien	3 100	3 000	3 000	3 000	2 135	1 986	1 639
Jugoslawien	4 150	4 131	3 868	3 686	3 393	3 143	2 770
Norwegen	38 445	44 609	49 500	56 700	74 594	81 782	92 944
Österreich	1 149	1 116	1 060	1 174	1 158	1 151	1 281
Polen	260	192	145	140	154	126	148
Rumänien	10 700	10 740	10 500	9 400	9 168	7 930	6 911
Ungarn	2 012	1 997	1 916	1 935	1 966	1 974	1 800
Sonstige Länder	2 560	479	486	480	447	447	381
Europa (ohne UdSSR)	**204 314**	**209 949**	**211 684**	**210 959**	**207 504**	**213 116**	**222 620**
UdSSR (GUS)	**595 000**	**615 000**	**624 000**	**624 000**	**607 181**	**569 309**	**515 416**
Abu Dhabi (Opec)	37 870	45 885	50 845	55 175	70 706	79 301	95 117
Bahrain-Inseln	2 078	2 075	2 108	2 150	2 102	2 084	2 096
Dubai (Opec)	16 875	16 820	18 140	17 100	20 706	20 901	20 901
Irak (Opec)	68 780	82 665	101 810	128 085	139 185	100 681	14 876
Iran (Opec)	109 400	93 370	113 370	112 420	144 347	157 084	166 024
Katar (Opec)	14 490	16 050	15 050	16 040	19 139	19 125	19 085
Kuwait (Opec)	47 350	71 615	61 440	71 495	91 886	58 729	9 567
Oman	24 265	27 540	28 265	29 510	31 819	32 848	34 857
Saudi-Arabien (Opec)	158 255	251 305	209 570	251 890	257 176	321 928	409 839
Syrien	8 810	9 660	12 000	13 500	18 324	20 292	24 638
Türkei	2 109	2 392	2 643	2 584	2 843	3 773	4 925
Sonstige Länder	3 447	3 675	4 315	12 285	11 091	11 733	11 854
Naher und Mittlerer Osten	**493 729**	**623 052**	**619 556**	**712 234**	**809 324**	**828 479**	**813 779**
Brunei-Malaysia	28 400	31 743	30 750	33 600	32 994	35 128	38 240
Volksrepublik China	124 800	130 650	132 940	136 870	136 068	137 599	138 592
Indien	29 883	31 146	30 143	31 584	33 685	33 309	32 684
Indonesien (Opec)	57 635	65 956	64 110	62 270	68 034	70 104	78 859
Japan	530	631	603	590	542	534	686
Sonstige Länder	5 451	4 859	5 242	5 820	6 545	8 349	10 199
Ferner Osten	**246 699**	**264 985**	**263 788**	**270 734**	**277 868**	**285 023**	**299 260**
Asien	**740 428**	**888 037**	**883 344**	**982 968**	**1 087 192**	**1 113 502**	**1 113 039**
Algerien (Opec)	31 265	27 918	29 460	46 665	51 370	56 673	58 454
Libyen (Opec)	49 245	49 725	46 790	48 820	53 694	65 990	73 567
Nigeria (Opec)	74 180	72 805	63 670	68 960	83 129	90 736	96 352
Sonstige Länder	88 045	85 945	93 447	97 924	99 478	103 259	107 140
Afrika	**242 735**	**236 393**	**233 367**	**262 369**	**287 671**	**316 658**	**335 513**
Kanada[c]	83 207	84 161	88 560	93 934	92 404	92 239	92 212
USA[c]	491 342	477 254	461 353	454 370	425 830	414 500	418 870
Nordamerika	**574 549**	**561 415**	**549 913**	**548 304**	**518 234**	**506 739**	**511 082**

Fortsetzung der Tabelle auf Seite 1091.

Erdöl · Welt: Fördermengen nach Ländern und Erdteilen (1000 t) — Fortsetzung

Länder	1985	1986	1987	1988	1989	1990	1991
Argentinien	23 310	21 977	21 630	22 835	23 596	24 959	24 745
Brasilien	28 135	28 800	28 825	28 920	30 229	32 144	31 886
Ecuador (Opec)	14 270	13 964	8 520	15 770	14 604	14 482	14 843
Kolumbien	8 900	15 607	19 418	18 870	20 383	22 151	21 059
Mexiko	150 885	137 500	142 960	142 980	143 617	147 697	155 406
Peru	9 383	8 758	8 071	6 900	6 975	6 897	6 198
Trinidad	8 905	8 676	8 353	7 703	7 881	7 794	7 638
Venezuela (Opec)	88 635	91 260	88 290	93 400	94 591	110 550	122 438
Sonstige Länder	3 755	3 898	3 777	3 233	3 085	3 106	3 220
Süd- und Mittelamerika	**336 178**	**330 440**	**329 844**	**340 611**	**344 961**	**369 780**	**387 433**
Australien/Neuseeland[e]	**27 843**	**25 365**	**27 057**	**25 641**	**24 487**	**28 566**	**27 153**
Welt	**2 721 047**	**2 866 599**	**2 859 209**	**2 994 852**	**3 077 230**	**3 117 670**	**3 112 256**
darunter Opec[d]	780 305	911 308	882 660	1 000 565	1 121 246	1 181 840	1 196 826

1990 vorläufige Zahlen. [b] Ab 1986 Mitglied der EG. [c] Einschließlich Erdgaskondensate. [d] Ohne flüssiges Erdgas.
Quelle: Eurostat, The Petroleum Economist.

Mineralöl · Welt: Verbrauch[a] (Mill. t)

Länder	1985[b]	1986[b]	1987[b]	1988[b]	1989[b]	1990[b]	1991[c]
Belgien/Luxemburg	20,7	23,5	23,6	24,4	24,2	24,4	25,1
Dänemark	11,0	10,9	10,6	10,1	9,6	9,4	9,5
Deutschland	126,3	133,3	129,5	129,4	121,6	126,3	133,2
Finnland	10,4	11,0	11,2	11,4	11,2	11,1	10,8
Frankreich	82,3	84,0	84,6	85,2	88,1	87,7	89,3
Griechenland	12,1	12,3	13,2	14,2	14,6	15,2	15,3
Großbritannien	78,1	77,6	75,3	79,7	82,1	83,3	83,4
Irland	3,9	4,7	3,9	3,7	3,8	4,3	4,4
Island	0,5	0,5	0,6	0,6	0,5	0,5	0,6
Italien	84,0	84,6	90,7	88,5	93,0	90,5	92,4
Niederlande	29,1	33,0	32,4	34,5	33,8	35,0	35,0
Norwegen	8,5	9,2	9,7	8,6	8,9	9,1	8,8
Österreich	9,9	10,4	10,7	10,4	10,5	10,6	11,3
Portugal	8,3	9,0	9,4	9,8	12,3	12,1	12,2
Schweden	17,0	17,9	17,9	18,1	16,7	16,9	16,2
Schweiz	12,4	13,5	12,4	12,5	11,8	13,0	13,2
Spanien	41,0	40,1	42,0	45,6	47,8	48,1	47,8
Westeuropa	**555,8**	**575,9**	**578,1**	**587,1**	**590,9**	**597,9**	**608,9**
(EG)	(447,5)	(513,0)	(515,2)	(525,1)	(530,9)	(536,3)	(547,6)
Kanada	69,3	70,1	73,2	77,0	79,9	78,4	74,9
USA	723,3	752,9	798,2	798,2	798,9	768,4	769,7
Nordamerika	**792,6**	**823,0**	**871,4**	**875,2**	**878,8**	**846,8**	**844,6**
Argentinien	21,2	22,2	23,5	23,1	22,6	23,0	23,0
Brasilien	49,0	54,9	56,6	56,6	57,9	58,0	58,5
Chile	4,9	4,9	5,1	5,7	6,4	6,5	6,5
Kolumbien	7,9	8,1	8,5	8,6	8,9	9,0	9,0
Kuba	10,7	11,1	11,1	11,8	12,2	12,2	12,2
Mexiko	65,5	66,5	69,6	69,5	72,7	73,0	74,0
Niederl. Antillen	3,6	3,5	3,5	3,5	3,4	3,5	3,5
Peru	6,3	6,3	6,0	6,0	6,1	6,1	6,0
Trinidad	1,2	1,2	1,3	1,5	1,6	1,6	1,6
Venezuela	25,2	25,7	24,3	25,7	25,3	25,5	26,0
Sonstige Länder	22,2	21,0	21,3	21,6	22,2	22,4	22,4
Mittel- und Südamerika	**217,7**	**225,4**	**230,8**	**233,6**	**239,3**	**240,8**	**242,7**

Mineralöl · Welt: Verbrauch[a] (Mill. t) — Fortsetzung

Länder	1985[b]	1986[b]	1987[b]	1988[b]	1989[b]	1990[b]	1991[c]
Arabische Emirate	7,1	6,2	6,4	7,4	7,3	7,4	7,4
Irak	7,8	8,5	11,5	12,0	13,9	14,5	13,0
Iran	34,0	31,3	33,2	36,5	38,7	41,0	43,0
Israel	6,0	6,4	7,0	8,5	8,1	8,3	8,5
Kuwait	8,9	9,1	9,0	8,3	8,6	8,9	5,0
Syrien	8,7	9,1	9,5	9,8	8,6	8,8	9,0
Saudi-Arabien	43,4	45,8	52,5	55,5	56,6	57,5	60,0
Übrige Länder	32,5	34,1	37,4	37,2	38,1	39,6	38,8
Naher Osten	**148,4**	**150,5**	**166,5**	**175,2**	**179,9**	**186,0**	**184,7**
Ägypten	18,9	20,0	20,7	20,9	22,2	22,8	23,0
Algerien	10,5	11,7	11,8	11,9	12,1	12,5	13,0
Republik Südafrika	15,9	15,8	15,7	15,7	15,8	15,8	15,8
Übrige Länder	42,1	42,0	43,3	44,2	46,8	47,8	48,3
Afrika	**87,4**	**89,5**	**91,5**	**92,7**	**96,9**	**98,9**	**100,1**
Australien	27,2	27,8	28,6	30,0	31,2	31,5	30,6
Indien	43,1	46,1	48,8	51,6	56,8	58,0	60,0
Indonesien	27,2	26,6	26,5	26,5	27,4	27,5	27,5
Japan	209,6	213,5	208,7	220,4	230,3	240,9	243,0
Malaysia/Singapur	28,6	27,4	31,2	29,6	32,0	32,6	33,0
Neuseeland	4,0	3,7	4,3	4,3	4,6	4,8	4,7
Republik Korea	3,4	3,2	3,2	3,3	3,5	3,5	3,5
Taiwan	16,7	17,4	19,9	23,0	25,0	26,0	26,0
Übrige Länder	69,0	72,2	76,4	86,0	95,4	98,6	101,1
Ferner Osten	**426,1**	**437,9**	**447,6**	**474,7**	**506,2**	**523,4**	**529,4**
Volksrepublik China	77,1	81,8	86,6	90,8	94,6	98,0	100,0
Albanien	2,6	2,6	2,6	2,7	2,6	2,6	2,6
Bulgarien	13,9	9,9	9,9	9,9	9,9	9,9	9,9
Polen	14,8	15,6	16,8	17,3	17,4	17,5	17,5
Rumänien	16,0	18,7	20,8	19,0	18,6	18,5	18,5
Tschechoslowakei	15,0	14,1	14,3	13,7	13,9	14,0	14,0
GUS (UdSSR)	397,9	406,4	417,8	430,5	423,7	420,0	410,0
Übrige Länder	25,2	27,5	26,0	27,7	25,9	26,3	25,5
Ehemaliger Ostblock	**562,5**	**575,8**	**594,8**	**611,6**	**606,6**	**606,8**	**598,0**
Welt	**2 790,5**	**2 878,0**	**2 980,7**	**3 050,1**	**3 098,6**	**3 100,6**	**3 108,4**

[a] Inlandsverbrauch, Bunker, Militär, Raffinerie-Eigenverbrauch und Raffinerieverluste. [b] 1985 bis 1989 zum Teil revidierte Daten. [c] Vorläufig.
Quelle: Yearbook of World Energy Statistics (UN), OECD-Oil statistics, Mineralölwirtschaftsverband eV, Mineralöl-Zahlen 1991.

ERDÖL UND ERDGAS

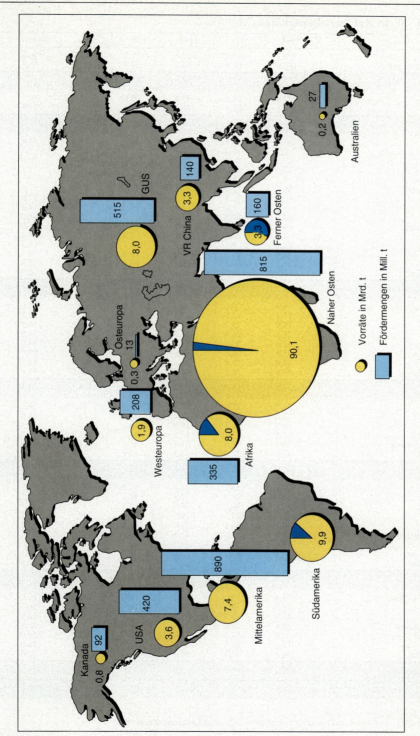

Gelb: Opec-Länder.

Graphik 8. Erdölvorräte und -fördermengen 1991.

10. STATISTIK

Mineralöl · Welt: Raffineriekapazitäten (Mill. t)

Länder	1985	1986	1987	1988	1989	1990[a]	1991[b]
EG	569,9	634,8	629,5	622,0	614,7	606,8	616,6
Übriges Westeuropa	145,8	62,9	62,9	62,4	65,3	64,9	65,5
Westeuropa	**715,7**	**697,7**	**692,4**	**684,4**	**680,0**	**671,7**	**682,1**
Kanada	92,8	88,0	93,4	92,8	92,6	94,1	95,3
USA	759,1	762,9	764,4	777,8	812,2	777,9	766,3
Nordamerika	**851,9**	**850,9**	**857,8**	**870,6**	**904,8**	**872,0**	**861,6**
Argentinien	33,4	33,5	34,5	34,5	34,4	34,4	34,8
Bolivien	2,3	2,3	2,3	2,9	2,9	2,3	2,3
Brasilien	65,3	66,1	70,4	70,4	69,9	70,6	70,3
Chile	7,0	7,5	7,1	7,3	7,3	7,3	7,1
Ecuador	4,4	4,4	6,1	6,2	7,3	7,1	7,1
Jungfern-Inseln	30,0	30,0	27,3	27,3	27,3	27,3	27,3
Kolumbien	10,6	11,3	11,3	11,4	11,4	12,4	13,7
Kuba	8,0	8,0	8,0	8,0	8,0	14,0	14,0
Mexiko	63,5	67,5	67,7	67,7	75,7	84,0	78,7
Niederl. Antillen	16,0	16,0	16,0	16,0	16,0	16,0	23,5
Peru	8,8	8,8	9,1	8,6	8,6	9,4	9,4
Puerto Rico	6,1	6,1	6,2	6,2	6,2	6,3	6,2
Trinidad	13,0	15,0	15,0	15,0	15,0	12,3	12,3
Venezuela	61,5	61,2	60,1	60,1	60,1	58,4	58,6
Übrige Länder	16,2	16,2	16,5	15,8	15,9	15,9	12,6
Mittel- und Südamerika	**346,1**	**353,9**	**357,6**	**357,4**	**366,0**	**377,7**	**377,9**
Arabische Emirate	9,3	9,1	9,0	9,0	9,0	9,6	9,6
Bahrein	12,5	12,5	12,5	12,2	12,2	12,2	12,2
Irak	15,9	15,9	15,9	15,9	15,9	15,9	15,9
Iran	26,5	26,5	26,5	26,5	26,5	36,0	36,0
Kuwait	31,6	30,9	31,4	40,9	41,0	41,0	41,0
Saudi-Arabien	55,8	56,3	68,8	68,8	68,8	93,1	93,1
Syrien	11,4	11,4	11,4	12,2	12,2	11,9	11,9
Übrige Länder	51,5	54,2	64,4	68,5	68,5	68,7	66,1
Naher Osten	**214,5**	**216,8**	**241,9**	**254,0**	**254,1**	**288,4**	**285,8**
Ägypten	21,7	22,6	22,6	24,5	24,5	26,2	26,2
Algerien	23,2	23,2	23,2	23,2	23,2	23,2	23,2
Libyen	16,5	16,5	16,5	16,5	16,5	17,4	17,4
Nigeria	12,5	12,5	13,5	20,7	21,7	21,7	21,7
Republik Südafrika	19,4	19,4	21,7	21,7	21,7	21,5	21,5
Übrige Länder	32,7	32,0	34,3	32,9	33,9	33,8	33,5
Afrika	**126,0**	**126,2**	**131,8**	**139,5**	**141,5**	**143,8**	**143,5**
Australien	31,3	31,3	31,9	32,2	33,8	35,3	35,2
Indien	43,3	49,6	52,9	52,6	54,0	56,1	56,1
Indonesien	31,8	31,8	35,7	35,7	35,7	40,7	43,0
Japan	230,7	239,5	228,3	218,1	209,9	219,2	230,6
Rep. Korea	39,1	43,1	41,0	44,0	43,4	43,4	58,2
Malaysia/Singapur	61,5	58,6	53,5	53,1	52,0	54,4	55,2
Philippinen	10,8	14,3	14,3	12,7	14,2	14,0	14,4
Taiwan	27,1	27,1	30,0	28,5	28,5	27,1	27,1
Übrige Länder	27,2	17,7	29,8	30,1	31,4	30,8	30,8
Ferner Osten	**502,8**	**522,6**	**517,4**	**507,0**	**502,9**	**521,0**	**550,6**
Volksrepublik China	107,5	110,0	110,0	110,0	110,0	110,0	110,0
Polen	19,5	19,5	19,3	19,3	19,3	16,1	16,1
Rumänien	30,9	30,9	30,9	30,9	30,9	30,9	30,9
Tschechoslowakei	22,8	22,8	22,8	22,8	22,8	22,8	22,8
GUS (UdSSR)	610,0	613,0	613,0	615,0	615,0	615,0	615,0
Ungarn	15,5	15,5	15,5	15,5	15,5	11,0	11,0
Übrige Länder	34,3	34,3	34,3	34,3	34,3	50,0	50,0
Ehemaliger Ostblock	**840,5**	**846,0**	**845,8**	**847,8**	**847,8**	**855,8**	**855,8**
Welt	**3 597,5**	**3 614,1**	**3 644,7**	**3 660,7**	**3 697,1**	**3 730,4**	**3 757,3**

[a] Zum Teil revidierte Daten. [b] Vorläufig.
Quelle: Oil and Gas Journal; Petroleum Economist; Mineralölwirtschaftsverband, Mineralöl-Zahlen 1991.

ERDÖL UND ERDGAS

Erdgas · Welt: Fördermengen nach Ländern und Erdteilen (Mill. m^3)

Länder	1985	1986	1987	1988	1989	1990	1991
(Bundesrepublik) Deutschland	17 210	15 460	17 745	16 670	16 380	16 000	19 850
Frankreich	5 350	4 160	3 800	3 170	3 030	2 900	3 400
Großbritannien	42 950	45 310	47 600	45 750	44 750	47 500	54 080
Italien	14 250	15 960	16 300	16 630	16 980	17 300	17 520
Niederlande	80 640	74 080	75 300	68 000	71 870	70 000	80 740
Sonstige EG-Länder	3 960	4 120	4 900	5 450	6 780	6 300	5 800
EG	**164 360**	**159 090**	**169 915**	**156 640**	**159 790**	**160 000**	**181 390**
CSFR	710	700	730	870	840	800	800
Jugoslawien	2 490	2 500	2 890	3 020	2 870	3 000	2 660
Norwegen	26 550	27 300	29 420	29 830	30 590	28 000	27 280
Österreich	1 160	1 120	1 090	1 260	1 400	1 400	1 300
Polen	6 370	5 820	5 750	5 700	5 380	5 500	5 510
Rumänien	38 770	37 960	36 300	33 000	32 000	30 000	33 300
Ungarn	7 440	7 100	7 000	6 300	6 190	6 500	5 010
Sonstige Länder	11 750	12 040	13 700	12 950	11 690	11 000	7 070
Europa (ohne UdSSR)	**259 600**	**253 630**	**266 795**	**249 570**	**250 750**	**246 200**	**264 320**
UdSSR (GUS)	**643 000**	**685 800**	**727 000**	**770 000**	**796 000**	**815 000**	**780 940**
Bahrain	4 540	5 260	6 130	5 500	5 270	5 200	5 500
Irak	850	1 320	3 750	5 730	6 100	6 300	5 000
Iran	14 600	15 200	16 000	20 000	22 200	23 000	21 990
Israel	50	50	60	40	40	100	100
Kuwait	4 200	4 900	5 300	6 490	8 160	4 000	3 000
Saudi-Arabien	18 800	25 200	26 800	29 100	29 800	31 200	44 580
Sonstige Länder	20 890	23 750	28 200	28 380	31 940	35 300	36 620
Mittlerer Osten	**63 930**	**75 680**	**86 240**	**95 240**	**103 510**	**105 100**	**116 790**
Afghanistan	2 900	2 900	2 800	3 000	300	300	300
Bangladesch	2 840	3 220	3 720	4 600	4 650	4 500	4 500
(Burma) Myanmar	830	960	1 100	1 040	1 090	1 000	1 000
Brunei	8 350	8 280	8 710	8 520	8 700	7 000	7 500
Volksrepublik China	19 700	20 600	20 700	13 750	14 300	14 500	16 320
Indien	3 780	5 120	8 420	8 660	10 620	11 000	14 550
Indonesien	34 810	36 290	36 550	38 020	40 340	40 000	38 520
Japan	2 230	2 110	2 100	2 100	2 010	2 100	2 000
Malaysia	12 380	14 950	15 500	16 450	17 160	17 000	16 570
Pakistan	10 370	11 100	11 880	12 590	13 450	13 000	14 060
Sonstige Länder	4 750	4 250	5 610	6 140	6 750	6 500	9 290
Ferner Osten	**102 940**	**109 780**	**117 090**	**114 870**	**119 370**	**116 900**	**124 610**
Asien	**166 870**	**185 460**	**203 330**	**210 110**	**222 880**	**222 000**	**241 400**
Ägypten	4 930	5 680	6 280	6 920	7 740	8 000	7 490
Algerien	36 470	40 000	43 170	44 900	48 400	49 000	45 820
Libyen	5 200	6 300	5 000	5 500	6 000	6 000	6 550
Nigeria	2 800	3 300	3 700	3 800	4 700	5 000	3 300
Tunesien	410	420	380	350	360	300	400
Sonstige Länder	540	550	700	610	580	600	670
Afrika	**50 350**	**56 250**	**59 230**	**62 080**	**67 780**	**68 900**	**64 230**
Kanada	84 130	78 660	84 960	98 220	104 080	107 000	128 060
USA	463 880	452 280	461 360	472 490	483 640	488 000	502 260
Nordamerika	**548 010**	**530 940**	**546 320**	**570 710**	**587 720**	**595 000**	**630 320**
Argentinien	13 890	15 470	15 410	18 960	20 380	20 000	21 290
Bolivien	2 710	2 700	2 810	2 780	3 040	2 600	2 700
Brasilien	2 170	2 900	2 880	2 760	3 440	3 400	3 000
Chile	1 270	1 050	730	1 020	1 610	1 000	950
Kolumbien	4 110	4 150	4 060	4 140	4 130	3 500	3 800
Mexiko	26 990	26 080	26 360	26 140	26 210	31 000	37 830
Peru	1 340	1 410	1 340	1 250	1 250	1 100	1 200
Trinidad	4 140	4 670	4 050	4 360	4 600	4 200	4 500
Venezuela	17 330	19 000	19 900	19 680	19 550	19 600	28 390
Sonstige Länder	80	80	40	80	80	100	80
Süd- und Mittelamerika	**74 030**	**77 510**	**77 580**	**81 170**	**84 290**	**86 500**	**103 740**

Fortsetzung der Tabelle auf Seite 1096.

Erdgas · Welt: Fördermengen nach Ländern und Erdteilen (Mill. m³) — Fortsetzung

Länder	1985	1986	1987	1988	1989	1990	1991
Australien	12 670	13 650	13 870	14 080	16 030	18 000	21 420
Sonstige Länder	3 390	4 050	3 750	4 570	4 530	4 700	5 120
Ozeanien	16 060	17 700	17 620	18 650	20 560	22 700	26 540
Welt	1 757 920	1 807 290	1 897 875	1 962 290	2 029 980	2 056 300	2 111 490

1990/1991 vorläufig. Quelle: United Nations, The Petroleum Economist.

Erdgas · Welt: Handel (Mill. t SKE)

Länder	1985	1986	1987	1988	1989	1990	1991*
Exportländer							
UdSSR (GUS)	86	93	98	104	116	124	120
Niederlande	40	34	35	31	34	39	41
Norwegen	32	32	35	34	37	32	30
Kanada	28	25	29	43	44	46	52
Algerien	27	24	35	31	37	39	41
Indonesien	24	27	26	31	31	35	41
Sonstige Länder	30	30	30	33	41	40	49
Gesamt	267	265	288	307	340	355	374
Binnenhandel EG-12	40	34	35	30	35	37	42
Austausch USA/Kanada	28	25	29	42	45	47	54
Binnenhandel ehem. RGW	44	44	48	49	56	46	43
Drittlandsimporte EG-12	88	95	105	108	115	126	128
Importe Japan	48	48	49	52	54	60	64
Übriger Welthandel	19	19	22	26	35	39	43
Welthandel insgesamt	267	265	288	307	340	355	374

* Vorläufig. Quelle: UN Energy Statistics Yearbook, Ruhrgas, zusammengestellt von Statistik der Kohlenwirtschaft eV.

Erdöl und Erdgas in der Nordsee[a]: Vorräte und Fördermengen

Land (Quelle)	Erdöl (einschl. Kondensat und LNG)			Erdgas		
	Vorräte[b] 1.1.1992 Mill. t	Fördermenge Jahr	Mill. t	Vorräte[b] 1.1.1992 Mrd. m³	Fördermenge Jahr	Mrd. m³
Deutschland	.	.	.	.	.	.
Dänemark	99	1990	6,0	107	1990	5,1
(nach Danish Energy Agency, Kopenhagen)		1991	7,1		1991	5,8
Großbritannien	1 230[c]	1990	89,9	1 235[c]	1990	44,7
(nach Department of Energy, London)		1991	87,6		1991	48,3
Niederlande	23	1990	2,4	347	1990	17,8
(nach Rijks Geologische Dienst, Haarlem)		1991	2,2		1991	18,7
Norwegen	1 671[d]	1990	83,3	2 738[d]	1990	25,4
(nach Oljedirektoratet, Stavanger)		1991	95,1		1991	25,2
Gesamt	3 023	1990	181,6	4 427	1990	93,0
		1991	192,0		1991	98,0

[a] Vergl. Tabellen in Kapitel 2.   [b] Sicher und wahrscheinlich gewinnbar.   (Beim Erdöl wurden m³ in t umgerechnet.)
[c] Einschließlich onshore-Reserven.   [d] Einschließlich nördlich 62°N.

ERDÖL UND ERDGAS

Mineralöl · EG: Einfuhren* im Jahr 1991 (1000 t)

Empfangsländer Herkunftsländer	B	D	DK	F	GR	GB	IRL	I	NL	P	E	EG
Großbritannien	1 541	13 966	1 395	4 619	263	–	907	664	5 929	476	1 628	31 388
Sonstige EG-Länder	1 913	597	–	1 862	58	5 506	5	407	70	–	456	10 874
EG-Länder	3 454	14 563	1 395	6 481	321	5 506	912	1 071	5 999	476	2 084	42 262
Norwegen	7 178	8 706	3 158	5 775	–	24 410	783	–	3 778	68	71	53 954
Osteuropa	3 356	14 427	630	3 012	1 460	5 108	35	11 093	1 224	–	1 713	42 058
Algerien	440	4 595	–	2 999	86	1 593	–	4 102	3 570	997	1 713	20 095
Libyen	1 894	12 266	–	4 102	2 909	1 608	–	26 219	529	235	5 481	55 243
Nigeria	457	6 793	–	4 091	326	1 629	–	2 780	4 370	1 919	11 149	33 514
Gabun	–	634	–	2 633	–	–	–	301	1 401	–	100	5 069
Irak	–	–	–	–	–	–	–	–	–	–	–	–
Iran	7 924	2 616	–	8 423	4 964	1 620	–	11 520	8 899	1 475	4 607	52 048
Saudi-Arabien	4 364	7 768	311	20 646	2 872	8 487	–	14 745	18 897	1 483	7 062	86 635
Kuwait	4	–	–	559	–	82	–	–	71	–	138	854
Katar	–	92	–	131	–	–	–	209	–	–	–	432
Vereinigte Arabische Emirate	1 574	530	–	1 262	–	1 270	–	2 142	891	403	1 476	9 548
Übrige Opec	933	5 561	–	488	–	1 399	–	229	529	–	198	9 337
Opec-Länder	17 590	40 855	311	45 334	11 157	17 688	–	62 247	39 157	6 512	31 924	272 775
Mexiko	383	611	–	1 851	–	951	–	309	165	1 039	12 784	18 093
Sonstige Drittländer	953	9 959	33	15 199	1 171	3 980	–	10 101	2 497	2 215	4 660	50 768
Gesamt	32 914	89 121	5 527	77 652	14 109	57 643	1 730	84 848	52 820	10 310	53 236	479 910

* Rohöl und Feedstocks (Mineralölerzeugnisse, die zur späteren Destillation bestimmt sind).
Quelle: Eurostat.

Erdgas · EG: Einfuhren im Jahr 1991 (1000 TJ, H_0)

Herkunftsländer	Belgien	Deutschland	Frank- reich	Groß- britannien	Italien	Luxem- burg	Nieder- lande	Spanien	EG
Bezüge aus der EG	139,9	822,0	171,5	–	207,0	20,8	–	–	1 361,2
Niederlande	139,9	822,0	171,5	–	207,0	20,8	–	–	1 361,2
Drittlandsimporte	258,9	1 241,5	1 013,9	259,2	1 072,1	–	81,4	223,5	4 150,5
Norwegen	90,1	339,0	226,2	259,2	–	–	81,4	–	995,9
Algerien	168,8	–	380,8	–	517,4	–	–	149,5	1 216,5
UdSSR (GUS)	–	909,0	406,8	–	554,6	–	–	–	1 870,4
Sonstige Länder	–	–	0,1	–	0,1	–	–	74,0	67,7
Gesamt	398,8	2 063,5	1 185,4	259,2	1 279,1	20,8	81,4	223,5	5 511,7

Quelle: Eurostat.

Erdöl und Erdgas · Deutschland: Sichere und wahrscheinliche Vorräte nach Gebieten

Erdöl in Mill. t	Zum 31. 12. 1989			Zum 31. 12. 1990			Zum 31. 12. 1991		
	sicher	wahr-scheinl.	gesamt	sicher	wahr-scheinl.	gesamt	sicher	wahr-scheinl.	gesamt
Oder/Neiße – Elbe							0,7	–	0,7
Nördlich der Elbe	4,7	1,9	6,6	4,9	12,2	17,1	4,7	11,9	16,6
Elbe – Weser	4,4	1,1	5,5	4,2	0,7	4,9	4,2	0,6	4,8
Weser – Ems	8,1	3,1	11,2	8,1	2,9	11,0	8,7	2,7	11,4
Westlich der Ems	14,7	10,1	24,8	16,0	9,3	25,3	16,9	8,4	25,3
Oberrheintal	1,0	1,1	2,1	1,3	0,7	2,0	1,2	0,5	1,7
Alpenvorland	1,1	0,7	1,8	1,0	0,7	1,7	0,9	0,6	1,5
Gesamt	34,0	18,0	52,0	35,5	26,5	62,0	37,3	24,7	62,0
Davon alte Bundesländer							36,6	24,7	61,3
Davon neue Bundesländer							0,7	–	0,7

Erdgas in Mrd. m³ (V_n)	Zum 31. 12. 1989			Zum 31. 12. 1990			Zum 31. 12. 1991		
	sicher	wahr-scheinl.	gesamt	sicher	wahr-scheinl.	gesamt	sicher	wahr-scheinl.	gesamt
Oder/Neiße – Elbe							0,3	–	0,3
Elbe – Weser	59,2	44,5	103,7	62,0	61,3	123,3	112,6	52,9	165,5
Weser – Ems	109,4	54,0	163,4	104,4	52,5	156,9	106,5	62,2	168,7
Emsmündung	4,8	0,4	5,2	4,6	1,6	6,2	–	1,6	1,6
Westlich der Ems	3,1	1,6	4,7	3,3	1,5	4,8	3,1	1,3	4,4
Thüringer Becken							1,0	–	1,0
Alpenvorland	1,5	0,5	2,0	1,3	0,5	1,8	1,1	0,4	1,5
Gesamt	178,0	101,0	279,0	175,6	117,4	293,0	224,6	118,4	343,0
Davon alte Bundesländer							182,9	118,4	301,3
Davon neue Bundesländer							41,7	–	41,7

Quelle: Wirtschaftsverband Erdöl- und Erdgasgewinnung eV, Jahresbericht 1991.

Erdöl, Erdgas und Erdölgas · Deutschland: Fördermengen*

Jahr	Erdöl t	Jahr	t	Jahr	Erdgas und Erdölgas Mrd. m³ (V_n)	Jahr	Mrd. m³ (V_n)
1950	1 118 633	1971	7 420 354	1950	0,073	1971	15,365
1951	1 366 685	1972	7 098 311	1951	0,081	1972	17,688
1952	1 755 406	1973	6 637 661	1952	0,091	1973	19,384
1953	2 188 696	1974	6 191 061	1953	0,099	1974	20,195
1954	2 666 314	1975	5 741 386	1954	0,141	1975	18,277
1955	3 147 234	1976	5 524 257	1955	0,309	1976	18,846
1956	3 506 219	1977	5 401 139	1956	0,461	1977	19,215
1957	3 959 641	1978	5 058 943	1957	0,464	1978	20,584
1958	4 431 596	1979	4 773 515	1958	0,470	1979	20,657
1959	5 102 758	1980	4 631 343	1959	0,549	1980	18,941
1960	5 529 892	1981	4 458 967	1960	0,643	1981	19,304
1961	6 204 458	1982	4 255 758	1961	0,737	1982	16,823
1962	6 776 353	1983	4 115 854	1962	0,927	1983	17,726
1963	7 382 712	1984	4 055 380	1963	1,295	1984	18,568
1964	7 672 618	1985	4 105 150	1964	1,967	1985	17,214
1965	7 883 893	1986	4 017 014	1965	2,778	1986	15,459
1966	7 868 217	1987	3 792 834	1966	3,392	1987	17,685
1967	7 927 193	1988	3 937 492	1967	4,338	1988	16,511
1968	7 982 136	1989	3 770 096	1968	6,488	1989	16,206
1969	7 875 727	1990	3 605 667	1969	8,912	1990	16,016
1970	7 535 221	1991	3 486 998	1970	12,657	1991	21,366

Quelle: Wirtschaftsverband Erdöl- und Erdgasgewinnung eV, Jahresbericht 1991.   * Ab 1991 einschl. der neuen Bundesländer.

Erdöl, Erdgas und Erdölgas · Deutschland: Fördermengen nach Gebieten*

Gebiete	1983	1984	1985	1986	1987	1988	1989	1990	1991
Erdöl in t									
Oder/Neiße–Elbe	–	–	–	–	–	–	–	–	62 912
Nördlich der Elbe	296 339	297 505	479 303	584 890	611 447	775 369	716 822	687 974	666 395
Elbe–Weser	1 029 812	989 650	936 289	860 836	787 719	749 872	693 782	656 018	603 826
Weser–Ems	969 555	956 720	902 179	877 279	814 339	742 845	719 348	689 545	667 250
Emsmündung	2 747	2 752	1 974	1 004	1 246	1 163	359	205	169
Westlich der Ems	1 465 095	1 476 735	1 437 787	1 358 000	1 270 342	1 303 946	1 312 438	1 280 032	1 200 411
Thüringer Becken	–	–	–	–	–	–	–	–	263
Oberrheintal	80 402	89 787	108 967	97 626	103 992	171 868	157 356	145 377	142 706
Alpenvorland	271 904	242 231	238 651	237 379	203 749	192 429	169 991	146 516	143 066
Gesamt	4 115 854	4 055 380	4 105 150	4 017 014	3 792 834	3 937 492	3 770 096	3 605 667	3 486 998
Erdgas in 1000 m³ (V_n)									
Oder/Neiße–Elbe	–	–	–	–	–	–	–	–	314
Elbe–Weser	2 489 512	2 773 746	2 425 806	2 137 274	3 058 393	3 188 957	3 795 034	4 524 926	9 959 349
Weser–Ems	10 494 565	10 517 789	11 405 957	10 874 943	12 009 543	10 836 913	10 993 334	10 367 503	10 215 635
Emsmündung	3 440 677	3 776 955	2 067 514	1 283 359	1 373 558	1 315 897	146 869	35 268	35 966
Westlich der Ems	793 673	1 016 106	841 523	705 219	796 635	761 290	777 014	719 856	739 066
Thüringer Becken	–	–	–	–	–	–	–	–	51 216
Alpenvorland	271 280	246 442	251 281	246 594	246 285	214 001	308 242	185 822	177 132
Gesamt	17 490 807	18 336 408	16 994 297	15 247 451	17 484 454	16 317 071	16 020 499	15 833 375	21 178 678
Erdölgas in 1000 m³ (V_n)									
Oder/Neiße–Elbe	–	–	–	–	–	–	–	–	10 048
Nördlich der Elbe	8 101	14 111	6 966	7 471	8 296	9 983	10 199	9 892	9 031
Elbe–Weser	41 582	41 996	35 672	28 629	26 691	25 545	25 810	23 106	20 582
Weser–Ems	62 171	58 678	64 094	64 465	61 923	56 560	55 102	55 574	50 617
Westlich der Ems	91 898	87 752	86 445	86 971	83 611	82 096	76 980	77 779	80 088
Oberrheintal	1 706	2 066	2 489	1 871	1 379	2 527	2 385	2 342	2 810
Alpenvorland	29 931	27 196	24 528	22 350	18 421	17 022	15 258	14 096	13 652
Gesamt	235 389	231 799	220 194	211 757	200 321	193 733	185 734	182 789	186 828

Quelle: Wirtschaftsverband Erdöl- und Erdgasgewinnung eV, Jahresbericht 1991.   * Ab 1991 einschl. der neuen Bundesländer.

Rohöl · Deutschland[1]: Einfuhren (1000 t)

Ursprungsland	1980	1981	1982	1983	1984	1985	1986	1987	1988	1989	1990	1991
Großbritannien	14 673	16 050	15 350	14 301	17 809	17 218	18 551	20 751	18 902	14 391	14 875	13 999
Sonstige EG	–	100	296	507	640	261	302	461	174	63	218	597
EG	**14 673**	**16 150**	**15 646**	**14 808**	**18 449**	**17 479**	**18 853**	**21 212**	**19 076**	**14 454**	**15 093**	**14 596**
Norwegen	2 966	2 782	2 432	3 802	2 615	3 405	4 657	3 822	5 556	5 416	6 603	8 706
Sonstige Länder	–	–	–	–	–	–	–	–	–	–	–	–
Europa (ohne UdSSR)	**17 639**	**18 932**	**18 078**	**18 610**	**21 064**	**20 884**	**23 510**	**25 034**	**24 632**	**19 870**	**21 696**	**23 302**
(UdSSR) GUS	**2 848**	**982**	**3 407**	**4 373**	**5 765**	**23 221**	**23 241**	**24 608**	**25 632**	**25 844**	**21 284**	**14 023**
Saudi-Arabien (Opec)	24 579	25 533	17 018	7 015	4 548	2 877	7 254	3 295	4 726	5 472	5 993	7 769
Irak (Opec)	2 952	222	778	1 472	1 988	330	733	2 199	1 419	697	220	–
Iran (Opec)	5 653	1 504	2 270	2 066	2 422	2 667	2 037	997	2 570	2 050	2 870	2 616
Katar (Opec)	199	315	411	737	496	–	–	–	33	112	126	92
Kuwait (Opec)	825	605	–	306	258	136	–	357	137	657	393	–
Oman	1 242	2 340	1 661	202	74	–	7	–	–	–	77	–
Vereinigte Arab. Emirate (Opec)	6 305	3 616	2 277	1 428	1 118	262	81	1 124	318	1 041	744	530
Sonstige Länder	392	526	448	567	1 229	1 462	992	961	2 766	4 954	6 359	7 144
Naher und Mittlerer Osten	**42 147**	**34 661**	**24 863**	**13 793**	**12 133**	**7 734**	**11 104**	**9 007**	**11 969**	**14 983**	**16 782**	**18 151**
Indonesien (Opec)	–	7	5	–	–	1	26	64	–	21	63	32
Indien	–	–	–	–	–	–	–	–	–	–	–	–
Malaysia	–	–	–	–	–	–	–	–	–	–	60	–
Ferner Osten	**–**	**7**	**5**	**–**	**–**	**1**	**26**	**64**	**–**	**21**	**123**	**32**
Asien	**42 147**	**34 668**	**24 868**	**13 793**	**12 133**	**7 735**	**11 130**	**9 021**	**11 969**	**15 190**	**16 905**	**18 183**
Algerien (Opec)	6 300	5 913	4 228	3 718	2 670	4 245	4 840	5 556	5 366	4 041	3 493	4 597
Gabun (Opec)	792	340	207	42	309	166	43	191	–	–	229	635
Libyen (Opec)	14 983	10 379	11 012	10 414	9 637	9 460	6 716	7 076	11 153	10 988	11 493	12 266
Nigeria (Opec)	10 964	5 169	6 634	7 467	9 530	9 822	9 714	4 749	4 712	4 493	6 127	6 793
Sonstige Länder	765	1 647	2 015	1 523	1 614	2 480	1 071	2 379	2 670	981	1 670	2 779
Afrika	**33 804**	**23 448**	**24 096**	**23 164**	**23 760**	**26 173**	**22 384**	**19 951**	**23 901**	**20 503**	**23 012**	**27 070**
Venezuela (Opec)	1 447	1 428	2 037	5 192	4 210	5 050	5 756	4 589	4 731	4 632	4 577	5 561
Sonstige Länder	35	101	56	81	2	465	–	420	317	273	479	613
Amerika	**1 482**	**1 529**	**2 093**	**5 273**	**4 212**	**5 515**	**5 756**	**5 009**	**5 048**	**4 905**	**5 056**	**6 174**
Australien	**–**	**–**	**–**	**–**	**–**	**–**	**–**	**–**	**–**	**–**	**105**	**–**
Gesamt	**97 920**	**79 559**	**72 542**	**65 213**	**66 934**	**83 528**	**86 021**	**83 673**	**91 181**	**86 126**	**88 060**[2]	**88 752**
Davon Opec	74 999	55 031	46 877	39 857	37 186	35 016	37 207	30 271	35 164	34 183	36 328	40 859

Quelle: Zahlen des Generalhandels der amtlichen Außenhandelsstatistik. [1] Bis 1984 alte Bundesländer. [2] Einschl. 2 aus nichtermittelbaren Ländern.

ERDÖL UND ERDGAS

**Mineralöl · Deutschland:
Preise frei deutsche Grenze (DM/t)**

Monat	1989	1990	1991
Januar	225	270	293,88
Februar	245	261	243,88
März	251	244	227,52
April	274	224	243,06
Mai	277	212	249,65
Juni	272	195	242,29
Juli	256	201	254,90
August	245	272	258,72
September	255	351	259,95
Oktober	261	402	267,54
November	259	386	263,09
Dezember	265	342	237,28
Durchschnitt	257	279	253,73

Quellen: Statistisches Bundesamt, Fachserie 7, Reihe 4.1; Taschenbuch für den Brennstoffhandel 92/93. Essen: Verlag Glückauf, 1992.

Erdöl · Welt: Rohöl-Spotpreise $/b

Jahr	1. Quartal	2. Quartal	3. Quartal	4. Quartal
1970		1,21		
1971	1,64		1,74	
1972		1,77	1,87	
1973	2,08	2,35	2,70	4,10
1974	13,00	10,60	10,00	10,30
1975	10,42	10,42	10,43	10,46
1976	11,51	11,51	11,60	11,90
1977	12,50	12,45	12,63	12,68
1978	12,66	12,70	12,79	13,50
1979	18,35	27,35	32,90	38,17
1980	36,58	35,52	33,30	38,63
1981	37,32	33,58	32,06	33,73
1982	34,00	30,40	28,20	32,48
1983	29,50	28,40	28,93	28,43
1984	28,53	28,40	27,45	27,50
1985*	27,71	27,40	27,08	27,80
1986	23,65	11,08	10,26	13,71
1987	16,83	16,96	17,30	16,98
1988	15,05	14,18	13,66	11,28
1989	14,74	16,98	15,46	15,85
1990	16,68	14,05	23,53	27,58
1991	16,29	15,48	16,79	17,39
1992	15,31	17,61	18.18	

* Bis 1985 Arab lit, ab 1986 Dubai.

Quelle: Mineralölwirtschaftsverband e. V.

Mineralöl · Deutschland: Bestände an Rohöl und Mineralölprodukten* (1000 t)

	1987	1988	1989	1990	1991
Rohölbestände in ausländischen Pipeline-Kopfstationen	2 975	2 809	2 916	2 443	2 963
im Inland (Wilhelmshaven, Kavernen, Raffinerien und sonstige Lager)	16 962	18 183	18 254	18 068	18 399
Gesamt	19 937	20 992	21 170	20 511	21 362
Produktenbestände in Raffinerien und im Vertriebssystem					
Rohbenzin	231	209	230	216	237
Vergaserkraftstoff	4 413	4 579	4 717	4 768	5 022
Benzinkomponenten	681	628	725	689	788
Dieselkraftstoff	1 070	979	1 233	1 124	1 218
Heizöl, leicht	8 906	8 714	8 991	8 453	8 799
Mitteldestillatkomponenten	592	535	706	585	653
Heizöl, schwer	1 631	1 681	1 574	1 375	1 314
HS-Komponenten	559	674	623	530	553
Übrige Produkte	1 762	1 828	1 745	1 752	1 823
Gesamt	19 845	19 827	20 544	19 492	20 407
Gesamt-Bestände an Rohöl und Mineralölprodukten	39 782	40 819	41 714	40 003	41 769

* Bestände des Erhebungskreises, das heißt der Mineralölgesellschaften, die in die amtliche Mineralölberichterstattung einbezogen sind, des Erdölbevorratungsverbandes sowie Einlagerungen im Rahmen der Bundesrohölreserve. Sie beinhalten die aufgrund des Bevorratungsgesetzes gehaltenen Bestände. Im Ausland lagernde Produktenbestände und Bestände im Vertriebs-/Handelsbereich, soweit diese Mengen bereits als Absatz gemeldet wurden, sind nicht berücksichtigt; desgl. nicht Verbraucherbestände.

Quelle: Mineralöl-Zahlen 1991.

Mineralöl · Deutschland: Produktion der Weiterverarbeitungsanlagen (1000 t)
(Stand jeweils 31. 12.)

Jahr	Rohöl-verarbeitung (atmosphärische Destillation)	Vakuum-Destillation	Konversions-anlagen	Katalytische Reformier-anlagen	Schmieröl-verarbeitungs-anlagen
1972	133 160		19 650	14 850	1 365
1973	145 610		19 410	14 899	1 365
1974	148 810		19 410	16 214	1 460
1975	153 860		18 985	17 450	1 485
1976	153 860		19 620	17 446	1 485
1977	154 530		20 785	18 100	1 365
1978	159 430		24 415	19 445	1 365
1979	153 880		25 985	19 640	1 365
1980	150 380		31 135	19 470	1 415
1981	143 380		32 805	19 500	1 415
1982	125 980		31 625	18 405	1 415
1983	113 980	35 725[a]	33 120	18 535	1 415
1984	105 280	35 400	34 240	16 510	1 470
1985	87 250	35 300	32 015	13 863	1 220
1986	85 250	34 780	30 780	13 863	1 120
1987	80 450	35 600	30 920	13 353	960
1988	81 500	35 760	32 180	13 618	960
1989	78 290	36 275	33 265	13 575	960
1990	80 550	35 510	33 625	13 950	970
1991[b]	89 070	45 229	42 322	17 829	1 280

[a] 1983 erstmals erhoben. [b] Ab 1991 einschl. der neuen Bundesländer. Quelle: MWV; Mineralöl-Zahlen 1991.

Mineralölprodukte · Deutschland: Verbrauch (1000 t RÖE)

Mineralölprodukte	1987	1988	1989	1990	1991
Hauptprodukte					
Rohbenzin	11 224	12 677	13 012	13 158	12 567
Vergaserkraftstoff	27 517	28 670	28 844	30 779	30 987
(darunter Superbenzin	(14 897)	(18 655)	(17 491)	(18 085)	(18 842)
darunter Bleifrei-VK)	(6 435)	(11 571)	(15 204)	(19 821)	(24 133)
Dieselkraftstoff	19 288	19 720	20 428	21 464	22 706
leichtes Heizöl	38 310	36 816	29 163	31 476	37 328
schweres Heizöl	11 204	10 055	8 554	8 437	8 886
Nebenprodukte					
Flüssiggas	2 690	2 645	2 688	2 584	2 851
Raffineriegas	943	1 018	877	578	544
Spezialbenzin	234	234	237	124	97
Testbenzin	107	123	116	168	132
Flugbenzin	42	50	61	50	55
Flugturbinenkraftstoff, schwer	3 452	3 859	4 173	4 503	4 440
Andere Leuchtöle (z. B. Petroleum)	64	38	31	29	28
Bitumen	2 970	2 961	3 011	2 929	3 349
Petrolkoks	1 725	1 533	1 961	1 760	1 688
Wachse, Paraffine, Vaseline etc.	285	327	261	272	198
Schmierstoffe	1 444	1 504	1 551	1 445	1 228
Andere Rückstände	830	992	694	922	987
Zwischensumme	122 599	123 222	115 662	120 678	128 071
Doppelzählungen aus Recycling	− 5 306	− 5 609	− 5 296	− 5 194	− 4 455
Inlandsabsatz gesamt	117 293	117 613	110 366	115 484	123 616

Quelle: MWV, Mineralöl-Zahlen 1991.

ERDÖL UND ERDGAS

Mineralölprodukte · Deutschland*: Ausfuhr (1000 t RÖE)

Mineralölprodukte	1986	1987	1988	1989	1990	1991
Hauptprodukte						
Rohbenzin	126	170	206	259	290	226
Vergaserkraftstoff	1 245	1 230	1 482	1 727	1 599	1 830
Benzinkomponenten	98	85	253	347	242	372
Dieselkraftstoff	1 699	1 043	1 395	1 811	1 284	595
Heizöl, leicht	537	618	1 337	1 853	2 155	1 697
Mitteldestillatkomponenten	108	85	67	43	79	46
Heizöl, schwer	2 420	1 951	2 100	2 423	2 182	1 815
HS-Komponenten	66	63	148	78	79	9
Nebenprodukte						
Flüssiggas	425	429	375	392	399	435
Spezialbenzin	63	40	39	47	38	27
Testbenzin	66	33	32	48	32	29
Flugbenzin	23	22	22	22	24	5
Flugturbinenkraftstoff, leicht	4	–	16	5	–	–
Flugturbinenkraftstoff, schwer	71	88	156	94	83	28
Andere Leuchtöle (z. B. Petroleum)	8	14	1	1	1	1
Bitumen	452	509	498	532	493	488
Petrolkoks	288	345	382	376	435	468
Wachse, Paraffine, Vaseline etc.	183	180	40	210	216	220
Schmierstoffe	401	419	387	371	383	330
Andere Rückstände	33	42	55	59	68	61
Ausfuhr gesamt	**8 316**	**7 366**	**8 991**	**10 698**	**10 082**	**8 682**

* Gesamtdeutsches Wirtschaftsgebiet.   Quelle: MWV, Mineralöl-Zahlen 1991.

Mineralölprodukte · Deutschland*: Gesamt-Ausfuhr nach Bestimmungsländern (1000 t RÖE)

Bestimmungsländer	1986	1987	1988	1989	1990	1991
Belgien/Luxemburg	602	666	508	433	408	455
Dänemark	195	167	182	161	152	146
Finnland	15	21	20	6	47	5
Frankreich	651	645	856	1 084	919	826
Griechenland	10	5	8	3	4	25
Großbritannien	161	130	130	136	136	284
Irland	1	2	2	–	–	1
Italien	131	139	205	396	331	166
Jugoslawien	19	14	54	40	36	41
Niederlande	643	767	885	1 041	1 236	1 339
Norwegen	42	35	53	22	72	16
Österreich	903	835	1 019	944	1 057	1 371
Portugal	3	2	2	3	2	3
Schweden	68	53	108	62	39	51
Schweiz	1 348	1 268	2 209	2 546	2 954	2 501
Spanien	22	17	34	6	59	11
Sonstige Länder	6	11	9	15	100	102
Westeuropa	**4 820**	**4 777**	**6 284**	**6 898**	**7 552**	**7 343**
(EG)	(2 419)	(2 540)	(2 882)	(3 263)	(3 247)	(3 358)
Osteuropa	39	24	28	13	146	772
Afrika	52	53	75	20	20	13
Amerika	71	48	210	79	85	169
Naher Osten	19	15	18	14	5	4
Sonstige Länder	44	46	52	202	364	381
Gesamt	**5 045**	**4 963**	**6 667**	**7 226**	**8 172**	**8 682**

* Bis 1990 alte Bundesländer, ab 1991 Gesamtdeutschland.   Quelle: MWV, Mineralöl-Zahlen 1991.

10 STATISTIK

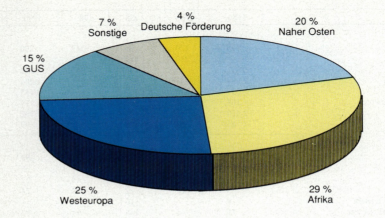

Graphik 9. Mineralölbezugsquellen Deutschlands (alte Bundesländer) im Jahr 1991.

Quelle: Mineralölwirtschaftsverband e. V.

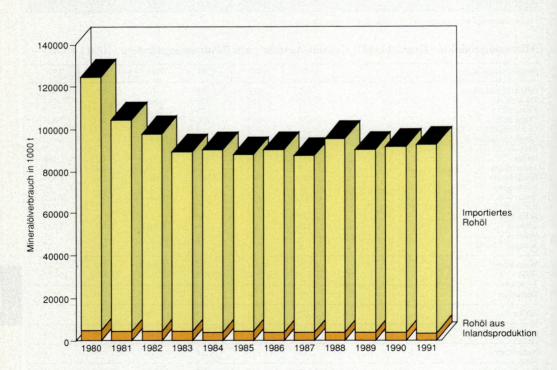

Graphik 10. Der Mineralölverbrauch in Deutschland (alte Bundesländer).

Quelle: Mineralölwirtschaftsverband e. V.

ERDÖL UND ERDGAS

Heizöl · Deutschland*: Einfuhr von leichtem Heizöl (1000 t)

Lieferländer	1980	1981	1982	1983	1984	1985	1986	1987	1988	1989	1990	1991
Belgien, Luxemburg	1 614	1 509	1 845	2 155	2 055	796	1 140	1 015	667	579	978	1 396
Dänemark	–	19	19	26	51	35	60	131	43	110	124	227
Frankreich	779	1 020	758	770	576	792	758	769	787	312	277	288
Großbritannien	295	319	208	461	405	1 159	1 621	1 077	367	17	152	855
Italien	240	5	1	32	1	138	231	96	–	–	–	–
Niederlande	6 094	5 244	5 238	5 646	6 152	8 065	10 226	8 939	7 221	6 310	6 441	8 899
Sonstige EG	1	19	20	–	3	10	106	1	–	7	–	–
EG	**9 023**	**8 135**	**8 089**	**9 090**	**9 243**	**10 995**	**14 142**	**12 028**	**9 085**	**7 335**	**7 972**	**11 665**
CSFR	92	74	169	193	135	116	167	329	126	424	296	118
Finnland	37	265	182	353	395	255	139	210	100	14	14	157
Jugoslawien	45	16	61	63	65	68	116	107	112	119	113	14
Norwegen	125	141	503	133	106	146	121	369	394	488	559	723
Polen	102	19	–	1	9	5	–	–	–	–	7	–
Rumänien	112	10	–	–	–	28	158	115	–	–	–	–
Schweden	25	332	208	530	603	814	875	1 122	615	617	964	844
Sonstiges Europa	15	63	14	65	155	108	240	253	257	254	170	212
Europa (ohne UdSSR)	**9 576**	**9 055**	**9 226**	**10 428**	**10 712**	**12 535**	**15 958**	**14 533**	**10 689**	**9 252**	**10 095**	**13 733**
(UdSSR) GUS	1 336	612	467	274	190	283	944	408	66	59	1 240	1 673
Kuwait	528	103	330	769	526	412	589	93	–	–	–	–
Sonstige Länder	–	–	–	–	–	115	100	207	30	–	–	–
Naher Osten	**528**	**103**	**330**	**769**	**526**	**527**	**689**	**300**	**30**	–	–	–
Algerien	598	392	101	219	154	276	442	296	92	34	28	88
Sonstige Länder	1	3	8	29	5	49	229	76	11	–	–	–
Afrika	**599**	**395**	**109**	**248**	**159**	**325**	**671**	**372**	**103**	**34**	**28**	**88**
Nordamerika	29	–	–	6	23	23	38	–	–	–	–	168
Bahamas	898	52	–	3	–	–	7	5	–	–	–	–
Niederl. Antillen	1	–	81	–	–	–	–	–	–	–	–	–
Venezuela	95	11	23	14	90	311	177	–	–	–	59	16
Sonstige Länder	42	27	1	–	–	–	20	–	–	–	–	54
Süd- und Mittelamerika	**1 036**	**90**	**105**	**17**	**90**	**311**	**204**	**5**	–	–	**59**	**70**
Ferner Osten	**17**	–	–	–	–	–	–	–	–	–	–	**22**
Gesamt	**13 121**	**10 255**	**10 237**	**11 742**	**11 700**	**14 004**	**18 504**	**15 618**	**10 888**	**9 345**	**11 422**	**15 754**

Quelle: Zahlen des Generalhandels der amtlichen Außenhandelsstatistik.   * Bis 1990 alte Bundesländer.

Heizöl · Deutschland*: Einfuhr von schwerem Heizöl (1000 t)

Lieferländer	1980	1981	1982	1983	1984	1985	1986	1987	1988	1989	1990	1991
Belgien, Luxemburg	443	250	335	582	434	528	885	559	476	219	123	187
Dänemark	9	7	7	–	18	36	79	229	100	101	213	65
Frankreich	629	526	400	230	91	72	103	49	92	34	41	27
Großbritannien	164	45	65	133	8	162	192	108	96	31	1	–
Italien	–	22	26	10	–	–	45	20	–	–	–	–
Niederlande	1 690	1 309	1 479	1 853	1 129	906	1 150	768	735	508	449	615
Sonstige EG	–	2	1	–	–	–	314	202	138	–	–	2
EG	2 935	2 161	2 313	2 808	1 680	1 704	2 768	1 935	1 637	893	827	896
Norwegen	9	41	46	44	–	16	21	129	47	32	–	–
Polen	3	1	26	22	17	24	10	31	58	177	318	386
Schweden	155	88	77	235	106	26	51	119	75	2	–	51
Sonstiges Europa	160	206	61	128	168	346	140	87	56	30	62	149
Europa (ohne UdSSR)	3 262	2 497	2 523	3 237	1 971	2 116	2 990	2 301	1 873	1 134	1 207	1 482
(UdSSR) GUS	152	170	189	141	161	198	403	153	180	180	107	221
Naher Osten	–	23	27	–	–	62	–	5	–	–	–	–
Algerien	46	164	50	20	137	–	–	–	–	–	–	–
Gabun	28	35	39	16	4	–	–	–	–	–	–	–
Libyen	30	26	–	32	61	44	197	341	181	45	27	15
Sonstige Länder	15	2	14	30	78	110	2	–	20	51	–	–
Afrika	119	227	103	98	280	154	199	341	201	96	27	15
Nordamerika	1	10	46	–	–	61	0	44	5	1	–	–
Niederl. Antillen	8	14	16	2	5	11	–	–	–	–	–	–
Kolumbien	–	6	35	–	–	2	–	–	–	–	–	–
Trinidad	128	40	–	–	–	6	–	1	–	–	–	–
Venezuela	96	3	46	–	–	39	27	1	143	139	36	46
Sonstige Länder	108	41	19	–	–	–	1	–	–	–	–	–
Süd- und Mittelamerika	340	104	116	2	5	58	28	2	143	139	36	46
Ferner Osten	12	64	–	–	–	–	57	–	–	–	104	273
Gesamt	3 886	3 095	3 004	3 478	2 417	2 649	3 677	2 846	2 402	1 550	1 481	2 037

Quelle: Zahlen des Generalhandels der amtlichen Außenhandelsstatistik.   * Bis 1990 alte Bundesländer.

Heizöl · Deutschland (alte Bundesländer): Verbrauch

Verbrauchergruppen	1989 leicht 1000 t	%	1989 schwer 1000 t	%	1990 leicht 1000 t	%	1990 schwer 1000 t	%
Verkehr	65	0,2	23	0,3	65	0,2	23	0,3
Bundesbahn	65	0,2	23	0,3	65	0,2	23	0,3
Binnenschiffahrt	.	.	.	.	.	.	.	.
Öffentliche Versorgung	717	2,5	1 213	14,0	660	2,1	1 338	15,9
Steinkohlenkraftwerke	75	0,3	283	3,3	86	0,3	229	2,7
Braunkohlenkraftwerke	2	0,0	9	0,1	3	0,0	7	0,1
Heizölkraftwerke	362	1,2	618	7,1	299	0,9	802	9,5
Fernheizwerke	278	1,0	303	3,5	272	0,9	300	3,6
Kohlenbergbau	60	0,2	106	1,2	32	0,1	56	0,7
Steinkohlenbergbau	58	0,2	104	1,2	30	0,1	54	0,7
Braunkohlenbergbau	2	0,0	2	0,0	2	0,0	2	0,0
Verarbeitendes Gewerbe	4 225	14,6	6 819	78,9	4 495	14,2	6 717	79,5
Eisenschaffende Industrie	25	0,1	875	10,1	27	0,1	786	9,3
Mineralölverarbeitung	1 114	3,8	1 804	20,9	1 268	4,0	1 854	22,0
Nichtkohlenbergbau und Salinen	6	0,0	14	0,2	6	0,0	12	0,1
Gießereien	78	0,3	–	0,0	74	0,2	1	0,0
NE-Metallerzeugung	56	0,2	60	0,7	63	0,2	49	0,6
Chemische Industrie	365	1,3	1 568	18,1	315	1,0	1 667	19,7
Steine und Erden	257	0,9	330	3,8	254	0,8	339	4,0
Feinkeramik, Glas	50	0,2	296	3,4	49	0,2	309	3,7
Zellstoff, Papier, Pappe	140	0,5	679	7,9	139	0,4	594	7,0
Ziehereien, Kaltwalzwerke, Stahlverformung	108	0,4	6	0,1	102	0,3	5	0,0
Eisen-, Blech-, Metallwaren	154	0,5	16	0,2	149	0,5	11	0,1
Stahl- und Leichtmetallbau	57	0,2	9	0,1	54	0,2	7	0,1
Maschinenbau	310	1,1	68	0,8	299	0,9	57	0,7
Fahrzeugbau	231	0,8	48	0,6	214	0,7	28	0,3
Elektrotechnik, Feinmechanik, Optik	282	0,9	55	0,6	488	1,6	48	0,6
Kunststoffwaren, Gummiverarbeitung	140	0,5	102	1,2	145	0,5	84	1,0
Textil und Bekleidung	169	0,6	225	2,6	158	0,5	202	2,4
Ledererzeugung und -verarbeitung	20	0,0	21	0,2	19	0,0	17	0,2
Holzbe- und -verarbeitung	108	0,4	85	1,0	111	0,4	75	0,9
Ernährungsgewerbe, Tabakverarbeitung	538	1,9	557	6,4	543	1,7	571	6,8
Sonstiges Verarbeitendes Gewerbe	17	0,0	1	0,0	18	0,0	1	0,0
Hausbrand, Kleinverbrauch	23 545	81,3	424	4,9	26 036	82,4	263	3,1
Militärische Dienststellen	361	1,2	61	0,7	327	1,0	40	0,5
Gesamt	28 973	100,0	8 646	100,0	36 615	100,0	8 439	100,0

Quelle: Statistik der Kohlenwirtschaft eV.

Heizöl · Deutschland: Verbrauch nach Industriezweigen (1000 t)

Jahr	Verarbeitendes Gewerbe	Chemische Industrie	Bergbau	Mineralölverarbeitung	Eisenschaffende Industrie	Gewinnung und Verarbeitung von Steinen und Erden	Herstellung von Eisen-, Blech- und Metallwaren	Herstellung und Verarbeitung von Glas	Zellstoff-, Holzschliff-, Papier- und Pappeerzeugung	Textilgewerbe	Nahrungs- und Genußmittelgewerbe
1978	26 174,7	5 123,8	286,7	3 447,6	2 403,3	3 123,0	398,1	716,5	1 662,2	959,0	2 748,2
1979	25 736,9	5 139,6	261,7	3 558,0	2 367,3	3 100,4	389,2	684,9	1 602,0	899,2	2 676,4
1980	22 920,0	4 858,5	189,4	3 582,2	1 434,2	2 521,4	336,1	663,2	1 508,5	785,5	2 472,8
1981	18 933,7	4 150,7	177,4	3 106,1	734,3	1 601,9	291,7	580,0	1 378,1	660,5	2 364,9
1982	17 428,7	3 624,0	156,3	3 986,3	544,3	927,2	251,2	530,8	1 191,2	591,0	2 143,2
1983	15 304,7	3 001,8	151,4	3 710,5	521,3	784,6	222,7	474,8	1 038,8	535,7	1 736,2
1984	14 268,7	2 923,8	140,4	3 364,8	493,4	711,9	221,8	488,3	915,6	481,9	1 610,4
1985	12 711,2	2 592,6	126,6	2 971,3	325,4	558,8	215,5	467,4	780,8	452,8	1 436,1
1986	13 416,0	2 516,3	124,3	2 931,5	881,6	706,6	222,7	471,2	864,2	453,2	1 451,9
1987	12 948,5	2 343,5	116,5	3 403,7	815,6	632,7	209,2	431,4	799,5	406,4	1 297,4
1988	12 246,0	2 237,6	125,4	3 429,6	874,9	644,3	177,1	345,1	755,4	358,4	1 185,7
1989	11 025,1	1 933,0	185,2	2 918,6	886,0	587,5	170,3	328,6	662,5	330,4	1 095,9
1990	11 254,8	1 989,6	107,4	3 122,5	799,3	609,4	162,4	342,9	597,1	306,1	1 143,0
1991	11 307,8	1 990,0	105,3	2 891,3	965,4	659,3	173,2	333,7	555,9	291,5	1 437,0

Quelle: Verband der Chemischen Industrie eV, Chemiewirtschaft in Zahlen 1992.

ERDÖL UND ERDGAS

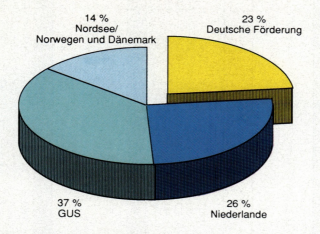

Graphik 11. Erdgasbezugsquellen Deutschlands (alte Bundesländer) im Jahr 1991.

Quelle: BEB Erdgas und Erdöl GmbH.

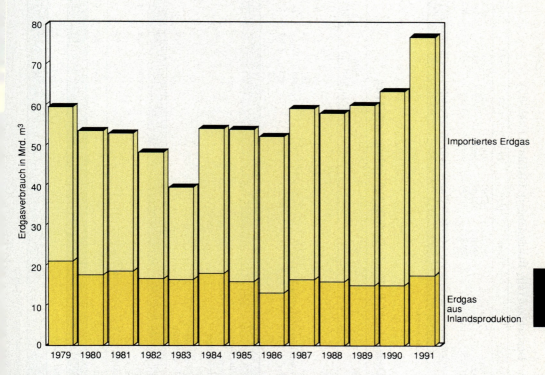

Graphik 12. Der Erdgasverbrauch in Deutschland (alte Bundesländer).

Quelle: BEB Erdgas und Erdöl GmbH.

10 STATISTIK

Erdgas · Deutschland (alte Bundesländer): Einfuhren (1000 TJ)

Herkunftsländer	1980	1981	1982	1983	1984	1985	1986	1987	1988	1989	1990	1991*
Niederlande	795,7	662,0	616,1	632,3	567,5	674,1	613,0	630,2	554,0	640,7	669,7	822,0
Norwegen	340,6	313,0	299,6	279,8	270,1	248,1	258,9	300,7	322,4	342,1	335,9	339,0
UdSSR (GUS)	379,2	416,4	369,3	383,4	479,6	482,9	569,4	644,2	652,6	702,8	747,4	909,0
Sonstige Länder	–	–	–	–	–	–	4,8	1,1	–0,0	0,4	0,0	–
Gesamt	**1 515,5**	**1 391,4**	**1 285,0**	**1 295,5**	**1 317,2**	**1 405,1**	**1 446,1**	**1 576,2**	**1 528,9**	**1 686,0**	**1 753,0**	**2 063,5**

*Vorläufig   Quelle: Eurostat.

Gas · Deutschland (alte Bundesländer): Aufwendung nach Arten

Gasarten	1986 Mill. m³	%	1987 Mill. m³	%	1988 Mill. m³	%	1989 Mill. m³	%	1990 Mill. m³	%
Naturgas										
Erdgas	13 647	22,2	16 338	24,0	15 073	23,1	14 532	21,1	14 865	21,1
Erdölgas	267	0,4	254	0,3	247	0,4	236	0,3	232	0,3
Einfuhr von Erdgas und Erdölgas	40 939	66,6	45 338	66,7	43 923	67,4	48 215	70,0	49 817	70,6
Grubengas	437	0,7	459	0,7	481	0,7	408	0,6	368	0,5
Klärgas	322	0,5	329	0,5	336	0,5	349	0,5	365	0,5
Zusammen	**55 612**	**90,4**	**62 718**	**92,2**	**60 060**	**92,1**	**63 740**	**92,5**	**65 647**	**93,0**
Hergestelltes Gas										
Raffineriegas										
Raffinerie-Spaltgas										
Flüssiggas										
Gas aus Öl und Teer										
Gas aus Leichtbenzin	530	0,9	541	0,8	484	0,7	478	0,7	485	0,7
Zusammen	**530**	**0,9**	**541**	**0,8**	**485**	**0,7**	**478**	**0,7**	**485**	**0,7**
Kokereigas	5 379	8,7	4 723	7,0	4 662	7,2	4 657	6,8	4 434	6,3
Hochofengas	–	–	–	–	–	–	–	–	–	–
Generatorgas	5	0,0	5	0,0	5	0,0	4	0,0	4	0,0
Kohlengas	5 384	8,7	4 728	7,0	4 667	7,2	4 661	6,8	4 438	6,3
Hergestelltes Gas gesamt	**5 914**	**9,6**	**5 269**	**7,8**	**5 152**	**7,9**	**5 139**	**7,5**	**4 924**	**7,0**
U-Speicher Saldo	–	–	–	–	–	–	–	–	–	–
Gesamt	**61 526**	**100,0**	**67 987**	**100,0**	**65 212**	**100,0**	**68 878**	**100,0**	**70 571**	**100,0**

Quelle: Bundesministerium für Wirtschaft.

Gas · Deutschland (alte Bundesländer): Verwendung nach Verbrauchergruppen

Verbrauchergruppen	1986 Mill. m³	%	1987 Mill. m³	%	1988 Mill. m³	%	1989 Mill. m³	%	1990 Mill. m³	%
Bergbau	–	–	–	–	–	–	–	–	–	–
Eisenindustrie	8 141	13,2	8 395	12,3	8 434	12,9	8 457	12,3	8 512	12,1
Chemische Industrie	8 619	14,0	9 630	14,2	9 628	14,8	10 418	15,1	10 270	14,5
Steine und Erden, Glas und Keramik	2 769	4,5	2 828	4,2	2 968	4,6	3 160	4,6	3 245	4,6
NE-Metallerzeugung	1 317	2,2	1 236	1,8	1 329	2,0	1 302	1,9	1 311	1,8
Leder-, Textil- und Bekleidungsgewerbe	660	1,1	755	1,1	750	1,2	785	1,1	824	1,2
Ernährungsgewerbe, Tabakverarbeitung	1 603	2,6	1 775	2,6	1 855	2,8	2 055	3,0	2 256	3,2
Sonstige Industrie	3 458	5,6	4 080	6,0	4 230	6,5	4 463	6,5	4 500	6,4
Industrie gesamt	**26 567**	**43,2**	**28 699**	**42,2**	**29 194**	**44,8**	**30 640**	**44,5**	**30 918**	**43,8**
Öffentliche Kraftwerke	5 418	8,8	5 984	8,8	6 245	9,6	7 556	11,0	8 051	11,4
Haushalte	17 192	27,9	18 972	27,9	17 176	26,3	17 352	25,2	17 827	25,3
Handel und Kleingewerbe	2 499	4,1	2 750	4,1	2 533	3,9	2 569	3,7	2 764	3,9
Öffentliche Einrichtungen	3 166	5,1	3 403	5,0	3 297	5,0	3 322	4,8	3 515	5,0
Heizwerke und Heizzentralen	1 098	1,8	1 136	1,7	1 088	1,7	1 131	1,7	1 171	1,6
Sonstige Abnehmer	1 199	2,0	1 445	2,1	1 373	2,1	1 319	1,9	1 417	2,0
Nicht abgerechnete Mengen	–	–	–	–	–	–	–	–	–	–
Verwendung im Inland	**57 139**	**92,9**	**62 389**	**91,8**	**60 906**	**93,4**	**63 889**	**92,8**	**65 663**	**93,0**
Ausfuhr	1 296	2,1	1 626	2,4	1 339	2,1	1 110	1,6	1 238	1,8
Gasdarbietung zusammen	58 435	95,0	64 015	94,2	62 245	95,5	64 999	94,4	66 901	94,8
Unterfeuerung, Eigenverbrauch, Fackelverluste	3 091	5,0	3 972	5,8	2 967	4,5	3 879	5,6	3 670	5,2
Verbrauch Bundesrepublik Deutschland	**61 526**	**100,0**	**67 987**	**100,0**	**65 212**	**100,0**	**68 878**	**100,0**	**70 571**	**100,0**

Quelle: Bundesministerium für Wirtschaft.

10 STATISTIK

Gas · Deutschland: Durchschnittserlöse aus dem Gasumsatz der Gasversorgungsunternehmen nach Abnehmergruppen[1][4] (Pf/Nm³) ($H_0 = 35{,}1691$ MJ/Nm³)

	Jahr	Industrie	Öffentliche Kraftwerke[2]	Haushalte	Sonstige Abnehmer[3]	Gesamtdurchschnitt
Erdgas	1970	7,08	.	28,14	22,81	10,72
	1971	7,10	.	26,53	21,17	10,45
	1972	8,45	.	28,46	20,89	12,54
	1973	8,60	.	28,63	21,11	13,00
	1974	10,43	.	32,29	22,20	14,96
	1975	16,83	11,22	36,67	25,49	19,72
	1976[4]	16,65	12,37	36,29	23,81	20,11
	1977	17,56	12,64	37,68	26,32	20,27
	1978	18,06	13,29	37,45	27,07	21,58
	1979	18,61	14,27	37,80	28,33	22,05
	1980	23,96	19,35	45,32	35,34	28,42
	1981	30,98	27,19	54,55	44,98	37,65
	1982	42,20	32,29	64,18	53,71	47,65
	1983	40,40	31,18	63,17	52,69	46,70
	1984	43,19	34,95	63,42	54,79	49,18
	1985	45,75	36,49	65,07	57,24	52,19
	1986	35,88	29,59	59,79	51,58	44,84
	1987	23,11	22,52	42,49	34,03	30,60
	1988	20,87	18,48	41,22	32,02	27,99
	1989	22,73	20,32	43,18	33,73	29,55
	1990	**25,45**	**21,45**	**47,22**	**38,24**	**32,67**
Hergestelltes Gas	1970	11,37	.	35,79	35,12	18,38
	1971	11,26	.	36,13	34,61	18,75
	1972	11,30	.	39,72	35,59	19,60
	1973	10,08	.	39,33	34,41	17,98
	1974	11,80	.	39,21	37,65	20,18
	1975	16,14	12,81	48,76	37,00	21,47
	1976[4]	15,99	15,12	48,04	35,57	24,16
	1977	17,56	17,71	51,93	33,85	25,14
	1978	18,28	16,91	51,07	35,43	25,92
	1979	18,46	14,72	51,06	34,97	25,14
	1980	22,30	17,68	63,39	44,40	27,79
	1981	39,47	27,30	73,62	53,96	42,68
	1982	39,61	26,66	84,65	65,95	44,47
	1983	38,03	27,78	88,92	68,43	44,07
	1984	39,92	27,95	86,20	74,20	46,36
	1985	41,06	28,64	87,12	74,33	46,78
	1986	27,16	18,93	86,20	71,86	34,31
	1987	19,29	13,43	79,87	66,06	27,54
	1988	17,68	16,00	82,43	66,36	25,64
	1989	18,29	16,00	93,11	73,19	25,26
	1990	**20,27**	**18,18**	**95,28**	**76,60**	**27,43**
Insgesamt	1970	8,01	.	32,13	25,10	13,21
	1971	7,89	.	31,09	23,54	12,80
	1972	8,89	.	32,28	23,23	14,19
	1973	8,79	.	31,22	22,83	13,94
	1974	10,58	.	33,63	23,62	15,65
	1975	16,72	11,37	38,37	26,75	20,00
	1976[4]	16,59	12,58	37,50	24,68	20,54
	1977	17,56	12,85	39,05	26,87	21,02
	1978	18,23	13,44	38,87	27,85	22,13
	1979	18,60	14,28	38,73	28,69	22,28
	1980	23,74	19,25	46,31	35,75	28,37
	1981	31,92	27,19	55,39	45,28	38,04
	1982	41,89	31,91	64,99	54,04	47,40
	1983	40,07	31,09	64,03	53,03	46,49
	1984	42,68	34,80	64,28	55,25	48,97
	1985	45,14	36,26	65,72	57,58	51,77
	1986	34,74	29,29	60,49	51,95	44,04
	1987	22,68	22,35	43,41	34,57	30,40
	1988	20,52	18,42	42,18	32,58	27,84
	1989	22,26	20,24	44,05	34,20	29,29
	1990	**24,93**	**21,39**	**48,04**	**38,68**	**32,38**

[1] Ab 1977 neue Erfassungssystematik; die Daten für die Jahre 1970 bis 1976 wurden aus den Unterlagen des BMWi errechnet. [2] Bis einschließlich 1974 in Industrie enthalten. [3] Handel und Kleingewerbe, öffentliche Einrichtungen, Heizwerke und sonstige Abnehmer. [4] Ab 1976 ohne Umsatzsteuer.
Quelle: VIK, Statistik der Energiewirtschaft 1990/91.

Petrochemie

Chemische Industrie · Deutschland: Rohstoffbasis

		1980	1989	1990	1991
Steinkohle	1000 t SKE	4 596	4 193	3 261	3 030
davon Steinkohlen und -briketts		4 153	3 857	2 990	2 776
Steinkohlenkoks		443	336	271	254
Braunkohle[a]	1000 t SKE	584	756	730	854
davon Rohbraunkohle		428	323	307	311
Braunkohlenbriketts und -koks		92	433	423	543
sonst. Braunkohlen		64	–	–	–
Heizöl	1000 t	4 858	1 933	1 989	1 990[c]
davon leicht		354	365	321	320
schwer		4 504	1 568	1 668	1 670
Gas[b]	Mill. m^3	385	277	163	134

[a] Heizwert 29 308 GJ/t.   [b] Orts- und Kokereigas einschließlich Ferngas; berechnet auf einen oberen Heizwert von 35 169 kJ/m^3.   [c] 16 Bundesländer.
Quelle: Verband der Chemischen Industrie, Chemiewirtschaft in Zahlen 1992.

Petrochemie · Deutschland: Ein- und Ausfuhr chemischer Erzeugnisse 1991 (1000 DM)

Chemische Erzeugnisse	Ausfuhr	Einfuhr
Schwefelsäuren und Oxide des Schwefels	75 266	17 805
Salzsäuren und Flußsäure	68 812	9 827
Phosphorsäuren und Oxide des Phosphors	38 859	144 884
Sonstige Säuren einschl. Siliciumdioxid	47 329	75 334
Ammoniak	86 846	90 232
Ätzalkalien einschl. Natrium- u. Kaliumperoxid	361 838	142 694
Aluminiumoxid und Aluminiumhydroxid	517 841	493 524
Sonst. Metalloxide, -hydroxide und -peroxide	154 153	149 331
Wasserstoffperoxid	27 286	74 231
Salze der Schwefelsäuren	306 265	96 443
Salze der Halogensäuren	380 988	139 677
Nitrate, Nitrite	42 145	20 157
Salze der Phosphorsäuren einschl. Phosphide	344 396	139 790
Carbonate, Bicarbonate und Percarbonate	433 970	152 831
Salze sonst. anorganischer Säuren	372 240	242 252
Carbide	156 568	184 210
Verbindungen der Edelmetalle	339 043	230 477
Halogen- und Schwefelverbindungen der Nichtmetalle	112 556	29 684
Technische Gase einschl. Trockeneis	69 896	87 836
Halogene	26 754	57 948
Kohlenstoff	104 102	165 714
Sonstige anorganische Elemente und Verbindungen	383 892	247 758
Anorganische Industriechemikalien gesamt	**4 451 045**	**2 992 639**
Pharmazeutische Chemikalien	932 694	750 429
Kohlenwasserstoffe, chemisch nicht einheitlich	86 205	335 764
Kohlenwasserstoffe, chemisch einheitlich	975 911	1 791 489
Halogen-, Sulfo-, Nitro- und Nitrosoderivate der Kohlenwasserstoffe	724 182	630 510
Alkohole*	1 754 605	827 677
Phenole*	568 614	264 680
Äther*	1 011 216	576 292
Aldehyde und Ketone*	809 575	631 125
Carbonsäuren einschl. ihrer Salze und Ester	2 913 623	2 009 510

Fortsetzung der Tabelle auf Seite 1114.

Petrochemie · Deutschland: Ein- und Ausfuhr chemischer Erzeugnisse 1991 (1000 DM) – Fortsetzung

Chemische Erzeugnisse	Ausfuhr	Einfuhr
Amine und sonst. organische Verbindungen mit Stickstofffunktion	3 814 585	2 971 379
Heterocyclen und organisch-anorganische Verbindungen	3 917 483	2 271 123
Sonst. organische Chemikalien einschl. Rohphenolen und Erzeugnissen der Holzdestillation	626 937	970 447
Organische Industriechemikalien	18 135 630	14 030 425
Gereinigte und veredelte Naturharze	25 878	85 545
Wachse	225 156	97 760
Industrielle Öle, Fette und Fettsäuren	648 241	700 560
Natürliche ätherische Öle und Riechstoffe	699 276	606 846
Organische Industriechemikalien u. ä. gesamt	19 734 181	15 531 136
Düngemittel	1 352 948	1 319 931
Saaten-, Pflanzenschutz- und Schädlingsbekämpfungsmittel	2 312 048	1 112 174
Kunststoffe gesamt	14 829 444	10 977 275
Synthetischer Kautschuk	895 795	946 303
Chemiefasern	4 172 036	2 223 224
Mineralfarben	3 249 534	1 270 896
darunter Druckfarben	556 710	145 866
Organische Farbstoffe	3 391 069	789 650
Lacke u. Anstrichmittel; Verdünnungen	2 051 404	768 167
Klebstoffe	571 330	264 021
Textil-, Papier-, Lederhilfsmittel, Tenside, Gerbstoffe	2 887 038	550 086
Sonst. industrielle Hilfsmittel	3 868 064	1 951 045
Bautenschutzmittel, Bitumendachbahnen u. ä.	231 852	135 924
Gelatine	119 498	150 176
Sonstige chemische Spezialerzeugnisse	4 640 006	3 270 576
Chemische Spezialerzeugnisse zur Weiterverarbeitung gesamt	44 572 066	25 729 448
Pharmazeutische Erzeugnisse	11 111 720	6 921 299
Seifen und Waschmittel	821 263	584 002
Körperpflegemittel	2 011 693	1 852 754
Putz- und Pflegemittel	178 280	113 151
Kerzen und sonstige Wachswaren	89 835	107 887
Fotochemische Erzeugnisse	2 652 021	2 431 600
Chemischer Bürobedarf	1 329 508	845 113
Sprengstoffe, pyrotechnische Erzeugnisse und Zündwaren	226 520	268 293
Chemische Spezialerzeugnisse zum Konsum gesamt	18 420 840	13 134 099
Chemische Erzeugnisse gesamt	87 178 132	57 377 322

* Einschl. ihrer Halogen-, Sulfo-, Nitro- und Nitrosoderivate. Quelle: Verband der Chemischen Industrie eV, Chemiewirtschaft in Zahlen 1992.

Petrochemie · Deutschland: Einfuhr chemischer Erzeugnisse (Mill. DM)

Länder	1988[a]	1989[a]	1990[a]	1991[b]	%
Belgien und Luxemburg	5 420,4	6 167,9	6 320,4	7 009,7	12,2
Dänemark	496,7	559,0	587,3	658,8	1,1
Frankreich	6 900,4	7 411,0	7 793,9	8 512,8	14,8
Griechenland	36,5	44,2	45,6	27,5	0,0
Großbritannien	4 572,0	4 898,9	5 080,8	5 584,9	9,7
Irland	476,2	608,4	658,8	816,3	1,4
Italien	3 113,4	3 654,9	3 799,9	3 938,9	6,9
Niederlande	8 125,0	8 863,4	9 090,0	9 100,1	15,9
Portugal	133,6	146,9	153,6	135,5	0,2
Spanien	701,5	771,2	868,5	929,8	1,6
EG-Länder	**29 975,8**	**33 125,7**	**34 398,6**	**36 714,3**	**64,0**
Finnland	238,7	285,8	313,5	319,9	0,6
Island	5,3	3,6	3,1	2,8	0,0
Jugoslawien	233,4	314,0	313,9	289,2	0,5
Malta	3,1	2,5	3,7	3,5	0,0
Norwegen	326,3	376,4	413,5	430,7	0,8
Österreich	1 266,9	1 427,5	1 465,1	1 658,0	2,9
Schweden	676,8	829,2	850,8	1 050,6	1,8
Schweiz	3 319,8	3 582,8	3 949,5	4 543,8	7,9
Türkei	47,6	100,9	61,2	77,9	0,1
Andere europäische Länder	**6 118,0**	**6 923,8**	**7 374,4**	**8 379,2**	**14,6**
Kanada	143,0	165,6	170,7	169,5	0,3
USA	3 765,2	4 641,7	4 704,0	5 119,8	8,9
USA und Kanada	**3 908,2**	**4 807,4**	**4 874,7**	**5 289,3**	**9,2**
Australien	107,7	272,1	173,3	121,4	0,2
Japan	2 133,5	2 559,4	2 652,4	2 748,1	4,8
Neuseeland	18,5	15,8	12,0	14,0	0,0
Republik Südafrika	63,6	53,7	53,0	50,8	0,1
Übrige Industrieländer	**2 323,3**	**2 900,9**	**2 890,7**	**2 934,3**	**5,1**
Albanien	0,0	0,1	0,1	0,3	0,0
Bulgarien	34,9	26,1	26,4	22,6	0,0
CSFR	344,1	329,8	327,0	591,8	1,0
Polen	142,7	180,2	346,9	456,4	0,8
Rumänien	87,0	98,8	52,9	22,6	0,0
Sowjetunion	200,6	280,5	232,2	275,8	0,5
Ungarn	175,1	182,5	213,2	235,9	0,4
Osteuropäische Länder	**984,8**	**1 098,1**	**1 198,6**	**1 628,5**	**2,8**
Asiatische Staatshandelsländer	**350,2**	**499,8**	**501,5**	**596,3**	**1,0**
Opec-Länder	**231,5**	**289,7**	**317,2**	**257,5**	**0,4**
Südamerikanische Länder	**284,5**	**408,1**	**375,2**	**329,5**	**0,6**
Europa	**37 078,6**	**41 147,6**	**42 971,6**	**46 722,0**	**81,4**
Afrika	**190,9**	**242,1**	**236,3**	**177,2**	**0,3**
Nord- und Mittelamerika	**4 030,1**	**5 042,6**	**5 075,4**	**5 539,0**	**9,7**
Südamerika	**285,1**	**409,7**	**388,1**	**338,4**	**0,6**
Asien	**3 335,0**	**4 113,7**	**4 187,3**	**4 449,8**	**7,8**
Australien und Ozeanien	**127,4**	**288,8**	**185,2**	**135,6**	**0,2**
Nicht ermittelte Länder	**0,2**	**2,8**	**7,6**	**5,8**	**0,0**
Welt	**45 047,3**	**51 247,3**	**53 051,5**	**57 367,3**	**100,0**

[a] 11 Bundesländer.   [b] 16 Bundesländer.

Quelle: Verband der Chemischen Industrie eV, Chemiewirtschaft in Zahlen 1992.

Petrochemie · Deutschland: Ausfuhr chemischer Erzeugnisse (Mill. DM)

Länder	1988[a]	1989[a]	1990[a]	1991[b]	%
Belgien und Luxemburg	6 137,8	6 214,5	6 071,0	6 189,8	7,1
Dänemark	1 613,1	1 604,8	1 629,6	1 675,6	1,9
Frankreich	8 713,5	10 001,4	10 473,7	10 425,8	12,0
Griechenland	699,6	778,5	759,2	754,8	0,9
Großbritannien	6 423,3	6 803,8	6 517,6	6 491,6	7,4
Irland	431,3	473,3	491,9	560,2	0,6
Italien	8 432,3	9 134,8	9 014,4	8 809,6	10,1
Niederlande	7 295,9	7 600,5	7 301,3	7 301,3	8,4
Portugal	679,1	758,9	788,7	803,4	0,9
Spanien	2 499,2	2 972,2	3 158,1	3 350,1	3,8
EG-Länder	**42 925,0**	**46 342,7**	**46 205,5**	**46 398,7**	**53,2**
Finnland	949,2	1 021,5	982,2	862,3	1,0
Island	30,0	25,7	28,2	26,2	0,0
Jugoslawien	972,6	1 075,3	1 142,4	884,1	1,0
Malta	34,3	35,0	41,8	40,6	0,0
Norwegen	580,3	605,8	606,3	619,0	0,7
Österreich	3 488,7	3 747,7	3 900,3	4 099,1	4,7
Schweden	1 824,6	1 969,1	1 776,1	1 734,3	2,0
Schweiz	4 215,6	4 594,0	4 756,7	4 780,0	5,5
Türkei	723,9	860,6	1 028,9	915,4	1,1
Andere europäische Länder	**12 848,0**	**13 962,7**	**14 292,8**	**13 991,0**	**16,0**
Kanada	627,3	654,3	584,4	566,6	0,6
USA	4 660,6	5 231,4	4 918,3	5 422,1	6,2
USA und Kanada	**5 287,9**	**5 885,6**	**5 502,7**	**5 988,7**	**6,9**
Australien	607,1	723,9	645,5	641,7	0,7
Japan	3 013,9	3 196,1	3 027,5	3 312,6	3,8
Neuseeland	113,5	132,4	106,4	102,1	0,1
Republik Südafrika	791,2	751,7	677,4	734,0	0,8
Übrige Industrieländer	**4 525,7**	**4 804,1**	**4 456,8**	**4 790,4**	**5,5**
Albanien	8,0	11,0	6,0	6,2	0,0
Bulgarien	308,4	248,0	118,8	109,5	0,1
CSFR	527,0	556,5	532,8	655,4	0,8
Polen	663,5	664,1	539,5	999,6	1,1
Rumänien	148,7	130,8	221,9	142,4	0,2
Sowjetunion bzw. GUS	1 500,9	1 946,8	1 357,9	2 117,3	2,4
Ungarn	630,4	671,4	549,0	616,2	0,7
Osteuropäische Länder	**3 786,9**	**4 228,6**	**3 325,9**	**4 646,5**	**5,3**
Asiatische Staatshandelsländer	940,9	495,1	389,2	567,5	0,7
Opec-Länder	2 123,9	2 122,0	2 368,0	2 308,9	2,6
Südamerikanische Länder	1 308,6	1 515,6	1 335,4	1 578,7	1,8
Europa	59 560,0	64 534,0	63 824,2	65 036,2	74,6
Afrika	2 405,2	2 313,2	2 087,1	2 190,4	2,5
Nord- und Mittelamerika	5 835,7	6 576,6	6 138,5	6 686,2	7,7
Südamerika	1 668,5	1 742,8	1 561,3	1 874,7	2,2
Asien	9 733,2	9 950,7	10 074,5	10 621,5	12,2
Australien und Ozeanien	747,9	862,7	760,4	750,3	0,9
Nicht ermittelte Länder	0,2	13,9	15,0	18,8	0,0
Welt	**79 950,7**	**85 993,9**	**84 461,0**	**87 178,1**	**100,0**

[a] 11 Bundesländer. [b] 16 Bundesländer.

Quelle: Verband der Chemischen Industrie eV, Chemiewirtschaft in Zahlen 1992.

Petrochemie · Deutschland: Umsatz

| | Chemische Industrie gesamt | | | | Herstellung chemischer Grundstoffe (auch mit anschließender Weiterverarbeitung) | |
| | Umsatz | | darunter Auslandsumsatz | | | |
	Mill. DM	Veränderung gegen Vorjahr %	Mill. DM	Veränderung gegen Vorjahr %	Mill. DM	Veränderung gegen Vorjahr %
1979	102 409,3	+ 15,6	38 943,2	+ 19,9	52 394,0	+ 24,2
1980	107 733,0	+ 5,2	41 351,1	+ 6,2	54 299,3	+ 3,6
1981	116 917,1	+ 8,5	47 591,9	+ 15,1	59 285,2	+ 9,2
1982	117 893,3	+ 0,8	48 416,1	+ 1,7	58 064,2	− 2,1
1983	126 819,8	+ 7,6	53 182,6	+ 9,8	63 249,4	+ 8,9
1984	140 840,6	+ 11,1	61 679,6	+ 16,0	72 309,3	+ 14,3
1985	148 751,4	+ 5,6	66 054,0	+ 7,1	76 115,3	+ 5,3
1986	139 979,8	− 5,9	61 297,7	− 7,2	66 544,5	− 12,6
1987	140 460,1	+ 0,3	61 571,7	+ 0,4	65 911,0	− 1,0
1988	150 558,2	+ 7,2	67 569,1	+ 9,7	71 815,7	+ 9,0
1989	160 255,4	+ 6,4	72 574,9	+ 7,4	76 804,0	+ 7,0
1990	162 401,5	+ 1,3	70 828,4	− 2,4	73 974,9	− 3,7
1991	165 764,3	+ 2,1	69 982,5	− 1,2	71 375,0	− 3,5

Quelle: Verband der Chemischen Industrie eV, Chemiewirtschaft in Zahlen 1992.

Petrochemie · Deutschland: Beschäftigte nach Fachzweigen (Sypro-Gruppen)
(Fachliche Betriebsteile)

	Chemische Industrie insgesamt		Herstellung von chemischen Grundstoffen (auch mit anschließender Weiterverarbeitung)	
1979	547 336	− 0,2	241 717	− 0,1
1980	550 456	+ 0,6	243 840	+ 0,9
1981	548 140	− 0,4	243 619	− 0,1
1982	534 073	− 2,6	234 473	− 3,8
1983	523 631	− 2,0	228 303	− 2,6
1984	524 196	+ 0,1	227 645	− 0,3
1985	534 098	+ 1,9	232 785	+ 2,3
1986	543 243	+ 1,7	235 167	+ 1,0
1987	545 877	+ 0,5	234 745	− 0,2
1988	551 306	+ 1,0	235 675	+ 0,4
1989[1)]	559 553	+ 1,5	239 047	+ 1,4
1990	567 836	+ 1,5	241 671	+ 1,1
1991	573 621	+ 1,0	241 375	− 0,1

Quelle: Verband der Chemischen Industrie eV, Chemiewirtschaft in Zahlen 1992.

Petrochemie · Deutschland: Gesamtumsatz und Beschäftigte in den neuen Bundesländern 1991
(nach Betrieben)*

Bundesland	Umsatz Mill. DM	Beschäftigte Anzahl
Mecklenburg-Vorpommern	217,4	1 364
Brandenburg	997,5	15 932
Sachsen	1 369,9	16 079
Sachsen-Anhalt	4 888,1	75 069
Thüringen	592,5	9 089

* Umsatz einschließlich Handels- und fachfremder Umsätze.   Quelle: Verband der Chemischen Industrie eV, Chemiewirtschaft in Zahlen.

Elektrizitätswirtschaft

Strom · Welt: Bruttoerzeugung nach Ländern (GWh)

Länder	1985	1986	1987	1988	1989	1990	1991
Belgien	57 322	58 676	63 367	65 349	67 482	70 847	71 944
(Bundesrepublik) Deutschland	408 706	408 266	418 262	431 164	440 894	447 098	541 641
Dänemark	29 064	30 739	29 398	27 965	22 757	25 627	36 475
Frankreich	344 301	362 784	378 309	391 926	406 891	419 219	447 599
Griechenland	27 740	28 286	30 272	33 405	34 456	34 906	35 241
Großbritannien	298 089	301 589	302 454	308 136	312 708	318 063	320 204
Irland	12 088	12 652	13 067	13 228	13 833	14 566	15 230
Italien	185 740	192 330	201 372	203 561	210 750	216 928	220 364
Luxemburg	939	1 020	1 036	1 334	1 380	1 379	1 389
Niederlande	62 936	67 158	68 419	69 611	73 050	71 644	74 119
Portugal	19 108	20 383	20 141	22 489	25 808	28 222	29 122
Spanien	127 363	129 200	133 177	139 602	146 590	150 585	155 705
EG	**1 573 396**	**1 613 083**	**1 659 274**	**1 707 770**	**1 756 599**	**1 799 084**	**1 949 033**
Bulgarien	41 633	41 817	43 470	45 039	32 456	42 130	39 062
CSFR	80 627	84 775	85 825	87 374	89 200	84 437	80 109
DDR (neue Bundesländer)	113 834	115 291	114 180	118 328	118 977	104 364	–
Finnland	49 752	48 762	53 402	53 878	53 699	51 639	53 603
Jugoslawien	74 802	77 916	80 792	83 654	86 309	82 492	84 209
Norwegen	102 729	96 566	103 803	109 332	118 775	121 603	109 438
Österreich	43 923	44 134	49 806	48 273	50 167	50 416	52 776
Polen	137 708	140 294	145 832	144 370	145 467	136 336	136 680
Rumänien	71 818	75 478	74 079	75 322	75 851	64 144	55 829
Schweden	136 532	138 049	145 582	146 230	143 910	142 078	136 748
Schweiz	53 872	54 857	57 066	59 679	53 766	52 379	55 122
Ungarn	26 796	28 063	29 749	29 233	29 588	28 330	28 889
UdSSR (GUS)	1 544 117	1 598 890	1 664 924	1 698 400	1 722 000	1 727 848	1 694 707
Volksrepublik China	410 700	449 530	497 267	545 210	582 000	610 810	643 817
Indien	183 390	201 279	216 212	236 221	260 655	257 835	276 607
Japan	671 952	676 352	719 068	753 728	799 768	745 124	769 781
Pakistan	27 531	30 171	33 475	38 618	41 245	39 767	38 781
Syrien	8 038	7 942	7 989	9 614	10 329	11 097	11 097
Türkei	33 313	39 695	44 353	48 049	52 043	57 553	55 596
Algerien	12 274	12 981	13 818	14 969	15 324	15 687	15 687
Ghana	3 077	4 484	4 752	4 878	4 888	4 898	4 898
Marokko	7 009	7 105	7 439	8 834	9 056	9 284	9 284
Nigeria	9 899	9 875	9 905	9 925	9 935	9 945	9 945
Simbabwe	5 024	5 988	7 744	8 023	8 040	7 935	8 400
Republik Südafrika	122 369	147 449	151 899	158 212	164 539	147 244	145 584
Tunesien	4 209	4 424	4 762	5 169	5 236	4 911	4 802
Kanada	459 045	468 593	496 335	505 966	499 536	493 602	508 586
USA	2 568 319	2 599 318	2 718 736	2 875 876	2 980 775	3 141 974	3 194 615
Argentinien	45 265	48 984	52 165	53 062	50 910	47 357	48 264
Brasilien	192 731	201 353	202 349	213 993	229 819	246 815	244 800
Chile	14 040	14 820	15 636	16 914	17 810	17 993	19 494
Mexiko	93 405	97 117	104 791	109 861	119 600	114 277	113 325
Australien	120 996	126 211	132 323	139 104	147 925	155 324	158 658
Neuseeland	27 334	25 957	26 938	27 498	28 189	29 478	30 155
Sonstige Länder	667 291	717 392	811 747	844 921	912 341	985 141	1 063 749
Welt	**9 738 750**	**10 054 995**	**10 587 487**	**11 035 527**	**11 426 727**	**11 641 331**	**11 852 129**

Quelle: United Nations, Monthly Bulletin of Statistics, UN Energy Statistics Yearbook; Statistisches Amt der EG.

Strom · EG: Erzeugung nach Energieträgern im Jahr 1990

	Netto-erzeugung TWh	Steinkohle %	Braunkohle %	Öl %	Gas %	Kern-energie %	Wasserkraft, Sonstige %
Belgien	67	21,1	0,0	1,8	11,5	60,4	5,2
(Bundesrepublik) Deutschland	419	30,9	18,0	2,4	10,1	33,2	5,4
Dänemark	24	92,1	0,0	4,3	0,8	0,0	2,8
Frankreich	400	7,3	0,0	2,1	1,6	74,4	14,5
Griechenland	32	0,0	71,2	22,4	0,3	0,0	6,2
Großbritannien	299	67,3	0,0	8,6	1,7	19,6	2,8
Irland	14	40,4	15,1	9,8	27,7	0,0	7,1
Italien	205	14,0	0,5	47,1	19,5	0,0	18,8
Luxemburg	1	0,0	0,0	2,0	34,7	0,0	63,2
Niederlande	69	34,9	0,0	4,2	54,5	4,7	1,6
Portugal	27	31,2	0,0	32,6	0,2	0,0	36,0
Spanien	143	31,3	7,3	5,5	1,4	36,3	18,3
EG	1 702	29,9	6,6	10,1	8,6	34,8	10,2

Quelle: Eurostat.

Strom · Deutschland (alte Bundesländer): Erzeugung der öffentlichen sowie der Industrie- und Bundesbahnkraftwerke nach Energieträgern

Energieträger	1988 GWh	%	1989 GWh	%	1990 GWh	%
Steinkohlen	130 664	30,3	130 332	29,6	140 543	31,3
Braunkohlen	75 954	17,6	78 274	17,8	77 520	17,2
Braunkohlenbriketts	1 202	0,3	1 295	0,3	1 185	0,3
Hartbraunkohlen	2 973	0,7	3 274	0,7	3 885	0,9
Müll	2 224	0,5	2 327	0,5	2 434	0,5
Heizöl	11 081	2,6	9 796	2,2	9 712	2,2
Dieselkraftstoff	56	0,0	59	0,0	67	0,0
Kernkraft	145 082	33,7	149 390	33,9	147 159	32,7
Erdgas	29 339	6,8	34 737	7,9	35 909	8,0
Flüssiggas	1	0,0	2	0,0	2	0,0
Raffineriegas	998	0,2	1 037	0,2	1 096	0,2
Starkgas	1 892	0,4	2 064	0,5	2 048	0,5
Gichtgas	5 230	1,2	5 313	1,2	5 598	1,2
Klärgas	27	0,0	29	0,0	26	0,0
Grubengas	424	0,1	320	0,1	285	0,1
Abhitze, Sulfitablauge	3 301	0,8	3 497	0,8	3 656	0,8
Wind	2	0,0	2	0,0	3	0,0
Wärmekraftwerke	410 450	95,2	421 748	95,7	431 128	95,9
Laufwasser, Speicherwasser	18 150	4,2	16 524	3,7	15 908	3,6
Pumpspeicherung	2 564	0,6	2 622	0,6	2 458	0,5
Wasserkraftwerke	20 714	4,8	19 146	4,3	18 366	4,1
Gesamt	431 164	100,0	440 894	100,0	449 494	100,0

Quelle: Statistik der Kohlenwirtschaft eV.

10 STATISTIK

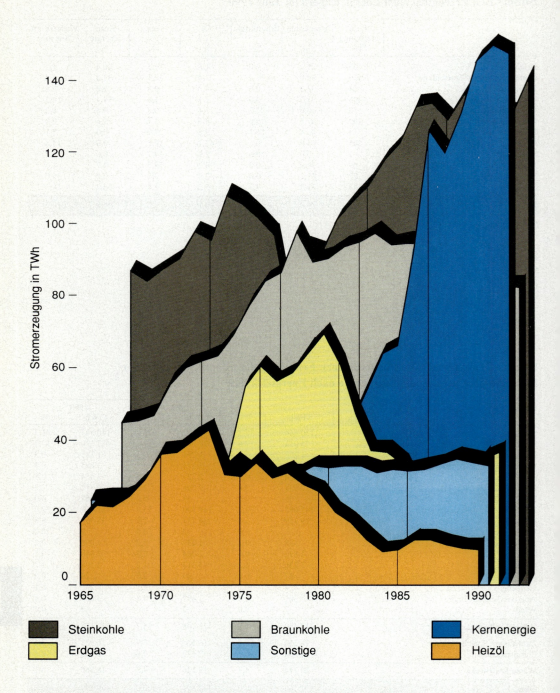

Graphik 13. Die Bruttostromerzeugung in Deutschland (alte Bundesländer) nach Energieträgern.

Strom · Deutschland (alte Bundesländer): Brennstoffverbrauch zur Stromerzeugung in öffentlichen sowie in Industrie- und Bundesbahnkraftwerken

Energieträger	1988 1000 t SKE	%	1989 1000 t SKE	%	1990 1000 t SKE	%
Steinkohlen	40 609	30,9	40 481	30,1	43 284	31,5
Braunkohlen	25 778	19,6	26 442	19,7	26 047	19,0
Staub-, Trockenkohlen	77	0,1	92	0,1	133	0,1
Braunkohlenbriketts	424	0,3	426	0,3	407	0,3
Hartbraunkohlen	1 014	0,8	1 097	0,8	1 273	0,9
Heizöl	3 552	2,7	3 169	2,4	3 127	2,3
Dieselkraftstoff	19	0,0	20	0,0	19	0,0
Müll	719	0,6	750	0,6	778	0,6
Kernkraft	46 900	35,7	48 159	35,8	47 168	34,4
Abhitze, Holz	1 001	0,8	1 111	0,8	1 124	0,8
Raffineriegas	271	0,2	322	0,2	362	0,3
Erdgas	8 087	6,1	9 651	7,2	10 718	7,8
Flüssiggas	0	0,0	0	0,0	0	0,0
Starkgas	682	0,5	730	0,5	713	0,5
Gichtgas	1 895	1,5	1 911	1,4	1 960	1,4
Klärgas	10	0,0	11	0,0	10	0,0
Grubengas	199	0,2	171	0,1	138	0,1
Gesamt	131 237	100,0	134 544	100,0	137 262	100,0

Quelle: Statistik der Kohlenwirtschaft eV.

Strom · Deutschland (alte Bundesländer): Aufkommen

Stromerzeuger	1988 GWh	%	1989 GWh	%	1990 GWh	%
Bundesbahn	6 176	1,4	5 432	1,2	5 645	1,2
Öffentliche Kraftwerke						
Wasserkraftwerke	18 365	4,0	16 911	3,7	16 311	3,4
Steinkohlenkraftwerke	106 415	23,4	107 269	23,2	116 241	24,5
Braunkohlenkraftwerke	74 665	16,5	77 847	16,8	76 958	16,2
Kernkraftwerke	144 059	31,7	148 572	32,1	146 063	30,8
Sonstige Kraftwerke	23 810	5,3	27 644	6,0	29 496	6,2
	367 314	80,9	378 243	81,8	385 069	81,1
Kohlenbergbau						
Steinkohlenbergbau	18 714	4,1	18 460	4,0	21 550	4,5
Braunkohlenbergbau	1 540	0,4	1 600	0,4	1 458	0,3
	20 254	4,5	20 060	4,4	23 008	4,8
Verarbeitendes Gewerbe						
Eisenschaffende Industrie	6 544	1,4	6 604	1,4	6 447	1,4
Mineralölverarbeitung	1 937	0,4	2 222	0,5	2 188	0,5
Nichtkohlenbergbau und Salinen	798	0,2	765	0,2	723	0,2
Gießereien	3	0,0	3	0,0	11	0,0
NE-Metallerzeugung	2 235	0,5	1 760	0,4	2 342	0,5
Chemische Industrie	17 565	3,8	17 178	3,7	15 206	3,2
Steine und Erden	121	0,0	135	0,0	139	0,0
Feinkeramik, Glas	46	0,0	67	0,0	78	0,0
Zellstoff, Papier, Pappe	5 003	1,1	5 159	1,1	5 228	1,1
Ziehereien, Kaltwalzwerke, Stahlverformung	23	0,0	27	0,0	30	0,0
Eisen, Blech-, Metallwaren	27	0,0	29	0,0	30	0,0
Stahl- und Leichtmetallbau	2	0,0	1	0,0	2	0,0
Maschinenbau	144	0,0	157	0,0	134	0,0
Fahrzeugbau	508	0,1	499	0,1	478	0,1
Elektrotechnik, Feinmechanik, Optik	69	0,0	68	0,0	74	0,0
Kunststoffwaren, Gummiverarbeitung	278	0,1	337	0,1	366	0,1
Textil und Bekleidung	639	0,2	649	0,1	649	0,1
Ledererzeugung und -verarbeitung	11	0,0	11	0,0	10	0,0
Holzbe- und -verarbeitung	231	0,1	227	0,1	244	0,1
Ernährungsgewerbe, Tabakverarbeitung	1 191	0,3	1 220	0,3	1 356	0,3
Sonstiges verarbeitendes Gewerbe	45	0,0	41	0,0	37	0,0
	37 420	8,2	37 159	8,0	35 772	7,6
Stromerzeugung	431 164	95,0	440 894	95,4	449 494	94,7
Einfuhr*	22 706	5,0	21 491	4,6	25 362	5,3
Stromaufkommen gesamt	453 870	100,0	462 385	100,0	474 856	100,0

* Einschließlich der Bezüge aus dem Gebiet der ehemaligen DDR.   Quelle: Statistik der Kohlenwirtschaft eV.

ELEKTRIZITÄTSWIRTSCHAFT

Strom · Deutschland (alte Bundesländer): Verbrauch

Verbrauchergruppen	1989 GWh	%	1990 GWh	%
Bundesbahn	7 774	1,7	7 892	1,7
Kleinbahnen, sonstiger Verkehr	3 464	0,7	3 597	0,7
Verkehr	11 238	2,4	11 489	2,4
Öffentliche Kraftwerke	28 836	6,2	29 578	6,2
Steinkohlenbergbau	8 746	1,9	8 966	1,9
Braunkohlenbergbau	3 676	0,8	3 656	0,8
Kohlenbergbau	12 422	2,7	12 622	2,7
Eisenschaffende Industrie	19 522	4,2	18 789	4,0
Mineralölverarbeitung	5 464	1,2	5 827	1,2
Nichtkohlenbergbau und Salinen	1 662	0,4	1 585	0,3
Gießereien	2 845	0,6	3 035	0,6
NE-Metallerzeugung	17 169	3,7	16 925	3,6
Chemische Industrie	46 252	10,0	43 951	9,3
Steine und Erden	6 915	1,5	7 070	1,5
Feinkeramik, Glas	3 584	0,8	3 788	0,8
Zellstoff, Papier, Pappe	14 974	3,2	15 693	3,3
Ziehereien, Kaltwalzwerke, Stahlverformung	3 650	0,8	3 859	0,8
Eisen-, Blech-, Metallwaren	3 226	0,7	3 464	0,7
Stahl- und Leichtmetallbau	685	0,1	695	0,1
Maschinenbau	6 982	1,5	7 270	1,5
Fahrzeugbau	12 471	2,7	12 910	2,7
Elektrotechnik, Feinmechanik, Optik	9 489	2,0	9 758	2,1
Kunststoffwaren, Gummiverarbeitung	8 064	1,7	8 611	1,8
Textil und Bekleidung	5 309	1,2	5 346	1,1
Ledererzeugung und -verarbeitung	229	0,1	221	0,0
Holzbe- und -verarbeitung	3 128	0,7	3 224	0,7
Ernährungsgewerbe, Tabakverarbeitung	9 118	2,0	9 781	2,1
Sonstiges verarbeitendes Gewerbe	349	0,1	377	0,1
Verarbeitendes Gewerbe	181 087	39,2	182 179	38,3
Industrieausgleich[a]	7 975	1,7	8 658	1,8
Haushalte	97 678	21,1	99 586	21,0
Handel und Gewerbe	46 159	10,0	47 833	10,1
Landwirtschaft	7 219	1,6	7 223	1,5
Öffentliche Einrichtungen	32 058	6,9	32 822	6,9
Verluste und Nichterfaßtes	16 392	3,6	16 479	3,5
Verbrauch zusammen	441 064	95,4	448 469	94,4
Ausfuhr[b]	21 321	4,6	26 387	5,6
Gesamt	462 385	100,0	474 856	100,0

[a] Differenzen zwischen den Ergebnissen der Statistik der Öffentlichen Elektrizitätsversorgung und der Industriestatistik. [b] Einschließlich der Lieferungen in das Gebiet der ehemaligen DDR. Quelle: Statistik der Kohlenwirtschaft eV.

Strom · Deutschland: Verbrauch nach Industriezweigen (GWh)

Jahr	Verarbeitendes Gewerbe	Chemische Industrie	Bergbau	Mineralölverarbeitung	Eisenschaffende Industrie	Gewinnung und Verarbeitung von Steinen und Erden	Maschinenbau	Elektrotechnik*	Zellstoff-, Holzschliff-, Papier- und Pappeerzeugung	Textilgewerbe	Nahrungs- und Genußmittelgewerbe
1978	148 612,1	41 764,4	12 886,1	4 609,2	18 856,9	6 913,8	5 227,4	5 312,5	7 585,4	4 334,8	6 971,9
1979	156 851,7	44 624,4	13 690,7	4 919,9	20 580,4	7 288,9	5 564,8	5 374,8	7 900,7	4 344,5	7 222,8
1980	155 062,8	41 253,2	14 188,0	5 767,9	20 408,1	7 322,1	5 719,9	5 526,5	8 092,7	4 239,8	7 394,5
1981	153 260,3	41 077,0	14 428,9	5 524,6	19 560,5	6 785,4	5 675,8	5 426,2	8 447,5	3 997,5	7 715,8
1982	147 599,9	38 277,5	14 497,7	5 156,4	17 733,1	6 443,1	5 540,2	5 361,1	8 486,2	3 945,0	7 823,8
1983	151 883,1	40 597,2	14 628,1	5 260,2	17 423,0	6 667,3	5 450,8	5 448,7	8 931,8	3 950,8	7 775,1
1984	159 168,5	42 854,6	14 750,8	5 370,0	19 026,7	6 703,1	5 703,2	5 710,1	9 397,9	4 103,5	7 915,9
1985	162 976,0	43 717,7	15 130,4	5 425,9	19 213,4	6 216,3	6 138,8	6 190,8	9 536,6	4 235,5	8 147,9
1986	164 210,3	42 949,1	14 535,7	5 506,0	18 119,3	6 285,0	6 288,5	6 560,7	9 902,3	4 347,0	8 300,5
1987	165 406,6	43 606,3	14 339,2	5 271,5	17 344,2	6 206,2	6 351,8	6 782,5	10 136,7	4 464,2	8 473,2
1988	173 205,7	44 628,7	14 096,7	5 634,3	19 004,7	6 566,7	6 542,5	7 143,9	10 767,6	4 709,4	8 784,9
1989	178 449,0	45 276,7	14 086,4	5 464,1	19 077,8	6 915,0	7 051,8	7 633,7	11 227,6	4 937,2	9 117,6
1990	180 592,6	43 932,0	14 225,9	5 826,5	18 443,8	7 079,8	7 338,8	7 845,4	11 647,6	4 972,3	9 794,2
1991	181 458,5	42 113,6	14 371,5	5 936,2	18 534,2	7 445,8	7 212,5	8 108,1	11 722,1	4 857,5	10 333,6

* Einschließlich Reparatur von Haushaltsgeräten. Quelle: Verband der Chemischen Industrie eV, Chemiewirtschaft in Zahlen 1992.

ELEKTRIZITÄTSWIRTSCHAFT

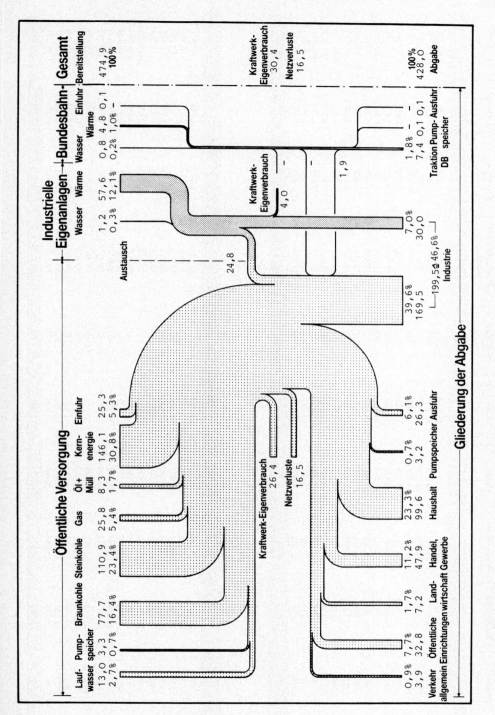

Graphik 14. Die Stromversorgung in Deutschland (alte Bundesländer) 1990 (in TWh).

Quelle: Deutsche Verbundgesellschaft eV (DVG).

Strom · Deutschland (alte Bundesländer): Brutto-Engpaßleistung der Kraftwerke nach Energieträgern (MW)

Jahresende	Steinkohle[a]	Braunkohle	Heizöl	Gas	Sonstige	Konventionelle Wärmekraftwerke zusammen	Kernkraft	Wasserkraft	Gesamt
Alle Kraftwerke									
1976	29 672	14 052	.	25 587[b]	.	69 311	6 465	5 950	81 726
1977	28 825	14 065	14 028	12 237	741	69 896	7 375	6 431	83 702
1978	28 072	14 028	14 518	12 949	745	70 312	8 675	6 500	85 487
1979	29 521	14 028	14 470	13 080	780	71 879	9 307	6 479	87 665
1980	28 633	13 980	14 714	13 572	812	71 711	9 062	6 484	87 257
1981	29 407	13 885	13 915	14 747	826	72 780	10 363	6 488	89 631
1982	30 376	13 760	13 757	14 611	1 095	73 599	10 363	6 541	90 503
1983	30 505	13 765	13 602	14 604	1 083	73 559	11 680	6 563	91 802
1984	30 968	13 559	13 100	13 820	1 221	72 668	15 605	6 661	94 934
1985	33 335	13 595	12 435	13 804	1 198	74 367	16 938	6 698	98 003
1986	33 231	13 595	12 299	13 817	1 211	74 153	19 874	6 743	100 770
1987	33 974	13 517	10 149	15 667	1 040	74 347	19 933	6 744	101 024
1988	33 709	12 293	9 960	15 637	1 126	72 725	22 636	6 884	102 245
1989	34 275	12 370	9 578	15 997	1 155	73 375	23 946	6 891	104 212
1990	33 491	12 342	9 659	16 479	1 168	73 139	23 627	6 885	103 651
1991[c]	33 445	12 515	9 182	16 963	1 121	73 226	23 694	6 889	103 809
Öffentliche Kraftwerke									
1976	20 235	13 284	.	19 704[b]	.	53 223	6 307	5 341	64 871
1977	19 594	13 284	10 891	9 806	273	53 848	7 217	5 827	66 892
1978	19 216	13 284	11 441	10 528	295	54 764	8 517	5 918	69 199
1979	20 856	13 284	11 435	10 520	308	56 403	9 149	5 914	71 466
1980	20 269	13 238	11 686	10 867	317	56 377	8 905	5 929	71 211
1981	21 086	13 110	10 930	11 943	341	57 410	10 205	5 928	73 543
1982	22 225	12 978	11 190	11 688	625	58 706	9 981	5 981	74 893
1983	22 510	12 978	11 221	11 530	616	58 855	11 523	6 011	76 389
1984	22 981	12 764	11 082	10 529	657	58 013	15 450	6 107	79 570
1985	25 597	12 775	10 594	10 341	656	59 963	16 783	6 149	82 895
1986	25 665	12 775	10 548	10 274	668	59 930	19 719	6 180	85 829
1987	26 595	12 775	8 697	12 214	521	60 802	19 778	6 181	86 761
1988	26 396	11 551	8 681	12 016	546	59 190	22 481	6 323	87 994
1989	26 725	11 500	8 462	12 206	581	59 474	23 791	6 326	89 591
1990	26 441	11 495	8 466	12 504	573	59 479	23 472	6 333	89 284
1991[c]	26 562	11 617	8 175	12 681	532	59 567	23 539	6 332	89 438

[a] Einschließlich Mischfeuerung. [b] Bis 1976 Heizöl, Gas und Sonstige zusammen. [c] Vorläufig.

Strom · Deutschland: Vergleich der Strompreise ausgewählter EVU für Sondervertragskunden (Nettopreise, ohne MwSt. und Ausgleichsabgabe) Durchschnittsstrompreise (DPf/kWh)

Strombezugsmenge A ... Mill. kWh/a	1,00	1,58	2,00	3,15	4,00	5,00	16,0	20,0	25,2
Verrechnungsleistung P ...... kW	500	500	500	1 000	1 000	1 000	4 000	4 000	4 000
Benutzungsdauer Tm .... h/a	2 000	3 150	4 000	3 150	4 000	5 000	4 000	5 000	6 300
ÜHZ, Helmstedt	21,1	17,8	16,0	17,8	16,0	14,7	15,7	14,2	12,9
BAG, Regensburg	21,6	17,9	16,2	17,8	16,1	14,7	16,0	14,7	13,6
RWE, Essen	21,7	19,0	18,0	18,3	17,2	15,2	16,2	14,2	12,6
Stadtwerke Mainz	21,8	19,2	18,1	18,4	17,4	15,8	16,6	15,0	13,5
HEAG, Darmstadt	22,5	19,7	17,7	18,9	17,1	15,7	15,6	14,4	13,4
EVS, Stuttgart	23,6	19,3	17,2	18,8	16,8	15,4	16,2	14,9	13,8
Stadtwerke Frankfurt/Main ...	23,2	19,4	17,4	19,0	17,1	15,6	16,5	15,1	14,1
Bewag/Ebag, Berlin	28,8	24,2	21,3	23,3	20,7	18,7	19,8	18,1	16,9
EV Sachsen Ost, Dresden	22,7	19,4	17,9	19,2	17,7	16,3	17,4	15,8	14,5
Wemag, Schwerin	25,5	22,2	20,6	22,2	20,6	18,8	20,6	18,8	17,3

Quelle: Bundesverband der Energie-Abnehmer e.V. (VEA). Stand 1. Juli 1992.

Strom · EG: Internationaler Strompreisvergleich für Industriekunden (ohne MwSt.); Durchschnittsstrompreise (Ecu/kWh)

Strombezugsmenge A .... Mill. kWh/a	1,25	10	24	50
Verrechnungsleistung E .... kW	500	2 500	4 000	10 000
Benutzungsdauer Tm .... h/a	2 500	4 000	6 000	5 000
Land (Stadt)				
B (Brüssel)	0,0817	0,0657	0,0543	0,0479
D (Düsseldorf)	0,1096	0,0901	0,0718	0,0787
DK (Kopenhagen)	0,0891	0,0846	0,0821	0,0816
E (Madrid)	0,1055	0,0884	0,0795	0,0797
F (Paris)	0,0730	0,0601	0,0516	0,0472
GR (Athen)	0,0748	0,0692	0,0588	0,0555
GB (London)	0,0854	0,0630	0,0588	0,0504
IRL (Dublin)	0,0802	0,0612	0,0527	0,0527
I (Rom)	0,1241	0,0965	0,0704	0,0722
L (Luxemburg)	0,0814	0,0538	0,0443	0,0459
NL (Rotterdam)	0,0738	0,0551	0,0409	0,0429
P (Lissabon)	0,1013	0,0904	0,0825	0,0768

Quelle: Eurostat, Schnellberichte Energie und Industrie. Stand Januar 1992.

Umweltschutz

Umweltschutz · Deutschland (alte Bundesländer): Emissionen nach Sektoren (Daten gerundet)

Komponente Bereich/Sektor	1980 1 000 t	%	1985 1 000 t	%	1986 1 000 t	%	1987 1 000 t	%	1988 1 000 t	%	1989 1 000 t	%
Stickstoffoxide NO_x, berechnet als NO_2												
Insgesamt .... Mill. t/a	2,95		2,95		3,00		2,90		2,85		2,70	
Kraft- u. Fernheizwerke	800	27,2	760	26,0	730	24,5	660	22,8	590	20,8	480	18,0
Industrie-Feuerung	350	12,0	270	9,3	260	8,8	250	8,8	250	8,9	240	9,0
Industrie-Prozesse	45	1,5	25	0,9	25	0,9	25	0,8	20	0,7	20	0,7
Kleinverbraucher	55	1,9	50	1,7	50	1,7	45	1,5	40	1,4	35	1,4
Haushalte	85	3,0	90	3,0	90	3,1	90	3,1	80	2,8	70	2,6
Straßenverkehr	1 350	46,3	1 500	50,7	1 550	52,3	1 600	54,8	1 600	57,0	1 600	59,2
Übriger Verkehr	240	8,2	250	8,4	260	8,7	240	8,3	240	8,3	250	9,1
Flüchtige organische Verbindungen												
Insgesamt .... Mill. t/a	2,75		2,60		2,65		2,65		2,60		2,55	
Kraft- u. Fernheizwerke	18	0,7	14	0,5	13	0,5	13	0,5	13	0,5	13	0,5
Industrie-Feuerung	25	0,9	25	0,9	20	0,8	20	0,8	20	0,8	25	0,9
Industrie-Prozesse	180	6,6	120	4,5	120	4,5	110	4,3	110	4,3	110	4,4
Kleinverbraucher	14	0,5	12	0,5	12	0,5	12	0,5	11	0,4	11	0,4
Haushalte	75	2,7	75	2,9	75	2,7	70	2,6	60	2,3	55	2,2
Straßenverkehr	1 250	45,0	1 200	45,6	1 250	46,8	1 250	47,7	1 250	48,6	1 200	47,4
Übriger Verkehr	70	2,6	75	2,8	75	2,9	70	2,7	70	2,7	70	2,8
Lösemittelverwendung	1 150	41,0	1 100	42,3	1 100	41,3	1 100	40,8	1 050	40,3	1 050	41,4
Kohlenmonoxid CO												
Insgesamt .... Mill. t/a	12,0		8,90		9,00		8,80		8,65		8,25	
Kraft- u. Fernheizwerke	45	0,4	45	0,5	45	0,5	45	0,5	45	0,5	45	0,5
Industrie-Feuerung	1 250	10,5	860	9,7	810	9,0	700	7,9	740	8,5	780	9,5
Industrie-Prozesse	770	6,4	660	7,5	620	6,9	600	6,9	640	7,4	640	7,8
Kleinverbraucher	160	1,3	140	1,5	140	1,5	130	1,4	120	1,4	110	1,4
Haushalte	960	8,0	880	9,8	810	9,0	770	8,8	650	7,5	590	7,1
Straßenverkehr	8 500	70,8	6 050	67,9	6 300	70,1	6 250	71,4	6 200	71,8	5 850	70,7
Übriger Verkehr	310	2,6	270	3,1	280	3,1	270	3,1	250	2,9	250	3,1
Schwefeldioxid SO_2												
Insgesamt .... Mill. t/a	3,20		2,40		2,25		1,95		1,25		0,96	
Kraft- u. Fernheizwerke	1 900	58,8	1 500	62,9	1 400	61,8	1 150	59,7	530	42,8	330	34,8
Industrie-Feuerung	750	23,5	470	19,5	430	19,0	400	20,6	370	29,9	320	33,7
Industrie-Prozesse	120	3,7	100	4,3	100	4,5	100	5,1	95	7,7	95	9,7
Kleinverbraucher	140	4,4	100	4,1	100	4,5	75	3,8	65	5,4	55	5,8
Haushalte	200	6,1	130	5,6	140	6,0	120	6,2	100	8,2	80	8,3
Straßenverkehr	65	2,1	50	2,2	55	2,5	55	2,9	45	3,7	50	5,0
Übriger Verkehr	40	1,3	35	1,5	40	1,9	35	1,8	25	2,2	25	2,7
Staub												
Insgesamt .... Mill. t/a	0,69		0,58		0,54		0,51		0,49		0,46	
Kraft- u. Fernheizwerke	130	18,5	90	15,5	65	12,1	55	10,9	40	8,6	25	5,1
Industrie-Feuerung	40	5,8	30	5,4	30	5,2	25	5,3	25	4,9	18	4,0
Industrie-Prozesse	220	31,9	160	27,3	150	27,3	130	26,1	140	28,0	130	29,2
Kleinverbraucher	15	2,2	9	1,6	9	1,7	7	1,4	7	1,4	6	1,3
Haushalte	50	7,1	40	7,1	35	6,9	35	6,7	30	5,8	25	5,5
Straßenverkehr	45	6,8	55	9,4	55	10,6	55	11,3	55	11,5	55	12,3
Übriger Verkehr	17	2,5	16	2,8	17	3,2	16	3,2	15	3,1	16	3,5
Schüttgutumschlag	170	25,2	180	31,0	180	33,1	180	35,2	180	36,6	180	39,1
	Mill. t/a	%	Mill. t/a	%	Mill. t/a	%	Mill. t/a	%	Mill. t/a	%	Mill. t/a	%
Kohlendioxid CO_2 Energiebedingte												
Emissionen .... Mill. t/a	783		722		732		716		705		688	
Kraft- u. Fernheizwerke	274	35,0	249	34,5	249	34,0	246	34,4	243	34,5	247	35,9
Industrie-Feuerung	193	24,6	161	22,3	151	20,6	147	20,5	148	21,0	148	21,5
Kleinverbraucher	62	7,9	55	7,6	59	8,1	54	7,5	52	7,4	45	6,5
Haushalte	117	14,9	115	15,9	120	16,4	115	16,1	105	14,9	88	12,8
Straßenverkehr	105	13,4	109	15,1	115	15,7	120	16,8	124	17,6	126	18,3
Übriger Verkehr	32	4,1	33	4,6	38	5,2	34	4,7	33	4,7	34	4,9
Nicht energiebedingt .. Mill. t/a	22		16		16		15		16		17	
Insgesamt .... Mill. t/a	805		738		748		731		721		705	

Quelle: Umweltbundesamt, Daten zur Umwelt 1990/1991.

Umweltschutz · Deutschland (alte Bundesländer): Abgabe radioaktiver Stoffe mit dem Abwasser aus Kernkraftwerken (in Bq)

Kernkraftwerke	Spalt- und Aktivierungsprodukte (außer Tritium)		Tritium		α-Strahler	
	1988	1989	1988	1989	1988	1989
Siedewasserreaktoren						
Kahl[a]	$4,5 \cdot 10^7$	$1,2 \cdot 10^8$	$3,3 \cdot 10^9$	$5,4 \cdot 10^8$	–	–
Würgassen	$1,1 \cdot 10^9$	$9,6 \cdot 10^8$	$4,1 \cdot 10^{11}$	$9,6 \cdot 10^{11}$	$2,7 \cdot 10^6$	$3,5 \cdot 10^6$
Lingen[b]	–	–	–	–	–	–
Brunsbüttel	$1,1 \cdot 10^9$	$3,5 \cdot 10^8$	$5,1 \cdot 10^{11}$	$2,7 \cdot 10^{11}$	$4,9 \cdot 10^5$	$2,0 \cdot 10^5$
Isar 1	$1,6 \cdot 10^9$	$2,7 \cdot 10^8$	$8,1 \cdot 10^{11}$	$5,1 \cdot 10^{11}$	$1,8 \cdot 10^6$	$2,7 \cdot 10^6$
Philippsburg 1	$5,0 \cdot 10^8$	$4,4 \cdot 10^8$	$5,5 \cdot 10^{11}$	$4,8 \cdot 10^{11}$	–	–
Krümmel	$6,2 \cdot 10^7$	$2,2 \cdot 10^7$	$8,8 \cdot 10^{11}$	$6,9 \cdot 10^{11}$	–	–
Grundremmingen[c] (Block B + C)	$5,4 \cdot 10^8$	$2,2 \cdot 10^8$	$1,2 \cdot 10^{11}$	$1,5 \cdot 10^{12}$	–	–
Druckwasserreaktoren						
Obrigheim	$3,8 \cdot 10^8$	$4,1 \cdot 10^8$	$3,8 \cdot 10^{12}$	$4,4 \cdot 10^{12}$	–	–
Stade	$1,0 \cdot 10^9$	$5,6 \cdot 10^8$	$6,0 \cdot 10^{12}$	$4,6 \cdot 10^{12}$	–	–
Biblis A	$5,0 \cdot 10^8$	$7,8 \cdot 10^8$	$1,1 \cdot 10^{13}$	$1,3 \cdot 10^{13}$	$1,2 \cdot 10^6$	$1,8 \cdot 10^5$
Biblis B	$6,7 \cdot 10^8$	$4,8 \cdot 10^8$	$1,3 \cdot 10^{13}$	$1,2 \cdot 10^{13}$	$2,6 \cdot 10^6$	$6,2 \cdot 10^4$
Neckarwestheim 1	$3,3 \cdot 10^7$	$5,3 \cdot 10^7$	$7,4 \cdot 10^{12}$	$1,0 \cdot 10^{13}$	$1,3 \cdot 10^6$	$9,4 \cdot 10^4$
Unterweser	$1,0 \cdot 10^8$	$2,3 \cdot 10^8$	$1,2 \cdot 10^{13}$	$1,5 \cdot 10^{13}$	–	–
Grafenrheinfeld	$5,4 \cdot 10^7$	$6,8 \cdot 10^9$	$1,4 \cdot 10^{13}$	$1,4 \cdot 10^{13}$	–	–
Grohnde	$8,2 \cdot 10^7$	$2,5 \cdot 10^8$	$1,3 \cdot 10^{13}$	$1,3 \cdot 10^{13}$	$1,9 \cdot 10^5$	$8,0 \cdot 10^5$
Philippsburg 2	$6,9 \cdot 10^8$	$2,9 \cdot 10^8$	$1,3 \cdot 10^{13}$	$2,1 \cdot 10^{13}$	–	–
Mühlheim-Kärlich	$1,9 \cdot 10^8$	$3,8 \cdot 10^8$	$1,0 \cdot 10^{13}$	$1,7 \cdot 10^{12}$	–	–
Brokdorf	–	–	$9,4 \cdot 10^{12}$	$1,3 \cdot 10^{13}$	–	–
Isar 2	$3,9 \cdot 10^6$	$2,0 \cdot 10^7$	$1,8 \cdot 10^{12}$	$7,1 \cdot 10^{12}$	–	–
Emsland	$2,3 \cdot 10^8$	$1,3 \cdot 10^7$	$1,7 \cdot 10^{12}$	$1,3 \cdot 10^{13}$	–	–
Neckarwestheim 2[d]	–	$1,7 \cdot 10^7$	–	$7,8 \cdot 10^{12}$	–	–
Hochtemperaturreaktor						
Hamm-Uentrop	$1,2 \cdot 10^7$	$2,3 \cdot 10^7$	$8,9 \cdot 10^{11}$	$2,2 \cdot 10^{10}$	–	–

[a] Anlage im November 1985 stillgelegt. [b] Anlage im Januar 1977 stillgelegt, 1988 keine Abwasser-Abgaben. [c] Block A im Januar 1977 stillgelegt (geringfügige Abgaben sind in den für Block B und C angegebenen Daten enthalten). [d] 1988 erfolgte keine Abwasserabgabe. Wird kein Zahlenwert angegeben, liegt die Aktivitätsabgabe unterhalb der Nachweisgrenze.
Quelle: Bundesamt für Strahlenschutz; Umweltbundesamt, Daten der Umwelt 1990/1991.

Umweltschutz · Deutschland (alte Bundesländer): Aufkommen und Verwertungsraten von Aschen aus Steinkohlenkraftwerken

Jahr	1981	1982	1983	1984	1985	1987	1988	1989
Aufkommen in Mill. t/a								
Granulat	4,00	4,08	4,05	4,09	3,84	3,56	3,17	2,78
Grobasche	0,20	0,22	0,28	0,30	0,33	0,36	0,36	0,39
Flugasche	2,25	2,36	2,55	2,60	2,78	2,90	2,95	3,11
Gesamt	6,45	6,66	6,88	6,99	6,95	6,82	6,48	6,28
Anteil in %								
Granulat	62,0	61,3	58,9	58,5	55,3	52,2	48,9	44,3
Grobasche	3,1	3,3	4,1	4,3	4,7	5,3	5,6	6,2
Flugasche	34,9	35,4	37,0	37,2	40,0	42,5	45,5	49,5
Gesamt	100,0	100,0	100,0	100,0	100,0	100,0	100,0	100,0
Verwertungsraten in %								
Granulat und Grobasche	89	85	87	96	96	95	95	95
Granulat	–	–	–	–	–	98	98	98
Grobasche	–	–	–	–	–	82	66	74
Flugasche	67	69	75	80	80	82	84	86
Gesamt	81	79	83	90	90	90	91	91

Quelle: Umweltbundesamt, Daten zur Umwelt 1990/1991.

Umweltschutz · Deutschland (alte Bundesländer): Umweltschutzinvestitionen (1000 DM)

Jahr	Abfallbeseitigung	Gewässerschutz	Lärmbekämpfung	Luftreinhaltung	Zusammen	%[a]
\multicolumn{7}{c}{Elektrizitäts-, Gas-, Fernwärme- und Wasserversorgung}						
1980	30 729	88 490	22 422	320 217	461 858	2,8
1981	54 188	142 732	34 355	531 350	762 626	4,6
1982	129 317	290 231	49 946	819 269	1 288 762	6,7
1983	75 212	212 982	36 358	762 784	1 087 337	5,6
1984	61 593	302 542	46 036	911 678	1 321 849	6,3
1985	118 275	307 318	53 379	2 185 603	2 664 575	13,2
1986	172 159	222 664	57 510	3 509 825	3 962 158	18,9
1987	317 830	243 489	68 647	3 620 512	4 250 478	20,7
1988	77 755	271 957	64 155	3 265 896	3 679 763	18,1
\multicolumn{7}{c}{Bergbau}						
1980	8 501	39 478	13 121	48 981	110 081	4,4
1981	11 289	58 449	15 404	65 025	150 168	4,7
1982	28 401	43 651	37 761	96 410	206 222	5,2
1983	20 462	55 225	23 969	102 427	202 082	5,6
1984	14 205	67 033	31 753	95 876	208 867	7,2
1985	10 025	47 358	28 533	228 956	314 872	10,4
1986	16 677	69 136	23 435	481 954	591 202	18,3
1987	24 628	71 994	18 461	539 544	654 627	22,2
1988	49 961	48 812	10 237	561 084	670 094	20,7
\multicolumn{7}{c}{Grundstoff- und Produktionsgütergewerbe}						
1980	96 565	522 788	96 250	647 564	1 363 166	8,1
1981	102 227	493 138	73 966	646 594	1 315 924	8,1
1982	115 736	508 634	54 306	598 806	1 277 481	8,4
1983	86 376	538 529	90 442	843 142	1 558 489	10,2
1984	99 084	435 533	64 845	620 313	1 219 774	8,1
1985	111 055	460 901	89 306	950 811	1 612 072	9,0
1986	120 220	550 091	72 249	939 172	1 681 732	8,8
1987	135 359	655 244	72 923	908 953	1 772 479	8,6
1988	267 106	843 847	82 312	1 265 951	2 459 216	11,3
\multicolumn{7}{c}{darunter Chemische Industrie[b]}						
1980	51 807	314 557	30 789	176 067	573 221	8,8
1981	54 791	290 155	17 870	231 906	594 722	9,0
1982	79 502	330 810	14 219	214 147	638 678	10,1
1983	56 301	381 054	22 158	224 496	684 010	11,2
1984	60 137	305 621	9 800	227 617	603 175	9,6
1985	65 031	239 480	10 908	269 708	585 126	7,9
1986	72 283	341 813	19 995	403 898	837 989	9,4
1987	74 844	465 976	27 878	498 159	1 066 857	11,2
1988	141 084	623 542	24 861	554 832	1 344 319	12,9
\multicolumn{7}{c}{Investitionsgüter produzierendes Gewerbe}						
1980	40 127	156 933	56 292	146 416	399 767	1,7
1981	36 940	157 345	46 854	160 485	401 623	1,7
1982	64 354	186 815	51 466	158 785	461 420	1,9
1983	55 768	160 751	37 170	233 457	487 146	2,0
1984	51 193	145 966	44 361	182 312	423 832	1,7
1985	44 862	145 272	51 974	451 438	693 545	2,3
1986	67 486	203 871	50 327	390 826	712 510	2,0
1987	72 566	230 033	51 794	263 624	618 017	1,6
1988	73 857	293 555	53 325	295 358	716 275	1,9

[a] Anteil an Bruttoanlageinvestitionen insgesamt. [b] Einschließlich Herstellung und Verarbeitung von Spalt- und Brutstoffen.
Quelle: VIK, Statistik der Energiewirtschaft 1990/1991.

Das kleine Bergbaulexikon

Wofür braucht der Bergmann einen **Stall**?

Wer raubt unter Tage?

Wie funktioniert ein **Kettenkratzerförderer**?

Woher kommt der Bergmannsgruß **Glückauf**?

Was macht der **Scharfmacher** mit der **Setzpistole**?

Warum verlangt die **Bergbehörde** das **Betriebsplanverfahren**?

Wie groß ist ein **Normalfeld**?

Diese und über 2500 weitere bergmännische Fachbegriffe definiert

Das kleine Bergbaulexikon

präzise und leicht verständlich.

7., neubearbeitete und erweiterte Auflage.
2500 Fachbegriffe, 600 Bilder.
Preis: 39,80 DM. 420 Seiten.

Zusammengestellt und bearbeitet von Professoren am Fachbereich Bergtechnik der Fachhochschule Bergbau der Deutschen Montan-Technologie.

Verlag Glückauf GmbH
Verkaufsabteilung
Postfach 10 39 45
D-4300 Essen 1
Telefon (0201) 1 72-15 46
Telefax (0201) 29 36 30
Telex 8 579 545 gauf d

Die rasche Fortentwicklung des Bergbaus spiegelt sich in der ständig wachsenden Anzahl neuer Fachbegriffe wider. Dadurch ist es einerseits für Schüler und Studenten des Bergbaus nicht einfach, technische Details und betriebliche Zusammenhänge zu verstehen, und andererseits für den Praktiker nicht, sie zu erläutern.

Als Arbeitshilfe hat sich *Das kleine Bergbaulexikon* schon vor mehr als einem Jahrzehnt eingeführt und mit 6 Auflagen bewährt. Zu Rate gezogen wird dieses handliche Nachschlagewerk in Verwaltungen ebenso wie in Schulen, in Behörden ebenso wie in Zulieferfirmen. Für alle, die in täglicher Arbeit mit bergmännischen Fragen zu tun haben, ist *Das kleine Bergbaulexikon* eine unentbehrliche Arbeitshilfe. Der Benutzer wird sehen: *Das kleine Bergbaulexikon* zeigt in jeder Hinsicht Größe!

Erfahrene Bearbeiter haben alle Fachbegriffe durchgesehen, ihre Begriffe überarbeitet und 300 neue Begriffe hinzugefügt. 600 Fotos und Zeichnungen vermitteln dem Leser bergtechnische und grubensicherheitliche Inhalte.

Das Lexikon ist für Bergleute und für Bergfremde, für Lehrer und Schüler eine reiche Fundgrube. Auf 2500 Fragen erhält der Suchende 2500 Antworten, präzise und leicht verständlich definiert.

UC 88
Das SPS - Kleinsteuergerät für den großen Anwendungsbereich

Automatisierung von Anlagen durch verteilte Intelligenz

Dezentrale Erfassung von Steuer–und Meßsignalen

Anpassung an unterschiedliche Eingangssignale durch Anwenderprogrammierung

Steuerung und Regelung vor Ort

Integriertes Bedien–und Anzeigentableau

LED–Anzeigen für externe Statusmeldungen

Integrierte Nothalt–und Anlaufwarneinrichtungen

Schnittstelle zum Anschluß von i/e– Sicherheits–und Koppelstufen

Schnittstelle zum Anschluß eines externen Datensichtgerätes

Schnittstelle zur Vernetzung mehrerer Kleinsteuergeräte

DUST–Schnittstelle für die Fernübertragung

Hohe Funktionssicherheit durch interne Selbstüberwachung und Diagnose

Fernsprech-und Signalbau GmbH & Co.KG
Schüler & Vershoven

Postfach 150253   4300 ESSEN 15
Fax 0201-48937   Tel. 0201-48931

Eigensicher · Zuverlässig · Fernsig

1132

11 Einkaufsführer: Industrieausrüstungen und Dienstleistungen

Gliederung _____ 1034

Verzeichnis nach
Bedarfsgruppen _____ 1139

Alphabetisches
Inserentenregister _____ 1343

Die in diesem Kapitel enthaltenen Eintragungen sind kostenpflichtig.

Hinweise auf Anzeigen

In Kapitel 11 »Einkaufsführer: Industrieausrüstungen und Dienstleistungen« wird auch auf die Anzeigen hingewiesen. Hinter den Firmennamen sind die Seiten der Anzeigen genannt.

Alphabetisches Inserentenregister

Das rot gekennzeichnete alphabetische Inserentenregister am Schluß des Buches enthält alle im Kapitel 11 »Einkaufsführer: Industrieausrüstungen und Dienstleistungen« eingetragenen Firmen sowie die Inserenten. Die Seiten, auf denen die Eintragungen und Anzeigen erscheinen, sind im Inserentenregister angegeben.

Gliederung

100 Bergbau unter Tage

110 Grubenausbau — Seite 1139

Schacht-, Strecken- und Strebausbau / Ausbau großer Räume / Spritzbeton, Hinterfüll- und Verpreßausrüstungen / Ankerausbau / Vorläufiger Ausbau / Ausbaubühnen und -hilfen / Verzugmaterial / Raub-, Biege- und Richtmaschinen / Holzschutzmittel und Tränkverfahren / Korrosionsschutz

120 Grubenbewetterung — Seite 1144

Lüfter für Haupt- und Sonderbewetterungsanlagen einschließlich Zubehör / Schachtschleusen und Wettertüren / Wetterlutten / Grubengasabsaugung / Wetterkühlmaschinen / Kohlenstoßtränkanlagen / Entstaubungsanlagen / Ausrüstungen für die Grubensicherheit / Prüf-, Meß- und Analysengeräte insbesondere für Wettermengen, Temperaturen, Gase und Stäube

130 Bergwerksmaschinen für Abbau, Vortrieb und Förderung — Seite 1146

Abteufgeräte / Schachtbohr- und Großlochbohreinrichtungen / Gewinnungs- und Abbaumaschinen (ohne Ausbau) / Versatzmaschinen / Streckenvortriebsmaschinen / Senkmaschinen / Abbauhämmer und andere Druckluftwerkzeuge / Bohrhämmer, Bohrmaschinen, Bohrzeug / Wegfüllmaschinen / Streb-, Strecken- und Schachtförderung / Materialtransport und Personenbeförderung / Pumpen / Zündmaschinen, Sprengstoffe und Sprengzubehör

140 Grubenenergietechnik — Seite 1155

Drucklufterzeugung und -verteilung / Druckluftmotoren / Hydraulische Anlagen und Ausrüstungen / Elektrische Stromversorgung und -verteilung / Schaltgeräte, Schaltanlagen / Transformatoren / Kabel und Leitungen / Elektromotoren / Fernmeldeanlagen / Fernwirktechnik / Ortsfeste und tragbare Leuchten / Ladestationen / Schlagwetterschutz

150 Bergbauliche Spezialarbeiten — Seite 1157

Geophysikalische Untersuchungen / Untersuchungsbohrungen / Bodenuntersuchungen / Lagerstättenbewertungen / Schachtabteufen einschließlich der Sonderverfahren für alle Deckgebirgsarten / Gesteinsarbeiten einschließlich Großlochbohren und maschinellen Streckenvortriebs / Stollen- und Tunnelbau / Bausicherungsarbeiten / Brunnenbau / Grundwasserabsenkung / Erdbaulaboratorien

200 Bergbau im Tagebau

210 Abraumbetrieb

Brunnenbau / Bagger / Absetzer / Abraumbrücken / Rekultivierung — Seite 1160

220 Förderbetrieb — Seite 1160

Bandanlagen mit allem Zubehör / Zugverkehr / Rückmaschinen / Schwerkraftwagen / Hydraulischer und pneumatischer Transport / Förderbrücken

230 Gewinnungsbetrieb — Seite 1162

Bagger / Fahr- und Schreitbrecher / Radlader / Bohranlagen / Zündmaschinen, Sprengstoffe und Sprengzubehör / Prozeßsteuerung

240 Tagebau-Energietechnik — Seite 1162

Elektrische, pneumatische und hydraulische Ausrüstungen / Kabel und Trossen / Kompressoren / Stromversorgungsanlagen

300 Aufbereitung und Verarbeitung aller Mineralien
Seite 1163

Komplette Aufbereitungsanlagen für alle Mineralien und Produkte / Anlagen zum Klassieren, Sortieren, Entwässern, Zerkleinern, Vergleichmäßigen, Verladen und Verwiegen / Entstauben / Sinter- und Röstanlagen für Erze / Kalifabriken / Gradierwerke und Siedehauseinrichtungen / Brikettfabriken für Braun- und für Steinkohle / Meß-, Steuer- und Regeltechnik / Chemikalien wie Flotationsreagenzien, Flockungsmittel und Filterhilfsmittel, Säuren und Laugen, Inertgase

400 Elektrizitätswirtschaft

410 Elektrizitätserzeugung
Seite 1165

Wärmekraftwerke / Dampferzeuger / Rauchgasreinigung / Speisewasservorwärmer, Überhitzer, Wärmetauscher / Kühler und Kühltürme / Kernkraftwerke / Kernreaktoren, Reaktoreinbauten / Hilfseinrichtungen für Kernkraftwerke / Dampfturbinen / Kondensatoren / Gasturbinen / Wasserkraftwerke und Pumpspeicherwerke / Generatoren / Turbosätze / Anlagentechnik / Meß-, Regel- und Leittechnik / Ersatzstromanlagen / Elektrische Ausrüstungen aller Art

420 Stromfortleitung und Stromverteilung
Seite 1166

Schaltanlagen / Transformatoren / Umformer / Stromrichteranlagen / Kabel- und Freileitungen

430 Fernheizwerke, Industrie-Dampferzeugung
Seite 1166

Heizkesselanlagen / Kesselfeuerungen für Kohle, Heizöl und Heizgase / Isolierungen und Kesselsteinmauerungen / Feuerfeste Baustoffe / Industrieofen- und Schornsteinbau / Sonderarmaturen

500 Mineralöl- und Gaswirtschaft

510 Prospektion und Exploration
Seite 1167

Geophysikalische Meßgeräte und Untersuchungen / Untersuchungs-Bohranlagen / Geräte für Bohrkern- und Spülungsuntersuchungen / Bohrlochuntersuchungen

520 Tiefbohren, Produktion
Seite 1167

Tiefbohranlagen einschließlich Bohrwerkzeugen, Bohrgestänge und Futterrohren / Bohrlochmessungen und Teste / Herrichten / Ausrüstungen für die Bohrlochförderstrecke / Ausrüstungen für die Trocknung und Reinigung

530 Transport von Mineralöl und Erdgas
Seite 1168

Transportleitungen einschließlich Rohrverbindern, Dehnungsmuffen, Schiebern und Wassertöpfen / Verdichter / Korrosionsverhütung und Korrosionsschutz / Rohrverlegung einschließlich Erdarbeiten / Meß-, Sicherheits- und Regeleinrichtungen / Tanker / Kesselwagen / Tankfahrzeuge / Verflüssigungsanlagen für Erdgas

540 Untertagespeicherung für Mineralöl und Erdgas
Seite 1168

Bauen und Betreiben der Untertagespeicher

550 Verarbeitung von Mineralöl und Erdgas
Seite 1169

Vollständige Einrichtungen für Entgasung, Entwässerung, Entsalzung von Rohöl / Anlagen für fraktionierte Destillation / Raffinier- und Krackanlagen / Synthesegasreinigung durch thermische und thermisch-katalytische Spaltverfahren, Erzeugung von Acetylen, Schwefelkohlenstoff, Cyanwasserstoff, Ruß und Ammoniak aus Erdgas

560 Produkte
Seite 1169

Treibstoffe / Schmieröle und technische Fette für die Industrie / Asphalte und Bitumen / Raffinate und alle übrigen Grundstoffe für die chemische Industrie

600 Petro- und Kohlenchemie

610 Thermische Veredlung von Steinkohlen und Braunkohlen   Seite 1169

Kokereiwesen wie Ofenbau, Ausrüstungen für Koksöfen, feuerfeste Stoffe / Koksbehandlung / Löschen, Trocknen, Kühlen und Verladen / Teerabscheidung, Teerdestillation, Teererzeugnisse / Ammoniak, Blausäure, Pyridinbasen und Phenole / Kühlen, Reinigen und Trocknen von Koksofengas, Benzolabscheidung und Naphthalingewinnung / Schwelungswesen wie Ofenbau, Ausrüstungen für Schwelöfen einschließlich Verarbeitungsanlagen für Schwelprodukte

620 Chemische Veredlung von Steinkohlen und Braunkohlen   Seite 1170

Hydrieranlagen und Ausrüstungen / Pumpen / Katalysatoren, Lösungsmittel / Druckerzeuger / Elektrische Aggregate / Meß- und Regelanlagen / Gewinnung von Wasserstoff / Weiterverarbeitung und Fortleitung von Hydrierprodukten / Vollständige Extrahieranlagen und Ausrüstungen / Extrahierhilfsmittel / Behandlung und Verladung von Extrahierprodukten / Anlagentechnik / Weiterverarbeitung von Extrakten / Vollständige Vergasungsanlagen und -ausrüstungen, besonders Druckvergasung / Vergasung mit Hilfe von Atomkraftabwärme / Gas-Synthese-Technik (Kohlenwasserstoffe, Methanole, Oxy-Synthese)

630 Petrochemie   Seite 1171

Anlagen und Ausrüstungen zur Gewinnung von Alkanen, Alkenen und Aromaten / Verarbeitungsanlagen für Raffinerierückstände zu Schmierölen und Bitumen einschließlich Schmierölreinigung und -teste / Herstellung und Weiterverarbeitung von Petrolkoks (Elektrodenkoks)

700 Transportwesen

710 Be- und Entladeanlagen   Seite 1171

Schiffsbelader und Schiffsentlader / Krane / Förderbrücken

720 Industriebahnen   Seite 1171

Lokomotiven / Waggons einschließlich Kesselwagen für alle Flüssigkeiten / Rangieranlagen / Stellwerke / Signalanlagen / Oberbaumaterial

730 Lkw-Transport

Schwertransporter, Muldenkipper, Autokipper, Kranwagen, Tankwagen

740 Bandtransport   Seite 1172

Großbandanlagen einschließlich Zubehör / Bandrückmaschinen und Bandüberwachung / Reparaturdienst

750 Rohrleitungstransport   Seite 1174

Rohre und Armaturen / Pumpstationen / Pipelinebau / Überwachungs- und Reparaturdienst / Feststofftransportsysteme für Kohlen oder Erze

760 Vorrats-, Rohstoff- und Materiallager   Seite 1174

Tanks, Bunker, Großbehälter für Flüssigkeiten und Chemikalien / Kohlentürme / Lagerhallen / Haldenanlagen

770 Hebezeuge   Seite 1175

Gabelstapler / Winden, Häspel, Flaschenzüge und Hubzüge / Aufzüge, Rolltreppen

800 Industrie-Betriebsmittel

810 Betriebsmittel aus Gummi, Kunststoffen, Metall   Seite 1175

Fördergurte einschließlich Zubehör und Reparaturteilen / Riemen und Futter / Beläge für Trommeln und Rollen / Schläuche für Druckluft und Flüssigkeiten / Filtereinsätze und Filterwerkstoffe / Siebböden, Panzerungen und Verschleißteile / Dichtungen und Isoliermaterial / Behälter und Tröge / Präzisionsformteile

820 Antriebe und Getriebe
Seite 1178

Elektro-, Druckluft- und Hydromotoren / Elektro- und Druckluft-Verstellantriebe / Kupplungen, mechanische und hydraulische Getriebe / Reibradantriebe / Rollgangs- und Getriebemotoren / Zahn- und Kettenräder / Wellen, Lager und Büchsen

830 Ketten und Seile
Seite 1178

Rundgliederketten / Laschenketten / Gelenkketten / Förderseile / Tragseile

840 Pumpen, Kompressoren
Seite 1179

Pumpen jeder Art für Gase, Flüssigkeiten und Wasser-Feststoff-Gemische / Kompressoren und Regler für Luft und Gase

850 Industrierohrleitungen und Armaturen, Metallteile, Anlagenkennzeichnung
Seite 1181

Rohre, Rohrverbinder, Flanschen, Fittings, Kompensatoren / Schieber und Ventile / Metallschläuche / Gußteile u. a. Maschinengehäuse / Tübbinge und Dammtore / Guß-, Schmiede- und Stanzteile / Anlagenkennzeichnung

860 Industriebeleuchtung, Notstromaggregate, Akkumulatoren
Seite 1182

Ortsfeste und tragbare Leuchten in allen Schutzarten einschließlich Grubengeleucht / Tiefstrahler / Netzgespeiste und batteriegespeiste Sicherheitsleuchten / Druckluftleuchten / Lampenwirtschaft / Notstromaggregate / Blei- und Stahlakkumulatoren und Batterien

870 Werkstätten und Werkstattbedarf, Reparaturen und Überholungen
Seite 1182

Drehbänke, Bohrwerke und sonstige spanabhebende Maschinen / Richtmaschinen, Maschinen- und Handwerkzeuge einschließlich Bohrmaschinen, Werkzeuge / Hartmetalle und Sonderlegierungen / Metall-Identifizierung / Schweißen und Löten, Härten und Vergüten, Schleifen und Polieren, Verzinken, Metallspritzen / Vulkanisiergeräte / Holzbearbeitungsmaschinen / Schmiervorrichtungen

880 Schrauben und sonstige Befestigungsmittel
Seite 1183

Befestigungs- und Verbindungselemente aus Metall, Metalldübel/Schrauben aller Art, Sonderschrauben für Bergbau und Kraftwerkstechnik, aus Stahl, Edelstahl, NE-Metallen/Unterlegscheiben/Spannscheiben/Muttern

900 Meßgeräte, Laboratoriums- und Prüfeinrichtungen
Seite 1183

Vermessungsgeräte / Laboratoriumseinrichtungen, insbesondere Waagen und Mikroskope / Analysengeräte / Probenehmer / Fotografie / Zerreißmaschinen und Pressen / Klimaanlagen / Zähler, Meß- und Schreibgeräte / Zerstörungsfreie Werkstoffprüfung / Metall-Identifizierung

1000 Personal- und Sicherheitseinrichtungen

1100 Sicherheitswesen und Arbeitsschutz
Seite 1184

Ausrüstungen für Werksfeuerwehren, Feuerlöscher und Sprinkleranlagen, Sondergeräte für die Grubenbrandbekämpfung / Atemschutz-, Wiederbelebungs- und Sauerstoffgeräte / Verbandmaterial und Erste Hilfe / Arbeits- und Schutzkleidung / Maschinenschutz

2000 Planung, Finanzierung, Datentechnik

2100 Planung
Seite 1185

Planungs- und Beratungsgesellschaften für den Bergbau, die Energiewirtschaft, die Mineralöl- und die chemische Industrie / Ingenieur- und Patentbüros / Gutachter und vereidigte Sachverständige / Materialausgleichsdienste

2200 Finanzierung und Versicherung Seite 1187

Kreditinstitute, Industrieleasing, Versicherung

2300 Datentechnik und Prozeßsteuerung Seite 1187

Datenerfassung, Datenübertragung, Datenverarbeitung / Rechentechnik / Prozeßsteuerung

2400 Unternehmensberatung Seite 1188

Analyse der Geschäftsabwicklung/Untersuchung und Beratung in den Feldern Technologie, Produktion, Infrastruktur, Personal/Umsetzung von Beratungskonzepten

3000 Industriebau

3100 Hoch- und Tiefbau, Baumaschinen, Baustoffe Seite 1189

Hoch- und Tiefbau einschließlich Schacht- und Brunnenbau / Untertagebau wie Stollen, Tunnel und Kavernen / Erdbaumaschinen wie Bohrmaschinen, Bagger und Lademaschinen, Autoschütter, Tunnelvortriebsmaschinen / Stahlbau / Isolierarbeiten gegen Nässe, Wärme und Lärm / Korrosionsschutz, Säureschutz / Ein- und Ausbauten wie Außenverkleidungen, Bodenbeläge, Roste und Anstriche / Betone, Mörtel und Fertigbauteile / Abbrucharbeiten

3300 Heizung und Belüftung, Klimatisierung, Entstaubung Seite 1190

Raumheizungen, Heizzentralen / Ventilatoren, Luftkanäle / Absauganlagen für Gase / Klimageräte und Klimaanlagen / Dämmstoffe, Entstaubungs-, Luftreinigungs- und Filtereinrichtungen.

4000 Umweltschutz Seite 1191

Reinhaltung der Luft / Neutralisieren von Rauchgasen / Abwasserbehandlung und -reinigung / Abfallentsorgung / Schadstoffvernichtung / Deponiegassysteme / Lärmschutz, Immissionsschutz / Strahlenschutz / Müllverbrennung

4100 Entsorgungslogistik Seite 1192

Transport, Lagerung, Sortierung und Aufbereitung von Reststoffen aus Industrie, Handel, Kommunen und Energiewirtschaft/Recycling/Deponiebewirtschaftung

100 Bergbau unter Tage
110 Grubenausbau

ANNELIESE Zementwerke AG
Postfach 1152, 4722 Ennigerloh, ☏ (02524) 290, ✄ 89408, Telefax Verkauf (02524) 29-271
Alle handelsüblichen Zemente, Spritzbeton und Spritzmörtel, pulverförmige und körnige Dammbaustoffe für Wölbungsarbeiten, Anspritzen und Hinterfüllen, Streckenbegleit- und Abschlußdämme, Verfüllung von Hohlräumen jeder Art. Fertigprodukte für Schlitz- und Schmalwände.

BECKER & BLÄSER DRAHT GMBH
4354 Datteln, ☏ (02363) 6061, ✄ 829848, Telefax (02363) 606205 — Verzugmatten für den Streckenausbau, Spezialverzugmatten für maschinelle Auffahrung und für den Blindschacht, Hinterfüllmatten, Stoßsicherungsmatten u. Strebendmatten.

Bergbaustahl GmbH (s. Anzeige S. 43)
Postfach 369, D-5800 Hagen 1, ☏ (02331) 488278-79 — Glockenprofil® — Streckenausbau in Ausbauformen für alle Untertageverhältnisse. Ausbau für Zweckräume und Stützkonstruktionen aller Art. Ausbauzubehör, Raub- und Lösegeschirre.

Gerüstbau Berger GmbH & Co KG
Hermannstr. 181, Postfach 151, 4390 Gladbeck, ☏ (02043) 2794-0, Telefax 279450
Arbeits- und Schutzgerüste aller Gerüstgruppen, Fahrgerüste aus Leichtmetall. Sondergerüste und Traggerüste mit statischem Nachweis im Einzelfall. Sonderkonstruktionen aus Stahl und Holz.

Bochumer Eisenhütte Heintzmann GmbH & Co. KG
Postfach 101029, 4630 Bochum, ☏ (0234) 619-1, ✄ 825879 heco d, Telefax (0234) 619439.

Streckenausbau:	Toussaint-Heintzmann-Streckenausbau, Profile 13–44 kg/m, Sonderkonstruktionen für Großraumausbau, Zubehör für Streb-/Streckenübergänge, Raub- und Setzgeräte, Stahlbau
Wasserhydraulik:	Steuerungen, Ventile, Zylinder, Engineering.
Elektronik:	Erstellen von kompletten elektronischen Steuer- und Regelanlagen inkl. Soft- und Hardware für Sonderbereiche.
Gewinnungstechnik:	Integriertes Hobel- und Fördersystem, insbesondere für geringmächtige Steinkohlenflöze mit zäher, harter Kohle.
Automatisierungstechnik:	Automatisierung und Engineering, Laser-Dickenmeßanlagen, Laser-Distanzmessung, Laser-Walzprofilmessung, Laser-Gießpegel-Sensoren, Laser-Feinprofil-Meßtechnik, Ventile für Hochdruckwasser bis 3000 bar; Elektrohydraulische Stellantriebe – leckölfrei – f. Öl- und Wasserhydraulik – überlastsicher – interner Regelkreis – elektrische und/oder mechan. Speicherung des Überlastweges.
Sicherheitstechnik:	Wasserschutztüren u. -tore, Sicherheitstüren u. -tore zum Schutz gegen Einbruch, Beschuß, Sprengung, Explosion, Drehkreuze, Durchfahrtsperren, Einfahrttore, Schutzraumtore, Hydr. Biege- und Richtpressen.
Umweltschutz:	Sicherungstechnik für Altlasten.

BÖHLER PNEUMATIK INTERNATIONAL DEUTSCHLAND GMBH
Schleißheimer Straße 95 A, D-8046 Garching/Hochbrück
Verkaufsbüro Nord: Hansaallee 321, Gebäude 27 A, 4000 Düsseldorf 11, ☏ (0211) 596380, Telefax (0211) 594909
Ankerbohr- und Setzgeräte

BWZ Berg- und Industrietechnik GmbH (s. Anzeige S. 51)
Am Kruppwald 10, 4250 Bottrop, Industriegelände, ☏ (02041) 66045 und 687576, Fax (02041) 689774
Klebanker
Spreizanker
Betonanker
Ankerzuggeräte
Ankerzubehör
Bohrlochverschlüsse für PUR-Verpressung
Injektionszubehör

11 INDUSTRIEAUSRÜSTUNGEN UND DIENSTLEISTUNGEN · BEDARFSGRUPPE 110

Jörn Dams GmbH (s. Anzeige S. 73)
An der Becke 34, 4320 Hattingen, ☏ (02324) 31017 oder 31047, ✆ 8220009, Telefax (02324) 33697.

A. Diekmann GmbH, Stahl- und Anlagenbau, Förderanlagen, Entstaubungs- und Lufttechnik
Gelsenkirchener Str. 68, Postfach 203, 4270 Dorsten, ☏ (02362) 1241, Telefax (02362) 1245
Schachteinrichtungen, Schachtabdeckungen, Schachtverkleidungen, Schachtstühle und Zubehör, Schachtbühnen, Streb- und Streckenausbau, Ausbau-Sonderkonstruktionen für Füllörter, Großräume, Streckenabzweige und Bunker, Seilscheiben, Seilrollen, Förderkörbe und -gefäße, Gegengewichte, federnde Schienenführungsschuhe (DBP), Briartsche Rollenführungen (DBP).

DRAHTWERKE RÖSLER SOEST GMBH & CO. KG
Opmünder Weg 14, 4770 Soest, ☏ (02921) 389-0, ✆ 84308, Telefax (02921) 38927
HBM-Hinterfüllbewehrungsmatte DBP
Rollbare Verzugmatte für den Ankerausbau
DRAFONET zur Staubbekämpfung und Hinterfüllung
TETRANET für Raubbetriebe
Geschweißter Versatzdraht für Hangendverzug und Bruchbau
STAPA-Bergeverzug für Blasversatz und Streckenbegleitdämme
STAHLNETZ-Verzug, Spülversatzgewebe, Hinterfüllgewebe.
STAHLNETZ-Schweißgitter

Ecker Maschinenbau GmbH & Co KG
6680 Neunkirchen-Saar, Geßbachstraße 2, ☏ (06821) 2407-0, ✆ eckma d 444108, Telefax (06821) 25796
Ecker Niederlassung NRW, Augustastr. 10, 4320 Hattingen, ☏ (02324) 24031-2, Telefax (02324) 202977
Ecker H.P.M., 42, Rue d'Emmersweiler, F-57600 Forbach, ☏ 0033.87.874388, Telefax 0033.87.882219
Hydraulischer Grubenausbau (Stempel, Zylinder, Steuerungen, Filter für Schreitausbau, Umsetzstempel, Raub- und Setzgeräte für Streckenausbau)

ELSKES TRANSPORTBETON GMBH
Wanheimer Straße 211, 4100 Duisburg 1, ☏ (0203) 602-0, Telefax (0203) 602311.
Transport-Fertigbeton für Kurzdämme (LOBA zugelassen), Schachtausbau, Bunker, Streckensanierung, Gebirgsverfestigung und Konstruktionsbauwerke.

Ferroplast Gesellschaft für Metall- und Kunststofferzeugnisse mbH
Am Beul 33, 4320 Hattingen/Ruhr, ☏ (02324) 50060, Fax (02324) 50063.0.
Misch- und Förderpumpen für die Anspritz- und Verfülltechnik

Grubenbedarf & Stahlbau Bochum GmbH
Flottmannstr. 55 – 57, 4630 Bochum, ☏ (0234) 53645-46, Fax (0234) 538406 — warmverformte Preß- und Stanzteile, Schienenbefestigungen, Stahlbaukonstruktionen für Schacht-, Strecken- und Strebausbau, Spritzbeton-, Hinterfüll- und Verpreßausrüstungen.

Hermann Hemscheidt Maschinenfabrik GmbH (s. Anzeige S. 51)
Bornberg 97, 5600 Wuppertal 1, ☏ (0202) 7590-0, ✆ 8591507, Telefax (0202) 7590206
Hydraulischer Grubenausbau für den Strebbetrieb. Der Einsatz ist in allen Flözen von 0,6 m – 6,0 m, auch in stark geneigter bzw. steiler Lagerung möglich. Hydraulischer Spezialausbau für: Blasversatz, Sturzversatz, Strebstrecke, Strebrand, Streckenvortrieb und Scheibenabbau.
Ausbau- und Gewinnungsaggregat AK-H für die steile Lagerung.
Elektro-hydraulische Microcomputer-Steuerung HETRONIC®, eigensicher, Sensoren: Druck-, Weg- und Kraftaufnehmer, Systemsoftware.

BEDARFSGRUPPE 110

Alfons Hüning GmbH Bergwerksbedarf
Uferstr. 41 — 47, Postfach 101229, 4650 Gelsenkirchen, ☏ (0209) 44081, Telefax (0209) 44602
starrer und nachgiebiger Grubenausbau, Türstockausbau, Bauschienen sämtlicher Profile
in normal geglühter Ausführung, Instandsetzung von deformierten Ausbauteilen, Stahl- und Maschinenbau, Aufbereitungsanlagen und Fördertechnik.

KNAUF

Gebr. Knauf Westdeutsche Gipswerke
Postfach 10, 8715 Iphofen, ☏ (09323) 31-0, ⌕ 6893000 gk, Telefax (09323) 31-277
Am Beul 33, 4320 Hattingen, ☏ (02324) 5006-0, Telefax (02324) 5006-30
Postfach 1030, Hauptstr. 120, 6639 Rehlingen/Siersburg
☏ (06835) 507-0, Telefax (06835) 507-30
Hersteller von Bergbaumörtel: Bergbau-Anhydrit, Bergbau-Mörtel, REA-Baustoffe, Bergbau-Spezialgips, Konsolidierungs-Baustoffe.

Maschinenfabrik Korfmann GmbH (s. Anzeige S. 37)
5810 Witten (Ruhr), ☏ (02302) 17020, ⌕ 8229033, ⌕ Korfmannwerk Witten, Telefax (02302) 170256
Hydraulische Spreng- und Schneidgeräte, Lösegeschirre, Raubklauen und Raubgeräte

LENOIR et MERNIER-GEBIRGSANKER
Werke B. P. 80 — F-08120 BOGNY sur MEUSE/FRANKREICH
Technische Abteilung und Export — B. P. 132, 14 Pasteurstraße — L-4276 ESCH/A (G. H. Luxemburg),
☏ Durchwahl (00352) 543366, Fax (00352) 542701
— SPREIZANKER mit sehr großer Spreizung für alle Gesteine
— KLEBANKER alle Durchmesser und Profile — System TOP Typ A und TOP Typ B
— BETONANKER und Sohlenanker jeder Art
— SPANNVORRICHTUNGEN für Anker
— ANKERZUBEHÖR — Ankerplatten — Schäkel
— BOHRVERSCHLÜSSE für Verpressung
— MÖRTEL PUMPEN

MAD — Material-Ausgleich-Dienst Vorholt & Schega GmbH & Co KG
Zu den Lippewiesen 9, Postfach 151, D-4358 Haltern, ☏ (02364) 101-0, Teletex 236434, Telefax (02364) 10139
An- und Verkauf gebrauchter Bergwerks- und Industrieausrüstungen.
(Material-Ausgleich für Grubenausbau-Material, Untertage- und Übertageausrüstungen, Elektro- und Bahnmaterial, Magazin-Bestände).
Rundschreiben-Dienst/Informationszentrum/Läger für Strecken- und Strebausbau, Band- und Kettenförderer, E-Motoren, Trafos, Schaltgeräte, E-Leitungen, Flanschen- und Kupplungsrohre, Bahnmaterial

F. W. Moll Söhne Maschinenfabrik GmbH
Postfach 1950, 5810 Witten, ☏ (02302) 56051-2, Telefax: (02302) 25215
Nachgiebiger u. starrer Bogen- u. Türstockausbau für alle Lagerungsverhältnisse in Rinnen- u. GI-Profilen.
Stollen-, Tunnel- und Großraumausbau.
Stützkonsolen, GI-Profile 100—130 genockt.

Montanbüro GmbH
Ingenieurbüro für Bergbau, Tunnel- und Tiefbau
Sevinghauser Weg 100, 4630 Bochum-Wattenscheid, ☏ (02327) 55014-5, 55917-8, ⌕ 820458, Telefax (02327) 51052
Misch-, Pump- und Spritzmaschinen für Dammbaustoffe, Mörtel und Beton im hydromechanischen Verfahren.
Betonspritzmaschinen im Pneumatischen Verfahren für Spritzbeton und Konsolidierungsarbeiten.
Mischer und Pumpen für Nieder- und Hochdruckinjektionsarbeiten mit hydraulisch abbindenden Baustoffen.
UT-Hochdruck-Betonpumpen. Dickstoffpumpen und Förderrohrleitungen für die Bruchhohlraumverfüllung.

NLW Fördertechnik GmbH
Bruchweg 17—35, 4232 Xanten, ☏ (02801) 75-0, ⌕ 812977, Telefax (02801) 6437
Reparatur von Schildausbau, Hydraulikstempeln und -zylindern jeder Bauart, Herstellung von Gleitschalwänden, teleskopierbaren Übergangsrinnen, Raubschilden, Bolzenschlagmaschinen, Raubklaue, hydr. Strebrandausbau, Rückvorrichtungen für Streb- und Streckenförderer als kettenlose Systeme, hydr. Ausbau und Rückvorrichtung für ESA- und VM-E-Aufhauen und Sonderkonstruktionen.

11 INDUSTRIEAUSRÜSTUNGEN UND DIENSTLEISTUNGEN · BEDARFSGRUPPE 110

Paul Pleiger Handelsgesellschaft mbH (s. Anzeige S. 81)
Postfach 1333, 4322 Sprockhövel, ☏ (02324) 398-302 und 383, Telefax (02324) 398-360
Verpreßpumpen, kompl. Verpreßeinheiten mit Turbomischer

quick-mix Spezial-Trockenmörtel Bergkamen-Rünthe GmbH & Co. KG
Bereich Bergbau
Lippestraße 104—106, 4370 Marl
Produktion und Versand: ☏ (02362) 27077-79, Telefax 43528
Verkaufsbüro: ☏ (02365) 60340, Telefax 60339

RÖSLER DRAHT GMBH
Eleonorastraße 32, 4300 Essen 1, ☏ (0201) 25907, ⌀ 857332, Fax (0201) 265621
Div. Mattentypen für Schachtausbau, Verzugmatten, Profilverbundmatten für Auffahrung und Sanierung, Rödra-Profil-Bewehrungsmatten, Knopfverbundmatten, Oberflächen auf Wunsch mit „Rödraplast® 1504", kunststoffbeschichtet gemäß Loba-Prüfbescheid, Hinterfüll-Doppelstab-Bewehrungsrollmatten, Gewebekonstruktionen für Verfülltechnik, Versatzdrahtgeflechte, Geflechte für Hangendverzug, Spezialität Raffdraht®, Strebabrüstungsmatten.

Salzgitter Hydraulikstempel GmbH

Salzgitter Hydraulikstempel GmbH
Werk: Cranger Straße 51, 4690 Herne 1, ☏ (02323) 2945 + 2946, Telefax (02323) 21001.
Verwaltung: Gustav-Heinemann-Straße 41, 5840 Schwerte, ☏ (02304) 41770 + 45117, Teletex (17) 2304308 = GAT, Fax (02304) 45216.
Hydraulische Einzelstempel, Einzelstempelventile, Setzpistolen.

SANDVIK GmbH · Rock Tools
Heerdter Landstraße 229 — 243, 4000 Düsseldorf, ☏ (0211) 5027-0, Telefax (0211) 5048116.

Schmidt, Kranz & Co. GmbH (s. Anzeige S. 69)
Postfach 110348, 5620 Velbert 11, ☏ (02052) 888-0, Telefax (02052) 888-44 — Ankerbohr- und Setzwagen
Ausrüstungen für die Kohlenstoßtränkung aller Injektionsarten

SGGT Saarl. Gesellschaft für Grubenausbau und Technik mbH & Co.
6682 Ottweiler (Saar), ☏ (06824) 308-0, ⌀ 445612 Gruba, Telefax (06824) 308169
Toussaint-Heintzmann-Streckenausbau.

Stahlausbau GmbH
Magdeburger Str. 16a, 4650 Gelsenkirchen, ☏ (0209) 81041, Telefax (0209) 8255
Schachtausbau, Instandsetzung und Umarbeitung.

Stahleinbau Werner Hahne GmbH
Verwaltung: 4784 Rüthen, Fach 1105, ☏ (02952) 652-4, Fax (02952) 652
Betriebsstätte: Friedrich-Ebert-Straße 73, 5810 Witten-Annen, ☏ (02302) 80411-2, Fax (02302) 80467
Stahlerner, starrer und nachgiebiger Strecken- und Schachtausbau aus GT-, TH- und Glockenprofilen;
Sonderbaue, Türstockelemente, Kappen etc. in den Werkstoffen 31 Mn 4 N, Mn 4 V und 17 Mn V 7;
wiederverwendbare Plattenbeläge, BPa;
Lohnglühungen und -Vergütungen; Spannungsarmglühen; Normalisieren; max. Ofenmaß: 17900 x 4100 x 5900 mm;
Schweißkonstruktionen aller Schwierigkeitsgrade in Einzelgewichten bis ca. 250000 kg;
Verbundschweißungen Walzstahl/Stahlguß; mechanische Bearbeitungen.

Stöcker-Beton GmbH
Postfach 180250, 4100 Duisburg 18 (Walsum) — Betonwerk Wehofen, ☏ (0203) 491045, Telefax (0203) 495739
Montabloc-Betonpfeilerplatten, Verzugplatten, Ausbausteine, Seigerinnen, Kabelkanäle, Abdeckplatten, Pflastersteine, Betonwaren für den Garten- und Landschaftsbau, Verfüllmörtel MS-CS, Magnesiabinder.

Strebtechnik Bochum GmbH & Co.
Bessemerstraße 80, Postfach 102461, 4630 Bochum 1, ☏ (02 34) 91 17-0, Telefax (02 34) 6 19-4 32
Strebausbau: Vollhydraulischer Schild- und Bockausbau für schneidende oder schälende Gewinnung und Blasversatz. Hydr. und elektronische Steuerungen mit entsprechender Sensorik. Nichtrostende Umhüllung von Kolbenstangen für Stempel und Zylinder.

Uelzener Maschinenfabrik, Niederlassung Nord
Industriestr. 12, 4620 Castrop-Rauxel, ☏ (0 23 67) 80 77, Telefax (0 23 67) 17 55
Maschinenprogramm für den hydromechanischen und pneumatischen Baustofftransport für alle Einsatzfälle.

Richard Voß · Grubenausbau GmbH

Richard Voß Grubenausbau GmbH
Gustav-Heinemann-Str. 41, 5840 Schwerte, ☏ (0 23 04) 4 17 70 + 4 51 17, Teletex (17) 2 30 43 08 = GAT, Fax (0 23 04) 4 52 16
— Druckventile: Druckbegrenzungsventile, Einzelstempelventile, Nachsetzventile, Gebirgsschlagventile
— Sperrventile: Rückschlagventile, entsperrbare Rückschlagventile, Wechselventile, Schnellentleerungsventile, Umschaltventile, Bedüsungsventile
— Steuerungen
für HFA-Flüssigkeiten. Alle Bauteile, einschl. der Feder, sind grundsätzlich aus nichtrostenden Werkstoffen gefertigt. Betriebsdrücke bis 1 000 bar, Durchflußströme bis 2 700 l/min.

A. Weber S. A., 94 avenue de la paix, F-57520 Rouhling,
☏ 87 09 10 97, ✆ 8 60 196, Telefax 87 09 07 00
A. Weber GmbH, Kossmannstraße 35, D-6600 Saarbrücken 6,
☏ (0681) 852067, ✆ 4428778, Telefax (0681) 854619
Hohlraumverfüllungssysteme, Polyurethan-Injektionssysteme
zur Wasserabdichtung und Gebirgsverfestigung
Besonders hervorzuheben unsere Hohlraumverfüllungssysteme:
MARIBLOC®: Ein unabhängiges Sicherheits-Füllsystem, das sich autonom aufbläht, gedacht für die Verfüllung von Hohlräumen und zur Hinterfüllung.
MARIPACK®: Ein Verfüllsystem zur Überwindung und Sicherung von Ausbrüchen, das innerhalb kürzester Zeit aufgeschäumt und direkt belastbar ist.
MARIFLEX© S/GE 20: Ein Zweikomponenten-Produkt, zur Verfestigung von stark brüchigem Gebirge und Verfüllung von Hohlräumen.

WESTFALIA BECORIT Industrietechnik GmbH (s. Anzeige S. 2)
Postfach 1409, 4670 Lünen, ☏ (02306) 5780, ✆ 8 229 711 wb d, Telefax (023 06) 578-1 23
Vollautomatische Strebsysteme: hydraulischer, 2-, 3- und 4-Stempel-Schildausbau, Strebsaum- und Strebendschilde, Hydraulische Ausbauböcke, Hydraulische Einzelstempel.
Elektrohydraulische Ausbausteuerung Panzermatic®, Sensoren:
Druck-, Weg- und Kraftaufnehmer,
Teil- und Blockabspannungen,
Auslegersteuerung.
Streckentechnik: Ausbau

F. WILLICH Berg- und Bautechnik GmbH + Co. (s. Anzeige S. 115)
Alter Hellweg 128 – 130, 4600 Dortmund 70, ☏ (02 31) 6 10 01-02, Telefax (02 31) 6 14 012
Gebirgsverfestigung und Wasserabdichtung, Injektionssysteme, Ankersysteme, Hohlraumverfüllsysteme, Verarbeitungsgeräte und Zubehör.

11 INDUSTRIEAUSRÜSTUNGEN UND DIENSTLEISTUNGEN · BEDARFSGRUPPE 120

Gebrüder Windgassen, Nachf. Wacker GmbH
Blumenthalstr. 66, Postfach 10 14 30, 4100 Duisburg 1, ☏ (02 03) 33 03 59, Fax (02 03) 34 24 22. — (Ankerausbau).

Wülfrather Zement GmbH (s. Anzeige S. 97)
Wilhelmstraße 77, D-5603 Wülfrath, ☏ (0 20 58) 17 25 61, Telefax (0 20 58) 17 26 45, Teletex 205837 = wzw
Dammbaustoffe
Verfüllmörtel
Konsolidierungs-Baustoffe
Spritzbeton
Spritzmörtel
Hinterfüllbaustoffe
Mauermörtel
Leichtbaustoff „aqualight"
Sonderbaustoffe
Portlandzemente
Hochofenzemente

Ortwin M. Zeißig GmbH & Co. KG
Plastiks und Elastiks, Kunststoffverarbeitung
Remscheider Str. 5, 4330 Mülheim a. d. Ruhr 13, ☏ (02 08) 9 93 69-0, Telefax (02 08) 48 52 25
Alpha-Hydraulikschutzschläuche, Elastik-Stempelschürzen.

120 Grubenbewetterung

AEG Aktiengesellschaft · Automatisierungstechnik · Bergbau (s. Anzeige S. 39)
Lyoner Straße 9, 6000 Frankfurt 71, ☏ (069) 6 64 94 600, ✆ 411080, Telefax (069) 6 64 94 892, ✉ elektronantrieb

Aerzener Maschinenfabrik GmbH
Reherweg 28, Postfach, D-3258 Aerzen, ☏ (0 51 54) 8 10, ✆ 92847
Drehkolbengebläse für Grubengasabsaugung

AUERGESELLSCHAFT GMBH (s. Anzeige S. 199/200)
Thiemannstraße 1, 1000 Berlin 44, ☏ (030) 6891-0, ✆ 184915 auer d,
Fax (030) 6891-558
Tragbare Gasspür- und Meßgeräte. Stationäre Geräte für die Analyse von Gasen und Dämpfen zur Überwachung auf explosible Gas/Dampf-Luft-Gemische, zur Überwachung von Gas/Dampf-Luft-Gemischen auf toxische Gefahren, zur Überwachung von Gasströmen bei chemischen Prozessen; Generalvertrieb für stationäre Meß- und Analysengeräte der Mine Safety Appliances Company (MSA), Pittsburgh PA, USA.

Drägerwerk AG
Postfach 13 39, 2400 Lübeck, ☏ (04 51) 8 82-0, ✆ 2 68 07-0, Fax (04 51) 8 82 20 80 — Dräger-Röhrchen, Meßsystem zum Ermitteln von Gefahrstoffen, Sammel-Röhrchen, Analysenservice, Handmeßgeräte für Sauerstoff, Kohlenmonoxid, Schwefelwasserstoff und explosive Gase, Gasmeldanlagen für explosive Gase; Kontinuierliche Meß- und Warnanlagen für Sauerstoff, Schwefelwasserstoff und Chlor; CO-Warnanlagen, Methan-Fernüberwachungsanlagen. Atemalkohol-Meßgeräte.

Ferroplast Gesellschaft für Metall- und Kunststofferzeugnisse mbH
Am Beul 33, 4320 Hattingen/Ruhr, ☏ (0 23 24) 5 00 60, Fax (0 23 24) 5 00 630
Plastikwetterlutten, Schalldämpfer für Ventilatoren, Entstaubungsanlagen.

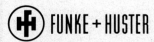

FUNKE + HUSTER Elektrizitätsgesellschaft
Montebruchstr. 2, 4300 Essen 18 (Kettwig), ☏ (0 20 54) 1090, Fax (0 20 54) 10 93 66, ✆ 8 57 637.
Grubenalarmanlagen und Wetterüberwachungsanlagen.

BEDARFSGRUPPE 120

Hölter GmbH, Entstaubungs- und Fördertechnik
Beisenstr. 39 — 41, 4390 Gladbeck, ☎ (02043) 401-0, ✂ 8579232
Hochleistungs-Naßentstauber „Roto-Vent", Trockenfilter für ortsfeste Staubquellen und maschinelle Streckenvortriebe im Berg- und Tunnelbau, auch in besonders raumsparender Bauweise, RK-Geräte, pneumatische Fördergeräte für Stäube, Feststoffe, Schlämme und Sondergeräte zur Entsorgung von Räumen über und unter Tage. Tränkausrüstungen. Soforttragende Konsolidierungsstoffe — feuchtigkeitsunempfindlich. Wasseraufbereitungsanlagen.

Maschinenfabrik Korfmann GmbH (s. Anzeige S. 37)
5810 Witten (Ruhr), ☎ (02302) 17020, ✂ 8229033, ✞ Korfmannwerk Witten, Telefax (02302) 170256
Elektro-Luttenventilatoren, Druckluft-Luttenventilatoren, Zusatzlüfter, Groß- und Tunnellüfter, Luttenvorbauspeicher, Wettermengenmeßeinrichtungen, Grubengasabsaugung (Bohrmaschinen und Verrohrung).

Montan-Forschung Dr. Hans Ziller KG
4010 Hilden, ☎ (02103) 504-0, Fax (02103) 504-499, TTX 2103318 = Ziller. — Automatisierungsgeräte, Funksysteme, Wetterwächter, Bandschutzüberwachung, Sprechfunk- und Datenfunkanlagen, Leitwarten, Frequenzzähler.

Müller & Borggräfe GmbH, Bergbau- und Industrietechnik
Hagener Str. 20 — 26, 5820 Gevelsberg, ☎ (02332) 1515*, Fax (02332) 80336
Wasserabscheider, Standrohre für Gasabsaugung, Staubbindegeräte, Wassertrogsperrenhalter, Montanpulver-Großbehälter und Drehteller-Austragsgeräte.

NILOS GmbH, Förderband-Ausrüstung
4010 Hilden, ☎ (02103) 504-0, Fax (02103) 504-199, Ttx 2103318 = Ziller — Wetterpendeltüren aus Gummi

Schauenburg Ruhrkunststoff GmbH
Weseler Str. 35, Postfach 101854, 4330 Mülheim (Ruhr), ☎ (0208) 9991-0, ✂ 856021, Fax (0208) 53374
Flexible SCHAUENBURG-Plastik-Lutten DBP und Zubehör.

 40 Jahre Ihr Partner im Bergbau

Schaum-Chemie Wilhelm Bauer GmbH & Co. KG
Hilgerstraße 20, Postfach 103551, 4300 Essen 1, ☎ (0201) 36471-0, ✂ 8571231 iso d, Telefax (0201) 36471-39
Lieferung von Geräten und Chemie-Produkten für
Spezialanwendungen im untertägigen Bergbau.
ISOSCHAUM — zur Abdichtung, Abdämmung und
 Verfüllung der Hohlräume im Gebirge.
Fixorapid — Zweikomponenten-Polyurethan-Kunstharzsystem
 in Doppelkammer-Knetbeuteln zum Verfüllen von
 Test- und Entspannungsbohrlöchern.
Fixopur — Einkomponenten-Polyurethanschaum in Druckgas-
 dosen zum Verfüllen und Verschließen von Test-
 und Entspannungsbohrlöchern sowie Gasabsauge-
 bohrlöchern.

Schmidt, Kranz & Co GmbH (s. Anzeige S. 69)
Postfach 110348, 5620 Velbert 11, ☎ (02052) 888-0, Telefax (02052) 888-44. — Luftdüsen für Zusatzbewetterung und Durchspülung. Ausrüstung für Kohlenstoßtränkung aller Injektionsarten, pneumat. Einstaubgeräte, Injektor-Meßgerät für Methangasbestimmung. Benetzungsdüsen.

Strunk und Scherzer Maschinen- und Anlagenbau GmbH
4300 Essen 13 — Wettertüren, Druckluft-Wettertüröffner, Wetterschließer, pneumatische und elektropneumatische Durchschleusungsanlagen und Verriegelungen, Förderbandschleusen, Schachttore, Hubtore, Berieselungsanlagen für Förderwagen, für Ladestellen usw.

11 INDUSTRIEAUSRÜSTUNGEN UND DIENSTLEISTUNGEN · BEDARFSGRUPPE 130

SULZER ESCHER WYSS

Sulzer-Escher Wyss GmbH
Kemptener Straße 11−15, D-8990 Lindau/Bodensee, ☏ (08382) 7061, Telefax (08382) 706410, ✆ 54341
Kältetechnik — Wärmepumpen — Kühltürme.
Zentrale und dezentrale Kälteanlagen für Wetterkühlung. Ausführungen mit Kolben-, Schrauben- und Turboverdichtern. Offene und geschlossene Rückkühlwerke. Verdunstungskondensatoren. Schlüsselfertige Gesamtanlagen einschl. kompletter Steuer- und Regelsysteme.

Paul Wever Kommanditgesellschaft
6605 Friedrichsthal (Saar), ☏ Sulzbach (06897) 8021, Fax (06897) 89404 — siehe unter NILOS GmbH, Hilden.

Ortwin M. Zeißig GmbH & Co. KG
Plastiks und Elastiks, Kunststoffverarbeitung
Remscheider Str. 5, 4330 Mülheim a. d. Ruhr 13, ☏ (0208) 99369-0, Telefax (0208) 485225
Betriebsmittel für die Gasvorabsaugung, Gasabsaugschläuche Vielflex, Alpha-Schläuche für Gasanalyse und Druckluftsteuerungen, Elastik-Stecksonden und Teleskop-Meßstöcke für Anemometer, Material für Wetterbauwerke.

130 Bergwerksmaschinen für Abbau, Vortrieb und Förderung

ABB Antriebstechnik GmbH Teilbereich Antriebssysteme, Mannheim (s. Anzeige S. 53)
Bergbau
Elektrische Ausrüstungen und Steuerungen für Schachtförderung, Materialtransport und Personenbeförderung.

Atlas Copco MCT GmbH
Ernestinenstraße 155, 4300 Essen 1, ☏ (0201) 247-0, Telefax (0201) 291412
Handbohrhämmer, Hydr. Bohrwagen, Ankersysteme, Bohrwerkzeuge, Kompressoren, Generatoren, Druckluft-, Hydraulik- u. Motorhämmer, Winden u. Armaturen.

Walter Becker GmbH, Maschinenbau — Elektronik (s. Anzeige S. 47)
Barbarastraße 12, 6605 Friedrichsthal-Saar, ☏ (06897) 857-0, ✆ 4429321, Telefax (06897) 857188
Walter Becker Elektronik, Transport- und Antriebstechnik GmbH
Von-Braun-Str. 25, 4250 Bottrop 2, ☏ (02045) 89040, Telefax (02045) 890433
− Schienenflurbahn-Systeme
− Zahnrad-Rangierkatzen
− Querumschlagstellen
− Sonderkonstruktionen und -geräte

BECORIT-GESELLSCHAFT Wilhelm Beckmann GmbH & Co KG
Rumplerstr. 8 − 10, 4350 Recklinghausen, ☏ (02361) 3009-0, Telefax (02361) 300940, Ttx (17) 2361319 BECORIT
Kunststoff **K 22** und **K 25** als Treibscheibenfutter für Fördermaschinen
Kunststoff **D 920** und **K 25 uT** für Fördermaschinen, Blindschacht- und Seilbahnhäspel
Kunststoff **D 670** als Treibscheibenfutter für Seilbahnantriebsscheiben (Sessellifte und Kabinenbahnen)
Kunststoff **D 670 S** und **BECOPLAST** als Ausfütterung für Um- und Ablenkscheiben
BECOLAN (PUR) für Antriebsräder in Flur- und EH-Bahnen
Bremsklötze für Fördermaschinen und **BECOSINT** für eigenangetriebene EH-Bahnen

BEDIA Maschinenfabrik GmbH & Co KG
Ernst-Robert-Curtius-Str. 3 - 7, 5300 Bonn 1, ☏ (0228) 555030, Telefax (0228) 555045
Wir fertigen und liefern: Gruben-Lokomotiven, Schienenkräne unter Tage, hydraulische Hebebühnen, Schmieranlagen, Tankwagen und Tankeinrichtungen für Grubenlokomotiven, Ersatzteile für DEUTZ-Lokomotiven und Motoren. Wärme-Kraft-Kopplungsanlagen, Wasseraufbereitungs-Anlagen.

BEDARFSGRUPPE 130

Bergbauwerkzeuge Schmalkalden GmbH
Rückertstraße 18 a/b, 5870 Hemer-Westig, ☏ (02372) 912120. Fax (02372) 75481, ✆ 827477 le ha
Produktion: Asbacherstraße 17, O-6080 Schmalkalden
Bohrwerkzeuge für schlagendes und drehendes Bohren, Rundschaft-, Schräm- und Hobelmeißel, Sonderwerkzeuge

Boart HWF GmbH & Co KG
Boart HWF GmbH & Co KG
Städeweg 18, 6419 Burghaun 1, ☏ (06652) 820, Telefax (06652) 82270, 82280, Teletex 6652910, ✆ 176652910
Tunnelbohrausrüstung für schlagendes und drehendes Bohren
Rundschaftmeißel, Halter und Reparaturen
Vollhydraulische Raupenbohrmaschinen und Bohrsysteme für Hochdruckinjektionen
Überlagerungsbohrsysteme für Verankerungen Durchm. 38 — 203 mm und Raupenbohrmaschinen

BÖHLER PNEUMATIK INTERNATIONAL DEUTSCHLAND GMBH
Schleißheimer Straße 95 A, D-8046 Garching/Hochbrück
Verkaufsbüro Nord: Hansaallee 321, Gebäude 27 A, 4000 Düsseldorf 11, ☏ (0211) 596380, Telefax (0211) 594909
Abbauhämmer, Gesteinsbohrhämmer, Druckluft- und Hydraulik-Hammerbohrmaschinen, Tiefbohrgeräte, hydraulische Bohrarme, Ankerbohr- und -setzgeräte, Schlag- und Drehbohrköpfe, Bohrstangen, Monoblocbohrer, fahrbare Schraubenkompressoren.

Maschinenfabrik Karl Brieden GmbH & Co
Postfach 500113, Ettersheide 64, 4630 Bochum-Linden, ☏ (0234) 9492-0, Teletex 234326, Telefax (0234) 9492106.
Vollständige Blasversatzanlagen, Kohlen- und Bergebrecher, pneumatische Förderanlagen, verschleißfeste Rohrleitungen und Zubehör, Rückspülfilter, explosionsgeschützte Staubsauganlagen — stationär und fahrbar

DEILMANN-HANIEL GMBH (s. Anzeige S. 155)
Dortmund-Kurl, Postanschrift: Postfach 130163, 4600 Dortmund 13, ☏ (0231) 28910, ✆ 822173
Schachtausbau und Schachtführungseinrichtungen mit Stahlspurlatten, Schachtglocken, Schachtstühle und sonstige Sonderkonstruktionen, Stahlwendel für Rohkohlenbunker, Abteuf- und Fördergerüste, Fördermaschinen, Häspel und Winden für das Abteufen und die Schachtförderung, Fördermittel, komplette Abteufanlagen mit Greifereinrichtungen und Schachtbohrgeräten, Nachläufersysteme hinter Voll- und Teilschnittmaschinen, Seitenkipplader, Bohrwagen, Ausbaugeräte, Schub- und Brecherschubwagen für den Sprengvortrieb, Hydraulikstationen, Entstaubungs- und Entsorgungsanlagen für das Trockenbohren, Spezialförderbänder und Bandschleifen, hydraulische und elektrisch-elektronische Steuerungen.

A. Diekmann GmbH, Stahl- und Anlagenbau, Förderanlagen, Entstaubungs- und Lufttechnik
Gelsenkirchener Str. 68, Postfach 203, 4270 Dorsten, ☏ (02362) 1241, Telefax (02362) 1245.
Seilscheiben, Seilrollen, Förderkörbe und -gefäße, spez. Langmaterialkörbe mit Klappetagen, Gegengewichte, federnde Schienenführungsschuhe (DBP), Briartsche Rollenführungen (DBP), Becherwerke, Kettenbahnen, Siebkästen, Viberatorkästen, Förderwagen, Material- und Palettenwagen, eigener Personenförderwagen (DBP), Sonderfahrzeuge, Reparaturen und Einzelteillieferung.

Bergwerksmaschinen Dietlas GmbH (s. Anzeige S. 73)
Lengsfelder Straße 23, O-6201 Dietlas/Rhön, ☏ Dorndorf 1380-1383, Telefax Dorndorf 1206, Telex 338941
Bohrwagen und Lader für den Bergbau; Umwelttechnik und Recyclinganlagen; Anbaugeräte für Radlader und Gabelstapler, allgemeiner Stahlbau

G. Düsterloh GmbH
Postfach 1160, 4322 Sprockhövel 1, ☏ (02324) 709-0, Fax (02324) 709-110
Seilbahnmaschinen für den Material- und Personentransport, Antriebsmaschinen für Sessellifte

11 INDUSTRIEAUSRÜSTUNGEN UND DIENSTLEISTUNGEN · BEDARFSGRUPPE 130

Dynamit Nobel Aktiengesellschaft, Geschäftsbereich Sprengstoffe und Zündmittel
Postfach 1261, 5210 Troisdorf, ☏ (02241) 89-0, ✆ 885666 dn d, Telefax 891652 — Sprengstoffe und Zündmittel.

Ecker Maschinenbau GmbH & Co KG
6680 Neunkirchen-Saar, Geßbachstraße 2, ☏ (06821) 2407-0, ✆ eckma d 444108, Telefax (06821) 25796
Ecker Niederlassung NRW, Augustastr. 10, 4320 Hattingen, ☏ (02324) 24031-2, Telefax (02324) 202977
Ecker H.P.M., 42, Rue d'Emmersweiler, F-57600 Forbach, ☏ 0033.87.874388, Telefax 0033.87.882219
Hydr. Antriebsstationen, Vorschubeinrichtungen, automatische Abspannanlagen für Streckenförderer, regelbare hydrodynamische Anlaufsysteme, Druckluft-Bohrstützen

Gebr. Eickhoff, Maschinenfabrik u. Eisengießerei mbH
Postfach 100629, Hunscheidtstraße 176, 4630 Bochum 1,
☏ (0234) 975-0, ✆ 17234318, Teletex 234318, Telefax (0234) 975-2477.
Gewinnungstechnik: Maschinen für die bergmännische Gewinnung von Kohle und Mineralien im Strebbau.
AC-Eickhoff: Vortriebsmaschinen für den Bergbau und Tunnelbau.
Tochtergesellschaften Inland: Gewerkschaft Schalker Eisenhütte, Gelsenkirchen: schienengebundene Spezialfahrzeuge.

Erbö-Maschinenbau, Erley & Bönninger GmbH & Co. KG (s. Anzeige S. 65)
Poststr. 26 — 30, 4322 Sprockhövel 2-Haßlinghausen, ☏ (02339) 7050-51-52-53, ✆ 8239126, Telefax (02339) 5096
Förderanlagen für den Bergbau, insbesondere für unter Tage.

Ferroplast Gesellschaft für Metall- und Kunststofferzeugnisse mbH
Am Beul 33, 4320 Hattingen/Ruhr, ☏ (02324) 50060, Fax (02324) 50 06 30
Blasmaschinen für die kontinuierliche Förderung und Verarbeitung von staubförmigen bis grobkörnigen Dammbaustoffen flexible Kunststoff-Transportbehälter für Baustoffe.

UNTERNEHMENSGRUPPE H F H FINKENRATH
Postfach 260160, 5600 Wuppertal 2, ☏ (0202) 641040, ✆ 8592473, Telefax (0202) 645044
Die Unternehmensgruppe HFH Finkenrath ist auf den Sektoren Lagerungstechnik, Wälzlagerzubehör, Antriebselemente sowie Förderbandtrommeln eine der führenden Hersteller. Aus unserem Spezialbereich liefern wir komplett montierte, einbaufertige Förderbandtrommeln sowie Lagerungen speziell für den Betrieb im Steinkohle- und Braunkohleabbau. Darüber hinaus gehören zum HFH-Produktionsprogramm drehelastische Kupplungen, Schalen- sowie Scheibenkupplungen nach DIN 115 und 116, Gleitlager nach DIN 502-506, Rollenketten nach DIN 8181, 8187, 8188 und 8189 und Keilriemenscheiben nach DIN 2211. Müllentsorgungsanlagen inklusive Weiterverarbeitung der organischen Stoffe.

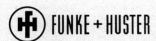

FUNKE + HUSTER Elektrizitätsgesellschaft
Montebruchstr. 2, 4300 Essen 18 (Kettwig), ☏ (02054) 1090, Fax (02054) 109366, ✆ 857637
Fernwirksysteme SIGNATRANS®, vollständige Anlagen für die Automatisierung in Bergbau und Industrie, Geräte, auch (Sch), (Ex), eigensicher. Grubenwarten, Schachtsignalanlagen, Wechselsprechanlagen, Induktionsfunkanlagen, Bandsteuerungen, Gammaschranken, Lichtschranken, Mikrowellenschranken, Gleissignalanlagen, Wagenumlaufsteuerungen.

Gewerkschaft Schalker Eisenhütte, Maschinenfabrik GmbH
4650 Gelsenkirchen, Gegr. 1872, ☏ (0209) 9805-0, ✆ 824898, ⚒ Eisenhütte Gelsenkirchen, Telefax (0209) 9805-155
Gruben-, Industrie- und Arbeitslokomotiven, schienengebundene Sonderfahrzeuge, Fördermaschinen u. Häspel jeder Art für Senkrecht- u. Schrägschächte, für Befahrungen u. Abteufarbeiten, Seilspannwinden, Seilscheiben.

MASCHINENFABRIK GLÜCKAUF Beukenberg GmbH & Co
Wilhelminenstr. 120, 4650 Gelsenkirchen, ☏ (0209) 4099-0, ✆ 824775, Telefax (0209) 4099-189
Hydr. Rückeinrichtungen; Streckenförderer-Zuggeräte; Förderer-Verlängerungsgeräte; Festsetzeinrichtungen; Hydr. Hub- und Rückgeräte; Hydr. Heber; Hydr. Stempel; Hydro-Ventile und Steuerungen; Hydr. Strebrandsicherung.

Grubenbedarf & Stahlbau Bochum GmbH
Flottmannstr. 55 — 57, 4630 Bochum, ☏ (0234) 53645-46, Fax (0234) 538406 — warmverformte Preß- und Stanzteile, Schienenbefestigungen, Stahlbaukonstruktionen für Streb-, Strecken- und Schachtförderung.

GTA GmbH
Loikumer Rott 23, 4236 Hamminkeln, ☏ (02852) 710-0, Fax (02852) 710-33
Arbeits- u. Bohrbühnen, EHB-Bohrausrüstungen, Streckenausbaumaschinen, Ausbausetzvorrichtungen, Rohrmanipulator, Sonderkonstruktionen für den Streckenvortrieb, Ortsbrustsicherungssysteme, EHB-Fahrantriebe, Nachläufersystem hinter Voll- und Teilschnittmaschinen, sohlengeführte Arbeitsbühnen.

Halbach & Braun, Maschinenfabrik GmbH + Co.
Otto-Hahn-Straße 51, 5600 Wuppertal 21 (Ronsdorf), ☎ (0202) 2414-0, ✄ 8591736 habe d, Telefax (0202) 2414-199

Wir liefern:	We supply:
Komplette Systeme nach Kundenwunsch	Complete systems according to customer's request
Kettenförderer für den Bergbau	Chain conveyors for mining
– Einkettenförderer EKF	– single chain conveyor EKF
– Doppelmittenkettenförderer DMKF	– double inboard chain conveyor DMKF
– Doppelaußenkettenförderer DKF	– double outboard chain conveyor DKF
– Bunkerförderer BUKF	– bunker conveyor BUKF
– Bunkerabzugsförderer	– bunker discharge conveyor
– Ladeförderer	– stage loader
Fördereranbauteile, kohlenstoß- und versatzseitig	Conveyor attachments at face- and goaf-side
Kompaktstützkette für Kettenförderer	Compact chain for chain conveyors
Strebrandtechnik	Face end technology
– Rollkurve	– rollercurve
– Kreuzrahmen	– cross frame
– Seitenaustrag	– side discharge
DYNATRAC Vorschubsystem für Walzenschrämlader	DYNATRAC haulage system for shearer loaders
Hobel für verschiedene Betriebsverhältnisse	Ploughs for different working conditions
– Kompakthobel mit kohlenstoßseitiger Hobelführung	– compact plough with face-side plough guide
– Schwertrollenhobel mit versatzseitiger Hobelführung	– sword roller plough with goaf-side plough guide
– Hobelantriebe	– plough drives
Brecher	Crusher
– Schlagkopfbrecher	– impact head crusher
– Walzenbrecher	– roller crusher
– Schlagwalzenbrecher	– impact crusher
Sternbolzen-Lamellen-Überlastkupplung	Starbolt-multiple disc clutch
Hochdruckpumpen	High pressure pumps
Getriebe	Gearing
– Stirnradgetriebe	– spur gear
– Kegelstirnradgetriebe	– bevel-spur gear
– Planetengetriebe	– planetary transmission
– Planetenausgleichsgetriebe	– planetary-differential transmission
Elektrische und elektronische Ausrüstungen,	Electrical and electronical equipments
Steuerungs-, Überwachungs- und Automatisierungssysteme	Controling, monitoring and automatisation systems

Hausherr & Söhne GmbH & Co. KG, Rudolf
Postfach 1240, Wuppertaler Straße 77, 4322 Sprockhövel 1,
☎ (02324) 707-00. Telefax (02324) 707-329, ✄ 8229988 –
Streckensenkmaschinen, Streckennachreißmaschinen, Sohlenreinigungsgerät, Lademaschinen, Minilader, Seitenkipplader, Abbauhämmer.

Maschinenfabrik Ernst Hese GmbH
Postfach 1462, Konrad-Adenauer-Str. 5, 4352 Herten (Westf.), ☎ (02366) 36077, Telefax (02366) 38958. — Wagenumläufe über und unter Tage,
Schachtbeschickungseinrichtungen, Kettenbahnen, Kipper, Förderwagen-Bremsen, Sperren,
Schwenkbühnen, Drehscheiben, Schiebebühnen, Stahlkonstruktionen, Ladestellen,
preßluftbetätigte Weichen für Einschienenhängebahnen, Übergaben für Stetigförderer, Bandantriebe, TT-Antriebe,
Spannschleifen, Bunkerförderer für Gleislostechnik.

INTEROC Vertriebsgesellschaft für Bau- und Bergbaumaschinen mbH (s. Anzeige S. 21)
Güterstraße 21, 4300 Essen 18 (Kettwig), ☎ (02054) 107-08, ✄ 8579183 interoc, Telefax (02054) 10 7272
Aufgabengebiet: Beratung, Vertrieb und Service für Druckluftbohrhämmer und -abbauhämmer,
Hydraulikbohrhämmer, Vortriebs- und Ankerbohr- und -setzgeräte, Lader, Profilmeßgeräte,
Staubabsaugungssysteme, Sprenglochbohrwagen, Ankerbohrwagen für Spezialtiefbau,
Bohrausrüstungen zum Aufbau auf Lader, Raupen, Bühnen und sonstige Trägergeräte, Bohrstangen, Bohrkronen,
Muffen, Bohrrohre, Imlochbohrhämmer für Sprenglochbohrungen, Bohrausrüstungen für Ankerbohrungen im
Spezialtiefbau, Bohrausrüstungen für die Werksteinindustrie.

ITT FLYGT Pumpen GmbH
Postfach 1320, 3012 Langenhagen, ☎ (0511) 7800-0, Fax (0511) 782893
Tauchmotorpumpen in Standard- und schlagwettergeschützter Ausführung.

11 INDUSTRIEAUSRÜSTUNGEN UND DIENSTLEISTUNGEN · BEDARFSGRUPPE 130

KBI Klöckner-Becorit Industrietechnik GmbH
In der Beckkuhl 12, 4224 Hünxe-Bucholtwelmen, ☎ (02858) 890, ✆ 812914, Telefax (02858) 7918
Baustofförderanlagen, Streckenausbaumaschinen und -bühnen, Energieversorgungszüge.

KHD Humboldt Wedag AG (s. Anzeigen S. 67, 129)
Wiersbergstraße, 5000 Köln-Kalk, ☎ (0221) 822-1820, ✆ 8812-0, Telefax (0221) 822-1899

Drahtseilerei Gustav Kocks GmbH
Mühlenberg 20, 4330 Mülheim a. d. Ruhr 1, ☎ (0208) 42901-0, ✆ 856872 drako d, Fax (0208) 4290143
Abteuf-Förderseile, Schachtförderseile, Flachunterseile, Rundunterseile

Komotzki Bergbaubedarf GmbH
Rückertstraße 18 a/b, 5870 Hemer-Westig, ☎ (02372) 17149, Fax (02372) 74428, ✆ 827477 le ha
Rundschaftmeißel und -halter, Reparatur von Mitnehmern, Schrämwerkzeuge, Reparatur von Schneidwerkzeugen, Reparatur von Kohlehobeln, Reparatur von TS-Schneidköpfen, Schneidwerkzeuge für Kohlehobel, Schrämmeißel, radial und tangential.

Maschinenfabrik Korfmann GmbH (s. Anzeige S. 37)
5810 Witten (Ruhr), ☎ (02302) 17020, ✆ 8229033, ⌘ Korfmannwerk Witten, Telefax (02302) 170256
Großlochbohrmaschinen, Druckluft-, Elektro- und hydraulisch, für Gasabsaugung, Wasserlösung sowie Großbohrungen, Entspannungsbohrmaschinen, Bohrgestänge.

Krampe & Co. GmbH Fabrikation in Bergbaubedarf
Auf Börgershof 12, 4700 Hamm 3, ☎ (02381) 40710, Telefax (02381) 40 71 30
Schrämwalzen, Grobkornwalzen, TS-Schneidköpfe
Schrämwerkzeuge
Räumschildschwenkeinrichtungen, Räumschilde und Räumschildhalter
Hochdruckpumpen für Walzenlader
Wendelrutschen, Bergewendel, Bunkerwendel
Schwenkförderer, Leichtbauförderer
drehbare Schurren, Bandübergaben
Reparaturen

Stahlhammerwerk Krüner & Co. GmbH
Postanschrift: Postfach 1360, 4322 Sprockhövel 1, ☎ (02302) 73001/02/03, Fax (02302) 72151
Einsteckwerkzeuge für Pneumatik- und Hydraulikhämmer, Schlag- und Drehbohrstangen

Krummenauer GmbH & Co KG (s. Anzeige S. 81)
Wellesweilerstr. 95, 6680 Neunkirchen (Saar), ☎ (06821) 105-0, ✆ 4-44834 krune d, Fax (06821) 105106
Schrämwalzen und Schneidköpfe in allen Ausführungen, Meißelhalter, Düsen, Fördereranbauten, Brecher, Raubwinden

Theodor Küper & Söhne GmbH & Co
Josef-Baumann-Str. 9, Postfach 101450, 4630 Bochum, ☎ (0234) 86706/07, Telefax (0234) 865799
TEKACLEAN Abstreifersystem und Abstreiferleisten aus Gummi, Polyurethan und Kunststoff
TEKAPLAST Treibscheibenfutter für Fördermaschinen aus Kunststoff
TEKAS Seil- und Ablenkscheibenfutter in Keilform für Seilbahn-Antriebs- und Umlenkscheiben.

MAD — Material-Ausgleich-Dienst Vorholt & Schega GmbH & Co KG
Zu den Lippewiesen 9, Postfach 151, D-4358 Haltern, ☎ (02364) 101-0, Teletex 236434, Telefax (02364) 10139
An- und Verkauf gebrauchter Bergwerks- und Industrieausrüstungen.
(Material-Ausgleich für Grubenausbau-Material, Untertage- und Übertageausrüstungen, Elektro- und Bahnmaterial, Magazin-Bestände)
Rundschreiben-Dienst/Informationszentrum/Läger für Strecken- und Strebausbau, Band- und Kettenförderer, E-Motoren, Trafos, Schaltgeräte, E-Leitungen, Flanschen- und Kupplungsrohre, Bahnmaterial.

MAN Gutehoffnungshütte AG
Postfach 110240, 4200 Oberhausen 11, ☎ (0208) 6920, ✆ 856691 ghh d, ⌘ hoffnungshütte-oberhausen-rheinl 11, Telefax (0208) 669021
Vollständige Schachtförderanlagen, Fördermaschinen, Fördergerüste, Fahrlader, Muldenkipper, Förderwagen.

Maschinenfabrik Mönninghoff GmbH & Co. KG
Bessemerstr. 100, Postfach 101749, D-4630 Bochum 1, ☏ (0234) 3335-0, Telefax (0234) 3335-222
Förderkorbbeschickungen, Streckenfördermittel, Wagenumläufe, Drehscheiben,
Kippeinrichtungen, Förderwagen-Reinigungsanlagen,
Hydraulische Antriebsaggregate.

MSW-Chemie GmbH
Postfach 1126, Seesener Str. 19, 3394 Langelsheim 1, ☏ (05326) 1031, Fax (05326) 85293

muckenhaupt
Muckenhaupt GmbH
Postfach 800352, Zum Ludwigstal 25, 4320 Hattingen, ☏ (02324) 399-0, ✄ 8229976 mbi d, Telefax (02324) 399-111
Planung, Projektierung, Konstruktion, Fertigung und Instandsetzung von:
- EHB- und SFB-Personen- und Materialtransportanlagen
- Material-Umschlagsysteme
- Hydrostatische Regelantriebe inkl. anwenderspezifischer Steuerungen
- Immissionstechnologien für das gesamte Produktspektrum
- kpl. Entsorgungsanlagen für Bergbau und Industrie

Müller & Borggräfe GmbH, Bergbau- und Industrietechnik
Hagener Str. 20 — 26, 5820 Gevelsberg, ☏ (02332) 1515*, Fax (02332) 80336
Aufhängeklauen, Bandaufhängungen, Hakenschrauben, Rohraufhängungen, Bandaufgabeböcke, Kabelaufhängungen,
Bolzenklammern, Arbeitsbühnen, Schachtbühnen, Schachtfahrten, Gezähekisten.

MWM Diesel und Gastechnik GmbH
Postfach 102263, 6800 Mannheim 1, ☏ (0621) 3840, ✄ 462568, Fax (0621) 384780 – Dieselmotoren für Untertageeinsatz.

Neuhäuser GmbH + Co
Scharnhorststr. 11/16, 4670 Lünen, ☏ (02306) 101-0, ✄ 8229744 neu d, Telefax (02306) 101-241, 101-245, 101-299
Geschäftsbereich Bergbau- und Industrietechnik — Fax (02306) 101245
„UNISTAR"-Materialtransportsystem
Laufschienen und Kurven für Einschienenhängebahnen; Behälter, Paletten, Drehgestelleinheiten und
Spezialtransportwagen für den Transport von Material für Ausbau, Vorrichtung und Gewinnung; gleisgebundene
Fahrzeuge und Unterwagen zur Aufnahme von Behältern und Paletten oder Bündeln; mechanische und
hydraulische Kippvorrichtungen für Behälter; Kippwagen, Plastik-Container für Schüttgüter, Bündelbeschläge,
Transportbehälter für Hydraulikkonzentrate.
„UNISTAR"-Spezialprogramm
Gleislos-Schwerlasttransporter; hydraulische Kippstation für Schüttgüter; Kipp-Dreheinrichtung für
Förderwagen und Behälter; Nachläufer für Tunnelbau; Förderseilauftrommeleinrichtung für Altseile;
Einstaubanlage für Gesteinsstaub; System zum Fördern von trockenen Dammbaustoffen und ähnlichen
Medien im Dichtstromverfahren.
„UNISTAR"-Stetigförderer
Stationär und rückbar, einschließlich Zubehör.
Geschäftsbereich Umwelt- und Verfahrenstechnik — Fax (02306) 101245
Entsorgungseinheit für Schlämme; Spezialbehälter für die Entsorgung von Ölen und Emulsionen; Anlagen zur
Ver- und Entsorgung, Wasser-/Öl-Trennung und Anlagen zur Wasserreinigung, Dosiersysteme für
pulverförmige Stoffe.
Geschäftsbereich Magnet-, Förder- und Separiersysteme — Fax (02306) 101241/299
Geschäftsbereich Lager- und Fördersysteme — Fax (02306) 101245
Geschäftsbereich Daten- und Steuerungstechnik

NILOS GmbH, Förderband-Ausrüstung
4010 Hilden, ☏ (02103) 504-0, Fax (02103) 504-199, Ttx 2103318 = Ziller. NILOS-Fördergurt-Verbindegeräte und Zubehör, (sch)-Vulkanisiergeräte in Leichtbau- und Stahl-Ausführung mit elektronischer Temperatursteuerung, Kabelreparaturen, Vulkanisiermaterial, Abstreifer und Gummibeläge in V-Qual.

NOELL SERVICE UND MONTAGETECHNIK GMBH
EPR-Bergwerkstechnik
Postfach 1364, Brokweg 75, 4408 Dülmen, ☏ (02594) 770, Telefax (02594) 77296
Bohrmaschinen und -Ausrüstungen für den Untertage-Bergbau
Seitenkipplader/Sohlensenklader und Bohrwagen
Schachtförderanlagen

Passing VHE-GmbH
Postfach 600114, Ickerottweg 7 – 11, 4350 Recklinghausen, ☏ (02361) 8001-0, Telefax (02361) 800140
Fertigung und Instandsetzung von 1. Bergwerksmaschinen u. -Einrichtungen, z. Beispiel EHB, SFB, Haspeln und Winden, Förderer, Gurtspannstationen, Übergaben, Behälter und Grubenfahrräder.
2. Rollenbohrwerkzeuge – System Salzgitter – für Berg-, Tunnel-, Brunnen- und spez. Tiefbau.

PAURAT GmbH
Postfach 021220, 4223 Voerde, ☏ (0281) 9420-0, ✄ 812880 pauma d, Fax (0281) 9420177
Gewinnungsmaschinen, Vortriebsmaschinen, Senkmaschinen

PWH Anlagen + Systeme GmbH
Ernst-Heckel-Str. 1, 6670 St. Ingbert-Rohrbach, ☏ (06894) 599-0, ✄ 4429400, Telefax (06894) 599468
Skip- und Korbförderanlagen, Wagenumläufe, Reibradstationen, Wipperanlagen, Fördertürme, Fördergerüste

Fritz Rensmann GmbH & Co., Maschinenfabrik
Bünnerhelfstr. 33, Postfach 170123, 4600 Dortmund 1, ☏ (0231) 178018/19, Telefax (0231) 171479
Neubau von Diesellokomotiven über Tage und unter Tage nach TAG, Ersatzteile aller Art für Diesellokomotiven, gedreht, gehärtet, verzahnt, geschliffen.
Komplette Grund-Überholungen von Diesellokomotiven nach TAG, Dieselmotoren und Getrieben sowie sämtlichen Bosch-Diesel-Einspritzaggregaten. Neubau von Radsätzen aller Art
und Instandsetzungen sowie Lieferung aller Ersatzteile. Knorr-Bremsenservice und Ersatzteildienst.
Zerstörungsfreie Werkstoffprüfung.

Rivalit Hydraulik Waldböckelheim GmbH
Postfach 40, 6558 Waldböckelheim, ☏ (06758) 801-1, Telefax (06758) 1283
Hydraulik-Schlauchleitungen und Mehrfach-Hydraulikleitungen, LOBA zugelassen
Schlauchverbindungen für Bergbau und Industrie

SANDVIK GmbH · Rock Tools
Heerdter Landstraße 229 – 243, 4000 Düsseldorf, ☏ (0211) 5027-0, Telefax (0211) 504816

SCHARF GMBH Maschinenfabrik
Postfach 2327, 4700 Hamm 1, ☏ (02381) 7950, ✄ 828866
Einschienenhängebahnanlagen mit Seilantrieb und mit dieselhydraulischer Zugmaschine, Batteriekatzen, Schienenflurbahnen (Streckenkuli), Sesselliftanlagen, Grubenfahrräder, Fördereinrichtungen für den Tunnelbau.

Franz Schlüter GmbH
Franz-Schlüter-Str. 12 − 16, 4600 Dortmund 1, ☏ (0231) 315020, ✄ 8227802, Telefax 3150222
Seitenkipplader mit Druckluftantrieb Typ 632 HRB und SHR 1000
Seitenkipplader mit elektrohydraulischem Antrieb Typ SHRE 1000, KL 800 + KL 1000
Schlagwalzendurchlaufbrecher und Brecher mit Vorklassierung, für die Strecke und vor dem Schachteinlauf, Schlauch- und Kabelaufhängung mit pneumatischer Rückzugeinrichtung. Sicherheitseinrichtungen für Streb und Strecke.

Schmidt, Kranz & Co GmbH (s. Anzeige S. 69)
Postfach 110348, 5620 Velbert 11, ☏ (02052) 880-0, Telefax (02052) 888-44. − Elektrohydraulische u. pneumatische Lafettenbohrmaschine, Strebhydrauliklafette, Drehbohrgestänge, sämtl. Bohrkronen-Ausführungen, Seilrollen. Hydrl. Handdrehbohrmaschine HBS 10.

Gerhard Scholten GmbH & Co. KG
Postfach 110404, Max-Eyth-Str. 15, 4200 Oberhausen 11, ☏ (0208) 655871, Fax (0208) 654462
Automatische Ladestellen
Abriebförderer
Ausbaubühnen
Bunkeranlagen, -Abschlüsse, -Ausläufe
Bandschleusen
Bandübergaben
Förderwagenbremsen
Staubverkleidungen
Stahl- und Behälterbau
Zubehör für Kohlegewinnung und Strebförderer
Spezialreparaturen für den Bergbau

Schopf Maschinenbau GmbH
Postfach 750360, 7000 Stuttgart 75, ☏ (0711) 34000-0, FAX (0711) 3411087, ✄ 7256651
Untertagelader, Untertagelader mit Schlagwetterschutz, Elektro-Untertagelader, Untertage-Dumper, Untertage-Materialtransporter und -Personenfahrzeuge.

SIEMAG

Siemag Transplan GmbH (s. Anzeige S. 61)
Postfach 1451/1452, 5902 Netphen 1, Krs. Siegen, ☏ (02738) 21-0, ✄ 872740, Teletex 273830, Telefax (02738) 21-297 −
Planung und Bau kompl. Gefäß-, Gestell- und Schrägförderanlagen, Anlagen für die hydromechanische Gewinnung und hydraulische Förderung von Kohle, hydraulische und pneumatische Förderanlagen für mineralische Rohstoffe.
Lieferung von Schachtfördereinrichtungen wie z. B. Fördermaschinen und Seilscheiben, Selda-Bremseinrichtung, Fördergerüste und Fördertürme, Fördergefäße und Förderkörbe mit Zubehör, Schachteinbauten, Schachtstühle und Schachtschleusen, Wipperanlagen und Wagenumlaufeinrichtungen, Füll-, Entlade- und Rieselgutanlagen, Band- und Bunkeranlagen sowie Bergbaukühlsysteme.

Fr.  GmbH

Fr. Sobbe GmbH, Fabrik elektr. Zünder (s. Anzeige S. 75)
Generalvertretung der Firma Schaffler + Co. Wien
Beylingstr. 59, 4600 Dortmund-Derne, ☏ (0231) 230560, Telefax (0231) 238488
Zündmaschinen und Zubehör, Zündmittel aller Art, Zünder, Zündleitungen.

Tamrock Deutschland GmbH & Co. KG
Industriestr. 36, 4250 Bottrop, ☏ (02041) 99060, ✄ 08570611, Telefax (02041) 96511
Bohrausrüstungen: Bohrarme; Gesteinsbohrhämmer mit separater Rotation, komplette Bohrwagen;
Fahrschauflader.

Unkel u. Meyer GmbH
Postfach 600511, Isenbrockstraße 27 − 31, 4630 Bochum-Wattenscheid, ☏ (02327) 3829, Fax (02327) 3820
Personen- u. Verletztentransportwagenbau, Förder- u. Spezialwagenbau, Schwertransporter, Stahl- u. Maschinenbau.

11 INDUSTRIEAUSRÜSTUNGEN UND DIENSTLEISTUNGEN · BEDARFSGRUPPE 130

Untertage (UT) Maschinenfabrik Dudweiler GmbH (s. Anzeige S. 75)
Im Tierbachtal 28 — 36, 6602 Dudweiler, ☏ (06897) 796-0, Fax. (06897) 796222
Gurtbandanlagen, Panzerförderer®, Bunkerabzugs- und Beschickungsförderer,
Kurvenförderer
Rieselgut- und Rohrförderer.

VOEST-ALPINE BERGTECHNIK Ges. m. b. H.
Postfach 2, A-8740 Zeltweg, ☏ (0043/3577) 24551, ✄ 37557 vabt a, Telefax (0043/3577) 24551-800
Streckenvortriebs- u. Gewinnungsmaschinen ALPINE MINER.

Werner Walter GmbH & Co., Baumaschinen-Ersatzteile
Postfach 1546, Loerfeldstr. 11, 5804 Herdecke (Ruhr), ☏ (02330) 7771-73, ✄ 8239536 wws d, Fax (02330) 8198
Raupenlaufwerke für Lademaschinen, Senkmaschinen, Teilschnittmaschinen, Vortriebsmaschinen,
Bohrwagen etc. Raupenketten, Laufrollen, Leiträder, Antriebsräder, Laufwerksreparaturen.

WASAGCHEMIE Sythen GmbH
Postfach 104, 4358 Haltern 5 — Sprengstoffe, Zündmittel, Zündmaschinen, Prüfgeräte.

Wengeler & Kalthoff, Hammerwerk GmbH & Co KG
Postfach 4060, 4320 Hattingen 13, ☏ (02324) 31141, Fax (02324) 33034
Hersteller von: Hohlbohrstangen für Schlag-, Dreh- und Drehschlag-Bohren, Kohlendrehbohrstangen, Bohrrohren, Spitz-
und Flachmeißeln und Einsteckwerkzeugen in Sonderausführungen

WESTFALIA BECORIT Industrietechnik GmbH (s. Anzeige S. 2)
Postfach 1409, 4670 Lünen, ☏ (02306) 5780, ✄ 8229711 wb d, Telefax (02306) 578-123
Vollautomatische Strebsysteme
Strebfördermittel: Panzerförderer®
Gewinnungsgeräte: Reißhaken-Hobel®, Gleithobel®, Gleitschwerthobel,
                                     Strebendhobel
Strebausrüstung: Strebbefahrungsanlage, Hydraulisch verstellbare Schiebebracke,
                                     Block- und Teilabspannungen,
                                     Auslegersteuerung
Bergbaugetriebe: Stirnrad- und Kegelstirnradgetriebe, Überlastgetriebe,
                                     Sonderplanetengetriebe
Streckenfördermittel: Lade-Panzer®, Aufgabe- und Abzugsförderer
Vortriebsmaschinen: Teilschnittmaschinen WAV®, Vollschnittmaschinen WBM,
                                     Messerschilde, Vortriebsmaschine VM-E für Aufhauen, Impact-Ripper,
                                     Firstenfräse, Senklader, Streckendurchbauvorrichtung, Bunkerwagen.
Zerkleinerungstechnik: Durchlaufbacken- und Walzenbrecher, Schlagwalzenbrecher, Prallbrecher stationär, semi-mobil
                                     und mobil.

Paul Wever Kommanditgesellschaft
6605 Friedrichsthal (Saar), ☏ Sulzbach (06897) 8021, Fax (06897) 89404 — siehe unter NILOS GmbH, Hilden.

WIRTH, Maschinen- und Bohrgeräte-Fabrik GmbH (s. Anzeige S. 77)
5140 Erkelenz 1, ☏ (02431) 830, Telefax (02431) 83267
Vollhydraulische Bohrgeräte
Vortriebsmaschinen
Schachtbohrgeräte und Kolbenpumpen

Ortwin M. Zeißig GmbH & Co. KG
Plastiks und Elastiks, Kunststoffverarbeitung
Remscheider Str. 5, 4330 Mülheim a. d. Ruhr 13, ☏ (0208) 99369-0, Telefax (0208) 485225
Elasto-Sprengmittelkästen, Elastik-Zünderverbinder, Video-Elastik-Ladestöcke, Fix-Isolierhülsen,
Alpha-Schutzschläuche, Elastik-Stecksonden und -Meßhilfen, Elasto-Wassersatz und -Dämmschirme.

140 Grubenenergietechnik

AEG Aktiengesellschaft · Automatisierungstechnik · Bergbau (s. Anzeige S. 39)
Lyoner Straße 9, 6000 Frankfurt 71, ℡ (069) 6649 4600, ✆ 411080, Telefax (069) 6649 4892, ⌁ elektronantrieb

Aerzener Maschinenfabrik GmbH
Reherweg 28, Postfach, D-3258 Aerzen, ℡ (05154) 810, ✆ 92847
Druckluft-Schraubenverdichter, ölfrei oder öleingespritzt.
Turboverdichter für Förderung von Luft.

Walter Becker GmbH, Maschinenbau − Elektronik (s. Anzeige S. 47)
Barbarastraße 12, 6605 Friedrichsthal-Saar, ℡ (06897) 857-0, ✆ 4429321, Telefax (06897) 857188
Walter Becker Elektronik, Transport- und Antriebstechnik GmbH
Von-Braun-Str. 25, 4250 Bottrop 2, ℡ (02045) 89040, Telefax (02045) 890433
− Überdruckkapselung als Schlagwetterschutz elektrischer Anlagen wie Schaltgeräte und Transformatoren
− Frequenzumrichter für Seilbahnmaschinen und Fördermittel
− Sonderbauformen
− Mikrocomputer-Steuerungen für Bandstraßensysteme, Baustoff-Versorgungsanlagen und andere Überwachungs-, Steuerungs- und Automatisierungsanlagen, Ausbau-Steuerungen
− Wechselsprechanlagen, Sprech- und Datenfunk

Breuer-Motoren GmbH & Co KG, Elektromaschinenfabrik
Rensingstr. 10, 4630 Bochum 1, gegründet 1877, ℡ (0234) 53585/86/87, ✆ 825791 brmo d, Telefax (0234) 532880
Schlagwetter- und explosionsgeschützte Elektromotoren
druckfest gekapselt für Bergbau und Chemische Industrie
Sonderabteilung für Motorreparaturen.

Jörn Dams GmbH (s. Anzeige S. 73)
An der Becke 34, 4320 Hattingen, ℡ (02324) 31017 oder 31047, Telefax (02324) 33697, ✆ 8220009

Ecker Maschinenbau GmbH & Co KG
6680 Neunkirchen-Saar, Geßbachstraße 2, ℡ (06821) 2407-0, ✆ eckma d 444108, Telefax (06821) 25796
Ecker Niederlassung NRW, Augustastr. 10, 4320 Hattingen, ℡ (02324) 24031-2, Telefax (02324) 202917
Ecker H. P. M., 42, Rue d'Emmersweiler, F-57600 Forbach, ℡ 0033.87.874388, Telefax 0033.87.882219
Hydrostatische Aggregate, Hydraulische Ventile, Zylinder, Filter, Steuerungen

Gebr. Eickhoff, Maschinenfabrik u. Eisengießerei mbH
Postfach 100629, Hunscheidtstraße 176, 4630 Bochum 1
℡ (0234) 975-0, ✆ 17234318, Teletex 234318, Telefax (0234) 975-2623
Elektronik: Funktechnik für die Industrie, Steuerungstechnik zur Automatisierung von Maschinen und Anlagen
Eickhoff Technotronic, Spiesen-Elversberg: Elektronische Komponenten und Systeme; Sensortechnik.

Fernsprech- und Signalbau GmbH & Co. KG Schüler & Vershoven (s. Anzeige S. 1132)
Fahrenberg 6, 4300 Essen 15, ℡ (0201) 48931, Teletex 201443 FERNSIG, Telefax (0201) 48937
Übertragungseinrichtungen, Steuer- und Meldeanlagen.
Koppelschalter mit eigensicheren Steuerstromkreisen und Überwachung, freiprogrammierbare und Mikroprozessorsteuerungen, Sicherheitssysteme.
Grubenfunkgeräte, batterielose Strebverständigungsanlagen, auch in Verbindung mit der Strebbeleuchtung oder mit Heulruf.
Elektronisches Wetterstrom-Meßgerät mit Ein-Chip-Mikrocomputer.
Drehzahlwächter, mikroprozessorgesteuert, mit Klartextanzeige, Parametrierung menügeführt mit Tasten.
Fernsprechausrüstungen für Grubenwehren.
Schachtsignalanlagen, Grubenfernsprecher in Kunststoffausführung.
Isolationsüberwachungseinrichtung, eigensicher.
Sprech-, Signal- und Stillsetzanlagen.
Stillsetz- und Sperreinrichtung, eigensicher, Bauart TÜV-geprüft.
Sicherheitskoppelschalter, Bauart TÜV-geprüft.
Seilzugschalter mit zwangsläufig öffnenden Kontakten, Bauart TÜV-geprüft.
Kontaktvervielfältiger für Sicherheitsstromkreise, eigensicher, Bauart TÜV-geprüft.
Dyn. Kapseln nach den neuesten Normen der Deutschen Bundespost.

11 INDUSTRIEAUSRÜSTUNGEN UND DIENSTLEISTUNGEN · BEDARFSGRUPPE 140

Friemann & Wolf GmbH
Meidericher Straße 6 – 8, ☏ (0203) 3002-0, ✄ 855543, Telefax (0203) 3002-240
Betriebsmittel und Ausrüstungen Bereich Bergbau:
(Ex)geschützte Kopfleuchten und (Sch)geschützte Grubenleuchten mit wiederaufladbaren NiCd-Spezialakkumulatoren. Ladegeräte und Ladeeinrichtungen. (Ex)- und (Sch)geschützte Betriebsmittel und Ausrüstungen für den Einsatz auf Maschineneinrichtungen und Fahrzeugen speziell im Untertagebereich. (Sch) i eigensichere Stromversorgungssysteme, Kontroll- und Steuereinrichtungen. Handscheinwerfer mit Notlichtfunktion in normaler und explosionsgeschützter Ausführung und Ladegeräte.

FUNKE + HUSTER Elektrizitätsgesellschaft
Montebruchstr. 2, 4300 Essen 18 (Kettwig), ☏ (02054) 1090, Fax (02054) 109366, ✄ 857637
Fernwirksysteme SIGNATRANS®, vollständige Anlagen für die Automatisierung in Bergbau und Industrie, Geräte, auch (Sch), (Ex), eigensicher. Grubenwarten, Schachtsignalanlagen, Wechselsprechanlagen, Induktionsfunkanlagen, Bandsteuerungen, Fernsprecher, Signalgeräte, Gammaschranken, Lichtschranken, Mikrowellenschranken.

Gründer + Hötten GmbH
Riehlstr. 2, 4300 Essen 1, ☏ (0201) 74787-0, Telefax (0201) 74987-80
Förderkorbtelefonieanlagen
Seilkraftmeßeinrichtungen
Lokfunk
Weichenstellvorrichtungen
Weichenlagemelder, Ampeln
Näherungsschalter, Magnetschalter
Druckluftpumpen
Wettertüren und Wetterschleusen mit Steuerung
Schlauchbruchsicherheitsventile

Hermann Hemscheidt Maschinenfabrik GmbH (s. Anzeige S. 51)
Bornberg 97, 5600 Wuppertal 1, ☏ (0202) 7590-0, ✄ 8591507, Telefax (0202) 7590206
HETRONIC® — Elektrohydraulische Steuerung für den Bergbau in der Schutzart „eigensicher" — Geräte zur Steuerung und Überwachung von Gewinnungsmaschinen im Streb — Microcomputer-Steuerung für drehstromgeregelte Antriebe für automatische Lagersysteme und Förderanlagen — Sensoren: z. B. Druck-, Weg- und Kraftaufnehmer — Systemsoftware für HETRONIC® Microcomputer.

Höhn Kabel GmbH
Normannenstraße 6, 4040 Neuss, ☏ (02131) 524-0, Teletex 2131320, Telefax (02131) 55059
Für Untertagebetrieb:
Schwere Gummischlauchleitungen, schwere Kunststoffleitungen 6 kV, auch mit Gießharzkeulen, Streckenkabel 1 u. 6 kV, eigensichere Leitungen.
Für Übertagebetrieb:
Starkstromkabel 1 kV und isolierte Starkstromleitungen, Barnicol-Gießharz-Kabelgarnituren.

MAD — Material-Ausgleich-Dienst Vorholt & Schega GmbH & Co. KG
Zu den Lippewiesen 9, Postfach 151, D-4358 Haltern, ☏ (02364) 101-0, Teletex 236434, Telefax (02364) 10139
An- und Verkauf gebrauchter Bergwerks- und Industrieausrüstungen
Material-Ausgleich für Grubenausbau-Material, Untertage- und Übertageausrüstungen, Elektro- und Bahnmaterial, Magazin-Bestände.
Rundschreiben-Dienst/Informationszentrum/Läger für Strecken- und Strebausbau, Band- und Kettenförderer, E-Motoren, Trafos, Schaltgeräte, E-Leitungen, Flanschen- und Kupplungsrohre, Bahnmaterial.

Montan-Forschung Dr. Hans Ziller KG
4010 Hilden, ☏ (02103) 504-0, Fax (02103) 504-499, TTX 2103318 = Ziller. — Automatisierungsgeräte, Funksysteme, Wetterwächter, Bandschutzüberwachung, Sprechfunk und Datenfunkanlagen, Frequenzzähler, Leitwarten.

Niederholz GmbH Maschinen und Stahlbau
Weseler Straße 26, 4234 Alpen, ☏ (02802) 9130-0, Telefax (02802) 913019 — Energieversorgungszüge

PROZESS-LEITTECHNIK

PROZESS-LEITTECHNIK GMBH
4010 Hilden, ☎ (02103) 504-830, Fax (02103) 504-839, TTX 2103318 = Ziller.
Aktives Prozeßleitsystem APROL, Prozeßrechner, Software-Entwicklung, UNIX-Systementwicklung, Meßwerterfassung.

RAEDER & CO. GmbH & Co KG
Haverkamp 30, 4300 Essen 17, ☎ (0201) 57751-53, Fax (0201) 570744, ✆ 8579673 raco d
Anzeigegeräte, Befehlsgeber, Fernwirksysteme, Kabelverteiler, Mehrfachkoppelglieder, Multifunktionskoppelglieder, digitale und analoge Meßwertumformer, Microcomputer, Netzgeräte, Schalter, Schalteridentifizierungssysteme, Sicherheitsstromkreise, Steuergeräte, Steuerstände, Taster, Wächter, Sondertechnik, Wartenpulte über und unter Tage, frei programmierbare Microcomputer für Reinigungssysteme von Kraftwerkskesseln.

Siemens Aktiengesellschaft, Bereich Anlagentechnik (ANL), Grundstoffindustrie Bergbau & Hebezeuge
Postfach 3240, 8520 Erlangen, ☎ (09131) 7-23632, Fax 7-22533, Teletex 91317287 = sieerl, ✆ 62921-351 si d

Strunk und Scherzer Maschinen- und Anlagenbau GmbH
4300 Essen 13 — Druckluftzylinder verschiedener Größen für Schachtklappen und andere Zwecke mit Druckluft- und Elektrosteuerung.

Tiefenbach GmbH
Postfach 150351, 4300 Essen 15, ☎ (0201) 4863-0, ✆ 857530 tiba d, Telefax (0201) 4863-158
Magnetschalter aller Art, Schachtsicherungen, Schienenschalter, Netzgeräte in verschiedenen Ausführungen, Koppelgeräte, Steuer- und Meldeanlagen, Datenübertragungssysteme und Mikroprozessorsteuerungen für eigensichere Anlagen. Magnetventile für pneumatische und hydraulische Hoch- und Niederdrucksteuerungen in (Sch)-Ausführungen und für eigensichere Anlagen.
Hobelwegmeßgeräte und fertige Hobelgassenbedüsungssteuerungen. Niveau- und Temperaturschalter
Hydraulische und elektrohydraulische Ausbausteuerungen. Steuerungen für dosiertes Rücken.

150 Bergbauliche Spezialarbeiten

H. Anger's Söhne GmbH & Co KG
3436 Hessisch Lichtenau, Gutenbergstr. 11, ☎ (05602) 82-0, ✆ 994021, Telefax (05602) 82100
Tiefbohrungen, bergbaul. Aufschlußbohrungen
Wassererschließung, Schluckbrunnen
Celle · Kerpen · Darmstadt · München · Nordhausen · Torgau

BLM-Gesellschaft für bohrlochgeophysikalische und geoökologische Messungen mbH
Magdeburger Chaussee 21, O-3304 Gommern, ☎ (039200) 80, App. 809/830, Telefax (039200) 391, ✆ 08357
Bohrlochmessungen in Flach- und Tiefbohrungen, Bohrlochsprengarbeiten, Bohrloch- u. Brunnen-TV, Ingenieurgeophysik, Rammsondierungen, Boden- und Wasserprobenahme, Bodenluftuntersuchungen.

BLZ Geotechnik GmbH
Magdeburger Chaussee 21, Postfach 11, O-3304 Gommern, ☎ (039200) 80, Telefax (039200) 466
Zementationen und Drill-Stem-Teste für Bohrungen, Baugrund- und Wassererkundung, Durchörterungen und Rohrrammungen, Vermessungswesen und Kartographie, Hohlraumverfüllung zur Verwahrung bergmännischer Grubenbauten sowie zur Sicherung von Schächten, Bohrungen und Brunnen

BST BERG-, STOLLEN- UND TUNNELBAU FREIBERG GMBH
Berthelsdorfer Str. 113/66, O-9200 Freiberg, ☎ (03731) 22260, Telefax (03731) 22260
Auffahren, Ausbauen und Sanieren von Stollen, Tunneln und Strecken — Anwendung von Spritzbeton unter und über Tage — Abteufen, Ausbauen und Sanieren von Schächten — Herstellen von Grubenbauen zur untertägigen Einlagerung — Verfüllen untertägiger Hohlräume — Hang- und Felssicherung, Verankerung — Rekultivierung von Berghalden; Deponiesanierung — Sanierung historischer Bauwerke.

11 INDUSTRIEAUSRÜSTUNGEN UND DIENSTLEISTUNGEN · BEDARFSGRUPPE 150

DEILMANN-HANIEL GMBH (s. Anzeige S. 155)
Dortmund-Kurl, Postanschrift: Postfach 130163, 4600 Dortmund 13, ☏ (0231) 28910, ✆ 822173
Schachtabteufen mit Verfahren für alle Gebirgsarten, Schachtausbau und -sanierung, Anwendung der Bodenvereisung im Bergbau und Tiefbau, Abteufen und Bohren von Blindschächten, Erkundungs- und sonstige Bohrarbeiten im Bergbau, Herstellung von Füllörtern, Bunkern und Großräumen unter Tage, Sprengvortrieb und maschinelles Auffahren von Gesteins- und Flözstrecken, Durchführung von Systemankerung, Konsolidierungs- und Baustoff-Hinterfüllarbeiten, Anwendung der Hochfest-Betontechnologie, Fertigung und Reparatur von Maschinen, Geräten und Einrichtungen für diese Arbeiten, Beratung bei allen Problemen der vorstehenden Arbeitsbereiche, Ausführung von Engineering-Aufträgen für Maschinen- und Stahlbau sowie für Hydraulik und Elektrik/Elektronik.

ANTON FELDHAUS UND SÖHNE GMBH + CO. KG
ABTEILUNG BERG-, STOLLEN- UND TUNNELBAU, BETONSANIERUNG
Postfach 1120, Auf dem Loh 3, 5948 Schmallenberg, ☏ (02972) 305-0, Telefax (02972) 305-29
Auffahren, Ausbauen und Sanieren von Stollen, Tunneln und Strecken — Anwendung von Spritzbeton unter und über Tage — Abteufen, Ausbauen und Sanieren von Schächten — Herstellen von Grubenbauen zur untertägigen Einlagerung — Verfüllen untertägiger Hohlräume — Hang- und Felssicherung, Verankerung — Rekultivierung von Berghalden; Deponiesanierung — Sanierung historischer Bauwerke.

Frölich & Klüpfel Untertagebau GmbH & Co KG
Postfach 200245, Langekampstr. 36, 4690 Herne 2, ☏ (02325) 57-00, ✆ 820325, Telefax (02325) 57-4096
Schachtbauarbeiten — Auffahren von Gesteins- und Flözstrecken, maschinell und als Sprengvortriebe — Herstellen und Ausbauen von Großräumen, Füllörtern und Bunkeranlagen — Rauben und Strebumzüge — Tunnel- und Stollenbau — Spritzbeton und Gebirgsverfestigung.

GESCO Gesellschaft für Geotechnik mbH — Service & Consult
3320 Salzgitter-Lesse, Nienstedter Straße 14, ☏ (05341) 54711, Telefax (05341) 51958
Bodenuntersuchungen, geologische, geotechnische und mineralogische Gesteinsuntersuchungen in Gelände und Gesteinslabor; Feasibility-Studien; Geothermische Projekte; Bodensanierungen bei Umweltschäden.

Gewerkschaft Wisoka GmbH & Co KG
Postfach 200533, Langekampstr. 36, 4690 Herne 2, ☏ (02325) 57-00, ✆ 820325, Telefax (02325) 57-4096
Auffahren von Gesteins- und Flözstrecken, maschinell und als Sprengvortriebe — Schachtbau — Herstellen und Ausbauen von Großräumen, Füllörtern und Bunkeranlagen.

E. Heitkamp GmbH (s. Anzeige S. 157)
Unternehmensbereich Bergbau, Langekampstr. 36, 4690 Herne 2, ☏ (02325) 57-00, ✆ 820325, Telefax (02325) 57-4009
Auffahrung von Gesteins- und Flözstrecken, maschinell und als Sprengvortriebe —
Auffahren von Großräumen, Füllörtern, Abzweigen und Herstellen von Bunkeranlagen —
Ausbau in Stahl, Stahlbeton, Beton sowie Herstellen und Einbringen von Betonfertigteilen — Schachtbauarbeiten — Raubarbeiten — Nachriß, Erweiterung, Aufwältigung — Gebirgsverfestigung — Gebirgsabdichtung — Spritzbeton — Abdämmungen — Gleis- und Senkarbeiten — Engineering.

INTEC Gesellschaft für Injektionstechnik mbH & Co KG
Postfach 200264, Langekampstr. 36, 4690 Herne 2, ☏ (02325) 57-4100, ✆ 820325, Telefax (02325) 57-4096
Ausführung von Instandsetzungsarbeiten über und unter Tage — Gebirgsverfestigung — Gebirgsabdichtung — Spritzbeton — Korrosionsschutz — Betoninstandsetzung — Hohlraumverfüllung — Vertrieb von Spezialbaustoffen.

KOPEX, Katowice/Polen
exportiert und importiert:
— Know-how, komplette Anlagen, Maschinen, Geräte für Bergbau und Tiefbohrungen
— Schacht- und Untertage-Spezialarbeiten
— Tunnelarbeiten
— Montage der Bergbau-Übertageanlagen
— Bauarbeiten, Schutz- und Antikorrosionsarbeiten und Schweißarbeiten aller Klassen
Kopex-Unternehmen für Export — Import
ul. Grabowa 1
40-952 Katowice/Polen
✆ 0315681/2
☏ 596046-9, 586030-9
Telefax (00 4832) 580040

Vertreter in der BRD
Kopex Zweigniederlassung Deutschland
Greefstr. 7
4130 Moers 1
✆ 8121288 kope d
☏ 02841/21668, 25422
Fax 02841/29252

Longyear Nederland B. V.
Nijverheidsweg 47, Postfach 56, 4870 AB Etten-Leur, The Netherlands,
☏ (0031/1608) 34250, ✆ 54212, Telefax (0031/1608) 22223
Büro Deutschland: Fallensteinerstraße 23, 8232 Bayerisch Gmain, ☏ (08651) 78380, Telefax: (08651) 66770
Diamantkernbohranlagen bis zu Teufen von 1.500 m, Spülpumpen, Seilkernbohrausrüstungen der Serie Q, sowohl für den übertägigen wie untertägigen Einsatz.
„Q" Gestänge, Futterrohre, Packer, Fangwerkzeuge;
Diamantkern- und -vollbohrkronen, Diamanträumer für alle Kernrohr-Typen.

BEDARFSGRUPPE 150

MeSy GEO Meßsysteme GmbH
Meesmannstr. 49, 4630 Bochum, ☏ (0234) 54531/2, Fax (0234) 54533 (s. auch Bedarfsgruppe 900)
Geophysikalische Bohrlochmessungen insb. zur Gebirgshydraulik und in-situ-Spannungsbestimmung, Hydraulic-Fracturing Technologie im Erdöl-, Erdgas- oder Grundwasserbereich, Stabilitätsanalyse für Felsbauten, gesteinsphysikalische Untersuchungen an Bohrkernen, Tauglichkeitsprüfung von Bohrlochsonden bei extremen Temperatur- und Druckbedingungen, Geothermie und Nutzung der Erdwärme, PR-Service.

Saarberg-Interplan GmbH (s. Anzeige S. 797)
Postfach 73, 6600 Saarbrücken 2, ☏ (0681) 4008-0, ✄ 4421216 sipw d, Telefax 0681-4008-298
Geophysikalische und geochemische Untersuchungen, Analytik, geophysikalische Bohrlochvermessungen, Kern- und Großlochbohrungen unter Tage, Tiefbohrungen zur Lagerstättenerkundung bis 1800 m, Bohrschächte bis zu 8,5 m Durchmesser, Streckenvortrieb.

Sachtleben Bergbau GmbH & Co., Abteilung Stollen- und Felsbau; Abteilung Ingenieurbiologie
5940 Lennestadt 1 (Meggen), ☏ (02721) 8351, ✄ 875109 pyrit d, Fax: (02721) 83 5319
Auffahrung und Sanierung von Tunneln, Stollen, Strecken und Räumen mit geschultem Personal und leistungsstarken Geräten.
Exploration und Aufschluß von Lagerstätten, Ausbauarbeiten unter Tage. Felssicherungen über Tage. Anwendung von Spritzbeton zur Sicherung, Verstärkung und Errichtung von Bauwerken unter und über Tage.
Rekultivierung von Bergehalden, Ablagerungen und Deponien. Ing.-biologische Kombinationsbauweisen an Steilhängen und Abgrabungen. Renaturierung und Unterhaltung von Fließgewässern.

Sänger + Lanninger GmbH Betontechnik (s. Anzeige S. 1159)
Pestalozzistr. 24 a, 4600 Dortmund, ☏ (0231) 652307, Telefax (0231) 656405
Stammhaus: Rheinstraße 2, 7570 Baden-Baden, ☏ (07221) 5098-0, Telefax (07221) 5098-20
Berg-, Stollen-, Tunnel- und Schachtbau
Spritzbeton, Nachriß, Erweiterung, Aufwältigung, Gebirgsankerungen, Abdämmen

SANDVIK GmbH · Rock Tools
Heerdter Landstraße 229 – 243, 4000 Düsseldorf, ☏ (0211) 5027-0, Telefax (0211) 5048116

Schachtbau Nordhausen (s. Anzeige S. 165)
Industrieweg, O-5500 Nordhausen, ☏ (03631) 5320, Fax (03631) 532-334, ✄ 340301
Bau- u. Bergbauspezialleistungen, Schachtinstandsetzung u. -verwahrung, Stollen-, Strecken- u. Tunnelvortrieb, Bohrpfähle u. Verankerungen, Spritzbeton- u. Kunstharzarbeiten, Baustoffprüfung, Baugrubenverbau, Spreng- u. Abrißarbeiten, Schlitzwände, Montage- u. Serviceleistungen, Aeroquip-Service.

Strabag Bau-AG
Tunnel- und Stollenbau
Siegburger Str. 229, 5000 Köln 21 (Deutz), ☏ (0221) 824-2624, Telefax (0221) 824-2969
Vortriebsarbeiten in Fels und Lockergestein, Ausbau in Stahl, Stahlbeton, Spritzbeton, Beton und Betonfertigteilen, Tunnel- und Stollenbau.

Willy Thiele Bohrunternehmen GmbH
Bremer Weg 27, 3100 Celle, ☏ (05141) 3925, Telefax (05141) 3900. —
Ausführung von Untersuchungsbohrungen auf Erdöl, Kohle, Erze
und andere mineralische Rohstoffe.
Seismische Schußpunktbohrungen; Brunnenbohrungen, Deponiebohrungen,
Altlastenerkundung, Geophysikalische Untersuchungen.

Thyssen Schachtbau GmbH (s. Anzeige S. 161)
Ruhrstr. 1, Postfach 102052, 4330 Mülheim (Ruhr), ☏-Sammel-Nr. (0208) 3002-1, ✄ 856623 tbrg, Telefax (0208) 3002-327
Bergmännische Erschließung von Lagerstätten durch seigere, geneigte und söhlige Aus- und Vorrichtungsbaue. Schacht-, Großloch-, Explorations-, Injektions- und Gefrierlochbohrungen. Tunnel- und Stollenbau. Bunkerbau unter und über Tage. Herstellung von bergmännischen Hohlräumen für untertägige Einlagerungen. Ingenieurberatung und Planung von Schacht-, Bergbau- und Tunnelbauprojekten. Umwelttechnik/Abfallentsorgung.

200 Bergbau im Tagebau

210 Abraumbetrieb

UNTERNEHMENSGRUPPE H F H FINKENRATH
Postfach 260160, 5600 Wuppertal 2, ☏ (0202) 641040, ✂ 8592473, Telefax (0202) 645044
Die Unternehmensgruppe HFH Finkenrath ist auf den Sektoren Lagerungstechnik, Wälzlagerzubehör, Antriebselemente sowie Förderbandtrommeln einer der führenden Hersteller. Aus unserem Spezialbereich liefern wir komplett montierte, einbaufertige Förderbandtrommeln sowie Lagerungen speziell für den Betrieb im Steinkohle- und Braunkohleabbau. Darüber hinaus gehören zum HFH-Produktionsprogramm drehelastische Kupplungen, Schalen- sowie Scheibenkupplungen nach DIN 115 und 116, Gleitlager nach DIN 502-506, Rollenketten nach DIN 8181, 8187, 8188 und 8189 und Keilriemenscheiben nach DIN 2211. Müllentsorgungsanlagen inklusive Weiterverarbeitung der organischen Stoffe.

220 Förderbetrieb

Clouth Gummiwerke AG (s. Anzeige S. 59)
Postfach 600229, D-5000 Köln 60, ☏ (0221) 7773-1, ✂ 8885376, Telefax (0221) 7773698, Teletex 2214266 = CLD
Stahlseil-Fördergurte bis 10.000 N/mm Mindestbruchkraft und bis 6.400 mm Breite. Einlagen-Gewebgurte in PVC- und PVG-Ausführung; Zweilagen-Gewebgurte „duoply"® in Gummi- und PVC-Ausführung; Mehrlagen-Gewebgurte aus Polyester/Polyamid-Geweben (EP), Filtergurte, Spiralflanschenschläuche, Trommelbeläge, Formartikel. Gummiprofile.

Ecker Maschinenbau GmbH & Co KG
6680 Neunkirchen-Saar, Geßbachstraße 2, ☏ (06821) 2407-0, ✂ eckma d 444108, Telefax (06821) 25796
Ecker Niederlassung NRW, Augustastr. 10, 4320 Hattingen, ☏ (02324) 24031-2, Telefax (02324) 202977
Ecker H. P. M., 42, Rue d'Emmersweiler, F-57600 Forbach, ☏ 0033.87.874388, Telefax 0033.87.882219
Automatische hydraulische Abspannstationen für Förderbänder

UNTERNEHMENSGRUPPE H F H FINKENRATH
Postfach 260160, 5600 Wuppertal 2, ☏ (0202) 641040, ✂ 8592473, Telefax (0202) 645044
Die Unternehmensgruppe HFH Finkenrath ist auf den Sektoren Lagerungstechnik, Wälzlagerzubehör, Antriebselemente sowie Förderbandtrommeln einer der führenden Hersteller. Aus unserem Spezialbereich liefern wir komplett montierte, einbaufertige Förderbandtrommeln sowie Lagerungen speziell für den Betrieb im Steinkohle- und Braunkohleabbau. Darüber hinaus gehören zum HFH-Produktionsprogramm drehelastische Kupplungen, Schalen- sowie Scheibenkupplungen nach DIN 115 und 116, Gleitlager nach DIN 502-506, Rollenketten nach DIN 8181, 8187, 8188 und 8189 und Keilriemenscheiben nach DIN 2211. Müllentsorgungsanlagen inklusive Weiterverarbeitung der organischen Stoffe.

FTG Fördertechnik GmbH & Co KG
Im Hammertal 85, 5810 Witten-Herbede 11, ☏ (02324) 32400, Telefax (02324) 30400, ✂ 8229917 ftg
Förderbandanlagen für Schüttgüter zum Einsatz über und unter Tage.

Theodor Küper & Söhne GmbH & Co
Josef-Baumann-Str. 9, Postfach 101450, 4630 Bochum, ☏ (0234) 86706/07, Telefax (0234) 865799
Fördergurte — auch in Spezialausführung (Steilfördergurte, Magnetabscheidegurte etc.)
Fördergurtgrundüberholungen im Heißvulkanisierverfahren (Gummi-/PVC-/PVG-/Stahlseilgurte)
Industriemontagen in der gesamten Schüttgutindustrie
TEKAS Kaltreparaturmaterial und Heißvulkanisiermaterial
TEKACLEAN Abstreifersystem und Abstreiferleisten aus Gummi, Polyurethan und Kunststoff
Verschleißschutzwerkstoffe für Auskleidungen, Beschichtungen aller Art GI/PU/AL/UHMWPE
Reibbeläge für Antriebs-/Druck-/Umlenktrommeln; Rollenbeschichtungen GI/PU
TEKAPLAST Treib- und Seilscheibenfutter
TEKAFLEX Treibriemen (Leder, Gummi, Kunststoff)

MATO Maschinen- und Metallwarenfabrik Curt Matthaei GmbH & Co KG
Benzstraße 12−24, 6052 Mühlheim/Main, ☏ (06108) 7009-0, Telefax (06108) 700920,
Auslieferungslager Herten ☏ (02366) 37557, Telefax (2366) 37580
Komplette Gurtverbindesysteme, Gurtverbinder mit und ohne Abdichtung, Gurtverbindezangen, Verbindestäbe, Gurtspanner und Zubehör.
MATO-Hebelpressen und Druckluftschmiergeräte.

NILOS GmbH, Förderband-Ausrüstung
4010 Hilden, ☏ (02103) 5 04-0, Fax (02103) 504-199, Ttx 2103318 = Ziller. NILOS-Fördergurt-Verbindegeräte und Zubehör, Vulkanisiergeräte in Leichtbau- und Stahl-Ausführung, auch (Sch), Fördergurte, Reparaturen und Grundüberholungen, Reparaturverfahren NILOS-KALT, Reibbeläge, Verschleißschutzbeläge und -Leisten, Abstreifgummi in V-Qualität.

Dr. Nordmann GmbH (s. Anzeige S. 37)
Manderscheidtstr. 14, Postfach 103851, 4300 Essen 1, ☏ (0201) 8916-6, Telefax: (0201) 8916-737, ✂ 17201462, Ttx 201462
Förderband-Vulkanisation unter und über Tage.
Mechanischer Förderband-Verbinder „TITAN".
Gurtreinigungseinrichtungen.

F. E. Schulte Strathaus KG
Max-Planck-Str. 8, Postfach 1940, 4750 Unna, ☏ (02303) 82005-9, Fax (02303) 86672
Fördergurte, kurvengängige Bandanlagen nach DIN und in Sonderausführung.
Vulkanisieranlagen für unter Tage bis 1000 V und über Tage.
Reifen-Vulkanisieranlagen, Mulden- und Tragrollen, Antriebs- und Umlenktrommeln, Förderbandabstreifer, Tauchschlammpumpen, Hydraulikschläuche, Anschlag- und Hebezeugketten, hochfeste Ketten, Kettenzubehör, Korrosions- und Verschleißschutz

Semperit Technische Produkte GmbH — Gummitechnik
D-5820 Gevelsberg, Rosendahler Straße 37 — 39, PF 2040, ☏ (02332) 7009-0*, ✂ 8229493, Telefax (02332) 700922
Fördergurte aus Gummi für Unter- und Übertage mit textilem und Stahlcordgewebe, Aramidgurte, Steil-, Wellkanten- und Elevatorgurte, Abstreifer, Trommelbeläge und Verschleißplatten.
Produkte mit Bergbauzulassung.
Sigma-Förderschlauchsystem mit variablen Konstruktionselementen.

Siemag Transplan GmbH (s. Anzeige S. 61)
Postfach 1451/1452, 5902 Netphen 1, Krs. Siegen, ☏ (02738) 21-0, ✂ 872740, Teletex 273830, Telefax (02738) 21-297 —
Planung und Bau kompl. Gefäß-, Gestell- und Schrägförderanlagen, Anlagen für die hydromechanische Gewinnung und hydraulische Förderung von Kohle, hydraulische und pneumatische Förderanlagen für mineralische Rohstoffe.
Lieferung von Schachtfördereinrichtungen wie z. B. Fördermaschinen und Seilscheiben, Selda-Bremseinrichtung, Fördergerüste und Fördertürme, Fördergefäße und Förderkörbe mit Zubehör, Schachteinbauten, Schachtstühle und Schachtschleusen, Wipperanlagen und Wagenumlaufeinrichtungen, Füll-, Entlade- und Rieselgutanlagen, Band- und Bunkeranlagen sowie Bergbaukühlsysteme.

TIP TOP STAHLGRUBER, Otto Gruber GmbH & Co
Postfach 801822, Einsteinstraße 130, 8000 München 80, ☏ (089) 4151-1, ✂ 524700, Telefax (089) 4705336
TIP TOP Spezialgummisorten zur Gummierung von Antriebstrommeln, Druck- und Unterbandrollen
TIP TOP Verschleiß- u. Korrosionsschutz-Auskleidungen
TIP TOP Gurtreinigungs-Systeme
Generalüberholungen von Transportbändern bis 3200 mm Breite.

Paul Wever Kommanditgesellschaft
6605 Friedrichsthal (Saar), ☏ Sulzbach (06897) 8021, Fax (06897) 89404 — siehe unter NILOS GmbH, Hilden.

230 Gewinnungsbetrieb

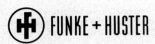

FUNKE + HUSTER Elektrizitätsgesellschaft
Montebruchstr. 2, 4300 Essen 18 (Kettwig), ☏ (02054) 1090, Fax (02054) 109366, ✍ 857637
vollständige Elektro-Anlagen für die Automatisierung im Bergbau, Wechselsprechanlagen, Strebsteuerungen.

Hausherr & Söhne GmbH & Co. KG, Rudolf
Postfach 1240, Wuppertaler Straße 77, 4322 Sprockhövel 1,
☏ (02324) 707-00, Telefax (02324) 707-329, ✍ 8229988
Großlochbohrmaschinen für Sprengloch-Bohrungen von 38 — 311 mm Durchmesser im übertägigen Bergbau.

SANDVIK GmbH · Rock Tools
Heerdter Landstraße 229 – 243, 4000 Düsseldorf, ☏ (0211) 5027-0, Telefax (0211) 504 81 16

Fr. SOBBE GmbH

Fr. Sobbe GmbH, Fabrik elektr. Zünder (s. Anzeige S. 75)
Generalvertretung der Firma Schaffler + Co. Wien
Beylingstr. 59, 4600 Dortmund-Derne, ☏ (0231) 230560, Telefax (0231) 238488
Zündmaschinen und Zubehör, Zündmittel aller Art, Zünder, Zündleitungen.

Tamrock Deutschland GmbH & Co. KG
Industriestr. 36, 4250 Bottrop, ☏ (02041) 99060, ✍ 08570611, Telefax (02041) 96511
Bohrausrüstungen: Bohrarme, Gesteinsbohrhämmer mit separater Rotation, komplette Bohrwagen;
Fahrschaufellader.

Werner Walter GmbH & Co., Baumaschinen-Ersatzteile
Postfach 1546, Loerfeldstr. 11, 5804 Herdecke (Ruhr), ☏ (02330) 7771-73, ✍ 8238536 wws d, Fax (02330) 8198
Raupenlaufwerke für Lademaschinen, Senkmaschinen, Teilschnittmaschinen, Vortriebsmaschinen,
Bohrwagen etc. Raupenketten, Laufrollen, Leiträder, Antriebsräder, Laufwerksreparaturen.

240 Tagebau-Energietechnik

AEG Aktiengesellschaft · Automatisierungstechnik · Tagebau (s. Anzeige S. 39)
Hohenzollerndamm 150, 1000 Berlin 33, ☏ (030) 8282585, ✍ 183581, Telefax (030) 8282227, Teletex 308018 AEGhzd,
☏ elektronantrieb

Siemens Aktiengesellschaft, Bereich Anlagentechnik (ANL), Grundstoffindustrie, Bergbau & Hebezeuge
Postfach 3240, 8520 Erlangen, ☏ (09131) 7-23632, Fax 7-22233, Teletex 91317287 = sieerl, ✍ 62921-351 si d

300 Aufbereitung und Verarbeitung aller Mineralien

ACM Allied Colloids GmbH
Tarpenring 23, D-2000 Hamburg 62, ☏ (040) 527208-0, Telefax (040) 5270915, ✄ 214549 acoll d
Sedimentations-, Dispersions- und Filtermittel (Magnafloc, Dispex, Tiofloc).

AKA Aufbereitung – Konstruktion – Anlagen GmbH
Kölner Str. 11, Postfach 100153, 4350 Recklinghausen (Westf.), ☏ (02361) 72071/2, Telefax (02361) 7687
Komplette Anlagen u. Maschinen für die Aufbereitung von Kohle, Erzen u. Mineralien aller Art.

Allmineral Aufbereitungstechnik GmbH & Co. KG
Baumstraße 45, D-W-4100 Duisburg 17, ☏ (02066) 9917-0, Fax (02066) 991717, ✄ 8531560
Geschäftsführer: Dr.-Ing. Heribert Breuer, Dr.-Ing. Andreas Jungmann
Verfahren, Maschinen und Anlagen für die Aufbereitung von primären und sekundären Rohstoffen, Abfallstoffen und Abwässern. alljig®-Setztechnik, allflot®-Flotationssysteme, allflux®-Aufstromsortierer. Rohstoffuntersuchungen, Verfahrensentwicklung, Beratung, Planung, Konstruktion, Lieferung, Montage, Inbetriebnahme, Service.

BASF Aktiengesellschaft
Verkauf über Tensid-Chemie Vertriebsgesellschaft mbH, Wirteltorplatz 7, 5160 Düren,
☏ (02421) 184-0, Telefax (02421) 184-138
Sedipur®-Marken in fester und flüssiger Form für die Klärung von Wasch- und Kreislaufwässern sowie zur Eindickung und Entwässerung von Schlämmen im kommunalen und industriellen Bereich.
Sedipol® als Schaumverhinderer.

DEUTSCHE NALCO-CHEMIE
Hamburger Allee 2 – 10, 6000 Frankfurt/Main 1, ☏ (069) 7934-0, ✄ 412414 dnc d, Telefax (069) 7934295
Flüssigpolymere in Emulsionsform als Flockungsmittel für Klär- und Entwässerungsprozesse. Entschäumer, Emulsionsspalter, Verfahren für Frostschutz, Staubbekämpfung und Schwermetallabscheidung. Dosieranlagen und Anwendungstechnik.

A. Diekmann GmbH, Stahl- und Anlagenbau, Förderanlagen, Entstaubungs- und Lufttechnik
Gelsenkirchener Str. 68, Postfach 203, 4270 Dorsten, ☏ (02362) 1241, Telefax (02362) 1245.
Schwingsiebrahmen, Schwingsiebkästen, Viberatorkästen, Becherwerke, Kettenbahnen, Rutschen,
Reparaturen und Einzelteillieferungen, Stahl- und Blechkonstruktionen, Schweißkonstruktionen nach DIN 18 800 T. 7,
Hochleistungs-Saug- und Förderaggregate,
Zentralabsauganlagen für Maschinen und Gebäude, Rauchfilter,
Lieferung aller Absaugkomponenten wie Ventilatoren, Filter, Rohrleitungen, etc.

Erz- und Kohleflotation GmbH
Herner Str. 299, 4630 Bochum, ☏ (0234) 539-0, ✄ 825894, Telefax (0234) 539-257 – Flotationsreagenzien.

Frank & Schulte GmbH
Alfredstr. 154, 4300 Essen 1, ☏ (0201) 4506-0, ✄ 857835, Telefax (0201) 450611
Schwerstoffe Magnetit für sämtliche SS-Wäschetypen, Spezialqualitäten für Zyklonaufbereitung, Whirlpool-Scheider und Tri-Flow-Anlagen. Feldspat für Setzmaschinen, Ferrosilizium.

HAVER & BOECKER
Carl-Haver-Platz, Postfach 3320, 4740 Oelde, ☏ (02522) 30-0, ✄ 89521, Telefax (02522) 30403, ⌕ haboe oelde
Siebmaschinen und komplette Siebanlagen, Schwingförderrinnen, Entwässerungssiebe, Analysensiebmaschinen, Analysensiebe, Drahtgewebe, Siebgewebe, Filtergewebe, Drahtgewebe für Verzugmatten, Drahtsiebböden mit Spannkanten.

HEIN, LEHMANN Trenn- und Fördertechnik GmbH
Postfach 102813, Fichtenstr. 75, 4000 Düsseldorf, ☏ (0211) 7350-02, ✄ 858274 hl d, Telefax (0211) 7350-204
Spaltsiebe geschweißt und geschlungen, Zentrifugenkörbe, Bogensiebe, Siebböden aus Polyurethan und Stahl zur Klassierung, Entwässerung, Entschlämmung, Sortierung, Siebböden für siebschwierige Güter

11 INDUSTRIEAUSRÜSTUNGEN UND DIENSTLEISTUNGEN · BEDARFSGRUPPE 300

Hoechst Aktiengesellschaft − Marketing TH −
6230 Frankfurt am Main 80
Flotationsreagenzien. Antibackmittel, Extraktionsmittel, Erdöl-Chemikalien.

KHD Humboldt Wedag AG (s. Anzeigen S. 67, 129)
Wiersbergstraße, 5000 Köln-Kalk, ☏ (0221) 822-1820, ✆ 88120, Telefax (0221) 822-1899
Anlagen zur Aufbereitung von Kohle und Braunkohle, Erzen, Salzen und anderen Nutzmineralen,
Anlagen zur Erzeugung von Zement und Kalk sowie zum Herstellen und Nutzbarmachen von Produkten der Steine- und Erdenindustrie, Hüttenwerksanlagen für das Gewinnen und Anreichern von NE-Metallen, Anlagen für die Aluminiumherstellung.
Consulting: Geologie, Aufbereitung, Bergbau, Metallurgie, Detailuntersuchungen und komplette Projektstudien, technische und wissenschaftliche Beratung für die gesamte Grundstoffindustrie. **Verfahrenstechnik:** Zerkleinern, Klassieren, Sortieren, Fest-/Flüssigtrennen, Trocknen, Fördern, Umschlagen, Lagern, Homogenisieren. **Maschinentechnik:** Brecher, Mühlen, Siebe, Setzmaschinen, Klassier- und Sortierzyklone, Flotationsmaschinen, Schwerflüssigkeitstrennung, Kreisel- und Vibrationssichter, Magnetscheider, Supraleitungs-Starkfeld-Magnetscheider, Band-, Plan-, Scheiben- und Trommelfilter, Schwingsiebschleudern, Schubzentrifugen, Vollmantel- und Vollmantelsiebzentrifugen, Tellerzentrifugen, Automationssysteme für alle Bereiche der Aufbereitung.

Köppern GmbH & Co KG, Maschinenfabrik
Postfach, 4320 Hattingen-Ruhr, ☏ (02324) 207-0, ✆ 8229965. − Brikettier- und Kompaktieranlagen, Walzenpressen für Kohle, Erz, Steine und Erden, Chemikalien, Düngemittel.

Küttner GmbH + Co KG.
Bismarckstr. 67, 4300 Essen 1, ☏ (0201) 7293-0, ✆ 857436, Telefax (0201) 776688
Aufbereitungsanlagen, Transport- und Wiegeanlagen einschl. Prozeßautomatisierung.

LEWA Herbert Ott GmbH + Co
Postfach 1563, D-7250 Leonberg, ☏ (07152) 14-0, ✆ 724153, Telefax (07152) 14303
Dosierpumpen und kompl. Dosieranlagen für alle Chemikalien, auch Filterhilfsmittel.

Loesche GmbH
Hansaallee 243, Postfach 110736, 4000 Düsseldorf 11, ☏ (0211) 5353-0, Telefax (0211) 5353-499, TTX 2114461
Mahl-Trocknungsanlagen mit LOESCHE Wälzmühlen für
− Kalkstein, Dolomit, Kalk, Ton, Phosphat
− Bentonit, Baryt, Gips, Pigmente
− Graphit, Petrolkoks, Elektrodenmischungen
− Zement-Rohmaterialien, Steine und Erden.
Druckstoßfeste LOESCHE-Kohlenmühlen für
− Feuerungen, Öfen, Hochöfen, Kraftwerke, Kohlevergasungsanlagen
− Kohlenstoff- und Graphiterzeugnisse.
LOESCHE-Cascaden-Mühlen für Erz- und Müllzerkleinerung.
Versuchsanstalt für Mahlversuche und Verfahrensentwicklung.
Beratung und Lieferung von kompletten Anlagen.

Lurgi AG (s. Anzeige S. 801)
Postfach 111231, Lurgi-Allee 5, 6000 Frankfurt/Main, ☏ (069) 5808-0, Telefax (069) 5808-3888, ✆ 41236-0 lg d
Lurgi ist ein weltweit tätiges Unternehmen für Verfahrenstechnik, Ingenieurtechnik und Anlagenbau.

MAD − Material-Ausgleich-Dienst Vorholt & Schega GmbH & Co KG
Zu den Lippewiesen 9, Postfach 151, D-4358 Haltern, ☏ (02364) 101-0, Teletex 236434, Telefax (02364) 10139
An und Verkauf gebrauchter Bergwerks- und Industrieausrüstungen.
(Material-Ausgleich für Grubenausbau-Material, Untertage- und Übertageausrüstungen, Elektro- und Bahnmaterial, Magazin-Bestände.)
Rundschreiben-Dienst/Informationszentrum/Läger für Strecken- und Strebausbau, Band- und Kettenförderer, E-Motoren, Trafos, Schaltgeräte, E-Leitungen, Flanschen- und Kupplungsrohre, Bahnmaterial.

Mogensen GmbH & Co KG
Postfach 149, 2000 Wedel, ☏ (04103) 8042-0, Teletex 410324, Telefax (04103) 804240
Hochleistungs-Siebmaschinen, speziell für schwierige Trennungen, verstopfungsfreie Arbeitsweise durch neuartiges Verfahren, elektrisch beheizte Siebgewebe sowie pneumatische Siebreinigung und Siebgewebeüberwachung.

NEUMAN & ESSER Anlagenbau GmbH
Postfach 1243, Werkstraße, 5132 Übach-Palenberg, ☏ (02451) 481-02, ✆ 8329795, Telefax (02451) 481-200
Mahl-Trocknungsanlagen mit NEA-Wälzmühlen für
− Petrolkoks, Graphit, Elektrodenmischungen
Versuchsanstalt für Mahlungen

NILOS GmbH, Förderband-Ausrüstung
4010 Hilden, ☏ (02103) 504-0, Fax (02103) 504-199, Ttx 2103318 = Ziller. — NILOS-Siebböden aus Gummi und Kunststoff, Spann- u. Rahmensiebböden + Elementsiebböden, Lochbleche, Klemmleisten, Verschleißschutz-Beläge, Auskleidungen, Trommelbelegung.

Saarberg-Interplan GmbH (s. Anzeige S. 797)
Postfach 73, 6600 Saarbrücken 2, ☏ (0681) 4008-0, ✆ 4421216 sipw d, Telefax (0681) 4008-298
Untersuchung von Kohle und Mineralien, Labor- und Pilotversuche, Planung.
Erstellung von Ausschreibungsunterlagen, Bauüberwachung einschl. Inbetriebnahme, Betriebsführung, Modernisierung und Optimierung von Aufbereitungsanlagen.

SALA Aufbereitungstechnik GmbH — ALLIS Mineral Systems
Theodor-Heuss-Str. 32, 6368 Bad Vilbel 4, ☏ (06101) 2068, Telefax (06101) 7842
Maschinen und Anlagen für die Aufbereitung von Primär- und Sekundärstoffen

 SCHAUENBURG

SCHAUENBURG MASCHINEN- UND ANLAGENBAU GmbH
Weseler Str. 35, Postfach 101832, 4330 Mülheim-Ruhr, ☏ (0208) 9991-0, ✆ 856787, Telefax (0208) 592409
Hydrozyklone, Multizyklon-Systeme, hydraulische Klassierer und Sortierer, Sortierspiralen (Wendelscheider) Schwingklassierer, Schwingentwässerer, pneumatische Flotation, Siebbandpressen, Kammerfilterpressen, Kläreindicker, Lamellenklärer
Kohle-Rückgewinnung aus Flotationsbergen, Entpyritisierung von Vollwert- und Ballastkohle, Sortierung von Grob- bzw. Rohschlämmen, REA-Gipssuspensionsaufbereitung, Gichtschlammaufbereitung, Schlackenlöschwasseraufbereitung, Filterstaubwaschung, Asche-Nachentwässerung mit Abwasserklärung

Th. SCHOLTEN GMBH & Co.
Postf. 1450, 5603 Wülfrath, ☏ (02058) 2074, ✆ 8592076, Fax (02058) 72705 — Verschleißschutzauskleidungen aus Schmelzbasalt, Hartsteinzeug, Aluminiumoxid-, Zirkonoxid- und Siliciumcarbid-Keramik für Rinnen, Rutschen, Bunker und sonstige Apparate in Setzmaschinen und Schwerflüssigkeitswäschen ergeben glatte Rutschflächen, kein Anbacken der Kohle.

WESTFALIA BECORIT Industrietechnik GmbH (s. Anzeige S. 2)
Postfach 1409, 4670 Lünen, ☏ (02306) 5780, ✆ 8229711 wb d, Telefax (02306) 578-123
Trogförderer, Aufgabe- und Abzugsförderer, Durchlaufbacken-, -walzen- und Schlagwalzenbrecher, Prallbrecher.

Paul Wever Kommanditgesellschaft
6605 Friedrichsthal (Saar), ☏ Sulzbach (06897) 8021, Fax (06897) 89404 — siehe unter NILOS GmbH, Hilden.

400 Elektrizitätswirtschaft

410 Elektrizitätserzeugung

AEG Aktiengesellschaft · Automatisierungstechnik · Bergbau (s. Anzeige S. 39)
Lyoner Straße 9, 6000 Frankfurt 71, ☏ (069) 66494600, ✆ 411080, Telefax (069) 66494892, ✉ elektronantrieb

HALBERG Maschinenbau GmbH
Postfach 210625, Halbergstr. 1, 6700 Ludwigshafen, ☏ (0621) 5612-0, ✆ 464833 halu d, Fax (0621) 5612209
Pumpen, Wärmeaustauscher

11 INDUSTRIEAUSRÜSTUNGEN UND DIENSTLEISTUNGEN · BEDARFSGRUPPE 430

Loesche GmbH
Hansaallee 243, Postfach 110736, 4000 Düsseldorf 11, ☏ (0211) 5353-0, Fax (0211) 5353-499, TTX 2114461
Mahl-Trocknungsanlagen mit druckstoßfesten LOESCHE-Kohlenmühlen.

Lurgi AG (s. Anzeige S. 801)
Postfach 111231, Lurgi-Allee 5, 6000 Frankfurt/Main, ☏ (069) 5808-0, Telefax (069) 5808-3888, ✍ 41236-0 lg d
Lurgi ist ein weltweit tätiges Unternehmen für Verfahrenstechnik, Ingenieurtechnik und Anlagenbau.

MWM Diesel und Gastechnik GmbH
Postfach 102263, 6800 Mannheim 1, ☏ (0621) 3840, ✍ 462568, Fax (0621) 384780 — Ersatzstromanlagen, Gasturbinen

Saarberg-Interplan GmbH (s. Anzeige S. 797)
Postfach 73, 6600 Saarbrücken 2, ☏ (0681) 4008-0, ✍ 4421216 sipw d, Telefax (0681) 4008-298
— Kohle-, öl- und gasgefeuerte Heiz(kraft)werke
— Rauchgasreinigungs- und -wiederaufheizungsanlagen
— Klärschlammtrocknungs- und -verbrennungsanlagen
— Vergasungs- und Pyrolyseanlagen
— Fernwärmeversorgungs- und -verteilungsanlagen
— Energie- und verfahrenstechnische Sonderanlagen

WESTFALIA BECORIT Industrietechnik GmbH (s. Anzeige S. 2)
Postfach 1409, 4670 Lünen, ☏ (02306) 5780, ✍ 8229711 wb d, Telefax (02306) 578-123
Schraubenspannmaschinen für Reaktordruckbehälter in Kernkraftwerken.
Anodenaufbereitungs- und Transportanlagen für die Aluminiumindustrie.

420 Stromfortleitung und Stromverteilung

AEG Aktiengesellschaft · Automatisierungstechnik · Bergbau (s. Anzeige S. 39)
Lyoner Straße 9, 6000 Frankfurt 71, ☏ (069) 66494600, ✍ 411080, Telefax (069) 66494892, ✉ elektronantrieb

Höhn Kabel GmbH
Normannenstraße 6, 4040 Neuss, ☏ (02131) 524-0, Teletex 2131320, Telefax (02131) 55059
Für Untertagebetrieb:
Schwere Gummischlauchleitungen, schwere Kunststoffleitungen 6 kV, auch mit Gießharzkeulen, Streckenkabel 1 u. 6 kV, eigensichere Leitungen.
für Übertagebetrieb:
Starkstromkabel 1 kV und isolierte Starkstromleitungen, Barnicol-Gießharz-Kabelgarnituren.

Klöckner-Moeller GmbH
Postfach 1880, 5300 Bonn 1, ☏ (0228) 602-0, ✍ 886877, 886503, Telefax (0228) 602433
Elektrische und elektronische Geräte, Systeme und Anlagen zur Automatisierung und Energieverteilung. Wir forschen, planen, bauen und leisten Kundendienst weltweit.

430 Fernheizwerke, Industrie-Dampferzeugung

Deutsche Kohle Marketing GmbH
Steinkohlevertrieb — Wärmeversorgung
Rellinghauser Str. 1, Postfach 103262, 4300 Essen 1, ☏ (0201) 177-1,
Telefax Wärmeversorgung (0201) 177-3485, Telefax Steinkohlevertrieb (0201) 177-3449
Beirat: Dr.-Ing. Peter Rohde, Vorsitzender; Dr. rer. pol. Heinz Horn; Wilhelm Beermann; Dipl.-Kfm. Günter Meyhöfer; Dipl.-Kfm. Erich Klein; Ass. d. Bergf. Rudolf Sander.
Geschäftsführung: Dr.-Ing. Hubert Guder, Vorsitzender; Dr.-Ing. Hermann Brandes; Karl-Heinz Ziegler; Karl-Heinz Zimmermann.
Prokuristen: Betriebswirt VwA Horst Blaser; Dipl.-Kfm. Hans-Peter Eckhardt; Dipl.-Ing. Werner Gerwert; Heinz Gestmann; Wilhelm Mechmann; Dipl.-Ing. Lothar Reitsch; Dr.-Ing. Peter Steinmetz; Dipl.-Kfm. Rainer Schmitz; Werner Wildner.
Alleiniger Gesellschafter: Ruhrkohle AG (RAG).
Zweck: Verkauf von festen Brennstoffen für den Wärmemarkt im eigenen Namen und für Rechnung der Lieferanten. Erzeugung und Vertrieb von Wärme (Planung, Finanzierung, Bau und Betrieb von wärmeerzeugenden Anlagen). Lieferung von wärmeerzeugenden Anlagen und deren Komponenten. Entwicklung und Verkauf von integrierten Wärmeversorgungskonzepten für Kommunen und für Industriebetriebe.
Beratung der Verbraucher und des Brennstoffhandels im Wärmemarkt.

FTG Fördertechnik GmbH & Co KG
Im Hammertal 85, 5810 Witten-Herbede 11, ☏ (02324) 32400, Telefax (02324) 30400, ✂ 8229917 ftg
Förderanlagen für Schüttgüter, Aufbereitungsmaschinen.

Lurgi AG (s. Anzeige S. 801)
Postfach 111231, Lurgi-Allee 5, 6000 Frankfurt/Main, ☏ (069) 5808-0, Telefax (069) 5808-3888, ✂ 41236-0 lg d
Lurgi ist ein weltweit tätiges Unternehmen für Verfahrenstechnik, Ingenieurtechnik und Anlagenbau.

STANDARDKESSEL DUISBURG (s. Anzeige S. 93)
Baldusstr. 13, Postfach 120651, 4100 Duisburg 12, ☏ (0203) 4520, ✂ 855100
Dampfkesselanlagen für die industrielle Kraft- und Wärmeerzeugung mit Feuerungen für feste, flüssige und gasförmige Brennstoffe und Betriebsabfälle, Wirbelschichtkessel, Abhitzekessel, Dampf- und Heißwasserkessel für die zentrale Wärmeversorgung und für Fernheizung.

SWG Steinkohlen-Wirbelschichtfeuerungstechnik GmbH
Am Hauptbahnhof 3, Postfach 103262, 4300 Essen 1, ☏ (0201) 177-1, Fax (0201) 177-3485
Beirat: Prof. Dr.-Ing. Heinrich Hölter, Vorsitzender; Dr.-Ing. Hubert Guder, stellv. Vorsitzender; Dr. Gerhard Egeler; Prof. Dr.-Ing. Rudolf von der Gathen; Karl Liedtke; Günter Reichert.
Geschäftsführung: Dr.-Ing. Hermann Brandes, Dr.-Ing. Gerhard Hölter
Prokuristen: Wilhelm Mechmann, Manfred Voßschmidt
Gegenstand des Unternehmens ist:
— Die Entwicklung, der Bau und der Vertrieb
   — von Wirbelschichtfeuerungsanlagen, vornehmlich auf Kohlebasis,
   — von damit verbundenen Einzelkomponenten sowie deren Weiterentwicklungen von Staubfeuerungsanlagen.
— Die Vermarktung von damit im Zusammenhang stehenden Technologien und Dienstleistungen.

500 Mineralöl- und Gaswirtschaft

510 Prospektion und Exploration

Eastman Whipstock GmbH
Gutenbergstr. 3, 3005 Hemmingen, ☏ (0511) 420161, ✂ 922590, Telefax (0511) 421708. — Geschäftsführer: Dr. R. Jürgens. Herstellung und Lieferung von Meßgeräten für Richtungs- und Neigungsmessung von Tiefbohrungen, Untertagebohrungen und Gefrierschachtbohrungen. Geräte für Kernorientierung.

Schlumberger Geophysikalische Service GmbH
Postfach 1520, Siemensstraße 6, 2840 Diepholz, ☏ (05441) 2044, ✂ 941202, Telefax (05441) 2057
Bohrlochmessungen im offenen und verrohrten Bohrloch, Bohrlochseismik, Perforationen.

WIRTH, Maschinen- und Bohrgeräte-Fabrik GmbH (s. Anzeige S. 77)
5140 Erkelenz 1, ☏ (02431) 830, Telefax (02431) 83267
Vollhydraulische Kernbohrgeräte.

520 Tiefbohren, Produktion

Craelius GmbH
Westfalenstr. 2, 5657 Haan 1, ☏ (02129) 554-0, Telefax (02129) 554-85
Einfach-, Doppel- und Seilkernbohrausrüstungen aller Typen und Systeme, Gestänge, Futterrohre, Fangwerkzeuge, Diamant- und Hartmetallbohrkronen, Rollen- und Flügelmeißel, Räumer aller Art, vollhydraulische Kernbohrmaschinen (Diamec), Injektionseinrichtungen.

Eastman Christensen GmbH
A Baker-Hughes Co.
Christensenstr. 1, Postfach 309, 3100 Celle, ☏ (05141) 203-1, ✂ 925149, Fax (05141) 203296
— Diamantbohrkronen
— Seilkerneinrichtungen Teufenkapazität bis 5 000 m
— Kernrohre nach DIN und DCDMA
— Gestänge aller Typen
— Futterrohre
— Bohrmaschinen/Spülpumpen
— Rollenmeißel/Flügelmeißel
— Navi-Drill (hydr. Untertageantrieb)
— Bohrzubehör
— Raise Bore Ausrüstung
— automatische Vertikalbohrsysteme.

11 INDUSTRIEAUSRÜSTUNGEN UND DIENSTLEISTUNGEN · BEDARFSGRUPPE 540

ITAG, Hermann von Rautenkranz, Internationale Tiefbohr GmbH & Co KG
Itagstraße, Postfach 114, 3100 Celle, ☎ (05141) 2040, ✆ 925174 itagc d, Telefax (05141) 204234
Bohrgeräte, Bohrwerkzeuge, Förderausrüstung, Absperrarmaturen.

Drahtseilerei Gustav Kocks GmbH
Mühlenberg 20, 4330 Mülheim a. d. Ruhr 1, ☎ (0208) 42901-0, ✆ 856872 drako d, Fax (0208) 4290143
Rotary-Flaschenzugseile nach API, Windenfahrseile, Schlämmseile, Anker- u. Bojenseile nach API.

Schlumberger Geophysikalische Service GmbH
Postfach 1520, Siemensstraße 6, 2840 Diepholz, ☎ (05441) 2044, ✆ 941202, Telefax (05441) 2057
Bohrlochmessungen im offenen und verrohrten Bohrloch, Bohrlochseismik, Perforationen.

SPIBO Spielhoff-Bohrwerkzeuge GmbH
Kronprinzenstr. 26, D-4600 Dortmund 1, ☎ (0231) 528246, Telefax (0231) 575237
Rollenmeißel, Großloch- und Diamantbohrwerkzeuge, Imlochhämmer, Packer, Sonderkonstruktionen

Western Atlas International, Inc. Atlas Wireline Services, Niederlassung Bremen
Rudolf-Diesel-Str. 6, 2805 Stuhr 1/Brinkum, ☎ (0421) 877670, Telefax (0421) 87767-67
Bohrlochmessungen und Perforationen.

WIRTH, Maschinen- und Bohrgeräte-Fabrik GmbH (s. Anzeige S. 77)
5140 Erkelenz 1, ☎ (02431) 830, Telefax (02431) 83267
Vollhydraulische Bohrgeräte
Ausrüstungen für Rotary-Bohranlagen
Kolbenpumpen

530 Transport von Mineralöl und Erdgas

Ludwig Freytag GmbH & Co. Kommanditgesellschaft
Rohrleitungs- und Anlagenbau
Postfach 1829, Ammerländer Heerstraße 368, 2900 Oldenburg, ☎ (0441) 9704-0, ✆ 25720, Telefax (0441) 9704-100
Barkhausenstraße 5, 2800 Bremen 1, ☎ (0421) 542028, Telefax (0421) 542034
Hofer Straße 39, O-9126 Mittelbach bei Chemnitz, ☎ 0371 — 852310, Telefax 0371 — 852310
Liebigstraße 28, 2000 Hamburg 74, ☎ (040) 7314184, Telefax (040) 7326258
Werkstraße 4, O-2781 Schwerin-Wüstmark, ☎ (0161) 3403005
Bauhofstraße 3, O-2300 Stralsund, ☎ (0161) 1447621
Mühlenweg 1, 2940 Wilhelmshaven, ☎ (04421) 30636, Telefax (04421) 301933
Gebr. Wendel GmbH, Vitalisstraße 225, 5000 Köln 30, ☎ (0221) 585091, Telefax (0221) 585095
Gebr. Wendel GmbH, Gohliser Weg 1, O-8132 Gohlis bei Dresden, ☎ 03-5143973 95

ITAG, Hermann von Rautenkranz, Internationale Tiefbohr GmbH & Co KG
Itagstraße, Postfach 114, 3100 Celle, ☎ (05141) 2040, ✆ 925174 itagc d, Telefax (05141) 204234
Förderausrüstung, Absperrarmaturen.

Kroll & Ziller Kommanditgesellschaft
4010 Hilden, ☎ (02103) 504-0, Fax (02103) 504-199, Ttx 2103318 = Ziller. — Gummi-Stahl-Flanschdichtungen und Profil-Flanschdichtungen für Wasser-, Luft- und Erdgas-Rohrleitungen, verstellbare Keilringe für winklig verlegte Rohrleitungen.

540 Untertagespeicherung für Mineralöl und Erdgas

Lurgi AG (s. Anzeige S. 801)
Postfach 111231, Lurgi-Allee 5, 6000 Frankfurt/Main, ☎ (069) 5808-0, Telefax (069) 5808-3888, ✆ 41236-0 lg d
Lurgi ist ein weltweit tätiges Unternehmen für Verfahrenstechnik, Ingenieurtechnik und Anlagenbau.

550 Verarbeitung von Mineralöl und Erdgas

Bochumer Eisenhütte Heintzmann GmbH & Co KG
Postfach 101029, 4630 Bochum, ☏ (0234) 619-1, ✆ 825879 heco d, Telefax (0234) 619530
Sicherheitstüren und Luftöffnungssicherungen zum Schutz gegen Einbruch, Beschuß, Sprengung, Explosion. Hochwasserschutztüren und -tore. Löschwasserschutztüren und -balken, Einfahrttore, Drehkreuze, Stabgitterzaunanlagen

LEWA Herbert Ott GmbH + Co
Postfach 1563, D-7250 Leonberg, ☏ (07152) 14-0, ✆ 724153, Telefax (07152) 14303
Dosierpumpen, Dosieranlagen, Prozeß-Membranpumpen für alle Einsatzbedingungen.

Lurgi AG (s. Anzeige S. 801)
Postfach 111231, Lurgi-Allee 5, 6000 Frankfurt/Main, ☏ (069) 5808-0, Telefax (069) 5808-3888, ✆ 41236-0 lg d
Lurgi ist ein weltweit tätiges Unternehmen für Verfahrenstechnik, Ingenieurtechnik und Anlagenbau.

560 Produkte

Aral Aktiengesellschaft
4630 Bochum — Vergaser- und Dieselkraftstoffe, Düsenkraftstoffe, Petroleum, Auto- und Industrieschmierstoffe, Reinbenzol, Reintoluol, Reinxylol, Solvent Naphtha (versch. Typen), Autopflege-, Wasch- und Reinigungsmittel, Frostschutzmittel.

 CHEMISCHE BETRIEBE PLUTO
Gesellschaft mit beschränkter Haftung

Chemische Betriebe Pluto GmbH
Thiesstr. 61, D-4690 Herne 2, ☏ (02325) 591-0, Telefax (02325) 591-289
HFA Hydraulikkonzentrate, HFC Hydraulikflüssigkeit, Schmierfette, Spezialschmierfette, Kühlschmierstoffe, Korrosionsschutzmittel, Technische Reinigungsmittel, Technische Hilfsmittel wie Rostlöser, Montagepasten, usw.; Ferrocen und Ferrocenderivate (Verbrennungsverbesserer)

FRAGOL INDUSTRIESCHMIERSTOFF GMBH
Reichspräsidentenstr. 21—25, 4330 Mülheim a. d. Ruhr, ☏ (0208) 30002-0, Fax (0208) 30002-77
Schwerentflammbare Druckflüssigkeiten, umweltfreundliche Hydraulikflüssigkeiten, synth. Spezialschmiermittel, Korrosionsschutzmittel, Kühlschmiermittel, Wärmeträgerflüssigkeiten, Hochtemperatur- und Spezialfette

D. A. Stuart-Theunissen GmbH
Beyenburger Str. 164—168, 5600 Wuppertal 2, ☏ (0202) 60700-0, Telefax (0202) 60684, ✆ 8591342
Produktion: Schmierstoffe, Spezialschmierstoffe, schwerentflammbare Hydraulikflüssigkeiten, Frost- und Korrosionsschutzmittel, umweltfreundliche Produkte, Metallbearbeitungsprodukte, Reiniger

MINERALÖLWERKE WENZEL UND WEIDMANN
Postfach 1429, Jülicher Str. 82, 5180 Eschweiler, ☏ (02403) 77-0, Telefax (02403) 77284, ✆ 832187 wwdc d
Vorsitzender des Beirats: Dr. M. Fuchs. Geschäftsführer: Dipl.-Kfm. H. Degen, Dr. H. H. Hohn, Dipl.-Ing. J. Schmidt, Dr. G. Wallraf, stellv. Geschäftsführer: Dipl.-Kfm. T. Schultz.
Produktion: Schmierstoffe, Spezialschmierstoffe, Hydraulikflüssigkeiten, Kühlerfrostschutzmittel, umweltschonende Produkte.

600 Petro- und Kohlenchemie

610 Thermische Veredlung von Steinkohlen und Braunkohlen

Gebr. Eickhoff, Maschinenfabrik u. Eisengießerei mbH
Postfach 100629, Hunscheidtstraße 176, 4630 Bochum 1,
☏ (0234) 975-0, Telefax (0234) 975-2477, Teletex 234318, ✆ 17234318
Tochtergesellschaften Inland: Gewerkschaft Schalker Eisenhütte, Gelsenkirchen: Kokereimaschinen

Gewerkschaft Schalker Eisenhütte, Maschinenfabrik GmbH
4650 Gelsenkirchen, Gegründet 1872, ☏ (0209) 9805-0, ✆ 824898, ⌯ Eisenhütte Gelsenkirchen, Telefax (0209) 9805-155
Spezialität: Koksausdrückmaschinen, Kokslöschwagen, Koskuchenführungswagen, Koksofenfüllwagen, Kokereilokomotiven, kompl. Hydraulik- und Entstaubungsanlagen für Kokereimaschinen sowie kpl. Anlagen zum emissionsfreien Drücken von Koksöfen.

11 INDUSTRIEAUSRÜSTUNGEN UND DIENSTLEISTUNGEN · BEDARFSGRUPPE 620

Krupp Koppers GmbH
Altendorfer Straße 120, Postfach 102251, 4300 Essen 1, ☏ (0201) 828-01, ✆ 857817, Teletex 2627-201452 = KKEsnD, Telefax (0201) 828-2566
Planung, Lieferung, Montage und Inbetriebnahme von industriellen Anlagen: insbesondere komplette Kokereianlagen einschließlich Koksofenbedienungsmaschinen, Kohle- und Koksbehandlung, Koksofengasbehandlung und Gewinnung der Kohlenwertstoffe; Kohlevergasungsanlagen zur Erzeugung von Synthesegas oder Brenngas für die Kohleverstromung in GUD-Kraftwerken; Winderhitzeranlagen für die Hüttenindustrie; Anlagen zur Verarbeitung von Mineralöl und Herstellung von Raffinerieprodukten, zur Erzeugung / Gewinnung von Produkten zur Erhöhung der Klopffestigkeit von Motorenkraftstoffen sowie von aromatischen Kohlenwasserstoffen, zur Erzeugung von Faservorprodukten, Polycarbonsäuren, petrochemischen und chemischen Grundstoffen, von PET-Granulat und Polystyrol, von E- und S-PVC, zur Titandioxid-Erzeugung, zur Rauchgasentschwefelung.

KTD — Technischer Dienst und Beratung, eine Service-Abtlg. der DMT-Gesellschaft für Forschung u. Prüfung mbH, DMT-Institut für Kokserzeugung und Kohlechemie (s. Anzeige S. 587)
Franz-Fischer-Weg 61, 4300 Essen 13, Postfach 130140, ☏ (0201) 172-1587, ✆ 825701 berg d, Telefax (0201) 172-1575
Garantienachweise, Feststellungsversuche, techn. Gutachten an Koksofen-, Gasreinigungs- und Nebengewinnungsanlagen
— behördlich anerkannte Gutachter — zugelassen für Emissions- und Immissionsmessungen sowie für die meßtechn. Überwachung von MAK- und TRK-Werten; Optimierung von Kokereieinsatzmischungen, halbtechn. Verkokungsversuche (siehe auch 2100 u. 4000).

Lurgi AG (s. Anzeige S. 801)
Postfach 111231, Lurgi-Allee 5, 6000 Frankfurt/Main, ☏ (069) 5808-0, Telefax (069) 5808-3888, ✆ 41236-0 lg d
Lurgi ist ein weltweit tätiges Unternehmen für Verfahrenstechnik, Ingenieurtechnik und Anlagenbau.

Saarberg-Interplan GmbH (s. Anzeige S. 797)
Postfach 73, 6600 Saarbrücken 2, ☏ (0681) 4008-0, ✆ 4421216 sipw d, Telefax (0681) 4008-298
— Kokereimaschinen, insbesondere unter Anwendung der SAARBERG-Stampftechnik
— Umwelt- und verfahrenstechnische Kokereieinrichtungen
— Behandlungsanlagen für Kokereiabwasser
— Hochofentechnologie, insbesondere Kohleneinblaseinrichten

Th. SCHOLTEN GMBH & Co.
Postf. 1450, 5603 Wülfrath, ☏ (02058) 2074, ✆ 8592076, Fax (02058) 72705. Verschleißschutzauskleidungen aus Schmelzbasalt, Hartsteinzeug, Aluminiumoxid-, Zirkonoxid- und Siliciumcarbid-Keramik für Kokssiebereien und Koksbunker

Zeitzer Maschinen, Anlagen, Geräte ZEMAG GmbH
Paul-Rohland-Str. 1, Postfach 58, O-4900 Zeitz, ☏ (03441) 725-0, Telefax (03441) 2993, ✆ 48-021
Kreiswuchtschwingsiebmaschinen, Resonanzschwingsiebmaschinen, Walzenrostsiebe, Vibrationssiebe, Zweiwalzenbrecher, Prallhammermühlen, Flügelbrecher Schubkurbelbrikettstrangpressen, Walzenpressen, Röhrentrockner, Bunkerentleerungswagen

620 Chemische Veredlung von Steinkohlen und Braunkohlen

HALBERG Maschinenbau GmbH
Postfach 210625, Halbergstr. 1, 6700 Ludwigshafen, ☏ (0621) 5612-0, ✆ 464833 halu d, Fax (0621) 5612209
Pumpen, Wärmeaustauscher

LEWA Herbert Ott GmbH + Co
Postfach 1563, D-7250 Leonberg, ☏ (07152) 14-0, ✆ 724153, Telefax (07152) 14303
Dosierpumpen, Dosieranlagen, Prozeß-Membranpumpen für alle Einsatzbedingungen.

Lurgi AG (s. Anzeige S. 801)
Postfach 111231, Lurgi-Allee 5, 6000 Frankfurt/Main, ☏ (069) 5808-0, Telefax (069) 5808-3888, ✆ 41236-0 lg d
Lurgi ist ein weltweit tätiges Unternehmen für Verfahrenstechnik, Ingenieurtechnik und Anlagenbau.

MAN Gutehoffnungshütte AG
Postfach 110240, 4200 Oberhausen 11, ☏ (0208) 6920, ✆ 856691 ghh d, ✉ hoffnungshütte-oberhausen-rheinl 11, Telefax (0208) 669021
Kohlevergasungsanlagen, Turbomaschinen, Schraubenkompressoren.

630 Petrochemie

LEWA Herbert Ott GmbH + Co
Postfach 1563, D-7250 Leonberg, ☏ (07152) 14-0, ✆ 724153, Telefax (07152) 14303
Dosierpumpen, Dosieranlagen, Prozeß-Membranpumpen für alle Einsatzbedingungen.

Lurgi AG (s. Anzeige S. 801)
Postfach 111231, Lurgi-Allee 5, 6000 Frankfurt/Main, ☏ (069) 5808-0, Telefax (069) 5808-3888, ✆ 41236-0 lg d
Lurgi ist ein weltweit tätiges Unternehmen für Verfahrenstechnik, Ingenieurtechnik und Anlagenbau.

NEUMAN & ESSER Anlagenbau GmbH
Postfach 1243, Werkstraße, 5132 Übach-Palenberg, ☏ (02451) 481-02, ✆ 8329795, Telefax (02451) 481-200
Mahl-Trocknungsanlagen mit NEA-Wälzmühlen für
— Ton, Phosphate, Kalkstein, Dolomit, Marmor, Kalk, Kaolin
— Bentonit, Gips, Baryt, Farbpigmente, Kaliumchlorid
— Petrolkoks, Graphit, Elektrodenmischungen, Kohle
— Talk, Kreide, Magnesit, Bleicherde, Dicalcium- und Natriumpyro-Phosphate
Versuchsanstalt für Mahlungen

700 Transportwesen

710 Be- und Entladeanlagen

PWH Anlagen + Systeme GmbH
Ernst-Heckel-Str. 1, 6670 St. Ingbert-Rohrbach, ☏ (06894) 599-1, ✆ 4429400, Telefax (06894) 599468
Schiffsbelader und Schiffsentlader, Krane, Förderbrücken

720 Industriebahnen

BELLKA-Waagenfabrik KG
Hüllerstr. 109/113, 4630 Bochum 6, ☏ (02327) 88052, Telefax (02327) 82993
Straßenfahrzeugwaagen, Gleisfahrzeugwaagen,
Füllfahrzeugwaagen, Gefäßwaagen u. Plattformwaagen
in mechanischer, elektro-mechanischer und hybrider Bauart.
Umbau und Reparaturen an Waagen aller Systeme.

FUNKE + HUSTER Elektrizitätsgesellschaft
Montebruchstr. 2, 4300 Essen 18 (Kettwig), ☏ (02054) 1090, Fax (02054) 109366, ✆ 857637
Induktions-Funkanlagen, auch (Sch) (Ex) eigensicher.

Hauhinco Maschinenfabrik G. Hausherr, Jochums GmbH & Co. KG (s. Anzeige S. 41)
Beisenbruchstr. 10, Postfach 911320, 4322 Sprockhövel 1, ☏ (02324) 705-0, Ttx (17) 2324308, Telefax (02324) 705-222
Transporteinrichtungen für Güterwagen
Elektromechanische Gleiswaagen für statische und dynamische Wägung.

Heinrich Krug GmbH & Co., Weichenbau
Bornstr. 291/3, Postfach 102425, 4600 Dortmund, ☏ (0231) 83807-0, ✆ 822578, Fax (0231) 8380727
Projektierung und Fertigung von normal- und schmalspurigen Weichen und Gleisanlagen aus Vignol- und Rillenschienen,
umfangreiches Lager aller Oberbaustoffe.

11 INDUSTRIEAUSRÜSTUNGEN UND DIENSTLEISTUNGEN · BEDARFSGRUPPE 740

MAD — Material-Ausgleich-Dienst Vorholt & Schega GmbH & Co KG
Zu den Lippewiesen 9, Postfach 151, D-4358 Haltern, ☎ (02364) 101-0, Teletex 236434, Telefax (02364) 101-39
An- und Verkauf gebrauchter Bergwerks- und Industrieausrüstungen.
(Material-Ausgleich für Grubenausbau-Material, Untertage- und Übertageausrüstungen, Elektro- und Bahnmaterial, Magazin-Bestände.)
Rundschreiben-Dienst/Informationszentrum/Läger für Strecken- und Strebausbau, Band- und Kettenförderer, E-Motoren, Trafos, Schaltgeräte, E-Leitungen, Flanschen- und Kupplungsrohre, Bahnmaterial.

Maschinenbau MARK GmbH
Döttelbeckstr. 22, 4670 Lünen (Westf.), ☎ (02306) 5961
Grubenweichen und Wagenumläufe, Fertigung, Reparatur und Montage.

Strunk u. Scherzer Maschinen- und Anlagenbau GmbH
4300 Essen 13 — Druckluft-Weichenstellvorrichtungen, Elektropneumatische Weichenstellvorrichtungen, Weichenstellvorrichtungen für Einschienenhängebahnen, Signalanlagen, Automatische Wagenabstoßer, Druckluft-Schaltwerke für Verteilerweichen.

Vollert GmbH & Co. KG
Postfach 1320, 7102 Weinsberg, ☎ (07134) 52-0, Telefax (07134) 52202. — Maschinenfabrik, Waggonrangieranlagen.

Rheiner Maschinenfabrik WINDHOFF AG
Postfach 1963, 4440 Rheine, ☎ (05971) 580 — Rangieranlagen für Be- und Entladestationen, Drehscheiben u. Schiebebühnen, Rangierfahrzeuge WINDHOFF Tele-Trac.

740 Bandtransport

AEG Aktiengesellschaft Automatisierungstechnik Bergbau (s. Anzeige 39)
Lyoner Straße 9, 6000 Frankfurt 71, ☎ (069) 66494600, ✆ 411080, Telefax (069) 66494892, ✉ elektroantrieb

AKA Aufbereitung — Konstruktion — Anlagen GmbH
Kölner Str. 11, Postfach 100153, 4350 Recklinghausen (Westf.), ☎ (02361) 72071/2, Telefax (02361) 7687
Transportanlagen, Wagenumläufe, Wipper.

Clouth Gummiwerke AG (s. Anzeige S. 59)
Postfach 600229, D-5000 Köln 60, ☎ (0221) 7773-1, ✆ 8885376, Telefax (0221) 7773698, Teletex 2214266 = CLD
Stahlseil-Fördergurte bis 10.000 N/mm Mindestbruchkraft und bis 6.400 mm Breite. Einlagen-Gewebegurte in PVC- und PVG-Ausführung; Zweilagen-Gewebegurte „duoply"® in Gummi- und PVC-Ausführung; Mehrlagen-Gewebegurte aus Polyester/Polyamid-Geweben (EP), Filtergurte, Spiralflanschenschläuche, Trommelbeläge, Formartikel. Gummiprofile.

Gebr. Eickhoff, Maschinenfabrik und Eisengießerei mbH
Postfach 100629, Hunscheidtstraße 176, 4630 Bochum 1
☎ (0234) 975-0, ✆ 17234318, Teletex 234318, Telefax (0234) 975-2477
Bandanlagen

UNTERNEHMENSGRUPPE H F H FINKENRATH
Postfach 260160, 5600 Wuppertal 2, ☎ (0202) 641040, ✆ 8592473, Telefax (0202) 645044
Die Unternehmensgruppe HFH Finkenrath ist auf den Sektoren Lagerungstechnik, Wälzlagerzubehör, Antriebselemente sowie Förderbandtrommeln einer der führenden Hersteller. Aus unserem Spezialbereich liefern wir komplett montierte, einbaufertig Förderbandtrommeln sowie Lagerungen speziell für den Betrieb im Steinkohle- und Braunkohleabbau. Darüber hinaus gehören zum HFH-Produktionsprogramm drehelastische Kupplungen, Schalen- sowie Scheibenkupplungen nach DIN 115 und 116, Gleitlager nach DIN 502-506, Rollenketten nach DIN 8181, 8187, 8188 und 8189 und Keilriemenscheiben nach DIN 2211. Müllentsorgungsanlagen inklusive Weiterverarbeitung der organischen Stoffe.

FUNKE + HUSTER Elektrizitätsgesellschaft
Montebruchstr. 2, 4300 Essen 18 (Kettwig), ☎ (02054) 1090, Fax (02054) 109366, ✆ 857637
Steuerungen und Fernwirktechnik für Band- und Großbandanlagen (auch Ex).

HOSCH-Fördertechnik GmbH
Postfach 100726, Am Stadion 36, 4350 Recklinghausen, ☏ (02361) 5898-0, ✄ 829801, Telefax (02361) 589840.
Die Fachleute für: Spezial-Gurtbandfeinstreinigungssysteme für Über- und Untertage. Federlamellenabstreifer, Vor- und Innengurt-Abstreifer nach dem patentierten HOSCH-Prinzip. Begasungseinrichtungen für Flotation und Gewässerbelüftung.

Theodor Küper & Söhne GmbH & Co
Josef-Baumann-Str. 9, Postfach 101450, 4630 Bochum, ☏ (0234) 86706/07, Telefax (0234) 865799
Fördergurte — auch in Spezialausführung (Steilfördergurte, Magnetabscheidergurte etc.)
Fördergurtgrundüberholungen im Heißvulkanisierverfahren (Gummi-, PVC- und Stahlseilgurte)
Industriemontagen in der gesamten Schüttgutindustrie
TEKAS Kaltreparaturmaterial und Heißvulkanisiermaterial
TEKACLEAN Abstreifersystem und Abstreiferleisten aus Gummi, Polyurethan und Kunststoff
Verschleißschutzwerkstoffe für Auskleidungen, Beschichtungen aller Art GI/PU/AL/UHMWPE
Reibbeläge für Antriebs-/Druck-/Umlenktrommeln; Rollenbeschichtungen GI/PU
TEKAPLAST Treib- und Seilscheibenfutter
TEKAFLEX Treibriemen (Leder, Gummi, Kunststoff)

MATO Maschinen- und Metallwarenfabrik Curt Matthaei GmbH & Co KG
Benzstraße 12—24, 6052 Mühlheim/Main, ☏ (06108) 7009-0, Telefax (06108) 700920,
Auslieferungslager Herten, ☏ (02366) 37557, Telefax (02366) 37580
Komplette Gurtverbindesysteme, Gurtverbinder mit und ohne Abdichtung, Gurtverbindezangen, Verbindestäbe, Gurtspanner und Zubehör.
MATO-Hebelpressen und Druckluftschmiergeräte.

NILOS GmbH, Förderband-Ausrüstung
4010 Hilden, ☏ (02103) 504-0, Fax (02103) 504-199, Ttx 2103318 = Ziller, NILOS-Fördergurt-Verbindegeräte und Zubehör, Vulkanisiergeräte in Leichtbau- und Stahl-Ausführung, auch (Sch), Fördergurte, Reparaturen und Grundüberholungen, Reparaturverfahren NILOS-KALT, Reibbeläge, Verschleißschutzbeläge und -Leisten, Abstreifgummi in V-Qualität.

Dr. Nordmann GmbH (s. Anzeige S. 37)
Manderscheidtstr. 14, Postfach 103851, 4300 Essen 1, ☏ (0201) 8916-6, Telefax (0201) 8916-737, ✄ 17201462,
Ttx 201462
S. Gruppe 220

F. E. Schulte Strathaus KG
Max-Planck-Str. 8, Postfach 1940, 4750 Unna, ☏ (02303) 82005-9, Telefax (02303) 86672
Fördergurte, kurvengängige Bandanlagen nach DIN und in Sonderausführung, Vulkanisieranlagen für unter Tage bis 1000 V und über Tage. Reifen-Vulkanisieranlagen, Mulden- und Tragrollen, Antriebs- und Umlenktrommeln, Förderbandabstreifer, Tauchschlammpumpen, Hydraulikschläuche, Anschlag- und Hebezeugketten, hochfeste Ketten, Kettenzubehör, Korrosions- und Verschleißschutz.

Semperit Technische Produkte GmbH — Gummitechnik
D-5820 Gevelsberg, Rosendahler Straße 37 — 39, PF 2040, ☏ (02332) 7009-0*, ✄ 8229493, Telefax (02332) 700922
Fördergurte aus Gummi für Unter- und Übertage mit textilem und Stahlcordgewebe, Aramidgurte, Steil-, Wellkanten- und Elevatorgurte, Abstreifer, Trommelbeläge und Verschleißplatten.
Produkte mit Bergbauzulassung.

Siemens Aktiengesellschaft, Bereich Anlagentechnik (ANL), Grundstoffindustrie Bergbau & Hebezeuge
Postfach 3240, 8520 Erlangen, ☏ (09131) 7-23632, Fax 7-22233, Teletex 91317287 = sieerl, ✄ 62921-351 si d

11 INDUSTRIEAUSRÜSTUNGEN UND DIENSTLEISTUNGEN · BEDARFSGRUPPE 760

Tiefenbach GmbH
Postfach 150351, 4300 Essen 15, ☏ (0201) 48630, ✆ 857530 tiba, Telefax (0201) 4863-158
berührungslos betätigte Drehzahl-, Schlupf- und Bandüberwachungsgeräte und -anlagen (Sch) und eigensicher, Bandschieflaufschalter.

TIP TOP STAHLGRUBER, Otto Gruber GmbH & Co
Einsteinstraße 130, Postfach 801822, 8000 München 80, ☏ (089) 4151-1, ✆ 524700, Telefax (089) 4705336
TIP TOP Spezialgummisorten zur Gummierung von Antriebstrommeln, Druck- und Unterbandrollen
TIP TOP Verschleiß- und Korrosionsschutz-Auskleidungen
TIP TOP Gurtreinigungs-Systeme
Generalüberholungen von Transportbändern bis 3200 mm Breite.

NILOS

Paul Wever Kommanditgesellschaft
6605 Friedrichsthal (Saar), ☏ Sulzbach (06897) 8021, Fax (06897) 89404 — siehe unter NILOS GmbH, Hilden.

750 Rohrleitungstransport

ITAG, Hermann von Rautenkranz, Internationale Tiefbohr GmbH & Co KG
Itagstraße, Postfach 114, 3100 Celle, ☏ (05141) 2040, ✆ 925174 itagc d, Telefax (05141) 204234
Kugel-, Molch- und Dreiwege-Hähne, Gelenkleitungen

Siemag Transplan GmbH (s. Anzeige S. 61)
Postfach 1451/52, 5902 Netphen 1, Krs. Siegen, ☏ (02738) 21-0, ✆ 872740, Teletex 273830, Telefax (02738) 21-297 — Planung und Bau kompl. Gefäß-, Gestell- und Schrägförderanlagen, Anlagen für die hydromechanische Gewinnung und hydraulische Förderung von Kohle, hydraulische und pneumatische Förderanlagen für mineralische Rohstoffe.
Lieferung von Schachtfördereinrichtungen wie z. B. Fördermaschinen und Seilscheiben, Selda-Bremseinrichtung, Fördergerüste und Fördertürme, Fördergefäße und Förderkörbe mit Zubehör, Schachteinbauten, Schachtstühle und Schachtschleusen, Wipperanlagen und Wagenumlaufeinrichtungen, Füll-, Entlade- und Rieselgutanlagen, Band- und Bunkeranlagen sowie Bergbaukühlsysteme.

760 Vorrats-, Rohstoff- und Materiallager

ENRAF-NONIUS
Vertriebsgesellschaft für Meß- und Regelgeräte mbH
Obere Dammstr. 10, 5650 Solingen 1, ☏ (0212) 5875-0, Telefax (0212) 587549, ✆ 8514749
Eichfähige u. explosionsgeschützte Präzisions-Tankmesser;
Radar-Füllstandmeßgeräte;
TRITEMP- u. MIDTEMP- sowie Multipoint-Widerstandsthermometer bzw. Vielfach-Thermoelemente;
Hydrostatische Tankmeß- und Massebestimmungssysteme;
Eichfähige Fernübertragung und Datenerfassungsanlagen für Füllstand, Temperatur und Volumen;
STIC Tankinventursysteme für Tankstellennetze;
Erdungswarngeräte für Verladestationen und automatische Verladesysteme;
Schiffstankmesser und Überfüllsicherungen;
Geräte und Einrichtungen für die Röntgen-Feinstrukturuntersuchung von Pulvern und Einkristallen.

Th. SCHOLTEN GMBH & Co.
Postf. 1450, 5603 Wülfrath, ☏ (02058) 2074, ✆ 8592076, Fax (02058) 72705
Verschleißschutzauskleidungen aus Schmelzbasalt, Hartsteinzeug, Aluminiumoxid-, Zirkonoxid- und Siliciumcarbid-Keramik für Schurren, Bunker, Zyklone, Kettenförderer, Rohrleitungen usw.

BEDARFSGRUPPE 810

solidur Deutschland GmbH & Co. KG Kunststoffwerke
Postfach 1264, D-4426 Vreden, Germany, ☏ (02564) 301-0, ⌀ 89739 solid d, Telefax (02564) 301-255
Hochverschleißfeste Auskleidungen aus solidur für Bunker, Rutschen, Pendelbecher, Trichter etc. zur Verhinderung von Anbackungen, Brückenbildungen, Anfrierungen und Korrosion.

TIP TOP STAHLGRUBER Otto Gruber GmbH & Co.
Einsteinstraße 130, Postfach 801822, 8000 München 80, ☏ (089) 4151-1, ⌀ 524700, Telefax (089) 4705336
TIP TOP Spezialgummisorten zur Gummierung von Antriebstrommeln, Druck- und Unterbandrollen
TIP TOP Verschleiß- und Korrosionsschutz-Auskleidungen
TIP TOP Gurtreinigungs-Systeme
Generalüberholungen von Transportbändern bis 3200 mm Breite.

770 Hebezeuge

Becker-Prünte GmbH
4354 Datteln, ☏ (02363) 6060, ⌀ 829848, Telefax (02363) 606205
Rundstahlketten für Industrie und Bergbau für Gewinnung und Förderung, Mitnehmer für Einfach- und Doppelkettenförderer, Zahnschlösser, Wirbel, Hebezeug- und Anschlagketten.
Korrosionsschutz: „Korrotherm 90"

ITAG, Hermann von Rautenkranz, Internationale Tiefbohr GmbH & Co KG
Itagstraße, Postfach 114, 3100 Celle, ☏ (05141) 2040, ⌀ 925174 itagc d, Telefax (05141) 204234
Fahrzeug-Seilwinden

RUD-Kettenfabrik Rieger & Dietz GmbH u. Co (s. Anzeige S. 65)
7080 Aalen-Unterkochen, ☏ (07361) 5040, Telefax (07361) 504450, ⌀ 713837-0, ⌂ RUD Unterkochen
RUD-Rundstahlketten und RUD-Bauelemente im Baukastenprinzip in höchster Güteklasse und in
RUD-Sondergüten zum Heben und Fördern.

Schmidt, Kranz & Co GmbH (s. Anzeige S. 69)
Postfach 110348, 5620 Velbert 11, ☏ (02052) 888-0, Telefax (02052) 888-44 — TIGRIP-Lastaufnahmemittel und -Greifer.

SIEMAG

Siemag Transplan GmbH (s. Anzeige S. 61)
Postfach 1451/52, 5902 Netphen 1, Krs. Siegen, ☏ (02738) 21-0, ⌀ 872740, Teletex 273830, Telefax (02738) 21-297 — Planung und Bau kompl. Gefäß-, Gestell- und Schrägförderanlagen, Anlagen für die hydromechanische Gewinnung und hydraulische Förderung von Kohle, hydraulische und pneumatische Förderanlagen für mineralische Rohstoffe. Lieferung von Schachtfördereinrichtungen wie z. B. Fördermaschinen und Seilscheiben, Selda-Bremseinrichtung, Fördergerüste und Fördertürme, Fördergefäße und Förderkörbe mit Zubehör, Schachteinbauten, Schachtstühle und Schachtschleusen, Wipperanlagen und Wagenumlaufeinrichtungen, Füll-, Entlade- und Rieselgutanlagen, Band- und Bunkeranlagen sowie Bergbaukühlsysteme.

Siemens Aktiengesellschaft, Bereich Anlagentechnik (ANL), Grundstoffindustrie Bergbau & Hebezeuge
Postfach 3240, 8520 Erlangen, ☏ (09131) 7-23632, Fax 7-22533, Teletex 91317287 = sieerl, ⌀ 62921-351 si d

800 Industrie-Betriebsmittel

810 Betriebsmittel aus Gummi, Kunststoffen, Metall

Clouth Gummiwerke AG (s. Anzeige S. 59)
Postfach 600229, D-5000 Köln 60, ☏ (0221) 7773-1, ⌀ 8885376, Telefax (0221) 7773698, Teletex 2214266 = CLD
Stahlseil-Fördergurte bis 10.000 N/mm Mindestbruchkraft und bis 6.400 mm Breite. Einlagen-Gewebegurte in PVC- und PVG-Ausführung; Zweilagen-Gewebegurte „duoply"® in Gummi- und PVC-Ausführung; Mehrlagen-Gewebegurte aus Polyester/Polyamid-Geweben (EP), Filtergurte, Spiralflanschenschläuche, Trommelbeläge, Formartikel.
Gummiprofile.

11 INDUSTRIEAUSRÜSTUNGEN UND DIENSTLEISTUNGEN · BEDARFSGRUPPE 810

ContiTech Transportbandsysteme
Postfach 169, 3000 Hannover, ☎ (0511) 938-07, ✄ 92170, Fax 938-2766
CONTIFLEX®-Textil-Fördergurte aus Gummi, PVC und PVG, und zwar Transconti® 25, 40, 50
40 OIL, 40 T 150. STAHLCORD® Fördergurte.
Fördergurt-Verbindungs- und Reparaturmaterial für Warm- und Kaltverarbeitung,
CONTI SECUR®-Kontaktkleber (CKW-frei) für Gummi/Gummi- und Gummi/Metall-Verklebungen, Abstreifer,
CORREX® Trommelbeläge mit Kontaktschicht, CORREX® Verschleißschutzplatten mit Kontaktschicht,
Tragrollenpufferringe, Stützringe.
Keil- und Zahnriemen, Reibringe, SCHWINGMETALL® Gummi/Metall-Verbindungen,
Blähschläuche für das Stoßtränkverfahren, Hydraulikschläuche, Industrie- und Spiralschläuche,
Chemikalien- und Betankungsschläuche.

Coroplast Fritz Müller KG
Postfach 201130, 5600 Wuppertal 2, ☎ (0202) 26810, Telefax (0202) 2681-380.
Antistatische, selbstklebende Korrosionsschutzbandagen COROPLAST 358 für Einsatz unter Tage und in explosionsgefährdeten Bereichen. Elektro-Isolierbänder, selbstverlöschend, auf Kunststoffbasis, VDE-approbiert, sowie kunststoffgeschütztes Gewebeklebeband

HAVER & BOECKER
Carl-Haver-Platz, Postfach 3320, 4740 Oelde, ☎ (02522) 30-0, ✄ 89521, Telefax (02522) 30403, ⌨ haboe oelde
Siebmaschinen und komplette Siebanlagen, Schwingförderrinnen, Entwässerungssiebe, Analysensiebmaschinen, Analysensiebe, Drahtgewebe, Siebgewebe, Filtergewebe, Drahtgewebe für Verzugmatten, Drahtsiebböden mit Spannkanten.

Kroll & Ziller Kommanditgesellschaft
4010 Hilden, ☎ (02103) 5 04-0, Fax (02103) 504-199, Ttx 2103318 = Ziller — Gummi-Stahl-Flanschdichtungen für Wasser-, Luft- und Erdgas-Rohrleitungen, verstellbare Keilringe für winklig verlegte Rohrleitungen.

Theodor Küper & Söhne GmbH & Co
Josef-Baumann-Str. 9, Postfach 101450, 4630 Bochum, ☎ (0234) 86706/07, Telefax (0234) 865799
Fördergurte — auch in Spezialausführung (Steilfördergurte, Magnetabscheidegurte)
Fördergurtgrundüberholungen im Heißvulkanisierverfahren (Gummi-/PVC-/PVG-/Stahlseilgurte)
Industriemontagen in der gesamten Schüttgutindustrie
TEKAS Kaltreparaturmaterial
TEKACLEAN Abstreifersystem und Abstreiferleisten aus Gummi, Polyurethan und Kunststoff
Verschleißschutzwerkstoffe für Auskleidungen, Beschichtungen aller Art GI/PU/AL/UHMWPE
Reibbeläge für Antriebs-/Druck-/Umlenktrommeln; Rollenbeschichtungen GI/PU
TEKAPLAST Treib- und Seilscheibenfutter
TEKAFLEX Treibriemen (Leder, Gummi, Kunststoff)
Förderschläuche, Druckschläuche und Spezialschläuche für Bergbau und Industrie

MATO Maschinen- und Metallwarenfabrik Curt Matthaei GmbH & Co KG
Benzstraße 12—24, 6052 Mühlheim/Main, ☎ (06108) 7009-0, Telefax (06108) 700920,
Auslieferungslager Herten, ☎ (02366) 37557, Telefax (02366) 37580
Komplette Gurtverbindesysteme, Gurtverbinder mit und ohne Abdichtung, Gurtverbindezangen, Verbindestäbe, Gurtspanner und Zubehör.
MATO-Hebelpressen und Druckluftschmiergeräte.

NILOS GmbH, Förderband-Ausrüstung
4010 Hilden, ☎ (02103) 504-0, Fax (02103) 504-199, Ttx 2103318 = Ziller. — NILOS-Fördergurt-Verbindegeräte und Zubehör, Vulkanisiergeräte in Leichtbau- und Stahl-Ausführung, auch (Sch), Fördergurte, Reparaturen und Grundüberholungen, Reparaturverfahren NILOS-KALT, Reibbeläge, Verschleißschutzbeläge und -Leisten, Abstreifer, Siebböden aus Gummi oder Kunststoff, Planung und Lieferung von Fördergurt-Reparatur-Werkstätten.

Dr. Nordmann GmbH (s. Anzeige S. 37)
Manderscheidtstr. 14, Postfach 10 38 51, 4300 Essen 1, ☏ (0201) 89 16-6, Telefax (0201) 89 16-737, ⌁ 17201462, Ttx 201462
S. Gruppe 220

PETER-BTR Gummiwerke AG
6450 Hanau 8/Kl.-Auheim. — Gewebe- und Stahlseilfördergurte, dehnungsarme Spezialgewebegurte, Keilriemen für alle Antriebe, Technische Gummiwaren.

Schauenburg Ruhrkunststoff GmbH
Weseler Str. 35, Postfach 10 18 54, 4330 Mülheim (Ruhr), ☏ (0208) 99 91-0, ⌁ 8 56021, Fax (0208) 5 33 74
Flexadux-Schläuche für Unter- und Übertage-Einsatz.

F. E. Schulte Strathaus KG
Max-Planck-Str. 8, Postfach 19 40, 4750 Unna, ☏ (02303) 8 2005-9, Fax (02303) 8 66 72
Fördergurte, kurvengängige Bandanlagen nach DIN und in Sonderausführung, Vulkanisieranlagen für unter Tage bis 1000 V und über Tage. Reifen-Vulkanisieranlagen, Mulden- und Tragrollen, Antriebs- und Umlenktrommeln, Förderbandabstreifer, Tauchschlammpumpen, Hydraulikschläuche, Anschlag- und Hebezeugketten, hochfeste Ketten, Kettenzubehör, Korrosions- und Verschleißschutz.

Semperit Technische Produkte GmbH — Gummitechnik
D-5820 Gevelsberg, Rosendahler Straße 37 — 39, PF 2040, ☏ (02332) 70 09-0*, ⌁ 8 229 493, Telefax (02332) 70 09 22
Fördergurte aus Gummi für Unter- und Übertage mit textilem und Stahlcordgewebe, Aramidgurte, Steil-, Wellkanten- und Elevatorgurte, Abstreifer, Trommelbeläge und Verschleißplatten.
Industrie- und Preßluftschläuche sowie Hydraulikschlauchleitungen für alle Einsatzzwecke.
Profile, Formartikel und Elastomerplatten.
Produkte, die den LOBA-Bestimmungen bzw. internationalen Normen entsprechen.

CARL FREUDENBERG
Sparte Dichtungen + Formteile
Vertrieb Industrie 2, Ascheröder Str. 57, 3578 Schwalmstadt, ☏ (06691) 20 80, Telefax (06691) 17 50
Dichtelemente für Hydraulik und Pneumatik
Präzisionsformteile aus gummielastischen Werkstoffen

solidur Deutschland GmbH & Co. KG Kunststoffwerke
Postfach 1264, D-4426 Vreden, Germany, ☏ (02564) 301-0, ⌁ 89739 solid d, Telefax (02564) 301-2 55
Hochverschleißfeste Auskleidungen aus solidur für Bunker, Rutschen, Pendelbecher, Trichter etc. zur Verhinderung von Anbackungen, Brückenbildungen, Anfrierungen und Korrosion.

Georg Springmann
Industrie- und Bergbautechnik GmbH
Postfach 10 17 07, 4330 Mülheim a. d. Ruhr 1, ☏ (0208) 4 95 66-0, ⌁ 8 56753 sprin, Telefax (0208) 49 76 26
Technische Schläuche aller Art, mit und ohne Armaturen, auch in LOBA-Ausführung.

TIP TOP STAHLGRUBER, Otto Gruber GmbH & Co
Einsteinstr. 130, Postfach 80 18 22, 8000 München 80, ☏ (089) 41 51-1, ⌁ 524700, Telefax (089) 47 05 3 36
TIP TOP Vulkanisiermaterial für Förderbänder, Elektrokabel, Gummischuhe
TIP TOP Hermetic-Scharnierverbinder für Transportbänder
TIP TOP Spezialgummisorten zur Gummierung von Antriebstrommeln, Druck- und Unterbandrollen
TIP TOP Verschleiß- und Korrosionsschutz-Auskleidungen, TIP TOP Gurtreinigungs-Systeme
TIP TOP REMASCREEN Siebböden
TIP TOP Reifen-Vulkanisiermaterial
Generalüberholungen von Transportbändern bis 3200 mm Breite.

Paul Wever Kommanditgesellschaft
6605 Friedrichsthal (Saar), ☏ Sulzbach (06897) 80 21, Fax (06897) 8 94 04 — siehe unter NILOS GmbH, Hilden.

820 Antriebe und Getriebe

AEG Aktiengesellschaft · Automatisierungstechnik · Bergbau (s. Anzeige S. 39)
Lyoner Straße 9, 6000 Frankfurt 71, ☏ (069) 66496600, ✄ 411080, Telefax (069) 66494892, ✆ elektronantrieb

Breuer-Motoren GmbH & Co KG, Elektromaschinenfabrik
Rensingstr. 10, 4630 Bochum 1, gegründet 1877, ☏ (0234) 53585/86/87, ✄ 825791 brmo d, Telefax (0234) 532880
Schlagwetter- und explosionsgeschützte Elektromotoren
druckfest gekapselt für Bergbau und Chemische Industrie
Sonderabteilung für Motorreparaturen.

G. Düsterloh GmbH
Postfach 1160, 4322 Sprockhövel 1, ☏ (02324) 709-0, Fax (02324) 709-110
Hydrostatische Antriebe für alle Erfordernisse, Hydromotoren, Druckluftmotoren, Druckluftstarter

Gebr. Eickhoff, Maschinenfabrik u. Eisengießerei mbH
Postfach 100629, Hunscheidtstr. 176, 4630 Bochum 1,
☏ (0234) 975-0, ✄ 17234318, Teletex 234318, Telefax (0234) 975-2579.
Antriebstechnik: Stirnrad- und Kegelstirnradgetriebe, Planetengetriebe, Sondergetriebe, auch in geräuscharmer Ausführung.

UNTERNEHMENSGRUPPE H F H FINKENRATH
Postfach 260160, 5600 Wuppertal 2, ☏ (0202) 641040, ✄ 8592473, Telefax (0202) 645044
Die Unternehmensgruppe HFH Finkenrath ist auf den Sektoren Lagerungstechnik, Wälzlagerzubehör, Antriebselemente sowie Förderbandtrommeln einer der führenden Hersteller. Aus unserem Spezialbereich liefern wir komplett montierte, einbaufertige Förderbandtrommeln sowie Lagerungen speziell für den Betrieb im Steinkohle- und Braunkohleabbau. Darüber hinaus gehören zum HFH-Produktionsprogramm drehelastische Kupplungen, Schalen- sowie Scheibenkupplungen nach DIN 115 und 116, Gleitlager nach DIN 502-506, Rollenketten nach DIN 8181, 8187, 8188 und 8189 und Keilriemenscheiben nach DIN 2211. Müllentsorgungsanlagen inklusive Weiterverarbeitung der organischen Stoffe.

Lohmann & Stolterfoht GmbH
Mannesmannstr. 29, Postfach 1860, 5810 Witten, ☏ (02302) 877-0, Fax (02302) 877335
Antriebe und Getriebe für Hobel und Förderer, für Plattenbänder, Teil- und Vollschnittmaschinen, Hydraulikbagger, Schaufelradbagger, Dumper und alle Arten von Fördersystemen

Poclain Hydraulics GmbH
Bergstraße 106, 6102 Pfungstadt, ☏ (06157) 6074, ✄ 4191707, Fax (06157) 84180
Hydromotoren, Radnabenmotoren, Radialkolbenpumpen.

Untertage (UT) Maschinenfabrik Dudweiler GmbH (s. Anzeige S. 75)
Im Tierbachtal 28 — 36, 6602 Dudweiler, ☏ (06897) 796-0, Fax (06897) 796222
Stirnrad- und Kegelstirnradgetriebe

WESTFALIA BECORIT Industrietechnik GmbH (s. Anzeige S. 2)
Postfach 1409, 4670 Lünen, ☏ (02306) 5780, ✄ 8229711 wb d, Telefax (02306) 578-123
Stirnrad- und Kegelstirnradgetriebe mit Überlastsicherung
Stirnrad- und Kegelstirnradgetriebe mit Lastausgleich

830 Ketten und Seile

Becker-Prünte GmbH
4354 Datteln, ☏ (02363) 6060, ✄ 829848, Telefax (02363) 606205
Rundstahlketten für Industrie und Bergbau für Gewinnung und Förderung, Mitnehmer für Einfach- und Doppelkettenförderer, Zahnschlösser, Wirbel, Hebezeug- und Anschlagketten.
Korrosionsschutz: „Korrotherm 90"

Dolezych GmbH & Co · Fabrik für Spezialdrahtseile und Hebetechnikprodukte
Hartmannstr. 35, Postfach 100909, 4600 Dortmund 1, ☏ (0231) 818181, ✄ 822622, Telefax (0231) 827782
Spezialseile für den Bergbau, Anschlagmittel aller Art wie Drahtseilschlingen
und -gehänge, Drahtseil-Kettengehänge, Hebebänder und Rundschlingen in allen
Ausführungen (auch für den Untertage-Einsatz), Ladungssicherungen wie Verzurrgurte,
Verzurrseile, Verzurrketten (auch für den Untertage-Einsatz), hochfeste Anschlagketten im Baukastensystem,
Hanf- und Kunststoffseile, Edelstahlseile, Abschleppseile, sämtliches Seil- und Ketten-Zubehör
(Kauschen, Seilklemmen, Schäkel, Spannschlösser, Lasthaken usw.), Hebezeuge (z. B. Traversen, Greifklauen,
Lasthebemagnete, C-Haken, Ladegabeln, Kranwaagen), Greifzüge, Seil- und Kettenzüge,
Schutznetze, Befestigungstechnik

HUTH'sche Werkstätten
Sitz: Haßlinghauser Str. 13, Postfach 1565, 5820 Gevelsberg, ✄ 8229408, ☏ (02332) 8994-96, Telefax 81079
Stahllaschenketten, Gußketten aller Art, Kettenräder, Elevatorbecher, Sonderketten und
Hydraulikzylinder.

Nyrosten Korrosionsschutzmittel GmbH + Co
Marktweg 71, 4170 Geldern, ☏ (02831) 7641 u. 1853,
✄ 812651 nyro d, Telefax (02831) 89793
Drahtseilimprägnierungsmittel aller Art
Koepeseilimprägnierung NYROSTEN N 113
Koepeseilnachimprägnierung NYROSTEN N 113 FS nach DIN 21258, zugelassen durch das Oberbergamt Dortmund
„Wirksamer Schutz gegen Rost und Verschleiß".
Ferner Verkauf von Elaskon-Produkten.

RUD-Kettenfabrik Rieger & Dietz GmbH u. Co (s. Anzeige S. 65)
7080 Aalen-Unterkochen, ☏ (07361) 5040, Telefax (07361) 504450, ✄ 713837-0, ⌘ RUD Unterkochen
RUD-Rundstahlketten und RUD-Bauelemente im Baukastenprinzip als Anschlagketten in höchster Güteklasse und in
RUD-Sondergüten zum Heben und Fördern, Reifenschutzketten RUD-Reifenpanzer, Ring-System speziell für Untertageeinsatz, Gleitschutzketten, Geländeketten.

J. D. Theile GmbH + Co. KG, Kettenfabrik — Gesenkschmiede — Zerspanungstechnik
5840 Schwerte, ☏ (02304) 7570, ✄ 8229610, Telefax (02304) 75777
Hochfeste Rundstahlketten aus Sonder- und Edelstählen insbesondere zum Gewinnen, Fördern und Heben. THEIPA®-
Flachschlösser, THEIPA®-Blockschlösser, Kratzer, Kettenbügel und sonstiges Kettenzubehör, Hebezeug- und Anschlagketten aller Güteklassen, Gesenkschmiedestücke mit und ohne Bearbeitung.

Thiele GmbH & Co. KG, Kettenwerke, Gesenkschmiede, Förder- und Umwelttechnik
Postfach 8040, 5860 Iserlohn-Kalthof, ☏ (02371) 947-0, ✄ 827782 tile d, Telefax (02371) 947-241
Hochfeste Rundstahlketten aller Güteklassen aus Sonder- und Edelstählen, komplette Doppelkettenbänder, Kratzer und
Kettenschlösser, Gesenkschmiedestücke. Stahllaschenketten, Förderketten mit geschmiedeten Gliedern, Bandelemente,
Anschlag- und Transportgeschirre Grad 80, Tansportringe Grad 80, Prüfservice.

Werner Walter GmbH & Co., Baumaschinen-Ersatzteile
Postfach 1546, Loerfeldstr. 11, 5804 Herdecke (Ruhr), ☏ (02330) 7771-73, ✄ 8239536 wws d, Telefax (02330) 8198
Raupenlaufwerke für Lademaschinen, Senkmaschinen, Teilschnittmaschinen, Vortriebsmaschinen,
Bohrwagen etc. Raupenketten, Laufrollen, Leiträder, Antriebsräder, Laufwerksreparaturen.

840 Pumpen, Kompressoren

Aerzener Maschinenfabrik GmbH
Reherweg 28, Postfach, D-3258 Aerzen, ☏ (05154) 810, ✄ 92847
Druckluft-Schraubenverdichter, ölfrei oder öleingespritzt.
Turboverdichter für Förderung von Luft.

ITT FLYGT Pumpen GmbH
Postfach 1320, 3012 Langenhagen, ☏ (0511) 7800-0, Fax (0511) 782893
Tauchmotorpumpen in Standard- und explosionsgeschützter Ausführung.

11 INDUSTRIEAUSRÜSTUNGEN UND DIENSTLEISTUNGEN · BEDARFSGRUPPE 840

HALBERG Maschinenbau GmbH
Postfach 210625, Halbergstr. 1, 6700 Ludwigshafen, ☏ (0621) 5612-0, ✉ 464833 halu d, Fax (0621) 5612209
Pumpen, Wärmeaustauscher

Hauhinco Maschinenfabrik G. Hausherr, Jochums GmbH & Co. KG (s. Anzeige S. 41)
Beisenbruchstr. 10, Postfach 911320, 4322 Sprockhövel 1, ☏ (02324) 705-0, Ttx (17) 2324308, Telefax (02324) 705-222
Hochdruckpumpen für Wasser und Emulsion, elektrisch und pneumatisch betrieben, besonders geeignet für hydraulischen Strebausbau sowie zum Tränken und Panzerrücken, Wasserhydraulik, Ventile und Systeme.

KSB Aktiengesellschaft
Pumpen + Armaturen
Johann-Klein-Str. 9, 6710 Frankenthal (Pfalz), ☏ (06233) 86-0, ✉ 1762333

LEWA Herbert Ott GmbH + Co
Postfach 1563, D-7250 Leonberg, ☏ (07152) 14-0, ✉ 724153, Telefax (07152) 14303
Dosierpumpen, Dosieranlagen, Prozeß-Membranpumpen für alle Einsatzbedingungen.

MAN Gutehoffnungshütte AG
Postfach 110240, 4200 Oberhausen 11, ☏ (0208) 6920, ✉ 856691 ghh d, ✉ hoffnungshütte-oberhausen-rheinl 11, Telefax (0208) 669021
Turbo- und Schraubenkompressoren für Luft und Prozeßgase, Dampf- und Prozeßgasturbinen, Industrie-Gasturbinen

Paul Pleiger Handelsgesellschaft mbH (s. Anzeige S. 81)
Postfach 1333, 4322 Sprockhövel, ☏ (02324) 398-302 und 383, Telefax (02324) 398-360
Vorort-, Wasserhaltungs-, Verpreß- u. Hochdruckpumpen.

SALA Aufbereitungstechnik GmbH — ALLIS Mineral Systems
Theodor-Heuss-Str. 32, 6368 Bad Vilbel 4, ☏ (06101) 2068, Telefax (06101) 7842
Panzer-, Sumpf- und Tauchpumpen

VERDER DEUTSCHLAND
Himmelgeister Str. 60, 4000 Düsseldorf 1, ☏ (0211) 31008-0, ✉ 8585539, Telefax (0211) 314164
Druckluft-Membranpumpen, Schlammpumpen, Tauchpumpen, Schlauchpumpen, (Magnet-)Kreiselpumpen, Hochdruck-Kolbenmembranpumpen.

Weller Pumpen GmbH (s. Anzeige S. 85)
Westicker Str. 44 — 46, 4708 Kamen (Westf.), ☏ (02307) 7866, ✉ 820501 wepu d, Telefax: (02307) 72092
Kesselspeise-, Kraftwerks- u. Wasserhaltungspumpen sowie Pumpen für Petrochemie, Hydromechanik und Wasserwerke.

WIRTH, Maschinen- und Bohrgeräte-Fabrik GmbH (s. Anzeige S. 77)
5140 Erkelenz 1, ☏ (02431) 830, Telefax (02431) 83267
Simplex-, Duplex- und Triplex-Pumpen, Membran-Kolbenpumpen
Hydrostatikpumpen.

Zwickauer Maschinenfabrik GmbH
Postfach 200, Reichenbacher Straße 25/27, O-9541 Zwickau, ☏ (0375) 5920, 8180, Fax (0375) 592334, 818217, Telex 321348
Schraubenkompressoren, Drehkolbengebläse, Kolbenkompressoren als Prozeßverdichter.

850 Industrierohrleitungen und Armaturen, Metallteile, Anlagenkennzeichnung

Gebr. Eickhoff, Maschinenfabrik u. Eisengießerei mbH
Postfach 100629, Hunscheidtstr. 176, 4630 Bochum 1
☏ (0234) 975-0, ✁ 17234318, Teletex 234318, Telefax (0234) 975-2411.
Gießerei: Serien- und Einzelguß für hochbeanspruchte Teile.

Karl Hamacher GmbH, Maschinenfabrik, Rohrleitungs- und Armaturenwerk
4630 Bochum 6 (Wattenscheid), ☏ (02327) 660-0, ✁ 820445, Telefax (02327) 13479
Hochdruckrohrleitungen:
Strebhydraulik
Rücklaufleitungen
Tränken
Pastenverfahren
Hydraulischer Feststofftransport
Bruchhohlraumverfüllung
Schachtleitungen
Hydromechanische Kohlengewinnung
Schnellverbinderrohre abwinkelbar und starr
Verschleißfeste Rohre und Zubehör für Dammbaustoffe

Hawiko, Kompensatoren- u. Apparatebau GmbH & Co KG
5830 Schwelm, ☏ (02336) 13005, ✁ 8239714, Telefax (02336) 15111.
Axial- u. Gelenkkompensatoren, Rohrleitungsteile, Edelstahlverarbeitung.

Fritz Hirsch Rohrleitungsbau GmbH (s. Anzeige S. 305)
Frühlingstr. 36, D-4300 Essen 1 (Bredeney), ☏ (0201) 4363-0, Telefax (0201) 436 3111, ✁ 857877. — Planung, Konstruktion, Lieferung und Bau von Rohrleitungen für alle Medien, Temperaturen und Drücke.

ITAG, Hermann von Rautenkranz, Internationale Tiefbohr GmbH & Co KG
Itagstraße, Postfach 114, 3100 Celle, ☏ (05141) 2040, ✁ 925174 itagc d, Telefax (05141) 204234
Kugel-, Molch- und Dreiwege-Hähne, Gelenkleitungen.

Kroll & Ziller Kommanditgesellschaft
4010 Hilden, ☏ (02103) 504-0, Fax (02103) 504-199, Ttx 2103318 = Ziller — Gummi-Stahl-Flanschdichtungen und Profil-Flanschdichtungen für Wasser-, Luft- und Erdgas-Rohrleitungen, verstellbare Keilringe für winklig verlegte Rohrleitungen.

KSB Aktiengesellschaft
Pumpen + Armaturen
Johann-Klein-Str. 9, 6710 Frankenthal (Pfalz), ☏ (06233) 86-0, ✁ 1762333

Paul Pleiger Handelsgesellschaft mbH (s. Anzeige S. 81)
Postfach 1333, 4322 Sprockhövel, ☏ (02324) 398-302 und 383, Telefax (02324) 398-360
Armaturen für Anschluß und Verbindung von Schläuchen und Rohren für Druckluft und Wasser von 6 bis 500 mm Ø; Schieber, Kugelhähne, Einschalt- und Keilringe.
☏ (02324) 398301, Telefax (02324) 54415
Schrauben und Verbindungstechnik

TIP TOP STAHLGRUBER Otto Gruber GmbH & Co.
Einsteinstraße 130, Postfach 801822, 8000 München 80, ☏ (089) 4151-1, ✁ 524700, Telefax (089) 4705336
TIP TOP Spezialgummisorten zur Gummierung von Antriebstrommeln, Druck- und Unterbandrollen
TIP TOP Verschleiß- und Korrosionsschutz-Auskleidungen
TIP TOP Gurtreinigungs-Systeme
Generalüberholungen von Transportbändern bis 3200 mm Breite.

11 INDUSTRIEAUSRÜSTUNGEN UND DIENSTLEISTUNGEN · BEDARFSGRUPPE 870

860 Industriebeleuchtung, Notstromaggregate, Akkumulatoren

ABB CEAG Licht- und Stromversorgungstechnik GmbH
Juchostr. 40, 4600 Dortmund 1, ☎ (0231) 51730, ✦ 8227575, Telefax (0231) 5173189
Ex-geschützte Leuchten und Schaltgeräte, Kopfleuchten und Notbeleuchtung.

AEG Aktiengesellschaft · Automatisierungstechnik · Bergbau (s. Anzeige S. 39)
Lyoner Straße 9, 6000 Frankfurt 71, ☎ (069) 66494600, ✦ 41080, Telefax (069) 66494892, ⌘ elektronantrieb

870 Werkstätten und Werkstattbedarf, Reparaturen und Überholungen

Breuer-Motoren GmbH & Co KG, Elektromaschinenfabrik
Rensingstr. 10, 4630 Bochum 1, gegründet 1877, ☎ (0234) 53585/86/87, Telefax (0234) 532880, ✦ 825791 brmo d
Schlagwetter- und explosionsgeschützte Elektromotoren
druckfest gekapselt für Bergbau und Chemische Industrie
Sonderabteilung für Motorreparaturen.

ECKART GMBH + CO
Wallensteinstr. 12, 8192 Geretsried 2, ☎ (08171) 31096, ✦ 526343, Telefax (08171) 32642
AMPCO-Sicherheitswerkzeuge, funkenfrei, unmagnetisch, korrosionsbeständig.

Gebr. Eickhoff, Maschinenfabrik u. Eisengießerei mbH
Postfach 100629, Hunscheidtstraße 176, 4630 Bochum 1
☎ (0234) 975-0, ✦ 17234318, Teletex 234318, Telefax (0234) 975-2446
Service: Wartung, Störungsbeseitigung, Reparaturen, Montage, Inbetriebnahme von Anlagen und Maschinen, Schulung und Training.

Maschinenfabrik Korfmann GmbH (s. Anzeige S. 37)
Witten (Ruhr), ☎ (02302) 17020, ✦ 8229033, ⌘ Korfmannwerk Witten, Fax (02302) 170256
Hydraulische Pumpen, Mutternsprenggeräte, Kettenknacker,
Drahtseilscheren, Abzieh- und Ausrückvorrichtungen,
Sondergeräte aller Art

Theodor Küper & Söhne GmbH & Co
Josef-Baumann-Str. 9, Postfach 101450, 4630 Bochum, ☎ (0234) 86706/07, Telefax (0234) 865799
Fördergurte — auch in Spezialausführung (Steilfördergurte, Magnetabscheidergurte etc.)
Fördergurtgrundüberholungen im Heißvulkanisierverfahren (Gummi-, PVC- und Stahlseilgurte)
Industriemontagen in der gesamten Schüttgutindustrie
TEKAS Kaltreparaturmaterial und Heißvulkanisiermaterial
TEKACLEAN Abstreifersystem und Abstreiferleisten aus Gummi, Polyurethan und Kunststoff
Verschleißschutzwerkstoffe für Auskleidungen, Beschichtungen aller Art GI/PU/AL/UHMWPE
Reibbeläge für Antriebs-/Druck-/Umlenktrommeln; Rollenbeschichtungen GI/PU
TEKAPLAST Treib- und Seilscheibenfutter
TEKAFLEX Treibriemen (Leder, Gummi, Kunststoff)

NILOS GmbH, Förderband-Ausrüstung
4010 Hilden, ☎ (02103) 504-0, Fax (02103) 504-199, Ttx 2103318 = Ziller. — NILOS-Fördergurt-Verbindegeräte und Zubehör, Vulkanisiergeräte, in Leichtbau- und Stahl-Ausführung, Heiß-Reparaturmaterial, Fördergurte, Reparaturen und Grundüberholungen, Reparaturverfahren NILOS-KALT, Reibbeläge, Verschleißschutzbeläge und -Leisten, Abstreifer, Reparatur von Starkstromkabeln, Kabel-Vulkanisiergeräte, Planung und Lieferung von Fördergurt-Reparatur-Werkstätten.

Lorenz Schäfer, Gummi u. Kunststoff-Verarbeitungs GmbH
Lütge-Heide-Str. 95, 4600 Dortmund, ☎ (0231) 850171-72, Telefax (0231) 854789
Fabrikmäßige Überholung von Förderbändern aus Gummi, Kunststoff usw., Spezialanfertigungen, Gestellung von Montagetrupps.

F. E. Schulte Strathaus KG
Max-Planck-Str. 8, Postfach 1940, 4750 Unna, ☏ (02303) 82005-9, Fax (02303) 86672
Fördergurte, kurvengängige Bandanlagen nach DIN und in Sonderausführung, Vulkanisieranlagen für unter Tage bis 1000 V und über Tage. Reifen-Vulkanisieranlagen, Mulden- und Tragrollen, Antriebs- und Umlenktrommeln, Förderbandabstreifer, Tauchschlammpumpen, Hydraulikschläuche, Anschlag- und Hebezeugketten, hochfeste Ketten, Kettenzubehör, Korrosions- und Verschleißschutz.

TIP TOP STAHLGRUBER, Otto Gruber GmbH & Co
Einsteinstr. 130, Postfach 801822, 8000 München 80, ☏ (089) 4151-1, ✍ 524700, Telefax (089) 4705336
TIP TOP Vulkanisiermaterial für Förderbänder, Elektrokabel, Gummischuhe
TIP TOP HERMETIC-Scharnierverbinder für Transportbänder
TIP TOP Spezialgummisorten zur Gummierung von Antriebstrommeln, Druck- und Unterbandrollen
TIP TOP Verschleiß- und Korrosionsschutz-Auskleidungen
TIP TOP Gurtreinigungs-Systeme
Generalüberholungen von Transportbändern bis 3200 mm Breite.

Paul Wever Kommanditgesellschaft
6605 Friedrichsthal (Saar), ☏ Sulzbach (06897) 8021, Fax (06897) 89404 — siehe unter NILOS GmbH, Hilden.

880 Schrauben und sonstige Befestigungsmittel

Fritz Halfmann Schrauben-Großhandel GmbH & Co KG
Postfach 120074, D-4300 Essen 12-Welkerhude 37, ☏ (0201) 36484-0, Telefax (0201) 3648411 ✍ 8579078,
liefert   1. Schrauben und Normteile
         2. Drehteile nach Zeichnung
         3. Preßteile und Schmiedstücke
         4. Dübel und Anker
aus allen Werkstoffen und in allen Bearbeitungen.

SCHRAUBEN UND DRAHT UNION

SCHRAUBEN UND DRAHT UNION GMBH
Wallbaumweg 35-49, Postfach 700458, D-4630 Bochum-Langendreer
☏ (0234) 269-0, Telefax (0234) 235921, ✍ 825716.
Die richtige Entscheidung für beste Qualität!

WAT-SCHRAUBEN Industriebedarf GmbH & Co. KG
Mausegatt 18-20, D-4640 Wattenscheid, ☏ (02327) 88042, Teletex 2327309, Telefax (02327) 88041
Niederlassung Süd Heidelberg, Grenzhöfer Weg 31, D-6900 Heidelberg 1 (Wieblingen), ☏ (06221) 834025, Telefax (06221) 834322
Schrauben und Normteile für Bergbau und allgemeine Anwendung

900 Meßgeräte, Laboratoriums- und Prüfeinrichtungen

Aerzener Maschinenfabrik GmbH
Reherweg 28, Postfach, D-3258 Aerzen, ☏ (05154) 810, ✍ 92847
Drehkolbengaszähler für Volumenmessung.

MeSy GEO Meßsysteme GmbH
Meesmannstr. 49, 4630 Bochum, ☏ (0234) 54531/2, Fax (0234) 54533 (s. auch Bedarfsgruppe 150)
Geophysikalische Meßsysteme für Tiefbohrungen, Meßsysteme für gesteinsphysikalische Untersuchungen.

WASAGCHEMIE Sythen GmbH
Postfach 104, 4358 Haltern 5. — Meßgeräte zur Überwachung von Erschütterungen. Bodenhorchgeräte zum Aufsuchen Verschütteter unter und über Tage, automatische Blainewert-Meßgeräte.

1000 Personal- und Sicherheitseinrichtungen

1100 Sicherheitswesen und Arbeitsschutz

AUERGESELLSCHAFT GMBH (s. Anzeige S. 199/200)
Thiemannstraße 1, 1000 Berlin 44, ☏ (030) 68 91-0, ✍ 184915 auer d,
Fax (030) 68 91-558
Filterselbstretter, Sauerstoffselbstretter, Chemikalsauerstoff-Atemschutzgeräte, Vollmasken, Halbmasken, Atemfilter, Schutzkleidung, Arbeitsschutzhandschuhe, Arbeitsschutzbrillen, Preßluftatmer

Chemische Fabrik Kalk GmbH
Postfach 910157, 5000 Köln 91, ☏ (0221) 82961, ✍ 8873355, Telefax (0221) 829 62 99
    Calciumchlorid-MONTAN-Pulver, -Schuppen, -Lösung, -Tränkpatronen
    gegen Staub, Brand und Explosion
    Calciumchlorid-Antistaub-Produkte:
    zur Entstaubung von Kohle und Koks
CEFKASIL: zur Staubbindung auf Wegen und Plätzen, zur Bodenverfestigung. MONTANPLAST-PE-Bergbaufolie als Flach- und Schlauchfolie zum Be- und Hinterfüllen mit Baustoffen, als Wettertuch.
Einwegnetze zur Sicherung der Ortsbrust.

DEUGRA Gesellschaft für Brandschutzsysteme mbH (s. Anzeige S. 1194)
Postfach 1260, 4030 Ratingen 2, ☏ (02102) 405-0, Telefax (02102) 405-111, ✍ 8585154
Automatische Feuerlöschanlagen für Untertage- und Übertagefahrzeuge

ECKART GMBH + CO
Wallensteinstr. 12, 8192 Geretsried 2, ☏ (08171) 31096, ✍ 526343, Telefax (08171) 32642
AMPCO-Sicherheitswerkzeuge, funkenfrei, unmagnetisch, korrosionsbeständig.

Fernsprech- und Signalbau GmbH & Co. KG Schüler & Vershoven (s. Anzeige S. 1132)
Fahrenberg 6, 4300 Essen 15, ☏ (0201) 48931, Teletex 201443 FERNSIG, Telefax (0201) 48937
Übertragungseinrichtungen, Steuer- und Meldeanlagen.
Koppelschalter mit eigensicheren Steuerstromkreisen und Überwachung, freiprogrammierbare und Mikroprozessorsteuerungen, Sicherheitssysteme.
Grubenfunkgeräte, batterielose Strebverständigungsanlagen, auch in Verbindung mit der Strebbeleuchtung oder mit Heulruf.
Elektronisches Wetterstrom-Meßgerät mit Ein-Chip-Mikrocomputer.
Drehzahlwächter, mikroprozessorgesteuert, mit Klartextanzeige, Parametrierung menügeführt mit Tasten
Fernsprechausrüstungen für Grubenwehren.
Schachtsignalanlagen, Grubenfernsprecher in Kunststoffausführung.
Isolationsüberwachungseinrichtung, eigensicher.
Sprech-, Signal- und Stillsetzanlagen.
Stillsetz- und Sperreinrichtung, eigensicher, Bauart TÜV-geprüft.
Sicherheitskoppelschalter, Bauart TÜV-geprüft.
Kontaktvervielfältiger für Sicherheitsstromkreise, eigensicher, Bauart TÜV-geprüft.
Seilzugschalter mit zwangsläufig öffnenden Kontakten, Bauart TÜV-geprüft.
Dyn. Kapseln nach den neuesten Normen der Deutschen Bundespost.

Maschinenfabrik Korfmann GmbH (s. Anzeige S. 37)
Witten (Ruhr), ☏ (02302) 17020, ✍ 8229033, ✉ Korfmannwerk Witten, Telefax (02302) 170256
Schalldämpfer für Druckluftwerkzeuge, Schalldämpfer für Ventilatoren, hydraulische Sprenggeräte.

Paul Pleiger, Handelsgesellschaft mbH (s. Anzeige S. 81)
Postfach 1333, 4322 Sprockhövel, ☏ (02324) 398-302 und 383, Telefax (02324) 398-360
Automatische Feuerlöscheinrichtungen für Wasser und Schaum
Mini-Hebekissen

Ortwin M. Zeißig GmbH & Co. KG
Plastiks und Elastiks, Kunststoffverarbeitung
Remscheider Str. 5, 4330 Mülheim a. d. Ruhr 13, ☏ (0208) 99369-0, Telefax (0208) 485225
Automatische Nachfüllvorrichtung für Wassertrogsperren, Füllrohre für Wassertrogsperren, Schutztaschen für Löschschläuche, Alpha-Bergbaufolien,
Betriebsmittel für Gebirgsschlagverhütung.

2000 Planung, Finanzierung, Datentechnik

2100 Planung

AKA Aufbereitung — Konstruktion — Anlagen GmbH
Kölner Str. 11, Postfach 1001 53, 4350 Recklinghausen (Westf.), ☏ (02361) 72071/2, Telefax (02361) 7687
Planung und Beratung für den Bergbau.

Erfurter Consulting- und Planungsbüro GmbH
O-5082 Erfurt, Arnstädter Straße 28, ☏ (0361) 381220, Telefax (0361) 381402, Teletex 341183
Geschäftsführung: Dr.-Ing. Heinz Bartl, Dipl.-Ing.-oec. Gerhard Rockmann
Prokuristen: Ing. Willi Enenkel, Dr.-Ing. Dietrich Fulda und
Dr.-Ing. Michael Meisegeier.
Planungs- und Beratungsleistungen für die Kali- und Steinsalzindustrie:
Förder- und Versatzanlagen, Verwahrungsmaßnahmen, Untertagedeponien, mechanische Aufbereitung, physikalisch-chemische Umwandlung und thermische Behandlung von Feststoffen und Lösungen, Speicher-, Bunker- und Verladeanlagen, Elektroenergieversorgung.
Bautechnische Planungsleistungen
Planungsleistungen für Entsorgungswirtschaft
Ingenieurleistungen für Altlastensanierung, Geo- und Umwelttechnik
Die ERCOSPLAN GmbH ist am 01. 07. 1992 aus dem ehemaligen Kali-Ingenieurbüro/KIB PLAN GmbH Erfurt hervorgegangen, über das seit 1955 alle wesentlichen Planungsleistungen für die bergmännische Gewinnung von Kali- und Steinsalz, Fluß- und Schwerspat sowie die übertägige Weiterverarbeitung der Rohstoffe bzw. Behandlung der Reststoffe in den ostdeutschen Bergwerken liefen.
Daneben wurden analoge Aufträge aus osteuropäischen Ländern bearbeitet.
ERCOSPLAN ist ein unabhängiges beratendes Ingenieurunternehmen mit 65 Mitarbeitern, darunter Bergbauingenieure, Geologen, Verfahrenstechniker, Chemiker, Maschineningenieure, Elektroingenieure, Bauingenieure, Wärmetechniker und Betriebswirtschaftler.

Dr. Otto Gold GmbH & Co. KG
Ingenieurgesellschaft für Geologie und Bergbau
Widdersdorfer Straße 236 — 240, Postfach 300449, 5000 Köln 30, ☏ (0221) 49706-0, ✍ 1631, btx (0221) 497061, Telefax (0221) 4970663
Geologische und geophysikalische Untersuchungen von Erzlagerstätten, Vorkommen der Steine und Erden und der festen Brennstoffe, Hydrogeologische Regionalstudien.
Bergmännische Studien, Vorprojekte und Projekte für Tagebau, Tiefbau, Aufbereitung und Veredelung, Generalplanung und Gutachten. Umweltschutz, Umwelttechnik.
Beratung bei Ausschreibung und Vergabe, Oberaufsicht bei Bauausführung und Inbetriebnahme, Management, Marktanalysen und Transportstudien.

KHD Humboldt Wedag AG (s. Anzeigen S. 67, 129)
Wiersbergstraße, 5000 Köln-Kalk, ☏ (0221) 822-1820, ✍ 88120, Telefax (0221) 822-1899

KTD – Technischer Dienst und Beratung, eine Service-Abtlg. der DMT-Gesellschaft für Forschung und Prüfung mbH, DMT-Institut für Kokserzeugung und Kohlechemie (s. Anzeige S. 587)
Franz-Fischer-Weg 61, 4300 Essen 13, Postfach 130140, ☏ (0201) 172-1587, ✍ 825701 berg d, Telefax (0201) 172-1575
Investitions-, Produktions- und Reparaturplanung für Koksofen-, Gasreinigungs- und Nebengewinnungsanlagen sowie Planung von Umweltschutz- und Arbeitsschutzmaßnahmen; Durchführung von Behörden-Engineering (siehe auch 610 u. 4000).

Küttner GmbH & Co KG
Bismarckstr. 67, 4300 Essen 1, ☏ (0201) 7293-0, ✍ 857436, Telefax (0201) 776688
Kohle- und Koks-Brech- und -Klassieranlagen, Förderanlagen, elektrotechnische Einrichtungen, Prozeßleit- und Steuersysteme.

Lausitzer Braunkohle Aktiengesellschaft
LAUBAG-Consulting (s. Anzeige S. 1268)
Knappenstraße 1, O-7840 Senftenberg, ☏ (03573) 780, ⌕ 379255, Fax (03573) 783333
Geschäftsführung/Prokuristen: Siehe Lausitzer Braunkohle AG
Beratungsleistungen für die übertägige Gewinnung von Rohstoffen
Geologische, geophysikalische, hydrogeologische Untersuchungen; Bewertung von Lagerstätten; bodenmechanische Gutachten; bergtechnische Studien, Vorprojekte, Projekte und Planung von Tagebaubetrieben und Brikettierungseinrichtungen; Generalplanung von Lagerstättenkomplexen;
Betriebsführung und -organisation von Tagebauen; Instandhaltung, Rekonstruktion von Tagebauausrüstungen; Rekultivierung und Gestaltung von Bergbaufolgelandschaften; Umweltverträglichkeitsstudien für Tagebaue, Kostenschätzungen, ökonomische Bewertungen und Studien für Tagebauvorhaben; Weiterbildung und Training von bergmännischem Personal, Aufsicht bei Montage und Inbetriebnahme, Beratung bei Ausschreibungen und Bewertung von Angeboten.

Lurgi AG (s. Anzeige S. 801)
Postfach 111231, Lurgi-Allee 5, 6000 Frankfurt/Main, ☏ (069) 5808-0, Telefax (069) 5808-3888, ⌕ 41236-0 lg d
Lurgi ist ein weltweit tätiges Unternehmen für Verfahrenstechnik, Ingenieurtechnik und Anlagenbau mit den Arbeitsschwerpunkten Chemie, Metallurgie, Energie und Umweltschutz

MAD — Material-Ausgleich-Dienst Vorholt & Schega GmbH & Co KG
Zu den Lippewiesen 9, Postfach 151, D-4358 Haltern, ☏ (02364) 101-0, Teletex 236434, Telefax (02364) 10139
An- und Verkauf gebrauchter Bergwerks- und Industrieausrüstungen
(Material-Ausgleich für Grubenausbau-Material, Untertage- und Übertageausrüstungen, Elektro- und Bahnmaterial, Magazin-Bestände.)
Rundschreiben-Dienst/Informationszentrum/Läger für Strecken- und Strebausbau, Band- und Kettenförderer, E-Motoren, Trafos, Schaltgeräte, E-Leitungen, Flanschen- und Kupplungsrohre, Bahnmaterial.

MONTAN-CONSULTING GMBH (MC)
Rellinghauser Str. 1, 4300 Essen 1, Postfach 103262, ☏ (0201) 177-1, ⌕ 857465 mcrag d.
Geschäftsführung: Dr.-Ing. Gerd Stolte, Vorsitzender, Bergass. Arnold Haarmann, Ass. d. Bergf. Walther Nithack
Prokuristen: AdB Otmar Bongert, Dipl.-Ing. Jörn Fünfstück, Dipl.-Ing. Helmut Palm; Kfm. Wolfram Spee; Dr.-Ing. Peter Wilczynski.
Beratungs- und Engineeringleistungen für den Bergbau, insbesondere Prospektion und Exploration, Lagerstättenbewertung und Feasibility-Studien; Planung, Bauüberwachung, Inbetriebnahme und Betriebsführung von Bergwerksanlagen; Untersuchungen zur Mechanisierung und Rationalisierung von Bergbaubetrieben; Planung, Engineering und Bauüberwachung für Steinkohlenaufbereitungen; Vorplanung und technische Beratung für Kokereien und Kohlenweiterverarbeitungsanlagen; Ausbildungsprogramm für Bergbaubetriebe; Marktuntersuchungen.

Pipeline Engineering GmbH
Kallenbergstr. 5, 4300 Essen 1, ☏ (0201) 3205-0, ⌕ 857250-0 pe d, Fax: (0201) 3205-500
Geschäftsführung: Dipl.-Ing. Manfred Gossen, Vorsitzender der Geschäftsführung, Dipl.-Ing. Herbert Guldner, Dipl.-Kfm. Ludwig A. von Mutius
Stammkapital: 10 Millionen DM
Gesellschafter: 100% Tochtergesellschaft der Ruhrgas AG, Essen
Produktionsprogramm:
Für Gesamtprojekte oder einzelne Projektphasen stehen weltweit folgende Dienstleistungen zur Verfügung: Projektbeurteilung, Durchführbarkeits- und Wirtschaftlichkeitsstudien, Gesamtplanung, Projektplanung, Systemplanung, Basis- und Detailengineering, Projektleitung, Kostenplanung und -kontrolle, Finanzierung, Einkauf und Beschaffung, Logistik, Bau- und Inbetriebnahmeüberwachung, Personaltraining, Betrieb und Wartung.
Die vorstehend genannten Dienstleistungen werden für folgende Einsatzgebiete in Anspruch genommen: Kohlenwasserstoffexploration und -produktion, Erdöl- und Erdgasbehandlungsanlagen für den Offshore-Einsatz, Produktbehandlung, Aufbereitung, Separation, Verdichter- und Pumpstation, Gas-Öl-Wasser-Produkt- und Feststofftransportsysteme, Unter- und Übertagespeicherung, LPG-Anlagen, Erdgasumstellungen, Biogas-Systeme, Meß- und Regelstationen, Gas- und Wasserverteilersysteme, elektrische Energietechnik, Telekommunikation, Prozeßautomation, SCADA-Systeme, kathodischer Korrosionsschutz, Hardware- und Software-Systeme für Energietransport- und Versorgungsunternehmen.

BEDARFSGRUPPE 2300

RHEINBRAUN ENGINEERING UND WASSER GMBH
Postfach 410762, Stüttgenweg 2, 5000 Köln 41, ☏ (0221) 480-1, ✄ (17) 2214228, Telefax (0221) 480-3550, Teletex 2214228 rbcox
Geschäftsführer: Dipl.-Kfm. Helmut Gersch; Ass. d. Bergf. Dipl.-Ing. Helmut Goedecke; Dipl.-Ing. Karl Zimmermann.
Prokuristen: Dipl.-Kfm. Hans-Dieter Bertram, Dr.-Ing. Burkhard Boehm, Dipl.-Ökonom Jürgen Braun,
RA Walter Fröhling, Dipl.-Ing. Christian Herbst, Dipl.-Betriebswirt Hans-Georg Herget,
Dr.-Ing. Hermann van Leyen, Dipl.-Ing. Hans Poths, Ass. jur. Wolfgang Schulte, Dr. rer. nat. Rudolf Voigt.
Gegenstand des Unternehmens:
a) Sparte Engineering: Aufsuchen und Bewerten von Lagerstätten, Planung von Tagebauen sowie von
Tagebau- und Kohleveredlungsanlagen. Ausschreibungen und Bewertung von Angeboten, Konstruktions- und
Montageüberwachung, Qualitätsabnahmen, Kontrolle und Inbetriebnahme, Betriebs- und Managementberatung,
Unterstützung bei der Durchführung des Betriebes einschließlich Training; Unabhängige Gutachten und
Sicherheitsuntersuchungen an Tagebaugeräten, Spezialgebiete: Luftbildvermessung, Geologie, Bergbauplanung,
Hydrologie, Geotechnik, Bohrtechnik und Wasserwirtschaft, Fördertechnik (Gewinnung, Transport, Verkippung),
mechanische und elektrotechnische Ausrüstungen, Instandhaltung und Werkstätten, Kohleveredlung, Braunkohlen-
feuerungstechnik, Stromerzeugung, Baugrunduntersuchung, energiewirtschaftliche Studien, Rekultivierung,
Umweltschutz und Wasserversorgung.
b) Sparte Wasser: Beschaffung, Aufbereitung und Vertrieb von Wasser, Errichtung und Betrieb zugehöriger Anlagen.

Saarberg Interplan GmbH (s. Anzeige S. 797)
Postfach 73, 6600 Saarbrücken 2, ☏ (0681) 4008-0, ✄ 4421216 sipw d, Telefax (0681) 4008-298
Geschäftsführung: Assessor jur. Wolfgang Brück; Dipl.-Ing. Wolfgang Fosshag
Prokuristen: Dr. rer. nat. Harald Demuth; Dipl.-Kfm. Horst Kraemer; Dr.-Ing. Michael Schloenbach; Ing. Civil AILG.
Etienne Staudt; Dipl.-Ing. Ewald Stoll; Dipl.-Ing. Hermann Weber; Rechtsanwalt Martin Wortmann.
Prospektion und Exploration mit eigener Bohrabteilung. Geologische Untersuchungen und
Bewertung von Lagerstätten einschließlich Marktanalysen und Feasibilitystudien. Beratung,
Planung und Durchführung von Projekten auf den Gebieten Geologie, Mineralogie, Bergbau und Aufbereitung,
Kohleveredelung, Energie- und Wassertechnik.
Zur Durchführung der Arbeiten stehen 140 eigene Mitarbeiter und die Ingenieur-Abteilungen des
Energie-Konzerns „Saarberg" und seiner Beteiligungs-Gesellschaften zur Verfügung.

ZEMAG GMBH ZEITZ

Zeitzer Maschinen, Anlagen, Geräte ZEMAG GmbH
Paul-Rohland-Str. 1, Postfach 58, O-4900 Zeitz, ☏ (03441) 725-0, Telefax (03441) 2993, ✄ 48-021
Projektierung, Fertigung, Montage und Inbetriebnahme von kompletten Braunkohlenbrikettfabriken und
kompl. Kraftwerksbekohlungen sowie Projektierungen von Aufbereitungs- und Förderanlagen.

2200 Finanzierung und Versicherung

**HDI Haftpflichtverband der Deutschen Industrie
Versicherungsverein auf Gegenseitigkeit (s. Anzeige S. 297)**
Riethorst 2, 3000 Hannover 51, ☏ (0511) 645-0, ✄ 922678, Fax (0511) 6454545
Umfassendes Angebot von Industrieversicherungen.
Wir sind spezialisiert auf Bergbau, Energie, Mineralöl und Chemie.

2300 Datentechnik und Prozeßsteuerung

AEG Aktiengesellschaft · Automatisierungstechnik · Bergbau (s. Anzeige S. 39)
Lyoner Straße 9, 6000 Frankfurt 71, ☏ (069) 66494600, ✄ 411080, Telefax (069) 66494892, ✍ elektronantrieb

ENRAF-NONIUS
Vertriebsgesellschaft für Meß- und Regelgeräte mbH
Obere Dammstr. 10, 5650 Solingen 1, ☏ (0212) 5875-0, Telefax (0212) 587549, ⌀ 8514749
Eichfähige u. explosionsgeschützte Präzisions-Tankmesser; Radar-Füllstandmeßgeräte; TRITEMP- u. MIDTEMP- sowie Multipoint-Widerstandsthermometer bzw. Vielfach-Thermoelemente; Hydrostatische Tankmeß- und Massebestimmungssysteme; Eichfähige Fernübertragung und Datenerfassungsanlagen für Füllstand, Temperatur und Volumen; STIC Tankinventursysteme für Tankstellennetze; Erdungswarngeräte für Verladestationen und automatische Verladesysteme; Schiffstankmesser und Überfüllsicherungen; Geräte und Einrichtungen für die Röntgen-Feinstrukturuntersuchung von Pulvern und Einkristallen.

FUNKE + HUSTER Elektrizitätsgesellschaft
Montebruchstr. 2, 4300 Essen 18 (Kettwig), ☏ (02054) 1090, Fax (02054) 109366, ⌀ 857637
Fernwirksysteme SIGNATRANS®

Montan-Forschung Dr. Hans Ziller KG
4010 Hilden, ☏ (02103) 504-0, Fax (02103) 504-499, TTX 2103318 = Ziller. — Automatisierungsgeräte, Funksysteme, Wetterwächter, Bandschutzüberwachung, Sprechfunk und Datenfunkanlagen, Frequenzzähler, Leitwarten.

 PROZESS-LEITTECHNIK

PROZESS-LEITTECHNIK GMBH
4010 Hilden, ☏ (02103) 504-830, Fax (02103) 504-839, TTX 2103318 = Ziller.
Aktives Prozeßleitsystem APROL, Prozeßrechner, Software-Entwicklung, UNIX-Systementwicklung, Meßwerterfassung.

Siemens Aktiengesellschaft, Bereich Anlagentechnik (ANL), Grundstoffindustrie Bergbau & Hebezeuge
Postfach 3240, 8520 Erlangen, ☏ (09131) 7-23632, Fax 7-22233, Teletex 91317287 = sieerl, ⌀ 62921-351 si d

2400 Unternehmensberatung

DCN Date Consulting Nordhausen GmbH Unternehmensberatungsgesellschaft
Bahnhofstraße 3   Rothenburgstraße 12
W-5902 Netphen/Siegerland   O-5500 Nordhausen
☏ (02738) 8218   ☏ (03631) 80323
Telefax (02738) 8218   Telefax (03631) 80324
Geschäftsführender Gesellschafter Ludwig W. Mohr
Subventionsberatung, Betriebsgründung und -erweiterung, Sanierungsberatung, Personalberatung, M & E-Aktivitäten, Personalrechnung

TMB Herne mbH
Friedrich der Große 70, 4690 Herne 1, ☏ (02323) 389890-94, Fax (02323) 389811
Beratung der Bergbauzulieferbetriebe im Rahmen der Initiative Bergbautechnik des Landes Nordrhein-Westfalen im Hinblick auf die Erschließung neuer Auslandsmärkte (insbesondere Osteuropa, Südosteuropa, China, Südostasien), die Entwicklung von Innovations- und Diversifizierungsstrategien sowie die Initiierung und Betreuung von Projekten und grenzüberschreitenden Kooperationen.

3000 Industriebau

3100 Hoch- und Tiefbau, Baumaschinen, Baustoffe

INDUMONT Industrie-Montage GmbH (s. Anzeige S. 584)
Herner Str. 299, 4630 Bochum, ☏ (0234) 539-0, ✄ 825588, Telefax (0234) 539130 — Montagen von schlüsselfertigen Gesamtanlagen; Durchführung und Überwachung von Einzelmontagen aller Art.

LIEBHERR-HYDRAULIKBAGGER GMBH
7951 Kirchdorf/Iller, ☏ (07354) 800, Telefax (07354) 80483, ✄ 719600-10
Hydraulikbagger in Mobil- und Raupenausführung,
Planier- und Laderaupen, Radlader, Seilbagger.

quick-mix Spezial-Trockenmörtel Bergkamen-Rünthe GmbH & Co. KG
Bereich Bergbau
Lippestraße 104—106, 4370 Marl
Produktion und Versand: ☏ (02362) 27077-79, Telefax 43528
Verkaufsbüro: ☏ (02365) 60340, Telefax 60339

SANDVIK GmbH · Rock Tools
Heerdter Landstraße 229 – 243, 4000 Düsseldorf, ☏ (0211) 5027-0, Telefax (0211) 5048116

Fr. Sobbe GmbH, Fabrik elektr. Zünder (s. Anzeige S. 75)
Generalvertretung der Firma Schaffler + Co, Wien
Beylingstraße 59, 4600 Dortmund-Derne, ☏ (0231) 230560, Telefax (0231) 238488
Zündmaschinen und Zubehör, Zündmittel aller Art, Zünder, Zündleitungen.

VOEST-ALPINE BERGTECHNIK Ges. m. b. H.
Postfach 2, A-8740 Zeltweg, ☏ (0043/3577) 24551, ✄ 37557 vabt a, Telefax (0043/3577) 24551-800
Tunnelvortriebssysteme ALPINE MINER und ALPINE TUNNEL MINER speziell für die „Neue Österreichische Tunnelbauweise", teil- und vollmechanisierte Schildvortriebssysteme, Hydroschilde und Rohrvortriebsanlagen, Vollschnittmaschinen, Anbau-Schrämaggregate.

WESTFALIA BECORIT Industrietechnik GmbH (s. Anzeige S. 2)
Postfach 1409, 4670 Lünen, ☏ (02306) 5780, ✄ 8229711 wb d, Telefax (02306) 578-123
Teilschnittmaschinen: A Fräs-Lader: Westfaliafuchs®,
                         Dachs®, Luchs®
                     B Abbau- und Vortriebsmaschinen WAV®
Vollschnittmaschinen, Kompl. Schildvortriebseinrichtungen und Messerschilde
Systeme für den hydraulischen Rohrvortrieb, Microbohrmaschinen.
Lademaschinen: Ladeförderer für den Tiefbau, Durchlaufbacken-, -walzen- und -schlagwalzenbrecher

WIRTH, Maschinen und Bohrgeräte-Fabrik GmbH (s. Anzeige S. 77)
5140 Erkelenz 1, ☏ (02431) 830, Telefax (02431) 83267
Vollhydraulische Bohrgeräte für Schacht-, Brunnen- und Pfahlbohrungen
Hydrostatikpumpen, Lufthebeausrüstung
Tunnelvortriebsmaschinen.

11 INDUSTRIEAUSRÜSTUNGEN UND DIENSTLEISTUNGEN · BEDARFSGRUPPE 3300

Wülfrather Zement GmbH (s. Anzeige S. 97)
Wilhelmstraße 77, D-5603 Wülfrath, ☏ (02058) 172561, Telefax (02058) 172645, Teletex 205837 = wzw
Dammbaustoffe
Verfüllmörtel
Konsolidierungs-Baustoffe
Spritzbeton
Spritzmörtel
Hinterfüllbaustoffe
Mauermörtel
Leichtbaustoff „aqualight"
Sonderbaustoffe
Portlandzemente
Hochofenzemente

3300 Heizung und Belüftung, Klimatisierung, Entstaubung

Coroplast Fritz Müller KG
Postfach 201130, 5600 Wuppertal 2, ☏ (0202) 26810, Fax (0202) 2681-380
Aluminiumfarbene Verschlußklebebänder nach DIN 4102 (B1- und A2-Qualitäten) für Klimaanlagen. Weich-PVC-Klebebänder (B1 nach DIN 4102) für Lüftungskanäle

Deutsche Kohle Marketing GmbH
Steinkohlevertrieb — Wärmeversorgung
Rellinghauser Str. 1, Postfach 103262, 4300 Essen 1, ☏ (0201) 177-1,
Telefax Wärmeversorgung (0201) 177-3485, Telefax Steinkohlevertrieb (0201) 177-3449
Beirat: Dr.-Ing. Peter Rohde, Vorsitzender; Dr. rer. pol. Heinz Horn; Wilhelm Beermann; Dipl.-Kfm. Günter Meyhöfer; Dipl.-Kfm. Erich Klein; Ass. d. Bergf. Rudolf Sander.
Geschäftsführung: Dr.-Ing. Hubert Guder, Vorsitzender; Dr.-Ing. Hermann Brandes; Karl-Heinz Ziegler; Karl-Heinz Zimmermann.
Prokuristen: Betriebswirt VwA Horst Blaser; Dipl.-Kfm. Hans-Peter Eckhardt; Dipl.-Ing. Werner Gerwert; Heinz Gestmann; Wilhelm Mechmann; Dipl.-Ing. Lothar Reitsch; Dr.-Ing. Peter Steinmetz; Dipl.-Kfm. Rainer Schmitz; Werner Wildner.
Alleiniger Gesellschafter: Ruhrkohle AG (RAG).
Zweck: Verkauf von festen Brennstoffen für den Wärmemarkt im eigenen Namen und für Rechnung der Lieferanten.
Erzeugung und Vertrieb von Wärme (Planung, Finanzierung, Bau- und Betrieb von wärmeerzeugenden Anlagen).
Lieferung von wärmeerzeugenden Anlagen und deren Komponenten.
Entwicklung und Verkauf von integrierten Wärmeversorgungskonzepten für Kommunen und für Industriebetriebe.
Beratung der Verbraucher und des Brennstoffhandels im Wärmemarkt.

A. Diekmann GmbH, Stahl- und Anlagenbau, Förderanlagen, Entstaubungs- und Lufttechnik
Gelsenkirchener Str. 68, Postfach 203, 4270 Dorsten, ☏ (02362) 1241, Telefax (02362) 1245
Hochleistungs-Saug- und Förderaggregate, Zentralabsauganlagen für Maschinen und Gebäude,
Rauchfilter, Lieferung aller Absaugkomponenten wie Absaughauben, Ventilatoren, Filter, Rohrleitungen,
Luftkanäle, Unterkonstruktionen, Wärmerückgewinnungs- und Abwärmeverwertungsanlagen,
Torluftschleieranlagen

Gewerkschaft Schalker Eisenhütte, Maschinenfabrik GmbH
4650 Gelsenkirchen, Gegr. 1872, ☏ (0209) 9805-0, ✂ 824898, ✈ Eisenhütte Gelsenkirchen, Telefax (0209) 9805-155
Entstaubungsanlagen.

Schauenburg Ruhrkunststoff GmbH
Weseler Str. 35, Postfach 101854, 4330 Mülheim (Ruhr), ☏ (0208) 9991-0, ✂ 856021, Fax (0208) 53374
Flexadux-Schläuche für Unter- und Übertage-Einsatz, Staubschutzzelte, Staubschutzabdeckungen, Förderband-Verkleidungen.

SWG Steinkohlen-Wirbelschichtfeuerungstechnik GmbH
Am Hauptbahnhof 3, Postfach 103262, 4300 Essen 1, ☏ (0201) 177-1, Fax (0201) 177-3485
Beirat: Prof. Dr.-Ing. Heinrich Hölter, Vorsitzender; Dr.-Ing. Hubert Guder, stellv. Vorsitzender; Dr. Gerhard Egeler, Prof. Dr.-Ing. Rudolf von der Gathen, Karl Liedtke, Günter Reichert.
Geschäftsführung: Dr.-Ing. Hermann Brandes, Dr.-Ing. Gerhard Hölter
Prokuristen: Wilhelm Mechmann, Manfred Voßschmidt
Gegenstand des Unternehmens ist:
— Die Entwicklung, der Bau und der Vertrieb
  — von Wirbelschichtfeuerungsanlagen, vornehmlich auf Kohlebasis,
  — von damit verbundenen Einzelkomponenten sowie deren Weiterentwicklungen von Staubfeuerungsanlagen.
— Die Vermarktung von damit im Zusammenhang stehenden Technologien und Dienstleistungen.

4000 Umweltschutz

Allmineral Aufbereitungstechnik GmbH & Co. KG
Baumstraße 45, D-W-4100 Duisburg 17, ☏ (02066) 9917-0, Fax (02066) 991717
Geschäftsführer: Dr.-Ing. Heribert Breuer, Dr.-Ing. Andreas Jungmann
Verfahren, Maschinen und Anlagen für die Aufbereitung von primären und sekundären Rohstoffen, Abfallstoffen und Abwässern. alljig®-Setztechnik, allflot®-Flotationssysteme, allflux®-Aufstromsortierer. Rohstoffuntersuchungen, Verfahrensentwicklung, Beratung, Planung, Konstruktion, Lieferung, Montage, Inbetriebnahme, Service.

BLZ Geotechnik GmbH
Magdeburger Chaussee 21, PF 11, O-3304 Gommern, ☏ (039200) 80, Telefax (039200) 466
Dekontaminierung von Böden und Schlämmen, Deponiesanierung und Abfallkonditionierung, Erkundung von Altlasten mit Beprobung, Analytik und Gefährdungseinschätzung.

ContraCon
Gesellschaft für Sanierung von Böden und Gewässern mbH
Peter-Henlein-Straße 2–4, 2190 Cuxhaven, ☏ (04721) 600903, Telefax (04721) 600950, Ansprechpartner Herbert Kowa
Sanierung kontaminierter Böden und Gewässer mit mikrobiologischen und biologisch-physikalischen Verfahren

Ferroplast Gesellschaft für Metall- und Kunststofferzeugnisse mbH
Am Beul 33, 4320 Hattingen/Ruhr, ☏ (02324) 50060, Fax (02324) 50060
Plastik- und Stahlschalldämpfer für Ventilatoren.

UNTERNEHMENSGRUPPE H F H FINKENRATH
Postfach 260160, 5600 Wuppertal 2, ☏ (0202) 641040, ✍ 8592473, Telefax (0202) 645044
Die Unternehmensgruppe HFH Finkenrath ist auf den Sektoren Lagerungstechnik, Wälzlagerzubehör, Antriebselemente sowie Förderbandtrommeln einer der führenden Hersteller. Aus unserem Spezialbereich liefern wir komplett montierte, einbaufertige Förderbandtrommeln sowie Lagerungen speziell für den Betrieb im Steinkohle- und Braunkohleabbau. Darüber hinaus gehören zum HFH-Produktionsprogramm drehelastische Kupplungen, Schalen- sowie Scheibenkupplungen nach DIN 115 und 116, Gleitlager nach DIN 502-506, Rollenketten nach DIN 8181, 8187, 8188 und 8189 und Keilriemenscheiben nach DIN 2211. Müllentsorgungsanlagen inklusive Weiterverarbeitung der organischen Stoffe.

GLU Geologische Landesuntersuchung GmbH
Postfach 187, Halsbrücker Straße 31 a, O-9200 Freiberg/Sa., ☏ (03731) 4191, Fax (03731) 22918
Altlasten · Deponien · Baugrund · Rohstoffe.

ITT FLYGT Pumpen GmbH
Postfach 1320, 3012 Langenhagen, ☏ (0511) 7800-0, Fax (0511) 782893
Tauchmotor-Pumpen und -Rührwerke in Standard- und explosionsgeschützter Ausführung.

Maschinenfabrik Korfmann GmbH (s. Anzeige S. 37)
Witten (Ruhr), ☏ (02302) 17020, ✍ 8229033, ✉ Korfmannwerk Witten, Telefax (02302) 170256
Schalldämpfer für Druckluftwerkzeuge, Schalldämpfer für Ventilatoren.

11 INDUSTRIEAUSRÜSTUNGEN UND DIENSTLEISTUNGEN · BEDARFSGRUPPE 4100

Lurgi AG (s. Anzeige S. 801)
Postfach 11 12 31, Lurgi-Allee 5, 6000 Frankfurt/Main, ☎ (069) 58 08-0, Telefax (069) 58 08-38 88, ✆ 41 236-0 lg d
Lurgi ist ein weltweit tätiges Unternehmen für Verfahrenstechnik, Ingenieurtechnik und Anlagenbau mit den Arbeitsschwerpunkten Chemie, Metallurgie, Energie und Umweltschutz

Saarberg-Interplan GmbH (s. Anzeige S. 797)
Postfach 73, 6600 Saarbrücken 2, ☎ (0681) 4008-0, ✆ 4421216 sipw d, Telefax (0681) 4008-298
Planung und Bau von Anlagen der Umwelt-, Wasser- und Abwassertechnik für Industrie und Kommunen; Müll- und Abfallentsorgung, Altlastensanierung.

4100 Entsorgungslogistik

Montana

Montana Handels- und Transportgesellschaft mbH (s. Anzeige S. 165)
Frydagstraße 30, 4670 Lünen, ☎ (02306) 2402-0, ✆ 8 229 753 mont d, Telefax (02306) 24 02 24
Geschäftsführung: Dipl.-Kfm. Wilhelm Kleinhans; Dipl.-Ing. Wilhelm Lülf
Transporte und Dienstleistungen in der Firmenentsorgung, beim Landschaftsbau, in der Lagerwirtschaft.
Transporte von Staubkohle, Zement, Baustoffen und Schüttgütern.
Spezialdienstleistungen mit Baumaschinen und Großgeräten.

SAFA-Saarfilterasche-Vertriebs-GmbH & Co. KG (s. Anzeige S. 79)
Römerstr. 1, 7570 Baden-Baden 24, ☎ (07221) 6 10 21, Fax (07221) 6 10 80, ✆ 781 168 safa d
Vertrieb von Kraftwerksnebenprodukten

Register der Unternehmen, Behörden und Organisationen

Nachstehend werden alle Unternehmen, Behörden und Betriebe aufgeführt, die im Jahrbuch mit einem eigenen Beitrag vertreten sind, sowie die in den Beiträgen genannten Muttergesellschaften und Beteiligungen. Bei Angabe mehrerer Seitenzahlen weist die **fett** gedruckte Zahl auf die umfassendere Nennung hin. Für die alphabetische Aufführung gilt der erste Buchstabe der Firmenbezeichnung. Zweifelsfälle sind doppelt aufgeführt.

Ergänzende Verzeichnisse

Kapitel 11 »Einkaufsführer: Industrieausrüstungen und Dienstleistungen«
Firmenverzeichnis nach Bedarfsgruppen _____ 1133
Alphabetisches Inserentenregister _____ 1343

Ihr Ziel:	Rohstoffe und Energien wirtschaftlich und umweltbewußt einsetzen. Gefahren und Risiken meiden.
Ihr Weg:	Klare Konzepte, umfassende Planung, neutrale Begutachtung und unabhängige Prüfung.
Ihre Partner:	Die Spezialisten der TÜV Südwest-Gruppe.
Ihre Vorteile:	● Neutrale und partnerschaftliche Beratung ● Direkter Zugriff auf alle relevanten technischen Disziplinen ● Schnelle und wirtschaftliche Abwicklung.

TÜV Südwest.
Dudenstraße 28.
6800 Mannheim.
Gottlieb-Daimler-Str. 7.
7024 Filderstadt.

TÜV Südwest
Dresden GmbH.
Grunaer Straße 2.
O-8010 Dresden.

Testen Sie unser Leistungsangebot und fordern Sie unsere Prospekte an.

REGISTER DER UNTERNEHMEN, BEHÖRDEN UND ORGANISATIONEN
A

Aachen AG, Stadtwerke	631
Aachener Kohlen-Verkauf GmbH, AKV	72, 74, 174, **840**
Aare-Tessin AG für Elektrizität, Atel	**770**, 771, 772, 775
Aargauisches Elektrizitätswerk	771, 773
A/B Nynäs Petroleum	566
AB Svenska Shell	566
ABC Anlagenbau GmbH	377
Abfall-Behandlungs-Gesellschaft mbH, abg	828
Abfall-Verwertungs-Gesellschaft mbH, AVG	652, 828
Abfallbeseitigung und Recycling GmbH, ABR	**796**, 828
Abfallbeseitigungs-Gesellschaft Ruhrgebiet mbH, AGR	828
Abfallverwertungsgesellschaft Westfalen mbH, AVW	652, 656, **796**
Abfallwirtschaft Eberswalde GmbH, AWE	652
abg Abfall-Behandlungs-Gesellschaft mbH	828
Abmec, Association of British Mining Equipment Companies	224
ABR Abfallbeseitigung und Recycling GmbH	604, **796**, 828
ABR Schlammbehandlung und Entwässerungstechnik GmbH	604
Abrechnungsstelle des Steinkohlenbergbaus GmbH	58, 74, **174**
Abwassertechnische Vereinigung e. V. ATV	826
Achleiten, Quarzsandbergbau	254
A.C.I., Ashland Coal Inc.	876, 1018
ACRR Ateliers de Construction et de Réparation de Richwiller	212
Addinol Mineralöl GmbH	345
Admont, Gipsbergbau	246
Adria-Wien-Pipeline GesmbH	563
Advanced Dielectrics Inc.	604
Advanced Nuclear Fuels GmbH	706
AEA Technology	965
Aectra Recourses Ltd.	353
AET Aviation Service Frankfurt	352, 843
AET-Raffineriebeteiligungsgesellschaft mbH	352
Aethylen-Rohrleitungs-Gesellschaft mbH & Co. KG	347, 363, 371, 599
AEW Beteiligungs GbR	796
AEW Plan GmbH für Abfall, Energie, Wasser	796
Affimet	213
AFM Außenhandelsverband für Mineralöl eV	**863**, 866, 877
AFS Aviation Fuel Services GmbH	363
AG der Dillinger Hüttenwerke	83, 84, 85, 859
AG für Ost-West-Energiekooperation (Energokoop)	759
AG für Versorgungs-Unternehmen, AVU	693
Agence de l'Environnement et de la Maîtrise de l'Energie	962
Agence de l'OCDE pour l'Energie Nucléaire	790
Agence Internationale de l'Energie	979
Agentur für Qualifizierung und Innovation für die Bergbauzulieferer	997
Agenzia Carboni S.R.L.	871
AGF Arbeitsgemeinschaft der Großforschungseinrichtungen	998
Agfa-AG	590
AGFW, Arbeitsgemeinschaft Fernwärme eV	704
Aggertal mbH, Gasgesellschaft	663
Aghii Theodori/Corinth, Raffinerie	404
AGI, Alsacienne de Gestion et d'Informatique	212
Agin AG	875
Agip	
– Africa	482
– Algerie	482
– Angola (Luanda Branch)	482
– Australia Pty Ltd	235, 482
– Austria AG	563
– -Autol	379
– Canada	482
– coal S.p.A.	**234**, 285, 487
– Danmark	482
– Deutschland AG	378, **840**, 842
– Energy	482
– Erdölgewinnung	482
– Exploration et Exploitation France	401
– Française	401
– Gabon (Succursale)	482
– Iberia	482
– Interholdung	482
– International	482
– Ireland	482
– Mineralölsparte der EniChem Deutschland AG	378
– Miniere	482
– Miniere S.p.A.	234
– Mining	482
– Mining Zambia Ltd	235
– Minol GmbH	840
– Nederland	482
– Nucleare	482
– Oil and Gas	482
– Overseas (Guangzhou Branch)	482
– Overseas (Iran Branch)	482
– Overseas (Singapore Branch)	482
– petroleum	482
– Petroli S.p.A.	353, **482**, 484, 485, 486, 487, 488
– Raffinazione S.p.A.	488
– Recherches Congo	482
– Resources Ltd	235
– Schmiertechnik Autol-Werke GmbH	840
– S.p.A.	235, 406, **482**, 483, 486, 487, 488
– (Suisse) SA	571
– Trinidad & Tobago	482
– (U.K.) Limited	406
– UK Ltd	479
AGIV Aktiengesellschaft für Industrie und Verkehrswesen	810
Aglukon Spezialdünger GmbH	607
AGR, Abfallbeseitigungs-Gesellschaft Ruhrgebiet mbH	796, 828
Agran Agroquímica de Angola, SA	565
Agrar- und Hydrotechnik GmbH, AHT	802
Agricola Rohstoff Management	162
Agricultural Genetics Company Limited	411
Agrolinz Agrarchemikalien GmbH	557
Agroquímica de Angola, SA, Agran	565
Agrupación Minera, S.A. (Agruminsa)	276
AGU, Arbeitsgemeinschaft für Umweltfragen e. V.	826
Ahlers N.V.	854
AHT, Agrar- und Hydrotechnik GmbH	796, 802
AIG Altmark-Industrie Gesellschaft mbH	796
Aimants Ugimag	214
Air	
– Service Düsseldorf	352

REGISTER DER UNTERNEHMEN, BEHÖRDEN UND ORGANISATIONEN

A

- -Tankdienst 844
- Tankdienst Köln 358, 843
- Total International 398
- Total (Suisse) SA 571
Ajax-de-Boer B. V. 125
Akdolit-Werk GmbH 150
Akeb, Aktiengesellschaft für
 Kernenergie-Beteiligungen Luzern . . . 771
Aker Drilling 522
Aktiengesellschaft der Dillinger Hüttenwerke . . . 179
Aktiengesellschaft für Industrie und Verkehrswesen,
 AGIV 810
Aktiengesellschaft für Kernenergie-Beteiligungen
 Luzern, Akeb 771
Aktiengesellschaft für Versorgungs-Unternehmen,
 AVU **660**, 693
Aktionskreis Energie e. V. 999
AKV, Aachener Kohlen-Verkauf GmbH 74, 174, **840**
Akzo 586
– Faser AG 586
– Norddeutsche Salinen GmbH 178
– Salt and Basic Chemicals B.V. 519
– Salt and Basic Chemicals
 International BV 119, 594, 595
– Salz und Grundchemie GmbH & Co oHG,
 Stetten 119
Al Furat Petroleum Company 299
Alberti GmbH & Co. KG, Deutsche Baryt-Industrie
 Dr. Rudolf **142**, 178
Albrecht OHG, Tiroler Steinölwerke Gebrüder . . 257
Albufin N. V. 134
Albula-Landwasser Kraftwerke AG . . . 771
Alcontrol B. V. 798
Alcontrol Umweltlaboratorium GmbH . . 798
Aldag (GmbH & Co.), Otto 857
Aldehyd GmbH 609
Alfa Consulting 213
Alfatec
– Feuerfest-Faser-Technik Ges. m. b. H. . 251
– Oberwölbling I und II, Quarzsandbergbau . . . 251
– Unterwölbling, Aufbereitung 251
Alfred-Wegener-Institut für Polar- und
 Meeresforschung Bremerhaven, AWI . . 998
Alfred-Wegener-Stiftung zur Förderung der
 Geowissenschaften, AWS 998
Algorax (Pty.) Ltd. 131
Alkag AG 874
Alkag Kohlen- und Mineralölimport AG . . 571
Alko Oy 395
Alkor
– GmbH Kunststoffe 608
– Markenhandelsgesellschaft mbH . . . 608
Allergopharma Joachim Ganzer KG . . . 600
Allgemeine Gold- und Silberscheideanstalt AG . . 131
Allgemeine Unfallversicherungsanstalt . . 263
Alliages frittes Metafram 214
Almeida Júnior, Lda. 264
Almet France 213
Alpine Bau Ges. m. b. H. 258
Alpine Mineral AM Bergbauberatungs- und
 Bergbaubetriebsgesellschaft m. b. H. . . 258
Alsacienne de Gestion et d'Informatique, AGI . . 212
Alsen-Breitenburg Zement- und
 Kalkwerke GmbH 866
Altaussee, Salzbergbau 243
Altbach, Kraftwerk 665

Alte Haase Bergwerks-Verwaltungs-Gesellschaft
 mbH 656
Altenau GmbH, Stadtwerke 323
Altenberg
– Gitterrost Werke GmbH 128
– Metallwerke Aktiengesellschaft **128**
– Zink Werke GmbH 128
Altenburg, Braunkohlenbergwerk **110**, 636
Altos Hornos de Vizcaya S.A. 1003
Altwürttemberg AG, Kraftwerk 693
Alucam, Kamerun 213
Aluminium
– de Grèce SA 213, 218
– -Industrie-Wohnbau GmbH 130, 137
– Norf GmbH 141, 659
– Oxid Stade GmbH **130**, 141, 659
– Pechiney 213
– Rheinfelden GmbH 130
– schmelzwerk, Oetinger GmbH 179
– Suisse SA 570
– -Walzwerke Singen GmbH 136
– werk Tscheulin GmbH 141, 659
Alupa, Luxemburg Association for the Peaceful Use
 of Atomic Energy 788
Alusuisse
– Deutschland GmbH 136
– France S.A. 212
– -Lonza GmbH 130
Alz N. V. 134
Alzwerke GmbH 609
AM & S Europe Ltd. 223
AM Bergbauberatungs- und Bergbaubetriebs-
 gesellschaft m. b. H., Alpine Mineral . . 258
Am. E. Barlos-Bauxites Hellas Mining SA . . 218
Amalgamated Metal Corporation PLC . . 125, **222**
Amalgamated Metal Trading Ltd. 125
Amalgamet Inc. 125
Amax Exploration (Ireland) Inc. 226
Amberg, Heinz F. 796
AmBrit International Plc 478
AMC, Amalgamated Metal Corporation
 PLC **222**
Amerada
– Hess Finance Limited 406
– Hess (Forties) Limited 406
– Hess Gas Limited 406
– Hess Hydrocarbons Limited 406
– Hess Ltd. **406**, 479
– Hess Property Services Limited 406
– Hess Trading Limited 406
American
– Gas Association 580
– National Can 213
– Nukem Corp. 641
– Ultramar Limited 411
Ammendorfer Plastwerke GmbH 590
Amoco
– Corporation, USA 520
– Denmark Exploration Co. 520
– Netherlands Petroleum Company . . . 519
– Norway Oil Company **520**, 522
– (U. K.) Ltd. 411
– (U.K.) Exploration Company . . . **406**, 479
Amok, Kanada 214
Amok Limited 722
Ampflwang, Braunkohlenbergbau 243

REGISTER DER UNTERNEHMEN, BEHÖRDEN UND ORGANISATIONEN
A

AMR, Arbeitsgemeinschaft meerestechnisch gewinnbare Rohstoffe	183
Amsa, Aragon Minero, S.A.	275
Amsterdam, Raffinerie	493
Ancobras Anticorrosivos do Brasil Ltda.	596
Ancona/Falconara Marittima, Raffinerie	484
Andaluza de Piritas, S.A.	277
Andenes Helikopterbase a.s.	522
Andernach GmbH, Stadtwerke	324
Anger's Söhne GmbH & Co KG, H.	160
Anglesey Aluminium Ltd.	223
Anglo American Corp. of South Africa and Associates	222
Anglo Blackwells Ltd.	659
Anhaltiner Stahl- und Anlagenbau AG	177
Anhaltinische Braunkohle Strukturförderungsgesellschaft mbH	104
Anhaltinische Chemische Fabriken (ACF) GmbH	586
Anhaltische Düngemittel und Baustoff GmbH Coswig/Anh. – ADB	586
Anhydrit- und Gipsbergbau, Grundlsee	247
Anhydrit- und Gipsbergbau, Tragöß/Oberort	247
Anig, Associazione Nazionale Industriali Gas	489
Anisig, Associazione Nazionale Imprese Specializzate in Indagini Geognostiche	238
Anker Kalkzandsteenfabriek B.V.	74
Anker Kolen Maatschappij B. V.	866
Anna, Kokerei	76
Anonima Petroli Italiana S.p.A., Api	484
An/S Sønderjyllands Højspændingsværk	713
Antimonerzbergbau Schlaining	244
Antracitas	
– de Brañuelas, S.A.	272
– de Fabero, S.A.	272
– de Gillon S.A.	272
– de Marrón	272
– de Rengos, S.A.	272
– de Velilla, S.A.	272
– del Bierzo, S. L.	272
– Gaiztarro, S.A.	272
Antwerpen, Raffinerie	386, 566
Anzendorf, Quarzsandbergbau	258
Aok-Nerval Cosmetics & Perfumes GmbH	597
APEIPQ, Associação Portuguesa das Empresas Industriais de Produtos Quimicos	614
Api	489, 578
– Anonima Petroli Italiana S.p.A.	484
– mineral Associação Portuguesa da Indústria Mineira	269
– Raff. Ancona	489
Aqua Engineering Ges. mbH	169
Aquater S.p.A.	235
Aquitaine Mining (Ireland) Ltd.	226
Arab Petroleum Research Center (S.A.R.L.), The	577
Arabisches Erdöl-Forschungszentrum	577
Aragon Minero, S.A. Amsa	275
Aral	
– AG	**346**, 358, 363, 364
– Aktiengesellschaft	375, 379
– Austria Ges. mbH	346, 563
– België NV	346
– France	401
– Luxemburg SA	346
– (Schweiz) AG	346, 571
Aran Energy plc	480
Arbed	212
– Mines de Fer Françaises	216
– S.A.	30, 179, **239**
– S. A. Division des Mines Françaises	239
Arbeitgeberverband	
– Bayerischer Energieversorgungsunternehmen	1033
– der Elektrizitätswerke Baden-Württemberg e. V.	1033
– der Energieversorgungsbetriebe in Rheinland-Pfalz e. V.	1033
– energie- und versorgungswirtschaftlicher Unternehmen e. V., AVEU	1033
– von Gas-, Wasser- und Elektrizitätsunternehmungen e. V.	1033
Arbeitgebervereinigung öffentlicher Nahverkehrsunternehmen e. V.	1033
Arbeitsgemeinschaft	
– Bayerischer Bergbau- und Mineralgewinnungsbetriebe e. V.	170, **183**
– Bayerischer Rohtongruben eV	182
– der Bitumen Industrie e.V. Arbit	378
– der Großforschungseinrichtungen, AGF	998
– des Saarlandes zur Erforschung und Förderung des Gesundheitsschutzes im Bergbau eV	937
– Deutscher Aufbereitungs-Ingenieure	999
– Energiebilanzen	999
– Fernwärme eV, AGFW	704
– für Olefinchemie	999
– für sparsamen und umweltfreundlichen Energieverbrauch eV	826
– für Umweltfragen e. V., AGU	826
– Großanlagenbau im VDMA	185
– meerestechnisch gewinnbare Rohstoffe, AMR	183
– Nordrhein-Westfalen für die Verwertung und Beseitigung von Rückständen aus der gewerblichen Wirtschaft eV	826
– Ölkatastrophenschutz eV, ÖKS	377
– Planung und Betriebsüberwachung im Bergbau, PuB	195
– regionaler Energieversorgungs-Unternehmen – ARE – e. V.	**693**, 700
– Schieferindustrie e. V.	170, **183**
– Sekundärrohstoff- und Entsorgungswirtschaft ASE	826
– Staub- und Silikosebekämpfung Nordrhein-Westfalen	927
– Versuchsreaktor AVR GmbH	661, 667, 668, **693**
Arbeitskreis Meerestechnik	987
Arbeitskreis Umweltschutz Bochum e. V.	827
Arbit, Arbeitsgemeinschaft der Bitumen Industrie e.V.	378
Arco	
– British Limited	**406**, 479
– Coal Company	285
– Germany GmbH	314
– Netherlands Inc.	519
Arcola Petrolifera	489
Ardoisière de Warmifontaine	207
Areias de Queiriga, Lda.	264
Arens GmbH	828
Argus Gesellschaft mbH	377
Arigna Collieries Ltd.	226
Arloffer Thonwerke	142
Arnold GmbH, Justus	74
Ars	489
A.R.T.E.P., Association de Recherche sur les Techniques d'Exploitation du Pétrole	400

REGISTER DER UNTERNEHMEN, BEHÖRDEN UND ORGANISATIONEN
A

A/S
- Bleikvassli Gruber 240
- Dansk Shell 390
- Norske Shell **521**, 522
- Olivin 239
- Skaland Grafitverk 240
- Sydvaranger 240
ASAP Agentur für die Sicherheit von
  Aerospace-Produkten GmbH 1018
Asberger Sand- und Kiesbaggerei GmbH 813
Aschaffenburg, Kraftwerk 623
Asche AG 607
ASE, Arbeitsgemeinschaft Sekundärrohstoff- und
  Entsorgungswirtschaft 826
Aserpetrol 578
Asesa 578
Asfaltos Españoles, S.A. (Asesa) 573
Ashland Coal, Inc. 58
Ashland Coal Inc. A.C.I. 876
Ashland Coal International, Ltd. 868
Asikos Strahlmittel GmbH 647
Asmanit-Dorfner GmbH & Co.
  Mineralaufbereitungs-KG 143
Asociación de Empresarios de Minas de Hierro,
  Ferrounion 280
Asociación Nuclear Ascó 779
Aspang-Zöbern, Bergbau 248
Aspanger Aktiengesellschaft 248
Asphalt- en Chemische Fabrieken
  Smid & Hollander, BV **493**, 519
Aspropyrgos, Raffinerie 404
Associação
- Brasileira de Gas — ABG 579
- Portuguesa da Indústria Mineira, Apimineral .. 269
- Portuguesa das Empresas Industriais de Produtos
  Quimicos, APEIPQ 614
- Portuguesa dos Gases Combustíveis 565, 580
Association
- de Recherche sur les Techniques d'Exploitation du
  Pétrole, A.R.T.E.P. 400
- des exploitations des carrières de Porphyre
  de Belgique 207
- des Importeurs d'Essence et Pétroles 869
- Européenne de Gaz de Pétrole Liquéfiés 877
- of British Independent Oil Exploration Companies
  (Brindex) 478
- of British Mining Equipment Companies,
  Abmec 224
- of United Kingdom Oil Independants,
  A.U.K.O.I. 877
- pour le développement des études de droit
  Pétrolier 401
- Professionnelle des Produits Mineraux
  Industriels 216
- Royale des Gaziers Belges **388**, 579
- Technique de l'Industrie du Gaz
  en France **401**, 580
- Technique de l'Importation Charbonnière,
  A.T.I.C. 869
Associazione
- Mineraria Italiana per l'industria mineraria e
  petrolifera 238
- Mineraria Sarda 238
- Nazionale Commercio Petroli, Assopetrol 872
- Nazionale Imprese Specializzate in Indagini
  Geognostiche, Anisig 238

- Nazionale Industriali Gas, Anig 489
- Tecnica Italiana del Gas, Atig 580
Assopetrol, Associazione Nazionale Commercio
  Petroli 872
Assopetroli, Federazione Nazionale Commercio
  Petroli 877
Asta Medica AG 131
Asturiana del Zinc S.A. 277
Atel, Aare-Tessin AG für Elektrizität . **770**, 771, 775
Ateliers de Construction et de Réparation
  de Richwiller, ACRR 212
ATG autogas-Tankstellen GmbH 845
Athlone Prospecting and Development Corporation
  Ltd. 226
A.T.I.C., Association Technique del'Importation
  Charbonnière 869
Atig, Associazione Tecnica Italiana del Gas 580
Atlas Investitions-GmbH 846
Atlas Wireline Services 373
Atochem 397
ATV, Abwassertechnische Vereinigung e. V. 826
Aubing GmbH, Chemische Fabrik 604
Auer-Remy GmbH 596
Aufbereitung
- Alfatec Unterwölbling 251
- Fischer Statzendorf 252
- Frix Unterwölbling 252
- Roggendorf 252
- Silmeta Unterwölbling 256
- Statzendorf 253
Aufschläger GmbH, Spezialtiefbau Ferdinand 605
Aughacashel Collieries Ltd. 226
August Thyssen, Kokerei 83, **85**
Augusta/Sicily, Raffinerie 484
Auguste Victoria
- Gewerkschaft 26, **76**, 174, 175, 845
- -Grundstücks oHG 78
- Steinkohlenbergwerk 78
A.U.K.O.I., Association of United Kingdom Oil
  Independants 877
Aurec GmbH 828
Aurica AG 621
Ausschüsse des Deutschen Bundestages 882
Ausschuß
- für Forschung, Technologie und
  Technikfolgenabschätzung des Deutschen
  Bundestages 882
- für Grubensicherheit des Landtags
  Nordrhein-Westfalen 926
- für Grubensicherheit des Saarländischen
  Landtags 937
- für Umwelt, Naturschutz und Reaktorsicherheit des
  Deutschen Bundestages 882
- für Wirtschaft des Deutschen Bundestages 882
Außenhandelskontor Schieweck GmbH 840
Außenhandelsverband für Mineralöl eV,
  AFM **863**, 866, 877
Außenhandelsverband für Mineralöl eV,
  Bundesverband Freier Tankstellen und
  Unabhängiger Deutscher Mineralölhändler 866
Aussolungsbergwerk Ohrensen 121
Austen & Butta Ltd. 285
Australasian Institute of Mining and Metallurgy,
  The 281
Australian Gas Association, The 579
Australian Mining & Smelting Ltd. 223

Verlag Glückauf · Jahrbuch 1993   1199

REGISTER DER UNTERNEHMEN, BEHÖRDEN UND ORGANISATIONEN
A – B

Austria Ferngas Gesellschaft mbH 559
Austria Metall AG 132
Austrian Engineering Co. Ltd. 258
Austrian Industries AG 556
Austro Kohle-Kontor Gesellschaft m.b.H. (AKO) 759
Austroplan Österreichische Planungsgesellschaft
   m. b. H. 258
Automagic SNC 398
Automations- u. Bandanlagentechnik GmbH 35
Auxiliaire Minière S.A. 74
Avanti Aktiengesellschaft 563
AVEU, Arbeitgeberverband energie- und
   versorgungswirtschaftlicher Unternehmen e. V. . 1033
AVG, Abfall-Verwertungs-Gesellschaft mbH   652, 828
Avia
– Distribution SA 875
– Mineralöl AG 841
– Vereinigung unabhängiger Schweizer Importeure
   von Erdölprodukten 875
Aviation Fuel Services GmbH, AFS 363
Aviatube 214
AVR GmbH, Arbeitsgemeinschaft
   Versuchsreaktor 661, **693**
AVU, Aktiengesellschaft für Versorgungs-
   Unternehmen **660**, 693
AVU + Heintke Entsorgungs GmbH 660
AVW, Abfallverwertungsgesellschaft Westfalen
   mbH 652
AWE, Abfallwirtschaft Eberswalde GmbH 652
AWI, Alfred-Wegener-Institut für Polar- und
   Meeresforschung Bremerhaven 998
AWS, Alfred-Wegener-Stiftung zur Förderung der
   Geowissenschaften 998
AWT Absorptions- und Wärmetechnik GmbH . . . 325

Babcock & Wilcox Fuel Co. 722
Bachner, Bergbaubetrieb Josef und Amalie 256
Bad Dürkheim GmbH, Staatsbad 121
Bad Friedrichshall-Kochendorf,
   Raffinade-Salzwerk 119
Bad Ischl, Salzbergbau 243
Bad Kreuznach, Kur- und Salinenbetriebe
   der Stadt 121
Bad Lauterberg, Schwerspatverarbeitungsbetriebe 143
Bad Mergentheim, Gasversorgung 323
Bad Münster am Stein-Ebernburg, Kurbetriebe . . 121
Bad Reichenhall, Saline 120
Bad Reichenhaller Salz Handelsges. mbH 120
Bad Sachsa GmbH, Stadtwerke 323
Baden-Württemberg, Landesbergamt 905
Badenwerk AG 162, **621**, 629, 631, 633,
   . . . . 646, 673, 685, 694, 772, 866
Badenwerk AG und Elektrizitäts-Versorgung
   Schwaben AG Planungs- und Betreuungs-oHG
   für Kraftwerke, Ettlingen 622
Badenwerk-Gasversorgung GmbH 622
Badische Gas- und Elektrizitätsversorgung
   AG 333, 638
Badischer Elektrizitätsverband BEV 621
Bächental, Ölschieferbergbau 257
Bakelite GmbH 604
Balaures Bertholène, Mines d'uranium des 215
Balo-Motortex GmbH 74
Baltic Cable AB 638
Banco Hispano-Americano 278
Banesto 278

Bantleon GmbH, Hermann 841
Barbara Rohstoffbetriebe GmbH . . . 122, 148, 178
Barclays North Sea Limited 478
Bariosarda Spa 236
Barlos-Bauxites Hellas Mining SA, Am. E. 218
Baroid Drilling Fluids Inc. NL. International Inc. 377
Bartold Levin GmbH & Co KG 178
Baselland Petrol AG 567
BASF 112
– Aktiengesellschaft 83, 364, **586**,
   . . . . 589, 601, 858, 1020
– Beteiligungs-GmbH 858
– Düngemittelwerke Victor GmbH 589
– Kraftwerk Marl GmbH 589
– Schwarzheide GmbH 589
Bassermann & Co. 857
Bau Deuben GmbH 104
Bau-Wolff Baustoffe und Fliesen GmbH 74
Bauer & Co KG, A. F. 841
Bauer Spezialtiefbau GmbH 798
Bauer und Mourik Umwelttechnik
   GmbH & Co. 798
Baufeld-Oel GmbH 828
Baugesellschaft Amsdorf mbH 104
Baukontor Gaaden Ges. m. b. H. & Co. KG . . . 251
BauMineral GmbH 652, 822
Baustahlgewebe GmbH 140
Baustoff-Kontor GmbH & Co. KG Mineralstoff-
   handel und Industrieentsorgung, BKK 822
Baustoffunion Braunkohle GmbH 104
Bauunternehmung Bergfort GmbH & Co. KG . . 828
Bauunternehmung E. Heitkamp GmbH 156
Bauverein Glückauf GmbH 74
Bauxites Parnasse Mining Co 218
BAVC, Bundesarbeitgeberverband Chemie e. V. . 1034
BAW, Bundesamt für Wirtschaft 886
Bayer
– AG 116, 139, 348, 370,
   . . . . 371, **589**, 594, 1000, 1020
– Antwerpen N.V. 590
– (Canada) Inc. 590
– Capital Corporation N.V. 590
– Finance S.A. 590
– Foreign Investments Limited 590
– (India) Ltd. 590
– Japan Ltd. 590
– Polysar Belgium N.V. 590
– Polysar France S. A. 590
– USA Inc. 590
– Yakuhin, Ltd. 590
Bayerische
– Berg-, Hütten- und Salzwerke AG, BHS . . **120**, 178
– Erdgasleitung GmbH 358, 296
– Landesanstalt für Bodenkultur und Pflanzenbau
   Freising-München 911
– Landesbank Girozentrale 315, 333
– Mineral-Industrie AG **300**, 304, 374
– Mineralöl-Industrie AG 358
– Rhöngas GmbH 328
– Vereinsbank München 120
– Wasserkraftwerke AG 640, 659
Bayerischer
– Brennstoffhandel
   GmbH & Co. KG . . . 35, **841**, 845, 848, 851, 856
– Brennstoff- und Mineralölhandels-Verband e.V. . 864
– Industrieverband Steine und Erden eV 181

REGISTER DER UNTERNEHMEN, BEHÖRDEN UND ORGANISATIONEN

B

– Lloyd AG ... 854
Bayerisches
– Geologisches Landesamt ... 910
– Landesamt für Umweltschutz ... 911
– Oberbergamt ... 908
– Staatsministerium für Landesentwicklung und Umweltfragen ... 908
– Staatsministerium für Wirtschaft und Verkehr ... 201, **907**
Bayerngas GmbH ... **315**, 320
Bayernwerk AG ... 315, 323, **622**, 623, 624, 627, ... 629, 632, 633, 634, 659, 662, 681, 694, ... 823, 866, 1000
BayWa AG ... 841
BayWa Interoil GmbH ... 841
BBU, Bundesverband Bürgerinitiativen Umweltschutz e.V. ... 827
BBU Rohstoffgewinnungs-Ges.m.b.H. ... 243, 244
BCI, British Coal International ... 223
BCR Ingenieurbüro für Verfahrenstechnik und Umweltschutz GmbH ... 798
BDE, Bundesverband der deutschen Entsorgungswirtschaft E. V. ... 827
BDG, Berufsverband Deutscher Geologen, Geophysiker und Mineralogen e. V. ... 1037
BDI, Bundesverband der Deutschen Industrie eV . 1034
BDS, Bundesverband der Deutschen Schrott-Recycling-Wirtschaft e. V. ... 827
BDW, Bundesverband deutscher Wasserkraftwerke ... 694
BEA Brandenburgische Energiespar-Agentur GmbH ... 798
BEB Erdgas und Erdöl GmbH ... **294**, 299, 304, 315, ... 329, 337, 340, 349, 356, 374
Bechem GmbH, Carl ... 379
Becker u. Harms Berliner Montan Beteiligungs-Gesellschaft mit beschränkter Haftung ... 845
Beckmann GmbH & Co. KG, Wilhelm ... 863
Bedec Chasse S. A. ... 594
BEG, Bayerische Erdgasleitung GmbH ... 296
Begas, Burgenländische Erdgasversorgungs-Aktiengesellschaft ... **559**, 563
Behringwerke AG ... 598
Beienrode Bergwerks-GmbH ... 112
Bejanca - Sociedade Mineira das Beiras, S.A.R.L. ... 264
Belgian Mining Engineers (B.M.E.) ... 205
Belgian Refining Corporation N. V. ... 386
Belgian Shell NV ... 386
Belgische Maatschappij voor Kernbrandstoffen . . 709
Belgische Petroleum Federatie ... 388
Belgischer Verein für Geologie ... 207
Belgisches Atomforum ... 787
Belgoprocess ... 708
Bellersheim, H. u. R. ... 864
Beralt, Tin & Wolfram (Portugal) S.A.R.L. ... 264
Beratender Ausschuß der Europäischen Gemeinschaft für Kohle und Stahl, EGKS ... 953
Beratungsgesellschaft für Mineralöl-Anwendungstechnik mbH ... 378
Berchtesgaden, Salzbergwerk ... 120
Berco SpA ... 133
Berg. Licht-, Kraft- und Wasserwerke GmbH (Belkaw) ... 663
Berg- und Hüttenschule Clausthal ... 996
Bergakademie Freiberg ... 990

Bergamt
– Aachen ... 931
– Amberg ... 908
– Bad Hersfeld ... 917
– Bayreuth ... 908
– Celle ... 922
– Dinslaken ... 932
– Erfurt ... 947
– für das Land Berlin ... 912
– für das Land Schleswig-Holstein ... 946
– für die Freie Hansestadt Bremen ... 915
– für die Freie und Hansestadt Hamburg ... 916
– Gelsenkirchen ... 932
– Gera ... 947
– Goslar ... 924
– Hamm ... 932
– Hannover ... 924
– Hoyerswerda ... 941
– Kamen ... 932
– Kassel ... 917
– Köln ... 932
– Marl ... 932
– Meppen ... 924
– Moers ... 933
– München ... 908
– Recklinghausen ... 933
– Rüdersdorf ... 914
– Saarbrücken ... 939
– Senftenberg ... 914
– Siegen ... 933
– Stralsund ... 919
– Weilburg ... 917
Bergbau
– Aspang-Zöbern ... 248
– -Berufsgenossenschaft ... 1020
– -Berufsgenossenschaft, Bezirksverwaltung Clausthal-Zellerfeld ... 201
– -Berufsgenossenschaft, Bezirksverwaltung München ... 201
– -Bücherei ... 196
– -Elektrizitäts-Verbundgemeinschaft BEV ... 648
– -Museum Bochum, Deutsches ... 1001
– -Spezialgesellschaften eV, Vereinigung der ... 154, 170, **185**
– und Tiefbau GmbH Oelsnitz ... 160, 172
– -Verwaltungsgesellschaft mbH ... **175**, 187
Bergbaubetrieb
– Ing. Josef Hochrieder ... 251
– Johann und Manfred Linauer ... 251
– Josef und Amalie Bachner ... 256
– Karl Steinwendtner ... 251
– Obritzberg-Rust ... 248
– von Franz und Anna Zöchbauer ... 252
Bergbaulicher Verein Baden-Württemberg e. V. ... 170, **183**
Bergbaumuseum Oelsnitz/Erzgebirge Museum für Steinkohlenbergbau ... 1001
Bergberufsschule Ibbenbüren ... 996
Bergdirektion
– Köflach ... 241
– Schwertberg ... 248
– Thomasroith ... 243
– Trimmelkam ... 241
Bergemann GmbH ... 35, 318, **320**, 356
Bergern, Quarzsandbergbau ... 256
Bergfort GmbH & Co. KG, Bauunternehmung ... 828

REGISTER DER UNTERNEHMEN, BEHÖRDEN UND ORGANISATIONEN
B

Berghauptmannschaft
- Graz 972
- Innsbruck 972
- Klagenfurt 972
- Leoben 972
- Salzburg 972
- Wien 972

Bergindustriens Landsforening 240
Bergische Licht- und Kraftwerke GmbH . . . 644
Bergische Stahl-Industrie 150
Bergmännischer Verband Österreichs, Technisch-wissenschaftlicher Verein . . . 261
Bergmann GmbH & Co. KG, W. O. 857
Bergmann Metall GmbH, W. & O. 857
Bergmannsheil, Universitätsklinik 1022
Bergmannssegen-Hugo, Kaliwerk 112
Bergschadensausfallkasse e. V. 170
Bergschulverein »Deutsche Bohrmeisterschule in Celle« e. V. 997
Bergsicherung Dresden GmbH 160
Bergwerk
- Consolidation/Nordstern 48
- Ensdorf 68
- Ewald/Schlägel & Eisen 48
- Friedrich Heinrich 38
- Fürst Leopold/Wulfen 42
- General Blumenthal 50
- Göttelborn/Reden 66
- Haard 50
- Haus Aden 52
- Heinrich Robert 54
- Hugo 48
- Lohberg/Osterfeld 40
- Minister Achenbach 52
- Monopol 52
- Niederberg 38
- Prosper-Haniel 42
- Rheinland 38
- Sophia-Jacoba 82
- Walsum 40
- Warndt/Luisenthal 70
- Westerholt 42
- Westfalen 56

Bergwerksdirektion Westfalen 76
Bergwerksgesellschaft Merchweiler mbH . . . 83
Bergwerksmaschinen Dietlas GmbH 117
Bergwerksverband GmbH 187, **198**
Berkefeld Filter Anlagenbau GmbH 377
Berkenhoff GmbH 140
Berliner Gaswerke, Gasag 323
Berliner Großverzinkerei GmbH 213
Berliner Kraft- und Licht, Bewag-AG . . . **624**, 638,
. . . . 659, 683, 694, 866
Berlipharm Beteiligungsgesellschaft mbH . . 607
Bernische Erdöl AG 567
Bernische Kraftwerke AG **770**, 771, 775
Berre, Raffinerie 399
Bertrand SA, G. 398
Berufsgenossenschaft der chemischen Industrie . . 1025
Berufsgenossenschaft der Gas- und Wasserwerke . 1025
Berufsgenossenschaft der keramischen und Glas-Industrie 1024
Berufsgenossenschaftliches Institut für Arbeitssicherheit (BIA) 1020
Berufsgenossenschaftliches Forschungsinstitut für Arbeitsmedizin (BGFA) 1023

Berufsverband Deutscher Geologen, Geophysiker und Mineralogen e. V. BDG 1037
„Berzelius" Stolberg GmbH 138
Berzelius Umwelt-Service AG, B.U.S 137
Bestag-Berg-, Stollen- und Tiefbau AG . . . 154
Bestö Ges. m.b.H. & Co. KG. Berg-, Stollen- und Tunnelbau 154
Beta Raffineriegesellschaft 344, 578
Beteiligungsgesellschaft Aachener Region mbH . . 74
Beton- und Monierbau Ges. m.b.H. . . . 125, 154
Betrem Betriebsführung Trocknungsanlage Emscherbrennstoffe GmbH 848
Betriebsdirektion
- Braunkohlenbohrungen und Schachtbau (BuS) Welzow 101
- Fabrik Brieske 96
- Fabrik Sonne 98
- Hauptwerkstätten 98
- Oberlausitz 100
- Tagebau Greifenhain 100
- Tagebau Jänschwalde/Cottbus-Nord 98
- Tagebau Meuro/Klettwitz 96
- Tagebau Nochten 98
- Tagebau Reichwalde/Bärwalde 100
- Tagebau Scheibe/Spreetal-NO 100
- Tagebau Schleenhain 106
- Tagebau Seese-Ost 98
- Tagebau Welzow-Süd 100
- Tagebau Zwenkau 107
- Veredlung 106, 108
- Zentraler Eisenbahnbetrieb 101

Betriebsforschungsinstitut Metallurgie GmbH 179
Betriebsführung unter Tage 195
Betriebsteil Merkers 118
Betriebsteil Unterbreizbach 118
Beugin Industrie, S.a.r.L. 596
BEV, Badischer Elektrizitätsverband 621
BEV, Bergbau-Elektrizitäts-Verbundgemeinschaft . 648
Bewag-AG, Berliner Kraft- und Licht . . . **624**, 638,
. . . . 659, 682, 683, 694, 866, 1000
Bewerma GmbH 863
Bexbach, Kraftwerk 66
Bexbach Verwaltungsgesellschaft mbH, Kraftwerk 58, 621, **646**
Beznau I und II, Kernkraftwerk 773
BfG, Bundesanstalt für Gewässerkunde . . . 898
BfS, Bundesamt für Strahlenschutz 702
BFT Bundesverband Freier Tankstellen u. Unabhängiger Deutscher Mineralölhändler e. V. **863**, 877
BG North Sea Hold. Ltd. 340
BGE Beteiligungs-Gesellschaft für Energieunternehmen mbH 30, 656
BGH Edelstahl GmbH, Boschgotthardshütte . . 179
BGW, Bundesverband der deutschen Gas- und Wasserwirtschaft e.V. 381
BHP Petroleum Inc. (Hamilton Bros.) 30
BHS Bayerische Berg-, Hütten- und Salzwerke AG **120**, 178
Biblis, Kernkraftwerk 644
Biedenkopf GmbH, Gasversorgung 328
Bielefeld GmbH, Stadtwerke **666**, 682, 683
Bielefeld, Kraftwerk 666
BIG Brennstoffimport Handelsgesellschaft mbH & Co. 852

REGISTER DER UNTERNEHMEN, BEHÖRDEN UND ORGANISATIONEN

B

Bildungsforum im Technologiepark Eurotec Moers GmbH	193
Billingham/Port Clarence, Raffinerie	412
Billiton Refractories B.V.	519
Bilstein Corporation of America	132
Bilstein GmbH & Co. KG, August	132
Binsfeldhammer, Bleihütte	138
biodetox Gesellschaft zur biologischen Schadstoffentsorgung mbH	798
Biosaxon-Salz Gesellschaft m.b.H.	243
Birlesik Alman Illâc Fabrikalari Türk A.S.	607
Biskupek GmbH, Ernst	179
Bitmac Ltd	605
Bitumen-Verkauf GmbH	363
BiU, Bürgerinitiative Umweltschutz e. V.	827
BK Beteiligungsverwaltung GmbH	604
BK Ladenburg GmbH	598
BKB, Braunschweigische Kohlen-Bergwerke AG	638, 675
BKK Baustoff-Kontor GmbH & Co. KG Mineralstoffhandel und Industrieentsorgung	822
BKW, Bernische Kraftwerke AG	**770**, 775
Blackland Oil Plc	478
Blähtonanlage, Langenlebarn	251
Blaser + Co. AG, Chemische Fabrik	379
Blefa GmbH	133
Blei- und Zinkerzbergbau Bleiberg-Kreuth	244
Bleihütte, Binsfeldhammer	138
Bliestal GmbH, Wasserwerk	689
BLM, Gesellschaft für bohrlochgeophysikalische und geoökologische Messungen mbH	172, **372**
Blockheizkraftwerk Butzbach GbR	331
Blockheizkraftwerk Dreieich GmbH	331
Blockheizkraftwerk GmbH	332
Blohm Schiffs- und Industriereinigungs GmbH & Co. KG	378
BLZ Geotechnik GmbH Gommern	799
BNES, British Nuclear Energy Society	734
BNF, British Nuclear Forum	734
Bochum GmbH, Stadtwerke	682, **686**
Bochum, Kraftwerk	656
Bochumer Verband	1027
Boden-Forschungs- und Sanierungs-Zentrum Köln GmbH	663
Bodenheide, Tagebau	143
Bodenreinigungszentrum Sachsen-Ost GmbH i.G.	626
Böhler AG	179
Böhme Fettchemie GmbH	597
Bohlen & Doyen GmbH	377
Bohlen-Industrie GmbH	610
Bohrgesellschaft Rhein-Ruhr mbH, BRR	156, **160**
Bohrgesellschaft Torgau mbH	172
Boie Energie Service GmbH & Co, Ernst	841
Bolding Verpakkingen B. V.	141
Boliden de España, S.A.	278
Boliden Mineral AB	270
Bominflot Tanklager GmbH	377
Bong Mining Company Inc.	136, 162
Bonifacius Kohle Transport und Handelsgesellschaft mbH & Co. Betriebs KG	**842**, 848
Bord Gáis Éireann	480
Borken, Kraftwerk und Bergbau	110
Borth I/II, Steinsalzbergwerk	116
Bosch GmbH, Robert	1000
Boschgotthardshütte, BGH Edelstahl GmbH	179
Bostik SA (France)	398
Bougainville Copper Ltd.	223
Bow Valley Industries Limited	226, 519
Bow Valley Petroleum (UK) Ltd.	479
BP	578, 870
– Amiens SNC	398
– Arras SNC	398
– Austria AG	563
– Aufsuchungs- und Gewinnungsgesellschaft mbH	356
– Avignon SNC	398
– Belgium nv/sa	386
– Bunker GmbH	346
– Chemicals GmbH	347
– Chemicals International Ltd	398
– Chemicals SNC	398
– Coal	285
– España, S.A.	573
– Essonne SNC	398
– Europe Ltd.	346, 386
– Euroservice GmbH	347
– Euroservice SA	398
– Exploration	407, 479
– Flüssiggas GmbH	346
– France	369, **398**, 401
– France et Soc. G. Bertrand et Cie SCS	398
– Gissey SNC	398
– Handel GmbH	346, 378
– Ingénierie Informatique SA	398
– Italia	489
– Meriadeck SNC	398
– Mineralöl GmbH	346
– Mineralölhandel – Leuna-Werke GmbH	346
– Montbeliard SNC	398
– Nantes Pont du Cens SNC	398
– Nederland BV	519
– Norway Limited U. A.	520, 522
– Oil España, S.A.	574
– oiltech GmbH	344, 346, **358**, 379
– Petroleum Development Ltd	406
– Portuguesa, S.A.	564
– Reims SNC	398
– Saint Etienne SNC	398
– Sevres SNC	398
– Stromeyer GmbH	356
– (Switzerland)	571
– Tankstellen GmbH	346
– Toulouse SNC	398
– Transport und Logistik GmbH	346
– Truckstop GmbH & Co. KG	346
BPM Tankstellenbetriebsgesellschaft mbH	346
BPS, Bundesverband Sonderabfallwirtschaft e.V.	828
Brabant Resources Plc	478
Branchenverband Bergbau/Geologie e. V.	170, **172**
Brandenburgische Brennstoffhandlung Philipp GmbH	851
Brandenburgische Energiespar-Agentur GmbH, BEA	798
Brandenburgischer Brennstoffhandel GmbH	846
Braun Industriekohlen GmbH & Co. KG, Kurt	848
Braun Mineralöle GmbH, Ernst	841
Braunkohle-Benzin Aktiengesellschaft	89, 111
Braunkohlenausschuß als Sonderausschuß des Bezirksplanungsrates des Regierungsbezirks Köln	935
Braunkohlenbergbau Ampflwang	243
Braunkohlenbergwerk Altenburg	110, 636
Braunkohlenbergwerk Wölfersheim	110, 636

REGISTER DER UNTERNEHMEN, BEHÖRDEN UND ORGANISATIONEN
B

Braunkohlentagbau Ost 241
Braunkohlentagbau West 241
Braunkohlenveredlung Lauchhammer 86
Braunkohlenveredlung GmbH 177
Braunkohlenveredlung GmbH Lauchhammer . . 109
Braunschweig GmbH, Stadtwerke 682, **686**
Braunschweig-Lüneburg, Werk 116
Braunschweiger Versorgungs-AG 317, 628
Braunschweigische Kohlen-Bergwerke AG,
   BKB 86, **108**, 176, 638
Bregal Bremer Galvanisierungsgesellschaft mbH . 134
Breitenau, Magnesitbergbau 250
Bremen AG, Stadtwerke **667**, 682, 687, 867
Bremer
– Galvanisierungsgesellschaft mbH, Bregal 134
– Industriegas GmbH 134
– Sonderabfall-Beratungsgesellschaft mbH, BSBG 667
– Straßenbahn AG 667
– Umweltinstitut für Analyse und Bewertung von
  Schadstoffen e. V. 799
– Versorgungs- und Verkehrsgesellschaft mbH . . 667
Brenk Systemplanung 799
Brennelement-Zwischenlager Ahaus GmbH,
   BZA 648, 706, **822**
Brennelementlager Gorleben GmbH 706
Brennstoff AG 177
Brennstoff-Importgesellschaft mbH 848, 866
Brennstoffhändler-Verband, Schweizerischer . . . 875
Brennstoffhändlerverband des Kantons Zürich und
  benachbarter Gebiete 875
Brennstoffhandel GmbH, Saarberg 852
Brennstoffhandel Luxembourg, Saarberg 852
Brennstoffhandel Nord GmbH 842
Brennstoffhandelsverband Sachsen-Anhalt e. V.,
   BVSA 865
Brennstoffimport GmbH 845, 851
Brennstoffinstitut Freiberg 1002
Brennstoffvertrieb Nürnberg GmbH, BVN 841
Brenntag
– AG 854, **857**
– Eurochem GmbH 853
– Interchem GmbH 853
– Interplast GmbH 853
– Mineralöl GmbH & Co. KG 842, 843
Brenzinger GmbH 828
Brett & Partners Int. Ltd., Michael A. 1019
Brian S. Williams Ltd. 233
Brigitta Erdgas und Erdöl GmbH . . . **294**, 299, 304,
   . . . . 314, 317, 318, 341, 349, 356, 374
Brikettfabrik
– Beuna 106
– Carl 91
– Deuben III 107
– /Industriekraftwerk Bitterfeld 105
– /Industriekraftwerk Braunsbedra 106
– /Industriekraftwerk Deuben I 107
– /Industriekraftwerk Deutzen 107
– /Industriekraftwerk Regis 107
– /Industriekraftwerk Rositz 107
– /Industriekraftwerk Wählitz 107
– /Kraftwerk Bösau 106
– /Kraftwerk Borna 108
– /Kraftwerk Großzössen 108
– /Kraftwerk Witznitz 108
– Phönix/Industriekraftwerk Mumsdorf 107
– Stedten 105

– Wachtberg 91
– Zechau 107
– Zipsendorf 107
British
– Association of Colliery Management, The 225
– -Borneo Petroleum Syndicate, Plc 478
– Coal Corporation **220**, 285, 870
– Coal Enterprise 222
– Coal International BCI 223
– Drilling Association Ltd. 224
– Gas 326
– Gas E & P Ltd. 406, 479
– Gas plc 477
– Geological Survey 967
– Hardmetal Association 224
– Institute of Energy Economics, The 967
– Mining Consultants Ltd. 223
– Non-Ferrous Metals Federation, The 224
– Nuclear Energy Society, BNES 734
– Nuclear Forum **734**, 788
– Nuclear Fuels plc. 703, **734**
– Petroleum Company p.l.c., The . . . 346, 369, 398
Britoil plc 406
Brocton Minerals Ltd. 870
Broken Hill Proprietary Company Ltd., The . . . 285
Bronberger & Kessler Handelsgesellschaft mbH . 842
BRR, Bohrgesellschaft Rhein-Ruhr mbH 156
Bruch GmbH, Metallhüttenwerke 179
Brühler Knappschaftsärzte-Verein e. V. 1028
Brün, Zünderwerke Ernst 610
Brunsbüttel, Kraftwerk 631
Brusio AG (KWB), Kraftwerke 775
BSB Recycling GmbH 138
BSBG Bremer Sonderabfall-Beratungsgesellschaft
  mbH 667
BSE, Bundesverband Solarenergie 1000
Buchen GmbH, Richard . . . 35, 378, 799, 813, 828
Buckley Mining Ltd. 227
Budel Zinc Plant 223
Buderus AG 138
Buderus AG, Edelstahlwerke 179
Buer Betriebsgesellschaft mbH, Kraftwerk 652
Bürgerinitiative Umweltschutz e. V., BiU 827
Bürke AG 875
Buna AG 590, 1020
Buna France S.A.R.L. 599
Bunawerke Hüls GmbH 590
Bund der Energieverbraucher e. V. 827
Bund für Umwelt und Naturschutz Deutschland e. V.
  (Bund) 827
Bundesamt
– für Seeschiffahrt und Hydrographie 894
– für Strahlenschutz 702, **895**
– für Wirtschaft, BAW 886
Bundesanstalt
– für Arbeitsschutz 897
– für Geowissenschaften und Rohstoffe 886
– für Gewässerkunde, BfG 898
– für Materialforschung und -prüfung (BAM) . . 890
Bundesarbeitgeberverband Chemie e. V.
  BAVC 1034
Bundesberufsgruppe Bergbau 1034
Bundesforschungsanstalt für Landeskunde und
  Raumordnung 896
Bundesforschungsanstalt für Naturschutz und
  Landschaftsökologie 896

REGISTER DER UNTERNEHMEN, BEHÖRDEN UND ORGANISATIONEN

B – C

Bundesgesundheitsamt	899
Bundeskammer der gewerblichen Wirtschaft	972
Bundeskanzleramt	971
Bundesknappschaft	1026
Bundesminister	
– für Arbeit und Sozialordnung, Der	896
– für Forschung und Technologie, Der	**898**, 899
– für Umwelt, Naturschutz und Reaktorsicherheit, Der	891
– für Wirtschaft, Der	884
– für wirtschaftliche Zusammenarbeit, Der	900
Bundesministerium für wirtschaftliche Angelegenheiten	971
Bundesverband	
– Bürgerinitiativen Umweltschutz e.V., BBU	827
– der deutschen Entsorgungswirtschaft E. V., BDE	827
– der deutschen Gas- und Wasserwirtschaft e.V.	**381**, 999
– der Deutschen Industrie e.V., BDI	1034
– der Deutschen Kalkindustrie eV	180
– der Deutschen Kies- und Sandindustrie e. V.	181
– der Deutschen Rohstoffwirtschaft e. V., BVDR	827, 828
– der Deutschen Schrott-Recycling-Wirtschaft e. V., BDS	827
– der Deutschen Transportbetonindustrie e. V.	181
– der Deutschen Zementindustrie eV	181
– der Deutschen Ziegelindustrie eV	181
– der Energie-Abnehmer eV, VEA	1000
– der Gips- u. Gipsbauplatten-Industrie eV	180
– der Knappschaftsärzte e. V.	1027
– der Leichtbauplatten-Industrie eV	181
– Deutsche Beton- und Fertigteilindustrie e. V.	180
– Deutscher Aluminium-Schmelzhütten	178
– deutscher Wasserkraftwerke, BDW	694
– Energie, Umwelt, Feuerungen e. V.	828
– Freier Tankstellen u. Unabhängiger Deutscher Mineralölhändler e. V., BFT	**863**, 866, 877
– Kalksandsteinindustrie eV	181
– Kraftwerksnebenprodukte e. V., BVK	694
– Leichtbetonzuschlag-Industrie (BLZ) eV	181
– Naturstein-Industrie eV	181
– Papierrohstoffe e. V.	827
– Porenbetonindustrie e. V.	181
– Solarenergie BSE	1000
– Sonderabfallwirtschaft e.V., BPS	828
– Steine und Erden eV	180
– Torf- und Humuswirtschaft e. V.	170, **183**
Bundesvereinigung der Deutschen Arbeitgeberverbände eV	1033
Bundesvereinigung der Firmen im Gas- und Wasserfach e. V.	382
Bureau de Recherches Géologiques et Minières (B.R.G.M.)	962
Burgenländische Elektrizitätswirtschafts-AG (Bewag)	759
Burgenländische Erdgasversorgungs-Aktiengesellschaft, Begas	559
Burghausen, Werk	348
Burgopack stampa trasformazione imballaggi S.p.A.	141, 659
Burmah	578, 870
Burmah Oil (Deutschland) GmbH, The	843
Burmin Exploration & Development Co. Ltd.	227
Burnus GmbH	602
B.U.S.	
– Berzelius Umwelt-Service AG	137
– Berzelius Umwelt-Service Transport GmbH	138
– Chemie GmbH	137
– Engitec Servizi Ambientali SrL	137
– Environmental Services Inc.	138
– Metall GmbH	137, 179, 828
Busalla/Genoa, Raffinerie	484
Buss Werkstofftechnik GmbH & Co. KG	647
Buss Werkstofftechnik Verwaltungsgesellschaft mbH	647
Butagaz	401
Butagaz S.N.C.	399
BV, Asphalt- en Chemische Fabrieken Smid & Hollander	519
BV Beverolfabrieken	519
B.V. United Metal & Chemical Company	131
BVDR, Bundesverband der Deutschen Rohstoffwirtschaft e. V.	827
BVK, Bundesverband Kraftwerksnebenprodukte e. V.	694
BVN, Brennstoffvertrieb Nürnberg GmbH	841
BVSA, Brennstoffhandelsverband Sachsen-Anhalt e. V.	865
BVVG Bodenverwertungs- und Verwaltungs GmbH	902
BZA, Brennelement-Zwischenlager Ahaus GmbH	648, **822**
Cablo GmbH für Kabelzerlegung	139
Cabot Hüls GmbH	599
Cadillac Plastic S.A.	602
Cairn Energy Plc	478
Calancasca AG	771
Callion Joint Venture	138
Calox-Saarberg Handel GmbH	852
Caltex Deutschland GmbH	344, 360
Cameli	489
Camford Engineering PLC	133
Caminauer Kaolinwerk GmbH	142
Campsa, Compañía Arrendataria del Monopoliade Petróleos, S.A.	573
Canadian Gas Association, The	580
Canadian Institute of Mining and Metallurgy, The	281
Canadian Ultramar Limited	411
Capco Limited	227
Capitain & Co.	152
Caramba Chemie GmbH	604
Caratgas Flüssiggas-Versorgungsgesellschaft mbH	349
Carbo-Tech	590
Carbo-Tech Rütgers Aktivkohle GmbH	605
Carbochem Inc.	605
Carbochimica Italiana S.p.A.	604
Carbocol (Carbones De Colombia SA)	285
Carboex Internacional Limited C.I.L	876
Carboex, Sociedad Española de Carbon Exterior S.A.	876
Carbogal Carbonos de Portugal, SA	565
Carboleg GmbH	179
Carbomarl Kohlenaufbereitungs- und Handels GmbH	78, 850
Carbon Black Nederland B.V.	131
Carbonar, Carbonifera del Narcea, S.A.	272
Carbones de Importación, S.A. Carelec	876

Verlag Glückauf · Jahrbuch 1993

1205

REGISTER DER UNTERNEHMEN, BEHÖRDEN UND ORGANISATIONEN
C

Carbones Pedraforca, S.A.	275
Carbonifera del Ebro, S.A., La	275
Carbonifera del Narcea, S.A., Carbonar	272
Carbonos de Portugal, SA, Carbogal	565
Carbopor	876
Carborundum Deutschland GmbH	347
Carbosulcis S.p.A.	234
Carbounion, Federación Nacional de Empresarios de Minas de Carbón	280, 284
Carbozulia (Carbones Del Zulia SA)	285
Carbura – Schweizerische Zentralstelle für die Einfuhr flüssiger Treib- und Brennstoffe	875
Cardenas Olaso Rafael	272
Carelec, Carbones de Importación, S.A.	876
Carissa Einzelhandel- u. Tankstellenservice GmbH	349
Carl, Brikettfabrik	91
Carnon Consolidated Ltd	223
Carnon Holdings Limited	223
Carotel S.A.	852
Carraigex Ltd.	230
Carré-Grès d'Artois	212
Carretera de Sotiel	278
Carrières unies de Porphyre, Fédération des Industries extractives et transformatrices de roches non combustibles	207
Carrières unies de Porphyre, S.A.	207
Cascan GmbH & Co KG	600
Casimiro & Ramos, Lda.	268
Cassella Aktiengesellschaft	591, 602
Cassella-Riedel Pharma GmbH	592
Castellón de la Plana, Raffinerie	574, 575
Castle Energie Corp.	138
Castrol	578
Castrol Ltd, U. K.	843
Cat. oil GmbH	377
Cayeli Bakir Isletmeleri AS	138
CBP, Chemische Betriebe Pluto GmbH	379
CCC, Gesellschaft für Kohlenveredlung mbH	605
C.C.R., Coördinatiecentrum Reddingswezen	206
CdF, Charbonnages de France	210
Cea, Commissariat à l'Energie Atomique	722, 723
Cebal	213
Cedigaz Centre International d'Information sur le Gaz Naturel et autres Hydrocarbures Gazeux	581
CEFIC, Europäischer Chemieverband	614
Cegedel, Compagnie Grand-Ducale d'Electricité du Luxembourg	747
Cegram, Belgien	214
CEH Erdoel Handels-GmbH	360
Celle GmbH, Stadtwerke	317
Celtic Gold PLC	227
Cemas GmbH	377
C. E. Minerals	212
Centrale	
– Electrique Rhénane de Gambsheim SA (Cerga)	621
– Nucléaire de Leibstadt S. A.	773
– Nucléaire Européenne à Neutrons Rapides SA, Nersa	721
– Thermique de Vouvry S. A.	773
Centrales Nucléaires en Participation S. A.	773
Centrales Térmicas del Norte de España, S.A.	778, 782
Centralschweizerische Kraftwerke, CKW	771
Centrans Haldenverwertungs- und Transport GmbH	35, 813
Centre	
– d'Etudes et de Recherches Economiques sur l'Energie, Ceren	723
– d'Information de l'Etain	206, 283
– d'Information du Plomb	216
– de Recherches Métallurgiques	206
– du Zinc, Le	216
– International d'Information sur le Gaz Naturel et autres Hydrocarbures Gazeux, Cedigaz	581
Centro	
– de Investigación Energética, Medioambiental y Tecnología	978
– de Tecnologia de las Communicaciones S. A., CETECOM S. A.	1018
– Elettrotecnico Sperimentale Italiano, CESI	741
– Italiano Gas di Petrolio Liquefatti	877
– Minero de Cehegín	277
– Minero de Dicido	277
– Minero de Peñarroya	273
– Minero de Puertollano	273
– Minero de Santander	277
– Minero de Vizcaya (Bodovalle)	276
– Nacional de Investigaciones Metalúrgicas	280
CEP & M, Comité d'Etudes Pétrolières et Marines	963
Cepceo, Studienausschuß des westeuropäischen Kohlenbergbaus	284
Cepsa	578
Cepsa Companhia Portuguesa de Petróleos Lda	564
Cepsa Compañía Española de Petróleos, S.A.	574
Ceralox Corp.	593
Ceramic Minerals Consulting GmbH, CMC	166
Cerámicas Peñarroya, S. A.	280
Ceramika Wülfrath Skawina Spolka zo. o.	150
Cerasiv GmbH	138, 594
Cerca	214
Cercast, Kanada	213
Ceren, Centre d'Etudes et de Recherches Economiques sur l'Energie	723
Ceresit GmbH	597
Cern, Europäisches Laboratorium für Teilchenphysik	788
CESI, Centro Elettrotecnico Sperimentale Italiano	741
CETECOM S. A., Centro de Tecnologia de las Communicaciones S. A.	1018
Cezus	214
Chambre Syndicale	
– de la Distribution des Produits Pétroliers	869
– de la Recherche et de la Production du Pétrole et du Gaz Naturel	401
– des Fabricants de Compteurs de Gaz, Facogaz	579
– des Industries Minières	215
– des mines de fer de France	216
– des Transports Pétroliers	869
– du Commerce International des Métaux et Minerais	869
– du Raffinage du Pétrole	401
– du Zinc et du Cadmium	216
– Nationale de l'Industrie des Lubrifiants	578
Charbonnages de France, CdF	210, 868
Chem. Fabrik »Rhenus« Wilhelm Reiners GmbH & Co KG	379
Chem-Plast S.p.A.	597
Chemag Aktiengesellschaft	858

REGISTER DER UNTERNEHMEN, BEHÖRDEN UND ORGANISATIONEN
C

Chemetall Ges. f. chemisch-technische Verfahren mbH	594
Chemetall GmbH	138
Chemical Industries Association Ltd. (CIA)	614
Chemie AG	1020
Chemie AG Bitterfeld-Wolfen	592
Chemie GmbH, B.U.S	137
Chemie Linz Ges.m.b.H.	557
Chemie-Beteiligung GmbH, GMT	604
Chemie-Mineralien AG & Co. KG	858
Chemieschutz Gesellschaft für Säurebau mbH	596
Chemiewerk Greiz-Dölau GmbH	592
Chemiewerk Nünchritz GmbH	599
Chemie-Werk Weinsheim GmbH	604
Chemische	
– Betriebe Pluto GmbH	363, 379
– Fabrik Aubing GmbH	604
– Fabrik Blaser + Co. AG	379
– Fabrik Dr. Stöcker GmbH	604
– Fabrik GmbH, Kepec	597
– Fabrik Grünau GmbH	597
– Fabrik Kalk GmbH	112, 592
– Fabrik Lehrte Dr. Andreas Kossel GmbH	853
– Fabrik Möllering & Co KG, Mineralölwerk Osnabrück	379
– Fabrik Stockhausen GmbH	599
– Werke GmbH, »Oemeta«	380
– Werke Lowi GmbH & Co.	592, 610
Chemitra GmbH	600
Chemoil GmbH & Co KG	842
Chemson Polymer-Additive Ges. m. b. H.	138
Chevron	578
– Mineral Corporation of Ireland	227
– Nederland B. V.	519
– U.K. Ltd	**407**, 479
China Nuclear Energy Industry Corp., CNEIC	823
Chinese Taipei Gas Association, The	580
Cia.	
– de Langreo	876
– General Minera de Teruel, S.A.	276
– Industrial Asua-Erandio, S.A.	137
– Sevillana Electricidad	876
Ciba-Geigy	
– AG	593
– GmbH	592
– Holding Deutschland GmbH	593
– International AG	593
– SA	570
Cica Comptoir d'Importation de combustibles SA	571
CIDE, Conseil international du droit de l'environnement	981
Cie générale Electrolyse du Palais	214
Ciemat	278
Ciepsa Compañía de Investigación y Explotaciones Petrolíferas, S.A.	573
Cigran, Lda.	266
CIHS, Commission Internationale d'Histoire du Sel	281
C.I.L, Carboex Internacional Limited	876
Cime Bocuze	214
Cincinnati Milacron	379
Cipec, Intergovernmental Council of Copper Exporting Countries	283
City-Carburoil SA	571
CKW, Centralschweizerische Kraftwerke	771
Clausthal-Zellerfeld, Oberbergamt	922
Clausthaler Bergschulverein eV	996
Clausthaler Umwelttechnik-Institut GmbH, CUTEC-Institut	799
Claytex Consulting	800
Cleanship Buss GmbH	378
Cleveland Potash Ltd	222
Clona - Mineira de Sais Alcalinos, S.A.R.L.	264
Clonmel Gas Co. Ltd.	481
Clouth Gummiwerke AG	176
Cluff Mineral Exploration Limited	227
Cluff Oil Plc	478
Clyde Expro plc	407
Clyde Petroleum Exploratie BV	407, 492, 519
Clyde Petroleum plc	**407**, 478, 479
CMC, Ceramic Minerals Consulting GmbH	152, 166
CME, Conseil Mondiale de l'Energie	979
CMT Raunheim GmbH Chemie für Metallbearbeitungs-Technik	379
CNEIC, China Nuclear Energy Industry Corp.	823
Coal	
– and Allied Industries Ltd.	285
– Arbed Inc.	74
– Corporation of New Zealand Ltd.	285
– Information Services Ltd.	871
– Preparation Plant Association	224
– Processing Consultants Ltd.	223
– Products Ltd.	223
– Research Establishment	222
Coates Lorilleux SA	398
Cobh Exploration Limited	227
Cobreq, Companhia Brasileira de Equipamentos	605
Cocentall-Ateliers de Carspach	212
Codelco-Chile	858
Codelco-Kupferhandel GmbH	858
Cofidep	398
Cofrablack S.A.	131
Cogema	212
– Australia Pty Limited	722
– Canada Limited	722
– Compagnie Générale des Matières Nucléaires	721
– Inc.	722
– Uran Services (Deutschland) GmbH & Co. KG	162, 722
Cognis Gesellschaft für Bio- und Umwelttechnologie GmbH	597, 800
Colas Bauchemie GmbH	349
Collardin GmbH, Gerhard	597
Colorantes de Plomo, S. A.	213, 280
Comalco Ltd.	223
Comercial Quimica del Urumea, S.A.	605
Comhlucht Siucra Eireann Teo.	227
Cominco Ireland Limited	227
Comité	
– d'Etudes Pétrolières et Marines CEP & M	963
– de concertation et de contrôle du pétrole	959
– des Programmes d'Exploration-Production, Coprep	963
– Européen des Entreprises d'Electricité, Eurelectric	787
– Français de l'Electricité	723
– permanent de l'électricité	959
– Professionnel du Butane et du Propane, CPBP	877
– Professionnel du Pétrole, CPDP	401
Commerce et Service SARL	398

Verlag Glückauf · Jahrbuch 1993

REGISTER DER UNTERNEHMEN, BEHÖRDEN UND ORGANISATIONEN
C

Commercial Mining Industrial and Shipping Co SA	218
Commerzbank AG	184
Commissariat à l'Energie Atomique, Cea	722, **723**
Commission Economique des Nations Unies pour l'Europe, ECE	980
Commission Internationale d'Histoire du Sel, CIHS	281
Commox	722
Communautés Européennes	948
Commune de Flemalle	709
Commune de Grace-Hollogne	709
Commune de Merksplas	709
Commune de Seraing	709
Compagnie	
– de Participations, de Recherches et d'Exploitations Pétrolières, Coparex	397
– des Mines d'Uranium de Franceville	722
– des salins du Midi et des salines de l'Est	211
– Française de Mokta	**212**, 722
– Française des Pétroles	963
– Française des Pétroles (Algérie)	398
– Générale des Matières Nucléaires, Cogema	721
– Grand-Ducale d'Electricité du Luxembourg, Cegedel	**747**
– immobilière et financière de Patience et Beaujonc	205
– Industrielle et Commerciale du Gaz SA	570
– Minière d'Akouta	278, 722
– Nationale du Rhône (CNR)	723
– Rhenane de Raffinage S. A.	**398**, 399
Companhia	
– Brasileira de Equipamentos, Cobreq	605
– Brasileira de Estireno S.A.	599
– Mineira do Lobito	266
– Mineira do Norte de Portugal, S.A.R.L.	266
– Portuguesa de Ardósias, Lda.	268
– Portuguesa de Fornos Eléctricos, S.A.R.L.	268
– Portuguesa de Petróleos Lda, Cepsa	564
– Química Metacril s.a.	131
Compañía	
– Andaluza de Minas S.A.	278
– Arrendataria del Monopoliade Petróleos, S.A., Campsa	573
– Eléctrica de Langreo, S. A.	780, 782
– Española de Gas, S.A.	576
– Sevillana de Electricidad, C.S.E.	**778**, 780, 782
Comurhex	214
Concawe	578
Condea	
– Chemicals UK	593
– Chemie Benelux	593
– Chemie GmbH	362, **593**, 641
– Chimie S.A.R.L.	593
Condor Mineralöle Danco GmbH & Co KG	379
Connemara Marble Products Ltd.	227
Conoco	578
– -Austria Mineraloel Gesellschaft mbH	843
– Elf	870
– Inc.	358, 842
– Ltd.	411
– Mineraloel GmbH	369, 370, 375, **842**
– Norway Inc.	520, 522
– (U.K.) Limited	**407**, 479
Conodate	230
Conrhein Coal Company	641
Conroy Petroleum & Natural Resources plc	226
Conseil	
– Européen de l'Industrie Chimique	614
– Géologique	959
– international du droit de l'environnement, CIDE	981
– Mondiale de l'Energie CME	979
– national consultatif de l'industrie charbonnière	959
– supérieur de la sécurité minière	959
Consejo de Seguridad Nuclear	781
Consejo Superior del Ministerio de Industria y Energia	977
Consens Gesellschaft für Kommunikationswesen Gesellschaft m.b.H.	759
Consol Energy Inc.	89
Consolidation/Nordstern, Bergwerk	48
Consortium für elektrochemische Industrie GmbH	609
Consulta-Chemie GmbH	379
Consulting-Büro für Bergbaubetriebswirtschaft und Mineralwirtschaft	258
Contigas Deutsche Energie AG	**323**, 328, 331, 332, 623, 625, 659, 662
Continental Netherlands Oil Company	**492**, 519
Continentale Erz-Gesellschaft mbH	858
Coördinatiecentrum Reddingswezen, C.C.R.	206
Cookson Peñarroya Plastiques S.A.	213
Cookson plc	861
Coolbawn Mining Ltd.	227
Cooper Oil Tool GmbH	377
Coparex	401
Coparex, Compagnie de Participations, de Recherches et d'Exploitations Pétrolières	397
Coparex Norge A/S	397
Coper, Office de Coopération pour l'utilisation rationnelle de l'énergie	791
Copper Range Co.	138
Copperweld Corp.	212
Coprep, Comité des Programmes d'Exploration-Production	963
Cordes & Co GmbH	597
Corexcal. Inc.	397
Corexland BV	397
Cork Gas Co.	481
Cornish Chamber of Mines, The	224
Cornish Mining Development Association	224
Corporation of Mines Minerals Industry and Shipping	218
Corrap	722
Cory Coal Ltd.	848, **870**
Coryton, Raffinerie	412
Cosid GmbH	605
Costain Coal Inc.	285
Council of Mining and Metallurgical Institutions	281
Cova Kunstkohle- und Grafit GmbH	141
CPBP, Comité Professionnel du Butane et du Propane	877
CPDP, Comité Professionnel du Pétrole	401
CRA Ltd.	223, 285
Crae S.A.	876
Crämer Erben GmbH, Wilh.	841
Crédit Communal de Belgique	709
Cremona, Raffinerie	486
Cressier, Raffinerie	568
Croft Oil & Gas Plc	478
Crowe Schaffalitzky and Associates Ltd., CSA	230

Cruede Chemicals	585	– Mineraloel GmbH	347
CSA, Crowe Schaffalitzky and Associates Ltd.	230	– Mineralölverkauf Duisburg GmbH	347
C.S.C Industries	213	– Mineralölverkauf Frankfurt GmbH	347
C.S.E., Compañía Sevillana de Electricidad	778	– Mineralölverkauf Köln GmbH	347
Cualicontrol S. A.	1018	– Mineralölverkauf Mannheim GmbH	347
Cui Consultinggesellschaft für Umwelt und Infrastruktur mbH	104	– Mineralölverkauf München GmbH	347
		– Mineralölverkauf Nürnberg GmbH	347
CUTEC-Institut, Clausthaler Umwelttechnik-Institut GmbH	799	– Mineralölverkauf Stuttgart GmbH	347
		– Werk UK Wesseling	348
CWH AG	676	Dederer GmbH	609
Cyro Industries, Mt. Arlington	602	(DEF), Danske Elvaerkers Forening	713
Czechoslovak Gas Association	580	Defontaine SA	133
		Defra-Test GmbH	377
da Fonseca, Lda., A. J.	268	Defrol GmbH	843, 863
Dahmann GmbH, Oel	841	DEG, Deutsche Energie-Gesellschaft e. V.	1000
Daicel-Hüls Ltd.	599	Degussa	772
Dana Exploration PLC	227	– AG	**130**, 139, 184
Dangas GmbH Regiegesellschaft	341, 389	– Antwerpen N.V.	131
Daniel E. Deeny	231	– Bank GmbH	131
Danish Environmental Protection Agency	960	– Canada Ltd.	131
Danish Geotechnical Institute	960	– Corporation	131
Danish Petroleum Industry Association	877	– France S.A.R.L.	131
Danmark Protein A/S	608	– Ibérica S.A.	131
Danmarks Elektriske Materielkontrol (Demko)	960	– Japan Co.	131
		– Ltd.	131
Danmarks Geologiske Undersøgelse, Geologisches Landesamt von Dänemark	960	– Prodotti Ceramici S.p.A.	131
		– Produits Céramiques S.A.	131
Dannemora Gruvor AB	270	– s. a.	131
Dansk		D.E.I., Dimosia Epicheirisi Ilektrismou	728
– Gasteknisk Forening	580	Deilmann	
– Kerneteknisk Selskab	713	– AG, C.	125, 154, 164, **294**, 372, 374
– Naturgas A/S	389, **390**	– Erdöl Erdgas GmbH	125, 294, 304, 314,
– Olie og Gasproduktion A/S	389		316, 321, 338, 367, 369, 374, 377
– Olie og Naturgas A/S	**389**, 390	Deilmann-Haniel GmbH	35, 125, **154**,
– Olieforsyning A/S	389		156, 160, 184, 294
– Olierør A/S	389	Delot Métal	213
– Shell, A/S	390	Demetron GmbH	131
– Undergrunds Consortium, DUC	389	Deminex	292
Danske Elvaerkers Forening (DEF)	713	– Al Jazera Petroleum GmbH	362
DAR Duale Abfallwirtschaft und Verwertung Ruhrgebiet GmbH	800	– Albania GmbH	299
		– Albania Petroleum GmbH	362
Dartmouth Shipping Inc.	411	– Argentina S.A.	296
Dasag Deutsche Naturasphalt GmbH	142	– (Canada) Ltd.	296
Date Consulting Nordhausen GmbH	172	– – Deutsche Erdölversorgungsgesellschaft mbH	**296**,
Dativo Oy	718		362, 364, 374, 641
Dattner Oel-Handelsges., Willy	841	– Egypt Branch	296
Datuk Keramat Smelting Sendirian Bhd.	125	– Ethiopia Petroleum GmbH	362
DBE, Deutsche Gesellschaft zum Bau und Betrieb von Endlagern für Abfallstoffe mbH	822	– Indonesia, P. T.	296
		– Java Oel GmbH	299
DBI Gas- und Umwelttechnik GmbH	656	– Norge AS	296
DBK	212	– Petroleum Syria GmbH	299
DBVW, Deutscher Bund der verbandlichen Wasserwirtschaft	1032	– Romania Petroleum GmbH	362
		– Sumatra Oel GmbH	299
DCPR, Didier Corporation de Produits Réfractaires	859	– Syria GmbH	299
		– UK Balmoral Limited	407
de Brit and Associates	231	– UK North Sea Limited	407
de Fos-sur-Mer, Raffinerie	399	– UK Oil and Gas Ltd	296, **407**, 479
de Normandie, Raffinerie	399	– UK Petroleum Limited	407
de Port-Jerome, Raffinerie	399	– Wolga Petroleum GmbH	362
de Provence, Raffinerie	399	Den Norske Stats Oljeselskap A/S, Statoil	**521**, 522
DEA	578	Den Norske Stats Oljeselskap Deutschland GmbH, Statoil	521
– AG	379		
– -Fertigprodukten-Leitungen Heide-Brunsbüttel	370	Denain-Anzin Mineraux SA	215
– Mineraloel AG	344, **347**, 358, 360, 368,	Denerco K/S Mineraux SA	215
	369, 370, 371, 375, 378, 641	Denison Mines Ltd.	404
– Mineraloel AG, Werk UK Wesseling	344	Department of Energy	965, 967

REGISTER DER UNTERNEHMEN, BEHÖRDEN UND ORGANISATIONEN
D

Department of the Environment	965, 967
Department of Trade and Industry DTI	966
Depogas, Ges. zur Gewinnung und Verwertung von Deponiegasen mbH	625
Deponiegesellschaft Horrem Dr. Müller GmbH	153
des Flandres, Raffinerie	400
Desestañeria Goldschmidt del Caribe Inc.	596
Desowag Materialschutz GmbH	608
Desy, Deutsches Elektronen-Synchrotron	**695**, 998
DESY – IfH Zeuthen Institut für Hochenergiephysik	695
Det Danske Stalvalsevaerk A/S	179
Deudan Deutsch/Dänische Erdgastransport-Gesellschaft mbH	341
Deudan-Holding GmbH	341
Deumu Deutsche Erz- und Metall-Union GmbH	125
Deutag, Deutsche Tiefbohr AG	294, **372**
Deutag Friesland Drilling B. V.	372
Deutag (Nigeria) Ltd.	372
Deutag Overseas (Curaçao) N. V.	372
Deutsch Überseeische Petroleum GmbH	843
Deutsch Überseeische Petroleum GmbH & Co., Dupeg Tank-Terminal	377, 843
Deutsche	
– Angestellten-Gewerkschaft	1034
– Angestellten-Gewerkschaft, Bundesberufsgruppe Bergbau	202
– Avia Mineralöl-GmbH	841
– Bank AG	184, 747, 810
– Baryt-Industrie Dr. Rudolf Alberti	137, **142**, 178
– Bohrmeisterschule in Celle	997
– BP AG	344, 345, 359, 368, 594
– BP Aktiengesellschaft	**346**, 356, 359, 370, 371, 375, 378, 843, 858
– BP Chemie GmbH	858
– Buna Handelsgesellschaft	590
– Bundesbahn, Zentralstelle Absatz	706
– Bundesstiftung Umwelt	829
– Calypsolgesellschaft mbH	379
– Castrol Industrieöl mbH	379
– Castrol Vertriebsgesellschaft mbH	843
– Energie-Gesellschaft e. V., DEG	1000
– Erdgas Transport GmbH	**315**, 349
– Erdölversorgungsgesellschaft mbH, Deminex	362, 364
– Exxon Chemical GmbH	356, **593**
– Fibercast	74
– Flüssigerdgas Terminal Gesellschaft mbH, DFTG	320, 321, **341**, 356, 364
– Forschungsanstalt für Luft- und Raumfahrt e. V. (DLR)	999
– Forschungsgemeinschaft, DFG	829
– Gesellschaft für Abfallwirtschaft e. V., DGAW	800
– Gesellschaft für Erdölinteressen mbH	349
– Gesellschaft für Moor- und Torfkunde (DGMT) eV	183
– Gesellschaft für Ölwärmeinteressen mbH	349
– Gesellschaft für Sonnenenergie e. V., DGS	1001
– Gesellschaft für Tankstellen- u. Parkhausinteressen mbH	349
– Gesellschaft für Technische Zusammenarbeit (GTZ) GmbH	900
– Gesellschaft für Umweltschutz e. V.	829
– Gesellschaft für Wiederaufarbeitung von Kernbrennstoffen mbH, DWK	630, 638, 706, 824, 825
– Gesellschaft für Windenergie e. V., DGW	1001
– Gesellschaft zum Bau und Betrieb von Endlagern für Abfallstoffe mbH, DBE	706, **822**
– Hefewerke GmbH	599
– Innenbau GmbH, DIG	158
– Kohle Marketing GmbH	35, **685**, 692, 843
– Mathematiker-Vereinigung (DMV)	695
– MontanTechnologie für Rohstoff, Energie, Umwelt e. V.	175, **186**, 187, 193, 375
– Naturasphalt GmbH, Dasag	142
– Oiltools GmbH	377
– Pentosin-Werke GmbH	358
– Physikalische Gesellschaft, DPG	695
– Projekt Union GmbH	800, 802
– Projekt Union GmbH/Planer-Ingenieure, DPU	802
– Schachtbau- und Tiefbohrgesellschaft mbH	292, **299**
– Seeverkehrs-AG, Midgard	853
– Shell AG	292, 294, 315, 344, 345, **348**, 370, 371, 374, 378, 593, 601, 866
– Shell Aktiengesellschaft	375, 378, 379
– Shell Chemie GmbH	349, **593**
– Shell Tanker-Gesellschaft mbH	349
– Shell Tankstellen GmbH	349
– Tiefbohr AG, Deutag	125, 294, **372**
– Total GmbH	370
– Transalpine Oelleitung GmbH	347, 348, 356, 358, 360, 362, 363, 364, 369
– Veedol GmbH	375, **843**
– Verbundgesellschaft eV, DVG	**694**, 700
– Wissenschaftliche Gesellschaft für Erdöl, Erdgas und Kohle e. V., DGMK	375
Deutscher	
– Asphaltverband (DAV) eV	180
– Ausschuß für das Grubenrettungswesen	201
– Braunkohlen-Industrie-Verein e. V.	170, **176**, 999
– Bund der verbandlichen Wasserwirtschaft, DBVW	1032
– Fachverband Solarenergie e. V., DFS	1001
– Gewerkschaftsbund	1035
– Gießereiverband e.V., DGV	179
– Kokereiausschuß	197
– Markscheider-Verein eV (DMV)	1001
– Naturwerkstein-Verband eV	181
– Schrottverband e. V., DSV	827
– Straßen-Dienst GmbH	112
– Umwelttag e. V.	829
– Verband Flüssiggas, DVFG	**864**, 877
– Verband für Wasserwirtschaft und Kulturbau eV, DVWK	1029
– Verband unabhängiger Überwachungsgesellschaften für Umweltschutz e. V., DVÜ	830
– Verein des Gas- und Wasserfaches eV, DVGW	**385**, 580
Deutsches	
– Atomforum e V	**694**, 787
– Bergbau-Museum Bochum	196, **1001**
– Brennstoffinstitut GmbH	177, **1002**
– Elektronen-Synchrotron, Desy	**695**, 998
– Erdölmuseum in Wietze	1001
– Institut für Normung e. V., DIN	197, 378, **1020**
– Institut für Wirtschaftsforschung	999, **1002**
– Kalisyndikat GmbH	112
– Kohlen-Depot Handelsgesellschaft mbH	72

- Krebsforschungszentrum (DKFZ) 999
- Kupfer-Institut 204
- National-Komitee für die Welt-Erdöl-Kongresse, DNK 376
- Nordsee-Konsortium **299**, 314
- Patentamt 900
Deutz Erdgas GmbH **299**, 304, 374
Deutzer Oel AG & Co. KG 845
DFG, Deutsche Forschungsgemeinschaft 829
DFS, Deutscher Fachverband Solarenergie e. V. . 1001
DFTG, Deutsche Flüssigerdgas Terminal Gesellschaft mbH 320, 321, **341**, 356, 364
DGAW, Deutsche Gesellschaft für Abfallwirtschaft e. V. 800
DGMK, Deutsche Wissenschaftliche Gesellschaft für Erdöl, Erdgas und Kohle e. V. 375
DGMT eV, Deutsche Gesellschaft für Moor- und Torfkunde 183
DGS, Deutsche Gesellschaft für Sonnenenergie e. V. 1001
DGV, Deutscher Gießereiverband e.V. 179
DGW, Deutsche Gesellschaft für Windenergie e. V. 1001
DHC Solvent Chemie GmbH 360, 363
DHS, Dillinger Hütte Saarstahl AG 320
Dickel Städtereinigung GmbH & Co. 828
Dicol Sociedade Distribuidora de Combustíveis e Lubrificantes da Guiné-Bissau 565
Didier
- Belgium N.V. 859
- Corporation de Produits Réfractaires DCPR 859
- in Österreich Ges. m. b. H. 859
- Misch- und Trenntechnik MUT GmbH . . . 859
- Ofu Engineering GmbH 169, 1003
- Ofu, S.A. (Dosa) 859
- S.A. 859
- Société Industrielle de Production et de Constructions (DSIPC) 859
- (South Africa) (Pty) Limited 859
- Werke AG 143, 659, **858**, 1003
Didillon Mineralölhandel GmbH 841
DIG Deutsche Innenbau GmbH 158
diga die gasheizung GmbH 320
Dillinger Hütte Saarstahl AG, DHS 320
Dimosia Epicheirisi Ilektrismou, D.E.I. **728**
DIN, Deutsches Institut für Normung e. V. 197, 378, **1020**
Dinosaure SNC 398
Directional Drilling Service GmbH 377
Discaris GIE 398
Distribuidora de Combustíveis, SA, Moçapor . . . 565
Distribuidora de Gas de Zaragoza, S.A. 576
Distrigaz SA 388
Dittmann & Neuhaus AG 132
Division Sud 958
DMT
- -Bergberufsschule Mitte mit Fachoberschule für Technik 194
- -Bergberufsschule Ost mit Fachoberschule für Technik 194
- -Bergberufsschule West mit Fachoberschule für Technik 194
- -Bergfachschule für Technik 194
- Deutsche MontanTechnologie für Rohstoff, Energie, Umwelt e. V. 36, **186**, 375
- -Fachhochschule Bergbau 194
- -Fachstelle für Ergonomie 189
- -Fachstelle für Gebirgsschlagverhütung . . . 188
- -Fachstelle für Gefahrstoffe im Bergbau . . 189
- -Fachstelle für Kokereitechnik 193
- -Fachstelle für leittechnische Einrichtungen mit Sicherheitsverantwortung 191
- -Fachstelle für Schwingungstechnik und Akustik 189
- -Fachstelle für Sicherheit 189
- -Fachstelle für Sicherheit — Prüfstelle für Grubenbewetterung 189
- -Fachstelle für Sicherheit elektrischer Betriebsmittel — Bergbau-Versuchsstrecke . . . 191
- -Fachstelle für Staub- und Silikosebekämpfung . 189
- -Fachstelle für Umwelt und Analytik 192
- -Forschungsinstitut für Montangeschichte, Deutsches Bergbau-Museum 196
- -Gesellschaft für Forschung und Prüfung mbH . **186**, ... 197, 198, 201, 282
- -Gesellschaft für Lehre und Bildung mbH . . . . 186, ... 187, **193**, 993
- -Institut für Bewetterung, Klimatisierung und Staubbekämpfung, IBS 189
- -Institut für Chemische Umwelttechnologie, ICU 192
- -Institut für Förderung und Transport, IFT . . . 188
- -Institut für Gebirgsbeherrschung und Hohlraumverfüllung, IGH 188
- -Institut für Kokserzeugung und Kohlechemie, IKK 192
- -Institut für Lagerstätte, Vermessung und Angewandte Geophysik, ILG 191
- -Institut für Prozeßleitsysteme und elektrische Anlagen, IPE 190
- -Institut für Rettungswesen, Brand- und Explosionsschutz, IRB **189**, 201
- -Institut für Rohstoffe und Aufbereitung, IRA 192
- -Institut für Unternehmensführung und Fortbildung, IFU 195
- -Institut für Vortrieb und Gewinnung, IVG . . . 187
- -Institut für Wärme- und Stromerzeugung, IWS 193
- -Institut für Wasser- und Bodenschutz – Baugrundinstitut — IWB 191
- -Meßstelle Arbeitsplätze 192
- -Meßstelle Emissionen, Immissionen 192
DMV, Deutscher Markscheider-Verein eV 1001
DNK, Deutsches National-Komitee für die Welt-Erdöl-Kongresse 376
Dörentrup Quarz GmbH 143
Dörentruper Sand- und Thonwerke GmbH . . . 143
Dörrenberg Edelstahl GmbH 179
Dolomitbergbau
- Gaaden 251
- Gumpoldskirchen 252
- Ludesch 257
- Schwaz 253
- und Kalkwerk Leoben 256
Dolomitgrube Josef-Stollen 151
Dolomitwerke GmbH **148**, 150
Dolphin A/S 522
Domoplan Gesellschaft für Bauwerk-Sanierung mbH 156
Domoplan Sachsen Baugesellschaft mbH . . . 156
Donaukraftwerk Jochenstein AG 757, **758**
Donaukraftwerke AG 757

REGISTER DER UNTERNEHMEN, BEHÖRDEN UND ORGANISATIONEN
D – E

Donau-Tanklagergesellschaft mbH & Co KG, DTL	841
Dorfmüller Solaranlagen GmbH	1000
Dorfner Analysenzentrum und Anlagenplanungsgesellschaft mbH	143
Dorfsanierungs- und Entwicklungsgesellschaft mbH	104
Dormineral	143
Dornier GmbH	1000
Dorr Sonderabfall-Verwertung GmbH	828
Dorsch Consult Ingenieurgesellschaft mbH	1018
Dortmund, Kraftwerk	656
Douglas Colliery Limited	285
Dow	578
– Benelux N.V.	519
– Chemical GmbH	304, 366, 675
– Corning GmbH	379
– Deutschland Inc.	593
– Deutschland Inc., Werk Stade	120
Dowell Schlumberger (Eastern) Inc	374, 377
DPG, Deutsche Physikalische Gesellschaft	695
DPU, Deutsche Projekt Union GmbH	800, 802
Dr. Stöcker GmbH, Chemische Fabrik	604
Draht- und Seilwerke GmbH	179
Drahtwerk St. Ingbert GmbH	179
Dramin - Exploração de Minas e Dragagens, Lda.	266
Drauz Werkzeugbau GmbH	133
Drawin Vertriebs GmbH	609
Drayton Coal Pty Ltd.	285
Dreieich GmbH, Blockheizkraftwerk	331
Dreieich GmbH, Stadtwerke	331
Dreislar, Schwerspatgrube	151
Dresdner Bank AG	184, 747, 810
Droß, Tonbergbau	253
Druckgußwerk Ortmann GmbH	213
Drummond Company Inc., The	285
DS-Mineralöl GmbH	863
DSD Dillinger Stahlbau GmbH	377
DSD-ABR Anlagen-, Behälter- und Rohrleitungsbau GmbH	377
DSD-CTA Gas- und Tankanlagenbau GmbH	377
DSM Energie BV	518
DSM Kunststoffen BV	519
DST-España S. A.	296
DSV, Deutscher Schrottverband e. V.	827
DTI, Department of Trade and Industry	966
DTL, Donau-Tanklagergesellschaft mbH & Co. KG	841
Du Pont Conoco Technologies (France) SA	401
Du Pont de Nemours & Company, E. I.	407, 859
Du Pont de Nemours (Deutschland) GmbH	859
Dublin Gas	481
DUC, Dansk Undergrunds Consortium	389
Dülmen GmbH, Stadtwerke	656
Düsseldorf AG, Stadtwerke	667, 682, 685, 687, 867
Düsseldorf-Lausward, Kraftwerk	668
Düsseldorfer Consult GmbH	802
Düsseldorfer Consult GmbH Energie-, Wasser- und Umwelttechnologie	668
DUHO Verwaltungsgesellschaft mbH	902
Duisburg AG, Stadtwerke	668, 682, 687
Duisburg-Huckingen, Kraftwerk	644
Duisburg-Wanheim GmbH (KDG), Kraftwerk	668
Duisburger Kupferhütte GmbH	179
Duisburger Versorgungs- und Verkehrsgesellschaft mbH	668
Dupeg Tank Terminal, Deutsch-Überseeische Petroleum GmbH & Co.	377, 843
Dutch Atomic Forum	788
DVFG, Deutscher Verband Flüssiggas	**864**, 877
DVG, Deutsche Verbundgesellschaft eV	**694**, 700
DVGW, Deutscher Verein des Gas- und Wasserfaches eV	**385**, 580
DVGW-Forschungsstelle, Engler-Bunte-Institut	991
DVÜ, Deutscher Verband unabhängiger Überwachungsgesellschaften für Umweltschutz e. V.	830
DVWK, Deutscher Verband für Wasserwirtschaft und Kulturbau eV	1029
DWK, Deutsche Gesellschaft für Wiederaufarbeitung von Kernbrennstoffen mbH	638, 824, 825
Dyckerhoff AG	866
Dyko Industriekeramik GmbH	181
Dynamit Nobel AG	138, 594
Dynamit Nobel Iberica S. A.	594
Dynamit Nobel RWS Inc.	594
EAB Energie-Anlagen Berlin GmbH	625
EAB Fernwärme GmbH	625
EAC Energy A/SbH	625
EAG Entsorgungs Aktiengesellschaft	332
EAG, Erdöl-Auslieferungs-Gesellschaft mbH	296
EAM, Elektrizitäts-Aktiengesellschaft Mitteldeutschland	328, 638
East Midlands Electricity plc	732
Eastern Electricity plc	732
Eastham, Raffinerie Limited	412
Eastman Christensen GmbH	372, 374
Eastman Instruments GmbH	372
Eastman Teleco	377
Eastman Whipstock GmbH	372
Ebag	682
Ebensee, Saline	243
EBG, Energiebeteiligungsgesellschaft mbH	623
EBG Gesellschaft für elektromagnetische Werkstoffe mbH	140, 179
EBN, Energie Beheer Nederland B. V.	518
EBV, Erdölbevorratungsverband	366
EBV, Europäischer Bergarbeiterverband	1037
EBV-Controlling GmbH	74
EBV-Fernwärme GmbH	74
EBV-Holz GmbH	74
EC Erdölchemie GmbH	347, 371, 590, **594**
ECE, Commission Economique des Nations Unies pour l'Europe	980
ECI Produktions-GmbH	594
Eckard Ges. m. b. H., Quarzitwerk Penk Hans	254
Eckelmann Transport u. Logistik GmbH, Carl Robert	378
Ecker Maschinenbau GmbH & Co. KG	184
Ecolab Ing.	597
Ecoplan Institut für Immissionsschutz GmbH	802
Ed. Züblin AG, Stuttgart	816
Edeleanu Asia Pte Ltd	352
Edeleanu Gesellschaft mbH	352
Edeleanu SDN BHD	352
Edelhoff Entsorgung GmbH & Co	796, 815
Edelstahlwerke Buderus AG	179
Edem, Esercizi Depositi Escavazioni Minerarie S.p.A.	237
EDF, Electricité de France	**721**, 747
EDM, Empresa de Desenvolvimento Mineiro, S.A.	266

REGISTER DER UNTERNEHMEN, BEHÖRDEN UND ORGANISATIONEN

F

Fabbricazioni Nucleari 482
Fabrica Municipal de Gas de Bilbao, S.A. 576
Fabrica Municipal de Gas San Sebastian, S.A. . . . 576
Fach- und Arbeitgeberverband der Baustoffindustrie des Saarlandes eV 181
Fachausschuß Mineralöl- und Brennstoffnormung, FAM 378
Fachgemeinschaft Bergbaumaschinen im VDMA . 185
Fachgruppe
– der Bergwerke und der Eisen erzeugenden Industrie 261, 972
– für Bergbau 984
– Geowissenschaften 984
– Metallerzbergbau im Gesamtverband der Deutschen Schwermetallindustrie in der Wirtschaftsvereinigung Metalle e. V. 170
Fachhochschule Bergbau, DMT 194, 995
Fachinformationszentrum Karlsruhe, Gesellschaft für wissenschaftlich-technische Information mbH . 695
Fachverband
– Brennstoff- und Mineralölhandel Berlin-Brandenburg e.V. 864
– der Bergwerke und Eisen erzeugenden Industrie 260, 973
– der Chemischen Industrie Österreichs (FCIO) . 614
– der Elektrizitätsversorgung des Saarlandes FES — e. V. 695, 704
– der Erdölindustrie Österreichs 563
– der Gas- und Wärmeversorgungsunternehmungen 563
– der Metallindustrie 260
– der Stein- und keramischen Industrie 260
– Ferrolegierungen, Stahl- und Leichtmetallveredler e. V. 178
– für Strahlenschutz e.V. 833
– Grubenausbau 183
– Hochofenschlacke eV 180
– Steinzeugindustrie eV 181
– Textilrohstoffe in der Bundesrepublik Deutschland e. V. 827
Fachvereinigung Auslandsbergbau e. V. 184
Fachvereinigung Edelmetalle e. V. 178
Facogaz, Chambre Syndicale des Fabricants de Compteurs de Gaz 579
Fahlke Control Systems GmbH 377
FAM, Fachausschuß Mineralöl- und Brennstoffnormung 378
F. A. Petroli 489
Faregaz, Union des Fabricants Européens de Régulateurs de Pression de Gaz 581
Farmades S.p.A. 131
Faserwerk Bottrop GmbH 599
Favorit Unternehmens-Verwaltungs-GmbH . . . 356, 682, **683**
Fawley, Raffinerie 412
F.B.F.C. 214
Febeliec — Federation of Belgium Large Industry Energy Consumers 789
Febupro, Fédération Butane Propane Asbl 877
Fechner Holding GmbH 813, 848
Fecsa, Fuerzas Electricas de Cataluña, S.A. 779, 780, 876
Fédéchar ASBL, Fédération Charbonnière de Belgique 205
Federación Empresarial de la Industria Química Española (Feique) 614

Federacion Europea de Geologos 1037
Federación Nacional de Empresarios de Minas de Carbón (Carbounion) **280**, 284
Fédération
– Butane Propane Asbl, Febupro 877
– Charbonnière de Belgique, (Fédéchar) ASBL . . 205
– de l'Industrie du Gaz 388
– des Chambres Syndicales des Minerais, Mineraux Industriels et Metaux Non Ferreux 215
– des Entreprises de Métaux Non Ferreux 206
– des Industries Chimiques de Belgique (FIC/FCN) 614
– des Industries extractives et transformatrices de roches non combustibles, Carrières unies de Porphyre 207
– des Mineurs d'Europe 282
– Européenne des Géologues 1037
– Française des Pétroliers Independants, »F.P.I.« **870**, 877
– internationale des syndicats de travailleurs de la chimie, de l'énergie et des industries diverses, ICEF 1037
– Pétrolière Belge 388
– Professionnelle des Producteurs et Distributeurs d'Electricité de Belgique, Vlaamse Instelling voor Technologisch Onderzoek 710
Federation
– of Astronomical and Geophysical Services . . . 284
– of Irish Chemical Industries (FICI) 614
– of Small Mines of Great Britain, FSMGB 224
Federazione
– Italiana GestoriImpianti Stradali Carburanti . . 872
– Nazionale Commercio Petroli Assopetroli 877
– Nazionale dell'Industria Chimica (Federchimica) 614
– Sindicale Italiana Industriali Minerari 238
Fehring, Illitbergbau 257
Feichtinger Ges. m. b. H. & Co. KG., Quarzit-Sandwerke 254
Feichtinger Gesellschaft m. b. H. 254
Feldhaus Schwerspatgrube GmbH 154
Feldhaus und Söhne GmbH & Co KG, Anton 154
Fels-Werke GmbH 125, 126
Felten & Guilleaume Energietechnik AG 663
Feltrim Mining Plc. 227
Ferngas Holding AG 562
Ferngas Nordbayern GmbH . . . **316**, 320, 321, 326
Ferngas Salzgitter GmbH 294, 316, **317**, 320, 326, 330
Fernheizwerk Ziehers-Nord GmbH 326
Fernwärme
– Esslingen GmbH 665
– GmbH Hohenmölsen 104
– Rhein-Neckar GmbH 622
– Ulm-Süd GmbH 626
– Unterland GmbH 626
– -Verbund Saar GmbH 686, 689
Fernwärmekraftwerk Marl 654
Fernwärmekraftwerk Recklinghausen 654
Fernwärmeverbund Niederrhein Duisburg/Dinslaken GmbH, FVN 668
Fernwärmeversorgung
– Freising GmbH, FFG 664
– Gelsenkirchen GmbH 647, 690
– Hameln GmbH 661

REGISTER DER UNTERNEHMEN, BEHÖRDEN UND ORGANISATIONEN
F

- Herne GmbH 652
- Niederrhein GmbH 647
- Ochsenfurt GmbH 328
- Universitäts-Wohnstadt Bochum GmbH . 647, 690
Ferralloy Corporation 125
Ferrocommerz N.V. 134
Ferrominas, E.P. 266
Ferrostaal AG 184
Ferrounion, Asociación de Empresarios de Minas de Hierro 280
Ferteco Mineração SA 133, 136, 140, 162
Fertigprodukten-Leitung Gelsenkirchen — Duisburg-Hafen 371
FES — e. V., Fachverband der Elektrizitätsversorgung des Saarlandes 695, 704
FES, Forschungs- und Entwicklungszentrum Sondermüll 803
Fettfabrik Kiel 348
Feuerfest & Co. GmbH, Dr. C. Otto 125, 126,
. . . . 142, 147, 1003
Feuerfest-Faser-Technik Ges. m. b. H., Alfatec 251
Feuerfestwerk Bad Hönningen GmbH 150
FFG, Fernwärmeversorgung Freising GmbH . . . 664
»F.F.P.I.«, Fédération Française des Pétroliers Independants 870
FGU Berlin, Fortbildungszentrum Gesundheitsund Umweltschutz Berlin e. V. 803
FhG, Fraunhofer-Gesellschaft 695, 1004
Fiat Lubrificanti 489
Fido Handel und Transport KG 866
Fimitol-Schmierungstechnik Julius Fischer KG . . 379
FINA Aviation, Société Anonyme 571
Fina
- Deutschland GmbH 368, 375, 379, **844**
- Europe S. A. 844
- Exploration Ltd 408, 479
- Exploration Norway 522
- France 369, 401
- Italiana 483, 485, 489
- Mineralölvertriebs-GmbH 844
- Nederland BV 492, 519
- Raffinaderij Antwerpen n. v. 386
Financial Mining Industrial and Shipping Corporation 219
Financière d'Angers 212
Finke GmbH & Co KG, Emil 379
Finnish
- Energy Economy Association **720**, 787
- Gas Association, The 580
- Petroleum Federation 877
- Petroleum Federation, Öljyalan Keskusliitto . . 396
- Power Plant Association 720
Finnoil Oy 395, 396
Fischbach, Grube 83
Fischer, Gießereisand KG Ing. 252
Fischer Meß- und Regeltechnik GmbH & Co KG, Klaus 131
Fischer Statzendorf, Aufbereitung 252
Fixierbad-Verwertung GmbH & Co. KG, FVG . 828
Flachglas Solartechnik GmbH 1000
Flam S. à. r. l. 852
Fleming's Fireclays Limited 226
Flensburg GmbH, Stadtwerke 682, **687**, 867
Flotation Karlsruhe 144
Flüggen Kohlenhansa GmbH, C. 74, 841

Flüssiggas GmbH 845
Flüssiggas-Großvertrieb für Propan u. Butan GmbH 349
Flüssiggas-Terminal Emden GmbH 349
Flüssiggas-Verband, Europäischer 877
Fluorsid S.p.A. 237
Fluß- und Schwerspat GmbH 117
Fluß- und Schwerspatwerke Pforzheim GmbH 144
Flußspatgrube Käfersteige 144
Flynn and Lehany Coal Mines Ltd. 227
Fördergesellschaft Windenergie e. V. 1003
Förderverein der Bergbauzulieferindustrie e. V. . . 169
Föreningen Kärnteknik 766
Fondation européenne de la science 981
Fonderie de Gentilly 216
Fonderie et Manufacture des Métaux S.A. . . . 213
Fonderies d'Ussel 214
Foratom, Europäisches Atomforum 787
Forbach Fond, U. E. 210
Forces Motrices Hongrin-Léman S. A. 773
Fording Coal Limited 285
Foreningen af Danske Kemiske Industrier (FDKI) . . . 614
Forschungs- und Entwicklungszentrum Sondermüll, FES 803
Forschungsanlage Jülich GmbH 999
Forschungsgemeinschaft Explorations-Geophysik eV 203
Forschungsgemeinschaft Seismik 203
Forschungsgesellschaft Bergbau + Bergwissenschaften eV Trier 1003
Forschungsgesellschaft Wolfsburg mbH 689
Forschungsgesellschaft Wolfsburg mbH für Energie-, Wasser- und Verkehrstechnik 696
Forschungskuratorium Maschinenbau e. V. . . . 833
Forschungsstelle für Energiewirtschaft 1003
Forschungszentrum für Umwelt und Gesundheit, GmbH, GSF **805**, 999
Forschungszentrum Jülich GmbH 696
Fortbildungszentrum Gesundheits- und Umweltschutz Berlin e. V. FGU Berlin . . . 803
Fortuna/Bergheim, Tagebau 89
Fortuna-Nord, Veredlungsbetrieb 89
Forum Atómico Espanol 782
Forum Atomique Français 723
Forum Nucléaire Belge 710
Fosroc, Divisie van Foseco Minsep Int. BV 519
Frachtcontor Junge & Co. 854
Fränkische Gas-Lieferungs-Gesellschaft mbH . . 323,
. . . . **325**, 333, 638, 663
Fränkische Licht- und Kraftversorgung AG 333, 638, 693
Fränkisches Überlandwerk AG 333, 638, 693
Fragema 722
Fragol Industrieschmierstoff GmbH 842
Framin Mineralöl GmbH 360
Francarep S.A. 397
France Alfa 213
France Céram 213
Franco-Belge de Fabrication de Combustibles . . 722
Frank & Schulte GmbH 854, **859**
Franken I, Kraftwerk 629
Franken II, Kraftwerk 629
Frankenwald GmbH, Gasversorgung 326
Frankfurt am Main, Stadtwerke **668**, 682, 687

REGISTER DER UNTERNEHMEN, BEHÖRDEN UND ORGANISATIONEN
F – G

Franz Hoffmann & Söhne KG, Hoffmann Mineral	145
Franzefoss Bruk A/S	239
Französisches Atom-Forum	788
Fraser Gesellschaft für Unternehmensberatung m.b.H.	166
Fraunhofer-Gesellschaft, FhG	1004
Fraunhofer-Gesellschaft zur Förderung der angewandten Forschung, FhG	695
Fraunhofer-Institut für Systemtechnik und Innovationsforschung, ISI	1003, 1004
Frechen, Veredlungsbetrieb	91
Frechen, Werk	147
Fredericia, Raffinerie	390
FREHO Immobilien-Verwaltungsgesellschaft mbH	902
Freiberger Wärmeversorgung GmbH	686
Freiburger Energie- und Wasserversorgungs-AG	333, 638
Fren — Erschließungs- und Bergbau Gesellschaft m. b. H.	259
Frendo S.p.A.	604
Freytag GmbH & Co. KG, Ludwig	377
Fricke & Co GmbH, Otto	845
Fried. Krupp AG	135
Fried. Krupp GmbH	135, 179
Friedrich Heinrich, Bergwerk	38
Friedrich Heinrich Verwaltungs-AG	36
Frimmersdorf, Kraftwerk	645
Frings, Frix Mineral Hermann H.	252
Frings, Hausruck-Mineralindustrie Hermann H.	252
Frix Karlstetten, Ton- und Quarzsandbergbau	252
Frix Mineral Hermann H. Frings	252
Frix Unterwölbling, Aufbereitung	252
Fröhling & Co, »Holifa«	379
Frölich & Klüpfel Untertagebau GmbH & Co KG	154
Frölich & Klüpfel Untertagebau Verwaltungs-GmbH	154
Frontier-Kemper Constructors Inc.	154
FSG-Holding GmbH	317, 320, 333, 638
FSMGB, Federation of Small Mines of Great Britain	224
Fuchs'sche Tongruben GmbH & Co KG	144
Fuchs	
– Mineraloelwerke GmbH	379
– Petrolub AG Oel + Chemie	842, 856
– Petrolub AG Oel + Chemie/Valvoline Oel GmbH & Co.	375
– -Verwaltungs-GmbH	144
Fuel Littoral SN SNC	398
Fürst Leopold/Wulfen, Bergwerk	42
Fürstenhausen, Kokerei	66
Fuerzas Eléctricas de Cataluña, S.A.	779, 780, 782
Fuerzas Eléctricas de Navarra, S.A.	782
Fuerzas Hidroeléctricas del Segre, S.A.	782
Fuhse Mineralöl-Raffinerie, Horst	828
»F. u. K.« Frölich & Klüpfel Untertagebau GmbH & Co KG	154
Fulda GmbH, Gas- und Wasserversorgung	317, 326
Fusor Druckgußwerk Beteiligungs-GmbH	213
Fusor Druckgußwerk GmbH & Co. KG	213
FVG, Fixierbad-Verwertung GmbH & Co. KG	828
FVN, Fernwärmeverbund Niederrhein Duisburg/Dinslaken GmbH	668
FVS, Fernwärme-Verbund Saar GmbH	686
FVS GmbH	682
Fynsværket, I/S	713
Gaaden, Dolomitbergbau	251
Gaaden Ges. m. b. H. & Co. KG, Baukontor	251
Gabe — Groupement des Autoproducteurs Belges d'Electricité	789
GABEC Gasanlagenbau-Engineering GmbH	377
Gabeg — Gasanlagenbau-Engineering GmbH	372
Gähringer, August	379
GAF, Gesellschaft für angewandte Fernerkundung mbH	802
GAF-Hüls-Chemie GmbH	599
Gaildorf, Gasversorgung	323
GAL Fernwärmeschiene Saar-West Besitz-GmbH & Co. KG	686
Galp International Corporation	565
Gambach, Werk	147
Gansa S.A.	570
Ganzer KG, Allergopharma Joachim	600
Gareth V. Jones	232
Garmhausen & Partner Gesellschaft für Softwareentwicklung und Vertrieb mbH	35
Gartec GmbH	172
Gartenau, Zementmergelbau	258
Garth Resources Limited	478
Garzweiler, Tagebau	89
Gas	
– Andalucía, S.A.	576
– Association of New Zealand (Inc.)	580
– Asturias, S.A.	576
– Authority of India Ltd.	580
– Castilla-La Mancha S.A.	576
– Costa Brava, S.A.	576
– Council (Exploration) Ltd.	408, 477
– de Asturias, S.A.	780
– de Burgos, S.A.	576
– de France	324
–-, Elektrizitäts- und Wasserwerke Köln AG, GEW	325, **663**, 684
– Figueres, S.A.	576
– Girona, S.A.	576
– Huesca, S.A.	576
– Igualada, S.A.	576
– Lleida, S.A.	576
– Natural de Alava, S.A.	576
– Natural SDG, S.A.	576
– Navarra, S.A.	576
– Palencia, S.A.	576
– Penedes S.A.	576
– Projects of the National Oil Corporation (SPLAJ)	580
– Rioja, S.A.	576
– Tarraconense, S.A.	576
– - und Wasser AG, Südhessische	328, **332**
– - und Elektrizitätsversorgung Oettingen	323
– - und Elektrizitätswerk Singen	323
– - und Elektrizitätswerke Wilhelmshaven GmbH	333, 638
– - und Warenhandelsgesellschaft m.b.H.	558
– - und Wasserfachverband des Saarlandes e. V.	382
– - und Wasserversorgung Fulda GmbH	317, 326
– - und Wasserwirtschaftszentrum GmbH & Co. KG, GWZ	317, 325, 663, 667, 668
– - und Wasserwirtschaftszentrum Verwaltungs-GmbH, GWZ	321

REGISTER DER UNTERNEHMEN, BEHÖRDEN UND ORGANISATIONEN
G

– -Union GmbH . **317**, 320, 326, 330, 331, 333, 635
– Valladolid, S.A. 576
– Vic, S.A. 576
– y Electricidad, S.A. 576, 778, **779**, 782
Gasag, Berliner Gaswerke 323
Gasanlagenbau-Engineering GmbH Berlin 177
Gasanstalt Kaiserslautern AG 320, 333, 638
Gasbetriebe GmbH 333, 638
Gasfernversorgung Mittelbaden GmbH 333
Gasgeräte- und -heizungsgesellschaft mbH 331
Gasgesellschaft Aggertal GmbH 663
Gasgesellschaft Sachsen-Anhalt mbH 326
Gasint, Gesellschaft für Gasinteressen mbH . . . 349
Gasstadtwerke Zerbst GmbH 317
Gasunie Engineering B.V. 518
Gasverbund Mittelland AG **569**, 570
Gasverbund Ostschweiz AG **569**, 570
Gasversorgung
– Bad Mergentheim 323
– Biedenkopf GmbH 328
– Chemnitz GmbH Erdgas Südsachsen GmbH . . 326
– Dornstadt GmbH 626
– Frankenwald GmbH 326
– für den Landkreis Helmstedt GmbH . 108, 330, 638
– für Frankfurt an der Oder und Umgebung
  GmbH 326
– für Schmalkalden und Salzungen GmbH . . . 331
– Gaildorf 323
– GmbH, Oberhessische 331
– Gotha-Eisenach GmbH 331
– Greven 323
– Hardt GmbH 622
– Heiligenstadt-Eichsfeld GmbH 328
– Hersbruck GmbH 324
– Kelheim 323
– Leipzig GmbH 326
– Magdeburg-Süd 326
– Main-Kinzig GmbH **326**, 331
– Main-Spessart GmbH **328**, 330
– Miltenberg-Burgstadt GmbH 328
– Nord-Hannover GmbH 669
– Nord-Thüringen GmbH 328
– Osthessen GmbH 326
– Sachsen-Ost GmbH 328
– Schwandorf GmbH 323
– Süddeutschland GmbH 318, 385, 670, 685
– Südhannover Nordhessen GmbH 325,
  . . . . **328**, 333, 638
– Taubertal 323
– Unterfranken GmbH **328**, 332, 333
– Unterland GmbH 626
– Wesermünde GmbH 330
– Westerwald GmbH 324, **328**
– Westliche Oberpfalz 323
– Wunsiedel GmbH 323, 663
Gasversorgungsgesellschaft mbH
  Rhein-Erft **329**, 663
Gaswärme-Institut eV 385
Gaswerk Bad Sooden-Allendorf GmbH 328
Gaswerk Wunstorf GmbH 669
Gaswerksverband Rheingau AG 333
Gaz de France 341, **400**
Gaznat SA Société pour l'approvisionnement et le
  transport du gaz naturel en Suisse romande . . . 569
Gazoduc SA 570
GbR, Gemeinschaftskraftwerk West 648

GbR, Gruppenkraftwerk Herne 650
GBS Schwerdt & Partner GmbH 374
GC-German Control Internationale
  Kontrollgesellschaft mbH 1018
GCA Geochemische Analysen
  Dipl.-Ing. M. Schmitt 377
gdb info-service für wirtschaftliche
  Energieverwendung GmbH 864
gdbm, Gesamtverband des Deutschen Brennstoff-
  und Mineralölhandels e. V. 378
GDM, Gesamtverband Deutscher Metallgießereien
  e. V. 178
GDMB, Gesellschaft Deutscher Metallhütten- und
  Bergleute eV 1004
GEAB, Gesellschaft für Energieanlagen-
  Betriebsführung mbH 647
Gebhardt & Koenig, Gesteins- und Tiefbau
  GmbH 125, 154, **156**, 160
Gebr. Didillon 844
GEBR, Entsorgungs- und Beratungsgesellschaft für
  die deutsche Recyclingwirtschaft GmbH 807
Gebr. Höver GmbH & Co., Edelstahlwerk
  Kaiserau 179
Gebr. Knauf Verwaltungsgesellschaft KG 148
Gebr. Knauf Westdeutsche Gipswerke 146
Gebr. Sulzer AG 570
Gebrüder Dorfner Kaolin- u.
  Kristallquarzsand-Werke 143
GEE, Gesellschaft für Energiewissenschaft und
  Energiepolitik e. V. 980, **1004**
Geeraert et Matthys SA 398
Gefos Gesellschaft für Oberbauschweißtechnik
  mbH 596
Gelnhausen GmbH, Kreiswerke 326
Gelsenberg AG 318, 321, 341, 347, **356**, 385
Gelsenkirchen GmbH, Fernwärme-
  versorgung 647, 690
Gelsenwasser AG 331, 656, 668
Gemeindeelektrizitätsverband
  Schwarzwald-Donau 625
Gemeindewerke Namborn GmbH GWN 671
Gemeinnützige Wohnbau GmbH 600
Gemeinschaftskernkraftwerk
– Grohnde GmbH **627**, 638, 661, 681
– Isar 2 GmbH KKI 2 . . . . **627**, 664
– Neckar GmbH, GKN . . **627**, 665, 670, 680, 681
Gemeinschaftskraftwerk
– Bergkamen A oHG, Steag und VEW 647
– Hannover GmbH, GKH 669
– Hannover-Braunschweig GmbH . . . **628**, 634, 669
– Kiel GmbH, GKK 638
– Stein Gesellschaft mbH in Liqu. (GKS) 759
– Tullnerfeld Gesellschaft mbH (GKT) 758
– Weser GmbH 627, 628, 631, 660, 661, 667
– West, GbR 647, 648
Gemeinschaftswasserwerk Volmarstein
  GmbH 660
Gemeinschaftswerk Hattingen GmbH . . . 631, 656
General Blumenthal, Bergwerk 50
General Mineral Exploration and Mining
  Development Corporation SA 218
Genoa, Raffinerie 484
Genschow »Nobel« Gesellschaft mbH, Gustav . . 594
Geo Engineering Ltd. 231
Geo Salzburg Geophysikalische und Geotechnische
  Meßsysteme Gesellschaft m. b. H. 259

REGISTER DER UNTERNEHMEN, BEHÖRDEN UND ORGANISATIONEN
G

GEO-data Gesellschaft für geologische Meßgeräte mbH	374, 377
Geodata, Geotechnische Messungen im Berg- und Bauwesen Gesellschaft mbH	259
Geoex Ltd.	231
GeoForschungsZentrum Potsdam	999, 1004
Geological Society of South Africa, The	281
Geological Survey of Finland Geologian	961
Geological Survey of Ireland	967
Geologie- und Umweltservice GmbH	172
Geologische	
– Bohrwerkzeuge GmbH	172
– Bundesanstalt	973
– Forschung und Erkundung Halle GmbH	377
– Landesuntersuchung GmbH	172
– Landesuntersuchung GmbH Freiberg/Sachsen	807
Geologisches Landesamt	
– Baden-Württemberg	905
– Bayerisches	910
– des Landes Mecklenburg-Vorpommern	919
– des Saarlandes	937
– Hamburg	915
– Nordrhein-Westfalen	927
– Rheinland-Pfalz	936
– Sachsen-Anhalt	943
– Schleswig-Holstein	945
– von Dänemark, Danmarks Geologiske Undersøgelse	960
Geomontan — Bergbauberatung Gesellschaft m.b.H.	259
Geophysik GmbH	**160**, 377
Geophysikalische und Geotechnische Meßsysteme Gesellschaft m. b. H., Geo Salzburg	259
Geopol Drilling and Geological Services GmbH	300
G.E.O.S. Freiberg Ingenieurgesellschaft mbH	162
Geos Ingenieurgesellschaft mbH	172
Geotech GmbH Berlin, Handelsgesellschaft	166
Geotechnik Technisches Büro für Berg-, Hütten- und Erdölwesen	259
Geotechnische Messungen im Berg- und Bauwesen Gesellschaft mbH, Geodata	259
Geoteknisk Institut	960
Geothermie GmbH	172
Geothermie Neubrandenburg GmbH	160
Gerlach-Werke GmbH	135
Gerling & Co. GmbH	604
German Bulk Chartering GmbH	112
German Control Warenprüfung Ostdeutschland GmbH	1018
Gerolimich SpA	484
Gersteinwerk, Kraftwerk	658
Ges. für Gasversorgung mbH	331
Ges. zur Sicherung von Bergmannswohnungen mbH, GSB	647
Gesamtmetall, Gesamtverband der metallindustriellen Arbeitgeberverbände e. V.	1033
Gesamtverband	
– der Deutschen Aluminiumindustrie	178
– der Deutschen Buntmetallindustrie	178
– der metallindustriellen Arbeitgeberverbände e. V., Gesamtmetall	1033
– des Deutschen Brennstoff- und Mineralölhandels e. V., gdbm	378
– des Deutschen Brennstoff- und Mineralölhandels Region West-Mitte e. V.	864, 865
– des deutschen Steinkohlenbergbaus	**172**, 999
– Deutscher Metallgießereien e. V., GDM	178
Geschäftsbesorgung Energieversorgung Sachsen Ost AG	626
Geschäftsstelle der Reaktor-Sicherheitskommission RSK	895
Geschäftsstelle der Strahlenschutzkommission SSK	895
Geschäftsstelle für Leistungsentlohnung	173
GESCO Gesellschaft für Geotechnik mbH – Service & Consult	377
Gesellschaft	
– Deutscher Metallhütten- und Bergleute eV, GDMB	1004
– für angewandte Fernerkundung mbH, GAF	802
– für Anlagen- und Reaktorsicherheit mbH, GRS	**697**, 702, 703
– für Bauwerk-Sanierung mbH, Domoplan	156
– für Biotechnologische Forschung mbH (GBF)	999
– für bohrlochgeophysikalische und geoökologische Messungen mbH, BLM	172, **372**
– für die Chemische Aufarbeitung bestrahlter Kernbrennstoffe »Eurochemic«	625
– für die Veredelung und den Vertrieb von Mineralölprodukten mbH, Gevem	349
– für elektromagnetische Werkstoffe mbH, EBG	179
– für Energieanlagen-Betriebsführung mbH, GEAB	647
– für Energiebeteiligung mbH	640, 647, 652
– für Energietechnik mbH	813
– für Energiewissenschaft und Energiepolitik e. V., GEE	980, **1004**
– für Gasinteressen mbH, Gasint	349
– für Gasversorgung mbH, GGV	644
– für geophysikalische Untergrunduntersuchung Schlumberger	563
– für industrielle Beteiligungen und Finanzierungen mbH	857
– für Informatik, GI	695
– für Innovation und Unternehmensförderung mbH	689
– für Klima und Lufttechnik mbH, Korro	647
– für Kohlenveredelung mbH, CCC	605
– für Kohleverflüssigung mbH, GfK	58, **595**
– für kommunale Versorgungswirtschaft Nordrhein mbH	663, 668
– für Kraftwerksbeteiligungen mbH, GKB	644
– für Kraftwerksplanung und Betrieb Obrigheim mbH	622
– für Mathematik und Datenverarbeitung mbH (GMD)	999
– für Metallanlagen mbH	139
– für Nuklear-Service mbH, GNS	822
– für Rationelle Energieverwendung eV	830
– für Schwerionenforschung mbH	**698**, 999
– für Simulatorschulung mbH, GfS	622
– für Straßenbahnen im Saartal AG	671
– für Stromwirtschaft mbH	647, **698**
– für technische Überwachung im Bergbau mbH, TÜB	58, **72**
– für Tribologie e.V., GfT	1004
– für Umwelt- und Wirtschaftsgeologie mbH	172
– für Umweltanalytik	804
– für Umweltforschung und Analytik mbH	804
– für Umweltrecht e.V.	804

REGISTER DER UNTERNEHMEN, BEHÖRDEN UND ORGANISATIONEN
G

- für Umweltverfahrenstechnik und Recycling e. V. Freiberg, UVR 830
- für Vakuum-Metallurgie mbH, Vacmetal 135
- für Wohnungsbau und -verwaltung im Rheinischen Braunkohlenrevier mbH 89
- zur Durchführung der Entsorgung von Kernkraftwerken mbH — GDE — 622, 623, 626, 656
- zur Sicherung von Bergmannswohnungen mbH, GSB 36
- zur Vergasung von Steinkohle mbH, GVS . **597**, 656
Gesellschaften des Braunkohlenbergbaus 86
Gesellschaften des Steinkohlenbergbaus 26, 27
Gesim Groupement des Entreprises Sidérurgiques et Minières 217
Gesmin SNC 398
Gesteins- und Tiefbau GmbH, Gebhardt & Koenig 154, **156**, 160
GET Gesellschaft für Energietechnik mbH 36
Getty Mining Ireland Ltd. 227
GEV, Grund- Erwerbs- und Verwaltungsgesellschaft mbH 660
Gevem Gesellschaft für die Veredelung und den Vertrieb von Mineralölprodukten mbH 349
GEW, Gas-, Elektrizitäts- und Wasserwerke Köln AG 325, 329, **663**, 682, 684
Gewerkschaft
- Auguste Victoria 26, **76**, 174, 175, 186, 845
- Küchenberg Erdgas und Erdöl GmbH 296
- Lothringen IV 74
- Münsterland Erdöl und Erdgas GmbH 374
- Norbert Metz GmbH 74
- Norddeutschland 356
- Öffentliche Dienste, Transport und Verkehr ... 1035
- Röchling GmbH 83
- Silberkaule GmbH 122
- Walter GmbH 154
- Wilhelm Bergbaugesellschaft m.b.H. 162
- Wisoka GmbH & Co KG 156
GfD Ingenieur- und Beratungsgesellschaft mbH . 804
GFE Baustoff-Recycling GmbH 166
GfE Gesellschaft für Elektrometallurgie mbH ... 131
GFE GmbH Halle 166, 172
GfK, Gesellschaft für Kohleverflüssigung mbH 58, **595**
GFM, Gesellschaft für Anlagentechnik mbH 35
GfS, Gesellschaft für Simulatorschulung mbH 622, 626
GfT, Gesellschaft für Tribologie e.V. 1004
GFZ, GeoForschungsZentrum Potsdam 999
GGV, Gesellschaft für Gasversorgung mbH ... 644
GHG-Gasspeicher Hannover Gesellschaft mbH 316, 320, **341**, 669
GHGS, Gesellschaft für hülsenlose Gewehrsysteme mit beschränkter Haftung 594
GI, Gesellschaft für Informatik 695
Gießereisand KG Ing. Fischer 252
Gifhorn GmbH, Wasserwerk 323
Giovanni Bozzetto S.p.A. 604
Gips- und Anhydritbergbau Spital am Pyhrn ... 247
Gips- und Gipsplattenwerk Weißenbach 247
Gipsaufbereitungs- und Veredelungsanlage Unterkainisch 247
Gipsbergbau
- Admont 246

- Moosegg-Abtenau 246
- Preinsfeld 246
- Preinsfeld Ges. m. b. H. Nachfolger KG ... 246
- Puchberg 247
- Weißenbach 246
Gipswerk
- Grabenmühle 246
- Scholven GmbH 652
- Schretter u. Cie Ges. m. b. H. 246
Gipswerke Siegfried Saf Ges. m. b. H. & Co. KG . 247
Girm, Groupement d'Importation des Métaux ... 868
Giulini & C., C. E. 237
Giulini Chemie GmbH 595
Giulini Corporation 595
GKB, Gesellschaft für Kraftwerksbeteiligungen mbH 644
GKB, Graz-Köflacher Eisenbahn- und Bergbau-Gesellschaft m.b.H. 241
GKB-Gesellschaft 259
GKG 843
GKG-Bergsicherungen GmbH 156
GKH, Gemeinschaftskraftwerk Hannover GmbH . 669
GKI, Österr.-Schweiz. Studienkonsortium Grenzkraftwerk Inn 759
GKK, Gemeinschaftskraftwerk Kiel GmbH ... 638
GKM-Brennstoffversorgungs- und Entsorgungs-GmbH 629
GKN, Gemeinschaftskernkraftwerk Neckar GmbH 627
GKSS-Forschungszentrum Geesthacht GmbH **698**, 999
Glarus, Steinkohlen AG 571, **875**
Gleisbau Geiseltal GmbH 104
Glencar Exploration plc 227
Global Gas Business Unit 478
Globol GmbH 347
Glückauf GmbH, Verlag **175**, 186
GMT Chemie-Beteiligung GmbH 604
Gneisenau, Kokerei 46
GNS Gesellschaft für Nuklear-Service mbH ... 623, 638, 706, 822, **823**
Goal Petroleum Plc 478
Gösgen-Däniken AG, Kernkraftwerk 771
Göteborg, Raffinerie 566
Göttelborn, Grube 68
Göttelborn/Reden, Bergwerk 66
Gold Fields Coal Limited 285
Gold GmbH & Co KG Ingenieurgesellschaft für Geologie und Bergbau, Dr. Otto 166
Gold GmbH & Co. KG, Otto 176
Goldbergbau am Radhausberg 244
Golden Eagle Liberia Limited 411
Golden Shamrock Mines Ltd. 278
Goldenberg, Kraftwerk 645
Goldgrabe & Scheft GmbH & Co KG, Wisura Mineralölwerk 380
Goldschmidt
- AB, Th. 596
- AG, Chemische Fabriken, Th. 595
- ApS, Th. 596
- Chemical Corp. 596
- E.P.E., Th. 596
- France S.A. 596
- Ges.m.b.H., Th. 596
- GmbH, Th. 596
- Indústrias Quimicas Ltda., Th. 596

REGISTER DER UNTERNEHMEN, BEHÖRDEN UND ORGANISATIONEN
G

– Japan K. K., Th.	596
– Ltd., Th.	596
– N.V., Th.	596
– S.A., N.V. Th.	596
– S.A., Th.	596
Gonzalez y Diez, S.A.	273
Gossendorf, Traßbergbau	256
Gotek GmbH	137
Gothenburg, Raffinerie	566
Gottschol Aluminium GmbH	179
GP, Umweltmanagement Gesellschaft für Planung, Beratung und Sanierung mbH	805
Graben, Kernkraftwerk	771
Grabenegg, Quarzsandbergbau	254
Grabenmühle, Gipswerk	246
Grafitbergbau	
– Beteiligungs- und Verwaltungs-Ges. m. b. H.	247
– Grubenmaß Eichenwald	248, 253
– Kaisersberg	247
– Kaisersberg Franz Mayr-Melnhof & Co.	247, 248
– Trandorf	248, 253
– Trieben Gesellschaft m. b. H.	248
Gralex, S.A.	207
Grande Dixence S. A.	773
Granitos Ibéricos, S. A.	280
Granitsarda SpA	236
Graphitwerk Kropfmühl AG	**144**, 862
Gray Valley SA	398
Graz-Köflacher Eisenbahn- und Bergbau-Gesellschaft m.b.H., GKB	241
GRE, Gesellschaft für rationelle Energieanwendung mbH	656
Grecian Magnesite Ltd (SA)	218
Greek Atomic Energy Commission	728
Greek LPG Association	877
Greenpeace e. V.	805, 830
Grefrath, Hauptwerkstatt	91
Greiser	304
Greven, Gasversorgung	323
Grevenbrücker Kalkwerke GmbH	150
Grevenmacher, Laufkraftwerk	747
Grewer Handel GmbH	147
GRI mbH Umwelttechnik	805
Grill GmbH, Montana Wilhelm	852
Grillo-Chemie GmbH	828
Grillo-Werke AG	138, 596
Grimethorpe PFBC Establishment	222
Grisard AG, G.	875
Gröditzer Stahlwerke GmbH	179
Grohnde, Kernkraftwerk	627
Großgaserei GmbH Magdeburg	866
Grossistförbundet Svensk Handel	874
Großkraftwerk Franken AG	623, **628**, 659
Grosskraftwerk Mannheim AG	621, **629**, 685
Großrust, Quarzsandbergbau	255
Großverzinkerei Schörg GmbH	213
Groupe Gélis-Sans-Poudenx	212
Groupe Schneider	239
Groupement des Entreprises Sidérurgiques et Minières, Gesim	217
Groupement d'Importation des Métaux, Girm	868
GRS, Gesellschaft für Anlagen- und Reaktorsicherheit	702, 703
Grube	
– Emil Mayrisch	76
– Ensdorf	68
– Fischbach	83
– Göttelborn	68
– Katzenberg	148
– Luisenthal	70
– Margareta	148
– Oedingen	144
– Ostwig	151
– Reden	68
– Reisbach	83
– Scaevola	152
– Stollen Gustav und Stollen Alfred-Robert	142
– Waldsaum	143
– Warndt	70
– Wohlverwahrt-Nammen	122
Gruben Wetzldorf und Marie bei Erbendorf	146
Grubenmaß Eichenwald, Grafitbergbau	248, 253
Grünau GmbH, Chemische Fabrik	597
Grüne Liga e. V.	831
Grund, Erzbergwerk	126
Grund- Erwerbs- und Verwaltungsgesellschaft mbH, GEV	660
Grund- und Ingenieurbau GmbH	154
Grundlsee, Anhydrit- und Gipsbergbau	247
Grundstofftechnik GmbH	162
Grundstücksverwaltungsgesellschaft Ruhrgas AG & Co.	320
Grupo Herrero	278
Grupo Masaveu	278
Grupo Solar SA	135
Gruppendirektion	
– Nord	105
– Süd	106
– Süd-Ost	107
Gruppenkraftwerk Herne, GbR	647, 650, 690
GSA Leipzig, Institut für Umweltanalytik, Staubmeßtechnik und Arbeitsschutz GmbH	805
GSB, Gesellschaft zur Sicherung von Bergmannswohnungen mbH	36, 647
GSF, Forschungszentrum für Umwelt und Gesundheit GmbH	**805**, 999
GTU Ingenieurbüro Knoll	806
GTZ GmbH, Deutsche Gesellschaft für Technische Zusammenarbeit	900
Guano-Werke AG	596
Günther & Schwan Sortiments- und Verlagsbuchhandlung GmbH	175
Günther Mineralölhandelsges. mbH, Kurt	841
Gulde KG, Gustav	864
Gulf	578, 870
Gulf Oil (Great Britain) Ltd	408
Gumpoldskirchen, Dolomitbergbau	252
Gumpoldskirchner Kalk- und Schotterwerke Ing. Friedrich Kowall Ges. m. b. H. & Co. KG	252
GUS-Geologie und Umweltservice GmbH & Co. KG	806
GUT Gesellschaft für Umweltplanung mbH	806
GUT Gesellschaft für Umwelttechnik und Unternehmensberatung mbH Berlin	806
GVM, Gasverbund Mitteland AG	569
GVO, Gasverbund Ostschweiz AG	569
GVS, Gesellschaft zur Vergasung von Steinkohle mbH	**597**, 656
G.V.U.-mbH Gesellschaft für Verfahrenstechnik und Umweltschutz	806
GWN, Gemeindewerke Namborn GmbH	671

REGISTER DER UNTERNEHMEN, BEHÖRDEN UND ORGANISATIONEN
G – H

GWZ, Gas- und Wasserwirtschaftszentrum
  GmbH & Co. KG 317, 325, 663, 667, 668
GWZ Gas- und Wasserwirtschaftszentrum
  Verwaltungs-GmbH 321
Gyproc GmbH Baustoffproduktion & Co KG . . 145
Gypsum Industries PLC 227
GZA, Gesellschaft zur Zwischenlagerung schwach-
  und mittelradioaktiver Abfälle mbH 664

Haagen Gesellschaft m. b. H., Gustav 246
Haard, Bergwerk 50
Haarmann & Reimer GmbH 590
Habau Hoch- und Tiefbau Ges. m. b. H. 259
Habenicht Ingenieurgesellschaft, Dipl.-Ing. 807
Hackenbroich KG, Heinrich 176
Haftpflichtverband der Deutschen Industrie 706
Hagen Batterie AG 1000
Hagener Gussstahlwerke Remy GmbH 179
Hagenuk Cetelco A/S 126
Hagenuk GmbH 125, 126
Hagenuk Multicom GmbH 126
Hahn-Meitner-Institut Berlin GmbH HMI . 999, **1005**
Haidkopf GmbH 364
Halbergerhütte GmbH 84, 179, 204
Halco (Mining) Inc. 141
Haldengewinnung Richard-Schacht 241
halle plastic GmbH 590
Hallein, Salzbergbau 243
Halliburton
– Company 259
– Company Austria Ges. m. b. H. 259, 563
– Company Germany GmbH 377
Hallstatt, Salzbergbau 243
Halter AG 571
Haltermann
– GmbH 357
– (GmbH & Co.), Johann 357, 377
– International GmbH 357
– Ltd. 357
– Speyer GmbH 357
Haltern, Werk 147
Hambach, Tagebau 92
Hamburg Gas Consult - HGC Gastechnische
  Beratungs GmbH 329
Hamburg-Harburg, Raffinerie **349**, 357
Hamburg-Moorburg, Kraftwerk 630
Hamburg-Wedel, Kraftwerk 630
Hamburger
– Aluminium-Werk GmbH 132, 141, 659
– Gaswerke GmbH . . 294, **329**, 331, 333, 630, 638
– Gesellschaft für Beteiligungsverwaltung mbH . . 630
– Stahlwerke GmbH 179
Hamburgische Electricitäts-Werke AG, HEW . . 329,
     630, 631, 633, 684, 694, 823, 866
Hameln GmbH, Fernwärmeversorgung 661
Hamersley Holdings Ltd. 223
Hamilton
– Brothers Oil and Gas Ltd 519
– Oil Comp. Ltd. 479
– Oil (Great Britain) PLC 408
Haniel & Lueg GmbH 154
Hannover AG, Stadtwerke 330, 341,
     628, **669**, 682, 688
Hannover-Braunschweigische
  Stromversorgungs-AG **329**, 330, 638, 693
Hannoversche Erdölleitung GmbH 296, 369

Hannoversche Salzschlacke Entsorgungsgesellschaft
  mbH 137
Hansa, Kokerei 46
Hansa Rohstoffe GmbH 136, **859**
Hansa Textilchemie GmbH 596
Hansa-Asphaltmischwerke GmbH & Co. KG für
  Straßenbaustoffe 605
Hansamatex 376
Hansamatex Köhn & Kuyper (GmbH & Co.) . . . 377
Hansaport Hafenbetriebsgesellschaft mbH 125
Hanseatische Energieversorgung Aktiengesellschaft,
  Rostock **663**, 693
Hanseatisches Baustoff-Kontor GmbH, HBK . . 828
HanseGas GmbH, HGW 329
Hansen Coal GmbH **844**, 854, 866
Hapag-Lloyd Transport & Service GmbH 378
Happel GmbH & Co. 1000
Hardy Oil & Gas (UK) Limited 519
Hardy Oil and Gas Plc 478
Harmersdorf, Quarzsandbergbau 255
Harpener AG 601, 648, 650, **658**
Hartkalksteinwerk Medenbach 142
Hartmann KG, Dipl.-Ing. W. 377
Harz-Bergbau GmbH Elbingerode **122**, 172
Harz-Metall GmbH 213
Harzer Dolomitwerke GmbH 148, **150**
Harzer Graugußwerke GmbH 74
Harzer Zink GmbH 213
Harzer Zinkoxyde Heubach KG 213
Hasenjäger & Domeyer 377
Haßbach I und II, Quarzitbergbau 254
Hassel, Kokerei 44
Hattorf, Kaliwerk 114
Hauptberatungsstelle für Elektrizitätsanwendung
  HEA – e. V. 699
Hauptgemeinschaft der Deutschen
  Werkmörtelindustrie 180
Hauptstelle für das Grubenrettungswesen . . 202, 262
Hauptstelle für das Grubenrettungswesen
  Friedrichsthal 202
Hauptstellen für das Grubenrettungswesen der
  Bergbau-Berufsgenossenschaft 203
Hauptverband der gewerblichen
  Berufsgenossenschaften eV 1020
Hauptverwaltung der Mitteldeutschen
  Braunkohlenwerke Aktiengesellschaft 104
Hauptwerk Kropfmühl 144
Hauptwerkstatt Grefrath 91
Haus Aden, Bergwerk 52
Haus der Technik e. V. 1005
Hausruck-Mineralindustrie Hermann H. Frings . 252
HAW, Hürtherberg Asphaltwerke
  GmbH & Co. KG 145
HBH, Mineralölhandelsgesellschaft mbH 863
HBK, Hanseatisches Baustoff-Kontor GmbH . . 828
HBV, Helmstedter Braunkohlen Verkauf
  GmbH 108, **844**
H.C.C., S.A. Hullas del Coto Cortes 274
HCM Intercoal GmbH 854
HDI Haftpflichtverband der Deutschen Industrie . 1028
HDW-Nobiskrug GmbH 125, 126
HEA e. V., Hauptberatungsstelle für
  Elektrizitätsanwendung 699
Health and Safety Commission 966
Health and Safety Executive 966
HEC, Hidroeléctrica de Cataluña, S.A. . . . **779**, 780

REGISTER DER UNTERNEHMEN, BEHÖRDEN UND ORGANISATIONEN
H

Hedwigshütte Handelsgesellschaft mbH	866
HEG, Hannoversche Erdölleitung GmbH	296
Heidelberg AG, Stadtwerke	682, **688**
Heidelberger Zement AG	825, 866
Heidenheimer Heizkraftwerksgesellschaft mbH	644
Heilbronn, Heizkraftwerk	626
Heilbronn, Steinsalzbergwerk	118
Heinigstetten, Quarzsandbergbau	251, 252
Heinrich Robert, Bergwerk	54
Heinrich Robert Verwaltungs-AG	36
Heistermann KG, Karl	841
Heitkamp Baugesellschaft mbH u. Co. KG, E.	154, 156
Heitkamp GmbH, E.	**156**, 184
Heitkamp Umwelttechnik GmbH	828
Heizkraftwerk	
– Glückstadt GmbH HKWG	638
– GmbH Mainz	635
– Heilbronn	626
– Herne	650
– Homburg GmbH (HKH)	686
– Karl Marx	84
– Neckar GmbH	665
– Niehl GmbH	663
– Stuttgart GmbH	670
Heizöl-Handelsgesellschaft mbH	358, 364
Heizung-Wärmetechnik Potsdam GmbH, HWT	846
Heizwerke Martin Hoop	84
Held GmbH, Oel	841
Heliotronic GmbH	1000
Hellenic	
– Aspropyrgos	578
– Aspropyrgos Refinery S.A.	404
– Chemical Products and Fertilizers Company Ltd, The	218
– (Overseas) Holding Ltd.	404
Helmstedt GmbH, Gasversorgung für den Landkreis	108, 638
Helmstedter Braunkohlen Verkauf GmbH, HBV	108, **844**
Hempel & Co. Erze und Metalle (GmbH & Co.), F. W.	860
Hendrill Ltd.	231
Henjes GmbH Meß- und Regelsysteme, E.-G.	377
Henkel	
– Argentina S/A	597
– Australia Pty. Ltd.	597
– Austria Ges.mbH	597
– Bautechnik GmbH	597
– Belgium S.A.	597
– Canada Ltd.	597
– Chemicals Ltd.	597
– Chimica S.p.A.	597
– & Cie AG	597
– Corporation	597
– -Ecolab GmbH & Co OHG	597
– France S.A.	597
– Genthin GmbH	597
– Härtol GmbH	597
– Hakusui Corporation	597
– Ibérica S.A.	597
– Indonesia, P. T.	598
– Industrie AG	597
– Italiana S.p.A.	597
– KGaA	379, **597**, 800
– Mexicana S.A. de C.V.	597
– Nederland B.V.	597
– of America, Inc.	597
– Polska	597
– S/A Industrias Quimicas	598
– South Africa (Pty.) Ltd.	598
– Sud S.p.A.	598
– Thai Ltd.	598
– Venezolana S/A	598
Hennigsdorfer Stahl GmbH	179
Henschler Mineralölvertrieb GmbH	358
Hentschläger u. Co. KG, Krempelbauer-Quarzsandwerk St. Georgen	253
Herau Hydrobau Herbert Austermann	179
Herberts GmbH	598
Herbst Umwelttechnik GmbH	807
Herfa-Neurode, Untertagedeponie	116
Hermal Chemie Kurt Herrmann KG	600
Herne GmbH, Fernwärmeversorgung	652
Herne, Heizkraftwerk	650
Hersbruck GmbH, Gasversorgung	324
Herter GmbH	828
Herzberger Licht- und Kraftwerke GmbH	323
Hessische Elektrizitäts-AG	693
Hessische Industriemüll GmbH	332
Hessisches	
– Landesamt für Bodenforschung	917
– Ministerium für Umwelt und Bundesangelegenheiten	916
– Ministerium für Wirtschaft, Verkehr und Technologie	916
– Oberbergamt	917
Hevag	682
HEW, Hamburgische Electricitäts-Werke AG	329, **630**, 631, 633, 682, 684, 694, 823
Hewett Ltd., Leslie	594
Heyden, Kraftwerk	639
HGV - Hamburger Gesellschaft für Beteiligungsverwaltung mbH	329
HGW, HanseGas GmbH	329
Hidro Nitro, Spanien	214
Hidroeléctrica	
– de Cataluña, S.A. HEC	**779**, 780
– de Trubia, S.A.	780
– del Cantábrico SA	780, 782
– Española, S.A. Hidrola	780
– Iberica Iberduero, S.A.	780
Hidrola, Hidroeléctrica Española, S.A.	780
Hildesheim AG, Stadtwerke	317
Hilliges Gipswerk GmbH & Co KG	145
Hirschberg GmbH, Zeche	86, **111**, 176
Hispano-Francesa de Energía Nuclear, S.A.	779
HIT Gesellschaft für Engineering, Software und Automation mbH	363
Hitura Mine	209
HKG, Hochtemperatur-Kernkraftwerk GmbH	**631**, 656, 661
HKP Ingenieur Team Hödl, Kablitz & Partner GmbH	1018
HKWG, Heizkraftwerk Glückstadt GmbH	638
HM, Inspectorate of Mines	966
HMI, Hahn-Meitner-Institut Berlin GmbH	999, **1005**
Hochfilzen, Magnesitwerk	249
Hochrieder, Bergbaubetrieb Ing. Josef	251
Hochschule für Technik und Wirtschaft Zittau/Görlitz	993

Verlag Glückauf · Jahrbuch 1993

1225

REGISTER DER UNTERNEHMEN, BEHÖRDEN UND ORGANISATIONEN
H

Hochtemperatur-Kernkraftwerk GmbH, HKG	**631**, 656, 661
Hochtemperaturreaktor Gesellschaft mbH, HRG	648, 656, 665, **699**
Hochtemperaturreaktor Planungsgesellschaft mbH, HTP	668, 699
Hochtief AG	154
Höbenbach, Quarzsandbergbau	255
Hoechst AG	371, 592, **598**, 609, 703, 1020
Hoechst Ceram Tec	598
Hoechst Veterinär GmbH	598
Hoesch	
– AG	**132**, 179
– Argentina S.A.I. y C.	132
– Bausysteme GmbH	133
– GmbH & Co KG, Julius	841
– Hohenlimburg AG	132, 179
– Indústria de Molas Ltda.	132
– Industria Española de Suspensiones SA	132
– Maschinenfabrik Deutschland AG	133
– Rohr AG	133
– Rothe Erde AG	133
– Siegerlandwerke GmbH	133
– Stahl AG	132, 162, 179, 204, 861
– Suspensiones Automotrices S.A. de C.V.	132
– Suspensions Inc.	132
– Tubular Products Corporation	133
– Verpackungssysteme GmbH	133
– Wohnungsgesellschaft mbH	36
– Woodhead Limited, Leeds	133
Höver & Sohn GmbH & Co. KG, Chr.	179
Hoffmann Mineral Franz Hoffmann & Söhne KG	145
Hohenloher Erdgas-Transport	323
Hohentauern, Magnesitbergbau	250
Holborn Europa Raffinerie GmbH	**357**, 368, 375
Holborn Investment Company Ltd.	357
Holenbrunn, Werk	146
»Holifa« Fröhling & Co	379
Holsteiner Gas-Gesellschaft mbH	329
Holy Rood Shipping Inc.	411
Homberg GmbH & Co, J. & A.	841
Homburg GmbH (HKH), Heizkraftwerk	686
Hong Kong & China Gas Co Ltd, The	580
Honsel-Werke AG	179
Hoogovens Aluminium GmbH	133
Hoogovens Groep BV	133, 179, 1003
Hoppecke Carl Zoellner & Sohn GmbH & Co. KG, Accumulatorenwerke	1000
Horsch Entsorgung GmbH u. Co.	828
Horsehead Resource Development Co., Inc.	138
Hotel Nassauer Hof GmbH	853
Hotelgal Sociedade de Hotéis de Portugal, SA	565
Hotis Baugesellschaft mbH	104
Houillères de Bassin	
– de Lorraine	**210**, 868
– du Centre et du Midi	**210**, 868
– du Nord et du Pas-de-Calais	**210**, 868
Howaldtswerke-Deutsche Werft AG	125, 126
Howmet Corporation	213
Howmet UK, Großbritannien	213
Hoyermann Chemie GmbH	595
HRG, Hochtemperaturreaktor Gesellschaft mbH	648, 656, 665, **699**
HT-Metallschutz-GmbH	118
HTP, Hochtemperaturreaktor Planungsgesellschaft mbH	699
HTV Gesellschaft für Hochtemperaturverbrennung mbH	652
Huber Mineralöle GmbH	563
Huber Spedition und Transport Ges. m. b. H., Johann	252
Huckingen, Kokerei	83, 84
Hudig-Langeveldt-Mibrag Versicherungsgesellschaft mbH	104
Hüls	
– AG	116, 371, **599**, 601, 602, 651, 772, 1020
– AG, Werk Rheinfelden	121
– America Inc.	599
– -Austria Ges.m.b.H.	600
– -Belgien S.A., N.V.	599
– Canada Inc.	599
– -Chemie-Forschungs-GmbH	599
– Danmark A/S	599
– do Brasil Ltda.	599
– Española S.A.	600
– Far East Co Ltd.	599
– France S.A.	599
– GmbH, Katalysatorenwerke	599
– Ireland Ltd.	599
– Italia SpA	599
– Japan Ltd.	599
– -Nederland B. V.	599
– -Norge A/S	600
– Portugal-Produtos Quimicos Ltd.	600
– (Schweiz) AG	600
– Southern Africa (Pty.) Ltd.	600
– Sverige AB	600
– Taiwan Co., Ltd.	600
– Troisdorf AG	599
– (U.K.) Ltd.	599
Hülsbau GmbH	599
Hülsbrasil-Resinas Vinilicas Ltda.	599
Huelva, Raffinerie	574
Hürlimann AG, E.	875
Hürtherberg Steine und Erden GmbH	89, **145**, 177
Hüttenbau Ges. Peute mbH	139
Hüttenwerke Kayser Aktiengesellschaft	133
Hüttenwerke Krupp Mannesmann GmbH	179, 204, 601
Hugo, Bergwerk	48
Huguenot-Fenal	212
Huiles Minérales SA	571
Hullera Vasco-Leonesa, S.A.	274
Hulleras de Sabero y Anexas, S.A.	274
Humber/Killingholme, Raffinerie	412
Humboldt Wedag AG, KHD	809
Hungarocarbon GmbH	856
Hunke & Herd GmbH	857
Hunosa, Empresa Nacional Hulleras del Norte, S.A.	273
Hunt Oil (UK) Ltd.	857
Hutchinson	398
Hutzler Metallhandel GmbH, W.	857
HWT, Heizung-Wärmetechnik Potsdam GmbH	846
HWWA-Institut für Wirtschaftsforschung-Hamburg	1005
Hydac Technology GmbH	184
Hydranten-Betriebs-Gesellschaft b. R.	358
Hydranten-Betriebs-Gesellschaft Flughafen Frankfurt (Main)	347, 349
Hydranten-Betriebsgesellschaft GbR	352
Hydrierwerk Zeitz AG	345, 600

Hydro-Rhône S. A.	773
Hydrobau Herbert Austermann, Herau	179
Hydrocarbons Great Britain Limited	477
Hydrocarbons Ireland Limited	477, **480**
Hydrogeobohr GmbH	172
Hydrogeologie GmbH	172
Hydrogeologie-Brunnenbau GmbH	172, **807**
Hygiene-Institut des Ruhrgebiets zu Gelsenkirchen	1028
Hyperphos-Kali Düngemittel GmbH	112
IAB Isar-Amperwerke Beteiligungsgesellschaft mbH	664
IAE, IAW-Elektro-Anlagenbau GmbH	664
IAE Ihlenberger Abfallentsorgungs-GmbH	828
IAEE, International Association of Energy Economics	980
IAEO, Internationale Atomenergie-Organisation	789
IAW-Elektro-Anlagenbau GmbH IAE	664
IBC Solartechnik	1000
IBE, Ilse Bayernwerk Energieanlagen GmbH	623, 624, 659
Iberdrola I, S.A.	782, 876
Iberdrola II, S.A.	780, 782, 876
IBExU Institut für Sicherheitstechnik GmbH	1007
IBK, Interfuel Brennstoffkontor GmbH	656, **844**
IBS, DMT-Institut für Bewetterung, Klimatisierung und Staubbekämpfung	189
IBV, Internationaler Bergarbeiterverband	1038
ICEF, Fédération internationale des syndicats de travailleurs de la chimie, de l'énergie et des industries diverses	1037
ICEF, International Federation of Chemical, Energy and General Workers' Unions	1037
ICEF, Internationale Föderation von Chemie-, Energie- und Fabrikarbeiterverbänden	1037
ICEL, International Council of Environmental Law	981
Ichthyolgesellschaft Cordes Hermanni & Co.	253
ICICT	1019
Icip Industrie Chimiche Italiane del Petrolio S.p.A.	484
ICRP, International Commission on Radiological Protection	834
ICU, DMT-Institut für Chemische Umwelttechnologie	192
Idemitsu Kosan Co. Ltd.	285
IEA Coal Research	282
IEB, International Environmental Bureau	981
IEC, International Electrotechnical Commission	789
IEE, The Institution of Electrical Engineers	734
IEOC	482
IfE Leipzig GmbH	807
ifeu Institut für Energie- und Umweltforschung Heidelberg GmbH	831
IfG, Institut für Gebirgsmechanik GmbH	1005
IFIEC Europa	789
Ifiec Greece	789
Ifo-Institut für Wirtschaftsforschung e.V.	1006
IFP, Institut Français du Pétrole	401, 963
Ifremer	963
IFT, DMT-Institut für Förderung und Transport	188
IFU, DMT-Institut für Unternehmensführung und Fortbildung	195
IFV Power Company	713
IG Heizöl, Vereinigung Schweizerischer Heizöl-Grossisten und Importeure	875
IGF, Institut für Gefahrstoff-Forschung der Bergbau-Berufsgenossenschaft	1023
IGH, DMT-Institut für Gebirgsbeherrschung und Hohlraumverfüllung	188
IGU, Internationale Gas-Union	579
IGU, Internationale Gesellschaft für Umweltschutz	834
I.I.P.A. Irish Independant Petroleum Association	877
IKK, DMT-Institut für Kokserzeugung und Kohlechemie	192
IKU, Institut für Kommunale Wirtschaft und Umweltplanung	808
Ilbau Gesellschaft m. b. H.	259
ILG, DMT-Institut für Lagerstätte, Vermessung und Angewandte Geophysik	191
Illitbergbau Fehring	257
Illitbergbau Ülmitz	252
Ilmenauer Wärmeversorgung GmbH (IWV)	686
Ilse Bayernwerk Energieanlagen GmbH IBE	111, 623, 624, 659
Ilse Bergbau GmbH	**111**, 176, 659
Ilsede, Kokerei	83, **84**
ILU GbR	818
Ilva S.P.A.	1003
IM-Tech Integrated Materials Technology GmbH	349
Imatran Voima Holding BV	718
Imatran Voima Oy	395, **718**, 787
Imcometall Landsmann & Co. KG	867
Imech GmbH Institut für Mechatronik	187
Imetal	212
IMIS, Informations- und Meßausbildungszentrum Immissionsschutz	808
Impormol Industria Portuguesa de Molas SA	132
Inco Europe Limited	860
Indagra, S.A.	266
Indal Ltd.	223
India Thermit Corp. Ltd., The	596
Indonesian Gas Association (IGA)	580
Industria Española del Aluminio (Inespal)	279
Industria Gemeinnütziger Wohnungsbau Hessischer Unternehmen GmbH	131
Industrias Quimicas del Urumea, S.A.	605
Industridepartementet	975
Industrie Chimiche Italiane del Petrolio S.p.A., Icip	484
Industrie Chimiche Leri S.r.l.	604
Industrie- und Bergbaugesellschaft Pryssok & Co. KG	248, 253
Industrie-Ring Sach- und Versicherungs-Vermittlungsgesellschaft mbH	58
Industriegewerkschaft Bergbau und Energie	202, **1035**
Industriegewerkschaft Chemie — Papier — Keramik	1036
Industriekraftwerk Amsdorf	106
Industriekraftwerk Espenhain	108
Industriel, Le Magnesium	214
Industriemüll GmbH, Hessische	332
Industriestein Gesellschaft mbH	143
Industrietechnik Alsdorf GmbH	74
Industrieverband Keramische Fliesen + Platten e. V.	180
Industrieverband Steine und Erden Baden-Württemberg eV	181
Industrieverwaltungsgesellschaft AG, IVG	339, 366, **367**, 377, 822

REGISTER DER UNTERNEHMEN, BEHÖRDEN UND ORGANISATIONEN
I

Industriewerke Ostfalen GmbH	104
Ineris Institut National de l'Environnement Industriel et des Risques	215
(Inespal), Industria Española del Aluminio	279
(Infel), Informationsstelle für Elektrizitätsanwendung	773
Informations- und Meßausbildungszentrum Immissionsschutz IMIS	808
Informationsbüro des Europäischen Parlaments	956
Informationskreis Kernenergie	699
Informationsstelle für Elektrizitätsanwendung (Infel)	773
Informationsstelle zur Nuklearen Entsorgung	895
Informationszentrale der Elektrizitätswirtschaft eV (IZE)	700
Informationszentrum Weißblech e. V.	204
INFU, Institut für Umweltschutz	989
Infu Institut für Umwelttechnik GmbH	808
Ingal International Gallium GmbH	141
Ingenieur-Büro Dipl.-Ing. H. J. Ertle	184
Ingenieurbüro Fernwärme GmbH (IBF)	686
Ingenieurbüro für Grundwasser GmbH	104
Ingenieurgemeinschaft Technischer Umweltschutz GmbH, ITU	809
Ingenieurkontor Lübeck Prof. Gabler Nachf. GmbH	377
Ingenieurtechnischer Verband Altlasten e. V., ITVA	831
Ingenieurtechnischer Verband KDT e. V.	1006
Ingolstadt, Kraftwerk	624
Ingolstadt, Raffinerie	356
Inkoon Satama Oy	718
Inngas GmbH	325
Innkraftwerke GmbH	659
Inno-Tec GmbH & Co. KG	808
Innwerk AG	141, 659
Insond Gesellschaft m. b. H.	259
Inspection du Travail et des Mines, Ministère du Travail	968
Inspectorate of Mines	966
Institut	
– der deutschen Wirtschaft e. V.	1007
– Français de l'Energie	963
– Français du Pétrole, IFP	401, 963
– für angewandte Ökologie e. V., Öko-Institut	811
– für Arbeitsmedizin	993
– für Arbeitsphysiologie	990
– für Arbeitswissenschaften der RAG	994
– für Brennstoffchemie und physikalisch-chemische Verfahrenstechnik	985
– für chemische Analytik und Umwelttechnik, eretec GmbH	803
– für Energie- und Umweltforschung Heidelberg GmbH, ifeu	831
– für Energieeinsparung Beratungs-GmbH (IfE)	1000
– für Energietechnik	986, 987
– für Energieversorgung Dresden	692
– für Erdölforschung Anstalt des öffentlichen Rechts	1007
– für Europäische Umweltpolitik	833
– für Fördertechnik und Bergwerksmaschinen	176
– für Gebirgsmechanik GmbH, IfG	1005
– für Gefahrstoff-Forschung der Bergbau-Berufsgenossenschaft IGF	1023
– für Geophysik	987
– für gewerbliche Wasserwirtschaft und Luftreinhaltung eV	808
– für Klima, Umwelt, Energie GmbH, Wuppertal	833
– für Kommunale Wirtschaft und Umweltplanung, IKU	808
– für Mechatronik, Imech GmbH	35, 187
– für ökologische Wirtschaftsforschung GmbH, IÖW	1007
– für Pathologie der Bergbau-Berufsgenossenschaft	1023
– für Sicherheitstechnik GmbH, IBExU	1007
– für Sozialmedizin und Epidemiologie	900
– für Technischen Umweltschutz	987
– für Tieflagerung	806
– für Torf- und Humusforschung GmbH	204
– für Umweltanalytik GmbH	800
– für Umweltschutz, INFU	989
– für Umweltschutz und Energietechnik im TÜV Rheinland	808
– für Umwelttechnologie und Umweltanalytik e. V., IUTA	831
– für Wasser-, Boden- und Lufthygiene	899
– für wirtschaftliche Oelheizung e.V., IWO	378
– National de l'Environnement Industriel et des Risques, Ineris	215
– Scientifique de Service Public (ISSeP)	205
– und Poliklinik für Arbeits- und Sozialmedizin	992
Institute	
– for Energy Technology	788
– of Energy	967
– of Geology and Mineral Exploration (I.G.M.E.)	964
– of Materials	224
– of Metals	281
– of Offshore Engineering, IOE	478
– of Petroleum	478
Institution	
– of Gas Engineers, The	**479**, 580
– of Geologists, The	225
– of Mining and Metallurgy, The	**225**, 281
– of Mining Electrical and Mining Mechanical Engineers, The	225
– of Mining Engineers, The	**225**, 281
Instituto Nacional de la Industria	278, 780
Instituto Tecnologico Geominero de España	978
Institutt for Energiteknikk	970
Instituut voor Mijnhygiene	206
Instituut voor Reddingswezen, Ergonomie en Arbeidshygiëne V.Z.W., IREA	206
Intec — Gesellschaft für Injektionstechnik mbH & Co. KG	156
Inter-Continental Fuels Ltd.	223
Inter-Nuclear Servicegesellschaft für internationale Entsorgung mbH	823
Inter-Union Technohandel GmbH	854
Interbohr GmbH, Internationales Bohrunternehmen	372
Intercommerz-Handelsgesellschaft mbH	860
Intercomp Handelsgesellschaft mbH	604
Interdisziplinäre Arbeitsgemeinschaft Meeresforschung und Meerestechnik der RWTH Aachen	985
Interessengemeinschaft Kieselgur, Industriebetriebe Heinrich-Meyer-Werke Breloh GmbH & Co KG	181
Interessengemeinschaft Mittelständischer Mineralölverbände	866

Interessengemeinschaft Saarländischer
  Bergbauzulieferer, ISB 184
Interessenverband Schweizerischer
  Kleinkraftwerksbesitzer 774
Interfels Internationale Versuchsanstalt für Fels
  GmbH 160, 372
Interfuel Brennstoffkontor GmbH,
  IBK 656, **844**, 867
Interfuel SN SNC 398
Intergas Marketing 581
Intergas N.V. 518
Intergovernmental Council of Copper Exporting
  Countries Cipec 283
Interkohle Beteiligungsgesellschaft mbH .. 638, 652
Interkraft Handel GmbH 843
International
– Association for Energy Economics, The 1037
– Association for the Physical Sciences
  of the Ocean 284
– Association of Energy Economics IAEE 980
– Association of Geodesy 284
– Association of Geomagnetism and Aeronomy .. 284
– Association of Meteorogical and Atmospheric
  Physics 284
– Association of Seismology and Physics
  of the Earth's Interior 284
– Association of Volcanology and Chemistry of the
  Earth's Interior 284
– Commission on Radiological Protection,
  ICRP 834
– Committee for Coal Petrology 283
– Council of Environmental Law, ICEL 981
– Electrotechnical Commission, IEC 789
– Energy Agency 979
– Environmental Bureau, IEB 981
– Federation of Chemical, Energy and General
  Workers' Unions, ICEF 1037
– Nickel GmbH 860
– Nuclear Fuels Limited 734
– Peat Society Internationale Moor- und
  Torfgesellschaft 283
– Petroleum Industry Environmental Conservation
  Association, IPIECA 578
– Pipe Line & Offshore Contractors Association
  Iploca 581
– Radiation Protection Association, IRPA .. 833, 834
– Tin Research Institute 283
– Union of Geodesy and Geophysics, IUGG ... 284
– Union of Pure and Applied Chemistry 614
– Wrought Copper Council, IWCC 284
Internationale
– Atomenergie-Organisation, IAEO 789
– Energie-Agentur (IEA) 979
– Föderation von Chemie-, Energie- und
  Fabrikarbeiterverbänden, ICEF 1037
– Gas-Union IGU 579
– Gesellschaft für Umweltschutz, IGU 834
– gesellschaftsrechtliche Bezeichnungen ... 14
– Kommission für Kohlenpetrologie 283
– Moor- und Torfgesellschaft, International Peat
  Society 283
– Strahlenschutzgesellschaft 834
– Strahlenschutz-Kommission 834
– Union der Erzeuger und Verteiler elektrischer
  Energie, Unipede 794
– Versuchsanstalt für Fels GmbH, Interfels .. 160, 372

Internationaler
– Bergarbeiterverband, IBV 1038
– Rat für Umweltrecht 981
– Verband der Fernwärmeversorger, Unichal .. 791
– Verband für Geodäsie und Geophysik 284
Interoc Gesellschaft für Bau- und Bergbaumaschinen
  mbH 154
Interpetrol AG 571
Interuran GmbH 162, 184, 622, 626, 722
Interuranium Australia Pty. Ltd. 162
Interuranium Canada Ltd. 162
Inversiones Terrales, S.A. 275
IOE, Institute of Offshore Engineering ... 478
IÖW, Institut für ökologische Wirtschaftsforschung
  GmbH 1007
Ionia/Thessaloniki, Raffinerie 405
IPE, DMT-Institut für Prozeßleitsysteme und
  elektrische Anlagen 190
IPIECA, International Petroleum Industry
  Environmental Conservation Association 578
Iploca, International Pipe Line & Offshore
  Contractors Association 581
Iplom S.p.A. **484**, 489
IRA, DMT-Institut für Rohstoffe und
  Aufbereitung 192
Irak National Oil Company 580
Iranian Petroleum Institute 580
IRB, DMT-Institut für Rettungswesen, Brand- und
  Explosionsschutz **189**, 212
IREA, Instituut voor Reddingswezen, Ergonomie
  en Arbeidshygiëne V.Z.W. 206
Irish
– Association for Economic Geology 233
– Base Metals Limited 227
– Drilling Ltd. 232
– Gas Association 481
– Gas Association, Corporate Section (South) .. 580
– Gas Board 480
– Geological Association 233
– Gypsum Limited 228
– Industrial Explosives Ltd. 232
– Liquefied Petroleum Gas Association 877
– Mining & Quarrying Society 233
– Mining and Exploration Group 233
– National Petroleum Corporation Ltd. 480
– Quartz Limited 228
– Refining plc 480
IRPA, International Radiation Protection Ass. .. 834
Irus Industrie Reinigung UK Schmitz GmbH ... 818
Isab S.p.A. **484**, 485, 486, 489
Isam-Immobilien GmbH (Isam) 664
Isar-Amperwerke AG 325, 331, 627,
  .... 632, 659, **663**, 693
Isar-Amperwerke Beteiligungsgesellschaft mbH,
  IAB 664
Isarwerke GmbH 640, 664
ISB, Interessengemeinschaft Saarländischer
  Bergbauzulieferer 184
Iseke Beteiligungs GmbH 145
Isermeyer, Oelvertrieb Dipl.-Ing. Kurt ... 841
Isgra SpA 236
ISI, Fraunhofer-Institut für Systemtechnik und
  Innovationsforschung 1003, 1004
Island Creek Corporation 285
Isola Werke AG 604
Isola Werke UK Ltd. 604

REGISTER DER UNTERNEHMEN, BEHÖRDEN UND ORGANISATIONEN
I – K

(ISSeP), Institut Scientifique de Service Public . . 205
ista 848
isu GmbH 809
Itag
– Anlagenbau GmbH 300
– Exploration, Inc. 302
– Hermann von Rautenkranz Internationale Tiefbohr GmbH & Co KG **300**, 377
– Industriebau GmbH & Co. KG 300
– Industriebau mbH, Verwaltungsgesellschaft . . . 300
– Stahlblechbau GmbH 300
– Tiefbohr Betriebsführungs-GmbH 300
– Tiefbohr GmbH & Co. KG 374
Italgas Società Italiana per il Gas p. A. 489
Italgas Sud S.p.A. 489
Italian Nuclear Energy Forum 788
Italiana Petroli S.p.A. 485
Italkali 234
Italsolar 482
ITU, Ingenieurgemeinschaft Technischer Umweltschutz GmbH 809
ITVA, Ingenieurtechnischer Verband Altlasten e. V. 831
IUGG, International Union of Geodesy and Geophysics 284
IUTA, Institut für Umwelttechnologie und Umweltanalytik e. V. 831
Ivernia West plc 228
IVG, DMT-Institut für Vortrieb und Gewinnung . . 187
IVG, Industrieverwaltungsgesellschaft AG 366, **367**, 377
IVO Energy Limited 718
IVO Holding Gesellschaft mbH 718
IVO International Ltd 718
Ivoinfra Oy 718
IVS-Informationsverarbeitung und Service GmbH . 35
IWB, DMT-Institut für Wasser- und Bodenschutz – Baugrundinstitut 191
IWCC, International Wrought Copper Council . . 284
IWO, Institut für wirtschaftliche Oelheizung e.V. . 378
IWS, DMT-Institut für Wärme- und Stromerzeugung 193
IWS GmbH 1018
IWW, Rheinisch-Westfälisches Institut für Wasserchemie und Wassertechnologie GmbH . 668

Jacorossi 489
Jacorossi S.P.A. 871
Janssen GmbH, Adalbert 378
Japan Gas Association, The 580
Jernkontoret 271
Jet-Tankstellen-Betriebs GmbH 843
Jettenberg, Wasserkraftwerk 120
João Cerqueira Antunes 268
Jochenstein AG, Donaukraftwerk 757, **758**
Joh. Hammer Nachf. GmbH 843
John Barnett and Co. 230
John R. J. Colthurst 230
Jokisch GmbH 379
Jonk BV 519
Jour Forbach, U. E. 210
Jour Merlebach, U. E. 210
Julia-Kohleaufbereitung GmbH & Co. KG 848
Julia Kohlenaufbereitung GmbH & Co., Betriebs- KG 856
Julia Mineral Veredlung GmbH 856

Jura
– Bernois Pétrole SA 567
– Pétrole SA 567
– Soleurois Pétrole SA 567
– Vaudois Pétrole SA 567

Kärntner Elektrizitäts-AG **561**, 759
Kärntner Montanindustrie Gesellschaft m. b. H. . . 244
Kainthaleck, Magnesitbergbau 249
Kaiseraugst AG, Kernkraftwerk 771
Kaisersberg Franz Mayr-Melnhof & Co., Grafitbergbau 247
Kaisersberg, Grafitbergbau 247
Kaiserstuhl, Kokerei 46
Kali
– -Bank GmbH 364
– -Bergbau Handelsgesellschaft mbH 117
– Südharz AG 117
– -Transport Gesellschaft mbH 112
– und Salz AG 112, 178, 588, 592
– und Salz Consulting GmbH 112, **167**
– und Salz Entsorgung GmbH 112, **809**
– -Union Verwaltungsgesellschaft mbH 112
– Werra AG 117, **118**
Kaliverein e. V. 170, **177**, 202
Kaliwerk
– Bergmannssegen-Hugo 112
– Bischofferode 117
– Bleicherode 117
– Hattorf 114
– Neuhof-Ellers 114
– Roßleben 117
– Sigmundshall 114
– Sollstedt 117
– Sondershausen 117
– Volkenroda 117
– Wintershall 114
Kalk GmbH, Chemische Fabrik 592
Kalk- u. Mergelbergbau Häring, Zementwerk Kirchbichl 254
Kalkwerk Neandertal GmbH 148
Kalkwerk Tapper Gesellschaft mbH 258
Kalkwerk H. Oetelshofen GmbH & Co. 145
Kalkwerke Rheine GmbH 74
Kalkwerke Rheine-Wettringen GmbH 74
Kalundborg, Raffinerie 390
Kamet, Kabelzerlegung u. Metallverwertung GmbH 139
Kamig Österreichische Kaolin- und Montanindustrie AG Nfg. KG 248
Kammer der gewerblichen Wirtschaft für Steiermark 260
Kantons Thurgau, Elektrizitätswerk des 773
Kaolin- und Tonwerke Seilitz-Löthain GmbH 144, 146
Kaolinbergbau Kriechbaum-Weinzierl 248
Kaolinbergbau Mallersbach 248, 253
Kaolin-Werk Lohrheim 143
Kaolin-Werk Oberwinter 144
Karageorgis M. A. Pumise Stone and Pozzuolana Mines SA 218
Karls- und Theodorshalle, Saline 121
Karlsruhe, Raffinerie **356**, 358
Karlsruhe, Stadtwerke 682, **688**
Karlsruhe-Rheinhafen, Kraftwerk 622
Karlstetten, Quarzsandbergbau 255

REGISTER DER UNTERNEHMEN, BEHÖRDEN UND ORGANISATIONEN
K

Karnap, Müllheizkraftwerk	645
Karrena, S.A. Montajes Especiales	859
Katalysatorenwerke Hüls GmbH	599
Katzenberg, Grube	148
Kavernen Bau- und Betriebs-GmbH, KBB	125, 296, **367**, 374
Kavernen für Rohöl, Mineralölprodukte und Flüssiggas	366
KAZ Bildmess GmbH	89
KB-Kraftwerk-Betriebs-GmbH	331
KBB, Kavernen Bau- und Betriebs-GmbH	296, **367**, 377
KBB, Kernkraftwerk Brunsbüttel GmbH	638
KBG, Kernkraftwerk-Betriebsgesellschaft mbH	621, **631**
KBR, Kernkraftwerk Brokdorf GmbH	**631**, 638, 681
KCE, Keramchemie Installacões Industriais Ltda.	596
KCH, Keramchemie GmbH	596
KDI Kalk- und Düngerhandel GmbH	148
KDM, Kommunale Dienste Marpingen GmbH	671
KDÜ, Kommunale Dienste Überherrn GmbH	671
Kells Minerals Ltd.	228
Kelt UK Ltd	479
Kembla Coal & Coke Pty. Ltd.	223
Kemian Keskusliitto (KK)	614
Kemmlitzer Kaolinwerke GmbH	153
Kempense Steenkolenmijnen, N. V.	205
Kenmare Graphite Co. Ltd.	229
Kenmare Heavy Minerals Co. Ltd.	229
Kenmare Resources PLC	228
Kepec Chemische Fabrik GmbH	597
Keramchemie GmbH, KCH	596
Keramchemie Installacões Industriais Ltda., KCE	596
Kermi GmbH	125, 126
Kernbrennstoff-Wiederaufarbeitungstechnik GmbH, Kewa	706, **823**
Kernenergieagentur der OECD NEA	790
Kernforschungszentrum Karlsruhe GmbH	999, **1007**
Kernkraftwerk	
– Beznau I und II	773
– Biblis	644
– Brokdorf GmbH, KBR	630, **631**, 638, 681
– Brunsbüttel GmbH, KBB	630, **631**, 638, 680
– Emsland	634
– Gösgen-Däniken AG	771
– Graben	771
– Grafenrheinfeld, KKG	623
– Grohnde	627
– Isar 1 GmbH, KKI 1	**632**, 664
– Isar 2	627
– Isar GmbH, KKI	680
– Kaiseraugst AG	771
– Krümmel GmbH, KKK	630, **632**, 638, 681
– Leibstadt AG, KKL	621, 771
– Lingen GmbH, KWL	656, **823**
– Lippe GmbH, KKL	**632**, 656
– Mühleberg	770
– Mülheim-Kärlich	645
– Obrigheim GmbH, KWO	621, 626, **632**, 665, 671, **680**
– Philippsburg GmbH, KKP	621, 626, **633**, 681
– RWE-Bayernwerk GmbH, KRB	623, 633, 644, 681
– Stade GmbH, KKS	630, **633**, 638, 680
– Süd GmbH, Ettlingen, KWS	633
– Unterweser GmbH, KKU	**633**, 638, 680
– Würgassen	639
Kernkraftwerk-Betriebsgesellschaft mbH, KBG	621, **631**
Kernkraftwerke	
– Gundremmingen Betriebsgesellschaft mbH, KGB	623, **634**, 640, 644
– Lippe-Ems GmbH, KLE	**634**, 656, 658, 661
Kerntechnische Gesellschaft eV, KTG	700
Kerntechnische Hilfsdienst GmbH	622
Kerntechnischer Ausschuß, KTA	700
Kerr-McGee Coal Corp.	285
Kerr-McGee Oil (UK)	285
Kerr-McGee Oil (UK) PLC	409, 479
Kesoil	396
Kesoil Oy	395
Kessler + Luch GmbH	647
Kessler Tech GmH	647
Kesting Massivhaus GmbH	36
Kevin T. Cullen	231
KEW, Kommunale Energie- und Wasserversorgung AG	671
Kewa, Kernbrennstoff-Wiederaufarbeitungstechnik GmbH	823
Key & Kramer BV	519
KGB, Kernkraftwerke Gundremmingen Betriebsgesellschaft mbH	623, **634**
KHD, Humboldt Wedag AG	809
KIB Plan GmbH	117
Kiel AG, Stadtwerke	682
Kieler Werkswohnungen GmbH	125
Kieselgurbergbau Limberg	258
Kieselgurbergbau Oberdürnbach	258
Kieselgurbergbau Parisdorf	258
Kieserling & Albrecht	179
Kilkenny Resources plc	226
Killin Voima Oy	718
Killingholme, Raffinerie	412
Kimit AB	270
Kind & Co., Edelstahlwerk	179
Kitzingen GmbH, Licht-, Kraft- und Wasserwerke	333
KKB, Kernkraftwerk Brunsbüttel GmbH	**631**, 680
KKG, Kernkraftwerk Grafenrheinfeld	623
KKI 1, Kernkraftwerk Isar 1 GmbH	**632**, 664
KKI 2, Gemeinschaftskernkraftwerk Isar 2 GmbH	**627**, 664
KKI, Kernkraftwerk Isar GmbH	680
KKK, Kernkraftwerk Krümmel GmbH	**632**, 638, 681
KKK, Kernkraftwerk RWE-Bayernwerk GmbH	681
KKL, Kernkraftwerk Leibstadt AG	621
KKL, Kernkraftwerk Lippe GmbH	**632**, 656
KKP, Kernkraftwerk Philippsburg GmbH	633
KKS, Kernkraftwerk Stade GmbH	**633**, 638
KKU, Kernkraftwerk Unterweser GmbH	**633**, 638, 680
Klako Vastgoed V. O. F.	134
KLE, Kernkraftwerke Lippe-Ems GmbH	**634**, 661
Kleinfeistritz, Talk- und Glimmerbergbau	250
Kleinholz Recycling GmbH	829
Kleinrust, Quarzsandbergbau	256
Kling Consult Ingenieurg. für Bauwesen mbH	813
Klöcker GmbH, Heinrich	841
Klöckner	
– & Co.	378
– & Co A.G.	163, 375, 659, 841, **845**, 858, 867

REGISTER DER UNTERNEHMEN, BEHÖRDEN UND ORGANISATIONEN
K

- CPC-International GmbH 845
- CRA Patent GmbH 134
- Edelstahl GmbH 134, 179
- -Humboldt-Deutz AG 809
- Industrie-Anlagen GmbH **163**, 184
- Mineralölhandel GmbH 845
- Mineralölhandel GmbH in Sachsen 845
- Oecotec GmbH 829
- Planungs- und Neubau GmbH 134
- Presse und Information GmbH 134
- Rohrwerk Muldenstein GmbH 134
- Stahl GmbH 134, 179, 204, 859
- -Werke AG **133**, 179
- -Werke Stahl OHG 134
Klönne GmbH, Aug. 169
Klüber Lubrication München KG 379
Kluge Umweltschutz Beteiligung GmbH 815
Knappschafts-Krankenhäuser, -Kliniken, -Sanatorien 1026
Knauf und Co. Ges. m. b. H. 247
Knauf Westdeutsche Gipswerke, Gebr. 146
Knipping Fenster-Technik GmbH 35
Knoch, Kern & Co., Wietersdorfer & Peggauer Zementwerke 246
Knöss und Anthes GmbH 332
Knoll Aktiengesellschaft 589
Koblenz GmbH, Stadtwerke 324
Koblenzer Elektrizitätswerk und Verkehrs-AG 640, 693
Koch Transporttechnik GmbH 184
Koch Wärme AG 571
Köhn & Kuyper (GmbH & Co.), Hansamatex 377
Kölbl GmbH & Co. KG, Josef 813
Köln GmbH, Stadtwerke 663
Köln-Godorf, Raffinerie 349
Kölner Feuerverzinkung GmbH 213
Kölsch GmbH 829
Köppen Transport GmbH, Köln 35
Kohlbecher & Co GmbH 58
Kohle-Kontor-Saar GmbH 852
Kohlehandel
- Dresden GmbH 845
- Gera GmbH 845
- Halle 845
- Magdeburg 845
Kohlen-Handelsgesellschaft Auguste Victoria OHG 78, **845**
Kohlenimport- und Großhandels-GesmbH 563
Kohlensäure-Produktionsgesellschaft mbH, KOP 360, 363
Kohleöl-Anlage Bottrop GmbH 35, 363, **606**
Kokerei
- Anna 76
- August Thyssen 83, **85**
- Fürstenhausen 66
- Gneisenau 46
- Hansa 46
- Hassel 44
- Huckingen 83, 84
- Ilsede 83, **84**
- Kaiserstuhl 46
- Peine 126
- Prosper 44
- Rheinhausen 83, **84**
- Salzgitter 83, **85**
- Salzgitter-Drütte 126
- Scholven 44
- Zollverein 44
Kokereiausschuß, Deutscher 197
Kokereiausschuß, Europäischer 282
Kokereigesellschaft Saar mbH 58, **84**
Kolko Vereinigung der schweizerischen Kohlenwirtschaft 875
Koller und Sohn GmbH & Co. KG, Ferdinand 374, 377
Komatsu Howmet Ltd, Japan 213
Kommanditgesellschaft Deutsche Gasrußwerke GmbH & Co 131
Kommanditgesellschaft Marquard & Bahls GmbH & Co 846
Kommission der EG 949
Kommission Reinhaltung der Luft im VDI und DIN 1010
Kommunal-Wasserversorgung Saar GmbH, KWS 58, 671
Kommunale
- Dienste Marpingen GmbH KDM 671
- Dienste Überherrn GmbH KDÜ 671
- Energie- und Wasserversorgung AG KEW 671
- Energie-Beteiligungsgesellschaft mbH 654
- Gasunion GmbH 667
- Gesellschaft für Beteiligungsbesitz an der Ferngas Salzgitter GmbH, GbR 317
Kommunales Elektrizitätswerk Mark AG, Elektromark 323, 631, 634, **661**, 693, 823
Kommunalverband Ruhrgebiet 935
Konferenz der Energiedirektoren der Kantone 976
Koninklijke Vereniging van Gasfabrikanten in Nederland **518**, 580
Konrad, Eisenerzgrube 127
Konsortium Allemand des Pétroles S. A. 58, 363, 364
Konsumgütersparte Barnängen der Nobel Industrier AB 598
Konzelmann GmbH Metallschmelzwerk, Karl 179
KOP Kohlensäure-Produktionsgesellschaft mbH 360, 363
Kopp GmbH, G. 377
Koppelpoort Holding NV. 368
Korea Gas Union 580
Korksteinwerke GmbH Coswig/Anhalt 146
Korro Gesellschaft für Klima und Lufttechnik mbH 647
Kowall Ges. m. b. H. & Co. KG, Gumpoldskirchner Kalk- und Schotterwerke Ing. Friedrich 252
Krachtwerktuigen 789
Kraftanlagen AG 706
Kraftübertragungswerke Rheinfelden AG 646, 693, 771, 772
Kraftverkehrsgesellschaft Hameln mbH 661
Kraftversorgung Rhein-Wied AG 693
Kraftwärme Schwalbach a. Ts. GbR 331
Kraftwerk
- Altbach 665
- Altwürttemberg AG 640, 693
- Aschaffenburg 623
- Bexbach 66
- Bexbach Verwaltungsgesellschaft mbH 58, 621, 626, **646**
- Bielefeld 666
- Bochum 656
- Brunsbüttel 631
- Buer Betriebsgesellschaft mbH 652

Jahrbuch-Bestellkarte

Nutzen Sie die vielen Vorteile des **Jahrbuch-Abonnements!**
Einmalige Bestellung - umgehende Lieferung sofort nach Erscheinen im November - stets neueste Informationen griffbereit auf Ihrem Schreibtisch!

☐ **Abo-Bestellung**
Ja, ich bestelle ab **Jahrbuch 1994** _____ Ex., bis auf Widerruf.

☐ **Einzelbestellung**
Bitte reservieren Sie schon jetzt mein **Jahrbuch 1994!**
_____ Ex. zum Preis von je 158 DM zuzüglich Versandkosten.

☐ Ich bestelle weitere _____ Ex. **Jahrbuch 1993** zum Preis von je 158 DM zuzüglich Versandkosten.

☐ Bitte senden Sie uns Jahrbuch-Media-Daten-Informationen für unsere Anzeigenabteilung.

Das Jahrbuch lebt! Es lebt mit der Entwicklung des Bergbaus und der Energie- und Rohstoffwirtschaft, und es lebt von Ihren Vorschlägen und Änderungswünschen. Ihre Anregungen sind der Jahrbuch-Redaktion jederzeit willkommen! Nutzen Sie für Ihre Hinweise die Servicekarte.

Betrifft: Kapitel _____, Seite _____

Der Beitrag _____
ist um folgende Information zu ergänzen:
_____

ist zu ändern. Die Änderung lautet:
_____

Betrifft: Kapitel _____

Es fehlt folgende Gesellschaft / Organisation / Behörde:
_____
_____

Absender

_____
_____
_____

Bestellzeichen
_____

Datum
_____

Unterschrift

Verlag Glückauf GmbH
Verkaufsabteilung
Postfach 10 39 45

D-4300 Essen 1

Absender

_____
_____
_____

Datum
_____

Unterschrift

Verlag Glückauf GmbH
Jahrbuch-Redaktion
Postfach 10 39 45

D-4300 Essen 1

REGISTER DER UNTERNEHMEN, BEHÖRDEN UND ORGANISATIONEN
K

– Buer GbR 652
– Datteln 653
– Dortmund 656
– Düsseldorf-Lausward 668
– Duisburg-Huckingen 644
– Duisburg-Wanheim GmbH (KDG) . . . 668
– Emden 639
– Emsland 658
– Ensdorf 671
– EV3 I/S 638
– Franken I 629
– Franken II 629
– Frimmersdorf 645
– Gersteinwerk 658
– Goldenberg 645
– Hamburg-Moorburg 630
– Hamburg-Wedel 630
– Heyden 639
– Ibbenbüren Betriebsgesellschaft mbH . . 644
– Ingolstadt 624
– Karlsruhe-Rheinhafen 622
– Kassel GmbH, KWK 638
– Knepper 653
– Krümmel 632
– Laufenburg 646, 693, 771, 775
– Mehrum GmbH 628, **634**, 650
– Meppen 645
– Neckarwestheim 628
– Neurath 645
– Niederaußem 645
– Pleinting 624
– Rauxel 653
– Robert Frank 639
– Ryburg-Schwoerstadt AG 621, **771**
– Schkopau GmbH 652
– Scholven 652
– Schwandorf 624
– Shamrock 653
– Siersdorf 74
– Siersdorf, GbR 647
– Staudinger 639
– Süd, Hochdruckanlage 670
– Süd, Gas- und Dampfturbinenanlage . . 670
– und Bergbau Borken 110
– und Bergbau Wölfersheim 110
– Veltheim 628
– Völklingen-Fenne 66
– Voerde Steag-RWE oHG 640, 647, **650**
– Walheim 665
– Wehrden GmbH **634**, 671, 689
– Weiher 66
– Weisweiler 645
– Werdohl-Elverlingsen 662
– Westerholt 653
– Westfalen 658
– Wilhelmshaven 639
Kraftwerke
– Brusio AG (KWB) 775
– Buer GbR 640
– GmbH, Nordharzer 333
– GmbH, Westharzer 333
– Mainz-Wiesbaden AG 317, **635**
– Mattmark AG 771
– Mauvoisin AG 771
Kraftwerks-Simulator-Gesellschaft mbH, KSG . . 622
Kraftwerksschule e. V. 1012

Kraftwerksverwaltungs-oHG, Vereinigte
Elektrizitätswerke Westfalen AG und Elektromark
Kommunales Elektrizitätswerk Mark AG,
Vereinigung der Gesellschafter
der Kernkraftwerke Lippe-Ems 656
Krankenhaus Entsorgungs Gesellschaft mbH . . . 828
KRB, Kernkraftwerk RWE-Bayernwerk GmbH . . 633
Kreis Steinfurt 817
Kreiswerke Gelnhausen GmbH 326
Kremer Baustoffe und Transporte GmbH,
Romuald 824
Krempelbauer-Quarzsandwerk St. Georgen
Hentschläger u. Co. KG 253
Kriechbaum-Weinzierl, Kaolinbergbau 248
Kropfmühl AG, Graphitwerk **144**, 862
Krümmel, Kraftwerk 632
Krummenauer GmbH & Co. KG 184
Krupp
– AG, Fried. 135
– Brüninghaus GmbH 135
– Energiehandel GmbH **846**, 867
– Forschungsinstitut GmbH 135
– GmbH, Fried. 135
– Industrietechnik GmbH 135, 176
– Koppers GmbH 135, 1003
– Lonrho GmbH 135, 860
– MaK Maschinenbau GmbH 135
– Mannesmann GmbH 83, 84
– Maschinentechnik GmbH 135
– Metalúrgica Campo Limpo Ltda. 135
– Polysius AG 135
– Pulvermetall GmbH 135
– Stahl AG . . . 83, **135**, 162, 179, 204, 860, 861
– Stahl AG Werk Rheinhausen 84
– Stahl Kaltform GmbH 135
– Stahl Oranienburg GmbH 135
– Stahltechnik GmbH 135
– VDM AG 179
– VDM GmbH 135
– Widia GmbH 135
– Wohnen und Dienstleistung GmbH 135
Kruse Recycling GmbH 829
KRZ Nordhausen GmbH 117
KSG, Kraftwerks-Simulator-Gesellschaft
mbH 622, 626
KTA, Kerntechnischer Ausschuß 700
KTG, Kerntechnische Gesellschaft eV 700
Kuagtextil GmbH 586
Kübler & Niethammer Papierfabrik Kriebstein
Energieversorgungs GmbH 331
Küchenberg Erdöl und Erdgas GmbH 304
Kuehmichel, Alfred 841
Küng AG, A. H. 875
Küng AG, J. 875
Kuhbier Chemie GmbH + Co 379
Kundert AG, Gebr. 875
Kupfer- und Silberhütte Brixlegg 245
Kur- und Salinenbetriebe der Stadt
Bad Kreuznach 121
Kurbetriebe Bad Münster am Stein-Ebernburg . . 121
Kuwait Petroleum 578
– Corporation (KPC) 390, 493
– (Danmark) A/S – Gulfhavn Refinery 390
– (Danmark) A/S **389**, 390
– Europoort BV **493**, 519
– Italia 489

Verlag Glückauf · Jahrbuch 1993

REGISTER DER UNTERNEHMEN, BEHÖRDEN UND ORGANISATIONEN
K – L

– Italia SpA 485
Kuyper GmbH & Co. 376
KWG, Gemeinschaftskernkraftwerk Grohnde
 GmbH **627**, 638
KWK, Kraftwerk Kassel GmbH 638
KWK, Norddeutsche Gesellschaft zur Beratung
 und Durchführung von Entsorgungsaufgaben
 bei Kernkraftwerken 638
KWL, Kernkraftwerk Lingen GmbH 823
KWO, Kernkraftwerk Obrigheim
 GmbH 621, **632**, 680
KWS, Kernkraftwerk Süd GmbH, Ettlingen . . . 633
KWS, Kommunal-Wasserversorgung Saar
 GmbH 58, 671

L3 Sonderabfall GmbH 829
Laboratoire central des Industries électriques . . . 963
Labosim AG 601
La Coruña Refinery 575
Länderarbeitsgemeinschaft Abfall 903
Länderarbeitsgemeinschaft für
 Naturschutz, Landschaftspflege und Erholung
 (LANA) 903
Länderausschuß Bergbau 904
Länderausschuß für Atomkernenergie 903
Länderausschuß für Immissionsschutz (LAI) . . . 904
Lahmeyer Aktiengesellschaft für
 Energiewirtschaft 641, 810
Lahmeyer International GmbH 641, 809
La Houve, U. E. 210
Lana di Roccia S.p.A. 238
Landcast Resources Limited 226
Landelektrizität GmbH 323, 693
Landesamt
– für Geowissenschaften und Rohstoffe
 Brandenburg 912
– für Umwelt und Natur
 Mecklenburg-Vorpommern 920
– für Umweltschutz, Bayerisches 911
– für Umweltschutz Sachsen-Anhalt 944
– für Umweltschutz und Gewerbeaufsicht
 Rheinland-Pfalz 936
– für Umweltschutz – Naturschutz und
 Wasserwirtschaft – Saarland 939
– für Wasser und Abfall Nordrhein-Westfalen . . 831
Landesanstalt
– für Immissionsschutz Nordrhein-Westfalen 831, 934
– für Ökologie, Landschaftsentwicklung und
 Forstplanung Nordrhein-Westfalen 934
– für Umweltschutz Baden-Württemberg 907
Landesausschuß Hessen im Verband der Chemischen
 Industrie e. V. 612
Landesausschuß Saar im Verband der Chemischen
 Industrie e. V. 613
Landesbank Girozentrale, Bayerische . . . 315, 333
Landesbergamt Baden-Württemberg 905
Landesbeteiligung Baden-Württemberg
 GmbH 318, 621, 625
Landeselektrizitätsverband Württemberg 625
Landesgasversorgung Niedersachsen AG . . 317, **330**,
 . . . . 333, 638, 669
Landesgremium
– des Brennstoffhandels für Kärnten 873
– des Brennstoffhandels für Niederösterreich . . . 873
– des Brennstoffhandels für Oberösterreich . . . 873
– des Brennstoffhandels für Salzburg 873

– des Brennstoffhandels für Steiermark 873
– des Brennstoffhandels für Tirol 873
– des Brennstoffhandels für Vorarlberg 873
– Wien für den Einzelhandel mit Kohle und anderen
 Brennstoffen 873
– Wien für den Großhandel mit Kohle und anderen
 festen mineralischen Brennstoffen 873
Landesoberbergamt Nordrhein-Westfalen 928
Landesverband der Gas- und Wasserwirtschaft
 Rheinland-Pfalz e. V. 381
Landesverband Lippe 322
Landesverband saarländischer Brennstoffhändler
 eV 865
Landesverband schleswig-holsteinischer
 Brennstoffhändler eV 866
Landhausen und Klein-Rust, Sandgewinnung . . 256
Landkreis Neunkirchen 671
Landschaftsverband Westfalen-Lippe 322
Landsmann & Co. KG, Imcometall 867
Landwehr, Tongrube 147
Lang AG, Edwin 571
Lang Apparatebau GmbH 597
Langen GmbH, Stadtwerke 332
Langen GmbH, Wärmeversorgung 332
Langenlebarn, Blähtonanlage 251
La Petrolifera Italo Rumena 489
La Seigneurie 398
Laser Bearbeitungs- und Beratungszentrum NRW
 GmbH 74
Lasmo
– Canada Inc 409
– Energy Corporation (USA) 409
– Finance Limited 409
– International Limited 409
– Kakap Limited 409
– Madura Limited 409
– Malacca Limited 409
– Mineraria 489
– Nederland B.V. 519
– North Sea plc 409, 478, 479
– Oil Company Australia Limited 409
– plc 409
– Sumatra Limited 409
– (TNS) Limited 409
– Trading Limited 409
– (TSP) Limited 409
Lassing, Marmorbergbau 254
Lassing, Natursteinwerk 253
Lassing, Talkbergbau 250
Laubag, Lausitzer Braunkohle Aktiengesellschaft . 92
Laufenburg, Kraftwerk . . . 646, 693, 771, 775
Laufkraftwerk Grevenmacher 747
Laufkraftwerk Palzem 747
Laurweg Aufbereitungs- und Handelsgesellschaft
 mbH 74
Lausitz, Revier 86
Lausitzer Braunkohle Aktiengesellschaft
 Laubag 86, **92**, 177
Lausitzer Umwelt GmbH 35, 109, 813
Lavéra, Raffinerie 398
LD Energi A/S und Erdgas GmbH 304
Le commerce 838
Leag – Aktiengesellschaft für luzernisches Erdöl . . 567
Lech-Elektrizitätswerke AG 640, 693, 1000
LEG Saar, Landesentwicklungsgesellschaft Saarland
 mbH 58

REGISTER DER UNTERNEHMEN, BEHÖRDEN UND ORGANISATIONEN
L – M

Lehnkering Montan Transport Aktiengesellschaft	829
Lehranstalten der Saarbergwerke AG	72, **995**
Lehrstuhl für Aufbereitung, Veredlung und Entsorgung der Rheinisch-Westfälischen Technischen Hochschule Aachen	810
Lehrte Dr. Andreas Kossel GmbH, Chemische Fabrik	853
Leibstadt AG, Kernkraftwerk	771
Leichtmetall-Gesellschaft mbH	136
Leichtmetallwerk Rackwitz GmbH	179
Leinster Coal Products Limited	229
Lemicosa Leonesa de Mineria y Construcción, S.A.	158
Lenzen GmbH & Co. KG, P.W.	135
Lenzen Mineralölhandelsgesellschaft mbH, A. J.	844
Leoben, Dolomitbergbau und Kalkwerk	256
Lestin & Co, Tauch-, Bergungs- und Sprengunternehmen, Gesellschaft mbH	759
Leukon AG	131
Leuna-Werke AG	345, **600**, 1020
Leutert	
– GmbH + Co, Friedrich	373
– Instruments, Inc.	373
– (North Sea) Ltd	373
– Oil Tools	373
– -Rewa Sales & Services Center (Far East) Pte. Ltd.	373
Levin Saline Luisenhall GmbH	121
Leybold AG	131
Leybold Durferrit GmbH	179
Leykam-Mürztaler, Papier und Zellstoff Aktiengesellschaft	562
Licht-, Kraft- und Wasserwerke Kitzingen GmbH	333
Licht- und Kraftwerke	
– Altenau GmbH	323
– Harz	323, 693
– Helmbrechts GmbH	326
– Seesen/Harz GmbH	323
Liegenschaftsgesellschaft der Treuhandanstalt mbH TLG	902
Lignitos de Meirama S.A. Limeisa	276
Limberg, Kieselgurbergbau	258
Limeisa, Lignitos de Meirama S.A.	276
Limerick Gas Co. Ltd.	481
Linauer, Bergbaubetrieb Johann und Manfred	251
Lindenschmidt, Siegerländer Abfuhrbetrieb M.	829
Lineg, Linksniederrheinische Entwässerungs-Genossenschaft	1031
Lingen Drilling B. V.	296
Lingen (Offshore) Ltd.	296
Lingen Pétrole Gabon S.A.R.L.	296
Linke-Hofmann-Busch Fahrzeug-Waggon-Maschinen GmbH	125, 126
Linksniederrheinische Entwässerungs-Genossenschaft Lineg	1031
Lippe-Ems GmbH, Kernkraftwerke	656
Lippeverband	1030
Lippewerk	141
Liquefied Petroleum Gas Industry Technical Association LPGITA	878
Lisboa, Raffinerie	565
Lister- und Lennekraftwerke GmbH	693
Livorno, Raffinerie	486
Lizerne et Morge AG	771
LKAB	
– Far East Pte. Ltd	270
– Fastighets AB	270
– Norden	270
– S.A.	270
– Schwedenerz GmbH	270, **860**
LME, London Metal Exchange Ltd.	878
Löwy GesmbH, Rudolf	563
Lohberg/Osterfeld, Bergwerk	40
Lohrheim, Kaolin-Werk	143
LOI Essen, Industrieofenanlagen GmbH	320
Lombard-Gerin Sarl.	595
Lombarda Petroli	489
Lombarda Petroli SpA	**485**
London Electricity Plc	731
London Metal Exchange Ltd. LME	878
Lonza SA	570
Lormines	216
Lorraine, Le Carbone	213
Lorüns AG, Vorarlberger Zementwerke	257
Lothringen IV, Gewerkschaft	74
LPGITA, Liquefied Petroleum Gas Industry Technical Association	878
L.U.B. Lurgi-Umwelt-Beteiligungsgesellschaft mbH	810
Ludesch, Dolomitbergbau	257
Ludwig GmbH, Dr.	146
Lübeck, Stadtwerke	332
Luftenberg, Quarzsandgrube	255
Luhn & Pulvermacher GmbH & Co.	132
Luisenthal, Grube	70
Luossavaara-Kiirunavara AB	270, 860
Lurgi	
– AG	136, 137, 167, 810
– Energie und Umwelt GmbH	810
– GmbH	179
– Metallurgie GmbH	136
– Öl · Gas · Chemie GmbH	167
– -Umwelt-Beteiligungsgesellschaft mbH, L.U.B.	810
Luscar Ltd.	285
Luxemburg Association for the Peaceful Use of Atomic Energy, Alupa	788
Lysekil, Raffinerie	566
Maas GmbH, Alex	163
Maas Tiefbauunternehmung GmbH & Co KG, Alex	163
Maasvlakte Olie Terminal CV	519
Maatschap Europoort Terminal	360, 363
Mabanaft	
– AG	571, 846, 874
– BV	846
– GmbH	**846**, 863
– Ltd.	846
– Paris S.a.r.l.	846
– S.A.R.L.	846
– Singapore PTE Ltd.	846
Mabeg Gesellschaft für Abfallwirtschaft und Entsorgungstechnik mbH & Co.	810
Märkische Energieversorgung AG	**664**, 693
Märkischer Brennstoffhandel GmbH	846
Mærsk Olie og Gas AS	389
Maffei S.p.A.	237
MAG Explorations Limited	229
Mager-Metaux	216
Magindag Steirische Magnesit-Industrie Aktiengesellschaft	249
Magnesit-Dunit-Bergbau Gulsen	249

REGISTER DER UNTERNEHMEN, BEHÖRDEN UND ORGANISATIONEN
M

Magnesital-Feuerfest GmbH	150
Magnesitas Navarras, S.A. (Magna)	859
Magnesitbergbau	
– Breitenau	250
– Hohentauern	250
– Kainthaleck	249
– Oberdorf	249
Magnesitwerk Aken GmbH	179
Magnesitwerk Hochfilzen	249
Magnomin Mines SA	219
Magog GmbH & Co KG, Schiefergruben	152
Mahlanlage Weißkirchen	250
Mahler Dienstleistungs-GmbH	131
Maiersch, Tonbergbau	252
Mailhac-sur-Benaize, Mines d'uranium de	215
Maingas AG	317, **330**, 333
Main-Gaswerke AG	326, 638, 867
Main-Kraftwerke AG	331, 640, 693
Main-Spessart GmbH, Gasversorgung	**328**, 330
Mainz AG, Stadtwerke	635
Mainz, Heizkraftwerk GmbH	635
Makadamwerk Schwaben GmbH	605
Makedonian Magnesite Industrial and Shipping SA	219
Makroform GmbH	602
Malaysian Gas Association	580
Mallersbach, Kaolinbergbau	248, 253
Malmexport Aktiebolag	860
MAN Gutehoffnungshütte GmbH	176
Management Vector Corporation S.A.	213
Manalta Coal Ltd.	285
Mannesmann AG	179, 861
Mannesmannröhren-Werke AG	179
Mannheim Aktiengesellschaft (SMA), Stadtwerke	685
Mannheimer Verkehrs-Aktiengesellschaft (MVG)	685
Mannheimer Versorgungs- und Verkehrsgesellschaft mbH, MVV	684
Mannstaedt-Werke GmbH & Co.	179
Manpac S.A.	141
Mansfeld AG	137
Mansfeld Engineering GmbH	172
Mansfeld Kupfer-Silber-Hütte GmbH	172
Mansfeld Rohhütten GmbH	172
Mansfelder Kupfer-Bergbau GmbH	**124**, 172
Mantua, Raffinerie	484
Manufrance BV	58
Manweb plc	732
Marathon Oil U.K., Ltd.	**409**, 479
Marathon Petroleum Ireland, Ltd	480
Marathon-Fertigprodukten-Leitung Burghausen – Feldkirchen	371
Marathon-Rohölleitung Steinhöring – Burghausen	370
Marbach, Wärmekraftwerk	626
Marbert GmbH	598
Marcolinos - Sociedade Industrial de Estanho, Lda.	266
Margareta, Grube	148
Marghera/Venezia, Raffinerie Porto	483
Maria Theresia Bergbaugesellschaft mbH	86, 89, **92**, 641
Marimpex Mineralöl-Handelsgesellschaft mbH	**846**, 863
Marketing Center	386
Marmorbergbau Lassing	254
Marmorkalkwerk Troesch KG	146
Marquard & Bahls	846
– AG	846
– Coal Company	846
– GmbH	846
– Handelsgesellschaft mbH	846
Mars	489
Martin & Pagenstecher GmbH	150
Martin-Luther-Universität Halle-Wittenberg	991
Martinswerk GmbH	136
MAS S.p.A.	605
Masa, Empresa Nacional Minas de Almagrera, S.A.	278
Maschinen-Engineering-Umweltschutztechnik GmbH Lichtenberg, M. E. U.	811
Maschinenbau Entwicklung Consulting GmbH, MEC	74
Maschinenfabrik Andritz Actiengesellschaft	179
Maschinenfabrik Scharf GmbH	184
Massey Coal Co. Inc., A T	285
Materialforschungs- und Prüfungsanstalt für Bauwesen Leipzig	1035
Matthes & Weber GmbH	597
Mavilor S.A.	135
Max-Delbrück-Centrum für Molekulare Medizin, MDC	999
Max-Planck-Gesellschaft zur Förderung der Wissenschaften, MPG	695
Max-Planck-Institut	
– für Kernphysik	1008
– für Kohlenforschung	1008
– für Plasmaphysik	999, **1009**
– für Strahlenchemie	1009
Max-von-Pettenkofer-Institut	899
Maxcom Petroli	489
Maxcom s.p.a.	486
Maxhütte Thüringen GmbH, Die	179
Maximilianhütte Reith	253
May-Lubrication GmbH	379
Mayasa, Minas de Almadén y Arrayanes, S.A.	279
Mayr-Melnhof & Co., Grafitbergbau Kaisersberg Franz	247, 248
M & B Transportgesellschaft mbH	35
MB-Data Research Gesellschaft für Informationstechnologie mbH	35
MBA Meuwsen & Brockhausen Anlagentechnik GmbH	35
MBB, Messerschmitt-Bölkow-Blohm GmbH	1000
MBK Hydraulik, Meuwsen & Brockhausen GmbH & Co. KG	35
MC Bauchemie Müller GmbH u. Co.	156
MC, Montan-Consulting GmbH	163, **167**
MDC, Max-Delbrück-Centrum für Molekulare Medizin	999
MdK, Mitteldeutsche Kali AG	116
MDS	366
Metallbau J. Zech GmbH	377
MEAG Geschäftsbesorgungs-Aktiengesellschaft	622, 656, 682
Meag Mitteldeutsche Energieversorgung AG	664
MEC Maschinenbau Entwicklung Consulting GmbH	74
Mecon Meeres- und Energietechnologie Consulting GmbH	167
Meeres- und Energietechnologie Consulting GmbH, Mecon	167

REGISTER DER UNTERNEHMEN, BEHÖRDEN UND ORGANISATIONEN
M

Megal Finance Company Ltd.	320
Megal GmbH Mittel-Europäische Gasleitungsgesellschaft	320, **341**
Meggen, Metallerz- und Schwefelkiesbergwerk	127
Méguin GmbH, Oel- & Lackwerke G.	380
Mehrum GmbH, Kraftwerk	628, **634**, 638
Meißener Stadtwerke GmbH (MSW)	685
Melox	722
MEMC Electronic Materials Inc.	599
Menge GmbH, Aug.	847
Menzolit GmbH	138, 594
Meppen, Kraftwerk	645
Merck & Cie. KG	600
Merck International Finance N.V.	600
Merck oHG, E.	600
Merck Produkte-Vertriebsges. & Co.	600
Mercury Analytical Ltd.	232
Mercury Hydrocarbons Ltd.	232
Merk & Cie. KG	866
Mesotheliomregister der Bergbau-Berufsgenossenschaft	1024
Messerschmitt-Bölkow-Blohm GmbH MBB	1000
Meßtechnische Systeme GmbH META	817
META, Meßtechnische Systeme GmbH	817
META, Umwelttechnisches Entwicklungszentrum GmbH	817
Metal Merchants Association of Ireland	871
Metaleurop	216
– Belgique S.A.	213
– Coating Technology GmbH	213
– Commerciale Italia S.p.A.	213
– -España S.A.	213
– GmbH	184, 213
– Handel GmbH	213
– International Finance B.V.	213
– Italia S.p.A.	213
– Recherche S.A.	213
– S.A.	125, **213**, 216, 280
– Weser Blei GmbH	213
– Weser Zink GmbH	213
Metall Mining Australia Pty. Ltd.	138
Metall Mining Corp.	138
Metall Mining of Namibia (Pty.) Ltd.	138
Metall-Chemie Handelsgesellschaft mbH & Co.	860
Metalleftiki Ltd	219
Metallerz- und Schwefelkiesbergwerk Meggen	127
Metallgesellschaft AG	**137**, 139, 183, 184
Metallgesellschaft Austria AG	138
Metallgesellschaft Corp.	138
Metallgesellschaft Services GmbH	137
Metallhüttenwerke Bruch GmbH	179
Metallurg Inc.	131
Metallwarenfabrik Stockach GmbH	179
Metallwerk Jacobs GmbH	179
Metallwerk Olsberg GmbH	179
Metallwerke Bender GmbH	179
Metalquimica del Nervion, S. A.	278
Métaux spéciaux	214
METG, Mittelrheinische Erdgastransport GmbH	342
Methanex Inc.	138
Metz GmbH, Gewerkschaft Norbert	74
Metz Wohnungsbauges. mbH, Norbert	74
M. E. U., Maschinen-Engineering-Umweltschutztechnik GmbH Lichtenberg	811
Meuwsen & Brockhausen Data GmbH	35
Meuwsen & Brockhausen GmbH	35
MEVAG, Märkische Energieversorgung AG	**664**, 682
Meyer & Cie AG, A. H.	571, 874, 875
Meyer AG, Fritz	875
MFUSA, Minas y Ferrocarril de Utrillas S.A.	276
MG Industriebeteiligungen AG	138
MG Methanol Corp.	138
MG Natural Gas Corp.	138
MG Petrochemicals Inc.	138
MG Refining and Marketing, Inc.	138
MGE Montan-Grundstücksentwicklungsgesellschaft mbH	36
MHD „Berzelius" Duisburg GmbH	138
MHD Duisburg GmbH	138
M-I Drilling Fluids Intl. BV	377
Mibrag, Vereinigte Mitteldeutsche Braunkohlenwerke Aktiengesellschaft	101
Michael Philcox	232
Michel Handel GmbH	35, 851
Michel Mineralölhandel GmbH	35, 851
Michels GmbH, Eduard	848
Micro Parts Gesellschaft für Mikrostrukturtechnik mbH	647
Microfusion	213
Microparts Gesellschaft für Mikrostrukturtechnik mbH	599
Midal Mitte-Deutschland-Anbindungsleitung für Erdgas GmbH	341
Midco Deutschland GmbH	377
Midgard Deutsche Seeverkehrs-AG	853
Midland and Scottish Resources Plc	478
Midlands and Wales Group	220
Midlands Electricity Plc	732
Midtkraft, I/S	713
Midy Arzneimittel	397
Migrol-Genossenschaft	571, 874
Migros-Genossenschafts-Bund	874
Milazzo (Sicily), Raffinerie	485
Milford Haven, Raffinerie	411
Miljøministeriet, Dänisches Umweltministerium	960
Miljø- och Naturresursdepartementet, Ministry of the Environment and Natural Resources	975
Miljoevern Umwelt-Technik GmbH	811
M.I.M. Holdings (Deutschland) GmbH	138, 139
MIM Holdings Ltd.	138, 285
Mina do Pintor, Lda.	267
Minargol - Complexo Mineiro de Argozêlo, S.A.R.L.	267
Minas	
– de Aljustrel	267
– de Almadén y Arrayanes, S.A. Mayasa	279
– de Cassiterite de Sobreda, Lda.	267
– de Jalles, S.A.	267
– de Lieres, S.A.	275
– de Riotinto	279
– de Tormaleo, S.A.	275
– del Narcea, S.A.	275
– do Barranco, Lda.	267
– do Tuela	267
– do Zêzere, Lda.	**267**, 269
– y Ferrocarril de Utrillas S.A. MFUSA	276
Minccon Mineral Consulting & Contracting	260
Minden-Ravensberg GmbH, Elektrizitätswerk	**660**, 693
Minelco AB	270
Minemaque - Minérios, Máquinas e Metais, Lda.	267
Minemet Holding	212

REGISTER DER UNTERNEHMEN, BEHÖRDEN UND ORGANISATIONEN
M

Minera Kraftstoffe Mineralölwerk Rempel GmbH 841
Mineral Consulting & Contracting, Minccon . . . 260
Mineral Engineering GmbH, WQD 153
Mineral-Handelsgesellschaft mbH, mst 147
Mineral-Speditions- und Transport-GmbH, mst . 147
Mineraliengesellschaft Heinrich Müller
   GmbH & Co 146
Mineralmühle Schulte GmbH 861
Mineralöl-Füllstellenbetriebs GmbH 347
Mineralöl-Gesellschaft-Ffm 379
Mineralölumschlag GmbH & Co. Tanklager KG,
   TLB 377
Mineralölvertriebs- und Handelsgesellschaft mbH,
   Scheuringer 852
Mineralölwerk Grasbrook 348
Mineralölwerk Osnabrück Chemische Fabrik
   Möllering & Co KG 379
Mineralölwerk Stade, Adresen, Tafel
   GmbH & Co 379
Mineralölwerk Wedel GmbH & Co.
   oHG **357**, 358, 363
Mineralölwirtschaftsverband e.V. **374**, 999
Mineralogical Society of Great Britain 225
Mineralolie Brancheforeningen 868
Minerals Engineering Society, The 225
Minerals, Metals and Materials Society, The . . . 281
Mineralstoff-Verwertung Saar GmbH, MVS . . . 689
Mineralwerke Ges. m. b. H., Naintsch 250
Mineraria Silius SpA 237
Minerex Ltd. 232
Minero Siderúrgica de Ponferrada, S. A. MSP . . 275
Mines d'uranium de Mailhac-sur-Benaize 215
Mines d'uranium des Balaures Bertholène 215
Mines de Borralha, SA 267
Mines de Potasse d'Alsace S.A. 211
Mines et Industries SA 267
Mines Inspectorate 967
Mingro Mineralöl Großhandel GmbH 346
Miniera AG 571
Miniera di Pietrafitta 234
Miniera di Santa Barbara, Castelnuovo del
   Sabbioni 234
Minimax GmbH 125
Mining Association of the United Kingdom, The . 224
Mining, Geological and Metallurgical Institute
   of India, The 281
Mining Italiana S.p.A. 235
Mining Trading & Manufacturing Ltd 219
Minister
– Achenbach, Bergwerk 52
– für Arbeit, Gesundheit und Soziales des Landes
   Nordrhein-Westfalen, Der 933
– für Natur, Umwelt und Landesentwicklung
   des Landes Schleswig-Holstein, Der 944
– für Umwelt, Raumordnung und Landwirtschaft des
   Landes Nordrhein-Westfalen, Der 934
– für Wirtschaft, Technik und Verkehr des Landes
   Schleswig-Holstein, Der 944
Ministère
– de l'Economie 968
– de l'Energie 968
– de l'Environnement 968
– de l'industrie, du commerce extérieur et de
   l'aménagement du territoire 961
– du Travail Inspection du Travail et des Mines . . 968
Ministerie van Economische Zaken 969
Ministerie van economische Zaken, Ministère
   des Affaires Economiques 958
Ministerio da Indústria e Energia 974
Ministerio de Industria, Comercio y Turismo . . . 977
Ministerium
– für Industrie, Energie und Technologie 964
– für Umwelt 939
– für Umwelt Baden-Württemberg 907
– für Umwelt des Landes Rheinland-Pfalz . . . 936
– für Umwelt, Naturschutz und Raumordnung . . 914
– für Umwelt, Stadtplanung und öffentliche Bauten
   (Griechenland) 964
– für Umwelt und Bundesangelegenheiten,
   Hessisches 916
– für Umwelt und Landesentwicklung (Sachsen) . . 942
– für Umwelt und Naturschutz (Sachsen-Anhalt) . 943
– für Wirtschaft 936
– für Wirtschaft, Mittelstand und Technologie . . 912
– für Wirtschaft, Mittelstand und Technologie
   Baden-Württemberg 201, **905**
– für Wirtschaft, Mittelstand und Technologie des
   Landes Nordrhein-Westfalen 201, 925
– für Wirtschaft, Technologie und Verkehr . . . 942
– für Wirtschaft und Verkehr 946
– für Wirtschaft und Verkehr des Landes
   Rheinland-Pfalz 201, **935**
– für Wirtschaft und Verkehr des Landes
   Schleswig-Holstein 201
– für Wirtschaft, Verkehr und Landwirtschaft des
   Saarlandes 201
– für Wohnungswesen, Raumordnung und Umwelt
   (Niederlande) 969
Ministero dell'Ambiente 968
Ministero dell'Industria, del Commercio e
   dell'Artigianato 968
Ministero delle Partecipazioni Statali 968
Ministerrat 948
Ministry of the Environment 960
Ministry of Trade and Industry 960
Ministry of Urban and Rural Construction and
   Environmental Protection 580
Minmet Financing Co. 237
Minol Mineralölhandel AG 840, **847**, 863
Minora Forschungs- und Entwicklungsgesellschaft
   für Werkstoffe mbH 147
Minorco Services (UK) Limited 222
Mircal 212
Mircal SNC 861
Miro Rohranlagen GmbH 104
Misoxer Kraftwerke AG 771
Mitra Spedition GmbH 147
Mittelbaden AG, Elektrizitätswerk 693
Mittelbaden GmbH, Gasfernversorgung 333
Mittelbadische Sonderabfall-, Entsorgungs- und
   Verwertungs-GmbH & Co. KG, MVG 813, 829
Mitteldeutsche
– Braunkohle Strukturförderungsgesellschaft
   mbH 104
– Braunkohlenwerke AG 104, 177
– Energieversorgung AG **664**, 693
– Handelsgesellschaft für Energieträger GmbH . . 851
– Kali AG **116**, 178
– Salzwerke GmbH 117, **118**, 178, 366
– Wohnungsgesellschaft mbH 104
Mittelrheinische Erdgastransport Gesellschaft
   mbH 320, 342

REGISTER DER UNTERNEHMEN, BEHÖRDEN UND ORGANISATIONEN
M – N

Mittelschwäbische Überlandzentrale AG	626
MK Fördertechnik GmbH	74
MK Mineralkontor GmbH	845
MMG Handel GmbH	137
MNR Mining Inc.	138
Mobil	578, 870
– Beteiligungs- und Vertriebsgesellschaft mbH	358
– Development Norway A/S	520
– Erdgas-Erdöl GmbH	299, **300**, 304, 316, 318, 321, 358, 374
– Exploration Norway Inc.	**520**, 522
– Handel GmbH	358, 378
– International Petroleum Corporation	300, 357
– Marketing und Raffinerie GmbH	353, **357**, 358, 370, 371
– North Sea Ltd	**409**, 479
– Oil	396
– Oil AG	344, 346, 357, 375, 378, 379
– Oil Austria AG	563
– Oil B.V.	369, 519
– Oil Française	369, 398, **399**, 401
– Oil Italiana	489
– Oil Oy Ab	395
– Oil Portuguesa, S.A.	564
– Oil Raff. GmbH & Co. oHG	344
– Oil Raffinerie GmbH	358
– Oil Raffinerie Wörth GmbH & Co. oHG	358
– Oil (Switzerland)	571
– Petroleum Company, Inc.	357
– Producing Netherlands Inc.	**492**, 519
Moçacor Distribuidora de Combustíveis, SA	565
Modellkraftwerk Völklingen GmbH	58, 66, **646**, 689
Møller, A. P.	389
Møller mbH, A. P.	563
Mogul of Ireland Limited	229
Moldan KG, Erste Salzburger Gipswerks-Gesellschaft Christian	246
Molervaerk Ludolph Struve & Co. A/S	862
Monacril S.A.	602
Monceau-Energie S.A.	205
Mongstad, Raffinerie	522
Monopol, Bergwerk	52
Montan	
– Brennstoffhandel und Schiffahrt GmbH & Co KG	867
– -Consulting	160
– -Consulting GmbH	35, 163, **167**, 184
– -Entsorgung GmbH & Co. KG	647, **824**, 848
– -Entsorgung Verwaltungs GmbH	648, 824
– -Grundstücksentwicklungsgesellschaft mbH, MGE	36
– -Grundstücksgesellschaft mbH	36
– -Umwelttechnik GmbH	813
– Union-Raab Karcher GmbH	848
– -Verwaltungsgesellschaft mbH	30, 651
Montana	
– Energie-Handel GmbH & Co	852
– Handels- und Transport GmbH	35, 813
– Heiztechnik- u. Tankservice GmbH	852
– Wilhelm Grill GmbH	852
Montangesellschaft mbH	112
Montanhistorischer Verein für Österreich	262
Montania Energie-Handel GmbH	852
Montania-Ets. Grethel S. à r. l.	852
Montanservice GmbH	193
Montanwerke Brixlegg Gesellschaft m. b. H.	138, 245, 253
Montecatini Edison S.p.A.	483
Monteshell	485, 489
Monteshell Gas	489
Monument Oil and Gas Plc	478
Moosegg-Abtenau, Gipsbergbau	246
Moray Petroleum Holdings and Development Limited	478
Moscow International Energy Club	834
Moselkraftwerke GmbH	640, 644
Motor Oil (Hellas) Corinth Refineries S.A.	404
Mount Isa Mining Holdings (Deutschland) GmbH	139
Mourik Grout Ammers b.v.	798
Moy Insulation Limited	229
MPG, Max-Planck-Gesellschaft zur Förderung der Wissenschaften	695
MSI Mülhausen Spedition International GmbH	35
MSP, Minero Siderúrgica de Ponferrada, S. A.	275
mst Mineral-Handelsgesellschaft mbH	147
mst Mineral-Speditions- und Transport-GmbH	147
MTN, Mineraloel- und Tanklager GmbH	842
Mueg Mitteldeutsche Umwelt- und Entsorgungs GmbH	104
Mühleberg, Kernkraftwerk	770
Mühlgrund GmbH, Wasserwerk	667
Mülhausen Spedition International GmbH, MSI	35
Mülheim-Kärlich, Kernkraftwerk	645
Müllenbach & Thewald	152
Müller GmbH & Co, Mineraliengesellschaft Heinrich	146
Müller GmbH, Otto A.	867
Müllheizkraftwerk Karlsruhe GmbH	622
Müllheizkraftwerk Karnap	645
Müllverbrennung Hameln GmbH	661
Müllverwertung Borsigstraße GmbH	652
München, Stadtwerke	627, **669**, 670, 682, 688
Münster am Stein, Saline	121
Münster GmbH, Stadtwerke	682, **688**
Mürzzuschlag, Quarzitbergbau	251, **254**
Muhr & Bender	179
Munster Base Metals Limited	226
Murco	870
Mure S.A.	135
Murex Ltd.	659
Murphy Petroleum Ltd	479
Muscheid, E.	829
Museum für Steinkohlenbergbau, Bergbaumuseum Oelsnitz/Erzgebirge	1001
MVG, Mittelbadische Sonderabfall-, Entsorgungs- und Verwertungs-GmbH & Co. KG	829
MVS, Mineralstoff-Verwertung Saar GmbH	689
MVV GmbH	682
MVV, Mannheimer Versorgungs- und Verkehrsgesellschaft mbH	684
MWV, Mineralölwirtschaftsverband eV	374
Myles Handelsgesellschaft mbH	563
Naamloze Vennootschap DSM	371
Naantali, Raffinerie	395
Nabwerk	141
Næringsdepartementet	969
Nagra, Nationale Genossenschaft für die Lagerung radioaktiver Abfälle	774
Nahwärme Düsseldorf GmbH	668, **685**
Nahwärme Merzig GmbH, NWM	671
Naintsch Mineralwerke Ges. m. b. H.	**250**

REGISTER DER UNTERNEHMEN, BEHÖRDEN UND ORGANISATIONEN
N

NAM, Nederlandse Aardolie Mij. BV **492**, 519
NAOC 482
Napoli, Raffinerie 485
Narco, North American Refractories Co. 859
National
– Association of Colliery Overmen, Deputies and Shotfirers, The 225
– Association of Solid Fuel Wholesalers, The . . . 870
– Grid Company plc, The 733
– Petroleum Limited 386
– Power plc 733
Nationale Genossenschaft für die Lagerung radioaktiver Abfälle, Nagra 774
Nationale Instelling voor Radioaktief Afval en Verrijkte Splijtstoffen, Niras 708
Nationaler Energie-Forschungs-Fonds, NEFF . . 774
Nationales Komitee des Weltenergierates für die Bundesrepublik Deutschland (DNK) 979
Natural Environment Research Council 966
Natural Gas Finance Ltd 481
Natural Resource Consultants, NRC 232
Naturgas S.A. 576
Natursteinwerk Lassing 253
Natwest Resources Limited 478
Nautic Schiffahrtsgesellschaft mbH 378
Navachab Joint Venture 138
Navan Resources plc 229
NDO, Norddeutsche Oelleitungsgesellschaft mbH 368
NEA, Kernenergieagentur der OECD 790
NEA, Norddeutsche Energieagentur für Industrie und Gewerbe GmbH 329
Neckar-Elektrizitätsverband (NEV) 665
Neckarhafen Plochingen GmbH 665
Neckarwerke AG 673
Neckarwerke Elektrizitätsversorgungs-AG 626, 627, **665**, 693, 699
Neckarwerke Kernkraft GmbH 665
Neckarwestheim, Kraftwerk 628
Nederlandsche Rijnvaartvereeniging BV . . . 35, 140
Nederlandse
– Aardolie Maatschappij B.V. 519
– Aardolie Mij. BV NAM **492**, 519
– Atoomforum 749
– Gasunie, N.V. 518
– Internationale Industrie- en Handel Maatschappij, BV 342
– Maatschappij voor Energie en Milieu BV, Novem 749
– Olie en Gas Exploratie en Produktie Associatie, Nogepa 519
– Organisatie van Olie- en Kolenhandelaren Novok 872
– Vereniging van Ondernemingen in de Energiebranche (N.V.E.) 872, 877
Nedstaal B. V. 140
NEFF, Nationaler Energie-Forschungs-Fonds . . 774
Nefo, I/S 713
Nerefco 493
Nersa, Centrale Nucléaire Européenne à Neutrons Rapides SA **721**
Neste 396, 578
– Kide Oy 396
– Konzern Neste Oy 395
– North Sea Ltd. 409
– Oy 395
NET, Norddeutsche Energie Technik GmbH . . . 329

NETG, Nordrheinische Erdgastransport Gesellschaft mbH 321, **342**, 659
Netherlands Nuclear Society, NNS 749
Netherlands Oil and Gas Exploration and Production Association 519
Netherlands Refining Company BV 519
Neubach, Quarzsandbergbau 252
Neubrandenburger Brennstoff- und Heizungstechnik-Handels GmbH 847
Neuhof, Raffinerie 359
Neuhof-Ellers, Kaliwerk 114
NeuLand, Gesellschaft für Haldenrecycling und Flächenerschließung mbH 689
Neumünster, Stadtwerke 867
Neurath, Kraftwerk 645
Neustadt, Raffinerie 353
Neutra Treuhand AG 770
Neutrale Tanklager GmbH & Co. KG, Pusback u. Morgenstern Petrotank 377
New Zealand Aluminium Smelters Ltd. 223
Newmont Overseas Exploration Limited 229
Neynaber Chemie GmbH 597
Nickelhütte Aue 138
Nico-Metall GmbH 857
Niederaußem, Kraftwerk 645
Niederberg, Bergwerk 38
Niederrhein GmbH, Fernwärmeversorgung . . . 647
Niederrheinisch Bergisches Gemeinschafts- wasserwerk GmbH 668
Niederrheinische Gas- und Wasserwerke GmbH (NGW) 331
Niederrheinische Licht- und Kraftwerke AG 640, 693
Niederrheinischer Knappschaftsärzteverein e. V. . 1028
Niedersachsen-Riedel, Werk 114
Niedersächsische Gesellschaft zur Endablagerung von Sonderabfall mbH 811
Niedersächsische Kohlenverkauf GmbH 80
Niedersächsische Kraftwerke GmbH 644
Niedersächsischer Kohlen-Verkauf GmbH, NKV 847
Niedersächsisches
– Institut für Wirtschaftsforschung e. V. 1009
– Landesamt für Bodenforschung 920
– Landesamt für Bodenforschung Außenstelle Bremen 914
– Landesamt für Immissionsschutz, NLIS 925
– Landesamt für Wasser und Abfall (NLW) . . . 925
– Ministerium für Wirtschaft, Technologie und Verkehr 201, 920
– Umweltministerium 924
Niehl GmbH, Heizkraftwerk 663
Nienburg/Weser GmbH, Stadtwerke 330
Nihon Tokushu Noyaku Seizo K.K. 590
Nimex 397
Nippon Aerosil Co. Ltd. 131
Nippon S. R. Company Limited 133
Niras, Nationale Instelling voor Radioaktief Afval en Verrijkte Splijtstoffen 708
Niras, Ondraf 709
Nirvan-Keramchemie Pvt. Ltd. 596
NIS Ingenieurgesellschaft 706
NKe im DIN Deutsches Institut für Normung e.V., Normenausschuß Kerntechnik 702
NKV, Niedersächsischer Kohlen-Verkauf GmbH 847
NLIS, Niedersächsisches Landesamt für Immissionsschutz 925

REGISTER DER UNTERNEHMEN, BEHÖRDEN UND ORGANISATIONEN
N

NMH Stahlwerke GmbH	179
NNS, Netherlands Nuclear Society	749
Noell	
– -CLG Umwelttechnik GmbH	811
– GmbH	125, 706, 811, 823
– -K+K Abfalltechnik GmbH	125
– -KRC Umwelttechnik GmbH	125
– -LGA Gastechnik GmbH	125, 377
– Service und Montagetechnik GmbH	125
– Umweltdienste GmbH	377
Nogepa, Nederlandse Olie en Gas Exploratie en Produktie Associatie	519
NOK, Nordostschweizerische Kraftwerke AG	771, **772**, 775
Norcem A/S	239
Nord-Hannover GmbH, Gasversorgung	669
Nordareias, Lda	266
Norddeutsche Affinerie AG	131, 138, **139**, 179
Norddeutsche Energie Technik GmbH, NET	329
Norddeutsche Energieagentur für Industrie und Gewerbe GmbH, NEA	329
Norddeutsche Erdgas-Aufbereitungs-Ges. mbH	294, 358
Norddeutsche Gesellschaft zur Beratung und Durchführung von Entsorgungsaufgaben bei Kernkraftwerken, KWK	638
Norddeutsche Oelleitung Wilhelmshaven-Hamburg NDO	368
Norddeutschland, Gewerkschaft	356
Nordel Nordische Vereinigung für Zusammenarbeit in der Elektrizitätswirtschaft	790
Nordharzer Kraftwerke GmbH	333, 638
Nordische Vereinigung für Zusammenarbeit in der Elektrizitätswirtschaft, Nordel	790
Nordisk Carbon Black A.B.	131
Nordkraft, I/S	713
Nordmecklenburger Gasversorgung GmbH	331
Nordostschweizerische Kraftwerke AG NOK	771, **772**, 775
Nordrhein-Westfalen, Landesoberbergamt	928
Nordrheinische Erdgastransport Gesellschaft mbH, NETG	320, 321, **342**, 659
Nordthüringer Vertriebsgesellschaft Kohle mbH	847
Nordthüringischer Brennstoffhandel GmbH Weimar	847
Nord-West Kavernengesellschaft mbH, NWKG	366, **367**, 376
Nord-West Oelleitung GmbH	347, 360, 363, 368
Norf GmbH, Aluminium	141, 659
Norges Geologiske Undersøkelse	969
Norges Kjemiske Industrigruppe (NKI)	614
Norges Vassdrags- og Energiverk	970
Norma AB	594
Normenausschuß Bergbau (Faberg)	197
Normenausschuß Kerntechnik (NKe) im DIN Deutsches Institut für Normung e.V.	702
Norsea Gas GmbH	844
Norsk	
– Agip A/S	482, 522
– Gulf Exploration Co A/S	520
– Hydro a. s.	**520**, 522, 578
– Jernverk A/S	239
– Olje a.s	521
– Teknisk LPG Komité	877
Norske	
– Chalk A.S.	522
– Deminex AS	296
– Shell, A/S	**521**, 522
North	
– Aegean Petroleum Company EPE	404
– America Silica Company	131
– American Refractories Co. Narco	859
– East Group (British Coal)	220
– Eastern (British Coal)	477
– Sea Oil Co. Ltd.	314
– Thames (British Coal)	477
– West Minerals Limited	229
– Western (British Coal)	477
Northern (British Coal)	477
Northern Electric plc	733
Northern Exploration Services	232
Northern Ireland Electricity plc	733
Norweb plc	733
Norwegian Atomic Forum	788
Norwegian Underwater Technology Centre a.s-Nutec	521
Norwegian-Petroleum Society Gas Group	580
Norwegische Verbundgesellschaft, Samkjøringen av kraftverkene i Norge	753
Notgemeinschaft Deutscher Kohlenbergbau GmbH	36, 58, 74, **174**
Notre-Dame-de-Gravenchon, Raffinerie	399
Nottinghamshire Group	220
Novem, Nederlandse Maatschappij voor Energie en Milieu BV	749
Novoferm GmbH	133
Nowsco Well Service GmbH	377
NRC, Natural Resource Consultants	232
Nuclear Cargo + Service GmbH	706
Nuclear Electric plc	734
Nuclear Energy Agency, OECD	790
Nuclear Power in Western Europe	787
Nuclebras Auxiliar de Mineração SA (Nuclam)	164
Nuclebras Enriquecimento Isotopico SA Nuclei	647
Nucleco	482
Nürnberger Reederei Dettmer GmbH & Co.	629
Nukem GmbH	352, 641, 703, 706, **823**, 1000
Nukleare Transportleistungen GmbH	706
Nuklearer Versicherungsdienst GmbH	706
Numatec Inc.	722
Nuodex Colortrend B.V.	599
Nuova Samim S. p. A.	236, **237**, 487, 488
Nuovo Pignone S. p. A.	487
Nutek, Swedish National Board for Technical and Industrial Development	975
N.V. Electriciteitsbedrijf Zuid-Holland (NV EZH)	749
N.V. Elektriciteits-Produktiemaatschappij Oost- en Noord-Nederland (NV EPON)	749
N.V. Elektriciteits-Produktiemaatschappij Zuid-Nederland (NV EPZ)	749
N.V. Energieproduktiebedrijf UNA (NV UNA)	749
N.V. Nederlandse Gasunie	518
N.V. Samenwerkende Elektriciteits-Produktiebedrijven (Sep)	**749**
NV SEP	747
NV Sidmar	1003
N.V.E., Nederlandse Vereniging van Ondernemingen in de Energiebranche	872
NWKG, Nord-West Kavernengesellschaft mbH	366, **367**, 376
NWM, Nahwärme Merzig GmbH	671

REGISTER DER UNTERNEHMEN, BEHÖRDEN UND ORGANISATIONEN
N – O

Nynäs	578
Nynäshamn, Raffinerie	566
Nynas N.V.	388
Nynas Petroleum N.V.	386
OBEG-Ostbayerische Energieanlagengesellschaft mbH & Co KG (OBEG KG)	623
Oberbergamt	
– Bayerisches	908
– Clausthal-Zellerfeld	922
– des Landes Brandenburg	914
– für das Land Berlin	912
– für das Land Schleswig-Holstein	946
– für das Saarland und das Land Rheinland-Pfalz	936, **937**
– für die Freie Hansestadt Bremen	915
– für die Freie und Hansestadt Hamburg	916
– Hessisches	917
Oberdorf, Magnesitbergbau	249
Oberdürnbach, Kieselgurbergbau	258
Obere Donau Kraftwerke AG	626
Oberfeistritz, Talkummühle	250
Oberflächentechnik Neumünster GmbH, OTN	213
Oberfränkische Gasvertriebsges. AG & Co. KG	845
Oberfrankenstiftung Bayreuth	662
Oberhausen AG, Stadtwerke	683
Oberhessische Gasversorgung GmbH	331
Oberhessische Versorgungsbetriebe AG	693
Obermarkersdorf, Quarzsandbergbau	255
Oberösterreichische Ferngas Gesellschaft mbH	559, **562**
Oberösterreichische Kraftwerke AG (OKA)	759
Oberpfälzische Schamotte- und Tonwerke GmbH Ponholz	86, **111**
Oberrheinische Mineralölwerke GmbH	344, 347, **358**, 360, 363, 641
Oberwinter, Kaolin-Werk	144
Obragas N.V.	518
Obritzberg, Quarzsandbergbau	251, 256
Obritzberg-Rust, Bergbaubetrieb	248
O.C.B. v.z.w.	1018
Occupational Medicine and Hygiene Laboratory	966
OCDE, Organisation de coopération et de développement économiques	980
Ochsenfurt GmbH, Fernwärmeversorgung	328
OCIMF, Oil Companies International Marine Forum	578
Oder-Spree-Energieversorgung AG	693
Odfjell Drilling A/S	522
OEB, Office européen des brevets	981
OECD, Nuclear Energy Agency	790
OECD, Organisation for Economic Co-operation and Development	980
OECD, Publications and Information Centre	980
Oedingen, Grube	144
ÖEKV, Österreichischer Energiekonsumenten-Verband	789
ÖGEW, Österreichische Gesellschaft für Erdölwissenschaften	563
Ögussa Österreichische Gold- und Silberscheideanstalt Ges.m.b.H. & Co. KG	131
ÖIAG-Bergbauholding AG	259
Öko-Institut Institut für angewandte Ökologie e. V.	811
Oeko-Systeme GmbH	606
OEKO-Systeme Maschinen- und Anlagenbau GmbH	656
ÖKS Arbeitsgemeinschaft Ölkatastrophenschutz eV	377
ÖKTG, Österreichische Kerntechnische Gesellschaft	760
Oel Dahmann GmbH	841
Oel Held GmbH	841
Oel- & Lackwerke G. Méguin GmbH	380
Oel-Nolte GmbH & Co KG	378
Öljyalan Keskusliitto Finnish Petroleum Federation	**396**
Ölschieferbergbau Bächental	257
Oelvertrieb Dipl.-Ing. Kurt Isermeyer	841
Oelwerke Julius Schindler GmbH	344
»Oemeta« Chemische Werke GmbH	315, 380
ÖMV AG	341, 348, 370, 371, 374, **556**, 563
ÖMV Deutschland GmbH	345, 348, 370, 371, 375, 557
Ösko, Österreich, Säurebau- und Korrosionsschutz Ges.m.b.H.	596
Oest Mineralölwerk GmbH & Co KG, Georg	380
Oest Tankstellen GmbH & Co KG	841
Österr.-Schweiz. Studienkonsortium Grenzkraftwerk Inn GKI	759
Österreich, Säurebau- und Korrosionsschutz Ges.m.b.H., Ösko	596
Österreichisch-Bayerische Kraftwerke AG	659, 757, **758**
Österreichische	
– Chemische Werke Ges.m.b.H.	131
– Donaukraftwerke AG (Donaukraft)	757, **758**
– Elektrizitätswirtschafts-AG (Verbundgesellschaft)	757
– Erdgaswirtschafts Ges. m. b. H.	562
– Gesellschaft für Erdölwissenschaften, ÖGEW	262, 563
– Ichthyol Ges. m. b. H., nunmehr KG	253
– Kaolin- und Montanindustrie AG Nfg. KG, Kamig	248
– Kerntechnische Gesellschaft, ÖKTG	760
– Leca Gesellschaft m.b.H.	257
– Planungsgesellschaft m. b. H., Austroplan	258
– Salinen AG	243
– Staub-(Silikose-)Bekämpfungsstelle	262
– Vereinigung für das Gas- und Wasserfach, ÖVGW	**564**, 580
Österreichischer Energiekonsumenten-Verband, ÖEKV	789
Österreichischer Verband für Flüssiggas, ÖVFG	877
Österreichisches Energieforum	760, 788
Österreichisches Forschungszentrum Seibersdorf Ges. m.b.H. (ÖFZS)	759
Österreichisches Schacht- und Tiefbauunternehmen Ges. m. b. H.	158, **260**
Östu Schacht- und Tiefbau GmbH	156, 158
Östu Umwelttechnik Ges.m.b.H.	260
Östu-Industriemineral Consult Ges. m. b. H.	158, 260
Oetinger GmbH, Aluminiumschmelzwerk	179
Oettingen, Gas- und Elektrizitätsversorgung	323
ÖVFG, Österreichischer Verband für Flüssiggas	877
ÖVGW, Österreichische Vereinigung für das Gas- und Wasserfach	**564**, 580
OEW-Beteiligungsgesellschaft mbH	621
OEWA Wasser und Abwasser GmbH	652

REGISTER DER UNTERNEHMEN, BEHÖRDEN UND ORGANISATIONEN
O – P

Office de Coopération pour l'utilisation rationnelle de l'énergie Coper	791
Office d'électricité de la Suisse romande (Ofel)	774
Office européen des brevets, OEB	981
Ohrs-Hörsel-Gas GmbH	331
Oil Companies International Marine Forum, OCIMF	578
Oil Industry International Exploration and Production Forum E & P Forum, The	578
Oilinvest	486
Oiltanking GmbH	377
O & K Orenstein & Koppel AG	133, 177
OK Coop AG	571
OK Petroleum	578
OK Raffinaderi AB	566
Ok Tedi Mining Ltd.	138
Olbena SA	875
Oldenburgische Erdöl GmbH (Brig/MEEG)	304
Oldenburgische Erdölgesellschaft mbH	358
Oleodotto del Reno S.A.	370, 571
Oléoduc du Jura Neuchâtelois SA	571
Oléoduc du Rhône SA	571
Oliebranchens Faellesrepraesentation (OFR), Danish Petroleum Industry Association	390
Oliver Prospecting & Mining Co Ltd	229
Olje- og energidepartementet	969
Oljedirektoratet	970
Oljeindustriens Landsforening (OLF)	522
Olsson GmbH & Co KG, Heinrich	841
Omac Laboratories Ltd.	232
Oman Deutag Drilling Company LLC (ODDC)	372
OmniTank GmbH	377
Omnitechnic GmbH Chemische Verbindungstechnik	597
OMV (UK) Ltd.AB	566
Ondraf, Niras	709
Ondraf, Organisme National des Déchets Radioactifs et des Matières Fissiles Enrichies	708
Oostijen Civil Engineering Cons. in Underwater activities, Jan	377
Opec, Organisation der Erdölexportierenden Länder	577
Open, Organisation der Erzeuger von Kernenergie	791
Oporto, Raffinerie	565
Orbitaplast GmbH	590
Orebase Exploration Services Ltd.	232
Orenstein & Koppel AG, O & K	177
Oresearch Ltd.	232
Oretec Resources plc	229
ORFA, Organ-Faser Aufbereitungsgesellschaft mbH & Co KG	656
Orgabo-GmbH	332
Organ-Faser Aufbereitungsgesellschaft mbH & Co KG, ORFA	656
Organisation	
– de coopération et de développement économiques, OCDE	980
– der Erdölexportierenden Länder, Opec	577
– der Erzeuger von Kernenergie, Open	791
– Européenne pour la physique des particules	788
– for Economic Co-operation and Development, OECD	980
– für wirtschaftliche Zusammenarbeit und Entwicklung	980
Organisme National des Déchets Radioactifs et des Matières Fissiles Enrichies Ondraf	708
Orgo-Thermit Inc.	596
Origny Desvroise	212
Orkney Water Test Centre Limited, OWTC	479
Orleans Shipping Inc.	411
Oryx Energy UK Company	409
Oryx UK Energy Comp.	479
OSG Oberbau-Schweißtechnik-GmbH	596
Oskar-Niemczyk-Stiftung	1001
Ost, Braunkohlentagbau	241
Ostbayerische Energieanlagen GmbH & Co. KG	659
Osterwalder St. Gallen AG	571, 875
Osterwalder Zürich AG	571, 875
Osthessen GmbH, Gasversorgung	326
Ostmecklenburgische Gasversorgung GmbH (OMG)	331
Ostrauer Kalkwerke GmbH	147
Ostthüringer Energieversorgung AG, OTEV	666, 693
Ostthüringer Gasgesellschaft mbH	331
Osttiroler Kraftwerke Gesellschaft mbH (OKG)	757, 758
Ostu Portuguesa Lda.	158, 260
Ostwig, Grube	151
Oswaldowski GmbH, Johs.	610
Otavi Minen AG	860
OTEV, Ostthüringer Energieversorgung AG	666, 682
OTN, Oberflächentechnik Neumünster GmbH	213
Otto Feuerfest GmbH	142
Otto Feuerfest GmbH, Grubenverwaltung	147
Outokumpu	
– Chrome Oy	209
– Finnmines Oy	207
– Group	207
– Mining Oy	207
Overseas Coal Developments Ltd.	223
Ovoca Gold Exploration plc	229
Ovoca Resources plc	229
OWTC, Orkney Water Test Centre Limited	479
Oxysaar Hüttensauerstoff GmbH	58
Oy Suomen Hüls Ab	599
Pacific Nuclear Transport Limited	722, 734
Pahl, Joh. M.	378
Paktank Industriele Dienstverlening B.V.	368
Paktank International B. V.	368
Palabora Mining Company Ltd.	223
Paltentaler Kies- und Splittwerk Ges. m. b. H.	254
Palzem, Laufkraftwerk	747
Papargil Srl.	152
Pape GmbH & Co, Aug.	158
Paramelt-Syntac BV	519
Parisdorf, Kieselgurbergbau	258
Pathfinder Mines Corporation	722
Patin S. A.	868
Patz OHG, Walter	854
Paus & Paus	520
PB-KBB Inc.	367
P.-B.-Plan Ingenieur-Ges.mbH	647
PCBI S.p.A.	131
PCD Polymere Gesellschaft m.b.H.	556
PCI Polychemie GmbH	659
PCK AG	347
Petrogal	578
Pétrole Saint-Honoré	401
Petrorep	401
Pechiney	213, 218
– Aluminium Preßwerk GmbH	213

1243

REGISTER DER UNTERNEHMEN, BEHÖRDEN UND ORGANISATIONEN
P

- Béçancour 213
- Deutschland GmbH 706
- Electrométallurgie 214
- Japon, Japan 214
- Nederland N.V., Niederlande 213
- Rhenalu 213
- World Trade S.A. 214
- World Trade USA 214

Pedita Grundstücks-Verwaltungsgesellschaft mbH & Co. KG 325
Pefipresa S. A. 125
Peine, Kokerei 126
Peine, Werk 359
Peine-Salzgitter AG, Stahlwerke 83, 601, 859
Peiner Hebe- und Transportsysteme GmbH 126
Peiner Umformtechnik GmbH 125, 126
Peintures Avi 398
Peißenberger Kraftwerksgesellschaft mbH (PKG) 664
Peku Kunststoff-Recycling GmbH 137
Pembroke, Raffinerie 413
Penalca - Sociedade Mineira de Penalva, Lda. . . 268
Pengg – Vogel & Noot Industrie-Energie Aktiengesellschaft 562
Penk I, Quarzitbergbau 254
Penk II, Quarzitbergbau 254
Penn Virginia Corporation, Philadelphia/USA . . 638
Pentex Oil Limited 478
Perlmooser Gipsbergbau Ges.m. b. H. . . . 246
Perlmooser Zementwerke AG 254
Pesag Aktiengesellschaft (Pesag) 638, 693
Peter O'Connor 230
Peters GmbH, Willy 852
Petit-Couronne, Raffinerie 399
Petra European Trading Company B. V. 349
Petrex 482
Petrobangla (Bangladesh Oil, Gas & Mineral Corporation) 579
Petrofer-Chemie 380
Petrofina SA 386, 408, 578, 870, 844
Petrogal Española 565
Petrogal, SA, Petróleos de Portugal – . . . 565
Petrola Hellas S.A. 404
Petrolchemie und Kraftstoffe AG Schwedt . 345, 359, 360, 363

Petróleos
- de Portugal – Petrogal, SA 565
- de Venezuela S.A. 359, 580
- del Mediterráneo, S.A., Petromed . . . 575
- del Peru (Petroperu) 580

Petróles del Norte, S.A. (Petronor) 575

Petroleum
- Authority of Thailand 580
- Corporation (UK) Ltd. (Petco), The . . 296
- Exploration Society of Great Britain . . 479
- Institute of Pakistan 580

Petroliber Distribución, S. A. 575
Petromed 578
Petromed, Petróleos del Mediterráneo, S.A. . . 575
Petronor 578

Petrorep
- (Canada) Ltd. 397
- Inc. **397**
- Italiana S.p.A. 397, **483**
- of Texas Inc. 397
- S.A. 397

Petroroute SNC 398

Petrosarep S.A. 397
Petrosvibri SA 567
Peute mbH, Hüttenbau Ges. 139
Pfalzgas GmbH 321, **331**
Pfalzwerke AG 629, 693, 1000
Pfizer Chemical Corporation 229
Pfleiderer Holzschutztechnik GmbH & Co. KG . . 74
Phenolchemie GmbH 599, **600**, 605
PHG, Preussag Handel GmbH 847
Philippsburg GmbH, Kernkraftwerk . 621, **633**, 681
Philippshall, Saline 121
Phillips 870
- Imperial Petroleum Ltd. 412
- Petroleum Co. Ireland 480
- Petroleum Company Norway 522
- Petroleum Company UK Ltd 479
- Petroleum Exploration UK Ltd 409
- Petroleum Norsk A/S **521**

Physikalisch-Technische Bundesanstalt (PTB) Braunschweig und Berlin 889
Pickel GmbH & Co, August 841
Pict Petroleum Plc 478
Pietre Naturali s.r.l. 238
Pillar Building Products Ltd. 223
Pillar Engineering Ltd. 223
Pio Manzú International Research Centre for Environmental Structures 835
PIP 578
Pipeline Engineering Gesellschaft für Planung, Bau- und Betriebsüberwachung von Fernleitungen mbH 320
Pirites Alentejanas, S.A. 266, **268**
Pittston Company, The 285
PKM Anlagenbau GmbH 373
Placid International Oil, Ltd. **492**, 519
Planen und Bauen GmbH 104
Planungsgesellschaft für Umwelt und Entsorgung Oberhausen mbH 683
Planungsgesellschaft Wasserverbund Niederrhein GmbH (PWN) 668
Plate GmbH & Co. KG, Stahlwerke 179
Pleinting, Kraftwerk 624
Plexi, S.A. 602
Plumi - Minérios Plumbeus, Lda. 267
Plump Gewässerschutz GmbH, C. F. . . . 829
PM Hochtemperatur-Metall GmbH 138
P.M.C., Promotora Minas de Carbon, S.A. . . 275
PNTL, Pacific Nuclear Transport Ltd . . . 734
Pöverding, Quarzsandbergbau 256
Pokorny GmbH 648
Polkohle Einfuhrgesellschaft für polnische Kohlen mbH & Co. KG 845, 848, 867
Polskie Zrzeszenie Inzynierow i Technikow Sanitarnych 580
Ponholz, Oberpfälzische Schamotte- und Tonwerke GmbH 86, **111**
Portgas SA 565
Portlandzementwerk Dotternhausen Rudolf Rohrbach Kommanditgesellschaft . . . 147
Portuguese Spanish Tin Mining Company, S.A.R.L., The 267
Porvoo, Raffinerie 395
Poseidon Schiffahrt OHG 854
Possehl Erzkontor France 861
Possehl Erzkontor GmbH 861
Possehl Ore and Metal Ltd. 861

REGISTER DER UNTERNEHMEN, BEHÖRDEN UND ORGANISATIONEN
P – Q

Potacan Mining Company (PMC)	112
Potasas de Navarra, S.A.	276
Potash Company of Canada Ltd. (Potacan)	112
PowerGen plc	733
PPM, Pure Metals GmbH	213
Prakla-Seismos Geomechanik GmbH	**163**, 374
Prakla-Seismos GmbH	163, 260, **373**, 374, 563
Praoil	485, 489
Precismeca, Gesellschaft für Fördertechnik mbH	177
Precismeca GmbH	184
Preil Füllstoffvertrieb GmbH & Co KG	824
Preinfalk GmbH, Wolfgang	184
Preinsfeld Ges. m. b. H. Nachfolger KG, Gipsbergbau	246
Premetalco Inc.	125
Premier Consolidated Oilfields Plc	**409**, 478, 479
Preß- und Schmiedewerk GmbH	179
Presswerk Köngen GmbH	604
Preussag	
– AG	80, **124**, 125, 126, 167, 178, 179, 183, 294, 369, 374, 594, 595, 847, 857
– AG Metall	**126**, 178
– Anlagenbau GmbH	125
– Anthrazit GmbH	26, **78**, 125, 174, 186, 847, 996
– Erdöl Ges. mbH	260, 296
– Erdöl und Erdgas GmbH	292, 296
– Gabon S.A.R.L.	296
– Handel GmbH	125, 847
– Mobilfunk GmbH	126
– -Noell Wassertechnik GmbH	125
– Stahl AG	84, 125, **126**, 178, 179, 204
– Vermögensverwaltungsgesellschaft mbH	125, 126
– Versicherungsdienst GmbH	125
PreussenElektra	
– AG	86, 108, 110, 164, 176, 314, 329, 333, 625, 627, 631, 632, 633, 634, **635**, 651, 666, 680, 682, 685, 694, 699, 703, 823, 867
– Telekom GmbH	638
– /VKR-Abfallverwertungsgesellschaft mbH (PVA)	638, 652
– Windkraft Niedersachsen GmbH PWN	638
– Windkraft Schleswig-Holstein GmbH PWS	638
Prevag Provinzialsächsische Energie-Versorgungs-GmbH	323, 638
Priam	398
Prignitzer Energie- und Wasserversorgungsunternehmen GmbH (PVU)	331
Primagaz	401
Priolo Gargallo (SR), Raffinerie	485
Priority Drilling Ltd.	232
Private Electricity Company, Ltd.	652
Pro Mineral Gesellschaft zur Verwendung von Mineralstoffen mbH	644
Pro Terra Team GmbH & Co.	811
Productora de Fuerzas Motrices, S.A.	782
Produktionsbohrungen Motrices, S.A.	782
Produktionsleitung	
– Bad Doberan	322
– Bad Lauchstädt	322
– Bernburg	322
– Ketzin	322
– Kirchheilingen	322
– Lauchhammer	322
– Sayda	322
Progas A/S	877
Progemisa S.p.A.	238
Project Studies and Mining Development SA	219
Projekt Europäisches Forschungszentrum für Maßnahmen zur Luftreinhaltung der Kernforschungszentrum Karlsruhe GmbH	811
Projekt und Service GmbH	1010
Projektträger Biologie, Energie, Ökologie (PT BEO) im Forschungszentrum Jülich GmbH	697
Projektträgerschaften Arbeit-Umwelt-Gesundheit (PT-AUG) der Deutschen Forschungsanstalt für Luft- und Raumfahrt	899
ProMineral Gesellschaft zur Verwendung von Mineralstoffen mbH	824
Promotora Minas de Carbon, S.A., P.M.C.	275
Pronol GmbH	812
Propan Rheingas GmbH/Propan Rheingas GmbH & Co. KG	324
Propan-Menke Chr. Menke u. Co. GmbH	349
Propangas-Gemeinschaft GmbH (Schleswig-Holstein)	329
Prosper, Kokerei	44
Prosper-Haniel, Bergwerk	42
Prospex Ireland Ltd.	229
Protec-Feu S. A.	125
Protech Automation GmbH	35
Proterra Bergbau- und Umwelttechnik GmbH	158
Protherm Fernwärme GmbH	844
Prototypkernkraftwerk Hamm-Uentrop	631
Prüftechnik IFEP GmbH	812
Pryssok & Co. KG, Industrie- und Bergbaugesellschaft	248, 253
PSW, Elektromark-Pumpspeicherwerk GmbH	661
P. T. Bayer Indonesia	590
PuB, Arbeitsgemeinschaft Planung und Betriebsüberwachung im Bergbau	195
Public Petroleum Corporation of Greece S.A.	404
Public Power Corporation	177, **728**
Publications and Information Centre, OECD	980
Pucarsa, Puerto de Carboneras, S. A.	778, 876
Puchberg, Gipsbergbau	247
Pudel S.p.A.	872
Puerto de Carboneras, S. A., Pucarsa	778, 876
Puertollano Refinery	575
Pumpgemeinschaft Ruhr GbR	174
Pumpspeicherwerk Vianden	747
Pure Metals GmbH, PPM	213
Pusback u. Morgenstern Petrotank Neutrale Tanklager GmbH & Co. KG	377
PVA, PreussenElektra/VKR-Abfallverwertungsgesellschaft mbH	652
PWN, PreussenElektra Windkraft Niedersachsen GmbH	638
PWS, PreussenElektra Windkraft Schleswig-Holstein GmbH	638
Pyhäsalmi Mine	209
Pyrion-Chemie GmbH	604
Quaker Chemical (Holland) BV	380
Qualifizierungs- und Projektierungsgesellschaft mbH	104
Qualitäts- und Edelstahl AG	179
Qualitec Ebasco GmbH	1018
Quartex - Sociedade Mineira do Alentejo, Lda.	269
Quartzofel - Sociedade Mineira de Feldspato e Quartzo, Lda.	269

REGISTER DER UNTERNEHMEN, BEHÖRDEN UND ORGANISATIONEN
Q – R

Quarzitbergbau
- Haßbach I und II 254
- Kapellen a. d. Mürz, Ulm 257
- Mürzzuschlag 251, **254**
- Penk I 254
- Penk II 254
- Steyersberg I 254
- Trofaiach 253
- Waldbachgraben 257
Quarzit-Sandwerke Feichtinger Ges. m. b. H.
  & Co. KG 254
Quarzitwerk Penk Hans Eckard Ges. m. b. H. . . . 254
Quarzsand GmbH 153
Quarzsand- und -mahlwerke Frechen und Haltern . 147
Quarzsandbergbau
- Achleiten 254
- Alfatec Oberwölbling I und II 251
- Anzendorf 258
- Bergern 256
- Grabenegg 254
- Großrust 255
- Harmersdorf 255
- Heinigstetten 251, 252
- Höbenbach 255
- Karlstetten 255
- Kleinrust 256
- Neubach 252
- Obermarkersdorf 255
- Obritzberg 251, 256
- Pöverding 256
- Reithen 252
- Roggendorf 251, 252
- Schrattenthal 255
- Silmeta Oberwölbling 256
- Spielberg 252, **255**
- Untermamau 255
- Winzing 251, 252
- Zelking 256
Quarzsandgrube Luftenberg 255
Quarzsandgrube St. Georgen 253
Quarzsandgrube und -aufbereitung St. Georgen a. d.
  Gusen 256
Quarzsandwerk Gambach 147
Quarzwerke Ges. m. b. H. 147, **255**, 256
Quarzwerke Ottendorf-Okrilla GmbH 153
Queensland Alumina Ltd., Australien 213
Quinting mbH, Ing.-Gesellschaft 812
QWF Reststoff-Verwertungs-GmbH 147

Raab Karcher
- AG 363, 824, 841, 842, **847**, 848, 850
- Brennstoffhandel GmbH 848, 850
- GmbH 864
- Kohle GmbH **848**, 867
- Kohle GmbH Import/Export 848
Rabenwald, Talkbergbau am 250
Radex Austria AG 249
Radhausberg Ges. m. b. H., Erzbergbau 244
Radhausberg, Goldbergbau am 244
Raffinade-Salzwerk Bad Friedrichshall-
  Kochendorf 119
Raffineria di Roma S.p.A. 485
Raffineria Mediterranea S.P.A. 485
Raffinerie
- Aghii Theodori/Corinth 404
- Amsterdam 493
- Ancona/Falconara Marittima 484
- Antwerpen 386, 566
- Aspropyrgos 404
- Augusta/Sicily 484
- Berre 399
- Billingham/Port Clarence 412
- Busalla/Genoa 484
- Castellón de la Plana 574, 575
- Coryton 412
- Cremona 486
- Cressier 568
- de Cressier S.A. **568**, 571
- de Fos-sur-Mer 399
- de Normandie 399
- de Port-Jerome 399
- de Provence 399
- des Flandres 400
- du Sud-Ouest S.A. **568**, 571
- Eastham 412
- Elefsis 405
- Emden 353
- Fawley 412
- Fredericia 390
- Genoa 484
- Göteborg 566
- Gothenburg 566
- Hamburg-Harburg **349**, 357
- Huelva 574
- Humber/Killingholme 412
- Ingolstadt 356
- Ionia/Thessaloniki 405
- Kalundborg 390
- Karlsruhe **356**, 358
- Killingholme 412
- Köln-Godorf 349
- Lavéra 398
- Lisboa 565
- Livorno 486
- Lysekil 566
- Mantua 484
- Milazzo (Sicily) 485
- Milford Haven 411
- Mongstad 522
- Naantali 395
- Napoli 485
- Neuhof 359
- Neustadt 353
- Notre-Dame-de-Gravenchon 399
- Nynäshamn 566
- Oporto 565
- Pembroke 413
- Petit-Couronne 399
- Porto Marghera/Venezia 483
- Porvoo 395
- Priolo Gargallo (SR) 485
- Reichstett-Vendenheim 398
- Rozenburg-West 493
- San Martino di Trecate/Novara 486
- San Roque/Algeciras 574
- Santa Cruz de Tenerife 574
- Sarde 485
- Shell Haven 412
- Sines 565
- Slagen 522
- Sola 522
- Somarrostro 575

REGISTER DER UNTERNEHMEN, BEHÖRDEN UND ORGANISATIONEN
R

– Stanlow 412
– Tarragona 574
– Valloy 522
– Villa Santa (Milano) 485
– Vlissingen-Ost 493
– Wörth GmbH + Co. oHG 358
Raffineriegesellschaft Vohbug/Ingolstadt mbH,
   RVI 346, 359
Rafinor A/S 521
RAG, Rohöl-Aufsuchungs-Gesellschaft m.b.H. . 558
RAG, Ruhrkohle AG **30**, 36, 48, 140, 647,
   . . . . 651, 685, 813, 850, 852
RAG Technik AG 35
RAG-Bahn- und Hafenbetriebe,
   Werksdirektion 56
RAG-Zentrallaboratorium 56
Ralupur AG 601
RAM 489
Ranger Oil (UK) Ltd **410**, 479
Rappold & Co. GmbH, Hermann 859
Raschig
– AG 601
– Corp. 601
– France 601
– Füllkörper GmbH 601
– U.K. 601
Rasselstein AG 140, 179, 204
Rassing, Tonbergbau 251
Rat von Sachverständigen für Umweltfragen, Der 896
Rathscheck Schieferbergbau 148
Rationalisierungsverband des Steinkohlen-
   bergbaus 175
Raunheim GmbH Chemie für
   Metallbearbeitungs-Technik, CMT . . . 379
Rautaruukki Oy 1003
Rautenkranz Exploration und Produktion
   GmbH & Co. KG, von 292, **300**
Rautenkranz Internationale Tiefbohr
   GmbH & Co KG Itag, von . . . **300**, 377, 374
RBG
– -Bildungszentrum Ahlen 994
– -Bildungszentrum Bergkamen 994
– -Bildungszentrum Berlin 994
– -Bildungszentrum Cottbus 994
– -Bildungszentrum Datteln 994
– -Bildungszentrum Dortmund 994
– -Bildungszentrum Essen 994
– -Bildungszentrum Fürstenwalde 994
– -Bildungszentrum Greifswald 994
– -Bildungszentrum Hamm 994
– -Bildungszentrum Neubrandenburg . . 994
– -Bildungszentrum Neustrelitz 995
– -Bildungszentrum Potsdam 995
– -Bildungszentrum Zwickau/Werdau . . 995
– -Computer-Schulungszentrum 994
– Ruhrkohle Berufsbildungsgesellschaft mbH . . . 994
RDB, Ring Deutscher Bergingenieure . . . 1037
REA, Rhein-Emscher Armaturen GmbH & Co. . 179
Readymix AG für Beteiligungen 148
Readymix-Hürtherberg Transportbeton
   GmbH & Co. KG 145
Reaktor-Sicherheitskommission, RSK . . . 702
Rechtsrheinische Gas- und Wasserversorgung AG,
   RGW 663
Recycling GmbH, Kleinholz 829
Recycling-Zentrum Staßfurt GmbH, RZS 829

Red Eléctrica de España S.A. 780
Reden, Grube 68
Redestillationsgemeinschaft GmbH 601
Redois Invertissements SA, Julien 133
Reederei und Spedition »Braunkohle«
   GmbH 641, 706
Regina Baukeramik 152
Regionale Energie-Geschäftsbesorgung Chemnitz
   AG 644
Regionale Energie-Geschäftsbesorgung Cottbus
   AG 644
Regionale Energie-Geschäftsbesorgung Leipzig
   AG 644
Regione Autonoma della Sardegna 237
Regnitzstromverwertung AG 663
Reichstett-Vendenheim, Raffinerie 398
Reinbek-Wentorf GmbH, Elektrizitätswerk . . . 333
Reiner Chemische Fabrik GmbH & Co . . 380
Reinger, W. 829
Reisbach, Grube 83
Reith, Maximilianhütte 253
Reithen, Quarzsandbergbau 252
Reithofer, Talksteinwerke Peter 251
Rekord Brennstoffvertrieb GmbH 177
Remo Bau GmbH 104
Rempel GmbH, Minera Kraftstoffe
   Mineralölwerk 841
Remshagen GmbH, H. 829
Remy Industries N. V., S.A. 604
Renz GmbH, Ziegelwerk 111
Reprodukt Gesellschaft zur Reproduktion von
   Reststoffen mbH 829
Repsol
– Butano S.A. 573, 576, 578, 870, 877
– Derivados, S. A. 575
– Distribución, S. A. 575
– Exploración 573
– Oil International, Ltd. 575
– Petróleo 573, 575
– Productos Asfálticos, S. A. 575
– Química 573
– S. A. 573
Rethmann Entsorgungswirtschaft GmbH & Co.
   KG 815
Rethmann Städtereinigung GmbH & Co. KG . . 796
Retorte Ulrich Scharrer GmbH 139
Reumaux, U. E. 210
Revier
– Bayern 86
– Helmstedt 86
– Hessen 86
– Lausitz 86
– Mitteldeutschland 86
– Rheinland 86
Revierarbeitsgemeinschaft für kulturelle
   Bergmannsbetreuung (Revag) 997
Rewag Regensburger Energie- und
   Wasserversorgung AG & Co. KG . . . 315
Rewo Chemicals Ltd. 607
Rewo Chemische Werke GmbH 607
Rexim SA 131
Reynolds Aluminium Deutschland Inc. . . 130, 132
RGV, Rohöl-Gewinnungs- und -Verarbeitungs-
   GmbH 362
RGW, Rechtsrheinische Gas- und
   Wasserversorgung AG 663

REGISTER DER UNTERNEHMEN, BEHÖRDEN UND ORGANISATIONEN
R

Rhein
- -Chemie Rheinau GmbH 590
- -Emscher Armaturen GmbH & Co., REA . . . 179
- -Lippe Wohnstättengesellschaft mbH 36
- Main Kies und Splitt GmbH, RMKS 158
- -Main Rohrleitungstransportgesellschaft mbH 347, 349, 358, 363, 371
- -Nahe-Kraftversorgung GmbH 644
- -Neckar GmbH, Fernwärme 622
- Oel Limited 362
- -Ruhr Brenn- und Baustoffhandel GmbH . . . 35

Rheinau AG, Elektrizitätswerk 621

Rheinbraun
- Aktiengesellschaft . . . . . . 86, **88**, 92, 145, 164, ... 176, 177, 184, 641, 676
- Australia Pty. Ltd. 89, 641
- -Consulting Australia Pty. Ltd. 168
- -Consulting USA, Inc. 168
- Engineering und Wasser GmbH 89, **168**, 177
- Handel Süd GmbH 864
- Haustechnik GmbH 89
- US Corporation 641
- US GmbH 89
- Verkaufsgesellschaft mbH . . . . . 89, 177, 641, 818, ... 846, **850**, 867, 871

Rheinelektra AG 641

Rheiner Bau- und Düngekalkwerke Middel GmbH 148

Rheingas Nord GmbH 666

Rheingau AG, Gaswerksverband 333

Rheinhafengesellschaft Weil am Rhein mbH 852

Rheinhessen AG, Elektrizitätswerk 693

Rheinisch-Westfälische
- Elektrizitätsversorgungs-Gesellschaft Osnabrück GmbH 644
- Grubenholzeinkaufsgesellschaft mbH 74
- Kalkwerke AG 122, 151
- Technische Hochschule Aachen 984

Rheinisch-Westfälischer TÜV 703

Rheinisch-Westfälisches
- Elektrizitätswerk AG, RWE 667, 699
- Institut für Wasserchemie und Wassertechnologie GmbH, IWW 668
- Institut für Wirtschaftsforschung eV 999, **1009**

Rheinische
- Braunkohlenbergschule 996
- Chamotte und Dinas GmbH 859
- Energie AG, Rhenag 324, 328, 329, 333, 638
- Energieaktiengesellschaft (Rhenag) 328
- Kalksteinwerke GmbH 122, **148**, 150, 179
- Motor-Oel, Chemische Werke Theile-Ochel GmbH & Co. KG 829
- Ölleitungsgesellschaft mbH 370
- Olefinwerke GmbH (ROW) 349, 589, **601**
- Zinkgesellschaft GmbH 138

Rheinischer Unternehmerverband Steine und Erden eV 181

Rheinkraftwerk Albbruck-Dogern AG . . . 622, 644, 771

Rheinkraftwerk Iffezheim GmbH (RKI) 621

Rheinkraftwerk Säckingen AG 621

Rheinland, Bergwerk 38

Rheinland Kraftstoff GmbH 360

Rheinland Kraftstoff GmbH & Co. Autoservice-Betriebe KG 360

Rheinwerk 141

Rheinzink GmbH 138

Rhenag Rheinische Energie AG . . . . . 324, 328, ... 329, 333, 638, 640

Rhenoflex GmbH 595

Rhenus AG 822, 854

Rhenus Lager und Umschlag AG 824, 854

Rhenus-Weichelt AG 854

Rhöngas GmbH, Bayerische 328

Ribeira da Cunha, Ernesto Fernando 269

Richard Buchen GmbH 815

Richard Geiss GmbH 828

Riedel-de-Haën AG 592, **601**

Riemker Grundstücksverwaltungsgesellschaft und Vermögensverwaltungsgesellschaft mbH 36

Rigips-Austria Ges. m. b. H. 247

Rijks Geologische Dienst 969

Rimin S.p.A. 235, 236, 482

Rimisa SpA 236

Ring Deutscher Bergingenieure RDB 1037

Rio Algom Ltd. 223

Rio Tinto
- Finance & Exploration plc 223, 229
- Minera, S.A. RTM 279
- South Africa Ltd. 223
- Zimbabwe Ltd. 223
- -Zinc Corp. PLC 279

Riofinex Ltd. 223

Ritter Aluminium Gießerei GmbH 141

Ritter Nachf. GmbH, Tropag Oscar H. 862

Ritter Stiftung, Oscar und Vera 862

Riwal Ceramiche 213

RKR Beteiligungs-GmbH 148

RMC (UK) Ltd. 1037

RMKS, Rhein Main Kies und Splitt GmbH . . . 158

RMR-Fertigprodukten-Leitung Rotterdam – Ludwigshafen 371

Roballo Engineering Company Limited 133

Robert Frank, Kraftwerk 639

Robert-Koch-Institut 899

Robrasa Rolamentos Especiais Rothe Erde Ltda. 133

Roeder & Partner Abfallwirtschaftsberatung, Kurt. E. 829

Röhm
- AB 602
- Brasileira Ind. Quimica Ltda. 602
- B.V. 602
- GmbH 599
- GmbH Chemische Fabrik 602
- Ltd. 602
- Pharma GmbH 602
- Tech Inc. 602

Röhrenwerke Bous/Saar GmbH 179

Rössing Uranium Ltd. 164, 223

Rötzel GmbH, Eisen- und Stahlwalzwerke . . . 179

Rogesa, Roheisengesellschaft Saar GmbH . 179, 204

Roggendorf, Aufbereitung 252

Roggendorf, Quarzsandbergbau 251, 252

Roha B.V. 602

Roheisengesellschaft Saar GmbH, Rogesa 179, 204

Rohner AG 594

Rohner Holding AG 594

Rohöl-Aufsuchungs Ges. mbH 558, 563

Rohöl-Gewinnungs- und -Verarbeitungs-GmbH, RGV 362

Rohölleitung Jockgrim — Mannheim	370
Rohölleitung Wesel — Gelsenkirchen-Horst	369
Rohrbau Bohlen & Doyen GmbH	323
Rohrleitungsbau GmbH, Südwestdeutsche	332
Rohrnetzberatung Stuttgart GmbH	671
Rohrwerk Neue Maxhütte	179
Rohstoff Consulting Dresden GmbH	172
Rohstoffhandel GmbH	136, 140, 204, **861**
Romonta Montanwerk Röblingen	105, 106
Rondine	489
Roskothen GmbH & Co., Paul	850
Ross GmbH, Wilnsdorf	133
Rotek Incorporated	133
Rothe Erde Ibérica SA	133
Rothe Erde Metallurgica Rossi SpA	133
Rotterdam-Rhein-Pipeline (RRP)	369
Rotterdam-Rijn Pijpleiding Maatschappij, N.V.	360, 363
Rottwerk	141
Royal Asturianne des Mines	278
Royal Dutch Petroleum Company	521
Royal Dutch/Shell Gruppe	349
Rozenburg-West, Raffinerie	493
RSK, Geschäftsstelle der Reaktor-Sicherheitskommission	895
RSK, Reaktor-Sicherheitskommission	**702**
R + T Entsorgung GmbH	641, 812
RTM, Rio Tinto Minera, S.A.	279
RTZ	223
– Borax Ltd.	223
– Corporation PLC	223
– Metals Ltd.	223
– Pillar Ltd.	223
Ruberoidwerke AG	604
Rüsges Mineralöl GmbH	360
Ruess KG	35
Ruess KG, Friedrich	813
Rütgers	
– Datenverarbeitungs- und Organisations-GmbH (RDO)	604
– Kureha Solvents GmbH	604
– -Nease Chemical Company, Inc.	604
– Pagid AG	604
– Sopar CC S.A.	604
– -Treuhand GmbH	604
– -VfT AG	604, 605
Rütgerswerke AG	35, 36, 601, **602**, 1003
Ruhr	
– American Coal Corporation	163
– Analytik Laboratorium für Kohle und Umwelt GmbH	36
– -Carbo Handelsgesellschaft mbH	35, **812**, 813, 824
– -Kohlen-Kontor GmbH	851
– Oel GmbH	344, 353, 358, **359**, 362, 363, 368, 369, 370, 371
– -Schwefelsäure GmbH & Co. KG	35 363, **606**
– -Universität Bochum	987
– -Zink GmbH	138, **139**
Ruhrbaustoffwerke GmbH	148
Ruhrchemie, Werk	598
Ruhrgas AG	35, 179, 294, 315, 316, 317, **318**, 320, 321, 333, 338, 339, 340, 341, 342, 347, 356, 358, 571
Ruhrkohle	
– AG	26, **30**, 36, 48, 72, 78, 82, 140, 154, 163, 164, 174, 175, 186, 601, 604, 647, 651, 656, 685, 813, 850, 852, **993**, 1003
– Australia Pty. Ltd.	32, 163
– Berufsbildungsgesellschaft mbH	35, **994**
– -Beteiligung mbH, Verwaltungsgesellschaft	30, 36, 647
– Brennstoffhandel Berlin GmbH	35, 850, 851
– Carborat GmbH	**605**
– Handel Brennstoffe GmbH	35, **851**
– Handel GmbH	35, 378, 841, 844, 847, **850**, 851, 852, 867
– Handel Inter GmbH	35, **851**
– Handel Leipzig GmbH	35, **851**
– Handel Sachsen GmbH	35, **851**
– Handel Süd GmbH & Co. KG	35, **851**
– Handel Thüringen GmbH	35, 851, 852
– International GmbH	32, **163**, 168
– Montalith GmbH	35, **813**
– Niederrhein AG	26, 32, **36**, 186, 993
– Oel und Gas GmbH	35, **606**, 609, 813
– Trading Corporation	35, 851
– Trading Pacific Pty. Ltd.	35, 851
– Umschlags- und Speditionsgesellschaft mbH	35
– Umwelt GmbH	35, 606, **813**, 814
– Umwelttechnik GmbH, RUT	35, 652, **813**
– -Verkauf GmbH	32, 174, **852**
– Versicherungs-Dienst GmbH	35, 74
– Westfalen AG	26, 32, **46**, 56, 186, 994
Ruhrverband	1029
Rukaro Ruess Kanal- und Rohrreinigung GmbH	813
Rumpold GesmbH	563
RUT, Ruhrkohle Umwelttechnik GmbH	35, 652, **813**
RUTEC Gesellschaft für Recycling und Umwelttechnik mbH	814
RVI, Raffineriegesellschaft Vohburg/Ingolstadt mbH	345, 359
RW TÜV eV	1017
RWE	
– AG	88, 360, **639**, 667, 671, 683, 699, 1000
– Energie AG	633, 634, 640, 641, 646, 650, 680, 681, 682, 685, 694, 747, 823
– Entsorgung AG	641, 814, 824
-Gesellschaft für Forschung und Entwicklung mbH	644
RWE-DEA	
– Aktiengesellschaft für Mineraloel und Chemie	292, 296, 299, 302, 304, 314, 316, 338, 347, **360**, 366, 374, 593, 641, 647, 814
– /DEA-Rohölleitungen	368
– Denmark Oil GmbH	362
– Dubai Oil GmbH	360
RWTÜV Büro Bratislava	1017
RWTÜV Büro Prag 1	1017
RWTÜV Representative Office	1017
RX-France SARL	595
Ryburg-Schwoerstadt AG, Kraftwerk	621, **771**
RZS, Recycling-Zentrum Staßfurt GmbH	829
S.A. Alliance de Gestion Commerciale (Algeco)	125
S.A. Carrières unies de Porphyre	207
S.A. des Charbonnages	
– de Wérister	205
– du Bois-du-Luc	205
– du Borinage	205
– Mambourg, Sacré-Madame et Poirier réunis	205
– réunis de Roton-Farciennes et Oignies-Aiseau	205

REGISTER DER UNTERNEHMEN, BEHÖRDEN UND ORGANISATIONEN
S

S.A. des Cokeries et houillères d'Anderlues	205
SA des Hydrocarbures	567
S.A. Gralex	207
S.A. Hullas del Coto Cortes H.C.C.	274
S.A. Hullera Vasco-Leonesa	274
S.A. l'Energie de l'Ouest-Suisse, EOS	771, **773**, 775
S.A. Minera Catalano-Aragonesa Samca	276
S.A. Remy Industries N. V.	604
S.A. Veniremy N. V.	604
Saaga Sociedade Açoreana de Armazenagem de Gás, SA	565
Saalburg im Taunus, Werk	152
Saar Ferngas AG	58, 316, **320**, 331, 689
Saar-Gummiwerk GmbH	58
Saar-Lothringische Kohlenunion, Saarlor	852
Saarberg	
– Brennstoffhandel GmbH	852
– Brennstoffhandel Luxembourg	852
– -Fernwärme Fürstenwalde GmbH	686
– -Fernwärme GmbH	58, 682, **686**
– Handel Berlin GmbH	852
– Handel GmbH	58, 375, 378, **852**, 867
– Handel Immobilien Service GmbH	852
– -Interplan Gesellschaft für Rohstoff-, Energie- und Ingenieurtechnik mbH	58, **168**, 823
– -Interplan GmbH	184
– Oekotechnik GmbH	58, **814**
Saarbergwerke AG	26, **56**, 83, 84, 168, 174, 184, 186, 201, 202, 320, 595, 646, 686, 814, 825, 852, 1020
Saarbrücken AG, Stadtwerke	320, 635, 646, 682, 686, **689**
Saarl. Raffinerie GmbH	344
Saarländische Energie-Agentur GmbH	671, 686, 689, **1009**
Saarländische Gesellschaft für Grubenausbau und Technik mbH & Co.	184
Saarländische Kraftwerksgesellschaft mbH	58, **646**
Saarlor Saar-Lothringische Kohlenunion, deutsch-französische Gesellschaft auf Aktien	58, 852
Saarstahl	
– AG	85, 179
– AG Völklingen	320, 635
– Völklingen GmbH	83, 859
Saarwasserkraftwerke GmbH	644
Saattopora Mine	209
Sabol Betriebsstoff- und Mineralöl GmbH	843
Sachtleben Bergbau	
– GmbH	178
– GmbH & Co.	**127**, 151
– GmbH & Co. Abteilung Bergbauplanung	169
– GmbH & Co. Abteilung Stollen- und Felsbau	158
– Verwaltungs-GmbH	127, 138, 158, 169
Sachtleben Chemie GmbH	137
Sachverständigenausschuß Bergbau beim Bundesministerium für Wirtschaft	890
saco Altlastensanierung	814
Sacor Marítima, SA	565
Sächsische	
– Edelstahlwerke GmbH	179
– Olefinwerke AG	345, 366
– Olefinwerke Böhlen AG	606
Sächsischer Brennstoff- und Mineralölhandels-Verband e. V.	865
Sächsischer Brennstoffhandel GmbH	845
Sächsisches	
– Experten Netz Umwelt – SENU e. V.	814
– Landesamt für Umwelt und Geologie	942
– Oberbergamt	940
– Staatsministerium für Wirtschaft und Arbeit	940
Sänger + Lanninger GmbH	163
Saf Ges. m. b. H. & Co. KG, Gipswerke Siegfried	247
SAFA Saarfilterasche-Vertriebs-GmbH & Co KG	825
Safe, Salzburger AG für Elektrizitätswirtschaft	559, 562, 759
Safety Engineering Laboratory	966
Safo, Swedish Atomic Forum	766, 788
Safrep S.A.	352
Saga Petroleum A. S.	**521**, 522
Sagema-Sociedade Mineira, Lda.	264
Saipem S. p. A.	487, 488
Sakog, Salzach-Kohlenbergbau-Gesellschaft m.b.H.	241
Salanfe S. A.	773
Saline	
– Bad Reichenhall	120
– Ebensee	243
– Karls- und Theodorshalle	121
– Münster am Stein	121
– Oberilm	118
– Philippshall	121
Salsarda SpA	237
Saltos del Guadiana, S.A.	782
Saltos del Nansa, S.A.	780
Salzach-Kohlenbergbau-Gesellschaft m.b.H., Sakog	241
Salzbergbau	
– Altaussee	243
– Bad Ischl	243
– Hallein	243
– Hallstatt	243
Salzbergwerk	
– Berchtesgaden	120
– Epe	116
– Stetten	119
Salzburger AG für Elektrizitätswirtschaft, Safe	559, 562, 759
Salzburger Gipswerks-Gesellschaft m. b. H.	246
Salzgewinnungsgesellschaft Westfalen mbH	**116**, 366, 599
Salzgitter	
– -Drütte, Kokerei	126
– GmbH	125, 294
– Hüttenwerk GmbH	125, 126
– Informationssysteme GmbH	374
– Kokerei	83, **85**
– -Pyrolyse GmbH	829
Salzschlacke Entsorgungsgesellschaft Lünen GmbH	137, 141
Samca, S.A. Minera Catalano-Aragonesa	276
Samenwerkende Elektriciteits-Produktiebedrijven (Sep), N.V.	749
Samim Australia	482
Samim Canada	482
Samim Peru	482
Samitri/Samarco, Belo Horizonte	239
Samkjøringen av kraftverkene i Norge, Norwegische Verbundgesellschaft	753
San Martino di Trecate/Novara, Raffinerie	486
San Roque/Algeciras, Raffinerie	574
Sand- und Tonwerk Walbeck GmbH	147

REGISTER DER UNTERNEHMEN, BEHÖRDEN UND ORGANISATIONEN
S

Sandgewinnung Landhausen und Klein-Rust ...	256
Sandregenerierung Lage GmbH ...	137
Sanofi ...	397
Santa Cruz de Tenerife, Raffinerie ...	574
Saprim, Société d'application de peintures, de revêtements industriels et de métallisation ...	212
Saras S.p.A. ... **485**,	489
Sarda Basalti s.r.l. ...	238
Sarda Silicati s.r.l. ...	238
Sardabauxiti SpA ...	237
Sardamag S.p.A. ...	859
Sarde, Raffinerie ...	485
Sardinia Glass s.r.l. ...	238
S.a.r.L., Beugin Industrie ...	596
S.A.R.L. des Mines de Batère ...	216
Sarpom SpA Raffineria Padana Olii Minerali ...	486
Sartomer ...	398
SAS Service Partner ...	522
Sasea Group ...	486
SAT GmbH & Co ...	829
SAT/Chemie GmbH ...	363
Satma ...	214
Sauerländische Kalkindustrie GmbH ... 148,	151
Savio S. p. A. ... 487,	**488**
SAW, Sommer Aluminium Werk GmbH ...	179
Saxon Coal Ltd. ...	163
Saxonia Bennstoffhandel GmbH ...	853
S.B.P.I. ...	216
SBB Entsorgungswirtschaft GbR i.G. ...	109
SBB, Schweizerische Bundesbahnen ...	771
SBG, VEW-Elektromark Speicherbecken Geeste oHG ...	658
SBH, Sonderabfallentsorgung und -behandlung Hohenlohe GmbH ...	829
Scaevola, Grube ...	152
Scalistiri-Gruppe ...	218
SCB, Société des Ciments et Bétons ...	570
Schachtbau Nordhausen GmbH ... **164**,	172
Schäfer GmbH, Dr. Arnold ...	83
Schäfermeyer GmbH, Heinrich ...	74
Schäfermeyer GmbH & Co. oHG, Heinrich ...	74
Schätzle AG ... 571,	875
Scharf GmbH, Maschinenfabrik ...	184
Scharfenbergkupplung GmbH ...	126
Scharr oHG, Friedrich ...	853
Scharrer GmbH, Retorte Ulrich ...	139
Scheelitbergbau Mittersill ...	245
Schenker International AG ...	854
Schenker-Rhenus AG ...	854
Schering	
– Agrunol BV ...	607
– Aktiengesellschaft Berlin und Bergkamen ...	606
– A/S ...	607
– España S.A. ...	607
– Health Care Ltd. ...	607
– Holdings Ltd. ...	607
– International Finance B.V. ...	607
– Lusitana Lda. ...	607
– Nederland B.V. ...	607
– Nordiska AB ...	607
– S.A. ...	607
– S.A., N.V. ...	607
– Schweiz AG ...	607
– Solvay Duromer GmbH ...	607
– SpA ...	607
– Wien Ges.mbH ...	607
Scheuringer Mineralölvertriebs- und Handelsgesellschaft mbH ...	852
Schiefer-Fachverband in Deutschland e. V. ...	182
Schieferbau Schmelzer & Co ...	151
Schiefergruben Magog GmbH & Co KG ...	152
Schiffahrt- und Kohlen Gesellschaft mbH ...	867
Schiffsentölung Kiel-Canal Harry Stallzus GmbH	378
Schindler GmbH, Oelwerke Julius ...	344
Schirnding GmbH, Ziegel- und Tonwerk ...	86
Schlägel & Eisen, Bergwerk Ewald/ ...	48
Schlaining, Antimonerzbergbau ...	244
Schlangen GmbH, Georg ...	35
Schleswag Aktiengesellschaft ... 331, 638, **666**,	693
Schleswag Entsorgung GmbH ...	666
Schlingmeier Quarzsand GmbH & Co. KG ...	152
Schluchseewerk AG ... 621, 640,	**646**
Schlüter GmbH, Franz ...	158
Schlumberger Geophysikalische Service GmbH ... **373**,	374
Schlumberger Logelco Eastern European Operations ...	377
Schmäling, August ...	841
Schmelzer & Co, Schieferbau ...	151
Schmid & Co., Wopfinger Stein- und Kalkwerke .	241
Schmid & Hagen GmbH & Co KG ...	597
Schmidt & Sohn Verwaltungsgesellschaft, H. J. .	861
Schmidt + Clemens GmbH + Co., Edelstahlwerk Kaiserau ...	179
Schmidt Industrie-Minerale GmbH, H. J. ...	861
Schmidt, Kaolinwerk, Otto ... **128**,	178
Schmidt KG, Stephan ...	166
Schmidt, Kranz & Co. GmbH ...	377
Schmidt Meissen GmbH, Stephan ...	152
Schmidt Mineraltechnik GmbH & Co KG, H. J. .	861
Schmidt Wiesa GmbH, Stephan ...	152
Schmiermittel Abfüllgesellschaft mbH ...	563
Schmitz GmbH, Irus Industrie Reinigung UK ...	818
Schnell-Brüter-Kernkraftwerksgesellschaft mbH .	644
Schönmackers Umweltdienste Dienstleistung GmbH ...	815
Scholl KG, Carl ...	89
Scholtz GmbH, Conrad ...	177
Scholven, Kokerei ...	44
Scholven, Kraftwerk ...	652
Schramm & Sohn KG, Hans ...	378
Schrattenthal, Quarzsandbergbau ...	255
Schretter u. Cie Ges. m. b. H., Gipswerk ...	246
Schröder Metallhandelsgesellschaft mbH, A. ...	857
Schubert KG ... 294, 296, 318, **321**, 356,	358
Schuchardt & Co, Dr. Theodor ...	600
Schulte GmbH, Mineralmühle ...	861
Schulte Rohrbearbeitung GmbH ...	133
Schulz+Rackow Gastechnik GmbH ...	349
Schulze, Walter ...	864
Schumag AG ...	179
Schwäbische Entsorgungsges. mbH der STEAG und LEW ...	647
Schwäbische Erdgas-Beteiligungsgesellschaft mbH	325
Schwandorf GmbH, Elektrizitätswerk ...	323
Schwandorf GmbH, Gasversorgung ...	323
Schwandorf, Kraftwerk ...	624
Schwarze Pumpe Baugesellschaft mbH i.G. ...	109
Schwaz, Dolomitbergbau ...	253
Schweizerische	
– Bankgesellschaft ...	570
– Bundesbahnen, SBB ...	771

REGISTER DER UNTERNEHMEN, BEHÖRDEN UND ORGANISATIONEN
S

- Geologische Gesellschaft 571
- Gesellschaft für Chemische Industrie (SGCI/SSIC) 614
- Kreditanstalt 570, 747
- Vereinigung für Atomenergie, SVA 774, 788
- Vereinigung für Sonnenenergie, SSES 774
- Zentralstelle für die Einfuhr flüssiger Treib- und Brennstoffe, Carbura — 875

Schweizerischer
- Brennstoffhändler-Verband 875
- Energie-Konsumenten-Verband von Industrie und Wirtschaft, EKV **774**, 789
- Verein des Gas- und Wasserfaches, SVGW . . **571**, 580

Schwermaschinenbau Lauchhammerwerk AG . . 177
Schwerspat-/Flußspatgrube Wolfach 151
Schwerspatgrube Dreislar 151
Schwerspatgrube Wolkenhügel 142
Schwerspatverarbeitungsbetriebe Bad Lauterberg 143
SCI des Pelerins Mont Blanc SCI 398
Scib S.p.A. 602
SCN, Société Luxembourgeoise de Centrales Nucléaires SA 747
Scottish Hydro Electric plc 733
Scottish Nuclear Limited 734
Scottish Power plc 733
SEA, Saarländische Energie-Agentur GmbH   671, 686
Sea Scoop Limited 226
Seaboard Plc 731
Seafield Resources Plc 478
SEAG 567, 682
SEAS A/S 713
Sebald Kutscheit GmbH 844
Secrétariat d'état à l'énergie 961
Secretaría General de la Energía y Recursos Minerales 977
Secumont Dr. Eyssen & Partner GmbH 815
Sedigas — Sociedad para el Estudio y Desarrollo de la Industria del Gas 576
SEF, Svenska Elverksföreningen 766
Segurmina, Lda 266
SEK, Süddeutsche Gesellschaft zur Entsorgung von Kernkraftwerken mbH 623
Senator für Umweltschutz und Stadtentwicklung, Der (Bremen) 915
Senator für Wirtschaft, Mittelstand und Technologie, Der (Bremen) 914
Senatsverwaltung für Stadtentwicklung und Umweltschutz (Berlin) 911
Senatsverwaltung für Wirtschaft und Technologie (Berlin) 912
SEO, Société Electrique de l'Our SA 747
SEP, NV 747
Seram 489
Sérémine, Société d'Etudes et de Réalisations minières 212
Serfi S.p.A. 488
Seria Drilling Company Sdn. Bhd. 372
Sers Electrodes et Réfractaires Savoie 214
Seruci e Nuraxi Figus 234
Service de surveillance des canalisations souterraines et des statistiques 958
Service des explosifs 958
Service géologique 958
Services Industriels de Fribourg 570
Services Industriels de Genève 570

Services Petroliers Schlumberger 260
Servo Delden B. V. 599
Ses 482
ses, Sonderabfallentsorgung Saar GmbH 824
SES, Studiengesellschaft-Erdgas-Süd mbH . 364, **385**
SEWA – Institut für Schadstoffanalyse und Umweltberatung GmbH 815
SFG, Erdgasspeicher Saar-Pfalz GmbH & Co. KG 321
SGE, Spedition GmbH 857
Shallee Exploration (Ireland) Limited 229
Shell 396, 578, 870
- Agrar Beteiligungs GmbH 349
- Agrar GmbH & Co. KG 349
- Austria AG 563
- Bautechnik GmbH 349
- Chemie Köln GmbH 349
- Coal International Ltd. 285
- Danmark Ltd. 285
- Energieanlagen Management GmbH 349
- España, N.V. 573
- Française 398
- France 401
- Haven, Raffinerie 412
- Italia 489
- Italia S.p.A. 483
- Kolen Participatie Maatschappij B.V. 349
- Macron GmbH 349
- Nederland BV 518, 519
- Nederland Chemie B.V. 493
- Nederland Raffinaderij BV 519
- NV, Belgian 386
- Olie- og Gasudvinding Danmark 389, 519
- Oy Ab 395
- Petroleum Company Ltd., The 390
- Petroleum NV . . 321, 342, 369, 386, 396, 399, 568
- Petroleum S. A. 388
- Portuguesa S.A. 564
- Raffinaderi A/B 566
- Schmierstoffvertrieb GmbH 349
- Société des Pétroles 369, 401
- (Switzerland) 567, 568, 571
- UK Exploration & Production **410**, 479
- UK Limited 412
- -Werk Grasbrook 352
Showa-Savoie, Japan 214
Sidas GmbH 602
Siebau, Siegener Stahlbauten GmbH & Co. . . . 133
Siedlung Niederrhein GmbH (SN) 321
Siegener Stahlbauten GmbH & Co., Siebau 133
Siegerländer Abfuhrbetrieb M. Lindenschmidt . . 829
Siegert & Cie GmbH 597
Siemens AG Bereich Energieerzeugung 706
Siemens Solar GmbH 623, 1000
Siersdorf, Kraftwerk 74
Sigeco GmbH, Chemiehandel 605
Sigma Unitecta Farben GmbH 844
Sigmundshall, Kaliwerk 114
Sigrano Nederland BV 153
Sigri GmbH 598
Sikel N. V. 134
Sikom-Leipzig Gesellschaft für Energie- und Umweltberatung und -engineering mbH . . . 815
Silberkaule GmbH, Gewerkschaft 122
Silica Sand Limited 229

Silikate-Metallurgie-Anwendungstechnik, Silmeta Ges. m. b. H. & Co. KG	256
Silmeta Ges. m. b. H. & Co. KG Silikate-Metallurgie-Anwendungstechnik	256
Silmeta Oberwölbling, Quarzsandbergbau	256
Silmeta Unterwölbling, Aufbereitung	256
Silmix SpA	610
Silver and Baryte Ores Mining Co.	219
Sim	482
Sim, Società Italiana Miniere S.p.A.	236
Simmering-Graz-Pauker AG	788
Simur	482
Simura, Société Industrielle et Minière de l'Uranium	214
Sines, Raffinerie	565
Singen, Gas- und Elektrizitätswerk	323
S.I.O.T.	489
Sipec Sté Internationale de Pétrole et de Chimie à r. l.	852
Sirlite S.r.l.	605
SJH, Sophia-Jacoba Handelsgesellschaft mbH	853
Skærbækværket, I/S	713
Skaland Grafitverk A/S	862
Skandinavisk Henkel A/S	598
Skandinaviska Raffinaderi A/B Scanraff	566
SKW Alloys, Inc.	659
SKW Canada Inc.	659
SKW Trostberg AG 120, **607**,	659
SL-Specialstahl GmbH	377
Slagen, Raffinerie	522
Slievenore Mining Limited	229
SM Catering Regis GmbH	104
S.M.A.P., Société Mutuelle des Administrations Publiques	709
Smedvig Prodrill A/S	522
Smid & Hollander Raffinaderij BV	519
S.M.I.T. srl.	152
Snam International Holding AG 343,	362
Snam S.p.A. 370, 487, **488**, 489,	571
Snamprogetti S. p. A. 487,	**488**
SNE, Südwestdeutsche Nuklear-Entsorgungs-Gesellschaft mbH 622,	823
S.N.E.A. (P)	397
SNEA (p)	401
S.N.E.A., Société Nationale Elf Aquitaine	963
SNI, Società Nucleare Italiana	742
S.N.I., Société Nationale d'Investissement	709
SNIA BPD S.p.A.	483
SNW Sonderabfallentsorgung Nordrhein-Westfalen GmbH	815
Soares Nunes, António	269
Soc. Aux. de Courtage et d'Assurances SNC	398
Soc. Maritime des Pétroles BP et Cie SNC	398
SOC Strasbourgeoise et Lorraine des Combustibles SA	398
Socatral	213
Sociedad	
– de Gas de Euskadi, S.A.	576
– Española de Carbon Exterior S.A. Carboex	876
– Minera San Luis	275
– Minera y Metallurgica de Peñarroya-España S.A. 213,	**280**
Sociedade	
– Açoreana de Armazenagem de Gás, SA, Saaga	565
– Areias e Minas da Torre, Lda., Sominto	268
– de Empreendimentos, Investimentos e Armazenagem de Gás, SA, Eival	565
– de Expansão Hot e Turistica, SA, Soturis	565
– de Hotéis de Portugal, SA, Hotelgal	565
– Distribuidora de Combustíveis e Lubrificantes da Guiné-Bissau, Dicol	565
– Mineira Carolinos, Lda.	269
– Mineira de França, Lda.	267
– Mineira de Neves-Corvo, SA, Somincor —	268
– Portuguesa de Exploração de Petróleos S.A.	564
Società	
– Italiana Miniere S.p.A., Sim 235,	236
– Italiana per il Gas p. A., Italgas	489
– Italiana per l'Oleodotto Transalpino 347, 363, 364,	360, 370
– Italiana Sali Alcalini s.p.a.	234
– Nucleare Italiana, SNI	742
– Petrolifera Italiana S.p.A.	483
Société	
– Africaine des Métaux et Alliages Blancs S.A.	213
– Alsacienne d'Aluminium S.A. 141,	659
– Alsacienne de Travaux Fiduciaires et Comptables SA	211
– Belge des Combustibles Nucléaires, Synatom	709
– Cébal	216
– Commerciale Charbonnière et Pétrolière	852
– Coopérative de Production d'Electricité, S.P.E. **708**,	711
– Coopérative Liégeoise d'Electricité, Socolie	709
– d'application de peintures, de revêtements industriels et de métallisation, Saprim	212
– d'Etudes et de Réalisations minières, Sérémine	212
– de Diversification du Bassin potassique, Sodiv	212
– de Financement en matière énergétique, Socofe	709
– de l'Industrie Minérale	216
– de Participations dans l'Industrie et le Transport du Pétrole S.A.R.L. 347, 360, 363,	364
– de Transport d'Energie Electrique du Grand-Duché de Luxembourg, Sotel	747
– des Ciments et Bétons, SCB	570
– des Ciments Portland de St-Maurice SA	570
– des Forces Motrices du Grand-Saint-Bernard	773
– des Mines de l'Air 164,	723
– des Mines de Saizerais	214
– des Mines et Produits Chimique de Salsigne	214
– des Pétroles Shell 369, **399**,	401
– des Produits Chimiques du Sidobre Sinnova S.A.	598
– des Produits Nestlé SA	570
– du Pipeline Sud-Européen S.A. 358, 360, 363, 364, 369,	843
– Electrique de l'Our SA 640,	**747**
– Française d'Exploration BP SA	398
– Franco Continentale de Charbons (SFCC)	869
– Générale de Belgique	239
– Générale pour les Techniques Nouvelles	722
– Industrielle de Combustible Nucléaire	722
– Industrielle des Minerais de l'Ouest	722
– Industrielle et Minière de l'Uranium, Simura	214
– Luxembourgeoise de Centrales Nucléaires SA, SCN 641,	**747**

REGISTER DER UNTERNEHMEN, BEHÖRDEN UND ORGANISATIONEN
S

– Malachowski	216
– Maritime Shell S.A.	399
– Minière de Grèce SA	219
– Minière de Rouge	214
– Minière et Industrielle de Rougé	216
– Mutuelle des Administrations Publiques, S.M.A.P.	709
– Nationale d'Investissement	388, 709
– Nationale Elf Aquitaine	299, 352, 399, 963
– Nouvelle des salins de Siné Saloum	211
– Nouvelle Sidéchar	30, 656, **869**
– pour la Conversion de l'Uranium en Metal et en Hexafluorure	722
– pour la Coordination de la Production et du Transport de l'Energie Electrique (CPTE)	709
– pour le Développement de l'Industrie du Gaz en France	401
– Shell Tunisienne de Développement Pétrolier SA	349
Society for Mining, Metallurgy and Exploration, The	281
Socofe, Société de Financement en matière énergétique	709
Socolie, Société Coopérative Liégeoise d'Electricité	709
Socotec Environnement S. A. R. L.	1015
S.O.D.I.A.A.C. SNC	398
Sodiv, Société de Diversification du Bassin potassique	212
Söröysund Eiendomsselskap a.s.	522
(SOFAS), Sonnenenergie-Fachverband Schweiz	774
Sofid S. p. A.	482, 487, **488**, 489
Sofidif	723
Sogerap	397
Sogerem	213
Sola, Raffinerie	522
Solar Energie-Technik GmbH	1000
Solar-Wasserstoff-Bayern GmbH, SWB	623
Solebetrieb Rheinheim	121
Solebrunnen Bad Karlshafen	121
Solena Shipping Company of Monrovia	349
Solvay	
– Alkali GmbH	608
– Barium Strontium GmbH	608
– Catalysts GmbH	608
– & Cia	276
– Deutschland GmbH	116, **607**
– Enzymes GmbH & Co. KG	608
– Fluor und Derivate GmbH	608
– Interox GmbH	608
– Kunststoffe GmbH	608
– Pharma Deutschland GmbH	608
– Salz GmbH	116, 178, 608
– Umweltchemie GmbH	608
Somarrostro, Raffinerie	575
Somicem	482
Somifel-Sociedade Mineira de Feldspato, Lda.	269
Somincor — Sociedade Mineira de Neves-Corvo, SA	268
Somincor, S.A.	266
Sominto, Sociedade Areias e Minas da Torre, Lda.	268
Sommer Aluminium Werk GmbH, SAW	179
Sommer, Bergbauconsultant A.	184
Sonderabfall GmbH, L3	829
Sonderabfallentsorgung	
– Nordrhein-Westfalen GmbH, SNW	815
– Saar GmbH, ses	824
– und -behandlung Hohenlohe GmbH, SBH	829
Sonnenenergie-Fachverband Schweiz (SOFAS)	774
Sopar N.V., S.A.	604
Sopar Pharma GmbH	604
Sopetral S.A.	363, 364
Sophia Jacoba	
– Bergwerk	82
– GmbH	26, 32, 78, **82**, 174, 186, 648, 650, 853
– Handelsgesellschaft mbH	35, 82, **853**
Sori	482
Sotel, Société de Transport d'Energie Electrique du Grand-Duché de Luxembourg	747
Soturis, Sociedade de Expansão Hot e Turistica, SA	565
South Eastern (British Gas)	477
South Wales Electricity plc	732
South Western (British Gas)	477
South Western Electricity Plc	731
South Yorkshire Group (British Gas)	220
Southern (British Gas)	477
Southern Electric plc	731
Sovereign Oil & Gas plc	**410**, 478, 479
SOWAG, Sächsische Olefinwerke AG	366
Sozialpolitische Arbeitsgemeinschaft Steine und Erden	181
Spanish Atomic Forum	788
Sparkasse Steinfurt	817
S.P.E., Société Coopérative de Production d'Electricité	**708**, 711
Spedition GmbH, SGE	857
Spedition Robert Schmidt GmbH	35
Speedoil Mineralöl GmbH	844
Spezialtiefbau Ferdinand Aufschläger GmbH	605
Spi	482
SPI, Svenska Petroleum Institutet	566, 878
Spielberg, Quarzsandbergbau	252, **255**
Spiess-Urania Pflanzenschutz GmbH	139
Spital am Pyhrn, Gips- und Anhydritbergbau	247
Spreegas GmbH	331
Sprefina Johannes Tillmann GmbH & Co KG	378
Spreng- und Baugesellschaft m. b. H., Sprengbau	249, 260
Sprengmittelvertrieb in Bayern GmbH	594
Sprengstoff-Handels-Gesellschaft mbH	594
Sprengstoff-Verwertungs-Gesellschaft mbH	594
Sprengstoffwerk Gnaschwitz GmbH	608
SRHP SNC	398
SSAB, Svenskt Stal AB	270
SSES, Schweizerische Vereinigung für Sonnenenergie	774
SSK, Geschäftsstelle der Strahlenschutzkommission	895
SSK, Strahlenschutzkommission	702
St. Gallisch-Appenzellische Kraftwerke AG	773
St. Georgen, Quarzsandgrube	253
St. Georgen a. d. Gusen, Quarzsandgrube und -aufbereitung	256
Staatliche Technische Überwachung Hessen (TÜH)	1020
Staatliches Institut für Gesundheit und Umwelt (Saarbrücken)	815

REGISTER DER UNTERNEHMEN, BEHÖRDEN UND ORGANISATIONEN
S

Staatliches Materialprüfungsamt Nordrhein-Westfalen (MPA NRW)	933
Staatsbad Bad Dürkheim GmbH	121
Staatsministerium für Landesentwicklung und Umweltfragen, Bayerisches	908
Staatsministerium für Wirtschaft und Verkehr, Bayerisches	201, **907**
Stadtverband Saarbrücken	671
Stadtwerke	
– Aachen AG	631
– Altenau GmbH	323
– Andernach GmbH	324
– Bad Sachsa GmbH	323
– Bielefeld GmbH	**666**, 682, 686
– Blankenburg AG	689
– Bochum GmbH	682, **686**
– Braunschweig GmbH	682, **686**
– Bremen AG	**667**, 682, 687, 867
– Celle GmbH	317
– Dreieich GmbH	331
– Dülmen GmbH	656
– Düsseldorf AG	**667**, 682, 685, 687, 867
– Duisburg AG	**668**, 682, 687
– Flensburg GmbH	682, **687**, 867
– Frankfurt am Main	**668**, 682, 687
– Freiberg AG	332
– Hannover AG	330, 341, 628, **669**, 682, 688
– Heidelberg AG	682, **688**
– Hildesheim AG	317
– Jena GmbH (SWJ)	686
– Karlsruhe	682, **688**
– Kiel AG	682, **688**
– Koblenz GmbH	324
– Köln GmbH	663
– Langen GmbH	332
– Lübeck	332
– Mainz AG	635
– Mannheim Aktiengesellschaft (SMA)	685
– München	627, **669**, 670, 682, 688
– Münster GmbH	682, **688**
– Neumünster	867
– Nienburg/Weser GmbH	330
– Oberhausen AG	683
– Saarbrücken AG	320, 635, 646, 682, 686, **689**
– Stadt Augsburg	325
– Telgte GmbH	323
– Wesseling GmbH	329
– Westerland GmbH	333
– Wiener	559, **563**
– Wiesbaden AG	635
– Wolfenbüttel GmbH	317, 330
– Wolfsburg AG	682, **689**, 696
Städt. Werke AG	317
Städt. Werke Nürnberg GmbH	324
Ständiger Ausschuß für die Betriebssicherheit und den Gesundheitsschutz im Steinkohlenbergbau und in den anderen mineralgewinnenden Industriezweigen	956
Stagro Stahlbau GmbH	104
Stahl- und Hartgußwerk AG	177
Stahl- und Maschinenbau AG	177
Stahl- und Walzwerk Brandenburg GmbH	179
Stahlex GmbH	854
Stahlschmidt GmbH u. Co. KG, Stahlwerk	179
Stahlwerk Annahütte, Max Aicher GmbH & Co. KG	179
Stahlwerk Stahlschmidt GmbH u. Co. KG	179
Stahlwerke Bochum AG	140
Stahlwerke Peine-Salzgitter AG	83, 601, 859
Stahlwerke Plate GmbH & Co. KG	179
Stallzus GmbH, Schiffsentölung Kiel-Canal Harry	378
Stanic Industria Petrolifera SpA	486
Stankiewicz GmbH	125, 126
Stanlow, Raffinerie	412
Star Mountains Holding Company Pty. Ltd.	131
Starck Berlin GmbH & Co. KG, H. C.	590
Starck GmbH & Co. KG, H. C.	139
Starck Verwaltungs-GmbH, H. C.	139
Starkstrom-Anlagen-Gesellschaft mbH	641
Starkstrom-Gerätebau GmbH	641
Staßfurter Salz & Stahlbau GmbH	117
Statens Atomtilsyn	970
Statens Kärnkraftinspektion	975
Statistik der Kohlenwirtschaft eV	176
Statkraft SF	970
Statnett SF	970
Statoil	
– A/S	302, 521, 578
– Danmark a.s.	521
– Den Norske Stats Oljeselskap A/S	**521**, 522
– Den Norske Stats Oljeselskap Deutschland GmbH	521
– Deutschland GmbH	302
– Efterforskning og Prod. A/S	302
– Finland OY	521
– Forsikring a.s.	522
– France S.A.	521
– Invest AB	521
– Netherlands BV	521
– Petrokemi AB	521
– (UK) Ltd	479, 521
Statzendorf, Aufbereitung	253
Staudinger, Kraftwerk	639
Stavanger Catering	522
Stavanger Drilling	522
Sté Industrielle de Recyclage Européenne SA	137
Sté Intercontinental Chimie S. A.	852
Sté Minière de Bougrine SA	138
Steag	
– AG	26, 35, 164, **647**, 648, 650, 682, 690, 824
– Entsorgungs-Gesellschaft mbH	647, 813, **824**
– Fernwärme GmbH	647, 650, **690**
– Kernenergie GmbH	647, **648**, 699, 706
– -Kraftwerksbetriebsgesellschaft mbH	647, **648**
– Laminarflow-Prozeßtechnik GmbH	647
– -RWE oHG, Kraftwerk Voerde	647, **650**
– und VEW, Gemeinschaftskraftwerk Bergkamen A oHG	647, **650**, 656
Steffel GmbH, Konrad	377
STEG Steinkühler Entsorgungs-Gesellschaft mbH	35
Stegal GmbH Sachsen-Thüringen-Erdgas-Leitung	342
Steinbruch Holenbrunn	146
Steinbruchs-Berufsgenossenschaft	1024
Steinhoff Nachf. GmbH, Wilhelm	35
Steinkohlen AG Glarus	571, **875**
Steinkohlenbergwerk Auguste Victoria	78
Steinkohlengrube Tremonia	197
Steinkühler Entsorgungsgesellschaft mbH	813
Steinmetz & Petit B.V.	368
Steinmüller Verwaltungsgesellschaft mbH	656

REGISTER DER UNTERNEHMEN, BEHÖRDEN UND ORGANISATIONEN
S

Steinsalzbergwerk
- Bernhurg 118
- Borth I/II 116
- Heilbronn 118
Steinwendtner, Bergbaubetrieb Karl 251
Steirische
- Ferngas-Gesellschaft mbH 559, **562**
- Magnesit-Industrie Aktiengesellschaft, Magindag 249
- Montanwerke AG 256
- Wasserkraft- und Elektrizitäts-AG, Steweag 562, **759**
Stephan Schmidt Gruppe 152
Stern & Hafferl Bau-Gesellschaft m.b.H. 241
Stern & Hafferl OHG 241
Sternberg Vertriebs GmbH, G. 377
Stetten, Akzo Salz und Grundchemie GmbH & Co oHG 119
Stetten, Salzbergwerk 119
Steweag, Steirische Wasserkraft- und Elektrizitäts-AG 562, **759**
Steyersberg I, Quarzitbergbau 254
Stg. C.O.V.A., Stichting Centraal Orgaan Voorraadvorming Aardolieprodukten 519
Stichting Megal Verwaltungsstiftung 341
Stickstoffwerke AG Wittenberg-Piesteritz 608
Stiebel Eltron GmbH & Co. KG 1000
Stierlen-Maquet AG 641
Still Otto GmbH 169, 1003
Stinnes
- AG 368, 651, **853**, 854, 857, 871
- Agrarchemie GmbH 854
- -BauMarkt AG 853
- Brennstoffhandel Berlin GmbH 854
- -data-Service GmbH 854
- Intercarbon AG 854, 867
- Intercoal GmbH 854
- Interfer GmbH 853
- Interoil AG 854, 863
- Kohle-Energie Handelsges. mbH 854, 867
- Reederei AG 854
- -Reifendienst GmbH 854
- Stahlhandel GmbH 854
- Technohandel GmbH 854
- -Trefz AG & Co. 854
Stockach GmbH, Metallwarenfabrik 179
Stollen Gustav und Stollen Alfred-Robert, Grube 142
Stoob, Tonbergbau 253, **257**
Stopinc AG 859
Store Norske Spitsbergen Kulkompani Aktieselskap 240
Strahlenschutzkommission, SSK 702
Stratebau GmbH 605
Streichenberger Distributions 398
Streichenberger Energies Services 398
Stroh & Co. Gesellschaft m.b.H. 556
Stromeyer GmbH 854, 567
Stromversorgung Osthannover GmbH 330, 638, 693
Stromversorgung-Wohnungsbau GmbH 330
Struve & Co G.m.b.H., Ludolph 862
Stuart Theunissen GmbH, D. A. 380
Studien- und Verwertungsgesellschaft mbH . . . 1010
Studienausschuß des westeuropäischen Kohlenbergbaus Cepceo 284

Studiengesellschaft
- Erdgas-Süd mbH 356, 364, **385**
- für Eisenerzaufbereitung 204
- für elektrischen Straßenverkehr in Baden-Württemberg mbH 622, 626
- für elektrischen Straßenverkehr mbH 670
- für verbrauchsnahe Stromerzeugung eV 702
- Kohle mbH 36, 58, 74, 186, 1000, **1010**
- Westtirol Gesellschaft mbH (StW) 759
Studsvik AB 765
Stuttgart GmbH, Heizkraftwerk 670
Stuttgarter Versorgungs- und Verkehrs-GmbH . . 670
Stylis Mining Enterprises SA 219
Subtech S.A. 397
Sud Ouest Pétroles SARL 398
Süd-Chemie AG 184, **608**
Süd-Müll GmbH & Co. KG 829
Südbitumen Handel GmbH 843
Süddeutsche
- Brennstoffhandelsgesellschaft mbH 852
- Erdgas Transport Gesellschaft mbH 320, **342**
- Gesellschaft zur Entsorgung von Kernkraftwerken mbH 623, 665, 670
Süddeutschland GmbH, Gasversorgung . . . 318, 385, 670, 685
Südeuropäische Ölleitung Lavéra-Fos-Karlsruhe 369
Südgas-Süddeutsche Gasgesellschaft mbH 843
Südhannover-Nordhessen GmbH, Gasversorgung 328, 333, 638
Südhessische Asphalt-Mischwerke GmbH & Co. KG für Straßenbaustoffe 605
Südhessische Gas und Wasser AG 328, **332**
Südöl Mineralöl-Raffinerie GmbH 829
Südpetrol AG für Erdölwirtschaft **362**, 370
Südsächsischer Brennstoffhandel GmbH 856
Südthüringer Energieversorgung AG **670**, 693
Südthüringer Gasgesellschaft mbH 332
Südwestdeutsche
- Ferngas GmbH, SWG 670
- Nuklear-Entsorgungs-Gesellschaft mbH 622, 626, 823
- Rohrleitungsbau GmbH 331, 332
- Salzwerke AG **118**, 178
Südwestgas Gesellschaft für Kommunale Energiedienstleistungen mbH 321
Südwestsalz-Vertriebs GmbH 118
Südzucker AG 867
Suez Oil Company, Cairo 299
Sumitomo Bayer Urethane Co., Ltd. 590
Sun International Exploration and Production Company Limited 410
Sun Oil Britain Limited **410**, 479
Sunkimat GmbH, Albert 378
Suomen Sähkölaitosyhdistys r.y. 720
Suomen Voimalaitosyhdistys r. y. 720
Superior Oil (UK) Ltd 410
Superphosphat-Industrie GmbH 597
Supracryl (Pty.) Ltd. 599
SVA, Schweizerische Vereinigung für Atomenergie 774, 788
SVA Straßenverkehrssicherungsanlagen GmbH . 1000
Svenska
- Elverksföreningen, SEF 766
- Gasföreningen 580
- Gruvföreningen 271

REGISTER DER UNTERNEHMEN, BEHÖRDEN UND ORGANISATIONEN
S – T

- Kraftverksföreningen 766
- Petroleum Institutet, SPI **566**, 878
- Polystyren Fabriken AB 599
- Statoil AB 521
- Svenskt Stal AB, SSAB 270
- Sverige AB 521
- Sveriges geologiska undersökning 975
- Sveriges Kemiska Industrikontor (SKI) . 614
- SVGW, Schweizerischer Verein des Gas- und Wasserfaches **571**, 580
- Swabara Group 285
- SWB, Solar-Wasserstoff-Bayern GmbH 623
- Swedish Atomic Forum, Safo 766, 788
- Swedish Mining Association, The 271
- Swedish National Board for Technical and Industrial Development, Nutek 975
- SWG, Südwestdeutsche Ferngas GmbH . 671
- Swiatowy Kongres Górniczy 284
- Swissgas Schweizerische Aktiengesellschaft für Erdgas **570**, 571
- Swisspetrol Holding AG 567, 570, 571
- Sydkraft AB 638, 765
- Synatom, Société Belge des Combustibles Nucléaires 709
- Syndesmos Metalleftikon Epichirisseon . 219
- Syndicat des accumulateurs non alcalins . 216
- Syndicat des Indépendants Français Importeurs de Pétrole 870
- Syngenore Exploration Limited 230
- Synthesegasanlage Ruhr GmbH 35, 606
- Synthomer Chemie GmbH 138
- Systema Unternehmensberatung für Informationstechnik GmbH 663
- Sythen, Werk 148
- SZ Industrial Corp. 125

- **T**AD, Technische Vereinigung für Mineralöl-Additive 611
- Tagebau
  - Amsdorf 106
  - Bärwalde 100
  - Berzdorf 100
  - Bockwitz 107
  - Bodenheide 143
  - Breitenfeld 105
  - Cospuden 108
  - Cottbus-Nord 98
  - Delitzsch-SW 105
  - Espenhain 107
  - Fortuna/Bergheim 89
  - Garzweiler 89
  - Goitsche 105
  - Gräbendorf 98
  - Gröbern 105
  - Groitzscher Dreieck 106
  - Hambach 92
  - Jänschwalde 98
  - Klettwitz 96
  - Klettwitz-Nord 96
  - Köckern 105
  - Merseburg-Ost 105
  - Meuro 96
  - Mücheln 105
  - Nachterstedt/Schadeleben 105
  - Nochten 100
  - Olbersdorf 100
  - Peres 108
  - Profen-Nord 106
  - Profen-Süd 106
  - Reichwalde 100
  - Scheibe 101
  - Schlabendorf-Süd 98
  - Schleenhain 106
  - Seese-Ost 98
  - Spreetal-NO 101
  - Witznitz 107
  - Zukunft/Inden 91
  - Zwenkau 107
- Talk 250
- Talk- und Glimmerbergbau Kleinfeistritz . 250
- Talkbergbau am Rabenwald 250
- Talkbergbau Lassing 250
- Talkline Mobile Kommunikation GmbH . 126
- Talksteinwerke Peter Reithofer 251
- Talkummühle Oberfeistritz 250
- Talsperre Nonnweiler Betriebsführungsgesellschaft mbH 689
- Tamoil Italia S.p.A. 486
- Tamoil S. A. 568
- Tamoil (Suisse) SA 571
- Tana Kvartsittbrudd A/S 240
- Tank- und Schiffsreinigungsges. mbH KG 378
- Tankdienst-Gesellschaft
  - Düsseldorf GbR 349
  - Frankfurt GbR 349, 358
  - Hamburg GbR 349
  - München GbR 349
- Tanker- + Schiffahrtsges. TTB mbH . . 363
- Tanklager Moorburg GmbH 630
- Tanklager-Gesellschaft
  - GbR 352
  - Hoyer mbH 377
  - Köln-Bonn, Gesellschaft b. R. 349
  - Köln-Bonn, TGK 844
  - Tegel, Gesellschaft b. R. 349
  - Tegel, TGT 347
- Tara Mines Limited 230
- Tara Prospecting Limited 230
- Tarmac PLC 412
- Tarragona, Raffinerie 574
- Tarragona Refinery 575
- Taubertal, Gasversorgung 323
- Tauernkraftwerke AG 757, **758**
- Taunus-Quarzit-Werke GmbH 152
- Tavistock Collieries Ltd. 285
- TBHV, Thüringer Brennstoffhandelsverband e. V. 866
- TBN Tanklager-Betriebsgesellschaft Nürnberg mbH 347
- TCM, Total Compagnie Minière 214
- TCM-F, Total Compagnie Minière-France . 214
- Teboil Oy Ab 396
- Techn. Werke Ludwigshafen a. Rhein . . 320
- Technical Services and Research Executive . 222
- Technisch Informatiecentrum voor Tin . . 283
- Technisch-wissenschaftlicher Verein Bergmännischer Verband Österreichs 261
- Technisch-wissenschaftlicher Verein »Eisenhütte Österreich« in Leoben 262
- Technische
  - Beratung Energie für wirtschaftliche Energieanwendung GmbH (T.B.E.) 321
  - Gebäudeausrüstung Leipzig GmbH, TGA . 35, 851

REGISTER DER UNTERNEHMEN, BEHÖRDEN UND ORGANISATIONEN
T

– Überwachungs-Vereine, TÜV 1014
– Universität Berlin 985
– Universität Clausthal 988
– Universität München 992
– Vereinigung der Großkraftwerksbetreiber e. V.,
 VGB **704**, 794, 1012
– Vereinigung für Mineralöl-Additive, TAD . . 611
– Werke der Gemeinde Ensdorf GmbH, TWE . 671
– Werke der Stadt Stuttgart (TWS) AG . . . 318, 332,
 . . . . 625, 627, **670**, 690, 867
Technischer Überwachungs-Verein
– Bayern Sachsen eV 1014
– Berlin-Brandenburg eV 1015
– Hannover/Sachsen-Anhalt eV 1015
– Hessen eV 1016
– Nord eV 1016
– Norddeutschland eV 1016
– Pfalz eV 1017
– Rheinland eV 1018
– Saarland eV 1019
– Südwestdeutschland e. V. 1019
– Thüringen e. V. 1019
Technisches Büro für Berg-, Hütten- und
 Erdölwesen, Geotechnik 259
Technochemie GmbH-Verfahrenstechnik 349
Technologiepark Eurotec Rheinpreussen GmbH . . 35
Technology Transfer 477
Technomin (Eire) Teoranta 230
Teck Corporation 138
Tecminemet 212
Teco-Schallschutz GmbH 604
Teerag-Asdag Aktiengesellschaft 249
Teerbau Gesellschaft für Straßenbau mbH . 604, 814
Teerbau GmbH 796
Teerbau Italiana S.p.A. 605
Tegernseer Erdgasversorgungsgesellschaft mbH
 (TEG) 325
Tego Chemie Service GmbH 596
Tego Italiana S.r.l. 596
Tego Quimica S.A. 596
Tehokaasu Oy 396
Tekivo Oy 718
Telefunken Systemtechnik GmbH 1000
Teleport Europe GmbH 638
Telgte GmbH, Stadtwerke 323
Tempcraft, USA 213
Teollisuuden Keskusliitto Industrins i Finland
 Centralförbund 209
Teollisuuden Sählöntuittajien Liitoo r. y. 789
Tepma Colombie 398
Teredo Petroleum Plc 478
Terfin S. p. A. 487, **489**
Térmicas del Besós 779
Terminor 876
Teroson S.A. 598
Terra Mining AB 230, 271
Terrecotte s.r.l. 238
Terrex Ltd. 233
Terriminas-Sociedade Industrial de Carvões, S.A. 264
Tessol GmbH 841
Testra Strahlmittel Süd GmbH & Co. 147
Testra Strahlmittel Süd Verwaltungs-GmbH . . 147
Tetral Building Products Ltd. 230
Texaco 578, 870
– Denmark 870
– Denmark Inc. 389, 390, 870

– International Trader Inc. 410
– Italiana 489
– Ltd. 413
– North Sea UK Co **410**, 413
– North Sea UK Company 479
– Petroleum Maatschappij (Nederland) B.V. . 369,
 . . . . **493**, **519**
Texasgulf Chemicals 397
TGA, Technische Gebäudeausrüstung Leipzig
 GmbH 851
TGA Tonbergbau Grube Anton 152
TGB Berlin 347
TGC Colonia 347
TGD Düsseldorf 347
TGF Frankfurt 347
TGF, Tankdienst-Gesellschaft Frankfurt GbR . 358
TGH Hamburg 347
TGK, Tanklagergesellschaft Köln-Bonn 844
TGK, Tiefengas Konsortium Swisspetrol/Sulzer . 570
TGL Hannover-Langenhagen 347
TGM München 347
TGN Nürnberg 347
TGS Stuttgart 347
TGT Tanklager-Gesellschaft Tegel 347
The Broken Hill Proprietary Company Ltd. . . 285
The Drummond Company Inc. 285
The Finnminers Group 209
The Hellenic Chemical Products and Fertilizers
 Company Ltd 218
The Institution of Electrical Engineers, IEE . . 734
The Norwegian Oil Industry Association . . . 522
The Pittston Company 285
The Shell Petroleum Company Ltd. 390
The Swedish Mining Association 271
Theimeg Elektronikgeräte GmbH & Co. KG . 179
Theis Kaltwalzwerke GmbH, Friedrich Gustav . 179
Thermalsolebad Kassel-Wilhelmshöhe 121
Thermit Australia Pty. Ltd 596
Thermit do Brasil Indústria e Comercio Ltda. . 596
Thermit Welding (GB) Ltd. 596
Thermitrex (Pty.) Ltd. 596
Thermo Solar Energietechnik GmbH 1000
Thermogas Gas- und Gerätevertriebs-GmbH . . 671
thermotex Gesellschaft für Fernwärme mbH 347, 360
Thessaloniki Refining Co. A.E. 405
Thiele Bohrunternehmen GmbH, Willy . . . **373**, 374
Thiokol-GmbH Elastische Werkstoffe 604
Thompson-Siegel GmbH 597
Thonwerke Ludwig GmbH & Co. KG 146
Thor Ceramics Ltd. 859
Thüga Aktiengesellschaft 320, 324, 325, 326,
 . . . . 328, 329, 330, **332**, 638
Thüga-Konsortium Beteiligungs-GmbH 330,
 . . . . 333, 638
Thüringer Brennstoffhandelsverband e. V.,
 TBHV 866
Thüringer Landesanstalt für Umwelt 947
Thüringer Ministerium für Umwelt und
 Landesplanung 947
Thüringische Geologische Landesanstalt 946
Thun-Hohenstein & Co KG, Ferdinand 602
Thyssen
– -Agipcoal GmbH 856
– Aktiengesellschaft **139**, 148, 179
– Bandstahl Berlin GmbH 140
– Bausysteme GmbH 140

- Carbometal GmbH **856**, 867
- Citgo Petcoke Corp. 856
- & Co GmbH 158
- Draht AG 140, 179
- Edelstahlwerke AG 179
- -Elf Oil GmbH 856
- Engineering GmbH 169
- (Great Britain) Ltd. 158
- Handelsunion AG 841, 856
- Industrie AG 169, 179
- Isocab N. V. 140
- Mining Construction, Inc., TMCI 158
- Mining Construction of Australia Pty. Ltd., TMCA 158
- Mining Construction of Canada Ltd., TMCC .. 158
- Mining International SA 158
- Schachtbau GmbH **158**, 184, 260
- Schachtbau Portuguesa Construções e Explorações Mineiras, Lda 158
- Schachtbau Umwelt- und Entsorgungstechnik GmbH 158
- Schweißtechnik GmbH 140
- Sonnenberg GmbH 862
- Sonnenberg Metallurgie GmbH 862
- Stahl Aktiengesellschaft .... 30, 83, 85, **140**, ... 162, 179, 204, 601, 861
- Umweltsysteme GmbH 169
- Vermögensverwaltung GmbH 158
Thyssengas GmbH .. **321**, 339, 341, 342, 356, 659
Ticona Polymerwerke GmbH 598
Tiefbau-Berufsgenossenschaft 1026
Tiefbohr Celle Verwaltungs-GmbH 300
Tiefengas Konsortium Swisspetrol/Sulzer, TGK 567, 570
Tip Top Industrievulkanisation Borna GmbH ... 104
Tip-Top Industrievulkanisation Schwarze Pumpe 109
Tiroler Ferngas Ges. m. b. H. 562
Tiroler Magnesit Aktiengesellschaft 249
Tiroler Steinölwerke Gebrüder Albrecht OHG .. 257
Tiroler Wasserkraftwerke AG (Tiwag) 759
Tistra Bau GmbH & Co 158
Titan Umreifungstechnik GmbH 133
TLB, Mineralölumschlag GmbH & Co. Tanklager KG 377
TLG, Liegenschaftsgesellschaft der Treuhandanstalt mbH 902
TLS Tanklager Stuttgart GmbH 347
Todenmann, Eisenerzgrube 122
Töpferschamotte/Ofenkacheln GmbH i. G. Radeburg 152
Tomago Aluminium Cy, Australien 213
Ton- und Quarzsandbergbau Eggendorf 252
Ton- und Quarzsandbergbau Frix Karlstetten .. 252
Ton- und Quarzsandbergbau Unterwölbling ... 252
Tonbergbau
- Droß 253
- Maiersch 252
- Rassing 251
- Stoob 253, **257**
Tongrube Landwehr 147
Topf, Erdbewegung — Schwersttransporte Fa. Alfred 259
Torf- und Humuswirtschaft e. V., Bundesverband .. 183
Total 285, 369, **398**, 401, 410, 522, 578, 870
- Abu Al Bu Khoosh 398

- Algérie 398
- Angola 398
- Austria GesmbH 563
- Austral 398
- Benelux 398
- Chimie 398
- Compagnie Française des Pétroles .. 400, 493, 842
- Compagnie Minière **214**, 398
- Compagnie Minière-France, TCM-F 214
- Deutschland GmbH 375, 842, **843**
- España 398, **573**
- Exploration Production 401
- Exploration Production Russie 398
- Exploration South Africa 398
- Indonésie 398
- Marine Danmark 398
- Marine Exploitatie 398
- Marine Norsk A/S 522
- Mineraria S.p.A. 483
- Nederland 398, 519
- Norge A. S. 398, **522**
- Oil and Gas Nederland B.V. 519
- Oil (Great Britain) Ltd. 398
- Oil Marine 398, **410**, 479
- Outremer 398
- Petroleum 398
- Raffinaderij Nederland NV 493
- Raffinage Distribution 369, 398, **399**
- RD 401
- S.A. 399, 843
- Solvants 398
- South Africa Pty 398
- Thailande 398
- Transport Corporation 398
- Transport Maritime 398
Totalgaz 398, 401
Tractebel 388
Tragöß/Oberort, Anhydrit- und Gipsbergbau ... 247
Trandorf, Grafitbergbau 248, 253
Trans Europa Naturgas Pipeline GmbH (TENP) 320, **342**
Trans European Natural Gas Pipeline Finance Company Limited 320
Trans-Natal Coal Corporation Ltd. 285
Transalpine Oelleitung GmbH 843
Transalpine Ölleitung in Österreich Ges. m.b.H. .. 347, ... 360, 363, 364, 370, 563
Transalpine Pipeline Triest — Ingolstadt — Karlsruhe (TAL) 369
Transitgas AG 571
Transmast Oy 718
Transminas, Lda. 266
Transnucléaire 214, 723
Transnuklear GmbH 823
Transpetrol GmbH Internationale Eisenbahnspedition 347
Transport- en Handelmaatschappij »Steenkolen Utrecht« 35, 140
Transvaal Alloys (Pty) Ltd 139
Trapezprofil-Bauelemente Produktionsgesellschaft mbH 133
Traßbergbau Gossendorf 256
Tremonia, Steinkohlengrube 197
Treuhandanstalt 109, **900**
Treuhandanstalt Forstbetriebs GmbH 902
Tribol GmbH 380

REGISTER DER UNTERNEHMEN, BEHÖRDEN UND ORGANISATIONEN
T – U

Trieben Gesellschaft m. b. H., Grafitbergbau . . . 248
Trienekens Entsorgung GmbH 641, 815, 816
Trierer Kalk-, Dolomit- und Zementwerke
  GmbH 150
Triple D Supply Corporation 372
Triton France 401
Troesch KG, Marmorkalkwerk 146
Trofaiach, Quarzitbergbau 253
Tropag Oscar H. Ritter Nachf. GmbH 862
Troponwerke GmbH & Co. KG 590
TÜB, Gesellschaft für technische Überwachung im
  Bergbau mbH 58, **72**
Türk Henkel A.S. 598
TÜV
– -Akademie Ostdeutschland GmbH 1018
– -Akademie Rheinland GmbH, Köln 1018
– -Arbeitsgemeinschaft Kerntechnik West TÜV
  Arge KTW 702
– Arge KTW, TÜV-Arbeitsgemeinschaft
  Kerntechnik West 702
– Bayern KTE 1015
– Bayern Sachsen 703
– Berlin-Brandenburg 703
– Hannover/Sachsen-Anhalt 703
– Hellas S.A. 1017
– Italia S.R.L. 1015
– -Leitstelle Kerntechnik beim VdTÜV 702
– Nederland B.V. 1017
– Nederland QA B.V. 1017
– Nord 703
– Norddeutschland 703
– Ostdeutschland Holding GmbH 1018
– Ostdeutschland Sicherheit und Umweltschutz
  GmbH 816, 1018
– Rheinisch-Westfälischer 703
– Rheinland 703, 1000, **1019**
– Rheinland Belgium a. s. b. l. 1018
– Rheinland France 1019
– Rheinland Hungaria Kft 1019
– Rheinland Ibérica, S.A. 1019
– Rheinland Luftfahrttechnik GmbH 1018
– Rheinland Luxemburg GmbH 1019
– Rheinland Navarra, S.A. 1019
– Südwest 703
– Südwest e. V., Büro Lyon »Le Thelemos« . . 1019
– Südwest e. V., Delegación España 1019
– Technische Überwachungs-Vereine 1014
– UK Ltd. 1017
Tullow Resources Limited 230
Turris Food Service GmbH 595
Turris S.E.A. (PTE) Ltd. 595
Turris Werke GmbH 595
Turyag A.S. 598
TUV Diagnostic et Contrôle Technique
  Automobile 1019
TWE, Technische Werke der Gemeinde Ensdorf
  GmbH 671
TWS AG, Technische Werke der Stadt Stuttgart . 318,
  . . . . 332, 625, 627, **670**, 682, 690, 867
TWS-Kernkraft GmbH 670
Tysk-Svenska Handelskammaren 874

Ubac GmbH 377
U.C.P. 207
UCPTE, Union pour la Coordination de la
  Production et du Transport de l'Electricité . . . 792

UCS, Union des Centrales Suisses d'Electricité . . 775
U. E.
– Forbach Fond 210
– Jour Forbach 210
– Jour Merlebach 210
– La Houve 210
– Reumaux 210
– Vouters 210
Überlandwerk
– Fulda AG 693
– Groß-Gerau GmbH 693
– Jagstkreis AG 626, 693
– Leinetal GmbH, ÜWL 638
– Nord-Hannover AG, ÜNH 639, 693
– Schäftersheim GmbH 333
– Unterfranken AG 328, 623, 659, 693
Überlandzentrale Helmstedt AG 108, 638, 693
Ülmitz, Illitbergbau 252
ÜNH, Überlandwerk Nord-Hannover AG . 639, 693
UET Umwelt-Energie-Technik GmbH 623
UEV, Umwelt, Entsorgung, Verwertung
  GmbH 118
ÜWL, Überlandwerk Leinetal GmbH 638
ÜWU, Überlandwerk Unterfranken AG . 623, 693
ÜZH, Überlandzentrale Helmstedt AG 638
UFG, Union Française des Géologues 217
U.F.I.P., Union Française des Industries
  Pétrolières 401
UFZ, Umweltforschungszentrum Leipzig-Halle
  GmbH 816, 999
UG U.S.A., Inc. 164
UGS 367
Uhde GmbH 598
UIAG, Untere Iller AG 623
UIE, Union Internationale d'Electrothermie . . 723
U.I.M.M., Union des Industries Métallurgiques et
  Minières 217
UK Offshore Operators Association Limited,
  UKOOA 479
UKOOA, UK Offshore Operators Association
  Limited 479
Ulm Quarzitbergbau Kapellen a. d. Mürz 257
Ultra-Centrifuge Nederland N.V. 703
Ultraform Company 131
Ultraform GmbH 131
Ultramar
– Acceptance Inc. 411
– America Limited 411
– Australia, Inc. 411
– Canada Inc. 411
– Capital Corporation 411
– Energy Limited 411
– Equities Limited 411
– Exploration Limited 401, 411
– Exploration (Netherlands) B.V. 411, **492**
– Finance Limited 411
– Funding, Inc. 411
– Holdings Limited 411
– Inc. 411
– Indonesia Limited 411
– International Holdings Limited 411
– Jersey Limited 411
– Korea Inc. 411
– Madrid Limited 411
– Oil and Gas Limited 411
– PLC 411

- Preferred Limited 411
- Production Company 411
- Runtu Corporation 411
- Shipping Company, Inc. 411
- Syria Inc. 411
- Transport Limited 411
Ultratief Bohrgesellschaft mbH, UTB 300
Umwelt + Boden Altsanierungs-GmbH 816
Umweltagentur Ruhrgebiet 817
Umweltbundesamt 894
Umweltforschungszentrum Leipzig-Halle GmbH,
 UFZ 999
Umweltmanagement Gesellschaft für Planung,
 Beratung und Sanierung mbH, GP 805
Umweltministerium des Landes
 Mecklenburg-Vorpommern 919
Umweltministerium, Niedersächsisches 924
Umweltministerkonferenz (UMK) 903
Umweltschutz Nord GmbH & Co. 35, 606
Umweltservice Südwest Entsorgungsgesellschaft
 mbH 622
Umweltstiftung WWF – Deutschland 832
Umwelttechnik Freiberg GmbH 817
Umwelttechnik GmbH, Weber 813
Umwelttechnik, GRI mbH 805
Umwelttechnisches Entwicklungszentrum GmbH,
 META 817
Umwelt-Technologie und Recycling GmbH, UTR . 35
Umwelttechnologieberatung Altenberge GmbH,
 UTA 817
Umwelttechnologiezentrum Freiberg (e. V.)/ABM
 Informationsstützpunkt 832
Umwelt-Zentrum Dortmund GmbH . . . 35, 606, 818
Unapace – Unione Nazionale Aziende
 Autoproduttrici e Consumatrici di Energia
 Elettrica 789
Unelco, Unión Eléctrica de Canarias, S. A. . . . 778
Unesa, Unidad Eléctrica, SA 782
Unfallschadenverband Bochum e. V. 1027
Unichal, Internationaler Verband der
 Fernwärmeversorger 791
Unico S. A. 848
Unicoal S.P.A. 872
Unidad Eléctrica, SA, Unesa 782
Uniden – Union des Industries Utilisatrices
 d'Energie 789
Unimar Company 411
Unimil-Minerais, Lda. 269
Union
- Algérienne du Gaz 579
- de Combustibles S. A. 869
- des Centrales Suisses d'Electricité, UCS . . . 775
- des Exploitations Electriques et Gazières en
 Belgique, Vlaamse Instelling voor Technologisch
 Onderzoek 710
- des Fabricants Européens de Régulateurs de
 Pression de Gaz Faregaz 581
- des Industries Chimiques (UIC) 614
- des Industries Gazières des Pays du Marché
 Commun (Marcogaz) 582
- des Industries Métallurgiques et Minières,
 U.I.M.M. 217
- des Unabhängigen Europäischen Mineralölgroß-
 und Außenhandels 877
- Eléctrica de Canarias, S. A. 778, 781, 782
- Eléctrica Fenosa, S. A. 780, 781, 782
- Européenne des Indépendants en Lubrifiants
 (UEIL) 578
- Explosivos Rio Tinto SA 279
- Fenosa Hidroeléctrica del Cantabrico 876
- Française des Géologues, UFG 217
- Française des Industries Pétrolières,
 U.F.I.P. 401
- für die Koordinierung der Erzeugung und des
 Transportes elektrischer Energie 792
- internationale de chimie pure et appliquée . . . 614
- Internationale d'Electrothermie, UIE 723
- Internationale des Producteurs et Distributeurs
 d'Energie Electrique 794
- Minière S.A. 128
- -Öljy Oy Ab 396
- of Chemistry and Chemical Industry 579
- Petrolière Belge, A.S.B.L. 877
- Pétrolière Européenne Indépendante,
 UPEI 877
- Piepho Umwelttechnik GmbH 818
- pour la Coordination de la Production et du
 Transport de l'Electricité, UCPTE 792
- Rhein-Braunk. Kraftst. AG 677
- Rheinbraun Umwelttechnik GmbH . . . 177, **818**
- -Tank Eckstein GmbH & Co. KG 346
- Texas España Inc. 573
- Texas Petroleum Holdings Inc. 411
- Texas Petroleum Ltd. **411**, 479
Unione Petrolifera 489
Unipede Internationale Union der Erzeuger und
 Verteiler elektrischer Energie 794
Unisped Spedition und Transportgesellschaft mbH . 58
Unité
- d'exploitation Aumance 211
- d'exploitation Aveyron 211
- d'exploitation Blanzy 211
- d'exploitation Dauphiné 211
- d'exploitation de l'Hérault 211
- d'exploitation Gard 211
- d'exploitation Loire 211
- d'exploitation Tarn 211
- d'exploration Provence 210
United
- Kingdom Petroleum Industry Association . . 870
- Nations Economic Commission for Europe . . . 980
- Silica Industrial Ltd. 131
- States Borax & Chemical Corporation 223
Uniti Bundesverband Mittelständischer
 Mineralölunternehmen eV 578, **866**, 877
Uniti-Kraftstoff GmbH 856
Universität
- Dortmund 989
- Düsseldorf 990
- (GH) Essen 990
- Hannover 991
- Karlsruhe 991
- Kiel 992
- Köln 992
- Stuttgart 993
Universitäts-Wohnstadt Bochum GmbH,
 Fernwärmeversorgung 647, 690
Unizel-Minerais, Lda. 267, **269**
Unocal
- Corporation 411
- Netherlands B.V. 519
- Netherlands, Inc. 493

REGISTER DER UNTERNEHMEN, BEHÖRDEN UND ORGANISATIONEN
U – V

- U.K. Limited 411
- UK Ltd 479
- Unterausschuß »Grubensicherheit« des Ausschusses für Wirtschaft und Verkehr des Niedersächsischen Landtages 920
- Untere Iller AG, UIAG 623
- Unterfränkische Überlandzentrale eG . . . 328
- Unterfranken GmbH, Gasversorgung . **328**, 332, 333
- Unterkainisch, Gipsaufbereitungs- und Veredelungsanlage 247
- Untermamau, Quarzsandbergbau 255
- Unternehmensverband
  - des Aachener Steinkohlenbergbaus e. V. 170, 173, **174**, 176
  - des Niedersächsischen Steinkohlenbergbaus e. V. 170, 173, **174**, 176
  - Eisenerzbergbau e. V. 170, **178**
  - Ruhrbergbau 170, **173**, 176
  - Saarbergbau 170, **173**
- Unterstützungseinrichtung GmbH 1018
- Unterstützungseinrichtung »Rheinbraun« GmbH 89
- Untertagedeponie Herfa-Neurode 116
- Untertage Maschinenfabrik Dudweiler GmbH . . 184
- Untertage-Speicher-Gesellschaft mbH, USG . . 364, 366, **368**
- Unterwölbling, Ton- und Quarzsandbergbau . . 252
- UPEI, Union Pétrolière Européenne Indépendante 877
- Uranerz Exploration and Mining Limited . 164
- Uranerz U.S.A., Inc. 164
- Uranerzbergbau-GmbH 89, 125, **164**, 177, 184, 294, 641, 706
- Urangesellschaft
  - Australia Pty Ltd 164
  - Canada Ltd 164
  - mbH **164**, 639, 647, 706, 723
  - USA Inc 164
- Urania Agrochem GmbH 139
- Uranit GmbH 639, **703**, 706
- Urenco Deutschland beschränkt haftende offene Handelsgesellschaft 703
- Urenco Ltd 703
- Urep 723
- USG, Untertage-Speicher-Gesellschaft mbH 366, **368**
- Usinor + Sacilor 1003
- Ussi Ingénierie 723
- UTA, Umwelttechnologieberatung Altenberge GmbH 817
- UTB GmbH, Dr.-Ing. Lochte 818
- UTB, Ultratief Bohrgesellschaft mbH . . 300, 372
- UTECON Technik Entsorgung & Konversion GmbH 818
- UTECON Umweltschutz & Technologie Service GmbH 818
- UTR, Umwelt-Technologie und Recycling GmbH & Co. KG 35, 813
- uve Gesellschaft für Umwelt, Verkehr und Energie mbH 818
- UVR, Gesellschaft für Umweltverfahrenstechnik und Recycling e. V. Freiberg 830
- UWETEC Umweltschutzanlagenbau GmbH . . 818
- UWG GmbH 172, **819**

- **V**acmetal Gesellschaft für Vakuum-Metallurgie mbH 135
- Vacuumschmelze GmbH 179
- Valloy, Raffinerie 522
- Valvoline Oel GmbH 856
- Vammala Mine 209
- Van Ameyde International B. V. 1017
- Van Sickle GesmbH 563
- Van Sickle Ges. m. b. H. Erdölverarbeitung und Vertrieb **559**
- Vanol Mineralölprodukte GmbH 863
- Varta Batterie AG 1000
- Vattenfall
  - AB 765
  - Engineering AB 765
  - Forsmark 765
  - Mellansverige 765
  - Mellersta Norrland 765
  - Norrbotten 765
  - Östsverige 765
  - Ringhals 765
  - Värmekraft 765
  - Västsverige 765
- VAW
  - Aluform System-Technik GmbH . . 141
  - aluminium AG **141**, 179
  - Australia Pty. Limited 141, 659
  - Flußspat-Chemie GmbH 141, **609**
  - Folien-Verarbeitung GmbH 141, 659
  - Folien-Veredlung GmbH 141, 659
  - of America Inc. 141, 659
  - Products, Inc. 141
- VBH, Versorgungsbetriebe Helgoland GmbH . . 666
- VBU, Verband der Betriebsbeauftragten für Umweltschutz e. V. 832
- VDEh, Verein Deutscher Eisenhüttenleute . . 179
- VDEW
  - -Fortbildungszentrum GmbH . . . 668, 704
  - -Verbindungsbüro Berlin 703
  - -Verbindungsbüro Brüssel 704
  - -Verbindungsstelle Bonn 703
  - -Vereinigung Deutscher Elektrizitätswerke eV . 700, **703**, 999
- VDF, Verband der Führungskräfte in Bergbau, Energiewirtschaft und Umweltschutz . . 1036
- VDG, Verein Deutscher Gießereifachleute . . 180
- VDI
  - -Bildungswerk GmbH 1010
  - -Gesellschaft Energietechnik, VDI-GET 1011
  - -GET, VDI-Gesellschaft Energietechnik . . 1011
  - -Ingenieurhilfe e. V. 1010
  - -Verein Deutscher Ingenieure . . . 695, 1010
  - -Verlag GmbH 1010
  - -Versicherungsdienst GmbH 1010
- VdM, Verein deutscher Metallhändler e. V. . . 827
- VDMA
  - Abteilung Technik und Umwelt . . 833
  - -Fachgemeinschaft Allgemeine Lufttechnik . . 833
  - -Fachgemeinschaft Kraftmaschinen . . 833
  - -Fachgemeinschaft Thermo Prozeß- und Abfalltechnik 832
  - -Fachgemeinschaft Verfahrenstechnische Maschinen und Apparate 832
  - Verband Deutscher Maschinen- und Anlagenbau e. V. 185, **832**
- VdTÜV, Verband der Technischen Überwachungs-Vereine eV 1014

REGISTER DER UNTERNEHMEN, BEHÖRDEN UND ORGANISATIONEN

VdZ, Vereinigung der deutschen
Zentralheizungswirtschaft e. V. 867
VEA, Bundesverband der Energie-Abnehmer eV . 1000
VEAG, Vereinigte Energiewerke AG **658**, 694
VEAG-Geschäftsbesorgung AG 639
Veba
– AG . . 30, 164, 296, 362, 599, 636, **650**, 652, 853
– Fernheizung Castrop-Rauxel GmbH . . . 652, 690
– Fernheizung Datteln GmbH 652, 690
– Fernheizung Gelsenkirchen-Buer GmbH . 652, 690
– Fernheizung Gladbeck GmbH 652, 690
– Fernheizung Recklinghausen GmbH . . . 652, 690
– Fernheizung Wanne-Eickel GmbH 652, 690
– -Hüls Development Corp. 599
– Kraftwerke Ruhr AG . . . **651**, 652, 690, 699, 822
– Oel AG 292, 296, 302, 304, 346, 353,
. . . . 359, **362**, 363, 366, 371, 375,
. . . . 378, 380, 578, 606, 651, 848
– Oel Technologie GmbH 363
– Oil Exploration Libya GmbH 363
– Oil International GmbH 363
– Oil Libya GmbH 362
– Oil Nederland Aardgas B.V. 363
– Oil Nederland BV 362
– Oil Netherlands Rijn, Inc. 519
– Oil Norge A/S 363
– Oil Operations B.V. 363
– Poseidon Schiffahrt GmbH 363
– Wohnungsbau GmbH 363
Vedag GmbH 604
Veerhaven B.V. 140
Vego Oel GmbH 363
Veitscher Magnesitwerke Actien-Gesellschaft **250**, 562
Velteheim, Kraftwerk 628
V.E.M., Vlaamse Energie- en Teledistributie-
maatschappij 709
Veniremy N. V., S.A. 604
Verband
– Bayerischer Elektrizitätswerke e. V. 704
– Bayerischer Gas- und Wasserwerke e. V. . . . 382
– bergbaulicher Unternehmen und bergbau-
verwandter Organisationen 170, **184**
– der Betriebsbeauftragten für Umweltschutz e. V.,
VBU 832
– der Brennstoffhändler Nord e. V. 865
– der Chemischen Industrie e. V. **611**, 614
– der Chemischen Industrie e. V., Landesverband
Baden-Württemberg 612
– der Chemischen Industrie e. V., Landesverband
Bayern 612
– der Chemischen Industrie e. V., Landesverband
Berlin 612
– der Chemischen Industrie e. V., Landesverband
Nord 613
– der Chemischen Industrie e. V., Landesverband
Nordrhein-Westfalen 613
– der Chemischen Industrie e. V., Landesverband
Ost 613
– der Chemischen Industrie e. V., Landesverband
Rheinland-Pfalz e. V. 613
– der Deutschen Feuerfest-Industrie eV . . . 180, **182**
– der Deutschen Gaszählerindustrie e. V. 384
– der Deutschen Hersteller von
Gasdruck-Regelgeräten, Gasmeß- und
Gasregelanlagen e. V. 383
– der Deutschen Wasserzählerindustrie e. V. . . 384

– der Elektrizitätswerke Baden-Württemberg e. V. 704
– der Elektrizitätswerke Österreichs 760
– der Faserzement-Industrie e. V. 180
– der Führungskräfte in Bergbau, Energiewirtschaft
und Umweltschutz, VDF 1036
– der Gas- und Wasserwerke Baden-Württemberg
e. V. 382
– der Hersteller von Bauelementen für
wärmetechnische Anlagen e. V. 384
– der Industriellen Energie- und Kraftwirtschaft
e.V., VIK 705
– der Knappschaftsfachärzte Aachen e. V. . . . 1028
– der Ruhrknappschaftsärzte e. V. 1027
– der Schweizerischen Gasindustrie 570, **572**
– der selbständigen Geologen Österreichs 263
– der Technischen Überwachungs-Vereine eV,
VdTÜV 1014
– des Südwestdeutschen Brennstoffhandels eV . . 864
– Deutscher Maschinen- und Anlagenbau e. V.,
VDMA 185, **832**
– Feuerfeste und Keramische Rohstoffe
e. V. 170, 180, **182**
– für Schiffbau und Meerestechnik e. V., VSM . . 167
– gewerblicher Tanklagerbetriebe e.V. 376
– kommunaler Unternehmen e. V. 700, **703**
– norddeutscher Brennstoffhändler eV 865
– Schmierfett-Industrie eV 378
– Schweizerischer Elektrizitätswerke, VSE 775
Verbundkraft Elektrizitätswerke
Ges. mbH 757, 758, 759
Verbundnetz AG 331
Verbundnetz Gas AG 320, **321**
Verbund-Plan Gesellschaft mbH (VPL) 759
Verbund-Wasserwerk Witten GmbH, VWW . . 660
Verbundwerk Gomer-Magog-Bierkeller und Grube
Felicitas 152
Verdalskalk AS 239
Veredlungsbetrieb Fortuna-Nord 89
Veredlungsbetrieb Frechen 91
Veredlungsbetrieb Ville/Berrenrath 91
Verein
– der Steinkohlenwerke des Aachener Bezirks eV . 996
– Deutsche Salzindustrie e. V. 170, **178**
– Deutscher Eisenhüttenleute, VDEh 179
– Deutscher Gießereifachleute, VDG 180
– Deutscher Ingenieure, VDI 695, 1010
– Deutscher Kohlenimporteure eV 866
– deutscher Metallhändler e. V. 827, **867**
– für die bergbaulichen Interessen **175**, 176
– Rheinischer Braunkohlenbergwerke eV . . **177**, 996
– zur Förderung der Verbesserten Energienutzung
(VVE) 775
Vereinigte
– Aluminium-Werke AG 130, 132, 659
– Braunkohlenwerke und Sehring GmbH 104
– Elektrizitätswerke Westfalen AG . . . 322, 323, 324,
. . . . 326, 597, 631, 650, **654**, 658,
. . . . 660, 691, 694, 699, 796, 823, 825, 844
– Energiewerke AG, VEAG **658**, 694
– Jute Spinnereien und Webereien GmbH . . . 594
– Mitteldeutsche Braunkohlenwerke AG . . 86, **101**, 176
– Saar-Elektrizitäts-AG 635, 641, **671**, 693
– Schmiedewerke GmbH 134, 135, 140, 179
– Tanklager und Transportmittel GmbH,
VTG 125, 368, 377
– Thüringische Schiefergruben GmbH Unterloquitz 153

REGISTER DER UNTERNEHMEN, BEHÖRDEN UND ORGANISATIONEN
V

Vereinigung
- Badischer Unternehmerverbände eV 182
- der Arbeitgeberverbände energie- und versorgungswirtschaftlicher Unternehmen, DBVW 1032
- der Bergbau-Spezialgesellschaften eV 154, 170, **185**
- der Bergmanns-, Hütten- und Knappenvereine Niedersachsens e. V. 1012
- der deutschen Zentralheizungswirtschaft e. V., VdZ 867
- der Freunde von Kunst und Kultur im Bergbau eV 1002
- der Gaswirtschaftsorganisationen der Länder des Gemeinsamen Marktes 582
- der Niedersächsischen Zulieferer- und Dienstleistungsbetriebe für die Erdöl- und Erdgasindustrie e. V. (VNE) 377
- der schweizerischen Kohlenwirtschaft, Kolko 875
- Deutscher Elektrizitätswerke eV, VDEW 700, **703**, 999
- deutscher Versorgungsunternehmen AG, Wirtschaftliche 324
- Exportierender Elektrizitätsunternehmungen . . 775
- für Technologietransfer und Lizenzwesen e. V., VTL 1028
- Industrielle Kraftwirtschaft e.V., V.I.K. 999
- Schweizerischer Heizöl-Grossisten und Importeure 875
- Schweizerischer Petroleumgeologen und -ingenieure 572
- unabhängiger Schweizer Importeure von Erdölprodukten, Avia 875

Vereniging
- Krachtwerktuigen 750
- Technische Commissie Vloeibaar Gas, VVG . . 877
- van de Nederlandse Aardolie-Industrie 519
- van de Nederlandse Chemische Industrie (VNCI) 614

Verkehrsbetriebe Peine-Salzgitter GmbH 125
Verlag Glückauf GmbH **175**, 186
Verlag TÜV Rheinland GmbH 1018
Verlags- und Wirtschaftsgesellschaft der Elektrizitätswerke mbH (VWEW) . . . . 625, ... 661, 667, 668
Versicherungsanstalt des österreichischen Bergbaus 263
Versorgungs- und Verkehrsges. mbH 320
Versorgungs- und Verkehrsgesellschaft Hannover mbH (VVG) 669
Versorgungs- und Verkehrsgesellschaft Saarbrücken mbH 689
Versorgungsbetriebe AG, Oberhessische 693
Versorgungsbetriebe Helgoland GmbH, VBH . . 666
Versuchsatomkraftwerk Kahl GmbH 644
Versuchsgrubengesellschaft mbH 187, **197**
Versuchsreaktor Jülich 694
Verwaltungsgesellschaft Deutsche Handels-Compagnie mbH 860
Verwaltungsgesellschaft Itag Industriebau mbH 300
Verwaltungsgesellschaft Ruhrkohle-Beteiligung mbH 30, 36, 647
Vestischer Vermittlungsdienst für Versicherungen GmbH 599
Vestkraft, I/S 713

Vetco Inspection GmbH 377
Vetco ÖGD GmbH 563
VEW
- -Elektromark Speicherbecken Geeste oHG 656, **658**, 662
- -Harpen Kraftwerk Werne oHG 656, **658**
- -Reststoffverwertungsgesellschaft mbH . . 656, **825**
- Umwelt GmbH 656
- Vereinigte Elektrizitätswerke Westfalen AG . . . 139, ... 322, 323, 340, 597, 631, 650, **654**, ... 658, 660, 682, 691, 694, 699, 823, 825, 844
- -VKR Fernwärmeleitung Shamrock-Bochum GbR 652, 656
VGB Technische Vereinigung der Großkraftwerksbetreiber e. V. **704**, 794, 1012
VGB-Forschungsstiftung 1012
VHB — Verkauf HessischerBraunkohlen GmbH . 856
Viag Aktiengesellschaft . . . . 111, 141, 321, 323, ... 607, 622, **659**, 859
VIAG-Bayernwerk-Beteiligungsgesellschaft mbH . 623
Vialpo - Sociedade Explorações Mineiras, Com., Ind., Lda. 269
Vianden, Pumpspeicherwerk 747
Vickers & Sons, Benjn. R. 578
Vieh GmbH, Karl 601
Vieille-Montagne France S. A. 216
Vieille-Montagne Sverige 270
Viessmann Werke KG 385
Vigeland Metal Refinery A/S 141
Vihanti Mine 209
VIK Verband der Industriellen Energie- und Kraftwirtschaft e.V. **705**, 789, 999
Villa Santa (Milano), Raffinerie 485
Ville de Diksmuide 709
Ville de Harelbeke 709
Ville/Berrenrath, Veredlungsbetrieb 91
Viloria Hermanos, S.A. 275
Virginia Indonesia Company 411
Viscaria AB 270
Viscolube Italiana 489
VISTA Chemical Company 360, 593, 641
Vito, Vlaamse Instelling voor Technologisch Onderzoek 710
VKP Vereinigte Kunststoff-Pumpen-Gesellschaft mbH 596
VKR, Veba Kraftwerke Ruhr AG . . . . . . **651**, 652, ... 682, 690, 699
Vlaamse Energie- en Teledistributiemaatschappij, V.E.M. 709
Vlaamse Instelling voor Technologisch Onderzoek, Fédération Professionnelle des Producteurs et Distributeurs d'Electricité de Belgique 710
Vlaamse Instelling voor Technologisch Onderzoek, Vito 710
Vlissingen-Ost, Raffinerie 493
Völklingen GmbH, Modellkraftwerk . . . . . . 58, 66, ... **646**, 689
Völklingen-Fenne, Kraftwerk 66
Voest-Alpine
- Aktiengesellschaft 244
- Erzberg Ges.m.b.H. **245**, 259
- Industrieanlagenbau Gesellschaft m.b.H. 244
- Machinery, Construction & Engineering Gesellschaft m.b.H. Voest-Alpine M.C.E. . . . 245
- Stahl Donawitz GmbH 562

REGISTER DER UNTERNEHMEN, BEHÖRDEN UND ORGANISATIONEN
V – W

- Stahl Linz Ges.m.b.H. 244, 1003
- Stahlrohr Kindberg GmbH 562
Vogel & Noot Aktiengesellschaft 562
Voitländer GmbH, Mineralölwerk, Franz 380
Volkskeramik Mürzzuschlag, Deininger 251
Volkswagen AG 691
Von Waitzische Erben GmbH & Co. KG 177
Vorarlberger Erdöl- und Ferngas-Gesellschaft
  mbH 559, **563**
Vorarlberger Illwerke AG 757, **758**
Vorarlberger Kraftwerke AG (VKW) 760
Vorarlberger Zementwerke Lorüns AG 257
Vosges-Carburants S.a.r.l. 852
Vouters, U. E. 210
VSE, Verband Schweizerischer Elektrizitätswerke 775
VSM, Verband für Schiffbau und Meerestechnik
  e. V. 167
VTG, Vereinigte Tanklager und Transportmittel
  GmbH 125, 368, 377
VTG-Paktank Hamburg GmbH **368**, 377
VTG-Paktank Tanklager GmbH & Co. KG 368
VTG-Paktank Verwaltungs-GmbH 368
VTG-Wintrans GmbH 125
VTL, Vereinigung für Technologietransfer und
  Lizenzwesen e. V. 1028
VTÜ Versicherungs-Vermittlung GmbH 1018
(VVE), Verein zur Förderung der Verbesserten
  Energienutzung 775
VVG, Vereniging Technische Commissie Vloeibaar
  Gas 877
VW AG-PreussenElektra AG OHG 639
VW Kraftwerk GmbH 682, 691
VWW, Verbund-Wasserwerk Witten GmbH . . . 660

Wachtberg, Brikettfabrik 91
Wacker
- Chemical Corp. 609
- Chemicals Australia Pty. Ltd. 609
- Chemicals East Asia Limited 609
- Chemicals Finance B.V. 609
- Chemicals Ltd. 609
- Chemicals (South Africa) (Pty) Ltd. 609
- Chemicals (South Asia) Pte. Ltd. 609
- Chemicals (USA), Inc. 609
- -Chemie (Belgium) SA, N.V. 609
- -Chemie Danmark A/S 609
- -Chemie Finland Oy 609
- -Chemie GmbH 119, 178, **609**
- -Chemie Hellas GmbH 609
- -Chemie Italia SpA 610
- -Chemie Nederland B.V. 609
- -Chemie (Schweiz) AG 609
- -Chemitronic Gesellschaft für Elektronik-
  Grundstoffe mbH 609
- -Chimie S.A. 610
- Familiengesellschaft mbH, Dr. Alexander . . . 609
- -Kemi AB 609
- Mexicana, S.A. de C.V. 609
- Química do Brasil Ltda. 609
- Química Ibérica, S.A. 609
- Química Portuguesa, Lda. 609
- Silicones Corporation 609
- Siltronic Corporation 609
Wälzholz, C. D. 179
Wärme Service Wärmeanlagenbetriebsgesellschaft
  mbH 692

Wärmekraftwerk Marbach 626
Wärmetechnik GmbH 332
Wärmetechnik Leickel GmbH 652
Wärmeversorgung Groß-Gerau GmbH 332
Wärmeversorgung Langen GmbH 332
Wärmeversorgung Südbayern GmbH
  (WSG) 664
Wärmezähler-Service GmbH, WSG 647, 690
Wafa Kunststofftechnik GmbH & Co. KG 610
WAG Salzgitter Wohnungs-GmbH 125
Wagener GmbH, G. Wilhelm 154
Wagner Elektrothermit Schweißgesellschaft KG.,
  P. C. 596
Wagner, Joh. Bapt. 841
Wahrlich & Sohn GmbH & Co, R. H. J. 841
Waitzische Bergbau GmbH, Von 111
Waitzische Erben GmbH & Co KG, Von 110
WAK, Wiederaufarbeitungsanlage Karlsruhe
  Betriebsgesellschaft mbH 706, **825**
Waldbachgraben, Quarzitbergbau 257
Waldburger AG, Ed. 571
Waldemar Suckut VDI Ing.-Bau für Verfahrens-
  technik 377
Waldenstein, Eisenglimmerbergbau 244
Waldsaum, Grube 143
Waldschütz & Co 864
Walheim, Kraftwerk 665
Walsum, Bergwerk 40
Walsum Energie- und Bergwerksgesellschaft
  AG 647, 648, 650
Walter Becker GmbH 184
Walzen Irle GmbH 179
Walzwerk Ilsenburg GmbH 179
Wano Schwarzpulver Kunigunde 610
Wano, World Association of Nuclear
  Operators 794
Warndt, Grube 70
Warndt/Luisenthal, Bergwerk 70
Wasag-Chemie AG 610
Wasagchemie Sythen GmbH 610
Waschanlage Hoher Trost 142
Wasser- und Energieversorgung Kreis St. Wendel
  GmbH WVW 671
Wasser- und Energieversorgungsgesellschaft mbH
  Salzgitter 317
Wasserkraftwerk Jettenberg 120
Wasserübernahme Neuss-Wahlscheid GmbH 668
Wasserverband Westdeutsche Kanäle 1031
Wasserverbund Niederrhein GmbH 668
Wasserwerk Bliestal GmbH 689
Wasserwerk Gifhorn GmbH 323
Wasserwerk Mühlgrund GmbH 667
Wasserwerks-Beteiligungs-Gesellschaft mbH.,
  WWB 652
Wasserwirtschaftsverband Baden-Württemberg
  eV, WBW 1029
Waterford Gas 481
Wax KG, Hubert 829
Wayss & Freytag AG 154
WBB Mineral Trading GmbH & Co. KG 862
WBB P.L.C. 862
WBB Verwaltungs-GmbH 862
WBB-Holding GmbH 144
WBW, Wasserwirtschaftsverband
  Baden-Württemberg eV 1029
WCI Umwelttechnik GmbH 819

REGISTER DER UNTERNEHMEN, BEHÖRDEN UND ORGANISATIONEN
W

Weatherford Oil Tool GmbH	377
Weatherford Products & Equipment GmbH	377
Weber S. A., A.	184
Weber Umwelttechnik GmbH	35, 813, 829
WEC, World Energy Council	979
Wedel, Werk	144
W. E. G. Wirtschaftsverband Erdöl- und Erdgasgewinnung e. V.	202
Wehrden GmbH, Kraftwerk	671
Weiher, Kraftwerk	66
Weißenbach, Gips- und Gipsplattenwerk	247
Weißenbach, Gipsbergbau	246
Weißkirchen, Mahlanlage	250
Weißmainkraftwerk Röhrenhof AG	323, 663
Weisweiler, Kraftwerk	645
Weko Handelsgesellschaft für Industriegüter mbH	380
WEL, Westdeutsche Erdölleitungsgesellschaft mbH	296
Weltenergierat	979
Wemag	682
Wemag Westmecklenburgische Energieversorgung Aktiengesellschaft	671
Werdohl-Elverlingsen, Kraftwerk	662
Werk Rheinhausen, Krupp Stahl AG	84
Werksdirektion RAG-Bahn- und Hafenbetriebe	56
Werner & Pfleiderer GmbH	135
Werragas Gasversorgung für Schmalkalden und Bad Salzungen GmbH	333
Werragas GmbH	331
Wesag	682
Wesendrup-AVU-Recycling GmbH & Co	660
Weser Fernwärme GmbH	844
Weserport Umschlaggesellschaft mbH	134
Wesertal GmbH, Elektrizitätswerk	660, 693
Wesseling GmbH, Stadtwerke	329
West, Braunkohlentagbau	241
West Midlands (British Gas)	478
West-Vlaamse Elektriciteitsmaatschappij, W.V.E.M.	709
Westab Entsorgung GmbH	829
Westab GmbH	814
Westab Holding GmbH	652, 796, 806
Westab Westdeutsche Abfallbeseitigungsgesellschaft mbH	815
Westdeutsche Erdölleitungsgesellschaft mbH, WEL	296
Westdeutsche Quarzwerke Dr. Müller GmbH	152
Westdeutsches Assekuranz-Kontor GmbH	135
Westerholt, Bergwerk	42
Westerland GmbH, Stadtwerke	333
Western Atlas International, Inc.	373
Western Mining Corporation Holdings Ltd.	862
Westerwald GmbH, Gasversorgung	324, **328**
Westerwald Korrosionsschutz GmbH	596
Westfälische	
– Drahtindustrie GmbH	179
– Ferngas-AG	322, 324, 326
– Propan GmbH	667
– Sand- und Tonwerke Dr. Müller & Co. GmbH	153
– Wilhelms-Universität Münster	993
Westfälischer Schieferverband eV	183
Westfalen, Bergwerk	56
Westfalen, Bergwerksdirektion	76
Westfalen, Kraftwerk	658
Westfalia Becorit Industrietechnik GmbH	185
Westgas GmbH	296, 599
Westharzer Kraftwerke GmbH	333
Westig GmbH	179
Westland Exploration Limited	230
Westmecklenburgische Energieversorgung AG	693
Westofen GmbH	859
Westsächsische Energie-AG	672
Westsächsische Energie-Aktiengesellschaft	693
WET Computer Betriebsgesellschaft GbR	352
Weyl GmbH	604
White Shield Greece Oil Corp.	404
Widdig GmbH	829
Wiedenhagen Isolierbaustoffe GmbH, Günther	605
Wiederaufarbeitungsanlage Karlsruhe Betriebsgesellschaft mbH, WAK	706, **825**
WIEG, Wintershall Erdgas GmbH	343, 856
WIEH, Wintershall Erdgas Handelshaus GmbH	856
Wiener Institut für Internationale Wirtschaftsvergleiche	973
Wiener Stadtwerke — Elektrizitätswerke (WSTEW)	559, **563**, 760
Wienerberger Baustoffindustrie AG	257
Wiesbaden AG, Stadtwerke	635
Wietersdorfer & Peggauer Zementwerke Knoch, Kern & Co.	246
WIEW, Wintershall Erdgas West GmbH	343
Wilhelm Bergbaugesellschaft m.b.H., Gewerkschaft	162
Wilhelmshaven GmbH, Gas- und Elektrizitätswerke	333, 638
Wilhelmshaven, Kraftwerk	639
Willersinn und Walter Flüssiggas-Versorgungs- und Handelsges. mbH u. Co KG	349
Windenergiepark Westküste GmbH	630, 666
Windnutzungsgesellschaft mbH, WN	667
Windtest Kaiser-Wilhelm-Koog GmbH	666
Winschermann Berlin GmbH	852
Winschermann Süd GmbH	852
Winschermann West GmbH	852
Wintershall	
– AG	178, 292, 296, 304, 314, 316, 340, 341, 344, 346, **363**, 366, 368, 369, 370, 374, 375, 378, 385, 578, 588
– AG, Erdöl-Raffinerie Emsland	344, 365
– AG, Erdöl-Raffinerie Salzbergen	365
– AG, Erdölwerke	365
– Beteiligungs-GmbH	596, 858
– Dubai Exploration B.V.	364
– Dubai Petroleum BV	364
– Erdgas GmbH, WIEG	343, 856
– Erdgas Handelshaus GmbH, WIEH	856
– Erdgas West GmbH, WIEW	343
– Gabon SARL	364
– Hellas Petroleum S.A.	364, **404**
– Industrieöle GmbH	364
– Italia S.p.A.	364, **483**
– Kaliwerk	114
– Mineralöl GmbH	380
– Nederland BV	364
– Noordzee BV	364, **493**, 519
– Norge AS	364
– Oil AG	364
– Oil of Canada Ltd	364
– Petroleum Iberia SA	364
– Rohölversorgungs-GmbH	364

REGISTER DER UNTERNEHMEN, BEHÖRDEN UND ORGANISATIONEN
W – Z

– (UK) Ltd 364
Winzing, Quarzsandbergbau 251, 252
Wirtschaftliche Vereinigung deutscher
   Versorgungsunternehmen AG 324, 329,
   . . . . 364, 667, 668, **867**
Wirtschaftliche Vereinigung für Kraftstoffe
   GmbH 867
Wirtschafts- und Sozialwissenschaftliches Institut
   des Deutschen Gewerkschaftsbundes GmbH . . 1012
Wirtschaftsförderungsgesellschaft mbH
   Hoyerswerda/Spremberg 109
Wirtschaftskommission der Vereinten Nationen für
   Europa 980
Wirtschaftsministerium des Landes
   Mecklenburg-Vorpommern 919
Wirtschaftsverband
– Erdöl- und Erdgasgewinnung eV 374
– Brennstoffe Mitte eV 865
– Brennstoffe Niedersachsen Bremen eV 865
– Erdöl- und Erdgasgewinnung e.V. 999
– Kernbrennstoff-Kreislauf eV 706
– Kohle e. V. 177
Wirtschaftsvereinigung Bergbau e. V. **170**, 183,
   . . . . 185, 197, 202
Wirtschaftsvereinigung Metalle e. V. 178
Wismut GmbH **127**, 706
Wismut GmbH Consulting und Engineering . . . 184
Wismut GmbH i. A. 172
Wisoka GmbH & Co KG, Gewerkschaft 156
Wissenschaftliche Gesellschaft
   für Umweltschutz 833
Wissenschaftlich-technische Gesellschaft für
   Verfahrenstechnik Freiberg FIA e. V. 1012
Wisstrams Umwelt GmbH 819
Wisura Mineralölwerk Goldgrabe & Scheft
   GmbH & Co KG 380
Witco BV 519
WN, Windnutzungsgesellschaft mbH 667
WNC-Nitrochemie GmbH 610
W. & O. Bergmann GmbH & Co. KG 125
Wölfersheim, Braunkohlenbergwerk **110**, 636
Wölfersheim, Kraftwerk und Bergbau 110
Wohlverwahrt-Nammen, Grube 122
Wohnbau Salzdetfurth GmbH 112
Wohnungsbauges. niedersächsischer
   Braunkohlenwerke mbH 108
Wohnungsbaugesellschaft mbH Glückauf 36
Wohnungsbaugesellschaft Niederrhein mbH . . . 845
Wohnungsges. Hüls mbH 599
Wohnungsgesellschaft Schwarze Pumpe
   GmbH i.G. 109
Wolf Klimatechnik GmbH 125, 126
Wolf-Ton GmbH & Co. KG 144
Wolfach, Schwerspat-/Flußspatgrube 151
Wolfenbüttel GmbH, Stadtwerke 317, 330
Wolff AG, Otto 204
Wolfram Bergbau- und Hütten-
   Ges. m. b. H. 138, **245**
Wolframhütte Bergla 245
Wolframschrott-Rückgewinnungsges. m. b. H. . . . 245
Wolfsburg AG, Stadtwerke 682, **689**, 696
Wolfsburger Verkehrs-GmbH 689
Wolfsegg-Traunthaler Kohlenwerks-Gesellschaft
   m.b.H., WTK 241
Wolkenhügel, Schwerspatgrube 142
Wopfinger Stein- und Kalkwerke Schmid & Co. . 241

World
– Association of Nuclear Operators, Wano 794
– Bureau of Metal Statistics, The 285
– Coal Institute 285
– Energy Council, WEC 979
– Mining Congress 284
– Petroleum Congresses A Forum for Petroleum
   Science and Technology 577
Worm GmbH, Wilhelm 867
Worm Mineraloel GmbH, WV Wilhelm 867
WQD, Mineral Engineering GmbH 153
WSA-Sonderabfall GmbH 829
WSG, Wärmezähler-Service GmbH 647, 690
WTK, Wolfsegg-Traunthaler Kohlenwerks-
   Gesellschaft m.b.H. 241
Wülfrath
– Eldfast Scandinavia A. B. 150
– Réfractaires S.a.r.l. 150
– Refractories Inc. 150
– Refractories U. K. Ltd. 150
– Refrattari S.r.l. 150
Wülfrather Handelsgesellschaft für
   Industriebedarf m. b. H. 148
Wülfrather Zement GmbH 148, **151**
Würgassen, Kernkraftwerk 639
Württembergische Elektrizitäts-AG 333
Wunsiedel GmbH, Gasversorgung 323, 663
Wunstorf GmbH, Gaswerk 669
Wuppermetall GmbH 179
Wuppertal Institut für Klima, Umwelt, Energie
   GmbH 833
Wuppertaler Stadtwerke AG 656, 682, **691**
WV Versicherungsmakler GmbH 867
W.V.E.M. West-Vlaamsche Elektriciteits-
   maatschappij 709
WVW, Wasser- und Energieversorgung
   Kreis St. Wendel GmbH 671
WWB, Wasserwerks-Beteiligungs-Gesellschaft
   mbH 652
W.Y.G. Ltd. 226

X-Ore Limited 230
Xeram 214

Yorkshire Electricity (Group) Plc 732
Ytong Gesellschaft m. b. H. 258

Zako – Mechanik und Stahlbau GmbH 154
Zarges Leichtbau GmbH 141, 659
Z-Design 829
Zeag Elektrizitätswerk Heilbronn 693
Zeche Hirschberg GmbH 86, **111**, 176
Zee Power Limited 226
Zeitschriftenverlag RBDV 177
Zelking, Quarzsandbergbau 256
Zeller + Cie. 845
Zeller + Gmelin GmbH & Co 380
Zeller + Gmelin GmbH, Mineralöl-Handel-Entsor-
   gung + Co. KG 845
Zementmergelbau Gartenau 258
Zementwerk Kirchbichl Kalk- u. Mergelbergbau
   Häring 254
Zementwerk Lauffen Elektrizitätswerk Heilbronn
   AG (ZE AG) 627
Zementwerk Leube Ges. m. b. H. 258
Zentralkokerei Saar GmbH, ZKS 58, 83, **85**

Z

Zentralstelle für Unfallverhütung und Arbeitsmedizin (ZefU)	1020
Zentralstelle für den Bergmannsversorgungsschein des Landes Nordrhein-Westfalen	934
Zentrum für Innovation GmbH	104
Zentrum für Rohstofforientierte Meeresforschung	989
Zetel West	205
ZEUS Zentrum zur Entwicklung von Umwelttechnologien und Systemtechnik	819
Ziegel- und Tonwerk Schirnding GmbH	86
Ziegelwerk Renz GmbH	111
Zielitz, Werk	118
Zielitzer Kali AG	117, **118**
Zinc Met S.r.l.	213
Zinkelektrolyse Nordenham Betriebsführungsgesellschaft mbH	213
Zinkhütte Arnoldstein	244
Zinnerz GmbH	172
Zinn-Informationsbüro GmbH	**204**, 283
Zinn-Informationszentrum	206
Zinn-Wolfram Exploration GmbH	166
Zinnerz Altenberg GmbH	128
Zinnerz Ehrenfriedersdorf GmbH	128
Zinnerz GmbH	172
Zircoa Inc.	859
Zircotube	214
ZKS Zentralkokerei Saar GmbH	83, **85**
Zöchbauer, Bergbaubetrieb von Franz und Anna	252
Zollverein, Kokerei	44
Zünderwerke Ernst Brün	610
Zukunft/Inden, Tagebau	91
ZVSMM, Zweckverband Sondermüll-Entsorgung Mittelfranken	803
Zweckverband Bodensee-Wasserversorgung	671
Zweckverband Fränkischer Wirtschaftsraum	324
Zweckverband Landeswasserversorgung	671
Zweckverband Oberschwäbische Elektrizitätswerke	625
Zweckverband Ostholstein	333
Zweckverband Sondermüll-Entsorgung Mittelfranken, ZVSMM	803
Zweckverband Wasserversorgung Bliestal	689
Zweckverband Wasserversorgung Kurpfalz (ZWK)	685

Lausitzer Braunkohle Energie für Deutschland

Braunkohle ist in Deutschland nach dem Mineralöl der bedeutendste Energielieferant und damit der wichtigste heimische Primärenergieträger.

Eines der drei großen deutschen Braunkohlenreviere befindet sich in der Lausitz. Die Zielstellung der Lausitzer Braunkohle Aktiengesellschaft (LAUBAG) besteht darin, den Lausitzer Braunkohlenbergbau langfristig effizient und ökologisch verträglich weiterzuführen.

Die LAUBAG stellt sich der Verantwortung, mit großer Sorgfalt die Maßnahmen des Umweltschutzes gleichrangig zu den bergbaulichen Arbeiten vorzubereiten und durchzuführen.

Lausitzer Braunkohle Aktiengesellschaft
Knappenstraße 1
O-7840 Senftenberg
Tel.: Senftenberg 780
Fax: 78 24 24

Personenregister

Bei Angabe mehrerer Seitenzahlen weist die **fett** gedruckte Zahl auf den Haupteintrag hin.

PERSONENREGISTER

A

Aamodt, N. G.	790
Aaro, Lars-Erik	270
Abbt, Wilfried	665
Abduljawad, Mohamed	486, 489
Abel, Eugenio	573
Abo-Rady, Mustafa	942
Abollado, Manuel	574
Abollado del Río, Manuel	574
Abraham, Reinhardt	362
Abril Martorell, Fernando	574
Abs, Hermann Josef	132, 586, 639
Abs-Wurmbach, Irmgard	986
Abt, Gisela	670
Abt, Karl Otto	**667**, 699, 702, 1011
Accorinti, Giuseppe	352, 482, 840
Ache, Heinz	590, 599, 636
Achenbach, Klaus	897
Achtelik, Martin	91
Ackermann, Brigitta	689
Ackermann, Else	883
Ackermann, Josef	623
Ackermann, Karl	124, 125
Ackmann, Gerhard	**80**, 82
Acosta Vera, Francisco	781
Acs, Istvan	246
Adam, Günter	130
Adam, Reinhold	1021
Adamovich, Alexander	834
Adams, Herbert	1035
Adams, Joachim	634, 648, 654
Adams, R.	223
Adamski, Wolfgang	40
Adden, Jakob	653
Adelu, R. D.	577
Adenauer, Hans G.	133
Adler, Gerd	888
Adler, Rudolf	989
Adolphsen, Gunter	858
Adrian, F.	1011
Adrian, J. W.	519
Adshead, S.	281
Aebi, Alfred	770
Aebi, Hans Peter	771
Aemmer, Felix	772
Aengeneyndt, Jan-Derk	323, 385
Afacan, A. S.	220
Agnew, G. H.	577
Agrell, P.	790
Agrenius, Bertil	765
Agrüello Alvarez, Luis	781
Agster, Gottfried	946
Aguiar González, Luis	781
Aha, Klaus	317
Ahlemann, Gerhard	101
Ahlers, Bernhard	639
Ahlers, Klaus	602
Ahlstedt, Klaus	**718**, 791
Ahlström, Göran	636, **765**, 766, 791
Ahlström, Krister	209
Aho, Esa I.	395
Ahrens, Dieter	348
Ahrens, Klaus	187, 188
Ahrens, Wolfgang	846
Aichhorn, A.	263
Aido, Bernd	828
Aigner, Franz	243
Ailleret, François	721
Airamo, Martti	395
Aitken, James R.	132
Aittola, E.	410
Akselsen, Tor I.	970
Al Shamsi, Khalifa Mohammed	574
Al-Gain, Abdulbar	981
Al-Nouri, Abdul Baqi	598
Al-Sahlawi, Mohammed A.	577
Al-Shamlan, A.	577
Alabanda, Vladeta	50
Albamonte, Giuseppe	872
Albardíaz Gonzáles, Arturo	575
Albers, Günter	669
Albers, Hans	586
Albers, Hans-Georg	842
Albers, Paul	88
Albert, M.	792
Albert, Michel	721, 722
Albert, Rainer	154
Albert, Rüdiger	666
Albertelli, Guido	485
Alberti, Klaus	589
Albrecht, Alexander	257
Albrecht, Brigitte	805
Albrecht, Eckhard	844, 854, 871
Albrecht, Erich	865
Albrecht, Friedhelm	1037
Albrecht, Günther	257
Albrecht, Helmut	132
Albrecht, Hermann	257
Albrecht, Horst	888
Albrecht, Lothar	330
Albrecht, Martin	257
Albrecht, Sönke	627, 633
Albrecht, Werner	156
Alcaraz, Manuel	277
Aldag, Peter	857
Alders, J. G. M.	969
Aldinger, Kurt	38
Aldrian, Wilhelm	645
Alenyar i Fuster, Miquel	779
Alexander of Weedon, Lord	223
Alexandre, Danièle	721
Alexandrow, Michael	248
Alexius, Reiner	132
Alfieri, Franco	741
Algora Marco, Abelardo	575
Alings, Werner	824
Allaby, James V.	788
Allain, Patrick	210
Allègre, Maurice	962
Allekotte, Günther	651
Allekotte, Klaus	38
Allemann, Franz	770
Allen de Lima, J.	793
Allerbrand, Tom	765
Allers, Gerd	1024
Allgeier, Gerhard	156
Allgeier, Herbert	952
Allitsch, Herwig	247
Allkemper, Klaus	796
Allmer, Gerhard	626
Allnoch, Volker	843
Almeida, Maria Isabel de	974
Almeida Catroga, Eduardo de	564
Almeida Serra, Jose	952
Almeida Simões, Antonio Carlos	955
Alonso Prieto, Angel Luis	273
Alonso Rodríguez, Javier	779
Alt, Anton	180
Altegoer, Thomas	850
Altegoer, Werner	850
Alten-Nordheim, Odal von	1033
Altenbeck, Hermann	318
Altenberend, Gerhard	627
Althoff, Jürgen	1019
Althuis, J. G.	581
Altig, Uwe	629
Altincioglu, Johannes	943
Altmann, Dieter	1006
Altmann, Josef	895
Altmann, Rupert	842
Altmeyer, Georg	995
Altmeyer, Reiner	671
Altpeter, Siegfried	320
Aluta, Dietmar	258
Alvarez, Enrique García	977
Alvarez, Joaquín Alonso	778
Alvarez López, Luis	575
Alvarez Miranda, A.	788
Alwattari, Abdelaziz	834
Alzola y de la Sota, Ignacio de	780
Aman, Horst	592
Amaral, Freitas do	565
Amartin, Jean Pierre	210
Ambatiello, Peter	**120**, 1022
Amberg, Heinz F.	796
Ambler, C. D.	282
Ambos, Gerd	385, 925
Ambos, Hans	70, 922, 997
Ambros, Dieter	592
Ambrose, M J.	406
Ambrosy, Jürgen	44
Ambrozus, Werner	384
Ameln, Carl	270
Amerschläger, Rudolf	611
Amidei, Graziano	237
Amkreutz, Manfred	927
Ammassari, Giuseppe	741
Ammermann, Gert	641
Ammersbach, Ludwig	622
Ammon, Klaus-Dieter	796
Amon, Johann	247
Amrath, Wilhelm	926
Amsler, Kurt	772
Amthauer, Alfred	38
Amthor, Wilfried	**193**, 195
Amuságegui de la Cierva, José María	573, 781
Amza, N.	577
Anchústegui y Gorroño, Angel	779
Anda, Petter	521
Andel, A. H. P. Gratema van	518
Anderberg, Björn O.	765
Anderle, Manfred	757

PERSONENREGISTER
A – B

Anders, Fredy	324, 328
Andersen, Leif Inge	521
Andersson, Bengt-Åke	766
Andersson, Börje	765
Andersson, Nils	766
Andersson, Rune	271
Andersson, Sören	765
Andersson, T.	577
Andersson, Ulf	975
Andersson, Wiking	270
Andörfer, Hermann	131
Andre, Eric	388
André, Hermann	60
André, N.	206
André, Philippe	723
Andreanopoulos, Andreas	964
Andreotti, Giulio	835, 968
Andres, Gerd	348
Andres, W.	998
Andrew, P.	222
Andriessen, Frans	949
Andriessen, J. E.	969
Andriot, Jean	721
Andronis, G.	964
Andronopoulos, P.	964
Anegg, Ulrike	972
Anell, Lars	957
Angeletti, Giuseppe	352
Angeletti, Mario	352, 840
Angeli, Aurelio	489
Angelis, Lorenzo de	484
Anger, Heinz	180
Anger, Helmut	160
Angert, N.	698
Angervall, Gustaf	566
Angst, Dieter	942
Anguera Sansó, Victorino	574
Anguita Martos, Pedro	779
Angus, Ralph Oliver	139
Anhuth, Friedhelm	137
Anjolras, Gérard	721
Ankirchner, Hermann	907
Anlauf, Thomas	80
Annel, Helmut	58, 62, **70**
Anselmi, Luca	741
Anselmo, D.	235, 236
Ansorge, Günther	130
Antognini, Gianfranco	568
Antoine, Jean-Paul	869
Anton, Dieter	352
Anton, Edmond	**747**, 793
Antoniou, N.	728
Antonopoulos-Domis, M.	728
Anz, Henning	176, 177
Apel, Fritz	1021
Apel, Günther	188
Apel, Hans	92, 109
Apelt, Ottomar	651
Apfelbacher,	893
Apodaca Carro, Juan Gualberto	273
Appert, O.	400, 963
Appold, Manfred	131
Apsel, Axel	1025
Aquiar de Vasconcelos Cabral, Gonçalo de	564
Aracil, Rafael	574
Aramburu Delgado, Luis	4
Aranceta Sagarminaga, Jesús	794
Aranzadi Martínez, José Claudio	977
Arauner, Hans-Wolfgang	**36**, 46, 156, 167, 170, 173, 186, 1021, 1030
Ardelt, Maximilian	124, 595
Arditty, Salvador	397
Arend, Peter	329
Arendt, Georges	747
Arens, Wolfgang	807
Arenz, Manfred	826
Aresti y Victoria de Lecea, Javier	780
Arevalo Barosso, Angel	978
Arguelles, Pedro	277
Arguelles Armada, Jaime	277
Argyris, Nicholas	951, 952
Arias Mosquera, José María	781
Arias Mosquera, Vicente	781
Arias y Díaz de Rábago, Carmela	781
Ariemma, Roberto	741
Arkenberg, Ernst-Wolfgang	884
Arlandis, José	279
Arlt, Hans-Jürgen	1035
Armand, Michel	407
Armbruster, Lorenz	189, 927
Armbruster, Peter	698
Armbruster, Wolfgang	**358**, 375
Armstrong of Ilminster, Lord	223
Arndt, Hans-Jürgen	621, 625
Arndt, Peter	846
Arnhold, Dieter	124
Arning, Erhard	661
Arnold, Claude	723
Arnold, Gerd	315
Arnold, H.	749
Arnold, Manfred	152
Arnold, René	211
Arnswald, Wolfgang	130
Arntz, Klaus H.	318
Arras, Karlheinz	137, 810
Arredondo Miguel, Angel	279
Arregui, V.	278
Arrichi de Casanova, Jean-François	483
Arróspide Fresneda, José Miguel	278
Arroyo Quíñones, Manuel	274
Arteaga Rodríguez, Ricardo	978
Artinger, Heribert	559
Artner, Franz	558
Artner, Siegfried	971
Arz, Andreas	367
Asaoka, T.	790
Asbeck, Otto W.	137
Ascheri, Augusto	871
Åsell, Peter	766
Asenbaum, Peter	931
Ashton, D. G.	411
Asin, Juan	793
Asplund, D.	282
Asseman, Francis	210
Asserhøj, Povl	341
Assimakis, Nicolaos	218
Assmann, Emmerich	261
Astad, Berit Kvame	520
Astall, John	732
Aster, Reinhard	1036
Astié, H.	963
Astier, Jacques	216
Astin, John	950
Athanasiadis, Alexandros	219
Athanassiades, Nicolaos	218
Atkinson, D. R.	477
Atkinson, M. H.	965
Atkinson, W. S.	407
Atterton, D. V.	220
Attias, Gabriel	211
Atzler, Karl	262
Aubertin, Maria	721
Aubin, Christian	213
Auböck, Adolf	259
Auchi, Nadhmi	574
Auer, Edwin	646
Auer, Frank von	130
Auer, Joachim	645
Auffenberg, Ulrich	602
Augsburger, Ueli	770
Augsburger, Walter	770
Augustin, Egon	935
Augustin, Harald	612
Aukamp, Rainer	378
Aukamp, Reinke	866, 877
Aulagnon, Thierry	721
Aumüller, Ludwig	706
Aumüller, Siegbert	662
Aurich, Dietmar	890
Aust, Karin	971
Autenrieth, Manfred	621
Autere, Ilmo	209
Authier, Jean-Pierre	572
Axheim, Gunnar	270
Axpe Barañano, Joaquín	780
Aycart Vázquez, Joaquín	272
Azevedo, Manuela	565
Aznar Martín, Bienvenido	276
Azuara Solis, José Angel	278, **978**
Baade, Alfred	668
Baake, Rainer	916
Baar, Hans-Bertram	50
Baaser, Franz	635
Baatsch, Manfred	809
Baatz, Henning	823
Babaiantz, Christophe	771, **773**
Babucke, Horst	661
Babusiaux, Christian	400
Bach, Heinz	993
Bach, Jean-Jacques	843
Bacher, Reinhard	558
Bachhausen, Peter	612
Bachiller Martín, José Luis	273
Bachmaier, Hermann	882
Bachmair, Hans	890
Bachmann, Hans-Georg	606, 612
Bachmeier, Hermann	882
Bachner, Amalie	256
Bachner, Ernst	262

1271

PERSONENREGISTER
B

Bachner, Josef		256
Bachner jun., Josef		256
Bachrodt, August		917
Bachstroem, Rolf Helge		175
Bachy, Gérard		788
Backes, Heinz-Peter	694,	822
Backhaus, John C.		862
Backhaus, Peter		116
Backheuer, Klaus		944
Bacos, P. A. F.		734
Bade, Karl-Heinrich		666
Badosa, J.		581
Bächler, Dietrich		805
Bäcker, Wolfgang		130
Baedeker, Hans Jürgen		934
Bähre, Hans-Dieter		887
Bähre, Werner		826
Bäppler, Jürgen		1025
Baer, Alec-Jean		976
Baer, Hartmut		44
Baer, M.		874
Baer, Maurice		874
Bär, Peter		772
Bärenberg, Heinz-Günter		133
Baeriswyl, Jean-Luc		773
Bärtling, Florian		80
Bärtsch, Luzi		976
Baesen, M.		708
Bäßler, Rolf	80,	**847**
Bäumer, Rüdiger		658
Baeyens, J.		959
Baggendorff, Hans Georg		950
Baggenstos, M.		976
Bagri, R. K.		878
Bahn, Rudolf		942
Bahr, Karl-Heinz		630
Baier		920
Baillou, Victor		600
Bailly-Turchi, Maud	210,	868
Baker, A.		220
Baker, John	**731**,	733
Baker, John W.		787
Baker, Mark	731,	734
Balanzat Ferreiro, Luis Ignacio		278
Balas, Didier		211
Balazuc, Jean		341
Bald, Erwin		863
Bald, Ulrich		154
Baldas, Manfred		905
Baldassarri, Giancarlo		482
Baldauf, Dieter		315
Baldauf, Wolfgang	611,	612
Baldauff, André		747
Baldenius, Christian		132
Balders, Erich		328
Balducci, Vincenzo		489
Ball, E. J. M.		578
Ball, James		409
Ballabio, Carlo		484
Ballantine, Bruce		870
Balle, Wilfried		796
Ballestero Aguilar, Alfonso		574
Ballhaus, Norbert		38
Balmino, G.		284
Balon, Reinhard		357
Bals, Jürgen		858
Balster, Bernhard		78
Balter, Wolfgang		799
Baltin, Dieter		362
Baltzer, Erhard		986
Balzer, Heribert		939
Balzereit, Bernd		666
Bamberg, Karl Heinz		867
Bamelis, Pol		589
Band, G. C.		409
Banderob, Ernst-Otto		689
Bandilla, Siegfried		348
Bandinelli, F.		234
Bandmann, Manfred		1026
Bandow, Frank		42
Banfield, J. M.		412
Bangemann, Martin		949
Bank, Peter von		857
Bankmann, Jörg	140,	158
Banks, John		733
Bannert, Dietrich		887
Bannert, Volker	916, **924**,	946
Banski, Hans		803
Baranda, José Luis		876
Baranda-Ruíz, D. José Luis		780
Barbaschi, Sergio		742
Barber, David		731
Barbesino, Claudio		741
Barbosa, Ramos		268
Barbosa Horta, José Mário		564
Barcikowski, Rainer		124
Barczynski, Jörg		133
Bardeleben, Hans-Jürgen von	928,	929
Bardou, Michel		215
Baresel, Herbert	124,	125
Barfod, Hakon		811
Barin, Ihsan	169,	819
Barkeshli, F.		577
Barking, Hans-Ludwig		612
Barkow, Walter		353
Barlebo-Larsen, Kaj		953
Barleon, Leopold		1008
Barlet, Jean		721
Barlindhaug, Johan P.		240
Barlow, J. Alan		386
Barlow, Richard		731
Barnickel, Diethard		348
Baron, Michel		721
Barre, Heinrich		660
Barreiros, Joaquim		565
Barreiros Conde Artiaga, Maria Lidia		950
Barrenechea, Ignacio		575
Barrett, J.		481
Barrier, Jean		397
Barrière, J. P.		211
Barrmeyer, Chr.		152
Barry, B. T. K.	204,	**283**
Barry, Bertie J.		481
Barschkett, Siegfried		809
Barsocchini, Ettore		483
Barsties, Steffi		852
Bartel, Jürgen		986
Bartels, Günther		602
Bartels, Hans-Joachim		357
Bartels, Reinhard		611
Bartenbach, Klaus G.		384
Barth, Alfred		62
Barth, Hans-Georg		357
Barth, Peter		611
Barth, Wolfgang		853
Barthel, Fritz		887
Barthel, Klaus		131
Barthelt, Klaus	**705**,	979
Bartke, Kurt		917
Bártolo, João		266
Bartolomé Gironella, Juan I.		954
Bartsch, G.		986
Bartsch, Holger	882,	883
Bartz, Georg		195
Bartz, Günter		1026
Bartz, Volker		145
Bartz, Wilfried J.		375
Barz, Dieter		1025
Basagoiti García-Tuñón, Antonio		781
Basler		893
Bassier, Reinhard		50
Bastiansen, Hard Olav		522
Batcheler, Graham H.		410
Batchelor, John		479
Batenin, Viacheslav		834
Batista Menezes, João		974
Batsch, J.		697
Battelli, Luciano		484
Baucke, Heider		1020
Bauer, Bernhard		907
Bauer, Christian	109,	376
Bauer, Emmerich		841
Bauer, Hans-Dieter	927,	1023
Bauer, Herbert		910
Bauer, Hermann-Josef		934
Bauer, J. K.		260
Bauer, Klaus		824
Bauer, Knut		898
Bauer, Mathias		60
Bauer, Rudolf		940
Bauer, T.		798
Bauer, Ulrich		665
Bauerfeind, Dieter	101, 1026,	1036
Bauermeister, Karl		669
Baues, Heinz		926
Bauknecht, Josef		569
Bauknecht, Volker		621
Baum, Gerhart Rudolf		882
Baumann, Alfred		665
Baumann, Dieter		92
Baumann, Hans-Peter	605, 844, 850,	851
Baumann, Johannes	**92**,	154, 156, 160, 185
Baumann, Michael	629,	704
Baumann, Roland		1025
Baumberger, H.		775
Baumberger, Heinz	771, 772,	793
Baumberger, Karl		249
Baumeister, Brigitte	882,	883
Baumert		893
Baumgärtel, Wilhelm		50
Baumgart, Edgar	193,	194

PERSONENREGISTER
B

Baumgart, Hans Georg	182
Baumgart, Heinz-Christian	1030
Baumgarten, Helmut	986
Baumgarten, Herbert	250
Baumgarten, Ludwig	898
Baumgarten, Reinhard	912
Baumgartl, Wolf-Dieter	72
Baumgartner, Anton	558
Baumgartner, Kurt	623, **770**, 771
Baumgartner, Max	607, 874
Baumgartner, Peter	263
Baumgartner, Siegfried	572
Baumgartner, Walter	250, 770
Baumgartner, Wolfgang	972
Baumgartner-Gabitzer, Ulrike	760
Baumhauer, Jon	600
Baumhauer, Werner	118, 907
Baumhöfener, Jobst	647
Baumhöver, Wolfgang	139, 360
Baumruker, Peter	315
Baumüller, Franz	629
Bauquis, Pierre Rene	522
Baur, Jürgen F.	992
Baur, Xaver	1023
Baurichter, Friedel	**381**, 703, 867
Bautista, D. Rafael Piqueras	576
Bauwens, Paul-Ernst	1018
Bavoux, Bernard	212
Bayartz, Wilhelm	72, 82
Bayer, Alfred	325, 659, **664**
Bayer, Hans-Joachim	850
Bayle, Jean	723
Baylen, G. van	877
Bayón Mariné, Ignacio	278
Bazan, Franz	813
Beals, G. C.	223
Beaton, A. S.	965
Beau, Edmond	963
Beaufrère, Jean	869
Beaumont, Claude	214, 215, 216
Beaumont, René	723
Becerril Lerones, Eduardo	780
Bech, Steffen	390
Bechelli, C. M.	577
Becher, Dieter	589
Bechstein, Klaus	1031
Bechte, Hardwig	899
Bechtold, Klaus	634, **661**, 693, 823
Beck, Hans Jürgen	140
Beck, Hermann R.	902
Beck, Hildegard	654
Beck, Josef	907
Beck, Klaus-Dieter	38
Beckenbauer, Immo	916, **924**, 946
Beckenkamp, Hermann	937
Becker	945
Becker, Alois	156
Becker, Anton	329
Becker, Elmar	56, 109, **884**
Becker, Gerhard	91, 937, 1020
Becker, Gerhard W.	803, 890
Becker, Gert	**130**, 611
Becker, Hans B.	689
Becker, Hans-Jürgen	56
Becker, Heinrich	152
Becker, Hermann	1034
Becker, Johann	382
Becker, Jürgen	323
Becker, Karl	747
Becker, Karl Eugen	1014
Becker, Klaus	702
Becker, Kurt	595
Becker, Manfred	999
Becker, Martin	1022
Becker, Peter	671
Becker, Rudolf	936, 937, 995
Becker, Volkhard	158
Becker, Walter	184
Becker, Werner	814
Becker, Willi	128
Becker, Winfried	322
Becker, Wolfgang, Essen	796
Becker, Wolfgang, Dr., Essen	44
Becker, Wolfgang, Niederzier	92
Becker-Platen, Jens	921
Becker-Platen, Jens Dieter	183, 283
Beckers, Gerd	131
Beckett, Michael	411
Becking, Alfred	66
Beckjord, E.	790
Beckmann, Georg	348
Beckmann, Gottfried	993
Beckmann, Hans-Dieter	299
Beckmann, Heinz	46
Beckmann, Heinz-Alfred	1028
Beckmann, J.	816, 1011
Beckmann, Klaus	884
Beckmann, Reinhold	**84**, 601
Beckmann, Uwe	376, 863, 866, 1023
Beckmeyer, Uwe	667
Beckstein, Günther	628
Becquart, Denys	217
Becvar, Friedrich	249
Beder, Werner	850, 852
Bedlivy, Wilhelm	971
Bednarski, Roland	211
Bednorz, Johannes Georg	599
Beeck, Heiko	859
Beekmann, Horst	857
Beelitz, H.	951
Beelitz, H.-U.	952
Beer, B. de	492
Beer, David	390
Beer, Oskar	757
Beer-Demander, Pascal	961
Beermann, Peter	30
Beermann, Wilhelm	**30**, 46, 72, 76, 82, 167, 173, 175, 186, 193, 196, 198, 647, 685, 813, 850, 994, 1027
Begell, William	834
Begemann, Eike	602
Beger, Wolfgang	592
Behlinger, Barbara	130
Behnke, Eberhard	832, 1036
Behnke, H.	353
Behrend, Wilfried	139
Behrendt, Günter	1031
Behrendt, Klaus	809
Behrendt, Siegfried Uwe	932
Behrens, Jörn	986
Behrens, Wolfgang	**176**, 1021
Behrla, Werner	669
Beichter, David	665
Beiderwieden, Ulrich	367
Beier, Joachim	660
Beiersdorf, Helmut	888
Beimann, Wilfried	30
Beinsen, Manfred	373
Beißner, Helmut	89
Beitz, Berthold	135
Bekemeier, Klaus	928
Bekkeheien, Børge	522
Bekuhrs, Joachim	101
Bel, L. le	963
Belelli, Umberto	741
Beliën, Eric	205
Belka, Hans-Georg	170, 183
Bell, William	408
Bellan, Alfred	861
Bellec, Gilles	961
Bellenbaum, Peter	857
Bellersheim, Rudolf	864
Bellissant, Michel	869
Bellmann, Frank	867
Bellmann, Geerd	666
Bellut, Karl Heinz	646
Bellwald, Andreas	774
Belmont, Michael J K	409
Belser, Eduard	976
Belz, Max	1021, 1022
Bemer, R.	969
Benda, Leopold	921
Benda, Oldrich	834
Bender, Hans	887
Bender, Richard	684
Bendiksen, Kjell	970
Bendlin, Alfred	46
Bendrat, Diethard	108
Benevento, Giorgio	954
Bengtsson, Ulf	50
Beninson, Dan	834
Benischke, Gottfried	332
Benito Valbuena, Rafael	276
Benk, Jürgen	346
Benke, Eike	318, 341
Benker, Ulrich	1036
Benkö, Erich	559
Benn, Reinhard	1009
Bennett, Donald A.	410
Bennett, Edward	952
Bennewitz, Wolf Rüdiger	40
Benning, Rainer	72
Benninghaus, Rainer	169
Benoit-Cattin, Luc	211
Bensdorp, D. L.	518
Bensen, Lloyd	411
Bensmina, A.	577
Benson, B.	733
Benson, David	477
Benthele, Rudolf	326
Benthin, Klaus	669
Bento, Saldanha	763
Bentrup, Hans-Hermann	934

PERSONENREGISTER
B

Bentz, Friedrich 258
Benyr, Helmut 250
Benz, Eberhard 621, 629,
. . . . 633, 646, 772
Benz-Overhage, Karin 135
Benínez Sánchez-Cortés,
  Antonio 779
Beral, Francis 212
Berbalk 892
Berckmoes, Ph. 386
Berdoz, Eric 568
Berendes 892
Berg, Dr. 893
Berg, Frau 891
Berg, Aloys 933
Berg, Hans 187, 193
Berg, Jon Olav 970
Berg, Karlheinz 593
Berg, Lothar von 796, 892
Berg, Martin 317
Berg, Wolfgang vom . . . 705, 787
Bergdahl, Sven-Gunnar 271
Berge, Wolfgang 318, 826
Bergen, G. 959
Berger, Christine 840
Berger, Dirk H. 824
Berger, Egon 250
Berger, Elfriede 665
Berger, Friedrich-Wilhelm . . 606
Berger, Hans 30, 186, 639,
. . . . 651, **1035**, 1037, 1038
Berger, Hans-Jürgen 942
Berger, Joachim 931
Berger, Jochen 556
Berger, Johann 882
Berger, Reinhard 316, 693
Bergermann, Lothar 683
Bergersen, Tore 521
Bergfelder, Wolfgang 912
Berggren, Jessica 975
Bergh, E. J. van den . . **386**, 518
Berghausen, Karl-Heinz . . . 628
Bergholtz-Widell, Curt 765
Bergmaier, Hans 770
Bergmann, B. 342
Bergmann, Burckhard 315,
. . . . **318**, 341, 342
Bergmann, Dieter 925
Bergmann, Eeuwoutrd 341
Bergmann, Fritz 1029
Bergmann, Heinz 667
Bergmann, Hellmut 601
Bergmann, Klaus . . . 653, 654
Bergmann,
  Manfred . . . 127, 172, 1020
Bergmann, Matthias 811
Bergner, Manfred 316
Bergougnoux, Jean **721**, 787, 794
Bergwelt 910
Berke, C. 787
Berke, Claus 694, 698
Berkessel, Peter 853
Berkhout, Pieter 483
Berkius, Bengt 860
Berlemont, Victor 709
Bermann, Hans 70

Bermann, Rudolf 60
Bermúdez Méndez, José Luis . 275
Bern, Vidar 970
Bernard, H. 959
Bernard, Joseph 210
Bernard, Paul 723
Bernard, Yves 963
Bernareggi, Giovanni 489
Bernat Girbent, Antonio . . . 779
Bernauer, Albert 621
Berndt, Jörg 929
Berndt, Volker 651
Bernecker, Hartmut 40
Berner, Hans Joachim 333
Bernhard, Eduard 827
Bernhard, Erna 971
Bernhardt, Georg 330
Bernhardt, Winfried 375
Bernholz, Heinrich 800
Bernrath, H. G. 1032
Bernsmann, Detlev 316
Berntsen, Øystein 240
Berresford, D. Ann 492
Berrini, J.-Chs. 775
Bers, Konstantin 987
Berson, Alfred 636
Berson, Alfred H. 36
Berthoud, Jean-Pierre 569
Bertin, Gérard 579
Bertini, Roberto 483, 485
Bertke, Heinrich 384, 579
Bertle, Heiner 263
Bertling,
  Heribert . . . 36, **44**, 813, 1003
Berton, Jean 723
Bertram,
  Hans-Dieter . . . 88, 168, 850
Bertrams, Hans 185
Bertrand, François 210
Besch, Helmut 686
Beschorner, Franz 884
Bestenbostel, Günther v. . . 1002
Besters, Hans 987
Bethe, Wolfgang **36**, 46
Bethke, Ralf **112**,
. . . . 167, 592, 809
Bethkenhagen, Jochen 912
Bethune, Emmanuel de . 708, 709
Betsayad, Nathan 259
Bettelhäuser, Heinrich 867
Bettencourt, Joaquim 266
Bettendorff, Françoise 968
Bettermann, Peter 346, 356,
. . . . 358, 374, 376, 378
Betz, Dieter 375, 921
Beuerle, Hans-Jürgen 627
Beulers, Jean 708
Beuret, Jean-Pierre 770
Beusch, Karl 132
Beutel, Klaus 612
Beuth, Gunther 848
Beutler, Dietmar 92
Bever, Marc 869
Beverdam, H. J. 519
Bevere, E. 951
Bevervoorde, Engelbert van . 793

Bevervoorde,
  F. H. W. Engelbert van . . . 749
Bevervoorde,
  Ir. F. Engelbert van 955
Beyeler, Walter 772
Beyer, Hans-Joachim . . 864, 865
Beyer, Jørgen P. 390
Beyer, Kurt 556
Beyer, Ludwig M. 842
Beyer, R. 342
Beyer, Rolf 317, **318**,
. . . . 341, 385, 579
Beyer, Sigurd 360
Beyerstedt, Gerhard 368
Bezzenberger, Gerold . . 124, 367
Bias, Rüdiger 612
Bibow, Volker 132
Bicker, Heinz-Johannes 40
Bickmann, Heinrich 322
Biebl, Werner 609
Biedenkopf, Gerhard 772
Biedenkopf, Kurt 901
Biedenkopf, Kurt H. 133
Biedermann, Hans Wolfgang . 325
Biehl, Günter 66
Biehl, H. M. 697
Biehl, Hans-Reiner . . . **58**, 60,
. 168, 170, 172, 173, 186, 198,
. 320, 686, 814, 852, 853, 937,
. . 953, 999, 1008, 1010, 1027
Biehl, Josef 68
Biekert, Ernst Rudolf 805
Biel, Ulrich 920
Bieler, Harald C. 809
Bielig, Harald 132
Bieneck, Martin 141, **858**
Bieniek, Christoph 670
Bienlein, Rudolf 662
Bier, Helmut 845
Bierhoff, Rolf 56, 109, **641**,
. . . 647, 651, 671, 683, 747,
. . . . 787, 792, 1011
Bierich, Marcus 586, 651
Biermann, Floris A. 282
Biermann, Martin 636
Biermans, F. 710
Biernath-Wüpping, Siegmar . 830
Bierod, Volker 635
Bierwald, Wolfgang 946
Bietmann, Rolf 663
Bifulco, Filippo 484
Bigazzi, Giuseppe 234
Bigioni, Franco 482
Bigourd, Jean 215
Bijur, Peter I. 410, 413
Bilke, Gerhard 925
Bilkenroth, Klaus-Dieter . . . **101**,
. . . . 104, 170, 176, 177, 1026
Billig, Michael **58**, 62, 64
Billigmann, Frank-Rainer . . 828
Billinge, Roy 788
Billotet, Thomas 64
Bilsdorfer, Theo 60
Binder, Artur 824
Binder, Günther E. 842
Binder, Heinrich 137

PERSONENREGISTER
B

Binder, Jürgen Klaus 625
Binder, Julius 770
Binder, Richard 670
Bindewald, Hilmar 639
Binelli, Giorgio 483
Bing, Richard 731
Bing Wen, Dou 577
Binks, S. P. 410
Bintakies, Eckhard . . . 372, 997
Bintz, Wolfgang 68
Bircher, Peter 772
Birdimiris, G. 728
Birke, Manfred 889
Birkenhead, Brian 733
Birkenpesch, Eberhard . . . 940
Birkhofer, Adolf 697
Birkholz, Winfried 635
Birkin, Sir Derek 223
Birmingham, G. A. 413
Birmingham, Guy 413
Birn, Helmut 907
Birnbaum, Lutz 341
Bischof, Hans-Joachim 78
Bischof, Werner 844
Bischoff, Werner 599
Bismarck, Friedrich
  Christoph von **317**, 635
Bitetto, Valerio 741
Bitsch, Helmut 612
Bittendorf, Harro 635
Bittig, Kurt 358
Bittner, Franz 154
Bittner, Werner 254
Bittner, Werner H. 261
Bizot, Guy 401
Bjørndal, Oluf 522
Bjørnskov, Leo 960
Bjørnsson, Jakob 791
Björnberg, Carl G. 209
Björnfot, Bror 270
Blab 896
Black, C. H. 733
Blacker, Norman 477
Blackman, W. 733
Bladen, Richard W. 224
Blades, Thomas 373
Bläsi, Bernhard 1007
Blaesius, Klaus 688
Blättner, Fritz 822
Blahnik, Rudolf 262
Blaizot, Marc 217
Blaker, B. 970
Blakeslee, Frank M. 259
Blakey, I. J. 954
Blanc, Antoine 722
Blanc, Jacques 401, 723
Blanc, Marcel 773
Blanckart, Clemens Frhr. von **172**,
  . . 174, 996, 1020, 1021, 1026
Blanco Peñalba, Antonio . . 576
Bland, Robert 411
Blank, Renate 883
Blankenburg, Walter 747
Blankenstein, Felix 667
Blankenstein, Karl-Anton . . 667
Blankenstein, Klaus 612

Blankenstein, Ulrich 88
Blasco Ariza, Baldomero . . . 279
Blase, Rüdiger 925
Blaser, Guntram 625
Blaser, Horst 685
Blasig, Wolfgang 916
Blasius, Paul 320
Blaß, Friedrich **262**, 972
Blat, Christian 215
Blatnik, Hermann 30, 994
Blatt, Lothar 666
Blatt, Manfred 70
Blatt, Rudolf 66
Blauth, Ralf 599
Blavier, Philippe 397
Blázquez Torres, Luis . . . 574
Blechschmidt, Peter 796
Bleibaum, Friedrich 867
Bleicher, Siegfried . . . 132, 133
Bleitner, Olaf 933
Bleser, Peter 882
Blessing, Johannes 650
Blevins, T. C. 413
Bley, Kurt 101
Bleyleven, Alfons 1036
Blickle, Dieter 905
Blix, Hans 789, 834
Bloch, Raymond . . . **398**, 401
Blöcker, Hans-Jürgen . . . 134
Blom, Lieven 388
Blondin, Gabriel . . . 569, 570, 572
Blood, I. 407
Bloschies, Gerhard 118
Bloser 894
Blüm, Norbert 896
Blümel, Georg 887
Blümer, Gerd-Peter 605
Blümke, Burkhard 1025
Blug, Klaus 66
Blum, Adolf 181
Blum, Georges 773
Blumenthal, Gerhard 586
Blunck, Lieselotte 882
Bo, E. 877
Bobbert 893
Bobzien, Martin 859
Bobzien, Wulf Hinrich . . . 690
Bocci, Sergio 486
Boch, Luitwin Gisbert von . . 56
Boch, Reinhold 143
Bock, H. 160
Bock, Hermann 666
Bock, Peter 667
Bock, R. 698
Bock, Wilm 143
Bock, Wolfram 946
Bockmann, Heinz-Hermann . 689
Bode, Armin-Peter 857
Bode, Henning 130, 772
Bode, Thilo 805
Bode, Wilhelm 126
Bodenbender, Wolfgang . . 933
Bodin, Svante 975
Bodmer, H. Philippe 570
Bodner, Peter 249
Bodrato, Guido 968

Bodry, Alex 968
Bodson, P. 388
Bodson, Philippe 708
Böck, H. 760
Böcker, Dietrich **88**, 168,
  . . . . 176, 177, 850
Boeckler, Georg 158
Böckler-Klusemann, Margret . 192
Böer, Norbert 122
Böge, Ulf 884
Böhl, Lutz 1012
Böhlen, Bruno 572
Böhler, Paul 646
Böhm, Alfred 691
Boehm, Burkhard **88**, 168
Böhm, Dieter 591
Böhm, Eberhard 1003
Böhm, Erich 323
Böhm, Erwin 607
Bøhm, Frode 522
Boehm, Hans-Werner . . . 119
Böhm, Klaus-Peter . 30, 844, **852**
Böhm, Mathias 141
Böhm, Peter 329
Boehm-Bezing,
  Carl-Ludwig von 602
Böhme, Arnd 382
Böhme, N. 353
Böhme, Rolf 332, 646
Böhmer, Manfred . . . 1001, 1031
Böhmer, Maria 882, 883
Böhmüller, Heinz-Peter . . . 263
Böhne, D. 698
Böke, Ernst 1034
Bökenbrink, Dieter 645
Boekhoff, Günther . . . 316, 636
Bökkering, Hans J. M. . . . 597
Boekler, Horst 260
Bölkow, Ludwig 1000
Bølviken, Bjørn 969
Bönnemann,
  Heinrich 30, 851, **852**
Boer, Dick de 518
Boer, Herbert de **126**, 127,
  . . . . 170, 178, 1020
Boer, Hermann de 889
Börjemalm, Torsten 271
Boernecke, Horst **365**, 997
Börnsen, Arne 882
Börnsen, Wolfgang 882
Boes, Willy 388
Bösch, H. 793
Bösebeck, Klaus 926
Bösenberg, Klaus 169
Böser, Otmar 358
Böshaar, Karl 646
Bösing, Klaus 76
Boesken, Dietrich H. . . . **130**, 136
Boesser, Renate 805
Bössler, Hanns 602
Bötefür, Hugo 611
Boetius, Jan 595
Böttcher, Fritz 684
Böttcher, Gerd 884
Böttcher, Joachim 352
Boettcher, Roland 939

PERSONENREGISTER
B

Böttcher, Thomas 139
Böttcher, Wulf 201, **917**
Bötticher, Ernst 375, 841
Böttick, Anne 1035
Böttner, Hans 42
Boffa, Cesare 741
Boffy, Gérard 211
Bogdandi, Ludwig von 262
Boggs, Michael D. 1037
Bognitz, Ludolf 865
Bogun, Bernhard 691
Bohlen, Edmund 68
Bohlmann, B. 375
Bohn 896
Bohn, Jürgen 946
Bohne 891
Bohnenberger, Gerd 1036
Bohnenberger, Gerhard 118
Bohnhorst, Werner 348, 374, 557
Boi, Giulio 238
Boie, Jürgen 866
Boiko, A. V. 981
Boissaux, Pierre 747
Boisseau, Ph. 792
Boissier, Roger 477
Boissieu, P. de 963
Boissieu, Pierre de 400
Boisson, P. 963
Boje, Jürgen 841
Boland, Maeve 233
Boldino, Bernd 52
Boldt, Harald . . . 119, 178, 282
Boldt, Hermann 1021
Boldt, Karl 329, 916
Boley, Terry 731
Bolle, Bernd 650
Bollhöfer, Friedhelm 143
Bolliger, Heinrich 772
Bolt, H. M. 990
Boman, Fred 271
Bommel, Oswald 598
Bonati, Gianni 238
Bonato, M. 236
Bonato, Mario 234
Bonberg, Wolfgang . . . 903, 915
Bonds, Edwin John Wilton . . 564
Bonds, John 521
Bonefeld, Xaver 189
Bonetta, Matteo 787
Bongaerts, Jan C. 833
Bongardt, Rolf 89, 91
Bongen, Georg 140
Bongert 1030
Bongert, Dieter 196
Bongert, Otmar 168
Bonke, Werner 937
Bonnenberg, Dorothee 833
Bonnenberg, H. 1011
Bonner, Fred 734
Bonner, J. A. 731
Bonner, P. A. 878
Bonnermann, Rolf 1022
Bonnet, Jacques 210
Bonnet, Maxime 722
Bonnet, Michel 401
Bonniol, Jacques 211

Bonoli, Flavio 572
Bonse-Geuking, Wilhelm . . . 296,
 . . . . 299, **362**, 363
Bonte, Gabriel 211
Boos, Peter 665
Boos Smith, P. de 214
Boot, D. 412
Borak, Ursula 884
Borbe, Horst 943
Borbón-Dos Sicilias y de Borbón,
 Carlos de 574
Borchardt, Dieter 833
Borchardt, Willy 664
Borcherding, Heinrich 660
Borcherdt, Dietrich . . . 628, 634
Borchers, Siegfried 929
Bordes-Pages, H. 963
Bordessoule, André 962
Borelius, Sven 270, 765
Borgaes, Hans-Udo 30, 173
Borge, Thorleif 521
Borggreve, Carlo 30, 174
Borgheynk, Hubert . . . 813, **844**
Borghorst, Hermann 624
Borm, Günter 592
Born, Thomas 875
Bornemann, Dieter . . . 360, 1031
Bornemann, M. 817
Bornhauser, Hanspeter 570
Bornhöft, Erhard 945
Boroviczény, Franz 973
Borowczak, Jürgen 683
Borrego, Jorge 974
Borrekens, Q. de 386
Borroni, E. 234
Borstelmann, Eike 669
Borstner, Franz 241
Borucki, Wenzel 884
Borup, Jörn 82
Bos, J. C. G. 493
Bosch Bosque, Fernando . . . 575
Bosecker, Klaus 888
Bosenius 892
Bosetti, Peter 985
Bosholm, Jürgen 993
Bosse, Gerd 843
Bosse, Jochen 607
Bosten, Hans-Peter 72
Bostick, N. H. 283
Bosum, Wilhelm 888
Bothe, Klaus 814
Bothuan, Yvon 214
Bott, Ernst 665
Botterbusch, Reinhard 898
Bottio, Luigi Franco 791
Botzenhardt, Wilfried 665
Botía Pantoja, Francisco 779, 781
Bouchard, Georges 962
Bouchard, J. 790
Bouchaud, Joel 407, 492
Bouchaute, Gilbert van 708
Bouckaert, J. 958, 959
Boudet, Gerard 211
Bouillon, Erhard 598
Bouillot, Isabelle 721, 963
Boulanger, Charles 217

Boulot, Yvan 869
Bouquet, Noël 708
Bourdier, Jean-Pierre 723
Bourgett, Jörg 317
Bourgois, Joëlle 963
Bourne, W. J. W. 225
Bourrelier, Paul 868
Bourrelier, Paul-Henri 210
Bouteille, Philippe 401
Bouton, D. 963
Boutonnat, Maurice 215
Bouvet, Jacques **210**, 868
Bouvier, Antoine 217
Bouzat, Jean-Marc 211
Bova, Giuseppe 238
Bovens, Dieter 36
Bovenschen, Claus 1033
Bovermann, Hans 635
Bowen, W. Jack 979
Bowitz, Carsten 522
Bowles, R. 411
Boyd, B. L. 520, 522
Bozem, Karlheinz 315
Braband, Jutta 882
Bracci, Arnaldo 484
Braches, Kurt Jürgen 660
Brachetti-Peretti, Aldo . 484, 489
Bracke, J. 958
Brackeniers, Eduard 950
Bracker, Reimer 944
Brader, Karl-Heinz 128
Bradley, Peter 492
Bräcklein, Jürgen 628
Braeker, F. 933
Bräm, Heinrich 569, 771
Brändle, Richard 902
Brändli, Christoffel 568
Braendli, Paul 981
Brätter, P. 1005
Bräuner, Gerhard 188
Bräunlein, Gerhard 658
Bräunling, Gerhard 1003
Bräutigam, Heinrich 934
Brahms, Hero 901
Braick, Günther 68
Braick, Klaus 40
Brajkovic, Blanche 205
Braksiek, Jochen 154, 156
Bramigk, Detlef 830
Bramkamp, Bernhard 884
Bramkamp, Franz B. 385
Bramkamp, Klaus 853
Bramley, John V. 224
Bramowski, Heinrich 151
Brand, Dieter 586
Brand, Michael 1010
Brand, Pierre 211
Brand, Rolf 598
Brandão, Carlos 763
Brandau, Winfried 118
Brandebusemeyer, Ludger . . . 80
Brandes, Günter 884
Brandes, Hans Georg 911
Brandes, Hermann 605, **685**, 692
Brandhorst, Friedhelm 133
Brandis, Jörg-Uwe 866

PERSONENREGISTER
B

Brandl, Gerold 558
Brandl, Hannes 757
Brandl, Rosemarie 101
Brandmayr, Werner 358, 374, **842**
Brandner, Guido 156
Brandstätter, Wolfgang 241
Brandt, B. 788
Brandt, Gerhard 611
Brandt, Hans-Heini 112
Brandt, Horst 1002
Brandt, S. 695
Brandt, Wilfried 136
Brandtner, Johann 684
Brandts, Hubert 201, **1021**
Branoner, Wolfgang 911
Brasca, Eugenio 741
Brasquie, Jean 211
Brasse, Axel 912, 915, 924
Braubach, Bernhard . . . 92, 904
Braubach, Heinrich 844
Brauchstätter, Werner 261
Brauer, Joachim 300
Braun 991
Braun, Christopher 798
Braun, Dieter 693
Braun, Dietrich 169
Braun, Erwin 917
Braun, Gerhard 56
Braun, Hans-Peter 665
Braun, Johann 158, 1036
Braun, Jürgen 168
Braun, Karl 662
Braun, Leonhard 639
Braun, Robert 362, 651
Braun, Rolf 1037
Braun, Thomas 841
Braune, Paul-Gerhard 324
Brauner, Eberhardt H. 955
Brauser, Hanns-Ludwig . . . 82
Bravo, Rui 763
Brecht, Christoph 385
Breckwoldt, Jörg A. 611
Brede, Claus 798
Bredeek, Helmut 357
Bredehorn, Günther 882
Bree, S. D. de 518
Breen, Gerard 481
Breer, Wolfgang 1021
Breest 893
Breidenbach, H. 1011
Breidenbach, Heribert . . 647, **648**
Breier, Jürgen 994
Breiholz, Hans-Peter 346
Breinig, Friedrich 70
Breitbarth, Eduardo Llorens . 575
Breitfeld, Horst 651
Breitinger, Hagen-Rainer . . . 134
Breitkopf, Ewald 688
Breitschwerdt, Werner 137
Brekke, Arne J. 970
Brélaz, Daniel 569, 773
Breloer, Bernd J. 694
Bremer, François 747
Bremerich, Wieland 156
Brenckle, Wayne 485
Brendow, K. 981

Brengel, Hans 60
Brenk, H.-D. 799
Brenna, Ambrogio 955
Brennberger, Ulrich . . . 130, 367
Brenner, Lennart 388
Breno, Alessandro 741
Brentel, G. 582
Brenzinger, Rainer 132
Bresinsky, Eberhard 612
Bresitz, Günther 559, 561
Breslein, Heinz 606
Bresser, Axel 858
Bretfeld, Jutta 1023
Bretscher, Bruno 772
Brett, Richard E. 789
Brettschneider, Dieter 367
Breu, Franz-Xaver 323
Breu, Max 775
Breuel, Birgit 636, 901
Breuer, Hans 131
Breuer, Matthias 646
Breuer, Paul 883
Breuer, Rolf-E. . . . 124, 133, 621
Breuer, Werner 696
Brewer, D. 220
Brewitz, Wernt 806
Brianti, Giogio 788
Briat, Claude 870
Brickwedde, Fritz 829
Briese, Peter-M. 809
Briesemeister, Ulrich 864
Brieske, Otto 381
Brill, Verena 946
Brime Laca, Eduardo 272
Brinck, K. 868
Brinck, Leif 566
Briner, Peter 772
Bringewald, Wolf-R. 109
Brink, Jep 389
Brinkhorst, Laurens Jan . . . 952
Brinkhues, Kurt 80
Brinkmann, Claus 283
Brinkmann, Claus D. 204
Brinkmann, Friedrich 375
Brinkmann, Gerd 109
Brinkmann, Hans-Jürgen . . . 997
Brinkmann, Horst . . 599, 602, 613
Brinkmann, Joachim 846
Brinkmann, Wolfgang 666
Briscoe, Simon 965
Brito da Silva Girão,
  José António 950
Britschgi, Peter 874
Brittan, Sir Leon 949
Brix, P. 1008
Brock, Burghard 884
Brocke, Werner . . . 168, 814, 822
Brockert, M. O. 300
Brockhoff, Arne 170
Brockhues, Lorenz 135
Brockmann, Jürgen 141
Brodel, Egon 367
Brodersen, N. 284
Brodman, J. 979
Brodner, Raimund 262
Broeck, Jos van den 205

Broecker, Bernhard 612
Bröcker, Bernhard . . . 631, **633**
Bröcking 893
Brogniez, G. 386
Brogniez, J. 386
Broich, Reinhard 317,
. . . . 325, 330, **333**
Broinger, Elisabeth 254
Broisch, Albert 645
Broll, Werner 887
Broman, Per G. 270
Bromme, Hermann 611
Bronder, Gerhard 70
Bronder, Hans-Walter 68
Bronk, Bernhard von . 36, **46**, 109
Bronnenmayer, Eberhard . . 857
Brosch, Karl-Ernst 651
Brosch, Norbert 50
Broschat, Werner 196
Brosche, Dieter . . 627, 632, **700**
Brosius, Werner 1021
Brossard, Jean-Claude 210
Brouhns, G. 708
Brouwer, Ted. A. J. 518
Brown, B. G. 409
Brown, Cedric 477
Brown, J. 582
Brown, Tony 224
Bruch, Hans 926
Bruch, Joachim 927
Bruchhaus, Reinhard . . 632, 634
Bruchmüller, Uwe 101
Bruckner, Adolf 557
Bruckschen, Manfred 135
Bruckschlögl, Alfred 243
Bruderreck,
  Hartmut 362, 375, 378
Brück, Wolfgang 168, 595
Brückl, Ewald 259
Brückner, Dieter 997
Brückner, Karlheinz 1022
Brückner, Klaus 645
Brückner, Manfred 127
Brückner, Stefan 78
Brüderle, Rainer 747, 935
Brüderlin, Heinz 318, 625,
. . . . **670**, 703, 704, 823
Brüggemann, Christa 384
Brüggemann, Swen . . . 383, 582
Brüggerhoff, Stefan 196
Brügmann, Günter 647
Brümmer, Bernhard H. 593
Brümmer, Karl H. . . . **154**, 156,
. . . . 170, 185, 294, 372
Brüning, Klaus 360
Brünjes, Rudolf 865, 866
Bruer, Horst **300**, 374, 377
Brüssermann, K. 830
Bruhn, Christian 607
Bruine, Frans de 952
Brune, Wolfgang 807
Brunet, Jean-Pierre 213
Brunhöber, Ralf 622
Brunke, Dieter 124,
. . . . 126, 213, 294
Brunn, Anke 76

PERSONENREGISTER
B – C

Brunne, Karl-Adolf	132
Brunner, Ferdinand	248
Brunner, Hansheiri	833
Brunner, Oskar	1014
Brunner, Rudolf	971
Brunnert, Franz-Josef	382, 383, 384
Brunnhuber, Georg	883
Brunnsteiner, Adolf	245
Bruns, Helmut	78
Bruns, Joachim	639
Bruns, Werner	661
Brunswick, Wilhelm	1031
Brusis, Ilse	72
Brust, Gerd	663
Brust, Rolf	1022, 1036
Brutscheck, Martin	661
Bruyne, Albert de	708
Bryans, R. A.	410
Brychta, Peter	187
Brylak, Franz	652
Bubenitschek, Gerd	691
Bubinger, Hans	320
Buchanan, D. J.	222
Buchauer, Peter	609
Buchberger, Josef	621
Buchen, Richard	799
Buchen-Fetzer, Angela	799
Bucher, Manfred	940
Buchheit, Hans-Ludwig	323
Buchhofer, Ingo	40
Buchholz, Karl-Heinz	661
Buchloh, Achim	131
Buchmann, Friedel	1021
Buchner, Werner	908
Buchter, Axel	937
Buck, M.	1010, 1011
Buck, Manfred	935
Buck, Matthias	385
Buckingham, J.	410
Buckler, Michael	382, 686, 689
Buckley, M. S.	965
Bucksch, Peter	663
Buckwitz	914
Budde, Hans-Jürgen	705
Buddenberg, Hellmuth	318, 346
Budig, Peter-Klaus	1006
Budin, Franz	263
Budzinski, Karl-Heinz	132
Bué, Christian	213, 216
Bueble, Benno	625
Büchel, Hans Peter	569
Büchel, Karl Heinz	589
Büchler	893
Bücker, Franz Eggert	693
Büdenbender, Ulrich	88, 640, 671, 683
Bühl, Christian	317, 330
Bühler, Hans-Eugen	859
Bühler, Heinz	670
Bühler, Wilhelm	625
Bühlmann, M.	136
Bühlmann, W.	976
Buelens, Guy	710
Bülhoff, Theodor	1022
Bülow, Axel Graf	863
Bülow, Axel von	877
Bülow, Bernd von	612
Bülow, Gerhard W.	636
Bülow, Hans von	791
Bünte, Hermann P.	824
Buer, Lars	521
Bürgener, D.	1005
Bürgener, Dietmar	695, 805
Bürger, Hans-Dieter	330
Bürgi, Walter	**770**, 771
Bürgin, Hansjörg	874
Bürki, Ch.	976
Bürkle, H.	700
Büscher, Dietrich	928
Büscher, R.	829
Büsse, Hubert	359
Büssemeier, Bernd	611, 612
Bütefisch, Kurt-Dieter	912
Büttner, Jürgen	**705**, 794
Büttner, Klaus	1036
Bufe, Uwe-Ernst	130, 613
Buffet, Patrick	961
Bugelli, E.	214
Bugge, Hans Chr.	520
Bugla, Bernhard	931
Buhlmann, Hans-Martin	323
Buhr, Wolfgang	636
Buhse, K. H.	1003
Buhse, Karl-Heinrich	**666**, 693
Buj López, Jesús	273
Bujak, Wolfgang	72
Bulens, Robert	710
Bull, C. R. H.	223
Bull, Svein Erik	240
Bullard, Sir Julian	222
Bulling, Alfred	316
Bulling, Eberhard	164
Bulmahn, Edelgard	883
Bulmer, Douglas Laurie	225
Bulteel, Paul	709
Bunge, Wolfgang	650
Bungert, Klaus	667
Bunk, Eike-Friedrich	607
Bunte, Klaus	124, 125
Bunte, Klaus Bernhard	170
Buntenbach, S.	810
Buob, Karl	771
Burbulla, Erhard	131
Burchardt, Ursula	882, 883
Burckel, Jean-Claude	723
Burckhardt, Hieronymus	1020, 1022
Burd, Samuel D.	564
Burda, Wolfgang A.	134
Burgard, Horst	858
Burgardt, Jürgen	932
Burgath, Klaus-Peter	887
Burgdorf, Werner	630
Burger, Christian	875
Burger, Georg	805
Burger, J.	963
Burger, Norbert	88, 382, 383, 384
Burgert, Werner	601
Burges, Peter	611
Burghardt, Gustav-Adolf	114
Burghardt, Oskar	927
Burghardt, W.	998
Burghardt, Walter	662
Burghaus, Hermann J.	329
Burgstaller, Dietmar	42
Burhenne, Wolfgang E.	981
Buri, Heinz	569
Burian, Ferdinand	757, 793
Burić, B.	577
Burić, D.	577
Burić, Omrčen	577
Burk, Klaus	175
Burkart, Werner	895
Burkhard, M.	571
Burkhardt, B.	802
Burkhardt, Benedikt	772
Burkhardt, Hans	375
Burkhardt, Hans-Jürgen	986
Burkhardt, P.	976
Burkhardt, Wolfgang	847
Burkowsky, Michael	294, 997
Burmeier, H.	831
Burmeier, Harald	819
Burmeister, Ulrich	666
Burmester, Helmut	346, 374
Bursian, Manfred	647
Bury, Hans Martin	882
Bus de Warnaffe, Jean-Paul du	709
Busack, Volker	322
Busbach, Adolf	589
Busby, Roger	951, 953
Busch, Günter	814
Busch, Klaus	70, 857
Busch, Kurt	690, 1005, 1030
Busch, Niels E.	834
Busch, Wilhelm	54, 1001
Busch, Wolfgang	988
Busche, Heinz	112, 202
Busdraghi, Massimo	872
Bushati, Kurt K.	261, 262, **556**, 557, 563
Busland, Torstein	521
Busquin, Philippe	709
Busse, Helmut	68
Bussfeld, Klaus	639, 1028
Bussinger, Erwin	624
Bussmann, Bernard	601
Bußmann, Heinrich	88
Butac, A.	577
Butler, B. R. R.	577
Butler, M. H.	220
Butschkau, Udo	194, **993**
Buttelmann, Klaus	670
Buttgereit, Dieter	800
Buttgereit, Norbert	56
Buttkus, Burkhard	888
Butz, Horst	625
Buyer Mimeure, Paul de	212
Bye, Ronald	240
Byk, Daniel	950
Bysveen, Steinar	521
Cabello Corullón, Manuel	779
Cabezos Duarte, César	272
Cabiddu, Pietro	236

PERSONENREGISTER
C

Cabrera, J. M.	574
Cabri, Jean	844
Cabridenc, Roger	215
Cabrita, Isabel	974
Caccia Dominioni, Fabrizio	951, 953
Cacciatore, Stefano	238
Cachan Alvarez, Alejandro	573
Cadiou, Jean-Marie	952
Cadonau, G.	774
Cadron, E. C.	577
Caesar, Cajus	661
Cagliari, Gabriele	486
Cahill, F. B.	480
Cahingt, M.	578
Cahn von Seelen, Udo	328, 636, 693, 700
Caillaud, André	211
Cainer, Edoardo	406
Calatayud Fernández, Paulino	278
Caldana, Giacomo	483
Calder, Neil	788
Calia, Francesca	236
Callou, R.	963
Calmes, Jean-Donat	747
Calo, Giuseppe	950
Calvet, Bernard	401, **869**
Calvet, Jérôme	723
Calvetti, S.	877
Calvillo Urabayen, Miguel	876
Calvisi, Gabriele	237
Calvisi, Nino Melchiorre	236
Calvo, Jesus	876
Calvo García, Joaquin	779
Calzoni, Ugo	955
Cambus, Claude	721
Cammarata, F.	959
Cammarata, François	954
Campbell, Brian	967
Campbell, Neil	410
Campbell, W.	733
Campi, Enrico	489
Campo, E.	949
Campos, Mota	565
Campos Julia, Carlos	978
Camsey, Granville	733
Canegallo, Pierluigi	950
Canellopoulos, Georg	218
Canevello, Paolo	871
Canning, Lorcan S.	739
Cánovas del Castillo, Concepción	977
Canovas Martínez, José	273
Canseco, Antonio	876
Cante, Fritz	624
Cantzler, Klaus	858
Cantzler, Roland	324
Capelaris, Y.	877
Capiau, Geert	581
Capo Mateu, Miguel	574
Carattoni, Alessandro	352
Caravaggi, Roberto	741
Carballo, Francisco	573
Carceller Coll, Demetrio	574
Carcia, João	974
Cardillo, Enrico	955
Cardinal, Geoffrey	558
Cardoso e Cunha, Antonio	949
Carette, Willy	386
Caride de Liñan, D. Camilo	283
Carjell, Uwe	323
Carl, Hans Egon	604
Carle, R.	787, 788
Carle, Remy	721
Carlier, Luc	869
Carlos da Silva Carneiro, Antonio	954
Carlsen, Claus	944
Carlsson, Jan Olof	975
Carlsson, Reidar	975
Carminati, Augusto	237
Carneiro, Martins	565
Caroli, Giorgio	237
Caron, Pierre	962
Carpentier, Michel	952
Carrie, Nicholas John	398, **564**
Carron, Pierre	261
Carson, M. J.	731
Carstens, Dieter	139
Carstensen, H.	136
Carstensen, Meinhard	360
Carstensen, Peter Harry	882
Carstensen, Uwe	1001
Carstensen, Wulf	595
Carta, Giampiero	237
Carta, Giuseppe	741
Cartellieri, Ulrich	140, 597, 607
Carter, R. J.	409
Carus, Michael	732
Carusillo, Nunzio	236
Carvalho, Delfim	974
Carvalhosa, Athayde de	763
Carvallo, Philippe	869
Carvill, Charles	228
Carvill, Michael	228
Carvounis, P.	951
Casas Gomez, Guillermo	978
Caseau, Paul	721
Casley, Henry	731
Caspari, Klaus-Peter	322
Caspari, Peter	294, 321
Casper, Hermann	363
Caspers-Merk, Marion	882
Castaigne, R.	214
Castaigne, Robert	522
Castellan, Jean	722
Castellan, Paul	398
Castellano Auyanet, Antonio	781
Castellotti, Luigi	238
Castells López, Carlos	977
Castro, Fernando	876
Castro Esteban, Francisco Javier de	955
Castro Garcia, Silverio	275
Castro Rocha, José Manuel	787
Catalá Laguna, Eduardo	779
Catenhusen, Wolf-Michael	882, 883
Catharin, Wolfgang	241
Cattan, Alessandro	352, 840
Cattaneo Trissino da Lodi, Aurelio	872
Cattani, Letizia	950
Cattaruzza, Alberto	484
Catterall, Ashley	224
Cattin, J.	976
Cavelty, Luregn Mathias	568
Cavonius, C. R.	990
Cayron, Robert	709
Cazes, Sami M.	397
Cedercreutz, Axel	209
Celletti, Pietro	489
Cerero Urigüen, Rafael	778
Cernajsek, Tillfried	973
Ceron Ayuso, José Luise	573
Ceska, Franz	957
Ceulemans, H.	790
Ceyrowsky, Paul-Georg	926
Chaffiotte, Henri	962
Chagas, Chalmique	565
Chainet, Yves	963
Chaligopoulos, H.	728
Chamberlain, L. N.	734
Champ, Philip	732
Chandra, A.	577
Chantelat, Pierre	723
Chantraine, Alain	950
Chapman, Derek J.	479
Chapman, Peter	732
Chardon, Claude	216
Charlier, Hubert	950
Charrault, J. C.	951
Charrault, Jean-Claude	953
Charrier, Hubert	214
Chartier, Philippe	962
Chaton, Bernard	210, 216, **868**
Chatwin, Malcolm	731, 732
Chaumet, P.	400
Chaussette, Michael	864
Chefneux, Eric	733
Chemnitz, Ernst G.	824
Chester, Peter	733
Chevalier, Thierry	844
Chiavari, G. L.	483
Chierici, G. L.	577
Chilakou, P.	964
Chilton, F.	222
Chioccioli, E.	949
Chlodek, Josef	912
Chomat, Christian	407
Chondros, Nikolaos	954
Christ	910
Christel, Alexander	661
Christen, Ernst	572
Christensen, Jens Starbæk	390
Christensen, Ole Winther	960
Christensen, Paul Grønborg	713
Christersson, Bengt	765
Christgau, Gerhard	693
Christian, Wolfgang	134
Christiani, J.	810
Christiani, Rolf	372
Christiani, Siegfried	68
Christians, F. Wilhelm	639, 659, 747
Christiansen, Gunnar	240
Christiansen, Hans-Otto	667
Christianus, Dieter	180

PERSONENREGISTER
C

Christmann, Thomas	168	
Christoffersen, P. Skytte	948	
Christopeit, Joachim	841	
Christoph, Günter	**30**, 174, 175	
Christophersen, Henning	949	
Chromik, Peter	202	
Chromik, Reiner	798	
Chryssis, A.	728	
Chudy, Stephen	373	
Chupin, Jean-Claude	722	
Churn, M. C.	412	
Ciaccia, Paolo	488	
Ciapparelli, Giosuè	237	
Ciatti, Franco	487	
Ciccarello, Renato	792	
Ciccu, Raimondo	236	
Cieniewicz, Josef	654	
Cieslik, Wolfgang	852	
Cilia, Federico	234	
Cimarra, Giuseppe Natale	486	
Cimenti, Mario	234, **953**, 955	
Cioffi, Enrico	953	
Cipa, Walter	360	
Cipriano, Piero	485	
Cirkel, Christian	925, 926, 927	
Cirkel, Winfried	800	
Ciszak, Eugeniusz	284	
Claassen, Jürgen	135	
Claassen, Rolf	683	
Claereboudt, J. M.	386	
Claes, Jef	708	
Clair, Georges	214	
Clajus, Peter	611	
Clamer, Harry W.	375, 376	
Clark, David B.	732	
Clark, G. F.	406	
Clarke, Andy	794	
Clarke, Bob	408	
Clarke, J. N.	870	
Clarke, R.	790	
Clarke, Sir J. N.	220	
Clarner, Peter	70	
Clasen	945	
Class, Richard H.	182	
Claude, André	388	
Claude, B.	408	
Claus, P. G.	581	
Clausen, Alexander	772	
Clausen, Claus-Dieter	927	
Clausnizer, Gunther	329, 699	
Clauss, Günther	987	
Clavadetscher, Heinz	568, 570	
Clavadetscher, Urs	771, 772	
Clayman, Dave	870	
Cleare, I. M.	966	
Clemens, Willi	322	
Clement, Jean	868	
Clement, Thomas	148	
Clement, Wolfgang	88	
Clemente, Gian Felice	741	
Clemm, Christoph	600	
Clerehugh, G.	478	
Clerici, Ernesto	741	
Clermonté, Jacques	217	
Cleutinx, Christian	951, 952	
Cleven, Klaus	683	
Clever, Friedrich	132	
Clever, Peter	897	
Clini, Corrado	741	
Clò, Alberto	741	
Cloosters, Wolfgang	926	
Cmelka, Dieter	611, 612	
Coates, K. H.	731	
Cobo Huici, Ramón	273	
Cochrane, W. G.	409	
Cociancig, Bernhard	557	
Cockshaw, Alan	733	
Cocude, Marcel	962	
Coelho, Peres	565	
Coen, Rynal	739	
Coenen, B.	1011	
Coenen, Eckehardt	88	
Coenen, Paul	130	
Coenen, W.	1011	
Coenen, Wilfried	1020	
Coerdt, Karl Hubert	376, 925	
Cognet, Jacques	581	
Coiffard, Jean	723	
Colapaoli, Emilio	362, 568	
Colas, Alain	211	
Colberg, Friedrich	946	
Coldewey, Wilhelm	192	
Coleman, Robert	950	
Coleman, Tony	732	
Colhoun, Christian	823	
Colin, Jean-Paul	962	
Collard, Joseph J.-B. F.	605	
Colli, G.	582	
Collier, John	734	
Collier, Rüdiger	606	
Collin, Måns	566	
Colling, Armand	951, 953	
Collins, D. L.	407	
Collins, J.	412	
Collins, J. P.	220	
Colomb, A.	775	
Colomb, Alain	**773**, 793	
Colomb, R. B.	413	
Colombás Marti, Miguel	575	
Colombo, Corba	578	
Colombo, Umberto	741, 834, 981	
Colomo Gómez, Miguel	273	
Colpaert, E.	959	
Colpaert, T.	710	
Colthurst, John	233	
Colucci, Elio	741	
Colvin, Than	520	
Combescure, Marc	216	
Comelli, Rag. Giancarlo	955	
Cómez-Acebo y Duque de Estrada, Ricardo	781	
Commichau, Axel	**300**, 316	
Comptour, Bernard	721	
Comsa, George	696	
Conde Conde, Mario	575	
Conlon, Michael N.	481	
Connerotte, J. P.	710	
Conofagos, Elias	404	
Conrad, Carl-August	666	
Conrad, Hans Günther	187, **793**, 194, 196, 1002	
Conrad, Jens	597	
Conrad, Margit	689	
Conrad, Peter-Uwe	919	
Conradi, Peter	882	
Conrads, Hans	688	
Conruyt-Angenent, H.	790	
Constant, R.	708	
Constantin, Ernst Otto	367	
Consten, Hans	76	
Conte, Alberto	571	
Contreras, Juan	277	
Contu, Giovanni Battista	236, 237	
Contzen, Jean-Pierre	952	
Cook, Peter	966	
Cooper, David	224	
Cooper, John David	954	
Coppens, E.	959	
Coppens, Jacques	388, 709, 794	
Coppi, Antonio	483	
Copple, F. C.	854	
Coquereau, Georges	398	
Coqui, Helmuth	901	
Corah, Nicholas	732	
Corda, Antonio	236	
Cordero, David	275	
Cordes, Fred	316	
Cordes, Hermann	134	
Cordes, Rudolf	253	
Cordingley, John	409	
Cordsen, Eckhard	945	
Cornélis, François	844	
Cornelius, Gerhard	167	
Cornelius, Helmut S. H.	807	
Cornelius, Joachim	691	
Cornelius, Leenert	1032	
Cornels, Helmut	852	
Cornely, Klaus	663	
Cornely, Wolfgang	591	
Corner, James T.	**734**, 787, 788	
Cornet, Marcel	954	
Cornot-Gandolphe, S.	581	
Cornu, Paul-André	773	
Coronel de Palma, Luis	781	
Corrado, S.	869	
Corral Lopez-Doriga, Alberto	780	
Correa da Silva, Zuleika	283	
Correia, Silva	763	
Correia de Sá, António	266	
Correia de Sequeira, Cesar Augusto	834	
Corsini, Giuseppe	954	
Corvi, Corrado	741, 834	
Cosgrove, C. M.	478	
Cossmann, Karl-Heinz	591	
Cosson, Robert	341	
Costa, Luis	974	
Costabel, Harald	703	
Costentin, Paul	211	
Costopoulos, C.	219	
Costopoulos, Dana Papastratis	219	
Cottmann, Heinz	54	
Cottrill, Jahn	731	
Couchepin, Bernard	568	
Couedel, Bernard	210	
Coufal, Ernst	249	
Coughlan, L. S.	954	

PERSONENREGISTER
C – D

Name	Page(s)
Coulon, Reinhard	364
Coupin, Yves	162, **212**
Courbouleix, Serge	217
Court, Roland	722
Courtney, Roger	965
Cousin, Yves	721
Coutts, Ian	732
Couture, Jacques	723
Couture, Jean	834, 963
Couture, Pierre-François	400, **962**
Couzens, Kenneth	954
Couzens, Sir Kenneth	284
Covino, Michele	792
Cowe, Dan	732
Cox, Roy	731
Cox-Johnson, R. M.	409
Craabels, Ferdinand	216
Craabels, Yves	216
Cramer, Heinz	108, 624, 634
Cramer, Herbert	78
Cramme, Klaus-Peter	864
Crawford, Sir Frederick	734
Cremer, Claus	997
Cremer, Franz Cornel	89
Cremer, Sven	929
Cremona, Jean-Pierre	721
Crespo, Luis	834
Crettiez, Pierre	869
Crispo, Lucio	483
Cristin, Jean-Claude	773
Cristina de Sousa, Mário	565
Cristofori, Nino	835
Criswell, R. J.	406
Crocq, Jean-Jacques Le	401
Cromme, Gerhard	**132**, 135, 1034
Crone, Hugo von der	770
Cronenberg, Dieter Julius	367
Cronenberg, Martin	884
Cronin, Philip	481
Cropp, Uwe-Jens	368
Crotti, Domenico	489
Crowder, Alf	733
Crowson, Phillip C. F.	224, 878
Cruciani, Michel	400
Cruscz, Paul	127
Cruse, B.	998
Cruz Albarraque, Humberto da	266
Cruz Mata, Gustavo S.	564
Crysandt, Hartmut	926
Cubitt, Roger	950
Cucchiani, Giovanni	484
Cúe González, José	273
Cuéllar Angulo, C. G.	577
Cuervo-Arango Martínez, Carlos	781
Culka, Wilhelm	558
Cullen, E. J.	966
Cullierrier, M.	214
Cullierrier, Michel	214
Culotta, Domenico	234
Cummins, W. W.	227
Cumo, Maurizio	741, 742
Cunha, Ferin	763
Cunningham, R.	790
Curdt, Hans Arnim	126
Curry, Andrew	731
Curt, J.	214
Curth, Klaus	684
Cuttica, Giovanni	721
Cwiklinski, Claude	215
Czech, Herbert	929
Czeguhn, Klaus	698, 705, 1010
Czernie, Wilfried	318
Couture, Jean	834, 963
Czichon	867
Czichon, Günther	**667**
Czichos, Horst	890, 1004
Czieslik, Gerhard	611
Czoske, Bernd	824
Czubik, Eduard	261, 262, 263
Czuppon, Adam	1023
Czwalinna, Hans-Jürgen	36, 46
Czypionka, Ulrike	827
Dablin, E. P.	878
Dach, Günter	172, 173
Dähler, Helmut	**324**, 328
Dähnert, Reiner	92, 96
Daemen, A.	959
Dänzer-Vanotti, Christoph	606, 609
Däunert, Ulrich	899
Daghofer, Günter	757
Dahl, Eva Maria	88
Dahlblom, Ingmar	396
Dahle, Ø.	522
Dahlhaus, Jürgen	912
Dahlke, Günter	604
Dahlöf, Lars	975
Dahm, Hans-Diether	927
Dahmann, Dirk	1023
Dahs, Johannes	597
Daigle, J.-Y.	283
Dakyns, A. C.	581
Dalakides, Vassilios	218
Daldrup	892
Dalessio, A. J.	413
Daléus, Lennart	975
Dalezios, I.	964
Dallery, Guy	723
Dallod, Y.	210
Dalton, Howard	477, 478
Dalton, Ted	739
Damberg, M.	798
Dambrine, Fabrice	962
Damianidis, Ingrid	972
Damien, Roland	282
Damm, Gerd Rainer	939
Damm, Horst	128
Dammann, Horst	851
Damme, Robert van den	710, 787
Dammer, Christopher	908
Dammers, Heinz	636, 666
Dammeyer, Dieter	856
Dampf, Rainer	318
Danby, J. D.	409
Dance, David	733
Dander, W.	825
Dangeard, A. L.	962
Dangeard, Alain Louis	214
Dangelmaier, Paul	632
Dangubic, R.	793
Daniels, Will-Hubertus	185
Danielsen, Åge	240
Danner, Helmut	663
Danner, Wolfgang	884
Darby, John	411
d'Arche, Yves	216
Daret, Jacques	215
Dargatz, Georg	1037
Darmon, James	722
D'Arpizio, Domenico	484
Darricau, Aimé	722
Darriulat, Pierre	788
Dartsch, Bernhard	694
Dasi, Gerardo Filiberto	835
Dassen, Heinz	72
Daßler, Jürgen	600
Dattenberg, Klaus	55
Dattler, Manfred J.	325
Datzer, Harald	695
Daub, J.	282
Daubenbüchel	897
Dauber, Christoph	50
Daudel, Raymond	834
Daum, Josef	559
Daum, Karl-Heinz	122
Daumalin, M.	210
Dauner, Gunther	261
Daurer, Albert	973
Daurès, Pierre	721
Dautenheimer, Karlheinz	635
Dauwe, Dietrich	294
David, Peter	699
Davids, Peter	934
Davids, Wolfgang	813
Davidson Kelly, Norman	409
Davies, Gareth	732
Davies, J. L. T.	285
Davies, K. C.	878
Davies, Rob	408
Davies, S. R. H.	479
Davis, Alan	283
Davis, Brian Michael	412, **485**
Davis, L. A.	223
Davrou, Claude	215
Dawid, Klaus	154
Day, Sir Graham	733
Dayal, Maheswar	834
Dayer, Félix	773
De Brouwer, Robert	954
De Cort, Remi	709
de Fries, Heinz	826
De Groot, E.	958
De Jonghe, E.	959
De L'Estang Du Rusquec, Jean	574
de Lannurien, Xavier	868
De Leonardis, Filippo	484
De Michelis, Gianni	835
De Palma, Giuseppe	484
De Preux, Maurice	568
De Raad, Bastiaan	788
De Vita, Pasquale	482
De Waele, Michel	205
Dean, R. R.	204, 283
Deane, John	731
Debacq, Philippe	212

PERSONENREGISTER
D

Debay, Jean-François 721
Debelius, J. 979
Debruyne, Etienne 869
Debus, Jürgen 935
Decaluwe, T. 578
Decamps, F. 708
Decand, Gilles 950
Deckart, Rudolf 48
Decken, Claus von der . . . 901
Decken, Claus-Benedict . . . 696
Decken, Friedrich von der . . 144
Decker, Edmund 382
Decker, Horst 639
Decker, Karl-Heinz 641
Deckert, Christa 999
Decleir, W. 710
Decombe, Gerhard 558
Deconinck, Frank 708
Decourt, Etienne 211
Dee, R. W. R. 749, 788
Défago, Eric 569, 571, 572
Defays, Daniel 950
Deferr, Raymond 570
Defregger, Franz 910
Degel, Josef 590, 591
Degen 907
Degen, H. 378
Degens, Paul 1023
Degersem, P. 710
Degg, Garry 732
Degimbe, Jean 950
Degois, Michel 853
Deguen, D. 963
Dehesa Romero,
  Guillermo de la 781
Dehmel, Hans-Hermann . . . 589
Dehnel, Wolfgang 882
Dehner, Robert 907
Dehnert, Karl-Otto 691
Deibel, Fritz Ulrich 611
Deichmann, Klaus-Jochen . . 857
Deichmann, Rolf 605
Deiders, Rita 689
Deilmann, Hans Carl . . 124, 154
Deilmann, Jürgen 154,
  . . . . 164, 294, 1033
Deimer, Josef 315
Deindl, Reinhold 89
Deines, Duane D. 480
Deininger, Gerhard 251
Deisenhofer, Gerd 866
Deisenroth, Norbert 114
Dejonghe, L. 958
Dekeyser, J. 710
Dekker, G. 492
Del Bò, Alfredo 237
Delacour, J. 578
Delannay, Bernard . 210, 869, 954
Delaporte, Pierre 721
Delas, C. 400
Delatre, A. 869
Delétie, Pierre 217
Delezay, Patrice 400
Delfgaauw, Tom 386, 388
Delfosse, Claude 709
Delhaes, Klaus-Jürgen 912

Delille, Helmut 932
Delisle, Georg 888
Dell'Orto, Giovanni 488
Dellanay, Bernard 210
Dellsperger, Werner 299
Delmhorst 892
Delnoij, Joep G. J. M. 518
Delorme, Dominique 217
Delors, Jacques 949
Delporte, J. 959
Delporte, M. 959
Deman, J. 386
Demel, Hermann 250
Demeure de Lespaul, E. . . . 408
Demirchan, Kamo 834
Demmer, Bruno 664
Demmer, Franz 322
Demolin, Maurice 708
Demuth, Erhard 30
Demuth, Harald 168
Denby-Wilkes, Vincent . . . 962
Denecke, A. C. 300
Dengler, Peter 332
Denk, Dieter 154
Denk, Franz 254
Denk, Robert 556
Denner, Harald 121
Dennerlein, Ortwin 60
Dennert, Volker 905
Denny, Alfred 635
Deny, Louis 213
Denzer, Günter 158
Denzler, Karl-Robert 629
Depaemelaere, Jean-Pierre . 709
Deparade, Klaus 666
Deppe, Erich 330, **669**, 867
Deppermann, Bernd 660
Deprez, M. 959
der Meer, D. van 577
Derchi, Mauro 484
Derclaye, François 214
Derichs, Willi 72
Derichsweiler, Stefan 198
Dermietzel, Ernst 88
Derwall, Rudolf 48
Desaint, Roger 397
Deschamps, François 215
Deschamps, Jean-Marie . . . 217
Desmarest, Thierry 522
DeSorcy, G. J. 577
Desprairies, Pierre 834
Desprez, Jean-Marie 844
Deß, Albert 883
Dessens, C. W. M. . 518, 969, 979
Destival, Claude 721
Detaille, Fernand 709
Detaille, Marcel 955
Detay, Michel 217
Detering, Kurt 180
Detharding, Herbert 296,
  . . . . 346, 363, 374
Dethomas, Bruno 949
Detilleux, E. 708
Detsis, Ioannis 218
Dette, Manfred 180
Dettmer, Wilhelm 635

Deuster, Gerhard 704, 796
Deutsch, Elmar J. 593
Devaux-Charbonnel, Jean . . 401
Devine, Noel J. 266
Devroede, A. 959
Dewost, Jean-Louis 949
Deye, Jörg 356
Dezeure, Jacques . . . **216**, 954
Dhom, Georg 937
d'Huart, Jean 217
Diamanti, Catherine 404
Díaz de Rábago,
  Carmela Arias y 781
Díaz López, Carlos 781
Díaz Río, Eduardo 781
Díaz Soares, Francisco 574
Díaz-Caneja Burgaleta,
  Fernando 781
Díaz-Estébanez Villavicencio,
  Mauro 781
Dibbern, Detlef 588
Dibelius, G. 1011
DiBona, C. J. 577
Di Carpegna, Ranieri 952
Dichon, Claude 400
Dick, Alfred 367
Dick, Georg 916
Dick, Günter 92
Dick, Manfred 141
Dick, Werner 134
Dickel, K. H. 816
Dickel, Udo 160
Dickerhof, Michael 901
Dickgießer, Heinz 646
Dickmann, Hans Bernd . . . 635
Dickmann, Heinrich 1028
Dickmeis, Manfred 88, 1021
Dickten, Joachim 827
Didlaukies, Jürgen 933
Dieber, Kurt 245
Diedenhofen, Reinhard . . . 852
Diederich, Gerd 150
Diederich, Pierre 955
Diedrichs, Karl Erich 869
Diehl, Heinz-Georg 635
Dieke, Gerold 900
Diekelmann, Karl 688
Dieken, Hans-Dieter 358
Dieker, Werner 595
Diekmann, Gerd 167
Diekmann, Horst 830
Diel, Rolf . . 135, 651, 747, 853
Diem, Anneliese 255
Diem, Hildegard 255
Diem, Johann 255
Diemers, Renate 882
Diener, Winfried 592
Dienhart, Robert A. 868
Diensberg, Karl 330
Diepvens, R. 708
Dierssen, Gustav 611
Diesen, Erling 791, 970
Diesener, Angelika 101
Dietel, Heinrich 611
Dieter, Werner H. 130,
  . . . . 353, 598, 639

PERSONENREGISTER
D

Dieterich	893
Dietl, Manfred	241
Dietl, Rainer	624
Dietrich, Jürgen	661
Dietrich, Klaus	608, 612, 661
Dietrich, Norbert	999
Dietrich, Ove W.	791
Dietrich, Peter	630
Dietrich, Reinhard	100
Dietrich, Thomas	594
Dietrich, Werner	184
Dietrich, Wolfram	626
Dietze, Günther	890
Dietze, Hans-Joachim	696
Dietze, Rainer	940
Dietzsch, Jürgen	929
Dievoet, J. P. van	790
Diez, Gerhard	608
Diez, Jacques	708, 709
Diezinger, Rolf	857
Dijk, N. J. van	492, 519
Dijkhuizen, A. J.	518
Dijon, Philippe	128
Dikty, Rüdiger	842
Dilks, J.	477
Dill, Wolf	190, 191
Dilla, Ludger	88
Dillen, M.	708
Dillmann, Jürgen	704
Dimter, Karl	973
Dinesen, Arne	960
Ding, Siegfried	299
Dingethal, Matthias	807
Dinkel, Adolf	621
Dinkloh	892
Dintinger, Ernst	606
Dippel, Friedrich	651
Dirks, Thomas	635
Dirks, Wolfgang	76
Dirksen, Wolfram	1029
Discacciati, F.	234, 236
Dischler, K.-Heinz	601
Dispa, Jacques	950
Distler, Klaus	644
Ditlev-Simonsen, P.	239
Dittbrenner, Arnold	690
Dittmann, Bernd	1034
Dittmar, Herbert	627
Dittmar, Peter	636
Dittner, Uwe	857
Dittrich	891
Dittrich, F.	586
Dittrich, Hartmut	845
Dittrich, K. IJ.	586
Dittrich, Klaus	257, 805
Dittrich, Klaus-Jürgen	608
Ditzler, Michael	70
Dixon, David	407
Dixon, E. C.	225
Dixon, Ron	733
Djamali, Ebrahim Arabzadeh	135
Dobat, Hans	691
Dobberthien, Marliese	882
Dobernig, Diethelm	243
Dobner, T.	760, 788
Dobrucki, Max	562
Dobrynin, V. M.	577
Dobrzynski, Waldemar	143
Döhler, Eberhard	606
Döpp, Reinhard	180
Dördelmann, Josef	1021
Dördelmann, Norbert	591
Dörfler, Marianne	805
Dörflinger, Hansjörg	646
Dörflinger, Werner	882
Dörich, Hans-Joachim	825
Dörich, Joachim	694, 825
Doerig, Hans-Ulrich	747
Döring, Hans-Joachim	857
Döring, Rainer	660
Döring, Werner	602, 611
Döring, Winfried	593
Dörne, Peter	929
Dörner, Karl Heinz	141
Dörr, Manfred	320
Dörr, Rolf-Dieter	892
Dörrenbächer, Wolfgang	62, 64
Doets, Robert C. A.	518
Doetsch, Karl J.	861
Döttinger, Karlheinz	1019
Doherty, Des	739
Dohm, Klaus-Dieter	602
Dohmen, Alexander	195
Dohmen, Hans-Peter	1031
Dohms, Norbert	817
Dohr, Roman	597
Dohrmann, Friedhelm	58, 62, 68, 1036
Dohrn, Ernst	139
Dokowski, Nikolaus	940
Dolan, Tom	739
Doleschall, Sandor	577, 834
Dolkemeyer, Wilfried	593, 818
Dollmann, Rolf	137
Dombrowsky, Herbert	324
Domenici, Clemente	484
Dominguez-Adame, Juan	876
Domke, Günter	845
Dommasch, Gerd	884
Domptail, Raymond	215
Doms, Ph.	959
Domsch, Stephan	842
Domínguez-Adame Cobos, Juan	779
Don, W.	749
Donabin, Martine	397
Donatsch, Christian	771
Dondelinger, Jean	949
Donder, H. de	959
Donegan, Raymond	871
Donel, Manfred	164
Donfut, J.	388
D'Onghia, Bruno	794
Donnermeyer, Reinhold	80
Donnersmarck, Carl Josef Henckel von	261
Donovan, Charlex	477
Dorenwendt, Klaus	890
d'Orey Velasco, André	763
Dorfer, Leopold J.	260
Dorfner, Hermann	143, 183
Dorgerloh, Klaus	180
Dormann, Jürgen	598, 599, 609
Dornbusch, Detlev	1004
Dorner, Franz	559
Dornick, E.	945
Dorrer, E.	998
Dorsfeld, Karl-Heinz	586
Dose, V.	1009
Dosogne, Eric	709
Doss, Hansjürgen	882
Dostall, Franz-Josef	645
Douka, V.	964
Douvitsas, Panagiotis	218
Dow, W. R.	220
Dowell, A. C.	407
Drabiniok, Alfred	939
Dräger, Dieter	360
Dragone, Umberto	741
Dransfeld, Karl-Heinz	30
Drasche, Heinz	937
Drath, Joachim	654
Drath, Jürgen	92, 1026
Drath, Ulrich	651
Drathen, Hans	589
Draub, Ulrich	915
Draulans, H.	710
Drautzburg, Günther	595
Drechsler, Arild	522
Drees, J.	695
Drees, Werner	56
Dreher, Arnold	253
Dreher, Heinz	646
Dreisvogt	894
Drescher, Burkhard	683
Drescher, Gerhard	757
Drescher, Heinz Erhard	926
Drescher, Joachim	921
Dresen, Lothar	987, 988
Dresler, Wolfhard	84
Dresse, Hubert	709
Dressler, Georg	665
Dreßler, Rudolf	691
Drew, Peter	955
Drewel, Rolf	640
Drews, Jürgen	687
Drexel, Gerhard	1025
Dreyer, Artur	132
Dreyer, Jens	353, 378
Driesen, Horst	683
Drion, Dominique	708
Drisaldi, Orazio	483
Drobek, Franz Karl	325, 693
Drodofsky, Rainer	80, 996
Drögemüller, Frieder	347
Drößler, Friedrich	364
Dronia, Wolfgang	929
Drooge, B. van	749
Drosselmeyer, Elisabeth	1008
Droste, Hermann	134
Drouiller, Yvon	217
Droushoudt, L.	958, 959
Drovard, Jean	210
Drüppel, Franz	611
Dryden, James Elmer	259
Duane, John	739
Duarte, J. M.	266
Dubois, A.	949

Verlag Glückauf · Jahrbuch 1993

PERSONENREGISTER
D – E

Dubois, Paul	217
Dubois, Pierre	211
Dubromel, G.	399
Dubsky, Werner	372
Ducat, Jean	210
Duchène, Michel	216
Duchi, Cécile	708
Duchow, Alfred	811
Ducor, Louis	569, 773
Duddek, Herbert	89
Dudenhausen, Wolf-Dieter	944
Dudnitzek, Klaus Peter	626
Dübbers, Jürgen	76
Dücker, Rainer	636
Dürasch, Hans-Peter	147
Dürr, B.	773
Dürr, Hans	1000
Dürr, Heinz	346
Dürr, Klaus	806
Düsenberg, Reiner	645
Düsterhöft, Arnold	141
Dütz, A.	697
Düwel	934
Duffy, John A.	739
Dufour, Yves	722
Duisberg, Carl-Heinz	805
Duke, Robert W.	409
Dulias, Klaus	154, 156
Dumas, D.	493
Dumbrell, John L.	478
Dumke, Ingolf	888
Dumont, J. M.	581
Dumonteil, Gérard	211
Dumsky, Georg	325, 664, 823
Dumstorff, Helmut	156
Duncan, Ian G.	492, 519
Duncan, M.	790
Duncan, Niven	732
Duncan, Peter J. B.	348, 374
Dunkelmann, Klaus	670
Dupasquier, Georges	401
Dupke, Detlef	346
Dupleix, Alain	399
Dupont, Bernard	773
Dupont, Denis	**212**, 216
Dupont, L.	958
Dupont, Marcel	210
Dupont-Fauville, Antoine	398
Duport, Jean-Pierre	723
Dupuy, Jean-Claude	**399**, 401
Duquesne, Jean Pierre	348
Durán Vidal, Pedro	779
Durand, Patrice	722, 963
Durand-Texte, G.	284
Durant, Franz C.	329
Durante, Leopoldo	238
Durocher, Michel	280
Durrer, Adalbert	976
Durry, Jürgen	321, 348, 376
Durst, Franz-Dieter	828
Dusar, M.	207
Duschek, Roland	101
Dussel, Robert	684
Duthie, Robin	406
Dutschk, Hans-Jürgen	941
Duursen, Peter van	518, 519
Duvillier, Françis	708
Dworak, Alfred	651
Dybing, Aase	969
Dyck, Gerd van	856, 866
Dylla, Diethard	201, 932
Dzierzon, Walter	154
Earlougher, R. C.	409
Easton, J.	979
Eastwood, David G.	225
Ebbeke, Rolf	121
Ebbrecht, Horst	852
Ebel, Claus	686
Ebel, Claus W.	58, 62, 64, 646, 1022
Ebel, Klaus	858, 1036
Ebeling, Hans-Jürgen	**628**, 634, 669
Ebeling, Peter	367
Ebensen, Wolfgang	635
Eber, Rudolf	325
Eberhardt, Wolf	114
Eberhardt, Wolfgang	696
Eberle, Herbert	114
Ebersbach, Werner	131
Ebertz, Maria K.	611, 612
Eble, Werner	608
Eccles of Moulton, Lady	732
Echevarria Hernandez, Juan Manuel	278
Echevarria Martinez, José Luis	277
Echterhoff, Jürgen	84, 85
Echterhoff, Matthias	1036
Echternach, Lothar	66
Eckard, Hans	254
Eckardt-Schupp, Friederike	805
Ecke, Hans	348
Eckel, Horst	66
Eckel, Josef	66
Eckele, Albrecht	588
Eckell, Albrecht	134
Eckelmann, Robert M.	377
Eckelmann, Wolf	887
Ecken, Paul	646
Ecker, Felix	184
Ecker, Franz-Rudolf	939
Ecker, Jürgen	853
Eckert, Felix	611
Eckert, Lutz	318
Eckhardt, Franz-Jörg	888
Eckhardt, Hans-Peter	685
Eckhart, Erwin	243, 244
Eckmann, Walter	126
Eckstein, Günter	352
Economides, Michael J.	261
Edelmann, Bernhard	826
Edelmann, J.	1011
Edelmann, Klaus	809
Edelmann, Konrad	867
Eden, Richard	732
Eder, Erwin	910
Eder, Gertrude	556
Eder, Kurt	556
Eder, Reinald	911
Edin, Karl-Axel	791
Edwards, G. W.	411
Eekhoff, Johann	884
Effenberger, Franz	591
Effenberger, Monika	919
Efken, B.	1005
Eger, Wolfgang	89
Egger, Fred	559, 562
Egger, Hermann	561, 757
Egger, Kurt, Bern	569, 570, 572
Egger, Kurt, Mannheim	857
Egger, Max	977
Egger, Norbert	629, 684
Eggermont, G.	708
Eggers, Ernst	320, **935**
Eggers, Hans-Jürgen	651
Eggers, Jan	698
Eggers-Becker, Justus	4, 187, **193**
Egghart, Walter	556
Eggli, Albert	569
Egle, Gert	597
Egloff, Kurt	569
Egloff, Roger	791
Egloff, V.	774
Egmond, C. C.	749
Egner, Claus	935
Egressy, A. G.	518
Eguilior y de Ferrer, Carlos de	779
Ehelechner, Werner	907
Ehhalt, Dieter	696
Ehlermann, Claus Dieter	950
Ehlers, Peter	894
Ehlers, Sieghard	698
Ehlers, Wolfgang	882
Ehlert, Hans	813, 842, **844**, 1036
Ehmann, Werner	606
Ehrenberg, Rüdiger F.	302
Ehrenstraßer, Hermann	624
Ehret	893
Ehret, Jürgen	612
Ehrhardt, Klaus	116
Ehrich, Hartmut	842
Ehring, Karl-Heinz	175
Ehringhausen, Hubert	644
Ehrlich, Christian	944
Ehrmann, Thomas	884
Ehrnrooth, Georg	209
Ehrt, Robert	130
Eich, Ludwig	882
Eichbaum, Friedrich	1036
Eichberger, Helmut	257
Eichele, Günther	910
Eichen, Jens von den	924
Eichen, Ludwig	328
Eichenberger, Roland	772
Eichendorf, Klaus	612
Eichholtz, Andreas	651
Eichholtz, Peter	42
Eichhorn, G.	300
Eichhorn, Gerd	318, 357, 374
Eichhorn, Jürgen	911
Eichhorn, Siegfried	645
Eichinger, Ernst	757
Eichner, R.	943
Eickelbaum, Manfred	812, 816
Eickelberg, Horst-Dieter	167

PERSONENREGISTER
E

Eickelen, Fritz 683
Eickemeier, Jürgen 88
Eicker, Hartmut 189
Eickholt, Heinz 602
Eickmann, Heinrich 857
Eickschen, Hans-Helmut . . . 1031
Eiermann, Willi 328
Eigen, Manfred 586
Eiglmeier, Kurt 602
Eikelbeck, Heinz 196
Eikhoff, Jürgen 38, 1036
Eilders, Heinrich 294
Eilenberger, Gert 696
Eilers, Helmut 942
Eilertsen, Ole Julian 521
Eimer, Norbert 883
Einbrodt, Hans-Joachim . 833, 927
Einem, Caspar **558**
Einert, Günther 925
Einzinger, Monika 971
Eipper, Hartmut 169
Eisele, Hermann 182
Eisenacker, Anton 609
Eisenbach, Dieter 611
Eisenbeis, Horst 1022
Eisener, Günter 867
Eisenhauer, Gerhard 592
Eisenhut, Werner 187,
. . . . 192, **193**, 197
Eisenmann, Dieter 853
Eisenmenger, Michael 42
Eisenried, Richard 910
Eisenring, Hans 771
Eisfeldt, Wolfgang 611
Eisinger, Dietmar 940
Eisnecker, Robert 559
Eitner, Christoph 898
Eitz, August-W. 658
Eitzer, Günter 320
Eitzert, Sigrid 322
Ejsted, Ib 390
El Mallakh, Dorothea 980
Elbert, S. A. 406
Elborg, Jürgen 917
Elbracht, Siegfried 594
Elders, Heinz 382
Eldracher, Wolfgang 908
Eldrup, Anders 390
Eliassen, A. 877
Elkann, Jean-Paul 213
Eller, Joachim 866
Ellerbrock, Hans-Joachim . . . 80
Ellerman, A. Denny 980
Ellermann, Christine 827
Ellingsen, Egil 521
Elliott, Anthony John 224
Ellis, Jim 731
Ellis, John 788
Ellwart, Hans Bernd 936
Elmiger, R. 808
Elo, Mikko 207
Elshorst, Hansjörg 900
Elsner, Johannes 250
Elst, W. P. v. d. 749
Elster, Welf 1024
Elton, David 411

Elvinger, André 747
Elwert, Dieter 945
Elzer, Rolf 376
Emendörfer, Dieter 993
Emler, Kurt 254
Emmel, Fritz 857
Emmerich, Norbert 1025
Emmermann, Karl-Hans . . . 936
Emmermann, Rolf . . . 922, 1004
Emmerz, Armin 819
Emmrich, Dietmar 89
Emonds 893
Emons, Victor 388
Emrich, Dietmar 91
Emringer, Lucien 953
Endener, Norbert 857
Enders, Hans 1024, 1027
Endres, Michael 332
Endsjø, Per Chr. 521
Endt, Reiner 153
Eng, F. 567
Engbring, K. 1003
Engel, Gerhard 153
Engel, Helmut 911
Engel, Paul E. J. 564
Engel, R. U. 859
Engel, Reinhard 385
Engel, Wolfgang 154
Engelbrecht, K. 160
Engeldinger, Jean-Marie . . 352
Engelen-Kefer,
   Ursula 1026, 1035
Engelhard, Jürgen 88, 1011
Engelhardt, Alexander 328
Engelhardt, Alexander von . . 705
Engelhardt, Fritz 592
Engelhardt, Walter J. 250
Engelmann, E. 400
Engelmann, Hanslenz . . . 1021
Engelmann, Wolfgang 882
Engels, Dieter 641
Engels, Florian 914
Engels, Gerhard 180
Engels, Horst 169
Engelsberger, Matthias . . . 694
Engelskirchen, Karl 329
Enger, Finn H. 521
Enger, Thorleif 521
Engler, Dieter 105
Engler, Siegfried 180
English, Warwick 407
Englputzeder, Alfred 249
Engstfeld, Paul 914
Ennen 940
Enseling, Gerhard 318
Epe, Lutz 601
Epenstein, Hayo 932
Epping, Dieter 154
Eppler, Artur 704
Epron, Bernard 211
Erasmus, Friedrich Carl . . . 36,
. . . . . **127**, 170, 602, 850,
. . . . 1002, 1008, 1010
Erasmy, Walter 72
Erbe, Gerhard 912
Erbé, J. P. 220

Erben, Wim 864
Erbslöh, Gerd **143**, 182
Erdas, Orazio 236
Erdmann, Theodor 666
Erdmann, Wilfried 187,
. . . . 192, 999
Erdner, Werner 669
Erdt, Hans 112
Erdt, Horst 667
Erdtmann, Berndt Dietrich . . 986
Erhard, Helmut S. 181
Erhart-Schippek, Werner . . 263
Ericio y Olariaga,
   Carlos Pérez de 574
Erickson, Robert D. 520
Eriksen, Sven B. 240
Erikson, Sven 566
Eriksson, Hans 270
Eriksson, Jo 483
Eriksson, Per-Ola 270
Erle, Horst **147**, 170
Erlen, Hubertus 607
Erlenbach, Lutz 365
Erler 819
Erlinghagen, Norbert . . . 1024
Ermisch, Volker 807
Ermlich, Frank 156
Ermlich, Peter 124, 156
Erngren, Birgit 270, 765
Ernst, Alfred 78
Ernst, Dietrich 164, 623
Ernst, G. 1011
Ernst, Walter 80
Erny, Wilhelm 629
Errington, Stuart 733
Ersbøll, N. 948
Ersfeld, Günter 689
Ertel, Rainer 1009
Ertelt, Herbert 92
Ertl, G. 1005
Ertl, P. J. 877
Ertle, Hans-Jürgen 116
Ertler, Alexander 559
Erve, Siegfried 132
Erveling, Helmuth 887
Erz 896
Escamez Lopez, Alfonso . . 574
Escámez Torres, Alfonso . . 574
Escande, Jean-Paul 723
Escauriaza Areilza, Enrique . 780
Esch, Alfred 80, 996
Escher, Dieter 569
Escher, Gerd 358, **362**,
. . . . 363, 375, 606, 1011
Escher, Lotar 85
Escher, Siegfried 866
Escherich, Rudolf 126,
. . . . 141, 636, 663
Eschig, Gerhard 873
Eschment, Wolfgang F. . . . 321
Esclatine, Pierre 211
Escoin, Michel 210
Escudero,
   D. Gregorio Gutierrez . . 576
Eskola, Lauri 961
Esser, Bernhard 384

PERSONENREGISTER
E – F

Esser, Friedrich H. 82, 164,
. . . . 167, 170, 184, **647**, 648,
. . . . 690, 705, 1002
Esser, Heinz-Christian 663
Esser, Otto 636
Esser, Werner 50
Eßer, Willi 598
Esteban Alonso, Fernando de . 950
Esteban Parrilla, Mariano . . 272
Estepa Moriana, Jesus Maria . 876
Ester, Manfred 1017
Esterházy, Anton Graf 608
Estermann, Friedel 796
Esters, Frank 943
Estrada y Despujol,
 Luis Alvarez de 574
Etschberger, Dietmar . . 325, 826
Ettemeyer, Reinhardt . . 633, 634
Ettenberger, Rolf 256
Ettl, Johann 559, 609
Ettrich, Günther 101
Etzbach, Volker 315, 826
Etzel, Piet-Jochen 126, 346
Etzkorn, H.-W. 385
Euchenhofer, Gerhard 665
Eudeline, Gérald 723
Eufemi, Gianluca 872
Euler 944
Euschen 891
Euteneuer, Günter 46, **54**
Evans, J. Wynford 731, 732
Evans, Lyndon R. 788
Evans, P. R. 480
Evans, R. 581
Evans, R. L. 954
Evans, Robert 477, 967
Everard, Pierre 36, **239**
Evers, Gerhard 922
Eversmann, Bernd 800
Evrard, Dominique 397
Ewaldsen, Hans L. 853
Ewers, Hans-Jürgen 896
Ewers, Helmut 181
Ewert, Harri 299
Exner, Achim 635
Externbrink, Werner . . . **58**, 62,
. . . . 84, 168, 170, 173, 175,
. . . . . . 186, 705, 814, 1020
Ey, Dirk 377
Eyermann, Rolf 108, 635
Eylmann, Horst 882
Eysel, Jürgen 180
Eyssen, G. 815
Eyssen, V. 815

Faber, Eckhard 888
Faber, Georges 72, 954
Faber, H. 749
Faber, Klaus 695
Fabian,
 Hans-Ulrich . . . 636, 694, 823
Fabig, Kai 916
Fabra Utray, Jorge . . . 780, 787
Facer, D. 981
Fadda, Luigi 236
Fägremo, Olof 270
Fagerer, Herbert 971
Fahlbusch, Detlef 137
Fahle, Werner 101
Fahning, Hans 630
Fahrer, Emil 863
Fahrnberger, Alfred 757
Fahrnleitner, Johann 972
Fain, Roland 723
Fairchild, Ursula 597
Faist, G. 925
Falbe, Jürgen 597
Falck, Einar 521
Falemo, Elisabeth 975
Faletti, Pierfranco 741
Falge 812
Falk, Isa 688
Falkenberg, Hartmut . . **183**, 204
Falkenberg, Rolf 765
Falkenhain, Gerd 194
Fallis 814
Fallou, Brigitte 963
Falque-Pierrotin, Jean-Pierre . 721
Falter, Rudolf 627, 628
Faltin, Werner 92, 100
Fanfani, Luca 236
Fanjul, Oscar 573
Faria Ferreira, Mario 266
Farid, M. M. 577
Farinha, Taborda 763
Faris Al Mazrui, Sohail 574
Farmer, Thomas L. 101
Farmery, K. 412
Farnleitner, Johann 757
Farnung, Roland . . . 329, **630**, 703
Faroni, Delfo Galileo 237
Farqubar, Denis 732
Farrance, Roger 731
Farrell, Loreto 233
Farrelly, James 967
Farrow, C. J. 878
Farwick, Hermann 650
Fasching, Wilfried 244
Fasella, Paolo 816, 952
Faßbender, Peter 659
Fastabend, Werner 667
Fathmann, Heinrich . . . 613, 826
Fátima Araújo, Maria de . . . 974
Faucher, Bruno 215
Faucheux, Jacques 400
Fauconval, Guillebert de . . . 485
Faulkner, M. J. 733
Faure, Alain 400, 721
Faure, Claude 723
Faust, Wolfgang 591
Fauth, Günter 190
Fauve, Jean-Michel 721
Fauw, Paul de 709
Fay, C. 410, 479
Fazer, Peter 209
Fazzari, Francesco 871
Fechner, Erich 89
Fechner, Joachim Bernd . . . 893
Fechter, Leonhard 807
Fechtig, H. 1008
Fedele, Antonio 483
Fegerl, Josef 262
Fehl, Gerhard 595
Fehling, Joachim 854
Fehlmann, Peter 567
Fehndrich, Walter . . . **645**, 1036
Fehr, Heinz 828
Fehringer, Adolf 559, **562**
Feichtinger, Peter **257**
Feige, Klaus-Dieter 882
Feind, Werner 385, 579
Feinendegen, Ludwig E. . . . 696
Feistkorn, Eike 187
Feix, Herwig 972
Felcht, Utz-Hellmuth . . 598, 599
Felczykowski, Siegfried 668
Feld, Klaus 865
Feldbusch, Jean-Pierre 708
Felder, Josef I. 1033
Feldhaus, Anton 154
Feldhaus, Franz-Josef 154
Feldhaus, G. 1011
Feldhaus, Hermann 606
Feldhaus, Josef 154
Feldhaus, Martin 154
Feldmann 891
Feldmann, Manfred 156
Feldmann, Olaf 882
Feldmann, Wendelin 661
Feliu, Baldomero Madrazo . . 778
Fell, Karl H. 882
Fellinger, Dieter 940
Fels, Gerhard 1007
Felsch, Friedhelm 660
Felsner, Florian 971
Felson, W. A. 878
Felten, Hermann 30
Felten, Werner 66
Felton, R. A. 224
Fender, Martin 853
Fendrich 897
Fenner, Juliane 888
Fentener van Vlissingen, F. H. . 749
Ferchland, Dieter 592
Ferger, Fritz A. 788
Ferguson, Fraser 967
Ferin Cunha, Rui 793
Fernandes, José Agnelo . . . 974
Fernandes, Pedro 266
Fernandez,
 Dionisio Fernandez 573
Fernández, Javier 276
Fernández Alonso, José Luis . 273
Fernandez Cuesta, Nemesio . 573
Fernández de la Cruz Gallardo,
 Juan Carlos 978
Fernández de la Vega, Jesús . 573
Fernandez Fernandez,
 Francisco Javier 876
Fernández Herrero, Agustín . 780
Fernández Marina, Eduardo . 977
Fernández Mato, Enrique . . 279
Fernández Plasencia, Santiago 779
Fernández Revuelta,
 Pedro 276, 277
Fernandez Ruiz, Pablo . 951, 953
Fernández Suárez, Angel . . . 272
Fernández Torre, Jesus 275

PERSONENREGISTER
F

Fernández-Bayon, Juan Francisco	273
Fernandez-Guardiola, A.	579
Fernández-Tápias Román, Fernando	781
Ferrara, Giovanbattista	484
Ferrari, Achille	722
Ferrari, Angelo	342, 362, 488, 568, 571
Ferrari, Enzo	571
Ferrari, Sergio	741
Ferreira dos Santos, Carlos	565
Ferrer, S. Capel	981
Ferris, Graham	483
Ferté, Jacques de la	790
Fertig, Jürgen	989
Fesefeldt, Klaus	887
Fesharaki, Fereidun	980
Festerling, Hans-Peter	318
Fett, Karl-Heinz	193
Fettweis, Günter B.	261, 284
Fetzer, Karl Dieter	937
Feucht, Friedrich	384
Feuchtmann, Jürgen	622, 663
Feuerborn, Alfred	884
Feuerborn, Heinz-Georg	294
Feuerhake, Rainer	**124**, 213, 222
Feuerstein, Horst	1008
Feuerstein, Karl	684
Feuz, P.	**787**, 788
Fey	816
Fey, Hans	144
Feyereisen, Marc	968
Fiatte, F.	214
Fichtinger, Christine	255
Fichtinger, Franz	255
Fiduciaire, Frinault	722
Fiebiger, Werner	152, 166
Fiebrich, Sigrid	253
Fiedler, Jobst	636, 669
Fiedler, Jürgen	624
Fiedler, Klaus	811
Fiege, Reinhard	193, 196
Fieger, Ulrich	997
Fielitz, Klaus	887
Fieml, Reinhard	330
Fierro Viña, Ignacio	781
Fieuw, G.	708
Figl, Hubert	250
Figueiredo Almaça, Jose Antonio	267
Figus, Ennio	236
Fikke, Olav	794
Filipe, Silva	763
Filipinski, Marek	945
Finck, August von	332, 663
Finizza, Anthony J.	980
Fink, Dieter	612
Fink, Ulf	1035
Fink-Geis, Hiltrud	330
Finke, Hans-Joachim	52
Finlay, S.	227
Finnern, Herwig	945
Finzi, Sergio	952
Fischbach, Dieter	934
Fischbach, Rainer	373
Fischer, Artur	810
Fischer, Bernhard	639
Fischer, Berthold	263
Fischer, Eberhard	1004
Fischer, Franz	625
Fischer, Fritz	135
Fischer, Georg	800
Fischer, Hans-Gerhard	592
Fischer, Hans-Günter	826
Fischer, Hanspeter	772, **977**
Fischer, Hermann	856
Fischer, Hermine	252
Fischer, Horst-Dieter	666
Fischer, Johann	249
Fischer, Joschka	903, **916**
Fischer, Jürgen	324
Fischer, Jürgen E.	136
Fischer, K. Werner	605
Fischer, Klaus	645
Fischer, Lothar	882, 883
Fischer, Manfred	940
Fischer, Michael	60
Fischer, Peter	40, 180, 920
Fischer, Peter U.	**770**, 771
Fischer, Peter W.	636
Fischer, Raimund	347
Fischer, Rudolf	886
Fischer, Uwe Jürgen	612
Fischer, Walter	46
Fischer, Werner	844
Fisher, B.	954
Fisher, Charles	731
Fisher, David E.	266
Fisher, Knud	791
Fisken, P.	284
Fitchew, Geoffrey	952
Fitoussi, L.	790
Fitting, Alwin	641
Fitting, Arno	136
Fjeldgaard, K.	389
Flach, Alfred	857
Flaig, Walter	926
Flath, Klaus	884
Flechet, Jacques	723
Flechsig, Peter	92
Fleck, C. M.	760
Fleck, G.	582
Fleck, Klaus	937
Fleckenstein, Günter	135
Fleckner, Horst	929
Flehmig, Rolf	76
Flehr, Dietmar	300
Fleischer	987
Fleischer, Claudia	943
Fleischhauer	892
Fleischmann, Klaus	998
Fleissner, Siegfried	660
Flemming, Peter	1021
Flesch, Colette	952
Flesch, Wolfgang	92
Fleutiaux, Claude	961
Flieger, Hermann	867
Floch-Prigent, Loïk le	400
Flötgen, Friedrich	942
Flohr, Günter	30, **132**, 162
Flohrer, Manuel	101
Flood, William	739
Flora, Giorgio della	487
Florêncio, Inês	974
Florenzano, Giuseppe	236
Florin, Gerhard	**170**, 184, 197
Florl, Manfred	822
Floth, Monika	867
Flottrong, Hannes	101
Flowers, R. H.	790
Flück, A.	773
Flüeck	896
Flynn, Pádraig	967
Focke, Bernhard	926
Födisch, Dieter	1019
Föge, Heinrich	377
Föhr, Horst	901
Förstel, Willbrecht	348
Förster, Franz	863
Förster, Hans-Peter	162, **625**, 665
Förster, J.	92
Förster, Michael	101
Förster, Ralf-Udo	612
Förster, W.	832
Förterer, Jürgen	847
Förtsch, Joseph	324
Fogagnolo, Mario	282
Fogelström, L.	788
Fogelström, Lennart	766
Fogu, Giovanni Maria	488
Fohringer, Anna	252, 255
Fois, Piero	237
Fokianou, T.	964
Foley, John	732
Folle, Rosemarie	703
Follestad, Bjørn A.	969
Follner, Heinz	989
Foltas, Friedrich	367
Fonbaustier, Claude	211
Fondi, Fernando	483
Fonk, Hans-Joachim	1028
Fonsati, G.	582
Fontaine, Benoît	709
Fontanilla Soriano, Pedro	978
Foppa, Clau	772
Forbes, Jim	731
Forcades de Juan, Juan	779
Forck, Bernhard	705
Ford, M.	222
Forlenza, Francesco	871
Formanski, Norbert	883
Fornelli, Hilmar	193, 925
Fornes, Atle	240
Fornies, Ricardo Rueda	778
Fornos de Luis, Carlos	276
Forster, A. W.	408
Forster, Hans-Erich	853
Forster, Karlheinz	322
Forster, Marita	799
Forster, Meinhard	137
Forth, Henning	359, 362
Forthomme, Serge	261
Fortkord, Claus	185
Fortmann, Jürgen	813
Foschi, Federico	237
Fosshag, Wolfgang	168, 184
Foster, John S.	979

PERSONENREGISTER
F

Fouarge, Alphonse	953
Foucault, Jean-Baptiste de	721
Fourcade, Jean	398
Fowkes, Arthur	733
Fowler, C.	225
Fox, Paul	660
Fox, Richard A.	1037
Fox, Tony	870
Fox, Wilf	965
Fraaß, Hans-Joachim	670
Frachon, Guy	407
Fradin, Guy	211
Fraling, Rolf	125
Frame, Sir Alistair	**223**, 281
Franchet, Yves	950
Franck, Eberhard	663, 1011
Francke, Carl-Boris	765
Franco, Nicolas	211
Franco, Vincent	211
Frank, Hermann	916
Frank, Horst	910
Frank, Peter	66
Frank, Siegfried	126
Franke, Alois	130
Franke, Arnold	46, **651**, 705
Franke, Franz-Josef	928
Franke, Hans	1037
Franke, Hans-Hermann	1037
Franke, Ingo	827
Franke, Jürgen	376
Franke, Klaus	201
Franke, Milton Romeu	577
Franke, Peter	925
Franken, Ulrich	887
Frankenhauser, Herbert	882
Franksen, Hermann	132
Franqué, Otto von	204
Frantzen, Franz	851
Franz, Gerhard	986
Franz, Harald	917
Franz, Walter	1035
Franz, Wolfgang	939
Franzen, Norbert	54
Franzius, V.	831
Franzke, Hans-Hermann	986
Franzkowiak, Matthias	88
Franzmann, Günter	592
Fraser, W. S.	406
Frauchiger, Hans	770
Fraunholz, Bernd	865
Frech, Paul	660
Fredeke, Eberhard	665
Fredholm, Anders	975
Freels, Dierck	942
Freese, Ulrich	92, 109, 1021, **1036**
Frege, Karl Ludwig	139
Fréhis, Georges	212
Freiberger, Heinz	1026
Freiburghaus, Hans-Ueli	571
Freiherr von Blanckart, Clemens	175
Freiherr von Herman, Benedikt-Joachim	597
Freikamp, Herbert	648
Freilinger, Gotthard	557
Freilinger, Leo-Hans	259
Freimuth, Andreas	842
Freise, Ralf	806
Freisewinkel, Udo	46
Freitag, Theo	688
Freitag, Thomas	853
Freitag, U.	998
Freiwald, Rudolf	1026
Fremuth, Walter	**757**, 792
French, Laurence	732
French, R.	410
Frenger, Franz	929
Frenkel, Rolf	669
Frenken, Josef	82
Frennstedt, Thomas	765
Frensdorff, Hans-Joachim	348, 601
Frenzel, Gerhard	258
Frenzel, M. H.	222
Frenzel, Michael	**124**, 367, 857
Frenzel, Werner	914
Frere, Albert	397
Frerk, Peter	691
Frérot, Jean	388
Frerotte, M.	708
Frese, Horst	934
Freudenberger, Dietrich	661
Freudenmann, Helmut	902
Freudenschuß, Gerhard	256
Freudenthal, Henning	695, 698
Freudweiler, Philippe	569
Frey, Friedbert	613
Frey, Gerhard	853
Frey, Hans Paul	612
Frey, Oswald	255
Frey, Thomas	**144**, 170, 183
Freyberg, Rolf-Jürgen	130, 137
Freyend, Eckart John von	56, 367
Freyer, Günter	942
Freytag, Klaus	932
Frez, Gastón	283
Frezza, Aldo	568
Friberg, J.	411
Frick, Bernhard	665
Fricke, Hajo Hennig	1023
Fricke, Hans D.	181
Fricke, Jürgen	612
Fricke, Manfred	803, 985
Fricke, Michael	924
Fricke, Wolfgang	639
Fricken, Udo von	**176**, 177
Friderichs, Hans	600
Friedewold, Hans	696
Friedhoff, Paul	882, 883
Friedl, Hans	1025
Friedl, Hans H.	610
Friedrich, Alfred	132
Friedrich, F. J.	697
Friedrich, Frank	192
Friedrich, Fritz	250
Friedrich, Gerhard	882
Friedrich, Günther	985
Friedrich, Hartmut	624
Friedrich, Inge	916
Friedrich, Jürgen	884
Friedrich, Klaus	**108**, 176, 996, 1022
Friedrich, Margot	947
Friedrich, Michael	346
Friedrich, Rolf	38
Friedrichs, Ernst-August	1012
Friedrichs, Hans Adolf	984
Fries, Hans-Henning	346
Fries, Jakob	600
Fries, Jürgen de	181
Friesenecker, Friedrich	699
Frigren, Suzanne	975
Frimmel, Fritz	991
Frings, Hermann H.	252, 256
Frings, Oliver	252
Frisch, Dieter	950
Frisch, Helmut	50
Frischat, Günther	988, 989
Frische, Andreas	931
Fritsch, Günter	865
Fritsch, Jürgen	888
Fritsch, W.	348
Fritsch, Walter	348, 557
Fritsch-Albert, Wolfgang	864, 866
Fritz, Erich	882, 883
Fritz, Gerhard	589
Fritz, Gernot	897
Fritz, Peter	816
Fritz, Wolfgang	**36**, 46, 176, 193, 1020
Fritzel, Horst	164
Fritzén, Hans	270
Froben	919
Fröba, Karlheinz	910
Fröhlich, Friedrich W.	586
Fröhlich, Gerald	244
Fröhling, Ernst-Peter	91
Fröhling, Walter	168
Froger, Claude	215
Froment, G.	577
Fromm	945
Fromm, Frank	905
Fromm, Hans	318
Fromme, Eva	691
Fromme, M.	1005
Froschmaier, Franz	636
Frowein, Dietrich-Kurt	598
Frucht-Schäfer, Günther	362
Frühauf, Martin	**598**, 599, 609
Frühwald, Wolfgang	829
Fry, Albert	981
Fuchs, Alberto	485
Fuchs, Allen	646, 770
Fuchs, Andreas	667
Fuchs, Anke	30, 134, 882
Fuchs, Detlev	188
Fuchs, Dietrich	894
Fuchs, Eduard	867
Fuchs, Elmar	201
Fuchs, Gerald	613
Fuchs, Günter	160
Fuchs, Hans	771
Fuchs, Holger	805
Fuchs, Manfred	374, 578
Fücks, Ralf	915

PERSONENREGISTER
F – G

Führ, Fritz 696
Führer,
  Franz Xaver . . . 363, 374, 404
Füllemann, H. W. 592
Füllgräbe, Rolf 813
Fülling, Werner 668
Fünfgelder, Konrad 908
Fünfstück, Jörn 168
Fuente Sanchez,
  Francisco de la 763
Fuente y de la Fuente,
  Licinio 780
Fürlinger, Werner 263
Fürst, Hildegard 950
Fürste, Dieter 660
Fürstenau, Justus 955
Füser, Heinrich 112, 364
Füsser, Wilhelm 141
Fütterer, D. 998
Fugmann, Peter 389
Fugmann-Heesing, Annette . 635
Fuhrmann 945
Fuhrmann, Arne 882
Fuhrmann, Bodo 805
Fuhrmann, Clemens 668
Fuhrmann, Ernst 599
Fuhrmann, Jörg 134
Fuhse, Horst 828
Fujii, H. 979
Fumex, Jean 215
Funck, Kurt 606
Funke, Bernd 188
Funke, Hans-Jürgen 864
Funke, Werner 599
Funke-Oberhag,
  Hans-Wilhelm . . 154, 156, 185
Funkemeyer, Meinhard 187,
         189, 201, 202
Furch, Herbert 245
Furfari, Samuele 953
Furgler, Kurt 598
Furnberg, Magne 970
Furrer, Ch. 976
Furtado, Ventura 565
Furtner, Franz 120
Fuß, Helmut 884
Fuss, Walter 68
Fuster Jaume, Feliciano . 778, 779,
  780

Gáal, Gabor 961
Gabi, M. 773
Gabler, Ernst 250
Gabolde, Jean 952
Gabrisch, Rudolf 178
Gadek, Klaus 699
Gadonneix, Pierre 341,
         400, 963
Gady, Franz 260
Gaede, Berthold 610
Gaertner 891
Gärtner, Bernd 62
Gärtner, Karl-Hans . . . 46, **50**
Gärtner, Leo 569
Gärtner, Rolf . . . 912, 915, **924**
Gafo, J. I. 577

Gagel, Karl 772
Gagzow, Michael 815
Gailer, Gerhard 154
Gaillard, Jean-Claude 212
Gaisford, R. W. 406
Galán, Alfonso 279
Galassi, Erminio 237
Galgani, Gian Paolo . . 362, 568
Galié, Sandro 840
Gallas 893
Gallego, Antonio 279
Gallego, D. Carlos Torralba . 576
Gallez, G. 579, 581
Gallizioli, Guido 741
Galts, Helmut 845
Gamerith, W. 263
Gamerith, Walter 263
Gaminde, Miguel 279
Gámir, José Luis 279
Gamondi, Giovanni 486
Ganahl, Peter 375
Gandois, Jean 213
Ganiage, Dominique 962
Gans 920
Ganschow, Jörg 883
Ganseforth, Monika . . 882, 883
Gansen, Hans 860
Ganster, Lothar 936
Ganster, Michael 62
Gantenberg, Detlev R. 805
Ganz, Detlef 639
Garaix, Jacques 868
Garcia Alvarez, Enrique . . . 978
Garcia Botin, Emilio 780
Garcia Docio, Ramón 272
Garcia Loygorri, Adriano . . 955
Garcia Valle, Jesus 279
Garcia-Arroyo, Arturo 952
Garcia-Mori Suarez,
  Francisco 273
Garcia-Munte Freixa, J. I. . . 272
Garcia-Munte Lopez,
  Francisco 272
Garcia-Siñeriz Butragueño,
  Bonifacio 978
García, D. José Ma Suárez . . 576
García-Argüelles Martínez,
  Alfonso 275
García-Conde García-Comas,
  Soledad 273
Gardi, Fabrizio 237
Gardiner, John 734
Garet, Philippe 162
Garnica Mansi, Pablo de . . . 575
Garrett de Figueiredo,
  João José 565
Garrido Martínez,
  José Antonio 780
Garrido Rodriguez-Radillo,
  Antonio del 274
Garrone, Riccardo . . 484, 489
Garston, Sheila 732
Gartner, Johann 760
Gartner, Lorenz 559
Gartzke, Kuno 857
Garí de Arana, Manuel 574

Gasch, Albert 826
Gasparini, Romano 741
Gasperl, Hermann 245
Gass, Günter 256
Gassert, Herbert **1010**,
      1011, 1019, 1020
Gassert, Otto 56, 1022
Gaßmann, Klaus 38
Gaßmann, Klaus Jürgen . . . 864
Gassner 893
Gassner, Karl-Heinz 624
Gassner, Norbert 244
Gast, Klaus 700, **893**
Gastaldi, Enzo 483
Gathen, Rudolf von der . . . **30**,
     167, 605, 690, 844
Gatta, Vincenzo 792
Gatti, Marco 741
Gattia, Marino 483
Gattinger, Traugott E. 973
Gattner, Hans 602
Gattorno, Franco 871
Gatzka, Wolfgang 174
Gatzke, Harald 796
Gatzweiler, Bernhard 1026
Gatzweiler, Hans-Peter . . . 896
Gatzweiler, Rimbert 164
Gaubert, Jean 721
Gaubig, Manfred 154
Gauder, Rudolf 953
Gaudzinski, Helmut 1021
Gaul, Hans Michael . . . 141, 164,
  316, 332, **636**, 651, 664, 666
Gaul, Theodor . . 127, **151**, 1021
Gaulin, Jean 411
Gaunt, K. H. 222
Gaus, Dieter 384
Gaus, Ingbert 702
Gaussot, Denis 721
Gauthier, Gérard 401
Gautier, Fritz . . . 703, 882, 883
Gauweiler, Peter . . . 903, **908**
Gawe, Joachim 919
Gaydoul, Peter 604
Gayk, Thomas 76
Gazzari, Ingrid 973
Gebhard, Franz 324, 346
Gebhardt, Rolf 156
Gebke, Heinz 78
Geduldig, Walter 667
Gee, Peter A. 224
Geel, Jacobus van 952
Geering, Fredy 572
Gehl, Reinhard 994
Gehm, Heinz 131
Gehr, Baptist 571
Gehrcke, Horst 346, 359
Gehring, Willi 937
Gehrling, Volker 907
Gehrmann, Reinhard 664
Geiblinger, Eva-Maria 130
Geieregger, Franz 257
Geiger, Michaela 900
Geiger, Willi 772, 976
Geijo Baucells, Miguel 781
Geijzers, H. F. G. 969

1289

PERSONENREGISTER
G

Geisel, Karl Heinz **294**, 316, 317, 329, 381
Geising, Ulrich 68
Geisler, Günter 126
Geisler, Hans-Joachim 940
Geisler, Herbert 651
Geisler, Joachim 48
Geisler, Norbert 632, 844
Geisler, Otto 169
Geiss, Horst 828
Geißler, Alfred 30, 92
Geißler, Eckart 942
Geißler, Siegfried 134
Geitz, W. 133
Geivelis, J. 728
Gelautz, Manfred 156
Gelberg, Willi 127
Geldern, Lothar **348**, 375
Geldern, Wolfgang von 882
Geldmacher, Wolfgang 847
Geldner 814
Gelhorn, Peter **30**, 997
Gelhorn, Ursel 647
Gellert, Otto 132, 901
Gellings, Udo 175
Gembert, Anton 362
Gendrot, Guy 211
Genge, B. 378
Genge, Burkhard 346, 357, 374, 376
Gengelbach, Rainer 332
Gentz, Heinz 30, **651**, 847, 853, 1027
Gentz, Michael 842
George, Brian 734
Georgi, Friedhelm . 82, 996, 1021
Georgi, Karl-Heinz . . . 299, 1022
Georgi, Peter 663
Geppert, Hugo 648
Géraads, Sophie 217
Geraghty, Jim 233
Geraghty, Sean 739
Gerber, B. 774
Gerber, Peter 1010
Gerdes, Hubert 89
Gerdes, Weert 597
Gerdts, Walther M. 915
Gerecht, Gerbert 908
Gerhard, Vinzenz 70
Gerhardt, Andreas 107
Gerhardt, Ernst 330
Gerhardt, Georg 250
Gerhardy, Hans 811
Gerhartz, Peter J. 348
Gericke, Klaus 691
Gerig, Dieter 353
Gerigk, Wolfgang 88, 1021
Gerike, Lothar 362
Gerini, Giorgio 951, 952
Gerken, Bernd 856
Gerkens, Hans 72
Gerlach, Alfred 188, 189
Gerlach, Hans-Otto 359
Gerlach, Helga 600
Gerlach, Horst 1026
Gerlach, Johann W. 803

Gerlach, Peter 101
Gerlatzek, Dietrich . . . 594, 595
Gerling, Norbert 134
German, Sigmar 889
Germann, Klaus 986
Germay, Marcel 388
Germer, Peter 640
Gernandt, Otto 651
Gerner, Erhard 330
Gerner, Willi 315, 321, 323, **622**, 662
Gernhard, Paul 691
Gerold, Karl-Heinz 660
Gerold, Rainer 952
Geroneit, Gerald 613
Gerresch, P. 958, 979
Gerritsen, H. T. C. 519
Gersch, Helmut . . . 88, 92, **168**
Gersdorff, Leif von 390
Gersem, P. de 710
Gerstein, Dietmar 1008
Gerstein, Ludwig 1021
Gerstenberg, Dorothee 663
Gerster, Johannes 882
Gerstl, Gottfried 556
Gerwert, Werner 685
Gesang 947
Gesierich, Günther 665
Gesler, Ekkehard 315, 325
Gessler, Klaus 1007
Gessler, Thomas 808
Geßner, Dieter 62, 64
Gessner, Joachim 1000
Gester, Heinz 589
Gestmann, Heinz 685
Getschmann, Eberhard 132
Getten, Jacques 397
Geuenich, Michael . . . 140, **1035**
Geurts, Frans 955
Geusens, Bart 206
Geuser, François de 950
Geutebrück, Ernst 558
Geuther, Albrecht 1020
Geyer, Helmut 116
Geyer, Siegfried 263
Geywitz, Jörg 611
Gfeller, J. 976
Gfeller, P. 793
Gföller, Rudolf 248
Gföller, Siegfried **60**, 646
Ghoniem, Youssef 363
Giacasso, Pierre 571
Giacchero, Alberto 483
Giacomelli, Umberto 406
Giacomini, Romedio . . . **248**, 261
Giannesini, J. F. 400
Giannini, G. 573
Gibb, Sir Frank 734
Gibbard, David 732
Gibtner, Horst 883
Giebel, Ernst 939
Giebitz, Karin 886
Giehr, Axel 612
Giel, Horst 30
Gienow, Herbert 134
Giere, Horst-Henning . . 375, 378

Gierlich, Hans-Heinrich . . . 818
Gies, Gerd 901
Giese, P. 998
Giesecke, Jürgen 1029
Giesel, Harald B. . . 170, **172**, 173, 174, 175, 705, 953, 1027
Giesel, Klaus 848, 866
Giesel, Wilfried 887
Giesen, Wilhelm 88
Gieske, Friedhelm . . . 88, 137, 140, 360, 636, **640**, 641, 646, 747, 979
Gießelmann, Markus 68
Gießelmann, Thomas 70
Giessen, Hans-Herbert 686
Gießer-Weigl, Marianne . . . 324
Giessler, Klaus 591
Gildemeister 893
Gilenberg, Reiner 52
Gilgen, Alfred 772
Gilje, Karl Otto 520, 522
Gill, Sir Anthony 733
Gilles, Klaus-Peter . . 36, **46**, 1001
Gilli, R. 976
Gillies, C. 412
Gilna, Pat J. 481
Gimonet, Jean-Paul 400
Ginnuttis, Paul 1021
Ginter, Hans 589
Ginter, Siegfried 625
Giordano, Richard 733
Giorgis, Eric 570
Giovannetti, Daverio . . 236, 237
Girardet, Paul 175
Giraud, André 721
Girod, Rolf 626
Giron, Jean-Claude 869
Girsemihl 152
Gissel, Carsten 1021
Gittus, J. H. 734
Giuliani, Alfred . . 747, 787, 793
Gjetting, Bo 390
Gjetting, Nader H. 389
Gladen, Dieter 851
Gläser, E. 816
Gläser, Fritz 381
Gläss, Bernhard 919
Glante, Norbert 664
Glaser, Klaus D. 844
Glasmeyer, Heinz 154
Glattes, Gerhard . **164**, 177, 184
Glatz, Uwe 915
Glatzel, G. 979
Glatzel, Jörg Dieter 950
Glaubrecht, Gabriele . . . 76, 101, 1035
Gleichauf, Robert 646
Gleis, Hubert 255
Gleis, Josefa 255
Gleis, Rolf 1026
Gleize, Louis 211
Glembotzki, Dieter 929
Glende, Ivar 970
Glenz, Fritz 332
Gleumann, Gunter P. A. . . . 352
Glinz, H.-K. 998

PERSONENREGISTER
G

Glöckler, Wolfgang 246
Glogowski, Gerhard 126
Glomme, Wolfgang 611
Gloor, Peter 874
Gloria, Hans Günther . 170, **178**
Glos, Michael 882
Gmeinhart, Willi 793
Gmelin, Wilhelm . . . 951, 953
Gmöhling, Werner 607
Gnad, Franz-Josef 950
Gniechwitz, Heinz 316
Gocht, Werner 985
Gock, Eberhard 988
Gocke, Clemens 848
Gockel, Eberhard 998
Godager, A. S. 522
Godin, Paul 721
Goebbels, Robert 968
Göbbels, Wilhelm 88
Göbel, Heiner 941
Göbel, Horst 353
Göbert, Karl-Otto 135
Göckmann, Klaus 139
Gödden, Hans E. 859
Göddenhoff, Horst 647
Goedecke,
   Helmut . . **88**, 145, 168, 177
Goedecke, Ulrich 802
Gödelmann, Hiltrud 324
Göhmann, Andreas 125
Göhricke, Helga 845
Gördes, Gerhard 154
Goerg, Walter 181, 182
Görgen, Rainer 886
Görgens, Hartmut 76
Goerke, Wilfried 698
Goerlich, Franz 998, 1037
Görner, Regina 1035
Göschl, Paul 857
Göstenkors, Theodor 658
Goethe, Hans-Georg 360
Göthe, Stig 765
Goethel, Gundolf Friedrich . . 578,
  . . . . . 611, 612, 826, 1011
Göthlin, Sivert 790, 791
Goetjes, H. 160
Götte, Fredy 36, 46
Göttert, Frank 180
Göttsche, Jörg 846
Götz, Adam 634
Götz, Heinrich **137**, 139
Götz, Heinz 586
Götz, Karl-Heinz 322
Götz, Willi 324
Götzberger, A. 1005
Götze, Thomas 592
Götze, Wilhelm 187, 188
Götzelt, Dieter 645
Götzfried, Franz 118
Götzl, Peter 248
Goffart, P. 958
Goffinet, José 207
Gogolin, Jörg 857
Goguel-Nyegaard, Denis . . 407
Gohla, Karl-Heinz 144
Gohling, Horst 865

Gohlke, Reiner 346
Gojo, G. 519
Gojo, Günter 493
Goksøyr, H. 577
Gold, Hans 561
Gold, Ralf 166
Goldbach, W. 407
Goldberg, Gottfried 921
Goldemberg, José . . . 834, 980
Goldine, Georges 708
Goldschmidt, Paul 132
Goldschmidt, Pierre . . . **709**, 710
Goldschmidt, Ulrich 1036
Goliasch, Gerhard 138
Goll, Werner . . . 607, 611, 612
Golla, Bernd 609
Goller, Karl 860
Goller, Winfried 860
Gollnick, Jonny 323
Golser, Johann 261
Gomes, Cordeiro 565
Gomes de Abreu, Mário . . . 974
Gómez, Ignacio 574
Gómez de la Orden,
   José Miguel 781
Gómez de Pablos González,
   Manuel 780
Gómez Jaén, Juan Pedro . . 273
Gómez Quilez, José Luis . . 279
Gómez-Acebo y Duque
   de Estrada, Luis 575
Gomolka, Alfred 901
Gondeck 897
Gondermann, Bernd 169
Gonzales Sanchez,
   José Antonio 954
González,
   D. Luis Ma Rodríguez . . . 576
González, Mariano Casado . . 977
González-Adalid, Antonio . . 573
González del Valle y Herrero,
   D. Martín 780
Gonzalez Gomez, E. 790
González Herranz, Fernando . 275
Gonzalez-Irun Sanchez,
   Gregorio 876
González Sánchez,
   José Antonio 280
Goodlad, G. 966
Goodland, B. S. 413
Goodman, Gordon 834
Goossens, Jean 216
Goppel, Bernhard 610
Goppel, Michael 953
Gordon, James William . . . 348
Gordon Perez, R. 877
Gorrissen, Georg 666
Gorschlüter, Klaus Theodor . . 78
Gortázar Landecho,
   Manuel María de 780
Goschke, Hans-Georg 186
Goslich, H. D. 1001
Goßweiler, Hildegard 320
Gothier, Philippe 128
Gottfried, Josef 384
Gottschalk, Gerhard 819

Gottschol,
   Hans-Joachim 178, 1033
Gottwald, Werner 143, 859
Gottwald, Winfried 125
Gotzig, Josef 612
Goubet, Alain 723
Goubet, André 962
Goudie, Andrew 734
Goudswaard, Johan M. . . . 586
Gough, John 731
Goulas, Apostolos 404
Gourlay, Malcolm . . . **407**, 478
Goutard, Michel 962
Goux, Christian 869, 955
Gower, D. 870
Grabe, Michael 857
Grabert, Heinz 357
Grabfelder, Walter 865
Grabka, Johannes 42
Grabowski, Heinz-Gerd . . . 802
Gräber, Hartmut 132
Graef, Gerhard 691
Graef, Matt H. de 134
Graefe, Jürgen 607
Graeff, Henner . . . 201, 331, **935**
Graeser, Ulrich 363
Graeve, M. G. De 388
Graf, C. 577
Graf, Frédéric 770
Graf, Hans 135
Graf, Kurt 971
Graf, Reiner 180
Grahornig, Herbert . . . 559, **563**
Gramke, Jürgen 935
Grammont, André 723
Grancher, Pierre 407
Grandpierre, Walter 364
Graner, Ernst 332
Granet, Paul 723
Granier de Lilliac, R. 577
Grasits, Alfred 561
Graßhoff,
   Hans Wilhelm . . 46, 162, 179
Grassi, Silvio 483
Gratama van Andel, A. H. P. . 518
Gratz, Gabriele 318
Grau, Kai 347
Grau, Werner 318
Grau Claramunt, Francisco . . 574
Grau Malonda, Augustín . . . 978
Graumann, Peter 804
Gravdal, Bjarne 521
Gravenhorst, Gerhard 922
Gravenhorst, Helmut . . 201, 922
Graves, Francis 732
Grawe, Joachim 699, **703**
Gray, I. 407
Grea, Sergio 489
Grebe, Klaus 68
Grebenshchikov, Vladimir P. . 284
Green, A. W. N. 222
Green, C. J. B. 878
Green, G. E. 966
Green, M. H. J. 220
Green-Armytage, John . . . 733
Greenbaum, M. A. 283

PERSONENREGISTER
G

Name	Seite(n)
Greene, Desmond	739
Greentree, Chris	409
Grefen, K.	1011
Gregoire, Claude	709
Gregoire, M.	959
Greif, Jürgen	953
Greif, R.	963
Greil, Günter	260, 261
Greiner, Dieter	1020
Greinwald, Siegfried	888
Greis, Paul	907
Greiser, Albrecht	1021
Grémaud, Edouard	773
Grenke, Reinhard	807
Grenzhaeuser, Dieter	299
Grenzinger, Wilhelm	632
Greshake, Jürgen	55
Greshake, Kurt	845
Gresner, Wolfgang	922
Greulich, Rainer	931
Grevink, J. L.	492
Grewe, Alois	1035
Grichtol, Karl	1035
Griebsch, Günter	852
Griefahn, B.	990
Griefahn, Monika	635, 903, **924**
Grieger, G.	1009
Griendt, H. F. van de	283
Griepentrog, Hartmut	1017
Gries, Werner	805, 899
Griesbaum, Karl	991
Griese, Detlef	1026
Griese, Horst	88, 690
Grieshaber, Klaus	589, **596**
Grießel, Gerald	120, 316
Griesser, Bernard	856
Grieves, D.	954
Griffin, Anthony	225
Grigo, Werner	929
Grihon, Jean-Pierre	400
Grill, Herbert	989
Grimm, Armand	**216**, 217
Grimm, Helmut	156
Grimmelykhuizen, Peter	363
Grimmer, Klaus Jürgen	261
Grimmig, Gerd	114
Grimmig, Günter	136
Grisez, Jean-Pierre	352
Grislain, P. A.	399
Grobbel, Manfred	1021
Grochulla, Günter	668
Gröne, Reinhard	62
Groenewegen, Gerard G.	518
Grösch, Otto	591
Groessens, E.	207, 958
Größler, Irmtraud	972
Grötecke, Karl-Heinz	194
Groh, Franz	856, 866, 877
Groh, Kurt	699, 704
Grohe, Rainer	141, 659
Grohn, Harald	843
Groll, Eckart	144, 862
Groll, Manfred	993
Grolly, Werner	255
Gronsveld, C. van	959
Groos, Barbara	600
Gropp, Volkmar	590
Groschek, Michael	683
Groß, Bernhard H.	1003
Groß, Eduard	156
Groß, Erich	315
Groß, Helmut	107
Groß, Klaus-Dieter	68
Gross, Otto	261, 973
Groß, Richard	641
Groß, Rolf	916
Gross, Thomas	1033
Groß, Uwe	191
Groß, Waltraud	796
Grosse, Claus	213
Grosse, Eckart	698
Grosse, K.	817
Große, Manfred	144
Grosse, Paul B.	184
Große-Büning, Wolfgang	169
Großekemper, Hans-Jürgen	194
Grossen, Andreas	4
Grossendorfer, Enno	971
Großer, Bernd	324, 328
Großer, Günter	1005
Großklaus, Dieter	803, 899
Großkopf, Alfred	262
Großmann, Bruno	128
Grossmann, Dieter	592
Großmann, Ernst	260
Großmann, Heinz-Jürgen	602
Großmann, Jürgen	134
Grosspeter, Horst	**147**, 252, 255
Großpietsch, Heiner	134
Groth, Rolf	329
Grotti, Alberto	486
Grotz, Wilhelm	625
Groves, Alan	733
Grube, Friedrich	945
Gruber, Anton	911
Gruber, Helmut	611
Gruber, Klaus	600
Gruber, Rudolf	559, **561**, 581, 663, 757
Grubich, D. N.	283
Grübener, Friedhelm	651
Grüber, Martin	317, 330
Grübler, Gernot	156
Gruehn, Günther	1025
Grümm, Horst	760
Grün, Horst Jürgen	592
Grünbeck, Josef	882, 883
Grünbein, Wolfgang	591
Grüne, Detlev	180
Grünewald, Hans-Günther	597
Grünewald, Herbert	589
Grünewald, Hermann	1030
Grünewald, Lieselotte	1006
Grüning, Klaus	1014, 1015
Grünwald, Oskar	244
Grüter, Karl	597
Grütters, Peter	**317**, 330, 826
Grützner	914
Grumpelt, Heinrich	372
Grupe, Hans	381
Grupp, Hariolf	1003
Gruschka, Dietrich	151
Gruß, Horst	671
Gschwandtner, Martin	245
Guarascio, M.	235
Guatri, Luigi	237
Gubser, Hans Rudolf	771
Guccione, Aurelio	485
Guck, Rudolf	162, 772
Guck, Rudolph	721
Guder, Hubert	30, **685**, 851, 853
Gudjohnsen, Adalsteinn	791
Gudmundsdottir, Margret	390
Gudowius, Uwe	1034
Gübeli, Armin	569
Guedemann, Félix	569
Guedes, Francisco	266
Gühne, Harry	330
Gülck, Herbert	139
Gülker, E.	1004
Güllenstern, Eleonore	1009
Günnewig, Rolf	**329**, 385
Güntensperger, M.	774
Günter, Ludwig	1022
Günther, Armin	863
Günther, Heinz	80, 175
Günther, Horst	825, 897
Günther, Jürgen	204
Günther, Lutz	127
Günther, Mario	887
Günther, Roland	353
Gürmann, Klaus	800
Guerra Cáceres, Juan	977
Guerra Fernández, José Luis	273
Gürtzgen, Willi	40
Güth, Dieter	886
Güther, Gerhard	634
Güttersberger, Hans	757
Gugen, F. R.	406
Gugenberger, Friedrich W.	668, 699
Guggenberger, Karl-Heinz	689
Gugler, Adolf	770, 771
Guibal, Jean-Claude	951, 952
Guidi, Francesco Saverio	238
Guillarmain, Joseph	961
Guillaume, Maurice	210
Guillen, Pierre	217
Guillon, Alain	401, 574
Guimarães Correia Resende, Rui Fernando	264
Guindo, D. Javier Alcaide	576
Guiness, I.	965
Guinness, J. R. S.	734
Guitar, Earl	409
Guizol, Christian	216
Gujer, Walter	772
Guldan, Otto	847, 850, 851
Guldborg, Søren	390
Guldborg, S.	581
Gulde, Horst	864
Guldemond, Hans Louis	134
Gullberg, Per	975
Gullev, Sven	390
Gumm, Horst	826
Gumpenberger, Eduard	757
Gumprecht, Detlef	**702**, 895
Gundelach	891

PERSONENREGISTER
G – H

Name	Page(s)
Gundersen, Karl	521
Gundlach, Dieter A.	861
Gundrum, Uwe	1003
Gunn, Robert	732
Guntau, Arno	36
Guntermann, Ernst	**152**, 183
Gunzenhauser, Renate	916
Gurs, Pierre	216
Guserl, Richard	244
Gussgard, Knut	970
Gustafsson, Lars B.	765, 766
Gustavsson, Nils	961
Gut, Oskar	569
Gutermuth, Paul-Georg	886
Guth, Burkhard	556
Guth, Rainer	864
Guthrie, C.	406
Gutiérrez, Marino	275
Gutierrez García, Félix Javier	778
Gutierrez Giménez, Carlos	276
Gutierrez Sedano, Francisco	276
Gutmacher, Karlheinz	882
Gutmann, F.	581
Gutmann, Francis	400
Gutmann, Horst	645
Gutting, Ludwig	866
Guttmacher, Karlheinz	883
Gutzwiller, Max	572
Guvenius, Hakon	207
Gvishiani, Jermen	834
Gyselinck, Yvan	605
Gysin, Remo	569
Gzuk, Roland	321, 385
Haack, Karl-Theodor	352
Haage, Christian	843
Haagen, I. van	749
Haagensen, Jarle W.	240
Haak, Hendrik van den	844
Haan, Pieter de	950
Haaren, Kurt van	126
Haarmann, Arnold	163, 167
Haarmann, Karl-Richard	46, **52**, 927
Haas, H.	163
Haas, Hans	55
Haas, Hartwin	606
Haas, Heinrich	158, 260, 261
Haas, Walter	88
Haas-Laßnigg, Evelyn	556
Haase, Wolfgang	**166**, 170, 172, 1026
Haasen, Uwe	362
Habbel, W. R.	373
Habenicht, Ewald	807
Habenicht, Helmut	263
Haber, Daniel	869
Haberbosch	947
Haberkorn, Rudolf	608
Haberl, Günther	120
Habermann, D.	1003
Habermann, G.	353
Habermehl, Diethard	195
Haberreiter, Johann	251
Habetha, Klaus	984
Håbrekke, Henrik	969
Haccius, Michael	158
Hack, Werner L.	352
Hackenjos, Werner	384
Hackett, Dennis	966
Hackl, Hubert	332
Hackl, Lambert	259
Hadamitzky, Emil	907
Hadfield, Antony	733
Hadley, Graham	733
Haeberlin, Arnulf	318
Häckel, Heinrich	654
Haecker, Dietrich	80, 996
Hädicke, Manfred	80
Häfele, Hans-Rudolf	317
Haefele, Wolf	834
Haefner, Friedrich	990
Haegdorens, Ludo	206
Häge, Kurt	89
Haegen, J. van der	708
Häger, Wolfgang	194
Haegermann, R. G.	353
Häggroth, Robert	270
Hählen, Peter	774, 788
Hähn, Reinhard	608
Hähner, Holm	158
Hänel, Artur	941
Hänel, Ralf	921, 998
Hänig, Gernot	596, 1004
Hänsel, Lutz	321
Hänsel, Wolfgang	1002
Härdtl, Wighard	900
Härmälä, Jukka	209
Härme, Pertti	960
Härtel, Roland	936
Härter, Manfred	1004
Härtl, Alfred	30
Haesaerts, J.	959
Häßler, Günther	162, **621**, 629, 633, 646, 823
Häusler, Günther	600
Häußer, Ilse	888
Haferkamp, Heinz	822
Haffner, Ernst	695
Hafke, Carl	167
Haga, Ingvald	970
Hagedorn, Horst	829
Hagedorn, K.	900
Hagedorn, Werner	807
Hagelstein, Volker	70
Hagelüken, Manfred	176
Hagemann, F.	577
Hagemann, Fredrik	970
Hagemann, Wulf	154, 164, 294, 316, 367, 372, 374
Hagemeier, Christian	169
Hagen	893
Hagen, Clemens	940
Hagen, Manfred	916
Hagenguth, E.	121
Hagenmeyer, Ernst	**625**, 665, 792
Hager, Dieter	68
Hager, Manfred	176, 991
Hagevoort, G. R. J.	518
Hahlbohm, Hans-Dieter	890
Hahlbrock, Klaus	805
Hahn, Bernhard	1036
Hahn, Carl H.	140, 1034
Hahn, Matthias	670
Hahn, Paul	857
Hahn, Rainer	364
Hahn, Theo	985
Hahn, Willi	796
Hahn, Winfried	590
Hahne, Klaus	**326**, 826
Haindl, Ernst	705
Hainke, P.	1005
Hainzl, Friedrich	245
Hajek, Karl	249
Håkansson, Birger	765
Hake, Norbert F.	846
Hakkarainen, Jorma	207
Halamandaris, Ilias	218
Halbe, Bernd	661
Halbleib, Wolfgang	604
Halbrainer, Bernhard	259
Halbritter, Günter	896
Hald, Niels Chr.	240
Halderen, L. M. J. van	749
Hall, Graham	732
Hall, I. R.	870
Hall, Jakob	148
Hall, Karl van	668
Hall, Ray	734
Hall, Rodney	957
Haller, Frank	914
Haller, Günther	635
Haller, Hans	665
Hallermann, Dieter	198
Halliwell, A. R.	478
Hallman, Åke	765
Halson, R. A.	411
Halstenberg, Friedrich	72
Halvorsen, Hanne E.	522
Hamann, Hans	666
Hamann, R.	379
Hamberger, Wolfgang	326
Hamer, Helmut	156
Hamm, Eduard	175, **186**, 187, 193, 197, 198
Hamm, Heiner	1000
Hammar, Lennart	975
Hammer, H.	985
Hammer, Klaus	635
Hammer, Kurt	263
Hammer, Margit	325
Hammerschmidt, Reinhard	912, 915, 924
Hammerstein, H. W. v.	843
Hamminger, Helmut	244
Hammje, Klaus	944
Hampe, Andreas	890
Hampel, Hans R.	862
Hampel, Peter	36
Handle, Josef	245
Handrock, Wilfried	826
Hane, Hermann	628
Hanelius, Antti	720
Hanemann, Klaus-Dieter	942
Hanff, Hans-Ulrich	595
Hang, Gerd	639
Hanhinen, Reino	209

PERSONENREGISTER
H

Haniel, Erich	662
Hank, Dieter	1014
Hanken, Heinz	636
Hankins, Glenn A.	411
Hann, Gerlinde	972
Hann, James	734
Hannak, Helmut	246, 254
Hannus, Seppo	960
Hansel, Gerhard	30, 1031
Hansemann, Horst	847, 851
Hansen, Allan	390
Hansen, Christoph	1001
Hansen, Georges	207
Hansen, Jacob L.	713
Hansen, Jean-Pierre	708
Hansen, Jens Morten	960
Hansen, Joern	899
Hansen, Jürgen	349
Hansen, Kurt	589
Hansen, Paul	968
Hansen, Per Allan	521
Hansen, Ulf	980, 1004
Hansen, Uwe-Jens	139, 631, **634**
Hansmann, Klaus	904, **934**
Hansonis-Jouleh, Hildegard	808
Hansoul, Luc	709
Hantelmann, Georg von	294
Hanusch, Kunibert	996, 1036
Hanzal, Karl	873
Happ, Wilhelm	858
Harbodt, Kurt	112, 809
Harbort, Richard	667
Hardeland, Frank	124, 125
Harder, Franz Josef	772
Harder, Josef	772
Harding, Jürgen	844
Hardman, G. A.	410
Hardman, John	732
Hardman, R. F. P.	406
Hardt	893
Hardt, Dieter	843
Hardt, Wolfgang	174, 852
Hardy, J.	708
Hardy, J. W. J.	411
Hardy, Michael	952
Haren, Pat H.	739
Haren, Patrick	731, 733
Harig, Hans-Dieter	30, 108, 109, 636, 647, **651**, 813
Harinck, Wim M.	518
Haring, Kurt	562
Harjes, Hans-Peter	988
Harlow, V. Ray	410
Harms, Berend	666
Harms, Uwe	124
Harnisch, Jürgen	36, **135**, 162
Harra, Tapio	395
Harre, Martin	922
Harrer	897
Harries, Klaus	882
Harris, John F.	732
Harrison, J. S.	282
Harrison, James E.	520
Hart, Jim	731
Hartel, Werner	631, 632
Hartenstein, Liesel	882
Hartfeld, Gerhard	50
Harting, Arno	267
Harting, Norberto	267
Hartmann, Bernd	689
Hartmann, Dieter	135
Hartmann, Egon	182
Hartmann, Hans-Jürgen	38
Hartmann, Herbert E.	357
Hartmann, Horst	810
Hartmann, Joseph	183
Hartmann, Jürgen K.	**133**, 867
Hartmann, Klaus	137
Hartmann, Michael	850
Hartmann, Olaf	943
Hartmann, Peter	631, 632, 633
Hartmann, T. J. G.	479
Hartmann, Ullrich, Düsseldorf	101, 332, 362, 599, 635, 636, **651**, 847, 853
Hartmann, Ulrich, Hamburg	**329**, 826, 867
Hartmann, Ulrich, Ludwigsburg	665
Hartmann, Wilhelm	639
Hartmanshenn, Paul	636
Hartung, Matthias	89
Hartung, Roland	318, 684, 867
Hartung, Werner	140
Hartung, Wilfried	645
Hartwich, Günter	126, 635, 691, 705
Hartwig, Friedhelm	1035
Hartwig, Hans-Joachim	186, 187, **925**
Hartwig, Heinrich	112, 1026
Hartwig, Roland	612
Hartwig, Werner	628
Harvey, Ken	731
Harvey, Kenneth	733
Haschke, Udo	883
Haseldonckx, Paul	296, 407
Hasenclever, Wolfgang	1009, 1010
Haserodt, Klaus	986
Haslacher, Peter	867
Haß, H. F.	146
Hassel, Hermann	184
Hassel, Peter	611
Hasselblatt, Rolf	395, 396
Hasselmann, Wilfried	367
Hassemer, Volker	803, 903, **911**
Hassepaß, Walter	865
Hatak, Walter	556
Hatch, John	733
Hattinger, Günther	243
Hatvani, György	794
Hatzfeld, Michael	852
Hau, E.	1003
Hau, Emmanuel	721
Hauan, Håvard	522
Hauch, Helmut	865
Hauck, Wolfgang	644
Hauenherm, Werner	385
Hauff, Alfred	1016
Haug, Gerd	110
Haug, P.	787
Haug, Peter	**694**, 699, 700
Haug, W.	979
Hauguel, Francis	869
Haumann, Helmut	329, 663
Haumann, Kurt	131
Haungs, Rainer	882
Haunschild, Hellmut	910
Hauptmann, Andreas	196
Hauschild	897
Hauschild, Dieter	912
Hausdörfer, Berthold	364
Hausen, Jürgen	985
Hauser, Alfred	663
Hauser, Gerd	830
Hauser, Hansgeorg	882
Hausherr, Heinrich Rudolf	185
Haushofer, Othmar	757
Hauske	947
Hausmann, Rudolf	108
Hausmann Tarrida, Carol	280
Hausner, Andreas	607
Haußmann, Günter	665
Haustein, Hans-Joachim	1031
Haut, Fritz Rainer	887
Have, Karl ten	40
Havemann, Rudolf	376, 847
Haverich, Heinz	661
Havlicek, Bernhard	857
Hawkshaw, Henry John	574
Hawley, Robert	734
Haxter, Bruno	62
Hay, Kurt	156
Hayden, Michael	739
Hayes, A. W.	966
Hayler, Horst	108
Haymoz, Armin	875
Haynes, M. D.	406
Hazelhoff, Robertus	598
Healy, R.	480
Heard, Joyce	980
Hearne, Graham	408
Heath, David	950
Heath, J. A.	409
Heathfield, P. E.	954
Heberling, Erwin	142
Hebestreit, Peter	1014
Hecht, Gottfried	622, 635, 636, **1025**
Hecht, Günther	947
Hecht, Heinz	607
Hecht, Horst	894
Heck, Karl Matthias	66, 68
Heck, Richard	385
Heck, Wilhelm	110
Hecke, Gilbert	709
Hecke, Michel van	388, 708, 709
Heckelmann, Rainer	939
Hecker	897
Hecker, Friedrich Carl	860
Hecker, Ludwig	362
Hecker, Peter	664
Heckmann, Heinz	118
Heckmann, Helmut	646
Hedayatzadeh Razavi, S. M.	577
Hedden, Kurt	362, **991**

PERSONENREGISTER
H

Heden, Håkan 765
Hedenstedt, Anders 765
Hedman, Raymond 270
Hedrich, Manfred 912
Hedrich, Peter 993
Hedrick, K. L. 479
Heeck, Bernhard 42
Heeg, Klaus 936
Heek, Karl Heinrich van . . . **187**,
. . . . 192, 193, 375
Heere, R. 825
Heereman von Zuydtwyck,
  Constantin Freiherr 589
Heerma, E. 969
Heese, Alfred 132
Heesen, Wolfgang von 648
Heeswijk, Niek van 518
Heffels, Hans-Peter 840
Heffes, Elie I. 397
Hefti, Hans-Heinrich 875
Hegemann, Lothar 36
Hegemann, Manfred 156
Hegemann, Michael 42
Heger, Hans 261
Heger, Hans-Jakob 1033
Heger, Lutz **330**, 826
Heger, Michael 937
Heggemann, Bernd 101
Hehl, Elisabeth 659
Heibel, Günther 144
Heide, Bruno 127
Heide, Günther 928
Heide, J. R. ter 492
Heide, Lutz von der 920
Heide, Yngrar B. 520
Heidelbach, Günter 172, 173
Heidelbach, Josef 346
Heidemann, Heinz-Dieter . . . 867
Heiden, Christoph 696
Heiden, Karl-Heinz von der . . 862
Heider, Ferdinand 254
Heiderhoff, Heinz 646
Heiderich, Joachim 811
Heidersdorf, Gerd 82, 853
Heidinger, Hartmut 558
Heidinger, Peter F. 665
Heidorn, Hartwig 667
Heidrich, Artur 1021
Heidrich, Jochen 597
Heidrich, Siegmund 109
Heier, Knut S. 969
Heierli, Walter 569
Heiermann, Franz-Josef 54
Heiermann, Heinrich . . . 30, 36, 46,
  72, 76, 82, 154, 167, 170, 172,
  173, 174, 186, 198, 647, 813,
  . . 850, 999, 1003, 1009, 1027
Heigl, Friedrich 809
Heil, Jürgen 984
Heil, Karl Hans 1029
Heilbrunn, A. 963
Heilemann, Ullrich 1009
Heilmann, Eva 663
Heilmann, Heiner 942
Heilmann, Wilhelm 651
Heim, Willi 109

Heimbach, Wolfgang 887
Heimburger, Artur 863
Heimes, Hans-Theodor 613
Hein, Wolfgang 971
Heine, Bernd 604
Heine, Hans-Heinrich . . 126, 996
Heine, Reinhard 148
Heine, Wolfgang . 375, **378**, 866
Heinecke, Ellen 88, 850
Heineke, Theodor **683**
Heinemann, Hermann 80
Heinemann, Wolf-Rainer . . . 955
Heinemann, Z. 563
Heinemann, Zoltan 262
Heiniger, Ursula 572
Heinke, G. 1004
Heinle, Horst 910
Heinrich, Detlef 843
Heinrich, Heribert 324
Heinrich, Rolf-Dieter 342
Heinrichs, Horst 931
Heinschink, Matthias 559
Heinstein, Florian 831
Heintzmann,
  Eberhard 912, 915, **924**
Heintzmann, Heinrich 886
Heintzmann, Peter 183
Heinz, Alphonse 210
Heinz, Georg 598
Heinze, Christian 608
Heinze, Karl-Heinz 134
Heinze, Wolf 884
Heinzel, Sabine 925
Heinzelmann, Werner 874
Heise, Dietrich 937
Heisel, Wolfgang 802
Heising, Carl 201
Heiß, Johann 640
Heißl, Regina 246
Heitefuß, Rudolf 829
Heitfeld, Ludger 38
Heith, Helmut 46, 186,
  . . . . 647, 1021, **1035**
Heitkamp, Engelbert . . . **156**, 185
Heitkamp, Robert 156
Heitkamp-Frielinghaus,
  Richard 156
Heitkemper, Johannes 88
Heitmann, Alfons 645
Heitmann, Wolfgang 695
Heitzer, Hans 659
Heiz, K. 775
Heizmann, Gustav 937
Helbich, Leopold 260, 261
Held, Christina 101
Helfferich, Rudolf 156
Helfrich, Fritz 611, 613
Helgesen, Kjell Ivar 240
Hell, Hermann 70
Hell, Rudolf 56, 937
Hella, Y. 709
Heller, Franz 130
Heller, Ludolf 847
Hellermann, Joachim 602
Hellgrén, Esa 720, 791
Hellhammer, Jörg 611

Helling, Detlef 666
Hellwege, Johann Diedrich . . 636
Hellwig, Renate 882
Helm, Christoph 816
Helm, Günther 624
Helm, Roger 815
Helmerding, Horst 602
Helminen, Olli 207
Helms, Peter 997
Helms, Wolfgang 988
Hemeury, Pierre 574
Hemmer, Claus 919
Hemmer, Hans 822
Hemminger, Wolfgang 890
Hemminghaus, Günter 660
Hempel, Friedrich-Wilhelm . . 860
Hempel, G. 998
Hempel, Heinz-Werner . 826, 867
Hemscheidt, Alexander 184
Hemsing, Heinz-D. 1035
Henckel von Donnersmarck,
  Carl Josef 244
Hendel, Harald 132
Henderson, Alan 410
Henderson, C. M. B. 225
Henderson, Sir David 223
Hendricks, Claus . **140**, 162, 169
Heneka, Hubert 296, 346,
  . . **362**, 374, 651, 847, 999,
  . . . . 1009, 1010
Henger, Manfred 888
Henglein, A. 1005
Hengsberger, Gerd 347
Hengstler, Kurt 180
Henke, Hans Jochen 665
Henkel, Egon Hermann . 187, 986
Henkel, Hans-Olaf 901
Henkel, Konrad 611
Henkenhaf, Siegfried 109
Henle, Jörg A. 133, **845**
Henn, Walter 634, **671**
Henne, Hans Jörg 596, 612
Hennecke,
  Hans Peter . 122, **148**, 181, 1004
Hennemann, Ernst-August . . 917
Hennenhöfer, Gerald 697
Hennes, Elmar 82
Hennessy, Vincent C. 484
Hennevaux, Jacques 206
Hennies, Hans-Henning . . . 1008
Hennies, Jürgen 170
Hennig, Dieter 140
Hennig, Eduard 611
Hennig, Klaus-Peter . . . 134, 135
Hennig, Rudolf 600
Hennig, Werner 846
Henning,
  Dieter . . . **92**, 170, 176, 177
Henning, Jörg 695
Henning, Klaus Jürgen 899
Henning, Klaus-Dirk 591
Henning, Rainer 592
Henningsen, Jørgen 952
Hennrich, Carl 260, 261
Henri, Dominique 962
Henrich, Hans-Jakob 861

PERSONENREGISTER
H

Henry, Gilbert	210
Henry, Pierre	401
Henschler, Dietrich	829, 896
Hensel, Eberhard	367
Henselmann, Rupert	910
Hensmans, J.	959
Henß, Klaus	112
Hentsch, Guy	788
Hentschel, Hans	164, **294**
Hentschel, Hans E.	375
Hentschel, Helmut	4
Hentschläger, Franz	253
Henze, Dieter	329
Henze, Günter	98
Hepberger, Hugo	257
Heppner, Dierk	935
Heraeus, Jürgen	705
Heras, Angel de las	781
Heras García, Rafael	779
Herbert, Gerhard	256
Herbert, Helmut	691
Herbert, Horst	332
Herbord, Horst-Dieter	1025
Herbst, Christian	168
Herbst, Donald	807
Herfeldt, E.	1010, 1011
Herfurth, Hans-Günter	84, 85, 320, 634, 698
Herfurth, Klaus	106
Herfurth, Sven	378
Herges, Rainer	54
Herget, Hans-Georg	168
Hering, Günther E.	**163**, 845
Hering, Siegfried	**322**, 385
Herinx, Karl-Gert	685
Herkströter, Cornelius A. J.	348
Herlin, Pekka	209
Herlitzius, Hans	612
Herlyn, Sunke	915
Herman, Fernand	388
Hermann, Helmut	1008
Hermann, Jürgen	169
Hermanns, Karl-Ernst	82
Hermans, Jürgen	141
Hermansen, Robert	240
Hermes, Ludger	932
Herms, Wolfgang	853
Hernandez, José Luis	876
Herold, Albrecht	954
Herold, Ferdinand	111
Herold, Wolf Alexander	594, 595
Herpels, S.	708
Herpertz, Elmar	935
Herr, Eckhart	317
Herr, Horst	684
Herrera Fernández, Juan de	575
Herrera Martínez Campos, Juan de	575
Herrero García, David	779
Herrmann, Albert Günter	989
Herrmann, Gerd	145, 850, 871
Herrmann, Günther	629
Herrmann, Helmut	**325**, 381
Herrmann, Jürgen	78
Herrmann, Rainer	857
Herrmann, Rosemarie	847
Herrnberger, K.	342
Herrnberger, Klaus	**321**, 826
Herting-Agthe, Susanne	986
Hertlein, Ernst	1024
Hertweck, F.	1009
Hertz, Thomas	803
Herweg, Johannes	935
Herx, Gerd	884
Herzig, Peter M.	985
Herzke, Helmut	330
Herzog, Christa	330
Herzog, Ralf	814
Herzog, Theo	632
Herzog, Walter	937
Herzog, Werner	599
Hesidenz, Lothar	68
Hesislev, Ole	390
Heslop, D. T.	477
Heslop, David T.	581
Hespers, Winfried	180
Heß	945
Hess, Andreas	887
Hess, Hans	131
Hess, L.	406
Hess, Lothar	772
Heß, W.	151
Heß, Walter	150
Hesse, Dietrich	30, 994
Hesse, H.	353, 356
Hesse, Karl-Heinz	985, **986**
Hesse, Wolf-Ekkehard	912
Hesselbarth, Klaus	**316**, 826
Heßeling, Heinz-Dieter	78
Heßlau, Jörg	922
Hessling, Heinz	114, 116
Hettich, Peter	1000
Hetze, Joachim	154
Heuer, H.	990
Heuer, Horst-Dieter	**329**, 330
Heugel, Klaus	663
Heukelum, Horst van	132
Heumann, Lucas	661
Heuraux, Christine	215
Heureux, E.	708
Heuvel, Bruno van den	91
Hevia, J. M.	278
Hewel, Hubertine	198
Hey, Dieter	141
Hey, Jens	929
Hey, Rudolf	184
Hey, Wolfgang	840
Heydebreck, Wolfgang v.	368
Heydemann, Berndt	903, **944**
Heyden	897
Heyder-Ziegler, Bettina	886
Heyduck, Hans-Joachim	910
Heylen, Ch.	708
Heylmann, Kurt	611, 613
Heyn, Frans	788
Heywood, B.	477, 479
Hibbel, Josef	599
Hichens, A. P.	220
Hichens, Antony	731
Hickel, Rudolf	126
Hicken, Enno	696
Hidalgo Herrera, Rafael	278
Hider, D.	477
Hieber, Otto	956
Hiebler, Herbert	262
Hieckmann, Andreas	299
Hiegel, Marc	407
Hielm, John	522
Hierl, Wilfried	601
Hierling, Hans-Jürgen	852
Hietannta, K.	410
Hietarinta, Kai	395, 577
Hilaire, P.	963
Hilbers, Wilhelm	606
Hilbertz, Günther	182
Hilbrandt, A.	842
Hildebrandt, Hans	915
Hildebrandt, Manfred	190, 197
Hildebrandt, Wolfgang	995
Hilden, Hanns Dieter	927
Hilf, Gertrud	950
Hilger, Carl	713
Hilger, E.	695
Hilger, Helmut Heinrich	36, 46
Hilger, Klaus	813
Hilger, Wolfgang	591, **598**, 599, 602, 609, 611
Hilker, Klaus	134, 698
Hill, John	788
Hill, R. W.	477
Hill, Sir John	734
Hill, Thomas	847
Hille, Karl-Gerhard	864
Hille, Monika	559
Hille, Ralf	696
Hillebrand, Bernhard	1009
Hillebrand, Gerhard	150
Hillebrandt, Axel v.	986
Hillen, Detlef	367
Hiller, Christoph	558
Hiller, Karl	887
Hillermeier, Karl	628
Hillgärtner, Rainer	1035
Hilmer, Rolf	644
Hilterhaus, Friedhelm	857
Hiltscher, Adolf	118
Himle, Erik	970
Himme, Karl-Heinz	330
Himmel	893
Himmele, Gerhard	688
Himmelreich, Fritz-Heinz	1033
Hinderfeld, Gerhard	189
Hindmarsh, W. E.	220
Hinne, Klaus	1020
Hinrichsen, Jens	691
Hinsberger, Rudolf	671
Hinsch, Freimut	166
Hinsch, Winfried	946
Hinsken, Ernst	882
Hinteregger, Gerald	980
Hinterleitner, Friedrich	249
Hinterthan, Winfried	645
Hinton, Joe B.	564
Hintz, Eduard	696
Hintzen, Barbara	942
Hintzmann, Walter	172
Hinz, Dieter	44
Hinz, K.	998

PERSONENREGISTER
H

Name	Seite(n)
Hinz, Karl	888
Hinze, Günter	110, 111
Hinze, Joachim	912
Hinze, Karsten	921
Hinze, Rolf	82
Hippe, Erhard	884
Hippel, Werner	1026
Hippler, Jürgen	926
Hiraoka, T.	790
Hirche, Walter	636, **912**
Hirner, Gerhard	243
Hirota, H.	282
Hirsch, Adelheid	915
Hirsch, Joachim von	180
Hirsch, Kurt	847
Hirschgänger, Erwin	385
Hirschi, Werner	**569**, 570, 571
Hirschmann, Hans A.	694
Hirschy, Pierre	976
Hirte, Erich	176
Hirzel	891
Hiss, Dieter	56
Hitschler, Walter	882
Hjorth, L.	566, 577
Hlawatschke, Günther	124
Hlubek, Werner	36, 88, 347, 629, 634, **640**, 641, 683, 704, 747, 1012
Hoare, Michael Colin	564
Hoberg, Heinz	810, 833, **984**, 985
Hochegger, Gottfried	263
Hochheuser, Kurt	599
Hochrainer, Heinz Peter	557
Hochreiter, Friedrich	557
Hochrieder, Josef	251
Hochscherf, Paul	809
Hochstein, Fritz	134
Hochsteiner, Heinz	561
Hock, Liesel	668
Hockel, Dieter	46
Hockel, Hans L.	610
Hocquard, Claire	961
Hocquet, Jean-Claude	281
Hodler, Christian	698
Höche, H. R.	695
Höchel, Jochen	1036
Höck, Peter	670
Hödl, Friedrich	**250**, 262
Höfer, Friedrich	134
Höffeler, Heinz-Gerd	1030
Höffken, Ernst	169
Höfler, B.	900
Höfler, Gottfried	254
Höflich, O.	998
Höft, Bruno	383
Hoegberg, Harald	166
Högberg, L.	790
Högberg, Lars	975
Höher, K.	808
Höhler, Gertrud	896
Höhn, Gerhard	92
Höhn, Harald	254
Höhn, L.	1005
Höhn, Wolfgang	70
Höhndorf, Axel	888
Höhne, Klaus-Jürgen	1014
Höinghaus, Manfred	158
Højgaard, Jens-Erik	390
Hoek, Ger A. L. van	636, **749**
Hölandt, Thomas	139
Hölbe, Dieter	945
Hölig, Heiner	1021
Hoelsæter, Odd. Håkon	970
Hölter, Axel	152
Hölting, Bernward	919
Höltken, Günter	352
Höltken, Günther	378
Hoen, Michael	939
Höner, Karl-Eugen	180
Hönerhoff, Dieter	139
Hönicke, Dieter	375
Hönigmann, Karl	793
Hönlinger, H.	793
Hönn, Wolfgang	600
Höper, Gerhard	385
Höpfner, Bernt	926
Höpfner, Ulrich	831
Höppe, Hans Ulrich	80
Höppner, Siegfried	372
Höppner, Wolfram	941
Hörnig, Rolf	591
Hörsken, Heinz-Adolf	36
Hörter, Willi	324, 328
Hörz, Franz	263
Hövelmann, Paul	597
Hövermann, Klaus	846
Høy, Jørgen Ancher	389
Hof, Friedrich-Carl von	382
Hofbauer, Richard	248, 253
Hofer, Burkhard	559
Hofer, Franz	248
Hoff, Herbert	910
Hoffendahl, Manfred	630
Hoffman, Volker	348
Hoffmann	891
Hoffmann, A.	697
Hoffmann, Bernd	595
Hoffmann, C. W.	138, 372
Hoffmann, Diether	630
Hoffmann, Egon	154
Hoffmann, Georg	926
Hoffmann, Gerhard	1007
Hoffmann, Hajo	671, 689
Hoffmann, Hans	589, 788
Hoffmann, Hartmut	636
Hoffmann, Heinz-Ulrich	1030
Hoffmann, J. P.	788
Hoffmann, Jean	747
Hoffmann, Jean-Paul	747, 968
Hoffmann, K.	990
Hoffmann, Karl	1019
Hoffmann, Karsten	38
Hoffmann, Klaus-Dieter	847, 857
Hoffmann, Klaus-Jürgen	72
Hoffmann, L.	1011
Hoffmann, Lutz	1002
Hoffmann, Manfred	1022
Hoffmann, Michael	632
Hoffmann, Reiner	6
Hoffmann, Rüdiger	606
Hoffmann, Siegfried	624
Hoffmann, Ulrich	989
Hoffmann, Werner	689
Hoffmann, Winfried	611, 612
Hoffmann, Wolf-Dietrich	318
Hoffmann jr., M.	145
Hoffmann sr., M.	145
Hoffmeister, Hans	900
Hoffmeyer, Heinz-Hermann	80
Hofherr, Klaus	85
Hofius, Karl	898
Hofmann, Fritz	589
Hofmann, Gerd	908, 940
Hofmann, Hans	977
Hofmann, Peter	621
Hofmann, Ulrike	941
Hofmann, Ute	330
Hofmann, W.	1008
Hofmans, J.	386
Hofmeister, Burkhard	986
Hofmeister, Paul	139
Hofmeister, Wolfgang	114
Hofstad, Arnfinn	521
Hofstadler, Franz	249
Hogrebe, Peter	932
Hohenemser, Kurt	586
Hohenhinnebusch, Wilhelm	1008
Hohl, Detlef	696
Hohl, Dieter	944
Hohlefelder, Walter	**893**, 903
Hohls, Jörg-Wilhelm	912
Hohmann, Hans	621
Hohmann, Heinz-H.	1001
Hohmann, Wilfried	926
Hohn, Herbert	110
Hohnstock	892
Hohoff, Wilhelm	367, 372
Hojas, Hans	262
Hokamp, Dieter	44
Holdefleiss, Ivo	55
Holder, Günther	142
Holder, Peter	993
Holder, R.	878
Holding, John	390
Holdinghausen, Franz A.	130
Holdren, John	834
Holdsworth, Sir Trevor	733
Holdt, Wolfgang	160
Holhorst, Dieter	72, **74**
Holighaus, Rolf	363, 606
Holin, Eberhard	186
Holl, Matthias	645
Holländer, Helmut	322
Holland, Dennis	739
Holland, Liviana	1001
Holleben, Horst von	611
Hollenberg, Christian	812
Hollerbach, Alfred	888
Hollmann, Bernd	147
Hollmann, Günter	611, 612
Hollmann, Harry	940
Hollmann, Herbert	626
Hollstein, Axel	**112**, 167, 177, 592, 809
Hollweger, Karl	254
Holm, A. J.	522
Holmbom, Anders	271

PERSONENREGISTER
H

Holmes, Constance D.	980
Holmin, Nils	765
Holobar, Jürgen	40
Holoubek, Karl	591, 598, 599, 613
Holsen, Gina Beate	522
Holst, K.-E.	826
Holst, Klaus-Ewald	321
Holst, Ulrich	827
Holt, P.	787
Holte, J. B.	406
Holtgreve, Franz	654
Holtkamp, Gabriele	154
Holtmeier	934
Holtstraeter, Reinhard	1025
Holve, Horst Ludwig	72
Holweg, Klaus	813
Holz, M.	802
Holzach, Robert	586
Holzbach, Hermann	1002
Holze, Dietrich	381, 385
Holzer, Edmund	68
Holzer, Hans E.	599, 602
Holzer, Herwig	261
Holzer, Jochen	323, 332, 622, 662, 845
Holzer, Karl	622
Holzfeind, Heinz	243, 244
Holzmann, Thomas	894
Holzum, Heinz-Dieter	38
Holzwarth	892
Hombach, Bodo	46
Homberg, Ernst	660
Homberger, H. U.	874
Homburg, Axel	594
Homburger, Birgit	882
Homolka, Eduard	259
Homolle, François	397
Homrighausen, Reiner	1002
Hondekyn, Jozef	708
Hondros, Ernest Demetrios	952
Honnons, Sylvie	215
Honrath, Gerd	147
Honsel, Hans-Dieter	180
Hoogland, Walter	788
Hook, J.	386
Hope, S.	578
Hopfer, Karl-August	341
Hopkins, Peter	732
Hoppe, Elmar	151
Hoppe, Hans Peter	662
Hoppe, Heinz-Josef	646
Hoppe, Holger	846
Hoppe, Klaus	594, 595
Hoppe, Ulrich	932
Hoppen, Dirk	158
Hoppen, Ewald A.	148, 182
Horente Legaz, Alfredo	278
Horlock, John	733
Horn, Heinz	30, 36, 46, 72, 76, 82, 170, 172, 173, 175, 318, 362, 602, 647, 685, 813, 953, 979, 1027
Horn, Hermann	369
Horn, Jan Henrik	924
Horn, Norbert	920
Horn, Wilfried	661
Horne, R. R.	967
Horne, Roland	936
Hornef, Heinrich	901
Horneffer	893
Hornetz, Klaus J.	937
Hornig, Walter	807
Hornung-Draus, Renate	1033
Horsch, F.	811
Horsler, A. D. T.	870
Horst, Hermann	850
Horster, A. D. J.	220
Horth, Klaus	942
Horzetzky, Günther	140
Hosang, Hans	360
Hoscher, Manfred	262
Hoschützky, Bernhard	929
Hosseini, S. M.	577
Hoßfeld, Friedel	696
Hoßfeld, Horst	118
Hossiep, Heinz	654
Hostert, Walter	661
Hots, J.	959
Hotzel, Edmund	30
Houghton, A.	220
Houlmann, Nicolas	572
Houp, Roland	1037
Howaldt, Andreas	624
Howe, Bruno	114
Howe, Herbert	46, 48, 202, 1026
Howells, A. W.	225
Hoy, Jørgen A.	389
Hoyer, Werner	882
Hrovatin, Janez	793
Hrubec, Wolfgang	251
Hubacher, Helmut	569
Hubacher, P.	773
Hubbert, Jürgen	132
Hubens, Aimé	709
Huber	934
Huber, Alex	621
Huber, Anton	608
Huber, Dieter	632
Huber, Erich	352
Huber, Georg	260
Huber, Gerhard	635
Huber, H. J.	788
Huber, Hans	694, 824
Huber, Hans Jörg	774
Huber, Peter	874
Huber, Rolf	910
Huber, Rudolf	910
Huber, Walter	253
Hubert, Hans Werner	54
Hubig, Klaus	632
Huddle, Stephen	407
Hudel, Günther	120
Hübbel, Hans-Ulrich	818
Hüben, Johann	932
Hüber, Roland	952
Hübner, Heinz	882
Huebner, Holger	912
Hübner, Karl-Hermann	937
Hübner, Kurt	788
Hübner, Lothar	814
Hübner, Rainer	691
Hübner, Winfried	92
Hueck, Dietrich	886
Hueck, Karl-Ludwig	108
Hück, Rainer	689
Hüesker, K.	1011
Hüesker, Klaus	1014
Hüffer, Uwe	987
Hüllen, Peter van	134
Hüls, Klaus	58, 60, 173, 193, 320, 814
Hülsenbeck, Otto	321
Hülst, Rosemarie	804
Hündlings, Hartwig	796
Hüning, Johannes	631, 634, 661, 693
Hünnebeck, Jürgen	174
Hüppe, Ulrich	362
Hürzeler, Paul	772
Hütker, Klaus	158
Hütten, Willy	850
Hüttenhölscher, Norbert	802
Hüttinger, Klaus J.	375
Hüttner, Rudolf	905
Hufer, Otto	56
Hufnagel, Franz Josef	122, 148
Hug, Michel	791
Huggenberger, Ernst	772
Hughes, Brian Phillip	564
Hughes, Harold	479
Hughes, J. F. M.	410
Hughes, Mike	732
Hughes, Norman P.	224
Hughes, Terry	870
Hugo, Dieter	698
Hugo, Heinrich	656
Hugo, Karl-Heinz	939
Hugon, I. P.	962
Hugon, J. P.	963
Huidobro y Arreba, Maria Luisa	977, 978
Huk, Bernd	628
Hull, John H.	967
Hulsman, Klaus	357
Humm, O.	775
Hummel, Peter	905
Hummitzsch, Siegfried	859
Humouda, Emilio	362
Hund, Horst	182
Hundertmark, Karl-Ernst	378
Hundt, Dieter	1033
Hunsche, Udo	887
Hunt, K.	220
Hunziker, Eugen	874
Huopalahti, Kari	718
Hupfeld, Hermann	1002
Hurt, Eveline	972
Hurtado, José	574
Hurtado Ros, José	575
Husmann, Jürgen	1033
Husmann, Surwolf	91
Huß, Horst	592
Hussak, Silvester	243
Hußmann, Jürgen	48
Hustache, Ph.	963
Huth, Klaus Dieter	342
Huthmacher	891

PERSONENREGISTER
H – J

Huumonen, Jouko 395
Huylenbroeck, J. 710
Huyskens, Chris J. 834
Hvcn, Håkan 390
Hyldahl, Ilona E. 579
Hynninen, Antti 957
Hypko, Ulrich 1036

Ibach, Harald 696
Ibars Pla, Emilio 275
Icaza Zabálburu, Rafael de . . 780
Iche, Jean 214
Iffly, R. 400
Igelbüscher, Heinrich 169
Iglesias Cuervo, José Manuel . 276
Igrevsky, V. I. 577
Ihamuotila, Jaakko . . . 209, 395
Ihnken, Enno 669
IJff, J. 749
Ikemann, Hermann 78
Ikonopopoulos, I. 964
Illerhues, Alois 822
Illert, Stephan 907
Illgner, Hans-Reinhard . 201, 922
Illing, Michael 100
Illmaier, Franz 261, 973
Ilsemann, W. von 577
Ilsemann, Wilhelm von . . . 375
Imauven, C. 963
Imbert, Daniel 954
Imbert, Georges 955
Imbery, Dieter 611
Imbsweiler, Wolfgang 995
Imhoff, Hans-Diether . 46, 132, ... 385, **654**, 660, 699
Imhoff, Klaus R. . . . 826, 1029
Immenkamp, Irmgard 800
Impe, Herman J. van 388
Ingeborgrud, Håvard 522
Ingen, Hans-Peter van 38
Ingenabel, Kurt 1037
Ingenhamm, Eberhard . 82, 853
Ingenillem, Ulrich 826
Ingvaldsen, Jon 970
Inkinen, Erkki 209
Innocenti, Pier G. 788
Insunza Vallejo, Eduardo . . 793
Ipsen, Knut 987
Irelan, R. E. 407
Irlenkaeuser 897
Irouschek, Franz 886
Isacsson, Lars 270
Isakov, Donat A. 396
Isenring, Bruno 569
Iserlohn, Willi 135
Isermann, Werner 929
Isla, Honorato López 781
Islam, W. 577
Isoard, Frederic . . 407, 482, 520
Isoherranen, S. 284
Isoppi, Silverio 484, 485
Isringhausen-Bley 1023
Issen, Roland 901, **1034**
Issler, H. 774

Jabusch, Willi 602
Jaccard, Roland 569, 572
Jach, Gunther 660
Jach, Manfred 100
Jachemich, S. 800
Jachs, Josef 972
Jacke, Walter 156
Jackel, Günther 625
Jacker, Axel A. 796
Jackisch, Walter 4
Jackson, John 477
Jackson, Keith 732
Jackson, Rod 733
Jackwerth, Ewald 196
Jacob, Arnold 126, 601
Jacob, Bernard 747, 792
Jacob, Ernst 122, 148
Jacob, Karl-Heinz 986
Jacob, Paul 647
Jacob, Siegfried 867
Jacobi, Hans . . . 156, 170, 186, ... 694, 813, 1004, 1031
Jacobi, Wolfgang 702
Jacobs, Jörn 705, **1012**
Jacobs, Marc 212
Jacobs, Peter 316
Jacobsen, A. C. 577
Jacobsen, Werner . . . 611, 613
Jacomb, Sir Martin 223
Jacorossi, Angelo 871
Jacorossi, Giancarlo 489
Jacorossi, Ovidio 871
Jacquard, P. 401
Jacquard, P. E. M. 577
Jacquemin, Michel 723
Jacquet, M. 963
Jacqz, Hubert 398
Jaden, E. 854
Jadlowski, Antoni 281
Jaeck, Claude 217
Jäck, Reiner 912
Jäck, Siegfried 124
Jäckel, Gerhard 818
Jaedtke, Eckhard 956
Jäger, Bertold 928
Jäger, Claus 883, **914**
Jäger, Erwin 842
Jaeger, Gerd 705
Jäger, Günter 639
Jaeger, Max 684
Jaeger, Norbert 362, 651
Jäger, Reinhold 689
Jäger, Renate 882
Jäger, Werner 1029
Jägermann, W. 1005
Jägersberg, Klaus 928
Jägersberg, Wolfgang 82
Jäkel, Hans-Jürgen 606
Jäkel, Rainer 847
Jaerschky, Rudolf . . . 664, 702
Järvinen, Jorma 961
Järvinen, Jukka 270
Jaffe, H. 980
Jagel, Annette 827
Jager, Eva 809
Jager, Johannes 809
Jager, Wolfgang 699

Jahn 153
Jahn, Christian 163
Jahn, Gerold 118, 119
Jahn, Karl-Heinz 116
Jahn, Wilfried 651
Jahofer, Herbert 193
Jahr, Rüdiger 890
Jakel, Peter 586
Jakob, Dieter 299
Jakob,
 Karl Friedrich . . . 36, **40**, 1036
Jakob, Karl-Heinrich 1020
Jakob, Wolfgang . 101, 104, 1020
Jakobi, Horst 611
Jakubiak, Dieter 78
James, L. R. 224
Jametti, Nello 572
Jamieson, C. J. A. 409
Jamin, Dominique 581
Janaczek, Gerhard . . . 563, 581
Janal, Walter 137
Janberg, Klaus 822, **823**
Janda, Hans 262
Janett, Aline 770
Janetzko, Peter 945
Jank, Günter 202
Janke, Wolfgang 136
Janker, Karl 627
Jankowski, Detlef 150
Jannaschk, Helmut 914
Jannott, Horst K. . . 130, 598, 651
Janoschek, W. R. 262, 563
Janoschek, Werner 973
Jansen, Günther 944
Jansen, Hans 683
Jansen, Josef 663
Jansen, K. 936
Jansen, Karlheinz 853
Jansing, Jürgen 376
Janson, Hans Georg . . 598, 599
Janßen, Alfred 82, 853
Janssen, E. 959
Janssen, E. R. 959
Janssen, Friedrich 318
Janßen, Klaus **122**, 178
Janssen, M. 959
Janssen, Meinhard . . . 341, 385
Janßen, Onno 378
Janßen, Paul 38
Janßen, Rainer 316
Janssen, Walther 955
Jantz, Gustav 850
Janz, Ilse 883
Jaquet, Camille 571, 572
Jargstorf, Günter 928
Jaritz, Werner 887
Jarmann, Heinz-Jürgen . . . 850
Jaroschek, Hans-Joachim . . 612
Jasper, Hans-Peter 141
Jaspersen, Karsten 699
Jaume, Feliciano Fuster . . . 782
Jausz, Fritz 561
Jeanneret, François 774
Jebbink, Wilhelm 1026
Jefferies, David 733
Jeffers, Richard 579

PERSONENREGISTER
J – K

Jeffrey, Robin	734	
Jeglitsch, Franz	261	
Jehart, Gernot	244	
Jehle, B.	695	
Jehmlich, Günter	188	
Jehnen, Karl	141	
Jeiter, Wolfram	897	
Jeker, Robert A.	589	
Jendrzejewski, Fred	346	
Jenne, Reinhard	925	
Jennen, Jürgen	635	
Jenniches, Karl M.	121	
Jennings, J. S.	521	
Jens, Uwe	882	
Jensen, Jens Peter	595	
Jensen, Lothar	950	
Jensen, Peder E.	390	
Jensen, Steen Hugo	390	
Jensen, W. G.	954	
Jenßen, Jens	**30**, 36, 154, 170, 172, 173, 174, 175, 176, 193, 602, 606, 647, 822, 850	
Jentsch, Herbert	100	
Jentschke, W.	695	
Jentzsch, Wolfgang	363, **588**, 613	
Jeorgiadis, Anastasius	926	
Jepsen, Hanns-Martin	315, 325, **907**	
Jepson, Peter	579	
Jeromin, Peter	933	
Jeschar, R.	1011	
Jeschke, Hans Joachim	**589**, 611, 613	
Jeschke, Peter	143, 859	
Jeschki, W.	976	
Jessberger, Hans Ludwig	987	
Jessen, Arne	119	
Jessen, Gerhard C.	901	
Jeßner, Adolf	257	
Jimenez, Christian	723	
Jimenez, Ricardo	573	
Jiménez Alcaraz, Luis	276	
Jiménez Arana, José Manuel	272, 779	
Joachim, Werner	995	
Jobs, Ulrich	92	
Joch, Klaus	852	
Jochem, E.	1011	
Jochem, Hans-Otto	809	
Jochheim, Dieter R.	699	
Jochimsen, Reimut	92	
Jochums, Arno	1005	
Jochums, Peter	185	
Jodra, L. G.	788	
Jöbkes, W.	163	
Jönck, Uwe	**353**, 375	
Jørgensen, Børge Rud	389	
Joerger, Karl	596	
Joerin, Nicolas	874	
Jørnø, Kresten Leth	713	
Johan, Z.	963	
Johann, Felix	556	
Johann, H. P.	1011	
Johann, Hubert P.	832	
Johannes, Dieter	184, 608, 1037	
Johannsen, Claus	389	
Johannsen, Hans Martin	294, 367, 372	
Johannsson, Kjartan	957	
Johanssen, Klaus	376, **884**	
Johanssen, Klaus-Peter	348	
Johansson, Berndt Olof	957	
Johansson, Göran	765	
Johansson, Hans	271	
Johansson, Olof	975	
Johansson;, Thomas B.	765	
John, Peter	606	
John, Wolfgang	58, **60**, 72	
Johnson, A. David	224	
Johnson, Barry D.	224	
Johnson, W. J. D.	480	
Johnston, C. S.	478, 479	
Join, Gilbert	869	
Joisten, Peter	176	
Jonas, Michael	867	
Jonatansson, Halldor	791	
Jonberg, Dirk	169	
Jones, A.	966	
Jones, C.	951	
Jones, Clive	952	
Jones, David	732	
Jones, Gareth	233	
Jones, Hywel Ceri	953	
Jones, Len	731	
Jones, M. J.	225, 281	
Jones, P. M. S.	790	
Jones, R. W.	409	
Jones, Sir Philip	410	
Jones, Stan	408	
Jong, D. de	388	
Jonker, P.	749	
Jonkman, Piet	518	
Jonsson, Helge	765	
Jonsson, Kristjan	791	
Jonsson, Ragnvald	270	
Jooss, Gerhard	132, 135	
Joppa, Klaus	926	
Joppien, Manfred	52	
Jorczyk, Bernd	865	
Jordan, Adolf	947	
Jordan, Dietrich	158	
Jorge, Pessoa	565	
Jorge Gorospe, Félix	977	
Jork, Rainer	883	
Joscheck, Hans-Ingo	612	
Josi, Ernst	875	
Josi, Martin	770	
Josien, Jean-Pierre	215	
Josten, Falk	348	
Josten, Ralf	668	
Joswig, Günther	594, 595	
Joughin, M.	733	
Jourdan, Gérard	215, 216	
Jourdan, Roger	210, 853, 868	
Jovet, Francis	212	
Joyce, W.	480	
Jubelgas, Wilfried	120	
Judersleben, Georg	946	
Judex, Gerhard	651	
Jülich, Rainer	941	
Jürgens, Christian L.	648	
Jürgens, Rainer	372	
Jürgens, Reiner	377	
Jüssen, Heinz	601	
Jüssen, Peter	89	
Jütten, Erwin	592	
Jüttner, Wolfgang	669	
Juhantalo, Kauko	960	
Juhnke, Klaus-Jürgen	376	
Julienne, Philippe	869	
Jully, Bernard	210	
Jump, Roger	733	
Juncker, Jean-Claude	968	
Jung, Franz	559, **562**	
Jung, Gottfried	936	
Jung, Günter	55	
Jung, H.-J.	1005	
Jung, Hugo	700	
Jung, Joachim	127	
Jung, Jürgen	887	
Jung, Karl	897	
Jung, Lucien	955	
Jung, Richard	602	
Jung, Volker	882	
Jung, Wolfgang	**92**, 1020	
Jungbluth, Manfred	60	
Junge, Christa	346	
Junge, Dieter	634, **654**, 660, 823	
Junge, Heinz	1036	
Junge, Joachim	38	
Junge, Luise	1001	
Jungels, Pierre	844	
Jungfer, Klaus	315	
Jungins, Hartmut	832	
Jungmeier, Günther	249	
Jungwirth, Helmut	972	
Jungwirth, Jürgen	324	
Junk, Herbert	884	
Junk, Wolfgang	111	
Junker, A.	1011	
Junker, Armin	611, 612	
Jurecka, Harald	58, 62, 198	
Jurriëns, Roy	353	
Jurt, William	874	
Jurvansuu, Teuvo	209	
Justen, Kurt	**88**, 164, 170, 1020, 1021	
Juszczak, Zygmunt	684	
Juul, K.	951	
Juul, Kurt	952	
Juusela, Jyrki	207	
Kaat, Erich te	1005	
Kabel-Windloff, Christa	946	
Kabelka, Hans-Jörg	259	
Kabisch, Gerd	1025	
Kaci, Mehmet-Vehip	187	
Kaczmarczyk, M.	577	
Kadelbach, Hans-Dietrich	613	
Kadl, Walter	556	
Kadzik, Konrad	172, **174**, 175	
Käding, Gert	1003	
Käding, Karl-Christian	112	
Kähler, Hellmut	630	
Kählert, Peter	139	
Kämpf, Fritz	659	
Kämpf, Hans	568	
Kämpfer, Sabine	926	

PERSONENREGISTER
K

Name	Seite(n)
Käßer, Wolfgang	**323**, 661
Kästner, Wolfgang	1036
Kaewert, Klaus	1003
Kafka, Peter	48
Kager, Johanna	972
Kahl, Harald	882
Kahlenberg, Franz	608
Kahmann, Hans-Joachim	124
Kahmann, Jan	667
Kahmeyer, Heinrich	132
Kahn, B.	979
Kahn, Friedhelm	180
Kahn, Jon	975
Kahrau, Bernd	858
Kaibel Murciano, Enrique	955
Kaier, U.	1011
Kainer, Helmuth	612
Kaiser, Friedrich	118
Kaiser, Heinrich	897
Kaiser, Henning	124
Kaiser, Horst	52
Kaiser, Peter	68
Kaiser, Reinhard	691
Kaiser, S.	951
Kaiser, Wolfgang	**177**, 1020
Kåks, Kerstin	975
Kalb, Werner	612
Kalenscher, Peter	851
Kaletsch, Otto A.	608
Kalinowski, Ivar	700
Kalischer, Peter	324, 328, 329, 332, 385
Kalka, Lothar	76, 174, 845
Kalkowsky, Bernhard	48
Kalkschmidt, Werner	653
Kall, Fritz	134
Kallenbach, Heinrich	986
Kallmeyer, Jens	132
Kalms, Stanley	477
Kalmutzke, Udo	141
Kalofonos, Panayotis	404
Kaltenbrunne, Johann	557
Kaltenreiner, Erich	248
Kalthoff, Carl-Heinz	122
Kaltschmidt, Rainer	848
Kalwach, Franz	557
Kaminski, Manfred	586
Kaminski, Reinhold	189, 202
Kaminski, Willi	186, 194
Kamischke, Jörg-Dietrich	666
Kamitz, Alois	670
Kammer, Jürgen F.	608
Kammerbauer, Matthias	622
Kammholz, Günter	108
Kamp, Albert	594, 595
Kamp, Heinrich von	927
Kampe, Hans-Joachim	826
Kampeter, Steffen	882, 883
Kampf, Axel	939
Kampfrad, S.	133
Kampmann, Claus	373
Kampmann, Hermann	926
Kampmann, Norbert	884
Kant, Werner	594
Kantelberg, Ernst-Otto	866
Kantor, Josef	76, 186
Kantzenbach, Erhard	1005
Kantzer, Klaus-Peter	607, 999
Kantzias, Ioannis	218
Kaparakis, N.	964
Kapfer, Adolf	120, **1022**, 1035
Kapolyi, Laszlo	834
Kappe, Peter	362
Kappler, Rainer Maria	139
Kapral, P.	788
Kaptur, Michael	50
Karageorgiou, N.	728
Karagounis, Dimitrios	218
Karamanlis, Achileas	964
Karamihas, M.	405
Karasch, Friedrich	650
Karch, Eberhard	164
Karge, Walter	96
Karge, Wilfried	624
Karinen, Haimo	209
Karkuschke, Günter	342
Karl, Gerhard	612
Karmann, Wilhelm	294
Karmitz, P.	869
Karner, Germana	158
Karpe, Hans Jürgen	834, **989**
Karpowsky, Klaus-Peter	867
Karppinen, Stig	270
Karschner, Manfred	626
Karstedt, Bernd	863
Karstedt, J.	808
Kartenbeck, Peter	**139**, 1004
Kartenberg, Hans Jürgen	190, 191
Kaschanian, Behruz	942
Kaschel, Günther	1026
Kashima, I.	979
Kasig, Werner	984
Kaske, Karlheinz	589, 1034
Kaspar, Karl-Heinz	905
Kaspari, Hans	40
Kasper, Arno	941
Kasper, Christa	1035
Kasper, Reinhard	853
Kasperek, Bernhard	796
Kasperl, H.	592
Kasriel, Bernard	869
Kaste, Ulrich	378
Kasten, Arne	613
Kastner, Eduard	120
Kastner, Herbert	135
Kastner, Susanne	882
Katgert, Jan Hendrik	586
Katranas, G.	792
Katsch, Sebastian	757
Katterl, Alois	243
Katzenmeier, Peter	318
Katzschner, Michael	803
Katzung, G.	991
Kaufhold, Holger	946
Kaufmann, Hans-Dieter	88
Kaufmann, Jürg	569
Kaufmann, M.	1009
Kaul, Alexander	895
Kaupp, Ulrich	696
Kausch, Jürgen	66
Kausch, Peter	**88**, 92, 184
Kayser, Jan	91
Keck, Erich	865
Keckeis, Karl	257, 632
Keegan, Anthony	967
Keenan, P. J.	220
Kegel, Karl-Ernst	170, 996
Kehlstadt, Jean-Paul	569
Kehr, Wolfgang	586
Kehrer, Peter	922
Kehse, Jürgen	654, 660
Keienburg, Helmut	1021
Keim, Wilhelm	130, **375**
Keinhorst, H.	1011
Keisenberg, Jochen von	607
Keitel, Hans-Peter	640
Kekkonen, Juha	960
Kelkenberg, Rolf F. W.	601
Keller, E.	976
Keller, Eckehardt	58, 60, 72, **995**
Keller, Eugen	569, 570, 572, **976**
Keller, Hans	602
Keller, Heinz	569
Keller, Herbert	202
Keller, Karlfried	591
Keller, Peter	384
Keller, Philipp	601
Keller-Lauscher, Veronika	1036
Kellerhoff, Franz-Josef	156
Kellermann, Gerd	606
Kelleter, Manfred	663
Kellner, Willy	645
Kelly, Barry	139
Kelly, Eamon	739
Kelnberger, Klaus-Peter	857
Kelter, Dietmar	887
Kemman, Dr., Christof	120
Kemmer	893
Kemmerlings, Kurt	667
Kemp, John R.	520
Kempa, Georg	101, 105
Kempe, Birgitta	975
Kempe, Rudolf	1026
Kempen, Franz	1028
Kemper	892
Kemper, Heinz P.	650, 853
Kemper, Joachim	1029
Kemperdiek, Wilhelm	132
Kempfert, Joachim	612
Kempkens, Karl	827
Kempmann, Helmut	591
Kendal, R. W.	222
Kendziora, Peter	914
Keppe, Rudolf	601
Keppeler, Willi	850
Keppler, Eugène	791
Keppler, Manfred	625
Kerbl, Rudolf	245
Kerdraon, Michel	722
Kerkmann, Bernd	857
Kerl, Hans-Günter	132
Kern, Heinz	332
Kern, Wolfgang	186
Kerola, Pentti	209
Kerrs, Bill	733
Kerschbaumer, Helmut	249
Kerschhackl, Andreas	120
Kerslake, R. C.	408

PERSONENREGISTER
K

Kerslake, Ros	408	Kindler, Herbert	993	Kjellstrand, Arne	957
Kerss, William	731	King, Alexander	834	Klaar, Heinrich-Arthur	348
Kerstan, Hans-Günter	796	King, Christopher P.	346	Klaas, Rolf-Dieter	144
Kersten, Alfons	602	King, D. E.	878	Klaaßen, Werner	378
Kersting, Wolfgang	162	King, T. G.	409	Klaerner, C.	386
Kessel, Dagobert	375, **1007**	Kingston, P. E.	479	Klätte, Günther	88,
Kessel, Dietrich	660	Kingston, Paul F.	478		**636**, 646, 663
Kessel, Kurt von	600	Kink, Julius Martin	254	Klages, Helmut	889
Kessel, Walter	884	Kinkeldei, Klaus	911	Klamann, Dieter	375
Kesseler, Fernand	747	Kinne, Manfred	180	Klamp, Gernot	663
Kessen, Gunther	**599**,	Kinnebrock, Willibald	864	Klamser, Peter	943
	609, 999, 1010	Kinner, Ulrich H.	810	Klapisch, Robert	788
Kessler, Claus	130	Kinsbergen, A.	710	Klapperich, Herbert	191, 192
Keßler, G.	1011	Kinsch, Joseph	239	Klapproth, Uwe	323
Keßler, Günther	702	Kinsella, Donal	228	Klapprott, Norbert	689
Keßler, Lothar	995	Kinze, Michael	942	Klasson, Leif	270
Kessler, Peter	916	Kinzer, Erich	695	Klatt, Heinz-Jürgen	**302**,
Kestenbaum, R.	878	Kippenberger, Christoph	887		316, 360, 374
Kesting, Dieter	944	Kippenberger, Hanns	698	Klatte, Jürgen	625
Ketola, Matti	207, 961	Kipper, Otmar	936	Klaua, Reinhard	941
Ketscher, Niels	180	Kirch, Norbert	696, 798	Klaumünzer, S.	1005
Ketteler, Hanns	36, **42**, 1021	Kirch, Paul M.	1037	Klaus, Hans	641, 683
Kettenbach, Dieter	925	Kirchberg, Wolfgang	606	Klaus, Horst	125, 126, 901
Ketting, Nick G.	749, 787	Kirchgässer, Werner	809	Klaus, Peter	1034
Kettl, Hanns	559, **562**	Kirchhof, Herbert	353	Klaveness, Leena M.	521
Kettrup, Antonius	375	Kirchhoff, Jochen F.	1033	Kleber, Josef	628
Keuer, Thomas	1031	Kirchhoff, Jochen Friedrich	132	Kleemann, Christine	101
Keune, Heinz	612	Kirchhoff, Ulrich	813	Kleer, Johannes	62
Keusgen, Andreas	186, 187,	Kirchner, Dieter	1033	Kleffmann, Rolf	363
	202, **884**, 891	Kirchner, Günter	178	Klehm, Thoralf	105
Keussen, Gerd	636	Kirchner, Klaus	325	Klein, Albert	376
Keuthmann, Franz	640	Kirchner, Michael	928	Klein, Alfred	140, 382
Kevans, Patrick J.	739	Kirchner, Siegfried	112	Klein, Erich	72, 685, 813,
Keynes, S. J.	409	Kirchner, Wolfgang	117		**840**, 844, 850, 853
Keysselitz, Joachim	644	Kirillin, Vladimir	834	Klein, Hans-Joachim	332
Khosla, S. L.	577	Kirk, Alan	225	Klein, Helmut	385, 697
Kick, Hans Werner	1023	Kirkwood, James Bruce	834	Klein, Herbert	684
Kickartz, Peter	988	Kirn	816	Klein, Horst, Herten	50
Kickelhayn, Rolf	670	Kirsch, Erich	936	Klein, Horst,	
Kieffer, Hubert	211	Kirsch, Franz-Josef	52	Saarbrücken	937, 939
Kieffer, S.	697	Kirsch, Pierre	397	Klein, Joachim	188, **805**
Kiekebusch, Berthold	318	Kirschbaum, Norbert	846	Klein, Jürgen	192
Kielland, Kaspar K.	270	Kirschbaum, Rudolf	148	Klein, Manfred	592
Kienbaum, Gerhard	112	Kirschke, Helmut	644	Klein, Martin	990
Kiener, Eduard	570,	Kirschmeyer, Werner	52	Klein, Peter	973
	571, 793, **976**	Kirschner, Norbert	856	Klein, Richard	640, 668, **971**
Kieninger, Heinz-Friedrich	52	Kirschner, Walter	562	Klein, Rudolf	840
Kienitz, Klaus-Peter	167,	Kirschnick, Peter	688	Klein-Gunnewyk, Willi	845
	174, 198, 850	Kirsten, Egon	128	Kleine	892
Kienzl, Heinz-Peter	911	Kirwan, Chris	955	Kleine, Arnold	864
Kierchner, Götz-Jörg	934	Kirwan, Mike	734	Kleine, Werner	917, 940
Kieron, M.	1037	Kising, M.	900	Kleine-Weischede,	
Kiess, A.	907	Kisling, Karl	259	Klaus	589, 1025
Kihl, Ingrid	689	Kissel, Horst	127, 1036	Kleineberg, Karl	48
Kilchmann, Anton	572	Kissinger, Artur	180	Kleinebudde, Hermann	651
Kilian, Kurt	696	Kistenmacher, Joachim	688	Kleinemeier, Klaus	147
Kill, Eberhard	630	Kitschler	892	Kleinert, Detlef	80
Killian, Tony	233	Kitte, Franz-Josef	690	Kleinesper, Rolf	348
Killich, Hans Jürgen	85	Kittel, Rolf	591	Kleinherne,	
Kimmel, Walter	52	Kittelmann, Peter	882	Herbert	170, 173, 1020
Kinast, Gerhard	364	Kitzinger, Günter	612	Kleinknecht, K.	695
Kind, Dieter	889	Kivikas, Töive	765	Kleinlein, E.	1004
Kindel, Rainer	926	Kivimäki, Mikko	209	Kleinmann, Ulrich	905
Kindermann,		Kjølseth, Mona	521	Kleinpeter, Maxime	791
Friedrich	4, 951, **953**	Kjaerstad, Håvard	395	Kleinsimlinghaus,	
Kindler, H.	592	Kjellman, Lars	765	Hans-Dietrich	850

PERSONENREGISTER
K

Kleinstoll, Dieter	647
Kleisch, Notburga	260
Klemme, Bernhard	30, 1027
Klemme, Jobst	368
Klemmer, Paul	1009
Klemmer, Peter	905
Klemmer, Siegrun	882
Klenk, Rudolf	556
Klenner, Helmut	249, 250
Klepp, Hilmar	323
Klepzig, Lothar	672
Kleven, John M.	239
Kley, Dieter	696
Kley, Max Dietrich	112, 363, 588, 705
Kliebhan, Harald	170, 184, 1002
Klien, Jens	860
Klimant, Uwe	1000
Klimek, H.	353
Klinder, Otto	943
Klingelhöfer	944
Klingelhöfer, H.-G.	933
Klingen, Karl-Heinz	690
Klingenburg, Udo	30
Klinger	945
Klinger, Heinz	325, 664
Klinger, Horst	177
Klingner, Bernd	322
Klingspohn, Erwin	628
Klinkenberg, Hilmar	845
Klinkenberg, Wilhelm	72
Klinker, Walter	634, 671
Klinkert, Ulrich	92, 109, 882
Klinkhammer, Georg	646
Klinkner, Hans-Guido	937
Klinksiek, Klaus E.	376
Klinski, Bernd	932
Klinz, Wolf R.	901
Klitzing, Georg v.	696
Klitzsch, Eberhard	986
Kloeckner, W.	951
Klönne, Werner	181
Klöppel, D.	936
Klötzli, Peter	572
Klohs, Adolf	376, 863
Klohs, Dieter	384
Klose, Hansjürgen	636
Klose, Horst	651
Klose, Rainer	802
Klose, Wolfgang	1008
Klostermann, Josef	928
Klotzbücher, Friedrich	622
Kloy, Gerd	939
Klucke, Helmut	363
Kluft, Peter	205
Klug, Werner	332
Kluge, Eberhard	627
Klumb, Uwe	596
Klumpp, Werner	168
Klusmann, Arno	606
Klute, Johannes	72, 76, 996
Klutentreter, Lutz	130
Knab, Heiner	358
Knahl, Herbert	144, 607
Knape, L.	579
Knapp	896
Knapp, David	980
Knapp, Gangolf	928
Knapp, Ole	521
Knapp, Sabine	699
Knappe, Hermann-Josef	82
Knappmann, Dieter	36, 46, 994
Knauer, Hans-Jürgen	651, 853, 854
Knauer, M.	133
Knauer, Uwe	757
Knauf, Baldwin	146
Knauf, Claus	943
Knauf, Nikolaus W.	146, 183
Knaup, Norbert	699
Knauth, Friedrich	92
Knegt, L.	969
Kneip, Gerd	671
Kneissl, Hannes	168, 686, 814
Kneucker, Raoul F.	834
Knezicek, Gerhard	243, 261, 282
Knibutat, Jürgen	80, 996
Knickmeyer, Wilhelm	1036
Kniefeld, Wilhelm	52
Kniehase, Christian	1026
Knieling, Herbert	602, 605
Kniemeyer, Detlef	915
Kniep, Peter	607
Knieps, Hans-Joachim	126
Kniese, Karl-Heinz	847
Knippschild, Lorenz	142, 143
Knips, Ulrich	605
Knissel, Walter	988
Knittel, Bruno	68
Knittel, Willi	866
Knitzschke, Gerhard	172
Knizia, Klaus	30, 76, 631, 651, 654, 694, 834, 979, 1010
Knoblauch, Karl	198, 590, 591
Knoblich, Karl Josef	38
Knobloch	892
Knobloch, Wolfgang	796
Knoche, Günter	605
Knoche, K.-F.	833
Knock, Isabelle	961
Knödel, Klaus	889
Knoefel, Willi	357
Knöfler, Ulrich	919
Knöpfel, Norbert	114
Knöpp, Herbert	898
Knoerich, V.	1005
Knoerich, Volker	698, 898
Knof, Wolfgang	928
Knoll, Axel F.	352
Knoll, Günter	104
Knoll, Peter	806
Knoop, Dietrich von	143, 859
Knop, André	375, 604
Knoppien, Brampeter	607
Knorr, Manfred	928
Knorr, Wolfgang	911
Knorring, Mary von	961
Knospe, Jürgen	650
Knoth, Werner	146
Knoth, Wolfram	943
Knott, Hans Dieter	328
Knüpfer, Wolfgang	36, 48
Knufinke, Paul	984, 985
Knuth, Günter	943
Knutsen, Konrad B.	520
Knutsen, Roald	521
Knutsen, Rolv G.	970
Kobbe, Rolf	628
Kober, Ernst	120
Kober, Peter	873
Kobuss, Dieter	346
Koch, Bernd	1025
Koch, Ernst	246
Koch, Frank-Holger	1035
Koch, Georg	66
Koch, H.	980
Koch, Hans, Frankfurt/Main	167
Koch, Hans, Wehrheim	152
Koch, Hans-Ferdi	88
Koch, Hans-Joachim	663
Koch, Hans-Jürgen	651, 822
Koch, Heinz	36, 48
Koch, Heinz A.	863
Koch, Helga	972
Koch, Joachim	888
Koch, K.	697
Koch, Peter, Düsseldorf	131
Koch, Peter, Duisburg	134
Koch, Peter, Hamburg	347, 360, 374, 376
Koch, Peter, Köln	850
Koch, Rainer	193
Koch, Roland	586
Koch, Rolf	625
Koch, Wilfried	852
Koch, Wolfgang	56, 363
Kochloefl, Karl	608
Kochsiek, Manfred	890
Kock, Dieter de	134
Kockel, Franz	888
Kocks, Klaus	659
Köbele, Bruno	56
Köber, Klaus	665
Köck, Franz	757
Köck, Robert G.	563, 564
Köder, Joachim	612
Köhler, Claus	901
Köhler, Erhard	160
Koehler, Hans-Joachim	804
Köhler, Horst	164, 176, 901, 926
Köhler, Horst J.	88, 145, 168, 177, 850
Köhler, Karsten	863, 877
Köhler, Rüdiger	156
Köhler, Siegfried	698
Köhler, Theodor	160
Köhlhoff, Burckhard	156
Köhn, Klaus	865
Koehn, O.	1011
Koehn, Wally	856
Köller, Jürgen	156
Köllhofer, Dietrich	622, 628
Köllnberger, Alois	651
Köllner, Winfried	373
Költzsch, Peter	990
König, Christiane	937
Koenig, Dieter	167
König, Friedrich	324

PERSONENREGISTER
K

König, Hans	559	
König, Hans Gregor	667	
König, Hans-Jochen	136	
König, Joachim	322	
König, Manfred	907	
König, Reinhard	822	
König, Thomas	904	
König, Wolfgang	611	
Koenigs, Hans Bernd	176	
Koenigs, Thomas	330	
Königslöw, Christopher von	201, **908**	
Königsmann, Wolfgang	194	
Könnicke, Joachim	96	
Koepchen, Hans-Martin	296	
Köper, Herbert	80	
Köpke, Lutz	928	
Köpke, Wolfgang	593	
Köpnik, Herbert	910	
Koeppel	896	
Köppen, Gregor	808	
Köppen, Margit	659	
Köppler, Manfred	50	
Körber, Siegfried	92, 98	
Körber, Ulrike	663	
Körner, Dieter	695	
Körner, Heinz-Gerd	187, 193	
Körner, Lothar	864	
Koerner, Ulf	905	
Koerting Wiese, Guillermos	278	
Kösling, Edith	670	
Köster, Hans	55, 635	
Köster, Theo	997	
Koesterke, Erich	156	
Köstermann, Ralf	997	
Kösters, Andreas	54	
Köstler, Roland	667	
Köstlin, Udo	185	
Koetsier, Joop	518	
Kötter, Gudrun	606	
Köttgen, Rainer	698	
Köwing, Klaus	927	
Koffke, Dieter	853	
Kohl, Johannes	609, 611	
Kohl, Jürgen	36	
Kohl, Lothar	645	
Kohlbacher, Michael	263	
Kohlenberg, Fritz	142	
Kohler, Raoul	570, 571, 572, 770	
Kohler, Wolfgang	134	
Kohlhase, K. R.	578	
Kohlhaussen, Martin	589, 641	
Kohlhuber, Erich	245	
Kohlmaier, Hubert	245	
Kohlmann, Ernst	999	
Kohlmann, Klaus	358	
Kohlmorgen, Thomas	318, **353**, 374	
Kohlschmidt, Jochen	940	
Kohrs, Hans	152	
Kohse, Dietrich	82	
Kok, C. M.	579	
Kokorsch, Rudolf	**114**, 996	
Kolar, Andreas	873	
Kolar, Jörgen	324	
Kolb, Christian A.	608	
Kolb, Hans	262	
Kolb, Heinrich	882	
Kolb, Jürgen	46, 126	
Kollar, Axel	362	
Kollecker, Hans-Dieter	48	
Kolligs, Rainer	167, 170, 186, 187	
Kollmeier, Hans-Joachim	595	
Kollmuß, Hans Jürgen	661	
Kollorz, Fritz	30, 109, 647, 954, 1020, 1026, **1035**	
Kolodziejcok	893	
Komarov, Jury	342	
Komin, M.	798	
Komulainen, Lauri	209	
Konder, Peter	201, **939**	
Koneffke, Ernst-Hartmut	636	
Konietzka, Rainer	36, 48	
Koning, J. de	749	
Konow, Gerhard	186	
Konrad, Dieter	612	
Konrad, Hermann-Heinz	598	
Konrath, Werner	172, **173**, 176, 1022, 1026	
Konstantinides, Alexander	218	
Kontent, J.	577	
Konzan, Hans-Peter	937	
Konze, Wilhelm	52	
Koog, W.	352	
Koopmann, P.	592	
Koormann, Karl-Heinz	36, 48	
Kopf, Erwin	563	
Kopke, Manfred	56, 112, 116, 158, 1035	
Kopp, Gerhard	606	
Kopp, Heinz	250	
Kopp, Reinhold	56, **936**, 1010	
Koppenhagen, Udo	912	
Koppenhöfer, Heide	300, 1002	
Kopper, Hilmar	589, 651	
Kopyczynski, Franz	36, 48	
Korak, Anton	259	
Korak, Josef	261	
Kordes, Bernd	819	
Kordina, Karl	1008	
Kores, Rudolf	261	
Kores, Rudolf O.	243	
Korf, Friedhard	119	
Korff, Wilhelm	896	
Korfmann, Heinz-Diether	185	
Korittke, Norbert	191	
Korkalo, Tuomo	209	
Korn, Karsten	612	
Korosmezey, Peter	612	
Korpela, Kauko	961	
Korschitz, Elmar	972	
Korsmeier, Thies	348	
Korsmeier, Thies J.	378, 593, 601, 613	
Korst, Helmut	651	
Korte, Günter	**929**, 931, 996	
Korte, Jörg	50	
Korte, Karl-Erich	134	
Kortenacker, Wolfried	158	
Korth, Harald	134	
Kortman, Caj	961	
Kortmann, Heinrich	204	
Koschei, Wolfgang	193	
Koschorz, Alfons	609	
Koschwitz, J.	936	
Kose, Volkmar	889	
Kosing, Georg E.	859	
Koslar, Wolfram	156	
Koslowski, Klaus	843	
Koslowski, Robert	48	
Kosma, Wilfried	850	
Kostøl, Esther	240	
Koster, Frans de	950	
Kothé, Peter	898	
Kotkamp, Rüdiger	613	
Kottmann, Bernd	648	
Kottmann, Wolfgang	**321**, 342, 385	
Kourilehto, Kari	960	
Kournias, G.	404	
Koutsos, Ilias	218	
Kowalak, Horst	140	
Kowalczyk, Georg	30, 109	
Kowalewski, Joachim	176	
Kowalke, Horst	180	
Kowall, Clemens	251	
Kowall, Friedrich	251, 252, 261	
Kowalski, E.	774	
Kowalski, Ulrich	118	
Kowalski, Werner	175	
Koziol, Henry	92	
Kr. Holtet, Einar	970	
Kraatz, Ernst-Markfried	1036	
Krabiell, Kai	590, 591	
Kracht, Winfried	169	
Krämer, Friedrich Wilhelm	36, **46**, 193, 994	
Krämer, Gerhard	864	
Krämer, Günther	92, 177	
Krämer, Hans	705, **901**	
Krämer, Herbert	88, 124, 347, **640**, 641, 654, 747, 814	
Krämer, Hermann	108, 316, 329, 332, **636**, 651, 664, 666, 765	
Kraemer, Horst	168	
Kraemer, Paul	352	
Krämer, Ulrich	348	
Kräutle, Paul	625	
Krafft, Pierre	648, 770, 771	
Krafft, Werner	84	
Kraft, Heinz	1036	
Kraft, Herbert	999	
Kraft, Horst	378	
Kraft, Karl Heinrich	600	
Kraft, Wilfrid	250	
Krahl, Reiner	92	
Krahmer, Ulrich	928	
Krahn, Karl	132, 140	
Kraijenhoff, Baron Gualtherus	586	
Krajnik, Herbert	844	
Krakowitzky, Bernd	996	
Krallmann, Günter	**80**, 170, 172, 174, 186, 198, 294, 996, 1009	
Kramer, B.	1005	
Kramer, G.	695, 877	

PERSONENREGISTER
K

Kramer, Jürgen	323
Kramer, Rainer	994
Kramm, Lothar	56, 671
Kramp, Horst	607
Krampe, Klaus-Dieter	888
Kramps, Wilfried	661
Kranabetter, Karl	254
Krane	934
Krannich, Hilmar	40
Kranüchel, Rolf	4
Kranz, Eberhard	318
Kranz, Ernst-August	660
Kranz, Martin	586
Krapp, Clemens-August	316
Kratz, Bernd	865
Kratzsch, Helmut	985, 986
Krauch, Carl Heinrich	599, 602, 607, 611, **651**, 999, 1008
Kraul, Heinz	315
Kraus	893
Kraus, Diether	30, 320, 1028
Kraus, Josef	611
Kraus, Mathieu	317
Kraus, Olaf	131
Kraus, Rudolf	352, 897
Kraus, Ursula	691
Kraus, Wolfdieter	895
Krause	891
Krause, Eveline	850
Krause, Gerhard	612, **1014**
Krause, Heinz	602, 604, 605
Krause, Henry	180
Krause, Matthias	611
Krause, Rudolf	646
Krause, Ulrich	92
Krause, Wolfgang	857
Kraushaar, Karl-Heinz	639
Kraushaar, Volker	598
Kraut, Günther	602
Krauthausen, Gudula	928
Kravaritis, A.	728
Krawinkel	944
Krebs, Hartmut	186, **925**
Krech, Helmut	695
Kreft, Dieter	802
Kreft, Hansjürgen	892
Kreft, Siegfried	667
Kregel, Roswitha	101
Kregel-Olff, Bernd	688, 867
Kreiling, Bernd	130
Kreimeier, Martin	612
Kreinberg, Romeo	593
Kreismer, Gertrud	329
Kreitl, Norbert	315
Krejci, Herbert	757
Krejsa, Peter	760
Kreklau, Carsten	826, **1034**
Krelle, Wilhelm	135
Kremeier, Anton	933
Kremendahl, Hans	912
Kremer, Eduard	928
Kremer, Gottfried	600
Kremer, Hans	385
Krenn, Ernst	144
Krenn, Johannes	971
Krenn, Karl	243
Krentz, Ottomar	942
Krenz, Erich	599
Krenzler, Horst G.	950
Kreß, Hermann	1021
Krestan, Friedrich	558
Kretschmer, Karl-Heinz	92
Kreulitsch, Heribert	244, 262
Kreuter, Johann	873
Kreutz, Erhard	607
Kreutz, Heinz	844
Kreutz, Manfred	612
Kreutz, Werner	626
Kreutzmann, Erhard	118
Kreuz, Michael	558
Kreuzaler, Ernst	897
Kreye, Günter	126
Kreyenbühl, Paul	569
Kreyer, Friedrich	156
Kreysing, Klaus	887
Kriebel, Ulrich	943
Krieger, Bernd	**30**, 163, 852
Kriencke, Hans	62
Kriener, Wolfgang	193, 194
Krimmel, Erich	258
Krings, Josef	140, 668
Krings, Kurt	932
Krippner, Hans	326
Krischer, Horst	1021
Kristensen, Finn	969
Krivosic, Antun	70
Kriwet, Heinz	**140**, 641
Kröger, Hans	899
Kröll, Walter	998
Kröner, Helmut	80, 84
Kröner, Rolf	68
Kröpelin, Günter	636, 666
Krogmann, Hans-Werner	139
Kroh, Dieter	55
Krois, Wolfgang	243
Krokat, Rolf	667
Kroker, Evelyn	196
Kroker, Werner	196, **1002**
Kroko, Diby M.	979
Krolewski, Harry	1031
Kroll, Günter	867
Kroll, Herbert	156
Kron, Helmut	611
Kronemann, Harald	922
Kroner, Wilhelm	249
Kroonenberg, H. H. van den	750
Kroos, Hein	798
Kropff, Bruno	373
Krosigk, Siegfried von	1008
Krüger, Bernd J.	134
Krüger, Hans-Dieter	158
Krüger, Joachim	985
Krüger, Paul	882, 883
Krüger, Ralf	689
Krüger, Ulrich	50
Krüper, Manfred	362
Krug, Hans Jürgen	822
Krug, Heinz	559
Krug, Martin	92
Krug, Wolfgang	324
Kruger, Gerhard	844
Kruger, O.	869
Kruhme, Norbert	139
Krull, Ernst	127
Krull, Paul	889
Krumnow, Jürgen	357, 606
Krumpolz, Horst	663
Krumsiek, Klaus	1037
Krumsiek, Rolf	933
Krupka, Dieter	321
Krupp, Georg	591, 654
Krupp, Hans-Jürgen	915
Kruppa, Michael	857
Kruse, Gertraude	669
Kruse, Hans Jakob	357, 853
Kruse, Heinz	628
Kruse, I.	389
Kruse, Volker	944
Krussig, Helmut	809
Kruttwig, Rolf D.	167
Kschwendt, H.	951
Kubatschka, Horst	882, 883
Kubessa, Michael	814
Kubicki, Wolfgang	882
Kubiczek, Egon	557
Kubiena, Dieter	249
Kublun, Henning	36, 48
Kuch, Paul-Wilh.	144
Kuck, Kurt	318
Kudella, Peter	667
Kübler, Dieter	651
Kübler, Klaus	882
Kübler, Knut	886
Küch, Fritz	152
Küchler, H.	900
Küchler, Wilhelm	382, 1033
Küffer, Kurt	771, **772**
Küffmann, Gerold	324
Küffner, Peter	66
Kügler, Reinhard	928
Kühl, Claus-Jochen	944
Kühlwein, Friedrich Heinrich	36, 48
Kühlwein, Fritz	997
Kühn, Dieter	888
Kühn, Günter	367
Kühn, Günter K.	185
Kühn, H. D.	142
Kühn, Klaus	806
Kühn, Reiner	92, 109, 375, 705, 999, 1008, 1010
Kühne, Gunther	989
Kühne, Hans-Joachim	38
Kühne, Kurt	612
Kühnel	892
Kühnel, W.	185
Küller, Hans-Detlev	56
Küllmey, Günter	107
Küng, Willy	569
Künkeler, Axel	942
Kuenssberg, N. C.	733
Künzi, Hans	772
Künzle, Peter	874
Küpper, A.	146
Küppers, Hans-Josef	82
Küppers, Jürgen	1009
Kürsten, M.	998
Kürsten, Martin	203, 886

PERSONENREGISTER
K – L

Name	Seite(n)
Kürten, Josef	640, 667
Küster, Dieter	653
Küsters, Doris	997
Kütting, Werner	994
Kufer, Adolf	608
Kugeler, Kurt	696
Kugler, Erwin	926
Kuhbier, Gerd	378, 866
Kuhbier, Jörg	903
Kuhlgatz, Wilhelm	180
Kuhlmann, Albert	1018
Kuhlmann, Wolfgang	865
Kuhn, Bernhard A.	357
Kuhn, Dieter	886
Kuhn, Ernst	772
Kuhn, Johann	561
Kuhn, Wolfgang	809
Kuhnt, Dietmar	640, 641, 646, 664, 671, 694, 823
Kuhnt, Manfred	846
Kuipers, Tietso	586
Kujansuu, Raimo	961
Kuløs, Finn R.	522
Kulbe, Bernd	811
Kulcke, Heinz	46, 1035
Kulenkampff, Georg	848
Kulke, Holger	989
Kulle, Eichard	884
Kullmann, Ulrich	**884**, 891, 904
Kulow, Dieter	124, 125
Kulvik, Pauli	395
Kulzer, Hans	1022
Kumlehn, Rainer	586, 606
Kunert, Karl-Heinz	931
Kunert, Reinhard	943
Kunhenn, Dieter	884
Kunick, Konrad	667
Kunsch, Andreas	557
Kuntz, Franz-Josef	88
Kuntze, Herbert	921
Kuntzemüller, Hans	704
Kunz, Gerhard	124, 125
Kunz, Reinhard	134
Kunze	891
Kunze, Bernhard	698
Kunze, Dietmar	112, **114**
Kunze, Eberhard	594
Kunze, Wolf-Dietrich	1036
Kunze, Wolfgang	330
Kunzmann, Horst	890
Kuparinen, Alpo	961
Kuper, Helmut	**346**, 375
Kupfer	892
Kuppig, Rudolf	52
Kurimo, Maija	961
Kuriyan, Ravi	407
Kurlemann, Jan	956
Kuronen, Timo	961
Kurth, Eberhard	900
Kurth, Ekkehard	916
Kurtz, Roman	91
Kurtze, Wolfgang	631
Kurz	891
Kurz, Anna	972
Kurz, Dieter	651
Kurz, Karl-Heinz	48
Kurz, Walther	651
Kurzawa, Helmut	**78**, 845
Kuschel, Heinz-Helge	929
Kuschel, Karl Heinz	1021
Kuschke, Michael	42
Kuske, Michael	884
Kußmaul, Karl F.	134
Kußmaul, Ulrich	592
Kuster, N. J.	773
Kusumoto, Y.	979
Kutscher, Edmund	941
Kutschera, Hans	852
Kutzka, Wolfgang	668
Kuwan, Wolfgang	645
Kvellesvik, Svein H.	373
Kvilvang, Agnes	240
Kwaschnik, Günther	630
Kyd, David	789
Kyriacopoulos, Ul.	218, 219
Labad Sasiain, Fernando	279
Labi, Siegfried	971
Labitzke, K.	998
Labozzetta, Rosario	234
Labrid, J.	400
Labruyère, Jean-Pierre	870
Lacalle Leloup, Gonzalo de	780
Lachaux, Claude	722
Lachmann, W.	353
Lack, Horst	328
Lackner, K.	1009
Lacoste, Henri	963
LaCumbre, Joe	739
Ladage, Lorenz	654
Ladehoff, Wilhelm	376
Ladnorg, Uwe	144
Ladwein, Werner	262
Lächelt, Siegfried	172
Laermann, Karl-Hans	694, 882, 883
Lässig, Hubert	106
Lässing, Horst	665
Läuchli, Jakob	772
Laffert, Carl L. von	867
Laffite, Henri	722
Laga, P.	958
Lagemann, Helmut	996
Lagrange, Bernard	721
Lahl, Uwe	915
Lahmer, Jochem	76
Lahner, Lothar	887
Lahusen, P.	567
Lahusen, P. H.	567
Lai, Salvatore	236
Laidlaw, Sir Christophor	406
Laidlaw, W. S. H.	406
Laitahari, Ilkka	961
Lalechos, Nicolaos	404
Lalot, Guy	709
Lamberg, Peter	689
Lamberty, Elmar	70
Lambertz, Georg K.	88, 850
Lambertz, Johannes	88
Lambrecht, Jürgen	929
Lambrecht, Volker	612
Lambsdorff, Otto Graf	882
Lamby, Werner	56, 624, 659
Lamelas Viloria, Manuel	275
Lamm, Christian	586
Lammers, Hans-Joachim	850
Lamort, Jean	398
Lamp, Helmut	882
Lampe, Peter	140
Lampe, Wolfgang	924
Lampert, Konrad	**60**, 937
Lampila, Jorma	395
Lampos, P.	728
Lamprecht, Karl	873
Lamprecht, Werner	865
Lamschus, Ch.	281
Lamy, Hubert	868, 869
Lamy, Michel	868, 869
Lancastre, Sebastião Manuel de	267
Lancellotta, Eugenio	489
Lancetti, Marco	950
Landaburu Illarramendi, Eneko	952
Landau, Helmut	362
Landfermann	893
Landolfi, Guglielmo	485
Landqvist, Nils	765
Landresse, G.	951
Landrieu, Guy	215
Landsch, Reiner	659
Landsmann, Georg	867
Landucci, Augusto	792
Landwehr, Hans-Dieter	180
Lang, August R.	622, **907**
Lang, Ernestine	244
Lang, Gerd	645
Lang, H.	563, 577
Lang, Hedi	977
Lang, Herbert	262, **563**, 564
Lang, Jean	56
Lang, Klaus	670
Lang, Louis	772
Lang, Manfred	318
Lang, Walter	70
Lang-Lenton, J.	790
Langangen, Jan Erik	521
Langanger, H.	563
Langanger, Helmut	557
Langbein, Rolf	991
Langdon, B.	966
Lange, Bernhard	78
Lange, Burkhard	180
Lange, Dieter	612, 621
Lange, Hans J.	832
Lange, Ingrid	101, 105
Lange, Jürgen	36, 38
Lange, Kurt	624
Lange, Martin	124, 175
Lange, Robert	318
Lange, Roland	815
Lange, Ursula	689
Lange, Werner	851
Lange, Willi	1024
Lange, Wolfgang	815, 943
Lange-Asschenfeld, Henning	899
Langemann, Hans	1033
Langen, M.	810

PERSONENREGISTER
L

Name	Seite(n)
Langenbach, Peter	852
Langer, Ernst	44
Langer, Georg	189, 190, 201, 202
Langer, Horst	135
Langer, Klaus	986
Langer, Michael	887
Langer, Wolfram	367
Langetepe, Günter	633
Langevin, Bernard	950
Langguth, Gerd	956
Langhbaum, G. H.	493
Langheinrich, Thomas	907
Langhoff, Heiner	48
Langhoff, Josef	375, 606, 609, 813
Langmann, Hans Joachim	30, 586, 600, 611
Langmesser, Rolf	347
Langner, Dieter	358
Langowski, Udo	38
Langshaw, George	478
Langvik, Gunnar	521
Lanners, Claude	747
Lantero, Alberto	483
Lanzerstorfer, Peter	840
Lappalainen, Eino	961
Lappalainen, Veikko	961
Larcher, Josef	558
Lareida, Kurt	772
Large, Andrew	734
Laridon, Hendrik	709
Larouzière, François-D. de	217
Larres, Ulf	922
Larsen, Asbjørn	521
Larsen, Helge Ove	239
Larsen, Ib	960
Larsen, Oddmund	970
Lascelles, R. J. O.	409
Laschenko, Siegfried	973
Laser, Werner	50
Laski, Kazimierz	973
La Sorsa, Angelo	483
Lassen, Hans J.	980
Laßmann, Gert	158
Lassner, Karl-Heinz	624, 1008
Lasso de la Vega Miranda, Raimundo	977
Latorre Lázaro, Miguel	781
Latsch, Harald	42
Lattmann, Herbert	882
Latz, Hans	852
Lau, Adolf	66
Laue, Hans-Joachim	164, 172
Lauen, Edvard	970
Lauer, Eberhard	78, 845
Lauer, Hans Albert	937
Lauer, Hanswerner	1025
Lauer, Hartmut	644
Lauer-Loch, Antje	908
Lauffer, Harald	261
Lauffer, Peter	172
Lauffs, Hans-Winfried	72, 175
Laufs, Paul	891
Laufs, Rainer	348
Laug, P.	976
Lauk, Kurt J.	651
Laukien, Peter	851
Laumann, Walter	346
Laumer, Helmut	1006
Laun, Hans Peter	917
Lauper, Jean Pierre	570, 571, 572, **579**
Laurens, Jean	955
Laurent, Jacques	709
Laurent, Jean-Claude	708
Laurick, Horst	325, **662**, 693
Laurig, W.	990
Lausch, E.	998
Lausch, Wolfgang	800
Lause, Karl-Heinz	667
Lauth, Willi	602
Lautner, Franz	249
Lautsch, Karl-Heinz	105
Laux, Günter	324
Laux, Jürgen	995
Laux, Paul	589
Laverie, M.	790
Lavesen, Holger	**389**, 390
Lay, Gunter	1003
Layritz, Walter	315, 669, 703, 1025
Lea, Anthony W.	266
Leblanc, M.	400
Leborgne, Jean-Claude	211
Lechner, Erich	261
Lechner, Manfred	249
Lechner, Walter	1022
Lechner, Werner	928
Leckzik, Andreas	114
Le Clère, Pacifique	574
Lecornu, Jacques	723
Lederer, Johann	249
Lederer, Karl	622
Ledig, Frank	641
Ledochowski, Franz Josef	556
Lee, Hoesung	980
Leeb, Wolfgang	140
Leege, R. de	710
Leemans, Philippe	145
Leener, P. M. de	483
Leener, Pierre Marie de	485
Leerkamp, Reinhard	609
Leesen, v.	944
Leeuw, I. de	749
Lefèbvre, Henri A.	607
Lefelmann, Rolf	813
Lefevre, J.	790
Lefoulon, Claude	215
Lefranc, Olivier	400, **721**
Leger, Günther	875
Légeret, Marc	771, 772
Legg, Ian	233
Le Goff, Roger	723
Legrand, Marc	962
Legras, Guy	950
Leguillette, R.	400
Lehmann, Arno	667
Lehmann, Bernd	989
Lehmann, Georg	66
Lehmann, Gerhard	56
Lehmann, Hans Christoph	662
Lehmann, J. P.	214
Lehmann, Karl	816
Lehmann, Lothar	639
Lehmann, Manfred	907
Lehmann, Rudolf	107
Lehmann, Veit	844, 854
Lehmen, Günther	153
Lehment, Conrad-Michael	919
Lehmkämper, Otto	824
Lehne, Klaus-Heiner	667
Lehner, Anton	557
Lehnerdt, Hagen	609, 612
Lehning, Hermann	611
Lehning, Norbert	846
Lehning, Volkhard	651
Lehrack, Dorit	830
Lehrheuer, Werner	696
Lehtinen, Veikko	207
Leibbrandt, Alexander	858
Leibelt, Friedrich	847
Leibelt, Rolf	857
Leibenfrost, Franz J.	250
Leibetseder, Dieter	132
Leibfried, Bernd	1036
Leibfried, Werner	629
Leibing, Eberhard	318, 621, **905**
Leibinger, Berthold	1034
Leibundgut, H. J.	775
Leidner, Hermann	1037
Leiendecker, Karl	60
Leifeld, Dietmar	887
Leifeld, Peter	158
Leifheit, Lothar	142
Leikop, Franz-Josef	654
Lein-Mathisen, Tore	522
Leinen, Josef M.	903, **939**
Leiner, Johannes	4
Leipold, Gerhard	805
Leist, Manfred	122, 151
Leister, Klaus Dieter	82
Leistner, Georg	132
Leitenbauer, Karl-Heinz	562
Leitenroth, Horst	941
Leitterstorf, Reinhold	899
Lekaas, Kurt	980
Lekkerkerker, P. J. A.	**492**, 518
Le Lann, F.	963
Leleu, M.	963
Lelli, Giovanni	741
Lemanski, Hermann	1021
Le Marié, A.	697
Leminsky, Gerhard	135
Lemke-Schulte, Eva-Maria	667, 903
Lemmert, Manfred	331
LeMoal, Pierre Louis	482
Lemoine, Yves	217
Lemos de Sousa, M. J.	283
Lempert, Jürgen Peter	**706**, 822
Lempert, Martin	933
Lempiö, Ensio	209
Lenaerts, J.	708
Lenaerts-Langanke, Hellmut	82
Lencastre Nunes de Matos, Joaquim	268
Lencastre Nunes de Matos, Rui de	268

PERSONENREGISTER
L

Lencou-Bareme, Xavier 210
Lendt, Jürgen van 932
Lengemann, Adolf 984
Lengl, Siegfried 168
Lengsfeld, Werner 865
Lengweiler, Kurt 771
Lenk, Jörg 866
Lenkewitz, Horst 645
Lennartz, Klaus 882
Lennertz, Horst 316, **636**
Lennings, Manfred 135, 348,
. . . . 367, 589, 901
Lensing-Hebben, Wilhelm . 36, **38**
Lenßen, Heinz **36**, 186
Lentes, Klaus 46
Lenthe, Hans-Rudolf 888
Lenthe, Helge 68
Leny, Jean-Claude 722
Lenz, Ernst 686
Lenz, Ewald 666
Lenz, Klaus 612
Lenz, Lorenz 120
Lenz, Otto 4, **178**, 198,
. . . . 203, 1022, 1026
Lenzen, Jürgen 1031
Lenzer, Christian 694, **883**
Leo, Hans-Christoph 606
León Marco, Pascual 275
Leonard, Colin 732
Leonard, D. C. 282
Leonardi,
  Cesare Luciano 362, 568
Leonato, R. 577
Leone, Francesco 238
Leonhard-Schmid, Elke 882
Leonhardt, Ernst 296
Leonhardt, Jürgen 60, 995
Leonhardt, Willy . . . 320, **635**,
. . . . 686, 689, 695
Leonhartsberger, Franz 254
Le Page, J. 399
Lepers, Rudolf 884
Lepori, Piergiorgio 236
Leppänen, Paavo 207
Lepperhoff, Gerhard 375
Leps, Wilfried 639
Lerch, Helmuth 372
Lerche, Reinhard . **126**, 996, 1022
Lermer, Norbert 352
Leroy, Bernard 217
Lersner,
  Heinrich Freiherr von . 803, 894
Les Floristán, Alfredo 781
Lesage, Philippe 723
Lesage, Yves 520
Leschhorn, Frank 76, **78**
Leschonski, Kurt 799
Lesjak, Meinhard 254
Leskinen, Jouko K. . . 395, 396, 577
Lespine, Jean 214
Lessing, Ernst 809
Leßner, Jürgen . . . 318, 385, 826
Letat, Heinz 813, 851
Leterrier, Christian 722
Letourneur, Jean-Sebastien . . 215
Letouzé-Zezula, Gerhard . . . 973

Lettau, Manfred 151
Lettmann, Alfred P. 850
Lettner, Heinrich **302**, 360
Leube, Siegfried 926
Leubner, Peter 858
Leuckel, Wolfgang 991
Leuendorff, Wolfgang 294
Leuschner, Hans-Joachim . . **88**,
. . . . . . 112, 145, 164, 168,
. . . 170, 176, 177, 347, 640, 850
Leussink, Hans 135
Leutenez, D. 958, 959
Leutert, Hartwig 373
Leuthold, Lothar 48
Leval, Gerard 210
Levasseur, Jean 216
Leve, Gerd-Friedrich de . . . 372
Leveling, Th. von 808
Lever, Hugo H. 614
Leveritt, Richard 732
Levermann, Helmut 847
Levi, Hans Wolfgang . . 694, 816
Lévi, J.-D. 963
Levin, Günter 1021
Lévy, G.-P. 963
Levy, Gilles-Pierre 961
Lewerich, Johannes Gerhard . . 78
Lewiner, Colette 787
Leydon, K. 951
Leydon, Kevin 952
Leyen, Christian von der . . . 857
Leyen, Hermann van 168
Leyk 812
Leyk, Klaus 812
Leyke, Thomas 864
Leysen, André . . . 589, **659**, 901
Leyser, Eberhard 884
Leyser, Hans E. 376
Leythaeuser, Detlev 375
Leyzer, H. E. 979
Lhomme, Adrien 950
Liaudat, François 572
Liboriussen, J. 577
Lichtenberg, Bernd 850
Lichtenberg, Heinz . . . **621**, 629,
. 646, 694, 771, 772, 792, 794
Lichtenberg, Uwe 803
Lichtenegger, Ludwig 659
Lieback, Jan Uwe 806
Liebermann, Jörg 108
Lieberoth, Immo 882, 883
Lieberum, Günter 55
Lieberwirth, Lothar 654
Liebgott, Josef 613
Liebl, Max 608
Liebmann, Bernhard 1008
Liebsch-Dörschner, Thomas . 946
Liebscher, Hans-Jürgen 898
Liebscher, Manfred 1026
Liedholm, Percy 765
Liehs, Heiner 851
Liemt,
  Hendrikus Bernardus van . 518
Lien, Hans 853
Lieneke, Friedrich-Wilhelm . . 30
Lieneke, Hans-Heinz 931

Lienhard, Jacques 773
Liersch, Wolfgang 914
Lies, Edmond 968
Liese, Fritz 381
Liesen, K. 581
Liesen, Klaus 124, 140, 185,
. . . . . . 316, 317, **318**, 341,
. . . 342, 381, 571, 651, 979
Liesenfeld, Norbert 613
Lieskivi, Tarmo 209
Liestmann, Wulf D. 36
Lietz, Lothar 594
Lietzmann 892
Ligárt, Helmut 158
Liger, A. 963
Ligthart, L. J. A. M. 518
Lihotzky, Rainer 607
Lilly, Richard M. 484, 489
Limbach, Jutta 624
Limbach, Wilfried 639
Limbruno, Alfonso 741
Linauer, Johann 251
Linauer, Manfred 251
Lindegaard, Erik 960
Lindegren, Mats 271
Lindeiner, Klaus von 609
Lindell, Aulis 396
Lindell, Rolf 975
Lindemann, Horst 650
Lindemann, Werner . . . 343, 363,
. . . . **364**, 385, 867
Lindemann-Berk, Robert . . . 147
Lindemuth, Horst 382
Linden, Alfred **198**,
. . . . 201, 590, 591
Lindenberg, Hans-Ulrich . . . 134
Linderoth, Karl-Axel 765
Lindfors, B. E. J. 410
Lindfors, Bo 395
Lindner 892
Lindow, Rudolf 318
Lindroos, Pentti 961
Lindroth, Claes 791
Lindsay, Ian Douglas . . 834, **979**
Lindsiepe, Ingeborg 373
Linehan, Stanley 871, 955
Lingemann, Helmut . . . **110**, 176
Lingjærde, Rolf 970
Lingjaerde, R. 788
Linguardo, Luigi 236
Linguenheld, Roger 950
Link, Wolfgang 163
Linke, Gerhard 4
Linke, Ralf 372
Linke, Walter 257
Linke, Werner 944
Linnemann, Eckehard 599
Linnemann, Hans 385
Linnenberg, Karl 994
Linnenberg, Werner 1037
Lins, Guntram 568
Linsenmeier, Joachim . . . . . ·937
Linss, Hans Peter 332
Lintott, R. E. 408
Lion, J. K. 878
Lion, Jean 400

PERSONENREGISTER
L

Liotta, Alfredo	238
Liphard, Klaus G.	192
Lipowsky, Reinhard	696
Lippert, Axel	599, 705
Lippold, Klaus W.	882
Lipps, Heinrich-J.	865
Lischewski, Manfred	883
Lisowsky, Rudolf	**108**, 1036
Lissek-Roza, Helga	**362**, 847
Lissi, Hans-Ulrich	54
Litchfield, C.	281
Litzinger, Werner	850
Liverani, G. C.	236
Ljøgodt, Trond	970
Ljubisa, L.	793
Llorente Gómez, Emilio	978
Lloyd Davis, Glynne C.	224
Loacker, Gregor	257
Loader, P. R.	410
Lob, Fridtjof	248
Lochel, Hans-Peter	857
Locher, W.	567
Lochmann, Bernd	844
Lochte, H.-J.	818
Lochte, Heinrich-Gerhard	886
Lock, William O.	788
Löchner, Fritz	612
Löcker	891
Loeffen, Roman	922
Löffler, Erich	857
Löffler, F.-W.	1024
Löffler, Gerd	132
Löffler, R.	1011
Löfgren, Christer	271
Löfkvist, Bengt	270
Lögters, Christian	88
Löhner, Heribert	146
Löhnhoff, Norbert	612
Löhr, Heinz	359
Loehr, Helmut	589
Loehr, Peter	158
Loenen, R. de	386
Löning, Klaus	950
Lönnig	920
Lønningen, Eivind	521
Lösch, Frowalt	1007
Löschhorn, Ulrich	626
Löschner, Hartmut	1036
Löser, Peter	324
Lövgren, Göran	270, 765
Loew, Gerhard	857
Loew, Peter	691
Löw, Werner	1033
Löwner	945
Logwinski, Waldemar	842
Lohff, Lothar	924
Lohmann, Claus	**316**, 326
Lohmann, Hans	384
Lohmann, Horst	933
Lohmann, Karl-Heinz	845
Lohmann, Werner	669
Lohr, Walter	110
Loibl, Klaus	353
Loiseau, Philippe	210, 868
Loistl, Othmar	144
Loisy, Pierre	278
Lokhorst, Aart-Willem	348
Lombard, Henri J. M.	847
Londong, Dieter	1030, 1031
Longden, J. C. H.	220
Longin, H.	219
Longin, Hellmut	260, 262, 973
Longoni, Massimo	483
Lonka, Anssi	961
Lonsdorfer, Werner	866
Loock, Günter	154
Look, Heinz	372
Loon, M. A. P. C. van	749
Loop, Philippe	953
Loosch, Reinhard	898
Looses, Roland	210, 954
Loosz, Detlef	996
Loosz, Hans-Detlef	88
Lopez Isla, Honorato	780
Lopez-Polo, C.	981
Lord Marshall of Goring	794
Lorentzen, Fredrik Vogt	521
Lorenz, Gert	135
Lorenz, Steffen	106, 1000
Lorenz, Walter	887
Lorenz, Wilfried	628, 669
Lorenzo Agudo, José	273
Lorenzo Gracia, Benjamín	276
Lorimer, Sir Desmond	733
Loris, Adolf	58
Lorscheider, Rainer	824
Lorson, Hans-Rudolf	940
Losecke, Wilhelm	888
Loskill, R.	697
Loßnitzer, Klaus	937
Lostuzzo, Jean-Claude	211
Lottmann, Johann	323
Lottner, Klaus	66
Lotzien, Rainer	195
Loudon, A. A.	586
Louis, Gerd	44
Louis, Hans-Joachim	813
Louvert, M.	211
Loveitt, M. E.	284
Lovejoy, P. E.	281
Lowe, S. C.	878
Lowell, Thomas	166
Lowinski	934
Lowthian, A.	399
Lozano Rodríguez, Enrique	950
Luberg, A.	283
Lubrich, Wolfgang	176
Lucas, Klaus	831
Lucenet, G.	792
Lucenet, Georges	794
Lucht, Rainer	857
Luckan, Eberhard	126
Lucy, Herbert	684
Ludemann, Gerd	**329**, 663
Luderer, Heinz	621
Ludwig	934
Ludwig, Eva	332
Ludwig, Gerhard	**187**, 193
Ludwig, Herbert	892
Ludwig, Karl Josef	661
Ludwig, Klaus	382
Ludwig, Peter	146
Ludwig, Thomas	845
Ludwig, Werner	629
Ludwig, Werner F.	867
Ludwikowski, Peter	317, 330, **385**, 579
Lübben, Heino	299, 372, 375, 376
Lübbert, Eckhard	822, 898
Lübbing-von Gaertner, Edo	915
Lück, Reinhold	1026
Lücker, Alfred	**156**, 160, 185, 198, 1020
Lücker, Ilse	332
Lückler, Adolf	972
Lückoff, Hansjörg	144
Lüdecke, Fritz-Jürgen	908
Lüdecke, Reinhard	628
Lüdeling, Rolf	887
Lüdemann, Klaus	348
Lüders, Bernhard	606
Luef, Siegfried	248
Lueg, Heinz-Werner	1026
Lueg, Lothar	88
Lühe, Peter	919
Lühmann, Günter	901
Lühr, H.-P.	831
Lühr, Uwe	882
Lührmann, Harald	317
Lümkemann, Hans-Rainer	650
Lümmen, Bernhard	851
Lüngen, Hans-Bodo	197
Lürig, Hans Joachim	988
Lürken, Hans H.	901
Lüst, Reimar	135
Lüth, Hans	696
Lüth, Jonny	625
Lüthi, Claude	570
Lüthi, R.	976
Lüthy, Walter	772
Luetjohann, Eberhard	828
Lütkenhaus, Klaus	147
Lütkestratkötter, Herbert	809
Lüttecke, Karl	91
Lütz, Rolf	318, **385**
Lugli, Franco	488
Lugon, Jérome	957
Luhmann, Reinhard	660
Lujanen, Martti	960
Lukac, Alfred	135, 595
Lukasczyk, Claus	241, **262**
Lukin, Alexander I.	343, 856
Lukits, Hans	559
Lumbroso-Pringuet, Anne-Catherine	210
Lumetzberger, Franz	158
Lumm, Hilmar	363
Lumsden, Alaistair	225
Lund, Flemming W. O.	349
Lundberg, Lennart	765, **790**, 791
Lundberg, Stig	**566**, 878
Lundgren, Kerstin	975
Lundholt, Anne Birgitte	960
Lundqvist, Lars	566
Lundsten, H.	577
Lundsten, Henrik	**396**, 877
Lunkenheimer, Horst	121

Verlag Glückauf · Jahrbuch 1993

1309

PERSONENREGISTER
L – M

Luque, Vicente 952
Luther, G. 815
Luther, Michael 882
Luther, Werner 78
Luttmann, Ernst-Hermann . . 857
Lutze, Ingo 864
Lutzenberger, Klaus Dieter . . 342
Lux, Karl-Heinz 988
Luxat, Wolfgang 932
Luxenburger 816
Lvoff, Mark 353
Lvoff, Mateo 353
Lyall, K. D. 282
Lynen, U. 698
Lynk, R. 954

Maack, Jürgen 1000
Maag, Christoph 572
Maas, Anton 70
Maas, Axel 163
Maas, G. A. 793
Maas, Heinz 38
Maas, Klaus 163
Maaß, Burckhardt 846
Maaß, Erich 883
Maaß, Jürgen 597
Maaß, Karl-Josef 156
Maassen, Rudolf 91
Maaßen, Uwe 176
Maatz, Ekhart 925
Mabaret du Basty, Walter . . 401
MacDonald, I. H. 733
Machado, Navarro 763
Machado Abreu, Mário . . . 565
Machenschalk, Rudolf . . . 607
Machetanz, Kurt 924
Machi, Salvatore 741
Machinek, Peter 318
Macias Evangelista, Carlos . . 272
Mackay, A. N. 842
Mackinnon, C. I. C. 878
MacMillan, H. R. 406
MacSharry, Ray 949
Maczek, Helmut 137, 139
Madel, Joachim 162
Madelin, Alain 961
Mader, Siegfried . . . 36, 48, **993**
Maderthaner, Leopold . . . 972
Madritsch, Gerhard 250
Madureira de Oliveira,
 José Armando A. 264
Mäkipentti, Ilkka 960
Männig, Detlef 612
Maes, G. 710
Mäßenhausen,
 Hans-Ulrich von . . **170**, 172, 185
Mäule, Reinhold 665, 823
Maffei, Alberto 237
Magalhães Carvalho,
 Carlos Alexandre de . . . 564
Magaña Martinez,
 Luis **574**, 779, 780
Magat, Alexandre 791
Magen, Albrecht 611
Mager, Bernd 670
Mager, Diethard 884

Magerl, Horst 318, **670**, 703, 704, 867
Mages, Roland . . . 569, 570, 572
Maggione, Angelo 484
Maggs, Jackie 225
Magnusson, J. 283
Maher, Anthony James . . . 871
Maher, Joe 739
Mahler, Erhard 912
Mahler, Wilfried 1028
Mahlmann 893
Mahlo, Dietrich 882, 883
Mai, Eckhard 645
Mai, K. L. 577
Maichel, Gerd 856
Maichel, Gert 341, 343, 364
Maidl, Bernhardt 808
Maier, Alfred 972
Maier, Carl-Fr. 864
Maier, Franz 608
Maier, G. J. 577
Maier, Hans Georg 42
Maier, Jürgen 670
Maier, K.-H. 1005
Maier, Karl-Heinrich 611
Maier, Leonard Frederick . . 259
Maier, Otto 864
Maier, Wolfgang 670
Maillard,
 Dominique . . . 721, 869, **962**
Maillet, J. 963
Mainberger, Robert 926
Mainil, P. J. 958
Mainitz, Hubert 372
Mainjot, M. 958
Maipoulos, R. 728
Maire, Jacques 400
Majed Al-Sultan Al-Salem,
 Fahed 137
Majewski, Otto 323, **622**, 662, 823
Majewski, Thomas 661
Majunke, Hans-Joachim . . 88
Majuri, Napoleone 485
Makarov, Alexey 834
Makukhin, A. N. 979
Malara, Antonio 484
Malberg, Heinz-Dieter . . . 132
Malecki, Gerhard 973
Malek, Otto 892
Malenfer, Jacques 217
Malet, Philippe 211
Malezieux-Dehon, R. 869
Malin, Desmond 967
Mall, Lothar 106
Mallardi, Piero 489
Mallée, Hartmut 318
Mallet, Michel 843
Malley, Henri 954
Mallis, Ullrich 164
Mallmann, Willi 865
Malmström, Bernd 853
Malmström, Heinz 822
Malott, G. 353
Malott, Günter 141, 659
Malvy, Martin 961

Malzer, O. 563
Malzer, Otto 262
Mampaso Martín-Buitrago,
 Juan Carlos 977
Mamsch, Helmut 362, **848**
Manardo, Jacques 397
Manaud, Hubert 723
Manby, G. M. 225
Manchot, Jürgen 130
Mancini, Antonio 237
Mancini, Carlo 741
Mandil, C. 963
Mandil, Claude 722
Mandl, Rudolf 757
Manfreda, Anton 262
Mang, Mario 66
Mangiagalli, Marco 362, 568, 571
Mangold, Anton 864
Maniatis, K. 728
Maniatopoulos,
 Constantinos S. 951, 952
Manier, G. 1011
Manitius, Siegmund von . . 134
Manke, Ulla 55, 56
Mannes, Per 957
Mannheim, Dieter 181
Manrique López,
 José Antonio 276
Manset, Christian 397
Manshaus, Karl-Edwin . . . 970
Mansikka, Mikko 960
Mansion, Y. 963
Manson, D. H. 407
Månsson, Stefan 270
Mantega, Pietro 237
Manteuffel,
 Winfried 317, 381, 826
Manthey, Erich 186, 187, 202, 926, 1021
Manthey, Hans-Joachim . . 698
Mantzavinos, Stamatios . . 218
Manzanedo del Rivero,
 Ignacio 575
Manzanilla Sevilla, F. 577
Maquart, Daniel 723
Marava Herrero, Fernando . . 574
Marbach, Christian 400
Marbach, Hubert 164
Marcel, Frédéric 215
March, Marco de 950
Marchal, A. 710
Marchal, Günter 134
Marchl, Hans-Günther . . . 260
Marck, Karl 908
Marcos Varona, Enrique . . 779
Marcus, Peter . . . 324, 328, 329, **332**
Mardo, Dietrich 830
Marek, Wolfgang 1023
Marga, Wolfgang 48
Margaard, Torben 713
Margane, Bernd 382
Margarit Llopart, Carmen . . 779
Margnes, Michel 869
Marhold, A. 563
Marhold, Aurel 262
Marian, Reinhard 68

PERSONENREGISTER
M

Mariani, Antonio ... 484	Massacci, P. ... 236	Mauritz, Klaus P. ... 886
Marin, G. ... 710	Massanet Font, Christóbal ... 779	Mause, Hans Peter ... 30
Marin, Manuel ... 949	Masseroli, Franco ... 489	Mauß, Hermann-Josef ... 72
Marin Garcia-Mansilla, Eugenio ... 574	Masseron, Jean ... 980	Mauthe, Herbert ... 704
Marina Torres, Juan ... 781	Massey, C. T. ... 220, 225, 282	Mauti, Renzo ... 237
Marinakis, Andonios ... 792	Masson, Nöel ... 128	Mavrodimou, A. ... 964
Maringer, Rudolf ... 85	Massoni, Michel ... 962	Maxt, Klaus ... **605**, 851
Marino, Angelo ... 741	Mastenbroeck, Gerrit ... 955	May, Adolf ... 120, 607
Marka, H. ... 283	Masure, Pierre ... 388	May, Dieter . 186, 926, **997**, 1035
Marka, Hubert ... **241**, 261, 262	Mata, Ernesto ... 781	May, Friedrich ... 648, **651**
Markkola, Markku ... 209	Mata López, Ernesto ... 781	May, Hans-Dieter ... 124, 125
Markl, Hubert ... 598	Matena, Alois ... 78	May, Jürgen ... 695
Markner, Hans-Günther ... 136	Matern, Fritz ... 864	Mayer, Gerhard ... 626
Markòczy, G. ... 770	Maters, Johannes ... 951, 953	Mayer, Hans-Georg ... 993
Marksford, Lord ... 732	Mateus, Armando ... 565	Mayer, Helmut ... 249
Markus, H. ... 697	Matheis, Günther ... 986	Mayer, Herbert ... 245
Markussen, Gunnar ... 239	Mathelart, A. ... 959	Mayer, L. J. ... 870
Markussen, Kristin ... 239	Mathenia, Thomas ... 683, 690	Mayer, Lothar ... 800
Markussen, Olav ... 239	Mathes, Heinrich-Werner ... 810	Mayer, Manfred ... 592
Marletta, Nello ... 236	Mathes, Manfred ... 1026, **1034**	Mayer, Martin ... 883
Marmann, Wolfgang ... 844	Mathey, J. ... 519	Mayer, Rolf ... 993
Marmulla, Helmut ... 926	Mathey, Jo ... **144**, 183	Mayer, Walter ... 629
Marner, Waldemar ... 671	Mathia, Rainer ... 903	Mayer, Wenzel ... 916
Marnet, Chrysanth ... 693	Mathiesen, Gunnar ... 357	Mayer-Vorfelder, Gerhard ... 621
Marnette, Werner ... 139	Mathieu, Jean-Noël ... 397	Mayer-Wildenhofer, Friedrich ... 873
Márquez Siverio, Juan ... 781	Mathieu, Reiner ... 689	Mayeresse, Robert ... 708
Marquis, Günter ... 635, **671**, 693, 695	Mathijs, Walter ... 206	Mayerhofer, Herbert ... 254
Marrel, Bertrand ... 216	Mathot, Guy ... 708, 709	Mayinger, Franz ... 702
Marris, J. H. S. ... 477	Matic, Bozidar ... 835	Mayo Cosentino, Pablo ... 276
Marsden, A. P. ... 409	Matikainen, Raimo ... 961	Mayr, Erwin ... 315
Marshall, F. A. ... 282	Matilla Gomez, Atilano ... 780	Mayr, Helmut ... 757
Marshall, S. G. ... 731	Matomäki, Tauno ... 209	Mayr, Ulrich ... 662
Marszewski, Waclaw ... 1037	Matos, M. E. ... 268	Mayr, Wilfried ... 612
Martel, Guy ... 352	Matschke, Manfred J. ... 989	Mays, M. C. ... 407
Martelloni, Claude ... 400	Matschy, Franz ... 668	Mayweg, V. P. ... 412
Martenet, Daniel ... 772	Matsui, Kenichi ... 980	Maza Sabalete, Juan Pedro ... 575
Martens, H. ... 710	Mattenklott, Jörg ... 1036	Mazeika, Karl ... 362
Martens, Horst ... 91	Mattern, Paul-Heinz ... 362	Mazón Verdejo, Eugenio ... 574
Martens, Per Nicolai ... 984	Mattheis, Gregor ... 848	Mazur, Heinz ... 702
Marth, Wolfgang . 201, 927, **928**	Matthey, Dirk ... 651	Mazza, Bruno ... 840
Martin, Heinz ... 1010	Matthies, Klaus ... 1005	Mazza, Maurice ... 215
Martin, Jean-Jacques ... 773	Matthiesen, Klaus ... 903, **934**	Mazzone, Giancarlo ... 872
Martin Moreno, Juan Antonio ... 272	Matthiessen, Karl-Friedrich . 857	Maître, Jean-Philippe ... 976
Martínez Crespo, Pedro . 779, 781	Matthys, Paul ... 239	McArdle, P. ... 967
Martinez de la Escalera Llorca, Carlos ... 779	Mattiat, Bernhard ... 888	Mc Cabe, Colum ... 481
Martínez Garrido, Juan ... 279	Matting ... 893	McCallum, John ... 410
Martínez González, Augusto ... 279	Matting, Arnulf ... 805	McCann, William M. ... 739
Martinez Melgarejo, Miguel ... 781	Mattson, Karl-Göran ... 765	McCarthy, Colm ... 739
Martínez Rubio, Antonio ... 779, 977	Mattsson, Björn ... 209	McCombie, C. ... 774
Martinez Zamacote, Enrique ... 275	Matura, Alois ... 973	McConnell, Merwin H. ... 521
Martini, Hans ... **629**, 684	Matusche, Thomas ... 82	McCutcheon, Ian ... 733
Martini, Klaudia ... 903, **936**	Matutes, Abel ... 949	McDermott, D. St. J. ... 408
Martiny, Martin ... 658	Matzat, Hans-Joachim ... 358	McDowell, Cuth ... 492
Martius, Hansgeorg ... 659	Maucher, Bertold ... 40	McGeachie, D. ... 407
Martius, Walter ... 651	Maucher, Helmut ... 597	McGill, S. ... 386
Martl, Rupert ... 757	Mauelshagen, Landolph ... 196	McGlade, Jacqueline ... 696
Martínez, A. R. ... 577	Mauker, Rudolf ... 702, 910	McKay, A. G. ... 477
Marx, C. ... 577	Maul, Wilhelm ... 118	McKeown, John ... 734
Marx, Claus ... 160, **375**, 988	Maulhardt, Manfred ... 122, 128	McKinstry, M. J. ... 955
Mascher, Ulrike ... 883	Maupoil, Henri ... 400	McLaughlin, G. L. ... 407
Masedu, Lorenzo ... 741	Maurer, Arthur ... 972	McLintoch, B. ... 406
Masoni, Udalrigo ... 406	Maurer, Heribert ... 939	McLuckie, Alfred ... 954
	Maurer, Peter H. ... 359	McNestry, P. ... 225
	Maurer, Rudolf ... 70	McNestry, Peter ... 954, 1037
	Mauri, Arnaldo ... 489	McQuaid, J. ... 966
	Maurice, Dominique ... 162	McQuillan, Gerard W. ... 225

PERSONENREGISTER
M

Name	Seite(n)
McWhannel, Colin	483
Meadows, W. T. R.	731
Meads, John David	225
Meanti, L.	581
Meanti, Luigi	571, 579
Meazzini, Vittorio	342, 488, 571
Mechmann, Wilhelm	685
Meck, Hans	315, **382**
Mecklinger, Roland	624, 847
Medi, Giorgio	362, 568
Meegen, H. van	749
Meent, Henk van de	130
Meer, R. M. J. van der	595
Meeteren, Udo van	136
Meetz, Michael	818
Mégerlin, Norbert	217
Mehesch, Hans-Ernst	590, 591
Mehl, Martin	152
Mehl, Ulrike	882
Mehlem, Rüdiger	62
Mehlmann, Wilfried	50
Mehnert, Hans	597
Mehrens, Klaus	630
Mehrländer, H.	1011
Mehta, Kanti	1038
Meiburg, Peter	990
Meichsner, Hartmut	666
Meier, Bruno	570
Meier, Christa	315
Meier, Friedrich Wilhelm	654
Meier, Gudrun	367
Meier, Hans	910
Meier, Helmut	180
Meier, Horst	1002
Meier, Jürgen	126
Meier, Kaspar	567
Meier, Manfred	329
Meier, Reinhard	929
Meier zu Köcker, Heinz	987
Meier-Ebert, Gert	134
Meijer, Rolf	951, 952, 953
Meike, Dieter	329
Meile, Dieter	772
Meilink, W.	558
Meinen, Peter	596
Meiner-Jensen, Thorkild	390
Meinhart, Bruno	258
Meinhold, Walter	669
Meinke, Werner	846
Meisen, Michael	38
Meiser, Erwin	60
Meisner, Norbert	912
Meißner, Hans Walter	660
Meißner, Herbert	882
Meissner, Siegfried	372
Meißner, Werner	1012
Meister, Christian von	166
Meister, Dieter	887
Meister, Franz	607
Meister, Friedrich Emil	915
Meister, Siegfried	557
Meister, Werner	612
Meiworm, Günter	127
Meixner, Horst	1004
Meixner, Klaus	806
Melacini, Paolo	485
Melchert, Gert	633
Melchior, Jochen	175, **647**, 648, 690, 813
Melde, Falko	941
Mele, Massimo	741
Melis, Giovanni	234
Melis Saera, A.	782
Melis Saera, J. M.	788
Mellberg, Fred	270
Meller, E.	1011
Mellot, Jean	210, **869**
Melly, Peter	522
Melo, Victor de	565
Meloni, Francesco	236
Melsheimer, Walter	54
Melzer, A. D.	409
Melzer, Adolf	1021
Melzer, Manfred	328
Melzer, Ulrich	844
Menacher, Peter	315
Menard, Tamara	215
Mende, Heinz	1036
Mende, Rudolf	994
Menden, Werner	698, **899**
Méndez López, José Luis	781
Mendonca Arrais, Carlos António	264
Menéndez Carillo, José Ignacio	272
Menge, Marlies	805
Mengede, Helmut	842
Mengede, Theodor	48
Mengede, Uta	842
Menges, Erik D.	136
Menke, Burchard	945
Menke, Dieter	980
Menn, Michael	152
Menne, Wilhelm Alexander	611
Mennecke, Edgar	628, **669**
Mennekes, Andreas	933
Mennicken, Jan Baldem	816, **899**
Menningmann, Jürgen	844
Mente, Michael	886
Mentré, Paul	722
Mentz, Alexander	**130**, 139
Mentz, Dieter	884
Menz, Richard	635
Menzel, Hermann	323
Menzel, Wolfgang	1005
Mer, Francis	**721**, 869
Mercante, S.	235
Mercier, Louis	569
Mercier, Michel	723
Merck, Peter	600
Mergui, Adrien	721
Merino del Cano, Pedro	272, 779
Merk, Fritz	856
Merk, Georg	866
Merk, Rudolf	866
Merkel, Eva	944
Merkel, Wolfgang	385
Merker, Hartmut	924
Merki, Paul	557
Merkl, Rudolf	908
Merle, Hendrik A.	521
Merlo, Mario	488
Mernik, Johann-Peter	972
Mernizka, Loke	135
Meroño Vélez, Pedro Maria	778
Merrem, Dieter	683
Mertenat, François	770, **976**
Mertens, Bruno	813
Mertens, Gereon	132, 698
Mertens, Herbert	825
Mertens, Irene	825
Mertens, Konrad	825
Mertes, Manuel	688
Mertins, Ekkehart	204
Mertins, Manfred	367
Mertsch, Hans-Joachim	628, 634, **669**
Mertschenk, Bernd	612
Merz, Erich	696
Merz, Georg	947
Merz, Hans Peter	900
Mesch, Johann	798
Meschede, Franz	996
Mess, K. W.	519
Messerschmidt, Hans, Dipl.-Kfm.	36, **46**, 156, 174, 175, 186, 813, 850, 1026
Messerschmidt, Hans, Dr.-Ing.	198, 999, 1009
Metz, Günter	**598**, 599, 609
Metzger, Rudolf	629
Metzger, Wolfgang	612
Meurer, Walter	937
Meurin, Jean-Pierre	399
Meusch, Horst	137
Meusel, E.-J.	1009
Meuser, Walter	871
Mey, Werner	662
Meyer, Adelbert	995
Meyer, Albert	323
Meyer, Alfred	68
Meyer, D. E.	990, 1037
Meyer, Dieter	669
Meyer, Gerhard, Essen	30, 174, **852**
Meyer, Gerhard, Hannover	1033
Meyer, Günter	641, 645, 1036
Meyer, Gunter	362
Meyer, H.	492
Meyer, Heiner	660
Meyer, Heinz Joachim	60
Meyer, Heinz-Werner	135, 586, 901, **1035**
Meyer, Johann	263
Meyer, Jürgen	852, 883
Meyer, Klaus Werner	353
Meyer, Klaus-Dietrich	**323**, 662
Meyer, Michael	92
Meyer, Peter	663, 911
Meyer, René	772, 844
Meyer, Rudolf	635
Meyer, Walter	628
Meyer, Werner, Bad Homburg	859
Meyer, Werner, Warndt	70
Meyer, Wilhelm	1035
Meyer zu Uptrup, Edda	670
Meyer-Abich, Klaus-Michael	630
Meyer-Galow, Erhard	853, 857

PERSONENREGISTER
M

Meyer-Krahmer, Frieder	1003
Meyer-Nixdorf, Harald	176
Meyer-Pittroff, R.	1011
Meyer-Rutz	891
Meyerhoff, Jürgen	1007
Meyerwisch, Karl	135
Meyhöfer, Günter	30, **72**, 82, 170, 172, 173, 174, 175, 648, 685, 840, 850, 853, 954, 1027
Meylan, Bernard	569
Meyn, E.	342
Meyn, Eckard W.	**315**, 348
Meyn, Volker	1007
Meyrath, R.	788
Meysel, Siegfried	341
Meysing, Manfred	628
Mezcua Rodriguez, Julio	978
Mezei, F.	1005
Mezzi, Sandro	483
Michael, Klaus	814, 914
Michael, Reinhardt	926
Michael, Ulrike	107
Michaeli, Walter	261
Michaely, Horst	198
Michalk, Jürgen	1001
Michalowitzsch, Michael	127
Michalowski, Bernhard	82
Michalzik, Arno	118, 1020
Michalzik, Peter	109, 1038
Michavila Pitarch, Francisco	978
Michel, Gert	928
Michel, Jacques	981
Michelis, Alberto de	950
Michelis, Jürgen	190
Michelitsch, Hermann	556
Michels, Günter	346
Michels, Hans Christoph	925
Michels, Rudolf	635
Michiels, L.	959
Micka, Klaus	70
Middelhauve, Heinz	1025
Middelkoop, Willem	788
Middelmann, Ulrich	135
Middelschulte, A.	342
Middelschulte, Achim	317, **318**, 1027
Middendorf, Hans-Georg	937, **1022**
Miedziarek, Z.	577
Mielert, Bernhard	595
Mielsch, Hartmut	76, 170, 173, 175
Mierheim, Horst	803
Mierl, Otto	258
Miersch, Hans-Jürgen	142
Miertschink, Barbara	941
Migenda, Peter	188
Mignolet, J. C.	959
Miguens, Custódio	974
Mihailakis, A.	219
Mihatsch, Arnold	971
Mihulka, Eberhard	844
Mikkelsen, Peter	955
Milani, Raoul	484
Milbach, Rolf	89
Milch, Isabella	1009
Milert, Werner	135
Miliotis, George	404
Millan, Bruce	949
Miller, D. J.	733
Miller, L. S.	409
Milles, Elmar	1021
Millich, E.	951
Millich, Enzo	953
Millinghaus, Dagobert	**651**, 853
Millon, Charles	723
Milojcic, George	176, 177
Milota, Ch.	263
Milville, Gérard	215
Milz, Karl-Heinz	606
Mincato, Vittorio	488
Mingasson, Jean-Paul	953
Mingot Buades, Francisco	978
Minke, Andreas	48
Minnerup, Paul	54
Minninger, Wolfgang	659
Minozzi, Romano	237
Miraglia, Bruno	723
Miranda Robredo, Rafael	781
Mische, Justus	**598**, 599, 1033, 1034
Mischer, Günther	612
Mischke, Günter	688
Miscia, Mario	489
Mitchell, Ch.	578
Mitchell, G. H.	220
Mitchell, Sir William	788
Mittenwald, Jobst	886
Mitter, Gerhard	**262**, 562
Mitterer, Alois	911
Mitterer, Karl	258
Mitterer, Martin	907
Mittermaier, Ernst	663
Mittermaier, Franz	610
Mittler, Wolfgang	850
Mittmann, Hans-Ulrich	890
Mitzkat, Horst	1037
Mjønes, Birte	239
Mjelde, Anders	522
Mocek, Frank	101
Mock, K.	563
Mock, Kurt	262, **971**
Mockenhaupt, Werner	329
Modes, Lutz	299
Möbs, Hans	892
Möcker, Volkhard	894
Moedebeck	945
Möhlen, Ingolf	698
Möhlendick, Werner	194
Möhring, Albrecht	1036
Möhrle, Siegwart	300
Möll, Dieter	607
Möllemann, Jürgen W.	884
Möllenhoff, D.	166
Möllenhoff, Wolfgang	254
Möller, Claus	**636**, 666
Möller, D.	998
Möller, Erwin	636, 1028
Möller, Gerhard	348
Möller, Hermann	1016
Möller, Jochen	929
Möller, Lothar	374
Møller, Per Stig	960
Möller, Peter	886
Möller, Sigrid	661
Möller, Thomas	82
Möller, Wolfgang	664
Möllers, Hermann	651
Möllmann, Eberhard	179, 180, **1020**
Möllmann, Fritz	1024
Möltgen, Heinrich	147
Mömel, Edgar	845
Moen, Jan	970
Moench, Hans-Jürgen	928
Mönig, Walter	653
Mönning, Rudolf	646
Mönninghoff, Hans	669
Mörtl, Günther	181, 249
Mössner, Ulrich	325, **669**, 867
Mogg, Ursula	324
Mogk, Eberhard	933
Mohnfeld, Jochen	884
Mohnke, Klaus	98
Mohr, Carl-Peter	42, **44**
Mohr, Ernst	352
Mohr, Heinz	955
Mohr, Jean-Marc	954
Mohr, Kurt	844
Mohr, Wolfgang	995
Mohrhauer, Hans	703, 706
Moinier, Bernard	281, 282
Moix, Daniel	572
Mokler, P.	698
Moldan, Klaus	**246**, 261
Moleins, Georges	211
Molenaar, Eenje	586
Molik, Karl-Heinz	846
Molin, Andreas	971
Molin, H.	563
Molin, Helmut	262
Molitor, Georges	747
Molitor, Karl	1034
Moll, Jürgen	908
Moll, Otto	249
Mollenhauer, Peter	322
Mollerup, Erik	390
Mollo, Gabriele	486
Molloy, Robert	967
Molo, Carlo da	489
Molsen, Christian H.	604
Moltke, Heinrich von	953
Molz, Heinz	82, 853
Mommertz, Karl-Heinz	385
Monden de Genevraye, Patrick	483
Mondini, Gian Piero	484
Mondl, Gabriela	971
Mongon, Alain	789
Monniello, Romano	483, 485, 489
Monno, Günter	122
Monsau, Thomas	926
Montadert, L.	400
Montagne, Daniel	210
Monteiro, Eduardo	279
Monteiro, Francisco Jeite	564
Monteiro Forte, Luis	565

PERSONENREGISTER
M

Montes Ponce de León, Manuel	978	
Monti, Salvatore	238	
Monz, Armin	70	
Moog, Hans-Jürgen	317, 330, 636, **668**	
Moor, Lucien de	953	
Moortgat, André	709	
Mora Armada, César de la	575	
Morales Morales, José Ramón	278	
Morales Torres, Domingo	273	
Moran, D. Joe	739	
Moran, Dominic J.	787	
Morante, Joaquín	280	
Moratti, Gian Marco	**485**, 489	
Moratti, Massimo	485	
Morawec, Gerd	605	
Morby, Jean	747	
Moreau, J. M.	214	
Moreau, Jacques	956	
Moreira, Henrique	763, 793	
Morel, Jean-Claude	949	
Moreland, John	734	
Morelli, Vincenzo	741	
Moreno Aceña, Lucio	977	
Morgado, Costa	565	
Morgan, Janet	732	
Morgan, Peter	732	
Morgan, Richard	732	
Morgenstern, Dietrich	699	
Morgenstern, Hermann	594	
Morguet, M.	803	
Moriarty, Patrick J.	739	
Morich, Rainer	1024	
Moritz, Adolf	1022	
Morkramer, Franz	42	
Moro, Graziano	486	
Moroni, Alfredo	488	
Morrell, H. W.	966	
Morrell, William	224	
Morris, D. A. G.	731	
Morris, David	**731**, 733	
Morris, Eryl	732	
Morrison, Robert	790	
Morrodán Arechavalete, Ignacio	276	
Morsbach, Adolf	1028	
Morse, Edward L.	980	
Morstadt, Günther	772	
Mortier-Haesaert, Paula	708	
Morton, Sir Alastair	733	
Morwind, Klaus	597	
Morys, Ulrich	648	
Moscato, Guglielmo	238	
Moscher, Manfred	243	
Moscheri, Luigi	872	
Mosdorf, Siegmar	883	
Moser, H.	900	
Moser, Herbert	245	
Moses, K.	220, 870	
Mosner, Peter	866	
Moström, Marianne	975	
Moths, Eberhard	886	
Motl, Gerhard	636	
Motlatsi, James	1038	
Motsch, Karl-Heinz	70	
Mottale, Mois	353	
Mottard, Maurice	708, 709	
Moulson, H.	477	
Moum, Arne	566	
Moureau, J. C.	708	
Moureau, Philippe	212	
Mouroux, Bernard	217	
Mousel, Michel	962	
Mrass	896	
Mross, Karl-Heinz	**72**, 186	
Mroß, Wolf	612	
Mücke, Dankward	62	
Mühe	891	
Mühlbauer, Walter	624	
Mühlberg, Heinz	116	
Mühlemann, F.	976	
Mühlen, Heinz-Jürgen	192	
Mühlhaus, Christoph	590	
Mühlhölzl, Harald	627	
Mühlig, Horst	914	
Mühlow, Per-Olov	270	
Mühr, Egon	322	
Müllendorff, Richard	62	
Müllensiefen, Hein	50	
Müller	945	
Müller, Albrecht	882, 883	
Müller, Alfons	88	
Müller, Anton	569, **572**	
Müller, Arnt	887	
Müller, Artur	72	
Müller, Bert-Günter	984	
Müller, Brunhilde	937	
Müller, Burkhart	829	
Müller, Christian	882	
Müller, Degenhardt	612	
Müller, Dieter	660	
Müller, E.	893	
Müller, Elmar	882	
Müller, Erich	670	
Müller, Franz	996	
Müller, Georg	988, 989	
Müller, Gerhard	857, 1033	
Müller, German	998	
Müller, Gernot	152	
Müller, Götz	320	
Müller, H.	832	
Müller, Hanno	772	
Müller, Hans-Erich	691	
Müller, Hans-Joachim	854, 865	
Müller, Hans-Werner	882	
Müller, Hans-Willi	863	
Müller, Heinrich, Darmstadt	600	
Müller, Heinrich, Lünen	52	
Müller, Heinz Günter	348	
Müller, Herbert	1033	
Müller, Hermann	844, 854	
Müller, Horst	928	
Müller, J.	160, 378	
Müller, Joachim	322	
Mueller, Joachim	850, 851	
Müller, Josef	**245**, 263, 663	
Müller, Josef C.	772	
Müller, Jutta	882	
Müller, Karl F.	143	
Müller, Karl Heinz	76, **48**	
Müller, Klaus, Bochum	135	
Müller, Klaus, Bonn	896	
Müller, Klaus, Duisburg	321	
Müller, Klaus Dieter	696	
Müller, Klaus-Dieter	112	
Müller, Klaus E.	131	
Müller, Klaus H.	325, 328, 329, **333**	
Müller, Klaus-Michael	1023, 1024	
Müller, Leonhard	**624**, 691, 694	
Müller, Lothar	153	
Müller, Michael	882	
Müller, P.	891	
Müller, Peter, Brixlegg	245, **253**	
Müller, Peter, Dr., Graz	263	
Müller, Peter, Ing., Graz	562	
Müller, Peter, Hannover	888	
Müller, Peter, München	352, 826	
Müller, Peter Konrad	76	
Müller, Peter Rainer	325	
Mueller, R.	222	
Müller, Rainer	936	
Müller, Ralph	572	
Müller, Rudolf	213, 865	
Müller, Siegfried, Bochum	196	
Müller, Siegfried, Dortmund	933	
Müller, Siegfried, Schweiz	874	
Müller, Steffen	107	
Müller, Ulrich	66	
Müller, Uwe Gert	172	
Müller, Werner	651, 952	
Müller, Wilfried	92	
Müller, Willy	76	
Müller, Wolfgang, Sulzbach	858	
Müller, Wolfgang, Wolfenbüttel	124, 125	
Müller-Armack, Andreas	316	
Müller-Beck, H.	998	
Müller-Eberstein, Frank	684	
Müller-Helmbrecht	893	
Müller-Hillebrand, Veit	597	
Müller-Kaape, Herbert	843	
Müller-Krumbhaar, Heiner	696	
Müller-Kulmann, Wolfgang	884	
Müller-Michaelis, Wolfgang	940	
Müller-Radot, Klaus C.	594	
Müller-Rath, Wolfram	316	
Müller-Roden, Helge	1033	
Müller-Roden, Herbert	150	
Müller-Ruhe, Waldemar	160	
Münch, Bernd	852	
Münch, Franz	181	
Münch, Gerhard	38, **605**	
Münch, Hans-Edgar	592	
Münch, Helmut	940	
Münch, Joachim	145	
Münch, Werner	901	
Münchow, G v.	900	
Münster, Hans P.	826, **867**	
Münster, Manfred	689	
Münstereifel, Fritz	654	
Münzer, Egon	1021	
Münzer, Friedrich	1024	
Münzner, Horst	**132**, 357, 602	
Müske, Heiner	842	
Muff, Erwin	567, 570, **976**	
Mugglin, Carl	771	

PERSONENREGISTER
M – N

Mugglin, Karl 771	Nahum, Enzo 483	Nettekoven, N. 800
Muhr, Gert 1023	Najberg, Mieczyslaw 284	Netter, Karl Joachim 829
Muhr, Willi 385	Nanopoulos, Photius ... 950	Netter, Lothar 324
Mukhopadhyay, P. K. 577	Nanot, Yves René 399, 401	Nettesheim, Martin 1005
Mulas Delgado, Carlos 978	Nantke, Hans-Jürgen 894	Netuschil, Peter J. 332
Mulcare, A. 406	Napoly, Jacques 216	Netzer, Hans 686
Mulet, José 574	Nardelli, Mariano 489	Neu, Günter 686
Mulet Balagueró, José 575	Nardi, T. 581	Neu, Thomas 68
Muller, René 954	Narmon, François 708, 709	Neubarth, Klaus 112, 282
Mulvey, June 481	Naschi, Giovanni 741	Neubauer, Dieter 601
Munk, Hans-Hartmann 936	Nashan, Gerd 197, 375,	Neubauer, Gernot 664
Munk, Helmut 132	..... 601, 851, 1003	Neubauer, Walter 258
Munkes, Hermann Josef 316, **320**,	Nasr, S. N. 577	Neubauer, Wolfram 696
..... 331, 826	Naß, Margitta 940	Neuber, Friedel 124,
Munoz Cabezon, Carlos 284	Nass, Werner 132	..... 135, 140, 647, 659
Munt, Dave 233	Nassauer, Gerd 131	Neubert, Axel 689
Munz, Peter R. 822	Nast, Klaus 201, **905**	Neubert, Klaus 847
Murach, Adolf 995	Nastelski, Günter 367, 822	Neudörfl, Peter 611
Murard, Robert 869	Natau, Otfried 992	Neuen, Gottfried 597
Murasch, Peter-Jürgen 986	Nathan, C. F. 282	Neuenhahn, Hans-Uwe 321
Murmann, Klaus 101, 135,	Natus, Dietrich 137	Neuenschwander, Willi 772
..... 636, **1033**	Natusch, K. 1011	Neufang, Detlef Axel 933
Murray, Gerry 734	Nauber, ... 896	Neuffer, Hans 704
Murray, M. M. 222	Naudi, André 788	Neuhahn, Hans-Jürgen 612
Murray, Roger 732	Nauerz, Engelbert 66	Neuhaus, Detlef 89
Murray, Thomas 739	Naujoks, Siegfried 170	Neuhaus, Wolfgang 46
Muruzabal, A. 278	Naumann, Egon **148**, 151	Neuhaus gen. Wever, Peter .. 914
Muschalla, Werner 127	Naumann, Kurt 807	Neuhof, Günter 926
Musilek, Otto 558	Naumann, Margret 4	Neukam, Reinhard 813
Musiol, Georg 915	Naumann, Volker 865	Neukirchen, Bernd 824
Muth, Peter 80, 1036	Naumann, Werner 133	Neukirchen, Karl-Josef .. **132**, 318
Mutterer, Manfred 326	Naumburg, Klaus 167	Neukomm, Alfred 569, 771
Mutton, D. 731	Naurois, Jacques de 401	Neukomm, Ernst 772, **977**
Mutzbauer, Peter 108	Navab-Motlagh,	Neuling, Christian 866
Myers, Clive 731	Mohamad-Mehdi 135	Neumann, Bernd 898
Myklebust, Egil 521	Navarro Alvargonzales,	Neumann, Frank 912
Mylonakis, A. 728	Augustin 978	Neumann, Gerd-Dieter 328
Myners, Paul 734	Navarro Bayo, Santiago ... 977	Neumann, Hans-Joachim .. 1007
Myran, Ragnar 791	Nawrath, Günter 353	Neumann, Heinz-Roland ... 931
Myring, David 732	Nebendahl 945	Neumann, Helmut 241
Myrvang, Gunnar 970	Nebot, José María 781	Neumann, Jan 734
	Nebot Lozano, José María .. 781	Neumann, Karl 126
Naaf, K. 128	Necker, Tyll 1034	Neumann, Richard 124
Naarding, C. J. 518	Nedden, Bernd zur 823	Neumann, Uwe 662
Naas, A. 577	Neef, H.-J. 697	Neumann, Werner 661
Naas, Harald 670	Neff, Emil 976	Neumann, Wilfried 612
Naber, Gerhard 385	Negendank, J. F. W. 998	Neumann, Wolfgang 122
Nachbaur, Bernd 261, 973	Negroni, Alberto 741	Neumann-Mahlkau, Peter .. 927
Nachtergaele, E. 958	Neider, Rudolf 890	Neumüller, Alfons 627
Nachtigall, Günter 169	Neil, John 732	Neuner, Karl-Heinz 247
Nachtigall, Karl Hans 946	Neill, A. Graham 224	Neunteufel, Robert 602
Nachtmann, O. 695	Neipp, Gerhard 132, 135	Neuroth, Werner 83, 173
Nadal, Christian 721	Neirynck, Jean-Pierre 388	Neuweiler, Fritz 375
Nägelin, R. 790	Neisius, Peter 605	Neuwerth, Reinhard 857
Naegelin, R. 976	Neligan, D. M. 949	Nevalainen, Ilpo 207
Närger, Heribald **140**, 606	Nelissen, F. 959	Newi, Klaus 100, 101
Næss, Tor 240	Nelles, Hans 702	Newson, Brian 950
Nagel 945	Nelson, Lars 566	Ney, Gerd 928
Nagel, Carl-Martin 826, **828**	Nemazal, Bruno 663	Ney, Wolfgang 58, 62
Nagel, Chantal 572	Nemitz, Rolfroderich **158**,	Neyen, Horst 1028
Nagel, Dieter 317, 325, 328, 329,	..... 185, 1004	Nicholson, C. E. 966
..... 330, **333**, 367, 662	Ness, Bernard 411	Nicholson, Paul 733
Nagel, Ilse 315	Neß, Siegfried 857	Nicholson, T. Eamonn 481
Nagels, Hans **362**, 651, 847	Nessel, Wilfried 377	Nickel, Eberhard 669
Nahmer, Anton 691	Nest, Thomas 864	Nickel, Hubertus 696
Nahmias, Jaques J. 397	Nestler, Helmut 991	Nickel, Jürgen 842

PERSONENREGISTER
N – O

Nickel, Wolfgang 373	Nobile, Rodolfo 237	Nurmimäki, Kalervo 718
Nickell, G. D. 733	Nobili, R. 236	Nuß, Werner 599
Nicod, Jean-François 819	Noblé, Jürgen 664	Nyberg, Sven 566
Nicol, Bill 731	Noé, Claus 630	Nyholm, Erik 207
Nicolai, Bernd 198	Noè, Luigi 741, 788	Nyquist, Carl-Erik . . . **765**, 791
Nicolai, Patricia 703	Nöcker, Thomas 30	Nyquist, Orvar 271
Nicolas, A. 399	Noël, R. 400	Nystad, Arild N. 970
Nicolas, Jean-Michel 407	Nölling, Wilhelm 88	
Nicoll, W. 949	Noemi, Ignacio Alejandro . . 858	**O**beloer, Hermann . . . 667, 814
Nicolson, Sir David 409	Noerenberg, Norbert 134	Obenauer, Volker 588
Nieberding, Franz 294	Nörenberg, W. 698	Oberbeckmann,
Niebergall, Dieter 201, 905	Nörr, Rudolf 610	Friedrich Karl 138
Niedbala, Hans 995	Nörthen, Andreas 929	Obergröbner, Peter 607
Niederberger, A. 775	Nötstaller, Richard . . . 258, 263	Oberhofer, Albert F. . . 261, 262
Niederberger, Alex 747, 770, 794	Nötting, Joachim 927	Oberholzer, Alex 772
Niederer, Claus M. 874	Nohl, Ernst 772	Oberleitner, Franz 757
Niederer, Hans Jakob 976	Noll, Johann 134	Obermann 893
Niedergang, Claude 211	Noll, Rainer 932	Obermann, Helmut 1036
Niedergesäß-Gahlen,	Nolte, Hans 810	Obermeier, Georg 141,
Reiner 198, 590	Nolting, Hans-Werner . 137, 810	323, 607, 622, **659**, 845, 858
Niedermowwe, Burkhard . . . 651	Noltze, Christian 154	Obermeier, Thomas 809
Niedetz, Klaus 202	Nomine, Michel 215	Oberth, Walter 243
Niehammer, Frank 901	Nommensen, Broder 946	Oberthür, Thomas 888
Niehl, Franz 193	Noordzij, L. 582	Obiltschnik, Walter 561
Niehues, Hermann 796	Noordzij, Leen 518	Obländer, K. 1011
Niehues, Josef 318	Noras, Pentti 961	Obramski, Peter 101, 1036
Niekamp, Wolfgang 156	Norberg, Birger 270	O'Brien, Kieran 739
Nielsen, Anne-Marie 390	Norberg, Sven 957	Obst, Doris 809
Nielsen, Bent R. 389	Nordhaus, Bernhard 1026	Obst, Wolfgang 956
Nielsen, F. 979	Nordin, Staffan 765	Obstfeld, Eckhard 933
Nielsen, Ingrid 50	Nordin, T. B. 577	Obstfelder, Volkmar von . . 630
Nielsen, John Hebo **713**, 787, 791	Nordin, Tommy 566	O'Callaghan, Owen 481
Nielsen, Niels R. 390	Nordman, Carl G. 209	O'Carroll, N. 480
Nielsen, U. 1005	Nordmann, Thomas 774	Ochsenbauer, Christian . . . 166
Niemann, Donatus 139	Nordmeyer, Andreas 140	Ockeloen, G. 577, 969
Niemczyk, Heinz 796	Nordmeyer, Anneliese . . . 846	Ocker, Manfred 626
Niemelä, Jouko 961	Norhammar, Ulf 581	O'Connell, Ed 480
Niemeyer, Werner 897	Norkauer, Hans-Heinz . . . 684	O'Connor, E. 283
Nienhaus, Werner 352	Normark, D. 878	O'Connor, Mary 481
Niessen, Johannes 932	Noronha Leal, Fernando . . 565	O'Connor, Pat 233
Nietfeld, Heinfried 636	Norpoth, Kurt 1027	Oder, Ernst 262
Nieuwbourg, Claude 399	Norrby, S. 790	Odewald, Jens 901
Nigg, Wolfgang 569	Northard, John H. 284	Odler, Ivan 989
Niggemeier, Horst 694	Noruschat, Peter 38	O'Donoghue, Brendan . . . 967
Nightingale, Glen 732	Norvik, Harald 521	O'Dowd, Cyril 739
Nijs, W. W. 749, 788	Nospickel, Werner 80	O'Duffy, Paddy 967
Nikolay, A. C. 259	Nossal, Michael 228	Odwody, Herbert 873
Nikolic, C. 858	Nossek, Josef 665	O'Dwyer, Thomas 953
Nikolin, Walter 131	Noth, Friedrich 140	Oehding, B. 353
Nilles, P. 206	Nothnagel, Karlheinz 602	Oehler, Reinhardt 912
Nilsen, Arnfinn 1037	Notholt, Helmut 110, **111**, 856	Oehm, Hermann Dieter . . . 669
Nilsen, Gerda 240	Notté, Philippe 207	Oehme, Jörg 1026
Nilsson, Pia 765	Notter, Edvard A. 130, 136	Oehme, Wolfgang . . . 353, 606
Ninnemann, Walter 635	Nottmeyer, Dieter 184	Oehrn, Rolf 271
Nischkauer, Norbert 757	Novak, Harald 757	Øian, Anne E. 521
Nisio, Michele 741	Novak, M. 793	Oelert, Hans-Henning 989
Nithack, Walther 167	Novales, Gerardo 793	Oelgeklaus, Ludger 663
Nitsch, Johannes 882, 883	Novales Montaner, Gerardo . 780	Oelkers, Karl-Heinz 921
Nitsche, Eduard 54	Nowack, Norbert 848, 850	Öllerer, Franz 120
Nitsche, Harald 105	Nowak, Godehard 981	Oellers, Bernd 372
Nitsche, Karl-Heinz 92	Nowak, Norbert 612	Oelsner, Christian 990
Nitschke, Stefan H. 166	Nowy, Walter 263	Oeltzschner, Hans-Jörg . . . 910
Noack, Harald 916	Numminen, Kalevi . . . 718, 791	Oertel, Friedrich 177
Noack, Klaus 187, **189**	Nunes de Almeida, P. 269	Oertmann, Jochem 204
Nobbe, Uwe 1008	Nunes de Matos,	Oertzen, W. von 1005
Nobel, Dietger 858	Maria Eugénia 268	Oeser, Kurt 826

PERSONENREGISTER
O – P

Østerbye, H. L.	960
Oesterlink, Jochen	52
Oesterwind, Dieter	385, 667, 802, 1004
Östholm, Lars	270
Oeters, Franz	134
Ötting, Fritz	800
Öttl, Othmar	257
Oettler, Manfred	933
Överlie, Ola	239
Offen, Hans-Henning	124
Offermann, Reinhold	108, 164, 634, **636**, 666
Offermanns, Heribert	130
Ofterdinger, Helmuth	902
Oggiano, Antonio	237
Ogi, Adolf	976
Ognedal, Magne	970
O'Hara, Ken	739
Ohnesorge, Jan Dirk	367
Ohrdorf, Karl-Heinz	143
Ohse, Michael	610
Ohse, Peter	201, 917
Ojala, Olli	960
O'Kelly, M. Edward J.	739
Okruszko, H.	283
Olabarri de la Sota	578
Olavarrieta Arcos, José Antonio	781
Oldach, Benno	139, 1025
O'Leary, Sean	967
Oliveira, Helder	974
Oliveira da Silva, Manuel Fernando	264
Oliver, A.	966
Olivieri, Luigi	581
Olk, Gerhard	907
Ollén, Joakim	765
Ollig, Gerhard	126
Olmer, Franz	595
Olofsson, Lars	271
Olsacher, Alfred	249
Olsen, Odd R.	969
Olson, Bob	406
Olsson, Bertil	765
Olsson, P.	566
Olszynski, Gisela	382, 383, 384
Olyslaegers, J.	959
O'Mahony, E. Finbarr	739
O'Muirí, Séan S.	481
Onderka, Erika	375
Ongallo Acedo, José Manuel	273
Oostland, François	206
Opalla, Frank	605
Oppenborn, Hans-Albert	634
Oppenheim, Alfred Freiherr von	88, 845
Oppenländer, Karl Heinrich	1006
Oppermann, Heiko	300
Opsal, Jane	522
Orbe Cano, Rafael	779
Orbegozo Arroyo, José	780
Orbell, G.	408
Orden, Dirk Jan van	492
Ording, Burchard	611
Ordoñez Fernández, Manuel	273
Oriol e Ybarra, Iñigo de	779
Oriol y Urquijo, Antonio María de	780
Orlov, Igor	835
Orr, Sir David	223
Orrù, Angelo	236, 238
Ortega Diaz-Ambrona, Juan Antonio	575
Orth, Klaus	641
Ortis, Alessandro	**741**, 787, 794
Oryan, Peter	48
Osborne, Peter	739
O'Shaughnessy, Paul	481
O'Shea, Eugene	411
O'Shea, N.	480
O'Shea, R.	480
Oskam, Jan	872
Osorio Zapico, Longinos	273
Oßenbrügge, Jürgen	986
Ossenkopf, Peter	942
Ossenkopp, Erich	648
Ost, Friedhelm	30, 882
Ostehr, Gunter	135
Osten, Wolf von	936
Ostenrieder, Max	608
Oster, Herbert	381
Osterberg, Claus	60
Osterfeld, H. Dieter	848
Osterhage, Friedrich	322
Osterhof, Klaus	1033
Osterholzer, Rudolf	48
Ostermann, Walter	**30**, 167, 186, 193, 194, 197, 994
Ostermann, Wolfgang	857
Ostertag, Horst Wilhelm	666
Osterwalder, Arnold	875
Osterwalder, Hanspeter	875
Osterwalder, Peter	875
Osthoff, Thomas	925
Ostier, A.	869
Osuno, B. A.	577
Oswald, Eduard	883
Otero, Alberto Rodrigo	978
Ott, Gerhard	979
Ott d'Estevou, Philippe	217
Ottaviani, Massimo	489
Otte, Ulrich	651
Ottersbach, Dieter	856
Ottestad, John	271
Otto, Günter	117
Otto, Heinz	1001
Otto, Helga	883
Otto, Klaus	42
Otto, Matthias	990
Ottonello, Giovanni	484
Oury, Ch.	959
Oury, Christian	953
Overbeck, Egon	318
Overdick, Peter	147
Overländer, Georg	1021
Oversohl, Heinz	318
Ovesen, Niels Krebs	960
Owen, Gordon	731
P. de Andres, Miguel	280
Paas, Wilhelm	928
Paatsch, Wolfgang	890
Pabst, Ernst	330
Pace, B. W.	411
Pache, Bernard	869
Pachura, Edmond	955
Packruhn, Alfred	661
Padovan, Lino	362
Pächer, Gustav	622
Pälchen, Renate	832
Pälchen, Werner	942
Paepe, P.	959
Paepe, R.	958
Päselt, Gerhard	883
Paetow, Horst	348
Paetzke, Ingo	588
Pätzold, Rudolf	1028
Pagels, Michael	624
Pagés, D. Juan Badosa	576
Pahl, Arno	887
Pahl, Sigrid	941
Pahl, Walter	629
Paier, Walter	257
Paillotin, Guy	722
Pais, A.	749
Paitas, D.	964
Pajula, Jaakko	207
Pala, Michele	236, 238
Palandt, Georg	125
Palat, Eliane	215
Pallarés, D. J. Daniel Dufol	576
Pallaske, Karl Friedrich	663
Pallisch, Hermann	971
Palm, Helmut	160, **168**, 184
Palm, Josef	**64**, 646, 694
Palm, Manfred	1026
Palme, Rudolf	281
Palmer, A. R.	220
Palmer, Joe	733
Palmerino, Domenico	741
Palmgren, Anders	718, 791
Palomo, José L.	279
Palomo Pedraza, Juan Carlos	978
Palte, Gerhard	666
Palviainen, Mikko	270
Pammer, Leopold	255
Pammer, Leopoldine	255
Panchaud, Paul-Daniel	773
Pandolfi, Filippo Maria	949
Pangerl, Ewald	907
Pangman, P. G.	406
Panitz, Manfred	1000
Pantel, Horst	636
Pantförder, Wolfgang	796
Pantry, Sheila	966
Panzer, Josef	624
Papadimitriou, Kostas	219
Papajewski, Knut	169
Papandreou, Vasso	949, 956
Papastefanou, M.	792
Papastratis, Chariklia G.	219
Papasz, Willi	330
Papathanassiou, A.	728
Pape, Manfred	597
Papke, Wolfgang	943
Pappai, Friedrich	897
Pappenreiter, Josef	245

PERSONENREGISTER
P

Name	Seite(n)
Pappert, Hans-Gerd	76, 845
Paproth, Eva	1037
Papst, Karl	249
Pâquet, Roger	955
Paradies, Hans Peter	121
Parbo, Sir Arvi Hillar	130
Pardon, Michael	818
Parée, J. C.	958
Pareja Molina, Antonio	779
Parillo, Giovanni	487
Parisot, Pierre	400
Parker, David	870
Parker, T. J.	220
Parmenter, John	409
Parra Gerona, Emilio	275, 276
Parreidt, Joachim	119
Parris, Peter	965
Partsch, Carl Jürgen	937
Parvex, Michel	569
Parwulski, Gerhard	651
Parziale, J. V.	409, 479
Pasch, Karl-Friedrich	857
Paschetis, Sp.	728
Paschinger, Günther	826
Paschinger, Horst	244
Pascoe, D. J. C.	410
Paske-Ber, Gabriele	80
Passet, René	835
Pastuszek, Horst	901
Patermann, Christian	898
Patrão, Gil	974
Patrone, Cesare	483
Patt, Hans-Peter	912
Pattberg, Herbert	597
Pattinson, M. H.	408
Pattinson, M. R.	406
Pattusch, Günter	606
Patzke, Dieter	38
Patzke, Hans-Georg	922
Patzschke, Klaus	608
Paul, German	**608**, 612
Paul, Manfred	857
Paul, Siegfried	362
Paul, W.	695
Paulas, Hans	757
Pauli, Frank	201, 203
Pauli, Friedrich	684
Paulick, Joachim	92
Pauls, Hermann	844
Paulsen, Rolf	664
Paulsen, Sigurd	887
Paulssen, F. K.	843
Pauly, E.	998
Pauquet, A.	792
Pautz, Uwe	92
Pavia, Michael J.	409
Pavie, M.	963
Pawlak, Jean-Louis	211
Pawlak, Klaus	599
Pawliska, Volker	244
Paye, Jean-Claude	980
Payot, Henri	773
Payton, S. N.	224, 284
Paz Goday, J. M.	792, 793
Paz Goday, José María	780
Paziorek, Peter	882
Peball, Falko	243
Péceli, B.	577
Pecher, Wolfgang	886
Peck, T.	981
Pecqueur, Michel	**397**, 721, 722, 963
Peddis, Silvestro	234
Pedersen, Karl	713
Pedersen, Steffen	390
Peek, Reinhold	44
Peeken, H.	1005
Peer, Helmuth	263
Peeters, Robert	950
Pehrsson, Ebbe	270, 271
Peil, R.	146
Peinhopf, Lorenz	**247**, 248, 262
Peirens, W.	959
Peisl, J.	695
Peitso, Matti	396
Peitz, Hubert	704, 772
Peitz, Norbert	68
Peix, José	162, 212
Pekar, Paul J.	842
Pekarek, Helmut	706
Peleteiro, Hernani Daniel Tarrio	564
Pelizäus, Herbert	864
Pello, Piero Maria	741
Pels Leusden, Gerhard	660
Peltier, André	671
Pelzer, Günther	54
Pelzer, H.	998
Pelzer, N.	790
Pempel, Günther	179
Pena, Isidoro M.	573
Penacho Raposo, Javier	954
Pengg, Gottfried	262
Pengg-Auheim, Gottfried von	562
Penndorf, Heinz	**347**, 358
Pennekamp, Rainer	667
Pennigsdorf, Wolfgang	591
Pentarakis, E.	964
Penth, Uwe	68
Penttilä, Vesa-Jussi	209
Pepin de Bonnerive, Jacques	216
Perch-Nielsen, Jorgen	568
Perdelwitz, Dieter	381
Pereira, Alcides	974
Perez, R.	278
Pérez, Tomás Ruano	781
Perez Arias, Luis	278
Pérez Simarro, Ramón	977, 978
Pérez-Martinez, J. I.	573
Perez-Prim, J. M.	793
Perfall, Eberhard Freiherr von	606, 799, 813, 844
Perin, Dominique	869
Perissich, Riccardo	950
Perret, Rémi	215
Persch, Emil	167
Persson, Göran	975
Persson, Rolf	765
Pertl, Armin	249
Pertl, Simon	352
Peschel, G.	991
Pesditschek, Manfred	628
Pessi, Y.	283
Pessina, Carlo	**353**, 840
Pesson, A.	963
Peter, Gerhard	927
Peter, Jules	771
Peter, Manfred	118
Peter, Rudolf	825
Petermann, Volker	629
Peters, A.	160
Peters, Aribert	827
Peters, Hans Ludolf	156
Peters, Jörg-Dieter	639
Peters, Lutz	630
Peters, Manfred, Erfurt	1035
Peters, Manfred, Gelsenkirchen	154
Peters, Reinhold	595
Peters, W.	357
Peters, Werner	375
Peters, Wolfgang	357
Petersen, Gert R.	389
Petersen, Heinz	630
Petersen, Klaus-Peter	381
Petersmann, Mick	827
Petetin, Jacques	210
Petitpierre, Philippe	569, 572
Petri, Rolf	933
Petridis, Kyriakos	972
Petrik, Peter	127
Petritz, Alfred	864
Petrogalli, Ettore	579
Petry, Hans-Herbert	651
Pettelkau	892
Pettersson, Gunnar	270
Pettersson, R.	283
Petzel, Hans-Karl	66
Petzet, Michael	196
Petzny, Wilfried	594
Petzold, Paul	636
Petzold, Ulrich	882
Peyfuß, Wilfried	972
Peyrani, Fausto	484
Peyronnel, R.	399
Pezely, Rudolf	796
Pezzé, Franco	571
Pfäffle, Werner	853
Pfähler, Fritz	950
Pfaff, Dieter	187, 193
Pfaff, Heinz	629
Pfaffenberger, Wolfgang	1004
Pfahls, Ludwig-Holger	367
Pfannenstein, Georg	120
Pfannenstein, Horst	607
Pfeffer, Theodor	668
Pfeffermann, Gerhard O.	332
Pfeifer, Berthold	689
Pfeifer, Peter	164
Pfeifer, Wolfgang	1021
Pfeiffer, Alfred	134, 141, 321, 607, 622, **659**, 845, 858
Pfeiffer, Herbert	980
Pfeiffer, Johann Michael	325
Pfeiffer, Karl-Ernst	608
Pfeiffer, Klaus	256
Pfeiffer, Michael	826

PERSONENREGISTER
P

Name	Page(s)
Pfeiffer, Peter	609
Pfetzer, Werner	844
Pfeufer, Johannes	128, 1022
Pfingsten, Michael	315, **318**, 341
Pfirsch, D.	1009
Pfirter, Marc	874
Pfister, Max	874
Pfisterer, Erich	367
Pfisterer, M.	770
Pfitzner, Bernhard	624
Pfitzner, Karin	688
Pfläging, Kurt	187, **191**, 1001
Pfleger, Klaus	601
Pfleger, Manfred	589
Pfletschinger, Wolfgang	919
Pflüger, Antonio	884
Pflüger, Friedbert	882
Pflüger, Peter	856
Pförter, Alfred	624
Pförter, Uwe	384, 579
Pfordten, v. d.	907
Pfotenhauer, Wolfgang	851
Pfrüner, H.	697
Pfütze, Klaus	160
Pfuhl, Albert	882
Pfund, Roman	569, 572
Philip, Birthe	713
Philip King, Christopher	398
Philipp, Heinz Gerd	917
Philipp, Ingeborg	882, 883
Philipp, J.	1011
Philipp, Wolfgang	184
Philipp, Wolfgang H.	185
Philippon, André	401
Philipsborn, H. v.	998
Philipsen, Peter	640, 641
Phillips, Alan	478
Phillips, Peter	732
Phipps, Colin	407
Phipps, Rod	413
Piasecki, Peter	281
Pibernig, Klaus	241
Picakci, Yücel	156
Pick, Wolfgang	62
Pickardt, Wolfgang	108
Pickel, Klaus	841
Pickering, R. W.	877
Pickl, Walter	324
Picut, Maurice	569
Piechatzek, Horst	684
Piechota, Helmut	705
Piecuch, Dieter	651
Piehl, Harri	209
Piekarski, Claus	927, 992, **994**
Pieloth	886
Piens	1030
Pieper, E.	998
Pieper, Ernst	124, 126, 213, 294
Pieper, Karl Josef	861
Pieper, Theodor	137
Pieper, Ulrich	88
Piercey, Eric Reginald	564
Piero, Mario de	249
Pieroth, Elmar	624, 901
Piesbergen, Eduard	82
Pietersz, S.	749
Pietikäinen, Sirpa	960
Pietrzenink	934
Pietsch, Klaus	993
Pietzcker, Theodor E.	156
Piffault, M.	401
Pigal, Reinhold	245
Piglia, Adriano	484
Piglia, Giovanni	741
Pigorini, Pio	342, **488**
Piguet, Jack-Pierre	215
Piketty, Gérard	963
Pilcher, John	412
Pillmann, Werner	834
Pillong, Siegfried	84
Piltz, Klaus	30, 362, 599, 635, 636, **651**, 853, 901, 979
Pilz, Alfred	612
Pilz, Bodo	36
Pilz, Dietrich	116
Pinatel, Roger	723
Pineau, Jean-Philippe	215
Pinedo, Javier de	876
Pingel, Volker	196
Pinheiro, António	**565**, 974
Pini, W.	949
Pink, Felix	72, **1022**
Pinkau, K.	1009
Pinna, Pietro	238
Pinter, Herbert	559
Piontek, Peter	899
Pipeleers, Roger	206
Piper, J.	953
Piqué Camps, Josep	279
Pire, Georges	708, 709
Pires, Manuel Pinto	564
Pires Martins, Sérgio	974
Pirker, Josef	249
Piroski, V.	793
Pirrotta, Angelo	238
Pistauer, Wolfgang	259
Pistella, Fabio	741
Pistorius, F.	518
Pistotnik, Julian	973
Pither, J. P.	878
Pitirim	835
Pitre, Charles-Bernard	217
Pitsch, Thomas	572
Pittack, Winfried	933
Pitteloud, Edouard	568
Pittet, Michel	976
Pittwood, Malcolm	967
Pitzschler, Roland	42
Piwodda, Heinz-Dieter	322
Plachetka, G.	936
Placzek, Günter	599
Plänkers, Gudrun	997
Plaetrich	891
Plancke, Patrick van der	386
Planetta, Amedeo	237
Plank, Arno	890
Plank, Josef	246
Plankar, Arthur	**58**, 60, 175, 686
Planta, Jean-Louis von	774
Plaschke, Georg	971
Plasencia, Santiago Fernández	778
Plass, Dietrich	935
Plass, Günther	788
Plass, Ludolf	810
Plaßmann, E.	1011
Plaßmann, Eberhard	808
Plate, Klaus	704
Plate, Manfred	813
Platt of Writtle, Baroness	477
Platz, Günter	688
Platzeck, Matthias	903, 914
Platzek, Rainer	30
Platzek, Walter	651
Platzer, Roland	249
Playle, C.	477
Plénard, Jacques	789
Pleschiutschnig, Isolde	971
Plessa, Armin	721
Pleuger, Wolfgang	661
Pleumeekers, J. B. V. N.	749
Plevoets, A.	958
Plitzko, Peter	66, 68
Plöhn, Klaus	158
Plomer, Matthias	167
Plückelmann, Heinz	30
Plüger, Walter L.	985
Plümmen, Gertraud	805
Plüss, Gerhard	323
Plützer, Hans	144, 145
Pluge, Wolf	381
Plum, Dietmar	187
Plumeyer, Gilbert	628
Plumhoff, Jochen	80, **174**, 175, 176, 847
Pluns, Joachim	346
Plutka, Gerhard	635
Plutte, Axel	134
Poblozki, Reinhard v.	943
Pocovi Juan, Miguel	779
Podest, Helmut	246
Podingbauer, Otto	873
Podiuk, Hans	315
Poech, Dieter	120, 607
Pöche, Ingrid	662
Pöhl, Klaus-Dieter	1021
Pöhl, Wolfgang	**249**, 261, 561
Pöhlmann, Dieter	596
Poelchau, Heinz-Werner	997
Pöltinger, Josef	556
Pöltner, Richard	559
Poerschke, Frank	689
Pöschl, Günther	561
Pösel, Adolf	915
Pöttken, Hans-Günther	698, 705
Pöyry, Heimo	209
Poggi, Claudio	741
Pohl, Armin	937
Pohl, Ferdinand	**362**, 848
Pohl, Günter	169
Pohl, H. G.	521
Pohl, Hans-Georg	318
Pohl, Hans-Jürgen	143
Pohle, Eckart	886
Pohle, Klaus	607
Pohler, Hermann	882, 883
Pohlmann, Andreas	612
Pohlmann, Wilhelm	654
Pohlplatz, Josef	44

PERSONENREGISTER
P – Q

Name	Seite(n)
Pohmer, Karlheinz	4, **58**, 60
Pokrzywnicki, Peter von	180
Polaček, Wolfgang	1012
Polak, Aad	390
Polak, Peter	245
Polegeg, Siegfried	241, 247, **259**
Polichronopoulos, A.	964
Politze, Günter	628
Polk, Rainer	108
Poll, Jürgen	318, 670
Pollak, Christian	900
Pollak, Rolf	189
Pollak, Wolfgang	557
Pollard, Vivien	732
Polleit, Horst	316, **341**
Poller, Diether	928, 929
Pollmann, Heinz	988
Pomberger, Hermann	243
Pompei, Rocco Ottavio	485
Poncelet, J. P.	708
Poncet, Christian	723
Pongratz, Alexander	257
Ponomerev Stepnoy, Nikolay	835
Pons, D. Juan	576
Ponsot, Georges	962
Pont, Marcel	569
Pontzen, Wilhelm	72
Pooter, C. de	959
Popeleu, F.	959
Pophanken, Helmut	1036
Popp, Manfred	700, 1008
Poppe, Michael	611
Poppek	932
Poppek, Jürgen	932
Porcu, Luigino	236
Porep, Lothar	180
Pork, Karl Heinz	127
Porkorny, Erich	757
Porta, Giorgio	487, 614
Portaluri, Salvatore	482
Porter, David	731
Portugall, Karlheinz	869
Posborg, Jørgen	390
Posner, Michael	981
Pospich, Engelbert	48
Possemiers, F.	388, 708, 958
Postel-Vinay	869
Posten, Gert	156
Postenrieder, Erwin	382
Potestio, G.	792
Potestio, Giuseppe	741
Poths, Hans	168
Potrz, Peter	860
Pott, E.	**558**, 563
Pott, Engelbert	262
Pott, Fromut	799
Pott, Heinz	666
Pottgießer, Egbert	825
Potthast, Ulrich	651, 813, 822
Potthoff, Alwin	116
Potulski, Siegmund	663
Potyka, Elisabeth	689
Pouget, Laurent du	214
Poulakos, Kyriakos	218
Pousset, Meinolf	607
Povh, B.	1008
Powell, Anthony	579
Power, Paul	228
Powollik, Winfried	72, **939**
Poyatos, Manuel	721
Prade, Robert	249
Pradier, Henri	399
Prados Terriente, José Miguel	781
Praël, Christoph	704
Präthaler, Franz	757
Prätorius, Gerhard	187, 193
Pramann, Götz	850
Prangenberg, Wolfgang	703
Prantl, G.	976
Prasch, Elmar	120, 607
Praß, Alois	840
Prata Dias, Gaspar	565
Pratl, Josef	757
Praus, Alfred	250
Prautzsch, Wolf-Albrecht	654
Preat, Bernard	206
Preininger, Alois	250
Preis, Helmut	130
Preller, Helmut	860
Prendergast, Tony	731
Presber, Jürgen	651
Presotto, Cirillo	489
Preston, I. M. H.	733
Preston, Ian	731
Prêtre, S.	790, **976**
Pretschold, H.-H.	943
Preugschat, Harald	803
Preusker, Peter Michael	362, 598
Preuss, Ernst Joachim	665, 693
Preuß, Heinz	**82**, 193, 853
Prével, J.-C.	963
Prevot, Paul	211
Pricken, Heinz Otto	258
Priddle, R.	979
Priebe, Klaus-Peter	817
Priem, Matthias	72, 1026
Priestly, Leslie	731
Prieto Blanco, José Luis	779
Prietzel, Horst	607
Prigogine, Iliya	835
Prill, Hardy	1021
Prins, Simon	787
Prinz, Alfred	80
Prinz, B.	1011
Prinz, Bernhard	935
Prinz, Helmut	919
Prinz, Hermann	260, 261, 262, **973**
Prior, Klaus	139
Prisching, Helga	971
Pristouschek, Robert	972
Probst, Albert	882
Probst, Wolfgang	628, 634
Prochaska, Peter P.	241, 261
Prochnow, Edgar	80, 626
Proctor, R.	222
Pröhl, Karl	944
Pröls, Herbert	328
Prölß, Willy	324
Proença, José Pedro	955
Pröpper, Franz-Josef	630
Pröser, Adolf	826
Pröve, Dieter	156
Profeta, Marco	237
Profeta, Mario	237
Profumo, Giorgio	484
Profumo, Luigi	484
Promberger, Karl	243
Pronk, Karel	568
Proske, Martin	666
Pross, Ludwig	602
Prosser, David	732
Protzek, Heribert	30, 174
Protzner, Bernd	882
Proyer, Karl	757
Prüger, Wolfgang	558
Prugger, Ferdinand	244
Prull, Sigurd	867
Pruna, Vincenzo	234
Pruschek, Rudolf	1012
Pucknat, Dietrich	669
Pudel, Monique	872
Puderbach, Herbert	597
Pudlik, Willi	52
Puechal, Jacques	574, 614
Pückler, Carl-Heinrich Graf v.	607
Pühmeyer, Burckhard	362
Pühringer, Othmar	262
Puell, Karsten	702
Püls, Alfred	873
Püls, Hans-Hermann	926
Puerto Martinez, Miguel	779
Püsche, Peter	82
Püschel, Wilhelm	850
Pütter, Dieter	613
Pütthoff, Heinz-Helmer	651
Pütz, M.	1011
Pütz, Manfred	904, **934**
Puff, Roger	215
Pugliese, Pasquale	362
Pulkkinen, Juhani	209
Puls, Hermann	865
Pundt, Hans	639
Puntis, Jean-Adrien	212
Pusch, Günter	375, **988**
Pusinelli, Werner	315
Putanec, I.	793
Putscher, Siegfried	888
Putschkus, Fritz	947
Puzicha, Hans	886
Pylkkänen, Marja	961
Quack, Heinz	937
Quack, Klaus	177, 607
Quadbeck-Seeger, Hans-Jürgen	588
Quade, Horst	989
Quaglia, V.	236
Quaißer, Peter	665
Quandt, Hans Ludwig	861
Quarg, M.	891
Quartier, Walter	322
Quecke, Wolfgang	78
Quenardel, Jean-Michel	217
Quendler, Horst	647
Quennet	892
Quentmeier, Klaus	847
Querner, Christoph	957

PERSONENREGISTER
Q – R

Name	Page(s)
Quesada García, Antonio	978
Questiaux, Paul	721
Quilez Martinez de la Vega, José Luis	978
Quin, John	731
Quintana, Honorio	279
Quintas Gallego, José	273
Quinting, Friedhelm A.	812
Quiralte Crespo, Enrique	781
Qureshi, A. N.	577
Quílez Martínez de la Vega, José Luis	977
Raabe, Dietmar	669
Raaflaub, Heinz	770
Raap, Udo	321
Raasche, Wolf	856
Rabensteiner, Klaus	259
Raber, Karl-Heinz	68
Rabinovitch, Michel	217
Rabitsch, Werner	873
Rabitz, Albrecht	927
Rabl, Erich	670
Rabus, Gerhard E.	385
Radek, Erwin	1025
Radekopp, Horst	586
Rademann, Karl-Hans	42
Radenac, Jean-Luc	869
Radke, Bernhard	78
Radmacher, Walter	56
Radtke	892
Radtke, Günther	101
Radzinski, K.-H.	943
Raeburn, A. R. G.	222
Raeburn, Anthony M.	789
Räde, H.	697
Räkers, Eiko	191
Raemdonck, Wouter	386
Raes, J.	708
Rätzsch, M.	563
Räuchle, Friedrich R.	120
Räz, Walter	571
Raffel, Gerhard	254
Raffoux, Jean-François	215
Ragati, Manfred	631, **660**
Rahimian, Iradj	1007
Raidl, Claus J.	244
Raillard, Alain	400
Raillon, Arthur	796
Rainer, Peter	244
Raisch, Hermine	664
Raiser, Bernhard	1004
Raitanen, Pekka	961
Raith, Matthias	818
Rambaud, Jean-Paul	397
Rambaud, Yves	213
Rambaud-Chanoz, Gilles	950
Ramboux, R.	958
Raminella, Cristiano	489
Ramón Martinez, Manuel	272
Ramorino, Pierluigi	483
Ramos Puig, Gonzalo	977
Ramsauer, Heinz	247
Ramsay, W.	979
Randaxhe, Jean-Luc	401
Randers, G.	788
Raneberg, Wilfried	80
Ranft, Norbert	363
Rank, Maximilian	627
Rankl, Othmar	**245**, 260, 261
Rantanen, Juha	395
Rapold, Urban	572
Rapp, Alfred	684
Rapp, Axel	803
Rappaport, B.	386
Rappe, Hermann	589, 650, 901, **1036**
Rasch, Heinz	1000
Rasch, Reinhard	609
Raschig, Friedrich	601
Raschig, Gert	601
Raschka, Helmut	888, 889
Raschke, Dieter	592
Raschke, Gerald	324
Rasjid, H. A.	577
Rasmusen, Hans Jørgen	389
Rasmussen, Hans Jørgen	579
Rass, Josef	757
Rast, Siegfried	636
Rastoin, Gilbert	211
Ratay, Dörte	1031
Rath, Dieter	1034
Rath, Walter	249
Rathausky, Alfred	249
Rathert, Dieter	330
Rathgeb, Hans	572
Rathgeber, Rudi	635
Rathjen	919
Ratjen, Christian	608
Ratjen, Karin	88
Ratner, Gerald	733
Ratzel, Ludwig	318
Ratzka, Kurt	316, 326, 826
Rau, Gerhard	622
Rau, Helmut	602
Raubuch, Karlheinz	58
Rauch, Siegmund	253
Rauchmaul, Jörg	646
Rauhut, Horst	100
Raulf, Monika	1023
Rauls, Wolfgang	903, 943
Raulwing, Helmut	139
Raupach, Willi	109
Rausch, Herbert	316
Rauscher, Klaus	315, 316, 317, 622
Rauß, Bernhard	48, **54**, 173
Rauter, Konrad	912
Rautert, Günter	154
Ravasini, Bernhard	132
Ravasio, Giovanni	950
Rave, Claus	944
Rave, Dietrich	944
Raven, Peter	411
Ravenstein, Petrus van	485
Raviart, André	216
Rawert, Klaus	50
Rawlins, Richard F.	955
Rayen, Gerd	668
Rebhan, Andreas	798
Rebollo, José-Luis	213
Reboul, Jean-Marie	721
Rech, Gilbert	650
Rech, Joachim	624
Rechmann, Bernhard	935
Recht, Christine	971
Reckmann, Dieter	78
Recktenwald, Ulrich	671
Redeker, Joachim	72, **936**
Redeker, Wulf	850
Reder, Richard	250
Rederon, C.	400
Redl, Rudolf	556
Redlhammer, F.	253
Redling, Peter	558
Redmann, Hans-Dieter	82
Reeck, Jürgen	78
Reeg, C. P.	577
Reerink, Wilhelm	1009
Rees, Hon Lord	409
Reese, Hagen	317
Reetz, Christa	827
Reeve, D. A.	283
Refflinghaus, Jürgen	180
Regelmann, Roderich	931
Regenmortel, W. Van	386
Regenspurger, Otto	882
Regh, Ulrich	864
Regis, Luigi	871
Regis Milano, Luigi	**484**, 489
Regitz, Klaus	180
Reglitzky, Arno	375
Regnier, Tony	965
Reh, Hans-Joachim	630, 700
Rehatschek, Wolfgang	172
Rehberger, Horst	942
Rehbinder, Eckard	896
Rehbock, Horst	1034
Rehm, Friedrich	600
Rehnberg, Anders	270
Reiber, Wolfgang	137
Reibold-Spruth, Lily	887
Reichel, Gerhard	1023
Reichel, Hans-Helmut	705
Reichel, Rudolf	995
Reichel, Wolfgang	172, 284
Reichelt, Rainer J.	169
Reichenbach, Dieter	586
Reichenbach, K.	998
Reichenbach, Klaus	88
Reichenbach, Matthias	940
Reichenbach, Werner	166, 1021
Reichert, Jürgen	317
Reichholf, Josef	832
Reid, A. G.	519
Reid, K. A.	877
Reidy, Michael	734
Reiff, Winfried	905
Reig Albiol, Luis	574
Reihlen, Helmut	1020
Reik, Gerhard	989
Reimann, Götz	840
Reimann, Günter	944
Reimann, Hanno	840
Reimann, Manfred	602, 882
Reimelt, Hermann	252
Reimers, Knut	705
Reimers, Peter	842

Verlag Glückauf · Jahrbuch 1993

1321

PERSONENREGISTER
R

Reimert, Rainer	987
Reimnitz, Jürgen	844
Reimpell, Peter	141
Reimpell D'Empaire, Pablo	847
Rein, Amund	969
Reinartz, Bertold	882
Reinartz, Heinz-Peter	40
Reinartz, Wolfgang	169
Reindl, Manfred	639
Reiner, Günther	249
Reiner, Hanno	826
Reinermann, H.	222
Reinermann, Heinz	80, 124, 595, 1027
Reiners, Gerd	316
Reiners, Harald	353
Reinert, Konrad	634
Reinert, Wolfgang	66
Reinesch, Gaston	747
Reinfried, Dieter	942
Reinhard, Herbert	641, 671, 823
Reinhardt, Dietrich	**58**, 60, 170, 173
Reinhardt, Gerhard	143, **859**
Reinhardt, Manfred	928
Reinicke, Wolf-Rüdiger	184
Reinke, Hans-Joachim	367, 811
Reinkensmeier, Wolfgang	109
Reinoso y Reino, Victoriano	780, 781
Reis, J.	793
Reis, Norbert	**84**, 954
Reis, Peter	665
Reisch, Georg	957
Reischel, Michael	1028
Reischig, Hans Leopold	937
Reisener, Gerd	330
Reiser, H.	998
Reiser, Peter	188, 189
Reiß, Wolfgang	1035
Reißer, Herbert	332, 826
Reiterer, Eduard	1002
Reithofer, Peter	251
Reithofer, Wolfgang	257
Reitis, Dirk	664
Reitmeier, Otto	249
Reitsch, Lothar	685
Reitzenstein, Jutta	940
Reitzig, Hans-Jürgen	**180**, 181
Reitzig, Jürgen	955
Relly, G. W. H.	222
Remacle, Jacques	709
Rembarz, Wolfgang	1035
Remberger, K.	937
Rembold, Kurt	1022
Rembser, Josef	**898**, 1007
Remkes, J. W.	749
Remmerbach, Jürgen	183
Remnant, Lord	411
Remon, M.	278
Remón, Miguel Angel	573
Remondeulaz, Jean	773
Remp, Wolfgang	557
Rempe, Walter	883
Remstedt, Werner	853
Remy, Wolfgang	163
Renaud, Augustin	399
Renaux, Marcel	954
Renguet, J.-P.	578
Renk, Hansjörg	4, **957**
Renker, Kurt	604
Rennemo, Svein	522
Rennocks, John	731, **733**
Renouard, Dominique	522
Rentergem, T. van	959
Renz, Erhardt	**153**, 182
Renz, H.	111
Repa, Josef	558
Repetto, Emanuele	484
Repnik, Hans-Peter	900
Reppekus, Christian	813
Reppin, Klaus	143
Resch, Johann	260
Resch, Klaus-Dieter	847
Rescher, Konrad	927
Reska, Peter	**256**, 261
Respini, Renzo	977
Respondek, Alexander	**932**, 996
Ressing, Werner	884, 886
Ressmann, Thomas	972
Rettinger, Hartmut	850
Rettkowski, Wolfgang	803
Reuck, Jean-Paul de	709
Reul, August	72
Reuschenbach, Peter W.	76, 882
Reuter, Edzard	124, 659
Reuter, Hans-Joachim	330
Reuter, Joseph	747
Reuther, Claus-Dieter	986
Reuther, Ernst-Ulrich	196
Reuther, Klaus-Jürgen	163
Reutz, Marit	521
Revalor, Roger	215
Revilla Pedreira, Regina	978
Revol, J.-P.	788
Rexrodt, Günter	901
Reyes, A. G.	577
Rezeau, Michel	217
Rheinhold, Dieter	124
Rhyner, Kaspar	772, **976**
Ribaudo, Enrico	238
Ribbeck, Gerhard	**78**, 202
Ribbeck, Karl-Heinz	628
Ribbert, Karl-Heinz	927
Rica, Jose Miguel de la	575
Ricci, Renato Angelo	835
Richardt, Josef	645
Richer, Jacques	961
Richert, Hans	144
Richert, Jochen	125, **1035**
Richoux, J. P.	958
Richter	947
Richter, Archibald	591
Richter, Dieter	696
Richter, Gerhard	941
Richter, Hartmut	346
Richter, Hellmut	941
Richter, Herbert	177
Richter, Hermann-Josef	691
Richter, Johann	250
Richter, Johannes	608
Richter, Peter	72
Richter, Siegfried	607
Richter, Werner	941
Richter, Wolfgang	154, 1026
Rickenbach, Victor	772
Ricker, Heinz	610
Rickes, Paul Werner	**91**, 1036
Rico, Guy	397
Rico García, Leoncio	278
Ridder, Dirk	699
Ridder, Klaus	853, 854
Riddermann, Bernd	132
Ridley, Nicholas	965
Rieber, Heinz	595
Riechmann, Manfred	602
Riechmann, Volkhard	925
Rieck, Karlheinz	884
Riecke, Hans-Günther	357
Riedel, Günter	362
Riedel, Harald	160
Riedel, Ulrike	916
Rieder, Hans	772
Rieder, Josef	628
Rieder, Norbert	882, 883
Riedinger, Jürgen	66
Riedl, Angelika	787
Riedl, Erich	884
Riedle, K.	1011
Riedlsperger, Sigmund	249
Riegelsberger, Bernd	699
Rieger, Ulrich	884
Riegert, Botho	88
Riehle, Werner	665
Riehm, Adolf	953
Riehs, Manfred	689
Riel, Willi	629
Riemann, Thomas	1026
Riemer, Hans Werner	647, **654**, 660, 700
Riemer, Heinz	884
Riepe, Ferdinand	52
Riepe, Wolfgang	187, **192**
Riesen, Sigurd van	826
Riesenhuber, Heinz	898
Rieß, Hans-Georg	**82**, 174, 648, 853, 996
Riess, W.	1003
Rieth, U.	1037
Rietjens, Leonardus H. T.	835
Rietz, Walter	170, **172**, 175, 176
Rietzsch, Hansjörg	861
Riez, Erwin	329
Riffel, Kurt	862
Rigaux, Dominique	709
Rigg, Colin	967
Rigg, James	732
Rigual Galve, Miguel	276
Rihs, Hans-Peter	1023
Rijnbach, J.	522
Rimington, J. D.	966
Riml, Karl	253
Rinck, Fridolin	1028
Rinck, Jakob	320
Rindt	897
Ring, Norbert G.	853
Ring, Paul	135

PERSONENREGISTER
R

Ring, Wolfhard **604**, 605, 611, 813
Ringel 934
Ringelsbacher, G. 936
Rinke, Heinz-Ulrich 851
Rinke, Walter 187, 193
Rinke, Werner 646
Rinkens, Anton 645
Rinne, Jochen 651
Rinnen, Léon 747
Rio, Piero del 237
Ripa di Meana, Carlo 949
Ripkens, Michael 78
Risak, Johann 557
Rischmüller, Heinrich 375, **922**
Rischmüller, Wilhelm 372, 377
Rissanen, Erkki 209
Rissanen, Helena 207
Risse, Karl-Heinz 654
Rißland, Wolfram 669
Risso, Antonio 237
Ristori, G. C. 234
Ritschard, U. 976
Ritschel, Wolfgang **848**, 870
Ritter 934
Ritter, Gerhard 262, 653
Ritter, Günter 324
Ritter, Hans-Günter 91
Ritter, René 977
Ritterswürden, Ernst Theo 55
Rittinger, Wilhelm 596
Rittstieg, Gerhard 667
Ritzmann 886
Ritzmann, Uve 124
Rivero, Jean 401
Rivero Torre, Pedro **782**, 787, 794
Robert, M. 959
Robert, Olivier 772
Robert, Roland 581
Robert, Siegfried 698
Roberts, Alf 733
Roberts, Edward R. 600
Roberts, John 731, 732
Roberts, Michael 967
Robertson, R. 283
Robertson, Th. 1005
Robeyns, Dominique 205
Robin, Albert 963
Robineau jun., Franz 255
Robinson, Ernst 823
Robinson, Helen 731
Robinson, T. 225
Robinson, Trevor 733
Robok, Joachim 101, 813
Robrecht, Werner 939
Robrechts, J. 710
Robres, J. Carlos 573
Rocca, Umberto la 741
Rocchi, E. J. 577
Rochard, Joël 723
Roche, Christian 788
Rocke, Burghard 666
Rockenbauer, Wilfried 139
Rocktäschel, Christian 136
Roddewig, Dieter 1014, 1015
Rode, Dieter 322
Rode, Helmut 882
Rodenstock, Rolf 622, 1034
Rodepeter, Hans 183
Rodlmayr, Heinz 254
Rodrigues, Carlos Adrião 974
Rodrigues, Eduardo 974
Rodrigues, Rui 974
Rodrigues de Sousa, Jorge Manuel 264
Rodríguez, Eduardo Avendaño 778
Rodríguez Espinosa, Antonio 977
Rodríguez-Viforcos, Enrique Prada 781
Röbke, Gerhard 56
Röck, Heinrich 607
Röders, Eckhart 180
Rödiger, Hartmut 898
Rödl, Wolfgang 249, 262
Roehl, Wolfgang 201, **203**, 1022
Röhling, Eike 317
Röhlinger, Heinz 72
Röhm, Otto 602
Röhner, Paul 662
Röhrl, Walter Ludwig 382
Röhrs, Klaus 665
Röll, G. 150
Röll-Franke, Jost 936
Rölleke, Franz-Josef 922
Röller, Wolfgang 130, 135, 137, 597, 598, 640
Römer, Horst 1020
Römer, Karl-Heinz 654, 661
Römer, Klaus 630
Römer, Norbert 72, 1035
Römermann, Klaus 175
Römpke, Ortwin 851
Rönnbäck, Kjell 270
Rönnbäck, Leif 270
Rönnberg, Dietrich 645
Rönnebeck, Wolfgang **88**, 176
Röpenack, Adolf von 1004, 1011
Röpke, G. 695
Röpke, Reinhard 353
Røren, E. M. Q. 577
Röscheisen, Klaus 907
Roese, Horst 384, 579
Rösel, Henning 895
Rösen, Werner 186
Rösener, Hans-Joachim 1026, 1027
Rösener, Karlheinz 140
Roeser, Gerhard 811
Roeser, Hans A. 888
Roesner, Hans 629
Röss, D. 1005
Rössel, Hartmut 940
Röth, Hans-Otto 671
Roethe, Gustav 184
Röthemeyer, Helmut 895
Röthke, Jürgen 890
Rötters, Hans-Gerd 997
Röttgen, Gerhard 799
Röttger, Josef 134
Roever, Robert C. 573
Rof, Juan Sancho 575
Roffmann, M. 817
Rogalewicz, J. 210
Rogerson, Philip 477
Rognon, Jacques 569, 773
Roh, Manfred 599
Rohde, Peter **30**, 46, 109, 164, 167, 647, 685, 698, 705, 850, 852, 853
Rohde, Wolfgang 187, **192**, 1003
Rohe 816
Rohkamm, Eckhard **140**, 169
Rohlf, Dietwalt 903
Rohm, Horst 172
Rohm, Wolfgang 608
Rohr 816
Rohr, Hans Christoph von 134
Rohrbach, Gerhard 147
Rohrbach, K. 775, 793
Rohrbach, Kurt 770, 771
Rohrer, Hans 568
Roiss, Gerhard 556
Rojas, D. Valeriano Torres 576
Rojas, F. 577
Rojas Gervás, José Antonio 273
Roland, Damien 1037
Rolf, Martin 856
Rolfsen, Rolf Erik 522
Rolin, A. 959
Rolin, André 388
Rolin, Baron André 787
Rolink, Bernard 225
Rolke, Dietrich 810
Rollado, Joaquín 575
Roller, Heinz-Otto 612
Rollin, Klaus 805
Rolshoven, Max **62**, 64, 201, 202
Romagnoli, G. R. 236
Roman, Jean-Claude 950
Romanus 579
Romaní Biescas, Arturo 781
Rombach, J. Bernd 383, 384
Rombauts, J. 958
Romero Vernetta, Francisco 781
Rometsch, R. 790
Romey, Ingo 193
Romeyhs, R. 388
Romeyns, Romain 386
Romieu, Michel 407
Rommel, Manfred 670, 703
Rommerskirchen, Jörg 912
Rompato, Antonio 238
Ronge, Joachim 799
Ronge, Manfred 605
Ronig, Holger 926
Roos, Gisbert 933
Roos, J. 710
Roos, Wilhelm F. 937
Roos, Wolfgang 852
Root, N. D. 733
Ropponen, Veli-Matti 395
Rosa, Umberto 483
Rosado Aznar, Francisco 276
Rosar, Peter H. 60
Rosche, Harald 590
Rose, Manfred 42

1323

PERSONENREGISTER
R – S

Rose, Martin	851
Rose, Wolfgang	52
Rosemann, Anna	254
Rosemann, Eberhard	254
Rosenberg, Gerhard	352
Rosenberg, Manfred	853
Rosenberg, Maria	258
Rosenberg, Peter	897
Rosendahl, Hans Friedrich	321
Rosenhahn, Lothar	127
Rosenkrands Larsen, Arne	390
Rosenkranz, Rolf	162
Rosenmöller, Christof	897
Rosenthal, Michael	613
Rosenzweig, B. v.	842
Roser, Th.	787
Roser, Thomas	**694**, 700
Rosina, Fulvio	483
Rosón Trespalacios, José	780
Ross, Duncan A.	731
Ross, K. J.	223
Ross, Peter-Helmut	946
Roß, Wilhelm	817
Rossat, Jacques	774
Rossberg, Jürgen	132, 135
Rosselet, Albert	569
Rosselli, Roberto	487
Rosselló, Jaime	779
Rossier, Jean	569, 572
Rossier, William	957
Rossmanith, Kurt J.	882
Rossmann, Heinz	624
Rossmy, Gerd	**595**, 611
Rost	892
Rost, Manfred	646
Roszinski, Hilmar	612
Rota, Fortunato	489
Rotaeche y Velasco, Ramón de	780
Roth, Dieter	376, 865, 894
Roth, Eike	645
Roth, Gerhard	346, 357
Roth, Helmut Albrecht	154
Roth, Johann	256
Roth, Karin	630
Roth, Max-François	774
Roth, Wolfgang	882
Rothe, Achim	803
Rothe, J.-Chr.	1032
Rothe, Manfred	669
Rother, Franz-Ferdinand	602
Rother, Heinz	882
Rother, Karl-Heinz	105
Rother, Klaus	806
Rothermund, Heinz C.	**294**, 374
Rothermund, M. C.	492
Rothkirch	891
Rothschild, D. de	397
Rotili, Sosteno	489
Rottenburg, Francis	965
Rottmann, Dieter	362
Rottsieper, Heinz	169
Rougeau, Jean-Pierre	162
Roulet, Marcel	721
Rouret, Hugues du	401
Rousseau, Arnaud	482
Routhier, Pierre	217
Routiaux, Jean	709, 747, 792
Rouvillois, Philippe	721, 722, **723**
Roux, Claude	771
Roveda, Claudio	741
Rowald, Hermann Heinz	78
Rowalt, Ralph J.	410
Rowan, G. C. L.	222
Rowotzki, Dieter	639
Roy, Frank	92
Rubbia, Carlo	788
Rubio, Fernando	279
Rubio, Juan Antonio	788
Rubitzko, Alfred	558
Ruch, Erich	597
Ruch, Siegfried	594
Ruchay	892
Ruchay, Dietrich	822
Ruck, Christian	882, 883
Ruckdeschel, Walter	911
Ruckensteiner, Georg	258
Rudd, Nigel	732
Rudenko, Yuri	835
Rudolf, Dietrich	601, 813, **852**
Rudolf, Harald	42
Rudolph, Andreas	941
Rudolph, Egon	861
Rudolph, Hans Reiner	629
Rudolph, Jochen	612
Rudolph, Peter	667
Rudolph, Werner	182
Rübel, Klaus	62
Rüben, Herbert	325
Rübenach, Hans-Jürgen	**108**, 176
Rückel, Hans Georg	803
Rückert, Gerd	92, 98
Rueda, Ricardo	876
Rueda Fornies, Ricardo	780
Rüegg, Th.	875
Rüesch, Ernst	567
Rüffler, Wolfgang	58, **62**
Ruegg, Jean-Pierre	569
Rühberg, Nils	919
Rühl	891
Rühl, Dirk	176, 850
Rühl, Ernst	52
Rüsberg, Karl-Heinz	902
Rüsel, Norbert	56
Rüter, Horst	186, 187, 191
Rüth, Klaus	164
Rüther, Wolfgang	932
Rüttgers, Jürgen	883
Ruffolo, Giorgio	968
Ruhig, Hubert	348
Ruhnke, Eckard	607
Ruiu, Gavino	237
Rummel, Fritz	988
Rummer, Hans	886
Rummler	892
Rumpff, Klaus	**647**, 690
Rundmann, Helmut	651
Runge, Werner	172
Ruof, Heinrich	937
Ruoppolo, Roberto	483
Rupf, Klaus	899
Ruppaner, Konrad	315
Ruppert	891
Ruppert, Christian	**591**, 602
Ruppert, Wilhelm	911
Ruprecht, Herbert	119
Russo, Vincenzo	485
Rustand, H.	790
Rustemeyer	893
Rustemeyer, Peter	363
Ruthammer, Gerhard	558
Rutman, Gilbert	397, 963
Rutofsky, Klaus-Dieter	645
Rutschek, Toni	612
Rutta, Günter	329
Ruttenstorfer, Wolfgang	556, 557
Ruud, Tom	521
Ruutu, Hanno	395
Ruz Espejo, Luis Jesús	779
Ryan, Christopher	479
Ryf, Urs	572
Ryser, Hans Ulrich	875
Rzonzef, L.	958, 959
Saalbach, Karl-Heinz	590
Saalmann, Manfred	40
Saar, Horst	68
Saarnisto, Matti	961
Saastra, F. J.	798
Saatmann, Andreas	331
Saavedra Rodríguez, José Antonio	955
Sabellek, Karl-Heinz	651, 954
Sablotny, Horst	78
Saccard, Micheline	961
Sacchetti, S.	792
Sachmann, Poul	713
Sachs, Hartmut	809
Sachs, M. G.	386
Sackrow, Gerhard	806
Sacrez, J.	958
Sadlier, Richard	481
Sänger von Oepen, Peter	945
Sättele, Hans-Peter	651
Saffrich, Kurt	847
Safoschnik, R.	563
Safoschnik, Rudolf	262, 558
Safron, Karl	561
Sahbi, D.	577
Sahm, Hermann	696
Sahm, Wilfried	611
Sailer, Walter	665
Saint, John	406
Saitenmacher, Lothar	381
Salbeck, Werner	332
Salcher, Horst	633
Salewski, Arnold	601
Salewski, Ernst	30, 174
Salloch, Harald	848, 869, 870
Salm, J. A. J. van der	**492**, 519
Salminen, Reijo	961
Salomon, Herbert	612
Salvadori, Ilio	236, 238
Salvadori, T. A.	577
Salvetti, C.	**788**, 834
Salvetti, Carlo	742, 835
Salzmann, Adolf	261
Salzmann, Helmut	162

PERSONENREGISTER
S

Sammet 635
Sammet, Rolf 598
Sampietro, Guido 484
Samtlebe, Günter 30, 654
Samuel, Byron 732
Samuelsson, Bengt 606
San Hipólito Herrero,
   Fernando 978
Sánchez Calero, Fernando . . 780
Sánchez Costales,
   Francisco Javier 273
Sánchez Gómez, Francisco . . 276
Sánchez Jimenez, José Maria . 279
Sánchez-Junco Mas,
   José Fernando 279
Sánchez-Monge Alvarez,
   Fernando 779
Sanchez Revenga, Jaime . . . 978
Sancho, Luis 575
Sancho Soria, Manuel 279
Sancilio, C. 236
Sandberg, Nils 270
Sandberg, Torsten 975
Sander, Borchert 368
Sander, Günter 815
Sander, Reinhard 830
Sander, Rudolf . 36, **38**, 605, 685
Sanders, Franz 174
Sanders, Michael 822
Sandfort, Wilhelm 55
Sandhack, Lothar 347
Sandkötter, Erich 153
Sandmann, Georg 897
Sandmann, Martin 156
Sandmann, Peter 316
Sandri, Stefano 237
Sandrucci, G. 579
Sandström, Sven-Erik 270
Sandvik, Jarle Erik 522
Sandín, D. Luis Turiel 576
Sanguinetti, Peter 477
Sannemann, Jürgen 91
Sannwald, Kurt 625
Sans, Karl-Günther 91
Santamaría, F. Javier 574
Santamaría, J. 577
Santamaría Pérez-Mosso,
   F. Javier 575
Santana, David Martín . . . 781
Santelmann, Gert 612
Santini, S. 236
Santini, Silvano 236
Santoro, R. 234
Santoro, Raffaele 482
Santos Andrés, Eduardo . . 781
Santucci, G. 792
Sanz Hurtado, Emilio 575
Saporito, Gaetano 238
Saraiva, Jorge 974
Saraiva Ferreira,
   Américo **565**, 878
Sarcia, Abel-Jean 217
Sarnes, Armin 108
Sarrazin, Jürgen 604
Sartenaer, J. **958**
Saß, Karl-Heinz 357

Saßmannshausen, Albert . . . 141
Saßmannshausen,
   Günther . . . 80, 124, **170**, 348
Sato, K. 790
Sattler, Gert 852
Sattler, Rolf 611
Saudan, R. 775
Sauer 945
Sauer, E. 1011
Sauer, Harald 68
Sauer, Heinz 1000
Sauer, Helmut 315
Sauer, Roland 922
Sauerbaum, Eckhard 688
Sauerbier, Jochen 163
Sauerbrey, Günter 890
Sauerbrey, Manfred 995
Sauerhoff, Ulrich 50
Sauerwald, Karl 664
Saussu, Georges 386
Sauterel, Gaston 569
Savelsberg, Peter Karl 30
Savey, Pierre 723
Savignat, B. 582
Savinson, Richard 731
Savo, Juho 207
Sawyer, C. T. 577
Scalistiris, M. D. 218
Scartezzini, J. L. 774
Schaafhausen, Jürgen 694
Schaar, Peter . . . 916, 924, 946
Schaar, Werner 937
Schabacher, Kurt 915
Schabel, Hans **243**, 261
Schabernak, Volker 972
Schabert, Peter-Michael . . . 623
Schablitzky, Otto 82
Schabow, Olaf . . . 325, 330, **333**
Schacht, Günther 58
Schacht, N. 697
Schacknies, Gerhard 124
Schackow, Albrecht 663
Schade, Hartmut 917
Schade, Ursula 811
Schadow, Ernst **598**,
                  599, 705, 1014
Schächter, Heinz-Norbert . . . 38
Schäfer 891
Schäfer, Axel 68
Schäfer, Egon . . . 130, 598, **1036**
Schaefer, Frank 132
Schäfer, Gerd 68
Schäfer, Gerhard 114
Schaefer, Gernot 864
Schaefer, H. 1011
Schäfer, Hans-Jürgen,
   Kamp-Lintfort 158
Schäfer, Hans-Jürgen,
   Österreich 260
Schäfer, Harald B. 882
Schäfer, Heinrich 660
Schäfer, Helmut, Essen . . . 852
Schäfer, Helmut, Herne . . . 844
Schäfer, Helmut,
   München **992**, 1003
Schäfer, Herbert, Mannheim . 864

Schäfer, Herbert,
   Wiesbaden 143, **859**
Schäfer, Hubert 60
Schaefer, Jens-Peter 137
Schaefer, Klaus 181
Schäfer, Lothar 886
Schäfer, M. 282
Schäfer, Manfred 58
Schäfer, Maximilian 867
Schäfer, Steffen 590, 591
Schäfer, Theo 72
Schäfer, Volker **112**, 170,
                 177, 592, 809
Schaefer, Werner 89
Schäfer, Wilhelm 108
Schaefer, Wolfgang 997
Schaefers, Wolfgang 180
Schäffer, Gerhard 973
Schaeper, Werner 175
Schaerer, R. 775
Schaerer, Reymond . . **770**, 793
Schätzl, Ludwig 1009
Schätzle, Robert 875
Schätzle, Walter 937
Schaff, Adam 835
Schaffner, Kurt 1009
Schafhausen 893
Schafmann, Ruth 78
Schaich-Walche, Gudrun . . . 883
Schalich, Jörg 928
Schalkhammer, Antal 1037
Schalkx, Jan 955
Schall, Fritz 258
Schallus, Karl 683
Schamberg, Eckehard 612
Schamoni, Franz-Josef . . **323**,
                 604, 654, 662
Schanne, Lothar 809
Schaper, Michael 112
Scharf, Hans-Joachim . . . 91, 112
Scharf, Herwig . . . 316, **320**, 331
Scharfenberg, Michael . 193, 194
Scharlaug 945
Scharpenack, Fried 367
Scharr, M. 853
Scharr, Otto F. 853
Schaschl, Erhard 257
Schatz, Alfred 993
Schaub, Werner 82
Schaubert, Jobst Günter von . 932
Schauer, Hubert 258
Schauermann, Volker 806
Schaufler, Hermann . . 905, 1008
Schaum, Helmut 612
Schaumberg, Gerd 997
Schauss, Maria-Barbara . . . 137
Schebaum, Ralf 929
Scheck, Günter 318, **670**
Schede, Gerhard 828
Schedlmeier 624
Schedtler, Peter . . 112, **167**, 809
Scheel, Walter 140
Scheer, François 722
Scheer, Guido 634, 814
Scheer, Hans Hermann . . . 131
Scheer, Hermann 883

1325

PERSONENREGISTER
S

Name	Seite(n)
Scheer, Udo	198, 590, 591
Scheer, Wolfgang	946
Scheferhoff, Rolf	317
Scheffel, Udo	**30**, 844, 851
Scheffler, Berthold	607
Scheffler, Eberhard	606
Scheibe, W.	1012
Scheibel, Walter	629
Scheiblechner, Gottfried	250
Scheich, Gregor	935
Scheicher, Alois	559, 561, 564
Scheidat, Lothar	54
Scheidegger, U.	567
Scheidegger, Urs	569
Scheider, Wilhelm	127
Scheidling, Martina	817
Scheidling, Matthias	817
Scheil, Herbert	826
Scheindlin, A.	834
Scheindlin, Alexander	835
Scheinost, Kurt	607
Schelberg, Helmut	636
Schell, Heinz	670
Schell, Paul-Heinz	808
Scheller, Herbert	60
Schelling, Günther	828
Schelling, Roland	137, 621
Schellinger, Hendrik	121
Schelter, Helmut	186, 187, 193, **928**, 994
Schelter, Martin	929
Schemm, Helmut	660
Schenck, Paul-Friedrich	946
Schencke, Günter	624
Schenk, Hans Georg	667
Schenk, Hans-W.	163
Schenk, Herbert	632, 633
Schenkel, Werner	800, 894
Schennen, Ernst	858
Schenz, R.	563
Schenz, Richard	262, 348, **556**
Schepers, Reinhard	191
Scherer, Eduard	926
Scherer, Karl-Heinz	670
Scherer, Peter	70, 385, 1028
Scherer, Ulrich	635
Scherer, Werner	809
Scherf, Dieter	596
Scherne, Markus	70
Schernikau, Heinz	844, 854
Scherschel, Manfred	195
Schetelig, Kurt	984
Scheu, Hans-Joachim	134
Schewe, Rüdiger	42
Schicha, H.	702
Schick, Holger	907
Schiebel, Walther	166
Schiefer, Friedrich	606
Schielke, Arno	994, 995
Schiendorfer, Andreas	243
Schieren, Ulrich	857
Schieren, Wolfgang	139, 588, 640
Schierenbeck, Heinz-Peter	666
Schiermeier, Josef	243
Schierwater, Hermann	317
Schiewe, Wolfgang	1025
Schiffer, Hans-Wilhelm	88
Schiffers, Carl Albert	1033
Schifflers, Guy	708
Schilcher, Andreas	167
Schild, Josef	251
Schildgen, Hans	663
Schill, Hans	101, 156
Schille, Gerhard	320
Schillebeeckx, Guido	709, **792**
Schiller, Christoph	662
Schiller, Franz-Josef	1035
Schiller, Hans	840
Schiller, Hans-Joachim	666
Schillhammer, Erwin	250
Schilling, Dettmar	55
Schilling, Günther	816
Schilling, Hans-Dieter	**704**, 1011, 1012
Schilling, Herbert	180
Schilling, Werner	696, 884
Schilling, Wolfgang	56
Schillmöller, Peter	315, 606
Schillo, Hans	318
Schilt, Jean-Jacques	773
Schily, Otto	882
Schimmelbusch, Heinz	**137**, 178, 357, 594
Schimmelpfennig, Heinz	991
Schimpf, Ulf	887
Schindlbauer, H.	563, 577
Schindlbauer, Hellmuth	262
Schindler, T.	1032
Schinkhof, Hermann	112
Schinkmann, Rainer	108
Schinner, Maria	971
Schintgen-Dui, Lucie	968
Schipper, L. A.	519
Schirmbeck, Wolfgang	139
Schirmer, Erich	688
Schirmer, Heinz	150
Schirner, Jochen	**141**, 622, 624, 659
Schitler, Diderik	521
Schivy, Marcel	608
Schjetne, K.	970
Schlaak, Emil	994
Schlachter, Roland	665
Schlaefke, Waltraud	589
Schlatermund, Dieter	602
Schlatter, W.-D.	695
Schlauderer, Henry	128
Schlebusch, Detlev	136
Schlechte, Peter	803
Schleenbecker, Werner	867
Schleesselmann, Thorwald	630
Schlegel, Ernst	990
Schlegel, Gerhard	1012
Schlegel, Jürgen	357
Schlei, Gustav	846
Schleimer, François	**239**, 747
Schlesinger, James R.	980
Schleußer, Heinz	140
Schlicker, Hans	66
Schlieben, Detlef Graf von	666
Schlieker, Patrick	937
Schlierenkämper, Heinrich	80
Schliesing, Helmut	664
Schlikker, Peter-Wilhelm	592
Schlimm	892
Schlimm, Wolfgang	928
Schlipköter, H. W.	1011
Schlipköter, Hans-Werner	927, **990**
Schloenbach, Michael	168
Schloßmacher, M.	136
Schlotmann, Gerhard	182, 183
Schlottmann	893
Schluckebier, Günter	668
Schlue, Rolf	800
Schlünkes, Lothar	137
Schlüter, Franz Gustav	**158**, 170, 185
Schlüter, Fritz	353
Schlüter, Gernot	945
Schlüter, Hans-Ulrich	888
Schlüter, Peter	4, 374
Schlüter, Sabine	348
Schlüter, Wolfgang	78
Schlunegger, Hans	569
Schlutius, Fritz	908
Schlutter, Klaus	176, 177, **996**
Schmalek, Günther	255
Schmalek, Maria	255
Schmalz, Ulrich	882
Schmatz, Karl	972
Schmauck, Manfred	68
Schmeddig, Brigitte	44
Schmedding, Brigitte	42
Schmedemann, Kurt	299
Schmeetz, Horst	994
Schmeinck, Johannes	44
Schmelzer, Bernhard	151
Schmelzer, Werner	799
Schmelzer-Ziringer, Gabriele	562
Schmid, Doris	670
Schmid, Franz	841
Schmid, Friedrich	241
Schmid, Hans-Luzius	976
Schmid, Helmut	315, 325
Schmid, Hubert	92, 332, 910
Schmid, Jürgen	378
Schmid, Klaus	140
Schmid, Martin	68
Schmidbauer, Georg	667
Schmidbauer, Horst	882
Schmidhuber, Peter	949
Schmidli, Ulrich	772
Schmidt, Adolf	813
Schmidt, Albert	934
Schmidt, Ambros	559
Schmidt, Bernd-Rüdiger	1026
Schmidt, Dieter	58, 60, 173
Schmidt, Eberhard	54
Schmidt, Edgar	72
Schmidt, Frank	592, 816
Schmidt, Fritz, Bonn-Duisdorf	884
Schmidt, Fritz, Bonn-Röttgen	852
Schmidt, Fritz, Stuttgart	993
Schmidt, Fritz-W.	971
Schmidt, Gerald	114
Schmidt, Gerd	935

PERSONENREGISTER
S

Schmidt, Gerhard 703
Schmidt, Gottfried 245
Schmidt, Günter 68
Schmidt, Günther 152, 166
Schmidt, Hans 997
Schmidt, Hans-Dieter 636
Schmidt, Hans-Jürgen . 636, **1035**
Schmidt, Hans Peter 824
Schmidt, Hans Rudolf 939
Schmidt, Hans W. 886
Schmidt, Harro 346, 356
Schmidt, Heinrich 667
Schmidt, Heinrich Josef 861
Schmidt, Helmut, Bottrop .. 42
Schmidt, Helmut, Duisburg . 605
Schmidt, Helmut, Hannover . 887
Schmidt, Helmut, Peres 101
Schmidt, Hermann,
 Geesthacht 699
Schmidt, Hermann, Graz ... 250
Schmidt, Horst 105, 845
Schmidt, Ingo 597, 634, **823**
Schmidt, Irene 198
Schmidt, Joachim . 882, 883, 1009
Schmidt, Jürgen 942
Schmidt, Karl 116, 282
Schmidt, Klaus Gerhard ... 831
Schmidt, Klaus-Werner 861
Schmidt, Lothar 650
Schmidt, M. 817
Schmidt, Monika 997
Schmidt, Norbert . 124, 125, 126
Schmidt, Otto 939
Schmidt, Paul 1022
Schmidt, Peter, Alzenau ... 352
Schmidt, Peter, Dinslaken .. 40
Schmidt, R. D. 854
Schmidt, Rainer 56
Schmidt, Reiner 946
Schmidt, Reinhard 940
Schmidt, Rolf 684
Schmidt, Sieglinde 941
Schmidt, Trudi 883
Schmidt, Ulrich 818
Schmidt, Ursula 883
Schmidt, Walter 72, **74**, 198
Schmidt, Werner 120
Schmidt, Wolfgang ... 152, 1025
Schmidt-Enzmann, Hans-Udo 845
Schmidt-Felten, Ullrich 800
Schmidt-Koehl, Wolfgang .. 937
Schmidt-Losse, Gerhard ... 1031
Schmidt-Nielsen, Dines 954
Schmidt-Rohr, U. 1008
Schmidt-Salzer, Joachim ... 1028
Schmidt-Thomé, Michael ... 887
Schmidtberg, Ulrich 592
Schmidtchen, Christoph ... 98
Schmied, Christian 931
Schmiedehausen, Gerd ... 605,
 .... 844, **850**, 851
Schmigalla, Thomas 134
Schmincke,
 Hans-Joachim **347**, 360
Schmit, Peter 68
Schmitt, Arno 689

Schmitt, Benno 62
Schmitt, Burghard 601
Schmitt, Ernst 939
Schmitt, Franz Josef ... 88, 360,
 .... **640**, 671, 747
Schmitt, Hans-Alois 939
Schmitt, Helmut 166
Schmitt, Peter 937
Schmitt, Werner 689
Schmitt, Wolf-Dieter 125
Schmitt-Timmermanns,
 Reiner 803
Schmittecker, Bernd 626
Schmitthenner, Horst 124
Schmittner, D. 581
Schmittner, Dieter 383
Schmitz, Alfred 928
Schmitz, Gerd 850
Schmitz, Hans Peter 882
Schmitz, Hans-Hermann .. 888
Schmitz, Rainer 685
Schmitz, Ronaldo H. 137
Schmitz-Eckert,
 Hansgeorg 124, 126
Schmitz-Sinn, Heribert ... 844
Schmocker, Ulrich 976
Schmölling, J. 1011
Schmölling, Jürgen 894
Schmölz, Wolfgang 362
Schmoldt, Hubertus ... 357, 1036
Schmolke, Horst 125
Schmollgruber, Friedrich .. 262
Schmucker, Bert ... 158, 184
Schmucker, Bertold 185
Schmude, Michael von ... 858
Schmülling, Arnim 826
Schmüser, Klaus 847
Schmurr, Carl Heinz 667
Schmutz, Daniel 977
Schnabel, Konrad 160
Schnakig, Rolf 612
Schnarre, Dieter 48
Schneck, Hans Herbert .. 917
Schneider 893
Schneider, Areane 770
Schneider, Bernhard .. 322, 661
Schneider, Burghard 824
Schneider, Dieter 132
Schneider,
 Ekkehard 118, 178, 183
Schneider, Erhard 60, 995
Schneider, Fritz 928
Schneider, Günter 154
Schneider, Günther 799
Schneider, Hans ... **112**, 167, 170,
 .... 177, 202, 809, 1002
Schneider, Helmut 70
Schneider, Herbert 162
Schneider, Horst F. 905
Schneider, Jürgen ... 92, 109
Schneider, Karl-Georg .. 372
Schneider, Karl-Heinz .. 689
Schneider, Klaus 180
Schneider, Lothar 62
Schneider, Manfred,
 Bonn 702, 895

Schneider, Manfred,
 Leverkusen **589**, 611
Schneider, Michael 608
Schneider, Nadine 968
Schneider, Ottomar 644
Schneider, Peter, Berlin ... 606
Schneider, Peter, Duisburg . 668
Schneider, Peter, Walsum . 40
Schneider, Robert 592
Schneider, Stefan 68
Schneider, Ulrich 132
Schneider, W. 1011
Schneider, Walter 300
Schneider, Werner 826
Schneider, Wolf-Dieter .. 180
Schneider, Wolfgang ... 884, 929
Schneider-Kühnle, Peter .. 644
Schnell, Emil 883
Schnell, Karl 610
Schnell, Peter 315, 703
Schnell, W. 695
Schnelle, Heinz 329
Schnelle, Manfred 660
Schnepf, Dieter 260
Schnier, Karl-Heinrich ... 374
Schnierle, Helmut 612
Schnipkoweit, Hermann .. 108
Schnitker, Klaus 294
Schnoor, Herbert 36
Schnoor, Jochen 108
Schnüll, Gerhard 158
Schnug, Artur 4
Schnurer, Helmut 892
Schnyder, Karl 569
Schober, Gerd 48
Schober, Hans 158
Schoch, Peter 373
Schockenhoff, Andreas .. 882
Schöbel, Lothar 48
Schöddert, Günter 645
Schoefer, Wolfgang 689
Schoeler, Andreas von . 317, 330
Schöler, Ulrich 318
Schöller, Wolfgang 934
Schön 378
Schön, Georg 972
Schön, Herwig 249
Schön, Nikolaus 612
Schön, Wilhelm 241, 262
Schönborn, Frank 950
Schönbrodt, Robert ... 944
Schöne, Klaus 38
Schöne, Michael 330
Schoeneberg,
 Thomas 108, **636**, 666
Schönegge, Heinz 1022
Schöneich, Hubertus ... 4
Schönemann, Karlheinz . 124
Schönemann, Ulrich ... 884
Schönert, Klaus 988
Schönhals, Hans 602
Schönherr, Bernd 941
Schöning, Georg 360
Schönlaub, Hans Peter . 973
Schönlebe, Karl 192
Schönlieb, Manfred ... 241

PERSONENREGISTER
S

Schönmuth, Felix	44
Schöppe, G.	831
Schöttler, U.	697
Scholbeck, Rudolf	1026
Scholey, Sir Robert	954
Scholich, Eberhard	106
Scholl, Ernst-Wilhelm	189, 202
Scholl, Friedrich	1010
Scholle, Manfred	322, 654, 660, 661
Scholten, Kurt	50
Scholten, P. A.	969
Scholtes, Friedrich	261
Scholtholt, Heinz	**647**, 648
Scholz, Eugen	602
Scholz, Gerhard	373
Scholz, Hans-Eike von	951, **953**
Scholz, Harald	857
Scholz, Joachim	112
Scholz, Lothar	1006
Scholz, Lutz	144
Scholz, Lutz J. F.	862
Scholz, Ortwin	381
Scholz, Siegfried	688
Scholz, Willy	109
Schomann, Heinz	329
Schommer, Kajo	940
Schommer, Paul	38
Schonder, Albrecht	633, 634
Schonefeld, Walter	929
Schoof, Heinrich	661
Schoone, Harm	316
Schoop, Hans-Gunter	1005
Schopka, Sverrir	808
Schoppmeier, Horst	198, 591
Schorderet, Georges	212
Schormüller, Rainer	1025
Schorn, Hans Jürgen	917
Schorn, Heinz-Wilhelm	82
Schorn, Werner	169
Schott, Heinz	694, **822**
Schrader, Horst	373
Schram, Armin	296, 347, **360**, 640, 999
Schrameyer, Heinz-Josef	80
Schramm, Carsten	844
Schramm, Erwin	1002
Schramm, H. H.	859
Schramm, Heinz-Georg	939
Schramm, Herbert	946
Schramm, Jürgen	994
Schramm, Maria	972
Schraps, Walter-Götz	928
Schraven, Johannes	38
Schreckenbach, Thomas	600
Schreder, Christa	971
Schreder, Ernst Hubertus	610
Schreiber	919
Schreiber, Armin	622
Schreiber, Bruno	136
Schreiber, Dietmar	847
Schreiber, Gerd	941
Schreiber, Günter	169
Schreiber, Hermann	803
Schreiber, Horst	636
Schreiber, Joachim	874
Schreiber, Lothar	612
Schreiber, Robert	910
Schreiber, Werner	140
Schreiberhuber, Leopold	255
Schreier, Frieder	941
Schreier, Helmut J.	842
Schreiner, Günther	683
Schreiner, Ottmar	883
Schreiner, Rudolf	559
Schreiner, Wolfgang	1005
Schreinzer, Heinz Ewald	358
Schretter, Reinhard	246
Schretter, Robert	246
Schreyer, Helmut	144
Schreyer, J. Y.	406
Schreyer, Lothar	922
Schreyger, Ernst	**604**, 605
Schriber, G.	976
Schrickel, Hans-Wilhelm	601
Schroeder, Alan	732
Schröder, D.	378
Schröder, Günther	626
Schröder, Hans	943
Schröder, Hans-Werner	940
Schröder, Harald J.	600
Schröder, Horst	36, **42**, 1036
Schroeder, Johannes H.	986
Schröder, Jürgen	1033
Schröder, Leonhard	390
Schröder, Lothar	376, **921**
Schröder, Norbert	946
Schroeder, Rolf-Dieter	628
Schröder, Uwe	996
Schroeder, Wilfried	809
Schröfelbauer, Herbert	561
Schroer, Jochen	612
Schroer, Klaus A.	864
Schroeter, Hans-Joachim	611
Schröter, Hans-Jürgen	198, 591
Schröter, Horst	843
Schröter, Karl-Heinz	882
Schröter, Manfred	164
Schröter, Ralf	857
Schröter, Wolfgang	804
Schruf, Hanne	262
Schubardt, Günter	128, 172
Schubert, Birgit	940
Schubert, Bruno H.	832
Schubert, Edgar	1026
Schubert, Enno	347
Schubert, Friedrich K.	158
Schubert, Günther	844
Schubert, J. M.	577
Schubert, Joachim	946
Schubert, Jürgen	922
Schubert, Manfred	121
Schubert, Peter	802
Schuberth, Ludwig	757
Schuch, Karl	556
Schuch, Max	911
Schuchard, Rainer	601
Schuchardt, Peter B.	368
Schucht, Klaus	901, 1030
Schudlich, Klaus	191
Schüle, Wolfgang	859
Schüler, Manfred	80, 599
Schüler, R.	826
Schünemann, Fred	112, 1021
Schünemann, Matthias	919
Schueren, Jacques van der	388
Schürgl, Erwin	562
Schürheck, Heinz	641
Schüring, Jürgen	36
Schürle, Wolfgang	625
Schürmann, Volker	613
Schüssel, Wolfgang	971
Schüßler, Hubert	83
Schütt, Heinrich	144
Schütte, Monika	196
Schüttemeyer, Enno	593
Schütter, Franz	559
Schütz, Dietmar	882
Schütze, Christian	1001
Schütze, Manfred	586
Schütze, Wolfgang	997
Schuff, Hans Otto	698
Schuhmacher, Karl-Josef	645
Schuhmacher, Peter	137, **180**, 858, 866
Schuk, Dorothea	928
Schuk, Heinz-Gerhard	932
Schulenburg, Michael	597
Schulhoff, Wolfgang	882
Schult, Otto	696
Schulte, Dieter	326, 954
Schulte, Gerd	934
Schulte, H. Th.	900
Schulte, Hans-Wolfgang	30, 36, 48, 612
Schulte, Herbert	382
Schulte, Joster vor	112
Schulte, Robert	630
Schulte, Wolfgang	168
Schulte auf'm Hofe, Joachim	42
Schulte-Frohlinde, Dietrich	1009
Schulte-Janson, Dieter	925
Schulte-Noelle, Henning	137
Schulte-Schulze-Berndt, Alfons	591
Schulte-Zweckel, Wilhelm	160
Schultert, Reinhold	661
Schultheiß, G. F.	695
Schultz, Hans-Georg	985
Schultz, Reinhard	800, 802
Schultze, Hans-Jürgen	88, **91**, 177
Schultze, Wolfgang	1036
Schulwitz, Bruno	846
Schulz	944
Schulz, Bernd	814
Schulz, Dietrich	608
Schulz, Eberhard	349
Schulz, Ekkehard	30, **140**, 162, 698, 705
Schulz, G.	1011
Schulz, Georg	919
Schulz, Günter	195
Schulz, Hans-Peter	322
Schulz, Heinz-Dieter	1007
Schulz, Helmut	816
Schulz, Karl	1009
Schulz, Klaus-Jürgen	120, 607
Schulz, Otto	897

PERSONENREGISTER
S

Schulz, Roland 597
Schulz, Rüdiger 921
Schulz, Walter 992
Schulz, Werner 882
Schulz, Wolfgang,
   Eschweiler 91, 92
Schulz, Wolfgang,
   Frankfurt/Main 592
Schulz-Roloff, Rolf 912
Schulze, Dieter 689
Schulze, Elmar 691
Schulze, Hans-Joachim 89
Schulze, Rudolf 62, 646
Schulze, Walter 864
Schulze-Heil, Bernhard 150
Schulze-Trautmann, Helmuth 357
Schulzke, Henning 934
Schumacher, A. 1011
Schumacher, Horst 112
Schumacher,
   Klaus-Willy 925, 929
Schumacher, Rudolf 324
Schumacher, Walter 131
Schumacher, Wilfried 54
Schumachers, Rudolf 48
Schumann, Fritz 882
Schumann, Lothar 926
Schumann, Manfred 137
Schumann, Wolfgang . . 347, 378
Schunck, H. 1005
Schunck, Hermann 698
Schuppan, Ullrich 172
Schupritt, Horst 140
Schur, Dieter 910
Schurian, Horst 50
Schusdziarra 892
Schuster 891
Schuster, Hans-Walter 997
Schuster, J. 563
Schuster, Josef 262
Schuster, Peter 611, 612
Schuster, Reinhard 842
Schut, Günter 132
Schuy, D. 697
Schwab, G. 912
Schwab, Klaus 989
Schwab, Max 991
Schwabe, Hartmut 346
Schwabl, Carmen 922
Schwaegerl, Ernst F. 325
Schwär, Heinrich 182
Schwaier, Walter 863
Schwaiger, Herbert 243
Schwaiger, Konrad 942
Schwalbe, Clemens 882
Schwall, Horst 612
Schwalm, Dirk 698
Schwan, Rudolf . . . 640, 641, 683
Schwanhold, Ernst 882
Schwantje, Joachim 330
Schwartzkopf, Klaus 910
Schwarz, Dietrich 699
Schwarz, Eike 925
Schwarz, Günther 557
Schwarz, Hans-Otto 318,
   . . . . 381, 382, 385

Schwarz, Hermann 36, **40**
Schwarz, J. 792
Schwarz, Jürgen 694
Schwarz, Karl-Ernst 154
Schwarz, Klaus-Jürgen 357
Schwarz, O. 1010, 1011
Schwarz, Peter 600
Schwarz, Werner 381
Schwarze, Friedrich 348
Schwarze, Jürgen 52
Schwarze, Manfred 624
Schwarzkopf, Ernst 328
Schwarzkopf, Hans 669
Schweda, Gert 76
Schwedt, Norbert 668
Schwegmann, Barbara 374
Schweickardt, Hans Eberhard **770**,
   . . . . 771, 772, 793
Schweiger, Bernhard 900
Schweighart, Max-Theodor . . 608
Schweikert, Helmut 976
Schweinberger, Peter 76
Schweinhage, P. 407
Schweins, Bernd **91**, 996
Schweinzer, Else 873
Schweitzer, Franz-Josef . 800, 828
Schwenzfeier, Werner 262
Schwerdtfeger, Beate 887
Schwerin von Krosigk,
   Anton Graf 636
Schwickert, Klaus 666
Schwiegk, Hans-Joachim . . . 926
Schwier, K. 1011
Schwilling, Werner 1009
Schwinn, Rolf 989
Schwirten, Dieter . 109, 176, 177
Schwitzer, Helga 126
Schwizer, Karl Rudolf 569
Schwörer, Hermann 882
Schwuger, Milan J. 696
Scnitler, Diderik 969
Scott, N. 981
Scott, Thomas 950
Scotti, Alfredo 237
Scriven, John G. 593
Scrivener, Christiane 949
Scully, Ann 955
Sczech, Hartmut 645
Seabra, Fernando 763
Seabridge, A. T. 870
Sebastian, Rodrigo de 573
Sedat, Bernd 1037
Sedlmaier, Richard 664
Seeberg, Harald 609
Seed, John 731
Seefelder, Matthias **586**, 595, 853
Seeger, Manfred 132
Seeger, Peter 857
Seegers, Karl-Hans 845
Seeliger, Andreas 984
Seeling, Roland 611
Seelisch, Jürgen 804
Seelmann, Andreas 134
Seemann, Heinz 358
Seemuller, John Robert 212
Seesing, Heinrich 882, 883

Seffrin, Horst 332
Segbers, Heinz **316**, 317
Segerling, Martin 1028
Segeroth, Hermann-Josef . . . 824
Segrelles, Jorge 573
Sehn, Marita 882
Sehring, Fritz 667
Seiberl, Wolfgang 973
Seibert, Horst 147
Seibold, E. 998
Seidel, Christian 353
Seidel, Ernst 910
Seidel, Georg 38
Seidel, Gerd 946
Seidel, Horst 659
Seidel, Rolf 52
Seidel, Wolfgang **82**, 174,
   . . . . 176, 648, 853
Seideneck, Peter 36
Seidenfus, Hellmuth St. 993
Seidenthal, Bodo 883
Seidl, Dieter 888
Seidl, Gottfried 972
Seidler, Jürgen 597
Seiert, Jürgen 944
Seifert, Andreas 162
Seifert, Christfried 1037
Seifert, Friedhelm 932, 996
Seifert,
   Karl-Gerhard . . 591, **598**, 599
Seifert, Peter 660, 668
Seifert, Siegfried 627
Seiler, Christian 201
Seiler, Gerhard 621, 688
Seiler, Ingrid 146
Seim, Rolf 991
Seipelt, Franz-Josef 134
Seipp, Walter 140, 348, 659
Seitz, Holger 150
Seiz, Dieter 670
Sekyra, Hugo M., Essen . . . 813
Sekyra, Hugo Michael, Linz . 244
Sela, Inocencio Figaredo y . . 778
Sela Alvarez, José 575
Selenz, Hans-Joachim 126
Selig, Fridolin 853
Selig, Gerhard 608
Selig, Jürgen 124
Seliger, Kurt 78
Seliger, Reinhard 36, 48
Seligson, Dennis 209
Sellæg, Brita 521
Sell, Siegfried 804, 818
Sellal, Pierre 961
Selle, Olaf 1008
Selle, Udo 917
Sellers, John 731
Sellmann, Paul 636
Selman, Ir. R. E. 518
Selman, R. E. 749
Selmer, Erik 957
Selowsky, Rolf 135
Selzer, Horst 1001
Semann, Norbert 823
Semmler, Wolfgang 612

1329

PERSONENREGISTER
S

Semrau, Gerhard 4, 172, **176**, 999
Semrau, Lothar 55
Sen, Jose Manuel de la 575
Sénave, J. 579
Senft, Mario 612
Sengbusch, Günter von **705**
Sengpiel, Klaus-Peter 888
Senn, Nikolaus 651
Sens, P. F. 282
Senycia, Nikolaus 260
Sepp, Michael 608
Serlachius, Gustaf 209
Sernau, Gerhard 119
Serra, Fausto 238
Sessitsch, Dieter 873
Setchell, D. L. 408
Setton, Helmut 872
Seufert, Günther 362
Severin, Dieter 1007
Seyffart, Klaus-Peter 316
Seyl, Gustav 201, 937, **939**
Sfligiotti, G. M. 234
Sgouros, Nicolaos 218
Sgubini, Luciano 406
Shahbaz, A. 577
Shanklin, John K. 225
Shaw, C. A. 573
Shaw, Charles Anthony 574
Shaw, J. M. 966
Shaw, R. C. 409
Shaw, Roland 478
Shearley, Elizabeth 233
Shelton, M. S. 220
Sheptycki, William 411
Sher, V. H. 222
Shiels, Brian 733
Shimada, K. 980
Shoh, Nasu 794
Shpirain, Evald 835
Sica, Mario 484
Sicherman, G. 963
Sickle, James van 559
Siddall, R. G. 220
Side, J. C. 478
Siebel, Claus N. A. **162**, 170, 184
Siebel, Heinrich 926
Sieben, Ludwig 599, **609**
Sieber, Reinhold 559
Sieber, Werner 814
Siebert, Horst 992
Siebert, Max 1017
Siebert, Wolfgang 852
Siebierski, Manfred 140
Siebler, Adolf 995
Sieckmann, Hartmut . . 903, 947
Sieckmann, Joachim . . 604, 605
Siedentopf,
 Horst H. **853**, 854, 871
Siedlarek, Peter 640
Siefen, Heinz 1004
Sieger, Werner 89
Siegers, Josef 1033
Siegert, G. 698
Siegert, Rolf 613
Siegle, Hans-Jörg 612

Siegmann, Jürgen 108
Siegmund, Erwin 256
Siegrist, Ulrich 772, 976
Siem, Hans-Kurt 945
Siemeister, Günter 162
Siemer, Jobst 321
Siemer, Jobst D. 353
Siempelkamp, Dieter 140
Siepmann, Dieter 48, **52**
Siepmann, Gerhard 127, 822, **884**
Sierra, J. 951
Sierra, José 952
Siewers, Ulrich 888
Siewert, Jürgen 168
Sihler, Bernhard 1024
Sihler, Helmut 130
Sikorski, Andreas 932
Sikorski, Ralf 193
Silberberg, Günter 127
Silfverberg, Nils E. 395
Silguy, Yves-Thibault de . . . 954
Sill, Friedrich 188
Siltari, Olavi 207
Silva, Alexandre 974
Silva, Mário 974
Silva Pimenta, Mario da . . . 264
Silveira, Belarmino 264
Silveira, Belarmino C. da . . . 266
Silvennoinen, Ahti 961
Silvestri, M. 577
Simandl, Rudolf 559
Simão, José Veiga 974
Simmons, A. 733
Simola, P. 787
Simon, André 747
Simon, Armand **747**, 968
Simon, Berthold 689
Simon,
 David Alec Gwyn . . . **346**, 398
Simon, Ewald 639
Simon, Manfred 694
Simonetta, Raffaele 741
Simonetti, Lamberto 483
Simson, Wilhelm 120, 607
Sinkovic, Karl 46, **134**
Sinz, Manfred 896
Sirven, Alfred 574
Sitges, Fernando 278
Sitges Menéndez,
 Francisco Javier 277
Sitzmann, Edgar 662
Sixtus, Ernst-Hermann 329
Sjöstrand, Wiking 271
Skafte, Søren 389, 390, 960
Skak-Iversen, Peter 389, **390**
Skalicky, Hartmuth 612
Skarpelis-Sperk, Sigrid 882
Skazik, Peter 72
Skinner, Paul D. 521
Skirde, Jürgen 48
Skoluda, Günter 994
Skowron, Werner H. 882
Skrabania, Peter 818
Skudal, Helge 970
Skupin, Klaus 928
Skyba, Karl 559, **563**, 757

Sladek, Christian 942
Slavik, Marco 234
Sleuwaegen, Yves 205
Slonge, Urban 569
Slongo, Urban 570
Slotta, Rainer 186, 193, **196**, 1002
Smedts 958
Smerdou Altolaguirre, Luis . . 575
Smetenat, J. 998
Smid, Tjeerd J. C. 282
Smith, C. H. Llewellyn 788
Smith, C. M. 407
Smith, D. E. 409
Smith, Eva 975
Smith, Hylton 834
Smith, James 732
Smurra, Francesco 489
Snepvangers, J. J. M. 749
Sniehotta, Michael 156
Snow, Frank 408
Soares, Morais 565
Soares da Silva, João 266
Sobrero, Enrico 742
Socher, Roland 612
Sochor, Horst 243
Söder, Carl-Johannes 696
Söderström, Bengt 766
Söding, P. 695
Söfner, Bernt 887
Söhngen, Klaus 803
Söllner, Gerhard 588
Söndergaard, Jörgen 980
Soénius, Heinz 329
Sörgel, Peter 134
Soergel, V. 695
Soetbeer, Jürgen 843
Sohlmann, Rudolf 250
Sohn, Gerhard 925
Soisson, Michael 105
Sokoll, Günther 1020
Sokolov, B. N. 283
Solana, Guzmán 573
Solari, Marco 874
Solarzyk, Werner 559
Solberg, Robert A. 410, 413
Solf, Peter 317, **326**, 826
Solheim, Svein 239
Solin, Heikki 207
Solland, Siren 522
Sollböhmer, Otto 316, 317, **318**, 320, 341, 342
Soltau, Brüne 999
Soltwisch, Alfred **636**, 666
Somdalen, Noel 271
Sommer, Albrecht 184
Sommer, Dieter 141
Sommer, Gerhard 559, **562**
Sommer, Hermann-Andreas . . 662
Sommer, Jörg 664
Sommerer, Andreas 972
Sommerfeld, Mathias 367
Somogyi, Arpad 803, 899
Sonck, F. **958**, 959
Sonderfeld, Heinrich-Josef . . 688
Sonderkamp, Rolf 78

PERSONENREGISTER
S

Sondermann, Heinz 1026
Sondermann, Wolf Dieter .. 815
Sonnberger, Franz 561
Sonne, Volker 936
Sonnek, Josef 323
Sonnen, Franz-Josef 82
Sonnenberg, Alfred 348
Sonnenschein, Günter 195
Sonnenwald, Wolfgang 840
Sonnleithner, Gerd von 917
Sonntag, Dieter 864, 865
Sonntag, Manfred 695
Sopo, Raimo 283
Sorci, Carlo 238
Sorge, Waldemar 919
Sorin, Joël 721
Sossenheimer, Peter 844
Sosso, Adriano 955
Sothmann, Bärbel 882, 883
Sotiriou, S. 964
Soucek, Friedrich 250
Soulakis, A. 219
Soulakis, Christina 219
Soulé, Yves-Pierre 954
Soumagne, Paul 128
Sousa, Angelo de 974
Sousa Otto, António 974
Southerd, T. 225
Southgate, Colin 734
Sovinz, Raimund **559**, 562
Spaan, Josef 136
Spaas, Jacques 281
Spaas, Kläre 597
Spadinger, Ernst 625
Späing, Ingo 185
Spaepen, Gustaaf 709
Später, Joachim 941
Späth, Friedrich .. 315, 316, 317,
..... 318, 320, 328,
..... 332, 341, 342, 826
Spalthoff, Franz Joseph 646
Spalthoff, Walter 645
Spangenberg, Hans-Dieter .. 381
Spangenberg, Herbert 378
Spangenberg, Walter .. 661, **693**
Spangenberg, Wilhelm 666
Spanier 893
Spanier, Wolfgang 660
Spanring, Erich 249
Sparenberg, Heinrich 160
Spatschek, Herbert 558
Spear, Charles E. 166
Specht, Hans Joachim 698
Specht, Reinhard 100
Specht, Uwe 597
Speck, Joachim 858
Speckenmeyer, Berthold **154**, 156
Specker, Hans-Josef 1031
Spee, Wolfram 168
Speiser, Robert 178
Spena, Giuseppe 741
Spence, Michael 734
Sperber, Christian 884
Sperling, Dietrich 882
Sperling, Hans 846
Speth, Josef 696

Spethmann, Dieter ... 318, 640
Spettmann, Hans-Peter 56
Spieckermann, Klaus 349
Spiegel, Raban Freiherr von . 357
Spieker, Wolfgang 1012
Spier, Hans-Harm 114
Spierer, Charles 980
Spies, Edgar 995
Spies, Klaus 984
Spies von Büllesheim 82
Spies von Büllesheim,
  Adolf Freiherr 72
Spieth, Volker 162
Spilker, Hans 131
Spilker, Karl-Heinz 694
Spiller, Helmut 202
Spinczyk-Rauch 891
Spindler, Herbert 943
Spittler, Heribert 78
Spitzer, Hermann 848, 850
Spitzley, Adolf 1036
Spletstößer, Erich 693
Spoelstra, R. W. 749
Spönemann, Kurt 173
Spörker, H. 564
Spörker, Hermann ... 261, 262
Sponheuer, Theodor 318
Spoor, A. H. **386**, 518
Sporleder, Georg 318
Spranger, Carl-Dieter 900
Spreafico, Cesare 352
Sprecher, Theophil von 568
Spreer, Frithjof 320, 686, **936**
Sprengseis, Rudolf 873
Spring, Franz 255
Springe, Gerd **212**, 569
Springer, Helmut 117
Springer, Karl 562
Springer, Klaus 910
Springer, Tasso 696
Springorum, Dirk 179
Spronsen, Ben van 953
Spross, Manfred **245**, 261
Spross, Werner 706
Sprung, Rudolf 882
Sprzagala, P. 900
Squair, George 731
Staab, Heinz A. ... 130, **589**, 805
Staalduinen, C. J. van 969
Stab, Detlef 82
Stach, Hans 609
Stache, Siegfried 941
Stacher, Ulrich 971
Stackelberg, Ulrich von 888
Stadelhofer, Jürgen 601
Stadelhofer, Jürgen W. . 604, 605
Stadelmann, Anton 977
Stadelmeyer, Bruno 324
Staden, Rolf-Eckhart v. 860
Stader, Herward 135
Stadler, Gert 259
Stadlober, Karl ... 261, 262, **972**
Stäbler, K. 700
Stäbler, Karl **625**, 633, 665,
..... 694, 697, 823, 1012

Stähler, Kurt 124, **126**,
..... 141, 179, 954
Stärker, Hubert 1033
Staffa, Antonio 484
Stagni, Enrico 955
Stahel, Roland 875
Stahl, Erwin 109
Stahl, Guntram 803
Stahl, Helmut 897
Stahl, Ingo 112, 167
Stahl, Wolfgang 888
Stahlschmidt, Walter 661
Stalder 892
Stallaert, P. 708
Stallberg, Rolf 48, 50, 1021
Stallzus, Harry 377
Stalz, Helmut 928
Stamer, E. 843
Stamm, Dieter **56**, 1036
Stamm, Friedrich H. 946
Stamm, Hans Jürgen 861
Stamm, Peter 852
Stampfer, Manfred 561
Stancu-Kristoff, Gudrun 928
Standen, Michael A. 131
Standke, Wolfgang 180
Stangenberg-Haverkamp,
  Frank 600
Stangier, Horst 82
Stanley, E. 227
Stanley, H. M. 227
Stanley, Herb M. 227
Stansfield, Eric 412
Stanyard, Keith **731**, 732
Stappert, Siegfried 652
Stappung, Sepp 772
Staribacher, Josef 757
Stark, Anton 48, **50**
Stark, Johannes 916
Stark, Klaus-Dieter 916
Stark, Udo 612
Starke, Christoph 942
Starke, Hans 911
Starke, Rolf 88
Starkey, J. C. 577
Starkmuth, Hans-Ulrich 884
Starnecker, Konrad 598
Starnick, Jürgen 882, 883
Starovic, Marina 50
Starovic, Relja 48
Starr, Chancey 834, 835
Staschen, Dietmar 884
Staska, Erich 259, **261**
Stathopoulos, J. 728
Stattrop, Heinz 318
Staub, Klaus 800
Staubli, Karl 770
Stauder, B. 936
Staudt, Chr. 969
Staudt, Etienne 168
Staudt, Hermann 702
Stausholm-Pedersen, K. 954
Stavovic, Relja 55
Stawowy, Heinrich ... 135, 698, 705
Stebel, Horst 647
Steber, Bernd 842

PERSONENREGISTER
S

Stebut, Udo von 699
Stech, Jürgen 318, 381
Stechauner, Max 873
Stechl, Hanns-Helge 588
Steck, Werner 260
Steckelberg, Willi 592
Steckert, Uwe 668
Steding, Herbert 661
Steeg, Helga 979, 980
Steegmann, Theo 135
Steen, Henrikus 376, **890**
Steenackers, Jef 206
Steenken, Hans Ulrich 346
Steffan, Dieter 50
Steffan, Norbert 40
Steffek, Alfred 559
Steffen, Bernhard 685
Steffen, Dietrich 848
Steffen, Wilhelm 318, 1034
Steffens, Peter 183
Stegemann, Hans-Jürgen . 108, 110
Steger, Ulrich 116, 926
Stegmaier, Werner 124
Stegmann, Jörg 178
Stehn, Otto 927
Stehr, Wolfgang 1005
Steibert, Frank 689
Steidl, Ernst 873
Steiger, Erich 559
Steiger, Werner 631
Steih, Christel 803
Stein, Dieter 588
Stein, Fritz 323, **826**, 867
Stein, Heiko 915
Stein, Heinz-Gerd . . . **140**, 162
Stein, Horst 911
Stein, Richard 154
Stein, Werner 932
Steinaecker, Hans Christian
  Freiherr von 1032
Steinbach, Christian 101
Steinbach, Hermann . . 174, 175,
       186, 198, 996
Steinbauer, Walter 699
Steinberg, J. Z. **492**, 519
Steinbock, Wolfgang 156
Steinbrecher, Dieter 372
Steinbrück, Peer 944
Steinbrückner, Cornelius . . . 910
Steinbusch, Edwin 72
Steiner, Gerhard 349, 601
Steiner, Hans Jörg 261
Steiner, Karlheinz 658
Steiner, Klaus 972
Steiner, Mariann 770
Steiner, Norbert 613
Steiner, Peter 944
Steinert, Wolfgang 54
Steingart, Imre 114
Steinhardt, Wolfgang 360
Steinhauser, Bernhard 908
Steinich, Gerhard 991
Steinke, K. 843
Steinkemper 893, 904
Steinkopf, Carl-Jürgen 993
Steinkühler, Franz 139

Steinmann, Klaus **318**, 1011
Steinmetz, Eberhard 1005
Steinmetz, Peter 685, 692
Steinmetz, Reinhard 592
Steinmetzer, Hans-Christian . 910
Steinriede, Wolfgang 624
Steinrück, Kurt 632
Steinrücke, Egbert 360
Steinwendtner, Karl 251
Stellbrink, Bernhard 639
Stelling, Wilhelm 195
Stelson, Thomas Eugene . . . 835
Stelzer, Lothar 631
Stelzer, R. 1004, 1005
Stelzhammer, Oswald 256
Stemmer, Werner 604
Stemplewski, Jochen 1030
Stendalen, Anders 1038
Stenestad, Erik 960
Stengel, Heinz-Josef 191
Stenmans, Karl-Heinz 38
Stennmans, Willi 193, 194
Stensig, Jacob 713
Stenzel, Alfred 198
Stenzel, Matthias 1022
Stephan, Christian 176
Stephan, Hans-Jürgen 945
Stephan, Helmut 141
Stephan, Peter 188
Stephan, Ursula 612
Sterba, H. E. 564
Sterba, Johann E. 262
Stergidis, Antonis 404
Sterk, Georg 261
Stetter, Walter 665
Steudel, Jochen 92
Steuer, Wilfried **625**, 633
Steuler, Georg 181
Steuler, Klaus Norbert 182
Steup, Dieter 641
Stevenson, Peter 734
Steves, Kurt 1034
Stewart, Alasdair 731, 734
Stewart, James C. C. 734
Steyer, Claus 1014
Stibich, Robert 245
Stichelen, Jean van der 205
Stichelen Rogier,
  Jean van der 284, **953**
Stichler, Wolfgang . . . **377**, 866
Sticken, Gerhard 612
Stiebale, Hans-Uwe 662
Stieberitz, Günter 104
Stief, Eberhard 943
Stief, Norbert 634
Stiefel, Rolf 808
Stieger, Norbert 873
Stiegler, Ludwig 882
Stiens, Heinrich 317,
       330, 826, 867
Stiepel, Dieter 884
Still, Carl-Otto 385
Still, Jean-Jacques 211
Stiller, W. 136
Stimmig, Ulrich 696
Stinson, J. M. 407

Stippler, Rolf 806
Stipproweit, Manfred 842
Stix, Gerhard 260
Stock, Günter 139, 607
Stock, Helmut 328
Stock, Werner 914
Stock, Wolfgang 990
Stockebrand, Frank N. . 359, 378
Stocker, M. 798
Stockert, Monika 971
Stockfisch, Peter . . 320, 346, 356
Stockhaus, Klaus **30**, 92,
       993, 994
Stockmann, Gregor 610
Stocks, Stefan 48
Stodieck, Helmut **80**, 124
Stöcker, Ulrich 612
Stöckl, Siegfried 971
Stöcklin, Gerhard 696
Stöcklmayr, Friedrich 245
Stöllnberger, Klaus 873
Stoermer, Dietmar 853
Störmer, Reinhard 936
Störr, Manfred 991
Stoessi, Susanne 734
Stötzner, Ulrich 160
Stöver, Detlev 696
Stoffaes, Crishan 721
Stoffels, Bernhard 294, **372**
Stoffer, Walter 770
Stokke, Christian 240
Stokvis, Roelof 249
Stoll, Ewald 168
Stoll, Rolf Dieter 984
Stolle, Klaus **635**, 636, 651
Stolpe, Manfred 901
Stolte, Gerd . . . 160, **163**, 167, 184
Stolte, Heinrich Eberhard . . . 52
Stoltenberg, Gerhard 882
Stolz 892
Stolz, Peter 799
Stolzenberg, Konrad 605
Stolzenburg, Rüdiger . . 346, 356
Stoop, J. 959
Stoor, Olavi 207
Stopp, Heinrich . **58**, 62, 66, 1022
Stoppa, Harald 46
Stoppel, Dieter **888**, 1037
Storch, Willi 44
Stork, J. 283
Storm, Olaf 941
Storm, Peter K. 341
Storm, Peter-Christoph 894
Storrer, Peter 770
Storstein Pedersen, Svein . . . 970
Stosch-Diebitsch, Caspar von . 845
Stotz, Jürgen 92, 658, 807
Stoughton-Harris, Tony . . . 731
Stoyan, Dietrich 990
Strachan, J. C. 223
Stracke, Karl-Horst 132
Stradtmann, Jürgen . . **148**, 181
Stranddorf, S. P. 577
Straske, Ulrich 639
Strassburg, F. Werner 860
Straßburg, Wolfgang 706

PERSONENREGISTER
S – T

Name	Seite(n)
Strasser, A.	571
Straßer, Bernhard	910
Straßer, Wolfgang	630
Stratenhoff, Manfred	38
Stratenwerth	891
Stratmann, Günther	691
Straub, Ferdinand	588
Straub, Hans D.	384
Straub, Wolfgang	610
Strauch, Ernst	130
Strauch, F.	998
Strauch, Friedrich	998
Straumann, R.	572
Straumann, Richard	569, 570, 791
Strauss, L.	792
Strauß, Ludwig	**622**, 662, 670
Strauß, Reiner	910
Strauß, Udo	973
Strayle, Günter	905
Streb, Klaus Dieter	330
Strebel, Otto	888
Streck, Willibald	166
Streckdenfinger, Michel	211
Strecker, Eckhard	164
Strecker, Siegbert	**324**, 328, 381, 385
Streckert, Günter	612
Street, Anthony J.	357
Strehl, Eberhard	945
Streibl, Max	622
Streich, Rudolf	624
Streichenberg, Alex	772
Streicher, Rudolf	262
Streit, Jürgen	591
Streletzki, Ekkehard	819
Strenger, Hermann Josef	130, 589, 651
Stretch, J. L.	479
Stretch, James	406
Streurman, Romke	518
Stricker, Alfred	772
Strickmann, Gerhard	**187**, 190
Strickrodt, Johannes	**689**, 867
Striepecke, Wolfgang	**887**, 921
Striewe, Peter	134
String, Peter	943
Strobach, Horst	164
Strobach, Ralf	827
Strobel, Günter	943
Strobel, Jürgen	162
Strobel, Ulrich	851
Strobl, Christine	325
Stroetmann, Clemens	697, **891**
Strohmayer, Rudolf	858
Stroobant, A.	708
Strub, Albert	952
Strub, Heinz	867
Strub, Hermann	695, **898**
Strube, Harry	323
Strube, Jürgen	**588**, 611
Strubelt, Wendelin	896
Struckmeier, Wilhelm	887, 888
Strüder, Heinz	383
Strunk, Friedhelm	651
Strunk, Joachim	46
Struve, Georg von	136
Struzl, Franz	562
Stry, Dagmar	827
Stuart, C. M.	733
Stubbe, Wolfgang	182
Stubbs, John A.	282
Stuckardt, Günther	101
Stuckert, Ernst-Wilhelm	360
Stüber, Ernst-Otto	813
Stübgen, Michael	882
Stübler, Heinz-Joachim	132
Stüper, Karl-Heinz	325, **662**
Stürz, Ulrich	650
Stürznickel, Günter	172, 174
Stüven, Werner	1026
Stuhr, Klaus	317
Stummvoll, Günter	972
Stump, N.	697
Stumpfl, Eugen Friedrich	261
Sturm, Heinz	252, **255**
Sturt, Brian	969
Stutz-Kaehlig, Clarina	854
Styrbro, Georg	636, **713**, 791, 794
Styrikovich, Michail	835
Suarez, F.	278
Suárez Alonso, José Maria	274
Suarez Gonzalez, José Manuel	955
Subbotin, Valery	835
Subias, Francisco	579
Subjetzki, Klaus	606
Subroto, Nicolas	577
Succow, Michael	896
Suchan, Karl Heinz	928
Suchanek, Walter	636
Suchy, Walter	80
Sudhoff, Wilfried	52
Sudón, Ramón	978
Südhofer, Klaus	1035
Südhofer, Klaus-Dieter	88, 92, 360
Südmersen, Eckhard	684
Süfke, Ulrich	139
Sülz, Siegfried	691
Sülzer, Berchtold	612
Suendorf, Clemens	134
Sünner, Eckart	112, 363, 601
Süselbeck, Uwe	52
Süß, Alwin	908
Süß, Helmut	628
Süß, Siegwin	662
Süsse, Horst	850
Süsser, Peter	808
Sütterlin, Norbert	602
Suguenot, Alain	723
Suhling, Lothar	196
Suhr, Peter	942
Sukopp, Karl	558
Sulanke, Hans-Erhard	349
Sulitze, Henning	595
Sulzbacher, Josef	662
Sundberg, Nore	975
Sundermeier, Hubert	660
Sundin, Håkan	270
Sundström, Anders	270
Sunkel, Kurt	691
Suokko, Vesa	209
Suominen, Veli	961
Surguchev, M. L.	577
Sutowo, L.	386
Suttka, Werner	50
Svenningsen, Hans	389, 390
Svensson, Per-Anders	765
Svidén, Ulf	975
Svoronos, Nicolaos	955
Swanson, Robert O.	357
Swierzy, Claus	**346**, 358
Swinden, Douglas	732
Sybrecht, Gerhard	937
Symmank, Jürgen	98
Symon, J. C.	407
Syré, Olaf	134
Syrota, Jean	721, **961**
Szczawnicki, M.	577
Szelinski, Bert-Axel	892
Szepanek, Peter	317
Szesny, Udo	650
Szigeti, Laszlo-Zoltan	80
Szillinsky, Albrecht	829
Szliska, Werner	937
Szymanski, Eva-Elisabeth	262
Szymanski, Rolf	691
Tabellini, Mauro	237
Taboada, Claudio	575
Taccoen, Lionel	955
Tacke, Alfred	920
Tägder, Klaus	706
Täubert, Ulrich	825
Taferner, Heinz	249
Taglinger, Ludwig	596
Taipale, Kalle	961
Takei, Mitsou	835
Takeuchi, Y.	577
Talent, Jochen	933
Tallarek, Frank	808
Tallboys, Richard G.	285
Talmon, A. J.	250
Talmor, Yehouda	791
Talvitie, Jouko	961
Tamargo, E.	278
Tamayo, Jesús	574
Tamburrini, Domenico	238
Tamburrini, Ugo	234
Tamm, Peter-Wilhelm	841
Tanda, Lorenzo	236, 237
Tandrup, H.	877
Tangermann, Manfred	112
Tanguy, Pierre-Yves	721
Tanila, Juhani	207
Tanner, Hans	572
Tanos, Paul	257
Tantzen, Eilert	316
Tarallo, A.	963
Tarallo, André	574
Tarasti, Lauri	960
Targhetta Roza, Javier	279
Taronna, G.	234, 235, 236
Tartsch, Gernot	628
Tatje, Adolf	316
Taubitz	907
Taupin, Philippe	877

PERSONENREGISTER
T

Tausch-Marton, Harald . . . 901
Tauscher, W. 564, 577
Tauscher, Walter . . . **262**, 557
Taxell, Christoffer 209
Taylor, Bryan 479
Taylor, David 408
Taylor, K. H. 408
Tchuruk, Serge 398
Tear, Simon 233
Tebbert, Hubert 1008
Tebroke, Emil 176
Techmer, Ulrich 38
Teeling, John 228
Tegethoff, Johannes 38
Tegethoff, Wilhelm 40
Tegethoff, Wilm **46**, 624
Teggers, Hans 177
Tegtmeier, Werner **30**, 897
Teichert, Roland 586
Teichert, Ullrich 805
Teillac, Jean 723
Teissier, S. 869
Teitge, Heinrich **599**, 602
Teitzel, Helmut 30, **1035**
Tekathen, Ulrich 42
Tekotte, Peter 612
Tekülve, E. 792
Tekülve, Ewald 884
Telfah, Mahmud 55
Telge, Ernst 689
Teller, Erich 613
Telöken, Rainer 651
Temme, Eberhard 884
Temmerman, Gilbert 708
Temming, Dieter 865
Temmler, Helmut 946
Tempest, P. 577
Tenbücken, Dieter . . . 841, 864
Tenchio, Ettore 568, 571
Tenconi, Franco 483
Tenhumberg, Jürgen 382
Tenner, Helmut 92
Tenner, Siegfried 109
Tensch, Friedhelm 1028
Tensfeld, Claus 346
Tent, Hendrik 952
Tenzer, Harald 628
Teomann, Mesut 38
Tepel, Fritz 187
Terboven, Rolf 143
Terbrack, Hans 1036
Terceiro Lomba, Jaime 781
Terhorst, Wilhelm . . . 812, 816
Terjung, Joachim **851**, 852
Terjung, Sigurd 376
Terkamp, Heiner 183
Terol, José 279
Terrahe, Jörg 36, 48
Terrahe, Jürgen 606
Terrier, Christian 723
Terwelp, Tassilo 928
Terwiesch, Bernd 599
Tesche, Bernd J. 607
Tessensohn, Franz 888
Tettinger, F. 826
Tettinger, Peter J. 987

Teubner, Uwe 109
Teufel, Günther 812, 816
Teusch, Friedhelm . . 116, 170, 177
Tewes, Rudolf 628
Thaler, Horst 250, **261**
Thalmann, E. 136
Thar, Robert 984, 985
The Earl of Caithness 965
Theenhaus, Rolf **694**, 696
Theile, Udo 1035
Theilen, Bernd 316
Theilig, Karlfried 632
Theilsiefje, Klaus . . **646**, 771, 772
Theimer, Helmut 608
Thein, Jean **187**, 191
Thein, Pierre 239
Thein, Wolfgang 60
Theiner, Klaus 249
Theis, Hans-Gerd 660
Theis, Karl A. 818, **850**
Theis, Karl-August 177, 871
Theis, Michael 903
Theisen, Günther 699, 814
Thews, Joe-Dietrich . . . 917, 919
Thibault, Alain 401
Thie, Friedrich-Wilhelm . . . 1036
Thiede, Hans-Jürgen . . 88, **89**, 177
Thiedke, Georg 172
Thiel, L. 151
Thiel, T. van 877
Thiel, Wilhelm 263
Thiel, Wolfgang 850
Thiele, Bernd 558
Thiele, Elsa 373
Thiele, Joachim 888
Thiele, Rüdiger 940
Thiele, Wolfram 1033
Thiemann, Bernd 140, 362
Thiemann, Michael 933
Thiemler, Frank 925
Thierbach, Marion 804
Thiergart, Harald 357
Thiermann, Arend 927
Thierse, Wolfgang 883
Thies, Erich 1005
Thieser, Dietmar 661
Thijs, L. 959
Thinnes, Mariette 968
Thir, Gerhard 255
Thoben, Christa M. 813
Thoburn, W. J. 220
Thode, Günther 132
Thöbe, Karl **267**, 269
Thöle, Wilhelm 163
Thölking, Heiner 66
Thöming, Norbert 932
Thoenes, Hans Willi 896
Thönnessen, Werner 135
Thole, B. 1032
Thole, Bernhard . . . 88, 145, 168,
. . . . 170, 176, 177, 818, 850
Thoma, Ingo-Richard 109
Thomanek, Kurt **243**, 261
Thomas, Franz 613
Thomas, Gereon 89
Thomas, Hans Peter . . 122, 151

Thomas, Jean 211
Thomas, Klaus 1026
Thomas, P. 582
Thomas, Uwe 944
Thomas, Yves 216
Thomaschewski, Dieter . . . 112
Thomaser, Christian 939
Thomassen, Petter 969
Thomassin, Roger 723
Thome, Lothar 60
Thome, Rolf 131
Thomé-Kozmiensky, Karl J. . 800
Thompson, F. 966
Thompson, R. 409
Thomsen, Claudia 945
Thomsen, Uwe Jens . 591, **598**, 599
Thomson, B. J. 966
Thomson, J. B. 285
Thoresen, Fredrik 522
Thresher, John 788
Thriene, B. 1011
Thrum, Karin 101
Thümen, Marion 915
Thümmler,
  Klaus-Werner 201, **908**
Thümmler, Manfred 910
Thürnau, Ernst August 858
Thüsing, Rolf 1033
Thulin, Lars 969
Thulin, Lars U. 970
Thulke, Peter 322
Thum, Hubert 937
Thumann, Jürgen 156
Thun, Klaus 341, 385
Thurdin, Görel 975
Thurmann, Ulrich 916
Thurnheer, Willi 569
Tichmann, Karl 816
Tiemann, Horst 857
Tierney, W. J. 413
Tiessen, Hans-Jakob 666
Tiktopoulos, Alexandros . . . 954
Tilburg, Johan J. G. Ch. van . 901
Tilch, Werner 180
Tillessen, Rainer 604
Tillinghast, John **834**, 835
Tillmann, Friedrich . . . 382, 383,
  . . . . 384, 579, 582
Tillmann, Heinrich 134
Tillmann, Werner 72
Tilmann, Herbert 42
Tilton, Glenn F. **410**, 413
Timm, Jürgen 883
Timm, Lukas 114
Timm, Manfred 329,
  . . . . **630**, 648, 823
Timmer, Klemens . . **36**, 48, 605
Timmer, Thomas 813
Timmermann, Dieter 661
Timmermann, Heinrich 661
Timmermann, Manfred . . . 140
Timmermann, Paul 148
Timmermann, Rüdiger 364
Timmermans, A. P. 518
Timmermans, Christiaan . . . 949
Timpson, Nicholas 731

PERSONENREGISTER
T – U

Tippkötter, Theo 645	Trachsler, Walter 569	Tucher, Ingeborg von 324
Tippmeier, K.-H. 372	Traeger 891	Tüllmann, Hubert 654
Tippmer, Jochen 148	Traen, Fernand 388	Türck 893
Tippner, Manfred 898	Träuptmann, Hans 995	Türk, Jürgen 882
Tirlam, P. 1032	Träxler, Christel 602	Türker, Eleonore 926
Tissot, Jean-Paul 721	Träxler, Willi 602	Tuli, Mehmet 559
Tittel 892	Tran, D. 953	Tumm, Günther 135
Titzrath,	Trapp, Helmut 826	Tunger, Wilfried 857
Alfons Friedrich . . 58, 135, 141	Trapp, Norbert 847	Tuñón Alvarez, Antonio . . . 574
Tixeront, M. 963	Traub, Jean 397	Turganti, Gianfranco 484
Tobin, Séan 481	Traulsen, Heinrich 139	Turnbull, Robert W. 478
Tobys, Lothar 187	Traussnig, Anton 757	Turpin, Michel 215
Todoriev, Nikola 835	Trautner, Jürgen 986	Turturiello, Antonio 579
Töller, Wilhelm 88	Trautschold, Joachim 606	Turunen, Taisto 960
Tönjes, Bernd 54	Trawny, Günter 1026	Tuzzolino, Ignazio 238
Tönnesmann, Ingo 908	Trebst, Thomas 299	Tweddle, Robert 579
Tönshoff, Hans Kurt 699	Trendelenburg, Friedrich . . . 937	Twerenbold, Paul 772, **977**
Töpfer, Achim 844	Trénel, Klaus 369	Twist, K. L. 966
Töpfer, Klaus **891**, 903	Treuenfels, Carl Albrecht von . 832	Twrdy, Walther . . . 247, 248, **261**
Törber, Klaus 180	Treusch, Joachim 186, **696**	Tyras, Wolfgang 324
Törnqvist, Mats 270	Treyvaud, Jacques 773	Tyros, A. 404
Toffier, Jean-Pierre 869	Trichet, Jean-Claude 400	Tysoe, John S. 732
Togni, Alberto 568	Triebel, Karl 364	
Toillier, Marc 212	Triebel, Wolfgang 626	Ubis, Tarsicio 575
Toivanen, Markku 207	Triem, Franz Ludwig . . . 635, 671	Uchner, Frank 559
Toivonen, Matti 395	Trienekens,	Ude, Christian 315, 325
Toledo Ugarte, Pedro 780	Hellmut 812, 816, 827	Uebel, Peter-Jürg 986
Tolksdorf, Erich 705	Triller, Thomas 919	Ueberhorst, Wilfried 666
Tollan, Arne 970	Trincado Settier, Julian . 780, 781	Uehli, Hans-Peter 772
Tollenaere, J. 710	Trindade, Mario Trigo 792	Uellner, Klaus **604**, 613
Tollkamp, Guido 599	Trinkaus, Edwin 30, 813	Uematsu, Kunihiko 790
Tollmien, Walter 933	Trinkle, Edgar 624	Ürpbert, Rpm. 477
Tomaczek, Helga 972	Trinks-Schulz, Holger . . 195, 196	Uferkamp 920
Tomani, Gerhard 250	Triomphe, Jean-Paul 401	Uffmann, Dieter 812, 816
Tomasi, Albert 869	Trippen, Ludwig 135, 322	Ugalde Aguirrebengoa, Juan . 778
Tombrock, Gun 975	Trivelli, Gonzalo 858	Uhl, Otto 68
Tomé, Maria Emilia 564	Trobisch, K. H. 1011	Uhlemann, Stephan 107
Tommek, Norbert 810	Trobisch, K. W. 1011	Uhlenbusch, Jürgen 696
Tona, Frédéric 212	Trobisch, Karlheinz . . . **611**, 612	Uhlendorf, Rainer 147
Tonn, Rudi 329	Tröbs, Hans-Ulrich 122	Uhlig, D. 1012
Tonne, Peter 612	Tröbs, Kurt 629	Uhlig, Eberhard 645
Tonscheidt, Hans-Werner . . . 158	Tröger, Uwe 986	Uhlig, Volkhard 613
Top, Maurice 709	Troesch, W. 146	Uhlmann, Petra 903, 919
Topf jun., Alfred 259	Trösken, Rainer 925	Uhrmann, Rolf **595**, 826
Topf sen., Alfred 259	Troge, Andreas 894	Ujvari, Matthias 972
Topi, Luciano 352	Trojan, Carlo 949	Ulber, Eckhard 608
Toplak, Heinz 249	Troji, Franz 971	Ulbert, Peter 250
Topmann, Günter 661	Tromp, Christoph 772	Uldall, Gunnar 882
Topsoe, Haldor 835	Tronslin, Peter J. 522	Ulens, S. 792
Torá Galván, José Luis . 778, 781	Troost, Joachim 851	Ulens, Stan 709
Tordoff, Derek 955	Tropp, Peter 105	Ulens, Stanislas 709
Tornaghi 578	Troschke 891	Ulitzka, Norbert 1021
Tornow, Heiko 915	Troy, Thomas 967	Ulland, Helmut 645
Torrea, A. H. 577	Trubrich, Roberta 251	Ullberg, Andreas 270
Torres Espinosa, Antonio de . 279	Trubshaw, J. D. 282	Ullemeyer, Rolf 867
Torres Lopes, Armindo . 266, 269	Trüby, Erwin 569	Ullrich, Christian 989
Torrisi, Alfio 871	Trützschler, Klaus . . . 604, 1003	Ullrich, Werner Klaus 830
Toscani, Manfred 257	Trumka, Richard 1038	Ulm, Walter 257
Tosi, J. 400	Trumpf, Jürgen 949	Ulmer, Jürgen 178, 688
Tosse, Paul 317	Truntschnig, Hannes 258	Ulmer, Wolfgang T. 927
Toth, A. 283	Trzanowski, Ludwig 865	Ulrich, Elmar 40
Toth, Ladislaus 263	Tschäni, Hanspeter 957	Ulrich, Ernst 940
Touvet, Pierre 582	Tscherne, Klaus 243	Umbach, Wilfried 597
Towers, Alan 731	Tschoepke, Rudolf 162	Umbeck, Walter 317
Townsend, Bryan S. 732	Tsirigos, A. 728	Umfer, Harold 245
Trachsler, Edwin 772	Tsobanopoulos, Vassilis . . . 404	Undem, Petter 522

PERSONENREGISTER U – V

Underland, Ulf 522
Unger, Hans 589
Unger, Hermann 987
Ungethüm, Manfred 856
Unrath, Peter 592
Unruh, Ernst-Dietrich 940
Unseld, Horst 611
Unterluggauer, Anton 971
Upson, I. W. 408, **480**
Urbach, Hans-Georg 592
Urbain, P. 959
Urban, Horst W. 636
Urban, Knut 696
Urban, Rolf 378
Urbanek, Axel 1000, 1001
Urbaniak, Hans 882
Urbas, Hans 158
Urbat, Klaus 179
Urbistondo Echeverría,
   Rodolfo 780
Urchs, Heinz 824
Urquhart, L. 409
Urquidi Martinez, Ramón . . 276
Urquijo de la Puente,
   José Luis 780
Urrutia Vallejo, Víctor 780
Urselmann, Günter 318
Urselmann, Hans Georg . . 40
Ursprung, Urs 646, 771
Urwin, Roger 731
Uslaub, Roland 160
Ussía y Gavaldá, Luis de . . 780
Usunariz Balanzategui,
   Ubaldo 279
Utech, Heinz 667
Utermark, Dirk 671
Utiger, Ronald 411
Utinger, Ronald 733
Utsch, Ferdi 132
Utsch, Raimund . . . 36, **46**, 1026
Utsch, Rüdiger 826, **828**
Uttley, John 733
Utz, Karl 902
Uusitalo, Matti 209

Vaage, Halvor Ø. 522
Vaatz, Arnold 942
Vaçiç, A. 981
Vaerst, Wolfgang 156
Vagedes, Michael . 796, 800, 828
Vahrenholt, Fritz 630, **916**
Vahtola, Juhani 209
Vaiana, Pasquale 238
Vaillant, Karl-Ernst . . . 382, 385
Vaillaud, Pierre 522
Vainieri, Humberto 574
Vainio, Pirjo-Liisa 960
Val Cob, José Luis del . . . 778
Val Hernández,
   Luis Julián del 977
Valais, M. 581
Valckenaers, Marcel 388
Valdés Pedrosa, Jacobo . . . 274
Valdor, Manfred 132
Valério, Beatriz 269
Valerio, Claudio 860

Valero Bermejo, Gregorio . . 778
Valheim, T. 522
Valle, Silvano 489
Valle Alonso, Jose Luis del . . 278
Valle Pérez, José Luis del . . 279
Vallejo, Ignacio Gil 781
Valley, Jacques 770
Valley, Jean-François 833
Valmaseda Lozano, Enrique . 274
Valot, D. 399
Valtari, Heikki 395
Vancraeynest, Freddy 205
Vandatte, M. 578
Vandebosch, Jacques . . 708, 709
Van de Meent, Hendrik . . . 212
Vandenberghe, Frank 709
Vandenbosch, Joseph 709
Vandenplas, R. 959
Vandenplas, Robert 708
Vandenven, G. 958
Vandeputte, T. 959
Van der Borght, H. 710
Vandergoten, P. 959
Vandermeer, J. G. 519
Vanderputten, R. 582
Vandreike, Achim 330
Vanetta, Carlo 342
van Geen, R. 708
van Haaps, Peter 564
van Haaren, Frans I. M. . . . 586
Vanhamel, Rita 205
van Hoof-Haferkamp, Renée . 949
van Hülst, Rosemarie 804
van Lede, Cornelis J. A. . . . 586
van Miert, Karel 949
Vanninen, Pentti 270
Vannini, Carlo 489
Vannoni, Roland 569
Van Parijs, A. 205
Vansantvoort, Jean 710
Vapaavuori, Olavi . . . **720**, 787
Varalda, G. M. 282
Vargas, J. I. 834
Vargas, José Israel 835
Varnhagen, Bodo 72, **74**
Varoquaux, Jean Arthur . . . 216
Vasilias, G. 964
Vaterlaus, Jürg 771
Vatten, Gunnar 791
Vauth, Reinhard 367
Vautrin, Hugo 40
Vázquez Fernández-Victorio,
   Carlos 779
Vázquez Fontalba, Fernando . 279
Vázquez Guzmán, Fernando . 977
Veen, J. van 492
Vega de Seoane, Joaquin . . 978
Veiga, Enrique 876
Veigel, Günter 629
Veit, Gerd 66
Vejzagic, U. 793
Velarde, Guillermo 835
Velasco, Elias 781, 876
Velasco Garcia, Elias 780
Velikhov, Evguenij . . . **834**, 835
Velonà, Franco 741

Vels, Bernd 164, 1037
Velsen-Zerweck, Rüdiger von . 30
Venables, Brian 731
Venditti, Giuseppe 238
Venditti, Paolo 741
Venhuizen, Roelf 386
Venker, Matthijs 601
Ventura, Didier 214
Verbeek, Hans B. 597
Verbeke, Willy 709
Verberg, G. H. B. 518
Verboom, Eeuwout 341,
   . . . . 346, 356, 385
Verdelho, Hernâni . . . **763**, 793
Verfürth, Helmut 631
Verhaegen, Henri 132
Verheeke, Frans 709
Verlaine, Jack **210**, 868
Verpoort, Lucien 708
Verré, Jean **399**, 401
Verschure, P. 579, 582
Vesper-Schröder, Gerd . 887, 921
Vester, Frederic 1001
Vetter, Ernst 625
Vetter, Erwin 903, **907**
Vetter, Gerhard 249, 803
Vetter, H. 760, 1011
Vetter, Wolfgang 598
Vettier, J. P. 399
Veutgen, Dieter 176, 198
Vianès, Georges 788
Viard, Jean 213
Vicary, D. A. 870
Vicedo, Enrique 574
Vicedo Madrona, Enrique . . 575
Vicent Pastor, Enrique . . . 781
Vicent Pastor, Enrique José . . 977
Vickers, John 578
Vidal, Philippe 962
Vidigal, António 763
Viehl, Eckart 895
Viehoff, Karl Heinz 1024
Vieira, Rui 974
Vieli, Georg 770
Vienken, Theo 42
Vieregge, Hans 891
Vieregge, Rudolph 816
Vierhuff, Hellmut 887
Vierle, Otto 911
Vierling, Wolfgang 911
Viessmann, Hans 385
Vieten, Rolf 819
Viezzoli, Franco 741
Vigsnes, Ivar K. 520
Viinanen, Jukka 395
Vik, Svein Otto 520
Vikøren, David 522
Vilkuna, Arto 209
Villa, Diego de la 279
Villa Ruiz, Evaristo 779
Villagran, Alvaro 876
Villaverde Fernández, Adolfo 273
Villemandy, Christian de . . 386
Villemejane, Bernard de . . . 212
Villeneuve de Janti, Philippe . 215
Villiger, Robert 570, 571

PERSONENREGISTER
V – W

Vinjar, Asbjørn 791
Vinken, Renier 921
Virgili Rodon, Carmina 978
Virolainen, Ossi 207
Virot, Jean 570, **572**
Virrankoski, Risto 207
Vischer, M. A. 592
Visser, Rients 857
Vita, Giuseppe 607, **611**
Vito Piscicelli di Collesano,
 Maurizio de **353**, 840
Vittoria, Inge 635
Vocke, Enno 132, 847
Vöbel, Friedrich Wilhelm . . . 58
Völcker, Helmut . . 164, 648, 706
Völk, H. 1008
Völkel, Georg 687
Völkening, Ernst 360, **362**
Völker, Hans 858
Völker, Helga 869
Völker, Klaus 324
Völker, Kurt 381
Voelker, Uwe 357
Völkl, Kurt 262, 263
Völksen, Wilhelm 863
Völter, Karl O. 665
Vogel 891
Vogel, Detlev 807
Vogel, Detlev H. 633
Vogel, Dieter H. 140
Vogel, Gerhard 42
Vogel, Gerold 132
Vogel, Günter 635
Vogel, Karl Theodor 175
Vogel, Otto 1007
Vogelaere, G. de 282
Vogelbacher, Günter 621
Vogelgsang, Alexander 665
Vogels, Hanns Arnt 705
Vogelsang, Günter . . . 139, **650**
Voges, Adolf 887
Vogl, Josef 910
Vogt, Anton 180
Vogt, Bernhard 826
Vogt, Hans-Peter 330
Vogt, Klaus 190
Vogt, Werner 177, **988**
Voigt, Günter 661
Voigt, H.-D. 376
Voigt, Hans-Peter 883
Voigt, Karl 940
Voigt, Peter 698
Voigt, R. 861
Voigt, Rudolf 168
Voigtmann, Christine 804
Volk, Christopher 479
Volke, Werner 651, **1026**
Volkenborn, Hermann 993
Volkmann, Rainer 315
Volkmar, Werner 866
Volkov, Eduard 835
Volland, Ingo 912
Vollbracht, Kurt 612
Vollbrecht, Heinz-Rüdiger . . 607
Vollenweider, Manfred . . 362, 847
Vollmann, Walter 613

Volz 897
Volz, Eugen 621
von Boehm-Bezing,
 Carl-Ludwig 586
Vonderbank, Klaus 925
Vonderhagen, Hans 597
von Deutsch, Joachim 377
Vondran, Ruprecht . . . 882, 954
Vonhoff, H. J. L. 518
von Reis, Burkhard 929
von Struve, Georg 810
Vontz, Christian L. 809
von Winterfeldt, Dominik . . . 598
Voordecker, Xavier 710
Voort, Heinrich 294
Voppel, Dietrich 894
Vorma, Atso 961
Vorrath, Heinz 42
Vorreyer, Christian 892
Vorst, Friedrich van 1031
Vorstheim, Franz 156
Vortmann, Helmar . . . 376, 853
Vorwieger, Manfred 180
Vosen, Josef 883
Voskuhl, Jürgen 80
Voskuhl, Ursula 897
Voß, A. 1011
Voss, Bernd W. 124
Voß, Bruno 1023
Voss, Frithjof 986
Voss, G.-A. 695
Voß, Georg 156
Voss, Gerhard 1007
Voß, Heinrich 636
Voß, Heinz-Werner 42
Voß, Hermann 666
Voß, Horst-Hermann . . **887**, 921
Voss, Jürgen 687
Voß, Rainer 54
Vossen, Willibald 315
Votapek, Eduard 572
Voudouris, C. 404
Voumard, A. 976
Voutilainen, Pertti 718
Vowinckel, G. 407
Vowinckel, Gunther 296
Voyiatzis, G. 404
Vroonen, Raymond 709
Vuorela, Paavo 961
Vuorilehto, Simo 209
Vygen 892

Wachem, Lodewijk C. van . . 348
Wachtel, Georg 557
Wachter, Peter 249
Wacker, Holger 595
Wacker, Josef 609
Wacker, Wilfried 325
Wada, T. 577
Wadeson, Timothy C. A. 266
Waeterloos, C. 951
Waeterloos, Christian 952
Wagendorf, Herbert 135
Wagener-Lohse, G. 798
Wagenknecht, Anton 939
Wager, Günter 1028

Wagner, A. 695
Wagner, Alfred 1036
Wagner, August 1026
Wagner, Bernd 812
Wagner, Christean 636
Wagner, Claus 141
Wagner, F. 206, 1009
Wagner, Fernand 239
Wagner,
 Friedrich Wilhelm . . . 925, 932
Wagner, Georg 971
Wagner, H. M. 1011
Wagner, H.-F. 1005
Wagner, Hannelore 106
Wagner, Hans, Oberhausen . . . 683
Wagner, Hans, Stuttgart . . . 665
Wagner, Hans Georg 882
Wagner, Heinrich 135, 689
Wagner, Hellmut 1008
Wagner, Hildegard 324
Wagner, Joachim 940
Wagner, Kurt-Dieter 126
Wagner, Max 670
Wagner, Peter 612
Wagner, Rolf 799
Wagner, Rudolf 331
Wagner, Thomas 771
Wagner, U. 1011
Wagner, W. 281
Wagner, Wolfgang 182, 847
Waha, Jean-Pierre . . . **709**, 792
Wahl, Dirk-Joachim 108
Wahl, Jacques Henri 398
Wahl, Jürgen 592
Wahl, Karl-Heinz . . . 174, **175**, 176
Wahl, Klaus 50
Wahl, Siegfried von 988
Wahl, Ulrich 805
Wahlen, Heinrich 671
Wahlström, Per 271
Wahrheit 816
Wahrlich, Horst 866
Waidacher, Maximilian 250
Waitz von Eschen, Friedrich
 Freiherr 110, 111, 856
Waitz von Eschen, Hans Sigismund
 Freiherr . . 110, 111, 176, 856
Wakeham, John 965
Walbaum, Dieter 249
Walch, Johannes 866
Walde, Manfred 990
Waldeck, Rainer 158
Waldenfels,
 Georg Freiherr von . . 622, 662
Waldherr, Claus 699
Waldhuber, Willibald 254
Waldmann, Günter 1024
Waldner, Wolfgang F. 908
Waldron, O. C. 229
Waldschütz, Friedbert 864
Waldschütz, Siegfried 367
Waldt, O. 936
Waldvogel, Ralf 1002
Walgenbach, Helmut 116
Walker, D. B. 220
Walker, Peter 477

PERSONENREGISTER
W

Walkowski, Peter 294
Wallace, J. R. 407
Wallays, Felicien 709
Wallek, Hans-Joachim 796
Wallis, Ed 733
Wallner, Heinrich 263
Wallner, Ingo 1000
Wallner, Jörg 253
Wallner, Manfred 887
Wallraf, Peter 851
Wallrafen, Gerd 82
Wallstén, Christer 277
Wallstén, Lars 765
Walser, Hermann 873
Walser, Peter 245, 262
Walsh, Michael 481
Walsh, P. 478
Walsh, R. Gerry 481
Waltenberger, Georg 611
Walter 891
Walter, Claudia 804
Walter, Gerd 990
Walter, Gert 990
Walter, Günter 558
Walter, H.-H. 281
Walter, Jürgen . . . 588, 597, **1036**
Walter, Michael 862
Walter, Norbert 634, **689**
Walter, Reinhard 972
Walter, Roland 984
Walther, A. 979, 980
Walther, Hardy 156, 1035
Walther, Joachim 857
Walther, Jürgen 910
Walther, Rolf 667
Walther, Wolfgang 606
Walti, Heinrich 770
Walz, Eberhard 864
Walz, Manfred 318
Walzer, Peter 140
Wambach, Helmut . . . 601, 858
Wamig, Robert 131
Wamister, Emil 874
Wamser, Norbert 250
Wamsler, Karl 608,
. . . . 611, 845, 1034
Wandel, Jürgen 132
Wanders, Gerhard 1036
Wandrey, Christian 696
Wanieck, Otto 916
Wanitschek, Jürgen 667
Wann, Jürgen 668
Wantzen, Rudolf 884
Ward, I. 478
Warda, Günter 934
Warda, Manfred 108, 299
Wardle, A. J. 222
Wareing, Guy 408
Warga Dalem, M. A. 577
Waring, Walter **731**, 732
Waringo, Jeannot 747
Warmbrunn, Dirk 932
Warncke, Rolf . . . 328, **699**, 700
Warner, N. A. 225
Warnholtz, Heinz-Wilhelm . . 602
Warnholtz, Johann Julius . . . 139

Warnke-Gronau, Klaus 926
Warrikoff, Alexander 706
Warstat, Malthe 928
Wartenberg, Ludolf v. 1034
Wartenweiler, Urs 874
Wascher, W. 697
Waschipky 812
Waschkowski, Kurt . . . 176, 1021
Wasel-Nielen, Joachim 612
Waser, Hugo 976
Wasmund, Peter-Reinhard . . 926
Wassenberg, Willy 601
Wassmuth, Berthold 1035
Waterford, Lord 228
Watermann, Wilhelm 322
Wathelet, M. 958
Watkins, G. Campbell 980
Watkiss, J. 870
Watson, Bill 732
Watson, Sir Bruce 137
Wattenberg, Gerhard 660
Wattendorf, Peter 360
Wattne, Ola 520
Watts, D. 407
Wauer, Hans-Joachim 851
Wawer, Günter 1015
Wawer, Günther 803
Webb, M. 408
Weber 892
Weber, Alfred 341, 343, 363
Weber, Alfred Wilhelm . . . 76
Weber, August-Rudolf . **158**, 260
Weber, Beate 688
Weber, Claus-Peter 40
Weber, Egon 593
Weber, F. 564
Weber, Franz, Leoben . 261, 262
Weber, Franz, München . . . 120
Weber, Friedrich 194
Weber, G. 695
Weber, Gerhard 612
Weber, H. 788
Weber, Hans Jürgen 867
Weber, Hans Otto 935
Weber, Hans-Siegfried 887
Weber, Hansjörg 263
Weber, Heinz, Senftenberg . . 92
Weber, Heinz, Wesseling . . 347
Weber, Heinz, Wien 258
Weber, Hermann 168
Weber, Jörg 201
Weber, Jürgen 357
Weber, Klaus 1015
Weber, Klaus Siegfried 939
Weber, Kurt 986
Weber, Leopold 262, 971
Weber, Paul 968
Weber, Peter, Greifswald . . 994
Weber, Peter, Krefeld 928
Weber, Peter, Marl 599
Weber, Rainer 814
Weber, Ralf-Michael 854
Weber, Ulrich **186**, 187,
. . . . 193, 194, 198, 994
Weber, Wolfgang, Dortmund 826

Weber, Wolfgang,
. Frankfurt/Main 4
Weber, Wolfgang, Hamburg . 842
Weber, Wolfgang,
. Potsdam 664, 1036
Webers, Heinz-Georg 606
Websky, von 892
Webster, Colin 733
Weckeck, Helmut 946
Weckelmann, Horst . . **80**, 996
Wedan, Herbert 241
Wedekind, Rudolf 612
Wedeking, Jürgen 181
Wedemeier, Klaus 667
Weder, Hans-Jörg 807
Wedrac, Wolfgang 972
Weeda, E. O. 969
Wefelmeier, Jürgen . . . 330, **916**
Wefelmeier, Klaus 663
Wefelscheid, Dirk 901
Wege, Joachim 666
Wegener,
. Wilhelm . . . **118**, 1021, 1022
Weger, Dietrich 169
Wegers, Helmut 840
Wegmann, Martin 82
Wegner, Gerhard **586**, 602
Wego, Jürgen 357
Wegscheider, Thomas . 125, **640**
Wehling, Bernhard 372
Wehmeier, Friedel . . . 346, 358,
. . . . 362, 378, 606
Wehmeyer, Jürgen 854
Wehner 893
Wehner, Hermann 888
Wehner, Klaus-Eckart . . 36, 42
Wehram, Günther 852
Wehran, Jürgen 324
Weicherding, H. 900
Weichsel, Lothar . 127, 816, 1008
Weickel, Dieter 684
Weidenmüller, H. A. 1008
Weidner, G. 581
Weidner, Günther 382, 383
Weidner, Hans-Michael . . . 612
Weidner, Lieselotte 158
Weidner, Ulrich 181
Weidner, Werner 671
Weier, Joachim 663
Weiermann, Wolfgang 882
Weigand, Walter 324
Weigl, Claus 817
Weihe, Gerd von 644
Weihofen,
. Wilhelm . . . 201, **203**, 1022
Weihs, Karlheinz 140
Weikmans, Emile 708
Weil, Leopold 895
Weiland, Friedel 1002
Weill, J. 788
Weill, Jacky 723
Weimann, Benno 826
Wein, Ernst August 665
Wein, Werner 668, **702**
Weinand, Gregor 38
Weinberg, Alvin 835

PERSONENREGISTER
W

Weinberg, Horst	118
Weinberger, Albrecht	623
Weinberger, Joseph	177
Weinek, Horst	261
Weinelt, Rudolf	636
Weinert, Klaus	323
Weingarten, Joe	886
Weingessel, Günther	262
Weinheimer, H. R.	998
Weinhold, Georg	648
Weinhold, Horst	946
Weinländer, Walter	694, 700, **825**
Weinmann, Fritz	362
Weinmann, Hans-Peter	569, 570, 572
Weinmann, Manfred	118
Weinrowski	920
Weinspach, Friedrich Karl	613
Weinstock, U.	948
Weinz, Wolfgang	830
Weinzierl, Hubert	827
Weinzierl, K.	1011
Weinzierl, Klaus	597
Weirich, Otmar	50
Weis, Reinhard	882
Weise, Andreas	809
Weise, Karl	903
Weisgerber, Gerd	196
Weishaupt, M.	825
Weishaupt, Siegfried	828
Weishaupt, Ulrich	908
Weisheimer, Martin	1004
Weiß, Alfred	4, **971**
Weiss, Cornelius	816
Weiß, Ernst-Günter	928
Weiß, Fred	917
Weiss, Hansjörg	318, **684**
Weiss, Joachim	934
Weiß, Karl-Heinz	602, 609, **659**
Weiss, Otfrid	940
Weiß, Peter	562
Weiss, Rudolf	147
Weiß, Siegbert	864
Weiß, Udo	832
Weiß, Ulrich, Bad Soden	588
Weiß, Ulrich, Dortmund	**322**, 826
Weiss, Viktor	249, 250, 261
Weißbach, Jürgen	108
Weißenberg, Helmut	55
Weisser, Dietmar	184
Weisser, Hans	376
Weisser, Hellmuth	846, 863
Weißer, Helmut	651
Weitang, Fan	284
Weitkamp, J.	375
Weitzel, Gerhard	194
Weitzel, Hans	612
Weixler, Rudolf	260
Weizsäcker, Christian von	992
Weizsäcker, Ernst U. von	833
Welke, Rainer	932
Wellenthin, Peter	922
Wellmann, Alfred	142
Wellmer, Friedrich-Wilhelm	887
Wellner, Manfred	349
Wells, D. G.	477
Welsch, Veit	694
Welskop, Horst	588
Welt, Hans-Joachim	882
Welte, D.	577
Welte, Dietrich	**696**, 985
Welteke, Ernst	636, **916**
Welten, Gerhard	705
Welter, Heinz-Joseph	88
Welter, Jürgen	**30**, 36, 48
Welters, R.	600
Weltevreden, Pieter	952
Welz, Andreas	931
Welz, Joachim	899
Wendelstadt, Dieter	158, 586, **597**
Wendl, Berndt	**250**, 261, 562
Wendling	893
Wendling, Rose-Marie	721
Wendt, Hermann	667
Wendt, Immo	888
Wendt, Otthard	905
Wendzinski, Marianne	322
Wenger, Gerhard	1026
Wenger, Hans	772, **773**
Wenger, Marcel	569, 572
Wenger, Walter	981
Weniger, Dieter	1022
Wenner, Norbert	664
Wenninger, H.	695
Wenninger, Horst	788
Wennrich, Josef	905
Wennrich, Josef Rudolf	646
Wensiersky, Heinz G. von	1035
Wenzel, Burckhardt	58, 60
Wenzl, Erwin	757
Wenzl, Helmut	696
Weper, Siegfried	639
Wera, J.	581, 582
Werbeck, Michael	915
Werbig, Lothar	941
Werdt, Rudolf von	770
Werhahn, Hermann Josef	101, 705
Werle, Bruno	937
Wermke, Peter	38
Werner	947
Werner, Dietmar	363, **588**, 704
Werner, Edmund Heinrich	40
Werner, Eveline	907
Werner, Helmut	667
Werner, Karl-Heinz	628
Werner, Michael	121
Werner, Wolfgang	1023
Wernicke, Hans Jürgen	608
Wernitz, Axel	882
Wernsperger, Günter	971
Wesely, Reinhard	1036
Weslowski, Kurt	362
Wesner, Ekkehard	691
Wess, J.	695
Wessel, Michael	559
Wessel, Udo	78
Wessel, Willi	101
Wesseldijk, J. A.	595
Wessels, Hermann	151
Wessels, Josef	817
Wessely, Lutz K.	1014
Wessiepe, Klaus	1003
Wessing, Kurt	158
Weßling, Erwin	817
Wessman, Lawrence Robert	404
Wessolowski, Ulrich	154
Westbrook, D. A.	519
Westenberger, Wilhelm	320
Westerberg, Per	975
Westermann, Klaus Dieter	601
Westheide	892
Westheide, E.	1011
Westhof, Peter	884
Westhoff, Lothar	80, 172, **174**
Westhoff, Wilfried	153
Westlake, M. F.	408
Westmeyer, Volker	156
Weston, Bryan H.	732
Westphal, Martin	118
Westrick, Klaus	348
Wettig, Rainer	80
Wettstein, Verena	570
Wetzel, Joachim H.	636
Wetzel, Rolf	385
Wetzmüller, Beatrice	254
Weustenfeld, Hubert	40
Weyel, Herman-Hartmut	317, 635
Weyer, Hans-Jürgen	1037
Weyer, Helmut	320
Weyer, Horst	1007
Weyermann, Peter	770
Weyers, Karl-Josef	596
Weymuller, S. B.	519
Wheathley, Graeme M.	357
Wheatley, Graeme M.	357
Wheatley, T. E.	220
Wheatley, T. J.	410
Wheeler, A.	220, 870
Whelan, Michael J.	480
White, N. A.	577
White, R. W.	409
White, Tony	139
Whitehead, J. C.	222
Whitfield, V.	406
Whyte, G. B.	733
Wiarda, Bucho von	124, 125
Wibbe, Heinz Bernd	814, 1011
Wibbelhoff, Heinz	1024
Wichert, Peter	**247**, 261
Wichert, Udo	193, 647, **997**
Wick, Hugo	569
Wick, Jürgen	932
Wicke, Lutz	911
Wicker, Werner	121
Widder, Gerhard	318, 621, 629, **684**
Widder, Günter	559
Wide, Maunder	731
Widmann, Gerhard	318
Widor, Helmut	972
Wiebel, Friedrich	805
Wiechens, Bernhard	112
Wieczorek, Bertram	891
Wieczorek, Hans-Jürgen	592
Wieczorek, Helmut	**169**, 882
Wieczorek, Norbert	882
Wieczorek-Zeul, Heidemarie	882

PERSONENREGISTER
W

Wiedemann, Frohmut	942
Wiedemann, Hans	627, 628
Wieder, Wolfgang	36, 46, 173, 193, 994
Wiederkehr, Jörg W.	**770**, 771
Wiederkehr, Peter	771, 772
Wiedswang, Rolf	753, **791**
Wiefel, Jochen	365
Wiegand, Kurt	122
Wiegel, Egon	927
Wiegel, Friedhelm	916, **924**, 946
Wiegel, H.	749
Wiegleb, Bernd	164
Wielowski, C. D.	829
Wiemann, Werner	190
Wiemer	920
Wiemken, Hans Dieter	367
Wienerroither, Martin	249
Wieners, Gert	612
Wiese, H.	825
Wiese, Hans-Willy	385
Wiesemann, Gerd	887
Wiesen, Edgar	70
Wieser, Anton	332
Wieser, Franz	248, 253
Wieser, Hermann	294
Wieshoff, Dieter	132, 140, **954**
Wiesinger, Horst	244
Wiesner, Siegfried	702
Wieß, Bettina	916
Wiget, Max	572
Wigge, Helmut	926
Wiggering, H.	990
Wigley, F. S.	223
Wigold, Annelie	163
Wijkman, Per	957
Wijnakker, Raoul	708, 709
Wijnstra, O.	793
Wikdahl, Carl-Erik	**766**, 788
Wilcockson, Alan	965
Wilczek, Lothar	82
Wilczynski, Peter	168
Wild, Eberhard	101, 622, 628, 648, 694, **699**
Wild, Gottfried-Christoph	105
Wild, Jens J.	813
Wild, Klaus-Peter	901
Wildberg, Hans Jürgen	666
Wilde, Volker	666
Wilderer, Peter	803
Wildfang, Bo	389
Wildig, A.	492
Wilebore, Derek	732
Wilhelm, Angela	689
Wilhelm, Helmut	827
Wilhelm, Herbert	126
Wilhelm, Joachim	**112**, 364
Wilhelm, Jürgen	641
Wilhelm, Konrad	109, 177
Wilhelm, Nikolaus	612
Wilhelm, R.	1009
Wilhelm, Sieghard	689
Wilhelms, Joachim	180
Wilhelmsen, Wilhelm	521
Wilk, Gerhard	145
Wilke, Erich	134
Wilke, Friedrich Ludwig	**187**, 195, 986
Wilke, Günther	595, 599, 658, 823, **1009**, 1010
Wilke, Heinz Bodo	922
Wilke, N.	826
Wilke, Norbert	796
Wilke, Reiner	846
Wilke, Rüdiger	109
Wilke, Ulrich	78
Wilken, Michael	809
Wilkins, Graham	732
Wilkinson, James Keith	953
Wilkinson, Sir Phillip	733
Wilkop, Helmut	1036
Willax, H.-O.	822
Wille, Heinrich	1012
Willeke, Rolf	826
Willemsen, Arnold	1034
Willenberg, Heinrich	612
Willer, Peter	866
Willersinn, Herbert	588
Williams, A. E. H.	577
Williams, David O.	788
Williams, John	734
Williams, M.	614
Williams, Nicole B.	285
Williamson, David	949
Willipinski, Jörg	667
Willmann, Werner	990
Willms, Hanskarl	828
Willms, Remmer	78
Willoughby, R. W.	412
Wilmans, Hans	857
Wilmert, Bernhard	109
Wilmott, Peter Graham	953
Wilmotte, François	216
Wilms, Dorothee	882
Wilms, Ekkard	132
Wilpernig, Hans	249
Wilps, Helmut	36, **140**, 162, 204
Wils, C.	386
Wilsenack, Heinz	864
Wilsker, Mark	595
Wilson, B. J.	733
Wilson, Don	477
Wilson, Geoffrey	731
Wilson, John	731
Wilson, John J.	731
Wilson, John James	794
Wilson, Peter	518
Wilson, R. P.	223
Wimmer, Hans	243
Wimmer, Peter	621
Wimmer, Theo	608
Windelschmidt, Dieter	82, 853
Windfeder, Heinz	318
Windfuhr, Manfred	132
Windhausen, Rolf	994
Windisch, Josef	80, 101, 124, 294, 954, **1035**
Windmöller, Rolf	654
Windscheid, Bernhard	628
Windt, J. de	959
Wingefeld, Jürgen	606
Winhold, Winfried	628
Winje, Dietmar	624
Wink, Wolfgang	139
Winkel, Ludwig	329
Winkeler	686
Winkeler, Hubertus	814, 852
Winkelhoff, Albert	180
Winkens, H. P.	704
Winkhaus, Gerd Paul	1009
Winkhaus, Hans-Dietrich	597, 611
Winkler, Eberhard	910
Winkler, Götz-Dieter	612
Winkler, Heinrich	55
Winkler, Klaus	611
Winkler, Lothar	1004
Winkler, Manfred	247
Winkler, Wolfgang	**78**, 325
Winklmaier, Friedrich L.	325
Winnemöller, Franz	80
Winstanley, Andrew M.	492
Winter	558
Winter, C. J.	1011
Winter, Diethelm	625
Winter, Gerhard	1024
Winter, Klaus	607
Winter, Peter	635, **671**
Winter, Reinhold	1024
Winter, Richard	143
Winter, Rolf A.	108
Winterholler, Rudolf	670
Winternitz, Riccardo	871
Winterstein, Wilhelm	664, **858**
Winterwerber, Heinz	667
Winzinger, Bernhard	362, 363, 847
Wippermann, Thomas	888
Wirth	945
Wirth, Friedhelm	91
Wirth, Gerhard	322
Wirth, Hans	190
Wirth, Heinz	76
Wirth, Joachim	943
Wirth, Otto	128
Wirth, Rüdiger	46, **1026**
Wirth, Walter	128
Wissmann, Matthias	882
Wissocq, François de	721
Withalm, Peter	873
Witt, Hermann	683
Witt, Jürgen	944
Witt, Thomas	996
Witt, Werner	1016
Witte, E. A.	697
Witte, Hartmut	810
Witte, Horst	134
Witte, Peter	193, 994, 1035
Witte, Rolf	607
Wittek, Christiane	884
Wittek, Herbert	124, 125, 126
Wittemans, J.	386
Witthöft, Harald	281
Witting, Ute	993
Wittkamp, Hans-Jörg	848
Wittkamp, Klaus	653
Wittkopf, Manfred	36, 48, 1031
Wittmann, Dieter	808

PERSONENREGISTER
W – Z

Wittmann, Günter ... **664**, 1036
Wittmann, Hermann 352
Wittmann, Otto 910
Wittmann, Simon 882
Wittmeyer, Dietrich ... 611, 613
Wittorf, H. 342
Wittorf, Herbert 315, 342
Wittrock, Wilfried 294
Wittwer, Rainer 850
Witulski, Heinz 926
Witzel, Horst 606
Wlotzke, Otfried 108
Wobbe, Karl Dieter 132, **141**, 705
Wobben, A. 1003
Wobig, Dieter 198, 591
Wochatz, Egon 109
Wöhner 816
Wöhrl, Peter 670
Wölfel, H. 859
Woepke, Hubert 91
Wöpkemeier,
 Helmut Friedrich 137
Wörle, Rudolf 910
Wörmann, Horst 928
Wörner, Ludwig 181
Wörner, Willi 169
Woernle, Peter 613
Wörsdörfer, Georg 595
Woeste, Albrecht 597
Woeste, Karl Friedrich ... 294
Wohlenberg, Günter ... 130
Wohlfahrt, Berndt 316
Wohlgemuth, Hans-Hermann 154
Wohlleben, Hugo 915
Wohlleben, Klaus 611
Wold, Björn 970
Wolf 907
Wolf, Dietrich 120
Wolf, Erich 112, **1026**
Wolf, Ferdinand 667
Wolf, Gerd 696
Wolf, Gerhard R. 112, 588
Wolf, Gert 990
Wolf, Hans-Dieter 101
Wolf, Herbert 698
Wolf, Horst 926
Wolf, Jochen 664
Wolf, Michael 850
Wolf, Monika 283, **985**
Wolfensberger, Kurt .. 136
Wolfering, Gunther ... 702
Wolferstetter, Josef ... 659
Wolff, Dietrich 128
Wolff, Erich 92
Wolff, Hans-Jürgen .. 131
Wolff, Helmut 349, 986
Wolff, J. P. A. 878
Wolff, Thomas 142
Wolfrum, Klaus 326
Wollenberg, Klaus Jürgen 89, 996
Wollenberger, H. 1005
Wollenweber, Heinz .. 611
Woller, Wilfried 36, 1035
Wollmerath, H. 1003
Wollschläger, Klaus .. 316, 343,
 .... 346, 363, 376,
 .... 378, 385, 605, 867
Woloszyn, François ... 210
Wolter 945
Wolter, Hans Dieter ... 112
Wolter, Manfred 628
Wolters, Alfred **346**, 601
Wolters, Jürgen 357
Wolz, Jörg 613
Wondrak, Herbert 608
Wondrak, Werner 40
Wood, George 410
Woodfine, B. C. 734
Woodhart, Peter 731
Woodworth, P. 733
Wooley, J. I. 955
Worm, Norbert **329**, 330,
 .... 693, 700, 703
Wormer, Anton 897
Worms, Bernhard .. 101, 897
Worringen, Dieter ... **318**, 1036
Worth, Alan 732
Wortmann, Joachim .. 612
Wortmann, Martin ... 168
Woschank, Günther .. 561
Woschk, Hartmut 864
Wotte, Helmut 901
Wrage, Rüdiger 145
Wrann, Peter 873
Wrede, Heinz 134
Wrede, Peter-Christian .. 924
Wrigge, Hans-Christof .. 132
Wright, B. 220
Wright, Edmund S. .. 143, **859**
Wright, S. J. (Steve) .. 222
Wrobel, Jan-Peter ... 910
Wrynn, James 739
Wülfing, Elke 882
Würfel, Helmut 595
Würth, Oskar 609
Würzburg, Helmut .. 124
Würzen, Dieter von .. 622,
 .... 624, **884**, 901
Wüstemann, Gerhard .. 852
Wüstenhagen, Karl .. 915
Wüster, Günter 82
Wüstrich, Rudolf .. 261, 262, 971
Wuidar, Dieudonné .. 709
Wulf-Mathies, Monika .. 651, **1035**
Wulff, Hans-Colin ... **864**, 865
Wunderlich, Ernst .. 72, 140,
 .... 608, 641, 647
Wunderlich, Hermann .. **589**, 613
Wunderlich, Otto 911
Wurm, Dieter 854
Wurm, Franz 557
Wurm, Werner **621**, 646
Wustner, Rémy 162
Wutschig 700
Wutschl, Anton 249
Wutzke, Norbert 804
Wybrands, Klaus .. 590, 591
Wybrew-Bond, Ian .. 564
Wycisk, Reinhard ... 55
Wyck, E. R. van der .. 518
Wyer, Hans 977
Wyngaarden, Korstiaan van . 573
Wyrsch, Richard 977

Xanthopoulos, Themistocles . 787
Xhonneux, Aimé 842
Xiang Lin, Hou 577

Yajie, Zhu 835
Yamaguchi, T. 577
Yamani, Ahmed Zaki .. 980
Yax, Emile 1003
Ybarra y López-Dóriga,
 Fernando 778
Ybarra y Oriol, Luis María de 780
Ylipää, Folke 270
Yngvesson, Nils 765
Yolin, Jean-Michel .. 400
Young, R. 733
Young, Richard **731**, 732
Young, Roger 731
Youngs, P. R. A. 410
Yser, Cornelia 883
Ytreeide, Marit 970

Zach, Dietmar 972
Zach, Hannes 757
Zacher, Hans 1009
Zacher, Harald ... 92, 177, **850**
Zängl, Franz 611
Zahlten, Rainer N. ... 592
Zahn, Anton 900
Zahn, Karl-Christian . 1030
Zahren, Jürgen 324
Zaiss, Werner 627, 628
Zajonc, Jürgen 641
Zaldumbide, Santiago .. 575
Zaleski, C. Pierre .. 835
Zamel, L. 577
Zander, Karl-Heinz .. 844
Zander, Maximilian .. 376
Zange, Herbert 122
Zangerle, Karl 601
Zapke, Matthias .. 916, 924, 946
Zapp, Herbert 362, 853
Zappala, Alfio 238
Zask, Jean 792
Zastrow, Heinz 124, 125
Zattar, William 577
Zavattoni, Guido ... 571
Zawislo, Rainer 917
Zechling, Alfred B. .. 972
Zechmann, Erik 248
Zechner, Wilhelm .. 847
Zeder, Werner .. 569, 570, 571
Zeeb, Rolf 670
Zeh, Eberhard 107
Zeh, Klaus 901
Zehentbauer, Armin . 632
Zehethofer,
 Wolfgang 252, **255**, 256
Zehne, Eckhard 941
Zeichner, Wolfgang .. 944
Zeidler, Peter 270
Zeinhofer, Hans 760
Zeiß, Hartmuth 98
Zeitler 907
Zeitler, Otto 908
Zeitz, W.-D. 1005
Zell, Manfred 68

PERSONENREGISTER
Z

Zeller, Alfons **907**, 939
Zeller, Manfred 346
Zeller, Matthias 927
Zellkowski, Jacek 989
Zenk, Meinhart H. 606
Zenker, Peter 914
Zenner, Christel 995
Zenner, Hans-Jürgen 995
Zeppenfeld, Rolf 48, **52**, 1021
Zeretzke, Herbert 135
Zerlett, Georg 88
Zeschky, Reiner 60
Zeuner, Dieter 664
Zeuner, Hans 180
Zewan, Jim 408
Zeyer, Heinz-Günther 937
Zibell, Gerd 58, 1026, **1035**
Zichy-Thyssen, Claudio G. L. Graf 140, 158
Zichy-Thyssen, Federico Graf 140, 158
Zidek, Bruno 559, 563
Ziegenhardt, Werner 92
Ziegler, Alois **186**, 187, 191, 193, 198, 375, 999, 1003, 1009, 1011
Ziegler, Aloys 1028
Ziegler, Bernd 841
Ziegler, Friedrich 612
Ziegler, Fritz 30, **654**, 813, 850
Ziegler, Hans 937
Ziegler, Hugo 1016
Ziegler, Karl-Heinz 30, 685
Ziegler, Kurt 986
Ziegler, Wolfgang 850
Zieling, Bärbel 668
Zielke, Andreas 606
Zielke, Helmut **158**, 1021
Ziem, E. 998
Ziem, Klaus 154
Ziemann, Wolfgang 88, 347, 360, 640, 641, 646
Ziener, Gerhard 602
Ziesing, Hans-Joachim 1002
Ziesler, Michael G. **58**, 60, 84, 173, 174, 175, 818, 852

Zijl, G. J. L. **749**, 793
Zijll Langhout, W. C. van 577
Zilius, Jan 88, 145, 168, 850, 996
Ziller, Gebhard 898
Zillessen, Christoph 48, **55**, 56
Zilligen, Wolfram 52
Zimakov, Dmitrij 558
Zimmer, Alfred 1035
Zimmer, Hubert 154
Zimmer, Rainer 908
Zimmer, Sabine 373
Zimmerman, H. D. 413
Zimmermann, Bernhard 989
Zimmermann, Felix 700, 703, 867
Zimmermann, Günter **660**, 693
Zimmermann, Herbert 867
Zimmermann, Karl 88, **168**, 177, 184
Zimmermann, Karl-August 179
Zimmermann, Karl-Heinz 685, **853**
Zimmermann, Lothar 76, 132, **1035**
Zimmermann, Ralf 640, 641
Zimmermann, Rolf 50, **88**
Zimmermeyer, G. 1011
Zimpel, Wolfgang 1021
Zinggeler, Hans U. 593
Zingler, Wolfgang 827
Zinkann, Peter 135
Zinn, Hermann 916
Zinn, Werner 696
Zippenfennig, Erich 940, 941
Zirkler, Eduard 249
Zitny, Viktor 248
Zitzelsberger, Werner Franz 1014, **1017**
Zitzen, Alfred 857
Ziwitza, Herbert 80
Zloklikovits, Alfred 260
Zluwa, Bruno 757
Zobel, Barbara 887
Zöchbauer, Anna 252
Zöchbauer, Franz 252
Zöchbauer jun., Franz 252

Zöller, Walter 325
Zöller, Wolfgang 882, 883
Zöllner 945
Zoellner, Claus 610
Zöllner, Jörg 699
Zöpel, Christoph 82
Zöpf 910
Zolldan, Ulrich 691
Zoller, Helmut 152
Zoller, Rainer 111
Zorzoli, Giovanni Battista 741
Zschau, Werner 608
Zschenderlein, Roland 82
Zschiedrich, Siegfried 629
Zschieschang, Dietmar 914
Zsengellér, I. 577
Zubillaga Zubimendi, Ignacio 275
Zubj, Chen 577
Zubler, Alfred 666
Zuccarello, Lucio 485
Zuchtriegel, Tobias 884
Zucker, Werner 805
Zuckschwerdt, Wolfgang 899
Zückert, Rupert **246**, 258, 261
Zühl 942
Zühlke 945
Zühlke, Horst 651
Zündorf, Hans-Peter 996
Zündorf, Volker 85
Zünkler, Heinz 147
Züscher, Albert-Leo 932
Zuncke, Gerd **364**, 376
Zundel, Stefan 1007
Zurkinden, A. 976
Zurstraßen, Wilhelm 55
Zurutuza Reigosa, Emilio 778, 779
Zwanziger, Diethard 916, 946
Zweifel, Hannelore 875
Zwerenz, Gottfried 971
Zwingmann, Bernd 347
Zwintzscher, Klaus 317
Zyskowicz, Ben 207
Zywietz, Werner 699
Zywitzki, Wolfgang 917

Inserentenregister

Die mager gedruckten Zahlen hinter den Firmennamen verweisen auf die Seiten im Kapitel 11 »Einkaufsführer: Industrieausrüstungen und Dienstleistungen«. Die fett gedruckten Seitenzahlen verweisen auf die Anzeigenseiten im Jahrbuch.

INSERENTENREGISTER
A – D

ABB Antriebstechnik GmbH, Mannheim **53**, 1146
ABB CEAG Licht- und Stromversorgungstechnik GmbH, Dortmund 1182
AEG Aktiengesellschaft, Berlin **39**, 1144, 1155, 1162, 1165, 1166, 1172, 1178, 1182, 1187
Aerzener Maschinenfabrik GmbH, Aerzen 1144, 1155, 1179, 1183
AKA Aufbereitungs-Konstruktion Anlagen GmbH, Recklinghausen 1163, 1172, 1185
ACM Allied Colloids GmbH, Hamburg 1163
Allmineral Aufbereitungstechnik GmbH & Co. KG, Duisburg 1163, 1191
H. Anger's Söhne GmbH & Co KG, Hess. Lichtenau 1157
Anneliese Zement AG, Ennigerloh 1139
ARAL Aktiengesellschaft, Bochum 1169
Atlas Copco MCT GmbH, Essen 1146
Auergesellschaft GmbH, Berlin **199/200**, 1144, 1184

BASF AG, Ludwigshafen 1163
Bayerische Landesbank, München **615**
BEB Erdgas und Erdöl GmbH, Hannover **295**
Becker & Bläser Draht GmbH, Datteln 1139
Walter Becker GmbH Maschinenbau-Elektronik, Friedrichsthal/Saar **47**, 1146, 1155
Becker-Prünte GmbH, Datteln 1175, 1178
Becorit-Gesellschaft Wilhelm Beckmann GmbH & Co. KG, Recklinghausen ... 1146
Bedia Maschinenfabrik GmbH & Co. KG, Bonn 1146
Bellka-Waagenfabrik KG, Bochum 1171
BST Berg-, Stollen- und Tunnelbau Freiberg GmbH, Freiberg 1157
Bergbaustahl GmbH, Hagen **43**, 1139
Bergbauwerkzeuge Schmalkalden GmbH, Hemer 1147
Gerüstbau Berger GmbH & Co KG, Gladbeck 1139
Bergwerksmaschinen Dietlas GmbH, Dietlas **73**, 1147
BLM Gesellschaft für bohrlochgeophysikalische u. geoökol. Messungen mbH, Gommern ... 1157
BLZ Geotechnik GmbH, Gommern 1157, 1191
Boart HWF GmbH & Co. KG Hartmetallwerkzeugfabrik, Burghann 1147
Bochumer Eisenhütte Heintzmann GmbH & Co. KG, Bochum 1139, 1169
Böhler Pneumatik International Deutschland GmbH, Garching-Hochbrück ... 1139, 1147
Breuer Motoren GmbH & Co KG, Bochum 1155, 1178, 1182
Karl Brieden GmbH & Co Maschinenfabrik, Bochum 1147
British Gas Deutschland GmbH, Berlin **387**
BWZ Berg- und Industrietechnik GmbH, Bottrop **51**, 1139

Ceto Verlag, Kassel **303**
Chemische Betriebe Pluto GmbH, Herne 1169
Chemische Fabrik Kalk GmbH, Köln 1184
Clouth AG, Köln **59**, 1160, 1172, 1175
ContiTech Förder- u. Beschichtungstechnik GmbH, Hannover 1176
ContraCon Umwelt-Technik, Cuxhaven 1191
Coroplast Fritz Müller KG, Wuppertal 1176, 1190
Craelius GmbH, Haan 1167

Jörn Dams GmbH Maschinenfabrik, Hattingen **73**, 1140, 1155
DCN Date Consulting Nordhausen GmbH, Nordhausen 1188
Deilmann-Haniel GmbH, Dortmund **155**, 1147, 1158
Deugra Gesellschaft für Brandschutzsysteme mbH, Ratingen 1184, **1194**
Deutsche Kohle Marketing GmbH, Essen 1166, 1190
Deutsche Nalco-Chemie GmbH, Frankfurt 1163

INSERENTENREGISTER
D – H

A. Diekmann GmbH Stahlbau, Dorsten ... 1140, 1147, 1163, 1190
Dolezych GmbH und Co, Dortmund ... 1179
Drägerwerk AG, Lübeck ... 1144
Drahtwerke Rösler Soest GmbH & Co KG, Soest ... 1140
G. Düsterloh GmbH, Sprockhövel ... 1147, 1178
Dynamit Nobel AG, Troisdorf ... 1148

Eastman Christensen GmbH, Celle ... 1167
Eastman Whipstock GmbH, Hemmingen ... 1167
Eckart GmbH & Co, Geretsried ... 1182, 1184
Ecker Maschinenbau GmbH & Co KG, Neunkirchen ... 1140, 1148, 1155, 1160
Gebr. Eickhoff Maschinenfabrik u. Eisengießerei mbH, Bochum ... 1148, 1155, 1169, 1172, 1178, 1181, 1182
Elskes Transportbeton GmbH, Duisburg ... 1140
Energiewerke Schwarze Pumpe AG, Schwarze Pumpe ... **1343**
Enraf-Nonius Vertriebsgesellschaft für Meß- und Regelgeräte mbH, Solingen ... 1174, 1188
Erbö-Maschinenbau Erley & Bönninger GmbH & Co. KG, Sprockhövel ... **65**, 1148
Ercosplan Erfurter Consulting- und Planungsbüro GmbH, Erfurt ... 1185
Erdgas-Verkaufs-Gesellschaft mbH, Münster ... **327**
Erz- und Kohleflotation GmbH, Bochum ... 1163
europe oil-telegram, Hamburg ... **305**
EVT Energie- und Verfahrenstechnik GmbH, Stuttgart ... **616**

Anton Feldhaus und Söhne GmbH & Co. KG Berg-, Stollen- und Tunnelbau, Schmallenberg ... 1158
Fernsprech- und Signalbau GmbH & Co. KG Schüler & Vershoven, Essen ... **1132**, 1155, 1184
Ferroplast Gesellschaft für Metall- und Kunststofferzeugnisse mbH, Hattingen ... 1140, 1144, 1148, 1191
Hugo Finkenrath OHG Maschinenfabriken, Elztal-Dallau ... 1148, 1160, 1172, 1178, 1191
ITT Flygt Pumpen GmbH, Langenhagen ... 1149, 1179, 1191
Fragol Industrieschmierstoff GmbH, Mülheim-Ruhr ... 1169
Frank & Schulte GmbH, Essen ... 1163
Carl Freudenberg Sparte Dichtungen + Formteile, Weinheim ... 1177
Ludwig Freytag GmbH & Co. KG Rohrleitungs- und Anlagenbau, Oldenburg ... 1168
Friemann & Wolf GmbH, Duisburg ... 1156
F. u. K. Frölich & Klüpfel Untertagebau GmbH & Co KG, Herne ... 1158
FTG Fördertechnik GmbH & Co KG, Witten-Herbede ... 1160, 1167
Funke + Huster Elektrizitätsgesellschaft mbH & Co. KG, Essen ... 1144, 1148, 1156, 1162, 1171, 1172, 1188

Gebhardt & Koenig – Gesteins- und Tiefbau GmbH, Recklinghausen ... **159**
Geologische Landesuntersuchung GmbH, Freiberg ... 1191
GESCO Gesellschaft für Geotechnik mbH, Salzgitter-Lesse ... 1158
Gewerkschaft Schalker Eisenhütte Maschinenfabrik GmbH, Gelsenkirchen ... 1148, 1169, 1190
Gewerkschaft Wisoka GmbH & Co. KG, Herne ... 1158
Glückauf Beukenberg GmbH & Co. Maschinenfabrik, Gelsenkirchen ... 1148
Dr. Otto Gold GmbH & Co KG Ingenieurges. für Geologie und Bergbau, Köln ... 1185
Grubenbedarf & Stahlbau Bochum GmbH, Bochum ... 1140, 1148
Gründer + Hötten GmbH, Essen ... 1156
GTA GmbH, Hamminkeln ... 1148

Haftpflichtverband der Deutschen Industrie, Hannover ... **297**, 1187
Halbach & Braun GmbH & Co. Maschinenfabrik, Wuppertal ... 1149
Halberg Maschinenbau GmbH, Ludwigshafen ... 1165, 1170, 1180

INSERENTENREGISTER
H – L

Fritz Halfmann Schrauben-Großhandel GmbH & Co. KG, Essen	1183
Karl Hamacher Maschinenfabrik GmbH, Bochum	1181
Hauhinco Maschinenfabrik G. Hausherr, Jochums GmbH & Co. KG, Sprockhövel	**41**, 1171, 1180
Rudolf Hausherr & Söhne GmbH & Co. KG, Sprockhövel	1149, 1162
Haver & Boecker, Oelde	1163, 1176
Hawiko Kompensatoren u. Apparatebau GmbH & Co. KG, Schwelm	1181
Hein, Lehmann Trenn- und Fördertechnik GmbH, Düsseldorf	1163
E. Heitkamp GmbH Bauunternehmung, Herne	**157**, 1158
Hermann Hemscheidt Maschinenfabrik GmbH & Co, Wuppertal	**51**, 1140, 1156
Ernst Hese GmbH Maschinenfabrik, Herten	1149
Fritz Hirsch Rohrleitungsbau, Essen	**305**, 1181
Hoechst Aktiengesellschaft, Frankfurt	1164
Höhn Kabel GmbH, Neuss	1156, 1166
Hölter GmbH Umweltschutztechnologien, Gladbeck	1145
Hosch Fördertechnik GmbH, Recklinghausen	1173
Alfons Hüning GmbH Bergwerksbedarf, Gelsenkirchen	1141
Huth'sche Werkstätten Maschinen- und Kettenfabrik, Gevelsberg	1179
ILF Consulting Engineers, München	**343**
Indumont Industrie-Montage GmbH, Bochum	**584**, 1189
INTEC Gesellschaft für Injektionstechnik mbH & Co. KG, Herne	1158
Interoc Vertriebsgesellschaft für Bau- und Bergbaumaschinen mbH, Essen	**21**, 1149
ISB Interessengemeinschaft Saarländischer Bergbauzulieferer, Saarbrücken	**20**
ITAG Hermann von Rautenkranz Intern. Tiefbohr GmbH & Co KG, Celle	1168, 1174, 1175, 1181
IZE Informationszentrale der Elektrizitätswirtschaft e. V., Frankfurt	**701**
KBI Klöckner-Becorit Industrietechnik GmbH, Hünxe-Buchholtwelmen	1150
KHD Humboldt Wedag AG, Köln	**67**, **129**, 1150, 1164, 1185
Klöckner-Moeller GmbH, Bonn	1166
Gebr. Knauf Westdeutsche Gipswerke, Hattingen	1141
Drahtseilerei Gustav Kocks GmbH, Mülheim-Ruhr	1150, 1168
Köppern GmbH & Co. KG Maschinenfabrik, Hattingen	1164
Komotzki Bergbaubedarf GmbH, Hemer	**45**, 1150
Kopex, Katowice/Polen	1158
Korfmann GmbH Maschinenfabrik, Witten	**37**, 1141, 1145, 1150, 1182, 1184, 1191
Krampe & Co. GmbH, Hamm	1150
Romuald Kremer Baustoffe und Transporte GmbH, Zeil	**655**
Kroll & Ziller KG, Hilden	1168, 1176, 1181
Heinrich Krug GmbH & Co Weichenbau, Dortmund	1171
Krummenauer GmbH & Co. KG, Neunkirchen/Saar	**81**, 1150
Stahlhammerwerk Krüner & Co. GmbH, Sprockhövel	1150
Krupp Koppers GmbH, Essen	1170
KSB Klein, Schanzlin & Becker AG, Frankenthal	1180, 1181
KTD Kokereitechnischer Dienst im DMT-Institut für Kokserzeugung, Essen	**587**, 1170, 1185
Theodor Küper & Söhne GmbH & Co., Bochum	1150, 1160, 1173, 1176, 1182
Küttner GmbH & Co. KG, Essen	1164, 1185
Lausitzer Braunkohle AG, Senftenberg	**1268**, 1186
Lenoir et Mernier S. A., Esch/Alzette/Luxemburg	1141
LEWA Herbert Ott GmbH + Co., Leonberg	1164, 1169, 1170, 1171, 1180
Lewin Fördertechnologie, Dortmund	**1351**
Liebherr-Hydraulikbagger GmbH, Kirchdorf/Iller	1189
Loesche GmbH, Düsseldorf	1164, 1166
Lohmann + Stolterfoht GmbH, Witten	1178
Longyear Nederlande B. V., Bayrisch Gmein	1158
Lurgi AG, Frankfurt	**801**, 1164, 1166, 1167, 1168, 1169, 1170, 1171, 1186, 1192

INSERENTENREGISTER
M – Q

MAD-Material-Ausgleich-Dienst Vorholt & Schega GmbH & Co. KG,
Haltern 1141, 1150, 1156, 1164, 1172, 1186
MAN GHH, Oberhausen 1150, 1171, 1180
Maschinenbau Mark GmbH, Lünen 1172
MATO Curt Matthaei GmbH & Co. KG Maschinen- und Metallwarenfabrik,
Mühlheim/Main 1160, 1173, 1176
MEM Maschinenbau-Elektrotechnik Moews GmbH & Co KG, Witten **99**
MeSy GEO-Meß-Systeme GmbH, Bochum 1159, 1183
Mobil Erdgas-Erdöl GmbH, Hamburg **286**
Mönninghoff GmbH & Co. KG Maschinenfabrik, Bochum 1151
Mogensen GmbH & Co. KG, Wedel 1164
F. W. Moll Söhne Maschinenfabrik, Witten 1141
Montan-Consulting GmbH, Essen 1186
Montan-Forschung Dr. Hans Ziller KG, Hilden 1145, 1156, 1188
Montana Handels- und Transportgesellschaft mbH & Co. KG, Lünen **165**, 1192
Montanbüro GmbH, Bochum 1141
MSW Chemie GmbH, Langelsheim 1151
Muckenhaupt GmbH, Hattingen 1151
Müller & Borggräfe GmbH, Gevelsberg 1145, 1151
MWM Diesel und Gastechnik GmbH, Mannheim 1151, 1166

Neuhäuser GmbH + Co. Geschäftsbereich Bergbau- u. Industrietechnik, Lünen 1151
Neuman & Esser Anlagenbau GmbH Zerkleinerungstechnik, Übach-Palenberg 1164, 1171
Niederholz GmbH Maschinen- und Stahlbau, Alpen 1156
Nilos GmbH, Hilden 1145, 1151, 1161, 1165, 1173, 1176, 1182
NLW Fördertechnik GmbH, Xanten 1141
Noell Service und Montagetechnik GmbH, Dülmen 1151
Dr. Nordmann GmbH & Co, Essen **37**, 1161, 1173, 1177
Nyrosten Korrosionsschutzmittel GmbH + Co., Geldern 1179

O&K Anlagen + Systeme GmbH, Duisburg 1152, 1171
Österreichisches Montan-Handbuch, Wien/Österreich **982**

Passing VHE-GmbH, Recklinghausen 1151
Paurat GmbH, Voerde 1151
Peter-BTR Gummiwerke Aktiengesellschaft, Hanau 1177
Pipeline Engineering GmbH, Essen 1186
Paul Pleiger Handelsgesellschaft mbH, Sprockhövel **81**, 1142, 1180, 1181, 1184
Poclain Hydraulics GmbH, Pfungstadt 1178
Pohle & Rehling GmbH, Oer-Erkenschwick **22**
PreussenElektra, Hannover **637**
PLT Prozess-Leittechnik GmbH, Hilden 1157, 1188

quick-mix-Gruppe GmbH & Co. KG, Osnabrück 1142, 1189

INSERENTENREGISTER
R – S

Raab Karcher Kohle GmbH, Essen	**849**
Raeder & Co. GmbH & Co. KG, Essen	1157
Fritz Rensmann GmbH & Co. Maschinenfabrik, Dortmund	1152
Rheinbraun Engineering und Wasser GmbH, Köln	1187
Rheinische Kalksteinwerke GmbH, Wülfrath	**97**, 1144, 1190
Rivalit Hydraulik Waldböckelheim GmbH, Waldböckelheim	1152
Rösler Draht GmbH, Essen	1142
RUD-Kettenfabrik Rieger & Dietz GmbH u Co., Aalen	**65**, 1175, 1179
Ruhrgas AG, Essen	**319**
Ruhrkohle AG, Essen	**31**
Ruhrkohle Montalith GmbH, Bottrop	**49**
Rütgerswerke AG, Frankfurt	**603**
RWE-DEA Aktiengesellschaft für Mineraloel und Chemie, Hamburg	**361**

Saarberg-Interplan GmbH, Saarbrücken	**797**, 1159, 1165, 1166, 1170, 1187, 1192
Saarbergwerke AG, Saarbrücken	**57**
Sachtleben Bergbau GmbH & Co., Lennestadt	1159
Sänger + Lanninger GmbH Betontechnik, Dortmund-Oespel	**69**, 1159
SAFA Saarfilterasche-Vertriebs-GmbH & Co. KG, Baden-Baden	**79**, 1192
Sala Aufbereitungstechnik GmbH Allis Mineral Systems, Bad Vilbel	1165, 1180
Salzgitter Hydraulikstempel GmbH, Schwerte	1142
Sandvik GmbH Geschäftsbereich Rock Tools, Düsseldorf	1142, 1152, 1159, 1162, 1189
Schachtbau Nordhausen, Nordhausen	**165**, 1159
Lorenz Schäfer Gummi u. Kunststoff-Verarbeitungs GmbH, Dortmund	1182
Schaffler & Co., Wien/Österreich	**75**
Scharf GmbH Maschinenfabrik, Hamm	1152
Schauenburg Maschinen- und Anlagen-Bau GmbH, Mülheim	1165
Schauenburg Ruhrkunststoff GmbH, Mülheim-Ruhr	1145, 1177, 1190
Schaum-Chemie Wilhelm Bauer GmbH & Co. KG, Essen	1145
Schlumberger Geophysikalische Service GmbH, Hannover	1167, 1168
Franz Schlüter GmbH, Dortmund	1153
Schmidt, Kranz & Co. GmbH, Velbert	**69**, 1142, 1145, 1153, 1175
Gerhard Scholten GmbH & Co KG, Oberhausen	1153
Th. Scholten GmbH & Co, Wülfrath	1165, 1170, 1174
Schopf Maschinenbau GmbH, Stuttgart	1153
Schrauben und Draht Union GmbH, Bochum-Langendreer	1183
F. E. Schulte Strathaus KG, Unna	1161, 1173, 1177, 1183
Semperit Technische Produkte GmbH, Gevelsberg	1161, 1173, 1177
SGGT Saarländische Gesellschaft für Grubenausbau u. Technik mbH & Co., Ottweiler	1142
Siemag Transplan GmbH, Netphen	**61**, 1153, 1161, 1174, 1175
Siemens AG, Erlangen	1157, 1162, 1173, 1175, 1188
Fr. Sobbe GmbH Fabrik elektr. Zünder, Dortmund-Derne	**75**, 1153, 1162, 1189
Solidur Deutschland GmbH & Co. KG Kunststoffwerke, Vreden	1175, 1177
SPIBO Spielhoff-Bohrwerkzeuge GmbH, Dortmund	1168
Georg Springmann Industrie- und Bergbautechnik GmbH, Mülheim-Ruhr	1177
Stahlausbau GmbH, Gelsenkirchen	1142
Stahleinbau Werner Hahne, Rüthen	1142
Tip Top Stahlgruber Otto Gruber GmbH & Co, München	1161, 1174, 1175, 1177, 1181, 1183
Standardkessel Duisburg, Duisburg	**93**, 1167
STEAG AG, Essen	**649**
Still Otto GmbH, Bochum	**0**
Stinnes Intercarbon AG, Mülheim-Ruhr	**855**
Stöcker-Beton GmbH, Duisburg	1142
Strabag Bau-AG, Köln	1159
Strebtechnik Bochum GmbH & Co., Bochum	1143
Strunk & Scherzer Maschinen und Anlagenbau GmbH, Essen	1145, 1157, 1172
Stuart-Theunissen GmbH, Wuppertal	1169
Sulzer-Escher Wyss GmbH, Lindau	1146
SWG Steinkohlen-Wirbelschichtfeuerungstechnik GmbH, Essen	1167, 1191

INSERENTENREGISTER
T – Z

Takraf Schwermaschinenbau AG Leipzig, Leipzig **6**
Tamrock (Deutschland) GmbH & Co. KG, Bottrop 1153, 1162
Technischer Überwachungs-Verein Südwestdeutschland e. V., Filderstadt **1195**
J. D. Theile GmbH & Co. KG, Schwerte 1179
Willy Thiele Bohrunternehmen GmbH, Celle 1159
Thiele GmbH & Co. KG, Iserlohn 1179
Thyssen Schachtbau GmbH, Mülheim **161**, 1159
Tiefenbach GmbH, Essen 1157, 1174
TMB Technologie- und Marketing-Beratungsgesellschaft Herne mbH, Herne 1188

Uelzener Maschinenfabrik Friedrich Maurer GmbH, Castrop-Rauxel 1143
Union Rheinbraun Umwelttechnik GmbH, Hürth **1**
Unkel u. Meyer GmbH, Bochum 1153
Untertage (UT) Maschinenfabrik Dudweiler GmbH, Dudweiler **75**, 1154, 1178

Veba Aktiengesellschaft Hauptverwaltung, Düsseldorf **19**
Verder Deutschland GmbH, Düsseldorf 1180
Vereinigte Elektrizitätswerke Westfalen AG (VEW), Dortmund **655**
Vereinigte Mitteldeutsche Braunkohlenwerke AG, Bitterfeld **99**
Verlag Glückauf GmbH, Essen   63, 71, 115, 123, 149, 171, 313, 825, 836, 883, 885, 929, **1131**, **1350**
Voest-Alpine, Zeltweg/Österreich 1154, 1189
Vollert GmbH & Co. KG, Weinsberg 1172
Richard Voß Grubenausbau GmbH, Schwerte 1143

Werner Walter GmbH & Co., Herdecke 1154, 1162, 1179
Wasagchemie Sythen GmbH, Haltern 1154, 1183
WAT-Schrauben, Bochum 1183
A. Weber S. A., Rouhling/Frankreich 1143
Weller Pumpen GmbH, Kamen **85**, 1180
Die Welt, Hamburg **583**
Wengeler & Kalthoff Hammerwerk GmbH & Co. KG, Hattingen 1154
Mineralölwerke Wenzel und Weidmann, Eschweiler 1169
Western Atlas International, Stuhr 1168
WESTFALIA BECORIT Industrietechnik GmbH, Lünen **2**, 1143, 1154, 1165, 1166, 1178, 1189
Paul Wever Inh. Hans Ziller, Friedrichsthal 1146, 1154, 1161, 1165, 1174, 1177, 1183
F. Willich Berg- und Bautechnik GmbH + Co, Dortmund **115**, 1143
Gebrüder Windgassen Nachf. Wacker GmbH, Duisburg 1144
Windhoff AG, Rheine 1172
Wirth Maschinen- und Bohrgeräte-Fabrik GmbH, Erkelenz **77**, 1154, 1167, 1168, 1180, 1189
Hugo Wupper GmbH & Co. KG Baumaschinen, Dortmund **1193**

Ortwin M. Zeißig GmbH & Co KG, Mülheim 1144, 1146, 1154, 1184
Zeitzer Maschinen, Anlagen, Geräte Zemag AG, Zeitz 1170, 1187
Zwickauer Maschinenfabrik GmbH, Zwickau 1180

Bericht vom Bergbau

Das erste Bergbau-Lehrbuch aus der ältesten Bergakademie als Faksimile

Erstmals erschienen 1769 in Freiberg.

Verfaßt vom Churfürstlich-Sächsischen Edelsteininspektor Johann Gottlieb Kern. Bearbeitet und herausgegeben vom Churfürstlich-Sächsischen Oberberghauptmann Wilhelm von Oppel. Mit einer Einführung von o. Professor (em.) Ulrich Reuther, Aachen.

356 Seiten mit 18 Kupferstichtafeln und einem Sachregister. 68 DM.

Verlag Glückauf

4300 Essen 1
Postfach 10 39 45